Handbuch der Eisenbahngesetzgebung

im Deutschen Reiche und in Preußen

Allgemeine Bestimmungen — Verwaltung der Reichseisenbahnen, Reichsaufsicht über Privatgroßbahnen — Beamte und Arbeiter — Finanzen und Steuern — Eisenbahnbau, Grunderwerb und Rechtsverhältnisse des Grundeigentums — Eisenbahnbetrieb — Eisenbahnverkehr — Verpflichtungen der Eisenbahnen im Interesse der Landesverteidigung — Post- und Telegraphenwesen — Zollwesen, Handelsverträge

Von

K. Fritsch

Wirklichem Geheimem Rat

Dritte, umgearbeitete Auflage

Berlin

Verlag von Julius Springer

1930

ISBN 978-3-642-50377-1 ISBN 978-3-642-50686-4 (eBook)
DOI 10.1007/978-3-642-50686-4

Softcover reprint of the hardcover 3rd edition 1930

Aus dem Vorworte zur ersten Auflage

Das Buch bildet den für sich abgeschlossenen Teil XIX des vom Grafen Hue de Grais herausgegebenen Sammelwerks „Handbuch der Gesetzgebung in Preußen und dem Deutschen Reiche" und bringt die auf das Eisenbahnwesen bezüglichen Vorschriften des preußisch-deutschen Rechts. Es will ein Nachschlagewerk sein, das ein rasches Auffinden der Bestimmungen selbst und des zu ihrer Auslegung dienlichen Materials ermöglicht.

Dem Plane des Gesamtwerks entsprechend ist der Stoff in Abschnitte geteilt, die mit römischen Ziffern bezeichnet sind und je eine Gruppe von zusammenhängenden Gesetzen und sonstigen Vorschriften umfassen. Die den Abschnitten vorangestellten Einleitungen bieten eine Übersicht der aufgenommenen Bestimmungen. Innerhalb der Abschnitte werden die Hauptgesetze unter fortlaufenden deutschen Ziffern abgedruckt; die zu ihrer Ergänzung oder Ausführung erlassenen Vorschriften (Nebengesetze, Verordnungen, Anweisungen) sind entweder in Anmerkungen, minder wichtige nur dem Inhalte nach, aufgeführt oder — bei größerem Umfang — als Anlagen unter lateinischen Buchstaben den Hauptgesetzen in der Reihenfolge angefügt, in der bei diesen auf sie Bezug genommen wird. — Die gesetzlichen Bestimmungen werden durch stärkeren Druck hervorgehoben. Alle Vorschriften sind streng nach dem Wortlaut ihrer amtlichen Veröffentlichung wiedergegeben, und zwar im allgemeinen in der gegenwärtig gültigen Fassung, wobei spätere Änderungen des ursprünglichen Wortlautes durch Sperrdruck gekennzeichnet werden; veraltete oder aufgehobene Bestimmungen, die ausnahmsweise nicht fortgelassen sind, erscheinen in lateinischer Schrift. — Die Anmerkungen enthalten neben der Darlegung der Entstehung, Bedeutung und Einteilung der Gesetze auch Hinweise auf Parallelstellen, ferner die grundsätzlichen Entscheidungen der höchsten gerichtlichen und Verwaltungsinstanzen sowie die Hauptergebnisse der Wissenschaft und der praktischen Handhabung.

Für den vorliegenden Band ist eine Anordnung gewählt, die sich an die bei den Eisenbahnverwaltungen gebräuchlichen Einteilungen anlehnt: Von den zehn Abschnitten enthält der erste die grundlegenden Vorschriften, namentlich die Bestimmungen der Reichsverfassung über das Eisenbahnwesen, das Eisenbahngesetz von 1838 und das Kleinbahngesetz. Hieran schließt sich in den Abschnitten II bis IV die Ordnung der allgemeinen Verwaltungseinrichtungen: Behördenorganisation, Personalwesen, Finanzwesen (einschl. der Besteuerung). Abschnitt V behandelt den Bau, Abschnitt VI den Betrieb, Abschnitt VII den Verkehr. Das Verhältnis zur Landesverteidigung und zur Post- und Telegraphenverwaltung sowie das Zollwesen bilden den Gegenstand der Abschnitte VIII bis X.

Was die Auswahl des Stoffes im einzelnen angeht, so sind die einschlägigen Gesetze und Verordnungen, meist unter Fortlassung der nicht zu den Eisenbahnen in besonderer Beziehung stehenden Vorschriften, im Wortlaut abgedruckt. Ferner sind solche Ausführungsbestimmungen aufgenommen, die sich mit der Auslegung der Gesetze oder mit der Ordnung der Behördenzuständigkeit befassen oder sonst ein besonderes rechtliches Interesse bieten.

In den Anmerkungen hat sich der Verfasser bemüht, alle veröffentlichten Entscheidungen der höchsten Instanzen aufzuführen, und zwar, soweit es Zahl und Inhalt der Entscheidungen zweckmäßig erscheinen ließ, in kurzen übersichtlichen Zusammenstellungen (die gelegentlich aus den Anmerkungen in besondere Anlagen verwiesen sind). Da bisher, von wenigen Ausnahmen abgesehen, neuere derartige Zusammenstellungen ganz fehlen oder das Material nur aus weit angelegten Kommentaren entnommen werden kann, wird hierdurch die Orientierung über wichtige Fragen des Eisenbahnrechts erleichtert werden.

Von wesentlicher Bedeutung für die Brauchbarkeit des Buches erschien ein möglichst ausführliches Sachregister.

Berlin, im März 1906.

Der Verfasser.

Vorwort zur dritten Auflage

Der 1912 erschienenen zweiten Auflage folgt, obwohl diese längst vergriffen ist, erst jetzt die dritte. Während die Zeit bis zum Ende des Weltkriegs erklärlicherweise an Neuerungen in unserem Fachgebiet arm war, hat sich seit der Revolution auch das Eisenbahnrecht im Zustand andauernder Umwälzung befunden, der erst in diesen Tagen zu einiger Ruhe gekommen zu sein scheint. Das Ergebnis läßt sich kurz dahin zusammenfassen, daß das Landesrecht weit zurückgedrängt und durch eine Reihe umfassender Gesetzgebungsakte des Reichs ersetzt worden ist. Davon unabhängig sind wichtige Vorschriften, wie die Betriebsordnung, die Verkehrsordnung, das Internationale Übereinkommen über den Güterverkehr neu herausgegeben, andere, namentlich in der Organisation, im Personalwesen, im internationalen Rechte, hinzugekommen.

So ist denn vom Inhalte der zweiten Auflage nicht viel übriggeblieben; sogar der Titel mußte geändert werden, weil, wie eben angedeutet, nicht mehr das preußische, sondern das Reichsrecht im Vordergrunde steht. Wohl aber konnte die Anordnung beibehalten werden, zumal sie sich dem natürlichen Gange der Dinge anschließt und dadurch mindestens dem Fachmanne das Auffinden erleichtert.

Abgeschlossen ist das Buch in der Hauptsache Mitte März 1930. Während der nicht ganz kurzen Zeit, die die Drucklegung in Anspruch nahm, traten aber noch viele Änderungen ein, die im Texte nicht mehr berücksichtigt werden konnten und in den Nachtrag verwiesen werden mußten; dieses Spiel setzte sich auch nach Fertigstellung der Register fort und nötigte den Verfasser, den Nachtrag an das Ende der Druckarbeiten, d. h. in den Raum zwischen den Inhalts- und Abkürzungsverzeichnissen und dem Haupttexte zu verweisen. So wurde es möglich, den Nachtrag bis Ende Juli 1930 fortzuführen.

Hoffentlich wird sich auch in der neuen Gestalt das Buch als Führer für die Verwaltungs-, Gerichts- und sonstigen Behörden, für die wissenschaftliche Weiterarbeit und für Anwälte und andere bewähren, die sich mit dem Stoff beschäftigen.

Wiesbaden, im August 1930.

Der Verfasser.

Inhalt*)

I. Allgemeine Bestimmungen

II. Verwaltung der Reichseisenbahnen. Reichsaufsicht über private Großbahnen

III. Beamte und Arbeiter

*) Ein Nachtrag folgt hinter dem Abkürzungsverzeichnis (Seite IX).

Abkürzungen

ADA = Allgemeine Dienstanweisung für die Reichsbahnbeamten
AG = Ausführungsgesetz
AH = Abgeordnetenhaus
ALR = Allgemeines Landrecht
Anw = Anweisung
Arch = Archiv für Eisenbahnwesen
Begr = Begründung (Gesetzesmotive)
Bek = Bekanntmachung
BGB = Bürgerliches Gesetzbuch
BGBl = Bundesgesetzblatt
BO = Eisenbahn-Bau- und Betriebsordnung 17. Juli 28
BR = Bundesrat
BRE = Beamtenräterlaß 22. Dez. 24
BRG = Betriebsrätegesetz 4. Feb. 20
BRV = Betriebsräteverordnung 15. Dez. 24 / 21. Juni 27
Best = Bestimmung(en)
DJZ = Deutsche Juristenzeitung
E = Erlaß
EE = Egers Eisenbahnrechtliche Entscheidungen
EG = Einführungsgesetz
EisG = Eisenbahngesetz 3. Nov. 38
ENBl = Eisenbahn-Nachrichtenblatt
EntG = Enteignungsgesetz 11. Juni 74
Entsch = Entscheidung(en)
EVBl = Eisenbahn-Verordnungsblatt
EVO = Eisenbahn-Verkehrsordnung 16. Mai 28
EZO = Eisenbahn-Zollordnung 21. Dez. 12
G = Gesetz
GeschAnw = Geschäftsanweisung
GewO = Gewerbeordnung
GS = Preußische Gesetzsammlung
GUVG = Gewerbeunfallversicherungsgesetz 5. Juli 00
GVG = Gerichtsverfassungsgesetz 27. Jan. 77
HGB = Handelsgesetzbuch
HH = Herrenhaus
HMinBl = Handelsministerialblatt
HPfG = Haftpflichtgesetz 7. Juni 71
HVtr = Handelsvertrag
JMinBl = Justizministerialblatt
IntÜb = Internationale Übereinkommen
IntZschr = Zeitschrift f. d. internat. EisTransport
IÜG = Internat. Übereinkommen über den EisFrachtverkehr 23. Okt. 24
IÜP = Desgl. üb. den EisPersonen- u. Gepäckverkehr 23. Okt. 24
JW = Juristische Wochenschrift
KG = Kammergericht
KGHof = Gerichtshof zur Entscheidung der Kompetenzkonflikte
KomB = Kommissionsbericht (der Parlamente)
LG = Landgericht
LVG = Landesverwaltungsgesetz 20. Juli 83
MBliV = Ministerialblatt f. d. Innere Verwaltung
MTrO = Militärtransportordnung 18. Jan. 99
O = Ordnung
Ob.LG = Bayerisches Oberstes Landesgericht
OLG = Oberlandesgericht
OVG (auch OV) = Preuß. Oberverwaltungsgericht
PersO = Personalordnung 10. Dez. 24
RBahnG = Reichsbahngesetz 30. Aug. 24 / 13. März 30
RBeamtenG = Reichsbeamtengesetz 18. Mai 07
RBesch = Rekursbescheid
RBPersG = Reichsbahnpersonalgesetz 30. Aug. 24
RG = Reichsgericht
RGBl = Reichsgesetzblatt
RMinBl = Reichsministerialblatt
RRat = Reichsrat
RTag = Reichstag
RVBl = Reichsverkehrsblatt
RVerf = Reichsverfassung vom 11. Aug. 19
RVersA = Reichsversicherungsamt
RVMin = Reichsverkehrsminister
RVO = Reichsversicherungsordnung
SBV = Sammlung betrieblicher Vorschriften
StB = Stenographische Berichte
StEV = Preußisch-Hessische StaatseisVerwaltung
StGB = Strafgesetzbuch
StPO = Strafprozeßordnung
StVtr = Staatsvertrag
StVtr 1920 = Staatsvertrag 30. April 1920 (RGBl 773)
U = Urteil
UFürsG = Reichs-Unfallfürsorgegesetz 18. Juni 01
US = Urteilssammlung der Reichsbahndirektion Hannover (umgedruckt)
VerkRu = Verkehrsrechtliche Rundschau
Vf = Verfügung
Vo = Verordnung
VV = Vorschriften f. d. Verwaltung d. Preuß.-Hess. Staatseisenbahnen
VZ = Zeitung des Vereins Deutscher Eisenbahnverwaltungen
ZBl = Zentralblatt f. d. Deutsche Reich
ZPO = Zivilprozeßordnung
Ztschr = Zeitschrift
ZustG = Zuständigkeitsgesetz 1. Aug. 83

Bücher:

Fleiner = Fleiner, Institutionen des Deutschen Verwaltungsrechts, 8. Aufl. 1928
Fritsch = Fritsch, Das Deutsche Eisenbahnrecht, 2. Aufl. 1928
Gleim = Gleim, Das Recht der Eisenbahnen in Preußen, Bd. I, Das Eisenbahnbaurecht, 1893
Mayer = Otto Mayer, Deutsches Verwaltungsrecht, 3. Aufl. 1924
Neumeyer = Neumeyer, Internationales Verwaltungsrecht, 1926
RundnagelBefGesch = Rundnagel, Beförderungsgeschäfte, 1915
RundnagelHaft. = Rundnagel, Haftung der Eis. für Verlust usw. 3./4. Aufl. 1924
Sarter-Kittel = A. Sarter und Th. Kittel, Die Deutsche Reichsbahn-Gesellschaft, 2. Aufl. 1927
Weirauch = Blume-Weirauch, Eisenbahn-Verkehrsordnung, 4. Aufl. 1928
Witte = Witte, Ordnung der Rechts- und Dienstverhältnisse der Beamten und Arbeiter, 2. Aufl. 1903ff.

Nachträge und Berichtigungen

A. Nachträge

Seite 8 Anm. 4 H.

I. Gaststättengesetz vom 28. April 30 (RGBl I 146) § 27:

(1) Die Vorschriften dieses Gesetzes finden keine Anwendung:

1. 2.

3. auf Bahnhofswirtschaften, Speisewagen, Kantinen und Fahrpersonalküchen, soweit diese nach § 16 Abs. 5 des Gesetzes über die Deutsche Reichsbahn-Gesellschaft vom 30. August 1924 (Reichsgesetzbl. II S. 272) den Bestimmungen der Gewerbeordnung nicht unterliegen;

4.

(2) Die Reichsregierung kann bestimmen, daß die Vorschriften dieses Gesetzes auch auf Bahnhofswirtschaften, Speisewagen, Kantinen und Fahrpersonalküchen der Eisenbahnen des allgemeinen Verkehrs, die nicht von der Deutschen Reichsbahn betrieben werden, ganz oder teilweise keine Anwendung finden. Die im Satz 1 genannten Betriebe, die bei den daselbst erwähnten Eisenbahnen zur Zeit des Inkrafttretens dieses Gesetzes vorhanden sind, können, wenn der Betriebsinhaber binnen Monatsfrist seit dem Inkrafttreten dieses Gesetzes die Erteilung der Erlaubnis beantragt, bis zur rechtskräftigen Entscheidung über diesen Antrag fortgeführt werden.

II. Verordnung über die Anwendung des Gaststättengesetzes auf Bahnhofswirtschaften usw. der Eisenbahnen des allgemeinen Verkehrs, die nicht von der Deutschen Reichsbahn betrieben werden. Vom 1. Juli 1930 (RGBl I 201).

Auf Grund des § 27 Abs. 2 des Gaststättengesetzes wird hiermit verordnet: Artikel I. Die Vorschriften des Gaststättengesetzes finden auf Bahnhofswirtschaften, Speisewagen, Kantinen und Fahrpersonalküchen folgender Eisenbahnen des allgemeinen Verkehrs keine Anwendung:

(Folgt Aufzählung einer langen Reihe von Bahnverwaltungen; es sind fast alle privaten Großbahnen.)

III. OVG 13. Juni 29 **84** 381 hält an der Auffassung fest, daß die Bahnhofswirtschaften konzessionspflichtig seien.

Zum Reichsbahngesetz (Abschn. I 5).

Allgemeines: Kornheimer, Die Neugestaltung der Deutschen Reichsbahn-Gesellschaft, VZ **1930** 657. 681. 713.

Zu §§ 5, 6: RG **126** 156 (Rechtsübergang).

Zu Seite 35 Anm. 74 E (Wohnungsrecht). US **1930** XI 1 bis 4: Neue Entsch des AG Zeitz, des LG Zeitz, des KG.

Zu Seite 36 Anm. 78 C s. unten zu Seite 181.

Zu Seite 37. Haustein, Personalfragen in der Novelle zum Reichsbahngesetz, VZ **1930** 498.

Zum Eisenbahngesetz (Abschn. I 7).

Zu Seite 72 Anm. 11 A III. G 23. Mai 30 (GS 99) hebt Vorschriften über Gründung neuer Ansiedlungen für Hannover, Schleswig-Holstein, Hessen-Nassau und Berlin auf und führt G 10. Aug. 04 in Hannover, Schleswig-Holstein und Hessen-Nassau ein.

Zu Seite 75 Anm. 25 B. RG 17. Okt. 28 VerkRu **1929** 34: Aus EisG § 14 entsteht eine zivilrechtliche Verantwortung der Eisenbahn nicht schon durch bloße Schadensverursachung, vielmehr muß die Bahn ein Verschulden treffen.

Zu Seite 77. Eccardt, Zur Haftung der Eisenbahn für Sachschaden in „Die Reichsbahn" **1930** 773.

Zu Seite 86ff. (Wegerecht). OVG 19. Dez. 29 VZ **1930** 628 betr. Entstehung von Wegeunterhaltungspflicht der Eisenbahn durch Observanz. — OV 30. Mai 29 PrVerwBl 606 betr. Hannoversches Wegerecht. — OV 19. Dez. 1929 US **1930** II 4 betr. Wegereinigung. — RG **126** 370 betr. Ersatzanspruch wegen Tieferlegung einer Straße.

Zum Kleinbahngesetz (Abschn. I 8)

G betr. Abschluß eines Staatsvertrags über eine Gemeinschaftsarbeit mit Bremen 17. Juli 30 (GS 221) enthält in Anlage 8 (GS S. 246) Bestimmungen über Genehmigung und Beaufsichtigung von Straßen- und Kleinbahnen.

Zu Seite 103 Anm. 61 a. E. RG 31. März 30 **128** 126 betr. Hafenbahnen als Privatanschlußbahnen.

Zu Seite 133. Erlaß des Generaldirektors 14. Juni 1930, verkündet mit Vf 18. Juli 1930 (Die Reichsbahn 853), betr. die neue

Geschäftsordnung der Deutschen Reichsbahn-Gesellschaft
(vgl. § 18 Abs. 2 der Gesellschaftssatzung)

I. Allgemeine Bestimmungen

1. Die Deutsche Reichsbahn-Gesellschaft (abgekürzt: Deutsche Reichsbahn) betreibt die Reichseisenbahnen für das Reich nach dem Gesetz über die Deutsche Reichsbahn-Gesellschaft vom 30. August 1924 (in der Fassung des Gesetzes vom 13. März 1930), der dazu gehörigen Gesellschaftssatzung und dieser Geschäftsordnung. Der Sitz der Gesellschaft ist Berlin. Ihre Firma ist nicht in das Handelsregister eingetragen.

2. Die Stellen der Gesellschaft sind keine Reichsbehörden oder amtlichen Stellen des Reiches. Sie behalten jedoch die öffentlich-rechtlichen Befugnisse und die damit verbundenen Pflichten in demselben Umfange, wie sie bis zum 11. Oktober 1924 dem Unternehmen „Deutsche Reichsbahn" zustanden. Die Stellen der Gesellschaft führen das Dienstsiegel mit dem Reichsadler weiter (§ 17 des Gesetzes).

II. Die Organe der Gesellschaft

3. Die Organe der Gesellschaft sind der Verwaltungsrat und der Vorstand (§ 18 des Gesetzes).

4. Der Verwaltungsrat setzt die Geschäftsordnung für sich, für den Arbeitsausschuß und für die weiteren Ausschüsse fest.

5. Der Vorstand besteht aus dem Generaldirektor und den Direktoren (§ 17 Abs. 2 der Gesellschaftssatzung). Die Zahl der Direktoren bestimmt der Generaldirektor im Einvernehmen mit dem Verwaltungsrat. Die Direktoren sind in der Regel in der Hauptverwaltung tätig; aus besonderen Gründen können auch andere leitende Beamte zu Mitgliedern des Vorstandes (Direktoren) ernannt werden.

6. Der Vorstand führt die Geschäfte der Gesellschaft unter der Aufsicht des Verwaltungsrats (§ 17 Abs. 1 der Gesellschaftssatzung).

7. Der Verwaltungsrat kann einen ständigen Stellvertreter des Generaldirektors bestellen, dem dieser einen Teil seiner Geschäfte übertragen kann, und der bei Behinderung des Generaldirektors ihn ganz vertritt.

Für den Fall, daß Generaldirektor und ständiger Vertreter zugleich behindert sind, bestimmt der Generaldirektor mit Zustimmung des Verwaltungsrats aus der Zahl der Direktoren einen ersten und einen zweiten Stellvertreter.

8. Der Generaldirektor und die Direktoren haben bei ihrer Geschäftsführung die Sorgfalt eines ordentlichen Geschäftsmannes wahrzunehmen und haften bei Verletzung ihrer Obliegenheiten der Gesellschaft gegenüber (§ 18 Abs. 3 der Gesellschaftssatzung).

9. Der Generaldirektor und die Direktoren dürfen eine andere Erwerbstätigkeit oder eine Nebenbeschäftigung nur mit Genehmigung des Verwaltungsrats ausüben (§ 18 Abs. 5 der Gesellschaftssatzung).

III. Die Geschäftsstellen der Gesellschaft und ihr Geschäftskreis

10. Die oberste Leitung der Gesellschaft führt die Hauptverwaltung am Sitze der Gesellschaft.

11. An der Spitze der Hauptverwaltung steht der Generaldirektor. Er ist für die gesamte Geschäftsführung der Gesellschaft verantwortlich. Er hat die endgültige alleinige Entscheidung in allen Fragen, die ihm nach der Geschäftsanweisung für die Hauptverwaltung vorbehalten sind oder die er im Einzelfalle selbst zu behandeln wünscht. Der Generaldirektor hat ein durchgreifendes Anordnungsrecht.

12. Die Gliederung der Hauptverwaltung in Abteilungen und die Bestellung ihrer Leiter unterliegt der Genehmigung des Verwaltungsrats. Den in der Hauptverwaltung tätigen Direktoren der Gesellschaft ist im allgemeinen die Leitung je einer Abteilung zu übertragen.

Die Leiter der Abteilungen sind dem Generaldirektor verantwortlich.

Die Gliederung der Hauptverwaltung innerhalb der Abteilungen, die Zuteilung der Geschäfte und die Geschäftserledigung regelt der Generaldirektor.

13. Zum Geschäftskreis der Hauptverwaltung gehören besonders: Die Regelung der allgemeinen Verkehrs-, Finanz- und Personalpolitik, kaufmännische und technische Maßnahmen von grundlegender Bedeutung, vornehmlich grundlegende Fragen der Beschaffung und Konstruktion, die Verteilung der Mittel, die Festsetzung allgemeiner Dienstvorschriften für die Bediensteten, für das Kassen- und Rechnungswesen und für die Dienstzweige des Betriebs, Verkehrs und Baues, die Vertretung der Gesellschaft gegenüber dem Verwaltungsrat, auch die Vorberatung aller Vorlagen an diesen und die Vertretung der Gesellschaft gegenüber der Aufsichtsbehörde.

14. Die Gruppenverwaltung Bayern umfaßt den Bezirk der früheren Zweigstelle Bayern. Sie steht unmittelbar unter der Hauptverwaltung und behandelt selbständig alle die Angelegenheiten ihres Bereichs, die nicht wegen ihrer besonderen Bedeutung oder weil sie über ihren Geschäftsbereich hinauswirken können, von der Hauptverwaltung selbst zu erledigen sind. In diesem Rahmen können ihr auch Angelegenheiten übertragen werden, die sonst nach Ziffer 13 von der Hauptverwaltung behandelt werden. Im einzelnen regelt den Geschäftskreis und die Gliederung eine Geschäftsanweisung für die Gruppenverwaltung Bayern, die der Generaldirektor erläßt.

15. Die Leitung der Geschäfte in den Bezirken, vor allem die Betriebs- und Verkehrsabwicklung, liegt den Reichsbahndirektionen ob, soweit nicht zusammenfassend zu behandelnde Geschäfte dem Reichsbahn-Zentralamt und anderen besonderen Ämtern, den Oberbetriebsleitungen oder geschäftsführenden Reichsbahndirektionen übertragen sind.

Diese Stellen erledigen alle Geschäfte, die nicht der Hauptverwaltung — für den Bezirk der Gruppenverwaltung Bayern auch dieser — vorbehalten sind, selbständig.

16. Die Reichsbahndirektionen werden von Präsidenten geleitet, die für die Wirtschaftlichkeit des Unternehmens und für die Verkehrsbedienung nach wirtschaftlichen Gesichtspunkten innerhalb ihrer Bezirke verantwortlich sind.

17. Die Ausführung des örtlichen Dienstes liegt den Dienststellen der verschiedenen Dienstzweige ob. Zu ihrer Überwachung sind Ämter eingerichtet. Für den Werkstättendienst bestehen Ausbesserungswerke.

18. Den Geschäftskreis der Reichsbahndirektionen, des Reichsbahn-Zentralamts, der anderen besonderen Ämter, der Oberbetriebsleitungen und der unter ihnen arbeitenden Stellen bestimmt der Generaldirektor.

19. Der Generaldirektor hat zu wichtigen organisatorischen Änderungen, besonders in der Gliederung der Abteilungen der Hauptverwaltung (Ziffer 12) und im Geschäftskreis der hauptsächlichsten Geschäftsstellen der Betriebsverwaltung (Ziffer 14 und 18) die Zustimmung des Verwaltungsrats einzuholen.

IV. Art der Geschäftserledigung und Firma-Zeichnung

20. Zur außergerichtlichen Vertretung der Gesellschaft sind befugt:

a) für den Gesamtbereich der Gesellschaft (Hauptverwaltung):
der Generaldirektor,
die Mitglieder des Vorstandes,
etwaige andere Abteilungsleiter,
die Leiter von Unterabteilungen und Gruppen,
ferner die Mitglieder, denen die Zeichnungsbefugnis besonders beigelegt ist;

b) für den Bereich der Gruppenverwaltung Bayern:
der Leiter,
die Abteilungsleiter und
die Mitglieder der Gruppenverwaltung;

c) für die Reichsbahndirektionen und das Reichsbahn-Zentralamt, je für ihren Geschäftsbereich:
die Präsidenten und übrigen Leiter der Geschäftsstellen,
die Abteilungsleiter,
die Mitglieder sowie
die Hilfsarbeiter und Bureauvorstände,
diese beiden insoweit, als ihnen die Vertretungsbefugnis durch allgemein bestehende Anordnungen übertragen ist.

d) für die besonderen Ämter, denen bestimmte Geschäfte für mehrere Direktionsbezirke übertragen sind;

e) für den Bereich der Ämter und Ausbesserungswerke;

f) für die Dienststellen:
die Leiter und ihre Vertreter.

Den Oberbetriebsleitungen steht keine Vertretung der Gesellschaft nach außen zu.

21. Zur gerichtlichen Vertretung der Gesellschaft sind je innerhalb ihres Geschäftsbereichs die Hauptverwaltung, die Gruppenverwaltung Bayern, die Reichsbahndirektionen und das Reichsbahn-Zentralamt berufen, die Hauptverwaltung und die Gruppenverwaltung Bayern jedoch nur insoweit, als ihnen die erste Entscheidung zusteht.

Für die besonderen Ämter, denen bestimmte Geschäfte für mehrere Direktionsbezirke übertragen sind, liegt die gerichtliche Vertretung der Reichsbahndirektion ob, in deren Bezirk die Ämter ihren Sitz haben.

22. Der Umfang der Vertretungsbefugnis bestimmt sich nach den Vorschriften über die Zuständigkeit der einzelnen Geschäftsstellen und Beamten.

23. Alle zur rechtswirksamen Vertretung der Gesellschaft befugten Bediensteten zeichnen die Firma der Gesellschaft allein. Inwieweit der Unterschrift ein Zusatz (In Vertretung usw.) beizufügen ist, bestimmen die Geschäftsanweisungen für die einzelnen Stellen.

24. Bei der Geschäftserledigung ist entsprechend den im kaufmännischen Verkehr üblichen Grundsätzen auf äußerste Vereinfachung und Beschleunigung zu achten. Soweit nicht die Hauptverwaltung und die Gruppenverwaltung Bayern hierüber besondere Richtlinien aufstellen, haben die Reichsbahndirektionen und das Reichsbahn-Zentralamt selbständig das Nötige anzuordnen.

Bei allen Maßnahmen von finanzieller Tragweite haben die zur Wahrung der finanziellen Interessen bestellten Beamten oder Stellen mitzuwirken.

Zu Seite 143. Verfügung 16. Juli 30 (Die Reichsbahn S. 825) betr. Richtlinien für den Gang der Geschäftssachen bei den Reichsbahndirektionen.

Zu Seite 151 Anm. 7. Verfügung Oavh vom 21. Mai 1930 ändert Verfügung 24. Okt. 28 betr. Zuständigkeit für die Erstattung von Frachtzuschlägen ab.

Zu Seite 160 Beilage C. Die Anstellungsgrundsätze und die Ausführungsanweisung dazu sind durch Verordnung 16. Juli 30 (RGBl I 225 und 228) geändert und in der neuen Fassung durch Bekanntmachungen vom selben Tage (das. 234. 245) verkündet worden. Hier kommen folgende Änderungen in Betracht:

a. Anstellungsgrundsätze. § 4 ist jetzt § 70 und lautet:

(1) Nach Maßgabe des II. Teiles der Anstellungsgrundsätze sind mit Versorgungsanwärtern zu besetzen die Stellen (§ 69)

[a. b. c] d) die Stellen bei den Privateisenbahnen, soweit (usw. wie bisher in § 4).

b. Ausführungsanweisung zu § 70.

[1.] 2. (Wie bisher zu § 4 Abs. 1 Ziff. 4 bis zu den Worten „anderer Länder", dann fährt die Neufassung folgendermaßen fort:

, soweit diese nicht unter § 70 Abs. 1a bis c fallen, findet sie keine Anwendung.

(§ 70 Abs. 1a bis c beziehen sich auf Reichs-, Staats-, Kommunalbetriebe, Krankenkassen, Berufsgenossenschaften. Die Sondervorschriften über Aufstellung usw. der Stellenverzeichnisse für Privatbahnen sind fortgefallen).

Zu Abschnitt III (Beamte und Arbeiter).

Allgemeines. Haustein s. oben zu Seite 37. — Die Notverordnung des Reichspräsidenten vom 26. Juli 30 RGBl I 311 zieht in § 2 zur Reichshilfe heran auch die Beamten und Angestellten der Reichsbahn-Gesellschaft und die Empfänger von Wartegeld, Ruhegeld — nicht jedoch von Witwen- und Waisengeld — und anderen Bezügen für frühere Dienste, die von der Reichsbahn-Gesellschaft gewährt werden. — RG 25. Okt. 29 US **1930** VIII 3 behandelt Schadensersatzansprüche des Personals für ungesunde Diensträume und wendet auf diese Ansprüche BGB § 254 an.

Zur Perso (III 3, S. 164ff.).

Weitere Änderungen der Perso sind im Gange, standen aber beim Abschlusse der Druckarbeiten für d. W. noch nicht endgültig fest. Voraussichtlich werden die Änderungen hauptsächlich folgende Bestimmungen betreffen: § 5 (Vereidigung: Wird die Eidesleistung verweigert, so soll die Ernennung zum Beamten nichtig sein); § 11 (bez. der Leistungszulagen angepaßt an den neuen Wortlaut von RBahnG § 26 Abs. 2); § 15 (Arbeitszeit berücksichtigt die Vf 16. April 27 — unten III 3 Anm. 38 a. E. — und die Neufassung von RBeamtenG § 19); § 19 (Dienstvergehen usw., angepaßt an RBeamtenG §§ 74f.); § 20 (jetzt § 21, Versetzung auf andere Dienstposten: Die bisherige Bestimmung wird wegen der Neufassung von RBahnG § 24 gestrichen und durch eine dem § 23 RBeamtenG ähnliche ersetzt); § 25 (Entlassung der Kündigungsbeamten: die durch Angestelltenversicherungsgesetz § 18 und RVO § 1242a vorgeschriebene Nachversicherung wird berücksichtigt); § 29 (Sozialversicherung: Anpassung an RBahnG § 16 Abs. 4); § 30A (ärztlicher Dienst, neuen organisatorischen Einrichtungen angepaßt).

Zu Seite 181 (III 3 Beil. B, Haftung für Handlungen der Beamten usw.). RG 27. Juni 29 3 D 436 (JW **1930** 1972 Nr. 31) sieht in der gesamten Verkehrsverwaltung der Reichsbahn-Gesellschaft eine Ausübung der Staatsgewalt als Trägerin der Hoheitsrechte (in casu scheint es sich um Fahrkartenverkauf zu handeln) und verläßt damit einen Standpunkt, der bisher wohl ausnahmslos in der Wissenschaft und der Rechtsprechung eingenommen worden ist. Im hinter diesem Urteil abgedruckten (Nr. 32 a. a. O.) Urteile 15. April 30 4 D 9 wird (ohne allgemeine Ausführungen der eben erwähnten Art) die Bescheinigung der Stückzahl auf dem Frachtbriefdoppel durch eine Güterabfertigung der Reichsbahn-Gesellschaft für eine öffentliche Urkunde erklärt.

Zu Seite 182ff. Die ADA (Allgemeine Dienstanweisung für die Reichsbahnbeamten) hat laut Erlaß 52.504 Pada vom 12. Juli 30 ihre endgültige Fassung erhalten und soll am 1. Oktober 30 in Kraft treten. Von dem in d. W. abgedruckten Entwurfe weicht diese Fassung in folgenden Punkten ab (untergeordnete Änderungen, namentlich solche in den Anmerkungen, sind fortgelassen):

§ 2 Abs. 1. Die letzten Worte lauten jetzt: „ist mit den Pflichten der Beamten unvereinbar".

§ 3 Abs. 3 besteht nur noch aus dem bisherigen ersten Satze.

Abs. 4 lautet jetzt: „Die Beamten müssen die in ihren Laufbahnvorschriften vorgesehenen Arbeiterverrichtungen versehen und können in Notfällen, oder sofern und solange es aus Gründen wirtschaftlicher Personalverwendnung geboten erscheint, auch zu sonstigem Arbeiterdienst[6]) herangezogen werden." (Anm. 6 ist die bisher. Anm. 5).

Abs. 4 und 5 erhalten Nrn. 5 und 6.

§ 4 Abs. 1 lautet jetzt: „Den Kunden der Reichsbahn ist die Benutzung der Verkehrseinrichtungen möglichst zu erleichtern und angenehm zu gestalten; deshalb sind sie höflich . . ." (weiter wie bisher).

§ 5 Abs. 2 lautet jetzt: „Der Generaldirektor und sein ständiger Stellvertreter sind dienstliche und persönliche Vorgesetzte aller Reichsbahnbeamten. Im Rahmen der zugeteilten Dienstaufgaben[8]) sind dienstliche Vorgesetzte die Direktoren, die Abteilungsleiter und die Mitglieder der Hauptverwaltung der Deutschen Reichsbahn-Gesellschaft.

„Der Leiter der Gruppenverwaltung Bayern ist dienstlicher und persönlicher Vorgesetzter der Beamten seines Bereichs. Im Rahmen der zugeteilten Dienstaufgaben[8]) sind innerhalb des Bereichs der Gruppenverwaltung Bayern dienstliche Vorgesetzte die Abteilungsleiter und Mitglieder der Gruppenverwaltung Bayern.

„Der Präsident einer Reichsbahndirektion[9]) ist dienstlicher und persönlicher Vorgesetzter der Beamten seines Bezirks," (weiter wie bisher). Der letzte Unterabsatz des Abs. 2 ist gestrichen; Anm. 8 ist die bisherige Anm. 7 Satz 1, Satz 2 u. 3 sind gestrichen.

§ 5 Abs. 4 Unterabsatz 2 lautet jetzt: „Wenn das dienstliche Verhältnis des Vorgesetzten dadurch beeinflußt werden kann, dürfen die Vorgesetzten sich mit Nachgeordneten weder in Geldverbindungen einlassen, noch von ihnen Geschenke, Leistungen oder Dienste annehmen."

§ 6 Abs. 2 Satz 2. Nach den Worten: „vereinbar ist" fährt die ADA jetzt fort: „so liegt es zur Vermeidung einer Verfolgung wegen Verletzung der allgemeinen Beamtenpflichten im eigenen Interesse des Beamten, sich vorher des Einverständnisses der Reichsbahndirektion zu vergewissern. Das gleiche gilt für Mitteilungen an andere zum Zwecke der Verwertung. In Zweifelsfällen, insbesondere dann, wenn angenommen werden kann, daß die Angelegenheit in der Hauptverwaltung behandelt wird, haben die Reichsbahndirektionen die Entscheidung der Hauptverwaltung einzuholen."

§ 7 Abs. 2 Unterabsatz 1 letzter Satz: Hinter die Worte „er hat“ ist eingeschaltet: „für Wahrung der Dienstzucht,“; an Stelle der Worte „richtige Auslastung“ treten die Worte: „zweckmäßige und wirtschaftliche Verwendung“.

§ 8 Abs. 2 ist gestrichen; Abs. 3 und 4 sind jetzt Abs. 2 und 3.

§ 9 Abs. 2. Das Wort: „Diensttausch“ ist gestrichen.

§ 10 Abs. 2 Satz 1 erhält den Zusatz: „oder die besonderen örtlichen Verhältnisse die Abwesenheit untunlich erscheinen lassen. Die Beamten müssen . . .“ (usw. wie bisher). Die bisherige Anm. 16 ist gestrichen.

§ 11 Abs. 4. Im Eingang ist hinter „Bayern“ eingeschaltet: „in persönlichen Angelegenheiten“.

§ 15 Abs. 6. Das Wort „zwingenden“ ist ersetzt durch: „wichtigen“.

§ 15 Abs. 7. Hinter die Worte „überschreitet, geht“ ist eingeschaltet: „unbeschadet etwaiger dienststrafrechtlicher Verfolgung“.

§ 16 Die Worte „zuvorkommend und taktvoll“ sind ersetzt durch „rücksichtsvoll“.

§ 17 Neue Anm. 20 zu Abs. 1 lautet: „Außer beim bahnärztlichen Zeugnis hat der Beamte die Kosten des ärztlichen Zeugnisses selbst zu tragen.“

§ 17 Abs. 2 Buchst. a) Der Schluß lautet: „. . . Dienstunfähigkeit durch ein bahnärztliches Zeugnis zu führen. Auch von anderen Beamten kann der Dienstvorsteher ein ärztliches Zeugnis verlangen.“

§ 17 Abs. 5 lautet: „Wird ein Beamter im Dienst oder auf dem Wege vom und zum Dienst verletzt oder an seiner Gesundheit geschädigt, so hat er es ohne Verzug zu melden.“

§ 18 lautet jetzt: „1. Im dienstlichen Verkehr mit Vorgesetzten soll nicht geraucht werden. 2. Auf den Bahnsteigen, an Schaltern, in Güterräumen, im Laderaum der Gepäckwagen, in Stückgutwagen, in der Nähe von feuergefährlichen Gegenständen, in den Werkstätten und Stofflagern sowie an anderen besonders kenntlich gemachten Orten ist das Rauchen untersagt.“

§ 19 lautet jetzt: „1. Die Eigenart des Eisenbahndienstes erfordert Mäßigkeit im Genuß geistiger Getränke. Trunkenheit im Dienst.“ (usw. wie bisher).

§ 21 Abs. 2. Der Hinweis am Schlusse ist gestrichen.

§ 21 erhält folgenden neuen Abs.: „3. Geschäftsanweisungen, Dienstanweisungen und Vorschriften, die einem Beamten auf Antrag zur Vorbereitung auf eine Prüfung vorübergehend überlassen worden sind, sind alsbald nach der Prüfung in sauberem und ordentlichem Zustand zurückzugeben.“

§ 23 Abs. 1. In Satz 1 ist vor „Genehmigung“ eingeschaltet: „schriftlicher“. In Satz 2 lauten die Schlußworte: „Eingehung von geschäftlichen Beziehungen mit Personen, die mit der Deutschen Reichsbahn-Gesellschaft in Geschäftsverbindung stehen.“ Anmerkung 23 ist gestrichen.

§ 23 Abs. 2 lautet jetzt: „Der Beamte bedarf auch der schriftlichen Genehmigung, um Erfindungen[a]) auf dem Gebiete des Eisenbahnwesens, mag es sich um eigene Erfindungen oder um die Mitwirkung bei Erfindungen Dritter handeln, zu verwerten“.

§ 23 Abs. 9. Die Schlußworte des Unterabs. 1 lauten jetzt: „oder sie nachzuweisen und zu vermitteln, gleichviel ob es entgeltlich oder unentgeltlich geschieht.“

§ 24 An Stelle des Wortes „Reichsbahnbeamten“ tritt: „Reichsbahnbediensteten“.

§ 26 Abs. 2 lautet jetzt: „Während der Dienstzeit ist eine derartige Beschäftigung unzulässig“.

§ 28 Abs. 3 lautet jetzt: „3. Für das förmliche Dienststrafverfahren gelten die reichsgesetzlichen Vorschriften. Im nicht förmlichen Dienststrafverfahren muß . . .“ (usw. wie im Entwurf).

§ 33 lautet jetzt: „Diese Dienstanweisung, durch Verfügung des Generaldirektors . . . vom 12. Juli 1930 — 52. 504 Pada — für das Gebiet der Deutschen Reichsbahn-Gesellschaft festgesetzt, tritt am 1. Oktober 1930 in Kraft. Die entsprechenden bisherigen Dienstanweisungen werden mit dem gleichen Tage aufgehoben.“

Zu Seite 207 Anm. 6 und **S. 209** Anm. 14a. Die Vo 25. März 30 ist verkündet in RMinBl. S. 116. — Zu WahlO § 11: RArbeitsgericht 30. Okt. 29 JW **1930** 1996.

Zu Seite 223 Anm. 27. Wegen Anrechnung der Fahrgelder s. RVersA 7. Febr. 30 VZ 676.

Zu Seite 254 ff. Die Vo 2. Sept. 25 über Erhebung der Beförderungssteuer bei der Reichsbahn-Gesellschaft ist aufgehoben und ersetzt durch eine der Novelle zum Reichsbahngesetz angepaßte neue Vo 10. Juli 30 (RMinBl 421); dazu Vf 41 Vst 41 vom 18. Juli 30.

Zu Seite 259 Anm. 17 Ab. Zur Umsatzsteuer s. jetzt auch Vf 46 Ragu 20 vom 18. Juni 30.

Zu Seite 259 Anm. 17 A d. G 19. Juli 30 (GS 213) betr. Verlängerung und Änderung des Finanzausgleichsgesetzes. Jetzige Fassung verkündet mit Bek 31. Juli 30 GS 249.

Zu Seite 263. Vo 30. Juni 30 (RGBl II 949) betr. Erlöschen der Industriebelastung.

Zu Seite 264 Anm. a B. Die Verpflichtung der Reichsbahn-Gesellschaft zur Entrichtung von Verwaltungsgebühren wird erneut (mit Gründen, die mit der heutigen allgemeinen Rechtsanschauung kaum vereinbar sind) bejaht von OVG 10. Jan. und 25. März 29 **84** 466 ff.

Zu Seite 267 Anm. 2. OVG 28. Nov. 29 VZ **1930** 902 betrifft Zwangsanschluß der Reichsbahn an Gemeinde-Wasserleitungs- und Kanalisationsanlagen.

Zu Seite 281 Anm. 79. Bek 27. Juni 30 (GS 125) verkündet Neufassung des Familiengütergesetzes und des Zwangsauflösungsgesetzes 22. April 30, die an Stelle der Verordnungen 30. Dez. 20 und 19. Nov. 20 getreten sind.

Zu Seite 288. RG **1927** 95 betrifft den Rechtsweg gemäß EntG § 30 bei Vergleichsabschlüssen.

---

[a]) Hierzu RG 5. Feb. 30 **127** 197.

Zu Seite 308. RG 28. Feb. 30 (Arch 1087) erklärt Fluchtliniengesetz § 13 weil gegen RVerf Art. 153 verstoßend für ungültig.

Zu Seite 312 Anm. 8. RG **127** 29 wendet BGB § 1004 auf Schädigung der Bahnanlage durch Haldenbrand an.

Zu Seite 315 Anm. 1. Vo 5. Juli 30 (GS 199) führt JagdO 15. Juli 07 in Waldeck ein.

Zu Seite 337 ff. (Haftpflichtgesetz.)

Zum Begriffe Betrieb. Ein- und Aussteigen: RG 30. Okt. 29 **126** 137; Erhöhte Betriebsgefahr: RG 15. Okt. 27 EE **48** 399, RG 26. Nov. 28 EE **48** 405. Neurose RG 12. Nov. 28 und 21. Feb. 29 EE **48** 403. Unternehmer (Poln. Korridor) Gerh. Eger VZ **1930** 257. Eigenes Verschulden und § 254 BGB RG 26. Nov. 28 EE **48** 405, RG 17. Okt. 29 JW **1930** 1951. Änderung der Verhältnisse (ZPO § 323) RG 21. Nov. 29 **126** 237. Verjährung RG 9. Dez. 29 **126** 294.

Zu Seite 351 Anm. 6. RG 8. April 29 JW 2059: Eisenbahnwagen ist kein umschlossener Raum i. S. StGB § 243 Ziff. 3 (gegen das Urteil: Sontag DJZ **1929** 978).

Zu Seite 353 Anm. 14. Strafrechtliche Verantwortlichkeit des Kraftwagenführers RG 4. Okt. 29 Straff. **63** 256 und 24. Okt. 29 (3 D 626) US **1930** XII 1.

Seite 368 Anm. 30B. RG 9. März 29 EE **48** 356 betr. den Primafaciebeweis.

Seite 385. Anm. 40A. An Stelle der dort erwähnten Übergangsbestimmungen tritt Vo 17. Juli 30 (RGBl II 990).

Seite 385 Anm. 40B. ObLG München 7. Aug. 29 US XII 32 betr. Amtsunterschlagung an Reisegepäck.

Seite 392 Anm. 71. Ruge, Haftung der Schlafwagengesellschaften für Handgepäck VZ **1930** 805.

Seite 393. Vo 26. Mai 30 (RGBl II 782) fügt EVO § 27 (4) folgenden Zusatz bei: „Die Angehörigen der Polizei dürfen bei dienstlichen Fahrten auch sonstige, zu ihrer vorschriftsmäßigen Ausrüstung gehörige Munition mitnehmen. Die näheren Bestimmungen trifft der Tarif.“

Seite 423 Anm. 212B. RG 9. Dez. 29 Straff. **63** 352: Der Annahmestempel einer Reichsbahn-Güterabfertigung ist eine öffentliche Urkunde, auch wenn die Nummer des Versandbuchs nicht auf dem Frachtbriefe vermerkt ist.

Zu Seite 449. Vo und Bek 15. Juli 30 (RGBl I 267 und 276) ändern die Vo 16. März 28 über Kraftfahrzeugverkehr und verkünden eine Neufassung. Die Seite 322 Anm. 15 d. W. abgedruckten Bestimmungen werden davon nicht betroffen. — Vf 11 Vkk vom 23. Juli 30 gibt Rundschreiben des Reichsverkehrsministers 2. Juli 30 K 1503 bekannt, wonach Beförderung von Gütern durch die Eisenbahn von und nach Güternebenstellen nicht der Genehmigung auf Grund des Kraftfahrliniengesetzes bedarf.

Zu Seite 450 Anm. 5. E 10. Juli 29 (HandMinBl 195) enthält eine neue preußische Ausführungsanweisung zur Kraftfahrlinienverordnung.

Zu Seite 451 Anm. 10. Vf 11 Vkk 162 vom 12. März 1930 betrifft Einspruch der Reichsbahn gegen neue Kraftfahrlinien.

Zu Seite 458 Anm. 6. RG 26. Feb. 30 **127** 289 betr. Privatgüterwagen im internationalen Verkehr.

Zu Seite 462. Bek 5. Juli 30 (RGBl II 959) betr. Beitritt der Türkei zum JÜP und zum JÜG.

Zu Seite 493 Anm. 85. Kurze, Verzinsung der Frachtnachforderungen, VZ **1930** 476.

Zu Seite 499 (Art. 35). Roßmann, Zur Haftung der Eisenbahn bei Angabe des Lieferwerts, in „Die Reichsbahn“ **1930** 808.

Zu Seite 506. Die Pariser Sanitätskonvention ist durch ein neues (Pariser) Abkommen 21. Juni 1926 ersetzt worden, dem das Deutsche Reich zufolge G 18. März 30 (RGBl II 589) zugestimmt hat.

Zu Seite 509. Viehseuchenpolizeiliche Anordnung des Preußischen Ministers für Landwirtschaft usw. 18. März 30; mitgeteilt den Reichsbahndirektionen mit Vf 16 Vsv 76 vom 24. Juni, den Privatbahnen mit E 9. Juli 30 E. I. 16. 4722.

Zu Seite 539 ff. Vf 48. 480 Gp (Allg) 20 und Gpsb 13 vom 25. Jan. und 29. Juli 30 betr. Kosten für Nebenleistungen im Interesse der Post und Vergütung für Briefbeutelbeförderung.

Zu Seite 567 Anm. 38. Neufassung der Eichgebührenordnung: Bek 3. Mai 30 RGBl I 153, der Vo über die Verkehrsfehlergrenzen der Meßgeräte: Bek 3. Mai 30, das. 158.

Zu Seite 577 Anm. 1. G 9. Juli 30 (RGBl II 953) über das vorläufige Handelsabkommen mit Rumänien vom 18. Juni 30; das Abkommen enthält kein Eisenbahnrecht.

B. Berichtigungen

Während des Druckes sind zahlreiche Nachträge zu den Teilen I der Tarife und ein neuer Teil I des Deutschen Gütertarifs Abteilung B erschienen. An der Hand der darin enthaltenen Neuerungen ergeben sich folgende wichtigere Berichtigungen des Buchtextes.

Zu Seite 384 Ziff. 15. Die Mindestzahl der zu lösenden Fahrkarten ist von 125, 250 und 380 auf 100, 200 und 300 ermäßigt.

Zu Seite 397 Ziff. 14, 15. Die Entfernungsgrenze ist von 150 auf 250 km heraufgesetzt und der Preis für die Entfernung von 151—250 km auf 120 RPf. bemessen.

Zu Seite 411 Ziff. XII 1. Für Großvieh ist jetzt stets Begleitung zu stellen, auf Antrag des Absenders kann aber von der Begleitung abgesehen werden.

Zu Seite 418 ist hinter f (oben) eine neue Allgemeine Ausführungsbestimmung XII eingeschaltet, wonach bei Sendungen nach Kleinbahnstationen, mit denen kein direkter Tarif besteht, als Bestimmungsort der Übergangsbahnhof zur Kleinbahn anzugeben und, wenn die Sendung mit der Kleinbahn weitergehen soll, im Frachtbrief vorzuschreiben ist: „mit der Kleinbahn weiter nach . . .“

Zu Seite 426. Die in Anm. 225 abgedruckte besondere Ausführungsbestimmung ist in Teil I herübergenommen.

Zu Seite 453 Beilage C § 1. Die Gewichtstufen sind geändert.

Zu Seite 454 § 3. Es gibt nicht mehr verschiedene Stückgutklassen, sondern nur noch eine „Frachtstückgutklasse“.

Zu Seite 455. §§ 8. 11 enthalten neue Bestimmungen für Beschleunigtes Eilgut.

Zu Seite 456 ff. Es sind einige neue §§ für gewisse Güter eingeschaltet und neue Bestimmungen über sperrige Güter aufgenommen.

Zu Seite 460 fg. Zum 1. September 1930 tritt ein neuer Tarif für Personen, Gepäck und Expreßgut in Kraft, durch den die Beilage D größtenteils hinfällig wird. Das wichtigste ist folgendes: Die normalen Einheitsätze für die Personenbeförderung werden von 11,2; 5,6 und 3,7 Rpf. auf 11,6; 5,8 und 4,0 Rpf. erhöht. Mindestpreis für Einzelfahrt beträgt: 0,5; 0,3 und 0,2 RM. Für Übergang in höhere Klassen sind neue Bestimmungen getroffen. Die Zuschläge für Eil-, Schnell-, FD- und FFD-Züge bleiben unverändert. Die Bahnsteigkarte kostet künftig 0,20 RM. Die Tarife für Gepäck und Expreßgut sind verändert; von einem Abdruck der neuen Sätze muß hier abgesehen werden, nur sei erwähnt, daß die Mindestfracht für Gepäck 0,40, für Expreßgut 0,50 RM. beträgt.

Seite 3 Anm. 3 Zeile 14 v. o. Statt „Großbahnen genannt“ muß es heißen: „Großbahnen“ genannt.

Seite 93 Anm. 15 muß lauten: „Gleim Anm. 8, Hein-Krüger Anm. 6. — § 14.“

Seite 100 Anm. 47 vorletzte Zeile. Der dort genannte Verfasser heißt nicht: Domko, sondern: Danko.

Seite 217 Zeile 2 v. o. Statt „Anm. 32“ muß es heißen: „Anm. 82.“

Seite 610 ist bei „Dienstverlängerungsgebühr“ hinter 383 f. noch einzuschalten: 460.

Seite 616 ist am Schlusse der Angabe zum Stichwort „Frachtzahlung“ das Wort „Rechtsfolge“ zu streichen.

Seite 617 bei „Fristen“ Buchstabe d zweite Zeile muß es statt: „Rekurstrg“ heißen: „Rekurs gegen“.

Seite 619 bei „Gewicht“ ist in der letzten Zeile das Wort „Tara“ zu streichen.

I. Allgemeine Bestimmungen.

1. Einleitung.

Grundbegriffe[1]). Gegenstand der Darstellung ist das in Preußen geltende Eisenbahnrecht, d. h. die Gesamtheit der reichs- und landesrechtlichen Vorschriften, die mit besonderer Beziehung auf die Eisenbahnen ergangen sind. Die eisenbahnrechtlichen Normen sind aber nicht durchweg auf jede Eisenbahn im weitesten Sinne des Worts, d. h. jede für Beförderungszwecke bestimmte Schienenbahn[2]) anwendbar, vielmehr bestehen unter den Eisenbahnen rechtlich erhebliche Verschiedenheiten, die in dem Zwecke und der wirtschaftlichen Bedeutung des einzelnen Unternehmens ihre Grundlage haben. Von diesen Gesichtspunkten aus trennt das Recht zunächst Eisenbahnen, die dem öffentlichen Verkehre dienen, also jedermann zur Benutzung freigegeben sind, von den nur dem Gebrauch einzelner Personen gewidmeten. Jene scheiden sich wiederum in solche, die nur einen Verkehr örtlichen Charakters (wenn auch nicht bloß innerhalb eines einzigen Orts) vermitteln, und solche von allgemeinerer wirtschaftlicher Bedeutung. So ergeben sich drei Hauptgruppen von Eisenbahnen:

a) Eisenbahnen im engeren Rechtssinne, d. h. dem öffentlichen Verkehre dienende Bahnen von einer über örtliche Interessen hinausgehenden wirtschaftlichen Bedeutung, in der RVerf „Eisenbahnen des allgemeinen Verkehrs" genannt (in der nachfolgenden Darstellung werden sie als „Großbahnen" bezeichnet werden);
b) Kleinbahnen, d. h. dem öffentlichen Verkehre dienende Bahnen von nur örtlicher Bedeutung;
c) Schienenbahnen, die nicht dem öffentlichen Verkehre dienen.

Ob ein dem öffentlichen Verkehre dienendes Unternehmen rechtlich als Großbahn (a) oder als Kleinbahn (b) zu behandeln ist, hängt demnach von den Verhältnissen des Einzelfalls ab und muß durch das zuständige Staatsorgan festgesetzt werden.

Indessen auch unter den Großbahnen bestehen noch Unterschiede in der wirtschaftlichen Bedeutung, die zu einer Einteilung in Haupt- und Nebenbahnen geführt haben. Ferner ist bei ihnen die (im allgemeinen) durch die Person des Eigentümers gegebene Trennung von Staats- und Privatbahnen von rechtlichem Belang.

Unter den Kleinbahnen treten diejenigen mit Maschinenbetrieb und unter diesen wieder die „nebenbahnähnlichen" hervor, die — im Gegensatze zu den „Straßenbahnen" — den Personen- und Güterverkehr von Ort zu Ort vermitteln und sich in ihrem Charakter den Nebenbahnen nähern.

Die nicht dem öffentlichen Verkehre dienenden Schienenbahnen erfahren als Privatanschlußbahnen eine besondere rechtliche Behandlung, wenn sie für den Maschinenbetrieb eingerichtet sind und mit Groß- oder Kleinbahnen in einer den Übergang der Betriebsmittel ermöglichenden Gleisverbindung stehen.

Die meisten eisenbahnrechtlichen Normen gelten nur für einzelne Arten von Eisenbahnen. Nur auf Großbahnen beziehen sich z. B. fast alle das Eisenbahnwesen betreffenden Vorschriften der Reichsverfassung sowie das preußische Eisenbahngesetz, und nur Klein- und Privatanschlußbahnen unterliegen dem Kleinbahngesetze, während z. B. das Haftpflichtgesetz auf Schienenbahnen jeder Art Anwendung finden kann.

Quellen, Literatur[3]). Die das geschriebene Recht enthaltenden Normen — Gesetze, Verordnungen, Staatsverträge — wurden für Preußen durch das Eisenbahn-Verordnungsblatt (1878—1920) bekanntgemacht, zu dem ergänzend das Eisenbahn-Nachrichtenblatt (1896—1920) hinzutrat; seit dem Reichserwerb der Staatsbahnen diente von 1920—1924 diesem Zwecke das Reichsverkehrsblatt Abteilung A: Für Eisenbahnen; die Reichsbahn-Gesellschaft gibt seit Oktober 1924 „Die Reichsbahn" heraus. — Daneben hat sich in Anknüpfung an die Übung der Verwaltungsbehörden und die Rechtsprechung ein Gewohnheitsrecht entwickelt, das für den heutigen Stand des Eisenbahnrechts von Bedeutung ist. Grundsätzlich wichtige Entscheidungen der Gerichte wie der Verwaltungsbehörden werden im Archiv für Eisenbahnwesen (seit 1878; herausgegeben im Ministerium der öffentlichen Arbeiten, jetzt in der Hauptverwaltung der Deutschen Reichsbahn-Gesellschaft), in der Zeitung des Vereins Deutscher Eisenbahnverwaltungen (früher: Eisenbahnzeitung, seit 1843), in Egers Eisenbahnrechtlichen Entscheidungen (seit 1885) und in der Verkehrsrechtlichen Rundschau abgedruckt; von 1894 bis 1920 erschien auch eine im Ministerium der öffentlichen Arbeiten herausgegebene „Zeitschrift für Kleinbahnen".

Quellensammlungen sind mehrfach von amtlicher Seite veranstaltet worden; über ein Einzelgebiet hinaus

---

[1]) Gleim, EisR. § 1; Gleim, KleinbG 4. Aufl. S. 16ff.

[2]) Hierunter fallen nicht Anlagen, bei denen die Fahrzeuge einer festen Leitung elektrischen Strom entnehmen, ohne selbst in Gleisen zu laufen (gleislose Bahnen), wohl aber z. B. Schwebebahnen. RBesch 8. Okt. 04 EE 21 278. Versuch einer Begriffsbestimmung RG 1 247.

[3]) Gleim, EisR. §§ 9, 10.

gehen die „Vorschriften für die Verwaltung der vereinigten preußischen und hessischen Staatseisenbahnen" (letzte Ausgabe 1910).

Die letzte (seit der Umgestaltung des Eisenbahnrechts einzige) systematische Bearbeitung des ganzen Stoffes ist: Fritsch, Das deutsche Eisenbahnrecht (2. Auflage 1928). Von älteren Werken seien hier erwähnt: Gleim, Das Recht der Eisenbahnen in Preußen (Band I Eisenbahnbaurecht 1893), und Eger, Handbuch des preußischen Eisenbahnrechts (Band I 1886, Band II 1890—1896), beide nicht vollendet. Das Eisenbahnrecht behandelnde Artikel bringen u. a. Frh. v. Stengels Wörterbuch des deutschen Verwaltungsrechts, Conrads Handwörterbuch der Staatswissenschaften, Rölls Enzyklopädie des gesamten Eisenbahnwesens und Das deutsche Eisenbahnwesen der Gegenwart. Ferner erscheinen eisenbahnrechtliche Abhandlungen in den oben erwähnten Fachzeitschriften (und in anderen Zeitschriften, z. B. der Juristischen Wochenschrift). Die öffentlich-rechtlichen Beziehungen, die sich aus dem zwischenstaatlichen Verkehr und dem Übergreifen inländischer Eisenbahnverwaltungen in das Ausland ergeben, behandelt in zusammenfassender Darstellung: Neumeyer, Internationales Verwaltungsrecht (München 1926); auch Schröder, Die deutschen Eisenbahngesetze (5. Auflage 1926/27).

Bis zur Weimarer Verfassung überwogen im preußischen Eisenbahnrecht die Vorschriften der Landesgesetzgebung. Seitdem sind diese mehr und mehr zurückgedrängt und in ihrer Geltung auf die privaten Großbahnen und das Kleinbahnwesen beschränkt worden.

Inhalt des Abschnitts I.

Reichsrecht. Nachdem bis zur Errichtung des Norddeutschen Bundes das preußische Eisenbahngesetz den Kern des preußischen Eisenbahnrechts gebildet hatte, schuf die Bundes- und 1871 die Reichsverfassung in beträchtlichem Umfang eine Zuständigkeit der Bundes-, später der Reichsgewalt auf dem Gebiete des Eisenbahnwesens. Eine grundsätzliche Erweiterung dieser Zuständigkeit von größter Tragweite, und damit eine Umwälzung im gesamtdeutschen Eisenbahnrecht leitete die Weimarer Reichsverfassung (Auszug unten Nr. 2) ein, zu deren Zielen die Übernahme aller Großbahnen auf das Reich gehört. In Ausführung der hierauf bezüglichen Verfassungsvorschriften erwarb das Reich durch den Staatsvertrag von 1920 (Nr. 3) alle deutschen Staatsbahnen zu Eigentum und Betrieb unter Ausschließung aller Hoheitsrechte, die an diesen Bahnen bisher den Ländern zustanden. Einer Beschränkung dieser Machtstellung mußte sich das Reich unterwerfen, indem es in Erfüllung von Verpflichtungen, die es in den Konferenzen von London (1924) und im Haag (1929/30) eingegangen war — Nr. 4 —, das Reichsbahngesetz nebst Satzung (Nr. 5) erließ, durch das es den Betrieb seiner Bahnen auf die zu diesem Zwecke gebildete Deutsche Reichsbahn-Gesellschaft übertrug. Fesseln hat ferner der „Friedensvertrag" von Versailles (Auszug Nr. 6) dem deutschen Eisenbahnwesen angelegt. Zwei internationale Abkommen über die Rechtsordnung der Eisenbahnen und die Freiheit des Durchgangsverkehrs sind unten als Beilagen A und B hinter dem Vertrage von Versailles abgedruckt.

Preußisches Recht. In der Hauptsache nur noch für private Großbahnen gilt, was die eben kurz dargestellte Rechtsentwicklung vom Eisenbahngesetze (Nr. 7) übriggelassen hat. Die Rechtsverhältnisse der Klein- und der Privatanschlußbahnen ordnet das von der Reichsgesetzgebung kaum berührte Kleinbahngesetz (Nr. 8). Für private Groß- und Kleinbahnen regelt das Gesetz über die Bahneinheiten (Nr. 9) die Veräußerung und Belastung des Bahneigentums und die Zwangsvollstreckung in solches.

2. Verfassung des Deutschen Reichs. Vom 11. August 1919 (RGBl. 1383).

Auszug.

Art. 7[1]. Das Reich hat die Gesetzgebung über:

1.—11.

12. Das Enteignungsrecht[2].

13.—18.

---

[1]) A. Wichtiges Quellenmaterial für die Auslegung auch der eisenbahnrechtl. Vorschr. der RVerf enthält der Bericht des Verfassungsausschusses der Nationalversammlung (Verhandl. d. Reichstags Band 336 Drucks. 391).

B. Art. 7 ordnet die allg. Zuständ. des Reichs im EisWesen, u. zwar derart, daß dieses in den Grenzen der Ziff. 19 (unten Anm. 3) der Reichsgesetzgebung unterliegt, aber nicht zu den (in Art. 6 aufgezählten) Rechtsgebieten gehört, auf denen das Reich die ausschließliche Gesetzgebung hat. In Verb. mit Art. 12 folgt daraus, daß die Länder ihr Gesetzgebungsrecht grundsätzlich behalten, die Vermutung also für die Landeszuständigkeit spricht. Aber:

a) StVtr 1920 (unten I 3) § 10 schränkt das GesRecht der Länder ein, u. zwar aller Länder, nicht bloß der als Vertragschließende beteiligten.

b) Tatsächlich hat das Reich in so weitem Umfange von seiner Zuständ. Gebrauch gemacht, daß für die Landesgesetzgebung nicht mehr viel Raum geblieben ist: Zahlreiche, namentlich Bau, Betrieb u. Verkehr betr. Normen, die es schon vor 1919 erlassen hatte, gelten fort; RVerf selbst ordnet in Artt. 89—96 die Reichszuständ. im einzelnen; die Rechtsverhältnisse der Reichseisenbahnen sind im Wege der Reichsgesetzg. eingehend geregelt worden.

C. Das Londoner Abkommen v. Aug. 1924 (unten I 4) hat die Freiheit des Reichs in der EisGesetzg. völkerrechtlich beschränkt.

D. Aus Art. 7 Ziff. 19 in Verb. mit Art. 15 Abs. 1 ergibt sich, daß das Reich in den Grenzen der Ziff. 19 die Aufsicht im EisWesen ausübt. Weiteres: Art. 95 (unten).

E. Von den eisenbahnrechtl. Normen, die das Reich erlassen hat, beruht ein großer Teil nicht auf den das EisWesen betr., sondern auf anderen Vorschriften der RVerf, z. B. die auf Eis. bezügl. Vorschriften des HGB, des StGB, des HPfG, der GewO. Hier greift die unten Anm. 3 bezeichnete Beschränkung der Reichszuständ. nicht Platz. — GewO § 6 ist unten als Beilage A abgedruckt und erläutert.

[2]) Reichseisenbahnen: unten Art. 90.

[3]) 19. die Eisenbahnen, die Binnenschiffahrt, den Verkehr mit Kraftfahrzeugen zu Lande, zu Wasser und in der Luft, sowie den Bau von Landstraßen, soweit es sich um den allgemeinen Verkehr und die Landesverteidigung handelt;

20. . . .

Art. 40[4]). Die Mitglieder des Reichstags erhalten das Recht zur freien Fahrt auf allen deutschen Eisenbahnen sowie Entschädigung nach Maßgabe eines Reichsgesetzes.

Art. 89[5]). Aufgabe des Reichs ist es, die dem allgemeinen Verkehre dienenden Eisenbahnen[3]) in sein Eigentum zu übernehmen und als einheitliche Verkehrsanstalt zu verwalten[6]).

Die Rechte der Länder, Privateisenbahnen zu erwerben, sind auf Verlangen dem Reiche zu übertragen[7]).

Art. 90. Mit dem Übergang der Eisenbahnen[8]) übernimmt das Reich die Enteignungsbefugnis[9]) und die staatlichen Hoheitsrechte[10]), die sich auf das Eisenbahnwesen beziehen. Über den Umfang dieser Rechte entscheidet im Streitfall der Staatsgerichtshof[11]).

---

[3]) Die Worte „soweit es sich um d. allg. Verkehr u. die Landesverteid. handelt" beziehen sich auch auf die Worte „die Eisenbahnen". Im EisWesen ist also das Reich zuständig:
a) soweit es sich um die Landesverteid. handelt, unbeschränkt (vgl. auch Art. 96);
b) im übr. nur, soweit es sich um den „allgemeinen" Verkehr handelt.

Die Einschränkung b bedeutet, daß der Reichszuständ. nur unterworfen sind: Eisenbahnen, die dem öffentlichen Verkehre gewidmet sind, u. auch von diesen nur solche, die dem „allgemeinen" Verkehre dienen, d. h. die (der BO und der EVO unterstehenden) Haupt- u. Nebeneisenbahnen, hier „Großbahnen genannt". Dagegen erstreckt sich die Reichszuständ. (abges. v. RVerf Art. 40 u. 96) nicht auf öffentliche, aber nicht dem allgemeinen, sondern nur dem örtlichen Verkehre dienende Bahnen, namentlich nicht auf die Kleinbahnen i. S. des preuß. KleinbG (unten I 8); der Begriff „Eis. des allg. Verk." deckt sich also mit dem der Eisenbahn i. S. des preuß. EisG (unten I 7) u. dem der Großbahn (oben I 1). Mithin bleibt das Kleinbahnwesen im wesentl. Landessache. — Darüber, welcher der beiden Rechtskategorien eine Eis. des öff. Verkehrs angehört, hat das Reich die maßgebende Entscheidung: StVtr 1920 § 14, RBahnG (unten A 5) § 11. — Weiteres unten I 3 Anm. 31.

[4]) Eisenbahnen i. S. Art. 40 sind alle Eis. des öff. Verkehrs (Groß- und Kleinbahnen), mit Ausnahme der Straßenbahnen. Anschütz Anm. 1 zu Art. 40. — Das jetzt gültige ReichsG ist am 25. April 27 (RGBl II 323) ergangen; nach seinem § 1 erhalten die Mitglieder freie Fahrt f. d. Dauer ihrer Zugehörigkeit zum RTag u. die folgenden 8 Tage, im Fall einer Neuwahl bis zum Ablaufe des achten Tages nach d. Wahl d. neuen RTages. Nach G 27. Dez. 29 (RGBl II 762) kann in der GeschO. des RTags außer dem Ausschlusse v. d. Sitzungen das gleichzeit. Ruhen des Rechts auf fr. F. ausgesprochen w.

[5]) Artt. 89—96 enthalten die Grundlagen des neuen Reichs-EisRechts; Art. 89 weist dem Reiche die Aufgabe zu, alle Großbahnen (vorst. Anm. 3) in Eigentum u. Betrieb zu übernehmen; Artt. 90, 92, 93 u. teilw. 94 betreffen die Reichseis., Artt. 91 u. 94 Abs. 3 alle Großbahnen, Art. 95 die privaten Großbahnen, Art. 96 alle Schienenbahnen.

[6]) Art. 89 Abs. 1 stellt dem Reiche die Aufgabe, alle Großbahnen in Eigentum u. Betrieb zu übernehmen; Art. 171 bestimmte den 1. April 1921 als spätesten Zeitp., mit dem das bei den bisher. Staatsbahnen geschehen sein sollte. Tatsächlich sind in Ausf. des Art. 89 diese Staatseis. schon ein Jahr früher auf das Reich übergegangen — StVtr 1920, unten I 3 — u. bis Oktober 1924 vom Reich betrieben w. Auf Grund des Londoner Abk. (unten I 4) hat ab. das Reich für 40 Jahre den Betrieb an die Deutsche Reichbahn-Gesellschaft abgegeben — RBahnG, unten I 5 —; das ist eine der Abweich. v. d. RVerf, deren wegen das RBahnG v. 1924 als verfassungsänderndes G (RVerf Art. 76) zu behandeln war. Im Eigentum des Reichs hat dieses G die Reichsbahn belassen.

[7]) Abs. 2 ist eine Folge des in Abs. 1 ausgesproch. Grundsatzes — vgl. v. Kienitz VZ **1927** 1313 u. Graf v. Brockdorff EE **46** 21 —, die Länder können sich dem „Verlangen" nicht entziehen u. f. d. Abtretung kein Entgelt fordern. Ob das Reich beabsichtigt, selbst die Bahn in Betrieb zu nehmen, ist für die Berecht. des Reichs, die Übertrag. zu verlangen, bedeutungslos. Die Erwerbsrechte können auf dem Gesetze — z. B. EisG § 42 — od. auf Konzessionen — z. B. unten I 7 Beil. B Ziff. XVII — od. auf Staatsverträgen beruhen. — Kleinbahnen StVtr 1920 § 14 (2). — Erwirbt das Reich Privatbahnen, so fallen sie nach RBahnG § 10 (1) unter das Betriebsrecht der RBahnGesellsch. — Unten I 3 Anm. 6.

[8]) Der ganze Art. 90 bezieht sich nur auf die Reichseisenbahnen; ausführl. Begründung (mit Literaturangaben) StGHof 18. Okt. 24 (abgedr. in RG ZivS **109 17***, auch Arch **1925** 991; Kritik dieses U.: v. Kienitz EE **42** 234 u. VZ **1927** 324). Er erfaßt die eisenbahnrechtl. Hoheitsrechte aller Länder, nicht nur der Kontrahenten des StVtr 1920, sodaß ältere Staatsverträge, soweit sie EisHoheitsrechte der Länder bez. der früheren Staatsbahnen betreffen, gegenstandslos geworden sind. Vf 2. 601a 3 v. 12. Aug. 25.

[9]) Enteignungsbefugnis „ist die Befugnis, zu enteignen, d. h. hier die rechtl. Macht d. Reichs, f. seine EisZwecke gewisse . . . Gegenstände dem . . . Eigentümer wegzunehmen u. das Eigentum auf sich übertragen zu lassen" — StGHof 30. Juni 23 (RG ZivS **107** 409, auch Arch **1924** 247; Kritik: v. Kienitz EE **42** 234) —, geht also üb. das (subjekt.) „Enteignungsrecht" des Unternehmers hinaus; sie umfaßt alle in EntSachen ergehenden Staatsakte, die sich als rechtsgestaltende Akte, nicht nur als lediglich durchführende Verwaltungsakte darstellen (StGHof a. a. O.). Im einz. war die Reichszuständ. f. d. Bauten, f. die die Reichshaushalte 1921 bis 1924 Mittel vorsahen, jeweils im Etatsgesetze festgestellt w.; im wesentl. stimmt f. d. Bauten der Reichsbahn-Gesellschaft RBahnG § 38 damit überein (s. Anm. zu § 38 unten).

[10]) An den Bahnen, die d. Reich in Ausf. des Art. 89 erworben hat (od. noch erwirbt), können also die Länder keine EisHoheitsrechte geltendmachen. Bis zur Übern. der Reichseis. durch die RBGesellschaft übte das Reich diese Rechte frei aus; seitdem hat es sich Beschränkungen auferlegen müssen (RBahnG §§ 31 ff.). — Nach preuß. Rechte sind Hoheitsrechte der in Art. 90 bezeichn. Art u. a. die Planfeststellung (EisG § 4), Genehm. der Be-

[12]) **Art. 91.** Die Reichsregierung erläßt mit Zustimmung des Reichsrats die Verordnungen, die den Bau, den Betrieb und den Verkehr der Eisenbahnen[13]) regeln[14]). Sie kann diese Befugnis mit Zustimmung des Reichsrats auf den zuständigen Reichsminister übertragen[15]).

Art. 92[16]). Die Reichseisenbahnen sind, ungeachtet der Eingliederung ihres Haushalts und ihrer Rechnung in den allgemeinen Haushalt und die allgemeine Rechnung des Reichs, als ein selbständiges wirtschaftliches Unternehmen zu verwalten, das seine Ausgaben einschließlich Verzinsung und Tilgung der Eisenbahnschuld selbst zu bestreiten und eine Eisenbahnrücklage anzusammeln hat. Die Höhe der Tilgung und der Rücklage sowie die Verwendungszwecke der Rücklage sind durch besonderes Gesetz zu regeln.

Art. 93[17]). Zur beratenden Mitwirkung in Angelegenheiten des Eisenbahnverkehrs und der Tarife errichtet die Reichsregierung für die Reichseisenbahnen mit Zustimmung des Reichsrats Beiräte.

Art. 94. Hat das Reich die dem allgemeinen Verkehre dienenden[3]) Eisenbahnen eines bestimmten Gebiets in seine Verwaltung übernommen[18]), so können innerhalb dieses Gebiets neue, dem allgemeinen Verkehre dienende Eisenbahnen nur vom Reiche oder mit seiner Zustimmung gebaut werden[19]).

---

triebseröffn. (das. § 22), EisAufsicht (das. § 46), Tarif- u. Fahrplanfeststellung.

[11]) G über den Staatsgerichtshof 9. Juli 21 (RGBl 905) bestimmt in § 17:

Der Staatsgerichtshof ist ferner zuständig zur Verhandlung und Entscheidung

1. über den Umfang der Rechte des Reichs in Streitfällen nach Artikel 90 der Reichsverfassung,
2. über die Bedingungen für die Übernahme ... der Staatseisenbahnen ... der Länder auf das Reich nach Artikel ... 171 Abs. 2 der Reichsverfassung,
3. über Meinungsverschiedenheiten, für deren Entscheidung die Zuständigkeit des Staatsgerichtshofs in den Sonderverträgen über die Übernahme dieser ... Einrichtungen auf das Reich ... vorgesehen wird.

Nach §§ 18, 31 dieses G setzt sich der StGHof in den Fällen des § 17 zusammen aus dem Präsidenten des RG als Vorsitzendem, je einem Rate des RG u. des OVG u. 4 weiteren Beisitzern, die nebst 4 Stellvertretern je zur Hälfte v. Reichsrat u. Reichstag gewählt w.; nach § 19 w. die 4 weiteren Beisitzer u. ihre Stellv. für jedes Fachgebiet (hier: die Eis.) gesondert ausgewählt, sollen sie f. dieses sachverständig sein u. sind wählbar nur Deutsche, die das 30. Lebensjahr vollendet haben. — Die RBGesellschaft kann bei solchen Streitfällen, die sich nur zw. Reich u. Land abspielen können, nie Partei sein. Sarter-Kittel S. 274 Anm. 3, auf StGHof 13 Dez. 29, abgedr. in RG ZS **126** 25*.

[12]) Art. 52. — Die Verordn. sind Rechtsverordnungen; sie sind v. Reichskanzler u. RVerkMin zu zeichnen, soweit sie unter der Firma der Reichsregierung erlassen w. u. nicht Delegation gemäß Art. 91 Satz 2 (unten Anm. 15) Platz greift; vgl. GeschO der Reichsreg. 3. Mai 24, RMinBl 173, auch Lammers JW **1924** 1479.

[13]) Großbahnen (Art. 7 Ziff. 19), u. zwar aller, nicht nur der Reichseis.

[14]) Z. Z. gelten BO (unten VI 3), BefähVorschr. (VI 4), SignalO 24. Juni 07 RGBl 377, EVO (VII 3), u. zwar f. alle Großbahnen.

[15]) Vo 29. Okt. 20 (RGBl 1859) ermächt. den RVerkMin, mit Zustimm. des RRats „die in den Verordn. über den Bau, den Betrieb und den Verkehr der Eisenbahnen enthaltenen Vorschriften zu ergänzen u. zu ändern, sofern dadurch keine grundleg. Best. dieser Ordnung geändert w.". — Während der Geltung der RVerf 71 hatten Einzelne dem BR das Recht bestritten, die in Art. 91 bezeichn. Verordn. zu erlassen; dieser Zweifel ist jetzt beseitigt.

[16]) Für die Dauer des Betriebsrechts, das das RBahnG der Reichsbahn-Gesellschaft einräumt, ruht die Anw. des Art. 92 — ein weiterer Grund, aus dem jenes G als verfassungändernd zu behandeln war (s. oben Anm. 6). — Die zur Ausf. des Art. 92 getroff. Bestimm. der Vo 12. Feb. 24 RGBl I 57 üb. Schaffung eines Unternehmens „Deutsche Reichsbahn" sind — wie diese ganze Vo selbst — durch RBahnG (Fass. v. 1924) § 47 (8) aufgehoben w.

[17]) Vo 24. April 22, unten II 3; s. auch Schlußprot. zu StVtr 1920 § 22.

[18]) Wie sich aus dem Nachsatz ergibt, kann die Bedingung nur so verstanden werden, daß sie erfüllt ist, wenn das Reich durch seinen EisErwerb den Verkehr eines bestimmten „Gebiets" beherrscht; es soll dann in der Lage sein, zu verhindern, daß seinem Bahnnetze durch den Ausbau weiterer Linien Wettbewerb bereitet wird. In diesem Sinne ist die Bedingung für das ganze Reichsgebiet durch den StVtr 1920 erfüllt worden, auf Grund dessen das Reich die deutschen Hauptbahnen fast gänzlich und die Nebenbahnen zum weitaus größten Teile in seine Verwaltung übernommen hat. — Damit ist der Abs. 2 des Art. gegenstandslos geworden.

[19]) Satz 1 gibt dem Reiche kein EisMonopol in dem Sinne, daß Bau u. Betrieb v. Eis. des allg. Verkehrs fortan ausschließlich Reichssache wäre; vielmehr setzt die RVerf selbst das Weiterbestehen v. Privateis. des allg. Verkehrs voraus (Art. 89 Abs. 2, Art. 95). Wohl aber hat das Reich durch den Satz 1 ein (positives) Unternehmungsrecht u. ein (negatives) Verbietungsrecht erlangt:

a) Das Eisenbahnunternehmungsrecht setzt das Reich in die Lage, aus eigenem Rechte u. unabhängig vom Willen der Länder Eisenbahnen des allg. Verkehrs zu bauen, wo es will.
b) Das Verbietungsrecht macht den Bau neuer Eis. des allg. Verkehrs durch andere als das Reich von der Zustimmung des Reichs abhängig; es steht dem Reiche frei, die Zustimmung zu versagen oder an belieb. Bedingungen zu knüpfen. Die naheliegende Annahme, daß das Reich jetzt auch die Konzession zum Bahnbau selbst erteilen könne, hat StGHof 18. Okt. 24 (oben Anm. 8) verworfen: Das Konzessionieren sei nach wie vor Sache der Länder und nur an die Zustimmung des Reichs gebunden, das dabei Bedingungen z. B. in bezug auf den Konzessionsinhalt stellen könne (vgl. dazu: v. Kienitz VZ **1927** 620. Kann das Reich etwa auch seine Zust. an

Berührt der Bau neuer oder die Veränderung bestehender Reichseisenbahnanlagen[20]) den Geschäftsbereich der Landespolizei[21]), so hat die Reichseisenbahnverwaltung vor der Entscheidung die Landesbehörden anzuhören [22]).

[18]) Wo das Reich die Eisenbahnen noch nicht in seine Verwaltung übernommen hat, kann es für den allgemeinen Verkehr oder die Landesverteidigung als notwendig erachtete Eisenbahnen kraft Reichsgesetzes auch gegen den Widerspruch der Länder, deren Gebiet durchschnitten wird, jedoch unbeschadet der Landeshoheitsrechte, für eigene Rechnung anlegen oder den Bau einem anderen zur Ausführung überlassen, nötigenfalls unter Verleihung des Enteignungsrechts.

[23]) Jede Eisenbahnverwaltung muß sich den Anschluß anderer Bahnen auf deren Kosten gefallen lassen.

Art. 95. Eisenbahnen des allgemeinen Verkehrs[3]), die nicht vom Reiche verwaltet werden, unterliegen der Beaufsichtigung durch das Reich[24]).

[25]) Die der Reichsaufsicht unterliegenden Eisenbahnen sind nach den gleichen, vom Reiche festgesetzten Grundsätzen anzulegen und auszurüsten. Sie sind in betriebssicherem Zustand zu erhalten und entsprechend den Anforderungen des Verkehrs auszubauen. Personen- und Güterverkehr sind in Übereinstimmung mit dem Bedürfnis zu bedienen und auszugestalten[26]).

[25]) Bei der Beaufsichtigung des Tarifwesens ist auf gleichmäßige und niedrige Eisenbahntarife hinzuwirken[27]).

---

die Beding. knüpfen, daß es selbst — das Reich — die Konzession ausspricht?).

Da ferner dem Reiche nach StVtr 1920 § 14 u. RBahnG § 11 die Entsch. über den Rechtschar. der Bahn, d. h. darüber zusteht, ob eine neuanzulegende Bahn als solche des allgemeinen Verkehrs zu behandeln ist, ergibt sich, daß vor jeder Neuanlage einer Bahn das Reich (der RVMin) um jene Entsch. anzugehen ist, auch wenn der Bewerber (oder das Land) nur eine Kleinbahn herstellen will; der RVMin verzichtet ab. auf seine Mitwirk. für den Fall, daß der Umfang der Bahn nicht über einen einzigen Gemeindebezirk hinausreichen soll. Weiteres unten I 5 Anm. 46 u. 57.

[20]) Reichseisenbahnanlagen sind im allg. solche Anlagen, für die, wenn sie neu errichtet würden, die Reichsbahn das Enteignungsrecht ausüben könnte, z. B. von Hochbauten die Empfangsgebäude, nicht dagegen Häuser mit Miet- (nicht Dienst-) Wohnungen f. Beamte od. Arbeiter. Kittel DJZ **1926** 483 f. S. auch BO (unten VI 3) § 6 (1).

[21]) Der Begriff Landespolizei i. S. des Art. 94 ist — wie i. S. RBahnG § 37 (2) u. im Gegens. zum preuß. Sprachgebrauch — gleichbedeutend mit „Länderpolizei"; Bereich der LP. im Sinne des Art. 94 ist alles, was nach Landesrecht polizeilich zu prüfen u. zu genehmigen sein würde, wenn ein Privater den Bau ausführte. Kittel a. a. O. (Anm. 20). Selbstverständlich fällt darunter auch die Zuständ. der LPolizei i. S. des preuß. Rechts. S. auch Vf 47 D 3727 v. 25. März 26 u. Sarter-Kittel S. 205.

[22]) Die Voraussetzung wird stets bei Neubauten u. meist bei größeren Umbauten vorliegen; s. ferner StVtr 1920 § 19 u. RBahnG § 37 (2). Die Äußerung der Landesbehörde bindet das Reich nicht.

[23]) Die Anschlußpflicht geht nach Art. 94 weiter als nach RVerf 1871 Art. 41 Abs. 2, der sie nur bestehenden Bahnen zugunsten neuzubauender auferlegte. Sie trifft alle Großbahnen, auch die Reichsbahnen. Berechtigt, den A. zu verlangen, ist nur das Reich, zuständig zur Geltendmach. der RVMin; Gegenstand des Rechts ist Herstell. einer den Fahrzeugübergang ermögl. Gleisverbind., nicht auch Mitbenutz. der Anlagen des Anschlußpflichtigen; Ausführ. der Anlage ist Sache des Anschlußsuchers. Weiteres: EisG § 45. — Auf Kleinbahnen erstreckt sich die Anschlußpflicht der Großbahnen, soweit sie Art. 94 Abs. 3 festsetzt, m. E. nicht: Unter „Bahnen" i. S. Art. 94 können nur Großbahnen verstanden w., da Art. 94 sich als AusfBest zu Art. 7 Ziff. 19 darstellt u. deshalb nur auf Eis. des allgemeinen Verkehrs (Großbahnen) bezogen w. darf (a. M. Hein-Krüger Anm. 2 zu KleinbG § 29); wegen der privaten Großbahnen in Preußen s. KleinbG § 29. — Ausgeschlossen ist Ausdehnung der Anschlußpflicht auf Durchlegen v. Gas-, Kraft- u. ähnl. Leitungen durch den Bahnkörper. Heilfron EE **48** 221. — Wasserstraßen Art. 97 Abs. 4.

[24]) A. Die in Art. 95 behandelte Eisenbahnaufsicht des Reichs ergreift alle weder vom Reiche noch von der Reichsbahn-Gesellschaft verwalteten Großbahnen, d. h. (zur Zeit) die Privateisenbahnen. Die Aufsicht übt aus der Reichsverkehrsminister gemäß den Vorschr. des EisAufsichtsG (unten II 4). Gegenstand der EA ist die Beobachtung der Gesetze usw. durch die Bahnen; Näheres unten II 4 Anm. 2 (wo auch das Verh. der Reichs- zur bisher. Landesaufsicht behandelt wird) u. Fritsch EisRecht § 8. Über den Umfang des AufsRechts u. das Verh. v. Art. 95 zu Art. 90 s. ferner v. Kienitz VZ **1927** 1313 u. (gegen K.) Graf v. Brockdorff EE **46** 17. — StVtr 1920 § 13.

B. Nicht Gegenstand des Art. 95, sondern besonderer Bestimmung u. anders geartet ist die Reichsaufsicht üb. die Reichseisenbahnen. S. darüber RBahnG §§ 31 ff. — Dazu Kittel in „Die Reichsbahn" **1926** 22.

[25]) Abs. 2, 3 geben in gekürzter Form den wesentl. Inhalt der Verpflichtung wieder, die Artt. 42 ff. der RVerf 1871 den Bundesstaaten u. den Bahnverwaltungen auferlegten. Neu ist die Verpflicht., die Eis. den Verkehrsanf. entspr. auszubauen (z. B. zweite und weitere Hauptgleise anzulegen), was auf Grund der RVerf 1871 das Reich nicht verlangen konnte; ferner sind die Vorrechte Bayerns fortgefallen. Entstehung der jetzigen Fass.: Fritsch VZ **1930** 181. — EisG § 24.

[26]) Darüber wacht die Fahrplankontrolle durch das Reich, die aber ebensowenig wie die Tarifkontrolle (Anm. 27) das Recht zur Feststellung od. Genehmigung in sich schließt. Indessen wie im Tarifwesen pflegen auch hier die Konzessionen den Aufsichtsbehörden weitergehende Rechte vorzubehalten. Beispiel: unten I 7 Beil. B Ziff. IX 1.

[27]) Zur unmitt. Festsetzung der Tarife ist das Reich nicht schon durch das in Art. 95 ihm zugesprochene Recht der Tarifkontrolle zuständig; auch kann das Reich nicht schon aus Art. 95 den Anspruch darauf herleiten, daß ihm die Tarife vor Einführ. zur Genehmigung vorgelegt w. (übrigens steht auch dem Staate Preußen dieser Anspruch kraft Gesetzes nur in den Grenzen der §§ 26 ff. EisG, nam. §§ 32, 33 zu). Allgemein behalten aber die Konzessionen den Aufsichts-

Art. 96[28]). Alle Eisenbahnen, auch die nicht dem allgemeinen Verkehre dienenden, haben den Anforderungen des Reichs auf Benutzung der Eisenbahnen zum Zwecke der Landesverteidigung Folge zu leisten.

Art. 97 Abs. 4. Jede Wasserstraßenverwaltung hat sich den Anschluß anderer Binnenwasserstraßen auf Kosten der Unternehmer gefallen zu lassen. Die gleiche Verpflichtung besteht für die Herstellung einer Verbindung zwischen Binnenwasserstraßen und Eisenbahnen[29]).

Art. 171[30]). Die Staatseisenbahnen, Wasserstraßen und Seezeichen gehen spätestens am 1. April 1921 auf das Reich über.

Soweit bis zum 1. Oktober 1920 noch keine Verständigung über die Bedingungen der Übernahme erzielt ist, entscheidet der Staatsgerichtshof.

Beilage A zu Anmerkung 1.

Reichs-Gewerbeordnung § 6.

§ 6 Abs. 1[1]). Das gegenwärtige Gesetz findet keine Anwendung auf die Fischerei, die Errichtung und Verlegung von Apotheken, die Erziehung von Kindern gegen Entgelt, das Unterrichtswesen, die advokatorische und Notariats-Praxis, den Gewerbebetrieb der Auswanderungsunternehmer und Auswanderungsagenten, der Versicherungsunternehmer und der Eisenbahnunternehmungen[2]) [3]) [4]), die Befugniß zum Halten öffentlicher Fähren und die Rechtsverhältnisse der Schiffsmannschaften auf den Seeschiffen. — Auf das Bergwesen, die Ausübung der Heilkunde, den Verkauf von Arzneimitteln,

---

behörden weitergehende Rechte vor. Beispiel: unten I 7 Beil. B Ziff. IX 2. Ausführlich üb. Auff. u. Tariffestsetzung: Fritsch VZ **1930** 181.

[28]) Nach Art. 96 kann das Reich militärische Anford. an die Benutzung der Schienenwege stellen; im militär. Interesse Bauten zu verlangen ist das Reich nicht auf Grund Art. 96 zuständig. — Art. 96 verpflichtet alle Bahnen des öff. Verkehrs, auch Kleinbahnen. S. ferner RBahnG § 13.

[29]) Vgl. Art. 94 Abs. 3. Eine Verpflicht. der Eisenbahnen, sich den Anschluß v. Wasserstraßen gefallen zu lassen, spricht Art. 97 nicht aus.

[30]) Art. 171 ist bez. der Eisenbahnen AusfBest zu Art. 89. Unter Staatseisenbahnen sind desh. nur Großbahnen zu verstehen, nicht z. B. Hafenbahnen. StGHof 21. Juni 24 EE **42** 150 bezieht Art. 171 m. E. zu Unrecht auf alle Bahnen, die am 1. April 1921 „im Eigentum eines Landes" standen, nicht nur auf die Staatseis. der Länder, die m. d. Reiche den StVtr 1920 geschlossen haben.

[1]) Die Unanwendbarkeit der GewO auf den Betrieb der D. Reichsbahn ist durch RBahnG § 16 (5) völkerrechtlich festgelegt; vgl. dazu Jäger VZ **1926** 775 u. Sarter-Kittel S. 162f. Neuere bedenkliche Auslegung des § 16 (5), die auch für obigen § 6 gelten muß, unten I 5 Anm. 76.

[2]) Eisenbahnen i. S. des § 6 sind alle Eis. des öff. Verkehrs, sowohl Groß- wie Kleinbahnen. Gleim KleinbG S. 66; Landmann GewO Anm. 10 zu § 6, Anm. 3 zu § 37; Gordan EE **25** 339; E 1. Mai 05 (EVBl 163). Dagegen fallen nicht unter § 6, unterstehen also der GewO: Privatanschlußbahnen (E 22. April 93 EVBl 183) u. EisBauunternehmungen RG 8 51, Landmann a. a. O.

[3]) Lange Zeit hindurch hat die herrsch. Meinung u. vielfach auch die Praxis der EisVerwaltungen die Ausnahmevorschr. des § 6 nur auf das eigentl. Transportgewerbe, nicht auch auf solche „Nebenbetriebe" der Eis. bezogen, die — wie Reparaturwerkstätten, Gas- u. sonstige Lichterzeugungsanstalten, Schwellentränkungsanstalten — keinen selbständ. GewBetrieb, sondern ein Zubehör des Hauptbetr. bilden. Diese Unterscheid. zw. Haupt- u. Nebenbetr. ist als weder im Wortlaute des G noch in der Sache begründet allmählich fallen gelassen worden u. kann jetzt als aufgegeben gelten. Österlen VZ **01** 485; Nelken Arbeiterschutzgesetze 770; Landmann Anm. 10 zu § 6; Gordan EE **25** 337; OLG Frankfurt Arch **02** 1352; OLG Stuttgart VZ **03** 388; KG EE **21** 375; OLG. Köln EE **24** 357; Reichsarbeitsgericht EE **48** 343. Regiebauten der EisVerw. fallen unter § 6 jedenfalls, soweit sie Umbauten einer im Betriebe befindl. Anlage sind. OV **69** 418.

[4]) Aus der Ausnahme des § 6 ergibt sich im einzelnen folgendes.

A. Der Grundsatz der Gewerbefreiheit (GewO § 1) gilt nicht f. Eis. des öff. Verkehrs. Die zur Konzessionierung v. Großbahnen od. zur Genehmigung v. Kleinbahnen zuständigen Stellen sind also durch die GewO nicht gehindert, die Zulassung Privater zum Betriebe solcher Bahnen abzulehnen od. an Bedingungen zu knüpfen.

B. Die nach GewO § 16 erford. gewerbepolizeil. Genehmigung zur Errichtung gewisser f. d. Nachbarschaft störender oder gefährlicher Anlagen (z. B. Gasanstalten, Hammerwerke, Metallgießereien) braucht eine Groß- od. Kleinb., die solche Anlagen f. ihren Bahnbetrieb herstellen will, nicht einzuholen. Für Preußen ist das — unter Aufhebung älterer entgegenstehender Anordnungen — durch E 26. Juli 1912 IV B 8. 740 festgestellt worden.

C. Die nach GewO § 24 nötige gewerbepolizeiliche Genehmigung zur Anleg. v. Dampfkesseln ist nicht einzuholen für DK. v. Lokomotiven auf Groß-, Klein- u. solchen PrAnschlBahnen, deren Lok. auf der anschließ. Groß- od. Kleinbahn verkehren sollen; für alle sonstigen DK. im EisBetriebe wird sie n. d. in Preußen geltenden Best eingeholt. Diese Best sind zusammengest. in den „Vorschriften üb. d. Behandl. d. DKAnlagen u. Lokomotiven in sicherheits- u. baupoliz. Bezieh." — Kesselvorschriften (K. V.) —, eingeführt mit E 24. Feb. 12 (EVBl 56), durch spätere Erlasse in Einzelheiten geändert. Daneben gelten für Kleinbahnen die in Hein-Krüger KleinbG Bd. II S. 171ff. abgedruckten Anordn. (zusammenhäng. Darstell. für Klein- u. PrAnschlBahnen bei Hein-Krüger Anm. zu KleinbG §§ 20, 47).

In den KV sind folgende Bestimmungen (durch Abdruck od. Einarbeiten) berücksichtigt (s. auch Fritsch EisRecht § 42):

A) Lokomotiven von Groß- u. Kleinbahnen.
 a) **BO § 43.**
 b) Anw des Min. d. öff. Arb. betr. Genehm. u. Untersuch. der Lok. u. Tender („AnwMdöA."):

den Vertrieb von Lotterieloosen und die Viehzucht findet das gegenwärtige Gesetz nur insoweit Anwendung, als dasselbe ausdrückliche Bestimmungen darüber enthält.

KV S. 53ff., ergänzt u. geänd. durch die mit Vf 31 D 17034 v. 8. März 26 eingef. Vorschr. f. d. Prüf. u. Untersuch. der mit Dampf betrieb. Reichsbahnlokom. (mit Nachträgen).
c) KleinbG § 20 mit AusfAnw. u. Betriebsvorschr.
B) Andere Dampfkessel.
a) GewO §§ 24, 25.
b) KleinbG § 47 in Verb. mit § 20.
c) Bek des Reichskanzlers betr. allg. polizeil. Best. üb. d. Anleg. v. Landdampfkesseln 17. Dez. 08 (KV S. 93, später mehrfach geändert).
d) Anw. des Preuß. Handelsmin. betr. Genehm. u. Untersuch. der DK. („AnwHM.") 16. Dez. 09 (KV S. 9ff.), beruhend auf der GewO, später geänd.;
e) E d. HandMin. betr. Best für Dampffässer 17. Aug. 29 (HMinBl 259).

Übersicht über den hauptsächlichen Inhalt der Bestimmungen.

I. Lokomotiven.
1. Großbahnen. Es gelten BO u. AnwMdöA, nicht AnwHM. BO § 43 ordnet Abnahmeprüfung u. wiederkehrende Untersuchungen an, worüber Buch zu führen ist; Zuständigkeit dafür: AnwMdöA. § 12. Nach der AbnPrüfung Genehmigung zur Inbetriebnahme b. d. Reichsbahn durch Direktion, bei privaten Großbahnen durch EisKommissar, jetzt Reichsbevollm. für Privatbahnaufsicht: AnwMdöA. § 1. Urkundenausstellung, Buchungen: das. §§ 1, 11, 14. Gebührenpflicht bei Privateis. das. §§ 4, 15. Freizügigkeit der Lok. das. § 5. Kessel der Privatkesselwagen: Vf 38 D 549 v. 3. März 26. Übertragung der Prüfungen usw. auf bestimmte Beamte durch den Präs. der RBDirekt. E VI 66 D 13082 v. 28. Sept. 20 u. 31 MK 16 v. 20. Juli 29.
2. Kleinbahnen: Es gilt KleinbG § 20 mit AusfAnw u. Betriebsvorschriften, nicht AnwHM. Vorschriften ähnlich denen für private Nebenbahnen. Zuständig für Prüfungen usw. die eisenbahntechn. Aufsichtsbehörde. GebührenO 13. April 28 HMinBl 96.
3. Privatanschlußbahnen u. sonstige nicht öffentl. Bahnen. Maßgebend KleinbG § 47 u. AnwHM., in die die Vorschriften des Reichsrechts, namentlich der für PrAnschlB. usw. geltenden GewO eingearbeitet sind. Hauptinhalt:
a) Kessel von Lok. solcher PrABahnen (einschl. Bergwerksbahnen), deren Maschinen auf der anschließenden Eisen- oder Kleinbahn verkehren, werden nicht nach AnwHM., sondern wie Kessel von Lok. der Privateis. (vorst. I 1) behandelt; zuständig zur Genehm., Inbetriebsetzung u. Überwachung die eisenbahntechn. Aufsichtsbehörde. AnwHM. § 1 III.
b) Auf die Kessel in Lok. anderer Anschlußbahnen (außer den Bergwerksbahnen) findet der die Anlegung der DK. behandelnde Abschnitt II der AnwHM. Anwendung, d. h. sie bedürfen der gewerbepol. Genehm. (unten II); zur Inbetriebsetzung u. Überwachung ist die eisenbahntechn. Aufsichtsbeh. zuständig. AnwHM. § 1 IV.
c) Für die Kessel solcher Lok. der Bergwerksbahnen, die nur auf der Bergwerksbahn selbst verkehren, und für die Kessel von Lok. aller nicht öff. Bahnen, die nicht Privatanschlußbahnen sind, gilt AnwHM. in vollem Umfange, d. h. sie werden behandelt wie bewegl. Dampfkessel, die nicht Zubehör eines Bahnunternehmens sind. Die EisBehörde wirkt nicht mit. AnwHM. § 1 V.
d) GebührenO wie bei 2.

Zu 1—3. Vornahme der Prüfungen durch Ingenieure der staatlich beauftr. Dampfkesselüberwachungsvereine: E 5. Okt. 12 (EVBl 403) u. 6. Dez. 23 (V b 7. 15. 4003).

II. Sonstige Dampfkessel. Es wird unterschieden zwischen feststehenden und beweglichen Dampfkesseln; bewegliche sind solche, die an wechselnden Betriebsstätten verwendet werden, z. B. zum Auspumpen v. Baugruben, zum Betriebe v. Drehscheiben u. dgl. Sie unterliegen der AnwHM. auch bei Groß- und Kleinb. (obwohl für sie die GewO nicht gilt!)

Wichtigste Punkte:
1. Anlegung. Es ist gewerbepol. Genehm. erforderlich. Zuständig ist für die den Bergbehörden unterstellten Betriebe das Oberbergamt, sonst nach ZustG § 109 (s. AnwHM. § 9):
a) in Stadtkreisen der Stadtausschuß,
b) in den nicht kreisfreien Städten mit mehr als 10000 Einwohnern und in allen Städten der Provinz Hannover, für die die revidierte Städteordnung vom 24. Juni 58 gilt (ausgenommen die in der KreisO f. Hannover 6. Mai 84 § 27 Abs. 2 genannten), der Magistrat (Kolleg. Gemeindevorstand),
c) im übrigen der Kreisausschuß.

Das Verfahren ist in AnwHM. §§ 7—11 an Hand der GewO eingehend geregelt.
2. Zuständigkeit für Prüfungen, Druckproben, Untersuchungen: AnwHM. § 2 I.
3. Vor Inbetriebsetzung: Bauprüfung, Wasserdruckprobe, Abnahmeprüfung (AnwHM. §§ 19ff.).
4. Regelmäßige Untersuchungen (äußere, innere Unters., Wasserdruckproben) AnwHM. §§ 28ff.
5. GebührenO für Private: Anlage zur AnwHM. (KV Seite 69ff., später mehrfach geändert), ferner VerwaltungsgebührenO 30. Dez. 26 (GS 327) Tarifstelle 2. 24. 50.
6. Werkstoffvorschriften für Landdampfkessel: Bek 15. Sept. 26 Reichsanzeiger Nr. 238.

D. Gegen eine gewerbepol. genehm. Anlage kann aus dem Nachbarrechte nicht ein Anspruch auf Einstellung des Betriebs hergeleitet werden. GewO § 26. Ferner bestimmt BGB EG Art. 125:

Unberührt bleiben die landesgesetzlichen Vorschriften, welche die Vorschrift des § 26 der Gewerbeordnung auf Eisenbahn-, Dampfschifffahrts- und ähnliche Verkehrsunternehmungen erstrecken.

Im preuß. Rechte gilt dieser Grundsatz für alle Eis. Näheres unten I 7 Anm. 11 A II.

E. Die die gewerblichen Arbeiter betr. Vorschr. u. GewO Tit. VII gelten nicht f. d. Arbeiter der Haupt-, Neben- u. Kleinbahnen, auch nicht für d. sog. Nebenbetriebe (die Praxis der EisVerw. hat in diesem Punkte lange hin und her geschwankt). — Polizeiverordnungen üb. Arbeiterschutz beruhen auf GewO § 120 E u. gelten desh. für die Eisenbahnen nicht, unbeschadet des Umstandes, daß sie inhaltlich v. d. Bahnverwaltungen beachtet werden.

F. Die Gewerbeaufsichtsbeamten (GewO § 139b) haben in Werkstätten v. Groß- u. Kleinbahnen keine Aufsichtsbefugnisse. Beanspruchen sie solche b. Anstalten d. Reichsbahn u. kann eine MeinVerschied. zw. dem Lande, das die Zuständ. seiner GAufsBeamten behauptet, u. der RBGesellschaft nicht auf and. Wege beigelegt w., so entscheidet gemäß RBahnG § 43 (2) d. Reichsbahngericht.

G. Auf GewO § 152, der den gewerbl. Arbeitern die Vereinigungsfreiheit gibt, könnten sich Arbeiter der Groß- u. Kleinbahnen nicht berufen, da die GewO nicht f. sie gilt. Aber RVerf Art. 159 (durch den übr. GewO § 152 außer Kraft gesetzt w. ist: RG **111** 199) „gewährleistet die VereinFreiheit zur Wahrung u. Förderung

3. Gesetz, betreffend den Staatsvertrag über den Übergang der Staatseisenbahnen auf das Reich. Vom 30. April 1920[1][2] (RGBl 773).

Die verfassunggebende Deutsche Nationalversammlung hat das folgende Gesetz beschlossen, das mit Zustimmung des Reichsrats hiermit verkündet wird:

---

der Arbeits- u. WirtschBedingungen ... für jedermann u. für alle Berufe". Daß in dieser VerFreih. nicht ein Streikrecht (auch nicht f. Beamte, vgl. RVerf Art. 130 Abs. 2) enthalten ist, weist nach: RG Arch **1923** 332; s. auch RDisziplHof das. 520, KG das. 331, ObLG München VZ **1923** 289. Dem Streik gleich steht passive Resistenz: RG 9. Juni 25, mitgeteilt mit Vf 59a 204. 414 v. 26. Sept. 25.

H. Es ist Aufgabe der Eis., den Reisenden zur Befried. der unterwegs auftret. Bedürfnisse nach körperl. Stärkung u. Erquick., nach Unterhaltung (Lektüre!) u. dgl. auch unterwegs Gelegenheit zu geben. Veranstalt. zu diesem Zwecke, z. B. Bahnhofswirtschaften, Speisewagen, Automaten, Wascheinrichtungen, Frisierstuben, Bahnhofsbuchhandlungen, Wechselstuben, Verkaufsstände verschied. Art dienen also den Zwecken des Transportgewerbes selbst u. stehen mit dem EisUnternehmen in solchem örtl. u. sachl. Zusammenh., daß sie sich als Bestandteile des Hauptbetriebs — Hilfsbetriebe — darstellen, u. zwar auch dann, wenn (wie üblich) die Eis. die Bewirtschaft. Dritten überträgt. Trotzdem herrschte früher die Ansicht vor, daß jene Anstalten den Vorschr. der GewO — z. B. §§ 33, 43 (Konzession), 41a (Sonntagsruhe), 139e (Ladenschluß) — u. den Vo üb. Polizeistund. unterworfen seien. Diese Ansicht führt u. U. dahin, daß üb. Bedürfnisse des EisVerkehrs, ja darüber, ob Bahnanlagen zweckmäßig u. ausreichend sind, nicht die zur Verwalt. u. Beaufsicht. des EisWesens, sondern die in Gewerbesachen zuständ. Behörden entscheiden (z. B. OVG **10** 251 u. in EE **3** 356). Heute wird ab. fast allgemein angenommen, daß jene Einricht. mindestens soweit nicht unter die GewO fallen, wie sie tatsächlich dem Reiseverkehre dienen. Landmann Anm. 10 zu § 6 u. 5a zu § 33, OLG Stuttgart VZ **03** 388, KG EE **20** 68; Automaten: OLG Köln EE **19** 315, KG EE **24** 122; BahnhWirtsch.: Seydel im Pr. VerwBl **25** 559 (auch VZ **04** 906, 1390, Arch **04** 977), Holzbecher VZ **07** 1421, Jäger VZ **1925** 1478, Kröner VZ **1926** 529, v. Olshausen VZ **1929** 486 — anders. OLG Dresden VZ **05** 277, KG EE **22** 379, **29** 353, OV VZ **1916** 235. Neuerdings sagt RG 3. April 24 Strafs **58** 137: „Eine Veranst., die nach Anordn. der Bahnverw. ausschl. dazu dienen soll, den n. d. Verkehrsauffass. sich bestimmenden Bedürfn. der Reisenden Rechn. zu tragen, wird allg. als ein Teil d. GewBetriebs der EisUnternehm. anzusehen sein u. verliert ihre Eigensch. als Hilfsbetrieb der Eis. auch nicht durch die bloße Möglichkeit einer Benutz. durch Nichtreisende. Deshalb kann es auch darauf nicht wesentl. ankommen, ob der betr. Betrieb sich außerhalb od. innerhalb der Bahnsperre abspielt"; m. d. Bestimm. der EisVerw. f. d. Zwecke d. Reiseverkehrs ab. müsse eine entsprech. Benutz. durch die Reis. handinhandgehen; handle es sich in casu wesentl. um Befried. des Kaufbedürfn. der Ortsbevölk., nicht des reis. Publ., so werde die Eigensch. der Anstalt als Hilfsbetrieb der Eis. zu verneinen sein. Im gleichen Sinne KG Arch **1925** 433, RG VZ **1926** 1156, Thüring. OV JW **1929** 2846; Kittel Anm. 2 zu EVO § 16. Einen Verkaufstand, der außerh. des Empfangsgebäudes an einer Verkehrstraße liegt u. tatsächlich überwieg. den Nichtreisenden dient, erkennt nicht als Hilfsbetr. an: KG EE **44** 183; anders. OLG Celle EE **48** 60. Wegen der Bahnwirtsch. noch immer a. M. OV **80** 365 (dagegen: Jäger VZ **1926** 773 u. JW **1926** 2314), teilw. auch OLG Naumburg VZ **1926** 1122 (dagegen: Rasmus das. 1122) u. OLG Rostock EE **46** 260; ferner bez. der Polizeistunde (StGB § 365 Abs. 2): RG Strafs **37** 260 (dagegen: Gerstberger u. Weber VZ **05** 455 u. 700; Machate VZ **1928** 640); OLG Dresden EE **45** 263, JW **1927** 1527, EE **47** 344 (auch wegen der Frisierstuben); vgl. auch Olshausen Anm. 2b zu StGB § 365; anders. OLG Breslau VZ **1928** 1112 und v. Olshausen VZ **1929** 486.

Anweisungen i. S. des U RG 3. April 24 enthalten: E 14. Nov. 19 V 53. 201. 300 (Buchhandl.), E 26. Okt. 23 E VI 66. 8772 (Frisierst.); Vf 18. 182d 91 v. 13. Aug. 24, 47. 182d 179 v. 9. Dez. 24, 47. 182d 87 v. 4. Mai 25, 47. 470d 179 v. 8. Okt. 25 (Verkaufstände). Danach soll die Eis. bei VerkStänden außerh. der Sperre bez. des Ladenschlusses in der Durchführ. des grundsätzl. Standp. nicht üb. das Maß des sich aus der Zuglage ergeb. Bedürfn. hinausgehen. E 18. Juli 05 EVBl 212, nach dem BWirtsch. außerh. der Sperre im allg. als konzessionspflichtig anzusehen waren, ist durch Vf 47. 182a 43 v. 11. Aug. 25 aufgehoben w.; vgl. auch Vf 47. 470a 218 v. 4. Dez. 25. Neuerdings hat Vf 47. 470d 10 v. 21. Jan. 27 (auch abgedr. in HMinBl S. 84) Richtlinien f. d. Behandl. jener Anstalten bekanntgegeben, die v. d. beteil. Zentralstellen vereinbart u. vom Reichsrat angenommen w. sind; Ergänzung: Vf 47. 470d 80 u. 186 v. 29. März u. 6. Sept. 27. Die RLinien zeigen ein gewisses Entgegenkommen der RBGesellschaft gegen die v. Standp. des RG abweich. Ansichten; näheres: Pischel, Die Reichsbahn **1927** 602, **1929** 247. Sie sollen auch f. Klein- u. private Großbahnen gelten: E 14. Mai u. 24. Juni 27 HMinBl 190 u. 268. (Hier sei noch erwähnt, daß nach RG VZ **1927** 364 die üblichen Pachtverträge üb. BWirtsch. nicht Mietverträge, sondern — wenn nicht Dienstverträge — Pachtverträge sind u. schon deshalb den §§ 1—31 MieterschutzG, Bek 17. Feb. 28 RGBl I 25, nicht unterliegen.)

[1]) Inhalt. Das G mit dem zugehör. StVtr brachte f. d. Staatseis. der Länder die Erfüllung der in RVerf Art. 89 Abs. 1 dem Reiche gestellten Aufgabe, indem es diese Eis. in Eigentum u. Betrieb des Reichs überführte, u. zwar 1 Jahr vor dem nach RVerf Art. 171 in Aussicht genommenen spätesten Zeitpunkt. Inh. im einzelnen: § 1 Gegenstand. § 2 Grundeigentum. §§ 3—7 Abfindung. §§ 8—16 allgemeine Best. §§ 17—20 Bauten. §§ 21, 22 Fahrpläne, Tarife. § 23 Lieferungen. § 24 Organisation. §§ 25—42 Personal. § 43 Auslegung. — Zum StVtr gehört ein Schlußprotokoll, das oben im Texte auszugsweise hinter der zugehör. Best. des StVtr abgedruckt ist. — Quellen: NatVers. Drucks. 2472 (Entw. u. Begr.). 2748 (KomB); StB 5399. 5410. Bearb. Kittel 1920, Sarter-Kittel S. 278ff.; s. auch Sarter, Die Reichseisenbahnen, 1920.

[2]) Nur vier Jahre hat die durch den StVtr geschaffene Rechtslage unverändert bestanden; mit Inkrafttr. des Reichsbahngesetzes (unten I 5) im Herbste **1924** hat das Reich für vierzig Jahre seine durch den StVtr erworb. Rechte großenteils, nam. den Betrieb der Bahnen selbst, auf die Deutsche Reichsbahn-Gesellschaft übertragen. An den Verpflicht., die das Reich durch den StVtr gegen die Länder übernommen hat, ist damit an sich nichts geändert w.; aber nach RBahnG § 43 treffen diese Verpfl. die Gesellschaft nur teilweise. Welche Berechtigungen u. Verpflicht. des Reichs nach § 43 auf die Ges. **nicht** übergeg. sind, wird oben im Vertragstexte bei den einzelnen Best des StVtr durch AnmZeichen[2]) und eckige Klammern ([ ]) kenntlich gemacht. Wegen der f. e. Übergangszustand getroff. Einricht. des Unternehmens Deutsche Reichsbahn s. unten I 5 Anm. 26.

Der nachfolgende Staatsvertrag über den Übergang der Staatseisenbahnen auf das Reich wird genehmigt und tritt — unbeschadet seiner Eigenschaft als Vertrag[3]) — mit Wirkung vom 1. April 1920 mit der Maßgabe als Gesetz[4]) in Kraft, daß die Bestimmungen des § 2 Abs. 3 und 4, der §§ 8, 10, 12 bis 24 und 37 für die nicht am Vertrage beteiligten Länder des Reichs sinngemäß gelten[5]).

Staatsvertrag

Die Reichsregierung und die Regierungen von Preußen, Bayern, Sachsen, Württemberg, Baden, Hessen, Mecklenburg-Schwerin und Oldenburg schließen unter Vorbehalt der Zustimmung der gesetzgebenden Versammlungen den nachstehenden Vertrag:

§ 1. Vertragsgegenstand. Rechtsnachfolge

1. Die Staatseisenbahnen der vertragschließenden Länder (im folgenden „Länder" genannt) gehen am 1. April 1920 in das Eigentum des Reichs über.

[6]) 2. Das Reich übernimmt das Eisenbahnunternehmen jedes Landes als Ganzes mit allem Zubehör und allen damit verbundenen Rechten und Pflichten. Der Eintritt des Reichs in die laufenden Verträge hat Rechtswirkung auch gegenüber den bisherigen Vertragsgegnern der Länder.

3. Mit den Eisenbahnen gehen auch ihre Nebenbetriebe[7]), soweit sie nicht schon als Zubehör anzusehen sind, insbesondere die Fähren, die Bodenseedampfschiffahrt, die Häfen und die Kraftwagenbetriebe auf das Reich über. Den Regierungen der Länder bleibt vorbehalten, einzelne solcher Nebenbetriebe von dem Übergang auf das Reich auszuschließen[8]).

[9]) **Schlußprotokoll** zu § 1

Das Reich wird die Bodenseedampfschiffahrt unter den gleichen Gesichtspunkten wie die Eisenbahnen einheitlich betreiben. Falls es die Verwaltung der Bodenseedampfschiffahrt an einer Stelle vereinigt, wird es vor der Bestimmung des Sitzes dieser Stelle den beteiligten Regierungen Gelegenheit zur Stellungnahme geben.

§ 2. Grundeigentum[10]) [11])

1. Alle Grundstücke der Länder, die Eisenbahnzwecken gewidmet oder für solche bestimmt sind, gehen in das Eigentum des Reichs über, gleichviel ob und unter welcher Bezeichnung das Land als Eigentümer im Grundbuch eingetragen ist. Das Gleiche gilt von Grundstücken, die Eisenbahnzwecken gewidmet waren und von Eisenbahnbehörden verwaltet werden. Ferner gehen alle der Eisenbahnverwaltung eines Landes zustehenden Rechte an Grundstücken auf das Reich über, auch solche, die durch Rechtsgeschäft nicht übertragbar sind. Grundstücke, die für die Eisenbahnverwaltung eingetragen, aber als für Eisenbahnzwecke dauernd entbehrlich anderen Staatsverwaltungen überwiesen sind, können auf Verlangen eines der Vertragschließenden vom Übergang auf das Reich ausgeschlossen werden.

2. Das Reich kann die Übertragung des Eigentums an Grundstücken, die von der Eisenbahnverwaltung und anderen Staatsverwaltungen gemeinschaftlich benutzt werden und nicht schon nach Abs. 1 auf das Reich übergehen, gegen Entschädigung beanspruchen, wenn sie vorwiegend Eisenbahnzwecken gewidmet sind. Überwiegt die Benutzung durch die Eisenbahnverwaltung nicht, so kann das

[3]) D. h. er kann nur durch neuen Vertrag, nicht durch einseit. Reichsgesetz geändert w.

[4]) D. h. die Best des StVtr haben für u. gegen Dritte die Bedeut. von Rechtssätzen. Kittel Anm. 2.

[5]) Diese Best gelten also f. d. ganze Reich, nicht nur f. d. im Eingange des StVtr als Vertragschließende genannten acht Länder. Sie werden oben im Vertragstexte durch AnmZeichen[5]) u. einen seitlichen Strich (|) kenntlich gemacht.

[6]) Als Gegenst. des Erwerbs ist nicht nur die damal. Staatsbahnorganisation, sondern der ganze in der sog. „Eisenbahnhoheit" zusammengefaßte Rechtskomplex zu verstehen, soweit er Großbahnen umfaßt; dazu gehören auch die Rechte gegenüber privaten Großbahnen, einschl. des Rechts auf ihren Erwerb. — Zu Ziff. 2 vgl. RG **106** 389. — Wegen des Eintretens des Reichs in Staatsverträge der Länder s. Neumeyer S. 25 Anm. 6.

[7]) Nebenbetriebe i. S. des § 1 sind nicht die oben I 2 Beil. A Anm. 3 genannten (Werkstätten usw.); diese gehören vielmehr als Bestandteile zum eigentl. EisBetriebe.

[8]) Ist für einzelne Häfen geschehen. Sarter-Kittel 1. Aufl. S. 55.

[9]) Das Schlußprotokoll ist nicht v. d. gesetzgebenden Faktoren genehm. worden, sondern eine Regierungsvereinbarung (der vertragschließ. Regierungen) u. kann wie jede solche durch einfache Vereinb. geändert werden. — Es gilt nur f. d. 8 Länder, die den StVtr mit d. Reiche abgeschlossen haben. Kittel S. 42 Anm. 1 u. S. 278.

[10]) Zu § 2 hat das RVerkehrsminist. Zweigstelle Preußen-Hessen durch E 31. Mai 21 V 52. 202. 124 eine Anw an die EisDir. erlassen, die u. a. nähere Best über die in Abs. 3 bezeichneten Urkunden enthält; ferner stellt der E fest, daß zu den Grundst., die nach Abs. 1 in das Eigentum des Reichs übergeg. sind, auch solche gehören, die für spätere Erweiterungen erworben sind, sowie Restgrundstücke u. freigewordenes Bahnhofsgelände, das zum Verkaufe bestimmt ist. Nach dem E hat die Reichsregierung den Ländern zugesichert, daß sie vor der Veräuß. eines Grundst. die Regierung des Landes, in dem es liegt, v. d. Entbehrlichkeit verständigen wird; das Verfahren hierbei ist im E vorgeschrieben.

[11]) Das Reich bleibt Eigentümer der nach § 2 in sein Eigentum übergeg. Grundstücke auch während der Zeit, während deren die RBGesellschaft den Betrieb der Reichseis. führt. RBahnG § 6 (1).

Reich die Weiterbenutzung gegen eine angemessene jährliche Vergütung, im übrigen unter den bisherigen Bedingungen beanspruchen.

[5]) [12]) 3. Das Eigentum und die Rechte an Grundstücken gehen auf das Reich über, ohne daß es dabei der Beobachtung der für die Übertragung des Eigentums oder des Rechts vorgeschriebenen Form bedarf. Die Reichseisenbahnbehörden und die mit der Abwicklung der bisherigen Verwaltung in den Ländern beauftragten Stellen[12]) werden in gemeinsam ausgestellten öffentlichen Urkunden den Grundbuchämtern die Grundstücke und die Rechte an Grundstücken bezeichnen. Auf Grund dieser Urkunden ist das Grundbuch zu berichtigen.

[5]) 4. Steuern, Gebühren, Kosten und Auslagen dürfen aus Anlaß des Eigentumswechsels weder durch das Reich, noch durch die Länder oder andere Steuerberechtigte in den Ländern erhoben werden.

[9]) **Schlußprotokoll** zu § 2 [13])

Das Reich wird die Durchführung von Starkstromleitungen für die allgemeine Elektrizitätswirtschaft der Länder durch das Bahngelände gestatten, soweit die Betriebsinteressen der Eisenbahn das zulassen. Andere Gebühren als Anerkennungsgebühren sollen dafür nicht erhoben werden.

[§ 3. Abfindung[2]) [14])

1. Als Abfindung für die Übertragung des gesamten Eisenbahnunternehmens gewährt das Reich den Ländern nach Wahl jedes Landes[15]) entweder

a) den Betrag des Anlagekapitals nach dem Stande vom 31. März 1920 oder

b) den Betrag des Anlagekapitals nach dem Stande vom 31. März 1920, erhöht um die Hälfte des Betrages, um den der nach den Ergebnissen der Rechnungsjahre 1909 bis 1913 ermittelte Ertragswert dieses Anlagekapital übersteigt, sowie

c) in beiden Fällen Ersatz der Fehlbeträge, die bei den Eisenbahnverwaltungen der Länder in der Zeit vom Beginne des Rechnungsjahres 1914 bis zum 31. März 1920 entstanden sind, abzüglich der in diesen Fehlbeträgen enthaltenen Ausgaben, die auf Grund besonderer gesetzlicher Vorschrift den Ländern vom Reiche erstattet werden.

2. Das Anlagekapital und der Ertragswert sind nach den in der Beilage[16]) dargelegten Grundsätzen zu berechnen.

3. Als Fehlbeträge gelten die Beträge, um die im einzelnen Rechnungsjahre die Betriebsausgaben und der Anteil der Eisenbahnverwaltung an den Aufwendungen für Verzinsung, Tilgung und Verwaltung der Staatsschulden die Betriebseinnahmen überstiegen haben. Ausgaben, die dem Anlagekapital zugerechnet werden, sind aus den Betriebsausgaben auszuscheiden.]

[§ 4. Zahlung und Stundung der Abfindung[2]) [14])

1. In Anrechnung auf die Abfindung übernimmt das Reich die schwebenden Schulden der Länder zum Nennwert nach dem Stande vom 31. März 1920 mit Wirkung vom 1. April 1920. Nähere Vereinbarungen bleiben vorbehalten. Die für die Zeit nach dem 31. März 1920 gezahlten Zinsen werden vom Reiche erstattet.

[17]) 2. Auf Verlangen eines Landes wird das Reich in Anrechnung auf die Abfindung durch Reichsgesetz die fundierten Schulden dieses Landes in der Weise übernehmen, daß nach Wahl des Landes entweder das Reich alleiniger Schuldner wird oder neben dem als Hauptschuldner haftenden Reiche das Land als selbstschuldnerischer Bürge haftet. In beiden Fällen wird das Reich die Tilgung nach den bisherigen Bestimmungen der Länder vornehmen. Die Schulden des Landes werden

a) wenn die Abfindung nach § 3 Abs. 1a festgesetzt worden ist, zu dem mit $22^2/_9$,

b) wenn die Abfindung nach § 3 Abs. 1b festgesetzt worden ist, zu dem mit 25 vervielfältigten Betrage der Jahreszinsen nach dem Stande vom 31. März 1920 angerechnet.

[18]) 3. Der durch die Übernahme schwebender oder fundierter Schulden nicht gedeckte Rest der Abfindung wird gestundet und vom Reiche den Ländern, deren Abfindung nach § 3 Abs. 1a festgesetzt

---

[12]) Die Beibringung der in Abs. 3 bezeichn. Urkunden ist Voraussetzung f. d. Bericht. des Grundbuchs. KG 26. Mai 21 1 X 130. 21. 209, mitgeteilt mit E 13. Juli 21 Pr. VI 69. 202. 194. — Abwicklungsstellen der Länder: Schlußprot. zu § 27.

[13]) Entstehen wegen der Verpflichtungen aus dem StVtr, die nach RBahnG § 43 auf die RBGesellschaft übergegangen sind, Streitigkeiten zw. den Ländern u. der Ges., so entscheidet nach RBahnG § 43 (2) das Reichsbahngericht; die Länder führen den Streit durch Vermittl. d. Reichs.

[14]) Die §§ 3—7 gelten nach RBahnG § 43 nicht f. d. RBGesellschaft; diese hat m. d. Abfindungsregelung nichts zu tun. Sarter-Kittel S. 281 Anm. 1.

[15]) Preußen hat sich für die Alternative 1b entschieden. G 16. Nov. 20 (GS 73).

[16]) Hier nicht abgedruckt.

[17]) Welchen Gebrauch die Länder von ihren Rechten aus Abs. 2. 4 gemacht haben, ergibt das G 29. Juli 22 unten Beilage A.

[18]) Zur Begleichung der Restschuld hat das Reich den am Vertrage beteiligten Ländern einen Anteil an

worden ist, mit 4½ vom Hundert, den Ländern, deren Abfindung nach § 3 Abs. 1b festgesetzt worden ist, mit 4 vom Hundert verzinst. Die Zinsen sind bis auf anderweite Vereinbarung am Schlusse jedes Kalendervierteljahrs zu zahlen. Über die Tilgung bleibt nähere Vereinbarung vorbehalten.

[17]) 4. Ein Land, das von dem ihm nach Abs. 2 zustehenden Rechte der Übertragung fundierter Schulden auf das Reich nicht Gebrauch macht, kann verlangen, daß für seine am 31. März 1920 bestehenden Schulden vom Reiche durch Reichsgesetz die selbstschuldnerische Bürgschaft übernommen wird.

5. In den Fällen des Abs. 2 wird bis auf weitere Vereinbarung die Verwaltung der auf das Reich übergehenden Schulden der Länder von diesen auf Kosten des Reichs geführt. Schuldbuchforderungen werden nach näherer Vereinbarung in solche gegen das Reich umgewandelt.

6. Über den nicht durch Übernahme von Schulden gedeckten Rest der Abfindung erteilt das Reich den Ländern Schuldscheine.]

[§ 5. Sicherung[2]) [14]) [19])

1. Das Reich verpflichtet sich, die Zinsen und Tilgungsbeträge für die übernommenen fundierten Schulden und für den nicht durch Übernahme von Schulden der Länder gedeckten Teil der Abfindung an erster Stelle aus den Rohüberschüssen der Reichseisenbahnverwaltung (Überschüsse der ordentlichen Einnahmen über die fortdauernden Ausgaben) zu bezahlen. Als ordentliche Einnahmen und fortdauernde Ausgaben sind die im Kapitel 3 und 87 des Haushalts der Reichseisenbahnen für das Rechnungsjahr 1918 enthaltenen Einnahme- und Ausgabeposten anzusehen. Hierdurch wird an der Haftung des Reichs in dem Falle nichts geändert, daß ein Rohüberschuß nicht erzielt wird oder daß der Rohüberschuß zur Deckung der Zinsen und Tilgungsbeträge nicht ausreicht.

2. Das Vermögen und die Einkünfte der Reichseisenbahnverwaltung haften nicht für die vor dem 1. April 1920 entstandenen Schulden des Reichs.

3. Auf Verlangen eines Landes wird das Reich zur Sicherung des gestundeten Teiles der Abfindung den Ländern ein Pfandrecht an den zum Eisenbahnunternehmen des Reichs gehörenden Grundstücken und sonstigen Vermögensgegenständen einräumen[20]).]

[§ 6. Feststellung der Abfindung[2]) [14])

1. Die für die endgültige Abfindung maßgebenden Beträge werden gemeinsam festgestellt werden, wenn die Rechnungsergebnisse für die Zeit bis zum 31. März 1920 vorliegen. Vorläufig werden sie durch gemeinsame Schätzung ermittelt.

2. Die Länder haben alsbald nach Abschluß dieses Vertrags zu erklären, ob sie die Abfindung nach § 3 Abs. 1a oder b wählen[15]) und ob sie gemäß § 4 Abs. 2 die Übernahme der fundierten Schulden durch das Reich verlangen[17]). Die Wahl der Abfindung nach § 3 Abs. 1a oder b kann innerhalb einer vom Reichsverkehrsminister zu bestimmenden Frist von mindestens einem Monat nach endgültiger Feststellung der für die Abfindung maßgebenden Beträge geändert werden.

3. Bis zur endgültigen Feststellung der Abfindung verzinst das Reich den Ländern den Betrag, um den die um 10 vom Hundert verminderte geschätzte Abfindung die Summe der vom Reiche übernommenen Schulden übersteigt. Nach endgültiger Feststellung der Abfindung werden die zuviel oder zuwenig gezahlten Zinsen ausgeglichen.]

[9]) **Schlußprotokoll** zu § 6 [21])

Das Reich wird die bisherigen Bankverbindungen der Eisenbahnstellen in den Ländern bis auf weiteres aufrechterhalten.

[§ 7. Befreiung von Reichssteuern[2]) [14])

1. Die nach diesem Vertrag an die Länder zu zahlenden Zinsen und Tilgungsbeträge sind frei von Steuern und Abgaben des Reichs.

2. Das Reich wird aus der Übernahme der Eisenbahnen keinen Anlaß zur Kürzung der den Ländern gewährleisteten Anteile an den Steuereinnahmen entnehmen[22]).]

---

den Stammaktien der Reichsbahn-Gesellschaft u. an der Dividende zugesagt, die es aus dem ihm verbliebenen Teile dieser Aktien zu erwarten hat (s. RBahnG § 3), ferner für die Zeit nach Erlöschen der Reparationsverpflichtungen eine Beteiligung an der Verwaltung der Reichseis. u. an ihren Reinerträgen. Näheres Sarter-Kittel, 1. Aufl. S. 97ff., 2. Aufl. S. 232. Die Angeleg. schwebt noch.

[19]) Für die Dauer des Betriebsrechts der RBGesellschaft ist § 5 unwirksam; s. RBahnG § 7.

[20]) Dazu wäre ein Reichsgesetz nötig (Kittel Anm. 3); für die Dauer des Betriebsrechts der RBGes. kann aber, wie sich aus RBahnG §§ 5ff. ergibt, das Reich nicht über die Reichseis. verfügen, namentlich kommt § 8 in der Neufass. des RBahnG nicht in Frage, da er nur Pfandbestell. durch die RBGesellschaft behandelt, die Ges. aber nicht f. d. Abfind. der Länder haftet (oben Anm. 14).

[21]) Gilt auch f. d. RBGesellschaft.

[22]) D. h. die Übernahme der Staatseis. auf das Reich gilt nicht als Übernahme einer Aufgabe i. S. LandessteuerG 30. März 20 (RGBl 402) § 56 Abs. 3 (jetzt FinanzausgleichsG in Fassung der Bek 27. April 26, RGBl I 203 § 58 Abs. 3), berechtigt also das Reich

§ 8. Veräußerung, Verpfändung[5])

Zu einer Veräußerung oder Verpfändung der durch diesen Vertrag erworbenen Eisenbahnen bedarf das Reich der Zustimmung der Landesregierungen[23]).

§ 9. Einnahmen und Ausgaben[24])

Vom 1. April 1920 an fließen alle Einnahmen dem Reiche zu und werden alle Ausgaben vom Reiche bestritten.

§ 10. Geltung der Landesgesetze[5]) [13])

1. Die Gesetze und Verordnungen der Länder über das Eisenbahnwesen bleiben unbeschadet der Bestimmungen der Reichsverfassung[25]) bis zu einer anderweitigen reichsgesetzlichen Regelung insoweit in Kraft, als die Voraussetzungen für ihre Anwendung nach dem Übergange der Eisenbahnen auf das Reich noch gegeben sind[26]).

2. Die Länder werden gesetzliche oder sonstige Bestimmungen, die Eisenbahnen des allgemeinen Verkehrs betreffen, nur im Benehmen mit der Reichsregierung[27]) erlassen.

§ 11. Eintritt in Staatsverträge[13]) [28])

Das Reich tritt in die Staatsverträge der Länder ein, soweit sie Rechte und Pflichten für die Eisenbahnverwaltung begründen.

§ 12. Rechtsstellung der Reichseisenbahnbehörden[5])

Den Reichseisenbahnbehörden stehen alle Befugnisse öffentlich-rechtlicher Art zu, die bisher den Eisenbahnbehörden der Länder zugestanden haben[29]).

§ 13. Aufsicht über Privateisenbahnen[5]) [30])

Die dem Reiche zustehende Aufsicht über die Privateisenbahnen (Artikel 95 der Reichsverfassung) wird gemäß den Gesetzen (vgl. § 10), Genehmigungsurkunden und Staatsverträgen der Länder ausgeübt.

§ 14. Bahnen des allgemeinen Verkehrs. Entscheidung über diese Eigenschaft[5]) [31])

1. Der Reichsverkehrsminister kann erklären, daß eine private Nebeneisenbahn, deren Verkehrsbedeutung so gering ist, daß sie nicht als Teil des allgemeinen deutschen Eisenbahnnetzes gelten kann, keine Eisenbahn des allgemeinen Verkehrs ist.

---

nicht zu einer Kürzung der durch dieses G den Ländern gewährleisteten Einnahme. Z. Z. (Anm. 19) hat die Vorschr. keine Bedeutung, da das Reich seine Bahnen nicht betreibt.

[23]) A. Die Einschränkung des dem Reiche zusteh. Verfügungsrechts gilt nicht für alle einzelnen zum EisUnternehmen gehör. Gegenstände, sondern nur für das Unternehmen als Ganzes, zustimmen müssen alle Länder, auch die nicht am StVtr beteiligten. Kittel Anm. 1, 2.
B. Soweit in dem Inhalte des Reichsbahngesetzes (§§ 4—6) eine Verfügung der oben bezeichn. Art gefunden werden kann, ist der Anford. des § 8 dadurch entsprochen worden, daß bei der Abstimmung im Reichsrat über das RBahnG kein Land gegen das G gestimmt hat. Näheres (auch üb. die Vorbehalte v. Bayern u. Württemberg) Sarter-Kittel, 1. Aufl. S. 19f., 37ff., 2. Aufl. S. 284 Anm. 1.

[24]) Auch diese Best ist f. d. Dauer des BetrRechts der RBGes. gegenstandslos.

[25]) Und des ReichsbahnG: RBahnG § 16 (1).

[26]) Vom preuß. Rechte kommen (neben dem Kleinbahnwesen, das von § 10 kaum getroffen wird) hauptsächlich gewisse Vorschr. des EisenbahnG in Betracht (wegen der Einzelheiten s. unten I 7 namentlich §§ 4, 14, 25), ferner das EnteignungsG u. das BahneinheitsG (unten V 2 u. I 9). Gegenstandslos geworden sind u. a. das G betr. Übertragung der Staatseis. auf d. Reich 4. Juni 76 (GS 161); die VerwaltungsO f. d. Staatseis. 10. Mai 07 (GS 81) großenteils; ebenso das Regulativ, die EisKommissariate betr., 24. Nov. 48 (MinBliV 390); ferner die EisFinanzgesetze 27. März 82 (GS 214) u. 3. Mai 03 (GS 165) u. das BeiratsG 1. Juni 82 (GS 313).

[27]) Und der Reichsbahn-Gesellschaft: Sarter-Kittel S. 284 Anm. 3.

[28]) Erloschen sind z. B. die Staatsverträge zwischen Preußen u. Hessen üb. d. gemeinsch. Verw. des beiderseit. EisBesitzes 23. Juni 96 (G 16. Dez. 96, GS 215) u. zwischen Preußen, Baden u. Hessen üb. die Main-Neckarbahn 14. Dez. 01 (G 7. Juli 02, GS 297). Ferner oben I 2 Anm. 8. Wegen der Verträge, deren einer Kontrahent ein am StVtr 1920 nicht beteil. Bundesstaat od. ein fremder Staat ist, vgl. Sarter-Kittel S. 285 Anm. 1.

[29]) Unter § 12 fällt nicht die Befugnis zur Erhebung des Kompetenzkonflikts in Preußen: KompGHof 24. Mai 24 Arch 885 s. dazu unten II 2 Anm. 16A. — Jetzt: RBahnG § 17.

[30]) Nach § 13 in Verb. m. RVerf Art. 95 steht in allen Ländern die Staatsaufsicht über private Großbahnen im vollen Umfange dem Reiche zu u. ist die Landesaufsicht ausgeschaltet (s. auch E 22. Dez. 21 EA 24. 1517). Der sachliche Inhalt der Aufsicht bestimmt sich nach dem Reichsrecht u., soweit dieses keine Vorschriften enthält, nach dem Landesrecht. Weiteres: EisAufsG (unten II 4) u. RBahnG § 40.

[31]) Jetzt: RBahnG § 11. S. oben I 2 Anm. 3 u. 19 u. unten I 5 Anm. 57. — Grunds. wird eine Eis. nur dann als solche des allg. Verkehrs (Großbahn) gelten können, wenn sie ein Teil des allgemeinen deutschen EisNetzes ist, in ihrer baulichen Anlage den Vorschr. der BO entspricht u. einen größeren Verkehr (im Güterverkehre 200000 bis 250000 t?) v. mehr als örtlicher Bedeutung bewältigt. — Für die Entsch des RVMin im Sinne des § 14 Abs. 1 — Umwandl. einer Großbahn in eine Kleinbahn — wird die Erwägung v. Wichtigkeit

2. Haben Bahnen, die nicht als Bahnen des allgemeinen Verkehrs gebaut sind, nach der Entscheidung des Reichsverkehrsministers eine solche Verkehrsbedeutung gewonnen, daß sie als Bahnen des allgemeinen Verkehrs anzusehen sind, so verpflichten sich die Länder, ein ihnen zustehendes Erwerbsrecht dem Reiche zu übertragen[32]).

3. Vor der Entscheidung sind in beiden Fällen die Landesbehörden zu hören.

§ 15. Besteuerung der Reichseisenbahnen[5]) [33])

Die Länder werden von den Reichseisenbahnen Staatssteuern nicht erheben.

16. Einheitliche Verwaltung. Verwaltungsgrundsatz der gleichmäßigen Behandlung[5]) [34])

1. Das Reich wird die Reichseisenbahnen als einheitliche Verkehrsanstalt verwalten.

2. Die Reichseisenbahnverwaltung wird das ganze Reichseisenbahnnetz nach gleichen Gesichtspunkten behandeln, insbesondere die Interessen des Eisenbahnpersonals und die Verkehrs- und volkswirtschaftlichen Interessen aller Länder unter Abwägung der verschiedenen Verhältnisse gleichmäßig berücksichtigen und bei widerstreitenden Interessen auf einen gerechten Ausgleich bedacht sein.

[§ 17. Begonnene Bauten[2]) [5])

[35]) 1. Das Reich ist verpflichtet, die von den Ländern begonnenen Bauten[1]) fortzuführen, soweit das Bedürfnis in unveränderter Weise fortbesteht und nicht Rücksichten auf die wirtschaftliche Lage der Reichseisenbahnen entgegenstehen. Entstehen hierüber Meinungsverschiedenheiten zwischen den Vertragschließenden, so entscheidet auf Antrag der Staatsgerichtshof.

2. Die beim Übergange der Bahnen auf das Reich durch den Haushalt oder durch Gesetze der Länder bewilligten Mittel gelten als vom Reiche bewilligt[2]).

[9]) **Schlußprotokoll** zu § 17

Die in Einrichtung begriffenen Kraftwagenlinien, soweit sie an die Reichseisenbahnverwaltung übergehen, sind den begonnenen Bauten gleichzuachten.]

§ 18. Neue Bauten[5]) [13])

Das Reich wird den Bau neuer, dem allgemeinen Verkehre dienender Bahnen, den Bau zweiter und weiterer Gleise sowie den Um- und Ausbau der bestehenden Anlagen nach Maßgabe der Verkehrs- und wirtschaftlichen Bedürfnisse der Länder und der verfügbaren Mittel ausführen.

[9]) **Schlußprotokoll** zu § 18

Das Reich wird bei der Auswahl der Nebenbahnlinien im Rahmen der allgemeinen Nebenbahnpolitik auf die bisherigen Absichten der Länder möglichst Rücksicht nehmen. Diese Bestimmungen gelten auch für Kraftwagenlinien.

§ 19. Baupläne[5]) [13]) [36])

Die Pläne für größere Eisenbahnbauten sind rechtzeitig den Regierungen der Länder zur Stellungnahme zu übermitteln.

---

sein, daß grunds. Kleinbahnen keine direkten Tarife m. d. Reichsbahn gewährt w., regelm. also die Bahn, wenn sie bisher solche gehabt hat, sie verlieren wird. — Mit der Erklärung i. S. des Abs. 1 scheidet die Bahn aus der Reichsaufsicht aus.

[32]) Ein solches Erwerbsrecht hat Preußen nach KleinbG §§ 30ff. Wird das Recht auf das Reich übertragen u. erwirbt das Reich die Bahn, so geht der Betrieb, da die Bahn jetzt Großbahn ist, nach RBahnG § 10 (1) auf die RBGesellschaft über. Schon mit der Entsch des RVMin tritt die Bahn unter Reichsaufsicht. — RVerf Art. 89 Abs. 2.

[33]) Die Freiheit des Reichs von Landessteuern wird (mit einer hier nicht erheblichen Einschränkung) schon im alten ReichsbesteuerungsG (unten IV 3a) § 2 ausgesprochen. — RBahnG § 14. — Weiteres unten IV 3a Anm. 3 u. IV 3b Anm. 7.

[34]) Mit dem Inslebentreten der Reichsbahn-Gesellschaft ist die Verpflicht. des Reichs aus § 16 auf diese übergegangen. RBahnG § 43; s. auch RBahnG §§ 2, 27. — Anm. 13.

[35]) Während nach RBahnG § 43 die Reichsbahn-Gesellschaft die Verpflichtungen aus § 17 StVtr nicht übernommen hat, bleiben diese als Obliegenheiten, die das Reich gegen die Länder hat, aufrechterhalten. Sarter-Kittel S. 286 Anm. 5 meinen, daß jetzt für ihr Bestehen nicht mehr die Wirtschaftslage der Reichseisenbahnen, sondern die des Reichs maßgebend ist; von anderer Seite wird die Auffassung vertreten, daß es nach wie vor auf die Lage der Reichsbahn ankomme. Die Frage mag hier schon aus dem Grunde dahingestellt bleiben, weil im Ergebnisse wohl kein praktischer Unterschied zwischen beiden Ansichten bestehen wird. Wenn aber ferner dieselbe andere Seite unter Berufung auf RBahnG § 5 (4) eine dem § 17 StVtr entsprechende Baupflicht der Gesellschaft dem Reiche gegenüber behauptet, so wird dem nicht beizutreten sein, weil § 5 (4) von dem darin behandelten Rechtsübergange die in § 43 RBahnG ausgesprochenen Vorbehalte ausdrücklich ausnimmt; vielmehr ist m. E. die Baupflicht, die der Gesellschaft dem Reiche gegenüb. obliegt, in § 10 (3) RBahnG erschöpfend geregelt. — Ausführlich üb. § 17: Nonweiler VZ **1925** 267, s. ferner Sarter-Kittel S. 89; wegen des Rechtsverhältnisses zw. der RBGesellschaft u. den Rechtssubjekten, die vor 1920 Grunderwerbsgarantien übernommen hatten, vgl. Fröhner EE **48** 28. — Staatsgerichtshof oben I 2 Anm. 11.

[36]) Vgl. (auch wegen Anhörung anderer Landesstellen als der Regierung selbst) RVerf Art. 94 Abs. 1 u. RBahnG

[**§ 20.** Unterstützung des Baues von Kleinbahnen[2]) [5]) [37])

Das Reich wird den Bau von Eisenbahnen, die nicht dem allgemeinen Verkehre dienen (Kleinbahnen und Bahnen, die den Kleinbahnen gleichzuachten sind)[38]), dem Umfang entsprechend unterstützen, in dem bisher die Kleinbahnen in Preußen unterstützt worden sind[39]). Die Unterstützung ist davon abhängig, daß die Länder für das Unternehmen mindestens den gleichen Staatsbeitrag zur Verfügung stellen wie das Reich. Für Straßenbahnen und straßenbahnähnliche Unternehmungen gilt diese Bestimmung nicht.]

§ 21. Personenzugfahrpläne. Vierte Klasse[5]) [40])

1. Die Entwürfe des Personenzugfahrplans sind regelmäßig alsbald nach Fertigstellung den beteiligten Ländern zur Mitteilung etwaiger Wünsche zu übersenden.

2. Die unterste Klasse der Personenzüge muß zum mindesten entsprechend der bisherigen Übung in den einzelnen Ländern[41]) mit Sitzplätzen ausgestattet sein. Neue Wagen dieser Klasse sollen, soweit nicht für Reisende mit Traglasten Vorsorge zu treffen ist, vollständig mit Sitzplätzen ausgerüstet werden.

§ 22. Tarife[5]) [42])

Die Reichseisenbahnverwaltung wird die Tarife unter Wahrung der Einheit und mit tunlichster Schonung bestehender Verhältnisse fortbilden und den Verkehrsbedürfnissen der Länder, namentlich auf dem Gebiete der Rohstoffversorgung, nach Möglichkeit Rechnung tragen.

[9]) **Schlußprotokoll** zu § 22

1. Das Reich wird den Mitgliedern der gesetzgebenden Körperschaften der Länder in dem bisherigen Umfang Freifahrt gewähren[43]).

[[2]) 2. Bei der Zusammensetzung des Reichseisenbahnbeirats und der örtlichen Beiräte sind die wirtschaftlichen Körperschaften und die Vertretungen der Erzeuger- und Verbraucherkreise der Länder nach ihrer Bedeutung für das Wirtschaftsleben des Landes zu berücksichtigen[44]).

3. Den Landesregierungen steht das Recht zu, Vertreter zur Teilnahme an den Verhandlungen dieser Beiräte abzuordnen.]

§ 23. Vergebung von Lieferungen[5])

Das Reich wird bei der Vergebung von Lieferungen und Arbeiten für die Reichseisenbahnen die Unternehmer im gesamten Reichsgebiet nach gleichen Grundsätzen berücksichtigen und dafür Sorge tragen, daß Industrie, Handwerk und Handel in der gleichen Weise, wie es bisher die Verwaltungen der Länder getan haben, herangezogen und in ihrer Entwicklung gefördert werden.

§ 24. Neugestaltung des Eisenbahnwesens[5]) [45])

Das Reich wird sich bei der Neugestaltung des Eisenbahnwesens von dem Gesichtspunkt leiten lassen, daß die Verwaltung nur insoweit zentralisiert werden soll, als es zur Erfüllung der Aufgaben der Reichseisenbahnen als einer einheitlichen Verkehrsanstalt unbedingt geboten ist.

[9]) **Schlußprotokoll** zu § 24[46])

a) Grundsätze für die Zeit nach der Neugestaltung des Eisenbahnwesens

1. Es besteht Einverständnis darüber, daß dem Gesichtspunkt der einheitlichen Verkehrsanstalt dadurch Rechnung getragen werden muß, daß die dem Reichsverkehrsminister unmittelbar unterstellten Behörden in ihrer Zuständigkeit einander gleichgestellt sind.

---

§ 37 Abs. 2 (s. d.). — „Regierungen" sind die Ministerien. Bf 46 **Js Essen** v. 13. Sept. 28.

[37]) Kleinbahnen oben I 2 Anm. 3. — Die RBahn-Gesellschaft hat die Verpflicht. nicht übernommen (RBahnG § 43), die Verpfl. hat aber m. E. zur Voraussetz., daß das Reich selbst die früheren Staatseis. der Länder betreibt, ruht also f. d. Dauer des Betriebsrechts der Gesellschaft; jedenfalls kann das Reich die Entscheid. darüber, ob der Unterstützungsfall vorliegt, selbst maßgeblich treffen.

[38]) Bezieht sich auf Länder, die nicht (wie Preußen) ein KleinbG haben. Kittel Anm. 2.

[39]) KleinbG § 41.

[40]) Ferner RBahnG § 35; auch BeiratsVo 24. April 22 (unten II 3) § 3. Zu Ziff. 2 vgl. auch Sarter-Kittel S. 193.

[41]) Süddeutschland. Die vierte Klasse, die in Abs. 2 gemeint ist, wird seit Okt. 1928 nicht mehr geführt.

[42]) Ferner RBahnG § 33.

[43]) Preuß. Landtag: G 13. Mai 27 GS 79 § 1; geändert: G. 23. April 28 GS 103; in Waldeck eingeführt: Vo 15. März 29 GS 11 Ziff. (1) A 3. Über Zuläss. des Rechtswegs wegen Entziehung der Freikarte: LG Berlin I VZ **1925** 949. Reichstag RVerf Art. 40. Nicht hierher: kirchliche Synoden: StGHof EE **42** 153 u. JW **1925** 491. — Weiteres unten VII 3 Anm. 20.

[44]) Weiteres: Vo 24. April 22, unten II 3.

[45]) Einheitl. Verkehrsanstalt: § 16; ferner RVerf Art. 89, jetzt RBahnG §§ 27, 2.

[46]) Das Schlußprot. sah f. d. Ausbau der Verwalt. zwei Übergangsabschnitte vor:

a) Bis zur Übernahme aller dem RVMin zugewiesenen Aufgaben (oben a 2) durch den Minister. Grundlage f. d. Überleitung bildete zugleich die vom RVMin erlassene Vorläuf. VerwaltO der Reichseis. 26. April 20 (RGBl 297), die später durch Ziff. 25 der GeschO der ReichsbGesellsch. (unten II 2) außer Kraft gesetzt w. ist.

[[2]) 2. Die Zuständigkeit des Reichsverkehrsministers erstreckt sich auf folgende Angelegenheiten: Aufsicht, oberste Leitung, Festsetzung des Haushalts, Verteilung der Haushaltsmittel, Regelung der allgemeinen Verkehrspolitik, Festsetzung allgemeiner Dienstvorschriften, Erlaß einheitlicher Vorschriften für Rechts- und Dienstverhältnisse des Personals, für das Kassen- und Rechnungswesen und für die einzelnen Dienstzweige des Betriebs, Verkehrs und Baues, Vertretung der Verwaltung gegenüber der Reichsregierung, dem Reichsrat und der Nationalversammlung. Zur Erfüllung dieser Aufgaben steht dem Reichsverkehrsminister ein durchgreifendes Anordnungsrecht zu.]

3. In jedem Lande wird sich dauernd der Sitz mindestens einer höheren Reichseisenbahnbehörde für die Verwaltung eines Eisenbahnbezirks befinden. Die nach Übernahme der Staatseisenbahnen durch das Reich beabsichtigte Neuordnung der Reichseisenbahnverwaltung (Verwaltungsordnung) ist nach verkehrstechnischen und wirtschaftlichen Grundsätzen vorzunehmen. [Sie unterliegt ebenso wie spätere wichtige Änderungen grundsätzlicher Art der Genehmigung des Reichsrats[47]) [2]).]

4. Bei ihrer Zustimmung zu den organisatorischen Bestimmungen des Übernahmevertrags setzt die Bayerische Regierung[48]) das Einverständnis des Reichs zu folgendem voraus:

Auch die Neugestaltung des Eisenbahnwesens darf nur im Sinne einer vollwirksamen Dezentralisation der Reichsverwaltung nach verkehrstechnischen und wirtschaftlichen Gesichtspunkten erfolgen, was auch im § 24 des Vertrags allgemein ausgesprochen ist. Diesem Grundsatz wird für Bayern nur Rechnung getragen werden können, wenn der Sitz der Bayerischen Landesregierung als Hauptstadt einer größeren politischen Gemeinschaft und Mittelpunkt eines einheitlichen Wirtschaftsgebiets auch ferner der Sitz einer im wesentlichen das bayerische Wirtschaftsgebiet zusammenfassenden Reichseisenbahnbehörde bleibt, deren Zuständigkeiten nach dem Grundsatz einer vollwirksamen Dezentralisation zu bemessen sind. Die Bayerische Regierung geht daher davon aus, daß eine hiervon wesentlich abweichende spätere Bezirkseinteilung oder eine Verlegung des Sitzes dieser Behörde von München von ihrer Zustimmung abhängig ist.

5. Die vorstehende Erklärung Bayerns gibt den übrigen Ländern Anlaß, ihrerseits folgendes zu erklären:

Sie gehen davon aus, daß, wenn zwischen die in Ziffer 3 erwähnte höhere Eisenbahnbehörde und das Reichsverkehrsministerium eine neue Behörde eingeschoben werden soll, die Zustimmung der beteiligten Länder einzuholen ist.

b) Grundsätze für die Übergangszeit[46])

6. Für die Zuständigkeitsregelung und Behördengliederung der Reichseisenbahnverwaltung bis zur Neugestaltung des Eisenbahnwesens (vgl. Ziffer 3) vereinbaren die Vertragschließenden folgendes:

I. Die Vereinbarungen gemäß Ziffer 1 und 2 zu § 24 des Schlußprotokolls finden Anwendung.

II. Mit dem 1. April 1920 übernimmt das Reichsverkehrsministerium die oberste Leitung der Reichseisenbahnen und die Vertretung der Verwaltung gegenüber der Reichsregierung, dem Reichsrat und der Nationalversammlung. Ihm steht hierzu ein durchgreifendes Anordnungsrecht zu.

III. Das Reichsverkehrsministerium übernimmt die übrigen Aufgaben (vgl. Ziffer 2) nach und nach für alle Länder gleichmäßig bis zum 1. April 1921. Eine notwendig werdende Verlängerung dieser Frist bestimmt der Reichsverkehrsminister.

IV. Die vom Reichsverkehrsministerium hiernach zu übernehmenden Geschäfte werden bis zur tatsächlichen Überleitung von folgenden Stellen weiter behandelt:

a) für den Bereich der bisherigen vereinigten preußischen und hessischen Staatseisenbahnen von den Eisenbahnabteilungen des Preußischen Ministeriums der öffentlichen Arbeiten unter der Bezeichnung „Reichsverkehrsministerium, Zweigstelle Preußen-Hessen". Die Eisenbahnabteilung des Hessischen Finanzministeriums wird im Rahmen ihrer Befugnisse aus dem Staatsvertrage zwischen Preußen und Hessen über die gemeinschaftliche Verwaltung des beiderseitigen Eisenbahnbesitzes (vom 23. Juni 1896) an den Geschäften der Zweigstelle beteiligt werden,

b) für den Bereich der bayerischen Staatseisenbahnen von den für Eisenbahnangelegenheiten zuständigen Teilen des Bayerischen Verkehrsministeriums unter der Bezeichnung „Reichsverkehrsministerium, Zweigstelle Bayern",

c) für den Bereich der sächsischen Staatseisenbahnen von der Eisenbahnabteilung des Sächsischen Finanzministeriums unter der Bezeichnung „Reichsverkehrsministerium, Zweigstelle Sachsen",

d) für den Bezirk der württembergischen Staatseisenbahnen von der Verkehrsabteilung des Württembergischen Ministeriums für auswärtige Angelegenheiten unter der Bezeichnung „Reichsverkehrsministerium, Zweigstelle Württemberg",

e) für den Bezirk der badischen Staatseisenbahnen von der Eisenbahnabteilung des Badischen Finanzministeriums unter der Bezeichnung „Reichsverkehrsministerium, Zweigstelle Baden",

---

b) Bis zum Erlasse der endgült. VerwaltO. Dieser Abschnitt begann, als zufolge E 7. Dez. 20 (RVerkBl 156) der RVMin alle ihm zugedachten Geschäfte übernommen hatte. In ihn fällt die Vo üb. d. Schaffung eines Unternehmens „Deutsche Reichsbahn" 12. Feb. 24 (RGBl I 57). Die Entwicklung ist ab. unterbrochen u. in andere Bahnen gelenkt w. durch die in Ausführung des Londoner Abkommens erlassenen Gesetze. Den gegenwärt. Zustand ergeben das RBahnG (in Verb. m. d. Satzung) u. die GeschäftsO der RBahnGesellsch. (unten II 2). Die Best unter a 2 u. b des Schlußprot. sind dadurch gänzlich gegenstandslos geworden.

47) Der letzte Satz der Ziff. a 3 gilt nach RBahnG § 43 nicht f. d. RBahnGesellsch. Im übr. s. Sarter-Kittel S. 39.

48) Bayern jetzt: GeschO (oben Anm. 46) Ziff. 14, 15, 18, 20ff.

f) für die Bezirke der mecklenburgischen und oldenburgischen Staatseisenbahnen erfolgt die einstweilige Weiterbehandlung der Angelegenheiten durch die Generaldirektion in Schwerin und die Eisenbahndirektion in Oldenburg ohne weitere Bezeichnung. Die Bearbeitung von Eisenbahnangelegenheiten durch die Zentralbehörden dieser Länder fällt vom 1. April 1920 weg.

V. Nach der Beendigung der Bildung des Reichsverkehrsministeriums führen die Zweigstelle Preußen-Hessen und die Zweigstelle Bayern (IV a, b) unter einer noch zu vereinbarenden Bezeichnung diejenigen Geschäfte bis zum Inkrafttreten einer Neuorganisation weiter, die nicht auf das Reichsverkehrsministerium übergegangen sind. In Sachsen, Württemberg und Baden (IV c, d, e) sind sie zu diesem Zeitpunkt auf die Generaldirektionen zu übertragen, soweit dies nicht bereits vorher geschehen sein sollte.

[49]) c) Für Übergangszeit und Dauerzustand

7. Soweit die Länder zur Vermittlung eines unmittelbaren Verkehrs zwischen dem Reichsverkehrsministerium und ihren Regierungen einen Bevollmächtigten bei den Gesandtschaften oder sonstigen Vertretungen der Länder oder bei sonstigen Organen am Sitze der Zentralverwaltung bestellen, wird das Reichsverkehrsministerium sich diesem zur ständigen Auskunftserteilung zur Verfügung halten.

[50]) 8. Auf Antrag einer Landesregierung wird das Reich den Reichseisenbahnbehörden oder einzelnen Beamten Geschäfte der Landesverwaltung auf dem Gebiete des Verkehrswesens übertragen. Für die Erledigung dieser Geschäfte sind die Anweisungen der obersten Landesbehörden maßgebend.

[§ 25. Übernahme des Personals in den Reichsdienst[2])[51])

1. Das Reich übernimmt zum 1. April 1920 alle planmäßigen und nicht planmäßigen (diätarischen) Eisenbahnbeamten sowie alle Angestellten und Arbeiter der Länder in seinen Dienst. Das Gleiche gilt für die ausschließlich oder überwiegend in Eisenbahnangelegenheiten tätigen Beamten der Landesministerien.

2. Die Beamten im Sinne der Beamtengesetze der Länder werden mit der Übernahme der Staatseisenbahnen Reichsbeamte im Sinne des Art. 129 der Reichsverfassung und des Reichsbeamtengesetzes vom 18. Mai 1907[52]).]

§ 26. Beamte. Rücktrittsrecht[51])

1. Die Beamten sind berechtigt, binnen 3 Monaten nach der Übernahme der Eisenbahnen durch das Reich schriftlich oder zu Protokoll gegenüber der vorgesetzten Dienststelle ihren Rücktritt in den Landesdienst zu erklären. Der Rücktritt wird mit dem Tage der Erklärung wirksam[53]).

2. Die Länder verpflichten sich, auch diese Beamten gegen Erstattung ihres Diensteinkommens durch das Reich so lange auf ihren Dienstposten zu belassen, bis sie nach der Entscheidung der Reichseisenbahnverwaltung abkömmlich sind. Soll ein Beamter länger als 6 Monate gegen seinen Willen auf seinem Dienstposten belassen werden, so entscheidet auf seinen Antrag ein Schiedsgericht über seine Abkömmlichkeit. Das Schiedsgericht besteht aus einem von der Reichseisenbahnverwaltung ernannten Mitglied, einem Angehörigen einer Organisation, die der Beamte bezeichnet, und aus einem von diesen zu wählenden Obmann. Einigen sich die Schiedsrichter nicht über den Obmann, so wird dieser von dem Präsidenten des für den Dienstort des Beamten zuständigen Landgerichts ernannt.

3. Sollte die neue Reichsbesoldungsordnung nach dem 1. April 1920 verkündet werden, so beginnt die Rücktrittsfrist mit dem Tage der Verkündung.

§ 27. Restabwicklung von Landesgeschäften[51])

1. Auf Antrag der Länder sind in den Reichsdienst übernommene Beamte, die für Zwecke der Restabwicklung in den Ländern benötigt werden, für die Dauer dieser Geschäfte im Dienst der Länder zu belassen. In diesem Falle verlängert sich die im § 26 Abs. 1 vorgesehene Frist für die Ausübung des Rücktrittsrechts um die Dauer dieser Beschäftigung.

2. Die Besoldungen dieser Beamten trägt das Reich.

---

[49]) Jetzt ist für jedes Land ein Beamter m. d. Herstellung besonders enger Fühlung zum Lande beauftragt. Sarter-Kittel S. 38.

[50]) Kleinbahnaufsicht in Preußen unten I 8 Anm. 10. Unter Ziff. 8 fällt auch die Vertretung des Landes in Kleinbahn-Darlehnsausschüssen (Vf 2. 602c 6 v. 8. Juli 25) u. die Wahrnehm. der Rechte, die sich aus der Beteil. des Landes an Kleinbahnen ergeben. Vf 2. 602c. 26 v. 23. Okt. 25.

[51]) §§ 25—42 behandeln Personalangelegenheiten, nam. die Rechtsverh. des Personals, das bis zum Übernahmetag im EisDienste der Länder stand. Teilweise (z. B. §§ 25. 26. 29, fast ganz auch § 27) sind sie inzw. gegenstandslos geworden. Für alle Länder (oben Anm. 5) gilt nur § 37; f. d. ReichsbGesellschaft sind nach RBahnG § 43 nicht verbindlich: §§ 25. 33. 37 u. Schlußprot. zu § 36 Ziff. 2 u. zu § 37. Die RVerhältn. der jetzigen Reichsbahnbeamten sind geregelt durch RBahnG §§ 19—26, das ReichsbahnpersonalG (unten III 2) u. die Perso (unten III 3).

[52]) Mit der Übernahme des Betriebs durch die RB-Gesellschaft sind diese Beamten, soweit sie noch im Dienste standen (mit Ausnahme der Beamten des RVerk-Ministeriums) aus dem Reichsdienst ausgeschieden u. Reichsbahnbeamte geworden. RBahnG § 20 (1). Soweit sie auf Kündigung angestellt waren, bleibt im Zw. der Kündigungsvorbehalt bestehen. RG 27. Mai 27 **117** 153.

[53]) RBahnG § 20 (2).

[9]) **Schlußprotokoll** zu § 27

1. Die Länder werden die Stellen bezeichnen, die mit der Abwicklung der bisherigen Verwaltung beauftragt werden. Die Behörden der Reichseisenbahnverwaltung werden dem Ersuchen dieser Abwicklungsstellen entsprechen.

2. Die obersten Rechnungsbehörden behalten ihre Befugnisse gegenüber den Stellen und dem Personal der Reichseisenbahnverwaltung hinsichtlich der für die Zeit bis zum 31. März 1920 aufgestellten Rechnungen.

§ 28. Übernahme der Ruhegehälter durch das Reich[51]) [54])

1. Das Reich übernimmt vom 1. April 1920 an alle auf gesetzlicher Vorschrift oder Verwaltungsanordnung beruhenden Bezüge (einschließlich Sachleistungen) der in den einstweiligen oder dauernden Ruhestand versetzten Beamten sowie der Hinterbliebenen von Beamten und wird nach den in den Ländern bisher üblichen Grundsätzen Unterstützungen gewähren.

2. Sollte das Reich[55]) die Bezüge seiner vor dem 1. April 1920 in den Ruhestand getretenen Beamten oder der Hinterbliebenen der vor diesem Zeitpunkt verstorbenen Beamten aufbessern, so wird es die Mittel bereitstellen, die erforderlich sind, damit den in den Ländern am 31. März 1920 vorhanden gewesenen Berechtigten bei gleichen Voraussetzungen in demselben Ausmaß persönliche Zulagen gewährt werden können.

§ 29. Bestimmungen über die nicht in den Reichsdienst übertretenden Beamten[51]) [56])

1. Die Länder verpflichten sich, Beamte, die nicht in den Reichsdienst übertreten wollen, tunlichst in ein anderes Amt des Landesdienstes zu versetzen. Soweit dies nicht möglich ist oder von Beamten, die das 60. Lebenjahr vollendet haben, nicht gewünscht wird, sind sie baldigst in den einstweiligen oder dauernden Ruhestand zu versetzen. Bis zum Zeitpunkt des Eintritts in ein anderes Amt des Landesdienstes oder in den Ruhestand trägt das Reich das Diensteinkommen. Wegen der Tragung der Bezüge nach Versetzung in den Ruhestand gilt der § 28.

2. Machen auf Kündigung angestellte Beamte, die nicht in den Reichsdienst übertreten wollen, von ihrem Kündigungsrecht Gebrauch, so trägt das Reich ihr Diensteinkommen bis zum Ablauf der Kündigungsfrist.

§ 30. Gewährleistung der Rechte der Beamten[57])

1. Das Reich tritt gegenüber den in seinen Dienst übernommenen Beamten in die Verpflichtungen ein, die den Ländern auf Grund der am 31. März 1920 geltenden Landesgesetze obliegen würden, wenn die Beamten im Landesdienst verblieben wären.

2. Die Voraussetzungen für die Versagung von Dienstalterszulagen richten sich nach Reichsrecht[58]).

3. Verwaltungsanordnungen, die zugunsten der Beamten eines Landes getroffen sind, können bis zur Durchführung eines Reichsgesetzes[59]) über Beamtenvertretungen nur im Benehmen mit der Beamtenvertretung beim Reichsverkehrsministerium geändert oder beseitigt werden. Ihre gesetzliche Regelung wird hierdurch nicht ausgeschlossen.

§ 31. Diensteinkommen[54]) [60])

1. An regelmäßigem Diensteinkommen gewährleistet das Reich jedem Beamten den Betrag, den er bezogen haben würde, wenn er in seiner Stelle im Landesdienst verblieben und in diesem nach

[54]) Mit § 28 Abs. 1 hat das Reich den Altpensionären gegenüb. eine eigene Zahlungspflicht übernommen, die Länder sind v. d. Haftung f. d. Pensionen usw. frei. RG 15. Juni 26 III 172 **114** 97. 15. Juni 26 III 242 **114** 104. 15. Juni 26 III 303 JW. **1927** 447 (gegen das RG: Sarter-Kittel S. 292). Auch RG 7. Okt. 27 VZ 1335. — Roser Anm. 2 zu Perso § 1. — Nach RBahnG § 43 sind die Verpflicht. des Reichs aus § 28 auf die RBahn-Gesellschaft übergegangen; nach § 28 Abs. 2 hat sie den Altpensionären niemals mehr zu zahlen, als sich bei Anwend. der reichsgesetzl. Best ergibt. RG **114** 97. RG 18. Nov. 27 VZ **1928** 661. StGHof 3. Dez. 27 abgedr. in RG **120** Anhang S. 1; Vf 52. 501 Prw 9 v. 19. April 29. Unzulässigkeit des Rechtswegs gegen die Einstufung der Pensionäre RG **114** 104. RG 13. März 28 III 301 US VIII 7. Das Ruhen der Pension richtet sich nach Reichsrecht. RG VZ **1928** 661. Personalangel. der Altpensionäre der StEV: Vf 52. 501. 1304 v. 6. Dez. 27, RG 17. April 28 **121** 59 (Anwend. des § 11 preuß. PensG), RG 13. März 28 III 301 US VIII 7 (Sätze der ReichsbesoldO zugrunde zu legen), 3. Dez. 29, mitget. mit Vf 52. 501 Prbl v. 13. Feb. 30 (Preuß. AbbauVo 26. Feb. 19).

[55]) Aufbesserungen, die ein Land (od. die RBahn-Gesellsch.) vornimmt, kommen nicht in Betracht. Sarter-Kittel S. 292 — Anm. 54. — Zur Ausleg. des Abs. 2 auch Oberstes LG München VZ **1929** 519.

[56]) Zu § 29 vgl. StGHof 15. Juni 23, abgedr. in RG **106** 426.

[57]) Zu §§ 30—32 vgl. auch RBahnG § 20 (1) Satz 2; ferner Roser Anm. 3 zu Perso § 11; StGHof 15. Juni 23 (vorst. Anm. 56) u. 18. Okt. 24, abgedr. in RG **109** Anh. S. 30. — § 30 schützt die Beamten nicht vor Anw. der PersonalabbauVo. RG 9. April 27 VZ 746, 27. Mai 27 **117** 162, 7. Mai 29 III 374 US VIII 9.

[58]) RBesoldG 16. Dez. 27 RGBl I 349 § 4.

[59]) Steht noch aus. RBahnGesellschaft: BRE (unten III 4).

[60]) Für Ansprüche gegen das Reich (jetzt die RBGesellschaft), die auf § 31 Abs. 1 gestützt w., ist der Rechtsweg zulässig. RG VZ **1925** 922. — Zu den Landesgesetzen, auf die sich die Beamten nach § 31 Abs. 1

Maßgabe der am 31. März 1920 geltenden Besoldungsgrundsätze in seinem Diensteinkommen aufgerückt wäre. Hierbei werden jedoch nach dem 31. Dezember 1919 erlassene allgemeine Besoldungsgesetze nicht berücksichtigt. Was als regelmäßiges Diensteinkommen anzusehen ist, richtet sich nach den in den Ländern am 31. März 1920 geltenden Grundsätzen. Erreicht das Diensteinkommen im Reichsdienst die Landessätze nicht, so ist der Unterschied als persönliche Zulage zu gewähren. Diese Zulage ist insoweit für ruhegehaltsfähig zu erklären, als zur Erreichung des nach Landesgrundsätzen ruhegehaltsfähigen Betrages erforderlich ist.

[58]) 2. Das Recht des Reiches, unter den reichsgesetzlichen Voraussetzungen Dienstalterszulagen zu versagen, wird hierdurch nicht berührt. Insoweit und solange das Reich von diesem Recht Gebrauch macht, werden weitere nach Landesgrundsätzen erreichbar gewesene Bezüge nicht berücksichtigt.

§ 32. Ruhegehälter [54]) [61])

Das Reich gewährleistet den Empfängern von Wartegeld, Ruhegehalt sowie Witwen- und Waisengeld mindestens das Gesamteinkommen, das nach den am 31. März 1920 geltenden Bestimmungen und Besoldungssätzen der Länder zu gewähren wäre, wenn der Beamte am Tage der Versetzung in den Ruhestand oder des Todes noch in Landesdienst gestanden hätte. Hierbei werden jedoch nach dem 31. Dezember 1919 in den Ländern erlassene allgemeine Besoldungsgesetze oder Änderungen der Bestimmungen über die Ruhegehalts- und Hinterbliebenenbezüge nicht berücksichtigt.

[§ 33. Beförderungsaussichten [2]) [62])

1. Das Reich[63]) gewährleistet den Beamtenanwärtern und den Beamten die in ihren Ländern erworbenen Anstellungs- und Beförderungsaussichten soweit, als es sich um die bei regelmäßiger Gestaltung der bisherigen Laufbahn nach dem bisherigen organisatorischen Aufbau des Beamtenkörpers erreichbaren Eingangs- und Beförderungsstellen handelt.

2. Als regelmäßig erreichbare Beförderungsstellen sind nur solche anzusehen, die mindestens die Hälfte der Beamten der Vorstelle erreicht hat.

3. Der Nachweis der Befähigung für die Beförderungsstellen ist, solange und soweit nicht Reichsvorschriften erlassen werden, nach den bisher in den Ländern geltenden Grundsätzen zu führen.

4. Damit die Wartezeiten bis zur Anstellung und Beförderung gegenüber dem Zustand in den Ländern zur Zeit des Überganges auf das Reich keine Verschlechterung erfahren, sollen durch den jeweils nächsten Reichshaushalt genügend planmäßige Stellen zur Verfügung gestellt werden, um die bis zu Beginn des Haushaltsjahrs nach den Anstellungs- und Beförderungsverhältnissen, wie sie in den Ländern nach Ausführung des Haushalts am 1. April 1920 liegen, zur Anstellung oder Beförderung herangerückten Anwärter anstellen oder befördern zu können. Soweit sich dies nicht ermöglichen lassen sollte, erhält der Bedienstete vom Beginne des bezeichneten Haushaltsjahrs an zur Erreichung des Gesamteinkommens im Falle seiner Anstellung oder Beförderung eine persönliche Zulage. Die Zulage ist bei Beamten so weit für ruhegehaltsfähig zu erklären, als zur Erreichung des bei ihrer Beförderung ruhegehaltsfähigen Einkommensbetrags erforderlich ist. Der Beginn des Besoldungsdienstalters wird bei der späteren Stellenverleihung so festgesetzt, wie wenn der Beamte zum bezeichneten Zeitpunkt angestellt oder befördert worden wäre.

[63a]) 5. Bei Meinungsverschiedenheiten zwischen dem Reiche und Beamten oder Beamtenanwärtern über die Frage, ob und zu welchem Zeitpunkt sie beim Verbleiben im Landesdienst angestellt oder befördert worden wären, darf das Reich die Entscheidung nur im Einvernehmen mit der Regierung des Landes treffen, in dessen Eisenbahndienst der Anwärter oder Beamte vor der Übernahme gestanden hat. Kommt zwischen dem Reiche und dem Anwärter oder Beamten eine Einigung nicht zustande, so wird die Entscheidung durch ein Schiedsgericht getroffen. Dieses besteht aus zwei von der Reichseisenbahnverwaltung ernannten Mitgliedern, einem von der Regierung des Landes bestimmten Mitglied, einem Angehörigen der von dem Beamten oder Anwärter bezeichneten Organisation und einem von diesen zu wählenden Obmann. Einigen sich die Schiedsrichter nicht über den Obmann, so wird dieser von dem Präsidenten des für den Dienstort des Anwärters oder Beamten zuständigen Landgerichts ernannt.]

---

nicht stützenü können, gehört das preuß. DiensteinkommensG 17. Dez. 20; durch die Geldentwertung ist die Zusicherung des § 31 Abs. 1 gegenstandslos geworden. RG JW **1928** 1052.

[61]) Zu § 32: Vf 52. 501. 4 u. 292 v. 14. Jan. u. 18. März 27. Ferner RG 7. Mai 29 (vorst. Anm. 57).

[62]) Ausführlich Sarter-Kittel S. 294. Vgl. auch Reichsbahnschiedsgericht 31. März 28 US VIII 9.

[63]) Die RBGesellschaft hat diese Gewährleist. nicht übernommen. RBahnG § 43.

[63a]) StGHof 20. Nov. 26 JW **1927** 2226.

§ 34. Wiederanstellung von Beamten im Ruhestande

Soweit Beamte im Ruhestande nach Gesetz oder Verwaltungsordnung einen Anspruch oder eine Anwartschaft auf Wiederanstellung haben, tritt das Reich in die den Ländern obliegenden Verpflichtungen ein.

§ 35. Förmliches Disziplinarverfahren

Ein in den Ländern am 31. März 1920 anhängiges förmliches Disziplinarverfahren ist nach den Landesgesetzen zu erledigen.

§ 36. Ausgleich der Wartezeiten

1. Das Reich wird bei der Regelung des Anstellungs-, Beförderungs- und Besoldungsdienstalters der Landesbeamten die infolge der verschiedenen Vorbildungs-, Ausbildungs-, Anstellungs- und Beförderungsverhältnisse in den einzelnen Ländern bestehenden Ungleichheiten in billiger Weise ausgleichen.

2. Sollten durch die Einrichtung von Anstellungsbezirken in der Folge sich neue Ungleichheiten der angeführten Art ergeben, so wird das Reich sie nach Möglichkeit ausgleichen.

[9]) **Schlußprotokoll** zu § 36

1. Für die Beamten des höheren Dienstes[64]) ist eine für die gesamte Reichseisenbahnverwaltung geltende Anstellungs- und Beförderungsliste aufzustellen. Bei den übrigen Beamten werden Listen für engere Bezirke festgestellt.

[[2]) 2. Die Einreihung der Landesbeamten in die Besoldungsgruppen der neuen Reichsbesoldungsordnung wird das Reich mit den Ländern im einzelnen vereinbaren.]

[§ 37. Landsmannschaftlicher Charakter[2]) [5]) [65])

Soll ein Beamter gegen seinen Willen außerhalb seines Landes verwendet werden, so entscheidet auf seinen Antrag darüber, ob die Voraussetzungen des Artikel 16 Satz 2 der Reichsverfassung vorliegen, ein Schiedsgericht. Dieses besteht aus einem von der Reichseisenbahnverwaltung ernannten Mitglied, einem Angehörigen einer Organisation, die der Beamte bezeichnet, und aus einem von diesen zu wählenden Obmann. Einigen sich die Schiedsrichter nicht über den Obmann, so wird dieser von dem Präsidenten des für den Dienstort des Beamten zuständigen Landgerichts ernannt.]

[[9]) **Schlußprotokoll** zu § 37[2])

1. Entstehen Meinungsverschiedenheiten zwischen dem Reich und den Ländern über die Frage, ob bei Stellenbesetzungen der landsmannschaftliche Charakter des Beamtenkörpers im Sinne des Artikels 16 der Reichsverfassung gewahrt wird, so entscheidet auf Antrag der Länder der Reichsrat.

2. Die vertragschließenden Teile sind darüber einig, daß Artikel 16 Satz 1 der Reichsverfassung auf alle Beamten Anwendung finden soll. Demgemäß ist der landsmannschaftliche Charakter auch in den einzelnen Gruppen der Beamten zu wahren. Die Mitglieder der Direktionen müssen in der Regel Landesangehörige sein. Ihr Vorstand soll ein Landesangehöriger sein. Die Vorstände der höheren Reichseisenbahnbehörden sollen im Einvernehmen mit der Landesregierung oder der von ihr bestimmten Stelle ernannt werden.]

§ 38. Angestellte und Arbeiter. Dienst- und Tarifverträge

1. Das Reich tritt gegenüber den in seinen Dienst übernommenen Angestellten und Arbeitern in die am 31. März 1920 gültigen Dienst- und Tarifverträge der Länder ein. Das Reich hat jedoch jederzeit das Recht, die Tarifverträge der Länder zum Zwecke der Einführung eines einheitlichen Tarifvertrags für die Reichseisenbahnverwaltung auf den Schluß eines Kalendermonats mit einer Frist von 4 Wochen zu kündigen.

2. Soweit die Dienstverhältnisse der Arbeiter nicht in Tarifverträgen geregelt sind, bleiben die Bestimmungen der Länder so lange in Kraft, als sie nicht durch einen einheitlichen Tarifvertrag zwischen dem Reiche und den berufenen Vertretungen der Arbeitnehmer aller Länder oder durch eine sonstige einheitliche Regelung außer Kraft gesetzt werden.

§ 39. Ablehnung des Übertritts

Angestellte und Arbeiter, die durch Erklärung vor dem 1. April 1920 ihre Übernahme in den Reichsdienst ablehnen, bleiben im Dienste der Länder. Soweit die Länder diesen Angestellten und Arbeitern keine angemessene Beschäftigung übertragen können, verpflichten sie sich, den Dienstvertrag zum ersten zulässigen Zeitpunkt zu kündigen. In diesem Falle übernimmt das Reich bis zum Ausscheiden des Angestellten oder Arbeiters die den Ländern ihm gegenüber obliegenden Verbindlichkeiten für die Zeit, in der von dem Angestellten oder Arbeiter dem Lande keine Dienste geleistet werden.

---

[64]) Jetzt die oberen Beamten, die nach Satzung § 13 (1) der VerwaltRat ernennt. Sarter-Kittel 1. Aufl. S. 153.

[65]) Entspringt aus RVerf Art. 16. Für die RB Gesellschaft gilt nicht § 37 mit Schlußprot., sondern RBahnG § 21.

§ 40. Wohlfahrtseinrichtungen[66])

1. Das Reich übernimmt die Wohlfahrtseinrichtungen der Länder und führt sie auf Grund der Gesetze, Satzungen und Bestimmungen unter Wahrung der Rechte der Beamten, Angestellten und Arbeiter weiter. Es tritt als Rechtsnachfolger bei den Betriebskrankenkassen und Arbeiterpensionskassen an die Stelle der Länder.

2. Das Reich übernimmt die Verpflichtungen der Länder aus der Bewilligung von Teuerungsbezügen an invalide Arbeiter, die aus dem Eisenbahndienst ausgeschieden sind, und an Hinterbliebene von Arbeitern. Sollte das Reich die Bezüge seiner vor dem 1. April 1920 ausgeschiedenen invaliden Arbeiter oder der Hinterbliebenen von Arbeitern, die vor diesem Zeitpunkt verstorben sind, aufbessern, so wird es die Mittel bereitstellen, die erforderlich sind, damit den in den Ländern am 31. März 1920 vorhanden gewesenen Berechtigten bei gleichen Voraussetzungen in demselben Ausmaß Zulagen gewährt werden können.

3. Das Reich wird an invalide Angestellte und Arbeiter sowie an Hinterbliebene von Angestellten und Arbeitern nach den in den Ländern bisher üblichen Grundsätzen Unterstützungen gewähren.

§ 41. Verwaltungsanordnungen zugunsten der Angestellten und Arbeiter

Verwaltungsanordnungen zugunsten der Angestellten und Arbeiter eines Landes können bis zur Durchführung des Reichsgesetzes über Betriebsräte[67]) nur im Benehmen mit der zuständigen Personalvertretung beim Reichsverkehrsministerium geändert oder beseitigt werden. Ihre gesetzliche Regelung wird dadurch nicht ausgeschlossen.

§ 42. Anwartschaften auf eine Beamtenlaufbahn

Das Reich gewährleistet den Angestellten und Arbeitern der Länder die erworbenen Anwartschaften auf eine Beamtenlaufbahn nach Maßgabe des § 33.

[**§ 43.** Auslegung des Vertrags[2]) [68])

Die beteiligten Regierungen können zur Auslegung und Ergänzung dieses Vertrags Fragen, die sich bei seiner Ausführung ergeben sollten, durch weitere Vereinbarungen regeln. Soweit eine Einigung nicht erfolgt, entscheidet der Staatsgerichtshof[69]).]

Beilage A zu Anmerkung 17.

Gesetz zur Ausführung des Staatsvertrags über den Übergang der Staatseisenbahnen auf das Reich. Vom 29. Juli 1922 (RGBl. II 693)[1]).

Gemäß § 4 des Staatsvertrags über den Übergang der Staatseisenbahnen auf das Reich (Reichsgesetz vom 30. April 1920 — Reichsgesetzbl. S. 773 —) wird bestimmt:

§ 1. (1) Die in der Anlage 1[2]) näher bezeichneten Schulden der Länder Preußen, Bayern, Sachsen, Baden, Hessen und Mecklenburg-Schwerin gehen nach dem Antrag dieser Länder dergestalt auf das Reich über, daß das Reich den Gläubigern an Stelle der Länder als Schuldner haftet.

(2) Im übrigen bleibt der Inhalt der zu den Gläubigern bestehenden Vertragsverhältnisse unverändert und insbesondere der Leistungs- und der Zahlungsort der auf das Reich übergegangenen Verbindlichkeiten der gleiche wie bisher; neue Leistungs- und Zahlungsorte werden durch den Übergang nicht begründet.

§ 2. Jedes der Länder Preußen, Bayern, Sachsen, Baden, Hessen und Mecklenburg-Schwerin haftet für seine gemäß § 1 auf das Reich übergegangenen Schulden den Gläubigern gegenüber als selbstschuldnerischer Bürge im Sinne der Vorschriften des Bürgerlichen Gesetzbuchs mit der Maßgabe, daß der Leistungs- und Zahlungsort der Hauptverbindlichkeit ausschließlicher Leistungs- und Zahlungsort für den Bürgen ist.

---

[66]) RBPersonalG §§ 10 (1), 11.

[67]) Jetzt BetriebsräteG 4. Feb. 20 (RGBl 147); s. unten III 6.

[68]) Gilt f. d. RBGesellschaft nicht (RBahnG § 43), d. h.
a) sie wird zu den im StVtr § 43 bezeichn. Vereinbarungen nicht zugezogen;
b) Meinungsverschiedenheiten zw. ihr u. den Ländern werden nicht durch d. Staatsgerichtsh. entschieden, vielmehr auf dem in RBahnG § 43 (2) bestimmten Wege.
Vgl. Sarter-Kittel S. 298.

[69]) Oben I 2 Anm. 11; handelt es sich um das Schlußprotokoll, so ist die Zuständ. des StGHofs nicht durch § 43, sondern durch RVerf Art. 19 gegeben.

[1]) Vollzugs Vo 18. August 22 (RGBl II 741). Von einem Abdrucke dieser Vo u. von Erläuterungen zum G wird als f. d. Zwecke des vorlieg. Buches nicht erforderlich abgesehen.

[2]) Hier nicht abgedruckt.

§ 3. Die Gläubiger können aus Anlaß der in den §§ 1 und 2 ausgesprochenen Rechtsänderungen keine Ansprüche, insbesondere nicht solche auf Kündigung oder Rückzahlung ihrer Forderungen, geltend machen. Entgegenstehende Bestimmungen sind unwirksam.

§ 4. (1) Für die nach § 1 auf das Reich übergegangenen Schulden bleiben bis auf weiteres die Vorschriften der derzeitigen Landesgesetze maßgebend mit Ausnahme der Vorschriften für die Berichterstattung über die Ergebnisse der Schuldenverwaltung, die Prüfung der Rechnungen und die Erteilung der Entlastung.

(2) Der Reichsminister der Finanzen kann, soweit das mit der den Landesbehörden durch die Landesgesetze beigelegten Unabhängigkeit vereinbar ist, für die Verwaltung der auf das Reich übergegangenen Schulden allgemeine Anordnungen erlassen und sich die Entscheidung über solche Einzelfragen vorbehalten, die nach einheitlichen Gesichtspunkten entschieden werden müssen. Er ist befugt, die Geschäftsführung der Landesbehörden, soweit sie die Verwaltung der auf das Reich übergegangenen Schulden betrifft, durch Reichsbeauftragte zu überwachen.

§ 5. Das Reich haftet für die in der Anlage 2[2]) aufgeführten Schulden der Länder Württemberg und Oldenburg als selbstschuldnerischer Bürge im Sinne der Vorschriften des Bürgerlichen Gesetzbuchs mit der Maßgabe, daß der für den jeweiligen Hauptschuldner begründete Leistungs- und Zahlungsort zugleich auch der ausschließliche Leistungs- und Zahlungsort für den Bürgen ist.

§ 6. Die Reichsregierung wird ermächtigt, mit Zustimmung des Reichsrats nach Anhörung des jeweils beteiligten Landes zu bestimmen, daß an Stelle landesrechtlicher Vorschriften nach § 4 des Gesetzes die entsprechenden reichsgesetzlichen Bestimmungen treten.

4. Dawes- und Youngplan.

a) Vorbemerkung[1]).

A. Dawesplan und Londoner Konferenz.

I. Das Reichsbahngesetz.

In der Londoner Konferenz, abgeschlossen durch das Schlußprotokoll vom 16. August 1924, verpflichtet sich die Deutsche Reichsregierung u. a., im Interesse der „Reparationsgläubiger" durch ein besonderes Gesetz seine Eisenbahnverwaltung in der Art umzugestalten, wie es einige „Sachverständige" in einem Gutachten, dem sog. Dawesplane, vorgeschlagen hatten. Daraufhin erging das (erste) Reichsbahngesetz vom 30. August 1924 mit der einen Bestandteil desselben bildenden Satzung. Das Gesetz beließ die Eisenbahnen des Reichs in dessen Eigentum, übertrug aber den Betrieb einer sogenannten Gesellschaft, der Reichsbahn-Gesellschaft, und traf eine Reihe von Maßnahmen, die die Reichsbahn in umfassendem Maße zur Befriedigung der sog. Reparationsschuld heranzogen. Die hauptsächlichsten diesem Zwecke dienenden Maßnahmen waren folgende:

1. Die Reichsbahn wurde mit einer „Reparationshypothek" von elf Milliarden Goldmark belastet, die, in die Form von „Reparationsschuldverschreibungen" gekleidet, aus den Betriebsüberschüssen mit jährlich 5 vH zu verzinsen und mit jährlich 1 vH zu tilgen war. Im ganzen hatte aus diesem Rechtsgrunde die Gesellschaft bis zum Ende des Jahres 1964 eine jährliche Zahlung von 660 Millionen Goldmark an die „Reparationsgläubiger" zu leisten.
2. Aus der Beförderungssteuer, die auf Grund der Gesetze vom 8. April 1917 und 29. Juni 1926 (unten IV 2) die Gesellschaft dem Reiche schuldet, war ein fester Betrag von jährlich 290 Millionen Goldmark an die Reparationsgläubiger abzuführen.
3. Zur Sicherung der Reparationsschuld diente neben der Reparationshypothek (vorstehend Nr. 1) ein weitgehender ausländischer Einfluß auf die Geschäftsführung der Gesellschaft, der hauptsächlich in folgenden Bestimmungen des Gesetzes zutage trat:
   a) Von den Mitgliedern des als Organ der Gesellschaft gebildeten Verwaltungsrats ernannte der von der Reparationskommission bestellte Treuhänder die Hälfte, und unter den von diesem ernannten Personen mußten mindestens vier Ausländer sein;
   b) zur Wahrung der Gläubigerrechte war ein Eisenbahnkommissar mit umfassender Befugnis laufender Überwachung und dem Rechte zu schwersten Eingriffen in außerordentlichen Fällen eingesetzt;
   c) zur Entscheidung gewisser Streitigkeiten, namentlich solcher zwischen ausländischen Stellen und der Gesellschaft oder der Reichsregierung war ein internationaler Schiedsrichter berufen.

Im weiteren enthielt das Gesetz ziemlich eingehende Vorschriften über die Verfassung und allgemeine Rechtsstellung der Gesellschaft, ihr Verhältnis zum Reiche, ihre vermögens- und steuerrechtlichen Befugnisse und Verpflichtungen, ihr Betriebsrecht und Betriebsmonopol, das Personal, den Betrieb und die Bauten der Reichsbahn, die Entscheidung von Streitigkeiten u. a. m.

Gesetz und Satzung waren ihrem ganzen Umfange nach international gebunden, d. h. Änderungen an ihnen durften nicht durch das Deutsche Reich einseitig verfügt werden, bedurften vielmehr der Zustimmung aller am Abkommen als Vertragschließende beteiligten Staaten. Da sie ferner mehrere Vorschriften enthielten, die von der Reichsverfassung abweichen, mußte bei ihrer Annahme durch den Reichstag die für verfassungsändernde Gesetze vorgesehene Form beobachtet werden.

---

[1]) Unter Benutzung der Drucksachen 10 und 13/1930 des Reichsrats.

II. Sonstiges.

Von den weiteren Verpflichtungen, die das Reich in London übernommen hatte, ist hier noch die sog. Industriebelastung zu erwähnen. Obwohl der Youngplan (unten Abschnitt I 4c) sie aus den Einrichtungen zur Befriedigung der Reparationsgläubiger entfernt hat, ist, weil ihr die privaten Eisenbahnen unterworfen waren, ein Auszug aus dem sie aussprechenden Gesetze als Abschnitt IV 6 abgedruckt.

Das Ergebnis der Londoner Konferenz faßt ein Mantelgesetz vom 30. August 1924 zusammen, aus dem Abschnitt I 4 b unten einen Auszug bringt.

B. Youngplan und Haager Konferenzen.

Umstände, deren Erörterung nicht hierher gehört, führten zur Aufrollung des ganzen deutschen Reparationsproblems. An der Hand des 1929 aufgestellten „Youngplanes" fanden internationale Verhandlungen im Haag statt, deren Ergebnisse in den „Haager Vereinbarungen" vom August 1929 und Januar 1930 niedergelegt sind. In Verfolg dieser Vereinbarungen ist neben einem im Auszuge hierunter als Abschnitt I 4 c abgedruckten Mantelgesetz unter dem 13. März 1930 ein gleichfalls hierunter auszugsweise mitgeteiltes Gesetz zur Abänderung des Reichsbahngesetzes ergangen. Das so abgeänderte Reichsbahngesetz ist auf Grund der im Abänderungsgesetz ausgesprochenen Ermächtigung in der hier als Abschnitt I 5 abgedruckten Fassung veröffentlicht worden.

Das neue Gesetz läßt die Reichsbahn-Gesellschaft bestehen und ihren Rechtscharakter sowie ihre allgemeine Rechtslage im wesentlichen unberührt, bringt aber im übrigen eine Reihe von einschneidenden Änderungen. Indem wegen der Einzelheiten auf die Neufassung und die Anmerkungen zu dieser verwiesen wird, seien hier die wichtigsten Neuerungen im nachstehenden zusammengefaßt.

1. Die Reparationshypothek und die Reparationsschuldverschreibungen sind fortgefallen. An ihre Stelle tritt die „Reparationssteuer", eine als Reichssteuer bezeichnete Abgabe, die die Gesellschaft (im letzten Jahre ihr Rechtsnachfolger) in der Höhe der bisherigen Zins- und Tilgungsleistungen mit jährlich 660 Millionen *RM* bis zum Jahre 1966 auf ein Konto bei der Reichsbank zu zahlen hat.
2. Die Beförderungssteuer ist grundsätzlich aus den Reparationsleistungen ausgeschieden worden und wie vor dem ersten Reichsbahngesetz an das Reich nach Maßgabe der innerdeutschen Gesetzgebung zu entrichten.
3. Die Beaufsichtigung der Gesellschaft durch ausländische Stellen wie überhaupt jede rechtliche Einflußnahme des Auslands auf die Verwaltung der Reichsbahn ist restlos fortgefallen, namentlich gibt es keinen Eisenbahnkommissar, keinen Treuhänder für die Reichsbahnobligationen und keinen besonderen internationalen Sonderschiedsrichter für Reichsbahnangelegenheiten mehr.
4. Von Bedeutung, wenn auch nicht in dem Maße wie die eben genannten Änderungen sind ferner u. a. eine Erweiterung der Reichsaufsicht und der Beteiligung des Reichs an der Verwaltung der Reichsbahn, Neuerungen im Finanz- und im Beamtenrecht und in der Zusammensetzung des Reichsbahngerichts.
5. Die internationale Gebundenheit des Gesetzes ist unter gewissen Voraussetzungen eingeschränkt und für Änderungen desselben ein erleichtertes Verfahren eingeführt worden (s. unten I 4 c Beil. A Ziff. 5).

Da das Änderungsgesetz keine neuen Abweichungen von der Reichsverfassung enthält, brauchte bei seinem Erlasse die für Verfassungsänderungen vorgesehene Form nicht beobachtet zu werden.

4b. Gesetz über die Londoner Konferenz. Vom 30. August 1924 (RGBl II 289).

Auszug.

§ 1. Den in den Anlagen des Schlußprotokolls der Londoner Konferenz vom 16. August 1924 enthaltenen Vereinbarungen[1]), soweit sie von Deutschland bereits unterzeichnet sind oder nach Maßgabe des Schlußprotokolls am 30. August 1924 unterzeichnet werden sollen, wird zugestimmt.

Das Schlußprotokoll nebst seinen Anlagen wird nachstehend veröffentlicht[2]).

Aus der Anlage I zum Schlußprotokoll (Abkommen zwischen der Deutschen Regierung und der Reparationskommission).

I. Die Deutsche Regierung verpflichtet sich, alle geeigneten Maßnahmen zu treffen, um den Plan der Sachverständigen[3]) in Wirksamkeit zu setzen und sein dauerndes Funktionieren zu sichern, insbesondere

a) alle notwendigen Maßnahmen zu treffen, um die Gesetze und Verordnungen (insbesondere die Gesetze betreffend die Bank, die Reichsbahn[4]) und die Industrieobligationen[5]), die zu diesem Zwecke erforderlich sind, in der von der Reparationskommission genehmigten Form zu erlassen und ihre Durchführung zu sichern,

b) ......

[1]) Auf diesen Vereinbarungen beruht u. a. das unten als Abschnitt I 5 abgedr. Reichsbahngesetz (mit Satzung) in seiner ursprüngl. Fassung. Diese Fassung war international gebunden, jedoch ist auf Grund der Verhandlungen in der Haager Konferenz die Gebundenheit eingeschränkt worden (s. oben I 4a bei A I a. E., B 5 u. unten I 4c Beil. A Ziff. 5).

[2]) Hier wird nur der für das RBahnG in Betracht kommende Teil der Anlage I zum Schlußprot. abgedruckt.

[3]) Der sog. Dawesplan.

[4]) Das Reichsbahngesetz, nicht aber das ReichsbahnpersonalG.

[5]) Die Industriebelastung ist jetzt als international festgelegte Einricht. zur Befried. der ReparGläubiger fortgefallen (oben I 4a bei A II).

4c. Gesetz über die Haager Konferenz 1929/30. Vom 13. März 1930 (RGBl II 45).

Auszug.

Artikel I. Den auf der Haager Konferenz im August 1929 getroffenen Vereinbarungen, nämlich:

1. den Vereinbarungen vom 30. August 1929 über die Räumung des Rheinlandes[1]) ...,
2. dem Protokoll vom 31. August 1929 über die grundsätzliche Annahme des Sachverständigenplans vom 7. Juni 1929[2]) und den Anlagen dieses Protokolls,

wird zugestimmt.

Artikel II. Den auf der Haager Konferenz vom 20. Januar 1930 unterzeichneten Vereinbarungen, nämlich:

1. dem Abkommen über die endgültige Annahme des Sachverständigenplans vom 7. Juni 1929[2]) und den Anlagen dieses Abkommens[3])

(2.—6.)

wird zugestimmt.

(Artt. III bis VI.)

Beilage A (zu Anmerkung 3).

Auszug aus dem Haager Abkommen vom 20. Januar 1930 und seinen Anlagen.

1. Artikel IX Abs. 1, 2 des Abkommens (RGBl 91)

Die Deutsche Regierung verpflichtet sich, die erforderlichen Maßnahmen zu treffen, damit die für die Anwendung des Neuen Planes nötigen besonderen Gesetze erlassen werden, nämlich:

a) das Gesetz über die Abänderung des Bankgesetzes vom 30. August 1924 gemäß Anlage V;

b) das Gesetz zur Abänderung des Gesetzes über die Deutsche Reichsbahn-Gesellschaft gemäß Anlage VI[4]).

Diese Gesetze können nur unter den Voraussetzungen und gemäß dem Verfahren abgeändert werden, die in den Anlagen Va und VIa vorgesehen sind.

2. Ziffer VII Abs. 2, 3 der Anlage III des Abkommens (RGBl 125)

Die Erträgnisse der jährlichen direkten Steuer von 660 Millionen *RM*, welche die Deutsche Reichsbahn-Gesellschaft zu entrichten hat[5]), sind gleichfalls im Wege der Nebensicherheit für den Dienst der Annuitäten angewiesen.

Die der Deutschen Reichsbahn-Gesellschaft obliegenden Zahlungen erfolgen gemäß der Bescheinigung dieser Gesellschaft am ersten Tage jedes Monats; sobald der volle Betrag der vorhergehenden von der Deutschen Regierung geschuldeten Monatsrate gezahlt ist, werden die von der Deutschen Reichsbahn-Gesellschaft bewirkten Zahlungen unverzüglich nach ihrem Eingang an die Deutsche Regierung überwiesen.

3. Anlage IV. Bescheinigung der Deutschen Reichsbahn-Gesellschaft (RGBl 129)

Die Unterzeichneten bestätigen durch diese Bescheinigung, daß die Deutsche Reichsbahn-Gesellschaft als Beitrag zu den vom Reiche aufzubringenden Jahreszahlungen für Reparationszwecke eine Reichssteuer im Betrage von jährlich 660 Millionen *RM* zu entrichten hat[5]).

Diese Steuer wird in gleichen monatlichen Teilbeträgen von 55 Millionen *RM* nach Ablauf jedes Monats am 1. des folgenden Monats, und wenn der 1. auf einen Sonn- oder Feiertag fällt, am nächstfolgenden Werktag fällig. Sie ist unmittelbar auf das Konto der Bank für Internationalen Zahlungsausgleich bei der Reichsbank zu zahlen. Die Zahlungen beginnen am 1. Oktober 1929 und endigen am 1. April 1966. Die Zahlungen an den Fälligkeitstagen müssen bis neun Uhr morgens bewirkt werden.

Die Steuer ist zu entrichten nach Maßgabe der Bedingungen, Vorrechte und Gewährleistungen, die durch das Reichsbahngesetz vom ....[6]) begründet sind, insbesondere gemäß folgenden Bedingungen:

Die Steuer ist aus den Betriebseinnahmen der Gesellschaft, im Notfall unter Heranziehung aller Rücklagen zu leisten. Sie steht im Range hinter den Personalausgaben, aber im gleichen Range wie die sächlichen Ausgaben. Sie hat den Vorrang vor jeder anderen gegenwärtig oder in Zukunft der Gesellschaft auferlegten Steuer und vor jeder sonstigen Belastung der Gesellschaft ohne Unterschied, ob die Belastung hypothekarisch gesichert ist oder nicht.

Gemäß § 5 Abs. 1 des Gesetzes vom ....[6]) geht die der Gesellschaft obliegende Verpflichtung zur Zahlung der Reparationssteuer für das Jahr 1965 und bis zum 31. März 1966 unter entsprechender Anwendung der vorstehenden Bestimmungen auf das gemäß Artikel 92 der Reichsverfassung zur Verwaltung der Reichseisenbahnen dann zu bildende Unternehmen über.

4. Anlage VI. Änderungen, die im Reichsbahngesetz und in der Gesellschaftssatzung durchzuführen sind[7]) (RGBl 141)

---

[1]) Damit ist das ein Anhängsel des „Friedensvertrags" bildende Rheinlandabkommen vom 28. Juni 1919 mit dem Pariser Abkommen vom 5. Mai 1925 hinfällig geworden.

[2]) Der sog. Youngplan.

[3]) Auszug aus dem Abkommen und seinen Anlagen ist hier als Beilage A abgedruckt.

[4]) Unten Abschn. 4d.

[5]) RBahnG (unten I 5) § 4.

[6]) Unten Abschn. I 5.

[7]) Die Änderungen sind die durch das ÄnderungsG (unten Abschn. I 4d) eingeführten u. in die Neufass. des G (unten Abschn. I 5) eingearbeitet; die Anlage VI wird desh. hier nicht abgedr.

5. Anlage VIa. Verfahren bei Änderungen des Reichsbahngesetzes und der Satzung (RGBl 187)[8])

Das Reich kann während der Dauer des Betriebsrechts der Gesellschaft unter Beachtung des nachstehend angegebenen Verfahrens am Reichsbahngesetz und der Gesellschaftssatzung die Änderungen vornehmen, die durch eine Änderung der Verhältnisse gerechtfertigt erscheinen oder deren tatsächliche Zweckmäßigkeit sich durch die Erfahrung ergeben hat, sofern die Änderungen die Bestimmungen über die Reparationszahlungen und die für sie vorgesehenen Garantien sowie den unabhängigen Charakter der Gesellschaft mit ihrer selbständigen Verwaltung nicht beeinträchtigen.

Die beabsichtigten Gesetzesänderungen werden in einem ständigen Ausschuß von 4 Mitgliedern erörtert, der feststellt, ob sie mit den Bestimmungen des Abs. 1 vereinbar sind oder nicht. Wird die Vereinbarkeit mit Stimmeneinheit bejaht oder verneint, so ist die Entscheidung des Ausschusses endgültig.

Kommt eine einheitliche Entscheidung des Ausschusses nicht zustande, so bleibt der bisherige Zustand bestehen. Die Frage kann aber auf Antrag eines jeden Ausschußmitgliedes zur Entscheidung des im Haager Abkommen vom 20. Januar 1930 vorgesehenen Auslegungsschiedsgerichts gebracht werden[9]).

Auf einstimmigen Beschluß des Ausschusses kann die Entscheidung auch einem einzelnen Schiedsrichter in der Person des Vorsitzenden oder eines der Mitglieder des Auslegungsschiedsgerichts anvertraut werden.

Der Ausschuß entscheidet innerhalb eines Zeitraums von 2 Monaten nach der Mitteilung der beabsichtigten Änderungen an die 4 Mitglieder des Ausschusses.

Die Mitglieder des ständigen Ausschusses sollen Sachkenner auf dem Gebiete der im Reichsbahngesetz behandelten Fragen sein. Sie werden für einen Zeitraum von 5 Jahren vom Inkrafttreten des neuen Reichsbahngesetzes an ernannt. 2 Mitglieder werden von der Reichsregierung und 2 von den Regierungen der anderen einladenden Mächte der Haager Konferenz ernannt. Ist ein Mitglied des Ausschusses im Einzelfall verhindert, sein Amt wahrzunehmen, so bestimmt die Regierung, von der das Mitglied ernannt ist, für diesen Fall einen Ersatzmann.

Die Reichsregierung wird den Mitgliedern des Ausschusses die Änderungsvorschläge zustellen. Den deutschen Mitgliedern obliegt es, sich mit den anderen Mitgliedern über den Zeitpunkt und den Ort des Zusammentritts des Ausschusses zu verständigen. Die Kosten des Ausschusses werden von der Deutschen Regierung getragen.

Unter Abweichung von den vorstehenden Bestimmungen kann das Deutsche Reich nach Anhörung des Verwaltungsrats die §§ 11, 20, 21, 25, 28, 35, 36, 37, 38, 40 des Gesetzes selbständig abändern, die Gegenstände behandeln, die vom Standpunkt des Abkommens von geringer Bedeutung sind. Diese Abänderungen dürfen jedoch für die Gesellschaft neue Belastungen nicht zur Folge haben; sie müssen ferner die Bestimmungen über die Reparationszahlungen und die für sie vorgesehenen Garantien sowie den unabhängigen Charakter der Gesellschaft mit ihrer selbständigen Verwaltung unberührt lassen.

6. Anlage VIII. Treuhandvertrag (RGBl 197).

Artikel III Abs. 7. Die Zahlungen in Reichsmark, welche die Deutsche Reichsbahn-Gesellschaft auf das Konto des Treuhänders bei der Reichsbank am ersten Tage jeden Monats für den vorhergehenden Monat in Höhe von 55 Millionen *RM* entsprechend den Bedingungen der eingangs genannten, von dieser Gesellschaft ausgestellten Bescheinigung leistet, sollen bis zur vollständigen Bezahlung dieser Bescheinigung jeden Monat von dem Treuhänder der Deutschen Regierung zur Verfügung gestellt werden, sobald sie eingegangen sind, vorausgesetzt, daß die am 15. Tage des vorhergehenden Monats von der Deutschen Regierung zu leistende Teilzahlung auf die Annuität richtig eingegangen ist.

4d. Gesetz zur Änderung des Reichsbahngesetzes[1]). Vom 13. März 1930 (RGBl 359).

Auszug.

Der Reichstag hat das folgende Gesetz beschlossen, das mit Zustimmung des Reichsrats hiermit verkündet wird:

Artikel I. Das Gesetz über die Deutsche Reichsbahn-Gesellschaft (Reichsbahngesetz) vom 30. August 1924 (Reichsgesetzbl. II S. 272) wird wie folgt geändert:

(1 bis 30)[2]).

Artikel II. Die einen Bestandteil des Gesetzes über die Deutsche Reichsbahn-Gesellschaft (Reichsbahngesetz) vom 30. August 1924 bildende Satzung der Deutschen Reichsbahn-Gesellschaft (Gesellschaftssatzung) erhält die Bezeichnung: Anlage I. Sie wird wie folgt geändert:

(1 bis 15)[2]).

Artikel III. Das Gesetz über die Deutsche Reichsbahn-Gesellschaft (Reichsbahngesetz) vom 30. August 1924 erhält folgende Anlage II:

---

[8]) Bisher war das G seinem ganzen Umfange nach international gebunden (s. oben I 4a bei A I a. E. und B 5), jetzt sind durch obige Anl. VIa für gewisse Änderungen Formerleichterungen eingeführt worden.

[9]) S. unten I 5 Anm. 162a.

[1]) Das G ist in Ausf. der Vereinb. ergangen, die in Anl. VI zum zweiten Haager Abk. (oben I 4c Beil. A) niedergelegt ist. Auf Grund des Art. V des G hat die Reichsreg. die unten als I 5 abgedr. Bek erlassen, in die die durch das G verfügten Änderungen eingearbeitet sind. Die Quellen des obigen G sind unten bei I 5 Anm. 1 mit denen des G von 1924 zusammen angegeben.

[2]) Für die Zwecke d. W. reicht es aus, daß die Änderungen selbst nicht als solche besonders abgedr., sondern nur in den Anm. zur Neufassung (unten I 5) kenntlich gemacht werden.

Anlage II[3]).

Artikel IV. Übergangsbestimmungen.

1. Zu Artikel I Ziff. 13a (§ 19 Abs. 1 des Reichsbahngesetzes).
   Die Regelung der Rechts-, Dienst- und Besoldungsverhältnisse der Reichsbahnbeamten nach dem Stande vom 1. Oktober 1929 gilt als im Einvernehmen mit der Reichsregierung erlassen.

2. Zu Artikel I Ziff. 13a (§ 19 Abs. 2 des Reichsbahngesetzes).
   Gegenstände, die am 1. Oktober 1929 in den §§ 3 bis 32 der Personalordnung[4]) geregelt oder durch sie dem Generaldirektor zur Regelung überlassen worden sind, gelten, soweit sich nicht aus § 19 Abs. 3 des Gesetzes über die Deutsche Reichsbahn-Gesellschaft (Reichsbahngesetz) vom 30. August 1924 in der Fassung dieses Gesetzes etwas anderes ergibt, als solche, über die die Personalordnung Bestimmung treffen kann.

3. Zu Artikel II Ziff. 7 (§ 13 Abs. 1 der Gesellschaftssatzung).
   Die Amtsdauer der gegenwärtigen Mitglieder des Verwaltungsrats endet
   am 31. Dezember 1930, soweit sie auch nach den bisherigen Bestimmungen an diesem Tage auszuscheiden hätten,
   am 31. Dezember 1931, soweit sie nach den bisherigen Bestimmungen am 31. Dezember 1932 auszuscheiden hätten,
   am 31. Dezember 1932, soweit sie nach den bisherigen Bestimmungen am 31. Dezember 1934 auszuscheiden hätten.
   Ihre Nachfolger werden für drei Jahre ernannt.

Abweichend hiervon scheiden die vier ausländischen Mitglieder mit dem Inkrafttreten dieses Gesetzes aus. Ihre Nachfolger werden von der Reichsregierung zum gleichen Zeitpunkt lediglich für den Rest der Amtsdauer der ausländischen Mitglieder ernannt; ihre Amtszeit endet demnach entsprechend dem vorstehenden Grundsatz am 31. Dezember der Jahre 1930, 1931 oder 1932.

Artikel V. Die Reichsregierung wird ermächtigt, das Gesetz über die Deutsche Reichsbahn-Gesellschaft (Reichsbahngesetz) vom 30. August 1924 (Reichsgesetzbl. II S. 272) einschließlich der Gesellschaftssatzung in der durch dieses Gesetz geänderten Form und in fortlaufender Paragraphenfolge bekannt zu machen[5]).

Artikel VI. Den Zeitpunkt des Inkrafttretens dieses Gesetzes bestimmt die Reichsregierung[6]).

5. Reichsbahngesetz in der Fassung der Bekanntmachung vom 13. März 1930 (RGBl. II 369)[1]).

§ 1. Errichtung der Gesellschaft[2])

(1) Das Deutsche Reich errichtet durch dieses Gesetz zum Betriebe der Reichseisenbahnen eine Gesellschaft[3]).

---

[3]) Als Anl. II mit der Neufass. (unten I 5) abgedr.

[4]) Unten III 3.

[5]) Unten I 5. — Anm. 1, 2.

[6]) Das G ist mit Wirk. v. 17. Mai 30 in Kraft getreten: Vo 19. Mai 30 (RGBl II 777).

[1]) A. Wegen der Entstehungsgeschichte wird verwiesen auf Abschn. I 4a, I 4b Anm. 1, I 4c Beil. A u. I 4d. — Inhalt. Das G macht die Reichsbahn f. d. „Reparationsschuld" nutzbar. Es beläßt dem Reiche zwar das Eigentum an dem Bahnnetz, entzieht ihm aber bis zum 31. Dez. 1964 den Betrieb. Diesen führt — formell für eigene Rechnung — die Deutsche Reichsbahn-Gesellschaft, während das Reich neben einer Vertretung im Verwaltungsrat nur ein genau umschriebenes Aufsichtsrecht hat. Die Gesellschaft entrichtet an die ReparGläubiger eine „Reparationssteuer" v. jährlich 660 Mill. RM, die aus den Betriebseinnahmen der Ges. entnommen u. vom Reiche gewährleistet wird. Das Kapital der Ges. ist in Stamm- u. Vorzugsaktien eingeteilt. Der Bau neuer Großbahnen ist der Ges. vorbehalten. Im weiteren enthalten das G u. die ihm beigegebene Satzung Best üb. Finanzen, Verwaltung, Betrieb, Bauten u. a. m. — Quellen. Für die ursprüngl. Fassung: RRat 1924 Drucks. 134 (Entw. u. Begr), Niederschr. §§ 567g, 576, 615; RTag 1924 Drucks. 452 (Entw. u. Begr), StB 794, 936, 960, 1001, 1067. Quellen f. d. Neufassung: RRat Drucks. Nr. 13 (Entw. u. Begr). RTag 1928 Drucks. 1619, 1622 (1686) — Entw. u. Begr —, StB I. Berat. 3902, 3965, 4013, II. Berat. 4153, 4299, 4344, III. Berat. 4361. — Bearb. Sarter-Kittel 2. Aufl. 1927, Schulze 1924.

B. Die hauptsächlichsten Neuerungen, die das G v. 1930 bringt, sind oben in Abschn. I 4a dargestellt. Wegen der internationalen Gebundenheit s. oben I 4c Beil. A Anl. VIa. Daß der Erlaß des neuen G nicht mehr (wie der des G v. 1924) der für Verfassungsänderungen vorgeschr. Form bedurfte, ist oben in Abschn. I 4a unter B a. E. erwähnt.

C. Verh. des G zur RVerf: Kittel VZ 1930, 421. Ferner Kittel „Die Reichsbahn" 1930 247; Baumann Verkehrstechn. Woche 1930 173, 191.

[2]) Die Begr des neugefaßten § 1 lautet:
Die neue Fassung, die Abs. 1 des § 1 des Gesetzes erhalten soll, weicht von der bisherigen nur insofern ab, als die Firmenbezeichnung der Gesellschaft an

(2) Die Gesellschaft verwaltet die Reichseisenbahnen für das Reich nach den Vorschriften dieses Gesetzes und der anliegenden Gesellschaftssatzung[4]).

§ 2. Geschäftsführung

Die Gesellschaft hat ihren Betrieb unter Wahrung der Interessen der deutschen Volkswirtschaft[5]) nach kaufmännischen Grundsätzen[6]) zu führen.

§ 3. Aktien[7])

(1) Das Grundkapital der Gesellschaft beträgt fünfzehn Milliarden Reichsmark; es ist eingeteilt in zwei Milliarden Reichsmark Vorzugsaktien (Gruppe A)[8]) und dreizehn Milliarden Reichsmark Stammaktien[9]), vorbehaltlich der Bestimmungen in § 20 der Gesellschaftssatzung über die Vorzugsaktien[7]).

---

dieser Stelle gestrichen ist. Es genügt, daß der § 1 der Gesellschaftssatzung die Firma aufführt.

„In der neuen Fassung des Abs. 2 wird zum Ausdruck gebracht, daß die Gesellschaft die Reichseisenbahnen für das Reich verwaltet. Damit wird klargestellt, daß es Reichsaufgaben sind, die die Gesellschaft mit der Verwaltung der Reichseisenbahnen zu erfüllen hat." Nach § 1 der Satzung (Anlage des G, hier hinter diesem abgedruckt) führt die Gesellschaft die Firma **„Deutsche Reichsbahn-Gesellschaft"**. — Wegen der in Abs. (2) neu eingeschobenen Worte „für das Reich" s. unten IV 3b Anm. 3. — Der bisher. Abs. 2 besagte nur, daß die Satzung einen Bestandteil des G. bildet.

[3]) Rechtscharakter der Reichsbahn-Gesellschaft. A. Die Ges. ist eine juristische Person, aber, obgleich das G sie als Gesellschaft bezeichnet, keine solche, namentlich keine Handelsgesellschaft i. S. des HGB, auch nicht eine Aktiengesellschaft: Nach RBahnG § 16 finden die Vorschriften des HGB üb. Gesellschaften auf sie nur soweit Anwend., wie sie in RBahnG (u. Satzung) für anwendbar erklärt werden. Die Abweich. v. Handelsrecht besteht hauptſ. darin, daß es b. d. RBGes. an der Generalversammlung fehlt. Deren Aufgaben liegen dem Verwaltungsrat ob. Auch in den Best üb. d. Ausgabe der Aktien, die Rechte der Aktionäre u. in anderen Punkten finden sich im G u. in der Satzung so wesentl. Unterschiede v. den f. d. Handelsgesellsch. geltenden Best, daß die Aktien der RBGes. den Aktien des deutschen Handelsrechts nicht o. w. gleichstehen (Begr v. 1924). Ferner fehlen die Gesellschafter: Das Reich als Inhaber der Stammaktien führt den „Betrieb" nicht, die Inhaber der Vorzugsaktien haben keinen Anteil am GesVermögen (vgl. Sarter-Kittel S. 229).

B. Anders. tritt der in der Begr (v. 1924) als „starker öffentlich-rechtlicher Einschlag" bezeichn. öffentlich-rechtliche Char. der Ges. in zahlreichen Vorschriften von G u. Satzung zutage, u. es ist heute wohl allgemein in Rechtspr., VerwaltPraxis u. Schrifttum anerkannt, daß die RBGes. eine juristische Person des öffentlichen Rechts ist. Nachweise bei Sarter-Kittel S. 33 u. Heilfron EE **48** 198; vgl. ferner RG Straff. **60** 139, Vo des Preuß. Justizmin. 5. April 27 JustMinBl 137, Fleiner S. 347 (22), Häffner Arch **1927** 1640ff., Haustein Arch des öff. Rechts **1927** 100ff. Auch führt RG JW **1928** 1457 aus (was jetzt in der Neufass. von G § 1 Abs. 2 besonders betont wird), daß die Ges. als vermittelnder Träger eines Zweiges der Reichsverwalt. anzusehen u. der Reichsbahnbetrieb Angeleg. des Reichs geblieben ist.

C. Daß die RBGes. eine deutsche Ges. ist, bedarf heute keiner Begründung mehr, nachdem das neue G jede Einwirk. des Auslands beseitigt hat (s. auch schon die Begr v. 1924 u. Sarter-Kittel S. 22).

D. Von der Reichsverwaltung ist die Reichsbahn organisatorisch losgelöst; zum Reichstage bestehen keine rechtl. Beziehungen, nam. sind die Organe der Ges. nicht ihm verantwortlich (Sarter-Kittel S. 37). Weiteres üb. das Verh. zw. Reich u. Ges. unten Anm. 35, 112.

E. Auch unter der GesellschVerwalt. ist die Reichsbahn Staatsbahn geblieben. Eigentümer ist nach wie vor das Reich (G § 6); alle m. d. „Unternehmen Deutsche Reichsbahn" verbundenen Rechte u. Pflichten sind auf die RBGes. übergegangen (G § 5 Abs. 4); das Privatbahnrecht, nam. die Vorschriften üb. Konzessionierung gelten nicht f. d. Gesellschaft (G § 16 Abs. 1); die Reichsbahn wird — wenn auch vielleicht nicht formell (s. unten IV 3b Anm. 3c) — jedenfalls im wirtschaftl. Ergebnisse für Rechnung des Reichs betrieben. Für das Baurecht in Baden ebenso: VerwGerHof Karlsruhe EE **48** 36.

F. Die Novelle hat die 1924 begründete RBGesellsch. bestehen lassen u. an ihrem Wesen nichts geändert.

[4]) Wegen der internat. Gebundenheit gilt f. d. Satzung dasselbe wie f. d. Gesetz (s. oben Anm. 1 B).

[5]) S. auch § 23 (1) u. die Anm. zu § 33 (5). Sarter-Kittel S. 24, 87f., 118f. Da § 2 (wie das ganze RBahnG) zu den „Gesetzen" i. S. der Neufass. des § 31 (1) gehört, erstreckt sich das Recht der RRegierung zum Eingreifen auf Grund § 31 (1) auch auf den Fall, daß die RBGesellsch. gegen ihre Verpflicht. verstößt, die Interessen der deutschen Volkswirtsch. zu wahren (Begr v. 1930 Ziff. I 4). Heilfron EE **48** 200 meint, daß dieser Verpflicht. der Erwerbszweck nach dem G vorangeht. — Selbstverständlich ist auch die Reichsregierung nur zu solchen Eingriffen befugt, die sich innerhalb der durch die Gesetze, auch durch RBahnG § 2, gezogenen Grenzen halten.

[6]) Vgl. noch §§ 13, 23 (1), 29 u. Satzung § 19. Sarter-Kittel S. 24f., 77ff., 87f., 119f.

[7]) A. Satzung § 3.

B. Wegen der auf die Aktien bezügl. Vorschriften des HGB, die auch f. d. RBGesellsch. gelten, s. § 16 (3). Form u. Inhalt der Aktien: Satzung § 7. — Der Vorbehalt am Schlusse des Abs. 1 ist neu u. bezieht sich auf die durch das G v. 1930 eingeführte Einteil. der Vorzugsaktien in zwei Gruppen u. soll die wohlerworbenen Rechte der Inhaber der schon ausgegebenen, auf Goldmark lautenden Vorzugsaktien schützen, die jetzt nach Satz. § 4 die Gruppe A bilden. Die neuen Vorzugsaktien u. die Stammaktien sollen nicht mehr (wie bisher) auf Gold-, sondern auf Reichsmark lauten, wie denn überhaupt n. d. zweiten Haager Vereinb. grundsätzlich die Goldmark durch die Reichsmark ersetzt wird. — Erhöhung des Anlagekapitals durch Ausgabe weiterer Vorzugsaktien — Gruppe B —: Abs. (2).

[8]) Die Vorzugsaktien der Gruppe A stehen den Aktien des HGB nahe. Da aber das G keine Generalversamml. bei der RBGesellsch. kennt (oben Anm. 3 A), beschränkt sich ihre Beteil. an der Verwalt. des Unternehmens auf die (den VorzAkt. Gruppe B nicht zustehende) Vertret. im Verwaltungsrat. Satzung §§ 9, 11f., 15 (1). Näheres: Satzung §§ 4, 5 u. Sarter-Kittel S. 228ff. — Satzung §§ 19f.

[9]) Die Stammaktien gewähren v. d. Rechten, die n. d. HGB den Aktionären zustehen, nur den Anspruch

[10]) (2) Die Gesellschaft ist berechtigt, zur Beschaffung von Geldmitteln für die Verbesserung, Ergänzung und Erweiterung der Reichseisenbahnanlagen und der Betriebsmittel oder für sonstige außerordentliche Aufwendungen das Grundkapital durch Ausgabe weiterer Vorzugsaktien (Gruppe B) zu erhöhen, deren Gesamtbetrag für einen Zeitraum von je zehn Jahren, gerechnet von der ersten Ausgabe solcher Vorzugsaktien an, zwei Milliarden Reichsmark nicht übersteigen darf. Die Erhöhung des Grundkapitals bedarf der Zustimmung der Reichsregierung.

(3) Die Vorzugsaktien[8]) lauten auf den Inhaber. Die Stammaktien[9]) werden auf den Namen des Deutschen Reichs oder auf Verlangen der Reichsregierung auf den Namen eines deutschen Landes[11]) ausgestellt. Zur Verfügung über diese Stammaktien ist die Zustimmung des Reichsrats und des Reichstags mit der im Artikel 76 Abs. 1 Satz 2 und 3 der Reichsverfassung vorgesehenen Zweidrittelmehrheit erforderlich.

§ 4. Reparationssteuer[12])

(1) Die Gesellschaft hat als Beitrag der Deutschen Reichsbahn zu den vom Reich aufzubringenden Jahreszahlungen für Reparationszwecke eine Reichssteuer im Betrage von jährlich 660 Millionen Reichsmark zu entrichten (Reparationssteuer). Die Reparationssteuer wird in gleichen monatlichen Teilbeträgen von 55 Millionen Reichsmark nach Ablauf jedes Monats am Ersten des folgenden Monats und, wenn der Erste auf einen Sonn- oder Feiertag fällt, am nächstfolgenden Werktag fällig; sie ist unmittelbar auf das Konto der Bank für Internationalen Zahlungsausgleich[13]) bei der Reichsbank zu zahlen; die Zahlungen beginnen am 1. Oktober 1929 und enden vorbehaltlich der Bestimmungen in § 5 am 1. April 1966[14]). Sie müssen an den Fälligkeitstagen bis 9 Uhr morgens bewirkt werden.

[15]) (2) Die Reparationssteuer ist aus den Betriebseinnahmen der Gesellschaft, im Notfall unter Heranziehung aller Rücklagen zu leisten. Sie steht im Range hinter den Personalausgaben, aber im gleichen Range wie die sächlichen Ausgaben der Gesellschaft und hat den Vorrang vor jeder anderen gegenwärtig oder in Zukunft der Gesellschaft auferlegten Steuer und vor jeder sonstigen Belastung der Gesellschaft ohne Unterschied, ob die Belastung hypothekarisch gesichert ist oder nicht.

(3) Die Gesellschaft wird bei der Bank für Internationalen Zahlungsausgleich[13]) eine Bescheinigung[16]) über ihre Verpflichtungen gemäß Abs. 1 und 2 hinterlegen. Die auf Grund von § 4 des Ge-

---

auf Dividende. — Satzung §§ 6 (2), 19 (2) Ziff. 4 —, z. B. aber keinen Anteil an der Verwalt. (die Beteil. des Reichs an dieser ist von seinem Aktienbesitz unabhängig). Mit Ablauf des Betriebsrechts der Gesellsch. werden sie gegenstandslos, nam. gewähren sie kein Recht auf Kapitalsrückzahl. im Falle der Liquidation (G § 42).

[10]) A. Abs. (2) ist neu u. von großer Wichtigkeit f. d. Gesellsch., indem er ihr die Beschaff. v. Geldmitteln f. d. in Abs. (2) bezeichneten außerordentlichen Aufwendungen erleichtert. Bisher standen ihr f. solche Zwecke nur die Vorzugsaktien der (neuen) Gruppe A u. der Anleiheweg (§ 8) zur Verfüg. Aber der noch nicht begebene Bestand an Vorzugsaktien reicht dafür nicht entfernt aus, u. der Anleiheweg bietet unter den gegenwärt. Verhältn. des Kapitalmarkts wenig Aussicht.

B. Die neue Fass. der §§ 4, 9 der Satzung trifft Best über Einziehung der Gruppe B u. den Einlösungskurs u. schließt die Gruppe B v. d. Vertret. im Verwaltungsrat aus.

[11]) Das hängt damit zus., daß das Reich die Abfind. der Länder f. Überlass. der Staatsbahnen (StVtr 1920) nicht vollständig geleistet hat. S. oben I 3 Anm. 18.

[12]) § 4 ist neu u. eine der beiden Hauptgrundlagen (die andere ist die Ausschaltung des Auslands) für die Umgestaltung in den Rechtsverhältnissen der RBGesellschaft: Bisher — G v. 1924 § 4, alte Satzung § 8 — war der der Reichsbahn auferlegte Teil der Reparationsschuld in der Weise abzutragen, daß die RBGesellsch. „Reparationsschuldverschreibungen" über elf Milliarden Goldmark ausgegeben hatte, die (nach einer Übergangszeit mit leichteren Best) jährlich mit 5 vH zu verzinsen u. mit 1 vH zu tilgen waren. Zu ihrer Sicherung war an allen Grundstücken, die zum Reichsbahnvermögen (G § 6) gehören od. im Eigentum der Ges. stehen, mit ihrem Zubehör eine der Bahnpfandschuld i. S. des BahneinheitsG (unten I 9) ähnliche, allen anderen Belastungen vorgehende Gesamthypothek, die „Reparationshypothek" kraft Gesetzes bestellt. Das neue G beseitigt die RepSchuldverschr. nebst der RepHypothek u. setzt an ihre Stelle die als Reichssteuer bezeichn. Reparationssteuer, deren Höhe (660 Millionen RM jährlich) der der normalen Jahresleistungen auf jene Schuldverschr. gleichsteht. Diese Lösung ermöglicht zugleich die sich aus G §§ 3 (2), 8 ergebende Erleichterung der Kreditbeschaff. für die Gesellschaft. — Anm. 15.

[13]) Bank für Internat. Zahlungsausgleich: RRat 1930 Drucks. 10 S. 258ff.

[14]) Mit dem Aufhören des Betriebsrechts der Ges. (31. Dez. 1964) geht nach § 5 (1) die Schuld auf deren Rechtsnachfolger über.

[15]) Von den Sicherheiten, die bisher der RepSchuld der RBGesellsch. zur Seite standen, sind jetzt die RepHypothek, die Vertretung der RepGläub. im VerwaltRat u. das Aufsichts- u. Eingriffsrecht des EisKommissars fortgefallen; geblieben ist die Gewährleistung des Reichs — § 4 (4) — u. d. Ausgleichsrücklage — Satzung § 19 (2) 2 —, an Stelle der RepHyp. ist das in G § 4 (2) angeordnete Vorrecht der RepSteuer u. der Rückgriff auf die BefördSteuer (G § 4 Abs. 4) getreten. — Unter „Personalausgaben" i. S. des Abs. (2) werden nicht nur die in der Betriebsrechnung als „persönliche Ausgaben" nachgewiesenen Beträge, sondern auch die in den „sächlichen Ausgaben" enthaltenen Aufwendungen für Löhne usw. der Arbeiter im Bahnunterhaltungs- u. im Werkstättendienst zu verstehen sein.

[16]) Die Bescheinigung ist oben als Anl. IV zu I 4c Beil. A abgedruckt.

setzes vom 30. August 1924 ausgestellten und dem Treuhänder übergebenen Reparationsschuldverschreibungen werden für kraftlos erklärt; sie sind im Beisein eines Vertreters der Gesellschaft zu vernichten.

[17]) (4) Die Zahlung der Reparationssteuer durch die Gesellschaft wird von der Reichsregierung gewährleistet. Sobald die Bank für Internationalen Zahlungsausgleich[13]) der Reichsregierung anzeigt, daß eine fällige Zahlung ganz oder zum Teil nicht bewirkt ist, wird die Reichsregierung die Gesellschaft ermächtigen, zur Zahlung der rückständigen Reparationssteuer den für das Reich erhobenen Betrag der Beförderungssteuer zu verwenden, sofern eine solche Steuer besteht. Reicht dieser Betrag nicht aus, so wird das Reich den fehlenden Betrag innerhalb eines Monats nach der Anzeige der Bank entweder der Gesellschaft zur Verfügung stellen oder unmittelbar auf das Konto der Bank für Internationalen Zahlungsausgleich bei der Reichsbank einzahlen. Die Beförderungssteuer ist im übrigen von jeder Sonderbelastung für Reparationszwecke frei.

(5) Beträge, die gemäß Abs. 4 zur Deckung eines Fehlbetrages der Reparationssteuer von der Reichsregierung gezahlt oder von der Gesellschaft der Beförderungssteuer entnommen sind, werden dem Reich gemäß den Bestimmungen im § 19 Abs. 3 Ziff. 3 der Gesellschaftssatzung zurückerstattet.

(6) Die Gesellschaft ist berechtigt, mit Zustimmung der Bank für Internationalen Zahlungsausgleich[13]) die Reparationssteuer unter den mit der Bank vereinbarten Bedingungen ganz oder teilweise durch eine Kapitalzahlung abzulösen. Die Reichsregierung kann verlangen, daß die Gesellschaft von diesem Ablösungsrecht Gebrauch macht, wenn das Reich ihr die erforderlichen Mittel zur Verfügung stellt. Mit der Kapitalzahlung erlischt in entsprechender Höhe die Verpflichtung der Gesellschaft nach Abs. 1 und 2. Das im Plan der Sachverständigen vom 7. Juni 1929 vorgesehene Recht der Reichsregierung zur Ablösung der Reparationsjahresleistungen bleibt unberührt[18]).

§ 5. Betriebsrecht. Übernahme der Rechte und Pflichten[19])

(1) Das Reich überträgt der Gesellschaft unter den Bedingungen, die sich aus diesem Gesetz und der Gesellschaftssatzung ergeben, das ausschließliche[20]) Recht zum Betriebe der Reichseisenbahnen. Das Betriebsrecht endet am 31. Dezember 1964, vorausgesetzt, daß alsdann alle fälligen Beträge der Reparationssteuer einschließlich des am 2. Januar 1965 fällig werdenden Betrags gezahlt und sämtliche Vorzugsaktien[8]) eingezogen[21]) sind. Die Verpflichtung der Gesellschaft zur Zahlung der Reparationssteuer für das Jahr 1965 und bis zum 31. März 1966 geht dann unter Aufrechterhaltung der Bestimmungen des § 4 auf das Unternehmen über, das gemäß Artikel 92 der Reichsverfassung die Reichseisenbahnen zu verwalten haben wird[19 B]).

(2) Sollte die Verpflichtung der Gesellschaft, die Reparationssteuer unmittelbar auf das Konto der Bank für Internationalen Zahlungsausgleich bei der Reichsbank abzuführen, vor dem 31. Dezember 1964 fortfallen[22]), so kürzt sich das Betriebsrecht entsprechend ab und endet zu diesem früheren Zeitpunkt, vorausgesetzt, daß alsdann sämtliche Vorzugsaktien eingezogen sind. Wenn dagegen am 31. Dezember 1964 die bis dahin fällig gewordenen Beträge der Reparationssteuer nicht völlig gezahlt oder die Vorzugsaktien nicht sämtlich eingezogen sind, verlängert sich das Betriebsrecht unter den gleichen Bedingungen bis zu dem Zeitpunkt der Zahlung dieser Beträge und der Beendigung der Einziehung der Vorzugsaktien.

---

[17]) Durch Abs. (4) ist die bisher in dem jetzt gestrichenen § 15 des G v. 1924 vorgesehene Verpflicht. der Ges., auf die Beförderungssteuer (IV 2 d. W.) jährlich (im Beharrungszustande) 290 Millionen Goldmark an die Gläubiger abzuführen, beseitigt worden.

[18]) Nach der „Schuldbescheinigung des Deutschen Reichs" (Anl. III des Haager Abk. v. 7. Juni 29, RRat Drucks. 1930 Nr. 10 S. 75) Ziff. IV 5 hat Deutschland das Recht, „die noch nicht mobilisierten Annuitäten ganz oder zum Teil auf der Basis eines Diskonts von 5½ vH abzulösen".

[19]) A. Durch § 5 in Verb. mit §§ 6, 10 ist für den in Abs. (1) u. (2) genannten Zeitraum, also grunds. bis zum 31. Dez. 1964 folgender Rechtszustand geschaffen worden: Das Eigentum an der Reichsbahn mit Zubehör ist im allg. dem Reiche verblieben, der Betrieb (mit monopolist. Stellung) der RBGesellsch. übertragen u. die Mitwirkung des Reichs an der Verwalt. auf einzelne bestimmte Rechte (Aufsicht usw.) beschränkt worden. Da hierin eine Abweich. von RVerf Artt. 89, 92 liegt, mußte bei Verabschied. des G v. 1924 die für Verfassungsänderungen vorgeschrieb. Form beobachtet werden. Nach der Begr des G v. 1924 schließt das Betriebsrecht der Gesellsch. in sich:
a) die Verleih. der Befugnis zur Ausübung des Betriebs,
b) die (keine Übereignung darstellende) Übertrag. des ReichseisVermögens zur Bewirtschaftung,
c) die Übereignung der Betriebsvorräte u. Kassenbestände sowie der Bankguthaben des „Unternehmens Deutsche Reichsbahn" (über dieses s. unten Anm. 26).
Über die rechtl. Natur des Betriebsrechts vgl. Häffner Arch **1927** 1643ff. u. Seybold EE **45** 361.

B. Im neuen G mußten Abs. (1) u. (2) geändert w., weil die RepSchuldverschreib., die bisher neben den Vorzugsaktien genannt waren, fortgefallen u. durch die RepSteuer (G § 4) ersetzt w. sind. Außerdem läuft n. d. Youngplan — neue Fassung v. G § 4 — die Belast. der Reichsbahn mit dieser Steuer bis zum 1. April 1966, also um 1¼ Jahr über die normale Dauer des Betriebsrechts der Ges. hinaus; damit es nicht auch bei Erlaß des neuen G der Form für Verfassungsänderungen bedurfte (vorst. A), ist dem Abs. (1) des § 5 der letzte Satz angefügt worden.

[20]) G § 10.

[21]) Satzung § 4 (3) bis (6), § 20.

[22]) G § 4 (6).

(3) Das Betriebsrecht umfaßt die Reichseisenbahnen mit allem Zubehör[23]) einschließlich der deutschen Bodensee-Dampfschiffahrt und der sonstigen Nebenbetriebe[24]) nach dem Stande am Tage des Überganges des Betriebsrechts auf die Gesellschaft[25]).

(4) Mit dem Betriebsrecht gehen unbeschadet der Vorschriften dieses Gesetzes, insbesondere des § 43, und unbeschadet der Vorschriften der Gesellschaftssatzung auf die Gesellschaft alle mit den Reichseisenbahnen und alle mit dem Unternehmen „Deutsche Reichsbahn"[26]) verbundenen Rechte und Pflichten über, einschließlich solcher aus Betriebsverträgen. Dieser Übergang der Rechte und Pflichten hat Rechtswirksamkeit auch gegenüber den bisherigen Vertragsgegnern des Unternehmens[27]).

(5) Ebenso gehen die Rechte und Verpflichtungen aus den Beteiligungen des Unternehmens „Deutsche Reichsbahn" an anderen Unternehmungen auf die Gesellschaft über, soweit sie am Tage des Überganges des Betriebsrechts[28]) dem Unternehmen „Deutsche Reichsbahn" gehören[29]).

(6) Gleichzeitig gehen die Betriebsvorräte[30]) und Kassenbestände sowie die Bankguthaben des Unternehmens „Deutsche Reichsbahn" unentgeltlich in das Eigentum der Gesellschaft über. Die Betriebsvorräte müssen in einer für Fortführung des ordnungsmäßigen Betriebs ausreichenden Menge vorhanden sein.

(7) Alle bei der Deutschen Reichsbahn vorhandenen Bücher, Urkunden, Pläne und sonstigen Schriftstücke sind der Gesellschaft zu überlassen. Entsprechend sind nach Ablauf des Betriebsrechts alle Bücher, Urkunden, Pläne und sonstigen Schriftstücke dem Reiche herauszugeben.

§ 6. Reichseisenbahnvermögen

(1) Die Reichseisenbahnen einschließlich der Beteiligungen der Reichseisenbahnverwaltung und des Unternehmens „Deutsche Reichsbahn"[26]) an anderen Unternehmungen[31]) bleiben Eigentum

---

[23]) Nach § 4 (2) des G v. 1924 galten als Zubehör auch die Fahrzeuge u. alle sonstigen bewegl. Sachen der Reichseisenbahnen u. der Gesellsch., also ging der Begriff weiter als nach BGB § 97 (s. Sarter-Kittel S. 124f.). Das wird auch für § 5 (3) maßgebend sein. Nach BGB § 97 Abs. 2 wird die Eigenschaft als Z. nicht durch vorübergeh. Trennung v. d. Hauptsache, z. B. Aufenthalt der Fahrzeuge im Ausland aufgehoben. — Wasserbenutzungsrecht: Bf 46 D 5503 v. 6. Juli 25 mit Entsch des OV 23. April 25 VW 21. 25 (s. auch OV VZ **1929** 724).

[24]) Fährbetriebe, einige Häfen, Kettenschiffahrt auf dem Main. Sarter-Kittel S. 128. — Oben I 3 Anm. 7.

[25]) 11. Okt. 24 (Bek 14. Okt. 24 RGBl II 386). Künftige Erweiterungen: G § 10 (2) u. (1), Satzung § 2.

[26]) Das Unternehmen Deutsche Reichsbahn war begründet w. durch die auf Grund des ErmächtigungsG 8. Dez. 23 RGBl I 1179 erlassene Vo üb. die Schaffung eines Unternehmens „Deutsche Reichsbahn" 12. Feb. 24 (RGBl I 57) „als ein selbständiges, eine jurist. Person darstellendes wirtschaftl. Unternehmen" zu Betrieb u. Verwaltung der im Eigentum des Reichs stehenden Eisenbahnen. Aus dieser Vo, die zufolge RBahnG v. 1924 § 47 (8) m. d. Tage der Übernahme der Reichseis. durch d. RBGesellschaft (11. Okt. 24) außer Kraft getreten ist, kommen hier die nachst. abgedruckten §§ 3, 4 in Betracht.

§ 3. Das Unternehmen Deutsche Reichsbahn umfaßt die Reichseisenbahnen mit allem Zubehör und allen damit verbundenen Rechten und Pflichten, einschließlich der Bodensee-Dampfschiffahrt und der sonstigen Nebenbetriebe der Reichsbahnverwaltung.

Alle Forderungsrechte und Schulden des Reichs, die mit dem Reichseisenbahnunternehmen verbunden sind, gehen auf die Deutsche Reichsbahn über. Für andere Verpflichtungen des Reichs haftet das Unternehmen nicht. Der Eintritt der Deutschen Reichsbahn in die mit dem Reichseisenbahnunternehmen verbundenen laufenden Verträge hat Rechtswirksamkeit auch gegenüber den bisherigen Vertragsgegnern des Reichs.

Für Verbindlichkeiten aus dem Staatsvertrag über den Übergang der Staatseisenbahnen auf das Reich nebst Schlußprotokoll bleibt das Reich den Ländern verhaftet.... Die Länder können jedoch die Erfüllung dieser Verbindlichkeiten auch von dem Unternehmen fordern; ausgenommen sind die vom Reich übernommenen Länderschulden sowie die Schulden des Reichs an die Länder wegen des Restkaufgeldes. Das Unternehmen haftet für den Dienst dieser Schulden.

§ 4. Das Deutsche Reich bleibt Eigentümer der Reichseisenbahnen. Neue Bauten und Beschaffungen fallen in das Eigentum des Reichs. Die vorhandenen und die künftig erworbenen Geldbestände und Stoffvorräte werden jedoch Eigentum des Unternehmens....

Die im Eigentum des Deutschen Reichs stehenden Eisenbahnen haften ... nur für Verpflichtungen aus der Verwaltung der Reichseisenbahnen, nicht für die übrigen Verpflichtungen des Reichs.

Für seine mit dem Reichseisenbahnunternehmen verbundenen Verpflichtungen haftet das Reich nur mit den in seinem Eigentum stehenden Eisenbahnen.

Hervorgehoben sei hier noch, daß nach § 3 Abs. 3 dieser Vo das Untern. D. R. zwar nicht für die Kapitalschuld haftete, die das Reich auf Grund des StVtr 1920 als Abfindung der Länder f. d. dem Reiche abgetretenen Staatsbahnen übernommen hatte, wohl aber für deren Zinsendienst. Dagegen ist nach RBahnG § 43 die RBGesellschaft auch f. d. Zinsendienst nicht haftbar, da §§ 3—7 des StVtr nicht zu den f. d. Gesellschaft verbindl. Bestimmungen dieses StVtr gehören (vgl. auch RBahnG § 7). Die Ansprüche der Länder gegen das Reich selbst sind dadurch nicht berührt worden.

[27]) D. h. die Gesellsch. ist jetzt alleiniger Gläubiger u. Schuldner an Stelle des Reichs (Sarter-Kittel Anm. II 1). S. auch Homberger JW **1924** 1487. — Beispiel des Übergangs einer Ford. aus RVerf Art. 131: RG VZ **1927** 857. — Wegen der Grunderwerbsgarantie-Verträge zw. Preußen u. den Interessenten an Nebenbahnen s. Fröhner EE **48** 28.

[28]) 11. Okt. 1924 (oben Anm. 25).

[29]) Einzelheiten bei Sarter-Kittel S. 131.

[30]) Betriebs-, Oberbau- u. Bau- sowie Werkstoffe einschl. der Ersatzstücke (Begr).

[31]) Aufgezählt bei Sarter-Kittel S. 131.

des Reichs (Reichseisenbahnvermögen)[32]. Grundstücke und alle Zubehörstücke einschließlich der Fahrzeuge fallen, wenn die Gesellschaft sie für Zwecke der Reichseisenbahnen erwirbt, mit dem Erwerbe durch die Gesellschaft kraft Gesetzes in das Eigentum des Reichs[33]).

(2) Die Gesellschaft darf über Gegenstände, die zum Reichseisenbahnvermögen gehören, verfügen, soweit sie dies mit einer ordnungsmäßigen Betriebführung für vereinbar hält[34]). Dabei ist die Gesellschaft unbeschadet der Bestimmungen des § 8 verpflichtet, vor einer Verfügung über Gegenstände, deren Wert 250000 Reichsmark übersteigt, die Einwilligung der Reichsregierung[35]) einzuholen. Der Erlös aus Veräußerungen ist zur Verbesserung, Ergänzung oder Erweiterung der Reichseisenbahnanlagen oder der Betriebsmittel zu verwenden, soweit nicht eine andere Verwendung mit der Reichsregierung vereinbart wird[36]).

§ 7. Beschränkte Haftung des Reichseisenbahnvermögens für Reichsschulden

Das Reichseisenbahnvermögen haftet für Verpflichtungen des Reichs nur insoweit, als sie aus der bisherigen Verwaltung der Reichseisenbahnen herrühren[37]). Zu diesen Verpflichtungen gehören auch die Verpflichtungen aus dem Staatsvertrag über den Übergang der Staatseisenbahnen auf das Reich (Reichsgesetzbl. 1920 S. 774)[38]), die von der Gesellschaft nach § 43 übernommen werden.

§ 8. Kreditaufnahme

[39]) (1) Die Gesellschaft hat das Recht, selbständig Kredite aufzunehmen, deren Lasten vor dem 1. Januar 1965[40]) endigen, und dafür das Reichseisenbahnvermögen[32]) hypothekarisch zu belasten.

---

[32]) Nach Sarter-Kittel S. 133f. umfaßt das Reichseisenbahnvermögen (dessen besondre Haftung f. d. RepSchuld jetzt fortfällt)
a) alle Grundstücke, die am 11. Okt. 24 vom Unternehmen D. RBahn (oben Anm. 26) f. d. Reich verwaltet wurden;
b) alle Grundstücke, die nach diesem Tage die RBahn-Gesellsch. f. Zwecke d. Reichsbahn erwirbt;
c) alle Zubehörstücke der Reichsbahn (Anm. 23) einschl. der (i. S. von BGB § 97 nicht dazu gehör.) Fahrzeuge.

[33]) Dementspr. ist im Grundbuch als Eigentümer einzutr.: „Das Deutsche Reich (Reichseisenbahnvermögen)"; bisherige Bezeichnungen „Das D. Reich (ReichseisFiskus)" können stehen bleiben. Sarter-Kittel S. 133. Form der Grunderwerbsverträge Bf 46. 247 v. 30. Jan. 25. Die Vollmachten, die der RVMin zufolge dieser Bf u. Bf 46. 1543 v. 19. Juni 25 der Gesellschaft für Erwerb u. Veräuß. v. Grundstücken erteilt hatte, sind zufolge Bf 46. 4515 v. 14. Jan. 26 zurückgezogen worden, nachdem sich ihr Gebrauch wegen der Rechtspr. des KG als zwecklos erwiesen hatte. (Gegen diese Rechtspr.: Häffner Arch **1927** 1649.) Abkommen zw. Reich u. ReichsbGesellsch. üb. GrundstÜbereignung sind keine Verträge, die der Grunderwerbsteuer unterliegen. RG BZ **1927** 1082. Form solcher Abkommen: Bf 46. 2688 v. 8. Okt. 27.

[34]) Das hat die Gesellsch. selbst pflichtmäßig zu entscheiden; eine Nachprüfung z. B. durch den Grundbuchrichter findet nicht statt. Sarter-Kittel S. 134; Homberger JW **1924** 1487. Hypothekar. Belastung: G § 8. Form der GrundstVeräußVerträge Bf 30. Jan. u. 19. Juni 25 (vorst. Anm. 33). Für das Eigenvermögen der Gesellsch. (G § 5 Abs. 6) gilt obige Beschränk. nicht (Begr). — Enteignung: G § 38 (3). — Zuständigkeit bei Veräuß. Sarter-Kittel S. 135.

[35]) Reichsverkehrsminister. — Sonstige Rechte der Reichsregierung RBahnG §§ 3, 8 (4), 10 (3), 11, 12, 15, 16 (4), 19, 24, 26 (3), 30 (2), 31 (Aufsicht), 32 (Auskunftsrecht), 33 (2ff.), 35f., 37—44; Satzung § 4 (2, 7), 5, 6, 9, 12, 14, 17, 19. — Nach Satzung § 13 (2) hat der Vorstand Angelegenheiten, die der Genehm. der RReg. unterliegen, dem Verwaltungsrate zu unterbreiten. In Sachen der Reichsaufsicht verkehrt die RReg. nur m. d. Generaldirektor, nicht m. d. ihm nachgeordn. Stellen der Gesellschaft. E 27. Sept. 24 E VIII 82. 4354, Bf 24. 5916 v. 6. Nov. 24.

[36]) Der Schlußsatz ist neu; bisher mußte der Treuhänder zustimmen, der jetzt, soweit die Reichsbahn in Betracht kommt, fortgefallen ist.

[37]) Nach StVtr 1920 § 5 sollten die Reichseis. nicht für die vor 1. April 20 entstandenen Reichsschulden haften; die NotVo (oben Anm. 26) beschränkte die Haft. der Reichsbahn auf Verpflichtungen des Reichs aus der EisVerwalt. selbst; RBahnG § 7 übernimmt das mit einer weiteren Beschränk. in bezug auf den Zinsendienst der Länderabfindung (vorst. Anm. 26).

[38]) Oben I 3.

[39]) A. In einem Satz 2 des Abs. (1) war ausgesprochen, daß die v. d. RBGesellsch. bestellten Hypotheken der Reparationshypothek nachstehen. Nachdem die RepHyp. fortgefallen ist, konnte dieser Satz gestrichen werden. — Satzung § 13 (1).

B. G 19. März 24 RGBl I 285 bestimmt:

§ 1. Reichseigene, zu dem Unternehmen Deutsche Reichsbahn gehörige Grundstücke mit Gebäuden, die weder ganz noch teilweise für den technischen Eisenbahnbetrieb, insbesondere den Bahnhofs-, Abfertigungs- und Werkstattsdienst bestimmt sind, können ohne Eintragung in das Grundbuch mit Hypotheken belastet werden.

Auf Grund solcher Hypotheken können Hypothekenbanken Pfandbriefe ausgeben.

§ 2. Die Reichsregierung erläßt mit Zustimmung des Reichsrats die zur Durchführung erforderlichen Anordnungen und Verwaltungsvorschriften. Sie kann mit Zustimmung des Reichsrats für die Hypotheken und Pfandbriefe besondere Bestimmungen treffen.

Dieses G wird auch zugunsten der RBGesellschaft angewendet w. können.

[40]) Dem Tage, mit dem nach G § 5 (1) das Betriebsrecht der RBGesellsch. aufhört.

(2) Kredite, deren Lasten sich über den 1. Januar 1965 hinaus erstrecken, darf die Gesellschaft nur nach vorheriger Verständigung mit der Reichsregierung aufnehmen[41]).

(3) In beiden Fällen (Abs. 1 und 2) trägt das Reich die Lasten, die auf die Zeit nach Ablauf des Betriebsrechts entfallen.

(4) Die Gesellschaft ist verpflichtet, sich bei der Ausgabe von Anleihen mit der Reichsregierung über die Anleihebedingungen ins Einvernehmen zu setzen.

[42]) (5) Zur hypothekarischen Sicherung von Krediten (Abs. 1 und 2) kann die Gesellschaft an den zum Reichseisenbahnvermögen[32]) gehörigen Grundstücken nebst allem Zubehör[23]) einschließlich der Fahrzeuge eine einheitliche Hypothek (Reichsbahnhypothek) bestellen.

§ 9. Betriebsführung[43])

(1) Die Gesellschaft ist verpflichtet, den Betrieb der Reichseisenbahnen sicher zu führen und die Reichseisenbahnanlagen nebst den Betriebsmitteln und dem sonstigen Zubehör auf ihre Kosten[44]) nach den Bedürfnissen des Verkehrs[45]) sowie nach dem jeweiligen Stande der Technik gut zu unterhalten, zu erneuern[43B]) und weiterzuentwickeln.

(2) Innerhalb dieser Richtlinien und der sonstigen gesetzlichen Vorschriften sowie in den durch die Aufsicht des Reichs (vgl. §§ 31ff.) bestimmten Grenzen ist die Gesellschaft berechtigt, den Betrieb unter eigener Verantwortung zu führen[43]) [45a]).

§ 10. Ausschließlichkeit des Betriebsrechts[46])

(1) Die Gesellschaft hat das ausschließliche Recht zum Betrieb aller Eisenbahnen, die am Tage des Inkrafttretens dieses Gesetzes von dem Unternehmen „Deutsche Reichsbahn" betrieben werden[47]),

[41]) Der eine weitere Beschränkung aussprechende § 9 der Satzung ist jetzt gestrichen. Nach der Begr des neuen G ist beabsichtigt, die Verständigung im Wege eines allg. Abkommens zu bewirken.

[42]) Abs. (5) ist neu. Nach der Begr für ihn bleibt Näheres üb. Art der Bestell. der Reichsbahnhypothek u. ihre Wirkungen besonderer reichsgesetzl. Regelung vorbehalten.

[43]) A. § 9 regelt die Betriebspflicht der Ges., der das monopolist. Betriebsrecht (§§ 5, 10) entspricht. Die Begr v. 1924 lautet: „§ 9 umschreibt die Grenzen, die der freien Geschäftsführung der Ges. (‚wie sie es für angemessen erachtet') gesteckt sind:
1. sichere Betriebsführung;
2. gute Unterhaltung u. Weiterentwicklung d. Anlagen:
   a) n. d. Bedürfnissen d. Verkehrs,
   b) n. d. jeweiligen Stande d. Technik;
3. Einhaltung der gesetzl. Vorschriften. Das sind:
   a) dieses Gesetz nebst Satzung,
   b) die f. Eisenbahnen allgemein geltenden Gesetze u. Verordnungen, soweit sie nicht m. diesem G od. der Satzung in Widerspruch stehen (§ 16 Abs. 3 des G).
4. Unterordnung unter d. Aufsicht d. Reichs gemäß §§ 31ff. dieses G.

Diese Grenzen d. freien Betät. der Ges. bilden zugleich einen wesentl. Teil der Beding., an die durch § 5 Abs. 1 des G die Übertrag. d. Betriebsrechts geknüpft ist." — S. ferner G § 31 Ziff. 2.

Baupflicht: § 10 (3), auch § 37 (5).

B. In den eben genannten Verpflichtungen ist auch die Verpflichtung eingeschlossen, Anlagen und Zubehör, soweit es der Betrieb erfordert, zu erneuern. Das G v. 1930 hat das durch Einschiebung der Worte „zu erneuern" besonders zum Ausdruck gebracht; ebenso in § 31 Ziff. 1 durch die neueingefügten Worte „gemäß den Gesetzen", daß sich die Reichsaufsicht auf die Innehaltung aller dieser Pflichten durch die Gesellsch. erstreckt.

[44]) Die Streichung dieser Worte war b. d. Vorarbeiten f. d. Novelle in Frage gekommen, ist aber unterlassen w., damit zum Ausdrucke gebracht bleibt, daß nicht das Reich die Kosten zu tragen hat. Dritte, z. B. die Länder, können daraus kein Recht herleiten.

[45]) S. auch G §§ 2, 27.

[45a]) Das neue G hat den bisher. Schlußworten („so zu führen, wie sie es für angemessen erachtet") die oben abgedr. Fass. gegeben, um „deutlich zum Ausdruck zu bringen, daß die Gesellschaft sich den Best des G u. der Gesellschaftssatzung anzupassen u. selbst die Verantw. dafür zu tragen hat, daß ihre Geschäftsführ. diesen Erford. entspricht" (Begr v. 1930). Anderseits ergibt sich daraus, daß die Gesellschaft in ihrer Betriebsführung selbständig ist und, unbeschadet ihrer durch die Gesetze ihr auferlegten Verpflichtungen, keine Eingriffe in ihre Betriebsführung zu dulden braucht. Kittel **VZ 1930** 424.

[46]) A. § 10 enthält eine einschneid. Änderung der Vorschr. in RVerf Art. 94, ist also eine der Best, wegen deren das RBahnG als verfassungsändernd zu behandeln war. — Zum gesamten Inhalte des § 10 vgl. außer den Erläut. bei Sarter-Kittel noch Kittel **VZ 1926** 245.

B. § 10 sichert der RBGesellschaft ein weitgehendes, wenn auch nicht absolutes Monopol, u. zwar
I. das ausschließliche Betriebsrecht für
   a) alle Groß- u. Kleinbahnen, die das Unternehmen D.Reichsbahn am 11. Okt. 24 in Betrieb hatte (auch wenn sie nicht dem Reiche gehörten, sond. nur v. ihm betrieben wurden);
   b) alle Großbahnen, die nach dem 11. Okt. 24 Eigentum des Reichs geworden sind u. noch werden (nicht für später erworbene od. gebaute Kleinbahnen).
II. Das ausschließliche Baurecht für alle Großbahnen, die in Zukunft „zugelassen" w., sofern die Gesellsch. an dem Bau „interessiert" ist. In diesem Falle kann die Ges. verlangen, daß kein anderes Rechtssubjekt als sie selbst zum Bau verstattet wird. Ob ein solches Interesse vorliegt, ist im Streitfalle auf dem durch RBahnG § 44 gewiesenen Wege zu entscheiden. Zweifelhaft ist, ob die Ges. ein positives Recht darauf hat, daß das Unternehm-Recht f. solche Eis. ihr selbst verliehen wird (Abs. 2 sagt: „soweit sie in Zukunft zugelassen w."). — Ein abgeschwächtes Einspruchsrecht hat die Ges. gegen Konzessionierung v. Erweiterungen bestehender Privateis. u. gegen Umwandl. v. Kleinbahnen in Großbahnen (Abs. 5).

C. Das EisUnternRecht des Reichs (RVerf Art. 94) ruht also, soweit es sich um den Betrieb der vorst. bei

gleichviel ob sie dem allgemeinen Verkehre dienen oder nicht, sowie aller Eisenbahnen des allgemeinen Verkehrs, die später Eigentum des Reichs werden[48]).

(2) Die Gesellschaft hat ferner das ausschließliche Recht, neue Eisenbahnen des allgemeinen Verkehrs, soweit sie in Zukunft zugelassen werden[49]), auf ihre Kosten zu bauen und zu betreiben. An den von ihr betriebenen Eisenbahnen kann[50]) sie auf ihre Kosten die nötigen Änderungen und Ergänzungen vornehmen.

[51]) (3) Die Reichsregierung[52]) kann der Gesellschaft jederzeit den Bau und Betrieb neuer[53]) Eisenbahnen des allgemeinen Verkehrs auferlegen, auch wenn die Gesellschaft glaubt, daß der Bau und Betrieb dieser neuen Eisenbahnen des allgemeinen Verkehrs nicht ertragreich sei oder daß sie den anderen Strecken der Gesellschaft unbilligen Wettbewerb bereiten. In diesen Fällen gehen Bau und Betrieb, sofern die Gesellschaft es beantragt, auf Rechnung des Reichs[54]). Außerdem hat die Gesellschaft gegen das Reich einen Anspruch auf Ersatz der Ausfälle, die die neuen Bahnen dem Betriebe der übrigen Strecken des Netzes verursachen. Wenn jedoch die neuen Bahnen für den Betrieb der übrigen Strecken einen Vorteil bringen, so ist dieser Vorteil auf den dem Reiche etwa zur Last fallenden Zuschuß für den Betrieb der neuen Bahnen anzurechnen.

(4) Wenn die Gesellschaft an dem Bau oder Betrieb einer neuen Bahn des allgemeinen Verkehrs nicht interessiert ist[46 B]), so kann das Recht zum Bau oder Betrieb einem Dritten verliehen werden.

(5) Der Bau neuer Strecken zur Erweiterung bestehender privater Eisenbahnen des allgemeinen Verkehrs und die Umwandlung von nicht dem allgemeinen Verkehre dienenden Eisenbahnen in solche des allgemeinen Verkehrs[55]) kann nur zugelassen werden[49]), wenn dadurch den Strecken der Gesellschaft kein unbilliger Wettbewerb bereitet wird[56]). Das Reich wird der Gesellschaft das Vorhaben solcher Bauten oder Umwandlungen rechtzeitig mitteilen[56]).

B I bezeichn. Bahnen handelt. Für d. Baurecht d. Reichs ist zu unterscheiden zw. dem Verh. des Reichs zu den Ländern u. dem des Reichs zur Ges. Jenes wird durch d. RBahnG nicht berührt, also hat m. E. den Ländern gegenüb. das Reich nach wie vor das in Art. 94 ihm gewährte Baurecht, d. h. es darf überall Großbahnen bauen, ohne einer Länderkonzession zu bedürfen. Im Verh. des Reichs zur Ges. geht das G offenbar v. d. Vorauss. aus, daß das Reich nicht selbst baut, sondern der Ges. das Bauen überläßt.

Hiernach ergibt sich, wenn der Eigenbau einer Großbahn oder der Erwerb einer solchen durch das Reich außer Betracht bleibt, folgende Rechtslage:

a) Neue Reichsgroßbahnen entstehen dadurch, daß die RBahnGesellschaft sie baut. Nach § 10 (2) ist sie dazu aus eigenem Rechte befugt, aber nach § 37 (1) nur unter der Vorauss., daß das Reich dem Bau zustimmt. Der Konzession durch die Länder bedarf sie nicht (a. M. Schulze Anm. 4); auch wird in § 16 (1) ausdrücklich ausgesprochen, daß die Rechtsnormen, die sich auf Zulass. v. Privateis. beziehen, auf sie nicht anwendbar sind. Anhörung der Länder: RVerf Art. 94, RBahnG § 37 (2).

b) Neue Privat-Großbahnen w. durch die Länder konzessioniert, aber die Zustimm. des Reichs ist auch hier Vorbeding. (oben I 2 Anm. 19). Nach G § 10 Abss. 2, 4 darf das Reich nur dann zustimmen, wenn entw. die Gesellschaft als an dem Bau nicht „interessiert" ihr Einverständnis erklärt oder dieses durch Entsch gemäß G § 44 ergänzt wird.

c) Ebenso bedarf nach § 10 (5) der Bau neuer Strecken zur Erweiterung bestehender Privat-Großbahnen der Landeskonzession, der wiederum nach RVerf Art. 94 (s. auch RBahnG § 11) die Reichszustimmung vorangehen muß, u. für die Reichszustimmung gilt das eben zu b) Bemerkte gleichfalls. Ob auch zur Umwandl. privater Kleinbahnen in private Großbahnen Landeskonz. nötig ist, erscheint zweifelhaft.

Die Reichszustimmung ist ein unanfechtbarer Hoheitsakt (Begr v. 1924), auch die Zustimmung im Falle RBahnG § 37 (1), soweit nicht schon RVerf Art. 94 sie deckt.

[47]) Vo 12. Febr. 24 (oben Anm. 26) § 3 Abs. 1. — Unter Abs. 1 fallen auch die Saarbahnen (nach Aufhören der Völkerbundsherrschaft üb. das Saargebiet).

[48]) Z. B. indem das Reich private Bahnen erwirbt (RVerf Art. 89 Abs. 2).

[49]) „Zulassung" kann hier nach dem in Anm. 46 C a) Bemerkten nur die Zustimmung des Reichs sein, nicht etwa die Konzession durch das Land. A. M. Schulze Anm. 4.

[50]) Und: „muß" (§ 9 Abs. 1). Schulze Anm. 6.

[51]) A. Nach Abs. 3 kann das Reich der Ges. den Bau jeder beliebigen neuen Großbahn auferlegen. Da es sich hierbei nicht um Ausübung des Aufsichtsrechts handelt, ist die Reichsreg. mit jenem Verlangen nicht an die Schranken des § 34 gebunden; gefährdet der Bau die in § 34 bezeichn. finanz. Leistungen der Ges., so liegt ein Fall des § 10 (3) Satz 2, 3 vor u. kann die Ges. beanspruchen, daß Bau u. Betrieb auf Rechnung des Reichs gehen u. dieses die Einnahmeausfälle ersetzt. Streit zw. Reich u. Ges. über Zuläss. der Auflage u. darüber, ob die Vorauss. jener Sätze 2 u. 3 vorliegen, wäre nach G § 44 auszutragen.

B. Landeskonzession kommt nicht in Frage (vorst. Anm. 46 C).

C. Die in StVtr 1920 § 18 v. Reiche übernomm. Verpflicht. zum Ausbau des Netzes besteht den Ländern gegenüb. (in der durch § 18 bestimmten Beschränk.) auch f. d. Gesellschaft; Streit zw. Land u. Ges. wäre nach G § 43 (2) zu behandeln. — Nonweiler VerkRu **1925** 295.

[52]) Reichsverkehrsminister.

[53]) D. h. solche, die nicht schon am 11. Okt. 1924 konzess. waren (Begr v. 1924).

[54]) Der Anspruch der Ges. auf Ersatz v. Auslagen f. Bau u. Betrieb ist beschränkt auf die wirkl. Selbstkosten (Begr v. 1924). Schulze Anm. 8 spricht deshalb der Ges. das Recht ab, f. VerwaltKosten Zuschläge zu berechnen.

[55]) G § 11, auch StVtr 1920 § 14. S. ferner Danko EE **48** 325.

[56]) In diesen Fällen kann die Ges. der Erweiterung od. Umwandlung nicht widersprechen; sie hat ab. An-

§ 11. Entscheidung über die Bedeutung der Bahnen[57])

Ob eine Eisenbahn als solche des allgemeinen Verkehrs zu gelten hat, entscheidet der für die Aufsicht über die Eisenbahnen zuständige Reichsminster[58]) nach Anhörung der beteiligten Landesregierung und der Gesellschaft endgültig[58]).

§ 12. Weiterübertragung des Betriebsrechts[59])

Die Gesellschaft kann in besonderen Fällen, in denen es ihr für ihren Betrieb vorteilhaft erscheint, mit Zustimmung der Reichsregierung das Betriebsrecht an einzelnen Teilen ihres Netzes auf Dritte übertragen, vorausgesetzt, daß dadurch nicht ihre Fähigkeit zur Zahlung der Reparationssteuer und deren Sicherheit beeinträchtigt wird.

§ 13. Leistungen für andere Verwaltungen[60]) [61])

Leistungen der Gesellschaft für die Reichspost- und die Reichstelegraphenverwaltung und für sonstige Verwaltungen des Reichs, der Länder oder der Gemeinden (Gemeindeverbände) sowie

---

spruch darauf, daß durch die Zulassungsbedingungen unbilliger Wettbewerb ausgeschlossen wird. Sarter-Kittel 1. Aufl. S. 76. Bei Meinungsverschiedenheiten greift RBahnG § 44 Platz. Weiteres bei § 11.

[57]) A. Im wesentl. ebenso StVtr 1920 § 14 (s. o.). Ausführlich Sarter-Kittel S. 144ff.

B. § 11 überträgt dem RVMin (Anm. 58) die Entscheid. darüb., ob eine Bahn rechtlich als Eis. des allg. Verkehrs (Großbahn, oben I 2 Anm. 3) od. als Kleinbahn zu behandeln ist. Folgende Fälle sind möglich:

I. Es soll eine neue Bahn begründet werden. Dann muß der Min. vorab entscheiden, ob sie als Groß- od. Kleinbahn zu gelten hat.

a) Entscheidet er sich f. d. Großbahncharakter, so bedarf es auf alle Fälle — RVerf Art. 94, RBahnG § 37 (1) — der Zustimmung des Reichs dazu, daß sie überhaupt gebaut wird.

Erfolgt die Zustimmung, so kann das Reich den Bau der RBGesellschaft auferlegen (RBahnG § 10 Abs. 3 u. — auch wegen des Baues durch das Reich selbst — oben Anm. 46 C); dann haben die Länder keine maßgebende Mitwirkung. Will das Reich das nicht, so sind zur Konzessionierung die Länder zuständig, ab. nur unter den Beding., die das Reich stellt; dabei sind folg. Möglichkeiten zu unterscheiden:

α) Die neue Bahn soll als Erweiterung einer bestehenden Privateisenbahn von dieser gebaut werden. Dann greift das eingeschränkte Einspruchsrecht der RBGesellschaft gemäß RBahnG § 10 (5) Platz, dem ab. das Reich u. U. durch die Bedingungen seiner Zustimmung Rechnung tragen kann.

β) Es handelt sich um ein ganz neues EisUnternehmen. Dann kann die RBGesellschaft ihr Einspruchsrecht aus § 10 Abs. 2 geltend machen. Weiteres oben Anm. 46 C.

b) Erklärt sich der RVMin f. d. Kleinbahncharakter, so scheiden Reich u. RBGesellsch. aus der ferneren Mitwirk. aus u. bleibt das weitere dem Lande überlassen; in Preußen kann dann die nach KleinbG § 3 zuständ. Behörd. die Genehm. erteilen. Kleinbahnbauten durch die RBGes.: Anm. 135.

Aus dem Vorsteh. ergibt sich, daß das Land nicht nur vor der Konzession einer Großbahn die Zustimm. d. Reichs einholen, sondern sich auch vor der Zulassung einer Kleinbahn des Einverständnisses d. Reichs versichern muß.

II. Auch wenn eine bestehende Bahn einen andern Rechtscharakter erhalten soll, ist eine Entsch. des RVMin nötig, sei es, daß sie v. Amtswegen od. auf Antrag z. B. des Landes od. der RBGesellsch. ergeht. Ist es eine Reichsbahnstrecke, so wird sie nach RBahnG § 10 (1) durch die Umwandl. dem Betriebe der Gesellsch. nicht entzogen. Andernfalls sind zwei Möglichkeiten zu unterscheiden:

a) Umwandl. einer Großbahn in e. Kleinbahn. Dann bleibt das weitere dem Lande überlassen (unten I 8 Anm. 7).

b) Umw. einer Kleinbahn in e. Großbahn. Dann entsteht e. neue Großbahn; wenn diese der Konzession durch das Land bedarf (s. vorst. Anm. 46 B II c), so kann das Reich wegen seines auf RVerf Art. 94 beruh. Zustimmungsrechts die ihm nötig erschein. Beding. stellen, ab. auch nach StVtr § 14 Abs. 2 verlangen, daß ihm das Land ein diesem zusteh. Erwerbsrecht abtritt. Ferner greift auch hier das eingeschränkte Einspruchsrecht der RBGesellsch. Platz u. gilt dabei das vorst. unter I a α Bemerkte. Es ist ab. zu beachten, daß der RVMin nach StVtr § 14 Abs. 2 die Umw. nur unter der in diesem Abs. ausgesproch. Vorauss. anordnen darf. Vgl. Sarter-Kittel S. 145.

III. Streitigkeiten zw. Reich u. RBGesellsch. sind nach RBahnG § 44 zu entscheiden, zw. Land u. Gesellsch. nach RBahnG § 43 (2). Die Entsch des Min. über den Rechtscharakter der Bahn ist aber „endgültig"; s. unten Anm. 58.

IV. KleinbahnG § 1 Abs. 3, § 30.

V. Geschäftl. Behandl. der beim HandMin. angeregten Pläne f. neue Bahnen in Preußen Vf 63 Nbe 2 v. 10. März 28. S. ferner oben I 2 Anm. 19.

[58]) Reichsverkehrsminister (EisAufsichtsG — unten II 4 — § 1). Die Novelle hat am Schlusse des § das Wort „endgültig" zugesetzt; die Begr bemerkt dazu, daß es keine das Maß der erford. Verkehrsbedeut. umreißende Rechtsnorm gebe, daß vielmehr die Entsch eine reine Ermessensentscheid. sei u. deshalb endgültig sein müsse. Eine Nachprüf. gemäß G § 44 ist also nicht gegeben.

[59]) Bisher war die Genehmig. des Treuhänders nötig. Nachdem dieser (für die RBGesellschaft) ausgeschaltet w. ist, fordert das G die Zustimmung der Reichsregierung. Die Begr bemerkt dazu, daß eine völlige Freigabe der Übertragung ebensowenig wie deren völlige Ausschließ. in Frage kommen könne; es seien ab. Fälle — z. B. bei Grenzstrecken — möglich, in denen die Betriebsübertragung für einzelne Teile des Netzes ohne Gefährdung der Reparationspflicht angängig u. zweckmäßig sei.

[60]) § 13 greift in verschied. Vorschriften des Reichsrechts ein, nach denen die Eisenbahnen gewisse Leistungen ohne Entgelt od. gegen Vergüt. der Selbstkosten auszuführen haben. Namentlich kommen in Betracht: die MTrO (unten VIII 3 Beil. B), das EisPostG (unten IX 2) u. das VereinszollG (unten X 2). Wegen der Einzelheiten wird auf die Anm. zu diesen Vorschr. verwiesen. — In seinen Gutachten v. 9. Juli 26 (Arch 1415) u. 21. Dez. 26 (Reichszollbl **1927** Ausg. A Nr. 4) geht der RFinanzhof v. d. Annahme aus, daß § 13 nur f. d. privatwirtschaftl.

Leistungen dieser Verwaltungen für die Gesellschaft sind gegenseitig nach den im geschäftlichen Verkehr üblichen Sätzen angemessen abzugelten. Die bestehenden Vergünstigungen für Militärtransporte[62]) bleiben aufrechterhalten, solange und soweit sie nicht durch neue Vereinbarungen zwischen der Reichsregierung und der Gesellschaft abgeändert werden.

§ 14. Steuerbefreiung[63])

Die Gesellschaft ist von jeder neuen direkten Steuer auf ihre Rein- oder Roheinnahmen, auf ihr bewegliches oder unbewegliches Eigentum oder auf ihr Personal und von jeder sonstigen neuen direkten Steuer des Reichs, der Länder, der Gemeinden (Gemeindeverbände) und sonstiger öffentlicher Körperschaften befreit. Als neue Steuer gilt jede Steuer, der das Unternehmen „Deutsche Reichsbahn" am 12. Februar 1924 nicht unterworfen war.

§ 15[64]). Verwaltungskostenzuschüsse an Gemeinden[65])

Zur Abgeltung der Forderungen von Gemeinden, in denen verhältnismäßig zahlreiche Reichsbahnbedienstete wohnen, auf Entrichtung von Verwaltungskostenzuschüssen hat die Gesellschaft jährlich den mit der Reichsregierung vereinbarten festen Betrag von fünf Millionen Reichsmark an die Reichsregierung zu zahlen, die die Grundsätze der Verteilung auf die beteiligten Gemeinden festsetzt[66]). Wenn die Verhältnisse sich in Zukunft ändern, wird der von der Gesellschaft zu zahlende Betrag durch ein neues Abkommen zwischen der Reichsregierung und der Gesellschaft bestimmt.

Betätigung der RBGesellsch. gelte u. die Gesellsch. nicht v. der Verpflicht. befreie, die im VZollG § 59 (u. EisZollO § 5) bezeichn. Leistungen f. d. Zollverw. unentgeltlich zu bewirken. Diese Annahme wird als „irrig" von Sarter-Kittel Anm. IVc mit Recht bekämpft. — Freifahrt für Dritte: Sarter-Kittel S. 155; § 13 geht Bestimmungen v. Staatsverträgen vor, in denen Freifahrt zugesichert wird.

[61]) Überlass. verfügbarer Räume an die Polizeiverwalt.: E 30. Okt. 23 E VI 60. 7472, Vf 48. 480f. 6, 8, 11 v. 4. Mai u. 9. Juni 26 u. 9. Juli 27. — Vergütungen f. freiwillige mietweise Überlassung v. Gebäuden u. a. m. an Reichsverwaltungen u. umgek.: Vf 53. 269 Mi Wo 1827 v. 21. Feb. 25, 1982 v. 29. Juli 25, 209 v. 1. März 26, 1083 v. 4. Aug. 26; ferner Vf 46. 257 v. 8. März 27.

[62]) Militärtarif (unten VIII 3).

[63]) A. S. ferner StVtr 1920 (oben I 3) § 15. Ferner bestimmt Vo 12. Feb. 24 (RGBl I 57, oben Anm. 26) § 6 Abs. 3:

„Zu Steuerleistungen und sonstigen Abgaben ist das Unternehmen Deutsche Reichsbahn nicht in weiterem Umfang heranzuziehen, als die Reichseisenbahnverwaltung nach den jetzt geltenden Gesetzen der Besteuerung unterliegt."

B. Das Steuervorrecht der Ges. bezieht sich nach § 14 nur auf direkte Steuern — ein nicht einwandfrei feststehender Begriff, der im Sinne des G weit auszulegen ist: Reichsbahngericht 13. März 26 VZ 538. OV 5. April 27 **82** 187 tritt dem bei u. führt aus, daß § 14 auch eine Belast. der RBGesellsch. mit öff. Abgaben, die nicht im techn. Sinne direkte St. sind, ausschließt, soweit sich eine Heranzieh. zu ihnen mit dem ReichsbesteuerG 15. April 11 (unten IV 3a) nicht vereinen läßt. Im einzelnen ist zu unterscheiden zw. Reichssteuern, Staatssteuern der Länder und Kommunalsteuern.

I. Reichssteuern. Direkten Reichssteuern unterlag das Unternehmen Deutsche Reichsbahn am 12. Feb. 24 nicht, also dürfen solche auch nicht v. d. Gesellschaft erhoben werden, z. B. nicht die Körperschaftsteuer (unten IV 4) u. die Vermögensteuer (unten IV 3b Anm. 6). Bez. indirekter Reichssteuern hat die Ges. keine Sonderstellung, namentlich ist sie den Verkehrsteuern unterworfen (Näheres unten IV 3b Anm. 17 A).

II. Wegen der Staatssteuern der Länder s. unten IV 3b Anm. 7, 13, 14, wegen der Stempelsteuer das. Anm. 17 B. (Wegen der nicht zu den Steuern gehör. Verwaltungsgebühren in Preußen s. unten IV 7.)

III. Kommunalsteuern. S. unten IV 3b § 4 (allgemein), IV 9 (Immobiliarsteuern), IV 10 (Gewerbesteuer).

C. Wegen der Frage, ob die Ges. zur Tragung v. Gerichtskosten verpflichtet ist, s. unten IV 3b Anm. 3.

D. Verwaltungskostenzuschüsse an Gemeinden: RBahnG § 15.

[64]) § 15 ist neu u. behandelt einen anderen Gegenst. als der § 15 des G v. 1924: Der frühere § 15 betraf die Beförderungsteuer, zu deren Entricht. nach G 29. Juni 26 (unten IV 2) auch die RBGesellsch. verpflichtet ist, u. bestimmte, daß die Gesellsch. (im Beharrungszust.) auf diese Steuer jährlich 290 Millionen Goldmark unmitt. an die Reparationsgläubiger zu zahlen habe; überschießende Beträge seien an das Reich abzuführen. Dem Youngplan entspr. ist die Steuer jetzt grunds. aus der ReparHaftung entlassen u. — bis auf § 4 Abs. (4) f. aus dem RBahnG ausgeschieden worden. — Die Bestimmung des neuen § 15 gehört inhaltlich in § 14 und ist wohl nur deshalb als besonderer § eingesetzt w., weil dadurch die Paragraphenfolge des G aufrechterhalten bleibt.

[65]) Der neue § 15 hat Verwaltungszuschüsse an Gemeinden zum Gegenstand. Die Verpflicht. zur Zahlung solcher Zuschüsse war (unter Anlehn. an das preuß. KommAbgG) dem Reiche durch das RBesteuerG (unten IV 3a) unter den dort näher angegeb. Voraussetz. auferlegt w., jedoch mit Befreiung der damal. Reichseis. (Elsaß-Lothr.!), die dafür in anderer Art belastet wurden. Das G 10. Aug 25 — unten IV 3b — hob das RBesteuerG auf, behielt jedoch die Zuschüsse im Grundsatze bei u. unterwarf ausdrücklich auch die RBGesellschaft der Zuschußpflicht. Indessen entschied das Reichsbahngericht mit U 13. März 26 (VZ 538, Arch 995), daß die Befreiung auf Grund des RBesteuerG auch dem neuen Reichsbahnnetze zugute komme, u. daß die Zuschüsse eine direkte Steuer i. S. RBahnG § 14 seien. Obgleich hiernach die RBGesellsch. ihre Zuschußpflicht mit Recht bestritt, verstand sie sich doch später zur freiwill. Leist. v. Beiträgen, zuletzt in der Jahreshöhe v. 5 Millionen *RM*. Diese freiwill. Leistung ist als neuer § 15 in das G aufgenommen worden. Nachrichtlich sei noch bemerkt, daß OV 15. Nov. 27 II C 49 US **1928** IV 7 einen dem des Reichsbahngerichts entgegengesetzten Standpunkt eingenommen hatte.

[66]) Die Verteilungsgrundsätze haben f. d. RBGesellsch. kein rechtl. Interesse.

§ 16. Geltung der Gesetze

(1)[67]) Die Gesellschaft unterliegt der allgemeinen Gesetzgebung, soweit ihr nicht durch die Vorschriften dieses Gesetzes oder der Gesellschaftssatzung eine besondere Rechtsstellung eingeräumt ist. Die Gesetze und Verordnungen, die sich lediglich auf Privatbahnen[68]), insbesondere auch auf deren Zulassung[69]), Betriebführung oder Beaufsichtigung[70]) beziehen, sind auf die Gesellschaft nicht anzuwenden.

(2) Die Gesellschaft unterliegt den Bestimmungen über Handelsgesellschaften nur insoweit, als sie durch dieses Gesetz oder die Gesellschaftssatzung für anwendbar erklärt werden[71]).

(3)[72]) Die §§ 178, 179 Abs. 1, 181, 210 Abs. 1, 211, 213, 214 Abs. 1, 217 Abs. 1 und 3, 225, 228 bis 230, 231 Abs. 1, 232 Abs. 1, 235 bis 237, 239, 245, 248, 249 Abs. 1, 2 und 4, 312 und 314 Abs. 1 Ziffer 1 und Abs. 2 und 3 des Handelsgesetzbuchs gelten für die Gesellschaft sinngemäß mit der Maßgabe, daß an Stelle der Generalversammlung und des Aufsichtsrats der Verwaltungsrat tritt[73]).

(4) Die Gesellschaft kann für sich und ihre Bediensteten die Sonderstellung[74]) in Anspruch nehmen, die für die Verwaltungen oder Betriebe des Reichs und deren Bedienstete auf dem Gebiete des Versicherungs-, Wirtschafts-, Arbeits-, Fürsorge- und Wohnungsrechts jeweils besteht. Die Inanspruch-

[67]) Abs. (1) entspricht dem bisher. Abs. (3), ist aber neu gefaßt u. greift anscheinend weiter als der alte Abs. (3): Dieser besagte, daß „die f. d. Eisenbahnen allgemein geltenden Gesetze u. Verordnungen auf die Gesellsch. insoweit anzuwenden sind, als sie diesem G od. der GesellschSatzung nicht widersprechen", u. die Begr v. 1924 nennt als Beispiele HGB (teilw.), BO, SignalO, EVO, HaftpflG, IntÜb, EisPostG, gesundheits- u. veterinärpolizeil. Vorschr., VereinszollG (teilw.), Handelsverträge (teilw.); außerdem noch verschied. landesrechtl. Best; ferner kommt die RVerf (teilw.) in Betracht. Die neue Fass. läßt die Beschränk. auf eisenbahnrechtl. Best fallen u. nimmt v. d. Geltung der allg. Gesetze f. d. Gesellsch. nur solche Best aus, bez. deren der Gesellsch. durch RBahnG od. Satzung eine besondere Rechtsstellung eingeräumt ist. Praktisch ist dieser Unterschied bedeutungslos; er will nur den Gegensatz zwischen der Reichsbahn und den privaten Großbahnen unterstreichen.

[68]) Die Reichsbahn ist keine Privatbahn geworden, sondern Staatsbahn geblieben (oben Anm. 3 E).

[69]) Z. B. EisG §§ 1, 3, 5. Ferner oben Anm. 46 C, 51.

[70]) Z. B. RVerf Art. 95, EisAufsG (unten II 4), StVtr 1920 § 13, EisG § 46, KommissarRegul. (unten II 5).

[71]) Rechtschar. der RBGesellsch. oben Anm. 3.

[72]) Die oben genannten Vorschr. des HGB gehören durchweg zu dessen Abschn. üb. Aktiengesellschaften; sie betreffen den Aufbau der Gesellsch., nicht ihr Verhältn. zum Reiche (Begr v. 1924) u. werden ergänzt durch Satzung u. GeschO. — Hervorgehoben sei die Anwendbarkeit v. HGB § 210 Abs. 1, derzufolge die Gesellsch. als solche selbständig ih. Rechte u. Pflichten hat, Eigentum u. andere dingl. Rechte an Grundstücken erwerben, vor Gericht klagen u. verklagt werden kann. S. dazu oben Anm. 3. Zu HGB § 231 s. GeschO (unten II 2) Ziff. 21, 22.

[73]) S. ferner RBahnG § 16 (6).

[74]) § 19 (3). — Übersicht über die Sonderstellung, die nach Abs. (4) die Gesellschaft einnimmt (s. auch Sarter-Kittel Anm. III).

A. Versicherungsrecht. S. RBPersG §§ 10—12 u. unten Abschn. III 7, 8.

B. Wirtschaftsrecht. Reichsbetriebe unterstehen nicht der Vo $\frac{\text{8. Nov. 20 RGBl 1901}}{\text{15. Okt. 23 RGBl I 983}}$ betr. Maßnahmen gegenüb. Betriebsabbrüchen u. -stillegungen. Diese, in § 1 der Vo ausgesprochene Sonderstell. nimmt die RBahnGes. zufolge Bek 10. Feb. 25 (RMinBl 83) f. sich in Anspruch.

C. Arbeitsrecht.

a) Wegen der organisator. Best im BetriebsräteG §§ 13, 61 s. unten Abschn. III 6a.

b) Nach Vo üb. die Arbeitszeit in Fass. der Bek 14. April 27 RGBl I 110 § 13 steht f. Betriebe u. Verwaltungen d. Reichs die Ausüb. der durch die Vo dem Arbeitsmin. od. anderen Behörden übertrag. Befugnisse den diesen Behörden usw. vorgesetzten Dienstbehörden zu u. können diese die f. Beamte gült. Dienstvorschr. über die Arbeitszeit auf die übr. Arbeitnehmer übertragen, soweit nicht lauf. Verträge entgegenstehen. Wegen der RBahn Gesellsch. s. aber RBahnG § 19 u. PersO § 15.

D. Fürsorgerecht. Zufolge Bek 10. Feb. 25 (oben B) nimmt die RBahnGes. für sich die Sonderst. in Anspruch, die f. Reichsverwaltungen im G üb. die Beschäft. Schwerbeschädigter — Fass. der Bek 12. Jan. 23 RGBl I 57, geändert durch G 8. Juli 26 RGBl I 398 — u. der AusfVo dazu 13. Feb. 24 (RGBl I 73) vorgesehen ist. Auf Grund § 1 Abs. 2 dieser AusfVo hat der Generaldirektor unter dem 22. Mai 25 (Die Reichsbahn S. 181) die durch Bek 10. Juni 25 (RMinBl 341) verkündete Anordnung erlassen. Vgl. ferner PersO § 27, Bf 58. 266. 477 v. 13. Okt. 25 u. 58. 566. 545 v. 26. Okt. 26. Weiteres Bezold VZ **1927**, 585, 623, 647.

E. Wohnungsrecht. Zusammenfassende Darstell.: Haustein VZ **1924** 1046; Lilienthal EE **47** 105, 201. Laut Bek 10. Feb. 25 (oben B), 27. Aug. 25 (RMinBl 985) u. 23. Okt. 26 (das. 968) nimmt die RBahnGes. die Sonderst. des Reichs auf Grund der nachst. bezeichneten Vorschr. für sich in Anspruch:

a) ReichsmietenG 24. März 22 (RGBl I 273), jetzige Fassung: Bek 20. Feb. 28 (RGBl I 38), § 16 (Einschränk. der Anw. des G auf Räume in Gebäuden d. Reichs). Hierzu E 30. Sept. 22 E II 23. 9160; ferner RG **111** 8; OLG München 28. Nov. 28 US **1929** XI 1; LG Altona 4. Okt. 28 US II 7.

b) G zur Abänd. des G betr. Besteuerung von Dienstwohnungen der Reichsbeamten 16. Juni 22 RGBl I 517, das die Zuläss. u. Höhe dieser Besteuerung regelt.

c) G üb. Mieterschutz u. Mieteinigungsämter 1. Juni 23 (RGBl I 353), jetzige Fassung: Bek 17. Feb. 28 (RGBl I 25), dessen (neugefaßter) § 32 Besonderes f. d. Fall bestimmt, daß d. Reich Gebäude Anderen vermietet od. zum Gebrauch überläßt (Zur Neufassung des § 32: Machate VZ **1926** 1300). Zum MieterschutzG vgl. ferner RG **108** 369, VZ **1924** 849, VZ **1927** 364 (wonach das MieterschutzG auf die RBahnGes. u. auf deren verpachtete Bahnhofswirtschaften keine Anw. findet), VZ **1927** 1113 (wohl ab. Anw. des G auf Lagerschuppen der Reichsbahn, die zu geschäftl. Zwecken vermietet w.); LG Königsberg EE **42** 36, LG Dessau u. Kassel US **1925** Abt. XI

nahme der Sonderstellung wird durch Erklärung gegenüber der Reichsregierung wirksam[75]). Soweit es zur Herbeiführung der Sonderstellung nach den in Betracht kommenden Gesetzen einer besonderen Verordnung bedarf, wird diese von dem für die Aufsicht über die Eisenbahnen zuständigen Reichsminister[58]) erlassen[75]). Die auf diesen Rechtsgebieten der Obersten Reichsbehörde zugewiesenen Zuständigkeiten werden, soweit nicht die Gesetze etwas anderes bestimmen, vom Generaldirektor wahrgenommen[75]).

(5)[76]) Die Vorschriften der Gewerbeordnung sind auf den Betrieb der Deutschen Reichsbahn nicht anzuwenden.

(6) Die Vorschriften des Handelsgesetzbuchs[77]) über die Eintragung in das Handelsregister und deren rechtliche Folgen sind auf die Deutsche Reichsbahn-Gesellschaft nicht anzuwenden.

§ 17. Befugnisse der Reichsbahnstellen[78])

Die Stellen der Deutschen Reichsbahn-Gesellschaft sind keine Behörden oder amtlichen Stellen des Reichs. Sie haben jedoch die öffentlich-rechtlichen Befugnisse und die damit verbundenen Pflichten in gleichem Umfang, wie bis zur Errichtung der Gesellschaft die Stellen des Unternehmens „Deutsche Reichsbahn". Die Gesellschaft ist berechtigt, ein Dienstsiegel mit dem Reichsadler zu führen.

Nr. 1 u. Abt. XII Nr. 19; Jäger VZ **1922** 299 u. **1925** 1478. Auch Vf 53. 269 Mi Schu 2018 v. 14. Sept. 25, LG Frankfurt 22. Dez. 27 US **1928** XI 2, KG 27. Juni 27 das. XI 3, LG Dortmund 27. April 28 das. XI 4, LG Plauen JW **1927** 2502.

d) Wohnungsmangel G in Fass. der Bek 28. Juli 23 RGBl I 754 § 7, wo die Inanspruchnahme v. Gebäuden usw. des Reichs eingeschränkt wird. S. ferner Vo 29. Mai 25 RMinBl 351 üb. Bewirtsch. des Wohnraums f. Reichsbeamte u. dazu Vf 53. 269 Wo Ma 1940 v. 11. Juni 25; v. Länderverordnungen ähnl. Gegenstands sei erwähnt Preuß. Vo 29. Mai 25 GS 65; dazu Vf 53. 569 Wo Ma 29, 39 u. 170 v. 17. u. 25. Jan. u. 8. Feb. 27.

e) Beamtensiedlungs Vo 11. Feb. 24 (RGBl I 53) u. dazu Vf 26. Sept. 25 (Die Reichsbahn 329). S. auch Vf 53. 269 Wo Ma 2032 v. 10. Okt. 25 wegen Verwend. v. Siedlungswohnungen f. Beamte z. Zwecken d. Wohnungstausches.

[75]) Während Satz 1 des Abs. (4) keine Änderung von Bedeutung erfahren hat, ist Satz 2 neu eingeschoben; er regelt die Form, in der die Inanspruchnahme der Sonderstellung erfolgen soll. Die beiden Schlußsätze sind durch das G v. 1930 neu gefaßt worden; eine sachliche Abweich. vom bisher. Rechte enthalten sie (nach der Begr) nicht, vielmehr dienen sie nur der Klarstellung. Soweit es sich nur um Funktionen der obersten Betriebsleitung handelt, verbleibt es b. d. Zuständ. des Generaldirektors; ist aber der Ob. Reichsbehörde die Ausübung hoheitsrechtl. Funktionen zugewiesen, z. B. die Best der f. gewisse Streitfälle in der Sozialversich. zuständigen Behörde, so muß der Gesetzgebung die Mögl. gegeben w., zu bestimmen, daß diese Funkt. von einem dem Reichstage verantw. Minister ausgeübt werden. Keinesfalls hat also die Novelle der innerdeutschen Gesetzgebung die Machtvollkommenheit einräumen wollen, die Zuständigkeit des Generaldirektors über die angegebene Grenze hinaus zu beschränken.

[76]) S. auch GewO § 6 (oben I 2 Beil. A). Wegen der Gründe, aus denen die Vorschr. in das RBahnG aufgenommen w. ist, u. wegen der rechtl. Bedeut. dieser Aufnahme s. Sarter-Kittel Anm. IV. — Betrieb im Sinne der Best ist im weitesten Sinne zu verstehen; z. B. fallen darunter auch die Bahnwirtschaften (Jäger VZ **1926** 775 — gegen OV **80** 365 —; Näheres oben I 2 Beil. A Anm. 4 H). — Nach der Auffass. der RBGesellschaft dürfen gemäß § 16 (5) Rechtsgebiete, die z. Z. der Verkündung des RBahnG (v. 1924) in der GewO geregelt waren, auch dann nicht auf die Ges. erstreckt w., wenn sie später aus der GewO herausgenommen u. in besonderen Gesetzen geordnet werden. Diese Auffass. hat das RBahngericht im U 24. Juli 28 (RArbeitsbl I 247) verworfen, u. anscheinend teilt sie jetzt auch der Gesetzgeber nicht (od. nicht mehr); vgl. z. B. den Bericht des Unter-Organisationskomitees (amtl. Ausg. der Entwürfe zu den neuen Gesetzen, Sechster Teil S. 48/49) sowie den neuen § 19 u. die Begr dazu. Ob die RBGesellsch. die Reparationslast auch dann noch wird aufbringen können, wenn die neue Anschauung in die Praxis umgesetzt wird, muß die Zukunft lehren; jedenfalls wird durch jene Auslegung der Schutz, den GewO § 6 allen deutschen Bahnen u. RBahnG § 16 (5) der RBGesellschaft zu geben bestimmt ist, in Frage gestellt.

[77]) HGB §§ 8—16.

[78]) A. Ausführlich Sarter-Kittel S. 164ff.; auch Blüher VZ **1926** 92ff.

B. StVtr 1920 § 12 spricht den ReichseisBehörden alle Befugnisse öffentlich-rechtlicher Art zu, die bisher den EisBehörden der Länder zugestanden hatten; diese Rechtsstellung war nach der NotVo 12. Feb. 24 (oben Anm. 26) § 3 Abs. 1 auf das Unternehmen D. RBahn übergegangen, gilt also nach RBahnG § 17 f. d. Stellen der RBGes. Übrigens gehört StVtr § 12 zu den Best, die nach RBahnG § 43 (1) auch f. d. Gesellschaft gelten. — § 17 ist eine der Vorschr., in denen der öff.-rechtl. „Einschlag" im Wesen der Ges. zutage tritt (oben Anm. 3 B).

C. Als Beispiele f. d. Befugnisse, die nach § 17 den Reichsbahnstellen zustehen, nennt die Begr 1924:

sicherheitspolizeil. Befugnisse (Bahnpolizei, einschl. des Rechts zum Erlasse bahnpoliz. Verfügungen im Rahmen des Landesrechts);

gewerbepolizeil. Befugnisse, z. B. Dampfkesselaufsicht (s. oben I 2 Beil. A Anm. 4C);

das Recht, öff. Beurkundungen u. Beglaubigungen vorzunehmen;

das Recht z. Einford. v. Akten u. Strafregisterauszügen (vgl. E 27. Okt. 20 IV 42. 136. 1838; Strafregister-Vo: Bek 8. März 1926 RGBl I 157; VZ **1926** 434);

das Recht, direkte Ersuchen an d. Behörden zu richten, z. B. an die Grundbuchbehörde (GrundbO § 39).

Vgl. ferner RBahnG § 37 (3, 5), RBPersG §§ 7f., 10f., EisZollO § 6 (4). EisHauptkassen der früheren StEV waren öff. Behörden i. S. StPO § 255 (jetzt 256). RG Straff. **57** 323. Die RBGesellsch. darf Besitzbescheinigungen gemäß Vo 13. Nov. 99 GS 519 ausstellen. KG 5. Juli 28 VZ 1007. Weitere Beispiele Sarter-Kittel S. 165f. Nach Vf 2. 602c 18 v. 25. Dez. 24 gehört zu den Befugnissen i. S. § 17 auch das Recht, Verleihungsurkunden auf Grund der Bahnkreuzungsvorschriften (unten I 7 Anm. 11 B II) auszustellen. Wegen

§ 18. Organe

Organe der Gesellschaft sind: der Verwaltungsrat und der Vorstand. Ihre Zuständigkeit regelt die Gesellschaftssatzung[79]).

§ 19. Rechts- und Dienstverhältnisse der Bediensteten[80])

[81]) (1) Die Gesellschaft hat unter Beachtung der nachstehenden Bestimmungen eine Personalordnung zu erlassen. In ihr sind die Rechts-, Dienst- und Besoldungsverhältnisse der Reichsbahnbeamten in Anlehnung an die für Reichsbeamte geltenden Vorschriften zu regeln. Glaubt die Gesellschaft, daß die besonderen Verhältnisse der Reichsbahn eine von den jeweils für Reichsbeamte geltenden Vorschriften abweichende Regelung erfordern, so hat sie dies der Reichsregierung mitzuteilen und ihre Absichten mit dieser zu erörtern. Kommt keine Einigung zustande, so entscheidet das Reichsbahngericht (§ 44). Bis zur Entscheidung des Reichsbahngerichts verbleibt es bei der bestehenden Regelung.

[82]) (2) Die Personalordnung kann über die Rechts- und Dienstverhältnisse der Angestellten und Arbeiter Bestimmung treffen, soweit sie nicht nach allgemeinen Grundsätzen Gegenstand der Vereinbarung (Tarifvertrag, Betriebsvereinbarung, Einzelarbeitsvertrag) sind.

---

der Vernehmung v. Reichsbahnbeamten als Zeugen od. Sachverst. s. unten III 2 Anm. 9. Daß aus § 17 die Freiheit der RBGes. v. Gerichtskosten folge, bestreitet RG **109** 90.

D. § 17 schließt zwar die Annahme aus, daß die RBahnstellen Reichsbehörden seien, aber sie sind — wie sich aus dem vorstehenden ergibt —, soweit sie überhaupt Behördencharakter tragen (namentlich die RBahndirektionen), Behörden i. S. des deutschen Staatsrechts (vgl. Sarter-Kittel S. 164). Das ist in der Rechtspr. mehrfach anerkannt, z. B. OLG Stuttgart VZ **1925** 1086 u. JW **1925** 2498 (wonach jene Stellen öff. Behörden i. S. ZPO § 415 sind), RG VZ **1925** 1362 (wonach die v. d. RBahnGes. ausgegebenen Fahrkarten öff. Urkunden sind) u. mit ausführl. Begründung RG 19. März 26 Strafs. **60** 139. Auch OLG Kassel JW **1925** 2746. S. ferner unten E, F u. G.

E. Aus der Behördeneigensch. der RBahnstellen in Verb. mit der Neufass. des § 17 folgt, daß ihnen den Finanzämtern gegenüb. die Beistandspflicht i. S. ReichsabgabenO 13. Dez. 19 (RGBl 1993) § 191, z. B. die Gestattung der Einsicht in ihre Bücher obliegt. Nähere Anw (unter Bezugn. auf das Gutachten des RFinanzhofs 27. Nov. 25, DJZ **1926** 87 u. VZ **1926** 385) Vf 46. 490. 80 u. 4 v. 2. Jan. u. 4. Feb. 26. S. ferner Vf 46. 490. 41 v. 26. März 27 betr. Beistandspflicht b. Einziehung v. Grundsteuern u. Vf 46 Ag 3 v. 2. April 28.

F. Zwangsvollstreckung wegen Geldforderungen gegen die RBGes. unterliegt den gleichen Vorschriften wie die ZwV. gegen andere jurist. Personen des öff. Rechts. Für Preußen erkennt das an Vf des JustMin. v. 5. April 27 JMinBl 137 (vgl. ferner Mantey VZ **1924** 1072; Blüher das. **1925** 156 u. **1926** 94; OLG Stettin JW **1925** 1668; Renner JW **1925** 1264; OLG Köln EE **43** 187), für Thüringen Vf des JustMin. 3. Juni 27 US XII 36, für Bayern AG München EE **43** 379, f. Hessen LG Mainz 30. März 25 US XII 44 u. Vf des JustMin. 8. Feb. 28, mitgeteilt mit Vf der Hauptverwalt. 2 Oavh v. 6. März 28; für Sachsen OLG Dresden EE **46** 358. S. auch Sarter-Kittel S. 125 u. — wegen d. hiernach anzuwendenden preuß. Best — unten I 7 Beil. D Anm. 2; ferner Reschke, Die rechtl. Stellung der RBGes., Berlin 1927, S. 24f.; Calmberg EE **47** 110.

G. BGB § 395, der die Aufrechnung gegen Forderungen des Reichs usw. einschränkt, gilt auch zugunsten der RBahnGes.: KG EE **44** 65.

H. Die Novelle hat den § 17 dahin ergänzt, daß den Reichsbahnstellen nicht nur die bisherigen öffentlichrechtlichen Befugnisse zustehen, sondern auch die entsprechenden Pflichten obliegen; hierunter fällt z. B. die Beistandspflicht (vorst. E).

[79]) Satzung §§ 8—18.

[80]) A. Mit § 19 beginnt eine Reihe v. Gesetzesänderungen, die darauf abzielen, die Rechtsstellung des Personals dem allg. Recht anzupassen, u. zu diesem Zwecke die Befugnisse der RBGesellsch. einschränken.

I. Was die Reichsbahnbeamten anlangt, so findet jetzt die autonome Regelung durch die Perso (deren Erlaß nach wie vor zur Zuständ. der Gesellsch. gehört) ihre Grenze im allgemeinen Rechte der Reichsbeamten. Jede Abweich. v. diesem bedarf der Zustimm. der Reichsregierung; ist diese nicht zu erlangen, so entscheidet das RBGericht. Eine weitere wichtige Änder. ist die Beseit. des bisher in § 24 der Gesellsch. eingeräumten Rechts, Reichsbahnbeamte auf Dienstposten v. geringerer Bedeut. zu versetzen. Geblieben ist jedoch die noch bedeutsamere Abweich. v. allg. Rechte, daß die Gesellsch. jederzeit jeden RBBeamten in den einstweil. Ruhestand versetzen kann. Weiteres bei § 26.

II. In den Rechtsverh. der Arbeiter tritt jetzt neben dem allg. Recht die Regelung im Vereinbarungsweg in den Vordergrund. Der bisher in § 22 (1) e enthaltene Grunds., daß „die BeschäftigBedingungen sowie die Besoldungs- u. Lohnverh. der Angestellten u. Arbeiter" durch die Perso bestimmt w., „soweit sie nicht vereinbart werden", ist verschärft, indem nach dem neuen § 19 (2) diese Bestimmung nur noch für solche Verhältnisse gilt, die nicht „nach allgemeinen Grundsätzen" Gegenst. der Vereinbar. (Tarifvtr u. dgl.) sind. Besonders bemerkenswert ist, daß nach dem neuen Abs. (3) des § 19 die bisher — seit dem G v. 14. April 1927 (RBBl I 109) v. d. für die Reichsbetriebe maßgebenden Rechte abweichend — f. d. RBGesellsch. geltend. Vorschr. derzufolge die Gesellsch. die Dienstvorschr. üb. die Arbeitszeit der Beamten auf die Arbeiter usw. übertragen darf, auf bestimmte Gruppen der Arbeiter eingeschränkt wird, die in einer Anlage zum G genau bezeichnet sind. Auch hier (vgl. oben Anm. 76 a. E.) wird abzuwarten sein, wie sich die Neuerungen bewähren.

B. Zu Abs. 4 u. 5: Das RBPersG ist unten als Abschn. III 2 abgedr. — Unternehmen Deutsche Reichsbahn oben Anm. 26.

[81]) Abs. (1) war bisher § 22 (3); jetzt ist die Berecht. der Gesellsch., b. d. Regelung der Dienst- u. Rechtsverh. der Beamten die „besonderen Verhältnisse der Gesellsch." zu berücksichtigen, an die Zustimm. der RReg. gebunden worden, s. oben Anm. 80 A I. Ob bei Meinungsverschiedenh. die Gesellsch. oder die RReg. das Gericht anzurufen hat, hängt nach der Begr davon ab, ob die dem and. Teile nicht zusagende Änderung an den Best des Reichsrechts od. an denen der Perso vorgenommen w. soll.

[82]) Die oben in Anm. 80 A II besproch. Änderung des bisher. § 22 (1) e entzieht der v. d. RBGesellsch. ver-

[83]) (3) Die auf dem Gebiete des Arbeits-, Fürsorge- und Versicherungsrechts allgemein geltenden Gesetze und Verordnungen finden, soweit nicht die Vorschriften dieses Gesetzes oder der Gesellschaftssatzung etwas anderes bestimmen, auch auf die Beamten, Angestellten und Arbeiter der Gesellschaft Anwendung. Insbesondere gelten die gesetzlichen Vorschriften über die Arbeitszeit der Angestellten und Arbeiter auch für die Angestellten und Arbeiter der Gesellschaft. Die Gesellschaft kann jedoch in den Dienstzweigen, in denen die besonderen Verhältnisse des Eisenbahndienstes oder das Zusammenarbeiten von Beamten, Angestellten und Arbeitern eine übereinstimmende Regelung der Arbeitszeit erfordern, diese Übereinstimmung durch Übertragung der für die Beamten geltenden Dienstvorschriften über die Arbeitszeit auf die Angestellten und Arbeiter herbeiführen. Die Dienstzweige, in denen hiernach die Übertragung allgemein zulässig ist, sind in der einen Bestandteil dieses Gesetzes bildenden Anlage II unter A aufgeführt; unter B sind dagegen diejenigen Dienstzweige aufgeführt, in denen die Übertragung nicht zulässig ist. Soweit es sich um Dienstzweige handelt, die weder unter A noch unter B aufgeführt sind, soll bei einer Regelung der Arbeitszeit durch Gesamtvereinbarung, insbesondere durch Tarifvertrag der im Satz 3 für die Möglichkeit von Übertragungen der Arbeitszeit der Beamten auf die Angestellten und Arbeiter aufgestellte Grundsatz berücksichtigt werden.

[80B]) (4) Durch ein besonderes Reichsgesetz (Reichsbahn-Personalgesetz), das gleichzeitig mit diesem Gesetz in Kraft treten soll, sind die bisherigen gesetzlichen Vorschriften über die Rechts- und Dienstverhältnisse der Bediensteten mit den Bestimmungen dieses Gesetzes in Übereinstimmung zu bringen.

[80B]) (5) Bis zum Inkrafttreten der Personalordnung bleiben für die Bediensteten die für das Unternehmen „Deutsche Reichsbahn" geltenden Bestimmungen und Dienstvorschriften maßgebend, soweit nicht die Bestimmungen dieses Gesetzes entgegenstehen.

§ 20. Wahrung erworbener Rechte

[84]) (1) Die im Dienste des Unternehmens „Deutsche Reichsbahn" stehenden Reichsbeamten werden mit Ausnahme der Beamten für den Dienst der Aufsichtsbehörde mit dem Übergange des Betriebsrechts auf die Gesellschaft Reichsbahnbeamte[84]). Ihnen werden an Diensteinkommen, Wartegeld, Ruhegehalt und Hinterbliebenenversorgung die Ansprüche gewährleistet, die sie als Reichsbeamte hatten; dies gilt auch für die Fortgewährung des gesamten Diensteinkommens bei Krankheit und Erholungsurlaub[85]).

(2) Beamte, denen ein Rücktrittsrecht zum Unternehmen „Deutsche Reichsbahn" zusteht[86]), können dieses Recht der Gesellschaft gegenüber ausüben.

(3) Die Gesellschaft übernimmt die im Dienste des Unternehmens „Deutsche Reichsbahn" stehenden Angestellten und Arbeiter mit den beiderseitigen Rechten und Verpflichtungen.

---

tretenen, freilich schon vom Reichsbahngericht mit U 9. Juni 26 VZ 793 zurückgewiesenen Meinung den Boden, daß die Gesellsch. das Recht habe, mangels einer Vereinb. die Löhne autonom u. ohne Zulass. des Schlichtungsverfahrens festzusetzen. Das kommt darauf hinaus, daß die Festsetz. der Arbeiterlöhne b. d. Reichsbahn in das Belieben des RArbeitsministers (Verbindlichkeitserklärung!) gelegt ist — bei dem Umstande, daß ein Pfennig für den Tag rund 1¼ Million *RM* im Jahre ausmacht, eine nicht ungefährliche Machtvollkommenheit. — Was nach allgemeinen Grundsätzen Gegenstand des Arbeitsvertrags ist, läßt sich hier nicht aufzählen; es sei auf Kaskel, Arbeitsrecht 2. Aufl. S. 46—149 verwiesen.

[83]) § 16 (4). — Satz 1 war bisher (ohne wesentl. Abweich.) Abs. (2). Der weitere Inhalt des Abs. stellt den vorher nicht besonders betonten Grundsatz an die Spitze, daß auch die allg. gesetzl. Vorschriften üb. die Arbeitszeit f. d. Arbeiter usw. der Reichsbahn gelten. Daraus ergibt sich, wie die Begr ausführt, daß auch bez. der Arbeitszeit die tarifvertragl. Regelung der autonomen vorangeht, soweit nicht die Gesetze selbst Ausnahmen vorsehen. Wegen der ausnahmsweise u. beschränkt zuläss. Übertrag. der f. d. Beamten erlassenen Dienstdauervorschr. auf die Arbeiter s. oben Anm. 80 A II; die Gruppen, für die die Übertrag. nach der Anlage II zugelassen ist, umfassen hauptsächl. das Stations-, Abfertigungs-, Fahr- u. Büropersonal, während z. B. im Bahnunterhalt.- u. im Werkstättendienst die Übertr. nicht statthaft ist. In der Begr wird die Rechtsänderung eingehend erörtert u. hervorgehoben, daß die so geschaffene Rechtslage der Ratifikation des Washingtoner internat. Übereink. üb. die Arbeitszeit keine Schwierigkeiten bereitet. Für die Arbeitergruppen, die in Anl. II nicht genannt w., gelten die Best des allg. Arbeitsvertragsrechts u. damit in Verb. m. § 16 (4) die Befugnis der Gesellsch., die Arbeitszeit der Beamten auf die Arbeiter zu übertragen. — Weiteres Perso (unten III 3) § 15.

[84]) § 20 (1) Satz 1 hat in die wohlerworb. Rechte der Beamten eingegriffen, indem er ihnen, unabh. v. ih. eigenen Willen — einen Wechsel in der Person des Dienstherrn anbefahl, ist also eine Abweich. v. RVerf Art. 129, u. gehört deswegen zu denj. Best des RBahnG, wegen deren es als verfassungsändernd zu behandeln war. Unter Abs. (1) fallen nicht Beamte, die vor dem 11. Okt. 1924 in den (dauernden od. einstweil.) Ruhest. versetzt w. waren. RDiszHof VZ **1926** 241. Rechtsverh. zw. der RBGesellsch. u. diesen Beamten: RDiszHof VZ **1926** 681; ferner Vf 52. 501. 160; 609 u. 1235 v. 19. April, 7. Aug. u. 10. Dez. 26. — Näheres üb. d. Reichsbahnbeamten RBPersG (unten III 2) § 1.

[85]) Vgl. auch RBPersG § 12 (1). Ferner Perso §§ 11, 14 Ziff. 3, 20 Ziff. 2, 22 Ziff. 8, 23, 26 Ziff. 2; ausführlich Roser in den Anm. dazu, namentlich Anm. 3 zu Perso § 11 (anders. Hermann Anm. 2 dazu).

[86]) Z. B. die mit Rücktrittsrecht zu fremden EisVerwalt abgegebenen Beamten (Begr v. 1924).

§ 21. Landsmannschaftlicher Charakter[87])

Die Beamten, Angestellten und Arbeiter der Gesellschaft sollen in der Regel in ihrem Dienstbezirke Landesangehörige sein. Sie sind auf ihren Wunsch in ihren Heimatgebieten zu verwenden, soweit dies möglich ist und nicht Rücksichten auf ihre Ausbildung oder Erfordernisse des Dienstes entgegenstehen.

§ 22. Personalordnung[88])

Die von der Gesellschaft zu erlassende Personalordnung soll unter Beachtung der Bestimmungen dieses Gesetzes insbesondere[88]) regeln:

a) die Vorschriften über die Einstellung und die Laufbahn der Reichsbahnbeamten,
b) die Dienstbezeichnungen der Reichsbahnbeamten,
c) das Diensteinkommen, das Wartegeld und alle übrigen Dienstbezüge der Reichsbahnbeamten sowie das Ruhegehalt und die Hinterbliebenenversorgung[89]),
d) die Arbeitszeit (Dienst- und Ruhezeiten) der Reichsbahnbeamten[90]),
e) die Einstellungs- und Anstellungsbedingungen der Versorgungsanwärter[91]).

§ 23. Pflichten der Reichsbahnbeamten

(1) Der Reichsbahnbeamte ist verpflichtet, das öffentliche Interesse und das Interesse der Gesellschaft zu wahren[92]).

(2) Ein Reichsbahnbeamter, der die ihm obliegenden Pflichten verletzt, wird unter sinngemäßer Anwendung des jeweiligen Dienststrafrechts der Reichsbeamten zur Rechenschaft gezogen[93]). Als Oberste Reichsbehörde gilt der Generaldirektor, der seine Befugnisse auf andere Stellen der Gesellschaft übertragen kann[94]).

(3) Der Generaldirektor ist der höchste Vorgesetzte aller Reichsbahnbediensteten[95]).

§ 24. Versetzung in den einstweiligen Ruhestand[96])

Die Gesellschaft kann Reichsbahnbeamte unter Bewilligung von Wartegeld einstweilen in den Ruhestand versetzen. Die Grundsätze über die Versetzung in den einstweiligen Ruhestand und die den Beamten zu gewährenden Rechtsmittel gegen diese Maßnahme sind in der Personalordnung zu regeln. Die am 1. Oktober 1929 geltenden Bestimmungen der Personalordnung über die Versetzung in den einstweiligen Ruhestand, die Rechtsmittel und die Beteiligung von Beamtenvertretern an den Entscheidungen über die Rechtsmittel können nicht ohne Zustimmung der Reichsregierung geändert werden.

---

[87]) Stimmt im wesentl. mit RVerf Art. 16 überein u. ist f. d. RBGesellsch. anstelle des StVtr 1920 § 37 mit Schlußprot. getreten. Dienstbezirk: Sarter-Kittel Anm. III.

[88]) Der die Perso behandelnde § 22 unterscheidet sich v. d. früheren Fassung durch Fortlassung des die Rechtsverhältnisse der Arbeiter betr. Buchstabens (1) e u. der Abs. (2) u. (3), die die Übertragung der Dienstdauervorschr. f. d. Beamten auf die Arbeiter u. die allg. Regelung der Rechtsverhältnisse der Beamten zum Gegenst. haben. Alles das ist (mit Änderungen) in § 19 übernommen; wegen der Änderungen s. oben die Anm. zu § 19. — Die Aufzählung in § 22 ist nicht erschöpfend (Begr v. 1924).

[89]) Vgl. § 20 (1) Satz 2.

[90]) S. oben Anm. 74 C b u. 83 u. RBGericht 24. Juli 28 RArbeitsbl I 247.

[91]) § 25 u. Perso § 7.

[92]) RBahnG § 2, Perso § 8. Kollision beider Pflichten: Roser Anm. 2 zu Perso § 8.

[93]) Weiteres RBPersG § 5, Perso § 19. Unter Abs. (2) fallen auch die Vorschriften üb. vorläuf. Dienstenthebung (RBeamtenG §§ 125 ff.). Sarter-Kittel Anm. II c.

[94]) Perso § 19 D 1 a. E.

[95]) Auch wenn er nicht Beamter, sondern v. Verwalt-Rat im Vertragsverh. bestellt ist: Satz. § 19 (jetzt § 17) Abs. 5 (Begr v. 1924).

[96]) A. § 24 erweitert nach dem Vorbilde der reichsrechtl. Vorschr. üb. Personalabbau die Rechte, die der Reichsverwalt. gemäß RBeamtenG §§ 23, 24 zustehen, indem er ohne Einschränk. auf bestimmte Beamtengruppen die RBGesellsch. ermächtigt, Reichsbahnbeamte jederzeit in den einstweil. Ruhestand zu versetzen. Damit ist in wohlerworbene Rechte der aus dem Reichsdienst in den Dienst der RBGesellsch. übergegang. Beamten eingegriffen — eine Abweich. v. RVerf Art. 129 Abs. 1 Satz 3 u. deshalb ein weiterer Grund, aus dem das G v. 1924 als verfassungsändernd zu behandeln war. Weiteres, nam. wegen der Vorauss. für die in § 24 zugelassene Maßnahme, Perso §§ 21, 20. S. auch RBPersG § 4. — § 24 beschränkt nicht die Ges. in der Ausüb. des Kündigungsrechts. RG **117** 153. — Aus § 24 kann übrigens nicht eine allg. Befreiung der RBahnbeamten v. Geschworenen- u. Schöffendienste hergeleitet werden (GVG § 34 Nr. 3 u. § 85). Vf 6. Mai 29 (Die Reichsbahn S. 377).

B. Das G v. 1924 gab der Gesellsch. auch die Ermächtig., RBahnbeamte auf Dienstposten v. geringerer Bewertung zu versetzen. Die Begr erläutert den Wegfall dieser Ermächt. u. den (neuen) Satz 3 des § 24 mit folgenden Worten: „Die neue Fassung des § 24 des Reichsbahngesetzes beseitigt die vom Personal als besonders drückend empfundene Befugnis der Gesellschaft, Reichsbahnbeamte auf Dienstposten von geringerer Bewertung zu versetzen, und gleicht damit die rechtliche Lage der Reichsbahnbeamten wieder mehr an die der Reichsbeamten an. Hinsichtlich der Befugnis, Reichsbahnbeamte unter Bewilligung von Wartegeld in den einstweiligen Ruhestand zu versetzen, hatte die Gesell-

§ 25. Versorgungsanwärter[97])

Bei künftig notwendiger Einstellung von Reichsbahnbeamten und -angestellten hat die Gesellschaft für fünfzehn vom Hundert der freien Plätze Versorgungsanwärtern des Heeres, der Marine und der Polizei den Vorrang einzuräumen.

§ 26. Festsetzung der Dienstbezüge[98])

(1) Die Gesellschaft hat die Dienstbezüge[99]) der Reichsbahnbeamten mit Ausnahme der leitenden Beamten[100]) gemäß den Bestimmungen im § 19 zu regeln[101]).

(2) [102]) Durch diese Vorschrift wird das Recht der Gesellschaft nicht berührt, nach allgemeinen Grundsätzen für die Tätigkeit auf besonders verantwortlichen Dienstposten oder unter besonders schwierigen Dienstverhältnissen sowie für außergewöhnliche Leistungen Vergütungen zu gewähren, solange diese nicht vier vom Hundert des gesamten Aufwandes für die Dienstbezüge[99]) der Beamten[103]) überschreiten. Die Grundsätze sind nach Benehmen mit dem Hauptbeamtenrat oder mit der Beamtenvertretung, die auf Grund späterer Gesetzgebung an seine Stelle tritt, aufzustellen und bekanntzugeben[104]).

(3)[105]) Die Gesellschaft bestimmt die Dienstbezüge der leitenden Beamten selbständig. Der Kreis dieser Beamten wird vom Verwaltungsrat festgesetzt. Soll ihre Zahl einhalb vom Tausend der Zahl aller ständigen Bediensteten überschreiten, so ist hierzu die Zustimmung der Reichsregierung erforderlich.

§ 27. Einheit des Unternehmens[106])

Bei organisatorischen Maßnahmen der Gesellschaft muß der Charakter des Unternehmens als einer einheitlichen Verkehrsanstalt, insbesondere auf dem Gebiete der Tarife und Finanzen gewahrt werden.

§ 28. Gerichtsstand[107])

Der allgemeine Gerichtsstand der Deutschen Reichsbahn-Gesellschaft wird durch den Sitz der Stelle bestimmt, die nach der Geschäftsordnung berufen ist, die Gesellschaft in dem Rechtsstreit zu vertreten.

---

schaft schon bisher durch ihre Personalordnung gewisse über das derzeitige Reichsbeamtenrecht hinausgehende Sicherungen des Personals gegen ungerechtfertigte Anwendung der Befugnis eingeführt. Sie werden insofern im Gesetze selbst verankert, als sie nicht ohne Zustimmung der Reichsregierung geändert werden können."

[97]) Weiteres Perso § 7.

[98]) A. Die an dem § 26 vorgenommenen Änderungen ergeben sich aus der nachsteh. Begr:

„Abs. 1 des § 26 des Gesetzes wird der Regelung in Ziff. 13 (betrifft § 19) angepaßt; Abs. 2 wird nach der dem § 19 Abs. 1 gegebenen Fassung überflüssig." (Abs. 2 betraf den Fall, daß die RBGesellsch. beabsichtigte, die Dienstbezüge von Klassen der RBahnbeamten zu erhöhen).

„§ 26 Abs. 3 alter Fassung gab der Gesellschaft das Recht, den Reichsbahnbeamten ‚in besonderen Fällen' Vergütungen zu gewähren, solange diese nicht fünf vom Hundert des gesamten Aufwandes der Dienstbezüge der Beamten übersteigen. Der Entwurf setzt diesen Satz auf vier vom Hundert herab und will im übrigen eine gesetzliche Sicherung dafür schaffen, daß die Leistungszulagen ihrem Zweck entsprechend verwendet werden. Deshalb bestimmt er, daß sie nach allgemeinen Grundsätzen für die Tätigkeit auf besonders verantwortlichen Dienstposten oder unter besonders schwierigen Dienstverhältnissen sowie für außergewöhnliche Leistungen zu gewähren und daß die Grundsätze nach Benehmen mit dem Hauptbeamtenrat aufzustellen und bekanntzugeben sind.

„Die Dienstbezüge der ‚leitenden Beamten' hat die Gesellschaft selbständig festzusetzen. Den Kreis dieser Beamten bestimmt der Verwaltungsrat. Die Ausdehnung des Kreises unterlag bisher völlig seinem freien Ermessen. Der Entwurf begrenzt die Ausdehnung insofern, als er in ungefährer Zugrundelegung des gegenwärtigen Standes die Überschreitung der Zahl von einhalb vom Tausend der Gesamtzahl aller ständigen Bediensteten von der Zustimmung der Reichsregierung abhängig macht."

B. Perso §§ 11, 12. Näheres bei Sarter-Kittel u. in Roser, Perso, Einleit. Abschn. D.

[99]) Der Begriff „Dienstbezüge" umfaßt nicht nur das „Diensteinkommen" (§ 20), d. h. das Grundgehalt mit Zuschlägen, sond. auch Nebeneinnahmen, z. B. an Fahrgeldern. Roser a. a. O.

[100]) Abs. (3) u. Anm. 98 A u. 105.

[101]) Abweichungen v. d. Besoldungssätzen f. d. Reichsbeamten sind jetzt wie alle sonstigen Abweich. v. d. Rechtsverhältnissen der Reichsbeamten zu behandeln, wie es § 19 (1) vorschreibt. Das Verfahren ist gegen die bisher. Vorschriften insofern geändert, als bisher ein Einspruch der RRegierung an eine Frist v. 20 Tagen gebunden war.

[102]) Bisher war das Recht der Gesellsch. zur Gewähr. v. „Leistungszulagen" nur insofern sachlich beschränkt, als es an das Vorliegen „besonderer Fälle" gebunden war (s. oben Anm. 98 A); jetzt sind die Vorausf. dafür im G bestimmter angegeben. — Richtlinien f. d. Gewähr. v. Leistungszulagen: Bf 53 Pbnl 1 v. 12. Mai 28, geänd.: Bf 53. 538 Pbnl v. 4. Feb. 29.

[103]) Nicht etwa: Vier vH der Bezüge des Einzelnen.

[104]) Die gesetzliche Vorschrift, daß die Beamtenvertretung mitzuwirken hat, ist neu.

[105]) Anm. 98 A a. E. — Der Begriff der „leitenden" Beamten fällt nicht m. d. Begriff „obere" Beamte zus.; vgl. Perso Teil II. — Da das G die Festsetzung der „Dienstbezüge" f. d. leitenden B. der selbständ. Entsch der Gesellschaft überläßt, ist diese auch bez. der Ruhegehälter nicht an die Vorschr. des allg. Beamtenrechts gebunden.

[106]) Vgl. RVerf Art. 89, StVtr 1920 § 16, RBahnG § 2.

[107]) ZPO §§ 17 (Allgemeiner GSt), 21 ff. (besondere GStde). — GeschäftsO (unten II 2) Ziff. 21. Die Vorschr. üb. die besondern Gerichtsstände (z. B. für Ansprüche aus dem Frachtvtr. oder dem HPflG) werden durch § 28 nicht berührt (Sarter-Kittel Anm. IIc).

§ 29. Rechnungsführung[108])

Die Rechnung der Gesellschaft ist nach kaufmännischen Grundsätzen so zu führen, daß die Finanzlage des Unternehmens jederzeit mit Sicherheit festgestellt werden kann.

§ 30. Bilanz, Gewinn- und Verlustrechnung

(1) Die Bilanz und die Gewinn- und Verlustrechnung der Gesellschaft sollen innerhalb einer Frist von sechs Monaten nach Ablauf eines jeden Geschäftsjahres veröffentlicht werden[109]).

(2)[110]) Die Reichsregierung hat das Recht, jederzeit die Bilanz und die Gewinn- und Verlustrechnung der Gesellschaft nachprüfen zu lassen, in alle Buchungen für die Bilanz und die Gewinn- und Verlustrechnung Einsicht zu nehmen, die sich bei der Hauptverwaltung befinden, und sich alle erforderlichen Auskünfte erteilen zu lassen. Jedoch dürfen hierdurch der Gesellschaft keine überflüssigen Kosten entstehen.

(3) Die Reichshaushaltsordnung[111]) findet auf die Gesellschaft keine Anwendung.

§ 31. Aufsichtsrecht der Reichsregierung[112])

Der Reichsregierung[52]) bleibt gegenüber der Gesellschaft vorbehalten:

[113]) 1. die Aufsicht darüber, daß die Reichseisenbahnen gemäß den Gesetzen und entsprechend den Anforderungen des Verkehrs und der deutschen Volkswirtschaft verwaltet werden, und zwar unter Beachtung der besonderen Rechte und Pflichten, die sich für die Geschäftsführung der Gesellschaft aus den Bestimmungen dieses Gesetzes und der Gesellschaftssatzung ergeben;

2. die Aufsicht darüber, daß die Reichseisenbahnen samt allen Anlagen und Betriebsmitteln in betriebssicherem Zustand erhalten werden, und daß der Betrieb zufriedenstellend geführt wird;

[114]) 3. die Genehmigung

a) zur dauernden Einstellung des Betriebs einer Reichsbahnstrecke oder eines wichtigen Bahnhofs.

---

[108]) Nach HGB § 239, anwendbar auf die Gesellschaft nach RBahnG § 16 (3), hat der Vorstand (Satzung §§ 17 f.) dafür zu sorgen, daß die erforderl. Bücher geführt werden. Daß die Rechnung nach kaufmänn. Grundsätzen zu führen ist, bedeutet nicht die Notwendigkeit der sog. kaufmännischen (Gegens.: kameralistische) Buchführung. Näheres Sarter-Kittel S. 66 ff. — § 30.

[109]) Nach Feststellung durch den Verwaltungsrat (Satzung § 13 Abs. 1). S. auch Satzung § 19 (1). Wie sich der VerwRat v. d. Richtigkeit der Bilanz usw. überzeugt, bleibt ihm überlassen (Begr 1924). Davon zu unterscheiden ist die laufende Prüfung der Geschäftsvorgänge gemäß der v. VerwRate genehm. RechnungsprüfungsO 8. Nov. 24 (RPO), eingef. mit Vf 1. Dez. 24 („Die Reichsbahn" S. 9). Näheres Sarter-Kittel Anm. II.

[110]) S. auch § 32. Durch wen (Rechnungshof?) u. wie die Reichsregierung (RVMin) die Prüfung vornimmt, bestimmt das G nicht (Begr 1924). Die Begr v. 1930 hebt hervor, daß das Bilanzprüfungsrecht der RReg. sich nicht auf die rechnerische Übereinst. der Zahlen m. d. Buchungen beschränkt, sondern ihr das Recht gibt, Bilanz usw. auch nach der wirtschaftlichen Seite nach Art einer treuhänderischen Prüfung nachzuprüfen. Das NachprüfRecht der RReg. bedeutet nicht das Recht zur Einmisch. in die Verwalt., vielmehr behält die Gesellsch. ihre volle Selbstdgkt. (Bericht des Unter-Organis. Komitees, oben Anm. 76, S. 56 f.). — „Zur größeren Klarheit" hat das G v. 1930 im letzten Satze das Wort „besonderen" durch „überflüssigen" ersetzt. Vgl. dazu auch den Bericht des Organisationskomitees, auf den die Begr v. 1930 ausdrücklich Bezug nimmt. In diesem wird auch die Notwendigkeit einer vertraulichen Behandlung betont.

[111]) Bek 14. April 30 RGBl II 693.

[112]) A. Die Eisenbahnaufsicht, wie sie nach RVerf Art. 95 das Reich üb. alle privaten Großbahnen ausübt, umfaßt die Beob. aller eisenbahnrechtl. Normen durch die ihr unterlieg. EisVerwaltungen. Für die RBGesellsch. gilt aber ebensowenig Art. 95 wie das EisAufsG (unten II 4); vielmehr regelt das RBahnG davon abweich. die Aufsicht d. Reichs üb. die Gesellschaft derart, daß es die AufsBefugnisse d. Reichs erschöpfend aufführt u. dessen AufsTätigkeit auf die im G ausdrücklich genannten Gegenstände beschränkt. Die Kontrolle darüber, daß sich auch im übr. Verwalt. u. Betrieb der Reichsbahn den Gesetzen usw. gemäß vollzieht, ist Sache der RBahnverwalt. selbst. — Aufzähl. aller Rechte der RReg.: Oben Anm. 35. — Ausführlich: Begr 1924 Ziff. I 4, Sarter-Kittel Anm. I; s. auch Kittel in „Die Reichsbahn" **1926** 22, Haustein im Arch d. öff. Rechts **1927** 127, Häffner Arch **1927** 1654. — Finanzielle Grenzen d. AufsRechts § 34, Auskunftsrecht § 32.

B. Die Novelle hat das AufsRecht d. Reichs sowohl schärfer formuliert wie auch sachlich erweitert. Die Begr (A Ziff. 4 u. B zu Ziff. 19) bemerkt dazu, daß die Aufzähl. der Befugnisse im bisher. § 31 „unvollkommen, z. T. auch sachlich unzureichend" gewesen sei, u. führt im einzelnen u. a. folgendes aus: Die neu eingefügte Ziff. 1, die „der RReg. auch die Auff. darüb. vorbehält, daß die REis ‚gemäß den Gesetzen' verwaltet werden, bedeutet zum mindesten e. Klarstell. u. Festig. des Rechtes der RReg. Da zu den ‚Gesetzen' auch das RBahnG selbst gehört, so erstreckt sich das Recht der RReg. zum Eingreifen auch auf den Fall, daß die Gesellsch. gegen eine ihr in diesem G auferlegte Verpflicht., z. B. gegen die ihr nach § 2 oblieg. Verpfl. zur Wahrung der Interessen der d. Volkswirtschaft verstoßen sollte". Das schließe nicht aus, daß f. d. den Gesetzen u. den Anford. des Verkehrs u. der Volkswirtsch. genügende Verwalt. die Verantw. in erster Linie die Gesellsch. selbst treffe.

[113]) Ziff. 1 ist neu; s. vorst. Anm. 112 B.

[114]) Der die Werkstätten betr. Satz unter a ist neu. Wegen Neubauten s. § 37 (5). Zu b s. ferner Sarter-Kittel S. 192.

Will die Gesellschaft eine größere Werkstätte schließen, so braucht sie diese Absicht lediglich sechs Monate vorher der Reichsregierung mitzuteilen;

b) zu allgemeinen grundlegenden Neuerungen oder Änderungen technischer Anlagen, insbesondere die Genehmigung zur Ausdehnung oder Einschränkung der elektrischen Zugförderung und zu Systemänderungen im Sicherungswesen. Die konstruktive Durchbildung ist ausschließlich Sache der Gesellschaft;

[115]) 4. die Genehmigung zur Gründung oder zum Erwerb von anderen Unternehmungen oder zur Beteiligung an anderen Unternehmungen,

5. die Mitwirkung bei Aufstellung der Tarife nach Maßgabe des § 33;

6. die Mitwirkung bei Aufstellung der regelmäßigen Fahrpläne des Personenverkehrs nach Maßgabe des § 35;

[116]) 7. die Genehmigung zur Abschaffung einer bestehenden Personenwagenklasse;

[117]) 8. die Überwachung der Vorkehrungen zur Sicherung eines Notbetriebs.

§ 32. Auskunftsrecht der Reichsregierung[118])

(1) Die Reichsregierung kann von der Gesellschaft jede Auskunft finanzieller Art sowie jede weitere zur Ausübung ihres Aufsichtsrechts erforderliche Auskunft verlangen. Dabei dürfen jedoch der Gesellschaft keine überflüssigen[119]) Kosten verursacht werden.

(2) Der für die Aufsicht über die Eisenbahnen zuständige Reichsminister[58]) ist berechtigt, im gesamten Netze der Gesellschaft alle Anlagen und Dienststellen zu besichtigen und durch seine Beamten besichtigen zu lassen. Er kann für sich und seine mit der Bearbeitung von Angelegenheiten der Reichseisenbahnen betrauten Beamten freie Fahrt auf den Strecken der Gesellschaft in Anspruch nehmen.

(3) Die Reichsregierung hat nach Maßgabe des § 14 der Gesellschaftssatzung das Recht, einen Vertreter zu den Sitzungen des Verwaltungsrats zu entsenden.

(4) Die Gesellschaft hat dem für die Aufsicht über die Eisenbahnen zuständigen Reichsminister[58]) alle wichtigen Verfügungen allgemeiner Art mitzuteilen.

(5) Über Angelegenheiten der Gesellschaft, die ihrer Natur nach vertraulich sind, sind die mit der Wahrnehmung der Aufsicht betrauten Beamten zur Amtsverschwiegenheit verpflichtet.

§ 33. Tarife[120])

(1) Die Gesellschaft hat vom Tage ihrer Errichtung an die zu diesem Zeitpunkt geltenden Tarife anzuwenden. In der Folgezeit können diese Tarife nach den folgenden Bestimmungen geändert wer-

---

[115]) Neu ist, daß die Gesellsch. auch zur Gründung anderer Unternehmungen in allen Fällen der Genehm. gemäß § 31 bedarf. Kraftwagenlinien der Reichsbahn-Gesellschaft werden regelmäßig nicht unter den § 31 fallen, weil sie keine selbständigen Unternehmungen sind.

[116]) S. auch StVtr 1920 § 21 Abs. 2.

[117]) Z. B. bei Ausständen.

[118]) A. Abs. 1 entspricht — mit einer Fassungsänderung — dem bisher. § 32. Der weitere Inhalt des § 32 ist neu. Abgesehen davon, daß die Ausdehnung des Aufsichtsrechts durch § 32 v. selbst eine Erweiterung des Auskunftsrechts zur Folge hat (s. unten B), bringen die neuen Absätze (2) bis (5) eine Reihe v. Vorschr., die teils die bisher tatsächliche Übung gesetzlich festlegen, teils sachliche Neuerungen, darunter recht wichtige, enthalten, nämlich:
a) das Besichtigungsrecht (s. aber die v. RBahngericht im U 24. Juli 28 RArbeitsbl 247 ausgesprochene Einschränkung) u. den Anspruch auf Freifahrt,
b) die Zulassung zu den Sitzungen des Verwaltungsrats,
c) den Anspruch auf Mitteilung aller (nicht bloß der in das AufsRecht des § 31 einschlagenden) wichtigen Verfügungen allgemeiner Art.

B. Geblieben ist — mit der vorst. bei Ac erwähnten Ausnahme — die Beschränk. der Auskunftspflicht auf die zur Ausüb. des AufsRechts nötigen Mitteilungen.

[119]) D. h. Kosten, die zum Nutzen der Auskunft f. d. RReg. außer Verhältnis stehen (Sarter-Kittel Anm. II). Damit ist die RBGesellsch. vor einer zu weiten Ausdehnung des AuskRechts geschützt.

[120]) A. Sarter-Kittel S. 88ff., 197ff.

B. § 33 räumt dem Reiche bez. der Tarife Befugnisse ein, die über dessen Befugnisse gegen private Großbahnen auf Grund RVerf Art. 95 (oben I 2 Anm. 27) hinausgehen, durch die Neufass. des Abs. (5) noch erweitert w. sind u. darin gipfeln, daß die RReg. so gut wie alle tarifar. Festsetzungen zu genehmigen hat u. jede ihr erwünschte Änderung der Tarife verlangen kann (s. aber unten Ca u. Anm. 125) — eine politisch u. wirtschaftlich bedeutsame Machtstellung.

C. Bei der Tarifgestalt. gelten außerdem f. d. Reichsbahn folgende besondere Vorschr.:
a) RBahnG § 2, wonach der Betrieb unter Wahrung der Interessen der d. Volkswirtschaft nach kaufmänn. Grundsätzen zu führen ist. § 2 ist aber auch für die RRegierung maßgebend, die Neufassung des Abs. 5 ändert daran nichts;
b) RBahnG § 27, wonach bei organisator. Maßnahmen der Char. des Unternehmens als einheitl. Verkehrsanstalt zu wahren ist;
c) StVtr 1920 § 27 (nach dem sich auch die RReg. bei ihrer Tarifpolitik richten muß).

Für alle deutschen Eis. sind ferner die Best im „Friedensvtr." v. Versailles (unten I 6) Art. 50 Anl. § 6 u. Teil VIII Abschn. I Anl. V (hinter Art. 244) § 6 verbindlich.

D. Anhör. der Beiräte: Vo 24. April 22 (unten I 3). Zuständ. innerh. der Reichsbahnverw.: unten II 2 Beil. A Buchst. E.

E. Grenzen des Aufsichtsrechts: RBahnG § 34.

den. Die in Staatsverträgen[121]) enthaltenen Bestimmungen über Tarife sind von der Gesellschaft einzuhalten.

[122]) (2) Änderungen der Ausführungsbestimmungen zur Eisenbahn-Verkehrsordnung, Änderungen der Normaltarife einschließlich der allgemeinen Tarifvorschriften, der Gütereinteilung und der Nebengebühren sowie Einführung, Änderung und Aufhebung von internationalen Tarifen und von Ausnahmetarifen sowie aller sonstigen Tarifvergünstigungen bedürfen der Genehmigung der Reichsregierung[52]).

[123]) (3) Die Genehmigung gilt als erteilt, wenn der Gesellschaft nicht innerhalb von 20 Tagen auf ihren Antrag von dem für die Aufsicht über die Eisenbahnen zuständigen Reichsminister[58]) Antwort zugeht. In allen Fällen wird die Reichsregierung der Gesellschaft auf die von dieser vorgelegten Tarifvorschläge die abschließende Entscheidung in möglichst kurzer Frist erteilen. Ergeht innerhalb von sechs Monaten keine abschließende Entscheidung oder wird die Genehmigung ganz oder zum Teil versagt, so kann die Gesellschaft das Reichsbahngericht (§ 44) anrufen. In diesem Falle bleiben die bisherigen Tarife bis zur Entscheidung des Reichsbahngerichts in Kraft.

[124]) (4) Die Reichsregierung kann auf die vorherige Genehmigung von Tarifmaßnahmen verzichten, die von geringerem öffentlichen Interesse sind. Auch in diesem Falle sind die Tarifänderungen unverzüglich der Reichsregierung anzuzeigen.

[125]) (5) Die Reichsregierung kann ferner Änderungen der Tarife verlangen, die sie für notwendig erachtet. Bei Meinungsverschiedenheiten zwischen der Reichsregierung und der Gesellschaft entscheidet das Reichsbahngericht (§ 44).

§ 34. Rücksichtnahme auf die Reparationssteuer und auf den Zinsen- und Tilgungsdienst[126])

Die Aufsicht über den Betrieb[127]) und die Tarife der Gesellschaft auf Grund dieses Gesetzes ist von der Reichsregierung so auszuüben, daß die Zahlungen für die Reparationssteuer[128]), für den Zinsen- und Tilgungsdienst der Schuldverschreibungen[129]) und für die Vorzugsdividende sowie die Aufbringung der Mittel für die Einziehung der Vorzugsaktien[129]) gewährleistet bleiben.

§ 35. Fahrpläne[130])

(1) Die Gesellschaft hat der Reichsregierung[52]) [131]) die Entwürfe der Jahres- und Halbjahresfahrpläne des Personenverkehrs mitzuteilen. Die Entwürfe der Fahrpläne internationaler Züge sind vor deren internationaler Beratung mitzuteilen.

(2) Die Gesellschaft soll die ihr gemachten Änderungsvorschläge der Reichsregierung möglichst berücksichtigen.

§ 36. Verhandlungen mit ausländischen Regierungen[132])

Die Gesellschaft darf Verhandlungen mit ausländischen Regierungen nur mit vorheriger Zustimmung der Reichsregierung[52]) einleiten. Die endgültige[133]) Genehmigung zu Vereinbarungen mit ausländischen Regierungen bleibt der Reichsregierung vorbehalten.

---

[121]) Z. B. StVtr 1920 u. Friedensvtr (vorst. Anm. 120 C).

[122]) Die in Abs. 2 genannten Angelegenheiten werden unten in Abschn. VII behandelt.

[123]) Durch die Novelle insofern abgeändert, als die Frist v. 6 Monaten (Satz 3) neu ist. — § 34.

[124]) Sarter-Kittel Anm. II.

[125]) Nach dem G v. 1924 stand dem Reiche das Recht, Tarifänderungen zu verlangen, dann zu, wenn die RReg. die Änder. im Interesse der d. Volkswirtschaft für nötig erachtete. Die Novelle hat zwar diese Beschränkung nicht übernommen; es ist aber nicht anzunehmen, daß damit eine sachliche Änderung bezweckt w. ist, da auch für die RReg. die Vorschrift in § 2 bindend ist (oben Anm. 120 Cb). Übrigens ist jetzt ausdrücklich vorgeschrieben, daß die Entsch der RReg. nicht zu den „endgültigen" gehört, sondern der Nachprüfung durch das RBahngericht unterliegt.

[126]) Bei der Entsch (der RReg., evtl. des RBGerichts) wird einers. auf die finanz. Lage der Gesellsch., anders. auf das Gewicht der Interessen zu rücksichtigen sein, die zu e. Aufsichtsmaßnahme geführt haben; während z. B. vermeidbare Auflagen auch bei guter Finanzlage der Gesellsch. unterbleiben sollen, muß anders. die Gesellsch. solche Vernachläss. der Anlagen, die die Betriebssicherheit ernstlich gefährden, auch bei ungünst. Finanzlage beheben (Begr v. 1924). Beispiel: Entsch des RBGerichts 24. Aug. 28 (Die Reichsbahn S. 780).

[127]) § 31 Ziff. 2. Die Betriebssicherheit geht den finanz. Gesichtspunkten vor.

[128]) Die Erwähnung der Reparationssteuer ist neu u. eine Folge des neuen § 4.

[129]) Nachdem die Reparationsschuldverschreib. beseitigt w. sind, können unter Schuldverschreibungen i. S. des § 34 nur solche verstanden w., die auf Grund des § 8 ausgegeben werden. Vorzugsaktien Satz. § 4.

[130]) Sarter-Kittel S. 200f.

[131]) Und den beteil. Ländern: StVtr 1920 § 21 Abs. 1. Ferner BeiratsVo 24. April 22 (unten II 3 § 3).

[132]) Unter „Regierungen" sind nicht Eisenbahnverwaltungen zu verstehen.

[133]) D. h. nicht im Wege des § 44 anfechtbare.

§ 37. Bauten[134])

[135]) (1) Der Bau neuer Eisenbahnstrecken, der Erwerb bestehender Eisenbahnstrecken und die Umwandlung einer von der Gesellschaft betriebenen Nebenbahn in eine Hauptbahn und umgekehrt sind nur mit Zustimmung der Reichsregierung zulässig.

[136]) (2) Berührt der Bau neuer oder die Veränderung bestehender Reichseisenbahnanlagen den Geschäftsbereich der Landespolizei, so hat die Gesellschaft vor der Feststellung der Baupläne die Landesbehörden anzuhören. Berührt der Bau oder die Veränderung den Geschäftsbereich von Reichsbehörden, auf die Aufgaben der Landespolizei übergegangen sind, so sind auch diese Reichsbehörden anzuhören. Ergibt die Anhörung, daß Meinungsverschiedenheiten zwischen der Gesellschaft und den beteiligten Landes- oder Reichsbehörden bestehen, so sind die Pläne von der Reichsregierung endgültig[137]) festzustellen. Die Pläne für neue Reichsbahnstrecken sind stets von der Reichsregierung endgültig festzustellen. In beiden Fällen hat die Gesellschaft die Pläne und, falls die beteiligten Behörden sich gutachtlich geäußert haben, auch deren Gutachten dem für die Aufsicht über die Eisenbahnen zuständigen Reichsminister[58]) vorzulegen. Die Planfeststellung umfaßt die endgültige Entscheidung über alle von der Plangestaltung berührten Interessen[137]).

(3) Die Baupläne werden von der Gesellschaft selbständig festgestellt, soweit nicht ihre Feststellung nach Abs. 2 der Reichsregierung vorbehalten ist[138]).

---

[134]) Sarter-Kittel S. 89f., 202ff.; Schulze Anm. 1—4.

[135]) Anm. 46, 57. — Abs. 1 bezieht sich auch auf Kleinbahnen. Will die RBGesellsch. eine solche bauen, so bedarf sie dazu (vgl. Schulze Anm. 1) neben der Zustimm. des Reichs (auf Grund obigen Abs. 1, nicht etwa auf Grund des nur f. Großbahnen gültigen Art. 94 RVerf) in Preußen der kleinbahngesetzl. Genehmigung (unten I 8 § 2).

[136]) A. Abs. (2), der in Verb. mit Abs. (3) die sog. Planfeststellung, d. h. die behördl. Feststellung der Eisenbahnbaupläne, für Reichsbahnanlagen (Begriff: Kittel DJZ **1926** 483, auch OLG Frankfurt VZ **1927** 1224) behandelt, hat durch die Novelle einige Ergänzungen erhalten, nämlich:

I. Die schon durch RVerf Art. 94 Abs. 1 vorgeschriebene Anhörung der Landesbehörden wird auch in § 37 (1) der RBGesellsch. zur Pflicht gemacht.

II. Neu ist, daß auch eine v. d. Bauplane berührte Reichsbehörde anzuhören ist, wenn ihr — wie z. B. in Sachen der Wasserpolizei — polizeiliche Aufgaben obliegen, die v. d. Landesbehörden auf sie übergegangen sind, u. daß die RRegierung auch dann zur PlFestst. berufen ist, wenn zw. der RBGesellsch. u. jener Reichsbehörde keine Verständ. erzielt wird.

III. Es ist schärfer als bisher hervorgehoben, daß in beiden Fällen (vorst. I u. II) die Äußerung der fremden Behörd. nicht maßgeblich, sondern nur gutachtlich, also nur Material f. d. (endgült.) Entsch. des RVMin ist.

IV. Es wird ausdrücklich betont, daß die Planfestst. durch den RVMin (oder die RBGes.) die endgültige Entsch über alle v. d. Plangestaltung berührten Interessen umfaßt.

Wegen der Bedeut. dieser Vorschr. s. unten B II u. die Anm. zu EisG (unten I 7) § 4. Die Begr bemerkt außerdem, daß unter Landespolizei (wie nach RVerf Art. 94, s. oben I 2 Anm. 21) alle Polizei zu verstehen ist, „die v. d. Ländern selbst od. in deren Auftrag ausgeübt wird", im Gegens. zur Reichsgewalt, u. daß sich der Begriff der LP. nicht m. d. der LP. im preuß. Rechte deckt.

B. Unter Berücks. der vorst. bezeichn. Änderungen ergibt sich f. d. Planfeststell. bei Reichsbahnanlagen im einz. folgendes:

I. Zuständigkeit der Reichsregierung u. der RBGesellschaft. Die PlFestst. erfolgt durch die Reichsregierung (RVMin)

a) für neue Reichsbahnstrecken (auch Kleinbahnen);
b) für sonstige Bauten (z. B. zweite u. weitere Gleise, Bahnhofsumbauten, Hochbauten aller Art, Werkstätten), wenn zw. der RBGesellsch. u. der oben bei A I u. II bezeichn. fremden Behörde Meinungsverschied. bestehen.

Für andere Bauten (Gegensatz: neue Strecken) ist, wenn keine MeinVersch. bestehen, die Gesellsch. selbst zuständig (Zuständ. innerh. der Verwalt.: Sarter-Kittel Anm. III a).

II. Endgültigkeit der PlFestst. für Bauten der Gesellsch. in Preußen.

a) Großbahnen. Die PlFestst. durch den RVMin (oder die RBGes.) tritt an Stelle der PlF. durch den Preuß. Minister gemäß EisG § 4 u. ist wie diese ein Akt der Staatshoheit (Ottmann VZ **1929** 860). Durch die Novelle (Schlußsatz des Abs. 2) ist jetzt außer Zweifel gestellt, daß die Zuständ. des RVMin nicht nur diejenige des Preuß. Min. aus EisG § 4, sondern ausnahmslos alle Zuständigkeiten ausschließt, die nach allgemeinem preuß. Rechte (Gegensatz: EisG § 4) anderen Behörden als dem Planfestst.-Minister beiwohnen würden — Wege-, Wasser-, Feuer-, Baupolizei —, u. zwar auch in den Fällen, in denen nach preuß. Praxis die PlFstst. aus § 4 die Genehm. durch die anderen Behörden nicht aufsaugt (Ansiedlungsgenehm., Feuerstellengenehm., Hochbaukonsens; Näheres bei EisG § 4). Das ist um so zweifelloser, als in § 37 (2) der einschränkende Zusatz in §§ 38 (2) u. 39: „soweit sie (die Entsch) nicht in e. VerwaltStreitverf. ergeht" nicht aufgenommen w. ist. — Nebenanlagen EisG § 14 u. Anm. 25 A dazu. — Verfahren unten I 7 Anm. 15 u. Sarter-Kittel Anm. III b.

b) Kleinbahnen. Das preuß. KleinbG (unten I 8) sieht eine zweifache PlF. vor, nämlich die der Genehmigung vorangeh. allgemeine Festst. des Bauplans u. sodann (bei Kleinb. mit Maschinenbetrieb) die ergänzende Festst. gemäß KleinbG §§ 17, 18. Beide Festst. gehören nach RBahnG § 37 bei Bauten der RBGesellsch. zu den Befugn. der RRegier. Daraus folgt, daß die zur KleinbGenehm. zuständ. Preuß. Behörde bei der Genehm. v. Kleinbahnen der RBGesellsch. an die Entsch der Reichsstelle gebunden ist. Für alle KleinbBauten der RBGesellsch. wird daher — in Anwend. v. AusfAnw zu KleinbG § 17 Abs. 2 (unten I 8 Beil. A) — die PlF. aus KleinbG § 17 zweckmäßig der Genehm. vorangehen.

[137]) Endgültig sowohl im Verh. zur RBGesellschaft (also keine Schiedsentsch gemäß § 44) wie zu fremden Behörden (vorst. Anm. 136 A I, II).

[138]) Auch die PlF. durch die Gesellschaft muß als „endgültig" i. S. des Abs. 2 (vorst. Anm. 136 B II, 137) angesehen werden, da auch ihr das G die Zuständ. zu den nicht der RReg. vorbehaltenen FeststAkten ohne

(4) In allen Fällen gilt die Feststellung der Baupläne, soweit Enteignung erforderlich wird, als eine vorläufige[139]).

(5) Die Gesellschaft hat dafür einzustehen, daß ihre Bauten allen Anforderungen der Sicherheit und Ordnung genügen[140]). Behördliche Abnahmen finden nicht statt[141]).

§ 38. Enteignung [142])

(1) Die Gesellschaft hat zur Erfüllung ihrer Aufgaben das Enteignungsrecht[143]).

(2) Die Zulässigkeit der Enteignung[144]) im Einzelfalle wird auf Antrag der Gesellschaft durch den Reichspräsidenten endgültig[145]) festgestellt. Die endgültige Entscheidung über die Zulässigkeit der Inanspruchnahme fremder Grundstücke zur Ausführung von Vorarbeiten[145]) trifft der für die Aufsicht über die Eisenbahnen zuständige Reichsminister[58]) nach Anhörung der zuständigen Landespolizeibehörde[146]). Die endgültige Entscheidung über die Art der Durchführung[147]) und den Umfang der Enteignung[148]) trifft, soweit sie nicht in einem Verwaltungsstreitverfahren[149]) ergeht, der für die Aufsicht über die Eisenbahnen zuständige Reichsminister[58]) nach Anhörung der Landespolizeibehörde[146]). Im übrigen gelten die Enteignungsgesetze der Länder[150]).

(3) Die zwangsweise Entziehung oder Beschränkung[151]) des Eigentums an Teilen des Reichs-

---

Einschränk. beilegt u. der für die Fälle sowohl des Abs. (2) wie des Abs. (3) geltende Abs. (4) besonders verfügt, daß die PlF. (nur) soweit Enteign. nötig wird, „vorläufig" ist. — An der Zuständ. der Gesellsch. ändert es nichts, wenn f. d. Unternehmen gemäß § 38 (3) Beschränk. des Grundeig. an Stücken des Reichsbahnvermögens f. zulässig erklärt w. ist. Heilfron EE 48 212 (der S. 223ff. ausführt, daß auch b. d. Planfestst. die Gesellschaft der ihr durch G § 2 gestellten Doppelaufgabe genügen muß).

[139]) Sie entspricht der vorläuf. PlF. i. S. EntG (unten V 2a) § 15. — Unten I 7 Anm. 11.

[140]) § 9.

[141]) EisG § 22 (s. d.) gilt also f. Bauten der RBGesellsch. nicht. Aber schon aus RBahnG § 32 (2) ergibt sich das Recht des RVMin, sich jederzeit auch an Ort u. Stelle zu vergewissern, daß die Bauausführung dem Plane entspricht.

[142]) A. Nach RVerf Art. 7 Ziff. 12 hat das Reich die Gesetzgeb. über das Enteignungsrecht, nach RVerf Art. 90 steht dem Reiche für Reichsbahnbauten die „Enteignungsbefugnis" (Begriff oben I 2 Anm. 9) zu. In Ausführ. dieser Vorschr. hatte das Reich in frühere Etatsgesetze (zuerst G 26. März 21 RGBl 405) f. d. Bahnbauten, zu denen der Etat jeweils die Mittel bewilligte, Best aufgenommen, die mit § 38 (2) in der Hauptsache wörtlich gleichlauteten. Die Ausleg., die StGHof 30. Juni 23 (Arch **1924** 247, auch abgedr. in RG **107** 409) diesen Best gibt, trifft also auch für § 38 (2) zu.
B. Die Enteignungsbefugnis des Reichs aus RVerf Art. 90 wird auch jetzt noch praktisch, wenn d. Reich selbst f. EisZwecke Land erwirbt, z. B. der RBGesellsch. für e. ihr gemäß RBahnG § 10 (3) auferlegten Bahnbau das Gelände zur Vf stellt (Begr 1924).
C. Sarter-Kittel S. 206ff., auch Fritsch VZ **1921** 811.

[143]) Nicht „EnteigBefugnis" i. S. RVerf Art. 90, wohl ab. ohne besond. Verleihung Anspruch darauf, daß die Staatsgewalt enteignet; nur muß der Reichspräsident im Einzelfalle vorher bestätigen, daß der EnteigFall vorliegt. Dieses Recht steht der RBGesellsch. zu „zur Erfüll. ihrer Aufgaben", für deren Begrenzung EntG (unten V2a) § 23 als Richtschnur verwendbar sein wird. — Ähnlich der Regelung in Abs. (1) bestimmte EisG § 8, daß f. d. preuß. Privatbahnen die Konzession die Verleih. des EntRechts in sich schließe; EntG § 2 fordert ab. besondere Verleih. im Einzelfall, u. diese Vorschr. wird durch obigen § 38 (1) f. d. RBGesellsch. außer Kraft gesetzt.

[144]) D. h. daß die Enteig. zur Erfüll. der Aufgaben der Gesellsch. (Abs. 1) nötig ist.

[145]) Das in Anm. 137 Bemerkte gilt auch hier. Im einz. ergibt sich für Preußen daraus folgendes (s. dazu auch Fritsch VZ **1921** 811ff. u. EisRecht S. 167):
a) Hat der Reichspräsident die Zuläss. der E. festgestellt, so muß der Regierungspräsident dem Antrage der Reichsbahndirektion auf Einleitung des Planfeststellungsverfahrens (EntG § 18) stattgeben.
b) Erklärt der RVMin die Inanspruchnahme e. Grundstücks zur Ausf. v. Vorarbeiten f. zulässig (RBahnG § 38 Abs. 2 Satz 2), so muß der Bezirksausschuß die nach EntG § 5 möglichen Anordn. treffen; wegen der Vorarb. s. auch unten I 7 Anm. 5 u. Vf 48. 480 Lege v. 23. April 29.
c) Wegen der Planfeststellung s. Anm. 136 B, 148.
Bei Meinungsversch. zw. Reich u. Land würde RVerf Art. 19, äußerstenfalls Art. 48 Platz greifen.

[146]) Landespolizeibehörde oben Anm. 136 A a. E.

[147]) Z. B. Einleit. u. Durchführ. des vereinfachten Verfahrens (preuß. G 26. Juli 22, unten V 2b), die der RegPräs. anordnen muß (Anm. 145), wenn der RVMin in diesem Sinne entscheidet. Näheres unten V2b.

[148]) D. h. die Planfeststellung, entspr. dem in EntG § 15 so bezeichn. Akte (Anm. 139), die f. d. Umfang der Enteig. maßgeb. ist. S. § 37 u. Anm. 136, 145. Aus § 38 folgt, daß b. Reichsbahnbauten die im EnteigVerf. zur PlF. berufene Landesbehörde (in Preußen Bezirksausschuß, im vereinf. Verf. RegPräs.) an die Entsch des RVMin gebunden u. zur Entsch auf Beschwerde gegen den PlFBeschluß (EntG § 22 in Verb. m. ZustG § 150 Abs. 3) der RVMin zuständig ist. StGHof a. a. O. (Anm. 142). Da heute der RVMin nicht mehr die Leitung der Reichseis. u. die wirtschaftl. Verantw. für dieses Unternehmen hat, erfüllt § 38 die seit langem aufgestellte Ford., die wichtige Entsch im Konflikte zw. Interessen der Eis. u. der Landespolizei einer unbeteil. Instanz zu übertragen (Begr 1924).

[149]) Das ist in Preußen nicht der Fall (EntG § 21 in Verb. m. ZustG § 150 Abs. 1).

[150]) In Preußen: EntG 11. Juni 74 (unten V 2a) u. G 26. Juli 22 (vorst. Anm. 147).

[151]) „Entwidmung" (Sarter-Kittel S. 208, 339). Die Novelle hat (nur der Klarheit wegen) das Wort „Enteignung" durch „zwangsweise Entzieh. od. Beschränk. des Eigentums" ersetzt. — Über Durchführ v. Kraftleitungen durch d. Bahnkörper s. Homberger JW **1924** 1490 (a. E.) u. Heilfron EE **48** 197ff. (nam. 212ff.); a. M. Schulze Anm. 8.

eisenbahnvermögens[152]) und an Grundstücken der Gesellschaft ist nur nach vorheriger Genehmigung der Reichsregierung[52]) zulässig.

§ 39. Eisenbahn- und Wegerecht[153])

Wenn an einer Kreuzung der Reichsbahn mit einem öffentlichen Verkehrsweg infolge Vermehrung des Verkehrs oder sonstiger Veränderung der Verhältnisse die Anlagen der Reichsbahn oder des Verkehrswegs oder beider geändert werden müssen, so sind die Kosten von der Gesellschaft zu tragen, wenn die Veränderung allein durch den Reichsbahnverkehr veranlaßt war, vom Wegebaupflichtigen, wenn sie allein durch den Wegeverkehr veranlaßt war, in jedem Falle unter Heranziehung des anderen Teils zu den Kosten in dem Umfang, in dem er von der Veränderung finanzielle Vorteile hat. Die Kosten sind zwischen beiden angemessen zu verteilen, wenn die Veränderung sowohl durch den Reichsbahn- als auch durch den Wegeverkehr veranlaßt war. Bei Streit über die Verteilung der Kosten wird die endgültige[137]) Entscheidung, soweit sie nicht in einem Verwaltungsstreitverfahren ergeht, von dem für die Aufsicht über die Eisenbahnen zuständigen Reichsminister[58]) getroffen.

§ 40. Übertragung von Geschäften der Verkehrsverwaltung[154])

Die Reichsregierung[52]) kann im Einvernehmen mit der Gesellschaft einzelnen Stellen oder Beamten der Gesellschaft, namentlich den Reichsbahndirektionen, Geschäfte der Reichsaufsicht über nicht von der Gesellschaft betriebene Eisenbahnen (Artikel 95 der Reichsverfassung) und andere Geschäfte der Verkehrsverwaltung übertragen. Die Geschäfte sind nach den Weisungen der Reichsregierung auf deren Rechnung zu führen. Reichsbahnangestellte, die mit solchen Geschäften betraut werden, sind für diese Amtsgeschäfte besonders in Pflicht zu nehmen.

§ 41. Ablauf des Betriebsrechts[155])

(1) Mit dem Ablauf des Betriebsrechts hat die Gesellschaft der Reichsregierung unentgeltlich die Reichseisenbahnen samt allem Zubehör[156]) und den zur ordnungsmäßigen Betriebführung nötigen Betriebsvorräten sowie mit allen Nebenbetrieben[24]), und zwar vorbehaltlich etwaiger gemäß § 8 zwischen der Gesellschaft und der Reichsregierung getroffenen Vereinbarungen lastenfrei in ordnungs-

---

[152]) § 6.

[153]) Kreuzung der Eisenbahn mit anderen öff. Verkehrswegen (auch Wasserstraßen; nicht dahin Kraftleitungen: Homberger JW **1924** 1490) macht regelm. besondere Anlagen nötig (Brücken, Unterführungen, Sicherungsanlagen — Läutewerke, Schranken — bei Planübergängen u. a. m., Begr 1924), die u. U. hohe Kosten verursachen. Reichen wegen Änderung der Verhältn. die vorhand. Anlagen nicht aus, so müssen sie geändert werden. Über die Tragung der Änderungskosten trifft § 39 eine materielle u. eine formelle Regelung:

a) Materiell bestimmt § 39, daß die (einmaligen u. laufenden) Kosten zu tragen sind, wenn die Veränderung veranlaßt ist
   aa) allein durch den Bahnverkehr (z. B. durch Vermehrung der Zugfahrten) v. d. RBGesellsch. allein,
   bb) allein durch den Wegeverkehr, vom Wegebaupflichtigen (unten I 7 Beil. D) allein,
   cc) sowohl durch den Bahn- wie den Wegeverkehr, v. beiden genannten Parteien in angemessener Verteilung.

Das G v. 1924 hatte sich auf diesen Grunds., also den Grad der Verursachung beschränkt (vgl. Sarter-Kittel S. 209, Ottmann VZ **1925** 878ff. Die Novelle zieht aber (unter Beruf. auf Unzuträglichkeiten aus dem bisher. System) beide Teile nebenher zur Kostentrag. f. d. Fall heran, daß sie ein Interesse an der Änderung haben, u. zwar in dem Umfang, in dem sie v. d. Änderung finanzielle Vorteile haben (was z. B. bei der Eis. zutrifft, wenn sie durch Fortfall v. Schrankenbedienung Personal spart). Nach allgemeinen Rechtsgrundsätzen muß, wer behauptet, daß der andere Teil von der Änderung Vorteile hat, diese Behauptung beweisen. — Maßgebender Zeitpunkt: Vf 46 D 12757 v. 15. Okt. 27.

b) In formeller Bezieh. weist § 39 die endgültige (Anm. 137) Entsch. dem RVMin zu, soweit sie nicht (nach Landes- od. Reichsrecht) im Verwaltungstreitverfahren ergeht. Für Preußen (s. unten I 7 Beil. D) ist die Rechtslage folgende: Nach ZustG §§ 55ff. erfolgt bei Streit üb. d. Kosten v. Wegeänderungen die Entsch grunds. im VerwStrVerf. Dieses setzt aber eine Vorentscheid. der Wegepolizeibehörd. voraus, u. nach ZustG § 158 ist diese Beh. nicht befugt, mit ih. Entsch in den festgestellten Plan für e. EisAnlage einzugreifen, zu einer Planänderung vielmehr nur der PlanfeststMinister (EisG § 4) zuständig. Hiernach muß angenommen w., daß für Reichsbahnbauten in Preußen im Falle des § 39 RBahnG der Reichsverkehrsminister zur endgült. Entsch berufen ist. Zu dems. Ergebnisse kommt Ottmann a. a. O., auch E 28. Juli 27 HMinBl 307 Ziff. III. Die Entsch des Min. können übrigens u. U. auch andere Beteiligte (außer der RBGesellsch.) anrufen (Sarter-Kittel Anm. IIa), z. B. die Wegepolizei. — Begriff Kosten: Vf 47 D 12436 v. 10. Nov. 27. — Unter „Wegebaupflichtigen" i. S. § 39 ist nicht etwa die RBGesellsch selbst zu verstehen, wenn sie bei e. WÜbergang in Schienenhöhe die Kreuzungsfläche unterhält. Vf 46 Arb 1 v. 10. März 28. — Die Haftpflicht bei Unfällen infolge Fehlens v. Schranken wird durch § 39 nicht berührt. OLG Stuttgart VZ **1929** 105.

[154]) RVerf Art. 95, StVtr 1920 § 13, EisAufsG (unten II 4). Die Übertrag. der Aufsichtsgeschäfte ist erfolgt durch E 27. Sept. 24 (unten II 4 Beil. B). § 40 bezieht sich, soweit er die Aufsicht üb. Schienenbahnen betrifft, nur auf Großbahnen; wegen der Kleinbahnen s. unten I 8 Anm. 10. — VO § 4. — Neu ist, daß auch „andere Geschäfte der Verkehrsverwaltung" übertragen werden dürfen.

[155]) § 5. — Neu ist der in Satz 1 ausgesproch. Vorbehalt; nach der Begr ist er „aus Gründen der Vollständigkeit" aufgenommen.

[156]) Zubehör oben Anm. 23.

mäßigem Zustand zu übergeben und alle Beteiligungen an anderen Unternehmungen[157]) auf das Reich zu übertragen. Mit der Übergabe gehen alle aus der laufenden Betriebführung sich ergebenden Rechte und Verbindlichkeiten auf das Reich über[158]).

(2) Nach Ablauf des Betriebsrechts[155]) tritt das Reich in alle von der Gesellschaft abgeschlossenen laufenden Verträge an deren Stelle ein.

§ 42. Liquidation

Nach Ablauf des Betriebsrechts[155]) hat die Gesellschaft unverzüglich ihre Liquidation durchzuführen. Das Vermögen der Gesellschaft, das nach Berichtigung aller Schulden verbleibt, soweit sie nicht vom Reiche übernommen werden, fällt dem Reiche zu.

§ 43. Staatsvertrag

(1) Die Gesellschaft übernimmt die Rechte und Pflichten des Reichs, die sich aus den Bestimmungen des Staatsvertrags über den Übergang der Staatseisenbahnen auf das Reich, des Schlußprotokolls dazu sowie des Reichsgesetzes vom 30. April 1920 (Reichsgesetzbl. S. 773)[159]) ergeben, jedoch mit Ausnahme der Bestimmungen der §§ 3 bis 7, 17, 20, 25, 33, 37 und 43 des Staatsvertrags und des Schlußprotokolls zu § 22 Ziffer 2 und 3, zu § 24 Ziffer 2 und 3 letzter Satz, zu § 36 Ziffer 2 und zu § 37[160]).

[161]) (2) Streitigkeiten über die Auslegung oder Anwendung des Abs. 1 und der danach für die Gesellschaft geltenden Bestimmungen sind, wenn die Gesellschaft an dem Streite beteiligt ist, ausschließlich vor dem Reichsbahngericht (§ 44) auszutragen. Die Länder führen den Streit nur durch Vermittlung des Reichs.

§ 44. Reichsbahngericht[162])

(1) Streitfälle zwischen der Reichsregierung und der Gesellschaft über die Auslegung der Bestimmungen dieses Gesetzes und der Gesellschaftssatzung oder über Maßnahmen auf Grund des Gesetzes oder der Satzung, insbesondere in Angelegenheiten der Tarife[163]), sind einem besonderen Gericht (Reichsbahngericht) zur Entscheidung zu unterbreiten.

---

[157]) §§ 5 (5), 6 (1), 31 Ziff. 4.

[158]) Im übr. erhält das Reich die Bahnen lastenfrei zurück, da nach § 5 (1) der Ablauf des Betriebsrechts die Zahl. der fälligen Beträge der ReparSteuer u. die Einzieh. der Vorzugsaktien voraussetzt; die Stammaktien werden gegenstandslos.

[159]) Oben I 3.

[160]) Sarter-Kittel S. 37 ff., 214 ff. Die in Abs. (1) aufgezählten f. d. RBGesellsch. **nicht** geltenden Best des StVtr sind im vorst. Abdrucke des StVtr (oben I 3) m. **Klammern** ([ ]) u. dem Anmerk Zeichen [2]) versehen. Sie betreffen hauptsächl. die Abfindung, Organisationsfragen, Personal- u. Bausachen; Übersicht in der Begr 1924 u. bei Sarter-Kittel u. Schulze. Die in § 43 nicht genannten §§ des StVtr sind also f. d. Reichsbahngesellsch. verbindlich; wegen einer abweich. Entsch des RBGerichts bez. des § 15 StVtr s. unten IV 3b Anm. 7. — Verbindlichkeit des § 43 für alle Länder, auch die am StVtr nicht unmitt. beteiligten: Sarter-Kittel Anm. I. Die Rechtsbezieh., die sich aus dem StVtr für das Verh. der Länder zum Reiche ergeben, werden durch § 43 nicht berührt; im Rahmen des § 43 (1) können also die Länder ihre Ansprüche aus dem StVtr sowohl gegen das Reich wie gegen die RBGesellsch. geltend machen (Sarter-Kittel Anm. II). — § 7.

[161]) Abs. (2) hat eine Fassungsänd. erhalten, die sich aus dem Wegfalle des ausländ. Schiedsrichters ergibt (unten Anm. 162a). — Nach dem Schlußsatze ist das Reich verpflichtet, den Streit in der v. d. Ländern verlangten Weise zu führen, auch wenn es deren Auffass. nicht teilt; in diesem Falle kann es ab. zuvor den StGHof (StVtr § 43) anrufen. Einzelheiten in Sarter-Kittel S. 216 f. — Anm. 162.

[162]) § 44 ist durch die Novelle in mehrfachen Beziehungen, z. T. grundlegend, geändert worden:

a) Im Zushg. m. d. Ausschaltung unmittelbarer Einflußnahme des Auslands auf die Verwalt. der Reichsbahn entfällt die bisher in § 44 (3) u. (4) u. § 45 für bestimmte Fälle vorgeseh. Anrufung eines (ausländ.) Schiedsrichters, sei es als Rechtsmittel gegen Entsch des Reichsbahngerichts, sei es (bei gewissen Streitigkeiten mit ausländischen Organen oder zw. RRegier. u. RBGesellsch.) zur Entsch in einziger Instanz. Art. XV des Haager Abkommens v. 20. Jan. 30 (s. oben I 4c mit Beil. A; der hier nicht abgedr. Art. XV findet sich in RRat **1930** Drucks 10 S. 56/57) enthält allgemeine, nicht auf Angeleg. der Reichsbahn beschränkte Vereinbarungen üb. schiedsgerichtl. Entsch bei Streitigkeiten üb. Ausleg. u. Anwend. des Youngplanes.

b) Die Zuständ. des RBGerichts, die bisher nicht an bestimmte Grenzen gebunden war, ist „auf ein zweckmäßiges Maß eingeschränkt" (Begr) w., indem die Worte „oder über sonstige ähnliche Fragen" durch die Worte „insbesondere in Angelegenheiten der Tarife" ersetzt w. sind; s. dazu unten Anm. 163. Eine sachliche Änderung schließt die neue Fassung offenbar nicht in sich.

c) Das alte G vermied den Namen „Reichsbahngericht", bezeichnete vielmehr das durch § 44 eingesetzte Gericht als „besonderes Gericht". Die Neufass. hat die „eingebürgerte Bezeichnung" (Begr) als „Reichsbahngericht" übernommen.

d) Die Zusammensetzung des Gerichts ist „den in den fünf Jahren seines Bestehens gesammelten Erfahrungen entsprechend" vollständig umgestaltet worden. Indem im übr. auf den neuen Text des G verwiesen wird, sei hier nur bemerkt, daß es bisher beim RG gebildet wurde u. aus einem ständigen Vorsitzenden u. 2 für den Einzelfall zu berufenden Beisitzern bestand. — Anm. 163.

[163]) Die besondere Erwähn. der Tarife ist neu (Anm. 162b). Die Begr bemerkt dazu, daß sie nicht eng auszulegen sei u. die Beisitzer auch zugezogen w. sollen, wenn in e. besteh. Streit üb. andere Fragen nachträgl. eine Tariffrage einbezogen wird.

(2) Das Reichsbahngericht wird beim Reichsverwaltungsgericht gebildet, sobald dieses errichtet ist. Es besteht aus dem Vorsitzenden und den Beisitzern eines vom Präsidenten des Reichsverwaltungsgerichts ein für allemal bezeichneten Beschlußsenats des Reichsverwaltungsgerichts. Bei Streitfällen über Angelegenheiten der Tarife treten zwei weitere Beisitzer hinzu, von denen der eine auf Vorschlag der Reichsregierung, der andere auf Vorschlag der Gesellschaft von Fall zu Fall vom Präsidenten des Reichsverwaltungsgerichts ernannt wird. Bis zur Errichtung des Reichsverwaltungsgerichts hat das Reichsbahngericht seinen Sitz beim Reichsgericht und setzt sich aus drei ständigen und zwei weiteren von Fall zu Fall zu bestellenden Mitgliedern zusammen. Die ständigen Mitglieder und zugleich zwei Ersatzmänner werden vom Präsidenten des Staatsgerichtshofs für das Deutsche Reich ernannt und sollen Richter mit besonderer Erfahrung auf dem Gebiete des öffentlichen Rechts sein. Ein ständiges Mitglied wird von dem Präsidenten des Staatsgerichtshofs zum Vorsitzenden, ein weiteres ständiges Mitglied zum stellvertretenden Vorsitzenden ernannt. Von den beiden von Fall zu Fall zu bestellenden Mitgliedern wird das eine auf Vorschlag der Reichsregierung, das andere auf Vorschlag der Gesellschaft vom Präsidenten des Staatsgerichtshofs ernannt. Für das Reichsbahngericht gelten die Vorschriften der §§ 19 Satz 2 und 3, 20 bis 22, 24 bis 26, 28 Abs. 1, 29 Abs. 1 und Abs. 2 Satz 1 und § 30 des Gesetzes über den Staatsgerichtshof (Reichsgesetzbl. 1921, S. 905)[164]) sinngemäß. Die näheren Bestimmungen über das Verfahren werden durch eine Geschäftsordnung geregelt, die vom Präsidenten des Reichsverwaltungsgerichts, bis zu dessen Errichtung vom Präsidenten des Staatsgerichtshofs für das Deutsche Reich, erlassen und im Reichsgesetzblatt veröffentlicht wird[165]). Sie soll Vorsorge treffen, daß das Reichsbahngericht seine Entscheidungen mit möglichster Beschleunigung erläßt.

[§§ 45—47.][166])

Anlage I (zu § 1 Abs. 2 des Gesetzes)

Satzung der Deutschen Reichsbahn-Gesellschaft (Gesellschaftssatzung)[167])

§ 1. Firma[168])

(1) Die Gesellschaft führt die Firma: „Deutsche Reichsbahn-Gesellschaft“.

(2) Für ihre Rechtsverhältnisse sind das Reichsgesetz über die Deutsche Reichsbahn-Gesellschaft vom 30. August 1924 in der Fassung des Gesetzes vom 13. März 1930 (Reichsgesetzbl. II S. 359) und diese Gesellschaftssatzung, die einen Bestandteil des Gesetzes bildet, maßgebend. Der Sitz der Gesellschaft ist Berlin.

(3) Das Geschäftsjahr der Gesellschaft ist das Kalenderjahr.

§ 2. Gegenstand des Unternehmens[169])

Gegenstand des Unternehmens ist der Betrieb der Reichseisenbahnen einschließlich der künftigen Erweiterungen sowie die Ausführung aller damit zusammenhängenden oder dadurch veranlaßten Geschäfte, wie es im Gesetze näher erläutert ist.

§ 3. Grundkapital[170])

(1) Das Grundkapital der Gesellschaft beträgt fünfzehn Milliarden Reichsmark, und zwar zwei Milliarden Reichsmark Vorzugsaktien (Gruppe A) und dreizehn Milliarden Reichsmark Stammaktien. Die Bestimmungen im § 20 über die Vorzugsaktien Gruppe A Serien I bis V bleiben unberührt.

[171]) (2) Weitere Vorzugsaktien (Gruppe B) zur Erhöhung des Grundkapitals kann die Gesellschaft unter Beachtung der Bestimmungen im § 3 Abs. 2 des Gesetzes auf Grund eines Beschlusses des Verwaltungsrats ausgeben.

§ 4. Vorzugsaktien[172])

[173]) (1) Die Vorzugsaktien lauten auf den Inhaber und sind frei übertragbar. Sie gewähren den Anspruch auf Kapitalrückzahlung spätestens bei Ablauf des Betriebsrechts sowie auf eine Vorzugsdividende. Ist in einem Jahre die Vorzugsdividende nicht voll gezahlt worden, so ist sie aus den Gewinnen der folgenden Jahre nachzuzahlen. Im Falle einer Gewinnverteilung auf die Stammaktien ist nach näherer Bestimmung des § 19 auf die Vorzugsaktien Gruppe A eine Zusatzdividende auszuschütten.

---

[164]) Staatsgerichtshof oben I 2 Anm. 11 (das G spricht den Mitgliedern keine Vergütung zu).

[165]) Beilage A.

[166]) Die §§ 45—47 sind gestrichen worden. § 45, der den internat. Schiedsrichter betrifft, ist durch dessen Fortfall (Anm. 162a) gegenstandslos geworden. Zu § 46 —„Goldmark“ — bemerkt die Begr, daß die Best üb. Goldmark hinfällig geworden seien, nachdem die auf Goldmark laut. Geldbeträge jetzt in Reichsmark bemessen werden. Die Übergangsbest in § 47 sind überholt (Begr).

[167]) Inhalt. §§ 1, 2 Allg. Best; §§ 3—7 Kapital, Aktien; §§ 8—18 Organisation, § 19 Finanzen, § 20 Grundsätzliches über die Vorzugsaktien. — Bearb. Sarter-Kittel S. 224ff.

[168]) S. RBahnG § 1 u. die Anm. dazu. — Über die Firmenbezeichnung der Gesellsch. ausführlich Sarter-Kittel S. 225f. — GeschO (unten II 2) Ziff. 2, 3.

[169]) RBahnG §§ 5, 10.

[170]) RBahnG § 3.

[171]) Der die Gruppe B der Vorzugsaktien betr. Abs. (2) ist neu; s. darüber RBahnG § 3 (2) u. Anm. 8, 10 dazu.

[172]) Vorzugsaktien. RBahnG § 3, Satz. §§ 3, 5, 19 (2, 3), 20; Sarter-Kittel S. 228ff. Sie geben An-

(2) Die Vorzugsaktien werden in verschiedenen Serien ausgegeben, die mit verschiedenen Rechten ausgestattet sein können. Die Gesellschaft stellt die Ausgabebedingungen und den Ausgabekurs für jede Serie nach freiem Ermessen fest, sofern nicht die Vorzugsdividende höher als sieben vom Hundert ist und sofern der Ausgabekurs mindestens den Nennwert erreicht. Die Gesellschaft muß sich dagegen mit der Reichsregierung vor der Ausgabe von Vorzugsaktien ins Einvernehmen setzen, wenn es sich etwa zur Sicherstellung der Ausgabe der Aktien als nötig herausstellen sollte, solchen Ausgabebedingungen zuzustimmen, die für die Gesellschaft ungünstiger wären.

[173]) (3) Die Vorzugsaktien jeder Serie können vorbehaltlich der besonderen Bestimmungen in § 20 über die Vorzugsaktien Gruppe A Serien I bis V jederzeit ganz oder zum Teil eingezogen werden.

(4) Insoweit Vorzugsaktien von einzelnen Inhabern aus Gründen, die die Gesellschaft nicht zu vertreten hat, nicht eingezogen werden können, sind die erforderlichen Geldbeträge zu hinterlegen. Diese Hinterlegung hat die gleiche befreiende Wirkung für die Gesellschaft wie die Einziehung selbst.

(5) Bei Ablauf des Betriebsrechts müssen alle Vorzugsaktien eingezogen sein[174]).

[173]) (6) Den Einlösungskurs der Vorzugsaktien bestimmt vorbehaltlich der besonderen Bestimmungen im § 20 über die Vorzugsaktien Gruppe A Serien I bis V die Gesellschaft bei der Ausgabe. Soll er höher als zehn vom Hundert über den Nennwert bemessen werden, so bedarf dies der Zustimmung der Reichsregierung.

(7) Die Reichsregierung kann verlangen, daß die Gesellschaft von ihrem Rechte der vorzeitigen Einziehung unter Beachtung der vorstehenden Bestimmungen Gebrauch macht, wenn das Reich ihr die erforderlichen Mittel zur Verfügung stellt.

§ 5. Verteilung des Erlöses aus den Vorzugsaktien[175])

(1) Von dem Gesamterlös aus der Ausgabe der Vorzugsaktien Gruppe A fließen ein Viertel dem Reiche, drei Viertel der Gesellschaft zu. Der Erlös aus einzelnen Ausgaben darf jedoch im Einvernehmen zwischen der Reichsregierung und der Gesellschaft anders verteilt werden, falls sich dadurch das Gesamtergebnis der Verteilung nicht ändert.

(2) Während der ersten zwei Jahre nach dem Übergang des Betriebsrechts soll die Gesellschaft Vorzugsaktien im Nennwert von fünfhundert Millionen Reichsmark verwerten. Die Reichsregierung kann verlangen, daß der Erlös aus dieser Ausgabe dem Reiche ganz zufließt.

§ 6. Stammaktien[176])

(1) Die Stammaktien werden auf den Namen des Deutschen Reichs oder auf Verlangen der Reichsregierung auf den Namen eines deutschen Landes ausgestellt.

(2) Die Stammaktien gewähren das Recht auf eine Dividende nach Maßgabe der Bestimmungen des § 19.

§ 7. Form und Inhalt der Aktien

Die Form und den Inhalt der Aktien, Zwischenscheine und Gewinnanteilscheine sowie deren Stückelung bestimmt der Verwaltungsrat.

§ 8[177]). Organisation der Gesellschaft

Die Organe der Gesellschaft sind der Verwaltungsrat und der Vorstand. Ihre Befugnisse bestimmen sich nach dem Gesetz und der Gesellschaftssatzung[178]).

§ 9. Verwaltungsrat[178]) [179])

(1) Der Verwaltungsrat besteht aus achtzehn Mitgliedern, die Deutsche sein müssen.

[180]) (2) Die Mitglieder des Verwaltungsrats werden von der Reichsregierung ernannt. Sind Vorzugsaktien Gruppe A ausgegeben, so sind vier von den achtzehn Sitzen den Inhabern dieser Vorzugsaktien mit der Maßgabe

---

spruch auf Vorzugsdividende u. Kapitalrückzahlung, die VAkten Gruppe A außerdem noch auf Vertret. im VerwaltRat u. — gemäß § 19 (3) Ziff. 4 Abs. 4 — auf Zusatzdividende, ferner auf Abschlagszahlung gemäß § 20; besond. Best für Gruppe A enthalten noch §§ 5, 19, 20. — Bedeutung f. d. Dauer des Betriebsrechts der Gesellsch. RBahnG § 5 (1), Anwend. des HGB das. § 16, Berücksicht. bei der Ausüb. der Reichsaufsicht das. § 34.

[173]) Abs. (1), (3) u. (6) haben die durch die neue Gruppeneinteil. der VAktien bedingten Änderungen erhalten. — Satzung § 19 (3) Nr. 4.

[174]) RBahnG § 5, Satzung § 19 (3) Nr. 4.

[175]) Die Vorzugsaktien (jetzt Gruppe A) dienen zu ¼ dazu, dem Reiche die Zahlung e. Teils der Reparationsschuld zu ermöglichen, der Rest ist ausschl. zur Deck. des Kapitalbedarfs der Gesellsch. bestimmt (Begr 1924). Bis Ende 1929 waren 1081 Millionen RM VAktien ausgegeben, davon 731 Mill. an das Reich, 350 Mill. auf dem öff. Markt.

[176]) Wegen der Stammaktien s. auch RBahnG § 3 u. Anm. 9 dazu. Beteiligung der Länder oben I 3 Anm. 18.

[177]) Der bisher. § 8, der die Reparationsschuldverschreibungen betraf, ist mit Rücks. auf deren Fortfall gestrichen worden; § 9, der „andere Schuldverschreibungen" behandelte, ist u. a. deswegen gegenstandslos gew., weil die Ausgabe solcher SchVerschr. nicht mehr (wie nach dem alten § 9) einer qualifizierten Mehrheit im VerwaltRat bedarf.

[178]) A. Die Best der Satz. über die Organe der Gesellsch. mußten bei der Neufass. geändert werden, da das Ausland in ihnen nicht mehr vertreten ist.

B. RGB § 18. — Über das gegenseit. Verh. zw. VerwRat u. Vorstand u. die Stellung beider im Innengeschäfte der Verwalt. u. nach außen s. Sarter-Kittel S. 248. Unvereinbarkeit der Mitgliedsch. im VerwRat mit der im Vorst. (HGB § 248) das. 239.

[179]) A. Nach den Best des bisher. § 11 (jetzt § 9) Abs. 1—3 war v. d. 18 Mitgliedern des Verwaltungsrats die eine Hälfte v. d. Reichsregierung, die andere v. Treuhänder als Vertreter der ReparGläubiger zu ernennen u. konnten v. den Mitgl., die der Treuhänder bestellte, 5 Deutsche sein; mit Tilgung aller ReparSchuldverschreib. fiel das Ernennungsrecht aller Mitgl. der RReg. zu; die Vertreter der Vorzugsaktionäre (deren Ernennungsrecht in § 11 Abs. 3, 4 alt ebenso geregelt war wie jetzt in Abs. 2) mußten Deutsche sein. Jetzt müssen alle Mitglieder Deutsche sein u. ernennt sie zunächst die RReg., bis das Ernennungsrecht der Vorz-

einzuräumen, daß auf je[181]) 500 Millionen Reichsmark ausgegebener Vorzugsaktien ein Sitz im Verwaltungsrat entfällt.

(3) Die Reichsregierung hat, sobald ihr die Bestellung eines Vertreters der Vorzugsaktionäre mitgeteilt ist, ein von ihr ernanntes Mitglied zurückzuziehen. Nach Maßgabe der Einziehung der Vorzugsaktien fallen die ihren Vertretern vorbehaltenen Sitze nach den gleichen Grundsätzen, wie sie für die Einräumung maßgebend waren, an die Reichsregierung zurück.

(4) Die Bestimmungen über das Verfahren bei der Ernennung der Vertreter der Vorzugsaktionäre trifft der Verwaltungsrat.

§ 10. Voraussetzung für die Mitgliedschaft im Verwaltungsrate[178]) [180])

(1) Die Mitglieder des Verwaltungsrats müssen erfahrene Kenner des Wirtschaftslebens oder Eisenbahnsachverständige sein. Sie dürfen nicht Mitglied des Reichstags, eines Landtags, der Reichsregierung oder einer Landesregierung sein[182]).

(2) Sie sind zur unbedingten Verschwiegenheit über die Angelegenheiten der Gesellschaft verpflichtet[183]).

§ 11. Ausscheiden der Mitglieder des Verwaltungsrats[184]) [185])

(1) Vom 31. Dezember 1930 ab scheiden alljährlich sechs Mitglieder des Verwaltungsrats aus; die Amtsdauer der Mitglieder beträgt künftig drei Jahre. Die Ausscheidenden können wiederernannt werden. Die Ernennung der neuen oder die Wiederernennung der ausscheidenden Mitglieder hat vor Beginn des folgenden Geschäftsjahres stattzufinden.

(2) Die Mitglieder des Verwaltungsrats können jederzeit durch eine schriftliche Erklärung ihr Amt niederlegen. Verliert ein Mitglied die Fähigkeit zur Bekleidung öffentlicher Ämter oder wird über sein Vermögen das Konkursverfahren eröffnet, so verliert es ohne weiteres seine Mitgliedschaft im Verwaltungsrate.

(3) Beim Ausscheiden eines Mitglieds während seiner Amtszeit ist binnen einer Frist von drei Monaten sein Nachfolger zu bestellen. Dieser wird für die Zeit der Amtsdauer des Mitglieds ernannt, an dessen Stelle er tritt.

§ 12. Präsident des Verwaltungsrats[186])

(1) Der Verwaltungsrat wählt jährlich zu Beginn des Geschäftsjahres einen Präsidenten. Wiederwahl ist zulässig. Die Wahl bedarf der Bestätigung des Reichspräsidenten. Wenn die Inhaber der Vorzugsaktien Gruppe A im Verwaltungsrat durch drei Mitglieder vertreten sind, soll der Präsident aus diesen entnommen werden.

(2) Der Verwaltungsrat wählt jährlich einen oder zwei Vizepräsidenten, deren Wiederwahl zulässig ist.

§ 13. Aufgaben des Verwaltungsrats[187])

[188]) (1) Der Verwaltungsrat hat die Aufgabe, die Geschäftsführung der Gesellschaft zu überwachen und über alle wichtigen oder grundsätzlichen Fragen oder solche von allgemeiner Bedeutung[189]) zu entscheiden. Hierzu gehören insbesondere:

die Ernennung des Generaldirektors[190]) und der oberen Beamten; diese hat der Generaldirektor vorzuschlagen[191]),

die Feststellung des Voranschlags[192]),

Aktionäre in Kraft tritt; ernennungsberechtigt sind nur die Inhaber der VAktien Gruppe A.

B. Ausführlich Sarter-Kittel S. 240ff. (teilw. sind die Ausführ. durch die Novelle gegenstandslos gew.). Der VerwaltRat (§§ 9—16 der Neufass.) ist die entscheidende Stelle f. d. Gesamtpolitik der Gesellsch.; er tritt nach RBahnG § 16 (3) an Stelle des Aufsichtsrats u. der Generalversamml. der Aktiengesellsch. Im einz. ordnet Satz. § 13 seine Zuständigkeit. Im Geschäftsverkehr steht er nur m. d. Generaldirektor, nicht m. d. Außenstellen; Verh. zur Reichsreg.: Sarter-Kittel Anm. III zu alt § 15 (teilw. nicht mehr zutreff.).

[180]) Ob eine Ernennung den Vorschr. des Abs. (2) u. des § 10 entspricht, wäre im Streitfalle nach RBahnG § 44 durch das RBGericht zu entscheiden.

[181]) Je volle 500 Mill. (Sarter-Kittel S. 240).

[182]) Bisher § 12. — Mitgliedsch. bei RWirtschaftsrat, EisBeiräten, Preuß. Staatsrat nicht ausgeschlossen; „Reichsregierung" sind nur die RMinister. Sarter-Kittel Anm. I. Vertretung Preußens im VerwR.: StGHof 7. Mai 27 (RG ZivS 116 Anh. S. 1). — Satz. § 17 (2).

[183]) Das HGB enthält keine ausdrückl. Vorschr. darüber. — Verantwortlichkeit der Mitgl.: zivilrechtlich gemäß HGB § 249 Abs. 1, 2, 4, strafrechtlich gemäß HGB § 314 Abs. 1 Ziff. 1 u. Abs. 2, 3 (Begr 1924).

[184]) Bisher § 13. Die Vorschr. ist den neuen Verhältn. entsprech. geändert, die Amtsdauer allgemein auf 3 Jahre herabgesetzt.

[185]) S. auch das AbändG (oben I 4d) Art. IV 3.

[186]) Bisher § 14. Neu ist, daß die Wahl mit einfacher Stimmenmehrheit erfolgt u. der Bestät. durch den Reichspräsidenten bedarf. Besondere Rechte des Präsidenten: Verlangen einer außerord. Sitzung, Ausschlag bei Stimmengleichheit. Satz. § 14 (1) u. (4).

[187]) Bisher § 15. — Anm. 179. — HGB § 246 nach RBahnG § 16 nicht anwendbar.

[188]) Zu den Aufgaben des Verwaltungsrats fügt die Novelle hinzu: Die Entsch üb. die hypothekar. Sicherung der Kredite u. die Genehm. der allg. Best üb. Rechts-, Dienst- u. BesoldVerh. der Bediensteten. Die Aufzähl. in Abs. (1) ist nicht erschöpfend; an weiteren Befugn. des VRats nennen G u. Satz. u. a.: Festsetz. des Kreises der leitenden Beamten G § 26 (3); Entsch über Form usw. der Aktien Satz. § 7; üb. Verfahren bei Wahl der Aktionärvertreter Satz. § 9 (4); Festsetz. der eigenen GeschäftsO, Bildung u. GeschO der Ausschüsse Satz. § 15; Entsch. üb. Vergütung f. d. eigenen Mitglieder Satz. § 16; Genehm. der GeschO, Auskunftsrecht, Genehm. v. Nebenbeschäft. der Vorstandsmitglieder Satz. § 18; ferner GeschO (unten II 2) Ziff. 4 bis 6, 9, 19.

[189]) Dazu gehören grunds. nicht Fragen der laufenden Verwaltung (Begr 1924).

[190]) Satz. § 17 (3); Widerruf § 17 (5).

[191]) Begriff der oberen Beamten — weiter als der der leitenden B. i. S. RBahnG § 26 (3) — Perso Teil II. Direktoren Satz. § 17.

[192]) ReichshaushO nicht anwendbar: RBahnG § 30 (3).

die Feststellung der Bilanz und der Gewinn- und Verlustrechnung[193]),
die Gewinnverteilung[193]),
die Anlegung der flüssigen Mittel der Gesellschaft,
die Ermächtigung zur Aufnahme von Anleihen und Krediten zu Lasten der Gesellschaft und zu deren hypothekarischer Sicherung[194]),
die Genehmigung aller Ausgaben auf Kapitalrechnung, wenn diese die vom Verwaltungsrat festgesetzte Begrenzung übersteigen,
die Genehmigung der allgemeinen Bestimmungen über die Rechts-, Dienst- und Besoldungsverhältnisse der Bediensteten, insbesondere auch der Besoldungs- und Lohnordnung[195]).

(2) Soweit Angelegenheiten der Genehmigung der Reichsregierung unterliegen, sind sie auch dem Verwaltungsrate zu unterbreiten[196]).

(3) Der Verwaltungsrat vertritt die Gesellschaft gegenüber den Mitgliedern des Vorstandes.

§ 14. Sitzungen des Verwaltungsrats[197])

(1) Der Verwaltungsrat tritt mindestens alle zwei Monate zu ordentlichen Sitzungen zusammen. Außerordentliche Sitzungen sind anzuberaumen, wenn mindestens sechs Mitglieder oder der Präsident des Verwaltungsrats oder die Reichsregierung[197]) die Einberufung schriftlich beantragen.

(2) Ist ein Mitglied bei einer Sitzung am Erscheinen verhindert, so kann es durch Einschreibebrief oder Drahtnachricht seine Befugnisse einem anderen Mitglied übertragen. Letzteres erhält dadurch auch das Stimmrecht des verhinderten Mitglieds[198]).

(3) Zur Beschlußfassung ist die Anwesenheit von acht Mitgliedern erforderlich.

[197]) [199]) (4) Die Beschlüsse werden mit einfacher Mehrheit gefaßt. Bei Stimmengleichheit gibt die Stimme des Präsidenten den Ausschlag.

[197]) (5) Die Reichsregierung kann einen ständigen Vertreter bestellen, der berechtigt ist, an den Sitzungen des Verwaltungsrats und seiner Ausschüsse ohne Stimmrecht teilzunehmen. Im Falle seiner Behinderung kann sein ständiger Stellvertreter an den Sitzungen teilnehmen. Der Vertreter der Reichsregierung und sein Stellvertreter sind zu Beginn eines jeden Geschäftsjahres zu benennen.

§ 15. Arbeitsausschuß[200])

(1) Der Verwaltungsrat kann seine Befugnisse, soweit es ihm zweckmäßig erscheint, einem Arbeitsausschuß übertragen, der aus sechs Mitgliedern besteht. Eines der Mitglieder ist den Vertretern der Vorzugsaktionäre Gruppe A auf ihren Wunsch zu entnehmen.

(2) Der Verwaltungsrat kann aus seiner Mitte weitere Ausschüsse bilden[201]).

(3) Der Verwaltungsrat setzt die Geschäftsordnung für sich sowie für den Arbeitsausschuß und für die weiteren Ausschüsse fest.

§ 16. Vergütungen für die Mitglieder des Verwaltungsrats[202])

Die Mitglieder des Verwaltungsrats erhalten freie Fahrt auf den Strecken der Gesellschaft, Ersatz von Reiseauslagen und für ihre Mühewaltung eine angemessene Vergütung, die der Verwaltungsrat festsetzt.

§ 17. Vorstand[203])

(1) Der Vorstand[204]) führt die Geschäfte der Gesellschaft unter der Aufsicht des Verwaltungsrats.

(2) Der Vorstand besteht aus dem Generaldirektor[205]) und einem oder mehreren Direktoren[206]). Der Generaldirektor und die Direktoren müssen Deutsche sein[207]). Sie dürfen dem Verwaltungsrate nicht angehören.

---

[193]) Satz. § 19.

[194]) RBahnG § 8; wegen des neuen Zusatzes s. oben Anm. 188.

[195]) RBahnG § 26, Perso § 11; wegen des neuen Zusatzes s. oben Anm. 188.

[196]) Z. B. RBahnG §§ 12, 26 (3), 31, 33, 36, 37 (2), 38 (3).

[197]) Bisher § 16; Abs. (1) u. (4) sind neu gefaßt, Abs. (5) ist neu. Von Bedeutung ist die Erweiterung der Rechte der Reichsregierung, die jetzt die Einberufung einer außerord. Sitzung beantragen u. zur Teilnahme an allen Sitzungen einen (ständigen) Vertreter bestellen kann. — An den Sitz. kann auch der Generaldirektor teilnehmen. Sarter-Kittel S. 251.

[198]) Und ist in s. Abstimmung frei. Sarter-Kittel S. 251.

[199]) Bisher war in einzelnen Fällen qualifizierte Stimmenmehrheit gefordert gewesen; nachdem die Ausländer aus dem VRat entfernt worden sind, konnte dieses Erfordernis fallen gelassen werden.

[200]) Bisher § 17; die früher vorgesehene Beteil. des Auslands ist fortgefallen.

[201]) Sarter-Kittel S. 253.

[202]) S. auch HGB § 245 (RBahnG § 16 Abs. 3). — Bisher § 18.

[203]) Bisher § 19; neu ist der Fortfall der qualifiz. Mehrheit in den Fällen der Abs. (3) u. (5), die Vorschrift der Fühlungnahme m. d. RRegier. in Abs. (3) u. der Abs. (6).

[204]) Vorstand. Sarter-Kittel S. 254 ff. Ferner GeschO (unten II 2) Ziff. 3—9.

[205]) Generaldirektor: Satz. § 18, GeschO Ziff. 5, 7, 11 f., 14, 19 f.; ferner RBPersG (unten III 2) § 8 u. Perso (unten III 3) §§ 2—5, 7, 9, 11—13, 15—18, 19 D, 19 F, 20, 22—25, 27—31. — Wegen HGB §§ 232, 239 f. Sarter-Kittel S. 256 f., wegen HGB § 235 das. S. 257 u. Schulze Anm. 2.

[206]) Direktoren: GeschO Ziff. 5, 7, 12, 20.

[207]) Dasselbe gilt f. alle Reichsbahnbeamten. Sarter-Kittel Anm. II.

(3) Der Generaldirektor wird vom Verwaltungsrate nach Fühlungnahme mit der Reichsregierung[203]) auf drei Jahre ernannt; Wiederernennung ist zulässig. Die Direktoren werden vom Verwaltungsrat auf Vorschlag des Generaldirektors ernannt.

(4) Die Ernennung des Generaldirektors und der Direktoren bedarf der Bestätigung des Reichspräsidenten[208]).

(5) Der Verwaltungsrat kann jederzeit die Ernennung des Generaldirektors widerrufen. Der Anspruch des Generaldirektors auf seine vertragsmäßige Vergütung[209]) wird durch den Widerruf seiner Ernennung nicht berührt.

[210]) (6) Hält die Reichsregierung eine Verletzung der Gesellschaftssatzung durch den Generaldirektor für gegeben, so kann sie verlangen, daß der Verwaltungsrat über die Entlassung des Generaldirektors Beschluß faßt.

§ 18. Befugnisse des Vorstandes[211])

(1) Für die Geschäftsführung der Gesellschaft trägt der Generaldirektor die Verantwortung[211]).

(2) Die Befugnisse des Generaldirektors und der Direktoren setzt die Geschäftsordnung der Gesellschaft fest, die der Genehmigung des Verwaltungsrats bedarf.

(3) Der Generaldirektor und die Direktoren haben bei ihrer Geschäftsführung die Sorgfalt eines ordentlichen Geschäftsmannes wahrzunehmen und haften bei Verletzung ihrer Obliegenheiten der Gesellschaft gegenüber[211]).

(4) Der Generaldirektor hat dem Verwaltungsrat allmonatlich über die finanzielle Lage und den Stand des Unternehmens Auskunft zu erteilen.

(5) Der Generaldirektor und die Direktoren dürfen eine gleichzeitige andere Erwerbstätigkeit oder eine Nebenbeschäftigung nur mit Genehmigung des Verwaltungsrats ausüben[212]).

§ 19. Finanzgebarung der Gesellschaft[213])

(1) Die Gesellschaft hat am Schlusse jedes Geschäftsjahrs eine Bilanz und eine Gewinn- und Verlustrechnung aufzustellen[214]).

[215]) (2) Der Betriebsüberschuß, der nach Zahlung der Reparationssteuer und nach Deckung der Betriebsausgaben aus den Betriebseinnahmen gemäß den Bestimmungen im § 4 des Gesetzes verbleibt, ist wie folgt zu verwenden:

1. Zunächst sind der Zinsendienst der Schuldverschreibungen und Anleihen der Gesellschaft und die für notwendige Abschreibungen[216]) zu verwendenden Beträge zu bestreiten.

[217]) 2. Zur Deckung eines etwaigen Betriebsfehlbetrages der Gesellschaft und zur Sicherstellung der rechtzeitigen Zahlung der Reparationssteuer sowie der rechtzeitigen Befriedigung des Zins- und Tilgungsdienstes der Schuldverschreibungen und Anleihen der Gesellschaft ist sodann eine Rücklage (Ausgleichsrücklage) zu schaffen.

---

[208]) Unter Gegenzeichnung des RVMin. Sarter-Kittel Anm. III d.

[209]) Der GenDir. braucht also nicht als Reichsbahnbeamter angestellt zu sein.

[210]) Neu; die Begr enthält keine Erläut. Bisher stand das Recht dem (ausländ.) EisKommissar zu.

[211]) Bisher § 20. Der Vorstand hat nicht die Kollegialverfassung (Abs. 1). Strafrechtl. Verantw. wie Anm. 183.

[212]) Ergänzend: HGB § 236. — S. auch RBPersG § 3 (3).

[213]) A. Bisher § 25. Die §§ 21—24 der Satzung v. 1924 — überschrieben: Der Eisenbahnkommissar, Aufgaben des Eisenbahnkommissars, Personal und Kosten des Eisenbahnkommissars, Ausnahmebefugnisse des Eisenbahnkommissars — sind mit dem Wegfalle der ausländ. Mitwirk. b. d. Reichsbahnverw. gegenstandslos geworden u. gestrichen.

B. Die wichtigeren Neuerungen der Novelle sind folgende:

a) An Stelle der Ausgaben f. d. Dienst der Reparationsschuldverschr. ist die Reparationssteuer getreten, die jetzt im Range den sächl. Ausgaben gleichsteht.
b) Mit dem Range hinter dem Zinsendienst der Kredite sind (in Abs. 2 Ziff. 1) Abschreibungen neu aufgenommen worden.
c) An Stelle der bisher. Ausgleichsrücklage (alt § 25 Abs. 2 Ziff. 3), die 1929 auf den gesetzl. Höchstbetrag aufgefüllt w. ist („Die Reichsbahn“ **1930** S. 85), tritt eine in der Endsumme ihr zunächst (aber Abs. 3 Ziff. 4 Abs. 2) gleiche doppelte Rücklage, nämlich die Ausgleichsrücklage mit 450 u. die Dividendenrücklage mit (zunächst) 50 Mill. *RM*.
d) Die jetzt als Gruppe A bezeichn. Vorzugsaktien (Satz. § 4) haben Vorrechte vor den anderen (Abs. 3 Ziff. 1, 4).
e) Neu aufgenommen sind ferner die Vorschüsse der Reichsregierung zur Deckung der ReparSteuer.
f) Die Schlußverteilung des Reingewinns — Abs. (3) Ziff. 4 — ist an das Einvernehmen mit der Reichsregierung gebunden worden.

[214]) RBahnG §§ 30, 29.

[215]) Nach Abs. (2) ergibt sich folgende Rangordnung:
a) die Personalausgaben (oben Anm. 15),
b) die Reparationssteuer, mit ihr im gleichen Range:
c) die nicht unter a fallenden Betriebsausgaben (dazu nach der Begr 1924 die v. d. Gesellsch. bei ih. Gründung übernomm. Schulden).

Die Gründe, aus denen die sächlichen Ausgaben hinter die persönlichen zurückgestellt w. sind, ergeben sich aus den Materialien nicht; man wird nicht behaupten können, daß sie durchweg — z. B. die Ausgaben für die Lokomotivkohlen — f. d. Erzielung der Verkehrseinnahmen (ohne die doch nicht wohl die ReparSteuer aufgebracht w. kann) minder wichtig sind.

Was v. d. Betriebseinnahmen nach Deckung dieser Ausgaben übrigbleibt, ist i. S. der Satzung der Betriebsüberschuß. — Diesem sind die Ausgaben f. d. Zinsendienst der Kredite, für Abschreibungen u. für die Rücklagefonds zu entnehmen. Was dann noch vom Betriebsüberschuß übrigbleibt, ist i. S. der Satzung der Reingewinn, üb. dessen Verwend. Abs. (3) Best trifft.

[216]) Abschreibungen finden schon jetzt statt auf das mit 24,5 Milliarden *RM* bewertete Betriebsrecht der Gesellsch. (vgl. den Geschäftsbericht der Gesellsch. für 1928 S. 19, 23 u. Sarter-Kittel S. 65 f.), ihre Berücksicht. in der Satz. ist neu.

[217]) Rücklage: vorst. Anm. 213 B c; § 19 (3) Ziff. 4 Abs. 3.

Der Rücklage sind jährlich zwei vom Hundert der gesamten Betriebseinnahmen zu überweisen, bis die Rücklage den Betrag von vierhundertfünfzig Millionen Reichsmark erreicht hat.

Nach Auffüllung der Ausgleichsrücklage bis zu dem vorgenannten Höchstbetrag ist sogleich eine weitere Rücklage (Dividendenrücklage) zur Sicherstellung der Ausschüttung der Vorzugsdividende auf die Vorzugsaktien zu bilden. Ihr ist eins vom Hundert der gesamten Betriebseinnahmen zuzuführen, bis sie den Betrag von fünfzig Millionen Reichsmark erreicht hat. Die Überweisungen aus dem Betriebsüberschuß an die Ausgleichsrücklage und an die Dividendenrücklage dürfen zusammen in einem Geschäftsjahr jedoch den Betrag von zwei vom Hundert der gesamten Betriebseinnahmen nicht überschreiten. Die Bestimmung in § 4 Abs. 2 Satz 1 des Gesetzes gilt auch für die Dividendenrücklage.

Müssen nach Erreichung ihres Höchstbetrages die Rücklagen angegriffen werden, so sind sogleich die jährlichen Überweisungen zu ihrer Wiederauffüllung nach Maßgabe der vorstehenden Bestimmungen aufzunehmen.

[218]) (3) Der aus dem Betriebsüberschuß nach den vorstehenden Zahlungen und Überweisungen verbleibende Reingewinn ist in folgender Reihenfolge zu verwenden:

1. Sollte in früheren Jahren die Vorzugsdividende auf die Vorzugsaktien Gruppe A nicht voll gezahlt worden sein, so ist sie vorweg nachzuzahlen. Sodann ist die Vorzugsdividende auf diese Vorzugsaktien auszuschütten.
2. Sollte in früheren Jahren die Vorzugsdividende auf die Vorzugsaktien Gruppe B nicht voll gezahlt worden sein, so ist sie vorweg nachzuzahlen. Sodann ist die Vorzugsdividende auf diese Vorzugsaktien auszuschütten.
3. Beträge, die die Reichsregierung gemäß § 4 Abs. 4 des Gesetzes mit Rücksicht auf die Gewährleistung der Reparationssteuer entrichtet hat, sind ihr zu erstatten.
4. Die Verwendung des Restbetrags des Reingewinns bestimmt der Verwaltungsrat im Einvernehmen mit der Reichsregierung[219]) nach folgenden Richtlinien:

   Vorweg sind mindestens fünfundzwanzig vom Hundert dieses Restbetrags ohne Einrechnung des Vortrags aus dem Vorjahr der Dividendenrücklage[220]) zuzuführen, bis sie den Betrag von hundert Millionen Reichsmark erreicht hat. Muß nach Erreichung dieser Grenze die Dividendenrücklage angegriffen werden, so sind die Überweisungen zu ihrer Wiederauffüllung gemäß der vorstehenden Bestimmung wieder aufzunehmen.

   [221]) Im übrigen können Sonderrücklagen vorgesehen werden. Vom Jahre 1935 an ist eine besondere Rücklage zur Einziehung der Vorzugsaktien anzusammeln. Diese Rücklage kann auch schon in einem früheren Zeitpunkt angeordnet werden. Eine Rücklage für die Einziehung der Stammaktien wird nicht gebildet.

   Wenn der Verwaltungsrat eine Verteilung des weiteren Reingewinns beschließt, soll dieser wie folgt verwendet werden: Ein Drittel für die Vorzugsaktien Gruppe A als Zusatzdividende, zwei Drittel für die Stammaktien[222]).

   Sollten jedoch die Vorzugsaktien Gruppe A nicht in dem vorgesehenen Gesamtbetrage von zwei Milliarden Reichsmark ausgegeben sein, so kommt der auf die noch nicht begebenen Vorzugsaktien dieser Gruppe entfallende Teil den Stammaktien zugute.

(4) Von der Rücklage, die nach § 25 Abs. 2 Ziff. 3 der dem Reichsbahngesetz vom 30. August 1924 beigefügten Gesellschaftssatzung geschaffen worden ist[223]), sind vierhundertfünfzig Millionen Reichsmark der Ausgleichsrücklage zuzuführen. Der hiernach verbleibende Rest ist an die Dividendenrücklage zu überweisen.

§ 20. Besondere Bestimmungen über die Serien I bis V der Vorzugsaktien Gruppe A[224])

Für die Vorzugsaktien der Gruppe A Serien I bis V gelten folgende Bestimmungen:

1. Diese Vorzugsaktien lauten auf Goldmark. Die Vorzugs- und die Zusatzdividende sowie der Einlösungsbetrag der Vorzugsaktien sind in Goldmark oder deren Gegenwert in Reichsmark zu zahlen. Als Goldmark im Sinne dieser Bestimmung gilt der Gegenwert von $^1/_{2790}$ Kilogramm Feingold. Dieser Gegenwert wird berechnet nach dem Londoner Goldpreise, der am dritten Werktag vor der Genehmigung der Bilanz durch den Verwaltungsrat amtlich bekanntgegeben wird, und dem Mittelkurs der an diesem Tage an der Berliner Börse vorgenommenen amtlichen Notierung für Auszahlung London. Falls am dritten Werktage vor der Genehmigung der Bilanz kein amtlicher Goldpreis veröffentlicht wird, ist der zuletzt vor diesem Tage amtlich bekanntgegebene Londoner Goldpreis der Berechnung zugrunde zu legen. Ergibt sich aus der Umrechnung für das Kilogramm Feingold ein Preis von nicht mehr als 2820 und nicht weniger als 2760 Reichsmark, so ist für jede geschuldete Goldmark eine Reichsmark in gesetzlichen Zahlungsmitteln zu zahlen.

   Auf die Dividende jeder Vorzugsaktie der Serien IV und V der Gruppe A wird am 2. Januar jedes Jahres eine Abschlagszahlung in Reichsmark nach Maßgabe der Ausgabebedingungen gezahlt.

   Bei der Einlösung der aufgerufenen Vorzugsaktien wird die Goldmark in der für die Dividende vorgesehenen Weise in Reichsmark umgerechnet, wobei die am dritten Werktage vor der Einlösung vorgenommene Notierung der in Frage kommenden Kurse zugrunde gelegt wird.
2. Diese Vorzugsaktien können erst vom Beginn des 16. Jahres nach ihrer Ausgabe an ganz oder zum Teil eingezogen werden. Sollte jedoch die Verpflichtung der Gesellschaft, die Reparationssteuer zu entrichten,

---

[218]) Anm. 213 B d, 215. Wegen der Vorzugsaktien Gruppe A s. noch § 20.

[219]) Kommt kein Einvernehmen m. d. RRegierung (das Erfordernis ist neu) zustande, so wird das RBahngericht zu entscheiden haben.

[220]) Abs. (2) Ziff. 2.

[221]) Satz. § 4 (3ff.), § 20.

[222]) Satz. § 6; oben Anm. 9.

[223]) Anm. 213 B c.

[224]) G §§ 4, 5; Satz. §§ 4, 19. Der § ist neu.

früher fortfallen, so kann die Gesellschaft diese Vorzugsaktien auch schon vom Tage des Fortfalls dieser Verpflichtung an einziehen.

3. Der Einlösungskurs dieser Vorzugsaktien zuzüglich der laufenden und der rückständigen Dividenden bestimmt sich wie folgt: Bei Einziehung vor Ablauf des 25. Jahres nach dem Übergang des Betriebsrechts an die Gesellschaft beträgt der Einlösungskurs zwanzig vom Hundert über den Nennwert, bei Einziehung vom 26. bis 35. Jahre einschließlich beträgt er zehn vom Hundert über den Nennwert. Nach dem 35. Jahre erfolgt die Einziehung zum Nennwert.
4. Diese Vorzugsaktien gewähren den Anspruch auf Kapitalrückzahlung spätestens am 31. Dezember 1964.

Anlage II[225]) (zu § 19 Abs. 3 des Gesetzes)

A. Nach § 19 Abs. 3 kann die Gesellschaft die Arbeitszeit der Beamten auf die Angestellten und Arbeiter in folgenden Dienstzweigen übertragen[226]):

I. Bahnbewachungsdienst

1. Schrankenwärter- und Schrankenwärterinnendienst.
2. Streckenwärterdienst (Streckenläuferdienst).
3. Übriger Bahnbewachungsdienst.

II. Blockwärterdienst auf freier Strecke

III. Bahnhofsdienst

1. Dienststellenleitung (auch Leiter der Abteilungen).
2. Rechnungs- und Schreibdienst.
3. Zugleitungs- und Fahrdienstleiterdienst sowie Aufsichtsdienst im Sinne des § 9 der Fahrdienstvorschriften.
4. Nachrichtendienst am Fernschreiber und Fernsprechumschalter.
5. Weichendienst im Stellwerk und an Handweichen.
6. Verschiebedienst.
7. Bahnsteigschaffnerdienst (einschl. Pförtnerauskunftsdienst).
8. Wächter-, Haus- und Botendienst.
9. Übriger Bahnhofsdienst, soweit die Bediensteten teilweise in einem der übrigen unter A genannten Dienstzweige tätig sind.

IV. Kassen- und Abfertigungsdienst, soweit nicht unter B Ziffer VI etwas anderes bestimmt ist.

1. Dienststellenleitung (auch Leiter der Abteilungen).
2. Rechnungs-, Schreib- und Kassendienst.
3. Fahrkartendienst (einschl. Auskunftsdienst).
4. Gepäck- und Expreßgutabfertigungsdienst.
5. Eilgut-, Frachtgut- und Tierabfertigungsdienst.
6. Annahme-, Ausgabe- und Ladedienst.
7. Wagendienst und Zugabfertigungsdienst.
8. Wächter-, Haus- und Botendienst.
9. Übriger Kassen- und Abfertigungsdienst.

V. Zugbegleitdienst im Reise- und Güterzugdienst

VI. Betriebsmaschinendienst

1. Aufsichtsdienst.
2. Rechnungs- und Schreibdienst.
3. Lokomotivfahr- und Triebwagenführerdienst.

VII. Schiffsdienst auf Binnen- und Küstengewässern, ausgenommen die Kettenschleppschiffahrt auf dem Main

1. Deckdienst.
2. Schiffsmaschinendienst.
3. Werftdienst.
4. Übriger Dienst.

VIII. Bürodienst in der Hauptverwaltung, den Reichsbahndirektionen und den Ämtern

B. Die Befugnis der Gesellschaft, die Arbeitszeit der Beamten auf die Angestellten und Arbeiter zu übertragen, ist nicht gegeben:

I. In der Bahn- und Telegraphenunterhaltung, in den Oberbaustofflagern, im Hochbau, in Steinbrüchen, Schotterwerken, Kiesgruben, Holztränkanstalten, Bahngärtnereien und in der Wald- und Landwirtschaft.

II. In den Reichsbahn-Ausbesserungswerken und den dazugehörigen Nebenbetrieben, wie Bahnkraft-, Bahngaswerken und Laboratorien.

---

[225]) Die Anl. ist neu. Statistische Angaben enthält der Bericht des Unter-Organisationskomitees (oben Anm. 76) S. 52/53.

[226]) Wegen des Personals, das weder unter A noch unter B der Anl. II genannt ist, s. oben Anm. 83.

III. In den Telegraphenwerkstätten.
IV. In den Waschanstalten.
V. Im Werkstättenbetrieb der Bahnbetriebswerke.
VI. Bei den ausschließlich als Güterbodenarbeiter beschäftigten Arbeitern auf Güterböden oder Umladehallen mit in der Regel mehr als 25 derartigen Arbeitern.

Beilage A (zu Anm. 165).

Bekanntmachung der Geschäftsordnung des Reichsbahngerichts vom 20. Dezember 1924. Vom 14. März 1925 (RGBl II 113) [1]).

Auf Grund des § 44 Abs. (2) des Gesetzes über die Deutsche Reichsbahn-Gesellschaft vom 30. August 1924 (Reichsgesetzbl. II S. 272) hat der Präsident des Reichsgerichts für das zur Entscheidung von Streitfällen zwischen der Reichsregierung und der Deutschen Reichsbahn-Gesellschaft über die Auslegung der Bestimmungen dieses Gesetzes und der Gesellschaftssatzung über Maßnahmen auf Grund des Gesetzes oder der Satzung oder über sonstige ähnliche Fragen beim Reichsgerichte gebildete besondere Gericht die nachstehende Geschäftsordnung erlassen.

Der Reichsverkehrsminister

Geschäftsordnung des Reichsbahngerichts

§ 1. Das Verfahren wird durch den Antrag eines Beteiligten eingeleitet. Der Antrag ist schriftlich beim Reichsbahngericht einzureichen. Er muß eine Darstellung des Streitfalls enthalten und die zur Entscheidung gestellte Frage genau bezeichnen.

Mit dem Antrag ist ein Vorschlag wegen der Wahl eines Beisitzers durch den Präsidenten des Reichsgerichts zu verbinden.

Dem Antrag sind drei Abschriften beizufügen.

§ 2. Eine Abschrift des Antrags wird dem Gegner zur Erklärung und zum Vorschlag wegen der Wahl des zweiten Beisitzers mitgeteilt.

§ 3. Antrag und Gegenerklärung sind zur Ernennung der Beisitzer dem Präsidenten des Reichsgerichts vorzulegen. Dieser teilt die Ernennung den Beteiligten mit.

§ 4. Alle weiteren Schriftsätze und Erklärungen eines Beteiligten sind dem Gegner bekanntzugeben; auch ihnen sind stets drei Abschriften beizufügen.

§ 5. Der Vorsitzende kann einen der beiden Beisitzer zum Berichterstatter, auch den zweiten Beisitzer zum Mitberichterstatter ernennen.

§ 6. Hält der Vorsitzende Ermittlungen oder Beweiserhebungen für erforderlich, so ordnet er sie von Amts wegen an. Hat er einen Berichterstatter oder auch einen Mitberichterstatter ernannt, so soll er sie vorher hören.

Der Vorsitzende kann den Berichterstatter oder Mitberichterstatter oder beide mit den Ermittlungen und der Erhebung der Beweise beauftragen.

Für den Beweis durch Augenschein, Zeugen und Sachverständige gelten die Vorschriften der Zivilprozeßordnung. Über die Beeidigung von Zeugen und Sachverständigen entscheidet derjenige, der sie vernimmt. Das Reichsbahngericht kann die nachträgliche Beeidigung einer unbeeidigt gebliebenen Person anordnen.

Die Beteiligten sind von den Beweisterminen durch eingeschriebenen Brief zu benachrichtigen. Sie sind befugt, zu den Beweisterminen Vertreter zu entsenden.

§ 7. Auf die Ersuchen des Reichsbahngerichts an die Gerichte und Verwaltungsbehörden um Rechtshilfe finden die §§ 157 bis 162, 165 bis 167[2]) des Gerichtsverfassungsgesetzes Anwendung.

Das Reichsbahngericht kann von allen Behörden die Vorlage von Akten und Urkunden verlangen.

§ 8. Hält der Vorsitzende die Sache für genügend geklärt, so beruft er das Reichsbahngericht zur Beratung und Entscheidung. Ist ein Berichterstatter ernannt, so hat er dem Vorsitzenden vorher ein schriftliches Gutachten einzureichen. Ist auch ein Mitberichterstatter ernannt, so teilt ihm der Vorsitzende das Gutachten zur Gegenäußerung mit; die Gegenäußerung kann schriftlich vor dem Termin oder mündlich bei der Beratung erfordert werden.

§ 9. Das Reichsbahngericht kann vor der Beschlußfassung eine mündliche Verhandlung anordnen. Auf Antrag einer Partei muß es sie anordnen; in diesem Falle sind die Beteiligten durch eingeschriebenen Brief von dem Termine zu benachrichtigen. Zwischen dem Termin und der Absendung der Benachrichtigung muß eine Frist von acht Tagen liegen.

§ 10. Außerhalb der Sitzungen nimmt der Vorsitzende die Befugnisse des Reichsbahngerichts wahr.

§ 11. Das Reichsbahngericht entscheidet auf Grund nichtöffentlicher Beratung durch schriftlichen Beschluß, der den Beteiligten zuzustellen ist.

Im Falle einer mündlichen Verhandlung hält der Berichterstatter und, falls ein solcher nicht ernannt ist, der Vorsitzende einen Vortrag über die Ergebnisse des bisherigen Verfahrens. Sind Vertreter oder Bevollmächtigte der Beteiligten anwesend, so erhalten sie das Wort.

§ 12. Bei Verhandlungen und Beweisaufnahmen haben auf Verlangen dessen, der sie leitet, Vertreter und Bevollmächtigte der Beteiligten ihre Befugnisse nachzuweisen.

§ 13. Die Vorschriften der Zivilprozeßordnung über die Ausschließung und Ablehnung von Gerichtspersonen und die Leitung der Verhandlung sowie diejenigen des Gerichtsverfassungsgesetzes über die Öffentlichkeit, die Be-

---

[1]) Die Novelle zum RBahnG macht Änderungen obiger GeschO nötig; z. B. der Druckl. d. W. sind diese noch nicht verfügt; sie werden evtl. im Nachtrage mitgeteilt werden.

[2]) Die Anführung ist berichtigt in: §§ 156—161, 164—166. Bek. 11. Sept. 25, RGBl II 947.

ratung und Abstimmung finden entsprechende Anwendung; jedoch kann in der mündlichen Verhandlung die Öffentlichkeit nur wegen Gefährdung der Staatssicherheit ausgeschlossen werden.

Der Vorsitzende stimmt zuletzt; von den Beisitzern stimmt der nach dem Lebensalter jüngere vor dem älteren.

Die Mitglieder des Reichsbahngerichts sind verpflichtet, über den Hergang bei der Beratung und Abstimmung Stillschweigen zu beobachten.

§ 14. Über die mündliche Verhandlung bei dem Reichsbahngericht ist durch einen vereidigten Protokollführer des Reichsgerichts ein Protokoll aufzunehmen. Die §§ 159 bis 162, 163 Abs. 1, Abs. 2 Satz 1 der ZPO. finden entsprechende Anwendung.

Dasselbe gilt für die Beweisaufnahme.

§ 15. Die Entscheidung des Reichsbahngerichts ist von den Richtern, die bei der Entscheidung mitgewirkt haben, zu unterschreiben. Ist ein Richter verhindert, seine Unterschrift beizufügen, so wird das unter Angabe des Verhinderungsgrundes von dem Vorsitzenden, bei dessen Verhinderung von dem ältesten Beisitzer, unter der Entscheidung bemerkt.

§ 16. Das Reichsbahngericht entscheidet im Namen des Reichs.

§ 17. Nach mündlicher Verhandlung muß die Entscheidung verkündet werden.

Alle Entscheidungen werden den Beteiligten von Amts wegen zugestellt. Die §§ 208 bis 213 der ZPO. sind entsprechend anzuwenden.

§ 18. Als Verkündung der Entscheidung im Sinne des § 44 Abs. 3 und 4 des Reichsbahngesetzes gilt deren Zustellung in den Fällen, in denen eine mündliche Verhandlung nicht stattgefunden hat.

§ 19. Das Reichsbahngericht führt das große und das kleine Reichssiegel, letzteres mit der Umschrift „Reichsbahngericht".

§ 20. Ruft im Falle des § 44 Abs. 4 des Reichsbahngesetzes ein Beteiligter nach Ablauf der vorgesehenen Fristen den Schiedsrichter an, so hat das Reichsbahngericht das vor ihm schwebende Verfahren durch Beschluß einzustellen und den Beschluß den Beteiligten zuzustellen.

§ 21. Das Verfahren vor dem Reichsbahngericht und den von ihm ersuchten und beauftragten Stellen ist gebührenfrei.

Die Auslagen der Beteiligten werden nicht erstattet.

§ 22. Die nichtrichterlichen Beamten des Reichsgerichts haben zugleich die Geschäfte bei dem Reichsbahngericht ohne besondere Entschädigung zu versehen.

Bei Dienstverrichtungen außerhalb des Wohnsitzes haben die Mitglieder und Beamten Anspruch auf Ersatz ihrer Auslagen.

Leipzig, den 20. Dezember 1924.

Der Präsident des Reichsgerichts

6. Gesetz über den Friedensschluß zwischen Deutschland und den alliierten und assoziierten Mächten. Vom 16. Juli 1919 (RGBl. 687).

Auszug aus den hinter dem Gesetze abgedruckten Friedensbedingungen.

Der „Friedensvertrag"[1]) enthält eine große Anzahl von Bestimmungen, die das Eisenbahnwesen unmittelbar betreffen oder doch für die Eisenbahnen von besonderer Bedeutung sind. Im folgenden werden nur die wichtigsten und auch diese im allgemeinen nur so weit mitgeteilt, wie sie für einen längeren Zeitraum gelten und nicht schon verwirklicht sind. Der nachfolgende deutsche Wortlaut ist nur eine (amtliche) Übersetzung.

Art. 23. Unter Vorbehalt der Bestimmungen der schon bestehenden oder künftig abzuschließenden internationalen Übereinkommen und im Einklang mit diesen Bestimmungen übernehmen die Bundesmitglieder[2]) folgendes:

(a bis d)

e) sie werden die nötigen Anordnungen treffen, um die Freiheit des Verkehrs und der Durchfuhr, sowie die gerechte Regelung des Handels aller Bundesmitglieder[2]) zu gewährleisten und aufrechtzuerhalten ...[3]);

f) ...

Art. 40 enthält den Verzicht Deutschlands auf seine Sonderbeziehungen zum Großherzogtum Luxemburg, namentlich auf seine Rechte bezüglich des Eisenbahnbetriebs.

Aus der Anlage zu Teil III Abschn. 4 Saarbecken (hinter Art. 50):

§ 6. Auf den deutschen Eisenbahnen und Kanälen darf kein Tarif eingeführt werden, der die Beförderung des Personals und der Erzeugnisse der Gruben und ihrer Nebenanlagen, sowie des für ihre Ausbeutung nötigen Geräts durch mittel- oder unmittelbare Unterscheidungen beeinträchtigt.

---

[1] Inkraftgetreten 10. Jan. 20: Bek 11. Jan. 20 RGBl 31.

[2]) Des Völkerbundes.

[3]) Übersicht über die getroffenen Maßnahmen: v. Schröder, Die deutschen EisGesetze, Teil B 5. Aufl. (1926) § 36; v. der Leyen, Deutsche Wirtschaftszeitung **1927** 508ff. u. im Handwörterbuch der Staatswissenschaften Artikel „Eisenbahnen (allgemeiner Teil)" Abschn. IX; P. Wolf, Verkehrstechn. Woche **1928** 213ff. — Aus den v. Völkerbunde veranlaßten Konferenzen v. Barcelona (1921) u. Genf (1923) sind die als Beilagen A und B abgedruckten Vereinbarungen hervorgegangen.

Diese Beförderungen genießen alle Rechte und Vergünstigungen, die in internationalen Übereinkommen über Eisenbahnen für entsprechende Erzeugnisse französischen Ursprungs gewährleistet werden.

§§ **7, 8** enthalten Verpflichtungen der Eisenbahnen des Saarbeckens[4]) und sonstige eisenbahnrechtliche Bestimmungen im Interesse der Ausbeutung der Saargruben durch Frankreich. Nach § 19 hat der Regierungsausschuß, der das Saarbecken für den Völkerbund „regiert", volle Freiheit in der Verwaltung und Ausbeutung der Eisenbahnen. § 22 Abs. 3 bestimmt, daß Personen, Waren, Schiffe, Eisenbahnwagen, Fahrzeuge und Postsendungen im Verkehr aus und nach dem Saarbecken alle Rechte und Vorteile genießen, die für den Durchgangsverkehr und die Beförderung in Teil XII des Vertrags aufgeführt sind (s. unten).

Aus Abschnitt V. Elsaß-Lothringen sei erwähnt, daß nach Art. 66 alle Rheibrnücken zwischen Elsaß-Lothringen und Altdeutschland in ihrer ganzen Länge Eigentum des französischen Staates werden und nach Art. 67 Frankreich in alle Rechte des Deutschen Reichs auf allen in Betrieb oder Bau befindlichen Eisenbahnstrecken[5]), die unter Verwaltung der Reichseisenbahnen stehen, sowie in bezug auf Eisenbahn- und Straßenbahnkonzessionen in Elsaß-Lothringen eintritt. Nach Art. 70 hat Frankreich das Recht, in E.-L. jede neue deutsche Beteiligung an der Verwaltung und Ausnützung der Eisenbahnen zu verbieten[6]).

Aus Abschnitt VIII. Polen[7]).

Art. 89. Polen verpflichtet sich, dem Personen-, Waren-, Schiffs-, Boots-, Eisenbahnwagen- und Postverkehr zwischen Ostpreußen und dem übrigen Deutschland durch das polnische Gebiet einschließlich der Hoheitsgewässer völlige Durchgangsfreiheit zuzugestehen und ihm hinsichtlich der Verkehrserleichterungen oder -beschränkungen sowie in jeder anderen Hinsicht zum mindesten dieselbe günstige Behandlung zuteil werden zu lassen, wie dem Verkehr von Personen, Waren, Schiffen, Booten, Wagen, Eisenbahnwagen und Postsendungen, die polnischer Nationalität, polnischen Ursprungs, polnischer Herkunft, polnisches Eigentum sind oder von einem polnischen Abgangsort kommen; wird einer andern Nationalität eine noch günstigere Behandlung als der polnischen gewährt, so ist diese Behandlung maßgebend.

Die Durchgangsgüter bleiben von allen Zoll- oder ähnlichen Abgaben frei.

Die Durchgangsfreiheit erstreckt sich auf den Draht- und Fernsprechdienst unter den Bedingungen, wie sie in dem im Artikel 98 vorgesehenen Übereinkommen festgelegt sind.

Art. 98[7]). Deutschland und Polen werden ... Übereinkommen abschließen ..., das einerseits Deutschland für den Eisenbahn-, Draht- und Fernsprechverkehr zwischen Ostpreußen und dem übrigen Deutschland durch das polnische Gebiet die volle Möglichkeit geeigneter Betätigung gewährleistet und andererseits Polen für seinen Verkehr mit der freien Stadt Danzig durch das etwa auf dem rechten Weichselufer zwischen Polen und der freien Stadt Danzig liegende deutsche Gebiet die gleiche Möglichkeit sichert.

---

[4]) Ferner: G üb. das Protokoll üb. die Regelung des Arbeiterverkehrs an der deutsch-saarländ. Grenze v. 29. Jan. 27 (RGBl II 19); G üb. die Unterhaltung der Grenze des Saargebiets u. die Gebrauchsrechte an dieser Grenze v. 11. April 27 (das. 259). — Rechtsverhältnisse der Saarbahn: Sarter-Kittel S. 127.

[5]) In Elsaß-Lothringen; die auf preuß. Gebiete belegenen Strecken der ehemal. Reichsbahnen sind darin nicht einbegriffen.

[6]) Ferner G 6. Juli 27 RBBl II 469 üb. d. Abkommen zw. dem D. Reiche u. Frankreich üb. d. Einricht. der Grenzbahnhöfe; G 4. Nov. 27 (RGBl II 959) über den Vtr m. Frankreich üb. d. Festsetzung der Grenze.

[7]) A. Verzeichnis der hier in Betracht kommenden Abmachungen zw. dem Deutschen Reiche u. Polen sowie Danzig (im Zusammenh. behandelt v. Crusen, Blätter f. Gesetzeskunde **1922** Heft 6, namentl. S. 499, 521—530, 545ff.; s. auch Neumeyer § 79 passim).

a) G betr. den deutsch-poln. Vtr (v. 9. Nov. 19) üb. d. vorläuf. Regelung v. Beamtenfragen v. 23. Jan. 20 (RGBl 77);

b) Bek üb. das am 20. Sept. 20 unterzeichn. d.-poln. Abkommen betr. d. Überleit. d. Rechtspflege v. 8. Dez. 20 (RGBl 2043), dazu E 14. Feb. 21 EF Pr V 65. 292 u. unten i;

c) G betr. das Abk. (v. 21. April 21) zw. Deutschl., Polen u. der fr. St. Danzig üb. d. freien Durchgangsverkehr zw. Ostpreußen u. dem übr. Deutschl., v. 12. Juli 21 (RGBl 1069) mit Bek 4. Dez. 23 (RGBl II 483) betr. Zusatzabk. 15. Juli 22 (dazu Vf 12g 7004 v. 23. Okt. 25, SchiedsgerichtsU 21. Aug. 25 VZ **1926** 873 u. 22. Juli 26 das. 846 u. RG 2. Mai 29 **124** 204);

d) G üb. das am 15. Mai 22 in Genf abgeschloss. d.-poln. Abk. üb. Oberschlesien v. 11. Juni 22 RGBl II 237 (im Abk. behandeln Artt. 396—561 das Eis-Wesen besonders) mit abänd. Abk. 11. Jan. 24: Bek 4. März 24 RGBl II 47 (dazu RG **117** 280);

e) G üb. d. Abk. (v. 15. Mai 22) zw. Deutschl. u. Polen üb. die Grenzübergangsbahnhöfe mit beiderseit. Zoll- u. Paßabfert. u. über Rechte u. Pflichten der Beamten im privil. Durchgangs- u. EisÜbergangsverk. v. 11. Juni 22 (RGBl II 573);

f) G üb. d. Abk. (v. 29. April 22) zw. d. D. Reiche u. der Republ. Polen üb. Erleicht. d. Grenzverk. (d.-poln. Grenzabk.) v. 21. Juli 22 (RGBl II 719);

g) G zu dem deutsch-poln. Abkommen (v. 23. Feb. 24) üb. d. oberschles. Grenzbezirk v. 30. Juni 24 (RGBl II 147);

h) G zu dem deutsch-poln. Abkommen (v. 23. Feb. 24) üb. die Rechte der Mitglieder u. Beamten des gemeinsch. Oberkomitees der oberschles. Eisenbahnen v. 28. Aug. 24 (RGBl II 359);

i) G wegen des deutsch-poln. Vertrags (v. 5. März 24) üb. den Rechtsverkehr v. 19. März 25 (RGBl II 139), vgl. oben b;

k) G betr. das Abkommen (v. 30. Dez. 24) zw. Deutschland u. Polen üb. Erleichterungen im kleinen Grenzverkehr v. 23. Juli 25 (RGBl II 661);

l) G üb. das am 27. März 26 unterzeichn. Abkommen

Art. 104[7]). Die alliierten ... Hauptmächte verpflichten sich, ein Übereinkommen zwischen der polnischen Regierung und ... Danzig zu vermitteln, das ... den Zweck haben soll:

3. Polen die Überwachung und Verwaltung ... des gesamten Eisenbahnnetzes innerhalb der Grenzen der Freien Stadt, mit Ausnahme der Straßenbahnen und der sonstigen in erster Linie den Bedürfnissen der Freien Stadt dienenden Bahnen, ... zu gewährleisten;
4. Polen das Recht zum Ausbau und zur Verbesserung der ... Eisenbahnen ... zu gewährleisten ...;
5. 6. ...

Art. 156. (Verzicht auf die Eisenbahnen in Schantung.)

Anlage V hinter Art. 244 betrifft Kohlenlieferungen an Frankreich, Belgien, Italien und Luxemburg und bestimmt in § 6, daß die Tarife für die Beförderung dieser Kohlen auf dem Eisenbahn- oder Wasserwege nicht höher sein dürfen als die niedrigsten Tarife für gleichartige Beförderungen in Deutschland.

Art. 282 zählt die von Deutschland mit den alliierten usw. Mächten abgeschlossenen Verträge u. dgl. auf, die allein noch weiter in Kraft geblieben sind; zu diesen auch ferner geltenden Abmachungen gehören die vom 15. Mai 1886, betr. die Plombierung der der Zollbesichtigung unterliegenden Waggons, mit Protokoll vom 18. Mai 1907, und die vom 15. Mai 1886 betr. die technische Einheit im Eisenbahnwesen[8]).

Von den Bestimmungen des Teiles XII — Häfen, Wasserstraßen und Eisenbahnen — haben die die Eisenbahnen betreffenden Artt. 321—326, 365, 367—369, durch die den deutschen Eisenbahnen weitgehende verkehrsrechtliche und tarifarische Bindungen zugunsten der Feinde auferlegt worden waren, ihre Schärfe verloren, nachdem die in Art. 378 (unten) vorgesehene fünfjährige Frist abgelaufen ist.

[9]) **Art. 366.** Mit Wirkung vom Inkrafttreten des gegenwärtigen Vertrags an erneuern die hohen vertragschließenden Teile, nach Maßgabe ihrer Beteiligung und unter den im zweiten Absatz des gegenwärtigen Artikels bezeichneten Vorbehalten, die in Bern am 14. Oktober 1890, 20. September 1893, 16. Juli 1895, 16. Juni 1898 und 19. September 1906 über den Eisenbahnfrachtverkehr getroffenen Übereinkommen und Vereinbarungen.

Wird binnen fünf Jahren nach Inkrafttreten des gegenwärtigen Vertrags ein neues Übereinkommen über die Eisenbahnbeförderung von Personen, Gepäck und Gütern an Stelle der Berner Konvention vom 14. Oktober 1890 und ihrer oben genannten Nachträge geschlossen, so ist dieses neue Übereinkommen samt den auf ihm beruhenden Zusatzbestimmungen über den internationalen Eisenbahnverkehr für Deutschland verbindlich, und zwar auch dann, wenn diese Macht sich weigert, an der Vorbereitung des Übereinkommens mitzuwirken und ihm beizutreten[9]) ...

Art. 370[8]). Deutschland verpflichtet sich, die deutschen Wagen mit Einrichtungen zu versehen, die es ermöglichen:

1. sie in die Güterzüge auf den Strecken derjenigen alliierten und assoziierten Mächte, die Mitglieder der am 18. Mai 1907 abgeänderten Berner Konvention vom 15. Mai 1886[8]) sind, einzustellen, ohne die Wirkung der durchgehenden Bremse zu behindern, die in den ersten zehn Jahren seit Inkrafttreten des gegenwärtigen Vertrags[1]) in jenen Ländern etwa eingeführt wird;
2. die Wagen dieser Mächte in alle Güterzüge einzustellen, die auf den deutschen Strecken verkehren.

Das rollende Material der alliierten und assoziierten Mächte erfährt hinsichtlich des Umlaufs, der Unterhaltung und der Instandsetzung auf den deutschen Strecken dieselbe Behandlung wie das deutsche.

Art. 371 stellt Grundsätze für die Bedingungen auf, unter denen die Abtretung der nach dem Vertrage auf andere Staaten übergehenden deutschen Eisenbahnen vor sich geht.

Art. 372. Durchquert infolge der Festsetzung neuer Grenzen eine Eisenbahnverbindung zwischen zwei Teilen desselben Landes ein anderes Land oder verläuft eine Zweiglinie aus einem Land in ein anderes, so werden vorbehaltlich der Sonderbestimmungen des gegenwärtigen Vertrags die Betriebsverhältnisse in einem Abkommen zwischen den beteiligten Eisenbahnverwaltungen geregelt. Können diese Verwaltungen sich über die Bedingungen dieses Abkommens nicht einigen, so werden die Streitfragen gegebenenfalls durch Sachverständigenausschüsse entschieden, die nach den Bestimmungen des vorstehenden Artikels gebildet werden.

üb. den EisVerkehr zw. Deutschland einers., Polen u. Danzig anders., v. 13. Dez. 26 (RGBl II 755); dazu Wyszomirski VZ **1927** 261 u. Arch **1927** 1443;

m) G wegen e. Abkommens üb. die gemeins. Zoll- u. Paßabfert. u. den EisVerkehr in Kurzebrack v. 29. März 27 (RGBl II 142);

n) G wegen e. Abkommens üb. den EisVerkehr auf der EisStrecke Firchau—Marienburg v. 14. Mai 27 (RGBl II 327); dazu Wyszomirski VZ **1927** 921.

Verhandlungen über den Abschluß eines Handelsvertrags mit Polen schweben z. Z. (März 1930) noch.

B. Wenig Eisenbahnrecht enthält der Vertrag mit Dänemark betr. die Regelung der durch den Übergang der Staatshoheit in Nordschleswig auf Dän. entstandenen Fragen (G 1. Juni 22, RGBl II 141).

[8]) Techn. Einheit: unten VI 2. Zu Art. 370: Besser, Kommentar zu BO S. 6.

[9]) An Stelle des IntÜb v. 1890 sind das IÜP und das IÜG getreten, bei deren Beratung die Deutsche Regierung mitgewirkt hat. S. unten Abschn. VII.

Art. 374. Deutschland verpflichtet sich, innerhalb einer Frist von zehn Jahren nach Inkrafttreten des gegenwärtigen Vertrags[1]) auf einen von der schweizerischen Regierung nach vorheriger Verständigung mit der italienischen gestellten Antrag für die Kündigung des internationalen Übereinkommens vom 13. Oktober 1909 über die Gotthardbahn anzunehmen. Sollte über die Bedingungen dieser Kündigung kein Einverständnis erzielt werden, so verpflichtet sich Deutschland schon jetzt, sich der Entscheidung eines von den Vereinigten Staaten von Amerika zu ernennenden Schiedsrichters zu unterwerfen.

Art. 378. Die Bestimmungen der Artikel 321 bis 330, 332, 365 und 367 bis 369 dürfen nach Ablauf von fünf Jahren nach Inkrafttreten des gegenwärtigen Vertrags[1]) jederzeit von dem Rate des Völkerbunds nachgeprüft werden[10]).

Mangels einer solchen Nachprüfung kann keine der alliierten und assoziierten Mächte nach Ablauf der im vorstehenden Paragraphen vorgesehenen Frist den Vorteil irgendeiner der Bestimmungen, die in den vorstehend aufgezählten Artikeln enthalten sind, zugunsten eines Teiles ihrer Gebiete, für den sie keine Gegenseitigkeit gewährt, beanspruchen. Die fünfjährige Frist, während der keine Gegenseitigkeit gefordert werden darf, kann vom Rate des Völkerbundes verlängert werden[10]).

Art. 379. Unbeschadet der besonderen Verpflichtungen . . . verpflichtet sich Deutschland, jedem allgemeinen Abkommen über die internationale Regelung des Durchgangsverkehrs[11]), der Schiffahrtswege, der Häfen und Eisenbahnen beizutreten, das zwischen den alliierten und assoziierten Mächten mit Zustimmung des Völkerbundes binnen fünf Jahren nach Inkrafttreten des gegenwärtigen Vertrags[1]) abgeschlossen wird.

Ein Anhängsel des „Friedensvertrags" ist das sog. Rheinlandabkommen vom 28. Juni 1919, abgeschlossen zwischen den Vereinigten Staaten von Amerika, Belgien, dem Britischen Reiche und Frankreich einerseits, Deutschland anderseits über die militärische Besetzung der Rheinlande, ergänzt durch das mit Bek 30. Mai 1925 (RGBl II 315) verkündete Pariser Abkommen vom 5. Mai 1925. Beide Abkommen enthalten über die Verhältnisse der rheinländischen Eisenbahnen, ihre Verpflichtungen zugunsten der Besatzungsmächte u. a. m. Bestimmungen, die wegen ihres Umfangs und ihrer vorübergehenden Bedeutung hier nicht abgedruckt werden. Mit Inkrafttreten der Haager Abkommen v. 1929/30 treten jene Vereinbarungen außer Kraft (oben I 4c).

Beilage A (zu Anmerkung 3).

Gesetz, betreffend das Übereinkommen und Statut über die internationale Rechtsordnung der Eisenbahnen. Vom 31. Oktober 1927 (RGBl II 909)[1]).

Artikel 1. Dem auf der Verkehrskonferenz in Genf am 9. Dezember 1923 beschlossenen und von der Deutschen Regierung am gleichen Tage unterzeichneten Übereinkommen und Statut über die internationale Rechtsordnung der Eisenbahnen sowie dem dazugehörigen Zeichnungsprotokoll wird zugestimmt.

Der Vertrag und das Zeichnungsprotokoll werden nebst Übersetzung nachstehend veröffentlicht.

Artikel 2. Dieses Gesetz tritt mit dem auf die Verkündung folgenden Tage in Kraft. Der Tag, an dem das Übereinkommen und das Zeichnungsprotokoll gemäß Artikel 6 des Übereinkommens in Kraft treten, ist im Reichsgesetzblatt bekanntzumachen[2]).

(Übersetzung)

Übereinkommen über die internationale Rechtsordnung der Eisenbahnen

Deutschland, Österreich, Belgien, Brasilien, das Britische Reich (mit Neuseeland und Indien), Bulgarien, Chile, Dänemark, die Freie Stadt Danzig, Spanien, Estland, Finnland, Frankreich[3]), Griechenland, Ungarn, Italien, Japan, Lettland, Litauen, Norwegen, die Niederlande, Polen, Portugal, Rumänien, Salvador, das Königreich der Serben, Kroaten und Slowenen, Siam, Schweden, die Schweiz, die Tschechoslowakei und Uruguay,

von dem Wunsche geleitet, die Freiheit der Verkehrswege und des Durchgangsverkehrs zu gewährleisten und aufrechtzuerhalten und zu diesem Zwecke den Ausbau der internationalen Zusammenarbeit bei der Einrichtung und Durchführung der Eisenbahntransporte zu erleichtern;

---

[10]) Ist nicht geschehen; die Vorauss. des Abs. 2 Satz 1 sind also eingetreten.

[11]) Ein solches Abkommen ist am 20. April 1921 in Barcelona getroffen u. in Deutschland durch Bek 4. Okt. 24 (RGBl II 387) verkündet worden. S. unten Beilage B. — Nicht unter Art. 379 fällt der Internationale Eisenbahnverband (s. unten Abschn. VII 1).

[1]) Der nachstehende Abdruck v. Übereinkommen u. Statut gibt die im RGBl mitgeteilte deutsche Übersetzung wieder. — Die Vorgeschichte des Übereink. ist aus dessen Präambel zu ersehen. — Schrifttum. IntZtschr **31** (1923) 290 (Übersicht üb. Entstehung u. Inhalt); **32** (1924) 47 (KomBer); v. der Leyen, Handwörterbuch der Staatswiss., 4. Aufl. III 584; Derselbe, Ztschr. f. Verkehrswissenschaft **1925** 104f.; Derselbe, Deutsche Wirtschaftsztg. **1927** 511. Wolf, Verkehrstechn. Woche **1928** 214.

[2]) Bek 30. Jan. 28 RGBl II 14 betr. Ratifikation des Üb. durch Deutschland u. mehrere andere Staaten; danach sind Üb. u. Zeichnungsprotokoll gemäß Üb. Art. 6 in Deutschland am 5. März 28 in Kraft getreten.

[3]) Art. 30 des Handelsabk. mit Frankreich s. unten X 5c.

von dem weiteren Wunsche geleitet, die Anwendung des Grundsatzes der gerechten Behandlung des Handels auf die internationalen Eisenbahntransporte sicherzustellen;

in Erwägung, daß der beste Weg, um in dieser Frage zu einem Ergebnis zu gelangen, ein allgemeines Übereinkommen ist, dem später möglichst viele Staaten beitreten können;

in Erkenntnis der Tatsache, daß die internationale Verständigung auf dem Gebiete des Eisenbahntransportwesens schon zu zahlreichen Sondervereinbarungen zwischen Staaten und zwischen Eisenbahnverwaltungen geführt hat und daß gerade durch solche Sondervereinbarungen, welche die in einem allgemeinen Übereinkommen aufgestellten Grundsätze praktisch zur Anwendung bringen, die Fortschritte der internationalen Verständigung auf diesem Gebiete am besten gefördert werden;

aber in der Meinung, daß ohne den Spielraum solcher Sondervereinbarungen oder die unmittelbaren Beziehungen und Verständigungsbestrebungen der Eisenbahnverwaltungen einzuengen und, ohne die Hoheits- und Herrschaftsrechte der Staaten zu beeinträchtigen, es vielmehr möglich sein wird, durch die Ausarbeitung einer zusammenfassenden und planmäßigen Regelung der anerkannten internationalen Verbindlichkeiten auf dem Gebiete des internationalen Eisenbahntransportwesens den zwischen den einzelnen Staaten oder Eisenbahnverwaltungen schon geltenden Grundsätzen eine möglichst große Verbreitung zu sichern und dadurch künftig den Abschluß neuer Sondervereinbarungen nach den Bedürfnissen der Entwicklung des internationalen Verkehrs in weitestem Umfange zu fördern;

in Erwägung, daß die auf Einladung des Völkerbundes am 10. März 1921 in Barcelona zusammengetretene Konferenz den Wunsch ausgesprochen hat, es möchte ein allgemeines Übereinkommen über die internationale Rechtsordnung der Eisenbahnen innerhalb eines Zeitraumes von 2 Jahren abgeschlossen werden, und daß die am 10. April 1922 in Genua zusammengetretene Konferenz in einer Entschließung, die den zuständigen Stellen des Völkerbundes mit Zustimmung des Völkerbundsrats und der Völkerbundsversammlung übermittelt worden ist, das Verlangen ausgesprochen hat, es möchten sobald als möglich die in den Friedensverträgen vorgesehenen internationalen Übereinkommen über die Rechtsordnung der Verkehrswege abgeschlossen und in Kraft gesetzt werden, und daß in Artikel 379 des Vertrages von Versailles und in den entsprechenden Artikeln der übrigen Verträge die Ausarbeitung eines allgemeinen Übereinkommens über die internationale Rechtsordnung der Verkehrswege vorgesehen ist;

nach Annahme der Einladung des Völkerbundes zur Teilnahme an einer nach Genf auf den 15. November 1923 einberufenen Konferenz,

in dem Bestreben, die Bestimmungen des auf dieser Konferenz angenommenen Statuts über die internationale Rechtsordnung der Eisenbahnen in Kraft zu setzen und zu diesem Zweck ein allgemeines Übereinkommen abzuschließen,

haben als Hohe Vertragschließende Teile zu ihren Bevollmächtigten ernannt:

(folgen die Namen der Bevollmächtigten)

die nach Austausch ihrer ... Vollmachten über folgendes übereingekommen sind:

Artikel 1. Die Vertragsstaaten erklären, daß sie das anliegende Statut über die internationale Rechtsordnung der Eisenbahnen annehmen, das von der zweiten in Genf am 15. November 1923 zusammengetretenen allgemeinen Konferenz über die Verkehrswege und den Durchgangsverkehr gutgeheißen worden ist.

Das Statut bildet einen wesentlichen Bestandteil dieses Übereinkommens. Infolgedessen erklären sie, daß sie die Verpflichtungen und Verbindlichkeiten des Statuts nach seinem Wortlaut und nach Maßgabe der darin enthaltenen Bedingungen annehmen.

Artikel 2. Das Übereinkommen berührt in keiner Weise die Rechte und Pflichten, die sich aus den Bestimmungen des in Versailles am 28. Juni 1919 unterzeichneten Friedensvertrages und der übrigen gleichartigen Verträge in bezug auf die Mächte ergeben, die diese Verträge unterzeichnet haben oder aus ihnen Rechtsvorteile herleiten können.

Artikel 3. Das Übereinkommen, dessen französischer und englischer Wortlaut in gleicher Weise maßgebend ist, trägt das Datum des heutigen Tages und bleibt bis zum 31. Oktober 1924 zur Unterzeichnung offen für jeden auf der Konferenz von Genf vertretenen Staat, für jedes Mitglied des Völkerbundes und für jeden Staat, dem der Völkerbundsrat zu diesem Zweck eine Ausfertigung des Übereinkommens zugestellt hat.

Artikel 4[2]**.** Das Übereinkommen bedarf der Ratifikation. Die Ratifikationsurkunden sind dem Generalsekretär des Völkerbundes zu übermitteln, der ihre Hinterlegung allen Staaten mitteilt, die es unterzeichnet haben oder ihm beigetreten sind.

Artikel 5. Vom 1. November 1924 an kann jeder auf der in Artikel 1 erwähnten Konferenz vertretene Staat, jedes Mitglied des Völkerbundes und jeder Staat, dem der Völkerbundsrat zu diesem Zweck eine Ausfertigung des Übereinkommens zugestellt hat, diesem beitreten.

Dieser Beitritt geschieht durch eine dem Generalsekretär des Völkerbundes zu übermittelnde Urkunde, die im Archiv des Sekretariats zu hinterlegen ist. Der Generalsekretär gibt die Hinterlegung sofort allen Staaten bekannt, die das Übereinkommen unterzeichnet haben oder ihm beigetreten sind.

Artikel 6[2]**.** Das Übereinkommen tritt erst nach Ratifikation durch fünf Staaten in Kraft, und zwar am neunzigsten Tage nach dem Eingang der fünften Ratifikationsurkunde beim Generalsekretär des Völkerbundes. In der Folge erlangt das Übereinkommen für jeden Vertragsteil Rechtswirkung 90 Tage nach dem Eingang seiner Ratifikationsurkunde oder der Bekanntgabe seines Beitritts.

Gemäß den Bestimmungen des Artikels 18 der Völkerbundssatzung hat der Generalsekretär die Eintragung des Übereinkommens am Tage seines Inkrafttretens vorzunehmen.

Artikel 7. Der Generalsekretär des Völkerbundes führt unter Beachtung des Artikels 9 ein besonderes Verzeichnis derjenigen Staaten, die das Übereinkommen unterzeichnet oder ratifiziert haben, ihm beigetreten sind oder es gekündigt haben. Das Verzeichnis steht den Mitgliedern des Völkerbundes jederzeit zur Einsicht offen und wird nach näherer Weisung des Völkerbundsrats möglichst oft veröffentlicht.

Artikel 8. Vorbehaltlich der Bestimmungen des Artikels 2 kann das Übereinkommen von jedem Vertragsteil nach Ablauf einer Frist von 5 Jahren, gerechnet vom Tage des Inkrafttretens für den betreffenden Teil, gekündigt werden. Die Kündigung erfolgt in Form einer an den Generalsekretär des Völkerbundes gerichteten schriftlichen Erklärung. Eine Abschrift der Erklärung nebst Angabe ihres Eingangsdatums wird den übrigen Vertragsteilen vom Generalsekretär sofort zugestellt.

Die Kündigung tritt ein Jahr nach dem Tage ihres Eingangs beim Generalsekretär in Kraft und hat nur in bezug auf den kündigenden Staat Rechtswirkung.

Artikel 9. Jeder Staat, der das Übereinkommen unterzeichnet oder ihm beitritt, kann entweder bei der Unterzeichnung oder bei der Ratifikation oder beim Beitritt erklären, daß die Annahme des Übereinkommens weder die Gesamtheit noch einen Teil seiner Schutzgebiete, Kolonien, überseeischen Besitzungen oder Gebiete, die seiner Staatshoheit oder Herrschaft unterstellt sind, verpflichtet; er kann später gemäß Artikel 5 gesondert beitreten im Namen irgendeines Schutzgebiets, einer Kolonie, einer überseeischen Besitzung oder eines überseeischen Gebiets, die durch diese Erklärung ausgeschlossen sind.

Ebenso kann die Kündigung gesondert für jedes Schutzgebiet, jede Kolonie, jede überseeische Besitzung oder jedes überseeische Gebiet erfolgen; für diese Kündigung gelten die Bestimmungen des Artikels 8.

Artikel 10. Nach Ablauf einer Frist von jedesmal 5 Jahren nach dem Inkrafttreten des Übereinkommens kann die Revision des Übereinkommens von fünf Vertragsstaaten beantragt werden. Zu jedem anderen Zeitpunkte kann die Revision des Übereinkommens von einem Drittel der Vertragsstaaten beantragt werden.

Statut

I. Teil. Internationaler Eisenbahnverkehr

Kapitel 1. Verbindung internationaler Strecken

Artikel 1. Um ihre Eisenbahnnetze in einer den Bedürfnissen des internationalen Verkehrs entsprechenden Weise zu verbinden, verpflichten sich die Vertragsstaaten:

in den Fällen, in denen die Eisenbahnnetze sich schon berühren, auf den bestehenden Strecken den durchgehenden Dienst einzurichten, wo immer es die Bedürfnisse des internationalen Verkehrs verlangen;

in den Fällen, in denen die bestehenden Verbindungen den Bedürfnissen des internationalen Verkehrs nicht genügen, sich ihre Entwürfe über den Ausbau bestehender Linien oder den Bau neuer Linien, deren Verbindung mit den Eisenbahnnetzen eines oder mehrerer der Vertragsstaaten oder deren Fortsetzung in das Gebiet eines oder mehrerer der Vertragsstaaten diesen Bedürfnissen entsprechen würden, unverzüglich mitzuteilen und sie in wohlwollendem Einvernehmen zu prüfen.

Die vorstehenden Bestimmungen ziehen keinerlei Verpflichtung nach sich für die Strecken, die aus örtlichen Gründen oder zur Landesverteidigung gebaut sind.

Artikel 2. Angesichts des allgemeinen Vorteils, den die Vereinigung der Förmlichkeiten beim Ein- und Austritt an ein und derselben Stelle für die Benutzer der Eisenbahnen und besonders für die Reisenden bietet, werden sich die Staaten, die sich daran nicht durch andere Rücksichten gehindert sehen, bemühen, diese Vereinigung zu verwirklichen, sei es durch die Einrichtung von gemeinschaftlichen Grenzbahnhöfen oder wenigstens von Gemeinschaftsbahnhöfen für jede Richtung, sei es durch sonstige geeignete Mittel.

Der Staat, auf dessen Gebiet sich der gemeinschaftliche Grenzbahnhof befindet, wird dem anderen Staat alle Erleichterungen für die Einrichtung und die Tätigkeit der Dienststellen gewähren, die zur Durchführung des internationalen Verkehrs unentbehrlich sind.

Artikel 3. Der Staat, auf dessen Gebiet die Anschlußstrecken oder die Grenzbahnhöfe liegen, wird den Staatsbeamten oder Eisenbahnbediensteten des anderen Staates zur Erleichterung des internationalen Verkehrs bei Ausübung ihrer Tätigkeit Hilfe und Beistand leisten. Ihre Hoheits- und Herrschaftsrechte werden hierdurch nicht berührt, bleiben vielmehr voll aufrechterhalten.

Kapitel 2. Maßnahmen zur Durchführung des internationalen Verkehrs

Artikel 4. In Erkenntnis der Notwendigkeit, dem Betrieb der Eisenbahnen die unentbehrliche Beweglichkeit zu lassen, damit er den vielseitigen Verkehrsbedürfnissen gerecht werden kann, sind sich die Vertragsstaaten darüber einig, die Freiheit dieses Betriebes unberührt zu erhalten, wobei sie aber darüber wachen werden, daß diese Freiheit ohne Nachteil für den internationalen Verkehr ausgeübt wird.

Sie verpflichten sich, dem internationalen Verkehr angemessene Erleichterungen zu gewähren und enthalten sich jeder unterschiedlichen Behandlung, die ein Übelwollen gegen die anderen Vertragsstaaten, gegen ihre Staatsangehörigen oder gegen ihre Schiffe darstellen könnte.

Die Anwendung der Bestimmungen dieses Artikels ist nicht beschränkt auf Transporte, die Gegenstand eines einzigen Vertrages bilden, sie erstreckt sich ebenfalls auf die in den Artikeln 21 und 22 des Statuts bezeichneten Transporte unter den darin aufgeführten Bedingungen.

Artikel 5. Zur Erleichterung des internationalen Personen- und Gepäckverkehrs sind die Verbindungen hinsichtlich der Fahrpläne, der Fahrgeschwindigkeit und der Reisebequemlichkeit um so günstiger zu gestalten, je wichtiger die Verkehrsverbindungen sind.

Die Staaten werden die Einführung durchlaufender Züge oder wenigstens die Einstellung durchlaufender Wagen für die wichtigen internationalen Verkehrsverbindungen sowie alle Maßnahmen zur besonders raschen und bequemen Gestaltung der Reise in diesen Verkehrsverbindungen fördern.

Artikel 6. Zur Förderung des internationalen Güterverkehrs ist die Fahrgeschwindigkeit und die Regelmäßigkeit des Verkehrs um so vorteilhafter zu gestalten, je wichtiger die Verkehrslinien sind.

Die Staaten werden alle technischen Maßnahmen fördern, die dazu bestimmt sind, auf besonders wichtigen internationalen Verkehrswegen einen ihrer Bedeutung entsprechenden Betrieb zu gewährleisten.

Artikel 7. Wenn der internationale Verkehr auf einer bestimmten Strecke vorübergehend unterbrochen oder beschränkt sein sollte, werden sich die Betriebsverwaltungen bemühen, soweit ihnen die Abhilfe obliegt, so rasch wie möglich einen regelmäßigen Betrieb herzustellen und bis dahin den Verkehr über einen anderen Weg zu leiten, und zwar im Bedarfsfalle unter Mithilfe der Verwaltungen anderer Staaten, die in der Lage sind, ihre Strecken zur Verfügung zu stellen.

Artikel 8. Die Vertragsstaaten regeln die Zoll- und Polizeiförmlichkeiten so, daß der internationale Verkehr so wenig wie möglich behindert und aufgehalten wird. Dasselbe gilt für Paßförmlichkeiten, soweit solche bestehen.

Die Vertragsstaaten werden insbesondere alle Maßnahmen zur Verminderung der in den Grenzbahnhöfen vorzunehmenden Verrichtungen fördern, namentlich den Abschluß von Vereinbarungen, betreffend den Verschluß der zu verzollenden Wagen und den zollamtlichen Verschluß der Sendungen sowie alle Einrichtungen, die es ermöglichen, die Erledigung der Zollförmlichkeiten in das Landesinnere zu verlegen.

II. Teil. Gegenseitige Benutzung des rollenden Materials und technische Einheit

Artikel 9. Die Vertragsstaaten werden in jedem nach den Umständen zulässigen vernünftigen Ausmaß die unter ihrer Staatshoheit oder Herrschaft stehenden Eisenbahnverwaltungen, deren Strecken ein zusammenhängendes Schienennetz mit gleicher Spurweite bilden, veranlassen, untereinander alle Maßnahmen zu vereinbaren, die geeignet sind, den gegenseitigen Austausch und Gebrauch des rollenden Materials zu ermöglichen und zu erleichtern[4]).

Diese Vereinbarungen können auch Bestimmungen über die Aushilfe mit leeren Wagen vorsehen, wenn die Aushilfe zur Befriedigung der Bedürfnisse des internationalen Verkehrs notwendig ist.

In den Maßnahmen, die den Gegenstand der vorerwähnten Vereinbarung bilden, sind solche nicht einbegriffen, die Veränderungen der wesentlichen Beschaffenheit des Eisenbahnnetzes oder des rollenden Materials mit sich bringen würden.

Wenn jedoch solche Veränderungen im Hinblick auf die Stärke des Verkehrs und den verhältnismäßig geringen Aufwand für die Anpassung besonders wünschenswert erscheinen, kommen die Vertragsstaaten überein, sich unverzüglich alle Vorschläge für solche Veränderungen mitzuteilen und sie wohlwollend zu prüfen.

Artikel 10[5]). Um die gegenseitige Benutzung des rollenden Materials zu erleichtern, werden die Vertragsstaaten in jedem für die glatte Abwicklung des internationalen Verkehrs dienlichen Maße die Schaffung von Übereinkommen über die technische Einheit der Eisenbahnen fördern, namentlich hinsichtlich des Baues und der Bedingungen der Unterhaltung des rollenden Materials sowie der Beladung der Güterwagen.

Um dem internationalen Verkehr jede wünschenswerte Erleichterung und Sicherheit zu geben, können diese Übereinkommen, namentlich für Gruppen angrenzender Gebiete, die Einheitlichkeit der Bedingungen für den Bau und für die technischen Einrichtungen der Eisenbahnen vorsehen.

Artikel 11. Sonderübereinkommen können eine Aushilfe mit Zugförderungsmitteln und, falls der betreffende internationale Verkehr es rechtfertigt, eine Aushilfe mit Brennstoffen oder elektrischer Arbeit vorsehen.

Artikel 12[6]). Durch Sonderübereinkommen unter den Staaten kann vorgesehen werden, daß das im Eigentum einer Eisenbahnverwaltung stehende rollende Material einschließlich der Zugförderungsmittel sowie der darin befindlichen beweglichen Gegenstände dieser Eisenbahnverwaltung einer Pfändung außerhalb der Grenzen des Staates, dem die Eigentümerin angehört, nur auf Grund eines Urteils der Gerichtsbehörden dieses Staates unterworfen werden darf.

Artikel 13. Über die Benutzung und den Umlauf der Wagen im internationalen Verkehr, die Privaten oder anderen Unternehmungen als Eisenbahnen gehören, werden Sonderübereinkommen abgeschlossen werden.

III. Teil. Beziehungen zwischen der Eisenbahn und den Benutzern[7])

Artikel 14. Zur Hebung des internationalen Verkehrs erleichtern es die Vertragsstaaten in jedem nach den Umständen zulässigen vernünftigen Ausmaß, Vereinbarungen zu schaffen zur Anwendung eines einzigen, für den gesamten Transport geltenden Vertrages. Diese Vereinbarungen sollen die größtmögliche Einheitlichkeit der Bedingungen zu erreichen suchen, unter denen der direkte Vertrag von jeder der am Transport beteiligten Verwaltungen ausgeführt werden kann.

Artikel 15. Wenn ein „einziger" Beförderungsvertrag nicht abgeschlossen worden ist, sollen angemessene Erleichterungen für die Durchführung der Transporte gewährt werden, die sich auf Grund von aufeinanderfolgenden Beförderungsverträgen über Eisenbahnen zweier oder mehrerer Vertragsstaaten erstrecken.

Artikel 16. Die hauptsächlichsten Bestimmungen, die für den „einzigen" Vertrag über die Beförderung von Reisenden und Gepäck besonders vereinbart werden sollen, sind folgende:

a) die Bedingungen, unter denen die Eisenbahn verpflichtet oder nicht verpflichtet ist, den Beförderungsvertrag anzunehmen;

b) die Bedingungen für den Abschluß des Beförderungsvertrages und für die Aufstellung der diesen Vertrag bestimmenden Urkunden;

c) die Verpflichtungen des Reisenden und die von ihm zu beachtenden Vorschriften;

---

[4]) S. die unten in VI 3 Anm. 17b genannten Vereinb. der EisVerwaltungen.

[5]) Bestimmungen über die Technische Einheit unten in VI 2.

[6]) IÜP u. IÜG (unten VII 4) Art. 55 § 3.

[7]) IÜP u. IÜG (unten VII 4).

d) die Verpflichtungen des Reisenden bezüglich der Erfüllung der mit der Beförderung notwendig verbundenen Förmlichkeiten (wie z. B. der Zollförmlichkeiten);
e) die Bedingungen für die Auslieferung des Reisegepäcks;
f) die Bestimmungen, die bei Betriebsunterbrechungen oder beim Eintritt anderer Verkehrshindernisse gelten;
g) die Haftung der Eisenbahn aus dem Beförderungsvertrag;
h) die gerichtliche Geltendmachung von Ansprüchen aus dem Beförderungsvertrag und die Vollstreckung der Urteile.

Artikel 17. Die hauptsächlichsten Bestimmungen, die für den „einzigen" Vertrag über die Beförderung von Gütern besonders vereinbart werden sollen, sind folgende:
a) die Bedingungen, unter denen die Eisenbahn verpflichtet oder nicht verpflichtet ist, den Frachtvertrag anzunehmen;
b) die Bedingungen für den Abschluß des Frachtvertrages und die Aufstellung der diesen Vertrag bestimmenden Urkunde;
c) die Festsetzung der Verpflichtungen und der Haftung der am Frachtvertrag mit der Eisenbahn Beteiligten;
d) die Bestimmungen über den einzuhaltenden Beförderungsweg und gegebenenfalls über die Lieferfristen;
e) die Bedingungen für die unterwegs zu erfüllenden, mit der Beförderung notwendig verbundenen Förmlichkeiten (wie z. B. die Zollförmlichkeiten);
f) die Bedingungen für die Ablieferung des Gutes und für die Bezahlung der Forderungen der Eisenbahn;
g) die Sicherstellung der Eisenbahn für die Bezahlung ihrer Forderungen;
h) die bei Beförderungs- oder Ablieferungshindernissen zu treffenden Verfügungen;
i) die Haftung der Eisenbahn aus dem Frachtvertrag;
j) die gerichtliche Geltendmachung von Ansprüchen aus dem Frachtvertrag und die Vollstreckung der Urteile.

IV. Teil. Tarife[7])

Artikel 18. Die nach den innerstaatlichen Gesetzen gültigen und vor ihrer Inkraftsetzung gehörig veröffentlichten Tarife bestimmen

für Reisende und Gepäck:

die Beförderungspreise gegebenenfalls einschließlich der Nebengebühren und die Bedingungen, unter denen sie anzuwenden sind;

für Güter:

die Frachtsätze einschließlich der Nebengebühren, die Einteilung der Güter, für welche die Frachtsätze gelten, und die Bedingungen für deren Anwendbarkeit.

Die Eisenbahn darf keinem Transporte den auf ihn anwendbaren Tarif verweigern, sofern die Bedingungen für seine Anwendung vorliegen.

Artikel 19. Im internationalen Verkehr dürfen über die Sätze der für einen Transport gültigen Tarife hinaus nur solche Beträge erhoben werden, die ein angemessenes Entgelt für Leistungen darstellen, für die die Tarife keine Gebühr vorsehen.

Artikel 20. In der Erkenntnis der Notwendigkeit, den Tarifen im allgemeinen die unentbehrliche Geschmeidigkeit zu lassen, um sich möglichst genau den vielseitigen Bedürfnissen des Handels und des kaufmännischen Wettbewerbs anpassen zu können, sind sich die Vertragsstaaten darüber einig, die Freiheit ihrer Tarifierung nach den durch ihre eigene Gesetzgebung eingeführten Grundsätzen unberührt zu erhalten, wobei sie darüber wachen werden, daß diese Freiheit ohne Nachteil für den internationalen Verkehr ausgeübt wird.

Sie verpflichten sich, im internationalen Verkehr angemessene Tarife sowohl hinsichtlich der Preise wie hinsichtlich der Anwendung zu gewähren und sich jeder unterschiedlichen Behandlung zu enthalten, die ein Übelwollen gegen die anderen Vertragsstaaten, gegen ihre Staatsangehörigen oder gegen ihre Schiffe darstellen könnte.

Diese Bestimmungen bilden kein Hindernis, gemeinsame Tarife für Eisenbahn und Schiffahrt aufzustellen, wenn die in den vorhergehenden Absätzen niedergelegten Grundsätze beachtet werden.

Artikel 21. Die Gültigkeit der Bestimmungen des Artikels 20 ist nicht beschränkt auf Transporte, die auf Grund eines „einzigen" Vertrages ausgeführt werden. Sie erstreckt sich ebenso auf Transporte, die auf Grund getrennter Verträge über mehrere anschließende Eisenbahnstrecken, Seestrecken oder irgendwelche andere den Gebieten mehrerer Vertragsstaaten angehörende Fahrwege ausgeführt werden, vorausgesetzt, daß die nachstehenden Bedingungen erfüllt werden.

In jedem der aufeinanderfolgenden Verträge muß der ursprüngliche Herkunftsort und der endgültige Bestimmungsort des Transports angegeben sein; das Gut muß während der ganzen Dauer der Beförderung unter Aufsicht der Transportunternehmung sein und von jeder der nachfolgenden ohne Mittelsperson und ohne anderen Zeitverlust übergeben werden, als zur Erfüllung der Übergabegeschäfte, der zoll-, steuer-, polizeiamtlichen oder sonstigen behördlichen Förmlichkeiten notwendig ist.

Artikel 22. Die Bestimmungen des Artikels 20 sind sowohl im inländischen wie im internationalen Eisenbahnverkehr auch anwendbar auf Güter, die in einem Hafen lagern, ohne Rücksicht auf die Flagge, unter der sie eingeführt worden sind oder ausgeführt werden.

Artikel 23. Die Vertragsstaaten werden sich bemühen, die Einführung internationaler Tarife nach Maßgabe der Bedürfnisse des internationalen Verkehrs, die sich vernünftigerweise befriedigen lassen, zu fördern. Sie werden die Annahme aller Maßnahmen erleichtern, die selbst außerhalb des Rahmens der internationalen Tarife eine rasche Frachtberechnung für die wichtigsten Verkehrswege ermöglichen.

Artikel 24. Die Vertragsstaaten werden sich bemühen, Einheitlichkeit in der Gestaltung der internationalen sowie auch der Binnentarife zu erreichen, insbesondere für die Gruppen angrenzender Gebiete, um dadurch die Anwendung dieser Tarife im internationalen Verkehr zu erleichtern.

V. Teil. Finanzielle Abmachungen unter den Eisenbahnverwaltungen hinsichtlich des internationalen Verkehrs

Artikel 25. Die finanziellen Abmachungen unter den Eisenbahnverwaltungen müssen derart abgefaßt sein, daß ihre Durchführung den internationalen Verkehr und besonders die Anwendung des „einzigen" Beförderungsvertrages in keiner Weise behindert.

Artikel 26[8]). Hinsichtlich der Einnahmen der Eisenbahnen sind bei solchen Abmachungen namentlich Bestimmungen über nachstehende Punkte vorzusehen:

a) Regelung des Rechts jeder Eisenbahnverwaltung auf Zuscheidung des ihr zukommenden Anteils an der Forderung der Eisenbahn;
b) Regelung der Haftung der Eisenbahnverwaltung, welche die Einziehung eines von ihr zu erhebenden Betrages versäumt hat;
c) Bestimmungen über die Sicherstellung einer genauen Abrechnung, wenn die Aufstellung solcher Abrechnungen anderen Verwaltungen anvertraut ist;
d) Bestimmungen über die Abrechnungen unter den Verwaltungen zum Zwecke größtmöglicher Einschränkung der durch diese Abrechnungen erforderlich werdenden Geldbewegung.

Artikel 27[8]). Hinsichtlich der Beträge, welche die Eisenbahn an ihre Benutzer bezahlt hat, sind bei den Abmachungen unter den Eisenbahnverwaltungen namentlich Bestimmungen über nachstehende Punkte vorzusehen:

a) Regelung des Rückgriffs einer Eisenbahnverwaltung, die eine Entschädigung gezahlt hat, auf andere am Transport beteiligte Eisenbahnverwaltungen;
b) Bestimmungen über die Grenze der Haftung der verschiedenen Eisenbahnverwaltungen oder über die Haftung, die sie als gemeinsam anerkennen wollen;
c) Bestimmungen über den Rückgriff unter den Eisenbahnverwaltungen, wenn eine von ihnen genötigt war, einen von der Eisenbahn zuviel erhobenen Betrag zu erstatten;
d) Regelung der Anerkennung richterlicher Urteile, die gegen eine Eisenbahnverwaltung ergangen sind und sie zur Zahlung eines Betrages nötigen, durch andere Verwaltungen.

Artikel 28. Wenn sich aus dem Stande der Wechselkurse Schwierigkeiten ergeben, die den internationalen Verkehr ernstlich behindern, sind Maßnahmen zu ergreifen, um diese Unzuträglichkeiten auf das geringstmögliche Maß herabzumindern.

Jede Eisenbahnverwaltung, die der Gefahr ausgesetzt ist, bei den Abrechnungen infolge der Kursschwankungen empfindliche Verluste zu erleiden, kann sich durch Erhebung eines im Verhältnis zur Verlustgefahr angemessenen Zuschlags schützen. Die unter Eisenbahnverwaltungen getroffenen Abmachungen können unter Vorbehalt regelmäßiger Nachprüfung feststehende Wechselkurse vorsehen.

Es werden Maßnahmen ergriffen, um soweit wie möglich mißbräuchliche Spekulationen von Zwischenpersonen bei der Abwickelung der aus dem Stande der Wechselkurse sich ergebenden Geschäfte zu verhindern.

VI. Teil. Allgemeine Bestimmungen

Artikel 29. Ausnahmsweise und für eine möglichst beschränkte Zeit können die Vorschriften des Statuts durch besondere oder allgemeine Maßnahmen geändert werden, die ein Vertragsstaat beim Eintreten schwerwiegender, die Sicherheit des Staates oder die Lebensinteressen des Landes berührender Ereignisse zu treffen genötigt ist. Es besteht Einverständnis darüber, daß dabei die Grundsätze des Statuts in möglichst vollem Umfange gewahrt werden müssen.

Artikel 30. Keiner der Vertragsstaaten wird durch das Statut verpflichtet, die Durchreise solcher Personen, denen das Betreten seines Gebietes verboten ist, oder den Durchgang solcher Güter zu gewährleisten, deren Einfuhr aus Gründen der öffentlichen Gesundheitspflege oder der öffentlichen Sicherheit oder zur Verhütung der Einschleppung von Tier- und Pflanzenkrankheiten untersagt ist. Was den Verkehr, abgesehen vom Durchgangsverkehr, anbetrifft, so ist keiner der Vertragsstaaten durch das Statut verpflichtet, die Beförderung solcher Personen, denen das Betreten seines Gebietes verboten ist, oder solcher Güter, deren Ein- oder Ausfuhr nach den Landesgesetzen untersagt ist, zu gewährleisten.

Jeder Vertragsstaat ist berechtigt, die erforderlichen Vorsichtsmaßregeln für die Beförderung gefährlicher oder gleichartiger Güter zu treffen, selbstverständlich ohne daß solche Maßnahmen zu einer unterschiedlichen, den Grundsätzen des Statuts zuwiderlaufenden Behandlung führen dürfen, sowie die allgemeinen polizeilichen Anordnungen einschließlich der für Auswanderer zu erlassen.

Das Statut kann ferner in keiner Weise die Maßnahmen berühren, die irgendeiner der Vertragsstaaten auf Grund allgemeiner internationaler Vereinbarungen, an denen er beteiligt ist, oder die späterhin abgeschlossen werden sollten, zu treffen sich veranlaßt sieht oder sehen könnte. Namentlich gilt dies für Vereinbarungen, die unter dem Schutze des Völkerbundes abgeschlossen sind und den Durchgangsverkehr, die Aus- oder Einfuhr bestimmter Warengattungen, wie Opium und anderer schädlicher Drogen, Waffen und Fischereierzeugnisse, betreffen, und ebenso für allgemeine Vereinbarungen, welche die Verhütung irgendwelcher Beeinträchtigung von gewerblichen, literarischen oder künstlerischen Eigentumsrechten zum Gegenstand haben oder sich auf die Anwendung falscher Waren- oder Ursprungsbezeichnungen oder anderer Mittel des unlauteren Wettbewerbes beziehen.

Artikel 31. Das Statut legt mit diesen Bestimmungen keinem der Vertragsstaaten eine neue Verpflichtung auf zur Erleichterung der Beförderung von Angehörigen eines Staates, der nicht Vertragsteil ist oder von deren Reisegepäck oder von Gütern, Personen- und Güterwagen, die aus einem Staat stammen oder nach einem Staat bestimmt sind, der nicht Vertragsteil ist.

[8]) JÜP u. JÜG (unten VII 4) Titel III Kapitel III.

Artikel 32. Das Statut ordnet nicht die Rechte und Pflichten der Kriegführenden und Neutralen in Kriegszeiten, bleibt jedoch auch in Kriegszeiten in Geltung, soweit es mit diesen Rechten und Pflichten vereinbar ist.

Artikel 33. Das Statut hat keineswegs die Aufhebung von Erleichterungen zur Folge, die in einem weitergehenden Maße, als es durch seine Bestimmungen geschehen ist, für den internationalen Eisenbahnverkehr bereits unter Bedingungen zugestanden sein sollten, die mit seinen Grundsätzen vereinbar sind. Ebensowenig will es die Gewährung solcher Erleichterungen für die Zukunft ausschließen.

Artikel 34. Jeder Vertragsstaat, der gegen die Anwendung irgendeiner Bestimmung des Statuts auf seinem Gesamtgebiet oder auf einem Teil desselben mit triftigen Gründen den Ernst seiner wirtschaftlichen Lage als Folge der Verwüstungen während des Krieges 1914 bis 1918 geltend machen kann, gilt gemäß Artikel 23e der Völkerbundsatzung vorübergehend als von den Verpflichtungen aus jener Bestimmung befreit, wobei jedoch die Grundsätze dieses Statuts soweit wie möglich zu wahren sind.

Artikel 35. Entsteht zwischen zwei oder mehreren Vertragsstaaten wegen der Auslegung oder Anwendung des Statuts ein Streitfall, der weder unmittelbar unter den Parteien noch auf irgendeinem anderen Wege gütlich beigelegt werden kann, so können die Parteien, bevor sie ein Schiedsgerichtsverfahren oder ein gerichtliches Verfahren herbeiführen, den Streitfall zur Begutachtung der Stelle vorlegen, die vom Völkerbund als beratendes fachmännisches Organ der Mitglieder des Völkerbundes in Fragen der Verkehrswege und des Durchgangsverkehrs eingesetzt sein sollte. In dringenden Fällen kann ein vorläufiger Bescheid die Anwendung einstweiliger Maßnahmen empfehlen, die insbesondere dazu dienen, dem internationalen Verkehr wieder die Erleichterungen zu gewähren, die vor der Handlung oder vor dem Vorfall, die den Streitfall herbeiführten, bestanden haben.

Kann der Streitfall nicht durch eines der im vorhergehenden Absatz angegebenen Verfahren beigelegt werden, so unterbreiten ihn die Vertragsstaaten einem Schiedsgericht, sofern sie nicht auf Grund einer Vereinbarung zwischen den Parteien beschlossen haben oder beschließen, ihn bei dem Ständigen Internationalen Gerichtshof anhängig zu machen.

Artikel 36. Ist die Angelegenheit dem Ständigen Internationalen Gerichtshof unterbreitet, so wird gemäß Artikel 27 des Statuts des genannten Gerichtshofs verfahren und erkannt. Sofern die Parteien nichts anderes bestimmen, bezeichnet im Falle eines Schiedsverfahrens jede Partei einen Schiedsrichter; das dritte Mitglied des Schiedsgerichts wird von den Schiedsrichtern oder, wenn sie sich nicht einigen können, vom Völkerbundsrat gewählt, und zwar aus der Liste der Beisitzer für die im Artikel 27 des Statuts des Ständigen Internationalen Gerichtshofs angeführten Angelegenheiten der Verkehrswege und des Durchgangsverkehrs; in diesem Falle wird das dritte Mitglied gemäß den Bestimmungen im vorletzten Absatz des Artikels 4 und im ersten Absatz des Artikels 5 der Völkerbundssatzung gewählt.

Das Schiedsgericht erkennt auf Grund des von den Parteien im gemeinsamen Einvernehmen geschlossenen Schiedsvertrags. Haben sich die Parteien nicht einigen können, so setzt das Schiedsgericht durch einstimmige Entscheidung den Schiedsvertrag nach Prüfung der von den Parteien vorgebrachten Ansprüche fest. Wird keine Einstimmigkeit erzielt, so entscheidet der Völkerbundsrat nach den im vorhergehenden Absatz vorgesehenen Bestimmungen. Hat der Schiedsvertrag das Verfahren nicht festgesetzt, so geschieht dies durch das Schiedsgericht selbst.

Die Parteien verpflichten sich, im Verlaufe des Schiedsgerichtsverfahrens und mangels gegenteiliger Abmachungen im Schiedsvertrag jede Frage des internationalen Rechts oder jede Frage der rechtlichen Auslegung des Statuts dem Ständigen Internationalen Gerichtshof zu unterbreiten, wenn das Schiedsgericht auf Antrag einer Partei sich dahin aussprechen sollte, daß die Frage vor Schlichtung des Streitfalles gelöst werden müsse.

Artikel 37. Die Vertragsstaaten werden den Abschluß von Sonderübereinkommen erleichtern, um die Ausführung der Bestimmungen des Statuts zu sichern, wenn dazu die bestehenden Übereinkommen nicht ausreichen.

Artikel 38. Die Bestimmungen des Statuts können durch Sonderübereinkommen auf Unternehmungen ausgedehnt werden, die den Transport auf irgendeinem anderen Wege als der Eisenbahn besorgen, insbesondere wenn die Unternehmungen zur Ergänzung des Eisenbahntransportes dienen.

Diese Unternehmungen sind alsdann allen Verpflichtungen unterworfen und mit allen Rechten ausgestattet, die das Statut für die Eisenbahnen vorsieht.

Die im ersten Absatz vorgesehenen Sonderübereinkommen können jedoch so weit von dem Statut abweichen, wie es sich aus den verschiedenen Arten der Beförderung ergibt. Was insbesondere den Vertrag über einen internationalen Transport anbetrifft, der sich auf Eisenbahn- und Seeweg erstreckt, so kann in diesen Abweichungen die Anwendung des Seerechts für die Seestrecke vorgesehen werden.

Artikel 39. Sollten die in Artikel 38 vorgesehenen Sonderübereinkommen nicht Anwendung finden, so werden für Transporte, die sich über die Eisenbahn und einen anderen Weg, wie z. B. den Seeweg, erstrecken, angemessene Erleichterungen gewährt.

Artikel 40. Die Vertragsstaaten verpflichten sich, sobald die Verhältnisse es ermöglichen, spätestens aber beim Erlöschen der Vereinbarungen, diese, falls sie den Bestimmungen des Statuts zuwiderlaufen sollten, durch entsprechende Abänderungen so weit mit ihnen in Einklang zu bringen, wie es die geographischen, wirtschaftlichen oder technischen Verhältnisse der Länder oder Gebiete, die den Gegenstand jener Übereinkommen bilden, irgend gestatten.

Artikel 41. Hinsichtlich aller Ämter oder Stellen, die kraft internationaler Übereinkommen zu dem Zweck geschaffen sind oder noch geschaffen werden, um die Regelung der Eisenbahntransportfragen zwischen Staaten zu erleichtern, soll unbeschadet der Anwendung des Artikels 24 der Völkerbundssatzung angenommen werden, daß sie von demselben Geiste beseelt sind wie die Organe des Völkerbundes und daß sie in ihrem eigenen Wirkungskreis zur Ausführung dieses Übereinkommens die Tätigkeit dieser Organe gleichsam ergänzen. Sie werden infolgedessen unmittelbar mit den zuständigen Stellen des Völkerbundes alle zweckdienlichen Mitteilungen austauschen, die sich auf die Ausführung ihrer Aufgabe internationaler Zusammenarbeit beziehen.

Artikel 42. Die Vertragsstaaten werden alle notwendigen Anordnungen treffen, damit dem Völkerbund alle Auskünfte zugehen, um seinen Ämtern die Ausführung der Aufgaben zu ermöglichen, die ihnen hinsichtlich der Anwendung dieses Übereinkommens obliegen.

Artikel 43. Es besteht Einverständnis darüber, daß das Statut nicht in dem Sinne ausgelegt werden darf, als ob es in irgendeiner Beziehung die Rechte und Pflichten von Gebieten unter sich (inter se) berühre, die Bestandteile eines und desselben souveränen Staates bilden oder unter seinem Schutze stehen, gleichviel, ob diese Gebiete, jedes für sich, Vertragsstaaten sind oder nicht.

Artikel 44. In den vorstehenden Artikeln darf keine Bestimmung so ausgelegt werden, als ob sie irgendwie die Rechte oder Pflichten irgendeines Vertragsstaates in seiner Eigenschaft als Mitglied des Völkerbundes berühre.

Zeichnungsprotokoll zum Übereinkommen über die internationale Rechtsordnung der Eisenbahnen

Im Begriff, das heute abgeschlossene Übereinkommen über die internationale Rechtsordnung der Eisenbahnen zu unterzeichnen, haben die gehörig bevollmächtigten Unterzeichneten folgendes vereinbart:

1. Es besteht Einverständnis darüber, daß jede Verschiedenheit in der Behandlung der Flaggen, die ausschließlich in Ansehung der Flagge erfolgt, als unterschiedliche Behandlung angesehen werden muß, die ein Übelwollen im Sinne der Artikel 4 und 20 des Statuts über die internationale Rechtsordnung der Eisenbahnen darstellt.
2. Falls Staaten oder Gebiete, auf die das Übereinkommen keine Anwendung findet, die gleiche Flagge oder die gleiche Nationalität besitzen wie ein Vertragsstaat, so können diese Staaten oder Gebiete keinerlei Recht geltend machen, das dieses Statut der Flagge oder Nationalität der Vertragsstaaten zusichert.

Das vorliegende Protokoll hat dieselbe Wirksamkeit, rechtliche Bedeutung und Geltungsdauer wie das heute beschlossene Statut und bildet einen wesentlichen Bestandteil desselben.

Geschehen zu Genf, den 9. Dezember 1923.

(Folgen dieselben Unterschriften wie am Schluß des Übereinkommens.)

Beilage B (zu Anmerkung 3).

Bekanntmachung des Reichsministers des Auswärtigen über den Beitritt des Deutschen Reichs zu dem am 20. April 1921 in Barcelona abgeschlossenen Übereinkommen und Statut über die Freiheit des Durchgangsverkehrs (Artikel 379 des Versailler Vertrags). Vom 4. Oktober 1924 (RGBl II 387) [a]).

Die Deutsche Regierung hat durch Schreiben vom 18. März 1924 an das Generalsekretariat des Völkerbundes den Beitritt des Deutschen Reichs zu dem am 20. April 1921 in Barcelona abgeschlossenen Übereinkommen und Statut über die Freiheit des Durchgangsverkehrs erklärt. Die nachstehenden Staaten haben bisher das Übereinkommen und das Statut ratifiziert und die Ratifikationsurkunden an den in Klammer vermerkten Daten im Generalsekretariat des Völkerbundes niedergelegt: Albanien (8. Oktober 1921), Bulgarien (11. Juli 1922), Großbritannien einschließlich Neufundland (2. August 1922), Indien (2. August 1922), Neuleesand (2. August 1922), Italien (5. August 1922), Dänemark (13. November 1922), Finnland (29. Januar 1923), Norwegen (4. September 1923), Rumänien (5. September 1923), Lettland (29. September 1923), Tschechoslowakei (29. Oktober 1923), Österreich (15. November 1923), Griechenland (18. Februar 1924), Japan (20. Februar 1924), Niederlande (17. April 1924), Schweiz (14. Juli 1924). Ihren Beitritt erklärt haben Siam am 29. November 1922, Palästina am 24. Januar 1924. Der Wortlaut des Übereinkommens und des Statuts wird nachstehend veröffentlicht.

Übereinkommen und Statut über die Freiheit des Durchgangsverkehrs.

[1]) Albanien, Österreich, Belgien, Bolivien, Brasilien, Bulgarien, Chile, China, Columbia, Costarica, Cuba, Dänemark, das Britische Reich (mit Neuseeland und Indien), Spanien, Estland, Finnland, Frankreich [b]), Griechenland, Guatemala, Haiti, Honduras, Italien, Japan, Lettland, Litauen, Luxemburg, Norwegen, Panama, Paraguay, die Niederlande, Persien, Polen, Portugal, Rumänien, der Serbisch-Kroatisch-Slowenische Staat, Schweden [b]), die Schweiz [b]), die Tschechoslowakei, Uruguay und Venezuela,

von dem Wunsche geleitet, die Freiheit der Verkehrswege und des Durchgangsverkehrs zu gewährleisten und aufrechtzuerhalten,

in Erwägung, daß auf diesem Gebiete das im Artikel 23e der Völkerbundsatzung bezeichnete Ziel im Wege allgemeiner Übereinkommen, denen späterhin auch andere Mächte beitreten können, am besten zu erreichen ist,

in der Erkenntnis, daß es wichtig ist, das Recht des freien Durchgangsverkehrs als eines der besten Mittel zur Förderung der Zusammenarbeit der Staaten zu verkünden und zu ordnen, ohne daß durch dieses Recht ihre Staatshoheit und Herrschaft über die dem Durchgangsverkehre dienenden Wege beeinträchtigt wird,

nach Annahme der Einladung des Völkerbundes zur Teilnahme an einer auf den 10. März 1921 nach Barcelona einberufenen Konferenz und nach Kenntnisnahme der Schlußakte dieser Konferenz,

---

[1]) Hier folgt die Liste der auf der Konferenz von Barcelona vertretenen Staaten; die Liste derjenigen Staaten, welche das Übereinkommen unterzeichnet haben, befindet sich am Ende des Wortlauts des Übereinkommens.

[a]) Der nachfolg. Abdruck v. Übereinkommen u. Statut gibt die im RGBl mitgeteilte Übersetzung wieder. — Schrifttum: IntZtschr **29** (1921) 75 (Verhandl. der Konferenz v. Barcelona); v. Schröder, Die deutschen EisGesetze, 5. Aufl. Dresden 1926, Teil B S. 87ff.; v. der Leyen, Ztschr. f. Verkehrswissenschaft **1925** 103; derselbe, Deutsche Wirtschaftsztg. **1927** 511; Wolf, Verkehrstechn. Woche **1928** 214.

[b]) Handelsabk. mit Frankreich Art. 29 unten X 5c; Schweden unten X 5k; Schweiz unten X 5 (1).

in dem Bestreben, die Bestimmungen des auf dieser Konferenz angenommenen Statuts für den Durchgangsverkehr auf den Eisenbahnen und Wasserwegen sofort in Kraft zu setzen,

willens, zu diesem Zwecke ein Übereinkommen abzuschließen,

haben als Hohe vertragschließende Teile zu ihren Bevollmächtigten ernannt:

(folgen die Namen),

die nach Austausch ihrer in guter und gehöriger Form befundenen Vollmachten über folgendes übereingekommen sind:

Artikel 1. Die Hohen vertragschließenden Teile erklären, daß sie das anliegende, von der Konferenz von Barcelona am 14. April 1921 gutgeheißene Statut über die Freiheit des Durchgangsverkehrs annehmen.

Das Statut bildet einen wesentlichen Bestandteil dieses Übereinkommens. Infolgedessen erklären sie, daß sie die Verpflichtungen und Verbindlichkeiten des Statuts nach seinem Wortlaut und nach Maßgabe der darin enthaltenen Bedingungen annehmen.

Artikel 2. Das Übereinkommen berührt in keiner Weise die Rechte und Pflichten, die sich aus den Bestimmungen des in Versailles am 28. Juni 1919 unterzeichneten Friedensvertrags und der übrigen gleichartigen Verträge in bezug auf die Mächte ergeben, die diese Verträge unterzeichnet haben oder aus ihnen Rechtsvorteile herleiten können.

Artikel 3. Das Übereinkommen, dessen französischer und englischer Wortlaut in gleicher Weise maßgebend ist, trägt das Datum des heutigen Tages und kann bis zum 1. Dezember 1921 unterzeichnet werden.

Artikel 4. Das Übereinkommen bedarf der Ratifikation. Die Ratifikationsurkunden sind dem Generalsekretär des Völkerbundes zu übermitteln, der ihren Eingang den anderen Mitgliedern des Völkerbundes und den zur Unterzeichnung des Übereinkommens zugelassenen Staaten mitteilt. Die Ratifikationsurkunden werden im Archiv des Sekretariats niedergelegt.

Um den Vorschriften des Artikels 18 der Völkerbundssatzung zu entsprechen, hat der Generalsekretär sofort nach Hinterlegung der ersten Ratifikationsurkunde die Eintragung des Übereinkommens vorzunehmen.

Artikel 5. Mitglieder des Völkerbundes, die das Übereinkommen bis zum 1. Dezember 1921 nicht unterzeichnet haben, können ihm beitreten.

Das gleiche gilt für diejenigen Staaten, die, ohne Mitglieder des Völkerbundes zu sein, auf Beschluß des Völkerbundsrats eine amtliche Mitteilung über das Übereinkommen erhalten.

Der Beitritt ist dem Generalsekretär des Völkerbundes bekanntzugeben, der alle beteiligten Mächte von dem Beitritt und dem Datum seiner Bekanntgabe benachrichtigt.

Artikel 6. Das Übereinkommen tritt erst nach Ratifikation durch fünf Mächte in Kraft, und zwar am neunzigsten Tage nach dem Eingang der fünften Ratifikationsurkunde beim Generalsekretär des Völkerbundes. In der Folge erlangt das Übereinkommen für jeden Vertragsteil Rechtswirkung 90 Tage nach dem Eingang seiner Ratifikationsurkunde oder der Bekanntgabe seines Beitritts.

Sofort nach Inkrafttreten des Übereinkommens übermittelt der Generalsekretär den Mächten, die nicht Mitglieder des Völkerbundes sind, sich aber auf Grund des Friedensvertrags zum Beitritt verpflichtet haben, eine beglaubigte Abschrift.

Artikel 7. Der Generalsekretär des Völkerbundes führt ein besonderes Verzeichnis derjenigen Staaten, die das Übereinkommen unterzeichnet oder ratifiziert haben, ihm beigetreten sind oder es gekündigt haben. Das Verzeichnis steht den Mitgliedern des Völkerbundes jederzeit zur Einsicht offen und wird nach näherer Weisung des Völkerbundsrats möglichst oft veröffentlicht.

Artikel 8. Vorbehaltlich der Bestimmungen des Artikel 2 kann das Übereinkommen von jedem der Vertragsteile nach Ablauf einer Frist von 5 Jahren, gerechnet vom Tage des Inkrafttretens für den betreffenden Teil, gekündigt werden. Die Kündigung erfolgt in Form einer an den Generalsekretär des Völkerbundes gerichteten schriftlichen Erklärung. Eine Abschrift der Kündigung nebst Angabe ihres Eingangsdatums wird den übrigen Vertragsteilen vom Generalsekretär sofort zugestellt.

Die Kündigung tritt ein Jahr nach dem Tage ihres Einganges beim Generalsekretär in Kraft und hat nur für die kündigende Macht Rechtswirkung.

Artikel 9. Die Revision des Übereinkommens kann jederzeit von einem Drittel der Hohen vertragschließenden Teile beantragt werden.

Zu Urkund dessen haben die obengenannten Bevollmächtigten das Übereinkommen unterzeichnet.

Geschehen zu Barcelona, den 20. April 1921

in einer einzigen Ausfertigung, die im Archive des Völkerbundes hinterlegt bleibt.

(Folgen die Unterschriften.)

Statut über die Freiheit des Durchgangsverkehrs.

Artikel 1. Als im Durchgangsverkehre durch das Hoheits- oder Herrschaftsgebiet irgendeines der Vertragsstaaten befindlich gelten Personen, Gepäck, Güter sowie See- und Binnenschiffe, Personen- und Güterwagen oder andere Beförderungsmittel, deren Beförderung durch die genannten Gebiete nur einen Bruchteil der Gesamtbeförderung ausmacht, die außerhalb der Grenzen des Staates, durch dessen Gebiete sich der Durchgangsverkehr vollzieht, begonnen hat und enden soll, gleichviel ob diese Beförderung mit oder ohne Umladung, mit oder ohne Einlagerung, mit oder ohne Teilung oder sonstige Behandlung der Ladung, mit oder ohne Änderung der Beförderungsart erfolgt.

Derartige Transporte werden in dem Statut als „Durchgangstransporte" bezeichnet.

Artikel 2. Vorbehaltlich der übrigen Bestimmungen dieses Statuts sollen die von den Vertragsstaaten getroffenen Maßnahmen zur Regelung und Durchführung der Transporte durch ihre Hoheits- oder Herrschaftsgebiete den freien Durchgangsverkehr auf den in Betrieb befindlichen und für den internationalen Durchgangsverkehr geeigneten Eisenbahnen und Wasserwegen erleichtern. Es wird dabei kein Unterschied gemacht, weder auf Grund der Staatsangehörigkeit der Personen, der Flagge, des Ursprungs-, Herkunfts-, Eintritts-, Austritts- oder Bestimmungsorts, noch auf Grund irgendeiner Erwägung, hergeleitet aus den Eigentumsverhältnissen der Güter, See- und Binnenschiffe, Personen- und Güterwagen oder anderer Beförderungsmittel.

Um die Anwendung der Bestimmungen des Statuts sicherzustellen, gestatten die Vertragsstaaten den Durchgangsverkehr durch ihre Territorialgewässer nach Maßgabe der üblichen Bedingungen und Vorbehalte.

Artikel 3. Die Durchgangstransporte werden keinen besonderen Gebühren oder Abgaben auf Grund ihrer Durchfuhr (Ein- und Austritt einbegriffen) unterworfen. Jedoch können diese Durchgangstransporte mit solchen Gebühren oder Abgaben belegt werden, die lediglich zur Deckung der durch ihre Durchfuhr veranlaßten Überwachungs- und Verwaltungskosten dienen. Die Höhe aller derartigen Gebühren und Abgaben soll soweit wie möglich den Aufwendungen entsprechen, zu deren Deckung sie bestimmt sind. Auf diese Gebühren und Abgaben findet der im vorstehenden Artikel niedergelegte Grundsatz der Gleichheit mit der Einschränkung Anwendung, daß sie auf bestimmten Verkehrswegen mit Rücksicht auf Unterschiede in der Höhe der Überwachungskosten herabgesetzt oder sogar aufgehoben werden können.

Artikel 4. Die Vertragsstaaten verpflichten sich, für die Durchgangstransporte auf staatlich betriebenen, verwalteten oder konzessionierten Verkehrswegen ohne Rücksicht auf den Abgangs- oder Bestimmungsort Tarife festzusetzen, die sowohl in ihren Sätzen wie in ihrer Anwendungsart der Billigkeit entsprechen, wobei den Verkehrsverhältnissen, wie auch dem wirtschaftlichen Wettbewerbe zwischen den verschiedenen Verkehrswegen Rechnung zu tragen ist. Diese Tarife sollen so gestaltet werden, daß sie den internationalen Verkehr möglichst erleichtern. Keine Vergütung, Erleichterung oder Einschränkung darf unmittelbar oder mittelbar von der Staatsangehörigkeit oder der Eigenschaft des Eigentümers des Schiffes oder irgendeines anderen Verkehrsmittels, das während eines Teiles der Gesamtbeförderung benutzt worden ist oder noch benutzt werden soll, abhängig gemacht werden.

Artikel 5. Keiner der Vertragsstaaten wird durch das Statut verpflichtet, die Durchreise solcher Personen, denen das Betreten seines Gebiets verboten ist, oder den Durchgang solcher Güter zu gewährleisten, deren Einfuhr aus Gründen der öffentlichen Gesundheitspflege oder der öffentlichen Sicherheit oder zur Verhütung der Einschleppung von Tier- und Pflanzenkrankheiten untersagt ist.

Jeder Vertragsstaat ist berechtigt, die erforderlichen Vorkehrungen zu treffen, um sich zu vergewissern, daß die Personen, das Gepäck und die Güter, insbesondere die einem Monopol unterworfenen Güter, die See- und Binnenschiffe, Personen- und Güterwagen oder anderen Beförderungsmittel sich tatsächlich im Durchgangsverkehre befinden, sowie, um sich davon zu überzeugen, daß die auf der Durchreise befindlichen Personen in der Lage sind, ihre Reise zu beendigen, und um zu verhüten, daß die Sicherheit der Verkehrswege und Verkehrsmittel gefährdet wird.

Das Statut kann in keiner Weise die Maßnahmen berühren, die irgendeiner der Vertragsstaaten auf Grund allgemeiner internationaler Vereinbarungen, an denen er beteiligt ist, oder die späterhin abgeschlossen werden sollten, zu treffen sich veranlaßt sieht oder sehen könnte. Namentlich gilt dies für Vereinbarungen, die unter dem Schutze des Völkerbundes abgeschlossen sind und den Durchgangsverkehr, die Ein- oder Ausfuhr bestimmter Warengattungen, wie Opium und anderer schädlicher Drogen, Waffen und Fischereierzeugnisse betreffen, und ebenso für allgemeine Vereinbarungen, die die Verhütung irgendwelcher Beeinträchtigung von gewerblichen, literarischen oder künstlerischen Eigentumsrechten zum Gegenstande haben oder sich auf die Anwendung falscher Waren- oder Ursprungsbezeichnungen oder anderer Mittel des unlauteren Wettbewerbs beziehen.

Falls auf den für den Durchgangsverkehr benutzten schiffbaren Wasserwegen ein Schleppmonopol eingerichtet ist, muß dessen Betrieb derart sein, daß er den Durchgangsverkehr für See- und Binnenschiffe nicht hindert.

Artikel 6. Das Statut legt mit diesen Bestimmungen keinem der Vertragsstaaten eine neue Verpflichtung auf zur Gewährung des freien Durchgangsverkehrs für Staatsangehörige und deren Reisegepäck oder für die Flagge eines Staates, der nicht Vertragsteil ist, ebensowenig für die Güter, Personen- und Güterwagen oder andere Beförderungsmittel, die aus einem Staate stammen oder eingehen, oder nach einem Staate ausgehen oder bestimmt sind, der nicht Vertragsteil ist, es sei denn, daß von irgendeinem der anderen beteiligten Vertragsstaaten triftige Gründe zugunsten eines derartigen Durchgangsverkehrs geltend gemacht werden sollten. Dabei besteht für die Anwendung dieses Artikels Einverständnis, daß die unter der Flagge eines der Vertragsstaaten ohne Umladung durchgehenden Güter die dieser Flagge zugestandenen Vorteile genießen.

Artikel 7. Ausnahmsweise und für eine möglichst beschränkte Zeit können die Vorschriften der vorstehenden Artikel durch besondere oder allgemeine Maßnahmen abgeändert werden, die ein Vertragsstaat beim Eintreten schwerwiegender, die Sicherheit des Staates oder die Lebensinteressen des Landes berührender Ereignisse zu treffen genötigt ist. Es besteht Einverständnis darüber, daß dabei der Grundsatz der Freiheit des Durchgangsverkehrs in möglichst vollem Umfang gewahrt werden muß.

Artikel 8. Das Statut ordnet nicht die Rechte und Pflichten der Kriegführenden und Neutralen in Kriegszeiten, bleibt jedoch auch in Kriegszeiten in Geltung, soweit es mit diesen Rechten und Pflichten vereinbar ist.

Artikel 9. Das Statut legt keinem der Vertragsstaaten Verpflichtungen auf, die seinen Rechten und Pflichten als Mitglied des Völkerbundes zuwiderlaufen könnten.

Artikel 10. Die von den Vertragsstaaten vor dem 1. Mai 1921 abgeschlossenen Verträge, Übereinkommen oder Vereinbarungen über den Durchgangsverkehr verlieren durch Inkrafttreten des Statuts nicht ihre Gültigkeit.

In Anbetracht dessen verpflichten sich die Vertragsstaaten entweder bei Erlöschen solcher Vereinbarungen oder sobald die Verhältnisse es ermöglichen, diejenigen unter den danach aufrechterhaltenen Vereinbarungen, die den

Bestimmungen des Statuts zuwiderlaufen sollten, durch entsprechende Abänderungen, so weit mit ihnen in Einklang zu bringen, wie die geographischen, wirtschaftlichen und technischen Verhältnisse der Länder oder Gebiete, die den Gegenstand jener Vereinbarungen bilden, es irgend gestatten.

Die Vertragsstaaten verpflichten sich, überdies künftig keine Verträge, Übereinkommen oder Vereinbarungen abzuschließen, die den Bestimmungen des Statuts zuwiderlaufen, sofern nicht geographische, wirtschaftliche oder technische Beweggründe ausnahmsweise Abweichungen rechtfertigen sollten.

Ferner können die Vertragsstaaten über den Durchgangsverkehr für bestimmte Gebiete geltende Vereinbarungen treffen, die mit den Grundsätzen des Statuts im Einklang stehen.

Artikel 11. Das Statut hat keineswegs die Aufhebung von Erleichterungen zur Folge, die in einem weitergehenden Maße als es durch seine Bestimmungen geschehen ist, für Durchgangstransporte durch das Hoheits- oder Herrschaftsgebiet irgendeines der Vertragsstaaten unter Bedingungen bereits zugestanden sein sollten, die mit seinen Grundsätzen vereinbar sind. Ebensowenig will es die Gewährung solcher Erleichterungen für die Zukunft ausschließen.

Artikel 12. Jeder Vertragsstaat, der gegen die Anwendung irgendeiner Bestimmung des Statuts auf seinem Gesamtgebiet oder auf einem Teile desselben mit triftigen Gründen den Ernst seiner wirtschaftlichen Lage als Folge der Verwüstungen während des Krieges von 1914 bis 1918 auf seinem Gebiete geltend machen kann, gilt gemäß Artikel 23 (e) der Völkerbundssatzung vorübergehend von den Verpflichtungen aus jener Bestimmung als befreit, wobei jedoch der Grundsatz der Freiheit des Durchgangsverkehrs soweit wie möglich zu wahren ist.

Artikel 13. Alle Streitfälle, die zwischen den Staaten wegen Auslegung oder Anwendung des Statuts entstehen sollten und nicht durch eine unmittelbare Verständigung beigelegt werden, sind dem Ständigen Internationalen Gerichtshof zu unterbreiten, es sei denn, daß sie auf Grund eines besonderen Übereinkommens oder einer allgemeinen Schiedsgerichtsklausel durch Schiedsspruch oder auf andere Weise geschlichtet werden.

Die Anrufung des Ständigen Internationalen Gerichtshofs erfolgt gemäß Artikel 40 seines Statuts.

Um jedoch diese Streitfälle möglichst auf gütlichem Wege beizulegen, verpflichten sich die Vertragsstaaten, vor Einleitung eines gerichtlichen Verfahrens und vorbehaltlich der Rechte und Befugnisse des Völkerbundsrats und der Völkerbundsversammlung, diese Streitfälle zur Begutachtung der Stelle vorzulegen, die von dem Völkerbund als beratendes, fachmännisches Organ der Mitglieder in Fragen der Verkehrswege und des Durchgangsverkehrs eingesetzt werden sollte. In dringenden Fällen kann ein vorläufiger Bescheid die Anwendung einstweiliger Maßnahmen empfehlen, die insbesondere dazu dienen, dem freien Durchgangsverkehre wieder alle diejenigen Erleichterungen zu gewähren, die vor der Handlung oder vor dem Vorfall, die den Streitfall herbeiführten, bestanden haben.

Artikel 14. Angesichts der Tatsache, daß es im Innern gewisser Vertragsstaaten oder unmittelbar an deren Grenzen Zonen oder eingeschlossene Gebietsteile gibt, die im Verhältnis zu dem Gesamtgebiete sehr geringe Ausdehnung und Bevölkerung aufweisen und abgetrennte Teile desselben bilden oder Niederlassungen von anderen Mutterstaaten darstellen, und daß es anderseits aus verwaltungstechnischen Gründen unmöglich ist, die Bestimmungen des Statuts auf die genannten Zonen oder eingeschlossenen Gebietsteile anzuwenden, wird vereinbart, daß diese Bestimmungen auf sie keine Anwendung finden.

Ein gleiches gilt, wenn eine Kolonie oder ein abhängiges Gebiet eine im Verhältnis zum Flächeninhalte besonders lange Grenze besitzt, die die zollamtliche und polizeiliche Überwachung tatsächlich unmöglich macht.

Immerhin werden die beteiligten Staaten in den obengenannten Fällen eine Ordnung zur Anwendung bringen, die die Grundsätze des Statuts soviel als möglich wahren und den Durchgangsverkehr sowie die Verkehrsverbindungen erleichtern wird.

Artikel 15. Es besteht Einverständnis darüber, daß das Statut nicht in dem Sinne ausgelegt werden darf, als ob es in irgendeiner Beziehung die Rechte und Pflichten von Gebieten unter sich (inter se) berühre, die Bestandteile eines und desselben souveränen Staates bilden oder unter seinem Schutze stehen, gleichviel, ob diese Gebiete, jedes für sich, Mitglieder des Völkerbundes sind oder nicht.

7. Gesetz über die Eisenbahn-Unternehmungen. Vom 3. November 1838 (GS 505)[1].

Wir Friedrich Wilhelm usw. usw. haben für nöthig erachtet, über die Eisenbahn-Unternehmungen[2]) und insbesondere über die Verhältnisse der Eisenbahn-Gesellschaften[3]) zum Staate und zum

[1]) Inhalt des „Eisenbahngesetzes": §§ 1—6 rechtliche u. finanzielle Begründung der Eis., §§ 7—22 Grunderwerb u. Bau, §§ 23—25 allg. Vorschr. über den Betrieb, §§ 26—35 Entgelt für Bahnbenutzung, §§ 36, 37 Verhältnis zur Postverwaltung, §§ 38—41 EisAbgabe, § 42 staatliches Erwerbsrecht, §§ 43—49 allg. Vorschr. — Geltungsbereich auch die 1866 einverleibten Landesteile Vo 19. Aug. 67 (Beilage A), das Jadegebiet G 23. März 73 (GS 107) u. Waldeck G 11. März 70 (Wald. RegBl. 29), bis auf § 11 dieses G aufgehoben durch Vo 15. März 29 GS 11 Ziff. (2) Nr. 16. Für Hohenzollern gilt ein besonderes EisG 1. Mai 65 (GS 317); von diesem haben heute noch Bedeutung: § 7 (entspricht EisG 38 § 14, jedoch ohne Beschränk. auf Anlagen zur Sicherung der Nachbargrundstücke), §§ 9, 10 (entspr. EisG 38 §§ 22, 23); die Staatsverträge mit Württemberg 3. März 65 (GS 921) u. 15. Juni 87 (GS 456) sowie mit Baden 3. März 65 (GS 930) sind durch den StVtr 1920 gegenstandslos geworden. Lauenburg: VB II 88 Anm. 1a. — Entstehungsgeschichte Gleim Arch **1888** 797 u. EisR § 6. Hervorgegangen aus den Erwägungen, die die Staatsregierung bei der Entscheidung auf die ersten Konzessionsgesuche anstellte, regelte das G die Verhältnisse der Eis. in Anlehnung an das Recht der Kunststraßen, denen es die Eis. auch insofern gleichstellte, als es jedermann die Möglichkeit eröffnete, diese gegen Entrichtung eines Wegegeldes — „Bahngeld" — mit eigenen Fahrzeugen zu befahren. Aus der Entstehungsgesch. des G erklärt es sich ferner, daß das G als Unternehmer nur Aktiengesellschaften ins Auge faßte u. den Charakter eines Konzessionsschemas trägt. Trotzdem ist es in wichtigen Teilen seines Inhalts auch

Publikum, allgemeine Bestimmungen zu treffen, und verordnen demnach auf den Antrag Unseres Staatsministeriums und nach erforderlichem Gutachten Unseres Staats-Raths, wie folgt:

§ 1. Jede Gesellschaft, welche die Anlegung einer Eisenbahn beabsichtigt, hat sich an das Handelsministerium[4]) zu wenden, und demselben die Hauptpunkte der Bahnlinie, sowie die Größe des zu der Unternehmung bestimmten Aktien-Kapitals genau anzugeben. Findet sich gegen die Unternehmung im Allgemeinen nichts zu erinnern, so ist der Plan derselben, nach den bereits ertheilten und künftig etwa noch zu erlassenden Instruktionen[5]), einer sorgfältigen Prüfung zu unterwerfen. Wird in Folge dieser Prüfung Unsere landesherrliche[6]) Genehmigung[7]) ertheilt, so hat das Handelsministerium[4]), unter Eröffnung der etwa nöthig befundenen besonderen Bedingungen und Maaßgaben, eine Frist festzusetzen, binnen welcher der Nachweis zu führen ist, daß das bestimmte Aktien-Kapital gezeichnet und die Gesellschaft, nach einem unter den Aktienzeichnern vereinbarten Statute, wirklich zusammengetreten sey.

---

für den Staatsbetrieb maßgebend gewesen u. noch heute die Grundlage des preuß. Rechts. Für die Reichseisenbahnen gelten nur §§ 14, 25.

²) Eisenbahnen i. S. des G (wie i. S. der RVerf) sind nur die Großbahnen (Eisenbahnen im engeren Rechtssinne), in der RVerf Eisenbahnen des allg. Verkehrs genannt, dagegen nicht die Kleinb. u. die nicht dem öff. Verkehr dienenden Schienenbahnen (I 1, I 2 Anm. 3 d. W.). Kennzeichen für die Anwendbarkeit des G ist die Genehm. der Bahn durch landesherrl. Entschließung (Anm. 6); ist die Genehm. von einer Provinzial- oder Lokalbehörde ausgegangen, so zeigt sich schon daran, daß die Bahn keine „Eisenbahn" ist RG **28** 207. Ob ein Unternehmen als Eis. oder als Kleinb. zu behandeln ist, muß demnach schon vor der Genehm. entschieden werden. Weiteres StVtr 1920 § 14, RBahnG § 11, KleinbG § 1 u. die Anm. dazu in d. W.

³) Das G geht zwar von den Verhältnissen der von Aktienges. betriebenen Privatbahnen aus, galt aber, soweit sein Inhalt auf Staatsbahnen anwendbar ist, auch für diese. Gleim, EisR S. 85; RG **23** 221, OVG **5** 392. Ebenso fallen fremde Staatsbahnen unter das G, soweit nicht ihre Verhältnisse in Staatsverträgen (Anm. 7) besonders geordnet sind. Reichseisenbahnen: Anm. 1 a. E.

⁴) A. § 1 gilt nicht für Reichseisenbahnen. RBahnG § 16 (2).

B. An die Stelle des Handelsministeriums trat zufolge AE 7. Aug. 78 (GS **1879** 25) u. G 13. März 79 (GS 123) Art. II der Minister der öffentlichen Arbeiten. Jetzt bestimmt G 15. Aug. 21 (GS 487) nach Auflösung des Ministeriums d. ö. A., daß dessen durch gesetzliche Vorschriften geordnete Zuständigkeiten, soweit sie nicht beim Übergange der Eisenbahnen u. Wasserstraßen auf das Reich Reichsbehörden übertragen worden sind, übergehen:

a) in Angelegenheiten des Wegewesens und in Angelegenheiten der Wasserläufe erster Ordnung, die nicht auf das Reich übergehen, einschl. der Häfen, Fähren u. Brücken an diesen Wasserläufen, auf den Minister f. Landwirtschaft, Domänen u. Forsten,

b) in Angelegenheiten der Reichswasserstraßen, mit Ausnahme der Angelegenheiten der Häfen, Fähren u. Brücken an den Reichswasserstraßen auf den Minister f. Handel u. Gewerbe u. für Landwirtschaft usw.,

c) im übrigen, insbes. in Angeleg. der Häfen, Fähren u. Brücken an den Reichswasserstraßen, auf den Minister für Handel und Gewerbe.

Für Eisenbahnangelegenheiten ist also wieder der Handelsminister zuständig.

⁵) A. E des Staatsministeriums 30. Nov. 38 betr. Prüfung der Anträge auf die Konzessionierung zu EisUnternehmungen (VB II 98) u. E 11. Juli 11 I D 8912 betr. Vorschr. über allgemeine Vorarbeiten für Eis. Der Unternehmer hat die Nützlichkeit u. Ausführbarkeit des Unternehmens durch „Vorarbeiten", u. zwar die wirtschaftlichen und die „allgemeinen" technischen („ausführliche" Anm. 15) zu erweisen; zu diesem Zwecke sind anzufertigen: eine Übersichtskarte, Lage- u. Höhenpläne, ein Erläuterungsbericht, ein Kostenüberschlag, eine Denkschrift, eine Ertragsberechnung, ein Betriebsplan. Zur Vornahme der techn. V. ist die Genehm. des Min. nötig (Gleim S. 96), ferner die enteignungsrechtl. Gestattung durch den RegPräs. (EntG § 5). Zuziehung der Bergbehörde E 2. Mai 87 (EVBl 271) u. 23. Okt. 19 IV b 47. 121. 149, der Forstbehörde E 20. Juli 74 u. 10. Feb. 82 (Gleim S. 348), der Staats-Domänenverw. E 28. Dez. 91 I 18 846, der Kommandantur usw. E 6. Feb. 82 (Gleim EisR. S. 206), der Postbehörde EisPostG Vollzugsbest. (IX 2 Beil. A d. W.) Ziff. VI, der Zollbehörde X 2 Anm. 6 d. W. Zusammenfassung der Best üb. Berücksicht. der beteil. wirtschaftl. Interessen b. d. Vorarb. f. neue Bahnen E 30. Juni 09 (VB II 104). S. ferner Münstersche Samml. (II 5 Anm. 1 d. W.) S. 300 ff.

B. Für Reichsbahnen gelten die unter A genannten Best — mit Ausnahme der Vollzugsbest zum EisPostG — nicht unmittelbar; sie werden ab., da sie dem sachl. Bedürfn. entsprechen, inhaltlich als Richtschnur dienen können.

⁶) Nach Art. 82 (1) der Verfassung des Freistaats Preußen 30. Nov. 20 GS 543 sind die Befugnisse, die n. d. früheren Rechte dem Könige (Landesherrn) zustanden, auf das Staatsministerium übergegangen.

⁷) Das Eisenbahnunternehmungsrecht, d. i. das Recht, eine Großbahn zu bauen u. zu betreiben (s. auch unten Anm. 47), gehört zu den Staatshoheitsrechten. Im Deutschen Reiche steht es zunächst dem Reiche (RVerf Artt. 90, 94) u. der Reichsbahn-Gesellschaft (RBahnG § 10) zu. Wenn das Reich zustimmt u. ein zu beachtender Widerspruch der RBGesellschaft nicht vorliegt, kann das UnternRecht vom Lande (oben I 2 Anm. 19) an Dritte (Private od. fremde Staaten) verliehen werden. Das preuß. Recht betrachtet die Verleihung als einen Akt der Gesetzgebung, u. zwar als Erteilung eines Privilegs — Konzession (s. Fleiner § 20) —, zu der nach § 1 der König, jetzt das Staatsminist., zuständig ist. Als Muster einer Konzession ist in Beilage B die Konzessionsurkunde f. d. Nebenbahn Eberswalde-Schöpfurth abgedruckt. Die Urkunde wird nach G 10. April 72 (Beilage C) veröffentlicht. Fremden Staaten pflegt die K. durch Staatsvertrag erteilt zu werden; s. darüber Neumeyer S. 39, 67 f. (wo auch die Rechtsverhältnisse bei Übergang der Staatsgewalt in andere Hand erörtert werden). — Die Rechtsfolge der K. ist die Erlangung eines Privilegs, kraft dessen der Beliehene befugt ist, auf Grund des staatl. Hoheitsrechts, aber in eigenem Namen u. für eigene Rechnung

§ 2[8]).

§ 3 Abs. 1. Das Statut ist zu Unserer landesherrlichen Bestätigung[6]) einzureichen[9]); es muß jedoch zuvor der Bauplan im Wesentlichen festgestellt worden sein.

Abs. 2[10]).

§ 4[11]). Die Genehmigung der Bahnlinie in ihrer vollständigen Durchführung durch alle Zwischenpunkte[12]) wird dem Handelsministerium[4]) vorbehalten[13]), ebenso sind die Verhältnisse der Konstruktion,

---

die Bahn zu bauen u. zu betreiben. Gleim, EisR S. 75. Mit diesem Rechte geht die Verpflichtung zum Bau u. Betrieb Hand in Hand, a. a. O. S. 155. Die Wirkung der K. tritt mit ihrer Aushändigung u. Veröffentlichung ein, a. a. O. S. 109. Das Recht ist an die Person des Beliehenen gebunden, seine Übertragung von landesherrlicher Genehm. abhängig, a. a. O. S. 81. Weitere Streitfragen a. a. O. S. 76 (rechtl. Natur der KVerleihung), 78 (Widerruflichkeit), 109 (Rechtswirkung der bloßen Aushändigung u. des Versprechens der KErt.). Die K. erlischt u. a. durch Wegfall der Voraussetzungen — z. B. durch Ablauf der Zeit, sofern sie (was in Preußen im allg. nicht geschieht) auf eine bestimmte Dauer erteilt ist, oder durch Eintritt einer auflösenden Beding. —, ferner durch Entziehung gemäß EisG § 21 oder § 47, durch Aufhebung gegen Entschädigung gemäß ALR Einl. § 70, durch Staatsankauf (EisG § 42); s. auch Beil. B Ziff. XVIII. — Gebühren: VGO (unten IV 7 Beil. A) Nr. 25a.

[8]) § 2 behandelt die Ausgabe der Aktien u. die Verpflichtungen der Aktienzeichner; hierfür ist jetzt HGB (namentlich §§ 179, 218—221) maßgebend. — Beil. B Ziff. II.

[9]) Nach G 11. Juni 70 (BGB 375) §§ 2, 3 bedarf die Aktienges. als solche zu ihrer Errichtung nicht mehr staatlicher Genehmigung, aber die Vorschr. der Landesgesetze, nach denen der Gegenstand des Unternehmens dieser Genehm. u. das Unternehmen der staatl. Beaufsicht. unterliegt, sind aufrechterhalten geblieben. Die Staatsregierung — jetzt die Reichsaufsichtsbehörde (StVtr 1920 § 13) — überwacht daher die Übereinstimmung des Statuts und seiner späteren Änderungen mit den KonzBedingungen E 6. Sept. 71 u. 24. Mai 77 (EVBl **1878** 4, 2), Beil. B Ziff. VI. — Untergeordnete Statutänderungen können vom Min. genehmigt werden. Allerh. E 27. Mai 72 (VB II 119). — Erneuerungs- und Reservefonds Beil. B Ziff. IX 4. — Führung des Betriebs auf Kleinbahnen durch Privateis. E 17. Sept. 98 (ENBl 578), auch E 15. Jan. 03 (EVBl 39).

[10]) Abs. 2 ist ersetzt durch HGB §§ 200 (in Verb. m. § 195 Abs. 1 Ziff. 6), 210.

[11]) § 4 war bis zum Übergange der preuß. Staatseis. auf das Reich eine Hauptgrundlage des preuß. EisRechts. Jetzt gilt er für die Reichsbahnen rechtlich nicht mehr. In der nachfolg. Darstellung werden daher zunächst die nicht dem Reiche gehörigen preuß. Großbahnen u. sodann die Reichsbahnen behandelt.

A. Großbahnen, die nicht dem Deutschen Reiche gehören.

I. § 4 Satz 1 überträgt dem Min. für alle Großbahnen (Staats- und Privatbahnen) die Planfeststellung, d. h. die rechtswirksame Bestimmung über Lage, Gestaltung u. Beschaffenheit der Bahnanlage in allen Bestandteilen u. darüber, ob, wo u. wie besondere Anlagen — Nebenanlagen — zum Schutze der durch die Bahnanlage berührten öffentl. od. privaten Interessen (Anm. 12, 13) auszuführen sind. Gleim EisR S. **341**; E 12. Okt. 92 (EVBl 347, VB II 102). Zur Bahnanlage gehören nicht nur der Bahnkörper selbst nebst den Stationen, sond. auch die Anlagen, die zum Schutze des Bahnkörpers u. zum Schutze od. zur Ausführung des Betriebs nötig sind, wie Seitengräben, Schneeschutzanlagen, Einfriedigungen, Wasserstationen, Blockstationen; ferner Hilfsanlagen, die nicht unmitt. dem Betriebe dienen, wie Werkstätten, Gasanstalten, Beamtenwohnhäuser. Gleim S. 181. — ZustG § 158 bestimmt:

> Durch die den Behörden in diesem Gesetze beigelegten Befugnisse zur Entscheidung beziehungsweise Beschlußfassung in Wegebausachen und in wasserpolizeilichen Angelegenheiten werden die der Landespolizeibehörde und dem Minister der öffentlichen Arbeiten nach §§ 4 und 14 des Gesetzes über die Eisenbahnunternehmungen vom 3. November 1838 (Gesetz-Samml. S. 505) und nach § 7 des Gesetzes vom 1. Mai 1865 (Gesetz-Samml. S. 317) zustehenden Befugnisse in Eisenbahnangelegenheiten nicht berührt.

In demselben Sinne bestimmt WasserG 7. April 13 (GS 53) § 385 (s. auch unten Anm. 12c):

> Unberührt bleiben ... die Befugnisse, die der Landespolizeibehörde und dem Minister der öffentlichen Arbeiten nach den §§ 4, 14 des Gesetzes über die Eisenbahnunternehmungen ... und nach § 7 des Gesetzes, betreffend die Anlage von Eisenbahnen in den Hohenzollernschen Landen, vom 1. Mai 1865 ... in Eisenbahnangelegenheiten zustehen.

Überhaupt ist die Ausgleichung der bei d. Bahnbau zu berücksichtigenden öffentlichen Interessen durch § 4 derart ausschließlich in die Hand des Min. gelegt, daß er allein zu allen durch die Planfestst. erforderten Entscheidungen polizeilicher Art zuständig ist, auch wenn in den Gesetzen hierfür sonst eine andere Zuständigkeit oder ein besonderes Verfahren vorgesehen ist. Gleim S. 170ff. Anwendung dieses Grundsatzes auf Veränderungen an Bahndurchlässen für Entwässerungsgräben u. auf solche Veränd. an den Gräben selbst, welche die Bahnanl. berühren, OVG Arch **05** 465 u. RG VZ **1916** 478; auf Einbeziehung v. Teilen des Bahnkörpers in eine Wassergenossenschaft OVG **78** 343. — E 20. Dez. 06 (VB II 201) betr. eiserne Brücken, die Staatseis. kreuzen. — Brandschutzstreifen unten V 2a Anm. 60. — KleinbG §§ 8, 29.

An der Zuständigkeit der Landesbehörde zur Planfeststellung hat die Weimarer Verf. an sich nichts geändert — StGHof 18. Okt. 24 (oben I 2 Anm. 8), s. auch Ottmann VZ **1929** 859; — aber unten IV.

II. Die Entscheidung des Min. ist endgültig u. nicht durch Rechtsmittel anfechtbar. Sie wird als vorläufige Planfeststellung bezeichnet, weil sie i. S. EntG § 15 eine solche bedeutet u. für den Fall einer Enteignung in den durch § 18ff. dieses G vorgeseh. Formen wiederholt w. muß. In diesem Verfahren — der endgültigen Planfeststellung — darf aber der in 1. Instanz zuständ. Bezirksausschuß, soweit die eigentl. Bahnanlage in Betracht kommt, nicht ohne Genehm. des Min. den vorl. festgestellten Plan ändern — E 5. März 75 u.

sowohl der Bahn als der anzuwendenden Fahrzeuge[14]), an diese Genehmigung gebunden. Alle Vorarbeiten zur Begründung der Genehmigung hat die Gesellschaft auf ihre Kosten zu beschaffen[15]).

(noch Anm. 11) 19. Nov. 98 (V 2a d. W. Anm. 98), 15. April 96 (EVBl 170, BB II 107, betr. Gleiskreuzungen), 8. Juni 99 (EVBl 191, BB II 111, betr. Brandschutzstreifen); RBesch 20. April 98 u. 28. März 01 (Arch **01** 699) — u. ist letzte Instanz wiederum der Min. (EntG § 22). — Die Entsch. gemäß § 4 ist ein rechtsgestaltender Verwaltungsakt — Ottmann VZ **1929** 858 — u. nach der in Preußen hergebrachten Rechtsauffassung, eine im Rechtswege nicht anfechtbare polizeiliche Verfügung i. S. des G 11. Mai 42 (GS 192); soweit die Bahnanlage gemäß § 4 genehmigt ist, müssen sich die benachbarten Grundeigentümer die unvermeidl. Einwirkungen des Betriebs auf ihre Grundstücke gefallen lassen u. kann nicht Beseitigung oder Änderung der Anlage im Rechtswege verlangt werden; namentlich ist ein Anspruch auf Rückgabe des zur Anlage verwend. Geländes auch dann nicht gegeben, wenn die Inbesitznahme durch den Unternehmer widerrechtlich erfolgt ist. Gleim S. 364; Stölzel, Rechtsweg u. Kompetenzkonflikte (01) S. 274 Anm. 17; Holstein, Lehre v. d. öff.-rechtl. Eigentumsbeschränk., Berlin 1921 S. 60ff.; RG **7** 266 u. EE **2** 162, **7** 221; KGHof EE **16** 131; auch RGer **59** 70 u. EE **29** 455, **32** 174, **33** 145, **34** 193. (Anders. erkennt RG EE **31** 249 einen zivilrechtl. Anspruch auf Anbring. einer Rauchabführungsanlage in e. LokSchuppen an.) Die Beschränkung des Rechtswegs auf Schadensersatzansprüche gilt schon für die Bauzeit, setzt also nicht etwa die Betriebseröffnung voraus. RG Arch **1911** 312.) — Dieser Rechtszustand ist durch das BGB aufrecht erhalten EG BGB Art. 125 (Art. 111?); E 26. Nov. 99 (EVBl 331) C II. Auch darf der Nachbar einer genehm. EisAnlage innerhalb seines Grundstücks nichts vornehmen, was voraussichtlich den Bestand der EisAnlage u. die Sicherheit des EisBetriebs gefährdet RG Arch **02** 202. Der polizeil. Schutz der Bahn gegen derart. Gefährdungen durch die Anwohner usw. ist — im Gegens. zum Schutze der Anwohner gegen Gefährdung usw. durch die Eis. (§§ 14, 22) — Sache der Orts-, nicht der Landespolizei OVG **24** 401. Ferner V 2a Anm. 12, 82 d. W. Für die ohne Genehmigung ausgeführten Anlagen gelten die allg. Rechtsgrundsätze RG **31** 285 u. EE **26** 73, auch EE **34** 193 u. Gruchot **59** 940; KGHof Arch **06** 1321. — Eingriffe der Ortspolizei in die durch § 4 (u. § 14) festgesetzte Zuständigkeit E 8. Nov. 97 u. 3. Dez. 02 BB II 115. — Die Zuständigkeit des Min. endet nicht mit der erstmaligen Planfestst. oder auch nur mit der Ausführung des erstmals festgest. Bauplans, sondern wirkt auch für spätere Planänderungen fort. Gleim S. 366; Anm. 26; E 8. Juni 99 (EVBl 191, BB II 111).

III. Ausnahmen. Durch die Planfestst. wird nicht ersetzt:

a) Für Hochbauten die baupolizeiliche Genehmigung, jedoch nur für die Konstruktion, nicht auch für die Belegenheit der Gebäude. Gleim S. 174ff., 370; OVG **5** 324 u. EE **17** 274. Ferner OVG Arch **1898** 146, Entsch **50** 51, **68** 446, EE **24** 150, **33** 144; Fritz VZ **1914** 921. E 25. Mai 98 (EVBl 187).

b) Für Wohnhäuser außerhalb einer im Zusammenhange gebauten Ortschaft die Ansiedelungsgenehmigung gemäß G $\frac{\text{25. Aug. 76}}{\text{10. Aug. 04}}$ $\left(\text{GS } \frac{405}{227}\right)$ § 13, 4. Juli 87 (GS 324) § 14, 13. Juni 88 (GS 243) § 13, 11. Juni 90 (GS 173) § 1, 18. Dez. 23 (GS 555: Rheinprovinz). Vgl. auch G 1. März 23 (GS 49). Gleim S. 372ff.; OVG **5** 392, **63** 254, **65** 232, EE **5** 252.

c) Für Feuerstellen in der Nähe von Waldungen die feuerpolizeiliche Genehmigung gemäß Feld- u. ForstpolizeiG 1. April 80 (GS 230) §§ 47—50. Gleim S. 377; OVG EE **5** 252.

d) Berührt sich der festzustellende Plan mit Anlagen der Reichsbahn, so muß die nach RBahnG § 37 zuständige Stelle d. d. Planfestst. mitwirken.

IV. Erfolgt die Planfeststellung — sei es auf Grund eines Vorbehalts, den das Reich bei seiner Zustimmung zur Konzessionierung des Unternehmens gemacht hat (oben I 2 Anm. 19b), oder einer Konzessionsbestimmung (z. B. unten Beilage B Ziff. VIII 1), nicht durch den Handelsminister sondern durch den Reichsverkehrsminister, so gilt das vorst. zu I, II u. IIIa—c Ausgeführte sinngemäß gleichfalls.

B. Reichseisenbahnen. I. Schon durch RVerf Art. 90 in Verb. mit StVtr 1920 war § 4 für Reichsbahnen außer Geltung gesetzt worden (vgl. E 8. Aug. 21 I 16. 2765). Jetzt hat RBahnG § 37 die Planfestst., soweit es sich um neue Bahnstrecken handelt oder zw. RBGesellschaft u. Landespolizei od. Reichsbehörden Meinungsverschied. besteht, dem RVMin, im übr. der RBGesellsch. übertragen, u. zwar ist diese Festst. — abges. vom Falle nachfolgender Enteignung — „endgültig". Daraus folgt zunächst, daß für EisBaupläne der RBGesellsch. keine Zuständ. des Preuß. Ministers aus § 4 EisG gegeben ist. Im weiteren ist, wie in der Neufass. von RBahnG § 37 zum Ausdrucke gelangt — s. oben I 5 Anm. 136, 137 —, die Entsch der Reichsstelle für alle Preuß. Behörden, auch die Verwaltungsgerichte, maßgebend u. unterliegt sie nicht den im preuß. Recht begründ. Einschränkungen des auf Grund EisG § 4 bestehenden Feststellungsrechts (vorst. A III); vgl. Vf 46. 2842 v. 1. Okt. 25.

II. Vorbehaltl. des soeben Bemerkten sind auf Umfang u. Rechtswirkung der Planfestst. für Reichsbahnen in Preußen die Ausführ. zu A sinngemäß anzuwenden, auch soweit sie sich auf das Enteignungsverfahren beziehen. Vgl. Vf 47 D 5465 v. 24. April 26, auch Ottmann VZ **1929** 860. — Von neueren Bestimmungen sind hier folgende zu erwähnen:

a) Bahnkreuzungsvorschriften für fremde Starkstromanlagen (B. K. V.) v. 18. Nov. 21 (RVBl 505), geänd. durch Vf 9. Mai u. 7. Dez. 28 (Die Reichsbahn 434 u. 1054), mit diesen Änderungen abgedr. in Hein-Krügers Komm. zum KleinbG; neue Änd.: Vf 31. Jan. 30 (Die Reichsbahn 141); gültig nach E 14. Juli 22 (RVBl 282) u. 24. Mai 28 E II 23. 1529 auch f. private Großbahnen u. nach E 26. Juli 22 E III 35 D 953 f. Kleinbahnen, deren Anlagen sich auf Reichsbahngelände befinden. Vgl. auch E 21. Aug. 23 E VII 79 D 8937 u. Vf 25. Dez. 24 (oben I 5 Anm. 78C). Wegen der privaten Großbahnen s. auch Ziff. 1 der mit E 12. Juni 28 E I 14. 141. 146 mitget. Aufzeichn. u. wegen Starkstromfreileitungen Vf 35 Lwk 90 v. 11. Dez. 29.

b) Leitsätze f. d. Bau v. Luftleitern (Antennen) zum Funkenempfang: Vf 80 D 15291 v. 22. Nov. 24.

c) Kreuzungen der Reichsbahn durch Gasfernleitungen: Vf 49 Lwg 16 II v. 15. Juli 28.

Zu c ist noch folgendes zu bemerken: Daß die ReichsbGesellsch. nicht verpflichtet ist, für solche Leitungen — u. ähnl. Anlagen, z. B. Kraftfernleitungen — die Durchführ. durch den Bahnkörper zu gestatten, u., wenn sie es tut, dafür eine Vergütung fordern darf, die den zu erwart. Frachtausfall ganz od. teilw. deckt, führen (gegen Heymann bei Gruchot **70** 1) mit überzeug. Gründen aus: Charitius VZ **1928** 197 u. **1929** 253 u. (in eingeh. treffl. Darstell.) Heilfron EE **48** 197—230. S. dazu auch oben I 2 Anm. 23, I 5 Anm. 138 u. unten Anm. 21.

III. Die Beseitigung v. Wegeübergängen in Schienenhöhe können nach E 37 D 7223 v. 12. Juni 24 die RBDirektionen in eigener Zuständ. anordnen, wenn

§ 5. Die Anlage von Zweigbahnen[16]) kann eben so, wie die von neuen Eisenbahnen überhaupt nur mit Unserer landesherrlichen Genehmigung[6]) stattfinden.

ihnen die Mittel zur Vf stehen, keine Meinungsverschied. m. d. Landesbehörde vorliegt u. Enteignung nicht nötig ist.

[12]) Übersicht üb. die b. d. Planfestst. zu berücksicht. öffentlichen Interessen (Gleim §§ 42—54, Pannenberg Arch **1893** 991 ff.):

a) Landesverteidigung Abschn. VIII d. W.

b) Wegepolizei unten Beilage D.

c) Wasserpolizei, namentl. Strom- u. Deichpol. (Gleim §§ 47, 48; Wasserrecht in Hessen VZ **07** 1295) ZustG § 158, WasserG § 385 (vorst. Anm. 11 A I). Nach diesem § 385 ist zu den in WasserG §§ 22, 284 f. bezeichneten Anlagen die wasserpolizeil. Genehm. nicht nötig, wenn sie in einen gemäß EisG § 4 festgest. EisBauplan aufgenommen w. sind. Preuß. Best. üb. Anhörung v. Behörden od. Privaten vor der Planfestst. für EisBauten, die m. Wasserläufen in Berührung kommen: G 3. Juli 00 GS 171 § 47 (Schlesien), Vo 16. Sept. 04 GS 251 (Spreegebiet), G 4. Aug. 04 GS 197 § 35 (Brandenburg u. Sachsen); ferner Anweis. der StEV (die auch f. d. Reichsbahn zum Anhalte dienen können) E 26. Okt. 00 (EVBl 523, VB II 103), 16. Juni 02 (ENBl 307, VB II 104), E 16. Juni 04 (ENBl 219).

Aus der Rechtsprechung. Hat die Eis. auf Anordn. der Regierung Deichanlagen an einem öff. Flusse z. Schutze des anlieg. Kulturlandes gemacht, durch die den benachb. Wiesen der Vorteil regelmäß. wiederkehrender Überschwemmungen entzogen w. ist, so ist die Eis. nach allg. Rechtsgrundს. dafür nicht ersatzpflichtig. RG **54** 24 (Landrecht), EE **2** 353 (Rhein. Recht). Ebensowenig, wenn auf Anordn. der Reg. eine Eis. im Bette eines öff. Flusses angelegt u. dadurch f. d. Nachbargrundstücke die Nutzung d. Flusses z. B. als Verkehrsweg beschränkt w. (Landrecht) RG EE **2** 29, 312. Namentl. kann in dies. Falle der Ersatzanspruch nicht auf ALR Einl. § 75 gestützt w. RG EE **3** 364. Kein Ersatzanspruch f. Auskolkungen, wenn sie dadurch veranlaßt w., daß üb. einen öff. Fluß eine EisBrücke m. staatl. Genehm. angelegt ist (Landrecht). RG **122** 134. WasserG §§ 238 (4), 331 f. sind nicht anwendbar auf EisGrundstücke, die in einen gemäß EisG § 4 festgestellten Plan fallen. OVG **78** 343. Das Eigentum am Wasserlaufe berechtigt die EisVerw. nicht, unter Beruf. auf WasserG § 43 Wasser aus dem Flusse als Speisewasser f. Lokomotiven zu entnehmen, die nicht nur in unmitt. Nähe der Entnahmestelle verkehren. OVG EE **44** 289. WasserG § 115 (3) ist nicht auf Fälle anzuwenden, in denen ein Wasserlauf nicht aus Rücks. auf ihn selbst, sond. zur Erleicht. eines Bahnbaus verlegt w. ist; dann richtet sich mangels anderweiter Best bei der Planfestst. die Unterhaltungspflicht n. denselben Grundს. wie die UnterhPflicht f. einen beim Bahnbau verlegten öff. Weg. OVG EE **45** 163, auch **81** 307. Seitengräben an Böschungen des Bahnkörpers sind Gräben i. S. WasserG § 1 (3) Satz 1 nur, wenn sie nach dem EisBauplan (EisG § 4) der Entwäss. der anlieg. Grundst. zu dienen bestimmt sind; zu Einrichtungen im Interesse eines Anliegers, die nicht zur Abwend. v. Gefahren u. Nachteilen v. seinem Grundst., sondern zur Verbess. dess. dienen, kann die Eis. nicht auf Grund EisG § 14 angehalten w., vielmehr findet darauf das allg. Recht, auch das Wasserrecht, Anw., u. es ist die Bestell. eines Zwangsrechts gemäß WasserG §§ 331 f., 339 nicht grundს. ausgeschlossen; soweit ab. dadurch eine Änderung der genehm. Bahnanlage bedingt w., muß b. d. Beschlußfass. über Bestell. des Zwangsrechts die Genehm. des PlanfeststMinisters vorliegen, auch kann die Bestell. nur m. d. Maßgabe geschehen, daß das Recht ohne Entschäd. erlischt, wenn die EisAufsichtsbehörde seine Ausübung f. unvereinbar m. d. Bedürfn. des EisBetriebs erklärt. OVG 11. Nov. 26 **81** 349. Auf Antrag der ReichsbGesellsch. kann ein Recht an Wasserläufen (WasserG §§ 46 ff.) unmitt. dem D. Reiche verliehen werden. OVG VZ **1929** 724.

Üb. die Rechtslage, die sich f. d. Reichsbahn aus d. Übergange der Wasserstraßen auf das Reich (G 29. Juli 21 RGBl 961) ergibt, sind folgende Anordn. ergangen:

aa) E VI 60 D 15518 u. 260 v. 19. Juli 23 u. 17. Jan. 24 u. Vf 46 D 5503 v. 6. Juli 25 betr. Wasserbenutzungsrecht;

bb) E E VI 60. 9823 v. 27. Nov. 23 betr. Entgelt f. Wasserentnahme;

cc) E E VI 68 D 25865 v. 8. Jan. 24 betr. Sicherheitsleist. d. Reichs auf Grund WasserG § 77 Abs. 3;

dd) Vf 47 D 6002 v. 2. April 24 betr. Regelung der Eigentumsverh. usw. bei Brücken der Reichsbahn üb. Kanäle u. der Kanäle über Reichseisstrecken;

ee) Vf 47 D 2258 v. 20. März 26 betr. Benutzungsentgelt f. d. Kreuzung v. Reichswasserstraßen durch ReichseisAnlagen;

ff) Vf 47 D 3727 u. 5465 v. 25. März u. 24. April 26 betr. Zuständ. der Wasserstraßenverw. bei ReichseisBauten.

d) Baupolizei Gleim § 49, unten Abschn. V 3.

e) Feuerpolizei Gleim § 50, unten V 2a Anm. 60.

f) Post- und Telegraphenverwaltung Gleim § 53, unten Abschn. IX.

g) Zollverwaltung Gleim § 54, unten Abschn. X.

Zu d bis g s. auch Fritsch, EisRecht §§ 21—24.

h) Aus ZustG § 158 wird auch zu folgern sein, daß der Quellenschutz — G 14. Mai 08 GS 105 — bei EisBauten zur Zuständ. des PlanfeststMinisters gehört.

[13]) Private Interessen, die zu berücks. sind: EisG § 14; Bergwesen unten V 4.

[14]) BO § 27.

[15]) A. Die ausführlichen Vorarbeiten (nur technischer Art) — Vorschr.: Münstersche Sammlung (unten II 5 Anm. 1) S. 319; Gleim § 56 — dienen dazu, die in Mitleidensch. gezogenen öff. u. priv. Interessen (vorst. Anm. 12, 13) im einzelnen u. die Mittel zur Verhütung v. Schäden zu erkunden u. die Entwurfsaufstellung zu ermöglichen. Für die StEV war zur Erreichung dieses Zieles eine große Zahl v. Anordnungen ergangen, die sich nam. auf rechtzeitige Zuziehung sachkundiger od. beteiligter Behörden beziehen; zusammengefaßt sind sie in E 7. Feb. 14 EVBl 33 (der auch f. d. Reichsbahn als Anhalt dient).

B. Nachdem die ausf. Vorarb. abgeschlossen sind u. der Bauplan aufgestellt ist, erfolgt (früher bei allen, jetzt nur noch) bei den nicht dem Reiche gehörigen Großbahnen — u. zwar bei allen Bauten, von denen landespolizeilich zu schützende (wege-, wasser-, feuer-, baupolizeiliche) Interessen oder Interessen der Nachbargrundst. betroffen w., in erster Linie beim Bau neuer Bahnlinien — die der Planfestst. (§ 4) vorangehende, v. Unternehmer zu beantrag. landespolizeiliche Prüfung des Entwurfs durch den Regierungspräsidenten

§ 6. Zur Emission von Aktien über die ursprünglich festgesetzte Zahl hinaus, ist Unsere Genehmigung[6]) nothwendig. Die Aufnahme von Gelddarlehnen (womit der Kauf auf Kredit nicht gleichgestellt werden soll) bedarf der Zustimmung des Handelsministeriums[4]), welches dieselbe an die Bedingung eines festzustellenden Zins- und Tilgungsfonds zu knüpfen befugt ist[17]).

§ 7. Die Gesellschaft ist befugt, die für das Unternehmen erforderlichen Grundstücke ohne Genehmigung einer Staatsbehörde zu erwerben[18]); zur Gültigkeit der Veräußerung von Grundstücken ist jedoch die Genehmigung der Regierung[19]) nöthig[20]).

§§ 8—13[20]).

---

als Landespolizeibehörde unter Zuzieh. der EisAufsichtsbehörde (bei Staatsbahnen war es die EisDirektion, bei Privatgroßbahnen ist es der Reichsbevollmächt. f. Privatbahnaufsicht). Hierbei haben diese Behörden als Organe des Min. nach Ladung der Beteil. festzustellen, ob der Entwurf den v. ihm berührten polizeil. u. privaten Interessen möglichst Rechnung trägt; eine Entscheid. trifft die LPolBeh. nicht, nur darf sie dem Unternehmer, wenn er selbst zustimmt, Herstell. v. Nebenanlagen (EisG § 14) aufgeben. Gesetzlich festgelegt ist die land. Pr. nicht; eine zusammenfass. Anordnung üb. ihre Abhalt. u. das Verfahren enthält E 7. Feb. 14 (EVBl 36). Muster f. d. Bericht üb. das Ergebnis: E 26. Juli 13 ENBl 97. Ausführl. Erört. des rechtl. Charakters der l. Pr. und der Zuständigkeiten E 12. Okt. 92 (EVBl 347, VB II 102). Neuere Anordnungen: E 1. April 23 HMinBl 160 u. 29. Sept. 27 das. 343. — Gebühren: VGO (unten IV 7 Beil. A) Nr. 25c. — Änderungen, die der Entw. vor od. bei der vorläuf. Planfeststt. erfährt, sind in den Plan mit blauer, spätere mit grüner Farbe einzutragen. E 24. April 90 VB II 198. Die Kosten der l. Pr. und der Abnahme (EisG § 22) trägt der Preuß. Staat. E 17. Okt. 00 VB II 138; s. auch E 30. Mai 22 Pr VI 68. 213. 104. Erneuerung f. d. Fall, daß sich die Ausführ. des Entw. verzögert: E 28. Nov. 77 EVBl **1878**, 13. C. Für die Reichsbahnen ist ein Verfahren der oben beschriebenen Art gleichfalls zweckmäßig u. gegebene Folge der durch RVerf Art. 94 u. RBahnG § 37 (2) begründeten Verpflichtung d. Reichs u. der RBahnGesellsch., vor Inangriffn. größerer Bauten das Land zu hören. Das Verf. trägt ab. nun anderen Charakter: Es ist sozusagen Privatsache des Landes, das sich Material zur Geltendm. der v. ihm zu wahrenden Interessen dem Reiche gegenüber verschaffen muß. Dementspr. ist der RegPräs. nicht Organ des zur Planfeststt. Berufenen (RVMin od. RBGesellsch.) u. beteiligt sich die ReichseisVerw. nur zu ihrer Information, gewisserm. als Zuschauer (vgl. auch E 12. Mai 23 Pr VIII 84 D 4977 II Ang. u. E 5. Dez. 27 HMinBl 442); Gebühren zu entrichten kann sie desh. nicht verpflichtet sein. — Vf 85 D 7397 v. 31. Okt. 27 betr. Nachweisungen üb. das Ergebnis des Prüfungsverfahrens. — Fühlungnahme m. d. Bergbehörde: Vf 47 D 16490 v. 29. Dez. 24.

[16]) Für den allgemeinen Verkehr; Kleinbahnen u. Privatanschlußbahnen KleinbG. §§ 2f., 43f.

[17]) Zur Ausgabe von Schuldverschreibungen auf den Inhaber durch EisGesellschaften wird die Genehmigung nicht mehr — wie nach G 17. Juni 33 (GS 75) — durch landesherrl. Privileg, sondern durch die Minister der Finanzen u. f. Handel usw. auf Grund eingeholter Ermächtigung des Staatsministeriums erteilt BGB § 795 u. EG Art. 34 IV; Vo 16. Nov. 99 (GS 562) Art. 8; E (mit Muster zu Genehmigungsurkunden) 8. Nov. 00 (EVBl 527). — Beil. C § 1 Ziff. 9, BahneinheitsG (I 9 d. W.) §§ 17, 18.

[18]) Grunderwerb durch jurist. Personen AG BGB Art. 7; Vo 16. Nov. 99 GS 562 Art. 6, geändert durch Vo 29. Nov. 11 GS 217. — EntG §§ 16, 17. — Reichsbahn RBahnG § 6 m. Anm. 33.

[19]) ZustG § 159 Abs. 1 bestimmt:

Die in den §§ 7 und 22 des Gesetzes über die Eisenbahnunternehmungen vom 3. November 1838 und nach § 9 des Gesetzes vom 1. Mai 1865 (Gesetz-Samml. S. 317) der Bezirksregierung beigelegten Befugnisse gehen auf den Minister der öffentlichen Arbeiten über. (**Jetzt Handelsminister.**)

§ 7 Satz 2 bezieht sich nur auf die dem Betriebe bereits übergebene Anlage, für diese aber auf Veräußerungen im weitesten Sinne, auch Zwangsvollstreckungen — Gleim S. 390 (s. auch Fleiner S. 359, 362) — u. ist, als dem öffentl. Recht angehörig, durch das BGB nicht berührt; mit der Betriebseröffnung ist also das für das Unternehmen erforderliche Grundeigentum dem freien Privatrechtsverkehr entzogen. Hierzu: Otto Mayer im Arch. f. öff. Recht **16** 65ff.; Übersicht über die Rechtsprechung das. S. 79 Anm. 39. Ferner RG **18** 341; oben Anm. 11; BahneinhG (unten I 9) §§ 5—7. Dienstbarkeiten (nam. wegerechtliche): RG **71** 203, **84** 113; JW **1916** 143. — Reichsbahnen: RBahnG § 6. — Über den Rechtscharakter des unbewegl. Bahneigentums im allg. s. Fritsch EisRecht § 63, auch Fleiner §§ 21f. (gegen die von Otto Mayer vertretene Theorie der allem Privatrecht entzogenen „öffentlichen Sache").

[20]) Die §§ 8—13 u. 15—19 betreffen das Enteignungsrecht u. sind nach EntG § 57 als durch dieses G ersetzt anzusehen; in den neuen Landesteilen waren sie gar nicht eingeführt worden (Beil. A § 1). Nach § 8 war das Enteignungsrecht ohne weiteres mit dem durch die Konzession geschaffenen EisUnternehmungsrecht verbunden; dem steht EntG § 2 entgegen (Gleim S. 147ff., a. M. Eger Anm. 16 zu EntG § 2). Nach der heutigen Übung wird Privateisenbahnen das EntRecht in der KonzUrkunde ausdrücklich verliehen; bei der StEB pflegte in der Vo, in der die bauleitende Behörde bestimmt wurde, ausgesprochen zu werden, daß das Recht zur Enteignung nach den gesetzl. Best Anwendung finden solle. — Reichsbahnen RBahnG § 38.

[21]) § 14, eine Vorschrift v. erhebl. prakt. Bedeutung, verpflichtet den EisUnternehmer zur Herstellung der „Nebenanlagen", die die Planfeststellungsbehörde im Interesse der Nachbargrundstücke v. ihm fordert. Er galt auch f. Preuß. Staatsbahnen u. ist — unbeschadet der Zuständigkeitsfrage (s. unten Anm. 25 A) — f. d. Reichsbahnen gleichfalls maßgebend. Ausführlich: Gleim EisRecht § 51, Seydel u. Eger zu EntG § 14; OVG **9** 186, **65** 369. — § 14 ist nicht durch den gleichart. § 14 EnteignungsG aufgehoben, schon weil dieser nur für das EntVerfahren gilt; im Enteig. Verf. kann allerdings EisG § 14 nicht mehr angewendet werden. ZustG § 158; E 21. Juni 80 (EVBl 284); OVG a. a. O.; Gleim S. 314ff. Erört. über das Verh. der beiden §§ zueinander in den Anm. zu beiden in d. W.

[22]) Anm. 21; vgl. auch v. Kienitz VZ **1927** 622. — Verpflichtet ist auch nach EisG § 14 die mit dem Ent-

§ 14[21]). Außer der Geldentschädigung ist die Gesellschaft[22]) auch zur Einrichtung und Unterhaltung[23]) aller Anlagen[24]) verpflichtet, welche die Regierung[25]) an Wegen, Überfahrten, Triften, Einfriedi-

---

eignungsrechte beliehene Person, gleichviel ob sie das Unternehmen in eigenem Interesse oder für einen Dritten betreibt RG **9** 276. Auf Grund des § 14 können zwar nur dem Unternehmer Auflagen gemacht werden; er schließt ab. nicht aus, daß andere, die aus öff.-rechtl. Gründen zu einer gleichen od. ähnl. Leistung verpflichtet sind, dazu herangezogen werden; z. B. wird die Verpflicht. d. Grundeigentümers, sein Grundst. in polizeimäß. Zustande zu erhalten (unten V 2a Anm. 5 B) durch EisG § 14 (od. EntG § 14) nicht berührt. OVG **65** 369. — § 14 ist nicht anwendbar auf die Durchlegung von neuen Gas-, Kraft- u. ähnl. Leitungen durch den Bahnkörper. Heilfron EE **48** 218.

[23]) In EntG § 14 ist die Unterhaltung dem Unternehmer nur insoweit auferlegt, als sie über den Umfang der bestehenden Verpflichtungen zur Unterhaltung vorhandener, demſ. Zwecke dienender Anlagen hinausgeht. In gleichem Sinne ist EisG § 14 auszulegen. Gleim S. 306; anscheinend a. M. RG EE **15** 333.

[24]) V 2a Anm. 57 d. W.

[25]) A. Zuständig ist für Eis., die nicht Reichsbahnen sind, der Minister (§ 4); die Regierung (jetzt der RegPräsident) darf nur solche Auflagen machen, mit denen sich der Unternehmer einverstanden erklärt E 12. Okt. 92 EVBl 347. Die Ortspolizei ist überhaupt nicht zuständig OVG **9** 238, auch EE **24** 3. Ebensowenig ist zu Wegeänderungen das in ZustG § 57 vorgesehene Verfahren erforderlich E 18. Okt. 74 (VB II 158). (Im Falle EntG § 14 ist die Enteignungsbehörde zur Entsch. berufen.) Die Anordnung ist eine polizeil. Vf i. S. des G 11. Mai 42 (Anm. 11 A II). Gegen Entsch des RegPräs. gibt es nur Beschwerde beim Minister OVG **9** 393; ferner unten Ba. — Die zur Feststellung durch den Min. bestimmten Baupläne müssen die nach § 14 erford. Anlagen enthalten E 20. Okt. 96 (EVBl 307). — Gebühren VGO (unten IV 7 Beil. A) Nr. 25c.

Für die Reichsbahnen kommen Auflagen durch preußische Behörden nicht in Frage, vielmehr bestimmt sich für sie die Zuständ. nach RBahnG § 37 (2 u. 3).

B. Verhältnis des § 14 zum Privatrecht. Nach seinem Wortlaute begründet § 14 Abs. 1 eine Verpflichtung des Unternehmers zur Einricht. usw. nicht der Anlagen, die zur Sicherung gegen Gefahren usw. nötig sind, sondern derjen., die zu diesem Zwecke von der „Regierung" für nötig befunden werden. Rechtsgrundlage der Verpflicht. ist also nicht das sachliche Bedürfnis, sondern die formale Anordnung der „Regierung". Daher wird — ebenso für EntG § 14 — fast allgemein angenommen, daß die Vorschr. nur eine öffentlich-rechtliche Anordnungsbefugnis der Reg. festsetzt, in das Privatrecht aber überhaupt nicht eingreift. Vgl. auch OVG **65** 369 u. RG **84** 113. Daraus folgt, daß z. B. ein auf Grund des § 14 angelegter Weg im Zw. von den Interessenten nur mit den aus dem öff.-rechtl. Charakter der Verpflicht. folgenden Einschränkungen benutzt u. ein Recht auf ihn nicht o. w. ersessen werden kann. RG Arch **1920** 465. — Einzelnes:

a) Zur Anordnung ist nur „die Regierung" befugt, u. nur durch ihre Vermittlung kann der Anlieger den Unternehmer zur Einricht. usw. nötigen; der Rechtsweg ist über die Verpflicht. des Unternehmers zur Herstellung u. Unterhaltung der Anlagen nicht zulässig KGHof EE **2** 57, Arch **1898** 1083; RG EE **1** 362, EE **4** 184, Arch **08** 1266. Ebensowenig dürfen im Rechtswege die für Herstellung von Anlagen aufzuwendenden Kosten eingefordert werden RG EE **3** 375. Auch kann die Anordnung der Reg. nicht im Rechtswege nachgeprüft oder abgeändert werden RG EE **1** 362; KGHof Arch **06** 1321. Da also der Anlieger keinen Anspruch (auch nicht in Gestalt eines Entschädigungsanspruchs) auf Fortbestehen der Anlage hat, muß er zutreffendenfalls dafür sorgen, daß b. d. Bemessung seiner Enteignungsentschäd. die Möglichkeit der Wiederaufhebung berücksichtigt wird (vgl. unten V 2a Anm. 66 a. E.). RG EE **32** 169, **37** 19. — Anders, wenn die Eis. sich privatrechtlich zur Herstell. verpflichtet hat RG EE **26** 73, namentl. aber **125** 396.

b) Die Reg. ist bei ihrer Anordnung nicht auf Fälle, in denen ein zivilrechtl. Ersatzanspruch besteht, beschränkt oder v. Anträgen der Anlieger abhängig Seydel, EntG S. 89; RG EE **4** 430.

c) § 14 begründet nicht eine von den Normen des Zivilrechts abweichende, namentlich nicht eine über sie hinausgehende Haftung des Unternehmers RG EE **2** 116, **4** 430; VZ **1928** 1371. Es werden aber die auf anderweiter Rechtsvorschr. beruhenden Schadensersatzansprüche der Anlieger durch § 14 u. seine Handhabung nicht berührt u. hat ihnen gegenüber eine Berufung des Unternehmers auf § 14 keine rechtl. Bedeutung RG **7** 265, auch EE **1** 362, **2** 263, **14** 40, **31** 356.

d) Soweit infolge der Regierungsanordnung tatsächlich ein Schaden nicht entstanden ist, entfällt ein an sich begründeter Entschädigungsanspruch V 2a Anm. 66 B d. W.

e) Ob die EisVerwaltung für gänzliche Nichtbefolgung oder nicht ordnungsmäß. Befolgung der ihr nach § 14 gemachten Auflagen entschädigungspflichtig ist, entscheidet sich nach den allg. Rechtsgrundsätzen über Haftung für außervertragl. Verschulden, jetzt nach BGB § 823. RG EE **22** 157. Für das Gebiet des ALR: RG **32** 283, EE **2** 116, Arch **1894** 380. Keine Ersatzpflicht, wenn der Interessent dem Unternehmer gegenüber die Herstell. der Anlage vertraglich übernommen hat u. der Schaden dadurch entsteht, daß jener dieser Verpflichtung nicht nachkommt RG EE **8** 170.

f) In einigen neueren Entsch. — übr. schon EE **1** 362 — vertritt das RG eine abweichende Auffassung: Im allg. könne sich der Unternehmer bei Schadensersatzansprüchen darauf berufen, daß weitere als die von ihm getroffenen Schutzmaßregeln von der Reg. nicht angeordnet seien; eine Ausnahme greife Platz, wenn der Unt. die von der Reg. nur allgemein angeordneten Anlagen in einer dem Zwecke nicht entsprechenden Weise ausführe u. so durch sein Verschulden Schaden verursache; ferner wenn er gewußt habe oder bei gehör. Aufmerksamkeit habe wissen müssen, welche Anlagen oder Einricht. zum Schutze der Anlieger gegen Gefahren usw. erford., zugleich vom techn. Standpunkt aus ausführbar und m. d. Zwecken d. Unternehmens verträglich gewesen seien, und diese gleichwohl, weil nicht von der Reg. angeordnet, unterlassen habe; stelle sich in der Folge heraus, daß die Anordn. der Reg. unzulänglich gewesen seien, so mache sich der Unt. schadensersatzpflichtig, wenn er nicht die nunmehr als notwendig erkannten Maßregeln — nicht aber auch Vorkehrungen für außerordentl., nicht vorhersehbare Verhältnisse (Hochwasser!) — rechtzeitig in Angriff nehme und tunlichst schnell ausführe RG **32** 283, **37** 269, **53** 23 (StEV haftet auch f. d. früheren Privatbahnen); EE **12** 336, **14** 40 u. **15** 310; auch (unter Herleit. aus BGB § 823) VZ **1926** 1317 (dagegen: v. Kienitz EE **45** 44). Den Unt. muß aber ein Verschulden treffen EE **24** 396, **27** 340, **48** 138 (wo auch betont wird, daß die Bahn nur zu Aufwend. verpflichtet ist, die zur Wirtschaftslage des Unternehmens u. zu dem zu verhütenden Schaden in angemess. Verh. stehen). — A. M. von Schilgen bei Gruchot **41** 497 (anders. Bering das. **42** 38), Gleim in Ztschr. f. Kleinb.

gungen, Bewässerungs- oder Vorfluths-Anlagen usw. nöthig findet[26]), damit die benachbarten Grundbesitzer[27]) gegen Gefahren und Nachtheile[28]) in Benutzung ihrer Grundstücke gesichert werden[29]).

[30]) Entsteht die Nothwendigkeit solcher Anlagen erst nach Eröffnung der Bahn durch eine mit den benachbarten Grundstücken vorgehende Veränderung, so ist die Gesellschaft zwar auch zu deren Einrichtung und Unterhaltung verpflichtet, jedoch nur auf Kosten der dabei interessirten Grundbesitzer, welche deshalb auf Verlangen der Gesellschaft Kaution zu bestellen haben.

(**§§ 15—19**)[20]).

§ 20. Für alle Entschädigungs-Ansprüche, welche in Folge der Bahn-Anlage an den Staat gemacht, und entweder von der Gesellschaft selbst anerkannt, oder unter ihrer Zuziehung richterlich festgestellt werden, ist die Gesellschaft verpflichtet[31]).

§ 21. Das Handelsministerium[4]) wird nach vorgängiger Vernehmung der Gesellschaft die Fristen bestimmen, in welchen die Anlage fortschreiten und vollendet werden soll, und kann für deren Einhaltung sich Bürgschaften stellen lassen. Im Falle der Nichtvollendung binnen der bestimmten Zeit bleibt vorbehalten, die Anlage, so wie sie liegt, für Rechnung der Gesellschaft unter der Bedingung zur öffentlichen Versteigerung zu bringen, daß dieselbe von den Ankäufern ausgeführt werde. Es muß jedoch dem Antrage auf Versteigerung die Bestimmung einer schließlichen Frist von sechs Monaten zur Vollendung der Bahn vorangehen[32]).

§ 22. Die Bahn darf dem Verkehr nicht eher eröffnet werden, als, nach vorgängiger Revision der Anlage[33]), von der Regierung[34]) die Genehmigung dazu erteilt worden[35]).

§ 23. Die Handhabung der Bahnpolizei[36]) wird, nach einem darüber von dem Handelsministerium[4]) zu erlassenden Reglement[37]), der Gesellschaft[38]) übertragen[39]). Das Reglement wird zugleich das Verhältniß der mit diesem Geschäft beauftragten Beamten der Gesellschaft näher festsetzen.

02 603, Seydel Anm. 9 zu EntG § 14; s. auch RG **64** 24 u. EE **25** 65.

[26]) Die Befugnis der „Regierung" besteht auch nach der Betriebseröffnung fort OVG **9** 393; RG EE **4** 184; Gleim S. 308. Fällt das Bedürfnis fort, so kann die Anordnung aufgehoben oder eingeschränkt werden (Gleim S. 311, Seydel Anm. 2 zu § 14 EntG), z. B. kann ein Seitenweg, den die Eis f. ein b. d. Bau abgeschnitt. Grundst. anlegen mußte, eingezogen w., wenn später das Grundst. einen and. Zugang erhält.

[27]) Im Gegensatze zu EisG § 4 einerseits, EntG § 14 anderseits gilt EisG § 14 nur für Einrichtungen, die zum Schutze der Anlieger, nicht aber für solche, die ausschl. dem öffentlichen Interesse dienen, z. B. nicht für öffentl. Wege als solche — OVG **9** 186, Arch **1883** 546 — oder für Brandschutzstreifen OVG Arch **1897** 1221; E 8. Juni 99 (EVBl 191, VB II 111). Ferner OVG **65** 362. Nachträgliche Umwandlung eines auf Grund § 14 angelegten Privatweges in einen öffentlichen begründet nicht die öffentlich-rechtliche Wegebaupflicht der EisVerwaltung OVG Arch **02** 681.

[28]) V 2a Anm. 63 d. W.

[29]) Auf das zur Ausführ. d. Anlagen erford. Gelände erstreckt sich das Enteignungsrecht des Unternehmers E 8. Juni 99 (Anm. 27).

[30]) Ob im Falle Abs. 2 der Unternehmer oder der Anlieger die Kosten zu tragen hat, ist eine im Rechtswege zu entscheidende Privatrechtsfrage OVG EE **6** 273. EntG § 14 enthält eine gleichart. Vorschr. nicht. — Einzelfall RG Arch **1918** 515.

[31]) Die unmittelb. Haftung des Unternehmers gegenüber den durch die Ausführung des Unternehmens Geschädigten wird durch § 20 nicht berührt Gleim, EisR S. 166. — Beil. B Ziff. VIII 3. ALR Einl. § 75 (subsidiär: RG EE **24** 399), BGB EG Art. 109, BGB AG Art. 89 Ziff. 1a.

[32]) Gleim, EisR. § 37; Schmöckel in EE **11** 287ff., 362ff. — § 47; BahneinhG (I 9 d. W.) § 39. — KleinbG § 23.

[33]) Gleim, EisR. §§ 65, 66. — BahneinhG (I 9 d. W.) § 3. — Die Revision, „Abnahme", erfolgt gemeinsam durch EisBehörde vom Standpunkte der EisInteressen u. durch Regierungspräs. vom landespolizeil. Standpunkt aus. E 22. Juli 09 I D 10340 betr. Betriebseröffnungsvorschriften. Ferner II 5 Anm. 10 d. W. Schreibt für Hochbauten, die besonderer baupolizeil. Genehm. bedürfen (Anm. 11 A IIIa), die BaupolizeiO eine Abnahme durch die Baupolizeibehörde vor, so hat diese gleichfalls stattzufinden Gleim S. 416. Dampfkessel in Lokomotiven BO § 43, andere Dampfkessel Anw 16. Dez. 09, oben I 2 Beil. A Anm. 4 C Abschn. II; Tender u. Wagen BO § 44.

[34]) Minister: Anm. 19. — Die Zuständ. der Landesbehörde ist durch die Weimarer RVerf nicht beseitigt, ab. das Reich muß der Eröffnung zustimmen. StGHof 18. Okt. 24 (oben I 2 Anm. 8). — Für Reichsbahnen findet keine Abnahme statt — RBahnG § 37 (5) —, ab. die BetrEröffn. ist v. d. Hauptverw. zu genehm. (unten II 2 Beil. A bei F 5).

[35]) Die Genehm. ist poliz. Vf i. S. des G 11. Mai 42 GS 192. Erst m. d. Betriebseröffnung wird die Bahn eine Eisenbahn im vollen Sinne des EisRechts, z. B. der BO, des HGB, der EVO (anders HPfG u. StGB).

[36]) Schunck, Grundzüge des BPolRechts in Preußen, Tübingen 1910; Nehse Arch **1916** 1; Fritsch EisRecht § 45; Kröner VZ **1927** 1349; Machate VZ **1928** 633. v. Olshausen VZ **1929** 447, 482. Vgl. auch Vf 46. 2227 v. 16. Juli 25. — Bahnpolizei ist die obrigkeitl. Fürsorge für Sicherheit u. Ordnung des EisBetriebs- u. -Verkehrs, u. zwar sowohl dem Publikum wie den Eis.-Verwaltungen gegenüber; jenes wird in § 23, dieses in § 24 behandelt OVG **23** 369.

[37]) Jetzt BO.

[38]) Anm. 3. — Zuständig sind:

a) zum Erlasse von bahnpolizeil. Verordnungen für das Reich die Reichsregierung mit Zustimm. d. Reichsrats (RVerf Art. 91), für Preußen der Min. (LVG § 136);

b) zum Erlasse — nicht v. PolVerordnungen, aber — von allg. Anordnungen (deren Verletzung reichsrechtlich unter Strafe gestellt ist) zur Aufrechterhalt. der Ordnung innerh. des Bahngebiets u. bei d. Beförd.

§ 24. Die Gesellschaft ist verpflichtet, die Bahn nebst den Transport-Anstalten fortwährend in solchem Stande zu erhalten, daß die Beförderung mit Sicherheit und auf die der Bestimmung des Unternehmens entsprechende Weise erfolgen könne, sie kann hierzu im Verwaltungswege angehalten werden[40]).

§ 25[41]). Die Gesellschaft[41]) ist zum Ersatz verpflichtet für allen Schaden[42]), welcher bei der Be-

---

von Personen u. Sachen: die EisVerwaltungen BO §§ 77, 82 (vgl. OLG Frankfurt 18. Mai 26, VZ **1927** 316);

c) zum Erlasse von polizeil. Strafverfügungen wegen BahnpolÜbertretungen in Preußen im Bereiche der ehemal. StEV (s. unten II 2 Beil. C Anm. 6): die Vorstände der Betriebsämter, bei Privatbahnen die Behörden der allg. Polizei VZ **01** 946; E 11. Aug. 03 (VB II 86);

d) zur unmittelb. Ausübung der Bahnpolizei: die BahnpolBeamten (BO §§ 74, 75).

[39]) Der Bereich der Bahnpolizei beschränkt sich — OVG **24** 401 u. Arch **1916** 711; RG Straff. **42** 313 —:

a) Örtlich auf das Bahngebiet (Gebiet der Bahnpolizei: BO § 75 Abs. 1), d. i. den dem Transportgeschäfte der Eis. dienenden Teil ihrer Anlagen, unabhängig von den Eigentumsverhältnissen OVG **23** 369, **38** 261, **63** 453. Was hierunter fällt, ist Tatfrage: zum Bahngebiet gehören z. B. Zufuhrwege, die Teile der Bahnanlagen sind (Beil. D Ziff. II) — OVG **46** 343, EE **7** 421, EE **28** 50, Arch **1911** 550, Bahnhofsvorplätze: KG VZ **1930** 302 — u. bei Wegeübergängen in Schienenhöhe die Kreuzungsflächen OVG **38** 261 u. Arch **1899** 1382, nicht aber Wege, die zwar im Bahneigentum stehen u. beim Bahnbau angelegt oder verändert sind, jedoch öffentliche Wege i. S. des allg. Wegerechts bilden OVG **32** 219, sowie Wege u. sonstige Anl., die sich längs der Bahnanl. oder über oder unter ihr hinziehen OVG **38** 261, RG EE **34** 130; Werkstätten: OVG in VerwaltBl. **1928** 461. — S. auch Olshausen (Anm. 36) S. 484.

b) Sachlich auf das, was zur Handhabung der für den Bahnbetrieb geltenden Polizeiverordnungen erforderlich ist (BO § 75 Abs. 1) OVG **23** 369, Arch **1911** 550.

Innerhalb dieser Grenzen ist in der Regel (aber: Beil. D Ziff. II) die Bahnpolizeibehörde allein zuständig u. ein Eingreifen der Ortspolizei ausgeschlossen, unbeschadet des Rechts jeder Behörde, im Einzelfalle mitbetroffene polizeil. Interessen anderer Art gleichzeitig zu ordnen, sofern die gesamte Angeleg. nur einheitlich geregelt w. kann OVG **23** 369, **32** 219, Arch **1899** 1378; Arch **1911** 550; KG Arch **1902** 1132; RGStraff **37** 260; Vf 16. Juli 25 (Anm. 36). Namentlich darf sich die Ortspol. nicht in Maßregeln einmischen, die sich ganz oder hauptsächlich auf dem Gebiete des Bahnbetriebs vollziehen sollen, wie Rangieren auf Wegekreuzungen OVG **3** 191; Art u. Weise des EisTransports v. Gütern u. Tieren KG EE **34** 79; Einrichtung u. Handhabung v. Schranken OVG **36** 281; Freihalt. der Bahnstrecke v. Hindernissen OVG Arch **1899** 1382; Erricht. v. Bedürfnisanstalten f. d. Reisenden OVG EE **24** 107; Beleuchtung der in BO § 49 (2) bezeichneten Bahnanlagen OVG **46** 343; Anschlagswesen OVG EE **29** 421; Müllabfuhr im Bahngebiet VerwGerHof Stuttgart 19. Nov. 24 US **1925** XII 1; Anbieten v. Dienstleistungen auf öff. Plätzen u. dgl. KG 28. Jan. 27 VZ 663 (EE **45** 195). Die Tatsache, daß eine Maßnahme den Bahnbetrieb berührt, schließt an sich die Zuständigkeit der Ortspol. noch nicht aus; evtl. liegt es in der Hand des Min., die Anordnung der Ortspol. aufzuheben OVG **32** 219. Der Wirkungskreis der Bahnpol. kann nicht durch allg. Anordnungen gleichgestellter Behörden (Straßenpolizeireglements!) eingeschränkt werden OVG EE **7** 421. — Ordnung des Verkehrs auf Bahnhofsvorplätzen (G 11. März 1850 GS 265 § 6b anwendbar) RG Straff **42** 13). — E 6. Juni 1889 (VB II 116) betr. Verhütung v. Kollisionen zw. BahnpolBeamten u. Beamten der allg. Pol.; E 16. April 85 (EVBl 93, VB II 116) betr. polizeil. Untersuchungen über EisUnfälle; E 8. Nov. 97 u. 3. Dez. 02 (VB II 115). Tätigkeit der allg. Polizei auf Bahngebiet bei inneren Unruhen u. Streiks: E 29. Nov. 23 E II 242. 276.

[40]) RVerf Art. 95 Abs. 2, BO §§ 27, 46 (1). — Über die Beachtung des § 24 haben nur die Organe der EisAufsicht zu wachen, nicht die Ortspol. OVG **9** 238, Arch **1899** 1378. Diese darf nicht aus Gründen, die unter § 24 fallen, einen Baukonsens versagen OVG Arch **1898** 146. — § 24 schafft nicht eine vom Eigentum unabhängige gemeine Last zur Unterhaltung einer polizeil. Anstalt wie die Wegeunterhaltungspflicht OVG **15** 285. — Über die einen Teil der Bahnanlage bildenden Wege Beil. D Ziff. II. — Beil. B Ziff. XVI. — Zwangsmittel gegen Privatbahnen E 8. Aug. 94 (I 8 Beil. D d. W.). — Anm. 36.

[41]) § 25 gilt (wie das ganze EisG) nur für Eisenbahnen im engeren Rechtssinne (Großbahnen, oben I 1), auch für Reichsbahnen, dagegen nicht f. Straßen- u. sonstige Kleinbahnen — RG **28** 207, **58** 130 — od. PrivatanschlBahnen RG **65** 69. Aber auch f. d. Großbahnen ist sein Geltungsbereich durch die neuere Gesetzgebung eingeschränkt worden:

a) Die Haftpflicht für Unfälle, von denen die im Betriebe beschäftigten Arbeiter, Reichs-, Reichsbahn- u. Staatsbeamten im Dienste betroffen werden, richtet sich nach den Unfall-Versicherungs- u. Fürsorgegesetzen (Abschn. III d. W.).

b) Die auf dem Frachtvertrage beruhende Haftpflicht für Beförderungsgegenstände ist durch HGB, EVO u. JÜG (Abschn. VII d. W.) neu geregelt, § 25 gilt also dafür grundsätzlich nicht mehr. RG **70** 174; aber: RundnagelHaftung § 3. Zu § 25 vgl. ferner Graff EE **33** 346, Heine das. **34** 153, 287, Schmidt-Ernsthausen das. **36** 116. Für Handgepäck gilt § 25 nicht. RG im Recht **1924** 43. Wegen Bahnpostwagen u. Postpakete s. unten IX 2 Anm. 6.

c) HPfG u. BGB. Das HPfG, das die Ersatzpflicht der Eis. für die Fälle der Tötung usw. von Personen — nicht auch für Sachbeschädigungen — von Reichs wegen ordnet, enthielt in seiner ursprünglichen Fassung einen Vorbehalt zugunsten weitergehender Landesgesetze (§ 9 Abs. 1). EG BGB Art. 42 hat aber das HPfG u. a. dahin abgeändert, daß jener Vorbehalt fortgefallen ist. Ferner regelt HPfG die Haftung der Eis. für Unfälle anderer als der oben bei a bezeichneten Personen erschöpfend und sind nach EG BGB Art. 55 die privatrechtl. Vorschr. der Landesgesetze außer Kraft getreten, soweit nicht im BGB oder im EG BGB ein anderes bestimmt ist. Hiernach ist EG BGB Art. 105:

> Unberührt bleiben die landesgesetzlichen Vorschriften, nach welchen der Unternehmer eines Eisenbahnbetriebs oder eines anderen mit gemeiner Gefahr verbundenen Betriebs für den aus dem Betrieb entstehenden Schaden in weiterem Umfang als nach den Vorschriften des Bürgerlichen Gesetzbuchs verantwortlich ist.

nicht auf Unfälle von Personen im Bahnbetriebe zu beziehen, § 25 also auf solche nicht mehr anwendbar. RG **57** 52; a. M. Osterlen EE **15** 367. Damit ist zugleich das nur Personenunfälle betreffende G 3. Mai 69 (GS 665) gegenstandslos geworden. Für Sachschäden steht

förderung auf der Bahn[43]), an den auf derselben beförderten Personen und Gütern, oder auch an anderen Personen und deren Sachen[44]), entsteht und sie kann sich von dieser Verpflichtung nur durch

---

dagegen § 25 nach wie vor in Kraft (abgesehen von oben b). — Tiere: Hanow VZ **1922** 137 u. EE **43** 368. Übersicht üb. ähnliche Gesetze anderer deutscher Länder: Wülfing, Die Haftung der Kleinbahn, Berlin 1928, S. 113f. — E 3. Mai 08 IV A 4. 142 betr. schnelle Erled. der Ansprüche aus § 25. — Der Anspruch aus § 25 kann übertragen werden, z. B. in Brandschadensfällen auf die Feuerversicherungsgesellschaft RG EE **19** 22.

[42]) Auch entgangener Gewinn RG **63** 270.

[43]) Dahin z. B. auch der Schaden, der durch Scheuen der Pferde vor EisZügen entsteht RG EE **2** 23, 116. Verhältn. zur Haftung des Tierhalters (BGB § 833) RG VZ **07** 210). Begriff. Beförderung (im wesentl. gleich „Betrieb" i. S. des HPfG) u. Verhältn. zur Haftung des Kraftfahrzeughalters s. die Anm. zum HPfG (unten VI 5).

[44]) RG EE **2** 164 wendet § 25 bei Beschäd. der auf einer benachb. Bleiche ausgebreiteten Wäsche durch Auswurf von Asche aus der EisLokomotive an; RG EE **8** 170 u. **20** 128, 311 scheint Ansprüche aus § 25 auch bei einem durch LokFunken verurs. Brande zuzulassen. Im allg. behandelt aber das RG die Frage, inwieweit der EisUnt. für Immissionen, Erschütterungen, Lärm und sonstige Einwirkungen auf Nachbargrundstücke haftet, nur vom Gesichtsp. der negatorischen Klage aus. Die grundlegenden Vorschr. des BGB hierfür sind folgende:

§ 903. Der Eigenthümer einer Sache kann, soweit nicht das Gesetz oder Rechte Dritter entgegenstehen, mit der Sache nach Belieben verfahren und Andere von jeder Einwirkung ausschließen.

§ 907 Satz 1. Der Eigenthümer eines Grundstücks kann verlangen, daß auf den Nachbargrundstücken nicht Anlagen hergestellt oder gehalten werden, von denen mit Sicherheit vorauszusehen ist, daß ihr Bestand oder ihre Benutzung eine unzulässige Einwirkung auf sein Grundstück zur Folge hat.

§ 1004 Abs. 1. **Wird das Eigenthum in anderer Weise als durch Entziehung oder Vorenthaltung des Besitzes beeinträchtigt, so kann der Eigenthümer von dem Störer die Beseitigung der Beeinträchtigung verlangen. Sind weitere Beeinträchtigungen zu besorgen, so kann der Eigenthümer auf Unterlassung klagen.**

Schadensersatz für Störungen kann grundsätzlich nur im Falle eines Verschuldens (§ 823) verlangt werden. Diese Rechtslage erleidet aber zwei hier in Betracht kommende Ausnahmen.

I. BGB **§ 906.** Der Eigenthümer eines Grundstücks kann die Zuführung von Gasen, Dämpfen, Gerüchen, Rauch, Ruß, Wärme, Geräusch, Erschütterungen und ähnliche von einem anderen Grundstück ausgehende Einwirkungen insoweit nicht verbieten, als die Einwirkung die Benutzung seines Grundstücks nicht oder nur unwesentlich beeinträchtigt oder durch eine Benutzung des anderen Grundstücks herbeigeführt wird, die nach den örtlichen Verhältnissen bei Grundstücken dieser Lage gewöhnlich ist. Die Zuführung durch eine besondere Leitung ist unzulässig.

Insoweit ist nach BGB § 1004 Abs. 2 der Anspruch auf Beseitigung (§ 1004 Abs. 1, oben) ausgeschlossen.

II. Einwirkungen, die über die Grenzen des § 906 hinausgehen u. deshalb an sich unzulässig sind, kann der Eigentümer dann nicht verbieten, wenn dem Verbot ein öffentlich-rechtlicher Duldungszwang entgegensteht, z. B. wenn sie durch Anlage u. Betrieb einer staatlich genehm. Eisenbahn (od. Kleinb. od. PrivatanschlBahn — RG EE **29** 463, a. M. Grünebaum das. **28** 160 —; Fehlen der staatl. Genehm. RG EE **35** 173) herbeigeführt werden. (Anm. 11, auch Anm. 25 B a u. unten V 2a Anm. 66 B.) Alsdann tritt, wie nach ALR Einl. § 75 und analog BGB § 904, an Stelle des Verbietungsrechts ein Anspruch auf Entschädigung, der, v. d. allg. Grundsätzen abweich., nicht v. Nachweis e. Verschuldens abhängt, sondern allein im Wegfalle des Verbietungsrechts seine Begründ. findet.

Im Sinne des Vorstehenden (teilw. unter Berufung auf ALR Einl. § 75) RG **58** 130, **59** 70, **63** 374, **105** 213; EE **23** 233, **24** 54, **27** 73, 311, **30** 499; Arch **1912** 1372. Vgl. ferner Fleiner § 17 u. S. 305ff., Wülfing — oben Anm. 41c — S. 90ff., Prinz VZ **1929** 473, 482. Einzelheiten aus der Rechtspr. des RG (teilw. aus der Zeit vor Inkrafttr. des BGB):

Es gilt nicht der Grundsatz der Prävention, d. h. gegen den Anspr. des Eigentümers kann kein Einwand daraus hergeleitet w., daß die störende Anlage schon bestand, als infolge einer Änder. in der Benutz. des geschäd. Grundst. die Beeinträcht. zutage trat. **57** 224, **70** 150. Der Unternehmer muß beweisen, daß eine vorhand. Einwirk. die Grenzen des § 906 nicht übersteigt, also nicht unzulässig i. S. § 907 ist. EE **26** 316. Anwend. des § 906 auf Eisenbahnbetrieb **70** 150, EE **31** 229, **32** 261, auf Straßenbahnen **57** 224, auf Bauten der Eis. **97** 290, **98** 347; EE **29** 107 (Tunnelbau); VZ **1921** 632. Örtliche Verhältnisse i. S. § 906: **70** 311, **105** 213; EE **26** 432; VZ **1927** 746. Unmittelbare Nachbarschaft der Eis. EE **31** 126. Mehrheit störender Anlagen in od. auf dems. Grundst. Arch **1913** 1132. Fall, daß die Bahn eine Stadt durchzieht u. auf viele Grundst. einwirkt, EE **31** 229. Berechn. des Schadens EE **28** 236. Unbedeut. Beeinträcht. durch Erschütterungen u. dgl. Ztschr. f. Kleinb. **1917** 778. Veränderungen währ. des Prozesses EE **30** 440. — Wer einen Teil se. Grundbesitzes für ein bestimmtes Unternehmen (Eisenbahn!) verkauft, begibt sich im Zw. zugunsten des Käufers u. seiner Rechtsnachf. des Anspr. auf Entschäd. f. d. Nachteile (Immissionen!), die f. d. Restgrundst. aus Anlage u. Betrieb des Unternehmens entstehen **29** 268, **66** 126; EE **12** 55. Gleiches gilt für den Fall unentgeltl. Hergabe EE **22** 172. Ebenso, wenn umgekehrt ein Eis.-Unternehmer ein der Bahnanlage benachb. Grundstück verkauft EE **3** 11. — Nach BGB kann der Verzicht auf Ersatz von Schäden, die aus dem Betrieb e. Unternehmens erwachsen, nicht ins Grundbuch eingetragen werden KG ENBl **02** 58 u. Jahrb. d. Entsch. **21** A 310. Dazu E 15. Feb. 02 u. 3. Feb. 03 (ENBl 57 u. 52) u. 10. Aug. 05 IV A 5. 163. Anders. OLG München EE **26** 208. — Einzelfälle: Lärm EE **3** 267, **4** 384; Einwirk. auf Quell-, Grund- u. Bachwasser das. **2** 439, **5** 67, **7** 184, **13** 245, **14** 40; Erschütterungen das. **5** 171; Schwärzen der Häuser durch Rauch das. **5** 288; Entzündung durch eine aus dem Zuge geworfene Zigarre das. **7** 248. Über Funkenflug — der

den Beweis befreien, daß der Schade entweder durch die eigene Schuld des Beschädigten[45]), oder durch einen unabwendbaren äußern Zufall[46]) bewirkt worden ist. Die gefährliche Natur der Unternehmung selbst ist als ein solcher, von dem Schadensersatz befreiender, Zufall nicht zu betrachten[46]).

§ 26[47]). Für die ersten drei Jahre nach dem auf die Eröffnung der Bahn folgenden 1. Januar wird, vorbehaltlich der Bestimmungen des § 45, der Gesellschaft das Recht zugestanden, ohne Zulassung eines Konkurrenten, den Transportbetrieb allein zu unternehmen und die Preise sowohl für den Personen- als für den Waarentransport nach ihrem Ermessen zu bestimmen. Die Gesellschaft muß jedoch

1) den angenommenen Tarif bei Beginn des Transportbetriebes und die späteren Änderungen sofort bei deren Eintritt, im Falle der Erhöhung aber sechs Wochen vor Anwendung derselben, der Regierung anzeigen und öffentlich bekannt machen, und
2) für die angesetzten Preise alle zur Fortschaffung aufgegebene Waaren, ohne Unterschied der Interessenten, befördern, mit Ausnahme solcher Waaren, deren Transport auf der Bahn durch das Bahn-Reglement oder sonst polizeilich für unzulässig erklärt ist.

§ 27. Nach Ablauf der ersten drei Jahre können, zum Transportbetriebe auf der Bahn, außer der Gesellschaft selbst, auch Andere, gegen Entrichtung des Bahngeldes oder der zu regulirenden Vergütung (§§ 28—31 vergl. mit § 45), die Befugniß erlangen, wenn das Handelsministerium, nach Prüfung aller Verhältnisse, angemessen findet, denselben eine Konzession zu ertheilen[47]).

§ 28. Auf solche Konkurrenten sind, in Ansehung der Bahn-Polizei, der guten Erhaltung ihrer Anstalten, sowie der Verpflichtung zum Schaden-Ersatz, dieselben Bestimmungen anzuwenden, welche in den §§ 23, 24, 25 für die ursprüngliche Gesellschaft gegeben sind[47]).

[47a]) **§§ 29—31.**

§ 32. Es bleibt der Gesellschaft überlassen, nachdem die Regulirung des Bahngeld-Tarifs nach §§ 29 und 30 erfolgt ist, die Preise, welche sie für die Beförderung an Fuhrlohn neben dem Bahngelde erheben will, nach ihrem Ermessen anzusetzen; es dürfen solche jedoch nicht auf einen höheren Reinertrag als 10 Prozent des in dem Transport-Unternehmen angelegten Kapitals berechnet werden[47]):

---

nach EE **27** 76 überhaupt nicht unter die nach BGB § 906 u. U. zu duldenden Einwirk. fällt — ausführlich: Prinz, Der Ausgleichsanspruch bei Funkenschäden, VZ **1929** 473, 482 (wo auch Untersuch. üb. Anwend. v. BGB § 254, FunkFl. aus Arbeitsmaschinen, Vorteilsanrechn., Eintragungsfähigkeit des Verzichts auf Ersatz, Länderprivatrecht); weitere Bemerk. dazu v. Strößenreuther u. Prinz das. S. 966. Beschäd. v. bewegl. Sachen durch FuFl.: v. Bezold EE **30** 123. Üble Gerüche infolge Entlad. v. Knochenmehl u. dgl. RG EE **27** 91. — BGB § 909: RG VZ **1925** 1331, Arch **1925** 1225. — Nachbarrechtl. Schutz der Bahnanlage (Umkehrung der obigen Sachlage) RG VZ **1927** 746 u. **1930** 515.

[45]) Nicht ohne weiteres ist Verschulden das Unterlassen feuersicherer Eindeckung e. der Eis. benachb. Hauses RG EE **20** 128. — Verschulden eines Beauftragten kann dem Beschädigten nur angerechnet werden, wenn eigenes V. des Beschäd. (z. B. in der Auswahl) mitwirkt RG **5** 232; EE **14** 160; VZ **1922** 386, **1925** 205. BGB ist zur Anwend. des § 25 nicht heranzuziehen, namentlich nicht § 254 RG **63** 270; EE **24** 18, **25** 418, **28** 202, **38** 72, 306; — Platho VZ **1910** 1439, Hanow EE **42** 18.

[46]) Gleichbedeut. mit „höherer Gewalt" i. S. HPfG § 1. RG **117** 12, EE **1** 360, **24** 18; zweifelhaft RG EE **20** 127. A. M. Schmidt-Ernsthausen EE **36** 116.

[47]) Zu §§ 26—33 Gleim EisR. S. 63, 71, 112, 128, 136; Fleck „Eisenbahntarife" in Stengels Wörterb. d. d. VerwRechts; Wehrmann, Die Verwalt. der Eis., Berlin 1913 S. 68ff. — Das Eisenbahnunternehmungsrecht (Anm. 6) umfaßt:
a) die Herstellung u. Unterhaltung der Bahnanlage;
b) den eigentl. Bahnbetrieb (Fuhrgeschäft), d. i. die Bewegung der Züge;
c) die Beförderung von Personen u. Sachen in den Zügen (Frachtgeschäft).

§§ 26—33 gehen von der dem Landstraßen- u. Wasserverkehr entlehnten Anschauung aus, daß zwar die Tätigkeit a nur in der Hand eines einzigen Unternehmers liegen, aber die Ausübung der Tätigkeiten b u. c neben ihm (dem Hauptkonzessionär) als Mitbetrieb auch anderen konzessioniert werden könne. Das G unterscheidet daher zwei Arten von Vergütung für Benutzung der Bahnanlage zur Beförderung:

I. Das Bahngeld, d. i. die Vergütung, die (mangels besonderer Vereinbarung) von dem Mitbetriebskonzessionär an den Hauptkonzessionär zu entrichten ist; es ist gemäß genauer Vorschr. des G durch den Min. periodisch festzusetzen, u. zwar unter Zurückführung auf Personen- u. Zentner-Einheiten (§§ 29 bis 31).

II. Den Fuhrlohn, den der Unternehmer von dem Publikum für die Beförderung (c) erhebt (§§ 32, 33). Seine Bemessung ist für die ersten 3 Jahre dem Unternehmer freigegeben; dann ist er von dem Reinertrage des Unternehmens abhängig u. jede Erhöhung nur mit Zustimmung des Min. zulässig; Erhöhungen des Tarifs sind vor dem Inkrafttreten zu veröffentlichen; der Unternehmer muß für den tarifmäß. Satz alle zur Beförd. aufgegebenen „Waren" ohne Unterschied der Interessenten befördern. Über die sonst. Transportbedingungen trifft das EisG keine Best.

Die Entwicklung des EisWesens ist aber dahin gegangen, daß Mitbetriebs-Konzessionen überhaupt nicht erteilt worden sind, die Festsetzung des Bahngeldes also keine unmittelb. praktische Bedeutung gewonnen hat. Wo tatsächlich (für kurze Strecken) ein gemeinsamer Betrieb derselben Bahnlinie durch den Konzessionär u. einen anderen EisUnternehmer eingerichtet worden ist, hat eine gütliche Einigung — unter Zustimmung des Min. — stattgefunden. — Die sonst. Transportbedingungen sind jetzt in der Hauptsache durch HGB, EVO, JÜP u. JÜG sowie durch Vereinbar. der Verwaltungen einheitlich für alle deutschen Eis. geordnet. Näheres Abschn. VII. — Ferner RVerf Art. 95 u. StVtr 1920 § 22, RBahnG § 33, unten Beil. B Ziff. IX.

[47a]) Die §§ 29—31 betreffen die Höhe des Bahngeldes; da aber tatsächlich Konzessionen zum Mitbetrieb nicht erteilt worden sind u. auch künftig nicht werden erteilt werden, wird vom Abdrucke der §§ 29—31 abgesehen.

Die Gesellschaft ist hierbei verpflichtet:

1) den Fracht-Tarif (sowohl für den Waaren- als für den Personen-Transport), welcher nachher ohne Zustimmung des Handelsministeriums nicht erhöhet werden darf, so wie demnächst die innerhalb der tarifmäßigen Sätze vorgenommenen Änderungen, und zwar im Falle einer Erhöhung früher ermäßigter Sätze **sechs Wochen**[47b]) vor Anwendung derselben, der Regierung anzuzeigen und öffentlich bekannt zu machen; auch

2) für die angenommenen Sätze alle zur Fortschaffung aufgegebene Waaren, deren Transport polizeilich zulässig ist, ohne Unterschied der Interessenten zu befördern[47c]).

§ 33. Sofern nach Abzug der das Transport-Unternehmen betreffenden Ausgaben, einschließlich des in dem Statute mit Genehmigung des Ministeriums festzusetzenden jährlichen Beitrags zur Ansammlung eines Reservefonds, für die zuletzt verlaufene Periode sich an Zinsen und Gewinn ein Reinertrag von mehr als zehn Prozent des in dem Unternehmen angelegten Kapitals ergiebt, müssen die Fuhrpreise in dem Maaße herabgesetzt werden, daß der Reinertrag diese zehn Prozent nicht überschreite. Wenn jedoch der Ertrag des Bahngeldes das dafür in § 29 verstattete Maximum von zehn Prozent nicht erreicht, so soll der Ertrag des Transportgeldes zehn Prozent so lange übersteigen dürfen, bis beide Einnahmen zusammengerechnet einen Reinertrag von zehn Prozent der in dem gesammten Unternehmen angelegten Kapitale ergeben[47]).

§ 34. Um die Ausführung der in den §§ 29—33 gegebenen Vorschriften möglich zu machen, ist die Gesellschaft verpflichtet, über alle Theile ihrer Unternehmung genaue Rechnung zu führen und hierin die ihr von dem Handelsministerium[4]) zu gebende Anweisung zu befolgen. Diese Rechnung ist jährlich bei der vorgesetzten Regierung einzureichen[48]).

§ 35[49]).

§§ 36, 37. (Verpflichtungen der Eisenbahnen gegenüber der Postverwaltung)[50]).

§ 38. (Abs. 1: Eisenbahnabgabe)[51]).

Von der Entrichtung einer Gewerbesteuer bleiben die Eisenbahn-Gesellschaften befreit[52]).

§§ 39, 40. (Verwendung des Ertrags der Eisenbahnabgabe)[53]).

§ 41. (Eisenbahnabgabe des Mitbetriebskonzessionars)[51]).

§ 42[54]). Dem Staate bleibt vorbehalten, das Eigenthum der Bahn mit allem Zubehör gegen vollständige Entschädigung anzukaufen.

Hierbei ist, vorbehaltlich jeder anderweiten, hierüber durch gütliches Einvernehmen zu treffenden Regulirung, nach folgenden Grundsätzen zu verfahren:

1) Die Abtretung kann nicht eher als nach Verlauf von dreißig Jahren, von dem Zeitpunkt der Transporteröffnung an, gefordert werden.

2) Sie kann ebenfalls nur von einem solchen Zeitpunkt an gefordert werden, mit welchem, zufolge des § 31, eine neue Festsetzung des Bahngeldes würde eintreten müssen.

3) Es muß der Gesellschaft die auf Übernahme der Bahn gerichtete Absicht mindestens ein Jahr vor dem zur Übernahme bestimmten Zeitpunkte angekündigt werden.

[47b]) Die Frist ist geändert u. beträgt im innerdeutschen Verkehre nach EVO § 6 (4) mindestens zwei Monate, für die Beförderung von Personen od. Reisegepäck mindestens zwei Wochen; für die internationalen Verkehre enthält nur JÜP (Art. 23 § 3) eine Fristbestimmung (8 Tage).

[47c]) Jetzt HGB § 453, EVO § 6, JÜP Art. 23 § 2, Art. 9 § 2.

[48]) Beil. B Ziff. X. E 6. Sept. 71 (EVBl 78 S. 4); 14. Juni u. 24. Okt. 01, 15. Feb. 02 (VB II 134).

[49]) Aufgehoben durch ZustG § 159 Abs. 2:

In Streitsachen zwischen Eisenbahngesellschaften und Privatpersonen wegen Anwendung des Bahngeld- und des Frachttarifs ... entscheidet fortan der ordentliche Richter.

[50]) Heutiges Recht Abschn. IX d. W.

[51]) Die durch G 30. Mai 1853 (GS 449) u. 16. März 67 (GS 465) geregelte besondere Eisenbahnabgabe ist durch Vo 23. Nov. 23 GS 519 (unten IV 10) Art. II beseitigt worden.

[52]) S. unten IV 10.

[53]) §§ 39, 40 aufgehoben durch G 21. Mai 59 (GS 243) § 1.

[54]) Die zahlreichen „Verstaatlichungen" von Privatbahnen, die in Preußen seit 1879 vorgenommen worden sind, erfolgten ohne Anwendung des § 42 auf dem Wege gütlicher Einigung. — Anwendung des § 42 vor Ablauf der 30jährigen Frist Beil. B Ziff. XVIII — RVerf Art. 89 Abs. 2 (s. d.). — Zur EntstehGeschichte des § 42 s. Lohse Arch **1928** 186. Über § 42 enthält RG 9. Juli 29 **125** 216 eingehende Ausführ., v. denen hier folgendes mitgeteilt wird: Der Ankauf einer Eis. auf Grund § 42 sei als Enteignung im weiten Sinne v. ALR I 11 §§ 4, 10, 11 aufzufassen; in allen darin begriffenen Fällen sei der Rechtsweg nur zulässig üb. die Entschädigung, nicht aber üb. den Erwerbsakt u. dessen Folgen; dieser sei ev. im Wege polizeil. Zwanges durchzuführen; die Forderung der Abtretung gemäß § 42 Abs. 2 Ziff. 1, 2 sei eine v. d. Ankündigung gemäß Ziff. 3 verschiedene Rechtshandlung u. nicht etwa als Entzieh. der Konzession — die in G § 47 geregelt sei — aufzufassen. Die Ankünd. sei ein frei widerrufl. Hoheitsakt, sie sei auch nicht dem „Heimfall" gleich zu behandeln. — Über den enteignungsart. Charakter des EinlösRechts u. des Eigentumserwerbs (originärer Erwerb) s. auch Fleiner S. 350f.

4) Die Entschädigung der Gesellschaft erfolgt sodann nach folgenden Grundsätzen:

a) der Staat bezahlt an die Gesellschaft den fünf und zwanzigfachen Betrag derjenigen jährlichen Dividende, welche an sämmtliche Aktionaire im Durchschnitt der letzten fünf Jahre ausbezahlt worden ist.

b) Die Schulden der Gesellschaft werden ebenfalls vom Staate übernommen und in gleicher Weise, wie dies der Gesellschaft obgelegen haben würde, aus der Staatskasse berichtigt, wogegen auch alle etwa vorhandenen Aktiv-Forderungen auf die Staatskasse übergehen.

c) Gegen Erfüllung obiger Bedingungen geht nicht nur das Eigenthum der Bahn und des zur Transport-Unternehmung gehörigen Inventariums sammt allem Zubehör auf den Staat über, sondern es wird demselben auch der von der Gesellschaft angesammelte Reservefonds mit übereignet.

d) Bis dahin, wo die Auseinandersetzung mit der Gesellschaft nach vorstehenden Grundsätzen regulirt, die Einlösung der Aktien und die Übernahme der Schulden erfolgt ist, verbleibt die Gesellschaft im Besitze und in der Benutzung der Bahn.

§ 43. Für Kriegsbeschädigungen und Demolirungen, es mögen solche vom Feinde ausgehen, oder im Interesse der Landesvertheidigung veranlaßt werden, kann die Gesellschaft vom Staat einen Ersatz nicht in Anspruch nehmen[55]).

§ 44[56]).

[57]) **§ 45.** Die Gesellschaft ist verpflichtet, nach der Bestimmung des Handelsministeriums[4]), den Anschluß anderer Eisenbahn-Unternehmungen an ihre Bahn, es möge die beabsichtigte neue Bahn in einer Fortsetzung, oder in einer Seiten-Verbindung bestehen, geschehen zu lassen und der sich anschließenden Gesellschaft den eigenen Transportbetrieb auf der früher angelegten Bahn, auch vor Ablauf des im § 26 gedachten Zeitraums, zu gestatten. Sie muß sich gefallen lassen, daß die zu diesem Behuf erforderlichen baulichen Einrichtungen, z. B. die Anlage eines zweiten Geleises, von der sich anschließenden Gesellschaft bewirkt werden. Das Handelsministerium[4]) wird hierüber, so wie über die Verhältnisse beider Unternehmungen zu einander, und besonders wegen der vor Ablauf der ersten drei Jahre (§ 26) statt des Bahngeldes zu entrichtenden Vergütung, das Nöthige bei der Konzession des Anschlusses festsetzen[58]).

§ 46. Zur Ausübung des Aufsichtsrechts des Staates über das Unternehmen wird, nach Ertheilung Unserer Genehmigung (§ 1), ein beständiger Kommissarius ernannt werden, an welchen die Gesellschaft sich in allen Beziehungen zur Staatsverwaltung zu wenden hat[59]). Derselbe ist befugt, ihre Vorstände zusammen zu berufen und deren Zusammenkünften beizuwohnen[60]).

---

[55]) Beil. B Ziff. XIII. Ferner unten Abschn. VIII.

[56]) § 44, der die Konzessionierung von Parallel- od. Konkurrenzbahnen für 30 Jahre sperrte, ist durch Verf. des Nordd. Bundes Art. 41 Abs. 3 mit 1. Juli 67 „unbeschadet bereits erworbener Rechte" aufgehoben w. Da § 44 das Monopol nur f. 30 Jahre festsetzte, ist er gegenstandslos gew. — RG 28. Okt. 29 Arch **1930** 536.

[57]) § 45 (Gleim, EisR. S. 190ff.) ist durch RVerf Art. 94 Abs. 3 (I 2 Anm. 23 d. W.) nicht beseitigt. Vergleichung beider Bestimmungen:

A. Übereinstimmende Vorschr. des Reichs- u. des preuß. Rechts:

a) Die Anschlußpflicht besteht nur dem Staate (Preußen oder Reich), nicht der fremden EisVerwaltung gegenüber;

b) sie bezieht sich aktiv u. passiv nur auf Großbahnen (Kleinb. usw. KleinbG §§ 28, 29, 47);

c) sie schließt nur ein Dulden in sich, nicht auch die Ausführung von Anlagen durch den Pflichtigen;

d) die Kosten fallen dem Unternehmer der anzuschließenden Bahn zur Last.

B. Unterschiede:

a) Das Reichsrecht belastet alle Großbahnen, dem preußischen sind Reichsbahnen nicht unterworfen;

b) Preußen kann den Anschluß nur für Fortsetzungs- oder seitliche, nicht auch für Parallelbahnen verlangen, anders RVerf;

c) im Gegensatz zum ReichsR. umfaßt nach preuß. Recht die Anschlußpflicht auch die Mitbenutzung der eigenen Anlagen durch die neue Bahn, u. zwar, der allg. Regel in § 26 entgegen, schon vor dem Ablaufe von 3 Jahren seit Eröffnung der alten Linie; die Mitbenutzung ist nicht davon abhängig, daß der neuen Bahn eine Mitbetriebskonzession erteilt wird, Gleim S. 196, a. M. Eger EisR. II S. 356;

d) während nach preuß. R. der Min. die Anschlußbeding. in allen Einzelheiten, auch die zu leistende Vergüt., regelt, beschränkt sich nach Reichsrecht die Regier. auf den Ausspruch der Anschlußpflicht; das Weitere bleibt evtl. dem Enteignungsverf. überlassen, Gleim S. 198;

e) das Reichsrecht macht keinen Unterschied zw. bestehenden u. neuanzulegenden Eis., EisG § 45 belastet nur die schon bestehenden Bahnen, indessen kann auf Grund EisG § 4 der Anschluß auch dem Unternehmer der neuen Bahn aufgegeben werden.

Wasserstraßen. RVerf Art. 97 Abs. 4.

[58]) Die Festsetzung der Vergütung erfolgt endgültig unter Ausschluß des Rechtsweges durch den Min. Gleim S. 198, a. M. Eger II S. 357. — Beil. B Ziff. XV.

[59]) Inhalt des staatlichen Aufsichtsrechts E 24. Juli 70 (VB II 133) u. 6. Sept. 71 (EVBl **1878** 4). — Seit dem StVtr 1920 ist die Staatsaufsicht weggefallen u. gibt es nur noch Reichsaufsicht; s. oben RVerf Art. 95, StVtr 1920 § 13, RBahnG § 40 u. unten Abschn. II 4.

[60]) Beil. B Ziff. III—V. Anleitung z. Aufstellung v. Geschäftsordnungen f. d. Vorstände u. Leiter v. Privateis.: E 2. Juni 00 (EVBl 202, VB II 130) u. 30. Sept. 00 (EVBl 485, VB II 132). Recht der Staatsregierung, den Versammlungen der Gesellschaftsorgane beizuwohnen, u. Anzeige v. solchen an den Min. E 6. Sept. 71 (EVBl **1878** 4) 18. Juni 74, 30. Juni 80, 29. Juni 95 (VB II 135). Unübertragbarkeit der Verantwortlichkeit

§ 47. Die ertheilte Konzession wird verwirkt und die Bahn mit den Transportmitteln und allem Zubehör für Rechnung der Gesellschaft öffentlich versteigert, wenn diese eine der allgemeinen oder besonderen Bedingungen nicht erfüllt und eine Aufforderung zur Erfüllung binnen einer endlichen Frist von mindestens drei Monaten ohne Erfolg bleibt[61]).

§ 48. Die Bestimmungen dieses Gesetzes über die Verhältnisse der Eisenbahn-Gesellschaften zum Staate und zum Publikum, sollen auch bei den Unternehmungen derjenigen Eisenbahn-Gesellschaften, deren Statuten bereits Unsere Genehmigung erhalten haben, zur Anwendung kommen.

§ 49. Wir behalten Uns vor, nach Maaßgabe der weiteren Erfahrung und der sich daraus ergebenden Bedürfnisse, die im gegenwärtigen Gesetze gegebenen Bestimmungen, durch allgemeine Anordnungen oder durch künftig zu ertheilende Konzessionen, zu ergänzen und abzuändern und nach Umständen denselben auch andere ganz neue Bestimmungen hinzuzufügen. Sollten Wir es für nothwendig erachten, auch den bereits konzessionirten oder in Gemäßheit dieses Gesetzes zu konzessionirenden Gesellschaften die Beobachtung dieser Ergänzungen, Abänderungen oder neuen Bestimmungen aufzulegen, so müssen sie sich denselben gleichfalls unterwerfen. Sollte jedoch durch neue, in diesem Gesetze weder festgesetzte noch vorbehaltene (§ 38) und, sofern von künftig zu konzessionirenden Gesellschaften die Frage ist, später als die ihnen ertheilte Konzession erlassene Bestimmungen[62]), eine Beschränkung ihrer Einnahmen oder eine Vermehrung ihrer Ausgaben herbeigeführt werden, so ist ihnen eine angemessene Geldentschädigung dafür zu gewähren[63]).

Beilagen zum Eisenbahngesetze.

Beilage A (zu Anmerkung 1).

Königliche Verordnung, betreffend die Einführung des Gesetzes über die Eisenbahn-Unternehmungen vom 3. November 1838 und der Verordnung vom 21. Dezember 1846, betreffend die bei dem Bau von Eisenbahnen beschäftigten Handarbeiter[a]), in den neuerworbenen Landestheilen. Vom 19. August 1867 (GS 1426).

§ 1. In den durch das Gesetz vom 20. September 1866 (Gesetz-Samml. für 1866 S. 555) und durch die Gesetze vom 24. Dezember 1866 (Gesetz-Samml. für 1866 S. 875. 876) mit Unserer Monarchie vereinigten Gebieten treten fortan das Gesetz über die Eisenbahn-Unternehmungen vom 3. November 1838 (Gesetz-Samml. für 1838 S. 505), jedoch mit Ausschluß der §§ 11—13, 15—19, 38—41 und des § 44, sowie die Verordnung vom 21. Dezember 1846, betreffend die bei dem Bau von Eisenbahnen beschäftigten Handarbeiter (Gesetz-Samml. für 1847 S. 21)[a]), in Kraft.

Soweit die ertheilten Konzessions-Urkunden über das Verhältniß der bestehenden Eisenbahngesellschaften zum Staate und zum Publikum abweichende Bestimmungen enthalten, behält es bei denselben sein Bewenden. Ebenso verbleibt es bis auf Weiteres rücksichtlich des Expropriationsverfahrens bei den bisherigen in den einzelnen Landestheilen hierüber geltenden Vorschriften[b]).

[c]) **§ 2.**

§ 3. Alle dieser Verordnung entgegenstehenden Bestimmungen, insbesondere die Verordnung für das vormalige Königreich Hannover vom 29. März 1856, die Anlage von Eisenbahnen durch Privatunternehmer betreffend, werden aufgehoben.

§ 4. Der Handelsminister ist mit der Ausführung dieser Verordnung beauftragt.

Beilage B (zu Anmerkung 7).

Genehmigungsurkunde,

betreffend

den Bau und Betrieb einer vollspurigen Nebeneisenbahn von Eberswalde nach Schöpfurth durch die Deutsche Eisenbahn-Gesellschaft, Aktiengesellschaft, in Frankfurt (Main). Vom 28. Februar 1924. (Nachrichten der Zweigstelle Preußen-Hessen S. 9.)[1])

Die Deutsche Eisenbahn-Gesellschaft, Aktiengesellschaft, in Frankfurt (Main) hat beantragt, ihr die Genehmigung zum Bau und Betrieb einer für den Betrieb mit Dampfkraft und für die Beförderung von Personen und Gütern im öffentlichen Verkehr bestimmten, den Vorschriften der Eisenbahn-Bau- und Betriebsordnung unterworfenen vollspurigen Nebeneisenbahn von Eberswalde nach Schöpfurth zu erteilen, die jetzt von der Gesellschaft

---

des Vorstandes (Beil. B Ziff. III) E 7. Mai 02 (EVBl 204, VB II 129).

[61]) § 21. BahneinhG (I 9 d. W.) §§ 3, 39. KleinbG § 24. — Anm. 54.

[62]) Bezieht sich nicht auf reichsrechtliche Vorschr. u. auf preußische nur für die im EisG geordneten Verhältnisse. Gleim, EisR. S. 79.

[63]) Der Anspruch ist im Rechtswege verfolgbar.

[a]) Die Vo 21. Dez. 46 wird als in der Hauptsache durch die neuere Gesetzgeb. überholt hier nicht abgedr.

[b]) Jetzt EntG § 57.

[c]) § 2 betrifft die inzwischen aufgehobene EisAbgabe.

[1]) In den früheren Auflagen d. W. war die Konzession f. d. Brandenburg. Städtebahn abgedruckt. Da ab. diese Konz. den neuen Rechtszustand nicht erkennen läßt, ist an ihre Stelle eine nach Inkrafttr. der Weimarer Verfassung erlassene Konz. aufgenommen u. von den wenigen seither ergangenen Akten dieser Art derjen. ausgewählt worden, der jenem Zwecke am ehesten dient; Haupteisenbahnen sind m. W. neuerdings nicht konzessioniert worden. — Zu den einzelnen Best der Genehm. vgl. auch RVerf Art. 95 u. unten Abschn. II 5.

als Kleinbahn auf Grund des Gesetzes über Kleinbahnen und Privatanschlußbahnen vom 28. Juli 1892 (Gesetzsamml. S. 225) betrieben wird. Diese Genehmigung wird mit Zustimmung des Reichs im Sinne von Artikel 94 Absatz 1 der Reichsverfassung unter den nachstehenden Bedingungen und mit der Wirkung hierdurch erteilt, daß hiermit die für die Bahn auf Grund des Gesetzes über Kleinbahnen und Privatanschlußbahnen vom 28. Juli 1892 ergangene Genehmigungsurkunde vom 17. Januar 1906 / 5. Juni 1916, vorbehaltlich der Rechte Dritter, außer Kraft tritt.

Der Gesellschaft wird auch für die genannte Nebenbahn das Recht zur Entziehung und Beschränkung des Grundeigentums nach Maßgabe der gesetzlichen Bestimmungen verliehen.

I. Die Gesellschaft führt die Firma Deutsche Eisenbahn-Gesellschaft, Aktiengesellschaft, und nimmt ihren Sitz in Frankfurt (Main) oder unter Genehmigung des Reichsverkehrsministers an einem anderen Orte.

Die Gesellschaft ist den bestehenden wie den künftig ergehenden Reichs- und Landesgesetzen ohne weiteres unterworfen.

II. Das zur plan- und anschlagsmäßigen Vollendung und Ausrüstung der Bahn erforderliche Grundkapital (Anlagekapital) und der Nennbetrag der von der Gesellschaft ausgegebenen Aktien belaufen sich auf den Betrag von 3391879,40 ℳ Gold. Das Anlagekapital ist lediglich zur plan- und anschlagsmäßigen Vollendung und Ausrüstung der Bahn zu verwenden.

III[2]). Die gesamte Leitung der Bau- und Betriebsverwaltung ist einem Vorstande zu übertragen, welcher die Gesellschaft mit den gesetzlichen Befugnissen und Verpflichtungen des Vorstandes einer Aktiengesellschaft vertritt und für die Geschäftsführung, insoweit sie der staatlichen Beaufsichtigung unterliegt, der Aufsichtsbehörde verantwortlich ist.

Die Wahl des Vorstandes oder, falls er aus mehreren Personen bestehen soll, die Wahl des Vorsitzenden und der technischen Mitglieder sowie die Geschäftsordnung für den Vorstand bedürfen der Bestätigung des Reichsverkehrsministers[3]).

Sofern die Bau- und Betriebsverwaltung nicht durch den Vorstand selbst erfolgt, finden die vorstehenden Bestimmungen auch auf die Wahl und die Geschäftsordnung des oder der obersten Betriebsleiter Anwendung.

IV. Sämtliche Beamte des Bahnunternehmens müssen Angehörige des Deutschen Reichs sein und im Inland ihren Wohnsitz haben.

V. Die Reichsaufsichtsbehörde[3]) und die Preußische Staatsregierung sind berechtigt, sich bei den dieses Bahnunternehmen betreffenden Versammlungen und Verhandlungen des Aufsichtsrats und der Generalversammlung der Aktionäre durch einen Kommissar vertreten zu lassen. Um die Ausübung dieses Rechts zu ermöglichen, ist dem Reichsverkehrsminister[3]) und dem Preußischen Minister für Handel und Gewerbe von allen diesen Versammlungen und Zusammenkünften rechtzeitig unter Vorlage einer die vollständige Angabe der Beratungsgegenstände enthaltenden Tagesordnung Anzeige zu machen.

Der Reichsverkehrsminister[3]) ist berechtigt, in den Fällen, wo er es für nötig erachtet, die Berufung außerordentlicher Generalversammlungen zu verlangen.

VI. Der Gesellschaft ist diese Genehmigungsurkunde als ein an ihre Person gebundenes Recht erteilt. Alle diese Urkunde abändernden Beschlüsse der Gesellschaft, überhaupt alle Abänderungen ihres Gesellschaftsvertrags, die nach dem in dieser Hinsicht lediglich und allein entscheidenden Ermessen der Preußischen Staatsregierung den Voraussetzungen nicht entsprechen, unter denen die Konzession erteilt ist, erlangen nur durch die nach Zustimmung des Reichs zu erteilende Genehmigung der Preußischen Staatsregierung Gültigkeit.

Die Gesellschaft hat alle den Gesellschaftsvertrag für dieses Bahnunternehmen betreffenden Generalversammlungsbeschlüsse, bevor sie eine Abänderung des Gesellschaftsvertrags zur Eintragung in das Handelsregister anmeldet, der Reichsaufsichtsbehörde[3]) mit dem Antrag auf die vorbezeichnete Prüfung und Genehmigung vorzulegen und die Entscheidung der Reichsaufsichtsbehörde der Anmeldung zur Eintragung in das Handelsregister beizufügen.

Insbesondere bedürfen Beschlüsse der Gesellschaft, welche die Übernahme des Betriebes auf anderen Eisenbahnen, die Übertragung des Betriebes dieser Bahn an andere, die Auflösung der Gesellschaft oder die Verschmelzung mit einer anderen Gesellschaft aussprechen, oder durch welche sonst die Bahnanlage oder deren Betrieb aufgegeben werden soll, zu ihrer Gültigkeit der Genehmigung des Reichs[3]) und der Preußischen Staatsregierung.

Diese Genehmigung ist auch zur Aufhebung der vom Staate genehmigten Beschlüsse früherer Generalversammlungen erforderlich.

VII. Für den Bau und Betrieb der Bahn sind die für Nebeneisenbahnen geltenden Bestimmungen der Eisenbahn-Bau- und Betriebsordnung vom 4. November 1904 (Reichsgesetzbl. S. 387)[3a]) sowie die dazu ergehenden ergänzenden und abändernden Bestimmungen (vergl. § 3 der Eisenbahn-Bau- und Betriebsordnung) maßgebend.

Die Bahn oder einzelne Teile derselben können mit Genehmigung des Reichsverkehrsministers[3]) außer mit Dampfkraft auch mit einer anderen Kraft betrieben werden.

Die Spurweite der Bahn beträgt 1,435 m.

VIII. Für den Bau insbesondere gelten folgende Bestimmungen:

1. Dem Reichsverkehrsminister[3]) [4]) bleibt vorbehalten die Feststellung der Bahnlinie in ihrer vollständigen Durchführung durch alle Zwischenpunkte, die Bestimmung der Zahl und der Lage der Stationen, die Feststellung der Entwürfe aller für den Betrieb der Bahn bestimmten baulichen Anlagen und Einrichtungen sowie die Feststellung der Entwürfe für die Fahrzeuge und der Anzahl der letzteren. Der Reichsverkehrsminister wird sich vor der Entscheidung mit der Preußischen Staatsregierung ins Benehmen setzen.

---

[2]) I 7 Anm. 60.

[3]) Wegen der Zuständigkeit der Reichsaufsichtsbehörde s. I 2 Anm. 19b, StVtr § 13 u. EisAufsichtsG (unten II 4).

[3a]) Jetzt BO 17. Juli 28 unten VI 3.

[4]) I 7 Anm. 11 A IV.

2. Der Preußischen Staatsregierung bleibt die landespolizeiliche Genehmigung der Baupläne vorbehalten.
3. Dem Reich und dem Preußischen Staate bleibt für alle durch die Ausführung der genehmigten Entwürfe bedingten Benachteiligungen ihres Eigentums oder ihrer sonstigen Rechte der Anspruch auf vollständige Entschädigung nach den gesetzlichen Bestimmungen gegen die Unternehmerin vorbehalten.
4. Die Unternehmerin hat allen Anordnungen, die wegen polizeilicher Beaufsichtigung der beim Bahnbau beschäftigten Arbeiter getroffen werden mögen, nachzukommen.

IX. Für den Betrieb insbesondere gelten folgende Bestimmungen:
1. Die Feststellung und die Abänderung des Fahrplans erfolgt durch den Reichsverkehrsminister[3]).
2. Die Unternehmerin ist verpflichtet, das jeweils auf der Reichsbahn bestehende Tarifsystem anzunehmen und überhaupt hinsichtlich der Einrichtung und Berechnung der Tarife die für die Reichsbahn jeweils bestehenden allgemeinen Grundsätze zu befolgen, soweit solches vom Reichsverkehrsminister für erforderlich gehalten wird.

Die Feststellung und die Abänderung der Tarife unterliegt der Genehmigung des Reichsverkehrsministers[3]) [4a]).
3. In den von der Unternehmerin abzuschließenden Verträgen über Zulassung von Privatgleisanschlüssen ist vorzubehalten, daß Beschränkungen des freien Kündigungsrechts der Eisenbahn mit dem Ablauf von 30 Jahren seit Erteilung dieser Genehmigung wegfallen, dergestalt, daß diese Verträge mit sechsmonatiger Frist gekündigt werden können, ohne daß dem Anschlußinhaber Ersatzansprüche gegen die Eisenbahn zustehen.

Mit den Anschlußinhabern dürfen keine Vereinbarungen getroffen werden, denen der Grundsatz der Allgemeinheit und Öffentlichkeit der Beförderungsbedingungen entgegensteht.
4.[5]) Die Unternehmerin hat für dieses Bahnunternehmen einen Erneuerungsfonds und neben dem in § 262 des Handelsgesetzbuches vom 10. Mai 1897 (Reichsgesetzbl. S. 219) vorgeschriebenen Reservefonds (Bilanz-Reservefonds) einen Spezial-Reservefonds nach den bestehenden Normativbestimmungen und dem zur Ausführung der letzteren unter Genehmigung des Reichsverkehrsministers aufzustellenden, von Zeit zu Zeit der Prüfung zu unterziehenden Regulative zu bilden.

Der Erneuerungs- und der Spezial-Reservefonds sind sowohl voneinander als auch von anderen Fonds der Gesellschaft getrennt zu halten.

Der Erneuerungsfonds dient zur Bestreitung der Kosten der regelmäßig wiederkehrenden Erneuerung des Oberbaues und der Betriebsmittel.

In den Erneuerungsfonds fließen:
a) der Erlös aus den entsprechenden abgängigen Stoffen,
b) eine aus den Überschüssen der Betriebseinnahmen über die Betriebsausgaben zu entnehmende jährliche Rücklage, deren Höhe durch das Regulativ festgesetzt wird,
c) die Zinsen des Erneuerungsfonds.

Der Spezial-Reservefonds dient zur Bestreitung von solchen durch außergewöhnliche Naturereignisse und größere Unfälle hervorgerufenen Ausgaben, welche erforderlich werden, damit die Beförderung mit Sicherheit und in einer der Bestimmung des Unternehmens entsprechenden Weise erfolgen kann.

In den Spezial-Reservefonds fließen:
a) der Betrag der nach dem Gesellschaftsvertrage verfallenen, nicht abgehobenen Gewinnanteile und Zinsen;
b) eine im Regulativ festzusetzende, aus den Überschüssen der Betriebseinnahmen über die Betriebsausgaben zu entnehmende jährliche Rücklage;
c) die Zinsen des Spezial-Reservefonds.

Erreicht der Spezial-Reservefonds die Summe von 5 vom Hundert des jeweiligen Anlagekapitals, so können mit Genehmigung des Reichsverkehrsministers[3]) die Rücklagen wegfallen; die Zinsen seines Bestandes und die nach dem Gesellschaftsvertrage verfallenen, nicht abgehobenen Gewinnanteile und Zinsen fließen alsdann in die Betriebskasse; anderseits ist aber der Fonds stets auf dieser Höhe zu erhalten und erforderlichenfalls in der früheren Weise wieder aufzufüllen.

Die Wertpapiere, welche zur zinstragenden Anlage der vereinnahmten und nicht sofort zur Verwendung gelangenden Beträge zu beschaffen sind, werden durch das Regulativ bestimmt.

Lassen die Betriebsergebnisse eines Jahres die Deckung der Rücklagen zum Erneuerungs- oder Spezial-Reservefonds nicht oder nicht vollständig zu, so ist das Fehlende aus den Überschüssen des oder der folgenden Betriebsjahre zu entnehmen. Abweichungen hiervon sind mit Genehmigung des Reichsverkehrsministers[3]) zulässig. Für die Rücklagen geht der Erneuerungsfonds dem Spezial-Reservefonds vor.

X. Die Unternehmerin ist verpflichtet:
a) ihre Betriebsrechnung nach den vom Reichsverkehrsminister[3]) zu erlassenden Vorschriften einzurichten, der Eisenbahnaufsichtsbehörde zu der von letzterer zu bestimmenden Zeit den jährlichen Betriebsrechnungsabschluß einzureichen und ihre Kassenbücher vorzulegen,
b) der Aufstellung der Rechnung den Zeitraum von Anfang April jedes Jahres bis Ende März des folgenden Kalenderjahrs als Rechnungsjahr zugrunde zu legen,
c) die von den Aufsichtsbehörden zu statistischen Zwecken für nötig erachteten Nachweisungen sowie deren Unterlagen auf ihre Kosten zu beschaffen und der Aufsichtsbehörde in den von ihr festgesetzten Fristen einzureichen.

[4a]) BefördSteuerG (unten IV 2) § 23.

[5]) Hierzu E 4. April 74 Münstersche Sammlung — II 5 Anm. 1 d. W. — S. 194, 30. Okt. 19 (IVb 47. 211. 180) 29. Sept. 20 (ENBl 158), 15. Dez. 23 u. 5. Jan. 24 (E VI 67. 7460 u. 9955).

XI. Die Unternehmerin ist verpflichtet, hinsichtlich der Besetzung der mittleren, Kanzlei- und Unterbeamtenstellen mit Militäranwärtern, insoweit sie das 40. Lebensjahr noch nicht zurückgelegt haben, die für die Reichsbahn in dieser Beziehung — und insbesondere für die Ermittlung der Militäranwärter — bestehenden und noch ergehenden Vorschriften[6]) zur Anwendung zu bringen.

Auf Verlangen des Reichsverkehrsministers[3]) hat die Unternehmerin einerseits für die Beamten des Bahnunternehmens — und zwar unter Heranziehung derselben zu Beiträgen — anderseits für die Arbeiter Pensions-, Witwen- und Unterstützungskassen nach den jetzt und künftig bei der Reichsbahn für die Gewährung von Pensionen und Unterstützungen bestehenden Grundsätzen einzurichten und zu diesen Kassen die erforderlichen Zuschüsse zu leisten[7]).

XII.[8]) Die Verpflichtungen der Unternehmerin zu Leistungen für die Zwecke des Postdienstes regeln sich nach dem Eisenbahnpostgesetz vom 20. Dezember 1875 (Reichsgesetzbl. S. 318) und den dazu gehörigen Vollzugsbestimmungen, jedoch mit der Erleichterung, daß für die Zeit bis zum Ablauf von acht Jahren vom Beginn des auf die Betriebseröffnung folgenden Kalenderjahrs an Stelle der Artikel 2, 3 und 4 des Gesetzes die im Erlasse des Reichskanzlers vom 28. Mai 1879 (Zentralblatt für das Deutsche Reich S. 380) getroffenen Bestimmungen treten.

Sofern innerhalb des vorbezeichneten Zeitraums in den Verhältnissen der Bahn infolge von Erweiterungen des Unternehmens oder durch den Anschluß an andere Bahnen oder aus anderen Gründen eine Änderung eintreten sollte, durch die nach der Entscheidung der obersten Reichs-Aufsichtsbehörde[3]) die Bahn die Eigenschaft als Nebeneisenbahn verliert, tritt das Eisenbahn-Postgesetz mit den dazu gehörigen Vollzugsbestimmungen ohne Einschränkung in Anwendung.

XIII. Die Unternehmerin ist verpflichtet, sich den bezüglich der Leistungen für militärische Zwecke bereits erlassenen oder künftig für die Eisenbahnen im Deutschen Reiche ergehenden gesetzlichen und reglementarischen Bestimmungen zu unterwerfen.

XIV. Der Telegraphenverwaltung gegenüber hat die Unternehmerin die jeweilig für die Reichsbahn geltenden Verpflichtungen zu übernehmen[8]).

XV. Anderen Unternehmern bleibt sowohl der Anschluß an die Bahn mittels Zweigbahnen als auch die Mitbenutzung der Bahn ganz oder teilweise gegen zu vereinbarende, nötigenfalls vom Reichsverkehrsminister[3]) festzusetzende Fracht- oder Bahngeldsätze vorbehalten.

XVI. Die Unternehmerin ist ferner zur Änderung und Erweiterung der Bahnanlagen sowie zur Vermehrung der Gleise auf den Bahnhöfen und der freien Strecke verpflichtet, sofern und soweit der Reichsverkehrsminister[3]) solches für den Verkehr, für die Betriebssicherheit oder für die Landesverteidigung für erforderlich erachtet. Soweit diese Anforderungen lediglich für die Landesverteidigung gestellt werden, sind die Kosten der Unternehmerin zu erstatten, wenn nicht im Wege der Gesetzgebung andere, für die Unternehmerin alsdann maßgebende Bestimmungen (vergl. Artikel I) getroffen werden. Im übrigen fallen diese Kosten der Unternehmerin zur Last.

XVII.[9]) Der Reichsregierung bleibt das Recht vorbehalten, das gesamte Bahnunternehmen (einschließlich allen Zubehörs und aller Fonds) nach den Bestimmungen zu erwerben, wie sie im preußischen Eisenbahngesetz vom 3. November 1838 enthalten sind.

XVIII. Wenn nach dem Ermessen des Reichsverkehrsministers[3]) die Voraussetzungen wegfallen, unter denen die Einreihung der Bahn bei ihrer Genehmigung unter die Nebeneisenbahnen nach der Eisenbahn-Bau- und Betriebsordnung für statthaft erklärt ist (vergl. Artikel XII am Schlusse), so ist die Unternehmerin verpflichtet, auf Erfordern des Reichsverkehrsministers die baulichen Einrichtungen und den Betrieb der Bahn nach den für Haupteisenbahnen bestehenden Bestimmungen umzuändern. Kommt die Unternehmerin dieser Verpflichtung innerhalb der ihr hierfür gesetzten Frist nicht nach, so hat sie auf Verlangen der Reichsregierung das Eigentum der Bahn nebst allem Zubehör gegen Gewährung der in § 42 Ziff. 4 unter a, b und c des preußischen Eisenbahngesetzes vom 3. November 1838 bezeichneten Entschädigung, mindestens aber gegen Zahlung des auf den Bau der Bahn verwendeten Anlagekapitals an das Reich oder einen von der Reichsregierung zu bezeichnenden Dritten abzutreten.

XIX. Die vorliegende Genehmigungsurkunde soll gemäß dem Gesetz vom 10. April 1872 (Gesetzsamml. S. 357)[10]) veröffentlicht und eine Ausfertigung der Deutschen Eisenbahn-Gesellschaft, Aktiengesellschaft, in Frankfurt (Main) ausgehändigt werden.

Berlin, den 28. Februar 1924.

Das Preußische Staatsministerium

Beilage C (zu Anmerkung 7).

Gesetz, betreffend die Bekanntmachung landesherrlicher Erlasse durch die Amtsblätter. Vom 10. April 1872 (GS 357)[a]).

(Auszug.)

§ 1. Landesherrliche Erlasse und die durch dieselben bestätigten oder genehmigten Urkunden werden fortan durch die Amtsblätter, im Jadegebiet durch das Gesetzesblatt, mit rechtsverbindlicher Kraft bekannt gemacht, wenn sie betreffen:

1) die Verleihung des Expropriationsrechts;

---

[6]) Unten II 5 Beil. C.

[7]) Unten II 5 Anm. 4.

[8]) Unten Abschn. IX.

[9]) RVerf Art. 89 Abs. 2.

[10]) Beilage C.

[a]) S. jetzt auch G 9. Aug. 24 (GS 597) üb. Verkündung v. Rechtsverordnungen.

5) die Ertheilung von Konzessionen zum Bau und Betriebe von Eisenbahnen, sowie die Statuten der Unternehmer;

9) die Privilegien zur Ausgabe von Papieren auf den Inhaber.

Auf dieselbe Weise erfolgt die Bekanntmachung von Ergänzungen und Abänderungen der bezeichneten Erlasse und Urkunden, auch wenn diese selbst durch die Gesetz-Sammlung bekannt gemacht worden sind.

§ 2. Die Bekanntmachung erfolgt durch die Blätter derjenigen Bezirke, in welchen in den Fällen des § 1 Nr. 1 bis 5 das betreffende Unternehmen ausgeführt werden soll oder ausgeführt worden ist, der Eisenbahn-Unternehmer (§ 1 Nr. 5) und der Ausgeber der Papiere (§ 1 Nr. 9) ihren Sitz oder Wohnsitz haben ...

§ 3. Die Kosten[b]) der Bekanntmachung trägt der Unternehmer ... oder der Ausgeber der Papiere.

§ 4. Ist in einem in Gemäßheit dieses Gesetzes verkündeten Erlasse der Zeitpunkt bestimmt, mit welchem derselbe in Kraft treten soll, so ist der Anfang seiner Wirksamkeit nach dieser Bestimmung zu beurtheilen; enthält aber der verkündete Erlaß eine solche Zeitbestimmung nicht, so beginnt dessen Wirksamkeit mit dem achten Tage nach dem Ablaufe desjenigen Tages, an welchem das betreffende Stück des Blattes, welches den Erlaß verkündet, ausgegeben worden ist.

§ 5. Eine Anzeige von jedem in Folge dieses Gesetzes verkündeten Erlasse ist in die Gesetz-Sammlung aufzunehmen.

Beilage D (zu Anmerkung 12b).

Zusammenstellung von Entscheidungen über die rechtlichen Beziehungen zwischen Eisenbahnen und öffentlichen Wegen[1]).

I. Die im ZustG § 57 enthaltene Regelung der Zuständigkeit und des Verfahrens für **Verlegung oder Einziehung** öffentlicher Wege aller Art greift nach ZustG § 158 nicht Platz, wenn die Verlegung usw. zur Durchführung eines Eisenbahnbauplanes nötig ist; dann wird vielmehr durch die vorläufige Planfeststellung (EisG § 4) über die Wegeänderungen mitentschieden; diese Entsch., bei welcher der Minister öff. Wege schaffen, verändern und unterdrücken kann, ist für die Wegepolizeibehörde bindend und nicht im Verwaltungsstreitverfahren anfechtbar; Lücken im landespol. Verf. darf die WegepolBeh. nicht ausfüllen OVG **9** 393, **31** 198, **44** 272, **53** 420, **54** 314; EE **6** 273; Arch **1899** 1375; ferner E 18. Okt. 74 (VB II 158). Ist bei der Planfestst. dem EisUnt. die Anlegung oder Veränderung öff. Wege aufgegeben worden, so ist die Kontrolle darüber, ob er diese Verpflichtung erfüllt hat, Sache nicht der Ortspolizei, sondern der zur Abnahme der Bahnanlage berufenen Behörde, in letzter Instanz des Min.; bei der Abnahme können die Auflagen noch ergänzt werden; ist aber die Abnahme erfolgt, so muß sich der Wegebaupflichtige mit ihrem Ergebnis abfinden OVG **30** 192. Anderen als dem EisUnt. können auf dem Wege der Planfestst. ebensowenig wie gemäß EntG § 14 Auflagen gemacht werden OVG **32** 203, **69** 339; Arch **03** 191; EE **33** 21. Eine Verpflichtung des EisUnt., einen bisher öff. Weg als nicht öff. Zugangsweg für die Anlieger zu erhalten, entsteht nur durch ausdrückliche Anordnung gemäß EisG § 14 OVG **44** 272. Der Anspruch einer Gemeinde auf Erstattung der Kosten für Herstellung eines Ersatzweges ist nicht im Rechtswege verfolgbar RG EE **27** 288. Wenn ein von der Bahn gekreuzter Wegezug vor dem Bahnbau tatsächlich bestand und sein Fortbestehen durch die Bahnanlage nicht behindert wird, so ist er als in der früheren Art fortbestehend anzusehen, sofern nicht seine Beseitigung bei der Planfeststellung angeordnet worden ist. OVG Arch **1926** 605. — Grunderwerbssteuer f. Grundstücke, die die Eis. für Ersatzwege erwirbt, RFinHof EE **48** 151 (dagegen: v. Kienitz das. 152).

Zur **Unterhaltung** der veränderten öff. Wege ist an sich der ordentl. Wegebaupflichtige öffentlich-rechtlich verpflichtet; eine öff.-rechtl. Unterhaltungspflicht des EisUnt. kann nur durch Auflage gemäß EisG § 4 oder EntG § 14 erzeugt werden; EisG § 14 ist auf öff. Wege im allg. nicht anwendbar OVG **9** 186, **32** 203; Hannov. Recht OVG **45** 253. Tatsächliche Besorgung der Unterh. begründet die UPflicht des EisUnt. nicht OVG **30** 200, EE **24** 266. Ist eine Auflage der bezeichneten Art ergangen, so tritt der EisUnt. nach Maßgabe ihres Inhalts als öff.-rechtl. Verpflichteter an Stelle des Trägers der allg. WBaulast OVG **9** 238 u. EE **3** 30, **6** 273, **20** 332; Seydel[1]) S. 115. Zur „Unterhaltung" rechnet OVG **24** 222 u. VZ **1918** 892 (dagegen: Ottmann VZ **1925** 879) auch die Verbreiterung u. Verstärkung einer Wegeüberführung, auch wenn dadurch der Ersatz des bestehenden Bauwerks durch ein neues nötig wird. Umwandlung eines über die Eis. übergeführten Privatwegs in einen öffentl. Weg OV VZ **1918** 892. Dadurch, daß die WÄnderung auf einer im Interesse des Bahnbaus getroff. landespolizeil. Anordnung beruht, wird nicht etwa der Weg — sofern er nicht einen Bestandteil der Bahnanlage bildet (unten II) — der Verfügung der Wegepol. entzogen und der Bahnpol. unterstellt; die WPBeh. ist aber wie überhaupt, so auch wegen dieser Wege an die Weisungen der oberen Instanzen gebunden und darf ferner nicht an den EisUnt. Anforderungen stellen, die über die landespol. Auflage hinausgehen, z. B. Herstellung einer Fahrbrücke an Stelle eines Laufstegs verlangen — OVG **24** 222, **31** 198, **42** 215 u. EE **14** 261 — oder ohne Genehmigung des Min. Anordnungen treffen,

b) VB II 101.

1) A. Gleim, EisR. §§ 44—46; Germershausen, Wegerecht in Preußen, 3. Aufl. Berlin 1907 Bd. I 26ff., 518ff.; Eger, EntG Bd. I Anm. 129; Otto Mayer, Eisenbahn- u. Wegerecht, Arch. f. öff. Recht **15** 511ff., **16** 203ff.; Seydel Anm. 5 zu EntG § 14; Ottmann VZ **1925** 878ff.; Fritsch, EisR. § 19; Fleiner § 23. — Hessen: VZ **07** 1294.

B. Neuere Wegegesetze f. einzelne Landesteile: WegeO f. Sachsen 11. Juli 91 (GS 316), Westpreußen 27. Sept. 05 (GS 357), Posen 15. Juli 07 (GS 243), Ostpreußen 10. Juli 11 (GS 99). StraßenbauG f. Hohenzollern 29. Nov. 28 GS 209.

C. Kleinbahnen I 8 d. W. §§ 6—8, Privatanschlußbahnen das. § 46.

die von dem festgestellten EisBauplan abweichen OVG **3** 191, **42** 215, **43** 227. Ferner E 8. Nov. 97 u. 3. Dez. 02 VB **II 115**. Grundsätze für den Inhalt der wegepol. Vf OVG **74** 352. — Die Auflage der Unterhaltung braucht nicht mit ausdrückl. Worten gemacht zu werden; vielmehr ist, wenn nichts bestimmt ist, als Wille der den Plan feststellenden Behörde anzunehmen, daß dem EisUnt. die Unterh. so weit obliegt, wie es nötig ist, um eine rechtswidrige Mehrbelastung des ordentl. Wegebaupflicht. zu verhindern OVG EE **2** 400 u. **3** 15, 30; Arch **00** 1437. (Das gilt nicht f. Kleinbahnen: OVG **67** 328.) Anders. OVG **76** 371. Auch ohne ausdrückl. Auflage hat sich der EisUnt. an der Unterhaltung des ganzen in Betracht kommenden Weges neben dem ord. Wegebaupflicht. in dem Verhältnisse zu beteiligen, in dem die UntLast durch die Veränd. od. Verlegung vermehrt ist; insoweit tritt der EisUnt. für den ganzen Weg in den Kreis der nach öff. Rechte WBaupflicht. ein, so daß der WPolBeh. für den ganzen Weg, nicht nur für einen unselbständ. Teil, mehrere Pflichtige gegenüberstehen, zwischen denen die WBaulast in dem Verhältnis der Vermehrung zu der ursprüngl. Baulast geteilt ist; was in diesem Sinne als selbständiger Wegeteil anzusehen ist, entscheidet sich nach Lage des Einzelfalles, OVG **54** 314. Bei Bemessung der Baulast ist davon auszugehen, daß bei Wegekreuzungen in Schienenhöhe das Kreuzungsstück von der Eis. zu unterhalten ist — vgl. auch RBesch 30. Dez. 01 (Arch **02** 467) —, auch kann bei Zustimmung des WBaupflicht. diesem die Ausführung der Arbeit, dem EisUnt. Erstattung der Mehrkosten auferlegt werden, OVG **9** 186. Hat die LPolBeh. der Eis. nur Kostenerstattungspflicht, nicht Naturalleistung aufgegeben (sie darf beides), so kann die WPolBeh. die Eis. nicht zur Pflasterung heranziehen. OVG **68** 356. (Charitius VZ **1929** 905 bekämpft mit beachtenswerten Gründen die bisherige Meinung, daß die ganze Unterhalt. des Kreuzungsstücks der Eis. obliegt.) Im Streitfalle hat den Umfang der Mehrlast der ord. WBaupflicht. zu beweisen OVG Arch **1883** 388 u. EE **3** 209. Im Verwaltungsstreitverfahren muß auf Feststellung einer bestimmten Leistung f. d. einzelnen Baufall (nicht z. B. nur auf grundsätzl. Verurteilung zur Tragung der Mehrlast) angetragen werden OVG **40** 229, **46** 289, Arch **1910** 498 u. **1912** 1636. Wer UnterhKosten verauslagt hat u. v. einem Dritten einziehen will, den er f. unterhaltungspflichtig ansieht, muß selbst, nicht auf dem Umweg üb. d. WPolBeh., aus ZustG § 56 Abs. 6 klagen OVG Arch **1917** 1025. Klage aus ZustG § 56 Abs. 4 Satz 2 gegen den Dritten ist zugleich m. d. Klage gegen die WPolBeh., also innerh. der 2 Wochen Frist zu erheben. OVG Arch **1917** 1025. Klage aus ZustG § 56 Abs. 5 auf Abbürdung der polizeil. geford. Leistung nach Fristablauf u. ohne Einbeziehung der WPBeh. OVG **70** 353 (abw. v. OVG **37** 226). Klageänderung dahin, daß d. EisVerw. nicht pflichtig ist, OVG EE **33** 24. Über die Mehrlast hinaus darf eine Entbürdung des ord. WBaupflicht. nicht verlangt werden — OVG EE **2** 400 —, ebensowenig eine Abwälzung solcher Mehraufwendungen auf den EisUnt., deren Ursprung in der durch die Bahnanlage herbeigeführten Steigerung des Wegeverkehrs liegt OVG **30** 184, **32** 203, **46** 396 u. EE **3** 423. Bei einer Mehrheit beteiligter WBaupflicht. ist die Frage der Mehrlast für jeden besonders zu prüfen OVG **38** 245. Aufwendungen für die Bahnunterhaltung, zu denen der EisUnt. dadurch genötigt ist, daß der öff. Straßenverkehr über den Bahndamm geht, stellen nicht eine Beteiligung an der WBaulast dar, wegen deren im Streitverfahren auf Entschädigung geklagt werden könnte OVG **18** 231. — Über zwangsweise Durchführung der von der Wegepolizei getroffenen Anordnungen gegen den EisUnt. gilt nichts Besonderes; ist es die StEV, so ist den allg. Grundsätzen[2]) entsprechend zwar LVG § 132ff. anwendbar, eine Zwangsvollstreckung aber nur durch Vermittlung der vorgesetzten Behörde zulässig OVG **23** 369, **24** 222, EE **14** 261. — Um für einen vom EisUnt. hergestellten, aber nicht zu unterhaltenden Weg die Unterhaltungspflicht des ord. WBaupflicht. zur Entstehung zu bringen, bedarf es nicht förmlicher Übergabe OVG **5** 229, **9** 186, auch **30** 200. — Bei der landespolizeil. Prüfung der EisPläne soll für jeden Weg genau festgestellt werden, in welchem Maße die Unterh. durch die Änderung erschwert wird und deshalb dem EisUnt. aufzuerlegen ist; auch soll die LandespolBeh. bestrebt sein, eine Verständ. der Beteil. über die Regelung der Last zu vermitteln E 5. Nov. 80 (EVBl 537), 20. Juni 84 (EVBl 317), 28. März 98 (EVBl 91), 24. Okt. 00[3]). Anw zur Ablösung v. Wegebauverpflichtungen E 5. Mai 08 (ENBl 168).

Die Beleuchtung ist nicht ein Teil der WBaulast; für städtische Straßen fällt sie grundsätzlich der Stadtgemeinde zur Last; hat der EisUnt. einen Straßenteil angelegt, so kann er öff.-rechtl. zur Beleuchtung nur herangezogen werden, soweit sie ihm landespol. auferlegt ist. OVG **4** 419, **9** 186 u. EE **1** 215; RG **64** 6; ferner OVG Preuß. VerwBl **30** 236; Arch **1917** 1024. — Die polizeimäß. Reinigung öff. Wege (einschl. Schneeräumen, Streuen, Sprengen) liegt nach G 1. Juli 12 GS 187 als v. d. Ortspolizei zu erzwingende öff. Last der Gemeinde ob, zu deren Bezirke der Weg gehört; Reinigung v. Brücken im Zuge des W. hat der zu deren Unterhalt. öff.-rechtl. Verpflichtete zu besorgen; die poliz. Rein. beschränkt sich auf Wege, die überwiegend dem inneren Verkehre der Ortschaft dienen; Ortstatut kann sie auf die Anlieger abwälzen. S. dazu Germershausen[1]) § 3; OVG **53** 259, **54** 266, **64** 450, **68** 318, 334, 336, **70** 345 u. VerwBl **36** 199; RG **87** 159 u. EE **26** 68. Reinigungspflicht der Eis. als Anliegerin OVG **72** 299 u. FinMinBl **1919** 58. — Zur WBaulast gehört auch Anbringen v. Warnungstafeln an Wegen. OVG Arch **1928** 1305. — Im Gebiete des ALR gehört die Unterh. v. Brücken üb. öff. Flüsse nicht zur WBaulast; die Unterh. einer vom EisUnt. in Verb. m. einer EisBrücke üb. einen öff. Fluß angelegten Fußgängerbr. fällt nicht unter die nach ALR II 15 § 53 dem Strombaufiskus oblieg. Pflichten; e. solche Brücke ist Privatbr. u. untersteht der Ortspol. nur, soweit es sich um Abwend. v. Gefahren f. d. Publikum handelt. OVG EE **16** 134, **26** 32, **48** 228, **54** 307, **73** 357, 364 (Fähren); Hannover: OVG **47** 272, **51** 259, **54** 335, 337; Rheinland: OVG **78** 283.

Das zu I. Ausgeführte gilt auch für den Fall, daß die Planfeststellung erfolgt ist:

bei einem Reichsbahnbau durch den Reichsverkehrsminister oder die Reichsbahn-Gesellschaft gemäß RBahnG § 37 (Kratz VZ **1929** 532),

---

[2]) Zwangsvollstr. gegen Fiskus wegen Geldford. in Zivilsachen EG ZPO § 15 Nr. 3. Preußen: Landrechtsgebiet AGO I 24 § 45 Anh. § 153, I 35 § 33, E 24. März 82 (JMinBl 59); KG EE **31** 96. Gemeines Recht E 18. Juli 81 (JMinBl 160); Rhein. Recht Rhein. Ressortregl. 20. Juli 1818 § 25 u. Landgericht Köln Arch **08** 1508. Dasselbe gilt f. d. Reichsbahn: oben I 5 Anm. 78 F.

[3]) Unterbeil. D 1.

bei einer privaten Großbahn durch den Reichsverkehrsminister auf Grund besonderer Bestimmung (oben I 7 Anm. 11 A IV).

II. **Änderungen und Ergänzungen des öffentlichen Wegenetzes**, die im Interesse nicht des Bahnbaues oder Bahnbetriebs, sondern des durch den Verkehr nach und von den Bahnhöfen beeinflußten Wegeverkehrs nötig werden, namentl. die Anlage v. **Bahnhofszufuhrwegen** — ähnliches gilt für Bahnhofsvorplätze Gleim EisR S. 217 — sind grundsätzlich Sache des ord. WBaupflicht. OVG **10** 182, **32** 203, Arch **1884** 470, EE **3** 423, **5** 368, RG EE **35** 303. Das auf Herstellung eines neuen Weges gerichtete Bedürfnis des Wegeverkehrs verlangt aber nicht unter allen Umständen einen öffentlichen Weg; es kann vielmehr ausreichen, wenn der Weg als Teil der Bahnanlage ausgeführt u. in dem gleichen beschränkten Umfange wie diese selbst dem Verkehr des Publ. freigegeben wird. Das OVG sieht es als Sache des EisUnt. an, alle Wege, die nur die einz. Bahnhofsteile miteinander verbinden oder den noch fehlenden Anschluß der Bahnanlage an das öff. Wegenetz erst schaffen sollen, als Teile der Bahnanlage herzustellen, u. verneint die Verpflichtung des Trägers der WBaulast, solche WVerbindungen als öff. Wege anzulegen, OVG **17** 312, EE **5** 368. Diese Verpflichtung kann namentlich nicht durch einseit. Disposition der EisVerwaltung, auch nicht dadurch entstehen, daß ohne Zustimmung des WBaupflicht. ein Weg der eben bezeichn. Art im Eis.-Bauplan als öffentlicher, vom Träger der WBaulast zu unterhaltender bezeichnet wird; denn auf Grund des Eis.- u. des EntG können Auflagen nur dem EisUnt. gemacht werden (oben I) OVG **17** 312, **32** 203, für Hannover OVG **20** 278, **69** 339. Im Gebiete der LandgemeindeO 3. Juli 91 GS 233 (§ 114 Abs. 2!) bedarf dauernde Übernahme der WBaulast durch die Gemeinde der Genehm. des Kreisausschusses. OVG **68** 356. Ist im Bauplan ein herzustellender Weg als öffentl. bezeichnet u. die Unterh. nicht dem EisUnt. auferlegt, sondern gar nicht geregelt oder dem WBaupflicht. auferlegt, so ist es zur Schaffung eines öff. Weges überhaupt nicht gekommen; anders. wird eine Verpflichtung des EisUnt. zur Herstellung irgend eines — öff. oder nicht öff. — Weges nur durch eine Auflage auf Grund EisG oder EntG begründet; ist also eine solche Auflage nicht zu erreichen u. das Bedürfnis der WVerbind. doch vorhanden, so bleibt auch in den Fällen, in denen das OVG den EisUnt. für herstellungspflichtig erachtet, nur übrig, daß die WPolizei den WBaupflicht. zur Herstellung eines öff. Weges anhält OVG **32** 203, Arch **03** 191; EE **27** 396. Die StEV — Gleim S. 222, Pannenberg Arch **02** 1176 — übernimmt die Herstellung v. Zufuhrwegen nur so weit, wie sie entweder in das eingefriedigte Bahngebiet fallen oder (wenn nicht eingefried. wird) v. Bahngeb. umschlossen werden oder an dessen Grenze entlang führen; darüber hinaus wird die Herstellung abgelehnt. E 7. Dez. 87 II 18025. Für Staats- u. Privatbahnen hat der Min. angeordnet, daß schon in dem der vorl. Planfestst. vorangehenden Verfahren die Frage, ob die neu anzulegenden Wege als öff. oder als Teile der Bahnanlage, u. von wem sie herzustellen sind, geklärt u. für Wegeteile, deren Ausführung nach E 7. Dez. 87 nicht Sache des EisUnt. ist, die Übernahme der Herstellung durch den WBaupflicht. in rechtsverbindl. Form sichergestellt werden soll E 7. Dez. 87 (a. a. O.), 3. Sept. 90 IV 3754, 5. Nov. 80 (EVBl 537), 28. März 98 (EVBl 91), 14. Dez. 98 (EVBl 338, VB II 109). — Die Frage, ob der Zufuhrweg (oder Bahnhofsvorplatz) ein öff. Weg ist oder nicht, kann nur im Wege des § 56 ZustG entschieden werden. OVG 28. Okt. 26 (Arch **1927** 504), wo auch Ausführungen darüb., nach welchen Gesichtspunkten die Frage zu entscheiden ist.

Die **Unterhaltungspflicht** liegt dem EisUnt. ob für alle Wege, die er planmäßig als Teile der Bahnanlage hergestellt hat, u. alle öff. Wege, deren Unterh. ihm bei der Planfestst. ausdrücklich od. stillschweigend auferlegt worden ist; alle übrigen öff. Wege hat der ord. WBaupflicht. zu unterhalten, auch wenn der EisUnt. die erste Anlage besorgt hat OVG **10** 182, **17** 312, **32** 203. Im Zw. gelten Zufuhrwege, die der EisUnt. nur zur Verbind. der Bahnhofsteile untereinander oder mit dem öff. WNetz angelegt hat, als Teile der Bahnanl.; anders, wenn sie gleichzeitig für Durchgangsverkehr bestimmt sind OVG **10** 215, EE **5** 426 u. **9** 93. Ist der EisUnt. nach öff. Rechte unterhaltungspflichtig, so wird diese Verpfl. nicht schon dadurch berührt, daß nicht mehr der ganze Bahnhofsverkehr über den Weg geht oder Wohnhäuser an dem Wege errichtet werden. OVG **46** 289. Auch die Unterhaltungsfrage soll, soweit sich nicht ihre Regelung durch die Festsetzung der Natur des Weges von selbst ergibt, vor der Planfestst. geklärt werden; s. die ob. angeführten Erlasse u. E 20. Juni 84 (EVBl 317). Reinigung OVG EE **31** 323.

Wege, die als Teile der Bahnanlage gelten, sind, wie diese selbst, i. S. des WRechts nicht öffentliche, auch nicht beschränkt öff. Wege, sondern Privatwege der EisVerw.; sie stehen nicht zur Verfügung der WPolizei, vielmehr ist die Aufsicht über ihre Unterh., Reinigung und Beleuchtung ausschließlich v. d. Bahnaufsichtsbehörde zu führen (EisG § 24); die allg. Polizei darf hierbei nur eingreifen, soweit es zur Beseit. dringender Gefahren für das den Weg benutzende Publikum nötig ist OVG **9** 238, **10** 215, **23** 369, **29** 438; EE **1** 215, **5** 368, **22** 244, **28** 422; Arch **01** 667, **1911** 550. Ein solcher Weg ist an sich nicht zum Anbau bestimmt; wird aber die Bebauung vom EisUnt. zugelassen, so hat der Anlieger eine ähnliche Rechtsstellung wie derjenige an öff. Straßen (unten IV); freilich sind für ihn die Bedingungen maßgebend, unter denen der EisUnt. die Bebauung gestattet hat RG EE **16** 150. Für die ordnungsmäßige Unterhaltung der Wege ist der EisUnt. zivilrechtlich haftbar (III 3 Beil. B unter C d. W.); das Maß der Unterhaltungspflicht läßt sich aber nicht ohne weiteres nach den für städtische Straßen geltenden Grundsätzen beurteilen RG EE **19** 16 u. **20** 143. Das gleiche gilt für die Beleuchtung; die Verwaltung haftet hierfür nicht nur nach § 831, sondern auch nach § 823 BGB; wenn sie aber diligentia in eligendo beobachtet hat, so darf sie pünktl. Dienstwahrnehmung voraussetzen, solange kein Grund vorliegt, an ihr zu zweifeln RG **53** 53 u. EE **30** 73. Wenn die Eis. einen Laufsteg herstellt und — wenn auch nicht formell, so doch tatsächlich — dem öff. Verkehre freigibt, so haftet sie zivilrechtlich für den verkehrssicheren Zustand des Steges (Gemeines R.) RG EE **18** 43, wie denn nach der Rechtsp. des RG — z. B. **118** 91 — allgemein, wer den Verkehr an einem Orte eröffnet u. die Verfügung über diesen hat, f. d. Sicherheit d. Verkehrs haftet. Fußwege f. d. Bahnhofsverkehr RG EE **9** 86. BahnhVorplätze sind öff. Plätze. i. S. GewO § 37: OVG EE **12** 4. — Die Umwandl. eines Weges der vorbezeichn. Art in einen öffentlichen vollzieht sich nach den allg. Rechtsvorschr. und bedarf außerdem der Genehm. des Min.; Verjährung ist kein Titel zur Schaffung eines öff. Weges OVG Arch **02** 677; Arch **1911** 550; EE **24** 20. Wird die Umwandlung vollzogen, so ändert sich die rechtliche Natur des Weges; er fällt nicht mehr unter EisG § 24, seine Unterh. geht ganz auf den ord. WBaupflicht. über, und es ruht die Verpflichtung des EisUnt., den einzelnen Parzellenbesitzern einen Zugang zu ihren Grundstücken zu gewähren OVG **15** 285, **41** 242; Arch **00** 1437. — Haftung der Eis. für ordnungsmäß. Zustand der vom Bahnpersonal zu benutzenden Zugangswege RG Arch **04** 991.

Das zu II Ausgeführte gilt auch für die oben unter I letzter Absatz genannten Fälle (Reichsbahn usw.).

III. A. Ferner kann durch die Planfeststellung — und nur durch sie — die **Überschreitung öffentlicher Wege durch Eisenbahnen** (Kreuzung in Schienenhöhe, Überführung, Unterführung) oder — unter den Voraussetzungen des E 8. März 81 (EVBl 119) — die Mitbenutzung öffentlicher Wege in der Längsrichtung für EisZwecke (derart, daß der Weg die Stelle des Bahnkörpers vertritt) angeordnet werden. Zu dieser Mitbenutzung[4]) bedarf es der Zustimmung des WEigentümers und des WBaupflicht., die ev. im EnteignungsVerf. zu erzwingen ist. V 2a Anm. 4 d. W., Gleim S. 249. In den Prov. Sachsen, Westpreußen u. Posen hat der WBaupflicht. die von den zuständ. Behörden festgestellte Herstellung u. Veränderung v. EisÜbergängen zu gestatten, er und die WegePolBeh. sind vor Festst. des Planes anzuhören; zur Benutzung des Bahnkörpers in der Längsrichtung ist Genehm. der WPolBeh. u. Zustimmung des WBaupflicht. nötig, diese Zustimmung kann durch Beschluß des Kreis- oder Bezirksausschusses ergänzt werden WegeO f. Sachsen[1]) § 10 Abs. 1, 5, 6, f. Westpreußen[1]) § 6 Abs. 1, 4, Posen[1]) § 5 Abs. 1, 5; wegen d. EisÜbergänge ähnlich WegeO f. Ostpreußen[1]) § 5 Abs. 2. Welche Rechtsstellung der EisUnt. durch die Genehm. einer Kreuzung in Schienenhöhe erlangt, und inwieweit ihm die Kosten für eine künftig etwa notwendig werdende Ersetzung der Niveaukreuzung durch Unter- oder Überführung der Eisenbahn oder des Weges auferlegt werden können, ist zweifelhaft. Jedenfalls liegt die Entsch. über eine solche Änderung der genehmigten Anlage, über die Änderungsbedingungen und über eine Heranziehung des EisU. zu den Kosten in der Hand des Min. RBesch 30. Dez. 01 (Arch **02** 467), E 20 April 03[5]). Dasselbe gilt für jede andere den Bahnkörper berührende Veränderung an der planmäßig ausgeführten Kreuzung; ist z. B. durch den EisBauplan die Herstellung einer Wegeunterführung von bestimmter Breite angeordnet worden, so kann eine Verbreiterung nicht ohne Zustimmung des Min. von der WPolBeh. erzwungen werden OVG **42** 215, Anw. an die WPolBehörden E 20. April 03[5]); ferner OVG **43** 227, **54** 447. — Verpflicht. der Eis., die Einlegung v. Gas-, Wasserleitungsrohren u. dgl. in das Kreuzungsstück zu dulden? RG Preuß. VerwBl **18** 177; Bedingungen dafür: E 24. Nov. 1910 V D 16952; ferner V 2a Anm. 4, Seydel EntG S. 20, Anm. 1, Charitius VZ **1928** 197 u. oben I 7 Anm. 11 B II c.

B. Eine Sonderregelung der im vorst. behandelten Angelegenheit für Reichsbahnbauten enthält RBG § 39; s. darüber oben I 5 Anm. 153.

IV. **Privatrechtliche Folgen der Einziehung und Verlegung öffentlicher Wege.** Nach ALR hat der Eigentümer eines Hauses, das an einer endgültig für den öff. Verkehr bestimmten — RG EE **25** 321 — Straße innerhalb einer Stadt od. eines Dorfes liegt, gegen die Gemeinde einen der Dienstbarkeit ähnlichen Anspruch darauf, daß die Straße als Kommunikationsmittel (auch für den Wagenverkehr) seinem Hause erhalten bleibt und den für sein Luft- und Lichtbedürfnis wesentl. Raum gewährt; wird (wegen des Straßenverkehrs oder aus anderen Gründen öff. Interesses) eine Veränderung an der Straße vorgenommen, so hat der Eigentümer kein privatrechtl. Widerspruchsrecht, wohl aber einen Ersatzanspruch, wenn dadurch die Ausübung des Dienstbarkeitsrechts dauernd unmöglich gemacht oder doch erheblich erschwert wird; Vorteile aus der Neugestaltung sind von dem Schaden abzurechnen RG **7** 213, **25** 242, **44** 282, **56** 101. Der Ersatzanspruch richtet sich (grunds.) ausschließl. gegen das Gemeinwesen, das Unternehmer der Sperrung usw. ist und zu dessen Vorteile der Eingriff dient, auch wenn andere Gemeinwesen daran mittelbar Nutzen ziehen od. dazu beitragen od. dazu gedrängt haben. RG **78** 340. Zur Begründ. des Ersatzanspruchs müssen Wesentlichkeit u. dauernder Charakter d. Eingriffs zusammentreffen. RG EE **35** 318. Das Recht des Hauseigentümers geht nicht weiter, als es das Kommunikationsinteresse unbedingt erfordert; es ist nicht schon für jede vorübergehende Störung — wenn sie bezweckt, den bestimmungsmäßigen Charakter der Straße zu erhalten oder herzustellen —, jede Entziehung eines tatsächlichen Vorteils oder jede sonstige nachteil. Veränd. Ersatz zu leisten RG **24** 245, **44** 282, EE **9** 292. Das Recht erstreckt sich nicht auf die äußerliche Beschaffenheit, z. B. die Pflasterung der Straße — RG EE **17** 33 —, reicht nicht über die Ausdehnung der bebauten Grundfläche hinaus und ist gewahrt, wenn nur die Straße ein Glied des städt. Straßennetzes bleibt, mag sie auch den Anschluß an den durchgeh. Verkehr nach einer Seite hin verlieren RG **25** 242, EE **9** 258 u. **22** 158. Einzelmerkmale f. wesentl. Beeinträcht. (Rampenanlagen, Staubentwicklung, Torwegbenutzung) RG VZ **1915** 880; anders. EE **38** 267 (vermehrter Zufluß v. Regenwasser). Untergeordnete Störungen müssen auch dann hingenommen werden, wenn ihnen nicht Straßenzwecke, sondern privatwirtsch. Interessen des Straßeneigentümers zugrunde liegen, RG **62** 87. Anlegung von Straßenbahnen: RG EE **25** 311, auch das. **23** 303. Die Mieter haben (nach ALR) den gleichen Anspruch wie die Eigentümer. RG **36** 272. Wenn Dritte — z. B. EisUnternehmer — eine Veränderung des Straßenniveaus vornehmen u. diese Veränderung überwiegend Interessen dient, die außerhalb des eigentlichen Straßenzwecks liegen, so kann ein Widerspruch des Dienstbarkeitsberechtigten nur durch Enteignung beseitigt werden RG **36** 272, **44** 325; anders. **38** 252; VZ **08** 425. Eigentümer unbebauter Grundstücke haben das servitutarische Recht nicht RG **25** 242, EE **11** 331; anders. EE **8** 234 u. Entsch. **66** 340. Das Recht erstreckt sich nicht auf Chausseen und Landstraßen, auch wenn sie durch Ortschaften führen, es sei denn, daß sie z. Z. der Bebauung den Charakter einer Stadt- oder Dorfstraße trugen RG EE **1** 295, **6** 154, **14** 258. Die Straße muß schon z. Z. der Veränderung zur Bebauung bestimmt gewesen sein; Merkmale dafür RG EE **30** 482. — Im wesentl. dasselbe gilt für das Gebiet des französischen Rechts — RG **10** 271, **62** 87, EE **2** 395 u. **7** 110 —, wogegen nach Gemeinem Rechte ein Anspruch der angegeb. Art nicht besteht RG **3** 171, **6** 159. — Für

[4]) Nur auf diesen Fall, nicht auch auf Kreuzungen, bezieht sich § 1 B der die Erweit. des Preuß. Staatsbahnnetzes betr. Gesetze, wonach die Gestattung unentgeltl. Mitbenutzung der öff. Wege eine Vorbedingung f. d. Bauausführung bildet RBesch 30. Dez. 01 (Arch **02** 467).

[5]) Unterbeil. D 2.

den Geltungsbereich des BGB entscheidet RG **51** 251, daß die Erhöhung einer städtischen Straße nicht unter BGB § 907 falle, daß das BGB ein Dienstbarkeitsrecht auf die bisherige Art der Straßenbenutzung nicht gewähre, daß aber nach EG Artt. 109, 124 die Ordnung des Rechtsverh. zwischen Straßeneigentümer und Straßenanlieger den Landesgesetzen überlassen sei. RG **70** 77 fügt hinzu, daß der Anspruch zwar privatrechtl. Charakter trage, aber dem öff. Rechte entsprungen sei u. deshalb durch das BGB — EG Art. 113 — nicht berührt werde; der Eintragung ins Grundbuch bedürfe er nicht. — Gegen den grundsätzl. Standpunkt des RG Gleim S. 243, auch Fleiner S. 305, 377. — Bering, Die Rechte der Anlieger an einer Straße, Berlin 1898; dazu Arch **1898** 843. Eger, EntG I Anm. 89.

Das Eigentum an einer eingezogenen Wegefläche geht nicht durch die Einziehung und die Schaffung eines Ersatzweges auf den EisUnt. über. Gleim S. 245. Anders WegeO für Prov. Sachsen[1]) § 13, Westpreußen[1]) § 9, Posen[1]) § 8, Ostpreußen[1]) § 8, Kurhess. Recht (G. 2. Mai 63 § 33) OVG **44** 272.

Unterbeilage D 1 (zu Anmerkung 3).

Erlaß des Ministers der öffentlichen Arbeiten betr. Ablösung der Verpflichtung des Eisenbahnfiskus zur Beteiligung an der Unterhaltung infolge des Bahnbaues verlegter oder veränderter öffentlicher Wege. Vom 24. Oktober 1900 (EVBl 511, VB II 110).

Nach der Rechtsprechung des Oberverwaltungsgerichts fällt die Vermehrung der Wegeunterhaltungslast, die sich als Folge einer durch eine Eisenbahnanlage veranlaßten Verlegung oder sonstigen Veränderung eines öffentlichen Weges ergibt, nicht dem nach gemeinem Wegerechte Unterhaltungspflichtigen zur Last, vielmehr hat sich der Eisenbahnunternehmer an der Unterhaltung des Weges neben dem ordentlichen Wegebaupflichtigen mit einer Quote zu beteiligen, welche dieser Vermehrung entspricht (vgl. Erkenntnis des Oberverwaltungsgerichts vom 12. Februar 1900, Archiv für Eisenbahnwesen S. 1437).

Schon durch die Erlasse vom 5. November 1880 (EVBl S. 537) und vom 20. Juni 1884 (EVBl S. 317) war angeordnet worden, daß bei jeder Veränderung eines öffentlichen Weges durch eine Eisenbahnanlage festzustellen sei, ob und inwieweit sich seine Unterhaltungslast infolgedessen vermehrt und sich dementsprechend der Eisenbahnfiskus an der Unterhaltung zu beteiligen habe. Gleichwohl haben immer wieder Zweifel über den Umfang der Beteiligung des Eisenbahnfiskus an der Wegeunterhaltung zu Rechtsstreitigkeiten mit dem ordentlichen Wegebaupflichtigen geführt, teils weil es versäumt worden war, rechtzeitig Vereinbarungen darüber herbeizuführen, welche Quote der Unterhaltungskosten oder welcher reale Teil der Wegeunterhaltung vom Eisenbahnfiskus zu übernehmen sei, teils weil im Laufe der Zeit der Charakter eines Weges und damit das Maß der wegepolizeilichen Anforderungen sich dergestalt geändert hatte, daß der Fortbestand der eisenbahnfiskalischen Verpflichtungen in Frage gestellt erschien.

Um derartigen Streitigkeiten tunlichst vorzubeugen, weise ich die Königlichen Eisenbahndirektionen an, bei jeder Verlegung oder sonstigen Veränderung eines öffentlichen Weges infolge des Bahnbaues dafür Sorge zu tragen, daß die den Eisenbahnfiskus treffende Quote seiner Beteiligung an der Wegeunterhaltung durch die Landespolizeibehörde oder durch unmittelbare Verständigung mit dem ordentlichen Wegebaupflichtigen rechtzeitig festgestellt wird, und im Anschluß an diese Feststellung, spätestens ohne Verzug nach der planmäßigen Ausführung der Wegeänderung mit diesem über die künftige Regelung der Wegeunterhaltung in weitere Verhandlung zu treten. Hierbei ist in Verbindung mit dem etwa erforderlichen Flächenaustausch oder der sonstigen Übereignung von Grund und Boden nach Möglichkeit zu vereinbaren, daß der Eisenbahnfiskus gegen Zahlung einer einmaligen Entschädigung, welche auf der Grundlage der festgestellten Quote zu berechnen ist, von der Verpflichtung zur Teilnahme an der Wegeunterhaltung gänzlich entbunden wird, so daß diese den ordentlichen Wegebaupflichtigen im vollen Umfange allein verbleibe. Bei Feststellung und Ablösung der Quote ist jedoch nicht außer acht zu lassen, daß die auf den Eisenbahnunternehmer übergehende Unterhaltung derjenigen Wegeteile, welche nicht nur dem Wegeverkehre, sondern zugleich dem Bahnverkehre dienen (vgl. Erkenntnis des Oberverwaltungsgerichts vom 18. November 1882, Archiv für Eisenbahnwesen von 1883 S. 297), d. i. der innerhalb der durchgehenden Bahnbegrenzung liegenden Wegeteile, sowie ferner die Unterhaltung von Wegeteilen, welche aus Gründen der Zweckmäßigkeit außerdem von der Eisenbahnverwaltung dauernd unterhalten werden, von der zugrunde zu legenden Vermehrung der Wegeunterhaltungslast in Abzug zu bringen ist.

Wegen der Berechnung der an die Wegebaupflichtigen zu zahlenden Ablösungsentschädigungen verbleibt es bei den Bestimmungen des Erlasses vom 10. Mai 1898 (EVBl S. 113).

Unterbeilage D 2 (zu Anmerkung 5).

Erlaß des Ministers der öffentlichen Arbeiten betr. ministerielle Zustimmung zur Änderung von Bahnübergängen in Schienenhöhe, Wegeüber- und Unterführungen. Vom 20. April 1903 (EVBl 117, VB II 107).

Nachstehenden Erlaß[1]) erhalten die Königlichen Eisenbahndirektionen sowie die Herren Eisenbahnkommissare zur Kenntnis. Im übrigen bleibt es bei den Vorschriften der Erlasse vom 8. November 1897 (EVBl S. 372) und vom 3. Dezember 1902 (EVBl S. 541).

Berlin, den 20. April 1903.

Wie das Oberverwaltungsgericht in dem Erkenntnisse vom 18. Dezember 1902 (Archiv für Eisenbahnwesen von 1903 S. 429ff.)[2]) ausgeführt hat, kann nach § 4 des Eisenbahngesetzes vom 3. November 1838 die Veränderung einer Wegeunterführung, die zweifellos einen konstruktionellen Bestandteil der Eisenbahnanlage

[1]) An die RegPräs., nachrichtl. an den PolPräs. zu Berlin.

[2]) Vgl. auch OVG **68** 446 u. EE **29** 406, **33** 248.

bildet, nicht ohne meine Zustimmung erfolgen. Wenn die Vornahme einer solchen Veränderung durch eine Wegepolizeibehörde angeordnet worden sei, obwohl mangels dieser Zustimmung noch völlig dahin stehe, ob und in welcher Art jene Veränderung werde erfolgen dürfen und welche sonstigen Bedingungen die Zentralinstanz etwa an die Erteilung der Genehmigung knüpfen werde, so stelle sich die Anordnung als eine so unbestimmte dar, daß sie keinen auch nur einigermaßen sicheren Anhalt für den Umfang der geforderten Leistung gewähre. Das Oberverwaltungsgericht hat daher im Einklange mit seiner ständigen Rechtsprechung eine wegepolizeiliche Anordnung dieser Art außer Kraft setzen müssen und es der Wegepolizeibehörde überlassen, sich vorgängig ein ministeriell genehmigtes Projekt für die zu stellende Anforderung zu beschaffen, da sie eine von dem Mangel der Unbestimmtheit freie Anordnung nur erlassen könne, nachdem sie sich über meine Zustimmung und die gegebenenfalls von mir zu stellenden Bedingungen vergewissert habe.

In Übereinstimmung mit diesen Ausführungen und unter Bezugnahme auf das Erkenntnis desselben Gerichtshofs vom 24. Juni 1897 (Entsch. Bd. 32, S. 219; Archiv für Eisenbahnwesen S. 1008) ersuche ich Sie, die nachgeordneten Wegepolizeibehörden allgemein dahin anzuweisen, daß sie ohne meine vorgängige Zustimmung Anordnungen nicht zu treffen haben, welche sich auf die Umgestaltung einer Eisenbahn oder ihrer Bestandteile erstrecken, wie es bei der Änderung von Bahnübergängen in Schienenhöhe, Wegeüber- oder Unterführungen der Fall ist.

8. Gesetz über Kleinbahnen und Privatanschlußbahnen. Vom 28. Juli 1892 (GS S. 225)[1].

I. Kleinbahnen.

§ 1[2]. Kleinbahnen sind die dem öffentlichen Verkehre dienenden Eisenbahnen, welche wegen ihrer geringen Bedeutung für den allgemeinen Eisenbahnverkehr dem Gesetze über die Eisenbahnunternehmungen vom 3. November 1838 (Gesetz-Samml. S. 505) nicht unterliegen[3].

Insbesondere sind Kleinbahnen der Regel nach solche Bahnen, welche hauptsächlich den örtlichen Verkehr innerhalb eines Gemeindebezirks oder benachbarter Gemeindebezirke vermitteln, sowie Bahnen, welche nicht mit Lokomotiven betrieben werden[4].

---

[1]) A. Inhalt des „Kleinbahngesetzes" (das laut Vo 15. März 29 GS 11 Ziff. (1) B VII 8 auch in Waldeck gilt): I. Kleinbahnen. § 1 Begriff; §§ 2—16 Genehmigung (§ 2 Allgemeines, § 3 Zuständigkeit, §§ 4—8 Voraussetzungen, §§ 9—14 Bedingungen, §§ 15, 16 Aushändigung); §§ 17, 18 Planfeststellung; § 19 Betriebseröffnung; § 20 Maschinen; § 21 Fahrplan, Tarif; § 22 Aufsicht; §§ 23—27 Erlöschen u. Zurücknahme der Genehmigung; §§ 28, 29 Anschluß anderer Bahnen u. an Eisenbahnen; §§ 30—38 Erwerbsrecht des Staats; § 39 Bahnen in Berlin u. Potsdam; § 40 Besteuerung; § 41 Staatsbeihilfen; § 42 Verpflichtungen gegenüber der Postverwaltung. — II. §§ 43—51 Privatanschlußbahnen. — §§ 52—55 Gemeinsame u. Übergangsbestimmungen. — Zweck: AusfAnw (Beil. A) Einleitung. — Quellen: HH 92 Druckf Nr. 34 (Entw. u. Begr); 69 (KomB); StB 25, 190, 365; AH 92 Druckf. Nr. 206 (KomB); StB 1314, 1963, 2062, 2160. — Bearb.: Gleim (4. Aufl. 07), Eger (3. Aufl. 1913), Lochte (03), Hein u. Krüger 1929. — Ztschr. f. Kleinb. (her. im Min. d. öff. Arb. bis 1920). — AusfAnw 13. Aug. 98 (Beil. A). Dazu: Eger in EE **15** Anhang. — Von Bedeutung ist die in der AusfAnw. aufgestellte Unterscheidung zwischen Straßenbahnen u. nebenbahnähnlichen Kleinbahnen (auch I 1 d. W.). — Kittel, Die rechtl. Stellung des Straßenbahnunternehmers zum Staat u. zur Gemeinde in EE **23** 191, 327.

B. Das Kleinbahnwesen ist v. d. neuen Rechtsentwicklung (RVerf 1919, StVtr 1920, RBahnG usw.) fast garnicht berührt worden u. seine Regelung Landessache geblieben (grundsätzl. Ausnahme RVerf Art. 96). Als Aufsichtsinstanz ist in Preußen an Stelle des Min. d. öff. Arb. der Min. f. Handel u. Gewerbe getreten (G 15. Aug. 21, oben I 7 Anm. 4 B), dem zur örtl. Aufsicht usw. die Reichsbahndirektionen z. Verfüg. stehen (unten Anm. 10).

C. Sonderregelungen für einzelne Landesteile enthalten:

a) für die Stadtgemeinde Berlin das an Stelle des ZweckverbandsG f. Groß-Berlin (19. Juli 11, GS 123) getretene G üb. d. Bildung einer neuen Stadtgemeinde Berlin 27. April 20 GS 123,

b) für den Ruhrkohlenbezirk das G betr. VerbandsO f. d. Siedlungsverband Ruhrkohlenbezirk 5. Mai 20 GS 286.

Wegen dieser Sonderbest muß hier auf die Gesetze selbst verwiesen werden.

[2]) AusfAnw (unten Beil. A) zu diesem §.

[3]) I 1 d. W. Die preuß. Kleinbahnen sind nicht Eisenbahnen des allg. Verkehrs i. S. der RVerf u. nicht Eisenbahnen im Sinne z. B. des EisG (I 7 Anm. 2), des Regul. über die EisKommiss. (II 5 Anm. 1), der Reichs-Verordn. über den Bahnbetrieb (VI 1), der EVO (VII 3), der Vorschr. über die Kriegsleist. usw. (VIII), des EisPostG (IX 2); wohl aber im Sinne z. B. des § 6 GewO (I 2 Beil. A Anm. 2), der RVO (III 7), des HPfG (VI 5). Die Anwendbarkeit des BahneinhG (I 9), der Gemeindebesteuerung (IV 9), des EntG (V 2a), des StGB (VI 7) auf Kleinb. wird unten bei den einzelnen Vorschr. selbst erörtert.

[4]) Nähere Anw: E 28. Juli 93, 25. Jan. 97 (EVBl 164), 2. Mai 97 (EVBl 90), 9. Mai 98, (Ztschr. f. Kleinb. 315), sämtl. inhaltlich bei Gleim Anm. 3, ferner E 8. April 15 IV. 47. 121. 201. Danach kann die Unterstellung einer an sich über den Rahmen einer Kleinb. hinausgehenden Bahn unter das KleinbG durch rechtliche Beschränkungen in der Genehmigung (betr. Verkehrsumfang, Spurweite, Betriebskraft, Vorbehalt jederzeit. Erwerbs durch den Staat u. dgl.) ermöglicht werden; Beteil. der Kleinb. am Durchgangsverkehr ist der Regel nach auszuschließen; unter DurchgVerk. ist hierbei jedenfalls der Verk. zw. zwei EisStationen, von denen die eine vor, die andere hinter der Kleinb. liegt, unter Benutzung der Kleinb. als Mittelglied zu verstehen. — Danko, Grenzen d. Wettbewerbs der Kleinb. gegen d. Reichsbahn, EE **48** 319. — E 28. März 02 (ENBl 165) betr. Schnellbetrieb auf Kleinb. — Vorübergeh. Güterbeförd. üb. die Genehm.-Beding. hinaus: E 31. Mai 23 E VI 67. 4228. Weiteres Hein-Krüger Anm. 3 zu § 1. — Lokomotiven Gleim Anm. 5, Beteiligte (Abs. 3) Gleim Anm. 7.

Ob die Voraussetzung für die Anwendbarkeit des Gesetzes vom 3. November 1838 vorliegt, entscheidet auf Anrufen der Betheiligten[4]) das Staatsministerium[5]).

§ 2[2]). Zur Herstellung und zum Betriebe einer Kleinbahn bedarf es der Genehmigung[6]) der zuständigen Behörde. Dasselbe gilt für wesentliche Erweiterungen oder sonstige wesentliche Änderungen[7]) des Unternehmens, der Anlage oder des Betriebes. Diese Genehmigung ist zu versagen, wenn die Erweiterung oder Änderung die Unterordnung des Unternehmens unter das Gesetz vom 3. November 1838 bedingt.

§ 3[2]). Zur Ertheilung der Genehmigung ist zuständig:

1. wenn der Betrieb ganz oder theilweise mit Maschinenkraft[8]) beabsichtigt wird: der Regierungspräsident, für den Stadtkreis Berlin der Polizeipräsident[9]), im Einvernehmen mit der von dem Minister der öffentlichen Arbeiten[1B]) bezeichneten Eisenbahnbehörde[10]);
2. in allen übrigen Fällen, und zwar:
   a) sofern Kunststraßen[2]), welche nicht als städtische Straßen in der Unterhaltung und Verwaltung von Stadtkreisen stehen, benutzt oder von der Bahn mehrere Kreise oder nicht preußische Landestheile berührt werden sollen: der Regierungspräsident, im ersten Falle für den Stadtkreis Berlin der Polizeipräsident[9]),
   b) sofern mehrere Polizeibezirke desselben Landkreises berührt werden: der Landrath,
   c) sofern das Unternehmen innerhalb eines Polizeibezirks verbleibt: die Ortspolizeibehörde.

Wenn die zum Betriebe mit Maschinenkraft[8]) einzurichtende Bahn die Bezirke mehrerer Landespolizeibehörden berührt, oder in dem Falle der Nr. 2a die betreffenden Kreise nicht in demselben

---

[5]) Jetzt RBahnG § 11 (s. d. und Anm. 57 dazu). Danach muß der RVMin vorab entscheiden, ob eine Schienenbahn, deren Herstellung als Kleinbahn beabsichtigt ist, als Großbahn od. als Kleinbahn zu gelten hat. S. oben I 2 Anm. 19. Weiteres in der AusfAnw u. bei Hein-Krüger Anm. 5.

[6]) Die Genehmigung „bildet die rechtl. Grundlage f. d. Unternehmen u. in der Hauptsache die Quelle u. zugleich die Begrenzung der Rechte u. Pflichten d. Unternehmers. Außer den in der Gen. ihm auferlegten liegen ihm nur allgemeine gesetzl. ... Verpflichtungen ob. Nach Erteil. der Gen. können ihm weitere Verpflichtungen nur noch in soweit auferlegt werden, als ... Vorbehalte der Gen. od. die allg. Funktionen der ord. PolBehörde eine Handhabe hierzu bieten". Gleim S. 25, OVG **55** 455. Der Genehm. bedürfen auch das D. Reich u. der preuß. Staat, wenn sie e. Kleinb. begründen wollen. Wegen der Reichsbahnen s. noch oben I 5 Anm. 136 a. E. — Abweichend von der Konzession für eine Eis. (I 7 Anm. 7 d. W.) ist die Gen. nicht die Erteilung des Privilegs, zwischen zwei Orten eine Bahn zu bauen und zu betreiben, sondern die bau- u. gewerbepolizeiliche Ermächtigung, eine in ihrer ganzen Führung planmäßig (§ 5) genau bestimmte Bahnlinie zu bauen u. in gleichfalls genau gekennzeichneter Art zu betreiben; liegen die Voraussetzungen für Anwendbarkeit des G vor (§ 1 u. AusfAnw dazu), so muß die Gen. — ohne Prüfung der Bedürfnisfrage — jedem erteilt werden, der sich den nach Maßgabe des G an ihn zu stellenden Bedingungen unterwirft. Die Gen. begründet nicht o. w. — wie die EisKonzession (I 7 Anm. 7 d. W.) — die Verpflichtung zum Baue u. Betriebe des Unternehmens (Anm. 28). Gleim, Einleit. zu § 2; Wehrmann, Verwalt. d. Eis. S. 40, 61, ferner KGHof EE **36** 259; OVG **83** 381. A. M. Eger Anm. 5 u. EE **15** 182, Fleischmann, Tarifabreden in StraßenbenutzVerträgen, Berlin 1917, S. 14ff., Otto Mayer II 249, Fleiner S. 382ff. S. zu dieser Frage noch RG 28. Okt. 29 **126** 93. Die Gen. hat wie die EisKonzession zur Folge, daß die benachbarten Grundbesitzer die unvermeidl. Einwirkungen des Betriebs auf ihre Grundstücke nicht verbieten können (oben I 7 Anm. 44, auch RG Ztschr f. Kleinb. **1914** 318 u. Entsch **81** 216); aber der Unternehmer eines KleinbBaues hat, v. Ent-Recht abgesehen, kein gesetzl. geschütztes, polizeil. durchzusetzendes Recht auf Benutzung fremden Grund und Bodens OVG **51** 403, auch KG EE **36** 257. S. ferner Hein-Krüger Anm. 2c. — Einziehung u. Verlegung öff. Wege wird durch die Gen. (u. die Planfestst. gemäß KleinbG §§ 17, 18) mit derselben Wirkung verfügt, wie durch die Planfestst. gemäß EisG § 4 (I 7 Beil. D Ziff. I) OVG **53** 420 u. EE **30** 301. — Verh. zu WasserG § 69: Landeswasseramt EE **32** 41. — Muster f. Genehm.-Urkunden Gleim S. 419. — Gebühren: VGO (unten IV 7 Beil. A) Nr. 25 a 2.

[7]) Die Gen. ist auch nötig, wenn eine vorhandene Großbahn oder eine Privatanschlußbahn in eine Kleinb. umgewandelt werden soll; in jenem Falle bedarf es gleichzeitig einer Zurücknahme der erteilten Konzession u. ist die Zustimmung der Gläubiger des Unternehmens erforderlich. Gleim Anm. 1, auch oben I 5 Anm. 57. — Als wesentl. Änderung des Unternehmens usw. gilt z. B. Verlegung des Endpunktes einer städt. Straßenbahn in eine andere Straße, Einführung des Güterverkehrs, Wechsel in der Person des Unternehmers, Verein. mit anderen KleinbUnternehmen, Änderung der Betriebskraft. Gleim Anm. 3, 4. Der Änderungs-Gen. muß eine Prüfung der Frage vorangehen, ob die Bahn noch den Charakter der Kleinb. behalten kann. Gleim Anm. 5; E 20. Feb. 98 (Gleim Anm. 4, 5, Ztschr f. Kleinb **1898** 243). Übertragung des Betriebs auf einen Dritten E 15. Jan. 03 (Beil. A Anm. 4). — S. ferner Hein-Krüger Anm. 4. — Gebühren wie Anm. 6 a. E.

[8]) Dahin auch Elektrizität, so daß die Aufsicht (§ 22 Satz 1) über e. Straßenbahn, die auch nur Teilstrecken elektrisch betreibt, f. d. ganze Unternehmen der Eis.-Behörde mit zusteht u. das Rechtsmittel gegen die im Aufsichtsweg erlassenen Verfügungen Beschwerde an Min. (§ 52) ist; entsprechendes gilt (auch für die Genehmigung), wenn der elektr. Betrieb auf einer bisher mit Pferden betriebenen Kleinb. ganz oder teilweise eingeführt wird OVG **33** 432. Ferner hierher Drahtseilbahnen, bei denen das Gewicht des bergab fahrenden Wagens den bergauf fahrenden bewegt. Gleim Anm. 2.

[9]) Die Entscheidung des Reg(Pol)Präs. ist als landespolizeiliche (soweit nicht § 52 Satz 1 Platz greift) mit Beschwerde an den Oberpräsidenten (LVG § 130) anfechtbar OVG **31** 270. — Für den Siedlungsverband Ruhrkohlenbezirk ist der Verbandspräsident zuständig. Hein-Krüger Anm. 2.

Regierungsbezirke liegen, bezeichnet der Oberpräsident, falls jedoch die Landespolizeibezirke beziehungsweise Kreise verschiedenen Provinzen angehören, oder Berlin betheiligt ist, der Minister der öffentlichen Arbeiten[1B]) im Einvernehmen mit dem Minister des Innern die zuständige Behörde[10]).

Die Zuständigkeit zur Genehmigung von wesentlichen Erweiterungen oder sonstigen wesentlichen Änderungen[7]) des Unternehmens, der Anlage und des Betriebes regelt sich so, als ob das Unternehmen in der nunmehr geplanten Art neu zu genehmigen wäre. Jedoch bleibt zur Genehmigung von Änderungen des Betriebes der in Absatz 1 Nr. 1 erwähnten Unternehmungen diejenige Behörde zuständig, welche die Genehmigung zum Bau und Betriebe ertheilt hat.

§ 4[2]). Die Genehmigung wird auf Grund vorgängiger polizeilicher Prüfung ertheilt[11]). Diese Prüfung beschränkt sich auf:

1) die betriebssichere Beschaffenheit der Bahn und der Betriebsmittel[12]),
2) den Schutz gegen schädliche Einwirkungen der Anlage und des Betriebes[13]),
3) die technische Befähigung und Zuverlässigkeit der in dem äußeren Betriebsdienste anzustellenden Bediensteten[14]),
4) die Wahrung der Interessen des öffentlichen Verkehrs[15]).

§ 5[2]). Dem Antrage auf Ertheilung der Genehmigung sind die zur Beurtheilung des Unternehmens in technischer und finanzieller Hinsicht erforderlichen Unterlagen, insbesondere ein Bauplan, beizufügen[16]).

§ 6. Soweit ein öffentlicher Weg benutzt werden soll, hat der Unternehmer die Zustimmung der aus Gründen des öffentlichen Rechtes zur Unterhaltung des Weges Verpflichteten beizubringen[17]).

---

[10]) Eisenbahnbehörden sind jetzt die Reichsbahndirektionen, die (auf Grund StVtr 1920 Schlußprot. 8 zu § 24, s. auch RBahnG § 40) beauftragt w. sind, die mit Genehm. u. Beaufsicht. der Kleinbahnen verbund. Amtsgeschäfte f. Rechnung Preußens (u. nach Anweis. des HandMin.) wahrzunehmen; bei Bearbeit. dieser Geschäfte ist die Bezeichnung „Reichsbahndirektion, Preußische Kleinbahnaufsicht" anzuwenden. E 27. Mai 20 (RVMin E I 3 4744, M. d. ö. A. IVb 47. 121. 517), 27. Sept. 24 E VIII 82. 4354, 14. Juli 26 HMinBl 171. Geschäftsverkehr der RVDirektionen m. d. HMin. E 20. April 23 (HMin V b 2. 15. 401) u. 13. Juni 23 (RVMin E VI 67. 3193). — Die Bezeichnung der AufsBeh. erfolgt v. Fall z. Fall (AusfAnw zu § 1). Die bezeichnete Behörde hat die im Zuge der Kleinb. vorkommenden Brücken u. sonstigen Bauwerke eisenbahntechnisch u. statisch zu prüfen. E 17. April 94 (Ztschr f. Kleinb. 307). Einvernehmen bedeutet Zustimmung, nicht nur Anhörung. Gleim Anm. 4, auch Hein-Krüger Anm. 4. — Ferner §§ 8, 22. — Eisenbahn-Betriebsämter sind keine Behörden i. S. des KleinbG. Bf 16. Juli 29 (Die Reichsbahn S. 582).

[11]) Die durch die polizeil. Rücksichten gebotenen Verpflicht. sind in der Gen. zu bestimmen § 9. Einzelheiten bei Hein-Krüger Anm. 1. Weitere Verpflichtungen § 18. Eingehende Erört. über die gesetzl. Grenzen der an den Unternehmer zu stellenden Anford., sowie Ausführ., daß eine Anfechtung der GenUrkunde im Verwaltungsverf. nicht schon aus dem Grunde zulässig sei, weil ihre Fassung über das gesetzl. Maß hinausgehende Anford. nicht ganz ausschließe, OVG **31** 374. Die Einhaltung der GenBedingungen kann nur von der GenBehörde, nicht von der Ortspol. erzwungen werden OVG **42** 371. — Betriebsvorschr. AusfAnw (Beil. A) Anl. 3 u. 4, Privatanschlußbahnen § 48. Vorschr. über das Meldeverfahren bei Unfällen u. dgl. E 29. Jan. 97 (EVBl 31), 14. April 03 (ENBl 217). G 25. Feb. 76 betr. Beseitigung von Ansteckungsstoffen bei Viehbeförderungen (VI 8 d. W.) ist auf nebenbahnähnliche Kleinb. anzuwenden: unten VII 5d **Beil. A** § 38. Bergbauliche Interessen E 23. Okt. 19 IVb 47. 121. 749.

[12]) Dahin bei Pferdebahnen auch die Pferde Gleim Anm. 4.

[13]) Hein-Krüger Anm. 4. Brandschutzstreifen E 19. Dez. 05 u. 5. Feb. 06 (Ztschr. f. Kleinb. **06** 164). Die Verunzierung einer Straße durch die oberirdische Stromleitung einer elektr. Kleinb. ist an und für sich nicht als schädliche Einwirkung i. S. des § 4 Ziff. 2 anzusehen. E 17. April 96 (MinBliV 83). — Anm. 22. — Bahnkreuzungsvorschriften oben I 7 Anm. 11 B II a.

[14]) Gleim Anm. 6. Sehvermögen: E 19. Okt. 06 (Ztschr. f. Kleinb. 799); Dienstzeit, Diensttauglichkeit, Nüchternheit: E 13. Feb. 09 IV A 10. 208. Weiteres in den BetrVorschr. (Anm. 11) u. bei Hein-Krüger Anm. 5.

[15]) Gleim Anm. 8, Hein-Krüger Anm. 6 § 14.

[16]) Hein-Krüger Anm. 1. Die Gestattung der Vorarbeiten gemäß EntG § 5 darf bei Bahnen, die ganz oder teilweise mit Maschinenkraft betrieben werden sollen, nur mit Genehmigung des Min. (Antrag ist zu verbinden mit dem in AusfAnw zu § 1 angeordneten Bericht), bei anderen Bahnen nur nach Benehmen mit dem RegPräs. ausgesprochen werden E 13. Jan. 96 (EVBl 43); Gleim Anm. 1. — Anfertigung von Kopien der Katasterkarten E 15. Jan. 94 (Ztschr. f. Kleinb. 145). — Bauplan Anm. 6.

[17]) A. Die für einen großen Teil der Kleinb. unentbehrl. Benutzung öffentlicher Wege als Fahrbahn ist an sich abhängig v. d. Zustimmung der Wegepolizeibehörde, des WEigentümers u. des WUnterhaltungspflichtigen. Die Zustimmung der WPolizeibehörde wird durch die Genehmigung der Kleinb. gemäß § 2 ersetzt (§ 8 Satz 1: Die WPolBeh. muß vorher „gehört" werden). Über die (in das Privatrechtsgebiet fallende) Zust. des WEigentümers trifft das G keine Best.; nach Gleim Anm. 2 (auch Hein-Krüger Anm. 2a; a. M. Eger Anm. 26) muß sie der Unt. (ev. im EntWege) dann besonders einholen, wenn das Eigentum einem andern als dem WUnterhPflicht. zusteht (vgl. auch RG **88** 14). Dagegen bildet es nach §§ 6, 7 eine der Voraussetzungen f. Erteil. der Gen., daß der Unt. die Zustimmung des WUnterhaltungspfl. nachweist, u. zwar muß die Zust. entw. (§ 6) vom UnterhPflicht. erteilt od. (§ 7) durch Beschluß der zuständ. Stelle ergänzt sein. Eine Genehm., die dieser Voraussf. ermangelt, wäre anfechtbar. Nach Hein-Krüger darf die Genehm. nur für den Zeitraum erteilt w., für den die Wegebenutz. gesichert ist. — Wenn sich die Verhältnisse, auf Grund deren der

Der Unternehmer ist mangels anderweitiger Vereinbarung zur Unterhaltung und Wiederherstellung des benutzten Wegetheiles verpflichtet und hat für diese Verpflichtung Sicherheit zu bestellen[18]).

Die Unterhaltungspflichtigen (Absatz 1) können für die Benutzung des Weges ein angemessenes Entgelt beanspruchen, ingleichen sich den Erwerb der Bahn im Ganzen nach Ablauf einer bestimmten Frist gegen angemessene Schadloshaltung des Unternehmers vorbehalten[19]).

UnterhPflicht. zugestimmt hat, wesentlich ändern — Wechsel in der Person des Unt. fällt hierunter nicht, sofern die Gen. dem Unt. für sich u. seine Rechtsnachfolger erteilt ist —, so bedarf es nochmaliger Zustimmung. Gleim Anm. 2.

B. §§ 6, 7 beziehen sich nur auf Benutzung des Weges in der Längsrichtung als Bahnkörper, auch zur Herstellung einer Hoch- od. Unterpflasterbahn. Für Wegekreuzungen sind die bei Eis. geltenden Grundsätze (I 7 Beil. D Ziff. I, III d. W.) anzuwenden; danach ist Zustimmung nur der WPolBeh. erforderlich u. fällt dem Unt. bei Kreuzungen in Schienenhöhe die Unterhalt. des Kreuzungsstücks, bei Unter- oder Überführungen das entstehende Mehr an Unterhalt. zur Last Gleim Anm. 1, Hein-Krüger Anm. 1; a. M. Eger Anm. 26 u. in EE **19** 293, auch OVG **46** 396 u. Germershausen, Wegerecht, I 176.

C. Abweichende Best f. d. Ruhrkohlenbezirk Hein-Krüger Anm. 5.

[18]) Abs. 2 greift auch im Falle des § 7 Platz. Die Verpflichtungen aus Abs. 2 — auch die zur Sicherheitsleistung E 19. Feb. 01 (Ztschr. f. Kleinb 307) — sind öffentlich-rechtlicher Natur, bestehen gegenüber der WPolBeh. u. entlasten den WBaupflichtigen, Gleim Anm. 3, 4; RG Ztschr. f. Kleinb. **1918** 270; OVG **74** 81. A. M. Germershausen, WRecht S. 180ff. Die Unterh.-Pflicht erstreckt sich nicht o. w. auch auf die zw. Doppelgleisen liegende Wegefläche Gleim Anm. 3; a. M. Eger Anm. 27. Zur Beleuchtung u. Reinigung der Straße kann der Unt. im Zw. auch dann nicht herangezogen werden, wenn deren Kosten sich dadurch steigern, daß die Straße (im Rahmen der Genehm.) zu Zwecken der Kleinb. benutzt wird OVG **42** 371, **55** 455. Tatsächl. Erschwerung der der Kleinb. obliegenden WUnterh. durch eine polizeil. Verf., die an den Gleisanlagen nichts ändert, gibt der Kleinb. keine Legitimation zu Rechtsmitteln. OVG EE **22** 395. — Wird aber üb. die Unterhaltung eine „anderweite Vereinbarung" getroffen, so greift das oben Bemerkte nicht Platz, vielmehr tritt dann der KleinbUnt. nicht in den Kreis der nach öff. Recht WBaupflichtigen ein. Gleim Anm. 2, im wesentl. ebenso OVG **23** 177, **26** 424; a. M. RG EE **21** 372 (anders. RG EE **29** 70); Störk EE **23** 205, Germershausen S. 177. Gleiches wird für den Fall zu gelten haben, daß die (subsidiäre) gesetzl. UnterhPflicht aus dem Grunde nicht praktisch wird, weil die UnterhFrage im Ergänzungswege (§ 7) geregelt ist. Wenn Vereinb. getroffen ist, so haftet der Untern. auch Dritten f. ordnungsmäß. Unterhaltung. RG EE **28** 53. Verh. des Untern. zu Dritten, denen nachträglich privatrechtl. die Benutzung d. Weges z. Verleg. v. Gasrohren gestattet ist, RG EE **29** 445. — Sicherstellung § 11. — Verh. zu Telegr.-WegeG § 6: IX 4 d. W. Anm. 5ff.

[19]) A. Fleischmann, Tarifabreden in Straßenbenutzungsverträgen (ob. Anm. 6); dazu Hartmann EE **35** 310.

B. Über die rechtl. Natur der Straßenbenutzungsverträge herrschen Meinungsverschiedenheiten s. Störk EE **23** 205. Für den (in der Hauptsache) öffentl.-rechtl. Charakter der Verträge RG **92** 310, **106** 177; Fleischmann S. 37ff.; Störk a. a. O.; Fleiner S. 212 (48). Im Sinne d. StempelG gilt ein Vtr., nach dem für die Zustimmung eine jährliche Geldentschädigung zu leisten ist, als Mietvertrag RG **40** 280, **88** 14; EE **34** 78 u. Ztschr. f. Kleinb. **04** 112; hierzu (u. über die Anwendbarkeit von BGB § 567) Hilse EE **17** 174, **18** 188; Heinitz das. **18** 71; Störk das. **22** 306. Wird der Untern. aus einem solchen Vertrage, nicht auf Grund öff.-rechtl. UnterhPflicht in Anspruch genommen, so entscheiden die ordentl. Gerichte RG EE **19** 231, auch Entsch **106** 177. Verh. zu KreisO § 5 RG **68** 370. — Anm. 18.

C. Das Entgelt — ausführl. Hein-Krüger Anm. 6 — kann auch z. B. in der Einräumung einer — selbstverständlich der Aufsichtsbehörde nicht vorgreifenden (Fleischmann S. 44; Moser Ztschr. f. Kleinb. **1916** 834) — Einwirk. auf Fahrplan oder Tarif bestehen; gegen ungebührl. Forderungen hilft § 7. Gleim Anm. 5, RG EE **20** 169; Fleischmann S. 41ff.; Siméon, Verkehrstechn. Woche **1915** 365ff.; a. M. Eger Anm. 28. Tarifabreden sind dem Rechtswege nicht entzogen. RG **92** 310, **93** 78, KGHof Ztschr. f. Kleinb. **1919** 356. Zur Frage, ob f. d. Tarifabreden die clausula rebus sic stantibus gilt, Fleischmann S. 44ff.; jetzt ist schiedsgerichtl. Erhöhung der in ihnen festgesetzten BefördPreise zulässig. BefördSteuerG (unten IV 2) §§ 22ff. — Angemessenheit des Entgelts Hein-Krüger Anm. 9. — Eine Geldentschäd. wird regelm. in Gestalt einer den wirkl. Aufwendungen des UnterhPflicht. entsprechenden Rente festzusetzen sein; eine Beteil. des UnterhPflicht. am Gewinne des Unternehmens wird als über die Absicht des G hinausgehend bezeichnet werden müssen. — Unter „Bahn im ganzen" ist die Bahneinheit i. S. des BEinhG (I 9 d. W.) zu verstehen; eine Mehrheit von UnterhaltPflichtigen kann sich nur in ihrer Gesamtheit den Erwerb vorbehalten. Gleim Anm. 6. Die Entschäd. muß vor Eintritt des Erwerbs feststehen. Gleim Anm. 7. Wenn das Benutzungsrecht für eine bestimmte Zeit verliehen ist u. der Erwerb vor deren Ablauf erfolgt, so ist jenes ein Teil des Erwerbsgegenstandes und mangels anderweiter Festsetz. bei der Bemess. der Entschäd. zu berücksicht. Gleim Anm. 8. — § 38.

D. Wenn die Gemeinde trotz entgegenstehender vertragl. Abrede ein Konkurrenzunternehmen einrichtet, so kann sie, auch wenn dieses gemäß § 2 genehmigt ist, im Rechtsweg auf Einstellung des Betriebs verklagt werden RG EE **20** 72. Ausschluß der Zulassung unmitt. konkurrierender Linien auch ohne ausdrückl. Abrede RG EE **15** 70. Nähere Ausführungen über die Rechtsfrage BZ **04** 125; Kollmann EE **20** 275. In einem Prozesse der Großen Berliner Straßenbahn gegen die Stadtgemeinde Berlin hat das RG (Ztschr. f. Kleinb. **05** 682) folgende Grundsätze aufgestellt: Bei Auslegung der Straßenbenutzungsverträge ist das öff. Interesse im Auge zu behalten, von dem die Stadt bei Abschluß des Vtr. geleitet worden ist; deshalb ist die Zulassung von Konkurrenzbahnen statthaft, wenn ein dringendes öff. Interesse deren Betrieb erfordert; die Zulassung ist aber keine beliebige, sondern beide Teile müssen sich im Zw. die Beschränkungen gefallen lassen, die sich aus dem beiderseit., je dem andern Teile bekannten Interesse am Vertragsschluß ergeben; durch den Vtr. an u. für sich wird also nicht schon dem Unternehmer ein gewisses Verkehrsgebiet zur ausschließl. Ausnutzung übertragen. Auf diesem U beruht Schiedsspruch 17. Mai 08 (Ztschr. f. Kleinb. 428). Ferner Störk EE **24** 73. Vertragsbest. üb. Zulassung anderer Untern. zur teilw. Mitbenutzung v. Gleisen: Schiedsspruch 28. Juni 08 (Ztschr. f. Kleinb. 500).

E. Sonstiges. Der Aufsichtsbehörde gegenüber hat eine Rücknahme der Zustimmung vor Ablauf der Zeit, für welche sie erteilt ist, keine Wirksamkeit. Gleim Anm. 2. — Unter mehreren Bewerbern darf der Unterh.-

§ 7[2]). Die Zustimmung der Unterhaltungspflichtigen kann ergänzt werden[20]):

soweit eine Provinz oder ein den Provinzen gleichstehender Kommunalverband betheiligt ist, durch Beschluß des Provinzialrathes, wogegen die Beschwerde an den Minister der öffentlichen Arbeiten[1 B]) zulässig ist;

soweit eine Stadtgemeinde oder ein Kreis betheiligt ist, oder es sich um einen mehrere Kreise berührenden Weg handelt, durch Beschluß des Bezirksausschusses, im Uebrigen durch Beschluß des Kreisausschusses.

Durch den Ergänzungsbeschluß wird unter Ausschluß des Rechtsweges zugleich über die nach § 6 an den Unternehmer gestellten Ansprüche entschieden.

§ 8[2]). Vor Ertheilung der Genehmigung ist die zuständige Wegepolizeibehörde[17]) und, wenn die Eisenbahnanlage sich dem Bereiche einer Festung nähert, die zuständige Festungsbehörde zu hören. In diesem Falle darf die Genehmigung nur im Einverständniß mit der Festungsbehörde ertheilt werden[21]).

Wenn die Bahn sich dem Bereiche einer Reichstelegraphenanlage nähert, so ist die zuständige Telegraphenbehörde vor der Genehmigung zu hören[22]).

Soll das Gleis einer dem Gesetze über die Eisenbahnunternehmungen vom 3. November 1838 unterworfenen Eisenbahn gekreuzt werden, so darf auch in den Fällen, in denen die Eisenbahnbehörde im Uebrigen nicht mitwirkt (§ 3), die Genehmigung nur im Einverständniß mit der letzteren ertheilt werden[23]).

Pflichtige die Zustimmung nur einem erteilen; andernfalls ist gemäß § 7 oder durch die Genehm. (§ 2) die Beschränkung auf einen Unternehmer herbeizuführen. Gleim Anm. 2. — Entschädigung der Bahn bei polizeilich verfügter Absperrung des Weges Fleischmann EE **20** 286, 370, **21** 309, 423.

[20]) Anm. 17—19. — „Beteiligt" bedeutet unterhaltungspflichtig i. S. § 6 Abs. 1. Gleim Anm. 2. Die Entsch. erstreckt sich auf alle nach § 6 an den Unt. gestellten Ansprüche (Gleim Anm. 3), evtl. auch auf die Dauer des Benutzungsrechts (Gleim Anm. 1, a. M. Eger Anm. 31). Wird bei wesentl. Veränderungen eine Ergänzung der nochmal. Zustimmung (Anm. 17 A) nötig, so kann die ErgänzBehörde nicht dem Unterh.-Pflichtigen die durch die frühere Zust. oder ihre Ergänz. für ihn begründeten Rechte o. w. entziehen. Gleim Anm. 3; a. M. Wussow EE **30** 255, Hein-Krüger Anm. 6. — Rechtsmittel (soweit nicht § 7 entgegensteht) nicht nach § 52, sondern nach LVG § 121. OVG **29** 401. — Ruhrkohlenbezirk Hein-Krüger Anm. 1.

[21]) § 47. — Außerdem Reichs-RayonG (VIII 2 d. W.) § 13 Ziff. 2. — In geeigneten Fällen sind vor Erteilung der Gen. auch die Generalkommissionen (jetzt Landeskulturämter) zu hören — E 31. Mai 97 (Ztschr. f. Kleinb. 400) —, auch sollen die Meliorationsinteressen besondere Beachtung finden E 22. Sept. 96 (MinBliV 182), ergänzt durch E 17. Nov. 07 IV A 18. 1374. Gleim Anm. 6. — Bergbau Hein-Krüger Anm. 5b.

[22]) Unter Telegraphenanlagen sind alle Fernmeldeanlagen i. S. des G 14. Jan. 28 (unten IX 3) zu verstehen. — Die Äußerung der TelBehörde ist nur Material für die Entsch der Genehmigungsbehörde RG **54** 187. — Über den Schutz der Reichs- (nicht der Eisenbahn-) Telegraphen- u. Fernsprechleitungen gegen elektr. Kleinb. enthalten ausführliche materielle u. formelle Best die E 9. Feb. 04 (EVBl 61) u. 9. Mai 10 (Ztschr. f. Kleinb. 405). Danach — vgl. auch OVG **54** 270 — ist zu unterscheiden einers. Schutz vor Gefahren f. Leben u. Eigentum, anders. Schutz vor störenden Beeinflussungen. Nur die Wahrnehmung der Gefahrenpolizei gehört zu den Aufgaben der die Kleinb. genehmigenden Behörde. Als Gefahren kommen in Betracht:
a) die Berührung der beiderseitigen Leitungen,
b) die Wärmewirkungen der Starkstromleit.,
c) der Übertritt von Strom in gefahrdrohender Stärke aus den Starkstromleit. in Schwachstromleit. ohne Berühr. der Leitungen,
d) die elektrolytischen Einwirkungen in die Erde übergetretener Starkströme auf unterirdische Schwachstromkabel,
e) Fernwirkungen der Starkstromleitungen von gefährlicher Stärke und
f) mechan. Beschädigungen der Schwachstromleit. bei Ausführung usw. von Starkstromanlagen.

Die Anforderungen, die deshalb zur Sicherung der Schwachstromleitungen an elektr. Kleinb. zu stellen sind, waren in einer Anlage des E 9. Feb. 04 vorgeschrieben. E 9. Mai 10 setzt an Stelle dieser Anlage die mit E 28. April 09 (im Buchhandel zu haben bei Wilh. Ernst u. Sohn, abgedr. bei Hein-Krüger, oben Anm. 1 A) eingeführten, in Einzelheiten ergänzten „Allgemeinen polizeilichen Anforderungen an neue elektrische Starkstromanlagen zum Schutze vorhandener Reichs-Telegraphen- und Fernsprechleitungen". — Der Schutz der Schwachstromleitungen gegen störende Beeinflussungen (Fernwirkungen von nicht gefährl. Stärke, örtliche Behinderung vorhandener Anlagen durch neue bei Verlegungs-, Unterhaltungs- u. Erweiterungsarbeiten) ist durch G üb. Fernmeldeanlagen § 24 u. TelWegeG §§ 6, 13 (Abschn. IX d. W.) den ordentl. Gerichten zugewiesen u. scheidet bei der öff.-rechtl. Tätigkeit der eine Kleinb. genehmigenden Behörde grundsätzlich aus.

[23]) Eis. im Sinne des Abs. 3 sind auch die Reichsbahnen. — Zur Regelung der Beziehungen, die sich aus der Berührung von Kleinbahnen mit Eisenbahnen ergeben (Anschluß mit gleicher Spur, Einführung der Kleinb. in den Bahnhof der Eis., Heranführung zur Benutzung v. Überladegleisen, Kreuzung, Mitbenutzung usw.) ist nicht o. w. die zur Mitwirkung b. d. Genehm. der Kleinb. berufene, sondern diejen. EisBehörde (ReichsbDirektion, Reichsbevollm. f. PrivatbAufsicht) zuständig, in deren Geschäftsbereich nach den allg. Best die berührten EisAnlagen gehören; in jedem Berührungsfalle bedarf es nach EisG § 4 (Reichseis.: RBahnG § 37) der Entsch. des Min. (Reichseis.: Reichsbahngesellschaft), die vor Erteilung der kleinbahngesetzl. Genehm. einzuholen ist, u. zwar regelmäßig durch die f. d. EisAnlage zuständige Behörde E 4. April 01 (EVBl 147, VB II 195). — Darüber, ob die Zulassung einer Kreuzung an den Vorbehalt des Widerrufs zu knüpfen ist,

§ 9. Außer den durch die polizeilichen Rücksichten (§ 4) gebotenen Verpflichtungen sind in der Genehmigung zugleich diejenigen zu bestimmen, welchen der Unternehmer im Interesse der Landesvertheidigung und der Reichs-Postverwaltung in Gemäßheit des § 42 zu genügen hat[24]).

§ 10[2]). Bei der Genehmigung von Bahnen, auf welchen die Beförderung von Gütern stattfinden soll, kann vorbehalten werden, den Unternehmer jederzeit zur Gestattung der Einführung von Anschlußgleisen für den Privatverkehr anzuhalten[25]). Art und Ort der Einführung unterliegt der Genehmigung der eisenbahntechnischen Aufsichtsbehörde[26]).

Die Behörde (§ 3) hat mangels gütlicher Vereinbarung der Interessenten auch die Verhältnisse des Bahnunternehmens und des den Anschluß Beantragenden zueinander zu regeln, insbesondere die dem Ersteren für die Benutzung oder Veränderung seiner Anlagen zu leistende Vergütung vorbehaltlich des Rechtsweges festzusetzen.

§ 11[2]). Bei der Genehmigung ist die Art und Höhe der Sicherstellung für die Unterhaltung und Wiederherstellung öffentlicher Wege, soweit diese nicht bereits erfolgt ist, vorzuschreiben[27]).

Für die Ausführung der Bahn und für die Eröffnung des Betriebes kann eine Frist festgesetzt und die Erlegung von Geldstrafen für den Fall der Nichteinhaltung derselben, sowie Sicherheitsstellung hierfür gefordert werden[28]).

Auch können Geldstrafen und Sicherheitsstellung zur Sicherung der Aufrechterhaltung des ordnungsmäßigen Betriebes[28]) während der Dauer der Genehmigung vorgesehen werden.

§ 12. Der nach den Bestimmungen dieses Gesetzes erforderlichen Sicherstellung bedarf es nicht, wenn das Reich, der Staat oder ein Kommunalverband Unternehmer ist.

§ 13[2]). Die Genehmigung kann dauernd oder auf Zeit[17A]) ertheilt werden. Sie erfolgt unter dem Vorbehalte der Rechte Dritter, der Ergänzung und Abänderung durch Feststellung des Bauplanes (§§ 17 und 18)[29]).

§ 14[2]). Im Interesse des öffentlichen Verkehrs ist bei der Genehmigung (§ 2) durch die zuständige Behörde über den Fahrplan und die Beförderungspreise das Erforderliche festzustellen; zugleich sind die Zeiträume zu bezeichnen, nach deren Ablauf diese Feststellungen geprüft und wiederholt werden müssen[30]).

---

trifft Best E 15. Dez. 02 (EVBl 553, VB II 196); auch E 17. März 11 V K 12. 13. Feststellungsklage der Eis. wegen der Widerruflichkeit RG FinanzMinBl **1918** 19. Sicherung der Kreuzungen E 24. Okt. 96 (Ztschr. f. Kleinb. 630), 29. Jan. 97 (ENBl 74), 16. Nov. 01 (Ztschr. f. Kleinb. 793); Auszug bei Gleim Anm. 5. Neue Bahnkreuzungsvorschriften f. d. Großbahnen oben I 7 Anm. 11 B IIa. — E 25. Jan. 00 (Beil. B). — Über Kreuzung zweier Kleinb. mit elektr. Betrieb ist gemäß § 17 zu entscheiden; solange die Entsch. nicht ergangen ist, kann die ältere Kleinb. gegen Einbauten usw. der neuen die ordentlichen Gerichte in Anspruch nehmen RG **50** 292. — Weitere Einzelh. Hein-Krüger Anm. 46.

[24]) AusfAnw zu §§ 1 (Abs. 4), 8 u. 9. Vor Erlaß der AusfAnw genehmigte Bahnen E 5. Nov. u. 31. Dez. 98 (Gleim Anm. 2).

[25]) Dem Anschlußsucher erwächst aus diesem Vorbehalte kein Recht Gleim Anm. 3. Anschlußgleis für den Privatverkehr kann auch ein solches sein, welches öffentlichen — z. B. postalischen oder militärischen — Zwecken dient, wenn es nur nicht dem öffentl. Verkehre (I 1 d. W.) freigegeben ist Gleim Anm. 3; a. M. Eger Anm. 41.

[26]) § 22.

[27]) Die Worte: „soweit ... erfolgt ist“ sind versehentlich aus der Regierungsvorlage in das G übernommen worden und hätten gestrichen werden müssen Gleim Anm. 1; a. M. Eger Anm. 27.

[28]) Aus der Genehmigung folgt die Verpflichtung zu Bau u. Betrieb nicht ohne weiteres Gleim Anm. 2; a. M. Eger Anm. 44, 47, auch RG **59** 70. Zur Betriebspflicht gehört nicht die Verpfl. zur Umladung zw. Schmal- u. Vollspurbahn. E 4. Dez. 19 IVb 47. 121. 481. — Die Frist soll mit der Genehmigung des Bauplans beginnen E 29. Juni 95 (Gleim Anm. 2). — Darüber, was zur Aufrechterhaltung des ordnungsmäß. Betriebes (Abs. 3) gehört, Gleim Anm. 3. — Bemessung der Sicherheiten Gleim Anm. 1, 2 zu § 15. — § 23.

[29]) Ist die Gen. über den Zeitraum hinaus erteilt, für welchen dem Unternehmer das Wegebenutzungsrecht eingeräumt ist, so bleibt sie für die Ortspolizei maßgebend, solange sie nicht wieder aufgehoben ist OVG **38** 362. — Der Vorbehalt der Rechte Dritter bezieht sich nur auf die erste Genehm. des Unternehmens u. hat nur eine vorläuf. Bedeutung; er verweist die Berechtigten auf die Planfestst. (§ 17), nicht etwa auf den Rechtsweg; soweit die Rechte bei der Planfestst. nicht berücksichtigt werden, können sie nur in der Form von EntschädAnsprüchen vor das ordentl. Gericht gebracht werden; diese aber sind, wenn der genehmigte Betrieb die Eigentümer in der Ausübung der ihnen nach BGB §§ 906, 1004 zustehenden Befugnisse wesentlich beeinträchtigt, von einem Verschulden des Unternehmers unabhängig RG **59** 70. — Anm. 37 u. I 7 Anm. 44.

[30]) Unter Fahrplan i. S. § 14 ist der F. für den Personenverkehr zu verstehen, Gleim Anm. 1; a. M. Eger Anm. 55. Fahrplan u. Tarif sind von Zeit zu Zeit durch die Genehm.-Behörde nachzuprüfen; die Prüfung des Tarifs hat sich nach Abs. 3 auch auf die Frage zu erstrecken, ob die Preise im Hinblick auf die finanz. Lage des Unternehmens und eine angemessene Verzinsung u. Tilgung des Anlagekapitals im Interesse des öffentl. Verkehrs für angemessen erachtet werden können E 1. Nov. 04 (Ztschr. f. Kleinb. 802). Höchstbetrag der Preise E 17. Mai 29 (HMinBl 123). — Gebührenfreiheit gewisser Entscheidungen: VGO (unten IV 7 Beil. A) Nr. 25d. — Siméon, D. Fahrplanrecht d. Verbandes Groß-Berlin, Verkehrstechn. Woche **1915** 365. — Rechtscharakter des PersBefördVtr. u. des Fahrscheins b. Straßenbahnen: Rundnagel, BefördGeschäfte § 171. Schiedsgerichtl. Erhöhung der BefördPreise, oben Anm. 19C. — Weiteres in den Anm. v. Hein-Krüger.

Von der Feststellung über den Fahrplan kann für einen bei der Genehmigung festzusetzenden Zeitraum abgesehen werden. Dieser Zeitraum kann verlängert werden.

Die Feststellung der Beförderungspreise steht innerhalb eines bei der Genehmigung festzusetzenden Zeitraumes von mindestens fünf Jahren nach der Eröffnung des Bahnbetriebes dem Unternehmer frei. Das alsdann der Behörde zustehende Recht der Genehmigung der Beförderungspreise erstreckt sich lediglich auf den Höchstbetrag derselben. Hierbei ist auf die finanzielle Lage des Unternehmens und auf eine angemessene Verzinsung und Tilgung des Anlagekapitals Rücksicht zu nehmen.

§ 15. Der Aushändigung der Genehmigungsurkunde müssen die nach § 11 geforderten Sicherstellungen vorausgehen.

§ 16[2]. Die Genehmigung, welche für eine Aktiengesellschaft, eine Kommanditgesellschaft auf Aktien oder eine Gesellschaft mit beschränkter Haftung behufs Eintragung in das Handelsregister (Artikel 210 Absatz 2 Nr. 4, Artikel 176 Absatz 2 Nr. 4 des Deutschen Handelsgesetzbuchs, § 8 Nr. 4 des Reichsgesetzes vom 20. April 1892 — Reichs-Gesetzbl. S. 477 —)[31] ausgehändigt worden ist, tritt erst in Wirksamkeit, wenn der Nachweis der Eintragung in das Handelsregister geführt ist.

§ 17[2]. Mit dem Bau von Bahnen, welche für den Betrieb mit Maschinenkraft[8]) bestimmt sind, darf erst begonnen werden, nachdem der Bauplan durch die genehmigende Behörde in folgender Weise festgestellt worden ist[32]):

1) Der Planfeststellung werden die bei der Genehmigung vorläufig getroffenen Festsetzungen zu Grunde gelegt.

2) Plan nebst Beilagen sind in dem betreffenden Gemeinde- oder Gutsbezirke während vierzehn Tagen zu Jedermanns Einsicht offenzulegen. Zeit und Ort der Offenlegung ist ortsüblich bekannt zu machen.

   Während dieser Zeit kann jeder Betheiligte im Umfange seines Interesses Einwendungen gegen den Plan erheben. Auch der Vorstand des Gemeinde- oder Gutsbezirkes hat das Recht, Einwendungen zu erheben, welche sich auf die Richtung des Unternehmens oder auf Anlagen der im § 18 dieses Gesetzes gedachten Art beziehen.

   Diejenige Stelle, bei welcher solche Einwendungen schriftlich einzureichen oder mündlich zu Protokoll zu geben sind, ist zu bezeichnen[33]).

3) Nach Ablauf der Frist (Nr. 2 Absatz 1) sind die gegen den Plan erhobenen Einwendungen in einem nöthigenfalls an Ort und Stelle durch einen Beauftragten abzuhaltenden Termine, zu dem der Unternehmer und die Betheiligten (Nr. 2 Absatz 2) vorgeladen werden müssen und Sachverständige zugezogen werden können, zu erörtern[34]).

4) Nach Beendigung der Verhandlungen wird über die erhobenen Einwendungen beschlossen und erfolgt darnach die Feststellung des Planes sowie der Anlagen, zu deren Errichtung und Unterhaltung der Unternehmer verpflichtet ist (§ 18).

   Der Beschluß wird dem Unternehmer und den Betheiligten zugestellt[35]).

Der Feststellung (Absatz 1) bedarf es nicht, wenn eine Planfestsetzung zum Zwecke der Enteignung stattfindet[36]).

Wenn aus der beabsichtigten Bahnanlage Nachtheile oder erhebliche Belästigungen der benachbarten Grundbesitzer und des öffentlichen Verkehrs nicht zu erwarten sind, kann, sofern es sich nicht

---

[31]) Jetzt HGB § 195 Abs. 2 Ziff. 6, § 284 Abs. 2 Ziff. 4, § 320 Abs. 3; G betr. Gesellschaften mit beschränkter Haftung in der Fassung der Bek 20. Mai 98 (RGBl 846) § 8 Abs. 1 Ziff. 4. — Aktienges., die zum Bau u. Betrieb bestimmter Kleinb. gegründet sind, sollen sich nicht Eisenbahngesellschaften nennen E 21. Mai 00 (EVBl 189, BV II 195).

[32]) Das Verfahren ist der Planfeststellung im Enteignungsverf. — EntG §§ 19f. — nachgebildet. Ausführlich die Anm. v. Hein-Kr. — Wegerechtl. Bedeutung Anm. 6. — § 47. — Das oben I 7 Anm. 44 II Ausgeführte gilt auch hier. RG **97** 290, **98** 347. — Gebühren: VGO (unten IV 7 Beil. A) Nr. 25b. — Reichsbahnen oben I 5 Anm. 136 a. E.

[33]) Benachrichtigung der Meliorationsbaubeamten, der Deichverbände u. der Wassergenossenschaften E 22. Sept. 96 (Gleim Anm. 3) u. 17. Nov. 07 IV A 18. 1374, Zuziehung der Tel.-Verw. E 9. Feb. 04 (oben Anm. 22). — Unzulässig sind Einwendungen, die gegen das Unternehmen als solches, nicht gegen die Art seiner Ausführ. gerichtet sind oder nicht Abwend. v. Gefahren u. Nachteilen, sond. Erlangung v. Vorteilen bezwecken, Gleim Anm. 4. Nicht nur der Gemeinde- oder Gutsvorstand sondern jede Behörde kann zum Schutze der ihr anvertrauten Interessen Einwend. erheben, Gleim a. a. O.; a. M. Eger Anm. 64.

[34]) Die EisBehörde (§ 3 Abs. 1 Ziff. 1) soll für Planfestst. u. Abnahme (§ 19) bei der Terminsanberaumung zugezogen werden u. die Protokolle mitunterzeichnen E 29. Okt. 97 (EVBl 371) u. 23. Aug. 96 (BV II 108); Beteiligte wie in EntG § 20 Abs. 2 Gleim Anm. 6.

[35]) Beteiligte wie in EntG § 21 Abs. 2; Rechtsmittel Beschwerde an Min. (§ 52 Satz 1) Gleim Anm. 8. — Anm. 23.

[36]) Danach ist die Festst. gemäß § 17 nicht die vorläufige Planfeststellung gemäß EntG § 15. Über diese sowie über die Mitwirkung der EisBehörden bei der Planfeststellung für Kleinb. E 25. Jan. u. 21. Nov. 00 (Beil. B u. C). — E 24. Aug. 00 (Ztschr. f. Kleinb. 630) u. 1. Sept. 26 (HMinBl 274, besond. S. 276) betr. Erwirkung des EntRechts für Kleinb. u. E 19. April 04 (EVBl 123) betr. Maßnahmen zur Beschleunigung des KleinbBaues.

um die Benutzung öffentlicher Wege, mit Ausnahme städtischer Straßen, handelt, der Minister der öffentlichen Arbeiten[1B]) den Beginn des Baues ohne vorgängige Planfestsetzung gestatten.

§ 18. Dem Unternehmer ist bei der Planfeststellung (§ 17) die Herstellung derjenigen Anlagen aufzuerlegen, welche die den Bauplan festsetzende Behörde zur Sicherung der benachbarten Grundstücke gegen Gefahren und Nachtheile oder im öffentlichen Interesse für erforderlich erachtet, desgleichen die Unterhaltung dieser Anlagen, soweit dieselbe über den Umfang der bestehenden Verpflichtungen zur Unterhaltung vorhandener, demselben Zwecke dienenden Anlagen hinausgeht[37]).

§ 19[2]). Zur Eröffnung des Betriebes bedarf es der Erlaubniß der zur Ertheilung der Genehmigung zuständigen Behörde. Die Erlaubniß ist zu versagen, sofern wesentliche in der Bau- und Betriebsgenehmigung gestellte Bedingungen nicht erfüllt sind[38]).

§ 20[2]). Die Betriebsmaschinen sind vor ihrer Einstellung in den Betrieb und nach Vornahme erheblicher Änderungen, außerdem aber zeitweilig der Prüfung durch die zur eisenbahntechnischen Aufsicht über die Bahn zuständige Behörde (§ 22) zu unterwerfen[39]).

§ 21[2]) [40]). Der Fahrplan und die Beförderungspreise sowie die Änderungen derselben sind vor ihrer Einführung öffentlich bekanntzumachen.

Die angesetzten Beförderungspreise haben gleichmäßig für alle Personen oder Güter Anwendung zu finden.

Ermäßigungen der Beförderungspreise, welche nicht unter Erfüllung der gleichen Bedingungen Jedermann zu Gute kommen, sind unzulässig.

§ 22[2]). Rücksichtlich der Erfüllung der Genehmigungsbedingungen und der Vorschriften dieses Gesetzes ist jede Kleinbahn der Aufsicht der für ihre Genehmigung jeweilig zuständigen Behörde unterworfen. Bei den für den Betrieb mit Maschinenkraft[8]) eingerichteten Bahnen steht die eisenbahntechnische Aufsicht der zur Mitwirkung bei der Genehmigung berufenen Eisenbahnbehörde zu, sofern nicht der Minister der öffentlichen Arbeiten[1B]) die Aufsicht einer anderen Eisenbahnbehörde überträgt[41]).

---

[37]) EisG § 14, EntG § 14. Die Verpflicht. des Unternehmers aus § 18 tritt nicht kraft Gesetzes sondern nur durch besond. Auferlegung in Wirksamkeit. OVG **67** 328. Im Rechtswege kann die Herstellung (oder Beseitigung) nicht erzwungen werden RG EE **20** 156, **23** 6, **24** 401; eingeschränkt wegen Anlagen, die der Unt. ohne Genehm. der Landespolizeibehörde ausführen darf, RG **62** 131. Nachträgliche Anordnungen, die nicht durch sicherheitspolizeil. Rücksichten geboten erscheinen, sind nicht zulässig, Gleim Anm. 1. Eger (Anm. 70) folgert aus der Wortfass. des § 17, daß die Verpfl. des Unt. zur Herstellung v. Anlagen, soweit sie im öff. Interesse liegt, nicht auf das zur Abwendung v. Gefahren usw. Nötige beschränkt sei; dagegen: Hein-Krüger Anm. 1b. — Haftung der Kleinb. für Eingriffe des Betriebs in Eigentumsrechte der Nachbarn I 7 Anm. 44. — § 47.

[38]) EisG § 22. — Anm. 34. — Ausführl. Hein-Krüger Anm. 1. — Bei der Abnahme ist streng auf Erfüllung der Bedingungen zu halten E 31. Juli 95 (Ztschr. f. Kleinb. 438, Gleim Anm. 2). Anordnungen wegen der ersten Herstellung eines Weges auf Grund einer bei der Abnahme übernommenen Verpfl. kann nur die Genehm.-, nicht die WPolBeh. treffen OVG **38** 359. — Bekanntmachung der BetrEröffn. Gleim Anm. 1 — BahneinhG (I 9 d. W.) § 3. — § 47.

[39]) § 20 hat nur die in den Zügen laufenden, mit Dampfkesseln versehenen Maschinen im Auge E 23. Okt. 97 (EVBl 370). Weiteres I 2 d. W. Beil. A Anm. 4C. — Wagen der Kleinb.: BetrVorschr. f. nebenbahnähnl. Kleinb. (Anl. 3 zur AusfAnw) §§ 15ff., f. Straßenb. (Anl. 4 zur AusfAnw) § 34. Ferner Sicherheitsvorschr. f. elektr. Straßenb. usw. (Anhang zu Anl. 4 der AusfAnw) § 44. — § 20 (u. § 47) ist auch auf die vor Inkrafttreten des G genehmigten Bahnen anzuwenden E 5. Nov. 92 (VB II 192). — § 47.

[40]) EisG § 32. — HGB Buch 3 Abschn. 7 gilt im allg. auch f. Kleinb. (HGB § 473), nicht aber die EVO (EVO § 1). — Das Erfordernis der öff. Bek. erstreckt sich auf die BefördPreise im vollen Umfang u. auf jede Art der Preisermäß., bei jeder späteren Tarifherabsetzung sind die BefördBedingungen der Aufsichtsbehörde mitzuteilen E 7. Dez. 93 (Ztschr. f. Kleinb. 94 S. 49, Gleim Anm. 1), 14. März 01 (EVBl 96). — Unter § 21 fallen nicht Gebühren f. Umladung zw. Schmal- u. Vollspurbahnen. E 4. Dez. 19 (oben Anm. 28). — E 27. April 28 (HMinBl 124) betr. Erhöh. der Fahrgeschwind. der Straßenb., E 11. Juni 28 (HMinBl 139 betr. das Befahren starker Gefällstrecken. — Fristen zwischen Veröffentlichung u. Einführung neuer Fahrpläne u. Tarife E 11. Juni 09 IV A 18. 822. — Der Grundsatz der Öffentlichkeit der Tarife schließt jede Sonderbegünstigung einschl. der freien Fahrt an einzelne Interessenten (Kommunalverbände, Grunderwerbsinteressenten u. dgl.) aus (privatrechtl. Schadloshaltung bei Nichtdurchführung gegebener Zusagen RG EE **19** 37) u. ist nach näherer Best. des E 7. März 03 (EVBl 85) durch die GenehmUrkunde sicherzustellen. Unzuläss. des Rechtsweges gegen das Verbot der Freikartenausstellung KGHof Ztschr. f. Kleinb. **06** 800. In der Rheinprov. darf Stadtverordneten auf städtischen Straßenb. nicht freie Fahrt gegeben w. — OVG Arch **1913** 1624 —, wohl ab. städtischen Beamten, wenn es sich nicht um e. Vergünstigung f. diese, sondern um e. Gegenleist. handelt. RG **93** 78. — BefördSteuerG (unten IV 2) § 23. — Landtagsabgeordnete: Hein-Krüger Anm. 12. — Die für Eisenbahnen jeweils geltenden Vorschr. üb. Ausschluß bestimmter Gegenstände v. d. Beförderung od. bedingungsweise Zulassung der Beförd. sollen grundsätzl. auch bei Kleinb. durchgeführt werden, in die GenehmUrkunde ist eine dahingehende Best. aufzunehmen E 14. Mai 03 (EVBl 133). — Der Fahrgast einer Straßenbahn muß, wenn die Best. für die Straßenb. dahin gehen, dem Kontrolleur den Fahrschein vorzeigen oder das Fahrgeld (ev. nochmals) entrichten RG EE **14** 353, dazu Gorden EE **16** 77.

[41]) A. Aufgabe der in § 22 geregelten Kleinb.-Aufsicht ist, zu überwachen, daß der Unternehmer die Genehmigungsbedingungen u. die Vorschr. des KleinbG erfüllt. Sie richtet sich also nur gegen den Unternehmer, nicht auch gegen das Publikum. Zuständig ist die f. d. Genehm. jeweils zuständ. Behörde (s. AusfAnw), also bei Kleinb. mit MaschKraft die LandespolBeh. (§ 3) ge-

§ 23[2]). Die Genehmigung kann durch Beschluß der Aufsichtsbehörde für erloschen erklärt werden, wenn die Ausführung der Bahn oder die Eröffnung des Betriebes nicht innerhalb der in der Genehmigung bestimmten oder der verlängerten Frist erfolgt[42]).

§ 24[2]). Die Genehmigung kann zurückgenommen werden, wenn der Bau oder Betrieb ohne genügenden Grund unterbrochen oder wiederholt gegen die Bedingungen der Genehmigung oder die dem Unternehmer nach diesem Gesetze obliegenden Verpflichtungen in wesentlicher Beziehung verstoßen wird[43]).

§ 25. Über die Zurücknahme entscheidet auf Klage der zur Ertheilung der Genehmigung zuständigen Behörde[44]) das Oberverwaltungsgericht.

§ 26. Bei Erlöschen[45]) oder Zurücknahme der Genehmigung wird die für die Unterhaltung und Wiederherstellung öffentlicher Wege bestellte Sicherheit, soweit sie für den bezeichneten Zweck nicht in Anspruch zu nehmen ist, herausgegeben. Mangels anderweiter Vereinbarung hat der Wegeunterhaltungspflichtige die Wahl, die Wiederherstellung des früheren Zustandes, nöthigen Falls unter Beseitigung in den Weg eingebauter Theile der Bahnanlage, oder gegen angemessene Entschädigung den Übergang der letzteren in sein Eigenthum zu verlangen.

Macht der Unterhaltungspflichtige von dem ersteren Rechte Gebrauch, so geht das Eigenthum der zurückgelassenen Theile der Bahnanlage auf den Unterhaltungspflichtigen unentgeltlich über.

Im öffentlichen Interesse kann die Aufsichtsbehörde eine Frist festsetzen, vor deren Ablauf der Unterhaltungspflichtige nicht berechtigt ist, die Wiederherstellung des früheren Zustandes zu verlangen[2]).

---

meinsam mit d. EisBehörde (Anm. 10). Ausnahme: Bei Kleinb. mit MaschKr. wird die eisenbahntechnische Aufsicht (Begriff: AusfAnw, auch Gleim Anm. 3) v. d. EisBehörde allein ausgeübt. — Nur was durch das KleinbG, die Genehm. od. die Planfeststellung (§§ 17, 18) vom Unternehmer gefordert wird, gehört in den Bereich der KleinbAufsicht. In diesen Grenzen ab. ist die Zuständigkeit der AufsBeh. ausschließlich, die Ortspolizei darf in die genehmigte Anlage nicht eingreifen. Gleim Anm. 1, OVG **44** 402, **83** 381; EE **27** 309 (Einricht. zur Unfallverhütung). Ist zur Durchführung einer Anordnung, die an sich in den Bereich der Ortspol. fällt (z. B. betr. Wegeunterhaltung) ein solches Eingreifen notwendig (z. B. Verlegen v. KleinbGleisen, Versetzen v. Leitungsmasten), so darf die OPol. die Anordnung erst treffen, wenn die KleinbAufsBeh. über die Anlageänderung entschieden hat. OVG **43** 390, **54** 447, **83** 381. — Der Nachprüfung im Rechtswege sind Anordnungen auf Grund § 22 entzogen. KGHof Ztschr. f. Kleinb. **06** 800. — § 47.

B. Soweit nicht (nach A) die KleinbAufsBeh. zuständig sind, untersteht das KleinbWesen der Beaufsichtigung durch die Behörden der allgemeinen Polizei, namentlich ist bei den Kleinb. nicht (wie bei den Eis.: EisG § 23, BO Abschn. V) die Ausübung der Bahnpolizei gegenüb. dem Publikum den Bahnverwalt. übertragen (jedoch: AusfAnw Abs. 6, 7). Gleim Anm. 1, OVG **38** 362, **83** 381. Die Ortspol. ist desh. berechtigt, zum Schutze von Personen u. Eigentum sowie im Interesse der Ordnung, Sicherheit u. Leichtigkeit des Straßenverkehrs Polizeiverordnungen f. d. Betrieb der Kleinb. zu erlassen (Zust. der EisBehörde: AusfAnw). KG EE **21** 171, **24** 5, **25** 411, **26** 181. Verbot des Auf- u. Abspringens während der Fahrt KG EE **25** 33. Rauchverbot KG Ztschr. f. Kleinb. **05** 436, EE **22** 363. Anbringen v. Plakaten an od. in StrBahnwagen OVG **2** 403, EE **25** 258; KG Ztschr. f. Kleinb. **07** 515 (Rechtl. Natur der Verträge üb. Aushänge in StraßenbWagen RG EE **33** 203 u. im Recht **1920** Nr. 379), auch VerkRu **1928** 30. Aus PolV. dürfen aber dem Unt. nicht Verpflicht. erwachsen, die ihm nach dem G überhaupt nicht od. nicht mehr nach Erteilung der Genehm. (§§ 2, 4) auferlegt werden dürfen. OVG **31** 374, **55** 455; Anm. 11, Gleim Anm. 1. Polizeil. Schutz der Kleinb. gegen privatrechtl. Eingriff in ihren Betrieb (Anspruch des Hauseigentümers auf Beseitigung der am Hause angebrachten Rosetten f. Leitungsdrähte) OVG **43** 387. Musterentwürfe zu PolVerordn., die den Schutz des Kleinb.-Verkehrs u. das Verhalten der Fahrgäste, bei Straßenb. auch gewisse Obliegenheiten des Personals zum Gegenstande haben, sind bekanntgegeben f. Straßenb. durch E 26. Sept. 06 (EVBl 599), geändert: E 4. Juni 13 (EVBl 182) u. 6. Aug. 28 (HMinBl 243), f. nebenbahnähnl. Kleinb. mit MaschBetr. durch E 2. Aug. 09 (EVBl 322). Die der AusfAnw beigegebenen Betriebsvorschriften sind keine PolVerordn. sondern Normen f. d. Handhabung der Aufsicht, die sich nur an den Unt., nicht an Dritte richten. Gleim Anm. 1. — Abdr. der vorst. erwähnten Vorschr. bei Hein-Krüger Bd. II. Einzelheiten üb. Umfang u. Grenzen der Befugnisse der allg. Polizei das. Anm. 1 B zu § 22.

C. Da die Kleinb. zu den Eisenbahnen i. S. GewO § 6 (I 2 Beil. A) gehören, untersteht ihr Betrieb nicht der Gewerbeaufsicht. Einzelheiten: Dampfkessel u. Werkstätten I 2 Beil. A Anm. 4 C u. F, Elektrizitätswerke E 31. Mai u. 2. Aug. 07 (BB II 203).

D. Befugnisse der Aufsichtsbehörde Gleim Anm. 4. Die AufsBeh. als solche ist nicht zum Erlasse v. PolVerord. zuständig. Gleim Anm. 1. Sie darf die Bahnanlage (ohne Fahrkartenlösung) in allen Teilen besichtigen, Geschäftsbücher usw. einsehen, das Personal vernehmen, Anzeige von wichtigen Vorgängen verlangen, Sitzungen der Generalversammlung u. des Aufsichtsrats beiwohnen Gleim Anm. 4b. Zwangsmittel: LVG §§ 132ff., f. d. EisBehörde E 8. Aug. 94 (Beilage D). — E 25. Mai 21 IIb 123. 706 betr. Verhalten der AufsBeh. bei Streiks. — Vf 2 Arlü v. 11. Juni 29 betr. Postsendungen in Sachen der KlAufsicht.

[42]) Rechtsmittel nach § 52. — EisG § 21 u. I 9. Anm. 8 d. W.

[43]) § 24 gilt auch, wenn dem Untern. in der Genehm. die Bau- oder BetrPflicht nicht auferlegt ist (Anm. 28), Gleim Anm. 1; ist es aber geschehen, so stehen der AufsBeh. neben der Zurücknahme der Gen. noch die gesetzl. Zwangsmittel (Anm. 41 D) zu gebote, Gleim Anm. 2. Anträge der Untern. auf Zurückn. der Genehm. wegen finanz. Leistungsunfähigkeit E 22. Nov. 20 IV b 47. 124. 1251. — EisG § 47.

[44]) § 22, Gleim Anm. 1.

[45]) Nicht bloß im Falle des § 23, sondern z. B. auch nach Ablauf der GenDauer (§ 13), Gleim Anm. 1.

§ **27**[2]). Ob und inwieweit bei Erlöschen (§ 23) oder Zurücknahme der Genehmigung wegen Unterbrechung des Baues oder Betriebes (§ 24) die für die Ausführung der Bahn oder die fristgemäße Eröffnung oder die Aufrechterhaltung des Betriebes bestimmten Geldstrafen verfallen, entscheidet unter Ausschluß des Rechtsweges der Minister der öffentlichen Arbeiten[1B]). Dieser beschließt über die Verwendung solcher Geldstrafen. Letztere sind zu Gunsten des früheren Unternehmens, anderenfalls ähnlicher Unternehmungen in dem betreffenden Landestheile zu verwenden.

§ **28**[46]). Unternehmer von Kleinbahnen sind verpflichtet, sich den Anschluß anderer Bahnen gefallen zu lassen, sofern die Behörde, welche die Genehmigung für die Bahn, an welche der Anschluß erfolgen soll, ertheilt hat, mit Rücksicht auf die Konstruktion und den Betrieb der Bahn den Anschluß für zulässig erachtet. Dieselbe Behörde entscheidet auch darüber, wo und in welcher Weise der Anschluß erfolgen soll, regelt in Ermangelung einer gütlichen Vereinbarung die Verhältnisse beider Unternehmer zu einander und setzt, vorbehaltlich des Rechtsweges, die dem erstgedachten Bahnunternehmer für die Benutzung oder Veränderung seiner Anlagen zu leistende Vergütung fest[46]).

§ **29**[46]). Unternehmer von Kleinbahnen können die Gestattung des Anschlusses ihrer Bahnen an Eisenbahnen verlangen, welche dem Gesetze über die Eisenbahnunternehmungen vom 3. November 1838 unterliegen, sofern der Minister der öffentlichen Arbeiten[1B]) mit Rücksicht auf die Konstruktion und den Betrieb der letzteren den Anschluß für zulässig erachtet. Darüber, wo und in welcher Weise der Anschluß herzustellen ist, und über die Verhältnisse beider Unternehmer zu einander, insbesondere über die dem Eisenbahnunternehmer für die Benutzung oder Veränderung seiner Anlagen zu leistende Vergütung entscheidet, in letzterer Beziehung unter Vorbehalt des Rechtsweges, der Minister der öffentlichen Arbeiten[1B])[47]).

§ **30**[2]). Haben Kleinbahnen nach Entscheidung des Staatsministeriums[48]) eine solche Bedeutung für den öffentlichen Verkehr gewonnen, daß sie als Theil des allgemeinen Eisenbahnnetzes zu be-

---

[46]) Zu §§ 28, 29.

A. Verpflichtet werden: durch § 28 die Kleinbahnen, sich den Anschluß anderer öffentlicher Bahnen, durch § 29 die Großbahnen, sich den Anschluß von Kleinb. gefallen zu lassen. — RVerf Art. 94 Abs. 3, EisG § 45; wegen der Reichsbahnen s. unten B. — Anschluß i. S. des § 28 liegt nur vor, wenn beide Bahnen gleiche Spurweite haben (Gleim Anm. 1); aber Ruhrkohlenbezirk: Hein-Krüger Anm. 1, 8. — Die Verpflicht. ergreift nicht Mitbenutz. der Anlagen der Kleinb. durch den Anschlußsucher — OVG **31** 374 —, besteht auch Großbahnen (Privatanschlußbahnen: § 10) gegenüber u. kann nicht im Rechtswege, sondern nur durch Anrufen der nach § 28 zuständ. Behörde erzwungen w. (Gleim Anm. 2, 3). — Rechtsmittel (außer wegen der Vergütung) nur nach § 52. Gleim Anm. 5.

B. Reichsbahnen. Für sie gilt § 28, nicht aber — da Preußen keine Hoheitsrechte über sie zustehen — § 29. Die Anschlußpflicht aus § 29 trifft also nur private Großbahnen; f. d. Entscheid., die § 29 dem Min. d. öff. Arb. überträgt, ist m. E. bei solchen Bahnen jetzt die Behörde zuständig, die zur Planfestst. für sie berufen ist (s. oben EisG § 4 u. oben Anm. 11 A IV dazu). Der Ansicht von Hein-Krüger Anm. 2, daß sich die Anschlußpflicht der Reichsbahn gegenüb. Kleinbahnen aus RVerf Art. 94 Abs. 3 ergebe, kann ich aus dem oben in Anm. 23 zu I 2 angegebenen Grunde nicht beitreten.

[47]) Anm. 46. — Nach Hein-Krüger hat jetzt der RVMin mitzuwirken. Die Genehm. ist einzuholen: bei unmittelbarem Gleisanschluß und gleicher Spurweite beider Bahnen gemäß § 29; wenn eine Kleinb. mit ungleicher Spur in den Bahnhof einer Großbahn eingeführt werden soll oder unmitt. Anschluß nicht beabsichtigt ist, gemäß EisG § 4, f. Reichseis. jetzt RBahnG § 37; in allen Fällen vor der Ausführung, aber erst nach Entscheidung über die Zulassung der Kleinb. E 16. Jan. 97 (EVBl 23). Ferner Anm. 23. — Auch § 29 bezweckt nur, den Wagenübergang zu ermöglichen; Mitbenutzung der Anlagen der Eis. oder durchgehender Verkehr kann nicht beansprucht werden Gleim Anm. 4. — Verhältnis der Kleinb. zu den Eis., namentlich zur StEV. ausführlich in Berl. Samml. G. T. § 69 A bis D; v. neueren Best. seien genannt: E 31. März 20 betr. Allg. Beding. f. d. Einführ. v. Kleinb. in StaatseisBahnhöfe (EVBl 50; dazu E 31. März 20 V 55 D 5925; E 5. Feb. 23 (RVBl 59) betr. Allg. Beding. f. d. gegenseit. Benutz. v. Güterwagen zw. Reichsbahn u. Privateis. u. Kleinb., geändert: E 21. Nov. 23 (RVBl 398) u. 6. Aug. 24 (das. 199); E 4. Dez. 19 IVb 47. 121. 481 betr. Erheb. v. Wagenmiete durch Kleinb.; Vf 10. 738 v. 17. März 26 betr. Benutz. v. ReichsbWagen im Durchgangsverkehr üb. Kleinb.; E 14. Dez. 03 (ENBl 466) betr. Einstellung neuer KleinbWagen; E 6. Mai 08 (ENBl 174) betr. Zuganschlüsse der Kleinb. an Eis.; E 9. Juni 94 (EVBl 146) betr. Regelung der Beziehungen der Kleinb. zu den Eis. (auf Sendungen nach Orten, die an einer Kleinb., aber nicht an einer Eis. gelegen sind, ist VO § 68 Abs. 3, 4, § 76 — jetzt EVO §§ 77 (1), 75 (6) — anwendbar; direkte Tarife mit Kleinb. sind im allg. nicht einzurichten; im Verkehr mit Kleinb. findet eine Kürzung an der Abfertigungsgebühr im allg. nicht statt; 22. April 95 (EVBl 369) u. 1. Feb. 23 EVg 53. 8349 betr. Überführungsgebühr für Stückgut; 4. Feb. 97 (EVBl 36) betr. Ausstellung der Frachtbriefe nach KleinbStationen u. Bek. der Eröffnung von Kleinb.-Strecken; 26. Feb. 98 (EVBl 66) betr. unentgeltl. Beförd. des Dienstschriftverkehrs; 22. Feb. 99 (EVBl 52) u. 23. März 04 (ENBl 112) betr. Frankierung v. Kleinb.-Frachten; 30. Juni 21 EVg 52. 3318 u. Vf 13g 4498 v. 22. Juli 25 betr. Frachtnachlaß im Übergangsverk. mit Kleinb.; 22. Mai 01 (Ztschr. f. Kleinb. 412) betr. Nachnahmeprovision; 28. Aug. 01 (ENBl 509) betr. Feststell. der Stückzahl bei WagenladGütern; 30. Dez. 02 (ENBl **03** 5) betr. Frachtbriefe im ÜbergVerk. m. KlB.; 3. Jan. 03 (Ztschr. f. Kleinb. 120) betr. Weiterbeförd. v. Gütern m. KlB.; 6. April u. 8. Mai 03 (ENBl 192 u. 240), 29. Feb. 04 (das. 63), 10. Juni 05 (das. 255), 13. Dez. 05 (das. 426), 6. Juli 22 EO 2. 1725 betr. Erheb. v. Anschlußfracht an Stelle der Stationsfracht im Verk. m. KlB.; 6. Juni 16 II 23 Cg 3631 betr. Überführ. v. Wagenlad. v. d. Freiladegleisen der StEV zur KlB.; 7. März 20 II 23 Cg 3195 betr. Beförd. zw. Kleinb. u. der anschließ. Großbahnstat. — Ferner E 3. März 27 (HMinBl 89) betr. Wettbewerb v. KlB. gegen Eis. des allg. Verk. u. (teilw. unter Bekämpfung dieses E) Domko EE **48** 319. — EVO §§ 56 (2f.), 75 (6). — RundnagelHaftung §§ 6, 8.

handeln sind, so kann der Staat den eigenthümlichen Erwerb solcher Bahnen gegen Entschädigung des vollen Werthes nach einer mit einjähriger Frist vorangegangenen Ankündigung beanspruchen[48]).

§ 31. Der Erwerb (§ 30) erfolgt unter sinngemäßer Anwendung der Bestimmungen des § 42 Nr. 4a bis d des Gesetzes über die Eisenbahnunternehmungen vom 3. November 1838[49]), mit der Maßgabe, daß der Berechnung des 25fachen Betrages nach § 42 Nr. 4a des vorerwähnten Gesetzes das steuerpflichtige Einkommen nach den Bestimmungen des Einkommensteuergesetzes vom 24. Juni 1891 (Gesetz-Samml. S. 175) zu Grunde zu legen ist, jedoch bei den Aktiengesellschaften und Kommanditgesellschaften auf Aktien der Abzug von 3½ Prozent des eingezahlten Aktienkapitals (§ 16 Einkommensteuergesetz)[49]) fortfällt. Erstreckt sich die Kleinbahn über das Gebiet des Preußischen Staates hinaus in andere Deutsche Bundesstaaten, so ist gleichwohl das Einkommen aus dem gesammten Betriebe der Berechnung der Entschädigung zu Grunde zu legen. War das zu erwerbende Unternehmen noch nicht fünf Jahre im Betriebe, so ist für die Berechnung der Entschädigung der Jahresdurchschnitt des bisher erzielten Reingewinnes maßgebend. — Ist eine Aktiengesellschaft Unternehmer der zu erwerbenden Bahn, so bedarf es nicht der Einlösung der Aktien von den einzelnen Aktionären, sondern nur der Zahlung der Gesammtentschädigung an die Gesellschaft[49]).

§ 32[2]). Der Unternehmer kann verpflichtet werden, über jede Bahn, für welche ihm eine besondere Genehmigung ertheilt worden ist, dergestalt Rechnung zu führen, daß der Reinertrag derselben, und wenn der Unternehmer eine Aktiengesellschaft ist, die von derselben gezahlte Dividende daraus mit Sicherheit entnommen werden kann[50]).

Die Vernachlässigung dieser Verpflichtung begründet für den Staat das Recht, die Berechnung der Entschädigung nach dem Sachwerthe (§§ 33 bis 35) zu verlangen.

§ 33. Der Unternehmer kann Entschädigung nach dem Sachwerthe verlangen, wenn das Unternehmen noch nicht länger als fünfzehn Jahre im Betriebe ist. Erfolgt die Erwerbung durch den Staat in den ersten fünf Jahren des Betriebes, so werden dem Sachwerth 20 Prozent, erfolgt sie in den nachfolgenden zehn Jahren, so werden demselben 10 Prozent zugeschlagen.

§ 34. Im Falle der Entschädigung nach dem Sachwerthe bilden den Gegenstand des Erwerbes alle dem Unternehmen unmittelbar oder mittelbar gewidmeten Sachen und Rechte des Unternehmers[51]), die Forderungen und Schulden jedoch nur insoweit, als dieselben nach beiderseitigem Einverständnisse auf den Staat übergehen sollen. In die mit den Beamten und Arbeitern bestehenden Verträge tritt der Staat ein, ebenso in solche Verträge, welche zur Beschaffung des für das Unternehmen erforderlichen Materials abgeschlossen sind.

Für alle Bestandtheile ist der volle Werth zu vergüten[52]).

§ 35. Die Abschätzung und die Festsetzung der Entschädigung für die Bestandtheile des Unternehmens (§ 34) erfolgt nach einem von dem Unternehmer aufzustellenden Inventar, über dessen Richtigkeit und Vollständigkeit erforderlichen Falles zu verhandeln und von dem Bezirksausschusse[52a]) zu entscheiden ist.

§ 36. Die Festsetzung der Entschädigung (§§ 31 und 33 bis 35) erfolgt, vorbehaltlich des beiden Theilen zustehenden, innerhalb sechs Monaten nach Zustellung des Festsetzungsbeschlusses zu beschreitenden Rechtsweges, durch den Bezirksausschuß unter sinngemäßer Anwendung der §§ 24 bis 29 des Enteignungsgesetzes vom 11. Juni 1874.

Der Bezirksausschuß ist[52a]) auch für das Vollziehungsverfahren zuständig.

---

[48]) §§ 30—38 betr. das Erwerbsrecht des Staates, das vom G als Enteignung behandelt w. (§§ 36f.) Gleim Anm. 2 zu § 30 (dagegen: Eger Anm. 103, 105, 126). Die Aufkünd. (§ 30) ist jederzeit, nicht nur nach Ablauf eines Betriebsjahres, zulässig. Gleim Anm. 2, a. M. Eger Anm. 104. Entschädigung entweder (§ 31) noch dem Reinertrag od. (§§ 33—35) n. d. Sachwert. — Verpflicht. des Staates, sein Erwerbsrecht auf das Reich zu übertr. StVtr 1920 § 14 Abs. 2. — Die Entscheid. des Staatsministeriums ist bedingt durch die des Reichsverkehrsministers aus RBahnG § 11 (oben I 5 Anm. 57 B II b). Nach Hein-Krüger Anm. 5 zu § 1 kommt es jetzt zur Entsch. des Staatsmin. überhaupt nicht mehr, sondern ergeht, wenn der RVMin die Bahn nicht f. d. allg. Verkehr in Anspruch nimmt, nur noch e. „Zulassungsentscheidung" des HandMin.; weiteres das. in den Anm. zu § 30.

[49]) Daß EisG § 42 Ziff. 4d soweit nicht anwendb. ist, wie er dem Staate die Einlös. der Aktien aufgibt, besagt KleinbG § 31 a. E. Gleim Anm. 3. — Für die Höhe der Entschäd. kommt nicht in Betracht, für wie lange Zeit die Genehm. erteilt ist (§ 13) Gleim Anm. 1. — An Stelle EinkommensteuerG 24. Juni 91 war die Fass. der Bek 19. Juni 06 (GS 259) getreten (§ 16 ist jetzt § 15), die m. E. für Berechnungen gemäß KleinbG § 31 noch immer maßgeb. ist, obwohl jenes G nicht mehr gilt; nach Hein-Krüger Anm. zu § 31 sollen jetzt die Reichsgesetze üb. Einkommen- u. KörperschSteuer anzuwenden sein.

[50]) Die Verpflichtung muß durch die Genehm. (od. einen Nachtrag) begründet werden. Gleim Anm. 1; a. M. Eger Anm. 111. — Nähere Vorschr. üb. die Rechnungsführung E 8. Mai 99, 28. Jan. 00, 29. Sept. 01, 29. Dez. 01 (VB II 204ff.). — Statistik E 3. April 06 IV A 16. 90, 3. Mai 07 IV A 16. 14, 25. April 10 IV A 16. 13, 1. April 12 IV A 16. 31. — Einzelheiten bei Hein-Krüger.

[51]) BahneinhG (I 9 d. W.) § 4. Gleim Anm. 2; Eger Anm. 117.

[52]) Der zeitige Anlagewert Gleim Anm. 5; a. M. Eger Anm. 119.

[52a]) Ruhrkohlenbezirk: Hein-Krüger Anm. 2 zu § 35, Anm. 1 zu § 36 u. Anm. 1 zu § 37.

§ 37. Auf die Ermittelung der Entschädigung finden die §§ 24 bis 28, auf die Vollziehung der Enteignung die §§ 32 bis 37, auf das Verfahren vor dem Bezirksausschusse und auf die Wirkungen der Enteignung die §§ 39 bis 46 des Enteignungsgesetzes vom 11. Juni 1874 sinngemäße Anwendung.

Die Entschädigung für Bestandtheile des Unternehmens, welche im Inventar verzeichnet und bei Feststellung der Gesammtentschädigung berücksichtigt, bei der Vollziehung der Enteignung aber nicht mehr vorhanden sind, ist von dem Unternehmer zurückzuerstatten. Für Bestandtheile, welche bei Vollziehung der Enteignung über das Inventar hinaus vorhanden sind, ist auf Antrag des Unternehmers von dem Bezirksausschusse[52a]) nachträglich die vom Staate zu gewährende Entschädigung festzusetzen.

§ 38. Erwerbsberechtigten (§ 6) gegenüber greift das Erwerbungsrecht des Staates gleichfalls Platz. Ihnen ist der volle Werth des Erwerbsrechtes[53]) zu erstatten.

§ 39. Zur Anlegung von Bahnen in den Straßen Berlins und Potsdams bedarf es Königlicher Genehmigung[54]).

§ 40. Die Kleinbahnen werden der Gewerbesteuer auf Grund des Gewerbesteuergesetzes vom 24. Juni 1891 (Gesetz-Samml. S. 205) unterworfen[55]).

(Abs. 2 jetzt gegenstandslos.)

§ 41. Die auf Grund des Allerhöchsten Erlasses vom 16. September 1867 (Gesetz-Samml. S. 1528), des Gesetzes vom 7. März 1868 (Gesetz-Samml. S. 223), des Gesetzes vom 11. März 1872 (Gesetz-Samml. S. 257) und der §§ 2 und 3 des Gesetzes vom 8. Juli 1875 (Gesetz-Samml. S. 497) den dort genannten Provinzial- und Kommunalverbänden überwiesenen Kapitalien und Summen können auch zur Förderung des Baues von Kleinbahnen verwendet werden[56]) [57]).

§ 42. Die Kleinbahnen unterliegen nachfolgenden Verpflichtungen gegenüber der Postverwaltung[58]):

1. Die Unternehmer haben auf Verlangen der Postverwaltung mit jeder für den regelmäßigen Beförderungsdienst bestimmten Fahrt einen Postunterbeamten mit einem Briefsack und, soweit der Platz reicht, auch andere zur Mitfahrt erscheinende Unterbeamte im Dienst gegen Zahlung der Abonnementsgebühr oder, falls solche nicht besteht, der Hälfte des tarifmäßigen Personengeldes zu befördern[59]).
2. Die Unternehmer solcher Bahnen, welche sich nicht ausschließlich mit der Personenbeförderung befassen, sind außerdem verpflichtet, auf Verlangen der Postverwaltung mit jeder für den regelmäßigen Beförderungsdienst bestimmten Fahrt:
   a) Postsendungen jeder Art[60]) durch Vermittelung des Zugpersonals zu befördern, und zwar Briefbeutel, Brief- und Zeitungspackete gegen eine Vergütung von 50 Pfennig für jede Fahrt, die anderen Sendungen gegen Zahlung des Stückguttarifsatzes der betreffenden Bahn oder, sofern dieser Betrag höher ist, gegen eine Vergütung von 2 Pfennig für je 50 Kilogramm und das Kilometer der Beförderungsstrecke nach dem monatlichen Gesammtgewicht der von Station zu Station beförderten Poststücke;
   b) in Zügen, mit welchen in der Regel mehr als ein Wagen befördert wird, eine Abtheilung eines Wagens für die Postsendungen, das Begleitpersonal und die erforderlichen Postdienstgeräthe, gegen Zahlung der in den Artikeln 3 und 6 des Reichsgesetzes vom 20. Dezember 1875 (Reichs-Gesetzbl. S. 318)[58]) und den dazu gehörigen Vollzugsbestimmungen

---

[53]) Gleim Anm. 2.

[54]) FluchtlinienG (V 3 d. W.) § 10 Abs. 2. Delegation für bestimmte Stadtteile ist zulässig Gleim Anm. 1; a. M. Eger Anm. 132f. — Zur Genehm. ist jetzt das Staatsministerium zuständig (Verf. f. d. Freistaat Preußen Art. 82 Abs. 1); weiteres bei Hein-Krüger Anm. 3.

[55]) Seit G 14. Juli 93 (GS 119) erhebt der Staat die GewSteuer nicht mehr; die Steuerpflicht besteht nur noch zugunsten der Kommunalverbände. S. unten IV 10. Jetziger Rechtszustand: Hein-Krüger Anm. 3, 4.

[56]) Seit 1895 werden zur Förderung des Baues von Kleinb. durch die Eisenbahn-Kreditgesetze Staatsmittel zur Verfügung gestellt, über deren Verwendung E 25. April 95 (MinBliV 128) Grundsätze enthält; ferner (u. a.) E 24. März u. 19. April 02, 16. Dez. 03, sämtlich in VB II 208ff. Näheres Gleim Anm. 1; ferner E 7. Sept. 08 (VB II 210), 7. Mai 11 (EVB 76), 24. Juni 14 IV 47. 121. 832.

[57]) Ferner StVtr 1920 § 20. Ausführlich: Hein-Krüger zu § 41.

[58]) § 42 bestimmt nur die zulässige obere Grenze der Verpflichtungen; inwieweit diese den Kleinb. auferlegt werden, ist nach § 9 bei der Genehm. festzusetzen, vor deren Erteilung die Oberpostdirektion gehört werden muß Gleim Anm. 3 zu § 9 u. Anm. 1 zu § 42. — Die in Ziff. 2b genannten Best. für Großbahnen sind bei IX 2 d. W. abgedruckt. — Die Vergütung f. d. in § 42 genannten Leist. setzt der RPostmin. im Benehmen m. d. beteil. EisVerwaltungen fest. Vo 25. Juli 27 RGBl I 244. — Einzelfragen wegen der Verkehrsteuer: Rundschr. des RFinanzmin. 12. Juni 19 III Rs 5395, Anl. des E 3. Jan. 20 II 26 Cg 15486. — Auf Postsend., die der Kleinb. zur Beförd. anvertraut s., ist StGB § 133 anwendbar. RG Strafs **53** 219. Haftung der Post f. ih. Begleiter RG VZ **1922** 634. — Ausführlich: Hein-Krüger zu § 42.

[59]) Ziff. 1 setzt voraus, daß die Kleinb. Personenverkehr vermittelt Gleim Anm. 2.

[60]) Nicht Geld- und Wertsendungen Gleim Anm. 3.

festgesetzten Vergütung, sowie gegen Entrichtung des halben Stückguttarifsatzes der betreffenden Bahn einzuräumen.

3. Die Postverwaltung ist berechtigt, auf ihre Kosten an den Bahnwagen einen Briefkasten anbringen und dessen Auswechselung oder Leerung an bestimmten Haltestellen bewirken zu lassen.

II. Privatanschlußbahnen[61]).

§ 43. Bahnen, welche dem öffentlichen Verkehre nicht dienen[62]), aber mit Eisenbahnen, welche den Bestimmungen des Gesetzes über die Eisenbahnunternehmungen vom 3. November 1838 unterliegen, oder mit Kleinbahnen[63]) derart in unmittelbarer Gleisverbindung stehen, daß ein Übergang der Betriebsmittel stattfinden kann, bedürfen, wenn sie für den Betrieb mit Maschinen[8]) eingerichtet werden sollen, zur baulichen Herstellung und zum Betriebe polizeilicher Genehmigung[64]).

§ 44. Zur Ertheilung der Genehmigung (§ 43) ist der Regierungspräsident, für den Stadtkreis Berlin der Polizeipräsident, im Einvernehmen mit der von dem Minister der öffentlichen Arbeiten[1B]) bezeichneten Eisenbahnbehörde[65]) zuständig.

---

[61]) Eingehende Erörterung über die Rechtsverhältnisse der Anschlußbahnen Gleim Arch **1887** 457ff. (auch EisRecht S. 424); Löwe Arch **1898** 1ff., 244ff. Ferner: Stäber, Der Privatgleisanschluß 1929. Grünebaum EE **28** 1, 153, Schmidt-Ernsthausen das. **31** 18, 266 u. VZ **1915** 707, Werneburg EE **37** 185, Böttcher Verkehrstechn. Woche **1925** 668, 683. Fritsch EisRecht § 65. — Gleim hebt hervor, daß den Rechtschar. der Eis., an die der Anschluß stattfindet, solche Anschlußgleise teilen, die vom EisUnternehmer selbst in Ausüb. des EisUnternehmRechts für seine Rechnung u. nicht als selbständ. Unternehmen hergestellt u. für d. öff. Verkehr bestimmt sind (auch wenn sie zeitweilig ihm noch nicht übergeben s.). Anm. 62. Unter den nicht für den öff. Verkehr bestimmten Privatanschlußbahnen unterscheidet Gleim drei Gruppen:

a) Anschlußgleise, die von der Eis. für Betriebszwecke angelegt sind, aber nicht unentbehrl. Hilfsmittel des Betr. bilden, z. B. Gleise zur billigeren Herbeischaff. von Ge- u. Verbrauchsgegenständen des Bahnbetr.;
b) Anschlußgl. f. d. Privatverkehr einer bestimmten industriellen od. dgl. Anlage (u. U. vom EisUnternehmer hergestellt);
c) Anschlußgl. für andere öff. Zwecke als die des öff. Verkehrs, z. B. für militär. Zwecke.

Die Gleise zu a bis c sind nicht Eis. im Rechtssinne (I 1 d. W.). Eine besondere gesetzliche Regelung haben sie — v. d. Bergwerksbahnen (§ 51) abgesehen — durch das KleinbG erfahren, soweit sie unter § 43 fallen; im übrigen gilt für sie das allgemeine Recht. Hessen VZ **07** 1293. — GewerbeO I 2 Beil. A Anm. 2 u. 4C; Unfallversicherung III 7 Anm. 30; Haftpflicht VI 5 Anm. 4, 7. — Hafenbahnen unten VII 2 Anm. 59.

[62]) I 1 d. W. — Gleise, die innerh. des Bahnhofs einer Eis. zur Verbindung v. Lagerplätzen u. dgl. mit Bahnhofsgleisen (wenn auch für Rechnung Privater) hergestellt sind u. von d. EisVerw. bedient werden, sind nicht als PrAB. anzusehen, sondern nach EisG § 4 vom Min. zu genehmigen E 13. Mai 97 (EVBl 139); Kosten solcher Anlagen b. d. StEV E 22. Juni 03 (EVBl 197).

[63]) Die unter § 1 fallenden Bahnen, auch wenn sie vor Erlaß des KleinbG genehmigt sind. Gleim Anm. 3; a. M. Eger Anm. 148.

[64]) A. Die Genehmigung ist auch zu wesentl. Erweiterungen usw. (§ 2 Satz 2) nötig Gleim Anm. 6. Sie ist ohne zeitl. Begrenzung zu erteilen u. nicht zu veröffentlichen; sie verschafft dem Unt. keine Rechte. Gleim Anm. 9, RG EE **25** 313 (wo ausgeführt, daß die Gen. nicht pol. Vf i. S. des G 11. Mai 42 [GS 192] sei u. nicht vor privatrechtl. Ansprüchen Dritter schütze); auch RG EE **32** 173. Zu den Befugnissen der Genehm.-Behörde aus §§ 43—47 gehört die Verlegung v. öff. Wegen; ein im GenehmVerfahren verlegter öff. Weg behält rechtlich diese Eigensch. OVG EE **30** 301; auch RG **34** 184. — Gebühren wie Anm. 6 a. E.

B. Neben der polizeil. Genehm. bedarf der Anschlußsucher noch der Gestattung des Anschl. durch die EisVerw., die in Anschlußverträgen erteilt zu werden pflegt. Anschlußverträge schließt die Eis. in erster Linie als Transportunternehmerin, nicht als Grundeigentümerin; das Recht des Angeschlossenen ist in seiner Gesamtheit ein obligatorisches, kein dingliches; es ist im Zw. als Wille der Vertragschließenden anzunehmen, daß das Recht auf den Anschluß nur Bestand haben soll, solange sich seine Aufrechterhaltung m. d. Bedürfnissen des öff. Verkehrs verträgt RG **58** 265, EE **24** 289. Auch KGHof Arch **04** 1224. Die Gleisanlage ist kein Bestandteil des Grundstücks (BGB §§ 93f.) RG EE **46** 361. Eine Entsch der zuständ. VerwaltBehörde, daß aus zwingenden Gründen des öff. Verkehrs — nicht aus fiskal. Erwägungen, darüb. s. RG EE **43** 274 — der Anschl. aufgehoben od. eingeschränkt w., ist poliz. Vf i. S. des G 11. Mai 42 (vorst. A) RG EE **32** 173. Erört. der Vorauss., unter denen die Eis. einen unkündb. AnschlVtr fortsetzen muß od. von ih. Verpfl. zur Anschl.-Gewähr. frei wird, RG EE **44** 292 (s. auch Witt u. Charitius VerkRu **7** 210, 305); BGB § 624 ist nicht anwendb. RG EE **43** 276. — Erbbaurecht f. Anschl.-Gleise KG EE **21** 387. Stempelpflicht der AVträge E 28. Nov. 00 EVBl 592, auch RG **97** 18. — Großbahnen sind zur Zulass. v. Anschl. nicht verpflichtet; Kleinbahnen kann diese Verpfl. bei d. Genehm. auferlegt w. (KleinbG § 10; RG Arch **1919** 1162. — Anm. 71).

C. Allgemeine Bedingungen f. Privatanschlüsse an die Reichsbahn (PAB) E 22. Mai 22 E I 15. 1430 (auch RVBl 195. Dazu Haas VZ **1922** 449; Schmidt-Ernsthausen EE **36** 238. Zu § 23 (früher § 21) der Beding.: Schmidt-Ernsthausen EE **31** 18, dagegen Holzbecher VZ **1915** 207, 787; Replik Schmidt-Ernsth. VZ **1916** 509; ferner Böttcher Verkehrstechn. Woche **1925** 670f. — Wichtige Änderung der §§ 15—17 Vf 46 L p a b 5 v. 12. April 28; auch VZ **1928** 557. — Anschlüsse an die Reichsbahn auf freier Strecke sind v. d. Hauptverwalt. zu genehm. (unten II 2 Beil. A bei F 6); Voraussetzungen der Zulassung Vf 24. Jan. 29 (Die Reichsbahn S. 103).

[65]) Jetzt die Behörde des Reichs od. der ReichsbGesellschaft, der die eisenbahntechn. Aufsicht üb. die dem öff. Verkehre dienende Bahn obliegt, an die die PrABahn anschließt. E 27. Mai 20 (oben Anm. 10). Führt die Verbind. des Anschlusses mit Gleisen der Reichsbahn eine Veränd. dieser Gleise herbei, so soll die Genehm. erst nach Zustimm. der RBDirektion erteilt w.; vom Zustandekommen des Anschlußvtr. (vorst. Anm. 64 B) hängt ab. die Erteil. der Genehm. rechtlich nicht ab. E 14. Juli 26 HMinBl 171. — Betriebsämter sind

Berührt die Bahn mehrere Landespolizeibezirke, so bestimmt, wenn sie derselben Provinz angehören, der Oberpräsident, falls sie verschiedenen Provinzen angehören oder Berlin dabei betheiligt ist, der Minister der öffentlichen Arbeiten[1B]) im Einvernehmen mit dem Minister des Innern die zuständige Landespolizeibehörde[66]).

§ 45[2]). Die polizeiliche Prüfung beschränkt sich[67])

1. auf die betriebssichere Beschaffenheit der Bahn und der Betriebsmittel,
2. auf die technische Befähigung und Zuverlässigkeit der in dem äußeren Betriebsdienste anzustellenden Bediensteten,
3. auf den Schutz gegen schädliche Einwirkungen der Anlage und des Betriebes.

Soll eine Bahn, welche an eine dem Gesetze über die Eisenbahnunternehmungen vom 3. November 1838 unterliegende Eisenbahn Anschluß hat, von dem Unternehmer der letzteren angelegt und betrieben werden, so beschränkt sich die Prüfung auf den Schutz gegen schädliche Einwirkungen der Anlage und des Betriebes.

§ 46. Zur Benutzung öffentlicher Wege bedarf es der Zustimmung der Unterhaltungspflichtigen und der Genehmigung der Wegepolizeibehörde[68]).

§ 47[2]). Die Bestimmungen der §§ 8, 17 bis 20 und 22 Satz 1 finden auf diese Bahnen gleichmäßige Anwendung[69]).

§ 48. Polizeiliche Bestimmungen über den Betrieb auf solchen Bahnen können nur im Einverständniß mit der Eisenbahnbehörde (§ 44) erlassen werden[70]).

§ 49. Die Genehmigung kann zurückgenommen werden, wenn wiederholt gegen die Bedingungen derselben in wesentlicher Beziehung verstoßen wird.

Über die Zurücknahme der Genehmigung entscheidet auf Klage der Behörde (§ 44) das Oberverwaltungsgericht.

§ 50. Die eisenbahntechnische Aufsicht und Überwachung der Privatanschlußbahnen erfolgt durch diejenige Behörde, welcher diese Aufgaben bezüglich der dem öffentlichen Verkehre dienenden Bahn, an welche sie anschließen, obliegen[71]).

§ 51. Die Bestimmungen der §§ 43 bis 49 finden auf diejenigen Bahnen, welche Zubehör eines Bergwerks im Sinne des Allgemeinen Berggesetzes vom 24. Juni 1865 (Gesetz-Samml. S. 705) bilden, keine Anwendung[72]).

Durch die Bestimmung in § 50 wird das auf dem Allgemeinen Berggesetze vom 24. Juni 1865 (Gesetz-Samml. S. 705) beruhende Aufsichtsrecht der Bergbehörden gegenüber diesen Bahnen nicht berührt.

Gemeinsame und Übergangsbestimmungen.

§ 52. Gegen die Beschlüsse und Verfügungen, für welche die Landespolizeibehörden in Verbindung mit den Eisenbahnbehörden zuständig sind, und gegen die Beschlüsse und Verfügungen der eisenbahntechnischen Aufsichtsbehörden findet die Beschwerde an den Minister der öffentlichen Arbeiten[1B]) statt. Im Übrigen greifen die nach den Bestimmungen der §§ 127 bis 130 des Gesetzes über die allgemeine Landesverwaltung vom 23. Juli 1883 (Gesetz-Samml. S. 195) zulässigen Rechtsmittel Platz[73]).

---

keine Behörden (oben Anm. 10). — Ruhrkohlenbezirk Hein-Krüger Anm. 1.

66) Auch wenn nachträgl. die PABahn durch Erweiterung in einen ferneren RegBez. hinübergreift. Gleim Anm. 2.

67) Anm. zu § 4. — Bau- u. Betriebspflicht kann durch die Genehm. nicht begründet w. (Gleim Anm. 2). Weiteres Hein-Krüger Anm. 1.

68) Ergänzung der Zust. nicht gemäß § 7, sondern nur (wenn d. Unternehmen ausnahmsw. mit d. Enteig.-Recht ausgestattet ist) im EnteigWege — Gleim Anm. 1.

69) Anm. zu den angef. §§. Betriebsmittel: Betriebsvorschr. (Anm. 70) III u. Hein-Krüger Anm. 3.

70) E 30. April 02 EVBl 209 (abgedr. bei Hein-Krüger S. 200) betr. Polizeiverordnung u. Betr.-Vorschr. f. PABahnen, später mehrfach geändert. Rechtscharakter als bloße Anw. an die AufsBehörde RG EE **25** 168. — Zuständigkeit zum Erlasse der PolVo: LVG §§ 136ff.

71) Bei Reichsbahnen die verwaltende ReichsbahnDir., bei Privateis. der Reichsbevollm. für Privatbahnaufsicht, bei Kleinb. die ReichsbDirektion (Pr. KleinbAufs.); die sich aus dem Anschlusse an Kleinb. od. Eis. ergebenden Beziehungen unterstehen nicht der Aufsicht, sondern regeln sich nach den allg. Bestimmungen über die Zuständigkeit der EisBehörden u. nach den AnschlVertr. (Anm. 64) E 1. März 93 (EVBl 147, VB II 192) u. 27. Mai 1920 (oben Anm. 10).

72) V 4 Anm. 3 d. W.

73) Satz 1 hat nur die auf Grund des KleinbG getroffenen polizeil. Verfügungen der Genehm.- u. der AufsBeh. im Auge; er greift nicht der anderweit vorgeschriebenen Mitwirkung anderer Minister (ZustG § 157) vor. Gleim Anm. 1. — Satz 2 besagt, daß auch auf die in Satz 1 bezeichneten Beschlüsse LVG §§ 127 bis 130 anzuwenden ist, nur nicht bez. der Zuständigkeit f. d. Beschwerde. E 1. Juni 00 (Ztschr. f. Kleinb 392); ebenso Siméon, Verkehrstechn. Woche **1915** 371. — Die Entsch. des Min. (Satz 1) unterliegt nicht der Anfechtung im VerwStreitverfahren OVG **44** 405. — Das Datum des LVG ist in § 52 falsch angegeben.

§ 53. Für die bereits vor Inkrafttreten dieses Gesetzes genehmigten Kleinbahnen und Privatanschlußbahnen ist diejenige Behörde zuständig, welcher die Genehmigung nach Inkrafttreten dieses Gesetzes gemäß §§ 3 und 44 obgelegen hätte.

Auf diese Bahnen finden die §§ 2, 20 bis 22, 24, 25, 40, 42 und 52, beziehungsweise 48 bis 50 des gegenwärtigen Gesetzes, sowie die Bedingungen und Vorbehalte, welche bei ihrer Genehmigung vorgesehen sind, Anwendung.

Die Unternehmer sind jedoch berechtigt, sich durch eine an die zuständige Aufsichtsbehörde zu richtende Erklärung den sämmtlichen Bestimmungen dieses Gesetzes zu unterwerfen[2]).

Die Genehmigung von wesentlichen Erweiterungen oder wesentlichen Änderungen des Unternehmens, der Anlage oder des Betriebes kann von der Unterwerfung des Unternehmens unter sämmtliche Bestimmungen dieses Gesetzes abhängig gemacht werden.

Der Zeitpunkt der Unterstellung unter dieses Gesetz ist öffentlich bekannt zu machen.

Wohlerworbene Rechte Dritter werden durch die Unterwerfung nicht berührt.

§ 54. Dieses Gesetz tritt bezüglich des § 40 am 1. April 1893, bezüglich aller anderen Bestimmungen am 1. Oktober 1892 in Kraft.

§ 55[2]). Mit der Ausführung dieses Gesetzes werden der Minister der öffentlichen Arbeiten[1B]) und der Minister des Innern betraut[74]).

Beilagen zum Kleinbahngesetz.

Beilage A (zu Anmerkung 1).

Erlaß der Minister der öffentlichen Arbeiten und des Innern, betr. Ausführungsanweisung zu dem Gesetze über Kleinbahnen und Privatanschlußbahnen vom 28. Juli 1892 (GS 225). Vom 13. August 1898.

(EVBl 225, VB II 177.)

(Gekürzt.)

Das Gesetz über Kleinbahnen und Privatanschlußbahnen bezweckt, durch feste und zweckmäßige Ordnung der Rechtsverhältnisse der bezeichneten Bahnen die Entwicklung dieser wichtigen Verkehrsmittel zu fördern. Es beschränkt demzufolge die Einwirkung der Organe des Staates bei der Genehmigung von Unternehmungen der bezeichneten Art, sowie bei der Aufsicht über dieselben auf das geringste Maß dessen, was für die Sicherung der von ihnen wahrzunehmenden öffentlichen Interessen notwendig ist, und gewährt den Unternehmungen innerhalb der hiernach gezogenen Grenzen volle Bewegungsfreiheit.

Die mit der Ausführung des Gesetzes betrauten Behörden (§ 3) werden sich bei der Wahrnehmung ihrer Obliegenheiten diese Absicht des Gesetzgebers gegenwärtig zu halten und demzufolge in der Einwirkung auf den Bau und den Betrieb der bezeichneten Bahnen nicht über das Maß dessen hinauszugehen haben, was zur Wahrung der ihnen anvertrauten öffentlichen Interessen, namentlich der in den §§ 4 und 45 aufgeführten polizeilichen Interessen, notwendig ist. Neben der Vermeidung unnötiger und lästiger Eingriffe in die Bewegungsfreiheit des Verkehrszweiges werden sich die mit der Staatsaufsicht betrauten Behörden die Förderung desselben aber auch durch entgegenkommende und insbesondere rasche Erledigung der ihnen obliegenden Geschäfte angelegen sein zu lassen haben[1]).

Unter den zum Betriebe mit Maschinenkraft eingerichteten Kleinbahnen sind nach ihrer Zweckbestimmung und Ausdehnung zwei Klassen zu unterscheiden. Die eine umfaßt die städtischen Straßenbahnen und solche Unternehmungen, welche trotz der Verbindung von Nachbarorten infolge ihrer hauptsächlichen Bestimmung für den Personenverkehr und ihrer baulichen und Betriebseinrichtungen einen den städtischen Straßenbahnen ähnlichen Charakter haben. Der zweiten Klasse sind diejenigen Kleinbahnen zuzurechnen, welche darüber hinaus den Personen- und Güterverkehr von Ort zu Ort vermitteln und sich nach ihrer Ausdehnung, Anlage und Einrichtung der Bedeutung der nach dem Gesetze über die Eisenbahnunternehmungen vom 3. November 1838 konzessionierten Nebeneisenbahnen nähern (nebenbahnähnliche Kleinbahnen). Über die Durchführung der Trennung und die verschiedene Behandlung dieser beiden Gruppen von Kleinbahnen wird in den nachfolgenden Ausführungen zu §§ 3, 5, 11, 22 und 32 das Nähere bestimmt.

Indem zur Vermeidung von Wiederholungen im übrigen auf das Gesetz, seine Begründung und die Verhandlungen in den beiden Häusern des Landtages sowie darauf hingewiesen wird, daß die außerhalb der bisherigen allgemeinen Ausführungsanweisung vom 22. August 1892 getroffenen Bestimmungen in Geltung bleiben, soweit sie nicht in nachstehendem abgeändert werden, sei im einzelnen folgendes bemerkt:

Zu § 1.

Behufs Bezeichnung derjenigen Eisenbahnbehörde, welche bei der Genehmigung mitzuwirken hat, ist von allen zunächst bei dem örtlich zuständigen Regierungspräsidenten bzw. dem Polizeipräsidenten in Berlin anzubringenden Anträgen auf Genehmigung, wesentliche Änderung oder Erweiterung einer zum Betriebe mit Maschinenkraft bestimmten Bahn (§ 3 Nr. 1), sowie auf Einführung des Maschinenbetriebes auf einer anderen Bahn (§ 3 Nr. 2)

---

[74]) Auf Grund des § 55 ist die AusfAnw (Beil. A) ergangen.

[1]) Beschleunigung in der Bearb. der KleinbAngelegenh E 9. Juli 03 (EVBl 231, VB II 193), 18. März 10 IV A 18. 401, 15. Dez. 23 Vb 12. 4800. — Zu Abs. 3: E 14. März 25 Vb 5. 13. 508. — Genaue Beschreib. des jetzt zu beobacht. Verfahrens bei Hein-Krüger Anm. 5 zu G § 1.

dem Minister der öffentlichen Arbeiten[2]) Anzeige zu erstatten. Behufs Prüfung der Frage, ob eine solche Bahn dem Gesetze über die Eisenbahnunternehmungen vom 3. November 1838 zu unterstellen ist, ist bei der Erstattung der Anzeige auch hierüber unter Beibringung der zur Beurteilung dienlichen Unterlagen zu berichten[3]).

[2]) Ebenso ist von anderen Anträgen auf Genehmigung einer Kleinbahn, soweit es sich nicht um Pferdebahnen innerhalb städtischer Straßen handelt, dem Minister der öffentlichen Arbeiten[2]) Anzeige zu erstatten. Während jedoch bei einer für den Betrieb mit Maschinenkraft bestimmten Bahn dem Genehmigungsverfahren nicht Fortgang zu geben ist, bevor nicht die Entschließung des Ministers der öffentlichen Arbeiten[2]) vorliegt, ist in dem letztgedachten Falle dem Verfahren Fortgang zu geben, sofern nicht ausnahmsweise die zur Genehmigung zuständige Behörde die Anwendung des Gesetzes über die Eisenbahnunternehmungen vom 3. November 1838 für angezeigt oder doch wenigstens für fraglich erachtet und hierüber die Entschließung des Ministers der öffentlichen Arbeiten[2]) einholt.

Die Anzeige von Anträgen wegen wesentlicher Änderungen oder Erweiterungen der den sämtlichen Bestimmungen des Kleinbahngesetzes unterworfenen Bahnen mit Maschinenbetrieb hat zu unterbleiben, wenn die Bahn über das Weichbild eines Gemeindebezirks nicht hinausgeht und eine Verbindung mit anderen Bahnen nicht stattfinden soll, die bei der Genehmigung mitwirkende Eisenbahnbehörde auch bereits bestimmt ist.

Von den hiernach vorgeschriebenen Anzeigen ist seitens der Regierungspräsidenten bzw. des Polizeipräsidenten in Berlin zugleich eine Abschrift dem Kriegsminister[3a]) vorzulegen, wenn es sich um Kleinbahnen mit Maschinenbetrieb handelt, die über das Weichbild eines Gemeindebezirks hinaus hergestellt werden sollen:

a) östlich der Linie Danzig—Dirschau—Schneidemühl—Posen—Breslau—Oderberg,
b) westlich des linken Rheinufers,
c) in einem Küstenkreise,
d) in den sonstigen Grenzkreisen und denselben gleichgestellten Gebieten,
e) auch außerhalb dieser Grenzen, sofern sie zwei oder mehrere Haupt- oder Nebenbahnen unmittelbar oder im Zusammenhange mit anderen Kleinbahnen verbinden.

Sofern der Antrag auf Genehmigung, Erweiterung oder Veränderung einer Kleinbahn aus dem Grunde abgelehnt wird, weil die Bahn dem Gesetze vom 3. November 1838 zu unterstellen sein würde, ist in der Verfügung der Grund hierfür anzugeben und zugleich zu bemerken, daß ein etwaiger Antrag auf Entscheidung des Staatsministeriums bei dem verfügenden Regierungspräsidenten binnen einer angemessen festzusetzenden Frist einzureichen sei. Geht ein solcher Antrag ein, so ist von dem Regierungspräsidenten Bericht an den Minister der öffentlichen Arbeiten[2]) zu erstatten.

Zu § 2[4]).

Die Genehmigung für das Unternehmen ist dem Antragsteller für seine Person zu erteilen. Ist der Antragsteller eine physische Person, so wird indes in der Regel nichts entgegenstehen, die Genehmigung auch auf die Erben und sonstigen Rechtsnachfolger unter der Voraussetzung zu erstrecken, daß gegen die Person der letzteren als Betriebsunternehmer sich nicht etwa Bedenken ergeben sollten (Ausländer, Staatsbeamte usw.). Ist der Unternehmer ein Ausländer, so ist bei der Genehmigung vorzuschreiben, daß er im Inlande Domizil mit der Wirkung zu nehmen hat, daß er von demselben aus regelmäßig die Verträge mit den dem Reiche Angehörigen abzuschließen und wegen aller aus seinen Geschäften mit solchen entstehenden Verbindlichkeiten bei den Gerichten des betreffenden Orts Recht zu nehmen hat.

Zu § 3.

Wenn auch der Regierungspräsident nach außen für die Erteilung der Genehmigung allein zuständig ist, so ist doch in der Genehmigungsurkunde und deren Nachträgen diejenige Eisenbahnbehörde zu bezeichnen, mit deren Einvernehmen die Genehmigung erteilt wird, damit der Unternehmer weiß, welche Eisenbahnbehörde für das Unternehmen bestellt ist.

Vor Erteilung der Genehmigung ist seitens der Genehmigungsbehörden, in Zweifelsfällen nach Anrufung des Ministers der öffentlichen Arbeiten[2]), darüber Entscheidung zu treffen und in der Genehmigungsurkunde zum Ausdrucke zu bringen, in welche der beiden Klassen von Kleinbahnen — Straßenbahnen oder nebenbahnähnliche Kleinbahnen — das betreffende Unternehmen einzureihen ist (vgl. Einleitung Abs. 3 und zu §§ 5, 11, 22 und 32).

Als Kunststraßen sind anzusehen:

a) für den Geltungsbereich des Gesetzes vom 20. Juni 1887 (GS. S. 301) die im § 12 daselbst näher bezeichneten Kunststraßen;

---

[2]) Jetzt Min. f. Handel u. Gewerbe (oben I 8 Anm. 1 B); ihm ist v. allen GenehmAnträgen Anzeige zu erstatten. Hein-Krüger (oben I 8 Anm. 1 A) Anm. *), die den Abs. 2 der Anw zu § 1 als nicht mehr gültig bezeichnen.

[3]) Nähere Best üb. das Verfahren E 22. Aug. 96 (BB II 193) u. 2. Dez. 98 (EVBl 334). Angabe der Spurweite E 10. Jan. 99 EVBl 11; Übersichtskarten E 26. Nov. 04 BB II 194. Anspruch auf Genehmigung gibt nicht schon die vom Min. ausgesprochene „Zulassung", sondern erst die Entsch des Staatsmin. gemäß G § 1 Abs. 3; die „Zulassung" ermächtigt nur den Reg.-Präs., in das GenehmVerfahren einzutreten; haben sich zw. ihr u. der Entsch üb. d. Genehm. die Verhältnisse so verändert, daß der Rechtscharakter der Bahn zweifelhaft ist, so muß erneut berichtet w. E 7. Juli 14 IV 47. 120. 1480. — Wegen der Mitwirk. des Reichs bei der Entsch s. oben I 8 Anm. 5.

[3a]) Jetzt Reichswehrminister. Nach den bei Hein-Krüger in der Anm. *) zu AusfAnw zu § 1 genannten Erlassen ist diesem Min. bei allen Anträgen Abschrift der Anzeige zu überreichen, soweit es sich nicht um Kleinb. handelt, die v. vornherein als städtische Straßenb. anzusehen sind.

[4]) Nach E 15. Jan. 03 (EVBl 39) betr. Übertragung des Betriebes einer Kleinb. auf einen Dritten ist in die GenehmUrkunde folgende Best. aufzunehmen: „Die Übertragung der aus dieser Genehmigung sich ergebenden Rechte und Pflichten an einen anderen Unternehmer ist nur mit Genehmigung der Aufsichtsbehörden zulässig." Dieser Genehm. bedarf nicht ein bloßer Betriebsüberlassungsvtr., der jene Rechte und

b) für die Provinz Hannover: die Chausseen und Landstraßen;
c) für Schleswig-Holstein mit Ausnahme des Kreises Herzogtum Lauenburg: die in der Unterhaltung der Provinz befindlichen Haupt- und Nebenlandstraßen und die in der Unterhaltung der Kreise befindlichen ausgebauten Nebenlandstraßen;
d) für die Provinz Hessen-Nassau: die vormaligen Staatsstraßen, die Provinzial-, Distrikts- und chaussierten Verbindungsstraßen, sowie die Landwege;
e) für die Hohenzollernschen Lande: die Landstraßen;
f) für den Kreis Herzogtum Lauenburg: die Landstraßen.

Welche Kunststraßen als städtische Straßen in der Unterhaltung und Verwaltung von Stadtkreisen stehen, ist eine Tatfrage, welche für jeden Fall besonders zu entscheiden ist. Es empfiehlt sich indessen, mit den städtischen Behörden der einen Stadtkreis bildenden Städte alsbald in Verhandlung zu treten und eine Verständigung darüber herbeizuführen, betreffs welcher Teile von Kunststraßen die Zuständigkeit der Regierungspräsidenten auszuschließen sein wird. Für den Fall von Meinungsverschiedenheiten ist unsere Entscheidung einzuholen.

Es wird sich empfehlen, in denjenigen Fällen, in denen eine Bahn öffentliche Wege berührt, Flüsse überschreiten muß oder sonst nicht ganz einfache Bauverhältnisse vorliegen, bei der Prüfung des Genehmigungsgesuches sich technischen Beirates zu bedienen (Königliche, Provinzial-, Kreis- oder städtische Baubeamte usw.).

Die hierdurch erwachsenden baren Auslagen fallen, wie alle baren Auslagen in dem Genehmigungsverfahren, dem Unternehmer zur Last; andere Kosten sind demselben dagegen nicht aufzuerlegen[5]).

Zu dem Schlußsatze im dritten Absatze ist zu bemerken, daß bei dem Übergange vom Betriebe mit Maschinenkraft zu einem anderen Betriebe zwar zur Genehmigung der Regierungspräsident im Einvernehmen mit der Eisenbahnbehörde zuständig bleibt, daß aber von der Rechtskraft der Genehmigung ab die Aufsicht auf diejenige Behörde übergeht, welche zur Erteilung der Genehmigung zuständig gewesen wäre, wenn die Bahn von vornherein nicht für den Betrieb mit Maschinenkraft bestimmt gewesen wäre.

Zu § 4.

Die Nummern 1—4 bezeichnen diejenigen Punkte, auf welche sich die polizeiliche Prüfung überhaupt nur erstrecken darf; es ist aber nicht notwendig, daß alle dort aufgeführten Punkte zum Gegenstande polizeilicher Festsetzung gemacht werden; insbesondere ist es durch die Bestimmungen des § 4 der genehmigenden Behörde keineswegs zur Pflicht gemacht, bezüglich aller dortselbst erwähnten Punkte in den Genehmigungen Vorschriften oder Auflagen oder Vorbehalte zu machen, vielmehr wird in jedem einzelnen Falle zu prüfen sein, ob und wie weit zur Wahrung der beteiligten öffentlichen Interessen Vorschriften zu machen oder Bedingungen zu stellen sein werden[6]).

Über das, was nach Lage des einzelnen Falles nach dem pflichtmäßigen Ermessen der Behörde zur Sicherung der beteiligten öffentlichen Interessen notwendig ist, darf in keinem Falle hinausgegangen werden. Insbesondere hat die Prüfung der Baupläne lediglich nach dem Gesichtspunkte dieser Sicherung zu erfolgen; abgesehen hiervon sind technische Verbesserungen nicht zu fordern.

Sofern die von dem Unternehmer beigebrachten Unterlagen seines Gesuches (Pläne vom Bau und Betriebe usw.) die erforderliche Prüfung im einzelnen noch nicht gestatten, kann dieselbe und dementsprechend die Stellung von Bedingungen und Auflagen bis zur Ausführung des Baues und des Betriebes vorbehalten werden.

Was die Bedeutung der Nr. 3 anlangt, so ist zunächst die Bezeichnung „im äußeren Betriebsdienste" enger als das, was in der Eisenbahnverwaltung unter „äußerem Dienste" verstanden wird. Während die letztgedachte Bezeichnung das gesamte mit dem Publikum in Berührung kommende Personal zum Unterschiede von dem Bureaupersonal umfaßt, wird als im äußeren Betriebsdienst stehend nur das Personal zu verstehen sein, welches mit der Beförderung oder Bahnunterhaltung unmittelbar zu tun hat (Lokomotivführer, Heizer, Zugführer, Schaffner, Kutscher, Bahnmeister, das mit der Abfertigung der Züge betraute Personal usw.).

Der Ausdruck „technische" Zuverlässigkeit ist gleichbedeutend mit Zuverlässigkeit in bezug auf die Berufspflicht. Endlich wird bei der Genehmigung selbstverständlich nur zu bestimmen sein, ob, inwiefern und in welcher Weise eine vorgängige Prüfung der technischen Befähigung vorzunehmen ist, oder ob, wie dies bei Pferdebahnen angängig sein wird, lediglich die Entfernung technisch nicht befähigter oder nicht zuverlässiger Bediensteten vorzusehen ist.

Die bei der Genehmigung allgemein vorgeschriebene Prüfung wird bezüglich der einzelnen Bediensteten in jedem Falle besonders zu erfolgen haben.

Den Kleinbahnunternehmern kann es überlassen werden, Prüfungsvorschriften[7]) ausschließlich für das Personal des äußeren Betriebsdienstes zu entwerfen und der Aufsichtsbehörde zur Genehmigung vorzulegen. Die auf Grund solcher genehmigten Vorschriften unter geeigneter Kontrolle der Aufsichtsbehörde geprüften Bediensteten sind alsdann auch in anderen Aufsichtsbezirken und bei anderen Kleinbahnen bis zu ihrer Beanstandung aus bestimmten Anlässen als technisch befähigt und zuverlässig für dieselbe Dienstverrichtung im Sinne des § 4 Nr. 3 des Gesetzes zu erachten.

Bedingungen und Vorbehalte, an welche die Genehmigung geknüpft wird, sind stets in die Genehmigungs-

---

Pflichten unberührt läßt. Solche Verträge hat nach näherer Best. des E die AufsBeh. nur dann in Betracht zu ziehen, wenn den Betrieb eine nach dem EisG konzessionierte EisGesellschaft od. ein Unternehmer führen soll, der schon anderweit Kleinb. besitzt od. betreibt.

[5]) Die Kosten für Reisen der Regierungskommissare im Genehm.- u. PlanfeststVerfahren fallen, soweit sie nicht vom Unt. verschuldet sind, dem Staate zur Last E 17. Mai 94 (MinBliV 90). Weitere Einzelheiten Gleim Anm. 8 zu § 3.

[6]) Rücksichtnahme auf die Versorg. des Landes mit elektr. Kraft E 23. Nov. 16 IV 47. 121. 476.

[7]) E 2. Feb. 10 (Ztschr. f. Kleinb. 92) betr. Muster zu einer Dienstanw. u. zu einer PrüfungsO f. d. Betriebsbeamten der nebenbahnähnl. Kleinb. mit Dampfbetrieb.

urkunde selbst aufzunehmen, so daß aus derselben in Verbindung mit dem Gesetze Maß und Art der dem Unternehmer obliegenden Verpflichtungen mit Sicherheit erhellt[8]).

Von Vorbehalten, wonach der Unternehmer sich von vornherein etwaigen Anforderungen hinsichtlich der Erweiterung oder Änderung des Unternehmens infolge der späteren Verkehrsentwicklung zu unterwerfen hat, ist abzusehen.

Zu § 5[9]).

Die in technischer Hinsicht beizufügenden Unterlagen haben lediglich den Zweck, die nach § 4 Nr. 1 erforderliche Prüfung zu ermöglichen. Sie sind deshalb nur soweit zu erfordern, als es für diese Prüfung geboten ist.

Welcher Unterlagen es bedarf, muß für jeden Fall ermessen werden. In der Regel werden nicht entbehrt werden können:

1. für Bahnen, welche zum Betriebe mit Maschinenkraft eingerichtet und welche als nebenbahnähnliche Kleinbahnen (vgl. Einleitung und zu §§ 3 und 22) nach den Bau- und Betriebsvorschriften vom 15. Januar 1914[10]) betrieben werden sollen:

a) eine Übersichtskarte, in welcher der Bahnzug mit kräftiger roter Linie unter Kenntlichmachung der Halteplätze und der kilometrischen Längeneinteilung einzutragen ist. Zu den Übersichtskarten können Generalstabskarten, Kreiskarten, Meßtischblätter, Bergwerkskarten, sowie andere geeignete, im Buchhandel erhältliche Karten verwendet werden;

b) Lage- und Höhenpläne, aus welchen die Längen der geraden und gekrümmten Strecken, die Krümmungshalbmesser, die Halteplätze, die Höhen- und Neigungsverhältnisse, sowie alle diejenigen Anlagen ersehen werden können, welche für die Festsetzung der Lage der Bahn, ihren Bau und zukünftigen Betrieb im öffentlichen Interesse oder dem des benachbarten Eigentums in Frage kommen können oder welche für das Unternehmen selbst von Bedeutung sind.

Abs. 2 (in der Regel ein Maßstab von mindestens 1 : 10000 für die Längen, der 10 bis 20fache Maßstab für die Höhen);

c) eine für den Unterbau der Bahn in den Auf- und Abtragsstrecken maßgebende Querschnittszeichnung und eine gleiche Zeichnung für die Umgrenzung des lichten Raumes, sowie der größten zulässigen Breiten- und Höhenmaße der Betriebsmittel, sofern die vorbezeichneten Betriebsvorschriften darüber keine Bestimmung enthalten;

d) eine Zeichnung des Oberbaus ...

e) (in bestimmten Fällen Zeichnungen der Betriebsmittel)

f) Zeichnungen von Kreuzungen mit Eisenbahnen, die dem Gesetze vom 3. November 1838 unterstehen, sowie von Anschlüssen an solche Eisenbahnen, und zwar in einer Ausführung, daß die hierzu erforderliche Genehmigung des Ministers der öffentlichen Arbeiten[11]) eingeholt werden kann.

Die Beibringung von Bauzeichnungen für Brücken, Über- und Unterführungen, Durchlässe, Drehscheiben, Weichen usw. darf bis zum Beginn der Bauausführung ausgesetzt werden.

Ob einzelne Zeichnungen durch Beschreibungen ersetzt werden können, bleibt dem Ermessen der Genehmigungsbehörden überlassen. Es darf hierbei jedoch die Rücksicht auf das Vorhandensein beweiskräftigen Materials für die Gestalt und Beschaffenheit der genehmigten Anlagen nicht aus dem Auge gelassen werden.

2. für Bahnen, welche zum Betriebe mit Maschinenkraft eingerichtet, aber als Straßenbahnen (städtische Straßenbahnen und diesen ähnliche Kleinbahnen im Sinne der Einleitung Abs. 3 und Zu §§ 3 und 22) nach den Bau- und Betriebsvorschriften vom 26. September 1906 betrieben werden sollen[12]):

a) ein Lage- und Höhenplan;

b) Zeichnungen der Schienen und Weichen;

c) Umgrenzung des lichten Raumes, sowie der größten zulässigen Breiten- und Höhenmaße der Betriebsmittel;

d) Zeichnungen der Betriebsmittel usw. ...

Hinsichtlich der Bauzeichnungen gilt das am Schluß für 1. Vermerkte.

3. für andere Bahnen:

a) ein Lageplan;

b) Zeichnungen der Schienen und Weichen;

c) } die vorstehend unter 2c und d aufgeführten Vorlagen.
d) }

In finanzieller Beziehung gilt es, zu prüfen, ob der Unternehmer die Mittel zur Herstellung der Bahn besitzt oder in zuverlässiger und gesetzlich zulässiger Weise beschaffen werde, und ob dieselben zur plan- und anschlagsmäßigen Vollendung und Ausrüstung der Bahn genügen. Das letztere kann nur auf Grund eines Kostenanschlages geprüft werden, welcher daher in der Regel zu erfordern ist. In welcher Weise die genehmigende Behörde sich die Überzeugung von dem Vorhandensein oder der Möglichkeit der Beschaffung des Anlagekapitals verschaffen will, bleibt ihrem pflichtmäßigen Ermessen überlassen.

---

[8]) Hierzu E 2. Mai 97 (EVBl 90) u. KG EE 18 357.

[9]) E 20. Aug. 06 (VB II 200) betr. eisenbahntechn. Prüfung der Baupläne v. Kleinb. u. Privatanschlußb., 30. Oktober 09 (VB II 201) betr. Prüfungs- und GenehmVerf. für Kleinb.

[10]) E 15. Jan. 14 (EVBl 41).

[11]) Jetzt Reichsverkehrsminister od. Reichsbahn-Gesellschaft (RBahnG § 37).

[12]) E 26. Sept. 06 (EVBl 559).

Zu § 7.

Die Ergänzung der Zustimmung des Unterhaltungspflichtigen ist[13]) ganz in das pflichtmäßige Ermessen der zuständigen Behörde gestellt. Die Prüfung der letzteren ist daher keineswegs auf die Angemessenheit der von dem ersteren erhobenen Forderungen beschränkt, hat sich vielmehr auch darauf zu erstrecken, ob nach Lage des Falles ausreichender Anlaß vorliegt, zwangsweise in das Verfügungsrecht des Unterhaltungspflichtigen einzugreifen. Daß dabei auch die Leistungsfähigkeit und Zuverlässigkeit des Unternehmers in Betracht kommen muß, bedarf der Erwähnung nicht.

Zu § 8 und § 9.

Behufs Sicherung der Interessen der Reichs-Post- und Telegraphenverwaltung (§ 8 Abs. 2 und § 9) ist mit der zuständigen Kaiserlichen Ober-Postdirektion in Verbindung zu treten.

Im Interesse der Landesverteidigung (§ 8 Abs. 1 und § 9) ist folgendes zu beachten.

Zu § 8 Absatz 1[14]).

1. Unter Eisenbahnanlagen, die sich dem Bereiche einer Festung nähern, sind alle Kleinbahnen zu verstehen, die im ganzen oder auch nur mit Teilen sich den äußersten Werken von Festungen bis auf 15 km oder weniger nähern oder in dem Raum zwischen den äußersten Werken und der Stadtumwallung liegen.
2. Kleinbahnen oder Teile von solchen, welche, ohne die Stadtumwallung zu überschreiten, im Innern von Festungen erbaut werden, gehören nicht dazu.
3. Bei Festungen ohne Stadtumwallung tritt an deren Stelle eine zwischen dem Kriegsministerium und dem Ministerium der öffentlichen Arbeiten[15]) besonders zu vereinbarende Linie (s. Ausführungsanweisung zu § 9, Abschnitt C).

Zu § 9.

A. Die Einrichtung der Bahnanlagen und der Betriebsmittel ist bei allen für den Betrieb mit mechanischen Motoren eingerichteten Kleinbahnen durch die Genehmigungsurkunde an folgende Bedingungen zu knüpfen:

1. Gleise.
   a) Es sind außer der Normalspur nur Spurweiten von 0,600, 0,750 und 1,000 m zuzulassen.
   b) Sofern Querschwellenoberbau angewendet wird, soll das Mindestgewicht der Schienen 9,5 kg auf das Meter betragen.
   c) Bei einer Spurweite von 0,600 m soll der kleinste Krümmungshalbmesser 30 m betragen.
   d) Die lichte Spurweite der Spurrinnen bei Weichen, Kreuzungen, Überwegen usw. soll nicht unter 0,035 m betragen.

   Die Bestimmungen unter c und d gelten nicht für Straßenbahnen.
2. Rollendes Material.
   a) Für Bahnen mit einer Spurweite von 0,600 m sollen Lokomotiven und Wagen derartig gebaut sein, daß sie Krümmungen von 30 m Halbmesser anstandslos durchfahren können.
   b) Es sind nur einflanschige Räder zu verwenden.
   c) Die Betriebsmittel der Bahnen mit 0,600 m Spurweite sollen zentrale Buffer in einer Höhe von 0,300 bis 0,340 m über Schienenoberkante erhalten.
   d) Das Ladegewicht der Wagen, in Kilogramm ausgedrückt, soll durch 500 teilbar sein.
3. Bahnhofseinrichtungen.

   Sofern die Kleinbahnen an andere Bahnen anschließen, und ein Übergang der Wagen nicht angängig ist, sind zweckentsprechende Vorrichtungen zum Umladen herzustellen.
4. Sofern es sich lediglich um die Erweiterung eines bestehenden Bahnunternehmens handelt, kann die Beibehaltung der bisherigen Spurweite und des bisherigen Schienengewichts für die Erweiterungsstrecke auch dann genehmigt werden, wenn beides den Bestimmungen zu 1a und b nicht entspricht.
5. Falls im übrigen ausnahmsweise aus besonderen Gründen eine Abweichung von den vorstehenden Bestimmungen für notwendig erachtet werden sollte, ist an den Minister der öffentlichen Arbeiten[2]), behufs der im Einverständnis mit dem Herrn Kriegsminister[3a]) zu treffenden Entscheidung Bericht zu erstatten.
6. Ob außerdem ausnahmsweise für einzelne Kleinbahnen besondere — und dann ebenfalls in die Genehmigungsurkunde aufzunehmende — Anforderungen an die Leistungsfähigkeit der Anlagen zu stellen sind, wird im Einverständnis mit dem Herrn Kriegsminister bestimmt.

B. Bezüglich des **Betriebes** sind die aus den nachfolgenden Bestimmungen sich ergebenden Verpflichtungen durch die Genehmigungsurkunde allen für den Betrieb mit mechanischen Motoren eingerichteten Kleinbahnen aufzuerlegen, mit Ausnahme derjenigen, welche lediglich städtische Straßenbahnen sind oder nicht mehr als drei Gemeindebezirke berühren und der Regel nach nur der Personenbeförderung in einzelnen Wagen dienen[16]).

1. Die Kleinbahnen sind nach Maßgabe ihrer Leistungsfähigkeit im Frieden und im Kriege[16]) verpflichtet, Militärtransporte aller Art — während des Kriegsverhältnisses auch Privatgut für die Militärverwaltung — zu befördern.

---

[13]) Abweichend von der Genehmigung (§ 2); Anm. 6 zu KleinbG § 2.

[14]) E 29. Nov. 00 (EVBl 605).

[15]) Jetzt Reichswehr- und Handelsmin.

[16]) Die für Eisenbahnen maßgebenden Best., auf die im folgenden Bezug genommen wird, behandelt Abschn. VIII d. W. Die für den Mobilmachungs- u. Kriegsfall gegebenen Best. sind durch die Aufhebung des KriegsleistungsG (unten Abschn. VIII) u. der allg. Wehrpflicht gegenstandslos geworden.

2. Werden Abweichungen von den für die Annahme, Abfertigung, Ver- und Entladung, sowie für die Beförderung geltenden Einrichtungen und Bestimmungen des öffentlichen Verkehrs im Interesse der Ausführung von Militärtransporten erforderlich, so unterliegen dieselben im Einzelfalle der Vereinbarung zwischen der absendenden Militärbehörde und der Bahnverwaltung. Die für die Betriebssicherheit getroffenen allgemeinen Bestimmungen dürfen hierdurch nicht berührt werden.
3. bis 5.[16]).
6. Auf Anfordern der Eisenbahn-Aufsichtsbehörde hat die Kleinbahn zwecks Ermittlung ihrer militärischen Leistungsfähigkeit im Frieden und im Kriege[16]) über ihre Anlagen, Einrichtungen und Betriebsmittel Auskunft zu geben.

   Die Militärverwaltung ist außerdem berechtigt, zur Vervollständigung dieser Auskunft, sowie zu sonstigen militärischen Zwecken auch unmittelbar Erkundigungen anzuordnen. Den entsandten Offizieren und Beamten ist dabei jede wünschenswerte Unterstützung zu gewähren.
7. Jeder Militärtransport wird mit einem von der zuständigen Dienststelle ausgefertigten Ausweis versehen[17])... Auf Grund derartiger Ausweise erfolgt die Beförderung zu den Sätzen des Militärtarifs ... gegen sofortige Bezahlung ...

7.a)[16])

8. Die Telegraphen- und Fernsprecheinrichtungen der Kleinbahnen dürfen zu dringlichen militärischen Mitteilungen benutzt werden, soweit die Erfordernisse des Eisenbahndienstes dies zulassen ...
9. Die Bezeichnungen: Militärverwaltung, Militärbehörde, Militärtransport, Truppenteil gelten sinngemäß auch für die Marine ...

Vorstehende Bestimmungen zu § 9 gelten auch für die Genehmigung von wesentlichen Erweiterungen oder Änderungen des Unternehmens, der Anlage oder des Betriebes der vorgedachten Bahnen.

C.[14]) 1. Die dem Antrage auf Erteilung der Genehmigung in technischer Hinsicht beizufügenden Unterlagen (Ausführungsanweisung zu § 5) sind bei den unter die Ausführungsanweisung zu § 8 Absatz 1 fallenden Kleinbahnen der Festungsbehörde vor Erteilung der Genehmigung vorzulegen.

2. Dies gilt auch für Kleinbahnen oder Teile von solchen, welche im Innern einer Festung angelegt werden sollen, ohne die Stadtumwallung oder die beim Fehlen einer solchen vereinbarte Linie zu überschreiten. Bei diesen Bahnen sind — wenn die Unternehmer weiter gehenden Anforderungen nicht zustimmen — im Interesse der Landesverteidigung nur solche Anforderungen zu berücksichtigen, welche zur Verhütung einer Beeinträchtigung des Verteidigungsinteresses dienen.
3. Die Erfüllung der an die Kleinbahnen — Ziffer 1 und 2 — im Interesse der Landesverteidigung zu stellenden Anforderungen ist in der Genehmigungsurkunde — erforderlichenfalls durch einen geeigneten Vorbehalt — sicher zu stellen.

Zu § 10[18]).

Der Bestimmungszweck der dem Güterverkehr dienenden Kleinbahnen und das hierbei beteiligte öffentliche Interesse werden nur dann in vollem Umfange gewahrt, wenn den Absendern und Empfängern erheblicher Gütermengen die Möglichkeit der Anlage von Anschlußgleisen zur erleichterten Anbringung und Abholung ihrer Frachtgüter gegeben ist.

Der Vorbehalt der Verpflichtung der Unternehmer von Kleinbahnen, auf welchen Güterverkehr stattfinden soll, zur Gestattung von Privatanschlußbahnen bei der Genehmigung muß daher die Regel bilden. Nur aus ganz besonderen Gründen erscheint es gerechtfertigt, davon Abstand zu nehmen, wie z. B. für solche Bahnen, welche, ohne mit dem Enteignungsrechte oder dem Rechte zur Benutzung öffentlicher Wege ausgestattet zu sein, vornehmlich Privatzwecken des Unternehmers, zugleich aber auch nebenbei dem öffentlichen Verkehr zu dienen bestimmt sind.

Zu § 11[18a]).

Ebenso wird bei der Genehmigung von Kleinbahnen jeglicher Art dem Unternehmer die Verpflichtung zur Ausführung der Bahn und zur Aufrechterhaltung des ordnungsmäßigen Betriebes während der Dauer der Genehmigung auferlegt werden müssen, sofern nach der Ansicht der genehmigenden Behörde nicht etwa die Bahn für das öffentliche Verkehrsinteresse ohne Wert sein sollte. Diese Annahme wird namentlich in den am Schlusse der Anweisung zu § 10 bezeichneten Fällen Platz greifen können. Zweifel in dieser Richtung können aber auch in betreff solcher Bahnen entstehen, welche, z. B. Drahtseilbahnen nach Aussichtspunkten, lediglich Vergnügungszwecken dienen, und ohne Hilfe des Enteignungsrechts und ohne Benutzung öffentlicher Wege hergestellt werden sollen. In derartigen Fällen ist daher sorgfältig zu erwägen, ob die öffentlichen Interessen den Vorbehalt der Bau- und Betriebspflicht erheischen.

Die Höhe der in dem Absatz 2 und 3 erwähnten Geldstrafen ist nach dem Grade, in welchem das öffentliche Interesse an dem Bestande und Betriebe der Bahn beteiligt ist, zu bemessen. Die Bemessung erfolgt zweckmäßig

---

[17]) Die folgenden Absätze der Ziff. 7 behandeln Art u. Form der Ausweise, Abfertigungsverfahren u. Abrechnung. Sie sind geändert durch E 17. Nov. 02 (EVBl 537) u. 23. Nov. 04 (das. 375) u. hier fortgelassen. Ferner E 30. Sept. 19 IVb 47. 123. 856 betr. Benutz. v. Kleinb. durch MilPersonen.

[18]) Zu § 10 s. noch E 9. Dez. 15 IV 47. 121. 920.

[18a]) Ausführl. Erläut. bei Hein-Krüger Anm. 5 zu KleinbG § 11.

nach bestimmten Prozenten des Anlagekapitals. Eine Geldstrafe im Betrage von 10 Prozent des Anlagekapitals ist als die äußerste Grenze anzusehen, deren Überschreitung selbst durch erhebliche öffentliche Interessen nicht gerechtfertigt wird.

Den Unternehmern nebenbahnähnlicher Kleinbahnen (vgl. Einleitung und zu § 3) ist durch die Genehmigungsurkunde aufzugeben, im Interesse der Aufrechterhaltung eines regelmäßigen und sicheren Betriebes einen Erneuerungsfonds, sowie — neben dem nach den jeweiligen handelsrechtlichen Vorschriften für Aktiengesellschaften und Kommanditgesellschaften auf Aktien erforderlichen Bilanzreservefonds — einen Spezialreservefonds nach Maßgabe der folgenden Bestimmungen[19]) zu bilden:

I. Der Erneuerungsfonds dient zur Bestreitung der Kosten der regelmäßig wiederkehrenden Erneuerung des Oberbaues und der Betriebsmittel.

Es sind jedoch hieraus von den Betriebsmitteln nur die Kosten ganzer Lokomotiven und Wagen, von den Oberbaumaterialien dagegen auch die Kosten einzelner Stücke zu bestreiten. Der Ersatz einzelner Teile von Betriebsmitteln (Siederohre usw.) muß auf Rechnung des Betriebsfonds erfolgen.

In den Erneuerungsfonds fließen:

1. der Erlös aus den entsprechenden abgängigen Materialien,
2. die Zinsen des Fonds selbst,
3. eine aus den Überschüssen der Betriebseinnahmen über die Betriebsausgaben[20]) zu entnehmende jährliche Rücklage.

Die Höhe dieser Jahresrücklagen ist unter Berücksichtigung der besonderen Verhältnisse und Bedürfnisse des einzelnen Unternehmens auf:

a) 1—2% von dem zusammengerechneten Beschaffungswerte der Schienen, der Weichen und des Kleineisenzeuges,
b) 2,5 bis 5% vom Beschaffungswerte der Schwellen,
c) 1,25 bis 2,5% von dem der Lokomotiven,
d) 0,75 bis 1,5% von dem der Wagen zu bemessen[21]).

Wird das Unternehmen nicht mit Dampfmaschinen, sondern in anderer Weise (z. B. elektrisch) betrieben, so haben die Genehmigungsbehörden den Rücklagesatz c) von Fall zu Fall selbst zu bestimmen.

Lassen die Betriebsergebnisse eines Jahres die Deckung der Rücklagen zum Erneuerungsfonds (Ziffer 3) nicht oder nicht vollständig zu, so ist das Fehlende aus den Überschüssen des oder der folgenden Betriebsjahre zu entnehmen. Abweichungen hiervon sind mit Genehmigung des Ministers der öffentlichen Arbeiten[2]) zulässig[20]).

Die Genehmigungsbehörden sind ermächtigt, auf Antrag des Unternehmers von der Zuführung weiterer Rücklagen zum Erneuerungsfonds dann zeitweilig abzusehen, wenn derselbe eine nach ihrem Ermessen ausreichende Höhe erlangt hat.

II. Der Spezialreservefonds dient zur Bestreitung von Ausgaben, die durch außergewöhnliche Elementarereignisse und größere Unfälle hervorgerufen werden.

Diesem Fonds sind zuzuführen:

1. der Betrag der verfallenen, nicht abgehobenen Dividenden und Zinsen,
2. die Zinsen des Fonds selbst,
3. eine aus dem Reinertrage zu entnehmende jährliche Rücklage.

Die Höhe der jährlichen Rücklagen zum Spezialreservefonds ist auf ½ bis 3% des Reinertrags zu bemessen. Erreicht der Spezialreservefonds den Betrag von 5% des Anlagekapitals, so können für die Dauer dieses Bestandes weitere Rücklagen unterbleiben.

Die Genehmigungsbehörden sind ermächtigt, von der Pflicht zur Ansammlung eines Spezialreservefonds ganz zu befreien, wenn und so lange die Erreichung seines Zwecks durch die Zugehörigkeit zu einem für zuverlässig erachteten Versicherungsunternehmen gewährleistet ist.

III. Die Anordnungen über die Höhe der Rücklagen zum Erneuerungs- und zum Spezialreservefonds (Nr. I und II) sind einem besonderen Regulative vorzubehalten, welches in Zeiträumen von 5 Jahren einer Nachprüfung hinsichtlich der Zweckmäßigkeit der bisherigen Sätze, beim Erneuerungsfonds auch hinsichtlich der Beschaffungswerte zu unterziehen ist. Hierbei kommen Beschaffungen, Änderungen der Betriebsweise usw., welche innerhalb einer fünfjährigen Periode vorgenommen sind, erst für die nächstfolgende Periode in Betracht.

IV. Der Erneuerungsfonds und der Spezialreservefonds sind sowohl voneinander, als auch von anderen Fonds des Unternehmens getrennt zu verwalten.

Die zu jenen Fonds zu vereinnahmenden Beträge sind, sofern sie nicht sofort zur Verwendung gelangen, in Wertpapieren, welche bei der Reichsbank beleihbar sind, zinstragend anzulegen. Ein Viertel des Bestandes des Erneuerungs- und des Spezialreservefonds muß aus Staatspapieren (preußischen Staats- oder Reichsanleihen) bestehen[22]).

[22]) Für schon genehmigte nebenbahnähnliche Kleinbahnen, die dieser Verpflichtung zur Anschaffung von Staatspapieren noch nicht unterliegen, ist bei der Genehmigung wesentlicher

---

[19]) Über die verschiedenen Fonds treffen noch die E 30. Okt. 19 (IVb 47. 211. 180), 22. Nov. 21 (Vb 1. 12. 1980) u. 13. Mai 24 (Vb 2. 12. 1598) Bestimmung. — Gebührenfreiheit d. Entscheid: VGO (unten IV 7 Beil. A Nr. 25d. — Erneuerungsfonds E 2. Dez. 27 u. 10. März 28 HMinBl 440 u. 63.

[20]) E 9. Mai 05 (EVBl 175).

[21]) E 8. Juni 07 (ENBl 254) u. 4. Aug. 09 IV A 18. 772.

[22]) E 12. Sept. 10 (EVBl 253).

Änderungen oder Erweiterungen anzuordnen, daß je ein Drittel der jährlichen Rücklagen für den Erneuerungs- und den Spezialreservefonds in jenen Staatspapieren angelegt werden muß, und zwar so lange, bis ein Viertel der Fonds aus solchen Werten besteht.

V. Ist der Unternehmer bereits durch das Gesellschaftsstatut oder sonst privatrechtlich (z. B. durch Verträge mit dem Staate, der Provinz oder dem Kreise über die Gewährung von Beihilfen oder die Gestellung von Grund und Boden) zur Ansammlung zweckdienlicher und ausreichender Rücklagefonds verpflichtet, so genügt es, durch die Genehmigungsurkunde die Aufrechterhaltung dieser Verpflichtung für die Dauer der Genehmigung sicher zu stellen und ihre Befolgung zu überwachen.

VI. Kommunalverbände sind als Unternehmer von Kleinbahnen von den vorstehenden Verpflichtungen zur Bildung von Rücklagefonds befreit (§ 12 des Gesetzes), unbeschadet jedoch der von Kommunalaufsichtswegen oder bei Gewährung von Unterstützungen seitens des Staates oder der Provinzen etwa getroffenen Anordnungen bzw. Vereinbarungen.

Zu § 13.

Ob eine Genehmigung dauernd oder auf Zeit zu erteilen ist, bleibt dem pflichtmäßigen Ermessen der zur Genehmigung zuständigen Behörde freigestellt. Im allgemeinen wird dabei davon auszugehen sein, daß eine Genehmigung ohne zeitliche Begrenzung nicht zu erteilen ist, wenn öffentliche Wege benutzt werden. Auch bei Anlegung eines eigenen Bahnkörpers ist eine Genehmigung ohne zeitliche Begrenzung in der Regel nicht, vielmehr nur dann zu erteilen, wenn die wirtschaftlichen Verhältnisse des Unternehmens es erforderlich erscheinen lassen und öffentliche Interessen nicht entgegenstehen.

Bei Bemessung der Dauer einer zeitlich begrenzten Genehmigung ist außer auf den Zeitpunkt etwaiger Erwerbsrechte (§ 6) darauf zu sehen, daß die Dauer der Genehmigung ausreichend genug bemessen wird, um dem Unternehmen die Möglichkeit der Amortisation des Anlagekapitals zu gewähren[23]).

Zu § 14.

Auch für die Vorbehalte und Anforderungen hinsichtlich des Fahrplans und der Beförderungspreise kann im wesentlichen nur der Grad des an dem Betriebe der Bahn bestehenden öffentlichen Verkehrsinteresses den Maßstab abgeben.

[24]) Was den Fahrplan betrifft, so erfordert das öffentliche Sicherheitsinteresse in jedem Falle die Festsetzung der höchsten zulässigen Geschwindigkeit der Züge, welche die für Nebeneisenbahnen statthafte Maximalgrenze[25]) nicht überschreiten darf. Im übrigen ist nach den besonderen Verhältnissen eines jeden einzelnen Falles zu ermessen, ob hinsichtlich der Zahl und der Zeit sämtlicher oder einzelner Züge weitere Anordnungen bei der Genehmigung zu treffen sind. Wird zunächst hiervon abgesehen, so ist der Zeitraum, nach dessen Ablauf wiederholte Prüfung einzutreten hat, in der Regel auf etwa drei Jahre zu bemessen.

Die Mitteilung aller Tarife, Fahrpläne und aller etwa zu erlassenden Betriebsreglements an die Aufsichtsbehörde wird bei jeder Genehmigung vorzubehalten sein, um diese Behörde zur Erledigung ihrer Aufgabe in den Stand zu setzen.

Zu § 16.

Mit der Aushändigung der Genehmigungsurkunde an einen Unternehmer, welcher nicht eine der in § 16 bezeichneten Gesellschaften ist, muß auch die Veröffentlichung der Genehmigung in dem Amtsblatte derjenigen Regierung, in deren Bezirke die Bahn belegen ist, veranlaßt werden. Von jeder erteilten Genehmigung ist Abschrift dem Minister der öffentlichen Arbeiten[2]) durch die Genehmigungsbehörde einzureichen.

Die Veröffentlichung einer Genehmigung, welche einer der in § 16 bezeichneten Gesellschaften erteilt ist, darf erst erfolgen, nachdem der genehmigenden Behörde der Eintrag im Handelsregister nachgewiesen ist. Die Zeit des Eintrags ist von der letzteren in der Genehmigungsurkunde zu vermerken und in der öffentlichen Bekanntmachung anzugeben.

Sollte die Genehmigung für eine Kleinbahn einer Genossenschaft erteilt werden, so ist die Genehmigungsurkunde vor ihrer Aushändigung an den Unternehmer dem zur Führung des Genossenschaftsregisters zuständigen Gerichte mit dem Ersuchen um Eintrag in dieses Register und demnächstige Rückgabe der Urkunde mitzuteilen. Erst nach deren Wiedereingang und nach Vermerk des Eintrags auf derselben darf die Aushändigung an den Unternehmer und die Veröffentlichung in dem Amtsblatte stattfinden.

Zu § 17[9]).

Die Planfeststellung durch den Regierungspräsidenten erfolgt im Einvernehmen mit der zuständigen Eisenbahnbehörde.

Im allgemeinen hat die Planfeststellung erst nach der Genehmigung zu erfolgen. Sofern indessen in einzelnen Fällen Zweckmäßigkeitsgründe gegen dies Verfahren sprechen, die Erteilung der Genehmigung nicht von vornherein bedenklich erscheint und der Unternehmer nicht widerspricht, können die Genehmigungsbehörden die Planfeststellung der Genehmigung vorangehen lassen oder die erstere gleichzeitig mit der Vorbereitung der Genehmigung vornehmen[26]).

[23]) E 26. Jan. 07 (Ztschr. f. Kleinb. 171).

[24]) Nähere Vorschr. für nebenbahnähnl. Kleinb. mit Maschinenbetrieb BetrVorschr. (Anl. 3) Abschn. V, f. Straßenb. m. MaschBetr. BetrVorschr. (Anl. 4) § 47, für Privatanschlußb. BetrVorschr. 30. April 02 (EVBl 213) § 27. — Weiteres Hein-Krüger Anm. 1 zu KleinbG § 14.

[25]) BO § 66.

[26]) Die Stellung der Reichstelegraphenverwaltung zu dem Projekt einer elektr. Kleinb. bildet kein Hindernis, hiervon Gebrauch zu machen E 19. April 04 (EVBl 123).

Der Baubeginn darf erst gestattet werden, wenn Genehmigung und Planfeststellung, gleichgültig in welcher Reihenfolge, stattgefunden haben.

Anträge auf Entbindung von der vorgängigen Planfestsetzung sind dem Minister der öffentlichen Arbeiten[2]) so vorbereitet vorzulegen, daß alsbald Entscheidung getroffen werden kann.

Zu § 19.

Die Erlaubnis zur Eröffnung des Betriebes erfolgt auf Grund einer örtlichen Prüfung der Bahn durch die zur Genehmigung zuständige Behörde, also bei Bahnen, welche mit Maschinenkraft betrieben werden sollen, durch den Regierungspräsidenten in Gemeinschaft mit der zuständigen Eisenbahnbehörde. — Über das Ergebnis der Prüfung ist ein Protokoll aufzunehmen.

[27]) Zu § 20.

Sowohl bei der ihrer Einstellung in den Betrieb vorhergehenden, wie auch bei den späteren periodischen Prüfungen der Betriebsmaschinen sind diejenigen Vorschriften gleichmäßig zu beachten, welche jeweilig für die entsprechenden Prüfungen der auf Nebeneisenbahnen zur Verwendung kommenden Betriebsmaschinen gelten.

Die Bestimmungen der von dem Minister für Handel und Gewerbe am 15. März 1897 erlassenen Anweisung, betreffend die Genehmigung und Untersuchung der Dampfkessel[27a]), haben für das Verfahren bei Genehmigung und Beaufsichtigung der Dampfkessel in den Betriebsmaschinen der Kleinbahnen zufolge des § 20 keine Gültigkeit.

Zu § 21.

Der Fahrplan und die Beförderungspreise für Personen und für Güter sind mindestens in einem öffentlichen Blatte, welches in der Genehmigungsurkunde zu diesem Zwecke zu bestimmen ist, zur Kenntnis des Publikums zu bringen. Außerdem hat die Veröffentlichung durch Aushang in den dem Beförderungsverkehr gewidmeten Räumen, und zwar die Veröffentlichung des Fahrplans und der Personenbeförderungspreise in den Personenbahnhöfen, Wartehallen usw., der Güterbeförderungspreise in den für die Güterbeförderung bestimmten Gebäuden oder Räumen stattzufinden.

Zu § 22[28]).

Die Aufsicht über die Kleinbahnen steht, soweit sie nicht eisenbahntechnischer Natur ist, mit Ausnahme des zu § 3 am Schlusse erwähnten Falls, immer derjenigen Behörde zu, welche zuletzt für eine der dem Unternehmen zugehörigen Bahnen eine Genehmigung nach Maßgabe der §§ 2 und 3 erteilt hat. Ist eine Genehmigung zur wesentlichen Erweiterung oder Änderung des Unternehmens von einer anderen als derjenigen Behörde erteilt worden, durch welche die frühere Genehmigung erfolgt war, so beginnt die Zuständigkeit zur Beaufsichtigung des erweiterten oder veränderten Unternehmens mit der Rechtskraft der die Erweiterung oder Änderung genehmigenden Urkunde an den Unternehmer.

Die Aufsicht über die zum Betriebe mit Maschinenkraft eingerichteten Kleinbahnen, soweit sie nicht eisenbahntechnischer Natur ist, erfolgt ebenso, wie die Genehmigung im Einvernehmen mit der vom Minister der öffentlichen Arbeiten[2]) zur Mitwirkung bei der Genehmigung berufenen Eisenbahnbehörde, sofern nicht eine andere Eisenbahnbehörde zur Aufsicht bestimmt wird. Bezügliche Anträge sind von der zur Mitwirkung bei der Genehmigung bezeichneten Eisenbahnbehörde an den Minister zu richten, falls sie die Übertragung der Aufsicht an eine andere Eisenbahnbehörde nach Lage der Verhältnisse für zweckmäßig erachtet.

Die eisenbahntechnische Beaufsichtigung der Kleinbahnen mit Maschinenbetrieb wird von der Eisenbahnbehörde selbständig ohne Mitwirkung des Regierungs- (Polizei-) Präsidenten gehandhabt. Sie beschränkt sich auf die Überwachung des Betriebes im engeren Sinne, welcher die betriebssichere Unterhaltung der Bahnanlage[29]) und der Betriebsmittel und die sichere und ordnungsmäßige Durchführung der Züge begreift[30]). Bei Ausübung dieser Aufsicht muß sich die zuständige Behörde stets gegenwärtig halten, daß, worauf eingangs dieser Anweisung hingewiesen ist, Anforderungen an die Unternehmer, welche die Rücksicht auf die Betriebssicherheit nicht notwendig erheischt, unbedingt zu vermeiden sind.

Der Betrieb der nebenbahnähnlichen Kleinbahnen (vergl. Einleitung und Zu § 3) regelt sich nach den durch den Minister der öffentlichen Arbeiten[2]) erlassenen, als Anlage (Anl. 3) dieser Ausführungsanweisung beigefügten Bau- und Betriebsvorschriften vom 15. Januar 1914, der Betrieb der Straßenbahnen (städtischen Straßenbahnen und diesen ähnlichen Kleinbahnen) nach den gleichfalls von dem Minister der öffentlichen Arbeiten[2]) erlassenen, als Anlage (Anl. 4) beigefügten Bau- und Betriebsvorschriften vom 26. September 1906[31]).

Die Innehaltung dieser beiden Vorschriften seitens der Unternehmer und ihres Personals ist durch die Aufsichtsbehörden mittels der diesen gegen die Unternehmer zustehenden Zwangsmittel zu sichern[31]).

Polizeiverordnungen[32]) und andere polizeiliche Bestimmungen über den Betrieb auf den zum Betriebe mit Maschinenkraft eingerichteten Kleinbahnen sind nicht ohne die Zustimmung der Eisenbahnbehörde zu erlassen. Im Falle der Versagung der Zustimmung ist die Entscheidung des Ministers der öffentlichen Arbeiten[2]) einzuholen. Sofern zum Erlasse derartiger Verordnungen eine dem Regierungspräsidenten untergeordnete Behörde zuständig

---

[27]) I 2a Beil. A Anm. 4C d. W.

[27a]) Jetzt Anw 16. Dez. 09 (EVBl **1910** 47).

[28]) Ausführliche Darlegungen üb. die EisenbahntechnAufsicht in der Anm. von Hein-Krüger zu KleinbG § 22.

[29]) Brücken: E 8. April 08 (VB II 202), E 24. Juli u. 2. Okt. 29 (HMinBl 234 u. 279).

[30]) Unfallmeldung E 1. Sept. 08 (ENBl 303).

[31]) E 26. Sept. 06 (EVBl 559) u. 15. Jan. 14 (EVBl 41). Ferner AusfAnw zu § 55.

[32]) Muster zu PolVerord. I 4 Anm. 41 B.

sein sollte, ist diese anzuweisen, sich vor dem Erlasse derselben seines Einverständnisses zu versichern. Auch für dies Einverständnis bedarf es der Zustimmung der Eisenbahnbehörde.

In Bedürfnisfällen können die örtlichen Polizeibehörden innerhalb ihrer Zuständigkeit Angestellten des äußeren Betriebsdienstes der Kleinbahnen (§ 4 Nr. 3 des Gesetzes) nach Prüfung ihrer Befähigung und Zuverlässigkeit für die Dauer der betreffenden Beschäftigung durch Ausfertigung von jederzeit widerruflichen Bestallungsurkunden unter Abnahme des Staatsdienereides die Rechte und Pflichten von Polizeiexekutivbeamten für den Bereich der bahnpolizeilichen Geschäfte übertragen. Hierbei sind selbstverständlich die für die Bestallung von Polizeiexekutivbeamten maßgebenden gesetzlichen Bestimmungen zu beachten. Auch finden, was die Vorbedingungen für die Bestallung, den Umfang der Befugnisse, sowie die Handhabung des Dienstes anlangt, die Vorschriften im § 47 Absatz 2 bis 5, § 49 Absatz 1 und 2, § 50 Absatz 1 und § 52 der Bahnordnung für die Nebeneisenbahnen Deutschlands vom 5. Juli 1892 (R.-G.-Bl. S. 764) analoge Anwendung[33]).

Erstreckt sich die Bahn, für welche Bahnpolizeibeamte zu ernennen sind, über mehrere Ortspolizeibezirke, so bezeichnet, je nachdem die von der ganzen Bahnstrecke berührten Polizeibezirke innerhalb desselben Kreises — innerhalb verschiedener Kreise desselben Regierungsbezirks — innerhalb verschiedener Regierungsbezirke derselben Provinz — innerhalb verschiedener Provinzen belegen sind, der Landrat — der Regierungspräsident — der Oberpräsident — die Zentralinstanz diejenige Ortspolizeibehörde, welche für die ganze Bahnstrecke die Polizeibeamten zu bestellen und zu vereidigen hat. Die geschehene Bezeichnung der zuständigen Polizeibehörde ist durch das Amtsblatt der von der Bahn berührten Regierungsbezirke bekannt zu geben. Die Ernennung der Bahnpolizeibeamten bedarf vorgängiger Zustimmung der Bahnaufsichtsbehörde[34]).

Zu §§ 23/24.

Das Erlöschen und die Zurücknahme einer Genehmigung ist von der aufsichtsführenden Behörde in dem Regierungs-Amtsblatt bekannt zu machen.

Zu § 26 letzter Absatz.

Bevor von der Aufsichtsbehörde über die Festsetzung der dort erwähnten Frist Beschluß gefaßt wird, ist außer dem Wegeunterhaltungspflichtigen auch die Wegepolizeibehörde zu hören.

§ Zu 27.

Liegt beim Erlöschen oder bei der Zurücknahme der Genehmigung wegen Unterbrechung des Baues und des Betriebes der Fall vor, daß über den Verfall und die Verwendung von Geldstrafen Entscheidung zu treffen ist, so ist von der Aufsichtsbehörde dem Minister der öffentlichen Arbeiten[2]) darüber Bericht zu erstatten, an welchen geeignetenfalls Vorschläge über die Verwendung verfallener Geldstrafen im Sinne dieses Gesetzes zu knüpfen sind. Bei Bahnen, welche mit Maschinenkraft betrieben werden, haben die Regierungspräsidenten ihren Bericht zunächst der eisenbahntechnischen Behörde mitzuteilen, damit diese in der Lage ist, sich auch ihrerseits zur Sache zu äußern.

Zu § 30.

Von der Aufsichtsbehörde ist an den Minister der öffentlichen Arbeiten[2]) zu berichten, sobald ihres Erachtens die Voraussetzungen für die Anwendung des § 30 eingetreten sind. Ist die Bahn zum Betriebe mit Maschinenkraft eingerichtet, so bedarf es dieser Berichterstattung, wenn auch nur eine der beteiligten Behörden, der Regierungspräsident oder die Eisenbahnbehörde, den Fall des § 30 für gegeben erachtet. Der Bericht ist von der diese Voraussicht bejahenden Behörde zu erstatten und mit der gutachtlichen Äußerung der dissentierenden Behörde einzureichen.

Zu § 32.

Von der Verpflichtung des Unternehmers zur Führung getrennter Betriebsrechnungen kann abgesehen werden, wenn die Gesamtunternehmung keine anderen Bahnen enthält, als städtische Bahnen für den Personenverkehr und Bahnen, welche, wie z. B. Drahtseilbahnen, zum Anschlusse an das Eisenbahnnetz sich nicht eignen.

Bei nebenbahnähnlichen Kleinbahnen (vgl. Einleitung und Zu § 3) ist stets die Führung getrennter Betriebsrechnungen vorzuschreiben.

Zu § 45[9]).

Die Prüfung der betriebssicheren Beschaffenheit der Bahn und der Betriebsmittel, welche der genehmigenden Behörde obliegt, bedingt auch für die Anträge auf Genehmigung der Privatanschlußbahnen die in technischer Hinsicht erforderlichen Unterlagen, wenn es auch an einer diesbezüglichen Vorschrift in dem Gesetze fehlt. Es ist daher auch für diese Bahnen die Anweisung zu § 5, soweit sie die technischen Unterlagen betrifft, gleichmäßig zu beachten. Dagegen ist von dem Verlangen von Unterlagen in finanzieller Hinsicht abzusehen.

Zu § 47.

Die Genehmigungsbehörden werden ermächtigt, den Beginn des Baues ohne vorgängige Planfeststellung für alle ausschließlich auf dem Eigentum des Unternehmers und der Staatseisenbahnverwaltung auszuführenden

---

[33]) E 27. Dez. 00 (Ztschr. f. Kleinb. 01 216) betr. Übertragung der Rechte und Pflichten von Polizei-Exekutivbeamten auf die Angestellten der Kleinb. (mit DienstAnw.). — E 2. April 09 (Ztschr. f. Kleinb. 336), betr. Bestellung von Bahnpolizeibeamten b. Kleinb., bezeichnet die in Betracht kommenden Beamtenklassen u. empfiehlt, bei nebenbahnähnl. Kleinb. durch Bestellung geeigneter Bediensteter zu BPBeamten die erford. bahnpolizeil. Aufsicht zu schaffen. — An Stelle der oben angeführten Vorschr. der BahnO ist getreten BO §§ 75 (2. 4. 5.), 74 (3. 2. 4.), 76.

[34]) E 17. Sept. 02 (EVBl 501).

Privatanschlußbahnen zu gestatten, wenn nach dem Ermessen jener Behörden die übrigen Voraussetzungen des § 17 (letzter Absatz) vorliegen.

Zu § 53 Absatz 3.

In dem Falle vollständiger Unterwerfung eines Unternehmens unter die Bestimmungen des vorliegenden Gesetzes empfiehlt sich in der Regel die Ausstellung einer neuen Genehmigungsurkunde, damit die Rechte und Verpflichtungen des Unternehmens völlig zweifelsfrei gestellt werden.

Die in dem fünften Absatze vorgesehene Bekanntmachung der Unterstellung unter das Kleinbahngesetz hat durch das Amtsblatt der Regierung stattzufinden.

Zu § 55.

Diese Anweisung tritt unter Aufhebung der Anweisungen vom 22. August 1892 und 19. November 1892 (zu § 8 Abs. 1 und § 9 des Gesetzes) für die Erteilung neuer Genehmigungen (auch bei wesentlichen Änderungen im Sinne des § 2 des Gesetzes) sofort in Kraft. Auf schon genehmigte Kleinbahnen findet sie unbeschadet der konzessionsmäßigen Rechte der Unternehmer vom 1. Januar 1899 ab Anwendung. Hinsichtlich der Gültigkeit der Bau- und Betriebsvorschriften für nebenbahnähnliche Kleinbahnen — Anl. 3 — sowie der Bau- und Betriebsvorschriften für Straßenbahnen (städtische Straßenbahnen und diesen ähnliche Kleinbahnen) — Anl. 4 — sind, auch bei Genehmigung wesentlicher Änderungen im Sinne des § 2 des Gesetzes, die Bestimmungen dieser Vorschriften (Anl. 3 Abschnitt VI und Anl. 4 Abschnitt VI) maßgebend[10])[31]).

Anlage 1 (zu § 9 B 7) **Berechtigungsschein**[a]).

Anlage 2 (zu § 9 B 7) **Fahrtausweis**[a]).

Anlage 3.

Bau- und Betriebsvorschriften für nebenbahnähnliche Kleinbahnen mit Maschinenbetrieb.

(Einleitung Abs. 3 und zu § 3 Abs. 2 der Ausführungsanweisung vom 13. August 1898 zu dem Gesetz über Kleinbahnen und Privatanschlußbahnen vom 28. Juli 1892)[b]).

Anlage 4.

Bau- und Betriebsvorschriften für Straßenbahnen mit Maschinenbetrieb[c]).

Anhang zu Anlage 4.

Sicherheitsvorschriften für elektrische Straßenbahnen und straßenbahnähnliche Kleinbahnen[a]).

(Herausgegeben vom Verbande Deutscher Elektrotechniker e. V.)

Beilage B (zu Anmerkung 36).

Erlaß des Ministers der öffentlichen Arbeiten, betr. Nachweis der eisenbahntechnischen Mitwirkung bei der Planfeststellung von Kleinbahnen und Privatanschlußbahnen sowie der ministeriellen Genehmigung durch Kleinbahnen und Anschlußbahnen bedingter Änderungen von Eisenbahnanlagen. Vom 25. Januar 1900 (EVBl 29, VB II 197)[1]).

Ich habe Anlaß, folgendes zu bestimmen:

1. Die Königlichen Eisenbahndirektionen werden ihre Zustimmung zu Kleinbahnplänen gemäß den §§ 3, 17 des Gesetzes über Kleinbahnen und Privatanschlußbahnen vom 28. Juli 1892 (G.-S. S. 225) und der Ausführungsanweisung dazu vom 13. August 1898 oder gemäß § 15 des Enteignungsgesetzes vom 11. Juni 1874 (G.-S. S. 221) fortan allgemein nach Prüfung der Pläne durch den auf diese zu setzenden Vermerk:

   „Durch die Eisenbahnbehörde geprüft.

   ....., den ... ten ...... 19..

   Königliche Eisenbahndirektion.

   (Unterschrift.)

   Nr. ....“

   aussprechen.

2. Die Zustimmung zu den Plänen für Privatanschlußbahnen gemäß § 44 des Gesetzes über Kleinbahnen und Privatanschlußbahnen ist von den nach dem Erlasse vom 5. November 1892 — IV 5098, III 21 755 (EVBl S. 449)[2]) — zuständigen Eisenbahnbehörden in gleicher Weise auf den Plänen mit der Maßgabe zum Ausdruck zu bringen, daß in Fällen, in denen es sich um eine an eine Privateisenbahn anschließende

---

a) Hier nicht abgedruckt.

b) Hier nicht abgedruckt, Abdruck bei Hein-Krüger (oben Anm. 1 A). Die jetzige Fassung beruht auf E 15. Jan. 14 EVBl 41. Nachträge: E 12. Juli 19 IV b 10. 124. 573 (zu § 39, 3), E 23. Juni 23 HMinBl 247 (zu § 21 f.). Zu § 47: E 27. März 1920 IV b 47. 121. 241, geändert durch E 16. März 21 IV b 47. 123. 150. Zu §§ 6, 26: E 27. Aug. 25 (HMinBl 229). Verkürzung der Fristen für Untersuch. d. Lokomotiven: E 20. Juli 27 HMinBl 300. Ferner E 26. Nov. 27 HMinBl 364.

c) Eingeführt durch E 26. Sept. 06 (EVBl 559); geändert durch E 22. Okt. 08 (EVBl 309), 15. Jan. 14 (EVBl 41), 24. Dez. 20 (MinBliV **1921** 16), 27. Aug. 25 (HMinBl 229), 26. Nov. 26 (HMinBl 365); abgedr. bei Hein-Krüger (oben Anm. 1 A).

1) Der E gilt sachlich noch jetzt.

2) I 8 Anm. 65 d. W.

Privatanschlußbahn handelt, an die Stelle der Königlichen Eisenbahndirektion der Königliche Eisenbahnkommissar tritt.

3. **Diejenigen nach den maßgebenden Bestimmungen (vgl. Erlasse vom 16. Januar 1897 — IVa A 9835, III 552 [EVBl S. 23] —, 10. April 1893 — IV/I 1082, III 6994 —, 12. März 1894 — I [IV] 1824 —, 15. April 1896 — IVa A 801 [EVBl S. 170] — und 12. Dezember 1896 — IVa A 9287, III 17077 [ENBl S. 750] —)** von mir zu genehmigenden Änderungen der nach den §§ 4, 14 des Eisenbahngesetzes vom 3. November 1838 (G.-S. S. 505) festgestellten Eisenbahnanlagen, welche die Einführung von Kleinbahnen und Privatanschlußbahnen oder die Kreuzung durch solche notwendig macht, sind in die Eisenbahn-Urpläne und dementsprechend auch in die danach hergestellten Umdruckpläne in gelber Farbe einzutragen; daneben ist zu dem insbesondere auch nach § 15 des Enteignungsgesetzes für den Fall der Enteignung notwendigen Nachweise der durch mich gemäß den §§ 4, 14 des Eisenbahngesetzes erfolgten Genehmigung in der gleichen Farbe der Vermerk zu setzen:

„Durch Erlaß des Ministers der öffentlichen Arbeiten vom ... ten .... 19..

Nr..... vorläufig festgestellt.

......, den ...ten .... 19..

(bei Staatseisenbahnen:)
Königliche Eisenbahndirektion.
(bei Privateisenbahnen:)
Der Königliche Eisenbahnkommissar.

Nr....“ (Unterschrift.)

Nachrichtlich wird hierzu bemerkt, daß die gelbe Farbe zur Unterscheidung von denjenigen Einzeichnungen gewählt worden ist, die durch den im Auszuge nachstehend abgedruckten Erlaß vom 24. April 1890 — IIa (IV) 3271 —[3]) vorgeschrieben sind.

Beilage C (zu Anmerkung 36).

Erlaß des Ministers der öffentlichen Arbeiten, betr. Mitwirkung der Königlichen Eisenbahndirektionen bei der Planfeststellung von Kleinbahnen im Enteignungsverfahren. Vom 21. November 1900 (EVBl 591, VB II 198)[4]).

An die Königlichen Eisenbahndirektionen.

Nachstehenden Erlaß zur Kenntnisnahme und Nachachtung.

Indem ich bezüglich des Punktes 1 auf den Runderlaß vom 25. Januar d. J. — IV A 8993 — (EVBl S. 29)[5]) Bezug nehme, mache ich den Königlichen Eisenbahndirektionen die sorgfältige sachliche Behandlung der in Rede stehenden Enteignungsangelegenheiten zur besonderen Pflicht.

Berlin, den 21. November 1900.

Zur Behebung von Zweifeln über die Mitwirkung der Königlichen Eisenbahndirektionen bei der Planfeststellung von Kleinbahnen im Enteignungsverfahren wird folgendes bestimmt:

1. Die vorläufige Feststellung des Bauplans einer Kleinbahn im Sinne des § 15 des Enteignungsgesetzes vom 11. Juni 1874 hat im Einverständnis mit der von mir, dem Minister der öffentlichen Arbeiten, zur Mitwirkung bei der Genehmigung und Beaufsichtigung bestimmten Königlichen Eisenbahndirektion zu erfolgen, welche die Pläne mit ihrem Prüfungsvermerk versehen wird.
2. In dem darauffolgenden Verfahren der Planfeststellung zum Zwecke der Enteignung (§§ 18 bis 22 a. a. O.) ist bei Anberaumung des Termins zur Erörterung der gegen den vorläufig festgestellten Plan erhobenen Einwendungen (§ 20) die bezeichnete Königliche Eisenbahndirektion sowohl von dem Termine, als auch von den zur Erörterung gelangenden Einwendungen zu benachrichtigen, damit sie in geeigneten Fällen, in welchen eine Veränderung der Linienführung oder andere erheblichere bau- und betriebstechnische Fragen zur Verhandlung kommen, behufs Darlegung des Standpunktes der Eisenbahnbehörde einen Vertreter zu dem Termine abordnen kann.

Diese Bestimmung greift im Enteignungsverfahren auch dann Platz, wenn ausnahmsweise vor Einleitung des letzteren Verfahrens eine Planfeststellung nach Maßgabe des § 17 des Kleinbahngesetzes vom 28. Juli 1892 und hierbei schon eine Prüfung derselben Einwendungen stattgefunden haben sollte.

Der Minister der öffentlichen Arbeiten. Der Minister des Innern.

An die Regierungspräsidenten und den Polizeipräsidenten in Berlin.

Beilage D (zu Anmerkung 41).

Erlaß des Ministers der öffentlichen Arbeiten, betr. Berechtigung der Eisenbahnbehörden zur zwangsweisen Durchführung der bei der eisenbahntechnischen Beaufsichtigung von Klein- und Privatanschlußbahnen getroffenen Anordnungen. Vom 8. August 1894 (EVBl 205, VB II 199[6]).

Zur Beseitigung von Zweifeln über die Berechtigung der Eisenbahnbehörden zur zwangsweisen Durchführung der bei der eisenbahntechnischen Beaufsichtigung von Klein- und Privatanschlußbahnen getroffenen Anordnungen

---

[3]) V 2a Anm. 98 d. W.

[4]) Auch dieser E wird mut. mut. noch jetzt zu beachten sein.

[5]) Beil. B.

[6]) Anschütz (jurist. LiterBl. 18 211) hält diesen E für rechtsungültig; da die EisVerwBehörden nicht durch

weise ich darauf hin, daß zufolge eines allgemeinen Grundsatzes des preußischen Staatsrechts eine jede Behörde, welche in Ausübung eines Staatshoheitsrechts rechtsverbindliche Entscheidungen und Verfügungen zu treffen hat, in der Regel auch ermächtigt ist, zur Durchführung dieser Anordnungen die gesetzlich statthaften Zwangsmittel anzuwenden. Dieser Grundsatz gilt auch für die Ausübung der durch das Gesetz vom 28. Juli 1892 — G.-S. S. 225 — eingeführten eisenbahntechnischen Aufsicht über Klein- und Privatanschlußbahnen. Die in dieser Hinsicht maßgebende Regelung ist enthalten in der Geschäftsinstruktion für die Regierungen vom 23. Oktober 1817 (§ 11), bzw. der Verordnung vom 26. Dezember 1808 (§§ 34ff.), sowie in den den Vorschriften dieser Verordnung entsprechenden Bestimmungen des Rheinischen Ressortreglements vom 20. Juli 1818.

Da alle diese Vorschriften eine Regelung des gesamten Gebietes der damaligen inneren Verwaltung bezweckten und demgemäß in ihren allgemeinen Bestimmungen, insbesondere auch in den Vorschriften über die administrative Zwangsvollziehung der Verwaltungsanordnungen allgemein gültige Normen für die Handhabung der gesamten inneren Verwaltung aufzustellen beabsichtigten, so müssen dieselben in Ermangelung einer anderweiten besonderen Regelung auch für die Ausübung staatshoheitlicher Rechte durch Behörden der Eisenbahnverwaltung gelten, wie dies auch in dem Erkenntnisse des Königlichen Gerichtshofes zur Entscheidung der Kompetenzkonflikte vom 3. Januar 1857 (Justizministerialblatt 1857 S. 251) ausdrücklich als zutreffend anerkannt worden ist. (Vgl. auch Rönne: Das Staatsrecht der preußischen Monarchie. IV. Aufl., Bd. I, § 100, S. 438.)

Für die Vollstreckung ist die Verordnung, betreffend das Verwaltungszwangsverfahren wegen Beitreibung von Geldbeträgen vom 7. September 1879 (G.-S. S. 591)[7]) maßgebend.

9. Gesetz über die Bahneinheiten.

In der Fassung der Bekanntmachung vom 8. Juli 1902 (GS 237.)[1]).

Erster Abschnitt. Bahneinheit[2]).

§ 1. Eine Privateisenbahn, welche dem Gesetz über die Eisenbahnunternehmungen vom 3. November 1838 (Gesetz-Samml. S. 505) unterliegt, und eine Kleinbahn, deren Unternehmer verpflichtet ist, für die Dauer der ihm ertheilten Genehmigung das Unternehmen zu betreiben[3]), bildet mit den dem Bahnunternehmen gewidmeten Vermögenswerthen eine Einheit (Bahneinheit)[4]).

Abzweigung v. d. Regierungen entstanden seien, könne man nicht sagen, daß sie deren obrigkeitl. Rechte gewissermaßen geerbt hätten. Es handelt sich aber hier nicht um EisVerwaltung, sond. um EisAufsicht, u. diese ist bis zum Erlasse des KommRegul. (II 5 d. W.) von den Regierungen ausgeübt worden.

[7]) Jetzt v. $\frac{15.\ \text{Nov.}\ 99}{18.\ \text{März}\ 04}$ (GS $\frac{545}{36}$) mit zahlreichen späteren Änderungen.

[1]) EG BGB Art. 112 bestimmt:

Unberührt bleiben die landesgesetzlichen Vorschriften über die Behandlung der einem Eisenbahn- oder Kleinbahnunternehmen gewidmeten Grundstücke und sonstiger Vermögensgegenstände als Einheit (Bahneinheit), über die Veräußerung und Belastung einer solchen Bahneinheit oder ihrer Bestandtheile, insbesondere die Belastung im Falle der Ausstellung von Theilschuldverschreibungen auf den Inhaber, und die sich dabei ergebenden Rechtsverhältnisse sowie über die Liquidation zum Zwecke der Befriedigung der Gläubiger, denen ein Recht auf abgesonderte Befriedigung aus den Bestandtheilen der Bahneinheit zusteht.

Das BahneinhG regelt im öffentl.-rechtl. Interesse u. zugleich zu dem Zwecke, den Kredit der Privateis. u. der Kleinbahnen zu heben, die Veräuß. u. Verpfändung von Bahneigentum u. die Zwangsvollstr. in solches: Die Gesamtheit der einem Bahnunternehmen gewidm. Sachen u. Rechte bildet eine rechtl. Einheit, die Bahneinheit, die als Ganzes — u. grundsätzl. nur als Ganzes — zum Gegenst. v. Veräuß. u. Belastungen sowie v. Zwangsvollstr. gemacht werden kann; Belast. können auch in der Art stattfinden, daß für die durch Ausgabe von Teilschuldverschreibungen auf den Inhaber aufgenomm. (Prioritäts-) Anleihen ein Pfandrecht bestellt wird; die Befried. der Bahnpfandgläubiger kann in einem besond. Verfahren, der Zwangsliquidation erfolgen. Zur Beurkund. der hiernach erford. Eintragungen dienen besond. Bahngrundbücher. — Das G ist am 19. Aug. 95 (GS 499) als „G, betr. das Pfandrecht an Privateisenbahnen u. Kleinbahnen u. die Zwangsvollstr. in dieselben" erlassen, nach dem Inkrafttreten des BGB dem neuen Reichs- und Landesrechte durch G 11. Juni 02 (GS 215) angepaßt u. auf Grund der durch Art. 2 dieses G den Min. der öff. Arb. u. der Justiz erteilten Ermächt. mit der obigen Überschrift u. in der so abgeänd. Gestalt durch Bek 8. Juli 02 neu veröffentlicht. Durch Vo 15. März 29 GS 11 Ziff. (1) B VII 9 ist das G in Waldeck eingeführt w. — Inhalt. 1. Abschn. (§§ 1—7) Bahneinheit, 2. Abschn. (§§ 8—15) Bahngrundbücher, 3. Abschn. (§§ 16—19) Rechtsverhältnisse der Bahneinheiten, 4. Abschn. (§§ 20—39) Zwangsvollstreckung, Zwangsversteigerung und Zwangsverwaltung in besonderen Fällen, 5. Abschn. (§§ 40—53) Zwangsliquidation, 6. Abschn. (§§ 54—58) Schlußbest. — Quellen. HH 95 Drucks. 24 (Entw. u. Begr), StB S. 29. 177. 330; AH 95 Drucks. 254 (KomB), StB 1804. 2574. 2606. — HH 02 Drucks. 42 (Entw. u. Begr der Novelle), StB 53; AH 02 StB 4380. 5059. 5068. Nicht durchberatener Entwurf eines ReichsG Reichstag 79 Drucks. 130 u. 80 Drucks. 33. — Bearb. Gleim 96 (Vorgeschichte des G: S. 27ff.); Eger 3. Aufl. 1914. — Öffentliche Last auf Grund des IndustriebelastungsG § 41 s. unten IV 6.

[2]) Inhalt: §§ 1, 2 Begriff der Bahneinheit, § 3 Entstehung u. Ende ders., § 4 Bestandteile, §§ 5—7 Veräuß. u. Belastung einzelner Grundstücke usw., Verfolg. dinglicher Rechte an solchen.

[3]) I 8 d. W. Anm. 28 u. Beil. A Zu § 11.

[4]) Der Begriff Bahneinheit ist nicht anwendbar auf Reichsbahnen, auf Kleinbahnen, deren Unternehmer die Betriebspflicht nicht auferlegt ist, u. auf die nicht dem öff. Verkehre dienenden Bahnen (An-

§ 2. Jedes Bahnunternehmen, für welches eine besondere Genehmigung ertheilt ist, ist als eine selbständige Bahneinheit anzusehen. Ist jedoch eine Privateisenbahn nach den Bestimmungen der für dieselbe ertheilten Genehmigung einheitlich mit einer anderen bereits bestehenden Privateisenbahn (Stammbahn) zu betreiben, so bilden beide eine einzige Bahneinheit[5]).

Wer zur Verfügung über eine Bahn berechtigt ist und in welchem Umfange das Verfügungsrecht ausgeübt werden kann, bestimmt sich nach den gesetzlichen Vorschriften und dem Inhalte der Genehmigung[6]).

§ 3. Die Bahneinheit entsteht, sobald die Genehmigung zur Eröffnung des Betriebs auf der ganzen Bahnstrecke ertheilt ist und wenn die Bahn vorher in das Bahngrundbuch eingetragen wird, mit dem Zeitpunkte der Eintragung[7]). Sie hört auf mit dem Erlöschen der Genehmigung für das Unternehmen, wenn jedoch die Bahn im Bahngrundbuch eingetragen ist, erst mit der Schließung des Bahngrundbuchblatts[8]).

Als ein Erlöschen der Genehmigung im Sinne dieses Gesetzes ist die Verwirkung derselben in Gemäßheit des § 47 des Gesetzes vom 3. November 1838 nicht anzusehen. Dagegen steht es dem Erlöschen der Genehmigung gleich, wenn in einer Zwangsversteigerung ein wiederholter Versteigerungstermin nicht zur Ertheilung eines Zuschlags (§ 32 Satz 1) geführt hat und die zur Einleitung der Zwangsverwaltung erforderliche Erklärung der Bahnaufsichtsbehörde (§ 33) versagt worden ist[9]).

§ 4. Zur Bahneinheit gehören[10]):

1. der Bahnkörper und die übrigen Grundstücke, welche dauernd, unmittelbar oder mittelbar, dem Bahnunternehmen gewidmet sind, mit den darauf errichteten Baulichkeiten, sowie die für das Bahnunternehmen dauernd eingeräumten Rechte an fremden Grundstücken[11]);
2. die von dem Bahnunternehmer angelegten, zum Betrieb und zur Verwaltung der Bahn erforderlichen Fonds, die Kassenbestände der laufenden Bahnverwaltung, die aus dem Betriebe des Bahnunternehmens unmittelbar erwachsenen Forderungen und die Ansprüche des Bahnunternehmers aus Zusicherungen Dritter, welche die Leistung von Zuschüssen für das Bahnunternehmen zum Gegenstande haben[12]);
3. die dem Bahnunternehmer gehörigen beweglichen körperlichen Sachen, welche zur Herstellung, Erhaltung oder Erneuerung der Bahn oder der Bahngebäude oder zum Betriebe des Bahnunternehmens dienen. Dieselben gelten, einer Veräußerung ungeachtet, als Theile der Bahneinheit, so lange sie sich auf den Bahngrundstücken befinden, rollendes Betriebsmaterial auch nach der Entfernung von den Bahngrundstücken, so lange dasselbe mit Zeichen, welche nach den Verkehrsgebräuchen die Annahme rechtfertigen, daß es dem Eigenthümer der Bahn gehöre, versehen und dem Bahnbetriebe nicht dauernd entzogen ist. Ist die Bahn bereits vor der Genehmigung zur Eröffnung des Betriebs auf der ganzen Bahnstrecke im Bahngrundbuch eingetragen (§ 3 Abs. 1), so gehören die nur zur ersten Herstellung der Bahn zu benutzenden Geräthschaften und Werkzeuge der Bahneinheit nicht an[13]).

---

schlußbahnen, mögen sie dem KleinbG unterstehen oder nicht; I 8 Anm. 61 d. W.). Eis., die nicht dem G v. 38, aber dem EisG für Hohenzollern (I 7 Anm. 1 d. W.) unterstehen, fallen nicht unter das BahneinhG. Gleim Anm. 1.

[5]) Genehmigung EisG § 1, KleinbG § 2. Auf Kleinb. bezieht sich Abs. 1 Satz 2 nicht. — Beil. A § 9.

[6]) Verfügungsbeschränk. brauchen also, um Rechtswirkung gegen Dritte zu haben (abweich. vom allg. Rechte, BGB § 892), nicht unbedingt in das Bahngrundb. eingetragen zu sein.

[7]) Betriebseröffnung I 7 § 22, I 8 § 19 d. W. — EisG § 7 greift schon dann Platz, wenn auch nur ein Teil der Eis. im Betriebe steht; Eintragung § 8; es kommt (außer im Falle § 39 Abs. 2) nur Eintragung auf Antrag des Unternehmers in Frage, weil Eintragung auf Ersuchen der Aufsichtsbehörde (§ 21) das Vorhandensein der BEinh. voraussetzt. Gleim Anm. 1—3. — Beil. A § 5.

[8]) § 14. Rechtswirkungen des Erlöschens der Gen. bei Fortdauer der BEinh. § 4 Abs. 3, § 5 Abs. 1 Satz 2, § 19, § 23, § 37 Abs. 2, § 40. Anm. 98. Erlöschen der Gen. einer Eis. I 7 Anm. 7, einer Kleinb. I 4 §§ 13. 23. 24.

[9]) Zwangsverst. einer Kleinb. Gleim Anm. 5 u. Vo betr. VerwZwangsverf. 15. Nov. 99 (GS 545) § 51.

[10]) Einzelheiten in der Begr (95) u. bei Gleim u. Eger, auch Werneburg EE **43** 357.

[11]) Im wesentl. die Grundstücke, auf die sich nach EntG § 23 Abs. 1 Ziff. 1, 3 u. Abs. 2 das Enteignungsrecht erstreckt. „Widmung" f. d. Untern.: RG EE **30** 358. Die Zugehörigkeit eines Grundst. zur BEinh. ist nicht von einer Eintragung im BGrundbuch (OVG EE **18** 134) oder auch nur davon abhängig, daß dem Bahnunt. ein Recht an dem Grundst. zusteht (I 7 Anm. 11 A II); evtl. sind Ansprüche auf das Grundst. gemäß § 6 od. § 26 geltend zu machen, Gleim Anm. 2. Anders die Mobilien Ziff. 3. — Unter 2 fällt auch das Wegebenutzungsrecht der Kleinbahnen (KleinbG §§ 6, 7). — Anm. 35.

[12]) Die Ansammlung der Fonds braucht nicht durch G, Konzession od. dgl. vorgeschrieben zu sein; nicht in die BEinh. fallen z. B. Bankguthaben u. Wechselbestände; zu den Forderungen gehören z. B. die aus Abrechnungen mit anderen Verwalt. Gleim Anm. 3—5.

[13]) Pfändung der Betriebsmittel auch G 3. Mai 86 RGBl 131. Nach der BetrEröffn. fallen unter 3 auch Gerätschaften usw. zur Bahnunterhaltung; ferner gehört hierher die Ausrüstung der Reparaturwerkstätten. Gleim Anm. 8. 9.

So lange die Bahn nicht in das Bahngrundbuch eingetragen ist, gelten nur diejenigen Grundstücke, welche mit dem Bahnkörper zusammenhängen oder deren Widmung für das Bahnunternehmen sonst äußerlich erkennbar ist[13a]), als Theile der Bahneinheit. Nach der Anlegung des Bahngrundbuchblatts gehören außerdem alle auf dem Titel desselben verzeichneten Grundstücke zur Bahneinheit. Die Entscheidung darüber, ob ein vom Bahnunternehmer angelegter Fonds zum Betrieb und zur Verwaltung der Bahn erforderlich ist, steht der Bahnaufsichtsbehörde[14]) zu [15]).

Besteht die Bahneinheit nach Erlöschen der Genehmigung fort, so wird dieselbe durch alle zur Zeit des Erlöschens zu ihr gehörigen Gegenstände und Rechte gebildet[16]).

§ 5[17]). Veräußerungen oder Belastungen einzelner zur Bahneinheit gehöriger Grundstücke[18]) sind ungültig, soweit nicht die Bahnaufsichtsbehörde[14]) bescheinigt, daß durch die Verfügung die Betriebsfähigkeit des Bahnunternehmens nicht beeinträchtigt wird. Sobald die Genehmigung für das Unternehmen erloschen ist, können Veräußerungen oder Belastungen ohne diese Bescheinigung erfolgen, jedoch unbeschadet der Vorschriften des § 19. Hinsichtlich der unter Grundbuchrecht stehenden Grundstücke[19]) kann die durch die Zugehörigkeit zur Bahneinheit begründete Verfügungsbeschränkung gegen den Erwerber nur unter der Voraussetzung geltend gemacht werden, daß die Zugehörigkeit des Grundstücks zur Bahneinheit ihm bekannt oder im Grundbuche vermerkt war.

Dadurch, daß ein dem Bahnunternehmen gewidmetes Grundstück von dem Eigenthümer einem anderen Zwecke dauernd gewidmet wird, hört es nicht auf, ein Theil der Bahneinheit zu sein, soweit nicht die im vorstehenden Absatze bezeichnete Bescheinigung ertheilt wird.

§ 6[17]). Die Verfolgung dinglicher Rechte[20]) an einzelnen zur Bahneinheit gehörigen Grundstücken findet bis zum Erlöschen der Genehmigung nur statt, soweit die Bahnaufsichtsbehörde[14]) bescheinigt, daß durch die Verfolgung die Betriebsfähigkeit des Bahnunternehmens nicht beeinträchtigt werde[21]).

Wird die Bescheinigung versagt, so kann der Berechtigte gegen Aufgabe seines Rechtes von dem Eigenthümer der Bahn eine Entschädigung fordern, welche sich[21a]) nach den Vorschriften über die Entschädigung für den Fall der Enteignung bestimmt.

§ 7. Die Vorschriften der §§ 5 und 6 finden auf die Veräußerung und Belastung der für das Bahnunternehmen dauernd eingeräumten Rechte an fremden Grundstücken, auf die Verfolgung dinglicher Rechte an diesen Rechten, sowie auf den Widerspruch des Eigenthümers des Grundstücks gegen die Geltendmachung dieser Rechte entsprechende Anwendung[21]).

Zweiter Abschnitt. Bahngrundbücher[22]).

§ 8. Für die im § 1 bezeichneten Bahnen werden nach Maßgabe der Bestimmungen dieses Gesetzes Bahngrundbücher geführt. Die Eintragung einer Bahn in das Bahngrundbuch kann von dem Eigenthümer beantragt werden, sobald die Genehmigung für das Bahnunternehmen ertheilt ist[23]). Der Antrag ist an die Bahnaufsichtsbehörde[14]) zu richten, welche das Amtsgericht (§ 10) um die

---

[13a]) Z. B. Zentralkraftstelle u. Bahnhof einer elektr. Bahn OVG Ztschr. f. Kleinb. **05** 488.

[14]) Bei Privateis.: Reichsbevollmächtigter f. Privatbahnaufsicht (unten II 4 Beil. A Anm. 1). Kleinb.: I 8 §§ 22. 3. — § 56. — Form der Erklärungen, auf Grund deren Eintrag. in das BGrundb. erfolgen sollen, AG GrundbO Art. 9.

[15]) Der letzte Satz trifft auch für die in § 11 Abs. 2 Ziff. 2 bezeichneten Grundstücke zu (§ 13); im übr. entscheiden die Gerichte. Gleim Anm. 12.

[16]) §§ 19, 37.

[17]) § 5 beschränkt den Unternehmer, § 6 die dinglich Berechtigten; bei Grundstücken, die nicht dem Unt. gehören, hindert also § 5 nicht die Auflassung durch den Eigentümer an einen Dritten RG **72** 354.

[18]) I 7 § 7. — Belastungen i. S. § 5 sind nur Belastungen mit dingl. Rechten RG EE **25** 59. — Wegen beweglicher Gegenstände verweist Begr (95) auf § 4 Abs. 1 Ziff. 3, auf die Bahnaufsicht und auf § 17 (jetzt § 16) in Verb. mit EigentumserwerbsG § 50 (jetzt BGB § 1135). — § 15 Abs. 3. — Unter § 5 fällt nicht ein Benutzungsrecht, das gemäß WasserG 7. April 13 (GS 53) §§ 330ff. festgestellt ist: Landeswasseramt EE **32** 41.

[19]) D. i. die, für welche das Grundbuch i. S. der Reichsgesetze als angelegt anzusehen ist (EG BGB Art. 186), u. die, für welche erst die preuß. Grundbuchgesetze in Kraft getreten sind; die Vorschr. steht mit BGB § 892 im Einklange (Begr. 02).

[20]) Auch des Eigentums (Begr 95), RG **72** 354. — Anm. 11.

[21]) § 26 Ziff. 1. § 36 Abs. 1. § 37 Abs. 1.

[21a]) Materiell, nicht formell: RG **72** 354, EE **24** 60.

[22]) Das Bahngrundbuch ist nur für die auf die BEinh. als Ganzes bezügl. Eintrag. bestimmt u. ersetzt nicht etwa für die einz. ihr zugehör. Grundst. das Grundbuch. Die Eintrag. einer Bahn in das BGBuch ist nicht obligatorisch, sie erfolgt vielmehr nur:

a) auf Antrag des Bahneigent. (§ 8), der durch § 16 Abs. 1 genötigt ist, den Antrag zu stellen, wenn er die BEinh. veräußern od. belasten will;
b) ohne Antrag (a) auf Ersuchen der BAufsBeh. in den Fällen der §§ 21. 39, des Vollstreckungsgerichts im Falle des § 24.

Gebühren: Beil. B.

[23]) KleinbG AusfAnw (I 8 Beil. A) zu § 16; bei Großbahnen ist Veröffentl. der Konzession — gemäß G 10. April 72 (I 7 Beil. C d. W.) — od. des Staatsvertrags nötig Gleim Anm. 1.

Eintragung zu ersuchen hat[24]). Im Falle der Zwangsvollstreckung geschieht die Eintragung nach Maßgabe der Vorschriften der §§ 21, 24 und 39[25]).

§ 9. Auf das Verfahren bei Führung der Bahngrundbücher finden die Vorschriften der Grundbuchordnung (Reichs-Gesetzbl. 1898 S. 754) sowie die zu ihrer Ausführung und Ergänzung dienenden Vorschriften entsprechende Anwendung, soweit nicht in diesem Gesetz ein Anderes bestimmt ist[26]).

§ 10. Die Einrichtung der Bahngrundbücher bestimmt sich nach den Anordnungen des Justizministers, soweit sie nicht in diesem Gesetze geregelt ist[27]).

Jede Bahneinheit erhält ein Grundbuchblatt. Die Vorschriften der §§ 3 bis 5 der Grundbuchordnung finden entsprechende Anwendung[28]).

Jedes Grundbuchblatt erhält einen besonderen Abschnitt für die in diesem Gesetze vorgeschriebenen Angaben über den Bestand der Bahneinheit (Titel)[29]).

Die Eintragung der Bahn erfolgt in dem Bahngrundbuche des Amtsgerichts, in dessen Bezirk die Hauptverwaltung des Bahnunternehmens ihren Sitz hat[30]). Befindet sich der Sitz der Hauptverwaltung nicht innerhalb des preußischen Staatsgebiets, so wird das zur Führung des Bahngrundbuchs zuständige Amtsgericht durch den Justizminister bestimmt.

§ 11. In den Titel des Grundbuchblatts ist eine Beschreibung des Bahnunternehmens aufzunehmen[31]). Dieselbe hat den Anfangs- und Endpunkt der Bahn und den übrigen wesentlichen Inhalt der Genehmigung, insbesondere eine etwaige Begrenzung der Zeitdauer für das Bahnunternehmen zu enthalten. Von der Genehmigungsurkunde ist eine beglaubigte Abschrift zu den Grundakten zu nehmen. So lange die Genehmigung zur Eröffnung des Betriebs nicht ertheilt ist[23]), ist dies auf dem Titel zu vermerken[32]).

[33]) In den Titel sind ferner folgende Angaben aufzunehmen:

1. die Länge der auf eigenem und auf der fremdem Grund und Boden belegenen Bahnstrecken[34]);
2.[35]) die katastermäßige Bezeichnung derjenigen zur Bahneinheit gehörigen Grundstücke, deren Widmung für das Bahnunternehmen weder aus ihrem Zusammenhange mit dem Bahnkörper noch sonst äußerlich erkennbar ist. Soweit die Grundstücke in Grundbüchern oder anderen gerichtlichen Büchern verzeichnet sind, ist auch das Grundbuchblatt oder die sonstige buchmäßige Bezeichnung derselben anzugeben;
3. die zur Bahneinheit gehörigen Fonds[36]);

---

[24]) § 13.

[25]) G 19. Aug. 95 enthielt als Satz 4 die Vorschr., daß Veräuß. od. Belast. einer BEinh. erst nach deren Eintrag. in das BGBuch erfolgen können; dieser Satz ist in der neuen Fassung fortgeblieben, weil er sich aus § 16 Abs. 1 von selbst ergibt (Begr 02).

[26]) Nur die Führung, nicht auch die Anlegung (§ 10) der BGrBücher richtet sich nach den genannten Vorschr. — Die neue Fassung hat an Stelle der bisherigen Bezugnahme auf die preuß. GrundbO 5. Mai 72 die auf die ReichsgrundbO gesetzt, entsprechend ReichsgrundbO § 82 Abs. 2 in Verb. m. EG BGB Art. 4, sowie AG GrundbO 26. Sept. 99 (GS 307) Art. 32. Die bisher in Satz 2, 3 für anwendbar erklärten EG zur preuß. GrundbO bedurften keiner Erwähnung mehr, weil sie teils aufgehoben sind, teils sich nur auf die Anlegung beziehen, teils — wie die für Neuvorpommern u. Rügen sowie Hohenzollern aufrecht erhaltenen Vorschr. üb. die Befugnis zur Beglaub. v. Unterschriften in GBuchsachen — unter die Vorschr. zur Ergänzung der GrundbO (§ 9) zu rechnen sind. Begr (02). — Zu den nach § 9 in Betracht komm. Vorschr. gehört auch Vo 13. Nov. 99 (GS 519) betr. das Grundbuchwesen.

[27]) Vf 11. Nov. 02 (Beil. A).

[28]) Danach ist das GrundbBlatt für die BEinh. als das GBuch i. S. BGB anzusehen u. kann, wenn hiervon Verwirrung nicht zu besorgen ist, über mehrere dem Bezirke dess. Amtsgerichts zugehör. BEinheiten dess. Eigent. ein gemeinsch. GrundbBlatt geführt werden od. eine BEinh. einer anderen als Bestandteil (BGB § 890 Abs. 2) zugeschrieben wird; die in GrundbO § 5 gleichfalls für zulässig erklärte Vereinigung mehrerer Grundstücke (BGB § 890 Abs. 1) ist bei BEinheiten wegen G § 2 Abs. 1 nicht anwendbar. Begr (02). Nicht mehr angängig ist es, eine BEinh. einer anderen als Zubehör zuzuschreiben — Begr (02) —, im übr. entspricht Abs. 2 sachlich dem älteren G — Beil. A §§ 8. 9. — Ausführlich Eger Anm. 37.

[29]) Abs. 3 ist 1902 eingefügt, weil das G mehrfach voraussetzt, daß gewisse auf den Bestand der BEinh. bezügl. Angaben an einer bestimmten Stelle des Grundb.-Blatts, dem Titel des Formulars I der preuß. GrundbO, vermerkt werden (§ 4 Abs. 2, §§ 11. 12, § 13 Abs. 2, § 15 Abs. 2, § 24 Abs. 1) Begr (02).

[30]) Sitz ist der Ort, von dem aus die geschäftl., namentlich finanz. Leitung des Untern. erfolgt; nicht maßgeb. der Ort der Betriebsleitung. Gleim Anm. 4.

[31]) § 13 Abs. 1; Beil. A § 4, § 5 Abs. 2.

[32]) Beil. A § 5 Abs. 1.

[33]) § 13 Abs. 2.

[34]) Beil. A § 6.

[35]) Nur die in Ziff. 2 Satz 1 bezeichneten Grundstücke werden auf dem Titel vermerkt, u. zwar nur unter der Vorauss. des § 12 Abs. 1 Satz 1. Sind sie mit Hypotheken, Grund- od. Rentenschulden belastet, also nicht in das BGrBuch eintragbar, so gehören sie nach § 4 Abs. 2 Satz 1, 2 nicht zur BEinh., mag die Bahn in das BGrBuch eingetragen sein od. nicht. — Grundstücke, die nicht unter § 11 Ziff. 2 fallen: Gleim Anm. 5. — Beil. A § 7. — Zu Satz 2: § 15.

[36]) Nicht der jeweil. Höhe nach i. KG EE **32** 377. — § 4 Abs. 1 Ziff. 2.

4. die Bestimmungen über das Antheilsverhältniß an denjenigen Gegenständen, welche mehreren Bahnunternehmungen gewidmet sind[37]).

In den Grundakten ist der Betrag des zur Anlage und Ausrüstung der Bahn verwendeten Kapitals (Baukapitals) und der Betrag der Betriebseinnahmen und Betriebsausgaben eines jeden Geschäftsjahrs zu verzeichnen[38]).

§ 12. Der Vermerk von Grundstücken (§ 11 Abs. 2 Ziffer 2) auf dem Titel[35]) setzt den Nachweis voraus, daß das Grundstück dem Bahneigenthümer gehört und frei von Hypotheken, Grundschulden und Rentenschulden ist[39]). Sofern für das Grundstück das Grundbuchrecht maßgebend ist[19]), wird dieser Nachweis durch Vorlegung einer zu den Grundakten zu nehmenden beglaubigten Abschrift des Grundbuchblatts geführt. Bei anderen Grundstücken hat das Amtsgericht nach Maßgabe des in den einzelnen Landestheilen geltenden Rechtes auf Grund der ihm vorzulegenden Auszüge aus den über die Eigenthums- und Belastungsverhältnisse des Grundstücks geführten Büchern zu entscheiden, ob der Nachweis als geführt zu erachten ist. Auf Erfordern des Amtsgerichts ist eine Bescheinigung des Ortsvorstandes oder der sonst zur Ausstellung solcher Bescheinigungen berufenen Behörde über den Eigenbesitz und die bekannten dinglichen Rechte beizubringen[40]). Auch kann von dem Amtsgericht eine öffentliche Aufforderung zur Anmeldung von Eigenthums- und anderen Ansprüchen erlassen werden.

Ist dem Amtsgerichte bei der von ihm vorgenommenen Prüfung bekannt geworden, daß auf dem Grundstück andere dingliche Rechte als Hypotheken, Grundschulden und Rentenschulden[39]) lasten, so darf der Vermerk auf dem Titel nur stattfinden, falls von der Bahnaufsichtsbehörde[14]) bescheinigt wird, daß diese Rechte mit der Betriebsfähigkeit des Bahnunternehmens vereinbar sind.

§ 13. Das Ersuchen der Bahnaufsichtsbehörde[14]) um Anlegung des Bahngrundbuchs (§ 8) muß die Person des Bahneigenthümers und die im § 11 Abs. 1 bezeichneten Angaben enthalten.

Die Aufnahme der übrigen nach § 11 erforderlichen Angaben in den Titel oder die Grundakten, sowie die Abänderung von Angaben des Titels erfolgt gleichfalls auf Ersuchen der Aufsichtsbehörde[41]). Den Ersuchen sind die Genehmigungsurkunde in Urschrift oder in beglaubigter Abschrift, sowie die in § 12 bezeichneten beglaubigten Abschriften und Auszüge beizufügen.

Der Bahneigenthümer ist verpflichtet, der Aufsichtsbehörde die erforderlichen Angaben und Urkunden zu liefern, und kann zur Beibringung derselben von der Bahnaufsichtsbehörde angehalten werden[42]). Von der letzteren ist die Übereinstimmung der Angaben in Betreff des Baukapitals, sowie in Betreff der jährlichen Betriebseinnahmen und Betriebsausgaben mit den Abschlüssen der ihr von dem Bahneigenthümer vorzulegenden Rechnungsbücher zu bescheinigen.

§ 14. Von dem Erlöschen der Genehmigung[43]) hat die Bahnaufsichtsbehörde[14]) dem Amtsgerichte Kenntniß zu geben. Das Amtsgericht hat nach Empfang dieser Mittheilung das Grundbuchblatt zu schließen, wenn keine Hypotheken, Grundschulden oder Rentenschulden[39]) an der Bahneinheit (Bahnpfandschulden) im Bahngrundbuche eingetragen sind[44]). Sind Bahnpfandschulden eingetragen, so wird das Erlöschen der Genehmigung vom Amtsgericht im Bahngrundbuche vermerkt und öffentlich

---

[37]) Diese Best. kann der Bahneigent. treffen, soweit er nicht öff.-rechtl. (durch die Genehm. oder eine Anordnung der AufsBehörde) oder privatrechtl. (durch Eintrag. eines Grundst. als Bestandteil einer BEinh. gemäß § 11 Abs. 2 Ziff. 2 od. durch rechtsgültige Beschlagnahme, § 37) daran gehindert ist. Gleim Anm. 7. — § 25.

[38]) Beil. A § 11.

[39]) G 19. Aug. 95 enthielt an Stelle der Worte „Hypotheken, Grundschulden u. Rentenschulden" das Wort „Pfandrechte", die Änderung ist im Hinblick auf die Ausdrucksweise des BGB erfolgt; als „Hypotheken" gelten auch Pfandrechte an Grundstücken, für die noch nicht das Grundbuchrecht maßgebend ist (§ 12 Abs. 1 Satz 3) Begr (02).

[40]) Entspricht EntG § 24 Abs. 3.

[41]) Bei Eintragungen in die 3 Abteilungen des BGrBuchs findet eine formelle Mitwirkung der AufsBeh. nicht statt. Begr. (95).

[42]) Zwangsmittel II 5 Anm. 1, I 8 Anm. 41 D d. W.

[43]) Nach § 3 Abs. 1 Satz 2 besteht die BEinh., wenn sie in das BGrBuch eingetragen ist, auch nach Erlöschen der Genehm. so lange fort, bis das BGrBuchblatt geschlossen ist; nach § 14 erfolgt die Schließung nicht ohne weiteres, wenn Hypotheken usw. im BGrBlatt eingetragen sind. Für die Zeit zwischen Erlöschen der Gen. u. Schließung des BGrBl.s findet — während vorher ein Wechsel der Bestandteile möglich u. eine Vf des Bahneigent. über einz. Bestandteile oder die Zwangsvollstr. in sie unter gewissen Voraussetz. (§§ 5. 6, § 37 Abs. 1) zulässig war — ein gesetzl. Veräußerungsverbot zugunsten der Bahnpfandgläubiger statt; dieses Verbot hindert Verfügungen des Bahneigent. über die z. Z. des Erlöschens vorhandenen Bestandteile nicht, nimmt ihnen aber die Wirksamkeit gegenüber den BPf.-Gläubigern u. schließt Zwangsvollstr. in die einzelnen Bestandteile aus (§ 19, § 37 Abs. 2) Begr. (95). Die BEinh. besteht also nur für jene Gläubiger fort, während sie vorher f. d. Betrieb des Unternehmens zusammengehalten wurde. — Gemäß § 14 wird auch der Fall zu behandeln sein, daß die Gen. durch Staats- oder Reichserwerb der Bahn erlischt.

[44]) Eintrag. in Abt. II des BGrBuchs oder Belastungen einzelner Bestandteile der BEinh. hindern die Schließung nicht, Eger Anm. 65. — Die Stelle des BGrBuchs, an der die Schließung einzutragen ist, bestimmt das G nicht; nach Gleim Anm. 2 hat der Vermerk auf dem Titel u. in Abt. II zu erfolgen.

bekannt gemacht[45]). Die Schließung des Bahngrundbuchblatts erfolgt in diesem Falle bei der Löschung der eingetragenen Bahnpfandschulden oder nach Beendigung des Zwangsliquidationsverfahrens[46]) oder mit Ablauf von sechs Monaten seit der Bekanntmachung des Erlöschens der Genehmigung, sofern bis zu diesem Zeitpunkt ein Antrag auf Einleitung der Zwangsliquidation nicht gestellt ist oder die gestellten Anträge durch Zurücknahme oder rechtskräftige Zurückweisung erledigt sind. Werden Anträge auf Einleitung der Zwangsliquidation erst nach Ablauf der sechs Monate zurückgenommen oder rechtskräftig zurückgewiesen, so erfolgt die Schließung des Bahngrundbuchblatts mit dem Zeitpunkte der Erledigung aller Anträge.

§ 15. Nach Anlegung des Bahngrundbuchs[47]) ist die Zugehörigkeit eines Grundstücks zur Bahneinheit in dem über das Grundstück geführten Grundbuch oder Stockbuch oder in dem in der vormals freien Stadt Frankfurt geführten Verbotsbuch einzutragen. Nach Aufhören der Bahneinheit ist der Vermerk unter gleichzeitiger Eintragung eines durch eine Veräußerung derselben eingetretenen Eigenthumswechsels zu löschen[48]).

Der Bahneigenthümer ist verpflichtet, die Eintragung und Löschung zu beantragen, und kann hierzu von der Bahnaufsichtsbehörde[14]), welcher er ein Verzeichniß der zur Bahneinheit gehörigen Grundstücke mitzutheilen hat, angehalten werden[42]). Soweit die Grundstücke auf dem Titel des Bahngrundbuchblatts vermerkt sind[49]), wird die Eintragung und Löschung von dem das Bahngrundbuch führenden Amtsgericht von Amtswegen veranlaßt. Wird ein Grundstück, welches bisher im Grundbuche nicht eingetragen war[50]), in das Grundbuch aufgenommen, so ist die Zugehörigkeit zur Bahneinheit von Amtswegen zu vermerken[51]).

Vor dem Aufhören der Bahneinheit kann der Vermerk über die Zugehörigkeit eines Grundstücks zu derselben nur mit Zustimmung der Bahnaufsichtsbehörde[14]) oder des Liquidators im Falle der Zwangsliquidation gelöscht werden.

In den vormals Großherzoglich hessischen Landestheilen und in dem vormals Landgräflich hessischen Amte Homburg tritt bis zum Inkrafttreten des Grundbuchrechts an die Stelle des Vermerkes im Grundbuch und der Löschung desselben eine von dem Amtsgericht, in dessen Bezirk das Grundstück belegen ist, dem Ortsgericht über die Zugehörigkeit zur Bahneinheit und das Aufhören derselben zu machende Mittheilung.

Dritter Abschnitt. Rechtsverhältnisse der Bahneinheiten.

§ 16[52]). Für die Bahneinheit gelten die sich auf Grundstücke beziehenden Vorschriften des Bürgerlichen Gesetzbuchs, soweit nicht aus diesem Gesetze sich ein Anderes ergiebt[53]).

[45]) § 57.

[46]) §§ 49. 50.

[47]) § 15 behandelt das Verh. zwischen dem BGrBuch u. dem über die einzelnen zur BEinh. gehörigen Grundst. geführten Grundbuch (Anm. 22); er bezieht sich nur auf den Fall, daß für die BEinh. ein BGrBlatt angelegt ist. — Gebühren Beil. B § 56.

[48]) Der (in Abt. II einzutragende) Sperrvermerk bringt, solange das Unternehmen betriebsfähig ist, zum Ausdruck, daß Veräuß. oder Belast. des Grundst. oder Zwangsvollstr. in dasselbe nur unter den Voraussetz. der §§ 5. 37 zulässig sind; nach Erlöschen der Genehm. zeigt er das Veräußerungsverbot (Anm. 43) an. Ferner macht er bei Veräuß. der BEinh. die Eintrag. des Eigentumswechsels im Grundb. über die Einzelgrundstücke entbehrlich; es genügt Auflassung der Bahn u. Eintragung im BGrBuch; die Eintragung des Erwerbers bei den Einzelgrundst. wird (wenn sie nicht etwa der Erwerber aus besonderen Gründen herbeiführt, wozu es einer Einzelauflassung nicht bedarf) erst mit dem Aufhören der BEinh. erforderlich. Begr. (95). Der Sperrvermerk setzt Eigentum des Bahnunt. voraus. **KG EE 28 47.**

[49]) § 11 Abs. 2 Ziff. 2.

[50]) Z. B. wegen Befreiung vom Buchungszwange gemäß Vo 13. Nov. 99 (GS 519) Art. 1. Begr. (02).

[51]) Ist der Grundbuchrichter im Zweifel, ob ein solches Grundst. zur BEinh. gehört, so kann er bei der AufsBeh. (Anm. 14) anfragen. Begr. (95).

[52]) § 16 enthielt ursprünglich eine Verweisung auf das vor 1. Jan. 00 in Geltung gewesene Grundbuchrecht; an die Stelle dieser Vorschr. sind nunmehr die entsprech. Vorschr. des neuen Rechts, insbesondere des BGB getreten (EGBGB Art. 4). Die neue Fassung des § 16 bringt diese Rechtsveränd. zum Ausdruck, u. zwar im Anschluß an BGB § 1017 u. AG BGB Art. 37 I.

[53]) Abs. 1 stellt klar, daß die BEinh. eine Berecht. ist, für welche die sich auf Grundstücke beziehenden Vorschr. gelten, u. die daher nach ZPO § 864 der Zwangsvollstr. in das unbewegl. Vermögen unterliegt. Zu diesen Vorschr. gehören im BGB namentlich die sachenrechtl. Vorschr. über die Belastung der Grundst. mit Rechten sowie über Inhalt, Übertragung u. Aufhebung solcher Rechte — nicht die über das Eigentum an Grundst., namentlich dessen Inhalt (BGB §§ 905 bis 918); hierüber: § 16 Abs. 2 —; ferner die auf Grundst. bezügl. Vorschr. des BGB, die sich außerhalb des Sachenrechts finden, z. B. § 566, § 581 Abs. 2 (Form des Pachtvertrages), § 1445, § 1821 Abs. 1 Ziff. 1 (Einwill. der Frau, Genehm. des Vormundschaftsgerichts); außerdem die Vorschr. des EGBGB; zu den von der Anwendung ausgeschlossenen Vorschr. gehört z. B. BGB § 890 Abs. 1 (Anm. 28); ferner Anm. 6. Begr. (02). — Abweichungen des BEinhRechts vom BGB Eger Anm. 78 IV. — Zu Abs. 2 BGB §§ 925. 926. 985 bis 1004. — Die Einbeziehung der zur BEinh. gehör. bewegl. Sachen (in casu: Fahrzeuge) in das Immobilienrecht gilt nicht üb. d. Bereich des BEinhG hinaus, namentl. nicht f. d. Stempelrecht. RFinanzhofEE. **38** 202. Der Erwerb einer BEinh. ist grunderwerbssteuerpflichtig. RFinanzhofEntsch **11** 322. Der Umsatzsteuer unterliegt die Verpacht. einer BEinh. nur bez. der Mobilien. Derselbe **VZ. 1925 949 (JW 1925 846).**

Mit der gleichen Beschränkung finden die für den Erwerb des Eigenthums und für die Ansprüche aus dem Eigenthum an Grundstücken geltenden Vorschriften des Bürgerlichen Gesetzbuchs auf die Bahneinheit entsprechende Anwendung[53]).

Soweit am Sitze des für die Führung des Bahngrundbuchs zuständigen Gerichts landesgesetzliche Vorschriften bestehen, welche die in den Abs. 1 und 2 bezeichneten Vorschriften ergänzen oder abändern, sind sie neben diesen Vorschriften oder statt ihrer maßgebend[54]).

§ 17. Zur Eintragung einer Grundschuld oder Rentenschuld an einer Bahneinheit ist bei Privateisenbahnen die Genehmigung des Ministers der öffentlichen Arbeiten erforderlich[55]).

§ 18.[56]) Auf eine Hypothek für Theilschuldverschreibungen auf den Inhaber[57]) finden die Vorschriften der §§ 9 und 16 mit folgenden Maßgaben Anwendung:

1. Die Eintragung ist öffentlich bekannt zu machen[58]).
2. Zur Löschung der Hypothek für eine fällige Theilschuldverschreibung bedarf es der Vorlegung der Urkunde nicht, wenn der Bahneigenthümer den Betrag der Forderung unter Verzicht auf das Recht zur Rücknahme hinterlegt hat[59]). Die Vorlegung eines Zinsscheins wird durch die in gleicher Weise erfolgte Hinterlegung seines Betrags ersetzt[60]).

   Gründet sich der Löschungsantrag ganz oder theilweise auf Hinterlegung, so ist die Löschung öffentlich bekannt zu machen[61]).
3[62]). Zu einer Eintragung auf Grund eines Beschlusses der Gläubigerversammlung nach den §§ 11 bis 13 des Reichsgesetzes, betreffend die gemeinsamen Rechte der Besitzer von Schuldverschreibungen, vom 4. Dezember 1899 (Reichs-Gesetzbl. S. 691) bedarf es der Vorlegung der Urkunde nicht. Die Eintragung ist öffentlich bekannt zu machen.

Die Vorschriften des Abs. 1 Nr. 2, 3 finden entsprechende Anwendung, wenn eine für den Inhaber des Briefes eingetragene Grundschuld oder Rentenschuld in Theile zerlegt ist[63]).

§ 19. Sofern nach dem Erlöschen der Genehmigung die Bahneinheit fortbesteht[64]), sind Ver-

---

[54]) Da für jede BEinh. nur ein Recht gelten kann, ist bestimmt, daß das am Sitze des in Abs. 3 bezeichn. Gerichts besteh. Recht für die ganze BEinh. gilt. Begr. (95).

[55]) Satz 1 der früheren Fassung, demzufolge eine Bahnpfandschuld auch auf Grund einer vor der Eintragung in das BGrBuch erklärten Bewilligung erfolgen konnte, ist wegen GrundbO §§ 19. 40 in Verb. mit G § 9 als entbehrlich gestrichen Begr. (02). Satz 2 ergänzt EisG § 6, auf Grund dessen das Erfordernis der Genehm. für Hypotheken zweifellos ist (Gleim Anm. 2), und ist auf Kleinb. nicht anwendbar. An Stelle des Min. d. öff. Arb. ist der Min. f. Handel u. Gewerbe getreten (oben I 7 Anm. 4B). — Aufwertung der Pfandrechte von Bahneinheiten u. der durch Bahnpfandrecht gesicherten Forderungen: AufwertG 16. Juli 25 RGBl I 117 § 32.

[56]) Der bisherige § 18, nach welchem das dem Gläubiger einer Bahnpfandschuld zustehende Kündigungsrecht auch über die Dauer von 30 Jahren ausgeschlossen werden konnte, ist als nach der heutigen Rechtslage selbstverständlich gestrichen worden Begr. (02).

[57]) Die nach G 19. Aug. 95 § 16 Satz 1 auf die BEinh. anzuwendenden preuß. Grundbuchgesetze ließen eine Hyp. für Forderungen aus Schuldverschreibungen auf den Inhaber nicht zu. Da aber das Kreditbedürfnis der Bahnen diese Zulassung forderte, wurde in das G ein (vierter) Abschnitt (§§ 20—31) aufgenommen, welcher die Ausgabe von „Teilschuldverschreib. auf den Inhaber" behandelte. Das BGB (§§ 1187—1189, 1195) füllte jene Lücke des allg. Rechts aus, ließ jedoch die Sondervorschr. des G 19. Aug. 95 unberührt EG BGB Art. 112 (oben Anm. 1). Der Vorbehalt des Art. 112 wurde durch das mit dem BGB in Kraft getretene G betr. die gemeinsamen Rechte der Besitzer von Schuldverschreibungen 4. Dez. 99 (RGBl 691) § 25 eingeschränkt:

Unberührt bleiben die landesgesetzlichen Vorschriften über die Versammlung und Vertretung der Pfandgläubiger einer Eisenbahn oder Kleinbahn in dem zur abgesonderten Befriedigung dieser Gläubiger aus den Bestandtheilen der Bahneinheit bestimmten Verfahren.

Nunmehr ergab sich folgende Rechtslage:

a) G §§ 20—26 waren größtenteils durch BGB u. ReichsGrundbO entbehrlich geworden; ein Bedürfnis zur Aufrechterhaltung bestand nur für § 22 Satz 1, § 24 Abs. 2, § 25 Abs. 3 Satz 1 u. § 26.

b) G §§ 27—30 (betr. die Gläubigerversammlung) behielten nur noch insoweit Geltung, als sie nach § 57 Abs. 2 (der bisher. Fassung) bei der Zwangsliquid. anwendbar sind (§§ 28—30); im übr. wurden sie durch G 4. Dez. 99 ersetzt.

Demzufolge ist im neuen G der ganze 4. Abschn. gestrichen worden; die Anwendbarkeit des allg. Reichsrechts ist durch den Eingang des § 18 ausgesprochen; die aufrechtzuerhaltenden abweich. Vorschr. sind mit § 31 Satz 2 u. 3 in dem neuen § 18 Abs. 1 zusammengefaßt; §§ 28—30 (oben b) sind als §§ 51—53 in den Abschn. Zwangsliquid. (jetzt Abschn. 5) verwiesen worden Begr (02). — Anm. 110. — Ausführlich Eger Anm. 83ff.

[58]) Die Bek. soll Ersatz dafür bieten, daß die Eintragung nicht auf den Schuldverschreib. vermerkt wird Begr. (02). Das Reichsrecht fordert die Bek. nicht. — § 57.

[59]) Die Vorschr. erspart das Aufgebotsverfahren, das sonst nach BGB §§ 1171, 1142 erforderlich wäre (auch HinterlegO 21. April 13 GS 225 § 28). Neuer Weg zur Löschung BGB § 1189, G 4. Dez. 99 § 1 Abs. 2, § 14. Begr. (02).

[60]) Ohne die Vorschr. würden nach GrundbO § 44 die Zinsscheine vorgelegt werden müssen. Begr. (02).

[61]) Bisher § 26. — § 57.

[62]) Der Beschluß betrifft die Aufgabe oder Beschränkung von Rechten der Gläubiger, insbes. Ermäß. des Zinsfußes oder Bewill. einer Stundung (G 4. Dez. 99 § 11). „Urkunden" sind Schuldverschreib. u. Zinsscheine.

[63]) Weicht ab von GrundbO § 43. Begr. (02).

[64]) Anm. 43.

fügungen des Bahneigenthümers über einzelne Bestandtheile der Bahneinheit den Bahnpfandgläubigern gegenüber unwirksam; jedoch finden die Vorschriften zu Gunsten derjenigen, welche Rechte von einem Nichtberechtigten herleiten, insbesondere die Vorschriften über den öffentlichen Glauben des Grundbuchs entsprechende Anwendung[65]). Das Recht der Bahnpfandgläubiger, die Unwirksamkeit einer Verfügung des Bahneigenthümers geltend zu machen, erlischt mit der Schließung des Bahngrundbuchblatts[66]).

Vierter Abschnitt. Zwangsvollstreckung, Zwangsversteigerung und Zwangsverwaltung in besonderen Fällen[67]).

§ **20.** Auf die Zwangsvollstreckung in die Bahneinheit finden die Vorschriften der Reichsgesetze sowie der zu ihrer Ausführung und Ergänzung dienenden Landesgesetze über die Zwangsvollstreckung in Grundstücke nach Maßgabe der §§ 21 bis 36 entsprechende Anwendung[68]).

§ **21**[69]). Ist zur Zeit des Antrags auf Eintragung einer Sicherungshypothek für die Forderung eines Gläubigers die Bahneinheit in dem Bahngrundbuche nicht eingetragen, so ist der Antrag vom Amtsgerichte der Bahnaufsichtsbehörde[14]) mitzutheilen, welche von Amts wegen das Ersuchen um Anlegung des Bahngrundbuchblatts in Gemäßheit der Vorschriften des zweiten Abschnitts dieses Gesetzes zu stellen hat. Die Eintragung der Sicherungshypothek erfolgt bei Anlegung des Grundbuchblatts auf Grund des vorher gestellten Antrags mit dem Range, welcher der Zeit des Eingangs des Antrags entspricht; mit dieser Zeit gilt die Sicherungshypothek in Ansehung des Rechtes auf Befriedigung aus der Bahneinheit als entstanden.

§ **22**[70]). Für die Zwangsvollstreckung in die Bahn ist als Vollstreckungsgericht das zur Führung des Bahngrundbuchs berufene Amtsgericht ausschließlich zuständig. Die Vorschriften des § 2 Abs. 2 des Reichsgesetzes über die Zwangsversteigerung und die Zwangsverwaltung finden entsprechende Anwendung.

§ **23**[71]). Die Zwangsversteigerung oder die Zwangsverwaltung darf nach dem Erlöschen der für das Bahnunternehmen ertheilten Genehmigung nicht mehr angeordnet werden. Ein zur Zeit des Erlöschens der Genehmigung anhängiges Verfahren ist aufzuheben.

§ **24**[72]). Wird die Zwangsversteigerung oder Zwangsverwaltung einer nicht im Bahngrundbuch eingetragenen Bahn beantragt, so bedarf es der Anlegung des Bahngrundbuchs nur dann, wenn nach § 128 des Reichsgesetzes über die Zwangsversteigerung und die Zwangsverwaltung eine Sicherungshypothek für die Forderung gegen den Ersteher einzutragen ist. In diesem Falle erfolgt die Anlegung auf das nach § 130 des Reichsgesetzes zu stellende Ersuchen des Vollstreckungsgerichts. Bei der Anlegung wird in den Titel die im § 11 Abs. 1 bezeichnete Beschreibung des Bahnunternehmens auf-

---

[65]) Bewegl. Sachen HGB §§ 366f., BGB §§ 932ff., 1207f., Grundstücke (in der Regel wird der Sperrvermerk — § 15, Anm. 48 — die BPfGläubiger schützen) BGB §§ 892ff. Ferner BGB §§ 142ff., 816.

[66]) § 14.

[67]) Inhalt: §§ 20—25 Zwangsvollstr. im allg., §§ 26 bis 32 Zwangsversteig., §§ 33—36 Zwangsverwalt., § 37 Zwangsvollstr. in einzelne Gegenstände, §§ 38, 39 besondere Fälle. — Das ältere G fußte auf dem G betr. Zwangsvollstr. in das unbewegl. Vermögen 13. Juli 83 (GS 131); dieses ist aber durch ZPO §§ 864—871, G über die Zwangsversteig. u. die Zwangsverwalt. 20. Mai 98 (RGBl 713) u. AG dazu 23. Sept. 99 (GS 291) ersetzt worden. Nach G § 16 Abs. 1 in Verb. mit ZPO § 870 Abs. 1 finden jetzt auf BEinh. diese neuen Vorschr. über Zwangsvollstr. in Grundstücke entsprech. Anwendung. Mit Rücksicht auf EG ZwangsversteigG § 2 Abs. 1 Satz 1:

> Soweit in dem Einführungsgesetze zum Bürgerlichen Gesetzbuche zu Gunsten der Landesgesetze Vorbehalte gemacht sind, gelten sie auch für die Vorschriften der Landesgesetze über die Zwangsversteigerung und die Zwangsverwaltung.

in Verb. mit EG BGB Art. 112 (ob. Anm. 1) ist daher jetzt Abschn. 4 in der Weise angeordnet, daß in § 20 die neuen Gesetze grundsätzlich für anwendbar erklärt u. in §§ 21—37 die nötigen Ergänzungen und Änderungen bestimmt sind Begr (02). — Für Teilschuldverschreibungen gelten die allgemeinen Vorschr., namentlich ZwangsversteigG §§ 45 (Berücksicht. von Amts wegen bei Feststell. des geringsten Gebots), 114 (desgl. bei Aufstell. des Teilungsplans), 126, 135ff. (Behandlung der sich nicht unter Vorlage der Schuldverschreib. meldenden Einzelgläubiger) Begr (95). Gleim Anm. 2 zu § 32.

[68]) § 20 ist (in Verb. mit § 38) der der neuen Rechtslage (Anm. 67) entsprechend umgearbeitete bisherige § 32 Abs. 1. Begr (02). § 32 Abs. 2 bildet jetzt einen besonderen § (23).

[69]) Entspr. dem bisher. § 33 unter Berücksicht. der durch ZPO §§ 866, 867 geschaffenen Rechtslage. — § 13 Abs. 3; Kosten GerichtskostenG (Beil. B) § 66 Abs. 2.

[70]) Entspr. dem bisher. § 35. In dessen Satz 2 war auf ZPO § 755 Abs. 2, § 756 Abs. 2 (alter Fassung) verwiesen, an deren Stelle jetzt ZwangsverstG § 15, § 2 Abs. 2 getreten ist. Der Hinweis auf § 755 — demzufolge die ZwVersteig. eines Grundst. vom VollstrGericht auf Antrag angeordnet wird — erledigt sich durch § 20; § 756 betrifft die Bestellung des VollstrGerichts für den Fall, daß sich die ZwVollstr. gegen mehrere, in verschiedenen Gerichtsbezirken belegene (§ 10 Abs. 4) BEinheiten richtet Begr (02).

[71]) Bisher § 32 Abs. 2. — Einzig zulässige ZwangsvollstrMaßnahme bleibt dann die Zwangsliquid. (Abschn. 5) Begr (95). — § 3.

[72]) Entspr. dem bisher. § 34. — Die ZwVerw. kann ohne Anlegung des BGrBlatts durchgeführt werden; ebenso die ZwVersteig. dann, wenn der Ersteher den ganzen Kaufpreis bar zahlt Begr (95). — Kosten Beil. B § 66 Abs. 2.

genommen. Die Aufnahme der übrigen nach § 11 erforderlichen Angaben erfolgt auf Ersuchen der Bahnaufsichtsbehörde[14]) (§ 13 Abs. 2 und 3), welcher von der erfolgten Anlegung seitens des Grundbuchrichters Mittheilung zu machen ist.

Wird im Laufe des Verfahrens der Zwangsversteigerung oder Zwangsverwaltung das Bahngrundbuch angelegt, so ist die Anordnung der Zwangsversteigerung oder Zwangsverwaltung bei der Anlegung von Amtswegen einzutragen. Zu diesem Zwecke hat das Vollstreckungsgericht von der Stellung eines solchen Antrags dem Grundbuchrichter Mittheilung zu machen.

§ 25[73]). An unbeweglichen oder beweglichen Gegenständen und Rechten, welche zu mehreren Bahnen desselben Eigenthümers gehören, bestimmt sich das Antheilsverhältniß durch das Verhältniß der im letzten Geschäftsjahre vor der Beschlagnahme auf den einzelnen Bahnen zurückgelegten Wagenachskilometer, soweit nicht aus dem Bahngrundbuch ein anderes Verhältniß sich ergiebt; liegen mehrere Beschlagnahmen vor, so finden die Vorschriften des § 13 Abs. 3 des Reichsgesetzes über die Zwangsversteigerung und die Zwangsverwaltung entsprechende Anwendung[74]). Ist die Zahl der Wagenachskilometer nicht buchmäßig festzustellen, so wird das Antheilsverhältniß durch das Vollstreckungsgericht nach Anhörung der Bahnaufsichtsbehörde[14]) bestimmt.

§ 26[75]). Für das Recht auf Befriedigung aus der Bahneinheit gelten die Vorschriften des § 10 des Reichsgesetzes über die Zwangsversteigerung und die Zwangsverwaltung und die Artikel 1 bis 3 des Ausführungsgesetzes vom 23. September 1899 (Gesetz-Samml. S. 291) mit folgenden Maßgaben:

1. Die nach den §§ 6 und 7 dieses Gesetzes begründeten Ansprüche auf Entschädigung gewähren ein Recht auf Befriedigung nach den im § 10 Nr. 1 des Reichsgesetzes bezeichneten Ansprüchen. Das Recht erlischt, wenn der Entschädigungsanspruch nicht innerhalb eines Jahres nach der Erklärung der Bahnaufsichtsbehörde[76]) gerichtlich geltend gemacht und bis zur Anordnung des Vollstreckungsverfahrens verfolgt wird.
2. Das im § 10 Nr. 2 des Reichsgesetzes bezeichnete Recht auf Befriedigung steht denjenigen zu, welche sich dem Eigenthümer der Bahn für den Betrieb zu dauerndem Dienste verdungen haben[77]).
3. Das im § 10 Nr. 3 des Reichsgesetzes bezeichnete Recht auf Befriedigung gewähren nach folgender Rangordnung, bei gleichem Range nach dem Verhältniß ihrer Beträge, die Ansprüche auf Entrichtung:
   a) der in Artikel 1 Abs. 1 Nr. 1 des Ausführungsgesetzes bezeichneten Lasten, die auf den zur Bahneinheit gehörenden Grundstücken haften;
   b) der zur Staatskasse fließenden Abgaben für den Bahnbetrieb[78]) sowie der in Artikel 3 des Ausführungsgesetzes bezeichneten Lasten, die in Ansehung der zur Bahneinheit gehörenden Grundstücke zu entrichten sind;
   c) der in Artikel 1 Abs. 1 Nr. 2 und in Artikel 2 des Ausführungsgesetzes bezeichneten Lasten, die für den Bahnbetrieb oder in Ansehung der zur Bahneinheit gehörenden Grundstücke zu entrichten sind.
4. Nach den im § 10 Nr. 3 des Reichsgesetzes bezeichneten Ansprüchen gewähren ein Recht auf Befriedigung die Ansprüche auf Erstattung von Beträgen, welche innerhalb des letzten Jahres im gegenseitigen Bahnverkehre von einem anderen Bahnunternehmer ausgelegt oder für

---

[73]) Entspr. dem bisher. § 36. — Nach § 20 in Verb. mit ZwVersteigG §§ 20ff., 146ff. wird durch die Anordn. der ZwVersteig. oder ZwVerwalt. der BEinh. dem Bahneigent. das Verfügungsrecht über die Bestandteile entzogen. Für den Fall, daß Bestandteile einer BEinh. zugleich zu einer anderen BEinh. gehören, bedarf es deshalb einer Best darüber, welcher Anteil jeder BEinh. an diesen Bestandteilen zusteht Begr (95). Auf Gegenstände usw., die zweifellos nur einer BEinh. zugehören, z. B. Grundstücke, die durch Verzeichnung auf dem Titel eines BGrBuchbl. Teile einer bestimmten BEinh. geworden sind, bezieht sich § 25 nicht; Kennzeichen hierfür bei beweglichen Gegenständen (z. B. Fonds, Forderungen) Gleim Anm. 1 zu § 36. Für die Best des Anteilsverhältnisses entscheidet in erster Linie das BGrBuch (§ 11 Abs. 2 Ziff. 4).

[74]) § 13 Abs. 3 bestimmt:

Liegen mehrere Beschlagnahmen vor, so ist die erste maßgebend. Bei der Zwangsversteigerung gilt, wenn bis zur Beschlagnahme eine Zwangsverwaltung fortgedauert hat, die für diese bewirkte Beschlagnahme als die erste.

[75]) § 26 ist der bisher. § 37, dem das ZwVollstrG 13. Juli 83 §§ 24—30 zugrunde lag, angepaßt dem neuen Rechte. § 26 gilt nur für die ZwVersteig.; ZwVerwalt.: § 36.

[76]) § 6 Abs. 2.

[77]) Darunter fällt das ganze Bahndienstpersonal, auch z. B. ein angestellter Bahn- (nicht Krankenkassen-) Arzt; Voraussetzung ist persönl. Dienstleistung des sich Verdingenden (nicht z. B. vertragsmäß. Verpflicht. eines Unternehmers zu Arbeiten f. d. Bahnbetrieb); Vorbehalt d. Kündigung schließt nicht d. Eigenschaft d. Dienstes als e. dauernden aus. Gleim Anm. 3 zu § 37.

[78]) Solche gibt es nicht mehr: (Vo 15. März 27, unten IV 10) Art. II.

ihn erhoben oder für die Benutzung von Fahrbetriebsmitteln zu entrichten sind (Abrechnungsforderung)[79]).

§ 27. Bei dem Antrag auf Zwangsversteigerung bedarf es der Beifügung eines Auszugs aus der Grundsteuermutterrolle und der Gebäudesteuerrolle (Artikel 4 des Ausführungsgesetzes vom 23. September 1899) hinsichtlich der zur Bahneinheit gehörigen Grundstücke nicht[80]).

§ 28. Die Terminsbestimmung soll zur Bezeichnung der Bahneinheit eine den wesentlichen Inhalt der Genehmigung wiedergebende Beschreibung der Bahn enthalten[81]).

§ 29. Die Terminsbestimmung muß auch durch mindestens einmalige Einrückung in die durch die Statuten oder die Bedingungen der Ausgabe von Theilschuldverschreibungen bestimmten Blätter öffentlich bekannt gemacht werden[82]).

§ 30. Vor Feststellung der Versteigerungsbedingungen ist die Bahnaufsichtsbehörde[14]) zu hören[83]).

§ 31. Ist der Werth der Bahneinheit festzustellen, so erfolgt die Feststellung durch das Gericht nach Anhörung der Bahnaufsichtsbehörde[84]).

§ 32[85]). Die Ertheilung des Zuschlags erfolgt unter der Bedingung, daß für die Person des Erstehers die staatliche Genehmigung zum Erwerbe der Bahn beigebracht wird. Wird die Genehmigung versagt, so hat das Gericht den Beschluß, durch den der Zuschlag ertheilt ist, aufzuheben und den Zuschlag zu versagen. Der neue Beschluß ist allen Betheiligten zuzustellen; eine Verkündung findet nicht statt. Die Zustellung des Beschlusses wirkt wie eine einstweilige Einstellung des Verfahrens.

Der Termin zur Vertheilung des Versteigerungserlöses ist erst dann zu bestimmen, wenn die Genehmigung zum Erwerbe der Bahn beigebracht ist.

§ 33[86]). Mit dem Antrag auf Zwangsverwaltung ist von dem Antragsteller eine Erklärung der Bahnaufsichtsbehörde[14]) beizubringen, daß die Einkünfte aus der Zwangsverwaltung den Kosten des Verfahrens mit Einschluß der Ausgaben und Ansprüche aus der Verwaltung voraussichtlich entsprechen werden, oder es ist eine nach den Erklärungen der Bahnaufsichtsbehörde voraussichtlich hierzu ausreichende Deckung zu gewähren.

§ 34[87]). Wird über das Vermögen des Bahneigenthümers das Konkursverfahren eröffnet, so ist die Zwangsverwaltung auch dann anzuordnen, wenn die Bahnaufsichtsbehörde[14]) das Vollstreckungsgericht um die Anordnung derselben ersucht. Dies Ersuchen ist nur dann zu stellen, wenn die Einkünfte aus der Zwangsverwaltung den Kosten des Verfahrens mit Einschluß der Ausgaben und Ansprüche aus der Verwaltung voraussichtlich entsprechen werden.

§ 35[88]). Die in den §§ 150, 153 und 154 des Reichsgesetzes über die Zwangsversteigerung und die Zwangsverwaltung dem Gerichte zugewiesene Thätigkeit steht der Bahnaufsichtsbehörde[14]) zu. Der Minister der öffentlichen Arbeiten[55]) kann für die Geschäftsführung der Verwalter und die denselben zu gewährende Vergütung allgemeine Anordnungen treffen.

§ 36[89]). Bei der Vertheilung der Überschüsse der Zwangsverwaltung sind die im § 26 Nr. 1 und 4 bezeichneten Ansprüche nach der dort bestimmten Rangordnung in ihrem ganzen Betrage zu berichtigen.

Vor den im § 10 Nr. 5 des Reichsgesetzes über die Zwangsversteigerung und die Zwangsverwal-

---

[79]) Soweit sie nicht im Abrechnungswege getilgt werden Gleim Anm. 5 zu § 37. — Letztes Jahr: § 25 Satz 1.

[80]) Bisher § 42. — ZwVersteigG § 16.

[81]) § 28 (bisher § 44 Abs. 2) ersetzt ZwVersteigG § 38, soweit dieser die Angabe der Größe des Grundst. vorschreibt, und hat — wie § 38 u. AG Art. 20 — nur die Bedeutung einer Ordnungsvorschr. Begr (02).

[82]) Bisher § 61 Abs. 2 Satz 2, des Zusammenhangs wegen in Abschn. 4 versetzt; daß für die Bek. im übr. ZwVersteigG §§ 39, 40 maßgebend ist, folgt aus § 20. Begr (02). — § 57.

[83]) Den §§ 30, 32 (bisher 43, 45) liegt die Erwägung zugrunde, daß es für den Ersteher außer dem Zuschlag in der ZwVersteig. noch der staatlichen Genehm. zum Betriebe der Bahn bedarf, u. zwar bei Privateisenbahnen der Konzession nach EisG § 1, bei Kleinb. der Genehm. nach KleinbG § 2. Näheres Gleim Anm. 1 zu § 43.

[84]) § 31 ist neu u. entspricht AG ZwVersteigG Art. 21 sowie dem, was sich aus G 13. Juli 83 § 41 ergab; Begr (02). — ZwVersteigG §§ 64, 112; EG § 11; AG Art. 8. — Anm. 14.

[85]) Bisher § 45, dem neuen Rechte, insbesondere ZwVersteigG § 86 angepaßt. Eger Anm. 139 vermißt die Best einer Frist für die Beibringung der Entsch. über die staatl. Genehm. — § 3 Abs. 2. — Anm. 83.

[86]) Bisher § 38. — ZwVersteigG §§ 146, 16.

[87]) Bisher § 39. — Da die Konkurseröffnung nicht das Erlöschen der Genehm. zur Folge hat, muß der AufsBeh. die Möglichkeit offen bleiben, den ohne ihre Mitwirkung bestellten Konkursverwalter von der Betriebsleitung auszuschließen; formelle Handhabe hierfür bietet KonkO § 25. Die Befugnis anderer Berechtigter, die Anordnung der ZwVerw. herbeizuführen, bleibt unberührt Begr (95). — § 35.

[88]) Entspr. dem bisher. § 40. — Die in Satz 1 angezogenen Best betreffen Bestell. des Verwalters u. Übergabe des Bahnunternehmens an ihn; Anweis. u. Beaufsicht. des V., Festsetz. der Vergütung, Auferlegung einer Sicherheit, Verhäng. v. Ordnungsstrafen, Entlassung; Entgegennahme der Rechnungsleg. u. Mitteil. der Rechnung an Gläubiger u. Schuldner.

[89]) Entspr. dem bisher. § 41. — Die allg. Rangordnung, vorbehaltlich der Vorschr. des § 36, bestimmt sich nach ZwVersteigG §§ 155, 10ff. Ausführlich Eger Anm. 153.

tung bezeichneten Ansprüchen sind die während des Verfahrens fällig werdenden Forderungen aus Theilschuldverschreibungen auf den Inhaber zu berichtigen, soweit die Berichtigung nicht aus statutenmäßig dazu bestimmten Fonds, die nicht zur Bahneinheit gehören, erfolgt. Diese Vorschrift findet keine Anwendung, wenn den Forderungen fällige Bahnpfandschulden vorgehen oder die Zwangsversteigerung angeordnet oder das Konkursverfahren eröffnet ist.

§ 37[90]). Eine Zwangsvollstreckung in andere, als die im Reichsgesetze vom 3. Mai 1886, betreffend die Unzulässigkeit der Pfändung von Eisenbahnfahrbetriebsmitteln (Reichs-Gesetzbl. 131)[91]) bezeichneten, zur Bahneinheit gehörigen Gegenstände findet nur statt, soweit die Bahnaufsichtsbehörde[14]) bescheinigt, daß die Vollstreckung mit dem Betriebe des Bahnunternehmens vereinbar ist[92]).

Solange nach dem Erlöschen der Genehmigung die Bahneinheit fortbesteht, kann die Zwangsvollstreckung in die zu ihr gehörigen Gegenstände nur von einem Gläubiger betrieben werden, der auf Grund eines den Bahnpfandgläubigern gegenüber wirksamen Rechtes Befriedigung aus den Gegenständen zu suchen berechtigt ist[93]). Durch diese Bestimmung werden die Gegenstände im Falle des Konkursverfahrens von der Konkursmasse nicht ausgeschlossen[94]).

[95]) In den Fällen der Absätze 1 und 2 endigt mit dem Beginne der Zwangsvollstreckung die Zugehörigkeit des Gegenstandes zur Bahneinheit, unbeschadet der an ihm vorher begründeten Rechte. Mit der Aufhebung der Vollstreckungsmaßregel wird der Gegenstand wieder Bestandtheil der Bahneinheit. Das Gleiche gilt von dem Erlöse, soweit er dem Bahneigentümer zufällt.

§ 38. Die Vorschriften der §§ 172 bis 184 des Reichsgesetzes über die Zwangsversteigerung und die Zwangsverwaltung gelten mit den Änderungen, die sich aus den Vorschriften dieses Abschnitts ergeben, auch für Bahneinheiten[96]).

§ 39[97]). Die in den §§ 21 und 47 des Gesetzes über die Eisenbahnunternehmungen vom 3. November 1838 vorgesehenen öffentlichen Versteigerungen erfolgen nach den für die Zwangsversteigerung der Bahn geltenden Vorschriften. Die Vorschriften über das geringste Gebot finden keine Anwendung. Das Meistgebot ist in seinem ganzen Betrage durch Zahlung zu berichtigen.

Ist eine Bahn, für welche die Genehmigung zur Eröffnung des Betriebs noch nicht ertheilt ist, nicht im Bahngrundbuch eingetragen, so hat die Bahnaufsichtsbehörde[14]) bei Stellung des Antrags auf Zwangsversteigerung zugleich um die Anlegung des Bahngrundbuchblatts zu ersuchen.

Fünfter Abschnitt. Zwangsliquidation[98]).

§ 40[99]). Nach Erlöschen der Genehmigung für das Bahnunternehmen ist auf Antrag von dem Amtsgerichte, bei welchem das Bahngrundbuch geführt wird, zur abgesonderten Befriedigung der

---

[90]) § 37 entspr. dem bisher. § 47 u. weicht in Abs. 1, 2 von § 47 Abs. 1 u. Abs. 2 Satz 1, 2 sachlich nicht ab. § 37 bezieht sich nur auf ZwVollstr. wegen Geldforderungen, u. zwar in einzelne zur BEinh. gehörige (bewegl. oder unbewegl.) Gegenstände. Die ZwVollstr. zur Erwirkung der Herausgabe von Sachen (ZPO §§ 883ff.) ist für Grundstücke durch G § 6 geordnet; im übr. gelten die Vorschr. des all. Rechts, so lange nicht durch Beschlagnahme der BEinh. dem Verfügungsrechte des Eigentümers ein Ziel gesetzt ist (Anm. 73) Begr (95).

[91]) Unten VI 6.

[92]) Abs. 1 behandelt die Zulässigkeit der ZwVollstr. für die Zeit des Bestehens der Genehm. (§ 3 Abs. 1). Hier ist die Rücksicht auf die Betriebsfähigkeit des Unternehmens maßgebend. Der Abs. bezieht sich auf alle zur BEinh. gehör. Gegenstände bei Kleinbahnen u. auf diejenigen zur BEinh. gehör. Gegenstände bei privaten Großbahnen, die nicht durch G 3. Mai 86 der ZwVollstr. gänzlich entzogen sind. — Wird die Beschein. von der Behörde versagt, so findet nur die ZwVollstr. in die BEinh. als ganzes statt. — Was zur BEinh. gehört, ist im Streitfalle gemäß ZPO § 766 durch das Gericht (aber Anm. 15) zu entscheiden Begr (95). — § 54.

[93]) Nach dem Erlöschen der Genehm. (§ 3 Abs. 1) entscheidet nur noch die Rücksicht auf die BPfGläubiger. Näheres Begr (95) u. Gleim Anm. 2 zu § 47. — § 19.

[94]) KonkursO § 1, G 3. Mai 86 Abs. 2.

[95]) Abs. 3 (der umgearbeitete § 47 Abs. 2 Satz 3) trägt dem Umstande Rechnung, daß ZPO § 864 (abweichend von § 757 älterer Fassung) die der ZwVollstr. in das unbewegl. Vermögen unterliegenden Gegenstände bestimmt, u. daß es zweifelhaft ist, ob die Landesgesetzgebung befugt ist, in Gegenstände, die zur BEinh. gehören, trotzdem eine gesonderte ZwVollstr. zuzulassen. Zur Vermeidung dieses Zweifels setzt Abs. 3 fest, daß für die Dauer einer derartigen gesonderten ZwVollstr. der betroffene Gegenstand aus der BEinh. ausscheidet Begr (02).

[96]) § 38 ist neu eingefügt u. ersetzt den bisher. § 32, soweit dieser den Abschn. 3 des G 13. Juli 83 für anwendbar erklärte; § 38 entspricht AG ZwVersteigG Art. 22. Begr (02). — Die angezogenen §§ 172—184 betreffen ZwVersteig. u. ZwVerwalt. auf Antrag des Konkursverwalters, zur Deckung von Nachlaßverbindlichkeiten u. zur Aufhebung einer Gemeinschaft.

[97]) § 39 entspr. dem bisher. § 46, nur ist Abs. 1 Satz 3 nach dem Vorgange von ZwVersteigG § 169 Abs. 1 eingefügt Begr (02). — § 39 bezieht sich nicht auf Kleinb.; für diese gilt KleinbG §§ 23ff. — Für EisG § 21 genügt Antrag des Min.; für § 47 ist gerichtl. Ausspruch, daß die Konzession verwirkt sei, erforderlich Gleim Anm. 1 zu § 46; Eger Anm. 167 IV fordert auch für § 21 gerichtl. Ausspruch. — Schmöckel EE **11** 287, 362. — Abs. 2 bezieht sich nur auf EisG § 21 Begr (95); a. M. Eger Anm. 107.

[98]) Inhalt: §§ 40—43 Eröffnung u. deren Wirkungen, §§ 44, 45 Liquidator u. Gläubigerausschuß, §§ 46—48 Verwertung der Masse, §§ 49—53 Beendigung. Abschn. 5 ist (mit unwesentl. Änderungen) der bisher. Abschn. 6; sein Inhalt ist durch die neuere Reichsgesetzgebung nicht berührt. BGB Art. 112 (Anm. 1), G 4. Dez. 99 § 25

Bahnpfandgläubiger aus den einzelnen Bestandtheilen der Bahneinheit die Zwangsliquidation zu eröffnen.

Zu dem Antrag ist jeder Bahnpfandgläubiger sowie der Bahneigenthümer und, wenn über dessen Vermögen der Konkurs eröffnet ist, der Konkursverwalter berechtigt.

§ 41[100]). Der Beschluß, durch welchen die Zwangsliquidation eröffnet wird, ist öffentlich bekannt zu machen. Die ihrem Wohnorte nach bekannten Bahnpfandgläubiger sollen von dem Beschlusse benachrichtigt werden. Der den Antrag auf Zwangsliquidation abweisende Beschluß des Gerichts ist dem Antragsteller von Amtswegen zuzustellen.

§ 42[101]). Gegen den Eröffnungsbeschluß steht jedem Bahnpfandgläubiger sowie dem Bahneigenthümer oder Konkursverwalter, gegen den abweisenden Beschluß dem Antragsteller die sofortige Beschwerde nach Maßgabe der Deutschen Civilprozeßordnung (§§ 577, 568 bis 575) zu. Die Frist zur Einlegung der Beschwerde gegen den Eröffnungsbeschluß beginnt mit der Bekanntmachung desselben (§ 41).

§ 43. Nach der Bekanntmachung des Eröffnungsbeschlusses und bis zur Beendigung der Zwangsliquidation können die einzelnen Bahnpfandgläubiger ihr Recht nicht selbständig geltend machen[102]).

§ 44[103]). Zugleich mit der Eröffnung der Zwangsliquidation ernennt das Gericht einen Liquidator und beruft eine Versammlung der Bahnpfandgläubiger zur Bestellung eines Ausschusses von mindestens zwei Mitgliedern.

Die Berufung erfolgt durch öffentliche Bekanntmachung[104]) derselben unter Angabe des Zweckes. Die Versammlung findet unter Leitung des Gerichts statt.

Wahlen erfolgen nach relativer Mehrheit, andere Beschlußfassungen nach absoluter Mehrheit der Stimmen der erschienenen Gläubiger. Die Stimmenmehrheit wird nach den Beträgen der Forderungen berechnet. Die Inhaber von Theilschuldverschreibungen müssen dieselben nach Anordnung des Gerichts hinterlegt haben.

§ 45[105]). Der Name des Liquidators ist öffentlich bekannt zu machen[104]). Ihm ist eine urkundliche Bescheinigung seiner Bestellung zu ertheilen, welche er bei Beendigung seiner Geschäftsführung zurückzureichen hat.

Die Vergütung für die Geschäftsführung des Liquidators wird in Ermangelung einer Einigung mit dem Ausschusse der Bahnpfandgläubiger und dem Bahneigenthümer oder Konkursverwalter durch das Gericht festgesetzt. Das Gleiche gilt für eine den Mitgliedern des Ausschusses bewilligte Vergütung, wenn über die Höhe derselben eine Einigung mit der Versammlung der Bahnpfandgläubiger und dem Bahneigenthümer oder Konkursverwalter nicht erzielt wird.

Der Liquidator steht unter der Aufsicht des Gerichts. Das Gericht kann gegen denselben Ordnungsstrafen bis zu 200 Mark festsetzen und ihn auf Antrag des Gläubigerausschusses oder des Bahneigenthümers oder Konkursverwalters wegen Pflichtverletzung oder aus anderen wichtigen Gründen entlassen. Vor der Entscheidung ist der Liquidator zu hören.

Gegen die in diesem Paragraphen bezeichneten Entscheidungen des Gerichts findet Beschwerde nach Maßgabe der Deutschen Civilprozeßordnung (§§ 568 bis 575) statt. Die Beschwerde gegen die Entlassung eines Liquidators ist die sofortige (§ 577).

§ 46[106]). Der Liquidator hat die Verwerthung aller Bestandtheile der Bahneinheit vorzunehmen.

(Anm. 57). **Begr** (02). — Der Abschnitt ordnet ein dem Konkursverf. nachgebildetes Zwangsverfahren zur gemeinsamen Befriedigung der Bahnpfandgläubiger an, das in der Zeit zwischen Erlöschen der Genehm. (§ 3) u. Schließung des GrBBlatts (§ 14) eingeleitet werden kann. Für diese Zeit besteht die BEinh. fort (§ 3 Abs. 1 Satz 2), ist eine Verfügung des Bahneigent. über ihre Bestandteile den BPfGläubigern gegenüber unwirksam (§ 19), eine ZwVersteig. oder ZwVerwalt. der BEinh. unzulässig (§ 23), eine ZwVollstreck. in einzelne Bestandteile der BEinh. nur beschränkt zulässig (§ 37). Eine Verwirklichung der an der BEinh. — u. im allg. auch der an ihren einzelnen Teilen — bestehenden Pfandrechte erfolgt also nur im Wege der ZwLiquidation (§ 43) Gleim Anm. 1 zu § 48. — Die ZwL. hat an u. für sich auf den rechtl. Bestand einer Aktienges., der die BE. gehört, keinen Einfluß. RG EE **30** 90. — Gebühren Beil. B § 130.

[99]) Bisher § 48. — Voraussetzung für den Antrag ist nur das Erlöschen der Genehm. u. der Eintrag von BPfSchulden im BGrBuch, nicht etwa Zahlungsunfähigkeit des Eigentümers Gleim Anm. 1 zu § 48. Antragsberechtigt ist nicht die Aufsichtsbeh. Gleim Anm. 2. Die Konkurseröffnung schließt nach KonkO §§ 4, 47 ff. das ZwangsliqVerfahren nicht aus. Eger Anm. 172.

[100]) Bisher § 49. — §§ 42, 43, § 48 Abs. 2. — Bekanntmachung § 57.

[101]) Bisher § 50.

[102]) Bisher § 51. — KonkO § 126. — Andere Pfandgläubiger § 37 Abs. 2.

[103]) Bisher § 52. — Die Best des G über Liquidator u. Gläubigerausschuß sind den Vorschr. der KonkO über KonkVerwalter u. Gläubigerausschuß (§§ 78—92) nachgebildet, weichen aber von ihnen mehrfach ab.

[104]) § 57.

[105]) Bisher § 53.

[106]) Bisher § 54. — Soweit der Liquidator zur Veräuß. von Bestandteilen des Besitzes derselben bedarf, kann er dessen Einräum. vom Besitzer (Eigentümer, Kon-

In wichtigeren Fällen hat derselbe dem Ausschusse der Bahnpfandgläubiger von der beabsichtigten Maßregel Mittheilung zu machen.

Die Zwangsverwaltung und Zwangsversteigerung von Grundstücken kann durch den Liquidator betrieben werden, ohne daß er einen vollstreckbaren Schuldtitel erlangt hat. Zur Veräußerung von Grundstücken aus freier Hand bedarf der Liquidator der Genehmigung des Ausschusses der Bahnpfandgläubiger sowie der Zustimmung des Bahneigenthümers oder Konkursverwalters.

§ 47. Wird einem Unternehmer die Genehmigung zum Fortbetriebe des Bahnunternehmens ertheilt, so kann der Liquidator mit Zustimmung des Ausschusses der Bahnpfandgläubiger sowie des Bahneigenthümers oder Konkursverwalters die noch vorhandenen Bestandtheile der Bahneinheit als Einheit nach den im § 16 bezeichneten Vorschriften veräußern[107]).

§ 48[108]). So oft aus der Verwerthung von Bestandtheilen der Bahneinheit hinreichende baare Masse vorhanden ist, hat der Liquidator eine Vertheilung vorzunehmen. Die Kosten und Ausgaben der Zwangsliquidation sind vorweg zu berichtigen.

Bei der Vertheilung bestimmen sich die Betheiligten und die Rangordnung, nach welcher ihre Ansprüche ein Recht auf Befriedigung gewähren, nach den für die Vertheilung des Erlöses im Falle der Zwangsversteigerung geltenden Vorschriften[109]); an die Stelle der Beschlagnahme tritt die im § 41 Satz 1 bestimmte Bekanntmachung. Die im § 26 Nr. 1 bezeichneten Entschädigungsansprüche gewähren nur ein Recht auf Befriedigung aus dem einzelnen Grundstücke. Die Vertheilungen an die Bahnpfandgläubiger erfolgen, ohne daß es einer Anmeldung bedarf, auf Grund des Bahngrundbuchs.

Die Vornahme einer Vertheilung unterliegt der Genehmigung des Ausschusses. Von der beabsichtigten Vertheilung ist der Bahneigenthümer oder Konkursverwalter zu benachrichtigen.

Nicht erhobene Antheile sind nach der Bestimmung des Ausschusses für Rechnung der Betheiligten zu hinterlegen.

§ 49[110]). Nach der letzten Vertheilung und nach der Rechnungslegung des Liquidators beschließt auf den von dem Liquidator und dem Ausschusse der Bahnpfandgläubiger gestellten Antrag das Gericht die Aufhebung der Zwangsliquidation.

Gegen den Beschluß findet Beschwerde nach Maßgabe der Deutschen Civilprozeßordnung (§§ 568 bis 575) statt.

Die Aufhebung ist öffentlich bekannt zu machen[104]).

§ 50[110]). Das Gericht hat die Einstellung der Zwangsliquidation zu beschließen, wenn die Bahnpfandgläubiger der Einstellung zustimmen. Die Vorschriften des § 49 Abs. 2, 3 finden entsprechende Anwendung.

Für die Inhaber von Theilschuldverschreibungen kann die Zustimmung nach Maßgabe der §§ 51 bis 53 durch Beschluß einer Versammlung der Gläubiger ertheilt werden.

§ 51[110]). Die Versammlung wird durch das Gericht, bei welchem das Bahngrundbuch geführt wird, berufen. Die Berufung findet statt, wenn sie unter Angabe des Zweckes, sowie unter Einzahlung eines zur Deckung der Kosten hinreichenden Betrags von Gläubigern, deren Theilverschreibungen zusammen den fünfundzwanzigsten Theil des Betrags der Bahnpfandschuld darstellen, oder von dem Eigenthümer der Bahn oder dem Konkursverwalter beantragt oder wenn sie von der Bahnaufsichtsbehörde[14]) verlangt wird.

Die Berufung erfolgt durch öffentliche Bekanntmachung[104]) unter Angabe des Zweckes.

Gegen den die Berufung ablehnenden Beschluß des Gerichts findet Beschwerde nach Maßgabe der Deutschen Civilprozeßordnung (§§ 568 bis 575) statt.

---

kursverwalter usw.) verlangen; die freihänd. Veräuß. einer Sache durch den Liquid. ist eine Maßregel der Zw.-Vollstr. u. kann deshalb nach KonkO § 4 Abs. 2 (in Verb. mit EG. BGB Art. 112) landesgesetzlich geregelt werden Begr. (95). — „Wichtigere Fälle" Eger Anm. 202.

[107]) Bisher § 55. — Die Verwertung der Bahn als ganzes in der Liquid. ist nur im Falle des § 47 gestattet. Gleim Anm. 1 zu § 55.

[108]) Entspr. sachlich dem bisher. § 56. Ein gerichtl. Verteilungsverf. findet nicht statt (Abs. 1, 3). Die nicht aus dem BGrBuch ersichtl. Ansprüche sind anzumelden; Gläubiger, die mit dem Verteilungsplane nicht einverstanden sind, können auf Feststellung ihrer Rechte klagen u. gegen die Auszahlung des Erlöses eine einstweilige Verf. erwirken Begr (95). — Zu Abs. 4 Eger Anm. 216.

[109]) § 26.

[110]) §§ 49—53 behandeln die Beendigung der Zw.-Liquid. — nach welcher das BGrBuchblatt zu schließen ist (§ 14) und die BEinh. aufhört (§ 3 Abs. 1) — durch Aufhebung nach ihrem Abschlusse (§ 49; vgl. KonkursO § 163) oder durch Einstellung (§§ 50—53; vgl. KonkursO §§ 202ff.). Sie entspr. sachlich dem bisher. § 57. § 57 bestimmte in Abs. 2 Satz 2, daß auf die Zustimmung der Inhaber von Teilschuldverschreib. (zur Einstellung) die Vorschr. der §§ 28—30 Anwendung finden; da aber diese §§ 28—30 jetzt nur noch für die ZwLiquid. Geltung haben, im übr. jedoch durch G 4. Dez. 99 aufgehoben sind, hat die Novelle sie (als §§ 51—53) in den die ZwLiquid. behandelnden Abschnitt herübergenommen (Anm. 57); von G 4. Dez. 99 weichen sie namentl. darin ab, daß sie die Berufung der Gläubigerversammlung dem Gerichte zuweisen u. die gerichtl. Bestätigung des

§ 52[110]. Die Versammlung findet unter Leitung des Gerichts statt.

Der Beschluß wird nach Mehrheit der Stimmen gefaßt. Stimmenmehrheit ist vorhanden, wenn die Mehrzahl der im Termin anwesenden Gläubiger ausdrücklich zustimmt und die Gesammtsumme der Theilschuldbeträge der Zustimmenden wenigstens zwei Drittheile der Gesammtsumme der Bahnpfandschuld beträgt. Gezählt werden nur die Stimmen der Gläubiger, welche die Theilschuldverschreibungen nach Anordnung des Gerichts hinterlegt haben.

§ 53[110]. Der Beschluß der Versammlung bedarf der Bestätigung des Gerichts; vor der Bestätigung ist die Bahnaufsichtsbehörde[14]) zu hören. Auf die Bestätigung, deren Wirkung und Anfechtung finden die Bestimmungen der §§ 181, 184 Abs. 2, 185, 186 Nr. 1, 188, 189, 193, 195, 196 der deutschen Konkursordnung entsprechende Anwendung. Der Antrag auf Verwerfung des Beschlusses sowie die sofortige Beschwerde gegen die Entscheidung über die Bestätigung steht jedem Inhaber einer Theilschuldverschreibung zu. Der rechtskräftig bestätigte Beschluß ist in Ausfertigung zu den Grundakten der Bahn zu bringen.

Sechster Abschnitt. Schlußbestimmungen[111]).

§ 54. Wenn ein Anderer als der Eigenthümer einer Bahn den Betrieb auf derselben kraft eigenen Nutzungsrechts ausübt[112]), so gehört dies Nutzungsrecht in Ansehung der Zwangsvollstreckung zum unbeweglichen Vermögen. Die Zwangsvollstreckung erfolgt nach den Vorschriften des vierten Abschnitts dieses Gesetzes als Zwangsverwaltung durch Ausübung des Nutzungsrechts.

Die Zwangsvollstreckung in das Nutzungsrecht umfaßt auch die im § 4 bezeichneten Gegenstände, soweit sie dem Nutzungsberechtigten gehören. Auf die Zwangsvollstreckung in einzelne dieser Gegenstände findet die Vorschrift des § 37 Abs. 1 Anwendung.

§ 55. Bei Bahnen, welche nur zum Theil im Gebiete des Preußischen Staates liegen, finden die Vorschriften dieses Gesetzes, sofern nicht durch Staatsvertrag ein Anderes bestimmt ist, auf die im preußischen Gebiete befindlichen Bestandtheile Anwendung[113]).

§ 56. Auf die Beschwerde gegen die nach diesem Gesetze den Aufsichtsbehörden der Kleinbahnen zustehenden Beschlüsse und Verfügungen findet der § 52 des Gesetzes über die Kleinbahnen und Privatanschlußbahnen vom 28. Juli 1892 (Gesetz-Samml. S. 225) Anwendung[114]).

§ 57. Die in diesem Gesetz angeordneten öffentlichen Bekanntmachungen erfolgen durch mindestens einmalige Einrückung in den Anzeiger des Amtsblatts. Die Bekanntmachung gilt als bewirkt mit dem Ablaufe des zweiten Tages nach der Ausgabe des die Einrückung oder die erste Einrückung enthaltenden Blattes.

Außerdem erfolgt die Bekanntmachung durch mindestens einmalige Einrückung in die durch die Statuten oder die Bedingungen der Ausgabe der Theilschuldverschreibungen bestimmten Blätter.

§ 58. Mit der Ausführung des Gesetzes werden der Justizminister und der Minister der öffentlichen Arbeiten[55]) beauftragt.

VersammI.Beschlusses fordern. Begr (02). — § 50 Abs. 2 bezieht sich nur auf Inhaber von Teilschuldverschreib.; im übrigen kann jeder einzelne BPfGläubiger der Einstellung widersprechen.

[111]) Der letzte Abschn. des G enthielt bisher als 7. Abschn. außer den jetzigen §§ 54—58 (bisher §§ 58—61 u. 66) in §§ 62, 63 Übergangsvorschr. u. in § 64 Vorschr. zur Ergänzung des GerichtskostenG; an Stelle des § 64 sind die in Beilage B abgedruckten §§ 66, 130 des GerichtskostenG getreten Begr (02).

[112]) Nach § 4 Abs. 1 Ziff. 3, § 37 Abs. 1 ist bewegl. Betriebsmaterial durch das G nur insoweit vor Zugriffen Dritter geschützt, als es dem Bahneigent. gehört. § 54 dehnt diese Sicherung auf den Fall aus, daß ein Anderer den Betrieb kraft eigenen Nutzungsrechts — d. h. für eigene Rechnung (Gleim Anm. 1 zu § 58) u. mit staatl. Genehm. (§ 54 Abs. 2 in Verb. mit § 37 Abs. 1) — ausübt. Bez. der ZwVollstr. erklärt alsdann § 54 das Nutzungsrecht für einen Gegenstand des unbewegl. Vermögens, also für eine der BEinh. ähnliche Einheit, mit der Maßgabe, daß die ZwVollstr. nur als ZwVerwaltung (nicht als ZwVersteig.) stattfindet. — ZPO § 871:

Unberührt bleiben die landesgesetzlichen Vorschriften, nach welchen, wenn ein anderer als der Eigentümer einer Eisenbahn oder Kleinbahn den Betrieb der Bahn kraft eigenen Nutzungsrechts ausübt, das Nutzungsrecht und gewisse dem Betriebe gewidmete Gegenstände in Ansehung der Zwangsvollstreckung zum unbeweglichen Vermögen gehören und die Zwangsvollstreckung abweichend von den Vorschriften der Reichsgesetze geregelt ist.

[113]) Bisher § 59. — Die Anwendung des G würde schon durch die Best eines Staatsvertrags dahin ausgeschlossen werden, daß die Aufsicht über die preußische Teilstrecke dem fremden Staate zusteht. Gleim Anm. 1 zu § 59. Gegen die Vorschr. des G: Eger Anm. 245.

[114]) Bei privaten Großbahnen ist der Min. die Beschwerdeinstanz.

Beilagen zum Gesetz über die Bahneinheiten.

Beilage A (zu Anmerkung 27).

Allgemeine Verfügung des Justizministers vom 11. November 1902, betr. die Bahngrundbücher (JMBl 275, EVBl 557).

Auf Grund des § 9 und des § 10 Abs. 1 des Gesetzes über die Bahneinheiten (Bekanntmachung vom 8. Juli 1902, Gesetz-Samml. S. 237) wird folgendes angeordnet:

§ 1. Auf die Einrichtung und die Führung der Bahngrundbücher finden die Vorschriften der Allgemeinen Verfügung vom 20. November 1899 zur Ausführung der Grundbuchordnung (Just.-Minist.-Bl. S. 349) entsprechende Anwendung, soweit nicht im Gesetz oder nachstehend ein anderes bestimmt ist.

§ 2. Das Bahngrundbuch wird für den ganzen Amtsgerichtsbezirk eingerichtet.

§ 3. Für die Einrichtung der Grundbuchblätter ist das beigefügte, mit Probeeintragungen versehene Formular[1]) maßgebend. Jedes Blatt besteht aus dem Titel (§ 10 Abs. 3 des Gesetzes) und drei Abteilungen.

§ 4. Der Titel enthält die Aufschrift, in der das Amtsgericht zu bezeichnen ist und die Nummern des Bandes und des Blattes anzugeben sind, und sechs Abschnitte, die für die im Gesetze vorgeschriebenen Angaben über den Bestand der Bahneinheit bestimmt sind.

§ 5. Ist bei der Eintragung eines Bahnunternehmens die Genehmigung zur Eröffnung des Betriebs noch nicht erteilt, so ist dies in dem Abschnitte II des Titels (Beschreibung des Bahnunternehmens) zu vermerken; nach Erteilung der Genehmigung ist der Vermerk zu löschen.

In demselben Abschnitt ist anzugeben, ob das Unternehmen eine Privateisenbahn oder eine Kleinbahn ist.

§ 6. In dem Abschnitte III des Titels (Länge der Bahnstrecken) ist unter c die Länge nur solcher Bahnstrecken oder ihrer Teile zu vermerken, die in ihrer ganzen Längenausdehnung zugleich auf eigenem und auf fremdem Grund und Boden belegen sind, z. B. wenn als Bahnkörper teils eine im fremden Eigentume stehende Straße, teils ein neben der Straße liegendes, vom Bahneigentümer erworbenes Gelände dient.

Liegen nur kleinere Teile der Bahnstrecke, wie z. B. Wegeüberführungen, auf fremdem Grund und Boden, während im übrigen die Bahnstrecke im Eigentume des Bahnunternehmers steht, so hat die Eintragung der Streckenlänge nur unter a zu erfolgen. Ebenso ist die Streckenlänge nur unter b einzutragen, wenn bei einer auf fremdem Grund und Boden belegenen Bahnstrecke einzelne kleinere Teile im Eigentume des Bahnunternehmers stehen.

Bei jeder Eintragung unter c ist das ungefähre Verhältnis der Flächen auf eigenem zu denen auf fremdem Grund und Boden anzugeben.

§ 7. Werden in dem Grundbuch über ein im Abschnitte VI des Titels verzeichnetes Grundstück (§ 11 Abs. 2 Nr. 2 des Gesetzes) Veränderungen eingetragen, welche die in das Bahngrundbuch aufzunehmenden Angaben berühren, so hat das Grundbuchamt dem das Bahngrundbuch führenden Amtsgerichte behufs Vermerkes der Veränderungen im Abschnitte VI des Titels des Bahngrundbuchs Mitteilung zu machen. Diese Mitteilung und der Vermerk der Veränderungen im Bahngrundbuch erfolgen kostenfrei.

§ 8. Werden mehrere selbständige Bahneinheiten auf einem Grundbuchblatt eingetragen (§ 10 Abs. 2 des Gesetzes, § 4 der Grundbuchordnung), so erfolgen die Angaben über den Bestand der Bahneinheiten für jede von ihnen auf einem besonderen Titelformular. Die Bahneinheiten erhalten fortlaufende, unter der Aufschrift einzutragende Nummern. In der Aufschrift des Titels ist bei der ersten Bahneinheit auf die folgenden zu verweisen; bei den letzteren ist hinter der Nummer des Grundbuchblatts zu vermerken, daß es sich um eine Fortsetzung dieses Blattes handelt.

§ 9. Ist eine Privateisenbahn nach den Bestimmungen der für sie erteilten Genehmigung einheitlich mit einer anderen bereits bestehenden Privateisenbahn (Stammbahn) zu betreiben, so daß beide eine einzige Bahneinheit bilden (§ 2 Abs. 1 Satz 2 des Gesetzes), so sind die durch die Eintragung der ersteren erforderlich werdenden Angaben über den Bestand der Bahneinheit auf dem Titel der Stammbahn zu bewirken. Im Abschnitte II des Titels ist die Erweiterung des Bahnunternehmens zu vermerken.

Die Vorschrift des Abs. 1 Satz 1 findet entsprechende Anwendung, wenn eine Bahneinheit einer anderen Bahneinheit als Bestandteil zugeschrieben wird (§ 10 Abs. 2 des Gesetzes, § 5 der Grundbuchordnung). Im Abschnitt I des Titels sind in diesem Falle die Bahneinheiten mit Buchstaben zu bezeichnen. In den folgenden Abschnitten erhalten die Angaben über den Bestand der Bahneinheiten eine Verweisung auf die Buchstaben des Abschnitts I. Die Zuschreibung als Bestandteil ist im Abschnitte II zu vermerken.

§ 10. Die bestehenden Bahngrundbücher sind fortzuführen. Neue Eintragungen erhalten an der dafür geeigneten Stelle des bisherigen Formulars ihren Platz.

§ 11. Von den Grundakten ist ein besonderer Band zur Aufnahme der im § 11 Abs. 3 des Gesetzes bezeichneten Angaben zu bestimmen. In diesen Band sind lediglich diejenigen Schriftstücke aufzunehmen, welche den Betrag des zur Anlage und Ausrüstung der Bahn verwendeten Kapitals (Baukapitals) ergeben oder die fortlaufenden Mitteilungen über den Betrag der Betriebseinnahmen und Betriebsausgaben eines jeden Geschäftsjahrs nebst der Bescheinigung der Bahnaufsichtsbehörde (§ 13 Abs. 3 des Gesetzes) enthalten. Auf diesen Schriftstücken ist die Stelle der Grundakten zu bezeichnen, wo sich die auf die Aufnahme der fraglichen Schriftstücke in die Grundakten bezüglichen Übersendungsschreiben, Verfügungen usw. befinden.

Dem nach Abs. 1 anzulegenden besonderen Bande der Grundakten ist ein Inhaltsverzeichnis vorzuheften.

---

[1]) Hier nicht abgedruckt.

Beilage B (zu Anmerkung 111).

Preußisches Gerichtskostengesetz. In der Fassung der Bekanntmachung vom 31. Oktober 1922 (GS 363).

(Auszug.)

§ 56 (1). Für die Eintragung der Belastung des Grundstücks mit einem Rechte, einschließlich der dabei vorkommenden Nebengeschäfte, wird die volle Gebühr[1]) erhoben.

(4) Als Belastungen des Grundstücks gelten auch ... die Zugehörigkeit zu einer ... Bahneinheit ....

§ 66. (1) Die hinsichtlich der Grundbücher bestehenden Gebührenbestimmungen sind auf die Bahngrundbücher entsprechend anzuwenden. Es werden erhoben für die Anlegung und für die Schließung des Bahngrundbuchs der Satz des § 60[2]) und für den Vermerk des Erlöschens der Genehmigung, einschließlich der öffentlichen Bekanntmachung des Vermerkes, der Satz des § 57 Abs. 1 Nr. 2[3]). Die Eintragung des infolge einer Veräußerung der Bahn eingetretenen Eigentumswechsels auf dem Grundbuchblatt eines Bahngrundstücks erfolgt gebührenfrei.

(2) Die Kosten der Anlegung des Bahngrundbuchs sowie der Vermerke der Zugehörigkeit eines Grundstücks zur Bahneinheit trägt der Bahneigentümer; die bezeichneten Kosten fallen jedoch, wenn ein Gläubiger durch den Antrag auf Eintragung einer vollstreckbaren Forderung die Anlegung des Bahngrundbuchs veranlaßt, diesem Gläubiger und, wenn die Anlegung im Zwangsversteigerungsverfahren auf Ersuchen des Vollstreckungsgerichts erfolgt, dem Ersteher zur Last.

§ 130. Für die Zwangsliquidation einer Bahneinheit wird das Dreifache und, wenn die Zwangsliquidation eingestellt wird, nur das Zweifache der vollen Gebühr[1]) erhoben. Die Gebühr wird nach dem Gesamtwerte der Bestandteile der Bahneinheit berechnet[4]).

[1]) § 32, je nach dem Werte des Gegenstandes.

[2]) Zwei Zehnteile der vollen Gebühr (Anm. 1).

[3]) Fünf Zehnteile der vollen Gebühr (Anm. 1).

[4]) Vo 31. Aug. 25 GS 111 fügt in GerKG § 7 Abs. 1 eine neue Nr. 7 ein, der die Eintragungen im Grundbuch u. Aufwertungsangelegenheiten betrifft u. auch für das Bahngrundbuch gilt.

II. Verwaltung der Reichseisenbahnen. Reichsaufsicht über private Großbahnen[a]).

1. Einleitung.

Durch den Staatsvertrag vom April 1920 (oben I 3) gingen die Staatseisenbahnen (fast ausschließlich Großbahnen) der Länder in das Eigentum und auch in die Verwaltung des Deutschen Reichs über. Nachdem 1924 einige Monate lang — ohne Änderung in den Eigentumsverhältnissen — die Verwaltung unter weitgehender Loslösung von den übrigen Reichsressorts in der Hand des Unternehmens Deutsche Reichsbahn (oben I 5 Anm. 26) gelegen hatte, mußte auf Grund der Londoner Abmachungen (oben I 4) das Reich 1924 Verwaltung und Betrieb seiner Bahnen für 40 Jahre an die neugebildete Deutsche Reichsbahn-Gesellschaft abgeben, das Eigentum blieb dem Reiche. Das Bahnnetz der Gesellschaft ist das größte unter einheitlicher Leitung stehende wirtschaftliche Unternehmen der Erde (z. Z. rund 53000 km Betriebslänge, 26 Milliarden *RM* Anlagekapital, jährlich über 5 Milliarden Betriebseinnahme und über 4 Milliarden Betriebsausgabe, 700000 Bedienstete). Das Reichsbahngesetz (oben I 5), durch das die Gesellschaft errichtet wurde, ordnet zugleich die Aufsichtsrechte, die dem Reiche gegenüber der Gesellschaft zugestanden worden sind, und in Verbindung mit der zugehörigen Satzung die Grundlagen für die Verwaltungseinrichtungen der Gesellschaft; in Ausführung dieser gesetzlichen Regelung ist die Geschäftsordnung für die Deutsche Reichsbahn-Gesellschaft (unten Nr. 2) mit mehreren, die Zuständigkeiten u. a. m. im einzelnen festsetzenden Anweisungen ergangen.

Zur beirätlichen Mitwirkung in Verkehrsfragen sind durch Verordnung vom 24. April 1922 (unten Nr. 3) Landeseisenbahnräte und der Reichseisenbahnrat eingesetzt worden.

Die Eisenbahnaufsicht über die privaten Großbahnen (wegen der Kleinbahnen s. oben I 8) wird jetzt nur noch vom Reiche, nicht mehr (wie früher) auch von den Ländern ausgeübt, und zwar an der Hand des Gesetzes über die Eisenbahnaufsicht (Nr. 4) in höchster Instanz durch den Reichsverkehrsminister. Für die Wahrnehmung der Aufsicht über die Privatbahnen in Preußen enthält das Regulativ vom 24. November 1848 (Nr. 5) einige noch gültige Bestimmungen.

2. Geschäftsordnung der Deutschen Reichsbahn-Gesellschaft[1]).

Auf Grund von § 20 Abs. (2)[1D]) der Satzung der Deutschen Reichsbahn-Gesellschaft in Verbindung mit § 1 Abs. (2) des Reichsbahngesetzes vom 30. August 1924 (RGBl. II, S. 272) ist die nachstehende „Geschäftsordnung der Deutschen Reichsbahn-Gesellschaft“ vom 1. Oktober 1924 erlassen worden. Sie ist in Kraft getreten am 11. Oktober 1924, dem Tage, an welchem das Betriebsrecht der Reichseisenbahnen auf die Gesellschaft übergegangen ist.

Berlin, den 3. Dezember 1924.

Deutsche Reichsbahn-Gesellschaft.

Der Generaldirektor. Oeser.

---

[a]) Fritsch, EisRecht §§ 35, 8. Von geschichtlichem Interesse: Wehrmann, Die Verwaltung der Eisenbahnen, u. v. der Leyen, Die Eisenbahnpolitik des Fürsten Bismarck, beide im Verlage v. Julius Springer (1913 u. 1914).

[1]) A. Veröffentlicht in Nr. 291 des Reichsanzeigers vom 10. Dez. 24 u. in „Die Reichsbahn“ 1924 Nr. 1. — Spätere Änderung: Ziff. 7. — Sarter-Kittel S. 37ff.

B. Für die Organisation des Unternehmens kommen folgende gesetzliche Vorschriften in Betracht:

I. Aus dem Reichsbahngesetz § 16 (3): Geltung verschiedener Vorschr. des HGB, v. denen hier namentlich § 231 Abs. 1 (Vertretung der Gesellschaft), § 232 Abs. 1 (Willenserklärungen der Ges.), §§ 235, 236 (Verpflichtungen des Vorstands) v. Bedeutung sind, mit der am Schlusse des § 16 (3) RBahnG bestimmten Maßgabe; ferner § 17: Befugnisse der RBStellen; § 18: Organe der Ges. (in Ziff. 3 der GeschO übernommen); § 16 (4), § 23 (2, 3): Zuständigkeiten des Generaldirektors.

II. Aus der Satzung § 1: Firma (in Ziff. 1 der GeschO übern.); § 8: Organe (wie RBahnG § 18); §§ 9 bis 16, § 17 (1): Zusammensetz., Zuständ. usw. des VerwRats; §§ 17, 18: desgl. des Vorstands.

III. Aus dem ReichsbahnpersonalG (unten III 2) § 8: Zuständ. des Generaldirektors.

IV. Aus dem Staatsvertrage v. 1920: § 24 mit Schlußprotokoll, soweit diese Best für die RBGesellsch. gelten.

Diese Vorschr. waren f. d. Inhalt der GeschO maßgebend u. sind, soweit sie sich in deren Rahmen einfügen,

Geschäftsordnung der Deutschen Reichsbahn-Gesellschaft.

[Vgl. § 20 Abs. 2[1D]) der Gesellschaftssatzung.]

I. Allgemeine Bestimmungen.

1. Die Gesellschaft betreibt die Reichseisenbahnen nach den Bestimmungen des Gesetzes über die Deutsche Reichsbahn-Gesellschaft vom 30. August 1924, der Satzung der Gesellschaft und dieser Geschäftsordnung. Der Sitz der Gesellschaft ist Berlin. Ihre Firma ist nicht in das Handelsregister eingetragen[2]).

[3]) 2. Die Stellen der Gesellschaft sind keine Behörden oder amtlichen Stellen des Reiches. Sie behalten jedoch die öffentlich-rechtlichen Befugnisse in gleichem Umfange wie bisher. Die Stellen der Gesellschaft führen das Dienstsiegel mit dem Reichsadler weiter (§ 17 des Gesetzes).

II. Die Organe der Gesellschaft.

3. Die Organe der Gesellschaft sind der Verwaltungsrat[4]) und der Vorstand[5]) (§ 18 des Gesetzes).

4. Der Verwaltungsrat[4]) setzt die Geschäftsordnung für sich sowie für den Arbeitsausschuß und für die weiteren Ausschüsse fest.

[5]) 5. Der Vorstand besteht aus dem Generaldirektor und den Direktoren [§ 19[6]) Abs. 2 der Gesellschaftssatzung]. Die Zahl der Direktoren bestimmt der Generaldirektor im Einvernehmen mit dem Verwaltungsrat. Die Direktoren sind in der Regel in der Hauptverwaltung tätig. In besonderen Fällen können nicht in der Hauptverwaltung tätige leitende Beamte zu Mitgliedern des Vorstandes (Direktoren) ernannt werden [§ 17[6]) Abs. 3 der Gesellschaftssatzung][7]).

6. Der Vorstand[5]) führt die Geschäfte der Gesellschaft unter der Aufsicht des Verwaltungsrats [§ 19[6]) Abs. 1 der Gesellschaftssatzung].

[8]) 7. Der Verwaltungsrat kann einen ständigen Stellvertreter des Generaldirektors bestellen, dem der Generaldirektor auch bei Anwesenheit einen Teil der Geschäfte übertragen kann und der bei Behinderung des Generaldirektors für diesen die Geschäfte führt.

Für den Fall der Behinderung des Generaldirektors und seines ständigen Stellvertreters bestimmt der Generaldirektor mit Zustimmung des Verwaltungsrats aus der Zahl der Direktoren einen ersten und zweiten Stellvertreter.

[5]) 8. Der Generaldirektor und die Direktoren haben bei ihrer Geschäftsführung die Sorgfalt eines ordentlichen Geschäftsmannes wahrzunehmen und haften bei Verletzung ihrer Obliegenheiten der Gesellschaft gegenüber [§ 20 Abs. 3[6]) der Gesellschaftssatzung].

[5]) 9. Der Generaldirektor und die Direktoren dürfen eine andere Erwerbstätigkeit oder eine Nebenbeschäftigung nur mit Genehmigung des Verwaltungsrats ausüben [§ 20 Abs. 5[6]) der Gesellschaftssatzung].

III. Die Geschäftsstellen der Gesellschaft und ihr Geschäftskreis[10]).

10. Die oberste Leitung der Gesellschaft führt die Hauptverwaltung am Sitze der Gesellschaft.

11. An der Spitze der Hauptverwaltung steht der Generaldirektor[5]). Er ist für die gesamte Geschäftsführung der Gesellschaft verantwortlich. Er hat die endgültige alleinige Entscheidung in allen Fragen, die ihm nach der Geschäftsanweisung für die Hauptverwaltung vorbehalten sind oder die er im Einzelfalle selbst zu behandeln wünscht. Der Generaldirektor hat ein durchgreifendes Anordnungsrecht.

12. Die Gliederung der Hauptverwaltung in Abteilungen[9]) und die Bestellung ihrer Leiter unterliegt der Genehmigung des Verwaltungsrats. Den in der Hauptverwaltung tätigen Direktoren der Gesellschaft ist die Leitung je einer Abteilung zu übertragen.

Die Leiter der Abteilungen sind dem Generaldirektor verantwortlich.

Die Gliederung der Hauptverwaltung innerhalb der Abteilungen, die Zuteilung der Geschäfte und die Geschäftserledigung regelt der Generaldirektor.

13. Zum Geschäftskreis der Hauptverwaltung gehören insbesondere[10]): Die Regelung der allgemeinen Verkehrs-, Finanz- und Personalpolitik, kaufmännische und technische Maßnahmen von grundlegender Bedeutung,

---

in sie eingearbeitet. Daneben enthält die PersO (unten III 3) zahlreiche organisator. Bestimmungen.

C. Gegenwärtige Organisation der Gesellschaft (vgl. Sarter-Kittel S. 42ff): Unter dem VerwRat u. dem Vorstand als „Organen" der Ges. (RBahnG § 18, Satzung § 8, GeschO Ziff. 3) wird die Oberleitung durch die Hauptverwaltung geführt, der die gesamte Betriebsverwaltung untersteht. Ihr nachgeordnet sind: die Gruppenverwaltung Bayern (mit den ihr zugehör. Stellen, s. Sarter-Kittel S. 45f.; im folg. bleibt Bayern im allg. außer Betracht), das Reichsbahn-Zentralamt in Berlin, die 24 außerbayerischen Reichsbahndirektionen u. die 3 Oberbetriebsleitungen. Unter den der Hauptverw. unmittelbar nachgeordneten Stellen (in Bayern unter den 5 bayerischen Reichsbahndirektionen) stehen die Ämter.

D. § 20 der Satzung (angeführt in der EinführVf u. in der Überschrift) ist jetzt § 18.

[2]) RBahnG § 16 (6).

[3]) Erläutert oben bei RBahnG § 17.

[4]) Verwaltungsrat: Satzung (oben I 5 Anlage) §§ 9ff. u. Anm. 186ff.

[5]) Vorstand, Generaldirektor, Direktoren: Satzung §§ 17 f. u. oben I 5 Anm. 205ff.

[6]) §§ 17, 19, 20 sind jetzt §§ 15, 17, 18.

[7]) Das Zitat trifft nicht zu. — Mitglied des Vorstands ist der Leiter der Gruppenverw. Bayern.

[8]) Bek 16. Juli 25 (Die Reichsbahn S. 221).

[9]) Z. Z. sechs Haupt- u. vier Unterabteilungen.

[10]) Mit Vf 2. 604b. 34 v. 24. Juni 27 ist eine Übersicht der dem Generaldirektor u. der Hauptverwaltung vorbehaltenen Geschäfte herausgegeben w., die unten als Beilage A abgedruckt ist. Sie enthält u. a. die Angelegenheiten, die der Genehmigung der Reichsregierung unterliegen u.

insbesondere grundlegende Fragen der Beschaffung und Konstruktion, die Verteilung der Mittel, die Festsetzung allgemeiner Dienstvorschriften für das Personal, für das Kassen- und Rechnungswesen und für die Dienstzweige des Betriebs, Verkehrs und Baues, die Vertretung der Gesellschaft gegenüber dem Verwaltungsrat einschließlich der Vorberatung aller Vorlagen an diesen und die Vertretung der Gesellschaft gegenüber der Aufsichtsbehörde[10])[10a]) und gegenüber dem Eisenbahnkommissar[10a]).

[11]) 14. Die Gruppenverwaltung Bayern umfaßt den Bezirk der bisherigen Zweigstelle Bayern. Sie steht unmittelbar unter der Hauptverwaltung und behandelt alle Angelegenheiten ihres Bereichs selbständig, die nicht wegen ihrer besonderen Bedeutung oder weil sie über ihren Geschäftsbereich hinauswirken können, von der Hauptverwaltung selbst zu erledigen sind. In diesem Rahmen können ihr auch Angelegenheiten übertragen werden, die an sich gemäß Ziffer 13 von der Hauptverwaltung behandelt werden. Das Nähere über den Geschäftskreis und die Gliederung wird durch eine Geschäftsanweisung für die Gruppenverwaltung Bayern festgesetzt, die der Generaldirektor erläßt.

15. Die Leitung der Geschäfte in den Bezirken, vor allem die Betriebs- und Verkehrsabwicklung, obliegt den Reichsbahndirektionen[12]), soweit nicht zusammenfassend zu behandelnde Geschäfte besonderen zentralen Ämtern[13]), den Oberbetriebsleitungen[14]) oder besonderen geschäftsführenden Reichsbahndirektionen[15]) übertragen sind.

Diese Stellen erledigen alle Geschäfte, die nicht der Hauptverwaltung — für den Bezirk der Gruppenverwaltung Bayern auch dieser — vorbehalten sind, selbständig[16]).

---

deshalb nach Satzung § 13 (2) dem Verwaltungsrate zu unterbreiten sind, somit auch (GeschäftsO Ziff. 13 a. E.) in den Geschäftskreis der Hauptverwaltung fallen. Namentlich sind das die in RBahnG §§ 6 (2), 12, 24, 26, 31, 33, 36, 37, 38 als genehmigungspflichtig bezeichn. Angelegenheiten.

[10a]) Aufsichtsbehörde ist der RVerkMin; der (ausländ.) EisKommissar ist fortgefallen.

[11]) Weiteres Sarter-Kittel S. 45f.

[12]) Reichsbahndirektionen bestehen z. Z. (Änderungen im Gange) in Altona, Augsburg, Berlin, Breslau, Dresden, Elberfeld, Erfurt, Essen, Frankfurt a. M., Frankfurt a. O. („Osten"), Halle, Hannover, Karlsruhe, Kassel, Köln, Königsberg, Ludwigshafen, Magdeburg, Mainz, München, Münster, Nürnberg, Oldenburg, Oppeln, Regensburg, Schwerin, Stettin, Stuttgart, Trier. — Bezirke: Reichsbahn-Handbuch 1927, Berlin 1927, S. 24ff. — Geschäftsanweisung f. d. Reichsbahndirektionen: Beilage B. — Anm. 16. — Wegen des Saargebiets s. Sarter-Kittel S. 127.

[13]) A. An zentralen Ämtern bestehen: das Reichsbahn-Zentralamt in Berlin u. sieben bayerische zentrale Ämter (über diese s. Sarter-Kittel S. 48f.).

B. Auszug aus der Geschäftsanweisung f. d. Reichsbahn-Zentralamt v. 26. Feb. 25 (Die Reichsbahn S. 43). § 1. Das Amt ist der Hauptverw. unterstellt u. in 12 Abteilungen gegliedert, die v. AbteilLeitern geführt w. und in der sachl. Erled. ihrer Dienstgeschäfte selbständig sind. § 2 Geschäftsbereich: Führung v. Anwärterlisten u. dgl., Regelung gewisser Stellenbesetzungen; allg. Drucksachenangelegenheiten; Bearb. v. Dienstvorschriften; Normalisierung des Oberbaus u. dgl.; Richtlinien f. Durchbild. der Brücken u. Ingenieurhochbauten; Musterentwürfe f. Sicherungs- u. Fernmeldeanlagen; desgl. für Fahrzeuge u. gewisse Betriebseinricht.; EisVersuchswesen; Bauüberwach. u. Abnahme v. Fahrzeugen, Stoffen, Vorratstücken; Prüfung v. Erfindungen; Ausgleich v. Personen- u. Gepäck-, teilw. auch v. Güterwagen, sonstige allg. Angeleg. des Wagendienstes (teilw. unter d. Firma „Deutsche Reichsbahn-Gesellschaft Hauptwagenamt"); allg. Werkstattsangel.; allg. Fragen der Stoffwirtschaft, Altstoffverwertung; Beschaff. v. Fahrzeugen, Kohlen u. gewissen and. Stoffen — alles das teilw. nur f. d. Bereich der vormal. StEB u. vorbeh. der Endentscheid. der Hauptverw. Ferner Geschäftsführ. in 10 ständigen Fachausschüssen. Die anfangs dem ZA übertragene Verwalt. d. Kleiderkasse u. gewisser Angelegenh. der Pensions- u. Krankenkassen sind zufolge Vf 10. Sept. u. 1. Okt. 29, Die Reichsbahn S. 690 u. 758, auf die RBDirektion Berlin übergegangen, ebenso gewisse kleinere Beschaffungen: Vf 31. Dez. 29 (Die Reichsbahn **1930** 46). § 3 Unterstellung der Beamten: Persönl. Vorgesetzter der oberen Beamten ist der Generaldirektor, des übrigen Personals der Vizepräsident (ein Präsident ist nicht vorgesehen). § 4 Bearb. der Personalien. § 5 Besondere Befugnisse u. Obliegenh. des Vizepräs. § 6 Geschäftsführ. im allg. (der AbteilLeiter ist f. ordnungsmäß., zweckentsprech. u. wirtschaftl. Erled. der Arbeiten in seiner Abt. verantw.). § 7 Übertrag. v. Geschäften auf d. Mitglieder u. Bürovorstände. § 8 Geschäftsplan u. Geschäftserled. § 9 Verkehr m. d. Hauptverw. § 10 Finanz- u. Rechtsangeleg. § 11 Verantwortlichkeit. § 12 Hilfsarbeiter. § 13 Firmierung u. Unterfertigung. § 14 Stellvertretung des Vizepräs. und der AbtLeiter.

Änderungen in der Organis. des ZAmts sind im Gange.

C. Dem Zentralamt unterstehen 6 Abnahmeämter, ferner ist mit Vf 7. Dez. 25 (Die Reichsbahn S. 502) ein EisKohlenabnahmeamt in Essen errichtet u. dem Zentralamt unterstellt worden; GeschAnw dafür: 26. Juli 26 (Die Reichsbahn S. 469).

D. Anm. 16.

[14]) Oberbetriebsleitungen (früher Generalbetriebsleitungen genannt) bestehen in Berlin (Ost), Essen (West) u. Würzburg (Süd). GeschAnw 25. April 24 RVBl 119, ergänzend E 29. Sept. 24 das. 222; s. ferner Sarter-Kittel S. 51, Treibe VZ **1925** 40. — GeschO Ziff. 20c a. E.

[15]) Geschäftsführungen Reichsbahn-Handbuch 1929, Berlin 1929, S. 104ff., Werkstättenwesen unten Beil. A Anm. 15.

[16]) A. Nach der VerwO f. d. StEB §§ 6 (1), 7 (1) hatten das Kgl. EisZentralamt u. die Kgl. EisDirektionen in Preußen die Rechtsstellung der Provinzialbehörden; diese ist grunds. auch nach dem Übergange des Betriebs auf die Reichsbahn-Gesellschaft bestehen geblieben (RBahnG § 17). Aber die Vorschriften, bei deren Anw. jene Rechtsstellung zutage trat, sind teils f. d. Reichsbahn nicht gültig (so die Vorschr. üb. Beamtendefekte u. das preuß. DisziplinarG), teils (so die Konflikterhebung: G 16. Nov. 20 GS 65) aufgehoben. Übrig geblieben ist nur die Vo betr. die Kompetenzkonflikte 1. Aug. 79 (GS 573), u. der KGHof hat am 24. Mai 24 (VZ 614) entschieden, daß zur Erhebung des KKonfl. nur preußische Behörden zuständig seien, nicht Reichsbehörden; StVtr 20 § 12 sei nicht auf das Recht zur Erhebung des KK. zu beziehen. Es mag dahingestellt bleiben, ob diese Entsch grunds. als richtig anzuerkennen ist; in Angeleg. der Kleinbahnaufsicht (oben I 8 Anm. 10) sind ab. die Reichsbdirektionen preußische Behörden, also m. E. zur KonflErheb. befugt.

B. Die Vermutung spricht also f. d. Zuständigkeit dieser Stellen, namentl. der Reichsbdirektionen.

C. Neuere Best üb. die Zuständigkeit der

16. Die Reichsbahndirektionen und das Eisenbahn-Zentralamt[17]) werden von Präsidenten geleitet, die für die Wirtschaftlichkeit des Unternehmens und für die Verkehrsbedienung nach wirtschaftlichen Gesichtspunkten innerhalb ihrer Bezirke verantwortlich sind.

Soweit ein Bedürfnis vorliegt, werden die Reichsbahndirektionen in Abteilungen eingeteilt[18]).

[19]) 17. Die Ausführung des örtlichen Dienstes obliegt den Dienststellen der verschiedenen Dienstzweige. Zu ihrer Überwachung sind Ämter (Inspektionen usw.) eingerichtet.

18. Die bestehenden Bestimmungen über den Geschäftskreis der Reichsbahndirektionen, des Eisenbahn-Zentralamts[17]), der zentralen Ämter, der Oberbetriebsleitungen und der unter ihnen arbeitenden Stellen bleiben bis auf weiteres in Kraft[20]).

19. Der Generaldirektor hat zu wichtigen organisatorischen Änderungen, besonders in der Gliederung der Abteilungen der Hauptverwaltung (Ziffer 12) und im Geschäftskreis der hauptsächlichsten Geschäftsstellen der Betriebsverwaltung (Ziffer 14 und 18) die Zustimmung des Verwaltungsrats einzuholen.

IV. Art der Geschäftserledigung und Firma-Zeichnung.

20. Zur außergerichtlichen Vertretung der Gesellschaft sind befugt:

a) für den Gesamtbereich der Gesellschaft (Hauptverwaltung):
der Generaldirektor,
die Mitglieder des Vorstandes,
etwaige sonstige Abteilungsleiter,
die Leiter der Unterabteilungen und Gruppen,
ferner diejenigen Mitglieder, denen die Zeichnungsbefugnis besonders beigelegt ist;

b) für den Bereich der Gruppenverwaltung Bayern:
der Leiter,
die Abteilungsleiter und
die Mitglieder der Gruppenverwaltung;

c) für die Reichsbahndirektionen[21]), das Eisenbahn-Zentralamt[17]) die zentralen Ämter je für ihren Geschäftsbereich:
die Präsidenten und sonstigen Leiter der Geschäftsstellen,
die Abteilungsleiter,
die Mitglieder sowie
die Hilfsarbeiter und Bureauvorstände,
diese beiden insoweit, als ihnen die Vertretungsbefugnis durch allgemein bestehende Anordnungen übertragen ist. Den Oberbetriebsleitungen steht eine Vertretung der Gesellschaft nach außen nicht zu;

d) für den Bereich der Betriebsdirektionen, Ausbesserungswerke, Ämter und Inspektionen[21]):
die Leiter und die mit ihrer Vertretung betrauten Beamten;

Reichsbahndirektionen (s. auch Perso, unten III 2).

a) Niederschlagung v. Forderungen gegen Bedienstete: Ersa 27. Juli 26 (Die Reichsbahn S. 485), v. Vertragstrafen Vf 2. 1975/26 v. 3. Okt. 27.

b) Gewähr. v. Unterstützungen an Bedienstete: Vf. 52. 240. 18 v. 3. März 25.

c) Verdingungswesen (s. auch unten Beil. A Anm. 19). Durch E 29. Juni 22 E. O. 1612, sind alle Direktionen ermächtigt w., innerh. der ihnen zugewiesenen Haushaltsmittel Arbeits- u. Lieferungsverträge ohne Rücksicht auf Wert des Gegenst. und Art d. Vergebung abzuschließen; übersteigt bei freihänd. Verträgen der Wert 50000 *RM* (E 6. Sept. 23 E VI. 1. 7822 in Verb. mit E 10. Nov. 23 E VI. 1. 8998), so muß der Präsident den Abschluß besonders genehmigen (s. dazu Vf 2 Oavd v. 10. April 28). Für Fahrzeugbeschaffungen bleibt es b. d. Zuständigkeit der Zentrale. Neue Verdingungsvorschrift: Vf 30. Dez. 29 (Die Reichsbahn **1930** S. 4).

d) E 11. März 24 (79 D 1965) legt den Abschluß v. Verträgen üb. Lieferung elektr. Arbeit in die Hand der Dir.

e) Vf 48 D 13777 v. 23. Okt. 25 zieht Ermächtigungen zurück, kraft deren die Direktionen u. U. Bau- u. Lieferungsverträge zugunsten des andern Teils abändern durften.

f) Der Verkauf abgängiger Oberbaustoffe ist im allg. den Direktionen entzogen u. dem Zentralamt übertragen. Vf 70 D 5563 u. 9955 v. 2. April u. 13. Juli 25. Niederschlagung v. Vertragstrafen u. dgl. aus den Verkäufen der Direkt.: Vf 70. 700 f 2 v. 16. Feb. 26.

g) E 6. Juni 23 E VI 1. 5040 ermächtigt die Dir., kleinere Änderungen in der Abgrenzung der Ämterbezirke selbständig vorzunehmen.

h) Beseitigung v. Wegeübergängen in Schienenhöhe E 12. Juni 24 (oben I 7 Anm. 11 B III).

i) Veräußerung kleinerer Grundstücke Vf 2. 593 v. 30. Sept. 25 u. 2. 3608 v. 27. Jan. 26; s. auch Sarter-Kittel S. 135.

k) Unter gewissen Vorbehalten ist den Direktionen übertragen w. die endgültige Entscheidung auf Beschwerden in Entschäd.- u. Erstattungsachen aus dem Verkehre durch E 9. Juni 22 E I 12. 115. 21 (Verkehr m. Ostpreußen: E 1. Sept. 21 RVBl 411), in Personalangeleg. durch E 12. Jan. 23 E O 3. 1809, auf verschied. Fachgebieten durch E 5. Nov. 23 E VI 1. 5057. S. auch GeschAnw f. d. Direktionen (unten II 2 Beil. B) § 13.

[17]) Jetzt Reichsbahn-Zentralamt: Vf 23. März 27 (Die Reichsbahn S. 203).

[18]) Ist geschehen f. d. Bereich der StEV durch E 30. Mai 22 E I 12. 1512 u. 8. Sept. 22 E. O. I 2151; weitere Anordnung E 28. Sept. 22 E. O. 1. 2265 u. Vf VI A 1 v. 14. Mai 26.

[19]) GeschAnw f. d. Amtsvorstände der Reichsbahn Beilage C. — Leiter der Dienststellen als verfassungsmäß. Vertreter: RG **121** 383 (s. unten III 3 Beil. B unter C).

[20]) S. jetzt vorst. Anm. 12. 13 B. 14. 19.

[21]) Örtliche Zuständ. f. Ansprüche aus dem Frachtvtr Vf 2 Oavh 2 v. 24. Okt. 28.

e) für die Dienststellen:
die Leiter und ihre Vertreter.

21. Zur gerichtlichen Vertretung der Gesellschaft sind je innerhalb ihres Geschäftsbereichs die Hauptverwaltung, die Gruppenverwaltung Bayern, die Reichsbahndirektionen[21]) und das Eisenbahn-Zentralamt[17]) berufen, die Hauptverwaltung und die Gruppenverwaltung Bayern jedoch nur insoweit, als ihnen die erste Entscheidung zusteht.

Für die der Gruppenverwaltung Bayern unterstellten zentralen Ämter obliegt die gerichtliche Vertretung der Reichsbahndirektion, in deren Bezirk die Ämter ihren Sitz haben.

22. Der Umfang der Vertretungsbefugnis bestimmt sich nach den Vorschriften über die Zuständigkeit der einzelnen Geschäftsstellen und Beamten.

23. Alle zur rechtswirksamen Vertretung der Gesellschaft befugten Bediensteten zeichnen die Firma der Gesellschaft allein[22]). Inwieweit der Unterschrift ein Zusatz (In Vertretung usw.) beizufügen ist, bestimmen die Geschäftsanweisungen für die einzelnen Stellen.

24. Bei der Geschäftserledigung[23]) ist entsprechend den im kaufmännischen Verkehr üblichen Grundsätzen auf weitestgehende Vereinfachung und Beschleunigung zu achten. Soweit nicht von der Hauptverwaltung und der Gruppenverwaltung Bayern hierüber besondere Richtlinien aufgestellt werden, haben die Reichsbahndirektionen und das Eisenbahn-Zentralamt selbständig die nötigen Anordnungen zu treffen.

Bei allen Maßnahmen von finanzieller Tragweite haben die zur Wahrung der finanziellen Interessen bestellten Beamten oder Stellen mitzuwirken.

Die zurzeit für die Erledigung der Geschäfte geltenden Vorschriften bleiben bis auf weiteres in Kraft.

V. Schlußbestimmung.

25. Die vorläufige Verwaltungsordnung der Reichseisenbahnen vom 26. April 1920 (Reichsgesetzbl. 1920 S. 797) tritt außer Kraft.

Berlin, den 1. Oktober 1924.

Deutsche Reichsbahn-Gesellschaft.
Der Generaldirektor Oeser.

Die vorstehende Geschäftsordnung ist vom Verwaltungsrat der Deutschen Reichsbahn-Gesellschaft in seiner Sitzung vom 1. Oktober 1924 genehmigt worden.

Der Präsident des Verwaltungsrats:
C. F. von Siemens.

Beilage A (zu Anmerkung 10)

Übersicht der Geschäfte, die dem Generaldirektor und der Hauptverwaltung vorbehalten sind*).

A. Allgemeine Angelegenheiten

1. Oberste Leitung und allgemeine Überwachung der Geschäftsführung.
2. Angelegenheiten des Verwaltungsrats der Deutschen Reichsbahn-Gesellschaft[1]).
3. Verkehr mit den obersten Reichsbehörden und den Regierungen der Länder, mit diesen, soweit nicht einzelne Stellen besonders ermächtigt sind[2]).
4. Angelegenheiten des Eisenbahnkommissars[3]).
5. Organisationsangelegenheiten grundsätzlicher Art.
6. Einheitliche Regelung des Dienstes, einheitliche Geschäftsanweisungen, Dienstanweisungen und Dienstvorschriften.
7. Genehmigung der wesentlichen Grundlagen für Verträge über Gemeinschaftsverhältnisse mit in- und ausländischen Bahnen des allgemeinen und des nicht-allgemeinen Verkehrs.
8. Eisenbahnverträge mit dem Ausland.
9. Angelegenheiten der internationalen Eisenbahn-Verbände, soweit sie nicht nachgeordneten Stellen übertragen worden sind.
10. Ausführung des Staatsvertrages vom 31. März 1920.
11. Genehmigung der Abänderung von Verträgen zum Nachteil der Reichsbahn[4]) sowie der Ermäßigung und

*) Der Gruppenverwaltung Bayern sind für ihren Geschäftsbereich von der Hauptverwaltung nach Ziff. 14 der Geschäftsordnung der Deutschen Reichsbahn-Gesellschaft bestimmte Geschäfte, die für den übrigen Reichsbahnbereich der Hauptverwaltung vorbehalten sind, übertragen worden.

[22]) Abweichend v. HGB § 232 Abs. 1.

[23]) Dienstvorschr. üb. das Aktenwesen 21. Nov. 27 (Die Reichsbahn S. 827).

[1]) Satzung §§ 9ff.

[2]) E 24. Juni 22 E O 2. 1661 betr. Verkehr m. d. polit. Provinzialbehörden; E 12. Juli 22 E O 3. 513 betr. Fühlungnahme m. d. Handelskammern; Vf 2. 602a. 97 v. 11. Feb. 25 betr. Verkehr mit diplomat. od. konsular. Vertretungen. In Sachen der Reichsaufsicht üb. die Reichsbahn verkehren die der Hauptverw. nachgeordn. Stellen nicht m. d. RVMin (oben I 5 Anm. 35). Verkehr m. Reichstagsabgeordneten Vf 2. 5389 II v. 3. Feb. 25.

[3]) Ist infolge der Haager Abkommen (oben I 4) fortgefallen.

[4]) Oben II 2 Anm. 16 C e.

Niederschlagung von Vertragsstrafen[5]), soweit die den Reichsbahndirektionen vom Generaldirektor allgemein bestimmten Grenzen überschritten werden.

12. Regelung des Freifahrwesens[6]). Austausch von Freikarten. Austausch von Freischeinen mit ausländischen Eisenbahnverwaltungen, soweit nicht einzelne Stellen besonders ermächtigt sind.
13. Wahrnehmung der Rechte der Deutschen Reichsbahn-Gesellschaft aus den §§ 10 und 11 des Reichsbahngesetzes. Sicherung des Eisenbahnmonopols der Deutschen Reichsbahn-Gesellschaft.
14. Übertragung des Betriebsrechts (§§ 5, 12, 41 RBahnG.).
15. Gnadenbewilligungen an unfallbeschädigte Personen oder deren Hinterbliebene, die keine Rechtsansprüche haben.
16. Grundsätzliche und allgemeine Fragen
    a) der Statistik, Gesamtstatistik der Reichsbahn, Reichsstatistik, internationalen Statistik, Geschäftsberichte;
    b) der Selbstkostenberechnung;
    c) der Bahnpolizei;
    d) der Bahnbetretung;
    e) der Haftpflicht;
    f) der Hoheitszeichen (Dienstsiegel usw.) und des Beflaggungswesens[7]);
    g) des Verkehrs mit der Presse (insbesondere bei politischen Fragen) und der Propagandatätigkeit für die Reichsbahn;
    i) der Auskunftserteilung an Ausländer über Angelegenheiten und Einrichtungen der Reichsbahn;
    k) der Beteiligung an Ausstellungen;
    l) des Reklamewesens bei der Reichsbahn und der gewerblichen Nebenbetriebe der Reichsbahn;
    m) der finanziellen Auseinandersetzung mit den Reichs-, Länder- und Gemeindeverwaltungen auf Grund des § 13 des RBahnG.;
    n) der Verfolgung der Rechtsprechung[8]). Fortbildung der Gesetzgebung;
    o) des Patentwesens sowie der Prämiierung nützlicher Erfindungen und Anregungen.

B. Betrieb

1. Allgemeine Vorschriften für den Betrieb, wie Eisenbahn-Bau- und Betriebsordnung, Signalordnung Fahrdienstvorschriften.
2. Genehmigung der Änderung des Betriebs durch Einführung des Haupt- oder Nebenbahnbetriebs. Änderung der Betriebsweise, Änderung der Aufgaben wichtiger Betriebsstellen.
3. Betriebseinstellungen auf Strecken und wichtigen Bahnhöfen (§ 31 Ziff. 2a RBahnG.).

4[9]). Festsetzung der Schnell- und Personenzugkilometer; Genehmigung der Fahrpläne der Schnellzüge (einschließlich der Eilzüge und beschleunigten Personenzüge) mit Ausnahme solcher von nur lokaler Bedeutung.

5. Allgemeine Vorschriften und Richtlinien zur Sicherung des Bahnbetriebes sowie über den Fahndungs-, Streif- und Wächterdienst.
6. Grundsätzliche und allgemeine Fragen
    a) der Betriebsabwicklung, der Leistungsfähigkeit, Sicherheit und Wirtschaftlichkeit des Betriebsdienstes;
    b) der Bildung und Durchführung des Personenzug- und Güterzugfahrplans sowie der Bewältigung des außerordentlichen Personenzug- und Güterzugverkehrs;
    c) der Bearbeitung der Kursbücher;
    d) der Zugbildung und Wagenbeistellung, der Benutzung, Belastung und Zusammensetzung der Züge, der Verteilung der Rangieraufgaben und der Abwicklung des Rangierdienstes;
    e) der Wahl der Leitungswege in betrieblicher Hinsicht;

---

[5]) Vf 2. 1975 v. 3. Okt. 27, f. Altstoffverkäufe Vf 70. 700. f 2 v. 16. Feb. 26.

[6]) Perso § 28.

[7]) Vf 2. 604. 25 v. 19. Nov. 24, 2. 604a 16 v. 31. Aug. 25, 53. 569 Di Wo 1321 v. 4. Okt. 26 u. 2. Arh v. 15. Mai 29 betr. Beflaggung v. Dienstgebäuden, Dienst- u. Mietwohnungen. Selbstvst. ist das preuß. G 17. März 29 (GS 23) üb. das Flaggen durch Körperschaften des öff. Rechts f. d. Reichsbahn nicht verbindlich, da Preußen an den Reichsbahnen keine Hoheitsrechte hat.

[8]) E 29. Mai 22 E I 18. 887 II, 6. Aug. 22 E O 1. 1879, 5. Nov. 23 VI 3. 9018, 7. Feb. 24 E VI 3. 810 betr. Verfolgung d. Rechtsprechung; E 8. Dez. 21 E I 16. 4377, Vf 2. 602a 30 v. 17. April 24, Vf 2. 602a. 59 v. 18. Aug. 25 betr. Einsetz. eines Verkehrsausschusses; Vf 2. 602a 31 v. 13. Juli 24 betr. Führung e. Urteilsverzeichnisses durch RBDir. Hannover; Vf 55. 233. 56 v. 13. Feb. 25 betr. Errichtung e. Geschäftsstelle f. Arbeitsrecht. In gewissen Fällen ist im Prozesse vor Anrufung der höchsten Instanz an die Hauptverw. zu berichten: Vf 46. 3994 v. 24. Nov. 26.

[9]) Zum Fahrplan.

A. Breusing, EisBetriebshandbuch S. 23ff. (Personenzüge), 55ff. (Güterzüge); Fritsch EisRecht § 43.

B. Mitteilung d. Fahrplanentwürfe an d. Reichsregierung: RBahnG § 35 (1), an d. Länder StVtr 20 § 21 Abs. 1. Anhör. der Beiräte Vo 24. April 22 (unten II 3) §§ 3. 10.

C. Vorschriften f. d. Aufstell. u. Durchf. d. Fahrplans: Fahrdienstvorschriften, vereinb. v. den deutschen StaatseisVerw., Breusing S. 65ff. Anleit. zur Aufstell. des F.: Vf 41. 3808 v. 7. Juli 24. Besonderes f. Hessen, Mecklenburg, Ostpreußen, Oberschlesien: Breusing S. 25ff. Benehmen m. Handelskammern das. S. 27f. — EVO §§ 4, 9, 48; EisPostG (unten IX 2) Art. 1, EisZollO (unten X 2, Beil. A) § 2.

D. Rechtliches. Feststell. u. Änderung d. Fahrpläne durch den Min. (in Preußen) sind der gerichtl. Einwirkung entzogene Akte der Staatshoheit: Stölzel, Rechtsweg u. Komp.-Konfl., Berlin 01 S. 271ff.; Private, denen die EisVerw. einen vertragl. Anspruch bez. des Fahrplans eingeräumt hat, können im Rechtswege nicht dessen Befried., sondern höchstens Entschäd. wegen Nichterfüll. durchsetzen. RG 32 133, 41 191. Nach RBahnG

f) der Verwendung und Verteilung der Personen- und Gepäckwagen, der Einstellung von Salon-, Schlaf-, Kranken- und Speisewagen, der Zugbenutzung für Postzwecke, der betrieblichen Regelung des Güterwagenumlaufs;
g) der Zulassung von Privatgleisanschlüssen[10]);
h) der Ermittlungen und Versuche über neue Einrichtungen;
i) der Unfallangelegenheiten und der Unfallstatistik[11]);
k) der eisenbahnmilitärischen Angelegenheiten;
l) der technischen Nothilfe und des Notfahrplanes;
m) der Ermittlung der Betriebsleistungen[12]) und Betriebskosten.

C. Maschinentechnik

1. Festsetzung und Fortbildung der Normalentwürfe und Normalanordnungen für maschinentechnische, wärmetechnische und elektrische Anlagen und Betriebe, deren Normalisierung und Typisierung, soweit nicht einzelne Stellen besonders ermächtigt sind.
2. Durchbildung der Fahrzeuge (einschließlich der Schiffe, Kraftwagen, Fahrräder und Draisinen mit Kraftantrieb sowie Elektrokarren), deren Normalisierung und Typisierung, soweit nicht einzelne Stellen besonders ermächtigt sind.
3. Ermittlung und Festsetzung des Bedarfs zur Neubeschaffung von Fahrzeugen aller Art, jedoch ausschließlich der Draisinen und Schienenfahrräder mit Kraftantrieb sowie Elektrokarren.
4. Verteilung und Ausgleich der Lokomotiven jeder Art.
5. Überwachung der Wirtschaftlichkeit des technischen Lokomotiv- und Wagendienstes sowie der maschinentechnischen und elektrischen Betriebsanlagen und Betriebe, wie Kraftwerke, Wasserwerke.
6. Allgemeine technische Lieferungsbedingungen sowie Abnahme- und Güteprüfungsvorschriften für Betriebs-, Bau-, Oberbau- und Werkstoffe sowie für Gas, Wasser, elektrische Kraft und sonstige Energieformen.
7. Allgemeine Bahnkreuzungsvorschriften für elektrische[13]), Gas-, Wasser- und Dampfleitungen.
8. Allgemeine Regelung des Abnahmewesens.
9. Oberleitung des maschinentechnischen Versuchswesens.
10. Angelegenheiten der obersten Gewerbeaufsicht im Reichsbahnbereich.
11. Allgemeine Richtlinien
   a) für die Verwaltung des Bestandes sowie die Bezeichnung und Nummerung der Fahrzeuge;
   b) für die Unterbringung der Lokomotiven, Triebwagen und Schiffe sowie für Anordnung und Einrichtung der Lokomotivschuppen und der Betriebswerke für den Lokomotivdienst;
   c) für den Bau, die Ergänzung, Ausrüstung und Unterhaltung der Anlagen für die Behandlung von Lokomotiven und Triebwagen;
   d) für Bau, Ergänzung, Unterhaltung und Betrieb der Kraftwerke und Unterwerke, der Leitungsanlagen für elektrischen Zugbetrieb sowie der Einrichtungen zum Schutz der Fernmeldeleitungen gegen Beeinflussung durch Bahnstrom;
   e) für die Anlage und den Betrieb von Dampfkesseln, Gasanstalten und sonstigen maschinentechnischen, wärmetechnischen und elektrotechnischen Anlagen;
   f) für die Durchbildung und Vereinheitlichung der Geräte.
12. Grundsätzliche und allgemeine Fragen
   a) des Umbaus und der Änderung von Fahrzeugen;
   b) der Einstellung von Fahrzeugen in den Park der Deutschen Reichsbahn;
   c) der Ausmusterung von Fahrzeugen;
   d) der Bauweise, Einrichtung, Unterhaltung und Bedienung der durchgehenden Bremsen;
   e) der Überwachung der Lagerung, des Bestandes und des Verbrauchs der Stoffe, Geräte und Ersatzteile;
   f) der Stoffersparnisprämien[14]) im Lokomotivdienst, in Kraftwerken und sonstigen maschinellen Anlagen;
   g) der Elektrotechnik im Eisenbahnbetrieb;
   h) der Brennstoff-, Wärme- und Energiewirtschaft;
   i) des Betriebes der bahneigenen Wasserwerke.

D. Werkstättenwesen[15])

1. Ermittlung des Bedarfs und Umfanges neuer Ausbesserungswerke.
2. Nachprüfung der Belastung der Werkstätten nnd Anordnung des Arbeitsausgleichs zwischen den Bezirken der geschäftsführenden Reichsbahndirektionen für das Werkstättenwesen.

---

§ 17 muß Gleiches auch f. d. Fahrpläne d. Reichsbahn-Gesellschaft u. deren Festst. durch ihre Organe gelten (s. oben I 5 Anm. 78 B).

[10]) Oben I 8 Anm. 64 B.

[11]) Unfallmeldevorschriften: Vf 22. Juni 27, Die Reichsbahn S. 429; dazu Remy das. 622 Änderung; Vf 24 Bum 1 v. 3. April 28 u. 24 Bum 8 v. 6. Nov. 28. Unterstützung durch die Post: Vf 12. Jan. 29 (Die Reichsbahn S. 68).

[12]) Vorschr. üb. Ermittl. der Leistungen d. Lokomotiven u. Triebwagen — VLL — v. 30. Juli 26 (22. 4280), üb. d. Zugleistungen — VZL — v. 12. Juni 25 (22. 3385).

[13]) Oben I 7 Anm. 11 B II.

[14]) Perso (unten III 3) § 11 Abs. 4.

[15]) Bisher waren die Werkstätten in Haupt-, Neben- u. Betriebswerkstätten eingeteilt. Haupt- u. Nebenwerkstätten dienten Untersuchungen u. größeren Ausbesserungen an Fahrzeugen u. maschinellen Anlagen u. unterschieden sich v. einander durch Ausdehnung u. Ausrüstung. Eine im Gange befindl., in der Hauptsache abgeschlossene Neuordnung des Werkstättenwesens

3. Einstellung des Betriebes in Ausbesserungswerken, Haupt- und Nebenwerkstätten und Ausbesserungsstellen der Bahnbetriebswerke.
4. Genehmigung zur Heranziehung der Privatindustrie zur Fahrzeugunterhaltung.
5. Allgemeine Richtlinien
   a) für die Normalisierung, Typisierung und Spezialisierung der Werkstättenanlagen und Einrichtungen;
   b) für die Unterhaltung der Fahrzeuge in den Ausbesserungswerken, Haupt- und Nebenwerkstätten sowie in den Ausbesserungsstellen der Betriebswerke;
   c) für den Bau und die Einrichtung von Telegraphen- und Stellwerkswerkstätten.
6. Grundsätzliche und allgemeine Fragen
   a) der Aufstellung von Musterentwürfen für die Anlage und Ausrüstung von Ausbesserungswerken und Ausbesserungsstellen der Betriebswerke;
   b) der Ausrüstung der Werkstätten mit Werkzeugmaschinen, Hebezeugen sowie anderen maschinellen Einrichtungen und Werkzeugen;
   c) der Altstoffverwendung.

E. Verkehr[16])

1. Allgemeine Angelegenheiten des Verkehrs, internationales Transportrecht.
2. Feststellung der Einheitssätze im Personen-, Gepäck-, Expreßgut-, Güter- und Tierverkehr und für die Beförderung von Leichen.
3. Einführung, Änderung und Aufhebung von Ausnahmetarifen.
4. Einführung, Änderung und Aufhebung von direkten Tarifen mit anderen Eisenbahnen.
5. Militäreisenbahnordnung einschließlich Tarif.
6. Festsetzung der allgemeinen Vorschriften über die Benutzung und Ausnutzung des Wagenparkes für den Güter- und Tierverkehr; Genehmigung grundsätzlicher Vereinbarungen mit anderen Verwaltungen.
7. Handelsvertragsfragen.
8. Allgemeine Angelegenheiten
   a) der Reisebüros sowie des Schlafwagen-, Speisewagen- und Expreßzugdienstes;
   b) der Verkehrswerbung. Errichtung von Verkehrsagenturen im Ausland;
   c) betreffend die Landeseisenbahnräte. Angelegenheiten des Reichseisenbahnrats, des Reichs-Wasserstraßenbeirats und des Beirats für das Kraftfahrwesen.
9. Grundsätzliche und allgemeine Fragen
   a) der Aufstellung der Tarife, insbesondere der Berechnung der Tarifentfernungen;
   b) der Verkehrsleitung. Genehmigung von grundsätzlichen Vereinbarungen mit anderen Eisenbahnverwaltungen über Verkehrsteilung, Verkehrsleitung, Anteilsausscheidung und Abrechnung;
   c) der Stellungnahme gegenüber anderen Verkehrsmitteln.

Anmerkung: Die Gruppenverwaltung Bayern ist ermächtigt, die inneren Angelegenheiten ihres Bezirks auf dem Gebiete des Verkehrs- und Tarifwesens im Rahmen der allgemeinen für die ganze Reichsbahn erlassenen Bestimmungen selbständig zu regeln mit der Maßgabe, daß in Angelegenheiten von grundsätzlicher Bedeutung und in solchen Angelegenheiten, die über den Bezirk der Gruppenverwaltung hinauswirken können oder größere finanzielle Bedeutung haben, die Mitwirkung der Hauptverwaltung vorbehalten ist. Insbesondere hat bei Festsetzung von Ausnahmetarifen die Hauptverwaltung stets mitzuwirken.

F. Bauangelegenheiten

1. Grundsätzliche, allgemeine bautechnische Fragen.

[17]) 2. Prüfung von Entwürfen und Kostenanschlägen
   a) soweit es zur Bewilligung der Mittel notwendig ist;
   b) soweit Interessen anderer Bezirke berührt werden;
   c) soweit es Interessen der Landesverteidigung erfordern;
   d) soweit im Einzelfalle von Aufsichts wegen bei besonders wichtigen Angelegenheiten die Vorlage der Entwürfe angeordnet wird.

(s. die mit Vf 38 D 2549 v. 17. März 25 herausgegebene Denkschrift, auch Sarter-Kittel S. 49ff.) beruht auf folgender Grundlage: Die Direktionsbezirke werden zu Werkstättenbezirken — im ganzen zehn — zusammengefaßt; die Leitung des WsWesens in jedem WsBezirke hat eine geschäftsführ. Direktion, in der eine besond. Abteilung f. d. WsWesen gebildet wird. Anstelle der Haupt- u. Nebenws. treten Reichsbahn-Ausbesserungswerke unter Leitung v. Werkdirektoren, die in ihrer Betriebsführ. der geschäftsführ. Dir. unterstellt sind; die bisher. WerkstÄmter fallen fort. Neuordn. der Personalverwalt. in den Ws.: Vf 27. März 26 (Die Reichsbahn S. 182). Geschäftsanweis. f. d. Direktoren usw. der AusbessWerke 13. Sept. 26 (das. S. 553), geänd. durch Vf 8. Mai 28 (das. S. 487). Übersicht üb. die Bezirke: Reichsbahnhandbuch 1929 S. 88ff.

Die Betriebswerkstätten, jetzt Betriebswerke genannt, besorgen die kleineren laufenden Arbeiten; sie unterstehen den Maschinenämtern.

[16]) Tarifwesen: Fritsch, EisRecht § 52. — Wichtige Änderungen der Tarife hat die Reichsregierung zu genehm. (RBahnG § 33), Tarifermäßigungen grunds. der Verwaltungsrat (Vf 12. 7544 v. 17. Nov. 25). Für Anhör. der Beiräte u. den Rechtsweg gilt das oben in Anm. 9 B, D gesagte sinngemäß auch hier. — Stvtr 1920 § 22; EVO § 6. — Berliner Sammlung PT u. GT.

[17]) Die (mit der Prüfung der Entwürfe nicht identische) Planfeststellung — RBahnG § 37 — steht in Preußen allgemein der Hauptverw. zu, soweit nicht der RVerkMin. dazu berufen ist. Kittel DJZ **1926** 482.

3. Festsetzung und Fortbildung der Normalentwürfe und Normalanordnungen (Normalisierung, Typisierung) für bauliche Anlagen (einschließlich Oberbau, Brückenbau, Hochbau, Sicherungs- und Fernmeldeanlagen).
4. Entscheidung über den Bau neuer Reichseisenbahnen und die Errichtung neuer Bahnhöfe.
5. Genehmigung der Betriebseröffnung neuer Reichseisenbahnen[18]).
6. Entscheidung über die Zulassung von Privatgleisanschlüssen auf freier Strecke[10]).
7. Genehmigung des Baues und der Anmietung neuer Fernmeldeleitungen zwischen den Reichsbahndirektionen. Grundsätze für die Benutzung des Fernmeldenetzes und für den Schutz der Fernmeldeleitungen gegen Fremdstrom.
8. Oberleitung des bautechnischen Versuchswesens.
9. Untersuchung von Aufsehen erregenden Bauunfällen von Aufsichts wegen.
10. Grundsätzliche und allgemeine Fragen
    a) der Ausgestaltung (auch Unterhaltung) der Eisenbahnstrecken und Bahnhofsanlagen einschließlich des Sicherungswesens;
    b) der Bewirtschaftung des Oberbaues;
    c) der Ausgestaltung des Reichsbahnfunkwesens;
    d) des Vermessungswesens.

G. Vergebungen und Beschaffungen[19])

1. Allgemeine Vorschriften für das Verdingungswesen und allgemeine Lieferungsbedingungen.
2. Allgemeine Beschaffungsfragen, besonders im Zusammenhang mit der Konjunkturgestaltung.
3. Entscheidung bei Auslandsgeschäften.
4. Grundsätzliche Stellungnahme zu Syndikaten und Verbänden.
5. Regelung der Beschaffung und Bewirtschaftung von
    a) wichtigen Betriebs-, Oberbau- und Werkstoffen;
    b) Fahrzeugen (Lokomotiven, Personen-, Gepäck- und Güterwagen, Triebwagen, Fährschiffen usw.);
    c) wichtigen Geräten und Ersatzteilen.
6. Allgemeine Fragen der Arbeitsbeschaffung.

H. Grundbesitzverwaltung, Verkauf entbehrlicher Gegenstände[20])

1. Allgemeine Vorschriften für den An- und Verkauf von Grundstücken und für den Verkauf entbehrlicher Gegenstände (Altstoffe usw.).
2. Genehmigung von Grundstücksveräußerungen (Verkauf oder Tausch), soweit die vom Generaldirektor den Reichsbahndirektionen allgemein bestimmten Grenzen (Flächengröße und Wert) überschritten werden.
3. Genehmigung der Bestellung von Erbbaurechten, soweit diese nicht den Reichsbahndirektionen überlassen ist (für Siedlungszwecke).
4. Grundsätze für die Verpachtung und Vermietung, insbesondere für Lagerplatzverpachtungen. Allgemeine Vertragsbedingungen. Richtlinien für die Erhebung von Nutzungsgebühren, Gebühren für Bahnkreuzungen und dgl.

I. Finanz-, Kassen- und Rechnungswesen

1. Allgemeine Angelegenheiten des Finanzwesens.
2. Aufstellung des Voranschlags, der Bilanz sowie der Gewinn- und Verlustrechnung[21]).
3. Verteilung der Mittel auf die Reichsbahnbezirke.
4. Allgemeine Wirtschaftskontrolle.
5. Verfügung über die Verwendung ersparter Mittel, soweit nicht der Ausgleich innerhalb der Bezirke zugelassen ist.
6. Genehmigung von Mittelüberschreitungen.
7. Aufnahme von Anleihen, Annahme oder Gewährung von Darlehen oder Krediten, soweit nicht allgemein geregelt[22]).
8. Eingehung von Wechselverbindlichkeiten.
9. Effektenverwaltung.
10. Erwerb von Unternehmungen oder Beteiligung an solchen.
11. Allgemeine Fragen der Besteuerung der Deutschen Reichsbahn-Gesellschaft und der Erhebung und Abführung der Beförderungssteuer[23]).

---

[18]) Betriebseröffnung oben I 7 Anm. 34.

[19]) Verdingungswesen. Neuere Best: E 79 D 1965 v. 11. März 24 betr. allg. Bedingungen f. d. Lieferung elektr. Arbeit; Vf 48 D 440 v. 21. April 27 u. 48 Rvl 16 II v. 23. Feb. 29 betr. Verdingungsordnung f. Bauleistung (bei Hochbauten; dazu Hermann VZ **1927** 900); Vf 19. Juli 28 (Die Reichsbahn S. 709). Grundsätzl. Ausschaltung der Schiedsgerichte E 28. März 22 E VI 67 D 4691, Vf 48 D 9430 v. 5. Aug. 26; über Schiedsgerichte s. auch VZ **1910** 513, 531; **1913** 1173, 1189; **1920** 318, ferner RG Arch **1913** 552. Die allg. VerwaltVorschr. üb. Verdingungswesen sind nicht o. w. für die Unternehmer verbindlich. RG VZ **1926** 81. — Oben II 2 Anm. 16 C c.

[20]) Oben II 2 Anm. 16 C f, i; Sarter-Kittel S. 135.

[21]) Satzung § 19.

[22]) RBahnG § 8.

[23]) Unten IV 2.

12. Allgemeine Fragen der Abrechnung unter den Reichsbahndirektionen und mit fremden Verwaltungen.
13. Kassendefekte, soweit nach der Personalordnung eine Mitwirkung des Generaldirektors vorbehalten ist[24]).
14. Ertragsberechnung und Finanzierung neuer Reichseisenbahnen.

K. Personalangelegenheiten[25])

1. Grundsätzliche und allgemeine Fragen
   a) der Personalwirtschaft (Personalveranschlagung und wirtschaftliche Personalverwendung);
   b) des Beamtenrechts (insbesondere Personalordnung);
   c) der Behandlung der gesetzlichen und sonstigen Beamtenvertretungen (insbesondere Beamtenräteerlaß);
   d) des Dienststrafrechts. Einzelangelegenheiten in Disziplinarsachen, soweit sie nach der Personalordnung der Zuständigkeit des Generaldirektors unterliegen. Begnadigungsangelegenheiten;
   e) der Gewährung von Unterstützungen und Notstandsbeihilfen;
   f) des Dienst- und Mietwohnungswesens. Richtlinien auf dem Gebiete der Wohnungsfürsorge;
   g) der Förderung von Eisenbahner-Wohn- und Siedlungsbauten;
   h) der Regelung der Arbeitszeit der Beamten, Angestellten und Arbeiter;
   i) des Umfanges und der Durchführung der freiwilligen Wohlfahrtspflege. Einheitliche Vorschriften über die Förderung der anerkannten Selbsthilfeeinrichtungen des Personals;
   k) der Angestellten (insbesondere Mitwirkung beim Abschluß des Angestellten-Tarifvertrags).
2. Allgemeine Vorschriften und Richtlinien
   a) über Besoldungsangelegenheiten, Ruhegehalt, Wartegeld und Unfallfürsorge für Beamte und deren Hinterbliebene. Außerdem auch Einzelanordnungen auf diesen Gebieten, soweit für Reichsbeamte besondere Zuständigkeiten der obersten Reichsbehörden und des Reichsrats vorgesehen sind;
   b) für die Gewährung von Reisekosten bei Dienstreisen der Beamten, von Umzugskosten und Trennungsentschädigungen an versetzte Beamte, von Umzugskostenbeihilfen an Wartegeld- und Ruhegehaltsempfänger sowie deren Hinterbliebene. Außerdem auch Regelung von Einzelfällen auf diesen Gebieten, soweit für Reichsbeamte besondere Zuständigkeiten der obersten Reichsbehörden und des Reichsrats vorgesehen sind;
   c) für Aufwandsentschädigungen des Fahrpersonals, Nachtdienstzulagen, Schmierprämien, Rangiergelder, Leistungszulagen, Spitzenverkehrsleistungsprämien sowie für Prämien für Entdeckung oder Verhütung von Schäden an Bahnanlagen und für die Ermittlung der Urheber von Bahnfreveln und Diebstählen;
   d) über die Annahme, Ausbildung und Prüfung für den Beamtendienst sowie über die Anstellung und Beförderung der Beamten;
   e) über das Unterrichts- und Bildungswesen, das Lehrlingswesen und die Psychotechnik. Anerkennung von Lehranstalten;
   f) für die Behandlung des Arbeitsrechts (insbesondere Betriebsrätewesen und Schlichtungswesen) und der sonstigen Arbeiterangelegenheiten;
   g) zur Durchführung des Schwerbeschädigtengesetzes und der Arbeitslosenversicherung.
3. Regelung
   a) des Urlaubs für die Beamten;
   b) der Beschäftigungsbedingungen und Lohnverhältnisse der Arbeiter, soweit nicht etwas anderes bestimmt ist;
   c) des Dienst- und Schutzkleidungswesens;
   d) des Unfallverhütungs- und Rettungswesens;
   e) des bahn- und kassenärztlichen Dienstes.
4. Allgemeine Überwachung
   a) der gesetzlichen Versicherungseinrichtungen der Reichsbahn;
   b) der Reichsbahnbeamten-Krankenversorgung, der Reichsbahnarbeiterpensionskassen B sowie der Kranken- und Hinterbliebenenkasse der Reichsbahn.
5. Personalangelegenheiten der planmäßigen Beamten von Gruppe X an aufwärts, soweit nicht nachgeordneten Stellen besondere Befugnisse übertragen worden sind*).
6. Versorgungswesen für Angehörige der Reichswehr und Schutzpolizei.
7. Vorschriften für die körperliche Tauglichkeit des Personals.
8. Amtliche Herausgabe und Einführung von Lehrbüchern für den Unterricht.
9. Allgemeine Personalangelegenheiten der Beamten der abgetrennten und besetzten Gebiete.

*) Solche besonderen Befugnisse haben zur Zeit für die Beamten der Gruppen X—XII die Gruppenverwaltung Bayern sowie die Reichsbahndirektionen Dresden, Karlsruhe und Stuttgart.

[24]) Perso § 31.

[25]) Unten Abschn. III, namentl. Perso (III 3).

Beilage B (zu Anmerkung 12).

Geschäftsanweisung für die Reichsbahndirektionen. Vom 31. Mai 1927 (Die Reichsbahn S. 377)[a]).

§ 1. Geschäftsbereich[b])

1. Die Reichsbahndirektionen leiten die Geschäfte in den Bezirken, vor allem die Betriebs- und Verkehrsabwicklung. Die Hauptverwaltung kann die Erledigung bestimmter Geschäfte für mehrere Reichsbahndirektionsbezirke zentralen Ämtern, besonderen geschäftsführenden Reichsbahndirektionen oder Oberbetriebsleitungen übertragen[c]).

2 Die Reichsbahndirektionen vertreten die Deutsche Reichsbahn-Gesellschaft in allen Angelegenheiten ihres Geschäftsbereichs gerichtlich und außergerichtlich.

§ 2. Geschäftsführung im allgemeinen

[a]) 1. Die Zuständigkeit der Reichsbahndirektionen ergibt sich aus der Geschäftsordnung der Deutschen Reichsbahn-Gesellschaft, dieser Geschäftsanweisung und den weiteren Anordnungen des Generaldirektors oder der Hauptverwaltung[1]). Im einzelnen sollen die Geschäfte der Reichsbahndirektion in ihrem Geschäftsplan aufgeführt werden (§ 12 Ziffer 1).

[d]) 2. An der Spitze einer Reichsbahndirektion steht der Präsident. Er sorgt für die ordnungsmäßige und zweckentsprechende Gesamtverwaltung des Bezirks. Besonders ist er innerhalb seines Bezirks für die Bedienung des Verkehrs nach wirtschaftlichen Grundsätzen wie überhaupt für die Wirtschaftlichkeit des Unternehmens verantwortlich.

3. Der Generaldirektor bestimmt, welchen Reichsbahndirektionen ein Vizepräsident und Abteilungsleiter zuzuteilen sind; er setzt die Zahl und den Geschäftskreis der Abteilungen fest und bestimmt ihre Leiter[b]). Er bestimmt ferner die Zahl und den wesentlichen Geschäftskreis der Dezernate[2]). Wenn nicht der Generaldirektor im Einzelfalle hierüber Bestimmung trifft[3]), verteilt der Präsident die Dezernate an die Dezernenten.

§ 3. Geschäftserledigung

1. Die Geschäfte der Reichsbahndirektion werden durch Einzelentscheidung erledigt.

2. Für die Geschäftserledigung sind die Weisungen des Präsidenten maßgebend. Besonders wichtige Fragen sind in der Regel vor der Entscheidung mit dem Vizepräsidenten oder auch mit den Abteilungsleitern zu erörtern.

3. Der Präsident bezeichnet allgemein oder für den Einzelfall die Sachen,
a) die er sich zur eigenen Erledigung vorbehält,
b) in denen er die Entscheidung mitzeichnen will,
c) bei denen er die Mitwirkung des zuständigen Abteilungsleiters wünscht.

4. Der Abteilungsleiter wirkt bei allen Sachen mit, an denen der Präsident zu beteiligen ist. Er kann sich für den Einzelfall gegenüber den Dezernenten seiner Abteilung die Mitwirkung vorbehalten[b]).

5. Im übrigen bearbeiten die Dezernenten ihre Geschäftssachen selbständig.

6. Bestimmte Geschäftssachen kann der Präsident ein für allemal den Direktionsbüros zur selbständigen Erledigung übertragen[b]).

7. Die Abteilungsleiter, die Dezernenten und die Vorstände der Direktionsbüros sind verpflichtet, ihre Vorgesetzten über Angelegenheiten, deren besondere Bedeutung erst bei der Bearbeitung hervortritt, rechtzeitig zu unterrichten und ihnen Gelegenheit zur Mitwirkung bei der weiteren Behandlung zu geben.

8. Grundsätzlich verkehren Präsident und Dezernenten unmittelbar miteinander. Der Abteilungsleiter darf jedoch dadurch nicht ausgeschaltet werden.

§ 4. Persönliche Dienstgeschäfte des Präsidenten

1. Der Präsident ist dienstlicher und persönlicher Vorgesetzter des gesamten Personals seines Direktionsbezirks[b]).

2. Zu den persönlichen Dienstgeschäften des Präsidenten gehören besonders:
a) die Personalien der oberen Beamten[e]),
b) die Personalien der Rechnungsrevisoren,
c) die Regelung der Stellvertretung der Amtsvorstände[b]),
d) die vorherige Zustimmung zu den Dienstreisen des Vizepräsidenten, der Abteilungsleiter, der Dezernenten und der Hilfsarbeiter der Reichsbahndirektion,
e) die im § 13 Ziffer 2 bezeichneten Beschwerdeangelegenheiten,

---

[1]) Die Gruppenverwaltung Bayern kann für ihren Bereich gleichartige Anordnungen treffen.
[2]) [3]) Im Bereich der Gruppenverwaltung Bayern ist deren Leiter dazu ermächtigt.

[a]) Hierzu Einführungsbest (oben hinter dem Texte abgedruckt). — Wegen Rechtsstellung u. Zuständigkeit der Dir. s. oben II 2 Anm. 16. — Kraft ihres Aufsichtsrechts gegenüb. den Ämtern sind die Dir. mit bahnpolizeilicher Gewalt ausgestattet u. zu unmitt. Eingreifen auf bahnpolizeil. Gebiete befugt; ihre Verfüg. auf diesem Gebiete entziehen sich (in Preußen) nach G 11. Mai 42 GS 192 § 1 der Nachprüfung im Rechtswege. RG 55 145 E 16. Juli 03 (BB I 634) u. 24. Mai 14 (EBBl 187). S. auch v. Olshausen BZ 1929 449.

[b]) Hierzu EinfBest (vgl. vorst. Anm. a).

[c]) II 2 Anm. 13—15.

[d]) S. auch GeschO (oben II 2) Ziff. 16.

[e]) Perso (unten III 3) Teil II.

f) die Verfügungen, die im förmlichen Dienststrafverfahren[f]) nach dem für die Reichsbeamten geltenden Dienststrafrecht die oberste Reichsbehörde zu treffen hat[b]),

g) die übrigen ihm durch die Personalordnung zugewiesenen Geschäfte[g]).

3. Der Präsident kann einzelne der unter Ziffer 2a—e genannten Geschäfte, soweit sie von geringerer Bedeutung sind, ständig dem Vizepräsidenten oder einem Abteilungsleiter übertragen.

§ 5. Stellvertretung des Präsidenten

1. Der Präsident ist berechtigt, sich selbst bis zu 8 Tagen zu beurlauben, doch hat er eine länger als 3 Tage währende dienstliche oder andere Abwesenheit dem Generaldirektor anzuzeigen.

2. Die Vertretung des Präsidenten übernimmt der Vizepräsident oder der dienstälteste Abteilungsleiter, bei den Reichsbahndirektionen ohne Abteilungen der vom Generaldirektor[4]) bestimmte Stellvertreter. Ist der erste Vertreter verhindert, so geht die Vertretung auf die Abteilungsleiter, sodann auf die Dezernenten in der Regel nach dem Dienstalter über.

§ 6. Abteilungsleiter

1. Innerhalb ihrer Abteilung sollen die Abteilungsleiter den Präsidenten entlasten und sind für die ordnungsmäßige und einheitliche Führung der Geschäfte verantwortlich. Sie sind dienstliche Vorgesetzte des Personals ihrer Abteilung.

2. Der Vizepräsident und die Abteilungsleiter vertreten einander in der Erledigung der ihnen ständig übertragenen persönlichen Dienstgeschäfte des Präsidenten (§ 4 Ziffer 3). Sind beide gleichzeitig abwesend oder verhindert, so fallen die Geschäfte dieser Art auf den Präsidenten zurück. Im übrigen regelt der Geschäftsplan die Vertretung der Abteilungsleiter.

§ 7. Dezernenten[h])

1. Die Dezernenten (Mitglieder der Reichsbahndirektion) tragen die Verantwortung für die sachgemäße und formgerechte Erledigung der Sachen, die der Geschäftsplan ihnen zuweist.

2. Die Dezernenten sind innerhalb ihres Geschäftskreises befugt, die Reichsbahndirektion rechtswirksam zu vertreten (vgl. Ziffer 23 der Geschäftsordnung für die Deutsche Reichsbahn-Gesellschaft).

[b]) 3. Die Sachbearbeiter (federführenden Dezernenten) haben ohne Rücksicht auf die Auszeichnung der Eingänge alle Dezernenten an der Sacherledigung zu beteiligen, bei denen sie ein wesentliches Interesse an der Angelegenheit voraussetzen müssen. Die Beteiligung geschieht durch Mitzeichnung, in eiligen Fällen auch nachträglich. Bei allen wichtigen Sachen empfiehlt sich die vorherige mündliche oder fernmündliche Besprechung.

[b]) 4. Die Vertretung der Dezernenten regelt der Geschäftsplan.

§ 8. Anordnungen und Verfügungen der Dezernenten in dringlichen Fällen

1. Die Dezernenten dürfen bestehende Anordnungen oder Einrichtungen nur in dringlichen Fällen durch mündliche Weisung ändern und auch nur in Angelegenheiten ihres Geschäftsbereichs, die ihnen zur selbständigen Erledigung übertragen sind (§ 3 Ziffer 5). Vor derartigen Anordnungen an die Dienststellen soll möglichst der Amtsvorstand gehört werden. Mündliche Weisungen dieser Art sind alsbald schriftlich zu bestätigen.

2. Bei Gefahr im Verzuge sind die Dezernenten gehalten, nach pflichtmäßigem Ermessen auch in Angelegenheiten einzugreifen, die außerhalb ihres planmäßigen Geschäftsbereichs liegen. Soweit für derartige Fälle eine allgemeine Regelung zweckmäßig erscheint, bleibt sie dem Präsidenten überlassen.

§ 9. Finanzdezernent[b])

1. Im Geschäftsplan der Reichsbahndirektionen ist ein Dezernent als „Finanzdezernent" zu bezeichnen.

2. Der Finanzdezernent hat den Präsidenten bei der wirtschaftlichen Leitung des Bezirks zu unterstützen. Er hat darüber zu wachen, daß auf allen Gebieten der Verwaltung — besonders bei der Erschließung und Ausnutzung der Einnahmequellen und bei der Bemessung der Ausgaben — die Grundsätze einer verständigen Wirtschaftsführung beachtet werden. Bei allen Maßnahmen von finanzieller Tragweite ist der Finanzdezernent so rechtzeitig mitberatend und mitentscheidend zu beteiligen, daß er seinen Einfluß bei der Sacherledigung geltend machen kann. Zu seinen hauptsächlichsten Aufgaben gehört es, den Voranschlag aufzustellen und den Wirtschaftsplan auszuführen, die Abrechnung unter den Reichsbahnbezirken zu beaufsichtigen und sich maßgeblich dabei zu beteiligen, die Bezirksbilanzen aufzustellen und überhaupt die gesamte Finanzlage des Bezirks nach allen hierfür maßgebenden Unterlagen dauernd zu beobachten.

§ 10. Hilfsarbeiter[h])

1. Der Generaldirektor kann den Reichsbahndirektionen Hilfsarbeiter zur Ausbildung oder zur Hilfeleistung in Dezernatsgeschäften überweisen[5]).

[b]) 2. Der Präsident kann einem Hilfsarbeiter die Vertretung eines Dezernenten übertragen. Er kann ihm auch die Befugnis zur selbständigen Erledigung von Dezernatsgeschäften beilegen. In diesen Fällen hat der Hilfsarbeiter die Stellung eines Dezernenten (vgl. insbesondere § 3 Ziffer 5).

3. Im übrigen werden die Hilfsarbeiter bestimmten Dezernenten zur Hilfeleistung zugeteilt.

---

[4]) Im Bereich der Gruppenverwaltung Bayern bestimmt ihn deren Leiter.

[5]) Im Bereich der Gruppenverwaltung Bayern überweist diese die Hilfsarbeiter den Reichsbahndirektionen.

---

[f]) Perso § 19 D.

[g]) Perso § 19 D. F 4.

[h]) Hierzu Bf 2. 600. 65 v. 3. Sept. 27.

§ 11. Büros[i])

1. Die Geschäftssachen der Reichsbahndirektionen werden in der Regel von Beamten vorbereitet, die innerhalb der Direktion zu Büros oder Geschäftsgruppen zusammengefaßt sind.

2. Die Leitung des Dienstbetriebs in den Direktionsbüros liegt im allgemeinen in der Hand von Bürovorständen. Werden die Büros mit der selbständigen Erledigung bestimmter Geschäftssachen betraut (vgl. § 3 Ziffer 6), so tragen die Bürovorstände die Verantwortung für die sachgemäße und formgerechte Erledigung dieser Sachen.

[b]) 3. Die Bürovorstände sind dienstliche und persönliche Vorgesetzte des Personals ihres Büros. Der Präsident kann mehrere Büros in der Weise zusammenfassen, daß die einzelnen Bürovorstände dienstliche Vorgesetzte des Personals ihres Büros sind, die Eigenschaft eines persönlichen Vorgesetzten aber nur einer von ihnen erhält.

§ 12. Geschäftsplan und Geschäftsgang

1. Der Präsident stellt einen Geschäftsplan auf, der den Geschäftskreis der Abteilungen, Dezernate und Direktionsbüros im einzelnen regelt. Er kann bei der Zuweisung einzelner Sachen von dem Geschäftsplan abweichen.

2. Der Präsident regelt den allgemeinen Geschäftsgang. Er bestimmt, welche Eingänge ihm selbst und welche Eingänge den Abteilungsleitern, den Dezernenten oder den Direktionsbüros vorzulegen sind. Es bleibt ihm aber unbenommen, in Einzelfällen von dieser grundsätzlichen Anordnung abzuweichen. Der Abteilungsleiter ist berechtigt, darüber hinaus andere Eingänge innerhalb seiner Abteilung sich vorlegen zu lassen.

3. Der Verkehr zwischen den Dezernenten geht den kürzesten Weg (vgl. auch § 7 Ziffer 3).

4. Über Meinungsverschiedenheiten innerhalb einer oder mehrerer Abteilungen, die nicht ausgeglichen werden, entscheidet der Präsident.

5. Im geschäftlichen Verkehr zwischen den Reichsbahndirektionen und den nachgeordneten Amtsvorständen oder Dienststellen sollen schriftliche Berichte nur eingefordert werden, wenn es die Art der zu bearbeitenden Angelegenheit erfordert. Im übrigen sind Feststellungen möglichst fernmündlich oder sonst ohne größeren Schriftwechsel zu machen.

§ 13. Beschwerdeangelegenheiten[k])

[b]) 1. Die Reichsbahndirektionen entscheiden endgültig über Beschwerden gegen Verfügungen der Vorstände der Reichsbahn-Ämter und der Direktionsbüros.

2. Über Beschwerden gegen eine Entscheidung der Reichsbahndirektion entscheidet endgültig der Präsident (§ 4 Ziffer 2e), wenn nicht gesetzlich oder durch die Personalordnung Abweichendes bestimmt ist. Veranlaßt der Präsident eine Vorprüfung, so hat diese ein Dezernent vorzunehmen, der noch nicht mit der Sache befaßt war.

[b]) 3. Ist wegen der allgemeinen, grundsätzlichen oder politischen Bedeutung der Beschwerde anzunehmen, daß die Hauptverwaltung auf die Entscheidung einzuwirken oder sie selbst zu treffen beabsichtigt, so ist ihr vor der Entscheidung zu berichten[6]).

§ 14. Sitzungen

1. Direktionssitzungen beruft der Präsident nach Bedarf; sie finden in der Regel an einem Montag statt. An den Sitzungen haben regelmäßig teilzunehmen der Vizepräsident, die Abteilungsleiter, die Dezernenten, die Hilfsarbeiter und die im Vorbereitungsdienst stehenden Beamten des oberen Dienstes.

2. Vortrag und Aussprache in den Direktionssitzungen soll die Abteilungsleiter und Dezernenten über Angelegenheiten von besonderer Bedeutung oder von allgemeiner Wichtigkeit unterrichten, das Verständnis für die Eigenart und die Bedürfnisse der verschiedenen Fachgebiete fördern und damit ein gutes Zusammenwirken der einzelnen Abteilungen und Dezernate sicherstellen, endlich auch die Entschließungen des Präsidenten erleichtern.

[b]) 3. Die Abteilungsleiter können zur Erörterung von Fragen aus dem Fachgebiete ihrer Abteilung besondere Abteilungssitzungen abhalten. Vor der Anberaumung solcher Sitzungen ist der Präsident zu verständigen.

4. In gewissen Zeitabschnitten soll der Präsident Besprechungen mit den Amtsvorständen abhalten.

§ 15. Entwürfe von Schreiben und Verfügungen

1. Die Sachbearbeiter und Mitarbeiter versehen den Entwurf von Schreiben und Verfügungen der Reichsbahndirektion mit Namen oder Namenszug und übernehmen dadurch die Verantwortung. Die Abteilungsleiter und der Präsident zeichnen in den Fällen mit, in denen eine solche Mitwirkung vorbehalten ist (§ 3 Ziffer 3 und 4).

2. Der Sachbearbeiter und jeder, der den Entwurf mitzeichnet, ist dafür verantwortlich, daß seinen Vorgesetzten alle wichtigen Sachen zur Mitzeichnung vorgelegt werden (vgl. auch § 3 Ziffer 7).

§ 16. Form der Zeichnung nach außen[l])

1. Reinschriften von Schreiben und Verfügungen der Reichsbahndirektion erhalten nur eine Unterschrift.

2. Der Präsident, die Abteilungsleiter und die Dezernenten zeichnen

Deutsche Reichsbahn-Gesellschaft
Reichsbahndirektion ......

mit ihrem Namen.

---

[6]) Die Reichsbahndirektionen in Bayern haben außerdem an die Gruppenverwaltung Bayern zu berichten, wenn anzunehmen ist, daß diese wegen der allgemeinen, grundsätzlichen oder politischen Bedeutung der Beschwerde für ihren Bereich auf die Entscheidung einzuwirken oder sie selbst zu treffen beabsichtigt.

---

[i]) Geschäftsanw. f. d. Büros der RBDirektionen 3. April 30 (Die Reichsbahn S. 374). E 14. Nov. 19 IV 46. 115. 501 betr. selbständ. Erled. v. Entschäd-Ansprüchen aus d. Verkehren durch Beamte des Verkehrsbureaus; Vf 2. 409 v. 12. Feb. 25 betr. Karteien; Vf 56. 533 Plgk v. 23. Juli 29 betr. Kanzleidienst b. d. RBDirekt.

[k]) Oben II 2 Anm. 16 C k.

[l]) GeschO (oben II 2) Ziff. 23; s. jetzt auch GeschAnw f. d. Büros [vorst. Anm. i)] § 9.

[b]) 3. Hält es der Präsident für erwünscht oder geboten, seine persönliche Mitwirkung bei der Erledigung einer Geschäftssache nach außen hin zu betonen, so kann er dies im Kopf des Schreibens und durch die Zeichnung

Deutsche Reichsbahn-Gesellschaft
Reichsbahndirektion ....
Der Präsident

zum Ausdruck bringen. Diese Form ist stets bei den im § 4 Ziffer 2 bezeichneten Geschäften anzuwenden. Hat der Präsident einzelne dieser Angelegenheiten ständig dem Vizepräsidenten oder einem Abteilungsleiter übertragen (§ 4 Ziffer 3), so zeichnet der Vizepräsident mit dem Zusatz „J. V.", der Abteilungsleiter mit dem Zusatz „J. A.".

4. Die Vorstände der Direktionsbüros zeichnen bei den Geschäftssachen, die den Büros zur selbständigen Erledigung übertragen sind (§ 3 Ziffer 6)

Deutsche Reichsbahn-Gesellschaft
.... Büro der Reichsbahndirektion ....

mit ihrem Namen, ihre Vertreter mit dem Zusatz „J. V.".

5. In Urschrift hinausgehende Schriftstücke sind von einem der Unterzeichner mit vollem Namen zu zeichnen, von den übrigen nur abgekürzt mit Namenszug. Zeichnet der Präsident oder der zuständige Abteilungsleiter mit, so unterschreibt dieser mit vollem Namen, andernfalls der Sachbearbeiter.

Diese Bestimmungen gelten auch für den Schriftverkehr mit Stellen der Reichsbahn. Dabei sind die üblichen Abkürzungen „DRG", „RBD" usw. zulässig. Im Schriftverkehr innerhalb des Reichsbahndirektionsbezirks genügt durchweg Zeichnung mit Namenszug.

[b]) 6. Berichte an den Generaldirektor und an die Hauptverwaltung hat grundsätzlich der Präsident zu unterzeichnen; bei minderwichtigen Angelegenheiten ist jedoch die Unterschrift des Vizepräsidenten oder eines Abteilungsleiters ausreichend[7]).

7. Im übrigen unterzeichnet der Präsident die Reinschriften der Schreiben und Verfügungen, die er bereits im Entwurf mitgezeichnet hat. Entsprechendes gilt für den Vizepräsidenten und die Abteilungsleiter. Hat jedoch der Präsident bei Mitzeichnung des Entwurfs seinem Namenszug einen Gesehen-Vermerk beigefügt, so unterzeichnet in der Regel der Vizepräsident oder ein Abteilungsleiter die Reinschrift; ausnahmsweise kann der Präsident anordnen, daß der Sachbearbeiter sie unterzeichnet.

8. Für die Zeichnung der Kassenanweisungen gelten besondere Vorschriften.

9. Namensunterschriften unter Schriftstücken, die nach außen gehen, sollen gut leserlich sein.

§ 17. Form der Berichte an den Generaldirektor und an die Hauptverwaltung[8])

1. Bei Berichten an den Generaldirektor und an die Hauptverwaltung ist stets der Name des Sachbearbeiters anzugeben.

2. Sind an dem Entwurf des Berichts außer dem Sachbearbeiter noch andere Dezernenten erheblich beteiligt, so sollen sie als Mitbearbeiter aufgeführt werden.

3. Hat ein dem Sachbearbeiter zugeteilter Hilfsarbeiter den Bericht ganz oder zu einem wesentlichen Teil ausgearbeitet, so soll sein Name vor dem Namen des Sachbearbeiters mit angegeben werden.

[b]) 4. Berichte und Vorlagen, auf die eine Entscheidung des Generaldirektors oder der Hauptverwaltung erwartet wird, sollen am Schluß einen kurz zusammengefaßten Antrag mit einem bestimmten Vorschlag enthalten.

Einführungsbestimmungen zur Geschäftsanweisung für die Reichsbahndirektionen (Auszug)

Zu § 1: Die Geschäftsanweisung für die Reichsbahndirektionen erstreckt sich naturgemäß nur auf Geschäfte, die zum eigentlichen Geschäftskreise der Reichsbahn gehören. Für die besondere Tätigkeit der Reichsbahndirektionen und ihrer Präsidenten auf den Gebieten der Kleinbahnaufsicht und der Aufsicht über die Privatbahnen des allgemeinen Verkehrs gelten die besonderen Weisungen (Schlußprotokoll Ziff. 8 zu § 24 des Staatsvertrags und § 40 RBahnG.).

Zu § 2 Ziff. 3 Satz 2: Der Präsident kann die Abgrenzung der Dezernate in gewissem Umfange selbständig ändern, wenn es sich darum handelt, bestimmte Aufgaben einem besonders geeigneten Dezernenten zu übertragen. Derartige Änderungen sind dem Generaldirektor anzuzeigen.

Zu § 3 Ziff. 4 Satz 2: Die Präsidenten wollen darauf achten, daß die Abteilungsverfassung nicht dazu führt, die Selbständigkeit und damit die Verantwortungsfreudigkeit der Dezernenten zu beeinträchtigen.

Zu § 3 Ziff. 6: Die Bearbeitung der Geschäftssachen, die die Büros selbständig erledigen, ist von den Dezernenten durch Stichproben nachzuprüfen (vgl. Verfügung vom 23. September 1924 — O 1 Nr. 464 —, betreffend Umgestaltung der Direktionsbüros, unter Ib, zweiter Absatz)[m]).

Zu § 4 Ziff. 1: Die Eigenschaft des persönlichen Vorgesetzten zeigt sich namentlich in seiner Befugnis, im Rahmen der durch die Personalordnung festgesetzten Zuständigkeit Einzelverfügungen in persönlichen Angelegenheiten der unterstellten Beamten zu erlassen.

Dagegen ist der dienstliche Vorgesetzte im wesentlichen darauf beschränkt, in bezug auf die Geschäftserledigung sachliche Weisungen zu geben.

---

[7]) [8]) Gilt auch für Berichte an die Gruppenverwaltung Bayern.

---

[m]) S. jetzt auch GeschAnw f. d. Büros der RBDirekt. (vorst. Anm. i) § 2 Abs. 2, § 7 Abs. 3, § 9.

Zu § 4 Ziff. 2c: In der Bezeichnung „Amtsvorstände" sind hier wie auch im § 14 Ziff. 4 die Direktoren der Reichsbahn-Ausbesserungswerke und die Vorstände der Betriebsdirektionen und der noch vorhandenen Inspektionen einbegriffen.

Zu § 4 Ziff. 2f: Bei Wartestandsbeamten des Reichs ist die oberste Reichsbehörde zuständig, bei Wartestandsbeamten der Länder sind die Länderstellen zuständig.

Zu § 7 Ziff. 3: Im besonderen sind in Angelegenheiten, bei denen Rechtsfragen vorkommen, stets rechtskundige Dezernenten zu beteiligen.

An der bisherigen Übung, wonach ein rechtskundiger Dezernent verpflichtet ist, Gesetzgebung und Rechtsprechung zu verfolgen, wichtige Änderungen, die die Reichsbahn berühren, den Beteiligten bekanntzugeben und etwa erforderliche Anordnungen vorzuschlagen, wird nichts geändert. Es scheint indes entbehrlich, dies ausdrücklich in der Geschäftsanweisung festzulegen.

Zu § 7 Ziff. 4: Nach der Verfügung vom 23. September 1924 — O 1 Nr. 464 —, betreffend Umgestaltung der Direktionsbüros (Ie zweiter Absatz) sind die Präsidenten ermächtigt, besonders befähigten Bürovorständen die Vertretung der Dezernenten in Fällen kurzer Abwesenheit oder Behinderung zu übertragen. Daran soll nichts geändert werden. Um der vielseitigen Beschäftigung der Dezernenten willen ist jedoch Wert darauf zu legen, daß bei längerer Abwesenheit, namentlich bei Urlaub, der nach dem Geschäftsplan dafür berufene Dezernent die Vertretung führt.

Zu § 9: Bei den geschäftsführenden Reichsbahndirektionen für das Werkstättenwesen kann für die besonderen Werkstättenangelegenheiten ein besonderer Finanzdezernent bestellt werden.

Zu § 10 Ziff. 2: Die Bestimmungen über Hilfsarbeiter gelten auch für Hilfsdezernenten, soweit sie ausschließlich in Dezernatsgeschäften tätig sind. Für Hilfsdezernenten, die neben der Dezernententätigkeit noch im Büro beschäftigt werden, bleibt es bei den bestehenden Bestimmungen.

Zu § 11 Ziff. 3: Wenn in größeren Büros noch besondere Gruppenleiter bestellt sind, kann ihnen der Präsident die Eigenschaft eines dienstlichen Vorgesetzten gegenüber ihrer Gruppe beilegen.

Zu § 13 Ziff. 1:

1. In der Bezeichnung „Vorstände der Reichsbahn-Ämter" sind die Direktoren der Reichsbahn-Ausbesserungswerke und die Vorstände der Betriebsdirektionen und der noch vorhandenen Inspektionen einbegriffen.
2. Unberührt bleiben die gesetzlich oder durch die Personalordnung festgelegten Ausnahmefälle, in denen die letzte Entscheidung beim Generaldirektor liegt, z. B. bei vermögensrechtlichen Ansprüchen aus dem Reichsbahnbeamtenverhältnis (vgl. § 8 Reichsbahn-Personalgesetz in Verbindung mit §§ 149ff. Reichsbeamtengesetzes).

Zu § 13 Ziff. 3: Welche Fälle hier in Frage kommen, ergibt sich aus dem Erlaß des Reichsverkehrsministers vom 5. November 1923 (E VI 1. 5057).

Zu § 14 Ziff. 3: Einfache Besprechungen des Abteilungsleiters über Einzelfragen mit den beteiligten Dezernenten seiner Abteilung sind nicht als Sitzungen im Sinne des zweiten Satzes anzusehen.

Zu § 16 Ziff. 3: Vertritt ein Abteilungsleiter den Präsidenten nach § 5 Ziff. 2, so zeichnet er mit dem Zusatz „I. V.".

Zu § 16 Ziff. 6: Einfache Anregungen, Sammelberichte, Sammelnachweisungen u. dgl., die an ein Büro der Hauptverwaltung zu senden sind, gelten nicht als Berichte im Sinne des § 16 Ziff. 6.

Zu § 17 Ziff. 4: Unzulässig ist es, den Schlußantrag dahin zu fassen, daß Zustimmung der Hauptverwaltung angenommen werde, wenn nicht innerhalb bestimmter Frist eine andere Entscheidung eingehe.

Beilage C (zu Anmerkung 19).

Geschäftsanweisung für die Amtsvorstände der Reichsbahn. Vom 28. April 1928 (Die Reichsbahn S. 413). (Auszug)[1].

A. Allgemeine Bestimmungen

§ 1. Geschäftsaufgaben[2])

1. Der Amtsvorstand hat in seinem Amtsbezirk auf den ihm zugewiesenen Fachgebieten den örtlichen Dienst nach den allgemeinen Dienstanweisungen und Dienstvorschriften und nach den besonderen Anordnungen der Reichsbahndirektion zu leiten und zu beaufsichtigen. Welche Fachgebiete in den einzelnen Reichsbahndirektionsbezirken zu seinem Geschäftsbereich gehören, ergibt sich aus der Anlage.

2. 3.

---

[1]) Einführungsbestimmungen unten hinter dem Texte auszugsweise abgedruckt. Weitere Erläuterungen in „Die Reichsbahn" **1928** 516. — Bezirke: Reichsbahnhandbuch 1929, Berlin 1929, Seite 22ff.

[2]) A. Hierzu EinfBest. (vorst. Anm. 1).

B. Gewisse Befugnisse sind bestimmten Dienststellen (früher „Normaldienststellen" genannt) zur selbständ. Ausübung übertragen worden. S. die GeschAnw. f. d. DienststVorsteher der Reichsbahn v. 16. Dez. 29 (Die Reichsbahn S. 1013) u. die Dienstvorschr. f. d. Erled. v. EntschädAnträgen. — DienststLeiter als verfassungsmäßige Vertreter der RBGesellschaft: unten III 3 Beil. B Buchst. C.

Übersicht der Fachgebiete, die zum Geschäftsbereich der Amtsvorstände gehören*).

Bezirk	Betriebsamt — BA —	Verkehrsamt — VA —	Bauamt — BA —	Maschinenamt — MA —	Reichsbahnamt — BahnA —	Neubauamt — NbA —	Bemerkungen
Reichsbahndirektionen in Preußen und Hessen	Betriebsdienst und Baudienst BA Simmern hat außerdem den Verkehrsdienst	Verkehrsdienst	—	Betriebsmaschinendienst	Betriebsdienst Verkehrsdienst Baudienst Betriebsmaschinendienst Es bestehen BahnA in Lötzen, Lyk und Ortelsburg	Große Neubauten	Für die noch vorhandenen Werkstättenämter gelten die Fachvorschriften der Geschäftsanweisung für die Direktoren und Abteilungsleiter der Reichsbahn-Ausbesserungswerke sinngemäß. Für das Schmalspurbahnamt in Beuthen O-S und die Kraftwerke in Mittelsteine und Muldenstein gelten besondere Geschäftsanweisungen.
Reichsbahndirektionen in Bayern	Betriebsdienst und Baudienst BA Eger hat außerdem den Verkehrsdienst	Verkehrsdienst	Hochbaudienst Es bestehen BauA für den Hochbaudienst in Augsburg, Kaiserslautern, München, Nürnberg, Regensburg und Würzburg	Betriebsmaschinendienst	—	Große Neubauten	—
Reichsbahndirektion Dresden	Betriebsdienst und Baudienst	Verkehrsdienst	—	Betriebsmaschinendienst	—	Große Neubauten	Für die elektrotechnischen Ämter gilt Teil A, im übrigen gelten besondere Fachvorschriften.
Reichsbahndirektion Stuttgart	Betriebsdienst und Baudienst	Verkehrsdienst	—	Betriebsmaschinendienst	—	Große Neubauten	Für die Werkstättenämter Friedrichshafen und Stuttgart gelten die Fachvorschriften der Geschäftsanweisung für die Direktoren und Abteilungsleiter der Reichsbahn-Ausbesserungswerke sinngemäß.
Reichsbahndirektion Karlsruhe	Betriebsdienst und Verkehrsdienst	—	Baudienst	Betriebsmaschinendienst	—	Große Neubauten	—
	Ende 1930 werden BA und VA mit dem gleichen Geschäftskreis wie im übrigen Reichsbahnbereich eingerichtet						
Reichsbahndirektion Schwerin	Betriebsdienst und Baudienst BA Malchin hat außerdem den Verkehrsdienst	Verkehrsdienst	—	Betriebsmaschinendienst	—	Große Neubauten	—
Reichsbahndirektion Oldenburg	Betriebsdienst und Baudienst	—	—	Betriebsmaschinendienst	—	Große Neubauten	Den Verkehrsdienst erledigt das Verkehrsbüro der Reichsbahndirektion.

*) Neufassung der Anl. zu § 1 der GeschAnw f. d. Amtsvorstände der Reichsbahn (anschein. nicht veröffentlicht).

§ 2. Dienstliche Stellung[3])

1. Der Amtsvorstand untersteht unmittelbar der Reichsbahndirektion. Er vertritt in seiner Person das Amt und ist für die Entscheidungen des Amts allein verantwortlich. Ihm ist das gesamte Personal seines Amtsbezirks unterstellt. Soweit Bedienstete in mehreren Fachgebieten verwendet werden, sind sie persönlich dem Amtsvorstand unterstellt, in dessen Fachgebiet sie ständig und überwiegend beschäftigt sind. Im einzelnen ist für die Unterstellung der Kopfplan des Amtes maßgebend.

2. Der Amtsvorstand kann allen in seinem Amtsbezirk ständig oder vorübergehend beschäftigten Bediensteten in Angelegenheiten seines Geschäftsbereichs dienstliche Weisungen erteilen.

§ 3. Geschäftsverkehr

§ 4. Öffentlichkeit und Presse

§ 5. Personalangelegenheiten

1.—6. (Der Amtsvorstand ...)

7. Er kann Dienstwidrigkeiten der ihm unterstellten Bediensteten und unwürdiges Verhalten außer Dienst mündlich oder schriftlich rügen, innerhalb seiner Zuständigkeit[4]) Strafen verhängen und die Heranziehung zum Schadenersatz verfügen. Wenn dabei das Fachgebiet eines anderen Amtsvorstandes berührt wird, hat er diesem Gelegenheit zur Mitwirkung zu geben.

8. Wenn nach den gesetzlichen[5]) oder Verwaltungsvorschriften die unteren Verwaltungsbehörden und die Ortspolizeibehörden Aufgaben der Unfallversicherung zu erfüllen haben, hat sie der Amtsvorstand für die ihm unterstellten Bediensteten.

§ 6. Eignung des Personals für den äußeren Dienst

§ 7. Prüfung der Dienststellen und Strecken

§ 8. Wirtschaftsführung

§ 9. Geräte und Stoffe

§ 10. Vergebung von Leistungen und Lieferungen[2B])

1. Der Amtsvorstand kann Leistungen und Lieferungen im Rahmen der Amtswirtschaftspläne, der genehmigten Kostenanschläge und der allgemeinen Bestimmungen für das Beschaffungs- und Verdingungswesen selbständig vergeben, und zwar

a) freihändig bis zum Betrage von 5000 *RM*,
b) in beschränkter Ausschreibung bis zum Betrage von 15000 *RM*,
c) in öffentlicher Ausschreibung bis zum Betrage von 30000 *RM*.

2. Die Reichsbahndirektion kann sich bei bestimmten Vergebungen und Beschaffungen auch innerhalb der vorstehenden Grenzen ausnahmsweise die Entscheidung vorbehalten.

§ 11. Anweisung von Zahlungen

(Berecht. d. Amtsvorstands zur endgültigen Anweisung gewisser Ausgaben u. Einnahmen auf die Hauptkasse)

§ 12. Stellvertretung

B. Besondere Bestimmungen
(nach Fachgebieten gegliedert, vgl. § 1 und Anlage)

I. Betriebsdienst

§ 13. Geschäftsaufgaben im allgemeinen

Der Amtsvorstand hat dafür zu sorgen, daß in seinem Amtsbezirk der Betriebsdienst nach den allgemeinen Vorschriften und den besonderen Anordnungen der Reichsbahndirektion sicher, pünktlich, gewissenhaft und wirtschaftlich ausgeführt wird. Er hat jeweils die hierzu erforderlichen Maßnahmen selbst zu treffen oder bei der Reichsbahndirektion zu beantragen.

§ 14. Geschäftsaufgaben im einzelnen

§ 15. Unfälle und Betriebstörungen

§ 16. Überwachung des Personals

§ 17. Bahnpolizei im Betriebsdienst[2A])[6])

1. Der Amtsvorstand übt in seinem Bezirk unbeschadet der Zuständigkeit der Dienststellen und Bahnpolizeibeamten die Bahnpolizei auf den Bahnhöfen (unter Ausschluß der freien Strecke) und in den Zügen (auch auf der freien Strecke) aus; wegen der Bahnpolizei auf der freien Strecke siehe § 29.

---

[3]) Die Ämter sind nicht zur Vertretung der Gesellschaft vor Gericht zuständ. Behörden (vgl. GeschO, vorst. II 2, Ziff. 21) u. nicht Niederlassungen i. S. ZPO § 21 — RG **50** 396 u. Arch **03** 186 —, auch nicht zu Strafanträgen aus StGB § 370 Nr. 5 berufen — RG EE **24** 283 —, wohl aber öff. Behörden in dem Sinne, daß ihre Büroräume als zum öff. Dienste bestimmt i. S. KommAbgG (unten IV 9) § 24c zu gelten haben: OVG Arch **1898** 822. Auch RG EE **21** 158. — BZ **1911** 649, 1089.

[4]) PersO (unten IV 3) § 19 E.

[5]) RVO unten III 7.

[6]) A. Bahnpolizei: BO (unten VI 3) §§ 74—83, EisG (oben I 7) § 23.

B. Für die vormal. Betriebsinspektionen der StEB

[2A]) 2. Bahnpolizeiliche Übertretungen, deren Bestrafung er für notwendig hält, hat der Amtsvorstand den Strafbehörden anzuzeigen, soweit nicht nach Landesrecht er oder die Dienststellenvorsteher selbst Strafverfügungen erlassen können[6]).

§ 18. Verträge

[2A]) 1. Der Amtsvorstand hat darüber zu wachen, daß die Verträge über Bahnwirtschaften und Verkaufsstände, über Gemeinschaftsverhältnisse mit anderen Eisenbahnunternehmungen, über Privatgleisanschlüsse und über ähnliche Beziehungen zu Dritten, soweit sie seinen Geschäftskreis berühren, eingehalten werden.

[2A]) 2. Er entscheidet innerhalb seines Geschäftskreises über Änderungen der Privatgleisanschlußanlagen, soweit die Änderungen nicht von wesentlicher Bedeutung sind.

3. Er schließt Abkommen über die Zuführung und Abholung von Wagen auf bahneigenen Gleisen innerhalb der Bahnhöfe und auf bahneigenen Stammgleisen größerer Industrieanlagen.

II. Verkehrsdienst (Abfertigungs-, Lade-, Beförderungs- und Kassendienst)

§ 19. Geschäftsaufgaben im allgemeinen

1. Der Amtsvorstand hat in seinem Bezirk den Verkehrsdienst zu leiten und zu beaufsichtigen und sich persönlich um rege und angenehme Beziehungen zwischen Reichsbahn und Verkehrsinteressenten zu bemühen.

2.—4.

§ 20. Abfertigungs-, Lade- und Beförderungsdienst

§ 21. Wagendienst

§ 22. Fahrladedienst, Fahrkartenprüfung, Fahrgeldforderungen

1. 2. Der Amtsvorstand hat . . .

3. Er entscheidet über die nachträgliche Erhebung von Beträgen, die nach der Eisenbahn-Verkehrsordnung beim Fehlen gültiger Fahrausweise zu zahlen sind.

§ 23. Verträge

1.

[2A]) 2. Er schließt die Verträge der Reichsbahn mit den Rollfuhrunternehmern und Bahnagenten, ferner mit den Gleisanschlußbesitzern über Stückgutbeförderung auf Privatgleisanschlüssen. Er hat sich dabei an die Grundsätze zu halten, die für solche Verträge aufgestellt sind.

§ 24. Kassendienst

---

bestimmt AusfAnw 10. Jan. 95 (BB I 606) zur VerwaltO:

„(47) Da den Vorständen der Betriebsinspektionen... auch die Verwaltung der Bahnpolizei innerhalb ihres Geschäftsbereichs übertragen worden ist, steht ihnen auch die Befugnis zur Verfolgung und Bestrafung von Bahnpolizeiübertretungen im Sinne des G v. 23. April 1883 — GS S. 65 — in Verbindung mit den §§ 453 bis 455 der StPO v. 1. Feb. 1877 — RGBl S. 253 — und § 6 des EG hierzu vom 1. Feb. 1877 RGBl S. 346 — zu. Für die Handhabung der bezügl. Befugnisse sind die Best der zur Ausführung des ersterwähnten G erlassenen Anw. des Min. des Innern und der Justiz v. 8. Juni 1883 — MinBl S. 152ff., EVBl 1888 S. 404ff. — sowie die im Anschlusse an dieselbe erlassene allg. Vf Justizmin. v. 2. Juli 1883 — JMinBl S. 223 — maßgebend. Vgl. auch E v. 28. Dez. 1883 — II b (a) 19777 — EVBl **1884** 4. — (48) Für die im außerpreuß. Staatsgebiete belegenen Strecken sind die für die Verfolgung der bezeichneten Übertretungen notwend. Anordnungen von den Kgl. EisDir. unter Beachtung der einschlägigen gesetzl. u. staatsvertragl. Best mit der Maßgabe zu treffen, daß, soweit danach eine Ausübung der bezügl. Befugnisse durch nicht den Charakter einer Behörde besitzende Organe der Preußischen StEV zulässig erscheint, mit ihrer Wahrnehmung die Vorstände der Betriebsinspektionen zu betrauen sind."

Diese Vorschr. gilt grunds. (v. d. in ihr angef. Best ist ein Teil veraltet) noch jetzt f. d. Vorstände der Reichsbahnbetriebsämter, die in Preußen belegene Strecken der vormal. StEV verwalten. Jedoch ist das G 23. April 83 durch G 31. Mai 23 GS 271 abgeändert w.; danach unterbleibt die sonst vorgeschrieb. Bestimmung einer Ersatzstrafe f. d. Unvermögensfall dann, wenn sich die Strafvf gegen e. Jugendlichen (12—18 Jahre alten: JugendgerichtsG 16. Feb. 23 RGBl I 135) richtet. Nach Vo 6. Feb. 24 (RGBl I 44) Art. III beträgt die zuläss. Geldstrafe bei Übertretungen 1—150 *RM*; nach Art. I § 29 das. ist die Dauer der Ersatzstr. Haft v. 1 Tag bis 6 Wochen, die Ersatzstr. nach vollen Tagen zu bemessen u. im übr. dem freien Ermessen d. Gerichts überlassen. Vgl. noch E des Min. d. Inn. 30. Juni 25 MinBliV 747.

Hiernach in Verb. mit BO § 82 sind die Vorstände der bezeichn. BetrÄmter berechtigt, f. d. in ih. Geschäftsbereiche begangenen Bahnpolizeiübertretungen Geldstrafen v. 1—150 *RM* festzusetzen; in der Strafvf gegen Erwachsene ist e. Ersatzstrafe nach Maßg. der eben angef. Vorschriften zu bestimmen. Von Strafverfahren gegen aktive Militärpersonen ist der „höheren Kommandobehörde" Nachricht zu geben: G betr. Aufheb. der MilGerichtsb. 17. Aug. 20 RGBl 1579 § 8. — Auf Grund § 1 der BüroO f. d. Preuß. EisBetrÄmter — jetzt § 12 Abs. 3 der oben abgedr. GeschAnw — kann der Vorstand mit Genehm. des Präs. andere Beamte rechtswirksam ermächtigen, ihn auch bei seiner Anwesenheit im Erlasse v. Strafvf. zu vertreten. KG 30. Juli 28 VZ **1930** 227.

Verwaltungsbeschwerd. gegen Strafvf, Herabmind. festgesetzter Strafen, Zurücknahme erlassener Vf: E 14. März 93, 16. Juni 02, 24. Feb. 04 (BB II 83ff.), 20. Juli 09 IV A 8. 311; s. auch v. Olshausen VZ **1929** 484. Einschränkung der Strafvf: Vf 46 Bapü v. 26. März 29. Vollstreckung der vom BAmte festgesetzten Strafen: v. Olshausen a. a. O. Seite 453. — Rehse Arch **1916** 92.

Zuständ. der BÄmter außerhalb Preußens: v. Olshausen a. a. O. Seite 453. Abgekürztes Verfahren bei BPolÜbertret. im Freistaate Sachsen: Stange VZ **1929** 557.

§ 25. Erstattungs- und Entschädigungsanträge[7])

1. Der Amtsvorstand kann selbständig entscheiden über Anträge

[2A]) a) auf Erstattung von Fahrgeld, Fahrpreiszuschlägen, Gepäckfracht, Expreßgutfracht, Wagenstandgeld und sonstigen Nebengebühren und Frachtzuschlägen (außer den Frachtzuschlägen für unrichtige Inhaltsangabe) im Reichsbahn-Binnenverkehr, im Wechselverkehr mit anderen deutschen Bahnen und im Verkehr mit Ostpreußen bis zu 500 *RM*,

b) auf Entschädigung aus dem Frachtvertrage über die Beförderung von Gepäck, Expreßgut, Gütern, Leichen und Tieren im Reichsbahn-Binnenverkehr bis zu 500 *RM*, im Wechselverkehr mit anderen deutschen Bahnen bis zu 10 *RM*,

c) auf Entschädigung aus dem Verwahrungsvertrage (Handgepäck).

Die Zuständigkeit der Normaldienststellen[2B]) wird hierdurch nicht berührt.

2. Wird bei Anträgen zu Ziffer 1a) oder b) ein höherer Betrag als 500 *RM* (oder 10 *RM*) gefordert und kann der Antrag auch nicht im Wege des Vergleichs durch Zahlung von höchstens 500 *RM* (oder 10 *RM*) erledigt werden, so hat der Amtsvorstand den Antrag an die Reichsbahndirektion abzugeben.

3. Anträge auf Erstattung oder Entschädigung aus fremden (internationalen) Verkehren und Anträge oder Beschwerden gegen die Frachtberechnung aus der Beförderung von Gütern, Leichen und Tieren oder auf Rückerstattung erhobener Frachtzuschläge für unrichtige Inhaltsangabe sind ohne weitere Bearbeitung mit den sogleich möglichen Erläuterungen an die zuständige Reichsbahndirektion abzugeben.

4. Soweit in einzelnen Reichsbahndirektionsbezirken bisher die Erstattungs- und Entschädigungsanträge von anderen Stellen bearbeitet werden, bleibt es auch künftig dabei.

III. Baudienst (Bahnbewachung, Bahnunterhaltung, Bauausführung, Verwaltung des Grundeigentums)

§ 26. Geschäftsaufgaben im allgemeinen

Der Amtsvorstand hat in seinem Bezirk dafür zu sorgen, daß

a) die Bahn vorschriftsmäßig bewacht und beaufsichtigt wird;

b)[2A]) der Bahnkörper mit seinen Kunstbauten, Gleisen und anderen Anlagen, die Fernmelde- und Sicherungseinrichtungen, die Hochbauten und alle Bahnhofseinrichtungen gebrauchsfähig und betriebssicher unterhalten werden;

c) alle Bauten, soweit sie nicht wegen ihrer Größe besonderen Neubauämtern übertragen werden, sachgemäß ausgeführt werden;

d) die Grundstücke der Reichsbahn (Reichseisenbahnvermögen)[8]) mit allem Zubehör erhalten, vorschriftsmäßig benutzt und wirtschaftlich verwertet werden.

§ 27. Geschäftsaufgaben im einzelnen

§ 28. Überwachung des Personals

§ 29. Bahnpolizei im Bahnbewachungsdienst[6])

Der Amtsvorstand hat in seinem Bezirk auf der freien Strecke außerhalb der Bahnhöfe die Bahnpolizei. § 17 gilt sinngemäß auch für die Bahnpolizei auf der freien Strecke, jedoch kann Strafverfügungen nur der mit dem Betriebsdienst betraute Amtsvorstand erlassen.

§ 30. Verwaltung des Grundeigentums

Der Amtsvorstand hat bei der Verwaltung des Grundeigentums

a) die Zweitschriften des Liegenschaftsbuches und der Grundeigentums- und Streckenkarten sowie die Wohnungskartei fortzuführen;

b) entbehrliche Lagerräume und Lagerplätze[9]) zu vermieten, soweit nicht ausdrücklich andere Stellen dazu berufen sind;

c) die Verpachtung ländlicher Grundstücke, Obstbaumanlagen, Weidenanpflanzungen, Düngergruben usw. und die Errichtung von Kleinbauten durch Mieter oder Pächter zu genehmigen;

[2A]) d) die Gestattungsverträge abzuschließen, soweit es nicht der Reichsbahndirektion vorbehalten ist;

e) die Reichsbahnwohnungen nach der Wohnungsvorschrift zu verwalten und zu unterhalten;

f) darauf zu achten, daß die Diensträume, Vorplätze, Wege usw. vorschriftsmäßig benutzt werden;

g) dafür zu sorgen, daß die Vorschriften über die Errichtung von Gebäuden und die Lagerung von Stoffen in der Nähe der Bahn[10]) befolgt werden. Werden in der Nähe der Bahn bauliche Anlagen errichtet oder verändert, treten sonst Veränderungen auf den Nachbargrundstücken ein, die für die Reichsbahn nachteilig oder gefährlich sind, oder wird bekannt, daß solche Bauausführungen oder Veränderungen geplant werden, so ist dies der Reichsbahndirektion unverzüglich anzuzeigen.

§ 31. Verträge

1. Der Amtsvorstand hat darüber zu wachen, daß alle seinen Geschäftskreis berührenden Verträge mit Dritten eingehalten werden (vgl. § 18 Ziffer 1).

---

[7]) In der durch Vf 28. Sept. 28 (Die Reichsbahn S. 865) geänd. Fassung. Örtliche Zuständ.: Vf 24. Okt. 28 (das. 949).

[8]) RBahnG § 6.

[9]) Zur Auslegung der Allg. Bedingungen f. d. Vermiet. v. Lagerplätzen RG 29. Juni 28 VZ **1929** 162.

[10]) Unten V 2a Beil. B.

2[2A]). Er entscheidet innerhalb seines Geschäftskreises über Änderungen der Privatgleisanschlußanlagen, soweit die Änderungen nicht von wesentlicher Bedeutung sind.

3. Er trifft Abkommen mit Dritten über Bedienung von Wegeschranken, Beleuchtung unbesetzter Verkehrsstellen und Reinigung, Beleuchtung und Heizung von Warteräumen auf unbesetzten Verkehrsstellen.

4. Der Amtsvorstand schließt Verträge über zeitweilige Schließung von Privatwegübergängen, wenn die Reichsbahn keine dauernden Verpflichtungen oder Lasten als Gegenleistung zu übernehmen hat.

IV. Betriebsmaschinendienst

§ 32. Geschäftsaufgaben im allgemeinen[2A])

1. Der Amtsvorstand hat in seinem Bezirk dafür zu sorgen, daß

a) der Zugförderungsdienst,

b) der Dienst in den Betriebswerken und den maschinentechnischen Nebenbetrieben

betriebssicher, pünktlich und gewissenhaft durchgeführt wird und daß die maschinentechnischen Anlagen der Bahnhöfe ordnungsmäßig unterhalten werden.

2. Er hat die im § 14 unter a) genannten Aufgaben für den Betriebsmaschinendienst zu erfüllen und dauernd darüber zu wachen, daß Fahrzeuge, Stoffe und elektrische Kraft wirtschaftlich verwendet und ausgenutzt werden.

§ 33. Fahrzeuge

§ 34. Lokomotiv- und Wagendienst

§ 35. Betriebswerke, maschinentechnische Nebenbetriebe und Maschinenanlagen

§ 36. Elektrische Zugbeförderung

§ 37. Überwachung des Personals

V. Neubaudienst

§ 38. Geschäftsaufgaben

1. Der Amtsvorstand hat die Neubauten, für die sein Neubauamt errichtet ist, zu leiten und zu überwachen. Er hat dafür zu sorgen, daß die Bauarbeiten nach den anerkannten Regeln der Technik unter Beachtung größter Wirtschaftlichkeit hergestellt werden und den Eisenbahnbetrieb so wenig wie möglich behindern. Anordnungen, die den Betrieb beeinflussen können, dürfen nur im Einverständnis mit dem mit dem Betriebsdienst betrauten Amtsvorstand getroffen werden.

2. Der Amtsvorstand hat besonders

[2A]) a) die Entwürfe und Kostenanschläge aufzustellen, soweit die Aufstellung ihm übertragen wird;

c) beim Grunderwerb mitzuwirken und das Grundeigentum bis zur Übergabe an den Betrieb zu verwalten;

d) die Verdingungen vorzubereiten und innerhalb seiner Zuständigkeit (vgl. § 8 Ziffer 1) durchzuführen;

g) für die vertragsmäßige Ausführung der Arbeiten und Lieferungen, ihre Abnahme und schnelle Abrechnung zu sorgen;

h); i).

[2A]) 3. Die „Dienstvorschrift für die Ausführung von Bauten der Reichsbahn" regelt die einzelnen Aufgaben des Amtsvorstandes näher.

§ 39. Errichtung von Neubauämtern. Leitung von Neubauten durch die Reichsbahndirektion

1. Neubauämter werden nach Bedarf für besonders große Neubauten errichtet. Aufgaben und Sitz bestimmt der Generaldirektor*).

2[2A]). Größere Neubauten am Direktionssitz oder in dessen nächster Umgebung können auch unmittelbar von der Reichsbahndirektion geleitet werden. Den bauleitenden Dezernenten bestimmt der Generaldirektor*). Vorlagen und Berichte, die vom Vorstand eines Neubauamts zu erstatten sind, hat auch der bauleitende Dezernent vorzulegen. Hilfsarbeiter, die dem bauleitenden Dezernenten zur örtlichen Überwachung von Bauausführungen zugeteilt sind, gelten als Streckenbaumeister im Sinne des § 40.

§ 40. Streckenbaumeister und Bauaufseher

1. Dem Amtsvorstand können zur örtlichen Leitung und Beaufsichtigung größerer Neubauten „Streckenbaumeister" beigegeben werden.

2. Der Streckenbaumeister leitet und beaufsichtigt die Ausführung aller Bauanlagen in dem ihm zugewiesenen Wirkungskreise nach den Entwürfen und Kostenanschlägen. Er ist als erster dafür verantwortlich, daß die Vertragsbedingungen eingehalten werden, daß die angelieferten Stoffe und Geräte richtig und brauchbar sind und die Bauarbeiten vertrags- und fachgemäß ausgeführt werden.

3. Die Aufgaben des Streckenbaumeisters sowie seine Stellung und Befugnisse gegenüber dem Personal bestimmt die Reichsbahndirektion nach Lage des Einzelfalls. Innerhalb dieser Bestimmungen kann der Amtsvorstand dem Streckenbaumeister Sonderaufträge und Weisungen erteilen.

4. Der Amtsvorstand kann mit Genehmigung der Reichsbahndirektion den Streckenbaumeister ermächtigen, Arbeiten auf Bestellzettel bis zum Betrage von 1000 RM selbständig zu vergeben.

5. Zur unmittelbaren Beaufsichtigung der Bauarbeiten werden dem Amtsvorstand Bauaufsichtsbeamte als „Bauaufseher" zugeteilt. Die allgemeinen Aufgaben der Bauaufseher bestimmt die Reichsbahndirektion, die besonderen setzt der Amtsvorstand fest.

---

*) Im Bereich der Gruppenverwaltung Bayern deren Leiter.

Einführungsbestimmungen zur Geschäftsanweisung für die Amtsvorstände der Reichsbahn (Auszug)

Zu § 1: In der Geschäftsanweisung sind Geschäftsaufgaben, die dem Amtsvorstand durch die allgemeinen Dienstanweisungen und Dienstvorschriften zugewiesen sind, im allgemeinen nicht besonders erwähnt worden.

Zu § 2 Ziff. 1: Der nächste persönliche Vorgesetzte des Amtsvorstandes ist ebenso wie beim Direktor eines Reichsbahn-Ausbesserungswerks der Präsident der Reichsbahndirektion.

(Abs. 2. 3)

Zu § 17 Ziff. 1: Der Amtsvorstand hat auch die von Fahndungs- oder Streifbediensteten festgestellten bahnpolizeilichen Übertretungen zu verfolgen, einerlei ob diese Bediensteten ihm oder der Reichsbahndirektion unmittelbar unterstellt sind.

Zu § 17 Ziff. 2: Gegen Beamte, Angestellte und Arbeiter der Reichsbahn ist nicht mit Bahnpolizeistrafen, sondern mit Dienststrafen vorzugehen. Übertretungen von Bediensteten anderer Verwaltungen (z. B. Post-, Steuer-, Forstverwaltung) sind der Reichsbahndirektion zur Weiterverfolgung mitzuteilen.

Zu § 18 Ziff. 1: Der Amtsvorstand kann von der Reichsbahndirektion auch zum Abschluß von Verträgen über Verkaufsstände ermächtigt werden (vgl. Verfügung der Hauptverwaltung vom 13. August 1924 — 18 Nr. 182d 91—)...

Zu § 18 Ziff. 2: Wegen der Zuständigkeit des Amtsvorstandes bei Privatgleisanschlüssen wird auf die Verfügung der Hauptverwaltung vom 17. Mai 1924 — 17. 682 a. 10 — verwiesen[11]).

Zu § 23 Ziff. 1: Siehe die Einführungsbestimmung zu § 18 Ziff. 2.

Zu § 25 Ziff. 1a: Die Bestimmungen des „Übereinkommens betreffend die Erstattung von Fahrgeld" und die Bestimmungen der Tarife über die Erstattung von Fahrgeld und Gepäckfracht bleiben unberührt[12]).

Erstattungen im Verkehr mit Ostpreußen sind mit Einzelanweisung zur Zahlung anzuweisen und nach Erledigung der Verkehrskontrolle I in Frankfurt (Oder) zur Einziehung der polnischen Durchgangsanteile zuzuleiten.

Zu § 26 Ziff. 1b: Hierzu gehören auch die Gas-, Wasser- und übrigen Rohrleitungen und die Heizanlagen auf Bahngelände.

Zu § 30 Ziff. 1d: Wegen der Zuständigkeit des Amtsvorstandes bei Gestattungsverträgen wird auf die Verfügung der Hauptverwaltung vom 8. September 1924 — 64. 102e 23 — verwiesen.

Zu § 31 Ziff. 2: Siehe die Einführungsbestimmung zu § 18 Ziff. 2.

Zu § 32 Ziff. 1: Zum Zugbeförderungsdienst und zu den maschinentechnischen Nebenbetrieben gehören auch der elektrische Zugbeförderungsdienst und die ihm dienenden Anlagen.

Zu § 38 Ziff. 2a: Entwürfe und Kostenanschläge hat der Amtsvorstand nur in den Bezirken der Reichsbahndirektionen aufzustellen, wo dies bis jetzt schon seine Aufgabe war.

Zu § 38 Ziff. 3: Bis zur Herausgabe der Dienstvorschrift gelten die bisherigen Vorschriften weiter.

Zu § 39 Ziff. 2: Durch den Geschäftsplan bestimmt der Präsident die Geschäfte technischer und rechnerischer Art, die der bauleitende Dezernent ein für allemal selbständig erledigt und in denen die Eingänge ihm unmittelbar vorzulegen sind. Im übrigen gilt die Geschäftsanweisung für die Reichsbahndirektionen.

3. Verordnung der Reichsregierung über Beiräte für die Deutsche Reichsbahn. Vom 24. April 1922 (RGBl II 77).

Auf Grund des Artikels 93 der Verfassung des Deutschen Reichs vom 11. August 1919 (Reichsgesetzbl. S. 1383ff.)[1]) wird mit Zustimmung des Reichsrats bestimmt:

I. Allgemeines.

§ 1. Zur beratenden Mitwirkung in Angelegenheiten des Eisenbahnverkehrs und der Tarife der Deutschen Reichsbahn werden Landeseisenbahnräte[2]) und ein Reichseisenbahnrat[2]) errichtet.

II. Landeseisenbahnräte[2]).

§ 2. Landeseisenbahnräte werden errichtet mit dem Sitze in Berlin, Breslau, Dresden, Erfurt, Frankfurt (Main), Hamburg, Hannover, Karlsruhe, Köln, Königsberg, Magdeburg, München, Stuttgart. Die Landeseisenbahnräte werden nach dem Orte ihres Sitzes benannt; ihre Bezirke ergeben sich aus der Beilage[3]).

§ 3. Der Landeseisenbahnrat hat die Aufgabe, in wichtigen, die Interessen des Bezirkes oder seiner Teile berührenden Fragen des Verkehrs und der Tarife der Deutschen Reichsbahn Gutachten abzugeben. Namentlich

---

[11]) Geändert durch Vf 16. Juli 29 (Die Reichsbahn S. 582).

[12]) Jetzt BÜP u. BÜG (unten VII 4b Anm. 94 u. VII 3 Anm. 362).

[1]) Oben I 2. Ferner StVtr 1920 (oben I 3) Schlußprot. zu § 22, nach RBahnG § 43 f. d. RBGesellschaft nicht bindend.

[2]) Der Übergang des Reichsbahnbetriebs auf die RBGesellschaft gemäß dem RBahnG hat zur Folge gehabt, daß jetzt die LandeseisRäte nach wie vor bei den RBDirektionen (München: Gruppe Bayern) bestehen, der ReichseisRat v. RVMin einberufen wird, die LandeseisRäte also der Gesellschaft, der ReichseisRat dem Aufsichtsmin. angegliedert sind; f. d. LandeseisRäte bleibt es mithin dabei, daß der Präsident der geschäftsführ. RBDirektion (München: Leiter der Gruppe Bayern) zu den Sitzungen einlädt, den Vorsitz führt u. die Niederschriften feststellt; auch als Vorsitzender des LandeseisRats erhält er seine Weisungen vom Generaldirektor. E 22. Sept. 24 E VIII 82. 4359.

[3]) Die Beilage (etwas geändert durch Vo 1. Dez. 22 RGBl II 793, u. Vo 24. Juli 26, RGBl II 434) wird hier nicht abgedruckt.

ist er bei wichtigen Abänderungen der Tarife und der Vorschriften auf dem Gebiete des Abfertigungs- und des Wagendienstes sowie der Fahrpläne und über die Verkehrsbedeutung neuer Eisenbahnlinien zu hören.

Der Landeseisenbahnrat kann in solchen Angelegenheiten auch von sich aus Anträge und Anfragen an die Reichsbahnverwaltung richten.

Ist wegen besonderer Dringlichkeit vorherige Anhörung des Landeseisenbahnrats ausnahmsweise nicht möglich, so muß ihm von den getroffenen Maßregeln bei dem nächsten Zusammentritte Kenntnis gegeben werden.

§ 4. Die Zusammensetzung der Landeseisenbahnräte regelt sich im einzelnen nach der Beilage[3]).

Die Mitglieder des Landeseisenbahnrats werden zum Teil gewählt, zum Teil ernannt. Gewählte Mitglieder entsenden

a) die staatlich organisierten Wirtschaftskörper (Handelskammern, Industrie- und Handelskammern, Zweckverbände solcher[4]), Gewerbekammern, Handwerkskammern, Land- und Forstwirtschaftskammern usw.),

b) die gewerkschaftlichen Organisationen der Arbeitnehmer (Arbeiter, Angestellten, Beamten).

Das Recht, Mitglieder zum Landeseisenbahnrate zu ernennen, steht den Regierungen der beteiligten deutschen Länder zu. Diese können bis zu einem Drittel der Sitze, die nach der Beilage (Spalte 7) auf staatlich organisierte Wirtschaftskörper der Land- und Forstwirtschaft entfallen, auf die Dauer des Wahlzeitraums freien land- oder forstwirtschaftlichen Körperschaften übertragen.

In jedem Landeseisenbahnrate soll in der Regel ein Vertreter der Binnenschiffahrt sein.

§ 5. Soweit nach der Beilage[3]) auf eine Mehrzahl staatlich organisierter Wirtschaftskörper eine Mehrzahl von Mitgliedern entfällt, bestimmt die Landesregierung, welche dieser Körperschaften je für sich ein Mitglied oder mehrere Mitglieder zu wählen haben. Soweit mehrere Landesregierungen beteiligt sind, treffen sie die Entscheidung im gegenseitigen Einvernehmen.

Die Art der Wahl der von einzelnen staatlich organisierten Wirtschaftskörpern allein zu wählenden Mitglieder bleibt der Bestimmung dieser Körperschaften überlassen.

Soweit mehrere staatlich organisierte Wirtschaftskörper gemeinschaftlich ein Mitglied oder mehrere Mitglieder zu wählen haben und sich nicht unter sich über die Wahl verständigen, erfolgt die Wahl durch Bevollmächtigte der Körperschaften unter Leitung eines Obmanns. Dieser wird auf Antrag einer Körperschaft von der Landesregierung (soweit mehrere Länder beteiligt sind, von deren Regierungen im gegenseitigen Einvernehmen) ernannt; dabei wird gleichzeitig die jeder Körperschaft zukommende Stimmenzahl festgesetzt. Der Obmann bestimmt Wahlort und Wahlzeit. Die Wahl erfolgt mit einfacher Stimmenmehrheit; bei Stimmengleichheit entscheidet das Los. Bei der Wahl der Stellvertreter sind zunächst die Körperschaften zu berücksichtigen, aus denen die Mitglieder nicht gewählt sind.

Die von den gewerkschaftlichen Organisationen der Arbeitnehmer zu wählenden Mitglieder werden durch die Vorstände der Zentralverbände gewählt. Über die Art der Wahl und die Verteilung der auf die einzelnen Gewerkschaftsgruppen entfallenden Mitglieder haben sich die Gewerkschaftsgruppen zu verständigen. Der Reichsverkehrsminister bestimmt nach Anhörung des Reichswirtschaftsrats, welche Verbände als Zentralverbände im Sinne dieser Vorschrift zu gelten haben.

Soweit die Ernennung von Mitgliedern mehreren Ländern gemeinsam zusteht, erfolgt sie durch die Regierung des in der Beilage[3]) jeweils an erster Stelle genannten Landes im Einvernehmen mit den Regierungen der beteiligten anderen Länder.

Kommt in den Fällen der Absätze 1, 3 und 5 die erforderliche Verständigung der Länder nicht zustande, so entscheidet der Reichsrat.

Die Gültigkeit der Mitgliedschaft wird vom Landeseisenbahnrate selbst geprüft.

§ 6. Welcher Reichsbahnbehörde die Geschäftsführung für den Landeseisenbahnrat obliegt (geschäftsführende Eisenbahndirektion), ergibt sich aus der Beilage[3]). Der Vorstand dieser Behörde oder sein Stellvertreter lädt die Mitglieder unter Mitteilung der Tagesordnung zu den Sitzungen ein, führt den Vorsitz in den Sitzungen und stellt die Niederschrift über die Sitzungen fest[2]). Er kann nach Bedarf Reichsbahnbeamte zuziehen und Vertreter anderer Eisenbahnverwaltungen sowie anderer Behörden des Reichs und der Länder und Sachverständige zur Teilnahme an den Sitzungen einladen.

§ 7. Der Landeseisenbahnrat soll jährlich mindestens zweimal zu Sitzungen einberufen werden. Er ist einzuberufen, wenn dies von mindestens einem Drittel der Mitglieder bei der geschäftsführenden Eisenbahndirektion beantragt wird. Die Sitzungen können mit Zustimmung des Landeseisenbahnrats auch an einem anderen Orte als am Sitze des Landeseisenbahnrats stattfinden.

Die Tagesordnung soll den Mitgliedern und Stellvertretern 14 Tage vorher mitgeteilt werden. Anträge auf Erweiterung der Tagesordnung können die Mitglieder bis zum siebenten Tage vor der Sitzung an die geschäftsführende Eisenbahndirektion richten; solche Anträge sind zu berücksichtigen, wenn sie von mindestens einem Drittel der Mitglieder gestellt werden.

Ist ein Mitglied verhindert, an der Sitzung teilzunehmen, so hat es der geschäftsführenden Eisenbahndirektion und seinem Stellvertreter umgehend Nachricht zu geben. Der Vorstand der geschäftsführenden Eisenbahndirektion lädt den Stellvertreter unter Mitteilung der Tagesordnung ein.

§ 8. Der Landeseisenbahnrat kann zur Vorbereitung seiner Beratungen und zur Erledigung dringender Angelegenheiten einen ständigen Ausschuß aus seiner Mitte bestellen.

§ 9. Der Landeseisenbahnrat faßt seine Beschlüsse mit einfacher Stimmenmehrheit. Bei Stimmengleichheit gilt der Antrag als abgelehnt.

---

[4]) Vo 24. Juli 26 (vorst. Anm. 3).

Über jede Sitzung ist eine Niederschrift aufzunehmen, die den Gang der Verhandlung und die Beschlüsse des Landeseisenbahnrats wiedergibt. Auf Antrag einer Minderheit ist auch deren Gutachten in der Niederschrift wiederzugeben.

Im übrigen regelt sich der Geschäftsgang durch eine vom Landeseisenbahnrate zu entwerfende und vom Reichsverkehrsminister zu genehmigende Geschäftsordnung.

III. Reichseisenbahnrat[2]).

§ 10. Der Reichseisenbahnrat hat die Aufgabe, in wichtigen, die Interessen des gesamten Reichs berührenden Fragen des Verkehrs und der Tarife der Deutschen Reichsbahn Gutachten abzugeben.

Der Reichseisenbahnrat kann in solchen Angelegenheiten auch von sich aus Anträge und Anfragen an die Reichsbahnverwaltung richten.

§ 11. Der Reichseisenbahnrat besteht aus

a) 1 Vorsitzenden und dessen Stellvertreter, die vom Reichspräsidenten ernannt werden,

b) 50 von den Landeseisenbahnräten gewählten Mitgliedern,

c) 20 vom Reichswirtschaftsrat ernannten Mitgliedern.

§ 12. Die Landeseisenbahnräte Köln und München wählen je fünf, die Landeseisenbahnräte Berlin, Breslau, Dresden, Frankfurt (Main), Hamburg, Hannover und Magdeburg je vier, die Landeseisenbahnräte Erfurt, Karlsruhe, Königsberg und Stuttgart je drei Mitglieder in den Reichseisenbahnrat. Von den von einem Landeseisenbahnrate gewählten Mitgliedern soll je eines innerhalb des Eisenbahnratsbezirkes, für den es gewählt ist, den Kreisen von Industrie und Gewerbe, den Kreisen von Handel und Schiffahrt und den Kreisen der Land- und Forstwirtschaft angehören. Unter den von jedem Landeseisenbahnrate gewählten Mitgliedern muß mindestens ein Arbeitgeber und mindestens ein Arbeitnehmer sein. Die Wahl findet in einer Sitzung des Landeseisenbahnrats statt.

Nach Abschluß der Wahlen gemäß Absatz 1 ernennt der Reichswirtschaftsrat die von ihm zu ernennenden Mitglieder des Reichseisenbahnrats, darunter je einen Vertreter der Arbeitgeber und der Arbeitnehmer aus den Kreisen der Privateisenbahnen, der Binnenschiffahrt, der Seeschiffahrt, des Handwerkes und des Bergbaues.

Die Gültigkeit der Mitgliedschaft wird vom Reichseisenbahnrate selbst geprüft.

§ 13. Der Reichseisenbahnrat wird vom Reichsverkehrsminister bei Bedarf, in der Regel zweimal jährlich, zu Sitzungen einberufen. § 7 Abs. 2 und 3 gilt entsprechend.

Zu den Sitzungen kann der Reichsverkehrsminister Reichsbahnbeamte zuziehen und sonstige Sachverständige sowie Vertreter anderer Eisenbahnverwaltungen und anderer Reichsbehörden zur Teilnahme einladen.

Der Reichseisenbahnrat faßt seine Beschlüsse mit einfacher Stimmenmehrheit. Der Vorsitzende stimmt mit; bei Stimmengleichheit entscheidet seine Stimme. Die nach Abs. 2 zugezogenen Teilnehmer nehmen an Abstimmungen nicht teil.

Die Geschäftsordnung für den Reichseisenbahnrat wird nach Benehmen mit diesem vom Reichsverkehrsminister aufgestellt.

§ 14. Der Reichseisenbahnrat wählt aus seiner Mitte einen Ständigen Ausschuß, der sich aus dem Vorsitzenden des Reichseisenbahnrats oder dessen Stellvertreter als Vorsitzenden sowie einer durch die Geschäftsordnung des Reichseisenbahnrats zu bestimmenden Anzahl von diesem zu wählender Mitglieder zusammensetzt.

Aufgabe des Ausschusses ist die Erledigung dringender Angelegenheiten und die Vorberatung größerer Gegenstände der Tagesordnung der Reichseisenbahnratssitzungen. Der Ausschuß wird auf Antrag des Reichsverkehrsministers vom Ausschußvorsitzenden einberufen; er verhandelt unter Leitung seines Vorsitzenden. Der Reichsverkehrsminister erhält spätestens drei Tage vor der Sitzung vom Vorsitzenden die Tagesordnung; er kann zu der Sitzung Vertreter entsenden. Der Ausschuß faßt seine Beschlüsse mit einfacher Stimmenmehrheit; der Vorsitzende stimmt mit; bei Stimmengleichheit entscheidet seine Stimme.

Der Ausschuß kann die Einberufung des Reichseisenbahnrats verlangen.

In geeigneten Fällen kann der Reichsverkehrsminister den Ausschuß durch schriftliche Umfrage hören.

§ 15. Vorerhebungen, die der Reichseisenbahnrat oder der Ständige Ausschuß für erforderlich hält, werden durch den Reichsverkehrsminister veranlaßt.

IV. Gemeinsame Bestimmungen.

§ 16. Die gewählten und die ernannten Mitglieder der Eisenbahnräte (einschließlich des Vorsitzenden des Reichseisenbahnrats) werden je auf einen Wahlzeitraum von drei Jahren gewählt oder ernannt. Wiederwahl und Wiederernennung ist zulässig. Für jedes gewählte Mitglied ist gleichzeitig ein Stellvertreter mitzuwählen, für jedes ernannte Mitglied ist gleichzeitig ein Stellvertreter mitzuernennen. Die Mitgliedschaft (Stellvertretung) erlischt, wenn das Mitglied (der Stellvertreter) die Fähigkeit zur Bekleidung öffentlicher Ämter verliert oder wenn über sein Vermögen das Konkursverfahren eröffnet wird. Scheidet ein Mitglied vor Ablauf des Wahlzeitraums durch Tod, Verzicht auf die Mitgliedschaft oder Erlöschen der Mitgliedschaft aus, so tritt für den Rest des Wahlzeitraums der Stellvertreter an seine Stelle; wird ein Stellvertreter Mitglied oder scheidet er aus, so ist ein neuer Stellvertreter zu wählen oder zu ernennen.

Die Mitglieder der Landeseisenbahnräte und die im § 11 unter b und c genannten Mitglieder des Reichseisenbahnrats dürfen nicht im Dienste der Reichsbahnverwaltung stehen[5]). Im übrigen kann jeder Deutsche, der für den Reichstag wählbar ist, gewählt und ernannt werden.

Der erste Wahlzeitraum beginnt am 1. Juni 1922.

---

[5]) Mitgliedschaft beim VerwaltRat der RBGes. schließt die beim Beirate nicht aus. Oben I 5 Anm. 182.

§ 17. Die Wahlen und Ernennungen der Mitglieder und Stellvertreter des Landeseisenbahnrats werden auf Ersuchen der geschäftsführenden Eisenbahndirektion vorgenommen. Das Ersuchen wird in den Fällen des § 5 Abs. 1 an die beteiligten Landesregierungen, in den Fällen des § 5 Abs. 4 an die Vorstände der Zentralverbände gerichtet. Das Ergebnis der Wahlen und die Ernennungen sind der geschäftsführenden Eisenbahndirektion mitzuteilen.

Die Ernennung durch den Reichswirtschaftsrat (§ 11c) erfolgt auf Ersuchen des Reichsverkehrsministers.

Soweit die Mitteilung über das Wahlergebnis oder die Ernennung nicht innerhalb zweier Monate bei der ersuchenden Stelle eingeht, ernennt der Reichsverkehrsminister die Mitglieder und Stellvertreter.

§ 18. Die Reichsbahnverwaltung wird die Beschlüsse der Landeseisenbahnräte und des Reichseisenbahnrats tunlichst berücksichtigen. Ist eine Berücksichtigung nicht möglich, so sind dem Landeseisenbahnrat und dem Reichseisenbahnrate die Gründe mitzuteilen.

§ 19. Die Mitglieder des Reichseisenbahnrats und der Landeseisenbahnräte sowie die für sie eintretenden Stellvertreter erhalten für die Reise von und nach dem Orte der Sitzungen (auch Ausschußsitzungen) freie Fahrt auf der Deutschen Reichsbahn[6]) sowie eine vom Reichsverkehrsminister festzusetzende Entschädigung für ihren Aufwand[7]).

§ 20. Die Regierungen der Länder haben das Recht, zu den Sitzungen des Reichseisenbahnrats und, soweit sie nach der Beilage durch Ernennung von Mitgliedern an den Landeseisenbahnräten beteiligt sind, auch zu deren Sitzungen sowie zu den Ausschußsitzungen Vertreter zu entsenden. Stimmrecht steht diesen Vertretern nicht zu. Sie haben jedoch das Recht, zu den einzelnen Punkten der Tagesordnung Stellung zu nehmen, dazu Anträge und Anfragen zu stellen und eine Beschlußfassung hierüber herbeizuführen.

Die Reichsbahnverwaltung hat die beteiligten Regierungen rechtzeitig unter Übersendung der Tagesordnung von jeder Sitzung (auch Ausschußsitzung) zu verständigen.

Soweit die Länder nach der Beilage durch Ernennung von Mitgliedern an den Landeseisenbahnräten beteiligt sind, wird ihnen von der Deutschen Reichsbahn für einen Vertreter freie Fahrt nach und von dem Orte der Sitzungen der Landeseisenbahnräte und ihrer Ausschüsse gewährt.

§ 21. Diese Verordnung tritt am 1. Mai 1922 in Kraft. Zu diesem Zeitpunkt treten die landesrechtlichen Vorschriften über Eisenbahnräte außer Kraft[8]).

Bei der ersten Wahl auf Grund dieser Verordnung kann der Reichsverkehrsminister die Frist für die Mitteilung über das Wahlergebnis und die Ernennung (§ 17 Abs. 3) abkürzen. Bei dem Ersuchen um Vornahme der Wahl oder Ernennung (§ 17 Abs. 1) ist die abgekürzte Frist mitzuteilen.

4. Gesetz über die Eisenbahnaufsicht. Vom 3. Januar 1920 (RGBl 13)[1]).

Die verfassunggebende Deutsche Nationalversammlung hat das folgende Gesetz beschlossen, das mit Zustimmung des Reichsrats hiermit verkündet wird:

§ 1. Die Reichsaufsicht[2]) über die nicht vom Reiche verwalteten Eisenbahnen (Artikel 95 der

[6]) E 30. Aug. 22 RVBl 350.

[7]) E 26. Juli 22 RVBl 308.

[8]) Z. B. Preuß. G 1. Juni 82 GS 313.

[1]) A. Vorgeschichte und Inhalt des Gesetzes. Bald nach Inkrafttreten der RVerf 1871 wurde durch ReichsG 27. Juni 73 (RGBl 164) zur Wahrnehmung des nach Art. 4 Ziff. 8 dem Reiche zusteh. Eisenbahnaufsichtsrechts eine besond. oberste Reichsbehörde, das Reichs-Eisenbahnamt eingesetzt; es hatte die Reichsaufsicht über alle deutschen Großbahnen — Reichs-, Staats-, Privatbahnen — mit Ausn. der bayerischen — auszuüben und übte diese Tätigkeit bis Ende 1919 aus. Die Weimarer RVerf sah in Artt. 89, 171 den baldigen Übergang aller Staatsbahnen auf das Reich vor, so daß es fortan nur noch Reichs- und Privat-Großbahnen gab. Da aber für die Reichsbahnen die Aufgaben der Reichsaufsicht durch die Verwaltung selbst erfüllt werden konnten u. für das verhältnism. kleine Privatbahnnetz die Beibehaltung einer besonderen Aufsichtsorganis. nicht zweckmäßig erschien, wurde durch das oben abgedruckte G das REBAmt aufgelöst, die Ausübung der Reichsaufsicht über die Privatbahnen dem Reichsverkehrsminister übertragen u. bestimmt, daß die Befugnisse u. Zuständigkeiten, die bisher das REBAmt besaß, auf ihn übergehen. Mithin lagen nach der Neuregelung (entsprechend der früheren Einricht. in Preußen) oberste Leitung der Reichsbahnen u. Reichsaufsicht üb. die Privatbahnen in der Hand ein und derselben Zentralbehörde. So blieb der Rechtszustand bis zum Inkrafttreten des Reichsbahngesetzes. Seitdem ist der RVMin aus der Leitung der Reichseis. ausgeschaltet, auf Grund des RBahnG aber zur Wahrnehmung bestimmter, im G genau begrenzter Aufsichtsrechte bez. der Reichseis. berufen. Für die Reichsbahnen sind also Reichsaufsicht u. Verwaltung wieder voneinander getrennt, u. der RVMin ist Reichsaufsichtsbehörde:

a) für die Reichsbahnen auf Grund des RBahnG u. in den durch dieses G bestimmten Grenzen,

b) für die Privatbahnen auf Grund des AufsichtsG.

Wie das ganze AufsichtsG gilt auch der Abs. 2 in dessen § 1 unmittelbar nur für die Privatbahnen. Aber soweit die in § 1 Abs. 2 genannten Normen auch für die Reichsbahnen verbindlich sind, und soweit diese Normen dem RVMin Zuständigkeiten und Befugnisse beilegen, erstrecken sich unabhängig vom RBahnG diese Zuständigkeiten usw. auch auf die Reichsbahnen (s. auch unten Anm. 3).

B. Quellen: Nationalversammlung Drucks. 1622a (Entw. u. Begr.), StB S. 4035. Schrifttum: Sarter-Kittel S. 211f., Fritsch EisRecht § 8.

[2]) Mit der Eisenbahnaufsicht überwacht der Staat die Befolgung der eisenbahnrechtlichen Normen durch die Bahnverwaltungen. Die EisAufs. des Reichs galt früher nur den von ihm selbst erlass. Normen dieser Art, währ. für Beacht. der landesrechtl. Vorschr. ausschließl. die daneben besteh. Landesaufsicht sorgte. Seit StVtr 1920 § 13 ist die Landesauff. fortgefallen u. die Kontrolle auch über Befolgung des Landesrechts Sache des Reichs, das hierbei an das Landesrecht gebunden ist. Für Preußen s. EisG § 46 u. unten II 5. — Zur Aufsicht gehört nicht die Konzessionierung neuer Bahnen (s. oben I 2 Anm. 19), die Feststellung der Fahrpläne u. Tarife (oben I 2 Anm. 26f.) u. die Plan-

Verfassung) wird vom Reichsverkehrsminister ausgeübt. Auf ihn gehen die Befugnisse und Zuständigkeiten über, welche die Gesetze und Verordnungen des Reichs dem Reichs-Eisenbahnamte beilegen[3]).

Der Reichsverkehrsminister hat insbesondere für die Ausführung der in der Reichsverfassung enthaltenen Bestimmungen sowie der sonstigen auf das Eisenbahnwesen bezüglichen Gesetze und verfassungsmäßigen Vorschriften Sorge zu tragen und auf Abstellung der im Eisenbahnwesen hervortretenden Mängel und Mißstände hinzuwirken. Er ist berechtigt, innerhalb seiner Zuständigkeit über alle Einrichtungen und Maßregeln von den Eisenbahnverwaltungen Auskunft zu erfordern oder nach Befinden durch persönliche Kenntnisnahme sich zu unterrichten und hiernach das Erforderliche zu veranlassen.

§ 2. Der Reichsverkehrsminister kann nach Übernahme der Staatseisenbahnen auf das Reich die Ausübung der Aufsicht (§ 1) nachgeordneten Behörden übertragen[4]).

§ 3[5]). Gegen die Privateisenbahnen hat die Aufsichtsbehörde des Reichs zur Durchführung ihrer Verfügungen dieselben Befugnisse, welche den Aufsichtsbehörden der Länder zustehen. Zwangsmaßregeln werden auf Ersuchen der Reichsbehörde durch die Landesbehörde vollstreckt.

§ 4. Das Gesetz, betreffend die Errichtung eines Reichs-Eisenbahnamts, vom 27. Juni 1873 (Reichs-Gesetzbl. S. 164) wird aufgehoben.

§ 5. Dies Gesetz tritt mit Wirkung vom 1. Oktober 1919 in Kraft.

Beilage A (zu Anmerkung 4).

Erlasse des Reichsverkehrsministers an die Deutsche Reichsbahn, Gruppe Bayern in München und die Reichsbahndirektionen, betreffend:

a) Geschäfte der Privatbahnaufsicht. Vom 17. September 1924 (RVBl 215).

Vom 1. Oktober 1924 an sind die Angelegenheiten der Privatbahnaufsicht, die nach der Bekanntmachung des Herrn Preußischen Ministers der öffentlichen Arbeiten vom 2. März 1895 (V. V. I S. 606) unter der Firma „Der Eisenbahnkommissar" behandelt worden sind, unter der Firma „Reichsbahndirektion — Privatbahnaufsicht —" zu erledigen[a]).

[b]) An der Bestimmung, wonach die Präsidenten der Reichsbahndirektionen zu ständigen Kommissaren bestellt sind, wird hierdurch nichts geändert, ebensowenig tritt im Kreise der von ihnen selbst oder von ihren Vertretern usw. zu bearbeitenden Geschäfte eine Änderung ein. Wenn es sich um Angelegenheiten handelt, die der Präsident nach den derzeitigen Bestimmungen selbst zu bearbeiten hat, so empfiehlt es sich, dies durch den Zusatz „Der Präsident" unter der Firma auszudrücken.

Die als Kommissare bestellten Herren Präsidenten werden ersucht, die ihrer Aufsicht unterstehenden Privatbahnen zu verständigen.

Die Anleitung zum Geschäftsplan (für die ehemals preußischen Direktionen)[c]) ist dementsprechend zu ändern; in der Bekanntmachung des Ministers der öffentlichen Arbeiten vom 2. März 1895 (V. V. I S. 606)[d]) ist auf diesen Erlaß zu verweisen.

b) Aufsicht über Privatbahnen des allgemeinen Verkehrs. Vom 27. September 1924 (RVBl 223).

Auf Grund von § 40 des Gesetzes über die Deutsche Reichsbahn-Gesellschaft vom 30. August 1924 (Reichsgesetzbl. Teil II, Nr. 32 S. 272) beauftrage ich die Gruppe Bayern und die Reichsbahndirektionen, die mit der Beaufsichtigung der Privatbahnen des allgemeinen Verkehrs verbundenen Amtsgeschäfte (vergl. Art. 95 R.V. und § 13 des Staatsvertrages über den Übergang der Staatseisenbahnen auf das Reich, Reichsgesetz vom 30. April 1920, Reichsgesetzbl. S. 773) vom Tage des Überganges des Betriebsrechts der Reichseisenbahnen auf die Deutsche Reichsbahn-Gesellschaft an im bisherigen Umfang und in der bisherigen Weise für Rechnung des Reichs wahrzunehmen[e]).

---

feststellung (StGHof 18. Okt. 24, RG ZivS **109** 17*, Arch **1925** 991; s. aber oben I 7 Anm. 11 A IV). — Die Aufsicht soll sich auf das Notwendige beschränken u. nur Anforderungen stellen, die durch die Rücksicht auf Betriebssicherheit u. Leistungsfäh. der Privatbahnen geboten sind. E 8. April 26 E I 14. 141. 92; Ziff. 2 der mit E 12. Juni 28 E I 14. 141. 146 mitgeteilten Aufzeichnung.

[3]) Soweit diese Zuständigkeiten usw. auf dem G 27. Juni 73 (oben Anm. 1) beruhten, sind sie der Hauptsache nach in § 1 Abs. 2 des neuen G bezeichnet. Außerdem enthalten aber noch einzelne reichsrechtl. Normen Best üb. Zuständ. des REBAmts, nämlich die MilTranspO (unten VIII 3 Beil. B) u. das EisPostG (unten IX 2); diese Best gelten f. alle deutschen Großbahnen, nicht nur f. d. privaten. — S. ferner oben I 2 Anm. 24ff.

[4]) An Stelle dieser Vorschr. ist jetzt RBahnG § 40 getreten. AusfErlasse des RVMin 17. u. 27. Sept. 24 Beilage A. Die Stellen, die der RVMin zur Wahrn. d. AufsGeschäfte heranzieht, handeln n. d. Anweisungen d. RVMin., stehen in diesen Aufsichtsangeleg. (sonst nicht: oben I 5 Anm. 35) in unmitt. Schriftwechsel m. ihm — Vf 12. Dez. 24 (2. 5316) — u. treten in ihnen als Reichsbehörden auf. Die Geschäfte werden f. Rechnung d. Reichs geführt; nähere Anw: E 27. Sept. 24 E VIII 82. 4354 u. Vf 30. März 25 (2. 602 c. 2). — Preußen: unten II 5.

[5]) E 8. Dez. 24 (unten II 5 Anm. 1).

[a]) Jetzt lautet die Firma: „Der Reichsbevollmächtigte für Privatbahnaufsicht in ..." E 6. Aug. 26 E I 14. 141. 196 (HMinBl 274). — Weiteres unten II 5 Anm. 1.

[b]) Für Preußen waren meist die Präsidenten der EisDirektionen als „Eisenbahnkommissare" Aufsichtsbehörde. E 2. März 95 (unten II 5 Beil. A) u. VerwaltO 10. Mai 07 (GS 81) § 7 (6).

[c]) VV I 31.

[d]) Unten II 5 Beil. A.

[e]) Oben II 4 Anm. 4.

5. Preußisches Regulativ, die Eisenbahnkommissariate betreffend. Vom 24. November 1848 (MinBliV 390, VB II 118)[1].

Mit Bezug auf § 46 des Gesetzes vom 3. November 1838, die Eisenbahnunternehmungen betreffend, wird zur näheren Feststellung des Geschäftsbereichs der Eisenbahnkommissariate Folgendes bestimmt:

§ 1. Zum Ressort der Königlichen Eisenbahnkommissarien gehört die Wahrung der Rechte des Staats, den Eisenbahngesellschaften gegenüber[2]), sowie der Interessen der Eisenbahnunternehmungen als gemeinnütziger Anstalten und der Interessen des die Eisenbahnen benutzenden Publikums, wogegen im Uebrigen die Wahrung der Rechte des Publikums, den Eisenbahngesellschaften gegenüber, dem Ressort der Provinzialregierungen verbleibt.

Demgemäß ressortiren von den Königlichen Kommissariaten die finanziellen[3]) und alle Betriebsangelegenheiten[4]) der Eisenbahngesellschaften, sofern dabei ein allgemeines Interesse obwaltet, desgleichen die Fürsorge für die Aufrechterhaltung und Befolgung des Gesellschaftsstatuts[5]) und der den Gesellschaften auferlegten Bedingungen, insbesondere auch die Überwachung der Ausführung des vorgeschriebenen Bahnpolizeireglements sowie der mit der Handhabung des letzteren beauftragten Bahnbeamten[6]); von den Königlichen Regierungen, außer den Expropriationen[7]) und der Ausübung der Polizeistrafgewalt[8]), namentlich die wegen der Bahnanlage nothwendige Regulirung der Wege-, Bewässerungs- und Vorfluthsangelegenheiten[9]).

Die im § 22 des Gesetzes vom 3. November 1838 erwähnte Revision einer im Bau vollendeten Eisenbahnanlage ist von Kommissarien der betreffenden Königlichen Regierung und von den Eisenbahnkommissarien gemeinschaftlich vorzunehmen. Auf Grund des gemeinschaftlichen Gutachtens hat die Regierung über die Zulässigkeit der Betriebseröffnung zu befinden[10]).

§ 2. In Angelegenheiten, bei welchen das Ressort der Königlichen Regierung und das des Eisenbahn-Kommissariats sich berührt, wie bei der Prüfung des Bauprojekts[10]) und der Untersuchung von Unglücksfällen und Ver-

---

[1]) Das Regul. bildete die Grundlage für die Ausübung des nach EisG § 46 dem Preußischen Staate zustehenden Aufsichtsrechts über die auf Grund des EisG konzessionierten (I 7 Anm. 7 d. W.) privaten Großbahnen. Dieses AufsRecht wurde unter Oberleitung des Min. d. öff. Arb. durch die EisKommissare (meist die EisDirPräsidenten) wahrgenommen, nachdem die zu seiner Ausübung eingesetzten besond. Behörden, Eisenbahnkommissariate (zeitweise 4, zuletzt nur noch das zu Berlin), aufgelöst worden waren. E 2. März 95 (Beilage A), VerwO § 7 (6). Aber auch f. d. Reichsaufsicht, in der jetzt die Staatsaufsicht aufgegangen ist (oben II 4 Anm. 2), bleibt, soweit preuß. Recht in Betracht kommt, das Regul. im allg. maßgebend. Wegen der neuen Firmierung: Reichsbevollmächtigte für Privatbahnaufsicht s. oben II 4 Beil. A Anm. 1. Die in dem Regul. den Regierungen zugewiesenen Obliegenheiten hat jetzt der Regierungspräsident wahrzunehmen. — Quellensammlung: Sammlung von Vorschr. der LandesaufsBeh. für Privateis. in Preußen, her. 02 vom EisKommissar in Münster („Münstersche Sammlung"), auch Elberf. S. V 1 Nrn. 125 ff. — Die Kommissare sind nach G über d. Polizeiverwaltung 11. März 50 (GS 265) § 20, Vo 20. Sept. 67 (GS 1529) § 18 u. RegierInstr. 23. Okt. 17 Beilage § 48 Ziff. 2 (VB II 43) berechtigt, die Ausführung ihrer Anordnungen durch Strafbefehle bis zu 100 Talern gegen jedes Mitglied der Privatbahndirektion zu erzwingen E 8. Okt. 53 (VB II 135) u. 8. Dez. 24 E I 14. 100. 366; s. auch oben I 8 Beil. D. Vollstreckung nach Vo betr. das VerwZwangsverf. 15. Nov. 99 (GS 545, später vielfach geändert). Zur Festsetzung von Strafen über 150 RM ist vorherige Zustimmung des Min. einzuholen. E 23. Apr. 79 (VB II 137). — Behandlung der Geschäftssachen der Kommissare E 27. Mai 96 (EVBl 207, VB II 123); freie Fahrt bei Aufsichtsreisen E 28. Nov. 99 u. 19. Sept. 00 (EVBl 328 u. 473, VB II 123). — Die Kommissare sind zur Erhebung des Kompetenzkonflikts gemäß Vo 1. Aug. 79 (GS 573) / G 22. Mai 02 (GS 145) berufen KGHof Arch **1899** 850; ob das jetzt noch gilt, ist nach der Entsch. des KGHofs 24. Mai 24 (oben II 2 Anm. 16 A) zweifelhaft. Weitere Geschäfte sind ihnen durch das BahneinheitsG (I 9 d. W.) übertragen. S. ferner die Konzessionsurkunde (I 7 Beil. B).

[2]) Auch fremden Staatsbahnen gegenüber (oben I 7 Anm. 3, 7).

[3]) I 7 § 34; E betr. Deckung der Kosten für bauliche Anlagen u. Beschaffungen 10. Okt. 01 (VB II 128).

[4]) E betr. die Reichsaufsicht v. 17. Nov. 23 Beilage B. Fortlaufende Überwachung der planmäß. Herstellung der Bahnen E 17. Mai 97, 31. Jan. 00 u. 22. Nov. 01 (VB II 127). Besichtigungen der Bahnanlage u. der Betriebsmittel E 16. Juni 95 (EVBl 416) Ziff. 5 u. 14. April 96 (EVBl 169). Aufsicht über Anstellungs- u. Besoldungsverhältnisse der Beamten E 21. Sept. 99 (VB II 139); über deren Dienstdauer E 25. Jan. 98 u. 30. Juni 05 (VB I 141); Einrichtung v. Pensionskassen E 7. Nov. 01 (VB II 142), auch KonzUrk. (I 7 Beil. B) Ziff. XI; Pensionskasse f. Beamte deutscher Privatbahnen: Witte S. 83a, VZ **09** 1528; Arbeiterfürsorge E 4. Juni 02 (VB II 142); Anstellung v. Militäranwärtern Beilage C. Überwach. der Eichungsangelegenheiten ist nicht Sache der Komm. E 21. Sept. 03 (VB I 143).

[5]) I 7 Anm. 60.

[6]) Die RBevollmächt. sind Aufsichtsbehörde i. S. BO § 4. — Sie haben darüber zu wachen, daß die Betriebsbeamten die vom Bundesrate vorgeschriebene Befähigung besitzen E 2. Mai 97 (EVBl 89, VB II 139). Anträge der Verwaltungen auf Vereidigung der Bahnpolizeibeamten sind durch die Hand der Kommissare zu stellen E 12. Feb. 73 (VB II 138). Diese allein sind Provinzialbehörden i. S. DiszipIG § 24 (Anm. 12); sie können die Festsetzung von Ordnungsstrafen gegen Bahnpol.-Beamte anordnen E 20. Juli 70, 7. Okt. 71 u. 14. Nov. 79 (VB II 136 f.). — Böthke, Dienstvtr. der Beamten der Privateisenbahnen in Preußen EE **21** 209, 406; **25** Sonderheft S. 13; Schunck, Grundzüge des BahnpolRechts S. 34 ff.

[7]) V 2 Anm. 68 f., 82 f., 98, 100, 108, 138.

[8]) I 7 Anm. 38c.

[9]) I 7 Anm. 12, 15.

[10]) Durch E 16. Juli 98 (EVBl 192, VB II 125) dahin abgeändert, daß RegPräsident wie EisKommissar ihre Berichte über die Abnahme unmitt. an den Min. erstatten; der RegPräs. teilt dem Komm. Abschrift seines Berichts, der Komm. dem RegPräs. seine Bemerkungen zu dem Berichte mit. Die Termine zu den (landespolizeil. Prüfungen u.) Abnahmen — bei denen der EisKomm. nicht als Partei, sondern wie der RegPräs. als Kom-

gehen[11]), bei der Ausübung der Disziplinarstrafgewalt gegen Bahnpolizeibeamte[12]), haben beide Behörden sich mit einander zu benehmen. Bei Unglücksfällen und Vergehen gegen die zur Sicherung der Eisenbahnen und des Betriebes auf denselben bestehenden Polizei- und Kriminalgesetze hat jedoch das Eisenbahn-Kommissariat die nächste Pflicht, für die Aufnahme des Thatbestandes Sorge zu tragen[11]).

Den Berichten der Königlichen Regierungen an die vorgesetzten Ministerien in Angelegenheiten, die das beiderseitige Ressort berühren, ist die Aeußerung oder das Gutachten des Kommissariats jederzeit beizufügen.

§ 3. Alle Verfügungen der Königlichen Regierungen an die Vorstände der Eisenbahngesellschaften sind an das Eisenbahn-Kommissariat zu adressiren, wie auch umgekehrt alle Berichte der Vorstände an die Königlichen Regierungen durch das Kommissariat an diese gelangen.

§ 4. In den Kompetenzverhältnissen der Königlichen Regierungen und der Königlichen Eisenbahn-Kommissariate, den Ministerien und den Königlichen Oberpräsidien gegenüber, wird durch diese Verfügung nichts geändert.

Ministerium des Innern. Ministerium für Handel, Gewerbe und öffentliche Arbeiten.

Beilagen zum Kommissariatsregulativ.

Beilage A (zu Anmerkung 1).

Bekanntmachung des Ministers der öffentlichen Arbeiten betr. Bestellung von Eisenbahnkommissaren. Vom 2. März 1895 (EVBl 230, VB I 606).

Nachdem durch den Allerhöchsten Erlaß vom 15. Dezember 1894 (GS. 1895 S. 11) die Auflösung des Königlichen Eisenbahn-Kommissariats in Berlin zum 1. April 1895 bestimmt worden, sind von demselben Tage ab für die Ausführung des staatlichen Aufsichtsrechts über die seither der Aufsicht des Königlichen Eisenbahn-Kommissariats unterstehenden Privateisenbahnen im Sinne des § 46 des Gesetzes über die Eisenbahnunternehmungen vom 3. November 1838 (GS. S. 505) die aus dem nachstehenden Verzeichnisse[a]) ersichtlichen Kommissare von mir bestellt worden, die ihre hierauf bezüglichen Geschäfte unter der Bezeichnung „der Königliche Eisenbahnkommissar" erledigen werden.

Beilage B (zu Anmerkung 4).

Erlaß des Reichsverkehrsministers betr. Reichsaufsicht über Privatbahnen des allgemeinen Verkehrs. Vom 17. November 1923 E VI 2. 8996[1]).

Wie in der Reichsbahnverwaltung selbst, so müssen auch auf dem Gebiete der Privatbahnaufsicht zur Entlastung des Ministeriums die Geschäfte möglichst dezentralisiert werden. Auch für die Privatbahnen des allgemeinen Verkehrs in Preußen sollen deshalb künftig die Aufsichtsgeschäfte noch in weiterem Umfang als bisher von den Eisenbahnkommissaren selbständig und endgültig erledigt werden.

Dem Reichsverkehrsminister müssen allerdings auch weiterhin die Zuständigkeiten vorbehalten bleiben, die durch Reichsgesetz, durch das preußische Eisenbahngesetz von 1838 oder durch die Genehmigungsurkunden ausdrücklich dem Minister übertragen sind. Dies gilt namentlich für

1. Die Festsetzung der Grundsätze für Anlage und Ausrüstung der Eisenbahnen des allgemeinen Verkehrs. (Vgl. Art. 95 RV.)
2. Die Zustimmung zum Bau neuer Eisenbahnen des allgemeinen Verkehrs. (Vgl. Art. 94 RV.)
3. Die Genehmigung zur Vornahme von Vorarbeiten.
4. Die Erteilung der Genehmigung einschließlich Bestimmung der Baufrist und die Genehmigung der Gesellschaftsverträge.

---

missar des Min. mitwirkt — sind auf Ersuchen der EisKomm. anzuberaumen E 27. Mai 96 (EVBl 207, VB II 123) Ziff. 4. Die (Prüfungs- u.) Abnahmeprotokolle werden durch die beiderseit. Vertreter vollzogen — E 23. Aug. 96 (EVBl 259, VB II 108) — u. unter Beifügung der vom RegPräs. abgegebenen Erklärung vom EisKomm. dem Min. vorgelegt E 27. Mai 96 (a. a. O.). Das Ergebnis der beiderseit. Abnahmeprüfung ist in der Niederschrift zusammenzufassen, am Schlusse der letzteren ist gemeinsam zu erklären, daß oder unter welchen Voraussetzungen der Betriebseröffnung keine Bedenken entgegenstehen E 2. Juni 97 (EVBl 163, VB II 109). — I 7 Anm. 15, 33.

[11]) Vf 22. Juni 27, Die Reichsbahn 429, betr. Unfallmeldevorschriften (dazu: Remy das. 622).

[12]) DisziplinarG 21. Juli 52 (GS 465) § 24 Abs. 1 bestimmt:

Die entscheidenden Disziplinarbehörden erster Instanz sind: ...
2) die Provinzialbehörden, als: ... die Eisenbahnkommissariate — in Ansehung aller Beamten, die bei ihnen angestellt oder ihnen untergeordnet .. sind.

Eine Mitwirkung der Regierung findet also nicht mehr statt E 17. Mai 85 (VB II 137). Aber die EisKommissare können in die vorbezeichnete Rechtsstellung der Kommissariate schon deswegen nicht in vollem Umfange eingetreten sein, weil sie keine Kollegialbehörden sind.

[a]) Hier nicht abgedruckt. Es sind im allg. die Präsidenten benachbarter Eisenbahndirektionen; jetzt heißen sie „Reichsbevollmächtigte für Privatbahnaufsicht" (vorst. Beil. II 4 A Anm. 1).

[1]) Schon durch frühere Erlasse, die in VB II 119ff. abgedruckt sind, war die Zuständ. der EisKommissare erweitert worden; der oben abgedruckte geht über diese Erweiterungen hinaus, sodaß v. Mitteilung der älteren Vorschr. abgesehen werden kann. — E 30. Aug. 23 E VII 71 D 16044, abgeändert durch E 10. Nov. 28 E II 29. 3361, erklärt eine besondere Genehm. der Bauart der v. d. Privateis. zu beschaffenden Fahrzeuge nur noch für solche Fahrzeuge für nötig, die nicht der Regelbauart der Reichsbahn entsprechen.

5. Die sogenannte Planfeststellung[2]).
6. Die Genehmigung der Übernahme des Betriebs durch einen anderen Unternehmer.
7. Die Bestimmung allgemeiner Richtlinien für die Führung der Aufsicht, namentlich auch in bezug auf die Rechnungsführung der Privatbahnen.
8. Die Vereinbarungen mit den Ländern über die Eisenbahnen des allgemeinen Verkehrs — insbesondere Staatsverträge.

Im übrigen ist die Beaufsichtigung, insbesondere die gesamte Überwachung der Finanzgebarung[3]) und des Tarifwesens der Privatbahnen Sache des Eisenbahnkommissars. Er hat die nötigen Anordnungen selbständig zu treffen. Soweit durch Gesetz oder Genehmigungsurkunde für die Anordnung die Zuständigkeit des Ministers vorgeschrieben ist, sind die Anordnungen, soweit angängig, vom Eisenbahnkommissar zu bearbeiten und im fertigen Entwurf mir vorzulegen....[4])

Endlich erwarte ich, daß die Eisenbahnkommissare für eine sorgfältige Bearbeitung der Aufsichtsgeschäfte Sorge tragen, und daß mir auch künftig von allen besonders wichtigen die beaufsichtigten Privatbahnen betreffenden Vorkommnissen, namentlich über besonderes Aufsehen erregende Unfälle, sowie über grundsätzliche Fragen der Privatbahnaufsicht berichtet wird.

An die Herren Eisenbahnkommissare im Bereich des Reichsverkehrsministeriums, Zweigstelle Preußen-Hessen, je besonders.

Beilage C (zu Anmerkung 4).

Anstellung der Inhaber eines Versorgungsscheins bei Privatgroßbahnen.

a) Auszug aus den Anstellungsgrundsätzen in der Fassung der Bekanntmachung vom 31. Juli 1926 (RGBl I 435).

§ **4** (1). Nach Maßgabe der nachstehenden Grundsätze sind mit Versorgungsanwärtern zu besetzen die Beamtenstellen (§ 11)

a), b),

c) die Stellen bei den Privateisenbahnen, soweit diesen durch reichs- oder landesgesetzliche Bestimmungen oder durch öffentlich-rechtliche Genehmigungen[1]) die Verpflichtung zur Anstellung von Versorgungsanwärtern auferlegt worden ist.

§ **14** (1). Die Stellenverzeichnisse werden für ... die Privateisenbahnen durch die obersten Reichsbehörden ... aufgestellt ...

§ **16** (1). Über die Veröffentlichung der Verzeichnisse treffen

a) für ... die Privateisenbahnen der Reichsminister des Innern,

b) c) ...

die entsprechenden Anordnungen.

b) Auszug aus der Allgemeinen Ausführungsanweisung zu den Anstellungsgrundsätzen. Vom 31. Juli 1926 (RGBl I 445).

Zu § 4 Abs. 1

1. bis 3 ...

4. Die Vorschrift über die Stellen bei den Privateisenbahnen bezieht sich nur auf Privatbahnen des allgemeinen Verkehrs, die gemäß Artikel 95 der Reichsverfassung der Reichsaufsicht unterliegen. Auf die preußischen Kleinbahnen und gleichartige Bahnen anderer Länder findet sie keine Anwendung.

Zu § 16 Abs. 1

Die Stellenverzeichnisse für ... die Privateisenbahnen werden vom Reichsminister des Innern im Reichsministerialblatt veröffentlicht werden ...

---

[2]) Vgl. oben II 4 Anm. 2.

[3]) E 22. April 26 E I 14. 141. 89 u. 120 betr. Deckung v. Beschaffungskosten aus den Betriebseinnahmen u. betr. Beteiligung an andern Unternehmungen. Ergänzend: E 5. Okt. 26 E I 14. 141. 314 u. 10. Nov. 27 E I 14. 141. 303.

[4]) Der folgende Abs., Beschwerden betreffend, ist aufgehoben worden durch E 8. April 1926 E I 4. 141. 92.

[1]) In die Konzessionen pflegt die Verpflichtung aufgenommen zu werden; s. oben I 7 Beil. B Ziff. XI.

III. Beamte und Arbeiter.

1. Einleitung.

Die Rechtsverhältnisse der Reichsbahnbeamten, teilweise auch der Angestellten und Arbeiter der Reichsbahn-Gesellschaft, sind, soweit sie besonderer rechtlicher Regelung bedurften, auf der durch das Reichsbahngesetz (oben I 5) aufgestellten Grundlage geordnet durch das Reichsbahn-Personalgesetz (Nr. 2) und die zur Ausführung beider Gesetze vom Generaldirektor erlassene Personalordnung (Nr. 3). Beirätlicher Beteiligung von Beamtenvertretungen an der Verwaltung der Reichsbahn dient der Beamtenräteerlaß (Nr. 4). Das Unfallfürsorgegesetz (Nr. 5), das die Entschädigung für dienstliche Betriebsunfälle gewisser Beamten bestimmt, gilt auch für die Reichsbahnbeamten.

Für die Vertretung der Arbeiterschaft in der Verwaltung aller Eisenbahnen ist das Betriebsrätegesetz (Auszug Nr. 6a) maßgebend, in dessen Ausführung für die Reichsbahn die Betriebsräteverordnung (Nr. 6c) ergangen ist. Die Arbeiterschaft der Reichsbahn und der größte Teil des Personals bei den privaten Bahnverwaltungen ist gegen Krankheit, Unfälle, Invalidität auf Grund der Reichsversicherungsordnung (Auszug Nr. 7) versichert. Auch das Angestelltenversicherungsgesetz (Auszug Nr. 8) gilt grundsätzlich für das Bahnpersonal, ebenso das Gesetz über Arbeitsvermittlung und Arbeitslosenversicherung vom 16. Juli 1927 (Neufassung: Bek 12. Okt. 1929 RGBl I 162), das hier nicht abgedruckt wird, weil es keinerlei Sonderbestimmungen für die Eisenbahnen enthält[a]). Die in den früheren Auflagen abgedruckte Verordnung betreffend die bei einem Bau von Eisenbahnen beschäftigten Handarbeiter vom 21. Dezember 1846 (GS **1847** 21), die noch in die Verwaltungsvorschriften (Teil I 96) aufgenommen worden war, ist durch die neuere Gesetzgebung in Verbindung mit der Arbeitsordnung für die Reichsbahnarbeiter (unten III 6 c Anm. 21) gegenstandslos geworden.

Eingehende Erörterungen über die Rechtsverhältnisse, die sich im Personalwesen ergeben, wenn der Bahnbetrieb über die Grenzen hinaus in das Ausland übergreift, enthält (unter besonderer Berücksichtigung der deutsch-polnischen Verträge, oben I 6 Anm. 7) Neumeyer S. 32ff., 71f., 78ff.

2. Gesetz über die Personalverhältnisse bei der Deutschen Reichsbahn-Gesellschaft (Reichsbahn-Personalgesetz). Vom 30. August 1924 (RGBl II 287).

Der Reichstag hat das folgende Gesetz beschlossen, das mit Zustimmung des Reichsrats hiermit verkündet wird[1]):

§ 1. (1) Die Deutsche Reichsbahn-Gesellschaft übt ihre Befugnisse durch Beamte (Reichsbahnbeamte)[2]), Angestellte[3]) und Arbeiter[3]) aus.

---

[a]) S. auch Kasack VZ **1929** 884; ferner Kuhatschek, Die Angestellten- u. Arbeitslosenvers. (b. d. Reichsbahn) Berlin 1929. Zum ArbeitslosenG — Vf 14. Jan. 30 (Die Reichsbahn S. 82).

[1]) A. Das Reichsbahnpersonalgesetz ist auf Grund RBahnG § 19 (4) zu dem Zwecke erlassen, das bisherige Personalrecht mit dem RBahnG in Übereinstimmung zu bringen. Abweichend vom RBahnG ist sein Entwurf von der Reichsregierung allein ausgearbeitet u. der Reparationskommission nur nachrichtlich mitgeteilt worden. Es ist also nicht international gebunden u. kann v. d. innerdeutschen Gesetzgebung (in den durch das RBahnG gezogenen Grenzen) abgeändert werden, was namentlich f. d. Fall v. Bedeutung ist, daß das Personalrecht des Reichs, z. B. die Reichs-Arbeitergesetzgebung, Änderungen erfahren. — Inhalt: §§ 1—9 Rechtsverhältnisse der Reichsbahnbeamten, §§ 10, 11 Arbeiter- u. Angestelltenversicherung, §§ 12, 13 Schlußbestimmungen. — Quellen: RRat 1924 Drucks. 135 (Entw. u. Begr), Niederschr. §§ 567h, 576, 615l; RTag 1924 Nr. 453 (Entw. u. Begr), StB wie RBahnG (oben I 5 Anm. 1). — Bearb.: Sarter-Kittel S. 28 u. 267ff., Schulze S. 146ff. S. ferner Meyert, Samml. v. Vorschriften üb. Anstellung usw. der Beamten. 4 Bände. Berlin 1925—28.

B. Aus den Materialien für das Personalrecht der vorm. Preußisch-Hessischen StEV seien hier erwähnt: Witte, Die Ordnung der Rechts- u. Dienstverh. der Beamten u. Arbeiter im Bereiche der StEV, 2. Ausg. 1903—09, u. die v. d. EisDir. Elberfeld herausg. Quellensammlung (sog. Elberfelder Sammlung).

[2]) A. Sarter-Kittel S. 34ff.; Roser, Perso der RBahnGesellsch. 4. Aufl. S. 56ff.; Reindl im Jahrb. f. EisWesen **1925/26** S. 17ff.; Fritsch, EisRecht S. 210ff.; Reschke, Die rechtl. Stell. d. RBGes., Berlin 1927, S. 29ff.; Witte in „Die Reichsbahn" **1925** 151, Reindl das. **1926** 693, 720; Ottmann VZ **1925** 57, Reindl das. 272, Seybold das. 363, Haustein das. 1140, Blüher VZ **1926** 96, Roser VZ **1927** 809, Conrad DJZ **1926** 72, Häffner Arch **1927** 1272.

B. Begr I 2F zum RBahnG v. 1924 sagt, daß das G in § 20 (1) einen neuen Beamtentyp, den Reichsbahn-

(2) Die Ernennung zum Reichsbahnbeamten setzt den Besitz der deutschen Staatsangehörigkeit voraus[4]). Durch Staatsverträge festgelegte Ausnahmen bleiben unberührt[5]).

§ 2. Soweit die Reichsbahnbeamten nicht unter dem ausdrücklichen Vorbehalte des Widerrufs oder der Kündigung angestellt werden, gelten sie als auf Lebenszeit angestellt[6]).

§ 3[7]). (1) Der Reichsbahnbeamte hat seine Dienstgeschäfte unter Wahrung der Reichsverfassung und der Gesetze gewissenhaft wahrzunehmen und durch sein Verhalten in und außer dem Dienste der Achtung, die sein Beruf erfordert, sich würdig zu erweisen[8]).

(2)[9]) Über Angelegenheiten der Gesellschaft, deren Geheimhaltung ihrer Natur nach erforderlich oder vorgeschrieben ist, hat der Reichsbahnbeamte Verschwiegenheit zu beobachten, auch nachdem das Dienstverhältnis gelöst ist. Bevor ein Reichsbahnbeamter als Sachverständiger ein außergerichtliches Gutachten abgibt, hat er dazu die Genehmigung einzuholen. Ebenso haben Reichsbahnbeamte, auch nachdem das Dienstverhältnis gelöst ist, ihr Zeugnis über Tatsachen, auf die sich ihre Verpflichtung zur Verschwiegenheit bezieht, insoweit zu verweigern, als sie nicht von dieser Verpflichtung im Einzelfall entbunden sind.

---

beamten schafft, u. fährt fort: „Dieser ist Beamter i. S. der RVerf; er ist Beamter eigenen Rechts, dessen Rechte u. Pflichten durch den vorläuf. GEntwurf (RBahnG u. RBPersG) in enger Anlehn. an das RBeamtenG umschrieben sind." Die Begr zu RBPersG § 1 fügt hinzu: „In der Fass. des Abs. 1 wird der Grundgedanke der Schaff. eines Beamten neuen, eigenen u. öffentl. Rechtes festgelegt. Da der RBBeamte hierd. Beamter i. S. der RVerf wird, ist er **es** auch auf allen Gebieten des öff. Rechtes, z. B. des StGB." Daß die RBBeamten öff. Beamte (wenn auch nicht Reichs- od. Staatsbeamte) sind u. das Rechtsverh. zw. ihnen u. der RBahnGesellsch. dem öff. Rechte angehört, tritt in folg. Best der Gesetze usw. zutage: Der RBBeamte wird durch einseit. VerwaltAkt (PersO § 6) u. grundsätzlich auf Lebenszeit (PersG § 2) angestellt; ihm liegt die Treu- u. Gehorsamspflicht der Beamten ob (RBahnG § 23, PersO § 3); er stellt seine ganze Person in den Dienst der Ges. (PersO § 3 Abs. 1, 3); er wird entspr. dem Reichsbeamten behandelt — RBahnG § 19 (1) —, nam. in bezug auf Diensteinkommen (RBahnG § 26), Dienststrafrecht, Vertretung gegenüb. dem Dienstherrn, Fehlbeträge, Verfolg. v. vermögensrechtl. Ansprüchen aus dem Dienstverh., Unfallfürsorge (PersG §§ 5—9), Versorg. f. d. InvalidFall u. HinterbliebFürsorge (PersO §§ 22f.), er wird auf die RVerf vereidigt (PersO § 5). Verschiedentlich — Sarter-Kittel, Haustein, Blüher (oben A); OLG Stuttgart VZ **1925** 1086, ObLG München 28. April 25 (JW 1647, VZ 1304, EE **43** 55) u. 24. Sept. 25 (JW **1926** 1458), OLG Hamm EE **43** 294 — werden die RBBeamten deshalb als mittelbare Reichsbeamte bezeichnet (werden darunter solche Beamte verstanden, die den Anordn. der höchsten Reichsstelle Folge zu leisten haben, so trifft jene Bezeichn. nicht zu: Reindl VZ **1925** 272). — Im gleichen Sinne mit ausführl. Begründ. RG Straff. **60** 139.

C. Im einzelnen ergibt sich aus der Rechtsstell. der RBBeamten folgendes:

a) Sie sind Beamte i. S. RVerf Artt. 129—131. Daraus, daß ihnen demgemäß (RVerf Art. 130 Abs. 2) die Vereinigungsfreiheit gewährleistet ist, folgt nicht, daß sie das Streikrecht besäßen; dieses hat niemand (auch kein Arbeiter) u. gewährt auch Art. 130 nicht. Ausführlich RG 19. u. 30. Okt. 22 Straff. **56** 412, 419; ferner KG Arch **1923** 331, RDiszHof das. 520, ObLG München VZ **1923** 289; Vf 50. 203. 540 v. 29. Aug. 25. In RG 9. Juli 25 VZ **1925** 1209, und 24. Feb. 27 VZ 525 u. 13. Dez. 27 VZ **1928** 356 wird zugleich die zivilrechtl. Haftbarkeit der Anstifter usw. zum Streik festgestellt. — In Fällen der Not ist der RBBeamte (wie jeder Beamte) verpflichtet, Arbeiten zu verrichten, die im regelmäß. Betrieb Arbeitern zufallen, z. B. Streikarbeit zu leisten. RG Straff. **59** 149; dazu Vf 50. 204. 2130 v. 4. Mai 25, Fischer VZ **1925** 592, Blüher a. a. O. (oben A). — E 29. Mai 23 E II 90. 21731 betr. Meldungen bei Streiks u. Aussperr. (s. auch III 3 Beil. C § 2).

b) Sie sind Beamte i. S. des StGB. Allgemein: Blüher (oben A); für StGB § 359: RG Straff. **60** 2, ObLG München 28. April 25 (oben B), Vf 50. 203. 33 v. 21. Aug. 25; für § 350 OLG Hamm 21. Aug. 25 (oben B); für § 196 (Berecht. zur Stell. des Strafantrags) ObLG München a. a. O. — Hilfskräfte im Schalterdienst als Beamte: RG VZ **1928** 798.

D. Nicht unmittelbar gelten f. d. RBBeamten z. B. das RBeamtenG (die in RBahnG § 23 Abs. 2 u. RBPersG § 8 genannten Vorschr. sind sinngemäß anzuw.), das BesoldG, das G üb. die Haftpfl. des Reichs f. seine Beamten. Wegen der Beamtenabbaugesetzgebung s. unten III 3 Anm. 82 Ab.

[3]) PersO § 1.

[4]) Sonstige Voraussf.: PersO § 4. — Die deutsche Staatsangehörigkeit wird durch Anstell. als RBBeamter nicht erworben. Reindl VZ **1925** 272, Vf 51. 203. 13 v. 18. Jan. 26. Rechtsfolgen der Anstell. v. Ausländern: Reindl a. a. O. — Roser Anm. 4 zu PersO § 1.

[5]) Begr führt an: Art. 28 des StVtr zw. Baden u. der Schweiz 27. Juli 52, Bad. RegBl **1853** 159.

[6]) Entspricht RBeamtenG § 2, wird wiederholt in PersO § 6 Ziff. 2. — Näheres üb. das Kündigungsrecht der Gesellschaft: RG **117** 153.

[7]) § 3 regelt in Verb. mit RBahnG § 23 Abs. 1 die allg. Hauptpflichten der Reichsbahnbeamten. Sie sind nicht nur Beamte der Gesellschaft, die deren Interessen wahrzunehmen haben, sondern — wie die Reichsbeamten — Diener der Allgemeinheit und haben daher auch das öffentliche Interesse zu wahren (Begr).

[8]) Entspricht RBeamtenG § 10 u. ist fast wörtlich wiederholt in PersO § 8 Satz 2.

[9]) Entspricht RBeamtenG §§ 11, 12 u. ist wiederholt in PersO § 9 Ziff. 2. — Für gerichtliche Gutachten gelten ZPO § 408 Abs. 2 u. StPO § 76 Abs. 2. Danach findet die Vernehm. eines öff. Beamten als Sachverständiger nicht statt, wenn die vorgesetzte Behörde erklärt, daß sie den dienstl. Interessen Nachteil bereiten würde. Daß die RBahnBeamten öff. Beamte i. S. dieser Vorschr. sind, ergibt sich aus den Ausführ. in Anm. 2; daß die Stellen der RBahn-Gesellschaft vorges. Behörden i. S. dieser Vorschr. sind, folgt aus RBahnG § 17 (s. oben I 5 Anm. 78 D) u. wird v. Roth (Anm. 14 zu PersO § 9) zu Unrecht bestritten. — Unten III 3 Beil. C § 6.

(3)[10]) Die Ausübung eines Nebenerwerbes[11]) oder einer Nebenbeschäftigung[12]), der Eintritt in den Vorstand, Verwaltungs- oder Aufsichtsrat einer auf Erwerb gerichteten Gesellschaft[13]) und die Annahme von Geschenken oder Belohnungen in bezug auf ihre Dienstgeschäfte[14]) ist den Reichsbahnbeamten nur mit Genehmigung[15]) gestattet.

§ 4. Die einstweilen in den Ruhestand versetzten Reichsbahnbeamten sind bei Verlust des Wartegeldes zur Annahme eines ihnen übertragenen Reichsamts oder eines ihnen angebotenen Gesellschaftsdienstes verpflichtet, wenn das Amt oder der Dienst ihrer Berufsbildung und die Amts- oder Dienstbezeichnung sowie das Diensteinkommen der früheren Tätigkeit im Gesellschaftsdienst entsprechen[16]).

§ 5[17]). (1) Die Dienststrafgerichte des Reichs[18]) sind für die Reichsbahnbeamten zuständig.

(2) Die Reichsbahnbeamten sind für die Besetzung der entscheidenden Dienststrafgerichte wie Reichsbeamte zu behandeln.

(3) Die Personalordnung[19]) bestimmt, welche Vorgesetzten für die Verhängung von Ordnungsstrafen zuständig sind.

§ 6[20]). Die Reichsbahnbeamten haben für ihre Vertretung gegenüber der Gesellschaft die gleichen Rechte und Pflichten wie sie gesetzlich für die Reichsbeamten gegenüber der Reichsverwaltung gelten.

§ 7[21]). Die Personalordnung kann für die Feststellung und Einbringung von Fehlbeträgen für die Reichsbahnbeamten Vorschriften in Anlehnung an die §§ 134ff. des Reichsbeamtengesetzes treffen, wobei die in der Personalordnung zu bezeichnenden Stellen der Gesellschaft die den Behörden zustehenden Befugnisse erhalten.

§ 8. Auf die Verfolgung vermögensrechtlicher Ansprüche aus dem Reichsbahnbeamtenverhältnis sind die Bestimmungen der §§ 149ff. des Reichsbeamtengesetzes[22]) sinngemäß anzuwenden. Als oberste Reichsbehörde gilt der Generaldirektor[23]).

§ 9[24]). Auf die im unfallversicherungspflichtigen Betriebe beschäftigten Reichsbahnbeamten und deren Hinterbliebene finden die Vorschriften des Unfallfürsorgegesetzes vom 18. Juni 1901 (Reichsgesetzbl. S. 211) sinngemäß Anwendung.

§ 10. (1) Die Deutsche Reichsbahn-Gesellschaft übernimmt auf dem Gebiete der Kranken-, Unfall-, Invaliden- und Angestelltenversicherung, desgleichen hinsichtlich der Zusatzversicherungen die Aufgaben der Reichsbahnverwaltung[25]).

(2) Die Reichsversicherungsordnung und das Angestelltenversicherungsgesetz werden wie folgt geändert[26]):

I. In den §§ 169, 172, 1234, 1235 der Reichsversicherungsordnung, ferner im § 11 des Angestelltenversicherungsgesetzes werden hinter dem Worte „Reichs" eingefügt die Worte „der Deutschen Reichsbahn-Gesellschaft".

II. Im § 12 Abs. 1 Ziffer 1 des Angestelltenversicherungsgesetzes werden hinter den Worten „Beamte des Reichs" eingefügt die Worte „der Deutschen Reichsbahn-Gesellschaft"; die Worte „im Reichs-

---

[10]) Abs. (3), wiederholt in Perso § 9 Ziff. 1 Satz 1, knüpft an RBeamtenG § 15 Abs. 2 an; wegen der hauptsächl. Abweichungen s. unten Anm. 11—13.

[11]) Abweich. vom RBeamtenG fehlt hier die Einbezieh. v. Nebenämtern in die GenehmPflicht, u. zwar aus formalen Gründen; sachlich deckt der Begriff „Nebenbeschäftigung" auch die Nebenämter u. den gleichfalls nicht erwähnten Gewerbebetrieb (Familienangehörige: E 18. Jan. 22 Pr II 25. 202. 12). — S. auch unten III 3 Beil. C § 23.

[12]) Abweich. v. RBeamtenG ist Nebenbeschäftigung auch dann genehmigungspflichtig, wenn sie nicht mit Remuneration verbunden ist. Frei v. d. Genehm.-Pflicht ist Tätigkeit als Reichs- od. Landtagsabg. u. der Geschworenen- u. Schöffendienst (Roser Anm. 2 zu Perso § 9); wegen der Zuläss. der Beruf. v. RBahnbeamten im allg. und v. Bahnpolizeibeamten im besond. zu diesem Dienste s. Vf v. 6. Mai 29 (Die Reichsbahn S. 377). Übernahme des Amtes als Vormund, Gegenvorm. od. Pfleger bedarf der Genehm.; Vf 51. 503. 907 v. 4. Nov. 26 (Niederschr. A Ziff. 4b). — S. auch unten III 3 Beil. C § 23.

[13]) Abweich. v. RBeamtenG wird die Genehm. nicht dad. ausgeschlossen, daß die Stelle mit Remuneration verbunden ist. Eintritt in den Aufsichtsrat in dienstl. Auftrage: Roser Anm. 4 zu Perso § 9. Ausführlich Schwarzkoppen, Preuß. VerwBl **1929** Nr. 11f.; ferner Teubner VZ **1929** 1059.

[14]) E 25. April 22 E II 20. 872.

[15]) Zuständigkeit zur Genehm.: Perso § 9 Ziff. 1 Abs. 2.

[16]) § 4 erweitert zu Lasten der RBBeamten die Verpflichtung, die RBeamtenG § 28 den Reichsbeamten auferlegt, u. wird in Perso § 26 Ziff. 1 wiederholt.

[17]) RBahnG § 23 (2), Perso § 19. Auslagen im förml. Dienststrafverf.: Sarter-Kittel Anm. II.

[18]) RBeamtenG §§ 86—93.

[19]) Perso § 19 E.

[20]) Perso § 18. Gesetzl. Vorschr. über Beamtenvertretung stehen noch aus. Für d. RBBeamten gilt einstweilen der Beamtenräteerlaß (BRE) 22. Dez. 24, unten III 4.

[21]) Perso § 31.

[22]) Auch GVG § 71 Abs. 2. OLG Königsberg EE **45** 180, RG 27. Mai 27 **117** 162.

[23]) Nicht auch die Gruppenverw. Bayern. a. M. LG Nürnberg EE **45** 270.

[24]) Perso § 24. Unfallfürsorge G unten III 5.

[25]) Weiteres Perso § 29.

[26]) Weiteres unten III 7, 8.

oder Landesdienste" werden ersetzt durch die Worte „im Dienste des Reichs, der Deutschen Reichsbahn-Gesellschaft oder eines Landes". Im § 12 Abs. 1 Ziffer 2 des Angestelltenversicherungsgesetzes werden die Worte „Angestellte in Eisenbahn-, Post- und Telegraphenbetrieben des Reichs oder der Länder" ersetzt durch die Worte „Angestellte in Post- und Telegraphenbetrieben des Reichs sowie Angestellte der Deutschen Reichsbahn-Gesellschaft".

III. Im § 1237 der Reichsversicherungsordnung und § 14 des Angestelltenversicherungsgesetzes werden hinter dem Worte „Reiche" eingefügt die Worte „der Deutschen Reichsbahn-Gesellschaft".

VI. Hinter § 625 der Reichsversicherungsordnung wird als § 626 eingefügt die Vorschrift:

„Die Deutsche Reichsbahn-Gesellschaft ist Träger der Versicherung, wenn der Betrieb für ihre Rechnung geht oder die Tätigkeit für ihre Rechnung ausgeübt wird."

V. § 892 Abs. 2 der Reichsversicherungsordnung erhält folgende Fassung:

„Das gleiche gilt für die Deutsche Reichsbahn-Gesellschaft, für Gemeinden, Gemeindeverbände und andere öffentliche Körperschaften, die Versicherungsträger sind. Die Ausführungsbehörden bestimmt die oberste Verwaltungsbehörde. Welche Stellen der Deutschen Reichsbahn-Gesellschaft als Ausführungsbehörden gelten, bestimmt deren Personalordnung."

§ 11[27]). Die nach § 1360 der Reichsversicherungsordnung bestehenden Sonderanstalten der früheren Reichsbahnverwaltung werden als Sonderanstalten der Deutschen Reichsbahn-Gesellschaft zugelassen. Ihre Rechte und Verpflichtungen gehen auf die neuen Sonderanstalten über.

§ 12. (1) Bei der Berechnung der aus der Gewährleistung im § 20 des Gesetzes über die Deutsche Reichsbahn-Gesellschaft sich ergebenden Bezüge ist der nach Reichsrecht erworbenen Dienstzeit die bei der Gesellschaft als Reichsbahnbeamter verbrachte Dienstzeit hinzuzurechnen[28]).

(2) Angestellte und Arbeiter, denen ein Rücktrittsrecht zum Unternehmen Deutsche Reichsbahn zusteht, können dieses Recht der Gesellschaft gegenüber ausüben.

§ 13. Die durch dieses Gesetz nicht geregelten Rechts- und Dienstverhältnisse der Bediensteten werden nach der Vorschrift im § 19 Abs. 1 des Gesetzes über die Deutsche Reichsbahn-Gesellschaft durch die Personalordnung geregelt.

3. Bekanntmachung
Personalordnung der Deutschen Reichsbahn-Gesellschaft — Teil I und II —[1])

Auf Grund des § 22 des Reichsbahngesetzes vom 30. August 1924 (Reichsgesetzbl. II S. 272) ist die nachstehende Personalordnung der Deutschen Reichsbahn-Gesellschaft — Teil I und II — erlassen worden. Sie ist am 1. Januar 1925 in Kraft getreten[2]).

Berlin, den 3. Februar 1925.

Deutsche Reichsbahn-Gesellschaft
Der Generaldirektor
Oeser

Personalordnung (Perso) der Deutschen Reichsbahn-Gesellschaft[3])

Teil I

§ 1. Geltungsbereich

1. Diese Personalordnung — Teil I — gilt für die Beamten, deren Dienstbezeichnungen in § 10 geregelt werden, für die Angestellten und Arbeiter.

---

[27]) Perso § 29d. Weiteres unten III 7.

[28]) „Zu dem nach § 20 RBahnG gewährleisteten BesoldAnspruche gehört auch das aus d. BesoldG sich ergebende Recht d. Gehaltsaufrückung innerh. der bekleid. BesoldGruppe nach d. Gehaltssätzen des Übergangstags ... § 12 ... erweitert die Gewährleistung dahin, daß die Dienstzeit als RBBeamter mitzählt." Begr. — Perso § 20 Ziff. 2, § 21 Ziff. 2, § 22 Ziff. 8, § 26 Ziff. 2.

[1]) RMinBl **1925** 98.

[2]) Eingeführt mit Vf 10. Dez. 24 (Die Reichsbahn **1925** 11). **Änderungen** stehen bevor.

[3]) Die Perso ist die auf Grund RBahnG §§ 19, 22 u. RBPersG § 13 als autonome Satzung erlassene, Recht schaffende Norm. Reindl, Jahrb. f. EisWesen **1925/6** 18. Zuständigkeit zum Erlasse der Perso: Roser S. 53ff., anderf. Roth Anm. 10 zu § 2. — Inhalt des Teiles I: § 1 Geltungsbereich; § 2 Rechts- u. Dienstverhältnisse; § 3 Personalstand u. -ausgaben; § 4 Ausbildung, Laufbahn, Verwendung; § 5 Vereidigung; § 6 Anstellung u. Beförd.; § 7 Versorgungsberechtigte; § 8 Pflichten; § 9 Nebenerwerb, Geschenke, Belohnungen, Dienstverschwiegenheit; § 10 Dienstbezeichnungen; §§ 11, 12 Bezüge; §§ 13, 14 Urlaub, Krankheit; § 15 Arbeitszeit; § 16 Dienst- u. Schutzkleidung; § 17 Dienst- u. Mietwohnungen; § 18 Personalvertretung; § 19 Dienstvergehen, Dienststrafen; § 20 Versetz. in d. einstweil. Ruhestand; § 21 Versetz. auf andere Dienstposten; § 22 Versetz. in d. dauernden Ruhestand; § 23 Ruhegehalt, Wartegeld, Hinterbliebenenfürsorge; § 24 Unfallfürsorge; § 25 Entlass. der nicht fest Angestellten; §§ 26, 26a Wartegeldempfänger; § 27 Schwerbeschädigte; § 28 Freifahrt; § 29 Angestellten- u. Arbeiterversich.; § 30 ärztl. Dienst, Wohlfahrtspflege; § 31 Fehlbeträge; § 32 Heranziehung z. Schadensersatz; §§ 33, 34 Schlußbest. — Bearb. Roser 4. Aufl. 1927, Hermann 1925, Roth 2. Aufl. 1925.

2. Beamte sind die Bediensteten, die
a) nach § 20 Abs. 1 des Reichsbahngesetzes Reichsbahnbeamte geworden sind oder auf Grund des § 20 Abs. 2 ihr Rücktrittsrecht ausüben,
b) nach §§ 1 und 2 des Reichsbahn-Personalgesetzes als Reichsbahnbeamte angestellt worden sind.
3. Arbeiter sind die im Lohnverhältnis beschäftigten Bediensteten.
4. Angestellte sind die Bediensteten, die weder Reichsbahnbeamte noch Arbeiter sind[4]).

§ 2. Rechts- und Dienstverhältnisse des Personals

Die Rechts- und Dienstverhältnisse der Beamten, Angestellten und Arbeiter werden durch die §§ 5 Abs. 4, 16 Abs. 4, 19 bis 26 und 43 Abs. 1 des Reichsbahngesetzes, § 15 Abs. 1 [5]) der Gesellschaftssatzung, das Reichsbahn-Personalgesetz und diese Personalordnung, die Ausgestaltung und Durchführung der Rechts- und Dienstverhältnisse werden durch allgemeine Dienstvorschriften und besondere Anordnungen des Generaldirektors geregelt, in allen Fällen, soweit sie nicht vorbehaltlich der Übergangsbestimmung zu § 19, Abs. 2 Reichsbahngesetz nach allgemeinen Grundsätzen Gegenstand der Vereinbarung (Tarifvertrag, Betriebsvereinbarung, Einzelarbeitsvertrag) sind. Der Generaldirektor kann zur Durchführung der Gesetze und der Personalordnung seine Befugnisse auf andere Stellen der Gesellschaft übertragen[6]).

§ 3. Personalstand und Personalausgaben

1. Die Zahl der bei der Reichsbahn zu beschäftigenden Beamten, Angestellten und Arbeiter und die für diese aufzuwendenden Mittel werden im Voranschlag für jede Gattung getrennt vorgesehen, bei den Arbeitern unter weiterer Trennung nach Betriebs-, Bahnunterhaltungs- und Werkstättenarbeitern. Ebenso werden die sonstigen Ausgaben für das Personal: Reise- und Umzugskosten, andere Nebenbezüge, Belohnungen und Unterstützungen, Ruhegehälter, Wartegelder und Hinterbliebenenbezüge, soziale Lasten und Wohlfahrtsausgaben im Voranschlag getrennt für die einzelnen Verwendungszwecke veranschlagt.

2. Der Generaldirektor trifft die zur Erzielung der Wirtschaftlichkeit in der gesamten Personalverwaltung erforderlichen Anordnungen und überwacht ihre Durchführung. Die Bezirke verteilen die ihnen zugewiesenen Kopfzahlen und Mittel selbständig weiter; sie regeln und überwachen für ihren Bezirk die Wirtschaftlichkeit in der Personalverwaltung.

§ 4. Ausbildung, Laufbahn, Verwendung[7])

1. Die Vorbedingungen der Annahme für eine Beamtenlaufbahn und die Ausbildung des im Beamtendienst zu verwendenden Personals sowie die Feststellung der Befähigung für die Wahrnehmung von Beamtendienst werden unter Beachtung der „Bestimmungen über die Befähigung von Eisenbahn-Betriebs- und Polizei-Beamten" vom 8. März 1906[8]) und ihrer späteren Änderungen durch eine Prüfungsvorschrift[9]) geregelt. Die Ausbildung des Personals ist so zu gestalten, daß schon die Dienstanfänger tunlichst nutzbringende Arbeit für die Gesellschaft leisten; eine überzählige Ausbildung — wie sie zum Beispiel im Betriebsdienst unerläßlich ist — findet nur im notwendigen Umfange statt.

2. Die Voraussetzungen für die Möglichkeit einer Anstellung als Beamter und die Bedingungen, nach denen eine Beförderung von Beamten zulässig und zu regeln ist, werden durch besondere Vorschriften über die Beamtenlaufbahnen festgesetzt.

3[10]). Die im Dienst der Gesellschaft zu verwendenden Beamten, Angestellten und Arbeiter müssen besonderen Anforderungen hinsichtlich der körperlichen Tauglichkeit genügen. Insbesondere müssen sie die zur Wahrnehmung ihres Dienstes nötige körperliche Rüstigkeit und Gewandtheit und für den Betriebsdienst ein ausreichendes Hör-, Seh- und Farbenunterscheidungsvermögen besitzen. Das Vorhandensein der Tauglichkeit ist durch das Zeugnis eines Bahnarztes der Gesellschaft nachzuweisen. Die Kosten dieser Untersuchung trägt bei Arbeitern, die um Aufnahme nachsuchen, die Gesellschaft (§ 2 Ziffer 1 der Arbeitsordnung). Außerhalb der Gesellschaft stehende Bewerber um Angestellten- und Beamtenstellungen haben die Kosten der bahnärztlichen Untersuchung selbst zu bestreiten. Die Kosten von Untersuchungen des in ihrem Dienst stehenden Personals trägt die Gesellschaft.

4. Als Nachwuchs für den Beamtenkörper kommen in Betracht: Unmittelbar für die Beamtenlaufbahn anzunehmende Dienstanfänger und für Beamtenstellungen mit näher zu bestimmenden Dienstverrichtungen oder mit handwerksmäßiger Vorbildung oder Fertigkeit geeignete Arbeiter der Gesellschaft.

Gut befähigten und praktisch bewährten Bediensteten wird in Ausnahmefällen der Aufstieg in besser bezahlte Stellungen eröffnet, auch wenn sie den sonst dafür geltenden Bedingungen hinsichtlich der Vorbildung nicht genügen[11]).

5. Alle Bewerber um Beamtenstellen müssen sich in geordneten wirtschaftlichen Verhältnissen befinden und einen guten Leumund besitzen.

6. Die Zahl des jährlich heranzuziehenden Nachwuchses für Beamtenstellen wird durch den Generaldirektor festgesetzt, der diese Befugnis auch auf andere Stellen der Gesellschaft übertragen kann.

---

[4]) Angestellte: unten III 8 § 1.

[5]) § 15 der Satzung ist jetzt § 13.

[6]) Übertragungen z. B. Perso § 9 Ziff. 1 Abs. 2, § 19 E, § 20 Ziff. 4, § 25 Ziff. 4, § 26a Ziff. 3.

[7]) Menert, Personalvorschriften, 4 Teile 1925—1928. Die in § 4 erwähnten Bestimmungen stehen teilweise noch aus.

[8]) Unten VI 4.

[9]) Bis jetzt u. a. E 13. Dez. 22 RVBl 429 (Menert I 57), Vf 27. Jan. 26 (Die Reichsbahn S. 46), ferner Menert II 91ff., III 138ff., IV 243ff., 268ff., 351ff., 367ff.

[10]) S. unten VI 4 Anm. 6.

[11]) Menert I 44ff. Kriegsbeschädigte u. Unfallrentenempfänger das. 51ff.

[12]) 7. Die Art, wie das Beamtenpersonal zu verwenden ist, ergibt sich im allgemeinen aus der bekleideten Beamtenstelle und der etwa erworbenen Anwartschaft auf eine höhere Stelle. Die Anwärter auf eine Beamtenstelle können in der gleichen Weise verwendet werden, wie die Inhaber der Stelle.

8. Die Prüfungsvorschrift, die Vorschriften über die Beamtenlaufbahnen und die Vorschriften für die körperliche Tauglichkeit des Personals bilden einen wesentlichen Bestandteil der Personalordnung. Zur Sicherstellung einer gleichmäßigen Verwendung der Beamten im gesamten Geschäftsbereich der Gesellschaft sind ferner einheitliche Richtlinien für die Bewertung der Beamtendienstposten vom Generaldirektor aufzustellen.

§ 5. Vereidigung und Verpflichtung[13])

1. Vor oder unverzüglich nach dem Dienstantritt ist jeder Beamte auf die Reichsverfassung und auf gewissenhafte Erfüllung seiner Dienstpflichten zu vereidigen. Die Eidesformel lautet: „Ich schwöre Treue der Reichsverfassung, Gehorsam den Gesetzen und gewissenhafte Erfüllung meiner Dienstpflichten." Der Eid wird in der Weise abgelegt, daß der zu Vereidigende dem die Eideshandlung vornehmenden Beamten durch Nachsprechen die Eidesformel in die Hand gelobt. Über den Ersatz der Eidesleistung durch eine andere feierliche Erklärung bei Angehörigen einer Religionsgemeinschaft, denen die Eidesleistung aus religiösen Gründen verboten ist, bestimmt der Generaldirektor im einzelnen Falle.

2. Angestellte und Arbeiter, die im Dienst eines Eisenbahnpolizeibeamten verwendet werden (§ 74 der Eisenbahn-Bau- und Betriebsordnung)[14]), sind ohne Rücksicht auf die Dauer dieser Verwendung durch Handschlag an Eides Statt zur gewissenhaften Erfüllung ihrer Dienstobliegenheiten zu verpflichten[15]).

3. Über die Eidesleistung und die Verpflichtung an Eides Statt ist eine Verhandlung aufzunehmen und aufzubewahren. Für die Zuständigkeit zur Abnahme des Eides und der Verpflichtung an Eides Statt gelten die bisherigen Bestimmungen.

§ 6. Anstellung und Beförderung der Beamten[16])

1. Der Beamte wird vom Generaldirektor, der diese Befugnis auf andere Stellen der Gesellschaft übertragen kann, angestellt und befördert. Über die Anstellung und Beförderung ist eine Urkunde auszufertigen, in die bei der Anstellung etwaige besondere Bedingungen aufzunehmen sind.

Die Anstellung und Beförderung wird rechtswirksam durch Aushändigung der Urkunde an den Beamten. In der ausgehändigten Urkunde kann auch ein früherer oder späterer Zeitpunkt der Rechtswirksamkeit bestimmt sein.

[17]) 2. Die Reichsbahnbeamten gelten als auf Lebenszeit[18]) angestellt, sofern nicht in der Anstellungs- oder Beförderungsurkunde der Vorbehalt des Widerrufs oder der Kündigung besonders ausgesprochen oder sofern dieser Vorbehalt nach den folgenden Bestimmungen erloschen ist:

a) Beamte im Vorbereitungsdienst sind auf jederzeitigen Widerruf anzustellen.

b) Die übrigen Beamten sind auf Kündigung anzustellen.

c) Der Vorbehalt der Kündigung erlischt, sobald der Beamte
   1. eine Planstelle inne hat und
   2. das 32. Lebensjahr vollendet hat und
   3. im Beamtenverhältnis eine Bewährungsfrist zurückgelegt hat, die beträgt:

[19])aa) bei Beamten der Besoldungsgruppen 10—17 (auch 17a)
   10 Jahre für Zivilanwärter und Inhaber des Anstellungsscheins,
   5 Jahre für Inhaber eines Versorgungsscheins bei geringerer als 10-jähriger Militärdienstzeit,
   3 Jahre für Inhaber eines Versorgungsscheins bei 10-jähriger und längerer Militärdienstzeit.

bb) bei Beamten der Besoldungsgruppen 6—9 (auch 9a)
   5 Jahre für Zivilanwärter,
   3 Jahre für Inhaber eines Versorgungsscheins bei geringerer als 10-jähriger Militärdienstzeit,
   2 Jahre für Inhaber eines Versorgungsscheins bei 10-jähriger und längerer Militärdienstzeit.

d) Der Vorbehalt der Kündigung erlischt nicht, wenn die für die Anstellung zuständige Stelle vor Erfüllung der unter c) bezeichneten Voraussetzungen schriftlich mitteilt, daß der Kündigungsvorbehalt wegen nicht ausreichender Bewährung noch aufrecht erhalten werde. In diesem Falle gilt der Beamte erst dann als unkündbar angestellt, wenn dieser Vorbehalt durch jene Stelle schriftlich aufgehoben wird.

[20]) e) Bei den Beamten im Sinne des § 1 Ziffer 2b, die als Reichsbahnbeamte vor dem 1. Juni 1926 angestellt wurden, und bei den Beamten im Sinne des § 1 Ziffer 2a gelten die bisherigen Vorschriften über die An-

---

[12]) Verwend. v. Beamten im Arbeiterdienst oben III 2 Anm. 2 Ca.

[13]) Vgl. RVerf Art. 176.

[14]) Unten VI 3.

[15]) In Preußen wurden die BPBeamten vereidigt. Näheres Witte S. 212a f.

[16]) Die Anstellung geschieht — wie bei Reichs- u. Staatsbeamten — durch einseitigen Verwaltungsakt; a. M. Roth Anm. 13. — Anfechtung w. Irrtums Roser Anm. 2, anders. Reindl (oben Anm. 3) S. 24. Keine Anf., wenn in der Reinschrift der AnstellUrkunde versehentlich der Kündigungsvorbehalt weggeblieben ist. RG 120 163 (wegen RBeamtenG § 2, dem Perso § 6 Ziff. 2 Satz 1 entspricht). — Zusammenstell. aller Best Menert IV 164ff.

[17]) Neugefaßt mit Vf 7. April 26 (Die Reichsbahn S. 208), erläuternd Vf 51. 503. 348 v. 19. desf. M. u. die Anm. bei Roser.

[18]) Aber: RBahnG § 24 u. Perso § 20.

[19]) Neugefaßt mit Vf 18. Dez. 26 (Die Reichsbahn S. 761). Richtlinien für Handhab. der Künd.: Vf 52 Po Ia 6/2 v. 3. April 28.

[20]) Roser Anm. 13.

stellung auf Lebenszeit oder auf Kündigung, sofern sie den Beamten günstiger sind als die vorstehenden Bestimmungen unter b) bis d).

[20a]) 3. Die ordentliche Kündigung ist bei allen außerplanmäßigen Beamten spätestens am 1. des Monats auf den Schluß eines Kalendermonats zulässig. Dasselbe gilt für die planmäßigen Beamten der Besoldungsgruppen 15—17 (auch 17a), solange sie im Beamtenverhältnis eine Bewährungsfrist von 5 Jahren noch nicht zurückgelegt haben. Nach Zurücklegung einer Bewährungsfrist von 5 Jahren ist die ordentliche Kündigung bei den planmäßigen Beamten dieser Besoldungsgruppen sowie bei den planmäßigen Beamten der Besoldungsgruppen 10—14 (auch 14a) unter Einhaltung einer Kündigungsfrist von 2 Monaten auf den Schluß eines Kalendervierteljahrs und bei den planmäßigen Beamten der Besoldungsgruppen 6—9 (auch 9a) unter Einhaltung einer Kündigungsfrist von 3 Monaten auf den Schluß eines Kalendervierteljahrs zulässig.

Außerplanmäßigen Beamten kann bei grober Verletzung der Dienstpflichten ohne Einhaltung einer Kündigungsfrist gekündigt werden.

[17]) Bei den Beamten im Sinne des § 1 Ziffer 2b, die als Reichsbahnbeamte vor dem 1. Juni 1926 angestellt wurden, und bei den Beamten im Sinne des § 1 Ziffer 2a bleibt es bei den nach den bisherigen Vorschriften geltenden Kündigungsfristen, sofern sie länger sind als die im Absatz 1 bezeichneten Fristen.

Die Kündigungsfrist ist bei kündbaren Beamten in der Anstellungs- oder Beförderungsurkunde zu bezeichnen.

4. Die Anstellung als außerplanmäßiger oder planmäßiger Beamter[21]) ist nur nach erfolgreicher Beendigung des vorgeschriebenen Vorbereitungsdienstes und bei befriedigender Führung, die Beförderung außerdem nach praktischer Bewährung des Anwärters zulässig, in beiden Fällen im Rahmen des Voranschlags.

[22]) 5. Zur Wiederanstellung von Beamten, die wegen Dienstvergehens entlassen[23]) worden sind oder ihre Beamtenstellung kraft Gesetzes verloren haben, bedarf es der Genehmigung der Hauptverwaltung, die diese Befugnis auf andere Stellen der Gesellschaft übertragen kann.

§ 7. Besondere Bestimmungen für Versorgungsberechtigte[24])

1. Als Versorgungsberechtigte gelten die in den §§ 1 und 2 der Anstellungsgrundsätze (Reichsgesetzbl. I 1923, S. 651) angegebenen Personen. Die Versorgungsberechtigten erhalten während des Vorbereitungsdienstes eine Vergütung bis zur Höhe des Anfangseinkommens der Beamten ihrer Laufbahn.

2. Die den Versorgungsberechtigten vorbehaltenen Stellen der Beamten und Angestellten sind in einem Stellenverzeichnis kenntlich zu machen. Dabei ist die seitherige Verteilung der eingestellten Versorgungsberechtigten auf die verschiedenen Laufbahnen bei der Reichsbahn angemessen zu berücksichtigen.

3. Das Verfahren bei der Bewerbung, Aufzeichnung und Einberufung, die Höhe der Bezüge während des Vorbereitungsdienstes und die Anstellungsverhältnisse der Versorgungsberechtigten sind vom Generaldirektor zu regeln. Bei der Festsetzung des Zeitpunktes der Anstellung ist den sich aus der Eigenschaft als Versorgungsberechtigter ergebenden besonderen Verhältnissen angemessen Rechnung zu tragen.

4. Die Ausschreibung der den Versorgungsberechtigten nach dem Stellenverzeichnis der Gesellschaft vorbehaltenen Stellen und die Besetzung vorbehaltener Stellen mit andern Anwärtern regelt ebenfalls der Generaldirektor. Er überwacht auch die Beachtung der von ihm hinsichtlich der Versorgungsberechtigten erlassenen Vorschriften.

5. Beim Aufrücken in Beförderungsstellen stehen den Versorgungsberechtigten keine Vorrechte zu.

6. Für die Behandlung der Versorgungsscheine nach der Einberufung der Bewerber gelten die § 55 bis 59 der Anstellungsgrundsätze sinngemäß.

§ 8. Pflichten der Beamten[25])

Der Beamte ist verpflichtet, das öffentliche Interesse und das Interesse der Gesellschaft zu wahren. Er hat seine Dienstgeschäfte unter Beachtung der Reichsverfassung und der Gesetze gewissenhaft wahrzunehmen und durch sein Verhalten in und außer dem Dienst der Achtung, die sein Beruf erfordert, sich würdig zu erweisen.

§ 9. Nebenerwerb, Geschenke, Belohnungen, Dienstverschwiegenheit[26])

1. Die Ausübung eines Nebenerwerbs oder einer Nebenbeschäftigung, der Eintritt in den Vorstand, Verwaltungs- oder Aufsichtsrat einer auf Erwerb gerichteten Gesellschaft und die Annahme von Geschenken oder Belohnungen in bezug auf ihre Dienstgeschäfte ist den Beamten nur mit Genehmigung gestattet (§ 3 Abs. 3 des Reichsbahn-Personalgesetzes). Auf die in den einstweiligen Ruhestand versetzten Beamten findet diese Bestimmung keine Anwendung.

Die Genehmigung zum Eintritt in den Vorstand, Verwaltungs- oder Aufsichtsrat einer auf Erwerb gerichteten Gesellschaft erteilt der Generaldirektor, der seine Befugnis auf andere Stellen der Gesellschaft übertragen kann. Im übrigen sind zur Genehmigung für die ihnen unterstellten Beamten die Reichsbahndirektionen, das Eisenbahn-Zentralamt[27]) und die zentralen Ämter, für die der Hauptverwaltung oder der Gruppenverwaltung Bayern unterstellten Beamten die Hauptverwaltung oder die Gruppenverwaltung Bayern zuständig.

[20a]) Fassung der Vf 9. Jan. 28 (Die Reichsbahn S. 45). Dazu Vf 52 Po v. 31. desf. M.

[21]) Fass. der Vf 29. Jan. 26 (Die Reichsbahn S. 45).

[22]) Entspricht RBeamtenG § 33.

[23]) Auch durch Widerruf od. Kündigung. Noser Anm. 16.

[24]) RBahnG § 25. Anstellungsgrundsätze jetzt RGBl 1926 I 435, AusfBest u. Erläut. dazu: Menert III 5ff., IV 6ff.

[25]) In beiden Sätzen des § 8 tritt zutage, daß der RBBeamte Beamter i. S. des öff. Rechts ist (s. oben III 2 Anm. 2). Sie sind übernommen aus RBahnG § 23 (1) u. RBPersG § 3 (1).

[26]) Zu § 9 vgl. RBPersG § 3 u. Anm. dazu.

[27]) Jetzt Reichsbahn-Zentralamt (oben II 2 Anm. 17).

2. Über Angelegenheiten der Gesellschaft, deren Geheimhaltung ihrer Natur nach erforderlich oder vorgeschrieben ist, hat der Beamte Verschwiegenheit zu beobachten, auch nachdem das Dienstverhältnis gelöst ist. Bevor ein Beamter als Sachverständiger ein außergerichtliches Gutachten abgibt, hat er dazu die Genehmigung einzuholen. Ebenso haben die Beamten, auch nachdem das Dienstverhältnis gelöst ist, ihr Zeugnis über Tatsachen, auf die sich ihre Verpflichtung zur Verschwiegenheit bezieht, insoweit zu verweigern, als sie nicht von dieser Verpflichtung im Einzelfall entbunden sind (§ 3 Abs. 2 des Reichsbahn-Personalgesetzes).

Die weiteren Anordnungen erläßt der Generaldirektor; vorläufig bleiben die bisherigen Bestimmungen in Kraft.

§ 10. Dienstbezeichnungen der Beamten

1. Die Beamten führen die in der Anlage[28]) zusammengestellten Dienstbezeichnungen.

2. Die in der Anlage aufgeführten Dienstbezeichnungen sind ohne Einfluß auf die Gestaltung der Laufbahnen.

§ 11. Besoldung (Dienstbezüge) der Beamten[29])

[20a]) 1. Die Besoldung der Beamten wird durch die Besoldungsordnung[30]), den Besoldungsplan für die Gruppen 6—17 (auch 17a) und die entsprechenden Teile der Diätenordnung und der Aufstellung über den Wohnungsgeldzuschuß geregelt, die einen wesentlichen Bestandteil der Personalordnung bilden.

2. Der Generaldirektor setzt die Richtlinien für die Gewährung besonderer Vergütungen nach § 26 Abs. 3 des Reichsbahngesetzes nach Benehmen mit dem Hauptbeamtenrat fest und gibt sie bekannt. Die besonderen Vergütungen sind nach allgemeinen Grundsätzen für die Tätigkeit auf besonders verantwortlichen Dienstposten oder unter besonders schwierigen Dienstverhältnissen sowie für außergewöhnliche Leistungen zu gewähren[31]).

[32]) 3. Der Generaldirektor erläßt ferner Richtlinien über die Gewährung von Prämien für besondere Leistungen (zum Beispiel Spitzenverkehrsleistungsprämien, Rangierprämien, Stoffersparnisprämien). Die bisherigen Vorschriften gelten vorläufig weiter.

§ 12. Reisekosten, Umzugskosten, Trennungsentschädigungen, Fahrgeld des Fahrpersonals, Nebenbezüge[20a]) [21])

Die am 31. Januar 1926 geltenden reichsrechtlichen Bestimmungen sind zunächst weiter anzuwenden, die später in Kraft tretenden jedoch nur, soweit sie für anwendbar erklärt werden[33]).

Die Zuständigkeiten der obersten Reichsbehörde übt der Generaldirektor aus, der diese Befugnis auf andere Stellen der Gesellschaft übertragen kann.

§ 13. Urlaub der Beamten[34])

1. Den Beamten wird alljährlich ein Erholungsurlaub gewährt, dessen Dauer der Generaldirektor festsetzt.

2. Über die Gewährung weiterer kürzerer Urlaube aus besonderen Anlässen werden vom Generaldirektor Richtlinien aufgestellt. Urlaub zu sonstigen Zwecken erteilt der Generaldirektor unter den von ihm festzusetzenden Bedingungen; er kann diese Befugnis auf andere Stellen der Gesellschaft übertragen.

3. Grundsätzlich haben sich die Beamten während des Urlaubs (einschließlich Erholungsurlaub) gegenseitig zu vertreten. Soweit dies nicht angängig ist, trägt die Gesellschaft die Kosten der Vertretung.

4. Ein Beamter, der sich ohne Urlaub von seinem Dienstposten fernhält oder den erteilten Urlaub überschreitet, ist für die Zeit der unerlaubten Entfernung seiner Dienstbezüge verlustig, wenn nicht besondere Entschuldigungsgründe ihm zur Seite stehen[35]).

[36]) 5. Die Beamten bedürfen zur Ausübung ihres Amtes als Mitglieder des Reichstags oder eines Landtags keines Urlaubs.

Bewerben sie sich um einen Sitz zu diesen Körperschaften, so ist ihnen der zur Vorbereitung ihrer Wahl erforderliche Urlaub zu gewähren.

6. Den Beamten, die beim Übergang des Betriebsrechts auf die Gesellschaft als Reichsbeamte im Dienst des Unternehmens „Deutsche Reichsbahn“ gestanden haben, werden an Diensteinkommen auch bei Erholungsurlaub die Ansprüche gewährleistet, die sie als Reichsbeamte hatten (§ 20 Abs. 1 des Reichsbahngesetzes).

---

[28]) Hier nicht abgedruckt. Neugefaßt durch die oben in Anm. 19 genannte Vf.

[29]) Zu § 11 vgl. RBahnG §§ 20 (Gewährleistung) u. 19 (Einspruchsrecht der Reichsregierung).

[30]) Besoldungsordnung (bei der der VerwaltRat nach Satzung § 13 mitwirkt) 10. Jan. 28 (Die Reichsbahn 47), dabei die Diätenordnung u. die Aufstellung üb. d. WohnZuschuß; AusfBest: Besoldungsvorschriften 31. März 28 (Die Reichsbahn S. 321).

[31]) Vf 53. 238. 605 v. 4. Dez. 24. — RBahnG § 26 (3) ist jetzt § 26 (2), s. d.

[32]) Die Prämien stehen nicht unter Kontrolle der Reichsregierung (Roser S. 65) u. sind nicht an die Höchstgrenze des § 26 (2) RBahnG gebunden (das. Anm. 6 zu § 11). — Neugeregelt sind die Brennstoffersparnisprämien durch Vf 34 D 15251/26 v. 25. Jan. 27; Prämien für Entdeckung v. Schäden u. dgl.: Vf 11. Sept. 28 (Die Reichsbahn S. 833).

[33]) Neue Vorschr. üb. Aufwandsentschäd. des Zugpersonals (V.A.Z.) Vf 31. Juli 29 (Die Reichsbahn S. 617), über Verlustentschädigungen f. Kassen- u. Zugbeamte Vf 42. 1235 III v. 30. Juli 27, Umzugskostenvorschrift 30. Juni 28 (Die Reichsbahn S. 625).

[34]) Vgl. RBeamtenG § 14. Im Gegensatze zum Reichsbeamten hat nach Perso § 13 Ziff. 1 der Reichsbahnbeamte einen (freilich wenig greifbaren) Anspruch auf Erholungsurlaub. — Richtlinien f. d. UrlBewill. Vf 59. 531. 299 v. 19. März 27; neue Vorschr.: Vf 13. Dez. 29 (Die Reichsbahn **1930** S. 2). — Vererblichkeit des Urlaubsanspruchs: Vf 51. 533 Pltu v. 24. Dez. 29. — S. auch unten Beil. C § 15.

[35]) Vgl. RBeamtenG § 14 Abs. 3 u. Roser Anm. 4.

[36]) RVerf Art. 39. Wegen des Fehlens einer Best i. S. RBeamtenG § 14 Abs. 2 s. Roser Anm. 5 u. 7, anders. Hermann Anm. 4.
Ältere Vorschriften: E 27. Okt. 20 (RVBl 128) u. 13. Nov. 20 E II 23. 15683.

§ 14. Krankheit der Beamten[37])

1. Die Beamten verbleiben in Krankheitsfällen im Genusse der Besoldung*). Bei den auf Kündigung oder Widerruf angestellten Beamten ist im Falle einer sechsundzwanzig Wochen überschreitenden Dauer ihrer Krankheit von dem Kündigungs- oder Widerrufsrecht kein Gebrauch zu machen, wenn damit zu rechnen ist, daß der erkrankte Beamte in absehbarer Zeit den Dienst wieder aufnehmen wird. Die §§ 20, 22, 23 und 25 werden im übrigen hierdurch nicht berührt.

2. Die Stellvertretungskosten für erkrankte Beamte trägt die Gesellschaft.

3. Den Beamten, die beim Übergang des Betriebsrechts auf die Gesellschaft als Reichsbeamte im Dienst des Unternehmens „Deutsche Reichsbahn" gestanden haben, werden für die Fortgewährung des gesamten Diensteinkommens bei Krankheit die Ansprüche gewährleistet, die sie als Reichsbeamte hatten (§ 20 Abs. 1 des Reichsbahngesetzes).

§ 15. Arbeitszeit[21])

Im inneren Dienst [Hauptverwaltung, Gruppenverwaltung Bayern, Reichsbahndirektionen, Eisenbahn-Zentralamt[27]), zentrale Ämter, Betriebsdirektionen, Ämter oder Inspektionen und Bauabteilungen], ferner in den Eisenbahnausbesserungswerken, den Haupt- und Nebenwerkstätten, in der Bahnunterhaltung und, soweit nicht die Dienstdauervorschriften anzuwenden sind, in den Bahnkraft- und -Gaswerken wird die Arbeitszeit der Reichsbahnbeamten in folgender Weise geregelt:

a) Jeder Beamte ist verpflichtet, seine volle Arbeitskraft in den Dienst der Gesellschaft zu stellen. Er hat die ihm übertragenen Arbeiten rechtzeitig ohne Rücksicht auf seine festgesetzte Dienststundenzahl zu erledigen.

b) Der Dienst ist in der Regel an der Dienststelle und innerhalb der vorgeschriebenen Arbeitszeit zu erledigen.
Die Arbeitszeit im inneren Dienst und in den Verwaltungsbüros der Eisenbahnausbesserungswerke und Hauptwerkstätten beträgt 51 Stunden, im übrigen 54 Stunden wöchentlich. Regelmäßige Mehrleistungen können innerhalb eines Kalenderjahres durch regelmäßige Minderleistungen, ebenso wie umgekehrt ausgeglichen werden. Soweit der Dienst nur in Dienstbereitschaft oder Reisezeit besteht, ist die Arbeitszeit entsprechend zu erhöhen.

c) Dem Dienst an der Dienststelle und innerhalb der vorgeschriebenen Arbeitszeit sind die Teilnahme an Sitzungen, Dienstunterricht, Besichtigungen u. dgl. gleichzuachten. Soweit die Erledigung des Dienstes an der Dienststelle und in der vorgeschriebenen Arbeitszeit aus dienstlichen Gründen unzweckmäßig ist, kann eine anderweitige Regelung stattfinden.

d) Die Arbeitszeit wird von jeder Stelle der Gesellschaft festgesetzt. Die Tagesdienstzeit ist grundsätzlich in Vor- und Nachmittagsdienst zu teilen. Nur dort, wo aus zwingenden örtlichen und sachlichen Gründen eine solche Teilung unmöglich erscheint, kann mit Zustimmung des Generaldirektors durchgehend gearbeitet werden. Der Generaldirektor regelt bei Bewilligung der Ausnahme die Arbeitszeit.

e) Für eine Überschreitung der wöchentlichen Arbeitszeit wird eine Vergütung nicht gewährt. Ein Ausgleich kann durch Dienstbefreiung zu anderen Zeiten gewährt werden.

2. Für das Betriebs- und Verkehrspersonal (Beamte, Angestellte und Arbeiter) wird die Arbeitszeit durch besondere Dienstdauervorschriften geregelt, die einen wesentlichen Bestandteil der Personalordnung bilden[38]). Dasselbe gilt für die im Betriebs- und Verkehrsdienst tätigen Angestellten und Arbeiter, soweit ihre Arbeitszeit nicht durch Tarifvertrag geregelt ist.

3. Für die nicht im Betriebs- und Verkehrsdienst tätigen Angestellten wird die Arbeitszeit entsprechend der Arbeitszeit der Beamten durch Tarifvertrag geregelt[39]).

Für die nicht im Betriebs- und Verkehrsdienst tätigen Arbeiter wird die Arbeitszeit durch Lohntarifvertrag[40]) geregelt. Bei gewissen Arbeitergruppen, die nicht unter die Dienstdauervorschriften für das Betriebs- und Verkehrspersonal fallen, wird Dienstbereitschaft zur Hälfte ihrer Dauer auf die Arbeitszeit angerechnet; vorläufig gelten für diese Arbeitergruppen die Vorschriften des Erlasses vom 7. Mai 1924 (E. II. 92. 233. Nr. 23).

§ 16. Dienstkleidung, Schutzkleidung

1. Die Beamten, Angestellten und Arbeiter können zum Tragen einer Dienstkleidung oder einer Dienstmütze verpflichtet werden, soweit dies nach der Art ihrer Verwendung geboten ist. Im übrigen kann gewissen Klassen von

*) Besoldung im Sinne dieser Personalordnung sind Grundgehalt, Wohnungsgeldzuschuß, Frauenzuschlag, Kinderzuschlag und örtlicher Sonderzuschlag. Andere Zulagen können durch besondere Anordnung des Generaldirektors zum Bestandteil der Besoldung erklärt werden.

37) Die Vorschr. des Abs. 1 in Verb. m. Vf 10. Okt. 25 (Roser Anm. 1) enthalten die Gewährleist., v. der nach RVO § 169 (unten III 7) die Befreiung der Beamten v. d. reichsgesetzl. Krankenversich Pflicht abhängt; die Reichsbahnbeamten sind also versicherungsfrei. Vgl. auch E 27. Jan. 22 RVBl 68. — Über die Bedeutung des letzten Satzes des Abs. 1 s. Roser Anm. 2. — Mitteil. üb. die im VerwaltWeg eingeführte Reichsbahnbeamten-Krankenversorgung: Die Reichsbahn **1926** 231; **1927** 383; **1929** 382. — S. auch unten Beil. C § 17.

38) Dienstdauervorschriften (DDV) eingef. mit E 19. Sept. 24 (RVBl 217, dazu Vf 25. 234. 177 v. 23. dess. M.); geändert: Vf 5. März 27 (Die Reichsbahn S. 147, dazu Vf 51. 534. 122 v. 18. dess. M.), Vf 51. 56. 533. 639 v. 3. Juni 27, Vf 11. Feb. 28 (Die Reichsbahn S. 169, dazu Vf 51. 534. 345 v. 22. dess. M.), Vf 4. Feb. 29 (Die Reichsbahn S. 104, dazu Vf 51. 534 Pz v. 5. dess. M.). Ferner RBahnG § 22 (2), Fromm in Die Reichsbahn **1926** 112 u. Vf 51. 56. 533. 444 v. 16. April 27.

39) Z. Z. Reichsangestellten-Tarifvertrag vom 2. Mai 24 (RBesoldBl Nr. 27), dazu E 22. Mai 24 E II 92. 235. 83. (Später mehrfach geändert).

40) Lohntarifvertrag (LTV) v. 11. Juli 24 (RVBl 173), geändert: Vf 16. April 27 (vorst. Anm. 38 a. E.). Gedingeverfahren b. d. Bahnunterhalt. Vf 56. 532. 23 v. 29. Jan. 27. — Entsch. des RArbeitsgerichts zum LTarVtr: VZ **1929** 465, 851; JW **1929** 2843.

Bediensteten die Berechtigung zum Tragen von Dienstkleidung zuerkannt werden. Der Kreis der zum Tragen von Dienstkleidung verpflichteten und berechtigten Bediensteten sowie die Form der Dienstkleidung wird durch eine Dienstkleidungsvorschrift[41]) geregelt.

2. Zur Versorgung des Personals mit guter und preiswerter Dienstkleidung sind Kleiderkassen einzurichten. Die Grundsätze für die Verwaltung der Kleiderkassen und für die Zuschußleistung der Gesellschaft zu den Kosten der Dienstkleidung für die zu ihrem Tragen verpflichteten Bediensteten regelt eine Kleiderkassenvorschrift[41]).

3. Als Schutz gegen die Unbilden der Witterung und Gesundheitsschäden bei Ausübung des Dienstes sowie gegen das Beschmutzen der Kleidung bei besonders gearteten Arbeitsverrichtungen ist dem Personal auf Kosten der Gesellschaft eine besondere Schutzkleidung nach Maßgabe des Bedürfnisses zu liefern.

4. Die Dienstkleidungsvorschrift, die Kleiderkassenvorschrift und die Anordnungen für das Schutzkleidungswesen erläßt der Generaldirektor[41]).

§ 17. Dienst- und Mietwohnungen[42])

Die Bestimmungen über die Benutzung, Verwaltung und Vergütung von Wohnungen erläßt der Generaldirektor.

§ 18. Angelegenheiten der Personalvertretung

1. Die Beamten haben für ihre Vertretung gegenüber der Gesellschaft die gleichen Rechte und Pflichten, wie sie gesetzlich für die Reichsbeamten gegenüber der Reichsverwaltung gelten (§ 6 des Reichsbahn-Personalgesetzes). Bis zur gesetzlichen Regelung bleibt der Beamtenräte-Erlaß[43]) in Kraft. Änderungen oder Ergänzungen dieses Erlasses oder seiner Ausführungsbestimmungen und die Entscheidung oder Anordnung in Fragen von allgemeiner oder grundsätzlicher Bedeutung trifft der Generaldirektor.

2. Für die Vertretung der Arbeiter gegenüber der Gesellschaft gilt das Betriebsrätegesetz und die Betriebsräteverordnung[44]). Das Verordnungsrecht übt der für die Aufsicht über die Eisenbahnen zuständige Reichsminister[45]) aus. Im übrigen regelt der Generaldirektor alle Fragen von allgemeiner oder grundsätzlicher Bedeutung und erläßt die Ausführungsbestimmungen.

§ 19. Dienstvergehen und Dienststrafen[46])

A. Dienstvergehen

Verletzt ein Beamter schuldhaft die ihm obliegenden Pflichten[47]), so verwirkt er wegen Dienstvergehens die Dienstbestrafung.

B. Dienststrafen

1. Dienststrafen sind:
a) Warnung,
b) Verweis,
c) Geldstrafe,
d) Strafversetzung,
e) Dienstentlassung.

2. Geldstrafe darf nur gegen besoldete Beamte verfügt werden. Sie beträgt höchstens die Hälfte des einmonatigen Diensteinkommens[48]), das dem Beamten zur Zeit der Zahlung zusteht, und kann nach Bruchteilen dieses Betrages festgesetzt werden. Geldstrafe kann mit Verweis verbunden werden.

3. Die Strafversetzung besteht in der Versetzung auf einen andern Dienstposten derselben oder einer gleichartigen Laufbahn und von gleicher Bewertung. Wird auf Strafversetzung erkannt, so ist zugleich die Verminderung des Diensteinkommens[48]) um höchstens ein Fünftel auszusprechen. Statt der Verminderung des Diensteinkommens kann eine Geldstrafe verhängt werden, die das Doppelte des monatlichen Diensteinkommens nicht übersteigt.

4. Durch die Dienstentlassung verliert der Beamte den Anspruch auf Dienstbezüge, Ruhegehalt, Hinterbliebenenversorgung, Dienstbezeichnung, Titel und Dienstabzeichen. Hat vor Beendigung des förmlichen Dienststrafverfahrens das Dienstverhältnis bereits aufgehört, so wird, falls nicht der Angeschuldigte unter Übernahme der Kosten freiwillig auf Ruhegehalt, Hinterbliebenenversorgung, Dienstbezeichnung, Titel und Dienstabzeichen verzichtet, auf deren Verlust an Stelle der Dienstentlassung erkannt. Gehört der Angeschuldigte zu den Beamten, die einen Anspruch auf Ruhegehalt haben, so kann das Dienststrafgericht beim Vorliegen mildernder Umstände in seiner Entscheidung zugleich dem Angeschuldigten einen Teil des gesetzlichen Ruhegehalts auf gewisse Jahre oder auf Lebenszeit bewilligen.

---

[41]) DienstkleidungsO (DKO) E 9. Mai 24 (RBBl 131), geändert: Vf 12. April u. 2. Mai 27 (Die Reichsbahn S. 330f.). — Kleiderkassenvorschrift (Kleivo) Vf 25. März 26 (Die Reichsbahn S. 161). Die Kleiderkasse hat keine eigene Rechtspersönlichkeit (?); sie wird v. d. RBDirektion vertreten. OLG Celle 23. März 26 AS XII 35. Aufwert. ihrer Forderungen RG VZ **1928** 386; **Preisfestsetzung RG EE 47 247. Unanwendbarkeit v.** UmsatzsteuerG § 3 Nr. 3: RFinanzhof JW **1927** 1791.

[42]) Mit Vf 53. 569 DiWo (MiWo) 1685 v. 2. Dez. 26 ist f. d. Reichsbahn eine eigene Wohnungsvorschrift (WV) eingeführt worden. — Mitwirk. der Personalvertret. b. d. Verteil. der Wohnungen: Roser Anm. 1. — Satz 2 u. 3 des § 17 sind durch die oben in Anm. 19 genannte Vf gestrichen w. — S. ferner oben I 5 Anm. 74 E.

[43]) E 22. Dez. 24 (unten III 4).

[44]) Unten III 6. Angestellte: Roser Anm. 6.

[45]) Reichsverkehrsminister.

[46]) Nach RBahnG § 23 (2) ist das Dienststrafrecht der Reichsbeamten auf die Reichsbahnbeamten sinngemäß anwendbar. Perso § 19 gibt in A bis D den Inhalt der hiernach in Frage kommenden §§ 72ff. RBeamtenG wieder. Ausführl. Erläut. bei Roser. — S. auch Beil. C § 28.

[47]) Perso § 8. — Straftaten, die vor der Anstell. begangen s., können nicht disziplinarisch verfolgt w. (Roser Anm. 1).

[48]) Diensteinkommen i. S. des Abs. 2: Roser 3, i. S. des Abs. 3: das. Anm. 4. Berechn. v. Wartegeld u. Ruhegehalt b. Strafversetzung Vf 51. 263. 289 v. 4. Nov. 25.

C. Nichtförmliches Dienststrafverfahren[49])

1. Die Dienststrafen der Warnung, des Verweises und der Geldstrafe dürfen erst verhängt werden, nachdem der Beschuldigte über die ihm zur Last gelegte Verfehlung und das Ergebnis der etwa angestellten Ermittlungen gehört worden ist. Schriftliche Anhörung genügt; der Beschuldigte kann jedoch mündliche Vernehmung verlangen. Über eine mündliche Vernehmung wird eine Niederschrift aufgenommen.

2. Die Dienststrafe wird durch einen schriftlichen, mit Gründen versehenen Bescheid verhängt, der dem Beschuldigten bekanntzugeben ist. Ist eine Dienststrafe für den Fall der Nichterledigung einer besonderen dienstlichen Anordnung binnen einer bestimmten Frist angedroht, so kann nach Ablauf der Frist die Dienststrafe ohne weiteres verhängt werden.

3. Gegen den Bescheid ist die Beschwerde an die nächsthöhere vorgesetzte Stelle innerhalb von zwei Wochen nach der Bekanntgabe zulässig. Gegen deren Entscheidung findet eine weitere Beschwerde nicht statt[50]).

D. Förmliches Dienststrafverfahren

1. Strafversetzung und Dienstentlassung können nur im förmlichen Dienststrafverfahren von den Dienststrafgerichten verhängt werden. Hierbei und für die vorläufige Dienstenthebung[51]) ist das für die Reichsbeamten geltende Dienststrafrecht sinngemäß anzuwenden; in Fällen, in denen beim Reichsbeamten die vorläufige Dienstenthebung kraft Gesetzes eintritt, ist sie besonders zu verfügen. Als oberste Reichsbehörde gilt der Generaldirektor. Seine Befugnisse werden nach § 23 Abs. 2 Satz 2 des Reichsbahngesetzes für die ihnen unterstellten Beamten auf die Präsidenten und für die nicht den Präsidenten unterstellten Beamten der Gruppenverwaltung Bayern dem Leiter der Gruppe Bayern übertragen.

2. Die Bestimmungen über die Entlassung der auf Widerruf oder Kündigung angestellten Beamten bleiben unberührt (vgl. Abschnitt F).

E. Zuständigkeit zur Verhängung von Dienststrafen im nichtförmlichen Dienststrafverfahren[52])

1. Zuständig zur Erteilung von Warnungen und Verweisen ist jede vorgesetzte Stelle gegen die ihr unterstellten Beamten.

2. Zuständig zur Verhängung von Geldstrafen sind:

Normaldienststellen[53]) bis 2 Mark,
Betriebsdirektionen, Ausbesserungswerke, Haupt- und Nebenwerkstätten, Ämter und Inspektionen bis 15 Mark,
[54]) Reichsbahndirektionen, Eisenbahn-Zentralamt[27]) und zentrale Ämter bis 60 Mark (höchstens ein Drittel des Monatseinkommens),
Hauptverwaltung und Gruppenverwaltung Bayern bis zur zulässigen Höchststrafe.

F. Entlassung wegen Dienstvergehens durch Ausübung des Widerrufs oder der Kündigung[55])

1. Ein unter Vorbehalt des Widerrufs oder der Kündigung angestellter Beamter kann wegen Dienstvergehens auch durch Ausübung des Widerrufs oder der Kündigung entlassen werden. Die Ausübung des Widerrufs oder der Kündigung verfügt die Stelle, die für die Anstellung zuständig ist. Abschnitt C Ziffer 1 gilt entsprechend[19]).

2. Gegen die Kündigung ist innerhalb einer Frist von zwei Wochen nach ihrer Zustellung[55a]) Beschwerde zulässig[56]). Die Beschwerde ist schriftlich bei der Stelle einzulegen, die die Kündigung verfügt hat. Zur Wahrung der Frist genügt es, wenn der Beamte die Beschwerde bei der Stelle einlegt, der er zuletzt angehört hat[20a]). Die Beschwerde hat keine aufschiebende Wirkung.

3. Die in Ziffer 2 Satz 2[20a]) bezeichnete Stelle kann der Beschwerde stattgeben; in diesem Falle ist die Kündigung zurückzunehmen.

4. Wird der Beschwerde nicht stattgegeben, so entscheidet der Beschwerdeausschuß[57]) bei der Reichsbahndirektion, der der Beamte unterstellt war[20a]). Dieser besteht aus dem Präsidenten einer Reichsbahndirektion oder einem vom Generaldirektor zu bestimmenden andern leitenden Beamten als Vorsitzender, einem Abteilungsleiter[58]) als Vertreter der Reichsbahn-Gesellschaft und einem vom Bezirksbeamtenrat von Fall zu Fall zu bestellenden Beamtenvertreter, der möglichst derselben, jedenfalls keiner niedrigeren Beamtengruppe als der gekündigte Beamte angehört. Ist der Beamte der Hauptverwaltung oder der Gruppenverwaltung Bayern unterstellt, so entscheidet der Beschwerdeausschuß bei diesen Stellen[20a]); an die Stelle des Präsidenten tritt ein Direktor, an die Stelle des Abteilungsleiters ein Referent und an die Stelle des Bezirksbeamtenrats der Ortsbeamtenrat.

Die Beisitzer im Beschwerdeausschuß dürfen an der Verfügung der Kündigung nicht beteiligt gewesen sein.

---

[49]) Mitwirk. des Beamtenrats Roser Anm. 8, 9, 21.

[50]) Recht der strafenden Stelle z. Aufheb. od. Änder. d. Bescheids Vf 51. 203. 726 v. 16. Dez. 25.

[51]) RBeamtenG §§ 125ff.

[52]) Vf 51. 563. 113 v. 27. Mai 26.

[53]) Oben II 2 Beil. C Anm. 2.

[54]) Die gleiche Zuständ. wie die Direktion hat deren Präsident. Vf 51. 504. 66 v. 16. März 27.

[55]) Andere EntlassGründe Perso § 25. — Anhören d. Beamtenrats BER (unten III 4) § 44.

[55a]) Vf 24. Aug. 29 (Die Reichsbahn S. 665, RMinBl 622).

[56]) Rechtsmittelbelehrung: Vf 51. 503. 916 v. 13. Okt. 26.

[57]) Der Beschwerdeausschuß ist eine dem RBeamtenG fremde Sondereinrichtung.

[58]) Vf 50. 204. 29 v. 28. Jan. 25.

[59]) Vf 50. 204. 195 v. 18. April 25.

5. Wird die Beschwerde für berechtigt erklärt, so gilt die Kündigung als zurückgenommen. Der Beschwerdeausschuß kann auch auf Wiedereinstellung des Beamten[60]) erkennen, die dann unverzüglich von der zuständigen Stelle anzuordnen ist.

Wird die Beschwerde für unberechtigt erklärt, so kann der Beschwerdeausschuß[61]) beim Vorliegen besonderer mildernder Umstände eine Abfindungssumme bewilligen, die nach den Dienstjahren zu bemessen ist und das Vierfache des letzten Monatseinkommens nicht übersteigen darf.

6. Die Entscheidung des Beschwerdeausschusses wird mit Stimmenmehrheit gefaßt und ist endgültig. Eine weitere Beschwerde ist nicht zulässig.

7. Für das Verfahren vor dem Beschwerdeausschuß gelten die Vorschriften über den Einspruchsausschuß in § 20 Ziffern 9 bis 13 entsprechend.

G. Dienstvergehen und Dienststrafen der Angestellten und Arbeiter

1. Auf die Angestellten und die dem Beamtenräte-Erlaß unterstehenden Arbeiter finden die vorstehenden Bestimmungen mit Ausnahme der Vorschriften über Strafversetzung und Dienstentlassung in den Abschnitten B und D entsprechende Anwendung. Die Geldstrafen der Arbeiter fließen der Betriebskrankenkasse zu.

2. Für Dienstvergehen und Dienstbestrafung der unter die Betriebsräteverordnung[44]) fallenden Arbeiter gilt die Arbeitsordnung[62]).

3. Bei Kündigung des Dienstverhältnisses sind die Bestimmungen der einschlägigen Tarifverträge oder des Einzelarbeitsvertrags, des Beamtenräte-Erlasses oder der Betriebsräteverordnung anzuwenden.

§ 20. Versetzung in den einstweiligen Ruhestand[63])

1. Der Beamte kann unter Bewilligung von Wartegeld einstweilen in den Ruhestand versetzt werden (§ 24 Satz 2 des Reichsbahngesetzes)[64]).

2. Den Beamten, die beim Übergang des Betriebsrechts auf die Gesellschaft als Reichsbeamte im Dienst des Unternehmens „Deutsche Reichsbahn" gestanden haben, werden an Wartegeld, Ruhegehalt und Hinterbliebenenversorgung die Ansprüche gewährleistet, die sie als Reichsbeamte hatten (§ 20 Abs. 1 Satz 2 des Reichsbahngesetzes). Bei der Berechnung der aus dieser Gewährleistung sich ergebenden Bezüge ist der nach Reichsrecht erworbenen Dienstzeit die bei der Gesellschaft als Beamter verbrachte Dienstzeit hinzuzurechnen (§ 12 Abs. 1 des Reichsbahn-Personalgesetzes).

3. Das Recht der Gesellschaft, den Beamten jederzeit unter Bewilligung von Wartegeld einstweilen in den Ruhestand versetzen zu können, soll dem Ziele möglichst hoher Wirtschaftlichkeit des Unternehmens dienen. Die Ausübung des Rechts kommt daher nur dann in Betracht, wenn der Beamtenkörper der Gesellschaft wegen Einschränkung des Aufgabenkreises, Abnahme des Geschäftsumfangs, der Veränderung oder Umbildung von Einrichtungen der Gesellschaft oder wegen sonstiger Vereinfachungen vermindert werden muß oder wenn die Gesellschaft den Beamten wegen seiner Überzähligkeit oder des Werts seiner dienstlichen Leistungen nicht mehr beibehalten kann[65]). Die Versetzung eines Beamten in den einstweiligen Ruhestand wegen seiner politischen oder konfessionellen oder gewerkschaftlichen Betätigung oder wegen der ordnungsmäßigen Ausübung der Tätigkeit als Beamtenratsmitglied oder wegen seiner Zugehörigkeit oder Nichtzugehörigkeit zu einer politischen Partei und zu einem politischen, konfessionellen oder Berufsverein ist unzulässig. Die näheren Grundsätze für die Versetzung in den einstweiligen Ruhestand und für ihre Anwendung auf Kündigungsbeamte sowie etwaige sonstige Richtlinien, insbesondere auch für die Auswahl der in den einstweiligen Ruhestand zu versetzenden Beamten, erläßt der Generaldirektor[65])[66]).

4. Zuständig zur Versetzung in den einstweiligen Ruhestand und zur Festsetzung der Höhe des Wartegeldes[67]) sind für die ihnen unterstellten Beamten die Reichsbahndirektionen und das Eisenbahn-Zentralamt[27]), für die den zentralen Ämtern der Gruppenverwaltung Bayern unterstellten Beamten das Personalamt dieser Gruppenverwaltung, für die der Hauptverwaltung oder der Gruppenverwaltung Bayern unterstellten Beamten die Hauptverwaltung oder die Gruppenverwaltung Bayern.

5. Der Bezug der Besoldung*) dauert bis zum Ablauf des Vierteljahrs, das auf den Monat folgt, in dem die Entscheidung über die Versetzung in den einstweiligen Ruhestand dem Beamten zugestellt worden ist[68]).

6. Der Beamte kann gegen seine Versetzung in den einstweiligen Ruhestand binnen einer Frist von zwei Wochen nach deren Zustellung bei der Stelle, die die Versetzung verfügt hat, Einspruch einlegen[56]). Zur Wahrung der Frist genügt es, wenn der Beamte den Einspruch bei der Stelle einlegt, der er zuletzt angehört hat. Der Einspruch hat keine aufschiebende Wirkung.

---

*) S. Anmerkung zu § 14 Ziffer 1 Satz 1.

---

[60]) Ohne Rückwirkung.

[61]) Nur der BAusschuß, nicht die kündigende Stelle.

[62]) Arbeitsordnung 17. März 22, später geändert u. ergänzt.

[63]) BRV (unten III 6) §§ 80—88, 91—93. RBahnG § 24.

[64]) S. oben I 5 Anm. 96 u. die Vorbemerk. v. Roser zu § 20. Im Gegens. zu dem auf Kündigung angestellten Beamten hat der unkündbar angestellte den nur im DisziplVerfahren entziehbaren Anspruch auf Wartegeld. Roser Anm. 1, 2. Der KündBeamte hat grundſ. im Falle der Künd. einen solchen Anspruch nicht. OLG Stettin BZ **1929** 1147.

[65]) Darüber, ob ein Fall des Satzes 2 vorliegt, entscheidet nur der Einspruchsausschuß (Ziff. 6); darüber, ob ein Fall des Satzes 3 vorliegt, nur die Schiedsstelle (Ziff. 7). Roser Anm. 9, 11, 12, 13.

[66]) Vf 10. Dez. 24 (Die Reichsbahn S. 11, auch abgedr. bei Roser Anm. 5) Ziff. 4—6.

[67]) Höhe des Wartegeldes RBeamtenG § 26 (Fass. der AbbauVo 27. Okt. 23 RGBl I 999 u. des G 4. Aug. 25 das. 181); dazu Vf 50. 203. 529 v. 28. Aug. 25 Ziff. I.

[68]) Bek 4. Dez. 25 RMinBl 1386. Dazu Ziff. 3 der Vf 10. Dez. 24 (Die Reichsbahn S. 11), geänd. mit Vf 50. 203. 529 v. 28. Aug. 25 Ziff. II.

Gibt die zuständige Stelle dem Einspruch nicht statt, so entscheidet über ihn ein Einspruchsausschuß in der durch § 19 F Ziffer 4 bestimmten Zusammensetzung und Zuständigkeit[20a]).

7. Begründet der Beamte seinen Einspruch mit einer Verletzung der Ziffer 3 Satz 3, so müssen Tatsachen angeführt und Beweismittel bezeichnet werden. Gibt die zuständige Stelle dem Einspruch aus diesen Gründen nicht statt, so entscheidet die Schiedsstelle bei der Reichsbahndirektion, der der Beamte unterstellt ist; untersteht er der Hauptverwaltung oder der Gruppenverwaltung Bayern, so entscheidet die Schiedsstelle bei diesen Stellen[20a]).

Der Entscheidung der Schiedsstelle unterliegt nicht die Prüfung der Frage, ob gegen die Grundsätze der Ziffer 3 Satz 2 verstoßen worden ist, und zwar auch nicht insoweit, als damit eine Verletzung der Ziffer 3 Satz 3 begründet wird[69]).

Wird der Einspruch nicht nur mit einer Verletzung der Ziffer 3 Satz 3, sondern auch mit anderen Einwänden begründet, so ist zunächst über die behauptete Verletzung der Ziffer 3 Satz 3 durch die Schiedsstelle zu entscheiden.

8. Die Schiedsstelle besteht aus einem Vorsitzenden und zwei Beisitzern. Der Vorsitzende, der richterlicher Beamter sein muß, wird von dem für den Direktionssitz zuständigen Landgerichtspräsidenten ernannt. Beisitzer sind je ein Vertreter der Gesellschaft und ein vom Bezirksbeamtenrat von Fall zu Fall zu bestellender Beamtenvertreter, der möglichst derselben, jedenfalls keiner niedrigeren Beamtengruppe als der in den einstweiligen Ruhestand versetzte Beamte angehört.

Bei der Hauptverwaltung und bei der Gruppenverwaltung Bayern ernennt den Vorsitzenden der für ihren Sitz zuständige Landgerichtspräsident. Den Beamtenvertreterbeisitzer bestellt der Ortsbeamtenrat.

Die baren Auslagen trägt der unterliegende Teil; sie sind in der Entscheidung festzustellen.

9. Die Vorlage an den Einspruchsausschuß und an die Schiedsstelle hat auch dann zu erfolgen, wenn die Stelle der Gesellschaft, die die Versetzung in den einstweiligen Ruhestand verfügt hat, der Auffassung ist, daß der Einspruch nicht rechtzeitig eingelegt oder nicht vorschriftsmäßig begründet sei.

10. Der Einspruchsausschuß und die Schiedsstelle können zur Klarstellung des Sachverhalts Auskunftspersonen unbeeidigt vernehmen und sonstige ihnen erforderlich erscheinende Beweise, auch eidesstattliche Versicherungen, erheben.

11. Einspruchsausschuß und Schiedsstelle entscheiden, ob eine mündliche oder schriftliche Anhörung der Beteiligten erforderlich ist. Die Anhörungspflicht entfällt, wenn der Beteiligte sich trotz Aufforderung nicht schriftlich äußert oder auf Ladung unentschuldigt ausbleibt.

In der Regel soll von mündlicher Verhandlung nur abgesehen werden, wenn nach den Vorgängen die Sachlage genügend geklärt ist.

12. Rechtsanwälte werden als Prozeßbevollmächtigte oder als Beistand nicht zugelassen; das gleiche gilt für Personen, die das Verhandeln vor Gericht gewerbsmäßig betreiben. Dagegen werden Vertreter von Gewerkschaften zugelassen, wenn der Beschwerdeführer ihr Mitglied ist[70]).

13. Verhandlung, Beratung und Abstimmung sind nicht öffentlich.

14. Wird der Einspruch für berechtigt erklärt, so ist die Versetzung in den einstweiligen Ruhestand zurückzunehmen. Einspruchsausschuß und Schiedsstelle können auch auf Wiedereinstellung[60]) [71]) erkennen, die dann unverzüglich von der zuständigen Stelle anzuordnen ist.

15. Die Entscheidungen des Einspruchsausschusses und der Schiedsstelle werden mit Stimmenmehrheit gefaßt und sind endgültig.

Eine Verwaltungsbeschwerde ist neben oder an Stelle der Einsprüche nicht zulässig.

§ 21. Versetzung auf andere Dienstposten[72]) [73]) [74])

§ 22. Versetzung in den dauernden Ruhestand[75])

1. Lebenslängliches Ruhegehalt erhalten die Beamten im Falle der dauernden Dienstunfähigkeit oder nach Vollendung des fünfundsechzigsten Lebensjahres, wenn sie mindestens zehn Jahre Beamte waren.

2. Ob und in welchem Maße auch andere Zeiten der Beamtendienstzeit hinzuzurechnen sind oder hinzugerechnet werden können, bestimmt sich vorläufig nach den am 31. Januar 1926 geltenden reichsrechtlichen Vorschriften, nach den später in Kraft tretenden jedoch nur, soweit sie für anwendbar erklärt werden[20a]) [21]) [76]).

3. Ist die Dienstunfähigkeit die Folge einer Krankheit, Verwundung oder sonstigen Beschädigung, die der Beamte bei Ausübung des Dienstes oder aus Veranlassung desselben ohne eigenes Verschulden sich zugezogen hat, so tritt die Ruhegehaltsberechtigung auch bei kürzerer als zehnjähriger Dienstzeit ein.

4. Der Generaldirektor bestimmt, unter welchen Voraussetzungen und von welcher Stelle sonst ein Ruhegehalt dauernd oder auf Zeit auch vor Vollendung von zehn Dienstjahren bewilligt werden kann[77]).

5. Nach Vollendung des fünfundsechzigsten Lebensjahres hat der Beamte ein Recht, in den Ruhestand zu treten; er kann auch, ohne daß es des Nachweises der Dienstunfähigkeit bedarf, in den Ruhestand versetzt werden[78]).

---

[69]) Hierzu Roser Anm. 12.

[70]) Auch andere Personen: Vf 55. 203. 568 v. 24. Okt. 25; s. auch Vf 50. 204. 232 v. 13. Juli 25.

[71]) Auch Wiedereinstellung in e. anderen Gruppe. Vf 55. 203. 601 v. 27. Okt. 25.

[72]) Das Recht der RBGesellschaft, Beamte auf andere Dienstposten zu versetzen, ist durch die Neufassung des RBahnG (§ 24) fortgefallen.

[73]) Seit der Neufassung des § 24 (vorst. Anm. 72) gilt auch f. d. Reichsbahnbeamten der § 23 des RBeamtenG.

[74]) Oben I 5 Anm. 96 B.

[75]) RBeamtenG §§ 34ff., Höhe des Ruhegehalts das. § 41.

[76]) Zusammenstell.: Roser Anm. 4, 5. Ferner Vf 52. 210. 835/25 v. 13. Feb. 26 u. die dort angef. Erlasse.

[77]) Vf 52. 213. 264 v. 28. Sept. 25.

[78]) Hierzu die in Anm. 68 genannten Vf; abweich. RBeamtenG § 60a.

6. Ist gegen einen Beamten ein strafgerichtliches Verfahren oder ein förmliches Dienststrafverfahren eingeleitet, so kann unbeschadet eines Antrags des Beamten auf Zurruhesetzung ein einzuleitendes oder das eingeleitete förmliche Dienststrafverfahren mit dem Ziele der Aberkennung des Ruhegehalts und der Dienstbezeichnung durchgeführt werden.

7. Als Nachweis der Dienstunfähigkeit ist nötig und ausreichend die Erklärung der unmittelbar vorgesetzten oder nächsthöheren Stelle.

Inwieweit andere Beweismittel zu erheben sind, bestimmt die nach Ziffer 10 zuständige Stelle.

8. Den Beamten, die beim Übergang des Betriebsrechts auf die Gesellschaft als Reichsbeamte im Dienst des Unternehmens „Deutsche Reichsbahn" gestanden haben, werden an Ruhegehalt und Hinterbliebenenversorgung die Ansprüche gewährleistet, die sie als Reichsbeamte hatten (§ 20 Abs. 1 des Reichsbahngesetzes). Bei der Berechnung der aus dieser Gewährleistung sich ergebenden Bezüge ist der nach Reichsrecht erworbenen Dienstzeit die bei der Gesellschaft als Beamter verbrachte Dienstzeit hinzuzurechnen (§ 12 Abs. 1 des Reichsbahn-Personalgesetzes).

9. Liegen die Voraussetzungen für die Versetzung eines Beamten in den dauernden Ruhestand vor, so wird ihm dies unter Angabe der Gründe für die Zurruhesetzung mitgeteilt. Der Beamte kann gegen diese Mitteilung binnen vier Wochen Einwendungen erheben, wenn er nicht die Zurruhesetzung selbst beantragt hat.

In den Fällen der Ziffer 5 entfällt diese Mitteilung[55a]).

10. Zuständig zur Versetzung in den Ruhestand und zur Bestimmung darüber, ob und welches Ruhegehalt dem Beamten zusteht, sind für die ihnen unterstellten Beamten die Reichsbahndirektionen und das Eisenbahn-Zentralamt[27]), für die den zentralen Ämtern der Gruppenverwaltung Bayern unterstellten Beamten das Personalamt dieser Gruppenverwaltung, für die der Hauptverwaltung oder der Gruppenverwaltung Bayern unterstellten Beamten die Hauptverwaltung oder die Gruppenverwaltung Bayern.

[68])11. Das Beamtenverhältnis und der Bezug der Besoldung*) oder des Wartegeldes dauern bis zum Ablauf des Vierteljahrs, das auf den Monat folgt, in dem die Entscheidung über die Versetzung in den Ruhestand dem Beamten zugestellt worden ist.

Wird jedoch der Beamte auf seinen Antrag oder mit seiner ausdrücklichen Zustimmung zu einem früheren Zeitpunkt in den Ruhestand versetzt, so enden das Beamtenverhältnis und der Bezug der Besoldung oder des Wartegeldes mit dem Tage vor diesem Zeitpunkt.

[55a]) In den Fällen der Ziffer 5 endet das Beamtenverhältnis und der Bezug der Besoldung oder des Wartegeldes mit Ablauf des Vierteljahres, das auf den Monat folgt, in dem der Beamte das fünfundsechzigste Lebensjahr vollendet hat.

[79]) 12. Die Beamten können gegen die Entscheidung über die Versetzung in den Ruhestand binnen einer Frist von drei Wochen nach deren Zustellung bei der Stelle, die die Versetzung in den Ruhestand verfügt hat, Einspruch einlegen, wenn sie nicht die Zurruhesetzung selbst beantragt haben[20a]). Zur Wahrung der Frist genügt es, wenn der Beamte den Einspruch bei der Stelle einlegt, der er zuletzt angehört hat. Der Einspruch hat keine aufschiebende Wirkung[56]).

Gibt die zuständige Stelle dem Einspruch nicht statt, so entscheidet über ihn ein Einspruchsausschuß, der die im § 19 F Ziffer 4 bezeichnete Zusammensetzung und Zuständigkeit[20a]) hat. Auf das Verfahren vor dem Ausschuß finden die Bestimmungen des § 20 Ziffern 9 bis 13, 14 Satz 1 und 15 über den Einspruchsausschuß entsprechende Anwendung.

13. Das Rechtsmittel der Ziffer 12 entfällt, wenn der Beamte das fünfundsechzigste Lebensjahr vollendet hat und Anspruch auf Ruhegehalt besitzt.

14. Auf den Einspruch eines unkündbaren Beamten, der keinen Anspruch auf Ruhegehalt besitzt, kann der Einspruchsausschuß beim Vorliegen besonderer Umstände das Mindestruhegehalt bewilligen[80]).

15. Unberührt bleibt die Mitwirkung der Beamtenräte nach § 43 Ziffer 16 des Beamtenräte-Erlasses[81]) bei dem Verfahren über die nach Ziffer 9 erhobenen Einwendungen gegen die Versetzung in den Ruhestand.

§ 23. Ruhegehalt, Wartegeld, Hinterbliebenenversorgung[20a]) [21]) [82])

Die am 31. Januar 1926 geltenden reichsrechtlichen Bestimmungen werden vorläufig sinngemäß angewendet, die später in Kraft tretenden jedoch nur, soweit sie für anwendbar erklärt werden. Die Zuständigkeiten der obersten Reichsbehörden und des Reichsrats übt der Generaldirektor aus, der diese Befugnis auf andere Stellen der Gesellschaft übertragen kann.

*) S. Anmerkung zu § 14 Ziffer 1 Satz 1.

[79]) Der Einspruch ersetzt den Rekurs an den Reichsrat gemäß RBeamtenG § 66 Abs. 2.

[80]) Ersetzt die Schutzbest. in RBeamtenG § 68.

[81]) Jetzt BRE (unten III 4) § 43 Ziff. 17.

[82]) A. Außer RBeamtenG §§ 7—9, 24—31, 34—71 (eingeh. erläutert bei Hermann Anm. 2) kommen hauptsächl. folgende Vorschriften in Betracht:
a) PensionsergänzungsG 21. Dez. 20 (RGBl 2109), später mehrfach geändert.
b) PersAbbauVo 27. Okt. 23 (RGBl I 999), geänd. durch Vo 28. Jan. 24 (das. 39), G 4. Aug. 25 (das. 181), G 27. März 26 (das. 185), G 15. Juli 26 (das. 411), G 28. Dez. 26 (RBesoldBl **1927** 1), G 16. Juli 27 (das. 69), G 25. Juli 28 (das. 165); hierzu folgende Vf: 10. Dez. 24 (Die Reichsbahn S. 11) Ziff. 8, 50. 203. 529 v. 28. Aug. 25, 52. 501. 272 u. 710 v. 26. April u. 6. Aug. 26, 52. 501. 74 u. 989 v. 14. Feb. u. 18. Aug. 27, 52. 501 Prb 18 v. 7. Sept. 28.
c) BeamtenhinterbliebG 17. Mai 07 (RGBl 208), später mehrfach geänd.
d) Ziff. 104—115 der BesoldVorschr. 12. März 28 (RBesoldBl 33), zufolge Vf 52 Prb 4 v. 10. April 28.
Zuständigkeiten f. d. Pensionäre u. Hinterblieb. aus d. Kreisen der nicht v. d. Gesellschaft übernomm. Beamten der Reichsbahn: Vo 10. Aug. 28 — unten Beilage A — Verzeichnis V. — Anrechnung v. Hilfsbedienstetenzeit als pensionsfäh. Dienstzeit: Vf 5. Nov. 27 (Die Reichsbahn S. 779), Vf 52. 501 Prbzh 19, 20

§ 24. Unfallfürsorge[83])

Auf die im unfallversicherungspflichtigen Betrieb beschäftigten Beamten und deren Hinterbliebene finden die Vorschriften des Unfallfürsorgegesetzes vom 18. Juni 1901 sinngemäß Anwendung. Die Befugnisse der obersten Reichsbehörden übt der Generaldirektor aus, der sie auf andere Stellen der Gesellschaft übertragen kann.

§ 25. Entlassung der auf Widerruf oder Kündigung angestellten Beamten[84])

1. Die unter Vorbehalt des Widerrufs oder der Kündigung angestellten Beamten können durch Ausübung des Widerrufs oder der Kündigung entlassen werden[85]). § 20 Ziffer 3 Sätze 2 und 3 gelten sinngemäß.

2. Dem Beamten kann eine Abfindungssumme bewilligt werden, die nach den Dienstjahren zu bemessen ist und die nachfolgenden Höchstsätze nicht überschreiten darf:

bis zum 3. Dienstjahr das Einfache	des letzten Monatseinkommens unter Zugrundelegung der am letzten Tage des Dienstes dem Beamten zustehenden Bezüge.
vom 4. bis 6. Dienstjahr das Zweifache	
vom 7. bis 10. Dienstjahr das Dreifache	
vom 11. bis 14. Dienstjahr das Vierfache	
vom 15. und in den weiteren Dienstjahren das Fünffache	

Der Generaldirektor bestimmt, ob und in welchem Maße auch andere Zeiten der Beamtendienstzeit hinzuzurechnen sind oder hinzugerechnet werden können.

3. Hat der Beamte eine mindestens zehnjährige Beamtendienstzeit im Sinne des § 22 Ziffern 1 und 2 zurückgelegt, so kann ihm beim Ausscheiden an Stelle der Abfindungssumme für den Fall der späteren Vollendung des fünfundsechzigsten Lebensjahrs ein Ruhegehalt zugesichert werden. Wenn besondere Umstände es ausnahmsweise geboten erscheinen lassen, neben dieser Zusicherung noch eine Abfindungssumme zu bewilligen, so darf diese die Hälfte der in Ziffer 2 bezeichneten Höchstsätze nicht überschreiten.

Wird der Beamte nach seinem Ausscheiden erwerbsunfähig, so kann ihm von der Hauptverwaltung, die diese Befugnis auf andere Stellen übertragen kann, ein nach den beim Ausscheiden zurückgelegten Dienstjahren zu bemessendes Ruhegehalt oder eine laufende Unterstützung widerruflich auf Zeit bewilligt werden. Das gleiche gilt sinngemäß für die Bewilligung von Bezügen an erwerbsunfähige Hinterbliebene, die vor dem Ausscheiden des Beamten in seiner Ehe gelebt haben.

4. Die Ausübung des Widerrufs oder der Kündigung verfügt die Stelle, die für die Anstellung zuständig ist.

Zuständig zur Bewilligung einer Abfindungssumme nach Ziffer 2 und zur Zusicherung eines Ruhegehalts nach Ziffer 3 sind für die ihnen unterstellten Beamten die Reichsbahndirektionen und das Eisenbahn-Zentralamt[27]), für die der Hauptverwaltung oder der Gruppenverwaltung Bayern unterstellten Beamten die Hauptverwaltung oder die Gruppenverwaltung Bayern.

[56]) 5. Der Beamte kann gegen die Kündigung binnen einer Frist von zwei Wochen nach deren Zustellung bei der Stelle, die die Kündigung verfügt hat, Einspruch einlegen. Zur Wahrung der Frist genügt es, wenn der Beamte den Einspruch bei der Stelle einlegt, der er zuletzt angehört hat. Für das Verfahren und die Entscheidung gelten § 20 Ziffern 6 bis 15 entsprechend.

Die Frage der Bewilligung einer Abfindungssumme oder der Zusicherung von Ruhegehalt (Ziffern 2 und 3) unterliegt nicht der Entscheidung des Einspruchsausschusses oder der Schiedsstelle[86]).

Absatz 1 ist auf die Angestellten und die dem Beamtenräteerlaß unterstehenden Arbeiter sinngemäß anzuwenden[19]).

6. Bei Entlassung wegen Dienstvergehens gilt § 19 Abschnitt F.

7. Bei Dienstunfähigkeit des kündbar angestellten Beamten gelten für den Anspruch auf Ruhegehalt die §§ 22 und 23.

8. Ob an Stelle der Kündigung die Versetzung in den einstweiligen Ruhestand unter Gewährung von Wartegeld tritt, richtet sich nach § 20.

[68]) 9. Wird ein nach § 25 ausgeschiedener Beamter im Gesellschaftsdienst wieder angestellt, so ist bei der späteren Festsetzung seines Ruhegehalts die Dienstzeit, für die eine Abfindung gewährt ist, nicht mitzurechnen. In Höhe des infolge der Wiederanstellung etwa erdienten neuen Ruhegehalts erlischt der Anspruch auf ein nach Ziffer 3 Satz 1 zugesichertes Ruhegehalt.

§ 26. Wiedereinberufung von Wartegeldempfängern

1. Die einstweilig in den Ruhestand versetzten Beamten sind bei Verlust des Wartegeldes zur Annahme eines ihnen übertragenen Reichsamts oder eines ihnen angebotenen Gesellschaftsdienstes verpflichtet, wenn das Amt

---

u. 21 v. 17. Mai, 29. Juni u. 14. Aug. 29; Vf 12. Nov. 29 (Die Reichsbahn S. 921).

B. Rechtsverhältnisse der Beamtenpensionskassen d. älteren Preuß. Staats- u. den verstaatl. preuß. Privatbahnen: Witte §§ 48—50; RG **34** 178, **91** 371, **113** 25; Arch **02** 673, **1928** 1039; 14. Juni 29 UG VIII 14. Ferner Vf 52. 513. 163, 437 u. 506 v. 19. Mai, 23. Nov. u. 23. Dez. 27 (mit Urteilsabschriften), 52. 513. 456 v. 26. Nov. 27, 52 Prp v. 21. März u. 20. Juli 28, 52. 513 Prp v. 25. Okt. 28.

C. Neues Reichsrecht. Vf 52 Prb v. 27. Jan. 28 erklärt RBesoldG 16. Dez. 27 (RGBl I 349) §§ 25—33 für anwendbar.

[83]) RBPersG (oben III 2) § 9; UnfallfürsG unten III 5.

[84]) Vf 10. Dez. 24 (vorst. Anm. 82 Ab) Ziff. 7, 10; Vf 28. Aug. 25 (ebenda) Ziff. V, XII; Vf 51. 203. 603 v. 30. Okt. 25. — Übertritt aus versicherungsfreier in versicherungspflichtige Beschäft. u. umgek. RVO § 1242a u. AngestVersG § 18.

[85]) Aber Perso § 14 Ziff. 1. Ferner BRE (unten III 4) §§ 61—63.

[86]) Vf 21. April 26 (Roser Anm. 9).

oder der Dienst ihrer Berufsbildung und die Amts- oder Dienstbezeichnung sowie das Diensteinkommen der früheren Tätigkeit im Gesellschaftsdienst entsprechen (§ 4 des Reichsbahn-Personalgesetzes)[87]).

2. Den Beamten, die beim Übergang des Betriebsrechts auf die Gesellschaft als Reichsbeamte im Dienst des Unternehmens „Deutsche Reichsbahn" gestanden haben, werden an Diensteinkommen, Wartegeld, Ruhegehalt und Hinterbliebenenversorgung die Ansprüche gewährleistet, die sie als Reichsbeamte hatten (§ 20 Abs. 1 Satz 2 des Reichsbahngesetzes). Bei der Berechnung der aus dieser Gewährleistung sich ergebenden Bezüge ist der nach Reichsrecht erworbenen Dienstzeit die bei der Gesellschaft als Beamter verbrachte Dienstzeit hinzuzurechnen (§ 12 Abs. 1 des Reichsbahn-Personalgesetzes).

§ 26a. Abfindungssummen an ausscheidende Wartegeldempfänger[88])

1. Beamte, die sich im einstweiligen Ruhestande befinden, können auf Antrag unter Verzicht auf Wartegeld und Ruhegehalt — einschließlich der Hinterbliebenenbezüge — gegen Gewährung von Abfindungssummen aus dem Gesellschaftsdienst entlassen werden.

2. Die Abfindungssumme ist in Höhe eines doppelten Jahresbetrages des von dem Beamten im letzten Monat bezogenen Wartegeldes einschließlich der sozialen Zuschläge zu bemessen.

3. Für die Zuständigkeit zur Bewilligung der Abfindungssumme gilt § 25 Ziffer 4 Absatz 2 sinngemäß.

§ 27. Schwerbeschädigte[88])

1. Das Gesetz über die Beschäftigung Schwerbeschädigter in der Fassung der Bekanntmachung vom 12. Januar 1923 (Reichsgesetzbl. I, S. 57) und die Ausführungsverordnung hierzu vom 13. Februar 1924 (Reichsgesetzbl. I, S. 73) gelten auch für die Deutsche Reichsbahn-Gesellschaft. Die in dem Gesetz den Betrieben und Behörden des Reichs eingeräumte Sonderstellung wird auf Grund des § 16 Abs. 4 des Reichsbahngesetzes für die Gesellschaft in Anspruch genommen. Die Zuständigkeit der obersten Reichsbehörde übt der Generaldirektor aus.

2. Für Schwerbeschädigte, die sich im Besitz eines Versorgungsscheines befinden, gelten außerdem die besonderen Bestimmungen für Versorgungsberechtigte (vgl. § 7). Bei ihrer Einberufung und Anstellung können ihnen Vergünstigungen gleicher oder ähnlicher Art zugebilligt werden, wie sie in den Anstellungsgrundsätzen für die schwerbeschädigten Inhaber eines Versorgungsscheines vorgesehen sind.

§ 28. Freifahrt[89])

Die Freifahrt des Personals regelt der Generaldirektor durch eine Freifahrtvorschrift.

§ 29. Angestellten- und Arbeiterversicherung[90])

Die Angestellten-, Kranken-, Unfall-, Invaliden- und Hinterbliebenenversicherung der Angestellten und Arbeiter vollzieht sich nach den reichsgesetzlichen Vorschriften (Versicherungsgesetz für Angestellte vom 20. Dezember 1911 nebst Nachträgen, Reichsversicherungsordnung vom 19. Juli 1911).

Entscheidungen, die nach Gesetz und Satzungen der obersten Reichs- oder einer obersten Verwaltungsbehörde obliegen, werden vom Generaldirektor getroffen, soweit nicht die Gesetze etwas anderes bestimmen. Der Generaldirektor kann seine Befugnis auf andere Stellen übertragen.

a) Angestelltenversicherungsordnung

Die Versicherung der Angestellten gegen Berufsunfähigkeit und Alter erfolgt bei der Versicherungsanstalt für Angestellte in Berlin-Wilmersdorf.

b) Krankenversicherung

Die krankenversicherungspflichtigen Angestellten und die im Arbeiterverhältnis beschäftigten Bediensteten werden gegen Krankheit in besonderen Eisenbahnbetriebskrankenkassen versichert. Die Gesellschaft trägt außer den gesetzlichen Beiträgen die gesamten Verwaltungskosten der Betriebskrankenkassen. Beiträge und Leistungen werden durch die Satzungen geregelt.

c) Unfallversicherung

Nach § 892 der Reichsversicherungsordnung werden als Ausführungsbehörden der Unfallversicherung die Reichsbahndirektionen, in Bayern das Wohlfahrtsamt in Rosenheim, bestimmt.

Die Ausführungsbestimmungen gemäß § 895 der Reichsversicherungsordnung erläßt der Generaldirektor.

d) Invaliden- und Hinterbliebenenversicherung

Zur Durchführung der Invaliden- und Hinterbliebenenversicherung sind in Preußen, Bayern, Sachsen und Baden nach § 1360 der Reichsversicherungsordnung eigene Sonderanstalten (Abteilung A der Arbeiterpensionskassen) eingerichtet. In den übrigen Ländern erfolgt die Versicherung bei den zuständigen Landesversicherungsanstalten. Neben der reichsgesetzlichen Versicherung besteht in der Abteilung B der Arbeiterpensionskassen eine besondere Zusatzversicherung zur Gewährung von Zusatzrenten, Witwen- und Waisenzusatzrenten und von Sterbegeld.

§ 30. Ärztlicher Dienst, Wohlfahrtspflege

A. Ärztlicher Dienst[91]).

Der ärztliche Dienst zerfällt in zwei Teile: Amtsärztlicher Dienst und behandelnde Tätigkeit.

---

[87]) Oben III 2 Anm. 16. Die Pflicht der Übernahme v. Gesellschaftsdienst trifft nicht die vor 11. Okt. 24 in den einstweil. Ruhestand getretenen Wartegeldempfänger. Roser Anm. 1.

[88]) Oben I 5 Anm. 74 D.

[89]) Freifahrtvorschrift (Freivo), gültig seit 1. Jan. 25.

[90]) RBahnG § 19 (3), RBahnPersG §§ 10, 11; auch StVtr 1920 § 40 in Verb. m. RBahnG § 43. Weiteres unten III 7, 8.

[91]) Vf 58. 567. 141 u. 227 v. 28. Feb. u. 25. März 26. — Pflicht der Beamten, sich ärztlicher Untersuchung zu unterwerfen, RDiszHof VZ **1928** 934, 982.

Der amtsärztliche Dienst wird durch besondere auf Privatdienstvertrag angestellte Bahnärzte und Oberbahnärzte nach den Vorschriften der Dienstanweisung für den amtsärztlichen Dienst bei der Reichsbahn auf Kosten der Verwaltung ausgeübt.

Die Versorgung der Beamten und ihrer Familienangehörigen in Krankheitsfällen (behandelnde Tätigkeit) regelt der Generaldirektor.

B. Wohlfahrtspflege.

1. Der bisherige Umfang der Wohlfahrtspflege wird grundsätzlich beibehalten. Sie umfaßt

a) die freiwillige Wohlfahrtspflege:

Abteilung B der Arbeiterpensionskassen[90]), Tuberkulosefürsorge, sonstige Kranken- und Kleinkinderfürsorge, Fürsorge während des Dienstes wie Einrichtung von Kantinen, Vorhaltung von Aufenthalts- und Übernachtungsräumen, erfrischenden und warmen Getränken, Bettwäsche für Fahrpersonal, Seife und Handtüchern, Badeeinrichtungen, Unfallverhütung und Rettungswesen.

b) Die Förderung der anerkannten Selbsthilfeeinrichtungen des Personals:

Eisenbahn-Verbandskranken- und Hinterbliebenenkasse, Sterbegeldkassen, Beamtenkrankenkassen, Eisenbahn-Töchterhort, die Eisenbahnvereine mit ihren Wohlfahrtseinrichtungen, insbesondere dem Knabenhort, den Kinderheimen usw., Eisenbahn-Spar- und Darlehnskassen, Eisenbahn-Erholungsheime, Versicherungsverein deutscher Eisenbahnbediensteten, Eisenbahnbaugenossenschaften, Selbsthilfeorganisationen zur Brennstoff- und Kartoffelversorgung, Eisenbahn-Gartenbau- und Kleintierzuchtvereine.

Die Förderung der anerkannten Selbsthilfeeinrichtungen des Personals soll die Freiheit des Personals in der Gestaltung dieser Einrichtungen nicht beeinträchtigen.

c) In Fällen unverschuldeter Notlage können Beihilfen gewährt werden. Die Grundsätze regelt der Generaldirektor[92]).

2. Die Durchführung der Wohlfahrtsfürsorge ist möglichst einfach zu gestalten. Im einzelnen regelt sie der Generaldirektor unter weitgehendster Dezentralisierung der Aufgaben und Zuständigkeiten.

§ 31. Verfahren bei Fehlbeträgen[93])

1. Fehlbeträge am Gesellschafts- oder sonstigen Vermögen, das entweder zu den Beständen einer Kasse oder einer anderen Reichsbahnstelle gehört, oder ohne daß dies der Fall ist, vermöge besonderer Anordnung der Gesellschaft in den Gewahrsam eines Reichsbahnbeamten gekommen ist, hat die Reichsbahndirektion, die die unmittelbare Aufsicht über die Kasse oder andere Stelle ausübt, festzustellen. Sofern es sich um eine Kasse oder andere Stelle handelt, die keiner Reichsbahndirektion untersteht, trifft für die Gruppenverwaltung Bayern deren Leiter, im übrigen der Generaldirektor die Feststellung.

2. Die Feststellung hat sich darauf zu erstrecken, ob ein Beamter, gegebenenfalls welcher, nach den Bestimmungen des bürgerlichen Rechts für den Fehlbetrag zu haften hat und bei einem Fehlbetrag an Stoffen, wie hoch die zu erstattende Summe in Geld zu berechnen ist.

3. Die den Fehlbetrag feststellende Stelle hat durch Beschluß[94]) die unmittelbare Verpflichtung zum Ersatz des Fehlbetrages auszusprechen:

a) gegen jeden Beamten, der nach ihrer Überzeugung der Unterschlagung als Täter oder Teilnehmer überführt ist,

b) 1. gegen die Beamten, denen die Kasse oder der sonstige Bestand zur Verwaltung übergeben war, und zwar auf Höhe des ganzen Fehlbetrages,

2. gegen jeden anderen Beamten, der an der Einnahme oder Ausgabe, der Erhebung oder Ablieferung oder der Beförderung von Kassengeldern oder anderen Gegenständen vermöge seiner dienstlichen Stellung teilzunehmen hatte, jedoch nur in Höhe des in seinen Gewahrsam gekommenen Betrages, sofern der Fehlbetrag nach Überzeugung der ihn feststellenden Stelle durch grobes Versehen entstanden ist.

4. Der Beschluß muß die Höhe des Fehlbetrages, die Person des zum Ersatz verpflichteten Beamten, den Grund seiner Verpflichtung sowie den Umfang seiner Ersatzverbindlichkeit angeben und mit Gründen versehen sein. Er soll ferner bestimmen, welche Vollstreckungs- oder Sicherheitsmaßregeln wegen Ersatzes des Fehlbetrages zu ergreifen sind.

5. Je nach den Umständen des Falls können auch mehrere Beschlüsse abgefaßt werden, wenn ein Teil des Fehlbetrages sofort klar ist, der andere Teil aber noch weitere Ermittelungen notwendig macht, oder unter mehreren Personen die Verpflichtung der einen feststeht, die der anderen noch zweifelhaft ist.

6. Ein Beschluß der Reichsbahndirektion ist dem Generaldirektor unverzüglich mitzuteilen, wenn es sich um aufsehenerregende Fälle oder Beträge von mehr als 3000 *RM* handelt. Dem Generaldirektor bleibt es in diesen sowie in sonst zu seiner Kenntnis gelangenden Fällen unbenommen, einzuschreiten und den Beschluß selbst abzufassen oder zu berichtigen.

7. Der Beschluß ist vollstreckbar. Um seine Vollziehung ersucht die Stelle, die ihn erlassen hat, die zuständigen Gerichte, Vollstreckungsbeamten oder Grundbuchämter. Diese sind ohne Nachprüfung der Rechtmäßigkeit des Beschlusses verpflichtet, wenn sonst kein Anstand obwaltet, schleunig, ohne vorgängige Zahlungsaufforderung, die Zwangs-

---

[92]) Vf 52. 240. 18 v. 3. März 25.

[93]) RBPersG § 7. — § 31 regelt das Verfahren bei Fehlbeträgen (Defekten) wie RBeamtenG §§ 134ff., jedoch ist, abweich. v. RBeamtenG § 137, nach Perso ein Defektenbeschluß nicht in jedem Defektfalle nötig (näheres Vf 46. 2257 v. 25. Juni 26 u. 46. 736 v. 25. März 27. Ziff. 1—6 der jetzigen Fass. des § 31, die diese Abweich. eingeführt h., beruhen auf Vf 8. Mai 26 (Die Reichsbahn S. 277). — Niederschlagung v. Defekten: Vf 46. 2268 v. 1. Dez. 25.

[94]) Den Beschluß vollzieht in wichtigen Fällen der Präs. od. ein Abteilungsleiter. Vf 2. 604. 114 v. 22. Aug. 25.

vollstreckung auszuführen, die Beschlagnahme der zur Deckung des Fehlbetrages erforderlichen Vermögensstücke zu verfügen und die beantragten Eintragungen im Grundbuch zu veranlassen.

8. Gegen den Beschluß, der einen Beamten zur Erstattung eines Fehlbetrages für verpflichtet erklärt, steht ihm sowohl hinsichtlich der Ersatzverpflichtung wie hinsichtlich des Betrages außer der bei einem Beschluß der Reichsbahndirektion zulässigen Beschwerde an den Generaldirektor der Rechtsweg zu.

9. Die Klage ist binnen einer Ausschlußfrist von einem Jahr zu erheben. Diese beginnt mit dem Tag der Mitteilung des vollstreckbaren Beschlusses an den Beamten oder, wenn der Beamte an seinem Wohnsitz nicht zu treffen ist, mit dem Tag, an dem der Beschluß erlassen ist.

10. In der wegen des Fehlbetrages etwa eingeleiteten Untersuchung zwecks Verhängung einer Dienststrafe bleiben dem Beamten seine Einwendungen gegen den abgefaßten Beschluß auch nach Ablauf des Jahres, obwohl sie im Zivilprozeß nicht mehr geltend gemacht werden können, vorbehalten.

11. Bei Beschreitung des Rechtswegs hat das Gericht auf Antrag des Beamten darüber zu beschließen, ob die Zwangsvollstreckung fortzusetzen oder einstweilen einzustellen sei. Einstweilig einzustellen ist sie, wenn der Beamte glaubhaft macht, daß ihre Fortsetzung für ihn einen schwer ersetzbaren Nachteil zur Folge haben würde. Das Gericht ist jedoch verpflichtet, falls es die Einstellung der Zwangsvollstreckung anordnet, an deren Stelle auf Antrag der beklagten Reichsbahnstelle die erforderlichen Sicherheitsmaßregeln zwecks Ersatzes des Fehlbetrages herbeizuführen.

12. Bei naher und dringender Gefahr, daß ein Beamter, gegen den Zwangsvollstreckung zulässig ist, fliehen oder sein Vermögen der Verwendung zum Ersatz des Fehlbetrages entziehen werde, können die in Ziffer 1 bezeichneten Stellen das abzugsfähige Gehalt und nötigenfalls das übrige bewegliche Vermögen des Beamten vorläufig beschlagnahmen. Im Fall einer solchen Beschlagnahme hat das Gericht, in dessen Bezirk die Beschlagnahme stattgefunden hat, auf Antrag des davon betroffenen Beamten anzuordnen, daß binnen einer zu bestimmenden Frist der Feststellungsbeschluß (Ziffern 1 und 2) beizubringen ist. Wird diese Anordnung nicht befolgt, so ist auf weiteren Antrag des Beamten die Beschlagnahme sofort aufzuheben, andernfalls gelten die Bestimmungen der Ziffern 7—9.

13. Für das Verfahren zur Feststellung und Einziehung von Fehlbeträgen im Verwaltungsweg werden Gebühren und Stempel nicht berechnet.

§ 32. Heranziehung zum Schadenersatz

Verletzt ein Bediensteter vorsätzlich oder fahrlässig seine Dienstpflichten, so haftet er der Gesellschaft für den ihr daraus entstehenden Schaden[95]).

§ 33. Schlußbestimmungen

1. Für Personalangelegenheiten, die in dieser Personalordnung nicht oder nicht abschließend behandelt und auch nicht durch Reichsbahngesetz, Gesellschaftssatzung oder Reichsbahn-Personalgesetz geregelt sind, bleiben die für das Unternehmen „Deutsche Reichsbahn" geltenden Bestimmungen und Dienstvorschriften vorläufig maßgebend[96]).

2. Diese Personalordnung kann unter Beachtung der Bestimmungen des Reichsbahngesetzes, der Gesellschaftssatzung und des Reichsbahn-Personalgesetzes geändert und ergänzt werden.

§ 34. Inkrafttreten

Diese Personalordnung tritt am 1. Januar 1925 in Kraft[97]).

Teil II

§ 1. Geltungsbereich

Diese Personalordnung — Teil II — gilt nur für die oberen Beamten; ihre Dienstbeziehungen werden in der Anlage geregelt.

§ 2. Anwendbarkeit der Personalordnung — Teil I

Auf die oberen Beamten (§ 1) sind die §§ 1 bis 9, 12 bis 15, 17 bis 28, 30 bis 34 der Personalordnung — Teil I — sinngemäß anzuwenden, soweit nachstehend nicht anders bestimmt ist. Das gleiche gilt von § 11 der Personalordnung Teil I mit der Maßgabe, daß für die oberen Beamten der Besoldungsplan[98]) für die Gruppen 1 bis 5 und die entsprechenden Teile der Diätenordnung[98]) und der Aufstellung über den Wohnungsgeldzuschuß[98]) gelten, die einen wesentlichen Bestandteil der Personalordnung bilden[20a]).

§ 3. Ernennung der Direktoren und oberen Beamten[99])

Die Direktoren und oberen Beamten werden vom Verwaltungsrat auf Vorschlag des Generaldirektors ernannt. Die Vorschläge für die Direktoren und die leitenden Beamten sind im Einzelfalle, die für die übrigen oberen Beamten durch zweimonatliche Vorschlagslisten zu machen.

§ 4. Obliegenheiten des Vorstandes[100])

Der Generaldirektor und die anderen Mitglieder des Vorstandes haben bei ihrer Geschäftsführung die Sorgfalt eines ordentlichen Geschäftsmannes wahrzunehmen und haften bei Verletzung ihrer Obliegenheiten der Gesellschaft gegenüber.

---

[95]) Übersicht in Beilage B. — Vorschr. üb. Heranzieh. der Reichsbahnbediensteten z. Schadensersatz — Ersa — v. 27. Juli 26 (Die Reichsbahn S. 485, nicht gültig f. Fehlbeträge). Fälle, in denen noch die bisher. Vorschr. gelten: Vf 50. 513. 442 v. 13. Okt. 26.

[96]) Beispiel: Einsichtnahme der Beamten in die Personalnachweise (Roser Anm. 1).

[97]) Als Anlage folgt eine (hier nicht abgedr.) Liste der Dienstbezeichnungen. — Als Beilage C wird hier die Allgemeine Dienstanweisung für die Reichsbahnbeamten (ADA) abgedruckt.

[98]) Teil I § 11. — Urlaubsvorschr.: Vf 19. Dez 29 (Die Reichsbahn **1930** S. 3).

[99]) Satzung (oben I 5 Anl.) §§ 13, 17 (3—4).

[100]) Satzung § 18 (3).

§ 5. Annahme für den oberen Dienst

Die Bestimmungen über die Annahme für den oberen Dienst erläßt der Generaldirektor.

§ 6. Kündbare Anstellung während einer Bewährungsfrist

Die oberen Beamten werden während einer Bewährungsfrist von drei Jahren, gerechnet von der Beendigung des Vorbereitungsdienstes, kündbar angestellt. Die ordentliche Kündigung ist nur für den Schluß eines Kalendervierteljahrs unter Einhaltung einer Kündigungsfrist von drei Monaten zulässig.

§ 7. Nebenbeschäftigung des Vorstandes[101])

Der Generaldirektor und die anderen Mitglieder des Vorstandes dürfen eine gleichzeitige andere Erwerbstätigkeit oder eine Nebenbeschäftigung nur mit Genehmigung des Verwaltungsrats ausüben.

§ 8. Dienstbezüge der leitenden Beamten[102])

Die Dienstbezüge der leitenden Beamten sind nicht im Besoldungsplan geregelt, sondern werden besonders bestimmt[20a]).

Der Kreis der leitenden Beamten wird vom Verwaltungsrat festgesetzt.

§ 9. Versetzung in den einstweiligen und dauernden Ruhestand[20a])

Für die Versetzung der oberen Beamten in den einstweiligen und dauernden Ruhestand ist der Generaldirektor zuständig.

Anlage

Dienstbezeichnungen für die oberen Reichsbahnbeamten

1. Hauptverwaltung

Reichsbahnoberamtmann, Reichsbahndirektor und Mitglied der Hauptverwaltung der Deutschen Reichsbahn-Gesellschaft, Reichsbahndirektor und Abteilungsleiter in der Hauptverwaltung der Deutschen Reichsbahn-Gesellschaft, Direktor der Deutschen Reichsbahn-Gesellschaft, Generaldirektor der Deutschen Reichsbahn-Gesellschaft.

2. Gruppenverwaltung Bayern

Reichsbahnoberamtmann, Reichsbahndirektor und Mitglied der Gruppenverwaltung Bayern, Reichsbahndirektor und Abteilungsleiter bei der Gruppenverwaltung Bayern.

3. Reichsbahndirektionen
(einschließlich Ämter und Dienststellen)

Reichsbahnbauführer, Reichsbahnamtmann, Reichsbahnassessor, Reichsbahnbaumeister, Reichsbahnrat, Reichsbahnoberrat, Direktor bei der Reichsbahn, Vizepräsident der Reichsbahndirektion, Präsident der Reichsbahndirektion.

Beilage A (zu Anmerkung 82)

Verordnung über die Zuständigkeit der Reichsbehörden zur Ausführung des Reichsbeamtengesetzes. Vom 10. August 1928 (RGBl I 369).

Auszug.

Auf Grund des § 159 des Reichsbeamtengesetzes in der Fassung vom 18. Mai 1907 (Reichsgesetzbl. S. 245) wird verordnet:

Das durch die Verordnung vom 18. November 1927 (Reichsgesetzbl. I S. 330) ergänzte, der Verordnung vom 20. Juli 1926 über die Zuständigkeit der Reichsbehörden zur Ausführung des Reichsbeamtengesetzes (Reichsgesetzbl. I S. 418) beigegebene Verzeichnis wird durch das anliegende Verzeichnis ersetzt.

Verzeichnis der Reichsbehörden

I. Oberste Reichsbehörden

(Vgl. Reichsbeamtengesetz §§ 8, 15, 16, 33; bei Pensionierung §§ 54, 60a, 64 bis 66, 68, 69; in Disziplinarsachen §§ 75, 81, 84, 85, 96 bis 98, 101; bei der Suspension §§ 127, 128, 131; ferner §§ 139, 150, 151, 153)

11. Der Reichsverkehrsminister.

12.—14. ...

V. Besonderes für das Reichsverkehrsministerium bezüglich der zu seinem Geschäftsbereiche gehörigen Reichsbeamten des ehemaligen Unternehmens „Deutsche Reichsbahn"

Die Reichsbahndirektionen . . . . }
das Reichsbahn-Zentralamt . . . . } der Deutschen Reichsbahn-Gesellschaft
die zentralen Ämter . . . . }

sind mit Wirkung vom Tage des Überganges des Rechtes zum Betriebe der Reichseisenbahnen auf die Deutsche Reichsbahn-Gesellschaft ermächtigt und beauftragt worden, gegenüber Wartegeld- und Ruhegehalts-Empfängern sowie Hinterbliebenen aus dem Kreise der vor dem Übergange des Betriebsrechts vorhandenen Reichsbeamten des ehemaligen Unternehmens „Deutsche Reichsbahn" bis auf weiteres die Befugnisse auszuüben, die im Reichsbeamtengesetz und in sonstigen die Rechte und Pflichten der vorgenannten Personen regelnden Gesetzen und Verordnungen Reichsbehörden oder Beamten übertragen sind, soweit diese Befugnisse nicht vom Reichspräsidenten oder von der obersten Reichsbehörde selbst wahrgenommen werden müssen.

[101]) Satzung § 18 (5).

[102]) RBahnG § 26 (5).

Im Rahmen des ihnen erteilten Auftrags gelten als:

A. Höhere Reichsbehörden (vgl. Abschnitt II)

1. die Reichsbahndirektionen . . . . } der Deutschen Reichsbahn-Gesellschaft
2. das Reichsbahn-Zentralamt . . . .
3. die zentralen Ämter . . . .

B. Vorgesetzte Dienstbehörden (vgl. Abschnitt III)

1. die Reichsbahndirektionen . . . . } der Deutschen Reichsbahn-Gesellschaft.
2. das Reichsbahn-Zentralamt . . . .
3. die zentralen Ämter . . . .

C. Unmittelbar vorgesetzte Behörden und Beamte (vgl. Abschnitt IV)

Jede Reichsbahnstelle oder deren Vorsteher.

Beilage B (zu Anmerkung 95).

Zivil- und strafrechtliche Haftung für die Amtshandlungen der Reichsbahnbeamten[1]).

Vorbemerkung. Außer Betracht bleiben hier die eisenbahnrechtlichen Vorschriften über Haftung der Eisenbahn für Betriebsschäden (HPfG, RVO, UnfFürsG, EisG § 25) und aus dem Beförderungsvertrage (HGB, EVO, JÜP, JÜG).

A. Die gesetzlichen Vorschriften (ferner Perso §§ 31, 32).

I. Das BGB.

§ 31. Der Verein ist für den Schaden verantwortlich, den der Vorstand, ein Mitglied des Vorstandes oder ein anderer verfassungsmäßig berufener Vertreter durch eine in Ausführung der ihm zustehenden Verrichtungen begangene, zum Schadensersatze verpflichtende Handlung einem Dritten zufügt.

§ 89 Abs. 1. Die Vorschrift des § 31 findet auf den Fiskus sowie auf die Körperschaften, Stiftungen und Anstalten des öffentlichen Rechtes entsprechende Anwendung.

§ 164 Abs. 1. Eine Willenserklärung, die Jemand innerhalb der ihm zustehenden Vertretungsmacht im Namen des Vertretenen abgibt, wirkt unmittelbar für und gegen den Vertretenen. Es macht keinen Unterschied, ob die Erklärung ausdrücklich im Namen des Vertretenen erfolgt oder ob die Umstände ergeben, daß sie in dessen Namen erfolgen soll.

§ 278 Satz 1. Der Schuldner hat ein Verschulden seines gesetzlichen Vertreters und der Personen, deren er sich zur Erfüllung seiner Verbindlichkeit bedient, in gleichem Umfange zu vertreten wie eigenes Verschulden.

§ 823. Wer vorsätzlich oder fahrlässig das Leben, den Körper, die Gesundheit, die Freiheit, das Eigenthum oder ein sonstiges Recht eines Anderen widerrechtlich verletzt, ist dem Anderen zum Ersatze des daraus entstehenden Schadens verpflichtet.

Die gleiche Verpflichtung trifft denjenigen, welcher gegen ein den Schutz eines Anderen bezweckendes Gesetz verstößt. Ist nach dem Inhalte des Gesetzes ein Verstoß gegen dieses auch ohne Verschulden möglich, so tritt die Ersatzpflicht nur im Falle des Verschuldens ein.

§ 831. Wer einen Anderen zu einer Verrichtung bestellt, ist zum Ersatze des Schadens verpflichtet, den der Andere in Ausführung der Verrichtung einem Dritten widerrechtlich zufügt. Die Ersatzpflicht tritt nicht ein, wenn der Geschäftsherr bei der Auswahl der bestellten Person und, sofern er Vorrichtungen oder Geräthschaften zu beschaffen oder die Ausführung der Verrichtung zu leiten hat, bei der Beschaffung oder der Leitung die im Verkehr erforderliche Sorgfalt beobachtet oder wenn der Schaden auch bei Anwendung dieser Sorgfalt entstanden sein würde.

Die gleiche Verantwortlichkeit trifft denjenigen, welcher für den Geschäftsherrn die Besorgung eines der im Abs. 1 Satz 2 bezeichneten Geschäfte durch Vertrag übernimmt.

§ 839. Verletzt ein Beamter vorsätzlich oder fahrlässig die ihm einem Dritten gegenüber obliegende Amtspflicht, so hat er dem Dritten den daraus entstehenden Schaden zu ersetzen. Fällt dem Beamten nur Fahrlässigkeit zur Last, so kann er nur dann in Anspruch genommen werden, wenn der Verletzte nicht auf andere Weise Ersatz zu erlangen vermag.

(Abs. 2).

Die Ersatzpflicht tritt nicht ein, wenn der Verletzte vorsätzlich oder fahrlässig unterlassen hat, den Schaden durch den Gebrauch eines Rechtsmittels abzuwenden.

II. RVerf Art. 131.

Verletzt ein Beamter in Ausübung der ihm anvertrauten öffentlichen Gewalt die ihm einem Dritten gegenüber obliegende Amtspflicht, so trifft die Verantwortlichkeit grundsätzlich den Staat

[1]) Otto Mayer, § 18. Fleiner § 16. Witte S. 533ff. Ottmann VZ **1925** 59. Roser Anm. zu Perso § 32. Kröner, Zivilrechtl. Haftung der Reichsbahnbeamten VZ **1928** 309.

oder die Körperschaft, in deren Dienste der Beamte steht. Der Rückgriff gegen den Beamten bleibt vorbehalten. Der ordentliche Rechtsweg darf nicht ausgeschlossen werden.

Die nähere Regelung liegt der zuständigen Gesetzgebung ob.

B. Übersicht über die Rechtslage.

I. Haftung des Beamten selbst.

1. Der Reichsbahn-Gesellschaft gegenüber. Es ist maßgebend Perso § 32. Unmittelbare Anwendung der Vorschriften des BGB über vertragliche Haftung ist ausgeschlossen, weil zwischen dem Reichsbahnbeamten und der Gesellschaft kein privatrechtliches Vertragsverhältnis besteht (oben III 2 Anm. 2, III 3 Anm. 16); wegen Anwendung der Vorschriften über außervertragliche Haftung, z. B. BGB §§ 823, 839, s. RG 24. Feb. 27 **VZ** 525.

2. Dritten gegenüber. Es ist maßgebend:

a) Allgemein: BGB §§ 823 (u. U. auch 826), 839 (über das gegenseitige Verhältnis von § 823 und 839 s. die Kommentare, auch Kröner a. a. O.). Die Reichsbahnbeamten sind Beamte i. S. des § 839 (oben III 2 Anm. 2).

b) Ausnahme: RVerf Art. 131, s. nachst. II 3a.

II. Haftung der Reichsbahn-Gesellschaft Dritten gegenüber.

1. Für Willenserklärungen. Es gilt BGB § 164.

2. Für Verschulden bei Erfüllung einer bestehenden, namentlich einer vertraglichen Verbindlichkeit. Es gilt BGB § 278.

3. Für Schädigungen durch Amtshandlungen anderer Art.

a) Verletzt ein Reichsbahnbeamter in Ausübung der ihm anvertrauten öffentlichen Gewalt die ihm einem Dritten gegenüber obliegende Amtspflicht, so gilt RVerf Art. 131 und haftet dem Dritten „grundsätzlich" nicht der Beamte (vgl. RG **86** 123, **87** 347), sondern die Gesellschaft. Hierzu ist folgendes zu bemerken (Näheres bei Kröner a. a. O.):

aa) Reichsbahnbeamte sind Beamte i. S. Art. 131 (oben III 2 Anm. 2).

bb) Die Reichsbahn-Gesellschaft ist Körperschaft i. S. Art. 131 (oben I 5 Anm. 3).

cc) Wegen der Fälle, in denen der Reichsbahnbeamte öffentliche Gewalt ausübt, s. oben I 5 Anm. 78. Unter Art. 131 fällt z. B. die Bahnpolizei und die Aufsicht über private Großbahnen[2]) (Kröner a. a. O.), nicht aber die Sorge für Sicherheit des Bahnbetriebs (Rangierbewegungen: RG VZ **1925** 1331; s. auch **109** 209) oder das Transportgeschäft (RG 18. Okt. 22, Arch **1923** 512. Vgl. auch RG **18** 166, **46** 340, **50** 396 und in EE **7** 327, **18** 223, **26** 29, 154, **33** 372, **42** 208). Mehrfach (JS **107** 172, VZ **1922** 850, **1924** 714; gegen die Urteile: Nottebohm VZ **1925** 255) hat das RG die Bescheinigung von Frachtbriefduplikaten — EVO § 61 (5) — durch eine staatliche Güterabfertigung als Ausübung öffentlicher Gewalt behandelt; vgl. auch RG VZ **1927** 857 (dagegen Nottebohm VerkRu **1927** 369).

dd) Die in Art. 131 Abs. 2 der „zuständigen Gesetzgebung" vorbehaltene nähere Regelung enthält für Reichsbeamte (nicht Reichsbahnbeamte) das G 22. Mai 10 (RGBl 798), dessen § 1 durch RVerf Art. 131 ersetzt worden ist. Nach § 3 dieses G sind für Ansprüche, die auf Grund des G gegen das Reich erhoben werden, die Landgerichte ohne Rücksicht auf den Wert des Streitgegenstands ausschließlich zuständig; diese Vorschrift wird auf Klagen aus Art. 131 gegen die Reichsbahn-Gesellschaft sinngemäß anzuwenden sein.

b) Für Amtshandlungen auf privatrechtlichem Gebiete, z. B. für unerlaubte Handlungen i. S. BGB § 823 (RG **53** 276) haftet die Reichsbahn-Gesellschaft:

aa) nach BGB § 31 i. Verb. mit § 89, wenn der Beamte zu den in § 31 bezeichneten Personen gehört, schlechtweg;

bb) nach BGB § 831, wenn der Beamte i. S. des § 831 „zu einer Verrichtung Bestellter" ist und die Amtshandlung in Ausübung dieser Verrichtung vorgenommen hat, und wenn die Gesellschaft nicht den in § 831 zugelassenen Entlastungsbeweis — Beobachtung der diligentia in eligendo usw. — führt.

Hierzu ist folgendes zu bemerken:

α) Nach dem oben bei I 5 Anm. 3 Ausgeführten ist die Reichsbahn-Gesellschaft eine Anstalt des öffentlichen Rechts i. S. des § 89; sie fällt deshalb unter § 31. (So jetzt — abweich. v. d. früheren Aufl. — Roser 4. Aufl. S. 197).

β) Die Handlungen der in § 31 bezeichneten Personen gelten als Handlungen der juristischen Person, die sie vertreten. RG **55** 171.

γ) Einzelheiten aus der Rechtsprechung hierunter bei C.

C. Aus der Rechtsprechung des Reichsgerichts zu BGB §§ 31, 831, 823. Im Sinne des § 31 ist verfassungsmäßiger Vertreter auch, wer zwar nicht (wie ein Vorstandsmitglied) zur Leitung d. Verwalt., aber durch d. VerwOrganis. zur Tätigkeit innerh. eines größ. Geschäftsbereichs berufen ist; wer nicht durch die Organis. — **74** 250, EE **28** 228 — f. d. Geschäfte bestimmt ist, sondern seinen dienstl. Auftrag auf einen gemäß § 31 Berufenen zurückführt, fällt unter § 831; nach der VerwO der vormal. StEV war z. B. für Erhalt. u. Verwalt. des Grundeigentums (VerwO § 2 in Verb. m. GeschAnw f. Betriebsämter § 5) u. für die in VerwO § 11 bezeichn. Geschäfte „anderer Vertreter" der Vorstand d. BetrAmts, dagegen der Bahnmeister od. der Bahnhofsvorsteher „Bestellter" i. S. § 831; **53** 276; EE **20** 253. **33** 106, **35** 96, **37** 86. Auch der Bahnwärter (der das Öffnen d. Schranke versäumt hat) fällt unter § 831. **47** 328. Verantwortlichkeit der Mitglieder der Eisenbahndirektionen: EE **35** 185; VZ **1919** 678. Wer aus d. Handlung eines Vertreters (§ 31) Ansprüche herleitet, muß ihn benennen; im Falle des § 831 ist genaue Bezeichnung des „Bestellten" nicht nötig. **70** 379; EE **28** 286, **30** 505, **37** 86; anders. VZ **1928** 248. Bei der Reichsbahn-Gesellschaft sind die Leiter der Dienststellen (GeschO Nr. 17) verfassungsmäß. Vertreter, soweit ihnen Geschäfte des örtlichen Dienstes durch die DA der vorgesetzten Direktion allgemein übertragen w. sind. RG 5. Juli 28, **121** 382

[2]) Für Schädigung b. d. Aufsicht haftet das Reich.

(in casu Verwalt. des Grundbesitzes im Bezirk Dresden. Gegen dieses Urteil Neumann (VZ **1928** 1282). S. auch OLG Stuttgart EE **47** 182 (Stationsvorsteher als verfassungsmäß. Vertreter!). Jetzt auch RG 24. Jan. 29 VZ 851 (Bahnmeister gleichfalls unter § 31).

Sorgfalt b. d. Auswahl des Bestellten (im allg. ist auszugehen v. d. Zeit der Bestellung) **53** 53, **79** 101; EE **35** 96. Es ist nicht nur auf technische Befäh. sondern auch auf persönl. Gewissenhaftigkeit u. Zuverlässigkeit zu achten. EE **23** 56, auch Entsch **70** 379. Große Verwaltungen (Eis., große Straßenb.) dürfen u. U. die Auswahl u. die Aufsicht üb. die Verrichtungen der Bestellten einem „Bestellten" höherer Ordnung überlassen u. entlasten sich dann durch den Nachweis, daß sie bei dessen Auswahl sorgfältig gewesen sind. EE **28** 53, **30** 220; Warneyer Rechtsp. **1914** 263 u. **1920** 199; Recht **1920** Nrn. 1515, 1517. Gegen d. Sorgfalt b. d. Auswahl verstößt es nicht, wenn ein Bediensteter bei Fehlern v. nicht zu großer Schwere nicht schon entlassen, sondern (unter gehör. Aufsicht) im Dienste behalten wird. EE **29** 69. Keine Berufung auf § 831 Satz 2 f. d. Eisenbahn, die aus dem BefördVertrage haftet.

Zur Leitung i. S. § 831 gehört nicht die Beaufsicht. der unter § 831 fallenden Verrichtungen, vielmehr besteht auch im Falle des § 831 eine allg. Aufsichtspflicht auf Grund § 823: **53** 53, 276; EE **28** 53, **32** 332. Vernachläss. dieser Pflicht wird u. U. vermutet, wenn ein äußerlich erkennbarer Mangel längere Zeit andauert. EE **35** 185, **37** 86. Unter § 823 fällt z. B. das Unterlassen v. Schutzvorkehrungen, deren Notwend. hätte erkannt werden müssen; regelm. wird aber d. EisVerw. dadurch entlastet, daß d. AufsBehörde die Vorkehrung nicht f. nötig befunden hat. EE **26** 314, 324 (Wegeschranken); Arch **06** 657 (schienenfreie Bahnsteige). Mangelhafte Kennzeichnung od. Überwachung v. Verkehrshindernissen auf den Bahnsteigen u. dgl. Arch **08** 485; EE **35** 96. Ungenügendes Sandstreuen bei Glätte **45** 168; EE **22** 240; VZ **1919** 1360. Beleuchtungsmängel EE **24** 47. **25** 306. **29** 334. Mängel an den Zufuhrwegen Arch **1914** 1198. Bauliche Mängel EE **29** 201. **37** 266. Mangelh. Überwach. v. Lieferungen EE **29** 452; VZ **1916** 527, v. Arbeiten an Gebäuden VZ **1918** 804. **1928** 248. Ungenüg. Vorkehr. gegen Andrang zu den Zügen Arch **1919** 788. Mangelh. Beauff. des Stationsdienstes EE **22** 274; Arch **06** 657; des Fahrdienstes EE **22** 241, bei Straßenbahnen Warneyer Rechtsp. **1919** 267; EE **38** 67. Unterlassene Untersuch. des Personals auf Farbentüchtigkeit VZ **1920** 990. Mängel der Dienstwohnungen **91** 21; EE **32** 273. **34** 287. Dienstl. Überanstrengung VZ **1914** 1223.

D. Strafrechtliches. Bei dem Bau einer Staatsbahn haftet der Staat wie jeder private Bauherr f. Erfüll. der v. Gesetz einem Bauherrn auferlegten Verpflicht., z. B. wegen Unterlass. der v. d. Polizei angeordneten od. sonst erford. Sicherheitsmaßregeln i. S. StGB § 367 Ziff. 14: RG **17** 105, auch **19** 348. Bei Bauten im Bereiche der vormal. StEV ist f. d. Erfüll. der Verpflicht., die polizeilich dem Bauherrn od. Bauleiter auferlegt sind, nicht der Bahnmeister sond. der Vorstand d. BetrAmts (od. der Bauabt.) verantwortlich. OVG **54** 454 u. Arch **1910** 1267. Verpflichtung zu regelmäß. Baurevisionen RG VZ **1911** 1269.

E. Zusätzliches. Mitteilungen der Gerichte usw. an die Reichsbahnstellen über Strafverfahren gegen Reichsbahnbedienstete: Vf des Preuß. Justizministers 12. Dez. 27 (JustMinBl A 395), besonders §§ 19. 21f. 56. — Ältere gesetzl. u. Verwaltungsvorschriften üb. Vernehm. v. Beamten als Zeugen od. Sachverständ.: Witte S. 484, 500; üb. das Verfahren bei Vorladung, Verhaftung u. dgl. v. Bahnpol.- u. Betriebsbeamten: E 6. April 77 (Elb. S. Nr. 342) f. d. Ressort des Innern, E 25. Aug. 79, 6. u. 13. Jan. 81 (EVBl 21) f. d. Justizressort, E 27. März 76 (Elb. S. Nr. 457) allgemein. — S. auch unten Beil. C § 15.

Beilage C (zu Anmerkung 97).

Allgemeine Dienstanweisung für die Reichsbahnbeamten (ADA). Entwurf[a]).

Vorbemerkungen:

1. Wo in dieser Dienstanweisung von der Reichsbahndirektion die Rede ist, treten die Hauptverwaltung, die Gruppenverwaltung Bayern, das Hauptprüfungsamt, das Reichsbahn-Zentralamt, die Oberbetriebsleitungen und die zentralen Ämter für die bei ihnen beschäftigten Beamten an die Stelle der Reichsbahndirektion.
2. Das Wort „Beamter" in dieser Dienstanweisung umfaßt alle unter § 1 aufgeführten Bediensteten.

§ 1. Geltungsbereich

Die Allgemeine Dienstanweisung gilt

a) für alle Bediensteten, die nach § 1 Ziffer 2 der Personalordnung Reichsbahnbeamte sind[1]),
b) sinngemäß, soweit nicht Tarifverträge entgegenstehen, für
   1. Angestellte,
   2. Arbeiter, die nach § 13 Abs. 4 des Betriebsrätegesetzes durch Verordnung dem Betriebsrätegesetz nicht unterstellt sind[2]).

§ 2. Allgemeine Pflichten der Reichsbahnbeamten

1. Der Reichsbahnbeamte ist verpflichtet, das öffentliche Interesse und das Interesse der Deutschen Reichsbahn-Gesellschaft zu wahren. Er hat seine Dienstgeschäfte unter Beachtung der Reichsverfassung, der Gesetze und Vorschriften gewissenhaft wahrzunehmen und durch sein Verhalten in und außer Dienst der Achtung, die sein Beruf erfordert, sich würdig zu erweisen. Die Beteiligung an einem Streik oder an Handlungen oder Unterlassungen, die

[1]) Hierzu gehören auch die Beamten im Vorbereitungsdienst.

[2]) Unter diese Bestimmung fallen die zwar dem Lohntarifvertrag, aber nicht der Arbeitsordnung unterstellten Arbeiter. Da für sie die Allgemeine Dienstanweisung für die Reichsbahnbeamten nur insoweit sinngemäß gilt als nicht Tarifverträge entgegenstehen, so ist z. B. § 15 nicht anwendbar, da das Urlaubswesen im Lohntarifvertrag abschließend geregelt ist.

[a]) Endgült. Fass. wird ev. im Nachtrage mitgeteilt.

eine absichtliche Verzögerung des Dienstbetriebes, wie er sich sonst gewöhnlich abwickelt, bezwecken[3]), ist mit den Pflichten der unter § 1a genannten Bediensteten unvereinbar und ihnen deshalb verboten[b]).

2. Soweit die Personalordnung es vorsieht, ist vor oder unverzüglich nach dem Dienstantritt der Diensteid abzulegen oder durch Handschlag an Eidesstatt die gewissenhafte Erfüllung der Dienstpflichten zu geloben.

§ 3. Verhalten der Beamten zueinander. Außerordentliche Dienstleistungen

1. Die Beamten sollen durch ihr Verhalten das eigene Ansehen und das der Verwaltung wahren und pflegen. Ein gutes Verhältnis untereinander, besonders auch zwischen den Angehörigen der verschiedenen Dienstzweige, ist notwendig. Im Dienste dürfen politische, religiöse und gewerkschaftliche Gegensätze sich nicht geltend machen, politische Abzeichen nicht getragen werden.

2. Die Beamten müssen sich, soweit der Zweck des Ganzen es erfordert und der eigene Dienst zuläßt — auch ohne besondere Aufforderung — in ihren Dienstgeschäften gegenseitig unterstützen und vertreten. Namentlich bei außerordentlichen Vorkommnissen haben sich alle abkömmlichen Beamten alsbald zur Hilfeleistung bereitzustellen. Zu den Pflichten der Beamten gehört es, den Auszubildenden an die Hand zu gehen und ihre Ausbildung nach Kräften zu fördern.

3. Alle Beamten sind bei dringendem Bedarf zu außerordentlichen[4]) Dienstleistungen verpflichtet. Sie müssen die in ihren Laufbahnvorschriften vorgesehenen Arbeiterverrichtungen[5]) versehen und können aus wirtschaftlichen Gründen oder in Notfällen auch zu sonstigem Arbeiterdienst[5]) herangezogen werden[b]).

4. Der Dienst soll sich ruhig, ohne unnötigen Lärm vollziehen. Anfragen sind kurz, klar und sachlich zu stellen und bestimmt zu beantworten, unnötige Erörterungen aber zu vermeiden.

5. Gegen die Angehörigen anderer Verwaltungen ist im dienstlichen Verkehr ein entgegenkommendes Verhalten zu beobachten[c]).

§ 4. Allgemeine Bestimmungen für den dienstlichen Verkehr der Beamten mit den Kunden der Reichsbahn

1. Jedes Verkehrsunternehmen muß sich bemühen, die Benutzung seiner Verkehrseinrichtungen möglichst zu erleichtern und angenehm zu gestalten; deshalb sind die Kunden höflich und entgegenkommend zu behandeln und erfüllbare Wünsche verständnisvoll zu berücksichtigen[d]).

2. Auskünfte müssen klar und verständlich erteilt, nicht zur Sache gehörige Bemerkungen unterlassen werden; wer die gewünschte Auskunft nicht selbst geben kann, soll wenigstens die zuständige Stelle bezeichnen.

3. Bei Meinungsverschiedenheiten mit Kunden, auch wenn sie offensichtlich im Unrecht sind, soll der Beamte entschieden aber ruhig und höflich auftreten und jede verletzende oder unsachliche Bemerkung vermeiden.

4. Verfehlungen gegen bahnpolizeiliche Bestimmungen oder gegen andere Anordnungen muß der Beamte sofort entgegentreten[e]).

§ 5. Dienstliche und persönliche Vorgesetzte

1. Die Vorgesetzten unterscheiden sich nach dienstlichen und persönlichen Vorgesetzten. Der dienstliche Vorgesetzte kann den nachgeordneten Beamten für die Erledigung ihrer Dienstgeschäfte sachliche Weisungen erteilen. Der persönliche Vorgesetzte ist zugleich stets dienstlicher Vorgesetzter; er kann auch in persönlichen Angelegenheiten[6]) der unterstellten Beamten Anordnungen treffen.

2. Dienstliche und persönliche Vorgesetzte aller Reichsbahnbeamten sind: Der Generaldirektor und sein ständiger Stellvertreter; weiterhin im Rahmen der zugeteilten Dienstaufgaben[7]): Die Direktoren, die Abteilungsleiter und die Mitglieder der Hauptverwaltung der Deutschen Reichsbahn-Gesellschaft, im Bereich der Gruppenverwaltung Bayern außerdem ihr Leiter, ihre Abteilungsleiter und Mitglieder.

Der Präsident einer Reichsbahndirektion ist dienstlicher und persönlicher Vorgesetzter aller Beamten seines Bezirks, er ist dienstlicher Vorgesetzter der in dem Bezirk vorübergehend tätigen Beamten, die sonst einem anderen Bezirk angehören. Die Abteilungsleiter und Dezernenten der Reichsbahndirektion haben die gleiche Stellung im Rahmen der zugeteilten Dienstaufgaben[7]).

Die übrigen dienstlichen und persönlichen Vorgesetzten sind in den Geschäftsanweisungen[8]) der Geschäftsstellen und in den Dienstanweisungen der einzelnen Beamtengruppen aufgeführt.

---

[3]) Hierunter fällt die sogenannte passive Resistenz.

[4]) Außerordentlich können die Dienstleistungen sowohl nach Art wie nach Umfang sein. Die Bestimmungen der DDB bleiben unberührt.

[5]) Bei der Übertragung von Arbeiterdienst ist auf den körperlichen Zustand des Beamten Rücksicht zu nehmen.

[6]) Zu den persönlichen Angelegenheiten gehört insbesondere die Befugnis zur Urlaubserteilung und zur Bestrafung.

[7]) Aus den Geschäftsanweisungen[f]) der Hauptverwaltung und der Reichsbahndirektionen in Verbindung mit den dazu ergangenen Geschäftsplänen ergibt sich, für welche Beamten im einzelnen und auf welchem Gebiete die Eigenschaft des dienstlichen oder zugleich persönlichen Vorgesetzten besteht. Denn die Eigenschaft besteht nicht allgemein, sondern nur im Rahmen der zugeteilten Dienstaufgaben. Daraus folgt z. B., daß die Direktoren, Abteilungsleiter und Referenten der Hauptverwaltung im allgemeinen nicht persönliche Vorgesetzte der Präsidenten und Dezernenten der Reichsbahndirektionen, die Abteilungsleiter und Dezernenten der Reichsbahndirektionen nicht persönliche Vorgesetzte der Amtsvorstände sind.

[8]) Als Geschäftsanweisung ist für die Bürobeamten die Büroordnung anzusehen.

---

[b]) Oben III 2 Anm. 2C.

[c]) Post: unten IX 2. Beil. C Ziffer VIII, Zoll: unten X, 2 Beil. B.

[d]) BO (unten VI 3) § 75 (3).

[e]) BO (unten VI 3) §§ 77 ff.

[f]) Oben in Abschn. II.

Weisungen, die Vertreter der Hauptverwaltung oder der Gruppenverwaltung Bayern bei Sitzungen, Verhandlungen oder örtlichen Prüfungen und Besichtigungen innerhalb ihres Geschäftskreises geben, sind als verbindlich anzusehen.

3. Die Anordnungen des Vorgesetzten sind ungesäumt und gewissenhaft zu befolgen. Für das Vorgesetztenverhältnis ist nicht die Besoldungsgruppe des Beamten, sondern seine dienstliche Stellung maßgebend. Trifft ein höherer Vorgesetzter in Abwesenheit des nächsten Vorgesetzten eine Anordnung, so hat der Beamte diesen davon so bald als möglich zu verständigen.

Glaubt ein Beamter, daß eine Anordnung oder ein ihm besonders erteilter Auftrag mit einer anderen dienstlichen Weisung oder einer Vorschrift unvereinbar ist oder den Nutzen der Reichsbahn gefährdet, so hat er seine Bedenken ohne Zögern in angemessener Form dem Vorgesetzten vorzutragen. Besteht dieser trotzdem auf der Ausführung, so darf sie der Beamte nur verweigern, wenn er dadurch gegen eine gesetzliche Vorschrift, gegen die Sicherheit des Eisenbahnbetriebs oder gegen die Unfallverhütungsvorschriften verstoßen würde; es steht ihm aber frei, nachträglich die Entscheidung des nächsthöheren Vorgesetzten anzurufen. Soweit der Beamte im Auftrag eines Vorgesetzten handelt, trifft den Vorgesetzten allein die dienstliche Verantwortung. Die Nichtausführung eines Auftrags ist dem Auftraggeber sofort nachträglich zu melden.

4. Vorgesetzte und Nachgeordnete müssen durch ihr Verhalten dazu beitragen, daß zwischen ihnen ein vertrauensvolles Verhältnis herrscht.

Die Beamten dürfen sich mit Nachgeordneten weder in Geldverbindungen einlassen, noch von ihnen Geschenke, Leistungen oder Dienste annehmen, die sie zu einer Pflichtverletzung verführen könnten.

Jeder Beamte soll in den ihm dienstlich Nachgeordneten seine berufenen Mitarbeiter erblicken und ihnen wohlwollend und freundlich begegnen.

Ermahnungen und Rügen sind ruhig, sachlich und möglichst nicht in Gegenwart anderer, besonders Nachgeordneter zu erteilen.

Vorgesetzte sind angemessen zu grüßen und haben den Gruß zu erwidern. Sie haben einen Anspruch darauf, mit ihrer Amtsbezeichnung angeredet zu werden.

§ 6. Dienstverschwiegenheit. Öffentliche Mitteilungen[8])

1. Über dienstliche Angelegenheiten[9]), deren Geheimhaltung vorgeschrieben oder ihrer Natur nach erforderlich ist, hat der Beamte Verschwiegenheit zu beobachten. Auch andere dienstliche Angelegenheiten sollen nicht in Gegenwart Unbeteiligter, besonders nicht in der Öffentlichkeit besprochen werden.

Erlangen Beamte anläßlich ihres Dienstes Kenntnis von Postsendungen und Telegrammen oder ihrem Inhalt, so haben sie auch hierüber Verschwiegenheit zu bewahren.

Bevor ein Beamter als Sachverständiger ein außergerichtliches Gutachten[10]) abgibt, hat er dazu die Genehmigung der Reichsbahndirektion einzuholen. Ein schriftliches, Interessen der Reichsbahn berührendes Gutachten ist auf Verlangen der Reichsbahndirektion vor der Abgabe außerdem vorzulegen. Der Beamte hat ferner sein Zeugnis über Tatsachen, auf die sich seine Verpflichtung zur Verschwiegenheit bezieht, insoweit zu verweigern, als er nicht von dieser Verpflichtung im Einzelfall entbunden ist. Wegen gerichtlicher Vorladungen vgl. § 15 Ziffer 2 Abs. 2.

Für die Erteilung amtlicher Auskünfte an Gerichts-, Polizei-, Zoll- und Steuerbehörden sind die besonderen Bestimmungen zu beachten. In eigener Angelegenheit darf ein Beamter eine amtliche Auskunft nur durch Vermittlung der nächstvorgesetzten Stelle erteilen.

2. Bei der Veröffentlichung von Aufsätzen oder bei öffentlichen Vorträgen über Fragen, die auch die Reichsbahn berühren, müssen die Reichsbahnbeamten bei ihren Urteilen und Vorschlägen auf die Interessen der Deutschen Reichsbahn-Gesellschaft Rücksicht nehmen und deshalb nach Form und Inhalt die nötige Zurückhaltung[11]) üben. Erscheint es zweifelhaft, ob eine beabsichtigte Veröffentlichung mit diesen Interessen vereinbar ist, so haben die Beamten sich vorher des Einverständnisses der Reichsbahndirektion zu vergewissern. Das gleiche gilt für Mitteilungen an andere zum Zwecke der Verwertung. Das Recht zur Wahrung berechtigter Interessen der Beamten bleibt unberührt.

3. Unbefugten darf der Zutritt zu Diensträumen, die nicht allgemein zugänglich sind, nicht gestattet werden.

§ 7. Verantwortlichkeit der Beamten

1. Der Beamte ist verantwortlich für das, was er tut oder anordnet oder was ihm zu tun oder anzuordnen obliegt, besonders hat er seine dienstlichen Aufgaben rechtzeitig und vollständig zu erledigen. Die Sorge für die Sicherheit des Betriebes geht jeder anderen Aufgabe vor.

2. Der Leiter einer Geschäftsstelle hat in seinem Amtsbereich den gesamten Dienst zu überwachen und ist für

---

[9]) Zu den dienstlichen Angelegenheiten gehören auch die Angelegenheiten der Kleiderkasse, der Reichsbahnbeamten-Krankenversorgung, der Arbeiterpensionskasse und der sonstigen Anstalten und Einrichtungen, bei denen Reichsbahnbeamte im Auftrage der Reichsbahn tätig sind.

[10]) Als Gutachten im Sinne dieser Vorschrift ist z. B. auch eine gutachtliche Äußerung anzusehen, wenn sie auf Grund einer im Dienste erworbenen Sachkunde abgegeben wird oder die gegenwärtige oder frühere dienstliche Stellung des Verfassers die Annahme einer besonderen Sachkunde nahelegt oder wenn die Äußerung dem Empfänger zur Verwendung gegenüber dritten Personen oder Behörden als Äußerung des Verfassers zur Verfügung gestellt wird.

Außerdem wird bei Erstattung eines außergerichtlichen Gutachtens auch der Gesichtspunkt der Standeswürde, der Amtsverschwiegenheit, der außerdienstlichen Inanspruchnahme und etwaiger — auch künftiger — Kollision mit Interessen der Deutschen Reichsbahn-Gesellschaft zu beachten sein.

[11]) Auf den Erlaß des Herrn Reichsverkehrsministers vom 31. August 1922 — E II 20 Nr. 6047/21 — und die Verfügung des Herrn Generaldirektors vom 13. November 1925 — 2. 604 b Nr. 132 — wird aufmerksam gemacht.

---

[8]) Oben III 2 § 3.

die vorschriftsmäßige und wirtschaftliche Durchführung verantwortlich; er hat für zweckmäßige Verwendung, richtige Auslastung und gehörige Unterweisung des Personals zu sorgen.

Er muß darauf achten, daß alle Anlagen, Einrichtungen, Dienst- und Aufenthaltsräume in gutem Zustand sind und die Sicherheits- und Unfallverhütungsvorschriften eingehalten werden. Mängel und Verstöße sind alsbald abzustellen oder der zuständigen Stelle zu melden.

§ 8. Kenntnis der Dienstvorschriften und besonderen Anordnungen

1. Der Beamte muß die Allgemeine Dienstanweisung und alle übrigen Vorschriften und Anordnungen, die seinen Dienstkreis berühren, kennen und befolgen. Er hat die Vorschriften, die ihm überwiesen sind, auf dem laufenden zu halten, wenn damit nicht ein anderer beauftragt ist, und für verlorene Stücke alsbald Ersatz zu beantragen.

Der Vorgesetzte muß auch die Dienstanweisungen und Vorschriften der ihm nachgeordneten Beamten kennen.

2. Die persönlich zugeteilten Dienstvorschriften darf ein versetzter Beamter mitnehmen, soweit er sie am neuen Dienstort braucht.

Geschäftsanweisungen, Dienstanweisungen und Vorschriften, die ein Beamter zur Vorbereitung auf eine Prüfung braucht, werden ihm vorübergehend überlassen; er hat sie alsbald nach der Prüfung in sauberem und ordentlichem Zustand zurückzugeben.

3. Die Beamten haben Amtsblatt- und andere Verfügungen bei Dienstantritt und anderer Gelegenheit zu lesen und die Kenntnisnahme auf Verlangen zu bescheinigen; wichtigere Anordnungen sollen sie vormerken und die Aufzeichnungen dem Stellvertreter oder Nachfolger übergeben.

4. Die Beamten sind verpflichtet, an dem für sie bestimmten Dienstunterricht[12]) teilzunehmen.

§ 9. Arbeitszeit

1. Der Beamte ist verpflichtet, seine volle Arbeitskraft in den Dienst der Deutschen Reichsbahn-Gesellschaft zu stellen. Die Arbeitszeit regelt sich nach den darüber erlassenen Vorschriften und Anordnungen (vgl. § 15 Perso).

Der Beamte muß sich zur vorgeschriebenen Zeit zum Dienste einfinden und, wenn es allgemein angeordnet ist, sich melden; vorzeitig darf er den Dienst nur mit Genehmigung des nächsten Vorgesetzten oder des sonst zuständigen Beamten verlassen.

2. Unvorhergesehene Dienstverhinderungen sind dem Dienstvorsteher[13]) (nächster persönlicher Vorgesetzter) unter Angabe des Grundes sofort anzuzeigen. Wegen des Verhaltens bei Erkrankungen vgl. § 17.

Vertretung im Dienst (Diensttausch) ist ohne vorherige Zustimmung des nächsten Vorgesetzten nicht gestattet.

§ 10. Verlassen des Dienstorts

1. Amtsvorstände, Dienststellenvorsteher und andere Beamte, die nach den besonderen Vorschriften zur Unfallbereitschaft[14]) außerhalb der Dienststelle und der Dienststunden für außerordentliche Vorkommnisse verpflichtet[15]) sind, dürfen — auch über Nacht — ihren Wohnort, sofern sie nicht innerhalb ihres Dienstbereichs bleiben, nur verlassen, wenn der Vertreter die Unfallbereitschaft übernommen hat.

Beim Verlassen der Wohnung sowohl innerhalb wie außerhalb der Dienstzeit haben sie stets zu hinterlassen, wo sie zu finden sind oder wohin ihnen Mitteilungen nachgesandt werden können.

Wo zum Verlassen des Wohnorts außerhalb der Dienstzeit noch eine Zustimmung einzuholen ist, wird es durch besondere Vorschrift geregelt.

2. Die übrigen Beamten dürfen ihren Wohnort außerhalb der Dienstzeit verlassen[16]), wenn nicht der Dienstvorgesetzte aus zwingenden dienstlichen Gründen im Einzelfall etwas anderes anordnet. Sie müssen jedoch so zeitig zurückkehren, daß sie rechtzeitig und ausgeruht wieder zum Dienst erscheinen können.

3. Für Dienstreisen gelten die besonderen Bestimmungen.

§ 11. Meldungen und Eingaben. Besuche bei der Reichsbahndirektion und bei der Hauptverwaltung

1. Dienstliche Meldungen sind stets an den anwesenden höchsten Vorgesetzten, Gesuche und Beschwerden an den Dienstvorsteher zu richten oder durch seine Vermittlung schriftlich an die zuständige höhere Stelle einzureichen[17]). Der vermittelnde Beamte hat sich nach seinem Ermessen bei der Weitergabe an die höhere Stelle gutachtlich zu äußern. Beschwerden über einen Vorgesetzten dürfen bei seinem nächsten Vorgesetzten unmittelbar angebracht werden. Auch bei Ausübung des Beschwerderechts hat der Beamte eine angemessene Form zu wahren.

2. Besondere dienstliche Vorgänge sind unverzüglich dem nächsten Vorgesetzten, bei dienstlichem Zusammentreffen mit einem höheren Vorgesetzten auch diesem zu melden.

3. Für Besuche bei der Reichsbahndirektion in persönlichen Angelegenheiten sind die festgesetzten Empfangszeiten einzuhalten. Voraussetzung ist in jedem Fall, daß sich vorher der Dienstvorsteher und das zuständige Amt mit der Angelegenheit befaßt haben und von dem beabsichtigten Besuch in Kenntnis gesetzt sind.

---

[12]) Hierzu gehören die Dienstanfängerschule, die Verwaltungsschule, die Dienstbesprechungen und die Dienstvorträge.

[13]) Bei den mit der Ausführung des örtlichen Dienstes betrauten Beamten (vgl. III Ziffer 17 der Geschäftsordnung der Deutschen Reichsbahn-Gesellschaft) deckt sich „Dienstvorsteher" mit „Dienststellenvorsteher".

[14]) Auf den Erlaß des Herrn Reichsverkehrsministers vom 10. März 1923 — E II 92 Nr. 24714/22 — wird hingewiesen.

[15]) Hierzu gehört z. B. das Personal der Hilfszüge und das Personal der Schneewachen.

[16]) Damit ist die Residenzpflicht der Beamten, soweit sie bisher bestand, beseitigt.

[17]) § 42 BRG[h]) bleibt unberührt.

---

[h]) Unten III 4.

4. Für Besuche bei der Hauptverwaltung und bei der Gruppenverwaltung Bayern gilt folgendes:

a) Der Besuch ist rechtzeitig auf dem Dienstweg anzumelden; vor Ausführung der Reise ist die Entscheidung der Haupt- oder Gruppenverwaltung abzuwarten.

b) Der Besuch kann in der Regel nicht genehmigt werden, wenn für die endgültige Erledigung der Angelegenheit andere Stellen, besonders die Reichsbahndirektionen zuständig sind oder zwar die Haupt- oder Gruppenverwaltung endgültig zu entscheiden hat, aber die zunächst zuständigen Stellen noch nicht mit der Sache befaßt worden sind. Werden gleichwohl in einer solchen Angelegenheit Beamte bei der Haupt- oder Gruppenverwaltung vorstellig, so werden sie ohne Anhörung an die zuständigen Stellen verwiesen.

§ 12. Dienstbezeichnungen

Die Beamten haben im dienstlichen Verkehr die vorgeschriebenen Dienst- und Verwendungsbezeichnungen zu führen. Früher verliehene Titel dürfen daneben auch im amtlichen Verkehr weitergebraucht werden.

§ 13. Dienstbezüge

1. Die Berechnung und Zahlung der Dienstbezüge richtet sich nach der Besoldungsordnung und ihren Ausführungsbestimmungen. Der Beamte hat alle Angaben und Unterlagen für die Berechnung, besonders des Kinderzuschlags, rechtzeitig zu liefern. Er hat die Zahlungen zu prüfen und Unstimmigkeiten alsbald anzuzeigen.

2. Alle aus öffentlichen Mitteln ihm und seiner Ehefrau und alle seinen zulageberechtigten Kindern zufließenden Einnahmen hat der Beamte seiner Besoldungskasse anzuzeigen.

3. Der Beamte kann seinen Anspruch auf Dienstbezüge mit rechtlicher Wirkung nur insoweit abtreten, verpfänden oder sonst übertragen, als sie gesetzlich der Pfändung unterliegen.

§ 14. Wohnsitz

1. Der Beamte soll an seinem Dienstort oder an dem ihm zugewiesenen dienstlichen Wohnsitz, ein abgeordneter Beamter an seinem Beschäftigungsort wohnen und zwar in einer solchen Entfernung von der Reichsbahnstelle, daß die ordnungsmäßige Wahrnehmung der Dienstgeschäfte nicht beeinträchtigt wird. Ausnahmen bedürfen der Genehmigung.

2. Der Beamte hat eine zugewiesene Dienstwohnung nach der Wohnungsvorschrift (WV) zu übernehmen, zu benutzen, zu unterhalten und zu räumen.

3. Die Wohnung und jeder Wohnungswechsel sind anzuzeigen.

§ 15. Urlaub[i]).

1. Die Beamten erhalten alljährlich einen Erholungsurlaub nach den besonders hierfür erlassenen Bestimmungen. Außerdem kann für wichtige persönliche oder sonstige dringende Angelegenheiten nach den Richtlinien für die Gewährung kürzerer Urlaube aus besonderen Anlässen ausnahmsweise Urlaub bis zu 3 Tagen ohne Kürzung des Erholungsurlaubs und des Diensteinkommens gewährt werden.

Während des Urlaubs haben sich die Beamten, soweit angängig, gegenseitig zu vertreten.

2. Keines Urlaubs bedarf der Beamte zur Ausübung des Amtes als Mitglied des Reichstags oder eines Landtags; er muß die Amtsübernahme jedoch rechtzeitig anzeigen. Bewirbt er sich um einen Sitz in diesen Körperschaften, so ist ihm auf Antrag der zur Vorbereitung der Wahl erforderliche Urlaub zu gewähren.

Ist der Beamte gesetzlich verpflichtet, ein Amt (z. B. als Schöffe oder Geschworener) zu übernehmen oder einer Ladung[k]) (z. B. als Zeuge, Sachverständiger[18]) oder Beschuldigter[19]) zu folgen, oder erfordern andere gesetzliche Gründe die Abwesenheit vom Dienst, so bedarf er keines Urlaubs, muß seine Abwesenheit jedoch rechtzeitig vorher anzeigen. Vgl. auch § 23 Ziffer 3.

Zur Ausübung jedes anderen öffentlichen Ehrenamts ist Urlaub nur nötig, wenn die Geschäfte mit den Dienstverpflichtungen zeitlich zusammenfallen. Die Verpflichtung, vor Übernahme eines solchen Amtes die Genehmigung dazu nachzusuchen, wird hierdurch nicht berührt. Vgl. § 23 Ziffer 1.

3. Die Gewährung von Urlaub ohne Gehalt zu persönlichen Zwecken, zur Arbeit im Dienst der Berufsverbände oder zu Zwecken, bei denen eisenbahndienstliche oder öffentliche Interessen mitwirken, regelt sich nach den besonderen Vorschriften.

4. Urlaubsgesuche sind bei dem Dienstvorsteher unter Angabe des Zwecks, des Aufenthaltsorts und der Zeit rechtzeitig einzureichen.

5. Der Beamte darf den Urlaub erst nach seiner Genehmigung und nach ordnungsmäßiger Übertragung der Dienstgeschäfte antreten. Er soll sich vor Antritt des Urlaubs abmelden und nach der Rückkehr wieder anmelden. Er hat dafür zu sorgen, daß ihm während seiner Abwesenheit dienstliche Weisungen zugestellt werden können.

6. Bewilligter Urlaub kann aus zwingenden dienstlichen Gründen jederzeit zurückgezogen werden; Übertragung auf das folgende Jahr ist nur mit ausdrücklicher Genehmigung zulässig.

7. Wer sich ohne Urlaub von seinem Dienstposten fernhält oder den erteilten Urlaub überschreitet, geht seiner Dienstbezüge für diese Zeit verlustig, wenn er nicht besondere Entschuldigungsgründe hat.

---

[18]) Auf die Bestimmung des § 408 ZPO, § 76 StPO, wonach eine Vernehmung von Beamten als Sachverständige nicht stattfindet, wenn die vorgesetzte Behörde des Beamten erklärt, daß die Vernehmung den dienstlichen Interessen Nachteile bereiten würde, wird hingewiesen.

[19]) Handelt es sich um eine Ladung als Beschuldigter vor ein Gericht oder die Staatsanwaltschaft, so hat die Dienststelle die Anzeige an die Reichsbahndirektion weiterzuleiten.

---

[i]) Perso (vorst. III 3) § 13.

[k]) S. auch vorst. Beil. B a. E.

§ 16. Freifahrt

Für die Gewährung von Freifahrt gilt die Freifahrvorschrift (Freivo).

Die Freifahrvergünstigung darf nicht mißbraucht werden. Gegen Mitreisende haben sich frei fahrende Beamte zuvorkommend und taktvoll zu benehmen.

§ 17. Krankheit[1])

1. Die Beamten haben dem Dienstvorsteher eine Erkrankung und die voraussichtliche Dauer der Dienstunfähigkeit so schnell wie möglich anzuzeigen.

2. Für den Nachweis der Erkrankung, insbesondere durch ärztliche Zeugnisse gilt folgendes:

a) Bei Erkrankungen, die voraussichtlich binnen 3 Tagen behoben sein werden, genügt die pflichtmäßige Versicherung des Beamten oder die glaubhafte Mitteilung eines Angehörigen. Dauert die Dienstunfähigkeit länger als 3 Tage, so hat sie der Beamte spätestens am 4. Tage nachzuweisen. Beamte, denen Anspruch auf freie bahnärztliche Behandlung zusteht, haben den Nachweis der Dienstunfähigkeit durch ein ärztliches Zeugnis zu führen. Auch von anderen Beamten kann es der Dienstvorsteher verlangen.

b) Dauert die Dienstunfähigkeit voraussichtlich länger als 10 Tage, so hat der Beamte so bald als möglich ein ärztliches Zeugnis vorzulegen. Ist sie aber ohne weiteres glaubhaft, so kann der Dienstvorsteher davon absehen.

c) Bei längerem Fernbleiben vom Dienst sind auf Verlangen des Dienstvorstehers wiederholt ärztliche Zeugnisse beizubringen.

d) Der Dienstvorsteher hat das Recht, in besonderen Fällen, namentlich wenn Zweifel an der Dienstunfähigkeit bestehen, schon unmittelbar nach der Krankmeldung ein ärztliches Zeugnis zu fordern.

e) Auf Anordnung der Reichsbahndirektion hat sich der Beamte durch den Bahnvertrauensarzt untersuchen zu lassen.

f) Die Genesung ist dem Dienstvorsteher alsbald zu melden, nötigenfalls ist ein ärztliches Zeugnis vorzulegen.

3. Der Erkrankte darf nur mit Genehmigung des Arztes ausgehen.

4. Will sich ein Kranker, um seine Gesundung zu beschleunigen, mit Zustimmung des Arztes von seinem Wohnsitz entfernen, so hat er es dem Dienstvorsteher vorher anzuzeigen und den Zweck, die mutmaßliche Dauer seiner Abwesenheit und den Aufenthaltsort anzugeben; auf Verlangen ist ein ärztliches Zeugnis beizubringen.

5. Wird ein Beamter im Dienst verletzt oder an seiner Gesundheit geschädigt, so hat er es ohne Verzug zu melden. Als Dienst im Sinne dieser Bestimmung ist auch der Weg zum oder vom Dienst anzusehen, wenn er nicht etwa durch Umstände unterbrochen wird, die allein auf den eigenen Willen des Beamten zurückzuführen sind, z. B. Einkehr zum Ausruhen oder zur Nahrungsaufnahme, Besorgungen, Änderungen des Weges usw.

6. Beamte, die infolge äußerlich nicht erkennbarer Schwächen oder Gebrechen bei gewissen Dienstleistungen besonders gefährdet sind, haben dies ihrem Dienstvorsteher zu melden.

§ 18. Rauchen im Dienst

Im dienstlichen Verkehr mit Vorgesetzten und dem Publikum soll nicht geraucht werden. An den Bahnsteigen, in Güterräumen, im Laderaum der Gepäckwagen, in Stückgutwagen, in der Nähe von feuergefährlichen Gegenständen und in Stofflagern ist das Rauchen untersagt.

§ 19. Genuß geistiger Getränke

1. Der Beamte muß im Genuß geistiger Getränke mäßig sein. Trunkenheit im Dienst ist ein Dienstvergehen. Ein Beamter, der unter den Wirkungen des Alkohols steht, darf den Dienst nicht antreten; der Dienst darf ihm aber auch nicht übergeben werden.

2. Der Genuß geistiger Getränke während der Arbeitszeit ist verboten. Zur Arbeitszeit gehört auch die Zeit, die auf Dienstbereitschaft, dienstliche Gänge, Fahrten von einer Dienst- oder Arbeitsstelle zur andern, auf Unterricht und dgl. entfällt.

§ 20. Dienst- und Schutzkleidung

Die Pflicht oder das Recht, Dienstkleidung zu tragen, richtet sich nach der Dienstkleidungsordnung (DKO). Für die Schutzkleidungsstücke gelten besondere Bestimmungen.

§ 21. Benutzung der Diensträume und Ausrüstungsgegenstände. Verwendung der Drucksachen und Stoffe

1. Die Dienst-, Aufenthalts- und Übernachtungsräume und ihre Ausstattungsgegenstände sind zu schonen. Der Beamte hat auf Reinlichkeit, Ordnung und Ruhe zu halten.

2. Die ihm zum Dienstgebrauch übergebenen Ausrüstungsgegenstände, Geräte, Drucksachen usw. soll er nur ordnungsmäßig und zu dienstlichen Zwecken gebrauchen. Er hat sie, soweit erforderlich oder vorgeschrieben, im Dienst bei sich zu führen, ordentlich aufzubewahren oder beim Dienstwechsel zu übergeben. Bei Versetzung oder beim Ausscheiden aus dem Dienst sind sie vollständig und in einem, einem ordnungsmäßigen Gebrauch entsprechenden Zustande abzugeben (vgl. jedoch § 8 Ziffer 2 Abs. 1).

Fehlen Ausrüstungsgegenstände und Geräte oder sind sie beschädigt, so ist es anzuzeigen.

Drucksachen, Schreibgeräte und Stoffe sind schonend und sparsam zu verwenden.

§ 22. Sammlungen

Zu Ehrengeschenken für Vorgesetzte darf nur mit Genehmigung der Reichsbahndirektion gesammelt werden.

---

[1]) Perso § 14.

§ 23. Nebenerwerb, Geschenke, Belohnungen[m])

1. Den Beamten ist die Ausübung eines Nebenerwerbs oder einer Nebenbeschäftigung und der Eintritt[20]) in den Vorstand, Verwaltungs- oder Aufsichtsrat einer auf Erwerb[21]) gerichteten Gesellschaft nur mit Genehmigung[22]) gestattet. Das gleiche gilt für die Annahme von Geschenken oder Belohnungen in Bezug auf ihre Dienstgeschäfte und für die Eingehung von Geldverbindungen mit Personen, die mit der Deutschen Reichsbahn-Gesellschaft in geschäftlichen Beziehungen stehen.

Den zum Hausstand des Beamten gehörenden Angehörigen ist eine Erwerbstätigkeit gestattet; sie muß sich jedoch mit der Dienststellung des Beamten vertragen, auch darf er selbst nicht wesentlich dabei mitwirken.

2. Der Beamte bedarf auch der schriftlichen Genehmigung, um Erfindungen, die er allein oder gemeinschaftlich gemacht hat, zu verwerten. Das Nähere siehe § 9a[23]) der Perso.

3. Keiner[24]) Genehmigung bedarf der Beamte zur Übernahme des Amtes als Reichstags- oder Landtagsabgeordneter und für die Ausübung aller Ämter, deren Übernahme er nach den Gesetzen nicht ablehnen kann, z. B. als Schöffe[25]) und Geschworener[25]). Vgl. auch § 15 Ziffer 2.

4. Für Nebenerwerb durch Musik sind die besonderen Richtlinien zu beachten.

5. Die Übernahme des Amts eines Vormunds, Gegenvormunds, Pflegers oder Beistandes bedarf der Genehmigung.

6. In dem Gesuch um Genehmigung des Nebenerwerbs oder der Nebenbeschäftigung hat der Beamte auch anzugeben, welche Einnahmen er voraussichtlich daraus beziehen[24]) und wie weit ihn die Nebentätigkeit beanspruchen würde.

7. Auch wenn ein Nebenerwerb oder eine Nebenbeschäftigung genehmigt ist, dürfen sie nicht während des Dienstes oder in den Diensträumen ausgeübt werden.

8. Die Genehmigung kann jederzeit widerrufen werden, ohne daß der Beamte Anspruch auf Entschädigung erhält.

9. Dem Beamten ist verboten, sich an Arbeiten und Lieferungen für die Deutsche Reichsbahn-Gesellschaft zu beteiligen oder sie gegen Entgelt irgend welcher Art nachzuweisen und zu vermitteln.

Er darf auch ohne Ermächtigung der Reichsbahndirektion nicht an Verkaufs-, Verpachtungs- und ähnlichen Verhandlungen, die er leitet oder beaufsichtigt, als Interessent unmittelbar oder durch Mittelspersonen teilnehmen oder nachher in den Kauf, die Pacht und dgl. eintreten.

§ 24. Beleidigungsklagen

Der Beamte ist in der Verfolgung ihm widerfahrener Beleidigungen, Körperverletzungen oder sonstigen Unbilden unbehindert. Er hat jedoch, bevor er gegen einen anderen Reichsbahnbeamten Privatklage erhebt oder Strafanzeige erstattet, es seinem nächsten persönlichen Vorgesetzten anzuzeigen[26]).

Das gleiche gilt bei Beleidigungen und Körperverletzungen, die ihm bei Ausübung[27]) des Dienstes oder im Zusammenhang damit zugefügt sind.

§ 25. Eheschließung. Familienstand

Verheiratet sich ein Beamter, so hat er alsbald den Tag der Heirat, den Vor- und Zunamen und Geburtstag des Ehegatten anzuzeigen[28]) und eine Abschrift der standesamtlichen Heiratsurkunde beizufügen.

Andere Veränderungen des Familienstandes (Geburt von Kindern, Annahme an Kindesstatt, Tod von Ehegatten und Kindern, Ehescheidung usw.) sind ebenfalls anzuzeigen.

§ 26. Heranziehung von Reichsbahnbediensteten zu Privatarbeiten

Beamte dürfen ihre Dienststellung nicht ausnutzen, um andere Reichsbahnbedienstete zu Privatarbeiten heranzuziehen. Wer freiwillig Privatarbeiten übernimmt, muß ortsüblich entlohnt werden. Die Entlohnung muß jederzeit nachgewiesen werden können.

Beschäftigung während der Dienstzeit oder unter Benutzung bahneigener Werkzeuge und Einrichtungen ist unzulässig.

Die Bestimmungen des § 23 bleiben unberührt.

---

[20]) Als Eintritt gilt jede Wiederwahl oder Wiederbestellung, auch die ausdrückliche oder stillschweigende Verlängerung eines bestehenden Vertragsverhältnisses. Die Genehmigung ist also in diesen Fällen neu nachzusuchen.

[21]) Nicht auf Erwerb gerichtet sind solche Gesellschaften, die nur gemeinnützige, künstlerische, wissenschaftliche, gesellige Zwecke und dgl. verfolgen. Erwerb und Gemeinnützigkeit schließen sich einander nicht aus. Auf Erwerb gerichtet sind daher z. B. auch die Spar- und Darlehnskassen, Baugenossenschaften, Siedlungsgesellschaften und ähnliche. Die Beamten haben mit dem Antrag auf Genehmigung die Höhe etwaiger Vergütungen anzugeben (s. Ziffer 6). Ob die Genehmigung erteilt werden kann, wird wesentlich davon beeinflußt, ob die Vergütung mit Art und Umfang der geforderten Tätigkeit und der Beamtenstellung im Einklang steht.

[22]) Die genehmigende Stelle ergibt sich aus § 9 Perso.

[23]) Bis zur Inkraftsetzung des § 9a der Perso gilt an Stelle dieser Bestimmung die Verfügung des Herrn Generaldirektors vom 30. September 1927 — 51. 504. Nr. 2370/27 —.

[24]) Zur Ausübung eines Stadtverordnetenmandats ist Genehmigung erforderlich. Ist sie erteilt, so ist damit eine nach Ziffer 1 erforderliche Genehmigung für die Betätigung in auf Erwerb gerichteten Gesellschaften, in die der Beamte auf Grund seiner Stadtverordneteneigenschaft gewählt wird, nicht inbegriffen. Die Genehmigung hierfür ist also gesondert nachzusuchen (vgl. Ziffer 6 und Fußnoten 20, 21 und 22 zu Ziffer 1).

[25]) Auf die Verfügung der Hauptverwaltung vom 6. Mai 1929 — 52. 504. Poä — wird hingewiesen.

[26]) Der Deutschen Reichsbahn-Gesellschaft soll die Möglichkeit offen bleiben, zwischen den Beamten zu vermitteln.

[27]) Auf § 196 StGB wird hingewiesen.

[28]) Die Anzeige mit etwaigen Urkunden oder Urkundabschriften ist an die Reichsbahndirektion weiterzuleiten.

---

[m]) Oben III 2 § 3 (3).

§ 27. Fundsachen

Alle im Bahnbereich gefundenen Gegenstände sind an die zuständige Stelle abzuliefern (vgl. § 1 der Fundordnung).

§ 28. Dienstvergehen und Dienststrafen[n])

1. Verletzt ein Beamter schuldhaft seine Pflicht, so verwirkt er wegen Dienstvergehens Dienstbestrafung.

2. Dienststrafen sind:

a) Warnung, b) Verweis, c) Geldstrafe, d) Strafversetzung, e) Dienstentlassung.

3. Soweit nicht nach den gesetzlichen Bestimmungen ein förmliches Dienststrafverfahren durchzuführen ist, muß der Beschuldigte vor der Bestrafung über die ihm zur Last gelegte Verfehlung und das Ergebnis der etwa angestellten Ermittlungen gehört werden. Schriftliche Anhörung genügt; er kann jedoch mündliche Vernehmung verlangen, über die eine Niederschrift aufzunehmen ist. Eine für Nichterfüllung einer besonderen Dienstpflicht angedrohte Strafe kann nach Ablauf der dafür gegebenen Frist ohne weiteres verhängt werden.

Die Dienststrafe wird durch schriftlichen, mit Gründen versehenen Bescheid verhängt, der dem Beschuldigten auszuhändigen ist.

Gegen den Bescheid ist binnen zwei Wochen nach seiner Aushändigung Beschwerde an die nächsthöhere vorgesetzte Stelle zulässig. Gegen deren Entscheidung ist eine weitere Beschwerde nicht statthaft (vgl. § 19 C Perso).

4. Wer von einem schweren Dienstvergehen, besonders Gefährdung der Betriebssicherheit, Unregelmäßigkeit im Kassen- und Rechnungsdienst, Trunkenheit im Dienst u. a. Kenntnis erhält, hat es sofort anzuzeigen.

5. Der Reichsbahnbeamte ist Beamter im Sinne des Reichsstrafgesetzbuches[o]) und unterliegt bei bestimmten, dort aufgeführten Amtsvergehen besonders strenger gerichtlicher Bestrafung.

§ 29. Vorübergehende Untersagung der Dienstausübung

Jeder Vorgesetzte ist befugt, wenn eine Gefährdung der Sicherheit oder eine Störung des Dienstes zu befürchten ist, auch einem ihm nicht unmittelbar unterstellten Beamten vorübergehend die Dienstausübung ganz oder teilweise zu untersagen. Er hat jedoch gleichzeitig für geeignete Stellvertretung zu sorgen und den zuständigen Dienstvorgesetzten zu verständigen.

§ 30. Heranziehung zum Schadensersatz

Verletzt ein Beamter vorsätzlich oder fahrlässig seine Dienstpflichten, so haftet er der Deutschen Reichsbahn-Gesellschaft für den ihr daraus entstehenden Schaden. Soweit nicht die allgemeinen Bestimmungen des bürgerlichen Rechts Platz greifen, gilt für die Inanspruchnahme des Beamten und das Verfahren dabei § 31 Perso oder die „Vorschrift über Heranziehung der Reichsbahnbediensteten zum Schadensersatz" (Ersa).

§ 31. Ausscheiden aus dem Dienst

Will ein Beamter aus dem Dienst ausscheiden, so hat er darum nachzusuchen; er darf seinen Dienstposten erst nach Genehmigung seines Antrags und nach ordnungsmäßiger Übergabe an dem dazu bestimmten Tage verlassen.

§ 32. Dienstzeugnisse

1. Tritt ein Beamter in den einstweiligen Ruhestand oder endet sein Beamtenverhältnis, so wird ihm von der Reichsbahndirektion auf Antrag ein Zeugnis über Art und Dauer seiner Beschäftigung erteilt. Es umfaßt auch den Zeitraum, während dessen er zuvor im Eisenbahndienst eines Landes oder des Reichs oder als Angestellter oder Arbeiter im Eisenbahndienst eines Landes, des Reichs oder der Deutschen Reichsbahn-Gesellschaft beschäftigt war.

2. Wenn es der Beamte besonders verlangt, kann sich das Dienstzeugnis auch über Führung und Leistungen aussprechen und den Grund für die Beendigung der Beschäftigung angeben.

3. Steht die Versetzung in den einstweiligen Ruhestand oder das Ende des Beamtenverhältnisses unmittelbar bevor und will sich der Beamte schon vorher um eine andere Stelle bewerben, so wird ihm das Dienstzeugnis auf Ansuchen schon eine angemessene Zeit vorher erteilt.

§ 33. Inkrafttreten

Diese Dienstanweisung, durch Verfügung der Hauptverwaltung vom . . . für das Gebiet der Deutschen Reichsbahn-Gesellschaft festgesetzt, tritt am . . . in Kraft. Die entsprechenden bisherigen Dienstanweisungen sind aufgehoben.

4. Erlaß des Generaldirektors der Reichsbahn-Gesellschaft über die Bildung von Beamtenvertretungen im Bereich der Deutschen Reichsbahn-Gesellschaft (BRE.). Vom 22. Dezember 1924[1]).

I. Allgemeine Bestimmungen.

§ 1. Zur Wahrung der Interessen der Beamten gegenüber der Reichsbahn-Gesellschaft und zur Unterstützung der Reichsbahn-Gesellscha t in der Erfüllung ihrer Aufgaben werden Beamtenräte bei den Reich bahnstellen (§§ 5, 49ff.), Bezirksbeamtenräte bei den Reich bahndirektionen (§§ 9, 53 und 54) und ein Hauptbe mtenrat bei der Hauptverwaltung der Deutschen Reichsbahn Gesellschaft in B rlin (§§ 10, 55 bis 57) errichtet.

[n]) Perso § 19.

[o]) Oben III 2 Anm. 2 Cb.

[1]) In der z. Z. (Mai 1930) gültigen Fassung. — Die zugehörigen Ausführungsbestimmungen werden hier nicht abgedruckt. — Der Erlaß ist keine Rechtsverordnung, sondern eine Verordnung der Verwaltung, die der Generaldirektor jederzeit ändern od. aufheben kann. — Bearb. Schmitz 1928.

§ 2. Als Beamte im Sinne dieses Erlasses sind anzusehen:

1. alle Bediensteten, die nach § 1 Ziff. 2 der Personalordnung Reichsbahnbeamte sind,
2. die Beamtenanwärter,
3. die auf Grund des § 13 Abs. 4 des Betriebsrätegesetzes durch Verordnung dem Betriebsrätegesetz entzogenen Arbeitnehmer, die dauernd und überwiegend mit den gleichen oder ähnlichen Arbeiten wie die Beamten oder Beamtenanwärter beschäftigt werden.

Beamtenanwärter im Sinne dieses Erlasses sind alle dauernd und überwiegend mit den Dienstverrichtungen eines Beamten betrauten Bediensteten, die auf Grund einer förmlichen oder formlosen Prüfung oder nach den noch gültigen besonderen Bestimmungen der früheren Staatseisenbahnen Aussicht auf Übernahme in das Beamtenverhältnis haben.

§ 3. Die Rechte und Pflichten der Reichsbahn-Gesellschaft üben die Vorstände der einzelnen Stellen nach Maßgabe der geltenden Vorschriften aus.

Die Vertretung der Reichsbahn-Gesellschaft durch Bevollmächtigte ist zulässig.

§ 4. Die Befugnisse der beteiligten wirtschaftlichen Vereinigungen, die Interessen ihrer Mitglieder zu vertreten, werden durch die Vorschriften dieses Erlasses nicht berührt.

II. Beamtenräte.

1. Zusammensetzung und Wahl.

§ 5. Bei jeder Reichsbahnstelle, die in der Regel mindestens 20 Beamte beschäftigt, wird ein örtlicher Beamtenrat errichtet.

§ 6. Bei jeder Reichsbahnstelle, die in der Regel weniger als 20, aber mindestens fünf wahlberechtigte Beamte beschäftigt, von denen mindestens drei nach § 16 wählbar sind, wird ein Obmann und ein Stellvertreter gewählt.

§ 7. Reichsbahnstellen, bei denen nach den §§ 5 und 6 weder ein Beamtenrat noch ein Obmann zu wählen ist, werden von der vorgesetzten Stelle der nach den gegebenen Verkehrsmöglichkeiten am günstigsten gelegenen Reichsbahnstelle zugeteilt.

§ 8. Der örtliche Beamtenrat besteht bei Reichsbahnstellen mit

20— 49 Beamten aus 3 Mitgliedern,
50— 99 „ „ 5 „
100—199 „ „ 6 „
200—299 „ „ 7 „
300—399 „ „ 8 „
400 und mehr Beamten aus 9 Mitgliedern.

§ 9. Der Bezirksbeamtenrat besteht, wenn die Zahl der von ihm vertretenen Beamten weniger als 1000 beträgt, aus fünf Mitgliedern; für je weitere angefangene 1000 Beamte erhöht sich die Mitgliederzahl um eine, bis zur Höchstzahl von elf Mitgliedern.

§ 10. Der Hauptbeamtenrat besteht aus 17 Mitgliedern.

Die besonderen selbständigen Ausschüsse im Hauptbeamtenrat für die Verwaltungsstelle Preußen-Hessen und[1a]) die Gruppenverwaltung Bayern bestehen bei Preußen-Hessen aus 13[1a]) und bei Bayern aus fünf Mitgliedern. Soweit im Hauptbeamtenrat die erforderliche Zahl von Mitgliedern aus diesen Geschäftsbereichen nicht vorhanden ist, sind aus den nicht gewählten, aber noch wählbaren Personen der entsprechenden Vorschlagslisten der Reihe nach Ergänzungsmitglieder hinzuzuziehen.

§ 11. Die Mitglieder der örtlichen Beamtenräte, der Bezirksbeamtenräte und des Hauptbeamtenrats werden von den wahlberechtigten Beamten sämtlich in einer Wahl aus ihrer Mitte in unmittelbarer und geheimer Wahl nach den Grundsätzen der Verhältniswahl gewählt.

Die Wahlen der Mitglieder der Bezirksbeamtenräte und des Hauptbeamtenrats finden in demselben Wahlgange mit der Wahl der örtlichen Beamtenräte statt.

§ 12. Bei der Zusammensetzung der Beamtenräte sollen die verschiedenen Dienstzweige der wahlberechtigten männlichen und weiblichen Beamten nach Möglichkeit berücksichtigt werden.

In den Beamtenräten müssen die Beamten der Besoldungsgruppen 1—6, 7—12, 13—17a mindestens je einen Vertreter haben, wenn in jeder dieser zusammengesetzten Gruppen mindestens drei Wahlberechtigte vorhanden sind. Hierbei werden die Beamtenanwärter (§ 2 Abs. 1 Ziff. 2) der Besoldungsgruppe zugeteilt, der die Beamtengruppe angehört, in der sie ihre erste Anstellung finden. Die im § 2 Abs. 1 Ziff. 3 bezeichneten Arbeitnehmer werden hinsichtlich der Zuteilung zu einer Besoldungsgruppe den Beamten gleich behandelt, die mit gleichen oder ähnlichen Arbeiten wie sie selbst beschäftigt werden.

§ 13. Die Leitung der Wahl liegt in der Hand des Wahlvorstandes (§ 17).

§ 14. Der Obmann und sein Stellvertreter werden von den wahlberechtigten Beamten der Reichsbahnstelle aus ihrer Mitte in geheimer Wahl mit einfacher Stimmenmehrheit gewählt.

§ 15. Die Wahlzeit der Beamtenräte und der Obmänner beträgt zwei Jahre.

Nach Ablauf der Wahlzeit bleiben die Mitglieder des alten Beamtenrats noch so lange im Amt, bis der neugewählte Beamtenrat gebildet ist. Das gleiche gilt bei einer nach § 41 notwendig werdenden Neuwahl des gesamten Beamtenrats.

§ 16. Wahlberechtigt sind alle mindestens 18 Jahre alten männlichen und weiblichen Beamten. Während einer Enthebung vom Dienste als Folge eines strafgerichtlichen Verfahrens ruht das Wahlrecht.

[1a]) Die VerwStelle Pr.-H. ist inf. Vf 20. März 29 (51 Pvrab 533 Pvr 504) fortgefallen.

Wählbar sind die mindestens 24 Jahre alten Wahlberechtigten, deren erstmalige Berufsausbildung beendet ist und die am Tage der Wahl mindestens drei Jahre im Eisenbahndienste stehen. Bei den in § 2 Abs. 1 Ziff. 2 und 3 näher bezeichneten Bediensteten ist die selbständige Beschäftigung mit den Dienstverrichtungen eines Beamten der Beendigung der erstmaligen Berufsausbildung gleichzusetzen.

Wiederwahl ist zulässig.

Kein Beamter ist zu mehr als einer örtlichen Beamtenvertretung wählbar.

Dienststellenvorsteher sind bei ihrer eigenen Reichsbahnstelle nicht wählbar.

§ 17. Die Beamtenräte haben spätestens vier Wochen vor Ablauf ihrer Wahlzeit nach den Grundsätzen der Verhältniswahl einen aus drei wahlberechtigten Beamten bestehenden Wahlvorstand zu wählen.

Kommt der örtliche Beamtenrat der in Abs. 1 ausgesprochenen Verpflichtung nicht rechtzeitig nach oder wird eine Reichsbahnstelle neu errichtet oder die für die Errichtung eines örtlichen Beamtenrats vorgeschriebene Mindestzahl von Beamten erreicht, so hat der Dienststellenvorsteher einen aus den drei an Lebensjahren ältesten wahlberechtigten Beamten bestehenden Wahlvorstand zu bestellen.

Kommt der Bezirksbeamtenrat der in Abs. 1 ausgesprochenen Verpflichtung nicht rechtzeitig nach, so wählen die Bezirksvertretungen der im Bezirksbeamtenrat vertreten gewesenen wirtschaftlichen Vereinigungen den Wahlvorstand.

Kommt der Hauptbeamtenrat der in Abs. 1 ausgesprochenen Verpflichtung nicht rechtzeitig nach, so ist ein Hauptwahlvorstand aus je zwei Vertretern der im Hauptbeamtenrat vertreten gewesenen wirtschaftlichen Vereinigungen zu bilden.

Der Wahlvorstand wählt seinen Vorsitzenden.

Bei einer Reichsbahnstelle, bei der gemäß § 6 ein Obmann zu wählen ist, tritt an Stelle des Wahlvorstandes ein Wahlleiter, der unter entsprechender Anwendung der Absätze 1 und 2 spätestens eine Woche vor Ablauf der Wahlzeit zu bestellen ist.

Wahlleiter für die erste Wahl des Obmannes ist der vom Dienststellenvorsteher zu bestellende, an Lebensjahren älteste wahlberechtigte Beamte.

§ 18. Die Wahl ist von dem Wahlvorstand unverzüglich nach seiner Bestellung einzuleiten.

§ 19. Die näheren Bestimmungen über das Wahlverfahren werden durch eine von der Hauptverwaltung der Reichsbahn-Gesellschaft nach Verhandlung mit dem Hauptbeamtenrat und den in ihm vertretenen wirtschaftlichen Vereinigungen zu erlassende Wahlordnung[2]) gegeben.

2. Zusammentritt des Beamtenrats.

§ 20. Der örtliche Beamtenrat wählt aus seiner Mitte einen Vorsitzenden und einen Stellvertreter mit einfacher Stimmenmehrheit.

Der Vorsitzende und sein Stellvertreter sollen nach Möglichkeit verschiedenen Besoldungsgruppen angehören.

Der Bezirksbeamtenrat wählt aus seiner Mitte nach den Grundsätzen der Verhältniswahl einen geschäftsführenden Ausschuß von drei Mitgliedern, der Hauptbeamtenrat in gleicher Weise einen geschäftsführenden Ausschuß von fünf Mitgliedern.

Der geschäftsführende Ausschuß wählt aus seiner Mitte mit einfacher Stimmenmehrheit den Vorsitzenden und seinen Stellvertreter, die zugleich die Vorsitzenden des Beamtenrats sind.

§ 21. Der Beamtenrat ist berechtigt, jeden der beiden Vorsitzenden jederzeit abzuberufen; die Neuwahlen sind gemäß § 20 vorzunehmen. In den Fällen des § 20 Abs. 3 und 4 hat eine Neuwahl des geschäftsführenden Ausschusses vorauszugehen.

§ 22. Der Vorsitzende oder sein Stellvertreter sind zur Vertretung des Beamtenrats gegenüber der Reichsbahn-Gesellschaft befugt.

§ 23. Der Wahlvorstand (§ 17) hat die Mitglieder des Beamtenrats spätestens eine Woche nach ihrer Wahl zur Vornahme der nach § 20 erforderlichen Wahlen zusammenzurufen.

Der erste Zusammentritt des Bezirksbeamtenrats hat innerhalb einer Frist von drei Wochen, der erste Zusammentritt des Hauptbeamtenrats innerhalb einer Frist von sechs Wochen nach der Wahl zu erfolgen.

3. Geschäftsführung.

§ 24. Die Sitzungen der Beamtenräte sind nicht öffentlich. Sie finden in der Regel und nach Möglichkeit außerhalb der Dienstzeit statt.

Von Sitzungen, die während der Dienstzeit stattfinden müssen, ist die Reichsbahnstelle (§ 3) rechtzeitig zu benachrichtigen.

§ 25. Die Sitzungen der Beamtenräte werden von dem Vorsitzenden, der auch die Tagesordnung aufstellt und die Verhandlungen leitet, nach Bedarf anberaumt. Auf Verlangen der Reichsbahnstelle oder mindestens eines Viertels der Mitglieder des Beamtenrats hat der Vorsitzende eine Sitzung anzuberaumen und den beantragten Beratungsgegenstand auf die Tagesordnung zu setzen.

Hat die Reichsbahnstelle die Anberaumung einer Sitzung verlangt, so ist sie zu der Sitzung einzuladen. Die Einladung der Reichsbahnstelle zur Teilnahme an anderen Sitzungen bleibt dem Beamtenrat überlassen. Erscheinen Vertreter der Reichsbahn-Gesellschaft, so ist ihnen auf Verlangen außer der Reihe das Wort zu erteilen.

§ 26. Die vorgesetzte Stelle der Reichsbahnstelle, bei der der Beamtenrat besteht, ist berechtigt, zu Sitzungen, zu denen die Reichsbahnstelle eingeladen ist, Vertreter zu entsenden.

§ 27. Auf Antrag eines Viertels der Mitglieder des Beamtenrats ist je ein Beauftragter der im Beamtenrat vertretenen wirtschaftlichen Vereinigungen zu den Sitzungen mit beratender Stimme zuzuziehen.

---

[2]) Hier nicht abgedr.

§ 28. Ein gültiger Beschluß des Beamtenrats kann nur gefaßt werden, wenn alle Mitglieder unter Mitteilung des Beratungsgegenstandes geladen sind und mindestens die Hälfte von ihnen erschienen ist. Stellvertretung nach § 40 ist zulässig.

Die Beschlüsse werden durch Stimmenmehrheit der erschienenen Mitglieder und Stellvertreter gefaßt. Bei Stimmengleichheit gilt der Antrag als abgelehnt. In eigenen Angelegenheiten sind Beamtenratsmitglieder nicht stimmberechtigt.

§ 29. Der Stellvertreter des Dienststellenvorstehers darf als Obmann oder im Beamtenrat der eigenen Reichsbahnstelle nicht tätig werden, solange er die Geschäfte des Dienststellenvorstehers zu führen hat.

§ 30. Über jede Verhandlung des Beamtenrats ist eine Niederschrift aufzunehmen, die mindestens den Wortlaut der Beschlüsse und das Stimmenverhältnis, mit dem sie gefaßt sind, enthält und von dem Vorsitzenden und einem weiteren Mitgliede des Beamtenrats zu unterzeichnen ist.

Haben die Vertreter der Reichsbahn-Gesellschaft in der Sitzung eine Erklärung abzugeben, so ist ihnen die Niederschrift zur Genehmigung des auf ihre Erklärung bezüglichen Teiles und zur Unterzeichnung vorzulegen.

Auf Verlangen ist der Reichsbahn-Gesellschaft eine Abschrift der Niederschrift auch derjenigen Sitzungen zu übergeben, an denen sie teilzunehmen berechtigt war, aber nicht teilgenommen hat.

§ 31. Sonstige Bestimmungen über die Geschäftsführung können in einer Geschäftsordnung, die sich der Beamtenrat selbst gibt, getroffen werden. Die Geschäftsordnung darf keine Bestimmungen enthalten, die diesem Erlaß widersprechen.

§ 32. Die Mitglieder der Beamtenräte, die Obmänner und ihre Stellvertreter verwalten ihr Amt unentgeltlich als Ehrenamt. Notwendige Versäumnis von Dienstzeit darf eine Minderung der Besoldung oder Entlohnung nicht zur Folge haben. Bestimmungen, die dieser Vorschrift zuwiderlaufen, sind nichtig.

Den Mitgliedern der Beamtenräte und den Obmännern ist die Ausübung ihres Amtes durch entsprechende Einteilung ihres Dienstes unter Rücksichtnahme auf dringende dienstliche Aufgaben zu ermöglichen. Ihre Amtsführung hat dienstlichen Charakter.

§ 33. Der Beamtenrat kann bei einer Reichsbahnstelle mit 50 und mehr Beamten an einem Tage oder mehreren Tagen der Woche eine regelmäßige Sprechstunde einrichten, in der die Beamten Wünsche und Beschwerden vorbringen können. Soll die Sprechstunde innerhalb der Dienstzeit liegen, so ist dies mit der Reichsbahnstelle zu vereinbaren.

§ 34. Die durch die Geschäftsführung entstehenden notwendigen Kosten einschließlich etwaiger Aufwandsentschädigungen trägt die Reichsbahn-Gesellschaft. Für die Sitzungen, die Sprechstunden und die laufende Geschäftsführung stellt sie die nach Umfang und Beschaffenheit der Reichsbahnstelle und der bestimmungsgemäßen Aufgaben des Beamtenrats erforderlichen Räume und Geschäftsbedürfnisse zur Verfügung[2a]).

§ 35. Die Erhebung und Leistung von Beiträgen der Beamten für irgendwelche Zwecke der Beamtenvertretung ist unzulässig.

§ 36. Auf den geschäftsführenden Ausschuß finden die §§ 24 bis 32 und 34 entsprechende Anwendung.

§ 37. Auf die Geschäftsführung des Obmannes finden die §§ 22, 32 und 34 entsprechende Anwendung.

4. Erlöschen der Mitgliedschaft.

§ 38. Die Mitgliedschaft in einem Beamtenrat oder die Eigenschaft als Obmann erlischt:

a) mit dem dauernden Ausscheiden des Beamten aus der Reichsbahnstelle oder dem Dienstbezirk, für die der Beamtenrat errichtet ist;
b) mit dem Verlust seiner Wählbarkeit;
c) mit der Niederlegung;
d) mit der Aberkennung.

Einem Mitgliede einer Beamtenvertretung kann auf Antrag der Reichsbahn-Gesellschaft oder eines Viertels der Wahlberechtigten die Mitgliedschaft aberkannt werden, wenn es die ihm als Mitglied der Beamtenvertretung obliegenden Pflichten gröblich verletzt hat. Die Aberkennung erfolgt durch Beschluß des Beamtenrats nächsthöherer Instanz, bei Mitgliedern des Hauptbeamtenrats durch die Hauptverwaltung der Reichsbahn-Gesellschaft nach Verhandlung mit dem Hauptbeamtenrat, sofern nicht im letzten Falle eine besondere Schiedsstelle vereinbart wird. Gegen Entscheidungen der Bezirksbeamtenräte haben der Antragsteller und das beschuldigte Mitglied des Beamtenrats das Beschwerderecht an den Hauptbeamtenrat.

§ 39. Ein Beamter darf während der Dauer seiner Enthebung vom Dienste als Mitglied eines Beamtenrats oder als Obmann nicht tätig sein.

§ 40. Erlischt die Mitgliedschaft eines Beamten im Beamtenrat oder ist ein Mitglied zeitweilig verhindert, als Mitglied des Beamtenrats tätig zu sein, so tritt ein Ersatzmitglied nach den Bestimmungen der Wahlordnung ein. Das gleiche gilt für das Erlöschen der Eigenschaft als Obmann.

Die Ersatzmitglieder werden der Reihe nach aus den nicht gewählten, aber noch wählbaren Beamten derjenigen Vorschlagslisten entnommen, denen die zu ersetzenden Mitglieder angehören.

§ 41. Sobald die Gesamtzahl der Beamtenratsmitglieder und Ersatzmitglieder unter die vorschriftsmäßige

---

[2a]) **Aus den AusfBest:** Die Versendung von Schriftstücken usw. im Bahnbriefverkehr ist nicht zulässig. Die Beamtenvertretung hat ihre Schriftstücke durch die Post zu versenden unter Verwendung gewöhnlicher Postwertzeichen. Diese werden ihr von der Reichsbahnstelle zur Verfügung gestellt. — S. auch unten VII 3 Anm. 73 u. Vf 51. 533 Pvrab 504 v. 1. Feb. 29.

Zahl der Beamtenratsmitglieder sinkt, ist zu einer Neuwahl zu schreiten. Die Neuwahl findet für den Rest der Wahlzeit des bisherigen Beamtenrats statt.

Das gleiche gilt beim Rücktritt des gesamten Beamtenrats; ein Eintreten von Ersatzmitgliedern findet in diesem Falle nicht statt.

III. Aufgaben und Befugnisse der Beamtenräte.

§ 42. Die Beamtenräte und die Obmänner haben die Aufgabe:

1. die Reichsbahn-Gesellschaft durch Rat zu unterstützen, um dadurch mit ihr für einen möglichst hohen Stand der Leistungen und für möglichste Wirtschaftlichkeit des Betriebes zu sorgen;
2. an der Einführung neuer Arbeitsmethoden fördernd mitzuarbeiten;
3. das Pflichtbewußtsein und die Arbeitsfreudigkeit der Beamten zu heben, das Vertrauensverhältnis zwischen Reichsbahn-Gesellschaft und Beamtenschaft zu stärken, das Einvernehmen innerhalb der Beamtenschaft zu fördern und für Wahrung der Vereinigungsfreiheit einzutreten;
4. Anträge, Anregungen und Beschwerden der Beamten, die sich auf ihre persönlichen Dienstverhältnisse beziehen, entgegenzunehmen und, wenn sie für begründet gehalten werden, bei der Reichsbahn-Gesellschaft zu vertreten. Kann der Beamtenrat sich zu einer solchen Vertretung nicht entschließen, so hat er dies den Beteiligten unter Angabe von Gründen mitzuteilen;
5. Meinungsverschiedenheiten, die sich aus den persönlichen Dienstverhältnissen ergeben, auf Antrag der Beteiligten im Verhandlungswege zu schlichten.

§ 43. Die Beamtenräte und die Obmänner haben das Recht der Mitwirkung bei Regelung der die allgemeinen persönlichen Dienstverhältnisse der Beamten betreffenden Angelegenheiten und in besonderen Fällen:

1. bei Aufstellung des Entwurfs des dem Verwaltungsrat vorzulegenden Voranschlags, soweit persönliche Angelegenheiten der Beamten berührt werden,
2. bei Festsetzung der Vorschriften über Dienst- und Ruhezeiten,
3. bei Aufstellung der Dienststundenpläne,
4. bei Festsetzung von Beginn und Ende der Arbeitszeit, von Pausen und Essenszeiten, sowie bei Anordnung von Überstunden, wenn und solange diese nicht durch die Betriebs- und Verkehrsverhältnisse oder sonstige Umstände unvorhergesehen erforderlich werden,
5. bei Festsetzung der Arbeitsordnung oder der an ihre Stelle tretenden Dienstvorschriften, soweit ihre Bestimmungen für Beamte von Bedeutung sind,
6. bei Aufstellung von Vorschriften, durch die der Dienststellenvorsteher den Betrieb der Reichsbahnstelle regelt, soweit hierdurch die persönlichen Verhältnisse der Beamten berührt werden,
7. bei Aufstellung des jährlichen Urlaubsplanes,
8. bei Aufstellung von Grundsätzen für die Regelung von Stellvertretungen,
9. bei Anträgen auf Gewährung von Unterstützungen, für die Dienststellenvorsteher jedoch nur auf ihren Antrag,
10. bei Gewährung von Remunerationen und Belohnungen,
11. bei Verteilung von Dienst- und Pachtländereien[3]),
12. bei Verteilung von Mietwohnungen, über die die Reichsbahn-Gesellschaft verfügen kann[3]),
13. vor Übertragung oder Genehmigung der Übernahme eines Nebenerwerbs oder einer Nebenbeschäftigung,
14. vor Versagen der Erlaubnis zum Wohnen außerhalb des Dienstsitzes,
15. bei Schaffung und Verwaltung von Wohlfahrtseinrichtungen, soweit nicht bestehende, für die Reichsbahn-Gesellschaft maßgebende Satzungen oder bestehende Verfügungen von Todes wegen entgegenstehen oder eine anderweite Vertretung der Beamten vorsehen,
16. bei Wiedereinstellung von Beamten, die wegen Dienstvergehens entlassen worden sind oder ihre Beamtenstellung kraft Gesetzes verloren haben,
17. bei dem Verfahren über Einwendungen gegen die beabsichtigte Versetzung in den dauernden Ruhestand,
18. bei der Zurückstellung von der planmäßigen und außerplanmäßigen Anstellung und von regelmäßigen Beförderungen in solche Stellen, bei denen nicht eine besondere Auswahl nach fachlicher und persönlicher Tüchtigkeit stattfindet, sowie bei der Aufrechterhaltung des Kündigungsvorbehalts,
19. bei Ernennung von Vertrauensärzten,
20. bei Angelegenheiten, die die Reichsbahn-Gesellschaft den Beamtenräten zur Mitwirkung vorlegt.

Ferner auf Antrag der Beteiligten:

21. bei Verteilung und Feststellung der Beschaffenheit der Dienstwohnungen und Diensträume[3]),
22. bei Verhängung von Ordnungsstrafen,
23. bei Überweisung erkrankter Beamter an Ärzte,
24. bei Urlaubsverweigerung,
25. bei vorübergehender Abordnung von Beamten.

Die Reichsbahnstellen leiten alle Entwürfe von Gesetzen, Verordnungen und Verfügungen, die die allgemeinen persönlichen Dienstverhältnisse der Beamten berühren, den Beamtenräten rechtzeitig zu.

Auf Antrag muß der Beamtenrat in die Beratung einer unter § 43 fallenden Angelegenheit eintreten.

§ 44. Mit dem Beamtenrat ist zu verhandeln:

1. bei Aufstellung von allgemeinen Grundsätzen über die Einstellung und Entlassung von Beamtenanwärtern;
2. bei Durchführung der Ausbildung der der Reichsbahnstelle zu diesem Zwecke überwiesenen Beamten;

---

[3]) In den Fällen der Ziff. 11, 12, 21 tritt an Stelle des Beamtenrats der Wohnungsausschuß. Vf 2. Dez. 26 (Die Reichsbahn 763).

3. bei verwaltungsmäßiger Entscheidung über die Haftpflicht eines Beamten für Defekte;
4. auf Antrag des Beteiligten bei Versetzungen an einen anderen Ort oder eine andere Reichsbahnstelle.

Der Beamtenrat ist auf Antrag des Beteiligten zu hören:
1. vor der Kündigung des Dienstverhältnisses,
2. vor der Versetzung auf einen Dienstposten von geringerer Bewertung,
3. vor der Versetzung in den einstweiligen Ruhestand,

in allen Fällen — mit Ausnahme der Kündigung des Dienstverhältnisses wegen Dienstvergehens — jedoch nur, wenn eine Auswahl nach wirtschaftlichen und sozialen Verhältnissen zu treffen ist.

§ 45. Ein von dem Beamtenrat bestimmtes Mitglied ist bei Unfalluntersuchungen, die von der Reichsbahn-Gesellschaft oder sonst in Betracht kommenden Stellen vorgenommen werden, zuzuziehen.

§ 46. Werden von der Reichsbahnstelle, bei der ein Beamtenrat tätig ist, Beamtenprüfungen abgehalten, so hat der Beamtenrat das Recht, drei Beamte vorzuschlagen, von denen einer zum stimmberechtigten Mitglied der Prüfungskommission ernannt werden soll. Die Vorzuschlagenden sollen derjenigen Beamtengruppe angehören, für deren Dienst der Prüfling seine Befähigung dartun will.

Wird die Prüfung bei einer Reichsbahndirektion, Betriebsdirektion oder einem Amte (Inspektion) abgehalten, so hat der Bezirksbeamtenrat das Vorschlagsrecht. Das gleiche gilt, wenn die Prüfung bei einer äußeren Reichsbahnstelle abgehalten wird, bei der kein Beamtenrat, sondern nur ein Obmann (§ 6) vorhanden ist.

§ 47. Die Reichsbahnstelle hat dem Beamtenrat auf Wunsch mündlich Auskunft zu erteilen, soweit dies für die Erledigung seiner Aufgaben notwendig ist. Auf Verlangen ist Einsicht in die Akten zu gestatten.

Einsicht in die Personalakten eines Beamten ist im allgemeinen nur mit dessen Zustimmung zulässig und nur nach Maßgabe der bestehenden Bestimmungen. Einsicht in die Personalakten eines Beamten ist von dessen Zustimmung nicht abhängig, wenn berechtigte Interessen anderer dies erfordern. Soweit hiernach Akteneinsicht zulässig ist, kann der Beamtenrat Abschriften fertigen, wenn nicht aus besonderen Gründen Geheimhaltung geboten ist.

§ 48. Ein Eingriff in Verwaltung, Verkehr und Betrieb durch selbständige Anordnungen steht den Beamtenräten nicht zu.

IV. Zuständigkeit und Berufungsverfahren.

1. Örtliche Beamtenvertretung.

§ 49. Die Beamtenräte und Obmänner vertreten die Beamten ihres Wahlbezirkes in allen Angelegenheiten gemäß §§ 42 bis 48, soweit sie aus dem örtlichen Dienstverhältnis entspringen.

Angelegenheiten, die über den Bereich eines Amtes (Inspektion) oder einer Betriebsdirektion hinaus von Bedeutung sind, gehören zur Zuständigkeit des Bezirksbeamtenrates oder des Hauptbeamtenrates.

§ 50. Kommt über eine Angelegenheit des § 43 eine Einigung zwischen der örtlichen Beamtenvertretung und den Vertretern der Reichsbahnstelle nicht zustande, so legen diese auf Verlangen der Beamtenvertretung die Angelegenheit der Reichsbahndirektion vor. Die örtliche Beamtenvertretung kann die Angelegenheit auch unmittelbar dem Bezirksbeamtenrat unterbreiten.

Kann die Regelung nicht bis zur endgültigen Entscheidung verschoben werden, so muß der Dienststellenvorsteher die Angelegenheit vorläufig entscheiden. Die endgültige Regelung hat mit Beschleunigung zu erfolgen.

§ 51. Die Vorlage an die Reichsbahndirektion oder die Anrufung des Bezirksbeamtenrats (§ 50) ist erst zulässig, wenn die strittige Angelegenheit mit der Reichsbahnstelle, bei der die Beamtenvertretung besteht, nach rechtzeitiger Einladung unter Mitteilung der Tagesordnung verhandelt ist oder wenn Vertreter der Reichsbahnstelle trotz rechtzeitiger Einladung nicht erschienen sind.

§ 52. Will die Reichsbahndirektion einem Antrage einer örtlichen Beamtenvertretung nicht entsprechen, so hat sie über den Antrag mit dem Bezirksbeamtenrat zu verhandeln. Kommt eine Einigung zwischen den Vertretern der Reichsbahndirektion und dem Bezirksbeamtenrat nicht zustande, so ist die Entscheidung der Reichsbahndirektion herbeizuführen. Vor dieser Entscheidung ist dem Bezirksbeamtenrat nochmals Gelegenheit zu geben, seinen Standpunkt zu begründen.

2. Bezirksbeamtenrat.

§ 53. Der Bezirksbeamtenrat vertritt die Beamten des Reichsbahndirektionsbezirkes in allen Angelegenheiten gemäß den § 42 bis 48, soweit sie über den Bereich eines Amtes (Inspektion) oder einer Betriebsdirektion hinaus von Bedeutung sind. Angelegenheiten, die über den Bereich des Bezirksbeamtenrats hinaus von Bedeutung sind, gehören zur Zuständigkeit des Hauptbeamtenrats.

Der Bezirksbeamtenrat ist ferner zuständig zur Beratung derjenigen Angelegenheiten, die ihm von der Reichsbahndirektion oder von der örtlichen Beamtenvertretung vorgelegt werden (§ 50).

§ 54. Kommt über eine Angelegenheit des § 43 oder des § 58 Abs. 1 eine Einigung zwischen dem Bezirksbeamtenrat und der Reichsbahndirektion nicht zustande, so hat die Reichsbahndirektion die Sache unverzüglich der Hauptverwaltung der Reichsbahn-Gesellschaft zur Entscheidung vorzulegen. Der Bezirksbeamtenrat kann solche Angelegenheiten auch unmittelbar dem Hauptbeamtenrat unterbreiten. Die Vorschrift des § 51 findet entsprechende Anwendung. Die Hauptverwaltung entscheidet endgültig nach Verhandlung mit dem Hauptbeamtenrat.

3. Hauptbeamtenrat.

§ 55. Der Hauptbeamtenrat vertritt die gesamte Beamtenschaft der Reichsbahn-Gesellschaft in allen Angelegenheiten gemäß §§ 42 bis 48, soweit sie über den Bereich eines Bezirksbeamtenrats hinaus von Bedeutung sind.

Der Hauptbeamtenrat ist ferner zuständig zur Beratung von Anträgen der Bezirksbeamtenräte, die ihm durch die Hauptverwaltung der Reichsbahn-Gesellschaft vorgelegt werden (§ 54).

§ 56. Die selbständigen Ausschüsse des Hauptbeamtenrats[1a] (vgl. § 10 Abs. 2) treten zusammen, und zwar der Ausschuß für Bayern bei der Gruppenverwaltung in München, wenn es sich um Angelegenheiten handelt, die über den Bereich eines Bezirksbeamtenrats, jedoch nicht über den Bereich der Verwaltungsstelle Preußen-Hessen[1a]) oder der Gruppenverwaltung Bayern hinaus von Bedeutung sind. Ihre Beschlüsse in solchen Angelegenheiten gelten als Beschlüsse des Hauptsbeamtenrats.

Die laufenden Geschäfte der selbständigen Ausschüsse werden von den ihrem Geschäftsbereich angehörenden Mitgliedern des im § 20 Abs. 3 bezeichneten geschäftsführenden Ausschusses erledigt. Dem selbständigen Ausschuß für Bayern obliegt außerdem in München die Erledigung der laufenden Geschäfte bei der Gruppenverwaltung Bayern.

§ 57. Kommt eine Einigung zwischen den Vertretern der Hauptverwaltung und dem Hauptbeamtenrat oder dem selbständigen Ausschuß nicht zustande, so ist die Entscheidung der Hauptverwaltung oder der Gruppenverwaltung Bayern maßgebend.

V. Entscheidung von Streitigkeiten.

§ 58. Soweit nicht eine Einigungs- oder Schiedsstelle vereinbart wird, entscheiden die Reichsbahndirektionen unter Mitwirkung des Bezirksbeamtenrats bei Streitigkeiten über

1. die Notwendigkeit der Errichtung und die Bildung einer Beamtenvertretung im Sinne dieses Erlasses;
2. die Wahlberechtigung und Wählbarkeit eines Beamten (§§ 2, 16);
3. die Einrichtung, Zuständigkeit und Geschäftsführung der Beamtenräte;
4. die Notwendigkeit der Geschäftsführungskosten der Beamtenvertretungen.

Bei Streitigkeiten der vorbezeichneten Art, die den Hauptbeamtenrat zum Gegenstand haben, entscheidet die Hauptverwaltung, soweit nicht eine Einigungs- oder Schiedsstelle vereinbart wird.

Einsprüche gegen die Zusammensetzung eines Beamtenrats, sowie alle nicht auf Abs. 1 Ziff. 2 beruhenden Streitigkeiten, die sich aus den in diesem Erlaß vorgeschriebenen Wahlen ergeben, unterliegen der Entscheidung des Bezirksbeamtenrats. Haben diese Angelegenheiten den Hauptbeamtenrat zum Gegenstand, so entscheidet dieser selbst.

VI. Schutzbestimmungen.

§ 59. Die Mitglieder der Beamtenvertretungen sind verpflichtet, über die ihnen vermöge ihrer Eigenschaft als Beamtenvertreter bekanntgewordenen Angelegenheiten, deren Geheimhaltung ihrer Natur nach erforderlich ist, soweit kein öffentliches Interesse vorliegt, sowie über die ihnen gemachten vertraulichen Angaben Stillschweigen zu bewahren.

§ 60. Die Reichsbahn-Gesellschaft und ihre Vertreter dürfen Beamte in der Ausübung des Wahlrechts zu den Beamtenvertretungen und in der Übernahme und Ausübung der Pflichten eines Mitgliedes der Beamtenvertretungen weder beschränken noch sie deswegen benachteiligen.

Versäumnis von Dienstzeit infolge Ausübung des Wahlrechts oder Betätigung im Wahlvorstande oder als Wahlleiter darf eine Minderung der Besoldung oder Entlohnung nicht zur Folge haben.

Äußerungen eines Beamtenratsmitgliedes oder eines Obmannes bei Ausübung seines Amtes oder in einer Sitzung des Beamtenrats dürfen dienstlich nicht verfolgt werden, soweit sie nicht eine gerichtlich strafbare Handlung darstellen.

§ 61. Zur Kündigung des Dienstverhältnisses eines Mitgliedes einer Beamtenvertretung oder zu seiner Versetzung an eine andere Reichsbahnstelle ist die Zustimmung der Beamtenvertretung erforderlich.

Die Zustimmung ist nicht erforderlich:

1. Bei Versetzungen oder Entlassungen, die auf einer gesetzlichen oder vertraglichen oder durch Schiedsspruch einer vereinbarten Einigungs- und Schiedsstelle auferlegten Verpflichtung beruhen oder die durch ein strafgerichtliches oder disziplinargerichtliches Urteil ausgesprochen sind;
2. bei Versetzungen oder Entlassungen, die durch Stillegung oder Auflösung der Reichsbahnstelle erforderlich sind, der das Mitglied der Beamtenvertretung angehört;
3. bei fristlosen Kündigungen aus einem Grunde, der nach dem Gesetz zur Kündigung des Dienstverhältnisses ohne Einhaltung einer Kündigungsfrist berechtigt.

§ 62. Ist die Zustimmung der Beamtenvertretung erforderlich und wird sie versagt, so hat das in den §§ 49 bis 57 bezeichnete Verfahren Platz zu greifen, soweit nicht eine Einigungs- oder Schiedsstelle vereinbart ist.

§ 63. Auf den Obmann finden die Bestimmungen der §§ 61 und 62 mit der Maßgabe Anwendung, daß an die Stelle der Beamtenvertretung die Mehrheit der wahlberechtigten Beamten der Reichsbahnstelle tritt.

VII. Schlußbestimmungen.

§ 64[4]). Die Beamtenräte können in gemeinsamen Angelegenheiten, die in den Aufgabenkreis sowohl der Beamtenräte wie der bei der Reichsbahn-Gesellschaft bestehenden Betriebsräte fallen, mit diesen zu gemeinsamer Beratung zusammentreten. Führt die gemeinsame Beratung des Beamtenrats und des Betriebsrats zu einer Beschlußfassung, so muß getrennt abgestimmt und eine Mehrheit innerhalb jeder der beiden Vertretungen festgestellt werden. Für die Abstimmung in jeder der beiden Vertretungen gilt § 28 dieses Erlasses. Die weitere Vertretung der Beschlüsse ist Sache der einzelnen Gruppen, wobei für den Betriebsrat die Betriebsräteverordnung und für den Beamtenrat dieser Erlaß maßgebend ist.

Auf die Geschäftsführung in den gemeinsamen Beratungen finden die Vorschriften der §§ 24, 25 Abs. 2 und § 27 dieses Erlasses sinngemäße Anwendung.

Den Vorsitz führt für jede gemeinsame Sitzung abwechselnd der Vorsitzende des Beamtenrats und der des Betriebsrats. Die Einladungen und die Aufstellung der Tagesordnung erfolgen durch beide Vorsitzende gemeinsam.

§ 65. Der Erlaß tritt mit Wirkung vom 1. Januar 1925 an die Stelle des Erlasses vom 7. Mai 1921.

---

[4]) BRV (unten 6c) § 94.

5. Unfallfürsorgegesetz für Beamte und für Personen des Soldatenstandes. Vom 18. Juni 1901 (RGBl 211)[1]).

Artikel 1. Das Gesetz, betreffend die Fürsorge für Beamte und für Personen des Soldatenstandes in Folge von Betriebsunfällen vom 15. März 1886 (Reichs-Gesetzbl. S. 53) erhält die nachstehende Fassung.

§ 1. Beamte[2]) der Reichs-Civilverwaltung, des Reichsheeres und der Kaiserlichen Marine sowie Personen des Soldatenstandes[3]), welche in reichsgesetzlich der Unfallversicherung unterliegenden Betrieben beschäftigt sind[4]), erhalten, wenn sie in Folge eines im Dienste[5]) erlittenen Betriebsunfalls[6])

---

[1]) A. Die Unfallversicherungs- und Unfallfürsorgegesetze regeln die Entschäd. für Unfälle, v. denen das in unfallversicherungspflicht. Betrieben (RVO — unten III 7 — § 537), z. B. in dem der Eisenbahnen beschäft. Personal bei dem Betriebe betroffen w., in einer vom allgem. Rechte, z. B. dem HPfG (unten VI 5) abweichenden Art, u. zwar unterliegen der UVersicherung in der Haupts. Arbeiter u. Angestellte, der UFürsorge (nach ähnl. Grundsätzen) die Reichs- u. Staatsbeamten. Das oben abgedr. Reichsgesetz enthält die Sonderregelung f. Reichsbeamte u. schafft der Landesgesetzg. die rechtl. Möglichkeit gleichartiger Vorschriften f. d. Staatsbeamten; das preußische FürsG bringt diese Vorschr. f. d. preuß. Staatsbeamten, hat aber mit dem Übergange der preuß. Staatsbahnen auf das Reich den weitaus größten Teil seines AnwGebiets verloren u. wird deshalb in der neuen Auflage d. W. nicht mehr abgedruckt. Die hierunter angezog. Ausführungserlasse des Ministers d. öff. Arb. gelten noch jetzt als Richtschnur f. d. Behörden im Bereiche der früheren StEV, da das preuß. G, zu dem sie ergangen s., inhaltlich m. d. ReichsG genau übereinstimmt.

B. RBPersG (oben III 2) § 9 bestimmt, daß das ReichsUFürsG auf die im unfallversich. Betriebe beschäftigten Reichs**bahn**beamten sinngemäß anzuwenden ist. S. hierzu unten Anm. 32 A I 2cc.

C. In seiner ursprüngl. Gestalt schloß sich das G an das erste UnfallversichG v. 6. Juli 84 an; nachdem das GewerbeUVersG (letzte Fass.) v. 15. Juli 1900 f. d. Arbeiter günstigere Festsetzungen getroffen hatte, erhielt zur Wiederherstell. der Gleichwertigkeit das G die Fassung v. 18. Juni 01, die später in einigen Punkten (vom betroffenen Personenkreis abgesehen nicht grundsätzlich) geändert w. ist. Inhalt: §§ 1—6 Vorauss. u. Höhe des Fürsorgeanspruchs, §§ 7, 8 Ausschließungsgründe, §§ 9—13 Verh. zu anderen Gesetzen, § 14 Staats- u. Kommunalbeamte. Quellen: Reichstag 85/86 Drucks. Nr. 5 (Entw. u. Begr), StB 17. 873. 1087; neue Fassung: Reichstag 00/02 Drucks. Nr. 176 (Entw. u. Begr), StB 1765. 2470. 2546. Neuer Entw. des G liegt vor (RRat 1927 Drucks. Nr. 100). Schrifttum: Fritsch EisRecht § 49 (kurze Übersicht).

[2]) Auf Bahnpolizeibeamte der StEV, die nicht im Staatsbeamtenverh. angestellt s., wendet RG **106** 17 das preuß. UFürsG an, wenn sie einen Unfall im Betrieb erleiden, während sie in ihrer Eigensch. als BPol-Beamte tätig sind. Wegen des heutigen Rechts s. Haustein VZ **1929** 401.

[3]) Für Pers. des Soldatenstandes ist das G außer Kraft gesetzt w. durch OffPensG 31. Mai 06 (RGBl 565) § 77 Abs. 2 Ziff. 2 u. MannschVersorgG 31. Mai 06 (RGBl 593) § 76 Abs. 2 Ziff. 2.

[4]) Namentlich RVO § 537. Hierzu gehören außer den als eigentliche Betriebsbeamte tätigen od. den Betrieb überwachenden — E 1. Juli 20 IV 43. 149. 692 — Bahnbeamten auch solche Beamte, die b. d. staatlichen od. polizeil. Beaufsichtigung des Betr. dessen Gefahren gleichfalls ausgesetzt s., z. B. Steuerbeamte, die durch ihre amtl. Tätigkeit m. d. Betriebe befaßt werden. RG **70** 207, **73** 213, **75** 10. Beamte zur Überwach. des Schiffsbetriebs RG EE **33** 33. Die dienstliche Tätigkeit der Beamten muß aber mit einem unfallversicherungspflichtigen Betrieb in Verbindung u. Zusammenhang stehen; das trifft auf Zollbeamte nicht zu, die nicht den Zolldienst bei u. in dem EisBetr., sondern den Grenzüberwachungsdienst ausüben u. dabei mit den Gefahren des EisBetr. in Berühr. kommen — RG EE **14** 323 —, od. auf Schutzleute, die auf Anordnung des Militärbefehlshabers EisBrücken bewachen. RG EE **38** 149. — Zu beachten ist die durch einen neueren § 539b der RVO angeordnete Erstreckung des Betriebsbegriffs auf den kaufmännischen u. verwaltenden Teil der Unternehmen; s. dazu unten III 7 Anm. 22a.

[5]) Im Dienste befindet sich ein Fahrbeamter auch während der Zeit, die auf die Unterbrechung der dienstl. Verrichtungen auf den Außenstationen entfällt, wenn ihm im dienstl. Interesse der Aufenthalt innerhalb einer bestimmten, mit dem Dienste in Beziehung stehenden Örtlichkeit vorgeschrieben ist, mag er auch mit Zustimmung des Vorgesetzten diese Dienststätte auf kurze Zeit (z. B. zu Einkäufen) verlassen RG EE **17** 255. Zum Dienste gehören u. U. auch kürzere Dienstpausen RG **52** 76. Beamte, die dem EisBetr. angehören, sind auch auf der EisFahrt nach u. von dem Orte ihrer dienstl. Tätigkeit im Dienste RG VZ **07** 1368; auch Entsch. **75** 10 u. EE **28** 180, **33** 271. Vgl. auch RVO § 545a, ferner (mit besond. Bezugn. auf Dienstreisen v. Eis-Beamten im Kraftwagen) Kröner VZ **1927** 210; Neumann das. **1928** 994, 1337. Nicht im Dienste befindet sich ein EisBeamter, der ohne unverschuldeten Notstand den Gang zwischen Wohnung u. Betriebsstätte verbotswidrig auf dem Bahnkörper zurücklegt. RG **54** 191.

[6]) A. Gleich Betriebsunfall i. S. der RVO. RG **44** 253, **52** 76, **105** 63. Vgl. unten III 7 Anm. 22C. Es wird (abweich. vom HPfG) nur innerer Zusamm. m. d. Betriebe, nicht unmitt. Zus. mit einem bestimmten BetrVorgange gefordert; Anwesenheit eines Beamten im Dienstraum anläßl. einer dienstl. Vernehmung gehört zum Betr. RG **101** 220. Der Unfall braucht nicht die einzige, sondern nur mitwirk. Ursache der Dienstunfäh. zu sein. RG **102** 241. Der Beamte darf nicht einen unbedeut. BUnfall ausnutzen, um seine Pensionierung mit Unfallpension zu erreichen, sondern muß die Folgen des U. nach Mögl. zu überwinden suchen; führt jenes Bestreben zur Pensionierung, so fehlt der ursächl. Zus. zw. Unfall u. Dienstunfäh. i. S. § 1. RG **103** 144. — Von den neueren Änderungen des Dritten Buches (Unfallversicherung) der RVO wird jedenfalls der die Arbeitswege einbeziehende § 545a auch auf die dem UFürsG unterliegenden Personen anzuwenden sein (s. dazu Vf 52. 501. 328 v. 28. März 27).

B. Verträge der RVGesellsch. m. d. Privatbahn- u. der Straßen- u. Kleinbahnberufsgenossenschaft wegen Übernahme der EntschädPflicht aus Unfällen des Personals im gemeins. Bahnhofs- od. Fahrbetrieb, wonach die Entschäd. dem UnfallversichVerbande derj. Verwaltung zurlast fällt, der der Verunglückte

dauernd dienstunfähig werden, als Pension[7]) sechsundsechzigzweidrittel Prozent ihres jährlichen Diensteinkommens.

[8]) Personen der vorbezeichneten Art erhalten, wenn sie in Folge eines im Dienste erlittenen Betriebsunfalls nicht dauernd dienstunfähig geworden, aber in ihrer Erwerbsfähigkeit beeinträchtigt worden sind, bei ihrer Entlassung aus dem Dienste als Pension:

1. im Falle völliger Erwerbsunfähigkeit für die Dauer derselben den im ersten Absatze bezeichneten Betrag;
2. im Falle teilweiser Erwerbsunfähigkeit für die Dauer derselben denjenigen Teil der vorstehend bezeichneten Pension, welcher dem Maße der durch den Unfall herbeigeführten Einbuße an Erwerbsfähigkeit entspricht.

Ist der Verletzte in Folge des Unfalls nicht nur völlig dienst- oder erwerbsunfähig, sondern auch derart hülflos geworden, daß er ohne fremde Wartung und Pflege nicht bestehen kann, so ist für die Dauer dieser Hülflosigkeit die Pension bis zu hundert Prozent des Diensteinkommens zu erhöhen[9]).

Solange der Verletzte aus Anlaß des Unfalls thatsächlich und unverschuldet arbeitslos ist, kann in den Fällen des Abs. 2 Ziffer 2 die Pension bis zum vollen Betrage des Abs. 1 vorübergehend erhöht werden[10]).

Steht dem Verletzten nach anderweiter reichsgesetzlicher Vorschrift[11]) ein höherer Betrag zu, so erhält er diesen.

Nach dem Wegfalle des Diensteinkommens[12]) sind dem Verletzten außerdem die noch erwachsenden Kosten des Heilverfahrens (§ 9 Abs. 1 Nr. 1 des Gewerbe-Unfallversicherungsgesetzes, Reichs-Gesetzbl. 1900 S. 585)[13]) zu ersetzen.

§ **2.** Die Hinterbliebenen solcher im § 1 bezeichneten Personen, welche in Folge eines im Dienste erlittenen Betriebsunfalls gestorben sind, erhalten:

angehört: Vf 58. 267. 549 v. 6. Okt. 25, 58. 567. 740 v. 9. Aug. 26 u. 55. 567 Uu v. 22. Juli 29.

C. Neue Vorschr. üb. Unfälle bei Lebensrettungen: RVO § 554a.

[7]) § 9. — Der Anspruch auf Unfallpension beruht unmittelbar auf dem Gesetze; Festsetz. durch die Behörde hat nur deklarator. Bedeutung u. ist ein frei widerrufl. VerwaltAkt. RG **85** 189, Arch **1926** 783, EE **43** 281. Maßgeb. Zeitpunkt f. d. Festsetz. ist nicht der des Unfalls sondern der der Versetz. in den Ruhestand. RG **60** 215. Aufwertung RG VZ **1925 1444**.

[8]) Abs. 2 ist anzuwenden, wenn der Beamte durch den Unfall nicht dauernd dienstunfähig gew. ist, sondern, obwohl in der Erwerbsfäh. beschränkt, im Amte bleibt u. später ohne Anspruch auf Grund der allg. Pensionsgesetze aus dem Dienste ausscheidet E 21. Juli 87 (EVBl 298) Ziff. 2; die im E ausgesproch. Beschränkung auf Fälle, in denen der Beamte ohne PensAnspr. entlassen w., trifft ab. nicht zu; Abs. 2 greift auch dann Platz, wenn der Beamte auf Grund der allg. PensGesetze ein hinter der Unfallpens. zurückbleibendes Ruhegehalt beziehen würde. Dieser Grundsatz gilt, auch wenn er im DisziplVerfahren od. kraft strafgerichtl. Urteils entlassen wird. RG **72** 70; vgl. auch RDiszHof in Schulze Rechtspr. S. 160 u. Bayer. ObLG EE **30 445**. Ob die Erwerbsfäh. beeinträchtigt ist, hat das Gericht zu entscheiden. RG EE **33** 158.

[9]) Die Mehrleistung aus Abs. 3 tritt nur dann ein, wenn die Hilflosigkeit usw. Unfallsfolge ist u. als Zustand v. gewisser Dauer gelten muß; nicht z. B., solange der Verletzte noch mit Aussicht auf Erfolg einem Heilverfahren unterworfen wird. E 13. Sept. 02 (EVBl 480) Ziff. 1, auch RG **87** 72 u. EE **30** 338. Begriff fremde Wartung und Pflege RG EE **38 31**, RVersAmt Amtl. Nachr. **02** 181. Hilflosigkeit: RG **90** 312, **122** 49. Verhältnis zw. ihr u. Heilungskosten: RG EE **34** 291. Ihre Dauer ist zu überwachen. E 13. Sept. 02 a. a. O. u. 17. April 09 IV B 4. 178.

[10]) Abs. 4 wird nur im Falle des Abs. 2 (vorst. Anm. 8) praktisch. E 13. Sept. 02 (vorst. Anm. 9) Ziff. 2.

[11]) Z. B. auf Grund der allg. PensGesetze; es ist also jedesmal eine vergleich. Berechn. aufzustellen. Der Verletzte erhält aber nicht neben der UPension noch eine weitere Unfallrente. RG 7. Juni 29 US VIII 13.

[12]) Auch dann, wenn der Beamte aus Gründen, die mit einem Unfall i. S. § 1 nichts zu tun haben, in den Ruhestand versetzt od. entlassen wird. E 52. 210. 25 v. 28. Jan. 25. — Auf Ersatz der Kosten f. d. Zeit vor Wegfall des Diensteink. besteht kein Anspruch (RG Arch **05** 734), aber die RBahnGesellschaft übernimmt sie (nach dem Vorgange Preußen-Hessens: E 5. April 93 Elberf. Samml. III 2 Nr. 2670c) gemäß Vf 58. 267. 387 II v. 5. Nov. 25; vgl. ferner E 15. Juli 12 IV B 5. 324 u. Vf 58. 567. 739 v. 13. Aug. 26.

[13]) A. Jetzt RVO §§ 558ff., durch deren neuere Änderungen die Fürsorge wesentlich erweitert worden ist.

B. Reichsgerichtsentscheidungen. Unter Kosten des Heilverfahrens können fallen: Aufwand f. vermehrte Pflege u. Aufwartung, besondere Diät, vermehrtes Wohnungsbedürfnis; überh. Hilfsmittel, die nur Erleicht. des stationären Zustands bezwecken, EE **22** 164. Badereisen zur Heilung **64** 86; EE **28** 223, zur Linderung **90** 303; EE **28** 228, 308, **34** 286, **35** 136. Stärkende Weine VZ **07** 1257. Annahme einer Haushaltsleiterin, wenn d. Verletzte m. seiner Frau ins Bad reist, EE **28 431**. Spaziergänge EE **34** 240. Ruhige Wohnung EE **29 454**. Besonderes Schlafzimmer EE **26** 167. Nur objektiv nötige Kosten sind zu erstatten, auf sachlich nicht berecht. Wünsche kommt es nicht an. **108** 225. Ersparte Kosten des Haushalts u. dgl. muß sich d. Beamte anrechnen lassen. **87** 72. Grundsätzl. ist Zubill. einer Rente als Ersatz der HKosten zulässig. **95** 85. Vorher. Genehm. der Behörde nicht nötig. EE **30** 443.

C. Erlasse u. Verfügungen: Badereisen zur Linderung usw. 11. Juli 10 IV B 5. 382 u. 15. Juli 11 IV B 5. 308. Besonderes Schuhwerk 23. März 07 IV B 5. 140. Verpflegungszuschüsse 2. Juni 09 IV B 5. 244. Heilverfahren im allg. 13. Nov. 06 IV B 5. 785, bei Neurose 2. April 08 IV B 5. 78. Rechnungsnachprüfung 28. Aug. 09 IV B 5. 552. Umzugskosten 17. Jan. 12 IV B 5/19. Abnutzung v. Wäsche u. Kleidung 6. Aug. 20 IV 43. 149. 781. Orthopäd. Hilfsmittel Vf 1. Juli 26 (58. 567. 591). Weitere Regelung wegen der Änderung der RVO (oben A) steht bevor.

1. als Sterbegeld, sofern ihnen nicht nach anderweiter Bestimmung Anspruch auf Gnadenquartal oder Gnadenmonat zusteht, den Betrag des einmonatigen Diensteinkommens oder der einmonatigen Pension des Verstorbenen, jedoch mindestens fünfzig Mark[14]);
2. eine Rente. Diese beträgt
   a) für die Witwe[15]) bis zu deren Tode oder Wiederverheirathung, ebenso für jedes Kind[15]) bis zum Ablaufe des Monats, in welchem das achtzehnte Lebensjahr vollendet wird, oder bis zur etwaigen früheren Verheirathung zwanzig Prozent des jährlichen Diensteinkommens des Verstorbenen, jedoch für die Wittwe nicht unter 216 Goldmark[16]) und nicht mehr als 2160 Goldmark jährlich[16]), für jedes Kind nicht unter 116 Goldmark[16]) und nicht mehr als 540 Goldmark jährlich[16]);
   b) für Verwandte der aufsteigenden Linie, wenn ihr Lebensunterhalt ganz oder überwiegend durch den Verstorbenen bestritten worden war, bis zum Wegfalle der Bedürftigkeit insgesammt zwanzig Prozent des Diensteinkommens des Verstorbenen, jedoch nicht unter 126 Goldmark[16]) und nicht mehr als 540 Goldmark jährlich[16]); sind mehrere Berechtigte dieser Art vorhanden, so wird die Rente den Eltern vor den Großeltern gewährt,
   c) für elternlose Enkel, falls ihr Lebensunterhalt ganz oder überwiegend durch den Verstorbenen bestritten worden war, im Falle der Bedürftigkeit bis zum Ablaufe des Monats, in welchem das achtzehnte Lebensjahr vollendet wird, oder bis zur etwaigen früheren Verheirathung insgesammt zwanzig Prozent des Diensteinkommens des Verstorbenen, jedoch nicht unter 126 Goldmark[16]) und nicht mehr als 540 Goldmark jährlich[16]).

Die Renten dürfen zusammen sechzig Prozent des Diensteinkommens nicht übersteigen. Ergiebt sich ein höherer Betrag, so haben die Verwandten der aufsteigenden Linie nur insoweit einen Anspruch, als durch die Renten der Wittwe und der Kinder der Höchstbetrag der Renten nicht erreicht wird, die Enkel nur soweit, als der Höchstbetrag der Renten nicht für Ehegatten, Kinder oder Verwandte der aufsteigenden Linie in Anspruch genommen wird. Soweit die Renten der Wittwe und der Kinder den zulässigen Höchstbetrag überschreiten, werden die einzelnen Renten in gleichem Verhältnisse gekürzt.

Steht nach anderweiter reichsgesetzlicher Vorschrift einem von den Hinterbliebenen ein höherer Betrag zu, so erhält er diesen[17]).

Der Anspruch der Wittwe ist ausgeschlossen, wenn die Ehe erst nach dem Unfalle geschlossen worden ist[18]).

§ 3. Die Fürsorge erstreckt sich auf die Folgen von Unfällen bei häuslichen und anderen Diensten, zu denen Personen der im § 1 bezeichneten Art neben der Beschäftigung im Betriebe von ihren Vorgesetzten herangezogen werden.

§ 4. Erreicht das jährliche Diensteinkommen nicht den dreihundertfachen Betrag des für den Beschäftigungsort festgesetzten ortsüblichen Tagelohns gewöhnlicher erwachsener Tagearbeiter (§ 8 des Krankenversicherungsgesetzes, Reichs-Gesetzbl. 1892 S. 417), so ist dieser Betrag der Berechnung zu Grunde zu legen[19]).

Bleibt der nach Abs. 1 zu Grunde zu legende Betrag hinter dem Jahresarbeitsverdienste zurück, welchen während des letzten Jahres vor dem Unfalle Personen bezogen haben, welche mit Arbeiten derselben Art in demselben Betrieb, oder in benachbarten gleichartigen Betrieben beschäftigt waren, so ist dieser Jahresarbeitsverdienst der Berechnung der Rente zu Grunde zu legen[19]).

Die Vorschriften der Reichsversicherungsordnung, wonach bei Bemessung der Unfallrente der Jahresarbeitsverdienst nur zu einem Teil angerechnet wird, gelten entsprechend[14]) [20]).

---

[14]) Gestrichen: G 25. Okt. 22 RGBl I 802.

[15]) Keine Kürzung der Witwenrente wegen Altersunterschieds RG **97** 347, E 16. April 20 IV 47a. 152. 204. Kind: RVO § 591 Abs. 3 in Verb. m. § 559b Abs. 2, beides in Fass. des G 25. Juni 26 RGBl I 311.

[16]) G 12. Dez. 23 RGBl I 1181.

[17]) Reichsgesetzl. Vorschr. ist nam. das HinterbliebenenG 17. Mai 07 (RGBl 208), später vielfach geändert. Durch die jetzige, von der ursprüngl. abweichend. Fassung („einem von den Hint.") ist ein Individualrecht jedes einzelnen Hint. anerkannt w., mithin sind bei der nach Abs. 3 nötigen vergleich. Berechnung nicht mehr die Gesamtbezüge der Hint. an Witwen- u. Waisenrenten den Gesamtbezügen an gesetzl. Witwen- und Waisengeldern gegenüberzustellen, sond. es ist Witwenrente mit Witwengeld u. Waisenrente mit Waisengeld zu vergleichen E 13. Sept. 02 (vorst. Anm. 9) Ziff. 1 zu § 2. Über die anzustell., oft recht verwickelten Berechnungen trafen Bestimmung AusfAnw 6. Juli/8. Aug. 07 (EVBl 305), E 2. Aug. 10 IV B 4. 590, E 18. Mai 16 IV 46. 152. 123, die auch jetzt als Anleitung dienen können, obgleich sie nicht mehr unmittelbar anzuwenden sind. Vgl. auch RG EE **33** 152.

[18]) Nicht auch der Anspruch der aus der Ehe hervorgegang. Kinder. E 21. Juli 87 (oben Anm. 8) Ziff. 4.

[19]) Ortslohn RVO § 570 in Verb. m. §§ 149—152 u. Vo 5. Nov. 29 RGBl I 203.

[20]) RVO § 571c.

Bleibt bei den nicht mit Pensionsberechtigung angestellten Beamten (§ 1) die nach vorstehenden Bestimmungen der Berechnung zu Grunde zu legende Summe unter dem niedrigsten Diensteinkommen derjenigen Stellen, in welchen solche Beamte nach den bestehenden Grundsätzen zuerst mit Pensionsberechtigung angestellt werden können, so ist der letztere Betrag der Berechnung zu Grunde zu legen.

§ 5. Ist das der Berechnung der Hinterbliebenenrente zu Grunde zu legende Diensteinkommen in Folge eines früher erlittenen, nach den reichsgesetzlichen Bestimmungen über Unfallversicherung oder Unfallfürsorge entschädigten Unfalls geringer, als der vor diesem Unfalle bezogene Lohn oder das vor diesem Unfalle bezogene Diensteinkommen, so ist die aus Anlaß des früheren Unfalls bei Lebzeiten bezogene Rente oder Pension dem Diensteinkommen bis zur Höhe des der früheren Entschädigung zu Grunde gelegten Jahresarbeitsverdienstes oder Diensteinkommens hinzuzurechnen.

§ 6. Der Bezug der Pension beginnt mit dem Wegfalle des Diensteinkommens, der Bezug der Hinterbliebenenrente mit dem Ablaufe des Gnadenquartals oder Gnadenmonats, oder, soweit solche nicht gewährt werden, mit dem Ablaufe derjenigen Zeit, für welche nach § 2 Abs. 1 Ziffer 1 das Diensteinkommen oder die Pension weiter bezogen ist.

Gehört der Verletzte auf Grund gesetzlicher oder statutarischer Verpflichtung einer Krankenkasse oder der Gemeinde-Krankenversicherung an, so wird bis zum Ablaufe der dreizehnten Woche nach dem Eintritte des Unfalls die Pension und der Ersatz der Kosten des Heilverfahrens um den Betrag der von der Krankenkasse oder der Gemeinde-Krankenversicherung geleisteten Krankenunterstützung gekürzt. Der Anspruch auf das Sterbegeld und vom Beginne der vierzehnten Woche ab auch der Anspruch auf die Pension sowie auf den Ersatz der Kosten des Heilverfahrens geht bis zum Betrage des von der Krankenkasse gezahlten Sterbegeldes beziehungsweise bis zum Betrage der von dieser gewährten weiteren Krankenunterstützung auf die Krankenkasse über. Als Werth der freien ärztlichen Behandlung, der Arznei und der Heilmittel (§ 6 Abs. 1 Ziffer 1 des Krankenversicherungsgesetzes)[21]) gilt die Hälfte des gesetzlichen Mindestbetrags des Krankengeldes.

Fällt das Recht auf den Pensions- oder Rentenbezug im Laufe des Monats, für welchen die Pension oder Rente gezahlt war, fort, so ist von einer Rückforderung abzusehen. Wenn für einen Teil des Monats die Pension für den Verletzten mit der Rente für die Hinterbliebenen zusammentrifft, so haben die Hinterbliebenen den höheren Betrag zu beanspruchen.

§ 7. Ein Anspruch auf die in den §§ 1 bis 3 bezeichneten Bezüge besteht nicht, wenn der Verletzte den Unfall vorsätzlich oder durch ein Verschulden herbeigeführt hat, wegen dessen auf Dienstentlassung oder auf Verlust des Titels und Pensionsanspruchs gegen ihn erkannt oder wegen dessen ihm die Fähigkeit zur Beschäftigung in einem öffentlichen Dienstzweig aberkannt worden ist[22]).

Der Anspruch kann, auch ohne daß ein Urtheil der bezeichneten Art ergangen ist, ganz oder teilweise abgelehnt werden, falls das Verfahren wegen des Todes oder der Abwesenheit des Betreffenden oder aus einem anderen in seiner Person liegenden Grunde nicht durchgeführt werden kann.

§ 8. Ansprüche auf Grund dieses Gesetzes sind, soweit deren Feststellung[23]) nicht von Amtswegen erfolgt, bei Vermeidung des Ausschlusses vor Ablauf von zwei Jahren nach dem Eintritte des Unfalls bei der dem Verletzten unmittelbar vorgesetzten Dienstbehörde anzumelden[24]). Die Frist[25]) gilt auch dann als gewahrt, wenn die Anmeldung bei der für den Wohnort des Entschädigungsberechtigten zuständigen unteren Verwaltungsbehörde erfolgt ist. In solchem Falle ist die Anmeldung unverzüglich an die zuständige Stelle abzugeben und der Betheiligte davon zu benachrichtigen.

[26]) Nach Ablauf dieser Frist ist der Anmeldung nur dann Folge zu geben, wenn zugleich glaubhaft bescheinigt wird, daß eine den Anspruch begründende Folge des Unfalls[27]) erst später bemerkbar geworden oder daß der Berechtigte von der Verfolgung seines Anspruchs durch außerhalb seines Willens liegende Verhältnisse abgehalten worden ist, und wenn die Anmeldung innerhalb dreier Monate, nachdem eine Unfallfolge bemerkbar[28]) geworden oder das Hinderniß für die Anmeldung weggefallen, erfolgt ist.

[29]) Jeder Unfall, welcher von Amtswegen oder durch Anmeldung der Betheiligten einer vorgesetzten Dienstbehörde bekannt wird, ist sofort zu untersuchen. Den Betheiligten ist Gelegenheit zu geben, selbst oder durch Vertreter ihre Interessen bei der Untersuchung zu wahren.

---

[21]) RVO § 182.

[22]) Hierzu E 21. Juli 87 (oben Anm. 8) Ziff. 9.

[23]) Feststellung: RG **75** 322 u. EE **33** 266.

[24]) Anmeldung: RG **101** 285.

[25]) Ausschluß-, nicht Verjährungsfrist: RG EE **23** 291, nicht erstreckbar: RG EE **37** 134. Fristenlauf f. Hinterbliebene: RG **82** 224.

[26]) Nachträgliches Hervortreten d. Unfallfolgen RG **101** 285 u. JW **1912** 884.

[27]) RG **76** 394.

[28]) RG **82** 224.

[29]) Anzeige u. Unters. b. Unfällen v. Postbediensteten im EisBetr.: Unfallmeldevorschr. § 22, 2a u. § 28, 2.

§ 9. Soweit vorstehend nichts Anderes bestimmt ist, finden auf die nach §§ 1 bis 3 zu gewährenden Bezüge[30]) die für die Betheiligten geltenden Bestimmungen[31]) über die Pension und über die Fürsorge für Wittwen und Waisen Anwendung. Auf die Bezüge von Verwandten der aufsteigenden Linie und von Enkeln finden diese Bestimmungen entsprechende Anwendung.

§ 10[32]). Die in den §§ 1, 2 bezeichneten Personen können, auch wenn sie einen Anspruch auf Pension oder Rente nicht haben, einen Anspruch auf Ersatz des durch den Unfall erlittenen Schadens gegen die Betriebsverwaltung, in deren Dienste der Unfall sich ereignet hat, überhaupt nicht, und gegen deren Betriebsleiter, Bevollmächtigte oder Repräsentanten, Betriebs- oder Arbeiteraufseher nur dann geltend machen, wenn durch strafgerichtliches Urtheil festgestellt worden ist, daß der in Anspruch Genommene den Unfall vorsätzlich herbeigeführt hat.

Der hiernach zulässige Anspruch ermäßigt sich um denjenigen Betrag, welcher den Berechtigten nach dem gegenwärtigen Gesetze zusteht.

§ 11[32]). Die in dem § 10 bezeichneten Ansprüche können, auch ohne daß die daselbst vorgesehene Feststellung durch strafgerichtliches Urtheil stattgefunden hat, geltend gemacht werden, falls diese Feststellung wegen des Todes oder der Abwesenheit des Betreffenden oder aus einem anderen in seiner Person liegenden Grunde nicht erfolgen kann.

---

[30]) Z. B. in G § 1 Abs. 2: RG **72** 70.

[31]) Z. B. RBeamtenG §§ 149ff. üb. die Vorentscheidung der obersten Reichsbehörde (b. d. Reichsbahnbeamten: des Generaldirektors, RBPersG § 8). RG **94** 53, **110** 263; EE **33** 266, **34** 39. Das gilt auch f. d. Anspruch auf Kosten des Heilverf. RG EE **22** 362. Die Vorentsch. kann im Prozeß, auch in der RevisInst., nachträglich beigebracht werden RG **104** 23. Bei Entsch. der Frage, ob ordentliche od. Unfallpension zu gewähren ist, sind die Gerichte an die Vorentsch. nicht gebunden. RG **74** 91 u. EE **24** 138, wohl ab. ist die Feststellung der Verwalt., daß der Beamte dienstunfähig ist, für die Gerichte maßgebend. RG EE **43** 52. Feststellungsklage: RG **85** 189. Die Landgerichte sind ohne Rücks. a. d. Wert des Streitgegenstandes ausschließlich zuständig. RG **111** 341.

[32]) A. Aus §§ 10—12 in Verb. m. § 1, HPfG § 1 u. RBPersG § 9 ergibt sich für Ansprüche v. Reichs- u. Reichsbahnbeamten aus EisBetriebsunfällen, die sie im Dienst erleiden, folg. Rechtslage (vgl. Begr des UFürsG v. 1885; RG EE **10** 266, OLG Köln EE **23** 12; Nehse Arch **1912** 132, Seligsohn HPfG S. 75ff., Fritsch EisRecht S. 300ff.):

I. Reichsbeamte. Hier ist das UFürsG unmittelbar anzuwenden.

1. Fall, daß der Beamte m. d. EisBetrieb unmittelbar befaßt war, sei es als Betriebs- od. Aufsichtsbeamter (Reichs-EisAufsicht, Zoll, Steuer; s. oben Anm. 4), u. zugleich (beides muß zusammentreffen), daß die Bahn dem Reiche gehört u. von ihm selbst betrieben w., also Arbeitgeber u. Betriebsunternehmer dasselbe Rechtssubjekt sind. Dann greift UFürsG § 10 Abs. 1 Platz u. haben der Verunglückte u. seine Hinterblieb. Ansprüche

a) gegen das Reich nur, soweit ihnen das UFürsG solche einräumt, ab. nicht auf Grund anderer gesetzl. Vorschr., z. B. des HPfG;

b) gegen Betriebsleiter usw. der Bahn nur unter der in § 10 Abs. 1 angegeb. Vorauss.

2. Fall, daß der Beamte zwar i. S. der Ziff. 1 oben m. d. Bahnbetriebe dienstlich befaßt war, die Bahn ab. nicht v. Reiche betrieben w.

a) Dann stehen ihm und s. Hinterbl. Ansprüche zu:

aa) gegen das Reich auf die in UFürsG § 12 Abs. 1 bezeichn. Leistungen, u. nur auf diese;

bb) gegen die Bahn, in deren Betr. sich der Unfall ereignet hat, jedenfalls dann, wenn es eine Privatbahn ist, sowie gegen sonstige „Dritte" unter der Vorauss., daß aus HPfG od. einer and. Vorschr. des Reichsrechts (außer dem UFürsG) ein Ersatzanspruch gegeben ist,

auf das Mehr, das nach HPfG od. der and. Vorschr. über die in UFürsG § 12 Abs. 1 bezeichn. Leistungen hinaus zu gewähren ist.

cc) Zweifelhaft ist, was gilt, wenn sich der Unfall auf der Reichsbahn ereignet, solange diese v. d. Reichsbahn-Gesellschaft betrieben w. (RBahnG § 5). Da währ. dieser Zeit die Identität v. Arbeitgeber u. Betriebsunternehmer unterbrochen ist, liegt die Annahme nahe, daß die RBGesellschaft sich nicht auf UFürsG § 12 Abs. zwei berufen kann, sondern als „Dritte" i. S. UFürsG § 12 Abs. drei (u. eins) in Verb. m. § 10 Abs. 1 anzusehen u. die Rechtslage dieselbe ist, wie wenn die Bahn Privatbahn wäre (also Fall I 2 a. bb oben). Ein anderes scheint mir auch aus dem RBahnG nicht hervorzugehen: § 5 (4) dieses G bezieht sich m. E. nicht auf die allgemeine Rechtsstellung der Gesellsch.; diese ist in § 16 geregelt, u. zu den Normen, hins. deren die Gesellsch. nach § 16 (4) die Sonderstellung des Reichs für sich in Anspruch nehmen kann, kann nicht wohl das UFürsG gehören; denn für dieses G enthält RBPersG § 9 eine besondere Regelung, die ab. die Anwendbarkeit des UFürsG nur f. d. Reichsbahnbeamten, nicht f. d. Gesellschaft im ganzen ausspricht (s. hierzu auch Breithaupt EE **47** 214). Die Frage wird besonders oft dann praktisch, wenn ein Postbeamter im Bahnpostdienst auf der Reichsbahn e. Betriebsunfall erleidet: Trifft die hier vertret. Auffass. zu, so ist die Rechtslage die gleiche, wie wenn die Reichsbahn Privatbahn wäre, d. h. der Beamte hat wirtschaftlich den vollen Anspruch aus dem HPfG (wenn die Bahn nach diesem G haftet); soweit sich dieser Anspruch mit dem aus UFürsG deckt, stehen dem Beamten die Bezüge aus UFürsG der Postverw. gegenüber zu, den Rest kann er v. d. Bahn verlangen; für das Verh. zw. Bahn u. Post gilt EisPostG Art. 8 (s. unten IX 2 Anm. 12).

Die Frage ist ab. nicht zweifelsfrei: Die Gesellschaft — Vf 46 Rhap 2 u. 3 II v. 5. Juli u. 17. Aug. 28; s. auch Nehse VZ **1929** 136 u. Schulz, Reichsbahn u. Reichspost II 43ff. — steht auf dem gegenteil. Standp. u. kann sich auf mehrere oberlandesgerichtl. Urteile berufen; s. die genannte Vf u. US **1928** III 25. 46. 47 (das Königsberger U 19. Dez. 27 ist in VZ **1928** 1219 abgedr.) u. **1929** III 27. 33, ferner EE **48** 354. Ist diese Ansicht richtig, so scheidet An-

[32]) **§ 12.** Die dem Verletzten oder dessen Hinterbliebenen auf Grund des § 1 des Gesetzes, betreffend die Verbindlichkeit zum Schadenersatze für die bei dem Betriebe von Eisenbahnen, Bergwerken usw. herbeigeführten Tödtungen und Körperverletzungen, vom 7. Juni 1871 (Reichs-Gesetzbl. S. 207) gegen Eisenbahn-Betriebsunternehmer zustehenden Ansprüche gehen auf die Betriebsverwaltung, welche dem Verletzten oder dessen Hinterbliebenen auf Grund des gegenwärtigen Gesetzes oder anderweiter reichsgesetzlicher Vorschrift Pensionen, Kosten des Heilverfahrens, Renten oder Sterbegelder zu zahlen hat, in Höhe dieser Bezüge und vorbehaltlich der Bestimmungen des Artikel 8 des Gesetzes vom 20. Dezember 1875 (Reichs-Gesetzbl. S. 318) über[33]) [34]).

Weitergehende Ansprüche als auf diese Bezüge stehen dem Verletzten und dessen Hinterbliebenen gegen das Reich und die Bundesstaaten nicht zu[35]).

[34]) Die Haftung anderer, in dem § 10 nicht bezeichneter Personen bestimmt sich nach den sonstigen gesetzlichen Vorschriften. Jedoch geht die Forderung des Entschädigungsberechtigten an den Dritten auf die Betriebsverwaltung insoweit über, als sie zu den im Abs. 1 gedachten Zahlungen auf Grund dieses Gesetzes verpflichtet ist[36]).

§ 13. Auf die in den §§ 1, 2 bezeichneten Personen finden die reichsgesetzlichen Bestimmungen über Unfallversicherung keine Anwendung.

---

wend. des HPflG aus, hat der Beamte nur den Anspruch aus UFürsG gegen die Post u. steht der Post unter der Vorauss. des Art. 8 EisPostG Rückgriff gegen die Bahn zu.

Gesetzl. Regelung i. S. der hier bekämpften Meinung ist in Aussicht genommen.

Gleiches gilt auch dann, wenn ein Postbeamter, der Bahnbetretungskarte besitzt, die Bahnanlage außerh. des Fahrdienstes dienstlich betritt u. dabei e. Betriebsunfall erleidet. Schulz a. a. O. II 46.

b) Soweit sich der Anspruch, der dem an sich Forderungsberechtigten auf Grund des sonstigen Reichsrechts (außer dem UFürsG) gegen den EisUnternehmer od. einen andern „Dritten" gegeben ist (vorst. 2a bb, ev. cc), mit den Leistungen deckt, die das Reich auf Grund des UFürsG schuldet, geht der Anspruch auf das Reich über. Aus der Rechtsprechung des Reichsgerichts: Die Verpflicht. des „Dritten" erschöpft sich nicht darin, daß er dem Verungl. den Unterschied zw. Gehalt u. Pension zu erstatten hat, u. ergreift auch die Mehrpension, die ihm nach anderen Normen (z. B. UFürsG § 1 Abs. 5) zusteht; ab. der Ersatzanspruch des Beamten aus HPflG wegen Verlustes des Diensteinkommens hört auf m. d. Zeitp., mit dem der Beamte auch ohne den Unfall in den Ruhestand getreten wäre. **63** 382, **67** 139, **73** 213, **82** 256, **98** 341. Der Übergang der Ansprüche tritt mit ih. Entstehung, nicht erst m. d. Feststellung ein. EE **24** 388. Beginn u. Unterbrech. der Verjähr. des übergegang. Anspruchs **85** 424 u. EE **24** 388. Vorauss. f. d. Übergang ist Zusammenhang zw. Unfall u. Pensionierung. **94** 30. Übertragbarkeit des übergegang. Anspruchs **89** 233. Der Anspruchsübergang verschafft der Betriebsverwalt. nicht unter allen Umständen vollen Ersatz ih. Leistungen, vielm. gelten BGB §§ 399—404, 412 u. wird der Anspruch auf Ersatz begrenzt einers. durch die Höhe der aus dem UFürsG geschuld. Leistungen, anders. durch die Höhe der dem „Dritten" oblieg. Haftung; nur darf der Dritte nicht einwenden, daß der Beamte insoweit keinen Schaden erleide, wie er Zahlungen der in § 12 Abs. 1 bezeichn. Art erhalten habe, **80** 48, vgl. auch **82** 189 u. **92** 401. Fall, daß der Beamte selbst den U. verschuldet hat, VerkRu **1924** 523.

II. Unfälle v. Reichs**bahn**beamten im Dienste: Sinngemäße Anw. des UFürsG.

1. Unfall im eigenen Betr. der RBahnGesellschaft. Dann gilt das vorst. bei I 1 Ausgeführte, nur tritt an Stelle des Reichs die Gesellschaft.

2. Unfall im Betr. einer deutschen privaten Großbahn (z. B. eines Reichsbahn-Fahrbeamten im durchgeh. Zuge auf d. fremden Bahn). Dann haftet die RBGesellsch. aus dem UFürsG, u. nur aus diesem; denn der Beamte war in ihrem Dienste. Ein Anspruch auf Schadensersatz gegen die Privatbahn auf Grund des HPflG oder sonstigen Reichsrechts (außer RVO) ist durch RVO § 898 ausgeschlossen, da der Beamte zugleich im Betriebe der Privatbahn beschäftigt war, diese also nicht als „Dritter" gilt; daß der Betriebsunternehmer (die Privatbahn) den Beamten nicht aus eigenen Mitteln löhnte, hindert die Anw. des § 898 nicht (RG **38** 90, **74** 222). Ob die Forderungsberechtigten einen Anspruch aus der RVO gegen die Privatbahnberufsgenossenschaft haben, ist nach UFürsG § 13 zweifelhaft; es kann hier dahingestellt bleiben, da nach dem oben in Anm. 6B erwähnten Abkommen in dem in Rede stehenden Falle die RBGesellschaft die Entschäd. zu tragen hat.

B. Hiernach ist HPflG § 1 nicht beseitigt, aber nach 3 Richtungen hin eingeschränkt:

I. Die Betriebsverw., in deren Dienste der Beamte den U. erlitten hat, kann aus HPflG § 1 überhaupt nicht in Anspruch genommen werden (oben I 1, II 1).

II. Aus solchen Unfällen v. Reichsbeamten, auf die das UFürsG anwendbar ist, können Reich u. Länder nur bis zur Höhe der nach UFürsG geschuldeten Beträge in Anspruch genommen werden (oben I 2a. aa).

III. Der Anspruch gegen den BetrUntern. aus HPflG § 1 geht in Höhe der in UFürsG § 12 bezeichn. Leistungen auf die Betriebsverwalt. (i. S. UFürsG § 10) über (oben I 2a. bb).

Ansprüche von Personen, die aus HPflG § 3 Abs. 2, nicht aber aus UFürsG § 2 berecht. sind (wenn es nach der jetzigen Fassung v. RVO § 559b Abs. 2 noch solche gibt), bleiben unberührt.

[33]) Näheres bei EisPostG Art. 8 (unten Abschn. IX). — Die Post kann nicht Erstattung v. Heilungskosten verlangen, wenn sie zu deren Aufwendung nach UFürsG nicht verpflichtet war. Vf **46**. **461**a. 306 (Rhap) v. 3. Feb. 28.

[34]) Abs. 1 des § 12 ist bei der allg. Fass. des Abs. 3 überflüssig. RG **69** 349.

[35]) Abs. 2 bezieht sich nicht nur auf HPflG sondern gilt ganz allgemein u. ist f. sich allein, ohne Bezieh. auf Abs. 1 zu verstehen. RG **69** 349, **75** 10, **105** 212. A. M. Reindl EE **25** Sonderheft S. 103; vgl. auch RG EE **24** 38. — Gilt Abs. 2 auch f. d. Reichsbahn-Gesellschaft? S. darüber vorst. Anm. 32 A I 2a. bb.

[36]) Satz 2 bezieht sich nicht auf Ansprüche gegen die in § 10 bezeichn. Personen.

§ 14. Staats- und Kommunalbeamten[37]) sowie deren Hinterbliebenen, für welche durch die Landesgesetzgebung oder durch statutarische Festsetzung gegen die Folgen eines im Dienste erlittenen Betriebsunfalls eine den Vorschriften der §§ 1 bis 7 des gegenwärtigen Gesetzes mindestens gleichkommende Fürsorge getroffen ist[38]), steht wegen eines solchen Unfalls ein reichsgesetzlicher Anspruch auf Ersatz des durch denselben erlittenen Schadens nur nach Maßgabe[39]) der §§ 10 bis 12 des gegenwärtigen Gesetzes zu. Auf solche Staats- und Kommunalbeamten sowie deren Hinterbliebene finden die reichsgesetzlichen Bestimmungen über Unfallversicherung keine Anwendung.

Artikel 2. Dies Gesetz tritt mit dem Tage der Verkündung in Kraft. Dasselbe kommt in Bayern nach näherer Bestimmung des Bündnißvertrags vom 23. November 1870 (Bundes-Gesetzbl. 1871 S. 9) unter III § 5 zur Anwendung.

Soweit Staats- und Kommunalbeamte der im Artikel 1 § 1 bezeichneten Art beim Inkrafttreten dieses Gesetzes zufolge einer dem Gesetze vom 15. März 1886 genügenden landesgesetzlichen oder statutarischen Fürsorge von der reichsgesetzlichen Unfallversicherung ausgeschlossen sind, behält es hierbei bis zum 1. Januar 1903 sein Bewenden.

6. Die Arbeitervertretung.

Vorbemerkung.

Das Betriebsrätegesetz (BRG), das in Ausführung von RVerf Art. 165 die Arbeitervertretungen eingerichtet hat, enthält kein Eisenbahnrecht. Es gilt für alle privaten Schienenbahn-Betriebe (Großbahnen, Kleinbahnen, Bahnen für nicht öffentlichen Verkehr) genau so wie für alle anderen privaten Betriebe. Aus RBahnG § 19 (3) folgt ferner, daß es grundsätzlich auch für das Personal der Reichsbahn-Gesellschaft gilt.

Für die Reichs- (und gewisse sonstige öffentliche) Betriebe überläßt jedoch das BRG bestimmte Angelegenheiten, namentlich solche organisatorischer Art, der Regelung im Verordnungswege, die sich nach § 61 an den Aufbau der Unternehmung anzulehnen hat; zur Ausführung der dahingehenden Vorschriften hat die Reichsregierung in einer Verordnung vom 14. April 1920 Richtlinien aufgestellt. Nach RBahnG § 16 (4) kann die Reichsbahn-Gesellschaft für sich und ihr Personal die Sonderstellung in Anspruch nehmen, die auf dem Gebiete des Arbeitsrechts für die Verwaltungen des Reichs und deren Bedienstete jeweils besteht, und übt alsdann der Reichsverkehrsminister das Verordnungsrecht aus, während im übrigen der Generaldirektor die Zuständigkeiten der obersten Reichsbehörde wahrnimmt. Auf dieser Grundlage beruht die Rechtsverordnung — Betriebsräteverordnung (BRV) —, die der Reichsverkehrsminister unter dem 15. Dezember 1924 über die Bildung von Betriebsvertretungen bei der Reichsbahn-Gesellschaft erlassen hat. Die BRV ist also (anders als der BRE, oben III 4) Eisenbahnrecht.

Im folgenden werden abgedruckt:
- als 6a die Vorschriften des BRG, die nach dem obigen für die Verordnung des Reichsverkehrsministers besonders in Betracht kommen;
- als 6b die Verordnung der Reichsregierung vom 14. April 1920;
- als 6c die BRV des Reichsverkehrsministers.

a) Betriebsrätegesetz (BRG). Vom 4. Februar 1920 (RGBl 147).

(Auszug.)

§ 1. Zur Wahrnehmung der gemeinsamen wirtschaftlichen Interessen der Arbeitnehmer (Arbeiter und Angestellten) dem Arbeitgeber gegenüber und zur Unterstützung des Arbeitgebers in der Erfüllung der Betriebszwecke sind in allen Betrieben, die in der Regel mindestens zwanzig Arbeitnehmer beschäftigen, Betriebsräte zu errichten.

§ 6. Zur Wahrnehmung der besonderen wirtschaftlichen Interessen der Arbeiter und Angestellten des Betriebs dem Arbeitgeber gegenüber sind in allen Betrieben, in deren Betriebsräten Arbeiter und Angestellte vertreten sind, Arbeiterräte und Angestelltenräte zu errichten[1]).

§ 9. Als Betriebe im Sinne dieses Gesetzes gelten alle Betriebe, Geschäfte und Verwaltungen des öffentlichen und privaten Rechtes.

---

[37]) Die im Betriebe i. S. des § 1 beschäftigt sind. RG **99** 274, **111** 178. Militärbetrieb RG **92** 367 u. Arch **1921** 236; Betr. in Frankreich währ. d. Waffenstillstands RG EE **41** 230.

[38]) Z. B. Preußen G 18. Juni 87/2. Juni 02, GS **02** 153 (Ausdehnung auf Unfälle b. d. Revolutionsunruhen im Jahre 1919: EVBl **1920** 119f.) mit Ausf.-Erlassen 21. Juli 87 (EVBl 298) u. 13. Sept. 02 (EVBl 480). Hessen EVBl **03** 23. Weiteres: Handb. d. Unfallversich. 3. Aufl. Bd. I S. 245.

[39]) D. h. unter sinngemäßer Anwendung; Forderungsübergang nach § 12: Rehse Arch **1912** 139; RG **73** 213. Im allg. gilt für Dienstunfälle v. Betriebsbeamten der Länder das oben in Anm. 32 I Ausgeführte mut. mut. gleichfalls. Der im preuß. G §§ 12, 13 nach Vorbild des ReichsUFürsG § 12 ausgesprochene Ausschluß v. Ersatzansprüchen aus preuß. Gesetzen hat wohl kaum noch prakt. Bedeutung.

[1]) Die BRV (unten c) kennt die Trennung v. Arbeiter- u. Angestelltenräten nicht.

²) Nicht als besondere Betriebe gelten Nebenbetriebe und Bestandteile eines Unternehmens, die durch die Betriebsleitung oder das Arbeitsverfahren miteinander verbunden sind, sofern sie sich innerhalb der gleichen Gemeinde oder wirtschaftlich zusammenhängender, nahe beieinander liegender Gemeinden befinden.

§ 13[3]). Durch Verordnung der Reichsregierung kann für die öffentlichen Behörden und die Betriebe des Reichs sowie für die öffentlich-rechtlichen Körperschaften, die hinsichtlich der Dienstverhältnisse ihrer Beamten der Reichsaufsicht unterstehen, bestimmt werden, daß gewisse Gruppen von Beamten und Beamtenanwärtern als Arbeiter oder Angestellte im Sinne dieses Gesetzes zu betrachten sind.

Für die öffentlichen Behörden und die Betriebe der Länder, Gemeinden und Gemeindeverbände sowie für die öffentlich-rechtlichen Körperschaften, die hinsichtlich der Dienstverhältnisse ihrer Beamten der Landesaufsicht unterstehen, können die Landesregierungen entsprechende Verordnungen erlassen.

Geschieht dies, so kommen für das Dienstverhältnis der Beamten die §§ 78 Ziffer 8, 9, §§ 81 bis 90, §§ 96 bis 98 nicht in Anwendung[4]).

⁴) In gleicher Weise kann bestimmt werden, daß bestimmte Gruppen von Arbeitnehmern, die Aussicht auf Übernahme in das Beamtenverhältnis haben oder die in den Behörden mit gleichen oder ähnlichen Arbeiten wie die Beamten oder Beamtenanwärter beschäftigt werden, nicht als Arbeitnehmer im Sinne dieses Gesetzes zu betrachten sind, wenn ihnen bei der Bildung von Beamtenvertretungen (Beamtenräten, Beamtenausschüssen) die gleichen Rechte gewährt sind wie den Beamten.

§ 14[5]). Ist der Arbeitgeber keine Einzelperson, so üben die Rechte und Pflichten des Arbeitgebers nach diesem Gesetz aus:

1. bei den juristischen Personen und Personengesamtheiten des privaten Rechtes die gesetzlichen Vertreter,
2. bei dem Reiche, den Ländern, den Gemeindeverbänden, den Gemeinden und den anderen Körperschaften des öffentlichen Rechtes die Vorstände der einzelnen Dienststellen nach Maßgabe der für das Reich und die hinsichtlich der Dienstverhältnisse der Arbeitnehmer seiner Aufsicht unterstehenden Körperschaften von der obersten Reichsbehörde, für die übrigen Körperschaften von der Landeszentralbehörde zu erlassenden Vorschriften.

Vertretung des Arbeitgebers durch Bevollmächtigte ist zulässig.

§ 50[6]). Befinden sich innerhalb einer Gemeinde oder wirtschaftlich zusammenhängender, nahe beieinander liegender Gemeinden mehrere gleichartige oder nach dem Betriebszweck zusammengehörige Betriebe in der Hand eines Eigentümers, so kann durch übereinstimmende Beschlüsse der Einzelbetriebsräte die Errichtung eines Gesamtbetriebsrats neben den Einzelbetriebsräten erfolgen.

§ 61. Bei den Unternehmungen und Verwaltungen des Reichs[7]), der Länder und der Gemeindeverbände, die sich über einen größeren Teil des Reichs- oder Landesgebiets oder über mehrere Gemeindebezirke erstrecken, wird die Bildung von Einzel-[1]) und Gesamtbetriebsräten[6]) sowie die Abgrenzung ihrer Befugnisse gegeneinander in Anlehnung an den Aufbau der Unternehmung oder Verwaltung im Verordnungswege geregelt.

Die Verordnung wird erlassen von der jeweils zuständigen Reichs-[7]) oder Landesregierung nach Verhandlung mit den beteiligten wirtschaftlichen Vereinigungen der Arbeitnehmer.

Diese Verordnung kann auch festsetzen, welche Bestandteile der Unternehmung oder Verwaltung als besondere Betriebe im Sinne des § 9 Abs. 2 anzusehen sind[8]).

§ 65[9]). Besteht in einem Betriebe, für den ein Betriebsrat errichtet ist, für die dem Betrieb angehörigen öffentlichen Beamten eine Beamtenvertretung (Beamtenrat, Beamtenausschuß), so können in gemeinsamen Angelegenheiten, welche in den Aufgabenkreis sowohl des Betriebsrats wie auch der Beamtenvertretung fallen, Betriebsrat und Beamtenvertretung zu gemeinsamer Beratung zusammentreten.

Den Vorsitz führt für jede gemeinsame Sitzung abwechselnd der Vorsitzende des Betriebsrats und der der Beamtenvertretung. Die Einladungen und die Aufstellung der Tagesordnung erfolgen durch beide Vorsitzende gemeinsam.

---

²) Reichsbetriebe: § 61 Abs. 3.

³) Reichsbetriebe: Vo 14. April 20 (unten b) Art. 1.

⁴) Den in Abs. 3 aufgeführten Vorschr. entsprechen BRV § 70 Ziff. 12, 13, §§ 77—86, 91—93. Zu Abs. 4 s. BRV § 2 in Verb. m. BRE § 2 Ziff. 2, 3.

⁵) BRV § 4.

⁶) Reichsbetriebe: § 61 Abs. 1. Die BRV sieht die in § 50 angef. Einricht. nicht vor, ebensowenig Gesamtbetriebsräte (BRG § 61 Abs. 1).

⁷) Reichsbetriebe: Vo 14. April 20 Art. 2.

⁸) BRV § 3.

⁹) Reichsbetriebe: Vo 14. April 20 Art. 3.

Die Reichsregierung kann für die öffentlichen Behörden und Betriebe des Reichs sowie für die öffentlich-rechtlichen Körperschaften, die hinsichtlich des Dienstverhältnisses ihrer Beamten der Reichsaufsicht unterliegen, die Landesregierungen können für die öffentlichen Behörden und die Betriebe der Länder, Gemeinden und Gemeindeverbände sowie für die öffentlich-rechtlichen Körperschaften, die hinsichtlich der Dienstverhältnisse ihrer Beamten der Landesaufsicht unterliegen, nähere Vorschriften erlassen.

§ 93. Das Arbeitsgericht[10]) entscheidet bei Streitigkeiten über

1. die Notwendigkeit der Errichtung, die Bildung und Zusammensetzung einer Betriebsvertretung im Sinne dieses Gesetzes;
2. Wahlberechtigung oder Wählbarkeit eines Arbeitnehmers;
3. Einrichtung, Zuständigkeit und Geschäftsführung der Betriebsvertretungen und der Betriebsversammlung;
4. die Notwendigkeit von Geschäftsführungskosten der Betriebsvertretungen;
5. alle Streitigkeiten, die sich aus den in diesem Gesetze vorgeschriebenen Wahlen ergeben.

b) Verordnung der Reichsregierung zur Ausführung des Betriebsrätegesetzes. Vom 14. April 1920 (RGBl 522).

Artikel 1.

Zu § 13. 1. Für die öffentlichen Behörden und die Betriebe des Reichs sowie für die öffentlich-rechtlichen Körperschaften, die hinsichtlich der Dienstverhältnisse ihrer Beamten der Reichsaufsicht unterstehen, wird die Befugnis, Bestimmungen nach Abs. 1 und Abs. 4 des § 13 zu treffen, von den zuständigen obersten Reichsbehörden innerhalb ihres Geschäftsbereichs ausgeübt[1]).

[2]) 2. Bei der Durchführung von § 13 Abs. 1 sind in der Regel nur solche Beamte und Beamtenanwärter den Arbeitern oder Angestellten gleichzustellen, welche die gleiche Tätigkeit ausüben wie in Privatbetrieben derselben Art Privatarbeiter oder Privatangestellte und ferner solche Beamte und Beamtenanwärter, die als einzelne dauernd mit einer großen Anzahl von Arbeitnehmern zusammenarbeiten.

3. Bei der Durchführung von § 13 Abs. 4 sind in der Regel nur solche Arbeitnehmer den Beamten gleichzustellen, die Aussicht auf Übernahme in das Beamtenverhältnis haben oder die in den Behörden mit gleichen oder ähnlichen Arbeiten wie die Beamten oder Beamtenanwärter beschäftigt werden, sofern sie als einzelne dauernd mit einer großen Zahl von Beamten zusammenarbeiten.

Artikel 2.

Zu § 61. Bei den Unternehmungen und Verwaltungen des Reichs, die sich über einen größeren Teil des Reichsgebiets erstrecken, sind die Bestimmungen zur Ausführung der Abs. 1[3]) und 3[4]) des § 61 nach Verhandlung mit den beteiligten wirtschaftlichen Vereinigungen der Arbeitnehmer gesondert für die einzelnen Zweige der Reichsverwaltung zu treffen. Diese Befugnis kann nach näherer Bestimmung der Reichsregierung durch die oberste Reichsbehörde für ihren Geschäftsbereich ausgeübt werden[1]). Mangels besonderer Bestimmung finden die Vorschriften des Gesetzes Anwendung.

Artikel 3.

Zu § 65. Für die öffentlichen Behörden und die Betriebe des Reichs sowie für die öffentlich-rechtlichen Körperschaften, die hinsichtlich der Dienstverhältnisse ihrer Beamten der Reichsaufsicht unterstehen, wird folgendes bestimmt:

1. Sofern eine Beamtenvertretung, die in den Betrieben besteht, keinen gewählten Vorsitzenden besitzt, hat sie im Hinblick auf die Vorschrift im Abs. 2 des § 65 des Betriebsrätegesetzes für die gemeinsamen Beratungen mit dem Betriebsrat aus ihrer Mitte einen Vorsitzenden zu wählen[5]).

[6]) 2. Betriebsrat und Beamtenvertretung können zu gemeinsamer Beratung zusammentreten. Führt die gemeinsame Beratung des Betriebsrats und der Beamtenvertretung zu einer Beschlußfassung, so muß getrennt abgestimmt und eine Mehrheit innerhalb jeder der beiden Vertretungen festgestellt werden. Für die Abstimmung in jeder der beiden Vertretungen gilt § 32 des Gesetzes[7]). Die weitere Vertretung der Beschlüsse ist Sache der einzelnen Gruppen, wobei für den Betriebsrat das Betriebsrätegesetz und für die Beamtenvertretung die für diese geltenden Vorschriften maßgebend sind.

3. Auf die Geschäftsführung in den gemeinsamen Beratungen finden die Vorschriften im § 29 Abs. 2, §§ 30, 31, 33 des Gesetzes[8]) sinngemäß Anwendung.

---

[10]) ArbeitsgerichtsG 23. Dez. 26 (RGBl I 507) § 112 Abs. 1 Ziff. 10.

[1]) Für die Reichsbahn steht nach RBahnG § 16 (4) das Verordnungsrecht dem RVMin zu; im übr. hat die Befugnis der obersten Reichsbeh. der Generaldirektor.

[2]) Die Reichsbahn hat v. der durch Ziff. 2 gegeb. Möglichkeit keinen Gebrauch gemacht.

[3]) Reichsbahn: BRV §§ 6ff.

[4]) Reichsbahn: BRV § 3.

[5]) Bei der Reichsbahn wählen die Beamtenräte ih. Vorsitz. (BRE — oben III 4 — § 20).

[6]) Reichsbahn: BRE § 64 u. BRV § 94.

[7]) Entspricht BRV § 30.

[8]) Entspr. BRV §§ 27—31.

c) Verordnung des Reichsverkehrsministers über die Bildung von Betriebsvertretungen nach dem Betriebsrätegesetz vom 4. Februar 1920 im Bereich der Deutschen Reichsbahn-Gesellschaft (BRV). Vom 15. Dezember 1924 (RGBl 229)[1]). **In der Fassung der Verordnung vom 21. Juni 1927** (RMinBl 197, Die Reichsbahn 482).

Auf Grund des § 61 des Betriebsrätegesetzes wird folgendes verordnet:

I. Allgemeine Bestimmungen.

§ 1[2]). Zur Wahrnehmung der wirtschaftlichen Interessen der Arbeiter[3]) gegenüber der Reichsbahn-Gesellschaft und zur Unterstützung der Reichsbahn-Gesellschaft in der Erfüllung der Betriebszwecke werden im Bereich der Reichsbahn-Gesellschaft Betriebsräte bei den Reichsbahnstellen (§§ 6ff.), Bezirksbetriebsräte bei den Reichsbahndirektionen (§§ 53ff.) und ein Hauptbetriebsrat bei der Hauptverwaltung der Reichsbahn-Gesellschaft in Berlin (§§ 62ff.) errichtet.

§ 2. Alle im Lohnverhältnis stehenden Bediensteten der Reichsbahn-Gesellschaft und die als Lehrlinge beschäftigten Personen sind als Arbeiter im Sinne dieser Verordnung anzusehen[3]). Nicht als Arbeiter sind anzusehen die Beamten, die Beamtenanwärter und diejenigen Arbeitnehmer, die dauernd und überwiegend mit gleichen oder ähnlichen Arbeiten wie die Beamten oder Beamtenanwärter beschäftigt werden, wenn ihnen bei der Bildung von Beamtenvertretungen die gleichen Rechte gewährt sind, wie den Beamten.

Beamtenanwärter im Sinne dieser Verordnung sind alle dauernd und überwiegend mit den Dienstverrichtungen eines Beamten betrauten Bediensteten, die auf Grund einer förmlichen oder formlosen Prüfung oder nach den noch gültigen besonderen Bestimmungen der früheren Staatseisenbahnen Aussicht auf Übernahme in das Beamtenverhältnis haben.

§ 3. Als Betrieb im Sinne dieser Verordnung gilt jede einzelne Reichsbahnstelle.

[3a]) Als Betrieb gilt ferner eine Betriebsabteilung eines Reichsbahn-Ausbesserungswerks, wenn sich das Werk und die Abteilung nicht innerhalb der gleichen Gemeinde oder wirtschaftlich zusammenhängender, nahe beieinander liegender Gemeinden befinden.

§ 4. Die Rechte und Pflichten des Arbeitgebers üben aus: Die Leiter der einzelnen Reichsbahnstellen bei den örtlichen Betriebsvertretungen, die Vorstände der Reichsbahndirektionen bei den Bezirksbetriebsräten und die Hauptverwaltung der Reichsbahn-Gesellschaft beim Hauptbetriebsrat.

Die Vertretung der Reichsbahn-Gesellschaft durch Bevollmächtigte ist zulässig.

§ 5. Die Befugnisse der wirtschaftlichen Vereinigungen der Arbeiter, die Interessen ihrer Mitglieder zu vertreten, werden durch die Vorschriften dieser Verordnung nicht berührt.

II. Betriebsräte[3b]).

1. Zusammensetzung[4]) und Wahl.

§ 6. Bei jeder Reichsbahnstelle, die in der Regel mindestens 20 Arbeiter beschäftigt, wird ein Betriebsrat errichtet.

§ 7. Bei jeder Reichsbahnstelle, die in der Regel weniger als 20, aber mindestens fünf wahlberechtigte (§ 14) Arbeiter beschäftigt, von denen mindestens drei nach den §§ 14, 15 wählbar sind, wird ein Betriebsobmann und Stellvertreter gewählt.

§ 8. Reichsbahnstellen, bei denen nach den §§ 6 und 7 weder ein Betriebsrat noch ein Betriebsobmann zu wählen ist, werden von der vorgesetzten Stelle der nach den gegebenen Verkehrsmöglichkeiten am günstigsten gelegenen Reichsbahnstelle zugeteilt.

§ 9[2]). Gemeinsame oder Gesamtbetriebsräte[5]) für mehrere Reichsbahnstellen werden im übrigen nicht errichtet.

---

[1]) A. Entstehung und Rechtscharakter: oben Vorbemerkung vor 6a. Inhalt. Die BRV enthält die Vorschriften des BRG, soweit sie auf die Reichsbahn anwendbar sind, vollständig u. in engem Anschluß an den Wortlaut des G u. außerdem die Abweichungen, die v. diesen Vorschr. bei d. Reichsbahn eintreten. Im einzelnen: I. Allg. Bestimmungen §§ 1—5; II. Betriebsräte (1. Zusammens. u. Wahl, 2. Geschäftsführung, 3. Zuständ. u. Berufungsverfahren, 4. Erlöschen d. Mitgliedsch., 5. Betriebsversammlung) §§ 6—52; III. Bezirksbetriebsräte (1. Zusammens. u. Wahl, 2. Geschäftsf. u. Zuständ.) §§ 53—61; IV. Hauptbetriebsrat §§ 62—67; V. Aufgaben u. Befugnisse d. BetrRäte §§ 68—88; VI. Entscheid. v. Streitigkeiten § 89; VII. Schutzbestimmungen §§ 90—93; VIII. Schlußbestimmungen §§ 94 bis 98. Ausführungsbestimmungen (hier nicht abgedruckt) 4. März 21 (RGBl 121). Bearb. Roser 1922.

B. Beilage A enthält eine Übersicht über die bei vielen Best der BRV zu beachtenden Zuständigkeiten für arbeitsrechtliche Streitfälle.

C. Über die Rechtsstellung der BRMitglieder als Arbeitnehmer der Reichsbahn: v. Bezold VZ **1926** 1216, 1244.

[2]) Hierzu Ausführungsbestimmung.

[3]) Angestellte: Roser Anm. 4. Die im BRG vorgesehene Einrichtung der Gruppenräte (Arbeiter- u. Angestelltenräte) kennt die BRV nicht.

[3a]) Vo 21. Dez. 27 RMinBl 596 — dazu Vf 51 Pvrab v. 9. Jan. 28 —, bericht.: Vf 13. Jan. 28 (Die Reichsbahn S. 88), teilweise zurückgenommen: Vo 7. Mai 28 (das. 474).

[3b]) v. Bezold, Betriebsratsbeschlüsse, ihre Gültigkeit u. Nachprüfbarkeit. VZ **1929** **757**, 789.

[4]) Streitigkeiten: § 89.

[5]) BRG §§ 50—57.

§ 10. Der Betriebsrat besteht:

bei Reichsbahnstellen mit	20— 49	Arbeitern aus	3 Mitgliedern,
" " "	50— 99	" "	5 "
" " "	100— 199	" "	6 "
" " "	200— 399	" "	7 "
" " "	400— 599	" "	8 "
" " "	600— 799	" "	9 "
" " "	800— 999	" "	10 "
" " "	1000—1499	" "	11 "
" " "	1500—1999	" "	12 "

Die Zahl der Mitglieder erhöht sich um je eines bei Reichsbahnstellen mit 2000—5999 Arbeitern für je weitere 500, bei 6000 und mehr Arbeitern für je weitere 1000.

Die Höchstzahl der Mitglieder beträgt dreißig.

§ 11[4]). Die Mitglieder des Betriebsrats werden von den wahlberechtigten Arbeitern der Reichsbahnstelle aus ihrer Mitte in unmittelbarer und geheimer Wahl nach den Grundsätzen der Verhältniswahl gewählt. Wiederwahl ist zulässig.

[3a]) Steigt die Zahl der Arbeiter vorübergehend auf mehr als das Doppelte der in der Regel bei der Reichsbahnstelle beschäftigten Arbeiter, aber mindestens um 15, darunter 3 Wahlberechtigte, so wählt der nur vorübergehend beschäftigte Teil der Arbeiter in geheimer Wahl einen Vertreter, welcher der etwa bestehenden Betriebsvertretung beitritt. Ist keine Betriebsvertretung vorhanden, so hat er die Stellung eines Betriebsobmanns.

Die Leitung der Wahl liegt in der Hand des Wahlvorstandes (§ 17).

§ 12[4]). Der Betriebsobmann und sein Stellvertreter werden von den wahlberechtigten Arbeitern der Reichsbahnstelle aus ihrer Mitte in geheimer Wahl mit einfacher Stimmenmehrheit gewählt. Wiederwahl ist zulässig.

Die Leitung der Wahl liegt in der Hand des Wahlvorstandes (§ 17).

§ 13[3a]). Die Wahlzeit des Betriebsrats und des Betriebsobmanns beträgt ein Jahr. Sie beginnt am 15. Mai jedes Jahres und endet mit dem 14. Mai des nächsten Jahres.

Nach Ablauf der Wahlzeit bleiben die Mitglieder des alten Betriebsrats noch so lange im Amt, bis der neugewählte Betriebsrat gebildet ist.

§ 14[4]). Wahlberechtigt sind alle mindestens 18 Jahre alten männlichen und weiblichen Arbeiter, die sich im Besitze der bürgerlichen Ehrenrechte befinden.

Wählbar sind die mindestens 24 Jahre alten reichsangehörigen Wahlberechtigten, die nicht mehr in Berufsausbildung sind und am Tage der Wahl mindestens sechs Monate der Eisenbahnverwaltung sowie mindestens drei Jahre dem Berufszweig angehören, in dem sie tätig sind.

Kein Arbeiter ist zu mehr als einer örtlichen Betriebsvertretung wählbar.

§ 15. Besteht die Reichsbahnstelle weniger als sechs Monate, so ist dem Erfordernis der Zugehörigkeit zur Eisenbahnverwaltung genügt, wenn der Arbeiter seit der Begründung darin beschäftigt ist[3a]).

Von dem Erfordernis der sechsmonatigen Zugehörigkeit zur Eisenbahnverwaltung ist bei den vorübergehend beschäftigten Arbeitern bei solchen Reichsbahnstellen abzusehen, die ihre Arbeiter oder einen Teil ihrer Arbeiter regelmäßig nur einen Teil des Jahres beschäftigen[3a]).

Sind bei einer Reichsbahnstelle nicht genügend Arbeiter vorhanden, die nach § 14 Abs. 2 wählbar sind, so ist von dem Erfordernis der sechsmonatigen Zugehörigkeit zur Eisenbahnverwaltung und nötigenfalls auch von dem Erfordernis der dreijährigen Berufstätigkeit abzusehen.

Bei Schwerbeschädigten im Sinne des Schwerbeschädigtengesetzes in der Fassung vom 12. Januar 1923 (Reichsgesetzbl. I S. 57), die infolge ihrer Beschädigung einen neuen Beruf haben ergreifen müssen, ist von dem Erfordernis der dreijährigen Berufstätigkeit abzusehen.

§ 16. Bei der Zusammensetzung des Betriebsrats sollen die verschiedenen Berufsgruppen der bei der Reichsbahnstelle beschäftigten männlichen und weiblichen Arbeiter nach Möglichkeit berücksichtigt werden.

§ 17[5a]). Der Betriebsrat hat spätestens vier Wochen vor Ablauf seiner Wahlzeit mit einfacher Stimmenmehrheit einen aus drei wahlberechtigten Arbeitern bestehenden Wahlvorstand zu wählen.

Kommt der Betriebsrat dieser Verpflichtung nicht rechtzeitig nach, so hat der Leiter der Reichsbahnstelle einen aus den drei ältesten wahlberechtigten Arbeitern bestehenden Wahlvorstand zu bestellen. Das gleiche gilt, wenn eine Reichsbahnstelle neu errichtet wird oder wenn die für die Errichtung eines Betriebsrats vorgeschriebene Mindestzahl von Arbeitern erreicht wird.

Der Wahlvorstand wählt seinen Vorsitzenden selbst.

Bei einer Reichsbahnstelle, bei der gemäß § 7 ein Betriebsobmann zu wählen ist, tritt an die Stelle des Wahlvorstandes ein Wahlleiter, der unter entsprechender Anwendung der Absätze 1 und 2 spätestens eine Woche vor Ablauf der Wahlperiode zu bestellen ist.

§ 18[5a]). Die Wahl ist von dem Wahlvorstand unverzüglich nach seiner Bestellung einzuleiten.

§ 19. Die näheren Bestimmungen über das Wahlverfahren werden durch eine vom Reichsverkehrsminister nach Verhandlung mit den beteiligten wirtschaftlichen Arbeitnehmervereinigungen zu erlassende Wahlordnung[6]) gegeben.

[5a]) Hierzu Bf 51. 533 Pvrab v. 13. März 29.

[6]) Wahlordnung 15. Dez. 24 (RVBl 246), geändert: Vo 23. März 26 (Die Reichsbahn 205), 21. Dez. 27

§ 20[2]) [6]). Versäumnis von Arbeitszeit infolge Ausübung des Wahlrechts oder Betätigung im Wahlvorstand oder als Wahlleiter darf eine Minderung der Entlohnung nicht zur Folge haben. Vertragsbestimmungen, die dieser Vorschrift zuwiderlaufen, sind nichtig.

2. Geschäftsführung[4]).

§ 21. Hat der Betriebsrat weniger als neun Mitglieder, so wählt er aus seiner Mitte einen ersten und zweiten Vorsitzenden mit einfacher Stimmenmehrheit. Die beiden Vorsitzenden sollen nach Möglichkeit verschiedenen Arbeitergruppen angehören.

§ 22. Hat der Betriebsrat neun oder mehr Mitglieder, so wählt er aus seiner Mitte nach den Grundsätzen der Verhältniswahl einen Betriebsausschuß von fünf Mitgliedern und Stellvertretern.

Der Betriebsausschuß wählt aus seiner Mitte mit einfacher Stimmenmehrheit unter entsprechender Anwendung des § 21 den ersten und den zweiten Vorsitzenden, die zugleich die Vorsitzenden des Betriebsrats sind.

§ 23[2]). Der Betriebsausschuß hat die Aufgabe, durch einzelne seiner Mitglieder die laufenden Geschäfte des Betriebsrats zu erledigen.

§ 24. Der Betriebsrat ist berechtigt, jeden der beiden Vorsitzenden jederzeit abzuberufen. Die Neuwahlen sind gemäß § 21 oder 22 Abs. 2, in letzterem Falle nach Neuwahl des Betriebsausschusses, vorzunehmen.

§ 25[2]) [7]). Der Vorsitzende oder sein Stellvertreter sind zur Vertretung des Betriebsrats gegenüber der Reichsbahn-Gesellschaft und gegenüber den Schlichtungseinrichtungen und den Arbeitsgerichtsbehörden befugt.

§ 26. Der Wahlvorstand (§ 17) hat die Mitglieder des Betriebsrats spätestens eine Woche nach ihrer Wahl zur Vornahme der nach §§ 21 und 22 erforderlichen Wahlen zusammenzurufen.

§ 27[2]). Die Sitzungen des Betriebsrats finden in der Regel und nach Möglichkeit außerhalb der Arbeitszeit statt. Sie sind nicht öffentlich.

Von Sitzungen, die während der Arbeitszeit stattfinden müssen, ist die Reichsbahnstelle (§ 4) rechtzeitig zu benachrichtigen.

§ 28[2]). Die Sitzungen des Betriebsrats werden von dem Vorsitzenden, der auch die Tagesordnung aufstellt und die Verhandlungen leitet, nach Bedarf anberaumt. Auf Verlangen der Reichsbahnstelle oder mindestens eines Viertels der Mitglieder des Betriebsrats hat der Vorsitzende eine Sitzung anzuberaumen und den beantragten Beratungsgegenstand auf die Tagesordnung zu setzen.

Hat die Reichsbahnstelle die Anberaumung einer Sitzung verlangt, so ist sie zu der Sitzung einzuladen. Die Einladung der Reichsbahnstelle zur Teilnahme an anderen Sitzungen bleibt dem Betriebsrat überlassen. Erscheinen Vertreter der Reichsbahn-Gesellschaft, so ist ihnen auf Verlangen außer der Reihe das Wort zu erteilen.

Die vorgesetzte Stelle der Reichsbahnstelle, bei der der Betriebsrat besteht, ist berechtigt, zu Sitzungen, zu denen die Reichsbahnstelle eingeladen ist, Vertreter zu entsenden. Wird diese Absicht dem Vorsitzenden des Betriebsrats vorher mitgeteilt, so hat er bei der Anberaumung der Sitzungszeit darauf Rücksicht zu nehmen.

§ 29[2]). Auf Antrag eines Viertels der Mitglieder des Betriebsrats ist je ein Beauftragter der im Betriebsrat vertretenen wirtschaftlichen Vereinigungen der Arbeiter zu den Sitzungen mit beratender Stimme zuzuziehen.

§ 30[2]). Ein gültiger Beschluß des Betriebsrats kann nur gefaßt werden, wenn alle Mitglieder unter Mitteilung des Beratungsgegenstandes geladen sind[8]) und mindestens die Hälfte von ihnen erschienen ist. Stellvertretung nach **§ 44** ist zulässig.

Die Beschlüsse werden durch Stimmenmehrheit der erschienenen Mitglieder und Stellvertreter gefaßt. Bei Stimmengleichheit gilt der Antrag als abgelehnt.

§ 31. Über jede Verhandlung des Betriebsrats ist eine Niederschrift aufzunehmen, die mindestens den Wortlaut der Beschlüsse und das Stimmenverhältnis, mit dem sie gefaßt sind, enthält und von dem Vorsitzenden und einem weiteren Mitgliede des Betriebsrats zu unterzeichnen ist.

Haben die Vertreter der Reichsbahnstelle in der Sitzung eine Erklärung abgegeben, so ist ihnen die Niederschrift zur Genehmigung des auf ihre Erklärung bezüglichen Teils und zur Unterzeichnung vorzulegen.

Auf Verlangen ist der Reichsbahnstelle eine Abschrift der Niederschrift auch derjenigen Sitzungen zu übergeben, an denen sie teilzunehmen berechtigt war, aber nicht teilgenommen hat.

§ 32. Sonstige Bestimmungen über die Geschäftsführung können in einer Geschäftsordnung, die sich der Betriebsrat selbst gibt, getroffen werden. Die Geschäftsordnung darf keine Bestimmungen enthalten, die dem Gesetz oder dieser Verordnung widersprechen.

§ 33[2]). Der Betriebsrat kann bei einer Reichsbahnstelle mit mehr als 100 Arbeitern an einem oder mehreren Tagen der Woche eine regelmäßige Sprechstunde einrichten, in der die Arbeiter Wünsche und Beschwerden vorbringen können. Soll die Sprechstunde innerhalb der Arbeitszeit liegen, so ist dies mit der Reichsbahnstelle zu vereinbaren.

§ 34[2]). Die Mitglieder des Betriebsrats und ihre Stellvertreter verwalten ihr Amt unentgeltlich als Ehrenamt. Notwendige Versäumnis von Arbeitszeit darf eine Minderung der Entlohnung nicht zur Folge haben. Vertragsbestimmungen, die dieser Vorschrift zuwiderlaufen, sind nichtig.

§ 35[9]). Die durch die Geschäftsführung entstehenden notwendigen[9]) Kosten einschließlich etwaiger Aufwands-

---

(RMinBl 596) u. 25. März 30 (Die Reichsbahn 347). — Zu WahlO § 2: RArbeitsgericht 9. Aug. 29 JW 2843, zu § 20: Dasselbe 28. Nov. 28 VZ **1929** 249, zu § 28: Dass. 3. Okt. 28 VZ 1320.

[7]) Beil. A unter D II 1.

[8]) RArbeitsgericht 1. Feb. 28 VZ 577.

[9]) Hierzu eingeh. AusfBest üb. Aufwandsentschäd., Freifahrt, Räume u. Ausstatt., Geschäftsbedürfn., Fernsprecher, Bahntelegr., Unterrichtsmaterial, Ausweiskarten. — Streitigkeiten § 89 Ziff. 4. — Notwendigkeit der Kosten: Vf 51 **Pvra** v. 3. Mai 28.

entschädigungen trägt die Reichsbahn-Gesellschaft. Für die Sitzungen, die Sprechstunden und die laufende Geschäftsführung stellt sie die nach Umfang und Beschaffenheit der Reichsbahnstelle und der gesetzlichen Aufgaben des Betriebsrats erforderlichen Räume und Geschäftsbedürfnisse zur Verfügung.

§ 36. Die Erhebung und Leistung von Beiträgen der Arbeiter für irgendwelche Zwecke der Betriebsvertretungen ist unzulässig.

§ 37. Auf die Geschäftsführung des Betriebsausschusses finden die §§ 27 bis 32, 34 bis 36 entsprechende Anwendung.

§ 38. Auf die Geschäftsführung des Betriebsobmanns finden die §§ 25, 34 bis 36 entsprechende Anwendung.

3. Zuständigkeit und Berufungsverfahren.

§ 39[2]). Die Betriebsräte und Obmänner vertreten die Arbeiter ihres Wahlbezirks in den zu ihrer Zuständigkeit gehörigen Angelegenheiten (§§ 70ff.), soweit sie aus dem örtlichen Arbeitsverhältnis entspringen. Angelegenheiten, die über den Bereich einer Betriebsdirektion, eines Ausbesserungswerkes, eines Amtes oder einer Inspektion hinaus von Bedeutung sind, gehören zur Zuständigkeit des Bezirksbetriebsrats oder des Hauptbetriebsrats.

§ 40. Kommt über eine Angelegenheit eine Einigung zwischen der örtlichen Betriebsvertretung und den Vertretern der Reichsbahn-Gesellschaft nicht zustande, so legen diese auf Verlangen der Betriebsvertretung die Angelegenheit der Reichsbahndirektion vor. Die örtliche Betriebsvertretung kann die Angelegenheit auch unmittelbar dem Bezirksbetriebsrat unterbreiten.

§ 41. Die Vorlage an die Reichsbahndirektion oder die Anrufung des Bezirksbetriebsrats (§ 40) ist erst zulässig, wenn die strittige Angelegenheit mit der Reichsbahnstelle, bei der die Betriebsvertretung besteht, nach rechtzeitiger Einladung unter Mitteilung der Tagesordnung verhandelt ist oder wenn Vertreter der Reichsbahn-Gesellschaft trotz rechtzeitiger Einladung nicht erschienen sind.

§ 42. Will die Reichsbahndirektion einem Antrage der örtlichen Betriebsvertretung nicht entsprechen, so hat sie über den Antrag mit dem Bezirksbetriebsrat zu verhandeln.

Handelt es sich um eine Angelegenheit, in der die Anrufung der Schlichtungseinrichtungen oder der Arbeitsgerichtsbehörden nicht zulässig ist[10]), so ist, auch wenn eine Einigung zwischen Reichsbahndirektion und Bezirksbetriebsrat nicht zustande kommt, die Entscheidung der Reichsbahndirektion maßgebend.

Handelt es sich um eine Angelegenheit, in der die Anrufung der Schlichtungseinrichtungen oder der Arbeitsgerichtsbehörden zulässig ist[10]), so kann der Bezirksbetriebsrat oder, wenn dieser sich der Entscheidung der Reichsbahndirektion anschließt, die örtliche Betriebsvertretung binnen zwei Wochen nach Bekanntgabe der Entscheidung an sie die zuständigen Schlichtungseinrichtungen[7]) oder die Arbeitsgerichtsbehörden[8]) anrufen. Die Anrufung der Schlichtungseinrichtungen oder der Arbeitsgerichtsbehörden durch die örtliche Betriebsvertretung ist unzulässig, wenn die Angelegenheit nach übereinstimmender Auffassung des Bezirksbetriebsrats und der Reichsbahndirektion nicht zur Zuständigkeit der örtlichen Betriebsvertretung gehört.

4. Erlöschen der Mitgliedschaft.

§ 43. Die Mitgliedschaft im Betriebsrat erlischt außer durch Ablauf der Wahlzeit durch Niederlegung, durch Beendigung des Arbeitsvertrags oder durch Verlust der Wählbarkeit[11]).

Auf Antrag der Reichsbahn-Gesellschaft oder mindestens eines Viertels der wahlberechtigten Arbeiter kann das Arbeitsgericht[7]) das Erlöschen der Mitgliedschaft eines Vertreters wegen gröblicher Verletzung seiner gesetzlichen Pflichten beschließen[12]).

§ 44. Erlischt die Mitgliedschaft im Betriebsrat oder ist ein Mitglied zeitweilig verhindert, als Mitglied des Betriebsrats tätig zu sein, so tritt ein Ersatzmitglied nach den Bestimmungen der Wahlordnung[6]) ein.

Die Ersatzmitglieder werden der Reihe nach aus den nicht gewählten, aber noch wählbaren Personen derjenigen Vorschlagslisten entnommen, denen die zu ersetzenden Mitglieder angehören.

§ 45. Auf Antrag der Reichsbahn-Gesellschaft oder mindestens eines Viertels der wahlberechtigten Arbeiter kann das Arbeitsgericht[7]) die Auflösung des Betriebsrats wegen gröblicher Verletzung seiner gesetzlichen Pflichten beschließen[13]).

§ 46. Sobald die Gesamtzahl der Betriebsratsmitglieder und Ersatzmitglieder unter die vorschriftsmäßige Zahl der Betriebsratsmitglieder (§ 10) sinkt, ist zu einer Neuwahl zu schreiten. Die Neuwahl findet für den Rest der Wahlzeit des bisherigen Betriebsrats statt.

Das gleiche gilt im Falle der Auflösung eines Betriebsrats (§ 45) sowie beim Rücktritt des gesamten Betriebsrats. Ein Eintreten von Ersatzmitgliedern (§ 44) findet in den Fällen dieses Absatzes nicht statt.

§ 47. Ist eine Neuwahl des gesamten Betriebsrates notwendig, so bleiben die Mitglieder des alten Betriebsrats so lange im Amte, bis der neue gebildet ist (§ 26).

Im Falle des § 45 kann das Arbeitsgericht[7]) einen vorläufigen Betriebsrat berufen.

§ 48. Auf das Erlöschen der Stellung als Betriebsobmann finden die §§ 43 und 47 entsprechende Anwendung.

5. Betriebsversammlung.

§ 49. Die Betriebsversammlung besteht aus den Arbeitern der Reichsbahnstelle, für die die Betriebsvertretung gebildet ist[13a]).

---

[10]) Die Angel., in denen Schlichtungsbeh. od. Arbeitsgericht angerufen werden können, sind in Beilage A unter D aufgezählt. Weiteres bei Roser Anm. 2 zu § 42.

[11]) § 14 Abs. 2.

[12]) Dadurch werden privatrechtl. Folgen vertragswidr. Handelns — z. B. fristlose Entlassung — nicht ausgeschlossen. **RG 119** 174.

[13]) Auflösung eines BR wegen agitator. Betät. gegen die Reichsbahn: **VZ 1927** 141.

[13a]) Hierzu Vf 51. 533 Pvrab v. 16. April 1929

Kann nach der Natur oder Größe dieser Reichsbahnstelle eine gleichzeitige Versammlung aller Arbeiter nicht stattfinden, so hat die Abhaltung der Betriebsversammlung in Teilversammlungen zu erfolgen.

§ 50. Der Vorsitzende des Betriebsrats oder der Betriebsobmann ist berechtigt und auf Verlangen der Reichsbahnstelle oder mindestens eines Viertels der wahlberechtigten Arbeiter verpflichtet, eine Betriebsversammlung einzuberufen.

Von Versammlungen, die auf Verlangen der Reichsbahnstelle stattfinden, ist diese zu benachrichtigen. Sie hat das Recht, sich in diesen Versammlungen vertreten zu lassen und sich an den Verhandlungen ohne Stimmrecht zu beteiligen.

Die Betriebsversammlung findet grundsätzlich außerhalb der Arbeitszeit statt. Soll in dringenden Fällen hiervon abgewichen werden, so ist die Zustimmung der Reichsbahnstelle erforderlich.

§ 51. An den Betriebsversammlungen kann je ein Beauftragter der im Betrieb vertretenen wirtschaftlichen Vereinigungen der Arbeiter mit beratender Stimme teilnehmen.

§ 52. Die Betriebsversammlung kann Wünsche und Anträge an den Betriebsrat richten. Sie darf nur über Angelegenheiten verhandeln, die zu dem Geschäftskreise des Betriebsrats gehören.

III. Bezirksbetriebsräte.

1. Zusammensetzung und Wahl.

§ 53[2]). Für jeden Bezirk einer Reichsbahndirektion wird ein Bezirksbetriebsrat errichtet.

§ 54. Der Bezirksbetriebsrat besteht bei 5000[14]) oder weniger Arbeitern aus sieben[14]) Mitgliedern.

Die Zahl der Mitglieder erhöht sich für je weitere 1000 Arbeiter um je ein weiteres Mitglied; Bruchteile unter 500 bleiben dabei unberücksichtigt.

Die Höchstzahl der Mitglieder beträgt 18[14]).

§ 55[2]). Bei der Zusammensetzung des Bezirksbetriebsrats sollen die verschiedenen Arbeitergruppen nach Möglichkeit berücksichtigt werden[14a]).

Die Mitglieder des Bezirksbetriebsrats werden von den Arbeitern sämtlich in einem Wahlgang nach den Grundsätzen des § 11 gewählt.

Die Wahl der Mitglieder des Bezirksbetriebsrats findet in demselben Wahlgang mit der Wahl der Mitglieder zu den einzelnen Betriebsräten statt.

§ 56. Die Wahlzeit des Bezirksbetriebsrats beträgt ein Jahr. Die Vorschriften der §§ 13 Abs. 2, 14 Abs. 1 und 2, 15 Abs. 4, 16 bis 20, 22 bis 25 finden entsprechende Anwendung mit der Maßgabe, daß stets ein Betriebsausschuß zu wählen ist. Dieser besteht, wenn der Bezirksbetriebsrat weniger als neun Mitglieder hat, aus drei Mitgliedern, bei einer Zahl von neun bis dreizehn aus fünf und bei vierzehn und mehr aus sieben Mitgliedern. § 55 Abs. 1 findet entsprechende Anwendung[14a]).

Kommt der Bezirksbetriebsrat der in § 17 Abs. 1 ausgesprochenen Verpflichtung nicht rechtzeitig nach, so ist der Wahlvorstand in der Weise zu bilden, daß jede der beteiligten wirtschaftlichen Vereinigungen aus der Zahl der wahlberechtigten Arbeiter des Reichsbahndirektionsbezirks je ein Mitglied bestellt.

§ 57. Der Wahlvorstand hat die Mitglieder des Bezirksbetriebsrats spätestens drei Wochen nach ihrer Wahl zur Vornahme der nach dem § 22 erforderlichen Wahl zusammenzurufen.

Die Namen der Gewählten werden durch das Mitteilungsblatt der Reichsbahndirektion bekanntgemacht.

2. Geschäftsführung und Zuständigkeit.

§ 58[14a]).

§ 59[14a]). Die Sitzungen des Bezirksbetriebsrats sind nicht öffentlich.

Die Vorschriften der §§ 27 Abs. 2, 28 bis 32, 34 bis 37 finden auf die Geschäftsführung des Bezirksbetriebsrats, §§ 43 bis 47 auf das Erlöschen der Mitgliedschaft in ihm entsprechende Anwendung.

§ 60. Der Bezirksbetriebsrat vertritt die Arbeiter des Reichsbahndirektionsbezirks in den zur Zuständigkeit der Betriebsräte gehörigen Angelegenheiten (§§ 70ff.), soweit sie über den Bereich einer Betriebsdirektion, eines Ausbesserungswerks, eines Amts oder einer Inspektion hinaus von Bedeutung sind. Angelegenheiten, die über den Bereich des Bezirksbetriebsrates hinaus von Bedeutung sind, gehören zur Zuständigkeit des Hauptbetriebsrats.

Der Bezirksbetriebsrat ist ferner zuständig zur Beratung derjenigen Angelegenheiten, die ihm von der Reichsbahndirektion oder von der örtlichen Betriebsvertretung vorgelegt werden (§ 40).

§ 61. Kommt über eine Angelegenheit des § 60 Abs. 1 Satz 1, in der die Anrufung der Schlichtungseinrichtungen oder der Arbeitsgerichtsbehörden nicht zulässig ist[10]), eine Einigung zwischen dem Bezirksbetriebsrat und der Reichsbahndirektion nicht zustande, so hat die Reichsbahndirektion die Sache unverzüglich der Hauptverwaltung der Deutschen Reichsbahn-Gesellschaft zur Entscheidung vorzulegen. Der Bezirksbetriebsrat kann solche Angelegenheiten auch unmittelbar dem Hauptbetriebsrat unterbreiten. Die Vorschrift des § 41 findet entsprechende Anwendung. Die Hauptverwaltung der Reichsbahn-Gesellschaft entscheidet endgültig nach Verhandlung mit dem Hauptbetriebsrat.

Kommt über eine Angelegenheit des § 60 Abs. 1 Satz 1, in der die Anrufung der Schlichtungseinrichtungen oder der Arbeitsgerichtsbehörden zulässig ist[10]), eine Einigung nicht zustande, so ist nach Abs. 1 Satz 1 und 2 zu verfahren. Der Hauptbetriebsrat kann binnen zwei Wochen nach Bekanntgabe der Entscheidung an ihn die zuständigen Schlich-

[14]) Vo 23. März 26 (Die Reichsbahn S. 205).

[14a]) Vo 25. März 30 (Die Reichsbahn S. 347). § 58 u. § 59 Abs. 1 hat diese Vo gestrichen. Zu dieser Vo: Vf 51. 533 Pvrab v. 3. April 30.

tungseinrichtungen oder die Arbeitsgerichtsbehörden anrufen. Das gleiche Recht haben die Bezirksbetriebsräte, es sei denn, daß die Angelegenheit nach übereinstimmender Auffassung des Hauptbetriebsrats und der Hauptverwaltung der Reichsbahn-Gesellschaft nicht zur Zuständigkeit der Bezirksbetriebsräte gehört. In letzterem Falle können nur der Hauptbetriebsrat und die Hauptverwaltung der Reichsbahn-Gesellschaft die zuständigen Schlichtungseinrichtungen oder die Arbeitsgerichtsbehörden anrufen.

IV. Hauptbetriebsrat.

§ 62. Als Vertretung der gesamten Arbeiterschaft der Reichsbahn-Gesellschaft wird ein Hauptbetriebsrat von 25 Mitgliedern errichtet.

§ 63. Die Wahlzeit des Hauptbetriebsrats beträgt ein Jahr.

Auf die Wahl finden die Vorschriften des § 55 und der §§ 13 Abs. 2, 14 Abs. 1 und 2, 15 Abs. 2, 16 bis 20 entsprechende Anwendung.

Die Leitung der Wahl liegt in der Hand eines vom Hauptbetriebsrat gewählten Wahlvorstandes von sechs Mitgliedern.

Kommt der Hauptbetriebsrat der in § 17 Abs. 1 ausgesprochenen Verpflichtung nicht rechtzeitig nach, so ist ein Wahlvorstand aus je zwei Vertretern der bei den Verhandlungen über diese Verordnung beteiligten wirtschaftlichen Vereinigungen der Arbeiter der Reichsbahn-Gesellschaft zu bilden.

§ 64. Die Vorschriften der §§ 22 bis 25, 43 Abs. 2, 45, 47 Abs. 2, 57 und 59 finden entsprechende Anwendung mit der Maßgabe, daß ein Betriebsausschuß von sieben Mitgliedern gewählt wird, dem nach Möglichkeit verschiedene Arbeitergruppen angehören sollen[14a]), und daß die Frist für den ersten Zusammentritt sechs Wochen beträgt.

§ 65. Der Hauptbetriebsrat vertritt die Arbeiter der Reichsbahn-Gesellschaft (§ 62) in den zur Zuständigkeit der Betriebsräte gehörigen Angelegenheiten (§§ 70ff.), soweit sie über den Bereich eines Bezirksbetriebsrats hinaus von Bedeutung sind.

Der Hauptbetriebsrat ist ferner zuständig zur Beratung von Anträgen der Bezirksbetriebsräte, die ihm durch die Hauptverwaltung der Reichsbahn-Gesellschaft vorgelegt werden (§ 61).

§ 66[14a]). Der besondere selbständige Ausschuß im Hauptbetriebsrat für den Geschäftsbereich Bayern besteht aus fünf Mitgliedern. Soweit im Hauptbetriebsrat die erforderliche Zahl von Mitgliedern aus diesem Geschäftsbereich nicht vorhanden ist, sind aus den nichtgewählten, aber noch wählbaren Personen der entsprechenden Vorschlagslisten der Reihe nach Ergänzungsmitglieder hinzuzuziehen (vgl. § 39 der Wahlordnung).

Für die Zusammensetzung dieses Ausschusses findet im übrigen § 55 Abs. 1 Satz 1 entsprechende Anwendung. Dieser Ausschuß tritt bei der Gruppenverwaltung Bayern in München zusammen, wenn es sich um Angelegenheiten handelt, die über den Bereich eines Bezirksbetriebsrats, jedoch nicht über den Bereich der Gruppenverwaltung hinaus von Bedeutung sind. Seine Beschlüsse in solchen Angelegenheiten gelten als Beschlüsse des Hauptbetriebsrats. Die laufenden Geschäfte des Ausschusses werden von den seinem Geschäftsbereich angehörenden Mitgliedern des im § 64 bezeichneten Betriebsausschusses erledigt. Dem Ausschuß obliegt außerdem die Erledigung der laufenden Geschäfte bei der Gruppenverwaltung Bayern.

§ 67. Kommt eine Einigung zwischen den Vertretern der Reichsbahn-Gesellschaft und dem Hauptbetriebsrat oder dem selbständigen Ausschuß über eine Angelegenheit des § 65 Abs. 1 oder § 66 Abs. 2 nicht zustande, in der die Anrufung der Schlichtungseinrichtungen oder der Arbeitsgerichtsbehörden nicht zulässig ist[10]), so ist die Entscheidung der Hauptverwaltung der Reichsbahn-Gesellschaft, im Geschäftsbereich der Gruppenverwaltung Bayern die Entscheidung dieser Gruppenverwaltung maßgebend.

Kommt eine Einigung über eine Angelegenheit des § 65 Abs. 1 oder § 66 Abs. 2 nicht zustande, in der die Anrufung der Schlichtungseinrichtungen oder des Arbeitsgerichts zulässig ist[10]), so ist sowohl die Reichsbahn-Gesellschaft als auch der Hauptbetriebsrat oder der selbständige Ausschuß berechtigt, binnen zwei Wochen nach Beendigung der Verhandlungen die Entscheidung der zuständigen Schlichtungseinrichtungen oder der Arbeitsgerichtsbehörden anzurufen.

V. Aufgaben und Befugnisse der Betriebsräte.

§ 68. Die Betriebe der Reichsbahn-Gesellschaft sind lebenswichtige Betriebe, deren Leistungen im Interesse der Volksgesamtheit nach Möglichkeit gesichert und gesteigert werden müssen. Der Betriebsrat hat die Pflicht, bei der Ausübung seiner Befugnisse dieses Ziel nach Kräften zu fördern.

Alle Betriebsratsmitglieder und die Betriebsobmänner haben, soweit sie nicht durch ihre Tätigkeit als Mitglieder einer Betriebsvertretung daran gehindert werden, ihre Dienstgeschäfte als Arbeiter zu verrichten und auch ihre Tätigkeit als Mitglieder einer Betriebsvertretung unter Schonung der Bedürfnisse des Dienstes auszuüben.

§ 69. Bei der Wahrnehmung ihrer Aufgaben haben der Betriebsrat und der Betriebsobmann dahin zu wirken, daß von beiden Seiten Forderungen und Maßnahmen unterlassen werden, die das Gemeininteresse schädigen.

§ 70[15]) [16]). Der Betriebsrat und der Betriebsobmann, letzterer mit Ausnahme der Ziffer 12, haben die Aufgabe:

---

[15]) § 70 faßt die Aufgaben zusammen, die in BRG § 66 dem Betriebsrat u. in § 78 dem Gruppenrat (oben III 6a § 6) zugewiesen sind. — Mitwirk. des BRats b. d. Verteilung v. Reichsbahnwohnungen: Vf 2. Dez. 26 (Die Reichsbahn 763).

[16]) Die AusfBest zu § 70 erklären die Mitzeichnung v. Verfügungen der Reichsbahnstellen durch den BRat u. dessen Teilnahme an Sitzungen dieser Stellen f. unzulässig u. geben nähere Vorschr. üb. das „Benehmen" m. d. BRate, das dem Erlasse gewisser Anordnungen

1. die Reichsbahn-Gesellschaft durch Rat zu unterstützen, um dadurch mit ihr für einen möglichst hohen Stand und für möglichste Wirtschaftlichkeit der Betriebsleistungen zu sorgen,
2. an der Einführung neuer Arbeitsmethoden fördernd mitzuarbeiten,
3. das Einvernehmen innerhalb der Arbeiterschaft sowie zwischen ihr und der Reichsbahn-Gesellschaft zu fördern und für Wahrung der Vereinigungsfreiheit[17]) der Arbeiter einzutreten,
4. Beschwerden der Arbeiter zu untersuchen und auf ihre Abstellung in gemeinsamer Verhandlung mit der Reichsbahn-Gesellschaft hinzuwirken[18]),
5. den Betrieb vor Erschütterungen zu bewahren, insbesondere vorbehaltlich der Befugnisse der wirtschaftlichen Vereinigungen der Arbeiter (§ 5) bei Streitigkeiten des Betriebsrats, der Arbeiterschaft, einer Gruppe oder eines ihrer Teile mit der Reichsbahn-Gesellschaft, wenn durch Verhandlungen keine Einigung zu erzielen ist, die Schlichtungsbehörde[10]) oder eine vereinbarte Einigungs- oder Schiedsstelle anzurufen[19]),
6. darüber zu wachen, daß in den Betrieben die zugunsten der Arbeiter gegebenen gesetzlichen Vorschriften und die maßgebenden Tarifverträge sowie die von den Beteiligten anerkannten Schiedssprüche einer Schlichtungsbehörde oder einer vereinbarten Einigungs- oder Schiedsstelle durchgeführt werden,
7. soweit eine tarifvertragliche Regelung[20]) nicht besteht, im Benehmen mit den beteiligten wirtschaftlichen Vereinigungen der Arbeiter bei der Regelung der Löhne und sonstigen Arbeitsverhältnisse mitzuwirken, namentlich auch
   bei der Festsetzung der Akkord- und Stücklohnsätze oder der für ihre Festsetzung maßgebenden Grundsätze,
   bei der Einführung neuer Löhnungsmethoden,
   bei der Festsetzung der Arbeitszeit, insbesondere bei Verlängerungen und Verkürzungen der regelmäßigen Arbeitszeit,
   bei der Regelung des Urlaubs der Arbeiter und
   bei der Erledigung von Beschwerden über die Ausbildung und Behandlung der Lehrlinge in den Betrieben,
8. die Arbeitsordnung[21]) oder sonstige an ihre Stelle tretende Vorschriften für die Arbeiter im Rahmen der geltenden Tarifverträge nach Maßgabe der Vorschriften des § 76 mit der Reichsbahn-Gesellschaft zu vereinbaren[22]),
9. auf die Bekämpfung von Unfall- und Gesundheitsgefahren im Betriebe zu achten, die zuständigen Stellen bei dieser Bekämpfung durch Anregung, Beratung und Auskunft zu unterstützen sowie auf die Durchführung der Unfallverhütungsvorschriften hinzuwirken[23]),
10. bei Kriegs- und Unfallbeschädigten für eine ihren Kräften und Fähigkeiten entsprechende Beschäftigung durch Rat, Anregung, Schutz und Vermittlung bei der Reichsbahn-Gesellschaft und den Mitarbeitern tunlichst Sorge zu tragen,
11. an der Verwaltung von Betriebswohlfahrtseinrichtungen mitzuwirken, jedoch nur, soweit nicht bestehende, für die Verwaltung maßgebende Satzungen oder bestehende Verfügungen von Todes wegen entgegenstehen oder eine anderweitige Vertretung der Arbeiter vorsehen,
12. soweit eine tarifvertragliche Regelung nicht besteht, nach Maßgabe der §§ 77ff. mit der Reichsbahn-Gesellschaft Richtlinien über die Einstellung von Arbeitern zu vereinbaren,
13. nach Maßgabe der §§ 80ff. bei der Entlassung von Arbeitern mitzuwirken.

§ 71[24]). Zur Erfüllung seiner Aufgaben hat der Betriebsrat (Betriebsobmann) das Recht, von der Reichsbahnstelle zu verlangen, daß sie dem Betriebsausschuß, oder, wo ein solcher nicht besteht, dem Betriebsrat (Betriebsobmann), soweit dadurch keine Betriebsgeheimnisse gefährdet werden und gesetzliche Vorschriften nicht entgegenstehen, über alle den Dienstvertrag und die Tätigkeit der Arbeiter berührenden Betriebsvorgänge, soweit sie dem Leiter dieser Betriebsstelle zugänglich sind, Aufschluß gibt und die Lohnbücher und die zur Durchführung der bestehenden Tarifverträge erforderlichen Unterlagen vorlegt.

Ferner erstattet die Reichsbahn-Gesellschaft dem Hauptbetriebsrat vierteljährlich einen Bericht über die Lage und den Gang des Unternehmens im allgemeinen und über die Leistungen des Betriebes und den zu erwartenden Arbeitsbedarf im besonderen.

§ 72. In welcher Weise an den in § 70 genannten Aufgaben die Betriebsräte, die Bezirksbetriebsräte und der Hauptbetriebsrat mitzuarbeiten haben, entscheidet sich nach den Bestimmungen der §§ 39 bis 42, 60 und 61, 65 und 67. Bei der Erfüllung dieser Aufgaben müssen die Betriebsvertretungen die Befugnis der vorgesetzten Stellen, die bestehenden Gesetze sowie die verfassungsmäßigen Rechte der Volksvertretung beachten.

---

vorangehen soll, u. die Form, in der dieses Benehmen in d. Anordnung zu erwähnen ist.

[17]) Vereinigungsfreiheit oben I 2 Beil. A Anm. 4 G.

[18]) Eine Anrufung der (jetzt aufgehobenen) Tarifausschüsse durch d. BRat war nicht zulässig.

[19]) Hier handelt es sich um Gesamtstreitigkeiten; s. Beil. A Buchst. D II 1. — Verstöße der Mitglieder gegen den Arbeitsfrieden: RArbeitsgericht VZ **1930** 304.

[20]) Tarifvertragl. Regelung b. d. Reichsbahn: Beil. A Buchst. C. Entscheid. des RArbeitsgerichts üb. Fragen des Lohntarifs: VZ **1929** 465, 923; JW **1929** 1320, 2843; VZ **1930** 59, 203.

[21]) Z. Z. gilt Arbeitsordnung 17. März 22 in der Fassung v. 31. Dez. 28.

[22]) § 76. — Kommt keine Einigung zustande, so ist die Schlichtungsstelle zur endgült. Entsch. berufen.

[23]) § 74. — Vf 11. Jan. 28, Die Reichsbahn S. 85.

[24]) Auf die Reichsbahn nicht anwendbar sind BRG §§ 70, 73 (Vertret. des BRats im Aufsichtsrate, vgl. G 15. Feb. 22, RGBl 209), 72 (Vorlegung der Betriebsbilanz, G 5. Feb. 21, RGBl 159).

§ 73. Die Ausführung der gemeinsam mit der Betriebsvertretung gefaßten Beschlüsse übernimmt die Reichsbahn-Gesellschaft. Ein Eingriff in Verwaltung, Verkehr und Betrieb durch selbständige Anordnungen steht dem Betriebsrat nicht zu.

§ 74[25]). Ein von dem Betriebsrat oder dem Betriebsobmann bestimmtes Mitglied ist bei Unfalluntersuchungen, die von der Reichsbahn-Gesellschaft oder sonst in Betracht kommenden Stellen im Betrieb vorgenommen werden, zuzuziehen.

§ 75. Wird infolge von Erweiterung, Einschränkung oder Stillegung einer Reichsbahnstelle oder infolge von Einführung neuer Techniken oder neuer Betriebs- oder Arbeitsmethoden[26]) die Einstellung oder Entlassung einer größeren Zahl von Arbeitern erforderlich, so ist die Reichsbahn-Gesellschaft verpflichtet, sich mit dem Betriebsrat, an dessen Stelle, wenn dabei vertrauliche Mitteilungen gemacht werden müssen, der etwa vorhandene Betriebsausschuß tritt, möglichst längere Zeit vorher über Art und Umfang der erforderlichen Einstellungen oder Entlassungen und über die Vermeidung von Härten bei letzteren ins Benehmen zu setzen. Der Betriebsrat oder der Betriebsausschuß kann eine entsprechende Mitteilung an die zuständigen Arbeitsnachweisämter verlangen.

§ 76. Sollen gemäß § 70 Ziffer 8 die dort bezeichneten Vorschriften vereinbart oder vereinbarte Vorschriften abgeändert werden, so wird die Reichsbahn-Gesellschaft den Entwurf, soweit die Bestimmungen nicht auf Tarifvertrag beruhen, dem Betriebsrat vorlegen. Kommt über den Entwurf keine Einigung zustande, so können beide Teile die Schlichtungsbehörde[27]) anrufen, die eine bindende Entscheidung trifft. Die Verbindlichkeit der Entscheidung erstreckt sich nicht auf die Dauer der Arbeitszeit.

Sofern in einer solchen Vorschrift Strafen vorgesehen werden, erfolgt ihre Festsetzung[28]) durch die Reichsbahn-Gesellschaft gemeinsam mit dem Betriebsrat. In Streitfällen entscheidet das Arbeitsgericht[7]).

§ 77. Die gemäß § 70 Ziffer 12 vereinbarten Richtlinien müssen die Bestimmung enthalten, daß die Einstellung eines Arbeiters nicht von seiner politischen, militärischen, konfessionellen oder gewerkschaftlichen Betätigung, von der Zugehörigkeit oder Nichtzugehörigkeit zu einem politischen, konfessionellen oder beruflichen Verein oder einem militärischen Verband abhängig gemacht werden darf. Sie dürfen nicht bestimmen, daß die Einstellung von der Zugehörigkeit zu einem bestimmten Geschlecht abhängig sein soll.

Einstellungen, die auf einer gesetzlichen, tarifvertraglichen oder durch Urteil des Arbeitsgerichts oder durch Schiedsspruch eines Schiedsgerichts auferlegten Verpflichtung beruhen, gehen den Richtlinien in jedem Falle vor.

Im Rahmen der Richtlinien hat über die Einstellung des einzelnen Arbeiters die Reichsbahn-Gesellschaft allein ohne Mitwirkung oder Aufsicht des Betriebsrats zu entscheiden[28a]).

§ 78. Wird gegen die vereinbarten Richtlinien verstoßen, so kann der Betriebsrat oder Betriebsobmann binnen fünf Tagen nach Kenntnis von dem Verstoße, jedoch nicht später als vierzehn Tage nach dem Dienstantritt Einspruch erheben[28b]).

Die Gründe für den Einspruch und die Beweisunterlagen sind vom Betriebsrat oder Betriebsobmann bei den Verhandlungen mit der Reichsbahn-Gesellschaft vorzubringen.

Wird bei diesen Verhandlungen eine Einigung nicht erzielt, so kann der Betriebsrat oder Betriebsobmann binnen drei Tagen nach Beendigung der Verhandlungen das Arbeitsgericht[7]) anrufen.

Der Einspruch gegen die Einstellung und die Anrufung des Arbeitsgerichts oder der Schiedsstelle haben keine aufschiebende oder auflösende Wirkung.

§ 79. Geht die Entscheidung des Arbeitsgerichts dahin, daß ein Verstoß gegen die vereinbarten Richtlinien vorliegt, so kann darin zugleich ausgesprochen werden, daß das Dienstverhältnis des Eingestellten als mit dem Eintritt der Rechtskraft der Entscheidung[29]) unter Einhaltung der gesetzlichen Kündigungsfrist gekündigt gilt.

§ 80. Arbeiter können im Falle der Kündigung seitens der Reichsbahn-Gesellschaft binnen fünf Tagen nach der Kündigung Einspruch erheben, indem sie den Betriebsrat oder Betriebsobmann anrufen:

1. wenn der begründete Verdacht vorliegt, daß die Kündigung wegen der Zugehörigkeit zu einem bestimmten Geschlechte, wegen politischer, militärischer, konfessioneller oder gewerkschaftlicher Betätigung oder wegen Zugehörigkeit oder Nichtzugehörigkeit zu einem politischen, konfessionellen oder beruflichen Verein oder einem militärischen Verband erfolgt ist;
2. wenn die Kündigung ohne Angabe von Gründen erfolgt ist;
3. wenn die Kündigung deshalb erfolgt ist, weil der Arbeiter sich weigerte, dauernd andere Arbeit, als die bei der Einstellung vereinbarte, zu verrichten;
4. [29a]) wenn die Kündigung sich als eine unbillige, nicht durch das Verhalten des Arbeiters oder durch die Verhältnisse der Reichsbahn-Gesellschaft bedingte Härte darstellt.

Erfolgt die Kündigung fristlos aus einem Grunde, der nach dem Gesetze[30]) zur Kündigung des Dienstverhältnisses ohne Einhaltung einer Kündigungsfrist berechtigt, so kann der Einspruch auch darauf gestützt werden, daß ein solcher Grund nicht vorliegt.

---

[25]) E 14. März 23 E II 90. 92. 20645.

[26]) Nur in den im § 75 bezeichn. Fällen. Näheres Roser Anm. 2 zu § 75. — § 81 Ziff. 2.

[27]) Anm. 7; Beil. A unter D II.

[28]) D. h. die Verhängung im Einzelfalle. Roser Anm. 6 zu § 76, auch ArbeitsO (oben Anm. 21) § 11 Ziff. 4.

[28a]) Reichsarbeitsgericht 7. März 28 VZ 605.

[28b]) Hierzu Vf 51 Pvrab v. 23. Mai 28.

[29]) D. h. mit Verkündung der Entsch (Roser Anm. 4 zu § 79).

[29a]) Grübel u. v. Bezold VZ **1928** 567 u. 781.

[30]) BGB § 626.

§ 81. Das Recht des Einspruchs besteht nicht
1. bei Entlassungen, die auf einer gesetzlichen oder tarifvertraglichen oder durch Beschluß des Arbeitsgerichts auferlegten Verpflichtung beruhen,
2. bei Entlassungen, die durch gänzliche oder teilweise Stillegung einer Reichsbahnstelle erforderlich werden[31]).

§ 82. Bei der Anrufung müssen die Gründe des Einspruchs dargelegt und die Beweise ihrer Berechtigung vorgebracht werden. Erachtet der Betriebsrat oder Betriebsobmann die Anrufung für begründet, so hat er zu versuchen, durch Verhandlungen eine Verständigung mit der Reichsbahn-Gesellschaft herbeizuführen. Gelingt diese Verständigung binnen einer Woche nicht, so kann er oder der betroffene Arbeiter binnen weiteren fünf Tagen das Arbeitsgericht[7]) anrufen.

Der Einspruch gegen die Kündigung und die Anrufung des Arbeitsgerichts haben keine aufschiebende Wirkung.

§ 83[32]). Geht das Urteil des Arbeitsgerichts dahin, daß der Einspruch gegen die Kündigung gerechtfertigt ist, so ist zugleich für den Fall, daß die Reichsbahn-Gesellschaft die Weiterbeschäftigung ablehnt, ihr eine Entschädigungspflicht aufzuerlegen. Die Entschädigung bemißt sich nach der Zahl der Jahre, während derer der Arbeiter in dem Betrieb insgesamt beschäftigt war, und darf für jedes Jahr bis zu einem Zwölftel des letzten Jahresarbeitsverdienstes festgesetzt werden, jedoch im ganzen nicht über sechs Zwölftel hinausgehen. Die einzelnen Bestandteile des Jahresarbeitsverdienstes sind mit einem Betrag in Ansatz zu bringen, der der zur Zeit der Entscheidung maßgebenden Lohn- oder Gehaltshöhe der Berufsgruppe entspricht. Dabei ist sowohl auf die wirtschaftliche Lage des Arbeiters als auch auf die wirtschaftliche Leistungsfähigkeit der Reichsbahn-Gesellschaft angemessene Rücksicht zu nehmen.

Innerhalb dreier Tage nach Zustellung des Urteils an sie hat die Reichsbahn-Gesellschaft dem Arbeiter mündlich oder durch Aufgabe zur Post zu erklären, ob sie die Weiterbeschäftigung oder die Entschädigung wählt. Erklärt sie sich nicht, so gilt die Weiterbeschäftigung als abgelehnt.

Kommt die Reichsbahn-Gesellschaft mit der Zahlung der Entschädigung in Verzug, so hat sie dem Arbeitnehmer auch den durch Geldentwertung entstehenden Schaden zu ersetzen.

§ 84. Die Reichsbahn-Gesellschaft ist im Falle der Weiterbeschäftigung verpflichtet, dem Arbeiter, falls inzwischen die Entlassung erfolgt war, für die Zeit zwischen der Entlassung und der Weiterbeschäftigung Lohn oder Gehalt zu gewähren. § 615 Satz 2 des Bürgerlichen Gesetzbuches findet entsprechende Anwendung. Die Reichsbahn-Gesellschaft kann ferner öffentlich-rechtliche Leistungen, die der Arbeiter aus Mitteln der Erwerbslosen- oder Armenfürsorge in der Zwischenzeit erhalten hat, zur Anrechnung bringen und muß diese Beträge der leistenden Stelle zurückerstatten.

§ 85. Der Arbeiter ist berechtigt, falls er inzwischen einen neuen Dienstvertrag abgeschlossen hat, die Weiterbeschäftigung bei der Reichsbahn-Gesellschaft zu verweigern. Er hat hierüber unverzüglich nach Empfang der in § 83 Abs. 3 vorgesehenen Erklärung der Reichsbahn-Gesellschaft, spätestens aber drei Tage danach der Reichsbahn-Gesellschaft mündlich oder durch Aufgabe zur Post eine Erklärung abzugeben. Erklärt er sich nicht, so erlischt das Recht der Verweigerung. Macht er von seinem Verweigerungsrechte Gebrauch, so ist ihm, falls inzwischen die Entlassung erfolgt war, Lohn oder Gehalt nur für die Zeit zwischen der Entlassung und dem Tage der Urteilsfällung zu gewähren. § 84 Satz 2 und 3 findet entsprechende Anwendung.

§ 86[33]). Wird in den Fällen der §§ 77—85 die Einhaltung der Fristen durch Naturereignisse oder andere unabwendbare Zufälle verhindert, so findet Wiedereinsetzung in den vorigen Stand durch Beschluß des Arbeitsgerichts[7]) statt.

Der Antrag auf Wiedereinsetzung muß innerhalb einer zweiwöchigen Frist gestellt werden. Die Frist beginnt mit dem Tage, an welchem das Hindernis behoben ist. Nach Ablauf von einem Monat, von dem Ende der versäumten Frist an gerechnet, kann die Wiedereinsetzung nicht mehr beantragt werden.

§ 87[33]). Der Antrag auf Wiedereinsetzung muß enthalten:
1. die Angabe der die Wiedereinsetzung begründenden Tatsachen,
2. die Angabe der Mittel für deren Glaubhaftmachung,
3. im Falle des § 78 Abs. 3 und des § 82 Abs. 1 die versäumte Anrufung.

§ 88[33]). Wird dem Antrag auf Wiedereinsetzung stattgegeben, so ist in den Fällen des § 87 Ziff. 3 zugleich das Verfahren selbst fortzuführen. In den übrigen Fällen ist die versäumte Erklärung binnen zwei Tagen abzugeben, soweit sie nicht bereits abgegeben ist; eine Wiedereinsetzung gegen eine nochmalige Versäumung findet nicht statt.

VI. Entscheidung von Streitigkeiten.

§ 89. Das Arbeitsgericht entscheidet bei Streitigkeiten über
1. die Notwendigkeit der Errichtung, die Bildung und Zusammensetzung einer Betriebsvertretung im Sinne dieser Verordnung,
2. Wahlberechtigung und Wählbarkeit eines Arbeiters,
3. Einrichtung, Zuständigkeit und Geschäftsführung der Betriebsvertretung und der Betriebsversammlung,
4. die Notwendigkeit der Geschäftsführungskosten der Betriebsvertretungen,
5. alle Streitigkeiten, die sich aus den in dieser Verordnung vorgeschriebenen Wahlen ergeben.

---

[31]) § 75. — Vo üb. Betriebsstillegungen 8. Nov. 20 RGBl 1901.

[32]) v. Bezold VZ **1928** 781.

[33]) § 86 Abs. 2, §§ 87, 88 entsprechen der Vo 5. Juni 20 (RGBl 1139).

VII. Schutzbestimmungen.

§ 90[2] [34]). Der Reichsbahn-Gesellschaft und ihren Vertretern ist untersagt, ihre Arbeiter in der Ausübung des Wahlrechts zu den Betriebsvertretungen und in der Übernahme und Ausübung der Pflichten eines Mitgliedes der gesetzlichen Betriebsvertretung zu beschränken oder sie deswegen zu benachteiligen.

§ 91[35]). Zur Kündigung des Dienstverhältnisses eines Mitgliedes einer Betriebsvertretung oder zu seiner Versetzung an eine andere Reichsbahnstelle bedarf die Reichsbahn-Gesellschaft der Zustimmung der Betriebsvertretung.

Die Zustimmung ist nicht erforderlich:
1. bei Entlassungen, die auf einer gesetzlichen oder tarifvertraglichen oder durch Beschluß des Arbeitsgerichts auferlegten Verpflichtung beruhen,
2. bei Entlassungen, die durch Stillegung der Reichsbahnstelle[31]) erforderlich sind, der das Mitglied der Betriebsvertretung angehört,
3. bei fristlosen Kündigungen aus einem Grunde, der nach dem Gesetz[30]) zur Kündigung des Dienstverhältnisses ohne Einhaltung einer Kündigungsfrist berechtigt.

Im Falle des Abs. 2 Ziffer 3 ist der Einspruch nach Maßgabe des § 80 Abs. 2 statthaft.

Wird eine fristlose Kündigung (Abs. 2 Ziffer 3) durch rechtskräftiges gerichtliches Urteil für ungerechtfertigt erklärt, so gilt die Kündigung als von der Reichsbahn-Gesellschaft zurückgenommen. § 84 findet entsprechende Anwendung.

§ 92. Ist die Zustimmung der Betriebsvertretung erforderlich und wird sie versagt, so ist die Reichsbahn-Gesellschaft berechtigt, das Arbeitsgericht[7]) anzurufen, das durch seine Entscheidung die fehlende Zustimmung der Betriebsvertretung ersetzen kann. Es darf die Zustimmung nicht ersetzen, wenn es feststellt, daß die Kündigung als ein Verstoß gegen die in § 90 auferlegten Verpflichtungen anzusehen ist. Bis zur Entscheidung des Arbeitsgerichts ist die Reichsbahn-Gesellschaft verpflichtet, den Arbeiter weiter zu beschäftigen.

§ 93. Auf die Betriebsobmänner finden die Bestimmungen der §§ 90—92 mit der Maßgabe Anwendung, daß an die Stelle der Betriebsvertretung die Mehrheit der wahlberechtigten Arbeiter des Betriebes tritt.

VIII. Schlußbestimmungen.

§ 94[36]). Die Betriebsvertretungen können in gemeinsamen Angelegenheiten, die in den Aufgabenkreis sowohl der Betriebsvertretungen wie der bei der Reichsbahn-Gesellschaft bestehenden Beamtenvertretungen fallen, mit diesen zu gemeinsamer Beratung zusammentreten. Führt die gemeinsame Beratung der Betriebsvertretung und der Beamtenvertretung zu einer Beschlußfassung, so muß getrennt abgestimmt und eine Mehrheit innerhalb jeder der beiden Vertretungen festgestellt werden. Für die Abstimmung in jeder der beiden Vertretungen gilt § 30 dieser Verordnung. Die weitere Vertretung der Beschlüsse ist Sache der einzelnen Gruppen, wobei für die Betriebsvertretung diese Verordnung und für die Beamtenvertretung die für diese geltenden Vorschriften maßgebend sind.

Auf die Geschäftsordnung in den gemeinsamen Beratungen finden die Vorschriften der §§ 27, 28 Abs. 2, 29, 31 dieser Verordnung sinngemäße Anwendung.

Den Vorsitz führt für jede gemeinsame Sitzung abwechselnd der Vorsitzende der Betriebsvertretung und der der Beamtenvertretung. Die Einladungen und die Aufstellung der Tagesordnung erfolgen durch beide Vorsitzende gemeinsam.

§ 95. Soweit in Gesetzen oder anderen Vorschriften Arbeiterausschüsse genannt werden, treten an ihre Stelle in den in § 3 dieser Verordnung genannten Betrieben die Betriebsräte oder Betriebsobmänner.

§ 96. Die Verordnung tritt mit dem Tage der Verkündung in Kraft.

Mit dem Inkrafttreten dieser Verordnung tritt die Verordnung vom 3. März 1921 über die Bildung von Betriebsvertretungen nach dem Betriebsrätegesetz vom 4. Februar 1920 im Bereich der Reichseisenbahnverwaltung außer Kraft.

§ 97. Ausführungsbestimmungen[37]) zu dieser Verordnung erläßt der Generaldirektor der Deutschen Reichsbahn-Gesellschaft nach Verhandlung mit den beteiligten wirtschaftlichen Arbeitnehmervereinigungen.

Beilage A zu Anm. 1.

Übersicht über die Zuständigkeitsverhältnisse bei Arbeitsstreitigkeit in der Reichsbahnverwaltung.

A. Rechtsquellen. Betriebsrätegesetz (BRG) u. Betriebsräteverordnung (BRV), vorst. III 6 a u. c; Vo üb. d. Schlichtungswesen 30. Okt. 23 RGBl I 1043 (SchlVo, deren Art. II durch das sogleich zu erwähn. Arbeitsgerichtsgesetz aufgehoben w. ist) mit Ausführungsverordnungen 10. Dez. 23 das. 1191 (I. AusfVo, durch das gleiche G aufgehoben) u. 29. Dez. 23 RGBl 1924 I 9 (II. AusfVo); Arbeitsgerichtsgesetz 23. Dez. 26 RGBl I 507 (AGG); Lohntarifvertrag f. d. Arbeiter der Reichsbahn § 25 (LTV, unten C). S. auch Vf 51. 533. 812 v. 18. Juli 27 u. (üb. die Einleg. v. Rechtsmitteln) Vf 51. 533. 1485 v. 22. Dez. 27.

B. Literatur. Kommentare zu BRG, BRV, SchlichtVo, AGG; systemat. Darstellung: Kaskel, Arbeitsrecht, Berlin Julius Springer 3. Aufl. 1928; Kaskel, Die neue Arbeitsgerichtsbarkeit, das. 1927.

---

[34]) Strafbestimmung BRG § 99. — Anm. 5a oben.

[35]) Einspruch wie nach §§ 80ff. ist hier nicht gegeben außer im Falle § 91 Abs. 3. Form der Zustimmung RG 111 412. Entlassungsgrund: RArbeitsgericht BZ 1929 81.

[36]) Vgl. BRE (oben III 4) § 64.

[37]) Hier nicht abgedr.

C. Vorbemerkung. Mit dem Inkrafttreten des AGG haben sich die bisher recht verwickelten Zuständigkeitsverhältnisse wesentlich vereinfacht: Die im BRG verschiedentlich vorgesehene Zuständigkeit des Reichswirtschaftsrats ist auf die Arbeitsgerichte übergegangen, die Kaufmanns- u. die Gewerbegerichte sind fortgefallen. Für die Reichsbahn von besonderer Bedeutung ist die Ersetzung der Tarifausschüsse, die bisher nach dem LTV zur Entscheidung der meisten Streitigkeiten aus dem LTV berufen waren, durch die Arbeitsgerichte; an Stelle des hierauf bezügl. § 25 LTV ist zufolge Vf 51. 533. 777 v. 7. Juli 27 nachstehende Fassung getreten:

§ 25. Zuständigkeit der Arbeitsgerichte.

Für Streitigkeiten aus einem Arbeitsverhältnis und aus Verhandlungen über die Eingehung eines Arbeitsverhältnisses, das sich nach diesem Lohntarifvertrag bestimmt, ist das Arbeitsgericht am Sitz der Reichsbahndirektion (Reichsbahnfachkammer) ausschließlich zuständig, der der Arbeiter unterstellt ist. Die Arbeiter der Reichsbahnausbesserungswerke (Hauptwerkstätten) mit Ausnahme der des Reichsbahnausbesserungswerks Brandenburg-West gelten in diesem Sinne als der Reichsbahndirektion unterstellt, in deren Bezirk das Reichsbahnausbesserungswerk räumlich liegt.

Für Streitigkeiten aus einem Arbeitsverhältnis und aus Verhandlungen über die Eingehung eines Arbeitsverhältnisses, das sich nach diesem Lohntarifvertrag bestimmt, ist bei den Arbeitern, die der Hauptverwaltung, der Gruppenverwaltung Bayern und den zentralen Ämtern bei der Gruppenverwaltung Bayern, dem Reichsbahn-Zentralamt und seinen Abnahmeämtern, sowie den Oberbetriebsleitungen unterstellt sind, das Arbeitsgericht am Sitz der Reichsbahndirektion (Reichsbahnfachkammer) ausschließlich zuständig, in deren Bezirk diese Reichsbahnstellen ihren Sitz haben.

Hiernach unterliegen jetzt fast alle arbeitsrechtlichen Streitigkeiten bei der Reichsbahn der Entscheidung durch die Arbeitsgerichte.

D. Einzelheiten.

I. Zuständigkeit der Arbeitsgerichte.

1. Die in erster Reihe in Betracht kommenden Vorschriften des AGG lauten:

§ 1. Arbeitsgerichtsbehörden

Die Gerichtsbarkeit in Arbeitssachen (§§ 2 und 3) liegt den Arbeitsgerichtsbehörden ob. Arbeitsgerichtsbehörden sind:

1. die Arbeitsgerichte (§§ 14 bis 32),
2. die Landesarbeitsgerichte (§§ 33 bis 39),
3. das Reichsarbeitsgericht (§§ 40 bis 45).

§ 2. Zuständigkeit

Die Arbeitsgerichte sind unter Ausschluß der ordentlichen Gerichte ohne Rücksicht auf den Wer des Streitgegenstandes zuständig:

1. für bürgerliche Rechtsstreitigkeiten zwischen Tarifvertragsparteien oder zwischen diesen und Dritten aus Tarifverträgen oder über das Bestehen oder Nichtbestehen von Tarifverträgen und für bürgerliche Rechtsstreitigkeiten zwischen tarifvertragsfähigen Parteien oder zwischen diesen und Dritten aus unerlaubten Handlungen, sofern es sich um Maßnahmen zu Zwecken des Arbeitskampfes oder um Fragen der Vereinigungsfreiheit handelt;
2. für bürgerliche Rechtsstreitigkeiten zwischen Arbeitgebern und Arbeitnehmern aus dem Arbeits- oder Lehrverhältnis, über das Bestehen oder Nichtbestehen eines Arbeits- oder Lehrvertrags, aus Verhandlungen über die Eingehung eines Arbeits- oder Lehrverhältnisses und aus dessen Nachwirkungen sowie für bürgerliche Rechtsstreitigkeiten aus unerlaubten Handlungen, soweit diese mit dem Arbeits- oder Lehrverhältnis im Zusammenhange stehen; ausgenommen sind Streitigkeiten, deren Gegenstand die Erfindung eines Arbeitnehmers bildet, soweit es sich nicht nur um Ansprüche auf eine Vergütung oder Entschädigung für die Erfindung handelt, und Streitigkeiten der nach § 481 des Handelsgesetzbuchs zur Schiffsbesatzung gehörenden Personen;
3. für bürgerliche Rechtsstreitigkeiten zwischen Arbeitnehmern aus gemeinsamer Arbeit und aus unerlaubten Handlungen, soweit diese mit dem Arbeits- oder Lehrverhältnis im Zusammenhange stehen;
4. für bürgerliche Rechtsstreitigkeiten zwischen Arbeitgebern und Arbeitnehmern aus den §§ 86, 87 des Betriebsrätegesetzes[1]);
5. in folgenden Fällen des Betriebsrätegesetzes:

   für die Entscheidung über das Erlöschen der Mitgliedschaft in Betriebsvertretungen (§§ 39, 56 Abs. 2, § 60)[2]),

   für die Entscheidung über die Auflösung von Betriebsvertretungen (§§ 41, 44, § 56 Abs. 2)[3]),

---

[1]) Entspricht BRV §§ 82, 83.

[2]) §§ 39, 60 entsprechen BRV §§ 43, 48; § 56 (Gesamtbetriebsrat) kommt f. d. Reichseis. nicht in Betracht.

[3]) § 41 entspr. BRV § 45; §§ 44, 56 kommen . d. Reichseis. nicht in Betracht.

für die Berufung vorläufiger Betriebsvertretungen (§ 43 Abs. 2, § 44 Abs. 4, § 56 Abs. 2, § 60)[4]),
für die Entscheidung über Bildung und Auflösung gemeinsamer Betriebsvertretungen (§§ 52, 53)[5]),
für die Festsetzung von Strafen nach § 134b der Gewerbeordnung (§ 80 Abs. 2)[6]),
für die Entscheidung über das Vorliegen eines Verstoßes gegen vereinbarte Richtlinien über die Einstellung von Arbeitnehmern (§§ 82, 83)[7]),
für die Entscheidung von Streitigkeiten über die Errichtung, Zusammensetzung und Tätigkeit von Betriebsvertretungen und aus Wahlen zu ihnen (§ 93)[8]),
für die Ersetzung der Zustimmung von Betriebsvertretungen zur Kündigung oder Versetzung ihrer Mitglieder (§§ 97, 98)[9]).

Die im Abs. 1 Nr. 1 bis 4 begründete Zuständigkeit besteht auch in den Fällen, in denen der Rechtsstreit durch einen Rechtsnachfolger oder durch eine Person geführt wird, die kraft Gesetzes an Stelle der ursprünglichen Partei hierzu befugt ist.

§ 3. Erweiterte Zuständigkeit

Bei den Arbeitsgerichten können auch nicht unter § 2 fallende Klagen gegen Arbeitgeber oder Arbeitnehmer sowie von solchen gegen Dritte erhoben werden, wenn der Anspruch mit einer bei einem Arbeitsgericht anhängigen oder gleichzeitig anhängig werdenden bürgerlichen Rechtsstreitigkeit der im § 2 Nr. 1 bis 4 bezeichneten Art in rechtlichem oder unmittelbarem wirtschaftlichen Zusammenhange steht und für seine Geltendmachung nicht eine ausschließliche Zuständigkeit gegeben ist; die im § 2 Nr. 2 Halbsatz 2 ausgenommenen Streitigkeiten können auch im Zusammenhange mit anderen Streitigkeiten nicht vor die Arbeitsgerichte gebracht werden.

(Abs. 2.)

§ 4. Ausschluß der Arbeitsgerichtsbarkeit

In den Fällen des § 2 Nr. 1 bis 4 kann die Arbeitsgerichtsbarkeit durch Schiedsvertrag und Vereinbarung nach den §§ 91 bis 107 ganz oder teilweise ausgeschlossen werden[10]).

2. Zusätzliches für die Reichsbahn.

a) Für Streitigkeiten zwischen der RBGesellschaft u. ihren Arbeitnehmern bestanden nach AusfVo I § 2 Abs. 4 Satz 2 u. 3 bei den Gewerbegerichten am Sitze jeder Reichsbahndirektion besondere Reichsbahnfachkammern, deren Zuständigkeit sich ohne Rücksicht auf die Ländergrenzen auf den ganzen Bezirk der RBDir. erstreckte. Diese Einrichtung ist auf Grund AGG § 17 Abs. 3, 4 für die Arbeitsgerichte übernommen worden (Vf 51. 533 Nrn. 135, 331 u. 663 v. 8. Feb., 25. März u. 14. Juni 27). Verzeichnis der Kammern Reichsarbeitsbl **1927** I 295, desgl. (ohne Bayern) mit Schlüssel für die Verteilung der Beisitzer auf die Arbeitnehmerverbände: E 27. Mai 27 HMinBl 224. Die in LTV § 25 (neue Fassung, vorst. C) enthaltene Regelung der örtlichen Zuständigkeit ist nach AGG § 48 Abs. 2 zulässig. S. auch die oben bei A und C genannten Vf v. 7. u. 18. Juli 27.

b) Nach der Vf 18. Juli 27 Ziff. I sind die Arbeitsgerichtsbehörden für die Entscheidung von Fällen aus dem LTV (AGG § 2 Abs. 1 Ziff. 2), nicht aber von Fällen aus der BRV (das. Ziff. 4, 5) zuständig, wenn der Arbeitnehmer nicht Arbeiter i. S. BRV (§ 2), also z. B. Hilfsbeamter ist.

II. Zuständigkeit anderer Stellen.

1. Schlichtung. Nach SchlVo Art. I § 3 haben Schlichtungsausschüsse u. Schlichter zum Abschlusse von Gesamtvereinbarungen — Tarifverträge (Begriff: Kaskel Arbeitsrecht S. 14ff.) u. Betriebsvereinbarungen (Begriff: Kaskel a. a. O. S. 21ff.) — Hilfe zu leisten. Das sind die Fälle von „Gesamtstreitigkeiten", die den Begriff der Interessenstreitigkeiten (Gegensatz: Rechtsstreitigkeiten) bilden u. das Zustandekommen einer neuen oder Änderung, Ergänzung, Aufhebung einer bestehenden Vereinbarung umfassen. Als Parteien stehen sich dann regelmäßig gegenüber: bei Tarifverträgen: Arbeitgeber (einer od. mehrere, auch Vereinigungen solcher) einerseits, Arbeitnehmervereinigungen (eine od. mehrere) anderseits, bei Betriebsvereinbarungen: der Arbeitgeber einerseits, die Gesamtarbeiterschaft seines Betriebs, vertreten regelmäßig durch ihre gesetzliche Vertretung (Betriebsrat) anderseits; vgl. RG **111** 170. Der Schiedsspruch, den in Ermangelung gütlicher Einigung die Schlichtungskammer gemäß § 5 der Vo fällt, bedeutet zunächst nur einen Ratschlag, kann aber unter den in § 6 der Vo angegebenen Voraussetzungen für verbindlich erklärt werden, eine Erklärung, die die Annahme des Schiedsspruchs durch die Parteien ersetzt.

Bei Streitigkeiten der Reichsbahn-Gesellschaft mit ihren Arbeitnehmern sollen stets Schlichter bestellt werden — E 9. Jan. u. 7. Feb. 24 E II 92. 20015 u. 20115 — und ist für die Verbindlichkeitserklärung der Reichsarbeitsminister zuständig. Die Gesellschaft hat die Auffassung vertreten, daß für ihre Lohnstreitigkeiten die VerbErkl. mit dem RBahnG nicht vereinbar sei (ebenso Aron, VerkRu **1926** 191); das Reichsbahngericht hat aber mit U 9. Juni 26

[4]) BRV §§ 47, 48.

[5]) Kommt f. d. Reichseis. nicht in Betracht.

[6]) BRV § 76 Abs. 2.

[7]) BRV §§ 78, 79.

[8]) BRV § 89.

[9]) BRV §§ 92, 93.

[10]) Ist f. d. Reichsbahn nicht mehr der Fall (oben C).

(VZ 793, Arch 1203), aus dem sich Gründe und Gegengründe ergeben, diese Auffassung verworfen. S. auch oben I 5 Anm. 32.

2. Ferner sind nach BRG § 75, § 80 Abs. 1 (BRV § 76) die Schlichtungsstellen berufen zur bindenden Festsetzung gemeinsamer Dienstvorschriften (z. B. Arbeitsordnungen), wenn sich Arbeitgeber u. Betriebsrat nicht darüber einigen.

3. Für den ordentlichen Rechtsweg (Amtsgericht, Landgericht usw.) bleibt hiernach bei Arbeitsstreitigkeiten nur in vereinzelten Fällen Raum; Näheres: Kaskel Arbeitsgerichtsbarkeit S. 20ff.

7. Reichsversicherungsordnung.

(Auszug.)[1])

Erstes Buch

Gemeinsame Vorschriften

§ 63. Oberversicherungsämter können von der obersten Verwaltungsbehörde[2]) auch errichtet werden für

1. Betriebsverwaltungen und Dienstbetriebe des Reichs oder der Länder, die eigene Betriebskrankenkassen haben[3]),
2. Gruppen von Betrieben, für deren Beschäftigte Sonderanstalten[4]) die Invalidenversicherung besorgen.

[5]) Für diese besonderen Oberversicherungsämter gelten § 62 Abs. 1, §§ 73, 80 nicht. Im übrigen gelten für sie die Vorschriften über die Oberversicherungsämter, soweit die §§ 70, 75, 81 nichts anderes vorschreiben.

Ihre Zuständigkeit bestimmt die oberste Verwaltungsbehörde[2]).

§ 75. Die Arbeitgeberbeisitzer für ein besonderes Oberversicherungsamt werden von den Arbeitgebervorstandsmitgliedern der Betriebskrankenkasse oder der Sonderanstalt[4]) gewählt; sind in einem Vorstand keine Arbeitgebervertreter vorhanden, so wählen die in einem anderen Verwaltungsorgan vorhandenen Arbeitgebervertreter.

Die Versichertenbeisitzer werden nach den Grundsätzen der Verhältniswahl von den Versicherten-Ausschußmitgliedern der Betriebskrankenkasse oder der Sonderanstalt[4]) gewählt; soweit eine Sonder-

---

[1]) A. Die Reichsversicherungsordnung (ursprüngl. Fassung G 19. Juli 11 RGBl 509) ist im Laufe der Jahre erstaunlich oft geändert w., auch nachdem mit Bek 15. Dez. 24 RGBl I 779 eine neue Fassung verkündet w. war. Der oben abgedr. Wortlaut ist der z. Z. der Drucklegung d. W. (April 1930) gültige. — Das G enthält sechs Bücher: I. Gemeins. Vorschr., II. Krankenvers., III. Unfallvers., IV. Invaliden- u. Hinterbliebenenvers., V. Bezieh. der VersichTräger zueinander u. zu and. Verpflichteten, VI. Verfahren. Der vorl. Auszug berücksichtigt nur die Vorschr., die betreffen:
a) den Kreis der versich. Bahnbediensteten (er umfaßt den größten Teil des Personals, im allg. aber nicht die Reichsbahnbeamten),
b) die besond. Einrichtungen zur Durchführ. der Versich. bei den Eisenbahnen,
c) die f. d. Eis. in Betracht komm. Zuständigkeiten der Behörden,
d) sonstige besond. Interessen der Eis. (z. B. das Verh. der Unfallvers. zum HPfG).

B. Eisenbahnen im Sinne der RVO sind auch die Kleinbahnen.

C. Versich. der zu militär. Dienstleist. herangezog. EisBediensteten: E 17. April 18 IV 43. 149. 2, des Feldeisenbahnpersonals E 18. Okt. 16 IV 43. 149. 327.

D. Die RVO gilt auch f. d. Reichsbahn-Gesellschaft. Die Änderungen der RVO, die RBPersG § 10 verfügt, sind im obigen Abdruck berücksichtigt. Übersicht über die Rechtslage, die organisator. u. sonstigen geschäftl. Einrichtungen bei der Reichsbahn: Kasack VZ **1929** 881; die ausführl. Einzeldarstellungen, die die Verkehrswiss. Lehrmittelgesellschaft herausgibt, sind unten bei den Abschnitten (Büchern) der RVO genannt.

E. Noch heute lehrreiches Material f. d. ganze Versich.-Recht, nam. soweit es f. d. EisVerw. wichtig ist, enthält Witte Buch 7. Ferner: Laß u. Maier, HaftpflRecht u. UnfallversGesetzgeb., 2. Aufl. München 02. Kommentar v. Mitgliedern des RVersAmts, Berlin Jul. Springer 1926ff.

[2]) Für die RBGesellsch. der Generaldirektor, soweit es sich um Funktionen der obersten Betriebsleit. handelt. Rechtsverordnungen — z. B. Errichtung v. OberversichÄmtern, auch wohl Anordnungen gemäß §§ 110 (?), 112 sind vom RVerkMin zu erlassen. S. auch RBahnG § 16 (4).

[3]) Für die StEV waren besondere Oberversicherungsämter durch die als Beilagen A 1 u. 3 unten abgedr. Erlasse 8. Juni 12 u. 12. März 20, für DirBezirk Mainz durch E 1. Nov. 12 EVBl 427 errichtet w.; diese bestehen noch jetzt. Zuständigkeit der OVÄmter in Preußen: Bek 23. April 16 Beilage A 2, für Unfälle in Werkstätten Vo 28. April 28 (RMinBl 274), dazu Vf 26. Mai 28 (Die Reichsbahn 549). — Weitere bes. OVÄmter f. d. Bereich der Reichseis. bestehen in München, Dresden u. Karlsruhe. Zusammenstell. in den Amtl. Nachr. **1927** 7; s. auch Reindl (unten Anm. 20a) S. 41.

[4]) Sonderanstalten §§ 1360ff.

[5]) § 62 Abs. 1 betrifft den Bezirk, § 73 die Beisitzer, § 80 die Kosten des OVAmts. Für die besond. OVÄmter bestimmt § 70, daß der Direktor (§ 69) sein Amt im Nebenberuf ausüben kann; § 75, wie die Beisitzer gewählt w.; § 81, wer die Kosten der Ämter trägt (bei Reichs- u. Landesbetrieben, auch b. d. Reichseis. die Betriebsverwaltung; s. auch Vf 55 Uiro v. 12. März 28).

anstalt keinen Ausschuß hat, wählen die in einem anderen Verwaltungsorgane vorhandenen Versichertenvertreter.

Die oberste Verwaltungsbehörde[2]) bestimmt das Nähere. Bei Sonderanstalten der Deutschen Reichsbahn-Gesellschaft[1D]) kann die oberste Verwaltungsbehörde auch bestimmen, daß die Versichertenbeisitzer von den Versichertenvertretern im Vorstand der Anstalt zu wählen sind[6]).

§ 110. Die oberste Verwaltungsbehörde[2]) kann einzelne der Aufgaben und Rechte, die ihr dieses Gesetz zuweist, auf andere Behörden übertragen.

§ 111. Sie bestimmt,

1. welchen Landesbehörden und welchen Behörden und Vertretungen von Gemeindeverbänden und Gemeinden die Aufgaben zukommen, die dieses Gesetz den höheren und den unteren Verwaltungsbehörden, den Ortspolizeibehörden, den gemeindlichen Behörden, den Gemeindeverbänden und Gemeinden sowie ihren Behörden und Vertretungen zuweist[7]),
2. welche Verbände als Gemeindeverbände zu gelten haben; eine einzelne Gemeinde gilt als Gemeindeverband im Sinne dieses Gesetzes nur dann, wenn es die oberste Verwaltungsbehörde bestimmt,
3. ob und welche örtlichen Geschäfte der Reichsversicherung von den Gemeindebehörden an Stelle der Versicherungsämter erledigt werden sollen.

Die Bestimmungen werden im Reichsanzeiger veröffentlicht.

§ 112. Die oberste Verwaltungsbehörde[2]) kann ... ferner Aufgaben des Versicherungsamts Organen von Betriebskrankenkassen für Betriebsverwaltungen und Dienstbetriebe des Reichs und der Länder sowie von Sonderanstalten[4]) übertragen, wenn die Organe mindestens zur Hälfte aus Versicherungsvertretern bestehen, die aus geheimer Wahl hervorgegangen sind[8]). Spruchbefugnisse können nicht übertragen werden.

§ 113. Erstreckt sich eine Versicherungsbehörde, ein Versicherungsträger oder ein Betrieb auf Gebiete mehrerer Länder, so nimmt die Landesregierung oder die oberste Verwaltungsbehörde des Landes ihres Sitzes die Befugnisse wahr, die dieses Gesetz der Landesregierung oder der obersten Verwaltungsbehörde beilegt, soweit es nichts anderes vorschreibt[2]).

(Abs. 2.)

Für Betriebe des Reichs und ihre besonderen Versicherungsbehörden und Versicherungsträger übt der zuständige Reichsminister die Rechte der obersten Verwaltungsbehörde aus[2]).

§ 157[9]). Soweit andere Staaten eine der Reichsversicherung entsprechende Fürsorge durchgeführt haben, kann die Reichsregierung mit Zustimmung des Reichsrats unter Wahrung der Gegenseitigkeit vereinbaren, in welchem Umfang für Betriebe, die aus dem Gebiete des einen Staates in das des anderen übergreifen, sowie für Versicherte, die zeitweise im Gebiete des anderen Staates beschäftigt werden, die Fürsorge nach der Reichsversicherungsordnung oder nach den Fürsorgevorschriften des anderen Staates geregelt werden soll.

---

[6]) Gleiche Best trifft § 89 Abs. 2 für Wahlen zum Reichs- u. § 107 Abs. 4 f. Wahlen zum Landes-VersichAmt. Wahlordnung f. d. Wahl der besond. OV-Ämter f. d. Reichsbahndirektionen: Vf 58. 567. 1131 I v. 3. Dez. 27.

[7]) Reichsbahn oben II 2 Beil. C § 5 Ziff. 8, private Großbahnen in Preußen E 10. Dez. 12, Beilage B.

[8]) Übertragungen f. d. Bereich der StEV: Beilagen C, D Ziff. 5, E; s. ferner § 377 Abs. 3, § 1788. Spruchbefugnisse §§ 224, 1520, 1526, 1540, 1636ff.

[9]) A. Abkommen i. S. § 157 sind getroffen mit:

Luxemburg 2. Sept. 05 RGBl 753;

den Niederlanden 27. Aug. 07 RGBl 763 (mit AusfBest: Bek 16. Dez. 07, RGBl 773), Zusatzvtr. 30. Mai 14 (Bek 22. Mai 15, RGBl 321), Vo 15. Nov. 27 RGBl I 329;

Belgien 6. Juli 12 (RGBl **1913** 23) mit AusfBest 9. Aug. 13 (das. 637), beide wieder in Kraft gesetzt laut Bek 30. Juni 20 (RGBl 1397) mit AusfBest 26. Nov. 23 (RGBl II 432);

Italien 31. Juli 12 (RGBl **1913** 171), wieder in Kr. ges. laut Bek 15. Aug. 20 (RGBl 1577);

Österreich 8. Jan. 26 (G 8. Juli 26 RGBl II 355);

Finnland (Unfallvers.) 18. Juni 27 (G 18. Feb. 28 RGBl II 20);

Serbien (allgemein) 15. Dez. 28 (G 6. Juli 29 RGBl II 561).

B. Auf Grund des Friedensvtr. (nam. Art. 312, vgl. G 20. Juli 22 RGBl II 678) sind f. d. abgetrennten Gebiete Vereinbarungen üb. Sozialversich. getroffen mit:

Frankreich (wegen Elsaß-Lothr.) Bek 11. Okt. 21 RGBl 1289, auch Vo 31. Juli 24 RGBl I 671;

Belgien Bek 9. Juli 20 (G 20. Juli 21 RGBl 1177) mit AusfBest (Vo 7. Okt. 21 das. 1288);

Dänemark Vtr 10. April 22 (G 1. Juni 22 RGBl II 141) Abk. Nr. 14 (das. 218);

Polen Abk. 15. Mai 22 (G 11. Juni 22 RGBl II 237) Teil IV Tit. II (das. 312) u. Abk. 27. März 26 (G 13. Dez. 26 RGBl II 755) Art. 14;

Danzig u. Polen Abk. 24. Jan. 27 (G 27. Mai 27 RGBl II 424).

C. Saargebiet Vo 27. Okt. 27 RGBl II 896 u. 20. Okt. 28 RGBl II 615.

D. S. ferner unten Anm. 22 Db.

Auf gleichem Wege kann bei entsprechender Gegenleistung die Versicherung von Angehörigen eines ausländischen Staates abweichend von den Vorschriften dieses Gesetzes geregelt und die Durchführung der Fürsorge des einen Staates in dem Gebiete des andern erleichtert werden. In diesen Vereinbarungen darf die nach diesem Gesetze bestehende Beitragspflicht des Arbeitgebers nicht ermäßigt oder beseitigt werden. Diese Vereinbarungen sind dem Reichstage mitzuteilen.

Diese Vorschriften gelten entsprechend für eine Fürsorge, die an Stelle der Reichsversicherung tritt.

Zweites Buch
Krankenversicherung

Erster Abschnitt
Umfang der Versicherung

I. Versicherungspflicht

§ 165. Für den Fall der Krankheit werden versichert[10])

1. Arbeiter, Gehilfen, Gesellen, Lehrlinge[11]), Hausgehilfen,
2. Betriebsbeamte, Werkmeister und andere Angestellte in ähnlich gehobener Stellung, sämtlich, wenn diese Beschäftigung ihren Hauptberuf bildet,

3.—7.

Voraussetzung der Versicherung ist für die im Abs. 1 unter Nr. 1 bis 5a und Nr. 7 Bezeichneten, mit Ausnahme der Lehrlinge aller Art, daß sie gegen Entgelt (§ 160) beschäftigt werden, für die unter Nr. 2 bis 5a Bezeichneten sowie für Schiffer auf Fahrzeugen der Binnenschiffahrt außerdem, daß ihr regelmäßiger Jahresarbeitsverdienst an Entgelt nicht 3600 Reichsmark übersteigt. Für die Jahresarbeitsverdienst-(Einkommens-)Grenze werden Zuschläge, die mit Rücksicht auf den Familienstand gezahlt werden (Frauen-, Kinderzuschläge) nicht angerechnet.

§ 168. Die Reichsregierung bestimmt, wieweit vorübergehende Dienstleistungen versicherungsfrei bleiben[12]).

§ 169. Versicherungsfrei sind Beamte, Ärzte und Zahnärzte in Betrieben oder im Dienste des Reichs, der deutschen Reichsbahn-Gesellschaft[13]), eines Landes, eines Gemeindeverbandes, einer Gemeinde oder eines Versicherungsträgers, wenn ihnen gegen ihren Arbeitgeber ein Anspruch mindestens entweder auf Krankenhilfe in Höhe und Dauer der Regelleistungen der Krankenkassen (§ 179) oder für die gleiche Zeit auf Gehalt, Ruhegeld, Wartegeld oder ähnliche Bezüge im anderthalbfachen Betrage des Krankengeldes (§ 182) gewährleistet ist.

Das gleiche gilt für Beschäftigte der im Abs. 1 bezeichneten Arbeitgeber, die auf Lebenszeit oder nach Landesrecht unwiderruflich oder mit Anrecht auf Ruhegehalt angestellt sind, ...

§ 172. Versicherungsfrei sind

1. Beamte des Reichs, der deutschen Reichsbahn-Gesellschaft, der Länder, der Gemeindeverbände, der Gemeinden und der Versicherungsträger, Lehrer und Erzieher an öffentlichen Schulen oder Anstalten, solange sie lediglich für ihren Beruf ausgebildet werden[14]),

2.—4.

IV. Betriebskrankenkassen und Innungskrankenkassen

§ 245. Ein Arbeitgeber kann[15]) mit Zustimmung des Betriebsrats eine Betriebskrankenkasse errichten für jeden Betrieb, in dem er für die Dauer mindestens einhundertfünfzig Versicherungspflichtige ... beschäftigt. Er kann auch eine gemeinsame Betriebskrankenkasse für mehrere Betriebe errichten, in denen er für die Dauer zusammen mindestens einhundertfünfzig ... Versicherungspflichtige beschäftigt. Beteiligte Versicherungspflichtige sind vorher zu hören.

(Abs. 2.)

---

[10]) Unter Ziff. 1, 2 fällt das ganze Personal der Reichsbahn, soweit es nicht nach § 165 Abs. 2 od. §§ 168, 172 versicherungsfrei ist. — Kranken- (u. Inval.-) VersichPflicht der v. Unternehmern im Abfertigungsdienste beschäft. Arbeiter. E 27. April 09 IV B 5. 29, Bf 58. 267. 652 u. 148 v. 20. Nov. 25 u. 13. April 27. — Schmidt, Die gesetzl. Krankenversich. (b. d. Reichsbahn) 1928.

[11]) Lehrlinge sind nicht Maschinenbaubeflissene, die in der EisHauptwerkstatt vor dem Studium praktisch ausgebildet w. (Komm. Mitgl. — oben Anm. 1 E — Anm. 6). — Schmidt (Anm. 10) S. 20.

[12]) Nach Bek 17. Nov. 13 RGBl 756 Ziff. 6 bleiben vorüb. Dienstleist. versicherungsfrei, wenn sie v. Bediensteten ausländischer EisVerw. in EisBetrieben d. Inlands ausgeführt w.

[13]) Reichsbahnbeamte sind versicherungsfrei. Perso § 14 Abs. 1 u. oben III 3 Anm. 37.

[14]) Bürohilfsarbeiter E 10. März 14 IV 43. 149. 83.

[15]) Muß im Falle § 249 Abs. 1.

In die Betriebskrankenkasse gehören alle im Betriebe beschäftigten Versicherungspflichtigen. Versicherungsberechtigte, die im Betriebe tätig sind, können der Kasse als Mitglieder beitreten.

§ 246[16]). Das gleiche Recht (§ 245 Abs. 1) haben die Verwaltungen des Reichs und der Länder für ihre Dienstbetriebe. Für die dort Beschäftigten gilt § 245 Abs. 3, 4.

§ 249. Beschäftigt ein Bauherr zeitweilig eine größere Zahl von Arbeitern in einem vorübergehenden Baubetriebe, so hat er auf Anordnung des Oberversicherungsamts[17]) eine Betriebskrankenkasse zu errichten.

Der Bauherr kann mit Genehmigung des Oberversicherungsamts diese Pflicht bei ausreichender Sicherheit auf einen oder mehrere Arbeitgeber übertragen, die den Bau ganz oder teilweise für eigene Rechnung übernommen haben.

Die Vorschriften über eine Mindestzahl von Mitgliedern sowie § 245 Abs. 2, § 248[18]) gelten nicht; das Oberversicherungsamt bestimmt das Maß der Leistungen.

Wird die Anordnung nicht in der gesetzten Frist befolgt, so errichtet das Oberversicherungsamt selbst die Kasse oder beauftragt damit das Versicherungsamt.

§ 253. Betriebskrankenkassen, die nicht nach § 249 angeordnet sind, sowie Innungskrankenkassen können nur mit Genehmigung des Oberversicherungsamts errichtet werden.

Das Oberversicherungsamt (Beschlußkammer) darf für Betriebskrankenkassen die Genehmigung, vorbehaltlich des § 273 Abs. 1 Nr. 2[19]), nur versagen, wenn die Kasse nicht die vorgeschriebene Mitgliederzahl hat oder nicht den Anforderungen des § 248[18]) entspricht oder wenn der Betriebsrat der Errichtung nicht zugestimmt hat.

§ 254. Gegen die Entscheidung des Oberversicherungsamts hat die Beschwerde an die oberste Verwaltungsbehörde[2])

der Arbeitgeber ..., wenn die Genehmigung versagt wird,

jede beteiligte Landkrankenkasse und allgemeine Ortskrankenkasse, wenn die Genehmigung erteilt wird,

der Arbeitgeber, wenn die Kasse nach § 249 angeordnet wird.

§ 271. Wird die Organisation einer öffentlichen Verwaltung, die für ihre Betriebe oder Dienstbetriebe Betriebskrankenkassen errichtet hat, geändert, so setzt das Oberversicherungsamt oder, wenn mehrere Oberversicherungsämter beteiligt sind, die oberste Verwaltungsbehörde[2]) auf Antrag die Bezirke der Kassen nach Anhören der Kassenorgane anderweit fest.

Fünfter Abschnitt

Aufsicht

§ 377. Die Aufsicht über die Krankenkassen führt, vorbehaltlich der §§ 372 bis 375[20]), das Versicherungsamt. Sie erstreckt sich auch auf die Beobachtung der Dienst- und Krankenordnung.

Wird die Beschwerde gegen eine Anordnung des Versicherungsamts darauf gestützt, daß die Anordnung rechtlich nicht begründet sei und den Beschwerdeführer in einem Rechte verletze oder mit einer rechtlich nicht begründeten Verbindlichkeit belaste, so entscheidet darüber das Oberversicherungsamt (Beschlußkammer).

Bei Betriebskrankenkassen für Betriebe des Reichs oder der Länder kann die oberste Verwaltungsbehörde[2]) Aufgaben des Versicherungsamts, die nicht der Spruchausschuß wahrzunehmen hat, anderen Behörden übertragen[8]) [20]).

---

[16]) Bei der Reichsbahn bestehen an Betriebskrankenkassen: für jeden Direktionsbezirk der vormal. StEB eine (außerdem eine f. AusbessWerk Brandenburg-West), ferner zwei (Rosenheim u. Ludwigshafen) f. Bayern, je eine in Dresden, Stuttgart, Karlsruhe, Schwerin, Oldenburg (Schmidt — oben Anm. 10 — S. 9ff.). Verband dieser Kassen: Schmidt S. 89, Kasack BZ **1929** 885. Vertreter dieser Kassen im Schiedsamte (RVO §§ 368 l ff.) Vo 29. Okt. 27 RGBl I 326. Bezieh. der Kassen zu den Ärzteverbänden Vf 58 Ukv 1 v. 24. Jan. 28 u. Vf 3. April 29 (Die Reichsbahn S. 317). — Zur Frage der Anwend. v. RVO § 384 Abs. 1 auf die Kassen: Vf 55 Uk v. 9. Mai 28. — Bezieh. der Kassen zu den AusfBehörden f. d. Unfallversich. Reindl (Anm. 20a unten) S. 47.

[17]) Beschwerde § 254.

[18]) BetrKKassen dürfen nur errichtet w., wenn sie den Bestand vorhandener Orts- u. Landkrankenkassen nicht gefährden, gewisse Anford. an ih. Leistungen erfüllen u. dauernd leistungsfähig sind.

[19]) Schließung w. Eingehens des Betriebs u. bestimmter anderer Gründe.

[20]) §§ 372—375 geben dem OVersAmte gewisse Befugnisse. — Zu Abs. 3. Für Preußen-Hessen Bek u. E 24. Dez. 13 u. 12. Nov. 14 Beilage C; f. d. weitere Reichsbahngebiet s. Schmidt — oben Anm. 10 — S. 16.

Drittes Buch

Unfallversicherung[20a])

Erster Teil

Gewerbe-Unfallversicherung

Erster Abschnitt

Umfang der Versicherung

§ 537. Der Versicherung unterliegen

1., 2.

3. Bauhöfe, Gewerbebetriebe, in denen Bau-, ... arbeiten ausgeführt werden, ferner Bauarbeiten[21]) außerhalb eines gewerbsmäßigen Baubetriebs,

4. a—d,

5. der gesamte Betrieb der Eisenbahnen[22]) und der Post- und Telegraphenverwaltungen, die Betriebe der Verwaltung der Reichswehrmacht (Heer und Marine) sowie solche Betriebe der früheren Marine- und Heeresverwaltungen, die auf Zivilverwaltungen des Reichs übergegangen sind,

---

[20a]) Reindl, Die Durchführ. der gesetzl. UnfVers. b. d. Reichsbahn, Berlin 1928.

[21]) Weiteres üb. Bauarbeiten § 554 Abs. 2, § 633 Abs. 2.

[22]) Übersicht über die Rechtsprechung usw., teilw. aus der Zeit vor Inkrafttreten der RVO (meist noch jetzt beachtlich).

A. Der Begriff Eisenbahn i. S. der RVO deckt sich mit dem i. S. des HPfG, wie ihn die Rechtsp. des RG festgestellt hat (unten VI, besond. VI 5 Anm. 4); das Vorhandensein einer besond. Verwaltung f. d. Eis.-Unternehmen ist nicht nötig. RVersA EE **5** 81. Ferner AN **1886** 184, **1887** 38; Handbuch der UVers. 3. Aufl. (09) I 140 u. RG **81** 55.

B. a) Als bei dem Betrieb eines Unternehmens eingetreten gilt ein Unfall i. S. der RVO, wenn nicht nur objektiv der Unfall durch diesen B. verursacht w., sond. auch subjektiv der Verunglückte z. B. des U. in diesem B. beschäft. gewesen ist, d. h. mit e. Tätigkeit, die bestimmt war, die Zwecke des Unternehmens unmitt. oder mittelb. zu fördern (Handb. S. 88). Nach der bisher. Gesetzgeb. umfaßte der Begriff des Eisenbahnbetriebs i. S. der RVO nur Verrichtungen, die zum EisBetrDienst als solchem gehören, nicht ab. z. B. die gefahrlose Beschäft. in Büros u. dgl. Diese (mit dem HPfG übereinstimm.) Einschränkung trifft nach dem neuen (G 20. Dez. 28 RGBl I 405) § 539b nicht mehr zu; vielmehr ist der Bf 8. Juli 29 (Die Reichsbahn S. 562; s. ferner Bf 55. 567 Uu v. 17. Feb. 30) darin beizustimmen, daß jetzt das ganze Arbeiterpersonal der Reichsbahn (bis auf einzelne zentrale Stellen, bez. deren noch Zweifel bestehen könnten) der UVers. unterliegt (Gleiches ergibt sich f. d. Beamtenpersonal der nicht zentralen Stellen bez. der UFürsorge).

b) Subjektiv bejaht das RVersA das Erfordernis der Beschäft. im Bahnbetr. im allg. für den ganzen regelmäß. Aufenthalt des Arbeiters auf der BStätte (Komm. Mitgl. — oben Anm. 1 E — Anm. 2 zu § 544. Zweifel, die früher wegen der Wege von u. zu der BStätte bestanden, sind für Unfälle, die sich seit 17. Juli 25 ereignet haben und noch ereignen, in der Hauptsache behoben durch den neuen (G 14. Juli 25 RGBl I 97) § 545a. — Spielen mit BetrEinricht. ist nicht Betrieb. RVersA EE **33** 276. — Zur Auslegung des § 545a: RVersA BZ **1927** 227, 833, 1395 u. AN **1928** IV 260, auch BZ **1930** 59; Hanow EE **46** 352; ausführlich auch Komm. Mitgl. zu § 545a. — Urlaubsreisen fallen nicht unter § 545a. RVersA EE **47** 338.

c) Zusammentreffen mit anderen Betrieben. Dem EisBetr. hat das RVersA zugerechnet: Die Bahnunterhaltung durch Arbeiter, die ein Unternehmer vertragsmäßig der EisVerw. stellt, wenn sie deren Anweis. nachkommen müssen. EE **16** 330 (vgl. auch RG **96** 204 mit allg. Ausführ. über die zum EisBetr. zu rechnenden Arbeiten). Dagegen nicht: Die v. d. EisVerw. mit Arbeitsbahn bewirkte Beförd. v. Arbeitern an einem Bahnbau, den nicht die EisVerw. in Regie, sond. ein Unternehmer ausführt, zur Arbeitsstelle (EisVerw. ist dann „Dritter" i. S. Anm. 55 unten: EE **7** 354, **9** 294); ferner Anfuhr v. Kies für EisBauten durch Leute eines Fuhrunternehmers (EE **11** 19); Verladen v. Holz auf EisWagen durch Leute e. Fuhrunternehmers f. Rechn. eines Holzhändlers (EE **11** 31). Pferderangieren durch Unternehmer E 1. Juni 09 IV B 5. 268. Weiteres: Handbuch S. 117ff., 165ff., 350ff.

C. Betriebsunfall: Vgl. Komm. Mitgl. — oben Anm. 1 E — Anm. 1, 4 zu § 544.

a) Der Unfallbegriff setzt voraus, daß der Betroffene durch äußere Verletz. oder organ. Erkrank. eine Schädig. seiner körp. od. geist. Gesundheit erleidet u. daß diese Schäd. auf ein plötzliches, d. h. in verhältn. kurzem Zeitraum (u. U. einige Stunden, höchstens eine Arbeitsschicht) eingeschlossenes Ereignis zurückzuführen ist, das in seinen (vielleicht erst allmählich hervortret.) Folgen Tod od. Körperverletz. verursacht; also sind nicht „Unfälle" die sog. Gewerbekrankheiten (über diese s. § 547) od. Schädigung durch anhalt. Einwirk. ungesunder Betriebsstätten od. ungünstiger Witterung; auch nicht die allmählich b. d. Betriebsarbeit entsteh. äußeren Verletzungen; bei Leistenbrüchen spricht starke Vermut. für allmähl. Entwicklung. Handbuch S. 69f., auch E 23. Aug. 11 IV B 4. 586; anders. RG **31** 240. Lungenentzündung RVersA BZ **1926** 355.

b) Bei dem Betrieb ist ein U. eingetreten, wenn der Versicherte einer Gefahr erliegt, der er durch s. Betriebstätigkeit ausgesetzt war; es bedarf nicht der Einwirk. einer dem B. eigentüml. besonderen Gefahr, vielm. genügt Gefahr des tägl. Lebens, wenn jene Voraussetz. zutrifft; der B. braucht nicht die einzige Ursache zu sein, wohl aber muß er sich als mitwirkende U. darstellen. Handb. S. 76f. Beispiele: Hitzschlag, Insektenstich (das. 77), Raubanfall (AN **1911** 387), Verletz. durch Schuß e. Jägers (AN **08** 1510), durch herabfall. Deckenputz im Dienstraum (RG EE **24** 400); auch RG **75** 10. Fliegerangriff RVersA EE **33** 384. Schwindelanfall während der Arbeit an der Dampfmasch. RG **102** 241. — Kayser Ztschr f. Kleinb. **1914** 848.

D. Ausland.

a) Die Grenze der VersichPflicht fällt im allg. mit der Reichsgrenze zus.; unselbst. Ausstrahlungen in das Nachbarland gehören dem Lande des Hauptbetr. an. Handb. S. 143, RVersA EE **34** 73. Militärbetrieb der

6.—12.

(Abs. 2.)

§ 539. Der Versicherung unterliegen auch andere Betriebe, wenn sie wesentliche Bestandteile oder Nebenbetriebe der in den §§ 537, 538 bezeichneten Betriebe sind.

§ 539b. Gehört zu einem Unternehmen ein nach den §§ 537 bis 539a versicherter Betrieb, so unterliegt der Versicherung auch der kaufmännische und verwaltende Teil des Unternehmens, soweit er den Zwecken des versicherten Betriebs dient und zu ihm in einem dem Zwecke entsprechenden örtlichen Verhältnis steht[22 Ba]).

§ 544. Gegen Unfälle bei Betrieben oder Tätigkeiten, die nach den §§ 537 bis 542 der Versicherung unterliegen (Betriebsunfälle)[22]), sind versichert

1. Arbeiter, Gehilfen, Gesellen, Lehrlinge,
2. Angestellte,

wenn sie in diesen Betrieben oder Tätigkeiten beschäftigt sind.

Verbotswidriges Handeln schließt die Annahme eines Betriebsunfalls nicht aus.

§ 545a[22 Bb]). Als Beschäftigung in einem der Versicherung unterliegenden Betriebe (§ 544 Abs. 1) gilt der mit der Beschäftigung in diesem Betriebe zusammenhängende Weg nach und von der Arbeitsstätte.

§ 547[23]). Die Reichsregierung kann durch Verordnung bestimmte Krankheiten als Berufskrankheiten bezeichnen. Auf solche Krankheiten findet die Unfallversicherung Anwendung ohne Rücksicht darauf, ob die Krankheit durch einen Unfall oder durch eine schädigende Einwirkung verursacht ist, die nicht den Tatbestand des Unfalls erfüllt.

Die Reichsregierung kann die Durchführung der Unfallversicherung bei Berufskrankheiten und Art und Voraussetzung ihrer Entschädigung regeln.

§ 553a. Die Vorschriften über die Entschädigung von Betriebsunfällen finden auch Anwendung, wenn jemand, ohne rechtlich dazu verpflichtet zu sein, unter Gefahr für Leben, Körper oder Gesundheit einen anderen aus gegenwärtiger Lebensgefahr rettet oder zu retten unternimmt und dabei einen Unfall erleidet.

§ 554. Versicherungsfrei sind

1. 2.

3. Reichsbeamte und Reichsbahnbeamte[24]), für die § 1 des Unfallfürsorgegesetzes vom 18. Juni 1901 (Reichsgesetzbl. S. 211)[25]) gilt,

4. Beamte, die mit festem Gehalt und Anspruch auf Ruhegeld in Betriebsverwaltungen eines Landes, eines Gemeindeverbandes oder einer Gemeinde angestellt sind,

5. andere Beamte eines Landes, eines Gemeindeverbandes oder einer Gemeinde, wenn für sie Fürsorge nach § 14 des vorbezeichneten Unfallfürsorgegesetzes getroffen ist,

6. 7.

Bauarbeiten außerhalb eines gewerbsmäßigen Baubetriebs sowie das nicht gewerbsmäßige Halten von Reittieren oder Fahrzeugen (§ 537 Nr. 6, 7) gelten als Betrieb im Sinne des Unfallfürsorgegesetzes.

(Abs. 3.)

§ 554a. Ein Unfall, den ein Reichsbeamter oder Reichsbahnbeamter bei einer Lebensrettung (§ 553a) erleidet, gilt im Sinne des Unfallfürsorgegesetzes für Beamte und Personen des Soldatenstandes vom 18. Juni 1901 (Reichsgesetzbl. S. 211)[25]) als ein bei der Beschäftigung in einem reichsgesetzlich der Unfallversicherung unterliegenden Betrieb im Dienste erlittener Betriebsunfall.

(Abs. 2.)

Bei diesen Unfällen findet eine Entschädigung nach § 553a nicht statt.

Eis. in Feindesland RG **98** 249. Pachtbetriebe ausländischer Eisenbahnen an Inlandstrecken sind als selbständ. Betriebe versicherungspflichtig; alle im In- od. Ausl. wohnenden Bedienst. sind, soweit sie regelm. im Inlande beschäft. w., mit dem auf diese Beschäft. entfallenden Arbeitsverdienste zu versichern; auf Unfälle im Ausl. erstreckt sich das G nicht, auch wenn der Verletzte usw. im Inlande wohnt. RVersA EE **10** 176, 353.

b) Internationale Abkommen betr. Gleichbehandlung in- u. ausländ. Arbeiter bei Entschäd. aus Anlaß v. Betriebsunfällen (v. 5. Juni 25) u. Entschäd. aus Anlaß v. Berufskrankheiten (v. 10. dess. M.): G 21. Juli 28 RGBl II 509, beide für Deutschl. in Kraft getreten am 18. Sept. 28: Bek 27. Dez. 28 das. **1929** 13, 14 (wo auch Verzeichnis der Staaten, die die Abk. ratifiziert haben). Zum Geltungsbeginn: Vf 55. 567 Uu v. 4. März 29.

[23]) Vo 12. Mai 25 RGBl I 69, AusfBest des RVersA 3. Aug. 26 AN 370, AusfVf der Reichsbahn-Gesellschaft 58. 267. 496 v. 25. Sept. 25, wonach an Stelle der Ortspol. oder des VersichAmts (Vo §§ 7—9) die Reichsbahndirektion tritt. Ferner Vo 11. Feb. 29 RGBl I 27 mit AusfBest des RVersA 10. April 29 AN IV 153ff., dazu Vf 8. Okt. 29 (Die Reichsbahn S. 773), Vf 55. 587 Uu v. 7. Dez. 29 u. Vf 9. Jan. 30 (Die Reichsbahn S. 81).

[24]) Oben III 2 § 1.

[25]) Oben III 5.

Zweiter Abschnitt

Gegenstand der Versicherung[26a])

§ 563. Die Rente[26b]) wird nach dem Entgelt berechnet, den der Verletzte während des letzten Jahres im Betriebe bezogen hat (Jahresarbeitsverdienst)[27]).

Dritter Abschnitt

Träger der Versicherung

I. Berufsgenossenschaften und andere Träger der Versicherung

§ 623. Die Berufsgenossenschaften[28]) als Träger der Versicherung umfassen die Unternehmer (§ 633) der versicherten Betriebe und Tätigkeiten, soweit nicht die §§ 624 bis 629 anderes vorschreiben.

§ 626. Die Deutsche Reichsbahn-Gesellschaft ist Träger der Versicherung, wenn der Betrieb für ihre Rechnung geht oder die Tätigkeit[29]) für ihre Rechnung ausgeübt wird.

II. Zusammensetzung der Berufsgenossenschaften

§ 630 Abs. 1. Die Berufsgenossenschaften werden nach örtlichen Bezirken gebildet; sie umfassen darin alle Betriebe und Tätigkeiten, für die sie errichtet sind. Von dieser Vorschrift kann bei Genossenschaften für Eisenbahnen oder die im § 537 Nr. 6, 7 bezeichneten Betriebe abgesehen werden[28]).

§ 633. Unternehmer[30]) eines Betriebs oder einer Tätigkeit ist derjenige, für dessen Rechnung der Betrieb oder die Tätigkeit geht[31]).

Unternehmer von Tätigkeiten bei nichtgewerbsmäßigem Halten von Reittieren oder Fahrzeugen (§ 537 Nr. 6, 7) ist, wer das Reittier oder Fahrzeug hält.

Neunter Abschnitt

Unfallverhütung. Überwachung

§ 873. Soweit es sich um den Erlaß von Unfallverhütungsvorschriften handelt, die zugleich den Eisenbahnbetrieb zu sichern bestimmt sind, gelten die §§ 852 bis 856, 866 bis 868, 871, 872 nicht[32]).

[26a]) Vo üb. Krankenbehandlung u. Berufsfürsorge in der UVers. 14. Nov. 28 RGBl I 387, dazu Vf 55. 567 Uu v. 1. Aug. 29.

[26b]) Nämlich die Rente, die nach § 558 bei Verletz. zu gewähren ist. — Kapitalsabfindung Vo 14. Juni 26 u. 10. Feb. 28 (RGBl I 269 u. 22), Vf 55 Uu v. 27. Aug. 28 u. 18. Juni 29 (Die Reichsbahn **1929** 509).

[27]) Bei EisBediensteten sind Materialersparnisprämien, regelm. auch Nebenbezüge des Fahrpersonals voll dem Jahresarbeitsverdienste zuzurechnen (RVersA EE **6** 330, **7** 127), u. U. auch Trinkgelder der Straßenbahnschaffner (RVersA in Ztschr f. Kleinb. **04** 498), ferner der Wert v. bewill. Freifahrscheinen zw. Wohn- u. Arbeitsort (RVersA EE **6** 314). Berechnung des JAVerdienstes bei der StEV u. der Reichsbahn E 4. Juli 01 (ENVBl 443), 29. Sept. 02 (das. 426), 6. Mai 12 IV B 5. 522, 25. Okt. 12 (unten Beil. D) Ziff. 12, 6. Feb. 15 IV 43. 198. 38, 27. Feb. 22 E II 94. 9769 II. Wegen der Fahrgelder s. auch Reindl (oben Anm 20a) S. 18. — Eingehend AN **1923** **419**, auch Handbuch S. 242, ferner Reindl a. a. O. S. 15ff. — Zeitarbeiter der Reichsbahn RVersA VZ **1929** 496 u. dazu Vf 55. 567 Uu v. 13. Feb. 29. — Nachtdienstzulagen RVersA AN **1929** 356 u. Vf 55. 567 Uiro v. 9. April 29.

[28]) Für Eis. bestehen zwei Berufsgenossenschaften, die Privatbahn-BG für Groß- u. die Straßen- u. KleinbahnBG für Kleinbahnen. Von den BG ausgeschlossen sind
a) Bahnen, die für Rechnung des Reichs (§ 624), eines Landes (§ 625) od. der Reichsbahn-Gesellschaft (§ 626) betrieben w.,
b) Bahnen, die e. wesentl. Bestandteil e. anderen Betriebs bilden u. deshalb zu der BG gehören, in die der Hauptbetrieb fällt (§§ 631, 918); Beispiel: TorfbefördGleis als Nebenbetrieb eines Hüttenwerkes: RVersA EE **5** 98.

Der Betrieb der Internat. Schlafwagengesellschaft in Deutschl. ist als selbständ. unfallversicherungspflicht. Betrieb der PrivatbahnBG zugeteilt (RVersA EE **13** 253), ihrem Personal gegenüb. ist jede EisVerw. ebenso „Dritter" i. S. RVO § 1542 (unten), wie es die SchlafwGes. dem Personal der EisVerw. gegenüb. ist. Reindl EE **18** 367, RG **99** 227 u. EE **18** 15. Ebenso die Deutsche EisSpeisewagenges. (RVersA AN **1899** **617**), jetzt die Mitropa.

[29]) Bauarbeiten unten Anm. 31.

[30]) Unternehmer: s. unten VI 5 Anm. 7. Im Verh. zum Versicherten kann es versicherungsrechtlich immer nur e. einzigen U. geben. RVersA VZ **1925** 1258, RG **111** 159. — Auf Anschlußgleisen kann ein Doppelbetrieb bestehen, indem z. B. die EisVerw. den Fahrdienst, der Angeschlossene die Bahnunterhalt. besorgt; für die EntschädPflicht ist dann entscheidend, in welchem der beiden Betr. der Verunglückte z. Z. des Unfalls tätig war. RVersA EE **5** 199, auch EE **10** 304. Wenn die Arbeiter des Angeschlossenen nur stehende Wagen be- u. entladen, die Wagenbewegung ab. durch Personal der EisVerw. erfolgt, so ist der Angeschlossene nicht Eisenbahnunt. RVersA AN **1889** 157. — Weiteres: Handb. S. 363ff. — RVO §§ 1736f., G 20. Dez. 28 (RGBl I 405) Art. 42.

[31]) Werden Bauarbeiten (auch Bahnunterhaltungsarbeiten) an einer im Betriebe befindl. Bahn an einen Fremden vergeben, so hängt v. d. Art der Vergebung ab, wer Unternehmer i. S. der RVO ist; gilt nach allg. Grundsätzen der Fremde als Akkordant, so ist die EisVerw. Unternehmer; ist er als selbständiger U. anzusehen, so ist er das auch i. S. der RVO. RVersA VZ **1925** 1258, auch RVersA VZ **1918** 925 u. EE **47** 336. Ferner oben Anm. 22 Bc. — § 633 gilt auch für die Fälle der §§ 624 (Reichsbetrieb), 625 (Betrieb eines Landes), 626 (Betr. der Reichsbahn-Gesellsch.).

[32]) Die nicht geltenden §§ betreffen: Einreichen der UVerhVorschr. an das RVersA vor Beschlußfass.; Zuziehung des RVersA, der Sektionsvorstände u. von

Zehnter Abschnitt

Betriebe und Tätigkeiten für Rechnung öffentlicher Verbände

§ 892. Ist das Reich oder ein Land Versicherungsträger, so treten sie an Stelle der Genossenschaft und werden Rechte und Pflichten der Genossenschaftsorgane durch Ausführungsbehörden wahrgenommen. Diese bestimmt für die Reichsverwaltungen der zuständige Reichsminister, für die Landesverwaltungen die oberste Verwaltungsbehörde.

Das gleiche gilt für die Deutsche Reichsbahn-Gesellschaft, für Gemeinden, Gemeindeverbände und andere öffentliche Körperschaften, die Versicherungsträger sind. Die Ausführungsbehörden bestimmt die oberste Verwaltungsbehörde. Welche Stellen der Deutschen Reichsbahn-Gesellschaft als Ausführungsbehörden gelten, bestimmt deren Personalordnung[33]).

Als Ausführungsbehörden für Reichsbetriebe können auch Organe von Berufsgenossenschaften bestimmt werden.

§ 893. Dem Reichsversicherungsamte werden die Ausführungsbehörden mitgeteilt.

Die bisher eingesetzten Ausführungsbehörden bleiben bestehen.

§ 894. Ist das Reich, ein Land, ein Gemeindeverband, eine Gemeinde oder eine andere öffentliche Körperschaft[34]) Versicherungsträger, so gelten nicht[35])

die Vorschriften über Änderung des Bestandes der Berufsgenossenschaften (§§ 635 bis 648),
von den Vorschriften über die Verfassung der Genossenschaften die §§ 649 bis 717,
die Vorschriften über Aufsicht (§§ 722 bis 725),
die Vorschriften über Aufbringung der Mittel sowie über Umlage- und Erhebungsverfahren (§§ 731 bis 776),
von den Vorschriften über Abführung der Beträge an die Post die §§ 781, 782,
die Vorschriften über Zweiganstalten (§§ 783 bis 842),
von den Vorschriften über Unfallverhütung und Überwachung die §§ 848a bis 887, 889 bis 891,
von den Strafvorschriften die §§ 908 bis 910a, 912, 913.

§ 895. Wer die Ausführungsbehörden bestimmt[33]), erläßt auch die Ausführungsbestimmungen, um die Vorschriften dieses Abschnitts durchzuführen[36]).

§ 896. Die oberste Verwaltungsbehörde kann vorschreiben, daß und wie der Versicherungsträger für Betriebe der Feuerwehren und zur Hilfeleistung bei Unglücksfällen sowie für Lebensretter seine Aufwendungen auf die beteiligten Gemeinden oder Gemeindeverbände umlegt; sie kann ebenso vorschreiben, daß und wie sonstige nach den Bestimmungen des Landesrechts Beitragspflichtige zur Tragung der Aufwendungen herangezogen werden. Dabei dürfen die Versicherten oder die aus Versicherten bestehenden Vereine zur Hilfeleistung bei Feuersnot oder anderen Unglücksfällen nicht zu Beiträgen herangezogen werden.

§ 897. Will die Ausführungsbehörde[33]) eine Krankenordnung oder, um Unfälle zu verhüten, Vorschriften mit Strafbestimmungen gegen Versicherte erlassen, so sind mindestens drei Vertreter der Versicherten zur Beratung und zum Gutachten zuzuziehen[37]).

Ein Beauftragter der Behörde leitet die Beratung; er darf kein unmittelbarer Vorgesetzter dieser Vertreter sein.

Soweit es sich um den Erlaß von Vorschriften handelt, die zugleich den Eisenbahnbetrieb zu sichern bestimmt sind, gilt das nicht.

Elfter Abschnitt

Haftung von Unternehmern und Angestellten[38])

I. Haftung gegenüber Verletzten und Hinterbliebenen

§ 898. Der Unternehmer (§ 633) ist Versicherten und deren Hinterbliebenen (§§ 588 bis 593)[39]), auch wenn sie keinen Anspruch auf Rente haben, nach anderen gesetzlichen Vorschriften zum Ersatz

---

Arbeitervertretern zur Beschlußfass.; Anordnungen v. Landes- u. Polizeibehörden. — Öffentliche Betriebe: §§ 894, 897. — Anm. 37.

[33]) Perso § 29 bestimmt als Ausführungsbehörden die Reichsbahndirektionen, für Bayern das Wohlfahrtsamt Rosenheim.

[34]) Z. B. die Reichsbahn-Gesellschaft.

[35]) Es gelten also von Buch 3 Teil 1: Abschn. 1, 2 (Umfang u. Gegenstand der Versich.), Abschn. 3 (Träger der V.), §§ 623—634 (meist oben abgedr.); ferner § 721 (Einreichen v. Geschäftsübersichten an RVersA), §§ 726 bis 730 (Auszahl. durch die Post), 777—780 (Abführen der Beiträge an die Post), 848 (grundsätzl. Pflicht, möglichst Unfälle zu verhüten), 888 (Überwachen der Rentenempfänger); Abschn. 10, 11 (oben abgedr.) u. die Strafbest. §§ 911, 914; endlich die oben abgedr. Vorschr. aus Buch 6.

[36]) AusfBest f. d. StEB: E 25. Okt. 12 Beilage D.

[37]) Unfallverhütungsvorschriften f. d. Reichseis. Bf 8. April 30 (Die Reichsbahn S. 471).

[38]) §§ 898—907 (früher GUVG §§ 135—139) einers., § 1542 (unten, früher GUVG § 140) anders. regeln die

des Schadens, den ein Unfall der in den §§ 544, 546 bezeichneten Art verursacht hat, nur dann verpflichtet, wenn strafgerichtlich festgestellt worden ist, daß er den Unfall vorsätzlich herbeigeführt hat[40]). Dann beschränkt sich die Verbindlichkeit des Unternehmers auf den Betrag, um den sie die Entschädigung aus der Unfallversicherung übersteigt.

§ 899 Abs. 1. Das gleiche gilt für Ersatzansprüche Versicherter und ihrer Hinterbliebenen gegen Bevollmächtigte oder Repräsentanten des Unternehmers und gegen Betriebs- und Arbeiteraufseher[41]).

§ 900. Die Ansprüche können auch geltend gemacht werden, wenn wegen des Todes, der Abwesenheit oder eines anderen in der Person des Verpflichteten liegenden Grundes kein strafgerichtliches Urteil ergeht.

§ 901[42]). Hat ein ordentliches Gericht über solche Ansprüche zu erkennen, so ist es an die Entscheidung gebunden, die in einem Verfahren nach diesem Gesetze darüber ergeht,

ob ein entschädigungspflichtiger Unfall vorliegt,

in welchem Umfang und von welchem Versicherungsträger die Entschädigung zu gewähren ist.

Das ordentliche Gericht setzt sein Verfahren so lange aus, bis die Entscheidung in dem Verfahren nach diesem Gesetz ergangen ist. Dies gilt nicht für Arreste und einstweilige Verfügungen.

§ 902. Unternehmer oder ihnen nach § 899 Gleichgestellte, von denen der Verletzte oder seine Hinterbliebenen Schadenersatz fordern, können statt des Berechtigten die Feststellung der Entschädigung nach diesem Gesetze beantragen, auch Rechtsmittel einlegen. Der Ablauf von Fristen, die ohne ihr Verschulden verstrichen sind, wirkt nicht gegen sie; dies gilt nicht für Verfahrensfristen, soweit der Unternehmer oder ein ihm nach § 899 Gleichgestellter das Verfahren selbst betreibt.

II. Haftung gegenüber Genossenschaften, Krankenkassen usw.[43])

Frage, inwieweit Personen, die nach anderen Gesetzen (außer RVO), namentlich nach d. HaftpflichtG für einen Unfallschaden haften, durch RVO von dieser Haftpflicht befreit sind, u. zwar behandeln §§ 898ff. die Haftung der Unternehmer, d. h. der Arbeitgeber selbst (u. ihrer Bevollmächtigten usw.), § 1542 die Haftung Anderer („Dritter"). Im Grundsatze geht die Regelung dahin, daß die Unternehmer haftfrei sind, Dritte aber zur vollen Höhe haften. Im einz. behandeln §§ 898 bis 902 die Ansprüche des Verletzten (od. der Hinterbliebenen des Getöteten), §§ 903—907 den Rückgriff von Berufsgenossenschaften, Gemeinden, Verbänden, Kassen u. dgl., die durch den Unfall zu Leistungen genötigt worden sind. Laß u. Maier (oben Anm. 1 E) §§ 24, 26; Seligsohn, HaftpflG S. 64ff.

[39]) Ehegatte, Kinder, Verwandte der aufsteig. Linie, Enkel.

[40]) §§ 898—900 bestimmen von dem in Anm. 38 angegebenen Grundsatze, daß der Untern. (u. die in § 899 bezeichn. Personen) dem Versicherten od. seinen Hinterbliebenen f. d. Unfallsfolgen nicht haftet, eine Ausnahme f. d. Fall, daß der Unternehmer (usw.) den Unfall vorsätzlich herbeigeführt hat u. das strafgerichtlich entw. festgestellt worden ist od. aus dem in § 900 bezeichn. Grunde nicht festgestellt werden kann. Vorauss. ist ab., daß der Versicherte in dem Betrieb, in dem sich der U. ereignet hat, von dem Unternehmer beschäftigt war; andernfalls bestimmt sich die Haft. nach dem allg. Rechte. RG **23** 51, **24** 126, f. EisBauten **21** 75. Da eine Feststellung der bezeichn. Art nur einer natürl. Person gegenüber erfolgen kann, wird die Reichsbahn-Gesellschaft od. eine Eisenbahnen betreibende Aktiengesellschaft aus einem Unfalle, der einer von ihr in ihrem EisBetriebe (i. S. RVO) beschäftigten, der Unfallvers. unterliegenden Person — z. B. einem Betriebs-, Werkstätten-, Streckenarbeiter — in diesem Betriebe zustößt, auf Grund des HPfG überhaupt nicht in Anspruch genommen werden können (s. Reindl — Anm. 20a — S. 51; RG **71** 3). S. ferner unten Anm. 43. — Der Anspruch aus dem HPfG ist aber nur materiell beseitigt, nicht auch formell dem Rechtsweg entzogen RG **21** 75. Verschiedene Stationen derselben jurist. Person gelten als Ein Unternehmen RG **21** 51, **60** 204. Daß der Unternehmer (d. h. Arbeitgeber) den im Betr. Beschäftigten aus eigenen Mitteln löhnt od. der Verletzte ausschließl. in dem Betr. beschäftigt war, in dem sich der Unfall ereignet, ist nicht Vorauss. für Ausschluß des HPfG. RG **38** 90 (Unfall eines ausländ. Zugbeamten im Verbandsfahrdienst auf deutscher Strecke fällt unter die Unfallvers.), **74** 222. Wird ein Arbeiter, der nur in einem Betr. beschäftigt ist, durch Unfall im Nachbarbetr. verletzt, so fällt der Untern. des Nachbarbetr. unter GUVG § 140 (entspr. RVO § 1542). RG **82** 110. Der Ausschluß d. Haftung ergreift nicht nur Schadensersatzansprüche aus unerl. Handlung u. dgl., sondern auch solche aus Verträgen, z. B. dem Dienstvertrage gemäß BGB § 618. RG **84** 415 (S. 426). Gegenüber dem Schlafwagenkontrolleur der SchlafwGesellsch. kann sich die EisVerw. nicht auf § 898 berufen. RG **99** 227. — Gerichtl. Strafbefehl steht einer Feststellung i. S. § 898 (u. 903) gleich. RG **104** 111. — § 1542 u. Anm. dazu. — Betriebsunfälle der im Dienste befindl. Reichspostarbeiter im Reichsbahnbetriebe: Schulz, ReichsbahnReichspost II 47f.

[41]) Betriebsaufseher bei Kleinb. RG Ztschr f. Kleinb. **06** 802.

[42]) GUVG § 135 Abs. 3 (entspr. RVO § 901 Abs. 1) bezieht sich auf alle Ersatzansprüche im Verh. zw. dem Verletzten usw. und dem Betriebsunt., nicht nur auf Fälle vorsätzlicher Verursachung (vgl. RVO § 1543) — RG **60** 36, EE **27** 80 — u. auch auf die Frage, ob der Verletzte zu den versicherungspflichtigen u. versicherten Personen gehört — RG **71** 3 —, u. in welchem Betr. er tätig war. RG **92** 296. Der Grunds. gilt auch f. d. Rückgriff der BerGenoss. gegen den Untern. RG EE **35** 341. Hat die VersichBehörde den BetrUnfall i. S. RVO § 544 verneint, so hat das ord. Gericht zu prüfen, ob Vorschr. des bürg. Rechts, die einen solchen nicht zur Vorauss. haben, einen Ersatzanspruch begründen. RG EE **37** 321. — Zu Abs. 2: RG **91** 58 u. EE **39** 111.

[43]) §§ 903—907 geben Berufsgenossenschaften, Gemeinden, Armenverbänden, Krankenkassen u. a. m. wegen dessen, was sie infolge des Unfalls nach G oder Satzung aufwenden müssen, unter bestimmten Voraussetzungen einen Rückgriff gegen den Unternehmer, auch wenn er keine natürliche Person ist. Das gilt auch f. d. Reichsbahn, wenn ein verfassungsmäß. zur Vertret. der Ges.

Viertes Buch
Invalidenversicherung
Erster Abschnitt
Umfang der Versicherung
I. Versicherungspflicht

§ 1226. Für den Fall der Invalidität und des Alters sowie zugunsten der Hinterbliebenen werden versichert[44])

1. Arbeiter[45]), Gesellen, Hausgehilfen,
2. Hausgewerbtreibende,
3.
4. Gehilfen und Lehrlinge, soweit sie nicht nach dem Angestelltenversicherungsgesetze versicherungspflichtig oder versicherungsfrei sind[46]).

Voraussetzung der Versicherung ist für die im Abs. 1 unter Nr. 1, 3 und 4 bezeichneten Personen, daß sie gegen Entgelt (§ 160) beschäftigt werden.

§ 1234. Versicherungsfrei sind die in Betrieben oder im Dienste des Reichs, der Deutschen Reichsbahn-Gesellschaft, eines Landes, eines Gemeindeverbandes, einer Gemeinde oder eines Versicherungsträgers Beschäftigten, wenn ihnen Anwartschaft auf Ruhegeld im Mindestbetrage der Invalidenrente nach den Sätzen der ersten Lohnklasse sowie auf Witwenrente nach den Sätzen der gleichen Lohnklasse und auf Waisenrente gewährleistet ist[47]).

Ob eine Anwartschaft als gewährleistet anzusehen ist, entscheidet für die Beschäftigten in Betrieben oder im Dienste des Reichs oder eines vom Reiche beaufsichtigten Trägers der Reichsversicherung der zuständige Reichsminister[48]); im übrigen entscheidet die oberste Verwaltungsbehörde desjenigen Landes, in dessen Betrieben oder Dienste die Beschäftigung stattfindet oder in dessen Gebiete der Gemeindeverband oder die Gemeinde liegt oder der Versicherungsträger seinen Sitz hat.

Die Gewährleistung der Anwartschaften bewirkt Befreiung von der Versicherungspflicht von dem Zeitpunkt ab, an dem sie tatsächlich verliehen wurde. Sie hat keine rückwirkende Kraft.

§ 1235. Versicherungsfrei sind

1. Beamte des Reichs, der Deutschen Reichsbahn-Gesellschaft, der Länder, der Gemeindeverbände, der Gemeinden und der Versicherungsträger, Lehrer und Erzieher an öffentlichen Schulen oder Anstalten, solange sie lediglich für ihren Beruf ausgebildet werden,
2. Soldaten, die eine der im § 1226 bezeichneten Tätigkeiten im Dienste oder während der Vorbereitung zu einer bürgerlichen Beschäftigung ausüben, auf die § 1234 anzuwenden ist,
3. Personen, die während der wissenschaftlichen Ausbildung für ihren zukünftigen Beruf gegen Entgelt tätig sind.

§ 1237[47]). Auf seinen Antrag wird von der Versicherungspflicht befreit,

wem von dem Reiche, der Deutschen Reichsbahn-Gesellschaft, einem Lande, einem Gemeindeverband, einer Gemeinde oder einem Versicherungsträger, oder ...

Ruhegeld, Wartegeld oder ähnliche Bezüge im Mindestbetrage der Invalidenrente nach den Sätzen der ersten Lohnklasse bewilligt sind und daneben Anwartschaft auf Hinterbliebenenfürsorge (§ 1234) gewährleistet ist.

(Abs. 2.)

§ 1242. Das Reichsversicherungsamt kann auf Antrag des Arbeitgebers bestimmen, wieweit die §§ 1234, 1235 Nr. 1, §§ 1237, 1240, 1241 gelten für

---

berufenes Organ bei einer ihm zusteh. Verrichtung nach strafgerichtl. Feststellung vorsätzlich od. qualifiziert fahrlässig den Unfall herbeigeführt hat (RVO § 904). Reindl (Anm. 20a) S. 53f. — Streitwert b. Klagen aus § 903 nach ZPO § 9 zu berechnen. RG EE **47** 338.

[44]) A. Ditmar, Die gesetzl. InvalVersich. u. die Reichsbahnarbeiter-Pensionskassen (Abt. A), Berlin 1928.

B. Eine nicht bloß vorübergehende (§ 1330) Beschäft. im Auslande schließt die VersichPflicht grundſ. aus, nicht jedoch z. B. Beschäft. auf der im Ausl. beleg. Grenzstation eines inländ. EisUnternehmers. Bf RVersA 19. Dez. 99 (AN **00** 279) Ziff. 2. Nach § 1232 bestimmt die Reichsregierung, wieweit vorübergehende Dienstleistungen frei bleiben. Hierzu Bek 27. Dez. 99 (RGBl 725): ... Vorüb. Dienstl. sind ... als eine die Vers.-Pflicht begründende Beschäft. ... dann nicht anzusehen, wenn ... Dasselbe gilt

5. für Dienstleistungen von Bediensteten ausländischer Eisenbahnverwaltungen in Eisenbahnbetrieben des Inlandes, soweit diese Bediensteten in letzteren vorübergehend beschäftigt werden;

6.

[45]) Reichsbahn unten III 8 Beil. A Anlage Ziff. II; Unternehmerarbeiter der EisVerw. Anm. 10. Zu beidem: Ditmar (Anm. 44 A) § 3. — U. U. können auch §§ 1236 (InvalRentner) u. 1238 (Bauführer, Maschinenbaubeflissene) b. d. Reichsbahn zur Anw. kommen.

[46]) Unten III 8.

[47]) § 1234 Abs. 1 trifft f. d. Reichsbahnbeamten zu. Näheres (auch zu § 1237) Ditmar (Anm. 44 A) § 5.

[48]) Bei der Reichsbahn der Reichsverkehrsminister (RBahnG § 16 Abs. 4).

[49]) 1. die in Betrieben oder im Dienste anderer öffentlicher Verbände oder von Körperschaften oder ... Beschäftigten, wenn ihnen die im § 1234 bezeichneten Anwartschaften gewährleistet sind, oder sie lediglich für ihren Beruf ausgebildet werden,

2. Personen, denen auf Grund früherer Beschäftigung bei solchen Verbänden oder Körperschaften, Schulen oder Anstalten Ruhegeld, Wartegeld oder ähnliche Bezüge im Mindestbetrage der Invalidenrente nach den Sätzen der ersten Lohnklasse bewilligt sind und daneben eine Anwartschaft auf Hinterbliebenenfürsorge (§ 1234) gewährleistet ist,

3.

§ 1242a[49 B]). (1) Scheiden Personen, die gemäß § 1234, § 1235 Nr. 1, 2, § 1242 versicherungsfrei sind, aus der versicherungsfreien Beschäftigung aus, ohne daß Ruhegeld oder Hinterbliebenenrente (§ 1234) oder eine gleichwertige Leistung auf Grund des Beschäftigungsverhältnisses gewährt wird, so sind für die Zeit, während der sie sonst versicherungspflichtig gewesen wären, Beiträge zu entrichten, und zwar für jede Woche bis zum Schlusse des Jahres 1923 in der Lohnklasse II, für die spätere Zeit in der dem jeweiligen Lohne entsprechenden Lohnklasse. Die Beiträge sind frühestens von dem Zeitpunkt der Einführung der Versicherungspflicht für die in Frage kommende Berufsgruppe an zu entrichten. Für Ersatzzeiten im Sinne der §§ 1279, 1279a und im Sinne des Artikel II C des Gesetzes über die anderweite Festsetzung der Leistungen und der Beiträge in der Invalidenversicherung vom 23. Juli 1921 (Reichsgesetzbl. S. 984) unterbleibt die Beitragsentrichtung. Der Eintritt des Versicherungsfalls steht der Nachentrichtung von Beiträgen für die Zeit bis dahin nicht entgegen. Das Abzugsrecht gemäß § 1432 steht dem Arbeitgeber nicht zu. Wenn Personen für den gleichen Zeitraum in der Invaliden- und Angestelltenversicherung zu versichern sein würden, sind keine Beiträge zur Invalidenversicherung zu entrichten.

(2) Die nachentrichteten Beiträge gelten als rechtzeitig entrichtete Pflichtbeiträge.

(3) Sind für die Zeit nach dem Eintritt in die versicherungsfreie Beschäftigung freiwillige Beiträge entrichtet, so bleiben sie im Falle der Nachentrichtung von Pflichtbeiträgen gemäß Abs. 1 für die Berechnung der Leistungen neben den Pflichtbeiträgen auch insoweit wirksam, als sie auf den gleichen Zeitraum entfallen. Der § 1290 findet insoweit keine Anwendung.

(4) Ob Ruhegeld oder Hinterbliebenenrente den Vorschriften des § 1234 entsprechen, oder ob die an ihrer Stelle gewährte Leistung gleichwertig ist, entscheiden die nach § 1234 Abs. 2 zuständigen Stellen.

(5) Treten die Personen in eine andere, ebenfalls nach § 1234, § 1235 Nr. 1, 2, § 1242 versicherungsfreie Beschäftigung über, so ist ihnen eine Bescheinigung zu erteilen über die Zahl und Höhe der für sie nachzuentrichtenden Beiträge, sowie über die Kalenderwochen, auf welche die Beiträge entfallen. Eine gleiche Bescheinigung ist dem zuständigen Versicherungsträger unter Angabe des neuen Arbeitgebers zu übersenden. Die Beiträge gemäß Abs. 1 sind erst dann nachzuentrichten, wenn beim Ausscheiden aus der zweiten oder der sich anschließenden weiteren versicherungsfreien Beschäftigung ebenfalls nicht Ruhegeld oder Hinterbliebenenrente (§ 1234) gewährt wird.

(6) Die Reichsregierung kann mit Zustimmung des Reichsrats weitere Ausnahmen zulassen, in denen die Nachentrichtung von Beiträgen unterbleibt oder aufgeschoben wird, und hierfür Näheres bestimmen.

Dritter Abschnitt

Träger der Versicherung

B. Sonderanstalten[50])

Allgemeines

§ 1360. Der Reichsarbeitsminister bestimmt auf Antrag der zuständigen Stelle, welche Anstalten des Reichs, eines Landes oder eines Gemeindeverbandes als Sonderanstalten zugelassen werden und von welchem Zeitpunkt an.

---

[49]) A. Befreiungen v. d. VersichPflicht sind auf Grund § 1242 u. a. ausgesprochen w. für die EisBediensteten der Strecke v. d. Österr. Grenze bis Mittelwalde — Bek 14. Dez. 12 ZBl 896 —, Bedienstete u. ehemal. Bedienstete der Lübeck-Büchener — BB 21. Juli 14 —, der Eutin-Lübecker — BB 18. Juni 14 — u. der Halberstadt-Blankenburger Eis. — Bek 11. Okt. 14 ZBl 548 —, f. d. im Dienste v. Körperschaften beschäftigten u. beschäft. gewesenen Personen, deren Arbeitgeber der Pensionskasse für Beamte Deutscher Privateis. angeschlossen sind, — Bek 22. März 15 ZBl 115 —, Bedienstete der Österr. Staatseis. — Bek 27. Okt. 17 ZBl 385. Ob die Befreiungen für jene österr. Bediensteten noch gelten, ist zweifelhaft; s. oben Anm. 9 A.

B. Ausscheiden der in § 1242 Ziff. 1 bezeichn. Personen aus der Beschäft.: § 1242a, eingef. mit G 29. März 28 RGBl I 117. Dieser § 1242a schafft in Verb. mit dem ihm entsprech. neuen § 18 AngestVersG (unten III 8) eine vielleicht sehr bedeutende Neubelast. der Reichsbahn, über deren Tragweite sich der Gesetzgeber kaum genügend unterrichtet hat. Verhandlungen, die hierüber schweben, scheinen noch nicht abgeschlossen zu sein.

[50]) A. Zur Durchführ. der gesetzl. Versich. bei der Reichsbahn bestehen als Sonderanstalten die in Perso § 29d genannten, schon vor dem RBahnG errichteten vier Arbeiterpensionskassen Abteilungen A in Ber-

Der Reichsarbeitsminister kann auf Antrag auch andere Sonderanstalten zulassen.

Die Sonderanstalten müssen den §§ 1361 bis 1366 genügen.

§ 1361. Die Leistungen der Sonderanstalt müssen den gesetzlichen Leistungen der Versicherungsanstalt mindestens gleichwertig sein.

§ 1362. Die Beiträge der Versicherten für die reichsgesetzlichen Leistungen dürfen die Hälfte des gesetzlichen Betrags (§ 1392) nur übersteigen, wenn es durch die von § 1389 abweichende Berechnungsart der Sonderanstalt notwendig wird. Höher als die der Arbeitgeber dürfen sie auch dann nicht sein.

§ 1363. An der Verwaltung der Sonderanstalten müssen die Versicherten durch Vertreter beteiligt sein, die in geheimer Wahl bestimmt sind. Ihre Zahl muß mindestens dem Verhältnis der Beiträge der Versicherten zu denen der Arbeitgeber entsprechen.

§ 1364. Bei Berechnung der Wartezeit und der Rente muß für den reichsgesetzlichen Anspruch die bei anderen Sonderanstalten und bei Versicherungsanstalten zurückgelegte Beitragszeit angerechnet werden.

§ 1365. Das Verfahren über die den reichsgesetzlichen Leistungen entsprechenden Ansprüche auf Invaliden-, Alters- und Hinterbliebenenbezüge muß nach den Vorschriften dieses Gesetzes geregelt sein.

§ 1366. Wenn die Sonderanstalt besondere oder erhöhte Beiträge für die reichsgesetzlichen Leistungen erhebt, so darf sie diese auf ihre anderen Leistungen nur so weit anrechnen, daß sie auf jede reichsgesetzliche Rente mindestens den Reichszuschuß zahlt.

§ 1367. Die Beteiligung bei einer zugelassenen besonderen Kasseneinrichtung (§§ 8, 10, 11 des Invalidenversicherungsgesetzes) oder bei einer Sonderanstalt gilt der Versicherung in einer Versicherungsanstalt gleich.

§ 1368. Die Sonderanstalten erhalten zu ihren reichsgesetzlichen Leistungen den Reichszuschuß.

§ 1369. Für die Rente der bei einer Sonderanstalt Versicherten gilt für jede Woche der Beteiligung nach dem 1. Januar 1924 die Lohnklasse, der sie bei einer Versicherungsanstalt nach ihrem wirklichen Lohn angehört hätten.

§ 1370. Wenn eine Sonderanstalt die Beiträge nicht durch Marken erhebt, so bescheinigt sie Austretenden die Dauer ihrer Beteiligung, ihre Lohnklassen sowie die Dauer von anrechnungsfähigen Zeiten. Der Reichsarbeitsminister kann Form und Inhalt der Bescheinigung bestimmen.

§ 1371. Versicherungsberechtigte in Betrieben, für die eine Sonderanstalt besteht, können sich nur bei ihr freiwillig versichern und beim Ausscheiden aus der Beschäftigung nur bei ihr die Versicherung fortsetzen (§ 1243). Versicherungspflichtige in solchen Betrieben können sich, wenn sie aus ihrer Beschäftigung ausscheiden, ohne anderswo versicherungspflichtig zu werden, nur bei der Sonderanstalt weiterversichern (§ 1244).

§ 1372. Auf die Sonderanstalten sind entsprechend anzuwenden:

I. die Vorschriften des Ersten Buches über
- 1. das Vermögen (§§ 25 bis 27f),
- 1a. die Mitteilungen zu statistischen, rechnerischen und versicherungstechnischen Arbeiten des Reichsversicherungsamts (§ 84a),
- 2. die Rechtshilfe (§§ 115 bis 117),
- 3. die Übertragung, die Verpfändung und die Pfändung der Ansprüche (§ 119),
- 4. die Fristen (§§ 124 bis 134),
- 5. die Gebühren und Stempel (§§ 137, 138);

II. die Vorschriften des Vierten Buches über
- 6. das Heilverfahren (§§ 1269 bis 1274),
- 7. die Entziehung von Invaliden- und Hinterbliebenenrenten (§§ 1304 bis 1309),

---

lin, Rosenheim (s. Bayern), Dresden u. Karlsruhe. Ihre Zulassung ist durch RBPersG § 11 bestätigt worden. Die Errichtung v. Sonderanstalten f. d. Bezirke der früheren StEisVerw. in Württemberg, Mecklenburg u. Oldenburg ist wegen der verhältnism. geringen Anzahl der Bediensteten in diesen Bezirken unterblieben; die gesetzl. Invalidenvers. bei den RB-Direktionen Stuttgart, Schwerin u. Oldenburg erfolgt bei den Landesversicherungsanstalten. — Den oben genannten vier Pensionskassenabteilungen A sind Abteilungen B angegliedert, die den Mitgliedern u. ihren Hinterbliebenen Zusatzrenten u. Sterbegelder gewähren. Die gleiche Fürsorge wird auch dem Personal der Direkt. Stuttgart, Schwerin u. Oldenburg gewährt. Vgl. Ditmar, Die ReichsbahnarbPensKassen Abt. B, Berlin **1929**. — Beschluß des KG 5. Jan. 29 u. Bf 26. März 29 üb. Aufwertung b. d. PensKasse in „Die Reichsbahn" **1929** 295 u. 286. — Beiträge der RBGesellsch. zur Abt. A, die auf Grund gesetzl. Verpflicht. geleistet w., sind lohnsteuerfrei. Bf 53. 358 Pagl 7 v. 9. Aug. 29.

B. Übertragung v. Aufgaben der VersichÄmter auf Organe der PKasse in Preußen: Bek 18. Dez. 11 Beilage E. Wegen der anderen Kassen s. Ditmar (Anm. 44A) S. 112.

C. Abk. der ReichsbArbPensK mit der Saarbrücker Kasse: Vo 27. Okt. 27 RGBl II 896 (S. 902).

8. das Ruhen der Renten und die Kapitalabfindung (§§ 1312 bis 1317),
9. das Zusammentreffen mehrerer Renten oder Kinderzuschüsse (§ 1318),
10. die neue Feststellung und die Rückforderung von Rentenbeträgen (§§ 1319, 1320),
11. das Verhältnis der Ansprüche der reichsgesetzlich Versicherten zu den Ansprüchen aus Fabrik-, Seemanns- und ähnlichen Kassen (§ 1321),
12. die Aufrechnung (§ 1324),
13. die Änderung der Bezirke (§§ 1332 bis 1337),
14. die Rechnungslegung gegenüber dem Reichsversicherungsamte (§ 1358 Abs. 2)[51]),
15. die Auszahlung durch die Post (§§ 1383 bis 1386), soweit die Sonderanstalten nicht unmittelbar zahlen,
16. die Verteilung und Erstattung der Versicherungsleistungen und die Abführung der Beträge an die Post (§§ 1403 bis 1410),
17. die Leistung von Beiträgen für eine zurückliegende Zeit (§§ 1442 bis 1444),
18. die Entscheidung von Streit im Falle des § 1460;

III. die Vorschriften des Fünften Buches über
19. die Beziehungen der Träger der Kranken- und Unfallversicherung zu den Trägern der Invalidenversicherung (§§ 1518 bis 1526, 1543a),
20. die Beziehungen zu anderen Verpflichteten, soweit sie in den §§ 1531, 1536 bis 1543 geregelt sind.

§ 1373. Das Reich oder der beteiligte Gemeindeverband haftet, je nachdem die Sonderanstalt ihren Betrieben dient, für die Leistungen; sonst haftet das Land des Betriebsitzes. Sind mehrere Länder beteiligt, so haften sie anteilig nach der Zahl der Versicherten, die am Schlusse des letzten Geschäftsjahrs in den Betrieben beschäftigt waren. Ebenso regelt sich die Haftung bei Auseinandersetzungen des Vermögens (§§ 1334 bis 1336).

§ 1374. Für die Verteilung der Versicherungsleistungen (§ 1405) sind die Beiträge nach § 1392 maßgebend. Die Leistungen der Sonderanstalten werden nur soweit verteilt, als sie den Vorschriften des Vierten Buches entsprechen.

Den Sonderanstalten, die ihre Zahlungen ohne Vermittlung der Postanstalten selbst leisten, wird der Reichszuschuß vorschußweise am Anfange jedes Monats überwiesen. Die Vorschußzahlungen werden am Schluß jedes Geschäftsjahrs (§ 164) ausgeglichen.

Sechster Abschnitt
Beitragsverfahren

§ 1438 Abs. 3. Für die in Reichs- und Landesbetrieben Beschäftigten kann die vorgesetzte Dienstbehörde die Bescheinigungen[52]) ausstellen. In diesen Fällen ist die Krankenkasse von der Verpflichtung zur Ausstellung der Bescheinigungen vom Versicherungsamte zu entbinden.

§ 1454 Abs. 2. Auch Reichs-, Landes- und Gemeindebehörden können sich von dem Einzugsverfahren[53]) ausschließen. Es wird der Versicherungsanstalt und der Einzugsstelle mitgeteilt.

§ 1456. Für die Mitglieder einer Krankenkasse kann ihre Satzung, für die Mitglieder der Krankenkasse eines Reichs- oder Landesbetriebs können die zuständigen Dienstbehörden das Einzugsverfahren[53]) anordnen und der Kasse die Ausstellung und den Umtausch der Quittungskarten übertragen. Die Anordnung bedarf der Zustimmung der zuständigen Versicherungsanstalt. Für die Wiederaufhebung des Einzugsverfahrens gilt § 1447 Abs. 3.

§ 1449 ist nicht anzuwenden[54]).

Fünftes Buch
Beziehungen der Versicherungsträger untereinander und zu anderen Verpflichteten[54a])

§ 1542[55]). Soweit die nach diesem Gesetze Versicherten oder ihre Hinterbliebenen nach anderen gesetzlichen Vorschriften Ersatz eines Schadens beanspruchen können, der ihnen durch Krankheit, Unfall,

[51]) § 1381, wonach das RVersA die Aufsicht üb. d. VersichAnstalten führt, gilt nicht f. d. Sonderanstalten. S. Ditmar Anm. (44 A) S. 109.

[52]) Über Krankheitswochen; die Bescheinigungen, durch die die Krankheitswochen nachgewiesen w., stellen die Anrechn. der Krankheitszeiten auf die Wartezeit sicher.

[53]) Die Beiträge w. durch Einkleben v. Marken in Quittungskarten **od.** im sog. **Einzugsverfahren** entrichtet; bei den ReichsbahnpensKassen **A** u. **B** aber durch Abzüge b. d. Lohnzahl.; nachträgl. Abzug ist grunds. nur b. d. nächsten Lohnzahl. zulässig (§ 1433).

[54]) Nach § 1449 hat die VersichAnstalt den Einzugsstellen Vergütung zu gewähren.

[54a]) Wegen der Reichsbahn s. auch Kasack **VZ 1929** 885.

[55]) A. § 1542 regelt, soweit die Unfallvers. in Betracht kommt, die Haftpflicht des „Dritten" (oben Anm. 38) entspr. GUVG § 140 derart, daß der Anspruch

Invalidität oder durch den Tod des Ernährers erwachsen ist, geht der Anspruch auf die Träger der Versicherung insoweit über, als sie den Entschädigungsberechtigten nach diesem Gesetze Leistungen zu gewähren haben. Dies gilt nicht bei Ansprüchen, die aus Schwangerschaft und Niederkunft erwachsen sind. Bei den gegen Unfall Versicherten und ihren Hinterbliebenen gilt es nur insoweit, als es sich nicht um einen Anspruch gegen den Unternehmer oder die ihm nach § 899 Gleichgestellten handelt.

[56]) Auf das Maß des Ersatzes für Krankenpflege und Krankenhauspflege sowie für Krankenbehandlung und Heilanstaltspflege ist § 1524 Abs. 1 Satz 2 bis 4 entsprechend anzuwenden.

§ **1543**[57]). Hat ein ordentliches Gericht über solche Ansprüche (§ 1542) zu erkennen, so ist es an die Entscheidung gebunden, die in einem Verfahren nach diesem Gesetze darüber ergeht, ob und in welchem Umfange der Versicherungsträger verpflichtet ist.

Für die Aussetzung des Verfahrens vor dem ordentlichen Gericht gilt entsprechend § 901 Abs. 2.

Sechstes Buch
Verfahren[57a])

§ **1557**[58]). Die Vorstände der vom Reiche oder von einem Lande verwalteten Betriebe erstatten die Anzeige[59]) der vorgesetzten Dienstbehörde nach deren näherer Anweisung[60]).

§ **1561**[58]). Bei den vom Reiche oder von einem Lande verwalteten Betrieben bestimmt die vorgesetzte Dienstbehörde, wer den Unfall zu untersuchen hat[61]).

§ **1570**[58]). Die Ausführungsbestimmungen bezeichnen die Behörde[62]), welche die Leistungen feststellt, wenn ein anderer Träger der Unfallversicherung an die Stelle der Berufsgenossenschaft tritt. Sie treffen die im § 1569b Satz 1 bezeichneten Einrichtungen[63]).

§ **1628**[64]). Ist die Vorbereitung und Begutachtung der Sache Organen von Sonderanstalten übertragen, so gelten die §§ 1617 bis 1619, 1621, 1622, 1624 bis 1627 entsprechend.

Sollen Zeugen oder Sachverständige eidlich vernommen werden, so gelten der § 1571 Abs. 2 bis 4 und die §§ 1573 bis 1579 entsprechend.

---

des auf Grund des allgemeinen Rechts (z. B. HPfG od. BGB §§ 618, 823ff.) Ersatzberechtigten insoweit auf den Träger der UVers. übergeht, wie dieser nach RVO zu Leistungen verpflichtet ist (die Feststell. in GUVG § 140, daß sich die Haftung des „Dritten" nach den sonstigen gesetzl. Vorschr. bestimmt, ist als selbstverständlich in RVO § 1542 nicht übernommen w.). Soweit die Ersatzpflicht des Dritten darüber hinausgeht, bleibt es b. d. allgemeinen Rechte, da die Haftbefreiung aus RVO §§ 898f. nur dem Unternehmer (oben Anm. 30f.) u. den in § 899 Bezeichneten zugute kommt (ab. das gilt nur f. d. Unfallvers.: RG **102** 131, auch Reindl in „Die Arbeiterversorgung" **1919** 530).

B. Urteile des RG zu GUVG § 140 u. RVO § 1542. Übergang der Forderung bei Anw. v. BGB § 254 auf die Haftpflicht **62** 145, VZ **1911** 405, EE **25** 159, Arch **1925** 434. Zwischenurteil **62** 337, **123** 40. Fall, daß die EntschädPflicht der BerGenoss. durch einen Umstand, der nur die rechtl. Beziehung des Verletzten zur BGen. betrifft, dauernd od. zeitweilig beseitigt wird, **72** 430. Unternehmer v. Arbeitszügen beim Bahnbau EE **26** 185. Inanspruchnahme der BG. über die Grenzen der RVO hinaus auch dann nicht, wenn der Unfall durch ein sie treffendes Verschulden bei Erlaß oder Handhabung der UVerhütVorschr. verursacht w. ist. **72** 107. Fall, daß der Anspruch aus HPfG unter den aus RVO heruntergeht, EE **28** 95. — Für das Verh. des Dritten zum Verletzten sind die Best üb. Übertrag. v. Forderungen (BGB §§ 407, 412) maßgeb., der Dritte wird v. se. Verbindlichk. frei, wenn er ohne Kenntnis d. Übergangs bona fide an den Verletzten zahlt. **60** 200, EE **26** 59. Zur Frage, ob ein Vergleich zw. dem Verletzten u. dem Dritten die Rechte des VersichTrägers beeinträchtigt, s. Seligsohn HPfG S. 73, auch RG JW **1929** 2056. Für die Haft. des Bauherrn aus RVO § 765 ist § 1542 nicht v. Bedeutung. RVersA EE **47** 336.

[56]) § 1524 bestimmt die Höhe des Ersatzes. — RG **103** 216. — Ersatzleist. im Verh. zw. den Reichsbahnkrankenkassen u. dem Träger der Unfallversich. bei der Reichsbahn: Vf 24. Jan. 27 (Die Reichsbahn S. 93).

[57]) Zeitlicher Geltungsbereich des § 1543: RG **88** 140. Unter § 1543 können auch Entscheide der VersichTräger selbst fallen, u. zwar auch darüber, in welchem Betriebe der Verletzte tätig war. RG **93** 321, **96** 204; Arch **1925** 434. Umfang der richterl. Nachprüfung RG **102** 30. Da es versicherungsrechtlich jeweils nur einen einzigen Unternehmer gibt (oben Anm. 30), wird durch die in § 1543 bezeichn. Entscheid. eine Feststell. des Gerichts ausgeschlossen, daß auch ein Anderer als der in jener Entscheid. als Unternehmer Bezeichnete als Untern. i. S. RVO in Betracht kommt. RG **111** 159.

[57a]) Reindl (Anm. 20a) S. 33ff.

[58]) Bezieht sich nur auf die Unfallvers.

[59]) Eines Betriebsunfalls.

[60]) Reichsbahn: Unfallmeldevorschr. (UMV) § 22.

[61]) Desgl. § 28. Beteil. der Personalvertretungen: BRE (oben III 4 § 42 Ziff. 7, § 45; BRV (oben III 6c) § 70 Ziff. 9, § 74; E 14. März 23 E II 90. 92. 20645, Vf 11. Jan. 28 (Die Reichsbahn S. 85).

[62]) Reichsbahn: Die Direktion — Perso § 29 (oben Anm. 33) in Verb. m. RVO § 892 Abs. 1 Satz 2 —, für Bayern das Wohlfahrtsamt Rosenheim.

[63]) Einrichtungen, „die sicherstellen, daß an der förmlichen Feststell. der Leistungen mindestens ein Vertreter der Versicherten beteil. wird".

[64]) § 1628 bezieht sich auf die InvalVers., §§ 1617 bis 1627 betreffen die Vorbereit. der Sache durch das VersichAmt, §§ 1571—1579 die Beweisaufnahme. — Zu Abs. 2 vgl. Beil. D Ziff. 6.

§ 1677 Abs. 1. Über die Berufung[65]) entscheidet in Sachen der Unfallversicherung dasjenige Oberversicherungsamt, in dessen Bezirk der Versicherte zur Zeit der Erhebung der Berufung wohnt oder beschäftigt ist. Dabei gelten die §§ 1638 bis 1640 entsprechend.

§ 1678. Über die Berufung[65]) entscheidet in Sachen der Invalidenversicherung das Oberversicherungsamt für den Bezirk desjenigen Versicherungsamts, welches zur Mitwirkung bei der Vorbereitung der Sache (nach den §§ 1617 bis 1619, 1621, 1622, 1624 bis 1627) berufen war.

Ist die Vorbereitung und Begutachtung der Sache Organen von Sonderanstalten für Betriebe des Reichs oder der Länder übertragen, so ist das Oberversicherungsamt zuständig, in dessen Bezirke sich der Sitz dieser Organe befindet.

§ 1788. Soweit die oberste Verwaltungsbehörde[2]) den im § 112 bezeichneten Organen Beschlußbefugnisse übertragen hat[8]), stehen die Entscheidungen dieser Organe für die Rechtsmittel im Beschlußverfahren[66]) den Entscheidungen des Versicherungsamts gleich.

Beilage A 1 (zu Anmerkung 3).

Erlaß der Preußischen Minister der öffentlichen Arbeiten, für Handel und Gewerbe, des Innern und der Finanzen betr. Errichtung und Zuständigkeit der Oberversicherungsämter. Vom 8. Juni 1912[1]).

Zum 1. Juli d. J. werden die in der Anlage bezeichneten Königlichen Oberversicherungsämter errichtet.

Die allgemeinen Oberversicherungsämter und die besonderen Oberversicherungsämter für die Eisenbahndirektionsbezirke werden den Regierungen an ihrem Sitze — das Oberversicherungsamt Berlin dem Oberpräsidium in Potsdam, das Oberversicherungsamt in Dortmund der Regierung in Arnsberg —, die Knappschaftsoberversicherungsämter den Oberbergämtern an ihrem Sitze angegliedert.

Weitere Ausführungsbestimmungen bleiben vorbehalten[2]).

Dieser Erlaß und die Nachweisung sind zu veröffentlichen, soweit der dortige Bezirk in Frage kommt.

Anlage.

Nachweisung der vom 1. Juli 1912 ab in Preußen bestehenden Kgl. Oberversicherungsämter.

(Auszug).

II. b) Oberversicherungsämter für den Bereich der Preußisch-Hessischen Eisenbahngemeinschaft.

Lfd. Nr.	Name	Sitz.	Bezirk[3])	Vorsitzender.
			Eisenbahndirektionsbezirk:	
[4]) 43.	Kgl. Oberversicherungsamt für den Eisenbahndirektionsbezirk Altona	Schleswig	Altona	Regierungspräsident in Schleswig
44.	Kgl. Oberversicherungsamt für den Eisenbahndirektionsbezirk Berlin	Berlin-Charlottenburg	Berlin, Zentralamt Berlin	Oberpräsident in Potsdam
45.	Kgl. Oberversicherungsamt für den Eisenbahndirektionsbezirk Breslau	Breslau	Breslau	Regierungspräsident in Breslau
47.	Kgl. Oberversicherungsamt für den Eisenbahndirektionsbezirk Cassel	Cassel	Cassel	„ Cassel
48.	Kgl. Oberversicherungsamt für den Eisenbahndirektionsbezirk Cöln	Cöln	Cöln	„ Cöln
50.	Kgl. Oberversicherungsamt für den Eisenbahndirektionsbezirk Elberfeld	Düsseldorf	Elberfeld	„ Düsseldorf
51.	Kgl. Oberversicherungsamt für den Eisenbahndirektionsbezirk Erfurt	Erfurt	Erfurt	„ Erfurt
52.	Kgl. Oberversicherungsamt für den Eisenbahndirektionsbezirk Essen (Ruhr)	Düsseldorf	Essen (Ruhr)	„ Düsseldorf
53.	Kgl. Oberversicherungsamt für den Eisenbahndirektionsbezirk Frankfurt (Main)	Wiesbaden	Frankfurt (Main)	„ Wiesbaden
54.	Kgl. Oberversicherungsamt für den Eisenbahndirektionsbezirk Halle (Saale)	Merseburg	Halle (Saale)	„ Merseburg

[65]) Gegen Bescheide der Träger der Unf.- u. der InvalVersich. sowie gegen Urteile des VersichAmts (§ 1675). Die in § 1677 genannten §§ 1638—1640 betreffen Leute ohne Wohnsitz, Verstorbene u. dgl. sowie eine Mehrheit v. VersichÄmtern, die zuständig sind, u. ZuständStreitigkeiten u. dgl.

[66]) Beschwerde (§§ 1791ff.), weitere Beschwerde (§§ 1797ff.).

[1]) Den EisDir. besonders bekannt gegeben durch E 20. Juni 12 (EVBl 224).

[2]) Direktoren, Mitglieder u. stellvertr. Mitglieder der allg. OVÄmter, denen die f. d. Bereich der StEV gebildeten OVÄmter angegliedert sind, sind in gleicher Eigenschaft f. d. letztgenannten Ämter bestellt. E 10. Aug. 12 (EVBl 256).

[3]) RVO § 1678 Abs. 2.

[4]) Wegen Nr. 46 (Bromberg), 49 (Danzig) u. 60 (Posen) sowie wegen DirBez. Osten s. Bek 12. März 20 (unten Beil. A 3).

Lfd. Nr.	Name	Sitz.	Bezirk	Vorsitzender.
			Eisenbahndirektionsbezirk:	Regierungspräsident
55.	Kgl. Oberversicherungsamt für den Eisenbahndirektionsbezirk Hannover	Hannover	Hannover	in Hannover
56.	Kgl. Oberversicherungsamt für den Eisenbahndirektionsbezirk Kattowitz[5])	Oppeln	Kattowitz	„ Oppeln
57.	Kgl. Oberversicherungsamt für den Eisenbahndirektionsbezirk Königsberg (Pr.)	Königsberg	Königsberg (Pr.)	„ Königsberg
58.	Kgl. Oberversicherungsamt für den Eisenbahndirektionsbezirk Magdeburg	Magdeburg	Magdeburg	„ Magdeburg
59.	Kgl. Oberversicherungsamt für den Eisenbahndirektionsbezirk Münster (Westf.)	Münster	Münster (Westf.)	„ Münster
61.	Kgl. Oberversicherungsamt für den Eisenbahndirektionsbezirk Saarbrücken	Trier	Saarbrücken	„ Trier
62.	Kgl. Oberversicherungsamt für den Eisenbahndirektionsbezirk Stettin	Stettin	Stettin	„ Stettin[6])

Beilage A 2 (zu Anmerkung 3).

Bekanntmachung des Ministers der öffentlichen Arbeiten betr. Zuständigkeit der für die Eisenbahndirektionsbezirke errichteten besonderen Oberversicherungsämter. Vom 23. April 1916 (EVBl 41).

Über die Zuständigkeit der im Bereiche der preußisch-hessischen Eisenbahngemeinschaft für die einzelnen Eisenbahndirektionsbezirke errichteten besonderen Oberversicherungsämter [Erlasse vom 20. Juni[1]) und 1. November 1912[2]), Eisenbahn-Verordnungs-Blatt S. 224 und 427] bestimme ich auf Grund des § 63 Abs. 3 der Reichsversicherungsordnung folgendes:

1. Krankenversicherung.

Das besondere Oberversicherungsamt entscheidet alle nach der Reichsversicherungsordnung von dem Oberversicherungsamt im Spruchverfahren und im Beschlußverfahren zu erledigenden Streitigkeiten, wenn eine allgemeine oder besondere Eisenbahnbetriebskrankenkasse dabei beteiligt ist. Zuständig ist im Einzelfalle das besondere Oberversicherungsamt des Eisenbahndirektionsbezirks, in dem der Bezirk der beteiligten Kasse liegt.

2. Unfallversicherung.

Das besondere Oberversicherungsamt entscheidet alle Streitigkeiten, die sich aus Unfällen in einem Betriebe der preußisch-hessischen Eisenbahngemeinschaft ergeben und nach der Reichsversicherungsordnung im Spruchverfahren von dem Oberversicherungsamt zu entscheiden sind. Es hat auch Streitigkeiten über Leistungen zu entscheiden, die nach § 1551 der Reichsversicherungsordnung als Leistungen der Krankenversicherung gelten.

Im Beschlußverfahren treten die besonderen Oberversicherungsämter an die Stelle der allgemeinen Oberversicherungsämter, wenn es sich um Angelegenheiten der Betriebe der preußisch-hessischen Eisenbahngemeinschaft handelt.

Zuständig ist — abweichend von § 1677 Abs. 1 der Reichsversicherungsordnung — im Einzelfalle das besondere Oberversicherungsamt des Eisenbahndirektionsbezirks, in dessen Betrieb sich der Unfall ereignet hat (s. Erlaß vom 16. Juli 1914 — IV. 43. 149. 309).

3. Invaliden- und Hinterbliebenenversicherung.

Das besondere Oberversicherungsamt hat alle nach der Reichsversicherungsordnung von dem Oberversicherungsamt im Spruchverfahren und im Beschlußverfahren zu erledigenden Streitigkeiten zu entscheiden, wenn die letzte das Versicherungsverhältnis begründende Beschäftigung, die den Anlaß zur Entscheidung gibt, in einem Betriebe der preußisch-hessischen Eisenbahngemeinschaft stattgefunden hat. Zuständig ist im Einzelfalle das besondere Oberversicherungsamt des Eisenbahndirektionsbezirks, in dem der Bezirksausschuß der Pensionskasse für die Arbeiter der preußisch-hessischen Eisenbahngemeinschaft, der bei der Vorbereitung der Sache mitgewirkt hat, seinen Sitz hat.

Beilage A 3 (zu Anmerkung 3).

Bekanntmachung der Preußischen Minister des Innern, der Finanzen, der öffentlichen Arbeiten und für Volkswohlfahrt betr. Zuständigkeit der Oberversicherungsämter für die Eisenbahndirektionsbezirke. Vom 12. März 1920 (EVBl 49).

Mit Rücksicht auf die politischen Verhältnisse werden die bisherigen Oberversicherungsämter für die Eisenbahndirektionsbezirke Bromberg, Danzig und Posen hiermit aufgehoben. Die Befugnisse der bisherigen Oberversicherungsämter für die Eisenbahndirektionsbezirke Danzig und Posen gehen auf die Oberversicherungsämter für die Bezirke derjenigen Eisenbahndirektionen über, denen die außerhalb des abgetretenen Gebietes liegenden

[5]) Jetzt Oppeln.

[6]) Ferner OVA für DirBez. Mainz in Darmstadt (oben III 7 Anm. 3).

[1]) Oben Beil. A 1.

[2]) Oben III 7 Anm. 3.

Strecken der bisherigen Direktionsbezirke Danzig und Posen zugeteilt worden sind. Für den Bezirk der Eisenbahndirektion Osten in Berlin, die an die Stelle der Eisenbahndirektion in Bromberg getreten ist, wird ein besonderes Oberversicherungsamt bei dem Oberversicherungsamt in Frankfurt (Oder) errichtet.

Gleichzeitig bestimme ich, der Minister der öffentlichen Arbeiten, in teilweiser Änderung meines Erlasses vom 16. Juli 1914 ...[1]), daß ausnahmsweise nicht der Ort des Unfalls, sondern der Wohnort des Verletzten für die Zuständigkeit des besonderen Oberversicherungsamtes maßgebend ist, wenn sich der Betriebsunfall eines im deutschen Reiche wohnenden Rentenempfängers seinerzeit an einem nunmehr an Polen abgetretenen Orte ereignet hat. In gleicher Weise richtet sich die Zuständigkeit des besonderen Oberversicherungsamtes[2]) nach dem Wohnorte des Rentenempfängers in den unter Ziffer 3 meiner Bekanntmachung vom 23. April 1916[1])... bezeichneten Angelegenheiten der Invaliden- und Hinterbliebenenversicherung, wenn der Bezirksausschuß der Pensionskasse für die Arbeiter der Preußisch-Hessischen Eisenbahngemeinschaft, der bei der Vorbereitung einer derartigen Sache mitgewirkt hat, seinen Sitz in dem jetzt an Polen abgetretenen Gebiete gehabt hat.

Beilage B (zu Anmerkung 7).

Erlaß des Ministers der öffentlichen Arbeiten, betr. Ausführung der Reichsversicherungsordnung. Vom 10. Dezember 1912 (EVBl 443).

Nachstehende, auf Grund des § 111 der Reichsversicherungsordnung erlassene, im Deutschen Reichsanzeiger und Königlich Preußischen Staatsanzeiger Nr. 278 von 1912 abgedruckte Bekanntmachung vom 19. November 1912 über die Ausübung der Befugnisse der höheren Verwaltungsbehörden und der Ortspolizeibehörden bezüglich der Privateisenbahnen wird zur Kenntnis und Beachtung mitgeteilt.

Die Herren Eisenbahnkommissare wollen die ihrer Aufsicht unterstellten Privatbahnen auf die Bekanntmachung aufmerksam machen.

Bekanntmachung.

Auf Grund des § 111 der Reichsversicherungsordnung wird im Einvernehmen mit den Herren Ministern für Handel und Gewerbe und des Innern Folgendes bestimmt:

1. Bei den vom Staat für Privatrechnung verwalteten Eisenbahnen werden die Obliegenheiten und Befugnisse, die die Reichsversicherungsordnung den höheren Verwaltungsbehörden zuweist, von den Königlichen Eisenbahndirektionen, die den Ortspolizeibehörden zugewiesenen von den Vorständen der Betriebs-, Maschinen- und Werkstättenämter und -nebenämter, der Verkehrsämter sowie der Bauabteilungen wahrgenommen.
2. Bei den nicht vom Staat verwalteten Eisenbahnen werden die Obliegenheiten und Befugnisse der höheren Verwaltungsbehörden den Königlichen Eisenbahnkommissaren, die gemäß § 46 des Gesetzes über die Eisenbahnunternehmungen vom 3. November 1838 (Gesetzsamml. S. 505) für die einzelnen Aufsichtsbezirke bestellt sind[a]), übertragen.

Beilage C (zu Anmerkung 20).

Bekanntmachung und Erlaß des Ministers der öffentlichen Arbeiten[b]) betr. Durchführung der Krankenversicherung.

1. Vom 24. Dezember 1913 (EVBl 370).

Bekanntmachung.

Auf Grund des § 377 Abs. 3 der Reichsversicherungsordnung werden nachstehende Befugnisse der Versicherungsämter den Königlichen Eisenbahndirektionen als Aufsichtsbehörden über die Eisenbahn-Betriebskrankenkassen übertragen:

1. Die Aufsichtsbefugnisse über die Betriebskrankenkassen (§§ 30, 34)*);
2. die Erteilung einer Bescheinigung über die Zusammensetzung und den Umfang der Vertretungsmacht des Kassenvorstandes (§ 6 Abs. 2);
3. die Entscheidung über die Beanstandung gesetz- und satzungswidriger Beschlüsse der Kassenorgane (§ 8);
4. die Entscheidung über die Beschwerde gegen Bestrafung eines Vorstandsmitgliedes durch den Kassenvorsitzenden (§ 20 in Verbindung mit § 19);
5. die Genehmigung zum Verzicht auf Ersatzansprüche gegen die Mitglieder der Kassenorgane und Geltendmachung der Haftung an Stelle der Krankenkasse (§ 23 Abs. 1);
6. die Genehmigung zur Festsetzung einer Mahngebühr (§ 28);
7. die Genehmigung zur Abtretung des Anspruchs auf die Kassenleistungen (§ 119);
8. die Stellung des Strafantrages bei Verletzung des Amtsgeheimnisses durch Mitglieder der Kassenorgane (§ 141);
9. die Entscheidung bei Streitigkeiten über die Zugehörigkeit von Betrieben und Betriebsteilen zur Krankenkasse, wenn daran nur die Eisenbahn-Betriebskrankenkassen beteiligt sind (§ 258);

*) Die angezogenen Paragraphen beziehen sich auf die Reichsversicherungsordnung.

[1]) Vgl. vorst. Beil. A 2.

[2]) Und der Reichsbahndirektion: E 22. April 20 IV 43. 149. 304.

[a]) Jetzt Reichsbevollmächtigte für Privatbahnaufsicht (oben II 4 Beil. A Anm. 1).

[b]) Wegen der außerpreußischen Bezirke s. Schmidt (oben III 7 Anm. 10) u. (wegen DirBez. Schwerin) Amtl. Nachr. **1929** IV 141 (vor Nr. 3375).

10. die Mitwirkung bei der Vereinigung von Betriebskrankenkassen und bei Ausscheidung von Mitgliedern (§§ 281 bis 283, 286, 287, 292, 298), sofern ausschließlich Eisenbahn-Betriebskrankenkassen beteiligt sind;
11. die Leitung der ersten Wahl nach Errichtung der Kasse und bei Nichtvorhandensein eines Vorstandes (§§ 333, 339);
12. die Genehmigung der Krankenordnung (§ 347 Abs. 1 und 2);
13. die Bestimmung über die Verwahrung von Wertpapieren der Kasse (§ 365);
14. die Entgegennahme des Rechnungsabschlusses und der sonstigen im § 367 vorgeschriebenen Nachweisungen;
15. die Genehmigung zur Vereinbarung von Vorzugsbedingungen mit Apothekern (§ 375);
16. die Bestellung von Mitgliedern der Kassenorgane oder ihrer Vertreter bei verweigerter Wahl (§ 379);
17. die Entscheidung auf die Beschwerden gegen Ordnungsstrafen, die vom Kassenvorstande gegen Versicherte verhängt sind (§ 529);
18. die Aufsicht über die Betriebskrankenkassen gemäß § 377 Abs. 1, soweit die Aufsichtsbefugnisse vorstehend aufgeführt sind.

Erlaß.

Vorstehende Bekanntmachung bringe ich zur allgemeinen Kenntnis. Gleichzeitig bestimme ich, daß in den im Erlaß vom 16. Mai 1913, IV. 43. 148. 423 unter Ziffer 1 bezeichneten Fällen[c]) von einer Zuziehung der Versichertenvertreter abzusehen ist, die Königlichen Eisenbahndirektionen vielmehr allein zu entscheiden haben....

2. Vom 12. November 1914 (EVBl 312).

Bekanntmachung.

Auf Grund des § 377 Abs. 3 der Reichsversicherungsordnung werden in Ergänzung meiner Bekanntmachung vom 24. Dezember 1913[d]) ... auch die nachstehenden Befugnisse der Versicherungsämter den Königlichen Eisenbahndirektionen als Aufsichtsbehörden über die Eisenbahnbetriebskrankenkassen übertragen:

1. die Aufsichtsbefugnisse über die Betriebskrankenkassen, soweit sie sich aus den §§ 31 bis 33*) ergeben;
2. die Wahrnehmung der Geschäfte des Kassenvorstandes oder seines Vorsitzenden oder des Ausschusses im Falle deren Weigerung (§ 379);
3. die Entgegennahme von Anzeigen des Kassenvorstandes über Wahl und Aenderung in der Zusammensetzung des Vorstandes (§ 6).

Erlaß.

Vorstehende Bekanntmachung bringe ich im Anschluß an den Erlaß vom 24. Dezember 1913[d]) ... zur allgemeinen Kenntnis....

*) Die angezogenen Paragraphen beziehen sich auf die Reichsversicherungsordnung.

Beilage D (zu Anmerkung 36).

Erlaß des Ministers der öffentlichen Arbeiten betr. Ausführungsbestimmungen zum Dritten Buch der Reichsversicherungsordnung über die Gewerbeunfallversicherung. Vom 25. Oktober 1912 (EVBl 417).

(Auszug).

1. Die Geschäfte der Ausführungsbehörden (§ 892 R.V.O.) werden gemäß § 893 Abs. 2 R.V.O. auch in Zukunft von dem Eisenbahn-Zentralamt[1]) und den Eisenbahndirektionen[1]) für die ihnen nachgeordneten Dienstzweige wahrgenommen.

5. Die Aufgaben der Versicherungsämter werden gemäß § 112 R.V.O. den Bezirksausschüssen der Pensionskasse für die Arbeiter der Preußisch-Hessischen Eisenbahngemeinschaft übertragen.

[2]) Der für die Unfallsachen zuständige Dezernent darf deshalb nicht gleichzeitig Vorsitzender des Bezirksausschusses sein. Gegebenenfalls ist die Geschäftsverteilung entsprechend zu ändern.

6. Ersuchen um eidliche Vernehmung von Zeugen und Sachverständigen im Wege der Rechtshilfe nach Maßgabe des § 1571 Abs. 2 R.V.O.[3]) sind an das zuständige ordentliche Versicherungsamt oder an das Amtsgericht zu richten.

7. Von der Ermächtigung des § 1572 R.V.O.[3]), den Vorsitzenden des Versicherungsamts um Aufklärung des Sachverhalts und um gutachtliche Äußerung zu ersuchen, ist kein Gebrauch zu machen.

9. Auf Grund des § 897 R.V.O. sind Vorschriften, die zur Verhütung von Unfällen erlassen werden, mindestens drei Vertretern der Arbeiter zur Beratung und gutachtlichen Äußerung vorzulegen, sofern sie Strafbestimmungen enthalten sollen. Soweit es sich um den Erlaß von Vorschriften handelt, die zugleich den Eisenbahnbetrieb zu sichern bestimmt sind, gilt das nicht. Je nachdem es sich um Unfallverhütungsvorschriften für die Betriebs- oder für die Werkstättenarbeiter handelt, sind Vertreter der in Frage kommenden Arbeiterklassen auszuwählen. Die Auswahl der Vertreter bleibt dem Eisenbahn-Zentralamt[1]) und den Eisenbahndirektionen überlassen. Die ausgewählten Vertreter erhalten die Lohnausfälle, die sie durch die Teilnahme an der Beratung erleiden, erstattet und außerdem,

[c]) Fälle, in denen nach RVO der Beschlußausschuß entscheidet. Ferner dürfen nach dem E 16. Mai 13 bei der Aufsicht über die Kassen sowie bei den sonstigen Aufgaben, die nicht der Spruchausschuß wahrzunehmen hat, der Vorsitzende der Kasse u. sein Vertreter nicht mitwirken.

[d]) Vorst. 1.

[1]) In Perso § 29 ist das Zentralamt nicht mehr als AusfBehörde genannt; an Stelle der Preuß. EisDirektionen sind die Reichsbahndirektionen getreten.

[2]) RVO § 1789, § 1641 Ziff. 7.

[3]) Hier nicht abgedr.

wenn die Beratung nicht an ihrem Wohnort stattfindet, neben freier Eisenbahnfahrt ein Tagegeld von vier Mark. Die Festsetzung der Vergütungen geschieht durch das Eisenbahn-Zentralamt[1]) und die Eisenbahndirektionen.

11. Von der den Berufsgenossenschaften erteilten Ermächtigung, über die Pflichtleistungen in gewissen Fällen (§§ 562, 582 Abs. 2, 590 Abs. 2, 592 Abs. 3, 602, 613 Abs. 2 R.V.O)[3]) hinauszugehen, können auch die an Stelle der Berufsgenossenschaften als Ausführungsbehörden tretenden Eisenbahndirektionen sowie das Eisenbahn-Zentralamt[1]) nach pflichtmäßigem Ermessen in geeigneten Fällen Gebrauch machen.

12. Der Erlaß vom 4. Juli 1901 (E.-N.-Bl. S. 443)[4]) bleibt in Kraft, jedoch mit der Maßgabe, daß in Ziffer 5 an Stelle des ortsüblichen Tagelohns gewöhnlicher erwachsener Tagearbeiter (§ 8 des Krankenversicherungsgesetzes) mit dem Inkrafttreten der §§ 149 bis 152 R.V.O.[3]) der Ortslohn für Erwachsene über 21 Jahre und an Stelle des angeführten § 10 Abs. 1 des Gewerbeunfallversicherungsgesetzes § 570 R.V.O.[3]) tritt. ...

Beilage E (zu Anmerkung 50).

Bekanntmachung des Ministers der öffentlichen Arbeiten betr. Durchführung der Invaliden- und Hinterbliebenen-Versicherung auf Grund der Reichs-Versicherungsordnung. Vom 18. Dezember 1911 (EVBl 269).

(Auszug).

I. Auf Grund des § 112 der Reichs-Versicherungsordnung werden von den den Versicherungsämtern zustehenden Aufgaben nachstehende den auf Grund des § 63 der Satzungen als örtliche Verwaltungsstellen errichteten Bezirksausschüssen übertragen:

a) Entscheidung über Anträge auf Befreiung von der Versicherungspflicht (§ 1240 der RVO., § 2 Abs. 7 der Satzungen).
b) Widerruf der Befreiung von der Versicherungspflicht (§ 1241 der RVO., § 2 Abs. 8 der Satzungen).
c) Verlangen der eidesstattlichen Erklärung von den Hinterbliebenen eines verschollenen Versicherten über die erhaltenen Nachrichten (§ 1265 der RVO., § 11 Abs. 17 der Satzungen).
d) Entscheidung von Streitigkeiten zwischen der Gemeinde und den Rentenempfängern bei Gewährung von Sachbezügen (§§ 121, 1276 der RVO., § 17 Abs. 6 der Satzungen).
e) Bestimmung der Personen, an die eine Waisenaussteuer zu zahlen ist, wenn der zum Bezuge Berechtigte vor ihrer Auszahlung stirbt (§ 1303 der RVO., § 14 Abs. 7 der Satzungen).
f) Entscheidung bei Streitigkeiten über die Beitragspflicht, über die Berechtigung zur freiwilligen Versicherung und über die Beitragsleistung (§ 1459 der RVO., § 2 Abs. 9, § 3 Abs. 4, § 8 Abs. 9 der Satzungen).
g) Genehmigung zur ausnahmsweisen Übertragung von Ansprüchen des Berechtigten auf andere (§ 119 der RVO., § 23 Abs. 2 der Satzungen).
h) Entgegennahme, Vorbereitung und Begutachtung der Anträge auf die Leistungen (§§ 1613—1629 der RVO., § 24 der Satzungen).
i) Entscheidung über den wiederholten Antrag auf Invaliden- oder Witwenrente (§ 1635 der RVO., § 30 der Satzungen).

Soweit nach den Vorschriften der Reichs-Versicherungsordnung die Versicherungsämter im Beschlußverfahren (Beschlußausschuß) zu entscheiden haben, wird das gleiche für die Bezirksausschüsse angeordnet[a]). Sie haben zu diesem Behuf aus ihrer Mitte einen Beschlußausschuß, bestehend aus dem Vorsitzenden oder dessen Stellvertreter und zwei Mitgliedern, die in geheimer Wahl gewählt sind, zu bilden (§ 63 Abs. 4 der Satzungen).

8. Auszug aus dem Angestelltenversicherungsgesetz[1]).

Erster Abschnitt

Umfang der Versicherung

I. Versicherungspflicht

§ 1. Für den Fall der Berufsunfähigkeit (§ 30) und des Alters sowie zugunsten der Hinterbliebenen werden Angestellte nach den Vorschriften dieses Gesetzes versichert, insbesondere

1. Angestellte in leitender Stellung,
2. Betriebsbeamte, Werkmeister und andere Angestellte in einer ähnlich gehobenen oder höheren Stellung,
3. Büroangestellte, soweit sie nicht ausschließlich mit Botengängen, Reinigung, Aufräumung

---

[4]) Oben III 7 Anm. 27, auch E 31. Dez. 21 Pr II 94. 149. 970.

[a]) Über Geschäftsgang u. Verfahren der Bezirksausschüsse, der Pensionskasse, soweit sie Aufgaben der Versicherungsämter zu erfüllen haben, trifft E 18. Jan. 12 (ENBl 5) Bestimmung. Die Aufgaben zu c, f, g u. i hat der Vorsitzende od. sein Stellvertreter zu erled. S. auch Amtl. Nachr. **1912** 1025.

[1]) Vom 20. Dez. 11 (RGBl 989), später vielfach geändert. Obiger Abdruck enthält die Fass. der Bek 28. Mai 24 RGBl I 563 unter Berücks. der Änderungen durch RBPersG (oben III 2), G 28. Juli 25 (RGBl I 157 u. G 25. Juni 26 RGBl I 311). (Zwei spätere Gesetze betreffen Vorschriften, die im obigen Auszuge nicht abgedr. sind). Zu § 18 unten s. ferner Anm. zu diesem §. Bei der verhältnism. nicht sehr großen Bedeutung des G für d. EisVerw. beschränkt sich der vorl. Auszug auf d. Vorschr. üb. d. VersichPflicht. — GegenseitVerh. mit Österreich G 8. Juli 26 RGBl II 355. — Schrifttum: Kuhatschek (oben III 1 Anm. 1).

und ähnlichen Arbeiten beschäftigt werden, einschließlich der Bürolehrlinge und Werkstattschreiber,

4. Handlungsgehilfen und Handlungslehrlinge, andere Angestellte für kaufmännische Dienste, auch wenn der Gegenstand des Unternehmens kein Handelsgewerbe ist, ...

(5.—7.)

(Abs. 2.)

Voraussetzung der Versicherung ist für alle diese Personen, daß sie gegen Entgelt in einem Dienstverhältnis beschäftigt werden, daß ihr Jahresarbeitsverdienst die nach § 3 festgesetzte Grenze nicht übersteigt und daß sie beim Eintritt in die versicherungspflichtige Beschäftigung das Alter von sechzig Jahren noch nicht vollendet haben. Die Altersgrenze gilt nicht, wenn ein nach dem vierten Buche der Reichsversicherungsordnung Versicherter in eine nach diesem Gesetze versicherungspflichtige Beschäftigung übertritt.

Der Reichsarbeitsminister ist ermächtigt, durch Ausführungsbestimmungen nach Anhören der Reichsversicherungsanstalt und des Reichsversicherungsamts die Berufsgruppen, die in den Kreis des Abs. 1 fallen, näher zu bezeichnen[2]).

§ 2. Zum Entgelt im Sinne dieses Gesetzes gehören neben Gehalt oder Lohn auch Gewinnanteile, Sach- und andere Bezüge, die der Versicherte, wenn auch nur gewohnheitsmäßig, statt des Gehalts oder Lohnes oder neben ihm von dem Arbeitgeber oder einem Dritten erhält. Als Wert der Sachbezüge gelten die Sätze, die auf Grund des § 160 der Reichsversicherungsordnung festgesetzt sind.

§ 3[3]). Der Reichsarbeitsminister setzt die Jahresarbeitsverdienstgrenze im Sinne des § 1 Abs. 3 dieses Gesetzes fest; die Festsetzung ist dem Reichsrat und dem Ausschuß des Reichstags für soziale Angelegenheiten alsbald mitzuteilen und auf ihr gemeinsames Verlangen zu ändern. Für die Jahresarbeitsverdienstgrenze werden Zuschläge, die mit Rücksicht auf den Familienstand gezahlt werden, nicht angerechnet.

Wer die für seine Versicherungspflicht maßgebende Verdienstgrenze überschreitet, scheidet erst mit dem ersten Tage des vierten Monats nach Überschreiten der Verdienstgrenze aus der Versicherungspflicht aus.

§ 10. Der Reichsarbeitsminister bestimmt mit Zustimmung des Reichsrats, wieweit vorübergehende Dienstleistungen versicherungsfrei bleiben[4]).

§ 11. Versicherungsfrei sind die in Betrieben oder im Dienste des Reichs, der Deutschen Reichsbahn-Gesellschaft, eines Landes, eines Gemeindeverbandes, einer Gemeinde oder eines Trägers der Reichsversicherung Beschäftigten, wenn ihnen Anwartschaft auf Ruhegeld und Hinterbliebenenrenten im Mindestbetrage der ihrem Diensteinkommen entsprechenden Höhe gewährleistet ist[5]).

(Abs. 2.)

Ob eine Anwartschaft als gewährleistet anzusehen ist, entscheidet für die Beschäftigten in Betrieben oder im Dienste des Reichs, der Deutschen Reichsbahn-Gesellschaft oder eines vom Reiche

[2]) A. Vo 8. März 24 RGBl I 274 bestimmt unter XVII, daß im Verkehrswesen zu den Angestellten i. S. § 1 Abs. 1 Nr. 2 gehören:

1. Fahrdienstleiter, Bahnmeister, verantwortlich im Zugmelde- oder Verschiebedienst Tätige; Lokomotiv-, Triebwagen- u. Zugführer auf Staatsbahnen od. Staatsbahnanschlußgleisen od. solchen Bahnen, die nach der Betriebsart Staatsbahnen entsprechen; Fahrkartenrevisoren, Betriebskontrolleure,

2. Maschinen-, Lade-, Boden-, Werk-, Wagenmeister, Werkführer, Materialienverwalter od. unter einer ähnlichen Bezeichnung Tätige, sofern sie
a) nicht lediglich vorübergehend mit der Leitung oder Beaufsichtigung eines Betriebs od. eines Betriebsteils od. mit der Entscheidung über die Arbeitsabnahme beschäftigt und nicht überwiegend in der Arbeit an der Maschine od. sonst. körperlich tätig sind oder
b) sonst in einer für die Zwecke des Betriebs wesentlichen, nicht überwiegend körperlichen Arbeit unter eigener Verantwortung tätig sind,

3. Betriebs-, Haltestellenaufseher od. unter einer ähnlichen Bezeichnung als Aufsichtspersonen Tätige, die nicht zu den zu 1 u. 2 Genannten gehören, sofern sie nach der Verkehrsanschauung als Angestellte gelten,

4. Wiegemeister, sofern sie bei ihrer Tätigkeit schriftliche Arbeiten in größerem Umfang zu erledigen haben,

5. Bahnagenten, sofern sie schriftliche Arbeiten in größerem Umfang zu erledigen haben od. sonst. nach der Verkehrsanschauung, insbes. im Hinbl. auf die Größe der Haltestelle oder die Art ihrer tarifl. Behandlung als Angestellte gelten.

B. Es bleibt ab. zu beachten, daß das Personal, das b. d. Eisenbahn mit den unter A genannten Tätigkeiten beschäft. ist, größtenteils versicherungsfrei ist, u. zwar b. d. Reichsbahn wegen der Beamteneigenschaft (§§ 11, 12), b. d. Privatbahnen wegen Zugehör. zur Pensionskasse (unten Anm. 7).

C. Bahnärzte fallen nicht unter das G (RVersAmt JW **1927** 198); auch nicht Fahrkartenverkäufer der Berliner Hochbahn. RVersA JW **1929** 968, wohl aber Schreiber in Werkstätten: Reichsarbeitsgericht VZ **1930** 122.

[3]) Seit 1. Sept. 28: 8400 Reichsmark. Vo 10. Aug. 28 (RGBl I 372).

[4]) Nach Vo 9. Feb. 23 (RGBl I 109) § 1 Ziff. 4 bleiben versicherungsfrei: Dienstleist. v. Angestellten ausländischer Verwaltungen in EisBetrieben d. Inlands, soweit diese Angest. in solchen Betrieben vorübergeh. beschäftigt w.

[5]) Reichsbahn: Beil. A. — Zusatzversicherung b. d. Reichsbahn: Kasack VZ **1929** 883.

beaufsichtigten Trägers der Reichsversicherung der zuständige Reichsminister[6]); im übrigen entscheidet die oberste Verwaltungsbehörde desjenigen Landes, in dessen Betrieben oder Dienste die Beschäftigung stattfindet, oder in dessen Gebiete der Gemeindeverband oder die Gemeinde liegt oder der Träger der reichsgesetzlichen Arbeiterversicherung seinen Sitz hat. ...

Die Gewährleistung der Anwartschaften bewirkt Befreiung von der Versicherungspflicht von dem Zeitpunkt ab, an dem sie tatsächlich verliehen werden. Sie hat keine rückwirkende Kraft.

§ 12. Versicherungsfrei sind

1. Beamte des Reichs, der Deutschen Reichsbahn-Gesellschaft, der Gemeindeverbände und der Gemeinden, ... solange sie lediglich für ihren Beruf ausgebildet werden, sowie die im Dienste des Reichs, der Deutschen Reichsbahn-Gesellschaft oder eines Landes vorläufig beschäftigten Beamten ...
2. Angestellte in Post- und Telegraphenbetrieben des Reichs sowie Angestellte der Deutschen Reichsbahn-Gesellschaft, die Aussicht auf Übernahme in das Beamtenverhältnis und Anwartschaft auf eine ausreichende Invaliden- und Hinterbliebenenfürsorge haben,
3. Soldaten, die eine der im § 1 bezeichneten Tätigkeiten während der Vorbereitung zu einer bürgerlichen Beschäftigung ausüben, auf die § 11 anzuwenden ist,
4. ...

Ob die Voraussetzungen der Nrn. 1, 2 vorliegen, entscheiden die nach § 11 Abs. 3 zuständigen Stellen.

§ 13. Versicherungsfrei ist, wer berufsunfähig ist, oder wer Ruhegeld oder Witwerrente nach den Vorschriften dieses Gesetzes oder eine Invalidenpension nach den Vorschriften des Reichsknappschaftsgesetzes oder eine Invaliden-, Witwer- oder Witwenrente aus der Invalidenversicherung bezieht.

§ 14. Auf seinen Antrag wird von der Versicherungspflicht befreit,

wem von dem Reiche, der Deutschen Reichsbahn-Gesellschaft, einem Lande, einem Gemeindeverbande, einer Gemeinde oder einem Träger der Reichsversicherung, oder ...

Ruhegeld, Wartegeld oder ähnliche Bezüge im Mindestbetrage der seinem Diensteinkommen entsprechenden Höhe bewilligt sind und daneben Anwartschaft auf Hinterbliebenenfürsorge (§ 11) gewährleistet ist.

§ 15. Über den Antrag entscheidet die Reichsversicherungsanstalt. Auf Beschwerde entscheidet das Oberversicherungsamt, in dessen Bezirk der Antragsteller wohnt.

Die Befreiung wirkt vom Eingang des Antrags bei der Reichsversicherungsanstalt an.

Der Reichsarbeitsminister kann Näheres über die Voraussetzungen der Befreiung bestimmen.

§ 16. Die Reichsversicherungsanstalt widerruft die Befreiung, sobald ihre Voraussetzungen nicht mehr vorliegen. Auf Beschwerde entscheidet das Oberversicherungsamt (§ 15 Abs. 1 Satz 2).

Bei Verzicht auf die Befreiung und bei ihrem endgültigen Widerrufe tritt die Versicherungspflicht wieder in Kraft.

§ 17. Das Reichsversicherungsamt kann auf Antrag des Arbeitgebers bestimmen, wieweit § 11, § 12 Nr. 1, 2, §§ 14 bis 16 gelten für

1. die in Betrieben oder im Dienste anderer öffentlicher Verbände oder von Körperschaften oder von Eisenbahnen des öffentlichen Verkehrs[7]) oder als Lehrer und Erzieher an nichtöffentlichen Schulen oder Anstalten Beschäftigten, wenn ihnen mindestens die im § 11 bezeichneten Anwartschaften gewährleistet sind oder sie lediglich für ihren Beruf ausgebildet werden,
2. Personen, denen auf Grund früherer Beschäftigung bei solchen Verbänden oder Körperschaften oder Eisenbahnen, Schulen oder Anstalten Ruhegeld, Wartegeld oder ähnliche Bezüge im Mindestbetrage der ihrem Diensteinkommen entsprechenden Höhe bewilligt sind und daneben eine Anwartschaft auf Hinterbliebenenfürsorge (§ 11) gewährleistet ist,
3. ...

[8]) **§ 18.** (1) Scheiden Personen, die gemäß § 11, § 12 Nr. 1 bis 3, § 17 versicherungsfrei sind, aus der versicherungsfreien Beschäftigung aus, ohne daß Ruhegeld oder Hinterbliebenenrente (§ 11) oder eine gleichwertige Leistung auf Grund des Beschäftigungsverhältnisses gewährt wird, so sind für die Zeit, während der sie sonst versicherungspflichtig gewesen wären, Beiträge zu entrichten, und zwar für jeden Monat bis zum Schlusse des Jahres 1923 in der Gehaltsklasse C, für die spätere Zeit in der dem jeweiligen Gehalt entsprechenden Gehaltsklasse. Die Beiträge sind frühestens von dem Zeitpunkt der Einführung der Versicherungspflicht für die in Frage kommende Berufsgruppe

---

[6]) Reichsbahn: Reichsverkehrsminister.

[7]) Auch Kleinbahnen. — Das gegenwärt. od. frühere Personal v. Privateis. des öff. Verkehrs, die der Pensionskasse f. d. Arbeiter der Privateis. angeschlossen s., bleibt versicherungsfrei unter den Beding. der VB 13. März 13 u. 13. Jan. 16; gleichart. Anordnung für Lübeck-Büchen u. Eutin-Lübeck VB 17. April 13 u. 18. Juni 14.

[8]) Fass. des G 29. März 28 (RGBl I 117), entspricht RVO § 1242a (s. d.).

an zu entrichten. Für Ersatzzeiten im Sinne des § 382 unterbleibt die Beitragsentrichtung. Der Eintritt des Versicherungsfalls steht der Nachentrichtung von Beiträgen für die Zeit bis dahin nicht entgegen. Das Abzugsrecht gemäß § 183 steht dem Arbeitgeber nicht zu.

(2) Die nachentrichteten Beiträge gelten als rechtzeitig entrichtete Pflichtbeiträge.

(3) Werden Beiträge gemäß Abs. 1 nachentrichtet, so werden die nicht mit Beiträgen zu belegenden Kalendermonate vom Eintritt in die versicherungsfreie Beschäftigung bis zum Austritt als Ersatzzeiten im Sinne des § 170 angerechnet.

(4) Sind für die Zeit nach dem Eintritt in die versicherungsfreie Beschäftigung freiwillige Beiträge entrichtet, so bleiben sie im Falle der Nachentrichtung von Pflichtbeiträgen gemäß Abs. 1 für die Berechnung der Leistungen neben den Pflichtbeiträgen auch insoweit wirksam, als sie auf den gleichen Zeitraum entfallen.

(5) Ob Ruhegeld oder Hinterbliebenenrente den Vorschriften des § 11 entsprechen, oder ob die an ihrer Stelle gewährte Leistung gleichwertig ist, entscheiden die nach § 11 Abs. 3 zuständigen Stellen.

(6) Treten die Personen in eine andere, ebenfalls nach § 11, § 12 Nr. 1 bis 3, § 17 versicherungsfreie Beschäftigung über, so ist ihnen eine Bescheinigung zu erteilen über die Zahl und Höhe der für sie nachzuentrichtenden Beiträge sowie über die Kalendermonate, auf welche die Beiträge entfallen. Eine gleiche Bescheinigung ist der Reichsversicherungsanstalt unter Angabe des neuen Arbeitgebers zu übersenden. Die Beiträge gemäß Abs. 1 sind erst dann nachzuentrichten, wenn beim Ausscheiden aus der zweiten oder der sich anschließenden weiteren versicherungsfreien Beschäftigung ebenfalls nicht Ruhegeld oder Hinterbliebenenrente (§ 11) gewährt wird.

(7) Die Reichsregierung kann mit Zustimmung des Reichsrats weitere Ausnahmen zulassen, in denen die Nachentrichtung von Beiträgen unterbleibt oder aufgeschoben wird, und hierfür Näheres bestimmen.

Beilage A (zu Anmerkung 5).

Verfügung des Generaldirektors der Deutschen Reichsbahn-Gesellschaft 58. 267. 311. Vom 2. August 1925.

(Gekürzt.)

Betrifft: Angestelltenversicherung.

Die verschiedenartige Durchführung der Angestelltenversicherung in den einzelnen Bezirken im Verein mit gewissen Anregungen der Reichsversicherungsanstalt für Angestellte haben den Anlaß gegeben, einheitliche Richtlinien für den gesamten Bereich der Deutschen Reichsbahn-Gesellschaft unter Beachtung der neuesten Gesetzgebung aufzustellen. Eine zu diesem Zweck besonders eingesetzte Kommission hat ein Verzeichnis der angestellten- und invalidenversicherungspflichtigen Bediensteten zusammengestellt, das die Billigung des Herrn Reichsarbeitsministers gefunden hat und in der Anlage beigefügt ist.

Im einzelnen ist zu dem Verzeichnis folgendes zu bemerken:

Es soll die im Abschnitt XVII der vom Herrn Reichsarbeitsminister unterm 8. März 1924 (Reichsgesetzbl. I S. 274) erlassenen Bestimmung von Berufsgruppen der Angestelltenversicherung aufgeführte Nachweisung der Angestellten im Verkehrswesen[1]) ergänzen und Richtlinien für den Regelfall geben. Es soll also nicht ausgeschlossen bleiben, daß in dem einen oder anderen besonders gearteten Fall je nach Lage der Umstände auch eine andere als die nach dem Verzeichnis vorgeschriebene Versicherung angewendet werden kann. Die Entscheidung hierüber bleibt vorbehaltlich der Entscheidung der Versicherungsbehörden im Streitverfahren in jedem Falle der zuständigen Reichsbahndirektion überlassen.

Zu Abschnitt Id des Verzeichnisses: Sofern Arbeiter überwiegend und mit der Absicht der dauernden Verwendung als Schreibhilfen, Bürogehilfen usw. beschäftigt und damit ihrem eigentlichen Beruf entzogen werden, sind sie angestelltenversicherungspflichtig. Als überwiegende Beschäftigung gilt, wenn der Bedienstete mehr als die Hälfte eines Monats in der Schreibgehilfentätigkeit beschäftigt ist. **Hilfskräfte im Telegraphen- und Fernsprechdienst sind dann nicht angestelltenversicherungspflichtig, wenn sie lediglich umschalten.... Versicherungsfrei gemäß § 11 Ziffer 1 des Angestelltenversicherungsgesetzes ... sind planmäßige und außerplanmäßige Beamte sowie Beamte im Vorbereitungsdienst. Ihnen wird die im § 11 Ziffer 1 A.V.G. vorgesehene Anwartschaft auf Ruhegeld- und Hinterbliebenenrenten hiermit ausdrücklich gewährleistet. Versicherungsfrei sind auch weibliche Beamte mit der Maßgabe jedoch, daß die Versicherungsfreiheit aufhört und für die Zeit der versicherungsfreien Beschäftigung Beitragsmarken der Angestelltenversicherung nachzuverwenden sind, wenn die weiblichen Beamten sich verheiratet haben oder das Vorhandensein von Kindern bekannt wird, sofern den weiblichen Beamten nicht auf Grund gesetzlicher Vorschrift ein Anspruch auf Ruhegeld und Hinterbliebenenrente gegen den Arbeitgeber zusteht.**

Alle entgegenstehenden Anordnungen werden durch diese Verfügung aufgehoben.

I. Angestelltenversicherungspflichtige Personengruppen[2]):

a) Assessoren, Referendare, Reichsbahnbaumeister, Reichsbahnbauführer im Vertragsverhältnis;

b) Diplomingenieure, Ingenieure, Architekten, Chemiker im Vertragsverhältnis;

[1]) Oben III 8 Anm. 2 A.

[2]) Dem Lohntarifvtr unterstehende Arbeiter der Reichsbahn, die angestelltenversicherungspflichtig sind, gelten als Angestellte i. S. des G 9. Juli 26 RGBl I 399. Vf 51. 533 Plt 11 v. 12. Dez. 29.

c) Landmesser im Vertragsverhältnis, Techniker im Vertragsverhältnis (Bauassistenten, Bauaufseher, techn. Bürogehilfen, Landmessergehilfen, techn. Aushelfer), Zeichner, nichttechnische Aushelfer und Aushelferinnen, Stenotypisten, Kanzleigehilfen;

d) Schreibhilfen, Bürogehilfen oder Hilfsschreiber bei äußeren Dienststellen und Verwaltungsbüros (Werkstattschreiber, Bahnmeisterschreiber usw.), Hilfskräfte im Telegraphen-, Fernsprech- und Fahrkartenausgabedienst;

e) Bahnagenten, sofern sie schriftliche Arbeiten in größerem Umfang zu erledigen haben oder sonst nach der Verkehrsanschauung, insbesondere im Hinblick auf die Größe der Haltestelle oder die Art ihrer tariflichen Behandlung als Angestellte gelten.

II. Invalidenversicherungspflichtige Personengruppen:

A. Handwerker und Arbeiter:

Vorhandwerker, Lehrgesellen, Handwerker jeder Art, Vorarbeiter, Werkhelfer, Bahnhofs-, Güter-, Bahnunterhaltungs-, Werkstättenarbeiter sowie angelernte Arbeiter jeder Art, insbesondere gehören zu den vorstehenden Gruppen: Zeitermittler, Arbeitsprüfer, Mineure in Steinbrüchen, Werkhelfer, Kohlenlader und Schlackenlader, Rangierarbeiter einschließlich Hemmschuhleger und Gleisbremser, Viehwagenreiniger, Schweißofenarbeiter, Kuppelofenarbeiter, Arbeiter zum Entfeuern, Entschlacken, Entaschen und Anheizen von Lokomotiven und Kesseln, Kesselsteinabstoßer, Kesselausklopfer und Ausbläser, Auskocher, Arbeiter in Gasanstalten, Gasfüller, Arbeiter in Schwellentränkungsanstalten, Steinbrucharbeiter, Bahnunterhaltungsarbeiter, Güterbodenarbeiter, Arbeiter zur Reinigung von Senkgruben, Aborten und Kläranlagen, Kran- und Schiebebühnenführer, Zugabfertiger, Wagenschreiber, Ladekranwärter, Gepäckträger, Gepäckarbeiter, Fahrkartenausleger und Fahrscheinprüfer in den Verkehrskontrollen, Arbeiter in den Drucksachen- und Kleiderlagern, Meßgehilfen, Arbeiter in den chemischen Laboratorien und den Zementsammellagern, Maschinenputzer und Maschinenoberputzer, Heizhausvorwärmer, Wagenputzer, Ladearbeiter, Schiffsarbeiter, Lampenwärter, Boten, Aktenhefter, Hausdiener, Hofreiniger, Badewärter, Arbeiter bei den Getränkebereitungsanstalten, Getränkeabgeber, Kantinenarbeiter, Arbeiter in den Fahrkartendruckereien, sonstige ungelernte Arbeiter.

Außerdem sind invalidenversicherungspflichtig: Krankenbesucher[3]) und Brückengeldeinnehmer.

B. Aushilfsbeamte und Beamtenanwärter (Hilfsbeamte) in Stellungen mit einfacheren Dienstverrichtungen:

Insbesondere Aushilfs-Werkführer, -maschinenwärter, -maschinistenheizer, -wagenaufseher, -weichenwärter, -ladeschaffner, -bahnsteig-, -zugschaffner, -pförtner, -drucker, -amtsgehilfen, -materialaufseher, -rottenführer, -bahnwärter, -schrankenwärter, -rangierer, -rangieraufseher, -matrosen.

---

[3]) Krankenbesucher: Vf 55. 567 Uir v. 25. Sept. 29.

IV. Finanzen und Steuern.

1. Einleitung.

A. Finanzen[1]).

I. Die Reichseisenbahnen. Die Gesetze, die für das Finanzwesen der Preußischen Staatseisenbahnverwaltung maßgebend waren, wie das Gesetz über den Staatshaushalt vom 11. Mai 1898, das Verwendungsgesetz vom 27. März 1882, das Ausgleichsfondsgesetz vom 3. Mai 1903, haben mit dem Übergange der Bahnen auf das Reich ihre Gültigkeit für diese verloren und sind auch zum Teil formell aufgehoben worden.

Solange die Reichsbahnen vom Reiche selbst betrieben wurden, bildeten für ihre Finanzverwaltung Art. 92 der Reichsverfassung (oben I 2) und Artt. 3ff. des Staatsvertrags von 1920 (oben I 3) die Grundlage. Anläufe, ein Reichseisenbahn-Finanzgesetz zu schaffen, führten nicht zum Ziele. Die vorläufige Regelung, die die Verordnung über das Unternehmen Deutsche Reichsbahn vom 12. Februar 1924 (oben I 5 Anm. 26) brachte, hat nur wenige Monate bestanden.

Als in Verfolg des Londoner Abkommens (oben I 4) am 11. Oktober 1924 der Betrieb der Reichsbahnen auf die Reichsbahn-Gesellschaft überging, wurde das Finanzwesen des Unternehmens vollständig umgestaltet: Die oben genannten reichsrechtlichen Vorschriften traten für die Gesellschaftsverwaltung außer Wirksamkeit; die finanzielle Grundlage bestimmt sich nunmehr nach dem Reichsbahngesetz und der zugehörigen Satzung (oben I 5). Die Regelung im einzelnen durch Verwaltungsanordnungen ist noch nicht abgeschlossen; einstweilen ist für das vormals preußisch-hessische Netz großenteils die zwölf Teile umfassende Finanzordnung der Preußischen Staatsbahnverwaltung die Richtschnur geblieben. Neugeregelt ist z. B. die Rechnungsprüfung — Rechnungsprüfungsordnung vom 1. Dezember 1924, „Die Reichsbahn" S. 9, derzufolge der Rechnungshof des Deutschen Reichs nicht mehr mitwirkt — und das Lohnrechnungswesen (Lohnrechnungsvorschriften, eingeführt mit Vf 42.229 vom 9. März 1927)[2]).

II. Für die privaten Groß- und Kleinbahnen sind maßgebend das Eisenbahngesetz (oben I 7) und das Kleinbahngesetz (oben I 8) sowie für das Einzelunternehmen die Konzessions- und Genehmigungsurkunden.

B. Steuern[3]).

I. Reichsgesetze. Alle Schienenbahnen trifft das Beförderungssteuergesetz (unten Nr. 2). Nicht mehr gültig, aber für die Steuerpflicht der Reichsbahn-Gesellschaft noch jetzt von Bedeutung ist das Reichsbesteuerungsgesetz (unten Nr. 3a). An seine Stelle getreten und gleichfalls für die Reichsbahn wichtig ist das Gegenseitigkeitsbesteuerungsgesetz (Nr. 3b). Einzelne eisenbahnrechtliche Vorschriften enthalten das Körperschaftsteuergesetz, das Kapitalverkehrsteuergesetz und das Gesetz über die Industriebelastung (Auszüge in Nrn. 4, 5 und 6).

II. Preußische Gesetze. Eisenbahnrecht enthalten das Gesetz über staatliche Verwaltungsgebühren mit der Verwaltungsgebührenordnung (Nr. 7) und das Gesetz über die Erhebung einer vorläufigen Steuer vom Grundvermögen in Verbindung mit dem Kommunalabgabengesetze (Auszüge in Nrn. 8 und 9). Nur private Schienenbahnen unterliegen der Verordnung über die vorläufige Regelung der Gewerbesteuer (Nr. 10).

Zusammenfassend sei bemerkt, daß die hierunter mitgeteilten Vorschriften nicht entfernt den ganzen, äußerst verwickelten, ständig Änderungen unterliegenden Stoff[3]) erschöpfen, sondern nur die Bestimmungen bringen können, die Sonderrecht der Eisenbahnen, sei es über deren Steuerpflicht oder ihre Freiheit von Abgaben, enthalten. Einen Überblick über die Heranziehung der Reichsbahn-Gesellschaft geben die Anmerkungen zu § 14 des Reichsbahngesetzes (oben I 5) und zu Nrn. 3a und b unten.

---

[1]) Kurze Übersicht bei Fritsch EisRecht §§ 54, 55.

[2]) Weiteres Sarter-Kittel S. 58ff.

[3]) Zur Unterrichtung eignen sich: Hue de Grais, Handbuch der Verfassung und Verwaltung, 24. Aufl., Berlin 1927 Jul. Springer, S. 205—327; auch Schäffer und Albrecht, Steuerrecht, Leipzig 1927 Hirschfeld. Kurze Übersicht bei Fritsch EisRecht S. 368 bis 379. Im Hinblick auf die fortgesetzten Änderungen der Vorschriften ist aber bei Benutzung dieser Bücher Vorsicht geboten.

2. Beförderungsteuergesetz. Vom 29. Juni 1926 (RGBl I 357).

Auf Grund des § 452 der Reichsabgabenordnung wird mit Zustimmung des Reichsrats und eines Ausschusses des Reichstags das Gesetz über die Besteuerung des Personen- und Güterverkehrs vom 8. April 1917 (Reichsgesetzbl. S. 329) der Reichsabgabenordnung wie folgt angepaßt[1]):

Beförderungsteuergesetz*)

§ 1[2]). (1) Die Beförderung von Personen und Gütern auf Schienenbahnen[3]) sowie auf Wasserstraßen[4]) unterliegt einer Steuer nach diesem Gesetze (Beförderungsteuer).

(2) Der Brief- und Paketverkehr[5]) der Post und der Fährbetrieb mit Ausnahme des Eisenbahnfährbetriebs[6]) fallen nicht unter dieses Gesetz.

§ 2. (1) Der Steuer unterliegt die Beförderung

a) von Personen und Gütern innerhalb des Reichsgebiets[7]);

[4]) b) von Personen und Gütern im Schiffsverkehr zwischen deutschen Ost- und Nordseehäfen einschließlich der Rheinseehäfen; ferner die Beförderung von Personen bei Fahrten in die freie See, und zwar auch dann, wenn die Fahrten nach dem inländischen Ausgangshafen ohne Berührung anderer Orte zurückkehren;

[4]) c) von Gütern im Schiffsverkehr zwischen inländischen Häfen und ausländischen Festlandshäfen des Kanals und der Nord- und Ostsee von Le Havre einschließlich bis Kap Domesnaes, mit Ausschluß der dänischen Häfen.

(2) Der nicht unter Abs. 1 fallende Seeverkehr unterliegt diesem Gesetz auch nicht in Ansehung der Beförderungsstrecke vom inländischen Hafen bis zur Seegrenze, ebensowenig der Leichterverkehr, soweit er in Ausführung des Seefrachtvertrags zwischen benachbarten Seehäfen erfolgt.

(3) Die Beförderung auf dem Bodensee gilt im Sinne dieses Gesetzes nicht als eine Beförderung innerhalb des Reichsgebiets[6]).

§ 3. (1) Von der Steuer befreit sind:

[8]) 1. Personenbeförderungen im Arbeiter-, Schüler- und Militärpersonenverkehr und Gepäckbeförderungen im Militärgepäckverkehr, soweit die Abfertigung in diesen Verkehren zu ermäßigten Preisen erfolgt;

---

*) Auf Grund des Gesetzes, betreffend zeitweise Aussetzung der Erhebung der Verkehrsteuer für die Beförderung auf Wasserstraßen, vom 5. März 1921 (Reichsgesetzbl. S. 225) ist die Erhebung der Steuer für Beförderungen im Binnenschiffsverkehr und im See- und Küstenschiffsverkehr bis auf weiteres ausgesetzt (vgl. Reichsgesetzbl. 1921 S. 450 und 1922 S. 43).

[1]) A. Inhalt. Das G unterwirft den Personen- u. Güterverkehr auf Schienenwegen u. Wasserstraßen [s. jedoch die dem RGBl entnommene Anm.*) oben] einer in die Reichskasse fließenden Abgabe, die nach Prozenten des BefördPreises berechnet wird. §§ 1—3 Gegenstand d. Besteuerung, §§ 3, 4 Befreiungen, §§ 5—7 Beförd.-Preis, §§ 8—10 Schuldner d. Abgabe u. Abwälzung, §§ 11—13 Steuertarif, §§ 14—23 Erhebung d. Steuer. — Wie die Präambel des G sagt, ist sein Wortlaut die Neufassung eines G 8. April 17. Der Personenfahrkartenstempel, den das ReichsstempelG 3. Juni 06 (RGBl 620) eingeführt hatte, war schon durch § 34 des G 8. April 17 aufgehoben worden.

B. Quellen des G v. 1917: Reichstag 1914/17 Drucks. 631 (Entw. u. Begr), 708 (KomB), StenBer. S. 2383, 2397, 2401, 2419, 2428, 2450, 2462, 2485, 2499, 2506, 2771, 2782, 2827. Ausführungsbestimmungen Bek 1. Feb. 18 Beilage A, preuß. E 17. Feb. 18 FinMinBl 148 (s. unten Beil. A Anm. 1). Bearbeitungen: Weinbach u. Moser Berlin 1918; s. ferner Herr VZ 1926 1321. Dienstvorschriften der Eis.: Kundmachung 5 des EisVerkehrsverbands Teil 1 (Güter) u. 2 (Personen).

C. Umsatzsteuer (s. auch Fleck EE 48 241). Nach UmsatzstG 8. Mai 26 RGBl I 218 § 2 Ziff. 5 sind v. d. USteuer ausgenommen: Beförderungen i. S. des BefördStG mit Ausn. der in § 3 Nr. 4, 5 dieses G genannten. Aber § 20 der DurchführBest zum UStG 25. Juni 26 RGBl I 323 bestimmt, daß auch Entgelte f. Beförderungen i. S. jener Nrn. 4, 5 umsatzsteuerfrei sind, solange die Erheb. der BefördSt. für d. Binnenschiffsverkehr [oben Anm.*)] ausgesetzt ist. USteuerpflichtig ist der Umschlagsverkehr zw. Bahn u. Schiff od. Fuhrwerk u. das Entgelt f. alle Leistungen, die die Be- u. Entlad. der Fahrzeuge u. die Zuführ. der Güter zur Bahn od. zum Schiffe zum Gegenst. haben, z. B. Kran- u. Wiegegebühren. RFinHof EE 39 253. Frei sind Umladegebühren im Verkehr zw. Bahnen verschiedener Spurweite. RFinHof VZ 1930 440. — Weiteres üb. die Umsatzst. unten IV 3b Anm. 17.

D. Dem G unterliegt auch die Reichsbahn. Nach § 15 des RBahnG in der Fassung v. 1924 hatte die RBGesellschaft f. d. Dauer ih. Betriebsrechts eine Summe, die etwa dem gewöhnl. Steuerertrag entspricht, alljährlich an den Agenten f. ReparZahlungen abzuführen; diese Bestimmung ist durch die Novelle von 1930 beseitigt worden. S. oben I 5 Anm. 64.

[2]) Hierzu AusfBest (Beil. A) §§ 1, 11, 36, 42.

[3]) Also Eisenbahnen im weitesten Wortsinn (oben I 1). Zu den Schienenbahnen gehören ab. nicht Drahtseil-Schwebebahnen ohne Schienen. RFinHof EE 47 255. A. M. RG 97 154.

[4]) Aber: vorst. Anm. *) zur Präambel.

[5]) Nicht der Personenverkehr. Einzelerört. der verschied. Arten v. Postbeförd. im EisVerkehre: Rundschr. des RFinanzmin. 12. Juni 19 III R s 5395 u. E 3. Jan. 20 II 26 C g 15486.

[6]) Hierzu AusfBest (Beil. A) §§ 11, 42 f.

[7]) Hierzu § 5 (2).

[8]) Hierzu AusfBest. § 44.

[9]) 2. Beförderungen von Gütern, die den Zwecken des eigenen Beförderungsunternehmens dienen;

3. Beförderungen von Gütern zur See zwischen deutschen Nord- und Ostseehäfen, sofern die Güter unmittelbar oder mittelbar aus dem Ausland nach einem dieser Häfen eingegangen oder nach dem Ausland über einen dieser Häfen ausgegangen sind. Die näheren Bestimmungen über die Steuerbefreiung trifft der Reichsminister der Finanzen. Er kann insbesondere bestimmen, daß der Nachweis der Einfuhr aus dem Ausland für solche Güter als geführt anzusehen ist, die von ihm als Gegenstände des Stapelverkehrs des Einfuhrhafens erklärt sind;

4. Beförderungen von Gütern in nicht mit motorischer Kraft betriebenen Schiffen, die nicht höher als zu 100 Kubikmeter Reinraumgehalt oder 50 Tonnen Tragfähigkeit vermessen sind;

5. Beförderungen von Gütern zu Wasser innerhalb eines Hafengebiets oder innerhalb eines oder desselben Ortes. Der Reichsminister der Finanzen bestimmt, was als ein Hafengebiet oder als ein Ort im Sinne dieser Vorschrift anzusehen ist;

6. Beförderungen der im Betrieb der Fischerei gewonnenen Erzeugnisse zu Wasser nach dem Ausladeplatz und Beförderungen von Baggergut zu Wasser im Betrieb einer öffentlichen Verwaltung;

7. Beförderungen von Bau- und Betriebsstoffen zu Wasser im Betrieb einer Wasserbauverwaltung;

[10]) 8. Beförderungen von Steinkohlen, Braunkohlen, Koks und Preßkohlen aller Art im Eisenbahnverkehr.

[11]) (2) Der Reichsminister der Finanzen wird ermächtigt, mit Zustimmung des Reichsrats für Personenbeförderungen auf Stadtschnellbahnen, sofern die Herstellungskosten mehr als durchschnittlich zwei Millionen Reichsmark für das Kilometer betragen, Steuerfreiheit zu gewähren. Als Stadtschnellbahnen gelten die auf straßenfreiem Bahnkörper liegenden elektrischen Kleinbahnen für den Orts- und Vorortsverkehr der Großstädte.

[12]) (3) Im nichtöffentlichen[13]) Güterverkehr sind außerdem von der Steuer befreit:

1. Beförderungen von Abfallstoffen auf Halden oder sonstige Ablagerungsstätten sowie von Versatzstoffen im Bergbaubetrieb;
2. sonstige Beförderungen auf nichtöffentlichen Bahnanlagen (Werkbahnen, Grubenbahnen usw.)[14]),
   a) wenn die Beförderungen innerhalb derselben geschlossenen Betriebsanlage[15]) beginnen und endigen,
   b) wenn die Bahnanlage eine Länge von sechs Kilometern nicht überschreitet,
   c) wenn die Bahnanlage in einer Feldbahn oder einer ähnlichen Bahn besteht, die nur zu vorübergehenden Zwecken angelegt ist,
   d) wenn die Bahnanlage nur mit menschlicher Kraft betrieben wird;
3. Beförderungen im eigenen Wirtschaftsbetrieb auf Wasserstraßen innerhalb einer Entfernung von sechs Kilometern.

§ 4[16]). Soweit Güter für Betriebszwecke einer deutschen Staatsbahnverwaltung bezogen sind, wird die auf Grund dieses Gesetzes erhobene Steuer nach näherer Bestimmung des Reichsministers der Finanzen rückvergütet.

§ 5[17]). (1) Die Steuer wird von dem Preise berechnet, der für die Beförderung an den Betriebsunternehmer[18]) zu entrichten oder im nichtöffentlichen Verkehr nach § 7 der Berechnung zugrunde zu legen ist.

(2) Soweit bei einer Beförderung fremdes Hoheitsgebiet berührt wird, ist der auf dieses Gebiet entfallende Anteil des Beförderungspreises (§§ 6, 7) bei der Berechnung der Steuer außer Ansatz

---

[9]) Desgl. § 2.

[10]) Vom Reichstag eingefügt (KomB, Weinbach u. Moser — oben Anm. 1 B — Anm. 13). — Begriff Koks Bek 25. Aug. 20 ZBl 1402.

[11]) Vom Reichstag eingefügt (KomB, Weinbach u. Moser Anm. 14). — AusfBest § 45.

[12]) AusfBest § 28.

[13]) Öffentlicher Verkehr ist ein solcher, bei dem das Unternehmen seinen Geschäftsbeding. nach jedermann z. Benutzung offensteht (Begr); nicht öffentl.: AusfBest § 27. Ferner RFinHof EE **37** 36, **39** 176, **41** 236.

[14]) G § 7.

[15]) RG **98** 179; RFinHof EE **38** 279 u. SpedZtg **1924** 233.

[16]) In der älteren Fassung § 33. AusfBest §§ 2, 10. — G § 3 (1) Ziff. 2. — Reichsbahngesellschaft: Bf 11. 2919 v. 4. Sept. 26; das Privileg des § 4 steht auch der RBGes. zu u. gilt für Güter, die für deren Betriebszwecke befördert w. (RFinHof 17. Mai 29 Reichssteuerbl 403, BZ 849).

[17]) Bisher § 4. AusfBest §§ 3, 4, 46.

[18]) Unternehmer ist im öff. Verkehre, wer das BefördGewerbe f. eigene Rechnung betreibt. Weinbach u. Moser Anm. 2.

zu lassen. Inwieweit im grenzüberschreitenden Verkehr bei Berechnung der Steuer kurze Beförderungsstrecken zu berücksichtigen oder nicht zu berücksichtigen sind, bestimmt der Reichsminister der Finanzen.

(3) Der Reichsminister der Finanzen bestimmt ferner, nach welchen Grundsätzen im internationalen Verkehr der Anteil des inländischen Betriebsunternehmens am Beförderungspreise bei der Steuerberechnung zu berücksichtigen ist.

§ 6[19]. (1) Als Beförderungspreis gelten im Eisenbahnverkehr und im Eisenbahnfährverkehr die Personenfahrpreise[20]), die Frachten einschließlich der Privatanschlußfrachten und die sonstigen tarifmäßigen Beträge mit Ausnahme der Nebengebühren und der baren Auslagen.

(2) Im Verkehr auf Wasserstraßen gelten als Beförderungspreis die Personenfahrpreise, die Frachten, die Schlepplöhne und die im gewöhnlichen Verkehr berechneten Kosten der Ableichterung.

(3) Nicht zum Beförderungspreise gehören die Abgaben für die Benutzung von Wasserstraßen (Befahrungsabgaben, Schleusen-, Kanal- und Brückengelder) und die aus Anlaß der Zollüberwachung und Zollabfertigung entstandenen Gebühren.

(4) Die näheren Bestimmungen darüber, was als Beförderungspreis anzusehen ist, trifft der Reichsminister der Finanzen.

§ 7[21]). (1) Werden Güter im nichtöffentlichen[13]) Verkehr für eigene Rechnung oder für Rechnung eines Dritten befördert, so ist der Berechnung der Steuer derjenige Betrag als Beförderungspreis zugrunde zu legen, der unter gleichen oder ähnlichen Verhältnissen im öffentlichen Güterverkehr gezahlt wird. Bei der Güterbeförderung auf nichtöffentlichen Bahnanlagen (§ 3 Abs. 3 Nr. 2) ist als Beförderungspreis ein Reichspfennig für das Tonnenkilometer in Ansatz zu bringen.

(2) Kommt eine Einigung mit dem Betriebsunternehmer[18]) darüber, welcher Betrag gemäß Abs. 1 der Steuerberechnung zugrunde zu legen ist, nicht zustande, so ist die Steuerstelle befugt, diesen Betrag vorbehaltlich einer anderweiten Festsetzung im Rechtsmittelverfahren selbständig zu bestimmen und danach die Steuer zu erheben.

§ 8[22]). (1) Steuerschuldner ist derjenige, der den Beförderungspreis zu zahlen hat, soweit nicht im Abs. 3 etwas anderes bestimmt ist. Neben ihm haftet für die Steuer der Betriebsunternehmer[18]).

(2) Der Betriebsunternehmer hat die Steuer zu Lasten des Steuerschuldners zu entrichten.

(3) Im nichtöffentlichen Güterverkehr (§ 7) ist Steuerschuldner der Betriebsunternehmer.

§ 9[23]). Erfolgt die Beförderung auf Grund veröffentlichter Tarife, so ist die Steuer in diese einzurechnen. Der Reichsminister der Finanzen kann Ausnahmen zulassen.

§ 10. (1) Im Verhältnis zwischen dem Betriebsunternehmer[18]) und den Personen, die nach § 8 Steuerschuldner sind, gilt die Steuer als Teil des Beförderungspreises, insbesondere hinsichtlich der Einziehung, der Geltendmachung im Rechtsweg, des gesetzlichen Pfandrechts[24]) und der Erstattung bei nachträglicher Änderung der Frachtberechnung.

(2) Für Ansprüche, die dem Unternehmer wegen der Zahlung nachgeforderter Steuerbeträge gegen den Steuerschuldner zustehen, beginnt die Verjährung[25]) mit dem Ablauf des Tages, an dem die Nachzahlung erfolgt ist.

§ 11[26]). (1) Bei der Personenbeförderung beträgt die Steuer

in der	1. Fahrklasse	16	vom Hundert
„ „	2. „	14	„ „
„ „	3. „	12	„ „
„ „	4. (3b) „	10	„ „

des Beförderungspreises.

[27]) (2) Werden für die beschleunigte Beförderung besondere Zuschlagkarten ausgegeben, so beträgt die Steuer für die Zuschlagkarten der 1. und 2. Klasse fünfzehn vom Hundert und für solche der 3. Klasse zwölf vom Hundert des Preises.

[27]) (3) Bestehen bei einem Unternehmen weniger als vier Klassen, so bestimmt der Reichsminister der Finanzen, welcher Steuersatz für die einzelnen Klassen anzuwenden ist. Ist bei einem Unter-

[19]) Bisher § 5. AusfBest §§ 5, 47.

[20]) Bahnsteigkarten sind nicht abgabepflichtig (Begr).

[21]) Bisher § 6. AusfBest § 30.

[22]) Bisher § 7 Abs. 1. — G § 10.

[23]) Bisher § 7 Abs. 2. AusfBest §§ 6, 48.

[24]) HGB §§ 440ff.

[25]) BGB § 196 Ziff. 3.

[26]) AusfBest §§ 49—51. Zu §§ 11—13: Abrundung Vo 31. Okt. 23 RGBl I 1049 § 2 Ziff. 3.

[27]) A. Vo 26. Okt. 28 Beilage B (zu Abs. 2 u. Abs. 3).
B. Auf die Klassen bei privaten Groß- u. Kleinbahnen (außer Straßenbahnen) sind im Zw. die gleichen Abgabesätze wie auf die gleichbezeichneten Klassen der Staats-(Reichs-)Bahnen anzuwenden; G § 11 Abs. 3 Satz 2 u. 3 werden dadurch nicht berührt; nach Benehmen m. d. EisAufsBehörde ist an den Finanzmin. zu berichten, wenn die Klassenbezeichn. der der Staatseis. nicht entspricht, wenn der Unternehmer andere Abgabesätze beantragt, u. wenn eine Straßenb. mehr als eine Klasse führt (Preuß. AusfVorschr. — oben Anm. 1 B — Ziff. 24).

nehmen nur eine Klasse vorhanden, so wird der Steuersatz der 3. Klasse erhoben. Das gleiche gilt, wenn der Beförderungspreis ohne Berücksichtigung von Klassen berechnet wird.

(4) Im Gepäckverkehr beträgt die Steuer zwölf vom Hundert des Beförderungspreises.

(5) Im Straßenbahnverkehr und in dem den örtlichen Bedürfnissen dienenden Schiffsverkehr ermäßigt sich die Steuer von der Personenbeförderung auf sechs vom Hundert des Beförderungspreises. Ob eine Bahn als Straßenbahn anzusehen ist oder ob ein Schiffsverkehr örtlichen Bedürfnissen dient, bestimmt im Zweifel der Reichsminister der Finanzen.

§ 12[28]. Bei der Güterbeförderung beträgt die Steuer sieben vom Hundert des Beförderungspreises.

§ 13[29]. Wird demjenigen, der den Beförderungspreis zu zahlen hat, die Steuer vom Betriebsunternehmer nicht besonders berechnet, so sind die Steuersätze der §§ 11, 12 von einem Betrage zu entrichten, der zusammen mit der aus ihm errechneten Steuer den an den Unternehmer zu zahlenden Betrag ergibt.

§ 14[30]. (1) Beförderungsunternehmungen des Reichs einschließlich der Deutschen Reichsbahn-Gesellschaft sowie Beförderungsunternehmungen der Länder haben der zuständigen Steuerstelle nach näherer Bestimmung des Reichsministers der Finanzen Nachweisungen mit den für die Steuerberechnung erforderlichen Angaben einzureichen und gleichzeitig die Steuer einzuzahlen.

(2) Auf Grund dieser Nachweisungen wird die Steuer von der Steuerstelle festgesetzt und, soweit noch nicht gezahlt, eingezogen. Der Reichsminister der Finanzen kann abweichende Bestimmungen treffen.

§ 15. Der Reichsminister der Finanzen ist befugt, unter Anordnung der erforderlichen Verwaltungsmaßregeln zu bestimmen, daß die Steuer auch von anderen Beförderungsunternehmungen gemäß § 14 entrichtet wird, sofern der Betriebsunternehmer im Inland eine Niederlassung besitzt oder einen im Inland wohnhaften Vertreter bestellt. Dem Vorsteher der inländischen Niederlassung und dem nach Satz 1 bestellten Vertreter liegen dieselben Verpflichtungen ob, die durch dieses Gesetz und die zu seiner Ausführung erlassenen Vorschriften dem Betriebsunternehmer auferlegt sind.

§ 16[30]. (1) Soweit die Steuer im Personenverkehr nicht nach §§ 14, 15 entrichtet wird, darf die Beförderung der Personen nur gegen Erteilung von Fahrausweisen erfolgen. Aus den Fahrausweisen muß der um die Steuer erhöhte Beförderungspreis ersichtlich sein.

(2) Die Steuer ist für die auszugebenden Fahrausweise im voraus zu entrichten. Die Verpflichtung zur Entrichtung der Steuer wird erfüllt durch Zahlung des Steuerbetrags an die zuständige Steuerstelle gegen Abstempelung der vorzulegenden Fahrausweise.

(3) Der Reichsminister der Finanzen kann unter Anordnung der erforderlichen Verwaltungsmaßregeln bestimmen, daß eine Abstempelung der Fahrausweise ohne vorgängige Steuerentrichtung bewirkt sowie daß von einer Abstempelung abgesehen wird und die Entrichtung der Steuer erst nach Veräußerung der Fahrausweise erfolgt.

§ 17[30]. (1) Soweit die Steuer im öffentlichen Güterverkehr nicht nach §§ 14, 15 entrichtet wird, darf die Beförderung der Güter nur dann erfolgen, wenn eine Frachturkunde über die Beförderung ausgestellt wird, die Ablieferung von Gütern, die vom Ausland nach dem Inland befördert sind, nur dann, wenn eine Frachturkunde über die Beförderung ausgehändigt wird. Auf Güter, die nach § 3 von der Steuer befreit sind, finden diese Vorschriften keine Anwendung.

(2) Güter, die im Inland auszuhändigen sind, sind der für den Ort der Aushändigung zuständigen Steuerstelle spätestens vor der Aushändigung, Güter, die nach dem Ausland bestimmt sind, im Binnenschiffs- und Landverkehr der dem Grenzausgangspunkte nächstgelegenen Steuerstelle spätestens vor deren Überschreitung, im Seeverkehr der für den Ausfuhrhafen zuständigen Steuerstelle spätestens vor der Ausfahrt zur Versteuerung schriftlich anzumelden. Der Reichsminister der Finanzen bestimmt, ob und unter welchen Voraussetzungen die Anmeldung bei einer anderen Steuerstelle und zu einem anderen Zeitpunkt erfolgen kann.

---

[28]) AusfBest § 7. Nach § 32 des BefördSteuerG, Fassung v. 1917, war die Abgabe v. d. Güterbeförderung neben dem Frachturkundenstempel (eingeführt durch G 3. Juni 06 RGBl 620) zu erheben. Durch G 20. März 23 RGBl I 198 Art. IV ist aber dieser Stempel beseitigt worden.

[29]) AusfBest § 52. — G § 13 schließt die Rechtsvermutung in sich, daß in den tarifmäß. Preis die Abgabe eingerechnet ist (Begr).

[30]) Zu den §§ 14—18, das Verfahren zur Erhebung der Steuer betr., sind AusfBest ergangen, u. zwar: a) allgemeine (Beil. A): §§ 8 (öff. EisGüterverkehr); 17—26 (öff. Güterv. auf Wasserstr., hier nicht abgedruckt); 31, 34f. (nicht öff. Güterv.); 53—69 (Personenv.) mit Mustern;
b) Sondervorschrift f. d. Reichsbahn-Gesellschaft: Beilage C.
Die Erhebung erfolgt entw. im Abrechnungsverfahren (G §§ 14, 15) od. durch Einzelversteuerung (§§ 16—18) od. im Abfindungsverfahren (G § 24; AusfBest § 33, hier nicht abgedr.). Übersicht darüb., welches Verf. bei den verschied. BefördArten nach dem G u. den AusfBest Platz greift, bei Weinbach u. Moser Anm. 3 zu § 15. Das AbrechnVerfahren bildet die Regel u. gilt auch f. d. Reichsbahn.

(3) Die Anmeldung hat die beförderten Güter und den Beförderungspreis anzugeben. Mit der Anmeldung sind die Frachturkunden, sofern sie die Sendung begleiten, andernfalls Abschriften der Frachturkunden vorzulegen.

(4) Die Steuer ist mit der Anmeldung gleichzeitig einzuzahlen. Der Reichsminister der Finanzen kann andere Fristen für die Einzahlung bestimmen.

§ 18[30]. Soweit die Steuer im nichtöffentlichen Verkehr nicht nach § 15 entrichtet wird, sind die beförderten Güter nach näherer Bestimmung des Reichsministers der Finanzen der für das Betriebsunternehmen örtlich zuständigen Steuerstelle binnen vierzehn Tagen nach Ausführung der Beförderung schriftlich unter Einzahlung der Steuer anzumelden. Der Unternehmer ist verpflichtet, nach näherer Anordnung der Steuerstelle zum Zwecke der Steuerberechnung Anschreibungen zu führen.

§ 19[31]. Zur Erhebung und Verwaltung der Beförderungsteuer auf Wasserstraßen kann der Reichsminister der Finanzen im Einvernehmen mit den Landesregierungen Landesbehörden gegen eine ihre Aufwendungen deckende Vergütung als Steuerstellen bestimmen.

§ 20[31] [32]. Die Beförderungsunternehmungen unterliegen der Steueraufsicht, sofern sie nicht unmittelbar vom Reiche oder einem Lande betrieben werden. § 195 der Reichsabgabenordnung findet entsprechende Anwendung.

§ 21[31]. Die Verträge über die Beförderung von Personen oder Gütern und die über solche Verträge ausgestellten Urkunden unterliegen in den einzelnen Ländern keiner weiteren Abgabe.

§ 22[33]. (1) Ist der Betriebsunternehmer in der Gestaltung der Tarife durch Vereinbarungen mit einem Dritten[34] gebunden, so stehen diese Vereinbarungen solchen Tarifänderungen nicht entgegen, die zur Deckung der Steuer bestimmt und nach Lage der gesamten Verhältnisse als angemessen zu erachten sind.

(2) Kommt zwischen den an der Vereinbarung Beteiligten eine Verständigung über die Tarifänderungen nicht zustande, so entscheidet über deren Art und Maß endgültig ein Schiedsgericht.

(3) Das Schiedsgericht wird aus drei Schiedsrichtern gebildet, von denen je einer von jeder Partei ernannt, der dritte als Obmann von beiden Parteien gewählt wird. Stehen dem Betriebsunternehmer mehrere Vertragsbeteiligte gegenüber und einigen diese sich nicht über die Wahl des Schiedsrichters, so entscheidet unter ihnen die Mehrheit, bei Stimmengleichheit das Los.

(4) Der Betriebsunternehmer hat der anderen Partei den Schiedsrichter schriftlich mit der Aufforderung zu bezeichnen, binnen einer einwöchigen Frist ihrerseits ein gleiches zu tun. Nach fruchtlosem Ablauf der Frist wird auf seinen Antrag der Schiedsrichter von der Aufsichtsbehörde für das Betriebsunternehmen[35] ernannt. Besteht eine Aufsichtsbehörde nicht, so erfolgt die Ernennung durch die für das Betriebsunternehmen zuständige obere Verwaltungsbehörde.

(5) Die vorstehenden Vorschriften finden auch Anwendung, wenn sich die Parteien über die Wahl des Obmanns nicht einigen.

§ 23[36]. Unterliegen die Tarife obrigkeitlicher Festsetzung oder Genehmigung oder sind obrigkeitliche Höchstpreise festgesetzt, so sind die Tarife und Höchstpreise, sofern die Steuer in den Beförderungspreis eingerechnet wird, auf Antrag des Unternehmers insoweit zu ändern, als dies nach Lage der gesamten Verhältnisse als angemessen zu erachten ist.

---

[31] §§ 19, 20 der früheren Fass. sind fortgefallen; §§ 21, 22, 29 sind jetzt §§ 19—21.

[32] AusfBest §§ 71 f. § 195 der RAbgabenO 13. Dez. 19 RGBl 1993 lautet:

Die Ausführungsbestimmungen ordnen an, welchen Bedingungen die nach § 194 Abs. 1 anmeldepflichtigen Betriebe nach ihrer Eröffnung zur Sicherung der Steuer zu genügen haben. Insbesondere können sie anordnen:

1. daß bestimmte Gewerbehandlungen nur in angemeldeten oder solchen Räumen vorgenommen werden dürfen, deren Benutzung für diesen Zweck von dem Finanzamt besonders genehmigt ist,
2. daß hergestellte Erzeugnisse in bestimmter Weise gelagert, verpackt oder bezeichnet werden müssen,
3. daß, wenn neben der Herstellung steuerpflichtiger Erzeugnisse deren Verkauf im kleinen erfolgt, dieser besonders zu überwachen ist,
4. daß über den Betrieb und über die gewonnenen, hergestellten oder in den Verkehr gebrachten steuerpflichtigen Erzeugnisse Buch zu führen ist und die Bestände festzustellen sind,
5. daß Vorgänge und Maßnahmen in den Betrieben, die für die Steueraufsicht wichtig sind, dem Finanzamt anzumelden sind.

[33] Bisher § 8. — Ältere Verordn. üb. schiedsgerichtl. Erhöhung v. BefördPreisen sind durch Vo 10. Dez. 28 RGBl II 637 aufgehoben w.

[34] Z. B. StraßenbenutzVerträge der Kleinbahnen (oben I 8 Anm. 19).

[35] Bei privaten Großbahnen der Reichsbevollm. für Privatbahnaufsicht (oben II 4 Beil. A), bei Kleinbahnen usw. die zur Genehm. zuständ. Behörde (KleinbG § 22).

[36] Bisher § 9. §§ 23—28, 30, 32, 34 der 1. Fass. sind fortgefallen.

§ **24**[37]). Die Ausführungsbestimmungen zu diesem Gesetz erläßt der Reichsminister der Finanzen. Er kann zulassen, daß eine Abrechnung über die einzelnen Steuerbeträge unterbleibt. Er kann ferner bestimmen, daß und unter welchen Voraussetzungen in besonderen Fällen, in denen die Feststellung der Steuerbeträge mit unverhältnismäßigen Schwierigkeiten und Kosten verbunden sein würde, die Berechnung und Abführung der Steuer im Wege der Abfindung[38]) zulässig ist.

Beilage A (zu Anmerkung 1).

Ausführungsbestimmungen zum Gesetz über die Besteuerung des Personen- und Güterverkehrs. Vom 8. April 1917. Vom 1. Februar 1918 (ZBl 217).

(Auszug)[1]).

I. Öffentlicher Eisenbahngüterverkehr.

§ 1.

1. Allgemeines. (1) Unter Eisenbahnen im Sinne dieser Bestimmungen sind auch die Kleinbahnen und die Straßenbahnen zu verstehen.

(2) Der Gepäckverkehr gilt nicht als Güterverkehr im Sinne dieser Bestimmungen (vgl. jedoch § 7 Abs. 1).

(3) Die Beförderung von Gütern auf Straßenbahnen unterliegt der Besteuerung nicht, soweit es sich lediglich um die Abfuhr und Zufuhr von Gütern von und zu Bahnhöfen oder Schiffsladeplätzen oder sonst um einen nicht dem allgemeinen Verkehr eröffneten Betrieb handelt und in beiden Fällen die Beförderung nur innerhalb geschlossener Ortschaften und nicht planmäßig stattfindet.

§ 2. Zum § 3 Abs. 1 Ziffer 2 und zum § 33[2]) des Gesetzes.

2. Dienstgut. Unter die Befreiungen des § 3 Abs. 1 Ziffer 2 und des § 33 des Gesetzes fallen sowohl Betriebs- wie Baudienstgüter der Eisenbahnen[3]).

§ 3. Zum § 4[4]) Abs. 2 des Gesetzes.

3. Grenzüberschreitender Verkehr. (1) Im grenzüberschreitenden Verkehre deutscher Eisenbahnen auf ausländischem Gebiet und ausländischer Eisenbahnen auf Reichsgebiet ist der der Abgabe zugrunde zu legende Beförderungspreis wie folgt zu berechnen[5]):

a) Reichen Strecken deutscher Eisenbahnverwaltungen in das Gebiet eines ausländischen Staates, so sind die Strecken zwischen der Grenze und der Betriebswechselstation zu berücksichtigen. Die Landesregierung kann bestimmen, daß die im Ausland liegenden Strecken ganz oder zum Teil unberücksichtigt bleiben[6]).

b) Reichen Strecken ausländischer Eisenbahnverwaltungen in das deutsche Reichsgebiet, so kann die Landesregierung bestimmen, daß die Strecken zwischen der Grenze und der Betriebswechselstation ganz oder zum Teil unberücksichtigt bleiben.

c) Durchschneiden Strecken deutscher Eisenbahnverwaltungen das Gebiet eines ausländischen Staates, so sind die im Ausland gelegenen Strecken zu berücksichtigen. Die Landesregierung kann bestimmen, daß diese Strecken ganz oder zum Teil unberücksichtigt bleiben[6]).

d) Durchschneiden Strecken ausländischer Eisenbahnverwaltungen Reichsgebiet, so kann die Landesregierung bestimmen, daß die im Reichsgebiete gelegenen Strecken ganz oder zum Teil unberücksichtigt bleiben[6]).

e) Erstreckt sich eine deutsche Kleinbahn oder Straßenbahn ohne Betriebswechsel in ausländisches Gebiet, so gilt die Reichsgrenze als Tarifgrenze. Die hiernach zum Zwecke der Steuerberechnung aufzustellenden Tarifsätze werden auf Vorschlag der Kleinbahn- oder Straßenbahnverwaltung von der Eisenbahn-Aufsichtsbehörde festgesetzt.

Die Landesregierungen haben die von ihnen auf Grund der Ermächtigungen in a) bis d) getroffenen Bestimmungen dem Reichskanzler (Reichsschatzamt)[4]) mitzuteilen.

(2) Der Verkehr auf Strecken deutscher Eisenbahnverwaltungen im Ausland ist abgabefrei, soweit er die Grenze nicht überschreitet; der Verkehr auf Strecken ausländischer Eisenbahnverwaltungen im Reichsgebiet ist der Abgabe unterworfen, soweit er die Grenze nicht überschreitet.

(3) Privatanschlußfrachten und andere örtliche Gebühren, die im Inland entstehen, sind der Abgabe in allen Fällen unterworfen.

§ 4. Zum § 4 Abs. 3 des Gesetzes[7]).

4. Internationaler Verkehr. (1) Im Güterverkehre zwischen deutschen und ausländischen Orten sowie im Verkehre vom Ausland zum Ausland durch das Reichsgebiet (internationaler Güterverkehr) ist die Abgabe, sobald sie nach § 7 Abs. 2[8]) des Gesetzes in die direkten Tarife eingerechnet ist, nach dem Teile des Beförderungspreises zu berechnen, der von den deutschen Bahnen auf deutscher Strecke in den Gesamtbeförderungspreis eingerechnet ist.

---

[37]) Bisher § 31. AusfBestimmungen Beil. A u. B.

[38]) AusfBest § 33.

[1]) Die nur auf den Wasserverkehr bezüglichen Vorschriften u. die Muster sind fortgelassen. Vielfach treffen die Bestimmungen für die heutigen Verhältnisse (Behördenorganisation u. dgl.) nicht mehr zu. Von den preußischen Ausführungsvorschriften („PAB") v. 17. Feb. 18, FinMinBl 148, wird nur mitgeteilt, was heute noch zu beachten ist.

[2]) Jetzt § 4.

[3]) Auf der eigenen Strecke.

[4]) Jetzt § 5. — An Stelle des Reichskanzlers (Reichsschatzamt) ist der Reichsminister der Finanzen getreten.

[5]) Hierzu Kundmach. 5 des Verkehrsverbands Teil 1 § 11.

[6]) Für Preußen E 6. Juli 17 II 22 Cg 5901 (teilw. veraltet).

[7]) Jetzt § 5.

[8]) Jetzt § 9.

(2) Bis zur Einrechnung der Abgabe in die direkten Tarife ist die Abgabe

a) im Verkehre deutscher Stationen mit dem Ausland nach dem Beförderungspreise zu berechnen, der erhoben werden würde, wenn das Gut von oder nach der auf dem Leitungswege liegenden Grenzstation nach den ordentlichen Klassen des deutschen Tarifs zu befördern wäre. Wenn die Verkehrsleitung zeitlich wechselt, so ist der kürzeste Leitungsweg maßgebend;

b) im Verkehre von Ausland zu Ausland nach dem Beförderungspreise zu berechnen, der zu erheben wäre, wenn das Gut auf dem deutschen Durchlauf nach den ordentlichen Klassen des deutschen Tarifs abzufertigen wäre. Der der Abgabe unterworfene Anteil des inländischen Betriebsunternehmens am Beförderungspreis ist jedoch so weit zu ermäßigen, als es notwendig ist, um die Ablenkung des Gutes, insbesondere auf ausländische Strecken, zu vermeiden.

(3) Im Eisenbahnfährverkehre mit Dänemark und Schweden ist bei Berechnung der Abgabe der Beförderungspreis bis zur Seegrenze zugrunde zu legen.

§ 5. Zum § 5 des Gesetzes[9]).

5. Beförderungspreis.

(1) Im Güterverkehre gelten als Beförderungspreis alle tarif- oder vertragsmäßigen Gebühren, die die Eisenbahn als Gegenleistung für die Fortbewegung der Güter auf dem Schienenwege von der Verladung bis zur Entladung zu fordern hat. Hierzu gehören auch besonders zu berechnende Abfertigungsgebühren, feste Frachtzuschläge nach §§ 44[9]), 60 der Eisenbahn-Verkehrs-Ordnung, Anschlußfrachten sowie Gebühren für die Bewegung des Gutes innerhalb der Bahnhofsanlagen.

(2) Sind Gebühren für Nebenleistungen in abgabepflichtige Gebühren eingerechnet, so ist die Abgabe von der Gesamtgebühr zu berechnen.

§ 6. Zum § 7 Abs. 2 des Gesetzes[10]).

6. Einrechnung in die Tarife und Abrundung.

(1) Der Zeitpunkt der Einrechnung der Abgabe in die einzelnen Tarife bleibt den Eisenbahnverwaltungen überlassen.

(2) Es wird zugelassen, daß in den Militärtarif und in Tarifsätze, die die Beförderung von Personen, Reisegepäck und Gütern gleichzeitig umfassen, die Abgabe nicht eingerechnet wird.

(3) Abgabebeträge, die nicht in die Tarifsätze eingerechnet sind, werden bei einem Frachtbetrage von nicht mehr als einer Mark auf volle fünf Pfennig, bei höheren Frachtbeträgen auf volle zehn Pfennig aufgerundet.

§ 7. Zum § 12 des Gesetzes.

7. Abgabepflichtige Güter.

[11]) (1) Zu den Gütern, deren Beförderung der Abgabe von 7 v. H. unterliegt, gehören außer den unter die Gütertarife der Eisenbahnen und den Militärtarif fallenden auch lebende Tiere und Fahrzeuge, die auf Frachtbrief oder Beförderungsschein abgefertigt werden, Expreßgut mit Einschluß des nach den Sätzen des Expreßguttarifs abgefertigten Reisegepäcks und Leichen.

(2) Der Abgabe von 7 v. H. unterliegen auch die Gebühren für die Beförderung von Schutzwagen, für Leerläufe von Privatgüterwagen und Leerläufe von Sonderzügen und besonders bestellten Wagen, die der Beförderung von Gütern gedient haben oder dienen sollen, sowie die Bahnbewachungsgebühren für Gütersonderzüge. Leerlaufgebühren, die bei Abbestellung von Sonderzügen oder besonders bestellten Wagen erhoben werden, sind abgabefrei.

(3) Bei gemischten Sonderzügen ist die Abgabe von 7 v. H. von dem Anteil zu erheben, der von dem Gesamtbeförderungspreis auf die Güterbeförderung entfällt.

§ 8[12]). Zu den §§ 14, 15 und 31[13]) des Gesetzes.

8. Abrechnungsverfahren.

(1) Öffentliche Eisenbahnen, die das vom Reichs-Eisenbahnamt aufgestellte Normalbuchungsverfahren oder ein diesem entsprechendes Buchungsverfahren anwenden, haben die Abgabe im Wege des Abrechnungsverfahrens nach § 14 des Gesetzes zu entrichten; eine Abrechnung über die einzelnen Abgabebeträge unterbleibt. Das gleiche gilt für sonstige Eisenbahnen, soweit nicht von der Landesregierung des Bundesstaats, in dem der Sitz der Betriebsverwaltung ist, im Einvernehmen mit dem Reichskanzler (Reichsschatzamt)[4]) eine abweichende Regelung getroffen wird.

[12]) (2) Die im Abs. 1 bezeichneten Eisenbahnen haben, soweit sich nicht aus Abs. 9 für Kleinbahnen und Straßenbahnen etwas anderes ergibt, auf die von ihnen zu entrichtende Abgabe für jeden Kalendermonat bis zum 25. des folgenden Monats unter Vorlegung von Lieferscheinen in doppelter Ausfertigung Abschlagszahlungen in der mutmaßlichen Höhe der aufgekommenen Abgabe zu leisten.

[Abs. (3) bis (8) betreffen die Verkehrsnachweisungen, die von den in Abs. (1) bezeichneten Eis. aufzustellen sind, Abs. (9) und (10) die Klein- und Straßenbahnen.]

§ 9. Zum § 31 des Gesetzes[13]).

9. Militärgutsendungen.

(Militärgut- und gemischte Militärtransporte.)

§ 10. Zum § 33 des Gesetzes[14]).

10. Abgaberückvergütung.

(Verfahren für Rückvergütung nach § 33 des Gesetzes.)

---

[9]) Jetzt § 6. — Kundm. 5 (vorst. Anm. 5) § 5. — § 44 EVO ist jetzt § 43 (9).

[10]) Jetzt § 9.

[11]) Aufzähl. der abgabepflichtigen u. -freien Gebühren: Kundm. 5 (oben Anm. 5) Teil 1 §§ 3, 4, Berechnung der Abgabe das. §§ 7, 11.

[12]) Hierzu PAV (oben Anm. 1) Ziff. 2. Reichsbahn Beil. B (zu Abs. 2 des § 8 s. Beil. B § 3).

[13]) Jetzt § 24.

[14]) Jetzt § 4. — Zu AusfBest § 10: PAV (oben Anm. 1) Ziff. 3.

II. Öffentlicher Güterverkehr auf Wasserstraßen.

§ 11. Zu den §§ 1 bis 3 des Gesetzes.

1. Begriff der Güterbeförderung auf Wasserstraßen. (3) Der Eisenbahnfährbetrieb gilt als Teil des Eisenbahnverkehrs. Im übrigen ist als Fährbetrieb im Sinne des § 1 Abs. 3 des Gesetzes die Güterbeförderung mittels eines Fahrzeugs nur anzusehen, wenn der Betrieb ausschließlich dazu bestimmt ist, die Verbindung der gegenüberliegenden Ufer herzustellen (Übersetzfähren).

III. Nichtöffentlicher Güterverkehr auf Eisenbahnen und Wasserstraßen.

Zum § 3 Abs. 3, § 6 des Gesetzes[15]).

1. Begriff des nichtöffentlichen Güterverkehrs. **§ 27.** Eine Beförderung von Gütern im nichtöffentlichen Verkehre liegt insoweit vor, als die Beförderung nicht im Betrieb eines Beförderungsgewerbes erfolgt. Hat der Betriebsunternehmer die Güter im Betriebe seines Gewerbes oder seiner Wirtschaft von Dritten erworben oder an Dritte veräußert, so ist ihre Beförderung mit den eigenen Betriebsmitteln als Ausübung eines Beförderungsgewerbes auch dann nicht anzusehen, wenn die Kosten der Beförderung im ersten Falle dem Veräußerer, im anderen Falle dem Abnehmer zur Last fallen. Das gleiche gilt, wenn die Beförderung lediglich für Rechnung von Personen übernommen wird, die mit dem Beförderungsunternehmer in einem Verhältnis der Interessengemeinschaft stehen oder für deren Zwecke das Beförderungsunternehmen unterhalten wird.

2. Befreiungen. **§ 28.** (1) Die Befreiung im § 3 Abs. 3 Nr. 1 des Gesetzes greift nicht Platz, wenn abgelagerte Abfallstoffe (z. B. Thomasschlacke) zur Aufbereitung von der Ablagerungsstätte wieder abbefördert werden.

(2) Die Geschlossenheit einer Betriebsanlage im Sinne des § 3 Abs. 3 Nr. 2a des Gesetzes hängt nicht davon ab, daß die Anlage räumlich durch Zäune, Mauern und dergleichen eingefriedigt ist. Sie wird ferner nicht schon dadurch ausgeschlossen, daß sie von einer öffentlichen Straße, einer öffentlichen Eisenbahn oder einem Flußlauf durchschnitten wird oder daß Teile eines technisch zusammenhängenden Betriebs, z. B. der Kalkbruch einer Zementfabrik und die Fabrikanlage, durch einen zu überquerenden fremden Grundstücksstreifen getrennt sind. Ist eine geschlossene Betriebsanlage an eine öffentliche Bahn angeschlossen, so wird die Befreiungsvorschrift des § 3 Abs. 3 Nr. 2a nicht dadurch ausgeschlossen, daß der Übergabebahnhof nach seiner örtlichen Lage einen Teil der geschlossenen Betriebsanlage bildet.

(3) Für die Länge einer Bahnanlage im Sinne des § 3 Abs. 3 Nr. 2b des Gesetzes ist das Gesamtausmaß der zusammenhängend betriebenen Bahnstrecken maßgebend, auch wenn die Anlage der Strecken keinen durchgehenden Bahnbetrieb gestattet. Bei mehreren, örtlich auseinanderliegenden Bahnanlagen desselben Unternehmens ist die Länge für jede der außer Zusammenhang miteinander stehenden Bahnanlagen gesondert zu bestimmen. Für die Bemessung der 6 km-Länge kommen nur die der eigentlichen Beförderung dienenden Hauptgleise in Betracht, dagegen nicht Aufstellungs-, Auszieh-, Verschiebe- und andere Nebengleise.

(4) Erstreckt sich die Beförderung über die Grenze der geschlossenen Betriebsanlage hinaus, so greift die Befreiung im § 3 Abs. 3 Nr. 2a, b des Gesetzes nicht Platz, wenn die Gesamtlänge der Bahnanlage — gleichgültig, ob die Beförderung über die gesamte Bahnstrecke oder nur über einen Teil geschieht — mehr als 6 km beträgt.

(5) Ist eine nichtöffentliche Bahnanlage an eine öffentliche Bahn angeschlossen, so ist für die Beförderung auf der nichtöffentlichen Anschlußbahnstrecke die Abgabe nur einmal, und zwar von der Anschlußfracht, zu entrichten.

(6) Als zu vorübergehenden Zwecken angelegt ist eine Bahnanlage im Sinne des § 3 Abs. 3 Nr. 2c des Gesetzes regelmäßig dann anzusehen, wenn sie nicht ortsfest angelegt ist. Ist eine Bahn nur teilweise ortsfest angelegt, so ist die Beförderung nur insoweit steuerpflichtig, als sie auf dem ortsfest angelegten Teile geschieht. Militärische Übungs- sowie Armierungsbahnen (schmalspurige und Vollbahnen) gelten als zu vorübergehenden Zwecken angelegt auch dann, wenn sie ortsfest angelegt sind.

4. Anmeldung des Beförderungsunternehmens. **§ 30.** (1) Wer die Beförderung von Gütern im nichtöffentlichen Verkehre betreibt, hat dies spätestens vierzehn Tage vor dem Beginne des Betriebs und, wenn der Betrieb bereits bei Inkrafttreten der gesetzlichen Vorschriften über die Besteuerung des Güterverkehrs bestand, spätestens vierzehn Tage vor dem Tage des Inkrafttretens dieser Vorschriften der für den Betriebsunternehmer örtlich zuständigen Steuerstelle anzumelden.

(2) Die Anmeldung hat den Namen und Wohnort des Betriebsunternehmers oder Firma und Sitz des Unternehmens, die Art des gewerblichen oder wirtschaftlichen Betriebs, in welchem die Güterbeförderung stattfindet, sowie eine Angabe darüber zu enthalten, ob die Güterbeförderungen auf eigenen Schienenbahnen, mit eigenen Schiffen oder im eigenen Flößereibetrieb erfolgen. Bei nichtöffentlichen Bahnen sind die betriebenen Strecken, bei der nichtöffentlichen Güterbeförderung auf Wasserstraßen ist anzugeben, auf welchen Linien oder zwischen welchen Orten die Güterbeförderung im regelmäßigen Verkehre stattfindet.

Zu den §§ 15, 31[13]) des Gesetzes[16]).

5. Abrechnungsverfahren. **§ 31.** (1) Betriebsunternehmern, die Güter im nichtöffentlichen Verkehre befördern, kann auf Antrag gestattet werden, für diese Beförderungen die Abgabe im Wege der nachträglichen Abrechnung über die im Laufe eines Kalendermonats ausgeführten Beförderungen (Abrechnungsverfahren) zu entrichten.

[16]) **§ 32.** (1) Betriebsunternehmer, die die Güterbeförderung sowohl im öffentlichen wie im nichtöffentlichen Verkehre betreiben, haben über jeden dieser Verkehre gesondert abzurechnen.

[16]) **§ 33.** Zum § 31 (jetzt 24) des Gesetzes (Abfindungsverfahren in Fällen unregelmäßigen oder unbedeutenden Betriebs).

[16]) **§ 34.** Zum § 18 des Gesetzes. (Die beförderten Güter sind einzeln zu versteuern, soweit die Abgabe nicht im Abrechnungsverfahren oder durch Abfindung entrichtet wird).

[15]) § 6 jetzt § 7.

[16]) Hierzu PAB (oben Anm. 1) Ziff. 19.

V. Personen- und Gepäckverkehr.

§ 42. Zum § 1 des Gesetzes.

(2) Was als Fährbetrieb im Sinne des § 1 Abs. 3[17]) des Gesetzes anzusehen ist, bestimmt sich nach § 11 Abs. 3. Der Verkehr auf Flüssen von Ufer zu Ufer ohne vorausgegangene oder nachfolgende Beförderung auf der Eisenbahn ist als Eisenbahnfährbetrieb auch dann nicht anzusehen, wenn die Fähre von der Eisenbahn betrieben wird. 1. Im allgemeinen.

(3)

§ 43. Zum § 2 des Gesetzes.

Fahrkarten der Schiffahrtsverwaltungen auf dem Bodensee unterliegen auch dann der Abgabe nicht, wenn sie wahlweise zur Benutzung der Uferbahnen berechtigen. 2. Bodenseeverkehr

§ 44. Zum § 3 Abs. 1 des Gesetzes.

Von der Abgabe sind befreit Beförderungen auf 3. Befreiungen.

a) Arbeiterkarten und sonstige Abfertigungen zu ermäßigten Einheitssätzen im Arbeiterverkehre[18]);

b) Zeitkarten und Sonderkarten für Schüler;

c) Militärfahrkarten[19]);

d) Militärfahrscheine, soweit sie den Personen- und Gepäckverkehr betreffen und nach den Sätzen des Militärtarifs berechnet werden;

e) Gepäckscheine, soweit die Fracht nach den Sätzen des Militärtarifs berechnet wird.

§ 45. Zum § 3 Abs. 2 des Gesetzes.

(1) Die Abgabebefreiung auf Grund von § 3 Abs. 2 des Gesetzes ist bei der Oberbehörde, in deren Bezirk das Unternehmen seinen Sitz hat, zu beantragen[20]). 4. Befreiung für Stadtschnellbahnen.

(2) Der Antrag ist vom Betriebsunternehmer zu stellen.

(3) Mit dem Antrag sind die Unterlagen einzureichen, auf die das Begehren der Abgabefreiheit gestützt wird. Beizubringen sind insbesondere, soweit die Bahn nicht vom Eigentümer selbst betrieben wird, die Vereinbarungen, unter denen der Betrieb von dem Betriebsunternehmer übernommen worden ist. Ferner sind beizubringen der Nachweis der Herstellungskosten der Bahn, gesondert nach den einzelnen in Betrieb genommenen Linien, und der Nachweis der Betriebs- und Gewinnergebnisse in den letzten fünf Jahren oder, soweit die Bahn oder die in Betracht kommenden einzelnen Linien noch nicht solange in Betrieb sind, die Betriebs- und Gewinnergebnisse seit der Zeit der Inbetriebnahme und, wenn die Bahn oder Linie noch nicht in Betrieb genommen ist, eine Schätzung der zu erwartenden Betriebs- und Gewinnergebnisse. Zu den Herstellungskosten sind die Kosten des rollenden Materials nicht zu rechnen.

(4) Der Antrag ist mit den Unterlagen und einer gutachtlichen Äußerung der Oberbehörde durch Vermittlung der obersten Landesfinanzbehörde[21]) dem Bundesrate zur Beschlußfassung vorzulegen.

§ 46. Zum § 4 des Gesetzes.

(1) Für den grenzüberschreitenden Verkehr deutscher Eisenbahnen auf ausländischem Gebiet und ausländischer Eisenbahnen auf Reichsgebiet gelten die Bestimmungen des § 3 Abs. 1, 2[22]). Im übrigen findet § 14 auch für den Personen- und Gepäckverkehr Anwendung. 5. Verkehr mit dem Ausland.

(2) Im internationalen Personen- und Gepäckverkehre wird die Abgabe von dem Beförderungspreise berechnet, der für die im Reichsgebiete belegenen Strecken eingerechnet ist. Soweit die Feststellung der Beförderungspreise für die im Reichsgebiete belegene Strecke mit erheblichen Schwierigkeiten verbunden ist, kann die Landesregierung mit Zustimmung des Reichskanzlers (Reichsschatzamt)[21]) die Berechnung des Beförderungspreises nach einem vereinfachten Verfahren zulassen.

(3) Im Eisenbahnfährverkehre mit Dänemark und Schweden ist bei Berechnung der Abgabe der Beförderungspreis bis zur Seegrenze zugrunde zu legen.

§ 47. Zum § 5 des Gesetzes.

(1) Im Personenverkehre der Eisenbahnen gelten als Beförderungspreis auch die tarifmäßigen Zuschläge und Gebühren für besondere Beförderungs- und Abfertigungsarten (Zuschläge für die Benutzung von Schnell-, Luxus- und Güterzügen, Gebühren für die Benutzung von Schlafwagen[23]), für die Beförderung auf Verbindungsbahnen, Druckkosten für Buchfahrkarten und dergleichen), gleichviel ob diese in das Fahrgeld eingerechnet sind oder daneben besonders erhoben werden. Für den Personenverkehr auf Wasserstraßen und Landwegen sowie für den Gepäckverkehr gilt Entsprechendes. 6. Beförderungspreis.

(2) Zuschlagkarten für Reisende ohne gültigen Fahrausweis und für Hunde, die ohne einen solchen Ausweis mitgeführt werden (Eisenbahnverkehrsordnung §§ 16, 27[23a]), ferner ähnliche Strafgebühren, die ein Betriebsunternehmer im Falle des Nichtvorhandenseins eines gültigen Fahrausweises vom Reisenden erhebt, bleiben bei Erhebung der Abgabe außer Betracht.

---

[17]) Jetzt § 1 (2).

[18]) Nicht befreit sind Arbeiter-Rückfahrkarten (E 12. Feb. 21 E V p 56. 81), wohl ab. Arbeiter-Wochenkarten. Bf 15p 1374 u. 3647 v. 27. April u. 30. Nov. 25. Die Preisermäß. muß auf Arbeiter beschränkt sein. RFinHof VZ **1928** 749, **1930** 441.

[19]) Wenn auf Grund des MilTarifs der MilFahrpreis gewährt wird. E 17. Feb. 18 (FinMinBl 160) Ziff. 2.

[20]) Vor Weitergabe soll die Oberbehörde die EisAufsichtsbeh. gutachtlich hören. PAB (oben Anm. 1) Ziff. 23.

[21]) Jetzt ist der Reichsmin. der Finanzen zuständig.

[22]) E 23. Jan. 18 II 26 Cp 210.

[23]) Auch Bettkarten der Mitropa. RFinHof VZ **1927** 972. Dagegen: Kittel Anm. 7 zu EVO § 11.

[23a]) Jetzt EVO §§ 15, 25.

(3) (Schiffsverkehr.)

(4) Leistungen, welche von dem Beförderungsunternehmer auf Grund bestehender Verträge an Wegeeigentümer oder Wegeunterhaltungspflichtige für die Anlage und den Betrieb von Klein- oder Straßenbahnen oder eines im § 1 Abs. 2 des Gesetzes bezeichneten Unternehmens ohne Rücksicht auf die einzelne Beförderung zu entrichten sind, dürfen ebenso wie sonstige Betriebskosten bei der Berechnung der Abgabe nicht ausgeschieden werden.

(5) Sind Gebühren für Nebenleistungen in den Beförderungspreis eingerechnet, so ist die Abgabe von dem Gesamtpreis zu entrichten. Im übrigen bleiben bare Auslagen des Betriebsunternehmers bei der Berechnung der Abgabe außer Betracht.

§ 48. Zum § 7 des Gesetzes.

7. Einrechnung in die Tarife und Abrundung.

(1) Es wird zugelassen, daß in Tarifsätze, die die Beförderung von Personen, Reisegepäck und Gütern gleichzeitig umfassen, die Abgabe nicht eingerechnet wird ...

(2) Abgabebeträge, die nicht in die Tarifsätze eingerechnet sind, werden bei einem Beförderungsentgelt von nicht mehr als einer Mark auf volle fünf Pfennig, bei einem höheren Beförderungsentgelt auf volle zehn Pfennig aufgerundet.

§ 49. Zum § 11 Abs. 1 bis 3 des Gesetzes[23b]).

8. Abgabesätze im Personenverkehre.

(1) Auf Strecken ausländischer Bahnen auf Reichsgebiet gelten für die Klassen der außerdeutschen Bahnen dieselben Abgabesätze wie für die gleichbezeichneten Klassen der deutschen Bahnen.

(2) Für den Personenschiffsverkehr mit nur zwei Klassen wird, soweit nicht im Einzelfall auf dem im § 11 Abs. 3 des Gesetzes bezeichneten Weg etwas anderes bestimmt wird, die 1. Klasse der Fahrklasse 2 und die 2. Klasse der Fahrklasse 3 im Sinne des § 11 Abs. 1[24]) gleichgestellt.

(3) Die Abgabe aus den zur Benutzung einer höheren Fahrklasse berechtigenden Übergangskarten beträgt für alle Fahrklassen einheitlich 12 v. H. Soweit die Feststellung des geschuldeten Abgabebetrags mit unverhältnismäßigen Schwierigkeiten verbunden ist, kann die Landesregierung mit Zustimmung des Reichskanzlers (Reichsschatzamt)[21]) die Abführung der Abgabe im Wege der Abfindung zulassen.

(4) Von Zuschlägen für die Benutzung von Luxuszügen ist die Abgabe nach dem Abgabesatze der 1. Fahrklasse, von Zuschlägen für die Benutzung von Güterzügen nach dem Abgabesatze der 3. Fahrklasse zu berechnen.

(5) Bei Sonderfahrten, bei denen der Beförderungspreis ohne Berücksichtigung von Klassen berechnet wird, ist die Abgabe nach dem Abgabesatze der 3. Fahrklasse zu entrichten. Bei gemischten Sonderzügen ist die Abgabe von dem Anteil zu berechnen, der von dem Gesamtbeförderungspreis auf die Personen- und Gepäckbeförderung entfällt. Leerlaufgebühren, die bei Abbestellung von Sonderzügen oder besonders gestellten Wagen erhoben werden, sind abgabefrei.

(6) Wird für Begleiter von Tieren, Flugapparaten und dergleichen, von Bienen, lebenden Fischen, Fischbrut und Sprengstoffen das Fahrgeld nach dem Einheitssatze der 4. (3b) Klasse oder nach einem geringeren Einheitssatze berechnet, so ist die Abgabe nach dem Abgabesatze der 4. Fahrklasse zu entrichten.

(7) Von Zuschlagkarten, die neben dem Fahrausweise mit der Berechtigung gelöst werden, statt der Eisenbahn das Schiff zu benutzen, ist die Abgabe nach dem Abgabesatze zu entrichten, der für die Schiffsfahrklasse gilt, zu deren Benutzung die Zuschlagskarte berechtigt.

§ 50. Zum § 11 Abs. 4 des Gesetzes.

9. Gepäckverkehr.

[23b]) (1) Die Beförderung von Hunden, die von Reisenden mitgeführt werden, sowie von Fahrrädern, die im Eisenbahnverkehr auf Fahrradkarte befördert werden, gilt als Beförderung im Gepäckverkehre. Das gleiche gilt von Arzneimittel- und anderen Sendungen, die im Eisenbahnverkehr ohne Begleitpapiere regelmäßig zur Beförderung aufgeliefert werden und für die tarifmäßig eine feste Gebühr zu entrichten ist.

(2) Reisegepäck, das zu den Sätzen des Expreßguttarifs auf Gepäckschein abgefertigt wird, gilt für die Besteuerung als Expreßgut.

§ 51. Zum § 11 Abs. 5 des Gesetzes[25]).

10. Abgabenermäßigung.

(1) Die Ermäßigung der Abgabe auf 6 v. H. des Beförderungspreises gilt in den im § 11 Abs. 5 des Gesetzes bezeichneten Verkehren sowohl für die Personenbeförderung wie für die Gepäckbeförderung.

(2) Als Straßenbahnen sind anzusehen die städtischen Straßenbahnen und solche Schienenbahnen zwischen — zwei oder mehreren — benachbarten Orten, die, in der Hauptsache für den Personenverkehr bestimmt, dem ständigen Verkehre der Ortsbevölkerung, insbesondere dem Geschäftsverkehr und dem täglichen Verkehre von der Wohnstätte zur Arbeits-, Berufs- und Bildungsstätte sowie umgekehrt dienen und auch in ihren baulichen und betrieblichen Einrichtungen einen den städtischen Straßenbahnen ähnlichen Charakter haben.

(3) (Schiffsverkehr.)

(4) Treffen die in Abs. 2, 3 geforderten Voraussetzungen nur für einen Teil des Betriebs zu, so gilt nur dieser Teil als Straßenbahn ... im Sinne des Gesetzes.

(5) Anträge auf Entscheidung darüber, ob ein Bahnunternehmen als Straßenbahn ... anzusehen ist, sind an die Oberbehörde zu richten, in deren Bezirk das Unternehmen seinen Sitz hat, und wenn der Sitz im Ausland liegt, an die Oberbehörde desjenigen Bundesstaats, in dem der Betrieb stattfindet. Hierbei ist der Nachweis zu erbringen, daß die Voraussetzungen für die Anerkennung als eines Betriebs der bezeichneten Art vorliegen. Wird das Vorliegen der Voraussetzungen verneint, so ist der Antrag durch Vermittlung der obersten Landesfinanzbehörde dem

[23b]) Zu §§ 49, 50 (1), 52, 58 (1), 65 f. Bf 23. Okt. 28 Unterbeil. B 1.

[24]) Des Gesetzes.

[25]) Hierzu PAB (oben Anm. 1) Ziff. 25 u. E 17. Feb. 18 (FinMinBl 160) Ziff. 3, 4.

Bundesrate[21]) nur dann vorzulegen, wenn der Betriebsunternehmer die Herbeiführung eines Beschlusses des Bundesrats ausdrücklich verlangt.

§ 52. Zum § 13 des Gesetzes[23a]).

Soweit die Personen- und Gepäckbeförderung auf Grund veröffentlichter Tarife erfolgt und von der Vorschrift, daß die Abgabe in diese einzurechnen ist, nicht im Einzelfall eine Ausnahme zugelassen ist, ist die Abgabe nach der Formel zu berechnen: 11. Abgabesatz bei eingerechneter Abgabe.

$$x = \frac{P \cdot p}{100 + p}$$

Hierbei bedeutet x die Abgabe, P den Personenbeförderungspreis, p den Abgabesatz nach § 11 des Gesetzes. Es sind sonach zu erheben

bei einem Abgabesatze von 16 v.H. an Hundertteilen 13,793,
„ „ „ „ 15 „ „ „ 13,043,
„ „ „ „ 14 „ „ „ 12,281,
„ „ „ „ 12 „ „ „ 10,714,
„ „ „ „ 10 „ „ „ 9,091,
„ „ „ „ 6 „ „ „ 5,660.

Zu den §§ 14 bis 18 des Gesetzes.

§ 53[26]). (1) Die Abgabe von der Personen- und Gepäckbeförderung wird entrichtet 12. Besteuerungsarten.

a) entweder für einen bestimmten Zeitraum im Wege nachträglicher Abrechnung mit der Steuerstelle (Abrechnungsverfahren),

b) oder im Wege der Versteuerung der auszugebenden Fahrausweise und Gepäckzettel (Einzelversteuerung).

(2) Die Entrichtung der Abgabe im Wege des Abrechnungsverfahrens (Abs. 1 unter a) findet für die vom Reiche oder von einem Bundesstaate betriebenen Beförderungsunternehmungen[27]), für sonstige Eisenbahnen, für Kleinbahnen und Straßenbahnen, sowie für die auf Antrag nach Abs. 3 zu diesem Verfahren zugelassenen sonstigen Beförderungsunternehmungen nach Maßgabe der §§ 54ff., die Entrichtung im Wege der Einzelversteuerung (Abs. 1 unter b) in allen übrigen Fällen nach Maßgabe der §§ 61ff. statt. . . .

(5) Nichtstaatliche Eisenbahnen, Kleinbahnen und Straßenbahnen, die nicht von öffentlichen Körperschaften betrieben werden, sowie die auf Antrag zum Abrechnungsverfahren zugelassenen Personenbeförderungsunternehmungen haben auf Verlangen der Oberbehörde für die Entrichtung der Abgabe Sicherheit in Höhe des durchschnittlichen anderthalbfachen Monatsbetrags der Abgabe zu leisten. Die Sicherheit ist nach den für die Sicherheitsleistung bei Zollstundungen geltenden Vorschriften zu bestellen.

§ 54[27]). Reichs- und Staatsbetriebe haben jeweilig für den Zeitraum abzurechnen, der in den einzelnen Betrieben für die Abrechnung über die Fahrgeldeinnahmen vorgeschrieben ist. Die Abrechnung mit der Steuerstelle ist zu bewirken, sobald über die Fahrgeldeinnahme abgerechnet ist. Bei den übrigen Betrieben erfolgt die Abrechnung für die im Laufe eines Kalendermonats aufgekommenen Einnahmen bis zum 25. des auf den Einnahmemonat folgenden Monats. Auf Antrag kann auch bei diesen Betrieben die Abrechnung nach Maßgabe von Satz 1, 2 von der Steuerstelle[28]) gestattet werden. 13. Abrechnungszeitraum.

§ 55. (1) Der Abrechnung ist die für den Abrechnungszeitraum (§ 54) in den einzelnen Fahrklassen oder aus den besonderen Fahrausweisen und aus den besonderen Beförderungsarten sowie im Gepäckverkehr an Fahrgeld oder Gepäckfracht aufgekommene Gesamteinnahme mit Einschluß der Abgabe zugrunde zu legen. Eine Abrechnung über die einzelnen Abgabebeträge unterbleibt. 14. Gegenstand der Abrechnung.

(2) Mit Zustimmung des Reichskanzlers (Reichsschatzamt)[21]) können auf Anordnung der Landesregierung die abgabepflichtigen Einnahmen aus den durch Fahrkartendruckmaschinen in den Verkaufsstellen hergestellten Fahrausweisen nach einem vereinfachten Verfahren berechnet werden.

(3) Unter der gleichen Voraussetzung kann auch bei Fahrausweisen, die zum Teil zur Benutzung einer niedrigeren, zum Teil einer höheren Fahrklasse berechtigen, die Abgabe nach einem Durchschnittssatze berechnet und abgeführt werden.

(4) Soweit die auf Grund von Militärfahrscheinen zu erhebenden Beförderungsgebühren des öffentlichen Personen- und Gepäckverkehrs nach einem vereinfachten Verfahren ermittelt werden, kann von der obersten Landesfinanzbehörde mit Zustimmung des Reichskanzlers (Reichsschatzamt)[21]) auch die Berechnung der Abgabe nach einem vereinfachten Verfahren angeordnet werden.

§ 56.

[28]) (1) Sind im Personen- und Gepäckverkehr an einer Beförderung mehrere Betriebsunternehmer beteiligt, so hat jeder Unternehmer die Steuer für den auf ihn entfallenden Teil des Beförderungspreises abzurechnen und abzuführen. 15. Person des Zahlungspflichtigen.

(2) Über die Steuer für Beförderungen der im Abs. 1 bezeichneten Art ist zwischen der Reichsbahn und den mit ihr im Abrechnungsverkehre stehenden Privateisenbahnen und nebenbahnähnlichen Kleinbahnen für die Zeiträume abzurechnen, die für die Steuerabrechnung der Reichsbahn vorgeschriebenen sind, sofern nicht zwischen der Reichsbahn und den genannten Verkehrsunternehmungen monatliche Abrechnung vereinbart ist.

(3) Wird der Beförderungspreis durch eine Verbandsabrechnungsstelle abgerechnet, so

[26]) PAB (oben Anm. 1) Ziff. 26.

[27]) Reichsbahn-Gesellschaft Beil. B.

[28]) Vo 2. Sept. 25 (RMinBl 1010).

liegt die Aufstellung der Anmeldungen und Nachweisungen über die Beförderungsteuer für die gesamten auf die Reichsbahn entfallenden Verkehrseinnahmen und ihre Einreichung an die Reichsbahndirektion Berlin der abrechnenden oder berichterstattenden Reichsbahndirektion ob.

16. Abschlagszahlungen. **§ 57**[27]). (1) Wird über die Abgabe mit der Steuerstelle erst abgerechnet, nachdem die Betriebsverwaltung über ihre Fahrgeldeinnahme endgültig abgerechnet hat (§ 54 Satz 2, 4), so hat der Betriebsunternehmer auf die von ihm zu entrichtende Abgabe für jeden Kalendermonat bis zum 25. des folgenden Monats an die zuständige Steuerstelle unter Einreichung einer Anmeldung nach Muster 13[29]) in doppelter Ausfertigung eine Abschlagszahlung zu leisten. Im ersten Jahre ist sie nach Maßgabe der mutmaßlichen Einnahme zu schätzen, später ist sie nach dem Verhältnis der gesamten Verkehrseinnahmen des laufenden Monats zu denen des gleichen Monats im Vorjahr nach der für diesen Zeitraum abgeführten Abgabe zu veranschlagen. Ist im Vorjahr für einen längeren Zeitraum abgerechnet, so ist als Monatseinnahme der entsprechende Teil der Einnahme des Abrechnungsabschnitts anzunehmen.

(2) Bei neuen Betriebslinien ist für die einzelnen Monate des ersten Jahres eine Abschlagszahlung nach Maßgabe des mutmaßlichen Verkehrs zu leisten.

17. Abrechnung. **§ 58**[23b]) (Nachweisungen zur Entrichtung der Abgabe.)

18. Ausnahmen. **§ 59**[30]). Die obersten Landesfinanzbehörden[21]) sind ermächtigt, im Falle des Bedürfnisses unter Anordnung von Überwachungsmaßnahmen von den für die nichtstaatlichen Beförderungsbetriebe vorgeschriebenen besonderen Bedingungen des Abrechnungsverfahrens Ausnahmen zuzulassen, unbeschadet der Einziehung der nach den Grundsätzen des § 57 zu bemessenden Abschlagszahlungen. Diese Befugnis kann auf die Oberbehörden übertragen werden.

19. Mitteilung der Tarife. **§ 60.** Die nichtstaatlichen Beförderungsunternehmungen sind gehalten, der zuständigen Steuerstelle auf Verlangen alle Vorschriften über die Höhe und Anwendung der Personenfahrpreise und Gepäckfrachtsätze und über die Verrechnung der Einnahmen aus der Personen- und Gepäckbeförderung in der nötigen Zahl von Abdrucken mitzuteilen; im Falle etwaiger Änderungen hat dies zu geschehen, ehe sie in Kraft gesetzt werden.

Zum § 16 des Gesetzes.

20. Einzelversteuerung. a) Personenbeförderung. **§ 61.** (1) Soweit die Abgabe im Personenverkehre nicht im Wege der Abrechnung entrichtet wird, darf die Beförderung von Personen nur gegen Erteilung von Fahrausweisen erfolgen.

(2) (3) (Sonderfahrten, bei denen die Berechtigung zur Teilnahme an der Fahrt nicht durch den Betriebsunternehmer, sondern nur durch den Veranstalter der Fahrt zu prüfen ist.)

(4) Die oberste Landesfinanzbehörde[21]) ist ermächtigt, unter Anordnung der erforderlichen Sicherheitsmaßregeln noch in anderen Fällen bei vorhandenem dringenden Bedürfnis zu gestatten, daß die Entrichtung der Abgabe ohne Ausstellung von Fahrausweisen erfolgt. Sie kann unter den von ihr festzusetzenden Bedingungen auf Antrag widerruflich genehmigen, daß die Berechnung und Abführung der Abgabe im Wege der Abfindung stattfindet. Diese Befugnisse können auf die Oberbehörden übertragen werden.

§ 62. (1) In den Fahrausweisen ist im Falle des § 61 Abs. 1 der um die Abgabe erhöhte Beförderungspreis auch dann ersichtlich zu machen, wenn die Beförderung nicht auf Grund veröffentlichter Tarife erfolgt.

(2) (Fahrausweis über eine teilweis im Inland, teilweis im Ausland gelegene Strecke.)

§ 63. (1) Die Fahrausweise unterliegen, soweit nicht Abs. 5 etwas anderes bestimmt, der Abstempelung und Vorausversteuerung. ...

(Abs. (2) bis (8): Verfahren.)

b) Gepäckbeförderung. **§ 64**[31]). (1) Dem Reisenden ist über das mitgeführte oder aufgelieferte Gepäck, soweit dieses nicht frei befördert wird, ein Gepäckzettel zu erteilen.

(2) (Gepäckbeförderung zu Fahrgeldsätzen.)

(3) (4) (Nachträgliche Abgabeentrichtung.)

21. Erstattung. **§ 65**[23b]) [32]). (1) Wird der Beförderungspreis für deutsche Strecken ganz oder teilweise erstattet, so ist auch die eingerechnete Abgabe zu erstatten.

(2) Sie ist von den die Abgabe im Abrechnungsweg entrichtenden Beförderungsunternehmungen[33]) in der Nachweisung Muster 14 oder 15[34]) in einer Summe abzusetzen.

(3) Auf Verlangen der Steuerstelle haben die nichtstaatlichen Beförderungsunternehmungen die Fahrausweise oder Gepäckscheine, für welche der Beförderungspreis zurückgewährt ist, und die Belege, auf Grund deren die Erstattung des Beförderungspreises einschließlich der Abgabe genehmigt worden ist, sowie eine Aufstellung beizufügen, die ersehen läßt, aus welchen einzelnen Beträgen sich der Gesamtbetrag der erstatteten Beförderungspreise zusammensetzt.

§ 66[35]). (Andere als die im § 65 Abs. 2 bezeichneten Beförderungsunternehmungen.)

§ 67. Wenn Fahrausweise auf andere Personen oder Strecken unentgeltlich umgeschrieben oder an Stelle bereits gelöster Zeitkarten neue Ausweise ausgestellt werden, die entweder als Ersatz für verloren gegangene Karten dienen oder auf einen andern als den bisherigen Inhaber lauten oder für eine andere Strecke gültig sind, so ist eine nochmalige Entrichtung der Abgabe nicht erforderlich. Auf den neu ausgefertigten Fahrausweisen ist handschriftlich

---

[29]) Hier nicht abgedruckt.

[30]) Hierzu E 17. Feb. 18 (FinMinBl 160) Ziff. 6.

[31]) PAB (Anm. 1) Ziff. 30.

[32]) Reichsbahn-Gesellschaft Vf 15 p 551 vom 26. Feb. 25.

[33]) § 53.

[34]) § 58.

[35]) PAB (Anm. 1) Ziff. 31.

oder durch Stempelaufdruck zu vermerken, daß es sich um Ersatzkarten oder Umschreibungskarten handelt und daß die Abgabe zu den ersten Ausfertigungen erhoben worden ist.

§ 68. Über Anträge auf Erstattung zu Unrecht entrichteter Abgabebeträge entscheidet die Oberbehörde.

VI. Allgemeine Bestimmungen.

§ 71. (1) Die mit der Erhebung und Verwaltung der Abgaben betrauten Steuerstellen[36]) und die Oberbehörden, denen sie unterstehen, werden von den Landesregierungen bestimmt und öffentlich bekanntgemacht. 1. Steuerstellen.

(2) Ein Verzeichnis der Steuerstellen und Oberbehörden ist unter Angabe ihrer Geschäftsbezirke dem Reichskanzler (Reichsschatzamt)[21]) mitzuteilen. Das gleiche hat mit etwaigen späteren Veränderungen zu geschehen.

§ 72[37]). (1) Die Beobachtung des Gesetzes wird bei den vom Reiche oder von einem Bundesstaate betriebenen Beförderungsunternehmungen durch Beamte dieser Unternehmungen nach näherer Anordnung der Landesregierung überwacht. 2. Überwachung der Abgabenentrichtung.

(2) Die Beamten zur Prüfung der nicht vom Reiche oder von einem Bundesstaate betriebenen Beförderungsunternehmungen in bezug auf die Abgabenentrichtung werden von den Landesregierungen bestimmt[38]). Die Prüfung kann an Stelle der für die Reichsstempelabgaben bestellten ordentlichen Prüfungsbeamten den Bezirksoberkontrolleuren oder Beamten gleichen oder höheren Ranges der Zoll- und Steuerverwaltung als besonderen Prüfungsbeamten übertragen werden. Den Prüfungsbeamten können nach näherer Anordnung der obersten Landesfinanzbehörde[21]) andere geeignete Beamte zur Unterstützung beigegeben werden. Die Ernennung der Prüfungsbeamten und die ihnen zugewiesenen Geschäftsbezirke sind öffentlich bekanntzumachen.

(3) Für die Ermittelung der prüfungspflichtigen Stellen und die Listenführung hinsichtlich dieser Stellen gilt § 219 der Ausführungsbestimmungen zum Reichsstempelgesetze.

(4) Die prüfungspflichtigen Stellen sind regelmäßig mindestens einmal jährlich oder, sofern sie die Abgabe im Wege der Abrechnung entrichten, mindestens alle drei Jahre einer Prüfung zu unterziehen. ...

(5) Die Prüfung hat bei Beförderungsunternehmungen, die im Abrechnungsverfahren stehen, lediglich bei der Verwaltung (Abrechnungsstelle) zu erfolgen. Zuständig ist der Prüfungsbeamte desjenigen Bundesstaats, von dessen Behörden die Abgabe erhoben wird, auch dann, wenn das Unternehmen in einem anderen Bundesstaate betrieben wird. Sind die Fahrausweise abzustempeln, so geschieht die Prüfung bei den Fahrausweis-Ausgabestellen, nötigenfalls auch im Anschluß an die von den Betriebsüberwachungsbeamten beim Zu- und Abgang der Reisenden ausgeübte Fahrausweiskontrolle; an Stelle dieser Prüfung kann mit Genehmigung der Oberbehörde eine fortlaufende Überwachung durch die Behörden treten, denen die Betriebsüberwachung obliegt.

(6) Auf die Durchführung der Abgabenprüfung finden die §§ 221 bis 223 der Ausführungsbestimmungen zum Reichsstempelgesetz[37]) entsprechende Anwendung.

(7) Die Beamten der Zoll- und Steuerverwaltung haben gelegentlich ihrer sonstigen Dienstverrichtungen das Augenmerk auch darauf zu richten, daß bei den Beförderungsunternehmungen, die die Abgabe im Wege der Einzelversteuerung entrichten, die wegen Erhebung der Abgabe von der Personenbeförderung und wegen der Fahrausweise bestehenden Bestimmungen beachtet werden. Die Zoll- und Steueraufsichtsbeamten sind berechtigt, an Haltestellen sowie auf Fahrzeugen und Schiffen, die dem steuerpflichtigen Personenverkehre nichtstaatlicher Beförderungsunternehmungen auf Landwegen und Wasserstraßen sowie von Klein- und Straßenbahnen dienen, während der Fahrt sich von den Führern, Schaffnern und Reisenden die vorgeschriebenen Fahrausweise und Gepäckzettel (§§ 61 bis 67) vorzeigen zu lassen. Die Aufsichtsbeamten haben von dieser Befugnis in allen Fällen, in denen der Verdacht der Umgehung einer Abgabepflicht besteht, außerdem auch von Zeit zu Zeit in unverdächtigen Fällen regelmäßig Gebrauch zu machen. Der Verkehr darf hierdurch nicht aufgehalten werden.

VII. Erhebung und Verrechnung der Abgaben. §§ 73 bis 76[39]).

Beilage B (zu Anmerkung 27).

Verordnung des Reichsministers der Finanzen über Beförderungsteuer im Personenverkehre. Vom 26. Oktober 1928 (RGBl I 384)[1]).

Auf Grund des § 11 Abs. 3 Satz 1 des Beförderungsteuergesetzes vom 29. Juni 1926 (Reichsgesetzbl. I S. 357) wird folgendes bestimmt:

§ 1. (1) Für die Personenbeförderung auf Eisenbahnen, bei denen die 4. (3b) Fahrklasse nicht besteht, beträgt die Steuer

in der 1. Fahrklasse 16 v.H.
„ „ 2. „ 14 „
„ „ 3. „ 11 „

des Beförderungspreises. Werden für die beschleunigte Beförderung besondere Zuschlagkarten ausgegeben, so beträgt die Steuer für die Zuschlagkarten

in der 1. Fahrklasse 16 v.H.
„ „ 2. „ 14 „
„ „ 3. „ 11 „

des Preises.

[36]) PAB (Anm. 1) Ziff. 33.

[37]) Jetzt kommen auch die Vorschr. der RAbgabenO in Betracht.

[38]) PAB (Anm. 1) Ziff. 34.

[39]) § 75 geändert: Bek 24. Juli 19 ZBl 171.

[1]) Hierzu Vf 23. Okt. 28 Unterbeilage B 1.

(2) Die Vorschriften im § 11 Abs. 3 Satz 2 und 3 des Beförderungsteuergesetzes über die Anwendung des Steuersatzes von 12 v.H. in den dort bezeichneten Fällen bleiben unberührt.

§ 2. Die Verordnung tritt mit Wirkung vom 1. Oktober 1928 ab in Kraft.

Unterbeilage B 1 (zu Anmerkung 1).

Auszug aus der Verfügung der Hauptverwaltung der Reichsbahn-Gesellschaft betreffend Besteuerung des Personenverkehrs. Vom 23. Oktober 1928 (Die Reichsbahn S. 951).

Mit Rücksicht auf die am 7. Oktober d. Js. in Kraft getretene neue Klasseneinteilung hat der Herr Reichsminister der Finanzen die Bestimmungen über Beförderungsteuer im Personenverkehr auf dem Reichsbahnnetz geändert und bestimmt, daß

a) für die neue 3. Klasse ein Steuersatz von 11 v.H. des Beförderungspreises anzuwenden ist (§ 11 (1) des Beförderungsteuergesetzes),
b) die Steuer für die besonderen Zuschlagkarten für beschleunigte Beförderung für die Zuschlagkarten der 1. Klasse 16 v.H., der 2. Klasse 14 v.H. und der 3. Klasse 11 v.H. des Preises beträgt (§ 11 (2) des Beförderungsteuergesetzes),
c) der einheitliche Steuersatz von 12 v.H. für Übergangskarten zur Benutzung einer höheren Fahrklasse unverändert bleibt (§ 49 (3) der Ausführungsbestimmungen zum Beförderungsteuergesetz),
d) von Zuschlägen für die Benutzung von Güterzügen die Steuer nach dem Steuersatz der neuen 3. Fahrklasse — 11 v.H. — zu berechnen ist (§ 49 (4) der Ausführungsbestimmungen),
e) bei Sonderfahrten, bei denen der Beförderungspreis ohne Berücksichtigung von Klassen berechnet wird, die Steuer nach dem Steuersatz der alten 3. Fahrklasse — 12 v.H. — zu entrichten ist (§ 49 (5) der Ausführungsbestimmungen),
f) für die Beförderung von Begleitern von Tieren usw. die Steuer nach dem Steuersatz der neuen 3. Fahrklasse — 11 v.H. — zu entrichten ist, wenn das Fahrgeld nach dem Einheitssatz der 3. Klasse oder nach einem geringeren Einheitssatz berechnet wird (§ 49 (6) der Ausführungsbestimmungen),
g) für die Beförderung von Hunden, die von Reisenden mitgeführt werden und für die halbe Fahrkarten 3. Klasse zu lösen sind, die Steuer nach dem Steuersatz von 11 v.H. zu entrichten ist (§ 50 (1) der Ausführungsbestimmungen),
h) dem Steuersatz von 11 v.H. der neuen 3. Klasse nach der Formel im § 52 der Ausführungsbestimmungen ein Satz von 9,910 v.H. entspricht,
i) das Muster 14 — Nachweisung der steuerpflichtigen Einnahmen — (§ 58 (1) der Ausführungsbestimmungen) durch anliegendes Muster[a]) ersetzt wird und
k) der Durchschnittssteuersatz von 12 v.H. des Gesamtbetrages der erstatteten Fahrgelder bis auf weiteres unverändert bleibt (§ 65 der Ausführungsbestimmungen — Verfügung 15p Nr. 551 vom 26. Februar 1925 —).

Außerdem hat der Herr Reichsminister der Finanzen zu den Verordnungen über die Erhebung der Beförderungsteuer bei der Deutschen Reichsbahn-Gesellschaft folgendes bestimmt: (Folgen Übergangsbestimmungen).

Beilage C (zu Anmerkung 30).

Verordnung des Reichsministers der Finanzen über die Erhebung der Beförderungsteuer bei der Deutschen Reichsbahn-Gesellschaft. Vom 2. September 1925 (RMinBl 1003)[1]).

§ 1. Für die Erhebung der Beförderungsteuer bei der Deutschen Reichsbahn-Gesellschaft (im folgenden Reichsbahn genannt) gelten die Ausführungsbestimmungen zum Gesetz über die Besteuerung des Personen- und Güterverkehrs vom 8. April 1917 (Zentralbl. für das Deutsche Reich 1918 S. 21)[2]), soweit nicht im folgenden etwas anderes bestimmt ist.

§ 2. Abrechnungsverfahren und Abrechnungszeiträume

(1) Die Reichsbahn entrichtet die Beförderungsteuer im Wege des Abrechnungsverfahrens (§§ 8 Abs. 1, 53 Abs. 1 zu a der Ausführungsbestimmungen).

(2) Abrechnungszeiträume sind
im Personen- und Gepäckverkehre die Zeitabschnitte
Januar bis April, Mai bis August und September bis Dezember[3]),
im Güterverkehre die Kalendermonate.

(3) Über die Steuer ist endgültig abzurechnen, sobald die Verkehrseinnahmen für die Betriebsrechnung festgestellt sind.

§ 3. Abschlagzahlungen

(1) Auf die endgültig zu entrichtende Steuer hat die Reichsbahn für jeden Kalendermonat Abschlagzahlungen zu leisten. Diese sind, soweit nicht im § 10 der Verordnung etwas anderes bestimmt ist, bis zum 21. des folgenden Monats zu entrichten.

---

[a]) Hier nicht abgedr.
[1]) Hierzu Vf 41. 2790 v. 5. Sept. 25.
[2]) Vorst. Beil. A.
[3]) Vo 5. März 26 RMinBl 76.

(2) Im Personen- und Gepäckverkehr ist als Abschlagzahlung ein Betrag zu entrichten, der zu den Verkehrseinnahmen des Monats, für den die Abschlagzahlung zu leisten ist, in demselben Verhältnis steht wie der für den gleichen Monat des Vorjahrs endgültig gezahlte Steuerbetrag zu den Verkehrseinnahmen dieses Monats. Ist im Vorjahr für einen längeren Zeitraum abgerechnet, so ist als Monatsbetrag der Verkehrseinnahme und der Steuer der im Durchschnitt auf einen Monat entfallende Teil der Gesamtbeträge des Abrechnungszeitraums anzunehmen. Änderungen in den Tarifen oder Verkehrsverhältnissen, die das Verhältnis der Steuer zur Einnahme beeinflußt haben, sind schätzungsweise zu berücksichtigen.

(3) Im Güterverkehre sind die Abschlagzahlungen in Höhe von 7/107 der voraussichtlichen steuerpflichtigen Verkehrseinnahme des Monats, für den die Abschlagzahlung zu leisten ist (§ 35 der Verkehrskontrollordnung II. Teil), zu bemessen.

(4) Bei neuen Betriebslinien ist für die einzelnen Monate des ersten Jahres eine Abschlagzahlung nach Maßgabe des mutmaßlichen Verkehrs zu leisten.

(5) Die Beträge für die Abschlagzahlungen sind auf volle 100 *RM* nach unten abzurunden.

§ 4. Anmeldung der Abschlagzahlungen

(1) Die Verkehrskontrollen der Reichsbahn haben als Unterlagen für die im § 3 der Verordnung vorgeschriebenen Abschlagzahlungen Anmeldungen aufzustellen und in doppelter Ausfertigung spätestens bis zum 17. jeden Monats an die Reichsbahndirektion Berlin einzureichen. Als Vorbild dient für den Personen- und Gepäckverkehr Muster A[4]), für den Güterverkehr Muster B[4]).

(2) Die Reichsbahndirektion Berlin nimmt die sich aus den Einzelanmeldungen ergebenden Beträge, getrennt für den Personen- einschl. Gepäckverkehr und den Güterverkehr, in je eine Sammelmeldung auf. Als Vorbild für die Sammelmeldung dient Muster C[4]).

§ 5. Endgültige Abrechnung

(1) Die Verkehrskontrollen der Reichsbahn haben in den Nachweisungen über die endgültige Steuerabrechnung (§ 8 Abs. 3, 5 und 6, § 58 Abs. 1 der Ausführungsbestimmungen) die von ihnen für den Abrechnungszeitraum angemeldeten Abschlagzahlungen nur nachrichtlich zu vermerken; eine Verrechnung der Abschlagzahlungen auf den endgültigen Steuerbetrag durch die Verkehrskontrollen unterbleibt. Die Verkehrskontrollen senden die Nachweisungen nach endgültiger Abrechnung der Verkehrseinnahmen an die Reichsbahndirektion Berlin. Diese nimmt die Ergebnisse der Einzelnachweisungen, getrennt für den Personen- einschließlich Gepäckverkehr und den Güterverkehr, in je eine Sammelnachweisung nach Muster D[4]) auf.

(2) Die Reichsbahndirektion Berlin hat in den Sammelnachweisungen die für den Abrechnungszeitraum gemäß ihren Sammelanmeldungen geleisteten Abschlagzahlungen anzurechnen und die noch zu zahlenden oder zurückzuzahlenden Beträge zu berechnen.

(3) Übersteigen die für den Abrechnungszeitraum nach den Sammelanmeldungen geleisteten Abschlagzahlungen den endgültigen Steuerbetrag, so ist der Mehrbetrag auf den nach der nächsten Zusammenstellung (6) zu leistenden Steuerbetrag anzurechnen.

§ 6. Zusammenstellung der abzuführenden Steuerbeträge

Die Reichsbahndirektion Berlin nimmt die Ergebnisse der Sammelanmeldungen (§ 4) und der Sammelnachweisungen (§ 5) in eine Zusammenstellung nach Muster E[4]) auf und sendet diese in doppelter Ausfertigung bis zum 21. jeden Monats an das Finanzamt Börse (für Stempelsteuer), Berlin C 2, Kleine Präsidentenstraße 7 (im folgenden Finanzamt Berlin-Börse genannt). Der ersten Ausfertigung der Zusammenstellung sind die Sammelanmeldungen und Sammelnachweisungen in doppelter, die dazugehörigen Einzelanmeldungen und Einzelnachweisungen in einfacher Ausfertigung beizufügen. Je eine weitere Ausfertigung der Zusammenstellung ohne Belege hat die Reichsbahndirektion Berlin gleichzeitig dem Reichsfinanzministerium, Abteilung V, und der Deutschen Reichsbahn-Gesellschaft — Hauptverwaltung — einzusenden.

§ 7. Abführung der Steuerbeträge[5])

(1) Gleichzeitig mit der Übersendung der Zusammenstellung an das Finanzamt Berlin-Börse wird von der Reichsbahn der sich aus der Zusammenstellung ergebende Steuerbetrag in Ausführung der §§ 15, Abs. 2, 46 des Reichsbahngesetzes an den Generalagenten für Reparationszahlungen abgeführt, bis an Steuer für Beförderungen im Zeitraum vom 1. September 1925 bis 31. August 1926 der Betrag von 250 Millionen Goldmark, für Beförderungen in den entsprechenden späteren Jahreszeiträumen je der Betrag von 290 Millionen Goldmark erreicht ist. Auf der Zusammenstellung ist die Zahlung der Steuer an den Generalagenten von der Reichsbahndirektion Berlin zu bescheinigen. Der die genannten Beträge von 250 Millionen und 290 Millionen Goldmark überschreitende Betrag ist auf das Konto des Finanzamts Börse (für Stempelsteuer), Berlin, bei der Reichshauptkasse abzuführen.

(2) In der Zusammenstellung hat die Reichsbahndirektion Berlin nachrichtlich zu vermerken, welche Steuerbeträge in Goldmark für die Beförderungen in dem Reparationsjahr (d. h. vom 1. September bis 31. August), für das die Steuer zu entrichten ist, an den Generalagenten für Reparationszahlungen abgeführt worden sind.

(3) Ergibt die Nachprüfung der Zusammenstellung und der dazugehörigen Belege durch das Finanzamt Berlin-Börse eine Nachforderung über den bereits eingezahlten Steuerbetrag (Abs 1) hinaus, so hat das Finanzamt die Reichsbahndirektion Berlin aufzufordern, den fehlenden Betrag mit der nächsten Zusammenstellung unter Bezugnahme auf das Nachforderungsschreiben des Finanzamts abzuführen.

---

[4]) Hier nicht abgedruckt.

[5]) Trifft nach den Best der Novelle zum RBahnG nicht mehr zu. S. oben I 5 Anm. 64.

(4) Eine Ausfertigung der Sammelanmeldungen und der Sammelnachweisungen wird Beleg zum Anmeldungsbuche, die andere mit Buchungsbescheinigung zurückgegeben.

§ 8[5]). **Überwachung der an den Generalagenten für Reparationszahlungen abgeführten Steuerbeträge**

(1) Das Reichsfinanzministerium prüft auf Grund der ihm übersandten Ausfertigung der Zusammenstellung die Umrechnung des an den Generalagenten für Reparationszahlungen abgeführten Steuerbetrags in Goldmark. Etwaige Berichtigungen dieser Umrechnungen auf Grund der Prüfung teilt das Reichsfinanzministerium der Hauptverwaltung der Reichsbahn und durch das Landesfinanzamt Berlin dem Finanzamt Berlin-Börse mit. Die Reichsbahndirektion Berlin hat die Berichtigungen in dem nachrichtlichen Vermerke der nächsten Zusammenstellung zu berücksichtigen; das Finanzamt Berlin-Börse hat auf Grund der Mitteilung die Anschreibung in der Bemerkungsspalte des Einnahmebuchs (§ 9 vorletzter Satz) zu berichtigen.

(2) Das Finanzamt Berlin-Börse hat im übrigen darüber zu wachen, daß die an den Generalagenten für Reparationszahlungen abzuführenden Steuerbeträge (§ 7 Abs. 1) ordnungsmäßig abgeliefert und nicht überschritten werden.

§ 9[5]). **Buchung und Verrechnung der von der Reichsbahn abgeführten Beträge bei den Stellen der Reichsfinanzverwaltung**

Die in der Zusammenstellung der Reichsbahndirektion Berlin (Muster E) aufgeführten Beträge an Abschlagzahlungen, Abschlußzahlungen und gegebenenfalls Nachzahlungen sind so, wie sie in der Zusammenstellung aufgeführt sind, und mit ihren vollen Beträgen einzeln vom Finanzamt Berlin-Börse im Einnahmebuche zu vereinnahmen. Die nach der Bescheinigung auf der Zusammenstellung von der Reichsbahn an den Generalagenten für Reparationszahlungen abgelieferten Reichsmarkbeträge sind vom Finanzamt unter Beifügung der zweiten Ausfertigung der Zusammenstellung als Beleg über die Oberfinanzkasse der Reichshauptkasse als „Auftragszahlung zur Erfüllung des Sachverständigenplans" (im Haushalt für 1925 Kap. XVII, 6 der fortdauernden Ausgaben) aufzurechnen. Zur Ermöglichung der im § 8 Abs. 2 vorgeschriebenen Kontrolle sind in der Bemerkungsspalte des Einnahmebuchs die von der Reichsbahn an den Generalagenten abgelieferten Beträge in Reichsmark und Goldmark anzuschreiben und fortlaufend je für den Zeitraum vom 1. September bis 31. August zusammenzurechnen. Als Beleg für die Eintragungen und Anschreibungen im Einnahmebuche dient die erste Ausfertigung der Zusammenstellung.

§ 10. (Übergangsbestimmungen.)

3a. Reichsbesteuerungsgesetz. Vom 15. April 1911 (RGBl 187).

Auszug[1]).

[2]) **§ 1.** Das Reich ist verpflichtet, die in einem Bundesstaat, einer Gemeinde oder einem weiteren Kommunalverbande für die Benutzung der im öffentlichen Interesse unterhaltenen Veranstaltungen und für einzelne Handlungen der Amtsorgane allgemein festgesetzten Gebühren (Benutzungs- und Verwaltungsgebühren) zu zahlen, sofern ihm nicht ein besonderer Rechtstitel auf Gebührenfreiheit zusteht.

Entsprechendes gilt hinsichtlich der Beiträge, welche behufs Deckung der Kosten für Herstellung und Unterhaltung der durch das öffentliche Interesse erforderten Veranstaltungen von denjenigen Grundeigentümern erhoben werden, denen hierdurch besondere wirtschaftliche Vorteile erwachsen, auch hinsichtlich der Straßenbaubeiträge.

Das Reich ist von der Zahlung aller Gerichtsgebühren befreit.

[3]) **§ 2.** Das Reich genießt Freiheit von allen zur Hebung gelangenden Staatssteuern mit Ausnahme der Abgaben von Malz und Bier.

[4]) **§ 3.** Von Gemeinden und weiteren Kommunalverbänden kann das Reich lediglich, und zwar nur in demselben Umfang wie der einzelne Bundesstaat, zu Realsteuern vom Grundbesitz und zu indirekten Steuern, die auf den Erwerb oder die Veräußerung von Grundstücken und von Rechten gelegt werden, für welche die auf Grundstücke bezüglichen Vorschriften gelten, sowie zu Abgaben von Malz und Bier herangezogen werden.

(§§ 4 bis 12)[5]).

---

[1]) Das G ist zwar durch das G 10. Aug. 25 (unten b) ersetzt und durch § 13 dieses G auch formell aufgehoben worden, aber noch heute v. erhebl. prakt. Bedeutung, weil sein Inhalt in Verb. m. StVtr 1920 § 15 (RBahnG § 43 Abs. 1) u. Vo 12. Feb. 24 § 6 Abs. 3 (oben I 5 Anm. 63) die Verpflicht. der Reichsbahn-Gesellschaft zur Zahl. v. direkten Steuern begrenzt (RBahnG § 14).

[2]) § 1 Abs. 1, 3 entspricht § 1 Abs. 2 u. § 2 des G 10. Aug. 25 (unten b).

[3]) Was die Reichsbahn-Gesellschaft anlangt, so bestimmt (im gleichen Sinne wie obiger § 2) StVtr 1920 § 15, daß die Länder v. d. Reichsbahn Staatssteuern nicht erheben werden, u. nach RBahnG § 43 (1) hat die Gesellschaft die dem Reiche aus StVtr § 15 zustehenden Rechte übernommen. Somit scheint die Gesellschaft — auch unabhängig v. RBahnG § 14 — v. jeder Staatsbesteuerung frei zu sein; s. aber unten IV 3b Anm. 7.

[4]) Bez. der Kommunalbesteuerung stimmt § 4 des neuen G (unten IV 3b) im wesentl. mit obigem § 3 überein.

[5]) §§ 6, 7 betreffen die Verwaltungskostenzuschüsse für Gemeinden. Sie sind durch §§ 8—10 des G 10. Aug. 25 (unten IV 3b) ersetzt worden. Ebenso wie der Streit zwischen Reich u. ReichsbGesellsch., der sich aus ihnen entwickelt hatte, sind sie durch RBahnG § 15 in der neuen Fass. gegenstandslos geworden (s. oben I 5 Anm. 65 u. unten IV 3b Anm. 18); von ihrem Abdr. konnte deshalb hier abgesehen werden. — Die übrigen Best des G v. 1911 haben keine Bedeut. mehr.

3b. Gesetz über die gegenseitigen Besteuerungsrechte des Reichs, der Länder und der Gemeinden. Vom 10. August 1925 (RGBl I 252).

Auszug[1]).

§ 1[2]). (1) Das Reich hat den Ländern und den Gemeinden (Gemeindeverbänden), die Länder und die Gemeinden (Gemeindeverbände) haben dem Reich für die Benutzung ihrer im öffentlichen Interesse unterhaltenen Veranstaltungen sowie für die Handlungen ihrer Behörden die allgemein festgesetzten Gebühren zu entrichten, es sei denn, daß die Handlungen der Behörden in Ausübung einer öffentlichen Gewalt veranlaßt und vorgenommen werden. Die Gebührenpflicht tritt nicht ein, wenn durch Gesetz, Satzung oder Vertrag Gebührenfreiheit begründet ist. Der Anspruch der Deutschen Reichspost auf die ihr zustehenden Gebühren bleibt unberührt.

(2) Das Reich ist von allen Gerichtsgebühren, die Länder sind von den Gebühren in dem Verfahren vor den Gerichten des Reichs befreit[3]).

§ 2[4]). (1) Das Reich hat den Ländern und den Gemeinden (Gemeindeverbänden), die Länder und die Gemeinden (Gemeindeverbände) haben dem Reiche die Beiträge zu entrichten, die zur Deckung der Kosten für die Herstellung und Unterhaltung der durch das öffentliche Interesse erforderten Veranstaltungen von den Grundeigentümern und Gewerbetreibenden erhoben werden, denen hierdurch besondere wirtschaftliche Vorteile erwachsen. Zu diesen Beiträgen gehören insbesondere Straßenbaubeiträge.

(2) (Reichspost.)

---

[1]) § 1 des G behandelt Gebühren, § 2 Beiträge, §§ 3 bis 7 Steuern, §§ 8ff. Zuschüsse an Betriebsgemeinden.

[2]) Unter Abs. 1 fallen die Verwaltungsgebühren auf Grund des Preuß. G 29. Sept. 23 (weiteres unten IV 7), dagegen nicht z. B. Berufsschulbeiträge (s. unten Anm. 4).

[3]) Bestritten ist, ob die Gerichtskostenfreiheit auch der Reichsbahn-Gesellschaft zusteht.

A. Nach § 90 des Reichs-GerichtskostenG in Fass. der Bek 5. Juli 27 (RGBl 1923 I 152) ist das Reich von Zahlung d. Gerichtsgebühren befreit; „als ‚Reich' gelten i. S. dieser Vorschr. auch Anstalten, die f. Rechnung d. Reichs verwaltet werden" (RG 14. Nov. 24 **109** 90). Auf Grund dieses § 9 u. unter Beruf. auf RBahnG §§ 5 (4), 16 (3), 17 (alter Fassung) hatte die RBahnGes. für sich die Gebührenfreiheit in Anspruch genommen, sich ab., nachdem zwei Senate des RG zu ihren Ungunsten entschieden hatten, der Auffass. des RG gefügt. Vgl. Fritsch EisRecht S. 372. Gegen das RG: Häffner Arch **1927** 1653; Haustein Arch d. öff. Rechts **1927** 129.

B. Ebenso sind nach § 8 des Preuß. GerichtskostenG 28. Okt. 22 (GS 363) v. d. Zahlung d. Gerichtsgebühren befreit (u. a.) der Fiskus des Deutschen Reichs sowie alle öff. Anstalten, die f. Rechnung d. Reichs verwaltet werden od. diesem gleichgestellt sind. Für die RBahnGes. kommt hierbei hauptſ. d. Grundstücksverkehr in Betracht. Der Versuch der Gesellschaft, ihre Gebührenfreiheit durchzusetzen, hat gleichfalls keinen Erfolg gehabt; namentl. ist d. Hinweis darauf, daß nach RBahnG § 6 die den Reichsbahnzwecken dienenden Grundst. im Eigentum d. Reichs stehen, als unerheblich behandelt worden. Vgl. Fritsch a. a. O. S. 413, auch Weber VZ **1927** 93. Auch für Hessen ist die Gebührenfreiheit der Ges. nicht anerkannt worden: Hess. JustMin. 4. Jan. 27 US IV 3.

C. Dem RG wird zwar nicht durchweg in d. Auslegung, die es im Beschlusse v. 14. Nov. 24 (vorst. A) den §§ 5, 16f. RBahnG gibt, wohl ab. darin beizustimmen sein, daß nicht aus diesen Gesetzesvorschr. die Freiheit d. RBahnGes. v. Gerichtsgebühren hergeleitet w. kann. Vielm. kann m. E. die Ges. Gebührenfreiheit nur dann beanspruchen, wenn sie als e. öffentliche Anstalt anzusehen ist, die f. Rechnung d. Reichs verwaltet w. Die Gründe, aus denen das RG in jenem Beschl. das verneint, scheinen mir die Rechtslage nicht erschöpfend zu erfassen, z. B. würdigen sie die m. E. für die Beurteil. der Sachlage wichtige Vorschr. in § 8 (6) der Gesellschaftssatzung in der Fass. v. 1924 (an deren Stelle jetzt RBahnG § 4 Abs. 4 tritt) nicht, derzufolge das Reich die Reparationszahlungen der Gesellsch. gewährleistet. Neuerdings gewinnt denn auch die entgegenges. Auffassung Boden; vgl. das U des Verw.-GerHofs Braunschweig EE **42** 39 (Auszug: VZ **1926** 80), ferner Blüher u. Roßmann VZ **1926** 94 u. 336. Das RG selbst kommt in U 19. März 26 (Arch 1000) u. 19. Jan. 28 (s. oben I 5 Anm. 3B a. E.) dieser Anschauung mindestens entgegen; die Eigensch. der Ges. als Anstalt des öff. Rechts erkennt es dort vorbehaltlos an. Anders. Reichsbahngericht 27. Juni 27 VZ 887 (besonders S. 890) u. Hess. Justizmin. 4. Jan. 27 (vorst. Anm. 3B). Für Bejahung der Frage spricht, daß der Ges. mit der Verpflicht. zur Reparationszahlung eine überragend wichtige Aufgabe des Reichs zugeschoben w., die Betriebsführung der Ges. zeitlich begrenzt, das Eigentum der Bahn beim Reiche verblieben ist, daß ferner dem Reiche im Endergebn. die Überschüsse des Unternehmens zufallen u. es nach der Liquidation der Ges. das ganze Gesellschaftsvermögen erhält. Auch ist nicht ersichtlich, für wessen Rechnung denn sonst der Gesellschaftsbetrieb gehen sollte. Die Neufass. des RBahnG unterstützt die hier vertret. Ansicht, indem jetzt in § 1 (2) des G die Worte „für das Reich" eingeschoben w. sind. S. auch Sarter-Kittel S. 29, v. Kienitz EE **41** 206, Häffner Arch **1927** 1674ff. Dem Beschlusse des RG v. 1924 treten bei KG, OLG Celle u. OLG München JW **1925** 1655, 1661 u. **1926** 825; ferner OVG JW 25. März 29 US XII 22 u. JW **1929** 1162.

D. Dagegen wird nicht zu bezweifeln sein, daß die RBGesellschaft v. d. Gebühren im Verwaltungsstreitverfahren des preuß. Rechts (LVG §§ 102ff., E 24. Dez. 26 MinBl i. V. **1927** 3) nicht befreit ist. Vgl. Bf 46. 490. 22 v. 11. März 27, auch OVG **83** 464.

[4]) § 2 behandelt die Beiträge u. schränkt die Freistellung des Reichs usw. gegenüb. dem entsprech. § 1 Abs. 2 des ReichsbesteuerG (vorst. 3a) ein, indem er die Körperschaften des öff. Rechts auch solchen Beiträgen unterwirft, die v. d. Gewerbetreibenden (nicht bloß den Grundeigentümern) erhoben w. Damit können jene Körpersch. zutreffendenfalls auch zu Berufsschulbeiträgen herangezogen w., die nach dem älteren G unter die Freistell. des Reichs fielen (vgl. wegen des älteren Rechts: OVG 20. April u. 14. Dez. 26 (**80** 140 u. ReichsbesoldBl **1927** 16). Eine Heranzieh. der Reichs-

§ 3. Das Reich, die Länder und die Gemeinden (Gemeindeverbände) sind körperschaftsteuerpflichtig und vermögensteuerpflichtig nach Maßgabe der Vorschriften des Körperschaftsteuergesetzes[5]) und des Vermögensteuergesetzes[6]).

§ 4. (1) Die Länder[7]) und die Gemeinden (Gemeindeverbände)[8]) können das Reich zu ihren Grund- und Gebäudesteuern heranziehen, sofern es sich nicht um Grundstücke handelt, die zu einem öffentlichen Dienste oder Gebrauche bestimmt sind[9]). Den Grund- und Gebäudesteuern stehen die Steuern gleich, die dem Geldentwertungsausgleich bei bebauten Grundstücken dienen.

(2) Soweit Grundstücke des Reichs Wohnzwecken dienen, sind sie nicht als zu einem öffentlichen Dienste oder Gebrauche bestimmt anzusehen. ... Die Vorschriften des Gesetzes, betreffend die Besteuerung der Dienstwohnungen der Reichsbeamten, vom 16. Juni 1920 (Reichsgesetzbl. I S. 517), bleiben unberührt[10]).

(3) Zu den Grund- und Gebäudesteuern der Gemeinden (Gemeindeverbände) kann auch die Reichsbahngesellschaft mit den zum Reichseisenbahnvermögen[11]) gehörigen Grundstücken herangezogen werden, jedoch in den einzelnen Ländern nur in dem Umfang, in dem das Unternehmen „Deutsche Reichsbahn" am 12. Februar 1924 diesen Steuern unterworfen war[12]). Von den Grund- und Gebäudesteuern der Länder[13]) sowie von den Steuern, die dem Geldentwertungsausgleich bei Grundstücken dienen[14]), sind die zum Reichseisenbahnvermögen gehörigen Grundstücke[15]) befreit.

§ 5. Die Länder und die Gemeinden (Gemeindeverbände) können zu ihren Gewerbesteuern nur die Betriebe und Verwaltungen des Reichs heranziehen, die nach den Vorschriften des Körperschaftsteuergesetzes körperschaftsteuerpflichtig sind[16]).

---

bahn-Gesellschaft zu Berufsschulbeitr. ist ab. durch RBahnG § 14 ausgeschlossen. OVG 82 187 (auch OVG 10. Jan. 28 US IV 6) u. E 8. Mai 30 (RBesoldBl 55). Vgl. oben I 5 Anm. 63 B.

[5]) KörperschaftsteuerG unten IV 4.

[6]) G üb. Vermögen- (u. Erbschaft-)Steuer 10. Aug. 25 RGBl I 233 enthält keine ausdrückl. Befreiungsvorschr. f. d. RBGesellschaft. Da ab. die VermSteuer eine direkte. St. ist u. nach dem vorangegangenen G 8. April 22 RGBl I 335 § 5 das Reich v. ihr befreit war, ergibt sich die Befreiung der Gesellsch. aus RBahnG § 14.

[7]) Von Staatssteuern der Länder ist die Reichsbahn-Gesellschaft frei. Für bestimmte Immobiliarsteuern wird das in G § 4 (3) ausdrücklich anerkannt (wegen der preuß. Steuern s. unten Anm. 13, 14). Es folgt ab., soweit direkte Steuern in Betracht kommen, schon aus RBahnG § 14 in Verb. m. ReichsbesteuerG (vorst. 3a) § 2. Was die indirekten Ländersteuern betrifft, so bestimmt StVtr 1920 § 15, daß die Länder v. d. Reichsbahn Staatssteuern nicht erheben werden, u. zu den Vorschr. des StVtr, die nach RBahnG § 43 auch f. d. ReichsbGesellschaft gelten, gehört dieser § 15. Danach scheint mir obige Folgerung in ihrer Allgemeinheit zwingend; trotzdem sind Einwendungen gegen sie erhoben w., auf die hier eingegangen w. muß.

a) In dem die Gerichtskostenfreiheit der RBGesellschaft verneinenden Beschlusse v. 14. Nov. 24 (oben Anm. 3 A) sagt das Reichsgericht, daß unter den Rechten der Gesellsch. im Sinne des § 43 nur zu verstehen seien „die Vermögensrechte dinglicher und schuldrechtlicher Natur, auch die mit dem Eisenbahnbetrieb zusammenhängenden Rechte öffentlich-rechtlichen Charakters", nicht ab. Rechte, die dem Reichsfiskus u. den ihm gleichgestellten Anstalten zustehen. Den Versuch einer Begründung für diese Einschränkung hat das RG nicht gemacht, der Wortlaut des § 43 steht ihr nicht zur Seite. (Übrigens gehört zu denjen. von § 43 betroff. Bestimm. des StVtr, mit denen sich jener Beschluß des RG befaßt, der § 15 nicht).

b) Der Preuß. Finanzminister beruft sich in seiner, unmitt. nur die Stempelpflicht der RBGesellsch. behandelnden Vf v. 22. April 25 (FMinBl 208) auf jene Behauptung des RG (ohne darauf einzugehen, daß sie den § 15 nicht erwähnt). In bezug auf § 15 vertritt der Min. den Standp., daß auch § 15 nur den rein fiskal. Charakter der Reichsbahn (die ja nach dem StVtr uneingeschränkt zur Verfügung des Reichs stand) im Auge habe, und daß im RBahnG die Frage der Landessteuern durch § 14 geregelt sei. Das Reichsbahngericht hat sich im Beschlusse 27. Juni 27 BZ 887 der Auffass. des FinMin angeschlossen u. die Berufung der RBGesellsch. auf StVtr § 15 für nicht zutreffend erachtet.

Wegen der preuß. Stempelsteuer s. unten Anm. 17 B.

[8]) Kommunalsteuerpflicht der Reichsbahn-Gesellschaft. Der in Anm. 7 besproch. § 15 StVtr befaßt sich nur mit Staatssteuern. Für Kommunalabgaben kann die Ges. eine Sonderstell. nur aus RBahnG § 14 herleiten, der sich ab. bloß auf direkte St. bezieht. Auf Grund dieses § 14 ist die Ges. v. d. Gewerbesteuer (unten IV 10) in Preußen frei, da dieser das Unternehmen d. Reichsbahn am 12. Feb. 1924 nicht unterworfen war. Die Immobiliarsteuern behandelt das obige G in § 4 (3); ihnen ist die Ges. grundsätzlich unterworfen.

[9]) Unten IV 9 § 24.

[10]) Dieses G gilt sinngemäß auch f. d. Reichsbahnbeamten: Bek 10. Feb. 25 RMinBl 83.

[11]) RBahnG § 6.

[12]) Für Preußen s. KommunalAbgG (unten IV 9) § 24.

[13]) Preußen z. B. die vorläuf. Steuer v. Grundvermögen gemäß G 14. Feb. 23 GS 29 (unten IV 8). Den Gemeindezuschlägen zu dieser Steuer ist die Reichsb.-Ges. grundsätzlich unterworfen.

[14]) G üb. d. Geldentwertungsausgleich b. bebauten Grundst. in Fass. d. Bek 1. Juni 26 A RGBl I 251. Preußen: Hauszinssteuer (jetzt Bek 2. Juli 26 GS 213, geändert: G 27. April 27 GS 61) Geltungsdauer verlängert: G 22. März 28 GS 29 u. Vo 27. März 29 GS 27. Vgl. Vf 23. 269 RMG 1444 u. 1544 v. 30. Juli u. 13. Sept. 24, E E I 17. 190. 11 v. 25. Sept. 24 u. Vf 46. 190. 133 v. 6. Jan. 25.

[15]) Auch wenn sie zu Wohnzwecken vermietet sind. Vf 6. Jan. 25 (vorst. Anm. 14).

[16]) F. d. RBGesellschaft ergibt sich die Freiheit v. d. Gewerbesteuer schon aus RBahnG § 14 in Verb.

§ 6[17]. (1) Das Reich kann die Länder und die Gemeinden (Gemeindeverbände), die Länder und die Gemeinden (Gemeindeverbände) können das Reich zu Verkehrsteuern heranziehen, jedoch nur insoweit, als die Behörden mit den Handlungen, die den Anlaß der Besteuerung bilden, nicht eine ihnen anvertraute öffentliche Gewalt ausüben. Diese Voraussetzung ist bei dem gesamten Verkehr der Deutschen Reichspost gegeben.

(2) Das Reich kann die Länder und die Gemeinden (Gemeindeverbände) in keinem weiteren Umfang zu Verkehrsteuern heranziehen, als das Reich ihnen unterliegt; in den einzelnen Ländern kann das Reich in keinem weiteren Umfang zu Verkehrsteuern herangezogen werden, als das Land ihnen unterliegt.

(3) (Reichspost.)

(4) Die besonderen Befreiungsvorschriften des Umsatzsteuergesetzes bleiben unberührt.

§ 7. (Verbrauchsteuern.)

§ 8[18]. (1) Die Reichsbetriebe, die der Ausübung der öffentlichen Gewalt dienen, einschließlich der Deutschen Reichspost und der Monopolverwaltungen des Reichs sowie die Bahnhöfe, Werkstätten und ähnlichen Einrichtungen der Reichsbahngesellschaft haben auf Anforderung den Wohngemeinden ihrer Arbeitnehmer Zuschüsse zu deren Verwaltungsaufwand nach Maßgabe der §§ 9, 10 zu leisten.

(2) Wohngemeinden im Sinne dieser Vorschriften sind Gemeinden, in denen am Tage der letzten allgemeinen Personenstandsaufnahme Arbeitnehmer (Beamte, Angestellte, Arbeiter), die in den im Abs. 1 bezeichneten Betrieben und Verwaltungen beschäftigt waren, ihren Wohnsitz oder in Ermangelung eines inländischen Wohnsitzes ihren gewöhnlichen Aufenthalt gehabt und mit ihren Haushaltungsangehörigen mehr als fünf vom Hundert der Zivilbevölkerung ausgemacht haben. Als letzte allgemeine Personenstandsaufnahme gilt die Personenstandsaufnahme, die dem Rechnungsjahre der Wohngemeinde vorausgegangen ist, für das der Zuschuß angefordert wird.

(3) Den Gemeinden im Sinne dieser Vorschriften stehen die selbständigen Gutsbezirke gleich.

§ 9[18]. (1) Die Zuschüsse werden nur zu den fortdauernden Ausgaben der Wohngemeinden für allgemeine Verwaltungszwecke, Volksschulwesen, Wohlfahrtspflege, Wohnungsbau und bauliche Unterhaltung der öffentlichen Straßen, Wege und Plätze geleistet. Zu diesen fortdauernden Ausgaben gehören auch die Verzinsungs- und Tilgungsraten von Anleihen, die ausschließlich zu einmaligen Ausgaben für die im Satz 1 bezeichneten Verwaltungszwecke verwendet worden sind.

damit, daß das Unternehmen Deutsche Reichsb. keine Gewerbesteuer zahlte; aber sie folgt auch aus obigem § 5, weil die Gesellschaft nicht körperschaftssteuerpflichtig ist (unten IV 4 § 9). — Gewerbesteuer s. ferner unten IV 10.

[17]) Von den in § 6 behandelten Verkehrssteuern kann die RBGesellschaft eine Befreiung nicht aus RBahnG § 14 herleiten, da sie keine direkten Steuern sind. — Es kommen folgende Verkehrssteuern in Betracht:

A. Reichssteuern.

a) Beförderungssteuer: S. oben IV 2.

b) Umsatzsteuer (s. auch oben IV 2 Anm. 1 C). Neueste Fassung des UStG: Bek 8. Mai 26 RGBl I 218. Das G ist f. d. EisVerwaltungen v. prakt. Bedeutung, enthält ab. kein Eisenbahnrecht; namentlich räumt es weder den Eisenbahnen im allg. noch der RBGesellschaft eine Sonderstellung ein. AusfBest enthalten z. B. E 3. Okt. 22 u. 14. Jan. 24 E VI 60. 4837 u. 690. 2, Vf 46. 190. 128 u. 132 v. 26. Nov. u. 12. Dez. 24, Vf 46. 490. 52 v. 22. Sept. 25, 46. 490. 10 v. 27. Feb. 26, 46 Ragu v. 22. Juni u. 8. Nov. 28, 46 Ragu 3 III v. 25. Feb. 29, 46 Raga 19 v. 10. Mai 30. Entsch des RFinHofs in EisAngelegenheiten z. B. Reichssteuerblatt **1923** 65, 430, **1926** 116, 269, **1928** 128; VZ **1925** 949; EE **43** 290; Reichsanzeiger **1927** Nr. 194; VerkRu **1926** 108; JW **1925** 846; US **1926** IV 1, 2; EE **48** 275; JW **1929** 2844.

c) Kapitalverkehrsteuer s. unten IV 5.

d) Grunderwerbsteuer: Das G — jetzige Fassung: Bek 11. März 27 RGBl I 72 — enthält keine eisenbahnrechtl. Vorschr.; ihm sind alle EisUnternehmungen, auch die RBGesellschaft, unterworfen. Übereignungsabkommen zw. Reich u. RBGesellsch. sind ab. keine Verträge im Rechtssinne u. unterliegen der Steuer nicht. RFinHof VZ **1927** 1082. Zur GrESt können nach § 38 FinanzausgleichsG — jetzige Fassung: Bek 27. April 26 RGBl I 223 u. G 9. April 27 RGBl I 91 — Länder u. Kommunalverbände Zuschläge erheben; v. d. Zuschlägen der Länder ist die RBGes. nach dem oben in Anm. 7 Ausgeführten frei. (In Preußen hat der Staat zugunsten der Stadt- u. Landkreise auf sein Recht zur Erhebung v. Zuschlägen verzichtet: AusfG zum FinanzausgleichsG in Fass. der Bek 14. Mai 27 GS 63 § 3).

B. Landessteuern. Hier ist von besond. prakt. Bedeutung die Frage, ob die ReichsbGesellschaft der preuß. Stempelsteuer nach dem StempelstG — jetzige Fassung: Bek 27. Okt. 24 GS 627 — unterworfen ist. Die Frage ist m. E. zu verneinen, da die Stempelst. eine Steuer ist (nicht etwa eine Gebühr od. ein Beitrag), mithin unter den § 15 StVtr 1920 fällt (s. vorst. Anm. 7; die dort erwähnte Vf des Preuß. Finanzmin. bezieht sich auf die StSt.). Außerdem sind nach § 5 (1) des G von der Steuer befreit der Fiskus d. D. Reichs u. alle öff. Anstalten, die f. Rechn. d. Reichs verwaltet werden od. diesen gleichgestellt sind; dazu muß auch die ReichsbGesellschaft gerechnet werden (s. oben Anm. 3 C). Vgl. auch Vf 46. 190a. 3 v. 23. Mai 25. Das Reichsbahngericht hat ab. in dem oben in Anm. 7 erwähnten Beschluß entschieden, daß die Gesellschaft der preuß. Stempelsteuer unterliegt; die gleiche Entsch. für Hessen trifft Beschluß des Hess. JustMin. 4. Jan. 27 US IV 3.

[18]) §§ 8—10 bestimmen in Erweiterung des § 6 ReichsbesteuerG (oben 3a), daß unter gewissen Vorauss. die Betriebe des Reichs u. der ReichsbGesellsch. den Wohngemeinden ihrer Arbeitnehmer Zuschüsse zu deren Verwaltungsaufwand zu leisten haben. Für die RBGesellschaft sind sie durch die Neufass. von RBahnG § 15 gegenstandslos geworden; s. oben I 5 Anm. 65 u. IV 3a Anm. 5.

(2) Der Berechnung der Zuschüsse werden die im Abs. 1 bezeichneten Verwaltungsausgaben der Wohngemeinden in dem Rechnungsjahre zugrunde gelegt, das dem Rechnungsjahre vorausgegangen ist, für das die Zuschüsse angefordert werden. Diese Verwaltungsausgaben werden gleichmäßig auf den Kopf der Bevölkerung nach dem Stande der letzten allgemeinen Personenstandsaufnahme verteilt; von dem Teile, der dabei auf die in den Betrieben und Verwaltungen beschäftigten Arbeitnehmer und deren Haushaltungsangehörigen entfällt, wird ein der Zahl dieser Arbeitnehmer entsprechendes Vielfaches des Betrags abgezogen, der in der Beschäftigungsgemeinde (§ 23 des Gesetzes über Änderungen des Finanzausgleichs zwischen Reich, Ländern und Gemeinden) als Gemeindeanteil an der durch Steuerabzug vom Arbeitslohn erhobenen Einkommensteuer im vorausgegangenen Rechnungsjahr durchschnittlich auf den Kopf des einzelnen in der Gemeinde beschäftigten Arbeitnehmers abgeführt worden ist. Der Zuschuß beläuft sich

auf 30 vom Hundert des sich ergebenden Betrags, wenn die Arbeitnehmer mit ihren Haushaltungsangehörigen nicht mehr als 20 vom Hundert,

auf 50 vom Hundert des sich ergebenden Betrags, wenn die Arbeitnehmer mit ihren Haushaltungsangehörigen mehr als 20 vom Hundert, jedoch nicht mehr als 40 vom Hundert,

auf 70 vom Hundert des sich ergebenden Betrags, wenn die Arbeitnehmer mit ihren Haushaltungsangehörigen mehr als 40 vom Hundert, jedoch nicht mehr als 60 vom Hundert,

auf 90 vom Hundert des sich ergebenden Betrags, wenn die Arbeitnehmer mit ihren Haushaltungsangehörigen mehr als 60 vom Hundert

der Bevölkerung ausgemacht haben.

(3) Soweit Ausgaben der im Abs. 1 bezeichneten Art von dem Gemeindeverband, zu dem die Wohngemeinde gehört, übernommen worden sind, können sie der Zuschußberechnung in der Höhe zugrunde gelegt werden, in der sie ohne die Übernahme der Wohngemeinde zur Last fallen würden. Die Wohngemeinde hat den hiernach auf den Gemeindeverband entfallenden Anteil an den Zuschüssen an diesen abzuführen.

(4) Beihilfen, die zuschußberechtigte Gemeinden auf Grund von Verträgen aus Reichsmitteln zu ihrem Verwaltungsaufwand erhalten, sind auf die Zuschüsse anzurechnen.

§ 10[18]). (1) Die Zuschußanforderungen müssen den in Anspruch genommenen Betrieben und Verwaltungen bis zum Ablauf des Rechnungsjahrs zugestellt worden sein, für das sie geltend gemacht werden.

(2) Für die Verwaltung der Zuschüsse und das Rechtsmittelverfahren gelten dieselben Vorschriften wie für Reichssteuern[19]). Die Geschäfte der Finanzämter werden von den nach Landesrecht für die Festsetzung von Gemeindeabgaben zuständigen Behörden wahrgenommen; bei Zweifeln über die Zuständigkeit entscheidet die Landesregierung. In dem weiteren Verfahren (Berufungsverfahren) treten an die Stelle der Finanzgerichte die nach Landesrecht zuständigen Verwaltungsbehörden oder Verwaltungsgerichte, sofern sie zur tatsächlichen Nachprüfung berufen sind. In letzter Instanz entscheidet der Reichsfinanzhof.

(3) Der Reichsminister der Finanzen wird ermächtigt, mit Zustimmung des Reichsrats nähere Bestimmungen über die Berechnung der Zuschüsse zu erlassen.

§ 11. Die Ausführungsbestimmungen zu diesem Gesetz erläßt der Reichsminister der Finanzen mit Zustimmung des Reichsrats.

§ 12[18]). Die Berechnung der Zuschüsse, die gemäß den §§ 8 bis 10 für Rechnungsjahre angefordert werden, die in den Kalenderjahren 1925 und 1926 beginnen, erfolgt in der Weise, daß von den Verwaltungsausgaben, die nach § 9 Abs. 2 auf die in den Betrieben und Verwaltungen beschäftigten Arbeitnehmer und deren Haushaltungsangehörigen entfallen, ein der Zahl dieser Arbeitnehmer entsprechendes Vielfaches des landesrechtlich festgesetzten Gemeindeanteils an dem Einkommensteuerlohnabzug abgezogen wird, den die zuschußpflichtigen Betriebe und Verwaltungen im vorausgegangenen Rechnungsjahr durchschnittlich auf den Kopf ihrer Arbeitnehmer abgeführt haben.

§ 13. Das Reichsbesteuerungsgesetz vom 15. April 1911 (Reichsgesetzbl. S. 187) wird aufgehoben.

§ 14[18]). Die Vorschriften der §§ 8 und 9 dieses Gesetzes treten mit Wirkung vom 1. April 1925 an die Stelle des § 6 des Reichsbesteuerungsgesetzes, im übrigen tritt das Gesetz mit dem 1. Oktober 1925 in Kraft. Die vor diesen Zeitpunkten nach dem Reichsbesteuerungsgesetz begründeten Ansprüche und Befreiungen bleiben jedoch unberührt, anhängige Verfahren sind nach den bisherigen Vorschriften durchzuführen.

---

[19]) ReichsabgabenO 13. Dez. 19 RGBl 1993, Zweiter Teil, Vierter Abschnitt.

4. Körperschaftsteuergesetz. Vom 10. August 1925 (RGBl I 208).

(Auszug).

§ 2. Mit dem gesamten Einkommen sind steuerpflichtig (unbeschränkt körperschaftsteuerpflichtig) unter der Voraussetzung, daß der Sitz oder der Ort der Leitung im Inland liegt:

1. Erwerbsgesellschaften (§ 4),
2. alle übrigen Körperschaften und Vermögensmassen (§ 5) des bürgerlichen Rechtes,

[1]) 3. Betriebe und Verwaltungen von Körperschaften des öffentlichen Rechtes und öffentliche Betriebe und Verwaltungen mit eigener Rechtspersönlichkeit, es sei denn, daß die Betriebe und Verwaltungen nach Maßgabe des § 7 dienen:

a) der Ausübung der öffentlichen Gewalt,
b) lebenswichtigen Bedürfnissen der Bevölkerung, zu deren Befriedigung die Bevölkerung auf die Betriebe und Verwaltungen angewiesen ist (Versorgungsbetriebe),
c) gemeinnützigen oder mildtätigen Zwecken,
d) kirchlichen Zwecken.

Den Betrieben und Verwaltungen des Satz 1 stehen gleich Unternehmungen, deren Erträge ausschließlich Körperschaften des öffentlichen Rechtes zufließen.

§ 3. (1) Mit Einkommen bestimmter Art sind steuerpflichtig (beschränkt körperschaftsteuerpflichtig):

1. mit dem Einkommen, das aus dem Inland bezogen wird (inländischem Einkommen), alle Körperschaften, Vermögensmassen, Betriebe und Verwaltungen der im § 2 bezeichneten Art, wenn der Sitz und der Ort der Leitung im Ausland liegen,
2. mit inländischen Kapitalerträgen im Sinne des § 3 Abs. 2 Nr. 7 bis 9 des Einkommensteuergesetzes alle Körperschaften und Vermögensmassen des öffentlichen und des bürgerlichen Rechtes ohne Rücksicht auf den Sitz und den Ort der Leitung.

(2)

(3) Die Steuerpflicht nach Abs. 1 Nr. 2 für inländische Kapitalerträge im Sinne des § 3 Abs. 2 Nr. 7 des Einkommensteuergesetzes erstreckt sich nicht auf Reich, Länder und Gemeinden, wenn die Kapitalerträge aus der Beteiligung an einem Unternehmen stammen, dessen Anteile mit mehr als einem Viertel im Besitze des Reichs, des Landes oder der Gemeinde stehen.

§ 7[1]). (1) Als Versorgungsbetriebe im Sinne des § 2 Nr. 3b gelten solche Betriebe oder Verwaltungen, denen die Versorgung der Bevölkerung mit Wasser, Gas oder Elektrizität obliegt oder die dem öffentlichen Verkehr oder dem Hafenbetriebe dienen; als Versorgungsbetriebe werden sie aber nur insoweit behandelt, als sie den vorbezeichneten Aufgaben dienen. Der Reichsminister der Finanzen kann mit Zustimmung des Reichsrats weitere Betriebe und Verwaltungen als Versorgungsbetriebe im Sinne des § 2 Nr. 3b erklären.

(2) Im übrigen erläßt der Reichsminister der Finanzen mit Zustimmung des Reichsrats nähere Bestimmungen über die Abgrenzung der nach § 2 Nr. 3 steuerpflichtigen Betriebe und Verwaltungen.

[1]) **§ 9.** (1) Von der Körperschaftsteuer sind befreit:

1. die Deutsche Reichspost, ... und die Deutsche Reichsbahn-Gesellschaft;
2. bis 11.

(2) Die Befreiungen nach Abs. 1 Nr. 1, 3 bis 11 gelten nicht im Falle der beschränkten Steuerpflicht nach § 3 Abs. 1 Nr. 2; § 14 des Gesetzes über die Deutsche Reichsbahn-Gesellschaft (Reichsbahngesetz) vom 30. August 1924 (Reichsgesetzbl. Teil II S. 272) bleibt jedoch unberührt[2]). Die Befreiungen nach Abs. 1 Nr. 3 bis 10 finden ferner keine Anwendung auf Steuerpflichtige, deren Sitz und Ort der Leitung im Ausland liegen.

Beilage A (zu Anmerkung 1).

Verordnung des Reichsministers der Finanzen zur Durchführung des Körperschaftsteuergesetzes. Vom 17. Mai 1926 (RGBl I 244).

(Auszug).

Auf Grund des § 4 Abs. 2b, § 7 Abs. 2, § 9 Abs. 1 Nr. 7, § 13, § 17 Nr. 4 Satz 2 des Körperschaftsteuergesetzes vom 10. August 1925 (Reichsgesetzbl. I S. 208) wird, soweit erforderlich mit Zustimmung des Reichsrats, folgendes bestimmt:

---

[1]) Hierzu Vo zur Durchführung des G (Beil. A). — Zum Begriffe der steuerfreien Versorgungsbetriebe s. RFinHof 9. April 29 JW 2076.

[2]) Nach KörperschStG 30. März 20 RGBl 393 § 2 war das Reich v. d. KSt. befreit, also auch das Unternehmen Deutsche Reichsbahn am 12. Feb. 24; mithin bedeutet die obige Bezugnahme auf RBahnG § 14, daß die RBGesellschaft v. d. Steuer gänzlich frei ist, auch v. d. beschränkten Steuerpflicht: Vf 46. 490. 104 v. 25. Nov. 27; RFinHof 22. Aug. 27 VZ **1928** 124.

§ 1. (1) Betriebe und Verwaltungen von Körperschaften des öffentlichen Rechtes und Betriebe und Verwaltungen mit eigener öffentlich-rechtlicher Rechtspersönlichkeit unterliegen nicht der Körperschaftsteuer, sofern sie dienen:

1. der Ausübung der öffentlichen Gewalt (§ 2),
2. lebenswichtigen Bedürfnissen der Bevölkerung, zu deren Befriedigung die Bevölkerung auf die Betriebe und Verwaltungen angewiesen ist (Versorgungsbetriebe) (§ 3),
3. 4.

(2) Den Betrieben und Verwaltungen des Abs. 1 stehen gleich Unternehmungen, deren Erträge ausschließlich Körperschaften des öffentlichen Rechtes zufließen.

(3) Die im Abs. 1 Nr. 1, 3, 4 genannten Betriebe unterliegen auch dann nicht der Körperschaftsteuer, wenn sie zwar nicht ausschließlich, aber doch überwiegend den hier bezeichneten Zwecken zu dienen bestimmt sind.

(4) Steuerfrei sind auch die Einkünfte aus der Verpachtung solcher Betriebe, die nach Abs. 1 bis 3 der Körperschaftsteuer nicht unterliegen würden, wenn sie vom Verpächter unmittelbar betrieben würden; Voraussetzung ist, daß der Verpächter eine maßgebende Einwirkung auf die Gestaltung der Tarife behält.

§ 3. (1) Versorgungsbetriebe sind Betriebe und Verwaltungen,

1. denen die Versorgung der Bevölkerung mit Wasser, Gas und Elektrizität obliegt;
2[1]. die dem öffentlichen Verkehre dienen, d. h. die überwiegend die Beförderung von Personen zum Gegenstande haben, nach ihren Tarifen von der Gesamtbevölkerung benutzt werden können und mangels anderer allgemeiner Verkehrsverbindungen von ihr benutzt werden müssen, wie Eisenbahnen des allgemeinen und des nicht allgemeinen Verkehrs einschließlich der Straßenbahnen und Hoch- und Untergrundbahnen, Kraftfahrlinien, Omnibusbetriebe, Personenschiffahrtsbetriebe, Fährbetriebe; Eisenbahnen und Kraftfahrlinien gelten auch dann als Versorgungsbetriebe, wenn sie überwiegend der Beförderung von Gütern dienen;
3.

5. Kapitalverkehrsteuergesetz. Vom 8. April 1922 (RGBl I 354),

unter Berücksichtigung der bis Ende 1929 eingetretenen Änderungen.

(Auszug).

I. Teil. Gesellschaftssteuer

§ 4. (1) Von der Steuer sind befreit inländische Aktiengesellschaften, Kommanditgesellschaften auf Aktien und Gesellschaften mit beschränkter Haftung,

a)
b) die unter Beteiligung des Reichs oder eines Landes oder einer Gemeinde (eines Gemeindeverbandes) ausschließlich dem öffentlichen Verkehre ... dienen, falls die Beteiligung in unentgeltlichen Zuwendungen in Höhe von mindestens einem Zehntel des Aktien- oder Stammkapitals oder in der Übernahme von mindestens einem Viertel dieses Kapitals oder in der Übernahme einer Gewährleistung besteht, die der Übernahme von mindestens einem Viertel des Kapitals gleichwertig ist;
c. d. e.

(2)

II. Teil. Wertpapiersteuer

§ 29. (1) Die Steuer beträgt für je 10 Reichsmark oder einen Bruchteil dieses Betrags

a) bei Schuld- und Rentenverschreibungen ... inländischer Eisenbahngesellschaften ... sowie der im § 4 Abs. 1 zu b bezeichneten Gesellschaften ... 0,05 Reichsmark,
b. c. d.

(2—5)

III. Teil. Börsenumsatzsteuer

§ 52. (1) Die Steuer beträgt für je 100 Reichsmark oder einen Bruchteil dieses Betrags

	I für Händlergeschäfte Reichsmark	II für die übrigen Geschäfte Reichsmark
b) bei Schuld- und Rentenverschreibungen ... inländischer Eisenbahngesellschaften ..., sofern die Schuld- und Rentenverschreibungen mit staatlicher Genehmigung ausgegeben sind	0,03	0,06

[1]) Nach § 3 (1) Ziff. 2 in Verb. m. § 1 (1) sind also Groß- u. Kleinbahnen steuerfrei, wenn sie v. Körperschaften des öff. Rechts, z. B. Ländern od. Kommunalverbänden betrieben werden, nicht ab. z. B. Groß- u. Kleinbahnen der Aktiengesellschaften. Zur Steuerpflicht der Kleinbahnen: Koch, VerkRu 1929 3.

6. Gesetz über die Industriebelastung (Industriebelastungsgesetz)[1]. Vom 30. August 1924 (RGBl II 257).

(Auszug).

I. Die Belastung der industriellen Unternehmer

1. Der Kreis der Belasteten

§ 1. (1) Den Unternehmern der industriellen und gewerblichen Betriebe mit Einschluß ... der Privatbahnen, Kleinbahnen und Straßenbahnen wird nach Maßgabe dieses Gesetzes die Last der Verzinsung und Tilgung eines Betrages von insgesamt 5 Milliarden Goldmark auferlegt. Diese Last wird durch eine Hypothek des öffentlichen Rechts (eine öffentliche Last) an erster Stelle gesichert und mit den in den §§ 46 bis 50 vorgesehenen Vorzugsrechten ausgestattet. Von den einzelnen Unternehmern werden über sie Obligationen gemäß den Vorschriften der §§ 9ff. ausgestellt.

(2. 3)

§ 2. (1) Industrielle oder gewerbliche Betriebe im Sinne dieses Gesetzes sind alle Betriebe mit Ausnahme der Landwirtschaft, des Verkehrsgewerbes, soweit es sich nicht um ... Privatbahnen, Kleinbahnen oder Straßenbahnen handelt ...

(2)

§§ 3. 4.

2. Umlegung der Last

§ 5. (1) Der Betrag, mit dem der einzelne Unternehmer gemäß § 1 belastet wird, wird auf Grund seines zur Vermögensteuer veranlagten Betriebsvermögens festgestellt.

(2) (Erste Umlegung.)

(3)

§ 6. (1) Nach Maßgabe der Veranlagung zu späteren Vermögensteuern wird die auf den einzelnen Unternehmer entfallende Belastung neu umgelegt ...

(2. 3)

§§ 7. 8.

3. Ausstellung und Übergabe der Einzelobligationen

§§ 9. 10. 11.

§ 12. Bei der ersten Umlegung ist über die gesamte Belastung, die nach der Schätzung (§ 5 Abs. 2) auf die Schiffahrtsunternehmer sowie auf die Bahnunternehmer (Privatbahnen, Kleinbahnen und Straßenbahnen) entfällt, je eine einheitliche Obligation auszustellen. Die Obligation ist von zwei Generalvertretern der Schiffahrtsunternehmer und der Bahnunternehmer zu unterzeichnen, die von der Reichsregierung bestellt werden. Die Aufteilung der Last auf die einzelnen Unternehmer erfolgt bei der nächsten Umlegung. Bis dahin haften die einzelnen Unternehmer für Zins- und Tilgungsbeträge im Verhältnis ihres Betriebsvermögens zu dem durch Schätzung ermittelten Gesamtbetrage der Last.

§ 13. (1) (Recht des Treuhänders zur teilweisen Veräußerung der Einzelobligationen.)

(2) Für die Obligationen der Schiffahrtsunternehmer und der Bahnunternehmer besteht das Recht des Treuhänders zur Veräußerung nicht.

(3. 4)

§§ 14 bis **22.**

II. Die Bank für deutsche Industrieobligationen

§§ 23 bis **31.**

III. Industriebonds

§§ 32 bis **36.**

IV. Rechte der Gläubiger ausgegebener Schuldverschreibungen

§§ 37 bis **40.**

V. Sicherungen

§ 41. (1) Gehören zum Betriebsvermögen eines belasteten Unternehmers inländische Grundstücke, Erbbaurechte, Kohlenabbaugerechtigkeiten, Bergwerkseigentum oder Bahneinheiten, so entsteht an ihnen im Zeitpunkt des Inkrafttretens dieses Gesetzes zur Sicherung für die Ansprüche auf

[1]) Wegen der Entstehung des G s. oben I 4. — Das ergänzende „Aufbringungsgesetz" 30. Aug. 24 RGBl II 269 — geändert durch G 15. April 30 RGBl I 141 — enthält keine eisenbahnrechtl. Vorschriften. Aus den AusfBest zu beiden Gesetzen sei hier erwähnt, daß nach § 2 (4) der Vo 16. Nov. 25 RGBl II 971 die Reichsbahn-Gesellschaft v. d. Aufbringungspflicht befreit ist. Eisenbahnrechtliches enthalten ferner Vo 28. Okt. 24 (RGBl II 421) §§ 1. 8, Vo 5. Dez. 24 (das. 427) § 23 u. Vo 11. Feb. 25 (RGBl II 46).

die Jahresleistungen an Zinsen und Tilgungsbeträgen die öffentliche Last (§ 1). Die Vorschriften der §§ 1120 bis 1137, 1148, 1150 des Bürgerlichen Gesetzbuches finden entsprechende Anwendung.

(2) bis (5)

§§ 42 bis 50.

VI. Der Treuhänder

§§ 51 bis 56.

VII. Rückkauf

§§ 57 bis 66.

VIII. Steuerbefreiung

§ 67.

IX. Garantie des Reichs

§ 68.

X. Schiedsgericht

§ 69.

XI. Schlußbestimmungen

§§ 70 bis 72.

7. Gesetz über staatliche Verwaltungsgebühren (VGG). Vom 29. September 1923 (GS 455)[a]).

(Auszug).

§ 1. (1) Für einzelne auf Veranlassung der Beteiligten vorgenommene Amtshandlungen staatlicher Organe, die im wesentlichen im Interesse einzelner erfolgen, werden Verwaltungsgebühren für die Staatskasse erhoben. Die Erhebung erfolgt auf Grund von Gebührenordnungen (§ 4).

(2) Gebührenfrei sind solche Amtshandlungen, die überwiegend im öffentlichen Interesse erfolgen, und der mündliche Verkehr. Gebühren werden nicht erhoben beim Verkehr der Behörden untereinander, es sei denn, daß sie einem Dritten als Veranlasser zur Last zu legen sind.

§ 4. (1) Die Gebührenordnungen (§ 1) erläßt das Staatsministerium[b])...

§ 7. Gegen die Erhebung einer Gebühr findet die Beschwerde im Aufsichtswege statt, sofern nicht gesetzlich eine andere Regelung getroffen ist. Die näheren Verfahrensvorschriften erläßt erforderlichenfalls das Staatsministerium.

Beilage A (zu Anmerkung b).

Verwaltungsgebührenordnung (VGO). Vom 30. Dezember 1926 (GS 327).

(Auszug).

Auf Grund des § 4 Abs. 1 des Gesetzes über staatliche Verwaltungsgebühren vom 29. September 1923 (Gesetzsamml. S. 455) wird folgendes[1]) verordnet:

§ 1[2]) [3]). (1) Für einzelne Amtshandlungen, die auf Veranlassung der Beteiligten von staatlichen Organen oder kraft staatlichen Auftrags von nichtstaatlichen Organen vorgenommen werden, werden Verwaltungsgebühren nach Maßgabe dieser Verordnung und des anliegenden Tarifs erhoben. Die Erhebung von anderweitigen Gebühren oder Stempeln für derartige Amtshandlungen wird ausgeschlossen.

(2)

---

[a]) Die Reichsbahn-Gesellschaft nimmt für sich d. Freiheit v. VerwaltGebühren aus folgenden Gründen in Anspruch (näheres: Vf 17. 190. 120 v. 20. Nov. 24, 46. 490. 58 v. 19. Okt. 25, 46. 3661 v. 19. Dez. 25, 46. 490. 85 v. 10. Jan. 27; s. auch Haustein Arch. d. öff. Rechts 1927 130):

A. Allgemein:

a) auf Grund § 1 (2) VGG, weil nach RBahnG § 17 die Stellen der Gesellschaft öff. Behörden seien (s. oben I 5 Anm. 78);

b) auf Grund § 3 der GebührenO (unten Beil. A), weil die Gesellschaft zu den n. d. StempelsteuerG von der Stempelst. befreiten Anstalten gehöre (s. oben IV 3b Anm. 17 B).

B. Von den Geb. f. landespol. Prüfungen (Tarif, unten Beil. B, Ziff. 25c), weil bei Plänen für Reichsbahnbauten die Prüfung nicht „auf Veranlassung der Beteiligten" u. „im wesentlichen Interesse einzelner" — VGG § 1 (1) — erfolge u. nicht eine staatl. Genehmigung vorbereite, sondern ein Verfahren sei, mit dessen Hilfe das Land im eigenen Interesse ein ihm durch die RVerf verliehenes Recht z. gutachtl. Äußerung geltend mache (s. oben I 7 Anm. 15 C).

Dem Standpunkt der Gesellschaft ist m. E. beizutreten. Gegen ihn hat entschieden OV 25. März 29 US XII 22.

[b]) Verwaltungsgebührenordnung: Beil. A.

[1]) Vom Preuß. Staatsministerium.

[2]) AusfAnw 29. Dez. 23 nebst Richtlinien abgedr. bei Hein-Krüger KleinbG II 303. Eingehende Anw üb. d. Erheb. von VerwGeb. in Sachen der Kleinb. u. Privatanschlußb., namentlich f. Amtshandlungen der Reichsbahndirektionen u. der Reichsbevollm. f. Privatb.-Aufsicht: E 18. März 27 HMinBl 101 (Hein-Krüger S. 317); dazu Vf 2. 602c. 24 v. 14. Dez. 27. Ferner E 26. Sept. 27 HMinBl 342; E 13. Okt. 28 VI 5. 16. 2008, mitget. mit Vf 46 Lpab v. 28. Jan. 29. Weitere eingeh. Anw. darüb. E 22. Dez. 27 HMinBl 1928 3. GebührenO f. LokDampfkessel der Kleinb. u. Priv.-AnschlBahnen E 11. April 28 HMinBl 96; s. auch E 11. dess. M. das. 114.

[3]) IV. Oben IV 7 Anm. a.

§ 2[3]). Gebührenfrei sind:

1. Amtshandlungen, die überwiegend im öffentlichen Interesse erfolgen;
2.
3. Amtshandlungen, die eine Behörde in Ausübung einer öffentlichen Gewalt veranlaßt, es sei denn, daß die Gebühr einem Dritten als mittelbarem Veranlasser zur Last zu legen ist;
4. bis 7.

§ 3[3]). Diejenigen Personen, Anstalten usw., die nach § 5 Abs. 1 bis 4 des Stempelsteuergesetzes von der Entrichtung der Stempelsteuer befreit sind, sind unter den dort genannten Voraussetzungen auch von der Entrichtung von Verwaltungsgebühren befreit.

§ 11. Gegen die Erhebung einer Gebühr findet die Beschwerde im Aufsichtswege statt, soweit nicht durch besondere Bestimmung eine andere Regelung getroffen ist. Die Beschwerde hat keine aufschiebende Wirkung, jedoch ist in der Regel die Einziehung der Gebühr bis zur Entscheidung über die Beschwerde auszusetzen. Die Entscheidung erfolgt gebührenfrei.

Gebührentarif.

(Auszug).

Lfde Nr.	Gegenstand	Gebühr *RM*
15	**Bergbauangelegenheiten. Sondergebühren.**	
	g) Betriebsanlagen, bergbauliche.	
	Bergpolizeiliche Genehmigung oder betriebsplanmäßige Prüfung und Zulassung der Herstellung, einer wesentlichen Erweiterung oder sonstigen wesentlichen Änderung der Anlage einschließlich der behördlichen Abnahme der fertiggestellten Anlage,	
	1. bei Grubenbahnen, Grubenanschlußbahnen und Drahtseilbahnen . .	die Gebühren der T. Nr. 25 zu a 1 und 2
	bei Mitbeteiligung anderer als Bergbehörden	das Doppelte der vorstehenden Sätze
	mindestens in jedem Falle	10
	2. bei sonstigen Betriebsanlagen nach näherer Anweisung des Ministers für Handel und Gewerbe	3 bis 1000
	Anmerkung: Für eine Entscheidung des Oberbergamts gemäß § 68 Abs. 3 A. B. G. gilt nicht § 8 dieser Gebührenordnung.	
18	**Beurkundung von Grundstücksveräußerungen** (einschl. Versteigerungen) gemäß Artikel 12 § 2 A. G. B. G. B.[4]) sowie Urkunden über die Abtretung von Aneignungsrechten aus § 928 Abs. 2 B. G.B., sofern sie nicht zur Erlangung der Rechtswirksamkeit der Genehmigung oder des Beitritts einer Behörde bedürfen und diese Genehmigung nicht erteilt wird	$^1/_{10}$ v.H. des Kaufpreises (einschl. des Wertes der ausbedungenen Leistungen und vorbehaltenen Nutzungen) oder des Grundstückswerts, falls ein Kaufpreis nicht in Frage kommt oder dieser geringer ist als der Grundstückswert
	mindestens	2
	Das Entsprechende gilt für das Erbbaurecht; besteht die Gegenleistung in einem Erbbauzins, so finden die Vorschriften des § 6 Abs. 9 bis 12 des Stempelsteuerges. entsprechende Anwendung.	
25	**Eisenbahnen.**	
	a) Genehmigung zur Herstellung und zum Betriebe sowie zu wesentlichen Erweiterungen oder sonstigen wesentlichen Änderungen der Anlage	
	1. einer Eisenbahnunternehmung (§§ 1, 5, 14 Ges. v. 3. 11. 1838, G.S. S. 506)[5]),	
	2. einer Kleinbahn (§§ 2, 3 Ges. v. 28. 7. 1892, G.S. S. 225)[2]).	
	Zu 1 und 2	
	für die ersten 2000000 *RM* des Anlage- und Betriebskapitals oder der Kosten der Erweiterung oder Änderung der Anlage . .	$^1/_{10}$ v.H.

[4]) Unten V 2a Anm. 77.

[5]) Kommt für Reichsbahnen nicht in Frage.

Lfde Nr.	Gegenstand	Gebühr RM
	für die weiteren 3000000 RM	$^1/_{20}$ v.H.
	für die weiteren 5000000 RM	$^1/_{40}$ v.H.
	für die weiteren Beträge	$^1/_{80}$ v.H.
	in allen Fällen mindestens	20
	3. einer Privatanschlußbahn (§§ 43, 44 a. a. O.)[2])	das Doppelte der Gebühren zu 1 und 2
	mindestens	10
	b) Feststellung des Planes von Kleinbahnen und Privatanschlußbahnen (§§ 17, 18, 47 a. a. O.)	10 bis 300
	c) Landespolizeiliche Prüfung der Pläne für den Bau neuer und die Veränderung bestehender Eisenbahnanlagen einschließlich Neben- und Schutzanlagen (§§ 1, 5, 14 Ges. v. 3. 11. 1838, G.S. S. 506)[6])	10 bis 300
	d) Gebührenfrei sind die Entscheidungen über Fahrpläne, die ohne Antrag der Kleinbahnverwaltungen zu treffenden Entscheidungen über Beförderungspreise (§ 14 Ges. v. 28. 7. 1892, G S. S. 225) sowie die Entscheidungen über Rücklagefonds (Ausf.Anw. zu § 11 a. a. O.)[7]).	
26	**Enteignung, Zwangsgrundabtretung.**	
	a) Verleihung des Enteignungsrechts.	
	1. Entziehung des Grundeigentums	
	aa) unter Bezeichnung der zu enteignenden Grundstücke	$^1/_{20}$ v.H. des Wertes des zu enteignenden Grundstücks
	mindestens	30
	bb) ohne Bezeichnung des zu enteignenden Grundstücks (allgemeine Verleihung)	30 bis 1000
	2. Beschränkung des Grundeigentums, Entziehung und Beschränkung der Rechte am Grundeigentume	20 bis 300
	b) Anordnung des vereinfachten Enteignungsverfahrens	2 bis 100
	c) Ermächtigung zur Vornahme von vorbereitenden Handlungen	20 bis 300
	d) Feststellung des Planes und die vorläufige Einweisung in den Besitz der Grundstücke	10 bis 300
	e) Feststellung der Entschädigung	$^2/_{10}$ v.H. der festgestellten Entschädigung
	mindestens	10
	f) Enteignungserklärung	5 bis 20
	g) Grundabtretungsbeschlüsse gemäß § 144 A.B.G.	wie zu e
	mindestens	10
	Bei Festsetzung einer jährlichen Nutzungsentschädigung ist der Gebührenberechnung der Gesamtbetrag, höchstens jedoch der zwölfeinhalbfache Jahresbetrag der Entschädigung, zugrunde zu legen.	

8. Gesetz über die Erhebung einer vorläufigen Steuer vom Grundvermögen. Vom 14. Februar 1923 (GS 29)[a]).

(Auszug).

§ 15. (1) Die Steuer wird nicht erhoben von allen denjenigen Grundstücken oder Grundstücksteilen, die nach § 24 Abs. 1b bis k und Abs. 3 des Kommunalabgabengesetzes vom 14. Juli 1893 (Gesetzsamml. S. 152)[b]) den Steuern vom Grundbesitze nicht unterliegen ...

[6]) Reichsbahnen: vorst. IV 7 Anm. a B.

[7]) Zusätzliches f. Klein- u. PrivAnschlBahnen E 20. Juni 29 HMinBl 182.

[a]) A. Zahlreiche spätere Änderungen des G kommen f. d. Zweck der vorl. Darstellung nicht in Betracht.

B. Das G führt die direkte Staatsbesteuerung des Grundvermögens wieder ein, nachdem sie bei der Miquelschen Finanzreform durch G 14. Juli 93 GS 119 außer Hebung gesetzt worden war. Die Gemeinden dürfen Zuschläge bis zu 150% erheben (G § 18).

C. Die zum Reichsbahnvermögen gehör. Grundstücke sind frei v. d. Staatssteuer, nicht aber v. d. Gemeindezuschlägen (oben IV 3b § 4 Abs. 3). Private Groß- u. Kleinbahnen unterliegen beidem.

D. § 4 das ReichsbewertungsG 10. Aug. 25 RGBl I 214 bestimmt:

(1) Sofern die Länder und nach Maßgabe der Landesgesetzgebung die Gemeinden die Grund- und Gebäudesteuer oder die Gewerbesteuer ganz oder zum Teil nach dem Merkmal des Wertes erheben, dürfen sie unterwerfen:

1. der Grund- und Gebäudesteuer: die wirtschaftlichen Einheiten des landwirtschaftlichen, forst-

9. Kommunalabgabengesetz[1]. Vom 14. Juli 1893 (GS 152).

(Auszug).

§ 9 Abs. 1[2]). Die Gemeinden können behufs Deckung der Kosten für Herstellung und Unterhaltung von Veranstaltungen, welche durch das öffentliche Interesse erfordert werden, von denjenigen Grundeigentümern und Gewerbetreibenden, denen hierdurch besondere wirtschaftliche Vorteile erwachsen, Beiträge zu den Kosten dieser Veranstaltungen erheben. Die Beiträge sind nach den Vorteilen zu bemessen.

§ 9a. (1) Als Veranstaltung im Sinne des § 9 gilt auch der Bau von Kleinwohnungen. Als wirtschaftlicher Vorteil ist dabei für die Heranziehung von Arbeitgebern zu Beiträgen die Tatsache anzusehen, daß durch die geplanten Wohnungen eine unter den Arbeitnehmern der Arbeitgeber hervorgetretene Wohnungsnot gemildert oder einer drohenden Wohnungsnot vorgebeugt wird ...[3]).

(2—5)

§ 24. Den Steuern vom Grundbesitz sind die in der Gemeinde belegenen bebauten und unbebauten Grundstücke unterworfen, mit Ausnahme

(a, b)

c) der dem Staate[4]), den Provinzen, den Kreisen, den Gemeinden oder sonstigen kommunalen Verbänden gehörigen Grundstücke und Gebäude, sofern sie zu einem öffentlichen Dienste oder Gebrauche bestimmt sind[5]);

d) der Brücken, Kunststraßen, Schienenwege der Eisenbahnen[6]), sowie der schiffbaren Kanäle, welche mit Genehmigung des Staates zum öffentlichen Gebrauche angelegt sind[7]);

(e—k).

---

wirtschaftlichen, gärtnerischen Vermögens und des Grundvermögens im Sinne dieses Gesetzes, soweit sich die Einheiten auf das Land oder die Gemeinde erstrecken;

2. der Gewerbesteuer: die wirtschaftlichen Einheiten des Betriebsvermögens im Sinne dieses Gesetzes, soweit sich die Einheiten auf das Land oder die Gemeinde erstrecken.

(Abs. 2, 3: Einzelvorschriften zur Ergänz. des Abs. 1.) Den Zeitpunkt, mit dem Länder u. Gemeinden für Immobiliar- u. Gewerbesteuern an die Vorschr. des § 4 gebunden s., hat nach G § 82 (2) der RFinanzmin. zu bestimmen; diese Best scheint noch nicht ergangen zu sein.

[b]) Unten IV 9. — Zu den nach KommAbgG § 24 steuerfreien Grundst. gehören d. Schienenwege aller Eisenb. des öff. Verkehrs; insoweit kommt die Befreiung v. d. Staatssteuer auch privaten Groß- u. Kleinbahnen zugute.

[1]) Das G ist durch eine Anzahl späterer Gesetze usw. geändert u. ergänzt worden; wichtige Vorschriften, besonders die über Einkommen- und Gewerbesteuer, sind durch die neuere Entwicklung gegenstandslos geworden, z. T. auch formell aufgehoben worden. Der obige Auszug enthält den z. Z. (Ende 1929) geltenden Wortlaut. — AusfAnw 10. Mai 94, abgedr. in Hue de Grais, Kommunalverbände (Berlin 05) S. 75. — Entsch des des OVG zu einzelnen nicht hier abgedr. Vorschr.: JW **1928** 439 (Hundesteuer), 1085 (G § 19).

[2]) Vgl. oben IV 3b § 2. — Heranzieh. von EisFlächen zu Straßenreinigungskosten OVG 22. Nov. 27 VZ **1928** 605. — Erlaubnissteuer f. Bahnwirtschaften? OVG 19 III 29 US IV 4.

[3]) Der § 9a geht über den Grundsatz des § 9 hinaus, indem er die Heranziehung der Arbeitgeber vom eigenen Interesse des Einzelnen unabhängig macht; mithin liegt hier kein „Beitrag" i. S. ReichsbesteuerG (oben IV 3a) § 1 Abs. 2 u. G 10. Aug. 25 (oben IV 3b) § 2 (1) vor u. kann die Reichsbahngesellschaft auf Grund des obigen § 9a nicht herangezogen werden. Haustein VZ **1923** 837 (für das ältere Recht) u. Jahnke das. **1927** 267. Vgl. auch E 2. Mai 23 E II 23. 5136.

[4]) Dem Staate steht das Reich gleich: ReichsbesteuerG (oben IV 3a) § 3, G 10. Aug. 25 (oben IV 3b) § 4 (1); nach § 6 Abs. 3 der Vo 12. Feb. 24 (oben I 5 Anm. 63) stand also am 12. Feb. 24 die Befreiung auch dem Unternehmen Deutsche Reichsbahn zu. Somit ergibt sich aus RBahnG § 14 (vgl. auch § 4 Abs. 3 des G 10. Aug. 25), daß auch die Reichsbahn-Gesellschaft mit den z. Reichsbahnvermögen gehör. Grundstücken die Befreiung genießt.

[5]) Allgemeines: OVG **52** 143, 145. — Unter c fallen Personentunnel, Zufuhrstraßen u. Parallelwege der dem Staate usw. gehör. Eisenb., wenn die Benutzung der Anlagen jedermann freisteht (OVG im Arch **09** 1034); ferner Gebäude u. Diensträume jener Bahnen, soweit sie nicht unmitt. dem Transportgewerbe dienen, z. B. Sitzungssäle u. Bürozimmer der Direktionen, Ämter u. Bauabteilungen — OVG **48** 79; nicht aber z. B. Werkstätten, Bahnhofsgebäude, Güterschuppen, TelegrBüros (mindestens an Orten mit ReichstelAnstalten), ferner Warteräume, Aborte, Aufenthaltsräume (auch Badeanstalten u. Speiseräume) f. d. Personal. OVG **2** 129, **4** 11, 19; **49** 147; EE **15** 117 u. **24** 13; Arch **05** 960. Entgegensteh. Vorschr. der preuß. EisVerstaatlichungsgesetze sind außer Kraft getreten. OVG EE **15** 117. Die Steuerfreiheit tritt erst ein, wenn das Grundst. dem öff. Zwecke tatsächlich übergeben ist. OVG EE **19** 320. — Privaten Groß- u. Kleinbahnen steht die Befreiung aus § 24c nicht zu. — Abgrenzung des Steuerobjekts bei Mehrheit v. Gemeinden OVG **74** 133. — Unter § 24 fällt die Feuerlöschabgabe in Schleswig-Holstein. OVG VZ **1930** 304.

[6]) Auch privater Groß- und Kleinbahnen; es ist also ein Privileg aller Eisenbahnen des öffentl. Verkehrs. Vgl. OVG Arch **07** 1256. Unter d fallen auch Rangier-, Neben- u. Ladegleise — OVG **47** 76 —, ferner Stellwerke u. Signalanlagen — OVG Arch **05** 960. Dagegen nicht z. B. Bahnhofsvorplätze, Bahnsteige, unbenutzte Flächen zwischen d. Gleisen, anderweit ausgenutzte Stadtbahnbögen, Gleise innerh. in sich abgeschlossener Hauptwerkstattsanlagen — OVG **74** 133; EE **24** 13, 16; **33** 172; Arch **07** 1256, **08** 977, **1911** 559 —, Wagenhallen d. Straßenbahnen OVG EE **27** 282.

[7]) Der Relativsatz bezieht sich nicht auf „Schienenwege" sondern auf „Eisenbahnen" — OVG EE **33** 172 —,

Alle sonstigen, nicht auf einem besonderen Rechtstitel beruhenden Befreiungen ..., insbesondere auch diejenigen der Dienstgrundstücke und Dienstwohnungen der Beamten[8]), sind aufgehoben.

Ist ein Grundstück oder Gebäude nur theilweise zu einem öffentlichen Dienste oder Gebrauche bestimmt, so bezieht sich die Befreiung nur auf diesen Theil.

Die Bestimmungen der Kabinetsordre vom 8. Juni 1834 (Gesetz-Samml. S. 87) bleiben in Geltung und werden auf diejenigen Gemeinden ausgedehnt, in welchen dieselben noch nicht in Geltung sind[9]).

10. Verordnung des Staatsministeriums über die vorläufige Neuregelung der Gewerbesteuer (Gewerbesteuerverordnung) in der für das Rechnungsjahr 1927 geltenden Fassung. Vom 15. März 1927 (GS 21).

(Auszug)[1]).

Artikel I.

Die Gemeinden sind berechtigt, nach den Vorschriften dieser Verordnung eine Gewerbesteuer zu erheben.

§ 1. (1) Der Gewerbesteuer unterliegen die stehenden Gewerbe einschließlich des Bergbaues, zu deren Ausübung eine Betriebsstätte in Preußen unterhalten wird.

(2—4)

§ 4. (1) Mehrere Betriebe derselben Person innerhalb derselben Gemeinde werden als ein steuerpflichtiges Gewerbe veranlagt. Die Gewerbesteuer wird bemessen nach dem Gewerbeertrag und dem Gewerbekapital. ...

(2) An Stelle des Gewerbekapitals kann auf Beschluß der Gemeinde die Lohnsumme treten. ...

§ 16. (4) Der Steuergrundbetrag nach der Lohnsumme wird nur auf Antrag des Steuerpflichtigen oder einer beteiligten Gemeinde veranlagt, sofern ein berechtigtes Interesse an der Veranlagung dargelegt wird.

§ 29. (1) Die beteiligten Minister bestimmen, unter welchen Voraussetzungen Gewerbetreibende zur Abgabe einer Steuererklärung verpflichtet sind, und erlassen die erforderlichen weiteren Anordnungen.

(2) Juristische Personen, Aktiengesellschaften, Kommanditgesellschaften auf Aktien, eingetragene Genossenschaften und alle zur öffentlichen Rechnungslegung verpflichteten gewerblichen Unternehmen sind verpflichtet, ohne besondere Aufforderung ihren Geschäftsbericht und Jahresabschluß sowie die darauf bezüglichen Beschlüsse der Generalversammlung alljährlich dem Vorsitzenden des Gewerbesteuerausschusses einzureichen. In gleicher Weise haben diejenigen Gesellschaften mit beschränkter Haftung, die zur Veröffentlichung ihrer Bilanz verpflichtet sind, die Bilanz einzureichen.

§ 36. (1) Befinden sich zur Zeit der Veranlagung Betriebsstätten desselben gewerblichen Unternehmens in dem Bezirke mehrerer Gemeinden (Betriebsgemeinden), so sind die Steuergrundbeträge in die auf die einzelnen Gemeinden entfallenden Teile zu zerlegen.

(2) Als Betriebsgemeinden eines Eisenbahnunternehmens gelten die Gemeinden, in denen sich der Sitz der Verwaltung, eine Station oder eine für sich bestehende Betriebs- oder Werkstätte oder eine sonstige gewerbliche Anlage befindet.

Privatanschlußbahnen steht also die Befreiung nicht zu.

[8]) Vgl. auch G 10. Aug. 25 (oben IV 3b) § 4 (2). Ferner OVG (Plenum) 6. Okt. 14 (**68** 207). — Gleiches gilt v. Dienstgrundstücken OVG EE **32** 269.

[9]) Zeitpunkt der „Erwerbung zu öff. Zwecken" i. S. der KabOrder: OVG **69** 208, 209.

[1]) A. Die Vo ist eine Neufass. der Vo 23. Nov. 23 GS 519 u. enthält wie diese nur eine vorläufige Regelung. Sie behandelt nur die Steuererhebung durch d. Gemeinden; d. Staat erhebt seit G 14. Juli 93 GS 119 keine Gewerbesteuer mehr. — Verlängerung für 1928: G 13. März 28 GS 16, für 1929: Vo 8. Mai 29 GS 47, für 1930: G 17. April 30 GS 93.

B. Die Reichsbahngesellschaft ist steuerfrei; s. oben IV 3b Anm. 16.

C. Für private Großbahnen bestimmte EisG § 38, daß sie gewerbesteuerfrei seien — was durch GewerbestG 24. Juni 91 GS 205 bestätigt wurde — u. dafür zu einer besond. Eisenbahnabgabe herangezogen w. sollten; diese Abgabe wurde nachher durch Gesetze v. 1853 u. 1867 eingeführt. Die Vo 23. Nov. 23 (vorst. A) hat diese Steuerfreiheit f. d. gemeindliche GSt. beseitigt — vgl. auch OVG **80** 20 — u. das GewStG v. 1891 sowie die Gesetze v. 1853 u. 1867 aufgehoben (s. obige Vo 15. März 27 Art. II Ziff. 1, 4). Die privaten Großbahnen unterliegen also jetzt der kommunalen GSt.

D. Kleinbahnen sind stets gewerbesteuerpflichtig gewesen; s. KleinbG § 40. Gegenwärt. Voraussetzungen f. d. GewerbestFreiheit einer als kommunales Unternehmen begründ. Kleinbahngesellschaft m. b. H. OVG JW **1928** 540.

E. ReichsbewertungsG § 4: oben IV 8 Anm. 1 D.

F. Bahnhofswirte sind grundſ. gewerbesteuerpflichtig. OVG VerwBl **1929** 275.

§ **37.** (1) Die Zerlegung des Steuergrundbetrags nach dem Ertrag erfolgt derart, daß der Gemeinde, in der die Leitung des Gesamtbetriebs stattfindet, der zehnte Teil vorab zugewiesen wird und die übrigen neun Zehntel verteilt werden:

1. bei Versicherungen, Bank- und Kreditunternehmen nach Verhältnis der in den einzelnen Gemeinden erzielten Roheinnahmen,
2. in den übrigen Fällen nach Verhältnis der in den einzelnen Gemeinden erwachsenen Ausgaben an Gehältern und Löhnen, jedoch ausschließlich der von dem Gesamtüberschusse berechneten Vergütungen (Tantiemen) des Verwaltungs- und Betriebspersonals zugrunde gelegt wird. Bei Eisenbahnen kommen die Gehälter und Löhne des in der allgemeinen Verwaltung beschäftigten Personals nur mit der Hälfte, des in der Werkstättenverwaltung und im Fahrdienste beschäftigten Personals nur mit zwei Dritteln ihrer Beträge in Ansatz.

(2) Erstreckt sich eine Betriebsstätte über mehrere Gemeinden, so ist der auf die Betriebsstätte entfallende Steuergrundbetrag nach dem Ertrag auf diese Gemeinden nach der Lage der örtlichen Verhältnisse unter Berücksichtigung der in den beteiligten Gemeinden durch das Vorhandensein der Betriebsstätte erwachsenen Gemeindelasten zu verteilen.

(3)

§ **38.** (1) Die Zerlegung des Steuergrundbetrags nach dem Gewerbekapital erfolgt nach Maßgabe des § 37.

(2)

§ **38a.** (1) Für die Ermittlung der Roheinnahmen und der Ausgaben an Löhnen und Gehältern (§ 37) zum Zwecke der Zerlegung ist das dem Rechnungsjahre vorangegangene Kalenderjahr maßgebend.

(2) (3)

§ **39.** (1) Die Zerlegung des Steuergrundbetrags nach der Lohnsumme erfolgt nach Maßgabe der Summe der Löhne und Gehälter, die in der Gemeinde, in deren Bezirk eine Betriebsstätte unterhalten wird, an die in der Betriebsstätte beschäftigten Arbeitnehmer gezahlt worden sind.

(2) Erstreckt sich eine Betriebsstätte über mehrere Gemeinden, so ist der auf die Betriebsstätte entfallende Steuergrundbetrag nach der Lohnsumme auf diese Gemeinden nach Maßgabe des § 37 Abs. 2 zu verteilen.

§ **39a.** Auf die Zerlegung des Steuergrundbetrags nach der Lohnsumme findet § 16 Abs. 4 sinngemäß Anwendung.

§ **40.** (1) Die Zerlegung ist gleichzeitig mit der Veranlagung vorzunehmen. Der Zerlegungsbeschluß ist den Beteiligten (Gemeinden und Steuerschuldner) zuzustellen. . . .

(2)

Artikel II.

Mit dem 1. Januar 1924 werden vorbehaltlich der Anwendung auf frühere Fälle aufgehoben:

1. das Gewerbesteuergesetz vom 24. Juni 1891 (Gesetzsamml. S. 205)[1];
2. die dieser Verordnung entgegenstehenden Vorschriften des Kommunalabgabengesetzes vom 14. Juli 1893 (Gesetzsamml. S. 152), namentlich auch die §§ 28 bis 32 und 53 des Kommunalabgabengesetzes und die auf Grund des § 29 des Kommunalabgabengesetzes erlassenen besonderen Gewerbesteuerordnungen der Gemeinden;
3. die dieser Verordnung entgegenstehenden Vorschriften des Gesetzes wegen Aufhebung direkter Staatssteuern vom 14. Juli 1893 (Gesetzsamml. S. 119);
4. die Gesetze vom 30. Mai 1853 (Gesetzsamml. S. 449) und vom 16. März 1867 (Gesetzsamml. S. 465), betreffend Eisenbahnabgabe[1];

5\. 6.

Artikel III—VI

V. Eisenbahnbau, Grunderwerb und Rechtsverhältnisse des Grundeigentums.

1. Einleitung.

Die Grundlagen des Eisenbahnbaurechts sind teilweise enthalten in der Reichsverfassung (oben I 2) — namentl. Artt. 91 (Verordnungsrecht), 94 (Reichsmonopol), 95 (Privateisenbahnen) —, im Staatsvertrage von 1920 (oben I 3) — namentlich §§ 17 (Begonnene Bauten), 18 (Neue Bauten), 19 (Baupläne), 20 Kleinbahnbauten —, im Reichsbahngesetze — namentlich §§ 10 (Monopol der Gesellschaft), 37 (Bauten und Planfeststellung), 39 (Wegerecht); ferner im Eisenbahngesetze (I 7) — namentlich §§ 4 (Vorarbeiten, Planfeststellung), 14 (Nebenanlagen), 21, 22 (Fortgang der Bauarbeiten, Abnahme), 24 (Bahnunterhaltung) — und im Kleinbahngesetze — namentlich §§ 5, 8, 17f., 47 (Planfeststellung), 6f., 46 (Wegebenutzung). Die für den Bau von Reichseisenbahnen nötigen organisatorischen Vorschriften treffen die Geschäftsordnung (II 2) in Nr. 13, die Geschäftsübersicht (II 2 Beil. A) unter F. G. H. und die Geschäftsanweisung für die Amtsvorstände (II 2 Beil. C in §§ 26—31 u. 38—40). Des weiteren sei hier auf das Reichsrayongesetz (unten VIII 2) verwiesen. Die technische Herstellung und Ausrüstung ordnen die unten VI 2, 3 abgedruckten Bestimmungen und die Signalordnung.

Normen über Erwerb, Veräußerung und Belastung des unbeweglichen Bahneigentums sowie über die Zwangsvollstreckung in solches finden sich in der Reichsverfassung — Art. 90 (Enteignung) —, im Staatsvertrage — § 2 (Grundeigentum) —, im Reichsbahngesetze — §§ 6 (Reichseisenbahnvermögen), 8 (Kreditaufnahme), 38 (Enteignung) —, ferner im Eisenbahngesetze (§ 7) und im Bahneinheitsgesetze (oben I 9), namentlich §§ 5—7.

Der vorliegende Abschnitt enthält das Enteignungsgesetz (Nr. 2a), das Gesetz über ein vereinfachtes Enteignungsverfahren (Nr. 2b), das Fluchtliniengesetz (Nr. 3) und einzelne Vorschriften des Berggesetzes (Nr. 4), der Jagdordnung (Nr. 5) und des Gesetzes über die Sicherung der Bauforderungen (Nr. 6).

2a. Gesetz über die Enteignung von Grundeigenthum. Vom 11. Juni 1874 (GS 221)[1].

Titel I. Zulässigkeit der Enteignung[2].

§ 1. Das Grundeigenthum[3]) kann nur aus Gründen des öffentlichen Wohles[4]) für ein Unternehmen, dessen Ausführung die Ausübung des Enteignungsrechtes erfordert[4a]), gegen vollständige Entschädigung entzogen oder beschränkt werden[5]).

---

[1]) A. Inhalt: Tit. I Zulässigkeit der Enteignung (§§ 1—6); Tit. II Entschädigung (§§ 7—14); Tit. III Enteignungsverfahren: 1. Feststellung des Planes (§§ 15 bis 23), 2. Feststellung der Entschädigung (§§ 24—31), 3. Vollziehung der Enteignung (§§ 32—38), 4. Allgemeine Best (§§ 39—43); Tit. IV Wirkungen der Enteignung (§§ 44—49); Tit. V besondere Best über Entnahme von Wegebaumaterialien (§§ 50—53); Tit. VI Schluß- u. Übergangsbest. (§§ 54—58). — Geltungsgebiet: ganz Preußen; in Lauenburg eingeführt durch lauenb. G 28. April 75 (offiz. Wochenbl. f. Lauenb. S. 291), in Helgoland durch Vo 15. Dez. 15 GS 191, in Waldeck durch Vo 15. März 29 GS 11 Ziff. (1) C 2. — Quellen: 73/4 AH. Drucks. Nr. 18 (Entw. u. Begr), 149 (KomB), StB 128, 1252, 1497, 1843; HH Drucks. Nr. 108 (KomB), StB 376. Vorgeschichte bei Seydel S. 6. — Bearbeitungen v. Bähr u. Langerhans (2. Aufl. 1878), Seydel (4. Aufl. 1911), Löbell (1884), Eger (Bd. I 3. Aufl. 1911. Bd. II 2. Aufl. 1902; Handausg. — in den nachfolg. Anm. nicht angezogen — 2. Aufl. 1913, Luther (02), Koffka 2. Aufl. 1913, O. Meyer 3. Aufl. 1927. S. auch Otto Mayer §§ 33, 34, Fleiner § 18, Fritsch EisRecht §§ 15, 27f., Durnick Arch **1929** 1405 u. **1930** 65, 317. — Da das EntG sein hauptsächlichstes Anwendungsgebiet im Eisenbahnwesen findet, wird es hier fast vollständig abgedruckt, obwohl es nur vereinzelte eisenbahnrechtl. Normen enthält; die Anm. sind auf das für das Eis.-Wesen Wichtige beschränkt.

B. Verhältnis zum Reichsrecht im allg. (Reichseisenbahnen s. unten C). Durch das BGB ist das EntG nicht berührt worden (EG Art. 109); üb. das Recht der Enteignung in s. Bezieh. zum BGB: Bering in EE **15** 188, 280. Auch die RVerf (Art. 7 Ziff. 12, oben I 2, u. Art. 153) hat, v. d. Reichseisenb. abgesehen, das G nicht angetastet.

C. Spätere Änderungen. Viele Preußische u. Reichsgesetze enthalten Vorschr. üb. EntRecht, die teilw. von denen des G 11. Juni 74 abweichen. Für uns v. Bedeutung sind davon die auf die **Reichseisenbahn** bezüglichen, nämlich RVerf Art. 90 (oben I 2) u. RBahnG § 38 (oben I 5); auf sie wird unten eingegangen werden; ferner das G 26. Juli 22 üb. ein **vereinfachtes Enteignungsverfahren** (unten 2b).

[2]) Rechtliche Natur der Enteignung. Das ALR u. das EisG faßten die „Expropriation" als erzwungenen

§ 2. Die Entziehung und dauernde[6]) Beschränkung[7]) des Grundeigenthums erfolgt auf

Kaufvertrag auf. Ob das EntG von der gleichen Anschauung ausgeht — in welchem Falle sich das Verhältnis zw. Unternehmer u. Eigentümer im Zw. nach den Best des Privatrechts über den Kauf richten würde — oder die Ent. als einseit. Eingriff des Staats in Privatrechte, den Eigentumsübergang nicht als abgeleit., sondern als ursprüngl. Erwerb u. die Entschädigung nicht als Kaufpreis, sondern als Schadensersatz ansieht, war früher bestritten. Jetzt hat die überwiegende Auffassung (gegen sie: RG **18** 346 u. — ausführlich — Eger Anm. 12 zu § 1) die Zwangskauftheorie verworfen. So RG EE **1** 310 u. (mit eingeh. Begründung) **61** 102, auch EE **32** 277, **41** 319; ferner Gleim Arch **1885** 43; Seydel S. 3f., Koffka Anm. I, Otto Mayer II 25, Fleiner S. 291. — Der Begriff der Ent. setzt voraus, daß der, dem enteignet wird, u. der, für den enteignet wird, verschiedene Rechtssubjekte sind; also ist ein EntVerfahren zwischen zwei stationes fisci nicht möglich. Seydel S. 15 (mit Angaben über das Verfahren bei Abtretung durch eine statio an eine andere).

[3]) Rechte am Grundeigentum § 6.

[4]) Dazu E 14. Juni 23 (unten 4a). — Die Ent. wird nicht dadurch ausgeschlossen, daß das in Anspruch zu nehmende Grundstück bereits einem öffentl. Zwecke dient; Straßenflächen E 17. Dez. 00 (Arch **01** 676). In derartigen Kollisionsfällen (s. darüb. auch Otto Mayer II 15ff., Fleiner S. 310 Anm. 53 u. S. 359, Durnick Arch **1930** 340ff.) ist — u. zwar im voraus durch die zur Ausgleichung der widerstreit. Interessen berufene Staatsbehörde, nicht etwa im EntVerf. (Seydel Anm. 3) — nach ALR Einl. §§ 95—98 zu entscheiden, bei gleicher Beschaffenheit beider Rechte also § 97 anzuwenden, d. h. nicht Entziehung, sondern Beschränkung des Grundeigentums gerechtfertigt E 11. März 02 (BB II 149). Überwiegt eines der beiden Interessen, so weicht das schwächere dem stärkeren RBesch 18. Juni 77 u. 15. Nov. 78 (Seydel Anm. 3). Bei Kollision zwischen Eisenb. u. öffentl. Wegen geht die Eis. vor; erheischt deren Interesse den Erwerb des Eigentums an einer Kreuzungsfläche, so ist die Entziehung des Eigentums auszusprechen, unbeschadet einer etwa zulässigen Weiterbenutzung der Fläche zu Wegezwecken RBesch 30. Dez. 01 (Arch **02** 467). Kreuzungsstück bei Wegeübergängen in Schienenhöhe E 18. Okt. 00 (ENBl 553); ferner I 7 Beil. D III, Seydel Anm. 3, RG EE **32** 266. — Reichsbahngrundstücke RBahnG § 38 (3). — Kleinbahnen KleinbG §§ 6, 7. — Begriff öffentl. Wohl: Durnick Arch **1930** 71ff., 80ff.

[4a]) Hierzu E 14. Juni 23 (Meyer Anm. 6, vollständ. abgedruckt in Hein-Krüger, KleinbG II 282). Zum Begriff Unternehmen: Durnick Arch **1930** 65ff.

[5]) A. Wird dem Berecht. das Recht nicht im förml. EntVerfahren, aber gleichfalls kraft gesetzl. Bestimmung entzogen, so werden grunds. die b. d. Enteignung geltenden Regeln über Bemessung der Entschäd. gleichfalls anzuwenden sein. RG EE **30** 215.

B. Enteignung kommt nicht in Frage, soweit dem Eigentümer ohnehin allgemeine gesetzl. Eigentumsbeschränkungen öffentlich- oder privatrechtl. Art (Koffka Anm. 18ff.) auferlegt sind; ebensowenig bedarf es ihrer für solche staatl. Eingriffe in das Privateig., die nicht zu dem Zwecke erfolgen, die Ausführung eines mit dem EntRecht ausgestatteten Unternehmens zu ermöglichen, sondern aus anderen Gründen, mögen sie auch durch das Vorhandensein dieses Unt. veranlaßt sein. Z. B. unterliegen nicht dem EntG:

a) polizeil. Anordnungen in Ausüb. des sog. Staatsnotrechts, durch welche die Polizei in das Privateig. Einzelner, bei vorhand. Gefahren Unbeteiligter zur Beseit. dieser Gefahren eingreift; das Recht zu einem solchen Eingr. hat eine „imminente" und auf and. Weise nicht zu beseitigende Gefahr zur Voraussetz.; die Entschäd.-Frage ist nach G 11. Mai 42 (GS 192) § 4 zu beurteilen OVG **7** 354, **12** 401, 397, **24** 401, **41** 234, **77** 333; Arch **1910** 501 (Eingreifen in Vollstreckung eines gerichtl. Urteils); Seydel S. 2, 307; a. M. Koffka Anm. 24.

b) Polizeil. Anford. an den Grundeigentümer, die darauf gerichtet sind, den polizeimäß. Zustand eines Grundstücks zu erhalten oder wiederherzustellen OVG **21** 411, **41** 128, **60** 309, **66** 369. Jeder Grundeig. — oder sonstige Verfügungsberechtigte: OVG VerwaltBl **30** 206 — ist, unbeschadet spezialgesetzl. Ausnahmen: OVG **16** 321, 327, verpflichtet, sein Grundst. in solchem Zustande zu erhalten, daß polizeilich zu schützende Interessen (u. zwar nicht etwa nur private: OVG **51** 302) nicht beeinträcht. od. gefährdet werden; hierzu kann ihn die Pol. anhalten, auch wenn der polizeiwidr. Zustand nicht von ihm verschuldet, sondern z. B. durch Dritte herbeigeführt ist OVG **7** 348, **8** 327, **12** 306. Freilich darf die Pol. nichts Unmögliches verlangen OVG **57** 366. Entsteht die Gefährdung dadurch, daß an sich rechtmäßige Handlungen mehrerer Eigentümer zusammentreffen, so kann die Pol. ohne Rücksicht auf die zeitl. Reihenfolge dieser Handl., gegen jeden der Eig. nach ihrem Ermessen vorgehen. OVG **21** 411, **38** 371, **41** 428, **54** 270, **69** 401. Die bei a angegebene Schranke des polizeil. Einschreitens greift hier nicht Platz, namentlich kann der Eig. nicht Verweis. eines dritten Interessierten auf das EntRecht od. Auflagen an den Unternehmer einer Eisen- od. Kleinbahn verlangen. OVG **24** 395 (Gefährdung eines Eisenbahndammes durch Ausschachten), Arch **1894** 758 (desgl. durch lose Steine, die herabfallen können), **41** 488 (Errichtung eines Zaunes, der die Übersichtlichkeit eines Bahnüberganges hindert), EE **22** 265 (Erricht. eines f. d. EisBetrieb gefährl. Baues), Arch **06** 217 (Vorkehrungen zur Beseit. der durch einen KleinbBetrieb verursachten Feuersgefahr an einem Hause), **65** 369 (feuersich. Eindeck. eines Hauses, weil eine neue EisAnlage in seiner Nachbarsch. hergestellt worden ist; EisG § 14, KleinbG § 18, EntG § 14 schließen die Verpflicht. des Grundeigent. nicht aus). Auch OVG Arch **1917** 1027. Das Recht der Pol. ist durch EG BGB Art. 111 aufrechterhalten; über Entschädigungsansprüche des Eigentümers haben die ordentlichen Gerichte zu entscheiden OVG **41** 428, Seydel S. 308. Die pol. Anordnung, daß auf einem der Eis. benachbarten Grundstück ein nur beschränkt zu benutzender Schutzstreifen freizulassen ist, zieht, wenn sie dem Eigentümer gegenüber nicht im Interesse der Eis., sondern des Feuerschutzes wegen im öff. Interesse getroffen wird, keinen EntschädAnspruch nach sich, ist davon unabhängig, ob der Eig. von der Eis. entschädigt ist oder wird, u. bedarf nicht der Behandlung gemäß EisG § 14 oder EntG § 14 OVG EE **14** 252. Eingehende Erörterung auch der privatrechtl. Seite (BGB §§ 903ff.) in Anl. zur Vf **47** Jug 2 v. 7. Dez. 29. — Gegen die Auffassung des OVG Koffka Anm. 18.

c) Beschränkungen, die sich daraus ergeben, daß der Betrieb des ausgeführten Unternehm. auf benachb. Grundst. nachteilig einwirkt u. die Eigentümer sich diese Einwirkung gefallen lassen müssen (I 7 Anm. 11 A II d. W.). Gegen die eine andere Auffassung vertretenden U des RG, z. B. **7** 265: Seydel Anm. 1 zu § 12, Eger Anm. 97 zu § 12, Koffka Anm. 18 zu § 1.

[6]) § 4 Abs. 2.

[7]) Soweit für die Zwecke des Untern. eine Beschränkung genügt, wird in der Regel nur diese, nicht die Entziehung, ausgesprochen. Beispiele: Verpflicht.,

Grund[8]) Königlicher Verordnung[9]), welche den Unternehmer[10]) und das Unternehmen[11]), zu dem das Grundeigenthum in Anspruch genommen wird, bezeichnet[12]).

Die Königliche[9A]) Verordnung wird durch das Amtsblatt derjenigen Regierung bekannt gemacht, in deren Bezirk das Unternehmen ausgeführt werden soll[13]).

§ 3. Ausnahmsweise bedarf es zu Enteignungen der in § 2 gedachten Art einer Königlichen Verordnung nicht für Geradelegung oder Erweiterung öffentlicher Wege[14]), sowie zur Umwandlung von Privatwegen in öffentliche Wege, vorausgesetzt, daß das dafür in Anspruch genommene Grundeigenthum außerhalb der Städte und Dörfer belegen und nicht mit Gebäuden besetzt ist. In diesem Falle wird die Zulässigkeit der Enteignung von dem Bezirksausschuß[15]) ausgesprochen.

§ 4. Vorübergehende Beschränkungen[16]) werden von dem Bezirksausschuß[15]) angeordnet.

---

die Höherlegung einer den Bahnkörper mit Unterführung kreuzenden Chaussee zu dulden RBesch 21. Jan. 90 (Arch **1892** 506); Gestattung des Betretens von benachb. Grundstücken zur Entfernung von Steinen, die dem Bahnbetriebe gefährlich sind RBesch 9. Dez. 94 (Arch **01** 679); Herstellung unterird. Anlagen (Tunnel!) RBesch 20. Dez. 77 (Seydel Anm. 5 zu § 23); Forstschutzstreifen Seydel Anm. 10 zu § 23 u. E 9. Mai 05 (ENBl 213). Da aber das G grundsätzlich den lastenfreien Eigentumserwerb bezweckt, kann nicht eine Ablehnung der Entziehung damit begründet werden, daß eine Beschränkung ausreicht. RBesch 30. Dez. 01 (Arch **02** 467). — Anm. 147, 182. — Dingliche Sicherung v. Rechten der Eis. Herrmann VZ **1915** 935.

[8]) Anträge auf Verleihung des EntRechts für bereits ausgeführte Unternehmen sind abgelehnt worden durch E 1. u. 20. Dez. 86 (Arch **1892** 506), weil die Durchführung des EntVerfahrens der tatsächl. Entziehung des Grundeig. vorangehen muß. — Weiteres über die Erfordernisse des Antrags, seine Verbind. m. d. Antrag auf vereinfachtes Verfahren, geschäftl. Behandlung des Antrags usw. E 14. Juni 23 (Meyer Anm. 4, s. auch oben Anm. 4a).

[9]) A. Jetzt Vo d. Staatsministeriums: Pr. Verf. Art. 82 (1). Ausnahmen v. d. Grunds. des § 2 z. B. §§ 3, 50 ff. Verfahren bei Eisenbahnen I 7 d. W. Anm. 20. — Gebühren: VGO (oben IV 7 Beil. A) Tarifnr 26. — Zuständigkeit der Zentralbehörden für Erwirkung der Verordnung: E 1. Sept. 26 HMinBl 274.

B. Für Reichseisenbahnen geschieht nach RBahnG § 38 (2) — Vorgänge: RVerf Art. 90 u. die bei Meyer Vorbem. I 1 vor § 2 angef. Etatsgesetze — die Feststellung des EntFalles v. Reichs wegen, u. zwar durch d. Reichspräsidenten.

C. Ist das Untern. durch Vo m. d. EntRecht ausgestattet, so hat die EntBehörde b. d. Entsch darüber, ob ein bestimmtes Grundst. enteignungsfähig ist, nur zu prüfen, ob es zur Ausführ. des Untern. nötig ist. Seydel Anm. 1.

[10]) Auf einen anderen Unternehmer übergehen kann das EntRecht nur, wenn der Übergang — z. B. durch Genehm. eines die Übertragung des Unternehmens aussprech. Vertrags — v. d. höchsten Stelle bestätigt wird. RBesch 3. Aug. 89 u. E 23. Nov. 99 (Arch **01** 678). Übergang v. einer Privateis. über die Preuß. Staatseis. u. die v. Reiche geführte Verwalt. der Reichseis. auf die Reichsbahn-Gesellschaft: KG EE **45** 183.

[11]) Das EntRecht f. ein EisUnternehmen erstreckt sich v. vornherein, u. ohne daß es einer Neuverleihung bedarf, auf allen Grund u. Boden, der in der Folge f. eine durch die Verkehrsentwicklung notwendig gewordene Erweiterung der ursprüngl. Anlage erworben werden muß E 23. Nov. 99, RBesch 21. Nov. 89 u. 27. Dez. 97 (Arch **01** 677 ff.); KG a. a. O. (Anm. 10). Das gilt auch bei Reichsbahnen f. d. Feststell. des EntFalles durch den Reichspräsid. (Anm. 9B). E 18. Juni 27 HMBl 281. — Das EntRecht ist nicht nur zum Bau einer Bahnlinie, sondern für das Untern. als solches erteilt und kann auch im Interesse des Bahnbetriebs geltend gemacht werden RBesch 9. Dez. 94 (das. 679). — § 23.

[12]) Unbefugte Inbesitznahme eines Grundst. beschränkt den Eig. an sich nicht in der petitorischen oder possessor. Verfolgung seiner Rechte gegen den Unt., auch wenn diesem das EntRecht verliehen ist Eger Anm. 12a. Aber oben I 7 Anm. 11 A II.

[13]) G 10. April 72 (I 7 Beil. C d. W.). Außerdem soll eine Anzeige in der GS erfolgen (§ 5 dieses G) StMB 21. Feb. 76 (MBliV 43). Die EntBehörde hat vor Erlaß des PlanfeststBeschl. die gehörige Verkündung zu prüfen E 27. Juli 83 (Seydel Anm. 4). — Gebühren VGO (oben IV 7) Tarif Nr. 26.

[14]) Dahin nicht Eisenbahnen Seydel Anm. 2.

[15]) A. ZustG § 150 Abs. 1 u. 3 bestimmt:

> Die Befugnisse und Obliegenheiten, welche in dem Gesetze vom 11. Juni 1874 über die Enteignung von Grundeigenthum (Gesetz-Samml. S. 221) den Bezirksregierungen beigelegt worden sind, werden in den Fällen der §§ 15, 18 bis 20, 24 und 27 von dem Regierungspräsidenten, in den Fällen der §§ 3, 4, 5, 14, 21, 29, 32 bis 35 und 53 Absatz 2 von dem Bezirksausschusse im Beschlußverfahren, in dem Stadtkreise Berlin von der ersten Abtheilung des Polizeipräsidiums, wahrgenommen.
>
> Gegen die in erster Instanz gefaßten Beschlüsse des Bezirksausschusses beziehungsweise der ersten Abtheilung des Polizeipräsidiums findet, soweit nicht der ordentliche Rechtsweg zuläßig ist, innerhalb zwei Wochen die Beschwerde an den Minister der öffentlichen Arbeiten statt.

Für den Stadtkreis Berlin tritt an Stelle des RegPräs. der Polizeipräsident von Berlin LVG § 42 Abs. 2. Landespolizeibezirk Berlin E 22. Dez. 06 IV A 2. 389.

B. Spätere Änderungen:

a) Im vereinfachten Verfahren (unten V 2b) tritt an Stelle des Bezirksaussch. d. Regierungspräsident.

b) Beschwerdeinstanz ist seit G 15. Aug. 21 (oben I 7 Anm. 4) der Minister für Handel und Gewerbe, bei Enteig. f. Reichsbahnen in gewissen Fällen (die an richtiger Stelle unten angegeben werden) der Reichsverkehrsminister, zu dessen Befugnissen nach RBahnG § 38 (2) auch die Anordnung v. Vorarbeiten gehört u. die Anordnung vorübergehender Beschränkungen (EntG § 4) zu rechnen sein wird.

[16]) Z. B. vorübergeh. (Abs. 2) Benutzung v. Grundstücken zur Niederlegung v. Materialien, Auf-

Dieselben dürfen wider den Willen des Grundeigenthümers die Dauer von drei Jahren nicht überschreiten. Auch darf dadurch die Beschaffenheit des Grundstücks nicht wesentlich oder dauernd verändert werden[17]). Zur Überschreitung dieser Grenzen[18]) bedarf es eines nach § 2 eingeleiteten und durchgeführten Enteignungsverfahrens[19]).

Gegen den Beschluß des Bezirksausschusses[15]) in den Fällen der §§ 3 und 4 steht innerhalb zwei Wochen[15]) nach der Zustellung jedem Betheiligten der Rekurs an die vorgesetzte Ministerialinstanz[19]) offen.

§ 5. Handlungen, welche zur Vorbereitung eines die Enteignung rechtfertigenden Unternehmens erforderlich sind[20]), muß auf Anordnung des Bezirksausschusses[15])[21]) der Besitzer auf seinem Grund und Boden geschehen lassen[21]). Es ist ihm jedoch der hierdurch etwa erwachsende, nöthigenfalls im Rechtswege festzustellende Schaden zu vergüten. Zur Sicherstellung der Entschädigung darf der Bezirksausschuß[15]) vor Beginn der Handlungen vom Unternehmer eine Kaution[22]) bestellen lassen, und deren Höhe bestimmen. Er ist hierzu verpflichtet, wenn ein Betheiligter die Kautionsstellung verlangt[23]).

[23]) Die Gestattung der Vorarbeiten wird von dem Bezirksausschuß[15]) im Regierungs-Amtsblatte generell bekannt gemacht. Von jeder Vorarbeit hat der Unternehmer unter Bezeichnung der Zeit und der Stelle, wo sie stattfinden soll, mindestens zwei Tage zuvor den Vorstand des betreffenden Guts- oder Gemeindebezirks in Kenntniß zu setzen, welcher davon die betheiligten Grundbesitzer speziell oder in ortsüblicher Weise generell benachrichtigt. Dieser Vorstand ist ermächtigt, dem Unternehmer auf dessen Kosten einen beeidigten Taxator zu dem Zwecke zur Seite zu stellen, um vorkommende Beschädigungen sogleich festzustellen und abzuschätzen. Der abgeschätzte Schaden ist, vorbehaltlich dessen anderweiter Feststellung im Rechtswege, den Betheiligten (Eigenthümer, Nutznießer, Pächter, Verwalter) sofort auszuzahlen, widrigenfalls der Ortsvorstand auf den Antrag des Betheiligten die Fortsetzung der Vorarbeiten zu hindern verpflichtet ist.

Zum Betreten von Gebäuden und eingefriedigten Hof- oder Gartenräumen bedarf der Unternehmer, insoweit dazu der Grundbesitzer seine Einwilligung nicht ausdrücklich ertheilt, in jedem einzelnen Falle einer besonderen Erlaubniß der Ortspolizeibehörde, welche die Besitzer zu benachrichtigen und zur Offenstellung der Räume zu veranlassen hat[24]).

Eine Zerstörung von Baulichkeiten jeder Art, sowie ein Fällen von Bäumen ist nur mit besonderer Gestattung des Bezirksausschusses[15]) zulässig[23])[24]).

---

stellung v. Gerüsten, Einrichtung v. Interimswegen od. Arbeitsplätzen Seydel Anm. 1. Die Beschränkung ist nur f. Zwecke zulässig, f. welche das EntRecht überhaupt ausgeübt werden kann, also z. B. nicht zur Beschaffung des zur Unterhalt. von Eis. erforderl. Bettungsmaterials (Seydel Anm. 1). — § 23 Abs. 3.

[17]) Es darf z. B. zeitweilig ein auf dem Grundstücke betriebenes Handlungsgeschäft beeinträchtigt od. eine beabsicht. Bebauung verhindert werden Seydel Anm. 1; auch sind geringfüg. Substanzentnahmen (Kies, Wasser u. dgl.) zulässig Eger Anm. 26. Dauernd ist eine Veränd., welche die Wiederherstellung des früh. Zustandes ausschließt, z. B. der Abbruch eines Gebäudes Seydel Anm. 1.

[18]) Ob die Beschränk. als vorübergehend oder dauernd anzusehen ist, kann nur im VerwaltVerfahren, nicht im Rechtsweg entschieden werden Seydel Anm. 4, Eger Anm. 29.

[19]) Das Verfahren ist nicht das förmliche EntVerf., sondern das Beschlußverf. gemäß LVG §§ 115ff. (arg. § 4 Abs. 2 Satz 3 u. § 12 Abs. 1) Seydel Anm. 2; a. M. Eger Anm. 27. Jedenfalls aber gereicht es dem Eigentümer nicht zur Beschwerde, wenn gemäß §§ 18—21 vorgegangen wird RBesch 4. Juni 91 (Arch **1892** 506). Der Bescheid 1. Instanz soll das zuläss. Rechtsmittel bezeichnen E 29. April 78 (EVBl 159). Zur Wahrung der Rekursfrist genügt fristgemäße Einlegung bei dem Min. (Seydel Anm. 3). Entschädigungsfrage § 12. — Vorges. MinInst. i. S. des Abs. 4 sind nach Hein-Krüger KleinbG Bd. II S. 259 die Min. für Landw. u. f. Handel.

[20]) Die Gestattung der Vorarbeiten ist von einer vorgäng. Verleihung des EntRechts unabhängig RBesch 30. Nov. 85 (Arch **1892** 507) u. greift weder dieser Verleihung noch auch der Zulassung (Konzessionierung) des Unternehmens vor Gleim EisRecht S. 97.

[21]) Ist außerdem mit Rücksicht auf den Gegenstand des Untern. staatl. Genehmigung zur Ausf. der Vorarb. vorgeschrieben, so muß vor dem Antrage aus § 5 diese Gen. eingeholt werden Seydel Anm. 1. So bei Eisenbahnen (I 7 Anm. 5 d. W.) u. Kleinbahnen (I 8 Anm. 16); s. auch E 3. Juli 29 VI 5. 16. 2507. — Für Bauten der Reichsbahnen ist nach RBahnG § 38 (2) der RVerkMin. zur Anordnung zuständig, die ab. nicht besonders ausgesprochen zu w. braucht, wenn f. d. Unternehmen schon das EntRecht verliehen od. die Zuläss. der Ent. gemäß RBahnG § 38 festgestellt w. ist. Bf 48. 448 u. 480 Lege (Preussen) 4 v. 23. April u. 28. Juli 29 u. E 3. Juli 29 (vorst.). — Gebühren wie Anm. 13. — Für vorbereitende Handl. können auch Besitzteile in Anspruch genommen werden, die demnächst zu dem Untern. außer Beziehung bleiben RBesch 30. Nov. 85 (Anm. 20).

[22]) Fiskus ist kautionsfrei § 41.

[23]) Die Vorschr. des Abs. 1 letzter Satz, Abs. 2 u. 3 gelten m. E. auch f. Vorarb. der Reichsbahnen (RBahnG § 38 Abs. 2 letzter Satz); zur Entsch. gemäß § 5 Abs. 4 ist m. E. der RVMin zuständig.

[24]) Nötigenfalls tritt polizeil. Zwang gegen d. Eigentümer ein Seydel Anm. 6. — Im Falle des Abs. 4 genügt nicht die allgemeine Gestattung (§ 5 Abs. 1 u. Abs. 2 Satz 1) u. soll tunlichst nur im Einvernehmen m. d. Eigentümer vorgegangen werden E 26. Okt. 00 (EVBl 521).

§ 6. Dasjenige, was dieses Gesetz über die Entziehung und Beschränkung des Grundeigenthums bestimmt, gilt auch von der Entziehung und Beschränkung der Rechte am Grundeigenthum[25]).

Titel II. Von der Entschädigung[26]).

§ 7. Die Pflicht der Entschädigung liegt dem Unternehmer[27]) ob. Die Entschädigung wird in Geld[28]) gewährt. Ist in Spezialgesetzen eine Entschädigung in Grund und Boden vorgeschrieben, so behält es dabei sein Bewenden.

§ 8[29]). Die Entschädigung für die Abtretung des Grundeigenthums besteht in dem vollen Werthe des abzutretenden Grundstücks, einschließlich der enteigneten Zubehörungen und Früchte[29]).

Wird nur ein Theil des Grundbesitzes desselben Eigenthümers in Anspruch genommen, so umfaßt die Entschädigung zugleich den Mehrwerth, welchen der abzutretende Theil durch seinen örtlichen oder wirthschaftlichen Zusammenhang mit dem Ganzen[30]) hat, sowie den Minderwerth, welcher für den übrigen Grundbesitz durch die Abtretung entsteht.

§ 9[29]). Wird nur ein Theil von einem Grundstück in Anspruch genommen[31]), so kann der Eigen-

[25]) Wegerechte RBesch 12. Jan. 97 (Arch **01** 681), u. U. auch Hypotheken auf einem dem Unternehmer bereits gehörenden — RG EE **26** 445 — Grundstücke RBesch 13. Okt. 90 (Arch **01** 681). Unter § 2, nicht unter § 6 fällt die im EntWege erfolgende Begründung eines Rechts an fremder Sache zugunsten des Unternehmers. — Wasserentnahme Seydel Anm. 11 zu § 23, RBesch 9. Aug. 81 u. E 5. April 95 (Arch **01** 682). — Das Mietrecht gehört nach BGB nicht mehr zu den dingl. Rechten, auch wenn seine Eintrag. im Grundbuch ausdrückl. vereinbart ist RG **54** 233; Seydel (Anm. zu § 6) hält § 6 auch bei Mietrechten f. anwendbar.

[26]) Bei der Festst. d. Entschäd. handelt es sich nicht um einen dem Enteigneten zustehenden Schadensersatzanspruch, der in erster Reihe durch Wiederherstellung des früheren Zustandes auszugleichen wäre, sondern darum, den Wert des zu enteignenden Grundst. zu ermitteln; z. B. hat der Eigentümer keinen Anspruch darauf, eine Villa auf seinem Grundst. zu besitzen RG EE **26** 50, auch **107** 228. Die EntschädErmittlung ist nicht nach ZPO § 287, sondern nach ZPO § 286 vorzunehmen RG **67** 202. Anders im Dringlichkeitsfalle; BGB § 823 kommt nicht in Frage RG **71** 203. Die Entschäd. darf nicht von einer Bedingung derart abhängig gemacht werden, daß die Zahlungspflicht erst nach der Enteignung entsteht RG EE **25** 54. Nicht zulässig Feststell. der Verpflicht., künftige Schäden zu tragen RG EE **29** 310. Zwischenurteil gemäß ZPO § 304 im allg. nicht denkbar, wohl ab. über Ansprüche aus § 9. RG **86** 402.

[27]) Nicht dem Staate, falls er nicht selbst Unternehmer ist. Das Rechtssubjekt, dem das EntRecht verliehen ist, kann sich dem EntschädAnspruch auch dann nicht entziehen, wenn die Ausführung des Unternehmens für Rechnung eines Dritten erfolgt RG **9** 276, **44** 325. Grunderwerbsgaranten als solche sind nicht „Unternehmer". RG Arch **09** 1025; s. ferner RG EE **28** 84. Verstaatl. Eisenb. RG EE **6** 444.

[28]) Regelmäßig in Kapital, nur ausnahmsweise in Rente RG EE **24** 68. — Naturalentschäd. braucht sich der Eig. nicht gefallen zu lassen; § 7 schließt aber nicht aus, daß bei Bemessung der Entschäd. Anlagen (§ 14) in Betracht gezogen werden, die der Unt. ausführt, um dem Eintritt v. Schaden vorzubeugen; der Eig. darf nicht eine zu diesem Zwecke ihm vom Unt. angebotene Bestellung einer Grundgerecht. zurückweisen. RG **41** 257, **71** 203; EE **13** 154, **32** 52; anders. Entsch **86** 17, EE **29** 310. Der Eig. darf nicht auf den Ankauf eines Grundstücks verwiesen werden, durch den die Wertverminderung seines Restbesitzes ausgeglichen wird RG EE **25** 407.

[29]) §§ 8—10 enthalten die materiellen Grundsätze für die Entschäd. des Eigentümers. Sehr ausführl. Angaben über die sich an sie knüpfende reichhalt. Literatur und Rechtsprechung bei Eger; auch Koffka S. 63ff. Die Hauptergebnisse der Rechtsprechung des RG sind in Beilage A zusammengestellt. — Zubehör u. Früchte Seydel Anm. 1d.

[30]) Der wirtschaftl. Zusammenhang ist nicht dadurch bedingt, daß das Trennstück für das Ganze notwendig ist oder ihm dauernd und ständig dient RG EE **3** 417. Der Anspruch aus § 8 Abs. 2 setzt voraus, daß das gesamte Grundst. z. Z. der Enteignung ein und demselben Eigentümer gehört RG EE **10** 83, **12** 144. Wenn der Eig. die abgeschnittenen Parzellen nach der Enteignung verkauft, so kann er die Durchschneidungsnachteile nicht als dauernde in Rechnung stellen RG **3** 239. Wird das Trennstück nicht nach d. bisher. Benutz. (z. B. Landwirtsch.), sondern nach einer davon abweich. Benutz. (z. B. als Bauland) abgeschätzt, so kommt ein Zusammenhangswert nur in Frage, wenn diese Benutzbarkeit gerade durch d. Zushg. erhöht wird. RG BZ **1915** 422. Ein unterird. Bergwerk bildet m. d. darüber befindl. Grundst. nicht einen zusammenhäng. Grundbesitz. RG **84** 254.

[31]) In den Fällen des § 9 hat der Eig. — wenn nicht etwa schon in dem Plane (§§ 15, 21) die Übernahme des Ganzen vorgesehen ist: Pannenberg im Arch **02** 731 — die Wahl, ob er Entschäd. gemäß § 8 Abs. 2 oder Übernahme des Ganzen gemäß § 9 verlangen will RG EE **1** 266. Wie letzteres Verlangen geltend zu machen ist, ergibt § 25 Abs. 7, § 29. — Das Recht auf Übernahme bildet einen Teil des EntschädRechts u. unterliegt der Entsch. des Bezirksausschusses, mag der Unt. zur Übernahme bereit sein oder nicht; hat der BezAussch. die Übernahmepflicht ausgesprochen, so kann der Eig. — z. B. wegen zu niedriger Entschäd. für das zu übernehmende Teilstück — im Rechtswege (§ 30) den Antrag auf Übernahme zurückziehen und statt ihrer die Entschäd. gemäß § 8 Abs. 2 verlangen RG **42** 225. Die Übern. gilt aber der Entschäd. (§ 8 Abs. 2) gegenüber nicht als ein majus in dem Sinne, daß in dem Antrag auf Übern. der Antrag auf Entschäd. als eventueller enthalten wäre RG EE **8** 355. Der Eig. kann nicht auf Grund des § 8 den Ersatz von Kosten verlangen, die den Wert des dem Rechte auf Übern. unterliegenden Teilstücks übersteigen RG EE **1** 266. Stellt der Eig. den Antrag, so liegt freiwill. Abtret. auch dann nicht vor, wenn der Unt. zustimmt. RG **82** 284. In Dringlichkeitsfällen wird durch den Ausspruch der Enteignung (§ 32) der endgült. Entscheid. auf den ÜbernAntrag (§ 9) nicht vorgegriffen RG **42** 225, EE **8** 355, OVG **72** 428. § 9 greift auch Platz, wenn die Enteignung nicht auf Entziehung, sondern auf Beschränkung des Eigentums (Dulden der Tieferlegung einer städtischen Straße!) gerichtet ist RG **39** 273. Zwischenurteil üb. Übernahmepflicht RG **86** 402. — § 57 Abs. 2.

thümer[32]) verlangen, daß der Unternehmer das Ganze gegen Entschädigung[33]) übernimmt[34]), wenn das Grundstück durch die Abtretung[35]) so zerstückelt werden würde, daß das Restgrundstück nach seiner[36]) bisherigen[37]) Bestimmung nicht mehr zweckmäßig benutzt[38]) werden kann.

Trifft die geminderte Benutzbarkeit nur bestimmte Theile des Restgrundstücks, so beschränkt sich die Pflicht zur Mitübernahme auf diese Theile.

Bei Gebäuden, welche theilweise in Anspruch genommen werden, umfaßt diese Pflicht jedenfalls das gesammte Gebäude[39]).

Bei den Vorschriften dieses Paragraphen ist unter der Bezeichnung Grundstück jeder in Zusammenhang stehende Grundbesitz des nämlichen Eigenthümers begriffen.

§ 10[40]). Die bisherige Benutzungsart[41]) kann bei der Abschätzung nur bis zu demjenigen Geldbetrage Berücksichtigung finden, welcher erforderlich ist, damit der Eigenthümer ein anderes Grundstück in derselben Weise und mit gleichem Ertrage benutzen kann[42]).

[43]) Eine Wertherhöhung, welche das abzutretende Grundstück erst in Folge[44]) der neuen Anlage[45]) erhält, kommt bei der Bemessung der Entschädigung nicht in Anschlag.

---

[32]) Nicht auch dritte Realberechtigte; auch nicht der Unternehmer RG EE **17** 141, RBesch 8. März 79 (Seydel Anm. 2).

[33]) Beide Grundstücksteile — der, dessen Abtretung der Untern., und der, dessen Übern. der Eig. verlangt — sind gemeinsam, nicht getrennt abzuschätzen RG EE **15** 206.

[34]) Im Falle der Übern. greift § 45 (Befreiung von allen privatrechtl. Lasten) Platz RG EE **12** 160.

[35]) Nur die unmitt. nachteil. Folgen der Abtretung (Zerstückelung), nicht auch die des Unternehmens (Beil. A II 3) sind zu berücksichtigen. RG EE **8** 355, **17** 358, anders. EE **14** 112; Entsch **42** 394.

[36]) Das Restgrundst. RG EE **3** 66.

[37]) D. h. tatsächl. Benutzung RG EE **30** 203; Bauplatzeigenschaft RG **95** 324. Ungewisse Möglichkeiten bleiben außer Betracht (Beil. A I 3). RG EE **1** 265, **4** 367, **8** 348.

[38]) Die bisher. Benutz. muß gar nicht od. nur mit unverhältnismäß. Kosten möglich (bloße Beeinträcht. genügt nicht) — RG **99** 104; EE **3** 437, **8** 348 — u. rechtlich gesichert sein RG **86** 17. Der Eig. kann es nicht ablehnen, die Benutzbarkeit durch Neubauten wiederherzustellen, die sich in mäßigen Grenzen halten. RG **42** 394; EE **35** 38.

[39]) Nicht jede Inanspruchnahme begründet die Pflicht; vielm. wird bei unmitt. Anwend. des § 9 (Entziehung des Eigentums an Gebäudeteilen) ein Eingriff in die körperl. Unversehrtheit des Gebäudes vorausgesetzt, bei sinngemäßer Anwendung (§ 12) aber e. Eigentumsbeschränkung, die den einheitl. Charakter des Gebäudes zerstört od. doch s. Benutzbarkeit beeinträchtigt und einen mit erhebl. Kosten und bedeut. Risiko verbund. Umbau nötig macht RG **39** 273. Verhältnis des Rechts auf Übern. u. des EntschädRechts im Falle des Abs. 3 RG EE **17** 141. — Ganzes Gebäude ist das Bauwerk einschl. des Areals, auf dem es errichtet ist; u. U. erstreckt sich die ÜbernPflicht auf noch weiteres Areal RG **2** 279, EE **17** 141. — Eger in EE **24** 95.

[40]) Anm. 29. — Abs. 1 läßt die allg. Grundsätze (§ 8 Abs. 1) unberührt, daß die Entschäd. nach dem Werte des Grundst. zu bemessen ist, daß sich dieser in 1. Linie n. d. Benutzungsfähigkeit richtet, u. daß die bisher. Benutzungsart nur als Beweismittel für diese in Betracht kommt; für den Fall jedoch, daß nicht jene, sondern diese als Maßstab für die Entschäd. angewendet w., schreibt Abs. 1 vor, daß nicht etwa der Eig. den dort bezeichn. (oder den für ein Ersatzgrundst. tatsächlich ausgegeb.) Geldbetrag beanspruchen, sondern nur, daß über jenen Betrag nicht hinausgegangen w. darf RG EE **1** 204, 266, **6** 34, 327, **10** 123, **14** 319, **22** 49, **25** 416, **26** 50. Diese Schranke ist von Amts wegen zu berücksichtigen und der Anweisung der Sachverständ. durch das Gericht zugrunde zu legen; sie begründet keine Beweislast des Unternehmers RG **45** 253; EE **22** 61; Pannenberg im Arch **02** 731. Anders. (bei Teilenteignung) RG EE **20** 341, Koffka Anm. 20. Die Vorschr. gilt für beide Absätze des § 8 RG EE **13** 146. Maßgebender Zeitpunkt der der Enteignung RG EE **20** 341. Koffka (Anm. 2) tritt den oben angeführten Entsch. entgegen u. sieht in Abs. 1 eine Bestätigung der Auslegung, daß für die Entschäd. der individuelle Wert (Beil. A I 1) maßgebend sei.

[41]) D. h. regelmäß. Benutzung während eines längeren Zeitraums, vorübergehende zufäll. Unterbrech. scheiden aus RG EE **9** 135.

[42]) Nicht anwendbar, wenn ein Ersatzgrundstück nicht vorhanden ist RG EE **19** 46, auch EE **23** 125. Es wird aber nicht genaue, sondern nur annähernde Gleichheit des E. vorausgesetzt — RG EE **12** 239, auch EE **24** 67 — u. die Verweisung auf die Möglichkeit, ein and. Grundst., wenn auch nicht als Eigentümer (Entnahme von Ziegelerde!), zu benutzen, nicht dadurch ausgeschlossen, daß der Ersatz nicht sofort oder ohne weiteres (Aufwendungen für Herrichtung des Ersatzes sind bei der Entschäd. zu berücksichtigen) beschafft werden kann RG **5** 248, **45** 253; EE **12** 247. Auch besteht nicht etwa ein Anspruch auf Überweisung eines Ersatzes in natura RG EE **12** 247. In jedem Falle (§ 8 Abs. 1 und 2) ist der Eig. voll entschädigt, wenn ihm die Kosten für Beschaffung und Einrichtung eines neuen Grundst. (§ 8 Abs. 1) oder für Einrichtung des Restgrundst. u. Hinzuerwerb eines Teilersatzes (§ 8 Abs. 2) vergütet werden RG EE **9** 161.

[43]) Im Falle des Abs. 2 steht in Frage, ob eine durch die neue Anlage herbeigeführte Werterhöhung nicht des dem Eigentümer verbleibenden Restgrundst. — wie im Falle des § 8 Abs. 2 (Beil. A II 4) —, sondern des abzutretenden Grundst. anzurechnen ist; diese Anrechnung, die dem Eig. eine ungerechtfert. Bereicherung zuwenden würde, ist f. unzulässig erklärt. Überh. ist bei dem abzutretenden Grundst. jede erst durch d. neue Anlage herbeigeführte Veränd. des seither. Wertes außer Betracht zu lassen, auch z. B. wenn sie durch eine infolge der neuen Anlage eintretende Eigentumsbeschränkung (Beil. A I 9) herbeigeführt w. RG **8** 237, **28** 271; EE **5** 76, **6** 208, **7** 36, **9** 188, **32** 394. Die Abschätz. hat so zu geschehen, wie wenn d. neue Anl. nicht in Aussicht gestanden hätte; maßgeb. Zeitpunkt die Veröffentlichung d. Unternehmens. RG EE **29** 428.

[44]) Wenn auch nicht in notwendiger oder unmittelbarer Folge RG EE **3** 392. Als Folge der neuen Anlage gelten die mit ihr zusammenhäng. Vorteile jedenfalls insoweit, als sie nach Bewill. des Enteignungsrechts erwachsen RG EE **9** 363; Arch **03** 695.

[45]) Neue Anlage ist das Projekt, für welches die

§ 11. Der Betrag des Schadens, welchen Nutzungs-, Gebrauchs- und Servitutberechtigte[46]), Pächter und Miether[47]) durch die Enteignung erleiden, ist, soweit derselbe nicht in der nach § 8 für das enteignete Grundeigenthum bestimmten Entschädigung oder in der an derselben zu gewährenden Nutzung begriffen ist[48]), besonders zu ersetzen[49]).

§ 12. Für Beschränkungen (§§ 2, 4) ist die Entschädigung nach denselben Grundsätzen zu bestimmen, wie für die Entziehung des Grundeigenthums[50]).

Tritt durch eine Beschränkung eine Benachtheiligung des Eigenthümers ein, welche bei Anordnung der Beschränkung sich nicht im Voraus abschätzen läßt, so kann der Eigenthümer die Bestellung einer angemessenen Kaution[22]), sowie die Festsetzung der Entschädigung nach Ablauf jeden halben Jahres der Beschränkung verlangen.

§ 13. Für Neubauten, Anpflanzungen, sonstige neue Anlagen und Verbesserungen wird beim Widerspruch des Unternehmers[51]) eine Vergütung nicht gewährt, vielmehr nur dem Eigenthümer die Wiederwegnahme auf seine Kosten bis zur Enteignung des Grundstückes vorbehalten, wenn aus der Art der Anlage, dem Zeitpunkte ihrer Errichtung[52]) oder den sonst obwaltenden Umständen erhellt[53]), daß dieselben nur in der Absicht vorgenommen sind, eine höhere Entschädigung zu erzielen[54]).

Enteignung stattfindet, in seiner Gesamtheit RG EE **6** 34, Entsch **70** 304. Maßgebend jeweils der festgestellte Plan RG **64** 262. Neu ist die Anlage nicht, wenn sie z. Z. der Enteignung im wesentl. fertig ist und der Grunderwerb als Nacherwerb zu einem Zeitpunkt erfolgt, in dem die Werterhöhung bereits eingetreten ist RG **49** 317. Wird ein Unternehmen, für das schon ein EntVerf. stattgefunden hat, durch eine in diesem nicht berücksicht. Anlage erweitert und für die Erweit. ein neues EntVerf. eingeleitet, so ist in diesem „neue Anlage" die Erweiterung RG EE **7** 36, auch EE **26** 322. Neue Anl. ist eine Bahnanlage auch dann, wenn d. Bau schon angefangen war, als d. jetzige Eig. das Grundst. (in d. Zwangsversteig.) erwarb, u. der Plan damals erst vorläufig festgestellt war. RG Arch **1912** 1089. Verbind. der neuen Anl. mit and. Unternehmen RG EE **29** 100. — Straßenanlagen Eger Anm. 83 IV u. RG EE **32** 395.

[46]) Nur dinglich Berechtigte RG EE **16** 40 (aber Anm. 47); dahin Teilungsinteressenten, denen bei der Gemeinheitsteilung ein als öffentlicher ausgeworfener Weg zur Benutzung zugewiesen worden ist RG EE **15** 6, Markgenossen (Osnabrück) RG EE **35** 226; nicht: dinglich Vorkaufsberechtigte RG **86** 184. Fährberechtigte RG EE **28** 433 Hypotheken- und Grundschuldgläub. können keine Sonderentschäd. i. S. § 11 beanspruchen Seydel Anm. 1.

[47]) Auch wenn ihr Recht kein dingliches ist. RG **29** 273; EE **23** 243, **24** 181. Ebenso Pannenberg Arch **02** 732 u. Seydel Anm. 2; a. M. Eger Anm. 93. Aber der Pächter muß den Pachtbesitz schon angetreten haben. RG **74** 367. Grundsätze f. d. Berechnung der Mieterentschäd. RG EE **31** 223. Entschäd. bei Enteignung z. Durchführ. einer Fluchtlinie RG **101** 148. Ein Mietvertrag, bei dessen Abschlusse der Mieter von der im Gange befindl. Enteig. bereits Kenntnis hatte, erhöht die Entschäd. nicht RG EE **5** 422. § 10 Abs. 1 ist anwendbar RG EE **12** 239. Über das Recht des Pächters an der f. den Eig. festgestellten Entschäd. RG EE **2** 54. — Grünebaum in EE **27** 29.

[48]) Beil. A I 4. — Soweit die Entschäd. des Nebenberecht. in der Entschäd. für das Grundeigentum begriffen ist, haftet der Eig. dem Nebenberecht. persönlich u. ist der Eig. allein zur Geltendmachung berechtigt; wegen eines nach § 11 darüber hinaus zu fordernden Ersatzes ist nicht der Eig., sondern allein der Nebenberecht. aktiv legitimiert. RG **35** 256; EE **23** 171. Ob der Unt. den Mieter auf die Entschäd. des Eig. verweisen darf, ist im Prozesse des Unt. nicht mit dem Eig. sondern m. d. Mieter zu entscheiden. RG EE **31** 93. Fall, daß der Mieter gar keine od. eine besonders niedrige Miete zahlt, RG EE **26** 444, **27** 82. Wird die Entschäd. für den Eig. eines Hausgrundstücks unter der Fiktion festgesetzt, daß es durch einen z. Z. der Enteignung stattfind. Neubau die vollste Ausnutzung erlangen würde, so ist in dieser Entschäd. die der Nebenberecht. inbegriffen RG **51** 222; a. M. Koffka Anm. 14.

[49]) Berufung auf § 45 Abs. 2 befreit den Unt. nicht von der EntschädPflicht gemäß § 11, RG EE **14** 132. Die nach § 11 Berecht. gehen ihres Anspruchs durch Nichterscheinen in der kommissar. Verhandlung (§ 25) nicht verlustig, müssen ihn aber dann durch Klage innerhalb der (mit der Zustellung des EntschFestſtBeschl. an den Eigentümer beginnenden) Frist des § 30 geltend machen RG **24** 205, **28** 262; auch im Dringlichkeitsfalle RG **68** 116. Anders. (besonderer Fall) RG **74** 242; EE **30** 498. Ferner §§ 25, 29, 30. — Lehnt der Unt. jede Entschäd. des Nebenber. ab, so kann dieser nicht ohne weit. auf Leistung der Entschäd. im Rechtswege klagen; vielmehr muß das Verfahren gemäß §§ 24ff. vorangehen (zu dessen Herbeiführung der Unt. im Rechtsweg angehalten werden kann) RG EE **18** 67. — § 37.

[50]) Für vorübergehende Beschränkungen (§ 4) ist damit nicht die Durchführung des förml. EntVerf. vorgeschrieben (Anm. 19), aber auch sie dürfen (vorbehaltlich § 12 Abs. 2 und § 41) nicht in Vollzug gesetzt w., bevor über die Entschäd. Bestimmung getroffen ist RBesch 12. Okt. 88 (Arch **1892** 507). Die Bestimm. üb. die Entschäd. kann nicht mit der Beschwerde, sondern nur im Rechtsweg (unter sinngemäßer Anwendung von § 30, Seydel Anm. 5) angefochten w. RBesch 31. Jan. 89 (Arch **1892** 507). Auch RBesch 6. Aug. 78 (Seydel Anm. 3). — Ausdehn. der GrunderwGarantie auf Beschränkungen RG EE **31** 207. Entschäd. bei einer Beschr., die nur einen GrundstTeil angeht, RG im Recht **1916** 478. — Anm. 5 B, 39.

[51]) Nicht von Amts wegen.

[52]) Ein bestimmter Zeitpunkt ist nicht bezeichnet; es ist daher nicht Vorauss. für die Anwendung der Vorschr., daß z. B. zur Zeit der Herstellung der neuen Anl. das Unternehmen schon mit dem EntRecht ausgestattet war. Wird die Bebauung eines für Zwecke eines öff. Unternehmens schon in Aussicht genomm. Geländes beabs., so soll bei Erteil. der Bauerlaubnis der Eig. auf § 13 hingewiesen w. E 24. März 83 (Seydel Anm. 1).

[53]) Nach dem Ermessen der zur Festst. der Entschäd. berufenen Behörde Seydel Anm. 1.

[54]) Die Entscheidung erfolgt gemäß §§ 29ff. Im Rechtswege hat der Unt. die dolose Absicht zu beweisen Seydel Anm. 2.

§ 14[55]**. Der Unternehmer**[56]**) ist zugleich zur Einrichtung derjenigen Anlagen**[57]**) an Wegen**[58]**), Überfahrten, Triften, Einfriedigungen**[59]**), Bewässerungs- und Vorfluthsanstalten usw.**[60]**) verpflichtet, welche für die benachbarten**[61]**) Grundstücke**[62]**) oder im öffentlichen Interesse zur Sicherung gegen Gefahren und Nachtheile**[63]**) nothwendig**[64]**) werden. Auch die Unterhaltung dieser Anlagen liegt ihm**

[55]) Ähnlich EisG § 14 Abs. 1 (s. auch KleinbG § 18). Gemeinsames beider Vorschriften (vgl. auch OVG **65** 369):

a) Beide gehören ausschl. dem öffentl. Rechte an u. begründen keinen im ordentl. Rechtswege verfolgbaren Anspruch der Interessenten I 7 Anm. 25 B u. unten Anm. 66 B.

b) Beide bezwecken, was Einrichtung wie Unterhaltung anlangt, nur Schutz der Interessenten vor Gefahren u. Nachteilen, nicht Entlastung v. bestehenden Verpflichtungen; näheres Anm. 63.

Unterschiede:

a) Auf Grund EntG § 14 können Auflagen nur in Verb. mit der förml. Planfestst. im EntVerfahren (EntG § 21 Abs. 1 Ziff. 2) gemacht werden; er ist also gar nicht anwendbar, wenn ein EntVerf. nicht eingeleitet ist, und nicht mehr anwendbar nach Beend. der förml. Planfestst. E 21. Juni 80 (EVBl 284), RBesch 29. Dez. 77 (Seydel Anm. 2), 21. Nov. 01 (Arch **02** 208). Ob es sich um die erste Herstellung oder um eine spätere Erweiterung des Unternehmens handelt, ist an sich gleichgültig RG EE **2** 169; jedoch ist im zweiten Falle eine Anordnung gemäß § 14 nur insoweit zulässig, als die zu beseitigenden Gefahren usw. durch die Erweiterung, nicht durch das ursprüngl. Unternehmen herbeigeführt w. RBesch 15. Feb. 95 (Arch **01** 688). — Dagegen ist EisG § 14 nur außerhalb des Enteignungsverfahrens anwendbar I 7 Anm. 21. — Dementsprechend ist die behördliche Zuständ. verschieden (I 7 Anm. 25 A, anders. unten Anm. 66A).

b) EisG § 14 dient nur dem Schutze privater Interessen (I 7 Anm. 27), EntG. § 14 greift auch bei Anlagen Platz, die ausschl. dem öffentl. Interesse dienen.

c) Die in EntG § 14 enthaltene ausdrückl. Regelung der Unterhaltung fehlt in EisG § 14 (aber I 3 Anm. 23); für eine auf nachträgl. Anlagen bezügl. Vorschr. wie EisG § 14 Abs. 2 bietet das EntG keinen Raum.

Ausführlich Eger I Anm. 105ff.

[56]) Anm. 27. — Nur dem Unternehmer, nicht and. Personen, namentlich nicht den Anliegern selbst darf die Herstellung (Unterhaltung Anm. 65) der Anlagen usw. aufgegeben werden. Daß die Anlage außerhalb des zum Unternehmen gehör. Geländes herzustellen ist, hindert die Anordnung nicht RBesch 19. Juli 88 (Arch **1892** 508). Bedarf es ab. zur Herstellung eines Eingriffs in fremde Rechte, so kann dieser nur im Wege d. Enteignung — RG EE **18** 233; a. M. Koffka Anm. 4 —, bei dringender Gefahr im Wege polizeil. Zwanges (Seydel Anm. 7) durchgeführt werden. Das gilt namentlich für Vorkehrungen zur Abwendung der Feuersgefahr E 15. Feb. 88 (Arch **1892** 534), z. B. feuersichere Eindeckung von Gebäuden (Anm. 60) — Seydel a. a. O. — u. Herstellung von Brandschutzstreifen E 8. Juni 99 (EVBl 191, VV II 111). Wird ein von einer Bahnlinie durchschnittener Privatweg mit Schranken versehen, so kann dem Interessenten gegen Entschäd. überlassen werden, die Schranken selbst zu öffnen u. zu schließen RG EE **1** 35.

[57]) Unter Anlage sind nicht Vorkehrungen einfachster Art zu verstehen, deren Anbringen dem Interessenten (gegen Entschäd.) überlassen w. kann, wie versetzbare Grabenbrücken u. dgl., RBesch 7. Nov. 89 u. 28. März 90 (Arch **1892** 508), 4. Sept. 97 (Arch **01** 684), Ersatz eines Privatwegs durch Nichtbebauung eines Streifens auf Gelände des Interessenten RBesch 17. Dez. 83 (Seydel Anm. 3), auch OVG **65** 369. Wohl aber z. B. Herstellung eines ordnungsmäßig auszubauenden Wirtschaftsweges RBesch 18. Dez. 89 (Arch **01** 691) od. besond. Bauwerke zur Verbind. getrennter GrundstTeile RBesch 19. Juni 88 (Arch **01** 684) od. Durchführ. eines Drainagesystems durch den Bahnkörper RBesch 3. Juni 87 (Arch **01** 684). Einricht. einer Bahnbewachung fällt nicht unter § 14 RBesch 21. Dez. 88 (Arch **1892** 508).

[58]) I 7 Beil. D I d. W. Was dort über die vorläufige Planfestst. (EntG § 15; I 7 Anm. 11) bemerkt ist, gilt sinngemäß auch von dem förmlichen PlanfeststVerf. (EntG §§ 18ff.).

[59]) Bei Nebenbahnen liegt das Bedürfnis einer Einfriedigung des Bahnkörpers der Regel nach nicht vor RBesch 18. Juni 78 u. 24. Dez. 83 (Seydel Anm. 6), 12. Mai 90 (Arch **01** 685); anders. 8. Feb. 98 (Arch **01** 685). Die Herstellung kann u. U. dem Eigentümer überlassen bleiben Seydel a. a. O. — Ferner BO § 18, BetrVorschr. f. Kleinbahnen (EVBl **1914** 41) § 8.

[60]) Z. B. Vorkehrungen zur Sicherung gegen Feuersgefahr OVG **65** 369. Allg. Vorschr. üb. Maßnahmen zur Abwendung der Feuersgefahr von Gebäuden u. Materiallagerungen in der Nähe von Eis. enthält E 23. Juli 92 (Beilage B). Durch die auf Grund dieses E ergangenen Polizeiverordnungen ist die EntBehörde weder in ihrer Zuständigkeit (RBesch 20. März 01, Arch 686) noch in bezug auf den Inhalt ihrer Anordnung (Seydel Anm. 7) beschränkt. Nebenhergehende örtl. Vorschr. OVG **48** 366. — Vorschr. üb. Anlage usw. der Feuerschutzstreifen in Waldungen E 13. Feb. 05 (ENBl 63) u. 3. Okt. 05 (EVBl 263), geändert: E 11. Okt. 21 Pr I 6 D 13926; im übr. sind die früheren Erlasse noch maßgebend: E 31. März 22 E I 11. 849. Kleinb: E 19. Dez. 05 u. 5. Feb. 06 (Ztschr. f. Kleinb. **06** 164). Die FSchStr. hat, auch wenn sie auf fremdem Grund u. Boden angelegt sind, der EisUnt. zu unterhalten, u. zwar unter Aufsicht der Landes-, nicht der Ortspolizei. OVG **69** 311.

[61]) Nicht bloß unmittelbar benachbart Seydel Anm. 3.

[62]) Auch wenn von ihnen nichts enteignet w. und der auszugleich. Nachteil nicht im Rechtswege verfolgbar ist Seydel Anm. 3.

[63]) Auch aus dem Betriebe des Unternehmens Gleim EisR. S. 302. — Verbesserungen des bestehenden Zustandes oder sonstige Vorteile dürfen den Interessenten nicht auf Grund § 14 zugewendet w. RBesch 29. Nov. 89, 30. Jan. 90 u. 19. März 00 (Arch **01** 689f.). Namentl. darf dem EisUnt. nicht die Herstellung v. Bahnhofszufuhrwegen, wie überhaupt von Wegen auferlegt w., die nicht dazu dienen, einen mit dem Bahnbau verbund. Eingriff in die besteh., auf Kosten des Wegebaupflicht. geordneten Verkehrsverhältnisse auszugleichen Seydel Anm. 3, RG EE **2** 36, OVG **9** 238. Die als Teil der Bahnanlage herzustellenden Wege (I 7 Beil. D II d. W.) fallen überhaupt nicht unter § 14 (Seydel Anm. 5). — Ferner dürfen nur die gegenwärt. Verhältnisse in Betracht gezogen u. nicht Anordnungen getroffen w., für die z. Z. kein Bedürfnis abzusehen ist oder die nur bei dem Eintritte künftiger möglicher Fälle wirksam sein sollen RBesch 15. Aug. 78 u. 10. Nov. 79 (Seydel Anm. 3), 24. Dez. 89 (Arch **01**

ob, insoweit dieselbe über den Umfang der bestehenden Verpflichtungen zur Unterhaltung vorhandener, demselben Zwecke dienender Anlagen hinausgeht[65]).

[66]) Über diese Obliegenheiten des Unternehmers entscheidet der Bezirksausschuß[15]) (§ 21).

Titel III. Enteignungsverfahren[67]).

1. Feststellung des Planes[68]).

§ 15. Vor Ausführung des Unternehmens ist für dasselbe, unter Berücksichtigung der nach § 14 den Unternehmer treffenden Obliegenheiten, ein Plan, welchem geeignetenfalls die erforderlichen

---

688). Nicht z. B. Ersatz für Straßen, deren Herstellung zwar in einem Bebauungsplane vorgesehen, aber noch nicht erfolgt ist RBesch 30. Jan. 90 (Arch **1892** 507), od. Ersetzung einer Wegekreuzung in Schienenhöhe durch Unter- oder Überführung, wenn nicht feststeht, daß der Wagenverkehr gegenwärtig oder durch seine in den nächsten Jahren zu erwart. Zunahme diese Maßregel im öff. Interesse zur Sicherung g. Gefahren u. Nachteile erheischt RBesch 14. März 00 (Arch **01** 687). In dems. Sinne wegen Herstell. einer Unterführ. f. Fußgänger RBesch 28. März 01 (Arch 699). — Gleiches gilt für § 14 EisG.

[64]) Die Notwendigkeit entfällt, soweit der Untern. den Interessenten für die Nachteile abgefunden hat Gleim EisR. S. 303; auch RG EE 8 170. Die Anordnung hat zu unterbleiben, wenn die Kosten der Anlage zu den auszugleich. Nachteilen nicht in angemess. Verh. stehen; dann ist der Ausgleich im EntschädFeststVerf., ev. unter Anwend. des § 9 herbeizuführen Seydel Anm. 3, RBesch 8. Juni 00 (Arch **01** 683: Wegeanlage), 19. Dez. 99 (ebda.: Hausumbau), 30. Nov. 00 (das. S. 688: Wegeüberführung). — Gleiches gilt für § 14 EisG.

[65]) Das dem Unt. obliegende Maß der Unterhaltung ist bestimmt festzusetzen E 15. Jan. 79 (Seydel Anm. 6). Ist das nicht angängig, so ist auszusprechen, daß für die UnterhaltLast der im G niedergelegte Grundsatz maßgeb. ist, u. (bei öff. Wegen) für den Streitfall das Weitere dem VerwStreitverf. zu überlassen RBesch 16. Jan. 89 (Arch **01** 690). U. U. kann die Entscheidung bis nach Fertigstell. der Anl. ausgesetzt werden E 20. Mai 99 (Beil. Ca Ziff. 11. — Auch wegen der Unterhaltung können Auflagen nur dem Unternehmer gemacht werden E 5. Nov. 88 (Arch **1892** 508), 19. März 97 (Arch **01** 691). Gegen Dritte kann die Festsetzung nur mittelbar wirken, indem der Unt. nur nach Maßgabe der auf Grund § 14 getroff. Entscheid. verpflichtet ist Pannenberg Arch **02** 732, a. M. Eger Anm. 145. — Wegen der Wegeunterhaltung ferner I 7 Beil. D I d. W.

[66]) A. Im VerwaltStreitverf. (z. B. in Wegesachen) kann nicht darüber gestritten werden, ob eine Auflage nach § 14 zu Recht erfolgt oder zu Unrecht unterblieben, sondern nur darüber, ob sie gemacht ist OVG EE **6** 273. Für die Entscheidung der Enteignungsbehörde sind Anträge od. Vereinbarungen der Beteil. nicht maßgebend E 25. Juni 76 (Seydel Anm. 3), RBesch 6. April 88 (Arch **1892** 508). Abänderungen des vorl. festgest. Planes (§ 15) bei Eisenb. Anm. 98. Die Auflage kann nur im EntVerfahren gemacht werden. OVG **74** 364.

B. In bezug auf den öffentlich-rechtl. Charakter der Vorschr. und die Unzulässigk. ihrer Verfolg. im Rechtsw. gilt das in I 7 Anm. 25 B d. W. Gesagte auch hier. Insbesondere erkennt auch für § 14 EntG die Rechtsprechung folgendes an: Im Rechtsw. kann der Unt. weder zur Herstell., Änder. od. Beseit. v. Anlagen noch zur Zahl. der für solche aufzuwend. Kosten angehalten werden KGHof EE **2** 57 u. Arch **06** 1321; RG EE **2** 169, 389, **3** 375, **11** 152, **18** 233; Arch **1912** 1630. Ob den Interessenten ein zivilrechtl. verfolgbarer Ersatzanspr. zur Seite steht, kommt nicht in Betracht RG EE **4** 430. § 14 begründet keinen besonderen zivilr. Ersatzanspr. RG EE **7** 362, läßt aber anders. die zivilr. Normen über Schadensersatz unberührt RG **7** 265 u. EE **7** 362.

Auf diese zivilr. Normen sind aber nur die Interessenten verwiesen, denen nichts enteignet w.; solchen, deren Rechte den Gegenstand der Enteig. bilden, bleibt der Anspr. auf Entschäd. nach dem EntG unbenommen, gleichviel, wie die Entscheidung auf Grund des § 14 ausfällt RG EE **2** 263. Soweit aber durch Anlagen i. S. des § 14 Ersatz geschaffen ist, kann auch auf Grund des EntG keine Entschäd. eintreten RG EE **8** 363, **13** 154; anders. Entsch **71** 203. Durch den Planfestst.-Beschluß, der Herstellung eines Überganges in Schienenhöhe anordnet, erlangt der Interessent im Zw. auch dann nicht einen privatrechtl. Ansp. (Dienstbarkeit), wenn im PlanfeststVerf. der Untern. der Auflage zugestimmt hat; der Interess. muß damit rechnen, daß der Übergang künftig aus Rücks. des EisVerkehrs wieder aufgehoben w., u. im EntschädFeststVerf. sofort (nicht erst auf Grund G § 31) dafür sorgen, daß dieser Möglichkeit bei Bemess. der Entschäd. Rechnung getragen w. RG **72** 228. (Gegen den Gedankengang des RG Grünebaum EE **26** 82, **27** 121). S. auch RG **84** 113 (zugleich mit Berücksicht. des Falles, daß dem Eig. ein dingl. od. obligator. Recht zusteht) u. VZ **1915** 585 (zugl. f. EisG § 14). Anders. RG EE **33** 145 u. dazu Grünebaum das. 115. Unmitt. Anwend. v. ALR Einleitung § 75: RG EE **33** 160. S. ferner E 11. Jan. 12 V.D 17159 u. RG im Recht **1919** 395.

[67]) A. Das Enteignungsverfahren im allg. behandeln E 4. Juni 94 (EVBl 133), sowie E 20. Mai 99 u. 12. Juni 02 (Beilage C a u. b). — Das Verfahren kann (nicht: muß) aus folgenden Abschnitten bestehen:

I. Feststellung des Planes, und zwar
  a) vorläufige § 15,
  b) endgültige (förmliche) §§ 18—22;

II. Feststellung der Entschädigung, u. zwar
  a) vorläufige Feststellung im Verwaltungsverfahren §§ 24—29,
  b) endgültige Feststellung im Rechtswege § 30;

III. Vollziehung der Enteignung §§ 32—38.

In dringlichen Fällen (§ 34) schiebt sich III. zwischen II. a u. II. b ein.

B. Spätere Änderungen.

a) Auf Antrag kann ein vereinfachtes Verfahren gemäß G 26. Juli 22 (unten V 2b) stattfinden. Die Vereinfachung besteht hauptsächl. darin, daß an Stelle des Bezirksausschusses der RegPräsident tritt, daß die Beschlüsse üb. Planfestst., EntschädFestst. u. Enteignung zusammengezogen w. können u. daß eine vorläuf. Besitzeinweis. zulässig ist.

b) Für die Reichsbahnen ergeben sich Änderungen aus RBahnG § 38 (2), die bei den in Betracht kommenden Vorschriften des G v. 11. Juni 74 angegeben werden. Bei den Reichsbahnen ist die Planfestst. auf Grund § 38 Abs. (2, 3) nach Abs. (4) das. vorläufig i. S. EntG § 25.

[68]) Die Planfeststellung bei Eisenbahnen behandeln E 5. März 75 u. 19. Nov. 98 (VB II 157ff., Inhalt: Anm. 98), bei Privatbahnen im beson-

Querprofile beizufügen sind, in einem zweckentsprechenden Maßstabe aufzustellen und von derjenigen Behörde zu prüfen und vorläufig festzustellen, welche dazu nach den für die verschiedenen Arten der Unternehmungen bestehenden Gesetzen berufen ist[69]).

Ist eine besondere Behörde durch das Gesetz nicht berufen, so liegt diese Prüfung und Feststellung dem Regierungspräsidenten[70]) ob.

§ 16[71]). Eine Einigung zwischen den Betheiligten über den Gegenstand der Abtretung, soweit

---

deren E 7. Nov. 77 (BB II 125, Inhalt: Anm. 83, 108, 138) u. 3. Dez. 96 (EBBl 352, BB II 126).

[69]) Die vorläufige Planfestst. ist ein unter allen Umständen notwend. Bestandteil des EntVerf., während die endgültige Planfestst. (§§ 18—22) u. U. im Falle des § 16 (Anm. 71) ausfällt; ein Beschluß gemäß § 21, dem die vorl. Planf. nicht vorangegangen ist, unterliegt der Aufhebung: E 3. Dez. 96 (Anm. 68), RBesch 31. Aug. 01 (Arch 1354). Die vorl. Planf. ist auch dann nötig, wenn die gemäß § 2 ergangene Verordnung schon die zu enteignende Fläche genau bezeichnet RBesch 15. Nov. 75 (Seydel Anm. 1). — Ferner Beil. C a Ziff. 5, 10. — Für Eisenbahnbauten ist das Verfahren zur vorl. Planf. (bestehend aus den ausführl. Vorarbeiten, der landespol. Prüfung und der Festst. durch den Min.) allgemein, auch für den Fall vorgeschrieben, daß keine Enteignung folgt. Näheres (auch f. d. Reichsbahnen, f. die die Preuß. Vorschr. nicht gelten) I 7 Anm. 11, 15; für Privateis. s. die in Anm. 68 angeführten Erlasse. — Kleinbahnen: KleinbG § 17.

[70]) Anm. 15.

[71]) § 16 in Verb. m. §§ 24, 26, 32, 37, 46 hat verschiedene Auslegungen gefunden; näheres Pannenberg Arch **01** 1169. Pannenbergs eigene Auffassung, der ich beitrete: Zur Vereinfachung des EntVerf. will das G Vereinbarungen über den gütlichen Erwerb desjen. Grund u. Bodens fördern, der nach dem vorläufig festgestellten Plane (§ 15) für das Unternehmen notwendig ist, u. zwar:
durch Fortfall des nach §§ 18ff. im allg. notwend. förml. PlanfeststVerf. (§ 16, § 24 Abs. 3),
durch Erleicht. des Vertragsabschlusses (§ 17),
durch Befreiung von Kosten (§ 43),
dadurch, daß unter Bedingungen der Untergang der auf dem Grundst. ruhenden privatrechtl. Verpflichtungen (§ 45) auch ohne Vollziehung der Ent. eintritt (§ 46).

Nicht zu den begünst. Vereinbarungen gehört die bloße Bauerlaubnis, d. h. freiwillige Besitzübertrag. (BGB § 854 Abs. 2) ohne Einigung über den Gegenstand des späteren Eigentumsüberganges E 8. März 97 (EBBl 45, mit Ausführ. üb. Inhalt u. Bedeut. der Bauerlaubnis u. die Zweckmäßigkeit ihrer Einholung f. d. Fall, daß nicht mehr zu erreichen ist) u. 25. Nov. 00 (EBBl 562). Die Bauerl. macht also z. B. nicht die förml. Planfestst. entbehrlich. Wohl aber kann diese fortfallen, wenn zugleich eine Einigung über den Gegenstand der Abtretung stattfindet, indem das in den vorl. festgest. Plan fallende Gelände als Gegenst. der später zu bewirk. Eigentumsübertrag. festgesetzt wird E 17. Feb. 97 u. 28. Dez. 98 (Arch **01** 694, 693), E 20. Mai 99 (Beil. C a) Ziff. 4. Die Rechtsfolge des § 46 (Erlöschen der Rechte Dritter) zieht auch eine solche Einigung nicht nach sich; dazu bedarf es vielmehr eines Vertrags, durch den sich der Eigentümer gleichzeitig zur Eigentumsübertragung verpflichtet (BGB § 313). Dieser Vertrag kann, soweit er sich auf das nach § 15 für das Unternehmen erford. Gelände bezieht, je nach dem Inhalte der über die Entschäd. in ihm getroff. Abrede, neben den Erleicht. der §§ 16 (24), 17, 43 auch den Untergang der Realrechte zur Folge haben (§ 46). Im einzelnen:

I. Ist über die Entschäd. gar nichts oder die Feststellung nach den Vorschr. des EntG vereinbart, so findet zwar nicht die förml. Planfestst., wohl aber die EntschädFestst. (§§ 24ff.) statt und muß Vollziehung der Ent. (§§ 32ff.) erfolgen, wenn die Realrechte erlöschen sollen (§ 45, nicht § 46).

II. Ist ohne weiteren Vorbehalt vereinbart, daß eine bestimmte oder durch einen Dritten zu bestimmende Entschäd. gezahlt oder die Entschäd. sofort im Rechtsw. festgesetzt werden soll, so greift § 46 gleichfalls nicht Platz, weil es an dessen Vorauss.: Durchführung des EntVerfahrens fehlt.

III. Ist eine Vereinbarung der zu II bezeichn. Art getroffen, zugleich aber die Durchführung des Enteignungsverf. behufs Regelung der Rechte Dritter vorbehalten, so ist vorerst das EntschädFeststVerf. (§§ 24ff., förml. Planfestst. ist nicht nötig) bis zu dem Stadium durchzuführen, in dem eine Einigung nach § 26 erfolgen kann, also bis zum Termine für die kommissar. Verhandlung (§ 25). Das Weitere hängt von dem Ausfalle der Verhandl. ab:

a) Wenn Realberechtigte nicht erschienen sind oder keine Anträge gestellt haben, über die nach § 29 zu entscheiden ist, so ist das EntVerf. zu Ende und treten ohne Vollziehung der Ent. die Wirkungen des § 46 ein, sobald die weiteren Vorauss. des § 46 — Hinterleg. der vereinbarten oder durch Dritte oder im Rechtsw. festgestellten Entschäd., Eigentumsübergang durch Auflass. — erfüllt sind. Den Realberecht. bleibt der Rechtsweg offen § 46 (Satz 2).

b) Sind von Realberechtigten Anträge (a) gestellt, so nimmt das Verf. seinen Fortgang (Entschäd.-Festst. gemäß § 29, Vollziehung der Ent.) u. greift für Realrechte § 45 Platz. Den Realberecht. sowie im Verhältn. zu ihnen dem Unternehmer steht der Rechtsweg nach § 30 frei. Für das Verhältn. zw. Unternehmer und Eigentümer ist zu unterscheiden, ob im Vertrage (§ 16) die Durchführung des EntVerf. schlechtweg oder „ohne Berührung der EntschädFrage" vorbehalten ist. In jenem Falle tritt die gemäß §§ 29, 30 festgestellte Entschäd. an Stelle derjenigen, die vereinbart, durch Dritte bestimmt oder im sofort. Rechtswege (sofern nicht etwa das Urteil schon die Rechtskraft beschritten hat) festgesetzt ist; andernf. ist die Festsetzung gemäß § 29 für das Verhältn. zw. Unt. u. Eigt. belanglos.

Demgemäß empfiehlt Pannenberg bei Enteig. belasteter Grundstücke zur Abkürzung des Verf. eine Vereinb. gemäß § 16, in welcher die Abtretung des Eigentums verabredet, die Entschäd. bestimmt u. die Durchführ. des förml. EntVerf. ohne Berührung der EntschädFrage vorbehalten wird. Auch E 12. Juni 02 (Beil. C b) u. 5. Nov. 02 (Anm. 73). — Gegen die von P. vertretene Auffassung Eger Anm. 159 bis 163, 209, 302f. u. Koffka S. 181ff., 241; Erwiderung gegen Eger in Arch **03** 218ff.; wie P.: Seydel Anm. 1 zu EntG § 46, auch Martini Arch **05** 1508, RG **72** 354, 359. — Ferner § 17, Anm. 111, 118, 126, 140, 160. — Durch E 26. Jan. 03 (EBBl 45, BB I 747), vgl. auch E 10. Dez. 03 (BB I 758) u. 10. Feb. 11 (V A 2. 26), sind für die StEB Muster eingeführt zu Verträgen über Erteilung der Bauerlaubnis, zu Verträgen betr. Einigung über den Gegenstand der Abtretung, zu Grunder nach dem Befinden der zuständigen Behörde zu dem Unternehmen erforderlich ist[72]), kann zum Zwecke sowohl der Ueberlassung des Besitzes, als der sofortigen Abtretung des Eigenthums stattfinden[73]). Es kann dabei[74]) die Entschädigung nachträglicher Feststellung vorbehalten werden, welche alsdann nach den Vorschriften dieses Gesetzes oder auch, je nach Verabredung der Betheiligten, sofort im Rechtswege erfolgt. Es kann ferner dabei Behufs Regelung der Rechte Dritter die Durchführung des förmlichen Enteignungsverfahrens, nach Befinden ohne Berührung der Entschädigungsfrage, vorbehalten werden[75]).

§ 17[76]). Für die freiwillige Abtretung in Gemäßheit des § 16 sind die nach den bestehenden Gesetzen für die Veräußerung von Grundeigenthum vorgeschriebenen Formen zu wahren[77]).

---

erwerbsverträgen unter Vorbehalt der EntschädFestst. u. zu solchen mit Festsetz. des Kaufpreises.

[72]) D. h. nach dem vorl. festgestellten Plane (Anm. 71) RG Arch **06** 814.

[73]) Über Form und Inhalt der Vereinbarung sind für die StEB ergangen: E 25. Nov. 00 (EBBl 562, BB II 166), betr. Verzögerungen bei Auszahl. der Entschäd. f. d. Abtretung des zu EisAnlagen erford. Grund u. Bodens, E 5. Nov. 02 (EBBl 529, BB II 167), betr. Verzins. u. Hinterleg. der Entschäd. f. d. freiwill. Abtretung des Grundeigentums, u. E 26. Jan. 03 (Anm. 71 a. E.). — § 17.

[74]) „Dabei" bezieht sich nur auf Eigentums-Überlassungs-Verträge Pannenberg (Anm. 71) S. 1172.

[75]) Aus der Rechtsp. des Reichsgerichts: Ist nicht bedungen, daß die Entschäd. sofort im Rechtswege festgesetzt w. solle, so kann der Eig. den Unt. im Rechtswege zur Herbeiführung des Verf. gemäß G §§ 24ff. anhalten **1** 171. Die sofortige Beschreitung des Rechtsw. (ohne vorgängiges Verfahren gemäß §§ 24ff.) ist, auch wenn sie nicht ausdrückl. vereinbart ist, als zulässig anzusehen, wenn gegenüber einer auf gerichtl. Feststt. der Entschäd. gerichteten Klage der Gegner die vorher. Durchführung des Verf. gemäß §§ 24ff. erst in der Revisionsinstanz verlangt (EE **12** 158) od. den Verzicht des Unt. auf die Einrede der Unzuläss. des Rechtswegs annimmt (BZ **1916** 846). Der Kaufpreis, der nach Einleitung des EntVerf. bei freiwill. Abtretung eines der Ent. unterliegenden Grundstückteils vereinbart ist, umfaßt im Zw. auch die Entschäd. für Nachteile, die dem Restbesitz aus dem Unternehmen selbst erwachsen EE **3** 306. Wird die Durchführung des EntVerf. vereinbart, so ist die demnächst festzusetzende Entschäd. (einschl. der für Wirtschaftserschwerungen) nicht erst vom Tage der Enteignung, sondern von dem der Besitzüberlassung ab zu verzinsen EE **1** 299, **8** 249, Entsch **47** 311. Änderung des Bauentwurfs nach Zustandekommen der Einigung EE **26** 407, Entsch **72** 359. Änderung des Klagantrags auf Entschäd. in den auf Einleit. des EntschädFeststVerfahrens u. umgek. EE **28** 99. Zuläss. des RWegs, wenn die Abtret. vor Einleit. des EnteignVerfahrens erfolgt ist: KGHof Arch **1915** 904.

[76]) Ausführl. Hinweise auf die in Betracht kommenden Vorschr., namentlich auf das seit 1. Jan. 00 geltende Recht in den Komm. v. Luther u. Eger bei § 17, auch in E 26. Nov. 99 (EBBl 331) unter D. — Anm. 71; § 43. — Die Formerleichter. in § 17 greifen nicht Platz, wenn die Entschäd. nicht in Geld, sondern in Grundst. gewährt wird, also b. Tauschverträgen. RG **96** 1. Aufwertung im Falle § 16: RG **114** 185.

[77]) Nach BGB ist zwischen obligatorischem (z. B. Kauf) u. dinglichem Eigentumsübertragungsvertrag zu unterscheiden.

a) Für den obligator. Vtr. schreibt BGB § 313 vor, daß er gerichtl. od. notar. Beurkundung bedarf, u. EG BGB Art. 142, daß in Ansehung der in dem Gebiete des einz. Bundesstaates belegenen Grundstücke die Landesgesetzgeb. auch anderen Behörden u. Beamten die Zuständ. zur Beurkundung beilegen kann. AG BGB Art. 12 bestimmt (nur f. d. obligator. Vertrag: KG EE **23** 358):

§ 2. Wird bei einem Vertrage, durch den sich der eine Theil verpflichtet, das Eigenthum an einem in Preußen liegenden Grundstücke zu übertragen, einer der Vertragschließenden durch eine öffentliche Behörde vertreten, so ist für die Beurkundung des Vertrags außer den Gerichten und Notaren auch der Beamte zuständig, welcher von dem Vorstande der zur Vertretung berufenen Behörde oder von der vorgesetzten Behörde bestimmt ist.

§ 3. (Sonderbestimmung für Nassau.)

§ 4. Auf die Beurkundung, die ein nach den §§ 2, 3 zuständiger Beamter vornimmt, finden die Vorschriften des § 168 Satz 2 und der §§ 169 bis 180 des Reichsgesetzes über die Angelegenheiten der freiwilligen Gerichtsbarkeit, des § 191 des Gerichtsverfassungsgesetzes und des Artikel 41 des Preußischen Gesetzes über die freiwillige Gerichtsbarkeit entsprechende Anwendung. Ist nach diesen Vorschriften ein Dolmetscher zuzuziehen, so kann die erforderliche Beeidigung des Dolmetschers durch den beurkundenden Beamten erfolgen.

E 12. Feb. 00 (ENBl 55) betr. Beurkundung von Grunderwerbsverträgen. — Verwaltungsgebühren: BGO (unten IV 7 Beil. A) Nr. 18.

Was die in den vorläufig festgestellten Plan (EntG § 15) fallenden Grundstücke — RG **70** 45; EE **23** 4 — anlangt, so ist § 17 Abs. 1 abgeändert durch die auf Grund EG BGB Artt. 109, 3 erlassene Vorschr. in AG BGB Art. 12 § 1; nachdem in deren Abs. 1 für den Rentengutsvertrag die schriftliche Form als genügend bezeichnet ist, bestimmt Abs. 2:

Das Gleiche gilt für den in den §§ 16, 17 des Gesetzes über die Enteignung von Grundeigenthum vom 11. Juni 1874 (GS. S. 221) bezeichneten Vertrag über die freiwillige Abtretung von Grundeigenthum.

Der nach AG BGB Art. 7 in gewissen Fällen erforderl. staatlichen Genehm. zum Erwerbe von Grundstücken durch jurist. Personen bedarf es nicht für Grundstücke, die zu einem mit dem Enteignungsrecht ausgestatt. Unternehmen der jurist. Pers. nötig sind E 26. Nov. 99 (Anm. 76).

b) Über den dinglichen Vertrag bestimmt BGB § 873 Abs. 1, daß zur Übertragung des Eig. an einem Grundst. die Einigung des Berechtigten u. des and. Teils üb. den Eintritt der Rechtsänderung u. die Eintragung der Rechtsänd. in das Grundbuch erford. ist, u. nach BGB § 925 muß die Einigung als „Auf-

Handelt es sich um Grundstücke oder Gerechtigkeiten bevormundeter, in Konkurs gerathener, unter Kuratel stehender oder anderer handlungsunfähiger Personen, so genügt der Abschluß des Vertrages durch deren Vertreter unter Genehmigung des vormundschaftlichen Gerichts oder desjenigen Gerichts, welches die Veräußerung der Grundstücke und Gerechtigkeiten solcher Personen aus freier Hand zu genehmigen befugt ist[78]).

Lehns- und Fideikommißbesitzer sind befugt, solche Verträge unter Zustimmung der beiden nächsten Agnaten abzuschließen, sofern die Stiftungsurkunden oder besondere gesetzliche Bestimmungen jene Veräußerungen nicht unter erleichterter Form gestatten[79]).

Im Bezirk des Appellationsgerichtshofes zu Cöln sind die Vertreter der Minderjährigen, Abwesenden, Interdizirten und anderer handlungsunfähiger Personen, sowie der Fallitmassen befugt, gültig in die Veräußerung zu willigen, wenn sie dazu von dem Gericht auf Antrag in der Rathskammer nach Anhörung des öffentlichen Ministeriums ermächtigt sind. Diese Vorschrift findet auch auf Dotal- und Fideikommißgrundstücke Anwendung[80]).

Veräußerungsbeschränkungen, welche zur Verhütung der Trennung von Gutsverbänden oder der Zerstückelung von Ländereien bestehen, finden keine Anwendung.

§ **18**[81]). Auf Antrag des Unternehmers[82]) erfolgt das Verfahren Behufs Feststellung des Planes[83]).

---

lassung" bei gleichzeit. Anwesenheit beider Teile vor dem Grundbuchamt erklärt werden. Für Grundst. im bisher. Geltungsgebiete des Rhein. Rechts läßt (auf Grund EG BGB Art. 143) AG BGB Art. 26 Ausnahmen von dieser Form der Auflassung zu. Ferner bestimmt (auf Grund Reichs-GrundbO § 90 Abs. 1) Vo 13. Nov. 99 (GS 519) Art. 1:

> Die Grundstücke des Reichs, die ... Grundstücke des Staates ..., die öffentlichen Wege und Gewässer, sowie die Grundstücke, welche einem dem öffentlichen Verkehr dienenden Bahnunternehmen gewidmet sind, erhalten ein Grundbuchblatt nur auf Antrag des Eigenthümers oder eines Berechtigten.

GrundbO § 90 Abs. 2:

> Steht demjenigen, welcher nach Absatz 1 von der Verpflichtung zur Eintragung befreit ist, das Eigenthum an einem Grundstücke zu, über das ein Blatt geführt wird, oder erwirbt er ein solches Grundstück, so ist auf seinen Antrag das Grundstück aus dem Grundbuch auszuscheiden, wenn eine Eintragung, von welcher das Recht des Eigenthümers betroffen wird, nicht vorhanden ist.

AG BGB Art. 27 (auf Grund EG BGB Art. 127):

> Zur Übertragung des Eigenthums an einem Grundstücke, das im Grundbuche nicht eingetragen ist und auch nach der Übertragung nicht eingetragen zu werden braucht, ist die Einigung des Veräußerers und des Erwerbers über den Eintritt der Übertragung erforderlich. Die Einigung bedarf der gerichtlichen oder notariellen Beurkundung; wird einer der Betheiligten durch eine öffentliche Behörde vertreten, so genügt die Beurkundung durch einen nach Artikel 12 § 2 für die Beurkundung des Veräußerungsvertrags zuständigen Beamten.
>
> Die Übertragung des Eigenthums kann nicht unter einer Bedingung oder einer Zeitbestimmung erfolgen.

Auch die zuständ. Stellen d. Reichsbahn-Gesellschaft sind öff. Behörden i. S. der vorst. Best, wie sich aus RBahnG § 17 in Verb. m. StVtr 1920 § 12 u. Vo 12. Feb. 24 (RGBl I 57) § 10 ergibt.

[78]) Abs. 2 ist gegenstandslos geworden, weil er dem jetzt gelt. allgemeinen Rechte gegenüber keine Erleichterung mehr bedeutet: BGB §§ 1821, 1897 (Vormundschaft); 1915 (Pflegschaft); 1643, 1686 (elterl. Gewalt); KonkO §§ 134—136.

[79]) AG GrundbO Art. 20. — Aufzählung der besonderen gesetzl. Best bei Luther Anm. 9. S. jetzt auch Bek üb. Familiengüter 30. Dez. 20 (GS **1921** 77) §§ 8, 9a, 13. Vielleicht kann auch ZwangsauflösungsVo 19. Nov. 20 GS 463, geändert durch G 22. April 30 GS 51 in Betracht kommen.

[80]) Abs. 4 Satz 1 jetzt gegenstandslos. Zu Satz 2 Luther Anm. 13, 14.

[81]) E 20. Mai 99 (Beil. Ca) Ziff. 3, 6; E 12. Juni 02 (Beil. Cb).

[82]) Nur der Unternehmer — für Privatbahnen (Aktienges.) nur der Gesellschaftsvorstand: E 3. Dez. 96 (Anm. 68) — ist zur Stellung des Antrags berechtigt, u. nur auf Antrag des Unt. wird das Verf. eingeleitet, selbst wenn ein enteignungsfähiges Grundst. ohne Einverständnis des Berecht. u. ohne Enteignung tatsächlich für das Unternehmen verwendet worden ist RBesch 27. Aug. 90 (Arch **01** 695). Vorauss. des Antrages ist nur, daß das EntRecht verliehen, der Plan vorl. festgestellt ist u. die Grundflächen, deren Enteignung beantragt wird, in den Plan fallen; der Unt. hat nicht etwa zu erweisen, daß er nicht in der Lage ist, das Gelände freihändig zu erwerben, u. kann den Antrag auch dann stellen, wenn vertraglich er selbst zu freihänd. Erwerb oder der Eigentümer zur gütl. Abtretung verpflichtet ist RBesch 22. April 93 u. 17. Okt. 00 u. E 6. Feb. 94 (Arch **01** 691 ff.). — Zur Stellung des Antrages kann der Unt. durch die staatl. Aufsichtsbehörde angehalten werden Seydel Anm. 1. Daß er hierzu auch vom Eigentümer (bei einseit. Inbesitznahme) im Rechtswege genötigt werden könne, wird angenommen v. Eger II S. 73 u. RG **55** 7, auch RG EE **28** 329 u. **29** 192.

[83]) D. h. die endgültige Planfeststellung. Ihre Vorauss. ist unter allen Umständen, daß die vorläuf. Planfestst. vorangegangen ist Anm. 69. Die endg. Pl. dagegen ist nicht immer notwendig Anm. 71. — Die endg. Pl. wird nicht dadurch ausgeschlossen, daß das zu enteignende Gelände tatsächlich schon für die Ausführ. des Untern. in Anspruch genommen worden ist Seydel Anm. 2; ab. oben Anm. 8. — Im PlanfeststVerf. findet die allgemein vorgeschriebene (Kommiss.-Regul., II 5 d. W., § 3) Vermittlung des Schriftwechsels zw. Regierung u. Privatbahn durch den EisKommissar (jetzt

Zu diesem Behufe hat derselbe dem Regierungspräsidenten[84]) für jeden Gemeinde- oder Gutsbezirk einen Auszug aus dem vorläufig festgestellten Plane nebst Beilagen vorzulegen, welche die zu enteignenden Grundstücke[85]) nach ihrer grundbuchmäßigen, katastermäßigen oder sonst üblichen Bezeichnung und Größe, deren Eigenthümer[86]) nach Namen und Wohnort, ferner die nach § 14 herzustellenden Anlagen, sowie, wo nur eine Belastung von Grundeigenthum in Frage steht, die Art und den Umfang dieser Belastung enthalten müssen[81]).

§ 19. Plan nebst Beilagen sind in dem betreffenden Gemeinde- oder Gutsbezirke während vierzehn Tagen zu Jedermanns Einsicht offen zu legen[87]).

Die Zeit der Offenlegung ist ortsüblich bekannt zu machen.

Während dieser Zeit kann jeder Betheiligte im Umfange seines Interesses Einwendungen gegen den Plan erheben[88]). Auch der Vorstand des Gemeinde- oder Gutsbezirks hat das Recht Einwendungen zu erheben, welche sich auf die Richtung des Unternehmens oder auf Anlagen der in § 14 gedachten Art beziehen.

Der Regierungspräsident[15]) hat diejenige Stelle zu bezeichnen, bei welcher solche Einwendungen schriftlich einzureichen oder mündlich zu Protokoll zu geben sind.

§ 20[89]). Nach Ablauf der Frist (§ 19) werden die Einwendungen gegen den Plan in einem nöthigenfalls an Ort und Stelle abzuhaltenden Termin vor einem von dem Regierungspräsidenten[15]) zu ernennenden Kommissar erörtert[90]).

Zu dem Termine werden die Unternehmer, die Reklamanten und die durch die Reklamationen betroffenen Grundbesitzer, sowie der Vorstand des Gemeinde- oder Gutsbezirks vorgeladen und mit ihrer Erklärung gehört[91]). Dem Kommissar bleibt es überlassen, Sachverständige, deren Gutachten erforderlich ist, zuzuziehen.

Die Verhandlungen haben sich nicht auf die Entschädigungsfrage zu erstrecken[88]).

§ 21[92]). Der Kommissar hat nach Beendigung der Verhandlungen letztere dem Bezirksaus-

---

Reichsbevollm. f. Privatbahnaufsicht) nur dann statt, wenn sich dieser Schriftwechsel auf Einwendungen gegen den Plan (§ 19) bezieht E 7. Nov. 77 (BB II 125). Anm. 89, 100, 102.

[84]) Anm. 15. Gegen Ablehnung des Antrags Beschwerde an den Min. LVG § 125 (Seydel Anm. 4); bei Bauten der Reichsbahn ist m. E. (s. VZ **1921** 811 ff.) der RVMin Beschwerdeinstanz.

[85]) Die Grundst. müssen innerh. des vorl. festgest. Planes liegen Anm. 82.

[86]) Anm. 112, 130; § 36 Abs. 1. Bei Ungewißheit üb. die Person des Eig. Pflegschaft gemäß BGB § 1913.

[87]) Es gehört zu den wesentl. Vorschr. des G, daß aus den offenzulegenden Urkunden ersichtlich sein muß, welche Grundst. in Anspruch genommen werden u. in welchem Umfange das Unternehmen Veränd. in den besteh. Verhältnissen zur Folge hat RBesch 20. März 78 (Seydel Anm. 1) u. 31. Aug. 01 (Arch 1354). Die Offenlegung von Querprofilen kann von der EntBehörde verlangt w.; ist das aber nicht geschehen, so begründet die Unterlassung nicht die Ungültigkeit des Verfahrens RBesch 14. u. 21. Feb. 76 (Seydel Anm. 3). Die Offenl. des Gesamtplanes od. (im Falle des § 18 Abs. 2) jedes Planauszuges erfolgt nur in dem Gemeinde-(Guts-) Bezirk, in dem der zu enteignende Grundbesitz belegen ist; auswärts wohnenden Interessenten bleibt überlassen, sich von der Off. Kenntnis zu verschaffen RBesch 21. Jan. 90 (Arch **01** 695). — Vereinfachtes Verf.: unten V 2b § 3.

[88]) „Beteiligte" (auch Anm. 101) sind nicht nur die unmittelbar Betroffenen (Eigentümer usw.), sondern auch sonstige Interessenten, z. B. wer durch die gemäß §§ 14, 15 vorgesehenen Anlagen berührt wird oder solche Anlagen beantragen will RBesch 17. Feb. 83 (Seydel Anm. 2). Auf den Wohnsitz kommt es hierbei nicht an. — Nicht zulässig sind Einwendungen, die sich nicht gegen den Plan selbst, sondern gegen das Unternehmen als solches richten oder nur die EntschädFrage (dahin auch Anträge gemäß § 9) betreffen (Seydel Anm. 3); gegen die Ausführung von Eisenbahnen u. anderen öff. Verkehrsmitteln kann ferner der Bergbautreibende nicht aus BergG 24. Juni 65 § 135 Widerspruch herleiten RBesch 18. Sept. 00 (Arch **01** 696). Einwendungen, die nicht in der Frist des Abs. 3 bei der nach Abs. 4 zuständ. Stelle erhoben werden, können (nicht: müssen; a. M. Eger S. 108) aus diesem Grunde in dem weiteren Verf., namentlich auch in der Rekursinstanz zurückgewiesen w. Seydel Anm. 3 u. RBesch 4. Okt. 88 (Arch **01** 696). — Anm. 83.

[89]) E 20. Mai 99 (Beil. Ca) Ziff. 5. Bei Privatbahnen ist vom Termin u. von den Einwend. der Eis.-Kommissar (jetzt Reichsbevollm. f. Privatbahnaufsicht) rechtzeitig zu benachrichtigen E 7. Nov. 77 (Anm. 68).

[90]) Die Erörterung findet statt, auch wenn die Reklamanten nicht erschienen sind; die EntschädFrage bleibt außer Betracht Seydel Anm. 3. — Der Termin muß stets (wenn auch nicht an Ort u. Stelle) stattfinden E 23. Mai 07 IV A 2. 170; wenn die Verhandl. unterbleibt, obwohl Einwend. gegen den Plan erhoben w. sind, so ist der PlanfeststBeschluß ungültig RBesch 28. April 06 (EE **23** 162).

[91]) Reklamant ist, wer rechtzeitig (§ 19) Einwend. erhoben hat; wer das versäumt hat, kann aus dem Unterbleiben der Vorladung keinen Anspruch auf nachträgl. Berücksicht. von Einwend. herleiten RBesch 9. Dez. 82 (Seydel Anm. 2). Die übr. in Abs. 2 Satz 1 Bezeichneten sind stets zu laden, die durch die Reklamationen betroff. Grundbesitzer auch dann, wenn sie erst durch die Reklamat. zu Beteil. geworden sind Seydel Anm. 2. — Anm. 89.

[92]) § 21 trifft Best. über den das förml. PlanfeststVerf. in der 1. Instanz beendenden Planfeststellungsbeschluß (endgültige Planfestst.). Gegenstand desselben ist nicht allein der durch die zu enteign. Grundstücksteile begrenzte, sondern mindestens derjen. Teil des vorl. festgest. Planes, aus dem sich die Notwendigkeit jener Enteignung ergibt RBesch 29. April 99 (Arch **01** 698). Die Auffassung, es könne von dem Inhalte der gemäß § 18 vorzulegenden Beilagen nicht abgewichen w., ist rechtsirrtümlich RBesch 14. Mai 00 (ebda.). Der Be-

schusse[93]) vorzulegen, welcher prüft, ob die vorgeschriebenen Förmlichkeiten beobachtet sind[94]), mittelst motivirten Beschlusses über die erhobenen Einwendungen[95]) entscheidet und danach

1. den Gegenstand der Enteignung, die Größe und die Grenzen des abzutretenden Grundbesitzes[96]), die Art und den Umfang der aufzulegenden Beschränkungen, sowie auch die Zeit, innerhalb deren längstens vom Enteignungsrechte Gebrauch zu machen ist[97]) — soweit die Königliche Verordnung (§ 2) über diese Punkte keine Bestimmungen enthält —,
2. die Anlagen, zu deren Errichtung wie Unterhaltung der Unternehmer verpflichtet ist (§ 14)[98]),

feststellt[99]).

Die Entscheidung wird dem Unternehmer, den Reklamanten und sonstigen Personen, welche an der Streiterörterung Theil genommen, sowie dem Vorstande des Gemeinde- oder Gutsbezirks zugestellt[100]).

---

schluß kann u. U. auf die zur Entscheidung reifen Teile des Planes beschränkt u. im übr. ausgesetzt w. RBesch 17. März 00 (ebda.), 25. Feb. 02 (Arch 691). Planfestst. für Eisenbahnen Anm. 68, RBesch 20. April 98 u. 28. März 01 (Arch **01** 699). — Fragen, die in das EntschädFeststVerf. gehören, scheiden aus, z. B. der Anspruch einer Stadtgemeinde auf Ersatz der Kosten für Abänd. eines Fluchtlinienplanes RBesch 5. Okt. 98 (Arch **01** 701). — Der Beschluß ist eine landespol. Anordn. i. S. des G 11. Mai 42 (GS 192) KGHof EE **2** 57, I 7 Anm. 11 B II d. W.; anders. RG EE **14** 170, hierzu Pannenberg Arch **03** 228. — Vereinfachtes Verf.: unten V 2b § 4. Gebühren VGO (oben IV 7) Tarifnr. 26.

[93]) Anm. 15. Verfahren E 20. Mai 99 (Beil. Ca) Ziff. 7, 8, E 12. Juni 02 (Beil. Cb). Hierzu einers. Eger S. 141, anders. Pannenberg Arch **03** 219, Seydel Anm. 1. Der Beschluß soll das zuläss. Rechtsmittel, die Art seiner Einlegung u. die Versäumnisfolgen bezeichnen E 29. April 78 (EVBl 159).

[94]) Z. B. die ordnungsmäßige Verleihung des Ent.-Rechts — deren Mangel übrigens nicht von der Verpflichtung zum Erlaß eines motivierten Beschlusses entbindet E 17. Juli 85 (Arch **01** 697) u. nicht im Rechtswege gerügt w. kann RG EE **23** 17 —, die Legitimationsfrage, die Beobachtung der §§ 15 (Anm. 69), 18—20; E 3. Dez. 96 (Anm. 68). Sind die Förmlichkeiten erfüllt, so ist der BezAussch. — unbeschadet der etwa nach EisG § 4 erforderl. Einholung der minister. Genehm. — verpflichtet, den Beschluß gemäß § 21 zu erlassen RBesch 1. Sept. 02 (Arch 1347).

[95]) Der Beschluß muß auch ergehen, wenn Einwendungen nicht vorliegen oder die erhobenen zurückgezogen sind Seydel Anm. 1. Über die Einwend. ist nicht durch besonderen Beschluß, sondern in Verb. m. d. Planfestst. zu entscheiden Seydel Anm. 3.

[96]) Über den Antrag des Unt. darf dabei nicht hinausgegangen werden RBesch 22. April 97 (Arch **01** 698) u. 25. Feb. 02 (Arch 691). Größe u. Grenzen sind endgültig festzustellen, der Vorbehalt definitiver katasteramtl. Vermessung ist unzulässig RBesch 26. Feb. 00 (Arch **01** 697). Die Festsetzung richtet sich in jedem Falle gegen den wirklichen Eig., gleichviel, wer im Kataster als solcher bezeichnet ist RBesch 25. Feb. 02 (a. a. O.). Als EntGegenstand sind alle Grundst. zu bezeichnen, an denen Eigentums- oder sonstige mit den Zwecken des Unternehmens unverträgl. Rechte bestehen, auch wenn nur eine dauernde Beschränkung in Frage kommt Seydel Anm. 2. Ist der Gegenstand der Abtretung schon in der EntVo genau bezeichnet, so darf über diese Grenzen nicht hinausgegangen w. Seydel a. a. O.

[97]) § 42. Gebrauchmachen ist d. Antrag auf EntschädFestst., nicht etwa die Vollziehung der Enteignung Seydel Anm. 4. Die Frist kann nachträglich verlängert w., aber nur, wenn das vor ihrem Ablaufe beantragt w. RBesch 25. Feb. 02 (Arch 691) u. 29. Sept. 93 (Arch **01** 701). Bei Eis. kommt die für die Vollendung gesetzte konzessionsmäß. Frist nicht in Betracht Seydel a. a. O. — Anm. 110.

[98]) A. Anm. zu § 14, namentlich Anm. 65. Der Beschluß muß die Verpflicht. des Unternehmers u. den Zweck (öff. Interesse oder Interesse eines bestimmten Privaten) genau bezeichnen u. den Grund u. Boden, der für die Nebenanlagen etwa über den offengel. Plan hinaus erford. ist, nach Umfang u. Grenzen angeben; spezielle Projekte für die Nebenanlagen sind nicht unter allen Umständen Vorbeding. der Beschlußfass. Seydel Anm. 5. — Bei Planfestst. f. Eisenbahnen ist zu Anordnungen gemäß § 21 Abs. 1 Nr. 2 die Genehm. des Min. nötig, wenn dadurch eine die Bahnlinie selbst od. die baulichen od. Betriebsverhältn. der Eis. betreffende Änderung des vom Min. vorläufig (§ 15) festgest. Bauprojekts herbeigeführt w. soll; diese Gen. ist durch den BezAussch. v. Amts wegen u. regelmäßig vor Erlaß des Beschl. einzuholen u. in ihm besonders zum Ausdrucke zu bringen; ist die Festst. eilig u. die Gen. mit Sicherheit zu erwarten, so hat (ausnahmsw.) der BezAussch. den Plan schon vorläufig festzustellen, die Gen. des Min. dabei vorzubehalten u. alsdann sofort einzuholen; bei Privateis. ist dem Antrag auf Gen. die Äußerung des EisKommissars (jetzt des Reichsbevollm. f. Privatbahnaufsicht) beizufügen E 5. März 75 (Anm. 68). Nebenanlagen können ohne Gen. des Min. geändert od. neu hinzugefügt werden, wenn weder die Bahnlinie selbst noch die künft. Betriebsverh. berührt werden; sie sind mit grüner Farbe in die Pläne einzutragen E 24. April 90 (VB II 198). Ist der BezAussch. im Zw. darüb., ob eine beabsicht. Änderung der Gen. bedarf, so ist bei Staatseis. die EisDir., bei Privateis. der Bevollmächtigte um gutachtl. Äußerung zu ersuchen, bei Meinungsverschied. die Entsch. des Min. einzuholen E 19. Nov. 98 (Anm. 68).

B. Entsprechendes gilt f. Reichseisenbahnen; an Stelle des Preuß. Min. tritt bei ihnen der RVMin (der auch bei Privatgroßbahnen dann zuständig ist, wenn in der Konzession die Planfestst. ihm übertragen w. ist; vgl. oben I 7 Anm. 11 A IV).

[99]) Nachträgliche Ergänzungen des Beschl. können nur im Wege des Rekurses (§ 22) oder (wenn noch weiteres Gelände nötig wird) eines neuen Verfahrens gemäß §§ 18ff. herbeigeführt werden; wohl aber ist eine Berichtigung von Irrtümern, welche die mater. Entscheid. nicht berühren (z. B. Größe oder Bezeichn. eines Grundst.) unter Zustellung des Nachtragsbeschl. zulässig. Seydel Anm. 8.

[100]) Privateis. durch Vermitt. des EisKommissars (jetzt des Reichsbevollm. f. Privatbahnaufsicht) E 7. Nov. 77 (Anm. 68). — § 39. — Abzeichnungen des Planes sind nicht mit zuzustellen Seydel Anm. 7. — Gebühren VGO (oben IV 7 Beil. A) Nr. 26.

§ **22.** Gegen die Entscheidung der Bezirksregierung steht den Betheiligten der Rekurs an die vorgesetzte Ministerialinstanz offen[101]).

Der Rekurs muß bei Verlust desselben innerhalb zehn Tagen nach Zustellung des Beschlusses bei der Bezirksregierung eingelegt und gerechtfertigt werden. Die Regierung hat die Rekursschrift dem Gegner zur Beantwortung innerhalb einer Frist von sieben bis vierzehn Tagen mitzutheilen und nach Eingang der Schrift oder nach Ablauf der Frist die Akten an den zuständigen Minister zur Entscheidung einzusenden[102]).

[103]) § **23.** Das Enteignungsrecht bei der Anlage von Eisenbahnen erstreckt sich unter Berücksichtigung der Vorschriften dieses Gesetzes insbesondere:

1. auf den Grund und Boden, welcher zur Bahn, zu den Bahnhöfen und zu den an der Bahn und an den Bahnhöfen Behufs des Eisenbahnbetriebes zu errichtenden Gebäuden erforderlich ist[104]);
2. auf den zur Unterbringung der Erde und des Schuttes u. s. w. bei Abtragungen, Einschnitten und Tunnels erforderlichen Grund und Boden;
3. überhaupt auf den Grund und Boden für alle sonstigen Anlagen, welche zu dem Behufe, damit die Bahn als eine öffentliche Straße zur allgemeinen Benutzung dienen könne, nöthig oder in Folge der Bahnanlage im öffentlichen Interesse erforderlich sind[105]);
4. auf das für die Herstellung von Aufträgen erforderliche Schüttungsmaterial[106]).

---

[101]) A. An Stelle des Abs. 1 ist ZustG § 150 Abs. 3 (Anm. 15) getreten. Hiernach findet gegen den Planfestst-Beschl. des BezAussch. usw. Beschwerde an den Handelsminister — oben I 7 Anm. 4B — statt, u. zwar innerhalb zweier Wochen (nach Zustellung des Beschl.). — Beteiligter i. S. § 22 u. deshalb zur Einlegung der Beschw. berechtigt ist neben dem Unt. nur, wer rechtzeitig gemäß § 19 Einwend. gegen den Plan erhoben hat Seydel Anm. 3. Nicht z. B., wer dem Unt. zur unentgeltl. Hergabe von Grund u. Boden oder zur Tragung der Grunderwerbskosten vertragl. verpflichtet ist (Kreisverbände bei staatlichen Nebenbahnen) RBesch 11. Jan. 89 u. 23. Okt. 90 (Arch **01** 702), vgl. auch RG Arch **09** 1025; auch nicht eine Gemeinde, die die Frist des § 19 versäumt hat RBesch 4. Okt. 88 (Arch **1892** 527). — Die Beschw. ist das einzige Rechtsmittel; z. B. ist der Rechtsweg darüb. unzulässig, ob sich das dem Unt. verliehene EntRecht auf ein von ihm in Anspruch genommenes Grundst. erstreckt Seydel Anm. 1. Nach Eintritt der Rechtskraft kann der Beschl. auch nicht mehr mit der Behauptung angegriffen werden, daß wesentl. Gesetzesvorschr. verletzt seien Seydel Anm. 5.

B. Bei Enteign. f. Reichsbahnen ist Beschwerdeinstanz der RVMin: StGHof 30. Juni 23 (Entsch d. RG in ZS **107** 409); ebenso wenn er f. eine Privateis. zur Planfestst. zuständig ist (vorst. Anm. 98B).

[102]) Abs. 2 ist durch LVG § 122 ersetzt. — Nach E 7. Nov. 77 (Anm. 68) sollen die Verwaltungen der Privatbahnen die Beschwerde durch Vermittelung des EisKommissars (jetzt des Reichsbevollm. f. Privatbahnaufsicht) einlegen. — In Fällen unverschuldeter — RBesch 23. Dez. 95 (Arch **01** 702) — Fristversäumnis kann Wiedereinsetzung in den vor. Stand gewährt w. LVG § 52 Abs. 2.

[103]) A. § 23 ersetzt §§ 8—10 EisG u. findet nur auf Eisenbahnen i. S. dieses G (I 7 Anm. 2) unmittelbare Anwendung Seydel Anm. 1; a. M. Eger S. 182. Eine andere Frage ist, ob § 23 bei Unternehmen, die dem KleinbahnG unterliegen, sinngemäß Platz greift. — Das EntRecht des EisUnt. gilt nicht für Privatanschlußbahnen, die er für Rechnung des Anzuschließenden ausführt Seydel a. a. O. — § 23 begrenzt den Umfang des für Anlage einer Eis. verliehenen EntRechts; soll im Einzelfalle über diese Grenze hinaus, z. B. für Zwecke der Bahnunterhaltung (Anm. 106) eine Ent. eintreten, so muß neben dem für das Gesamtunt. verliehenen noch das EntRecht für diese Zwecke besonders erwirkt werden.

B. § 23 gilt nicht f. Reichsbahnen, deren EntRecht durch RBahnG § 38 v. Reichs wegen geregelt ist; sein Inhalt wird ab. auf Reichsbahnbauten in Preußen sinngemäß anzuwenden sein.

[104]) Welcher Grund u. Boden erforderlich ist, ergibt sich aus dem festgest. Plane (§§ 15, 18—21) sowie den etwa später auf Grund EisG §§ 4, 14 getroff. Anordnungen. „Erforderlich" ist auch das Gelände, dessen der Unt. bedarf, um nicht zu Anlagen genötigt zu sein, deren Kosten zu dem erreichb. Nutzen oder zu den den Grundbesitzern aus der Ent. erwachsenden Nachteilen nicht in angemessenem Verh. stehen Seydel Anm. 2. — Daß der Grund u. Boden sofort für die EisAnlage verwendet wird, ist nicht unbedingt nötig, vielm. kommen auch solche nicht bald auszuführende Bauten in Betracht, bei denen im Falle eintret. Bedürfnisses die unverzügl. Herstellung im öff. Interesse geboten erscheint od. der spätere Grunderwerb wegen der zu erwart. anderweiten Ausnutzung des Geländes besonders schwierig od. unmöglich sein würde; z. B. zweite Gleise, Bahnhofserweiterungen, Einführ. anderer Bahnen. Nur muß das zu erwerb. Gelände als solches in den Plan aufgenommen sein Seydel Anm. 3. Verpflichtung der Interessenten, welche die Beschaffung des Grund u. Bodens für neue Eis. übernommen haben, zum Grunderwerbe für Anlagen, deren Pläne erst nach der Betriebseröffnung aufgestellt w. RG Arch **1893** 1165; vgl. auch RG in Ztschr f. Kleinb. **1915** 558. — Gebäude i. S. § 23 Ziff. 1 sind, soweit im Betriebsinter. den Beamten (Arbeiter: Seydel Anm. 4) Wohnungen in unmitt. Nähe der Dienststätte verschafft werden müssen, auch Dienstwohnungsgebäude RBesch 22. Okt. 91 u. 8. Mai 99 (Arch **01** 703: Stations- u. sonstige Betriebsbeamte); 27. April 78 (Seydel Anm. 4) u. 30. Nov. 89 (Arch **01** 703: Bahnwärter). U. U. kann auch zur Überweis. von Dienstland an Beamte das EntRecht in Anspruch genommen w. RBesch 11. Jan. 98 (Arch **01** 704).

[105]) Z. B. Brandschutzstreifen zur Sicherung d. EisBetriebs Seydel Anm. 10 u. E 8. Juni 99 (EVBl 191, VB II 111); Leitungen z. Speisung v. Wasserstationen RBesch 14. Sept. 99 (Arch **01** 704), Anm. 25; Lagerplätze f. Betriebs- u. Oberbaumaterialien RBesch 21. Nov. 89 (Arch **01** 677) u. 1. Aug. 90 (das. 704); Werkstätten z. Reparatur v. Fahrzeugen RBesch 3. Aug. 89 (das. 678).

[106]) Die Vorschr. gestattet nicht Entziehung, sondern nur Beschränkung des Grundeig., die sich je nach dem Maße der Entnahme als dauernde gemäß § 2 oder als vorübergehende darstellt; Gegenstand der Ent. ist immer

Dagegen ist das Enteignungsrecht auf den Grund und Boden für solche Anlagen nicht auszudehnen, welche, wie Waarenmagazine und dergleichen, nicht den unter Nr. 3 gedachten allgemeinen Zweck, sondern nur das Privatinteresse des Eisenbahnunternehmers angehen[103]).

Die vorübergehende Benutzung fremder Grundstücke[107]) soll bei der Anlage von Eisenbahnen, insbesondere zur Einrichtung von Interimswegen, Werkplätzen und Arbeiterhütten zulässig sein.

2. Feststellung der Entschädigung[108]).

§ 24. Der Antrag auf Feststellung der Entschädigung ist von dem Unternehmer schriftlich bei dem Regierungspräsidenten[109]) einzubringen[110]).

Der Antrag muß das zu enteignende Grundstück, dessen Eigenthümer, sowie, wo nur eine Belastung in Frage steht, die Art und den Umfang derselben genau bezeichnen (§ 18).

Dem Antrage ist zum Nachweis der Rechte am Grundstück ein beglaubigter Auszug aus dem Grundbuch (Hypothekenbuch, Währschaftsbuch, Stockbuch), wo aber ein solches nicht vorhanden ist oder nicht ausreicht, eine Bescheinigung des Ortsvorstandes oder der sonst zur Ausstellung solcher Bescheinigungen berufenen Behörde über den Eigenthumsbesitz und die bekannten Realrechte beizufügen. Diese Urkunden haben die betreffenden Behörden dem Unternehmer auf Grund der Feststellung (§ 21) oder einer sonstigen Bescheinigung[111]) des Regierungspräsidenten[15]) gegen Erstattung der Kopialien zu ertheilen, auch demselben Einsicht des Grundbuchs usw. zu gestatten[112]).

---

das Grundst. selbst, nicht das zu entnehm. Material. Aufträge sind nicht nur erhöhte Bahndämme, sondern alle zur Herstellung des Bahnkörpers usw. erforderl. Aufschüttungen, auch wenn dieser das angrenzende Gelände nicht überragt. Zum Schüttungsmaterial gehört auch das Material (Kies!) zur Bettung von Schienen und Schwellen. Nicht erford. ist, daß die Verwend. des Mat. in unmittelb. Nähe des Gewinnungsortes erfolgt; vielmehr kann der Unt. z. B. ein in der Nähe der Bahnlinie beleg. Kieslager erwerben, um aus ihm die gesamte Bahnstrecke mit Bettungsmat. zu versorgen. Anderes Mat., z. B. Pflastersteine, darf der Unt. nicht aus der enteigneten Fundstätte entnehmen. Nur auf das zur ersten Herstellung, nicht auch auf das zur laufenden Unterhaltung der Bahn erford. Mat. erstreckt sich das für das Unternehmen als solches verliehene (Anm. 103 a. E.) EntRecht; diesem unterliegen daher nicht Grundst., auf denen Wege nach den zu UnterhaltZwecken erworb. Kiesgruben angelegt werden sollen (Seydel Anm. 6).

[107]) § 4.

[108]) Anm. 67. — Die Einleitung des EntschädFeststVerfahrens setzt voraus, daß entw. der Plan des Unternehmens gemäß §§ 18—22 endgültig festgestellt ist od. über den Gegenst. der Abtret. zwischen den Beteil. eine Einig. stattgefunden hat, die das PlanfeststVerf. entbehrlich macht. Im zweiten Falle wird eine Beschein. nach § 24 Abs. 3 Satz 2 (Anm. 111) erteilt. Wird auf Grund dieser Beschein. unmitt. in das EntschFeststVerf. eingetreten, so ist die nachträgl. Eröffnung des PlanfeststVerf. auch dann nicht statthaft, wenn in dem weiteren Verf. Anträge auf Anlagen i. S. § 14 hervortreten; derart. Ansprüche sind vielmehr nach § 14 des EisenbahnG zu behandeln oder bei Festst. der Entschäd. zu berücksicht. E 2. April 90 (Arch **1892** 527). — Bei Enteig. für Privatbahnen findet im Entschäd.-FVerf. eine Mitwirkung der Bevollm. für Privatbahnauff. nicht statt E 7. Nov. 77 (VB II 125).

[109]) Anm. 15.

[110]) Antragsberechtigt ist nur der, zu dessen Gunsten die Planfestst. erfolgt ist (wenn sie überh. stattgefunden hat) RBesch 10. Juni 77 (Seydel Anm. 2). Der Antrag ist nur in der gemäß § 21 festgesetzten Frist (Anm. 97) zulässig; nach deren Verlaufe muß das PlanfeststVerf. wiederholt w. Seydel a. a. O. Gegen eine ablehnende Entscheidung des RegPräs. findet Beschwerde beim Min. statt LVG § 125; b. Enteignung f. Reichsbahnen ist m. E. (vgl. VZ **1921** 811ff.) der RVMin Beschwerdeinstanz. — Über die Frage, ob der Unternehmer durch den zu Enteignenden zur Stellung des Antrages genötigt w. kann, RG **1** 171 u. EE **12** 158 (Anm. 75), ferner RG Arch **1911** 1062 u. Entsch **78** 425. — Über die Entschäd., welche der mit dem EntRecht ausgestattete Unt. für eine planmäßig zu dem Unternehmen gezogene Grundfläche zu zahlen hat, ist mangels Einigung in den Formen des EntVerf. zu entscheiden, auch wenn der Unt. die Fläche einseitig in Besitz genommen hat; dem Eigent. steht ein im Rechtswege verfolgbarer Anspruch darauf zu, daß der Unt. das Eigentum anerkennt und den Antrag gemäß § 24 stellt; hat der Eig. zunächst auf Entschäd.-Leistung geklagt, so ist es keine unzulässige Klagänderung, wenn er im Laufe des Prozesses an Stelle dieses Verlangens jenen Anspr. geltend macht RG EE **8** 116 u. **10** 282. Hiernach in Verb. mit EE **18** 67 (Anm. 49) ergibt sich als Auffassung des RG: Wird für eine in den Plan fallende Grundfläche das Recht des Eigent. usw. vom Unt. bestritten, so muß der Eig. usw. zunächst im Rechtsw. die Anerkennung seines Rechts erzwingen; ist das Recht unstreitig od. die Anerkennung erzwungen, so kann bei einer auf EntschädLeistung gerichteten Klage des Eig. usw. der Unt. im Wege der Einrede — KGHof Arch **06** 1321 erachtet den Rechtsweg für unzulässig — verlangen, daß die Festst. der Entschäd. in den Formen des Enteignungsverf. u. die Verurteilung nur auf Stellung des Antrages gemäß § 24 erfolge; diese Einrede wird durch eine vorangegangene Vereinbarung, daß die Entschäd. sofort im Rechtsw. festgestellt werden solle, ausgeschlossen u. kann keinesfalls erst in der Revisionsinstanz vorgebracht werden. — Die Klage auf Verurteilung zur Stellung des Antrages gemäß § 24 wird nicht dadurch ausgeschlossen, daß sich der Eigent. nicht am PlanfeststVerf. beteiligt hat RG EE **26** 443. Der direkte Rechtsweg ist auch unzulässig f. Ansprüche des Enteigneten auf Entschäd. f. Nachteile aus d. Betriebe des Unternehmens. KGHof Arch **1913** 1359.

[111]) „Die Alternative ‚Feststellung' oder ‚sonstige Bescheinigung' ist gewählt im Hinbl. auf den Fall freier Vereinbarung (§ 17), in welchem eine definitive Festst. des Planes nicht erfolgt" KomB des AbgHauses 1871/2 Drucks. Nr. 223 S. 27 (der angef. § 17 ist § 16 des Gesetzes). Hierzu Fritsch Arch **1892** 513, 516, Pannenberg das. **01** 1195 u. **03** 224. — Wird der Antrag auf EntschädFestst. unmittelbar (ohne vorgäng. Planfestst.) gerichtet, so muß die Einigung (§ 16) durch Vorlage der über sie aufgenomm. Urkunde nachgewiesen werden E 8. März 97 (EVBl 45). — Anm. 71.

[112]) Nach Abs. 2, 3 muß der Unt. der EntBehörde

Gleichzeitig mit Ertheilung des Auszugs hat die Grundbuchbehörde, soweit die betreffenden Grundbücher dazu geeignet sind, und zwar ohne weiteren Antrag, eine Vormerkung über das eingeleitete Enteignungsverfahren im Grundbuche einzutragen, deren Löschung mit vollzogener Enteignung (§ 33) oder auf besonderes Ersuchen des Regierungspräsidenten[15]) erfolgt. Auch hat dieselbe während der Dauer des Enteignungsverfahrens von jeder an dem Grundstücke eintretenden Rechtsveränderung, welche für die Vertretung des Grundstücks oder die Auszahlung der Entschädigung von Bedeutung ist, von Amts wegen der Enteignungsbehörde Nachricht zu geben[113]).

§ **25.** Der Entscheidung des Bezirksausschusses[15]) muß eine kommissarische Verhandlung mit den Betheiligten unter Vorlegung des definitiv festgestellten Planes vorangehen.

Der Kommissar hat auf Grund der nach § 24 beizubringenden Urkunden darauf zu achten, daß das Verfahren gegen den wirklichen Eigenthümer gerichtet wird[114]).

Er hat den Unternehmer, den Eigenthümer, sowie auch Nebenberechtigte, welche sich zur Theilnahme an dem Verfahren gemeldet haben, zu einem nöthigenfalls an Ort und Stelle abzuhaltenden Termine vorzuladen[115]).

Alle übrigen Betheiligten[116]) werden durch eine in dem Regierungs-Amtsblatt und in dem betreffenden Kreisblatt, sowie geeignetenfalls in sonstigen Blättern bekannt zu machende Vorladung aufgefordert, ihre Rechte im Termine wahrzunehmen.

Die Ladungen erfolgen unter der Verwarnung, daß beim Ausbleiben der Geladenen ohne deren Zuthun die Entschädigung festgestellt und wegen Auszahlung oder Hinterlegung der letzteren werde verfügt werden[116]).

In dem Termine ist jeder an dem zu enteignenden Grundstücke Berechtigte befugt, zu erscheinen und sein Interesse an der Feststellung der Entschädigung, sowie bezüglich der Auszahlung und Hinterlegung derselben wahrzunehmen.

In dem Termine hat der Grundeigenthümer seine Anträge auf vollständige Übernahme eines theilweise in Anspruch genommenen Grundstücks (§ 9) anzubringen. Spätere Anträge dieser Art sind unzulässig[117]).

§ **26.** Der Kommissar hat eine Vereinbarung der Betheiligten zu Protokoll zu nehmen und ihnen eine Ausfertigung auf Verlangen zu ertheilen[118]).

---

alles Material beschaffen, welches diese braucht, um prüfen zu können, ob das Verf. auch gegen die wirklich Berechtigten gerichtet wird; zu dieser Prüfung ist die Beh. verpflichtet Seydel Anm. 3; § 25 Abs. 2, Anm. 130, § 36 Abs. 1. Ferner hat der Unt. den Anforderungen der Beh. in bezug auf Beschaffung v. Mat. f. d. Abschätzung zu entsprechen Seydel Anm. 4, a. M. Eger S. 209. — Kopialien sind nicht in Rechnung zu stellen, wenn Fiskus Unt. ist u. die erford. Urkunden von einer fiskalischen Beh. angefertigt werden E 2. Juli 81 (JMBl 149), Seydel Anm. 3. — E 4. Juni 94 (EVBl 133) Ziff. 5, Beil. Ca Ziff. 6 u. Beil. Cb.

[113]) Abs. 4 gilt noch heute: EG BGB Art. 109 GrundbO §§ 83, 39. Die Eintragung erfolgt in Abt. II des Grundbuchs: Vf des Justizmin. 20. Nov. 99 (JMBl 349). Von der Eintr. und der Löschung sind die Interessenten zu benachrichtigen GrundbO § 55. Das Ersuchen um Löschung ist zu unterschreiben u. mit Siegel oder Stempel zu versehen AG GrundbO Art. 9. Für die Einleit. des Verf. ist die Eintrag. der Vormerkung nicht Voraussetzung E 2. Okt. 78 (Seydel Anm. 5). Vorausf. f. Eintrag. der Vorm.: KG EE **28** 46. Vereinf. Verf.: KG 5. April 28 u. E 30. Juli 28, beides HMBl 212/3.

[114]) Anm. 112, 130, § 36 Abs. 1 ferner Beil. Cb.

[115]) § 39.

[116]) Beteiligte sind (Abs. 6) neben dem Unt. alle an dem Grundst. Berechtigten, also alle, deren rechtl. Interessen durch die vom BezAusch. zu treffende Entscheid. berührt w., d. i. neben den im § 11 Bezeichneten auch Hypothekengläubiger, nicht aber Personen, die im PlanfeststVerf. Anträge auf Grund § 14 erfolglos gestellt haben; Abs. 5 bezieht sich auf Abs. 3 und 4 u. droht — abges. vom Falle des Abs. 7 — einen Rechtsnachteil nur für das administrative FeststVerf. an; die Beschreitung des Rechtsweges bleibt auch dem im Termin Ausgebliebenen unbenommen. RG **5** 281, **24** 205, **28** 262; Seydel Anm. 4. Ferner Anm. 49, 130. — Alle bis zum Termin erkennbaren Ansprüche aus der Enteignung u. dem EnteigVerf. muß der Eig. auch im Termine geltend machen, sonst sind sie für das Verwalt.-Verf. verloren RG EE **26** 295. — Koffka (S. 247 ff.) entnimmt aus der Best des Abs. 5 einen Grund für seine Annahme (Anm. 128), daß die Entsch., ob zu zahlen oder zu hinterlegen ist, im EntschädFeststBeschlusse zu treffen sei.

[117]) Anträge nach § 9 sind also im Termine (§ 25) vorzubringen, widrigenfalls ihre Geltendmachung im Rechtswege (§ 30) unzulässig ist RG EE **24** 181 u. **25** 293.

[118]) Die praktische Tragweite des § 26 ergibt sich aus dem mit ihm in Verbind. stehenden § 46 u. wird v. Pannenberg (Arch **01** 1169 ff., **03** 218 ff.; vgl. auch RG **72** 359 u. Meyer Anm. 1, 2; dagegen Eger u. Koffka, vgl. Anm. 71) folgendermaßen dargelegt. Die Rechtswirkung des § 46 (Erlöschen der Rechte Dritter ohne Durchführung des EntVerf.) kann auf Grund einer Vereinbarung gemäß § 26 nur eintreten, wenn diese nicht nur die Höhe der Entschäd. betrifft (dann muß Beschluß gemäß § 29 ergehen), sond. auch Abtretung des Eigentums umfaßt. In dies. Falle ist das weitere Verf. (Feststell. der Entschäd., Vollzieh. der Enteignung) als gegenstandslos einzustellen, sofern nicht etwa im Termine von Beteiligten (Anm. 116) Anträge gestellt sind, über die gemäß § 29 zu entscheiden ist. Dann tritt die Rechtswirkung des § 46 ein, wenn der Einigung (§ 26) der Eigentumsübergang (Auflassung u. Eintragung Anm. 77 b) gefolgt u. die vereinb. Entschäd. gemäß § 37 hinterlegt ist; hiermit ist zugleich die Vorausf. für das in § 46 Satz 2 festges. Klagerecht Realberechtigter ge-

Das Protokoll hat die Kraft einer gerichtlichen oder notariellen Urkunde[119]). In Bezug auf die Rechtsverbindlichkeit der vor dem Kommissar abgeschlossenen Verträge kommen die Bestimmungen des § 17 Abs. 2 und[120]) 5 zur Anwendung.

§ 27. Zu der kommissarischen Verhandlung sind ein bis drei Sachverständige zuzuziehen, welche von dem Regierungspräsidenten[15]) entweder für das ganze Unternehmen oder einzelne Theile desselben zu ernennen sind[121]). Doch steht auch den Betheiligten zu, sich vor dem Abschätzungstermine über Sachverständige zu einigen, und dieselben dem Kommissar zu bezeichnen.

Die ernannten[122]) Sachverständigen müssen die in den betreffenden Prozeßgesetzen[123]) vorgeschriebenen Eigenschaften eines völlig glaubwürdigen Zeugen besitzen; dieselben dürfen insbesondere nicht zu denjenigen Personen gehören, die selbst als Entschädigungsberechtigte von der Enteignung betroffen sind.

§ 28. Das Gutachten[124]) wird von den Sachverständigen entweder mündlich zu Protokoll erklärt oder schriftlich eingereicht. Dasselbe muß mit Gründen unterstützt und beeidet werden. Sind die Sachverständigen ein- für allemal als solche vereidet, so genügt die Versicherung der Richtigkeit des Gutachtens auf den geleisteten Eid im Protokoll oder unter dem schriftlich eingereichten Gutachten.

Den Betheiligten ist vor der Entscheidung des Bezirksausschusses[125]) (§ 29) Gelegenheit zu geben, über das Gutachten sich auszusprechen.

§ 29. Die Entscheidung des Bezirksausschusses[125]) über die Entschädigung, die zu bestellende Kaution und die sonstigen aus §§ 7—13 sich ergebenden Verpflichtungen erfolgt mittelst motivirten Beschlusses[126]).

Die Entschädigungssumme ist für jeden Eigenthümer, sowie für jeden der im § 11 bezeichneten Nebenberechtigten, soweit ihm eine nicht schon im Werthe des enteigneten Grundeigenthums begriffene Entschädigung zuzusprechen ist, besonders festzustellen. Auch ist da, wo die den Nebenberechtigten gebührende Entschädigung in dem Werthe des enteigneten Grundeigenthums begriffen ist, auf Antrag des Eigenthümers oder des betreffenden Nebenberechtigten das Antheilsverhältniß festzustellen, nach welchem dem letzteren innerhalb seiner vom Eigenthümer anerkannten Berechtigung aus der für das Eigenthum festgestellten Entschädigungssumme oder deren Nutzungen Entschädigung gebührt[127]).

In dem Beschlusse ist zugleich zu bestimmen, daß die Enteignung des Grundstücks nur nach erfolgter Zahlung oder Hinterlegung der Entschädigungs- oder Kautionssumme auszusprechen sei[128]).

---

geben. Sind ab. im Termine (§ 26) Anträge i. S. des § 29 gestellt, so kommt § 46 nicht zur Anwendung; vielmehr nimmt das Verf. seinen Fortgang. §§ 26, 46 einers., §§ 29, 30, 32, 45 anders. schließen sich gegenseitig aus. Das förmliche PlanfeststVerf. ist nicht Voraussetz. für § 26, wenn es durch Einigung gemäß § 16 (Anm. 71) ersetzt ist; die Einig. gemäß § 26 kann aber die Wirkung des § 46 nur so weit nach sich ziehen, als das von ihr betroff. Grundeigentum in den vorläufig (im Falle des § 16) oder endgültig festgest. Plan fällt. — Rechtsweg eines Nebenberecht., wenn das EntVerf. wegen Einigung im Termin eingestellt u. für den Nebenber. keine Entschäd. festgestellt w. ist RG **74** 242. — Die Erklärungen der Beteil. erlangen erst durch die Protokollvollziehung des Kommissars bindende Kraft u. können bis zu diesem Akte zurückgenommen werden RG **52** 433.

[119]) Es ist also Zwangsvollst. nach ZPO § 794 Ziff. 5 denkbar; indessen bleibt zu beachten, daß auch die Einigung gemäß § 26 (wie die gemäß § 16, Anm. 77) nur den obligatorischen EigentÜbertrVtr. darstellt.

[120]) Statt „und" ist zu lesen „bis".

[121]) E 1. März 76 u. 14. April 82 (Seydel Anm. 1), E 4. Juni 94 (EVBl 133, Seydel a. a. O.) Ziff. 5; LVG §§ 119, 120, 76—79.

[122]) Nicht auch die von den Beteil. bezeichneten.

[123]) Jetzt ZPO §§ 406, 41, 42.

[124]) E 14. Feb. 77 u. 7. Juli 77 (Seydel Anm. 1 u. 3), 4. Juni 94 (EVBl 133, Seydel Anm. 1) Ziff. 5; Beil. Ca Ziff. 9.

[125]) Anm. 15. Verfahren Beilage Ca Ziff. 7, 8. Gegen Ablehnung des Antrags Beschwerde nach ZustG § 150 Abs. 3 RBesch 12. Feb. 02 (Arch 689). Für Reichsbahnen gilt das oben Anm. 110 Ausgeführte gleichfalls. Vereinfachtes Verf. unten V 2b § 4.

[126]) Nach Feststell. der f. d. Beschluß maßgeb. Voraussetz. (Förmlichkeiten usw.) Eger S. 265. Legitimationsfrage Anm. 112, Kaution § 12 Abs. 2. Zu den Gegenständen der Entscheidung gehören Anträge aus § 9, nicht aber Ansprüche auf Grund § 14. Über die Frage, in welcher Weise Einigungen gemäß §§ 16, 26 auf die Zulässigkeit u. den Inhalt des Entschädigungsfeststellungsbeschlusses einwirken, s. Anm. 71 u. 118. — Das G will, daß die Entschäd. f. alle z. Z. der Feststell. erkennb. Nachteile sogleich festgesetzt wird; Nachteile bedingter Art, deren Vorhandensein u. Umfang v. künftigen Ereignissen abhängen, sind abzuschätzen RG **69** 64. — EntschädFestst. unter Vorbehalt der Schlußvermessung? Förster EE **26** 343, OLG Hamm EE **27** 150. — §§ 30, 40, 42. — Gebühren: VGO (oben IV 7) Tarifnr. 26.

[127]) Anm. 48. Bestreitet der Eigent. die Nebenberechtigung, so findet im VerwaltVerf. eine Entsch über diese nicht statt Eger S. 275. Zu Satz 2 § 30 Abs. 1 Satz 2.

[128]) Nicht aber, ob die Entschäd. auszuzahlen oder zu hinterlegen ist RBesch 20. Sept. 89 (Arch **01** 705), E 10. Sept. 90 (Arch **1892** 528; Meyer Anm. 9); a. M. Koffka S. 247 ff. (Anm. 116). Gegen Koffka: Martini Arch **05** 1512. — § 32.

§ 30[129]). Gegen die Entscheidung des Bezirksausschusses[125]) steht sowohl dem Unternehmer als den übrigen Betheiligten innerhalb sechs Monaten nach Zustellung des Regierungsbeschlusses die Beschreitung des Rechtsweges zu[130]). Ein Streit über das Antheilsverhältniß eines Nebenberechtigten an der für das Eigenthum festgestellten Entschädigungssumme ist lediglich zwischen dem Nebenberechtigten und dem Eigenthümer auszutragen[131]).

Eines vorgängigen Sühneversuchs bedarf es nicht.

Zuständig ist das Gericht, in dessen Bezirk das betreffende Grundstück belegen ist[132]).

Sind die Parteien über die Sachverständigen nicht einig, so ernennt das Gericht dieselben[133]).

Wird von dem Unternehmer auf richterliche Entscheidung angetragen, so fallen ihm jedenfalls die Kosten der ersten Instanz zur Last[134]).

§ 31. Wegen solcher nachtheiligen Folgen der Enteignung, welche erst nach dem im § 25 gedachten Termine erkennbar werden[135]), bleibt dem Entschädigungsberechtigten bis zum Ablauf von drei Jahren nach der Ausführung des Theiles der Anlage, durch welche er benachtheiligt wird[136]), ein im Rechtswege verfolgbarer persönlicher Anspruch gegen den Unternehmer[137]).

---

[129]) Die prozess. Vorschr. in § 30 sind durch EG ZPO § 15 Ziff. 2 aufrechterhalten RG EE **1** 27 betr. Abs. 3; Entsch **7** 399 u. **34** 194 betr. Abs. 5.

[130]) Der Rechtsweg ist die einzige AnfechtMöglichk.; Rekurs ist nicht zugelassen RBesch 31. März 00 (Arch **01** 707); die Beteil. sind in diesem Sinne von der EntBeh. zu belehren E 24. Juni 79 (EBBl 113). Jenes gilt auch, wenn im AdminVerf. wesentliche Gesetzesvorschr. verletzt sind Seydel Anm. 1. Eingelegte Beschwerden sind aber gemäß LVG § 50 dem Min. vorzulegen Seydel Anm. 1; dagegen Eger S. 290. — Begriff „Beteiligte" Anm. 116; daß die Hypothekengläubiger dazu gehören, ist in E 8. Aug. 91 (Arch **1892** 528 — auch RG EE **28** 116) anerkannt. Aber RG **74** 410. — Die Berufung auf den RWeg erfolgt nur durch Erhebung der Klage AG ZPO § 2. — Weiteres aus der Rechtsp. des RG. Die Frist ist Präklusivfrist — keine Notfrist i. S. ZPO § 207: EE **33** 162 — u. wird nur durch Klage b. d. zuständigen Gerichte (Abs. 3) gewahrt. **3** 303, **92** 40; EE **33** 381, **34** 49. Fristbeginn bei Besitzwechsel EE **8** 18, bei unricht. GrundstBezeichnung EE **15** 151, bei Berichtigungen des Beschlusses **65** 299, f. Nebenberechtigte Anm. 49. Die Frist gilt auch f. Erhebung d. Widerklage: **97** 181, EE **3** 308; anders. EE **5** 359. Fristablauf schließt nachträgl. Erweiterung d. Klagantrags gemäß ZPO § 268 nicht aus. **12** 299, EE **24** 352, **29** 351, 464, **32** 393. Die Klage kann auch schon vor Zustellung — nicht ab. vor Erlaß: EE **26** 295 — des Beschl. (§ 39) erhoben werden; den Fristablauf muß beweisen, wer sich auf ihn beruft. EE **3** 403. Unter Monaten sind Kalendermonate zu verstehen. **7** 277. Gegenstand der gerichtl. Entsch. ist nur die Entschäd. selbst (§ 9: Anm. 31), nicht auch die Zulässigk. der Enteignung od. die Legitim. derer, die im VerwaltVerf. als „Beteiligte" behandelt w. sind — **7** 223, **44** 325; Anm. 112; a. M. Koffka S. 254 —, u. nur die Frage, ob die Entschäd. den §§ 7—13 entspr. festgesetzt ist; unzulässig ist Widerklage m. d. Begründung, daß der Eig. zu unentgeltl. Hergabe verpflichtet sei. EE **30** 363. Ist der RWeg beschritten, so kann in nicht dringlichen Fällen der Eig. nicht die Zahl. des vorläufig festgest. Betrags verlangen. **86** 43. Abges. v. § 9 kann sich die gerichtl. Entsch. nie auf ein anderes als das im Beschl. bezeichnete Grundst. beziehen; Berichtigung des im Beschl. angegeb. Flächenmaßes ist zulässig. EE **19** 12. Bei Festsetz. der Entschäd. ist das Gericht durch die Entscheid. im VerwaltVerf. nicht beschränkt. EE **1** 204. Unzulässig Abänd. zugunsten einer Partei, die den RWeg nicht beschritten hat. EE **2** 421 (aber Beil. A II 2). Streitgegenstand ist nicht die Entschäd. in ihrer Gesamth., sondern nur d. beantragte Erhöh. od. Minder. des vorl. festgesetzten Betrags. **4** 386. Feststellungsklage nicht zulässig; es muß entw. fristzeitig auf Zahlung od. gemäß § 31 geklagt w. **30** 266, **82** 433. EE **30** 519. Auch Zwischenurteil gemäß ZPO § 304 nicht zul. EE **32** 279; Zwischenurteil u. Fristablauf im Falle des G § 9: **86** 402. Teilurteil EE **30** 508. RWeg gegen Entsch. des Vorsitzenden (LVG § 117)? **85** 270. RWeg ohne Beschluß **74** 242. — Anm. 110, § 40.

[131]) § 29 Abs. 2 u. RG **30** 176.

[132]) Ausschließl. Gerichtsstand RG **3** 303, EE **1** 27. Maßgeb. ist die örtliche Zuständ., ist fälschlich das Amtsgericht statt des Landgerichts angerufen, so ist die Frist gewahrt. RG **93** 312.

[133]) Das Gericht muß die Sachverständ., auf die sich die Parteien geeinigt haben, hören, ist aber an ihr Gutachten nicht gebunden u. kann auch andere Gutachter zuziehen RG EE **2** 390.

[134]) Jedoch nicht insoweit, als sie durch erfolglose Widerklage des Eigent. entstehen RG **34** 194. Dagegen Eger S. 311.

[135]) Bezieht sich nur auf Entwertung des Reststücks bei Teilenteig. u. auf Nachteile aus Anlage u. Betrieb des Unternehmens RG **55** 361. Soweit diese zur Zeit der kommiss. Verh. (§ 25) bereits erkennbar sind, müssen sie — zur Vermeid. des Anspruchsverlustes — im EntschädFeststVerf. geltend gemacht werden Beil. A II 3. Bergbau: RG EE **29** 156. Nicht hierher gehören solche nach allg. Rechtsgrunds. zu vergütende Schäden, die nicht aus dauernder Einwirkung des Unternehmens, sondern aus Einzelvorkommnissen entstehen; z. B. Waldbrand durch Funkenauswurf aus der Eis.-Lokomotive RG **29** 268. Koffka (S. 260) nimmt an, daß Nachteile aus dem Betriebe des Untern. nicht unter § 31 fallen. — Nachträgl. Beseit. eines früher zugestandenen Überweges RG **72** 228 (Anm. 66 a. E.).

[136]) Anlage ist das Gesamtunternehmen, Teil der Anlage ein in sich abgeschlossener Abschnitt desselben, nicht etwa ein einzelnes Bauwerk oder dgl. od. eine Anlage i. S. § 14 RG **7** 258, **43** 237; a. M. Koffka S. 261. Die Frist beginnt — ohne Rücksicht auf den Zeitpunkt des EntschädFeststBeschlusses — nicht mit der Inbetriebnahme, sondern mit der Bauvollendung, bei Eis. mit der Abnahme (EisG § 22); später vollendete Anlageteile kommen nicht in Betracht RG EE **4** 337, **6** 85, **30** 334, teilweise abweichend Entsch **43** 237. Die Frist ist eine Verjährungs-, keine Präklusivfrist RG EE **9** 322.

[137]) Der Anspruch geht nicht über auf den Rechtsnachfolger des Enteigneten im Besitze des Reststücks; bestritten ist, ob er passiv an die Person des die Enteignung betreibenden Unternehmers gebunden ist. Für Bejahung Seydel Anm. 2, Koffka Anm. 11b, Meyer Anm. 7; dagegen Eger S. 317, 330.

3. Vollziehung der Enteignung[138]).

§ 32. Die Enteignung des Grundstücks wird auf Antrag des Unternehmers von dem Bezirksausschuß[15]) ausgesprochen[139]), wenn der nach § 30 vorbehaltene Rechtsweg dem Unternehmer gegenüber durch Ablauf der sechsmonatlichen Frist, Verzicht oder rechtskräftiges Urtheil erledigt[140]), und wenn nachgewiesen ist, daß die vereinbarte (§§ 16, 26)[141]) oder endgültig festgestellte Entschädigungs- oder Kautionssumme[142]) rechtsgültig gezahlt oder hinterlegt ist[143]).

Die Enteignungserklärung schließt, insofern nicht ein Anderes dabei vorbehalten wird, die Einweisung in den Besitz in sich[144]).

§ 33. Gleichzeitig mit der Enteignungserklärung hat der Bezirksausschuß[15]) da, wo nach den bestehenden Gesetzen von dem Eigenthumsübergange Nachricht zu den Gerichtsakten zu nehmen ist, oder wo zur Eintragung des Eigenthumsüberganges bestimmte öffentliche Bücher bestehen[145]), der zuständigen Gerichts- oder sonstigen Behörde[146]) von der Enteignung Nachricht zu geben, beziehungsweise dieselbe um Bewirkung der Eintragung zu ersuchen[147]). Der Enteignungsbeschluß des Bezirksausschusses[15]) steht hierbei dem Erkenntnisse eines Gerichts gleich[148]).

---

[138]) A. Abschnitt 3 behandelt in §§ 32, 33 die Vollziehung der Enteignung in nicht dringlichen Fällen, in §§ 34, 35 die Dringlichkeit, in §§ 36—38 die Zahlung u. die Hinterlegung der Entschäd. — Im Falle gütl. Einigung (§§ 16, 26) bedarf es u. U. des Vollziehungsverfahrens nicht (Anm. 71, 118). — Weigert sich der schon im Besitze befindl. Unternehmer, die festgesetzte Entschäd. zu zahlen, so muß im Rechtsw. gegen ihn vorgegangen werden RG EE **25** 64. — Ist Unt. eine Privateisenbahn, so findet eine Vermittlung der Aufs.-behörde nur in dringlichen Fällen statt (§ 34: bei Anbring. des Antrags auf Enteig., bei Zustell. der Entscheid. darauf, bei Einreich. der Rekursbeschw. u. Gegenerklärung) E 7. Nov. 77 (VB II 125).

B. Vereinfachtes Verfahren unten V 2b § 4 (Verbind. v. Enteignungs- u. EntschädFeststBeschluß), § 5 (Eigentumsübergang), § 6 (Besitzeinweisung).

[139]) Verfahren (wenn nicht das „vereinfachte" Verf. — vorst. Anm. 138B — angeordnet ist) Beil. Ca Ziff. 7, 8. Rechtsmittel gegen Ablehnung des Beschl. Beschwerde an Handelsminister gemäß LVG § 125 — Meyer Anm. 1 —; bei Enteign. f. d. Reichsbahn ist m. E. (s. oben Anm. 84) der RVMin BeschwInstanz). — Der die Enteignung aussprechende Beschluß ist „endgültig" i. S. LVG § 126 u. kann deshalb v. RegPräs. wegen Befugnisüberschreitung od. Rechtsverletzung, z. B. wegen Abweich. v. EntschädFeststBeschl., durch Klage beim OVG angefochten werden. OVG **72** 428. Von dies. Falle abgesehen gibt es kein Rechtsmittel gegen ihn. Seydel Anm. 3, Eger S. 342, Meyer Anm. 3; RG EE **7** 362 (a. M. Koffka Anm. 26, der Beschwerde gemäß ZustG § 150 Abs. 3 an den Min. d. öff. Arb. zulassen will). Im Rechtsweg ist der Beschl. auch nicht auf dem Umweg anfechtbar, daß der Enteignete wegen Ungültigkeit der Enteignung sein Eigentum vindiziert. RG EE **44** 41. Eine Beschwerde kann auch nicht damit begründet werden, daß der den Gegenst. der Enteignung feststellende Plan Flächen umfasse, die der Ent. nicht unterliegen. E 14. Feb. 98 Arch **01** 707. — Der Beschl. ist zuzustellen (§ 44). — Gebühren VGO (oben IV 7) Tarifnr. 26.

[140]) Der EntschädFeststBeschluß muß also unter allen Umständen vorangegangen sein; §§ 26, 46 einerseits, § 32 anderseits schließen sich gegenseitig aus; Anm. 118, RBesch 12. Feb. 02 (Arch 689); a. M. Koffka S. 241, 265.

[141]) Pannenberg Arch **01** 1190, 1192, 1194 (oben Anm. 71).

[142]) § 12 Abs. 2.

[143]) Der BezAusschuß hat also festzustellen:
a) daß gezahlt oder hinterlegt ist;
b) daß das eingeschlagene Verfahren (a) das richtige war, d. h.
α) im Falle der Zahlung: daß keine Verpflichtung zur Hinterl. bestand,
β) im Falle der Hinterlegung: die Berechtig. od. Verpflicht. zur Hinterl.;
c) daß das eingeschlag. Verf. (a) richtig durchgeführt worden ist, d. h.
α) im Falle der Zahlung: die Berecht. des Empfängers (§ 36),
β) im Falle der Hinterlegung: die Beobacht. der vorgeschrieb. Formen HinterlO 21. April 13 GS 225, AG BGB Artt. 84, 85.

Seydel Anm. 2. Ob die Weigerung einer Hinterl.-Stelle, die angebotene Hinterl. anzunehmen, berechtigt ist, unterliegt nicht der Beurteil. der Enteignungsbeh. RBesch 15. Jan. 90 (Arch **01** 705). — Nach Koffka (oben Anm. 116) ist schon im EntschädFeststBeschlusse zu bestimmen, ob gezahlt oder hinterlegt werden muß. — Auch in dringlichen Fällen steht es nicht im Belieben d. Unternehmers, zu zahlen od. zu hinterlegen E 10. Jan. 90 (Arch **1892** 533). — Die Entsch. des BezAussch. ist nur für die Vollziehung der Ent. maßgebend, nicht auch für die gerichtl. Beurteilung der EntschädFrage RG EE **10** 190, **15** 135.

[144]) Besondere Übergabe ist nicht erforderlich. Nötigenfalls hat die EnteigBeh. die Zwangsvollstr. folgen zu lassen (Seydel Anm. 4), u. zwar gemäß LVG § 60 (Eger S. 351). Weitere Rechtsfolgen des Beschlusses §§ 33, 36 (Abs. 2), 44, 45. — Vereinfachtes Verf. unten V 2b § 6.

[145]) Vo betr. das GrundbWesen 13. Nov. 99 (GS 519) Artt. 3—5.

[146]) Amtsgericht GrundbO § 1, AG dazu Art. 1.

[147]) GrundbO § 39, AG dazu Art. 9. — Nach § 44 geht das Eigentum erst mit Zustellung d. Beschlusses über; dem Ersuchen um Eintragung darf deshalb das Amtsgericht nur entsprechen, wenn diese Zustell. erfolgt ist; es genügt aber, wenn aus den Mitteil. der EntBeh. hervorgeht, daß und wann dem Enteigneten und dem Untern. zugestellt ist KG EE **10** 345. Näheres über Form u. Inhalt (Bezeichnung der Grundstücke!) des Ersuchens KG EE **23** 144. E 26. Nov. 06 (EVBl 648) betr. rechtzeitige Beschaff. der im EntVerf. nötigen Katastermaterialien. Die Eintragung der Enteig. darf nicht von der Bericht. der Steuerbücher u. der Beibringung von Parzellarkarten abhängig gemacht werden KG EE **3** 163, E 20. Nov. 99 (JMBl 349) § 30. Auch die Vorlegung der Hypothekenbriefe — z. B. dann, wenn die Enteig. nur auf eine Beschränkung des Grundeigent. gerichtet ist — kann nicht verlangt werden; GrundbO §§ 42—44 sind nicht anwendbar KG Arch **05** 267,

§ 34. In dringlichen Fällen kann der Bezirksausschuß[149]) auf Antrag des Unternehmers anordnen, daß noch vor Erledigung des Rechtsweges die Enteignung erfolgen solle, sobald die durch Regierungsbeschluß (§ 29) festgestellte Entschädigungs- oder Kautionssumme gezahlt oder hinterlegt worden[150]).

Diese Anordnung kann unter Umständen auch von vorgängiger Leistung einer besonderen Kaution abhängig gemacht werden[151]).

Gegen die Anordnung des Bezirksausschusses in diesen Fällen steht innerhalb dreier Tage nach der Zustellung jedem Betheiligten der Rekurs an die vorgesetzte Ministerialinstanz offen[152]).

§ 35[153]). Jeder Betheiligte kann binnen sieben Tagen nach dem ihm bekannt gemachten, die Dringlichkeit aussprechenden Beschlusse verlangen, daß der Enteignung eine Feststellung des Zustandes von Gebäuden oder künstlichen Anlagen voraufgehe[154]).

Dieselbe ist bei dem Gerichte der belegenen Sache (Amtsgerichte, Friedensgerichte)[155]) mündlich zu Protokoll oder schriftlich zu beantragen.

Das Gericht hat den Termin schleunigst und nicht über sieben Tage hinaus anzuberaumen und hiervon die Betheiligten und den Bezirksausschuß[149]) zeitig zu benachrichtigen.

Die Zuziehung eines oder mehrerer Sachverständigen kann auch von Amtswegen angeordnet werden. Sind die Parteien über die Sachverständigen nicht einig, so ernennt das Gericht dieselben.

Die Enteignung kann nicht vor Beendigung dieses Verfahrens erfolgen, von welcher das Gericht den Bezirksausschuß zu benachrichtigen hat.

§ 36. Die Entschädigungssumme wird an denjenigen bezahlt, für welchen die Feststellung stattgefunden hat[156]).

Dieselbe wird in Ermangelung abweichender Vertragsbestimmungen von dem Unternehmer

---

EE **27** 213 u. Arch **1912** 1376. Bez. der Legitimation d. Enteigneten ist d. Gericht an das Ersuchen der EntBeh. gebunden KG Arch **02** 1348. Gegen die Entsch. des Amtsger. findet Beschwerde gemäß GrundbO §§ 71 bis 81, 102, preuß. G über die freiw. Gerichtsb. Artt. 7, 8 statt; zur Beschw. ist — ebenso wie zu dem Antrage: KG EE **5** 141 — nicht der Untern. (a. M. Koffka S. 270), sondern nur die EntBeh. berechtigt, diese aber ist hierzu verpflichtet. E 2. April 80 (Seydel Anm. 1). Wegen GrunderwerbsteuerG 11. März 27 (RGBl 72) § 24 s. Meyer Anm. 6. — Mit Eintr. des EigentÜbergangs ist Löschung d. Vormerkung (§ 24) zu verbinden; f. d. vereinfachte Verf. s. übrigens AusfBest v. 24. Aug. 23 (unten V 2b Beil. A) zu § 5.

148) Satz 2 bezieht sich nur auf d. Nassauische Stockbuchrecht KG Arch **02** 1348.

149) Anm. 15. — LVG § 117 ist anwendbar. RBesch 13. Okt. 97 Arch **01** 706. — Bei Enteign. f. Reichsbahnen ist nach RBahnG § 38 (2) auch der RVMin zuständig, d. Dringlichkeit anzuordnen. — Gegen Ablehnung der Dringlichkeit Beschwerde gemäß LVG § 50 (Seydel Anm. 5) an d. Handelsmin., bei Reichsbahnen m. E. (VZ **1921** 811; s. auch Meyer Anm. 3) an den RVMin; im übr. s. wegen des Rechtsmittels § 34 Abs. 3.

150) Dringlichkeit (deren Anerkennung übr. f. d. vereinfachte Verf. kaum Bedeutung hat) liegt vor, wenn die Ausführ. des Unternehmens aus Gründen des öff. Interesses — nicht im finanz. Inter. des Unternehmers — der Beschleunigung bedarf; das ist im Zw. bei allen EisBauten anzunehmen (Seydel Anm. 1). Unerheblich ist der Einwand, daß sich die Entschäd. nach den v. d. Bauausführung zu erwart. Veränderungen an den Grundflächen nicht mehr feststellen lasse. RBesch 22. April 98 (Arch **01** 705). Ist Bauerlaubnis erteilt, so ist im Zw. die Dringl. abzulehnen (Seydel a. a. O., RBesch 26. Aug. 94 Arch **01** 706). Der Antrag soll so zeitig gestellt w., daß d. Anordnung zugleich m. d. EntschädFestst. getroffen w. kann. E 4. Juni 94 (EVBl 133) Ziff. 6. Die Enteignung muß ab. der DringErkl. nachfolgen u. darf erst nach deren Rechtskraft ausgesprochen werden. Seydel Anm. 3. — Privateisenbahnen Anm. 138 A a. E. — Vorbehalte b. d. Hinterlegung RG **2** 257, **55** 156; Koffka Anm. 12. — Anm. 31 (RG **42** 225 u. EE **8** 355), 67, 143, 158f.

151) Seydel Anm. 4, Koffka Anm. 6; § 41.

152) ZustG § 150 Abs. 4 bestimmt:

> Bei der für die Erhebung der Beschwerde in § 34 des Gesetzes vom 11. Juni 1874 bestimmten Frist von drei Tagen behält es sein Bewenden.

Auf die DringlBeschw. ist LVG § 122 nicht anwendbar; wird sie beim BezAussch. angebracht, so hat dieser sie ohne weitere Prüfung dem Min. vorzulegen E 27. Nov. 91 (EVBl 190, Arch **1892** 529). A. M. Eger S. 373, dageg. Pannenberg Arch **03** 229. — Zustell. § 39. — Die Entsch der VerwBeh. über die Dringlichkeit entzieht sich der richterl. Nachprüfung RG **49** 257. — Privateis. Anm. 138 A a. E. — Bei Enteignungen f. Reichsbahnen ist m. E. (VZ **1921** 811; s. auch Meyer Anm. 11) der RVMin Beschwerdeinstanz.

153) Aufrechterhalten durch EG ZPO § 15 Ziff. 2; die die Beweissicherung betreffenden Vorschr. in ZPO §§ 485ff. finden also im EntVerf. nicht unmitt. Anwendung. Es kann jedoch unabhängig von § 35, namentlich nach Ablauf der Frist des Abs. 1, ein Verf. gemäß ZPO §§ 485ff. beantragt werden; für dieses würde Abs. 5 nicht Platz greifen. — Kosten § 43 Abs. 3. — Vereinfachtes Verf.: unten V 2b § 6 Abs. 1 Satz 2.

154) Der Fristbeginn setzt die Rechtskraft des Dringl.-Beschlusses voraus Seydel Anm. 3. Dem Beschlusse steht eine Vereinbarung aller Beteil. dahin gleich, daß die Dringl. vorliegt Seydel Anm. 1. — Die Vorschr. bezieht sich nicht auf bloß ackerwirtschaftlich bestellte Grundstücke (Seydel Anm. 2) u. nur auf Gebäude usw., die sich auf dem zu enteignenden Grundst. selbst befinden (Seydel a. a. O., a. M. Eger S. 379).

155) AG GVG § 12 Ziff. 3, § 26.

156) Ein angeblich besser Berechtigter hat sich an den Empfänger, nicht an den Untern. zu halten RG **43** 299. — Anm. 130 u. § 45 Abs. 2.

mit vier[157]) Prozent vom Tage der Enteignung verzinst, soweit sie zu dieser Zeit nicht bezahlt oder in Gemäßheit des § 37 hinterlegt ist[158]).

Wird die durch Beschluß des Bezirksausschusses[15]) festgesetzte Entschädigungssumme durch die gerichtliche Entscheidung herabgesetzt, so erhält der Unternehmer den gezahlten Mehrbetrag ohne Zinsen, den hinterlegten Mehrbetrag aber mit den davon in der Zwischenzeit etwa aufgesammelten Zinsen zurück[159]).

§ 37. Der Unternehmer ist verpflichtet, die Entschädigungssumme zu hinterlegen[160]):

1) wenn neben dem Eigenthümer Entschädigungsberechtigte vorhanden sind, deren Ansprüche an die Entschädigungssumme zur Zeit nicht feststehen[161]);
2) wenn das betreffende Grundstück Fideikommiß oder Stammgut ist, oder im Lehn- oder Leiheverbande steht;
3) wenn Reallasten, Hypotheken oder Grundschulden auf dem betreffenden Grundstück haften[162]).

Die Hinterlegung erfolgt bei derjenigen Stelle, welche für den Bezirk der belegenen Sache zur Annahme von Hinterlegungen der betreffenden Art, beziehungsweise von gerichtlichen Hinterlegungen bestimmt ist[163]).

Über die Rechtmäßigkeit der Hinterlegung findet ein gerichtliches Verfahren nicht statt[164]). Jeder Betheiligte kann sein Recht an der hinterlegten Summe gegen den dasselbe bestreitenden Mitbetheiligten im Rechtswege geltend machen. Soweit nach dem Rechte einzelner Landestheile ein gerichtliches Vertheilungsverfahren in derartigen Fällen stattfindet, behält es dabei sein Bewenden[165]).

§ 38. Ist nur ein Theil eines Grundbesitzes enteignet[166]), so stehen der Auszahlung der für den enteigneten Theil bestimmten Entschädigungssumme die auf dem gesammten Grundbesitz haftenden Hypotheken und Grundschulden nicht entgegen, wenn dieselben den fünfzehnfachen Betrag des Grundsteuer-Reinertrages des Restgrundbesitzes nicht übersteigen. Reallasten, welche der Eintragung in das Grundbuch bedürfen, werden hierbei den Hypotheken gleich geachtet und in entsprechender Anwendung der bei nothwendigen Subhastationen geltenden Grundsätze[167]) zu Kapital veranschlagt.

Auch wird bei einer solchen theilweisen Enteignung die Auszahlung der für den enteigneten Theil bestimmten Entschädigungssumme durch nicht eingetragene Reallasten, Fideikommiß-, Stammgut-, Lehn- oder Leiheverband des gesammten Grundbesitzes nicht gehindert, wenn die gedachte

---

[157]) AG BGB Art. 10 (früher 5 vH.). RG EE **27** 55.

[158]) Da die Enteig. voraussetzt, daß gezahlt oder rechtmäßig hinterlegt ist, hat Abs. 2 nur ein beschränktes Anwendungsgebiet, z. B. im Dringlichkeitsfall (soweit die vorläuf. festgestellte Entschäd. nachher im Rechtsw. erhöht wird) oder bei unrechtmäß. Hinterleg. — Aus der Rechtspr. des RG: Die Zinspflicht beginnt mit Zustell. des EntBeschlusses EE **10** 166, keinesfalls später Entsch **75** 16. Geht aber der Besitz schon vor der Ent. auf den Untern. über — z. B. im Falle des § 16 —, so ist im Zw. die Entschäd. schon vom Besitzübergang an zu verzinsen EE **3** 218, **8** 249, **9** 136, **24** 164, **31** 128, **32** 277, Entsch **47** 311; dagegen Seydel Anm. 3. Verzins.-Beginn bei vereinf. Verf. RG **102** 193. Die Zinsen für die Zeit zwischen Hinterl. und Ent. gebühren, soweit nicht im Rechtsw. die Entschäd. herabgesetzt wird, nicht dem Unternehmer **24** 323 (dagegen Eger S. 393). Für den Verlust an Z., den der Enteignete dadurch erleidet, daß nach Hinterl. der Entschäd. bis zur Auszahlung nur Depositalzinsen auflaufen, gibt es keine Entschäd.; auch in dringl. Fällen hat die Hinterl. befreiende Wirkung **68** 116. Die Zinspflicht umfaßt auch die Entschäd. für Wirtschaftserschwernisse. EE **8** 249. Einklagung der Entschäd. ohne Zinsen schließt im Zw. die Nachford. der Z. nicht aus **1** 349 (a. M. Eger S. 396), aber **74** 155. Verjährung der Z. **45** 129.

[159]) Abs. 3 bezieht sich nur auf Dringlichkeitsfälle. — Der Unt. erhält auch keine Prozeßzinsen RG **74** 45.

[160]) Ob die Voraussetz. für die Hinterl. vorliegen, ist nach dem Zeitpunkte der Zustell. des EntBeschlusses zu beurteilen. RG **43** 299. — Im Falle des § 37 darf das Gericht nicht auf Zahlung erkennen; Abs. 3 bezieht sich ab. nur auf die im VerwaltVerf. festges. Entschäd., nicht auf das Plus des Gerichtsurteils. RG **79** 275. — Die Aufzählung bestimmter HinterlFälle in § 37 schließt nicht die Berechtigung oder Verpflicht. zur Hint. auf Grund anderer Vorschr. (z. B. BGB §§ 372ff.) aus Seydel Anm. 1. — § 37 ist auch auf Fälle gütlicher Einigung (§§ 16, 26) anzuwenden Pannenberg Arch **01** 1193ff. u. **03** 726; Seydel Anm. 2; in d. W. Anm. 71, 118, 184. — Zu Abs. 1 Ziff. 2 u. 3 auch § 38.

[161]) Dahin nicht: Nebenberechtigte, deren Entschäd. nicht in der des Eigentümers einbegriffen ist (§ 11), oder deren Anteil an der Entschäd. des Eigent. gemäß § 29 Abs. 2 Satz 2 festgestellt ist Seydel Anm. 3.

[162]) Anspruch des HypGläubigers auf Hinterl. RG **45** 299. — Unter Ziff. 3 auch Rentenschulden (BGB § 1199).

[163]) HinterlegO 21. April 13 GS 225. — E 4. Juni 94 (EVBl 133) Ziff. 7 (HintErklärung der EisVerwaltung).

[164]) Aber: RG **123** 301. — Wirkung der Hint. auf die Verzinsungspflicht RG **47** 256, **49** 257, EE **15** 235. Anm. 158, 160. Koffka (Anm. 12) sieht die Vorschr. als nicht anwendbar an; vgl. auch RG **115** 385.

[165]) Ein VerteilVerfahr. ist jetzt allg. eingeführt durch AG ZwangsversteigG 23. Sept. 99 (GS 291) Artt. 35—41, erläutert v. Koffka S. 306ff.; ferner § 49. — Zu den Beteiligten, von deren Zustimm. die Auszahl. der hinterlegten Summe abhängt (HintO § 14), gehört nicht der Unternehmer Seydel Anm. 5, Eger S. 416; eingehende Anw in E 8. Sept. 06 FinMin. I 10 450 / 11. Okt. 06 M. d. ö A. IV A 2. 374, geändert durch E 6. April 10 (IV A 2. 120).

[166]) § 38 enthält eine Anw für die HinterlStelle (Seydel Anm. 1) u. ist auch in Fällen gütlicher Einigung (§§ 16, 26) anwendbar. Anm. 160. — E 25. Nov. 00 (Anm. 73).

[167]) G über die Zwangsversteig. 20. Mai 98 (RGBl 713) § 121: Zusammenzählen aller künftigen Leistungen; Höchstbetrag das 25fache einer Jahresleistung.

19*

Entschädigungssumme den fünffachen Betrag des Grundsteuer-Reinertrages des gesammten Grundbesitzes und auch die Summe von dreihundert Mark nicht übersteigt.

Die Auszahlung laufender Nutzungen der Entschädigungssumme kann ohne Rücksicht auf die vorgedachten Realverhältnisse erfolgen.

4. Allgemeine Bestimmungen.

§ 39. Alle Vorladungen und Zustellungen im Enteignungsverfahren sind gültig, wenn sie nach den für gerichtliche Behändigungen bestehenden Vorschriften erfolgt sind[168]). Die vereideten Verwaltungsbeamten haben dabei den Glauben der zur Zustellung gerichtlicher Verfügungen bestellten Beamten.

§ 40. Verwaltungsbehörden und Gerichte haben die Beweisfrage unter Berücksichtigung aller Umstände nach freier Überzeugung zu beurtheilen[169]).

§ 41. Wo dieses Gesetz die Anordnung einer Kaution vorschreibt oder zuläßt[170]), ist gleichwohl der Fiskus von der Kautionsleistung frei.

[170a]) **§ 42.** Wenn der Unternehmer von dem ihm verliehenen Enteignungsrechte nicht binnen der in § 21 gedachten Zeit Gebrauch macht, oder von dem Unternehmen zurücktritt, bevor die Festsetzung der Entschädigung durch Beschluß des Bezirksausschusses[15]) erfolgt ist, so erlischt jenes Recht[171]). Der Unternehmer haftet in diesem Falle den Entschädigungsberechtigten im Rechtswege für die Nachtheile, welche denselben durch das Enteignungsverfahren erwachsen sind.

[172]) Tritt der Unternehmer zurück, nachdem bereits die Feststellung der Entschädigung durch Beschluß des Bezirksausschusses erfolgt ist, so hat der Eigenthümer die Wahl, ob er lediglich Ersatz für die Nachtheile, welche ihm durch das Enteignungsverfahren erwachsen sind, oder Zahlung der festgestellten Entschädigung gegen Abtretung des Grundstücks geeignetenfalls nach vorgängiger Durchführung des in § 30 gedachten Prozeßverfahrens im Rechtswege beanspruchen will.

§ 43[173]). Die Kosten des administrativen Verfahrens trägt der Unternehmer. Bei demselben kommen nur Auslagen, nicht aber Stempel und Sporteln zur Anwendung und können die Entschädigungsberechtigten Ersatz für Wege und Versäumnisse nicht fordern.

---

[168]) ZPO §§ 208ff. Auf förmliche Zustellung kann verzichtet werden RG **39** 358. Grundsätzlich bedarf es einer Zustellung gemäß ZPO, mit der Maßgabe des § 39 Satz 2; der BezAussch. kann die Post direkt um Zustellung ersuchen RG **52** 11.

[169]) § 40 ist formell noch rechtsbeständig. RG EE **29** 223. — An Taxvorschr. sind die Gerichte nicht gebunden RG EE **2** 197. ZPO § 287 gilt nicht; das Gericht darf angebotene Beweise nicht durch eigene Würdigung ersetzen RG **12** 402, EE **12** 241, ab. RG EE **23** 35. — Anm. 26.

[170]) §§ 5, 12, 34, 53.

[170a]) § 42 behandelt nur Fälle, in denen die Enteignung noch nicht vollzogen ist. RG **117** 43.

[171]) D. h. es geht nicht das verordnungsmäßige Recht des Unternehmers unter, die Ent. für das Unternehmen durchzuführen, sondern das bisher. Verfahren verliert seine Wirkung, u. es muß evtl. eine neue Planfestst. vorgenommen werden Seydel Anm. 3. Der RegPräs. hat das Gericht um Löschung der Vormerk. (§ 24 Abs. 4) zu ersuchen. — Wenn der Unt. zurücktritt, nachdem Einigung gemäß § 26 ohne EntschädFestst.-Beschl. erfolgt ist, so wird § 42 sinnentspr. angewendet; Unternehmen i. S. § 42 ist auch Inanspruchnahme eines einzelnen Grundst. RG **61** 102.

[172]) Miteigentümer können d. Wahlrecht nur einheitl. ausüben. RG EE **29** 435. Die Wirksamkeit des Abs. 2 wird nicht dad. ausgeschlossen, daß der BezAussch. noch Ermittlungen wegen Nebenforderungen vornimmt. RG **81** 162. Zu Abs. 2 s. auch RG **92** 89.

[173]) A. § 43 setzt voraus, daß das EntRecht wirklich verliehen w. ist; eine behördl. Beschein., daß es vermutlich auf Ansuchen verliehen w. würde, reicht nicht aus. KG EE **11** 12. Das Verfahren braucht ab. nicht bis zur Enteignung selbst (§ 32) durchgeführt worden zu sein. E 3. März 78 (Seydel Anm. 2). Jedoch muß das Grundst., um das es sich handelt, in den gemäß G § 15 vorläufig festgestellten Plan fallen, die vorl. Planfestst. also vorangegangen sein; dann reicht auch eine freiwill. Veräuß. aus, um die Gebührenfreiheit zu begründen. KG 1. Juli 27 VZ 1394. Keine Gebührenfreiheit bei Auflass. an Dritte, auch wenn sie m. d. EntVerfahren zusammenhängt u. das Grundst. in den vorl. festgest. Plan aufgenommen ist. KG 20. Mai 27 EE **46** 264.

B. Die Vorschr., daß nur Auslagen erhoben werden, ist beseitigt, indem jetzt auf Grund des VGG (oben IV 7) Verwaltungsgebühren gemäß VGO (oben IV 7 Beil. A) Tarifnr. 26 erhoben werden. — Auslagen sind z. B. Tagegelder v. Beamten (Seydel Anm. 3). Sachverständige liquidieren n. d. ReichsgebührenO. E 6. März 94 u. 8. Jan. 01 (Arch **01** 707 f.; die Hamburger Normen sind in den Grenzen dieser O anwendbar). Gebühren der Rechtsanwälte RG EE **31** 124, der Katasterkontrolleure E 22. Nov. 07 VK 6. 311. Schreibgebühren werden nicht berechnet. Seydel Anm. 5. Ist der Staat Unternehmer, so trägt die Auslagen das Ressort, v. dem das Unternehmen ausgeht. E 15. März 82 (Seydel Anm. 2). Der EntschädBerechtigte kann f. Kosten d. Vertretung durch andere keinen Ersatz fordern. Seydel Anm. 2, RG **58** 422.

C. Stempel. StempelsteuerG in Fass. der Bek 27. Okt. 24 (GS 627) § 4:

(1) Von der Stempelsteuer sind befreit:

(a, b, c)

d) Urkunden wegen Besitzveränderungen, denen sich die Beteiligten aus Gründen des öffentlichen Wohles zu unterwerfen gesetzlich verpflichtet sind (Enteignungen), ohne Unterschied, ob die Besitzveränderung selbst durch Enteignungs-

Im prozessualischen Verfahren werden die Kosten und Stempel taxmäßig berechnet[174]).

Die Kosten des in § 35 erwähnten Verfahrens sind vom Antragsteller vorzuschießen. Über die Verbindlichkeit zur endlichen Übernahme dieser Kosten ist im nachfolgenden Rechtsstreit zu entscheiden. Im Bezirke des Appellationsgerichtshofes zu Cöln werden die Gebühren für die betreffenden Verrichtungen des Friedensgerichts nach der Taxe für die Friedensgerichte vom 23. Mai 1859 (Gesetz-Samml. S. 309) berechnet[175]).

Sämmtliche übrigen Verhandlungen vor den Gerichten, Grundbuch- und Auseinandersetzungsbehörden, einschließlich der nach § 17 eintretenden freiwilligen Veräußerungsgeschäfte über Grundeigenthum innerhalb des vorgelegten Planes, sowie einschließlich der Quittungen und Konsense der Hypothekengläubiger und sonstigen Betheiligten, sind gebühren- und stempelfrei[176]). Auch werden keine Depositalgebühren angesetzt[177]).

Soweit diese Verhandlungen vor den Notaren vorgenommen werden, sind sie stempelfrei.

Titel IV. Wirkungen der Enteignung.

§ 44. Mit Zustellung[178]) des Enteignungsbeschlusses (§ 32) an Eigenthümer und Unternehmer geht das Eigenthum des enteigneten Grundstücks auf den Unternehmer über[179]).

Erfolgt die Zustellung an den Eigenthümer und Unternehmer nicht an demselben Tage, so bestimmt die zuletzt erfolgte Zustellung den Zeitpunkt des Überganges des Eigenthums.

Diese Vorschrift gilt auch in den Landestheilen, in denen nach den allgemeinen Gesetzen der Übergang des Eigenthums von der Einschreibung in die Grundbücher oder von der Einreichung des Vertrages bei dem Realrichter abhängig gemacht ist[180]).

§ 45. Das enteignete Grundstück[181]) wird mit dem in § 44 bestimmten Zeitpunkt von allen darauf haftenden privatrechtlichen Verpflichtungen[182]) frei, soweit der Unternehmer dieselben nicht vertragsmäßig[182a]) übernommen hat.

Die Entschädigung tritt rücksichtlich aller Eigenthums-, Nutzungs- und sonstigen Realansprüche, insbesondere der Reallasten, Hypotheken und Grundschulden an die Stelle des enteigneten Gegenstandes[183]).

§ 46. Ist die Abtretung des Grundstücks durch Vereinbarung zwischen Unternehmer und Eigenthümer erfolgt und zwar in Gemäßheit des § 16 unter Durchführung des Enteignungsverfahrens oder in Gemäßheit des § 26, so treten die rechtlichen Wirkungen des § 45 auch in diesem Falle ein[184]).

---

beschluß oder durch freiwillige Veräußerungsgeschäfte bewirkt wird;
(e bis k).

Diese Vorschr. hat aber ihre prakt. Bedeutung im wesentl. dadurch verloren, daß das Reichs-GrunderwerbsteuerG 11. März 27 (RGBl I 72) eine ähnl. Befreiung nicht kennt. Meyer Anm. 7.

[174]) Vom Fiskus werden Schreibgebühren nicht erhoben. E 2. Juli 81 (JMinBl 149, Seydel Anm. 7). Prozeßvollmachten sind stempelpflichtig. RG EE **17** 163. — § 30 Abs. 5.

[175]) GerichtskostenG 25. Juni 95 (GS 203) § 124 Ziff. 5.

[176]) GerichtskostenG in Fass. der Bek 31. Okt. 22 (GS 363) § 7 (3):

Die Vorschriften des § 43 des Gesetzes vom 11. Juni 1874 ... finden auf alle Besitzveränderungen, denen sich die Beteiligten aus Gründen des öffentlichen Wohles zu unterwerfen gesetzlich verpflichtet sind (Enteignungen), entsprechende Anwendung.

Die Gebührenfreiheit f. Gerichtshandlungen (z. B. Auflassung, Umschreibung) wird durch die VerwaltungsgebührenO (vorst. Anm. 173 B) nicht berührt. KG 14. Jan. 27 (EE **45** 183). — Die Gebührenfreiheit schließt die Erhebung v. gerichtl. Schreibgebühren nicht aus. KG EE **22** 159. — Vollmachten zur Abheb. der Entschäd. sind stempelfrei. E 26. Feb. 06 (ENBl 81).

[177]) Die HinterlegO kennt keine DeposGebühren mehr.

[178]) § 39.

[179]) Anm. 139, 147. RG EE **30** 111. — Beschränkungen: Meyer Anm. 4.

[180]) Durch BGB nicht berührt EG BGB Art. 109.

[181]) Anm. 34. — Beschränkungen: Meyer Anm. 1.

[182]) Nicht von öffentl. Lasten, wohl aber z. B. von d. Rentenpflicht; die Behörden der StEV sollen deshalb von allen Erwerbungen ländlicher Grundstücke, bei denen § 45 in Frage kommt, der Rentenbank u. der Regierung Mitteilung machen; gleiches soll durch die Hinterlegungsstellen bez. aller GrundentschädHinterlegungen v. Privatbahnen geschehen E 28. Nov. 79 u. 29. Mai 80 (Seydel Anm. 2). — Unter §§ 45, 46 fällt nicht die obligator. Miete (Pacht) RG EE **23** 243; a. M. Koffka Anm. 2. — Ist die Enteig. nur auf eine Beschränkung gerichtet, so geht diese allen auf dem Grundst. ruhenden privatr. Verpflichtungen vor, KG Arch **05** 267. — Unbrauchbarmachen der Hyp-Briefe KG EE **27** 168. — Den Löschungsantrag kann der als Eigentümer eingetragene Unternehmer stellen KG das. 213.

[182a]) D. h. durch Vereinbarung gemäß G § 26. KG Arch **1912** 1376.

[183]) Auch wenn der Unternehmer selbst der Berechtigte ist RG EE **18** 219. — Anm. 49. — AG ZwangsverstG Art. 35 Abs. 1.

[184]) Anm. 71 u. 118. Der Grundbuchrichter muß im Anschluß an die Auflassung des Grundstücks und die Eintragung des Eigentumsüberganges die eingetr. Realrechte löschen, wenn ihm eine dem § 46 entsprechende Einigung und die Hinterlegung der vereinbarten Entschädigung nachgewiesen wird Pannenberg

Hypotheken- und Grundschuldgläubiger, sowie Realberechtigte können jedoch, soweit ihre Forderungen durch die zwischen Unternehmer und Eigenthümer vereinbarte Entschädigungssumme nicht gedeckt werden, deren Festsetzung im Rechtswege gegen den Unternehmer fordern, wobei die Beweisvorschriften der §§ 30 und 40 zur Anwendung kommen[185]).

§ 47. War das enteignete Grundstück Fideikommiß- oder Stammgut, oder stand dasselbe im Lehn- oder Leiheverbande, so ist — mit Ausnahme des § 38 vorgesehenen Falles — der Besitzer über die Entschädigungssumme nur nach den Vorschriften zu verfügen berechtigt, welche in den verschiedenen Landestheilen für die Verfügungen über derartige Güter und die an deren Stelle tretenden Kapitalien maßgebend sind[79]).

§ 48. War das enteignete Grundstück mit Reallasten, Hypotheken oder Grundschulden behaftet, so kann — mit Ausnahme des § 38 vorgesehenen Falles — der Eigenthümer über die Entschädigungssumme nur verfügen, wenn die Realberechtigten einwilligen[165]).

§ 49. Der Eigenthümer des Grundstücks ist jedoch in den Fällen der §§ 47 und 48 befugt, wegen Auszahlung oder Verwendung der hinterlegten Entschädigungssumme die Vermittelung der Auseinandersetzungsbehörden[186]) für Regulirung gutsherrlicher und bäuerlicher Verhältnisse, Ablösungen und Gemeinheitstheilungen in Anspruch zu nehmen[165]).

Die Auseinandersetzungsbehörde hat die bei ihr eingehenden Anträge nach den Bestimmungen zu beurtheilen und zu erledigen, welche wegen Wahrnehmung der Rechte dritter Personen bei Verwendung der Ablösungskapitalien in den §§ 110 bis 112 des Gesetzes vom 2. März 1850, betreffend die Ablösung der Reallasten und Regulirung der gutsherrlichen und bäuerlichen Verhältnisse, ertheilt worden sind.

Diese Vorschrift kommt in den Landestheilen des linken Rheinufers, in der Provinz Hannover und den Theilen des Regierungsbezirks Wiesbaden, in welchen die Verordnungen vom 13. Mai 1867 (Gesetz-Samml. S. 716) und 2. September 1867 (Gesetz-Samml. S. 1463) nicht eingeführt sind, nicht zur Anwendung, vielmehr bleibt es hier bei den bisher bestehenden Vorschriften.

Titel V. Besondere Bestimmungen über Entnahme von Wegebaumaterialien[187]).

Titel VI. Schluß- und Übergangsbestimmungen.

§ 54. Dieses Gesetz findet keine Anwendung[188]) [189]):

1. auf die in besonderen Gesetzen oder im Gewohnheitsrechte begründete Entziehung oder Beschränkung des Grundeigenthums im Interesse der Landeskultur, als: bei Regulirung gutsherrlicher und bäuerlicher Verhältnisse, bei Ablösung von Reallasten, Gemeinheitstheilungen, Vorfluthsangelegenheiten, Entwässerungs- und Bewässerungsangelegenheiten, Benutzung von Privatflüssen, Deichangelegenheiten, Wiesen- und Waldgenossenschafts-Angelegenheiten;
2. auf die Entziehung und Beschränkung des Grundeigenthums im Interesse des Bergbaues und der Landestriangulation.

§ 55. Bereits eingeleitete Enteignungsverfahren werden nach den bisherigen Vorschriften zu Ende geführt. Wird in einem solchen Verfahren der Rechtsweg beschritten, so findet der § 40 auch hier Anwendung[190]).

§ 56[191]).

§ 57. Alle den Vorschriften dieses Gesetzes entgegenstehenden Bestimmungen[192]), sowie die Bestimmungen über das Wiederkaufsrecht bezüglich des enteigneten Grundstücks[193]) werden aufgehoben.

Ein gesetzliches Vorkaufsrecht findet wegen aller Theile von Grundstücken statt, welche in Folge des verliehenen Enteignungsrechts zwangsweise oder durch freien Vertrag an den Unternehmer

---

Arch **01** 1195 (§ 26), 1199 (§ 16), auch RG Ztschr f. Kleinb. **1910** 283. — Auf gewöhnliche Kaufverträge ist § 46 nicht anwendbar RG **5** 246.

[185]) Die Frist des § 30 gilt nicht, auch findet kein vorgängiges VerwaltVerfahren statt. Fall, daß ein Pächter bei der Verhandlung gemäß § 26 nicht beteiligt gewesen ist, RG **74** 242.

[186]) Kulturämter: G 3. Juni 19 GS 101.

[187] Tit. V gilt nicht für Eisenbahnen u. wird deshalb hier nicht abgedr.

[188]) Aufzählung der unberührt bleibenden Vorschriften bei Seydel, Eger, Luther u. Koffka. Ferner Anm. 5 u. zu Ziff. 1 ZustG § 152.

[189]) Ferner findet das G keine Anw., soweit Reichsrecht besteht (z. B. RBahnG § 38).

[190]) Die Ausübung eines vor dem Inkrafttreten des EntG verliehenen EntRechts ist auch unter der Herrschaft des EntG zulässig, richtet sich aber nach dessen Vorschriften RBesch 21. Nov. 89 (Arch **01** 677) u. 19. Dez. 01 (Arch. **02** 465).

[191]) Aufgehoben durch ZustG § 151 Abs. 2 u. ersetzt durch ZustG §§ 150—152. Zuständigkeitstabelle bei Eger S. 575.

[192]) Aufzählung bei Eger S. 579. Beispiel EisG §§ 8 bis 13, 15—19 (nicht § 14: I 7 Anm. 21 d. W.).

[193]) Z. B. EisG §§ 16—18. — § 57 Abs. 1 schließt das gesetzl. Wiederkaufsrecht jedenfalls für alle Fälle aus, in denen seine Voraussf. erst nach Inkraftt. des EnteigG. erfüllt werden RG **34** 290. Eger S. 582 will die Vorschr. auf die nach diesem Zeitpunkt eintretenden Enteignungen beschränken.

abgetreten sind, wenn in der Folge das abgetretene Grundstück ganz oder teilweise zu dem bestimmten Zweck nicht weiter nothwendig ist und veräußert werden soll[194]).

Das Vorkaufsrecht steht dem zeitigen Eigenthümer des durch den ursprünglichen Erwerb verkleinerten Grundstücks zu[195]). Wer das Enteignungsrecht ausgeübt hat, muß die Absicht der Veräußerung und den angebotenen Kaufpreis dem berechtigten Eigenthümer anzeigen, welcher sein Vorkaufsrecht verliert, wenn er sich nicht binnen zwei Monaten darüber erklärt. Wird die Anzeige unterlassen, so kann der Berechtigte seinen Anspruch gegen jeden Besitzer geltend machen.

§ 58. Insoweit in anderen Gesetzen auf die Vorschriften der aufgehobenen Gesetze Bezug genommen ist, treten an die Stelle der letzteren die entsprechenden Vorschriften dieses Gesetzes.

Beilagen zum Enteignungsgesetz.

Beilage A (zu Anmerkung 29).

Hauptergebnisse der Rechtsprechung des Reichsgerichts über die Entschädigung für Abtretung von Grundeigentum (EnteignungsG § 8).

I. Allgemeine Grundsätze.

1. Begriff des vollen Werts. Ältere Urteile: Durch EntG § 8 ist der persönliche oder subjektive Maßstab für die Bemessung der Entschädigung, der jede mit der Enteignung in ursächlichem Zusammenhange stehende nachteilige Einwirkung auf das Vermögen des Abtretenden erfaßt, verworfen und der Wert der abzutretenden Sache, also ein sachliches oder objektives Verhältnis als allein maßgebend erklärt (EE **1** 266). Voller Wert ist der auf objektiver Grundlage reichlich bemessene gemeine Wert (EE **1** 130). Grundlage für Bemessung der Entschäd. ist der Preis, den der Eigentümer nach Ort und Zeit unter günstigen Verhältnissen bei freiwilligem Verkauf erlangen kann (EE **1** 115). Grundsätzlich ebenso **37** 305, EE **1** 265. **2** 301. **9** 83. **12** 50.

Später hat aber das RG vorwiegend die entgegengesetzte Auffassung vertreten, daß die Entschäd. nach dem sog. individuellem Werte zu berechnen sei: Voller Wert im Gegensatze zum gemeinen W. ist der höhere individuelle W., den die enteigneten Gegenstände für ihren damaligen Eigentümer vermöge seiner besonderen Verhältnisse hatten, das volle (objektiv bestimmte) Interesse eben dieses Eigentümers; der Anspruch auf eine den gemeinen W. übersteigende Entschäd. bedarf aber besonderer Begründung. **5** 248. Voller Wert ist zunächst der objektive, dem Grundstück an und für sich beiwohnende, durch seine Benutzungsfähigkeit bedingte; übersteigt jedoch der W., den das Grundstück für den Eigentümer hat, diesen W., so muß dieser höhere W. ersetzt werden **32** 298. Grundsätzlich ebenso u. a. **31** 214; **101** 148; EE **13** 43; **17** 263; **18** 217.

Gegen die Berücksichtigung des individuellen W. Bähr EE **11** 175, Eger Anm. 46, 47, Pannenberg Arch **02** 728; dafür Koffka S. 63ff., Seydel Anm. 1a zu § 8, Meyer S. 70. Über die praktischen Folgen beider Auffassungen s. unten 7, 8.

Die Schätzung kann nach dem Ertrags- aber auch nach dem Verkaufswert erfolgen EE **23** 45; **24** 162, 169. Welcher von beiden zugrunde zu legen ist, hängt von den Umständen des Falles ab. EE **30** 353; **31** 375. Fall, daß beide Methoden, zur Vergleichung nebeneinander angewendet, verschiedene Resultate ergeben, **66** 311; EE **24** 184; **26** 155. Berechnung des Verkaufswerts in der Weise, daß der Ertragswert ermittelt und mit den Preisen gleichartiger Grundstücke verglichen wird, EE **25** 48. Durchschnitte mehrerer Ermittlungsarten EE **29** 223. Nicht o. w. maßgebend der Preis, den der Eigentümer tatsächlich bezahlt hat — EE **20** 125 — oder bei freiwilligem Verkauf erzielen würde, **79** 296. Keinesfalls ist der Affektionswert zu berücksichtigen — **32** 298 —, wohl aber ein den Kaufpreis beeinflussender Annehmlichkeitswert. EE **6** 168, anders. EE **25** 416; **26** 50. Schätzung aus eigener Kenntnis des Gerichts (ohne Zuziehung von Sachverständigen) EE **28** 105.

2. Benutzungsfähigkeit und bisherige Benutzungsart. Es ist die Benutzungsfähigkeit, d. h. die vorteilhafteste mögliche Benutzung zugrunde zulegen. **32** 298; EE **1** 130, 266; **2** 217; **7** 148 (Lagerplatz); **8** 55; **13** 62. Die bisherige tatsächliche Benutzungsart (§ 10 Abs. 1) ist Beweismittel. **8** 237; EE **1** 130; **9** 83; **24** 359; **26** 387; die bisher. Erträge liefern aber nicht o. w. eine brauchbare Grundlage für die Wertberechnung. EE **5** 451; **8** 111; anders. **57** 288; EE **15** 348. Bei der Abschätzung von Gebäuden ist zu prüfen, ob und wie bei Berechnung des nachhaltigen Reinertrags die Notwendigkeit eines künftigen Neubaus berücksichtigt werden muß (s. auch unten II 1) **54** 115; EE **30** 197; Abnutzungsquoten **56** 92; EE **20** 142; **25** 69. Vorauszahlbarkeit des Mietzinses **56** 92, Mietsausfälle während des Baues **72** 211. — Ferner unten 8, 9.

---

[194]) Das VorkR bedarf nicht der Eintragung im Grundbuch — AG BGB Art. 22 Ziff. 1 — und bezieht sich auch auf Grundstücksteile, die auf Grund des § 9 übernommen sind Seydel Anm. 3. — Ein anderes auf Wiedererlang. des Grundst. gerichtetes Recht als das VorkR. des § 57 kennt das G nicht, RG **117** 43.

[195]) Das Recht ist unteilbar u. unübertragbar; steht z. Z. des Entbehrlichwerdens des enteigneten Teils das Eigentum an dem verbliebenen Reststück mehreren zu, so können diese — gleichviel wie sie das Eigentum erworben haben (z. B. im Wege einer zweiten Enteignung) — das VorkR. nur gemeinsam u. für alle Grundstücksteile ausüben RG **35** 306, **73** 316. Räuml. Zusammenhang zw. dem zu veräuß. Stücke u. dem Reste nicht nötig RG **73** 316. — Das VorkR. greift nicht Platz, wenn das Grundst. zwar nicht mehr f. d. ursprüngl. Unternehmen nötig ist, aber v. Unternehmer für ein anderes, ebenfalls m. d. EntRecht ausgestattetes Unternehmen freiwillig abgetreten wird RG **60** 374.

3a. Für die Berechnung maßgebender Zeitpunkt ist der der Entschädigungsfeststellung (§§ 25—29). **27** 263; **102** 193; EE **8** 364; **9** 135; Arch **03** 695, u. zwar das Datum des Beschlusses, nicht das der Zustellung JW **1927** 986 (abweichend **7** 258: Zeit der Planfeststellung). Bei freihändiger Abtretung maßgebend die Zeit der Abtretung oder Besitzüberlassung (§ 16) oder Inbesitznahme (bei Bauerlaubnis) auch dann, wenn später Enteignung nachfolgt. **67** 347; EE **24** 393; **28** 115; **43** 384; Arch **1912** 1089. Dringlichkeitsfälle Grünebaum EE **26** 82. Zu berücksichtigen sind nur schon bestehende Verhältnisse, die an sich oder wegen ihrer sicher zu erwartenden Fortentwicklung den Kaufpreis beeinflussen können, nicht aber zukünftige ungewisse Möglichkeiten. **8** 214; EE **1** 431; **2** 217; **5** 343; **13** 43; **14** 112; **25** 306. — Ferner § 10 Abs. 2.

b. Aufwertung. Meyer S. 95f., Benkard JW **1924** 1904, gegen die Rechtspr. des RG Biermann VZ **1925** 1318, Mügel AufwertRecht 5. Aufl. S. 296ff., Tietz JW **1928** 456; Gorden EE **47** 235; besonders eingehend (mit Nachweisen üb. d. Rechtsp. des RG) Genest VZ **1928** 697 u. JW **1928** 480 (s. auch die unten VII 2 Anm. 32 a. E. angeführten Zitate aus Neumanns Jahrb. d. D. Rechts). Nach der Rechtsp. des RG hat der Enteignete Anspruch auf eine Geldsumme, die in ihrer inneren Kaufkraft z. Z. des Urteils dem Werte entspricht, den das Grundstück z. Z des Entschädigungsfeststellungsbeschlusses oder einer früheren Besitzüberlassung gehabt hat; es handelt sich nicht um Aufwertung i. e. S., sondern um Umwertung. **107** 220; **109** 259, **114** 185 (für EntG § 16); **115** 391; **119** 27; **120** 175; **122** 110; EE **41** 319; **42** 53; **47** 331; Arch **1925** 618; VZ **1926** 820, 1209; JW **1929** 768, 776; Hanseat. Rechtsztg. **1928** 427; VerkRu **1925** 575. Grundsätze f. Abschätz. in der Inflationszeit **116** 324. Entwert. währ. der Zeit der Hinterleg. JW **1929** 1971. Ausschluß wegen Fristablaufs (G § 30) 11. Juni 29 Arch **1930** 809.

4. Im allgemeinen können privatrechtliche Belastungen z. B. mit Dienstbarkeiten den Betrag der Entschädigung nicht verringern (wohl aber — im Falle des § 11 — erhöhen) u. darf sich der Unternehmer, soweit die Höhe der Entschädigung in Betracht kommt, dem Eigentümer gegenüber auf sie nicht berufen. **30** 176. Anders, wenn mit der rechtlichen Belastung ein die Benutzungsfähigkeit verringernder tatsächlicher Zustand des Grundst. zusammenhängt. **33** 303; EE **16** 40. Für das Verhältnis zwischen Unternehmer und Eigentümer kommt die Art und Weise des Erwerbs durch den Eigentümer nicht in Betracht. **37** 305. Fall, daß der privatrechtlich Berechtigte identisch ist mit dem Unternehmer im EntVerfahren: EE **34** 294; **35** 39; VZ **1915** 892.

5. Tatsächliche Vorteile (außer rein prekarischen) kommen als werterhöhend in Rechnung, wenn ihr künftiger Wegfall zwar in der Möglichkeit lag, aber vorerst nicht abzusehen war — **62** 268 (Dispens von baupolizeil. Vorschriften). **91** 86; EE **6** 416; **8** 8, **17** 263; **21** 270; **25** 383; **29** 193 —; nicht aber Momente, die nur von der Willkür des Unternehmers — Eisenbahnanschluß: **84** 254; EE **29** 310, 441; **30** 529; **37** 30; Arch **1912** 1630; dazu Grünebaum EE **30** 270 — oder eines Dritten abhängen. **30** 294; **74** 295; EE **6** 34; **23** 280. Nicht zu berücksichtigen: heimliche Benutzung EE **28** 78. Möglichkeit eines Hinzuerwerbs: EE **31** 239.

6. Für den Zinsfuß bei Kapitalisierung von Erträgen sind die tatsächlichen Verhältnisse maßgebend. EE **3** 105; **6** 267; **17** 264; **27** 55, 298; **31** 227.

7. Ob neben der Entschäd. für den Grundstückswert auch noch Ersatz für vorübergehende Nachteile zu leisten ist, die dem zu Enteignenden im Zusammenhange mit der Abtretung, namentlich durch das EntVerfahren selbst (schon vor Vollziehung der Ent.) erwachsen, wie Mietsausfälle, Umzugskosten, Störungen im Gewerbebetriebe, hat das RG je nach der in den Erkenntnissen zur Geltung gelangten grundsätzlichen Auffassung (oben 1) verschieden beurteilt. Nein: EE **1** 266. Ja: **31** 214; **32** 304; **43** 356; EE **6** 260; **10** 165; **20** 218; **24** 39, 162; **26** 228; Gruchot **55** 1179. Wird der Vergütung der unter Annahme eines Neubaus ermittelte Ertragswert zugrunde gelegt, so entfällt die besondere Entschäd. für Umzugskosten. EE **25** 69. Die Entschäd. für Mietsausfälle stellt nicht eine neben dem Werterсatze hergehende besondere Forderung dar, sondern bildet einen Faktor der einen einheitlichen Charakter tragenden Enteignungsentschäd. EE **31** 93.

8. Ist auf dem Grundst. ein Gewerbe betrieben worden, so kommt dessen Ertrag jedenfalls insoweit nicht in Betracht, als er nur auf die persönliche Tätigkeit des Eigentümers zurückzuführen ist. **32** 303, auch EE **9** 83. Anderseits muß bei der Berechnung des vollen Werts der gewerbliche Nutzen dann berücksichtigt werden, wenn er auf einer dem Grundst. innewohnenden perpetua causa gewerblichen Gewinns beruht. EE **2** 189. (S. auch unten 11). Im übrigen gilt das zu 7 Gesagte auch hier. Gegen die Anrechnung: EE **1** 204,266; dafür: **32** 298; EE **22** 61; **24** 255; **28** 312. Schankkonzession: EE **32** 169. Für die Schadensberechnung gibt die in § 10 Abs. 1 gezogene obere Grenze einen Anhalt. EE **29** 104. Gesetzlich ausgeschlossen ist eine über BergG § 154 (unten V 4) hinausgehende Entschäd. für Beschränkung des Bergbaus. EE **21** 169.

9a. Als Bauland ist ein bisher zu anderen Zwecken benutztes Grundst. anzusehen, wenn seine Verwertbarkeit als solches in naher und bestimmter Aussicht steht; hierzu reicht die Bebauungsfähigkeit und die Lage innerhalb eines Bebauungsplans für sich allein nicht aus, ebensowenig schaffen Kaufofferten ohne ernste Bauabsicht einen Bauplatz. **8** 214; EE **3** 84; **5** 343; **6** 344; **17** 250; **18** 162; **26** 33, 46; **27** 78, 281f., 392; **28** 205. Spekulatives (noch nicht sogleich, aber in absehbarer Zeit als Bauland verwertbares) Bauland Arch **1913** 827. Baurohland (ebenso) Gruchot **55** 1176. Merkantiles (künftiges, aber noch nicht baureifes) Bauland EE **33** 160; Recht **1918** 164. Baumaske EE **33** 161. Industriewert EE **32** 275. Ein Grundst., dessen Bebaubarkeit von der Willkür eines Dritten oder (bei gesetzlicher Baubeschränkung) von der freien Entscheidung einer Behörde abhängt, ist kein Bauplatz. EE **5** 425; 10 165; **12** 195; **18** 45; aber: EE **26** 73. Stillschweigende Einigung der Beteiligten über Unbebaubarkeit EE **29** 288. Tatsächliche bisherige Benutzung als Weg EE **30** 349. Nicht notwendig ist, daß die Straße, an der das Grundst. liegt, schon verkehrsfähig ist, Recht **1915** 540. Der EntschädAnspruch für eine in der Person des Vorbesitzers entstandene, dem jetzigen Eig. abgetretene Servitut der Unbebaubarkeit kann nicht in einem EntVerfahren geltend gemacht werden, das mit der Servitutauflage nicht zusammenhängt. **50** 314.

b. Abschätzungsgrundsätze: **63** 224; EE **24** 140, 164; Teilenteignungen: **62** 268; EE **23** 300. Wird Bauland nach Spekulationspreis entschädigt, so gibt es nicht noch dazu einen Ersatz für landwirtschaftl. Benutzungserschwernis. Recht **1915** 141. Berücksichtigung der persönl. Leistung eines Eigentümers, der Bauunternehmer ist, Recht **1916** 174.

c. Für ein Grundst., dessen Unbebaubarkeit auf dem FluchtlinienG (unten V 3) beruht, bestimmt sich, wenn es nicht zur Straßenherstellung sondern für ein anderes Unternehmen enteignet wird, der Wert nach der auf Grund jenes G zu erwartenden Entschäd. EE **7** 36; **9** 9. Unbebaubarkeit auf Grund älterer, nicht veröffentlichter Bebauungspläne **6** 295; **17** 162; **55** 70; **63** 298; EE **5** 150; **18** 149. Berücksichtigung der durch die Fluchtlinienfestsetzung hervorgerufenen und der späteren Wertänderungen: einers. **48** 336; EE **16** 341, anderseits **53** 133; **101** 148; EE **20** 27; **25** 48. Bauverbot auf Grund FluchtlG § 12: **48** 336; **53** 406.

10. Ziegeleien **8** 214; **57** 288; EE **1** 115, 431. Torfgrundstücke **45** 253; EE **3** 421. Sandlager EE **24** 388. Wegeflächen EE **25** 280; **26** 39; **29** 309. Lage einer Wirtschaft an einem See EE **25** 178. Kirchhöfe **76** 256. Anlegestellen an Strömen **91** 86; EE **30** 96. Denkwürdige Bauwerke EE **32** 50. Vorgärten Recht **1917** 537. Zäune Recht **1915** 490.

11. Ferner EntG §§ 10, 40.

II. Grundsätze für die Entschädigung bei Enteignung von Grundstücksteilen[1]).

1. § 8 Abs. 2 ist nicht dahin zu verstehen, daß sich in allen Fällen die Entschäd. aus drei selbständigen Rechnungsgrößen — Wert des für sich betrachteten abzutretenden Teils, Mehrwert dieses vermöge seines bisher. Zusammenhanges mit dem Restgrundst., Minderwert des Restgrundst. vermöge der Abtretung (sog. Durchschneidungs- oder Deformationsnachteile, z. B. Wirtschaftserschwernisse, Beschränkung in der Verwendbarkeit) — zusammensetze; Mehrwert des abzutret. Teils und Minderwert des Restes fallen vielmehr der Regel nach (Ausnahmen konstruiert Koffka S. 111) zusammen, und es können Vorteile, die dem Restgrundst. aus dem Zusammenh. erwachsen, nicht zugleich als Minderwert des Restes und als Mehrwert des abgetretenen Teiles angesetzt werden; wenn tatsächlich (was nicht notwendig der Fall ist) der abzutretende Teil wegen der Dienste, die er dem übrigen Grundstücke leistete, einen höheren Wert als den gewöhnlichen Verkaufswert hatte, so darf dem Eigentümer dieser höhere Wert nicht entgehen. **32** 350; EE **9** 378; **10** 273; **18** 31; **31** 73. Regelmäßig ist die zu ersetzende Vermögenseinbuße in dem Unterschiede der Verkaufswerte einers. des Ganzen vor der Enteignung, anders. des Restes nach der Ent. zu finden; tatsächl. Verkäuflichkeit im Augenblick der Ent. ist hierbei nicht nötig. EE **17** 234; **20** 240; **23** 26; **25** 48. Der Eigentümer muß sich der neuen Sachlage anpassen und ist hinlänglich entschädigt, wenn ihm neben der unwiederbringlichen Einbuße der zur möglichst vorteilhaften Ausnutzung des Restgrundst. nötige Geldbetrag gewährt wird. EE **3** 105; **24** 167. Bewertung des Teilgrundstücks unmittelbar aus seiner höchsten Ausnutzungsfähigkeit EE **33** 270. Baumaske als Reststück VZ **1916** 731. Verschiebung der Baulinie bei Bauplätzen Arch **1915** 708. Berücksichtigung eines Neubaus EE **23** 168; **24** 164; **27** 81; **30** 341, 490. Umbau EE **33** 268. Vorgartenland **67** 271; EE **27** 313, **28** 410.

2. Die gesamte Entschädigung für eine zusammenhängende Fläche ist rechtlich auch in dem Sinne eine einheitliche, daß die in ihr enthaltenen Mehr- und Minderwerte nur Rechnungsfaktoren sind und im Rechtswege diese Einzelsätze — soweit sich nicht etwa die Parteien über bestimmte Posten geeinigt haben: EE **15** 170 — selbst zum Nachteile der Partei, die den Rechtsweg beschritten oder das Rechtsmittel eingelegt hat, geändert werden können, wenn sich nur nicht dadurch die Gesamtentschäd. zum Nachteile der Partei ändert. **2** 234; **14** 267; **74** 287; EE **5** 359; **6** 340; **17** 141; **29** 205. Der Minderwert eines zusammenhängenden Restgrundst. ist nicht parzellenweise, sondern im Ganzen zu berechnen. EE **2** 185. Der Durchschnittswert eines größeren Besitztums darf nicht o. w. den Maßstab für die Entschäd. bei Enteignung eines Teilstücks abgeben. EE **24** 283.

3[2]). Streitig war früher, ob bei der Entschäd. für Teilgrundst. auch Nachteile zu berücksichtigen sind, die nicht durch die Eigentumsentziehung an sich bedingt, sondern von Anlage und Betrieb des Unternehmens zu erwarten sind, für das enteignet wird. Beispiele: Luft- und Lichtentziehung durch Baulichkeiten (Bahndämme); Beschränkung des Eigentümers in der Benutzung des Restgrundst. durch feuerpolizeiliche oder ähnliche Anordnungen (Baubeschränkungen für die einer Eisenbahn benachbarten Grundst.); schädliche Einwirkung des Betriebs auf das Restgrundst. (Erschütterungen, Zuführung von Rauch u. dgl.). Während U **2** 234 die Frage grundsätzlich verneinte, wird sie in U **5** 248 für solche Nachteile bejaht, die den Eigentümer nicht getroffen hätten, wenn ihm weniger oder nichts enteignet worden wäre. Ähnlich **7** 258; EE **2** 143, 178, 185. In der Folge hat das RG die Nichtberücksichtigung jener Schäden von dem dem Unternehmer obliegenden Nachweis abhängig gemacht, daß ohne Enteignung die Anlage unter Benutzung von Nachbargrundstücken entlang der Grenze des dem Exproprianden gehörigen Grundbesitzes ausgeführt worden und der Schaden auch dann eingetreten wäre; die bloße Möglichkeit einer solchen Ausführung ist nicht für ausreichend befunden worden. **13** 244; **44** 331; EE **3** 60; **8** 70; **9** 378; **15** 115; **20** 39; Recht **1915** 309. Im wesentl. ebenso Seydel Anm. 2b zu § 8, Eger Anm. 67, 68. Einzelheiten: Die Anlage ist insoweit zu berücksichtigen, wie sie in den Plan (§ 15) aufgenommen worden oder aus anderen Gründen ihre Ausführung mit Wahrscheinlichkeit zu erwarten ist — EE **2** 263 —, und in ihren schädigenden Wirkungen als Ganzes anzusehen. EE **8** 363, auch EE **20** 116. Die schon z. Z. der Enteignung erkennbaren Folgen sind sofort, die später hervortretenden gemäß G § 31 zu entschädigen; der bloße Vorbehalt künftiger Schutzanlagen (§ 14) in der Konzession für eine Eisenbahn übt auf die Bewertung des Restgrundst. keinen Einfluß. **7** 258. Die EntschädPflicht ist auch dann vorhanden, wenn zur Entstehung des Schadens ein Polizeiverbot mitwirkt, das sich auf die Anlage bezieht und das Restgrundst. trifft. EE **10** 37. Höherlegung einer Straße EE **29** 217, Tieferlegung EE **30** 59. Fortfall der Möglichkeit,

---

[1]) Versuch, die Entsch. bei Teilenteignungen in mathemat. Formeln zu bringen, Riedenauer VZ **09** 567.

[2]) Reiß, Enteignungsschaden und Grundstückswert, EE **25** 89, 323.

Transporte mit einer Feldbahn auszuführen, EE **30** 60. Nötig werdende Verstärkung des Forst- und Jagdschutzes EE **9** 382.

4. Noch jetzt ist bestritten, inwieweit Vorteile, die dem Restgrundstück aus dem Unternehmen erwachsen, auf die Entschäd. aus § 8 Abs. 2 anzurechnen sind. Nach der herrschenden Meinung ist eine solche Anrechnung nicht schlechtweg zulässig, da sonst u. U. dem Eigentümer die Entschäd. ganz abgesprochen werden könnte (a. M. Eger Anm. 69 u. Fleiner S. 295); vielmehr kommt nur in Frage, diese Vorteile bei der Feststellung des für das Restgrundst. anzunehmenden Minderwerts zu berücksichtigen. Auch in dieser Einschränkung erklärt das RG die Anrechnung nur wegen solcher Vorteile für zulässig, die allein dem teilweise zu enteignenden Grundst. selbst, nicht auch allen anderen Grundst. in gleicher Lage zugute kommen. **53** 194, ausführlich **57** 242; ferner EE **6** 226; **7** 437; **21** 270; **22** 59; **23** 382; **24** 164, 169; **25** 170, 178; **28** 432. Eine Gegeneinanderrechnung von Vor- und Nachteilen kommt aber nicht in Frage, wenn ein und dieselbe Tatsache demselben Grundst. einers. Vorteile, anders. Nachteile bringt; dann ist der Unterschied beider das einheitliche Ergebnis. **67** 173; Arch **06** 1086; Recht **1915** 308. Lasten, die die Straßenanlieger tragen müssen, einerlei, ob sie von einer Enteignung betroffen werden oder nicht, werden nicht entschädigt. VZ **1916** 731. — Für die vorbehaltlose Anrechnung auf den Minderwert: Pannenberg Arch **02** 729; Seydel Anm. 2c zu § 8. Koffka S. 135 (vgl. auch Reiß EE **26** 220) hält die Anrechnung für zulässig, soweit sie gegen die vom Unternehmen selbst zu erwartende Entwertung des Restbesitzes erfolgt. — E 24. Juni 02 (Münstersche Sammlung — II 5 Anm. 1 d. W. — S. 108). — V 2a Anm. 43 d. W.

5. Ferner EntG §§ 9, 10, 14, 31.

Beilage B (zu Anmerkung 60).

Erlaß der Minister des Innern und der öffentlichen Arbeiten, betr. Abwendung von Feuersgefahr bei der Errichtung von Gebäuden und bei der Lagerung von Materialien in der Nähe von Eisenbahnen.

(An die Regierungs-Präsidenten, ausschließlich Kassel[1]) und Schleswig[2]).)

Vom 23. Juli 1892 (MinBliV 351; EVBl **1893** 152).

(Gekürzt).

... ist ... der folgende Entwurf einer ... Polizeiverordnung aufgestellt worden, ...

Ew. Hochwohlgeboren ersuchen wir ergebenst, nach Einholung der Zustimmung des dortigen Bezirksausschusses diese Polizeiverordnung in Ihrem Amtsbezirk in Kraft zu setzen ...

Polizeiverordnung, betreffend die Abwendung von Feuersgefahr bei der Errichtung von Gebäuden und der Lagerung von Materialien in der Nähe der dem Gesetze über die Eisenbahnunternehmungen vom 3. November 1838 (G.-S. S. 505) unterstehenden Eisenbahnen.

Auf Grund des § 137 des Gesetzes über die allgemeine Landesverwaltung u.s.w. wird unter Zustimmung des Bezirksausschusses für den Regierungsbezirk .... Folgendes verordnet.

§ 1. Gebäude und Gebäudetheile, die weder aus unverbrennlichen Materialien hergestellt, noch durch Rohrputz oder in anderer gleich wirksamer Weise gegen Entzündung durch Funken gesichert sind, müssen von Eisenbahnen eine von der Mitte des nächsten Schienengleises zu berechnende Entfernung von mindestens vier Metern innehalten. Dasselbe gilt von allen Öffnungen in Gebäuden, die nicht durch mindestens 1 cm starkes, nach allen Seiten hin fest eingemauertes Glas abgeschlossen sind.

Für Gebäude, Gebäudetheile und Öffnungen, die unterhalb der Oberkante der Schienen liegen, tritt an Stelle der Entfernung von vier Metern eine solche von fünf Metern.

Gebäude, Gebäudetheile und Öffnungen, die mehr als sieben Meter oberhalb der Oberkante der Schienen liegen, sind den vorstehenden Bestimmungen nicht unterworfen, während für Gebäude mit nicht feuersicheren Dächern und für Öffnungen in Gebäuden zur Lagerung leicht entzündlicher Gegenstände die weiter gehenden Bestimmungen der §§ 2 und 3 zur Anwendung gelangen.

§ 2. Gebäude mit weichen, nicht feuersicheren Dächern sowie Gebäude, bei denen die Dachpfannen mit Strohdocken eingedeckt sind, müssen von Eisenbahnen eine von der Mitte des nächsten Schienengleises zu berechnende Entfernung von mindestens fünfundzwanzig Metern innehalten.

Liegt die Eisenbahn auf einem Damm, so tritt zu der Entfernung von fünfundzwanzig Metern noch die anderthalbfache Höhe des Dammes, so daß beispielsweise, wenn die Höhe des Dammes zehn Meter beträgt, für die im ersten Absatze bezeichneten Gebäude eine Entfernung von mindestens 25 + 15 = 40 Metern innegehalten werden muß.

§ 3. Die Bestimmungen des § 2 finden entsprechende Anwendung auf jede nicht durch mindestens 1 cm starkes, nach allen Seiten hin fest eingemauertes Glas abgeschlossene Öffnung in den der Eisenbahn zugekehrten Wänden aller Gebäude, die zur Lagerung leicht entzündlicher Gegenstände dienen. Bei solchen Gebäuden werden den der Eisenbahn zugekehrten Wänden diejenigen ihr nicht ganz abgekehrten Wände gleich geachtet, deren Richtungslinie mit der Bahnachse einen Winkel von höchstens 60 Grad bildet.

§ 4[3]). Leicht entzündliche Gegenstände, die nicht durch feuerfeste Bedachungen oder durch sonstige Schutz-

---

[1]) Für Kurhessen gilt G 14. März 1850 (Kurhess. GS 13); Näheres Gleim EisRecht S. 283.

[2]) Für RegBez. Schleswig gilt PolVo 6. Juli 95 (Amtsbl. v. 20. desf. M.); s. auch „Chronolog. Samml. der in den Jahren 1845 bzw. 1857 ergangenen Verordnungen und Verfügungen für die Herzogtümer Schleswig und Holstein" S. 80 u. 182.

[3]) Handhabung des § 4 während der Erntearbeiten E 4. Juli 08 IV A 5. 138.

vorrichtungen gegen das Eindringen von Funken und glühenden Kohlen gesichert sind, dürfen bei Eisenbahnen nur in einer Entfernung von mindestens achtunddreißig Metern von der Mitte des nächsten Schienengleises gelagert werden.

Liegt die Eisenbahn auf einem Damme, so tritt zu der Entfernung von achtunddreißig Metern noch die anderthalbfache Höhe des Dammes (vergl. § 2 Abs. 2).

§ 5. Dispense von den Bestimmungen der §§ 1 bis 4 sind statthaft, wenn nach Lage der Verhältnisse auch bei geringerer Entfernung von der Mitte des nächsten Schienengleises die Feuersgefahr ausgeschlossen erscheint.

Ueber die Ertheilung der Dispense beschließt der Kreisausschuß, in Stadtkreisen und in den zu einem Landkreise gehörigen Städten von mehr als 10000 Einwohnern der Bezirksausschuß.

§ 6. Hinsichtlich derjenigen Gebäude und leicht entzündlichen Gegenstände, die bei der Anlage einer Eisenbahn innerhalb der in den §§ 1 bis 4 festgesetzten Entfernungen bereits vorhanden, beziehungsweise gelagert sind, hat der Regierungs-Präsident zu bestimmen, ob und welche Vorkehrungen zum Schutze gegen die durch die Nähe der Eisenbahn bedingte Feuersgefahr getroffen werden müssen[4]).

§ 7. Uebertretungen dieser Polizeiverordnung werden, soweit nicht sonstige weitergehende Strafbestimmungen, insbesondere § 367, Ziffer 6 und 15 des Reichsstrafgesetzbuches Platz greifen, mit einer Geldstrafe bis zu sechszig Mark oder im Unvermögensfalle mit entsprechender Haft geahndet.

§ 8. Auf die zum Betriebe der Eisenbahn erforderlichen Gebäude und Materialien findet diese Polizeiverordnung keine Anwendung.

§ 9. Die Polizeiverordnung vom ...... 1875, betreffend die Abwendung der Feuersgefahr bei den in der Nähe von Eisenbahnen befindlichen Gebäuden und lagernden Materialien, wird hiermit aufgehoben.

Beilage C (zu Anmerkung 67).

Erlasse der Minister der öffentlichen Arbeiten und des Innern betr. Beschleunigung des Enteignungsverfahrens[a]).

a) Vom 20. Mai 1899 (EVBl 162, VB II 159).

... Indem wir ... bezüglich der geschäftlichen Behandlung der Enteignungsangelegenheiten auf das unter Ziffer 1 jenes Erlasses Gesagte[1]) verweisen, bemerken wir, daß zur Vereinfachung und Beschleunigung des Verfahrens außerdem noch folgende Maßnahmen in Betracht kommen:

1. Es empfiehlt sich eine Anordnung der Regierungspräsidenten, daß demjenigen Dezernenten, welcher mit der Bearbeitung der Landespolizeisachen bei den mit dem Enteignungsrecht ausgestatteten Unternehmungen betraut ist, regelmäßig auch die Bearbeitung der Enteignungsangelegenheiten übertragen wird, so daß die landespolizeilichen und die enteignungsrechtlichen Angelegenheiten desselben Unternehmers von demselben Dezernenten bearbeitet werden.

2. Ferner empfiehlt es sich, daß der mit der Bearbeitung der Enteignungssachen beauftragte Dezernent zu den Sitzungen des Bezirksausschusses zugezogen wird, indem er entweder zugleich Stellvertreter eines ernannten Mitgliedes des Bezirksausschusses ist oder indem er die Enteignungsangelegenheiten in den Sitzungen des Bezirksausschusses vorträgt und erläutert.

3. Die Verpflichtung des Unternehmers, im Antrage auf Planfeststellung den Eigenthümer nach Namen und Wohnort zu bezeichnen (§ 18 des EntG.) und dem Antrage auf Feststellung der Entscheidung einen beglaubigten Auszug aus dem Grundbuch und, wenn dieser nicht zu beschaffen ist oder zum Nachweis der Rechte am Grundstück nicht ausreicht, eine dahingehende Bescheinigung des Ortsvorstandes oder der sonst zur Ausstellung solcher Bescheinigungen berufenen Behörde beizufügen (§ 24), hat oftmals zu Verzögerungen geführt, z. B. wenn das zu enteignende Grundstück im Grundbuch nicht eingetragen war, wenn das Grundbuch einen offenbar unzutreffenden Rechtszustand bekundete, wenn die erlangten Bescheinigungen nicht genügten, oder wenn der Eigenthümer kurz vor dem Beginn oder im Laufe des Verfahrens gestorben war. Auch hat das Verfahren nicht selten Verzögerungen erlitten, wenn die Ladung des Eigenthümers (§§ 20, 25 des Enteignungsgesetzes) nicht erfolgen konnte, weil sein Aufenthalt unbekannt oder weil er an der Rückkehr und der Besorgung seiner Vermögensangelegenheiten verhindert war. Es ... wird ... bei rechtzeitiger Anwendung der ... Bestimmungen des Bürgerlichen Gesetzbuchs über die Abwesenheitspflegschaft und die Pflegschaft für unbekannte Betheiligte (§§ 1911, 1913) jenen Uebelständen in der Regel vorgebeugt werden können.

4. Auf das Zustandekommen gütlicher Einigungen gemäß §§ 16, 26 des Enteignungsgesetzes, welche herbeizuführen in erster Linie Aufgabe der Unternehmer ist, werden auch die Enteignungsbehörden nach Möglichkeit hinzuwirken haben. Hierbei wird auf die ... Bestimmung des § 16 des Enteignungsgesetzes verwiesen, nach welcher an Stelle des Verfahrens zur Feststellung des Plans (§§ 18 bis 22 des EntG.) eine *Einigung zwischen den Betheiligten über den Gegenstand der Abtretung* nach Maßgabe des vorläufig festgestellten Plans (§ 15 des EntG.) nicht nur zum Zweck der Abtretung des Eigenthums, sondern auch schon zum Zweck der Ueberlassung

---

[4]) Die Anordnung kann auch nach der Betriebseröffnung erfolgen; zuständig ist immer nur der Reg.-Präs., nicht die Ortspolizei OVG EE **21** 259. § 6 bezieht sich auch auf Erweiterungen bestehender EisAnlagen. OVG **65** 369.

[a]) Für das *vereinfachte Verfahren* (unten V 2b) haben die Erlasse teilweise ihre Bedeutung verloren.

[1]) E 4. Juni 94 (EVBl 133). Nach dessen Ziff. 1 sind die EnteigSachen von den Behörden als schleunige Sachen zu behandeln, auch i. S. des Regul. zur Ordnung des Geschäftsgangs usw. bei den Bezirksausschüssen 28. Febr. 84 (MinBliV 37) § 5. Die beteil. Behörden sollen auf ersprießl. Zusammenwirken bedacht sein, die einzelnen Beamten sich möglichst mündlich miteinander benehmen.

des Besitzes zulässig ist. Dem alsdann ohne Weiteres zu stellenden Antrage auf Feststellung der Entschädigung ist der von der zuständigen Behörde geprüfte und vorläufig festgestellte Plan (§ 15), welcher durch die Einigung der Betheiligten (§ 16) endgültig geworden ist, nach Maßgabe der §§ 24 Absatz 2, 18 Absatz 2 zu Grunde zu legen. Soll jedoch die Einigung zwischen den Betheiligten diese Wirkung haben, so muß sie den Gegenstand der Abtretung endgültig bestimmen. Sie muß deshalb zum mindesten das ausdrückliche Einverständniß des Eigenthümers enthalten, daß diejenigen Theile seines Eigenthums, welche nach Maßgabe des ihm bekannten landespolizeilich geprüften und von der zuständigen Behörde vorläufig festgestellten Plans zu dem Unternehmen erforderlich sind, den Gegenstand der Abtretung oder Enteignung derart bilden sollen, daß es der Durchführung des Planfeststellungsverfahrens gemäß §§ 18 bis 22 des EntG. nicht mehr bedarf.

Es wird sich um so mehr empfehlen, durch zweckmäßige Belehrung der Betheiligten das Zustandekommen solcher Einigungen zu fördern, weil die ordnungsmäßig vorangegangene landespolizeiliche Prüfung des Plans unter Zuziehung und nach Anhörung aller Betheiligten, sowie die vorläufige Feststellung desselben durch die zur Planfeststellung berufene Staatsbehörde eine ausreichende Grundlage und die Gewähr dafür bietet, daß sowohl die benachbarten Grundstücke, als die öffentlichen Interessen bei der Ausführung des Unternehmens gegen Gefahren und Nachtheile gesichert sind, so daß die übrigen Ansprüche der Eigenthümer in der Regel nur noch die Höhe der Entschädigung betreffen und deshalb in dem Verfahren zur Feststellung der Entschädigung berücksichtigt werden können.

Wenn eine Einigung gemäß § 16 des Gesetzes nicht zu erzielen ist, hat der Unternehmer auf die Erlangung der bloßen Bauerlaubniß d. h. der Bauerlaubniß ohne Verzicht auf die Planfeststellung gemäß §§ 18ff. des EntG. Bedacht zu nehmen, bei welcher der Eigenthümer sich zwar alle seine Rechte — einschließlich derjenigen, welche ihm nach dem EntG. zustehen — ausdrücklich vorbehält, aber noch vor der Durchführung des Enteignungsverfahrens den Beginn der Bauausführung auf dem fraglichen Grundstück ausdrücklich gestattet (vergl. Erlaß vom 8. März 1897. ...)[2].

5. Da die landespolizeiliche Prüfung[3]) und vorläufige Planfeststellung von Eisenbahnen nicht nur die im öffentlichen Interesse nothwendigen Anlagen, sondern auch diejenigen Anlagen an Wegen, Ueberfahrten, Triften, Einfriedigungen, Bewässerungs- und Vorfluthsanstalten u.s.w. mit umfassen muß, welche für die benachbarten Grundstücke zur Sicherheit gegen Gefahren und Nachtheile nothwendig werden (vergl. Erlaß vom 20. Oktober 1896 — E.-V.-Bl. S. 307 ...), kommen regelmäßig schon bei der landespolizeilichen Prüfung alle diejenigen Wünsche und Forderungen zur Verhandlung, welche den Gegenstand des Planfeststellungsverfahrens gemäß §§ 18—22 des EntG. bilden können.... Die Gründlichkeit, mit welcher diese Anträge auf Aenderung der zur Prüfung gebrachten Pläne bei der landespolizeilichen Prüfung unter Anhörung aller Betheiligten von den zuständigen Behörden erörtert werden müssen, verleiht der vorläufigen Planfeststellung, welche das Schlußergebniß dieser örtlichen Verhandlungen und behördlichen Begutachtungen darstellt, den Charakter einer im Wesentlichen bereits endgiltigen Entscheidung, durch die die Bedürfnisse des Unternehmens mit den berührten öffentlichen und privaten Interessen nach Möglichkeit in Uebereinstimmung gebracht sind. In der That bestätigt die Erfahrung, daß die im Enteignungsverfahren gegen den Plan erhobenen Einwendungen meist einfache Wiederholungen derjenigen Anträge sind, welche bereits bei der landespolizeilichen Prüfung geltend gemacht, untersucht, aber als sachlich unbegründet abgelehnt waren, und daß ihnen daher auch bei der endgiltigen Planfeststellung nur ausnahmsweise stattgegeben werden kann.

Es braucht nicht erst hervorgehoben zu werden, daß in dem gemäß § 18 des Gesetzes eingeleiteten Verfahren über die erhobenen Einwendungen nach den gesetzlichen Vorschriften zu verhandeln und zu entscheiden ist, und daß den Betheiligten die Gelegenheit, ihre Anträge zu begründen, durch Beibringung neuer Thatsachen zu ergänzen oder Mißverständnisse zu beseitigen, nicht beschränkt werden darf. Andrerseits ist es nicht nur Aufgabe des Unternehmers, darauf hinzuwirken, sondern auch Pflicht der Enteignungsbehörden, dafür zu sorgen, daß das gesetzliche Planfeststellungsverfahren nicht durch rein formale Wiederholungen bereits erschöpfend erörterter Fragen in die Länge gezogen werde. Zu diesem Behufe ist der Inhalt der landespolizeilichen Prüfungsverhandlungen, in welche die Anträge, denen nicht stattgegeben worden ist, sowie die Gründe der Ablehnung kurz aufzunehmen sind, und der sonstigen Unterlagen für die vorläufige Planfeststellung, wie es verschiedentlich auch jetzt schon mit Erfolg geschehen ist, in ausgiebigem Maße bei der Beurtheilung der nach § 19 des EntG. gegen den Plan erhobenen Einwendungen zu verwerthen. Wenn jene Unterlagen bereits genügende Auskunft geben, wird auch von einer kommissarischen Verhandlung an Ort und Stelle (§ 20 des Gesetzes) abgesehen werden können. Im Uebrigen ist darauf zu halten, daß der Unternehmer sich an den Erörterungen und Verhandlungen durch einen geeigneten sachkundigen Vertreter betheiligt, der in der Lage sein muß, zur Klarstellung der Sachlage und zur Vermeidung zeitraubender Rückfragen und Ermittelungen jede erforderliche Auskunft zu geben. Bei Privateisenbahnen ist die rechtzeitige Abordnung eines Vertreters des Eisenbahnkommissars herbeizuführen (Erlaß vom 7. November 1877 ...)[4]. Auch ist, wenn der festzustellende Plan fiskalische Grundstücke berührt, den zuständigen Behörden von dem Termin rechtzeitig Nachricht zu geben.

Den betheiligten Grundeigenthümern und sonstigen Berechtigten ist bei der Ladung zu eröffnen, daß bei ihrem Nichterscheinen gleichwohl über ihre Einwendungen verhandelt werden wird ...

6. Nach § 18 des EntG. sind mit dem Antrage auf Feststellung des Plans

A. der vorläufig festgestellte Plan (beglaubigter Auszug oder Abdruck),

B. Beilagen, welche

a) die zu enteignenden Grundstücke nach ihrer grundbuchmäßigen oder katastermäßigen oder sonst üblichen Bezeichnung,

---

[2]) EVBl 45; vgl. V 2a Anm. 71, 111.

[3]) Reichseisenbahn oben I 7 Anm. 15 C.

[4]) VB II 125; vgl. V 2a Anm. 89. Jetzt: Reichsbevollmächtigter f. Privatbahnaufsicht.

b) die Größe und Grenzen derselben,
c) den Eigenthümer nach Namen und Wohnort,
d) die nach § 14 des Gesetzes herzustellenden Anlagen,
e) gegebenenfalls die Art und den Umfang der Belastung des Grundstücks enthalten müssen,

vorzulegen.

Es ist nicht zulässig, über das Gesetz hinausgehende Anforderungen zu stellen. Insbesondere darf die Beibringung eines beglaubigten Auszuges aus dem Steuerbuche und einer von dem Fortschreibungsbeamten beglaubigten Karte (§ 58 der Grundbuchordnung) nicht zur Bedingung für die Einleitung des Planfeststellungsverfahrens gemacht werden[5]). Soweit zum Zweck der Eintragung des Eigenthumsüberganges gemäß § 33 des EntG. diese Unterlagen überhaupt erforderlich sind, genügt ihre Vorlage bei Stellung des Antrages auf Vollziehung der Enteignung. Zur Vermeidung von Verzögerungen empfiehlt es sich jedoch, ihre Beschaffung nicht bis dahin aufzuschieben, sondern ohne Verzug nach der Planfeststellung herbeizuführen.

Der Vorlage der Auszüge aus dem Grundbuch oder der Bescheinigungen gemäß § 24 Abs. 3 des EntG. bedarf es erst bei Stellung des Antrages auf Feststellung der Entschädigung. Gleichwohl ist ihre Beschaffung, wie betreffs der Grundbuchauszüge im Erlasse vom 4. Juni 1894[1]) unter Nr. 5 angeordnet, schon bei der Vorbereitung der Anträge auf Feststellung des Plans in die Wege zu leiten (vergl. Turnau, Grundbuchordnung, Anm. zu § 19, § 38 der Verordnung vom 2. Januar 1849).

Die Beifügung eines besonderen Lageplanes in vergrößertem Maßstabe (sogen. Parzellarkarte) darf nur aus besonderen Gründen gefordert werden. In der Regel genügt für die Planfeststellung der auf Grund der Katasterhandkarten vorläufig festgestellte Plan in Verbindung mit dem Inhalt der Beilagen, welche die unter B, a—e vermerkten Angaben und namentlich die genaue Größe und die Grenzen des enteigneten Grundstücks enthalten müssen[5]). Aufgabe des Unternehmers ist es, diese Unterlagen erforderlichenfalls durch rechtzeitige örtliche Vermessung der zu enteignenden Flächen, zu beschaffen.

7. Es wird sich dringend empfehlen, von den Bestimmungen des § 117 des Gesetzes über die allgemeine Landesverwaltung[6]) in den Fällen, in denen seine Anwendung gesetzlich zulässig ist, den weitestgehenden Gebrauch zu machen. Voraussichtlich werden diese Fälle die überwiegende Mehrzahl bilden, weil die Voraussetzungen des § 117 im Enteignungsverfahren in der Regel erfüllt sind. Die meisten Enteignungssachen bedürfen nämlich im öffentlichen Interesse der Beschleunigung und sind daher für dringlich zu erachten.

Vermöge der nach landespolizeilicher Prüfung[5]) bewirkten vorläufigen Planfeststellung und der kommissarischen Erörterung der Einwendungen liegt zugleich das Sach- und Rechtsverhältniß bei den Planfeststellungen gewöhnlich klar. Auch werden erfahrungsmäßig die Entschädigungen (§ 29 des EntG.) von den Bezirksausschüssen oft lediglich nach Maßgabe der vorliegenden Gutachten und kommissarischen Erörterungen, welche die Unterlagen für die Entscheidung meist erschöpfend und zur unmittelbaren Beschlußfassung bereit liefern, festgestellt, so daß auch hier das Sach- und Rechtsverhältniß in der Mehrzahl der Fälle als klarliegend erachtet werden kann. Dasselbe gilt von der Vollziehung der Enteignung, welche nach § 32 des EntG. regelmäßig von dem Vorsitzenden des Bezirksausschusses ausgesprochen werden darf, weil auch hier die Entscheidung ohne Weiteres nach Lage der Akten getroffen werden kann. Da ferner die Zustimmung des Kollegiums zu diesen Entscheidungen im Gesetz nicht ausdrücklich als erforderlich bezeichnet ist, können die Vorsitzenden der Bezirksausschüsse Namens derselben stets den Plan und die Entschädigung feststellen, sowie die Enteignung aussprechen, sofern es nicht im Einzelfalle thatsächlich an der Eilbedürftigkeit fehlt und zugleich das Sach- und Rechtsverhältniß nicht genügend geklärt sein sollte.

Um zu verhindern, daß wegen mißverständlicher Auffassung der den Betheiligten nach § 117, Abs. 3 des LVG. zu machenden Eröffnungen auf Beschlußfassung durch das Kollegium angetragen und infolge dessen das Verfahren noch mehr in die Länge gezogen wird, als wenn von dem § 117 kein Gebrauch gemacht worden wäre, empfiehlt es sich, bei Eisenbahnanlagen, deren vorläufige und endgültige (§ 22) Feststellung ohnehin durch mich, den Minister der öffentlichen Arbeiten, erfolgt, sowie bei Kanalanlagen und ähnlichen Bauten der Wasserbauverwaltung jene Eröffnungen durch bestimmte Bezeichnung des Rechtsmittels und den Hinweis, daß durch dessen Einlegung unmittelbar die endgültige Entscheidung herbeigeführt werden könne, zu erläutern. Demnach ist den Betheiligten im Planfeststellungsbescheide gemäß § 117 zu eröffnen, daß sie befugt seien, innerhalb zweier Wochen auf Beschlußfassung durch das Kollegium anzutragen oder zur unmittelbaren Herbeiführung der endgültigen Entscheidung statt dessen die Beschwerde an den Minister der öff. Arb.[7]) einzulegen, welcher auch gegenüber dem Beschlusse des Kollegiums endgültig in der Sache zu entscheiden haben würde. In dem Bescheide zur Feststellung der Entschädigung ist den Betheiligten zu eröffnen, daß sie befugt seien, innerhalb zweier Wochen auf Beschlußfassung durch das Kollegium anzutragen oder zur unmittelbaren Herbeiführung der endgültigen Entscheidung statt dessen innerhalb sechs Monate nach Zustellung des Bescheides den Rechtsweg zu beschreiten.

Wenn auf die Beschlußfassung durch das Kollegium angetragen wird, obwohl die Eilbedürftigkeit nicht zweifelhaft ist, oder das Sach- und Rechtsverhältniß klar liegt, so ist nach Maßgabe der Nr. 5 und 8 dieses Erlasses zu verfahren.

In allen Fällen sind jedoch, damit nicht die Anwendung des § 117 des LVG. die Verlängerung des Enteignungsverfahrens zur Folge hat, diese Bescheide sobald als irgend thunlich zu ertheilen, wozu bei geeigneter Regelung des Geschäftsganges die Sachkenntniß des mit der Bearbeitung der Enteignungsangelegenheiten beauftragten Dezernenten wesentlich beitragen wird.

---

[5]) RBesch 5. Okt. 89 (Arch **01** 695).

[6]) Bf durch den Vorsitzenden des BezAussch. ohne Zuziehung des Kollegiums.

[7]) Jetzt: Handelsmin., bei Reichsbahnbauten RVMin (oben V 2a Anm. 101).

8. Es wird den Regierungspräsidenten zur Pflicht gemacht, sofern nicht die Bestimmungen unter Nr. 7 dieses Erlasses Anwendung finden können, die Anberaumung der Sitzungen der Bezirksausschüsse zur Berathung von Enteignungsangelegenheiten in so kurzen Zwischenräumen zu veranlassen, als es dem Bedürfnisse thunlichster Beschleunigung der Enteignungsangelegenheiten entspricht.

9. Die vielfach übermäßig lange Dauer des Verfahrens zur Feststellung der Entschädigung ist zum Theil auf die nicht rechtzeitige Einreichung der schriftlich zu erstattenden Gutachten und auch auf die Säumniß der Betheiligten bei den nach § 28 Abs. 2 des EntG. abzugebenden Erklärungen zurückzuführen. Nach Maßgabe der unter Nr. 5 des Erlasses vom 4. Juni 1894[1]) Absatz 5—7, getroffenen Bestimmungen ist in erster Linie auf die mündliche Abgabe des Gutachtens im Termine, wozu der Sachverständige sich ausreichend vorzubereiten hat, zu halten, wo aber dies ausnahmsweise nicht angängig sein sollte, eine angemessene Frist zur Einreichung des schriftlichen Gutachtens zu bestimmen, bei welcher die Eilbedürftigkeit der Sache nicht außer Acht gelassen werden darf. Für die Einhaltung dieser Frist muß Sorge getragen werden. Wird die Frist, weil ein Sachverständiger an ihrer Einhaltung durch anderweite Inanspruchnahme behindert ist, oder aus sonstigen Gründen überschritten, so ist gegebenenfalls auf die angemessene Erweiterung des Kreises der zu ernennenden Sachverständigen, sowie darauf Bedacht zu nehmen, daß säumige Sachverständige nicht wieder zu derartigen Schätzungen herangezogen werden. Hierauf haben auch die mit der Ausführung von staatlichen Unternehmungen beauftragten Behörden bei den von den Betheiligten zu bezeichnenden Sachverständigen zu rücksichtigen.

Sofern den Betheiligten die Gutachten nicht in den Schätzungsterminen zur Erklärung bekannt gegeben werden können, sind ihnen diese unter Anberaumung eines Termins, der nur ausnahmsweise an Ort und Stelle abzuhalten sein wird, mit dem Eröffnen mitzutheilen, daß es ihnen überlassen bleibt, bis zum Termine sich schriftlich zu äußern, und daß, wenn sie im Termin nicht erscheinen, demnächst nach Lage der Akten entschieden werden wird.

10. In einfachen Fällen, wo der festzustellende Plan von geringerer Bedeutung und seine Einwirkung auf die Umgebung ohne Weiteres zu übersehen ist, kann auch künftig von der Vornahme einer örtlichen landespolizeilichen Prüfung abgesehen werden, so daß die Frage, ob in landespolizeilicher Beziehung Bedenken gegen die vorläufige Planfeststellung (§ 15 des EntG.) bestehen, von der Landespolizeibehörde geeignetenfalls nach schriftlicher Anhörung ihr nachgeordneter Behörden beantwortet werden kann. Solche Fälle liegen z. B. vor, wenn ein bereits festgestellter Plan eine geringfügige Ergänzung oder Änderung erfährt, welche sich nicht in der Form eines einfachen Berichtigungsbeschlusses bewerkstelligen läßt, oder nur Grund und Boden in ganz geringem Maße beansprucht werden soll und zugleich wesentliche Einsprüche von Seiten der Betheiligten mit Bezug auf den Flächenbedarf oder auf Wege- oder Entwässerungsanlagen nicht zu erwarten sind. Vor Abstandnahme von der örtlichen Prüfung ist jedoch darauf zu achten, daß die bezeichneten Voraussetzungen zutreffen, damit nicht das eigentliche Enteignungsverfahren durch Erhebung umfangreicher Einwendungen belastet wird, welche bei der landespolizeilichen Prüfung an Ort und Stelle hätten ihre Erledigung finden können.

11. Entscheidungen, welche über die Unterhaltung der von dem Unternehmer nach § 14 des EntG. herzustellenden Nebenanlagen beantragt werden, empfiehlt es sich, wenn dadurch, ohne die Entschädigungsfeststellung zu beeinträchtigen, eine Beschleunigung der Enteignung erreicht werden kann, bis nach Fertigstellung der Anlagen auszusetzen.

An die Oberpräsidenten zu Danzig, Breslau, Magdeburg und Coblenz, sämmtliche Regierungspräsidenten, die Kgl. Ministerial-Baukommission und den Polizeipräsidenten zu Berlin, an sämmtliche Kgl. Eisenbahndirektionen und die Eisenbahnkommissare.

b) Vom 12. Juni 1902 (EVBl 306, VV II 164).

(Auszug).

... Wiederholt sind Verzögerungen im Fortgange des Verfahrens dadurch verursacht worden, daß der Unternehmer es unterlassen hat, für die unter Nr. 6 des Erlasses[8]) vorgeschriebene möglichst frühzeitige Beschaffung der Grundbuchauszüge oder Bescheinigungen gemäß § 24 Abs. 3 des Gesetzes und der etwa erforderlichen Katastermaterialien zu sorgen. Zur weiteren Beschleunigung wird es in vielen Fällen beitragen, wenn, wie hierdurch ferner angeordnet wird, dem nach § 18 des Gesetzes zu stellenden Antrage die Beilagen, welche in die Beschlüsse der Bezirksausschüsse überzugehen bestimmt sind, in der dazu erforderlichen Zahl von Abschriften oder Umdrucken sofort beigegeben werden, weil deren spätere Anfertigung durch die Enteignungsbehörden in einzelnen Fällen nicht unwesentliche Zeitverluste herbeigeführt hat.

Im Übrigen wird erwartet, ... daß die verschiedenen Mittel, welche das Gesetz zur beschleunigten Herbeiführung des Eigenthumsüberganges an die Hand giebt, nicht unbenutzt bleiben. Hierher gehört insbesondere die Einigung über den Gegenstand der Abtretung (§ 16), welche das häufig in einer nur förmlichen Wiederholung der vorläufigen Planfeststellung (§ 15) bestehende endgültige Planfeststellungsverfahren entbehrlich macht, sei es, daß die Entschädigung nachträglicher Feststellung vorbehalten wird oder nicht, sowie die in allen Fällen der Einigung — und zwar „ohne Berührung der Entschädigungsfrage" — vorzubehaltende Durchführung des Verfahrens, soweit es lediglich zur Befreiung eines Grundstücks von darauf haftenden privatrechtlichen Verbindlichkeiten stattfinden muß (§§ 16 Satz 3, 46, 45).

Indem wir nochmals allen betheiligten Behörden die Befolgung der Vorschriften des Erlasses vom 20. Mai 1899[8]) zur Pflicht machen, bestimmen wir, daß die Enteignungsbehörden fortan zur dauernden Überwachung des Geschäftsganges in Enteignungsangelegenheiten ein fortlaufendes Register über sämmtliche in ihrem Bezirke nach dem Gesetze vom 11. Juni 1874 zu bearbeitenden Enteignungssachen führen. In das Enteignungsregister ist

[8]) Vorst. Beil. C a.

jede Sache sofort nach ihrem Eingange bei dem Regierungspräsidenten einzutragen und ihre weitere Behandlung durch den Regierungspräsidenten und den Bezirksausschuß — in Berlin durch den Polizeipräsidenten und die erste Abtheilung des Polizeipräsidiums — bis zur Vollziehung der Enteignung durch Einrückung des Tages der Erledigung in jeder vorgeschriebenen Spalte auf derselben Linie einheitlich zu verfolgen. Es wird empfohlen, folgende Spalten nebeneinander anzulegen: Bezeichnung der Sache. Antrag auf Planfeststellung. Verfügung wegen Offenlegung des Planes. Kommissarischer Planfeststellungstermin (§ 20). Eingang des Berichts bei dem Bezirksausschusse. Planfeststellung durch den Vorsitzenden des Bezirksausschusses (§ 117 des LVG.). Planfeststellungstermin vor dem Kollegium (§ 21). Absendung des Planfeststellungsbeschlusses. Antrag auf Entschädigungsfeststellung. Kommissarischer Entschädigungsfeststellungstermin (§ 25). Einreichung eines etwaigen schriftlichen Gutachtens. Eingang des Berichts bei dem Bezirksausschusse. Entschädigungsfeststellung durch den Vorsitzenden des Bezirksausschusses (§ 117 LVG.). Entschädigungsfeststellungstermin vor dem Kollegium (§ 29). Absendung des Entschädigungsfeststellungsbeschlusses. Antrag auf Vollziehung der Enteignung. Vollziehung durch den Vorsitzenden des Bezirksausschusses (§ 117 LVG.). Vollziehung durch Beschluß des Kollegiums (§ 32).

Wir behalten uns vor, zur Abstellung etwa noch hervortretender Mißstände von Zeit zu Zeit einzelne Enteignungsregister einzufordern.

An die Ober-Präsidenten zu Danzig, Breslau, Magdeburg und Coblenz, sämmtliche Regierungspräsidenten, die Kgl. Ministerial-Baukommission und den Polizei-Präsidenten zu Berlin, an sämmtliche Kgl. Eisenbahndirektionen und die Eisenbahnkommissare.

2b. Gesetz über ein vereinfachtes Enteignungsverfahren. Vom 26. Juli 1922 (GS 211)[1].

1[2])[3]). Für Unternehmen, bei denen das Enteignungsverfahren aus Gründen des öffentlichen Wohls, insbesondere zur Beseitigung oder Abwendung größerer Arbeitslosigkeit oder eines sonstigen Notstandes, einer besonderen Beschleunigung bedarf, kann das Staatsministerium[4]) durch einen im Amtsblatt bekanntzumachenden Erlaß anordnen, daß ein vereinfachtes Enteignungsverfahren stattfindet.

Soweit eine solche Anordnung ergeht, sind die Vorschriften des Gesetzes über die Enteignung von Grundeigentum vom 11. Juni 1874 (Gesetzsamml. S. 221)[5]) in Verbindung mit dem XXII. Titel des Gesetzes über die Zuständigkeit der Verwaltungs- und Verwaltungsgerichtsbehörden vom 1. August 1883 (Gesetzsamml. S. 237)[6]) mit den nachstehenden Änderungen anzuwenden.

§ **2**[2]). An die Stelle des Bezirksausschusses tritt der Regierungspräsident.

§ **3**[2]). Die in § 19 des Enteignungsgesetzes vorgesehene Frist von zwei Wochen wird auf eine Woche verkürzt.

§ **4**[2]). Der Beschluß über die Feststellung der Entschädigung (§ 29 des Enteignungsgesetzes) und der Enteignungsbeschluß (§ 32 des Enteignungsgesetzes) werden verbunden. In geeigneten Fällen können diese Beschlüsse auch mit dem Beschluß über die Feststellung des Planes (§ 21 des Enteignungsgesetzes) verbunden werden[7]).

Für jeden Teil des Beschlusses verbleibt es bei den gesetzlich verordneten Rechtsbehelfen[8]).

§ **5**[2]). Das Eigentum des enteigneten Grundstücks geht auf den Unternehmer erst nach Zahlung oder Hinterlegung der Entschädigungssumme über.

§ **6**[2])[9]). Der Regierungspräsident kann den Unternehmer auf Antrag vorläufig in den Besitz

---

[1]) Das G macht eine Einrichtung zu einer dauernden, die aus den Kriegsbedürfnissen heraus durch Vo 11. Sept. 14 GS 159 zunächst für einige Monate getroffen w. war; eine Reihe gesetzgeberischer Akte (aufgezählt im G 31. Juli 21 GS 485) hatte alsdann ihre Gültigkeit verlängert und teilw. die ursprüngl. Best abgeändert. Inhalt: Die Vereinf. besteht hauptsächl. darin, daß anstelle des BezAusschusses der RegPräsident tritt, die 3 wichtigsten Beschlüsse zusammengezogen w. dürfen od. müssen u. eine vorläufige Besitzeinweisung zugelassen ist (s. auch oben V 2a Anm. 67 B). Quellen: s. Kommentar v. Meyer zum EntG 3. Aufl. S. 19. — AusfBest Beilagen A und B. Eingef. in Waldeck durch Vo 15. März 29 GS 11 Ziff. (1) C 3.

[2]) Hierzu AusfBest Beil. A.

[3]) Hierzu AusfVf Beil. B. — Gebühren: VGO (oben IV 7 Beil. A) Tarifnr. 26b.

[4]) Für Reichseisenbahnen auch der Reichsverkehrsminister. RBahnG § 38 (2); StGHof 30. Juni 23 (abgedr. in RG ZS **107** 409). Hat der RVMin. die Anordnung getroffen, so muß der RegPräs. das vereinf. Verf. einleiten; gegen ablehn. Entsch des RegPräs. ist bei Reichsbahnbauten m. E. gemäß LVG § 125 Beschw. an den RVMin. gegeben. — Zuständigkeit der Zentralbehörden zur Erwirkung des Erlasses: E 1. Sept. 26 HMinBl 274.

[5]) V 2a d. W.

[6]) Der f. d. Eisenbahn allein in Betracht komm. § 150 ZustG ist oben in V 2a Anm. 15 abgedr.

[7]) Ist das geschehen, so sollen die Behörden der früheren StEV die Entschädigung erst zahlen od. hinterlegen, nachdem die Planfeststellung rechtskräftig geworden ist. E 6. April 15 V 53. 108. 72 u. 2. Mai 16 IV 46. 108. 78. — Der Beschluß ist kein VeräußGeschäft i. S. GrunderwerbsteuerG 11. März 27 RGBl I 72 § 5. RFinanzhof EE **45** 274. — Vormerkung i. S. EntG § 24: oben V 2a Anm. 113.

[8]) Planfestst.: V 2a d. W. Anm. 101, EntschädFestst. das. § 30, Enteignung das. Anm. 139.

[9]) Maßgebender Zeitpunkt f. d. Festst. der Entschäd. ist nicht der der Besitzeinweis., sondern der der Entschäd-Festst. E des HMin 18. Dez. 22 Va 11551. Die Verzins. gemäß § 6 Abs. 1 Satz 4 richtet sich n. d. Werte des Grundst. im Zeitpunkte d. Besitzeinw. Desgl. 23. Jan. 23 Va 296.

der im Plan bezeichneten Grundstücke einweisen, sobald der Beschluß über die Feststellung des Planes ergangen ist (§ 21 des Enteignungsgesetzes). Auf Antrag eines Beteiligten ist der Zustand des Grundstücks, soweit er für die spätere Feststellung des Grundstückswerts und der Nebenentschädigungen von Bedeutung ist, im Besitzeinweisungstermin oder, wenn das nicht sofort möglich ist, in einem mit kurzer Frist anzuberaumenden neuen Termin, nötigenfalls unter Zuziehung eines oder mehrerer Sachverständiger, schriftlich niederzulegen. Dem Besitzer des Grundstücks ist der durch die Einweisung entstandene, nötigenfalls im Rechtswege festzustellende Schaden zu vergüten. Ist der Eigentümer im Besitz des Grundstücks, so ist ihm die für die Enteignung zu gewährende Entschädigung vom Tage der Besitzeinweisung an zu verzinsen[9]). Erleidet er einen weiteren Schaden, so ist ihm auch dieser zu ersetzen.

Die Entschädigung (Abs. 1) ist tunlichst bereits in dem Beschluß, durch den der Unternehmer in den Besitz eingewiesen wird, festzustellen. Sie ist dem Besitzer alsbald zu zahlen; wird die Zahlung schuldhaft verzögert, so ist auf den Antrag des Besitzers der Beschluß aufzuheben.

Der Beschluß ist dem Eigentümer und dem Besitzer zuzustellen oder zu Protokoll zu verkünden. Ihnen steht binnen einer Woche nach der Zustellung oder Verkündung die Beschwerde an den Minister für Handel und Gewerbe zu. Die Beschwerde hat keine aufschiebende Wirkung. Gegen die Entscheidung über eine Entschädigung ist der Rechtsweg gemäß § 30 des Enteignungsgesetzes zulässig.

§ 7[2]). Ergeht eine Anordnung nach § 1 Abs. 1 für einen Fall, in dem ein Enteignungsverfahren nach den Bestimmungen der §§ 135ff. des Allgemeinen Berggesetzes für die Preußischen Staaten vom 24. Juni 1865 (Gesetzsamml. S. 705) in Verbindung mit § 150 Abs. 2 des Gesetzes über die Zuständigkeit der Verwaltungs- und Verwaltungsgerichtsbehörden vom 1. August 1883 (Gesetzsamml. S. 237) stattfindet, so finden die §§ 2 und 6 Anwendung, und zwar § 6 mit folgenden Maßgaben:

1. Im § 6 Abs. 1 treten an die Stelle des Regierungspräsidenten das Oberbergamt und der Regierungspräsident.
2. Die Besitzeinweisung (§ 6 Abs. 1) kann durch die Kommissare des Oberbergamts und des Regierungspräsidenten in gegenseitigem Einvernehmen bereits in dem nach § 143 Abs. 1 des Allgemeinen Berggesetzes an Ort und Stelle abzuhaltenden Termin erfolgen.
3. In § 6 Abs. 3 Satz 2 treten an die Stelle des Ministers für Handel und Gewerbe dieser Minister und der Minister für Landwirtschaft, Domänen und Forsten.

§ 8. Die zur Ausführung dieses Gesetzes notwendigen Bestimmungen erläßt der Minister für Handel und Gewerbe.

§ 9. Das Gesetz tritt mit dem 1. Juli 1922 in Kraft.

Soweit in Gesetzen und Verordnungen auf die Bestimmungen der Verordnung vom 11. September 1914 (Gesetzsamml. S. 159) Bezug genommen ist, treten die Bestimmungen dieses Gesetzes an deren Stelle.

Beilage A (zu Anmerkung 1).

Ausführungsbestimmungen des Ministers für Handel und Gewerbe zum Ges. über ein vereinfachtes Enteignungsverfahren v. 26. 7. 1922[a]). Vom 24. August 1923

(MinBliV. 1091, auch abgedruckt in Hein-Krüger Kleinbahng II 278).

Das Ges. über ein vereinfachtes Enteignungsverfahren v. 26. 7. 1922 (GS. S. 211) ist an die Stelle der Vo v. 11. 9. 1914 i. d. Fass. der Bek. vom 31. 8. 1921 (GS. S. 513) getreten. Der Zweck ist der gleiche geblieben: Dem Unternehmer soll die Möglichkeit gegeben werden, das Eigentum oder eine Beschränkung des Eigentums, die Entziehung oder Beschränkung eines Rechtes am Eigentum oder wenigstens den Besitz der für sein Unternehmen erforderlichen Grundstücke ohne Zeitverlust zu erlangen. Der Hauptunterschied zwischen dem Gesetz und der Verordnung besteht darin, daß der Unternehmer nicht mehr, wie bisher, schon vor Einleitung des Enteignungsverfahrens, also unmittelbar nach Verleihung des Enteignungsrechts, in den Besitz des Grundstücks eingewiesen werden kann, das für das Unternehmen voraussichtlich gebraucht wird, sondern frühestens im Augenblick der Feststellung des Planes durch den Regierungspräsidenten. Diese Regelung läßt es geboten erscheinen, das Verfahren mindestens bis zur Besitzeinweisung mit besonderer Beschleunigung durchzuführen und alle nach diesem Gesetz und dem Enteignungsgesetz zu erledigenden Geschäfte als Sofortsachen zu behandeln. Wenn der Unternehmer vor der Planfeststellung vorbereitende Handlungen auf den zu enteignenden oder anderen Grundstücken vornehmen will, so bedarf er hierzu nicht der Besitzeinweisung. Es genügt ein entsprechender Antrag gemäß § 5 des Enteignungsgesetzes, der sowohl vor Verleihung des Enteignungsrechts als auch nach Einleitung des Planfeststellungsverfahrens gestellt werden kann. Er ist, wenn die Anordnung aus § 1 des Ges. getroffen ist, an den Regierungspräsidenten, sonst an den Bezirksausschuß zu richten.

Die Geltungsdauer des Gesetzes ist zeitlich nicht begrenzt. Es stellt gleich der ihm vorangegangenen Vo v. 11. 9. 1914 i. d. Fass. der Bek. v. 31. 8. 1921 keine neuen Fälle der Enteignung auf, sondern schafft lediglich für be-

---

[a]) Die Abkürzungen sind die der amtlichen Veröff.

stimmte Enteignungsfälle ein besonderes vereinfachtes Verfahren. Das materielle Enteignungsrecht bleibt ausschließlich geregelt durch das Ges. über die Enteignung von Grundeigentum vom 11. 6. 1874 (GS. S. 221) und, soweit es sich um bergrechtliche Grundabtretung handelt, durch die §§ 135ff. des Allgemeinen Berggesetzes. v. 24. 6. 1865 (GS. S. 705), letztere gegebenenfalls in Verbindung mit § 9c des Mandatsges. v. 22. 2. 1869 (GS. S. 401) oder entsprechend den bergrechtlichen Bestimmungen. Hierbei ist zur Auslegung des § 54 Ziff. 2 des Ges. vom 11. 6. 1874 zu beachten, daß dieses Gesetz in allen den Fällen keine Anwendung findet, die durch die vorgenannten bergrechtlichen Grundabtretungsvorschriften geregelt sind, daß es jedoch überall da angewendet wird, wo bergrechtliche Enteignungsbestimmungen fehlen, z. B. bei Grundabtretungen zwecks Gewinnung von Haldenplätzen oder Erweiterung von Grubenbauen im Mandatsgebiet.

Im einzelnen bestimme ich zur Ausführung des Gesetzes folgendes:

Zu § 1. Die Anordnung des Staatsministeriums, daß die Vorschriften des Ges. v. 26. 7. 1922 Anwendung finden sollen, kann für den Anwendungsbereich des Enteignungsgesetzes vom 11. 6. 1874 erst ergehen, wenn die Grundlage des ganzen Enteignungsverfahrens geschaffen, d. h. die Zulässigkeit der Enteignung gemäß §§ 1f. des Enteignungsges. ausgesprochen ist. Da hierfür in der Regel ebenfalls das Staatsministerium zuständig ist, steht nichts im Wege, mit dem Antrage auf Verleihung des Enteignungsrechts dem Antrag auf Zulassung des vereinfachten Enteignungsverfahrens zur Durchführung dieses Rechtes zu verbinden. Entsprechendes gilt für die bergrechtliche Zwangsgrundabtretung, bei der es einer Verleihung des unmittelbar auf dem Gesetz beruhenden Enteignungsrechts nicht bedarf.

Die Voraussetzung für die Anwendung des Gesetzes ist die gleiche wie im § 1 des Enteignungsges. für die Zulässigkeit der Enteignung überhaupt. Das Enteignungsverfahren muß aus „Gründen des öffentlichen Wohls“ einer besonderen Beschleunigung bedürfen. Als Beispiel sind genannt: die Beseitigung oder Anwendung *größerer* Arbeitslosigkeit oder eines sonstigen Notstandes.

Wie ein Vergleich mit den entsprechenden bisherigen Bestimmungen ergibt, ist das Anwendungsgebiet des vereinfachten Enteignungsverfahrens durch das neue Gesetz eingeschränkt worden, da nach dem bisherigen Recht schon die Beschaffung von Arbeitsgelegenheit oder eine gewisse Bedeutung des betreffenden Unternehmens für die Volksversorgung im Verein mit sonstigen Gründen des öffentlichen Wohls die Zulassung des vereinfachten Enteignungsverfahrens rechtfertigte.

Zu § 2. Der Regierungspräsident ist befugt, sich bei Erlaß der nach dem Gesetz zu treffenden Entscheidungen vertreten zu lassen und insbesondere damit den mit der Führung der Verhandlungen betrauten Kommissar (§§ 20, 25 des Enteignungsges.) zu beauftragen.

Zu § 3. Sobald der Antrag des Unternehmers auf Einleitung des Enteignungsverfahrens (Feststellung des Planes) eingeht (§ 18 des Enteignungsges.), hat der Regierungspräsident den Plan gemäß § 15 des Enteignungsges. mit größtmöglicher Beschleunigung vorläufig festzustellen, soweit hierzu nicht nach den für die verschiedenen Arten der Unternehmungen bestehenden Gesetzen eine andere Behörde berufen ist (z. B. bei den Bauplänen der Reichsbahn der Reichsverkehrsminister), und die Offenlegung des Planes zu veranlassen (§ 19 des Enteignungsges.).

In der Bekanntmachung über die Offenlegung des Planes ist der Termin zur Erörterung etwaiger Einwendungen (§ 20 des Enteignungsges.) zu bestimmen. Er ist nicht über 14 Tage nach Ablauf der Offenlegungsfrist anzuberaumen.

Der Unternehmer ist während der Offenlegungsfrist berechtigt, die Einwendungen bei der Offenlegungsstelle in den Dienststunden entweder selbst oder durch einen Vertreter einzusehen und Abschriften der Einwendungen fertigen zu lassen. Nach dem Ablauf der Offenlegungsfrist kann er sie in gleicher Weise bei der Regierung einsehen. Macht er hiervon keinen Gebrauch, so kann der Regierungspräsident die Einwendungen in wichtigeren Fällen dem Unternehmer schriftlich mitteilen, wenn dadurch keine Verzögerung des Verfahrens eintritt. Im übrigen erfolgt die Bekanntgabe der Einwendungen an den Unternehmer im Verhandlungstermin.

Zu § 4. In allen Fällen, in denen die Festsetzung der Entschädigung zeitraubende Ermittelungen erfordert, die die Feststellung des Planes verzögern würden, ist von der in Absatz 1 Satz 2 zugelassenen Verbindung der drei Beschlüsse abzusehen und nur der Plan festzustellen, während die Feststellung der Entschädigung und der Ausspruch der Enteignung einem besonderen Beschlusse vorzubehalten sind. Die Entschädigungsfeststellung und der Ausspruch der Enteignung haben alsdann sofort nach Abschluß der unverzüglich durchzuführenden Ermittelungen zu erfolgen.

Darüber hinaus empfiehlt es sich, vor Erlaß des Entschädigungsfeststellungs- und Enteignungsbeschlusses die Rechtskraft des Planfeststellungsbeschlusses abzuwarten, wenn der Umfang der Enteignung nicht bereits in dem Staatsministerialbeschluß über die Verleihung des Enteignungsrechts näher bestimmt ist und die Möglichkeit besteht, daß die in erster Instanz getroffene Entscheidung im Beschwerdewege abgeändert und das Unternehmen auf andere Grundstücke verwiesen wird.

Zu § 5. Ob der Unternehmer die Entschädigung zu zahlen oder zu hinterlegen hat, ergibt sich aus den darüber bestehenden gesetzlichen Bestimmungen.

Das in § 33 des Enteignungsges. vorgeschriebene Ersuchen an das Gericht um Eintragung der Rechtsänderung in das Grundbuch hat der Regierungspräsident erst abgehen zu lassen, wenn der Unternehmer die vollständige Zahlung oder Hinterlegung der festgestellten Entschädigungssumme nachgewiesen hat. Im Gegensatz zu § 32 des Enteignungsges. ist der Ausspruch der Enteignung nicht davon abhängig, daß die Entschädigungssumme endgültig, d. h. rechtskräftig festgestellt ist; es genügt die Feststellung durch die Verwaltungsbehörde.

Zu § 6. Die Besitzeinweisung erfolgt nur auf Antrag des Unternehmers. Sie kann frühestens bei der Feststellung des Planes angeordnet werden. Ob und inwieweit sie erfolgen soll, hat der Regierungspräsident unter Berücksichtigung der Umstände des Einzelfalles zu entscheiden. Die Vorschrift des § 6 geht nicht dahin, daß der Regierungspräsident den Unternehmer in den Besitz einweisen *muß*, sondern daß er ihn einweisen *kann*. Er ist daher in der Lage, die Besitzeinweisung auf einzelne Grundstücke (Grundstückteile) zu beschränken oder seiner Entscheidung Bedingungen hinzuzufügen, deren Erfüllung er im Interesse des Grundstückseigentümers oder anderer Beteiligter für erforderlich erachtet; insbesondere kann er die vorläufige Besitzeinweisung von der Hinterlegung einer ausreichenden, nötigenfalls nach Anhörung von Sachverständigen festzustellenden Sicherheit abhängig machen, die der dem Grundstückseigentümer oder sonstigen Beteiligten voraussichtlich zu gewährenden Entschädigung entspricht[b]). Wenn die für das Unternehmen erforderlichen Grundstücksparzellen nicht bereits in dem Staatsministerialbeschluß über die Verleihung des Enteignungsrechts bezeichnet sind, wird es namentlich in zweifelhaften Fällen angezeigt sein, die Besitzeinweisung erst dann anzuordnen, wenn der Planfeststellungsbeschluß rechtskräftig geworden ist, da erst dann zweifelsfrei feststeht, ob das Unternehmen auf den im Plan angegebenen Grundstücken ausgeführt werden darf. Dadurch wird vermieden, daß der Unternehmer Anlagen herstellt, die im Falle der Aufhebung oder Änderung des Planfeststellungsbeschlusses wieder beseitigt oder geändert werden müssen.

Der Besitzeinweisung hat grundsätzlich eine örtliche Behandlung mit den Beteiligten vorauszugehen (Besitzeinweisungstermin). Zu dem Termin sind der Unternehmer und die sonstigen Beteiligten zu laden; ihrer Anwesenheit im Termin bedarf es nicht.

Die im Satz 2 geregelte „Feststellung des Zustandes" ist der Vorschrift des § 35 des Enteignungsgesetzes nachgebildet und wird sich hauptsächlich auf „Gebäude und künstliche Anlagen" zu erstrecken haben. Bei bloß ackerwirtschaftlich bestellten Grundstücken ist eine solche Feststellung im allgemeinen entbehrlich, da ihr Zustand auch später leicht nachgewiesen werden kann. Ist die von den Beteiligten gewünschte Beweissicherung nicht sogleich im Besitzeinweisungstermin möglich, so ist die Beschlußfassung auszusetzen, sofern nicht durch geeignete Auflagen an den Unternehmer trotz der Inanspruchnahme des Grundstücks die Feststellung ermöglicht werden kann.

Durch die Einweisung in den Besitz erlangt der Unternehmer — ebenso wie im Falle der nach § 16 des Enteignungsgesetzes erfolgenden Überlassung des Besitzes — das Recht, über die Substanz des Grundstückes insoweit zu verfügen, als es zu den Zwecken des Unternehmens erforderlich ist (Bauerlaubnis).

Zu § 7. Durch die ausdrückliche Zulassung einer Besitzeinweisung durch die Kommissare des Oberbergamts und des Regierungspräsidenten in § 7 Abs. 2 soll die in der bisherigen Praxis den Kommissaren regelmäßig von Fall zu Fall durch ihre Behörden erteilte Einweisungsbefugnis allgemein ausgesprochen werden. Es unterliegt hierbei jedoch keinem Zweifel, daß die genannten Behörden im Hinblick auf ihr dienstliches Verhältnis zu den Kommissaren und zumal auch ihnen die Befugnis zur Besitzeinweisung nach dem Gesetze zusteht (§ 7 Ziffer 1 in Verbindung mit § 6 Abs. 1), berechtigt sind, ihre Kommissare für das einzelne Enteignungsverfahren mit besonderen Weisungen zu versehen, die von den Kommissaren trotz der ihnen eingeräumten selbständigen Prüfung der Einweisungsvoraussetzungen zu befolgen sind.

Beilage B (zu Anmerkung 1).

Verfügung des Ministers für Volkswohlfahrt betreffend vereinfachtes Enteignungsverfahren. Vom 21. Dezember 1923 (MinBliV 1924, 5).

Im Anschluß an die Ausf.Best. v. 24. 8. 1923 MinBliV. S. 1091[c]) zum Gesetz über ein vereinfachtes Enteignungsverfahren v. 26. 7. 1922 (GS. S. 211) — vgl. Erlaß des Min. f. Hand. u. Gew. vom 22. 10. 1923, HMBl. S. 358 — bestimme ich für den Bereich meines Zuständigkeitsgebietes im Einvernehmen mit dem Min. f. Hand. u. Gew. noch folgendes:

Soll auf Grund des § 11 des Baufluchtliniengeſ. v. 2. 7. 1875 eine Enteignung erfolgen, so muß der Plan gemäß § 8 a. a. O. förmlich festgestellt sein. Die förmliche Feststellung ersetzt die im §§ 15 bis 23 des Ges. über die Enteignung von Grundeigentum vom 11. 6. 1874 (GS. S. 221) geordnete Feststellung des Enteignungsplanes, sodaß bei diesen Enteignungen nur noch die Entschädigung festgestellt und die Enteignung ausgesprochen zu werden braucht (§§ 24 ff. des Enteignungsges.).

Wird das einer Gemeinde nach § 11 des Baufluchtliniengesetzes zustehende Enteignungsrecht in den Formen des Ges. über ein vereinfachtes Enteignungsverfahren durchgeführt, so kommt außerdem noch die Entscheidung aus § 1 dieses Ges. in Frage.

Mit dem Antrage auf Zulassung des vereinfachten Enteignungsverfahrens ist neben den durch Erlaß des Handelsmin. v. 14. 6. 1923 — V a 5007 II. Ang./I a 1208 (nicht veröffentlicht)[d]) Anl. 2 geforderten Unterlagen eine Abzeichnung des Planes mit den beglaubigten Vermerken über die vorschriftsmäßige Durchführung des Fluchtlinienverfahrens vorzulegen. Die Vorlage hat bei mir zu erfolgen.

3. Gesetz, betreffend die Anlegung und Veränderung von Straßen und Plätzen in Städten und ländlichen Ortschaften. Vom 2. Juli 1875 (GS 561).

(Auszug)[1]).

§ 1. Für die Anlegung oder Veränderung von Straßen und Plätzen (auch Gartenanlagen, Spiel- und Erholungsplätzen) in Städten und ländlichen Ortschaften sind die Straßen- und Bau-

b) S. auch E 8. Dez. 26 HMinBl 354.

c) Vorst. Beilage A.

d) Inhaltlich mitgeteilt bei Meyer, EntG, Anm. 4 zu § 2, vollständig abgedr. bei Hein-Krüger KleinbG II 282.

1) In der Fassung des WohnungsG 28. März 18 GS 23; Sonderbest. f. d. Ruhrkohlenbezirk: G 5. Mai 20 (das auch f. Verkehrsbänder die Festſ. von Fluchtlinien zuläßt) GS 286 §§ 16, 17, 21. Das

fluchtlinien vom Gemeindevorstand im Einverständnisse mit der Gemeinde oder deren Vertretung, dem öffentlichen Bedürfnis entsprechend unter Zustimmung der Ortspolizeibehörde festzusetzen.

Die Ortspolizeibehörde kann die Festsetzung von Fluchtlinien verlangen, wenn die von ihr wahrzunehmenden polizeilichen Rücksichten[2]) oder ein hervorgetretenes Bedürfnis nach Klein- oder Mittelwohnungen die Festsetzung fordern....

Zu einer Straße im Sinne dieses Gesetzes gehört der Straßendamm und der Bürgersteig[2]). (Abs. 4).

§ 3. Abs. 1. Bei Festsetzung der Fluchtlinien ist auf das Wohnungsbedürfnis sowie die Förderung des Verkehrs, der Feuersicherheit und der öffentlichen Gesundheit Bedacht zu nehmen, auch darauf zu halten, daß eine Verunstaltung der Straßen und Plätze sowie des Orts- und Landschaftsbildes nicht eintritt.

§ 5. Die Zustimmung der Ortspolizeibehörde (§ 1) darf nur versagt werden, wenn die von ihr wahrzunehmenden polizeilichen Rücksichten[2]) oder ein hervorgetretenes Bedürfnis nach Klein- oder Mittelwohnungen (§ 3 Abs. 3) die Versagung fordern....

Will sich der Gemeindevorstand bei der Versagung nicht beruhigen, so beschließt auf sein Ansuchen der Kreisausschuß[3]).

Derselbe[3]) beschließt auf Ansuchen der Ortspolizeibehörde über die Bedürfnißfrage, wenn der Gemeindevorstand die von der Ortspolizeibehörde verlangte Festsetzung (§ 1 Alinea 2) ablehnt. An Stelle des Kreisausschusses tritt in Stadtkreisen und den einem Landkreise angehörigen Städten von mehr als 10000 Einwohnern der Bezirksausschuß, in Berlin der Minister der öffentlichen Arbeiten[3])....

§ 6. Betrifft der Plan der beabsichtigten Festsetzungen (§ 4) eine Festung, oder fallen in denselben öffentliche Flüsse, Chausseen, Eisenbahnen oder Bahnhöfe, so hat die Ortspolizeibehörde dafür zu sorgen, daß den betheiligten Behörden rechtzeitig zur Wahrung ihrer Interessen Gelegenheit gegeben wird[4]).

§ 7. Nach erfolgter Zustimmung der Ortspolizeibehörde, bezüglich des Kreisausschusses[3]) (§ 5), hat der Gemeindevorstand den Plan zu Jedermanns Einsicht offen zu legen. Wie letzteres geschehen soll, wird in der ortsüblichen Art mit dem Bemerken bekannt gemacht, daß Einwendungen gegen den Plan innerhalb einer bestimmt zu bezeichnenden präklusivischen Frist von mindestens vier Wochen bei dem Gemeindevorstande anzubringen sind[5]).

Handelt es sich um Festsetzungen, welche nur einzelne Grundstücke betreffen, so genügt statt der Offenlegung und Bekanntmachung eine Mittheilung an die betheiligten Grundeigenthümer.

§ 8. Über die erhobenen Einwendungen (§ 7)[5]) hat, soweit dieselben nicht durch Verhandlung zwischen dem Gemeindevorstande und den Beschwerdeführern zur Erledigung gekommen, der Kreisausschuß[3]) zu beschließen. Sind Einwendungen nicht erhoben oder ist über dieselben endgültig (§ 16) beschlossen, so hat der Gemeindevorstand den Plan förmlich festzustellen, zu Jedermanns Einsicht offen zu legen und, wie dies geschehen soll, ortsüblich bekannt zu machen.

§ 10. Abs. 1. Jede, sowohl vor als nach Erlaß dieses Gesetzes getroffene Festsetzung von Fluchtlinien kann nur nach Maßgabe der vorstehenden Bestimmungen aufgehoben oder abgeändert werden[6]).

§ 11. Mit dem Tage, an welchem die im § 8 vorgeschriebene Offenlegung beginnt, tritt die Beschränkung des Grundeigenthümers, daß Neubauten, Um- und Ausbauten über die Fluchtlinie hinaus versagt werden können, endgültig ein. Gleichzeitig erhält die Gemeinde das Recht, die durch die fest-

---

G gilt auch für Waldeck: Vo 15. März 29 GS 11 Ziff. (1) B V 17. — Bearb. Friedrichs (6. Aufl., her. von v. Strauß u. Torney, 1920; Münchgesang, Bauwesen (04) 277ff.; Saran (2. Aufl. 1921), Das Verh. des FluchtlinienG. zum EisG im allg. behandelt E 8. Mai 1876 Beilage A; s. ferner Gleim S. 264ff., Pannenberg Arch **02** 1209ff. — Für Bauten der Reichsbahn ist zu beachten, daß das in RBahnG § 37 geordnete PlanFeststRecht der nach § 37 zuständ. Stelle nicht durch Anwend. des FluchtlinienG, namentlich nicht durch Festsetzung v. Fluchtlinienplänen rechtlich beeinträchtigt werden kann. — Neuregelung des Stoffes seit Jahren im Werke.

[2]) Zu diesen Rücksichten rechnet Pannenberg (vorst. Anm. 1) nicht die in § 6 bezeichn. staatshoheitl. Interessen. — Bürgersteig neben Bahnanlagen OVG Arch **1910** 1271, **1911** 1305, **1912** 765; OVG **58** 330 u. OVG in EE **33** 250.

[3]) Jetzt der Min. f. Volkswohlfahrt.

[4]) E 23. Dez. 96 u. 29. Juni 02 (Beilagen B u. C); Gleim S. 267, Pannenberg (Anm. 1). Gegen die in den Erlassen vertretene Rechtsauffass.: Friedrichs zu § 6, OVG **68** 428 u. in EE **11** 332. — Die Erlasse, nam. die darin enthaltenen Anweis. an die OrtspolBehörden, werden, da sie m. W. nicht aufgehoben od. geändert w. sind, auch im Verh. zur Reichsbahn sinngemäß zu beachten sein.

[5]) Die Einwendungen, auf die sich §§ 7, 8 beziehen, sind nur solche, die von privaten Interessenten erhoben werden, nicht aber Beanstandungen gemäß § 6; diese sind also von der Ausschlußfrist des § 7 unabhängig u. nicht der Entscheid. gemäß § 8 unterworfen RBesch 27. Dez. 97 (Arch **01** 679). A. M. Friedrichs (Anm. 4 zu § 6).

[6]) EisG §§ 4, 14 werden hierdurch nicht berührt E 8. Mai 76 (Beil. A), RBesch 27. Dez. 97 (Anm. 5); Gleim S. 265, Pannenberg S. 1225, Friedrichs Anm. 7.

gesetzten Straßenfluchtlinien für Straßen und Plätze (auch Gartenanlagen, Spiel- und Erholungsplätze) bestimmte Grundfläche dem Eigenthümer zu entziehen[7]).

§ 12. Abs. 1. Durch Ortsstatut kann festgestellt werden, daß an Straßen oder Straßentheilen, welche noch nicht gemäß der baupolizeilichen Bestimmungen des Orts für den öffentlichen Verkehr und den Anbau fertig hergestellt sind, Wohngebäude, die nach diesen Straßen einen Ausgang haben, nicht errichtet werden dürfen[8]).

§ 13, 14. (Entschädigung)[7]).

§ 15. Durch Ortsstatut kann festgesetzt werden, daß bei der Anlegung einer neuen oder bei der Verlängerung einer schon bestehenden Straße, wenn solche zur Bebauung bestimmt ist, sowie bei dem Anbau an schon vorhandenen bisher unbebauten Straßen und Straßentheilen von dem Unternehmer der neuen Anlage[9]) oder von den angrenzenden Eigenthümern — von letzteren sobald sie Gebäude[10]) an der neuen Straße errichten — die Freilegung, erste Einrichtung[11]), Entwässerung und Beleuchtungsvorrichtung der Straße in der dem Bedürfnisse entsprechenden Weise beschafft, sowie deren zeitweise, höchstens jedoch fünfjährige Unterhaltung, beziehungsweise ein verhältnißmäßiger Beitrag oder der Ersatz der zu allen diesen Maßnahmen erforderlichen Kosten geleistet werde. Zu diesen Verpflichtungen können die angrenzenden Eigenthümer nicht für mehr als die Hälfte der Straßenbreite, und wenn die Straße breiter als 26 Meter ist, nicht für mehr als 13 Meter der Straßenbreite herangezogen werden.

Bei Berechnung der Kosten sind die Kosten der gesammten Straßenanlage und beziehungsweise deren Unterhaltung zusammen zu rechnen und den Eigenthümern nach Verhältniß der Länge ihrer, die Straße berührenden Grenze zur Last zu legen[12]). Wird die Straßengrenze eines Grundstücks, dessen Eigentümer zu den Straßenkosten herangezogen ist, später dadurch verlängert, daß mit dem Grundstück eine Grundfläche wirtschaftlich vereinigt wird, für welche die Straßenkosten nicht bezahlt sind, so sind dem Eigentümer die auf die Verlängerung entfallenden Straßenkosten nachträglich zur Last zu legen.

Abs. 3, 4.

§ 16. Abs. 1. Gegen die Beschlüsse des Kreisausschusses steht dem Betheiligten in den Fällen der §§ 5, 8, 9 die Beschwerde bei dem Bezirksausschuß innerhalb einer Ausschlußfrist von zwei Wochen zu[13]).

Beilagen zum Fluchtliniengesetz.

Beilage A (zu Anmerkung 1).

Erlaß des Ministers der öffentlichen Arbeiten betr. das Verhältnis des Eisenbahngesetzes zum Straßen- und Baufluchtengesetze vom 2. Juli 1875.

(An die Königlichen Regierungen und Eisenbahndirektionen, sowie an das Polizeipräsidium in Berlin.)

Vom 8. Mai 1876 (VB II 111.)

... vermag ich das auf die Bestimmungen des Gesetzes vom 2. Juli 1875 ... gestützte Verlangen des hiesigen Magistrats, daß der landespolizeilichen Prüfung und Feststellung des Projekts für die Erweiterung des Bahnhofs Moabit der hiesigen Verbindungsbahn eine Einigung der Kgl. Direktion mit dem Magistrat wegen der an dem Bebauungsplane für Berlin deshalb vorzunehmenden Änderungen und die Zustimmung der Ortspolizeibehörde vorangehen müsse,

[7]) V 2a Beil. A I 9. Vereinfachtes Enteignungsverfahren V 2b Beil. B. Fall, daß das Gelände in den Plan einer Eis. fällt u. der Min. nicht zugestimmt hat: OVG **68** 428.

[8]) Nicht anwendb. auf Gebäude, die nach einem festgestellten EisBauplane zu errichten sind — Gleim S. 269 —, u. auf Gutsbezirke (OVG **69** 377).

[9]) „Unternehmer" i. S. § 15 wird eine Eis. nicht dadurch, daß ihr durch den festgest. EisBauplan die Herstell. eines öff. Bahnhofszufahrwegs auferlegt u. dieser als Straße in einen städt. Bebauungsplan aufgenommen wird. Gleim S. 271.

[10]) Dahin nicht Bahnbauten, f. die die Nachbarsch. der Straße bedeutungslos ist, z. B. Viadukte (Gleim S. 272), sofern sie nicht wie Stadtbahnbögen zu wirtschaftl. Zwecken ausgebaut werden (OVG **37** 34 u. EE **22** 154). Bahnsteighallen OVG **58** 111. Straßenüberführung über Eis. als Teil der Straßenanlagen OVG **68** 150. Stellwerke OVG **60** 114. Güterschuppen OVG **71** 141, **76** 155.

[11]) Großsteinpflaster f. d. Straßenbahn als EinrichtKosten OVG **73** 136. Allgemeines üb. Einbezieh. des Straßenbahnkörpers in die EinrichtKosten OVG **74** 81.

[12]) Nach KommunalabgG 14. Juli 93 (GS 152) § 10 dürfen die Beiträge nach einem anderen als dem in § 15 angegebenen Maßstabe, insbesondere auch nach der bebauungsfähigen Fläche bemessen werden. — Der Bahnhofsvorplatz bildet mit dem Bahnhof ein einheitl. Grundst.; werden Bahngrundstücksteile als Lagerplätze verpachtet u. von den Pächtern Gebäude darauf errichtet, so sind die einzelnen verpachteten Teile selbständige Grundstücke Friedrichs Anm. 13a; auch OVG **34** 94 u. EE **20** 345. Wohnhaus für EisBeamte als selbst. Grundst.: OVG **57** 112 u. Arch **05** 737. Güterbahnhöfe OVG **48** 102. Grundstücke, die durch einen Privatweg m. d. Straße verbunden sind, OVG **46** 158, EE **24** 359 u. Arch **1917** 1022. Stellwerksgebäude OVG **60** 114.

[13]) LVG §§ 51, 153.

als berechtigt nicht anzuerkennen. Durch das Gesetz vom 2. Juli v. J. haben die bisher in Geltung gewesenen Bestimmungen in Betreff des bei Anlegung und Veränderungen von Straßen und Plätzen in Städten und ländlichen Ortschaften zu beobachtenden Verfahrens, sowie auch in Ansehung der zur Feststellung derartiger Pläne berufenen Behörden Aenderungen erfahren; es ist aber dadurch das in § 4 des Gesetzes über die Eisenbahn-Unternehmungen vom 3. November 1838 dem Handelsminister übertragene Recht, die Linien der zur Ausführung genehmigten Bahnen in ihrer Durchführung durch alle Zwischenpunkte festzusetzen, in keiner Weise alterirt und ebensowenig hinsichtlich der Befugniß, die durch die Eisenbahnanlage nothwendig gewordenen Anlagen an Wegen 2c. festzusetzen, welche nach § 14 des letzgedachten Gesetzes den Regierungen, und sofern die Einleitung eines Enteignungsverfahrens erforderlich wird, nach § 21 des Gesetzes vom 11. Juni 1874 den Verwaltungsgerichten zusteht, eine Aenderung eingetreten. Insoweit die Ausübung dieser Befugnisse die Aufhebung oder Aenderung von Straßen oder Fluchtlinien bedingt, ist daher das Verfügungsrecht der zur Feststellung der Straßen und Straßenfluchten berufenen Behörden, welchen bei Bestimmung der Bahnlinie eine Mitwirkung oder ein Widerspruchsrecht nicht zusteht, überhaupt ausgeschlossen und kann der § 10 des Gesetzes, wonach jede Festsetzung von Fluchtlinien nur nach Maßgabe der in diesem Gesetze gegebenen Vorschriften soll aufgehoben oder abgeändert werden können, nur insoweit Anwendung finden, als die Möglichkeit, über das innerhalb der Grenzen des Weichbildes oder des Bebauungsplanes belegene Terrain zu verfügen, nicht durch eine gesetzliche Verpflichtung, anderweite, mit den Straßenanlagen kollidirende Anlagen zu dulden, beseitigt oder beschränkt wird. ...

Beilage B (zu Anmerkung 4).

Erlasse des Ministers der öffentlichen Arbeiten betr. Beachtung und Ausführung des § 6 des Straßen- und Baufluchtengesetzes vom 2. Juli 1875. Vom 23. Dezember 1896 (EVBl. 1897 5; VV II 112).

Nachstehende, an die Kgl. Regierungspräsidenten und den Kgl. Oberpräsidenten der Provinz Brandenburg gerichtete Verfügung vom heutigen Tage wird den Kgl. Eisenbahndirektionen und den Herren Eisenbahnkommissaren[1]) zur Kenntniß und Beachtung mitgetheilt. Wenn infolge der von den Ortspolizeibehörden mitgetheilten Fluchtlinienpläne Aenderungen der Eisenbahnpläne in Frage stehen, die über die dortige Zuständigkeit hinausgehen (vergl. Erlaß vom 24. April 1890)[2]) — IIa. [IV] 3271 —), oder, wenn es zweifelhaft erscheint, ob und inwieweit ein Fluchtlinien- oder ein Eisenbahnplan der Aenderung bedarf, so ist unter Darlegung des Sachverhältnisses hierher zu berichten.

Wiederholt ist die Wahrnehmung gemacht worden, daß die Befolgung der Vorschriften des Erlasses vom 15. Dezember 1882 (MB. 1883 S. 13, EVB. 1883 S. 125)[3]) auf Schwierigkeiten gestoßen ist, weil den Behörden, denen gemäß § 6 des Gesetzes vom 2. Juli 1875 ... bei der Festsetzung von Fluchtlinien die Wahrung von Staatshoheitsrechten obliegt, nicht ausreichende Gelegenheit hierzu gegeben worden ist.

Mit der Absicht des Gesetzes steht es nicht im Einklange, wenn der Plan zu Jedermanns Einsicht offengelegt (§ 7) und über die in Folge dessen erhobenen Einwendungen (§ 8) im Beschlußverfahren entschieden wird, bevor der Bestimmung des § 6 Genüge geschehen ist. Insbesondere kann ein Plan als zur Offenlegung reif nicht erachtet werden, in welchem die in Ausübung der Staatshoheitsrechte aus §§ 4 und 14 des Gesetzes über die Eisenbahnunternehmungen vom 3. November 1838 geltend zu machenden Bedürfnisse des Eisenbahnbaues und -Betriebes (vergl. Endurtheil des Oberverwaltungsgerichts vom 3. März 1883, Band 9 S. 393) unberücksichtigt geblieben sind.

Um den hieraus entstehenden Unzuträglichkeiten durch die rechtzeitige Anwendung der Grundsätze des Erlasses vom 15. Dezember 1882 in Zukunft wirksam vorzubeugen, ersuche ich Ew. 2c., die unterstellten Ortspolizeibehörden dahin mit Weisung zu versehen, daß sie vom Standpunkte der polizeilichen Interessen erst dann zu einem Fluchtlinienplane Stellung zu nehmen und dem Gemeindevorstande eine — zustimmende oder die Zustimmung versagende — Erklärung gemäß § 5 des Gesetzes abzugeben haben, wenn feststeht, daß der Plan auf Grund von Staatshoheitsrechten gemäß § 6 nicht beanstandet wird. Zugleich ist den Ortspolizeibehörden in Erinnerung zu bringen, daß sie die betheiligten Behörden nach Maßgabe des § 6 rechtzeitig zu benachrichtigen haben, und zwar auch dann, wenn es ihnen zweifelhaft erscheinen sollte, ob die Voraussetzungen des § 6 gegeben seien, da die Ortspolizeibehörden nicht wohl endgültig darüber entscheiden können, ob der Plan die Geltendmachung von Staatshoheitsrechten nothwendig mache.

Fallen in den Plan Eisenbahnen oder Bahnhöfe, so ist derselbe von den Ortspolizeibehörden den zuständigen Kgl. Eisenbahndirektionen, bei Privateisenbahnen den Kgl. Eisenbahnkommissaren[1]) mitzutheilen, welche beauftragt worden sind, den Ortspolizeibehörden ohne Verzug anzuzeigen, ob der Plan auf Grund von Staatshoheitsrechten beanstandet werde oder nicht.

Beilage C (zu Anmerkung 4).

Erlaß des Ministers der öffentlichen Arbeiten betr. rechtzeitige Wahrung der im § 6 des Straßen- und Baufluchtengesetzes aufgeführten öffentlichen Interessen. Vom 29. Juni 1902 (EVBl 332, VV II 113).

Der nachstehende Erlaß[4]) wird den Eisenbahndirektionen und den Kgl. Eisenbahnkommissaren[1]) mit der Anweisung zur Kenntniß gebracht, in allen Fällen, in denen ein Fluchtlinienplan mit Eisenbahnanlagen oder Plänen

[1]) Jetzt Reichsbevollmächtigte für Privatbahnaufsicht.

[2]) V 2a d. W. Anm. 98.

[3]) Dieser E stellt die allg. Grundsätze auf, auf denen die Anordnungen des E 23. Dez. 96 beruhen.

[4]) Der Minister d. öff. Arb. u. des Innern an die Oberpräsidenten, die RegPräsidenten und den Polizeipräs. zu Berlin.

im Widerspruche steht, neben der Anzeige an die Ortspolizeibehörde, die im Hinblick auf die ihr nach § 5 obliegende weitere Verpflichtung über den Gang der Verhandlungen stets auf dem Laufenden zu erhalten ist, dem Gemeindevorstande von der Sachlage Mittheilung zu machen und nicht, wie in einem Falle geschehen, diesem das Weitere zur Herbeiführung einer Aenderung des Planes zu überlassen, sondern unbeschadet der etwa erforderlichen Berichterstattung, ohne Verzug zur Ausgleichung des Widerstreits mit ihm in Verhandlung zu treten. Auch ist Anträgen der Gemeindevorstände auf Verständigung über neue Bebauungspläne oder Fluchtlinien schon vor oder bei ihrer ersten Aufstellung jederzeit zu entsprechen.

Die mit den Gemeindevorständen zu führenden Verhandlungen, sowie etwaige Berichterstattungen sind nach Möglichkeit zu beschleunigen, um das nach §§ 7, 8 des Gesetzes stattfindende Verfahren nicht ohne zwingende Gründe aufzuhalten.

Sofern ein Gemeindevorstand sich gegen die nothwendige Ausgleichung von Kollisionen ablehnend verhalten, trotzdem aber auf der Ertheilung der ortspolizeilichen Zustimmung gemäß § 5 des Gesetzes bestehen sollte, ist ohne Zeitverlust die Kommunalaufsichtsbehörde anzurufen und gleichzeitig unter Vorlage der Pläne hierher zu berichten.

Berlin, den 29. Juni 1902.

In dem auf Grund des § 20 des Straßen- und Baufluchtengesetzes vom 2. Juli 1875 ergangenen Erlasse des mitunterzeichneten Ministers der öffentlichen Arbeiten vom 23. Dezember 1896...[5]) war angenommen worden, daß es, sofern ein Fluchtlinienplan auf Grund von Staatshoheitsrechten von dem gemäß § 6 des Gesetzes von der Ortspolizeibehörde zu benachrichtigenden Behörden beanstandet werden sollte, den betheiligten Staatsbehörden und Gemeindevorständen im Wege der Verständigung, äußerstenfalls unter Anrufung der zuständigen Aufsichtsbehörden, regelmäßig gelingen werde, durch Herbeiführung einer Uebereinstimmung des Fluchtlinienplans mit den Anlagen und Plänen von Eisenbahnen, Festungen u.s.w. die widerstreitenden öffentlichen Interessen miteinander auszugleichen. Von diesem Gesichtspunkte aus war den Ortspolizeibehörden die dort angegebene Weisung über die Abgabe ihrer Erklärung zu dem Fluchtlinienplane ertheilt worden.

Inzwischen zu unserer Kenntniß gelangte Einzelfälle haben uns Anlaß gegeben, die Stellung der Ortspolizeibehörde im Falle des § 6 des Gesetzes einer erneuten Prüfung zu unterziehen. Wenn auch die Offenlegung und förmliche Feststellung eines mit der Ausübung von Staatshoheitsrechten kollidirenden Fluchtlinienplanes zweckwidrig wäre, weil seine endgültige Ausführung auf unüberwindliche Hindernisse stoßen muß (z. B. die Ausführung von Fluchtlinien im Bahnhofsgebiet oder in Festungsanlagen, § 11 Satz 2 dieses Gesetzes, § 4 des Eisenbahngesetzes vom 3. November 1838 u.s.w., vergl. Erkenntniß des Oberverwaltungsgerichts Band 24, S. 227, 228), und wenn gerade deshalb dem § 6 die Aufgabe zugewiesen ist, nicht nur die Feststellung, sondern auch schon die Offenlegung mit jenen öffentlichen Interessen kollidirender Pläne zu verhüten, so sind doch diese öffentlichen Interessen nicht von der Ortspolizeibehörde wahrzunehmen, deren Erklärung vielmehr lediglich von den im § 5 des Gesetzes genannten Rücksichten abhängig ist.

Wir bestimmen deshalb des Weiteren:

Besteht der Gemeindevorstand auf Abgabe der polizeilichen Erklärung über den Fluchtlinienplan, obwohl vorhandene Gegensätze in den nach § 6 zu führenden Verhandlungen nicht ausgeglichen sind, so hat die Ortspolizeibehörde eine ausdrücklich auf die von ihr selbst wahrzunehmenden polizeilichen Rücksichten beschränkte Aeußerung abzugeben. Gleichzeitig hat sie aber zu betonen, daß der Plan nach der Mittheilung der zuständigen Behörde mit Rechten, die auf Grund der Staatshoheit wahrzunehmen seien, im Widerspruche stehe und dieser Widerspruch noch nicht beglichen sei. Von ihrer Aeußerung hat die Ortspolizeibehörde den gemäß § 6 betheiligten Behörden sofort Mittheilung zu machen. Für den Fall, daß diese zur Wahrung der von ihnen zu vertretenden öffentlichen Interessen die Kommunalaufsichtsbehörden anrufen sollten, werden die letzteren hierdurch angewiesen, unverzüglich unter Vorlage der Vorgänge an die zuständigen Ressortminister zu berichten.

Um seiner Zeit die dem § 5 Absatz 1 des Gesetzes entsprechende Erklärung abgeben zu können, haben sich die Ortspolizeibehörden, gegebenenfalls durch Benehmen mit der betheiligten Staatsbehörde oder dem Gemeindevorstande, über den jeweiligen Stand der Sache in Kenntniß zu erhalten.

Es darf indessen auch künftig angenommen werden, daß die auf Grund des § 6 anzuknüpfenden Verhandlungen die Ausgleichung bestehender Gegensätze und die Abgabe einer Erklärung gemäß § 5 in der Regel ohne übermäßigen Zeitverlust ermöglichen werden, zumal den Gemeindebehörden gegen jede unbegründete Verzögerung der Sache durch die betheiligte Staats- oder Ortspolizeibehörde die Beschwerde an die vorgesetzte Instanz offen steht.

Die wünschenswerthe Beschleunigung einer von der Vorschrift des § 6 betroffenen Planfeststellung wird sich übrigens dadurch am Besten erreichen lassen, daß allen späteren Auseinandersetzungen in Folge der Vorschrift des § 6 durch frühzeitiges Einvernehmen der Behörden vorgebeugt wird. Den Gemeindevorständen ist daher anzuempfehlen, daß sie bereits bei der ersten Aufstellung der Pläne, und zwar thunlichst frühzeitig, sich unmittelbar mit den betheiligten Staatsbehörden über die Gestaltung dieser Pläne verständigen, damit den Ortspolizeibehörden demnächst nach Möglichkeit nur Pläne zur Zustimmung vorgelegt werden, gegen die wegen ihrer Uebereinstimmung mit den öffentlichen Interessen ein Einspruch auf Grund des § 6 nicht zu erwarten ist. Den Eisenbahnbehörden ist die thunlichst schnelle und entgegenkommende Erledigung derartiger Anträge der Gemeindevorstände zur Pflicht gemacht worden.

Endlich wird aber auch da, wo die Ausgleichung widerstreitender öffentlicher Interessen noch auf Grund § 6 in Frage kommt, aber wegen anzustellender Untersuchungen oder in der Sache selbst liegender Schwierigkeiten voraussichtlich längere Zeit erfordern wird, in Erwägung zu ziehen sein, ob nicht nach Anhörung der betheiligten Staats-

---

[5]) Beil. B.

behörde der kollidirende Plantheil zur besonderen Feststellung ausgeschieden und zunächst nur für den übrigen Plan die ortspolizeiliche Zustimmung nachgesucht werden kann.

Es wird ersucht, auch auf die Anwendung dieses Mittels zur Beschleunigung der Planfeststellung hinzuwirken. Die nachgeordneten Behörden sind mit Anweisung zur Beachtung dieses Erlasses zu versehen.

Abschrift des an die . . Eisenbahndirektionen und die . . . Eisenbahnkommissare gerichteten Erlasses ist zur Kenntnis beigefügt.

4. Allgemeines Berggesetz für die Preußischen Staaten. Vom 24. Juni 1865 (GS 705). (Auszug)[1].

§ 4 Abs. 1. Auf öffentlichen Plätzen, Straßen und Eisenbahnen[2]) ... ist das Schürfen unbedingt untersagt.

§ 54 Abs. 1. Der Bergwerkseigenthümer hat die ausschließliche Befugniß, nach den Bestimmungen des gegenwärtigen Gesetzes das in der Verleihungsurkunde benannte Mineral in seinem Felde aufzusuchen und zu gewinnen, sowie alle hierzu erforderlichen Vorrichtungen[3]) unter und über Tage zu treffen.

§ 58. Dem Bergwerkseigenthümer steht die Befugniß zu, die zur Aufbereitung seiner Bergwerkserzeugnisse erforderlichen Anstalten[3]) zu errichten und zu betreiben.

§ 59. Die zum Betriebe auf Bergwerken und Aufbereitungsanstalten (§ 58) sowie zum Betriebe von Schürfarbeiten dienenden Dampfkessel und Triebwerke unterliegen den Vorschriften der Gewerbegesetze[3c]).

Sofern zur Errichtung oder Veränderung solcher Anlagen nach den Vorschriften der Gewerbegesetze eine besondere polizeiliche Genehmigung erforderlich ist, tritt jedoch an die Stelle der Ortspolizeibehörde der Revierbeamte und an die Stelle der Regierung das Oberbergamt.

(Abs. 3.)

---

[1]) Im nachfolg. wird das G — in seiner durch eine Reihe späterer Gesetze geänderten Fassung — nur so weit mitgeteilt, wie es eisenbahnrechtl. Vorschriften enthält oder für das EisWesen von besonderer Bedeutung ist; namentlich kommen die Best über das Verh. zw. Eisenbahn-Bau oder -Betrieb u. Bergwerkseigentum sowie über die Rechtsverhältnisse der Bergwerksbahnen in Betracht. — Bearb.: Klostermann-Fürst-Thielmann (6. Aufl. 1911); Brassert-Gottschalk (2. Aufl. 1914); Gleim EisRecht §§ 52, 68 u. zu KleinbG § 51; Eger zu KleinbG § 51; Seydel in Zeitschr. f. Kleinb. **1896** 357. — Geltungsbereich auch die neueren Landesteile (Nachweisung bei Gleim EisR. S. 317 Anm. 1).

[2]) Auch Kleinbahnen.

[3]) A. Darunter Bergwerksbahnen (§ 135), d. h. solche nicht f. d. öffentl. Verkehr bestimmte Gleisanlagen, die (ausschließl. oder in Verb. mit anderen Zwecken) dazu dienen, die Mineralien zu gewinnen, in einen für den Handel geeigneten Zustand zu versetzen u. ihre Abfuhr zu bewirken Gleim Anm. 1 zu KleinbG § 51. Diese Bahnen unterstehen nicht der RVerf oder dem EisG, im allg. (Ausnahme unter d) auch nicht dem KleinbG. Für ihre Rechtslage gilt, was folgt (vgl. auch Sporleder EE **46** 9, 113):

a) Zu ihrer Anlage u. ihrem Betriebe ist nicht Konzession (EisG § 1) oder Genehmigung (KleinbG § 43), sondern nur Prüfung durch die Bergbehörde gemäß BergG § 67 erforderlich Gleim EisR. S. 438. Das Prüfungsverf. ersetzt bei Einziehung von öff. Wegen das Verf. gemäß ZustG § 57: OVG **56** 355. E 23. Aug. 11 HMinBl 325, Hein KleinbG Bd. II 225.

b) Zu ihrer Anlage kann der Bergwerksbesitzer das EntR. ohne besondere Verleihung ausüben BergG §§ 135 f. Hierzu RG im Recht **1920** 574; anders. RG EE **28** 83.

c) Ihre Dampfkessel unterliegen der GewO — BergG § 59 — u. der Anw 16. Dez. 09 (EVBl **1910** 47, vgl. I 2 Beil. A Anm. 4 C), namentlich § 1 V, § 2, § 9 I, § 35, § 36 V, § 41.

d) Soweit sie unter den Begriff „Privatanschlußbahnen" i. S. KleinbG § 43 fallen, wird die eisenbahntechn. Aufsicht über sie durch die EisAufsBeh. für diejen. Eisb. oder Kleinb. ausgeübt, an welche sie angeschlossen sind KleinbG § 51 Abs. 1. Im übr. unterstehen sie der Auff. der Bergbehörde KleinbG § 51 Abs. 2, § 50; BergG § 196 (s. auch Hein-Krüger zu KleinbG § 51).

e) Haftpflicht für Tötung usw. von Personen s. HPflG (unten Abschn. VI) § 1.

f) Sie gehören i. S. der RVO zur Betriebsstätte für Bergarbeiter RVersA EE **9** 316.

g) Anwendbarkeit v. BGB § 906: RG EE **29** 463. Näheres zu a bis d: E 17. Okt. 98, Beilage A. Ferner Klostermann Anm. 14 zu § 196.

B. Mehrfach ist versucht w., durch Verbindung einer Mehrheit von Bergwerksbahnen miteinander ein zusammenhängendes Netz v. solchen Bahnen zu schaffen, das geeignet ist, den Großbahnen (in 1. Linie kam die StEB in Frage) beträchtliche Massentransporte zu entziehen. Dem tritt ein gemeins. E der Preuß. Min. d. öff. Arb., f. Handel usw. u. des Innern v. 7. Mai 19 (M. d. ö. A. IV 47. 121. 746, HMin I 3600, M. d. Inn. IId 2246) entgegen, indem er die Staatsbehörden der Berg-, der EisVerw. u. der Allg. Verw. anweist, auf solche Versuche zu achten u. Schädigungen der StEB mit den jeweils zu Gebote steh. Mitteln (Verweig. des EntR. u. des Bahnanschlusses, strenge bergpolizeil. Planprüfung) möglichst zu verhindern; in jedem Einzelfalle sollen die Berg- u. die EisBehörden über Anträge solcher Art an die vorges. Minister berichten. Da die Anordnung v. drei Ministern gemeinsam ergangen war, konnte sie nur durch gemeins. Anordnung derselben Minister (od. ihrer Rechtsnachfolger) geändert od. aufgehoben w., u. es konnte die oberste Leitung der StEB verlangen, daß dem E gemäß verfahren werde, u. einer Änderung des Verfahrens widersprechen. Diese „Befugnis" des Min. d. ö. A. steht seit dem Übergange der StEB auf das Reich zufolge StVtr 1920 § 12 dem Reiche zu. Es mag hier dahingestellt bleiben, ob mit Inkrafttreten des RBahnG

§ 64. Der Bergwerkseigenthümer hat die Befugniß, die Abtretung des zu seinen bergbaulichen Zwecken (§§ 54 bis 60) erforderlichen Grund und Bodens nach näherer Vorschrift des fünften Titels[4]) zu verlangen.

§ 67. Der Betrieb darf nur auf Grund eines Betriebsplans geführt werden[3a]).

Derselbe unterliegt der Prüfung durch die Bergbehörde und muß der letzteren zu diesem Zwecke vor der Ausführung vorgelegt werden.

Die Prüfung hat sich auf die im § 196 festgestellten polizeilichen Gesichtspunkte zu beschränken.

§ 135. Ist für den Betrieb des Bergbaues und zwar zu den Grubenbauen selbst, zu Halden-, Ablade- und Niederlageplätzen, Wegen, Eisenbahnen, Kanälen . . . und anderen für Betriebszwecke bestimmten Tagegebäuden, Anlagen und Vorrichtungen ... die Benutzung eines fremden Grundstücks nothwendig, so muß der Grundbesitzer, er sei Eigenthümer oder Nutzungsberechtigter, dasselbe an den Bergwerksbesitzer abtreten[5]).

§ 136 Abs. 1. Die Abtretung darf nur aus überwiegenden Gründen des öffentlichen Interesses versagt werden[5]).

§ 142. Können die Betheiligten sich in den Fällen der §§ 135 bis 139 über die Grundabtretung nicht gütlich einigen[5]), so erfolgt die Entscheidung darüber, ob, in welchem Umfange und unter welchen Bedingungen der Grundbesitzer zur Abtretung des Grundstücks oder der Bergwerksbesitzer zum Erwerbe des Eigenthums verpflichtet ist, durch einen gemeinschaftlichen Beschluß des Oberbergamts und des Bezirksausschusses[6]).

§ 145 Abs. 1. Gegen den Beschluß des Oberbergamts und des Bezirksausschusses[6]) steht beiden Theilen der Rekurs an die betreffenden Ressortminister[7]) zu...

§ 148 Abs. 1. Der Bergwerksbesitzer ist verpflichtet, für allen Schaden, welcher dem Grundeigenthume oder dessen Zubehörungen durch den unterirdisch oder mittelst Tagebaues geführten Betrieb des Bergwerks zugefügt wird, vollständige Entschädigung zu leisten, ohne Unterschied, ob der Betrieb unter dem beschädigten Grundstücke stattgefunden hat oder nicht, ob die Beschädigung von dem Bergwerksbesitzer verschuldet ist, und ob sie vorausgesehen werden konnte oder nicht[8]).

§ 150. Der Bergwerksbesitzer ist nicht zum Ersatze des Schadens verpflichtet, welcher an Gebäuden oder anderen Anlagen durch den Betrieb des Bergwerks entsteht, wenn solche Anlagen zu einer Zeit errichtet worden sind, wo die denselben durch den Bergbau drohende Gefahr dem Grundbesitzer bei Anwendung gewöhnlicher Aufmerksamkeit nicht unbekannt bleiben konnte[9]).

Muß wegen einer derartigen Gefahr die Errichtung solcher Anlagen unterbleiben, so hat der Grundbesitzer auf die Vergütung der Werthsverminderung, welche sein Grundstück dadurch etwa erleidet, keinen Anspruch, wenn sich aus den Umständen ergiebt, daß die Absicht, solche Anlagen zu errichten, nur kund gegeben wird, um jene Vergütung zu erzielen.

§ 151. Ansprüche auf Ersatz eines durch den Bergbau verursachten Schadens (§§ 148, 149), welche sich nicht auf Vertrag gründen, müssen von dem Beschädigten innerhalb drei Jahren, nachdem das Dasein und der Urheber des Schadens zu seiner Wissenschaft gelangt sind, durch gerichtliche Klage geltend gemacht werden, widrigenfalls sie verjährt sind[10]).

§ 153. Gegen die Ausführung von Chausseen, Eisenbahnen[2]), Kanälen und anderen öffentlichen Verkehrsmitteln, zu deren Anlegung dem Unternehmer durch Gesetz oder besondere landesherrliche

---

diese Rechtsstellung beim RVMin verblieben od. auf die Hauptverwaltung übergegangen u. dementsprechend ein Streit über sie vom StGHof od. vom Reichsbahngericht zu entscheiden ist.

[4]) §§ 135ff.

[5]) Das EntG findet auf Enteignungen zu Zwecken des Bergbaus keine Anw. (EntG § 54 Ziff. 2). Kollisionen des dem BergwBesitzer u. des der Eis. zustehenden EntRechts sind nach BergG §§ 136, 142, 145 zu entscheiden (Gleim S. 324). Zu den Nutzungsberechtigten im EntVerfahren gehört stets der Pächter, auch wenn sein Recht nicht dinglich ist. RG **93** 10. — Oben V 2a Anm. 88. — Vereinfachtes EntVerfahren: G 26. Juli 22 (oben V 2b) § 7.

[6]) In Berlin: Erste Abt. des PolPräsidiums. ZustG § 150 Abs. 2.

[7]) Die Minister f. Handel u. f. Landwirtsch. (Klostermann Anm. 2, 3).

[8]) Beschädigung eines Bahnkörpers liegt nicht erst dann vor, wenn d. Bahnbetrieb durch eingetretene Bodensenkungen schon gefährdet ist. RG EE **10** 136. Frachten f. Transporte zur Beseit. v. Bergschäden an Bahnanlagen: E 13. April 15 V 53. 205/29. Keine Aufrechnung d. Vorteile, die der Eis. durch Frachten aus d. BergwBetrieb erwachsen, RG EE **31** 353. Die geschäd. EisVerw. darf die Arbeiten zur Beseit. d. Schadens (in casu Hebung d. Bahnkörpers) selbst bewirken; Schadensberechnung f. diesen Fall RG **90** 154. Aktivlegitimation des Pächters einer Eis. RG **74** 313. Sonderfall: RG VZ **1930** 514.

[9]) Anm. 11. — Drohende Gefahr RG **103** 221 (229) u. VZ **1923** 73. — Die Schlußworte des Abs. bedeuten: grobes Verschulden. RG VZ **1923** 73.

[10]) Der EisVerw. gegenüber genügt z. Beginn d. Verjährung die Wahrnehmung der m. d. Streckenaufsicht betrauten Beamten (Bahnmeister, Amtsvorstand); Kenntnis einer „Behörde" ist nicht nötig (ALR) RG **30** 241.

Verordnung das Expropriationsrecht beigelegt ist, steht dem Bergbautreibenden ein Widerspruchsrecht nicht zu[11]).

Vor Feststellung der solchen Anlagen zu gebenden Richtung sind diejenigen, über deren Bergwerke dieselben geführt werden sollen, Seitens der zuständigen Behörde darüber zu hören, in welcher Weise unter möglichst geringer Benachtheiligung des Bergwerkseigenthums die Anlage auszuführen sei[12]).

§ 154. War der Bergbautreibende zu dem Bergwerksbetriebe früher berechtigt, als die Genehmigung der Anlage (§ 153) ertheilt ist, so hat derselbe gegen den Unternehmer der Anlage einen Anspruch auf Schadensersatz. Ein Schadensersatz findet nur insoweit statt, als entweder die Herstellung sonst nicht erforderlicher Anlagen in dem Bergwerke oder die sonst nicht erforderliche Beseitigung oder Veränderung bereits in dem Bergwerke vorhandener Anlagen nothwendig wird[13]).

Können die Betheiligten sich über die zu leistende Entschädigung nicht gütlich einigen, so erfolgt die Festsetzung derselben nach Anhörung beider Theile und mit Vorbehalt des Rechtsweges durch einen Beschluß der Oberbergamts, welcher vorläufig vollstreckbar ist[14]).

§ 155. Wenn Bergbautreibende, welche vor Eintritt der Gesetzeskraft des gegenwärtigen Gesetzes zu dem Bergwerksbetriebe berechtigt waren, Entschädigungsansprüche erheben, welche über den ihnen nach § 154 zu gewährenden Schadensersatz hinausgehen, so ist über diese Ansprüche nach den bisherigen Gesetzen zu entscheiden[15]).

§ 191. Gegen Verfügungen und Beschlüsse des Revierbeamten ist der Rekurs an das Oberbergamt, gegen Verfügungen und Beschlüsse des letzteren der Rekurs an den Handelsminister zulässig, insofern das Gesetz denselben nicht ausdrücklich ausschließt.

§ 196. Der Bergbau steht unter der polizeilichen Aufsicht der Bergbehörden[16]).

Dieselbe erstreckt sich auf

die Sicherheit der Baue,

die Sicherheit des Lebens und der Gesundheit der Arbeiter,

die Aufrechterhaltung der guten Sitten und des Anstandes durch die Einrichtung des Betriebes,

den Schutz der Oberfläche im Interesse der persönlichen Sicherheit und des öffentlichen Verkehrs,

den Schutz gegen gemeinschädliche Einwirkungen des Bergbaues.

Dieser Aufsicht unterliegen auch die in den §§ 58 und 59 erwähnten Aufbereitungsanstalten, Dampfkessel und Triebwerke, sowie die Salinen.

§ 197 Abs. 1. Die Oberbergämter sind befugt, für den ganzen Umfang ihres Verwaltungsbezirks oder für einzelne Theile desselben Polizeiverordnungen über die im § 196 bezeichneten Gegenstände zu erlassen[17])...

---

[11]) § 153 Abs. 1 ist eine gesetzl. Beschränkung des Bergwerkseigentums zugunsten d. Verkehrsanstalten in dem Sinne, daß der nach Ausführ. eines unter § 153 fallenden Verkehrsmittels unter dessen Anlagen betriebene Bergbau auf Gefahr des Bergbautreibenden geschieht u. dieser f. jede Beschäd. der Verk.-Anst. durch den nach ihrer Genehm. u. Errichtung fortgesetzten Bergbau schlechthin Ersatz leisten muß; insoweit bleibt f. d. Annahme eines mitwirk. Verschuldens des Beschädigten i. S. § 150 kein Raum (RG **28** 341, **103** 221). §§ 153, 154 schließen, vorbeh. § 150, nicht etwa die VerkAnst. von d. Anspruch aus § 148 wegen des vor ihrer Erricht. betriebenen BBaus aus — der Bergw.-Eigentümer mag sich durch rechtzeit. Warnung die Anwend. des § 150 sichern —; im Gegenteil erweitern §§ 153, 154 die Anwendbarkeit des § 148, indem sich der BergwEig. den VerkAnst. gegenüb. wegen des nach Erricht. der VerkAnst. fortgesetzten Bergbaus nicht auf § 150 Abs. 1 berufen kann; § 148 bezieht sich — wiederum vorbeh. § 150 — auch auf Anlagen, die nachträglich auf dem Grundstück errichtet werden. RG **103** 221 u. EE **19** 42 u. **40** 93. — Für jene gesetzl. Beschränkung wird Schadensersatz nur in den Grenzen des § 154 gewährt; darüb. hinaus auch dann nicht, wenn f. d. Eisenbahn enteignet wird u. das enteignete Grundst. dem Bergw.-Eig. gehört. RG **58** **147**, **84** **254**. — Zeitliche Grenze zw. „altem" u. „neuem" Bergbau jedenfalls die Offenlegung d. Planes f. d. Verkehrsanlage RG VZ **1923** 73 u. **1927** 527 (Entsch **115** 224).

[12]) Verfahren bei Vorarbeiten f. Eis. E 2. Mai 87 (EVBl 271) u. 23. Okt. 19 IIb 47. 121. 746.

[13]) Über das Alter der Berechtigung entscheidet der Tag der Bergwerksverleihung einers., der Entstehung des Unternehmungsrechts für die VerkAnst. anders., gleichviel ob dieser Tag vor oder nach Inkrafttreten des G liegt Klostermann Anm. 1 zu **§ 154** u. zu § 155. Der Ersatzanspruch erstreckt sich nur auf Anlagen, die der Bergbautreibende zum Schutze der Verk.-Anst. im Bergwerk ausführt, nicht auch auf solche (z. B. Stehenlassen von Sicherheitspfeilern), die er macht, um trotz des Bestehens der Verkehrsanlage den Bergbau fortbetreiben zu können; Ersatz für entgehenden Gewinn kann also nicht verlangt werden RG **5** **266**. — Anm. 11.

[14]) Der Beschluß erstreckt sich auch auf die Ersatzpflicht dem Grunde nach u. ist gemäß § 191 anfechtbar Klostermann Anm. 4, Gleim S. 323.

[15]) Solche Ansprüche existieren nicht RG EE **13** 30, 111. Partikuläre Besonderheiten RG EE **22** 291.

[16]) Die allg. Polizei hat an der Aufsicht über den Betrieb der Bergwerksbahnen (z. B. der Einrichtung u. Handhabung von Schranken an den Wegeübergängen) keinen Anteil OVG **36** 281. Ein Verfahren gemäß ZustG § 57 zur Einziehung eines öff. Weges, der von der Planfestsetzung der Bergbehörde für eine Bergwerksbahn betroffen ist, bedarf, wenn es überhaupt zulässig ist, jedenfalls der Mitwirkung der Bergbehörde OVG **36** 286. — Anm. 3.

[17]) Beil. A Ziff. V.

Beilage A (zu Anmerkung 3).

Erlaß des Ministers der öffentlichen Arbeiten betr. Zusammenwirken der Eisenbahn- und Bergbehörden bei der Beaufsichtigung der Grubenanschlußbahnen.

(An die Kgl. Eisenbahndirektionen und die Eisenbahnkommissare.)

Vom 17. Oktober 1898 (EVBl 303).

Die nachstehenden, mit dem Herrn Minister für Handel und Gewerbe vereinbarten und von diesem den Königlichen Oberbergämtern bekanntgegebenen

„Grundzüge für die Ausübung der Aufsicht ...“

werden ... mit folgenden Bemerkungen mitgetheilt:

Nach § 51 des Kleinbahngesetzes gilt für die bezeichneten Grubenanschlußbahnen nur der § 50 dieses Gesetzes, wonach die eisenbahntechnische Aufsicht und Überwachung der Privatanschlußbahnen durch diejenige Behörde zu erfolgen hat, welcher diese Aufgaben bezüglich der dem öffentlichen Verkehre dienenden Bahn, an welche sie anschließen, obliegen. Außerdem schreibt der § 51 Abs. 2 a. a. O. vor, daß durch die Bestimmung im § 50 das auf dem Allgemeinen Berggesetze vom 24. Juni 1865 beruhende Aufsichtsrecht der Bergbehörden gegenüber diesen Bergwerksbahnen nicht berührt wird. Die nachstehenden „Grundzüge“ bezwecken, das aus dem Kleinbahngesetze sich ergebende besondere Verhältniß dieser Bahnen durch Zusammenstellung der wesentlichen Regeln für die Zuständigkeit und das Zusammenwirken der betheiligten Behörden der Eisenbahnverwaltung und der Bergverwaltung klar zu stellen. Bei den dieserhalb gepflogenen Berathungen hat sich jedoch ergeben, daß eine erschöpfende Regelung des beiderseitigen Aufsichtsrechts unthunlich sei, und es nur darauf ankommen könne, die in Betracht kommenden Gesichtspunkte im Allgemeinen und unter Vermeidung des Eingehens in Einzelheiten an die Hand zu geben. Die betheiligten Behörden werden daher in Wahrung der ihnen gemeinschaftlich anvertrauten öffentlichen Interessen stets darauf Bedacht zu nehmen haben, in allen wichtigeren, das beiderseitige Aufsichtsverhältniß berührenden Angelegenheiten erst nach vorherigem gegenseitigen Benehmen vorzugehen, in Eilfällen aber die getroffenen Anordnungen ohne Verzug zur Kenntniß der betheiligten Behörde der anderen Verwaltung zu bringen, unter Vorbehalt der Entscheidung der vorgesetzten Zentralstellen bei etwaigen Meinungsverschiedenheiten. Ich hoffe, daß bei umsichtiger Behandlung der das gemeinschaftliche Aufsichtsgebiet berührenden Angelegenheiten die mit der Theilung der Aufsichtsbefugnisse verbundenen Schwierigkeiten sich werden vermeiden lassen.

Wegen der zwangsweisen Durchführung der bei Ausübung der eisenbahntechnischen Aufsicht nach Nr. VII Abs. 1 der Grundzüge von den Eisenbahnbehörden getroffenen Anordnungen verweise ich auf den allgemeinen Erlaß vom 8. August 1894....[1])

Mit Rücksicht darauf, daß die von den Bergbehörden zur Prüfung der Entwürfe und zur Abnahme von Grubenanschlußbahnen anberaumten Termine von den Vertretern der zur Mitwirkung zuständigen Eisenbahnverwaltung wegen anderweitiger dienstlicher Inanspruchnahme wiederholt nicht haben wahrgenommen werden können, hat der Herr Minister für Handel und Gewerbe die Bergbehörden angewiesen, vor Anberaumung solcher Termine das Einverständniß der zu betheiligenden Behörden auf dem kürzesten Wege einzuholen.

Grundzüge[2])

für die Ausübung der Aufsicht über diejenigen Privat-Anschlußbahnen im Sinne des Gesetzes über Kleinbahnen und Privat-Anschlußbahnen vom 28. Juli 1892 (Gesetz-Sammlung Seite 225), welche zugleich Zubehör eines Bergwerks bilden.

I. Vor der Prüfung des Entwurfs einer Anschlußbahn nach Maßgabe der Bestimmungen des § 67 des Allgemeinen Berggesetzes vom 24. Juni 1865 hat die Bergbehörde sich zu vergewissern, daß die Prüfung und Genehmigung des Entwurfs und des Anschlusses durch die zuständige Eisenbahnbehörde stattgefunden hat.

II. Ergiebt sich bei Prüfung des Entwurfs durch die Bergbehörde, daß durch die Ausführung desselben auch landespolizeiliche Interessen berührt werden, so hat die Bergbehörde dieserhalb mit dem Regierungs-Präsidenten in Verbindung zu treten.

Wird in einem solchen Falle eine Untersuchung der Verhältnisse an Ort und Stelle für erforderlich erachtet, so ist auch die Eisenbahnbehörde zu dem betreffenden Termin vorzuladen.

III. Die Eröffnung des Betriebes der Anschlußbahn darf erst stattfinden, nachdem die Abnahme derselben durch Kommissare der bei der Prüfung des Entwurfs betheiligten Behörden stattgefunden hat.

Der Antrag auf Abnahme der Anschlußbahn ist an die Bergbehörde zu richten, die sich wegen der Anberaumung des Abnahmetermins mit den betheiligten Behörden zu benehmen hat.

IV. Die örtliche Abgrenzung der Grubenanschlußbahn gegen die Anschlußstation und des gemeinschaftlichen Aufsichtsgebietes erfolgt für jede einzelne Anschlußbahn gemeinschaftlich durch die Eisenbahn- und die Bergbehörde.

V. Das Polizeiverordnungsrecht bezüglich der Grubenanschlußbahnen steht ausschließlich der Bergbehörde nach Maßgabe des § 197 des Allgemeinen Berggesetzes zu. Vor dem Erlasse der Polizeiverordnung hat die Bergbehörde den Entwurf der Eisenbahnbehörde und dem Regierungs-Präsidenten zur Erklärung ihres Einverständnisses mitzutheilen. Dasselbe gilt für Abänderungen von Polizeiverordnungen.

VI. Wird der Betrieb der Grubenanschlußbahn durch Angestellte der Bergwerksbesitzer geführt, so haben diese den Nachweis ihrer Befähigung zu den ihnen übertragenen Obliegenheiten der Bergbehörde zu erbringen.

---

[1]) I 8 Beil. D d. W.

[2]) Diese Grundzüge gelten noch jetzt. E 19. Juli 26 HMinBl 171. Weitere E bei Hein-Krüger Anm. 2 zu KleinbG § 51.

Machen die örtlichen Verhältnisse des Anschlusses es erforderlich, daß die von dem Bergwerksbesitzer angestellten Bediensteten der Anschlußbahn bei der Beförderung der Züge in die Anlagen (Bahnhöfe usw.), welche für den Betrieb der dem öffentlichen Verkehr dienenden Bahn bestimmt sind, hineinfahren müssen, so haben sie ihre Befähigung für diesen Theil des Dienstes zunächst der Eisenbahnbehörde zu erbringen.

Wird der Betrieb der Anschlußbahn durch Bedienstete der Eisenbahnverwaltung geführt, so findet eine Mitwirkung der Bergbehörde bei der Prüfung ihrer Befähigung überhaupt nicht statt.

VII. Die eisenbahntechnische Beaufsichtigung und Überwachung des Betriebes der Grubenanschlußbahn, welche die betriebsfähige und betriebssichere Unterhaltung der Bahnanlage und der Betriebsmittel, sowie die sichere und ordnungsmäßige Durchführung der Züge umfaßt, erfolgt, soweit nicht im Artikel VIII Ausnahmen vorgesehen sind, in der ganzen Ausdehnung der Anschlußbahn selbständig und ausschließlich durch die Eisenbahnbehörde, welche die hierbei erforderlich werdenden Anordnungen an den Bergwerksbesitzer oder dessen Angestellte unmittelbar erläßt. Anordnungen solcher Art von eingreifender Bedeutung, namentlich wenn sie eine Änderung der Bahnanlagen bedingen, hat die Eisenbahnbehörde alsbald zur Kenntniß der Bergbehörde zu bringen.

Im Übrigen liegt die polizeiliche Beaufsichtigung und Überwachung der Anschlußbahn, namentlich insoweit es sich um die Ausführung und Befolgung der hierfür erlassenen Bergpolizeiverordnungen handelt, der Bergbehörde ob.

Übertretungen dieser Verordnungen, welche von den Angestellten der Eisenbahnverwaltung bei Ausübung ihres Dienstes festgestellt werden, sind zur Kenntniß des zuständigen Bergrevierbeamten zur Veranlassung ihrer Verfolgung nach Maßgabe des § 209 des Allgemeinen Berggesetzes zu bringen.

Von etwaigen Übertretungen der Bergpolizeiverordnungen durch Angestellte der Eisenbahnverwaltung hat der Bergrevierbeamte ihrer vorgesetzten Behörde Anzeige zu machen.

VIII. Die Beaufsichtigung derjenigen Betriebsmaschinen und Betriebsmittel, welche nur auf der Anschlußbahn verkehren, liegt, einschließlich der Dampfkesselpolizei, der Bergbehörde ausschließlich ob.

IX. Die Feststellung der bei dem Betriebe der Anschlußbahn vorkommenden Unglücksfälle, welche den Tod oder eine schwere oder voraussichtlich mit Erwerbsunfähigkeit von mehr als dreizehn Wochen verbundene Körperverletzung einer oder mehrerer Personen zur Folge gehabt haben, liegt dem Bergrevierbeamten ob.

Von dem Termine zur Untersuchung des Unfalls hat der Revierbeamte der Eisenbahnbehörde Kenntniß mit dem Anheimstellen der Betheiligung zu geben. Ebenso hat der Revierbeamte der Eisenbahnbehörde Mittheilung zu machen, wenn nach seinem Dafürhalten bei einem Unglücksfalle die Schuld eines Angestellten der Eisenbahnverwaltung konkurrirt.

Wird der Betrieb der Grubenanschlußbahn durch Angestellte der Eisenbahnverwaltung geführt, so sind diese verpflichtet, dem Revierbeamten von Unglücksfällen der in Absatz 1 bezeichneten Art sofort Anzeige zu machen.

5. Jagdordnung. Vom 15. Juli 1907 (GS 207)[1].

(Auszug).

§ 3[1]. Das Jagdrecht darf nur ausgeübt werden auf Jagdbezirken (Eigenjagdbezirken und gemeinschaftlichen Jagdbezirken) und auf Grundflächen, die Eigenjagdbezirken angeschlossen oder gemeinschaftlichen Jagdbezirken zugelegt sind.

§ 4. Eigenjagdbezirke können gebildet werden aus solchen, demselben Eigentümer . . . gehörigen Grundflächen, welche

1. . . .
2. in einem oder mehreren Gemeinde-(Guts-)Bezirken einen land- oder forstwirtschaftlich benutzbaren Flächenraum von wenigstens 75 Hektar einnehmen und in ihrem Zusammenhange durch kein fremdes Grundstück unterbrochen werden. Die Trennung, welche Gewässer und Deiche, ebenso Wege, Kanäle und Eisenbahnen mit Zubehörfläche (Schutzstreifen, Ausschachtungs-, Anschüttungsflächen, Bahnhöfe und Ähnliches) bilden, wird als eine Unterbrechung des Zusammenhanges nicht angesehen. Diese Flächen werden dem angrenzenden Eigenjagdbezirk angeschlossen, falls nicht der Inhaber den Anschluß ablehnt; liegen sie zwischen verschiedenen Jagdbezirken, so erfolgt der Anschluß bis zur Mitte. . . . Lehnt der Inhaber den Anschluß nicht ab, so kann der Eigentümer der Fläche eine Pachtentschädigung verlangen; kommt eine Einigung über die Höhe der Pachtentschädigung nicht zustande, so findet das Verfahren nach § 19[2]) Anwendung.

Ein Eigenjagdbezirk kann allein aus Wegen, Deichen und Flüssen sowie aus solchen längs Wegen, Kanälen und Eisenbahnen führenden Zubehörstreifen, die wegen ihrer geringen

[1]) Beziehungen der früheren StEV zur staatl. Forstverwaltung: E 21. April 79 (EVBl 85) betr. Überweisung des auf Staatsbahngebiet innerhalb forstfiskal. Jagdbezirke aufgefund. Fallwilds an die Oberförstereien; E 16. April 80 (EVBl 258) betr. Unterstützung der auf dem von der Forstverw. abgetretenen Terrain verarmten Personen. — Fangen wilder Kaninchen auf EisGelände: S. in VZ **1927** 875, Seybold VerkRu **1927** 269; Eckardt das. 477. — Zu § 3. Unter welchen Vorauss. nach Hannov. Rechte Reichsbahngrundstücke zur Feldmarkjagd gehören oder einen eigenen Jagdbezirk bilden, erörtert OVG 7. Juni 28 PrVerwBl 1025.

[2]) Beschluß des Kreisausschusses u., wenn ein Stadtkreis beteiligt ist, des Bezirksausschusses.

Breite eine ordnungsmäßige Ausübung der Jagd nicht gestatten, nicht gebildet werden. Derartige Flächen stellen auch den Zusammenhang zur Bildung eines Eigenjagdbezirkes für getrennt liegende Grundflächen nicht her.

(Abs. 2.)

Darüber, ... ob die unter Ziffer 2 Abs. 2 aufgeführten Grundflächen zur Bildung eines Eigenjagdbezirkes oder zur Herstellung des Zusammenhanges geeignet sind, entscheidet auf Antrag eines Beteiligten die Jagdpolizeibehörde[3]). Gegen deren Entscheidung findet innerhalb zwei Wochen die Beschwerde an den Bezirksausschuß statt. Der Beschluß des Bezirksausschusses ist endgültig.

(Abs. 4.)

§ 11. Abs. 1. Die nach §§ 8 und 9 getroffenen Maßnahmen bleiben in Kraft, bis eine anderweite Regelung erfolgt; vor Ablauf von 6 Jahren darf die Neuregelung ... nicht erfolgen. Dasselbe gilt von der Anpachtung der im § 4 Abs. 1 Ziffer 2 Satz 2 bezeichneten Flächen durch den Inhaber des angrenzenden Eigenjagdbezirkes.

§ 25[4]). (Abs. 1 bis 4 regelt die Erhebung und Verteilung der Pachtgelder im Falle der Verpachtung.)

Abs. 5. Vorstehende Bestimmungen gelten auch beim Anschlusse von Grundflächen an einen Eigenjagdbezirk (§ 4 Abs. 1 Ziffer 2 Abs. 1, ...) mit der Maßgabe, daß die zu zahlende Entschädigung nach Abzug der Ausgaben nur unter die Eigentümer der angeschlossenen Grundflächen zu verteilen ist.

(Abs. 6, 7.)

§ 53. Abs. 1. Für Wildschaden ist bei Grundflächen, die einem Eigenjagdbezirk angeschlossen sind (§ 4 Abs. 1 Ziffer 2 Abs. 1, ...), der Inhaber des letzteren als Pächter ersatzpflichtig.

6. Gesetz über die Sicherung der Bauforderungen[1]). Vom 1. Juni 1909 (RGBl 449).

(Auszug).

§ 12. Die Eintragung eines Bauvermerkes unterbleibt, wenn in Höhe eines Betrags, der nach dem Ermessen des Bauschöffenamts den dritten Teil der voraussichtlich entstehenden Baukosten erreicht, Sicherheit durch Hinterlegung von Geld oder Wertpapieren geleistet ist. Mit Wertpapieren, die von der Reichsbank in der ersten Lombardklasse beliehen werden, kann Sicherheit in Höhe von neun Zehnteln ihres Kurswerts geleistet werden.

[1]) Die Eintragung eines Bauvermerkes unterbleibt ferner bei Grundstücken des Fiskus und solchen Grundstücken, welche einer Körperschaft, Stiftung oder Anstalt des öffentlichen Rechtes gehören oder einem dem öffentlichen Verkehre dienenden Bahnunternehmen[2]) gewidmet sind, bei Grundstücken, die nach landesherrlicher Verordnung ein Grundbuchblatt nur auf Antrag erhalten, ...

Die Eigentümer der im Abs. 2 bezeichneten Grundstücke haften in Höhe des dritten Teiles der aufgewendeten Baukosten den Baugläubigern[3]) in gleicher Weise, wie wenn in Höhe dieses Betrags Sicherheit geleistet wäre[4]).

§ 47. Haftet der Eigentümer nach § 12 Abs. 3 den Baugläubigern in Höhe des dritten Teiles der Baukosten, so erfolgt die Bestimmung der den einzelnen Baugläubigern auszuzahlenden Beträge durch ein Verteilungsverfahren. Auf das Verteilungsverfahren finden die Vorschriften der §§ 43, 45, 46[5]) entsprechende Anwendung. An die Stelle der Anordnung der Rückgabe der Sicherheit tritt die Feststellung, daß die im § 12 Abs. 3 bestimmte Haftung erloschen ist.

---

[3]) Der Landrat, in Stadtkreisen die Ortspolizeibehörde (§ 69).

[4]) Jagdanteile der Reichsbahn-Gesellschaft: OVG BZ **1930** 390.

[1]) Der 1. Abschn. des G (§§ 1—8), der allgemeine Sicherungsmaßregeln zum Schutze der Bauforderungen vorsieht, hat ohne weiteres Geltung für alle Bauten, die überhaupt unter das G fallen. Dagegen findet nach § 9 die im 2. Abschn. vorgeschriebene dingliche Sicherung nur in den durch landesherrliche Vo bestimmten Gemeinden statt, u. auch in diesen nicht gleichmäßig für alle Bauten. Namentlich setzt § 12 Abs. 2 Ausnahmen fest, von denen hier die Befreiung v. d. Eintragung des Bauvermerkes bei Grundstücken des Fiskus u. der dem öff. Verkehre dienenden Bahnunternehmen von Wichtigkeit ist. Damit entfällt für diese Grundstücke die Prüfung, die nach § 13 der Erteilung der Bauerlaubnis voranzugehen hat, u. die Eintragung v. Bauhypotheken auf Grund G § 27. — Das G findet nur auf Gebäude Anwendung, nicht z. B. auf Herstellung des Bahnkörpers einer Eis.

[2]) Groß- oder Kleinbahn.

[3]) G §§ 18, 19: Zu den Baugläubigern gehören auch die sog. Nachmänner, d. h. bei Übertragung der Herstellung an einen Unternehmer die Handwerker usw., die der Unternehmer angenommen hat; der Bauherr selbst haftet ihnen, wenn er nicht den in § 19 Abs. 2 gestatteten schwierigen Beweis führt.

[4]) § 47 (oben abgedruckt).

[5]) Diese Best betreffen die gerichtl. Zuständigkeit u. das Verfahren selbst (§ 43); die Rückgabe der Sicherheit, wenn ein Antrag auf Eröffnung des Verf. nicht gestellt oder der gestellte Antrag zurückgenommen od. zurückgewiesen ist u. dgl. (§ 45); die Auszahlung der Sicherheit im Falle der Einigung (§ 46).

VI. Eisenbahnbetrieb.

1. Einleitung.

Der gegenwärtige Abschnitt behandelt zunächst die Vorschriften über Bau und Ausrüstung der Betriebsmittel (Fahrzeuge) sowie über den eigentlichen Eisenbahnbetrieb, d.i. „die betriebssichere Unterhaltung der Bahnanlage und der Betriebsmittel und die sichere und ordnungsmäßige Durchführung der Züge". (AusfAnw. zum KleinbG, I 8 d. W. Beil. A, zu § 22)[1]). Außer den im Wege internationaler Vereinbarung zustande gekommenen Bestimmungen betreffend die technische Einheit im Eisenbahnwesen (Nr. 2) gehören hierher die nachbezeichneten Vorschriften, welche der Bundesrat und die Reichsregierung in Ausführung der Reichsverfassung erlassen haben: die Eisenbahn-Bau- und Betriebsordnung (Nr. 3), die Bestimmungen über die Befähigung von Eisenbahn-Betriebsbeamten (Nr. 4), die Signalordnung[2]). Die unter 2 und 3 abgedruckten Normen enthalten, wie mit Bezug auf Abschnitt V 1 d. W. bemerkt wird, auch Anordnungen, die sich auf den Bau und die Ausrüstung der Bahnanlage selbst beziehen.

[3]) Ähnlich wie im Verkehrswesen (VII 1 d. W.) hat auch die reichsrechtliche Regelung des Eisenbahnbetriebs ihren Ursprung in Normen, die von den Eisenbahnverwaltungen selbst und ihren Verbänden aufgestellt worden waren. Ein näheres Eingehen auf die Vorgeschichte der Reichsverordnungen und auf die Vorschriften der Aufsichtsbehörden, der Eisenbahnverbände und der einzelnen Verwaltungen, in denen sie noch jetzt ihre Ergänzung finden, erscheint indessen — von dem großen Umfange dieser Vorschriften abgesehen — schon aus dem Grunde für die Zwecke d. W. entbehrlich, weil, abweichend von den gleichartigen Vorgängen im Bereiche des Verkehrs, der Schwerpunkt ihrer Bedeutung nicht auf dem rechtlichen Gebiete liegt. Erwähnt sei, daß für den Verein deutscher Eisenbahnverwaltungen (VII 1) „Technische Vereinbarungen über den Bau und die Betriebseinrichtungen der Haupt- und Nebenbahnen", sowie „Grundzüge für den Bau und die Betriebseinrichtungen der Lokaleisenbahnen" aufgestellt sind. Ferner bestehen gemeinsame Veranstaltungen der Bahnen behufs Herstellung ineinandergreifender Zugverbindungen (z. B. die internationalen Fahrplankonferenzen) und Vereinigungen für gegenseitige Benutzung der Fahrzeuge, namentlich der Güterwagen. U. a. ist die Benutzung der Güterwagen für den Bereich des vorgenannten Vereins durch ein „Vereinswagenübereinkommen" geregelt; auch dient dem gleichen Zwecke eine Reihe von internationalen Abmachungen der Verwaltungen. S. auch Neumeyer S. 82ff.

Zivilrechtlich nimmt der Eisenbahnbetrieb nach zwei Richtungen hin eine Ausnahmestellung ein: Einerseits ist der Eisenbahn eine erhöhte Haftpflicht für die durch Betriebsunfälle entstehenden Vermögensnachteile auferlegt, und zwar bei Sachbeschädigungen durch Eisenbahngesetz (I 7 d. W.) § 25, bei Tötung oder Verletzung von Personen durch das Haftpflichtgesetz (Nr. 5); anderseits genießt der Betrieb einen besonderen Rechtsschutz dadurch, daß im allgemeinen eine Pfändung der Betriebsmittel unzulässig ist (Nr. 6). Dem zivilrechtlichen Rechtsschutze treten strafrechtliche Sonderbestimmungen (Nr. 7) zur Seite, die eine Sicherung der Bahnanlage und des Bahnbetriebs gegen mutwillige oder fahrlässige Gefährdung u. dgl. bezwecken.

Im gesundheits- und veterinärpolizeilichen Interesse sind über die Reinigung und Desinfektion von Betriebsmitteln und Bahnanlagen allgemeine Vorschriften ergangen (Nr. 8).

Wegen der Einwirkungen, welche die Interessen der Landesverteidigung, der Post- und Telegraphenverwaltung und der Zollverwaltung auf den Bahnbetrieb ausüben, wird auf Abschnitte VIII bis X, wegen des Rechts der Kleinbahnen auf Abschnitt I 8 verwiesen; die gesundheitspolizeilichen Vorschriften werden, soweit sie nicht unter VI 8 mitgeteilt sind, bei VII 5 behandelt.

---

[1]) Im Sprachgebrauch der EisVerwaltungen wird dem EisBetrieb in diesem engeren Sinne der „Eisenbahnverkehr" als die Gesamtheit derjen. Verrichtungen im BefördWesen gegenübergestellt, deren Zweck darauf gerichtet ist, „die Benutzung der Transportgelegenheit zur Beförderung von Personen, Gütern, Tieren usw. zu vermitteln" (Cauer, Betrieb usw. d. Preuß. Staatsb. I 1); hierher gehört z. B. der Abschluß der BefördVerträge u. die sonstige auf die BefördGegenstände unmitt. bezügl. Tätigkeit der Eis. Beide Dienstzweige greifen aber vielfach ineinander über u. lassen sich nicht scharf trennen.

[2]) Die Signalordnung für die Eisenbahnen Deutschlands (Bek. 24. Juni 07, RGBl 377; später mehrfach abgeändert) wird hier nicht abgedruckt.

[3]) Zu dem folgenden: Cauer (Anm. 1) I 68ff.

2. Bekanntmachung des Reichskanzlers, betr. die Bestimmungen über die technische Einheit im Eisenbahnwesen. Vom 25. Mai 1908 (RGBl 362)[1])

(Auszug)

Artikel I. Spurweite.

Gegenstände	Größtes	Kleinstes
	Maß in Millimeter	
Die Spurweite der Bahngleise, zwischen den inneren Kanten der Schienenköpfe gemessen, soll bei neu zu legenden oder umzubauenden Gleisen auf geraden Strecken nicht unter . . . . betragen	—	1435
und in Krümmungen, einschließlich der Spurerweiterung, das Maß von . . . . . nicht überschreiten.	1470	—

Artikel II. Bauart der Eisenbahnfahrzeuge.

§ **1.** (1) Die Eisenbahnfahrzeuge dürfen wegen ihrer Bauart, soweit sie in den folgenden Punkten berührt ist, nicht zurückgewiesen werden, wenn sie den bei diesen Punkten gestellten Bedingungen entsprechen.

(2) Jedoch besteht keine Verpflichtung, in Züge, für deren Zusammensetzung besondere Vorschriften erlassen sind, Wagen einzustellen, die diesen Vorschriften nicht entsprechen.

(3) Die nachstehend angegebenen größten und kleinsten Maße gelten für vorhandenes wie für neu zu beschaffendes Material, soweit nicht für ersteres die in Klammern beigefügten Maße zugelassen sind.

(§§ 2—25 enthalten die Einzelvorschr. u. werden hier nicht abgedruckt.)

Artikel III. Unterhaltungszustand der Eisenbahnfahrzeuge.

§ **1.** (1) Die im internationalen Verkehre zugelassenen Wagen sollen sich in befriedigendem, die Sicherheit des Bahnbetriebs in keiner Weise gefährdendem Zustande befinden.

(2) Wenn dies nicht der Fall ist, wenn sie insbesondere den Bestimmungen in §§ 2 bis 4 nicht entsprechen oder mit einem der im § 5 angeführten Mängel behaftet sind, dürfen sie zurückgewiesen werden.

§ **2.** Bei dem Übergang auf die Bahnen eines Nachbarlandes sollen seit der letzten gründlichen Untersuchung (Revision) nicht mehr als drei Jahre verflossen sein. Nach der Heimat zurückkehrende lauffähige Wagen sind indes von dritten Verwaltungen leer oder beladen zu übernehmen, auch wenn diese Frist überschritten ist.

§ **3.** (1) Die Achsbüchsen sollen mit Schmiermaterial ausreichend versehen sein.

(2) Für Zeitschmierung (periodische Schmierung) eingerichtete Wagen, deren Schmierfrist abgelaufen ist, dürfen die Heimatbahn ohne neue Schmierung nicht verlassen.

§ **4.** **Zur Viehbeförderung benutzte Wagen sind gründlich gereinigt und desinfiziert zu übergeben.**

§ **5.** [Mängel, die zur Zurückweisung berechtigen (A—F)].

§ **6.** Wagen mit schadhaften oder unbrauchbaren Bremsen sind nicht zurückzuweisen, sollen jedoch mit deutlichen, in die Augen fallenden Anklebezetteln mit entsprechender Aufschrift versehen sein. Beschädigte oder gelöste Teile, die den Betrieb gefährden oder sonst Schaden herbeiführen könnten, sind abzunehmen.

§ **7.** Eigene leere Wagen müssen in jedem Zustand übernommen werden; zum **Viehtransporte benutzte** Wagen jedoch nur nach gründlicher Reinigung und Desinfizierung.

Artikel IV. Beladung der Güterwagen.

§ **1.** **Die im internationalen Verkehr zugelassenen Wagen dürfen wegen ihrer Beladung nicht zurückgewiesen werden, wenn die Ladung sich in einem befriedigenden, die Sicherheit des Bahnbetriebs in keiner Weise gefährdenden Zustande befindet und insbesondere den nachfolgenden Bedingungen entspricht.**

§§ **2—9.**

3. Verordnung über die Einführung einer neuen Eisenbahn-Bau- und Betriebsordnung. Vom 17. Juli 1928. (RGBl II 541)

(Auszug)

Auf Grund des Artikel 91 der Verfassung des Deutschen Reichs vom 11. August 1919 (Reichsgesetzbl. S. 1383) verordnet nach Zustimmung des Reichsrats die Reichsregierung:

[1]) Vereinbart von d. nachgenannten Staaten: Deutsches Reich, Österreich, Ungarn, Belgien, Bulgarien, Dänemark, Frankreich, Griechenland, Italien, Luxemburg, Norwegen, Niederlande, Rumänien, Rußland, Schweden, Schweiz, Serbien. Geändert laut Bek 28. Mai 14 RGBl 187. Ausdrücklich aufrechterhalten im Vtr v. Versailles (oben I 6) Art. 282. Über die Rechtsfolgen bei gewissen Abweich. in der Bauart: Sauter EE **28** 378, **30** 129. — Hand in Hand m. dieser internat. Vereinb. geht die üb. d. zollsichere Einrichtung d. EisWagen (Anl. a zu EZO, unten X 2 Beil. A). — S. auch versch. Best der Internat. RechtsO. (oben I 6 Beil. A), namentl. Artt. 9ff.

Artikel 1

Die Eisenbahn-Bau- und Betriebsordnung vom 4. November 1904 (Reichsgesetzbl. Nr. 47) wird durch nachstehend veröffentlichte Eisenbahn-Bau- und Betriebsordnung ersetzt.

Artikel 2

Die Verordnung tritt am 1. Oktober 1928 in Kraft.

Eisenbahn-Bau- und Betriebsordnung[1]) (BO)

Hauptbahnen	Nebenbahnen

I. Allgemeines

§ 1. Geltungsbereich

(1) Die Eisenbahn-Bau- und Betriebsordnung (abgekürzte Bezeichnung: Betriebsordnung; BO) gilt für alle dem allgemeinen Verkehr dienenden Eisenbahnen Deutschlands[2]). Diese sind Hauptbahnen oder Nebenbahnen[3]). Die Entscheidung darüber, ob eine dem allgemeinen Verkehr dienende Eisenbahn Hauptbahn oder Nebenbahn ist, trifft der Reichsverkehrsminister[4]).

(2) Die in der vollen Breite einer Seite gedruckten Bestimmungen dieser Ordnung gelten für Haupt- und Nebenbahnen,

Hauptbahnen	Nebenbahnen
die auf der linken Hälfte einer Seite nur für Hauptbahnen.	die auf der rechten Hälfte einer Seite nur für Nebenbahnen. (3) Für Schmalspurbahnen gelten die auf die Nebenbahnen anzuwendenden Bestimmungen der Abschnitte II und III nur, soweit dies besonders bemerkt ist. Im übrigen kann der Reichsverkehrsminister allgemeine Vorschriften über Bahnanlagen und Fahrzeuge der Schmalspurbahnen erlassen.

(4) Die Bestimmungen für Neubauten gelten auch für umfassendere Umbauten bestehender Bahnanlagen.

§ 2. Befristungen

(1) Fehlen auf einer Bahn einzelne der im folgenden vorgesehenen Einrichtungen oder sind sie abweichend von den Vorschriften dieser Ordnung ausgeführt, so können für ihre Ausführung oder Änderung vom Reichsverkehrsminister Fristen bewilligt werden.

(2) Befristungen, die auf Grund der bisherigen Vorschriften bewilligt sind, behalten ihre Gültigkeit.

§ 3. Ausnahmen

(1) Der Reichsverkehrsminister kann in Berücksichtigung besonderer Verhältnisse für einzelne Bahnanlagen, Fahrzeuge, Züge oder Zuggattungen Abweichungen zulassen. Diese Ermächtigung erstreckt sich in Kriegszeiten auch auf solche Abweichungen, die das ganze Gebiet einer Eisenbahnverwaltung betreffen.

---

[1]) Die BO enthält die grundlegenden reichsrechtl. Vorschr. über Bau u. Betrieb v. Haupt- u. Nebenbahnen. — Entwurf u. Begründung RRat 1928 Druckf 72 (Entw. u. Begr.), Niederschr. §§ 300 b. 345. Inhalt. I §§ 1—5 Allgemeines, II §§ 6—26 Bahnanlagen, III §§ 27—44 Fahrzeuge, IV §§ 45—73 Bahnbetrieb, V §§ 74—76 Bahnpolizei, VI §§ 77—83 Bestimmungen für das Publikum. Die Anordnung einschl. der Paragraphenfolge ist bei der Neufassung im wesentl. unverändert geblieben. — In den Auszug sind die grundlegenden u. solche Best aufgenommen, die ein rechtl. Interesse bieten od. das Publikum berühren. Im Sachregister d. W. sind auch die oben nicht abgedruckten Best berücksichtigt; es wird namentlich auf folgende Stichworte verwiesen: Aufsichtsbehörde, Bahnhof, Gleis-, Güterwagen, Hauptgleise, Landespolizeibehörde, Landesverteidigung, Lokomotiven, Militärzüge, Neubau, Personenwagen, Reichsverkehrsminister, Schienen-, Signale, Tender, Triebwagen, Türen, Wagen, Wegeübergänge, Weichen, Zug, Zug-. — Ausführungserlasse in S. d. V. Abschn. B. — Bearb. Besser, Berlin 1928. Weiteres Schrifttum: Breusing, EisBetriebshandbuch Berlin 1925; Heinrich, EisBetriebslehre 3. Aufl. Berlin 1928. — Die Best der BO sind revisible Normen, soweit sie allgemeine Ge- u. Verbote f. d. Betriebsunternehmer u. das Publ. enthalten. RG **53** 394. Die Best über d. Zustand der Bahn u. die Bahnanlage richten sich an die EisVerw. selbst, nicht etwa an die Anlieger. RG EE **25** 295.

[2]) Nur die Eisenbahnen des allgemeinen Verkehrs sind Eisenbahnen i. S. RVerf Art. 91; vgl. oben I 2 Anm. 3. Kleinbahnen i. S. des KleinbG u. Bahnen, die nicht dem öffentl. Verkehr dienen, z. B. Privatanschlußbahnen, unterliegen nicht der BO (falsch: Röder Anm. 2e zu EVO § 1). Wegen der Zuständ. des RVMin zur Entsch. darüber, ob eine Bahn zu den Eis. des allg. Verkehrs gehört, s. RBahnG § 11 u. StVtr 1920 § 14.

[3]) Für Nebenbahnen gelten nur mit Einschränkungen die SignalO (oben VI 1 Anm. 2) u. das EisPostG (unten IX 2).

[4]) Wegen der Umwandlung v. Nebenbahnen in Hauptbahnen u. umgek. s. noch: für Reichsbahnen RBahnG § 37 (1) u. Geschäftsübersicht (oben II 2 Beil. A) B 2, für Privateis. KonzessUrkunde (oben I 7 Beil. B) Ziff. XVIII. Anhörung der Landesbehörden bei Umw. v. Hauptb. in Nebenb. Vf 46. 686 v. 14. März 27.

Hauptbahnen	Nebenbahnen
	(2) Für Fahrzeuge, die nur in Nebenbahnzügen laufen, kann, auch wenn die Züge streckenweise Hauptbahnen benutzen, der Reichsverkehrsminister Ausnahmen von den Bestimmungen des Abschnitts III zulassen.

(3) Wird durch außergewöhnliche Verhältnisse der Eisenbahnbetrieb stillgelegt oder erschwert, so kann der Reichsverkehrsminister vorübergehend auch in weiterem Umfang Abweichungen zulassen, soweit dies zur Aufrechterhaltung des Betriebs oder Verkehrs erforderlich ist.

§ 4. Aufsichtsbehörden[5])

Aufsichtsbehörden im Sinne dieser Ordnung sind:

a) bei den Reichseisenbahnen die Hauptverwaltung der Deutschen Reichsbahn-Gesellschaft. Sie kann die Aufgaben der Aufsichtsbehörde auf die Gruppenverwaltung Bayern und auf die Vorstände[6]) der Reichsbahndirektionen und der zentralen Ämter übertragen. Die hierüber zu erlassenden Bestimmungen[7]) sind dem Reichsverkehrsminister mitzuteilen.

b) bei den sonstigen dem allgemeinen Verkehr dienenden Eisenbahnen der Reichsbevollmächtigte für Privatbahnaufsicht[8]).

Durch die Entscheidungen der Aufsichtsbehörden werden die Aufsichtsbefugnisse des Reichsverkehrsministers nicht berührt.

§ 5. Erläuternde und ergänzende Bestimmungen[9])

Erläuternde und ergänzende Bestimmungen der Eisenbahnverwaltungen sind dem Reichsverkehrsminister mitzuteilen.

II. Bahnanlagen

§ 6. Begriffserklärungen[10])

(1) Zu den Bahnanlagen gehören alle zum Bau und zum Betriebe einer Bahn erforderlichen Anlagen mit Ausnahme der Fahrzeuge. Unterschieden werden die Bahnanlagen der freien Strecke, der Bahnhöfe und sonstige Bahnanlagen.

(2) Auf der freien Strecke und auf den Bahnhöfen sind zur unmittelbaren Regelung und Sicherung des Zug- und Rangierbetriebes Betriebstellen vorhanden.

(3) Haltepunkte sind Bahnanlagen der freien Strecke ohne Weichen, wo Züge für Zwecke des Verkehrs planmäßig halten.

(4) Bahnhöfe sind Bahnanlagen mit mindestens einer Weiche, wo Züge beginnen, enden, kreuzen, überholen oder mit Gleiswechsel wenden dürfen.

Bemerkung: Unter „kreuzen" wird das Ausweichen zweier in entgegengesetzter Richtung fahrender Züge bei eingleisigem Betriebe verstanden, im Unterschiede von der Begegnung zweier Züge auf zweigleisiger Bahn.

(5) Abzweigstellen sind Bahnanlagen der freien Strecke, wo Züge ein Gleis der freien Strecke unter Freigabe desselben für einen anderen Zug verlassen oder in ein solches Gleis einfahren können.

(6) Anschlußstellen sind Bahnanlagen der freien Strecke, wo Züge ein an das Streckengleis angeschlossenes Gleis bedienen können, ohne daß das Streckengleis für einen anderen Zug freigegeben wird.

(7) Deckungstellen sind Bahnanlagen der freien Strecke zur Deckung einer Drehbrücke, einer Kreuzung von Bahnen, einer Gleisverschlingung, einer Baustelle usw.

(8) Zugfolgestellen sind alle Bahnanlagen, die einen Streckenabschnitt (Blockstrecke) begrenzen, in den ein Zug nicht einfahren darf, bevor ihn der vorausgefahrene Zug verlassen hat.

(9) Blockstellen sind diejenigen Zugfolgestellen der freien Strecke, die keine Abzweigstellen sind. Eine Blockstelle kann zugleich als Haltepunkt (3) oder als Anschlußstelle (6) oder als Deckungstelle (7) eingerichtet sein.

(10) Zugmeldestellen sind diejenigen Zugfolgestellen, durch welche die Reihenfolge der Züge auf der freien Strecke bestimmt wird. Bahnhöfe und Abzweigstellen sind stets Zugmeldestellen, andere Zugfolgestellen kann die Aufsichtsbehörde zu Zugmeldestellen erklären.

(11) Hauptgleise sind die Gleise, die von Zügen (§ 54 (1)) im regelmäßigen Betriebe befahren werden, mit Ausnahme der nur von einzeln fahrenden Lokomotiven benutzten Gleise. Die Hauptgleise der freien Strecke und ihre Fortsetzung durch die Bahnhöfe sind durchgehende Hauptgleise. Alle nicht zu den Hauptgleisen zählenden Gleise sind Nebengleise.

---

[5]) In der BO v. 1904 waren gewisse Befugnisse der Landesaufsichtsbehörde zugewiesen; eine solche gibt es nicht mehr (an ihre Stelle ist der RVMin getreten; s. oben I 3 Anm. 30 u. II 4 Anm. 2). Verschiedene minder wichtige Entsch, für die bisher die LandesaufsBeh. zuständig war, sind jetzt der Aufsichtsbeh. übertragen w.

[6]) Dabei handelt es sich um persönl. Dienstgeschäfte des Präsidenten i. S. GeschAnw f. d. ReichsbDirekt. (oben II 2 Beil. B) § 4 Abs. 3 (Begr).

[7]) Verzeichnis der Stellen, denen die Hauptverw. Befugnisse der Aufsichtsbehörde übertragen hat: Vf 24. Sept. 28 u. 13. Sept. 29 (Die Reichsbahn S. 885. 690).

[8]) Oben II 4 Beil. A.

[9]) Änderungen durch den RVMin oben I 2 Anm. 15.

[10]) Einteilungsschemen bei Besser (oben Anm. 1). — Oben I 2 Anm. 20.

Hauptbahnen	Nebenbahnen

§ 7. Richtungs- und Neigungsverhältnisse bei Neubauten

§ 8. Breite des Bahnkörpers und Höhenlage der Bahnkrone

§ 9. Spurweite

(2) Das Grundmaß der Spurweite | der Vollspurbahnen

beträgt 1,435 m.

| | (3) das Grundmaß der Spurweite der Schmalspurbahnen beträgt 1,00 oder 0,75 m.

§ 10. Gleislage

§ 11. Umgrenzung des lichten Raumes

§ 12. Gleisabstand

§ 13. Kreuzungen von Bahnen

§ 14. Entfernung der Zugfolgestellen und Kreuzungsbahnhöfe sowie Länge der Kreuzungsgleise

§ 15. Wasserstationen und Wasserkrane

§ 16. Tragfähigkeit des Oberbaues und der Brücken

§ 17. Abteilungszeichen. Neigungszeiger

§ 18. Einfriedigungen. Wegübergänge. Schranken. Warnkreuze

Hauptbahnen:

(1) Einfriedigungen zwischen der Bahn und ihrer Umgebung sind anzulegen, wo die Gestaltung der Bahn oder die gewöhnliche Bahnbewachung (§ 46 (5)) nicht hinreichend erscheint, vom Betreten der Bahn abzuhalten[11]).

(2) An Wegen, die unmittelbar neben der Bahn und gleich hoch oder höher liegen, sind Schutzwehren anzulegen.

(3) Die Wegübergänge sind mit Schranken zu versehen.

Der Reichsverkehrsminister kann den Ersatz von Schranken durch andere Vorrichtungen zur Sicherung der Wegübergänge genehmigen.

Nebenbahnen:

Ob und in welchem Umfang an Wegen Schutzwehren anzulegen sind, bestimmt die Aufsichtsbehörde.

Verkehrsreiche Wegübergänge[12]) sind mit Schranken zu versehen oder in anderer Weise zu sichern. Bei übersichtlichen Wegübergängen ist dies nicht erforderlich, wenn dort die Eisenbahnfahrzeuge mit einer Geschwindigkeit von höchstens 15 km in der Stunde fahren. Auch in anderen Fällen kann die Aufsichtsbehörde beim Vorliegen besonderer Verhältnisse Ausnahmen zulassen.

Bestehen Zweifel darüber, ob ein Wegübergang verkehrsreich, oder ob ein Wegübergang übersichtlich ist, oder ob die Zulassung einer Ausnahme nach Abs. 1 Satz 3 gerechtfertigt ist, so entscheidet die Aufsichtsbehörde im Benehmen mit der Landespolizeibehörde[13]), kommt hierbei keine Einigung zustande, so entscheidet der Reichsverkehrsminister.

Das gleiche gilt, wenn Zweifel darüber bestehen, ob ausnahmsweise ein verkehrsarmer Wegübergang mit einer Schranke oder einer sonstigen Sicherung zu versehen ist.

Welche Vorrichtungen zur Sicherung eines Wegüberganges als ausreichend anzusehen sind, bestimmt der Reichsverkehrsminister.

---

[11]) Ansprüchen wegen Nichterfüll. der durch §§ 18 (1), 46 (5) der Eis. auferlegten Pflichten kann diese nicht m. d. Beruf. darauf begegnen, daß sie den Anford. der Landespolizei nachgekommen sei. RG EE 1 29. Ferner unten VI 5 Anm. 8, 9, auch oben I 7 Anm. 25 B u. III 3 Beil. B Buchst. C. — Zusammenfassend Machate, Die zivil- u. strafrechtl. Verantwortl. d. EisVerw u. ihrer Beamten b. Unfällen an EisÜbergängen in „Die Reichsbahn" **1929** 626, 642.

[12]) Begründ. bei Besser (Anm. 1) S. 48f. Mehrkosten für notwendige Ergänz. der Sicherheitseinrichtungen, nam. für neue Schranken, fallen zunächst der Eis. zur Last; soweit sie aber nicht durch Veränd. im Bahnbetriebe, sondern durch Zunahme des Wegeverkehrs (Kraftwagen!) verursacht werden, wird der Eis. der Rückgriff auf den Wegebaupflichtigen nicht zu versagen sein; f. d. Reichsbahn folgt das aus RBahnG § 39. Anscheinend a. M. RG 20. Juni 27 VZ **1928** 1243. — S. auch unten Anm. 15. — Bei Prüf. des Bedürfn. von Schranken an Nebenwegen muß vorausges. w., daß Kraftfahrzeuge bei Annäh. an e. EisÜbergang die in der Vo über Kraftfahrzeuge (unten Anm. 15d) vorgeschrieb. Sorgfalt beobachten (Begr).

Hauptbahnen	Nebenbahnen

Die Schranken müssen bei jeder Stellung mindestens 0,5 m von der Umgrenzung des lichten Raumes abstehen. Schienengleiche Übergänge, die ausschließlich dem Verkehr innerhalb der Bahnhöfe dienen (§ 46 (6)), gelten nicht als Wegübergänge.

(4) Schranken müssen vom Standorte des bedienenden Wärters aus übersehen werden können. Bedienung der Schranken aus einer größeren Entfernung als 50 m ist nur bei Übergängen mit schwächerem Verkehr zulässig.

(5) Fernbediente Schranken müssen auch unmittelbar von Hand geöffnet und geschlossen werden können und mit einer Läutevorrichtung versehen sein, die vom Standorte des Wärters aus bedient werden kann (§ 46 (8)). Außerdem muß eine Vorrichtung vorhanden sein, die dem Wärter jedes unbefugte Öffnen der Schranken bemerkbar macht (§ 46 (7)).

(6) Schranken an Wegen, die mit Zustimmung der Landespolizeibehörde[13]) geschlossen gehalten werden (§ 46 (9)), sind mit einer zum Aufenthaltsorte des Wärters führenden Läutevorrichtung zu versehen.

(7) Schranken an unbedienten Übergängen von Privatwegen müssen verschließbar sein (§ 46 (10)).

(8) Für Fußwege kann die Aufsichtsbehörde Drehkreuze oder ähnlich wirkende Abschlüsse zulassen.

(9) Die Wegübergänge müssen mit Warnkreuzen versehen sein[14]). Diese sind an allen unmittelbar am Übergang einmündenden Wegen da aufzustellen, wo Fuhrwerke einschließlich Kraftfahrzeuge[15]) und Tiere angehalten werden müssen (§ 79 (4)), wenn die Schranken geschlossen sind oder ein Zug sich nähert.

Bei übersichtlichen oder verkehrsarmen Wegübergängen kann von der Aufstellung von Warnkreuzen abgesehen werden[16]).

(10) Vor Wegübergängen ohne Schranken sind Kennzeichen für den Lokomotivführer anzubringen (§ 58 (2)). Bei einfachen Verhältnissen kann die Aufsichtsbehörde Ausnahmen zulassen.

---

[13]) In Preußen: Regierungspräsident (LVG § 18).

[14]) Vf 30. Nov. 28 (Die Reichsbahn S. 1069), ergänzt: Vf 29. Dez. 28 (das. **1929** S. 21), bringt „vorläufige Richtlinien f. d. Aufstell. u. Unterh. v. Warnkreuzen an Wegübergängen in Schienenhöhe". S. auch Vf 85 Jwss 149 v. 18. Juni 29.

[15]) Zum Verkehr der Kraftfahrzeuge. Es bestimmt

a) KG üb. d. Verkehr m. Kraftfahrzeugen in Fassung des G 21. Juli 23 (RGBl I 743, s. auch unten VII 5 Anm. 1):

§ 5a Gefährliche Stellen an Wegestrecken, die dem Durchgangsverkehr dienen, sind von den Landesbehörden durch Warnungstafeln zu kennzeichnen.

b) Die auf Grund dieses G. erlassene Vo über Warnungstafeln f. d. KrFVerkehr v. 8. Juli 27 RGBl I 177:

§ 2 Satz 2. Bei Aufstellung von Warnungstafeln zur Kennzeichnung von Eisenbahnübergängen ist auch die zuständige Eisenbahnverwaltung zu hören.

c) Der Preußische Runderlaß v. 15. Jan. 26 (MBliV 61, Die Reichsbahn S. 106), ergangen auf Grund einer der Vo zu b) entsprechenden älteren ReichsVo:

9. ... Die Anbringung und Unterhaltung der Warnungstafeln ist ... Sache der Wegeunterhaltungspflichtigen. Sie sind von den Wegepolizeibehörden ... dazu anzuhalten.

Hiernach ist die Aufstellung v. Warnungstafeln f. d. Kraftwagenverkehr bei Wegekreuzungen in Schienenhöhe der Bahn nicht Sache der Eisenbahnverwaltung (wenn nicht ihr selbst die Wegebaulast obliegt). Vgl. hierzu noch RG 11./26. Jan. 27 (Die Reichsbahn 172, JW 1265) — wo auch Ausführungen üb. d. zivilrechtl. Verantw. der Wegepolizeibeh. —; OVG 16. Juni 27 **82** 291; Vf 85 D 872 u. 15853 v. 29. Jan. u. 6. Nov. 25, Vf 26. Aug. 27 (Die Reichsbahn 634); Lamp, Die Reichsbahn **1925** 214. Das Fehlen der WTafeln befreit aber die Eis. nicht v. d. Haftung nach dem HPflG: RG 25. Okt. 28 Arch **1929** 1018.

Im weiteren bestimmt

d) Vo üb. Kraftfahrzeugverkehr 16. März 28 RGBl I 91:

§ 18. (1) Die Fahrgeschwindigkeit ist so einzurichten, daß der Führer in der Lage bleibt, seinen Verpflichtungen Genüge zu leisten.

(2) Ist der Überblick über die Fahrbahn behindert, die Sicherheit des Fahrens durch die Beschaffenheit des Weges beeinträchtigt, oder herrscht lebhafter Verkehr, so muß so langsam gefahren werden, daß das Fahrzeug auf kürzeste Entfernung zum Stehen gebracht werden kann.

(3)

§ 30. (2) Schlußsatz. Die Bestimmungen dieses Absatzes (Beschränk. der Fahrgeschwind. auf öff. Wegen) gelten nicht für Geschwindigkeitsbeschränkungen auf ... Eisenbahnübergängen.

Über die Verantwortl. des Chauffeurs bei Fahrt über den Bahnkörper s. noch unten VI 5 Anm. 9 B, C, VI 7 Anm. 14, ferner Wendt VZ **1927** 509, 539; ausführlich Müller, AutomobilG 4. Aufl. S. 549 ff. Zum Begriffe der „kürzesten Entfernung" — § 18 (2) — s. ObLG München JW **1929** 945.

M. E. ist es rechtlich zulässig, daß die EisVerw. eine Vorschrift i. S. BO §§ 77, 82 erläßt, derzufolge Fuhrwerke einschl. der Kraftfahrzeuge beim Fahren auf den EisÜberwegen eine bestimmte Geschwindigkeit nicht überschreiten dürfen; s. auch unten Anm. 50 u. BO § 79 (4) Satz 2. S. ferner Besser Anm. zu § 79. Auch RG 26. März 28 VZ 661 (wo entschieden wird, daß § 18 der Vo 16. März 28 Schutzgesetz i. S. BGB § 823 ist, u. daß danach der Führer so fahren muß, daß er „sofort" halten kann).

[16]) Berichtigung, daß der obige Satz nur für Nebenbahnen gilt: Bek 12. Nov. 28 RGBl II 619.

§ **19.** Telegraph. Fernsprecher. Läutewerke

§ **20.** Drehscheiben. Schiebebühnen

§ **21.** Signale und Signalsicherung

§ **22.** Streckenblock- und Zugbeeinflussungseinrichtungen

§ **23.** Bahnsteige

§ **24.** Rampen

§ **25.** Güterschuppen. Ladebühnen. Lademaße. Gleisbrückenwaagen

§ **26.** Namen von Bahnhöfen und Haltepunkten. Uhren

III. Fahrzeuge[17])

§ **27.** Beschaffenheit der Fahrzeuge[18])

Die Fahrzeuge müssen so beschaffen und unterhalten sein, daß sie mit der größten dafür zugelassenen Geschwindigkeit ohne Gefahr bewegt werden können.

§ **28.** Umgrenzung der Fahrzeuge

§ **29.** Achsdruck

§ **30.** Achsstand, Einstellbarkeit und Verschiebbarkeit der Achsen

§ **31.** Räder

§ **32.** Achswellen

§ **33.** Zug- und Stoßvorrichtungen

§ **34.** Freie Räume und vorspringende Teile an den Stirnseiten der Fahrzeuge

§ **35.** Bremsen

§ **36.** Ausrüstung der Lokomotiven, Tender und Triebwagen

§ **37.** Tragfedern der Fahrzeuge

§ **38.** Wagenausrüstungen für militärische Zwecke

Die für Militärbeförderungen vorgesehenen Wagen müssen mit den auf Grund der Militär-Eisenbahn-Ordnung[19]) vorgeschriebenen festen Einrichtungen ausgerüstet sein.

§ **39.** Verschluß, Beleuchtungs- und Heizeinrichtungen der Personenwagen

§ **40.** Bodenhöhe der Güterwagen

§ **41.** Signalstützen, Laternenkasten und Signalscheiben

§ **42.** Anschriften an den Wagen

§ **43.** Abnahme und Untersuchung der Lokomotiven, Tender und Triebwagen[20])

(1) Neue Lokomotiven, Tender und Triebwagen sowie Lokomotiven und Triebwagen, die andere Dampfkessel erhalten haben, dürfen nur in Betrieb genommen werden, wenn sie amtlich geprüft und sicher befunden worden sind.

(2) Fahrgestelle mit Treibwerk der Lokomotiven und der Triebwagen sowie die Tender müssen mindestens alle drei Jahre gründlich untersucht werden.

(3) Die Untersuchung nach (2) muß sich auf alle Teile erstrecken. Dabei müssen die Lager und die Federn abgenommen und die Achsen herausgenommen werden.

(4) Lokomotiv- und Triebwagen-Dampfkessel müssen spätestens acht Jahre nach der ersten Inbetriebnahme im Innern untersucht werden, wobei die Heiz- und Rauchrohre zu entfernen sind. Spätestens alle sechs Jahre muß diese Untersuchung wiederholt werden.

Zwischenzeitlich müssen Untersuchungen in Zeiträumen von längstens vier Jahren vorgenommen werden, wobei jedoch die Heiz- und Rauchrohre nicht entfernt zu werden brauchen. Bei feuerlosen Dampflokomotiven müssen sich diese zwischenzeitlichen Untersuchungen auch auf das Innere der Kessel erstrecken.

---

[17]) S. auch oben VI 2. — Vereinbarungen betr. den Wagenübergang auf fremde Verwaltungen u. umg. (s. auch v. Schröder, Die deutschen EisGesetze Teil B, 5. Aufl. 1926, S. 18ff., 62ff. u. Neumeyer S. 82ff.):
a) Verkehr innerhalb des Vereins Deutscher EisVerwaltungen (s. unten VII 1): für Personen- u. Gepäckwagen das VPÜ (Schröder S. 27), für Güterwagen das VWÜ (das. S. 20).
b) Internat. Verkehr über die Vereinsgrenze hinaus: für Personen- u. Gepäckwagen das RJC (Schröder S. 67, IntZtschr **36** Beilageheft 182), für Güterwagen das RJV (Schröder S. 64, IntZtschr **32** Beilageheft 194).
S. ferner E 5. Febr. 23 RVBl 59 betr. Allg. Beding. f. d. gegenseit. Benutzung v. Güterwagen zw. Reichsbahn u. Privat- u. Kleinbahnen; geändert E 6. Aug. 24 RVBl 199. — Internat. RechtsO (oben I 6 Beil. A) Teil II.

[18]) RVerf Art. 95, RBahnG § 9, EisG § 24. — Zivilrechtl. Verantw. der Eis. f. d. Beschaffenheit der v. ihr gestellten Fahrzeuge RG EE **33** 320.

[19]) Unten VIII 3.

[20]) Oben I 2 Beil. A Anm. 4 C. — UntersuchFristen f. Personen-, Post- u. Gepäckwagen Vf 38 Fu 44 v. 9. Okt. 28. — AusfVorschr. der Reichsbahn f. Dampflokomotiven oben I 2 Beil. A Anm. 4C unter A.

Hauptbahnen	**Nebenbahnen**

(5) Bei der Abnahmeprüfung nach (1) und den wiederkehrenden Untersuchungen nach (4) sowie nach jeder umfangreichen Ausbesserung muß der von der Bekleidung entblößte Dampfkessel durch Wasserdruck geprüft werden ... (Feuerlose Lokomotiven.)

(11) Über die Untersuchungen nach (1), (2) und (4) muß Buch geführt werden.

Nebenbahnen: (12) Die Bestimmungen dieses Paragraphen gelten auch für Schmalspurbahnen.

§ 44. Abnahme und Untersuchung der Wagen

(1) Neue Wagen dürfen erst in Betrieb genommen werden, nachdem sie untersucht und sicher befunden worden sind.

(2) Die Wagen müssen von Zeit zu Zeit gründlich untersucht werden. Die Untersuchung muß sich auf alle Teile erstrecken....

Hauptbahnen	Nebenbahnen
(3) Die Untersuchung muß bei den Personen-, Pack-, Post- und Güterwagen, die vorzugsweise in Personenzügen mit einer Geschwindigkeit über 75 km in der Stunde laufen, spätestens sechs Monate, bei den übrigen Personen-, Pack- und Postwagen spätestens ein Jahr, bei den übrigen Güterwagen spätestens drei Jahre nach der Inbetriebnahme oder nach der letzten Untersuchung erfolgen.	Die Untersuchung muß spätestens drei Jahre nach der Inbetriebnahme oder nach der letzten Untersuchung erfolgen.
Die Frist von sechs Monaten darf einmalig um einen Zeitraum von höchstens sechs Monaten, die Frist von einem Jahr einmalig um einen Zeitraum von höchstens einem Jahr überschritten werden, falls der Zustand des Wagens dies zuläßt. Die Verlängerung der Untersuchungsfrist muß am Wagen kenntlich gemacht werden.	
	(4) Die Bestimmungen dieses Paragraphen gelten auch für Schmalspurbahnen.

IV. Bahnbetrieb

§ 45. Eisenbahnbetriebsbeamte[21])

(1) Eisenbahnbetriebsbeamte im Sinne dieser Ordnung sind die Beamten, Bediensteten und Arbeiter und ihre Vertreter, die bestellt sind als:

1. Leitende oder Aufsichtsführende in der Unterhaltung der Bahnanlagen und im Betrieb der Bahn,
2. Bahnkontrolleure und Betriebskontrolleure,
3. Vorsteher und Aufsichtsbeamte auf Bahnhöfen, Haltepunkten, Abzweig- und Anschlußstellen sowie Fahrdienstleiter¹) (einschließlich der Blockwärter²)),
4. Vorsteher der Bahnmeisterei, der Betriebswerkmeisterei, der Fahrleitungsmeisterei und der Telegraphenmeisterei,
5. sonstige Beamte im Bahnunterhaltungsdienst,
6. Weichensteller,
7. Beamte des Rangierdienstes,
8. Bahn- und Schrankenwärter²),

Bemerkung: ¹) Der Fahrdienstleiter ist der Beamte, der die Zugfolge innerhalb seines Bereichs unter eigener Verantwortung regelt.
²) Auch Bahnagenten, soweit sie betriebsdienstliche Aufgaben haben.

9. Zugbegleiter,
10. Lokomotiv- und Triebwagenführer, Heizer sowie Beimänner für Lokomotiven und Triebwagen ohne Feuerung,
11. sonstige Beamte des maschinen- und elektrotechnischen Außendienstes.

(2) Die Betriebsbeamten müssen mindestens einundzwanzig Jahre alt und unbescholten[22]) sein, auch die Eigenschaften und die Befähigung besitzen, die ihr Dienst erfordert. (Bestimmungen über die Befähigung von Eisenbahn-Betriebs- und Polizeibeamten)[23]).

Für die fachwissenschaftlich gebildeten Maschinentechniker, die zur Ausbildung im Lokomotivdienst beschäftigt werden, entfällt die Vorschrift über das Alter.

(3) Die Betriebsbeamten sind in der zur gesicherten Durchführung des Betriebs erforderlichen Anzahl anzustellen.

---

[21]) Für die Einreih. unter d. Betriebsbeamten ist nicht die in § 45 gewählte Bezeichn., sondern die Dienstverricht. maßg.; BB sind nicht nur die Beamten im eng. Sinne, sondern auch die im Arbeiterverh. stehenden Personen, wenn sie nur m. d. Obliegenheiten der in § 45 (1) genannten Bediensteten betraut sind (Begr. der BO von 1904, BR Drucks. 112). — Die als BB. bezeichn. Personen sind auch Bahnpolizeibeamte (§ 74).

[22]) Unbescholtenheit wird nicht durch jede gerichtl. Bestrafung ausgeschlossen.

[23]) Unten VI 4. — Prüf. der Befäh. v. Betriebsbeamten b. Privateis. E 2. Mai 97 VB II 139.

Hauptbahnen	Nebenbahnen

(4) Den Betriebsbeamten sind schriftliche oder gedruckte Anweisungen über ihre dienstlichen Pflichten einzuhändigen.

(5) Über jeden Betriebsbeamten sind Personalakten zu führen.

(6) Die Betriebsbeamten haben im Dienste eine richtiggehende Uhr zu tragen.

§ 46. Unterhaltung, Untersuchung und Bewachung der Bahn. Schrankendienst

(1) Die Bahn ist so zu unterhalten, daß jede Strecke ohne Gefahr mit der größten für sie zugelassenen Geschwindigkeit befahren werden kann[24]). (Kennzeichnung mangelhafter oder unbefahrbarer Gleisstrecken siehe § 48 (2).)

(2) Die Bahn muß mindestens einmal

Hauptbahnen	Nebenbahnen
jeden Tag	jeden zweiten Tag

auf ihren ordnungsmäßigen Zustand untersucht werden.

(3) Zur Untersuchung der Bahn (2) dürfen Frauen nicht verwendet werden.

(4) Gefahrdrohende Stellen sind während

Hauptbahnen	Nebenbahnen
der Dauer des Betriebs	des Verkehrens der Züge

zu beaufsichtigen.

Hauptbahnen	Nebenbahnen
(5) Die Wegübergänge [11]) — abgesehen von denen mit dauernd geschlossenen Schranken (9) und (10) —	Die verkehrsreichen Wegübergänge und sonstige Stellen, wo besondere Vorsicht geboten ist,

müssen rechtzeitig vor der Annäherung und während der Vorbeifahrt von Zügen und Rangierabteilungen

Hauptbahnen	Nebenbahnen
	— falls daselbst mit mehr als 15 km Geschwindigkeit in der Stunde gefahren wird —

bewacht werden,

Hauptbahnen	Nebenbahnen
	ebenso außerdem alle nicht mit Schranken versehenen Wegübergänge der Bahnstrecken, die mit mehr als 40 km Geschwindigkeit in der Stunde befahren werden, bei den Zügen, die daselbst eine solche Geschwindigkeit erreichen. Ausnahmen kann die Aufsichtsbehörde im Benehmen mit der Landespolizeibehörde[13]) zulassen. Bei Meinungsverschiedenheiten entscheidet der Reichsverkehrsminister.

Der Reichsverkehrsminister kann genehmigen, daß von der Bewachung abgesehen wird, wenn Vorrichtungen zur ausreichenden Sicherung der Wegübergänge vorhanden sind (§ 18 (3)).

Schranken müssen, solange Gefahr vorhanden ist, geschlossen sein.

Hauptbahnen	Nebenbahnen
(6) Übergänge in Schienenhöhe, die ausschließlich dem Verkehr innerhalb der Bahnhöfe dienen, müssen überwacht oder geschlossen gehalten werden, solange sie von Zug- und Rangierbewegungen berührt werden. Übergänge, die nur dem dienstlichen Verkehr dienen, fallen nicht unter diese Bestimmung (§ 18 (3)).	

(7) Ein Wegübergang gilt als bewacht, wenn am Übergange selbst oder bei Wegübergängen mit fernbedienten Schranken in unmittelbarer Nähe der Bedienungsvorrichtung der Wärter steht und diesem jedes unbefugte Öffnen der Schranken bemerkbar gemacht wird (§ 18 (5)). Wegübergänge auf Bahnhöfen und Haltepunkten können bei einfachen Verhältnissen als bewacht gelten, wenn ihre örtlich bedienten Schranken gegen unbefugtes Öffnen gesichert sind.

(8) Vor dem Schließen fernbedienter Schranken ist zu läuten (§ 18 (5)).

(9) Schranken an Wegübergängen mit geringem Verkehr dürfen mit Zustimmung[25]) der Landespolizeibehörde[13]) geschlossen gehalten werden (§ 18 (6)). Sie müssen auf Verlangen geöffnet werden, wenn es ohne Gefahr geschehen kann.

Hauptbahnen	Nebenbahnen
(10) Schranken an unbedienten Übergängen von Privatwegen (§ 18 (7)) sind verschlossen zu halten.	

---

[24]) A. Reichsbahnen: RBahnG §§ 9 (1). 31; Privateisenbahnen RVerf Art. 95, EisG § 24. Die Pflicht der Unterhaltung gehört dem öff. Recht an; ihre Innehalt. wird nicht v. d. Behörden der allg. Polizei, sondern im Wege der EisAufsicht überwacht. Fritsch EisRecht § 41. Sie ergreift auch die Nebenanlagen, z. B. die Bahnhofszufuhrwege. Zivilrechtl. Haftung f. Mängel in der Unt. oben III 3 Beil. B Buchst. C u. unten VII 3 Anm. 26, 290.

B. Zuständigkeit bei der Reichsbahn. Nach GeschAnw f. d. Ämter (oben II 2 Beil. C) § 26 gehört die Sorge f. Bewach., Beaufsicht. u. Unterh. der Bahnanlage zu d. Geschäftsaufgaben des Baudienstes, also nach der Anlage zu dieser GeschAnw auf den Strecken der StEV zum Geschäftskreise der Betriebsamtsvorstände.

C. Einzelvorschriften. S. d. V 1ff. 51ff.

[25]) Vf 46. 2929 v. 27. Juli 26.

Hauptbahnen	**Nebenbahnen**

(11) Bahn- und Schrankenwärter müssen mit den Mitteln zur Erteilung von Langsamfahr- und Haltsignalen an die Züge ausgerüstet sein.

§ 47. Freihalten des Bahnkörpers

48. Kennzeichnung mangelhafter oder unbefahrbarer Bahnstrecken

§ 49. Beleuchtung der Bahnanlagen[26])

(1) Für die Beleuchtung der Bahnanlagen sind die Betriebs- und Verkehrsbedürfnisse maßgebend. Auf unbesetzten Haltepunkten mit einfachen Verkehrsverhältnissen kann mit Genehmigung der Aufsichtsbehörde von einer Beleuchtung abgesehen werden.

(2) Die Übergänge der verkehrsreichen öffentlichen Wege sind bei Dunkelheit zu beleuchten, solange die Schranken geschlossen sind.

(3) Die Uhren (§ 26 (2)) größerer Bahnhöfe sind bei Dunkelheit zu beleuchten.

§ 50. Grundstellung der Fahrsignale und Weichen. Sicherung der Weichen

§ 51. Rangieren auf und neben den Hauptgleisen

§ 52. Stillstehende Fahrzeuge

§ 52a. Aufhalten von Wagen im Rangierdienst mit Bremsschuhen

§ 53. Fahrordnung

§ 54. Begriff, Gattung und Stärke der Züge

§ 55. Ausrüstung der Züge mit Bremsen

§ 56. Zusammenstellung der Züge

(1)

(2)

(3) Wagen mit leicht feuerfangenden Gegenständen dürfen nicht in unmittelbare Nähe von Lokomotiven, von Triebwagen oder von sonstigen Wagen mit Feuerung gestellt werden[27]). Offene Wagen mit solcher Ladung müssen mit einer Decke versehen sein (vgl. Eisenbahn-Verkehrsordnung)[28]).

(4) Für die Stellung der Wagen mit Sprengstoffen gelten die Bestimmungen der Eisenbahn-Verkehrsordnung[29]).

(5) [30]) Bei der Stellung des Postwagens ist auf die Bedürfnisse des Postdienstes Rücksicht zu nehmen, soweit es der Bahnbetrieb gestattet.

Hauptbahnen	Nebenbahnen
Auch ist der Postwagen, soweit tunlich, nicht unmittelbar hinter die Lokomotive zu stellen.	

(9) Wagen außerdeutscher Eisenbahnverwaltungen dürfen in Züge nur eingestellt werden, wenn sie den Bestimmungen über die technische Einheit im Eisenbahnwesen[31]) entsprechen. Andernfalls bedarf ihre Einstellung der Zustimmung aller an der Beförderung beteiligten Verwaltungen.

§ 57. Freihalten des ersten Wagens oder seiner vordersten Abteilung

(1) In den zur Personenbeförderung bestimmten, von einer Lokomotive geführten Zügen ist von Reisenden freizuhalten:

a) die vorderste Abteilung des ersten Wagens

Hauptbahnen	Nebenbahnen
1. bei den handgebremsten Zügen, die mit mehr als 40 km, aber höchstens mit 50 km Geschwindigkeit in der Stunde fahren, 2. bei den durchgehend gebremsten Zügen, die mit mehr als 50 km, aber höchstens mit 75 km Geschwindigkeit in der Stunde fahren,	bei den Zügen, die mit mehr als 40 km Geschwindigkeit in der Stunde fahren.
b) der erste Wagen 1. bei den handgebremsten Zügen, die mit mehr als 50 km Geschwindigkeit in der Stunde fahren, 2. bei den durchgehend gebremsten Zügen, die mit mehr als 75 km Geschwindigkeit in der Stunde fahren.	

---

[26]) Zur Aufsicht üb. Durchführung dieser Best ist ausschl. die Bahnpolizei zuständig. OVG **56** 343. — Machate in „Die Reichsbahn" **1929** 646.

[27]) Wegen der EntschädPflicht der Eis. bei Nichtbeacht. s. Rundnagel, Haftung S. 114.

[28]) EVO Anl. C Ziff. 125, 135, 137.

[29]) EVO Anl. C Ziff. 66.

[30]) Breusing (oben Anm. 1) S. 291 ff. Schulz, Reichsbahn u. Reichspost II 27.

[31]) Oben VI 2.

Hauptbahnen | **Nebenbahnen**

Für Züge, die einheitlich aus Wagen besonders starker Bauart zusammengesetzt sind, kann der Reichsverkehrsminister Ausnahmen zulassen.

Im Dienste befindliche Eisenbahn-, Post-, Polizei- und Zollbeamte, Angestellte für Sonderdienste, Begleiter von Fahrzeugen, Leichen und Tieren sowie sonstige einzelne Personen, die ausnahmsweise in Güterzügen oder im Packwagen befördert werden, gelten nicht als Reisende im Sinne dieser Bestimmung[32]).

(2) Ein bei dem freizuhaltenden Abteil oder in dem freizuhaltenden Wagen befindlicher Abort darf von den Reisenden benutzt werden.

(3) Bei Dienstzügen braucht weder Abteil noch Wagen freigehalten zu werden.

(4) In Triebwagen ist die vorderste Abteilung nur auf Anordnung der Aufsichtsbehörde freizuhalten.

§ 58. Zugsignale

(1)

Nebenbahnen: [33]) (2) Vor Wegübergängen ohne Schranken mit Kennzeichen nach § 18 (10) ist die Läutevorrichtung (§ **36** (9)) von der gekennzeichneten Stelle ab bis zur Erreichung des Überweges in Tätigkeit zu setzen. Wird ein Zug ohne führende Lokomotive geschoben, so hat der auf dem vordersten Wagen befindliche Beamte (§ 67 (1)) zu läuten.

§ 59. Ausstattung der Züge

§ 60. Beleuchtung und Heizung der Personenwagen

(1) Die zur Beförderung von Personen benutzten Wagen sind bei Dunkelheit und in Tunneln, zu deren Durchfahrung mehr als zwei Minuten gebraucht werden, zu beleuchten.

(2) Die Personenwagen sind bei kalter Witterung zu heizen[34]).

Nebenbahnen: Ausnahmen können von der Aufsichtsbehörde zugelassen werden.

§ 61. Kuppeln und Verschließen der Wagen. Bremsprobe]

(3) Mit Personen besetzte Wagen dürfen nur so verschlossen werden, daß sie von den Insassen geöffnet werden können. Ausnahmen für Gefangene und Insassen ähnlicher Art bestimmt die Aufsichtsbehörde.

(4)

§ 62. Beförderung von Gütern mit Personenzügen

§ 63. Zugpersonal

(1) Das Zugpersonal besteht aus dem Lokomotiv- und dem Zugbegleitpersonale. Der Führer eines Triebwagens gilt als Lokomotivführer.

(2) Arbeitende Lokomotiven müssen während der Fahrt

Hauptbahnen: mit einem Lokomotivführer[35]) und einem Heizer besetzt

Nebenbahnen: in der Regel

sein. Bei Lokomotiven ohne Feuerung tritt an die Stelle des Heizers ein Beimann.

Nebenbahnen: Ausnahmen können von der Aufsichtsbehörde zugelassen werden.

(Beimannn.)

(3) bis (8).

---

[32]) Allg. AusfBest 7 zu EVO (unten VII 3) § 25; Schulz a. a. O. (Anm. 30).

[33]) Wegübergang (i. S. BahnO § 21 Abs. 4, jetzt BO § 58 Abs. 2) ist Übergang eines Weges f. d. allgemeinen Verkehr, nicht auch e. privaten Fußwegs zu einz. Wohnhäusern. RG **53** 394. Es wird vermutet, daß der LokFührer der Pflicht, das Läutewerk in Tätigkeit zu setzen, genügt hat; wer auf das Unterlassen des Läutens e. Anspruch gründet, muß das Nichtläuten beweisen. RG **38** 162.

[34]) Zivilrechtl. EntschädAnspruch b. mangelh. Heizung? Ja: RG EE **31** 371. S. auch Kittel, Komm. zur EVO S. 20.

[35]) Die Tatsache einer Inbrandsetz. durch Funkenauswurf genügt nicht, um strafrechtl. Vorgehen geg. d. LokFührer, z. B. bei Waldbrand wegen Übertretung gegen FeldpolG 1. April 80 GS 230 § 44 Ziff. 2 (jetzt Fassung der Bek 21. Jan. 26 GS 83 § 40 Ziff. 3) zu rechtfert.; vielm. muß ihm Mangel an Achtsamkeit nachgewiesen w. (OV EE **15** 323.)

§ 64. Mitfahren auf den Lokomotiven oder im Führerstand der Triebwagen

Auf den Lokomotiven und dem jeweilig besetzten Führerstande der Triebwagen darf ohne Erlaubnis der zuständigen Beamten niemand mitfahren außer den dienstlich dazu berechtigten Personen.

§ 65. Ein-, Aus- und Durchfahrt der Züge

(6) Kein zur Beförderung von Personen bestimmter Zug darf vor der im Aushangfahrplan angegebenen Zeit abfahren.

§ 66. Fahrgeschwindigkeit (ergänzt durch Vo v. 16. Mai 29, RGBl II 380)

§ 67. Schieben der Züge

§ 68. Befahren von Bahnkreuzungen

§ 69. Sonderzüge

§ 70. Rangordnung der Züge

§ 71. Schneeräumer

§ 72. Von Hand bewegte Wagen. Kleinwagen

§ 73. Betriebstörende Ereignisse

V. Bahnpolizei[36])

§ 74. Eisenbahnpolizeibeamte[37])

(1) Eisenbahnpolizeibeamte sind die im § 45 unter 1 bis 11 aufgeführten Eisenbahnbetriebsbeamten und

12. Pförtner,
13. Bahnsteigschaffner,
14. Wächter,
15. Ortsladebeamte.

[38]) (2) Die Bahnpolizeibeamten sind zu vereidigen oder durch Handschlag an Eidesstatt zu verpflichten. Die Vereidigung oder eidesstattliche Verpflichtung verleiht dem Bahnpolizeibeamten die Rechte des öffentlichen Polizeibeamten.

(3) Die Bestimmungen im § 45 (2), (4) und (5) finden auch auf die in (1) unter 12 bis 15 aufgeführten Bahnpolizeibeamten Anwendung[39]).

(4) Beamten, die sich zur Ausübung polizeilicher Obliegenheiten ungeeignet zeigen, dürfen solche nicht übertragen werden.

---

[36]) A. Begriff Bahnpolizei, Zuständigkeit usw., Schrifttum oben I 7 Anm. 36ff.; s. ferner GeschAnw f. d. Ämter (oben II 2 Beil. C) §§ 17, 29, üb. BahnpolBeamte der Privateis. s. auch oben II 5 Anm. 6. — Auf Bahnen im Bau erstreckt sich die BPol. nicht. Gleim, EisRecht S. 391ff., RG 23. Nov. 26 EE **45** 47. — Erlasse üb. d. Bahnschutz 29. Nov. u. 31. Dez. 23 E II 242. 327 u. 349. — Zwischenstaatliche Rechtsverhältnisse: Neumeyer S. 35 Anm. 35, S. 52f., 73ff.

B. Zu Abschn. V, VI s. auch Genest, Arch **1928** 1447.

[37]) A. Auch b. d. Bahnpolizeibeamten ist (wie f. Betriebsbeamte, Anm. 21) die Eigensch. als solche vom rechtl. Charakter ihrer Anstellung (Beamtenverh., privatrechtl. Arbeitsvertrag usw.) unabhängig; BPB ist jeder Bedienstete, dem Verrichtungen des in § 74 (1) bezeichn. Personals übertragen sind. — Pflicht der Privatbahnen bez. Bezeichnung ihrer PolBeamten u. a. m. E E I 14. 143. 51 v. 21. Mai 29.

B. BPBeamte sind Beamte i. S. StGB § 359; wer als solcher zu gelten hat, richtet sich nach BO: RG Straff. **10** 326, **60** 139, EE **11** 235; desgl. i. S. StGB §§ 113ff., 333: RG EE **1** 166, **2** 7, **10** 6, **21** 287. Auch Privatangestellte, die als BPB beschäftigt w., sind Beamte i. S. StGB § 332: RG EE **13** 248. Dagegen sind die BPB als solche nicht schon Beamte im staatsrechtl. Sinne, auch wenn sie (was in Preußen vielfach geschah) den Diensteid geleistet haben; dieser Diensteid ist nicht Diensteid i. S. PensionsG 27. März 72 (GS 268) § 13 Satz 1. RG **51** 290, besond. S. 295; vgl. auch RG **106** 17 u. **112** 126.

C. Soweit die BPB polizeil. Vollstreckungsbeamte i. S. GVG § 34 Ziff. 6 sind (dazu gehören die mittleren u. unteren, nicht die oberen BPB: Witte S. 529), sind sie v. d. Aufnahme in die Schöffenurlisten auszuschließen — E 6. Okt. 85 EVBl 353 u. 2. April 86 EVBl 336—, aber nur dann, wenn sie — wie Fahndungsbeamte — im Hauptamt polizeil. Vollstreckungsbeamte sind. Vf 6. Mai 29 (Die Reichsbahn 377). Zur Stell. d. Strafantrags wegen Amtsbeleid. v. BPB ist zuständig b. d. Reichsbahn der DirektPräs. (u. die RBDirektion?), b. Privateis der Reichsbevollm. f. Privatbahnaufs. Schunck, Bahnpol. S. 36 Anm. 2; a. M. Boethke EE **22** 417. Im Strafprozesse können BPB als Sachverständige nicht darum abgelehnt w., weil sie als BPB in der Sache Vorerhebungen gepflogen haben. RG EE **6** 292. Wegen Freiheit der BPB von persönl. Gemeindediensten s. Witte S. 1104f. Neuregelung im Gange. — Anm. 41. — Vorladungen u. dgl. oben III 3 Beil. B Buchst. E.

[38]) Verfahren b. d. Reichsbahn: PersO § 5 Ziff. 2, b. Privateis. E 12. Febr. 73 VB II 138 u. 17. Aug. 17 VI 47. 108. 87.

[39]) E 18. Mai 96 EVBl 193 betr. Feststell. der Befähder als BPB zu bestell. Hilfsbediensteten der StEB; E 22. Dez. 00 EVBl 619 betr. Verwend. der formlos geprüften Bediensteten. — Anm. 22, 23.

§ 75. Ausübung der Bahnpolizei[40])

[41]) (1) Der Amtsbereich der Bahnpolizeibeamten umfaßt örtlich — ohne Rücksicht auf den Wohnort oder Dienstbezirk — das gesamte Gebiet der Bahnanlagen[42]) der Verwaltungen, bei denen sie beschäftigt werden[43]), sachlich die Maßnahmen, die zur Handhabung der für den Eisenbahn-Betrieb und -Verkehr geltenden Polizeiverordnungen[44]) erforderlich sind.

(2) Bei Ausübung des Dienstes müssen die Bahnpolizeibeamten Uniform oder ein Dienstabzeichen tragen oder mit einem sonstigen Ausweis über ihre amtliche Eigenschaft versehen sein.

(3) Die Bahnpolizeibeamten haben sich dem Publikum gegenüber besonnen und rücksichtsvoll, aber bestimmt zu benehmen[45]).

[46]) (4) Die Bahnpolizeibeamten sind befugt, jeden vorläufig festzunehmen, der auf der Übertretung der in den §§ 77 bis 81 enthaltenen Bestimmungen oder einer sonstigen strafbaren Handlung betroffen oder unmittelbar danach verfolgt wird, wenn er der Flucht verdächtig ist oder sich nicht auszuweisen vermag. Eine Festnahme wegen Übertretung der in den §§ 77 bis 81 enthaltenen Bestimmungen hat zu unterbleiben, wenn die Schuld des Täters gering ist und die Folgen der Tat unbedeutend sind, es sei denn, daß ein öffentliches Interesse an einer Strafverfolgung besteht. Eine Festnahme hat ferner zu unterbleiben, wenn eine angemessene Sicherheit bestellt wird; diese Sicherheit darf den Betrag von einhundertfünfzig Reichsmark (§ 82) nicht übersteigen. Ist die vorläufige Festnahme notwendig, um die Fortsetzung der strafbaren Handlung zu verhindern, so darf sie nicht unterbleiben, auch wenn der Täter nicht der Flucht verdächtig ist, sich auszuweisen vermag und Sicherheitsleistung anbietet.

(5) Der Festgenommene ist, wenn er nicht wieder in Freiheit gesetzt wird, unverzüglich dem Amtsrichter oder der Polizeibehörde des Bezirkes, in dem die Festnahme erfolgte, vorzuführen.

(6) Erfolgt die Ablieferung nicht durch einen Bahnpolizeibeamten, so hat der sie anordnende Beamte eine mit seinem Namen und seiner Dienststellung versehene Karte, worauf der Grund der Festnahme vermerkt ist, mitzugeben.

§ 76. Gegenseitige Unterstützung der Polizeibeamten[47])

Die sonstigen Polizeibeamten sind verpflichtet, soweit es ihre sonstigen Pflichten zulassen, die Bahnpolizeibeamten auf Ersuchen bei Handhabung der Bahnpolizei zu unterstützen. Ebenso sind die Bahnpolizeibeamten verbunden, den sonstigen Polizeibeamten bei der Ausübung ihres Dienstes innerhalb des Bahngebiets Beistand zu leisten, soweit es ihre bahndienstlichen Pflichten zulassen.

VI. Bestimmungen für das Publikum[36 B])

§ 77. Allgemeine Bestimmungen[48])

Die Reisenden und das sonstige Publikum haben den allgemeinen Vorschriften, die von der Bahnverwaltung zur Aufrechterhaltung der Ruhe, Sicherheit und Ordnung innerhalb des Bahngebiets[49]) und im Bahnverkehr er-

[40]) § 83. — Die Ausüb. der BPol ist Ausüb. von öffentl. Gewalt i. S. RVerf Art. 131; s. oben III 3 Beil. B Buchst. A II, B II 3. Unter Art. 131 fallen m. E. sowohl diejen. BPB bei der Reichsbahn, die nicht Reichsbahnbeamte s., wie die BPB der Privateis.

[41]) Innerh. dieses Amtsbereichs haben die BPB die gleiche Fürsorgepflicht, wie sie allen PolBeamten gemäß ALR II 17 § 10 obliegt. RG Strafs. **44** 374. In den Grenzen der §§ 75 (1), 76 fallen sie unter StGB § 346. RG das. **57** 19.

[42]) § 6 (1). — Die Worte „Gebiet der Bahnanlagen" sind an die Stelle des Wortes „Bahngebiet" getreten; eine Änderung der bisher. Praxis wird die Neufassung kaum herbeiführen. S. dazu Genest (oben Anm. 36 B) S. 1452. — Oben I 7 Anm. 39.

[43]) Nicht bloß der Verw., bei der sie angestellt sind.

[44]) RG Strafs **44** 374. Zu den PolVo i. S. des § 75 gehört ALR II 17 § 10, durch den die gemäß § 76 zur Hilfe herangezog. Beamten der Allg. Polizei zum Einschreiten zuständig werden. KG VZ **1929** 1300.

[45]) Bewaffnung der BPB E 25. Aug. 21 E II 26. 5618. Nach G 12. April 28 RGBl I 143 § 11 bedarf die ReichsbGesellschaft keines Waffen- od. Munitionsscheins; zu diesem G s. noch Vf 55 Asbw v. 2. Juni u. 5. Okt. 28, Eccardt VZ **1928** 974 u. Haustein das. **1929** 400. Waffengebrauchsanweisung: Vf 55. 568 Asbw v. 1. Mai 29.

[46]) A. StPO §§ 127, 128. — In unmitt. Verfolg. einer strafb. Handl. darf der BPB fremdes Besitztum betreten. OVG Arch **01** 674. Zu Beschlagnahmen u. Durchsuchungen (StPO §§ 98, 105) ist er nur insoweit befugt, als er gemäß GVG § 152 zu Hilfsbeamten der Staatsanwaltschaft bestellt ist; das ist in Preußen nur geschehen f. d. in den EisÜberwachungsstellen beschäft. Eisenbahnfahndungsbeamten; Näheres Vf 31. März u. E. 21. April 23 RVBl 181 f. — Zu der Neufassung (Satz 2 ist neu) Genest (oben Anm. 36 B) S. 1453.

B. Die Vorschr. üb. Befugnisse der BPB gelten nur mit Einschränk für Militärtransporte MTrO, unten VIII 3 Beil. B, §§ 12 (5), 15 (6), 29 (3). Postbeamte: unten IX 2 Beil. A Ziff. VIII 2.

C. Zu Satz 2 s. StPO § 153.

[47]) Nähere Vorschr. E 16. April 85 u. 6. Juni 89 BV II 116. S. auch Vf 24 Bum 8 v. 6. Nov. 28 u. (zur Neufassung) Genest (oben Anm. 36) S. 1454; s. ferner: v. Olshausen VZ **1929** 486 (nach dessen Ansicht zur Entscheid. üb. Meinungsverschied. zw. der Bahn- u. der Allgemeinen Polizei das Reichsbahngericht berufen ist).

[48]) § 77 gibt nicht den Eisenbahnstellen die Zuständigkeit, Polizeiverordnungen zu erlassen, aber die Strafandroh. des § 82 (1) stellt in der Wirkung die Anordnungen der EisVerw den PolVerordnungen nahezu gleich. Fritsch EisRecht S. 261, auch v. Olshausen VZ **1929** 482. Nach RG. 10. Nov. 25 VZ 1180 haben die Verfügungen der m. bahnpolizeil. Gewalt ausgestatteten EisBehörden den Rechtscharakter polizeil. Verf. i. S. des G 11. Mai 42 (GS 192). Entscheidend ist, daß die Anordnung die Aufrechterhalt. der Ruhe usw. im Bahngebiet usw. zum Zwecke hat; rechtlich unerheblich ist, ob sie f. diesen Zw. geeignet ist. KG VZ **1928** 249. — Zur Neufassung: Genest (oben Anm. 36 B) S. 1455 — § 83.

[49]) Bahngebiet oben Anm. 42.

lassen werden[50]), nachzukommen und den zum gleichen Zwecke getroffenen dienstlichen Anordnungen der in Uniform befindlichen oder mit einem Dienstabzeichen oder einem sonstigen Ausweis über ihre amtliche Eigenschaft versehenen Bahnpolizeibeamten Folge zu leisten.

Die Bahnpolizeibeamten sind befugt, unmittelbaren Zwang anzuwenden, wenn die Anordnung ohne diesen Zwang nicht durchgesetzt werden kann[51]).

§ 78. Betreten der Bahnanlagen[52])

(1) Das Betreten der Bahnanlagen[53]) der freien Strecke, soweit sie nicht zugleich zur Benutzung als Weg bestimmt sind, ist ohne Erlaubniskarte[54]) nur gestattet[55]):

1. den Vertretern des Reichsverkehrsministers und der Aufsichtsbehörden (§ 4),
2. den Beamten, die staatliche Hoheitsrechte ausüben, insbesondere den Beamten der Staatsanwaltschaft, der Gerichte, des Forstschutzes[55]) und der Polizei[56]), wenn es zur Ausübung der hoheitsrechtlichen Befugnisse notwendig ist,
3. den Beamten des Telegraphen-[55]), des Zoll- und des Steuerwesens[55]), soweit es zur Wahrnehmung ihres Dienstes innerhalb des Bahngebiets notwendig ist,
4. den zur Besichtigung dienstlich entsandten deutschen Offizieren, wenn ihr Erscheinen vorher den zuständigen Eisenbahndienststellen durch die Militärbehörde angekündigt worden ist.

[57]) (2) Das Betreten der Bahnhofsanlagen außerhalb der dem Publikum bestimmungsgemäß geöffneten Räume ist ohne Erlaubniskarte[54]) außer den unter (1) genannten Personen auch den Postbeamten[55]) gestattet, soweit sich der Postdienst innerhalb der Bahnhofsanlagen abwickelt.

(3) Den Offizieren und den mit Ausweis versehenen Beamten der deutschen Festungsbehörden ist gestattet, die Bahnanlagen innerhalb des Festungsbereichs bis zur äußersten Grenze der Tragweite der Geschütze zu betreten, wenn ihr Erscheinen vorher den zuständigen Eisenbahndienststellen angekündigt worden ist.

(4) Die zum Betreten der Bahnanlagen ohne Erlaubniskarte berechtigten Personen haben sich durch eine Bescheinigung ihrer vorgesetzten Behörde auszuweisen; die Angehörigen der Wehrmacht müssen im Besitz eines Dienstausweises sein.

Die Bahnpolizeibeamten haben von allen unter (1) genannten Personen das Vorzeigen ihrer Ausweise zu verlangen.

(5) Erlaubniskarten[54]) zum Betreten der Bahnanlagen dürfen nur mit Genehmigung der Aufsichtsbehörde ausgestellt werden.

(6) Die zum Betreten der Bahnanlagen Berechtigten haben es zu vermeiden, sich innerhalb der Gleise aufzuhalten[57]).

(7) Die Überwachung der Ordnung auf den Vorplätzen der Bahnhöfe, Haltepunkte und Anschlußstellen liegt den Bahnpolizeibeamten ob, soweit sie nicht im Einzelfalle von den sonstigen Polizeibeamten ausgeübt wird[57]) [58]).

(8) Für das Betreten der Bahnanlagen durch Tiere ist der verantwortlich, dem die Aufsicht über die Tiere obliegt.

(9) Wo die Bahn zugleich als Weg dient, ist sie bei Annäherung eines Zuges zu räumen.

---

[50]) Beispiele f. Anordnungen usw. im Sinne des § 77: Rauchverbot E 13. Juli 22 E V p 55. 2776; Vorschriften des Tarifs gegen mißbräuchl. Benutz. v. Zeitkarten (Lichtbildzwang!) Oberstes LG München 26. Jan. 25 RevReg II 9 (US XII 50); Regelung des Verkehrs auf d. BahnhVorplatz OLG Frankfurt EE 44 326; Verbot des Feilbietens v. Gegenständen in Personenwagen E 9. Juni 05 (ENBl 253); Vorschreiben einer Höchstgeschwindigkeit f. Fuhrwerke (Kraftwagen!), die den Bahnkörper überschreiten, oben Anm. 15 a. E. — Entsch des RG: Entfernung eines ohne gült. Ausweis im Zuge Verweilenden Straff 10 326, Ausweisung Unbefugter aus d. BahnhRäumen EE 25 372. — Verbot des Aufenthalts v. Dienstmännern in der Bahnhofsvorhalle KG 19. Okt. 28 VZ **1929** 1239 (Bezeichnung der Anordnung als BahnpolVo ist unschädlich). — Anm. 57. — EVO § 10 (1).

[51]) Neu, ab. keine Änderung, sondern nur Klarstellung der Rechtslage. Genest (oben Anm. 36 B) S. 1456. S. schon RG Straff. **44** 374.

[52]) § 83.

[53]) § 6.

[54]) Erlaubniskarten. Richtlinien f. d. Ausstell. E 21. Dez. 23 u. 5. Febr. 24 E VI 17. 9745 u. 607 d 4. Seybold, VerkRu **2** 11. — E für Postbeamte unten IX 2 Beil. A Anm. 14.

[55]) § 78 (1) ist als Ausnahmebest. streng auszulegen u. auf den Fall zu beschränken, daß auf dem Bahnkörper selbst Amtshandlungen vorzunehmen sind, nicht ab. der Bahnk. nur aus Anlaß des Dienstes (z. B. zur Wegabkürzung) betreten wird. OVG **23** 417. Teilnahme eines Forstschutzbeamten an einer privaten Jagd ist nicht Dienstausübung. LG Neuwied Arch **1892** 653. Gemeinde- u. Privat-Forstschutzbeamte fallen unter § 78 nur, wenn sie nach ForstdiebstahlsG 15. April 78 (GS 222, später mehrfach geändert) §§ 23, 24 vereidigt sind. E 24. Sept. 95 EVBl 641. — MilTrO (unten VIII 3 Beil. B) § 29 Abs. 3; VollzBest zum EisPostG (unten IX 2 Beil. A) VIII 2; Telegraphenpersonal IX 4 Beil. A Ziff. 2 u. Unterbeil. A 1 § 11; VereinszollG (X 2) § 60, EisZollO (X 2 Beil. A) § 13.

[56]) Nur Allgemeine Polizei, nicht z. B. Berg- u. Deichpolizei. E 8. Juni 12 V A 8. 307 u. 2. März 21 E I 17. 702.

[57]) Genest (oben Anm. 36 B) S. 1458. — Unbefugtes Verweilen auf dem Bahnsteige kann unter StGB § 123 (HausfriedBr.) fallen). RG EE **1** 375, **7** 326. Das Hausrecht steht der EisVerw. u. ihren Organen zu, kann aber f. d. Wirtschaftsräume dem BahnWirt zur Mitwahrnehm. übertragen w. RG Straff **36** 188, **37** 260.

[58]) Hierzu RG Straff **42** 313; OLG Frankfurt VZ **1927** 316; OLG Köln 22. Okt. 26 EE **46** 54. — Der zweite Halbsatz ist neu; über seine Bedeutung — es handelt sich nur um Überwachung, nicht um Regelung des Verkehrs, diese richtet sich wie bisher nach § 75 (1) — s. Genest (oben Anm. 36 B) S. 1458.

§ 79. Überschreiten der Bahn[52]) [59])

(1) Das Publikum darf die Bahn nur an den zu Übergängen bestimmten Stellen überschreiten, und zwar nur so lange, als diese nicht durch Schranken geschlossen sind oder ein Zug sich nicht nähert. Beim Überschreiten der Bahn ist jeder unnötige Aufenthalt zu vermeiden.

(2) Pflüge und Eggen, Baumstämme und andere schwere Gegenstände dürfen, wenn sie nicht getragen werden, nur auf Wagen oder untergelegten Schleifen über die Bahn geschafft werden.

(3) Privatübergänge dürfen nur von den Berechtigten und nur unter den von der Aufsichtsbehörde genehmigten Bedingungen benutzt werden.

(4) Es ist untersagt, die Schranken oder sonstigen Einfriedigungen eigenmächtig zu öffnen oder zu überschreiten, etwas darauf zu legen oder zu hängen. Wenn die Übergänge geschlossen sind, wenn an den mit Zugschranken versehenen Übergängen die Läutevorrichtung ertönt oder wenn ein Zug sich nähert, müssen Fuhrwerke einschließlich Kraftfahrzeuge und Tiere an den Warnkreuzen, und wo solche nicht vorhanden sind, in angemessener Entfernung von der Bahn angehalten werden[60]). Fußgänger dürfen bis an die Schranken der damit versehenen Übergänge herantreten.

(5) Größere Viehherden dürfen innerhalb zehn Minuten vor dem mutmaßlichen Eintreffen eines Zuges nicht mehr über die Bahn getrieben werden.

§ 80. Bahnbeschädigungen und Betriebstörungen[52]) [61])

Es ist verboten, die Bahnanlagen, die Betriebseinrichtungen oder die Fahrzeuge zu beschädigen oder zu verunreinigen, Gegenstände auf die Fahrbahn zu legen oder sonstige Fahrthindernisse anzubringen, Weichen umzustellen, falschen Alarm zu erregen, Signale nachzuahmen oder andere betriebstörende oder betriebsgefährdende Handlungen vorzunehmen.

§ 81. Verhalten der Reisenden[52])

(1) Die Reisenden dürfen nur an den dazu bestimmten Stellen und nur an der dazu bestimmten Seite der Züge ein- und aussteigen.

(2) Solange ein Zug sich in Bewegung befindet, ist das Öffnen der Wagentüren, das Ein- und Aussteigen, der Versuch oder die Hilfeleistung dazu, das Betreten der Trittbretter und Plattformen, soweit der Aufenthalt hier nicht ausdrücklich gestattet ist, verboten[62]).

(3) Es ist untersagt, Gegenstände aus dem Wagen zu werfen, durch die ein Mensch verletzt oder eine Sache beschädigt werden könnte[63]).

§ 82. Bestrafung von Übertretungen[52]) [64])

(1) Wer den Bestimmungen der §§ 78 bis 81 zuwiderhandelt oder durch Zuwiderhandlung gegen die gemäß § 77 erlassenen Vorschriften oder getroffenen Anordnungen die Ruhe, Sicherheit oder Ordnung innerhalb des Bahngebiets oder im Bahnverkehr stört, wird mit Geldstrafe bis zu einhundertfünfzig Reichsmark bestraft, wenn nicht nach den allgemeinen Strafbestimmungen eine höhere Strafe verwirkt ist.

(2) Die gleiche Strafe trifft den, der den Bestimmungen der Eisenbahn-Verkehrsordnung[65]) über die von der Mitnahme in Personenwagen ausgeschlossenen Gegenstände zuwiderhandelt.

§ 83. Aushang von Vorschriften[66])

Ein Abdruck der §§ 75 und 77 bis 82 dieser Ordnung sowie der Bestimmungen der Eisenbahn-Verkehrsordnung[65]) über die von der Mitnahme in Personenwagen ausgeschlossenen Gegenstände ist in jedem Warteraum auszuhängen.

Anlagen.

A. Umgrenzung des lichten Raumes für bestehende Bahnanlagen.
B. Umgrenzung des lichten Raumes für Neubauten und umfassendere Umbauten.
C. Obere Begrenzung des lichten Raumes für elektrisch betriebene Strecken.

---

[59]) Unten VI 5 Anm. 9 B, C, D (HPflG) u. VI 7 Anm. 14 (Strafrecht). — E 26. April 16 ENBl 15 betr. Vorschriften f. d. Befahren v. Überwegen üb. Eis. in Schienenhöhe durch Dampf- u. Motorpflüge, Dampfstraßenwalzen u. Straßenlokomotiven (mit Muster einer PolizeiVo). — Zur Frage der Fahrgeschwind. v. Kraftwagen s. oben Anm. 15 a. E.

[60]) Oben Anm. 15 a. E. — RG VZ **1927** 1392; gegen das U: Neumann das. 1393.

[61]) StGB (unten VI 7) §§ 305, 315ff. — Betriebstörende Handlungen: KG EE **31** 340. Grenzen der Berechn. v. Generalkostenzuschlägen OLG Düsseldorf VZ **1929** 1097.

[62]) Bezieht sich nicht auf EisBeamte im Dienst. RG EE **1** 63. — EVO § 21.

[63]) Haftpflicht der Eis. unten VI 5 Anm. 3.

[64]) § 82 enthält nur e. subsidiäre Strafandroh.; Tateinheit z. B. zwischen Vergehen gegen StGB § 316 Abs. 1 u. Übertret. des § 82 ist ausgeschlossen. RG 4. Juli 27 (Die Reichsbahn **1928** 299). — Auch Fahrlässigkeit ist strafbar. OLG München VZ **1916** 11, RG Jurist. Rundsch. **1929** Nr. 1083. — § 82 ist polizeil. Best. i. S. SprengstoffG 9. Juni 84 (RGBl 61) § 9 Abs. 2 RG Straff **24** 163, **27** 377.

[65]) EVO § 27.

[66]) Unterlassen des Aushängens berührt nicht die Strafbarkeit der Übertretung. OLG Posen 18. März 11 JW 31. Spruchsamml. 1913 S. 133.

D. Verkehrslast für neue und zu erneuernde Brücken.
E. Umgrenzung I der Fahrzeuge.
F. Umgrenzung II der Fahrzeuge.
G. Räder.

4. Bekanntmachung des Reichskanzlers, betreffend die Bestimmungen über die Befähigung von Eisenbahn-Betriebs- und Polizeibeamten. Vom 8. März 1906 (RGBl. 391)[1][1a].

Gemäß dem vom Bundesrat in der Sitzung vom 1. März 1906 auf Grund der Artikel 42 und 43 der Reichsverfassung gefaßten Beschlusse treten mit dem 1. Mai 1906 an die Stelle der

Bestimmungen über die Befähigung von Eisenbahnbetriebsbeamten vom 5. Juli 1892 und der dazu ergangenen Nachträge

die nachstehenden

Bestimmungen über die Befähigung von Eisenbahn-Betriebs- und Polizeibeamten. (B.V.)

A. Allgemeines.

1. Die nachstehenden Bestimmungen enthalten das Mindestmaß der Anforderungen, denen die im Abschnitte C aufgeführten Beamten in ihrer Eigenschaft als Betriebs- und Bahnpolizeibeamte[2]) genügen müssen. Den Landesaufsichtsbehörden[3]) bleibt überlassen, die Anforderungen, die an diese Beamten vom Standpunkte des Verkehrs zu stellen sind, festzusetzen.

2. Die selbständige Wahrnehmung der Dienstverrichtungen der in diesen „Bestimmungen" aufgeführten Beamten darf nur Personen übertragen werden, die die dabei bezeichneten Erfordernisse erfüllen.

3. Beamte, denen die Dienstverrichtungen verschiedener Klassen zugleich übertragen sind, müssen, auch wenn dieses Verhältnis durch die Amtsbezeichnung nicht besonders ausgedrückt ist, die Befähigung für sämtliche ihnen übertragenen Dienstverrichtungen besitzen.

4. Als Probezeit ist die Zeit der praktischen Ausbildung und Vorbereitung unter der Überwachung eines zur selbständigen Wahrnehmung des Dienstes befähigten Beamten anzusehen.

5. Auf die Offiziere, Beamten und Mannschaften der militärischen Formationen für Eisenbahnzwecke finden die Bestimmungen über das Alter — B 1 — und über die Dauer der vorbereitenden Beschäftigung und Probezeit — C 3 bis 7, 9 bis 18 und 20 — keine Anwendung.

Militäranwärtern, die die Befähigung zum Eisenbahn-Betriebs- und Polizeibeamten bei der Betriebsabteilung der Militäreisenbahn erworben haben, ist beim Eintritte bei einer Eisenbahnverwaltung die vorbereitende Beschäftigung für den gleichen Dienstzweig anzurechnen, wenn nicht im Einzelfalle besondere Gründe dagegen sprechen.

6. Hinsichtlich der unter C 1 bis 18 und 20 aufgeführten Beamten bleibt den Eisenbahnverwaltungen — unbeschadet der Vorschriften über Probezeit oder praktische Beschäftigung — überlassen, wie sie sich die Überzeugung von dem Vorhandensein der Befähigung verschaffen. Die Lokomotivführer haben eine Prüfung vor einem höheren maschinentechnischen und einem betriebstechnischen Beamten abzulegen und die Befähigung zur Führung einer Lokomotive durch Probefahrten unter Aufsicht eines höheren maschinentechnischen Beamten nachzuweisen.

7. Mit Rücksicht auf besondere Verhältnisse kann die Landesaufsichtsbehörde[3]) Beamte bei der Anstellung und beim Aufrücken von einzelnen Erfordernissen entbinden.

8. Bei einfachen Betriebs- und Verkehrsverhältnissen kann die Landesaufsichtsbehörde[3]) zulassen, daß Beamte einer Klasse den Dienst einer anderen Klasse wahrnehmen[4]), auch wenn sie die vorgeschriebenen Erfordernisse nicht erfüllt haben, aber tatsächlich dazu befähigt und mit den in Frage kommenden örtlichen Verhältnissen vertraut sind. Ausgenommen ist der Dienst des Lokomotivführers.

9. Den die Unterhaltung und den Betrieb der Bahn leitenden und beaufsichtigenden Beamten, den Bahnkontrolleuren und Betriebskontrolleuren — B.O § 45 (1) Ziffer 1 und 2 — und den Anwärtern zu diesen Stellen kann mit Genehmigung der Landesaufsichtsbehörde[3]) die selbständige Wahrnehmung des Dienstes eines der übrigen Betriebsbeamten übertragen werden, auch wenn sie die vorgeschriebenen Erfordernisse nicht erfüllt haben.

10. Wenn bei einer Bahn die Benennung einer Beamtenklasse von der unter C 1 bis 20 gebrauchten abweicht, so ist für die Anwendung der Befähigungsvorschriften nicht die Benennung, sondern die Dienstverrichtung maßgebend.

11. Können bei einer Eisenbahnverwaltung einzelne der nachstehenden Bestimmungen bis zum Zeitpunkt ihres Inkrafttretens nicht durchgeführt werden, so kann die Landesaufsichtsbehörde[3]) mit Zustimmung des Reichs-Eisenbahnamts[5]) Fristen bewilligen.

B. Gemeinsame Erfordernisse.

1[2]). Bei der ersten Zulassung zur selbständigen Wahrnehmung des Dienstes müssen die Eisenbahn-Betriebs- und Polizeibeamten mindestens einundzwanzig Jahre alt sein, dürfen aber das vierzigste Lebensjahr nicht über-

[1]) Neubearbeitung im Gange; wird sie vor dem Erscheinen d. W. herausgegeben, so soll sie in einem Nachtrag abgedruckt werden.

[1a]) Quellen BR 06 Druckf 10. — Ausführungsbest f. d. Reichsbahn bei Menert, Personalvorschriften, Bd. 1 bis 4 Berlin 1925—1928, Abschn. I. — Die Best gelten nur für Haupt- u. Neben-, nicht für preuß. Kleinbahnen; in Bayern auf Grund landesrechtlicher Einführung.

[2]) BO §§ 45, 74.

[3]) Jetzt Reichsverkehrsmin. (s. oben VI 3 Anm. 5).

[4]) Auch in regelmäßiger Wiederkehr (Begr).

[5]) Das REisAmt besteht nicht mehr; an seine Stelle ist der RVMin getreten (oben II 4).

schritten haben. Invalide dürfen auch nach vollendetem vierzigsten Lebensjahre zum Dienste als Wächter, Pförtner, Bahnsteigschaffner und Schrankenwärter zugelassen werden, ebenso Frauen nach vollendetem vierzigsten Lebensjahre zum Dienste als Schrankenwärter und Haltepunktwärter.

Fachwissenschaftlich gebildeten Maschinentechnikern kann die Ausübung des Heizerdienstes vor vollendetem einundzwanzigsten Lebensjahre gestattet werden.

Sonstige Ausnahmen sind nur mit Genehmigung der Landesaufsichtsbehörde[3]) zulässig.

2[2]). Die Beamten müssen unbescholten sein; sie müssen die zur Wahrnehmung ihres Dienstes nötige körperliche Rüstigkeit und Gewandtheit und ein ausreichendes Hör-, Seh- und Farbenunterscheidungsvermögen besitzen[6]).

3. Die Beamten müssen in deutschen und lateinischen Buchstaben Gedrucktes und Geschriebenes lesen, deutsch leserlich schreiben und in dem für ihren Dienst erforderlichen Umfang in den vier Grundarten rechnen können.

4. Die Beamten müssen Fertigkeit im Gebrauche des Fernsprechers besitzen.

5. Jeder Beamte muß die schriftlichen oder gedruckten Anweisungen über seine dienstlichen Obliegenheiten und die seiner Untergebenen kennen.

6. Jeder Eisenbahn-Betriebs- und Polizeibeamte muß die Eisenbahn-Bau- und Betriebsordnung, die Eisenbahn-Signalordnung mit den für den Bahnbezirk erlassenen Ausführungsbestimmungen, die Eisenbahn-Verkehrsordnung mit ihren Ausführungsbestimmungen und die Militär-Eisenbahn-Ordnung kennen, soweit diese Ordnungen seinen eigenen Dienstkreis und den seiner Untergebenen berühren.

C. Besondere Erfordernisse[7]).

1. Wächter.

Kenntnis der Vorschriften über das Verhalten bei Feuersgefahr und außergewöhnlichen Ereignissen.

2. Pförtner (Stationsdiener) und Bahnsteigschaffner.

(1) Fähigkeit, über einen dienstlichen Vorgang eine verständliche schriftliche Anzeige zu erstatten.

(2) Kenntnis der Eisenbahngeographie des eigenen Bahnbezirkes und der Nachbarbezirke, soweit sie für den Dienst des Pförtners oder Bahnsteigschaffners in Betracht kommt.

(3) Kenntnis des Fahrplans der die Station berührenden Züge mit Personenbeförderung und ihrer Anschlüsse.

(4) Kenntnis der Fahrtausweise und der Ausweise für das Betreten der Bahnsteige.

3. Bremser.

(1) Kenntnis der Wagengattungen und der einzelnen Teile der Wagen, insbesondere der Kuppelungs-, Brems-, Schmier- und Türverschluß-Vorrichtungen und ihrer Behandlungsweise.

(2) Kenntnis der Eigentumsmerkmale der eigenen und der fremden Wagen.

(3) Kenntnis der Vorschriften für den Rangierdienst.

(4) Kenntnis der Vorschriften über das Verhalten bei Unfällen.

(5) Kenntnis der Vorschriften für den Fahrdienst, soweit sie den Dienstkreis des Bremsers berühren.

(6) Kenntnis der Dienstanweisungen für Schaffner, Bahnwärter und Weichensteller, soweit sie den Dienstkreis des Bremsers berühren.

(7) a) Dreimonatige Beschäftigung im Dienste eines Stations-, Rangier-, Güterboden-[8]) oder Werkstättenarbeiters oder sechsmonatige Beschäftigung bei der Bahnunterhaltung,

b) zehntägige Ausbildung in einer Werkstätte in den für den Bremserdienst in Betracht kommenden Arbeiten und vierzehntägige Probezeit im Bremserdienste.

Bem. zu (7) a. Militäranwärter sind nur im Dienste eines Rangierarbeiters zu beschäftigen.

4. Wagenwärter.

(1) Fähigkeit, über einen dienstlichen Vorgang eine verständliche schriftliche Anzeige zu erstatten.

(2) Kenntnis der Wagengattungen und der einzelnen Teile der Wagen, insbesondere der Kuppelungs-, Schmier- und Türverschluß-Vorrichtungen, der Achslager, der Heizungs- und Beleuchtungseinrichtungen, der Handbremsen und der im Bahnbezirke vorkommenden durchgehenden Bremsen und der Behandlung dieser Einrichtungen.

(3) Kenntnis der Eigentumsmerkmale der eigenen und der fremden Wagen.

(4) Fähigkeit, die an den Wagen während des Betriebes vorkommenden kleinen Schäden zu beseitigen.

(5) Kenntnis der Vorschriften über das Reinigen, Heizen und Beleuchten der Wagen.

(6) Kenntnis der Vorschriften für den Rangierdienst.

(7) Kenntnis der Vorschriften über das Verhalten bei Unfällen.

(8) Kenntnis der Vorschriften für den Fahrdienst, soweit sie den Dienstkreis des Wagenwärters berühren.

(9) Kenntnis der Dienstanweisungen für Bremser, Schaffner, Bahnwärter und Weichensteller, soweit sie den Dienstkreis des Wagenwärters berühren.

(10) Fünfmonatige Beschäftigung im Schlosser-, Schmiede-, Tischler- oder Stellmacherhandwerk in einer Wagenwerkstätte und vierzehntägige Probezeit im Bremserdienste.

---

[6]) Vorschr. f. d. Feststellung der körperl. Tauglichkeit (TauVo) Vf 54. 231. 29 v. 8. Okt. 25, Menert (vorst. Anm. 1) III 148; geändert: Vf 54. 531. 1117 v. 23. Jan. 28 Menert IV 219.

[7]) Einzelheiten bei Menert (Anm. 1).

[8]) Bek 10. Juli 11 (RGBl 475).

5. Schaffner.

(1) bis (4) Die unter 3 Ziffer (1) bis (4) bezeichneten Erfordernisse.

(5) Fähigkeit, über einen dienstlichen Vorgang eine verständliche schriftliche Anzeige zu erstatten.

(6) Kenntnis der Eisenbahngeographie des eigenen Bahnbezirkes und der Nachbarbezirke, soweit sie für den Dienst des Schaffners in Betracht kommt.

(7) Kenntnis des Fahrplans der für die Beförderung von Personen bestimmten Züge des eigenen Bahnbezirkes und ihrer Anschlüsse.

(8) Kenntnis der Fahrtausweise und der Ausweise für das Betreten der Bahnsteige.

(9) Fertigkeit im Gebrauche der im Bahnbezirke vorhandenen Vorrichtungen zum Herbeirufen von Hilfe.

(10) Kenntnis der Heizungs- und Beleuchtungseinrichtungen in den Zügen.

(11) Kenntnis der Vorschriften für den Fahrdienst, soweit sie den Dienstkreis des Schaffners berühren.

(12) Kenntnis der Dienstanweisungen für Bremser, Wagenwärter, Zugführer, Bahnwärter, Weichensteller und Lokomotivführer, soweit sie den Dienstkreis des Schaffners berühren.

(13) Dreimonatige Probezeit im Schaffnerdienst und zehntägige Ausbildung in einer Werkstätte in den für den Schaffnerdienst in Betracht kommenden Arbeiten.

Die dreimonatige Probezeit im Schaffnerdienste kann auf eine dreiwöchige ermäßigt werden, wenn eine sechsmonatige Beschäftigung bei der Bahnunterhaltung oder eine dreimonatige im Dienste eines Stations-, Rangier-, Güterboden-[8]) oder Werkstättenarbeiters vorausgegangen ist.

Für die zum Bremser- oder Wagenwärterdienst ausgebildeten Anwärter bleibt die Festsetzung einer weiteren Probezeit der Landesaufsichtsbehörde[3]) überlassen.

6. Zugführer.

(1) bis (10) Die unter 3 Ziffer (1) bis (4) und 5 Ziffer (5) bis (10) bezeichneten Erfordernisse.

(11) Allgemeine Kenntnis der Organisation der eigenen Eisenbahnverwaltung.

(12) Kenntnis des Zweckes und der Wirkungsweise der Sicherungseinrichtungen für den Zugverkehr.

(13) Kenntnis der Vorschriften über die Führung der Fahrberichte.

(14) Kenntnis der Vorschriften für den Fahrdienst, soweit sie den Dienstkreis des Zugführers berühren.

(15) Kenntnis der Vorschriften über die Benutzung der Wagen.

(16) Kenntnis der Dienstanweisungen für Bahnwärter, Weichensteller, Vorsteher und Aufseher der Stationen, Heizer, Lokomotivführer und Wagenmeister, soweit sie den Dienstkreis des Zugführers berühren.

(17) Neunmonatige Beschäftigung im Schaffnerdienste nach Darlegung der Befähigung zum Schaffner und dreimonatige Probezeit im Zugführerdienste, wovon mindestens zwei Monate auf den Dienst bei Personenzügen entfallen müssen.

Bem. Beamten, die die Befähigung als Vorsteher eines Bahnhofs — C 15, 16 und 17 — oder als Bahnmeister besitzen, darf der Dienst eines Zugführers, Schaffners oder Bremsers übertragen werden, auch wenn sie die vorgeschriebenen Erfordernisse nicht erfüllt haben.

7. Rangiermeister.

(1) bis (3) Die unter 3 Ziffer (1) bis (3) bezeichneten Erfordernisse.

(4) Fähigkeit, über einen dienstlichen Vorgang eine verständliche schriftliche Anzeige zu erstatten.

(5) Fertigkeit im Zusammensetzen der Züge.

(6) Kenntnis der Vorschriften über die Beseitigung von Ansteckungsstoffen.

(7) Kenntnis der Vorschriften für den Fahrdienst, soweit sie den Dienstkreis des Rangiermeisters berühren.

(8) Kenntnis der Dienstanweisungen für Bremser, Schaffner, Zugführer, Bahnwärter, Weichensteller, Vorsteher und Aufseher der Stationen, Lokomotivführer und Wagenmeister, soweit sie den Dienstkreis des Rangiermeisters berühren.

(9) Sechsmonatige Beschäftigung im Rangierdienste.

Bem. Beamte, die die Befähigung als Fahrdienstleiter für den Bahnhofdienst, Aufsichtsbeamter[8]), Vorsteher oder Aufseher eines Bahnhofs — C 14, 15, 16 und 17 — besitzen, können die Verrichtungen des Rangiermeisters wahrnehmen, auch wenn sie die Anforderung an die praktische Ausbildung — Ziffer (9) — nicht erfüllt haben. Bei einfachen Verhältnissen können die Verrichtungen des Rangiermeisters auch dem Zugführer übertragen werden.

8. Schrankenwärter.

(1) Kenntnis der auf unfahrbaren Gleisstrecken zu treffenden Sicherheitsvorkehrungen.

(2) Kenntnis der Vorschriften über das Verhalten bei Unfällen.

(3) Kenntnis der Handhabung der Läutewerke.

Bem. Diese Bestimmungen gelten auch für die im Schrankendienste beschäftigten Frauen.

9. Bahnwärter.

(1) Kenntnis aller bei der Unterhaltung des Oberbaues und der Weichen vorkommenden Arbeiten und der dazu erforderlichen Stoffe, Geräte und ihrer Verwendung.

(2) Kenntnis der in dem Dienstbezirke vorkommenden Arten von Schranken und ihrer Bedienung.

(3) Kenntnis des Zweckes und der Bedienung der Signaleinrichtungen und der Handhabung der Läutewerke.

(4) Fertigkeit im Gebrauche der Vorrichtungen zum Herbeirufen von Hilfe, wenn sie im Dienstbezirke vorhanden sind.

(5) Kenntnis der Vorschriften über die auf unfahrbaren Gleisstrecken zu treffenden Sicherheitsvorkehrungen.
(6) Kenntnis der Vorschriften über das Verhalten bei Unfällen.
(7) Kenntnis der Vorschriften über die Benutzung der Klein- und Arbeitswagen.
(8) Kenntnis der Vorschriften über die Beaufsichtigung und Unterhaltung der Telegraphenleitungen.
(9) Kenntnis der Dienstanweisung für Schrankenwärter.
(10) Kenntnis der Vorschriften für den Fahrdienst, soweit sie den Dienstkreis des Bahnwärters berühren.
(11) a) Dreimonatige Beschäftigung bei der Unterhaltung und Erneuerung des Oberbaues und dreimonatige Beschäftigung im Bahnbewachungs- und Signaldienst einer im Betriebe befindlichen Bahn oder
b) neunmonatige Beschäftigung beim Eisenbahnneubau, wenn der Anwärter sich hierbei mit sämtlichen zum Legen des Oberbaues und der Weichen erforderlichen Arbeiten vertraut gemacht hat, auch während dieser Zeit etwa drei Monate bei dem für Arbeits- und andere Züge eingerichteten Bahnbewachungs- und Signaldienste tätig gewesen ist.

10. Rottenführer.

(1) bis (9) Die unter 9 Ziffer (1) bis (9) bezeichneten Erfordernisse.
(10) Fähigkeit, über einen dienstlichen Vorgang eine verständliche schriftliche Anzeige zu erstatten.
(11) Kenntnis der Vorschriften für den Fahrdienst, soweit sie den Dienstkreis des Rottenführers berühren.
(12) Einjährige Beschäftigung bei der Unterhaltung des Oberbaues einer im Betriebe befindlichen Bahn.

11. Weichensteller.

(1) bis (9) Die unter 9 Ziffer (1) bis (9) bezeichneten Erfordernisse.

(10) Fähigkeit, über einen dienstlichen Vorgang eine verständliche schriftliche Anzeige zu erstatten.

(11) Kenntnis der in dem Bahnbezirke vorkommenden Weichen, Drehscheiben, Schiebebühnen, Brückenwagen, Wasserkrane und ihrer Bedienung.

(12) Kenntnis der Vorschriften für den Rangierdienst.

(13) Kenntnis der Vorschriften für den Fahrdienst, soweit sie den Dienstkreis des Weichenstellers berühren.

(14) Die unter 9 Ziffer (11) a oder b vorgeschriebene Probezeit mit der Maßgabe, daß an Stelle der dreimonatigen Beschäftigung im Bahnbewachungs- und Signaldienst eine dreimonatige Beschäftigung im Weichensteller-, Bahnbewachungs- und Signaldienste tritt.

12. Blockwärter.

(1) Fähigkeit, über einen dienstlichen Vorgang eine verständliche schriftliche Anzeige zu erstatten.

(2) Kenntnis des Zweckes und der Bedienung der Signaleinrichtungen einschließlich der Handhabung der Läutewerke.

(3) Fertigkeit im Gebrauche der Block- und Telegrapheneinrichtungen, mit denen die Blockstelle ausgerüstet ist. Kenntnis der Behandlung dieser Einrichtungen, der zugehörigen Leitungen und des Verfahrens bei Störungen.

(4) Kenntnis der Vorschriften über die auf unfahrbaren Gleisstrecken zu treffenden Sicherheitsvorkehrungen.

(5) Kenntnis der Vorschriften über das Verhalten bei Unfällen.

(6) Kenntnis der Vorschriften für den Fahrdienst, soweit sie den Dienstkreis des Blockwärters berühren.

(7) Kenntnis der Vorschriften über die Benutzung der Klein- und Arbeitswagen.

(8) a) Die unter 9 Ziffer (11) a oder b für Bahnwärter oder unter 11 Ziffer (14) für Weichensteller vorgeschriebene Probezeit mit der Maßgabe, daß hiervon wenigstens vierzehn Tage auf den Dienst auf einer Blockstelle entfallen, oder
b) sechsmonatige Beschäftigung im Weichensteller-, Signal- oder sonstigen Bahnhofsdienste mit der Maßgabe, daß hiervon wenigstens vierzehn Tage auf den Dienst auf einer Blockstelle entfallen.

13. Haltepunktwärter.

(1) Fähigkeit, über einen dienstlichen Vorgang eine verständliche schriftliche Anzeige zu erstatten.
(2) Kenntnis der auf unfahrbaren Gleisstrecken zu treffenden Sicherheitsvorkehrungen.
(3) Kenntnis der Vorschriften über das Verhalten bei Unfällen.
(4) Kenntnis der Vorschriften für den Fahrdienst, soweit sie den Dienstkreis des Haltepunktwärters berühren.
(5) Kenntnis der Dienstanweisungen für Bahnwärter, Weichensteller und Zugführer, soweit sie den Dienstkreis des Haltepunktwärters berühren.
(6) Sechsmonatige Beschäftigung im Bahnbewachungs-, Weichensteller- oder sonstigen Bahnhofsdienste.

14. Fahrdienstleiter für den Bahnhofdienst[8]) und Aufsichtsbeamter[9]) auf Bahnhöfen.

(1) Fähigkeit, über einen dienstlichen Vorgang eine verständliche schriftliche Anzeige zu erstatten.

(2) Allgemeine Kenntnis des Oberbaues der in dem Dienstbezirke vorkommenden Weichen, Weichensicherungseinrichtungen, Drehscheiben, Schiebebühnen, Brückenwagen, Last- und Wasserkrane und ihrer Bedienung.

(3) Kenntnis und Fertigkeit in der Bedienung der Signaleinrichtungen und der sonstigen zur Sicherung des Betriebs im Dienstbezirke vorhandenen mechanischen und elektrischen Einrichtungen. Kenntnis der Behandlung der elektrischen Apparate, der zugehörigen Leitungen und des Verfahrens bei Störungen.

---

[9]) Bek 3. April 08 (RGBl 134).

(4) Fähigkeit, dienstliche Telegramme zu geben und zu lesen.

(5) Kenntnis der Vorschriften über die auf unfahrbaren Gleisstrecken zu treffenden Sicherheitsvorkehrungen.

(6) Kenntnis der Vorschriften über das Verhalten bei Unfällen, Betriebsstörungen und außergewöhnlichen Ereignissen.

(7) Kenntnis der Vorschriften für den Rangierdienst und Fertigkeit im Zusammensetzen der Züge.

(8) Kenntnis der Vorschriften für den Fahrdienst, soweit sie den eigenen Dienstkreis berühren.

(9) Kenntnis der Dienstanweisungen für Bremser, Schaffner, Zugführer, Rangiermeister, Schrankenwärter, Bahnwärter, Weichensteller, Blockwärter, Vorsteher und Aufseher der Stationen und Lokomotivführer, soweit sie den Dienst auf Bahnhöfen berühren.

(10) a) Dreimonatige Beschäftigung im äußeren Bahnhofdienste bei der Fahrdienstleitung, nachdem die Befähigung zum Weichensteller nachgewiesen ist, oder

b) elfmonatige[8]) Beschäftigung im Bahnhofdienste, davon mindestens vier Monate im äußeren Bahnhofdienste bei der Fahrdienstleitung.

[8]) 14a. Fahrdienstleiter für den Streckendienst.

(1) bis (6) Die unter 14 Ziffer (1), (3) bis (6) und (8) bezeichneten Erfordernisse.

(7) Vierwöchige Beschäftigung im äußeren Bahnhofdienste bei der Fahrdienstleitung, nachdem die Befähigung zum Weichensteller nachgewiesen ist.

15. Vorsteher oder Aufseher kleinerer Bahnhöfe.

(1) bis (9) Die unter 14 Ziffer (1) bis (9) bezeichneten Erfordernisse.

(10) Allgemeine Kenntnis der Organisation der eigenen Eisenbahnverwaltung.

(11) Kenntnis der Eisenbahngeographie des eigenen Bahnbezirkes und der Nachbarbezirke, soweit sie für den Dienst des Vorstehers eines kleineren Bahnhofs in Betracht kommt.

(12) Kenntnis der Eigentumsmerkmale der eigenen und der fremden Wagen sowie der Vorschriften über die Benutzung und Meldung der fremden Wagen.

(13) Kenntnis der Vorschriften über die Beseitigung von Ansteckungsstoffen.

(14) Sechsmonatige Beschäftigung im Bahnhofdienste nach abgelegter Prüfung zum Weichensteller, davon mindestens drei Monate im äußeren Bahnhofdienste bei der Fahrdienstleitung.

Bem. Beamte, die die Befähigung für die Stelle des Vorstehers eines mittleren oder größeren Bahnhofs — C 16 und 17 — besitzen, können den Dienst des Vorstehers oder Aufsehers eines kleineren Bahnhofs selbständig wahrnehmen, auch wenn sie die Anforderungen an die praktische Ausbildung — Ziffer (14) — nicht erfüllt haben.

16. Vorsteher mittlerer Bahnhöfe.

(1) Fähigkeit, einen dienstlichen Vorgang in angemessener Form schriftlich darzustellen.

(2) bis (9) Die unter 14 Ziffer (2) bis (9) bezeichneten Erfordernisse.

(10) Kenntnis der Eisenbahngeographie Deutschlands und der benachbarten Länder.

(11) Kenntnis der Organisation der eigenen Eisenbahnverwaltung und der allgemeinen Vorschriften für ihre Beamten.

(12) Allgemeine Kenntnis der Eisenbahnfahrzeuge. Kenntnis der Eigentumsmerkmale der eigenen und der fremden Wagen sowie der Vorschriften über die Benutzung und Meldung der fremden Wagen.

(13) Kenntnis der Vorschriften über die Beseitigung von Ansteckungsstoffen.

(14) Elfmonatige[8]) Beschäftigung im Bahnhofdienste, davon mindstens vier Monate im äußeren Bahnhofdienste bei der Fahrdienstleitung.

17. Vorsteher größerer Bahnhöfe.

(1) bis (13) Die unter 16 Ziffer (1) bis (13) bezeichneten Erfordernisse.

(14) Kenntnis der Verhältnisse der Eisenbahn zur Post-, Telegraphen- und Zollverwaltung.

(15) Zweijährige selbständige Beschäftigung im äußeren Bahnhofdienst auf einem mittleren oder größeren Bahnhofe, davon mindestens sechs Monate als Fahrdienstleiter.

18. Lokomotivheizer.

(1) Kenntnis der Einrichtungen für das Feuern, Speisen, Schmieren und Bremsen der Lokomotiven und Tender.

(2) Fähigkeit, eine fahrende Lokomotive zum Halten zu bringen.

(3) Halbjährige Beschäftigung im Eisenbahndienste.

Bem. Auf fachwissenschaftlich gebildete Maschinentechniker findet die Vorschrift unter Ziffer (3) keine Anwendung.

19. Lokomotivführer.

(1) Fähigkeit, über einen dienstlichen Vorgang eine verständliche schriftliche Anzeige zu erstatten.

(2) Allgemeine Kenntnis der Eigenschaften und der Behandlung der beim Maschinenbau und im Lokomotivdienste zur Verwendung kommenden Stoffe.

(3) Kenntnis der Lokomotive, ihrer einzelnen Teile und ihrer Behandlung.

(4) Kenntnis der Einrichtung und Handhabung der im Dienstbezirke vorkommenden Bremsvorrichtungen.

(5) Kenntnis der zu befahrenden Strecken.

(6) Kenntnis der Vorschriften über das Verhalten bei Unfällen, Betriebsstörungen und außergewöhnlichen Ereignissen.

(7) Kenntnis der Vorschriften für den Rangierdienst.

(8) Kenntnis der Vorschriften für den Fahrdienst, soweit sie den Dienstkreis des Lokomotivführers berühren.

(9) Kenntnis der Dienstanweisungen für Bremser, Wagenwärter, Schaffner, Zugführer, Schrankenwärter, Bahnwärter, Weichensteller, Blockwärter, Vorsteher und Aufseher der Stationen, soweit sie den Dienstkreis des Lokomotivführers berühren.

(10) Einjährige Beschäftigung als Handwerker oder bei Nichthandwerkern zweijährige Beschäftigung als Hilfsarbeiter bei den Arbeiten zur Unterhaltung und Instandsetzung der Lokomotiven in einer Eisenbahnwerkstätte[10]) und einjährige Beschäftigung als Lokomotivheizer.

Bem. Diese Bestimmungen gelten für die Führer von Dampflokomotiven. Die Festsetzung der von den Führern anderer (elektrischer) Lokomotiven zu erfüllenden Erfordernisse bleibt den Landesaufsichtsbehörden[3]) überlassen.

20. Bahnmeister.

(1) Fähigkeit, einen dienstlichen Vorgang in angemessener Form schriftlich darzustellen.

(2) Kenntnis der Berechnung geradliniger ebener Figuren, des Kreises und seiner Teile, des Inhalts und der Oberfläche einfacher ebenflächiger Körper, des Zylinders, des Kegels und der Kugel — ohne Beweisführung —, der Gewölbe und Gewölbeflächen und der bei Bauausführungen vorkommenden regelmäßigen Körper nach gegebenen Maßen.

(3) Fähigkeit, Handskizzen, einfache Zeichnungen und Entwürfe mit Massen- und Kostenberechnungen anzufertigen.

(4) Fähigkeit, einfache Flächen- und Höhenmessungen auszuführen und aufzuzeichnen, und einfache Absteckungen vorzunehmen.

(5) Kenntnis der gebräuchlichsten Baustoffe für Maurer- und Zimmerarbeiten, der Mörtelbereitung und der gewöhnlichen Stein- und Holzverbände.

(6) Kenntnis der Anordnung und Unterhaltung des Eisenbahn-Unter- und Oberbaues und der dazu erforderlichen Stoffe und Geräte.

(7) Kenntnis der Einrichtung, der Bedienung und der Unterhaltung der im Dienstbezirke vorhandenen Signal- und Weichensicherungsanlagen.

(8) Kenntnis der Einrichtung des elektrischen Telegraphen und der im Bahnbezirke vorhandenen Vorrichtungen zum Herbeirufen von Hilfe.

(9) Kenntnis der Organisation der eigenen Eisenbahnverwaltung und der allgemeinen Vorschriften für ihre Beamten.

(10) Kenntnis der Vorschriften über die Beaufsichtigung und Unterhaltung der Telegraphenleitungen.

(11) Kenntnis der Vorschriften über die Führung der Arbeitszüge und über die Benutzung der Klein- und Arbeitswagen.

(12) Kenntnis der Vorschriften über das Verhalten bei Unfällen, Betriebsstörungen und außergewöhnlichen Ereignissen.

(13) Kenntnis der Vorschriften für den Fahrdienst, soweit sie den Dienstkreis des Bahnmeisters berühren.

(14) Kenntnis der Dienstanweisungen für Weichensteller, Zugführer, Vorsteher und Aufseher der Stationen.

(15) Einjährige Beschäftigung beim Bau oder bei der Unterhaltung des Oberbaues einer Bahn. Davon können drei Monate im technischen Bureaudienste zurückgelegt werden.

5. Gesetz, betreffend die Verbindlichkeit zum Schadenersatz für die bei dem Betriebe von Eisenbahnen, Bergwerken usw. herbeigeführten Tödtungen und Körperverletzungen. Vom 7. Juni 1871 (RGBl 207)[1]).

§ 1[2]). Wenn bei dem Betriebe[3]) einer Eisenbahn[4]) ein Mensch[5]) getödtet oder körperlich verletzt[6]) wird, so haftet der Betriebs-Unternehmer[7]) für den dadurch entstandenen Schaden[6b]), sofern

---

[10]) Vo 18. März 22 (RGBl II 1).

[1]) Sperrdruck zeigt die durch BGB EG Art. 42 eingeführten Fassungsänderungen an. (Übersicht über die Änderungen: Reindl VZ **1897** 338; Aron EE **14** 163.) Die Änderungen sind auf Unfälle nicht anwendbar, die sich vor dem 1. Jan. 00 ereignet haben. — Das G gilt auch für Eisenbahnen in deutschen Schutzgebieten — RG **71** 208 —, nicht aber für Eisenbahnen, die im Kriege im besetzten Gebiet unter Militärbetrieb stehen und Operationszwecken dienen. RG Arch **1921** 668. — Inhalt. Das „Haftpflichtgesetz" legt den Unternehmern gewisser gefährlicher Betriebe eine dem allg. Rechte gegenüber erhöhte, zulasten der Eisenbahnen noch besonders verschärfte zivilrechtl. Verantwortlichkeit für Betriebsunfälle von Personen auf. §§ 1, 2 regeln diese Haftpflicht dem Grunde nach — § 1 für Eis., § 2 für Bergwerke, Fabriken u. dgl. —, die übr. Vorschr. treffen über die Höhe des Ersatzanspruchs u. seine Geltendmachung Bestimmung. In Anlehnung an die Regelung, die im HPfG die Haftung der Eis. gefunden hat, wenn auch mit erhebl. Abschwächungen, ordnet G über d. Verkehr m. Kraftfahrzeugen 3. Mai 09 (RGBl 437), geändert durch G 23. Dez. 22 (RGBl **1923** 1) u. 21. Juli 23 (RGBl I 743, s. auch oben VI 3 Anm. 15) §§ 7—20 die Haft. für Unfälle beim Automobilbetriebe. — Mit der reichs- u. landesgesetzl. Ausgestaltung einer besonderen Unfallversicherung u. Unfallfürsorge für das Betriebspersonal (s. oben III 5. 7) hat das HPfG einen großen Teil seines Anwendungsgebiets verloren, indem es für Unfälle, die den in jenen Betrieben beschäftigt. Personen bei dem Betriebe zustoßen, meist nicht mehr gilt. U. a. ist es auf BUnfälle, die das EisBetrPersonal im Dienst u. Betrieb der eigenen Verwaltung erleidet, regelmäßig nicht mehr anwendbar, namentlich nicht auf Unfälle

er nicht beweist[7a]), daß der Unfall[6]) durch höhere Gewalt[8]) oder durch eigenes Verschulden des Getödteten oder Verletzten[9]) verursacht[9a]) ist.

---

a) der Arbeiter u. der nicht im Reichs-, Staats- od. Kommunaldienste stehenden Betriebsbeamten gemäß RVO §§ **544**, **554**, **898**ff.

b) der im ReichseisBetriebe beschäftigten Reichsbahnbeamten gemäß ReichsunfallfürsorgeG §§ 1, 10 in Verb. m. RVO § 554 u. RBPersG (oben III 2) § **9**.

Quellen: RTag 71 1. Sess. Drucks. 16 (Entw. u. Begr.), StB 201, 438, 575, 653. Entw. des EG BGB 1. Les. S. 136, Prot. d. Komm. f. d. 2. Les. VI 590. — Bearb.: Eger 7. Aufl. 12 (kleine Ausg. 03), Lange (1910), Seligsohn (1920), Heucke (1926); s. ferner Witte § 52, Wülfing, Die Haftung der Kleinbahn, Berlin 1928, u. Fritsch, EisRecht § 47.

[2]) A. Rechtscharakter der Haftung des Eis-Unternehmers aus § 1. Sie ist eine sog. Gefährdehaftung, d. h. der Unt. haftet ohne Rücksicht auf ein ihn treffendes Verschulden, wenn er nicht einen der in § 1 zugelassenen Einredebeweise führt. Sie ist nicht Haftung aus unerlaubter Handlung in dem Sinne, daß die Vorschriften des BGB über unerl. Handl. (§§ 823—853) in ihrer Gesamtheit anwendbar wären, vielmehr treten an Stelle einzelner dieser Vorschr. (z. B. § 845) Sonderbest. des HPfG; anwendbar sind BGB §§ 828, 830, 840 (s. unten C.), 846, nicht §§ 831, 842—845 (wegen § 845 s. ab. RG EE **41** 274), 847, 852 (Seligsohn S. 91). Wohl aber fällt jene Haftung z. B. unter den in der Überschrift zu BGB Buch II Abschn. 7 Tit. 25 zusammengefaßten allg. Begriff der u. H. und damit unter d. Begriff „u. H." im Sinne ZPO § 32. RG **53** 114, **57** 52. **58** 335, EE **26** 208, auch EE **29** 451; besonders: U 20. März 05 (**60** 300); Zuständigkeit bei Mehrheit v. fora delicti commissi: RG **72** 41. BGB § 278 ist nicht anwendbar. RG **99** 263.

B. Verhältnis des Anspruchs aus § 1 zu Ansprüchen gegen den EisUnt. auf Grund anderer Gesetze: § 9.

C. Zusammentreffen mehrerer Ersatzansprüche aus dem Unfall (ausführlich Seligsohn Anm. 138ff.; zur Ausgleichspflicht: Wülfing S. 85ff.).

a) Haftet neben dem EisUnt. ein Anderer aus unerlaubter Handlung od. haften mehrere EisUnt. aus § 1, so sind die Haftpflichtigen Gesamtschuldner. Das Verh. der mehreren Pflichtigen untereinander richtet sich nach BGB §§ 840, 412, 426 in Verb. mit § 254. RG **61** 56, **75** 25, **84** 415, **87** 64, **92** 343, **93** 96; EE **28** 76, 326, **30** 220; VZ. **1918** 782.

b) Dem aus BGB § 833 haftenden Tierhalter gegenüber ist der EisUnt. Dritter i. S. BGB § 840 Abs. 3 (auch wenn der Tierhalter selbst der Geschädigte ist), d. h. im Verh. zw. Tierh. u. Eis. haftet die Eis. allein. RG **53** 114, **58** 335; EE **22** 284, **29** 35, **32** 322; Schadensanrichtung durch das vor der Eis. scheuende Pferd EE **22** 184, **23** 265. Gegen das RG: Seligsohn Anm. 142, Wülfing S. 81f.

c) Das G. üb. den Verkehr m. Kraftfahrzeugen (vorst. Anm. 1; s. dazu Seligsohn Anm. 143ff., auch Wendt VZ **1927** 509, 539) bestimmt:

§ 17. Wird ein Schaden durch mehrere Kraftfahrzeuge verursacht und sind die beteiligten Fahrzeughalter einem Dritten kraft Gesetzes zum Ersatze des Schadens verpflichtet, so hängt im Verhältnisse der Fahrzeughalter zueinander die Verpflichtung zum Ersatze sowie der Umfang des zu leistenden Ersatzes von den Umständen, insbesondere davon ab, inwieweit der Schaden vorwiegend von dem einen oder dem anderen Teile verursacht worden ist. Das gleiche gilt, wenn der Schaden einem der beteiligten Fahrzeughalter entstanden ist, von der Haftpflicht, die für einen anderen von ihnen eintritt.

Die Vorschriften des Abs. 1 finden entsprechende Anwendung, wenn der Schaden durch ein Kraftfahrzeug und ein Tier oder durch ein Kraftfahrzeug und eine Eisenbahn verursacht wird.

§ 18 Abs. 3. Ist in den Fällen des § 17 auch der Führer eines Fahrzeugs zum Ersatze des Schadens verpflichtet, so finden auf diese Verpflichtung in seinem Verhältnisse zu den Haltern und Führern der anderen beteiligten Fahrzeuge, zu dem Tierhalter oder Eisenbahnunternehmer die Vorschriften des § 17 entsprechende Anwendung.

Zu den Worten „kraft Gesetzes" in § 17 Abs. 1 s. einers. RG **84** 415, **87** 64, anders. Seligsohn Anm. 143. Weitere Entscheid. des RG: **92** 143, **96** 68; EE **30** 220, 333, **32** 119, 227, **45** 210; VZ **1927** 89; VerkRu **1927** 586. Ausführlich: Müller, AutomobilG. 4. Aufl. S. 344ff. Die Ausgleichspflicht besteht nur im Rahmen der Ersatzpflicht; näheres Seligsohn Anm. 145. Ausgleichungspflicht bez. der Prozeßkosten: Heucke EE **45** 154. Zu § 17 Abs. 1 Satz 3 s. auch RG EE **48** 395.

d) Zusammentreffen mit Vertragshaftung Seligsohn Anm. 146, RG **84** 208, G üb. den Versicherungsvertrag 30. Mai 08 (RGBl 263) § 67. S. ferner § 4.

e) Dienstunfälle des EisBetriebspersonals Anm. 1, RVO § 1542ff., ReichsunfallfürsG (oben III 5) § 12; v. Postbeamten unten IX 2 Anm. 12.

f) Verpflichtungen aus sonstigen Gesetzen. Kranken- und Invalidenversicherung: RVO §§ 1542f.; RG EE **25** 166, **32** 96 u. VerkRu **2** 25; s. ferner RG EE **22** 385, **25** 159, **26** 189. ReichsversorgungsG in Fass. der Bek. 22. Dez. 27 (RGBl I 515) § 86; dazu RG **108** 151. Beamtenrecht (Ruhegehalt, Hinterbliebenenversorg.): Anm. 19C, 20D.

D. VerwaltVorschr. üb. die geschäftl. Behandlung der EntschädAnsprüche aus HPfG: E 3. Mai 08 IV A 4 142, 1. Febr. 19 VII 73 F 12547, 30. Juni 20 IV 47a 114. 340 (dazu VZ **1922** 485) u. Vf 17. 604c. 31. 1. Ang. v. 8. April 24. — Ferner unten Anm. zu § 7a.

[3]) Aus der Rechtsprechung des Reichsgerichts über den Begriff **Betrieb** (s. auch Behre, Betrieb, BGefahr u. BUnfall, VZ **1928** 669).

A. Allgemeines. Das gesetzl. Erfordernis, daß sich der zum Ersatze verpflichtende Unfall „bei dem Betrieb" einer Eis. ereignet hat, begreift zwei Merkmale in sich: es muß sowohl ein innerer Zusammenhang zw. dem Unfall u. der Betriebstätigkeit wie auch ein äußerer (zeitlicher u. örtlicher) Zus. mit einem bestimmten Betriebsvorgange gegeben sein, **55** 229; EE **30** 108. Ist der äußere Zus. erwiesen u. der innere nach der gegebenen Sachlage möglich, so muß der Unt. das Fehlen des inn. Z. nachweisen. JW **1917** 661; VerkRu **1927** 85. Es genügt mittelbarer Zushg. Arch **1916** 219 (weitere Urteile Seligsohn Anm. 69). Der Zushg. muß „adäquat" sein, d. h. es „gilt nur diejen. Bedingung als kausal f. d. Erfolg, die n. d. Erfahrung d. Lebens v. vornherein geeignet war, sei es für sich, sei es in Verb. m. anderen gegebenen Bedingungen den eingetretenen Erfolg herbeizuführen od. dessen Eintritt zu begünstigen" (Seligsohn Anm. 67 mit Belegen). Unterbrech. des Zushgs. durch Einwirkung Dritter? RG Recht **1926** Nrn. 451, 1990.

Innerer Zus. bejaht bei Explosion eines Gepäckstücks im Abteil, Arch **1920** 956 u. **1921** 466 (dazu Seligsohn VZ **1921** 516); verneint bei Ermordung eines Reisenden im Zuge — **69** 357 — u. dann, wenn jemand ohne persönl. Berührung m. d. Betriebe durch den Eindruck geschädigt wird, den auf ihn die Nachricht v. Unfall eines Dritten macht (dann auch kein äußerer Zus.) **68** 47, **75** 284, **97** 177; EE **30** 524; auch EE **41** 371. Äußerer Zus. fehlt ferner b. einer beim Entladen eines stehenden Wagens eingetret. Verletzung, auch wenn sie durch einen schon b. d. Beförd. entstandenen Wagendefekt verursacht worden ist, EE **23** 397.

Steht d. Unfall im äußeren Zus. mit der eigentl. Beförderung auf d. Eis., so bedarf es — auch wenn er durch äußeren Eingriff in d. Fortbewegung herbeigeführt worden ist: **50** 92; EE **5** 341, **9** 368 — f. d. Anwendung des § 1 nicht d. Nachweises, daß d. Ursache in einer der dem EisBetr. eigentüml. Gefahren liegt, EE **1** 243, **24** 271, **30** 225; JW **1917** 661.

Außer der eigentl. Beförderung gehören ab. auch solche Tätigkeiten im EisBetr., die in unmitt. Beziehung zu ihr stehen, namentl. auf Vorbereit., Durchführ. u. Abschluß der Beförd. gerichtet sind, dann zum Betrieb i. S. des § 1, wenn sie m. d. Gefährlichkeit verbunden sind, die dem EisBetr. im Vergleiche mit anderen Beförderungsarten eigentümlich ist, **1** 52, **2** 8, **46** 23; EE **5** 341, **23** 381. Die Gefahr braucht ab. nicht dem EisBetr. ausschließlich eigentümlich zu sein, **6** 37; EE **1** 357, **2** 12, **25** 288. Als solche „Gefahren" — die aber im Einzelfalle besonderer Feststellung bedürfen: JW **1929** 918 — sind z. B. anerkannt worden: Benutzung hoher, steiler, schmaler Trittbretter (nam. bei Glatteis od. bei Halten außerhalb des Bahnsteigs) EE **24** 69, 402, **25** 288, 316; VZ **1921** 632; die Benutzung schwer zu öffnender Wagentüren EE **25** 403 (auch Freudenberger VZ **1927** 1415); der Lärm in Unterführungen EE **24** 158 (auch EE **33** 434); das Fehlen eines Schaffners bei gewissen Straßenbahnen das. **24** 281; ungeschützter Vorderperron das. **28** 103; beschränkter Raum (Tür!) im Speisewagen das. **30** 232; Überfüllung im Wagen (Schwierigkeit des Herauskommens) Arch **1920** 956, **1921** 466; Gedränge auf Bahnsteigen usw. EE **37** 353 (dazu Hanow das. 290), **38** 229, **39** 144; Arch **1921** 1225; VZ **1922** 387, **1929** 724 (Schulkinder); überfüllte Plattform EE **47** 383, **48** 298; Unwirksamwerden v. Sicherheitsvorkehrungen (Läuten) durch andere Momente (Hupen der Automob.) JW **1926** 573; Bauarbeiten am Gleise (die Bahn ist verantw., auch wenn die Arbeit ein Dritter ausführt) Arch **1928** 1929; Handwerkerarbeiten im Gefahrbereiche der Züge, 26. Nov. 28 US **1929** III 19; Neuerungen im Betriebe (hier: Höherlegen der Bahnsteige, wobei damit verbundene Vorteile zu berücks. sind) EE **47** 383; gewisse örtliche Verhältnisse (Unübersichtlichkeit der Überwege u. dgl.) 15. Okt. 28 EE **48** 399.

Ein besonders gefährl. Moment im EisBetr. ist die ihn beherrschende „Eile", die oft die Beobachtung an sich nötiger Sicherheitsmaßregeln u. ruhiges Vorbedenken ausschließt; ist bei einer BetrHandlung Eile geboten, so fällt sie ohne weiteres unter den Begriff „Betrieb" u. braucht der Verletzte nicht zu beweisen, daß der Unfall bei einer in Ruhe vorgenommenen Ausführung nicht eingetreten wäre, **3** 20; EE **6** 56. Der objektiven Notwendigkeit der E. steht es gleich, wenn der Verunglückte ohne schuldhaften Irrtum — z. B. nicht bloß infolge innerer Unruhe: Arch **1905** 728 — E. für geboten hielt, z. B. weil er von einem Vorgesetzten zur Eile angetrieben wurde — **2** 85; EE **4** 445, **31** 110, **39** 144 — od. wegen großen Gedränges (Arch **1922** 1129; dazu Hanow in VerkRu **2** 244). Die E. muß ab. durch Anforderungen des eigentl. Betriebs, nicht durch andere Rücksichten (Innehalt. der Lieferfrist, Wiederherst. einer zu reparier. Lokomotive!) bedingt gewesen sein — EE **2** 56, **7** 62 —, auch nicht durch persönl. Interessen des Verletzten, EE **24** 50, 280; Arch **1913** 1621.

Unterbrochen wird der Betr. nicht durch kurzen Aufenth. des Zuges auf Zwischenstationen — **6** 37; EE **9** 163, **19** 65, **26** 144 — od. eines Straßenbahnwagens, EE **22** 406. Zu ihm gehören auch Arbeiten z. Beseit. eines seiner Fortsetz. entgegensteh. Hindernisses, **3** 19.

B. Einzelheiten. a) Dem Betriebe zugerechnet hat das RG u. a. Unfälle beim Ein-, Aus- und Umsteigen — EE **9** 59, **10** 363, **27** 93, **30** 106; Arch **05** 726, **1921** 1225; VZ **09** 297; VerkRu **1926** 381 —, auch bei nicht ganz kurzem Aufenthalt — EE **12** 344, **28** 165 — u. auf Straßenbahnen EE **25** 308, **26** 199, **28** 414, **29** 466, **31** 364, **33** 109; VZ **1910** 1209. Verfrühtes Umsteigen bei mangelh. Beleuchtung EE **26** 174; Abspringen vom Kraftwagen vor Zusammenstoß m. Eisenbahn EE **28** 417. Zusammenstoß zw. Bahn u. Kraftwagen, auch wenn zur Vermeid. des Zus. Bahn od. Kraftwagen hält: EE **28** 94, 174; Abgleiten v. Trittbrett U 29. April 26 IV 668/25 US III 22. Unfall beim Platzsuchen im D-Zuge EE **32** 99; beim Öffnen u. Schließen der Abteiltüren EE **12** 52; Ztschr f. Kleinb. **1914** 382, VZ **1921** 870; Herabfallen v. Gepäckstücken aus dem Netze Arch **08** 762 (dazu, auch wegen des Rückgriffs, Kittel Anm. 6 zu EVO § 26, ferner RG VZ **1925** 113); Verletzung durch Gegenstände, die aus d. fahrenden Zuge geworfen od. herausgehalten werden — **1** 253, **75** 185; VZ **05** 765 —, auch Funkenflug u. dgl. **11** 146; EE **5** 229; durch Pferde, die vor dem Zuge — nicht vor stillstehender Maschine EE **24** 66 — scheuen **53** 114; EE **4** 336, **16** 51, **19** 63, **32** 460; Arch **1915** 1127; Rangieren EE **1** 43; Arch **1911** 1297, anders. EE **15** 334 u. VZ **1912** 1264. Sonstige Einzelfälle: Verletzung durch das Bahnsteiggitter EE **39** 281; durch eine niederfallende Schranke EE **32** 106; Herabfallen des Leitungsdrahts einer elektr. Bahn **56** 265; EE **17** 57, ähnliches EE **21** 351, **23** 59, 187. Hochwinden einer entgleisten Maschine EE **1** 43, anders. EE **1** 280; Fahrt auf der Draisine EE **27** 341; Sitzen in offenem Bremshäuschen b. strenger Kälte EE **3** 418; eiliges Laufen üb. die Gleise zur Verhind. eines Unfalls EE **4** 196, anders. EE **17** 244; Sturz des Zugführers in eine Löschgrube EE **15** 121; Selbst-Ingangsetzung unbefestigt stehender Wagen EE **15** 129.

b) Dem Betriebe nicht zuzurechnen sind regelmäßig Unfälle im Bahnhofe vor dem Aus- u. Einsteigen u. beim Umsteigen, beides, wenn nicht Betriebseile vorliegt EE **24** 50 280, **26** 333, Arch **1921** 990; VZ **1919** 765; desgl. im Empfangsgebäude — Arch **1916**, 804; EE **33** 213 — od. auf den Zugängen EE **27** 93, **28** 88, 165, **30** 231, **45** 86; Arch **1914** 1198; Herabstürzen eines Reisenden, der sich z. Erlangung einer Erfrischung aus d. Wagen herausbeugt EE **30** 360; Fallen üb. Gepäckkarren auf d. Bahnsteig EE **37** 170; Beschäd. durch Handpostwagen EE **24** 382; Unfall nach beend. Aussteigen aus stehendem Straßenbahnwagen Ztschr f. Kleinb. **1918** 454; VZ **1924** 157. Ferner Unfälle beim Be- u. Entladen stillstehender Fahrzeuge u. sonstigem Hantieren an solchen — EE **1** 24, **4** 255, **24** 162 (Selbstentladung), **33** 424; VZ **07** 669; Recht **1916** 1626 —, wenn es nicht etwa unter Einwirk. der BetrEile — **3** 20; EE **9** 163; Arch **1911** 834 — od. einer anderen BetrGefahr vor sich ging, z. B. besonderer Schwere der zu behandelnden Gegenstände — **6** 37; EE **3** 76 — od. besonderer Einricht. der Fahrzeuge **14** 26. Zufälliges od. durch Unberufene verursachtes Inbewegunggeraten stillstehender Fahrzeuge EE **29** 196, **37** 168; Einladen v. Kohlen in die Maschine EE **4** 214, anders. EE **5** 55. Herabfallen eines Wagenteils in einen stehenden Wagen, auch wenn es auf frühere BetrVorgänge zurückzuführen ist, EE **33** 436. Reinigung stehender Fahrzeuge EE **2** 163, **4** 404, **5** 208. Bedienung v. Schranken — EE **11** 52, anders. EE **2** 171, 429, **30** 488 — od. Signalen **1** 52; EE **1** 243, anders. **2** 85; Herabfallen einer Schranke ohne Zushg. m. ihrer Bedienung EE **29** 456, **30** 90; Öffnen einer Schr. durch Unbefugte EE **33** 332. Anrennen an geschlossene Schranken EE **26** 178; Herausspringen d. Schiebetür an der Bahnsteigsperre EE **29** 221.

Der Werkstättenbetrieb fällt nicht unter G § 1, sondern § 2; s. Anm. 10.

[4]) Aus der Rechtsprechung des RG über den Begriff **Eisenbahn.** Der Begriff Eisenbahn ist im weitesten Sinne auszulegen: Eisenbahn i. S. des HPfG ist jede Schienenbahn, deren Betrieb m. der dem EisWesen eigentüml. Gefährlichkeit verbunden ist. Ausführl. Begriffsbestimmung **1** 247. Gleichgültig ist die Triebkraft — Pferdebahn **2** 8; Betr. durch Menschenhand **7** 40, EE **1** 357 —, die Spurweite — EE **32** 101 —, die Bestimmung f. d. öffentl. Verkehr (auch Eis. im Bau fallen unter § 1) EE **1** 106, **2** 227, **37** 179; Arch **1921** 988 (es kommt auf d. Fahrgeschwind. des einzelnen Zuges nicht an); Schwebebahnen **86** 94; Arbeitsbahnen **2** 38; EE **1** 164, **3** 416, **29** 213, **32** 100, 338, anders. **14** 27; EE **5** 387. Anschlußgleise **7** 40. Einzeltransporte auf öff. Bahn, die nicht dem öff. Verkehr dienen, EE **1** 357. Ob eine (unterird.) Bergwerks- od. eine zu einer Fabrik gehör. Bahn als Bestandteil der Hauptanlage unter § 2 od. als Eisenbahn unter § 1 fällt, hat das RG verschieden beurteilt: einers. EE **1** 106, 366, anders. **13** 17; EE **4** 222, **5** 389. Eis. ist nicht eine Dampframme, die auf Gleisen langsam schrittweise vorrückt — EE **2** 253, wohl ab. eine Dampffähre mit Schienen zum Transporte v. EisZügen EE **2** 272.

[5]) Haftung der Eis. für Sachbeschädigung EisG (oben I 7) § 25. — Bei Tötung usw. von Personen kommt das HPfG im allg. nicht mehr zur Anwend., wenn der Unfall einen b. d. Betriebe beschäft. Eisenbahnbediensteten im Dienste getroffen, wohl aber z. B., wenn d. Verunglückte ein überhaupt nicht od. doch z. Z. des Unfalls nicht im Betr. beschäft. Bediensteter od. ein Reisender od. eine zum Betr. in keiner Bezieh. stehende Person war (oben Anm. 1). Blinder Passagier: Josef EE **43** 363.

[6]) A. Die Tötung od. Verletzung muß sich als **Unfall** b. d. Betriebe darstellen (über den Streit, ob als U. das schädigende Ereignis od. die schäd. Einwirk. auf den Menschen od. die nachteil. Folge dieser Einw. anzusehen ist, s. Rosin Ztschr f. öff. Recht **3** 291, Eger Anm. 10, Seligsohn Anm. 56). Aus der Rechtspr. des RG: U. ist ein ungewöhnl. Ereignis im EisBetr.; hierunter gehören nicht die gewöhnl. Nachteile des regelmäß. Betr., die nach dem natürl. Verlauf der Dinge eintreten u. deshalb von jedem b. d. Betr. Beteil. berücksichtigt werden können u. müssen, wie Zugluft auf offenem Bremssitz; ungewöhnl. Kälte bildet ein v. außen her zum Betr. hinzutret. Ereignis, nicht ein ungewöhnl. Ereignis im Betr. selbst: EE **5** 432; anders. (Erfrieren v. Gliedmaßen im Bremsdienst) EE **3** 418. U. ist ein zeitlich bestimmtes Ereignis, das in seinen, möglicherweise erst allmählich hervorgetret. Folgen den Tod od. die Körperverl. verursacht hat, nicht ab. eine Reihe v. Einwirkungen, die nicht durch bestimmte Einzelereignisse verursacht sind sondern in ihrer Aufeinanderfolge allmähl. zum Tode od. zur Körperverl. führen, z. B. die sich aus dem Betr. selbst u. seinen Einwirk. allmählich entwickelnden gewerblichen Krankheiten: **21** 77, **29** 42. U. ist ein ungewöhnl. Ereignis, das m. den dem EisBetr. eigentüml. Gefahren in Zushg. steht; er liegt also nicht vor, wenn b. d. regelmäß. Verricht. des Dienstes ohne Dazwischentreten eines außerord. BetrEreignisses ein Beamter den Grund zu s. Krankheit gelegt hat, EE **8** 334, auch VZ **1914** 1086. U. nicht die gewöhnl., voraussehbaren Folgen des ungesunden Betr. EE **14** 358. (Für den Bereich der UVersicherung u. UFürsorge ist der Begriff Unfall ein anderer: oben III 7 Anm. 22C.) — Es genügt, wenn der Unfall eine mitwirkende Ursache für die Tötung usw., wenn auch nicht die alleinige Ursache ist. Näheres Seligsohn Anm. 70; s. auch RG **102** 241.

B. Zum Begriff der „Tötung" gehört nicht, daß der Tod die sofortige Folge des Unfalls war, sondern nur, daß zwischen beiden ein ursächl. (adäquater: oben Anm. 3A) Zushg. besteht. RG **1** 49. Der T. gleich steht Selbstmord in einer durch den U. hervorgerufenen Geistesverwirrung — RG Ztschr f. Kleinb. **1908** 781; VZ **1921** 934 — od. in der durch den U. nötig gewordenen Narkose. RG EE **24** 276.

C. „Körperverletzung" ist auch eine nur auf psychische Erregung (z. B. Erschrecken) zurückzuführende Gesundheitsschädigung; HPfG macht nicht (wie BGB § 823) einen Unterschied zw. Verletzung d. Körpers u. Verletzung d. Gesundheit. RG **97** 177; EE **21** 183, **26** 207, **33** 434. Durch den U. unmittelbar erzeugtes Nervenleiden RG EE **41** 371. Die Einbild., daß ein Rentenanspruch bestehe, ist nicht anspruchererzeugend, wenn der Unfall keine körperl. Schädigung zur Folge gehabt hat. RG EE **39** 281 (s. auch Vf. 46. 492 a. 30 v. 9. April 27). Beschädigung künstlicher Glieder (Gebiß!) ist keine Körperv. RG VerkR **1924** 458. Tritt unabhängig v. Unfallschaden eine neue Schadensursache ein, die f. sich allein d. gleichen Schaden z. Folge hat, so endet der Rentenanspruch aus HPfG: RG VZ **1928** 306. Über die sog. Unfallneurose s. noch RG 21. Febr. 29 Arch. 1022, 12. Nov. 28 EE **48** 403 u. 21. Febr. 29 das. 403, ferner Lentze Arch. **07**, 664; Zimmermann VZ **1920** 453, **1922** 937, **1924** 161; EE **34** 8 u. VerkRu **1928** 9, 56; Schicharski EE **37** 1; Kersting das. **44** 277; Goltermann VZ **1929** 257. Ferner Vf 46. 492 a. 30 v. 9. April 1927. Mitwirkung der Ärzte b. d. Schadensfestst.: Gilbert u. Rahmsdorf in Ztschr f. Bahn- u. Bahnkassenärzte **1914** Heft 7 u. 8.

D. Die Haftung erstreckt sich auch auf mittelbare Unfallfolgen: Entwöhnung im Gebrauch eines Körpergliedes RG EE **3** 198; neuer U. in einem durch den ersten U. verursachten epilept. Zustand od. durch eine vom ersten U. herrührende körperl. Schwäche RG **119** 204; EE **25** 395; VZ **1928** 1005; Krankheitseinbildung RG EE **32** 318; Schlaganfall nach dem U. ohne urs. Zushg. mit ihm RG EE **32** 451; moralisches Herunterkommen RG EE **34** 342. Über falsche ärztl. Behandlung s. RG EE **28** 328, **38** 300, **40** 81. Zur sog. Prozeßneurose s. RG EE **29** 64, 469, **31** 80, **41** 36; Arch. **1916** 412; Recht **1919** 1048, 1049; VZ **1929**, 466; Seligsohn Anm. 77 u. die vorst. bei C. angegebene Literat. — S. ferner vorst. B. u. C.

6b) Schaden bedeutet Vermögensnachteil. Seligsohn Anm. 134.

[7]) Aus der Rechtsprechung des RG über den Begriff **Unternehmer.** Unternehmer i. S. des HPfG (wie der RVO) ist im allg. der, f. dessen Rechnung u. Gefahr der Betr. geführt wird, dem also das wirtschaftl. Ergebnis des Betr. zum Vorteil od. Nachteil gereicht; wem das Eigentum an d. Bahn zusteht u. wer den Betr. tatsächl. besorgt, kommt nicht in Betracht; ein Dritter, dessen Personal u. Material vertragsmäßig auf eine fremde Bahn übergeht, oder der durchgehende Fahrkarten für diese ausgibt, wird dadurch nicht zum Unt. der fremden Bahn. **1** 279, **38** 90; EE **1** 5, 223; VZ **1929** 620. Es muß aber hinzukommen, daß der

Unt. die selbständige Verfügungsgewalt üb. d. Betrieb hat EE **28** 241, **29** 90. Hat ein anderer als der, den das wirtsch. Ergebnis trifft, die Verfügungsgewalt, so ist abzuwägen, welches Merkmal als ausschlaggebend anzusehen ist. EE **27** 437, **38** 68. Abgabe von 90% des Gewinns an den Eigentümer macht diesen nicht o. w. zum Unt. EE **28** 103. Bei einer verpachteten Bahn ist der Unt. der Pächter (Seligsohn Anm. 117) Bei Betriebsgemeinschaften ist im Einzelfalle zu prüfen, in wessen Betr. der Unf. eingetreten ist. EE **1** 174 auch VZ **1911** 709. Bei nebeneinander laufenden Strecken od. Bahnkreuzungen haften u. U. beide Verwalt. EE **3** 109 **17** 139, u. zwar als Gesamtschuldner (BGB § 840 Abs. 1 § 426) **61** 56. Für Unf. bei durchlauf. Zügen haftet im Zw. die Verw., auf deren Strecke der Unf. eintrat. **12** 145. Bei Arbeitsbahnen zum Bahnbau ist im Zw. Unt. der Unt. der Erdarbeiten **66** 376 **75** 7; EE **2** 226; Anschlußgleise EE **3** 73 **5** 34, **12** 197, 207, **13** 330, **20** 140, **32** 455 (auch Grünebaum EE **28** 155, 159); Hafenbahnen EE **40** 220; Steinbruchbahnen EE **29** 213; Gleise zu Lagerschuppen EE **28** 241. Die Vereinbarung zw. Bahnverw. u. Anschlußinhaber üb. die Haftpfl. berührt die Rechte des Verunglückten nicht, EE **13** 330. Übernimmt die Eis-Verw. gemäß § 15 der b. d. StEV (ebenso jetzt b. d. Reichsbahn) gelt. Anschlußbeding. den Betr. des Anschl., so haftet sie nach außen, EE **25** 315 (auch E 19. März 03 ENBl 176). Örtliche Grenze f. d. Haftung: Arch. **08** 215; EE **26** 329. — Die Schlafwagengesellschaften sind kein EisUnt. i. S. des § 1 (ausführlich Seligsohn Anm. 119fg., s. auch Rundnagel, BefördGesch. S. 513. — Läßt die Postverw. Postwagen auf Straßenbahngleisen laufen, so ist sie Unt. EE **32** 221. — Kriegsbetrieb EE **38** 149. — Über Unfälle im Polnischen Korridor s. die Ausführ. in VZ **1925** 615, **1927** 200, jetzt auch RG **124** 204; EE **48** 299 (es haftet nur die Poln. Staatsbahn).

[7a]) Aus der Rechtspr. des RG. Die die Eis. befreienden Umstände (höh. Gewalt od. eigenes Verschulden) müssen bündig nachgewiesen werden, Zweifel kommen dem and. Teile zugute. RG EE **2** 426, **3** 29, 200, **17** 210, **23** 73, **26** 175, **28** 216, **32** 455; Arch **1911** 1085; VerkRu **7** 330. Ist z. B. erwiesen, daß der Verletzte durch Herausfallen aus d. fahrenden Zuge verunglückt ist, das Wie ab. unaufgeklärt, so haftet die Eis., weil die Möglichkeit nicht ausgeschlossen ist, daß eig. Versch. nicht vorliegt, EE **25** 76, **26** 396, **31** 115, **39** 282; Arch **1925** 780. Beweisführung bz. des Türverschlusses EE **28** 98, **31** 108. Auffinden einer Leiche auf einem dem Publ. nicht zugängl. Teile des Bahnkörpers EE **25** 162, **33** 428. Daß die Eis. ihre Schuldlosigkeit (z. B. diligentia in eligendo) nachweist, ändert an ihrer Haft. aus § 1 nichts EE **26** 188. Es genügt ab. der Nachweis, daß nur entw. höhere Gew. oder eig. Versch., nicht Zufall die Ursache sein kann — EE **17** 147, **23** 66, auch EE **5** 19 —, u. U. auch Erbringen des Einredebeweises bis zu einem hohen Grade v. Wahrscheinlichkeit, EE **24** 272, **25** 76, **26** 393. Ein die BetrGefahr erhöhendes Verschulden der Eis. darf nicht vermutet werden: EE **25** 312, auch EE **27** 333. Auch bei nicht genauer Festst. des Sachv. muß d. Kläger beweisen, daß jeder mögliche Hergang den Tatbestand d. BetrUnfalls darstellt, Arch **1914** 911. — Beweiswürdigung EE **32** 327, **33** 213; JW **1925** 2005.

[8]) **Höhere Gewalt.** Reichhalt. Schrifttum angegeben bei Seligsohn vor Anm. 150, ferner Rundnagel, Haftung § 15; Schmidt-Ernsthausen EE **36** 109; Hanow das. **37** 290; v. Kienitz EE **41** 281; Löning Anm. 4 zu Art. 27 § 2 JÜG. Übersicht üb. d. Ursprung des Begriffs u. die sich an ihn anknüpfenden, auseinandergehenden Theorien bei Rundnagel Haftung, 2. Aufl. § 15. S. ferner unten VII 2 Anm. 30 Eb.

A. Allgemeines. Nach § 1 haftet der EisUnt. grundsätzlich f. alle Unfälle, die nicht durch eigenes Verschulden des Verungl. herbeigeführt worden sind, also auch f. d. Zufall; die Haftung f. Zufall hat aber ihre Grenze an solchen zufäll. Ereignissen, die — im Gegens. zum sog. niederen Zufall — durch höhere Gewalt verursacht worden sind, d. h. (n. d. Rechtspr. d. RG) durch zufällige äußere Ereignisse, die außerhalb des Betriebskreises des Unternehmens entsprungen sind (Rundnagel Haftung 3. Aufl. S. 77). Ausführlicher faßt das RG den Begriff dahin zusammen, daß als h. G. nach § 1 (wie nach HGB § 453 u. als „unabwendbarer äußerer Zufall" i. S. ALR II 8 § 1734 u. EisG § 25) nur gilt ein zufälliges, äußeres, nicht durch Einricht. des Betriebs, sondern durch Naturkräfte od. durch Handlungen Dritter herbeigeführtes Ereignis, u. zwar nur dann, wenn das Ereignis selbst od. seine nachteil. Folge bei den gegebenen Verhältnissen durch die größte, diesen Verh. angepaßte Sorgfalt u. durch solche Mittel nicht abzuwenden war, deren Gebrauch dem Unternehmer vernünft. Weise, u. ohne daß der wirtschaftl. Erfolg des Unternehmens ausgeschlossen wird, zugemutet werden kann. RG **21** 13, **70** 98; EE **19** 258, **24** 18, **28** 302; Ztschr f. Kleinb. **1916** 538; VZ **1916** 889, **1926** 83. — Verschiedenartige Rechtslage bei Großbahnen einers., Kleinbahnen anders.: EE **33** 324. — Ist die ganze Ursachenreihe, an deren Ende der Unfall steht, durch ein Ereignis in Bewegung gesetzt worden, das sich als h. G. darstellt, so ist im Sinne des § 1 der U. durch h. G. verursacht worden, **109** 172.

B. Einzelheiten aus der Rechtsprechung des Reichsgerichts.

I. Die „äußere Provenienz". „Das Erfordernis, daß das Ereignis v. außerhalb her in den Betrieb einwirkte, bedeutet nicht, daß es räumlich v. außen her in den B. eingreift, sondern nur, daß es außer Zushg. mit dem B. steht und seinen Grund nicht in dem B. oder seinen Einricht. selbst habe" **95** 64. Zu der schädigenden Wirkung des Ereign. dürfen ab. nicht objektive BetrMängel (darüber unten II) beigetragen haben, EE **3** 86 (Brechen eines einzelnen Radreifens bei strenger Kälte), auch EE **31** 349.

a) Naturereignisse (s. auch unten IV b). H. G. kann sein Schneesturm — **101** 94, Arch **1921** 464 —, nicht ab. bloßes Schneegestöber, EE **33** 323. Nicht unter allen Umst. Tunneleinsturz infolge Unwetters **93** 305 (dagegen: Seligsohn Anm. 164), EE **35** 273; Wolkenbruch EE **20** 184; Sturm EE **21** 394.

b) Handlungen von Menschen od. krankhafte Zustände bei solchen (s. auch unten III). Unsinniger u. unvorhergeseh. Massenansturm auf den Zug — EE **6** 222, **8** 40 (s. auch Hanow a. a. O.) —, Schuß aus dem Nebenabteil, der den Reisenden veranlaßt, aus d. Zuge zu springen — **109** 172 —, Steinwurf in den fahr. Zug — VZ **1927** 915, **1928** 465 — sind als h. G anerkannt worden. Verschieden beurt. werden verbrecherische Anschläge u. sonstiges unberufenes Eingreifen Dritter, wobei namentl. die Abwendbarkeit (unten IV) in Betracht zu ziehen ist, EE **10** 370, **21** 371, **23** 393, **25** 319, **47** 384; VZ **1926** 1107, **1927** 471, 915; US **1928** III 33. Handlungen der Reisenden: Seligsohn Anm. 165. — Verschieden beurteilt w. auch Gesundheitsstörungen u. dgl., die m. d. Unfall in Verbind. stehen, wie Ohnmachts- u. epilept. Anfälle, Schlaftrunkenheit u. dgl.; h. G. ist dabei anerkannt z. B. **95** 64, EE **1** 250, **6** 102, **32** 92 (dazu Hanow das. **37** 290); anders. EE **18** 76, **23** 305, **33** 108, **34** 144, **38** 69; Arch **1914** 1704; JW **1917** 717. Ebenso unbefugtes Betreten des Bahnkörpers — Arch **1917** 149 — u. Aufsteigen in den fahr. Zug, EE **42** 104.

Handlungen des Betriebspersonals begründen grunds. — Ausn. z. B. EE **18** 76 — keinen Fall von H.G., weil sie nicht als äußere Ereign. anzusehen sind, **1** 253, **117** 12; EE **6** 222, **27** 341 (Streik: Rundnagel, Haftung

S. 78 f., unten VII 2 Anm. 30 E b), auch nicht eine f. d. Unfall kausale Erkrank. eines Betriebsbediensteten, die nicht in einem v. außen komm. Ereign. ihren Grund hat (Paralyse des LokFührers) **117** 12.

c) Sonstige äußere Ereignisse. Zur h. G. wird u. U. gerechnet: nicht vorhergesehenes u. nicht abzuwend. Übertreten v. Tieren auf den Bahnkörper — Arch **1905** 732 —, Zusammenstoßen m. Pferden, die aus einer betriebsfremden Ursache scheuen, **64** 404 (nicht Scheuen v. Zugtieren vor der Bahn **19** 37, EE 8 245, **10** 270, **25** 377, **27** 81.

II. Als den äußeren Ereignissen nicht zugehörig sind vom Unt. regelmäßig zu vertreten Betriebsmängel u. Ereignisse, die in der gefährlichen Natur des EisBetriebs ihren Ursprung haben. Beispiele: Auswerfen v. Kohlenstaub u. Funken **11** 146, EE **27** 334; Scheuen d. Zugtiere vor der Eis. (vorst. I c); Überfüllung der Abteile EE **24** 392; Schleudern der Maschine EE **30** 442; Mängel der Schutzanlagen EE **40** 60, namentlich der Schranken EE **28** 111 (s. auch unten IV); elektr. Schlag, hervorgerufen durch Versandung der Schienen EE **36** 74; u. U. Explosion v. Gepäckstücken im Abteil EE **41** 374; Arch **1920** 956 (dazu Reindl VZ **1921** 709 u. Hanow EE **37** 290); Arch **1925** 136; Kreuzungen in Schienenhöhe **93** 66 (dazu Schmidt-Ernsthausen VZ **1919** 591, s. auch unten III u. IV). S. auch Josef, Körperverletzung u. Raubmord als Unfälle beim EisBetrieb, VerkRu **1926** 194.

III. Das Ereignis muß außergewöhnlich sein (vgl. Rundnagel, Haftung S. 75). Nicht zur h. G. rechnet das RG deshalb (u. zugleich aus dem Gesichtsp. mangelnder äußerer Provenienz) Ereignisse, die mit einer gewissen Häufigkeit b. d. Betr. vorkommen, u. nach d. Natur des Betr. nicht vermeidlich sind u. deshalb vom Unternehmer von vornherein in Aussicht genommen werden müssen **44** 27, **50** 92; EE **20** 127, **21** 177, **28** 432, **29** 174, 202 (Kritik: Seligsohn EE **36** 7, 107 u. in Anm. 158 ff. zu § 1). Beispiele: Regelmäßig b. bestimmten Gelegenh. sich wiederhol. Anstürmen auf d. Personenzüge u. Massendrängen auf d. Bahnsteigen EE **10** 58; Arch **1919** 788 (dazu Hanow EE **37** 290), **1924** 1069 (Berliner Stadtbahn); JW **1921** 396; Zusammenstöße m. Fuhrwerken auf schrankenlosen Überwegen EE **44** 233 (s. auch oben II a. E., ferner Brunner VZ **1927** 45, Neumann das. 352 unter besond. Berücksicht. des Kraftwagenverkehrs), auch EE **28** 94; regelmäßig eintret. Hochwasser EE **26** 127; Schlägereien unt. den Reisenden in Industrierevieren Arch **07** 796. Straßenbahnverkehr: Hineinlaufen v. Kindern od. von Personen, die durch drohende BetrGefahr od. das Verhalten Dritter in Bestürz. geraten sind, in die Gleise **54** 104; EE **11** 337; JW **1924** 254; anders. **21** 13; EE **18** 336, **20** 346, **24** 390, **30** 507, **33** 324; VZ **1927** 1392 (Überfahren eines spielenden Kindes durch eine nebenbahnähnl. Kleinbahn). S. hierzu Wussow EE **23** 214. Ferner (f. Bahnen mit eigenem Bahnkörper) VZ **1916** 889; Zusammenstöße m. anderen Fuhrwerken EE **25** 41, **27** 339, **31** 369; Gedränge an d. Haltestellen EE **31** 226; Herabfallen v. Schwachstromdrähten auf d. Leitungsdrähte EE **23** 187.

IV. Voraussehbarkeit u. Abwendbarkeit. a) Die Voraussehbarkeit steht m. d. Abwendbarkeit in Zushg.: Was nicht voraussehbar ist, kann nicht abgewendet werden; ist trotz Voraussehbark. die Abwend. nicht möglich, so ist die Voraussehbark. kein f. d. Haftung der Eis. wesentl. Merkmal; ist ab. ein Voraussehbares abwendbar, so kann von h. G. keine Rede sein. Vgl. Rundnagel, Haftung S. 73, 76 u. v. den dort angef. Urteilen namentl. **104** 150.

b) Abwendbarkeit. Oben bei A ist die Grenze bezeichnet, bis zu der die Eis. Abwendungsmaßnahmen treffen muß, ehe sie sich auf h. G. berufen kann; z. B. kann nicht verlangt werden, daß der ganze Bahnkörper mit Mauern od. dgl. umgeben od. durch dichte Bewachung gegen jede gefährl. Annäh. od. verbrech. Anschläge abgesperrt wird (s. die bei A angef. Urteile; teilw. abweich. EE **1** 31; auch EE **17** 57, dazu Schachian das. **16** 265). Ferner kann nicht ohne ganz zwingenden Grund Betriebseinstell. gefordert werden **101** 94. Umlenken v. Transporten **112** 284, EE **40** 204, auch **108** 276. Ist ein Unfall (Sturz) an sich durch h. G. verursacht, so schlägt trotzdem die Einrede nicht durch, wenn die durch den Betrieb herbeigeführten Folgen des U. (Überfahrenwerden) durch Schutzvorrichtungen abgewendet werden konnten EE **15** 333. Ob Schutzmaßregeln innerh. der oben bezeichn. Grenzen möglich waren, hat das Gericht im Einzelfalle zu beurt. — EE **3** 418, **46** 96; Recht **1917** 1490 —; es ist ab. nicht Sache des Gerichts, geeign. Vorkehr. zu nennen, EE **9** 368. Bei jener Beurt. ist Vorsicht geboten, zumal bei Fragen des EisBetriebs; u. U. sind Sachverständige zu hören, VZ **1921** 416, auch **1922** 386. Daß die Aufsichtsbeh. keine Schutzmaßr. angeordnet hat, befreit die Eis. nicht v. d. zivilrechtl. Haftpflicht — EE **8** 16, **25** 321, **44** 233; Arch **06** 654; VZ **1925** 205, **1929** 597 —; auch nicht, daß zum Anbringen der Schutzvork. (hier Warnungstafeln f. d. Kraftwagenverkehr) ein anderer (Landesbehörde) verpflichtet war, Arch **1929** 1018, anders. VZ **1925** 205. Einzelheiten: Fehlen od. ungenüg. Stärke v. Schranken EE **22** 284, **25** 321; Recht **1917** 1490; VZ **1922** 386, VerkRu **1927** 82 (auch OLG Stuttgart 9. Nov. 28 in VZ **1929** 105). Zu leicht sich öffnender Türverschluß EE **22** 400; Nichtabschließen der Plattform d. Straßenb. EE **25** 410; Mangel v. Vorkehr. gegen selbsttät. Ablaufen v. Wagen EE **27** 93; Maßreg. gegen Betreten der Gleise durch Kinder EE **42** 340.

[9]) Aus der Rechtspr. des RG (s. auch Dronke EE **21** 295, 413 u. Sonderheft zu EE **25** S. 33) üb. d. Begriff **Eigenes Verschulden.** A. Nur eigenes Verschulden des Verunglückten befreit die Eis., nicht Verschulden Dritter EE **1** 31, **20** 249, **27** 322, **32** 454. BGB § 278 kann dem Anspr. nur soweit entgegengeh. werden, wie es sich um Abwend. der Schadensfolgen, nicht um Verursach. des Schadens handelt **62** 346, **75** 257, **77** 211, **79** 319, **91** 134 (dazu Seligsohn S. 132; a. M. die dort Angef. u. Wülfing S. 45 ff.). Wohl ab. hat der Beschädigte für V von ihm Bestellter (BGB § 831) einzustehen, das b. d. Schadensentsteh. mitgewirkt hat **77** 211, **79** 312, EE **28** 341, 346, **33** 316 (a. M. Seligsohn S. 133, Wülfing S. 50). Dem Vater gegenüb., der v. d. Bahn Ersatz der f. d. verletzte Kind aufgewend. Heilkosten verlangt, kann nicht aus BGB § 823 Abs. 2 § 832 Vernachläss. der Aufsicht eingewendet w. **53** 312 (dagegen Hinze EE **21** 401), EE **22** 390, **38** 73. Keine Berufung der Bahn auf Mitverschulden des einer BerGenoss. angehör. Unternehmers bei Rückgriff der BerGenoss. aus RVO § 1542: EE **41** 127. U. U. hat die Eis. einen Ausgleichsanspruch (BGB § 426) wegen Verletz. der Aufsichtspflicht EE **28** 419, **38** 301. Rückgriff auf einen schuldigen Dritten EE **42** 206, VZ **1919** 1022, Arch **1922** 206. Das eigene V. kann durch V. Dritter aufgewogen w., z. B. ungenüg. Fürsorge der Aufsichtsbeh. für Schutzmaßregeln EE **9** 117. S. ferner unten D.

B. Verschulden — gleich Fahrlässigkeit i. S. BGB § 276: EE **18** 336 — ist das Außerachtlassen des Grades v. Aufmerks., der v. jedem Vernünftigen u. Zurechnungsfäh. (ohne Berücks. der individ. Anlage usw.) bei seinem Handeln n. d. Umständen d. Falles vorausgesetzt w. muß **38** 162, EE **25** 167. Berücks. jugendl. Alters b. Feststell. des V. u. seines Grades Arch **1921** 233, sonstiger individ. Eigenschaften (hohes Alter, Gebrechlichk.) Leipz. Zeit. **1915** 1364. Kein V., wenn der Betriebsarbeiter nur Anweis. seines Vorgesetzten nachkommt **3** 1. — Handlungsunfähige kann nicht V. treffen: Kinder (BGB

§ 828) **1** 276, **54** 407, **62** 346, EE **1** 31, **9** 91; JW **1925** 254, VZ **1929** 724 (Schüler unter 12 Jahren). Zur Anwendb. v. BGB § 829: EE **22** 302. — Anm. 8 B I b. — Kinder im Alter v. mehr als 7 Jahren (Mangel an Einsicht w. nicht vermutet) EE **20** 160, 173, **23** 285, **25** 76, 167, **26** 313, **28** 237, **39** 210, **40** 295, **41** 373, Arch **1925** 134. Unvorsicht. Handeln in Trunkenheit ist im Zw. Verschulden (vgl. BGB § 827) EE **5** 142, auch EE **19** 50, **25** 165. Nachlassen der Aufmerks. infolge Gewöhnung an die Gefahr — EE **2** 400, **26** 314, anders. EE **28** 304, **30** 234, **32** 99; bei Bahnbediensteten EE **2** 40, **3** 200, Leipz. Zeit. **1915** 749. Als V. ist sachwidriges Verhalten nicht v. w. anzusehen, wenn durch drohende ernste Gefahr — **50** 92; EE **4** 144, **5** 240, **28** 417, **29** 93, JW **1924** 31, anders. EE **17** 210 — oder Betriebseile (EE **1** 263) schnelle Entschließ. geboten war; s. auch JW **1927** 1141. Zuwiderhandeln gegen Verbote od. Dienstanweisungen (die keine revisiblen Normen sind: EE **5** 2) ist im allg. kein V., wenn es v. d. Verwalt. selbst od. den Aufsichtsbeamten ständig od. für gewisse Fälle stillschw. geduldet w. (**1** 48, **4** 25, EE **1** 63, **2** 139, **3** 433, **24** 59, **34** 240, **40** 59, **45** 88; anders. EE **2** 465, **4** 373, **20** 77) od. der Verungl. annehmen durfte, das Verbot gelte im vorl. Falle nicht (**13** 9, EE **1** 324, **4** 141, **8** 23), od. die Übertretung in Erfüll. einer sittlichen Pflicht (Menschenrettung) geschah u. der Verungl. bei dem in casu möglichen Maße v. Überlegung auf Erfolg rechnen konnte EE **19** 24, **24** 179, **42** 348.

Einzelfälle (mit verschied. Beurteil.). Unvorsicht. Betreten v. Bahnanlagen, die dem Publ. nicht zugängl. s., im Geschäftsinteresse VZ **1928** 721. Aufenthalt d. Postschaffners im Bahnpostwagen währ. d. Rangierens EE **2** 224, des Tierbegleiters im Viehwagen EE **25** 289, auf der Plattform **114** 291, EE **32** 459, **47** 383 des Bahnarztes im Packwagen e. Güterzuges EE **42** 205. Mitfahren des Rangierleiters bei Rangierbewegungen EE **34** 342. Verhalten auf d. Bahnsteig Warneyer **19** 314. Einsteigen im letzten Augenbl. u. in überfüllte Abteile Recht **1920** 3484, Arch **1921** 1225, **1924** 1069. Öffnen d. Abteiltür Recht **1919** 898, 1936. Unvorsicht. Gehen im Wagen bei Fahrt durch Kurven JW **1926** 1975. Unaufmerks. des neben d. Fahrer sitz. Kraftwageneigentümers EE **44** 242. Unvorsicht. Fahren d. Kraftwagens üb. EisÜberwege VZ **1927** 88, **1928** 661 (s. auch Müller, AutomobilG 4. Aufl. S. 238ff.). Unvorsicht. Ausführ. v. Arbeiten am Bahnkörper VZ **1928** 798. S. ferner unten C u. D.

C. Gegen d. Einrede des e. V. ist Replik konkurrier. Verschuldens des Unternehmers zulässig, beweispflichtig der Ersatz Verlangende **38** 162, EE **6** 54, **23** 66, **25** 380. Bei Trennung des Prozesses nach Grund u. Betrag ist die Frage des Mitverschuldens schon in der Vorentsch. zu klären EE **32** 226. Einzelfälle: Unzweckmäß. Vorkehr. bei großem Andrange: Warneyer **19** 314; ungenüg. Beleucht. das. **17** 379, Recht **1917** 1410; unzulängl. Sicherung b. Neubauten: Recht **1916** 2091; vorzeit. Anfahren u. ungünst. Lage d. Haltestelle Arch **1925** 781; nicht v. w. Schrankenlosigk. bei Niveaukreuz. VZ **1924** 940; Pflicht der Bahn, deren Gefahren durch besond. SicherhMaßnahmen zu verringern, u. zwar unter Berücks. der jeweil. Verkehrsverh., auch derjen., die sich erst nach Inbetriebnahme der Bahn herausgebildet haben (Kraftwagen) EE **46** 96, VZ **1929** 597 (ausführl. darüber Kronheimer VZ **1929** 417, Machate in „Die Reichsbahn" **1929** 626, 642); nicht v. w. Nichtbesetzen v. Haltestellen VZ **1927** 1392. S. ferner vorstehend bei B.

D. Einschränkung der Einrede des e. V. durch BGB. Nach ständiger Rechtsp. des RG (ausführlich Seligsohn Anm. 193ff.; dagegen z. B. Eger Anm. 12, Wussow EE **24** 78) ist BGB § 254 auf Ansprüche aus HPflG anzuwenden. BGB § 254 Abs. 1 bestimmt:

Hat bei der Entstehung des Schadens ein Verschulden des Beschädigten mitgewirkt, so hängt die Verpflichtung zum Ersatze sowie der Umfang des zu leistenden Ersatzes von den Umständen, insbesondere davon ab, inwieweit der Schaden vorwiegend von dem einen oder dem anderen Teile verursacht worden ist.

Damit schließt nicht mehr das V. des Verletzten usw. die Haftpflicht der Eis. ohne weiteres aus, vielmehr muß in jedem Einzelfalle das Maß, in dem das V. als Ursache des Unfalls anzusehen ist, nicht nur gegen ein Mitverschulden der Bahn od. ihrer Leute, sondern auch gegen andere mitwirkende Ursachen des Schadens abgewogen werden; zu diesen mitwirkenden Ursachen gehört ab. in erster Reihe die allg. Gefährlichkeit des EisBetriebs, so daß für einen Unfall „bei" dem Betr. das eig. V. niemals als einzige Ursache gelten kann **53** 75, 394, **56** 154; EE **20** 256, 333, **28** 117, **32** 93, **48** 405 (gegen die Abwäg. des e. V. gegen d. bloße BetrGefahr: Seligsohn Anm. 197). Dadurch wird ab. die gänzl. Abweisung des Anspruchs nicht ausgeschlossen — EE **21** 290, **43** 331; VZ **1914** 521, **1929** 1368 —, sie hat jedoch regelm. zur Vorauss., daß in casu die mitwirk. Ursach. in ihrer kausalen Bedeutung gegen das e. V. völlig zurücktreten EE **23** 55, **24** 260, **26** 45, 47, 67. Die Abwägung ist Tatfrage, hängt also von der Feststellung des wirkl. Hergangs ab u. ist im allg. der Revision entzogen EE **34** 145, **38** 68, anders. Arch **1925** 134. Bei der Abwäg. kommt in Betracht einers. das Vorliegen v. Umständen, die d. allgemeine Betriebsgefahr erhöhen — z. B. Fehlen v. Wegeschranken (EE **24** 71, **33** 322, **34** 237; Arch **1912** 1085), steile Trittbretter (29. April 26 IV 668 US III 22), Abschwächung od. Versagen d. Sicherheitsmaßregeln im Einzelfalle (EE **43** 230, 231), knapper Aufenthalt (EE **26** 144, **29** 108), namentlich aber unsachgemäßes Verhalten d. EisPersonals (Unterlass. des Läutens EE **20** 150, **25** 318, **29** 428, **30** 374; nachträgl. Vorziehen d. Zuges VZ **1927** 448; Nichtanhalten der Straßenbahn **56** 154, anders. EE **20** 233), dagegen nicht hohe Bahnsteige u. vorsichtiges Einfahren des Zuges: Arch **1928** 203 —, anders. ein besonders hoher Grad d. Verschuldens, der u. a. sogar eine Erhöh. der BetrGefahr aufwiegt, EE **24** 259, **25** 188, **26** 41, 170; Arch **1926** 601; VZ **1929** 1369. S. auch oben Anm. 3 A.

Übersicht über Entscheidungen des RG, in denen der Anspruch teils ganz od. teilweise anerkannt, teils ganz abgewiesen w. ist.

a) Eisenbahnbetrieb (Gegensatz: Straßenbahnbetrieb). Gleisüberschreiten EE **24** 69, 259, 395, **26** 41, 307, 329, **28** 210, 314, **29** 320, **30** 99, **35** 331, VZ **1914** 169; Recht **1916** 44, 711, **1917** 1385; Arch **1911** 1297, durch Bahnbeamte im Dienst EE **26** 201, **27** 410, Postbeamte EE **28** 406, Zollbeamte Recht **1917** 1326. Fahren üb. d. Gleise EE **24** 265, **28** 68, 113, **30** 228, 374, **37** 90; VZ **1913** 1036, **1919** 1007, **1924** 638, 940; VerkRu **1927** 402. Annäherung an die Gleise, Aufenth. zw. ihnen EE **22** 54, **25** 193, **26** 45, 326, **27** 70, **29** 89, 317, **37** 270; Arch **1914** 913. Verwendung bahnscheuer Pferde **62** 145; EE **24** 61, 278, **31** 109. Auf- u. Abspringen während d. Fahrt EE **24** 260, 278, **25** 188, **26** 45, **27** 318, **29** 327, **30** 497, **32** 104, **35** 267, **37** 256, **45** 319; VZ **1919** 439, **1927** 448, **1929** 1368. Verhalten währ. d. Fahrt u. beim Ein- u. Aussteigen EE **23** 68, **25** 404, **26** 47, 144, 194, **29** 320, **31** 103, 111, **35** 90; Arch **1915** 1293. Aufenth. auf d. Plattform Arch **1916** 216. Gehen im D-Zuge EE **45** 424. Öffnen, Schließen u. dgl. der Abteiltüren EE **24** 36, 43, **26** 67, 315, **28** 111, **29** 341, **30** 366; VZ **1913** 197; Arch **1914** 1202. Gedränge vor u. in dem Zuge EE **37** 264, **41** 275. Schrankenbedienung u. dgl EE **30** 497, **32** 443. Rangieren EE **28** 405, **34** 135; VZ

§ 2. Wer ein Bergwerk, einen Steinbruch, eine Gräberei (Grube) oder eine Fabrik betreibt, haftet, wenn ein Bevollmächtigter oder ein Repräsentant oder eine zur Leitung oder Beaufsichtigung des Betriebes oder der Arbeiter angenommene Person durch ein Verschulden in Ausführung der Dienstverrichtungen den Tod oder die Körperverletzung eines Menschen herbeigeführt hat, für den dadurch entstandenen Schaden[10]).

§ 3[11]). Im Falle der Tödtung[6]) ist der Schadenersatz (§§ 1 und 2) durch Ersatz der Kosten einer versuchten Heilung[12]) sowie des Vermögensnachtheils zu leisten, den der Getödtete dadurch erlitten hat, daß während der Krankheit seine Erwerbsfähigkeit aufgehoben oder gemindert[13]) oder eine Vermehrung seiner Bedürfnisse eingetreten war[14]). Der Ersatzpflichtige hat außerdem die Kosten der Beerdigung demjenigen zu ersetzen, dem die Verpflichtung obliegt, diese Kosten zu tragen[15]). Stand der Getödtete zur Zeit der Verletzung[16]) zu einem Dritten in einem

---

1918 915, **1922** 613. Arbeiten an d. Gleisen EE **29** 425. Viehtreiben auf Überwegen VZ **1925** 205. Nichtabsträngen von Pferden bei Annäh. des Zuges EE **29** 328. Straßenbahn auf Bahnkreuzung EE **31** 67. Radfahrer u. Eisenbahn VZ **1919** 913. Nichtbeachten v. Warnungszeichen Arch **1914** 913. Unachtsamkeit bei Benutzung des Bürgersteiges EE **27** 295, **47** 186. Haft. der Eis. für Ausf v. Arbeiten durch Betriebsfremde Arch **1929** 762. Ungenügende Aufsicht der Eis. beim Andrange v. Schulkindern VZ **1929** 724.

b) Straßenbahnverkehr (vgl. Scholz Archf. Post u. Telegr. **04** 623). Gleisüberschreiten EE **20** 179, **22** 183, 189, **23** 55, **24** 176 (auf der Landstraße) 269, **25** 290, 318, 375, **28** 81, 334, 356, **30** 212, **31** 87. Annäherung an d. Gleise, Aufenth. zw. ihnen EE **20** 160, **25** 165, 384, **27** 295, **28** 106, **29** 189, **30** 102, 197, **43** 331. Auf- u. Abspringen währ. d. Fahrt **21** 288, **23** 294, **24** 277, **25** 45, 77, 396, **37** 82; VZ **1921** 255; VerkRu **7** 131, 288. Gefahren d. Plattform EE **29** 335, **38** 228; Warneyer **20** 12; Ztschr f. Kleinb. **1919** 483. Sonstiges Verhalten beim Auf- u. Absteigen u. während d. Fahrt EE **22** 384, 401, 403, **23** 56, **24** 364, **27** 335, **30** 352, **31** 54, 237, **32** 339, **35** 90, **46** 408. Taubstummer EE **28** 102. Betrunkener VZ **1921** 472. Radfahrer EE **25** 394, **26** 195, **29** 318, **30** 365, 368, **31** 445, **37** 69. Fuhrwerke, Kraftwagen **20** 248, **21** 378, **26** 170, **29** 318, **30** 347; VZ **1920** 926. Betriebsmängel, Verhalten d. Personals Warneyer **20** 12, 107; VerkRu **2** 28, 257, **7** 28.

E. Nach Absatz 2 in BGB § 254 gilt der Grundsatz des Abs. 1 (oben D) auch dann, wenn das e. V. des Verunglückten darin besteht, daß er es unterläßt, den Schaden abzuwenden od. zu mindern, u. insoweit (im übr. s. oben A) findet § 278 BGB (Vertreten v. Versch. des gesetzl. Vertreters usw.) Anwendung. Hierunter fällt z. B. die Nichtbenutzung v. Schutzvorrichtungen: Seitengriffe an den Wagentüren EE **23** 181, **24** 71, 272, **27** 443; Vorrichtungen im Wageninnern, die dem Reisenden ermöglichen, sich im Stehen festzuhalten, EE **30** 352, **31** 54, 237, **32** 339, **35** 90. In EE **25** 77 wird auch das freiwill. Hineingehen in die Betriebsgefahr (Aufspringen in fahrende Straßenb.) nach § 254 Abs. 2 beurteilt. Besonders aber gehört hierher die Verpflichtung des Verletzten, alles zur Heilung od. Linderung des Leidens Nötige zu tun, namentl. die ärztl. Verordnungen zu befolgen, u. U. auch eine Heilanstalt aufzusuchen od. sich einer Operation zu unterziehen **83** 15; EE **4** 145, **5** 281, **8** 197, 222, **22** 47, **23** 364, **24** 273, **29** 89, **33** 426, **34** 305, **35** 178, auch Entsch **90** 303 (Sorge f. gesunde Wohnung). Die Verordnungen des Arztes nachzuprüfen, ist d. Verletzte nicht verpflichtet **72** 219. — Dronke EE **22** 90, 209.

[9a]) Der Unfall braucht nicht die alleinige Ursache des Schadens zu sein, vielmehr genügt, daß er eine bloß mitwirkende Urs. darstellt, sofern nur nicht die Verbindung zw. Unfall u. Schaden so lose ist, daß nach der Auffass. des Lebens der Schaden nicht mehr als Folge auch der mitwirkenden Urs. in Betracht gezogen wird RG **102** 241; EE **34** 146; Arch **1911** 821; RVersA DJZ **1913** 924. Seligsohn Anm. 70, 203. Oben Anm. 3A u. (mittelbare Verurs.) 6 D.

[10]) Unter § 2 — im Gegensatz zu § 1 eine nicht eisenbahnrechtl. (I 1 d. W.) Norm — fällt nicht das Baugewerbe, z. B. nicht der Bau von Tunneln für Eisenbahnen RG **8** 51; EE **2** 79; wohl aber der Werkstättenbetrieb der Eis. RG **8** 149; EE **4** 361; Schmid in EE **26** 225, u. U. Verladen v. Steinen im Steinbruch RG EE **22** 352. BGB § 254 ist anwendbar RG **63** 332. — Von einer näheren Erläut. des § 2 wird hier abgesehen, da in den Nebenbetrieben der Eis. Unfälle betriebsfremder Personen selten vorkommen, auf Unfälle des Betriebspersonals aber wohl ausnahmslos die Unfall-Vers.- od. -FürsorgeG Anwendung finden werden. — Bergwerksbahnen oben Anm. 4.

[11]) § 3 hat seine jetzige Fassung durch EG BGB Art. 42 erhalten u. entspricht den nicht unmittelbar anwendbaren (Anm. 2A) Vorschr. in BGB § 843 Abs. 1, § 844. — §§ 3, 3a regeln den auf Grund HPflG zu leistenden Schadensersatz erschöpfend u. in engerem Umfang als BGB die Ersatzpflicht bei unerl. Hdl. RG Arch **1911** 834; JW **1917** 655 (BGB § 845 nicht anwendbar). — Vgl. oben Anm. 2A.

[12]) Heilungskosten können im allg. nur m. d. wirklich aufgewend. Betrag in Rechnung gestellt werden RG EE **8** 210, doch ist Gewähr einer Rente nicht ausgeschlossen RG EE **8** 250, **24** 172, **33** 216. Der Verletzte hat zu beweisen, daß d. Kosten nötig u. angemessen sind. Seligsohn Anm. 7f. Der Ersatzanspruch steht nur dem Verletzten selbst (od. seinen Erben) zu, RG EE **12** 245) u. ist unabh. davon, ob Unterhaltspflichtige vorhanden od. die Kosten schon v. diesen verauslagt sind. RG **25** 49, **47** 211. Hierher auch Aufwend., die z. Linderung d. Leidens als nötig u. angemessen erscheinen. RG EE **23** 186, 300, **24** 172. Bessere Wohnung RG EE **27** 75, **37** 264. Erholungsreisen EE **30** 206. Zahnersatz EE **42** 97. — Behre in VZ **1924** 663 —. S. auch oben III 5 Anm. 13.

[13]) Anm. 20.

[14]) Neu; s. ab. schon RG **3** 3, **25** 49. Begriff „Vermehr. d. Bedürfn." RG EE **23** 64. Besonderer Pfleger RG **32** 111. Anstaltskuren Leipz. Ztschr. **1916** 1008. Rente zulässig RG **3** 3; EE **4** 316.

[15]) BGB §§ 1968, 1580 (Abs. 3), 1615 (Abs. 2), 1713 (Abs. 2). — Kosten der Feuerbestattung? Hilfe in EE **21** 404, Reindl. das. **22** 201, Seligsohn Anm. 18. Kosten eines Leichentransports RG **66** 306. Fällt unter § 3 auch eine nicht auf Gesetz beruhende Verpfl. z. Tragung d. BeerdKosten? Seligsohn Anm. 19. Trauerkleider RG **48** 395.

[16]) Also kein Anspruch der Witwe, wenn die Ehe erst nach dem Unfalle geschlossen worden ist, u. der aus dieser Ehe hervorgegangenen Kinder.

Verhältnisse, vermöge dessen er diesem gegenüber kraft Gesetzes unterhaltspflichtig war oder unterhaltspflichtig werden konnte[17]), und ist dem Dritten in Folge der Tödtung das Recht auf den Unterhalt entzogen, so hat der Ersatzpflichtige dem Dritten insoweit Schadenersatz zu leisten, als der Getödtete während der muthmaßlichen Dauer seines Lebens[18]) zur Gewährung des Unterhalts verpflichtet gewesen sein würde[19]). Die Ersatzpflicht tritt auch dann ein, wenn der Dritte zur Zeit der Verletzung erzeugt, aber noch nicht geboren war.

§ 3a[20]). Im Falle einer Körperverletzung[6]) ist der Schadenersatz (§§ 1 und 2) durch Ersatz der Kosten der Heilung[12]) sowie des Vermögensnachtheils zu leisten, den der Verletzte dadurch erleidet, daß in Folge der Verletzung zeitweise oder dauernd seine Erwerbsfähigkeit aufgehoben oder gemindert oder eine Vermehrung seiner Bedürfnisse[14]) eingetreten ist.

---

[17]) Gesetzl. Unterhaltspflicht: BGB §§ 1345, 1351, 1360f., 1578f., 1601f., 1700, 1703, 1708f., 1739, 1765f., ferner 1715, 1719, 1757, 1762, 1963, 1969, 2141. Eltern einer getöteten Ehefrau RG EE **23** 63, **26** 204. Uneheliches Kind des Getöteten RG EE **24** 287. Die Unterhaltspfl. d. Ehemanns dauert fort, wenn er durch Unfall erwerbsunfähig gew. ist, aber dafür HPfRente bezieht. RG EE **28** 331. Zur 2. Alternative („werden konnte") RG Arch **04** 1210; EE **26** 451, **39** 209, Seligsohn Anm. 25.

[18]) Maßgebend die sich aus der Erfahrung ergebende Wahrscheinlichkeit RG **5** 108; EE **3** 149; allg. deutsche Sterbetafel RG EE **30** 339. Lebensdauer nicht o. w. gleich der mutmaßl. Dauer der Erwerbsfähigkeit RG EE **26** 205. Lebensdauer des Getöteten das. **23** 272, 366. Lebenslängl. Rente nicht zulässig RG **90** 226; EE **37** 180. Die Entsch gehört b. Trennung des Proz. nach Grund u. Betrag in die Entsch über den Grund. Seligsohn Anm. 45.

[19]) Aus der Rechtspr. des RG.

A. Der Unternehmer wird nicht unterhaltspflichtig i. S. des BGB, wohl aber für die weggefallene Unterhaltspflicht des Getöteten derart ersatzpflichtig, daß er nichts weniger (u. nichts mehr) zu leisten hat, als der Getöt. zu leisten gesetzlich (nicht z. B. vertraglich) verpflichtet gewesen sein würde; ob u. in welchem Umfange z. Z. des Todes die Unterhaltspflicht des Getöt. bereits praktisch geworden war, ist rechtlich bedeutungslos **4** 104, **33** 278, **74** 274, ebenso was ohne Verpflichtung tatsächlich bisher geleistet worden ist **92** 57; EE **24** 161. Die Ersatzpflicht des Unt. wird nicht dadurch ausgeschlossen, daß der Getötete z. Z. des Todes erwerbslos war EE **2** 141 od. daß der Berechtigte eigenes Vermögen besitzt EE **3** 122, **19** 212. Eine für das Maß des Unterhalts erhebliche Einkommenserhöhung des Pflichtigen, die z. Z. seines Todes in Aussicht stand, ist mit zu berücksichtigen EE **1** 324. Das Vorhandensein anderer Unterhaltspflichtiger befreit den Unt. nicht (§ 7 Abs. 2 in Verb. mit BGB § 843 Abs. 4). Tötung eines v. mehreren Unterhaltspflichtigen EE **26** 321. Soweit die Unterhaltspflicht auf die Erben des Getöteten übergeht, ist der Unt. frei **74** 377; EE **24** 287. Ansprüche der Eltern gegen die Kinder EE **39** 209.

B. Dem Ehemanne steht im allg. (BGB § 1360 Abs. 2) kein Ersatzanspruch wegen Tötung der Frau zu **3** 318, **85** 81. Vater eines getöt. minderjähr. Kindes EE **24** 368, **27** 336. Auf die Klage der Witwe allein kann die ihr u. den Kindern zustehende Rente in einer Summe zugesprochen werden EE **19** 212. Der Anspruch der Witwe ist v. ihrer Bedürftigkeit unabhängig EE **25** 192. Die Rente der Witwe darf nicht von vornherein auf die Dauer des Witwenstandes beschränkt werden EE **1** 63, **5** 376, **10** 32, **21** 388; Anm. 26 B. Hat die Witwe während der Ehe keine Erwerbsarbeit verrichtet, so darf (nach gemeinem R.) von der ihr zu gewährenden Entschäd. nicht ein ihr zuzumutender Erwerb in Abzug gebracht werden **5** 108. Die W. hat auf Fortführung derjen. Lebensweise Anspruch, zu deren Ermöglichung der Ehemann ihr gegenüb. verpflichtet war, auch wenn die Kosten für die W. allein verhältnism. höher sind, als sie vorher für das Ehepaar betrugen EE **3** 439. Witwen u. Kinder können insoweit keinen Ersatz beanspruchen, als ihnen in den Einkünften des infolge des Todes auf sie übergegangenen (gütergemeinschaftl. od. sonstigen) Vermögens die Mittel zur Bestreitung ihres Unterhalts geblieben sind **64** 350, **69** 292, **72** 437; EE **25** 72, **26** 332, 441; auch **91** 398; EE **31** 349; Gruchot **64** 239. Nicht o. w. Witwenrente f. d. Dauer des Lebens der W. VerkRu **1927** 503. Bei ihrem Anspr. ist auch zu berücks., daß sie von den ihnen nach BGB §§ 1356, 1617 oblieg. Pflichten freigeworden sind EE **23** 299, anders. das. **26** 314. Für Kinder ist die Dauer der Rentengewährung — **7** 50; EE **1** 63, **2** 141, **21** 388 — u. das Bildungsmaß, auf dessen Erlangung sie Anspruch haben (EE **14** 265), nach den Umständen des Falles zu beurteilen u. grundsätzlich sofort zu bestimmen (Anm. 26) EE **21** 392. Großjährige Kinder das. **24** 186. FeststKlage b. verletzten Kindern RG Arch **1912** 1618.

C. Vorteile, die den Hinterbliebenen durch den Tod, aber ohne adäquaten (oben Anm. 3 A) Zusammenhang m. d. Unfalle zufließen, z. B. Erbschaft als solche, Lebensversicherung, sind auf die Entschädigung nicht anzurechnen **10** 50, **91** 398, **92** 57; EE **25** 192, **31** 115, **35** 183; wohl aber z. B. das gesetzl. Witwen- u. Waisengeld bei Reichs- oder preuß. Staatsbeamten **15** 114, **64** 350; Arch **1918** 835 u. Leistungen aus einer v. Haftpflichtigen unterhaltenen Unfallversicherung **70** 101. Ferner § 4.

[20]) Neue, von der bisherigen aber nicht wesentlich abweichende Fassung, entsprechend BGB § 843. — Anm. 11. — Aus der Rechtsp. des RG.

A. § 3a gibt nur dem Verletzten selbst Ansprüche, nicht dem Unterhaltsberechtigten (§ 3) **84** 390; EE **22** 274, **38** 71) od. den durch die Verletzung mittelbar Geschädigten EE **23** 292 (Vater), **23** 76, **26** 194, **32** 454 (Ehemann); aber EE **34** 345. Der Verletzte selbst kann keinen Anspruch darauf gründen, daß durch die Verletzung mutmaßlich seine Lebensdauer verkürzt wird EE **26** 203. Da BGB § 847 nicht anwendbar ist (Anm. 2), kann Schmerzensgeld aus § 3a nicht gefordert werden EE **23** 56, **24** 383; VZ **1922** 189 (s. auch Eccardt VZ **1926** 541). — Der Unt. kann nicht verlangen, daß der Verletzte zur Vermind. des Schadens sein Leben statt in der Familie in einer öff. Anstalt zubringt EE **27** 60.

B. Abweich. von RVO gibt § 3a Ersatz nicht f. d. abstrakte Einbuße an Erwerbsfähigkeit, sondern f. d. dadurch herbeigeführte tatsächl. Erwerbseinbuße; maßgeb. nicht sowohl der bisher. tatsächl. Erwerb wie vielm. der Gebrauch, den der Verletzte seinen Verhältn. entsprechend nach der Zeit des Unfalls ohne dessen Dazwischentreten voraussichtlich v. seiner Erwerbsfäh. gemacht hätte EE **26** 409; auch EE **30** 107, 357 u. VZ

§ 4. War der Getödtete oder Verletzte unter Mitleistung von Prämien oder anderen Beiträgen durch den Betriebs-Unternehmer bei einer Versicherungsanstalt, Knappschafts-, Unterstützungs-, Kranken- oder ähnlichen Kasse gegen den Unfall versichert, so ist die Leistung der Letzteren an den Ersatz-

1914 945. Nicht jede, sondern nur eine solche Beeinträchtigung der Arbeitsfähigkeit berechtigt zur Ersatzforderung, die mit einer Schaden bringenden Verminderung der Erwerbsfähigkeit verbunden ist EE **2** 352. Völlige Aufhebung der Erwerbsfäh. ist nicht schon darum anzunehmen, weil der Verletzte seine bisher. Tätigkeit nicht mehr ausüben kann **34** 123; EE **2** 367. **3** 1. Es kann ihm aber nicht die Ausübung jeder beliebigen, sondern nur die einer solchen Tätigkeit zugemutet werden, die seinem körperl. Zustande, seinem Bildungsgrade, seiner gesellschaftl. Stellung usw. entspricht **14** 25, **53** 48; EE **4** 127, **34** 140, auch EE **26** 325, aber diese kann ihm zugemutet werden. EE **26** 289; Arch **1910** 484; der Ersatzpflichtige hat kein Recht darauf, daß der Verletzte seinen bisher. Beruf beibehält **69** 306, VZ **1918** 575. Die Schätzung der Erwerbsvermind. vom ärztl. Standpunkt aus ist nicht unbedingt ausschlaggebend EE **9** 144. Was er nachher tatsächlich erwirbt od. ihm der Unternehmer als Lohn für Beschäft. in seinen Diensten anbietet, ist nicht o. w. maßgeb., sondern nur Beweismittel f. d. Schadenshöhe; u. U. kann der Lohn, den der Unt. gewährt, auf die Rente angerechnet w. EE **3** 95, **4** 12, 127, **6** 243. Angebotene Weiterbeschäft. braucht der Verletzte nicht anzunehmen; das Angebot befreit den Unt. nicht von der Haftpflicht **1** 281, EE **3** 351. Steht fest, daß der Verletzte durch den Unfall seine bisher. Stellung verloren hat, so hat der Unt. Umstände nachzuweisen, die den Schaden geringer als das bisher. Stelleneinkommen erscheinen lassen EE **4** 365. Wer als Rentner v. seiner ErwFäh. keinen Gebrauch macht, hat keinen Schaden durch Verminderung der ErwFäh. EE **28** 121. Bei Bemess. der Rente f. d. verletzten Ehemann keine Abrechn. des Wertes, den f. ihn d. Mitarbeit d. Ehefrau in seinem Geschäfte hatte. EE **28** 331. Kein Abzug v. d. Rente deswegen, weil d. Unfall den Verletzten v. d. Einberuf. in den Krieg befreit hat. EE **37** 257. (Keine Ersatzpfl. insoweit, als d. Verletzte seine ErwFäh. in der bisher. Weise ausnutzt. Seligsohn Anm. 8.) Auch mittelbare Folgen der Verletzung sind zu berücksichtigen **14** 25; EE **24** 172. Ferner Anm. 6D. — Zusammentreffen der Unfallwirkung mit krankhafter Anlage EE **23** 285, **27** 86. — Maßgebend ist der Zeitpunkt des Unfalls: Es wird vermutet, daß ohne d. Unfall die Erwerbsfähigkeit d. Verletzten — deren Veranschlagung nicht mechanisch der tatsächl. Verdienst im Augenblicke des Unfalls od. die Differenz des Verdienstes vor- u. nachher zugrunde zu legen ist EE **12** 234, **25** 164, **28** 118 — unverändert geblieben wäre; behauptete Veränderungen sind nur dann zu berücksichtigen, wenn ihr Eintritt nicht im Bereich einer ungewissen Möglichkeit, sondern in sicherer Aussicht stand EE **4** 360, **8** 210 (aber: Seligsohn Anm. 23). Beweispflichtig ist derjen., dem die Veränd. zum Vorteile gereicht; einers. (Aussichten auf Erwerbsvermehrung) EE **1** 37, **9** 368, **24** 371, **28** 441, **31** 233, **33** 101, anders. (Aussicht auf Herabgehen oder Aufhören des Erwerbs) **17** 45; EE **6** 151, **20** 261, **28** 441, **31** 233. Wird eine derartige Veränd. behauptet, so muß dieser Behauptung näher getreten u. darf sie nicht auf einen besonderen Prozeß gemäß § 7 Abs. 2 (alte Fassung des HPfG, jetzt ZPO § 323) verwiesen w. **16** 80; EE **2** 367, **6** 292, **22** 402, 404, **24** 286. Anm. 26. Entsch üb. Rentendauer in einem U üb. d. Grund d. Anspruchs EE **31** 85, 218. Besonders kommt in Betracht, daß die Erw. mit zunehmendem Alter abnimmt, der Zeitpunkt hierfür ist n. d. allg. Lebenserfahrungen u. den Umständen des Falles zu bestimmen EE **22** 126, **23** 269, **29** 432; Berücks. durch Gewähr. einer um etwas herabgesetzten Rente EE **24** 387; nicht o. w. Beschränkung auf eine bestimmte Lebensdauer EE **26** 201, ab. auch nicht Gewähr. f. Lebenszeit **83** 65; EE **30** 176. Außergewöhnl. Fälle EE **23** 51, **24** 366, **26** 311, **27** 204, **28** 310. Wegfall d. Anspruchs aus d. Angestelltenversich. ist zu ersetzen EE **33** 207. ZPO § 323 nicht anzuwenden EE **22** 175, 290, **23** 44, 269, **25** 34. — Nicht berechenbare zufällige Nebeneinnahmen (Geschenke) werden nicht berücks., wohl aber übliche erlaubte Zuwendungen (wie Trinkgelder) von annähernd regelmäß. Höhe, die mit der Berufstätigkeit zusammenhängen **7** 112. Der verletzte Teilnehmer einer Gesellschaft darf den Ertrag seiner Arbeit für die Ges. nur in Höhe seines Gewinnanteils in Rechnung stellen **19** 184, anders. **92** 55.

C. Übersicht üb. die Ansprüche einer verletzten Ehefrau EE **24** 37, **38** 224. An sich wird ihr Anspruch auf Entschäd. wegen verminderter ErwFäh. (auch auf Fortgewähr einer solchen Entschäd., die für einen vor der Verheiratung erlitt. Unfall festgesetzt ist), auch für d. Dauer der Ehe nicht dadurch ausgeschlossen, daß nach dem f. d. Ehe geltenden Güterrechte die Frau nicht für sich erwirbt; es kommt vielm. darauf an, ob n. d. Lebens- u. Erwerbsverh. des Falles die Verletzung unmitt. od. mittelb. für die Frau eine Verschlechterung ihrer Vermögenslage zur Folge hat; verneint für die nur in Haus u. Familie tätige Frau eines Rittergutsbesitzers, bejaht für ein Mädchen, das sich nach dem Unfalle mit einem Arbeiter verheiratete **39** 35, **42** 32, **47** 84. War die Frau nur in den Grenzen v. BGB § 1356 tätig, so kann ersatzberechtigt im allg. bloß der Mann sein (dieser aber nicht schon auf Grund des HPfG), die Frau selbst z. B. dann, wenn durch die Aufwend., die der Mann zum Ersatze für ihre fortgefallene Arbeitskraft macht, ihr eigener Unterhalt geschmälert wird **85** 81; EE **23** 58, 76, **25** 72, 192, **26** 194, **28** 407, **29** 331; bei Gütertrennung kein Anspruch der Frau aus BGB § 845 EE **41** 274; anders. (Gütergemeinschaft) **73** 309; EE **27** 300, **28** 333, 407, **30** 83, 487, **41** 274; Fahrnisgemeinschaft EE **34** 144. Darüber hinausgehende Tätigkeit (BGB § 1367) **64** 323. FeststellKlage f. d. Fall, daß in Zukunft die Frau auf eigenen Erwerb angewiesen sein wird EE **24** 37, **25** 192. Gleichzeit. Verletzung beider Ehegatten **47** 92. — Wird ein noch nicht erwerbsfähiges Kind verletzt, so ist es für Erwerbsvermind. zu entschäd., soweit ihm durch den Unfall die Erlangung der ErwFäh. ganz od. teilweise abgeschnitten wird; dieser Anspruch ist (ev. durch Feststellungskl.) innerhalb der Verjährungsfrist (§ 8) zu erheben **13** 372; EE **1** 31, **3** 133, **21** 281. Regelmäß. wird zunächst nur Feststell. dem Grunde nach möglich sein EE **23** 51, 72, aber auch sofort. Rentenfestsetz. ist denkbar EE **22** 404, **23** 64. Kapitalsabfindung? EE **23** 51. Tochter im Gewerbebetriebe des Vaters EE **24** 56.

D. Besonderes üb. verletzte Beamte: Der Wohnungsgeldzuschuß ist mit dem zuletzt wirklich bezogenen Betrag anzurechnen EE **1** 63, **10** 293, eine Ortszulage nicht ohne weit. EE **1** 306. Pensionskassenbeiträge, die der Verletzte zu zahlen hatte u. nach dem Unfalle nicht mehr zu entrichten braucht, w. vom Gehalte gekürzt **17** 45; EE **1** 306. Fahrgelder w. im ersparnisfäh. Betrage berücks. EE **1** 63, 285. Auch Gewinn aus erlaubter Nebenbeschäft. kommt zum Ansatz EE **7** 331. Ebenso Dienstkleidergeld EE **22** 300. Entgangene Gehaltszulagen sind mitzuberechnen, wenn der Verletzte auf sie Anspruch od. doch zuverlässige Anwartschaft hatte EE **7** 125, **23** 289f. Beförderungen kommen nicht in Betracht, solange sie in das Gebiet ungewisser Möglichkeiten gehörten, wohl aber z. B., wenn der Hintermann aufgerückt u. nach Lage der Sache anzunehmen ist, daß auch der Verletzte

berechtigten auf die Entschädigung einzurechnen, wenn die Mitleistung des Betriebs-Unternehmers nicht unter einem Drittel der Gesammtleistung beträgt[21]).

§ 5. Die in den §§ 1 und 2 bezeichneten Unternehmer sind nicht befugt, die Anwendung der in den §§ 1 bis 3a enthaltenen Bestimmungen[1]) zu ihrem Vortheil durch Verträge (mittelst Reglements oder durch besondere Übereinkunft) im Voraus[22]) auszuschließen oder zu beschränken.

Vertragsbestimmungen, welche dieser Vorschrift entgegenstehen, haben keine rechtliche Wirkung.

(§ **6**)[23]).

§ **7**[1]). Der Schadenersatz wegen Aufhebung oder Minderung der Erwerbsfähigkeit und wegen Vermehrung der Bedürfnisse des Verletzten sowie der nach § 3 Abs. 2 einem Dritten zu gewährende Schadenersatz ist für die Zukunft durch Entrichtung einer Geldrente zu leisten[24]).

[25]) Die Vorschriften des § 843 Abs. 2 bis 4 des Bürgerlichen Gesetzbuchs und des § 648 Nr. 6 der Civilprozeßordnung finden entsprechende Anwendung. Das

---

ohne den Unfall befördert worden wäre EE **8** 210, auch das. **25** 314. Die gesetzl. Pension, die der Verletzte bezieht, wird auf die Entschäd. angerechnet **17** 45, **44** 350; aber (Dienstunfall eines Staatsbeamten im Betr. einer Privatbahn) **43** 382, **73** 213; s. auch oben III 5 Anm. 32 A I 2b. Daß der Verletzte auf Kündigung angestellt war, ist belanglos EE **4** 365. — Keine Anw. v. BGB § 426 zugunsten des Pension zahlenden Staates **92** 143. — Anm. 21, 26.

E. Feststellungsklage (auch oben C) zulässig, wenn der Schaden noch nicht sicher zu überſehen ist EE **21** 263, 275, z. B. weil vielleicht noch nachträglich Wirkungen der Verletzung eintreten das. **22** 299 od. die eine Voraussf. des Anspruchs bildende Bedürftigkeit noch nicht vorliegt das. **24** 368. Voraussf. der Klage auf Rente ist nicht, daß schon eine Rate fällig geworden ist **43** 406; EE **28** 88. Umfang der Rechtskraft d. FeststUrteils **97** 118. — Voraussf. einer Vorabentscheidung üb. d. Grund d. Anspruchs EE **28** 121, 216. In dieser muß im allg. die zeitl. Begrenzung der Rente festgelegt werden — EE **24** 68, andersf. EE **24** 44, 45, **25** 166 —, Bestimmung darüber ergehen, ob Kapital od. Rente zu gewähren ist — EE **23** 51, 275; andersf. das. **25** 189 — u. zur Anwendbarkeit v. BGB § 254 Stellung genommen w. EE **28** 221. — Anm. 21, 26.

[21]) § 4 ist nicht (zuungunsten des Verletzten usw.) dahin zu verstehen, daß die Einrechnungsfähigkeit nur für den in § 4 vorgeseh. Fall besond. geregelt, im übr. aber offen gelassen sei; vielm. soll Einrechnung grundsätzlich nicht, ausnahmsw. jedoch im Falle des § 4 stattfinden RG **11** 22, **25** 121; a. M. Eger Anm. 54 u. Seligsohn Anm. 12. Unter § 4 fallen nur Ansprüche aus Versicherungsverträgen, auf Grund deren der Verletzte usw. Beiträge geleistet hat, z. B. aus Versich. bei der preuß. Allg. Witwenverpflegungsanstalt — deren Leistungen nicht einzurechnen sind RG **10** 50 —; dagegen fallen nicht unter § 4, sondern unter § 3 (u. 3a) z. B. gesetzl. Beamtenpensionen — Anm. 20 D — u. Witwen- u. Waisengelder RG **64** 350, **92** 401; EE **3** 215; a. M. Eger Anm. 58. Unfallversich. auf alleinige Kosten des Unt. RG **70** 101. — Ferner Anm. 19 C.

[22]) D. h. vor dem Unfalle, nicht etwa vor rechtskräft. Entscheidung über den Haftpflichtanspruch RG **16** 30. Sog. Reverse, in denen jemand im voraus auf Entschäd. gemäß HPfG verzichtet, sind also ungültig; dagegen schließt § 5 nicht Abreden des Unt. mit Dritten aus, in denen Rückgriff auf diese bedungen wird. RG VZ **1918** 935. — Vergleiche nach dem Unfalle: E 16. April u. 14. Sept. 08 IV A 4. 63 (2. Ang.) u. 328; 29. Mai 09 IV A 4. 168 (2. Ang.); Nehse Arch **1910** 635. Der Vergleich bedarf keiner Form, Abschluß durch Fernspruch genügt. KG Arch **1922** 764. Allgemein gehaltenes Anerkenntnis der HPfl. RG EE **33** 333.

[23]) Aufgehoben EG ZPO § 13 Ziff. 3, jetzt gilt ZPO § 286. Ferner ist b. d. neuen Fass. des HPfG der bisher. § 7 Abs. 1, soweit er das freie Ermessen des Gerichts bez. der Schadenshöhe betrifft, wegen ZPO § 287, soweit er die Bestellung einer Sicherheit betrifft, wegen BGB § 843 Abs. 2 (Anm. 25) fortgelassen worden. Zu ZPO § 287: RG EE **25** 399, zu ZPO §§ 286 f. Seligsohn Anm. zu § 6.

[24]) Grundsätzl. ist für den ganzen Schaden (Vermehr. der Bedürfnisse, Erwerbsvermind. usw.) eine einheitl. Rente festzusetzen RG **74** 131 u. EE **22** 404. Daß zur Zeit der Klaganstell. schon einz. Rentenbeträge verfallen sind, bildet kein Hindernis, die Rentenform für den gesamten Schadensanspruch als zulässig zu erachten RG EE **12** 234. Berechn. d. Streitwerts b. Rentenford. GerichtskostenG § 10 Abs. 2 in Fass. des G 28. Jan. 27 RGBl I 53; dazu KG 5. Jan. 28 US III 32. — Blüher, Die rechtl. Gefahr einer einstweil. Verfügung in HPfSachen, durch die der Unt. zur einstweil. Zahl. v. Renten angehalten w., EE **44** 117. — Anm. 23.

[25]) Die in Betracht kommenden Vorschr. (durch deren Einführ. verschied. Streitfragen des bisher. Rechts erled. sind) lauten:

a) BGB § 843 Abs. 2 bis 4.

Auf die Rente finden die Vorschriften des § 760 Anwendung. Ob, in welcher Art und für welchen Betrag der Ersatzpflichtige Sicherheit zu leisten hat, bestimmt sich nach den Umständen.

Statt der Rente kann der Verletzte eine Abfindung in Kapital verlangen, wenn ein wichtiger Grund vorliegt.

Der Anspruch wird nicht dadurch ausgeschlossen, daß ein Anderer dem Verletzten Unterhalt zu gewähren hat.

Zu Abs. 2 (Art der zu bestellenden Sicherheit) RG EE **23** 64. Zu Abs. 3. Die Frage, ob Kapital od. Rente, kann einer Mehrheit v. Verpflichteten gegenüb. nur einheitl. festgestellt w. RG EE **25** 75. Die Entsch. kann im Falle ZPO § 304 dem Nachverfahren vorbehalten w. RG EE **27** 444, **29** 440, ebenso die Entsch. üb. d. Dauer der Rente RG **98** 222. — Wichtiger Grund z. B. die ärztl. Erwartung, daß sofort. Befriedigung den Zustand des Verletzten günstig beeinflußt RG **73** 418; EE **25** 402. Zulässig Rente f. d. Anfangszeit mit Abfind. f. d. Folgezeit RG EE **35** 181. — Zimmermann, Die Abfind. im HPfRecht VZ **1922** 937. — Zu Abs. 4. Rückgriff des „Anderen" gegen den Haftpflichtigen RG **84** 390; EE **25** 397. Anwend. auf Heilungskosten (§§ 3, 3a) RG EE **28** 327, **30** 352; VZ **1911** 1400, auch oben Anm. 12.

b) BGB § 760.

Die Leibrente ist im voraus zu entrichten.

Gleiche gilt für die dem Verletzten zu entrichtende Geldrente von der Vorschrift des § 749 Abs. 3 und für die dem Dritten zu entrichtende Geldrente von der Vorschrift des § 749 Abs. 1 Nr. 2 der Civilprozeßordnung[26]).

Eine Geldrente ist für drei Monate vorauszuzahlen ....

Hat der Gläubiger den Beginn des Zeitabschnitts erlebt, für den die Rente im voraus zu entrichten ist, so gebührt ihm der volle auf den Zeitabschnitt entfallende Betrag.

Zu Abs. 2. Das Gericht darf keine andere Zahlungsart festsetzen RG **69** 296.

c) ZPO § 708 (früher 648).

Auch ohne Antrag sind für vorläufig vollstreckbar zu erklären:

6. Urteile, welche die Verpflichtung ... zur Entrichtung einer nach den §§ 843, 844 des Bürgerlichen Gesetzbuchs geschuldeten Geldrente aussprechen, soweit die Entrichtung für die Zeit nach der Erhebung der Klage und für das der Erhebung der Klage vorausgehende letzte Vierteljahr zu erfolgen hat.

Zu Ziff. 6. Die Best. findet auch gegen d. Fiskus Anwendung. KG EE **31** 96.

d) ZPO § 850 (früher 749) in Fass. der Bek. 13. Mai 24 RGBl I 437.

Der Pfändung sind nicht unterworfen:

2. Die auf gesetzlicher Vorschrift beruhenden Alimentenforderungen und die nach § 844 des Bürgerlichen Gesetzbuchs wegen der Entziehung einer solchen Forderung zu entrichtende Geldrente;

(3—8.)

Abs. 3. Die nach § 843 des Bürgerlichen Gesetzbuchs wegen einer Verletzung des Körpers oder der Gesundheit zu entrichtende Geldrente ist der Pfändung nur nach Maßgabe der Verordnung über Lohnpfändung vom 25. Juni 1919 (RGBl. 1919 S. 589, 1921 S. 1657, 1923 S. I 1186, 1924 S. I 25) unterworfen.

Soweit die Forderung der Pfändung nicht unterworfen ist, findet eine Aufrechnung gegen sie nicht statt BGB § 394 (RG EE **32** 224), kann sie nicht abgetreten BGB § 400 (RG EE **28** 407 u. in VerkRu **2** 258; vgl. auch Bezold EE **32** 16), ein Nießbrauch BGB § 1069 Abs. 2 oder ein Pfandrecht BGB § 1274 Abs. 2 an ihr nicht bestellt werden u. gehört sie im Konkurse des Berechtigten nicht zur Konkursmasse (KonkO § 1 Abs. 4, RG EE **32** 457) Eger Anm. 98. Die Unpfändbarkeit erstreckt sich auch auf Rückstände d. Rente (RG EE **24** 112), gilt ab. nicht f. Vertragsrenten RG EE **38** 155.

[26]) Der eine nachträgl. Änderung der Verhältnisse behandelnde Abs. 2 der früheren Fassung ist durch ZPO § 323 ersetzt, der inhaltl. mit dem früheren § 7 Abs. 2 im wesentl. übereinstimmt u. einige früh. Streitfragen beseitigt:

Tritt im Falle der Verurteilung zu künftig fällig werdenden wiederkehrenden Leistungen eine wesentliche Änderung derjenigen Verhältnisse ein, welche für die Verurteilung zur Entrichtung der Leistungen, für die Bestimmung der Höhe der Leistungen oder der Dauer ihrer Entrichtung maßgebend waren, so ist jeder Teil berechtigt, im Wege der Klage eine entsprechende Abänderung des Urteils zu verlangen.

Die Klage ist nur insoweit zulässig, als die Gründe, auf welche sie gestützt wird, erst nach dem Schlusse der mündlichen Verhandlung, in der eine Erweiterung des Klagantrags oder die Geltendmachung von Einwendungen spätestens hätte erfolgen müssen, entstanden sind und durch Einspruch nicht mehr geltend gemacht werden können.

Die Abänderung des Urteils darf nur für die Zeit nach Erhebung der Klage erfolgen.

Die vorstehenden Bestimmungen finden entsprechende Anwendung auf die Schuldtitel des § 794 Nr. 1 und 5, soweit darin Leistungen der im Abs. 1 bezeichneten Art übernommen worden sind.

Aus der Rechtspr. des RG. A. Ist auf Ersatz des ganzen Schadens ohne Einschränk. geklagt, so kann nicht während schweb. Prozesses eine neue Klage aus dem Grunde erhoben w., weil sich nach Erheb. der ersten eine damals nicht erkannte Unfallfolge herausstellte; ZPO § 323 setzt Rechtskraft des ersten Urteils mindestens z. Z. der Fällung des zweiten voraus **47** 405. Die Zuständigkeit des Gerichts bestimmt sich nicht nach ZPO § 767, sondern nach den allg. Vorschr. **44** 364, **52** 344. Zu Abs. 3 (nachträgl. Erweiterung d. Klage) **75** 24. Entscheidend ist, daß wirkl. eine Änderung der Verh. selbst vorliegt, nicht andere Beurteil. der damals bestehenden Verh.: EE **47** 282, auch nicht Änderung in medizin. Anschauungen. EE **48** 396. — Auf den bisher. § 7 Abs. 2 bezügliche U, die noch zu beachten sind: Die Vorschr. bezieht sich nicht auf Urteile, durch die nicht eine Rente zuerkannt, sondern z. B. Kapitalsabfindung zugesprochen oder der Rentenanspruch aberkannt ist EE **6** 296, **8** 219. Die durch die Vorschr. ausgesprochene Einschränkung der Rechtskraft bezieht sich aber nicht auf die Haftpfl. dem Grunde nach; diese steht vielm., wenn sie einmal gerichtl. anerkannt ist, fest, auch wenn eine Verurteil. nur auf Zeit ergeht; es kann demnach gemäß § 7 Abs. 2 auf Weitergewähr der auf Zeit zugesprochenen Rente geklagt werden **2** 3. Alle im Vorprozeß erkennbaren Umstände sind im Vorprozesse zu berücks. u. nicht auf § 7 Abs. 2 zu verweisen, z. B. die Behauptung, daß ein durch den Unfall ganz erwerbsunfähig Gewordener auch ohne den Unfall voraussi. zu einem bestimmten Zeitp. seine ErwFäh. eingebüßt h. würde — EE **6** 292, **23** 245, **26** 198 (voraussi. Pensionierung eines Beamten), auch oben Anm. 19 B, 20 C, D —, nicht ab. künftige mögliche Ereignisse wie Wiederverheir. od. Tod der Witwe, Tod der Kinder EE **19** 212. — Auch f. Einwendungen kommen nur Tatsachen in Betracht, die im Vorproz. nicht geltend gemacht w. konnten. 8. Juli 26 IV 29 UG III 24. Auch die Veränd. der Verh. kann nur dann berücks. w., wenn sie m. d. Unfall in ursächl. Zus. steht. EE **36** 199 (dagegen Seligsohn Anm. 11 zu § 7 Anhang). Was im Vorproz. z. Z. des Zwischenurteils üb. den Grund d. Anspruchs noch nicht bekannt war, kann noch im Verf. üb. den Betrag gelt. gemacht w. EE **29** 348; Arch **1923** 709. Anwend. des § 323 auf Nachford. über den ursprüngl. Betrag od. Zeitpunkt hinaus EE **32** 114, **37** 175. In bezug auf

Ist bei der Verurtheilung des Verpflichteten zur Entrichtung einer Geldrente nicht auf Sicherheitsleistung erkannt worden, so kann der Berechtigte gleichwohl Sicherheitsleistung verlangen, wenn die Vermögensverhältnisse des Verpflichteten sich erheblich verschlechtert haben; unter der gleichen Voraussetzung kann er eine Erhöhung der in dem Urtheile bestimmten Sicherheit verlangen[27]).

§ 7a[27a]). Der Unternehmer haftet im Falle des § 7 Abs. 1 nur bis zu einer Jahresrente von fünfzig Millionen Mark.

Bei wesentlicher Änderung der wirtschaftlichen Verhältnisse kann die Reichsregierung mit Zustimmung des Reichsrats den Höchstbetrag anderweitig festsetzen.

§ 8[28]). Die Forderungen auf Schadenersatz (§§ 1 bis 3a) verjähren in zwei Jahren von dem Unfall an. Gegen denjenigen, welchem der Getödtete Unterhalt zu gewähren hatte (§ 3 Abs. 2), be-

---

Höhe u. Dauer der Rente ist das neue U vom ersten unabhängig. Arch **1924** 556. Rechtskraft einer die negative FeststKlage abweisenden Entsch EE **35** 99. Nachträgl. Einford. einer im Vorproz. nur bis zum 70. Lebensj. verlangten Rente üb. diesen Zeitp. hinaus **86** 377. Das Recht, Vermind. od. Aufheb. der Rente zu verlangen, kann nicht losgelöst v. d. Verpflicht. zur Rentenzahl. auf Dritte zur Ausüb. im eigenen Namen übertragen werden (ALR) **1** 315. Eine Rente, die wegen mangelnder Unfallschäden aberkannt w. ist, kann auf Umwandlungsklage wieder zuerkannt w. EE **42** 100; Arch **1925** 616.

B. Als wesentliche Änderung sind anerkannt: Freiwillige od. rechtmäßig erzwungene (Strafhaft) Erwerbsuntätigk. des Verletzten ohne Zusamm. m. d. Unfalle **1** 66; EE **8** 65. Hebung d. ErwFäh. von 0 auf 25% EE **2** 256; auch EE **15** 353, **16** 161. Unvorhergesehene Verschlimmerung d. Unfallsfolgen EE **30** 500, 515fg.; Zeitpunkt der Erkennbarkeit einer Verschlimmerung **86** 181. Hinzutreten einer neuen Schadensursache, nachträgl. eigenes Verschulden (BGB § 254) **119** 205, EE **25** 70, **27** 438, **28** 230; VZ **1928** 306, 1005. Erlang. einer Erwerbsgelegenheit (Anstell. als Beamter), auf die vorher nicht gerechnet w. konnte EE **11** 126. Änderung in den Verh. des Arbeitsmarkts od. sonstigen die Verwert. der Arbeitskraft beeinfluss. äußeren Verh. **20** 122; EE **3** 108. Nicht o. w. Steigerung d. Lebensmittelpreise EE **29** 106. Wohl ab. Sinken des Geldwerts EE **38** 156, **39** 61, **47** 377; VZ **1929** 900; Arch **1922** 462, **1923** 709, ferner unten D. — Tod d. Ehemannes der Verletzten EE **29** 189. Nicht o. w. befreit Wiederverheirat. der Witwe (dazu Seligsohn Anm. 48 zu § 3) od. nachträgl. Verheirat. einer verletzten weibl. Person den Unt. von d. Haftpfl. EE **20** 261, **26** 383, **34** 143. Für verletzte Beamte usw. kommen z. B. in Betracht Verbesserung d. Einkommensverh. v. EisBediensteten durch EisVerstaatlichung EE 8 221. Im Vorproz. nicht vorauszuseh. Erhöhung d. Diensteinkommens einer Beamtenklasse **22** 90; EE **23** 289f. Beförd. der Hintermänner in höhere Stellen EE **8** 210, **9** 384. Verheirat. einer verletzten Beamtin EE **28** 440. — Verjährung unten Anm. 28.

C. Absatz 4 ist eingefügt durch G 13. Aug. 19 RGBl 1448. Von den dort genannten Schuldtiteln ist für das HPflG besonders wichtig der in ZPO § 794 Ziff. 1 behandelte gerichtliche Vergleich, auf den sich bisher § 323 nicht bezog (RG **23** 38; EE **20** 332). Außergerichtliche Vergleiche fallen auch jetzt nicht unter § 323, wenn nicht in sie ein dem § 323 entsprech. Vorbehalt aufgenommen w. ist, wozu die Behörden der StEV besonders angewiesen waren (Witte S. 136a); s. ab. unten D. Zur Auslegung v. Haftpflichtvergleichen s. RG VZ **1920** 151, auch Eccardt EE **45** 356, **46** 24.

D. Unabhängig von § 323 gelten auch für Forderungen aus HPflG die allgemein anerkannten Grundsätze üb. d. Aufwertung v. Ansprüchen, die v. d. Geldentwertung der Nachkriegszeit getroffen w. sind, u. zwar auch f. Forderungen aus außergerichtl. Vergleichen, die ohne den oben bei C erwähnten Vorbehalt abgeschlossen w. sind **106** 233, **110** 100; Arch **1924** 881. Maß der Aufwertung Arch **1922** 463; EE **44** 236. Aufwertung v. Vorauszahlungen **108** 395. Nachträgl. Verlangen der Aufw. als bloße Erweiterung d. Klagantrags ohne Klagänderung EE **42** 347. Aufwert. der durch Vorkriegsurteil zugesprochenen Renten EE **47** 78. Sonstige Einzelfragen EE **44** 239. — Anordnungen der Zentralstelle der Reichsbahn üb. das Verfahren u. a. m. E 31. Juli 20 (ENBl 913), 12. Nov. 21 E I 17. 3673, 9. Aug. 22 E VI 17. 3389, 11. April, 26. Mai, 7. Juli, 10. Nov. 23 E VI 17. 2385, 3154, 5840, 9366, 4. Feb. u. 17. Mai 24 E I 17. 604c 21 u. 170g 4.

[27]) Vgl. ZPO § 324.

[27a]) A. § 7a ist eingeführt durch G 8. Juli 23 RGBl I 615 Art. I; Art. II dieses G bestimmt, daß das G auf die nach dem Tage seines Inkrafttretens (d. i. 31. Juli 23) eintretenden Schadensfälle Anwend. findet.

B. Die letzte auf Grund § 7a Abs. 2 erlassene Vo 24. Okt. 23 RGBl I 993 lautet:

Gemäß § 7a Abs. 2 des Gesetzes, betreffend die Verbindlichkeit zum Schadensersatze für die bei dem Betriebe von Eisenbahnen, Bergwerken usw. herbeigeführten Tötungen und Körperverletzungen vom 7. Juni 1871 (RGBl. S. 207) in der Fassung des Gesetzes vom 8. Juli 1923 (RGBl I S. 615) wird der im Abs. 1 daselbst vorgesehene Höchstbetrag mit Zustimmung des Reichsrats mit Wirkung vom 1. Okt. 1923 durch den Betrag ersetzt, der sich durch Vervielfältigung der Grundzahl von 10000 Mark mit der jeweiligen Teuerungszahl ergibt.

Die Teuerungszahl ist für jede Kalenderwoche die in der vorangegangenen Kalenderwoche vom Statistischen Reichsamt veröffentlichte wöchentliche Reichsinderziffer für die Lebenshaltungskosten unter Aufrundung auf den nächsthöheren durch eine Million teilbaren Betrag.

Diese Verordnung tritt mit dem Tage der Verkündung in Kraft.

C. Erläuterungen des § 7a: Seligsohn EE **42** 257, Heucke im Nachtrage zu seiner Ausgabe des HPflG. In einem Aufsatze EE **44** 137 führt Heucke aus, daß § 7a mit der letzten AusfVo nicht mehr gelte. Das RG — 18. März 29 **124** 179 — tritt dem entgegen, nimmt Fortdauer der Gültigkeit f. beide Vorschr. an u. legt sie dahin aus, daß als Haftungsgrenze ein Betrag anzunehmen ist, der in seiner Kaufkraft dem Friedensmarkbetrage von 10000 Mark zur Vorkriegszeit entspricht; danach ist jetzt die Summe von 10000 Mark mit der letzten öffentl. Inderziffer für Lebenunterhaltkosten zu vervielfältigen (bei einer Inderziffer von 140 wäre also die Höchstgrenze 14000 Mark). Gegen das U (das ich für richtig halte) v. der Leyen JW **1929** 2053.

[28]) § 8 hat durch EG BGB (oben Anm. 1) eine neue Fassung erhalten, die sich in Satz 1 u. 2 mit der früheren im wesentl. deckt; an Stelle des früheren Satzes 3 ist BGB § 206 getreten. Im übrigen gilt BGB §§ 198ff. u. EG Art. 169, für den Fristbeginn BGB § 187 Abs. 1. — Aus der Rechtsprechung des RG:

ginnt die Verjährung mit dem Tode. Im übrigen finden die Vorschriften des Bürgerlichen Gesetzbuchs über die Verjährung Anwendung.

§ 9. Die gesetzlichen Vorschriften, nach welchen außer den in diesem Gesetze vorgesehenen Fällen der Unternehmer einer in den §§ 1, 2 bezeichneten Anlage oder eine andere Person, insbesondere wegen eines eigenen Verschuldens, für den bei dem Betriebe der Anlage durch Tödtung oder Körperverletzung eines Menschen entstandenen Schaden haftet, bleiben unberührt[29]).

§ 10. Die Bestimmungen des Gesetzes, betreffend die Errichtung eines obersten Gerichtshofes für Handelssachen, vom 12. Juni 1869, sowie die Ergänzungen desselben werden auf diejenigen bürgerlichen Rechtsstreitigkeiten ausgedehnt, in welchen durch die Klage oder Widerklage ein Anspruch auf Grund des gegenwärtigen Gesetzes oder der in § 9 erwähnten landesgesetzlichen Bestimmungen geltend gemacht wird[30]).

6. Gesetz, betreffend die Unzulässigkeit der Pfändung von Eisenbahnfahrbetriebsmitteln. Vom 3. Mai 1886. (RGBl 131)[1]).

Die Fahrbetriebsmittel der Eisenbahnen, welche Personen oder Güter im öffentlichen Verkehr befördern, sind von der ersten Einstellung in den Betrieb bis zur endgültigen Ausscheidung aus den Beständen der Pfändung nicht unterworfen[2]).

Durch diese Bestimmung werden dieselben im Falle des Konkursverfahrens von der Konkursmasse nicht ausgeschlossen.

Auf die Fahrbetriebsmittel ausländischer Eisenbahnen findet die Bestimmung des ersten Absatzes nur insoweit Anwendung, als die Gegenseitigkeit verbürgt ist[3]).

Dieses Gesetz tritt mit dem 1. Juni 1886 in Kraft.

A. Der Beginn der Verjährung richtet sich ausschl. nach dem im G angegebenen Zeitp.; gleichgültig ist z. B., wann der Ersatzberecht. v. d. Unfall od. seinen schädl. Folgen (EE **2** 255, **3** 195) od. v. d. Person des Ersatzpflichtigen (Seligsohn Anm. 7, anders. RG EE **34** 127) Kenntnis erlangt. Verjährungsbeginn im Falle § 7 Abs. 2 (jetzt ZPO § 323) mit Eintritt der Veränderung: EE **23** 289, **29** 326, **31** 92, **32** 331, **42** 100; Arch **1923** 709, anders. Seligsohn Anhang zu § 7 Anm. 14; der Beginn wird nicht durch bloße Verschlimmerung des Leidens, wohl ab. dadurch hinausgeschoben, daß sich die Krankh. als wesentlich andersartig u. schwerer herausstellt EE **36** 200; vgl. auch Entsch **119** 204.

B. Unterbrechung der V. (ausführl. Seligsohn Anm. 13 ff.) durch Feststellungsklage (BGB § 209) **61** 164; bei teilweiser Einklagung **2** 3; EE **8** 219, **24** 376; VZ **1914** 521; bei Stillstand des Proz. wegen eines Teiles d. Anspruchs EE **33** 324; durch Vereinbarung d. Ruhens des Proz.? EE **33** 424; durch Klage auf Kapital, wenn diese abgewiesen u. nachher Rente eingeklagt wird? **77** 213; EE **28** 340, **31** 351; Anerkenntnis d. Anspruchs dem Grunde nach — **73** 131 — od. gleichart. Verhalten d. Ersatzpflichtigen Arch **1925** 785. Dreißigjähr. Verj. nach Abschluß e. Anerkenntnisvertrags **75** 4. Unterschied zw. der Wirkung eines auf FeststellKlage ergehenden Endurteils u. eines Zwischenurt. üb. den Grund d. Anspruchs (ZPO § 304) **66** 10. Nicht unterbrochen wird die Verj. durch gnadenweise Bewill. einer Rente — EE **3** 188 — od. durch Bezahl. v. Arztrechnungen u. dgl. — EE **31** 92 —, nicht ohne weiteres dad., daß der haftpflicht. Arbeitgeber den Verletzten im Dienst behält. EE **1** 360.

C. Hemmung der V. Seligsohn Anm. 12. Hemmung durch verzögerl. Behandlung eines Armenrechtsgesuchs EE **33** 433.

D. Sonstiges. Der Schaden durch Vermehr. der Bedürfnisse u. der durch Verminb. der Erwerbsfäh. gehören v. Standpunkt des § 8 aus zusammen. EE **38** 154. Verj. aus HPflG zieht nicht Verj. aus BGB § 823 nach sich, wenn der Anspruch auf beide Vorschr. gestützt wird EE **36** 76. § 8 gilt auch im Falle UFürsG (oben III 5) § 12 Abs. 2 — **63** 382 —, ab. nicht f. d. Ausgleichsanspruch aus BGB § 840 Abs. 3: EE **26** 427. Verj. u. Geldentwertung: **108** 38. Vergleich nach Eintritt der Verj.: Arch **04** 480.

[29]) Die frühere Fassung enthielt einen Vorbehalt f. d. Landesgesetze; dagegen sind unter gesetzl. Vorschriften i. S. der neuen Fass. nur reichs-, nicht auch landesgesetzl. zu verstehen u. damit die landesgesetzl. Vorschriften üb. Haftung der Unternehmer f. Unfälle der in §§ 1, 2 HPflG bezeichn. Art beseitigt (s. oben I 7 Anm. 41c. Als Reichsrecht kommen in Betracht z. B. RVO und UFürsG (s. oben Anm. 1 B), ferner BGB §§ 823 ff. (dazu Seligsohn Anm. 7 ff.). Haftung der Eis. aus dem PersonenbefördVtr unten VII 3 Anm. 26.

[30]) § 10 in Verb. mit EG GVG § 8 bedeutet, daß f. d. Rechtsmittel der Revision bei Klagen od. Widerklagen aus HPflG die Zuständ. des Reichsgerichts nicht durch Erricht. eines Obersten Landesgerichts (Bayern!) ausgeschaltet wird.

[1]) Quellen: Reichstag 85/6 Drucks. 130 (Begr.), 273 (KomB.); StB. S. 1081, 1988, 2030.

[2]) Fahrbetriebsmittel sind: Maschinen, Tender, Personen- u. Güterwagen einschl. allen Zubehörs (auch der Wagendecken); das G bezieht sich nur auf das den Bahnen gehörende Material, nicht z. B. auch auf Privatgüterwagen; Eisenbahnen i. S. des G sind nur Haupt- u. Nebeneisenbahnen (KomB). Pfändung bedeutet nach dem Sprachgebrauch der ZPO die Zwangsvollstreckung wegen einer Geldforderung. — Nach dem G in Verb. mit JÜP u. JÜG (unten VII 4. 5) Art. 55 § 3 u. BahneinheitsG. (I 9 b. W.) § 37 sind der Pfändung unterworfen die Betriebsmittel:

a) aller deutschen Haupt- u. Nebeneis. im Deutschen Reiche überhaupt nicht (G 3. Mai 86),
b) ausländischer Eis. im Deutschen Reiche überhaupt nicht, wenn die Gegenseit. verbürgt ist (G 3. Mai 86),
c) der Bahnen, auf die die IntÜb Anwendung finden, in deren Geltungsbereich außerhalb des Heimatstaates nur auf Grund einer Entsch von Gerichten des Heimatstaates (JÜP u. JÜG a. a. O.),
d) der eine Bahneinheit bildenden Kleinbahnen (BahneinhG § 1) in Preußen nur unter den Voraus. von BahneinhG § 37.

[3]) Österreich: k. k. Vo 19. Sept. 86, mitgeteilt in E 11. Dez. 86 (EVBl 488); Erklärung 17. März 87 (RGBl 153).

7. Strafgesetzbuch für das Deutsche Reich. Vom 15. Mai 1871.

(RGBl 127)[1]). (Auszug.)[2])

§ **89** Abs. 1. Ein Deutscher, welcher vorsätzlich während eines gegen das Deutsche Reich ausgebrochenen Krieges einer feindlichen Macht Vorschub leistet oder der Kriegsmacht des Deutschen Reichs oder der Bundesgenossen desselben Nachtheil zufügt, wird wegen Landesverraths mit Zuchthaus bis zu zehn Jahren oder mit Festungshaft von gleicher Dauer bestraft ...

§ **90.** Lebenslängliche Zuchthausstrafe tritt im Falle des § 89 ein, wenn der Thäter

2. Festungswerke, Schiffe oder Fahrzeuge der Kriegsmarine, öffentliche Gelder, Vorräthe von Waffen, Schießbedarf oder anderen Kriegsbedürfnissen, sowie Brücken, Eisenbahnen, Telegraphen und Transportmittel in feindliche Gewalt bringt oder zum Vortheile des Feindes zerstört oder unbrauchbar macht;

(3—6).

In minder schweren Fällen kann auf Zuchthaus nicht unter zehn Jahren erkannt werden.

Sind mildernde Umstände vorhanden, so tritt Festungshaft nicht unter fünf Jahren ein.

Neben der Festungshaft kann auf Verlust der bekleideten öffentlichen Aemter, sowie der aus öffentlichen Wahlen hervorgegangenen Rechte erkannt werden.

§ **91.** (Ausländer.)

§ **93.** (Vermögensbeschlagnahme.)

§ **123**[3]). Wer in die Wohnung, in die Geschäftsräume oder in das befriedete Besitztum eines andern oder in abgeschlossene Räume, welche zum öffentlichen Dienste oder Verkehr bestimmt sind, widerrechtlich eindringt, oder wer, wenn er ohne Befugnis darin verweilt, auf die Aufforderung des Berechtigten sich nicht entfernt, wird wegen Hausfriedensbruchs mit Geldstrafe oder mit Gefängnis bis zu drei Monaten bestraft.

Ist die Handlung von einer mit Waffen versehenen Person oder von mehreren gemeinschaftlich begangen worden, so tritt Geldstrafe oder Gefängnisstrafe bis zu einem Jahre ein.

Die Verfolgung tritt nur auf Antrag ein. Die Zurücknahme des Antrags ist zulässig.

§ **139.** Wer von dem Vorhaben eines Hochverraths, Landesverraths, Münzverbrechens, Mordes, Raubes, Menschenraubes oder eines gemeingefährlichen Verbrechens[4]) zu einer Zeit, in welcher die Verhütung des Verbrechens möglich ist, glaubhafte Kenntniß erhält und es unterläßt, hiervon der Behörde oder der durch das Verbrechen bedrohten Person zur rechten Zeit Anzeige zu machen, ist, wenn das Verbrechen oder ein strafbarer Versuch desselben begangen worden ist, mit Gefängniß zu bestrafen.

§ **242** Abs. 1. Wer eine fremde bewegliche Sache einem Anderen in der Absicht wegnimmt[5]), dieselbe sich rechtswidrig zuzueignen, wird wegen Diebstahls mit Gefängniß bestraft.

§ **243.** Auf Zuchthaus bis zu zehn Jahren ist zu erkennen, wenn

3. der Diebstahl dadurch bewirkt wird, daß zur Eröffnung eines Gebäudes[6]) oder der Zugänge eines umschlossenen Raumes[6]), oder zur Eröffnung der im Innern befindlichen Thüren oder

---

[1]) Unter Berücks. der bis Ende 1929 eingetretenen Änderungen. — Der Entwurf eines neuen StGB liegt seit 1927 dem Reichstage vor. Übersicht üb. die beabsicht. eisenbahnrechtl. Neuerungen Volmer VZ **1929** 337. Inhalt d. Auszugs: Landesverrat (§§ 89, 90, 91, 93), Hausfriedensbruch (§ 123), Nichtanzeige eines Verbrechens (§ 139), Diebstahl u. Raub (§§ 242fg., 249fg.), Sachbeschädigung (§ 305), Eisenbahn- u. Telegraphengefährdung (§§ 315—320), Depeschenverfälschung (§ 355), verbotswidr. Beförd. v. Sprengstoffen (§ 367). — Literatur. Komm. v. Olshausen (11. Aufl. 1927, besonders eingehend) u. Ebermeyer (3. Aufl. 1925); Witte S. 557ff.; Elberf. Samml. V 3 Nrn. 151ff.; Eger EisRecht II 150ff.; Loock, Strafrechtl. Schutz der Eis. 1893.

[2]) Urteile des RG zu §§, die im Auszuge nicht enthalten sind. § 133 (Vernichten usw. von Urkunden usw.). Kohlen, die dem LokFührer zum Verbrauch auf der Lok. übergeben sind, genießen nicht den Schutz des § 133; entwendet er sie, so greift § 370 Nr. 5 ein (Strafs **51** 226). Sonstiges zu § 133: Strafs **51** 416; VZ **1926** 28. — § 348 (falsche Beurk.) Versandbuch der Güterabfert. ist kein öff. Buch i. S. § 348. RG Strafs **61** 36. § 350 (Amtsunterschl.) bei Verwend. v. Kassenbeständen zur Deckung v. Fehlbeträgen RG 5. Okt. 28 US **1929** XII 17. — § 350 greift auch dann Platz, wenn ein Beamter Nahrungsmittel od. dgl. (§ 370 Nr. 5) unterschlägt. (Strafs **46** 376. — Wegen der Frage, ob Reichsbahnbeamte Beamte i. S. des StGB sind, s. oben III 2 Anm. 2 C b; s. ferner oben VI 3 Anm. 33, 35, 46, 57ff. u. unten VII 3 Anm. 40, 49, 73, 89).

[3]) Unter § 123 fallen Straßenbahnwagen; wer also auf Aufford. des Schaffners den Wagen nicht verläßt, macht sich nicht (wie nach der ursprüngl. Fassung des §) einer Übertret., sondern eines Vergehens schuldig. RG VZ **1915** 134. Berecht. zur Stellung des Strafantrags b. d. EisVerw. Hanow VerkRu **1924** 447. — Hausrecht in der Bahnwirtschaft: oben VI 3 Anm. 57.

[4]) Dahin z. B. § 315. Die Anzeigepflicht b. Verbrechen gegen § 315 wird u. U. durch deren Vollendung nicht ausgeschlossen. RG Strafs **14** 214.

[5]) Diebstahl durch „Verschiebung" v. Frachtgut RG JW **1922** 1684; RG EE **41** 243. — An den auf den Bahnsteigen befindl. Sachen hat die EisVerw. den Gewahrsam. RG Strafs **54** 231. Strafrechtl. Beurt. der Wegnahme e. Frachtbriefs zu Diebstahlszwecken das. **54** 339, auch **55** 18. Untätiges Zusehen des Bodenmeisters als Beihilfe zum D.: RG EE **31** 74.

[6]) Eine als Gepäckraum dienende Wellblechbude als Gebäude RG Strafs **55** 229. Tatfrage ist, ob e. Bahnhofshalle als „Gebäude" od. als „umschloss. Raum"

Behältnisse falsche Schlüssel oder andere zur ordnungsmäßigen Eröffnung nicht bestimmte Werkzeuge angewendet werden[7]);

4. auf einem öffentlichen Wege, einer Straße, einem öffentlichen Platze, einer Wasserstraße oder einer Eisenbahn[8]), oder in einem Postgebäude oder dem dazu gehörigen Hofraume, oder auf einem Eisenbahnhofe[9]) eine zum Reisegepäck oder zu anderen Gegenständen der Beförderung gehörende Sache[10]) mittels Abschneidens oder Ablösens der Befestigungs- oder Verwahrungsmittel, oder durch Anwendung falscher Schlüssel oder anderer zur ordnungsmäßigen Eröffnung nicht bestimmter Werkzeuge gestohlen wird[10]);

(5.—7.)

Sind mildernde Umstände vorhanden, so tritt Gefängnißstrafe nicht unter drei Monaten ein.

§ **249** Abs. 1. Wer mit Gewalt gegen eine Person oder unter Anwendung von Drohungen mit gegenwärtiger Gefahr für Leib oder Leben eine fremde bewegliche Sache einem Anderen in der Absicht wegnimmt, sich dieselbe rechtswidrig zuzueignen, wird wegen Raubes mit Zuchthaus bestraft.

§ **250.** Auf Zuchthaus nicht unter fünf Jahren ist zu erkennen, wenn

3. der Raub auf einem öffentlichen Wege, einer Straße, einer Eisenbahn[8]), einem öffentlichen Platze, auf offener See oder einer Wasserstraße begangen wird;

(4, 5.)

Sind mildernde Umstände vorhanden, so tritt Gefängnißstrafe nicht unter Einem Jahre ein.

§ **305.** Wer vorsätzlich und rechtswidrig ein Gebäude, ein Schiff, eine Brücke, einen Damm, eine gebaute Straße, eine Eisenbahn oder ein anderes Bauwerk, welche fremdes Eigenthum sind, ganz oder theilweise zerstört, wird mit Gefängniß nicht unter Einem Monat bestraft[11]).

Der Versuch ist strafbar.

---

anzusehen ist. RG Straff **55** 153. Ein mit Schwellenzaun umschloss. Güterbhf. als „umschloss. Raum" RG Straff **54** 20. EisWagen ist nicht umschl. Raum RG Straff **51** 416, auch Straff **53** 277 u. JW **1929** 2059.

[7]) Eröffnen eines Automaten durch Einwerfen e. falschen Geldstücks fällt nicht unter § 243 Ziff. 3. RG Straff **34** 45. — Compter, Der strafr. Schutz d. Fahrkartenautomaten EE **23** 403, **24** 81. — Versuch e. schweren Diebst.: Aufspringen auf das Trittbrett eines in Bewegung gesetzten EisWagens RG Straff **54** 328.

[8]) Die Eisenbahn muß dem öff. Verkehr dienen; PrivAnschlBahnen fallen nicht unter Ziff. 4. RG Straff **48** 285; Arch **1922** 204; EE **42** 64.

[9]) RG EE **42** 64.

[10]) Reisegepäck RG Straff **43** 317. Dahin auch das Gep. des BefördPersonals RG Straff **6** 394; a. M. Ebermayer Anm. 4. BefördGegenstände, die sich sch. auf dem Bahnhofe befinden, werden durch § 243 Ziff. 4 geschützt, auch wenn sie der Eis. noch nicht übergeben sind RG Straff **13** 243. Gegenstände im Bahnpostwagen RG EE **40** 104. Nicht Betriebsmittel u. deren Bestandteile, wohl aber Gegenstände, die die Sicherheit der Beförd. gewährleisten sollen u. deswegen dem Betriebsmittel beigegeben sind RG Straff **54** 194. Unter Ziff. 4 auch Güter, die auf d. Empfangsstation eingetroffen, aber noch nicht ausgeladen sind, auch wenn der Wagen schon dem Empf. zur Verfügung gestellt war RG EE **23** 303. Ablösen ist nicht nur Gewaltanwenden unter Verletzung der Unversehrtheit — RG Straff **52** 321 —, sondern auch z. B. Abstreifen oder Aufbinden von Schnüren, Entfernen einer aufgeklebten Verschlußmarke durch Anfeuchtung RG Straff **6** 177, **8** 287, **21** 429; EE **2** 310, **35** 245. Erbrechen eines Eisenbahn-(Post-)Wagens Straff **53** 277. Befestigungs- u. Verwahrungsmittel sind auch die nicht mit dem Transportmittel (Wagen) verbundenen Behältnisse (Säcke), in denen sich der eigentl. Beförd.-Gegenstand befindet, sowie Schnüre u. dgl., die diesen zusammenhalten od. mit jenen Behältn. (nicht auch mit dem Wagen) verbinden; Abschneiden ist auch Trennen des Gegenstandes vom Behältn. RG Straff **5** 157, 6 177, **8** 287, **21** 429, **54** 324.

[11]) Teilweise Zerstörung RG Straff **55** 169.

[12]) Zu §§ 315 f. EG § 4 (schwerere Strafe im Kriegsfalle u. dgl.). — Coermann in EE **25** Sonderheft S. 22, Hanow EE **41** 100. — E 2. April 19 (EVBl 69) üb. Zuzieh. v. Sachverständ. im Strafverf. — Für §§ 315 u. 316 gemeinsam gilt folgendes (s. auch Machate in „Die Reichsbahn" **1929** 626, 642).

A. Eisenbahn ist nicht eine Pferdebahn RG Straff **12** 205, wohl aber jede mit Dampfkraft betriebene Schienenbahn, auch wenn sie dem öff. Verkehre noch nicht übergeben ist, aber schon für Arbeitszüge benutzt w. (RG das. **9** 233) oder überhaupt nicht für jenen bestimmt ist (Anschlußbahnen) RG das. **13** 380. Besond. Bahnkörper ist nicht erford., Eis. ist auch eine Dampfstraßenbahn RG das. **11** 33; die Dampfmaschine braucht nicht ein besonderes Fahrzeug für sich zu bilden RG das. **16** 431. Eis. ist auch eine elektrische Bahn RG das. **12** 371, sowie eine Bergbahn (Drahtseilbahn), bei der das Eigengewicht des talwärts lauf. Wagens die Triebkraft ist RG das. **35** 12.

B. Transport. Unter §§ 315, 316 fällt schon Gefährdung des Bahnbetriebs im allg. RG Straff **11** 205, **30** 178, nicht nur eines bestimmten Einzeltransp. Einzeltransport ist sowohl der zu befördernde Gegenstand wie das Transportmittel (Maschine, Wagen, dieser auch bei Leerfahrt) RG das. **3** 415. Beispiele: die zur baldigen Übernahme eines Zuges bestimmte, sich auf dem Bahnhof beweg. Maschine RG Straff **3** 415, eine Rangiermaschine im Bahnhof RG das. **23** 343, ein noch stehender u. noch nicht einrangierter, aber beförderungsbereiter beladener Wagen RG das. **11** 328, ein fahrbahrer Lastkran RG das. **16** 66. Zum Tr. gehört auch das Fahrpersonal RG das. **14** 135, **31** 198 (s. auch unten D), Rangierpersonal das. **42** 301. Nicht unter das G fällt eine Bahnmeisterdraisine RG EE **8** 385.

C. Ingefahrsetzen ist ein nicht fest abzugrenz. Begriff tatsächl. Art; es genügt nicht die bloße Möglichkeit der Schädigung, vielm. muß deren Eintritt wahrscheinlicher sein als ihr Nichteintritt; es muß begründete Besorgnis des Eintrittes vorliegen RG EE **3** 179, Straff **10** 173. Die Gefährdung wird nicht durch zufällige Umstände ausgeschlossen, die die Verwirkl. der Gefahr verhütet haben RG Straff **30** 178; EE **48** 152; doch kann z. B. die Mögl. rechtzeitiger Schadensabwendung durch pflichtgemäßes Eingreifen des EisPersonals

§ 315[12]). Wer vorsätzlich[13]) Eisenbahnanlagen, Beförderungsmittel oder sonstiges Zubehör derselben dergestalt beschädigt, oder auf der Fahrbahn durch falsche Zeichen oder Signale oder auf andere Weise solche Hindernisse bereitet, daß dadurch der Transport in Gefahr gesetzt wird, wird mit Zuchthaus bis zu zehn Jahren bestraft.

Ist durch die Handlung eine schwere Körperverletzung verursacht worden, so tritt Zuchthausstrafe nicht unter fünf Jahren und, wenn der Tod eines Menschen verursacht worden ist, Zuchthausstrafe nicht unter zehn Jahren oder lebenslängliche Zuchthausstrafe ein.

§ 316[12]). Wer fahrlässigerweise[14]) durch eine der vorbezeichneten Handlungen den Transport auf einer Eisenbahn in Gefahr setzt, wird mit Gefängniß bis zu Einem Jahre oder mit Geldstrafe und, wenn durch die Handlung der Tod eines Menschen verursacht worden ist, mit Gefängnis von einem Monat bis zu drei Jahren bestraft.

[15]) Gleiche Strafe trifft die zur Leitung der Eisenbahnfahrten und zur Aufsicht über die Bahn und den Beförderungsbetrieb angestellten Personen, wenn sie durch Vernachlässigung der ihnen obliegenden Pflichten einen Transport in Gefahr setzen.

---

in Betracht gezogen w., RG Straff. **10** 173. Entscheidend ist, ob durch die Handlung in irgendeinem Zeitpunkt ein Zustand herbeigeführt war, in dem die Wahrscheinl. einer Beschäd. vorlag; ob diese wirklich eintrat, ist für den Begriff der Gefährdung unerheblich RG Straff **14** 135; RG VZ **1928** 334. Nicht jede geringfügige Beschädigung ist Transportgefährdung RG EE **15** 150; auch nicht v. w. Werfen v. Steinen auf den Zug RG VZ **1928** 277; u. U. liegt grober Unfug (StGB § 360 Nr. 11) vor RG EE **23** 303; die Gefährdung kann auch in einer Steigerung schon vorhandener Gefahr bestehen. Straff **53** 212.

D. Hindernisbereitung. Im Falle der Hind. durch körperl. Gegenstände (nicht Zeichen u. dgl.) ist der Tatbestand erst erfüllt, wenn der Gegenst. im Gleise oder im Normalprofil angelangt ist; bis dahin liegt ein (im Falle des § 316 nicht strafbarer) Versuch vor RG Straff **15** 82. Fall, daß der Zug schon vorbeigefahren war, als das Hindernis auf die Fahrbahn gelangte, RG das. **40** 376. Die Hind. kann auch durch Lösen der Bremsen an stehenden Wagen bewirkt w.; ein führerlos dahinrollender Wagen ist zugleich Transport u. Hindernis RG Straff **31** 198. Hind. durch Angriff auf die körperl. Unversehrtheit des Zugpersonals (Werfen v. Steinen auf dass.) RG Straff **51** 77, **61** 362.

E. Täter § 315 u. § 316 Abs. 1 beziehen sich nicht nur auf Bahndienstfremde, sondern auch auf das Eis-Personal; ideale Konkurrenz v. § 316 Abs. 2 mit Abs. 1 möglich. RG EE **11** 94.

F. Versuch RG Straff **40** 376, Olshausen Anm. 13 zu § 315; im Falle § 316 nicht strafbar.

G. Durch bahnpolizeil. Strafverfügung wird Bestrafung aus §§ 315, 316 nicht konsumiert. VZ **1927** 449; s. ferner oben VI 3 Anm. 64.

[13]) Dolus eventualis RG EE **1** 147. Es genügt das Bewußtsein der gefährl. Natur der Handlung im allg.; der wirkl. Verlauf kann sich v. d. Vorstellung d. Täters abweichend gestaltet haben. RG Straff **31** 198. Tateinheit mit Mord möglich (Todesstrafe!) RG VZ **1927** 316.

[14]) Der Führer eines mit Pferden bespannten Wagens hat mit der Möglichkeit des Scheuens der Pferde vor einer Dampfbahn zu rechnen RG Straff **22** 357. Unbeaufsicht. Stehenlassen des Wagens EE **22** 243. Fahren über Wegübergänge ohne Schranken das. **24** 393. Verantw. des Wagenführers RG EE **24** 393, **32** 106, **36** 156, des einen Signalhebel bedienenden Fahrdienstleiters das. **35** 349. Entsch des RG üb. die Pflichten d. Kraftfahrers vor schrankenlosen Überwegen VZ **1927** 1392, **1928** 80, 1243; Die Reichsbahn **1927** 820; **1928** 298; VerkRu **7** 237; 16. Nov. 28 1 D 846 US **1929** XII 9. Ferner RG JW **1929** 2823. — RG Straff **40** 376. — S. auch oben VI 5, Anm. 9 B. Ferner Oberstes LG München VZ **1929**, 355 und „Die Reichsbahn" **1929** 666, 667. S. auch die Zusammenstell. in JW **1928** 3160, **1929** 2796. Der Anlieger einer Eis. hat, unabhängig von der EntschädFrage, die Benutzung seines Grundst. so einzurichten, daß Transportgefährd. vermieden werden RG EE **15** 124. Fahren eines Fuhrwerks auf Straßenbahngleisen RG EE **19** 203.

[15]) A. Anstellung kann auch vorübergehend sein RG EE **1** 281. Maßgebend nicht der Amtscharakter des Angestellten, sondern die ihm übertragene Verrichtung, das. **2** 13. Der Richter hat zu prüfen, ob die Anstellung von der sachlich u. örtlich zuständ. Stelle aus erfolgt ist, nicht aber, ob die für sie geltenden Best., z. B. die BefähVorschr. des BR beachtet sind RG Straff **9** 189.

B. Die Worte: Leitung ... **und** ... Aufsicht sind nicht kumulativ zu verstehen RG Straff **5** 234, EE **2** 365. Leitung u. Aufsicht sind nicht auf ein dem Angestellten nachgeordn. Personal, sondern auf die Bahn selbst und deren Betrieb zu beziehen; Angestellte i. S. § 316 Abs. 2 sind z. B. Weichensteller RG EE **2** 365, Rangierer EE **3** 68, Hilfsbremser Straff **21** 15, Kranmeister EE **8** 240, Streckenwärter als verantwortliche Begleiter von Arbeitswagen das. **9** 92, Weichenwärter b. Arbeitsbahnen das. **24** 387; nicht ohne weiteres Heizer das. **10** 94.

C. Pflichtvernachlässigung. § 316 Abs. 2 erfordert nur Pflichtvernachl. u. damit zusammenhäng. Transportgefährd., nicht aber (im Gegens. zum allg. strafrechtl. Begriffe der Fahrläss. u. zu Abs. 1) Voraussehbarkeit des eingetretenen Erfolges; liegt zugleich derart. Fahrläss. vor, so ist ideale Konkurrenz z. B. mit § 222 Abs. 2 denkbar RG Straff **5** 234, **8** 66, **12** 203; EE **2** 174, **24** 367, **25** 401, **33** 174 (A. M. Ebermayer Anm. 6c). Anders. kann Fahrlässigkeit vorliegen, ohne daß Pflichtvern. anzunehmen ist RG EE **25** 78. Nicht kausale Pflichtvern. EE **4** 310. Die Pflichtvern. kann in mangelhafter Befehlserteilung oder ungenüg. Überwachung der Befehlsausführung liegen EE **12** 120. Hinzutreten einer Pflichtvernachlässigung von Mitbeamten macht nicht straffrei EE **20** 139, 352, **27** 220. — Die Pflichtvern. braucht sich nicht unbedingt als Verstoß gegen eine bestimmte Dienstanweisung darzustellen, wie sich auch der Beamte nicht unbedingt mit der Berufung auf eine solche decken kann RG EE **1** 281, **3** 28, **7** 119. Anders. liegt nicht in jedem Verstoße gegen eine Dienstanw. eine Pflichtv., vielmehr muß in dem Verstoß ein Verschulden zu finden sein; wie der Beamte bei einem Widerstreit von Pflichten zu verfahren hat, ist eine von Fall zu Fall zu beurt. Tatfrage, mögen die Pflichten durch Dienstanw. vorgeschrieben sein oder nicht; hat er den unricht. Entschluß gefaßt, so ist er aus § 316 Abs. 2 nicht strafbar, wenn er nach bester Einsicht handelte RG Straff **20** 190, **22** 163. Sorge für die Betriebssicherheit geht im allg.

§ 317[16]). Wer vorsätzlich und rechtswidrig den Betrieb einer zu öffentlichen Zwecken dienenden Telegraphenanlage dadurch verhindert oder gefährdet, daß er Theile oder Zubehörungen derselben beschädigt oder Veränderungen daran vornimmt, wird mit Gefängniß von Einem Monat bis zu drei Jahren bestraft.

§ 318[16]). Wer fahrlässigerweise durch eine der vorbezeichneten Handlungen den Betrieb einer zu öffentlichen Zwecken dienenden Telegraphenanlage verhindert oder gefährdet, wird mit Gefängniß bis zu einem Jahre oder mit Geldstrafe bis zu neunhundert Mark bestraft.

Gleiche Strafe trifft die zur Beaufsichtigung und Bedienung der Telegraphenanlagen und ihrer Zubehörungen angestellten Personen, wenn sie durch Vernachlässigung der ihnen obliegenden Pflichten den Betrieb verhindern oder gefährden[15]).

§ 318a. Die Vorschriften in den §§ 317 und 318 finden gleichmäßig Anwendung auf die Verhinderung oder Gefährdung des Betriebes der zu öffentlichen Zwecken dienenden Rohrpostanlagen.

Unter Telegraphenanlagen im Sinne der §§ 317 und 318 sind Fernsprechanlagen mitbegriffen.

§ 319[17]). Wird einer der in den §§ 316 und 318 erwähnten Angestellten[15A]) wegen einer der in den §§ 315 bis 318 bezeichneten Handlungen verurtheilt, so kann derselbe zugleich für unfähig zu einer Beschäftigung im Eisenbahn- oder Telegraphendienste oder in bestimmten Zweigen dieser Dienste erklärt werden.

§ 320. Die Vorsteher einer Eisenbahngesellschaft[18]), sowie die Vorsteher einer zu öffentlichen Zwecken dienenden Telegraphenanstalt, welche nicht sofort nach Mittheilung des rechtskräftigen Erkenntnisses die Entfernung des Verurtheilten bewirken, werden mit Geldstrafe bis zu Einhundert Thalern oder mit Gefängniß bis zu drei Monaten bestraft.

Gleiche Strafe trifft denjenigen, welcher für unfähig zum Eisenbahn- oder Telegraphendienste erklärt worden ist, wenn er sich nachher bei einer Eisenbahn oder Telegraphenanstalt wieder anstellen läßt, sowie diejenigen, welche ihn wieder angestellt haben, obgleich ihnen die erfolgte Unfähigkeitserklärung bekannt war.

§ 355. Telegraphenbeamte oder andere mit der Beaufsichtigung und Bedienung einer zu öffentlichen Zwecken dienenden Telegraphenanstalt betraute Personen, welche die einer Telegraphenanstalt anvertrauten Depeschen verfälschen oder in anderen, als in den im Gesetze vorgesehenen Fällen eröffnen oder unterdrücken, oder von ihrem Inhalte Dritte rechtswidrig benachrichtigen, oder einem Anderen wissentlich eine solche Handlung gestatten oder ihm dabei wissentlich Hülfe leisten, werden mit Gefängniß nicht unter drei Monaten bestraft[19]).

§ 367 Abs. 1. Mit Geldstrafe bis zu einhundertfünfzig Reichsmark oder mit Haft wird bestraft:

5. wer bei der Aufbewahrung oder bei der Beförderung von Giftwaren, Schießpulver oder Feuerwerken, oder bei der Aufbewahrung, Beförderung, Verausgabung oder Verwendung von Sprengstoffen oder anderen explodierenden Stoffen, oder bei Ausübung der Befugniß zur Zubereitung oder Feilhaltung dieser Gegenstände, sowie der Arzneien die deshalb ergangenen Verordnungen nicht befolgt[20]);

(5a.—16.)

8. Gesetz, betreffend die Beseitigung von Ansteckungsstoffen bei Viehbeförderungen auf Eisenbahnen. Vom 25. Februar 1876 (RGBl 163)[1]).

§ 1. Die Eisenbahnverwaltungen sind verpflichtet, Eisenbahnwagen, in welchen Pferde, Maulthiere, Esel, Rindvieh, Schafe, Ziegen oder Schweine befördert worden sind, nach jedesmaligem

---

allen anderen Pflichten vor EE **12** 219, **19** 247. Zu den Pflichten gehört Kennen der Dienstanw. das. **2** 13. Die Dienstanw. sind nur Beweismittel zur Feststellung der Pflichten, nicht revisible Normen Straff **1** 125, EE **3** 431; ebenso die Fahrdienstvorschriften. Straff **53** 134; EE **33** 282.

D. Transport bedeutet i. S. § 316 Abs. 2 nichts anderes als i. S. § 315, § 316 Abs. 1 (Anm. 12 B), RG Straff **11** 205.

[16]) Unter §§ 317, 318 fällt auch der Bahntelegraph Olshausen Anm. 9b zu § 315; a. M. Meves EE **14** 73. Auch die das Direktionsgebäude einer Straßenbahn mit Betriebsanlagen verbindende Fernsprecheinrichtung RG EE **20** 260.

[17]) Eis.- u. TelDienst i. S. § 319 umfassen diesen Dienst in seinem ganzen Umfange, nicht etwa bloß die in § 316 Abs. 2, § 318 Abs. 2 bezeichn. Verrichtungen; Unfähigkeit f. d. Eis.-Dienst kann wegen Verfehlung gegen §§ 315, 316, f. d. TelegrDienst wegen solcher gegen §§ 317, 318 ausgesprochen werden Olshausen Anm. 2, 3 zu § 319, Stenglein u. Meves in EE **13** 341 u. **14** 73. — Bei idealer Konkurrenz von § 316 Abs. 2 u. § 230 Abs. 2 ist trotz der Nebenstrafe des § 319 der § 230 anzuwenden RG Straff **5** 420, **24** 58.

[18]) Streitig, ob unter § 320 auch Leiter bei Staatsbahnen fallen. Nein Stenglein a. a. O., Ebermayer Anm. 1, Olshausen Anm. 2 zu § 320; ja: Meves a. a. O.

[19]) Beaufsichtigung **und** Bedienung nicht kumulativ zu verstehen; die Betrauung muß durch eine zuständige Stelle erfolgt sein RG Straff **26** 183.

[20]) Sprengstoffversend. auf Kleinbahnen RG Straff **39** 177.

[1]) Quellen. RTag 75/76 Drucks. 14 (Entw. u. Begr); StB. S. 55, 139, 160, 182. Schrifttum: Scheu, Tierversendung u. Tierseuchenschutz. Berlin 1927.

Gebrauche einem Reinigungsverfahren (Desinfektion) zu unterwerfen, welches geeignet ist, die den Wagen etwa anhaftenden Ansteckungsstoffe vollständig zu tilgen.

Gleicherweise sind die bei Beförderung der Thiere zum Futtern, Tränken, Befestigen oder zu sonstigen Zwecken benutzten Geräthschaften zu desinfiziren.

Auch kann angeordnet werden, daß die Rampen, welche die Thiere beim Ein- und Ausladen betreten haben, sowie die Vieh-Ein- und Ausladeplätze und die Viehhöfe der Eisenbahnverwaltungen nach jeder Benutzung zu desinfiziren sind.

§ 2. Die Verpflichtung zur Desinfektion liegt in Bezug auf die Eisenbahnwagen und die zu denselben gehörigen Geräthschaften (§ 1 Abs. 1 und 2) derjenigen Eisenbahnverwaltung ob, in deren Bereich die Entladung der Wagen stattfindet. Erfolgt die letztere im Auslande, so ist zur Desinfektion diejenige deutsche Eisenbahnverwaltung verpflichtet, deren Bahn von den Wagen bei der Rückkehr in das Reichsgebiet zuerst berührt wird[2]).

Die Eisenbahnverwaltungen sind berechtigt, für die Desinfektion eine Gebühr zu erheben[3]).

§ 3. Der Bundesrath[4]) ist ermächtigt, Ausnahmen von der durch die §§ 1 und 2 festgesetzten Verpflichtung für den Verkehr mit dem Auslande insoweit zuzulassen, als die ordnungsmäßige Desinfektion der zur Viehbeförderung benutzten, im Auslande entladenen Wagen vor deren Wiedereingang genügend sichergestellt ist[2]).

Auch ist der Bundesrath[4]) ermächtigt, Ausnahmen von der gedachten Verpflichtung für den Verkehr im Inlande zuzulassen, jedoch für die Beförderung von Rindvieh, Schafen und Schweinen nur innerhalb solcher Theile des Reichsgebietes, in welchen seit länger als drei Monaten Fälle von Lungenseuche und von Maul- und Klauenseuche nicht vorgekommen sind.

§ 4. Die näheren Bestimmungen über das anzuordnende Verfahren, über Ort und Zeit der zu bewirkenden Desinfektionen, sowie über die Höhe der zu erhebenden Gebühren werden auf Grund der von dem Bundesrath aufzustellenden Normen von den Landesregierungen getroffen[5]).

§ 5. Im Eisenbahndienste beschäftigte Personen, welche die ihnen nach den auf Grund dieses Gesetzes erlassenen Bestimmungen vermöge ihrer dienstlichen Stellung oder eines ihnen ertheilten

— Zusammenstellung aller Desinfektionsvorschr. für die Viehbeförderung Kundmachung 7 des Verkehrsverbandes (VII 1 d. W.). Ferner gab seit 1908 das REBAmt einen Eisenbahn-Tierseuchenanzeiger f. d. den EisVerkehr betr. Maßnahmen zur Bekämpfung v. Tierseuchen heraus. Beilage 1 zur ersten Nr. des Anzeigers enthält eine Zusammenstellung der Gesetze usw., auf denen die zu diesem Zwecke ergang. Anordnungen beruhen. — Außer den oben unter VI 8 mitgeteilten Vorschr. sind noch die nachsteh. Best zu erwähnen, die eine Verpflicht. zur Reinigung usw. im regelmäßigen Betrieb anordnen.

a) EVO Anl. C (in d. W. nicht abgedruckt) Abschn. VI C bei der Beförd. gewisser ekelerregender Stoffe.

b) E 1. April 98 (EVBl 81) u. 16. April 04 (EVBl 117) betr. Reinigung u. Desinf. der Personenwagen sowie der Wartesäle u. Bahnsteige (auch für Privateis. maßgebend); E 28. Juli 93 (EVBl 262) betr. Reinhaltung usw. der Bedürfnisanstalten.

Wegen der Vorschr. ähnl. Inhalts, deren Geltung auf die Fälle des Auftretens von ansteckenden menschlichen Krankheiten oder von Viehseuchen beschränkt ist, wird auf Abschn. VII 5 verwiesen.

Anw. des G auf Kleinbahnen unten VII 5 d Beil. A § 38.

[2]) Die Verpflichtung aus § 2 Abs. 1 ruht im Verkehr mit den nachbezeichneten Staaten (u. Verwaltungen):

Österreich zufolge der Anlage zu Art. 8 des Tierseuchenübereinkommens (Anlage C des Zusatzvtr. vom 12. Juli 1924 unten X h bb, Vo 14. Dez. 24 RGBl II 431 u. G 24. Febr. 25 RGBl II 73);

Schweiz u. Tschecho-Slowakei zufolge Vo 4. Mai u. 26. Nov. 26 RGBl I 217 u. 492;

Belgien zufolge BB 13. Mai 80 (Prot. § 351) u. die Luxemb. Prinz-Heinrichbahn zufolge Bek 10. Okt. 13 EVBl 291.

Das gilt nicht f. d. Verkehr m. d. österr. Nachfolgestaaten (außer der Tschecho-Slow.) u. mit Frankreich üb. Belgien. Vf 11. 1320 II v. 7. Mai 25.

[3]) Beil. A § 11.

[4]) Jetzt Reichsregierung mit Zustimm. des Reichsrats (RVerf Art. 179).

[5]) Bek. 16. Juli 04 (Beilage A). Nicht auf Grund obigen G, sondern auf Grund Artt. 42, 43 der RVerf v. 1871 ist die Bek 17. Juli 04 üb. Geflügelbeförderung (Beilage B) erlassen. AusfBest f. Preußen E 30. Sept. 04, dessen § 10 hier mitgeteilt sei; er lautet:

§ 10. Aufsicht und Kontrolle.

(1) Die nach Maßgabe der vorstehenden Bestimmungen vorzunehmende Desinfektion ist unter der verantwortlichen Aufsicht eines Bahnbeamten auszuführen, welcher der Ortspolizeibehörde von der Bahnverwaltung zu bezeichnen ist.

(2) Die Ortspolizeibehörde sowie der beamtete Tierarzt sind befugt, jederzeit von der Ausführung der Desinfektionsarbeiten Kenntnis zu nehmen. Die Ortspolizeibehörde kann an Stellen, wo die Desinfektion zentralisiert ist, mit der beständigen Kontrolle der Desinfektionsarbeiten einen Veterinärbeamten beauftragen, dessen Erinnerungen in Betreff der Auswahl, Beschaffenheit und Anwendung der vorschriftsmäßigen Desinfektionsmittel möglichst sogleich zu berücksichtigen sind.

(3) Im übrigen haben die Eisenbahn-Aufsichtsbehörden sich mit den Veterinär-Polizeibehörden im einzelnen über die Kontrollmaßregeln zu verständigen, die geeignet sind, die strenge Durchführung des Gesetzes und der Ausführungsvorschriften überall sicherzustellen.

Dieser E ist geändert u. ergänzt durch E 5. Okt. 07 (EVBl 349), 4. Aug. 13 (das. 234) u. 10. Juli 14 (das. 233) u. gilt für alle Großbahnen sowie nach E 30. April 12 II C g 1936 auch f. Kleinbahnen. Für die anderen Länder sind die AusfBest genannt in E 22. Dez. 22 EV w 58. 7146.

Auftrages obliegende Pflicht der Anordnung, Ausführung oder Überwachung einer Desinfektion vernachlässigen, werden mit Geldstrafe bis zu eintausend Mark, und wenn in Folge dieser Vernachlässigung Vieh von einer Seuche ergriffen worden, mit Geldstrafe bis zu dreitausend Mark oder Gefängniß bis zu einem Jahre bestraft, sofern nicht durch die Vorschriften des Strafgesetzbuches eine der Art oder dem Maße nach schwerere Strafe angedroht ist[6]).

§ 6. Der § 6 des Gesetzes vom 7. April 1869, Maßregeln gegen die Rinderpest betreffend (Bundes-Gesetzbl. S. 105), ist aufgehoben.

Beilagen zum Gesetze vom 25. Februar 1876.

Beilage A (zu Anmerkung 5).

Bekanntmachung des Reichskanzlers, betr. die Ausführung des Gesetzes vom 25. Februar 1876 über die Beseitigung von Ansteckungsstoffen bei Viehbeförderungen auf Eisenbahnen. Vom 16. Juli 1904 (RGBl. 311)[1]).

(Auszug.)

Zulassung von Ausnahmen von der Verpflichtung zur Desinfektion.

§ 1. (1) Die Beschlußfassung über die Zulassung von Ausnahmen von der durch die §§ 1 und 2 des Gesetzes begründeten Verpflichtung bleibt dem Bundesrate[2]) vorbehalten.

(2) Denjenigen Eisenbahnverwaltungen, deren Betrieb auf einer im Auslande belegenen Station endet, kann jedoch von der Regierung des deutschen Grenzstaats gestattet werden, die Desinfektion der Wagen vor deren Wiedereingang im Auslande vorzunehmen, wenn genügende Sicherheit für eine ordnungsmäßige Ausführung geboten wird.

§ 2. Sofern vom Bundesrate[2]) nicht weitergehende Ausnahmen für den Verkehr mit dem Auslande zugelassen sind, ist eine nochmalige Reinigung (§ 7 Abs. 1) der im Auslande gereinigten Wagen bei der Rückkehr in das Reichsgebiet nicht erforderlich, wenn die Reinigung im Auslande derart bewirkt wurde, daß alle von der Viehbeförderung herrührenden Verunreinigungen vollständig beseitigt sind; die Wagen sind in solchem Falle nur der eigentlichen Desinfektion (§ 7 Abs. 2) zu unterwerfen.

§ 3. (1) Die Beschlußfassung des Bundesrats[2]) über die Zulassung und den Umfang von Ausnahmen für den Verkehr im Inland erfolgt auf Grund der von den beteiligten Landesregierungen beizubringenden Nachweise darüber, daß die Ausnahmen nach dem allgemeinen Gesundheitszustande der betreffenden Tierarten in den fraglichen Ländern oder Landesteilen unbedenklich sind. Die Zulassung von Ausnahmen für die Beförderung von Rindvieh, Schafen oder Schweinen ist an die Beibringung eines Nachweises über das Vorhandensein der im § 3 Abs. 2 des Gesetzes bezeichneten Voraussetzung gebunden.

(2) Die Verpflichtung zur Beseitigung der Streumaterialien, des Düngers, der Reste von Anbindesträngen usw. sowie zur Reinigung der Wagen und Gerätschaften nach jedesmaligem Gebrauche (§ 7 Abs. 1, 5 und 6 und § 8) bleibt jedoch auch dann bestehen, wenn Ausnahmen von einer eigentlichen Desinfektion der Wagen und Gerätschaften zugelassen werden.

Verfahren, Ort und Zeit der Desinfektion; Höhe der Gebühren.

§ 4. (1) Ein der Desinfektion unterliegender leerer Wagen darf in keinem Falle vor Beendigung der Desinfektion in Benutzung genommen werden; nur zum Zwecke der Überführung nach der Desinfektionsstelle ist es gestattet, ihn in einen Zug einzustellen.

(2. Beklebung der Wagen, 3. nachträgliche Reinigung usw.)

§ 5. Soweit nicht Ausnahmen für den Verkehr mit dem Auslande zugelassen werden (§ 1), ist Fürsorge zu treffen, daß die zur Beförderung von Tieren (§ 1 des Gesetzes) nach dem Auslande benutzten Eisenbahnwagen zur Desinfektion leer nach derjenigen inländischen Grenzstation zurückgelangen, über die sie ausgegangen sind.

§ 6. (1) Die Desinfektion ist an dem Orte der Entladung (oder Umladung) alsbald nach Entleerung der Wagen — im Verkehre mit dem Ausland auf der Station des Wiedereinganges (vergleiche aber § 1 Abs. 2) alsbald nach Ankunft der Wagen —, und zwar längstens binnen 24 Stunden zu bewirken.

(2) Im Interesse einer zweckmäßigen Ausführung und wirksamen Kontrolle kann jedoch die Desinfektion auf Anordnung oder mit Genehmigung der Landesregierung an einzelnen Stationen (Desinfektionsstationen) zentralisiert werden. In solchen Fällen ist für jede Eisenbahnstation eine bestimmte Desinfektionsstation ein für allemal zu bezeichnen und die Frist zu bestimmen, innerhalb deren die entladenen Wagen desinfiziert werden müssen. Diese Frist darf 48 Stunden — von der Entladung bis zur Vollendung der Desinfektion — nicht überschreiten.

(3. Gemeinsame Desinfektionsanstalten, 4. Überführung d. Wagen zur DesAnstalt usw., 5. Einzelsendungen, Viehsammelwagen).

---

[6]) Die Aufsicht über Reinigung usw. der Wagen wie der Viehwagen lag bei der StEV den Maschinenämtern ob; Zuwiderhandlungen sind von dem Amte, bei dem sie angezeigt werden, allein zu untersuchen; etw. Bestrafungen hat alsdann die dem Schuldigen vorgesetzte Stelle zu bewirken E 11. Mai 96, 10. April 00 u. 2. Mai 04 (VV I 803f.), auch Elberf S. V 3 Nr. 160; s. jetzt GeschAnw f. d. Amtsvorständ. d. Reichsbahn (Die Reichsbahn 1928, 413) § 34 Ziff. 3).

[1]) BR Drucks. 04 Nr. 82.

[2]) Jetzt Reichsregierung m. Zustimm. des Reichsrats. — S. oben VI 8 Anm. 4.

§ 7. (1) Der eigentlichen Desinfektion der Wagen muß stets eine Reinigung ... vorangehen ...

(2) Die Desinfektion ... muß bewirkt werden:

a) unter gewöhnlichen Verhältnissen durch Waschen ... mit ... Sodalauge ...;

[3]) b) in Fällen einer Infektion des Wagens durch Rinderpest, Milzbrand, Rauschbrand, Wild- und Rinderseuche, Maul- und Klauenseuche, Rotz, Rotlauf der Schweine oder Schweineseuche (einschließlich Schweinepest) oder des dringenden Verdachts einer solchen Infektion durch Anwendung des unter a vorgeschriebenen Verfahrens und außerdem durch ... Bepinseln ... mit einer der nachstehend genannten ... Lösungen ... ... Anstatt des Bepinselns kann ... auch eine Bespritzung mit einem geeigneten Desinfektionsapparat erfolgen ....

(3) Die verschärfte Desinfektion (Abs. 2 unter b) ist in der Regel nur auf Anordnung der zuständigen Polizeibehörde, ohne solche Anordnung jedoch auch dann vorzunehmen, wenn die Wagen zur Beförderung von Klauenvieh aus verseuchten Gegenden, das heißt von solchen Stationen, in deren Umkreise von 20 Kilometer die Maul- und Klauenseuche herrscht oder noch nicht für erloschen erklärt worden ist, gedient haben, oder wenn die Bahnbeamten von Umständen Kenntnis erlangen, die es zweifellos machen, daß eine Infektion des Wagens durch Rinderpest, Milzbrand, Rauschbrand, Wild- und Rinderseuche, Maul- und Klauenseuche, Rotz, Rotlauf der Schweine oder Schweineseuche (einschließlich Schweinepest) vorliegt, oder die den dringenden Verdacht einer solchen Infektion begründen. Der Landes-Polizeibehörde bleibt vorbehalten, die verschärfte Desinfektion auch in anderen Fällen anzuordnen, wenn sie es zur Verhütung der Verschleppung der bezeichneten Seuchen für unerläßlich erachtet.

(4. Wagen mit innerer Verschalung, 5. gepolsterte Wagen, 6. Einzelsendungen).

§ 8[3]). (1) In gleicher Weise wie die Wagen sind die bei der Verladung und Beförderung der Tiere zum Füttern, Tränken, Befestigen oder zu sonstigen Zwecken benutzten Gerätschaften der Eisenbahnverwaltungen zu reinigen und zu desinfizieren.

(2) Die beweglichen Rampen und Einladebrücken der Eisenbahnverwaltungen müssen bei Benutzung zur Viehverladung täglich mindestens einmal nach den Vorschriften im § 7 gereinigt und desinfiziert werden. Der Landes-Polizeibehörde bleibt vorbehalten, eine häufigere Desinfektion anzuordnen.

§ 9. (1) Die festen Rampen, die Vieh-Ein- und Ausladeplätze und die Viehhöfe (Buchten, Bansen usw.) der Eisenbahnverwaltungen sind stets von Streu, Dünger usw. gesäubert zu halten. Rampen mit undurchlässigem Boden und feste hölzerne Rampen sind bei Benutzung zur Viehverladung täglich mindestens einmal mit Wasser zu spülen.

(2) (Desinfektion der Rampen.)

§ 10. (Streumaterialien, Dünger.)

§ 11. (1) Bei Bemessung der von den Eisenbahnverwaltungen für die Desinfektion der Eisenbahnwagen und der dazu gehörigen Gerätschaften zu erhebenden Gebühr (§ 2 Abs. 2 des Gesetzes) ist davon auszugehen, daß diese lediglich bestimmt ist, Ersatz für die durch die Desinfektion bedingten außerordentlichen Aufwendungen zu gewähren. Für die Desinfektion der Rampen, sowie der Vieh-Ein- und Ausladeplätze und der Viehhöfe (Buchten, Bansen usw.) der Eisenbahnverwaltungen ist eine Gebühr nicht zu erheben.

(2) Für die der eigentlichen Desinfektion vorangehende oder ohne Rücksicht auf sie vorzunehmende Reinigung (§ 3 Abs. 2, § 7 Abs. 1, 5 und 6, § 8, § 9 Abs. 1) darf eine Entschädigung nicht beansprucht werden.

(3) Die Gebühr ist unabhängig von der Entfernung, die der Viehtransport durchlaufen hat, nach dem durchschnittlichen Betrage der Selbstkosten für alle Stationen im Bereich einer und derselben Eisenbahnverwaltung in gleicher Höhe, und zwar in einem Satze und lediglich für den Wagen festzusetzen[4]). Ausnahmen können mit Zustimmung des Reichs-Eisenbahnamts, in Bayern mit Zustimmung der Landes-Aufsichtsbehörde[5]), zugelassen werden.

Schlußbestimmungen.

§ 12. Die Eisenbahnverwaltungen haben dafür zu sorgen, daß die zur Beseitigung von Ansteckungsstoffen bei Viehbeförderungen innerhalb ihres Geschäftsbereichs erforderlichen Arbeiten unter verantwortlicher Aufsicht ausgeführt werden.

§ 13. Die Eisenbahn-Aufsichtsbehörden haben im Einvernehmen mit den Veterinär-Polizeibehörden Kontrolleinrichtungen zu treffen, die geeignet sind, die strenge Durchführung des Gesetzes und der zu seiner Ausführung erlassenen Vorschriften überall sicherzustellen.

Beilage B (zu Anmerkung 5).

Bekanntmachung des Reichskanzlers, betr. die Abänderung der Bestimmungen über die Beseitigung von Ansteckungsstoffen bei der Beförderung von lebendem Geflügel auf Eisenbahnen vom 2. Februar 1899. Vom 17. Juli 1904 (RGBl. 317).

(Auszug.)

Auf Grund der Artikel 42 und 43 der Reichsverfassung[1]) und unter Aufhebung der Bekanntmachung vom 2. Februar 1899 (RGBl. 11) hat der Bundesrat nachstehende

---

[3]) Fassung der Vo 20. Febr. 26 RGBl I 106. Die Beschreibung der anzuwendenden Lösungen ist im obigen Auszuge fortgelassen. — Zu §§ 7b u. 8 Bf 11. 492 v. 16. Febr. 26 u. 11. 591 v. 18. März 27.

[4]) EVO Allg. AusfBest III zu § 50.

[5]) Jetzt: Des Reichsverkehrsministers.

[1]) Von 1871. Danach gelten die Best nicht für Bayern (dort gilt Bek 24. Aug. 04, GuVBl 494). Kleinbahnen: unten VII 5 d Beil. A § 38. — Keine Anw. auf die z. Versand von Geflügel nach Belgien benutzten u. dort entladenen Wagen bei ihrem Wiedereingang in das Reichsgebiet Bek 18. Juli 01 (RBG 278). Gleiches gilt f. d. Verkehr m. Österreich E 23. März

Bestimmungen über die Beseitigung von Ansteckungsstoffen bei der Beförderung von lebendem Geflügel auf Eisenbahnen

beschlossen:

§ 1. (1) Die Eisenbahnverwaltungen sind verpflichtet, die Eisenbahnwagen nach jeder Benutzung zur Beförderung von unverpacktem lebenden Geflügel derart zu reinigen und zu desinfizieren, daß die den Wagen etwa anhaftenden Ansteckungsstoffe vollständig getilgt werden.

(2) In gleicher Weise sind die bei der Verladung und bei der Beförderung von Geflügel zum Füttern und Tränken oder zu sonstigen Zwecken benutzten Gerätschaften zu reinigen und zu desinfizieren.

(3) Die beweglichen Rampen und Einladebrücken der Eisenbahnverwaltungen müssen bei Benutzung zur Geflügelverladung täglich mindestens einmal nach den Vorschriften über die Desinfektion der Wagen gereinigt und desinfiziert werden. Der Landes-Polizeibehörde bleibt vorbehalten, eine häufigere Desinfektion anzuordnen.

(4) Die festen Rampen sowie die Geflügel-Ein- und Ausladeplätze und die Geflügelhöfe (Buchten) der Eisenbahnverwaltungen sind stets von Streumaterialien, Dünger und Federn gesäubert zu halten. Rampen mit undurchlässigem Boden und feste hölzerne Rampen sind bei Benutzung zur Geflügelverladung täglich mindestens einmal mit Wasser zu spülen ... (in bestimmten Fällen Desinfektion.)

(5) Die zur Beförderung von verpacktem lebenden Geflügel benutzten Wagen und die bei der Verladung solcher Sendungen benutzten Rampen sind gleichfalls zu reinigen und zu desinfizieren, wenn eine Verunreinigung durch Streu, Futter oder Auswurfstoffe stattgefunden hat.

(6) (Streu, Dünger, Federn und sonstige Abgänge.)

§ 2. (1) Die Verpflichtung zur Reinigung und Desinfektion liegt in bezug auf die Eisenbahnwagen und die zu ihnen gehörigen Gerätschaften (§ 1 Abs. 1 und 2) derjenigen Eisenbahnverwaltung ob, in deren Bereiche die Entladung stattfindet. Erfolgt diese im Auslande, so ist zur Desinfektion diejenige deutsche Eisenbahnverwaltung verpflichtet, deren Bahn von den Wagen bei der Rückkehr in das Reichsgebiet zuerst berührt wird.

(2) Denjenigen Eisenbahnverwaltungen, deren Betrieb auf einer im Auslande belegenen Station endet, kann von der Regierung des deutschen Grenzstaats gestattet werden, die Desinfektion der Wagen im Auslande vorzunehmen, sofern genügende Sicherheit für eine ordnungsmäßige Ausführung geboten wird.

(3) Sofern vom Bundesrate[2]) nicht weitergehende Ausnahmen für den Verkehr mit dem Auslande zugelassen sind[1]), ist eine nochmalige Reinigung der im Auslande gereinigten Wagen bei der Rückkehr in das Reichsgebiet nicht erforderlich, wenn die Reinigung im Auslande derart bewirkt wurde, daß alle von der Geflügelbeförderung herrührenden Verunreinigungen vollständig beseitigt sind; die Wagen sind in solchem Falle nur der eigentlichen Desinfektion zu unterwerfen.

§ 3. Die in den Ausführungsbestimmungen zum Reichsgesetze vom 25. Februar 1876 über die Beseitigung von Ansteckungsstoffen bei Viehbeförderungen auf Eisenbahnen vom 16. Juli 1904[3]) in den §§ 4, 5, 6 Abs. 1—4, § 7 Abs. 1 und 2, §§ 11, 12 und 13 getroffenen Festsetzungen über das Verfahren, über Ort und Zeit der Desinfektion, über die Höhe der Gebühren, über die Beaufsichtigung der Desinfektionsarbeiten und über die Kontrolleinrichtungen gelten auch für die der Desinfektion unterliegenden Geflügelwagen mit folgenden Abweichungen:

1. Die im § 7 Abs. 2 unter b) vorgeschriebene Art der Desinfektion ist in Fällen einer wirklichen Infektion des Wagens durch Geflügelcholera oder Hühnerpest oder des dringenden Verdachts einer solchen Infektion anzuwenden, und zwar in der Regel nur auf Anordnung der zuständigen Polizeibehörde, ohne solche Anordnung jedoch auch dann, wenn die Bahnbeamten von Umständen Kenntnis erlangen, die es zweifellos machen, daß eine Infektion des Wagens durch Geflügelcholera oder Hühnerpest vorliegt, oder die den dringenden Verdacht einer solchen Infektion begründen. Der Landes-Polizeibehörde bleibt vorbehalten, die verschärfte Desinfektion auch in anderen Fällen anzuordnen, wenn sie es zur Verhütung der Verschleppung der Seuchen für unerläßlich erachtet.
2. Für die der eigentlichen Desinfektion vorangehende oder ohne Rücksicht auf sie vorzunehmende Reinigung (vergleiche § 11 Abs. 2) darf eine Entschädigung nur beansprucht werden, wenn die Reinigung wegen der besonderen Bauart oder Einrichtung der Wagen außergewöhnliche Aufwendungen erfordert.

---

u. 5. April 06 (EVBl 195 u. 269) u. der Prinz-Heinrichbahn (oben VI 8 Anm. 2).

[2]) Jetzt Reichsregier. mit Zustimm. des Reichsrats (oben VI 8 Anm. 4). [3]) Beil. A.

VII. Eisenbahnverkehr[1]).

1. Einleitung.

Die Entwicklung eines besonderen Eisenbahn-Verkehrsrechts setzt in Deutschland mit den sog. Eisenbahn-Betriebsreglements[2]) ein, d. h. allgemeingültigen Bestimmungen über die Beförderung von Personen und Gütern und die hieraus entstehenden gegenseitigen Berechtigungen und Pflichten der Eisenbahnen und der diese benutzenden Personen. Der Erlaß der Reglements ging zunächst von den Eisenbahnverwaltungen selbst aus, die, anfänglich jede für ihren Bereich, später auch gemeinsam für die sich unter ihnen bildenden „Verbände" derartige Bestimmungen herausgaben. Von besonderer Bedeutung für die spätere Rechtsentwicklung waren die vom Vereine Deutscher Eisenbahnverwaltungen (unten 3) herausgegebenen Vorschriften, deren Reihe mit den „Normativbestimmungen für die Reglements der zum deutschen Eisenbahn-Verein gehörigen Verwaltungen über die Personen-, Gepäck-, Equipagen-, Pferde- und Viehbeförderung" (1847) und einem „Reglement für den Güterverkehr" (1850) begann. Nachdem sodann das Allg. Deutsche Handelsgesetzbuch die Beförderungsbedingungen (wenigstens für den Güterverkehr) in den Grundzügen gesetzlich festgelegt hatte, wurde durch die Verfassung des Norddeutschen Bundes (Art. 45) die Fürsorge für Einführung übereinstimmender Betriebsreglements auf allen Bahnen unter die Aufgaben der Bundesgewalt aufgenommen. Am 10. Juni 1870 (BGBl 419) beschloß der Bundesrat ein Betriebsreglement für die Eisenbahnen des Norddeutschen Bundes, welches sich an die Reglements des Vereins anlehnte und (mit einigen Änderungen) nach der Errichtung des Deutschen Reichs auf Grund RVerf Art. 45 durch Bek 22. Dez. 1871 (RGBl 473) als Betriebsreglement für die Eisenbahnen Deutschlands für alle deutschen Bahnen (ausschl. Bayerns) in Geltung gesetzt wurde. An seine Stelle trat zufolge Bek 11. Mai 1874 (ZBl 179) ein neues, mit einer gleichartigen Vorschrift für Österreich-Ungarn im wesentlichen übereinstimmendes Reglement.

Etwa um dieselbe Zeit erging von privater schweizerischer Seite die Anregung zur Schaffung eines internationalen Frachtrechts. Die Anregung hatte den Erfolg, daß nach längeren Verhandlungen am 14. Okt. 1890 zu Bern Vertreter der meisten europäischen Staaten das (auf den Güterverkehr beschränkte) Internationale Übereinkommen über den Eisenbahn-Frachtverkehr unterzeichneten. Mit dem Inkrafttreten dieses Übereinkommens (1. Jan. 1893) wurden im Güterverkehre der deutschen Bahnen die die Grenzen des Deutschen Reichs überschreitenden Transporte auf eine über der inneren Gesetzgebung stehende Rechtsgrundlage gestellt, die zwar im allgemeinen mit dem — für den deutschen Verkehr maßgebend gebliebenen — deutschen Rechte übereinstimmte, immerhin aber in einer Reihe wesentlicher Punkte von ihm abwich. Der Bundesrat sah sich deshalb veranlaßt, mit Bek 15. Nov. 1892 (RGBl 923) für den Verkehr innerhalb Deutschlands ein neues, den internationalen Vorschriften tunlichst angepaßtes Reglement unter dem Titel Verkehrsordnung für die Eisenbahnen Deutschlands einzuführen.

Nachdem in der Folge das IntÜb durch eine Zusatzerklärung vom 20. Sept. 1893 und die Zusatzvereinbarung vom 16. Juli 1895 ergänzt worden war, kam auf Grund von Beschlüssen der gemäß IntÜb Art 59 im März 1896 in Paris zusammengetretenen Revisionskonferenz unter dem 16. Juni 1898 ein Zusatzübereinkommen zustande, das am Inhalte des IntÜb Änderungen vornahm und zum 10. Okt. 1901 in Wirksamkeit trat.

Inzwischen war im Anschluß an die Ausarbeitung des deutschen BGB eine Umgestaltung des HGB in Angriff genommen worden, die zugleich Gelegenheit dazu bot, das innerdeutsche Frachtrecht in umfassenderem Maße, als es nach den Bestimmungen des HGB möglich war, mit dem internationalen Rechte in Übereinstimmung zu bringen. Das am 1. Jan. 1900 in Kraft getretene neue Handelsgesetzbuch (Auszug: Nr. 2) brachte aber noch eine weitere bedeutsame Neuerung, indem es die Verkehrsordnung mit einem anderen Rechtscharakter ausstattete.

Die eingangs erwähnten staatlichen Reglements unterschieden sich von den durch die Eisenbahnverwaltungen selbst herausgegebenen zwar insofern, als sie von Aufsichts wegen diesen bindende Normen vorschrieben, von denen sie beim Abschlusse von Frachtverträgen nicht abweichen durften. Für das Publikum besaßen jedoch beide Gruppen von Reglements nur die Bedeutung allgemeiner Vertragsbedingungen, die eine unmittelbare Rechtswirkung nach außen hin erst dadurch erlangten, daß auf ihrer Grundlage der Frachtvertrag tatsächlich abgeschlossen wurde. Durch den Inhalt des HGB (Nr. 2 Anm. 27) ist aber die Verkehrsordnung zu einer für die Eisenbahnverwaltungen wie für das Publikum gleichermaßen bindenden, als revisible Norm i. S. ZPO § 549 anzusehenden Rechtsverordnung erhoben worden, so daß sie nunmehr den Charakter einer Ausführungsverordnung zum HGB besitzt.

---

[1]) Begriff: VI 1 Anm. 1. — Artikel über Eisenbahn-Verkehr, Tarifwesen usw. in Rölls Enzyklopädie des Eisenbahnwesens, Conrads Handwörterbuch der Staatswissenschaften, Stengel-Fleischmanns Wörterbuch des deutschen Staats- und Verwaltungsrechts u. in „Das deutsche Eisenbahnwesen der Gegenwart".

[2]) Festschrift üb. die Tätigkeit des Vereins Deutsch. EisVerw. Berlin 1896 S. 189ff.; v. der Leyen, Art. „Frachtrecht" in Stengels Wörterbuch (Anm. 1).

Ferner ist durch die Neubearbeitung der Inhalt des HGB insofern wesentlich erweitert worden, als sowohl der Personenverkehr wie das Frachtrecht der Kleinbahnen grundsätzliche Berücksichtigung gefunden haben.

Der Neugestaltung des deutschen wie des internationalen Frachtrechts trug die am 26. Okt. 1899 vom Bundesrat beschlossene, am 1. Jan. 1900 in Kraft getretene Deutsche Eisenbahn-Verkehrsordnung (RGBl 557) Rechnung.

Weitere Änderungen des IntÜb brachte die zu Bern im Juni 1905 abgehaltene zweite Revisionskonferenz. Sie vereinbarte das zweite Zusatzübereinkommen, das am 22. Dez. 1908 Wirksamkeit erlangte. Ihm folgte unter dem 23. Dez. 1908 eine neue Eisenbahn-Verkehrsordnung (RGBl **1909** 93).

Ein im Mai 1911 in Bern vereinbarter Entwurf eines internationalen Übereinkommens über den Personenverkehr kam infolge des Kriegsausbruchs nicht zur Ratifikation. Der Kriegsausbruch verhinderte ferner das Zusammentreten einer für 1915 in Aussicht genommenen neuen Revisionskonferenz. Ende 1918 kündigten Frankreich und einige ihm befreundete Staaten das Internationale Übereinkommen. Da aber der Vertrag von Versailles (oben I 6) in Art. 366 die „Erneuerung" dieses Übereinkommens aussprach, erklärte der Schweizerische Bundesrat die Kündigungen für erledigt.

Im Jahre 1922 lud der Schweizerische Bundesrat die am IntÜb beteiligten Staaten von neuem zur Revisionskonferenz ein, mit der die abermalige Beratung eines internat. Übereink. über den Personenverkehr verbunden werden sollte. Diese Konferenz hat im Mai und Juni 1923 in Bern getagt und ein neues

Internationales Übereinkommen über den Eisenbahnfrachtverkehr[3])

sowie ein

Internationales Übereinkommen über den Eisenbahn-Personen- und Gepäckverkehr

ausgearbeitet, die am 1. Oktober 1928 in Kraft getreten sind (unten Nr. 4). Der Völkerbund[4]) war bei diesen Vereinbarungen nicht beteiligt.

Da die Neuordnung des internationalen Verkehrsrechts die schon bestehenden Verschiedenheiten zwischen diesem und der innerdeutschen Regelung noch erweiterte, war zu prüfen, ob und inwieweit das innerdeutsche Recht dem zwischenstaatlichen anzupassen sei; dabei galt es, die bisher stets gewahrte grundsätzliche Übereinstimmung des deutschen Rechts mit dem inner-österreichischen aufrechtzuerhalten. Das Ergebnis der Prüfung ging dahin, daß das HGB unangetastet zu lassen, die EVO aber neu herauszugeben sei. Die Neufassung der Eisenbahn-Verkehrsordnung (unten Nr. 3) erging am 16. Mai 1928 und übernahm den größten Teil der von den Internat. Übereink. eingeführten Änderungen, soweit sie nicht zum HGB in Widerspruch traten und wegen HGB § 471 eine Änderung dieses Gesetzes zur Vorbedingung hatten[5]).

Durch die Gesetzgebung ist aber das Verkehrsrecht nicht in allen Einzelheiten erschöpfend geregelt, vielmehr sind — unbeschadet des staatlichen Aufsichtsrechts (oben II 4) — wesentliche Teile desselben, z. B. die Festsetzung der Beförderungssätze, der Ordnung durch die Eisenbahnverwaltungen selbst überlassen geblieben. Infolgedessen vollzieht sich auch jetzt noch der Abschluß des einzelnen Beförderungsvertrags nicht unmittelbar auf Grund der gesetzlichen und sonstigen staatlichen Vorschriften, sondern auf Grund der von den Eisenbahnverwaltungen herausgegebenen Tarife[6]), die jene staatlichen Vorschriften und daneben Ausführungs- oder Zusatzbestimmungen der Eisenbahnverwaltungen enthalten. Solche Tarife werden von jeder Verwaltung für den ihren Bereich nicht überschreitenden „Binnenverkehr" als Binnen-(Lokal-)Tarife und für Gruppen von Verwaltungen durch die Eisenbahnverbände als direkte (Verbands-)Tarife herausgegeben.

Für die Entstehung und Entwicklung der Tarife sind die nachbenannten gemeinsamen Einrichtungen der Eisenbahnen von Wichtigkeit.

1. Die Ständige Tarifkommission der Deutschen Eisenbahnverwaltungen, erstmals zusammengetreten am 7. Februar 1878. Zu ihrer Tätigkeit gehören:
   a) Die Allgemeinen Ausführungsbestimmungen zur EVO,
   b) die Allgemeinen Tarifvorschriften[7]),
   c) die Allgemeine Gütereinteilung,
   d) der Allgemeine Nebengebührentarif einschließlich der Sätze,
   e) die Fortbildung des Gütertarifsystems, jedoch unter Ausschluß der Sätze und der Ausnahmetarife.

Zur Begutachtung der Angelegenheiten der Gütertarife ist ihr ein Ausschuß der Verkehrsinteressenten (abgekürzt: Verkehrsausschuß) beigegeben. Die Beschlüsse der Kommission werden für die beteiligten Verwaltungen bindend, wenn nicht (nach näherer Bestimmung der Satzung) „wirksamer" Widerspruch erhoben wird. Sie gelten für alle deutschen Verwaltungen und für den Bereich der EVO; rechtlich stehen sie den von den Verwaltungen erlassenen Betriebsreglements (s. oben) gleich. Sie werden unten im Zusammenhange mit der EVO, und zwar die Allgemeinen Ausführungsbestimmungen im Anschluß an deren Paragraphen, die Allgemeinen Tarifvorschriften als Beilage B auszugsweise mitgeteilt.

[3]) Übersicht über die Abweichungen des IÜG vom IntÜb: Fritsch Arch **1924** 587ff.

[4]) Wegen der Tätigkeit des Völkerbundes auf dem Gebiete des Verkehrs s. oben I 6 Anm. 3 u. Beilagen A u. B dazu.

[5]) Vergleichung der neuen EVO mit IÜP u. IÜG: Kittel EVO S. 16, des neuen deutschen Rechts mit dem neuen österreichischen: Friebe VZ **1928** 1015.

[6]) In anderem Sinne versteht man unter Tarif auch den Beförderungspreis.

[7]) Allgemeine Tarifvorschriften sind Bestimmungen, die nicht als Zusätze zu den einzelnen §§ der EVO, sondern als zusammenhäng. Ganzes ausgearbeitet sind u. hauptsächlich die Berechnung u. Anwend. der Gütertarifsätze zum Gegenst. haben.

2. Das Internationale Eisenbahn-Transport-Komitee[8]), begründet 1902, eine Einrichtung, die für die den IntÜb unterliegenden Verkehre eine ähnliche Tätigkeit wie die Ständige Tarifkommission ausübt. Es ist aus einem ad hoc eingesetzten Ausschusse hervorgegangen, der zu dem IntÜb Einheitliche Zusatzbestimmungen ausarbeitete. Jetzt bestehen solche für das IÜP und das IÜG; sie sind unten hinter den Vorschriften abgedruckt, zu denen sie gehören.

3. Der Verein Deutscher Eisenbahnverwaltungen, begründet 1846, jetzt umfassend die meisten Eisenbahnen in Deutschland, Österreich, Ungarn und Holland, und die Luxemburgische Prinz-Heinrichbahn, sowie (als außerordentliche Mitglieder) die Staatsbahnen von Dänemark, Schweden, Norwegen und der Schweiz. Wegen seiner Tätigkeit s. für das Gebiet des Betriebs oben VI 1, für das des Verkehrs unten VII 4a Ziff. VIII.

4. Die Tarifverbände, d. i. Vereinigungen mehrerer an bestimmten Verkehrsrichtungen beteiligter oder bestimmte Verkehrsgebiete umfassender Eisenbahnverwaltungen zur Herausgabe gemeinsamer Verbandstarife.

5. Der Deutsche Eisenbahn-Verkehrsverband, 1886 aus dem (norddeutschen) „Tarifverbande" hervorgegangen, dessen Wirkungskreis zwar auf den inneren Dienst der Eisenbahn beschränkt, aber für die Handhabung der die Beziehungen zum Publikum regelnden Vorschriften von Bedeutung ist. Unter seinen Ausarbeitungen sind die Allgemeinen Abfertigungsvorschriften, die Beförderungsvorschriften und die das Zollwesen und verwandte Gebiete behandelnde Kundmachung 6 hier zu nennen.

6. Der Ende 1922 begründete, die meisten europäischen, ferner die chinesischen und japanischen Bahnen umfassende, unter Frankreichs Führung stehende Internationale Eisenbahnverband. Er verfolgt im wesentlichen die gleichen Ziele wie der Verein Deutscher Eisenbahnverwaltungen; für die Zwecke d. W. kommt er nicht in Betracht[9]).

Auf die oben angegebene Weise erklärt sich die allgemein übliche Zerlegung der Binnen- wie der Verbandstarife in zwei Teile, von denen der Teil I die dem Bereiche des Tarifs mit anderen Verkehrsgebieten gemeinsamen Vorschriften, der Teil II die für den Tarifbereich hierzu erlassenen besonderen Zusatzbestimmungen enthält. Für die innerdeutschen Verkehre bestehen die nachgenannten, die EVO nebst den Allgemeinen Ausführungsbestimmungen sowie die Allgemeinen Tarifvorschriften enthaltenden, einheitlichen Teile I:

Deutscher Eisenbahn-Personen-, Gepäck- und Expreßguttarif Teil I;
Deutscher Eisenbahntiertarif Teil I;
Deutscher Eisenbahngütertarif Teil I, und zwar
Abteilung A, enthaltend die EVO und die Allgemeinen Ausführungsbestimmungen,
Abteilung B, enthaltend die Allgemeinen Tarifvorschriften (mit der Güterklassifikation) und den Nebengebührentarif.

Die Teile II gelten für das gesamte Reichsbahnnetz, vielfach zugleich für eine Reihe deutscher Privatbahnen. Die wichtigeren besonderen Ausführungsbestimmungen werden im Anschluß an die Hauptvorschriften unten mitgeteilt.

Wegen der Auslandstarife wird auf 4a Ziff. VII unten verwiesen.

Über die verkehrsrechtlichen Vorschriften des Vertrags von Versailles (und die Ausarbeitungen des Völkerbundes) s. oben I 6 mit Beilagen A und B[10]).

Die Literatur des Eisenbahn-Verkehrsrechts ist verhältnismäßig reichhaltig, namentlich enthalten VZ, EE und IntZschr Abhandlungen über Einzelfragen in großer Zahl. Das Gesamtgebiet behandelt: Rundnagel, Beförderungsgeschäfte, 5. Band II. Abt. des Ehrenbergschen Handbuches des gesamten Handelsrechts, Leipzig 1915[11]). Die vorliegende Bearbeitung mußte sich im allgemeinen mit Hinweisen auf die gangbarsten neueren Kommentare begnügen. Bei der Anordnung war zu beachten, daß die abgedruckten Vorschriften (HGB, EVO, IntÜb) vielfach wörtlich oder sachlich gleiche Bestimmungen enthalten; zur Vermeidung von Wiederholungen werden diese Bestimmungen tunlichst an einer Stelle, und zwar da erläutert, wo sie sich in der angewendeten Reihenfolge zuerst finden.

Außer dem HGB, der EVO und den IntÜb enthält der gegenwärtige Abschnitt noch eine Zusammenstellung der auf den Eisenbahnverkehr bezüglichen gesundheits- und veterinärpolizeilichen Vorschriften (Nr. 5).

2. Handelsgesetzbuch. Vom 10. Mai 1897 (RGBl S. 219)[1]).

(Auszug.)

§ 1. Kaufmann im Sinne dieses Gesetzbuchs ist, wer ein Handelsgewerbe betreibt.

Als Handelsgewerbe gilt jeder Gewerbebetrieb, der eine der nachstehend bezeichneten Arten von Geschäften zum Gegenstande hat:

---

[8]) Näheres: IntZtschr **36** 117.

[9]) Es wird verwiesen auf: v. Schröder, Die deutschen Eisenbahngesetze 5. Aufl., Dresden 1926, Teil B S. 70ff. u. Wolf, Verkehrstechn. Woche **1928** 232ff.

[10]) Die Übereinkommen betr. die internationale Rechtsordnung der Eisenbahnen u. die Freiheit des Durchgangsverkehrs sind als Beilagen in Abschnitt I 6 aufgenommen, weil sie überwiegend programmatischen Charakter tragen, nicht auf das Gebiet des Eisenbahnverkehrs beschränkt sind u. nicht Vorschriften enthalten, die in der Praxis des Eisenbahnverkehrs unmittelbar anzuwenden sind.

[11]) Von Werken die das Verkehrswesen allgemein, nicht oder nicht nur von juristischen Gesichtspunkten aus behandeln, seien hier genannt: Cauer, Personen- und Güterverkehr der preuß. u. hess. Staatseisenbahnen, 1903; Sax, Die Eisenbahnen (3. Teil des Werkes: Die Verkehrsmittel in Volks- und Staatswirtschaft) 1922; Blum, Jacobi und Risch, Verkehr und Betrieb der Eisenbahnen, 1925 — sämtlich Verlag von Julius Springer, Berlin.

[1]) Zahlreiche Kommentare, z. B. Staub (12. und 13. Aufl. 1927).

5. die Übernahme der Beförderung von Gütern oder Reisenden zur See, die Geschäfte der Frachtführer oder der zur Beförderung von Personen zu Lande oder auf Binnengewässern bestimmten Anstalten sowie die Geschäfte der Schleppschiffahrtsunternehmer[2]);

(6.—9.)

§ 36. Ein Unternehmen des Reichs, eines Bundesstaats oder eines inländischen Kommunalverbandes braucht nicht in das Handelsregister eingetragen zu werden. Erfolgt die Anmeldung, so ist die Eintragung auf die Angabe der Firma sowie des Sitzes und des Gegenstandes des Unternehmens zu beschränken[2]).

§ 42. Unberührt bleibt bei einem Unternehmen des Reichs, eines Bundesstaats oder eines inländischen Kommunalverbandes die Befugniß der Verwaltung, die Rechnungsabschlüsse in einer von den Vorschriften der §§ 39 bis 41 abweichenden Weise vorzunehmen[2]).

Drittes Buch. Handelsgeschäfte.

Sechster Abschnitt. Frachtgeschäft.

§ 425. Frachtführer ist, wer es gewerbsmäßig übernimmt, die Beförderung von Gütern zu Lande oder auf Flüssen oder sonstigen Binnengewässern auszuführen[3]).

§ 426[4]). Der Frachtführer kann die Ausstellung eines Frachtbriefs verlangen.

Der Frachtbrief soll enthalten:

1. den Ort und den Tag der Ausstellung;
2. den Namen und den Wohnort des Frachtführers;
3. den Namen dessen, an welchen das Gut abgeliefert werden soll (des Empfängers);
4. den Ort der Ablieferung;
5. die Bezeichnung des Gutes nach Beschaffenheit, Menge und Merkzeichen;
6. die Bezeichnung der für eine zoll- oder steueramtliche Behandlung oder polizeiliche Prüfung nöthigen Begleitpapiere;
7. die Bestimmung über die Fracht sowie im Falle ihrer Vorausbezahlung einen Vermerk über die Vorausbezahlung;
8. die besonderen Vereinbarungen, welche die Betheiligten über andere Punkte, namentlich über die Zeit, innerhalb welcher die Beförderung bewirkt werden soll, über die Entschädigung wegen verspäteter Ablieferung und über die auf dem Gute haftenden Nachnahmen, getroffen haben;
9. die Unterschrift des Absenders; eine im Wege der mechanischen Vervielfältigung hergestellte Unterschrift ist genügend[4]).

Der Absender haftet dem Frachtführer für die Richtigkeit und die Vollständigkeit der in den Frachtbrief aufgenommenen Angaben[4]).

§ 427[5]). Der Absender ist verpflichtet, dem Frachtführer die Begleitpapiere zu übergeben, welche zur Erfüllung der Zoll-, Steuer- oder Polizeivorschriften vor der Ablieferung an den Empfänger erforderlich sind. Er haftet dem Frachtführer, sofern nicht diesem ein Verschulden zur Last fällt, für alle Folgen, die aus dem Mangel, der Unzulänglichkeit oder der Unrichtigkeit der Papiere entstehen.

§ 428[6]). Ist über die Zeit, binnen welcher der Frachtführer die Beförderung bewirken soll, nichts bedungen, so bestimmt sich die Frist, innerhalb deren er die Reise anzutreten und zu vollenden

---

[2]) Nach § 1 Abs. 2 Ziff. 5 in Verb. mit §§ 36, 42, 452 muß angenommen werden, daß der Betrieb nicht nur der Privatbahnen (einschl. der Kleinbahnen), sondern auch der Staatsbahnen als Handelsgewerbe zu gelten hat. OVG **48** 79; RG **23** 221, **83** 24 u. EE **5** 129. Für die Frage, ob für Streitigkeiten aus dem Dienstverh. v. Bediensteten der Eis. die Kaufmannsgerichte zuständig sind, kommt jene Erwägung nicht mehr in Betracht, weil KaufmGerichte nicht mehr bestehen (s. oben III 6c Beil. A).

[3]) Der Frachtvertrag ist Werkvertrag i. S. BGB. — Staub Anm. 1; Boethke EE **24** 302; Weirauch Anm. 2 zu EVO Abschn. VIII (a. M. Joseph IntZtschr **33** 299), regelm. auch Vtr zugunsten eines Dritten, Löning Anm. 1 zu IÜG Art. 8 § 1 u. Angef. Erfüllungsort u. damit für die Gerichtszuständ. bei EntschädAnsprüchen wegen Nichterfüllung maßgebend ist der AbliefOrt RG EE **21** 390. Internat. Recht IntZtschr **12** 26ff. Als essentiale ist bei den v. einem Frachtführer abgeschloss. Frachtverträgen nicht unbedingt die Entgeltlichkeit jedes einzelnen Vtr anzusehen Prot. über d. 84. u. 86. Sitzung der Ständ. Tarifkommission Ziff. 7 u. 6. Auf die Beförd. v. Personen ist Abschn. 6 nicht anwendbar. — Beschlagnahmen, die während der Beförd. erfolgen, gehen zu Lasten d. Absenders, wenn er verpflichtet ist, dem Empfänger das Eigentum am BestimmOrte zu verschaffen. RG EE **35** 143.

[4]) § 455, EVO §§ 55f., IÜG Art. 6. Zu Abs. 2 Ziff. 9: Unterschr. des Stellvertreters Zentralamt IntZtschr **12** 150. Zu Abs. 3. Zur Gültigkeit des Frachtvtr bei unrichtiger Inhaltsangabe: einers. RG **104** 344, anders. Wilhelmy VZ **1923** 135 u. Nottebohm VZ **1924** 69. Culpa in contrahendo bei falscher Inhaltsangabe: RG **108** 408. — Frachtbrieffälschung RG EE **34** 82. Weiteres bei EVO § 57.

[5]) EVO § 65, IÜG Art. 13.

[6]) EVO §§ 73f., IÜG Art. 11, 23. Über die zeitweilige Außerkraftsetz. der Lieferfristen in u. nach dem Kriege u. die Rechtsfolgen dieser Anordnung s. Rundnagel Haftung S. 36 Anm. 19.

hat, nach dem Ortsgebrauche. Besteht ein Ortsgebrauch nicht, so ist die Beförderung binnen einer den Umständen nach angemessenen Frist zu bewirken.

Wird der Antritt oder die Fortsetzung der Reise ohne Verschulden des Absenders zeitweilig[7]) verhindert, so kann der Absender von dem Vertrage zurücktreten; er hat jedoch den Frachtführer, wenn diesem kein Verschulden zur Last fällt, für die Vorbereitung der Reise, die Wiederausladung und den zurückgelegten Theil der Reise zu entschädigen. Über die Höhe der Entschädigung entscheidet der Ortsgebrauch; besteht ein Ortsgebrauch nicht, so ist eine den Umständen nach angemessene Entschädigung zu gewähren.

§ 429. Der Frachtführer haftet für den Schaden, der durch Verlust oder Beschädigung des Gutes in der Zeit von der Annahme bis zur Ablieferung oder durch Versäumung der Lieferzeit entsteht, es sei denn, daß der Verlust, die Beschädigung oder die Verspätung auf Umständen beruht, die durch die Sorgfalt eines ordentlichen Frachtführers nicht abgewendet werden konnten[8]).

Für den Verlust oder die Beschädigung von Kostbarkeiten, Kunstgegenständen, Geld und Werthpapieren haftet der Frachtführer nur, wenn ihm diese Beschaffenheit oder der Werth des Gutes bei der Übergabe zur Beförderung angegeben worden ist[9]).

§ 430[10]). Muß auf Grund des Frachtvertrags von dem Frachtführer für gänzlichen oder theilweisen Verlust des Gutes Ersatz geleistet werden, so ist der gemeine Handelswerth und in dessen Ermangelung der gemeine Werth zu ersetzen, welchen Gut derselben Art und Beschaffenheit am Orte der Ablieferung in dem Zeitpunkte hatte, in welchem die Ablieferung zu bewirken war; hiervon kommt in Abzug, was in Folge des Verlustes an Zöllen und sonstigen Kosten sowie an Fracht erspart ist.

Im Falle der Beschädigung ist der Unterschied zwischen dem Verkaufswerthe des Gutes im beschädigten Zustand und dem gemeinen Handelswerth oder dem gemeinen Werthe zu ersetzen, welchen das Gut ohne die Beschädigung am Orte und zur Zeit der Ablieferung gehabt haben würde; hiervon kommt in Abzug, was in Folge der Beschädigung an Zöllen und sonstigen Kosten erspart ist.

Ist der Schaden durch Vorsatz oder grobe Fahrlässigkeit des Frachtführers herbeigeführt, so kann Ersatz des vollen Schadens gefordert werden.

§ 431[11]). Der Frachtführer hat ein Verschulden seiner Leute und ein Verschulden anderer Personen, deren er sich bei der Ausführung der Beförderung bedient, in gleichem Umfange zu vertreten wie eigenes Verschulden.

§ 432[12]). Uebergiebt der Frachtführer zur Ausführung der von ihm übernommenen Beförderung das Gut einem anderen Frachtführer, so haftet er für die Ausführung der Beförderung bis zur Ablieferung des Gutes an den Empfänger.

---

7) In Fällen dauernder Verhinderung entscheidet das bürgerliche Recht (BGB §§ 323ff., 645) Staub Anm. 7; f. d. EisTransport gelten die in Anm. 6 genannten Vorschr., die ab. nicht erschöpfend sind.

8) A. Gemäß § 429 hat der Ff., wenn das Gut in seinen Händen Schaden leidet, für eine nicht aufgeklärte Schadensursache einzustehen; v. dieser Haft. wird er nur durch den Nachweis frei, daß ihn wegen aller möglicherw. in Betracht kommenden Ursachen offenbar kein Verschulden trifft RG **56** 39, **72** 104. — Sondervorschr. f. Eis. §§ 456, 466. — Rundnagel, Die Haft. der Eis. für Verlust, Beschäd. u. Lieferfristüberschr. 3./4. Aufl. **1924**. Scheu, Die frachtrechtl. Haftung der Eis., Berlin 1928.

B. Verlust liegt vor, wenn der Frachtf. außerstande ist, das Gut auszuliefern, gleichviel aus welchem Grunde, z. B. (regelmäßig) wenn er das Gut einem Unberechtigten ausgeliefert hat. Ausführlich Rundnagel Haftung S. 31f. Neuere Urteile des RG: EE **40** 214, **44** 223, **45** 302, **47** 173; VZ **1924** 498; VerkRu **1924** 579; JW **1928** 2316. Ferner: v. der Leyen JW **1924**, 482; Gorden VerkRu **1924** 15ff.; Goltermann VerkRu **1925** 478; Löning Anm. 2a und Seligsohn Anm. 3 zu IÜG Art. 27 § 1. — Teilweiser Verlust wird vielfach (z. B. EVO §§ 81f.) Minderung genannt. — Beschädigung liegt vor, wenn mit d. Gute e. substanz. Änderung vorgegangen ist, die e. Wertvermind. erzeugt hat. Rundn. a. a. O. S. 33.

9) A. § 456 Abs. 2 § 462; EVO § 54 (2) b, § 89 (3). IÜG: unten Bc.

B. a) Kostbarkeiten sind Gegenstände, die im Vergleiche mit anderen Gütern bei annähernd gleichem Umfang u. Gewicht besonders wertvoll sind. RG **13** 36 **75** 190. Was unter den Begriff fällt, steht also nicht für alle Zeiten fest. Schwierigkeiten haben sich daraus durch den Währungsverfall in der Kriegs- u. Nachkriegszeit ergeben; ausführlich (auch über den Begriff Kunstgegenstand) Rundnagel Haftung S. 135ff., Weirauch Anm. 11, 12, Kittel Anm. 7. 8, Richter Anm. II 3 zu EVO § 54. Films Rundn. S. 139 Anm. 30. Neuere Urteile des RG: EE **41** 334; VZ **1925** 205; VerkRu **1924** 32, **1925** 565, besonders ab. Entsch. **116** 113 u. JW **1927** 1145, ferner **120** 313.

b) Zur Frage, wie es zu halten ist, wenn in demselben Frachtgute Kostbarkeiten m. anderen Gegenständen vermischt sind: Rundnagel Haftung S. 138, anders. Richter a. a. O.; RG EE **40** 35, **42** 325; VZ **1925** 205.

c) Für den internat. Verkehr ist der Kostbarkeitsbegriff durch das IÜG beseitigt worden. Siehe IÜG Art. 29 u. IÜP Art. 31.

d) Rechtsfolgen der Nichtangabe HGB § 467, EVO §§ 60 (1) a, 83 (1)e, IÜG Art. 7 § 5, Art. 28 § 1e, IÜP Art. 30 § 2. Nur noch zum Teil zutreffend Rundnagel Haftung § 12.

10) Sondervorschr. für Eis. §§ 457, 459—463.

11) Sondervorschr. für Eis. § 458.

12) Für Eis. sind die Vorschr. der Abs. 1, 2 (eingeschränkt durch §§ 468, 469) zwingend: § 471. — EVO § 96; IÜG Art. 26, 42; IÜP Art. 29, 42; zu Abs. 3: § 439, EVO § 96 (5); IÜG u. IÜP Art. 47ff. — Rundnagel Haftung § 8. — § 432 [wie EVO § 96 (2); IÜG Art. 26 § 2] regelt nur die Beförd. durch eine Mehrheit v. Frachtführern — Haupt- u. Unter-

Der nachfolgende Frachtführer tritt dadurch, daß er das Gut mit dem ursprünglichen Frachtbrief annimmt, diesem gemäß in den Frachtvertrag ein und übernimmt die selbständige Verpflichtung, die Beförderung nach dem Inhalte des Frachtbriefs auszuführen.

Hat auf Grund dieser Vorschriften einer der betheiligten Frachtführer Schadensersatz geleistet, so steht ihm der Rückgriff gegen denjenigen zu, welcher den Schaden verschuldet hat. Kann dieser nicht ermittelt werden, so haben die betheiligten Frachtführer den Schaden nach dem Verhältniß ihrer Antheile an der Fracht gemeinsam zu tragen, soweit nicht festgestellt wird, daß der Schaden nicht auf ihrer Beförderungsstrecke entstanden ist.

§ **433**[13]). Der Absender kann den Frachtführer anweisen, das Gut anzuhalten, zurückzugeben oder an einen anderen als den im Frachtbriefe bezeichneten Empfänger auszuliefern. Die Mehrkosten, die durch eine solche Verfügung entstehen, sind dem Frachtführer zu erstatten.

[14]) Das Verfügungsrecht des Absenders erlischt, wenn nach der Ankunft des Gutes am Orte der Ablieferung der Frachtbrief dem Empfänger übergeben oder von dem Empfänger Klage gemäß § 435 gegen den Frachtführer erhoben wird. Der Frachtführer hat in einem solchen Falle nur die Anweisungen des Empfängers zu beachten; verletzt er diese Verpflichtung, so ist er dem Empfänger für das Gut verhaftet.

§ **434**[13]). Der Empfänger ist vor der Ankunft des Gutes am Orte der Ablieferung dem Frachtführer gegenüber berechtigt, alle zur Sicherstellung des Gutes erforderlichen Maßregeln zu ergreifen und dem Frachtführer die zu diesem Zwecke nothwendigen Anweisungen zu ertheilen. Die Auslieferung des Gutes kann er vor dessen Ankunft am Orte der Ablieferung nur fordern, wenn der Absender den Frachtführer dazu ermächtigt hat.

§ **435**[14]). Nach der Ankunft des Gutes am Orte der Ablieferung ist der Empfänger berechtigt, die durch den Frachtvertrag begründeten Rechte gegen Erfüllung der sich daraus ergebenden Verpflichtungen in eigenem Namen gegen den Frachtführer geltend zu machen, ohne Unterschied, ob er hierbei in eigenem oder in fremdem Interesse handelt. Er ist insbesondere berechtigt, von dem Frachtführer die Uebergabe des Frachtbriefs und die Auslieferung des Gutes zu verlangen. Dieses Recht erlischt, wenn der Absender dem Frachtführer eine nach § 433 noch zulässige entgegenstehende Anweisung ertheilt.

---

frachtf. — auf Grund eines einzigen durchgeh. FrBriefs, nicht auch die Weitergabe an andere (Zwischen-)FrFührer mit neuem FrBr. (Staub Anm. 1). Verkehr im Kriege zw. Heimat- u. Militärbahn RG **89** 342, **93** 176. Übergabe d. Gutes an e. Spediteur z. Beförd. m. d. Eis. RG VZ **1923** 717.

[13]) § 455, EVO § 72, IÜG Art. 21. — Das Verfügungsrecht des Absenders ist auf die in § 433 Abs. 1 [u. in EVO § 72 (1, 2), IÜG Art. 21 § 1] bezeichn. Verfügungen beschränkt. Gerstner, IntÜb (93) S. 252ff., Blume Anm. II zu IntÜb. Art. 15. Ist ein Duplikat ausgestellt, so hängt das VfRecht des Abs. von dessen Vorlage ab; weiteres bei § 455. Irrtüml. Ablief. an den Empfänger trotz rechtzeit. Gegenanweis. des Abs. ist nach den Normen üb. Folgen einer aus Irrtum gescheh. Leistung zu beurteilen. RG EE **1** 132. Mit dem in § 433 Abs. 2 bezeichn. Zeitp. geht das VfRecht — unabh. v. d. Vorhandensein eines Dupl. — auf den Empfänger über (§ 435). Rechte des Empf. vor Einlös. des FrBr.: Niederschr. üb. d. **66.** Sitzung d. Ausschusses d. EisVerkehrsverbands v. 3. Juni 09 Ziff. 9. Nach Rundnagel Haftung §§ 14, 34 ist verfügungsberechtigt: bis zur Ankunft d. Gutes nur der Abs., nachher bis zu dem in § 433 Abs. 2 bezeichn. Zeitp. sowohl Abs. wie Empf., nachher nur der Empf. (vgl. auch RG **103** 30 u. Friebe EE **48** 1, 101. teilw. abw. Seligsohn Anm, 25 zu IÜG Art. 21). Nicht verfberecht. ist der Eigentümer als solcher (ferner z. B. nicht der Viehbegleiter: RG Arch **1912** 1623). Anders regelt das VerfRecht IÜG Art. 16 § 3, Art. 21 § 4. — § **434** gilt nicht für Eis. (Rundnagel Haftung S. 68; a. M. Staub Anm. 7 u. Düringer-Hach. Anm. 6 zu § 434). — Rechtsstell. des Eigentümers zum rollenden Gute: Röder Anm. 6 vor EVO § 53, Rundnagel Haftung S. 14ff., Seybold VerkRu **1924** 300, Jacobi EE **33** 119, Löning Anm. 2 u. Seligs. Anm. 2 zu Art. 21 § 1. — Einfluß der Annahmeverweigerung OGHof Wien EE **33** 110. — Anwend. v. BGB § 254 bei unricht. geschäftl. Behandlung einer Vf des Abs. RG JW **1925** 1399. — Besitzverhältnisse Röder a. a. O., Einwirkung Dritter Röder Anm. 1 zu EVO § 72.

[14]) EVO § 75 (2). — § 433. — Nach deutschem Rechte (anders IÜG Art. 16 § 3, Art. 21 § 4) setzt das Recht des Empfängers Ankunft d. Gutes am Ablief.-Orte voraus, tritt also nicht etwa schon mit Ablauf der Lieferfrist u. gar nicht bei Totalverlust in Wirks.: Staub Anm. 1, Gerstner IntÜb (93) S. 267; Weirauch Anm. 29 zu EVO § 72; Rundnagel Haftung S. 176; RG EE **43** 419; JW **1927** 684; a. M. Eger Anm. 384 zu EVO § 76 u. RG EE **16** 339. Auslieferung vor Ankunft ist unzulässig. RG EE **11** 302. Ablief. an Dritte als Vertreter des Empf. befreit den Frachtf. nur, wenn der Empf. ihm eine dahingeh. Anweis. erteilt hat. RG EE **1** 51. — Aushänd. des FrBr. an den Empf. überträgt nicht den Gewahrsam am Gute (z. B. im Sinne KonkO § 44) auf diesen. RG **27** 84. — Pfändung des Anspruchs des Empf. Hellmann EE **27** 23, auch Seybold VerkRu **1924** 157. — Anm. 13, 15, VII 4c Anm. 79. — Maier, Die rechtl. Natur der Empfängeranweis. VZ **1926** 1345. — Im innerdeutschen EisVerkehr erlischt nach EVO § 72 (13) — s. auch IÜG Art. 21 § 4 — das VfRecht des Abs. (abweich. v. HGB) schon dann, wenn nach Ankunft d. Gutes der Empf. (den FrBr. eingelöst oder) seine Rechte aus HGB § 435 schriftlich geltend gemacht hat. Klagerheb. ist nicht mehr nötig. — Über Rechte u. Pflichten des Empf. s. noch Kittel Anm. 8 zu EVO § 75. — Rechtsfolge der Übergabe d. Gutes vor Einlös. des FrBr, z. B. im Anschlußverkehr Rundnagel Haftung S. 22 Anm. 5, Kittel Anm. 9 u. Weirauch Anm. 29 zu EVO § 72, Spieß Arch **1928** 1564, Löning Anm. 4 zu IÜG Art. 21 § 4.

§ 436. Durch Annahme des Gutes und des Frachtbriefs wird der Empfänger verpflichtet, dem Frachtführer nach Maßgabe des Frachtbriefs Zahlung zu leisten[15]).

§ 437[16]). Ist der Empfänger des Gutes nicht zu ermitteln oder verweigert er die Annahme oder ergiebt sich ein sonstiges Ablieferungshinderniß, so hat der Frachtführer den Absender unverzüglich hiervon in Kenntniß zu setzen und dessen Anweisung einzuholen.

Ist dies den Umständen nach nicht thunlich oder der Absender mit der Ertheilung der Anweisung säumig oder die Anweisung nicht ausführbar, so ist der Frachtführer befugt, das Gut in einem öffentlichen Lagerhaus oder sonst in sicherer Weise zu hinterlegen. Er kann, falls das Gut dem Verderben ausgesetzt und Gefahr im Verzug ist, das Gut auch gemäß § 373 Abs. 2 bis 4 verkaufen lassen.

Von der Hinterlegung und dem Verkaufe des Gutes hat der Frachtführer den Absender und den Empfänger unverzüglich zu benachrichtigen, es sei denn, daß dies unthunlich ist; im Falle der Unterlassung ist er zum Schadensersatze verpflichtet.

§ 438[17]). Ist die Fracht nebst den sonst auf dem Gute haftenden Forderungen bezahlt und das Gut angenommen, so sind alle Ansprüche gegen den Frachtführer aus dem Frachtvertrag erloschen[18]).

Diese Vorschrift findet keine Anwendung, soweit die Beschädigung oder Minderung des Gutes vor dessen Annahme durch amtlich bestellte Sachverständige festgestellt ist.

Wegen einer Beschädigung oder Minderung des Gutes, die bei der Annahme äußerlich nicht erkennbar ist, kann der Frachtführer auch nach der Annahme des Gutes und der Bezahlung der Fracht in Anspruch genommen werden, wenn der Mangel in der Zeit zwischen der Uebernahme des Gutes durch den Frachtführer und der Ablieferung entstanden ist und die Feststellung des Mangels durch amtlich bestellte Sachverständige unverzüglich nach der Entdeckung und spätestens binnen einer Woche nach der Annahme beantragt wird. Ist dem Frachtführer der Mangel unverzüglich nach der Entdeckung und binnen der bezeichneten Frist angezeigt, so genügt es, wenn die Feststellung unverzüglich nach dem Zeitpunkte beantragt wird, bis zu welchem der Eingang einer Antwort des Frachtführers unter regelmäßigen Umständen erwartet werden darf.

Die Kosten einer von dem Empfangsberechtigten beantragten Feststellung sind von dem Frachtführer zu tragen, wenn ein Verlust oder eine Beschädigung ermittelt wird, für welche der Frachtführer Ersatz leisten muß.

Der Frachtführer kann sich auf diese Vorschriften nicht berufen, wenn er den Schaden durch Vorsatz oder grobe Fahrlässigkeit herbeigeführt hat.

---

[15]) EVO §§ 75 (3), 70 (2); JÜG Art. 16 § 1. Maßgebend nicht nur der Wortlaut des Frachtbriefs; es genügt vielmehr z. B. eine Bezugn. auf Begleitpapiere oder Tarife, um den Empf. zur Zahlung von Konventionalstrafen, Spesen u. dgl. zu verpflichten; auch Nachford. nach Ablief. ist denkbar RG EE **2** 436, KG EE **24** 348; falsche Frachtberechnung OLG Hamburg das. **25** 135. Anders. ist der FrBr. nicht unbedingt maßgebend, z. B. braucht nicht ein infolge Druckfehlers zu hoch angegebener Frachtsatz des im FrBr. in Bezug genomm. Tarifs bezahlt zu werden RG **6** 100. Wegen Druckfehler s. auch OGHof Wien EE **31** 318, Senckpiehl EE **40** 89, Löning Anm. 2 zu JÜP Art. 23, Seligsohn Anm. 4 zu JÜG Art. 9. — RG **71** 342 (vgl. auch **95** 122) äußert sich über das Verh. zw. §§ 435 u. 436 folgendermaßen: § 436 komme zur Geltung, wenn der FrFührer FrGut u. FrBrief ausgeliefert habe, ohne daß der Empf. die Verpflicht. aus dem FrVertrage (§ 435) Zug um Zug erfüllt habe od. ein besonderer Vtr. zw. FrFührer u. Empf. abgeschlossen worden sei; alsdann trete der Empf. nicht in den FrVertrag ein, vielmehr lege ihm § 436 die selbständige Verpflicht. auf, nach Maßgabe des FrBriefs Zahlung zu leisten; darunter falle nicht die Verpfl. zur Entrichtung v. Nachzoll. (Über Nachzölle s. auch Blume Arch **1913** 1208; Rundnagel BefGesch S. 368). — Annahme eines nicht f. d. Annehmenden bestimmten Gutes RG **95** 122 u. VZ **1921** 493. — Nachträgl. Einzieh. v. Nachnahme RG **102** 344. — Es kann ein anderer als der tarifarische Frachtsatz vereinbart gewesen sein RG **4** 74. Eine solche Vereinb. kann aber nicht schon in einer unricht. Auskunft des AbfertBeamten über den Tarif gefunden werden VII 3 Anm. 19 d. W. — VII 4 c Anm. 79 d. W. — EVO § 75 (11). — Frachtanspruch der Eis. bei unterwegs eingetretenem Verluste des Gutes Reindl VZ **03** 1233, **04** 1079; Boethke EE **24** 302, 404; Rundnagel Haftung § 30 V.

[16]) EVO § 80 (s. d.) mit einer von HGB § 373 Abs. 2 bis 4 abweichenden Regelung des Verkaufs; JÜG Art. 24. Einfluß des Annahmeverzuges auf die Haftung der Eis. f. d. Gut Rundnagel Haftung § 9. Nachträgl. Annahmebereitschaft EVO § 80 (8). Unrichtige Auslief. des hinterlegten Gutes RG **100** 152.

[17]) A. §§ 464 (Abweich. v. § 438 Abs. 3 für die Eis.), 471; EVO § 93; JÜG Art. 44; Rundnagel Haftung § 32.
B. Annahme — Rundnagel S. 161 ff., EVO § 63 — ist auch Weiterbeförd. mit neuem Frachtbr. nach Einlösung des alten: Rundnagel S. 22, 161 Anm. 13, Löning S. 376 u. VerkRu **1927** 439, auch RG **108** 50 u. VZ **1925** 661; anders. RG **114** 308, **115** 192 u. VerkRu **1926** 39; ferner Senckpiehl IntZschr **1928** 35, 72. Nicht: Zurücknahme des Gutes unter Aufheb. des Frachtvtr. RG **22** 145. — Unten Anm. 29 D.
C. Bezahlung ist streng auszulegen, Zahlungsversprechen u. Teilzahlung genügen nicht, wohl aber Begleichung im Wege der Frachtstundung. Weirauch Anm. 1 u. Kittel Anm. 2 zu EVO § 93, Richter Anm. III zu EVO § 69, Rundnagel S. 160 f. u. Angef. (a. M. RG **25** 31). Frankierung steht der Zahlung durch den Empf. gleich. Rundnagel S. 159 f. Das JÜG hat das Erford. der FrZahlung fallen lassen (Art. 44 § 1).

[18]) Nur Ansprüche aus dem Frachtvtr. erlöschen, nicht z. B. der Anspr. auf Rückford. irrtümlich zuviel gezahlter Fracht. EVO § 93 (2), JÜG Art. 44 § 2; RG **6** 100.

§ **439**[19]). Auf die Verjährung der Ansprüche gegen den Frachtführer wegen Verlustes, Minderung, Beschädigung oder verspäteter Ablieferung des Gutes finden die Vorschriften des § 414 entsprechende Anwendung. Dies gilt nicht für die im § 432 Abs. 3 bezeichneten Ansprüche.

§ **440**[20]). Der Frachtführer hat wegen aller durch den Frachtvertrag begründeten Forderungen, insbesondere der Fracht- und Liegegelder, der Zollgelder und anderer Auslagen, sowie wegen der auf das Gut geleisteten Vorschüsse ein Pfandrecht an dem Gute.

Das Pfandrecht besteht, solange der Frachtführer das Gut noch im Besitze hat, insbesondere mittelst Konnossements, Ladescheins oder Lagerscheins darüber verfügen kann.

Auch nach der Ablieferung dauert das Pfandrecht fort, sofern der Frachtführer es binnen drei Tagen nach der Ablieferung gerichtlich geltend macht und das Gut noch im Besitze des Empfängers ist[21]).

Die im § 1234 Abs. 1 des Bürgerlichen Gesetzbuchs bezeichnete Androhung des Pfandverkaufs sowie die in den §§ 1237, 1241 des Bürgerlichen Gesetzbuchs vorgesehenen Benachrichtigungen sind an den Empfänger zu richten. Ist dieser nicht zu ermitteln oder verweigert er die Annahme des Gutes, so hat die Androhung und Benachrichtigung gegenüber dem Absender zu erfolgen.

§ **441**[22]). Der letzte Frachtführer hat, falls nicht im Frachtbrief ein Anderes bestimmt ist, bei der Ablieferung auch die Forderungen der Vormänner sowie die auf dem Gute haftenden Nachnahmen einzuziehen und die Rechte der Vormänner, insbesondere auch das Pfandrecht, auszuüben. Das Pfandrecht der Vormänner besteht so lange als das Pfandrecht des letzten Frachtführers.

Wird der vorhergehende Frachtführer von dem nachfolgenden befriedigt, so gehen seine Forderung und sein Pfandrecht auf den letzteren über.

In gleicher Art gehen die Forderung und das Pfandrecht des Spediteurs auf den nachfolgenden Spediteur und den nachfolgenden Frachtführer über.

§ **442**[23]). Der Frachtführer, welcher das Gut ohne Bezahlung abliefert und das Pfandrecht nicht binnen drei Tagen nach der Ablieferung gerichtlich geltend macht, ist den Vormännern verantwortlich. Er wird, ebenso wie die vorhergehenden Frachtführer und Spediteure, des Rückgriffs gegen die Vormänner verlustig. Der Anspruch gegen den Empfänger bleibt in Kraft.

§ **443.** Bestehen an demselben Gute mehrere nach den §§ 397, 410, 421, 440 begründete Pfandrechte, so geht unter denjenigen Pfandrechten, welche durch die Versendung oder durch die Beförderung des Gutes entstanden sind, das später entstandene dem früher entstandenen vor.

Diese Pfandrechte haben sämmtlich den Vorrang vor dem nicht aus der Versendung entstandenen Pfandrechte des Kommissionärs und des Lagerhalters sowie vor dem Pfandrechte des Spediteurs und des Frachtführers für Vorschüsse.

§ **444.** Ueber die Verpflichtung der Auslieferung des Gutes kann von dem Frachtführer ein Ladeschein ausgestellt werden[24]).

(§§ 445—450: Ladeschein.)

§ **451.** Die Vorschriften der §§ 426 bis 450 kommen auch zur Anwendung, wenn ein Kaufmann, der nicht Frachtführer ist, im Betriebe seines Handelsgewerbes eine Beförderung von Gütern zu Lande oder auf Flüssen oder sonstigen Binnengewässern auszuführen übernimmt.

§ **452.** Auf die Beförderung von Gütern durch die Postverwaltungen des Reichs und der Bundesstaaten finden die Vorschriften dieses Abschnitts keine Anwendung. Die bezeichneten Postverwaltungen gelten nicht als Kaufleute im Sinne dieses Gesetzbuchs[2]).

Siebenter Abschnitt. Beförderung von Gütern und Personen auf den Eisenbahnen[25]).

§ **453**[26]). Eine dem öffentlichen Güterverkehre dienende Eisenbahn darf die Uebernahme von Gütern zur Beförderung[26]) nach einer für den Güterverkehr eingerichteten Station innerhalb des Deutschen Reichs nicht verweigern, sofern:

---

[19]) § 471, 470 Abs. 1; EVO § 94 (die Vorschr. des § 414 ist eingearbeitet); JÜG und JÜP Art. 45, 46; Rundnagel Haftung § 33.

[20]) EVO § 75 (4); JÜG Art. 25; Schulz, Das Pfandrecht der Eis. am Frachtgut VZ **1926** 172, Richter Vorbem. 5a vor EVO § 53. Geltendmach. des PfR.: KG EE **28** 66. — Ausführlich Löning Anm. zu JÜG Art. 25.

[21]) Der Tag der Ablief. zählt nicht mit (BGB § 187); gerichtl. Geltendmachung erfolgt durch Zustellung der Klage auf Herausgabe oder durch Einreichung eines Antrags auf Erlaß einer einstweil. Verfügung; Besitz ist auch mittelbarer Besitz (BGB § 868) Staub Anm. 6 bis 8, Gorden EE **25** Sonderheft S. 66, Senckpiehl das. **25** 204. — Für den internationalen Verkehr gilt das „Folgerecht" nicht (JÜG Art. 25). — VII 4c Anm. 99.

[22]) EVO § 75 (4). — § 441 setzt nicht durchgehenden Frachtbrief voraus (Anm. 12) Staub vor Anm. 1.

[23]) Anwend. des § 442 auf die Auslief. ohne Erhebung eines verwirkten Frachtzuschlags OLG Hamm VZ **05** 29.

[24]) Das Frachtbriefduplikat im EisVerkehr hat nicht die Bedeutung eines Ladescheins EVO § 61 (6), JÜG Art. 8 § 5.

[25]) Zu Abschn. VII. Eisenbahnen i. S. des HGB sind alle dem öffentl. Verkehr dienenden Bahnen (I 1

1. der Absender sich den geltenden Beförderungsbedingungen und den sonstigen allgemeinen Anordnungen der Eisenbahn unterwirft;
2. die Beförderung nicht nach gesetzlicher Vorschrift oder aus Gründen der öffentlichen Ordnung verboten ist;
3. die Güter nach der Eisenbahnverkehrsordnung[27]) oder den gemäß der Verkehrsordnung erlassenen Vorschriften und, soweit diese keinen Anhalt gewähren, nach der Anlage und dem Betriebe der betheiligten Bahnen sich zur Beförderung eignen;
4. die Beförderung mit den regelmäßigen Beförderungsmitteln möglich ist[26]);
5. die Beförderung nicht durch Umstände, die als höhere Gewalt[26]) zu betrachten sind, verhindert wird.

Die Eisenbahn ist nur insoweit verpflichtet, Güter zur Beförderung anzunehmen, als die Beförderung sofort erfolgen kann. Inwieweit sie verpflichtet ist, Güter, deren Beförderung nicht sofort erfolgen kann, in einstweilige Verwahrung zu nehmen, bestimmt die Eisenbahnverkehrsordnung[27]).

Die Beförderung der Güter findet in der Reihenfolge statt, in welcher sie zur Beförderung angenommen worden sind, sofern nicht zwingende Gründe des Eisenbahnbetriebs oder das öffentliche Interesse eine Ausnahme rechtfertigen.

Eine Zuwiderhandlung gegen diese Vorschriften begründet den Anspruch auf Ersatz des daraus entstehenden Schadens[28]).

§ 454. Auf das Frachtgeschäft der dem öffentlichen Güterverkehre dienenden Eisenbahnen finden die Vorschriften des vorigen Abschnitts insoweit Anwendung, als nicht in diesem Abschnitt oder in der Eisenbahnverkehrsordnung[27]) ein Anderes bestimmt ist.

§ 455[29]). Die Eisenbahn ist verpflichtet, auf Verlangen des Absenders den Empfang des Gutes unter Angabe des Tages, an welchem es zur Beförderung angenommen ist, auf einem Duplikate des Frachtbriefs zu bescheinigen; das Duplikat ist von dem Absender mit dem Frachtbriefe vorzulegen.

---

d. W.), auch Kleinbahnen; nur sind auf diese nicht alle eisenbahnrechtl. Vorschr. des HGB anwendbar (§ 473). Eis., für die noch nicht die Genehm. zur Betriebseröffnung erteilt ist: Gorden EE **25** Sonderheft S. 60; RundnagelBefGesch S. 257; RG EE **33** 212. — Inhalt des Abschn.: § 453 Beförderungspflicht. § 454 grundsätzl. Anwendbarkeit des VI. Abschn., § 455 Frachtbriefduplikat, §§ 456—468 Haftung, § 469 Mehrheit von Frachtführern, § 470 Verjährung, § 471 Ausschluß abweichender Vertragsbestimmungen, § 472 Personenbeförderung, § 473 Kleinbahnen. — Vom früheren HGB weicht das neue HGB hauptsächlich darin ab, daß es die Personenbeförderung mitumfaßt, die EVO zu einer Rechtsverordnung erhebt u. die Haftung für Güter nicht mehr (innerhalb gewisser Grenzen) der Vereinbarung überläßt, sondern unmittelbar regelt Staub Anm. 1—4 zu § 453. — Güter i. S. des Abschn. VII (nicht i. S. der EVO) sind alle Transportgegenstände mit Ausnahme von Personen; also auch Leichen, Gepäck, Tiere. Staub Anm. 5 zu § 425.

[26]) § 471. — EVO §§ 3, 53f., 63 (1), 64, 67 (3); JÜG Art. 5. Rundnagel BefGesch § 94. — Der gesetzlichen Transportpflicht in ihrer Ausdehnung auf Transporte nach allen Stationen aller deutschen (Groß-)Bahnen entspricht die Transportgemeinschaft (u. Haftungsgemeinschaft) aller mitbeteil. Bahnen HGB §§ 432, 469, EVO §§ 74 (2) 96; intern. Verkehr unten VII 4b Anm. 12. — Begriff „Beförderung", „regelmäß. BefördMittel" Halke VZ **08** 1231, 1247, Blume Anm. I 2 zu IntÜb Art. 5, auch IntZtschr **15** 216; RundnagelBefGesch S. 303; Weirauch Anm. 7 u. Richter Anm. II zu EVO § 3, Löning Anm. 5 zu JÜG Art. 5 § 1, Seligsohn Anm. 3ff. 8ff. zu JÜG Art. 5; Goldschmidt Hanseat. Rechtsztg. **1922** 760 ff. S. ferner Löning EE **44** 264. — Annahmepflicht gegen Anschlußinhaber RG Jurist. Rundsch **1925** Nr. 1893 Kein Ablehnungsrecht der Bahn, wenn die Beförd. zwar gefährdet ist, ab. der Betrieb aufrechterh. bleibt, bRG **108** 276. — Höhere Gewalt § 456. — Kleinbahnen § 473, Rundnagel Haftung S. 27, unten Anm. 59.

[27]) Durch die Art, in der das HGB auf die Eisenbahn-Verkehrsordnung an vielen Stellen des Abschn. VII, besond. in §§ 453, 471, 472 Bezug nimmt, ist diese v. einer die Beding. des Frachtvtr. festsetz. VerwaltO zur Rechtsverordnung u. damit zur revisiblen Norm i. S. der ZPO erhoben w., u. zwar gilt das auch für spätere Fassungen der EVO, die nach Inkrafttreten des HGB ergangen sind u. noch ergehen. Frühere Zweifel an der Rechtsbeständigkeit der EVO sind durch RVerf Art. 91 beseitigt w. — Die Vorschr. der EVO üb. den Güterverkehr sind der Änderung — auch derjen. zugunsten des Publ. — zufolge § 471 Abs. 2 entzogen. — EVO § 64.

[28]) Wenn die Bahn ein Verschulden trifft. Staub Anm. 10, RundnagelBefGesch S. 305, Löning Anm. 6 zu JÜP Art. 4, Halke a. a. O. (Anm. 26).

[29]) A. § 471. — EVO (wo „Duplikat" durch „Doppel" ersetzt wird) §§ 61, 72f., 95; JÜG (demzufolge die Ausstell. des D. obligatorisch ist) Art. 8, 21, 23, 40f., Wernebùrg EE **35** 290. ZuAbs. 2 Rundnagel BefGesch S. 328.

B. Aushänd. des Duplikats an einen Dritten, z. B. den Empfänger, bewirkt nicht Übertrag. des Verfügungsrechts (Staub Anm. 2, RG EE **13** 160, **25** 164), hat also nur die Folge, daß vor dem in § 435 bezeichneten Zeitpunkte niemand verfügungsberecht. ist; jedoch § 455 Abs. 2 Satz 2 u. VEO § 73 (3). Ausstellung eines nicht verlangten D.s kann die EisVerw. schadensersatzpflichtig machen RG EE **7** 352. Bedeutung der Übergabe des D. f. d. Übergang d. Eigentums u. des Reklamationsrechts RG **102** 96 u. EE **39** 195. Auch mittelb. Besitz des D. kann f. d. Anspruch des Empf. genügen RG **110** 199. Nichtübereinst. zw. FrBr. u. Dupl. Boethke EE **25** 427. Haftung der Eis. für fahrläss. Abstemp. eines m. d. FrBriefe nicht übereinstimm. Duplikats RG **107** 272. Dupl. mit Stempel einer Staatseis. ist öff. Urkunde; Form der Empfangsbeschein. (§ 455 Abs. 1) ist nicht vorgeschrieben; Ausstell. des. D. vor Annahme des Gutes kann Amtspflichtverletzung sein RG VZ **1927** 857 u. StrafS **60** 187. — Weiteres unten VII 3 Anm. 212. — Ausführlich Löning Anm. 6, zu JÜG Art. 21 § 2 u. Seligsohn Anm. 12 zu JÜG Art. 8.

Im Falle der Ausstellung eines Frachtbriefduplikats steht dem Absender das im § 433 bezeichnete Verfügungsrecht nur zu, wenn er das Duplikat vorlegt. Befolgt die Eisenbahn die Anweisungen des Absenders, ohne die Vorlegung des Duplikats zu verlangen, so ist sie für den daraus entstehenden Schaden dem Empfänger, welchem der Absender die Urkunde übergeben hat, haftbar.

§ 456[30]). Die Eisenbahn haftet für den Schaden, der durch Verlust oder Beschädigung des Gutes in der Zeit von der Annahme zur Beförderung bis zur Ablieferung entsteht, es sei denn, daß der

---

[30]) A. § 471. — § 429. — EVO § 82; IÜG Art. 27. — Zu §§ 456ff. Rundnagel Haftung; Scheu, Die frachtrechtl. Haft. der Eis., Berlin 1928. Vergleichende Übersicht: Goltermann VerkRu **7** 356.

B. Allgemeines. § 456 ordnet die frachtvertragliche (außervertragliche, auch deliktische: Rundnagel § 3, Richter Vorbem. 2b vor EVO § 82, Löning Anm. 6 u. Seligsohn Anm. 18 zu IÜG Art. 27 § 1) Haftung der Eis. für Verlust u. Beschädigung dem Grundsatze nach — die Haft. ist strenger als nach § 429 die des Landfrachtf., die Eis. haftet für Zufall —, § 457 die Höhe des Ersatzanspruchs. Ausnahmen (teilw. nur mit abweich. Regelung der Beweislast) §§ 459—462, 465, 467f. — Zur Begründung des Ersatzanspr. genügt das Bestehen des Frachtvtr u. die Tatsache, daß der Schaden in der in § 456 angegeb. Zeit entstanden ist. [Haftung vor- u. nachher Rundn. § 2; die bahnamtl. Abfuhr fällt in diese Zeit, nicht ab. die bahnamtl. Anfuhr zum Bahnhof; s. auch EVO §§ 63 (9), 77 (1).] Beides hat der Fordernde zu beweisen; wegen der Frage, ob er auch beweisen muß, daß das Gut unbeschädigt aufgegeben worden ist, s. Fritsch Arch **1924** 596 u. Löning IÜG S. 590. Sache der Bahn ist dann, sich durch Beweis einer der zugelassenen Einreden zu entlasten RG EE **2** 183. Wird die Ursache eines in jener Zeit entstandenen Schadens nicht aufgeklärt, so haftet die Bahn RG EE **3** 353 (s. auch oben Anm. 8 A). Bei der Beweiswürd. neigen die Gerichte dazu, zugunsten des Geschädigten Primafaciebeweis zuzulassen u. gewisse Vermutungen (Beispiel: Diebstahl durch Bahnbedienstete) anzuerkennen; vgl. Rundnagel S. 111 Anm. 14 u. S. 143 Anm. 26, ferner Löning S. 695f.; RG **112** 229, EE **48** 386 u. VerkRu **1925** 507. — Daß die Beförd. zu Zwecken des Schleichhandels u. dgl. erfolgt, beeinflußt die Ersatzpflicht nicht RG VZ **1923** 274. — Zuständiges Gericht jedenfalls das des AbliefOrts (unten D) Rundnagel S. 180. — Verzinsung der Entschäd.: EVO § 92, IÜP u. IÜG Art. 37, Rundnagel S. 149.

C. Verhältnis der Haft. für Verlust usw. zur Haft. für Lieferfristüberschreitung (§ 466) Rundnagel S. 41ff., Löning Anm. 1, 2 zu IÜG Art. 33 § 3: Ist der Schaden durch die Dauer der Beförd., namentl. durch Verzögerung ders. entstanden, so haftet die Bahn nicht, wenn die Lieferfrist gewahrt ist; hierbei kommt es nicht darauf an, wodurch die Verzög. hervorgerufen ist. Rundnagel S. 34f.; RG EE **44** 354 u. IW **1927** 686. Weirauch Anm. 1 zu EVO § 88; teilw. a. M. Kittel Anm. 1 a. E. zu EVO § 74, s. auch Seligsohn Anm. 8ff. zu IÜG Art. 33. Zusammentreffen v. Verlust usw. mit Verspätung EVO § 88 (abweich. v. d. bisher. Regelung: EVO v. 1908 § 94 Abs. 3), IÜG Art. 33 § 3; Rundnagel S. 34, 41ff. Haftung für Schäden, die nach Ablauf der Lieferfrist eingetreten sind, Rundnagel S. 42f. — Unten Anm. 36, 51.

D. Annahme EVO § 63, Löning Anm. 3c zu IÜG Art. 27 § 1, oben Anm. 17B. — Ablieferung — Rundnagel §§ 5ff., Löning Anm. 3ff. zu IÜG Art. 16 § 1, Kittel Anm. 1 zu EVO § 75 — ist nicht schon mit Ankunft d. Gutes am BestimmOrte geschehen; sie besteht vielm. in dem Vorgange, durch den die Bahn den zum Zwecke der Beförderung erlangten (Rundnagel S. 22, Löning S. 376) Gewahrsam am Gute mit (ausdrückl. od. stillschweig.) Einwill. des Empfängers wieder aufgibt u. es diesem ermöglicht, die tatsächl. Gewalt üb. d. Gut auszuüben. Wirkliche Übergabe ist nicht nötig, es genügt z. B., wenn das Gut an der Zoll- od. Abladestelle niedergelegt u. zugleich der Empf. durch Anzeige instand gesetzt w., selbst üb. d. Gut zu verfügen — was er oft in der Weise tut, daß er das Gut mit neuem Frachtbriefe weiter aufgibt (oben Anm. 17B). — Ort der Ablief.: EVO § 75 (5, 8), Rundnagel § 6; Anschlußgleise: Rundnagel S. 22f. — Die Abl. muß an den zum Empfange Berechtigten geschehen; wer das ist, ergibt sich ohne Rücks. auf das Rechtsverh. zw. Abs. u. Empf. lediglich aus dem Frachtvtr.; die Bahn hat die Berecht. des Abholenden zu prüfen. Rundn. S. 32; RG Arch **1922** 752, EE **19** 283, **40** 214, **44** 223, **45** 302, **47** 173; VerkRu **1925** 478. Rückgriff der Bahn bei Abl. an Unberechtigte RG EE **27** 283, IntZtschr **21** 323. — A. an die Zollbehörde Rundn. § 7; Stockhammer VZ **1926** 1333, 1349, **1929** 173, 703, Friebe VZ **1929** 232, 711. Teilweise Abl.: RG EE **28** 425. Nach der Ablief. hat die Eis. keine Verpflicht. zur Aufbewahr. v. Gut, das nicht ausgeliefert ist. RG IW **1926** 796.

E. Die einzelnen Einreden. a) Verschulden oder Anweisung des Verfügungsberechtigten. Rundnagel § 14, ausführlich Löning Anm. 2 zu IÜG Art. 27 § 2; wegen Anwend. von BGB § 254 noch RG **112** 284, VZ **1923** 338, **1923** 512; IW **1926** 1436.

b) Höhere Gewalt. Der Begriff ist derselbe wie in HPflG § 1 (RG **21** 13); es wird desh. auf oben VI 5 Anm. 8 verwiesen u. hier wegen einiger Fälle, die im Frachtrecht eine Rolle spielen, für Haftung nach HPflG aber kaum in Frage kommen, einiges hinzugefügt: Kriegerische Ereignisse u. dgl. (Plünderung durch Soldaten, Aufruhr, Eingriffe der Besatzung, Ruhreinbruch, „Beschlagnahme" durch Arbeiterräte) Löning Anm. 4 u. Seligsohn Anm. 32ff. zu IÜG Art. 27 § 2, Rundnagel S. 74 (neuere U. des RG **108** 276; EE **41** 266, **43** 421; VZ **1925** 473; IW **1926** 1324); Weirauch Anm. 9 zu EVO § 3. Streik der Bahnbediensteten Rundnagel S. 78f.; gegen ihn u. dafür, daß Streik, mindestens wenn er nicht dem Personal v. außen her aufgenötigt w., nicht h. G. ist: RG **110** 209; EE **43** 278; IW **1925** 1876; VZ **1927** 525; auch Staub Anm. 8, Löning S. 613f., Weirauch a. a. O., Kittel Anm. 11 u. Richter Anm. IV 5 zu EVO § 82. Zu den Ereignissen, die sich im Betriebe wiederholen u. mit denen der Unternehmer zu rechnen hat (s. oben VI 5 Anm. 8 B III), gehört der Diebstahl auf Rangier- u. Güterbahnhöfen. Keine Beruf. auf h. G., wenn die Eis. Ereignisse, die an sich als h. G anzusehen sind, schuldhaft herbeigeführt hat RG IW **1925** 1487.

c) Verpackungsmängel. Rundnagel § 16. Sind sie äußerlich erkennbar, so gilt § 459 Abs. 1 Nr. 2. Begriff „Verpackung" Rundnagel S. 79f. (ferner RG Arch **1921** 991: Säure in Topfwagen), Löning Anm. 2 zu IÜG Art. 12 § 1. Erkennbarkeit: Rundnagel S. 81f., RG EE **42** 320. Im IÜG (Art. 12 § 4, Art. 28 § 1b) werden alle VM. gleichmäßig, nämlich als bevorrechtigte HaftausschließGründe (unten Anm. 36) behandelt, jedoch m. d. Maßgabe, daß die nicht anerkannten VM. von der Eis. bewiesen w. müssen.

d) Natürliche Beschaffenheit des Gutes wird in § 456 als nicht bevorrechtigter, in § 459 Abs. 1 Ziff. 4 als bevorrechtigter HaftausschließGrund erwähnt. Hierzu führt RG **64** 169 folgendes aus (das ist die herrschende Meinung: RundnagelHaftung 3./4. Aufl. S. 89f., Löning Anm. 6 zu IÜG Art. 28 § 1, Kittel Anm. 9

Schaden durch ein Verschulden oder eine nicht von der Eisenbahn verschuldete Anweisung des Verfügungsberechtigten[13]), durch höhere Gewalt, durch äußerlich nicht erkennbare Mängel der Verpackung oder durch die natürliche Beschaffenheit des Gutes, namentlich durch inneren Verderb, Schwinden, gewöhnliche Leckage, verursacht ist.

Die Vorschrift des § 429 Abs. 2 findet Anwendung.

§ 457[31]). Muß auf Grund des Frachtvertrags von der Eisenbahn für gänzlichen oder theilweisen Verlust des Gutes Ersatz geleistet werden, so ist der gemeine Handelswerth und in dessen Ermangelung der gemeine Werth zu ersetzen, welchen Gut derselben Art und Beschaffenheit am Orte der Absendung in dem Zeitpunkte der Annahme zur Beförderung hatte, unter Hinzurechnung dessen, was an Zöllen und sonstigen Kosten sowie an Fracht bereits bezahlt ist[32]).

Im Falle der Beschädigung ist für die Minderung des im Abs. 1 bezeichneten Werthes Ersatz zu leisten[33]).

Ist der Schaden durch Vorsatz oder grobe Fahrlässigkeit der Eisenbahn herbeigeführt, so kann Ersatz des vollen Schadens gefordert werden[34]).

§ 458. Die Eisenbahn haftet für ihre Leute und für andere Personen, deren sie sich bei der Ausführung der Beförderung bedient[35]).

---

zu EVO § 82; a. M. RundnagelBefGesch S. 442ff.): § 456 bezieht sich auf Schäden, die gewisse Güter im regelmäß. Verlaufe der Dinge vermöge ihrer nat. Besch. erleiden, während § 459 Abs. 1 Nr. 4 hauptsächl. bezweckt, die Eis. v. d. Haftung f. außergewöhnl., infolge der nat. Besch. entstehenden Schaden zu befreien; § 459 greift z. B. Platz, wenn besonders empfindliche Güter einen Rangierstoß erleiden, der anderen Gütern nicht od. wenig gefährlich gewesen wäre; dieses hat die Eis. zu beweisen. S. auch RG **113** 251. — Anm. 40. Unter inneren Verderb fällt Selbstentzündung (deren Nachweis auch mittelbar geführt werden kann) RG **15 146**. Gewöhnl. Leckage: Rundnagel (3./4. Aufl.) S. 90 Anm. 2.

F. Strafrechtliches. Mundraub des Packmeisters einer Staatsbahn an den ihm anvertrauten Gütern fällt unter StGB § 350 RG Strafs **35** 115. Bei Mundraub an Gütern, die der Eis. bereits übergeben sind, ist i. S. StGB § 370 Abs. 2 die EisVerw. zur Stellung des Strafantrags berechtigt RG Strafs **19** 378; EE **23** 182.

[31]) A. EVO § 85, JÜG Art. 29. — Abweichend § 430. — § 457 Abs. 1, 2 regelt den normal. Betrag des Ersatzes f. Verlust u. Beschäd. Ausnahmen: Abs. 3, §§ 461—463; Gepäck § 465. — Anm. 51. — § 471. — Rundnagel §§ 24, 25, 28.

B. Nur wirklicher Schaden, nicht entgangener Gewinn, auch nicht Naturalersatz, sondern nur Geldentschäd. nach Maßgabe des Abs. 1 kann gefordert w. (Kittel Anm. 1). — Verzinsung EVO § 92.

[32]) Zeitpunkt der Annahme zur Beförd.: EVO § 61 (1). Verlust s. oben Anm. 8 B u. EVO § 87, Teilverlust Rundnagel S. 127. — Gemeiner Handelswert ist der im Handelsverkehr erzielte Durchschnittspreis, der Markt- od. Handelspreis der Ware; gemeiner Wert ist der, den das Gut nach s. objekt. Beschaffenheit f. jedermann hat; gleichgültig ist z. B. der Einkaufspreis u. der Preis f. Ersatzware; Gegensatz: Wertbemess., die den besond. Umständen des Falles od. den individ. Verh. der Beteil. Rechnung trägt RG **96** 124, **98** 150, **100** 103, **117** 131; Rundnagel S. 123. Grundsätzl. ist der Wert in Reichswährung zu ersetzen, wenn nicht am Versandorte Handeln in ausländ. Währung üblich ist RG JW **1926** 351; Rundnagel S. 123. Monopolwaren RG JW **1927** 1857. — Aufwertung. Der Ersatzanspruch aus HGB § 457 ist der Aufwert. nicht unzugänglich, ab. maßgeb. dafür ist — v. Verzugsfall abgesehen — nicht BGB § 249, sond. BGB § 242 (in der Ausleg., die ihm das RG b. d. Anwendung auf AufwFragen gibt), RG **109** 16, 61, **110** 37; Arch **1925** 785; JW **1925** 138, 230, **1926** 576, 2359. Ferner Clasen JW **1925** 214. Weitere Nachweise v. Schrifttum u. Rechtsprechung: Neumann, Jahrb. d. deutschen Rechts **1924** 492ff., **1925** 547ff., **1926** 475, auch Weirauch Anm. 17. — Zu den Schlußworten: Rundnagel Haftung S. 125ff.

[33]) EVO § 85 (2), JÜG Art. 32. Streitig ist die Art der Schadensermittlung: Die herrsch. Meinung (s. Rundnagel S. 129, Weirauch Anm. 16 zu EVO § 85 u. Seligsohn Anm. 4 zu JÜG Art. 32) läßt den für Totalverlust zu gewähr. Betrag abz. des Wertes des beschäd. Gutes zur Zeit u. am Orte der Ablief. maßgebend sein; andere Methoden vertreten z. B. Gerstner IntÜb (01) S. 110 (dem Blume, Anm. zu IntÜb Art. 37 beistimmt) u. RundnagelHaftung 2. Aufl. S. 199ff. (EVO u. JÜG stimmen übr. in Wortlaut u. Anordn. der Vorschr. nicht überein). — Der Empf. kann nicht abandonnieren, d. h. Annahme verweigern u. vollen Wert gemäß Abs. 1 verlangen RG, EE **1** 341 (aber Rundnagel § 30 II).

[34]) EVO § 91, abweichend JÜG Art. 36. — Abs. 3 begründet nicht einen besond. Fall der Haftung dem Grunde nach, sond. bezieht sich nur a. d. Höhe des Ersatzes u. enthält eine Ausnahme v. d. in Abs. 1 bestimmten Einschränk. derselben, ebenso § 461 Abs. 2, § 466 Abs. 4: Gerstner IntÜb (02) S. 117f., IntZtschr **12** 227, Rundnagel § 28 Anm. 2, Blume Anm. I zu IntÜb Art. 41, RG Arch **1927** 198; a. M. Eger Anm. 502 zu EVO § 95. — An sich verpflichtet Abs. 3 zur Naturalentschäd., tatsächlich bildet ab. Geldentschäd. die Regel. Rundnagel S. 140. Aufwertungsfrage RG **110** 37. — Ausführlich auch über Einzelvorkommnisse, bei denen Arglist od. grobes V. angenommen (z. B. bei gleichzeit. Abhandenkommen v. Gut u. Frachtbrief) oder nicht angenommen w. ist, Rundnagel § 28 (neuere U. des RG: **109** 86; VZ **1924** 785; EE **44** 55), Weirauch Anm. 9, Kittel Anm. 3 u. Richter Anm. II zu EVO § 91, Löning zu JÜG Art. 36. — Für Diebstahl der „Leute" (§ 458) haftet die Eis. wie für eigenen Vorsatz, RG 10. Jan. 25 JW 1398; nicht o. w. Vermutung, daß Bahnangestellte die Diebe sind, Rundnagel S. 143 Anm. 26, Weirauch Anm. 5; RG EE **41** 360 u. VerkRu **1925** 507. — Prima-Facie-Beweis: Löning Anm. 5.

[35]) § 471. — EVO § 5 (gilt auch f. d. Personenbeförd.), JÜG u. JÜP Art. 39. Rundnagel § 4, Weirauch u. Kittel zu EVO § 5, Löning zu JÜG Art. 39. — Die Haftung der Eis. geht weiter als die allgemeine nach BGB § 278 u. als die des Landfrachtf. nach HGB § 431: Die Eis. haftet auch f. Handlungen, die der An-

§ 459[36]**).** Die Eisenbahn haftet nicht:

1. in Ansehung der Güter, die nach der Bestimmung des Tarifs oder nach einer in den Frachtbrief aufgenommenen Vereinbarung mit dem Absender in offen gebauten Wagen befördert werden,
   für den Schaden, welcher aus der mit dieser Beförderungsart verbundenen Gefahr entsteht[37]);
2. in Ansehung der Güter, die, obleich ihre Natur eine Verpackung zum Schutze gegen Verlust oder Beschädigung während der Beförderung erfordert, nach Erklärung des Absenders auf dem Frachtbrief unverpackt oder mit mangelhafter Verpackung zur Beförderung aufgegeben worden sind,
   für den Schaden, welcher aus der mit dem Mangel oder mit der mangelhaften Beschaffenheit der Verpackung verbundenen Gefahr entsteht[38]);
3. in Ansehung der Güter, deren Aufladen und Abladen nach der Bestimmung des Tarifs oder nach einer in den Frachtbrief aufgenommenen Vereinbarung mit dem Absender von diesem oder von dem Empfänger besorgt wird,
   für den Schaden, welcher aus der mit dem Aufladen und Abladen oder mit einer mangelhaften Verladung verbundenen Gefahr entsteht[39]);

---

gestellte nicht unmitt. bei Ausführ. der ihm oblieg. Verricht. vorgenommen hat, u. für schuldlose Handlungen. — Unter Leuten (auf sie bezieht sich der Relativsatz in § 458 nicht: RG **110** 209) versteht Rundnagel (ebenso Kittel Anm. 2, 3, Richter Anm. II zu EVO § 5; a. M. Löning Anm. 2) Personen, die in einem Anstellungsverh. zur Bahn stehen; über die Grenzen der Haft. für sie besteht Streit (s. Rundnagel S. 18f., Weirauch Anm. 2, Löning Anm. 4 u. Seligs. Anm. 7 zu JÜG Art. 39. Für andere Personen haftet die Eis. nur, soweit sie beim Einzeltransport beteiligt sind; zu ihnen gehört der Rollfuhrunternehmer, nicht ab. (für Zustell. der Avise) die Post Rundnagel S. 41, Kittel Anm. 2 zu EVO § 5; a. M. Löning S. 373. Personal der Schlafwagengesellschaft RundnagelBefGesch S. 514. — § 458 bezieht sich nicht auf Handlungen, die außerhalb des Frachtvtr. liegen. Rundnagel S. 20 Anm. 12, Löning Anm. 3. — Haft. für falsche Auskunft Weirauch Anm. 4 zu EVO § 6 u. Anm. 6 zu EVO § 70, Kittel Anm. 5 zu EVO § 5, Richter Anm. III zu EVO § 6, Löning S. 800 u. Anm. 3 zu JÜP Art. 39 u. Seligs. Anm. 9 zu JÜG Art. 39; RG EE **30** 207, P. in VZ **1928** 1346; OGHof Brünn VZ **1928** 933; OLG Hamburg EE **42** 334; OLG Hamm EE **45** 299; OLG Naumburg VerkRu **1927** 291. Auch Vf 13 Tamg v. 14. März 28; Verhandl. der Ständ. Tarifkomm. 152. Sitz. v. 28. Juni 28 Niederschr. S. 19. — Streik des Personals oben Anm. 30 Eb).

[36]) § 471; Kleinbahnen § 473. — EVO § 83 (fügt einen neuen HaftausschlGrund hinzu, JÜG Art. 28 (desgl., auch sonst abweich.), Rundnagel §§ 13, 17ff. — § 459 enthält die „bevorrechtigten" Haftausschließungsgründe; sein Schwerpunkt, namentlich der des Abs. 1 Ziff. 2, 4, liegt in den von § 456 abweich. Beweisvorschriften der Abs. 2, 3: Wenn die Bahn beweist, daß — in concreto: Rundnagel § 13 — der Schaden aus einer der in Abs. 1 genannten Gefahren entstehen konnte, so ist sie haftfrei, wenn nicht der Gegner beweist, daß eine andere Ursache vorliegt od. daß die Eis. ein Verschulden trifft. — Ist der Schaden, für den nach § 459 die Eis. an sich nicht haftet, durch Transportverzögerung verursacht, so hat ihn die Eis. dann zu vertreten, wenn die Lieferfrist überschritten u. diese Überschreit. auf ihr Verschulden zurückzuführen ist, keinesfalls ab., wenn die Lieferfrist eingehalten ist. Blume Arch **1910** 1355; vgl. auch IntZtschr **19** 83 u. oben Anm. 30C.

[37]) Eine Verschärfung der Haftpflicht enthält EVO § 83 (1a) letzter Halbsatz (s. unten Anm. dazu). — Allg. AusfBest I zu EVO § 83; Allg. Tarifvorschr. (VII 3 Beil. B) Abschn. III; EVO § 66. Rundnagel § 21, Weirauch Anm. 2—9 u. Kittel Anm. 3—8 zu EVO § 83, Löning Anm. 3 zu JÜG Art. 28 § 1. — Begriff „offen gebauter" Wagen (das JÜG sagt: offener W., wagon découvert) Rundnagel S. 109, Weirauch Anm. 5, Kittel Anm. 4, 12, Löning EE **48** 12; Kessel- u. Topfwagen sind nicht offen geb. W.; off. W. mit Decke bleibt o. W.; ein zur Beförd. aufgegeb. Möbelwagen ist Transportgegenstand, nicht Wagen. RG **10** 105, **34** 42, EE **10** 181. — Die Gefahren der Beförd. können z. B. sein Witterungseinflüsse (Durchnässung!); Entzündung durch Funken (Rundnagel S. 114fg., RG **105** 343); Diebstahl Rundnagel S. 110ff., Weirauch Anm. 7, Löning S. 647f. (anders. Rundnagel S. 111 Anm. 13; RG EE **40** 114; Arch **1922** 968, 971; für Diebstähle durch Bahnpersonal haftet die Eis. unbedingt: oben Anm. 34). — Vereinbarung Rundnagel S. 57 Anm. 1, Weirauch Anm. 4, Löning S. 642. — Stellung eines gedeckten statt eines off. W. Rundnagel S. 115f., Weirauch Anm. 6.

[38]) Abweichend JÜG Art. 28 § 1 (der alle Verpackungsmängel als bevorrecht. HaftausschlGründe behandelt). — Oben Anm. 30 Ec. — Rundnagel § 17, Löning Anm. 4 zu JÜG Art. 28 § 1. — HGB unterscheidet zw. äußerlich erkennbaren und nicht erkennb. VerpMängeln; die Haftbefreiung u. die Beweiserleichterung f. d. Eis. bezieht sich nach HGB (anders JÜG) auf erkennbare nur dann, wenn sie im Frachtbrief anerkannt s. oder (EVO § 62 Abs. 3) der Absender arglistig handelt. — Notwendigkeit der Verp. EVO § 62, Rundnagel S. 83ff.; Beschaffenheit ders. Rundnagel S. 80, 85. Beweislast Rundnagel S. 86ff., Weirauch Anm. 13. — Gefahren z. B. Diebstahl Rundnagel S. 83ff., Kittel Anm. 11, Löning Anm. 2 zu JÜG Art. 12 § 2. — Anerkenntnis (Rechtscharakter, Form, Inhalt) Rundnagel S. 86ff., Kittel Anm. 4 zu EVO § 62; RG **109** 164; EE **40** 193, **42** 73, 320 — Behandl. v. Ersatzansprüchen: E 6. Juni 23 E V g 58. 3899.

[39]) JÜG Art. 28 § 1 (der auch Vereinb. m. d. Empfänger in die Best. ausdrücklich einbezieht). — Rundnagel § 20, Weirauch Anm. 15—20, Kittel Anm. 13—16 zu EVO § 83, Löning Anm. 5 zu JÜG Art. 28 § 1. — EVO §§ 59 (1), 75 (7) — Schaden bei (nicht infolge) der Selbstbe- u. -entladung Rundnagel S. 101ff. — Beweislast Rundnagel S. 100 Anm. 2, Seligsohn Anm. 35 zu JÜG Art. 28, RG **112** 229 u. JW **1926** 1438; a. M. Kittel Anm. 16. — Gefahren mangelh. Verlad., Verantw. für Lademittel u. Wagen, Nachprüfung d. Verladung (Lademaß!) durch Eis., Hilfe durch Bahnbedienstete: Rundnagel S. 103ff. RG JW **1926** 572, EE **47** 73.

4. in Ansehung der Güter, die vermöge ihrer eigenthümlichen natürlichen Beschaffenheit der besonderen Gefahr ausgesetzt sind, Verlust oder Beschädigung, namentlich Bruch, Rost, inneren Verderb, außergewöhnliche Leckage, Austrocknung und Verstreuung, zu erleiden,
für den Schaden, welcher aus dieser Gefahr entsteht[40]);
5. in Ansehung lebender Thiere
für den Schaden, welcher aus der für sie mit der Beförderung verbundenen besonderen Gefahr entsteht[41]);
6. in Ansehung derjenigen Güter, einschließlich der Thiere, welchen nach der Eisenbahnverkehrsordnung[27]), dem Tarif oder nach einer in den Frachtbrief aufgenommenen Vereinbarung mit dem Absender ein Begleiter beizugeben ist,
für den Schaden, welcher aus der Gefahr entsteht, deren Abwendung durch die Begleitung bezweckt wird[41]).

Konnte ein eingetretener Schaden den Umständen nach aus einer der im Abs. 1 bezeichneten Gefahren entstehen, so wird vermuthet, daß er aus dieser Gefahr entstanden sei[42]).

Eine Befreiung von der Haftpflicht kann auf Grund dieser Vorschriften nicht geltend gemacht werden, wenn der Schaden durch Verschulden der Eisenbahn entstanden ist[43]).

§ 460[44]). Bei Gütern, die nach ihrer natürlichen Beschaffenheit bei der Beförderung regelmäßig einen Gewichtsverlust erleiden, ist die Haftpflicht der Eisenbahn für Gewichtsverluste bis zu den aus der Eisenbahnverkehrsordnung[27]) sich ergebenden Normalsätzen ausgeschlossen.

Der Normalsatz wird, falls mehrere Stücke auf denselben Frachtbrief befördert werden, für jedes Stück besonders berechnet, wenn das Gewicht der einzelnen Stücke im Frachtbriefe verzeichnet ist oder sonst festgestellt werden kann.

Die Beschränkung der Haftpflicht tritt nicht ein, soweit der Verlust den Umständen nach nicht in Folge der natürlichen Beschaffenheit des Gutes entstanden ist oder soweit der angenommene Satz dieser Beschaffenheit oder den sonstigen Umständen des Falles nicht entspricht.

Bei gänzlichem Verluste des Gutes findet ein Abzug für Gewichtsverlust nicht statt.

§ 461[45]). Die Eisenbahnen können in besonderen Bedingungen (Ausnahmetarifen) einen im

---

Mangelhaft ist die Verladung z. B., wenn sie nicht imstande ist, den Beschäd. des Gutes durch d. gewöhnl. Erschütterungen währ. d. Beförd. zu begegnen, RG VZ **1928** 750.

[40]) Oben Anm. 30 E d, Rundnagel § 18, Weirauch Anm. 21—28, Kittel Anm. 17—22 zu EVO § 83, Löning Anm. 6 zu JÜG Art. 28 § 1. Verpackung gehört zum Gute u. schützt dieses u. U. vor den Gefahren aus der natürl. Beschaffenheit Rundnagel S. 91, Löning S. 668, RG **113** 251. Übersicht üb. die Rechtspr. bez. der einzelnen Güterarten Rundnagel S. 91f., Löning S. 670ff., Richter Anm. II 4, Seligsohn S. 411ff.; Faßschäden Rundnagel S. 92 (3), Löning S. 674; Sommerfeld VZ **1921** 165; Röder Hans. Rechtsz. **1924** 201; außergewöhnl. Leckage Rundnagel S. 90 Anm. 2, Weirauch Anm. 27, Löning S. 669, Veltkamp EE **41** 83. — Bloße Feuergefährlichkeit — z. B. bei Flüssigkeiten in ordnungsmäß. geschlossenen u. verpackten Fässern — reicht nicht aus, wohl ab. Selbstentzündlichkeit, RG JW **1927** 684.

[41]) Zu Nrn. 5 u. 6. § 459 hat nichts m. d. Haftung des Tierhalters gegenüb. der Eis. zu tun, Altmann EE **24** 193. — Rundnagel Haftung S. 93 u. § 19, Löning Anm. 8, 9 zu JÜG Art. 28 § 1. — Gefahren der Beförd. u. Aufgaben der Begleitung Rundnagel S. 93, 98ff.; Weirauch Anm. 33—35 u. Kittel Anm. 26—28 zu EVO § 83, Löning S. 681ff., 685ff. Es kommt nicht darauf an, ob Begleit. tatsächlich stattfindet, sond. dar., ob sie vorgeschrieben ist; sie muß beigegeben oder kann verlangt w. für Leichen — EVO § 44 (2); hier ist § 459 nicht anwendbar, weil hier die Begl. nicht Gefahrabwend. bezweckt —, Tiere — EVO § 48 (7) —, Fahrzeuge — EVO § 54 —, gewisse Güter der Anl. C zur EVO. Feuerschaden durch Schuld des Begleiters RG IntZtschr **13** 287.

[42]) Anm. 36. — Rundnagel S. 61ff., Weirauch Anm. 36f. u. Kittel Anm. 29 zu EVO § 83, Löning Anm. 3 zu JÜG Art. 28 § 2. — Nur die Möglichkeit, nicht die Wahrscheinlichk. hat die Bahn zu beweisen; üb. den Gegenbeweis ausführl. Löning Anm. 4. Wird die Möglichk. nicht erwiesen, so bleibt der Bahn immer noch Beruf. auf § 456. — Für Ansprüche der Bahn gegen den Abs. gilt die Vermut. nicht, RG **15** 152. — Primafaciebeweis beider Teile: Löning Anm. 3, 4.

[43]) Rundnagel S. 59f., Weirauch Anm. 37f. u. Kittel Anm. 30 zu EVO § 83, Löning S. 694ff., Goltermann EE **38** 16. — Im JÜG fehlt der Abs. — Verschulden ist im Wortsinne zu verstehen, nicht etwa gleichbedeut. mit Verursachen (Rundnagel S. 59f.). — Primafaciebeweis oben Anm. 30 B. — Einzelfälle v. B. bei Beförd. in off. Wagen Rundnagel S. 114, Löning S. 649, RG **105** 343; bei Selbstverlad. (Prüf. des zu stellenden Wagens u. dgl.) Rundnagel S. 105f., Löning S. 662f.; natürl. Beschaff. (Rücksichtn. auf Leichtverderbliches, auf Aufschriften u. dgl.) Rundnagel S. 60 Anm. 9, Löning S. 638ff., 675ff., Seligsohn S. 385. — Rangierstöße: Rundnagel S. 60f., Löning S. 639f., Seligsohn S. 385. — BGB § 254: RG EE **22** 293.

[44]) § 471. — EVO § 84; JÜG Art. 31. Kleinbahnen § 473. — Rundnagel § 18 IV, Löning Anm. zu Art. 31. — Wieder eine von § 456 abweich. Beweisvorschr.; beweist die Eis., daß das Gut unter Abs. 1 fällt, so haftet sie bis zu den dort bezeichn. Sätzen für Gewichtsverlust nicht, wenn nicht der andere Teil den Beweis nach Abs. 3 führt; die Eis. kann aber auch beweisen, daß der tatsächliche Verlust den Satz des Abs. 1 überstiegen hat. Staub Anm. 2, 3.

[45]) § 471. — § 463 Abs. 2. — EVO § 86 (1); JÜG Art. 6 (§ 6 i), 32, 34, 36. — Rundnagel Haftung § 27 I. — Die deutschen Bahnen haben solche Tarife nur ganz vereinzelt (s. auch Scheu — oben Anm. 8 A — S. 52). — Die Vorschr. gilt nicht f. Lieferfristüberschr. — Nachträgl. Aufwert. v. Höchstbeträgen RG **112** 88. — Veröff. der Tarife EVO § 6.

Falle des Verlustes oder der Beschädigung zu erstattenden Höchstbetrag festsetzen, sofern diese Ausnahmetarife veröffentlicht werden, eine Preisermäßigung für die ganze Beförderung gegenüber den gewöhnlichen Tarifen der Eisenbahn enthalten und der gleiche Höchstbetrag auf die ganze Beförderungsstrecke Anwendung findet.

Ist der Schaden durch Vorsatz oder grobe Fahrlässigkeit der Eisenbahn herbeigeführt, so kann die Beschränkung auf den Höchstbetrag nicht geltend gemacht werden[46]).

§ **462**[47]). Inwieweit für den Fall des Verlustes oder der Beschädigung von Kostbarkeiten, Kunstgegenständen, Geld und Werthpapieren die zu leistende Entschädigung auf einen Höchstbetrag beschränkt werden kann, bestimmt die Eisenbahnverkehrsordnung[27]). Die Vorschrift des § 461 Abs. 2 findet entsprechende Anwendung[46]).

§ **463**[48]). Ist das Interesse an der Lieferung nach Maßgabe der Vorschriften der Eisenbahnverkehrsordnung[27]) in dem Frachtbriefe, dem Gepäckschein oder dem Beförderungsschein angegeben, so kann im Falle des Verlustes oder der Beschädigung des Gutes außer der im § 457 Abs. 1, 2 bezeichneten Entschädigung der Ersatz des weiter entstandenen Schadens bis zu dem angegebenen Betrage beansprucht werden.

Ist die Ersatzpflicht nach den Vorschriften des § 461 oder des § 462 auf einen Höchstbetrag beschränkt, so findet eine Angabe des Interesses an der Lieferung über diesen Betrag hinaus nicht statt.

§ **464**[49]). Wegen einer Beschädigung oder Minderung, die bei der Annahme des Gutes durch den Empfänger äußerlich nicht erkennbar ist, können Ansprüche gegen die Eisenbahn nach § 438 Abs. 3 nur geltend gemacht werden, wenn binnen einer Woche nach der Annahme zur Feststellung des Mangels entweder bei Gericht die Besichtigung des Gutes durch Sachverständige oder schriftlich bei der Eisenbahn eine von dieser nach den Vorschriften der Eisenbahnverkehrsordnung[27]) vorzunehmende Untersuchung beantragt wird.

Ist der Schaden durch Vorsatz oder grobe Fahrlässigkeit der Eisenbahn herbeigeführt, so kann sie sich auf diese Vorschrift nicht berufen[34]).

§ **465**[50]). Für den Verlust von Reisegepäck, das zur Beförderung aufgegeben ist, haftet die Eisenbahn nur, wenn das Gepäck binnen acht Tagen nach der Ankunft des Zuges, zu welchem es aufgegeben ist, auf der Bestimmungsstation abgefordert wird.

Inwieweit für den Fall des Verlustes oder der Beschädigung von Reisegepäck, das zur Beförderung aufgegeben ist, die zu leistende Entschädigung auf einen Höchstbetrag beschränkt werden kann, bestimmt die Eisenbahnverkehrsordnung[27]). Ist der Schaden durch Vorsatz oder grobe Fahrlässigkeit der Eisenbahn herbeigeführt, so kann die Beschränkung auf den Höchstbetrag nicht geltend gemacht werden.

Für den Verlust oder die Beschädigung von Reisegepäck, das nicht zur Beförderung aufgegeben ist, sowie von Gegenständen, die in beförderten Fahrzeugen belassen sind, haftet die Eisenbahn nur, wenn ihr ein Verschulden zur Last fällt.

§ **466**[51]). Die Eisenbahn haftet für den Schaden, welcher durch Versäumung der Lieferfrist entsteht, es sei denn, daß die Verspätung von einem Ereignisse herrührt, welches sie weder herbeigeführt hat noch abzuwenden vermochte.

---

[46]) Anm. 34.

[47]) § 471. — § 429 Abs. 2; § 463 Abs. 2; EVO § 86 (3), s. d. — Kleinbahnen § 473. — Rundnagel Haftung § 27 II. — Anm. 9 B.

[48]) § 471. — § 466 Abs. 2; EVO — die an Stelle der Bezeichnung: „Interesse an der Lieferung“ setzt: „Lieferwert“ — §§ 89f., 30 (2, 5), 37 (2); IÜG u. IÜP Art. 35. — Kleinbahnen § 473. — Rundnagel Haftung § 29, Löning Anm. zu Art. 35 IÜG u. IÜP. — Die Interesseangabe bewirkt, daß dem Berechtigten

a) in Verlust- u. BeschädFällen außer dem Ersatz aus § 457 Abs. 1, 2 auch der nachgewiesene weitere Schaden,
b) in Verspätungsfällen der nachgewiesene Gesamtschaden (§ 466 Abs. 2) bis zur Höhe der Interesseangabe ersetzt wird.

Ersatz ohne Schadensnachweis (§ 466 Abs. 3) EVO §§ 37 (2), 90 (1) b, 2. — Die Verpflicht. aus § 457 Abs. 3 bleibt unberührt. — Zu Abs. 2 Rundnagel Haftung S. 143 Anm. 1.

[49]) § 471. — Abweichung v. § 438 Abs. 3, im übr. gilt § 438 auch für Eis. — EVO § 93 (2) d; teilw. abweichend IÜG Art. 44 § 2 Ziff. 4. — Annahme: RundnagelHaftung S. 161ff., Kittel Anm. 3 u. Blume Anm. 2 zu EVO § 93. — Fehlen einzelner Stücke RundnagelHaftung S. 162. — Nach G betr. Angeleg. der freiwill. Gerichtsb. 20. Mai 98 RGBl 771 § 164 zuständig Amtsgericht der belegenen Sache. — Kleinbahnen § 473.

[50]) A. Reisegepäck (§ 465 Abs. 1, 2) ist das der Bahn zur Beförd. „aufgegebene“ Gepäck EVO §§ 28 bis 39 (s. d.), IÜP Titel II Kapitel II, III u. Titel III. RundnagelBefGesch §§ 185ff. — Grunds. haftet nach HGB die Bahn dafür wie für Güter, § 465 setzt ab. einige Ausnahmen fest; Näheres in den Anm. zu EVO u. IÜP. — Kleinbahnen § 473.

B. Handgepäck (§ 465 Abs. 3) ist das Gep., das der Reisende nicht „aufgibt“, sondern ins Abteil mitnimmt. Weiteres EVO § 26 u. Anm. dazu.

[51]) § 471. — §§ 429, 463; EVO §§ 37 (Gepäck), 51f. (Tiere), 82 (Güter). IÜP Art. 34—36; IÜG Art. 27—33. — RundnagelHaftung §§ 22, 26. — Oben Anm. 30 C. — Streitig ist, ob durch Abs. 1 die Haft. der Eis. der des Landfrachtführers (§ 429) gegenüb. verschärft ist, d. h. ob sich die Eis. gegen Ansprüche w. Lieferfristüberschreitung nur durch Beruf. auf höh. Gew. od. Verschulden des and. Teils verteidigen kann, od. ob Abs. 1

Der Schaden wird nur insoweit ersetzt, als er den in dem Frachtbriefe, dem Gepäckschein oder dem Beförderungsschein als Interesse an der Lieferung nach Maßgabe der Eisenbahnverkehrsordnung[27]) angegebenen Betrag und in Ermangelung einer solchen Angabe den Betrag der Fracht nicht übersteigt. Für das Reisegepäck kann an Stelle der Fracht durch die Eisenbahnverkehrsordnung ein anderer Höchstbetrag bestimmt werden.

Inwieweit ohne den Nachweis eines Schadens eine Vergütung zu gewähren ist, bestimmt die Eisenbahnverkehrsordnung[27]).

Der Ersatz des vollen Schadens kann gefordert werden, wenn die Versäumung der Lieferfrist durch Vorsatz oder grobe Fahrlässigkeit der Eisenbahn herbeigeführt ist[34]).

§ **467**[52]). Werden Gegenstände, die von der Beförderung ausgeschlossen oder zur Beförderung nur bedingungsweise zugelassen sind, unter unrichtiger oder ungenauer Bezeichnung aufgegeben oder werden die für diese Gegenstände vorgesehenen Sicherheitsmaßregeln von dem Absender unterlassen, so ist die Haftpflicht der Eisenbahn auf Grund des Frachtvertrags ausgeschlossen.

§ **468**[53]). Für den Fall, daß auf dem Frachtbrief als Ort der Ablieferung ein nicht an der Eisenbahn liegender Ort bezeichnet wird, kann bestimmt werden, daß die Eisenbahn als Frachtführer nur für die Beförderung bis zur letzten Eisenbahnstation haften, bezüglich der Weiterbeförderung dagegen die Verpflichtungen des Spediteurs übernehmen soll.

§ **469**[54]). Wird die Beförderung auf Grund desselben Frachtbriefs nach § 432 Abs. 2 durch mehrere auf einander folgende Eisenbahnen bewirkt, so können die Ansprüche aus dem Frachtvertrag, unbeschadet des Rückgriffs der Bahnen untereinander, im Wege der Klage nur gegen die erste Bahn oder gegen diejenige, welche das Gut zuletzt mit dem Frachtbrief übernommen hat, oder gegen diejenige, auf deren Betriebsstrecke sich der Schaden ereignet hat, gerichtet werden.

Unter den bezeichneten Bahnen steht dem Kläger die Wahl zu; das Wahlrecht erlischt mit der Erhebung der Klage.

Im Wege der Widerklage oder mittelst Aufrechnung können Ansprüche aus dem Frachtvertrag auch gegen eine andere als die bezeichneten Bahnen geltend gemacht werden, wenn die Klage sich auf denselben Frachtvertrag gründet.

§ **470**[55]). Ansprüche der Eisenbahn auf Nachzahlung zu wenig erhobener Fracht oder Gebühren sowie Ansprüche gegen die Eisenbahn auf Rückerstattung zu viel erhobener Fracht oder Gebühren verjähren in einem Jahre, sofern der Anspruch auf eine unrichtige Anwendung der Tarife oder auf Fehler bei der Berechnung gestützt wird. Die Verjährung beginnt mit dem Ablaufe des Tages, an welchem die Zahlung erfolgt ist.

Die Verjährung des Anspruchs auf Rückerstattung zu viel erhobener Fracht oder Gebühren sowie die Verjährung der im § 439 Satz 1 bezeichneten Ansprüche wird durch die schriftliche Anmeldung des Anspruchs bei der Eisenbahn gehemmt. Ergeht auf die Anmeldung ein abschlägiger Bescheid, so beginnt der Lauf der Verjährungsfrist wieder mit dem Tage, an welchem die Eisenbahn ihre Entscheidung dem Anmeldenden schriftlich bekannt macht und ihm die der Anmeldung etwa angeschlossenen

---

nur eine besond. betonte Haft. für jedes Verschulden ausspricht; für jenes: Gerstner IntÜb (93) S. 381ff., Eger Anm. 499 zu EVO § 94, RundnagelBefGesch 458 u. Haftung 1. u. 2. Aufl.; für dieses: RundnagelHaftung 3. Aufl. § 22, Weirauch Anm. 5 zu EVO § 37, Kittel Anm. 14 zu EVO § 82 (vgl. auch Müller, AutomobilG 4. Aufl. S. 196ff.); Mittelmeinung Staub Anm. 2, Löning Anm. 2 zu IÜG Art. 27 § 3, Seligsohn S. 53ff. In IÜP Art. 30 § 3 u. IÜG Art. 27 § 3 sowie in der neuen Fass. der EVO — § 37 (5) u. § 82 (3) — ist der Wortl. etwas geändert („Umstände, die sie — die Eis. — nicht abzuwenden u. denen sie auch nicht abzuhelfen vermochte"); m. E. (s. Fritsch Arch **1924** 594ff., auch Kittel Anm. 14 zu EVO § 82) ist die Änderung nicht v. wesentl. Bedeut., u. ich halte die v. Rundnagel begründete Auffass. noch jetzt aufrecht. Vgl. auch unten VII 4b Anm. 13. — Überschreit. der LFrist setzt voraus, daß das Gut vor Ablauf der LFr. noch nicht in Verlust geraten war. Rundnagel Haftung S. 34. Oben Anm. 30C. — Kleinbahnen § 473. — Zu Abs. 4. Den Nachweis muß der Geschäd. führen, Beruf. auf lange BefördDauer genügt dafür nicht. RG EE **29** 443. — Höhe der Entschäd.: EVO § 88 (s d.).

[52]) Die in § 467 behandelte „Verwirkung" der Ersatzansprüche ist nach dem Vorgange des IÜG (Art. 28 § 1e, auch IÜP Art. 30 § 2) auch f. d. deutsche Recht durch EVO § 83 (1) e (s. d.) in einen bevorrecht. HaftausschließGrund umgewandelt w. — Unten VII 3 Anm. 190 B.

[53]) § 471. — EVO § 75 (6). IÜG Art. 26 § 3. — Sendungen nach dem besetzten Gebiete RG **93** 176. — Rundnagel Haftung S. 24. ÜbergVerkehr m. Kleinbahnen das. S. 27ff. u. unten Anm. 59.

[54]) § 471. — Teilw. abweich. EVO § 96. IÜP Art. 29, 42, 47ff., IÜG Art. 26, 42, 47ff. — Rundnagel Haftung § 35. — Zwangsgemeinschaft der deutschen Eisenbahnen oben Anm. 26, auch Anm. 12. — Kleinbahnen unten Anm. 59. — Zu Abs. 3. Aufrechnung gegen fiskal. Forderungen eingeschränkt durch BGB § 395, auf den sich auch die RBahnGesellschaft berufen kann, RG EE **44** 65.

[55]) § 471. — §§ 439, 414, 470 sind (ausgedehnt auf alle Ansprüche aus dem Frachtvtr.) wiedergegeben in EVO § 94; teilw. abweich. IÜG u. IÜP Art. 45f. — RundnagelHaftung § 33, RG **67** 276. Hemmung der Verjährung BGB §§ 203, 205, Rundnagel S. 172f., RG **109** 306; Anmeldung auch RG VerkRu **1924** 123; EE **41** 146. — Urteile des RG in Aufwertungsfragen **109** 195, 375, **110** 127, 147, 388, **111** 147; EE **45** 397; VerkRu **1925** 513; IntZtschr **1927** 237. — Bescheid Rundnagel S. 173, Kittel Anm. 10 zu EVO § 94.

Beweisstücke zurückstellt. Weitere Gesuche, die an die Eisenbahn oder an die vorgesetzten Behörden gerichtet werden, bewirken keine Hemmung der Verjährung.

§ 471[56]). Die nach den Vorschriften des § 432 Abs. 1, 2, der §§ 438, 439, 453, 455 bis 470 begründeten Verpflichtungen der Eisenbahnen können weder durch die Eisenbahnverkehrsordnung[27]) noch durch Verträge ausgeschlossen oder beschränkt werden.

Bestimmungen, welche dieser Vorschrift zuwiderlaufen, sind nichtig. Das Gleiche gilt von Vereinbarungen, die mit den Vorschriften der Eisenbahnverkehrsordnung[27]) im Widerspruche stehen.

§ 472. Die Vorschriften über die Beförderung von Personen auf den Eisenbahnen werden durch die Eisenbahnverkehrsordnung[27]) getroffen[57]).

§ 473. Bei einer dem öffentlichen Verkehre dienenden Bahnunternehmung, welche der Eisenbahnverkehrsordnung[27]) nicht unterliegt (Kleinbahn)[58]), sind insoweit, als in den §§ 453, 459, 460, 462 bis 466 auf die Vorschriften der Eisenbahnverkehrsordnung verwiesen ist, an deren Stelle die Beförderungsbedingungen der Bahnunternehmung maßgebend.

[59]) Den Vorschriften des § 453 unterliegt eine solche Bahnunternehmung nur mit der Maßgabe, daß sie die Uebernahme von Gütern zur Beförderung auf ihrer Bahnstrecke nicht verweigern darf.

Verordnung der Reichsregierung über die Einführung einer neuen Eisenbahn-Verkehrsordnung. Vom 16. Mai 1928 (RGBl 401)[1])[2]).

Auf Grund des Artikel 91 der Verfassung des Deutschen Reichs vom 11. August 1919 (Reichsgesetzbl. S. 1383) verordnet nach Zustimmung des Reichsrats die Reichsregierung:

Artikel 1. Die Eisenbahn-Verkehrsordnung vom 23. Dezember 1908 (Reichsgesetzbl. 1909 S. 93) wird durch nachstehend veröffentlichte Eisenbahn-Verkehrsordnung ersetzt.

Artikel 2. Die Verordnung tritt am 1. Oktober 1928 in Kraft. Der Reichsverkehrsminister wird ermächtigt, in der Zwischenzeit die Anlage C der neuen Ordnung entsprechend den etwa auftretenden Verkehrsbedürfnissen mit Wirkung vom 1. Oktober 1928 zu ändern.

---

[56]) Verträge u. Vereinbarungen i. S. des Abs. 1 sind auch die auf Grund EVO § 2 (1) erlass. AusfBest der Eisenbahnen, RG **101** 84. — Abs. 2 verbietet auch Abweich. zugunsten des Publikums. RundnagelBefGesch S. 260 u. Angef., Weirauch S. 17, Staub Anm. 2; RG **99** **245**. A. M. Düringer-Hachenburg Anm. 6 zu § 471. Streitig ist, ob sich Abs. 2 auch auf die Personenbeförd. bezieht; s. Rundnagel a. a. O. 267.

[57]) EVO Abschn. III.

[58]) Oben I 1, I 2 Anm. 3. EVO § 1 (das HGB ist, im Gegensatz zur EVO, nicht auf Grund der das EisWesen betr. Vorschriften der RVerf. erlassen). — Anm. 59.

[59]) Kleinbahnen sind also nicht in die Zwangsgemeinschaft der deutschen Eis. (§ 453) aufgenommen; die Annahmepflicht der Großbahnen bezieht sich nicht auf Güter f. Kleinbahnstationen; i. S. der §§ 468f. ist unter „Eisenbahn" zu verstehen: bei Aufgabe d. Gutes auf Großbahnstationen jede deutsche Großbahn, bei Aufgabe auf Kleinbahnstat. nur eine Kleinbahn (regelmäß. nur diejen. KlB., mit der der Frachtvtr. geschlossen wird). RundnagelHaftung § 8 (unter Erört. entgegensteh. Meinungen), Kittel Anm. 8 zu EVO § 2, auch Rundnagel BefGesch S. 303. Die entgegensteh. Meinung verficht neuerdings Schulz VZ **1929** 912; ausführl. Widerlegung: Sperber das. 940. — EVO § 75 (6). — Hafenbahnen gehören grunds. nicht zu den Eis. des allg. Verkehrs (Großbahnen): Weirauch Anm. 3 u. Richter Anm. II zu EVO § 1; s. über sie ferner Starck EE **41** 112; OLG Kiel EE **43** 409; Lange Hanseat. Rechtsztschr. **1925** 338; OLG Hamburg EE **44** 199, bestätigt durch RG **114** 390; s. auch OGHof Brünn VZ **1928** 385 u. die Notiz das. 1371. Hein-Krüger Anm. 1 zu KleinbG § 43 teilen einen E 26. Juni 94 (MBl i. V. 122) mit, der wohl nicht mehr ganz der jetzt herrschenden Auffass. entspricht. S. ferner „Die Reichsbahn" **1930** 266.

[1]) A. Entstehungsgeschichte u. Rechtscharakter oben VII 1 u. VII 2 Anm. 27. — Quellen RRat **1928** Drucks. 59 (Entw. u. Begr.), Niederschr. §§ 222g, 281. — Bearb.: Amtl. Ausg., herausg. v. RVerkMinisterium 1928; Kittel, Friebe, Hay 1928; Blume-Weirauch 4. Aufl. 1928; Richter 1928; Röder 1929. Orientierende Aufsätze üb. die Neuerungen: Friebe VZ **1928** 141 (Entwurf d. Reichsreg.), 553 (Änderungen im Reichsrat usw.), 1015 Vergl. m. österreich. Recht); Löning EE **47** 1; Wißmann in Verkehrstechnik **1928** 781; Völcker in „Die Reichsbahn" **1928** 1037, 1055. Inhalt: I. Eingangsbest. §§ 1, 2, II. Allgemeine Best. §§ 3—8, III. Beförd. v. Personen §§ 9—27, IV. Beförd. v. Reisegepäck §§ 28—39, V. Beförd. v. Expreßgut §§ 40—42, VI. Beförd. v. Leichen §§ 43—47, VII. Beförd. v. lebenden Tieren §§ 48—52, VIII. Beförd. v. Gütern §§ 53—96. — Die Anordnung der neuen EVO stimmt im wesentl. mit der v. 1908 überein; die inhaltl. Abweich. sind in den vorstehend genannten Aufsätzen von Friebe besprochen.

B. Die EVO gilt (im Gegensatze zu ihren Vorgängerinnen) auch für Bayern. In Österreich besteht eine größtenteils wörtlich gleichlautende EVO (Vergleichung: Friebe VZ **1928** 1015).

[2]) Die „Allgemeinen Ausführungsbestimmungen" der deutschen Eisenbahnen sind oben hinter den zugehörigen Vorschr. der EVO abgedruckt u. durch engeren Druck, eine Linie am Rande, Einrücken u. das Zeichen [2]) kenntlich gemacht. Ferner werden in Anmerkungen die wichtigeren Besonderen Ausführungsbestimmungen für die Reichsbahn mitgeteilt. — Weiteres unten § 2 (1).

I. Eingangsbestimmungen

§ 1. Geltungsbereich [3])

(1) Die Eisenbahn-Verkehrsordnung (abgekürzte Bezeichnung: EVO) gilt auf allen dem allgemeinen Verkehr dienenden Eisenbahnen Deutschlands [4]) *).

(2) Für den Verkehr mit den ausländischen Bahnen gilt sie nur insoweit, als er nicht durch besondere Bestimmungen geregelt ist [5]).

---

*) Die Eisenbahnen des Saargebiets[6]) zählen unbeschadet der staats- und völkerrechtlichen Stellung dieses Gebiets bis auf weiteres nicht zu den Eisenbahnen Deutschlands im Sinne dieser Ordnung.

Im Verkehr zwischen Ostpreußen und dem übrigen Deutschland gilt das mit Polen und der Freien Stadt Danzig abgeschlossene Abkommen über den Durchgangsverkehr[7]). (Pariser Staatsvertrag vom 21. 4. 1921, Reichsgesetzbl 1921 S. 1069ff.)

[2]) Die Bestimmungen der EVO gelten auch[8]):

a) wenn Abgangs- (Versand-) und Bestimmungsbahnhof im Gebiet des Deutschen Reichs liegen, bei der Beförderung das Gebiet eines anderen, am Internationalen Übereinkommen über den Eisenbahn-Personen- und Gepäckverkehr / Eisenbahn-Frachtverkehr vom 23. Oktober 1924 beteiligten Staates nur im Durchgang berührt wird, und die Durchgangstrecke von einer deutschen Eisenbahnverwaltung betrieben wird;

b) für Beförderungen zwischen einem im Gebiet des Deutschen Reichs liegenden Bahnhof und Bahnhöfen, die im Gebiet eines am Internationalen Übereinkommen über den Eisenbahn-Personen- und Gepäckverkehr / Eisenbahn-Frachtverkehr vom 23. Oktober 1924 beteiligten Nachbarstaates liegen, wenn die Beförderung auf der ganzen Strecke von einer deutschen Eisenbahn bewirkt wird, bei Beförderung auf Grund eines Frachtbriefs jedoch nur unter der Bedingung, daß der Absender durch die Wahl eines deutschen Frachtbriefs die Anwendung der EVO verlangt.

§ 2. Ausführungsbestimmungen. Abweichungen. Änderungen [9])

(1) Die Eisenbahn kann mit Genehmigung des Reichsverkehrsministers Ausführungsbestimmungen[10]) erlassen.

(2) Der Reichsverkehrsminister kann in Berücksichtigung besonderer Verhältnisse Abweichungen von den Bestimmungen dieser Ordnung für einzelne Bahnstrecken, Bahnhöfe, Fahrzeuge, Züge oder Zuggattungen sowie für gewisse Abfertigungsarten genehmigen.

(3) Solche Ausführungsbestimmungen und Abweichungen bedürfen zu ihrer Gültigkeit der Aufnahme in den Tarif. Die Genehmigung des Reichsverkehrsministers muß aus dem Tarif zu ersehen sein.

(4) Vorübergehende[11]) Änderungen einzelner Vorschriften dieser Ordnung kann der Reichsverkehrsminister verfügen.

(5) Änderungen der Anlagen dieser Ordnung verfügt der Reichsverkehrsminister.

(6) Änderungen nach Abs. (4) und (5) sind im Reichsgesetzblatt zu veröffentlichen.

[12]) (7) Wenn die Tarife der Eisenbahn Kleinbahn-[4]), Kraftwagen-[13]), Schiffs- oder Luftstrecken[14]) einbeziehen, so können die Beförderungsbedingungen für diese Strecken der Eigenart des Verkehrsmittels entsprechend festgesetzt

---

[3]) Bisher § 1. — IÜP u. IÜG Art. 1.

[4]) Also auf den Haupt- und Nebenbahnen — BO § 1 (1) —, nicht aber auf Kleinbahnen (HGB § 473); s. oben I 2 Anm. 3. Ungenau Röder Anm. 2e.

[5]) Namentlich IÜP u. IÜG (unten VII 4). Unter besonderen Bestimmungen sind auch die reglementar. Tarifvorschr. der den IntÜb unterstellten oder nicht unterstellten Eis. im internat. Verkehr m. d. heimischen Verwalt. zu verstehen. Gerstner IntÜb Nachtrag **1901** S. 23 Nr. 7.

[6]) Vtr v. Versailles (oben I 6) Anlage hinter Art. 50.

[7]) Oben I 6 Anm. 7.

[8]) IÜP u. IÜG Art. 1 § 2.

[9]) Bisher § 2.

[10]) Die Ausführungsbestimmungen sind Allgemeine (für alle deutschen Eis.) oder Besondere (f. d. einzelne Verw.). Sie stehen rechtlich den Allgemeinen Vertragsbedingungen gleich und dürfen nicht mit HGB § 471 oder der EVO in Widerspruch stehen. RG **99** 250, **101** 84, **110** 326. Stillschweigende Änderungen der AB gibt es nicht. RG EE **44** 198. Wegen des Rechtscharakters der AB s. auch oben VII 1. — RBahnG § 37 Abs. 2.

[11]) Auch dauernde, wenn dadurch keine grundlegenden Best. geändert w. Vo. 29. Okt. 20 (oben I 2 Anm. 15).

[12]) Die Begr. (in der Fassung der amtl. Ausgabe, oben Anm. 1 A) hat folgenden Wortlaut: „Abs. 7 (neu) trägt der Entwicklung des Verkehrswesens Rechnung und will in Anpassung an Art. 2 der neuen IÜ den EisTarifen die Möglichkeit geben, auch andere Verkehrsmittel einzubeziehen. Zur Erzielung einer größeren Beweglichkeit kann in einem solchen Fall der Tarif für diese Strecken von der EVO abweichende BefördBedingungen festsetzen. Zum Schutz der Verfrachter und Reisenden dürfen jedoch die Haftungsbest. der EVO nicht abgeändert w., soweit dies nicht aus besonderen Gründen (für Luftstrecken) unbillig erscheint. Vereinbarungen zwischen verschied. Verkehrsunternehmungen, wonach unter Getrennthaltung der beiderseit. Tarife lediglich eine direkte Abfert. (u. U. unter Verwend. des EisFrachtbriefes mit einigen gemäß § 55 (5) EVO genehmigten Änderungen wie früher im Verkehr Deutschland-Levante) ermöglicht w., fallen nicht unter diese Bestimmung." — IÜP u. IÜG Art. 2. — Kittel Anm. 8.

[13]) Übersicht über das Recht der Kraftfahrzeuge: Beilage A.

[14]) Kittel Anm. 9 u. vor. Anm. 1, wo auch Literaturangaben u. nähere Ausführ. üb. den „Fleiverkehr" (Verkehr auf Bahn und Flugzeug); über diesen s. auch Joseph in „Die Reichsbahn" **1928** 953, 973.

werden. Die Haftung für Verlust, Minderung oder Beschädigung muß jedoch abgesehen von Luftstrecken den Bestimmungen dieser Ordnung entsprechen.

II. Allgemeine Bestimmungen

§ 3. Pflicht zur Beförderung[15])

Die Eisenbahn kann die Beförderung nur verweigern, wenn

a) den geltenden Beförderungsbedingungen und den sonstigen allgemeinen Anordnungen der Eisenbahn nicht entsprochen wird, oder

b) die Beförderung mit den regelmäßigen Beförderungsmitteln nicht möglich ist, oder

c) die Beförderung durch Umstände verhindert wird, die als höhere Gewalt zu betrachten sind.

§ 4. Züge[16])

(1) Zur Beförderung dienen die regelmäßig nach bestimmtem Fahrplan und die nach Bedarf verkehrenden Züge.

(2) Die Ausführung von Sonderfahrten auf Bestellung unterliegt dem Ermessen der Eisenbahn.

[2]) Wegen der Beförderungsbedingungen und Gebühren für Sonderzüge zur Personenbeförderung und für Sonderzüge von Zirkusbesitzern, Kunstreitergesellschaften, Schaustellungen wilder Tiere u. dgl., ferner von Marktreisenden, Schaustellern und Wanderhändlern vgl. allg. Ausf. Best. B zu § 12. Unter welchen Bedingungen und zu welchen Gebühren Sonderzüge für die Beförderung von Gütern und Tieren gestellt werden, bestimmen die Allgemeinen Tarifvorschriften im Deutschen Eisenbahn-Gütertarif, Teil I Abteilung B und im Deutschen Eisenbahn-Tiertarif, Teil I.

§ 5. Haftung der Eisenbahn für ihre Leute[17])

Die Eisenbahn haftet für ihre Leute und für andere Personen, deren sie sich bei Ausführung der Beförderung bedient.

§ 6. Tarife[18])

(1) Die Eisenbahn hat Tarife aufzustellen, die alle für den Beförderungsvertrag maßgebenden Bestimmungen und alle zur Berechnung der Beförderungspreise und der Gebühren für die Nebenleistungen der Eisenbahn (Nebengebühren) notwendigen Angaben enthalten. Die Tarife sind bei Erfüllung der darin angegebenen Bedingungen für jedermann in derselben Weise anzuwenden[19]).

(2) Jede Preisermäßigung oder sonstige Begünstigung gegenüber den Tarifen ist verboten und nichtig[19]).

(3) Für Zwecke der öffentlichen Verwaltungen, für Wohlfahrtszwecke und für den Eisenbahndienst sind Preisermäßigungen und sonstige Begünstigungen mit Genehmigung des Reichsverkehrsministers zulässig[20]).

[21]) (4) Die Tarife bedürfen zu ihrer Gültigkeit der Veröffentlichung und treten frühestens mit dem Zeitpunkt ihrer Veröffentlichung in Kraft. Tariferhöhungen oder andere Erschwerungen der Beförderungsbedingungen treten

---

[15]) Bisher § 3 (1); die bisher. Absätze (2) und (3) sind in § 63 (1) übergegangen. — HGB 453, EVO § 53, JÜP Art. 4, JÜG Art. 5.

[16]) Bisher § 4.

[17]) Bisher § 5. — HGB § 458, JÜP u. JÜG Art. 39. — § 5 bezieht sich auf Personen- und Güterverkehr, betrifft aber bloß vertragl., nicht auch deliktische Haftung RG EE **33** 217.

[18]) A. Bisher § 6. — JÜP Art. 23, 24, JÜG Art. 9, 10. — RBahnG (oben I 5) § 33, EisG (oben I 7) § 26. — Schiedsgerichtl. Erhöhung der BefördPreise bei privaten Schienenbahnen BefördSteuerG (oben IV 2) § 22. — Oben II Beil. A Anm. 16. — Löning u. Seligsohn Anm. zu JÜG Art. 9.

B. Sammlungen v. Vorschriften f. d. frühere StEV: Berliner Sammlung PT (Personentarife 1911) u. G 7 (Gütertarife, 1916). — Moormann, Das Tarifwesen 3. Aufl. Berlin 1926.

C. Entsch. d. RG zur Auslegung der Tarife **93** 94 (Putzwolle), 272, **104** 212 (Zuckerausfuhrtar.), **116** 289 (Verwendung im eigenen Betrieb), **120** 101 (Zinkkarbonat), 268 (deutsch-polnischer Tar.); VZ **1919** 564 (Eisentarif), **1923** 740 (Holztarif). Weiteres Löning Anm. 9 zu JÜG Art. 9 § 1.

D. Unter § 6 fallen nicht vertragsmäß. Anschlußfrachten f. PrivAnschlGleise RG EE **25** 208. — Staatsbahnfrachten sind Gebühren i. S. StGB § 353 RG EE **9** 262.

[19]) Verbot der sog. Refaktien (geheimen Vergütungen). — Eine v. Tarif abweichende Frachtberechnung kann nicht durch Zusage od. falsche Auskunft eines EisBeamten gültig werden. Gerstner IntÜb (1893) S. 204f.; Blume Anm. III 2 zu IntÜb Art. 29; IntZtschr **14** 275, 432, **24** 68; OLG Hamburg EE **25** 8. S. auch OGHof Wien IntZtschr **20** 277; RG Arch **1920** 471 u. im Recht **1923** 87. Ferner oben VII 2 Anm. 35.

[20]) A. Zusammenstell. der Best üb. Freifahrt:

a) für alle deutschen Eis. maßgebend: Mitglieder des Reichstags RVerf (oben I 2) Art. 40, des RRats E 25. Aug. 21 RVerkBl 411, des vorl. Reichswirtschaftsrats Vo 28 Juni 20 RGBl 1335, Postpersonal EisPostG (unten IX 2) Art. 2, Zollbeamte EisZollO (unten X 2 Beil. A) §§ 12f.

b) die Reichsbahnen: Landtage StVtr 1920 § 22, RVMin RBahnG § 32 (2), VerwRat Satzung § 16, Beiräte oben II 3 § 19, Bedienstete Perso. (oben IV 3) § 28, Betriebsratsmitglieder oben III 6c Anm. 9.

Wegen der Einkommensbesteuerung d. freien Fahrt s. E 11. April 21 E VI 68. 744 u. (bei grundsätzl. Bejahung der Steuerpflicht, aber mit erhebl. Einschränkungen) RFinHof 5. Juni 29 VI A 494 Reichsanz Nr. 167, auch 19. Juni 29 VI A 933 28 Reichsanz Nr. 203.

B. Die Beförderung v. Eisenbahndienstgut erfolgt nach den dafür erlass. inneren Vorschr. u. unterliegt nicht der EVO. Kittel Anm. 10.

[21]) Erfordernisse der Veröffentlichung RG **93** 273, **99** 250. Stillschweigende Änderung unwirksam RG **112** 88. Verbandswidrige Nichtveröffentlichung v. Ver-

jedoch frühestens zwei Monate, für die Beförderung von Personen und Reisegepäck frühestens zwei Wochen nach der Veröffentlichung in Kraft, wenn nicht die Abkürzung der Veröffentlichungsfrist vom Reichsverkehrsminister genehmigt ist. Die Genehmigung muß aus der Veröffentlichung ersichtlich sein. War ein Tarif nur für eine bestimmte Zeit eingeführt, so bedarf seine Aufhebung keiner besonderen Veröffentlichung.

²) Die näheren Bestimmungen über die Veröffentlichung der einzelnen Tarife sind im Vorwort jedes Tarifs festgesetzt[22]).

§ 7. Ordnungsvorschriften[23])

(1) Wegen der allgemeinen Vorschriften über das Verhalten innerhalb des Bahngebiets vergleiche §§ 77 ff. der Eisenbahn-Bau- und Betriebsordnung.

(2) Über Meinungsverschiedenheiten zwischen Reisenden und Bediensteten entscheidet auf dem Reiseantritts- und -endbahnhof der Aufsichtsbeamte, während der Fahrt der Zugführer.

(3) Beschwerden sind an die vorgesetzte Dienststelle zu richten; sie können auch mündlich angebracht werden.

(4) Auf Beschwerden ist sobald wie möglich ein Bescheid zu erteilen.

²) 1. Über Meinungsverschiedenheiten auf Bahnhöfen, wo der Reisende die Fahrt unterbricht oder auf einen anderen Zug übergeht, entscheidet der Aufsichtsbeamte.
2. Die Bediensteten der Eisenbahn sind verpflichtet, den Beschwerdeführern auf Verlangen die vorgesetzte Dienststelle bekanntzugeben.

§ 8. Zahlungsmittel[24])

Die Eisenbahn hat die Umrechnungskurse fremder Währungen auf den Bahnhöfen, wo hierfür ein Bedürfnis besteht, durch Schalteraushang bekanntzugeben.

III. Beförderung von Personen[25]) [26])

§ 9. Fahrpläne[27])

(1) Die Fahrpläne sind vor ihrem Inkrafttreten bekanntzugeben und auf den Bahnhöfen[28]) rechtzeitig auszuhängen. Änderungen sind ebenfalls bekanntzugeben und auf den aushängenden Fahrplänen ersichtlich zu machen.

---

bandstarifen RG EE **46** 60. Berufung der Eis. auf Mängel der Veröff. u. U. unwirksam RG EE **39** 184. — Anw. von Tarifänderungen auf unterwegs befindl. Güter: Polenskyi VZ **1923** 535; dagegen: Barth SpedZtg **1923** 648. Keine Verpflicht. der Eis., wegen bevorsteh. Tariferhöh. Güter besonders beschleunigt zu befördern RG Arch **1895** 433. — Bundesgericht Bern IntZtschr **36** 413. — Ausnahmetarife Vf 13 Tge 4169 v. 2. Okt. 29.

²²) S. unten Anm. 25, ferner Text vor § 48 u. § 53.

²³) Bisher §§ 7, 8. — Die „Entscheidung" (Abs. 2) ist dienstl. Anordnung i. S. BO § 77. Kittel Anm. 2. — Prinz, Strafverfolg. wegen Zuwiderhandl. gegen polizeil. Vorschr. der EVO VZ **1929** 484.

²⁴) Bisher § 9. — Hierzu Besond. AusfBest. f. d. Reichsbahn (im Gütertarif Teil II Heft A u. im Reichsbahn-Tiertarif).

²⁵) A. Der Deutsche Eisenbahn-Personen-, Gepäck- u. Expreßguttarif Teil I v. 1. Okt. 28 enthält das nachstehende Vorwort:

1. Für die Beförderung von Personen, Reisegepäck, Expreßgut und Leichen auf den deutschen Eisenbahnen gelten der Deutsche Eisenbahn-Personen-, Gepäck- und Expreßguttarif, Teil I (DPT I) und die für die einzelnen Verkehre bestehenden Teile II (für den Binnenverkehr der Deutschen Reichsbahn: DPT II Reichsbahn).

2. Im DPT I sind die Bestimmungen der Eisenbahn-Verkehrsordnung (EVO) in deutscher Schrift und die allgemeinen Ausführungsbestimmungen (allg. AusfBest) in lateinischer Schrift gedruckt.

3. Die Teile II enthalten die besonderen Ausführungsbestimmungen (bes. AusfBest).

Zu den Teilen II gehören auch
a) die Tarifsätze in den Preistafeln,
b) die Entfernungstafeln, Entfernungszeiger und Kilometerzeiger.

4. Soweit in der EVO von „Tarif" gesprochen wird, sind darunter die allg. AusfBest und die Teile II zu verstehen.

5. Die Ausgabe des Teiles I und der dazu erscheinenden Nachträge wird in dem Tarif- und Verkehrsanzeiger für den Personen-, Gepäck- und Expreßgutverkehr der Deutschen Reichsbahn-Gesellschaft und der deutschen Privateisenbahnen (TVA III) und in der Zeitung des Vereins Deutscher Eisenbahnverwaltungen bekanntgemacht.

Änderungen und Ergänzungen des Teiles I können auch durch Abdruck ihres Wortlautes in dem genannten Tarif- und Verkehrsanzeiger bekanntgemacht werden; auf diese Bekanntmachungen wird in der Zeitung des Vereins Deutscher Eisenbahnverwaltungen hingewiesen.

Für die Gültigkeit der Bekanntmachungen ist lediglich die Veröffentlichung in dem Tarif- und Verkehrsanzeiger für den Personen-, Gepäck- und Expreßgutverkehr der Deutschen Reichsbahn-Gesellschaft und der deutschen Privateisenbahnen maßgebend.

Der Teil I enthält als Anlagen: Gebührentarif f. Beförd. v. Sonderzügen u. dgl. üb. VerbindBahnen; besondere Best üb. d. Gültigk. d. Fahrausweise, Abfert. v. Gepäck nach Orten m. mehreren Bahnhöfen, Überführ. an Orten m. getrennten Bahnhöfen u. dgl.; GebührenO f. Zuführ. v. Gepäck nach Berliner Vororten; Nebengebührentarif; Verzeichnis der sperrigen Expreßgüter.

B. Der Deutsche Eisenbahn-Personen-, Gepäck- u. Expreßguttarif Teil II enthält neben einem Vorworte die besond. AusfBest f. d. Reichsbahn; das Vorwort enthält u. a. Bestimmungen üb. die Veröffentl. Nebenher gehen Preistafeln (mit den Tarifsätzen), Entfernungstafeln, Entfernungszeiger u. Kilometerzeiger. — Oben II 2 Beil. A Anm. 16.

²⁶) A. Der Vertrag üb. d. Beförderung v. Personen ist nicht Frachtvertrag i. S. des HGB (§§ 425, 454, 472), unterliegt also nicht HGB §§ 425—452; wohl ab. sind b. d. dem öff. Verkehre dienenden Eis. auf die PersBeförderung die allg. Vorschriften des HGB üb. Handelsgeschäfte (§§ 343 ff.) anzuwenden (HGB § 1 Abs. 2 Ziff. 5, § 343). Soweit die EVO (HGB § 472) u. die letztgenannten Vorschr. nichts bestimmen, kommen die Vorschr des BGB, u. zwar die üb. den

Aus den Fahrplänen müssen Gattung, Wagenklassen und Abfahrzeiten, für die größeren Übergangs- und die Endbahnhöfe auch die Ankunftszeiten der Züge sowie die wichtigeren Zuganschlüsse zu ersehen sein. Die ausgehängten Fahrpläne des eigenen Verwaltungsbezirks müssen auf hellgelbes, die anderer inländischer Verwaltungen auf weißes Papier gedruckt sein. Außer Kraft getretene Fahrpläne sind zu entfernen.

(2) Die Eisenbahn hat, soweit ein Bedürfnis besteht, dafür zu sorgen, daß auf Bahnhöfen und im Zuge Auskunft über Zugverbindungen erteilt werden kann.

[2]) 1. Beschränkungen in der Benutzung bestimmter Züge oder Wagenklassen sind aus den Fahrplänen zu ersehen.

2. Im Zuge wird nur über den Lauf des Zuges und über seine wichtigeren Anschlüsse, auf kleineren Bahnhöfen nur über Zugverbindungen auf den angrenzenden Strecken Auskunft erteilt.

§ 10. Von der Beförderung ausgeschlossene oder nur bedingungsweise zugelassene Personen[29])

(1) Personen, welche die vorgeschriebene Ordnung nicht beachten, sich den Anordnungen der Bediensteten[30]) nicht fügen oder durch grobe Verletzung des Anstands den Mitreisenden lästig fallen, insbesondere betrunkene Personen, können von der Beförderung ausgeschlossen werden. Sie haben keinen Anspruch auf Erstattung von Fahrpreis oder Gepäckfracht.

Werkvertrag (§§ 631 ff.) zur Anw. (EG HGB Art. 2). Staub Anm. 2ff. zu HGB § 472. — Göppert, Zur rechtl. Natur der PersBeförd. auf Eis., Berlin 1894; RundnagelBefGesch §§ 166—180; Weber u. Holzbecher VZ **1917** Nr. 16 u. S. 189; Kittel EVO S. 19; Löning Anm. 1, 2 zu IÜP Art. 5. — Ausführlich üb. d. Person des Vertragschließenden u. das Verh. zw. dem Reisenden u. den Schlafwagengesellschaften Löning das. Anm. 5, 6.

B. Haftung der Eis. für Tötung usw. v. Reisenden aus dem BefördVtr. Aus der Rechtsprechung des Reichsgerichts (s. auch Staub Anm. 11ff. zu HGB § 472; Weirauch Vorbem. vor EVO Abschn. III; Seligsohn Anm. 9ff. zu HPfG § 9; Kittel in Öst.Ztschr f. EisRecht **1912** 481; Coermann VZ **1917** 265; Sautter EE **31** 29, 176; ausführlich auch Löning Anm. 3 zu IÜP Art. 5 u. Anm. 4 zu IÜP Art. 28). Aus dem PersBefördVtr erwächst dem Unternehmer neben der Verpfl. zur Beförd. selbst noch die Verpfl., den anderen Teil vor Gefahren zu sichern, die diesem auf dem Transporte durch die Transporteinrichtungen u. -maßnahmen begegnen können; hierbei steht der Unt. nicht nur f. eigenes Verschulden sond. auch f. Verschulden der in BGB § 278 bezeichn. Personen ein, ohne sich auf BGB § 831 Abs. 1 Satz 2 berufen zu können; da es sich bei dieser Verpfl. nicht um e. Mangel des Werks (der Beförd.), sond. um posit. Zuwiderhandeln gegen die pflichtmäß. Sorgfalt bei Herstell. des noch nicht vollend. Werks handelt, verjährt der Ersatzanspruch (der u. U. neben dem aus HPfG hergeht) nicht nach BGB § 638 in 6 Monaten, sond. nach BGB § 195 in 30 Jahren **62** 119, **66** 12, **83** **343**; EE **24** 274, **30** 507, **32** 461 (zur VerjährFrage s. auch Kröner VZ **1928** 863f.). Mit der Ausgabe durchgehender Fahrkarten übernimmt die Eis. nicht auch Haftung für Ereignisse, die sich außerhalb ihres Bereichs zutragen VZ **1929** 620. Der Unt. muß beweisen, daß ihn kein Verschulden trifft, ab. nur soweit es sich um den aus der eigentl. Beförd. selbst herrühr. Schaden handelt, nicht auch b. d. der Beförd. (dem Lösen der Fahrkarte) vorangeh. oder nachfolg. Nebenleistungen (z. B. Sicherheit des Zu- u. Abgangs) **86** 321; Arch **1915** 1293; VZ **1922** 572; EE **28** 445, **33** 436. Die Haftung beginnt m. d. Lösen d. Fahrkarte — EE **31** 242 — u. endet, wenn der Reisende nach der Fahrt den Bahnhofsausgang verlassen hat u. wieder volle Bewegungsfreiheit besitzt, nicht unter allen Umst. mit Verlassen der Sperre EE **29** 339, **35** 271. Der Anspruch steht nur dem Beförderten selbst zu, nicht auch Dritten, z. B. den Hinterbliebenen, die durch dessen Tötung geschädigt sind **69** 357; Arch **1906** 657; EE **24** 272. BefördVtr zugunsten Dritter: **87** 64, 289. Anwend. der Grundsätze des BefördVtr auf Klagen aus HPfG **86** 377. Zusammentreffen des Anspruchs aus dem Vtr mit dem aus unerlaubter Handlung **88** 377, 433; EE **34** 134. Aus dem Vtr kann nicht Schmerzensgeld verlangt w. EE **33** 217; Arch **1921** 1224; s. auch Eccardt VZ **1926** 541. Eigenes Verschulden U 31. März 26 IV 241 US III 13. Die Schlafwagengesellschaft schließt keinen PersBefördVtr m. d. Reisenden ab. Staub Anm. 10 zu HGB § 472, RundnagelBefördGesch S. 513, Kittel Anm. 7 zu EVO § 11.

Einzelheiten. Beschaffenheit des Wagenmaterials EE **33** 436; Benutzung älterer aber betriebsfähiger Wagen statthaft EE **25** 303; Schlafwagen EE **30** 377. Die Eis. haftet aus dem Vtr. nicht f. Sicherheit g. Raubanfälle im geschloss. Abteil, Arch **09** 491. Haft. dafür, daß sich der Reis. im Bhf. zur Erled. der m. d. Beförd. zusammenhäng. Geschäfte ungefährdet bewegen kann, u. für ordnungsmäß. Beschaffenh. der (ausdrücklich od. stillschweig.) angewiesenen Zugänge zu den Bahnhöfen u. Zügen — EE **5** 237, **23** 169, **24** 389, **27** 214, **32** 119, **33** 432, **37** 170; Arch **1915** 1299, **1917** 342, **1918** 687 —, nam. der Bahnsteige EE **21** 178; Arch **1921** 1224, der Wartesäle **4** 192; Arch **1915** 895; f. Beschaffenh. u. Beleucht. der zur Bahnanlage gehör. Wege (innerh. gewisser Grenzen) EE **24** 43, 49 (nicht hierher BahnhZufuhrwege Arch **1914** 1198); f. Nichtstreuen b. Glatteis **55** 335; EE **25** 32, **28** 341; Jurist. Rundschau **1926** 1254. Geringfügige od. der Beobacht. entzogene Mängel Arch **05** 725, 728, **1916** 804; EE **26** 448. Grenzen der zu beobacht. Sorgfalt EE **22** 364, **33** 213; VZ **1919** 765; auch EE **38** 66. Nicht o. w. Haftung f. Einricht. der Bahnhofswirte EE **21** 386, **25** 388; Arch **1916** 804. Haft. für Unternehmer, die am Bahnsteig arbeiten EE **32** 112. BGB § 278 anwendbar Arch **1920** 1288; Anwendung bei Zusammenstößen v. Zügen auf das Personal beider Züge **83** **343**, EE **28** **445** Im U 10. Juli 14 EE **31** 371 erkennt das RG dem Reis. weitgehenden Anspruch aus dem BefördVtr wegen mangelh. Wagenheizung zu; s. auch OGHof Wien EE **31** 32. Hierzu Reindl VZ **1914** 1065; Grempe EE **34** 1; Ständ. Tarifkommission 116. Sitz. v. 15.—16. Juni 16 Ziff. 25, Generalkonferenz d. deutsch. Eis. Sitz. v. 19. Dez. 17 Ziff. 23; Löning Anm. 3c zu IÜP Art. 5. Keine Haft. aus dem Vtr, wenn ein Reisender im abgeschloss. Abteile durch einen Mitreisenden ermordet wird, RG **69** 362.

[27]) Bisher § 10; Abs. (1) Satz 2 u. Abs. (2) sind neu. — Fahrplan oben II 2 Beil. A Anm. 9. Haftung der Eis. f. Fehler im Fahrplan: Rinaldini EE **20** 95, Vollrath das. **28** 23.

[28]) „Bahnhöfe" sind auch Haltepunkte.

[29]) Bisher § 11. IÜP Art. 13. Soweit der Ausschluß v. d. Beförd. Mußvorschrift ist, haftet die Eis. den Mitreisenden f. Innehaltung. RundnagelBefGesch S. 499. — Gesundheitspol. Vorschriften üb. Beförd. Kranker unten VI 5.

[30]) BO § 77.

(2) Pestkranke oder -verdächtige dürfen nicht befördert werden.

(3) An Aussatz (Lepra), asiatischer Cholera, Fleckfieber (Flecktyphus), Gelbfieber oder Pocken (Blattern) erkrankte oder einer solchen Krankheit verdächtige Personen dürfen nur dann befördert werden, wenn der für den Zugangsbahnhof zuständige beamtete Arzt die Zulässigkeit der Beförderung bescheinigt und wenn ihnen ein besonderer Wagen — bei Aussatzkranken genügt ein abgeschlossenes Abteil mit besonderem Abort — angewiesen werden kann. An Fleckfieber erkrankte oder dieser Krankheit verdächtige Personen müssen zuverlässig entlaust sein.

(4) Personen, die an Typhus (Unterleibstyphus), Diphtherie, Ruhr, Genickstarre, Rotz, Scharlach, Masern oder Keuchhusten leiden oder wegen einer anderen Krankheit Mitreisenden offenbar lästig fallen würden, werden nur dann befördert, wenn ihnen ein besonderes Abteil angewiesen werden kann.

(5) Unterwegs erkrankte Personen werden jedoch wenigstens bis zum nächsten geeigneten Bahnhof befördert, wo sie Pflege finden können; Fahrpreis und Gepäckfracht werden nach Abzug des Betrags für die durchfahrene Strecke gemäß § 19 erstattet. Die Mitreisenden sind in anderen Abteilen unterzubringen.

(6) Liegen Anzeichen dafür vor, daß jemand mit einer der in den vorstehenden Absätzen genannten Krankheiten behaftet ist, so kann die Eisenbahn die Vorlegung eines ärztlichen Zeugnisses verlangen.

(7) Für den besonderen Wagen oder das besondere Abteil ist die tarifmäßige Gebühr zu entrichten.

(8) Wegen Rückgabe des Gepäcks vgl. § 33 (3), (5) und (6).

§ 11. Fahrpreise. Fahrpreisermäßigungen[31])

(1) Auf jedem Bahnhof[28]) ist ein Tarifauszug[32]) auszuhängen oder auszulegen, der die Preise der dort verkäuflichen Fahrausweise für die gangbarsten Verbindungen enthält.

(2) Der Tarif bestimmt, ob und welche Preiszuschläge für die Benutzung von Schnellzügen und anderen Zügen mit besonderer Geschwindigkeit und Bequemlichkeit zu entrichten sind und unter welchen Bedingungen die Benutzung der Schlafwagen gestattet ist[33]).

[34]) (3) Kinder bis zum vollendeten vierten Lebensjahr, für die kein besonderer Platz beansprucht wird, werden ohne Fahrausweis frei befördert. Kinder vom vollendeten vierten bis zum vollendeten zehnten Lebensjahr und jüngere Kinder, für die ein besonderer Platz beansprucht wird, werden zur Hälfte des gewöhnlichen Fahrpreises befördert. Maßgebend ist das Lebensalter am Tage des Reiseantritts.

(4) Ob und welche sonstigen Fahrpreisermäßigungen gewährt werden, bestimmt der Tarif.

(2) [35])

A. Bekanntgabe der Fahrpreise.

Der Tarifauszug kann die Entfernungen und Preise getrennt angeben.

B. Eilzüge, Schnellzüge und Fernschnellzüge.

1. Soweit die Fahrausweise nur für Personenzüge gelten, sind bei Benutzung von Eil- und Schnellzügen Zuschlagkarten zu lösen.
2. Der Preis der Zuschlagkarten beträgt für Tarifentfernungen:

a) für Eilzüge

in den Zonen:	Nahzone	Zone I	Zone II	Zone III	Zone IV	Zone V
für Tarifentfernungen von:	1—35 km	36—75 km	76—150 km	151—225 km	226—300 km	über 300 km
	RM	RM	RM	RM	RM	RM
2. Klasse	0,50	1,00	2,00	3,00	4,00	5,00
3. Klasse	0,25	0,50	1,00	1,50	2,00	2,50

b) für Schnellzüge

in den Zonen:	Zone I	Zone II	Zone III	Zone IV	Zone V
für Tarifentfernungen von:	1—75 km	76—150 km	151—225 km	226—300 km	über 300 km
	RM	RM	RM	RM	RM
1. u. 2. Klasse	2,00	4,00	6,00	8,00	10,00
3. Klasse	1,00	2,00	3,00	4,00	5,00

Abweichungen werden in den Tarifteilen II veröffentlicht.

[31]) Bisher (m. einigen Abweich.) § 12. IÜP Art. 7. — Freifahrt oben Anm. 20 A. — Einheitsätze f. d. Personenbeförd.: Beilage C.

[32]) Fehler im Tarifauszug Kittel Anm. 2.

[33]) Ausführ. üb. das Verh. der Mitropa u. der Schlafwagengesellschaft zur EisVerw. u. zum Publikum: Kittel Anm. 7.

[34]) Reist mit dem Kinde ein Erwachsener, so schließt dieser den BefördVtr. ab. RG Arch **06** 823. Ausführ. üb. die Rechtsverh., die sich b. d. Beförd. v. Kindern u. Minderjährigen ergeben, Kittel Anm. 10.

[35]) Die Allg. AusfBest zu § 11 werden m. Rücks. auf ihren großen Umfang u. ihr meist geringes rechtl. Interesse hier nur gekürzt abgedruckt. Die Besonderen AusfBest f. d. Reichsbahn behandeln Monats-, Teilmonats-, Arbeiterwochen-, Kurzarbeiterwochen-, Schülermonatskarten, Zeitkarten f. Besucher v. Ferienhalbkolonien, Schülerrückfahr-, Schülerferien-, Arbeiterrückfahrkarten, Arbeiterkarten f. Binnenschiffer, Karten f. Durchwanderer, Sonntagsrückfahrkarten, Fahrkarten f. Kleingärtner.

3. Geht ein Reisender in eine niedrigere Wagenklasse eines zuschlagpflichtigen Zuges über mit einem Fahrausweis, der für die betreffende Zuggattung nicht gültig ist, so hat er den Zuschlag für die niedrigere Wagenklasse zu zahlen. Bereits gezahlte Zuschläge werden hierbei angerechnet.
4. Zuschlagkarten für Eil- und Schnellzüge werden nur zugleich mit einem Fahrausweis oder gegen Vorlage eines solchen ausgegeben.
5. Über den Bestimmungsbahnhof eines Fahrausweises hinaus werden Zuschlagkarten für Eil- und Schnellzüge nur verabfolgt, wenn der Reisende
   a) keinen Fahrausweis bis zum Endbahnhof seiner Reise erhalten kann und einen Fahrausweis bis zu einem Unterwegsbahnhof löst, der seinem Bestimmungsbahnhof möglichst nahe liegt,
   b) wenn er für die Anfangs- oder Endstrecke seiner Fahrt Fahrausweise (z. B. Zeitkarten oder Fahrausweise, die als zur Rückfahrt gekennzeichnet sind) bereits besitzt.

   Die Zuschlagkarte wird in diesen Fällen ausdrücklich für die ganze zu benutzende zuschlagpflichtige Strecke gültig geschrieben und ihr Preis nach der Tarifentfernung für diese Strecke berechnet.
6. Die Zuschlagkarte gilt nur zu einer, wenn auch mit Unterbrechung zurückgelegten Fahrt.
7. Die Zuschlagkarte gilt so lange wie der Fahrausweis, zu dem sie gelöst ist. Gilt jedoch der Fahrausweis zu mehr als einer Fahrt in einer Richtung (Zeitkarte) oder ist die Zuschlagkarte über den Bestimmungsbahnhof eines Fahrausweises hinaus verabfolgt (vgl. allg. AusfBest 5), so gilt sie — auch bei Fahrtunterbrechung — vier Tage.
8. Bei Benutzung von Fernschnellzügen (in den Fahrplänen mit „FD" oder „FFD" bezeichnet) ist außer dem Schnellzugzuschlag ein besonderer Fernschnellzugzuschlag zu bezahlen. Der Fernschnellzugzuschlag für FD-Züge beträgt für alle Tarifentfernungen in der 1. und 2. Klasse 4 Reichsmark. Der Fernschnellzugzuschlag für FFD-Züge wird in den Tarifteilen II (Preistafeln) veröffentlicht.

C. Luxuszüge

1. Bei Benutzung von Luxuszügen ist außer dem Schnellzugzuschlag ein in den besonderen Tarifen festgesetzter Preiszuschlag zu bezahlen.
2. Luxuszüge werden in den Fahrplänen mit „L" bezeichnet.

D. Schlafwagen

1. Die Benutzung der Bettplätze 1., 2. oder 3. Klasse ist, soweit Plätze vorhanden sind, dem Reisenden gegen Lösung einer Bettkarte gestattet, wenn er mit einem Fahrausweis der entsprechenden oder einer höheren Wagenklasse oder Zuggattung versehen ist.
2. Die Schlafwagenläufe und die Preise der Bettkarten sind bei den Bahnhöfen und Fahrkartenausgaben zu erfragen.
3. Der Bettkartenpreis wird von dem Zugausgangsbahnhof aus berechnet, auch wenn der Bettplatz erst von einem Unterwegsbahnhof aus benutzt wird. Wenn nach der Einrichtung des Wagens nicht zwischen Bettplätzen 1. und 2. Klasse unterschieden ist, haben die Inhaber von Bettkarten 1. Klasse Anspruch darauf, daß von zwei übereinander angebrachten Betten nur eins belegt wird.
4. Für Kinder bis zum vollendeten vierten Lebensjahr, für die kein besonderes Bett beansprucht wird, brauchen keine Bettkarten gelöst zu werden. Wird aber für ein solches Kind ein besonderes Bett beansprucht, so ist ein Fahrausweis zum halben Preise und eine Bettkarte zum vollen Preise zu lösen.

   Für Kinder über vier Jahre müssen Bettkarten zum vollen Preise gelöst werden, auch wenn sie das Bett mit einem Erwachsenen teilen. Für zwei Kinder bis zum vollendeten zehnten Lebensjahr, die zusammen ein Bett benutzen, ist nur eine Bettkarte zu lösen.
5. Bettkarten können an den Abgangsorten der Schlafwagen gelöst werden entweder
   a) bei den hierfür eingerichteten Vorverkaufsstellen innerhalb der festgesetzten Dienststunden gegen eine Vormerkgebühr oder
   b) innerhalb der letzten Stunde vor Zugabgang bei der Fahrkartenausgabe oder
   c) bei dem Schlafwagenschaffner ohne Vormerkgebühr.

   Auf Unterwegsbahnhöfen, wo keine Bettkarten ausgegeben werden, sind sie nur bei dem Schlafwagenschaffner zu lösen.
6. Bettkarten können auch schriftlich sowie für bestimmte Schlafwagen durch Vermittlung der Bahnhöfe der am Schlafwagenlaufe beteiligten Verwaltungen telegraphisch bestellt werden.
7. Bei Bestellung oder Lösung von Bettkarten ist anzugeben, ob Bettplätze 1., 2. oder 3. Klasse gewünscht werden, in welcher Anzahl und ob sie für einen Herrn, eine Dame oder für eine Familie bestimmt sind. Ferner ist der Bahnhof zu bezeichnen, von dem ab der Reisende den Schlafwagen benutzen will.
8. Bettkartenpreis und Vormerkgebühr sind bei der schriftlichen Bestellung postgeldfrei einzusenden, bei telegraphischer Bestellung vor Aufgabe des Telegramms zu bezahlen.
9. Wird die Abfassung der telegraphischen Bestellung dem annehmenden Beamten überlassen, so wird für Bestellung und Antwort zusammen ohne Rücksicht auf die Zahl der bestellten Plätze die Gebühr nach Anlage V[36]) Zif. 6 erhoben. Der Reisende kann bestimmen, daß die Antwort an einen anderen Bahnhof zu richten ist.

   Konnten bestellte Bettplätze nicht bereitgehalten werden, so erhält der Besteller den Bettkartenpreis und die Vormerkgebühr zurück. Telegrammgebühren werden nicht erstattet.
10. Ein Anspruch auf einen telegraphisch oder schriftlich bestellten Platz wird nach Zahlung des Bettkartenpreises und der Vormerkgebühr erst durch die zusagende Antwort erworben.
11. Die zusagende Antwort auf die schriftliche oder telegraphische Bestellung dient dem Schlafwagenschaffner gegenüber als Ausweis für den Anspruch auf die bestellten Plätze.

    Wenn der Reisende den Eingang der Antwort nicht abwartet, so gilt dem Schlafwagenschaffner gegenüber, wenn die Plätze freigehalten werden konnten, die Quittung über Bettkartenpreis und Vormerkgebühr als Ausweis.

[36]) Hier nicht abgedr.

Das Antworttelegramm oder die Quittung ist bei Zuweisung des bestellten Platzes dem Schlafwagenschaffner auszuhändigen.

12. Ist der zugesagte Bettplatz eine Stunde nach Abfahrt des Zuges von dem nach der allg. AusfBest 7 bezeichneten Bahnhof nicht eingenommen, so erlischt der Anspruch.

E. Fahrpreisermäßigungen

I. Allgemeines

Aufrundung

1. Bei Beförderung zum halben Preise wird der Preis für jeden Fahrausweis auf 5 Reichspfennig aufgerundet, und zwar für jede Fahrt, und wenn mehrere Erwachsene auf einen Fahrausweis befördert werden, auch für jeden Erwachsenen. (Wegen der Kinder vgl. Abschnitt II, III 13, V 38, VII 67, VIII 86, XI 138 und XII 171.)

Benutzung von FD-, FFD- und Luxuszügen

2. In FD-, FFD- und Luxuszügen wird nur die Ermäßigung für Kinder nach Abschnitt II gewährt, soweit nicht die Eisenbahnverwaltung für eine der übrigen Ermäßigungen etwas anderes anordnet.

Unternehmerfahrscheinhefte

3. Auf Unternehmerfahrscheinhefte werden nur die Fahrpreisermäßigungen für Kinder (Abschnitt II) und Gesellschaftsfahrten (Abschnitt VII) gewährt.

Fahrtunterbrechung

4. Soweit Fahrtunterbrechung zugelassen ist, gelten die allg. AusfBest zu § 23.

Anträge und Ausweise

5. Wo der Tarif Muster vorschreibt, dürfen nur die Vordrucke der Eisenbahnverwaltung verwendet werden

Beschränkungen

6. Bei Zuwiderhandlungen gegen die Tarifbestimmungen ist die Eisenbahnverwaltung berechtigt, den Anstalten, Vereinigungen, Körperschaften oder Einzelpersonen die Ermäßigung vorübergehend oder dauernd zu entziehen.

7. Bei Lösung von Zeitkarten oder anderen Fahrausweisen, die schon eine Ermäßigung enthalten, werden die nachstehenden Ermäßigungen nicht gewährt.

II. Für Kinder

8. Für Kinder vom vollendeten vierten bis zum vollendeten zehnten Lebensjahr und für jüngere Kinder, für die ein Platz beansprucht wird, ist ein Fahrausweis, auch Eilzug- oder Schnellzugzuschlagkarte, zum halben Preise zu lösen. Für zwei Kinder kann eine Fahrkarte zum vollen Preise gelöst werden. Jedes Kind, für das bezahlt wird, hat Anspruch auf einen ganzen Platz.

III. Für Schulfahrten

IV. Für Unterstützte des Deutschen Museums in München

V. Für Ferienkolonien

VI. Für Theaterunternehmungen und Orchestervereinigungen

VII. Für Gesellschaftsfahrten

Berechtigte

64. Personen, die sich zu gemeinsamen Fahrten zusammengeschlossen haben.

Art und Zweck der Reise

65. Gemeinschaftliche Fahrten von Gesellschaften auf eine Mindestentfernung von 30 Tarifkilometern oder bei Bezahlung für diese Entfernung. Hin- und Rückfahrt gelten je als eine Fahrt.

Teilnehmerzahl

66. Der ermäßigte Fahrpreis ist mindestens für 20 Erwachsene zu bezahlen.

Preise, Wagenklasse, Züge

67. Fahrpreis für einfache Fahrt in der 1., 2. oder 3. Klasse in Personenzügen, ermäßigt um 25 vH. Bei Benutzung von Eil- oder Schnellzügen wird der Fahrpreis für Eil- oder Schnellzüge der Fahrpreisberechnung zugrunde gelegt. Aufrundung für jede Person auf 10 Reichspfennig.
Zwei Kinder im Alter von 4 bis 10 Jahren gelten als ein Erwachsener. Für ein einzelnes Kind wird der Fahrpreis eines Erwachsenen erhoben.

68. Die Teilnehmer können verschiedene Wagenklassen — auch auf Teilstrecken — benutzen.

69. Der Übergang in höhere Wagenklassen — auch für Teilstrecken und für einzelne Teilnehmer — ist zulässig. Bei Übergang ist der Unterschied zwischen den ermäßigten Preisen zu zahlen.

70. Die Beförderung in Triebwagen kann nicht verlangt werden.

Art des Fahrausweises

71. Beförderungsschein, je nach Antrag für einfache Fahrt oder für Hin- und Rückfahrt. Jeder Teilnehmer erhält außerdem eine Gesellschaftskarte, die mit dem Beförderungsschein als Fahrausweis im Sinne des Tarifs gilt. Beförderungsschein und Gesellschaftskarten sind bei Beendigung der Fahrt abzugeben.

72. Nach näherer Bestimmung der Eisenbahnverwaltung können an Stelle des Beförderungsscheins und der Gesellschaftskarten Unternehmerfahrscheinhefte verwendet werden.

Fahrtunterbrechung

73. Fahrtunterbrechung ist wie bei gewöhnlichen Fahrkarten zulässig.

Beschränkungen

74. Die Eisenbahnverwaltung kann die Ermäßigung an einzelnen Tagen, z. B. zu Ostern, Pfingsten, Weihnachten oder zu Ferienanfang und -schluß, versagen oder die Teilnehmer auf bestimmte Züge verweisen.
75. Die Eisenbahnverwaltung kann auch einzelne Züge ausschließen.
76. Schnellzüge dürfen Gesellschaften von mehr als 50 Teilnehmern nur mit Genehmigung des Abgangsbahnhofs benutzen.

Antrag

77. Schriftliche Anmeldung für einfache Fahrt oder für Hin- und Rückfahrt ohne Vordruck bei dem Abgangsbahnhof unter Angabe des Reisetages, des Reisezieles, der Züge, der Wagenklasse und der Teilnehmerzahl.

Anmeldefrist

78. Die Fahrt ist 2 Tage vorher, bei Schnellzugbenutzung durch mehr als 50 Teilnehmer 3 Tage vorher anzumelden. Die Anmeldung kann noch bis 2 Stunden vor der Abfahrt berücksichtigt werden.
79. Das Fahrgeld muß spätestens 2 Stunden vor der Abfahrt bezahlt werden.

Kostenersatz für Vorbereitung

80. Wird eine Gesellschaftsfahrt abgesagt, so sind die Kosten der Vorbereitung nach allg. AusfBest B I 12 zu § 12 zu ersetzen.

VIII. Für Jugendpflege

IX. Für öffentliche Krankenpflege

X. Zur Fürsorge für gefallene Frauen und Mädchen

XI. Für mittellose Kranke

XII. Für mittellose Zöglinge und Pfleglinge von Blindenanstalten, Waisenanstalten usw.

XIII. Für mittellose Blinde, Taubstumme und Schwerhörige

XIV. Für Blinde zu Berufsreisen

XV. Für Kriegsteilnehmer

XVI. Für deutsche Kriegsbeschädigte bei bestimmten Reisen

XVII. Für ständige Begleiter von deutschen Kriegsbeschädigten

§ 12. Sonderwagen und Sonderzüge[37])

Unter welchen Bedingungen auf Antrag Sonderwagen oder Sonderzüge gestellt werden, bestimmt der Tarif.

[2]) [37])

A. Sonderwagen

1. Wenn die Einstellung bahneigener oder anderer Personenwagen, auch Salon-, Schlaf- oder Speisewagen, sowie besonders eingerichteter Krankenwagen gestattet wird, so sind für die Beförderung ohne Rücksicht auf die Achsenzahl Fahrausweise 1. Kl. der betreffenden Zuggattung zum gewöhnlichen Fahrpreis für so viel Personen, wie den Wagen benutzen, mindestens für 12 Personen für jeden eingestellten Wagen, zu lösen (s. jedoch allg. AusfBest 5). Außer der Beförderungsgebühr wird für die Stellung von Salon-, Schlaf- und Speisewagen eine Benutzungsgebühr nach Vereinbarung mit der Wageneigentümerin berechnet. Wenn bei Stellung von bahneigenen Salon- und Schlafwagen Betten des Wagens benutzt werden, oder der Wagen auf Verlangen des Bestellers im Inland länger als 24 Stunden stillsteht oder ins Ausland geht, beträgt die Benutzungsgebühr:
   a) bei Benutzung von Betten für jedes Bett und jede Nacht . . . . 15 Reichsmark,
   b) bei einem Stillager über 24 Stunden für jeden Wagen und je angefangene 24 Stunden . . . . 60 Reichsmark.
   Dieselbe Gebühr wird von dem Zeitpunkt an berechnet, wo ein Wagen den Grenzbahnhof nach dem Ausland verläßt, bis zu dem Zeitpunkt, wo er auf dem Grenzbahnhof wiedereintrifft.
2. Werden auf Verlangen zur Beförderung des Gepäcks besondere Wagen eingestellt, so wird für jeden Wagen eine Gebühr von 80 Reichspfennig für das Tarifkilometer erhoben.
3. (Begleiter.)
4. (Einstellung besonders bezeichneter Wagen.)
5. (1) Wird für die Beförderung der Kranken ein Gepäck- oder Güterwagen, ein Wagen 3. Klasse gewöhnlicher Bauart oder mit Krankenabteil eingestellt, so sind für die Kranken ganze Fahrausweise 3. Klasse der betreffenden Zuggattung zum gewöhnlichen Fahrpreis, mindestens jedoch 8 ganze Fahrausweise, zu lösen. Als Mindestgebühr werden 30 Reichsmark erhoben.
   (2) Die Platzvormerkgebühr nach der allg. AusfBest 1 zu § 14 wird in diesem Falle nicht erhoben.
   (3) 2 Begleiter werden in dem Krankenwagen oder besonderen Krankenabteil frei befördert; weitere in demselben Wagen oder Abteil mitreisende Begleiter haben je einen ganzen Fahrausweis 3. Klasse der betreffenden Zuggattung zum gewöhnlichen Fahrpreis zu lösen.
   (4) Die zur Bequemlichkeit und Notdurft der Kranken während der Fahrt nötigen Gegenstände können in dem Wagen oder in dem Krankenabteil gebührenfrei mitgeführt werden. Für das sonstige Reisegepäck ist die tarifmäßige Gepäckfracht zu entrichten.

[37]) Neu. — Hierzu besondere AusfBest der Reichsbahn, betr. Gefangenenbeförd., Kleine Sonderzüge, Arbeitersonderzüge.

(5) Bettwäsche müssen die Besteller der Wagen mitbringen. Wird sie ausnahmsweise von der Eisenbahn geliefert, so ist eine Benutzungsgebühr zu zahlen und ein Betrag als Sicherheit zu hinterlegen, wie in Anlage V[36]) Ziff. 1 bestimmt wird.

6. Wenn für die Beförderung eines Kranken mit Tragbett ein Wagenabteil 3. Klasse überlassen wird, so sind für den Kranken oder Krüppel zwei ganze Fahrausweise, für jeden in dem Abteil mitfahrenden Begleiter ein ganzer Fahrausweis der betreffenden Zuggattung zum gewöhnlichen Fahrpreis zu lösen.

Das gleiche gilt für die Beförderung von Kranken oder Krüppeln im Selbstfahrer, Krankenstuhl oder Traggestell, sofern sich diese Vorrichtungen im Abteil unterbringen lassen.

Die Platzvormerkgebühr nach der allg. AusfBest 1 zu § 14 wird in diesem Falle nicht erhoben.

7. Liegende oder im Selbstfahrer oder Krankenfahrstuhl sitzende Kranke oder Krüppel können gegen Lösung von 1½ Fahrausweisen 3. Klasse für den Kranken oder Krüppel, ihre Begleiter gegen Lösung von je einem ganzen Fahrausweis 3. Klasse der betreffenden Zuggattung zum gewöhnlichen Fahrpreis im Gepäckwagen der Personen-, Eil- oder Schnellzüge oder der Güterzüge befördert werden, wenn es der Gepäckverkehr zuläßt. Für die Krankenkörbe (Traggestelle, Tragbetten) und die Selbstfahrer und Krankenfahrstühle wird hierbei keine Fracht erhoben.

8. (Überfuhrgebühren für Verbindungsbahnen.)

9. Bei Berechnung der Mindestgebühr nach allg. AusfBest 1 werden 2 Fahrausweise zum halben Preise als ein Fahrausweis gerechnet.

10. Die Gebühren zu 2, 4 und 8 sind auf dem Abgangsbahnhof vorauszubezahlen. Der Besteller erhält einen Abfertigungsschein, den er bei Beendigung der Fahrt abzugeben hat.

11. Wird ein Wagen, auch ein Wagen 3. Klasse mit Krankenabteil oder ein Tragbett, abbestellt oder nicht benutzt, so sind der Eisenbahn alle durch Ausführung der Bestellung erwachsenen Kosten zu erstatten. Dabei werden gerechnet:

a) für jeden Wagen und jedes Tarifkilometer der durch die Bestellung veranlaßten Leerläufe 20 Reichspfennig,

b) für die Hin- und Rückbeförderung eines Tragbettes von und nach dem Heimatbahnhof die Eilgutfracht.

12. Die Gebühren nach den allg. AusfBest 2, 4, 8 und 11a werden nach den Entfernungen des Personenverkehrs berechnet und auf volle Reichsmark aufgerundet.

13. Die Fahrpreisermäßigungen nach den allg. AusfBest E zu § 11 werden für die in diesem Abschnitt aufgeführten besonderen Beförderungsarten nicht gewährt.

B. Sonderzüge

1. Über die Stellung von Sonderzügen entscheidet die dem Abgangsbahnhof vorgesetzte Eisenbahnverwaltung.

2. Die Beförderungsgebühren für Sonderzüge werden nach den Entfernungen der Tarifteile II berechnet, wenn diese nicht anders bestimmen.

3. Bestehen keine durchgehenden Entfernungen, oder wird die Beförderung über einen im Tarif nicht vorgesehenen Bahnweg verlangt, so wird die Gesamtstreckenlänge durch Zusammenrechnung von Teilentfernungen der Tarifteile II ermittelt.

I. Bestellte Sonderzüge

Sonderzüge für Einzelbesteller werden nur gestellt, wenn der Besteller die gesamten Kosten allein trägt und nicht auf die einzelnen Reisenden umlegt.

4. Als Gebühr für die Beförderung werden für das Tarifkilometer erhoben:

a) für die Lokomotive . . . . 6 Reichsmark,

b) für jede Achse eines Wagens . . . . 20 Reichspfennig,

mindestens jedoch 11 Reichsmark für das Tarifkilometer und 250 Reichsmark im ganzen. Die Stellung von Wagen mit einer bestimmten Achsenzahl kann nicht verlangt werden.

5. Hin- und Rückfahrt des Sonderzuges innerhalb 24 Stunden gelten für die Berechnung des Mindestbetrages als eine Fahrt.

6. (Beförderung über Verbindungsbahnen.)

7. Fährt der Sonderzug über Strecken, für die der Bahnhofs- und Streckendienst besonders verlängert werden muß, so werden außerdem 1,50 RM. für den Tarifkilometer als Dienstverlängerungsgebühr erhoben.

8. (Stellung besonders bezeichneter Wagen.)

9. Für die Beförderung der Lokomotiven und der Wagen nach dem Abgangsbahnhof des Sonderzuges und für ihre Rückbeförderung von dem Bestimmungsbahnhof des Sonderzuges nach dem Heimatbahnhof wird, unbeschadet der Bestimmungen unter Ziff. 8, nichts berechnet.

10. Der Beförderungspreis für den Sonderzug (allg. AusfBest 4—8) ist auf dem Abgangsbahnhof vorauszubezahlen. Der Besteller erhält einen Abfertigungsschein, den er bei Beendigung der Fahrt abzugeben hat.

11. Ein Sonderzug soll spätestens 4 Tage vorher mit Angabe der Strecke und Zeit sowie der Anzahl und Gattung der Wagen bei der dem Abgangsbahnhof vorgesetzten Eisenbahnverwaltung entweder unmittelbar oder durch Vermittlung eines Bahnhofs bestellt werden.

12. Wird ein Sonderzug abbestellt oder nicht benutzt, so sind der Eisenbahn alle durch Ausführung der Bestellung erwachsenen Kosten zu erstatten. Dabei werden auf jedes Tarifkilometer, das die Fahrzeuge bei der Beförderung vom Heimatbahnhof zum Abgangsbahnhof des Sonderzuges oder auf dem Rückwege durchlaufen haben, für jede Achse der Wagen und Lokomotive 20 Reichspfennig berechnet.

13. Die Gesamtgebühren werden auf volle Reichsmark aufgerundet.

14. Die allg. AusfBest 4—13 gelten auch für Sonderzüge von Zirkusbesitzern, Kunstreitergesellschaften, Schaustellungen wilder Tiere u. dgl., ferner von Marktreisenden, Schaustellern und Wanderhändlern (allg. AusfBest zu § 4).

Die Gebühr von 20 Reichspfennig für jede Achse eines Wagens gilt für alle im Sonderzug befindlichen Wagen (Gepäck-, Personen-, Tier- und Güterwagen). Für die mitfahrenden Personen einschließlich der Tierbegleiter wird kein besonderer Fahrpreis erhoben.

Für die Desinfektion der Eisenbahnwagen gilt die allg. AusfBest III zu § 50 des Deutschen Eisenbahn-Tiertarifs, Teil I.

Gesellschaftssonderzüge

Für Sonderzüge, die auf Antrag zu gemeinschaftlichen Reisen größerer Gesellschaften gestellt werden (Gesellschaftssonderzüge), gelten folgende Bestimmungen:

15. Soweit die Tarifteile II keine Abweichungen enthalten, werden Fahrkarten 1.—3. Klasse für einfache Fahrt und, wo Hin- und Rückfahrt im Sonderzuge zurückgelegt werden, Fahrkarten für Hin- und Rückfahrt ausgegeben. Der Fahrpreis für einfache Fahrt wird in der Weise berechnet, daß der gewöhnliche Fahrpreis um 33⅓ vH. ermäßigt und auf volle 10 Reichspfennig aufgerundet wird. Der Fahrpreis für Hin- und Rückfahrt beträgt das Doppelte des Fahrpreises für einfache Fahrt.

Es sind mindestens zu lösen:
bei Benutzung der 1. Klasse 125 ganze Fahrkarten vom Abgangs- bis zum Bestimmungsbahnhof des Sonderzuges,
„ „ „ 2. „ 250 desgl.,
„ „ „ 3. „ 380 desgl.,
„ „ verschiedener Klassen so viel Fahrkarten vom Abgangs- bis zum Bestimmungsbahnhof des Sonderzuges, daß der Preis der Mindestzahl an Fahrkarten für die niedrigste im Sonzuge geführte Wagenklasse (250 zweiter oder 380 dritter) erreicht wird.

In jedem Falle sind für die ganze Sonderzugstrecke mindestens 250 Reichsmark zu entrichten. Je zwei Fahrkarten zum halben Preise werden als eine Fahrkarte gerechnet.

16. Wird ausnahmsweise auf Antrag des Bestellers ein Zug aus D-Zug-Wagen gebildet, so erhöht sich der Fahrpreis für die einzelne Fahrkarte um den allgemeinen Schnellzugzuschlag.

17. Die Benutzung des Sonderzuges kann auch von Unterwegsbahnhöfen aus zu den in den allg. Ausf Best. 15 und 16 angegebenen Sätzen gestattet werden, und zwar gegen Lösung von Fahrkarten für die Reststrecke des Zuges, wenn der Preis für die vorgeschriebene Mindestzahl von Fahrkarten und die vorgeschriebene Mindestgebühr erreicht ist oder hierdurch erreicht wird, sonst gegen Lösung von Fahrkarten für die ganze Sonderzugstrecke.

18. Bei Sonderzügen zu Schulausflügen und Ausflügen zur Jugendpflege kann anstatt der Fahrpreisermäßigung für Gesellschaftssonderzüge auch die Fahrpreisermäßigung nach den allg. AusfBest E III und VIII zu § 11 zugestanden werden, wenn der Preis der vorgeschriebenen Mindestzahl von Fahrkarten für Gesellschaftssonderzüge und die vorgeschriebene Mindestgebühr (allg. AusfBest 15 und 16) erreicht wird.

19. Ein Gesellschaftssonderzug soll spätestens 8 Tage vorher mit Angabe der Strecke und Zeit, der Wagenklassen und der ungefähren Zahl der Reisenden beim Abgangsbahnhof oder bei der diesem vorgesetzten Eisenbahnverwaltung bestellt werden.

20. Schlaf-, Salon- und Speisewagen können auf Antrag in Gesellschaftssonderzüge — Speisewagen nur in solche aus D-Zug-Wagen — nach dem Ermessen der Eisenbahnverwaltung eingestellt werden.

Für jeden Schlafwagen sind gewöhnliche ganze Fahrausweise 2. Klasse mit Schnellzugzuschlag für so viel Personen zu lösen, wie den Wagen benutzen, mindestens für 18 Personen.

Bei Einstellung von Salonwagen werden die Gebühren nach der allg. AusfBest A 1 besonders erhoben.

Fahrpreisermäßigung nach den allg. AusfBest 15 und 16 tritt nicht ein. Die Benutzer von Schlaf- und Salonwagen haben keine Sonderzugkarten zu lösen.

Ein Speisewagen wird unentgeltlich eingestellt, für jeden weiteren werden Gebühren nach der allg. AusfBest B 4 — auf jede Achse und das Tarifkilometer 20 Reichspfennig — erhoben.

Die Beförderungsgebühren für die Salonwagen und für den etwa mitgeführten zweiten und weiteren Speisewagen werden nicht auf die nach den allg. AusfBest 15 und 16 zu erhebende Mindestgebühr angerechnet.

Die Benutzungsgebühr für Schlaf-, Salon- und Speisewagen unterliegt der Vereinbarung mit der Wageneigentümerin.

21. Die allg. AusfBest B 5—8 und 12 sind anzuwenden. Auf Wunsch des Bestellers kann die Dienstverlängerungsgebühr auf die Teilnehmer umgelegt und dem Fahrpreis zugeschlagen werden. Auch kann die Stellung der Züge von der Einzahlung eines die Mindestgebühr deckenden Betrages abhängig gemacht werden.

22. Kinder genießen die Fahrpreisermäßigung nach den allg. AusfBest E 1 und 8 zu § 11.

23. Fahrtunterbrechung ist im Sonderzuge ausgeschlossen.

II. Feriensonderzüge

24. Für die Feriensonderzüge werden Fahrkarten zur Hin- und Rückfahrt ausgegeben. Sie berechtigen zur Hinfahrt im Sonderzuge und zur Rückfahrt in fahrplanmäßigen Zügen. Es können auch Fahrkarten nach Bahnhöfen ausgegeben werden, die über den Zielbahnhof des Sonderzuges hinaus oder an unterwegs abzweigenden Strecken liegen. Bei der Fahrt in fahrplanmäßigen Zügen ist die Benutzung von Eil- und Schnellzügen gegen Lösung des vollen Zuschlages gestattet.

25. Die Fahrkarten gelten 2 Monate, vom Abfahrtstage an gerechnet. Die Rückreise muß mit Ablauf des letzten Geltungstages beendet sein.

26. Es werden Fahrkarten 3. Klasse ausgegeben. Der Fahrpreis wird in der Weise berechnet, daß der gewöhnliche Fahrpreis um 10 v. H. ermäßigt, auf volle 10 Reichspfennig aufgerundet und alsdann verdoppelt wird.

27. Fahrtunterbrechung ist im Sonderzuge ausgeschlossen, in fahrplanmäßigen Zügen nach den allg. AusfBest zu § 23 gestattet; auf Buchfahrkarten darf jedoch innerhalb ihrer Geltungsdauer die Fahrt beliebig oft unterbrochen werden.

28. Der Übergang in eine höhere Wagenklasse ist in den fahrplanmäßigen Zügen gestattet. Bei Berechnung des Preises der Übergangskarten gelten die Sonderzugkarten als gewöhnliche Fahrausweise.

29. Kinder genießen die Fahrpreisermäßigung nach den allg. AusfBest E 1 und 8 zu § 11.

30. Die Eisenbahnverwaltung kann Feriensonderzüge wegen schlechter Besetzung ausfallen lassen. Die Fahrkarten werden dann gegen Erstattung des gezahlten Preises zurückgenommen.

31. Abweichungen von diesen Bestimmungen und sonstige Bedingungen werden jeweils besonders veröffentlicht.

III. Verwaltungssonderzüge[38])

32. Für Sonderzüge, die von der Eisenbahn aus besonderem Anlaß für den allgemeinen Verkehr gefahren werden, werden die Beförderungsbedingungen von Fall zu Fall veröffentlicht.

§ 13. Fahrausweise[39])

(1) Der Reisende muß bei Antritt der Fahrt mit einem Fahrausweis[40]) versehen sein. Der Tarif kann Ausnahmen zulassen. Die Angaben des Fahrausweises sind für die Beförderung maßgebend.

(2) Der Fahrausweis muß Strecke, Zuggattung, Wagenklasse und Fahrpreis angeben. Wenn die Benutzung verschiedener Wege oder Beförderungsmittel gestattet ist, so ist dies ersichtlich zu machen.

(3) Die Geltungsdauer der Fahrausweise wird durch den Tarif bestimmt.

(4) Ein Fahrausweis ist, soweit der Tarif keine Ausnahmen zuläßt, nur übertragbar, wenn er nicht auf den Namen lautet und die Reise noch nicht angetreten ist[41]).

(5) Die Fahrkartenschalter sind so rechtzeitig vor Abfahrt eines Zuges zu öffnen, wie es der Verkehrsumfang des Bahnhofs erfordert, mindestens aber eine Viertelstunde vor der Abfahrt.

(6) Der Anspruch auf Verabfolgung eines Fahrausweises erlischt fünf Minuten vor der Abfahrt des Zuges.

(7) Die Eisenbahn kann verlangen, daß der Fahrpreis abgezählt entrichtet wird.

[42]) (8) Sind die Beförderungspreise unrichtig erhoben worden, so ist der Unterschiedsbetrag nachzuzahlen oder zu erstatten. Die Eisenbahn hat, soweit dies möglich ist, alsbald nach Feststellung des Irrtums den Verpflichteten zur Nachzahlung aufzufordern oder dem Berechtigten den zuviel erhobenen Betrag zurückzuzahlen. Der Anspruch auf Nachzahlung oder Erstattung erlischt[43]), wenn er nicht binnen eines Jahres nach Ablauf der Gültigkeitsdauer des Fahrausweises geltend gemacht wird.

[2]) Lösung

1. Wo der Bahnhof keine Fahrkartenausgabe hat, verkauft der Zugführer die Fahrausweise.
2. Der Reisende hat beim Empfang des Fahrausweises die Angaben über Bestimmungsbahnhof, Weg und Wagenklasse zur Richtigstellung etwaiger Irrtümer zu prüfen und, wenn er Geld zurückbekommt, sich sofort von der Richtigkeit des Betrages zu überzeugen.

Abstempelung

3. Die Fahrausweise, auch solche, die zur Rückfahrt gelöst und entsprechend gekennzeichnet sind, werden bei der Ausgabe mit dem ersten Geltungstage abgestempelt. Fahrausweise, die zwischen 23 und 24 Uhr gelöst werden, erhalten den Stempel des nächsten Tages. Die vom Zugführer ausgegebenen oder aus Selbstgebern (Automaten) entnommenen Fahrausweise brauchen nicht abgestempelt zu werden. Weitere Ausnahmen bestimmen die Tarifteile II.

---

[38]) Vf 15 p 175 v. 5. Feb. 25 betr. Zuständigk. der RBahnDirektionen zur Ablaſſ. v. VerwSonderzügen.

[39]) Bisher §§ 13, 14; verschiedene Abweichungen, neu sind z. B. Abs. (1) Satz 3, Abs. (2) Satz 2, Abs. (4), Abs. (8). Ferner ist an Stelle v. „Fahrkarte" der Ausdruck „Fahrausweis" getreten. — IÜP Art. 6. — Besond. AusfBest f. d. Reichsb. betreffen die Benutz. v. Güterzügen u. die Umschreib. v. Fahrausweisen auf kürzere Strecken. — Zu Allg. AusfBest 13 Besond. AusfBest.

[40]) A. Nach der wohl jetzt allgemeinen Ansicht (z. B. Staub Anm. 19 zu HGB § 472, RundnagelBefGesch S. 501 f., Kittel Anm. 1, Löning Anm. 2 zu IÜP Art. 6; RG Arch **06** 657) ist der Fahrausweis, nam. die Fahrkarte grundſ. (Einschränkung z. B. Abs. 4) Inhaberpapier i. S. BGB § 807. — Fahrschein d. Straßenbahn: Seelmann EE **22** 85, 221. — Der BefördVertrag w. dadurch abgeschlossen, daß e. Fahrkarte bei dem Bahnbedienst. verlangt u. das Verlangen nicht zurückgewiesen wird. Staub a. a. O. — Übergangsbestimmungen Vo 20. Sept. 28 RGBl II 609, geändert Vo 8. Juli 29 das. 575 u. Vo 6. Jan. 30 RGBl II 13.

B. Strafrechtliches. a) Urkundenfälschung. Das RG. hat als öffentliche Urkunden anerkannt: Fahrkarten einer Staatsbahn Straff 8 409, Arch **1921** 1227 f.; auch der Reichsbahn Straff **59** 384, JW **1926** 588 (auch OLG Hamburg 5. Nov. 25 US **1926** XII 12, OLG Stuttgart EE **43** 77; Kratz VZ **1925** 906); vollständig vorschriftsmäßig ausgestellte Freifahrscheine einer Staatsbahn VZ **1922** 794; behördl. Ausweise zur Erlang. v. Militärfahrkarten EE **23** 155, **38** 282; Ausweise der amtl. Fürsorgestellen zur Erlang. v. Fahrpreisermäß. VZ **1928** 361. Nicht ö. w. öffentl. Urk. die Namensunterschrift des Inhabers auf der Zeitkarte Straff **28** 42; VerkRu **1924** 589. — Verfälschung der Fahrradkarte EE **28** 78. Unbefugte Ersetz. der Photographie auf d. Straßenbahnzeitkarte Straff **46** 412. EE **31** 215. Beseit. der Entwertungszeichen auf e. Fahrkarte Straff. **55** 161. — Vergehen gegen StGB § 348: Fälschung eines Freifahrscheins EE **26** 312; falsche Abstemp. einer Fahrkarte VerkRu **1925** 40. — Nichtöff. Urk.: Monatskarte einer privaten Straßenbahn EE **35** 155. Für nicht strafbar erklärt: Fälsch. des Datumstempels, die nicht geeignet ist, e. Irrtum hervorzurufen EE **3** 394 (vgl. auch EE **27** 335, **42** 177; VerkRu **1925** 37, 39); Bestellen falscher Fahrscheine bei e. Buchdrucker (als bloß vorbereit. Handlung) Straff **13** 212; Fälsch. der Durchlochung v. Bahnsteigkarten das. **29** 118. Abschneiden des Tagesstempels auf der Fahrkarte keine UrkFälsch.: JW **1929** 1028.

b) Unterschlagung (auch Amtsunterschlagung: StGB § 348). U. unentwerteter Karten durch Bahnsteigschaffner RG JW **1922** 1024. U. überhobener Beträge durch d. Schalterbeamten RG VerkRu **1924** 526. U. und Fälschung v. Freifahrscheinen RG Straff. **43** 207; JW **1922** 1330. U. des Fahrgeldes durch d. Schalterbeamten RG EE **28** 408. Straff **57** 166.

c) Sonstiges. Coermann, Betrug u. Urkundenfälsch. bei Zeitkarten VZ **1924** 798. Absichtl. Herauszahlen eines zu niedrigen Betrags durch d. Schalterbeamten als Betrug Straff. **52** 163. — S. ferner unten Anm. 49.

C. Besteuerung: BefördSteuerG, oben IV 2.

[41]) Benutz. eines als unübertragbar gekennzeichn. Ausweises als Betrug RG EE **5** 243. — Kittel Anm. 7.

[42]) In Anlehnung an IÜP Art. 26 § 11 einem Verkehrsbedürfnis entsprechend aufgenommen (Begr.); das bisher. Recht sah keinen Anspruch auf Erstattung vor.

[43]) Ausschlußfrist (Kittel Anm. 11).

Besondere Fahrausweise

4. Im Stadt-, Vorort-, Markt- und Ausflugsverkehr werden nach Bedarf Fahrausweise für Hin- und Rückfahrt zum doppelten Preise der einfachen Fahrausweise (Doppelkarten) ausgegeben.

5. Im Verkehr mit Ostsee- und Nordseebädern können, soweit Schiffs- und Fuhrwerkstrecken in die Fahrausweise einbezogen sind, nach den Tarifteilen II Fahrausweise für Hin- und Rückfahrt ausgegeben werden.

6. Für die Benutzung der Fahrscheinhefte der Reiseunternehmer gelten neben diesem Tarif die Vorschriften für die Unternehmerfahrscheinhefte nebst Verzeichnis der Unternehmerfahrscheine und die Bestimmungen auf den Heftumschlägen und Fahrscheinen.

Die allg. AusfBest 10, zweiter Absatz und 11 gelten auch hier.

Wege

7. Fahrausweise ohne Wegangabe gelten, soweit keine Ausnahmen zugelassen sind, nur für den kürzesten Weg.

8. Nach dem Ermessen der Eisenbahnverwaltung kann der Reisende gegen Zahlung des Fahrpreisunterschiedes einen längeren als den tarifmäßigen Weg benutzen. Er hat dann eine Umwegkarte zu lösen. Diese gilt nur so lange wie der Fahrausweis, zu dem sie gelöst ist. Berechtigt dieser Fahrausweis zu mehr als einer Fahrt, so gilt die Umwegkarte gleichwohl nur zu einer, wenn auch mit Unterbrechung zurückgelegten Fahrt und nicht länger als vier Tage.

9. Fahrausweise, die zur Rückfahrt gelöst und entsprechend gekennzeichnet sind, gelten nur zur Fahrt in der Richtung von dem darin angegebenen Bestimmungsbahnhof nach dem Ausgabebahnhof.

Geltungsdauer

10. Die Geltungsdauer der Fahrausweise, auch der in der allg. AusfBest 9 bezeichneten, beträgt vier Tage. Dies gilt auch für die zur Hin- und Rückfahrt gültigen Fahrausweise, wenn in den Tarifteilen II nicht anders bestimmt ist. Beförderungsscheine, die zur Hin- und Rückfahrt ausgestellt sind, gelten für die Hinfahrt und für die Rückfahrt je vier Tage.

Die Geltungsdauer beginnt mit dem Tage des Ausgabestempels, bei Beförderungsscheinen mit dem Tage, der für die Hinfahrt oder Rückfahrt eingetragen ist. Für Fahrausweise, die nach allg. AusfBest 3 nicht abgestempelt werden, beginnt die Geltungsdauer mit dem Tage der ersten Lochung. Die Reise kann an einem beliebigen Tage innerhalb der Geltungsdauer angetreten werden. Die Eisenbahnverwaltung kann jedoch durch Aushang allgemein oder für einzelne Züge bekannt geben, daß die Fahrt am ersten Tage der Geltungsdauer des Fahrausweises angetreten werden muß.

11. Die Reise muß spätestens mit einem Zuge beendet sein, der fahrplanmäßig um 24 Uhr des letzten Geltungstages auf dem Bestimmungsbahnhof eintrifft.

12. Wegen der Zuschlagkarten vgl. die allg. AusfBest B 7 und 8 zu § 11, wegen der Übergangskarten vgl. die allg. AusfBest 3 zu § 19.

Wegen Verlängerung der Geltungsdauer bei Versäumung der Abfahrt vgl. § 20 Abs. (3) EVO und die allg. AusfBest 1 hierzu.

Telegraphische Bestellungen von Fahrausweisen usw.

13. [39]) Fahrausweise, Gepäckscheine, Übergangskarten und Schnellzugzuschlagkarten können bei dem Bahnhof, wo neu abgefertigt werden soll, telegraphisch bestellt werden.

Wird die Abfassung des Telegramms dem annehmenden Beamten überlassen, so wird die Gebühr nach Anlage V [36]) Ziff. 2 erhoben. Wird mehrmals neue Abfertigung erforderlich, so können die Telegramme sämtlich schon am Abgangsort aufgegeben werden. Für jedes Telegramm wird dann die Gebühr besonders erhoben.

Wird bei räumlich getrennten Bahnhöfen desselben Ortes der benutzte Zug nicht nach dem Bahnhof übergeführt, wo neu abgefertigt werden soll, so hat der Reisende für die eigene Überführung und die seines Gepäcks von einem zum anderen Bahnhof selbst zu sorgen.

Sonstiges.

14. Bestimmungen über die Gültigkeit der Fahrausweise und die Überführung von Reisenden an Orten mit getrennten Bahnhöfen oder zwischen benachbarten Orten enthält die Anlage II[36]) (Abschnitte A und C I).

15. Wegen Bestellung von Bettkarten vgl. allg. AusfBest D zu § 11.

§ 14. Vorausbestellung von Abteilen oder einzelnen Plätzen[44])

(1) Ganze Abteile werden den Reisenden auf Verlangen für den tarifmäßigen Preis zur Verfügung gestellt, wenn keine Rücksichten des Betriebs oder Verkehrs entgegenstehen. Die Abteile müssen mindestens eine Stunde vor der Abfahrzeit bestellt werden.

(2) Für das Abteil sind höchstens soviel Fahrausweise zu bezahlen, wie es Plätze enthält. Es dürfen nur soviel Personen aufgenommen werden, als Fahrausweise gelöst sind.

(3) Bestellte Abteile sind kenntlich zu machen.

(4) Ob und unter welchen Bedingungen für einzelne Züge bestimmte Plätze bestellt werden können, bestimmt der Tarif.

[a]) Bestellung von Abteilen.

1. Ganze Abteile können in der 1. Wagenklasse schon gegen Lösung von 4, in der 2. Wagenklasse von 6, in der 3. Wagenklasse von 8 Fahrausweisen, Halbabteile in der 1. Wagenklasse gegen Lösung von 2, in der 2. Wagenklasse von 3, in der 3. Wagenklasse von 4 Fahrausweisen zum gewöhnlichen Fahrpreis überlassen werden. In Wagen 3. Klasse ohne geschlossene Abteile werden keine Abteile zur Verfügung gestellt.

---

[44]) Bisher § 15. JÜP Art. 9.

Zwei Fahrausweise zum halben Preise werden dabei als ein Fahrausweis gerechnet. Mindestens ist für jede Person ein Fahrausweis zu lösen. Außerdem ist die Vormerkgebühr nach Anlage V[36]) Ziff. 5 so oft zu entrichten, wie Fahrausweise der betreffenden Gattung zu lösen sind (vgl. jedoch allg. AusfBest A 5 (2) und 6 zu § 12).

Muß das Abteil schon von einem Bahnhof an freigehalten werden, der vor dem Zugangsbahnhof liegt, so sind die Fahrausweise schon von diesem Bahnhof an zu lösen.

2. Über die Überlassung von Abteilen entscheidet der Abgangsbahnhof, nur bei Beförderung von Edelmetallen, Kostbarkeiten usw. nach § 24 (6) des Deutschen Eisenbahn-Gütertarifs, Teil I B die ihm vorgesetzte Eisenbahnverwaltung. Bestellte Abteile werden mit der Anschrift „Bestellt" versehen. Der Besteller erhält eine Bescheinigung.

Konnten bestellte Abteile nicht freigehalten werden, so werden dem Besteller die eingezahlten Beträge abzüglich der Telegrammgebühr (allg. AusfBest 4) gegen Empfangsbescheinigung zurückgezahlt.

3. Ein Recht auf Freihaltung nicht bezahlter Plätze für die Dauer der ganzen Reise wird nicht eingeräumt. Bei Bedarf dürfen die nicht bezahlten Plätze zeitweise oder dauernd mit anderen Reisenden besetzt werden. Hierüber entscheidet auf den Bahnhöfen der Aufsichtsbeamte, während der Fahrt der Zugführer.

4. Die Abteile können telegraphisch bestellt werden. Wird die Abfassung des Telegramms dem annehmenden Beamten überlassen, so wird die Gebühr nach Anlage V[36]) Ziff. 3 erhoben.

Bestellung von Plätzen

5. Reisende, die Fahrausweise für einen in den Fahrplänen mit „D", „FD" oder „FFD" bezeichneten Zug von dessen Abgangsbahnhof oder vom Abgangsbahnhof einzelner planmäßig in D-, FD- oder FFD-Züge übergehender Wagen besitzen oder bestellen, können sich bestimmte Plätze im voraus sichern. Die Platzbestellung kann auf bestimmte Züge und auf bestimmte Wagen beschränkt werden.

6. Der Reisende hat die dafür in Anlage V[36]) Ziff. 5 festgesetzten Gebühren zu entrichten. Sie sind bei schriftlicher Bestellung postgeldfrei einzusenden, bei telegraphischer Bestellung vor Aufgabe des Telegramms bei dem Bahnhof zu entrichten. Überläßt der Reisende die Abfassung des Telegramms dem annehmenden Beamten, so hat er für jedes Telegramm die Gebühr nach Anlage V[36]) Ziff. 4 zu zahlen. Werden in dem an einen Bahnhof gerichteten Telegramm gleichzeitig Fahrausweise, Gepäckscheine und Plätze bestellt, so wird diese Gebühr nur einmal erhoben.

Bestellte Plätze werden gekennzeichnet.

7. Die bestellten Plätze müssen auf dem Abgangsbahnhof des Zuges oder des Wagens eingenommen werden, andernfalls erlischt der Anspruch auf den bestellten Platz. Von mehreren Bahnhöfen eines Ortes gilt der letzte als Abgangsbahnhof.

8. Konnten bestellte Plätze nicht bereitgehalten werden, so werden dem Besteller die eingezahlten Beträge abzüglich der Telegrammgebühr gegen Empfangsbescheinigung zurückgezahlt.

§ 15. Prüfung der Fahrausweise. Fahrpreiszuschläge. Bahnsteigkarten[45]) [46])

(1) Der Reisende ist verpflichtet, auf Verlangen den Fahrausweis jederzeit zur Prüfung vorzuweisen und bei Beendigung der Fahrt abzugeben[47]).

(2) Wer ohne gültigen Fahrausweis in einem zur Abfahrt bereitstehenden Zuge verweilt oder mehr Plätze belegt, als ihm für sich und die mit ihm reisenden Personen zustehen, hat die tarifmäßige Gebühr[48]) zu entrichten.

[49]) (3) Im übrigen hat ein Reisender, der keinen gültigen Fahrausweis vorweisen kann, für die von ihm zurückgelegte Strecke und, wenn der Zugangsbahnhof nicht sofort nachgewiesen werden kann, für die ganze vom Zuge zurückgelegte Strecke das Doppelte des Fahrpreises, mindestens jedoch drei Reichsmark zu entrichten. Wer unaufgefordert dem Schaffner oder Zugführer meldet, daß er keinen gültigen Fahrausweis habe, hat einen Zuschlag von 50 Reichspfennig zum tarifmäßigen Preis, jedoch nicht mehr als das Doppelte dieses Preises zu zahlen. Vgl. auch § 19 (1).

---

[45]) Bisher § 16. JÜP Art. 12. — Besond. AusfBest f. d. Reichsbahn betrifft Bahnsteig-Monatskarten zur Aufgabe od. Abholung v. Bahnhofszeitungen.

[46]) Rechtscharakter der nach § 15 dem Reis. obliegenden Zahlungsverpflichtungen: Sie sind rein zivilrechtl. Natur — OLG Stuttgart VZ **1910** 1547; OLG München EE **27** 406 — u. nicht Vertragstrafen, sondern obligationes ex lege. RundnagelBefGesch S. 510f., Kittel Anm. 12 (wo auch Angaben üb. weitere Lit. u. abweich. Meinungen), Löning Anm. 1 zu JÜP Art. 12.

[47]) Nach RundnagelBefGesch S. 507 — a. M. Löning Anm. 4 zu Art. 5 — sind bei Weigerung des Reis. BO §§ 77, 82 anwendbar; jedenfalls greift EVO § 10 (1) Platz, soweit er in casu praktisch in Frage kommt.

[48]) S. AllgAusfBest 5a b. — Anm. 46.

[49]) A. RundnagelBefGesch §§ 173f.; WeirauchAnm. 8ff.; Kittel Anm. 14; Brandis VZ **1920** 9; Ebermayer, Der blinde Passagier VerkRu **1924** 489; Gerh. Eger, Strafrechtl. Natur der Fahrkartenkontravention EE **25** 213.

B. Aus der Rechtsp. des Reichsgerichts (s. auch Löning Anm. 5 zu JÜP Art. 12 u. Anm. 3 zu JÜP Art. 13). Bei bewußt rechtswidr. Hinterzieh. ist das Vergehen d. Betrugs spätestens mit Beginn der Fahrt vollendet, Nachzahl. hinterher schließt die Bestraf. nicht aus. Straff. **4** 295; EE **7** 124; VerkRu **1924** 526. Betrug z. B. heimliches Mitfahren auf dem Trittbrett — Straff. **24** 318 —, u. U. Verhinderung der Entwertung — das. **25** 412 —, falsche Angabe der Zugangstation — das. **17** 217 —, Einsteigen in höhere Klasse u. Erregung des Irrtums beim Schaffner, daß der Reis. Fahrkarte dafür habe, EE **28** 421. Durchschreiten der Sperre mit gefälschter Fahrkarte JW **1926** 567. Einverständnis d. Reisenden m. d. Fahrpersonal schließt die Bestraf. aus § 263 nicht aus. Straff. **17** 217, **25** 412, EE **7** 214; anders. Straff. **42** 40 (dagegen Hausmann VZ **09** 1425). Arglist. Benutz. einer ungült. Fahrkarte EE **25** 386. Bestechung: Nichtzulass. eines ohne gült. Fahrk. Reisenden od. Entfern. desselben aus d. Zuge ist Amtspflicht i. S. StGB § 333. Straff. **10** 325, EE **6** 69. Widerstand g. d. Staatsgewalt: Die Tätigkeit des Bahnsteigschaffners zur Ausführ. des § 15 fällt unter StGB § 113 EE **21** 287. Untreue (StGB § 266 Nr. 2), wenn der Schaffner jemanden zur unentgeltl. Mitfahrt auffordert. EE **28** 429. Abschneiden des Tagesstempels u. Benutzung der Fahrkarte zu neuer Fahrt nach Ablauf der Geltungsdauer ist Betrug, nicht UrkFälschung VZ **1929** 674.

(4) Ein Reisender, der die sofortige Zahlung verweigert, kann ausgesetzt werden; er hat keinen Anspruch auf Erstattung von Fahrpreis oder Gepäckfracht.

[50]) (5) Wer auf Bahnhöfen mit Bahnsteigsperre ohne gültigen Fahrausweis die abgesperrten Teile des Bahnhofs betreten will, hat eine Bahnsteigkarte zu lösen. Diese Karte ist beim Durchschreiten der Sperre vorzuweisen und bei der Rückkehr abzugeben. Sie berechtigt nicht zum Betreten des Zuges. Wer ohne gültigen Ausweis die abgesperrten Teile eines Bahnhofs betritt, hat 50 Reichspfennig zu zahlen.

(6) Den Eisenbahnen bleibt überlassen, mit Genehmigung des Reichsverkehrsministers die Fälle durch den Tarif einheitlich[51]) zu regeln, wo aus Billigkeit von der Erhebung der in den Absätzen (2), (3) und (5) bezeichneten Beträge ganz oder teilweise abgesehen wird.

(7) Über jede Nachzahlung ist eine Bescheinigung zu erteilen.

[2]) Prüfung der Fahrausweise

1. Werden mehrere aneinander anschließende Fahrausweise zu einer zusammenhängenden Fahrt benutzt, so sind sämtliche Fahrausweise bei Beendigung der Fahrt vorzuzeigen.
2. Ob ein beschädigter Fahrausweis noch als gültig anzusehen ist, entscheidet auf den Bahnhöfen der Aufsichtsbeamte, während der Fahrt der Zugführer. Fahrausweise, deren Inhalt unbefugt geändert worden ist, sind ungültig und werden abgenommen. Das gleiche gilt, wenn Fahrausweise oder sonst vorgeschriebene Ausweise oder zugehörige Lichtbilder unleserlich oder unkenntlich geworden sind.
3. Scheine von Fahrscheinheften und von Fahrausweisen in Buchform, deren Umschlag nicht vorgezeigt werden kann, und außer der Reihe befindliche Scheine sind ungültig und werden abgenommen.

Fahrpreiszuschläge

4. Wer bei einer Fahrt nach allg. AusfBest 1 für eine Teilstrecke keinen gültigen Fahrausweis vorzeigen kann, hat für diese Teilstrecke das Doppelte des gewöhnlichen Fahrpreises, mindestens aber 3 Reichsmark zu entrichten.
5. Ein zur Abfahrt bereitstehender Zug darf ohne gültigen Fahrausweis nur vorübergehend von Personen betreten werden, die den Reisenden das Handgepäck in die Wagen schaffen oder hilfsbedürftige Reisende sowie Frauen und Kinder unterbringen wollen. Wer zu anderen Zwecken den Zug betritt oder ohne gültigen Fahrausweis darin verweilt, hat 3 Reichsmark zu zahlen.
6. Wer mehr Plätze belegt, als ihm für sich und die mit ihm reisenden Personen zustehen, hat 3 Reichsmark zu entrichten.
7. Keinen Zuschlag hat zu zahlen:
   a) wer auf einem Anschlußbahnhof wegen Verspätung seines Zuges oder wegen kurzer Übergangszeit keinen Fahrausweis zur Weiterfahrt hat lösen können und dies dem Schaffner sofort unaufgefordert meldet,
   b) wer in demselben Zuge über den Bahnhof bis zu dem sein Fahrausweis gilt, hinausfahren will, dort aber keine Zeit zum Lösen eines Fahrausweises hat und die Absicht der Weiterfahrt spätestens auf dem ursprünglichen Bestimmungsbahnhof dem Schaffner meldet,
   c) wer in einem Zuge, der auf dem Bestimmungsbahnhof seines Fahrausweises nicht hält, weiterfahren will und dies dem Schaffner spätestens auf dem letzten Haltebahnhof vor dem ursprünglichen Bestimmungsbahnhof meldet,
   d) wer in eine höhere Wagenklasse übergeht und dies vorher dem Schaffner unaufgefordert meldet,
   e) wer einen Zug mit höheren Fahrpreisen benutzt und dies dem Schaffner sofort unaufgefordert meldet.
8. Fährt ein Reisender unfreiwillig oder unwissentlich eine Strecke mit einem dafür nicht gültigen Fahrausweis oder benutzt er einen seinem Fahrausweis nicht entsprechenden Zug mit höheren Fahrpreisen, so kann statt der in § 15 Abs. (3) EVO bestimmten Beträge der einfache Fahrpreis oder der tarifmäßige Zuschlag für den Übergang erhoben werden, sofern der Reisende zur sofortigen Zahlung bereit ist.
9. Bei Berechnung des Fahrpreiszuschlags, den Reisende ohne gültigen Fahrausweis zu zahlen haben, wird der etwa schon gezahlte Fahrpreis angerechnet, wenn er aus dem Fahrausweis ohne weiteres erkennbar ist.

Bahnsteigkarten

9. Der Inhaber einer Bahnsteigkarte darf den Bahnsteig und die in die Bahnsteigsperre einbezogenen Warteräume nur einmal betreten und nur solange die Sperre geöffnet ist. Er hat die abgesperrten Teile des Bahnhofs zu verlassen, wenn es der Aufsichtsbeamte anordnet.

   Die Bahnsteigkarte gilt nur an dem Tage, an dem sie der Bahnsteigschaffner entwertet hat. Die Eisenbahn kann Ausnahmen zulassen.

   Eine zwischen 23 und 24 Uhr entwertete Karte gilt auch am folgenden Tage.
10. Die Bahnsteigkarte kostet 20 Reichspfennig. Für zwei Kinder vom vollendeten vierten bis zum vollendeten zehnten Lebensjahr braucht nur eine Bahnsteigkarte gelöst zu werden. Kinder bis zum vollendeten vierten Lebensjahr werden ohne Bahnsteigkarte zugelassen.
11. Für jeden auf den Bahnsteig mitgenommenen Hund ist eine Bahnsteigkarte zu lösen.

§ 16. Warteräume[52])

(1) Die Warteräume sind auf Bahnhöfen mit geringerem Verkehr mindestens eine halbe Stunde, auf Bahnhöfen mit größerem Verkehr mindestens eine Stunde vor Abfahrzeit eines Zuges zu öffnen.

[50]) Privatrechtl. Verh. zw. dem, der e. Bahnsteigkarte löst, u. der Bahn: RundnagelBefGesch S. 511, Weber **EE 25** Sonderheft S. 121, Kalckbrenner das. **26** 211, Weirauch Anm. 17, Kittel Anm. 18. — RG Straff. **59** 380. — Freier Zutritt zum Bahnsteig Bf 15 p 2871 v. 29. März 28.

[51]) D. h. durch allgemeine AusfBest (Teil I), nicht durch d. Lokaltarif (Teil II).

[52]) Bisher § 17. — Hausrecht oben VI 3 Anm. 57. „Dauerverweis“: ObLG München **EE 45** 290. — Haftung der Eis. f. d. Beschaff. usw. der Räume oben Anm. 26 B, des Bahnhofswirts **RG EE 21** 386. — Bahnhofswirtschaften oben I 2 Beil. A Anm. 4 H. — Postreisende unten IX 2 Beil. A Ziff. VI 6.

(2) Auf Übergangsbahnhöfen ist es den ankommenden Reisenden gestattet, sich in dem Warteraum der Bahn, die sie zur Weiterreise benutzen wollen, bis zur Abfahrt ihres Zuges aufzuhalten. Sie können aber nicht beanspruchen, daß der Warteraum ihretwegen in der Zeit von 23 bis 6 Uhr offengehalten wird. Beträgt jedoch die Zeit von der Ankunft des letzten bis zum Abgang des ersten Zuges weniger als fünf Stunden, so sind auf Übergangsbahnhöfen oder auf Bahnhöfen, wo Züge über Nacht stehen bleiben, die Warteräume für Durchgangsreisende offenzuhalten.

(3) Den im § 10 aufgeführten Personen kann der Aufenthalt in den Warteräumen untersagt werden[53]).

(4) Das Rauchen in den Warteräumen kann verboten werden. Wer dem Verbot zuwiderhandelt, hat 2 Reichsmark zu zahlen[54]).

²) Sind die Warteräume auf einzelnen Bahnhöfen nach § 2 Abs. (2) EVO nur kürzere Zeit geöffnet, so wird dies durch Aushang bekanntgemacht.

§ 17. Nichtraucher- und Frauenabteile[55])

[56]) (1) In jeder Wagenklasse ist eine angemessene Anzahl von Abteilen für Nichtraucher vorzuhalten. In den übrigen Abteilen ist das Rauchen gestattet. Sofern im Zuge nur ein Abteil der ersten, zweiten oder dritten Wagenklasse vorhanden ist, darf in diesem nur mit Zustimmung aller Mitreisenden geraucht werden. Bei Zügen mit Wagen ohne geschlossene Abteile ist, soweit dafür ein Bedürfnis besteht, für gesonderte Unterbringung von Nichtrauchern Sorge zu tragen.

(2) Die Eisenbahn kann, soweit dafür ein Bedürfnis besteht, Frauenabteile einrichten. In diese dürfen Männer auch mit Einverständnis der darin fahrenden Frauen nicht zugelassen werden. Die Mitnahme von Knaben bis zum vollendeten zehnten Lebensjahr ist gestattet. Bei Überfüllung der anderen Abteile kann der Schaffner auch Männern Plätze in Frauenabteilen anweisen.

[56]) (3) Nichtraucher- und Frauenabteile sind durch Aufschrift kenntlich zu machen. In diesen Abteilen und in den Gängen, wo durch Anschlag das Rauchen verboten ist, darf auch mit Zustimmung der Mitreisenden nicht geraucht werden. Wer dem zuwiderhandelt, hat 2 Reichsmark zu zahlen.

²) 1. In den Triebwagen gibt es keine Frauenabteile.
2. In den Triebwagen ohne Raucherabteil ist das Rauchen untersagt.

§ 18. Einnehmen der Plätze[57])

(1) Der Schaffner ist berechtigt und auf Verlangen verpflichtet, den Reisenden die Plätze anzuweisen.

(2) Wer seinen Sitzplatz verläßt, ohne ihn deutlich erkennbar zu belegen[58]), verliert den Anspruch darauf.

(3) Findet ein Reisender der zweiten oder dritten Wagenklasse in der seinem Fahrausweis entsprechenden Klasse keinen Sitzplatz, so ist ihm tunlichst[59]) in der nächsthöheren Klasse ein solcher anzuweisen, falls dort noch Sitzplätze frei sind. Der Reisende wird in der höheren Klasse, in der ihm ein Platz angewiesen wurde, ohne Zahlung des Preisunterschieds so lange befördert, bis ihm in der seinem Fahrausweis entsprechenden Klasse ein Platz angewiesen werden kann. Erhält er auch in der nächsthöheren Klasse keinen Sitzplatz, so kann er entweder gegen Erstattung des Preisunterschieds in einer niedrigeren Klasse fahren oder die Fahrt gegen Erstattung von Fahrpreis und Gepäckfracht für die nicht durchfahrene Strecke aufgeben. Eine weitere Entschädigung steht ihm nicht zu.

²) 1. Der Reisende darf beim Einsteigen für sich und mit ihm reisende Personen je einen Sitzplatz belegen.
2. Reisende, die nach § 18 Abs. (3) EVO in der nächsthöheren Klasse unterzubringen sind, dürfen erst dann in der höheren Wagenklasse Platz nehmen, wenn ihnen der Aufsichtsbeamte oder der Schaffner hier einen Platz anweist. Wer eigenmächtig in einer höheren Wagenklasse Platz nimmt, wird nach § 15 Abs. (3) EVO als Reisender ohne gültigen Fahrausweis behandelt.

§ 19. Übergang in eine höhere Wagenklasse. Fahrpreiserstattung[60])

(1) Soweit der Tarif nichts anderes bestimmt, ist dem Reisenden der Übergang in eine höhere Wagenklasse oder in einen Zug mit höheren Fahrpreisen gegen Zahlung des Unterschiedsbetrags gestattet. § 15 (3) gilt sinngemäß.

(2) Ist ein Fahrausweis nicht benutzt worden, so kann vorbehaltlich der in den Abs. (4) und (5) bezeichneten Abzüge der bezahlte Fahrpreis zurückverlangt werden[61]). Ist der Fahrausweis zum Betreten des Bahnsteigs benutzt worden, so wird außerdem der Preis einer Bahnsteigkarte abgezogen.

---

[53]) Zuwiderhandl. kann Hausfriedensbruch sein.

[54]) Außerdem greifen BO §§ 77, 82 ein.

[55]) Bisher § 18 (teilweise abweich., z. B. ist die Verpflicht. der Eis., Frauenabteile vorzuhalten, fortgefallen). — Vf 24. Okt. 28 u. 18. März 29, Die Reichsbahn S. 950 u. 285 betr. Vorhalt. v. Raucher- u. Nichtraucherabteilen in den Zügen der Reichsbahn u. Durchführ. des Rauchverbots. Vf 21 Bbar 2 v. 19. Juli 29 betr. Rauchen in Triebwagen.

[56]) Übertret. des Rauchverbots fällt außerdem unter BO §§ 77, 82. E 13. Juli 22 EV p 55. 2776. S. ferner die in Anm. 55 genannte Vf 24. Okt. 28.

[57]) Bisher §§ 19 u. 20 (1), der alte Abs. (2) in § 19 ist fortgefallen. Satz 2 im neuen § 18 (3), auf die 4. Klasse bezüglich, ist durch Vo 20. Sept. 28 RGBl II 609 gestrichen worden. — JÜP Art. 9. — RundnagelBefGesch § 175.

[58]) Mit Gegenständen, die offensichtlich dem Reis. gehören; Belegen mit Zeitungen genügt nicht; auch muß der Sitz belegt w., nicht etwa nur z. B. das Gepäcknetz oberhalb desselben (Kittel Anm. 2). S. auch Wendt u. Weinberg VZ **1929** 405.

[59]) Ein Anspruch des Reis. besteht nicht. — Üb. die Frage, ob sich der Reis. Zugang aus e. niederen Klasse gefallen lassen muß, s. Eger EE **33** 139, anders. Reindl VZ **1917** 205.

[60]) Bisher § 20 (2, 3); Abs. (2—9) neu. JÜP Art. 9, 11, 26. — Besond. AusfBest f. d. Reichsb., daß der Übergang auf die oben in Anm. 35 genannten Karten größtenteils nicht gestattet ist.

[61]) Bisher bestand kein Anspruch darauf.

(3) Ist ein Fahrausweis infolge von Tod, Krankheit oder Unfall des Reisenden oder wegen anderer zwingender Gründe nur teilweise benutzt worden, so wird vorbehaltlich der in den Abs. (4) und (5) bezeichneten Abzüge der Unterschied zwischen dem bezahlten Gesamtpreis und dem gewöhnlichen Fahrpreis für die zurückgelegte Strecke erstattet.

(4) Die Gebühren für Platzkarten werden nicht zurückerstattet.

(5) Von dem zu erstattenden Betrag werden die Herstellungskosten für Fahrausweise in Heftform, die für den Verkauf der Fahrausweise gezahlten Vermittlungsgebühren, etwaige Postgebühren für die Zusendung des Erstattungsbetrags sowie eine Gebühr von 10 v. H., jedoch nicht weniger als 20 Reichspfennig und nicht mehr als 2 Reichsmark für den Fahrausweis abgezogen[62]). Diese Beträge dürfen nicht abgezogen werden, wenn ein unbenutzter Fahrausweis am Ausgabetag der Ausgabestelle zurückgegeben wird.

(6) Für verlorene Fahrausweise wird keine Rückerstattung gewährt.

(7) Der Erstattungsanspruch erlischt, wenn er nicht binnen 6 Monaten nach Ablauf der Gültigkeitsdauer des Fahrausweises bei der Eisenbahn geltend gemacht worden ist[43]).

(8) Der Tarif kann abweichende Bestimmungen treffen, die jedoch für die Reisenden nicht ungünstiger sein dürfen. Bei Fahrausweisen zu ermäßigten Preisen kann der Tarif die Rückerstattung ausschließen oder an bestimmte Bedingungen knüpfen. Die nach § 11 ausgegebenen Kinderfahrausweise gelten nicht als Fahrausweise zu ermäßigtem Preis im Sinne dieser Bestimmung.

(9) Wegen der Erstattung der Gepäckfracht vergleiche § 33 (5).

²) Übergang in eine höhere Wagenklasse

1. Beim Übergang aus einer niederen in eine höhere Wagenklasse ist der Preisunterschied der beiden Klassen und gegebenenfalls auch der Zuggattungen durch Lösen einer Übergangskarte zu entrichten.
2. Soweit nicht in den Tarifteilen II anders bestimmt ist, wird beim Übergang erhoben:
   a) von der 3. in die 2. Wagenklasse der Preis einer halben Personenzugfahrkarte 3. Klasse,
   b) von der 2. in die 1. Wagenklasse der Preis einer ganzen Personenzugfahrkarte 2. Klasse.

   Daneben wird beim Übergang in einen zuschlagspflichtigen Zug der Zuschlag, beim Übergang in eine höhere Wagenklasse eines zuschlagspflichtigen Zuges oder eines Zuges mit höherem Zuschlag der Unterschied der Zuschläge erhoben.
3. Eine Übergangskarte gilt solange wie der Fahrausweis, zu dem sie gelöst ist.

Fahrpreiserstattung

4. Bei Fahrpreiserstattungen nach § 18 Abs. (3) und § 24 Abs. (2) EVO wird der Preis einer Bahnsteigkarte nicht abgezogen.
5. Bei Fahrausweisen zu ermäßigten Preisen, mit Ausnahme der Kinderfahrausweise zum gewöhnlichen Fahrpreis (§ 11 Abs. (3) EVO), kann keine Erstattung verlangt werden.
6. Wenn kein Rechtsanspruch auf Erstattung besteht, kann die Eisenbahnverwaltung aus Billigkeit erstatten.
7. Der Reisende hat bei Erstattungsanträgen die Fahrausweise vorzulegen und die Tatsachen, die die Erstattung begründen, glaubhaft zu machen. Hat er einen Fahrausweis nur teilweise benutzt, so muß dies vom Aufsichtsbeamten bestätigt sein.

§ 20. Abfahrt. Versäumung der Abfahrt[63])

(1) Nach dem Abfahrzeichen darf niemand mehr einsteigen.

(2) Wer die Abfahrt versäumt, hat keinen Anspruch auf Entschädigung.

(3) Will der Reisende einen späteren Zug benutzen, für den sein Fahrausweis nicht ohne weiteres gilt, so hat er letzteren ohne Verzug dem Aufsichtsbeamten vorzulegen, um ihn gültig schreiben zu lassen. Die Geltungsdauer des Fahrausweises kann hierbei erforderlichenfalls um einen Tag verlängert werden. Bei Benutzung eines Zuges mit höheren oder niedrigeren Fahrpreisen ist der Unterschied auszugleichen. Für Fahrausweise zu ermäßigten Preisen kann der Tarif abweichende Bestimmungen treffen.

(4) Für die Rückgabe des Gepäcks gelten die Vorschriften im § 33 (3), (5) und (6).

²) 1. Bei Fahrausweisen zu ermäßigten Preisen, mit Ausnahme der Kinderfahrausweise zum gewöhnlichen Fahrpreis (§ 11 Abs. (3) EVO), wird die Geltungsdauer nicht verlängert.
2. Wird ein Fahrausweis, der durchlocht, aber zur Fahrt nicht benutzt worden ist, wieder gültig geschrieben, so wird der Preis einer Bahnsteigkarte nicht erhoben, selbst wenn der Fahrausweis gegen einen solchen für einen Zug mit höheren oder niedrigeren Fahrpreisen umgetauscht wird.

§ 21. Verhalten während der Fahrt[64])

(1) Wenn sich die Reisenden über das Öffnen und Schließen der Fenster, der Lüftungsvorrichtungen oder der Türen, über das Abblenden der Beleuchtung oder die Betätigung der Heizung und dergleichen nicht verständigen können, so entscheidet der Schaffner[23]).

(2) Wird ausnahmsweise außerhalb eines Bahnhofs längere Zeit angehalten, so dürfen die Reisenden nur mit ausdrücklicher Zustimmung des Zugführers aussteigen. Sie müssen sich sofort von den Gleisen entfernen und auf das erste Zeichen des Zugführers wieder einsteigen.

§ 22. Verunreinigung und Beschädigung von Eisenbahneigentum[65])

Ein Reisender, der Anlagen, Fahrzeuge oder Ausrüstungsstücke der Eisenbahn verunreinigt, hat die Reinigungskosten zu erstatten. Wer sie beschädigt, hat die Instandsetzungskosten zu tragen, es sei denn, daß ihn kein Verschulden

---

[62]) Nicht die BefördSteuer. Kittel Anm. 7.

[63]) Bisher § 21.

[64]) Bisher §§ 22, 24. BO § 81.

[65]) Bisher § 23. — Bei Beschäd., nicht ab. bei Verunrein. ist Verschulden Vorauss. (Begr.).

trifft. Die Eisenbahn kann sofortige Zahlung oder Sicherheitsleistung verlangen. Sie kann für die Entschädigung feste Sätze bestimmen, die durch Anschlag bekanntzumachen sind.

²) Für Verunreinigungen oder Beschädigungen bestehen feste Sätze. Trifft keiner dieser Sätze zu, so werden die Kosten abgeschätzt.

§ 23. Unterwegsbahnhöfe. Fahrtunterbrechung[66])

(1) Bei Ankunft auf einem Bahnhof werden sein Name und der etwa stattfindende Wagenwechsel ausgerufen, außerdem die Dauer des Aufenthalts, wenn er mehr als 4 Minuten beträgt, soweit möglich auch die Kürzung eines fahrplanmäßigen Aufenthalts.

(2) Wie oft, wie lange und unter welchen Bedingungen der Reisende die Fahrt auf Unterwegsbahnhöfen unterbrechen darf, bestimmt der Tarif.

²) 1. Der Reisende hat selbst dafür zu sorgen, daß er auf dem Abgangsbahnhof und auf den Übergangsbahnhöfen in den richtigen Zug gelangt, und daß er am Ziel seiner Reise den Wagen verläßt.

2. Auf Fahrausweise für einfache Fahrt darf die Fahrt nur einmal, auf Fahrausweise für Hin- und Rückfahrt je einmal hin und her unterbrochen werden, soweit in den Tarifteilen II nicht anders bestimmt ist.
Die Geltungsdauer der Fahrausweise wird durch eine Fahrtunterbrechung nicht verlängert (vgl. jedoch § 20 Abs. (2) und (3) EVO). Innerhalb der Geltungsdauer kann die Fahrt beliebig lange unterbrochen werden.
Auf Fahrscheinhefte der Reiseunternehmer darf die Reise innerhalb der Geltungsdauer des Heftes beliebig oft unterbrochen werden.

3. Die unterbrochene Reise kann auch von einem anderen, dem Bestimmungsbahnhof näher gelegenen Bahnhof desselben Bahnwegs fortgesetzt werden.

4. Wird auf Fahrausweise, die wahlweise für mehrere Wege gelten, die Fahrt auf einem dieser Wege unterbrochen, so darf sie nur auf demselben Wege fortgesetzt werden.

5. Als Fahrtunterbrechung wird nicht angesehen das lediglich durch den Fahrplan verursachte Erwarten des nächsten Anschlußzuges, selbst im Falle der Übernachtung. Hierzu gehört auch der Übergang aus einem Zuge, der auf dem Bestimmungs- oder Unterbrechungsbahnhof nicht hält, in den nächsten dort anhaltenden Anschlußzug sowie der Übergang in einen Zug, mit dem das Reiseziel früher oder billiger erreicht werden kann als mit dem vorher benutzten Zuge.

§ 24. Verspätung oder Ausfall von Zügen. Betriebsstörungen[67])

(1) Die verspätete Abfahrt oder Ankunft oder das Ausfallen eines Zuges begründen keinen Anspruch auf Entschädigung[68]).

(2) Wird infolge einer Zugverspätung der Anschluß an einen anderen Zug versäumt oder fällt ein Zug ganz oder teilweise aus, so kann der Reisende Fahrpreis und Gepäckfracht für die nicht durchfahrene Strecke zurückfordern.

(3) Gibt der Reisende in einem solchen Falle die Weiterfahrt auf und kehrt er mit dem nächsten, günstigsten Zuge ohne Fahrtunterbrechung zum Abgangsbahnhof zurück, so werden ihm Fahrpreis und Gepäckfracht ohne Abzug erstattet, auch freie Rückbeförderung gewährt. Der Reisende hat seine Ansprüche bei Vermeidung des Verlustes unter Vorlegung des Fahrausweises unverzüglich nach Ankunft auf dem Bahnhof, wo er die Reise aufgibt, und bei Rückkehr auf dem Abgangsbahnhof dem Aufsichtsbeamten zu melden. Auf beiden Bahnhöfen ist die Meldung dem Reisenden zu bescheinigen.

(4) Verzichtet der Reisende auf Ersatz des Fahrpreises und freie Rückbeförderung und wünscht er die angefangene Reise fortzusetzen, so darf er ohne Preiszuschlag mit seinem Gepäck den nächsten dem Personenverkehr dienenden Zug benutzen, der auf der gleichen oder auf einer anderen Strecke am schnellsten denselben Bestimmungsbahnhof erreicht. Der Rückgriff der Bahnen untereinander wird dadurch nicht berührt.

(5) Führt der nach Abs. (3) und (4) für die Rück- oder Weiterfahrt zugelassene Zug nicht die dem Fahrausweis entsprechende Klasse, so darf der Reisende die nächsthöhere Klasse benutzen. Soweit erforderlich, wird auch die Geltungsdauer des Fahrausweises verlängert.

(6) Die Eisenbahn ist berechtigt, durch den Tarif oder durch die Fahrpläne einzelne Züge oder Zuggattungen von der hilfsweisen Benutzung auszuschließen.

(7) Verhindern Naturereignisse oder andere zwingende Umstände die Weiterfahrt eines Zuges, so hat die Eisenbahn tunlichst für die Weiterbeförderung der Reisenden über eine Hilfsstrecke oder auf andere Weise zu sorgen.

(8) Die Eisenbahn kann weitere Erleichterungen durch den Tarif festsetzen.

(9) Zugverspätungen von mehr als 15 Minuten und Betriebsstörungen sind durch Anschlag bekanntzumachen.

²) 1. In den Fällen des § 24 Abs. (4) EVO hat der Bahnhof, von dem aus die Weiterreise nach dem Bestimmungsbahnhof angetreten wird, die Anschlußversäumnis oder den Zugausfall auf dem Fahrausweis zu bescheinigen, ihn für eine andere Strecke, für einen Zug mit höheren Fahrpreisen oder für eine höhere Wagenklasse gültig zu schreiben, auch, soweit erforderlich, seine Geltungsdauer zu verlängern.
Nach Einholung des Zuges, an den der Anschluß versäumt war, haben die Reisenden auf diesen Zug überzugehen.

2. Ist der Betrieb auf einzelnen Strecken vorübergehend unterbrochen, so kann die Benutzung einer Hilfsstrecke nach § 24 Abs. (4) EVO auch solchen Reisenden gestattet werden, die die Fahrt nach einem auf dem geraden Wege nicht erreichbaren Bahnhof erst antreten wollen.

---

[66]) Bisher §§ 24, 25. JÜP Art. 10. — Besond. AusfBest f. d. Reichsb., daß die Fahrtunterbr. bei einem Teile der in Anm. 35 oben genannten Karten nicht zugelassen ist.

[67]) Bisher § 26. JÜP Artt. 16, 26 § 5, 28 § 1.

[68]) Auch nicht bei Verschulden der Bahn. Rundnagel BefGesch S. 516. — Rinaldini EE **20** 95. — Die Best gilt nicht f. Güterbeförd. RG EE **22** 258. — Verfrühte Abfahrt: Weirauch Anm. 2.

3. Die Benutzung der FFD- und Luxuszüge sowie der aus Schlafwagen gebildeten D- und FD-Züge ist in den Fällen des § 24 Abs. (3) und (4) EVO ausgeschlossen.
4. Bei Anschlußversäumnis können Reisende auf kurze Strecken auch mit einem Güterzug in einem besonders eingestellten Personenwagen, im Gepäckwagen oder in einem geeigneten Güterwagen weiterbefördert werden. Wenn die Reisenden keine Fahrausweise für die Weiterfahrt besitzen, wird bei der Beförderung in einem Personenwagen der Personenzugfahrpreis der benutzten Wagenklasse, bei der Beförderung im Gepäck- oder Güterwagen der Fahrpreis der 3. Wagenklasse Personenzug erhoben.
5. Wenn infolge von Anschlußversäumnis usw. die Fahrt über eine Hilfsstrecke ausgeführt werden soll, wird das Gepäck je nach Wunsch des Reisenden über diese oder über den ursprünglichen Bahnweg weiterbefördert. Bei räumlich getrennten Bahnhöfen hat der Reisende für Überführung seines Gepäcks nach dem Anschlußbahnhof selbst zu sorgen.

§ 25. Mitnahme von Tieren in die Personenwagen[69])

(1) Lebende Tiere dürfen in die Personenwagen nicht mitgenommen werden, jedoch sind kleine Hunde und andere kleine Tiere zugelassen, wenn keine Polizeivorschriften entgegenstehen und die Mitreisenden nicht widersprechen. Als klein gelten solche Tiere, die auf dem Schoße getragen werden können. In Schlaf- und Speisewagen dürfen keine Tiere mitgenommen werden. Tiere, die entgegen dieser Vorschrift in die Personen-, Schlaf- oder Speisewagen mitgenommen werden, sind aus diesen Wagen zu entfernen.

(2) Hunde jeder Größe dürfen mitgeführt werden, soweit Reisenden mit Hunden besondere Abteile zur Verfügung gestellt werden können.

(3) In die Personenwagen mitgenommene Tiere sind von dem Reisenden selbst zu beaufsichtigen.

(4) Im übrigen werden Hunde, die von den Reisenden mitgenommen werden sollen, in besonderen Wagenräumen befördert. Sind solche nicht vorhanden oder schon besetzt, so kann die Beförderung nicht verlangt werden. Für das Ein- und Ausladen sowie für das Umladen solcher Hunde auf Übergangsbahnhöfen hat der Reisende zu sorgen. Die Eisenbahn ist nicht verpflichtet, Hunde, die nicht unverzüglich nach Ankunft auf dem Bestimmungsbahnhof abgeholt werden, zu verwahren.

(5) Der Tarif bestimmt, ob und für welche Tiere eine Beförderungsgebühr zu bezahlen ist. Über die Zahlung ist dem Reisenden ein Ausweis zu erteilen. Ob und welcher Zuschlag zu entrichten ist, wenn ein gebührenpflichtiges Tier ohne solchen Ausweis mitgeführt wird, bestimmt der Tarif. § 15 (4) und (6) sowie § 24 gelten sinngemäß.

(6) Die Eisenbahn haftet für die nach den Vorschriften dieses Paragraphen beförderten Tiere nur bei Verschulden.

[2]) 1. Der Reisende muß für seinen Hund einen beißsicheren Maulkorb mit sich führen.
Er hat seinem Hund den Maulkorb anzulegen, wenn Mitreisende gefährdet oder belästigt oder Sachen beschädigt werden können.
In den Bahnhöfen und Zügen sind Hunde kurz an der Leine zu führen.
2. Ob und unter welchen Bedingungen außer kleinen Hunden auch andere Hunde (§ 25 Abs. (2) EVO) in Triebwagen mitgeführt werden dürfen, wird besonders bekanntgegeben.
3. Für Hunde die von den Reisenden mitgeführt werden, ist die in den Tarifteilen II festgesetzte Beförderungsgebühr zu entrichten. Wegen der Beförderung von Hunden in Behältern im Packwagen vgl. allg. AusfBest 19 zu § 30, wegen der Gebührenfreiheit der Führerhunde von Blinden bei Berufsreisen und von Schwerkriegsbeschädigten vgl. allg. AusfBest E 193 und 244 zu § 11.
4. Für andere kleine Tiere und kleine Vögel in Käfigen, die von den Reisenden mitgeführt werden, ist keine Beförderungsgebühr zu bezahlen.
5. Wegen Bahnsteigkarten für Hunde vgl. allg. AusfBest 11 zu § 15.
6. Für jedes gebührenpflichtige Tier, das ohne Ausweis mitgeführt wird, ist bei rechtzeitiger Meldung (§ 15 Abs. (3) EVO) ein Zuschlag von 50 Reichspfennig zu der tarifmäßigen Beförderungsgebühr, jedoch nicht mehr als das Doppelte dieser Gebühr zu zahlen. Ohne solche Meldung ist das Doppelte der Beförderungsgebühr, mindestens jedoch 3 Reichsmark zu zahlen.
7. Ausnahmsweise kann dienstlich reisenden Polizeibeamten und Militärpersonen, die Polizeidienst- oder Meldehunde mit sich führen, und Jägern gestattet werden, mit ihren Hunden im Dienstabteil oder im Gepäck- oder Güterwagen Platz zu nehmen, wenn keine Bedenken wegen der darin verladenen Gepäckstücke und Güter oder wegen der persönlichen Sicherheit der Reisenden bestehen (vgl. § 57 der Eisenbahn-Bau- und Betriebsordnung). Unter denselben Voraussetzungen können auch Blinde mit Führerhund im Dienstabteil Platz nehmen.

§ 26. Mitnahme von Handgepäck in die Personenwagen[70])

(1) Leicht tragbare Gegenstände (Handgepäck)[71]) dürfen unentgeltlich in die Personenwagen[72]) mitgenommen werden, wenn keine zoll-, steuer-, polizei- oder sonstigen verwaltungsbehördlichen Vorschriften[73]) entgegenstehen.

[69]) Bisher § 27. JÜP Art. 15. — RundnagelBefGesch § 183. — Rechtl. Charakter der Beförd.: einerseits Rundnagel a. a. O. u. Weirauch Anm. 1, anders. Kittel Anm. 1.

[70]) Bisher § 28. HGB § 465 Abs. 3, JÜP Art. 15. RundnagelBefGesch §§ 185ff.; Weinberg VZ **1919** 11; Staub Anm. 6 zu HGB § 465. — Vf 23. Feb. 29 (Die Reichsbahn S. 233).

[71]) Über Handgepäck w. kein Frachtvertr. abgeschlossen; seine Mitnahme geschieht in Erweiterung des PersonenbefördVtr. Begriff des HGep. Rundnagel S. 527, Kittel Anm. 1. Ausführlich Löning bei JÜP Art. 15.

[72]) Auch in Schlaf- u. Speisewagen. Kittel Anm. 2.

[73]) Beförd. postzwangspflichtiger Zeitungen durch expressen Boten unter Aufgabe als Reisegepäck ist nach G betr. d. Postwesen 28. Okt. 71 RGBl 347 § 2 (s. unten bei EVO § 54) verboten; Mitnahme als Handgepäck ist zulässig. RG Arch **02** 1135, EE **26** 175, **31** 354; E 19. Juli 02 EVBl 349; Vf 16 p 1188 v. 14. April 25. Unzulässig ist Beförd. in der Weise, daß ein Bote mehrere Fahrkarten löst u. die ZPakete nicht nur über u. unter seinem Sitzplatze, sondern auch unter u. über den anderen bezahlten Plätzen unterbringt. RG Straff **37** 98; E 30. Juni 04 EVBl 201. Begriff des expressen Boten

(2) In der ersten, zweiten und dritten Wagenklasse steht dem Reisenden nur der Raum über und unter seinem Sitzplatz für Handgepäck zur Verfügung. Ein Reisender darf nur insgesamt 25 Kilogramm Handgepäck mit sich führen. Handgepäckstücke von mehr als 25 Kilogramm Einzelgewicht werden auch dann nicht zugelassen, wenn mehrere Personen zusammen reisen. Reisende, denen kein Sitzplatz angewiesen werden kann, haben wegen Unterbringung ihres Handgepäcks den Anordnungen der Bediensteten Folge zu leisten.

[74]) (3) In besonders gekennzeichneten Wagen 3. Klasse dürfen auch Handwerkzeug, Traglasten in Körben, Säcken oder Kiepen und ähnliche Gegenstände mitgenommen werden, die ein Fußgänger tragen kann. Die Eisenbahn kann die Mitnahme dieser Gegenstände bei bestimmten Zügen oder Wagen ausschließen. Ein Reisender darf nur insgesamt 50 Kilogramm solcher Gegenstände mit sich führen. Gegenstände von mehr als 50 Kilogramm Einzelgewicht werden auch dann nicht zugelassen, wenn mehrere Personen zusammen reisen.

(4) Gegenstände, die entgegen den Vorschriften in Abs. (2) und (3) als Handgepäck mitgeführt werden, werden in den Packwagen gebracht und dort bis zur endgültigen Abfertigung verwahrt[75]). Für diese Gegenstände wird von dem Bahnhof ab, auf dem der Reisende zugestiegen ist oder, wenn der Zugangsbahnhof nicht sofort unzweifelhaft nachgewiesen wird, vom Ausgangsbahnhof des Zuges ab die Gepäckfracht mit einem Zuschlag von 10 Reichsmark, jedoch nicht mehr als die doppelte Fracht erhoben. § 15 (4) und (6) gilt sinngemäß.

(5) Der Reisende hat die von ihm mitgeführten Sachen selbst zu beaufsichtigen. Die Eisenbahn haftet für sie nur bei Verschulden[76]).

²) 1. Die zugelassene Traglast kann auch aus mehreren Stücken bestehen. Gegenstände, die wegen ihres Umfanges oder ihrer Anzahl ein einzelner Fußgänger nicht tragen kann, oder die sich wegen ihres Umfanges zur Mitnahme in die Personenwagen nicht eignen, werden auch dann nicht als Traglasten zugelassen, wenn mehrere Fahrausweise vorgezeigt werden.
2. Als Traglasten dürfen auch kleinere Tiere, ausgenommen Ferkel, mitgenommen werden; Hunde vgl. jedoch allg. AusfBest 2 und 3 zu § 25.
3. Fahrräder — gleichviel ob zerlegt oder unzerlegt — dürfen in die Personenwagen nicht mitgenommen werden.
4. (Schneeschuhe und Rodelschlitten.)
5. (Faltboote.)

§ 27. Von der Mitnahme ausgeschlossene Gegenstände[77])

(1) Gefährliche Gegenstände, insbesondere geladene Schußwaffen, explosionsfähige, leicht entzündbare und ätzende Stoffe sowie Gegenstände, die geeignet sind, den Mitreisenden lästig zu fallen oder die Wagen zu beschädigen, sind von der Mitnahme in die Personenwagen ausgeschlossen. Der Tarif kann Erleichterungen zulassen.

(2) Wer dieser Vorschrift zuwiderhandelt, kann erforderlichenfalls ohne Anspruch auf Erstattung von Fahrpreis oder Gepäckfracht ausgesetzt werden und haftet für jeden aus der Zuwiderhandlung entstehenden Schaden[78]). Je nach Lage des Falles hat er außerdem bahnpolizeiliche Bestrafung zu gewärtigen.

(3) Die Bediensteten sind berechtigt, sich von der Beschaffenheit der mitgenommenen Gegenstände zu überzeugen, wenn Tatsachen vorliegen, die eine Zuwiderhandlung gegen die Bestimmungen des Abs. (1) vermuten lassen.

(4) Personen, die in Ausübung des öffentlichen Dienstes oder mit verwaltungsbehördlicher Genehmigung eine Schußwaffe führen[79]), dürfen Handmunition mitnehmen. Den Begleitern von Gefangenen, die mit diesen in besonderen Wagen oder Wagenabteilen fahren, ist gestattet, geladene Schußwaffen mitzuführen.

²) 1. (Amtliche Desinfektoren.)
2. Wegen der Mitnahme von Schneeschuhen und Rodelschlitten sowie von Faltbooten vgl. allg. AusfBest 5 zu § 26.

(Gegensatz: Gelegenheitsbote) RG Arch **07** 552; StrafS **47** 231; EE **31** 88; E 20. Sept. 20 EV p 56. 454. Ob der Bote Fahrkarte hat od. nicht, ist gleichgültig, ebenso ob sich der Umfang der Zeitungen innerh. des f. Handgepäck zulässigen hält. RG StrafS **38** 136. Beförd. v. Zeitungen auf Straßenbahnen RG EE **28** 291. Große Pakete mit Briefen RG EE **30** 214. Ausführlich Aschenborn-Schneider zu ReichsPostG § 2. — Zur Frage, ob die Beförd. der EisDienstkorrespondenz durch Bahnpersonal m. d. PostG vereinbar ist, s. dieselben Anm. 9 zu PostG § 1. Postsendungen der Preuß. Kleinbahnaufsicht Vf 2 Arlü v. 11. Juni 29. Beförd. der Korrespondenz d. Schlafwagenges. durch ihre Angestellten verstößt gegen PostG § 27 Abs. 1 Nr. 1. RG StrafS **58** 6, **59** 11. Schriftwechsel der Wohlfahrtseinrichtungen bei der Reichsbahn Vf 48. 480 Oavsb 2 v. 8. Sept. 28 (s. auch oben III 4 Anm. 2a). Eisenbahndienstkorrespondenz Kundmachung 14 des EisVerkehrsverbands (oben VII 1). — Zollvorschrift EZO (unten X 2 Beil. A) § 16.

[74]) In der Fassung der Vo 20. Sept. 28 RGBl II 609.

[75]) Die Eis. haftet dafür als Verwahrer nach BGB § 690.

[76]) Auch für ihre Leute (EVO § 5). EisG § 25 ist nicht anwendbar bei Verlust v. HGepäck — RG EE **41** 251 —, wohl ab. (nach Kittel Anm. 6) bei Beschädigung desf. Für HGepäck, das der Reis. im Zuge liegen läßt, haftet die Eis. nicht als Verwahrer. Kittel a. a. O. Ausführlich üb. die Haftung der Bahn f. HGep. Löning Anm. 7 zu JÜP Art. 28. — Haftung der Schlafwagengesellschaft Eger Anm. 110 zu EVO (v. 1908) § 28; Reindl EE **18** 367, **24** 195; Fuld das. **24** 324; Koban Österr. Zeitschr f. EisRecht **3** 116; Altenberger das. **6** 145. — Beweispflicht liegt dem Reis. ob. Kittel Anm. 6, Weirauch Anm. 6; a. M. RundnagelBefGesch S. 526.

[77]) Bisher § 29. JÜP Art. 14. — BO §§ 82 (2), 83.

[78]) Näheres Kittel Anm. 3.

[79]) G üb. Schußwaffen usw. 12. April 28 RGBl I 143 §§ 1, 15—19 (Kittel Anm. 6); auch oben VI 3 Anm. 45.

IV. Beförderung von Reisegepäck[80])

§ 28. Begriff des Reisegepäcks[81])

(1) Der Reisende[82]) kann Gegenstände als Reisegepäck aufgeben, die in Reisekoffern, Reisekörben, Reisetaschen, Reisesäcken, Rucksäcken, Hutschachteln, handlichen Kisten oder dergleichen verpackt sind.

(2) Ferner kann der Reisende folgende Gegenstände, und zwar, soweit nachstehend nichts anderes bestimmt ist, auch unverpackt als Reisegepäck aufgeben:

a) Krankentrag- und -fahrstühle, Selbstfahrer für Kranke, auch mit Hilfsmotor, Liegestühle;
b) Kinderwagen;
c) Handwagen und Handkarren;
d) ein- und zweisitzige Hand- und Sportschlitten, Schneeschuhe und Schlittschuhsegel, Wasserfahrzeuge bis zu drei Meter Länge;
e) Fahrräder, auch mit Hilfsmotor, einsitzige Kraftzweiräder, auch mit Hilfssitz;
f) Warenproben-[81a]) und Musterkoffer;
g) tragbare Musikinstrumente in Kasten, Futteralen und anderen Umschließungen;
h) Geräte für Schaustellungen von Artisten unter der Bedingung, daß ihre Art und Verpackung, der Rauminhalt und ihr Gewicht das rasche Verladen und Unterbringen in die Gepäckwagen gestatten;
i) Vermessungsgeräte bis zu fünf Meter Länge und Handwerkszeug.

Der Tarif kann die Menge der als Gepäck aufzugebenden Gegenstände dieser Art beschränken. Die Behälter der Fahrzeuge mit motorischem Antrieb dürfen Betriebsstoff enthalten, wenn die Betriebsstoffleitung nach dem Vergaser abgeschlossen ist[82a]).

(3) Ob und unter welchen Bedingungen sonstige Gegenstände oder in Behältern aufgelieferte Tiere als Gepäck angenommen werden, bestimmt der Tarif.

[83]) (4) Die von der Beförderung als Frachtgut ausgeschlossenen und die im § 27 aufgeführten Gegenstände dürfen bei Vermeidung der im § 60 festgesetzten Frachtzuschläge nicht als Gepäck aufgegeben werden. § 27 (3) gilt sinngemäß.

(5) Ob und unter welchen Bedingungen die im § 54 (2) b) genannten Gegenstände als Gepäck angenommen werden, bestimmt der Tarif[84]).

²) Beschränkung der Menge

1. Von nachgenannten Gegenständen darf jeder Reisende nur je 2 Stück als Reisegepäck aufgeben:
Krankentrag- und -fahrstühle,
Selbstfahrer für Kranke,
Liegestühle,
Kinderwagen,
Hand- und Sportschlitten,
Wasserfahrzeuge,
Fahrräder.
Von Kraftzweirädern darf jeder Reisende nur 1 Stück als Reisegepäck aufgeben.

Annahme sonstiger Gegenstände

2. Als Reisegepäck werden nach Absatz (3) angenommen:
a) Krankenkörbe, Traggestelle und Tragbetten, auch fahrbare, ferner Ausrüstungsgegenstände der freiwilligen Sanitätskolonnen, der Samaritervereine vom Roten Kreuz und der Genossenschaft freiwilliger Krankenpfleger im Kriege vom Roten Kreuz,
wenn Art und Verpackung, Rauminhalt und Gewicht das rasche Verladen und Unterbringen in die Gepäckwagen gestatten; der Aufgeber ist auf Verlangen verpflichtet, beim Ein-, Um- und Ausladen zu helfen;

---

[80]) RundnagelBefGesch §§ 185ff., ausführlich auch Löning zu IÜP Art. 17ff. — Während nach HGB das (zur Beförd. aufgegebene) Reisegepäck zu den „Gütern" gehört, also grunds. den auf Güter bezügl. Vorschriften des G unterliegt (oben VII 2 Anm. 25), unterscheidet EVO zw. Gepäck u. Gütern; der Gepäckbegriff ergibt sich aus EVO § 28. Der Gepäckbeförd.-Vertrag ist ein Frachtvertrag, u. zwar ein Real-, aber kein Formalvtr (Rundn. a. a. O. Seite 535) u. ein unselbständ. Nebenvtr zum PersonenbefördVtr (Kittel Anm. 1 zu § 28); ähnlich Löning Anm. 2 zu IÜP Art. 17. Zeitpunkt des Vertragsabschlusses Löning Anm. 4 zu IÜP Art. 20.

[81]) Bisher § 30. IÜP Art. 17. — Aus der Begründung zu Abs. 1: „Der Entwurf hat in Übereinstimmung mit den neuen Entwürfen zur österreichischen und schwedischen Eisenbahn-Verkehrsordnung zur Erleichterung des Reiseverkehrs die bisherige Beschränkung des Begriffs ‚Reisegepäck' auf die Gegenstände, deren der Reisende zur Reise bedarf, fallen gelassen und als Reisegepäck Gegenstände aller Art zugelassen, sofern sie nur ordnungsgemäß verpackt sind. Art. 17 § 1 IÜP hat dagegen die bisherige Einschränkung des Begriffs beibehalten." — Die Aufgabe des Gepäcks muß ab. mit einer Reise in Verbind. stehen (Kittel Anm. 1, Weirauch Anm. 1). — Ältere Entsch. u. dgl. über den Gepäckbegriff, die durch die Neufass. des § 28 überholt sind: RG **106** 194; RG VerkRu **1925** 506; Mantey VZ **1923** 296; Senckpiehl Leipz. Zeit. **1924** 453.

[81a]) Vo 6. Jan. 30 RGBl II 13.

[82]) EVO § 30 (1) in Verb. mit Allg. AusfBest 1, 4 dazu.

[82a]) Vo 4. Nov. 29 RGBl II 735.

[83]) EVO § 54 (1). — Bei Zuwiderhandlung HGB § 467 anwendbar. RG **97** 109. — E 5. Dez. 22 (RVerkBl 423) betr. Gepäckprüfung durch die Dienststellen.

[84]) Wegen der Kostbarkeiten s. oben VII 2 Anm. 9, ferner (s. Gepäck im besond.) Heider VZ **1919** 558; RG **94** 115, **112** 88; RG EE **44** 198 (es braucht nicht unbedingt das Wort „Kostbarkeit" angewendet zu w.). — Allg. AusfBest zu § 35.

b) zum Sport und zum Turnen mitgeführte Geräte, auch drei- und mehrsitzige Hand- und Sportschlitten, wenn Art und Verpackung, Rauminhalt und Gewicht das rasche Verladen und Unterbringen in die Gepäckwagen gestatten; der Aufgeber ist auf Verlangen verpflichtet, beim Ein-, Um- und Ausladen zu helfen;

c) Theatergeräte und andere Ausrüstungsgegenstände, die Theater- und Konzertunternehmen bei auswärtigen Vorstellungen mit sich führen, und Geräte (auch Marktschirme) von Schaustellern und Markthändlern, Aufnahmegeräte der Filmunternehmen,
wenn Art und Verpackung, Rauminhalt und Gewicht das rasche Verladen und Unterbringen in die Gepäckwagen gestatten; der Aufgeber ist auf Verlangen verpflichtet, beim Ein-, Um- und Ausladen zu helfen;

d) Waren von Wanderhändlern bis zum Höchstgewicht von 50 kg, nur in Personenzügen;

e) gewerbliche, zur Ablieferung an die Unternehmer bestimmte Erzeugnisse im Gewichte bis zu 50 kg, die von Hausgewerbetreibenden in eigenen Betriebsstätten im Auftrage und für Rechnung anderer Gewerbeunternehmer hergestellt oder bearbeitet worden sind, nur in Personenzügen. Dasselbe gilt für die Beförderung der zur Bearbeitung erhaltenen Rohstoffe nach den Werkstätten des Hausgewerbetreibenden;

f) lebende Tiere in Käfigen, Kisten, Steigen und Körben, und zwar Hunde von jeder Größe, sonstige kleine Tiere bis zum Höchstgewicht von 50 kg (vgl. § 3 der Anlage B zur EVO, Tiertarif Teil I);

g) frisch geschossenes Wild darf der Jäger mit sich führen, wenn dafür gesorgt ist, daß andere Gegenstände nicht durch Blut beschmutzt werden können.

Ausgeschlossene Gegenstände

3. Folgende von der Beförderung als Frachtgut ausgeschlossene Gegenstände werden nach § 28 Abs. (3) EVO nicht als Reisegepäck angenommen:

a) die dem Postzwang unterliegenden Gegenstände*),

b) Gegenstände, deren Beförderung nach gesetzlicher Vorschrift oder aus Gründen der öffentlichen Ordnung verboten ist.

c) explosionsgefährliche Gegenstände, das sind alle Gegenstände, die explosionsgefährliche Stoffe enthalten, nämlich:
   1. Sprengstoffe, insbesondere Spreng- und Schießmittel; Stoffe, die nicht zum Sprengen oder Schießen geeignet sind, durch Flammenzündung nicht zur Explosion gebracht werden können und gegen Stoß oder Reibung nicht empfindlicher sind als Dinitrobenzol, gelten nicht als Sprengstoffe,
   2. Munition,
   3. Zündwaren, Feuerwerkskörper und dergleichen,
   4. verdichtete und verflüssigte Gase,
   5. Stoffe, die in Berührung mit Wasser entzündliche oder die Verbrennung unterstützende Gase entwickeln,

d) selbstentzündliche Stoffe,

e) brennbare Flüssigkeiten,

f) ekelerregende, übelriechende, giftige und ätzende Stoffe.

Bedingungsweise zugelassene Gegenstände

4. Gold und Silber, Platin, Geld, Münzen und Papiere mit Geldwert, auch amtliche Wertzeichen, Dokumente, Edelsteine, echte Perlen, besonders wertvolle Spitzen und besonders wertvolle Stickereien sowie andere Kostbarkeiten[84]), ferner Kunstgegenstände, wie Gemälde, Bildwerke, Gegenstände aus Erzguß und Kunstaltertümer werden zur Gepäckbeförderung unter folgenden Bedingungen zugelassen:

a) die Gepäckstücke müssen fest verschlossen sein;

b) der Wert der Gepäckstücke ist — unbeschadet der allg. AusfBest zu § 35 — bei der Aufgabe anzugeben. Statt der Wertangabe genügt auch die Erklärung, daß die Gepäckstücke Kostbarkeiten enthalten. Die Angaben sind im Gepäckschein zu vermerken.

---

*) Die einschlägigen Bestimmungen des Gesetzes über das Postwesen des Deutschen Reichs vom 28. Oktober 1871 mit den Ergänzungen durch das Gesetz vom 20. Dezember 1899 lauten:

§ 1. Die Beförderung
1. aller versiegelten, zugenähten oder sonst verschlossenen Briefe;
2. aller Zeitungen politischen Inhalts, die öfter als einmal wöchentlich erscheinen,
gegen Bezahlung von Orten mit einer Postanstalt nach anderen Orten mit einer Postanstalt des In- oder Auslandes auf andere Weise als durch die Post ist verboten. Hinsichtlich der politischen Zeitungen erstreckt dieses Verbot sich nicht auf den zweimeiligen Umkreis ihres Ursprungsorts.

Wenn Briefe und Zeitungen (Nr. 1 und 2) vom Auslande eingehen und nach inländischen Orten mit einer Postanstalt bestimmt sind oder durch das Gebiet des Deutschen Reichs transitieren sollen, so müssen sie bei der nächsten inländischen Postanstalt zur Weiterbeförderung eingeliefert werden.

Unverschlossene Briefe, die in versiegelten, zugenähten oder sonst verschlossenen Paketen befördert werden, sind den verschlossenen Briefen gleichzuachten. Es ist jedoch gestattet, versiegelten, zugenähten oder sonst verschlossenen Paketen, die auf andere Weise als durch die Post befördert werden, solche unverschlossene Briefe, Fakturen, Preiskurante, Rechnungen und ähnliche Schriftstücke beizufügen, die den Inhalt des Pakets betreffen.

§ 1a. Die §§ 1 usw. dieses Gesetzes finden auch Anwendung auf verschlossene und solchen gleichzuachtende Briefe, die innerhalb der Gemeindegrenzen ihres mit einer Postanstalt versehenen Ursprungsortes verbleiben.

§ 29. Verpackung. Bezeichnung[85])

(1) Das Gepäck muß ordnungsgemäß zur Beförderung hergerichtet, insbesondere, soweit im § 28 keine Ausnahmen vorgesehen sind, sicher und dauerhaft verpackt sein, sonst kann es zurückgewiesen werden. Wird Gepäck, das diesen Vorschriften nicht entspricht oder beschädigt ist, gleichwohl zur Beförderung angenommen, so kann die Eisenbahn auf den Gepäckschein einen entsprechenden Vermerk setzen. Die Annahme des Gepäckscheins mit dem Vermerk gilt als Anerkenntnis des mangelhaften Zustands[86]).

---

[85]) Bisher § 31. IÜP Art. 19.

[86]) Haftung § 35 (1) in Verb. mit §§ 62 (3), 83 (1). Rechtsfolgen der Nichtentfernung: Weirauch Anm. 5; anders. Düringer-Hachenburg Anm. 9 zu HGB § 459.

(2) Jedes Gepäckstück muß mit der genauen und dauerhaft befestigten Anschrift des Reisenden (Name, Wohnort, Wohnung) versehen sein, auch kann die Angabe des Versand- und Bestimmungsbahnhofs verlangt werden. Nicht derart gekennzeichnetes Gepäck kann zurückgewiesen werden. Ältere Bezeichnungen (Eisenbahn- oder Postbeförderungszeichen sowie andere Zeichen, die mit den Eisenbahnbeförderungszeichen verwechselt werden können) müssen von den Gepäckstücken entfernt oder deutlich durchstrichen sein.

²) 1. Unverpackte oder ungenügend verpackte Gepäckstücke, auch solche, die nicht ordnungsmäßig zur Beförderung hergerichtet sind, werden angenommen, wenn sie sich nach dem Ermessen des abfertigenden Beamten zur Beförderung eignen.
2. Wegen der Annahme unverpackter Fahrräder vgl. allg. AusfBest 11—18 zu § 30.
3. In der Bezeichnung muß auch der Versand- und Bestimmungsbahnhof enthalten sein.
4. Die Bezeichnung ist auf dem Gepäckstück selbst oder auf einem Beklebezettel, einer Tafel oder einem Anhänger aus haltbarem Stoff anzubringen, die dauerhaft befestigt sein müssen. Wird die vollständige Bezeichnung auf dem Gepäckstück selbst niedergeschrieben oder mit Farbe angebracht, so ist das Gepäck außerdem durch den auffälligen Vermerk „Gepäck" besonders zu kennzeichnen. Ist das Gepäck nicht nach diesen Vorschriften oder nur undeutlich oder unvollständig bezeichnet, oder genügen die Befestigung oder die Beschaffenheit der Beklebezettel, Tafeln oder Anhänger den vorstehenden Anforderungen nicht, so kann die Eisenbahn die Annahme ablehnen oder die vorgeschriebene Bezeichnung gegen die in der Anlage V[36]) Ziff. 7 festgesetzte Gebühr übernehmen.

§ 30. Aufgabe. Gepäckschein[87])

(1) Das Gepäck ist innerhalb der für die Lösung der Fahrausweise festgesetzten Zeit bei der Gepäckabfertigung aufzugeben; auf größeren Bahnhöfen braucht indes die Eisenbahn Gepäck für die einzelnen Züge nur bis zu einer Viertelstunde vor ihrer Abfahrt anzunehmen. Der Tarif muß einheitlich[51]) bestimmen, ob bei der Aufgabe des Gepäcks der Fahrausweis vorzuzeigen ist.

(2) Der Reisende kann bei der Aufgabe den Wert, den er der unversehrten und fristgemäßen Lieferung des Gepäcks beimißt — Lieferwert (Interesse an der Lieferung) — angeben[88]). Hierfür ist die tarifmäßige Gebühr zu zahlen. Ist die Ersatzpflicht nach § 35 (3) auf einen Höchstbetrag beschränkt, so ist eine Angabe des Lieferwerts über diesen Betrag hinaus unzulässig.

(3) Die Gepäckfracht ist bei der Aufgabe zu entrichten. § 13 (8) gilt sinngemäß.

(4) Bei der Annahme wird dem Reisenden ein Gepäckschein[89]) ausgehändigt, dessen Angaben für die Beförderung maßgebend sind.

(5) Der Gepäckschein muß folgende Angaben enthalten:
a) den Aufgabe- und Bestimmungsbahnhof;
b) erforderlichenfalls den Beförderungsweg;
c) den Tag der Aufgabe und den Zug, zu dem das Gepäck aufgegeben worden ist;
d) die Anzahl und das Gesamtgewicht der Gepäckstücke;
e) die Gepäckfracht und etwaige andere Gebühren;
f) gegebenenfalls den gemäß Abs. (2) angegebenen Betrag des Lieferwerts.

(6) Für die Abfertigung von Fahrrädern, Sportgeräten und Tieren in Behältern kann der Tarif besondere Vorschriften treffen.

(7) Wird in dringenden Fällen Gepäck ausnahmsweise unter Vorbehalt späterer Abfertigung befördert oder wird Gepäck auf Bahnhöfen ohne Gepäckabfertigung angenommen, so gilt es gleichwohl mit dem Zeitpunkt der Annahme als zur Beförderung übernommen. Die Eisenbahn hat dem Reisenden eine Empfangsbescheinigung zu übergeben.

²) Annahme
1. [90]) Gepäck wird zu den Sätzen des Gepäcktarifs nur gegen Vorlage von Fahrausweisen angenommen, und zwar nur nach dem Bahnhof, bis zu dem der Fahrausweis gilt, oder nach einem näher gelegenen Bahnhof des Beförderungsweges. Auch auf Zeitkarten wird Gepäck, einschließlich der Fahrräder, die nach den allg. AusfBest 14—18 auf Fahrradkarte unverpackt aufgegeben werden, angenommen, soweit die Tarifteile II nicht anders bestimmen.
2. Gilt der Fahrausweis wahlweise nach verschiedenen Bahnhöfen, so hat der Reisende bei Aufgabe des Gepäcks anzugeben, nach welchem Bahnhof es abgefertigt werden soll. Kommen verschiedene Bahnhöfe desselben Orts in Frage, und kann der Reisende auf ausdrückliches Befragen den Bahnhof, nach dem das Gepäck befördert werden soll, nicht angeben, so ist nach den Vorschriften der Anlage II[36]) Abschnitt B zu verfahren.
3. Gepäck wird auch nach einem über den Bestimmungsbahnhof der vorgelegten Fahrausweise hinausgelegenen Bahnhof angenommen, wenn durchgehende Fahrausweise bis zu diesem Bahnhof nicht oder nicht über den vom Reisenden benutzten Weg bestehen, der Reisende aber Fahrausweise bis zu einem seinem Bestimmungsbahnhof möglichst nahegelegenen Unterwegsbahnhof gelöst hat.

---

[87]) Bisher § 32. IÜP Art. 20. — Einheitsätze f. d. Gepäckbeförd.: Beilage C.

[88]) Lieferwert § 35 (1) in Verb. mit § 90; § 37 (2).

[89]) Über die rechtl. Natur des Gepäckscheins s. Gumprecht EE **23** 309, 413; Werneburg das. **33** 236; Richter Anm. II u. Weirauch Anm. 5; Löning bei IÜP Artt. 20f.; RundnagelBefGesch § 188; Kittel Anm. 1 zu § 33. Der GSch. ist kein essentiale des BefördVtr u. nicht Inhaberpapier, sondern (a. M. Kittel a. a. O.) nur Legitimationspapier. — Der GSch. einer Staatsbahn (jetzt auch der Reichsbahn) ist öffentl. Urkunde i. S. StGB § 268 Nr. 2 RG Straff. **37** 318. — § 33 (1, 6, 7). — AusfBest zum BefördSteuerG (unten IV 2 Beil. A) § 64.

[90]) Hierzu besond. AusfBest der Reichsbahn.

4. Gepäck wird auch ohne Vorlage von Fahrausweisen zu den Sätzen des Expreßguttarifs nach Bahnhöfen angenommen, nach denen Expreßgut abgefertigt wird. Das Mindestgewicht für die Frachtberechnung beträgt 10 kg. Bei Gegenständen im Gewicht von 11—15 kg wird die Fracht für 20 kg berechnet. Für die in der Anlage VI[36]) genannten sperrigen Güter wird die Fracht nach der allg. AusfBest 20 zu § 40 berechnet. Die Beschränkung in der Anzahl der Stücke nach der allg. AusfBest 1 zu § 28 gilt hier nicht.

5. Wegen telegraphischer Vorausbestellung von Gepäckscheinen vgl. allg. AusfBest 13 zu § 13.

Frachtberechnung und Nebengebühren

6. Die Gepäckfracht wird für je 10 kg erhoben, wobei Zwischenkilogramme auf volle 10 kg aufgerundet werden. Sie beträgt mindestens 20 Reichspfennig und wird für mindestens 10 km berechnet.

7. Der Reisende hat beim Empfang des Gepäckscheins die Angaben über Bestimmungsbahnhof und Wegevorschrift zur Richtigstellung etwaiger Irrtümer zu prüfen, und wenn er Geld zurückbekommt, sich sofort von der Richtigkeit des Betrages zu überzeugen.

8. Krankenfahrstühle und Selbstfahrer, auch mit Hilfsmotor, die Kriegsteilnehmer oder Kriegsbeschädigte für ihren Gebrauch bei Reisen mit sich führen, für die sie nach den allg. AusfBest E XV—XVII zu § 11 eine Fahrpreisermäßigung oder nach der allg. AusfBest E XVIII freie Beförderung des Begleiters genießen, werden gegen Vorlage der Fahrausweise auf Gepäckschein frachtfrei befördert. Die Überfuhrgebühren nach Anlage II[36]) (Abschnitt C II) sind jedoch zu entrichten.

9. Für Angabe des Lieferwerts (Interesse an der Lieferung) wird die in der Anlage V[36]) Ziff. 9 festgesetzte Gebühr erhoben.

10. Wird Gepäck unabgefertigt mitgenommen, so wird auf dem Bahnhof, der die Nachbehandlung vornimmt außer der tarifmäßigen Gepäck- oder Expreßgutfracht und sonstigen Kosten die in der Anlage V[36]) Ziff. 8 festgesetzte Gebühr erhoben. Davon ist abzusehen, wenn die Einrichtungen der Eisenbahn die Nachbehandlung erforderlich machen, also z. B., wenn der Zugangsbahnhof für den Gepäckverkehr nicht eingerichtet ist oder das Gepäck beim Fehlen von Tarifsätzen nur nach einem Unterwegsbahnhof abgefertigt werden kann und dort die Umschlagzeit zur Umbehandlung nicht ausreicht. Im Falle des § 26 Abs. (4) EVO wird diese Gebühr nicht erhoben.

Abfertigung von unverpackten Fahrrädern und Kraftfahrrädern

11. Der Frachtberechnung werden folgende Gewichte zugrunde gelegt:

a) für Fahrräder

für einsitzige Zweiräder	20 kg
für zweisitzige Zweiräder	30 „
für einsitzige Zweiräder mit aufgebautem Hilfsmotor	30 „
für einsitzige Dreiräder	40 „
für zweisitzige Dreiräder	50 „

b) für einsitzige Kraftzweiräder, auch mit Hilfssitz, das nach der Reichsverordnung über den Kraftfahrzeugverkehr vom 5. Dezember 1925 auf dem Typenschild angegebene Eigengewicht.

Wenn bei Fahrrädern unter a) von dem Reisenden ausdrücklich Verwiegung beantragt und auf der Bahnhofswaage vorgenommen wird, so gilt das ermittelte Gewicht für die Frachtberechnung. Der Reisende muß bei der Feststellung des Gewichts mitwirken.

12. Werden mehrere unverpackte einsitzige Zweiräder für sich allein oder zusammen mit anderem Gepäck auf Gepäckschein abgefertigt, so werden als Mindestfracht der ganzen Sendung 40 Reichspfennig für jedes Rad erhoben.

13. Die Laterne und das am Rade befestigte Gepäck — außer der Satteltasche und der innerhalb des Rahmens befestigten Gepäcktasche — sind abzunehmen. Die Laterne kann am Rade belassen werden, wenn sie mit ihm fest verbunden (verschraubt) und nicht ohne weiteres abnehmbar ist.

²) Besondere Bestimmungen für die Abfertigung von Fahrrädern, Schneeschuhen und Rodelschlitten sowie Faltbooten auf Fahrradkarte[91])

14. Auf Entfernungen bis zu 150 Tarifkilometer werden auf Wunsch des Reisenden gegen Lösung von Fahrradkarten als Gepäck abgefertigt:

a) unverpackte einsitzige Zweiräder — außer Kraftfahrrädern und Fahrrädern mit aufgebautem Hilfsmotor —,

b) Schneeschuhe sowie ein- oder zweisitzige Rodelschlitten,

c) Faltboote, zerlegt und im Rucksack und in Taschen verpackt.

15. Die Fahrkarten kosten:

auf Entfernungen von	1	bis	25 km	30	Reichspfennig
„ „ „	26	„	100 „	50	„
„ „ „	101	„	150 „	80	„

16. Die Geltungsdauer der Fahrradkarte beträgt 4 Tage, den Lösungstag eingerechnet.

17. Für das auf Fahrradkarte abgefertigte Gepäck (vgl. allg. AusfBest 14a—c) gilt folgendes:

a) Auf einen Fahrausweis darf nur 1 Fahrrad oder 1 Paar Schneeschuhe oder ein Rodelschlitten oder 1 Faltboot, aber gleichzeitig anderes Gepäck, aufgegeben werden.

b) Ein Faltboot wird nur angenommen, wenn es entweder aus einem einzelnen Stück besteht oder aus mehreren, zu einem Faltboot gehörigen Einzelstücken, die — mit oder ohne Bootswagen — zu einem Gepäckstück fest zusammengeschnürt sind.

c) Der Reisende hat das Gepäck auf dem Abgangsbahnhof nach dem Gepäckwagen zu bringen, es beim Zugwechsel auf Unterwegsbahnhöfen von Gepäckwagen zu Gepäckwagen überzuführen und auf dem Bestimmungsbahnhof am Gepäckwagen in Empfang zu nehmen.

---

[91]) Über Fahrrad-Beförd. u. -Karte s. Rundnagel BefGesch § 190, Weirauch Anm. 7, Kittel Anm. 7, 8 (die FahrrKarte ist Inhaberpapier i. S. BGB § 807).

d) Vor der Aufgabe des Gepäcks hat der Reisende die Fahrradkarte nach Abtrennung des Abschnittes fest am Gepäck anzubringen, bei Fahrrädern an der Lenkstange. Besondere Kennzeichnung durch die Anschrift des Reisenden und den Versand- und Bestimmungsbahnhof ist nicht erforderlich. Den Abschnitt der Karte hat der Reisende bei Übergabe des Gepäcks am Gepäckwagen zur Annahmebescheinigung vorzuzeigen. Durch die Annahme des Abschnittes erkennt der Reisende an, daß das Gepäck im Sinne der §§ 35 und 83 EVO unverpackt ist.

Wegen Abnahme der Laterne und des Gepäcks vom Fahrrad vgl. allg. AusfBest 13.

e) Das Gepäck wird gegen Rückgabe des Abschnittes ausgehändigt. Wird das Gepäck auf einen anderen Zug übergeführt, so hat der Reisende den Abschnitt beim Empfang des Gepäcks zur Entwertung der Annahmebescheinigung und bei der Übergabe am Gepäckwagen des Anschlußzuges zur Erteilung einer neuen Annahmebescheinigung vorzuzeigen.

f) Wird das Gepäck auf dem Bestimmungsbahnhof oder Zugwechselbahnhof am Gepäckwagen nicht abgeholt, so ist die in der Anlage V[36]) Ziffer 10 festgelegte Ausladegebühr zu entrichten.

g) An Orten mit mehreren Bahnhöfen wird der Abschnitt der Fahrradkarte dem Reisenden bei Aushändigung des Gepäcks belassen, wenn die Fahrradkarte über diesen Ort hinaus gilt und die Fahrt von einem anderen Bahnhof aus fortgesetzt wird. Der Reisende hat den Abschnitt bei der neuen Übergabe des Gepäcks zur Annahmebescheinigung vorzuzeigen.

h) Die nachträgliche Abfertigung unabgefertigt mitgenommener Fahrräder, Schneeschuhe, Rodelschlitten und Faltboote ist ausgeschlossen.

18. Im übrigen gelten die allgemeinen Bestimmungen über Reisegepäck.

Besondere Bestimmungen über die Abfertigung von Hunden in Behältern

19. Hunde in Behältern, die von Reisenden mitgeführt werden, werden gegen dieselbe Gebühr wie bei Mitnahme im Personenwagen (allg. AusfBest 3 zu § 25) auch im Gepäckwagen befördert. § 25 Abs. (4) EVO Satz 3 und 4 gilt sinngemäß. Angabe des Lieferwerts ist nicht gestattet.

Die Abfertigung von Hunden in Behältern auf Gepäckschein (vgl. allg. AusfBest 2f zu § 28) wird hierdurch nicht berührt.

§ 31. Beförderung[92])

(1) Das Gepäck wird über den Weg oder einen der Wege befördert, für die der vorgelegte Fahrausweis gilt. Auf Antrag wird es auch über einen anderen Weg befördert, wenn durchgehende Abfertigung möglich ist.

(2) Wird der Zug, mit dem das Gepäck befördert werden soll, nicht bei der Aufgabe vom Absender bezeichnet, so wird es mit dem nächsten geeigneten Zuge befördert. Die Eisenbahn ist berechtigt, die Beförderung von Gepäck bei einzelnen Zuggattungen oder Zügen auszuschließen oder zu beschränken. Anordnungen dieser Art sind durch den Tarif oder durch Aushang bekanntzumachen.

[92]) (3) Muß Gepäck unterwegs auf einen anderen Zug übergehen, so kann die Weiterbeförderung mit dem Anschlußzug nur verlangt werden, wenn dieser der Gepäckbeförderung dient und genügende Zeit zur Überladung vorhanden ist. Sonst wird es mit dem nächsten geeigneten Zuge weiterbefördert.

(4) Über die Behandlung des Gepäcks in besonderen Fällen vgl. §§ 10 (1) und (5), 15 (4) und 24.

[2]) 1. Gilt der Fahrausweis wahlweise über verschiedene Wege, so hat der Reisende bei der Aufgabe des Gepäcks anzugeben, über welchen Weg es befördert werden soll.

2. In Triebwagen wird Gepäck nur befördert, soweit dies für einzelne Strecken zugelassen ist.

3. Besondere Bestimmungen über die Überführung des Gepäcks in Orten mit getrennten Bahnhöfen oder zwischen benachbarten Orten enthält die Anlage II[36]) (Abschnitt C II).

§ 32. Zoll-, steueramtliche oder sonstige verwaltungsbehördliche Abfertigung[93])

Der Reisende hat die zoll- oder steueramtliche und die sonstige verwaltungsbehördliche Abfertigung seines Gepäcks selbst zu betreiben und ihr beizuwohnen. Unterläßt er dies, so haftet die Eisenbahn nicht für den daraus entstehenden Schaden. In einem solchen Falle kann die Eisenbahn die Abfertigung veranlassen und dafür außer der Vergütung ihrer Auslagen die tarifmäßige Gebühr erheben.

[2]) Für die Mitwirkung der Eisenbahn bei Erfüllung der Zollvorschriften auf dem Grenzbahnhof werden Gebühren nicht erhoben.

Wenn Reisegepäck vom Grenzbahnhof auf Wunsch oder wegen Abwesenheit des Reisenden zur Verzollung an ein deutsches Binnenzollamt überwiesen werden muß, werden für die Mitwirkung der Eisenbahn bei Erfüllung der Zollvorschriften gegenüber diesem Zollamt die Gebühren nach Anlage V[36]) Ziff. 11 erhoben.

§ 33. Auslieferung[94])

(1) Das Gepäck wird gegen Rückgabe des Gepäckscheins und Entrichtung der etwa noch nicht bezahlten Kosten ausgeliefert. Die Eisenbahn ist nicht verpflichtet, die Berechtigung des Inhabers zu prüfen[89]).

(2) Der Reisende ist berechtigt, auf dem Bestimmungsbahnhof nach Ablauf der Lieferfrist die Auslieferung des Gepäcks an der Gepäckausgabe zu verlangen. Die Lieferfrist[95]) endet, sobald nach Ankunft des Zuges, mit dem das

[92]) Neu. — Zu Abs. (3): Völcker in „Die Reichsbahn" **1928** 1055f.

[93]) Bisher § 33. JÜP Art. 25. — VereinszollG (unten X 2) § 92; Durchfuhrgepäck unten X 2 Beil. A Anl. b. — Zu Satz 2: Die Haftungsbeschränk. der Eis. erstreckt sich nicht wie bisher nur auf d. Überschreit. der Lieferfrist, sondern in Übereinst. mit Art. 25 JÜP auf jeden aus der Unterlass. entsteh. Schaden (Begr). — Satz 3 (neu) ermächtigt die Eis., die Zollbehandl. selbst zu betreiben (Begr). — Übersicht üb. die Vorschriften im In- u. Auslande Löning Anm. 4 zu JÜP Art. 25.

[94]) Bisher § 34. JÜP Art. 21.

[95]) Abs. (2) führt in Übereinst. m. d. österr. EVO den Begriff d. Lieferfrist an dieser Stelle ein (Begr.).

Gepäck zu befördern war, die zur Bereitstellung und etwa zur zoll- oder steueramtlichen oder sonstigen verwaltungsbehördlichen Abfertigung erforderliche Zeit abgelaufen ist. Auf Verlangen ist das Gepäck gegen die tarifmäßige Gebühr nachzuwiegen.

(3) Das Gepäck wird nur auf dem Bahnhof ausgeliefert, nach dem es abgefertigt war. Auf rechtzeitiges Verlangen des Reisenden kann es jedoch, wenn die Umstände es gestatten, auch keine Zoll-, Steuer-, Polizei- oder sonstigen verwaltungsbehördlichen Vorschriften entgegenstehen, gegen Rückgabe des Gepäckscheins auf dem Aufgabebahnhof zurückgegeben oder auf einem Unterwegsbahnhof ausgeliefert werden. Der Tarif kann bestimmen, daß außer dem Gepäckschein auch der Fahrausweis vorzuzeigen ist.

(4) Unter welchen Bedingungen eine Weitersendung des Gepäcks nach einem anderen Bahnhof zulässig ist, bestimmt der Tarif.

(5) Wird das aufgegebene Gepäck zurückgenommen, ehe es den Aufgabebahnhof verlassen hat, so kann die bezahlte Gepäckfracht zurückverlangt werden. Wird das Gepäck auf einem Unterwegsbahnhof zurückgenommen, so kann Frachterstattung in sinngemäßer Anwendung von § 19 (3) und (7) verlangt werden. In beiden Fällen wird eine Gebühr von 50 Reichspfennig für den Gepäckschein abgezogen. Der Tarif kann abweichende Bestimmungen treffen, die jedoch für den Reisenden nicht ungünstiger sein dürfen.

(6) Wird der Gepäckschein nicht beigebracht, so ist die Eisenbahn zur Auslieferung des Gepäcks nur verpflichtet, wenn die Empfangsberechtigung glaubhaft gemacht wird[96]); auch kann Sicherheitsleistung verlangt werden.

(7) Ein Reisender, dem das Gepäck nicht rechtzeitig ausgeliefert wird, kann verlangen, daß ihm auf dem Gepäckschein Tag und Stunde der Abforderung bescheinigt und daß ihm etwaige Kosten für den Versuch der Abholung vergütet werden.

²) 1. Auf Bahnhöfen, die keine Gepäckabfertigung haben, muß der Reisende das dahin beförderte Gepäck unmittelbar nach Ankunft am Zug abnehmen. Sonst wird es bis zur nächsten Gepäckabfertigung weiterbefördert und dort zur Abnahme bereitgehalten. Für die Strecke, auf der das Gepäck unabgefertigt mitgenommen worden ist, wird die Gepäckfracht besonders berechnet.

2. Die Gebühr für die verlangte Nachwiegung ist in der Anlage V[36]) Ziff. 13 festgesetzt. Sie wird nur erhoben, wenn kein von der Eisenbahn zu vertretendes Mindergewicht festgestellt worden ist.

3. Auf dem Aufgabe- oder einem Unterwegsbahnhof wird das Gepäck nur zurückgegeben, wenn der Reisende den Fahrausweis vorzeigt.

4. Anträgen auf Nach- oder Weitersendung von Gepäck wird entsprochen, wenn keine zoll-, steuer-, polizei- oder andere verwaltungsbehördliche Vorschriften entgegenstehen. Die Nach- oder Weitersendung ist bei der Gepäckabfertigung zu beantragen, bei der das Gepäck lagert. Solche Anträge vermittelt jeder Bahnhof schriftlich oder telegraphisch. Die Kosten des Telegramms trägt der Reisende. Wird die Abfassung des Telegramms dem Beamten überlassen, so wird die Gebühr nach Anlage V[36]) Ziff. 2 erhoben. Der ursprüngliche Gepäckschein wird dem Reisenden abgenommen. Anträgen, die von Reisenden unmittelbar ohne Beifügung des Gepäckscheins gestellt werden, wird nur entsprochen, wenn kein Zweifel darüber besteht, daß der Antragsteller verfügungsberechtigt ist.

Das Gepäck wird, wenn der Reisende nicht anders bestimmt, als Reisegepäck nach- oder weitergesandt Für die neue Beförderungsstrecke wird die Fracht nach den Bestimmungen und Frachtsätzen für Expreßgut berechnet, wenn der Reisende keinen Fahrausweis für diese Strecke vorzeigt.

Außer der Gepäck- oder Expreßgutfracht und den übrigen Kosten wird die Gebühr nach Anlage V[36]) Ziff. 8 erhoben.

5. Nimmt der Reisende das Gepäck auf dem Aufgabebahnhof zurück, bevor es an den Zug gebracht worden ist, so wird die Gebühr von 50 Reichspfennig nach Abs. (5) EVO nicht abgezogen.

6. Kann der Reisende den Gepäckschein nicht beibringen, so hat er auf vorgeschriebenem Vordruck zu erklären, daß er die Auslieferung des Gepäcks anerkennt, auf alle Rechte aus dem Gepäckschein verzichtet und sich verpflichtet, die Eisenbahn gegen Ansprüche Dritter schadlos zu halten. Für die Ausfertigung dieser Erklärung wird die Gebühr nach Anlage V[36]) Ziff. 14 erhoben.

§ 34. Verzögerung der Abnahme[97])

(1) Wird Gepäck nicht innerhalb 24 Stunden nach Ankunft des Zuges, mit dem es zu befördern war, abgeholt, so ist das tarifmäßige Lagergeld zu entrichten. Wird es nicht innerhalb zweier Wochen nach dem genannten Zeitpunkt abgeholt, so haftet die Eisenbahn nur noch nach § 82 (4). Die Eisenbahn ist auch berechtigt, solches Gepäck unter Einziehung der etwa noch nicht bezahlten Kosten bei einem Spediteur oder in einem öffentlichen Lagerhaus auf Gefahr und Kosten des Reisenden zu hinterlegen.

(2) Die Eisenbahn ist ferner berechtigt, Gepäck, das nicht abgenommen worden ist, drei Monate nach Ablauf der lagergeldfreien Zeit, wenn aber sein Wert durch längeres Lagern unverhältnismäßig vermindert werden würde oder wenn die Lagerkosten in keinem Verhältnis zum Wert des Gepäcks stehen würden, schon früher ohne Förmlichkeit bestmöglich zu verkaufen. Die Eisenbahn hat dem Inhaber des Gepäckscheins den Verkaufserlös nach Abzug der etwa noch nicht bezahlten Kosten zur Verfügung zu stellen. Reicht der Erlös zur Deckung dieser Beträge nicht aus, so ist der Aufgeber zur Nachzahlung des ungedeckten Betrages verpflichtet.

(3) Die Eisenbahn hat den Reisenden, sofern sich sein Aufenthalt ermitteln läßt, von dem bevorstehenden Verkauf des Gepäcks zu benachrichtigen.

²) Das Lagergeld für Reisegepäck, das länger als 24 Stunden nach der Ankunft lagert, ist in der Anlage V[36]) Ziff. 12 festgesetzt.

[96]) Glaubhaftmachung Kittel Anm. 8.

[97]) Neu. Abs. (1) Satz 1 entspricht dem bisher. § 34 (3).

§ 35. Haftung der Eisenbahn für Verlust, Minderung oder Beschädigung von Reisegepäck[98])

(1) Für Reisegepäck haftet die Eisenbahn, soweit nicht in diesem Abschnitt Abweichungen[99]) vorgesehen sind, nach den Vorschriften über die Haftung für Güter (Abschnitt VIII). §§ 81, 92 bis 94 gelten sinngemäß[100]).

[101]) (2) Im Falle der Entschädigungspflicht der Eisenbahn für Verlust, Minderung oder Beschädigung von Reisegepäck kann auch ohne Nachweis eines Schadens eine Entschädigung bis zu 10 Reichsmark für das Kilogramm Rohgewicht verlangt werden, soweit ein Schaden glaubhaft gemacht[96]) wird.

[101]) (3) Bei besonderen Betriebsverhältnissen kann die Eisenbahn mit Genehmigung des Reichsverkehrsministers die bei Verlust, Minderung oder Beschädigung von Reisegepäck zu leistende Entschädigung im Tarif auf einen Höchstbetrag beschränken. Wegen Beschränkung der Höhe des Schadensersatzes bei Gegenständen des § 54 (2) b) findet § 86 (3) sinngemäße Anwendung. Wenn Vorsatz oder grobe Fahrlässigkeit der Eisenbahn vorliegt, kann die Beschränkung auf den Höchstbetrag nicht geltend gemacht werden.

(4) Für den Verlust von Reisegepäck haftet die Eisenbahn nur, wenn das Gepäck binnen zweier Wochen nach Ablauf der Lieferfrist auf dem Bestimmungsbahnhof abgefordert wird[102]).

[2]) Für Verlust, Minderung oder Beschädigung von Gegenständen, die nach der allg. AusfBest 4 zu § 28 als Reisegepäck zulässig sind, werden nicht mehr als 30 Reichsmark auf 1 kg Reingewicht des unverpackten Gegenstandes (sogenannte innere Verpackung gilt nicht als Ware) und höchstens 300 Reichsmark für alle in der Sendung enthaltenen Kostbarkeiten[84]) ersetzt.

§ 36. Vermutung für den Verlust des Reisegepäcks. Wiederauffinden verlorenen Gepäcks[103])

(1) Ein fehlendes Gepäckstück gilt nach Ablauf einer Woche nach der Abforderung als verloren.

(2) Wird das Gepäck später wiedergefunden, so wird der Reisende, wenn sich sein Aufenthalt ermitteln läßt, hiervon benachrichtigt. Er kann innerhalb eines Monats nach Empfang der Nachricht verlangen, daß ihm das Gepäck auf einem inländischen Bahnhof kostenfrei ausgehändigt wird. Die erhaltene Entschädigung hat er nach Abzug einer etwa wegen Überschreitung der Lieferfrist zu gewährenden Entschädigung zurückzuzahlen. Wird die Rückgabe auf dem Aufgabebahnhof verlangt, so wird von der Rückzahlung die ursprünglich bezahlte Gepäckfracht abgezogen.

§ 37. Haftung der Eisenbahn für Überschreitung der Lieferfrist[104])

(1) Bei Überschreitung der Lieferfrist[95]) hat die Eisenbahn, wenn nachgewiesen wird, daß dadurch ein Schaden entstanden ist, eine Entschädigung bis zu 40 Reichspfennig für das Kilogramm des Rohgewichts des verspätet ausgelieferten Gepäcks für je angefangene 24 Stunden von der Abforderung an gerechnet, höchstens aber für eine Woche, zu zahlen.

(2) Ist ein Lieferwert angegeben, so kann bei Überschreitung der Lieferfrist beansprucht werden:

a) wenn nicht nachgewiesen wird, daß durch die Überschreitung der Lieferfrist ein Schaden entstanden ist, 20 Reichspfennig für das Kilogramm Rohgewicht für je angefangene 24 Stunden von der Abforderung an gerechnet, höchstens aber für eine Woche und höchstens bis zum Betrage des Lieferwerts;

b) wenn nachgewiesen wird, daß durch die Überschreitung der Lieferfrist ein Schaden entstanden ist, Ersatz des Schadens bis zum Betrage des Lieferwerts.

Ist der Betrag des Lieferwerts geringer als die im Abs. (1) vorgesehene Entschädigung, so kann diese verlangt werden.

(3) Beträge unter einer Reichsmark werden nicht erstattet[105]).

[106]) (4) Diese Entschädigungen können nicht neben der bei Verlust zu leistenden Entschädigung verlangt werden. Bei Minderung werden sie für den nicht verlorengegangenen Teil entrichtet. Bei Beschädigung treten sie neben die dafür geleistete Entschädigung.

(5) Die Haftung der Eisenbahn ist ausgeschlossen, wenn die Fristüberschreitung durch Umstände herbeigeführt worden ist, die sie nicht abzuwenden und denen sie auch nicht abzuhelfen vermochte[107]).

(6) Wegen der Fälle, in denen voller Ersatz zu leisten ist, vgl. § 91.

---

[98]) Bisher §§ 35 (1, 2), 36 (1); § 35 (3) ist fortgefallen. HGB § 465. JÜP Art. 29—31, 33—38 (teilw. abweichend). RundnagelBefGesch §§ 191—193. — Außervertragliche Haftung Löning Anm. 6b zu JÜP Art. 30; v. d. Beförd. ausgeschlossene Gegenstände das. Anm. 10c.

[99]) Abweichungen §§ 35 (1, 2), 36.

[100]) Die Haftung erlischt mit der Auslieferung (§ 33, Gegensatz: Ablieferung); für Beförd. nach der Wohnung usw. durch Rollfuhrunternehmer haftet nicht die Bahn (Kittel Anm. 1). — Wegen Anwendbarkeit der in Abs. (1) genannten Vorschr. im einzelnen, besonders des § 83 s. Weirauch Anm. 4 u. Richter Anm. II 1. Werden Gegenstände, die nach § 30 (jetzt § 28) zur Beförd. als Gepäck nicht zugelassen sind, als solches aufgegeben, ohne daß die Bahn v. d. Nichtzulass. Kenntnis hat, so greift Verwirkung des Ersatzanspruchs gemäß § 96 — jetzt Beschränk. der Haftpflicht gemäß § 83 (1e) — Platz. RG **97** 109 u. EE **37** 340. — § 38 (4).

[101]) Abs. 2 ist neu (wie JÜP Art. 31b). — Zu Abs. 3: Von dieser Möglichkeit hat die Eis. bisher keinen Gebrauch gemacht.

[102]) Die Frist ist Ausschlußfrist u. gilt nur f. Verlust, nicht f. Beschädigung. Weiteres Weirauch Anm. 8. — § 34 (1). — JÜP Art. 44 § 5 setzt die Frist auf 6 Monate fest.

[103]) Bisher § 36 (2, 3); Fristen geändert. HGB § 465. JÜP Art. 32.

[104]) Bisher § 37 (teilw. abweich.). HGB §§ 463, 466. JÜP Art. 34f. (teilw. abweich.).

[105]) Neu.

[106]) Neu. — § 88.

[107]) Wegen der veränd. Fassung s. oben VII 2 Anm. 51. — § 82 (3).

§ 38. Gepäckträger[108])

[109]) (1) Auf Bahnhöfen, wo das Bedürfnis besteht, werden Gepäckträger bestellt, die das Reise- und Handgepäck innerhalb des Bahnhofsbereichs nach den von den Reisenden bezeichneten Stellen zu bringen haben.

(2) Die Gepäckträger müssen durch Dienstabzeichen erkennbar sein und eine gedruckte Dienstanweisung nebst Gebührentarif bei sich tragen. Auf Verlangen haben sie den Tarif vorzuzeigen. Bei der Übernahme des Gepäcks haben sie dem Reisenden eine mit ihrer Nummer versehene Marke zu übergeben.

(3) Der Tarif muß an den Gepäckannahme- und -ausgabestellen und in den zur Gepäckaufbewahrung dienenden Räumen aushängen.

(4) Für das den Gepäckträgern übergebene Reise- oder Handgepäck haftet die Eisenbahn wie für das ihr zur Beförderung übergebene Gepäck[110]).

§ 39. Aufbewahrung des Gepäcks[111])

(1) Auf den Bahnhöfen sind, soweit dafür ein Bedürfnis besteht, Aufbewahrungsstellen für Reise- und Handgepäck einzurichten. Die Gebühren sind durch Aushang bekanntzumachen.

(2) Die Eisenbahn haftet in diesem Falle als Verwahrer[112]). Der Tarif kann die Haftung auf einen Höchstbetrag beschränken.

(3) § 34 (2) und (3) gilt sinngemäß.

[2]) 1. Auf Bahnhöfen, wo Aufbewahrungsstellen eingerichtet sind, wird dies durch Aushang bekanntgemacht.
2. Das Gepäck wird bis zu vier Wochen aufbewahrt, darüber hinaus nur auf ausdrücklichen Antrag des Aufgebers; er erhält einen Hinterlegungsschein.
3. Geld, Münzen und Papiere mit Geldwert, auch amtliche Wertzeichen, ferner leicht verderbliche, feuergefährliche und übelriechende Gegenstände dürfen nicht zur Aufbewahrung übergeben werden.
4. Gepäck, das nicht oder nur mangelhaft verpackt ist, kann zurückgewiesen werden. Wird es angenommen, so ist der Mangel auf dem Hinterlegungsschein zu vermerken. Mit der Annahme des Scheins erkennt der Aufgeber den Vermerk an.
   Für die unverschlossen in Röcken, Mänteln, Reisedecken u. dgl. enthaltenen Sachen wird nicht gehaftet.
5. Der Inhaber des Hinterlegungsscheins kann die hinterlegten Gegenstände jederzeit innerhalb der für die Annahme und Auslieferung von Gepäck bestimmten Zeiten zurückfordern. Sie werden nur gegen Rückgabe des Hinterlegungsscheins und Entrichtung der Aufbewahrungsgebühren ausgeliefert. Wird der Hinterlegungsschein nicht beigebracht, so kann die Eisenbahn Nachweis der Empfangsberechtigung, Ausstellung einer Erklärung und unter Umständen Sicherheit fordern. In der Erklärung, die nach vorgeschriebenem Muster auszustellen ist, hat der Hinterleger die Auslieferung der hinterlegten Gegenstände anzuerkennen, auf alle Rechte aus dem Hinterlegungsschein zu verzichten und sich zu verpflichten, die Eisenbahn gegen Ansprüche Dritter schadlos zu halten. Für die Ausfertigung dieser Erklärung wird die Gebühr nach Anlage V[36]) Ziff. 14 erhoben.
6. Für die Aufbewahrung werden die Gebühren nach Anlage V[36]) Ziff. 15 erhoben[113]).
   Gebührenfrei ist die Aufbewahrung von Krankenfahrstühlen und Selbstfahrern (auch mit Hilfsmotor) Kriegsbeschädigter, die auf Monats- oder Wochenkarten fahren und eine Bescheinigung des Versorgungsamtes beibringen, daß ihnen die Krankenfahrstühle oder Selbstfahrer vom Reiche wegen ihrer Kriegsbeschädigung geliefert worden sind.
7. Für Nach- oder Weitersendung von aufbewahrtem Gepäck gilt die allg. AusfBest 4 zu § 33.
8. Nach Ablauf der Aufbewahrungsfrist werden die aufbewahrten Gegenstände als Fundsachen nach den dafür geltenden Bestimmungen behandelt.
9. Für Verlust, Minderung, Beschädigung oder verspätete Auslieferung der aufbewahrten Gegenstände wird der nachgewiesene Schaden, jedoch nur bis zum Höchstbetrage von 100 Reichsmark auf das Stück ersetzt[112]).
10. Soweit auf Bahnhöfen, wo keine besonderen Aufbewahrungsstellen eingerichtet sind, laut Bekanntmachung andere Stellen Gepäckstücke aufbewahren, haften nur diese; im übrigen gelten die vorstehenden Bedingungen.

V. Beförderung von Expreßgut[114])

§ 40. Annahme[115])

(1) Gegenstände, die sich zur Beförderung im Packwagen eignen, werden nach näherer Bestimmung des Tarifs als Expreßgut angenommen.

---

[108]) Bisher § 38. FÜP Art. 39. — RundnagelBefGesch § 196.

[109]) Die Eis. ist zur Bestell. v. Gepäckträgern nur öffentlichrechtlich verpflichtet u. haftet f. Unterlass. nicht zivilrechtlich. Weirauch Anm. 2, Kittel Anm. 1, Richter Anm. I. — Gepäcktr. als Beamte i. S. StGB § 359: RG Strafs. **52** 348.

[110]) Die Haft. der Eis. beschränkt sich auf Ausführ. der Aufträge, die sich in den Grenzen des Abs. (1) halten; sie erstreckt sich z. B. nicht auf Übergabe zur Aufbewahrung od. zur Beförd. außerhalb des Bahnhofsbereichs. Einzelheiten bei Weirauch, Kittel u. Richter. S. auch E 17. Jan. 22 Rp 55. 6054. Auch RG **106** 369.

[111]) Bisher § 39. — RundnagelBefGesch § 195. — Aufbewahrung durch das Bahnpers. auf andere Weise RG Strafs. **54** 268.

[112]) BGB §§ 688ff. Einzelheiten bei Weirauch Anm. 3, 4. — Die Gültigkeit der Allg. AusfBest 9, die v. versch. Seiten bezweifelt w. war, ist anerkannt v. RG **98** 31 u. VZ **1920** 357. — Vorschr. üb. Fundsachen: Beilage B.

[113]) Hierzu Bes. AusfBest der Reichsbahn (Aufbewahr. v. Fahrrädern).

[114]) RundnagelBefGesch §§ 197—202. Joseph VZ **1928** 225, 261, **1929** 577, Benz Arch. **1930** 115, Kittel vor § 40. — Expreßgut ist Gut, das wie Gepäck befördert wird. In HGB u. FÜG wird es nicht erwähnt; im Sinne des HGB ist es Gut. Auch die EVO regelt nur einige grundsätzl. Fragen u. überläßt das weitere den Tarifen. — Der BefördVertrag ist (im Gegensatz zur Gepäckbeförd.) ein selbständ. Frachtvtr., der teils den Vorschr. der EVO üb. Gepäck teils denen für Güter

[116]) (2) Jedes Stück muß die genaue Anschrift des Empfängers und die Angabe des Versand- und Bestimmungsbahnhofs tragen. Nicht derartig gekennzeichnetes Expreßgut kann zurückgewiesen werden. Ältere Bezeichnungen (Eisenbahn- oder Postbeförderungszeichen sowie andere Zeichen, die mit Eisenbahnbeförderungszeichen verwechselt werden können) müssen von den Stücken entfernt oder deutlich durchstrichen sein. Soll die Sendung dem Empfänger nicht zugeführt werden, so muß der Anschrift jedes Stückes noch der Vermerk „Zur Selbstabholung" oder „bahnlagernd" beigefügt sein.

(3) Expreßgut ist bei den von der Eisenbahn bestimmten Annahmestellen während der durch Aushang bekanntzumachenden Dienststunden aufzuliefern.

(4) Die Eisenbahn ist verpflichtet, bei Annahme der Sendung das Gewicht gebührenfrei festzustellen. Dem Absender oder dessen Beauftragten steht frei, der Feststellung beizuwohnen.

(5) Auf Verlangen des Absenders ist die Annahme des Gutes in einer von der Versandbahn zu bestimmenden Form zu bescheinigen.

Abfertigungsstellen

[2]) 1. Expreßgut wird von und nach solchen Bahnhöfen angenommen, die für den Expreßgutverkehr eingerichtet sind und zwischen denen durchgehende Frachtsätze nach den Tarifen errechnet werden können[117]).

Auch nach den für den Expreßgutverkehr nicht eingerichteten Bahnhöfen kann Expreßgut angenommen werden, wenn es nicht mit Nachnahme belastet ist und Gut und Expreßgutkarte den Vermerk „Selbstabholung am Zug" tragen.

Von der Beförderung ausgeschlossene Gegenstände

2. Nicht angenommen werden: a) bis f) wörtlich wie allg. AusfBest 3 zu § 28 a) bis f).
   g) Sendungen, die über Orte mit getrennten Bahnhöfen befördert werden müssen, zwischen denen die Eisenbahn Expreßgut nicht überführt,
   h) Gegenstände, die nach ihrer Beschaffenheit innerhalb des fahrplanmäßigen Aufenthalts der Züge nicht ver- oder entladen werden können,
   i) Gegenstände, die nach der Anlage II zum Deutschen Eisenbahn-Gütertarif, Teil I, Abt. A von der Annahme als Eilstückgut oder beschleunigtes Eilstückgut ausgeschlossen sind.

Bedingungsweise zugelassene Gegenstände

3. a) Gold und Silber, Platin, Geld, Münzen und Papiere mit Geldwert, auch amtliche Wertzeichen, Dokumente, Edelsteine, echte Perlen, besonders wertvolle Spitzen und besonders wertvolle Stickereien sowie andere Kostbarkeiten[118]), ferner Kunstgegenstände, wie Gemälde, Bildwerke, Gegenstände aus Erzguß und Kunstaltertümer werden unter folgenden Bedingungen zugelassen:
   1. die Gegenstände müssen sicher und dauerhaft verpackt sein (vgl. allg. AusfBest 4) und außerdem einen festen Verschluß tragen; ist dies nicht der Fall, so kann die Eisenbahn die Annahme des Gutes ablehnen oder verlangen, daß der Absender das Fehlen oder die Mängel der Verpackung auf der Expreßgutkarte anerkennt;
   2. der Wert der genannten in der Sendung enthaltenen Gegenstände, der den Höchstbetrag für die dafür zu zahlende Entschädigung bilden soll, ist auf der Expreßgutkarte anzugeben[119]).

      Wird der Wert oder der Lieferwert mit mehr als 5000 Reichsmark für die genannten in der Sendung enthaltenen Gegenstände angegeben, so werden sie nicht angenommen.
   b) (Giftige und ätzende Stoffe).

Verpackung

4. Der Absender hat Gegenstände, die ihrer Natur nach zum Schutze gegen Verlust, Minderung oder Beschädigung oder zur Verhütung einer Beschädigung von Personen, Betriebsmitteln oder anderen Gütern einer Verpackung bedürfen, sicher und dauerhaft zu verpacken[120]). Hat der Absender dies verabsäumt, so kann die Eisenbahn die Annahme des Gutes ablehnen oder verlangen, daß der Absender auf der Expreßgutkarte das Fehlen oder die Mängel der Verpackung anerkennt. Der Absender haftet für die Folgen der in der Expreßgutkarte anerkannten fehlenden oder mangelhaften Verpackung sowie für äußerlich nicht erkennbare Mängel der Verpackung. Er hat insbesondere auch der Eisenbahn einen Schaden, der ihr aus solchen Mängeln entsteht, zu ersetzen. Ist ein äußerlich erkennbarer Mangel nicht anerkannt, so haftet der Absender nur, wenn er arglistig handelt.

Zustand

5. Nimmt die Eisenbahn ein Gut zur Beförderung an, das offensichtlich Spuren von Beschädigungen aufweist, so kann sie verlangen, daß der Absender den Zustand des Gutes in der Expreßgutkarte besonders bescheinigt.

Bezeichnung

6. Hat der Bestimmungsort mehrere Bahnhöfe und hat der Absender einen bestimmten Bahnhof in der Expreßgutkarte vorgeschrieben, so hat er diesen Bahnhof auch auf dem Stück anzugeben. Die Bezeichnung

---

unterliegt. — Die Expreßgutkarte (Allg. AusfBest 7) vertritt die Stelle des Frachtbriefes, ist aber kein solcher (Rundnagel S. 564, Weirauch Anm. 7; a. M. Kittel Anm. 2). — Allg. AusfBest 4 zu § 30.

[115]) Bisher § 40.

[116]) Entspr. § 29 (2). — Anm. 86.

[117]) Hierzu Besond. AusfBest 3 f. d. Reichsbahn: „Die Fracht wird n. d. Entfernungen der Personentarife berechnet. Wird die Abfert. in Verbindungen verlangt, für die Entfernungen in den Entfernungstafeln nicht enthalten s., so w. d. Fracht n. d. Entfernungen d. Gütertarife berechnet." — Weitere Best betreffen den Bodensee- und den Grenzverkehr.

[118]) Oben VII 2 Anm. 9. — Auch für Expreßgut darf die Eis. den Begriff Kostbarkeit nicht tarifarisch festlegen. RG Arch **1922** 963 (dazu Durst u. Finger VerkRu **1** 203).

[119]) RG **94** 119.

[120]) RG Arch **1923** 515.

ist auf dem Stück selbst oder auf einem an ihm dauerhaft befestigten Beklebezettel oder einer Tafel oder einem Anhänger aus haltbarem Stoff mit dem auffallenden Vermerk „Expreßgut" anzubringen.

Anhänger müssen mit geglühtem oder verzinktem Eisendraht von mindestens 0,5 mm Stärke oder kräftiger Hanfschnur, aufgenagelte Tafeln und Anhänger durch mindestens vier breitköpfige Nägel befestigt werden.

Genügt die Bezeichnung oder die Befestigung nicht diesen Vorschriften oder ist die Bezeichnung undeutlich, so kann die Annahme abgelehnt werden, wenn nicht die Eisenbahn die vorgeschriebene Bezeichnung gegen Berechnung der Gebühren nach Anlage V[36]) Ziff. 17 übernimmt.

Mit Nachnahme belastetes Expreßgut ist durch einen roten Zettel nach vorgeschriebenem Muster mit Aufdruck „Nachnahme .... RM." zu kennzeichnen.

Expreßgutkarte[121])

7. Jede Expreßgutsendung muß mit einer Expreßgutkarte aufgeliefert werden. Das Muster bestimmt die Eisenbahn. Die nicht umrahmten Teile der Expreßgutkarte hat der Absender auszufüllen. Übernimmt dies die Eisenbahn, dann wird hierfür die Gebühr nach Anlage V[36]) Ziff. 16 erhoben.

Auf eine Expreßgutkarte können bis zu 5 Stück aufgeliefert werden.

8. Jede Nachnahme-Expreßgutsendung muß mit einer Nachnahme-Expreßgutkarte aufgeliefert werden, deren Muster die Eisenbahn bestimmt. Der Absender hat die nicht umrahmten Teile der Nachnahme-Expreßgutkarte und die anhängende Postanweisung oder Zahlkarte auszufüllen und hierbei als Absender des Nachnahmebetrags die Empfangsabfertigung anzugeben. Postanweisung und Zahlkarte sind handschriftlich mit Tinte oder durch Druck mit der Schreibmaschine usw. auszufüllen.

Übernimmt die Ausfüllung die Eisenbahn, dann wird hierfür die Gebühr nach Anlage V[36]) Ziff. 16 erhoben.

Auf eine Nachnahme-Expreßgutkarte darf nur 1 Stück aufgeliefert werden.

Haftung für die Angaben in der Expreßgutkarte

9. Der Absender haftet für die Richtigkeit seiner Angaben und Erklärungen in der Expreßgutkarte und trägt alle Folgen, die daraus entstehen, daß sie unrichtig, ungenau, unvollständig oder unzulässig sind (vgl. allg. AusfBest 13 und 25).

Die Haftung des Absenders ändert sich nicht, wenn die Versandabfertigung auf seinen Antrag die Expreßgutkarte ausfüllt.

Prüfung des Inhalts der Sendung

10. Die Eisenbahn ist berechtigt, die Übereinstimmung der Sendung mit den Angaben in der Expreßgutkarte jederzeit zu prüfen. Gebühren darf sie hierfür nicht erheben. Zur Prüfung des Inhalts ist auf dem Versandbahnhof der Absender, auf dem Bestimmungsbahnhof der Empfänger einzuladen. Erscheint der Berechtigte nicht oder wird die Prüfung auf einem Unterwegsbahnhof vorgenommen, so sind zwei Zeugen zuzuziehen; als solche dürfen Eisenbahnbedienstete nur dann verwendet werden, wenn keine anderen Personen zur Verfügung stehen. Erweisen sich die Angaben in der Expreßgutkarte als unrichtig, so sind die etwa durch die Feststellung verursachten Kosten der Eisenbahn zu erstatten. Weicht das Ergebnis der Prüfung von den Angaben in der Expreßgutkarte ab, so ist es in der Expreßgutkarte zu vermerken.

11. Die Eisenbahn kann auch nach Ablieferung des Gutes den Nachweis der Richtigkeit der Angaben in der Expreßgutkarte fordern, wenn der Verdacht besteht, daß sie unrichtig sind. Absender und Empfänger haben hierzu der Eisenbahn die Einsichtnahme in ihre Geschäftsbücher und sonstigen Unterlagen zu gestatten.

Frachtzuschläge

12. Bei unrichtiger, ungenauer oder unvollständiger Angabe des Inhalts sind ohne Rücksicht darauf, ob ein Verschulden des Absenders vorliegt oder nicht, außer dem etwaigen Frachtunterschied folgende Frachtzuschläge zu entrichten:

a) 12,90 RM. (einschl. 90 RPf. Verkehrssteuer) für jedes Kilogramm Rohgewicht der Sendung, wenn die in der allg. AusfBest 2c—e aufgeführten Gegenstände aufgegeben werden,

b) 60 Reichspfennig (einschl. 10 RPf. Verkehrssteuer) für jedes Kilogramm Rohgewicht der Sendung, wenn die in der allg. AusfBest 2f aufgeführten Gegenstände aufgegeben werden,

c) in allen anderen Fällen, wenn hierdurch eine Frachtverkürzung herbeigeführt werden kann, beträgt der Frachtzuschlag das Doppelte des Unterschieds zwischen der sich aus den unrichtigen Angaben ergebenden und der richtig berechneten Fracht vom Versand- bis zum Bestimmungsbahnhof. Mindestens werden 1,10 RM. (einschl. 10 RPf. Verkehrssteuer) erhoben.

Die unter a) bis c) erwähnten Frachtzuschläge werden nebeneinander erhoben, wenn gegen mehrere Vorschriften gleichzeitig verstoßen wird. Außerdem ist der entstandene Schaden zu ersetzen. Die durch andere gesetzliche oder polizeiliche Bestimmungen vorgesehenen Strafen werden hierdurch nicht berührt.

13. Die Eisenbahn kann von Erhebung der Frachtzuschläge absehen oder geringere Zuschläge erheben, wenn der Verstoß gegen die Vorschriften auf entschuldbarem Versehen beruht, ein Schaden für die Eisenbahn nicht oder nicht in Höhe des Frachtzuschlags entstanden und eine erhebliche Gefährdung des Betriebes nicht herbeigeführt worden ist, wenn die Höhe des Zuschlags eine unverhältnismäßige Härte in sich schließt oder wenn andere Billigkeitsgründe vorliegen. Aus diesen Gründen zurückgezahlte Beträge werden nicht verzinst.

14. Der Frachtzuschlag ist verwirkt, sobald der Beförderungsvertrag abgeschlossen ist. Zur Zahlung ist der Absender verpflichtet. Hat er den Zuschlag noch nicht bezahlt, so braucht die Eisenbahn das Gut an den Empfänger nur abzuliefern, wenn dieser den Zuschlag bezahlt.

15. Die Höhe des Frachtzuschlags und der Grund für seine Erhebung sind auf der Expreßgutkarte zu vermerken.

---

[121]) Anm. 114. — Die Expreßgutkarte darf nicht zu Mitteilungen an d. Empfänger benutzt werden.

Abschluß des Beförderungsvertrags

16. Der Beförderungsvertrag ist abgeschlossen, sobald die Versandabfertigung das Gut mit der Expreßgutkarte zur Beförderung angenommen hat. Als Zeichen der Annahme wird der Expreßgutkarte der Tagesstempel der Versandabfertigung aufgedrückt.

17. Über die Annahme von Expreßgut wird auf Antrag ein Annahmeschein ausgefertigt. Dafür wird die Gebühr nach Anlage V[36]) Ziff. 19 erhoben.

Den Aufgebern, die regelmäßig Expreßgüter versenden, kann die Führung eines Bescheinigungsbuches nach vorgeschriebenem Muster zugestanden werden. Für Bescheinigungen in diesem Buch wird keine Gebühr erhoben. Werden die Bescheinigungsbücher von der Eisenbahn bezogen, so sind sie zu bezahlen.

Lieferwert

18. Der Absender kann auf der Expreßgutkarte den Wert, den er der unversehrten und fristgemäßen Lieferung des Expreßgutes beimißt — Lieferwert — angeben. Hierfür ist die Gebühr nach Anlage V[36]) Ziff. 9 zu zahlen.

Ist die Ersatzpflicht auf einen Höchstbetrag beschränkt, so ist eine Angabe des Lieferwerts über diesen Betrag hinaus unzulässig.

Expreßgutfracht[121a])

19. Die Fracht und alle übrigen Kosten, die von dem Versandbahnhof berechnet werden können, sind bei der Aufgabe zu bezahlen.

Die Fracht wird für mindestens 5 kg berechnet. Gewichte bis zu 20 kg werden auf volle 5 kg aufgerundet, bei höheren Gewichten wird die Fracht für je 10 kg berechnet, wobei Zwischenkilogramme auf volle 10 kg aufgerundet werden. Die Expreßgutfracht wird auf volle 10 Reichspfennig aufgerundet. Die Mindestfracht beträgt bei gewöhnlichem Expreßgut 40 Reichspfennig.

Sperrige Expreßgüter

20. Für die in der Anlage VI[36]) genannten sperrigen Güter wird die Fracht nach dem doppelten wirklichen Gewicht, mindestens für 10 kg, berechnet. Wird sperriges und nichtsperriges Expreßgut mit derselben Expreßgutkarte aufgeliefert, so wird die ganze Sendung als sperrig behandelt. Die Mindestfracht beträgt 80 Reichspfennig.

Ermäßigter Tarif (vorübergehend gültig)

21. Zu halben Expreßgutsätzen werden

frische Beeren, frisches Obst, frisches Gemüse aller Art und frische Speisepilze, alle, wenn sie einheimischen Ursprungs sind, unter folgenden Bedingungen befördert:

a) die Expreßgutkarte muß in der Spalte „Inhalt" die Angabe enthalten, daß es sich um Güter einheimischen Ursprungs handelt,
b) das Gewicht des einzelnen Expreßgutstückes darf 50 kg nicht übersteigen,
c) die Höchstentfernung beträgt 300 km,
d) die Mindestfracht beträgt 40 Reichspfennig.

Wegen der Beförderung vgl. allg. AusfBest 2 zu § 41.

Überfuhrgebühr

22. Die Überfuhrgebühren für die Überführung von Gepäck an Orten mit getrennten Bahnhöfen [Anlage II[36]) Abschnitt C II] werden auch bei Expreßgut erhoben. Für sperrige Expreßgüter wird die Überfuhrgebühr nach dem einfachen Gewicht berechnet.

Nachnahmen[122])

23. Der Absender kann das Gut bis zur Höhe des Wertes mit Nachnahme belasten. Ob eine Nachnahme in der angegebenen Höhe zulässig ist, entscheidet die Versandabfertigung. Die Nachnahme muß mindestens 5 Reichsmark und darf höchstens 1000 Reichsmark betragen. Wird für Expreßgüter der ermäßigte Tarif in Anspruch genommen, so dürfen sie mit Nachnahme nicht belastet werden.

Der Betrag der Nachnahme ist in der Expreßgutkarte an der hierfür vorgesehenen Stelle mit Buchstaben einzutragen. Dieser Eintrag ist auch bei einer Abweichung von einem Eintrag in Ziffern maßgebend.

Für die Belastung einer Sendung mit Nachnahme wird die Gebühr nach Anlage V[36]) Ziff. 18 erhoben. Bei Umbehandlung einer Sendung oder bei Änderung des Bestimmungsbahnhofs auf nachträgliche Verfügung des Absenders (vgl. allg. AusfBest 30 zu § 40) wird die Nachnahmegebühr nicht nochmals erhoben. Die Nachnahme wird dem Absender von dem Bestimmungsbahnhof auf seine Kosten durch die Post übersandt. Er hat zu diesem Zweck die mit der Nachnahme-Expreßgutkarte verbundene Postanweisung oder Zahlkarte freizumachen. Er kann die Überweisung der Nachnahme verlangen, sobald sie eingezahlt ist. Ist das Gut ohne Einziehung der Nachnahme ausgeliefert worden, so hat die Eisenbahn dem Absender den Schaden bis zum Betrag der Nachnahme zu ersetzen. Der Anspruch des Absenders gegen den Empfänger geht alsdann auf die Eisenbahn über.

Anträge an die Eisenbahn wegen Nachnahme sind nach Wahl des Absenders an die Versand- oder Empfangsbahn zu richten. Wegen der gerichtlichen Geltendmachung der Ansprüche gegen die Eisenbahn vgl. § 96 Abs. (3) EVO.

Frachtnachzahlung und -erstattung

24. Sind Fracht, Frachtzuschläge, Nebengebühren oder sonstige Kosten unrichtig oder gar nicht erhoben worden, so ist der Unterschiedsbetrag nachzuzahlen oder zu erstatten. Die Eisenbahn hat unverzüglich nach Feststellung des Irrtums den Verpflichteten zur Nachzahlung aufzufordern oder dem Berechtigten den zuviel erhobenen Betrag zu erstatten.

25. Weist der Absender nach, daß seine Angaben oder Erklärungen in der Expreßgutkarte auf Irrtum beruhen, so kann die Rückzahlung der dadurch erwachsenen Mehrfracht verlangt werden.

[121a]) Den Expreßguttarif enthält Beilage C.

[122]) Hierzu Besond. AusfBest der Reichseis. (f. d. Grenzverkehr).

26. Zuwenig gezahlte Beträge hat der Absender nachzuzahlen. Hat der Empfänger das Expreßgut abgenommen, so hat er die Beträge, zu deren Vorauszahlung der Absender nicht verpflichtet ist, zu bezahlen.
27. Zur Geltendmachung von Ansprüchen auf Erstattung von Fracht, Frachtzuschlägen, Nebengebühren oder sonstigen Kosten sowie zur Empfangnahme zuviel erhobener Beträge ist derjenige berechtigt, der die Mehrzahlung an die Eisenbahn geleistet hat.
28. Der Unterschiedsbetrag ist mit Ausnahme der auf Grund der allg. AusfBest 25 zu erstattenden Beträge, auf Verlangen vom Tage des Eingangs des Erstattungsanspruchs an mit 5 v. H. zu verzinsen; Beträge unter 10 Reichsmark für die Expreßgutkarte werden nicht verzinst.
29. Anträge auf Rückzahlung von Fracht, Frachtzuschlägen, Nebengebühren oder sonstigen Kosten können nur an die Eisenbahn, die den Betrag erhoben hat, gerichtet werden. Ist die Fracht auch nur teilweise an die Empfangsbahn entrichtet worden, so können Ansprüche auf Rückzahlung nur gegen diese gerichtet werden. Wegen der gerichtlichen Geltendmachung der Ansprüche gegen die Eisenbahn vgl. § 96 Abs. (3) EVO.

Nachträgliche Verfügung des Absenders

30. Der Absender kann nachträglich verfügen, daß das Gut
    a) auf dem Versandbahnhof zurückgegeben,
    b) auf dem Bestimmungsbahnhof zurückgehalten,
    c) an einen anderen Empfänger abgeliefert,
    d) auf einem anderen Bestimmungsbahnhof abgeliefert,
    e) nach dem Versandbahnhof zurückgesandt
    oder daß
    f) eine Nachnahme zurückgezogen werden soll.

    Verfügungen anderer Art sind unzulässig.
31. Die Rückbeförderung oder Weitersendung kann aber nur verlangt werden, wenn zwischen dem Bahnhof, von dem die Rückbeförderung oder die Weiterbeförderung stattfinden soll, und dem neuen Bestimmungsbahnhof Expreßgutverkehr nach den allg. AusfBest 1, 2 g) und h) zulässig ist.
32. Jede derartige Verfügung muß sich auf die sämtlichen, auf eine Expreßgutkarte aufgelieferten Stücke erstrecken und für alle Stücke gleich sein.
33. Die Verfügungen sind durch Vermittlung der Versandabfertigung oder unmittelbar bei der Empfangsabfertigung anzubringen. Die Kosten trägt der Absender. Ihre Höhe ergibt sich aus der Anlage V[36]) Ziff. 25.
34. Für die Rückbeförderung oder Weitersendung wird Fracht berechnet. Von der bereits bezahlten Fracht wird auch dann nichts erstattet, wenn das Expreßgut von einem vor dem Bestimmungsbahnhof liegenden Zwischenbahnhof aus zurück- oder weiterbefördert wird. Dagegen wird die Fracht von der Annahmestelle erstattet, wenn die Sendung auf dem Versandbahnhof noch nicht abgegangen war.

§ 41. Beförderung[123])

(1) Expreßgut wird wie Gepäck befördert, in geeigneten Fällen auch in eigens für seine Beförderung gebildeten Zügen. Wird für einzelne Züge die Beförderung beschränkt oder ausgeschlossen, so sind diese bekanntzumachen.

(2) Wird der Zug, mit dem das Gut befördert werden soll, nicht bei der Aufgabe vom Absender bezeichnet, so ist es mit dem nächsten geeigneten[124]) Zuge zu befördern.

²) Züge

1. Die Beförderung von Expreßgut mit einem bestimmten Zuge kann nur beansprucht werden, wenn es spätestens eine halbe Stunde vor dessen Abgang aufgeliefert wird.
2. Güter, für die die Fracht nach den halben Expreßgutsätzen berechnet wird (vgl. allg. AusfBest 21 zu § 40), werden in Schnell- und Eilzügen nicht befördert.

Beförderungshindernisse

3. Stellen sich der Beförderung des Expreßgutes Hindernisse entgegen, die durch Umleitung behoben werden können, so ist es dem Bestimmungsbahnhof auf einem Hilfsweg zuzuführen, ohne daß hierfür eine Mehrfracht erhoben wird; dagegen wird die Lieferfrist über den Hilfsweg berechnet. Den Bahnen bleibt es überlassen, gegeneinander Rückgriff zu nehmen.
4. Bei Beförderungshindernissen, die nicht durch Umleitung behoben werden können, hat die Eisenbahn den Absender um Anweisung zu ersuchen. Der Absender kann in diesem Falle vom Vertrag zurücktreten, hat aber dann der Eisenbahn die Fracht für die bereits zurückgelegte Strecke zu bezahlen, es sei denn, daß die Eisenbahn ein Verschulden trifft.
5. Der Absender hat seine Anweisung durch Vermittlung der Versandabfertigung zu geben.
6. Erteilt der Absender innerhalb angemessener Frist keine ausführbare Anweisung, so ist nach der allg. AusfBest 14 zu § 42 zu verfahren. Vom Zeitpunkt der Säumigkeit des Absenders an ist das tarifmäßige Lagergeld verwirkt.
7. Fällt das Beförderungshindernis vor dem Eintreffen einer Anweisung des Absenders weg, so ist das Gut dem Bestimmungsbahnhof zuzuleiten, ohne daß Anweisungen abgewartet werden; der Absender ist hiervon unverzüglich zu benachrichtigen.

§ 42. Auslieferung[125])

(1) Der Empfänger ist berechtigt[125]), auf dem Bestimmungsbahnhof nach Ablauf der Lieferfrist die Auslieferung des Expreßguts bei der Ausgabestelle zu verlangen. Die Lieferfrist endet, sobald nach Ankunft des Zuges, mit dem das Gut zu befördern war, die zur Bereitstellung und etwa zur zoll- oder steueramtlichen oder sonstigen verwaltungsbehördlichen Abfertigung erforderliche Zeit verstrichen ist.

[123]) Bisher § 41. Die Zulass. der Beförd. in besonderen Expreßgüterzügen ist neu.

[124]) Kittel Anm. 4.

[125]) Bisher § 42; der bisher. § 43 ist fortgefallen. — RundnagelBefGesch S. 568f. — Vertrag zugunsten Dritter (BGB § 328). Weirauch u. Kittel Anm. 1.

(2) Wird das Gut vom Empfänger nicht alsbald nach Ankunft des Zuges abgeholt und ist es nicht bahnlagernd gestellt, so wird es nach dem Tarif der Empfangsbahn dem Empfänger angemeldet oder zugeführt. Zur Selbstabholung bestimmtes Gut ist dem Empfänger stets anzumelden. Die Anmeldung oder Zuführung muß innerhalb der Fristen erfolgen, die in den §§ 77 und 78 für Eilgut vorgesehen sind.

[2]) Zuführung

1. Die Eisenbahn kann Expreßgut dem Empfänger am Orte des Bestimmungsbahnhofs oder nach benachbarten Orten gegen eine durch Aushang bekanntzumachende Gebühr in die Wohnung oder die Geschäftsstelle selbst zuführen oder Rollfuhrunternehmer dafür bestellen. In beiden Fällen haftet die Eisenbahn als Frachtführer nach den Vorschriften der EVO.
2. Die Fristen, innerhalb deren Expreßgüter dem Empfänger zugeführt werden, sind durch Schalteraushang bekanntzumachen.
3. Auch an Orten, wo die Eisenbahn für die Zuführung sorgt, ist der Empfänger, soweit nichts anderes bestimmt ist, berechtigt, alle für ihn eingehenden Sendungen selbst abzuholen oder sie durch andere als die von der Eisenbahn bestellten Fuhrunternehmer abholen zu lassen. Er hat dies der Empfangsabfertigung schriftlich anzuzeigen.
4. Müssen Güter nach Räumen der Zoll- oder Steuerverwaltung gebracht werden, die außerhalb des Bahnhofs liegen, so kann dies die Eisenbahn gegen Erstattung der Kosten selbst besorgen oder unter ihrer Verantwortung auf Kosten des Verfügungsberechtigten besorgen lassen, auch wenn sich der Empfänger die Selbstabholung vorbehalten hat.

Anmeldung

5. Wird das Gut nicht zugeführt, so hat es die Eisenbahn dem Empfänger spätestens 2 Stunden nach Ankunft des Zuges nach ihrer Wahl durch die Post, durch Fernsprecher, durch Telegramm oder schriftlich durch Boten anzumelden. Dabei ist die Frist anzugeben, innerhalb der das Gut abzunehmen ist. Expreßgut, das an Werktagen nach 18 Uhr oder an Sonn- und Feiertagen nach 12 Uhr ankommt, muß spätestens am folgenden Tage 2 Stunden nach Beginn der Dienststunden der Abfertigung angemeldet werden. Der Empfänger kann mit der Empfangsabfertigung eine besondere Art der Benachrichtigung vereinbaren.
6. Die Anmeldung gilt als bewirkt:
   a) bei Zustellung durch die Post 4 Stunden, durch Telegramm 1 Stunde nach der Aufgabe,
   b) bei Zustellung durch Fernsprecher mit der Aufgabe,
   c) bei anderer Zustellung mit der Aushändigung.

   Die Anmeldung wird unentgeltlich ausgefertigt, für ihre Zustellung wird die Gebühr nach Anlage V[36]) Ziff. 20 erhoben.
7. Die Anmeldung unterbleibt, wenn der Empfänger schriftlich, bei bahnlagernd gestellten Gütern auch, wenn der Absender in der Expreßgutkarte ausdrücklich darauf verzichtet hat, oder wenn sie nach den Umständen nicht möglich ist.

Abnahme

8. Expreßgut ist innerhalb 24 Stunden nach der Anmeldung in den bekannt gemachten Dienststunden abzunehmen. Die Frist beginnt mit dem Zeitpunkt, in dem die Anmeldung als bewirkt gilt (vgl. allg. AusfBest 6).

   Hat der Absender bei bahnlagernd gestellten Gütern in der Expreßgutkarte oder hat der Empfänger schriftlich auf Anmeldung verzichtet oder ist eine Anmeldung nach den Umständen nicht möglich, so beginnt die Abnahmefrist mit der Bereitstellung des Gutes.

   Nachnahmesendungen werden dem Empfänger erst nach Erfüllung der sich für ihn aus dem Beförderungsvertrag ergebenden Verpflichtungen ausgeliefert.

   Die Eisenbahn kann Abweichungen von dieser Frist zulassen. Sie werden auf den Bahnhöfen durch Aushang bekannt gemacht.
9. Der Lauf der Abnahmefrist ruht an Sonn- und Feiertagen sowie für die Dauer einer Behandlung durch die Zoll-, Steuer-, Polizei- oder sonstigen Verwaltungsbehörden, soweit die Behandlung nicht durch den Absender oder Empfänger verzögert wird.
10. Der Empfang ist auf der Expreßgutkarte zu bescheinigen, soweit nicht die Eisenbahn für einzelne Bahnhöfe eine Empfangsbescheinigung in einer anderen Form vorschreibt.

Lagergeld

11. Wird eine Sendung nicht innerhalb der in den allg. AusfBest 8 und 9 festgesetzten Frist abgenommen, so ist für je auch nur angefangene 24 Stunden nach Ablauf der Abnahmefrist und für jedes Stück Lagergeld nach Anlage V[36]) Ziff. 21 zu entrichten.

Verzögerung der Abnahme

12. Sendungen, die auf den für Expreßgutverkehr nicht eingerichteten Bahnhöfen ankommen, und die nicht bei Ankunft des Zuges in Empfang genommen werden, gehen auf Kosten des Absenders an den nächsten zur Vornahme der Frachtberechnung geeigneten Bahnhof weiter. Der neue Bahnhof gilt dann als Bestimmungsbahnhof. Die Fracht wird in diesem Falle von dem Abgangsbahnhof bis zum neuen Bestimmungsbahnhof durchgerechnet. Ausnahmen werden von der Eisenbahnverwaltung durch Aushang bekanntgegeben.

Ablieferungshindernisse

13. Ist der Empfänger des Gutes nicht zu ermitteln oder verweigert er die Annahme oder holt er es nicht binnen 3 Tagen ab oder ergibt sich ein sonstiges Ablieferungshindernis, so hat die Empfangsabfertigung unverzüglich den Absender durch die Versandabfertigung von der Ursache des Hindernisses zu benachrichtigen und seine Anweisung einzuholen. Der Absender hat die Anweisung durch Vermittlung der Versandabfertigung zu treffen. Er kann auch in der Expreßgutkarte vorschreiben, daß
    a) er auf seine Kosten unmittelbar telegraphisch durch die Post benachrichtigt werde, wodurch er berechtigt wird, seine Anweisung unmittelbar an die Empfangsabfertigung zu richten,

b) ihm das Gut bei Eintritt eines Ablieferungshindernisses ohne vorherige Benachrichtigung zurückgeschickt werde.

Die Anträge sind in folgender Form zu stellen:

zu a): „Bei Ablieferungshindernis unmittelbare telegraphische (briefliche) Benachrichtigung durch die Empfangsabfertigung auf meine Kosten" oder

zu b): „Bei Ablieferungshindernis Rücksendung ohne vorherige Benachrichtigung".

Sonst darf das Gut ohne Anweisung des Absenders nicht zurückgeschickt werden.

Die erwähnte Frist von 3 Tagen beginnt mit der Anmeldung. Ist das Gut nicht anzumelden (vgl. allg. AusfBest 7), so beginnt die Frist mit der Ankunft des Zuges, mit dem das Gut befördert wurde. Die Kosten der Anmeldung hat der Absender zu ersetzen.

Ist das Ablieferungshindernis nicht durch ein Verschulden der Eisenbahn veranlaßt, so ist neben Erstattung der erwachsenen Frachtkosten, Nebengebühren und Auslagen, eine Gebühr für die Benachrichtigung nach Anlage V[36]) Ziff. 23 und für die Ausführung der Anweisung des Absenders eine Gebühr nach Anlage V Ziff. 24 zu erheben.

14. (Wörtlich wie EVO § 80 Abs. 3.)

15. (Wörtlich wie EVO § 80 Abs. 4 mit Ausnahme des letzten Satzes.)

Für den Verkauf unanbringlicher Expreßgüter durch die Eisenbahn und die Vorbereitung eines nicht vollzogenen Verkaufs werden außer den baren Auslagen die in Anlage V[36]) Ziff. 26 festgesetzten Gebühren berechnet.

16. (Wörtlich wie EVO § 80 Abs. 5.)

Ablieferungsnachweis

17. Der Absender kann einen Ablieferungsnachweis verlangen. Er hat dafür die Gebühren nach Anlage V[36]) Ziff. 22 und etwaige Post-, Telegramm- und Fernsprechgebühren zu entrichten und auf Verlangen vorauszubezahlen. Die Gebühr wird nicht erhoben oder auf Antrag erstattet, wenn das Gut infolge eines von der Eisenbahn zu vertretenden Verschuldens innerhalb der Lieferfrist auf dem Bestimmungsbahnhof nicht eingegangen ist.

Anweisungen des Empfängers

18. Soweit nicht eine nach der allg. AusfBest 30 zu § 40 zulässige Verfügung des Absenders entgegensteht, kann der in der Expreßgutkarte bezeichnete Empfänger Anweisung erteilen, daß das Gut nach einem anderen Orte weitergesandt wird.

19. Für die Weitersendung gelten die Bestimmungen in den allg. AusfBest 31 und 32 zu § 40.

20. Für die — auch nur versuchte — Ausführung dieser Anweisung wird außer den baren Auslagen die in der Anlage V[36]) Ziff. 25 festgesetzte Gebühr erhoben.

21. Die Ausführung der Anweisung kann abgelehnt werden.

Feststellung von Minderung, Beschädigung oder Verlust des Gutes

(22—24 wörtlich wie EVO § 81 Abs. 1—3.)

25. Ergibt die vom Verfügungsberechtigten veranlaßte Untersuchung keine oder nur eine von der Eisenbahn schon anerkannte Minderung oder Beschädigung, so ist neben Erstattung der etwa erwachsenen Kosten die Gebühr nach Anlage V[36]) Ziff. 27 zu zahlen.

26. (Wörtlich wie EVO § 81 Abs. 5.)

Haftung

27. Für Verlust[126]), Minderung und Beschädigung von Expreßgut sowie bei Überschreitung der Lieferfrist haftet die Eisenbahn nach den Vorschriften der Haftung für Verlust, Minderung, Beschädigung und Überschreitung der Lieferfrist von Gütern (Abschnitt VIII der EVO).

28. Für die Überschreitung der Fristen für Zuführung und Anmeldung von Expreßgut (vgl. allg. AusfBest 2, 5 und 6) haftet die Eisenbahn wie bei Überschreitung der Lieferfrist.

Zoll-, Steuer-, Polizei- und sonstige verwaltungsbehördliche Vorschriften

29. Sind Zoll-, Steuer-, Polizei- oder verwaltungsbehördliche Vorschriften vor der Ablieferung an den Empfänger zu erfüllen, so gelten die Bestimmungen für Güter (§ 65 EVO nebst AusfBest).

Erlöschen der Ansprüche aus dem Beförderungsvertrag

30. Sind die auf dem Expreßgut haftenden Forderungen bezahlt und ist das Expreßgut vom Empfänger angenommen, so sind alle Ansprüche gegen die Eisenbahn erloschen.

Ausgenommen hiervon sind die in § 93 Abs. (2) EVO erwähnten Ansprüche.

Verjährung der Ansprüche aus dem Beförderungsvertrag

31. Für die Verjährung der Ansprüche aus dem Beförderungsvertrag gelten die Vorschriften für die Verjährung der Ansprüche aus dem Frachtvertrag (Abschnitt VIII der EVO).

Geltendmachung der Rechte aus dem Beförderungsvertrag

32. Zur Geltendmachung der Rechte aus dem Expreßgutbeförderungsvertrag gegenüber der Eisenbahn ist nur der befugt, dem das Verfügungsrecht über das Gut zusteht (vgl. jedoch allg. AusfBest 23 und 27 zu § 40).

33. Auf die Geltendmachung außergerichtlicher Ansprüche und die Haftung mehrerer an der Beförderung beteiligter Eisenbahnen finden die §§ 95 Abs. (3) und 96 EVO sinngemäß Anwendung.

[126]) Verlust v. Expreßgut ist prima facie auf Verschulden der Eis. zurückzuführen. RG Leipz. Ztschr. **1925** 206.

VI. Beförderung von Leichen[127])

§ 43. Auflieferung[128])

(1) Leichen werden nach dem Ermessen der Eisenbahn mit Zügen befördert, die dem Personen- oder Güterverkehr dienen; die Benutzung von Schnellzügen kann ausgeschlossen werden.

(2) Leichensendungen müssen auf dem Ausgangsbahnhof des Zuges mindestens 6 Stunden, auf anderen Bahnhöfen mindestens 12 Stunden vor der Abfahrzeit angemeldet werden.

(3) Jede Leiche muß in einem widerstandsfähigen Metallbehälter luftdicht verschlossen und dieser in einen hölzernen Behälter so fest eingesetzt sein, daß er sich darin nicht verschieben kann.

(4) Bei der Aufgabe ist der Eisenbahn ein von der zuständigen Behörde[127]) ausgestellter Leichenpaß nach dem Muster der Anlage A[36]) zu übergeben, der bei Auslieferung der Leiche dem Empfänger ausgehändigt wird. Bei Leichensendungen aus ausländischen Staaten, mit denen eine Vereinbarung wegen gegenseitiger Anerkennung der Leichenpässe abgeschlossen ist, genügt ein Leichenpaß der zuständigen ausländischen Behörde[127]). Der Leichenpaß gilt für den ganzen Beförderungsweg.

(5) Leichen sind mit Eilfrachtbrief aufzuliefern.

(6) Das Verladen hat der Absender zu besorgen.

(7) Leichensendungen dürfen nicht mit Nachnahme belastet werden.

(8) Die Fracht ist bei der Aufgabe zu entrichten.

(9) Wer Leichen unter unrichtiger Bezeichnung aufliefert, hat den Frachtunterschied vom Aufgabe- bis zum Bestimmungsbahnhof nachzuzahlen und das Vierfache der Gesamtfracht als Frachtzuschlag zu entrichten[129]).

²) 1. Ob Leichen mit den dem Personenverkehr dienenden Zügen befördert werden dürfen, entscheidet die dem Aufgabebahnhof vorgesetzte Eisenbahnverwaltung.

2. Die Abfertigung besorgt je nach Anweisung der Verwaltung die Gepäck- oder Eilgutabfertigung des Aufgabebahnhofs. Bei dieser Stelle wird auch die Wagenbestellung angenommen.

3. Bei der Auflieferung von Leichen nach Orten mit mehreren Bahnhöfen ist im Eilfrachtbrief der Bahnhof zu bezeichnen, nach dem die Sendung befördert werden soll.

4. Leichen dürfen nicht bahnlagernd gestellt werden und werden nicht in Verwahrung genommen.

5. Wird die Beförderung einer Leiche mit einem Eil- oder Schnellzuge gewünscht, so hat der Absender oder unterwegs der Begleiter den Antrag in den Eilfrachtbrief unter „zulässige oder vorgeschriebene Erklärungen" aufzunehmen und zu unterschreiben.

6. Für Angabe des Lieferwerts wird die Gebühr nach Anlage V[36]) Ziff. 9 erhoben.

7. Inwieweit die Abfertigung von Leichen nach und von einzelnen Bahnhöfen ausgeschlossen oder beschränkt ist, ist bei der Abfertigungsstelle zu erfahren.

8. Für jede Leiche, auch wenn mehrere mit einem Eilfrachtbrief aufgegeben und in einem Wagen verladen werden, wird an Fracht auf das Tarifkilometer erhoben:

bei Beförderung mit Personen- oder Güterzügen . . . . 50 Reichspfennig
„ „ Eil- oder Schnellzügen . . . . 75 „
in beiden Fällen unter Zuschlag einer Abfertigungsgebühr von . . . . 7,50 Reichsmark für die Leiche.

Wird eine Leiche teils mit Güter- oder Personenzügen, teils mit Eil- oder Schnellzügen befördert, so werden der für die Gesamtentfernung zum Güter- oder Personenzugsatze berechneten Fracht 25 Reichspfennig auf jedes Tarifkilometer der Eil- oder Schnellzugstrecke hinzugerechnet.

9. Die Fracht für Leichen wird nach den Entfernungen für den Personenverkehr berechnet. Die Gebühren für Beförderung über Verbindungsbahnen enthält die Anlage I[36]).

Fehlen durchgehende Entfernungen oder wünscht der Absender einen abweichenden Bahnweg, so wird die Gesamtstreckenlänge durch Zusammenrechnung von Teilentfernungen ermittelt. Die Abfertigungsgebühr wird auch in diesem Falle nur einmal erhoben.

10. Wenn Leichen vor dem Abgang des Zuges vom Absender zurückgenommen werden, so wird für jeden Eisenbahnwagen die Gebühr nach Anlage V[36]) Ziff. 28 erhoben. Werden die bereitgestellten Wagen nicht innerhalb der für den Güterverkehr festgesetzten Frist beladen, so wird für die Fristüberschreitung die Gebühr nach Anlage V Ziff. 28 erhoben.

§ 44. Beförderung[130])

(1) Leichen sind in gedeckten Wagen zu befördern. Güter, die nicht zur Leiche gehören, dürfen nicht beigeladen werden. Die Eisenbahn kann verlangen, daß mehrere Leichen, die gleichzeitig von demselben Versandbahnhof nach demselben Bestimmungsbahnhof aufgegeben werden, zusammen in einen Wagen verladen werden. Leichen, die in geschlossenen Leichenfuhrwerken aufgeliefert werden, dürfen in offenen Wagen befördert werden.

(2) Jeder Sendung ist ein Begleiter[131]) beizugeben, der einen Fahrausweis zu lösen und denselben Zug zu benutzen hat. Begleitung ist nicht erforderlich, wenn der Absender beim Aufgabebahnhof die schriftliche oder telegraphische Erklärung des Empfängers hinterlegt, daß er die Sendung sofort nach Empfang der Nachricht von ihrem Eintreffen abholen lassen werde. Bei Sendungen an Beerdigungs- und an Leichenverbrennungsanstalten ist diese Erklärung nicht erforderlich.

---

[127]) FÜG Art. 4 § 1. — RundnagelBefGesch §§ 160ff. — Im HGB werden Leichen nicht erwähnt; sie gehören i. S. des HGB (nicht der EVO) zu den Gütern. Der BefördVertrag ist Vtr. zugunsten Dritter (Kittel Anm. 1 zu § 43). — Zuständ. Behörde zur Ausst. der Leichenpässe: Weirauch Anm. 6.

[128]) Bisher § 44.

[129]) § 60 nicht anwendbar. Kittel Anm. 4.

[130]) Bisher § 45.

[131]) Die Begleitung bezweckt hier nicht Schutz vor Gefahren, sondern Sicherstell. richtiger Auslieferung; daher EVO § 83 (1 g) nicht anwendbar. Rundn. S. 494, Kittel Anm. 2.

(3) Leichen dürfen unterwegs nicht ohne Not umgeladen werden. Sie sind möglichst schnell und ohne Unterbrechung zu befördern. Läßt sich auf einem Bahnhof ein längerer Aufenthalt nicht vermeiden, so ist der Wagen mit der Leiche tunlichst auf ein abseits liegendes Gleis zu stellen. Wird die Beförderung einer unbegleiteten Leiche mit den in Aussicht genommenen Zügen unmöglich, so hat der Bahnhof, wo das Hindernis eintritt, dem Empfänger kostenfrei telegraphisch mitzuteilen, mit welchem Zuge die Beförderung erfolgt.

²) 1. Zur Leiche gehörige Gegenstände werden bis zu einem Höchstgewicht von 500 kg in dem Wagen, in dem die Leiche verladen ist, unentgeltlich mitbefördert. Für diese Gegenstände übernimmt die Eisenbahnverwaltung keine Haftung.

2. Wenn die Begleiter von Leichen in dem Wagen Platz nehmen, in dem die Leichen verladen sind, haben sie Fahrausweise der im Zuge befindlichen niedrigsten Wagenklasse, sonst der benutzten Wagenklasse zu lösen. Bei Mitfahrt im Güterzuge ist ein Fahrausweis der niedrigsten Wagenklasse Personenzug zu lösen.

§ 45. Auslieferung[132])

(1) Die Ankunft einer unbegleiteten Leiche am Bestimmungsbahnhof ist dem Empfänger auf seine Kosten ohne Verzug durch Telegramm, Fernsprecher oder besonderen Boten mitzuteilen. Bei begleiteten Leichen unterbleibt die Benachrichtigung.

(2) Die Auslieferung von Leichen kann zu dem im § 33 (2) bestimmten Zeitpunkt verlangt werden.

(3) Den Empfang der Leiche hat der Empfänger zu bescheinigen.

(4) Der Empfänger hat innerhalb 6 Stunden nach Ankunft des Zuges auf dem Bestimmungsbahnhof die Sendung auszuladen und abzuholen. Geschieht dies nicht, so kann die Leiche der Ortspolizeibehörde überwiesen werden. Kommt die Leiche nach 18 Uhr an, so wird die Frist vom nächsten Morgen 8 Uhr ab gerechnet. Bei Überschreitung der Abholungsfrist ist die Eisenbahn berechtigt, das tarifmäßige Wagenstandgeld zu erheben.

(5) Der Empfänger hat für die Erfüllung der zoll-, gesundheitspolizeilichen und sonstigen verwaltungsbehördlichen Bestimmungen zu sorgen.

²) Bei nicht rechtzeitiger Abholung oder Entladung von Leichen wird für die Fristüberschreitung die Gebühr nach Anlage V[36]) Ziff. 28 erhoben.

§ 46. Ausnahmebestimmungen[133])

(1) Für die Beförderung von Leichen nach dem Bestattungsplatz des Aufgabeorts kann die Eisenbahn mit Genehmigung des Reichsverkehrsministers abweichende Bestimmungen erlassen.

(2) Bei Leichen, die von Polizeibehörden, Strafanstalten, Krankenhäusern oder dergleichen an öffentliche höhere Lehranstalten gesandt oder von diesen weiterversandt werden, ist keine Begleitung erforderlich. Sie dürfen in dicht verschlossenen und undurchlässigen Kisten aufgeliefert und in offenen Wagen befördert werden. Güter von fester Beschaffenheit (Holz, Metall oder dergleichen) oder in fester Verpackung (Kisten, Fässer oder dergleichen) dürfen beigeladen werden; es ist aber Vorsorge zu treffen, daß die Leichenkisten nicht beschädigt werden. Von der Beiladung sind ausgeschlossen: Nahrungs- und Genußmittel sowie deren Rohstoffe, ferner die in der Anlage C[36]) aufgeführten Gegenstände. Leichenpässe sind für diese Sendungen nicht erforderlich.

²) Die im Abs. (2) EVO bezeichneten Leichen werden zum Satze von 40 Reichspfennig für den Wagen und das Tarifkilometer als Eilgut befördert, auch wenn eine Beiladung geeigneter Güter nicht möglich ist. Sie werden bei den Eilgutabfertigungen abgefertigt. Abfertigungsgebühr wird nicht erhoben. Die Fracht wird nach den Entfernungen des Gütertarifs berechnet. Die Mindestfracht für eine Sendung beträgt 6,40 Reichsmark.

§ 47. Weitere Vorschriften[134])

Im übrigen gelten für die Beförderung von Leichen sinngemäß die Vorschriften für die Beförderung von Gütern (Abschnitt VIII).

²) Soweit nicht im Abschnitt VI besondere Bestimmungen getroffen sind, gelten für die gleichen Nebenleistungen der Eisenbahn die Gebühren im Nebengebührentarif des Deutschen Eisenbahn-Gütertarifs, Teil I Abt. B.

VII. Beförderung von lebenden Tieren[135])

[136]) (1) Die Beförderung von lebenden Tieren erfolgt auf Grund der nachstehenden allgemeinen Bestimmungen sowie der für die einzelnen Verkehre bestehenden besonderen Vorschriften, die in einem Teile II für jeden Verkehr besonders ausgegeben werden.

---

[132]) Bisher § 46.

[133]) Bisher § 47.

[134]) Bisher § 47a. — Als Anhang enthält PersTarif der Reichseis. (Teil II) Bedingungen f. d. regelmäß. Beförd. v. Arzneimitteln.

[135]) FÜG Art. 4 § 1 Ziff. 4. — Scheu, Tierversand u. Tierseuchenschutz, Berlin 1927. — Lebende Tiere sind Güter nur i. S. des HGB und des FÜG, nicht i. S. EVO Abschn. VIII (RundnagelBefGesch S. 486, 491).

[136]) A. Die vor § 48 abgedr. Best bilden das Vorwort des Deutschen Eisenbahn-Tiertarifs Teil I, der enthält: Allg. AusfBest zur EVO (oben abgedruckt), Allg. Tarifvorschriften u. den Nebengebührentarif. Inhalt der Allg. Tarifvorschriften: I. Grundsätze f. d. Frachtberechn. (5 Stückklassen für Groß- u. Kleinvieh außer Geflügel, 7 Ladungsklassen f. Geflügel); II. Besondere Vorschr. f. einzelne Tierarten u. a. m.; III. Zuladungen usw.; IV. Zuschlagpflichtige Züge; V. Lebende Tiere in Sonderzügen; VI. Ladegeräte.

B. Für den Tierverkehr auf den Strecken der Reichsbahn u. anschließender Privatbahnen gilt der Reichsbahn-Tiertarif, enthaltend: Verzeichnis der beteil. Bahnen, Besond. AusfBest zur EVO, Besondere Tarifvorschriften, Besond. Best zum Nebengebührentarif, Örtliche Best, Entfernungszeiger, Zuschlags- u. Anstoßfrachten u. a. m.

(2) Die Ausgabe des Teiles I und der dazu erscheinenden Nachträge wird in dem Tarif- und Verkehrs-Anzeiger für den Güter- und Tierverkehr der Deutschen Reichsbahn-Gesellschaft und der deutschen Privateisenbahnen (TVA I) und in der Zeitung des Vereins Deutscher Eisenbahnverwaltungen bekanntgemacht.

Änderungen und Ergänzungen des Teiles I können auch durch Abdruck ihres Wortlautes in dem genannten Tarif- und Verkehrs-Anzeiger bekanntgemacht werden; auf derartige Bekanntmachungen wird in der Zeitung des Vereins Deutscher Eisenbahnverwaltungen hingewiesen.

Für die Gültigkeit der Bekanntmachungen ist lediglich die Veröffentlichung in dem Tarif- und Verkehrs-Anzeiger für den Güter- und Tierverkehr der Deutschen Reichsbahn-Gesellschaft und der deutschen Privateisenbahnen maßgebend.

(3) Die Beförderungsgebühren sind in Reichsmark — 1 Reichsmark = 100 Reichspfennig — angegeben.

§ 48. Auflieferung[137]

(1) Die Eisenbahn hat bekanntzumachen, mit welchen Zügen Tiere befördert werden. Die Beförderung einzelner Stücke, die nicht mindestens 24 Stunden vorher angemeldet worden sind, kann abgelehnt werden, wenn im Zuge kein geeigneter Raum vorhanden ist.

[2]) I. Über die Züge, mit denen je nach Art und Richtung der Sendungen von dem Versandbahnhof aus die Beförderung in der Regel stattfindet, geben die Versandabfertigungen Auskunft.

II. 1. Bei Zügen, die im allgemeinen für die Beförderung von Tieren oder für die Beförderung der in Betracht kommenden Tierart nicht bestimmt sind, kann die Eisenbahn auf Antrag des Absenders — auf Unterwegsbahnhöfen auch des Begleiters — nach ihrem Ermessen die Beförderung von Tieren gegen Zahlung eines Zuschlags (vgl. Abschnitt B) zulassen. Der Antrag ist in den Tierfrachtbrief an der hierfür vorgesehenen Stelle aufzunehmen und unterschriftlich zu bestätigen.

2. Der Zuschlag wird nicht erhoben, wenn die Eisenbahn Tiersendungen, deren fahrplanmäßige Beförderung sich verzögert oder durch den fahrplanmäßigen Ausfall von Güterzügen infolge der Sonntagsruhe unterbrochen wird, ohne Antrag des Absenders mit zuschlagpflichtigen Zügen befördert.

III. Wird von der Eisenbahn auf Antrag zugelassen, daß auf einem Bahnhof ein sonst fahrplanmäßig durchfahrender Zug zur Aufnahme von Tierwagen anhält, so wird die im Nebengebührentarif (Abschnitt C) festgesetzte Gebühr erhoben.

IV. Tiere in Käfigen, Kisten, Säcken u. dgl. werden bei den Eilgutabfertigungen zur Beförderung als Eilgut oder beschleunigtes Eilgut angenommen.

(2) An Sonn- und Feiertagen werden keine Tiere angenommen. Ausnahmen sind durch Aushang bekanntzumachen.

[2]) V. Welche Tage als Feiertage gelten, wird durch Aushang bekanntgemacht[138]).

(3) Die Beförderung kranker Tiere kann abgelehnt werden, wenn sie nicht durch einen Tierarzt für zulässig erklärt wird[139]).

(4) Zur Beförderung wilder Tiere ist die Eisenbahn nur verpflichtet, wenn die von ihr aus Gründen der Sicherheit vorzuschreibenden Bedingungen erfüllt sind.

[2]) VI. (Fremdländische Tiere.)

(5) Die Tiere müssen rechtzeitig, einzelne Stücke mindestens eine Stunde vor Abgang des Zuges, zur Verladung bereitgestellt werden.

[2]) VII. (Bestellung von Wagen zur Verladung von lebenden Tieren.)

(6) Der Absender muß das Einladen der Tiere und ihre sichere Unterbringung im Wagen besorgen und die erforderlichen Befestigungsmittel stellen[140]). Er hat auch die viehseuchenpolizeilichen Vorschriften zu erfüllen und alle dazu erforderlichen Begleitpapiere beizugeben.

[2])VIII. (Kennzeichnung der Tiere durch Tafeln, Anhänger, Aufbrennen v. Zeichen.)

Die Kennzeichen sind im Tierfrachtbrief anzugeben. Die Zahl der Stücke ist auf den Tafeln oder Anhängern zu vermerken. Hat der Absender die Tiere nicht nach diesen Vorschriften oder nur undeutlich oder unvollständig gezeichnet oder hat er unvorschriftsmäßige Tafeln oder Anhänger verwendet, so kann die Annahme zur Beförderung abgelehnt werden.

IX.[141]) Für alle außergewöhnlichen, d. h. nicht als natürliche Abnutzung anzusehenden Beschädigungen, die durch Tiere an den Eisenbahnfahrzeugen oder Bahnanlagen bei der Ein-, Um- oder Ausladung oder während der Beförderung angerichtet werden, haftet der Absender, sofern nicht ein Verschulden der Eisenbahn vorliegt. Durch den Eintritt in den Frachtvertrag geht die Haftung auf den Empfänger über.

---

[137]) Bezifferung (u. meist auch Überschrift) der §§ 48 bis 70 in EVO v. 1908 u. der neuen EVO stimmen überein. — Wegen der Frachtsätze f. Tierbeförd. s. unten Beil. C Anm. 1.

[138]) Besond. AusfBest 1: Welche Tage als Festtage gelten, richtet sich nach den Anordnungen der zuständigen Behörden. Die Festtage werden durch Aushang an den Abfertigungsstellen bekanntgemacht.

[139]) Besond. AusfBest 2: Ersichtlich kranke Tiere werden, wenn ihre Beförderung wegen der Gefahr einer Verschleppung von Seuchen nicht ohnehin ausgeschlossen ist, zur Beförderung nur dann zugelassen, wenn sie sich nach dem pflichtmäßigen Ermessen der Aufgabestation ohne Qualen für die Tiere selbst und ohne Gefahren für mitzuverladende Tiere oder Gegenstände ausführen läßt. In zweifelhaften Fällen wird die Beförderung von der Beibringung eines tierärztlichen Zeugnisses abhängig gemacht.

[140]) Dem entspricht die vertragl. Verpflicht. der Eis., ein gefahrloses Einladen zu ermöglichen. RG VZ **1925** 871. — HGB § 459 Abs. 1 Ziff. 3. — Besond. AusfBest: 1. Für die Verladung lebender Tiere gelten die gleichen Fristen, wie für die Verladung von Wagenladungsgütern [§ 63 (6) EVO und bes. AusfBest im Abschnitt A des Reichsbahn-Gütertarifs, Heft A]. 2. (Örtlich.)

[141]) RundnagelBefGesch S. 491, Weirauch Anm. 10.

X. Zum Verpacken einzelner Stücke Kleinvieh, zum Verstellen der Türöffnungen und zur Trennung von Groß- und Kleinvieh und von Tieren verschiedener oder derselben Gattung [§ 2 (5) und § 3 (4) der Anlage B] stellt die Eisenbahn — soweit vorrätig — Käfige, Vorlegebäume, Lattengitter und Bretterverschläge gegen Erhebung der im Nebengebührentarif (Abschnitt C) festgesetzten Gebühren.

XI. Das während der Beförderung zur Fütterung der Tiere erforderliche Futter, die zu ihrer Wartung notwendigen Geräte, das vor der Verladung der Tiere benutzte Geschirr und das Handgepäck der Tierbegleiter werden unentgeltlich im Tierwagen mitbefördert (vgl. § 26). Diese Sachen sind von den Tierbegleitern selbst zu beaufsichtigen. Sonstiges Gepäck oder andere Güter dürfen, soweit nicht von der Eisenbahn Ausnahmen zugelassen werden, von dem Absender in den mit Tieren beladenen Wagen nicht untergebracht werden. Sie sind vielmehr der Versandabfertigung zur regelrechten Abfertigung zu übergeben. Bei der Aufgabe als Eilgut sind derartige Güter auf Antrag tunlichst mit den zur Beförderung der Tiere benutzten Zügen zu befördern. Wenn unzulässigerweise Gepäck oder andere Güter mitgeführt werden, so ist, wenn der Einladebahnhof nachgewiesen werden kann, hierfür die tarifmäßige Eilgutfracht für die Beförderungsstrecke, andernfalls die Eilgutfracht für die ganze von der Tiersendung zurückgelegte Strecke und als Frachtzuschlag das Doppelte der Eilgutfracht zu entrichten.

(7) Die Eisenbahn ist berechtigt, Begleitung[142]) der Tiersendungen zu fordern. Stellt der Absender die Begleitung nicht, so kann die Eisenbahn sie gegen die tarifmäßigen Gebühren selbst stellen. Bei kleinen Tieren, die in tragbaren, gut verschlossenen Behältern aufgegeben werden, kann keine Begleitung verlangt werden.

²) XII. [143]) 1. Bei Aufgabe von 10 Stück Großvieh und mehr muß Begleitung gestellt werden; für je 3 Wagen eines Absenders nach demselben Bestimmungsbahnhof ist mindestens 1 Begleiter zu stellen. Bei Aufgabe von weniger als 10 Stück Großvieh oder von Kleinvieh (Schweinen, Kälbern bis zu sechs Monaten, Schafen, Ziegen, Gänsen usw.) kann von der Beigabe eines Begleiters nach dem Ermessen des Versandbahnhofs abgesehen werden.

2. Wenn mehrere Wagen von verschiedenen Sendungen eines Absenders nach demselben Bestimmungsbahnhof unterwegs in einem Zuge vereinigt werden, so kann die Zurückziehung so vieler Begleiter zugelassen werden, daß auf jeden verbleibenden Begleiter nicht mehr als 3 Wagen entfallen. Der Fahrgeldunterschied wird nachträglich auf Antrag erstattet.

3. Die Gebühr für die Gestellung von Tierbegleitern durch die Eisenbahn ist im Nebengebührentarif (Abschnitt C) festgesetzt.

[144]) 4. Die Haftung der Eisenbahn für Verlust oder Beschädigung wird nicht geändert, falls von der Beigabe eines Begleiters abgesehen wird. Die Eisenbahn haftet insbesondere nicht für den Schaden, für den sie bei Begleitung nicht aufzukommen gehabt hätte.

5. Bei Sendungen lebender Tiere, die auf Tierfrachtbrief befördert werden, ist die Anzahl der beigegebenen Begleiter im Tierfrachtbrief an der hierfür vorgesehenen Stelle anzugeben.

XIII. 1. Zu jeder Sendung, und wenn zwei ein- oder zweibödige Wagen statt eines rechtzeitig bestellten mehrbödigen Wagens gestellt werden, zu jedem Wagen, wird 1 Begleiter zugelassen. Für jeden der hiernach zugelassenen oder nach der AusfBest XII 1 zu stellenden Begleiter ist für die der Frachtberechnung zugrunde gelegte Entfernung das Fahrgeld der 3. Klasse Personenzug zu zahlen, wenn sie im Tierwagen, im Packwagen oder in der niedrigsten Klasse des Zuges fahren, sonst das Fahrgeld der benutzten Klasse.

2. Über diese Zahl hinaus werden nach Bedarf Begleiter zur Fahrt in den Güter-, Eilgüter- und Viehzügen zugelassen, soweit Platz vorhanden ist. Für jeden dieser Begleiter ist, wenn sie im Tierwagen oder im Packwagen fahren, für die der Frachtberechnung zugrunde gelegte Entfernung das Fahrgeld der 3. Klasse Personenzug, wenn jedoch Personenwagen gestellt werden, das Fahrgeld der benutzten Klasse zu zahlen.

3. Für Tiere in Käfigen, Kisten, Säcken u. dgl. wird Begleitung nur mit Genehmigung des Versandbahnhofs zugelassen, sofern im Deutschen Eisenbahn-Gütertarif, Teil I Abteilung B, nichts anderes bestimmt ist.

(8) Tiere sind mit Tierfrachtbrief nach dem Muster der Anlage F[36]), bei Aufgabe in Käfigen, Kisten, Körben, Säcken oder anderen Behältern mit Eilfrachtbrief aufzuliefern[145]).

²) XIV. Die Dienststelle, bei der Sendungen aufzuliefern sind, wird von der Versandbahn bestimmt.

XV. 1. Im Tierfrachtbrief hat der Absender die Stückzahl, Gattung und — soweit zur Frachtberechnung erforderlich — das Alter und das Gewicht der Tiere anzugeben, ferner bei Beförderung in Viehkurs-, Stückgutkurs- und Gepäckwagen auch die Kennzeichen der Tiere (vgl. AusfBest VIII).

2. Als Fahrausweis der Begleiter dienen nach näherer Bestimmung der Eisenbahnverwaltungen entweder die besonderen Fahrscheine oder Fahrkarten[146]).

---

[142]) HGB § 459 Abs. 1 Ziff. 6. — Verkehr mit Ostpreußen, Kittel Anm. 10. — Besond. AusfBest 4: Für Großvieh von weniger als 10 Stück oder für Kleinvieh wird Begleitung dann verlangt, wenn besondere Umstände, z. B. die Umladung, dies erfordern. Für Pferde ist in der Regel auch bei Aufgabe von weniger als 10 Stück Begleitung zu stellen.

[143]) Besond. AusfBest 5: a) Das Begleiterfahrgeld wird aus der Preistafel für Personen usw. (Anhang zu den Entfernungstafeln für den Personen- und Gepäckverkehr) entnommen und auf dem Frachtbrief verrechnet. b) (Grenzverkehr).

[144]) HGB § 459 Abs. 1 Ziff. 5, 6. — Großvieh fällt, soweit die Eis. Begleitung fordern muß, nicht unter Ziff. 4. RG EE 37 225.

[145]) Besond. AusfBest 6: Jeder in einem Wagen verladenen Sendung ist ein besonderer Tierfrachtbrief beizugeben. Wenn für eine Sendung an Stelle eines rechtzeitig bestellten mehrbödigen Wagens zwei ein- oder zweibödige Wagen gestellt werden, so gilt die Sendung als in einem Wagen verladen.

[146]) Besond. AusfBest 7: Viehbegleiter mit Fahrkarten erhalten einen besonderen Ausweis; Viehbegleiter ohne Fahrkarten erhalten einen Fahrschein, der als Fahrkarte und Ausweis gilt.

XVI. Der Preis des Vordrucks zu Tierfrachtbriefen und die Gebühr für die Ausfüllung ist im Nebengebührentarif (Abschnitt C) festgesetzt. Wegen der Gebühr für die Stempelung der Vordrucke zu Tierfrachtbriefen, wegen der Preise für sonstige Vordrucke und wegen der Gebühren für ihre Ausfüllung und Stempelung siehe den Nebengebührentarif (Ziffer I) des Deutschen Eisenbahn-Gütertarifs, Teil I Abteilung B.

XVII. Bei unbegleiteten Tiersendungen kann der Absender im Tierfrachtbrief oder im Frachtbrief vorschreiben, daß er oder der Empfänger benachrichtigt wird, wenn ein Tier in der Zeit von der Annahme zur Beförderung bis zur Ablieferung beschädigt, getötet oder verendet ist. Das Verfügungsrecht des Absenders und des Empfängers wird durch diese Frachtbriefvorschrift nicht berührt.

Die Verpflichtung zur Abgabe der Benachrichtigung tritt ein, sobald die Eisenbahn die Beschädigung oder den Tod des Tieres entdeckt. Eine besondere Verpflichtung der Eisenbahn, dafür zu sorgen, daß diese Kenntnis erlangt werde, wird durch diese Bestimmung nicht begründet.

Der Absender kann vorschreiben, wie die Benachrichtigung erfolgen soll; mangels einer Vorschrift erfolgt sie nach Wahl der Eisenbahn.

Die Barauslagen werden nachgenommen.

Eine Verpflichtung, die Verfügung des benachrichtigten Absenders oder Empfängers abzuwarten, wird durch die Frachtbriefvorschrift und die Benachrichtigung nicht begründet.

XVIII. Wegen der Gebühr für Angabe des Lieferwerts siehe den Nebengebührentarif (Abschnitt C).

(9) Der Tarif kann bestimmen, daß die Fracht vorauszubezahlen ist.

[2]) XIX. Die Fracht ist vorauszubezahlen, sofern nicht der Absender den Frachtbetrag hinterlegt. Die Verwaltung der Versandbahn kann jedoch dem Absender gestatten, daß Tiersendungen ohne Sicherheitsleistung oder gegen Hinterlegung einer allgemeinen Sicherheit in Frachtüberweisung zur Beförderung angenommen werden[147]).

(10) Die näheren Bestimmungen über die Verladung von lebenden Tieren sind in der Anlage B unter I enthalten.

§ 49. Beförderung[137]) [148])

(1) Der Absender kann den Beförderungsweg vorschreiben. Solche Vorschriften muß die Eisenbahn beachten, sie kann aber die Fracht für den vorgeschriebenen Weg verlangen.

[2]) I. Die Vorschrift ist in den Frachtbrief aufzunehmen, und zwar in den Tierfrachtbrief und in den Abschnitt zum Tierfrachtbrief an der hierfür vorgesehenen Stelle, in den Eilfrachtbrief unter „vorgeschriebene oder zulässige Erklärungen" und in beiden Fällen unterschriftlich zu bestätigen. Die Fracht wird für den vorgeschriebenen Weg nach näherer Bestimmung der Tarifteile II erhoben.

[149]) (2) Die Begleiter haben während der Beförderung die Tiere zu warten und für die Erfüllung der viehseuchenpolizeilichen Bestimmungen zu sorgen. Der Absender kann im Frachtbrief erklären, daß der Begleiter befugt sein soll, unterwegs etwa notwendig werdende Anweisungen an seiner Stelle zu treffen. Wenn ein Frachtbriefdoppel ausgestellt ist, kann jedoch der Bestimmungsbahnhof oder die Person des Empfängers nur geändert werden, wenn das Doppel vorgelegt und auch darin die Änderung eingetragen wird [vgl. § 61 (5) und (6) sowie § 72 (7)].

[2]) II. Etwaige Anweisungen des Begleiters sind schriftlich im Tierfrachtbrief zu erteilen und unterschriftlich zu bestätigen.

(3) Der Aufsichtsbeamte hat den Begleitern auf Verlangen einen Platz im Packwagen oder in einem Personenwagen anzuweisen. Ist zur Abwendung von Betriebsgefahren die Gegenwart der Begleiter im Viehwagen notwendig, so müssen sie sich auf Verlangen des Aufsichtsbeamten oder Zugführers darin aufhalten.

(4) Die näheren Bestimmungen über die Beförderung von lebenden Tieren sind in der Anlage B unter II enthalten[150]).

§ 50. Auslieferung[137]) [151])

(1) Tiersendungen sind nach Ankunft auf dem Bestimmungsbahnhof unverzüglich[152]) zur Abnahme bereitzustellen. Meldet sich nach Eintreffen unbegleiteter Tiersendungen auf dem Bestimmungsbahnhof kein zum Empfang Berechtigter, so ist der Empfänger unverzüglich, jedenfalls aber innerhalb der für Eilgut festgesetzten Frist [§ 78 (2)] zu benachrichtigen.

---

[147]) Besond. AusfBest 8: Anträge, Tiersendungen ohne Sicherheitsleistung unfrankiert zur Beförderung zuzulassen, sind an die Direktion der Versandbahn zu richten.

[148]) Besond. AusfBest 1: Lebende Tiere werden befördert: a) mit Güter-, Eilgüter- und Viehzügen, mit Personenzügen mit Güterbeförderung und mit zuschlagfreien Personenzügen ohne Erhebung eines Frachtzuschlags, b) mit zuschlagpflichtigen Personenzügen: gegen Erhebung des tarifmäßigen Frachtzuschlags (§ 29 (1) Allg. Tarifvorschr.). Die Zuschlagsfrachten (Abschnitt F) bleiben hierbei unberücksichtigt. 2. Wahlwege: Wenn der vom Absender vorgeschriebene Beförderungsweg von dem eisenbahnseitig festgesetzten Beförderungsweg abweicht, wird die Fracht nach den Bestimmungen im Abschnitt E 2 ... berechnet. 3. Beförderung in Viehsammelwagen, Stückgutkurswagen und Gepäckwagen... 4. Tränkung: [a) b) Verzeichnis der bahnseitig eingerichteten u. der privaten Tränkanstalten.] Der Lauf der Lieferfristen ruht auch für die Dauer des Aufenthaltes des Viehes auf diesen Tränkstationen. c) Tränkwasser.

[149]) Abs. (2) ist neu; s. dazu Kittel Anm. 4.

[150]) Die allgemeine Polizei ist zum Erlasse solcher Best nicht zuständig. KG EE 33 283.

[151]) Besond. AusfBest: 1. Endet die Entladefrist in der Nachtzeit vor Beginn der Dienststunden der Ablieferungsstellen, so ist bei unbegleiteten Tiersendungen Standgeld erst zu erheben, wenn der Wagen nicht zwei Stunden nach Beginn der Dienststunden entladen ist; bei begleiteten Sendungen ruht die Entladefrist während der Nachtstunden, in denen die Entladestation nicht besetzt ist. 2. (Reinigung privater Ladegeräte u. dgl.)

[152]) Bisher: „mit tunlichster Beschleunigung".

[2]) I. Wird von der Eisenbahn auf Antrag zugelassen, daß auf einem Bahnhof ein sonst fahrplanmäßig durchfahrender Zug zur Abstellung von Tierwagen anhält, so wird die im Nebengebührentarif (Abschnitt C) festgesetzte Gebühr erhoben.

II. Die Dienststelle, die die Sendungen ausliefert, wird von der Empfangsbahn bestimmt.

III. Für die Desinfektion[153]) der Eisenbahnwagen, die zur Beförderung von Pferden, Maultieren, Eseln, Rindvieh, Schafen, Ziegen, Schweinen, lebendem Geflügel, fremdländischen oder wilden Tieren verwendet sind, und der bei der Beförderung benutzten Gerätschaften, werden die im Nebengebührentarif (Abschnitt C) festgesetzten Gebühren erhoben. Diese Gebühren sind stets zugleich mit der Fracht zu zahlen.

(2) Der Empfänger hat die Tiere spätestens zwei Stunden nach dem Zeitpunkt, zu dem die Benachrichtigung als bewirkt gilt [§ 78 (3)] abzunehmen, falls aber keine Benachrichtigung erfolgt [§ 78 (5)], spätestens zwei Stunden nach der Bereitstellung. Werden die Tiere nicht innerhalb der Abnahmefrist abgenommen, so kann die Eisenbahn sie auf Gefahr und Kosten des Verfügungsberechtigten in Verpflegung geben[154]) oder ihren ferneren Aufenthalt im Wagen oder auf dem Bahnhof gegen Entrichtung der tarifmäßigen Gebühren gestatten. Die Abnahmefrist ruht während einer zoll- oder steueramtlichen oder sonstigen verwaltungsbehördlichen Abfertigung, soweit diese nicht durch den Absender, Empfänger oder Begleiter verzögert wird.

[2])IV. Standgeld und Wagenstandgeld sind im Nebengebührentarif (Abschnitt C) festgesetzt. Für Tiere in Käfigen, Kisten, Körben, Säcken und dgl. wird anstatt des Standgeldes Lagergeld oder Wagenstandgeld nach den Bestimmungen im Nebengebührentarif des Deutschen Eisenbahn-Gütertarifs, Teil I Abteilung B berechnet.

§ 51. Lieferfrist[137]) [155])

[156]) (1) Die Lieferfristen für die mit Tierfrachtbrief aufgelieferten Sendungen betragen, sofern der Tarif keine kürzeren Fristen vorsieht,

bei einer Entfernung bis zu 150 Tarifkilometern einen Tag,

bei größeren Entfernungen für weitere angefangene je 300 Tarifkilometer einen weiteren Tag.

[157]) (2) Die Lieferfrist beginnt für Sendungen, die zu einem vormittags abgehenden Zuge aufgegeben werden, um 12 Uhr mittags, bei Sendungen, die zu einem nachmittags abgehenden Zuge aufgegeben werden, mit der auf die Annahme folgenden Mitternacht. Sie ist gewahrt, wenn vor ihrem Ablauf die Tiere auf dem Bestimmungsbahnhof zur Abholung bereitgestellt sind.

(3) Der Lauf der Lieferfristen ruht außer in den Fällen des § 74 (7) auch für die Dauer des Aufenthalts auf den Tränkbahnhöfen.

(4) Die Auslieferung der mit Personenzügen beförderten Pferde und Hunde kann zu dem im § 33 (2) bestimmten Zeitpunkt verlangt werden. Müssen die Pferde jedoch unterwegs auf einen anderen Zug übergehen, so kann ihre Weiterbeförderung nicht mit dem Anschlußzug, sondern erst mit dem nächsten geeigneten Zuge verlangt werden.

(5) Für Tiere in Käfigen, Kisten, Körben, Säcken u. dgl. gelten die für Eilgut festgesetzten Lieferfristen (§ 74).

(6) Wird vom Absender gemäß § 49 (1) ein besonderer Weg vorgeschrieben, so gelten für die Berechnung der Lieferfrist die Tarifentfernungen für den vorgeschriebenen Weg.

§ 52[137]). Weitere Vorschriften

Im übrigen gelten für die Beförderung von Tieren sinngemäß die Vorschriften für die Beförderung von Gütern (Abschnitt VIII).

[2]) I. Die näheren Bestimmungen über Erhebung von Frachtzuschlägen bei Überlastung eines Wagens im Tierverkehr sind in den Tarifteilen II enthalten.

II. Erleiden Tiersendungen deshalb eine Verzögerung, weil die zur Erfüllung etwa bestehender Zoll-, Steuer-, Polizei- oder sonstiger verwaltungsbehördlicher Vorschriften erforderlichen Begleitpapiere ohne Verschulden der Eisenbahn fehlen oder unzulänglich sind, so wird, falls die Verzögerung mehr als 48 Stunden beträgt, Standgeld oder Wagenstandgeld nach dem Nebengebührentarif[36]) (Abschnitt C) erhoben.

III. Die Gebühren für die Ausführung nachträglicher Verfügungen, für die Unterbringung von Tieren in überdeckten Räumen, für die Anweisung des Absenders, die Sendung von einem Dritten zur Beförderung anzunehmen, für die Anweisungen des Empfängers, für die Mitwirkung der Eisenbahn bei der zollamtlichen Abfertigung und bei der Untersuchung durch den Grenztierarzt, die Ladegebühren, die Gebühren für die von der Eisenbahn verauslagten Zoll- oder Steuerbeträge, für Nachnahmen nach Eingang, für Barvorschüsse, für Ablieferungsnachweise und für die Nachprüfung der Übereinstimmung der Sendung mit den Angaben im Frachtbrief sind im Nebengebührentarif[36]) (Abschnitt C) festgesetzt.

VIII. Beförderung von Gütern[158])

[159]) Die Beförderung von Frachtgütern, Eilgütern*) und beschleunigten Eilgütern erfolgt auf Grund der allgemeinen Bestimmungen des Deutschen Eisenbahn-Gütertarifs, Teil I Abteilung A und B, sowie der für die

*) Für die Beförderung von lebenden Tieren in Käfigen, Kisten, Säcken und dgl. gelten die Bestimmungen des Deutschen Eisenbahn-Tiertarifs, Teil I.

[153]) Oben VI 8.

[154]) Verwahrungsvertrag, Haftung der Eis. für Sorgfalt e. ordentl. Kaufmanns (HGB § 347). Weirauch Anm. 3, Kittel Anm. 3.

[155]) Hierzu besond. AusfBest (örtlich).

[156]) Für die Lieferfrist waren in der EVO v. 1908 Höchstfristen festgesetzt; zu Kriegsbeginn wurden alle Lieferfristen suspendiert; später erhielt die EVO eine Fassung, nach der die Festsetz. der LFr. dem Tarif überlassen war; in der neuen EVO sind wieder feste Lieferfristen angeordnet.

[157]) Abweichend v. EVO 1908.

[158]) Örtlicher Geltungsbereich des Abschn. VIII: § 1; Geltung für Gepäck: § 35 (1), Expreßgut: Allg. AusfBest 27 zu § 42, Leichen § 47, lebende Tiere § 52.

[159]) A. Die obigen vier Absätze bilden das Vorwort des Deutschen Eisenbahn-Gütertarifs Teil I (oben VII 1). Dieser Teil I hat 2 Abteilungen: Abt. A,

einzelnen Verkehre bestehenden besonderen Vorschriften, die in einem Teile II für jeden Verkehr besonders ausgegeben werden.

Die Ausgabe der Teile IA und IB und der dazu erscheinenden Nachträge wird in dem Tarif- und Verkehrsanzeiger für den Güter- und Tierverkehr der Deutschen Reichsbahn-Gesellschaft und der deutschen Privateisenbahnen (TVA I) und in der Zeitung des Vereins Deutscher Eisenbahnverwaltungen bekanntgemacht.

Änderungen und Ergänzungen der Teile IA und IB können auch durch Abdruck ihres Wortlautes in dem genannten Tarif- und Verkehrsanzeiger bekanntgemacht werden; auf derartige Bekanntmachungen wird in der Zeitung des Vereins Deutscher Eisenbahnverwaltungen hingewiesen.

Für die Gültigkeit der Bekanntmachungen ist lediglich die Veröffentlichung in dem Tarif- und Verkehrsanzeiger für den Güter- und Tierverkehr der Deutschen Reichsbahn-Gesellschaft und der deutschen Privateisenbahnen maßgebend.

§ 53. Durchgehende Beförderung[160]) [161])

Die Eisenbahn ist verpflichtet, Güter zur durchgehenden Beförderung von und nach allen Bahnhöfen und Güternebenstellen nach Maßgabe ihrer Abfertigungsbefugnisse anzunehmen.

§ 54 [160]) [161]). Von der Beförderung ausgeschlossene oder nur bedingungsweise zur Beförderung zugelassene Gegenstände[162])

(1) Von der Beförderung ausgeschlossen sind[163]), soweit nicht in Abs. (2) Ausnahmen zugelassen sind:

a) die dem Postzwang unterliegenden Gegenstände;

²) I. Die einschlägigen Bestimmungen des Gesetzes über das Postwesen des Deutschen Reiches vom 28. Oktober 1871 mit den Ergänzungen durch das Gesetz vom 20. Dezember 1899 lauten: [wie oben in der Anm. *) zu allg. AusfBest 3 zu § 28]

b) Gegenstände, deren Beförderung nach gesetzlicher Vorschrift oder aus Gründen der öffentlichen Ordnung verboten ist;

c) explosionsgefährliche Gegenstände, das sind alle Gegenstände, die explosionsfähige Stoffe enthalten, nämlich:

1. Sprengstoffe, insbesondere Spreng- und Schießmittel; Stoffe, die nicht zum Sprengen oder Schießen geeignet sind, durch Flammenzündung nicht zur Explosion gebracht werden können und gegen Stoß oder Reibung nicht empfindlicher sind als Dinitrobenzol, gelten nicht als Sprengstoffe;
2. Munition,
3. Zündwaren, Feuerwerkskörper und dergleichen,
4. verdichtete und verflüssigte Gase,
5. Stoffe, die in Berührung mit Wasser entzündliche oder die Verbrennung unterstützende Gase entwickeln;

d) selbstentzündliche Stoffe;

e) ekelerregende und übelriechende Stoffe.

(2) Bedingungsweise[164]) sind zur Beförderung zugelassen:

a) explosionsgefährliche, selbstentzündliche, ekelerregende oder übelriechende Stoffe [Abs. (1) c) bis e)] sowie die in der Anlage C[165]) unter III bis V besonders aufgeführten brennbaren Flüssigkeiten, giftigen und ätzenden Stoffe bei Erfüllung der in der Anlage C vorgeschriebenen Bedingungen.

Solche Gegenstände dürfen miteinander oder mit anderen Gütern nur dann zusammengepackt werden, wenn dies in der Anlage C zugelassen ist. Sie dürfen nicht bahnlagernd gestellt werden.

---

enthaltend die EVO mit den Allg. AusfBest (mit 5 Anlagen, worunter: Vorschriften über die Verpackung u. Verladung bestimmter Güter, für die Beladung der Wagen u. üb. die Verladung v. Fahrzeugen auf offenen Wagen), u. Abt. B, enth. die Allgemeinen Tarifvorschriften, v. denen einen Auszug Beilage C bringt, die Gütereinteilung u. den Nebengebührentarif.

B. Für den Binnenverkehr der Reichsbahn u. ihren Verkehr mit den anschließenden deutschen Privateis. gilt der Deutsche Eisenbahn-Gütertarif Teil II. Sein Heft A enthält ein Verzeichnis der beteil. Bahnen, Besondere AusfBest zur EVO (Auszüge daraus bringen die Anmerkungen zur EVO unten), Besondere Tarifvorschr., Besondere Best zum Nebengebührentarif, örtliche Best u. a. m. Das Vorwort des Heftes A enthält ein Verzeichnis der maßgebenden Tarife u. Best über die Veröff. v. Änderungen usw.; diese erfolgt in der Art, wie sie das Vorwort zum Teil I (oben vor § 53) bestimmt, u. außerdem im Verkehrsanzeiger f. d. bayerische Netz. — Wegen der Frachtsätze s. unten Beil. D Anm. 1.

[160]) Die Ziffern u. (mit einigen Abweich.) die Überschriften stimmen für §§ 53—70 mit denen der EVO v. 1908 überein.

[161]) A. HGB § 453. JÜG Art. 5. Die bisher. Vorschrift ist sachlich unverändert geblieben; der bisherige ... Zusatz (ohne daß es ... einer Vermittlungsadresse bedarf) ist durch die Worte „zur durchgehenden Beförderung" ersetzt worden; da die Annahme von Gütern naturgemäß nur von und nach den hierfür eingericht. AbfertStellen in Frage kommt, sind die Worte „nach Maßgabe ihrer Abfertigungsbefugnisse" zur Klarstellung hinzugefügt worden (Begr).

B. Zu §§ 53, 54 Besond. AusfBest betr. Abfert. u. Verkehrsbeschränkungen f. einzelne Bahnhöfe u. Strecken sowie Postzwang in der Schweiz, der Tschecho-Slowakei u. Österreich.

C. Güternebenstellen s. Anm. 227.

[162]) HGB § 453, EVO § 3. JÜG Artt. 3, 4. — Anm. 190 B.

[163]) §§ 60 (1a), 83 (1e).

[164]) Kittel Anm. 2.

[165]) Anl. C hier nicht abgedruckt. — § 60 (1a); Allg. Tarifvorschr. (Beil. B) §§ 22, 23.

[166]) b) Gold und Silber, Platin, Geld, Münzen und Papiere mit Geldwert, auch amtliche Wertzeichen, Dokumente, Edelsteine, echte Perlen, besonders wertvolle Spitzen[167]) und besonders wertvolle Stickereien sowie andere Kostbarkeiten[168]), ferner Kunstgegenstände, wie Gemälde, Bildwerke, Gegenstände aus Erzguß, Kunstaltertümer.

Die Beförderungsbedingungen für diese Gegenstände hat der Tarif zu bestimmen[169]).

[2]) II. 1. Gold und Silber, Platin, Geld und Münzen mit Geldwert aus edlen Metallen, Papiere mit Geldwert, auch amtliche Wertzeichen, Dokumente, Edelsteine und echte Perlen, besonders wertvolle Spitzen und besonders wertvolle Stickereien, Waren aus Gold, Silber oder Platin, auch in Verbindung mit Edelsteinen oder echten Perlen, ferner Kunstgegenstände, wie Gemälde, Bildwerke, Gegenstände aus Erzguß und Kunstaltertümer, im Einzelwerte von mehr als 5000 Reichsmark, sowie andere Kostbarkeiten sind, soweit sie vorstehend namentlich aufgeführt sind, unter diesen Namen, soweit sie nicht genannt sind, unter ihrer tarifarischen oder handelsüblichen Benennung mit dem Zusatz „Kostbarkeit" oder — unbeschadet der AusfBest zu § 86 (3) — unter Angabe des Wertes im Frachtbrief in der Spalte „Inhalt" zu bezeichnen. Bei Kunstgegenständen im Einzelwert von mehr als 5000 Reichsmark muß die Inhaltsangabe lauten: „Kunstgegenstände im Einzelwert von mehr als 5000 Reichsmark".

2. Die unter 1. genannten Gegenstände werden nur als Eilgut oder als beschleunigtes Eilgut zur Beförderung angenommen und dürfen nicht bahnlagernd gestellt werden ... (Verpackung). Bei Aufgabe als Eilgut darf das einzelne Stück nicht weniger als 20 kg und bei Aufgabe als beschleunigtes Eilgut nicht weniger als 10 kg wiegen.

Für die Annahme der in den Anlagen C und II verzeichneten Gegenstände als Eilgut oder als beschleunigtes Eilgut gelten die Bestimmungen dieser Anlagen.

3. Die unter 1. genannten Gegenstände können auch mit anderen Gütern zusammengepackt ausgegeben werden. In diesem Falle sind für die ganze Sendung die vorstehend unter 2 genannten Bestimmungen anzuwenden. (Umzugsgut.)

4. Auf Antrag des Absenders werden diese Güter in besonderen Wagen mit den von der Eisenbahn zu bestimmenden Zügen befördert. In diesem Falle obliegt das Einladen dem Einsender, das Ausladen dem Empfänger[170]); Auflieferung als Stückgut ist ausgeschlossen.

Auf Antrag des Absenders kann auch die Beförderung in einem Abteil eines Personenwagens zugelassen werden. Das Einladen obliegt dann ebenfalls dem Absender, das Ausladen dem Empfänger.

Der Antrag ist im Frachtbrief unter „Vorgeschriebene oder zulässige Erklärungen" zu vermerken.

5. (Begleitung)[171]).

6. Für Geld und Münzen mit Geldwert aus unedlen Metallen gelten die allgemeinen Beförderungsbedingungen.

c) Gegenstände, deren Verladung oder Beförderung nach der Anlage oder dem Betrieb einer beteiligten Bahn außergewöhnliche Schwierigkeit verursacht.

Ihre Beförderung kann die Eisenbahn von besonders zu vereinbarenden Bedingungen abhängig machen[172]).

d) Eisenbahnfahrzeuge, die auf eigenen Rädern befördert werden sollen[173]).

Sie müssen sich in lauffähigem Zustand befinden. Lokomotiven, Tender und Triebwagen müssen von einem sachverständigen Beauftragten des Absenders begleitet sein, der sie auch zu schmieren hat.

[2]) III. 1. Eisenbahnfahrzeuge, die auf eigenen Rädern befördert werden sollen, werden zur Beförderung nur angenommen, wenn die Eisenbahn die Lauffähigkeit festgestellt hat und wenn die Bescheinigung hierüber dem Frachtbrief beigefügt ist. Sie werden nicht zur Beförderung als Eilgut oder beschleunigtes Eilgut angenommen. Dagegen werden leere Privatgüter- und Privattierwagen, die in den Park einer Eisenbahnverwaltung eingestellt sind, sowie Privatkühlmaschinenwagen ohne Laderaum, wenn sie gleichzeitig mit beladenen Kühlwagen als Eilgut aufgeliefert werden und zu deren Versorgung mit Kälte während der Beförderung bestimmt sind, zur Beförderung als Eilgut angenommen.

2. Die Beladung der Eisenbahnfahrzeuge bedarf besonderer Genehmigung[174]). Für die verladenen Gegenstände ist die tarifmäßige Fracht zu zahlen.

3. Anderen Eisenbahnfahrzeugen als Lokomotiven, Tendern und Triebwagen kann ein Begleiter beigegeben werden. Dieser hat das Schmieren zu besorgen. Ist kein Begleiter beigegeben, so übernimmt die Eisenbahn das Schmieren auf Kosten des Absenders.

4. Die Begleiter von Eisenbahnfahrzeugen werden frei befördert. Sie haben auf oder in den begleiteten Fahrzeugen Platz zu nehmen. Ausnahmsweise kann ihnen der Zugführer den zeitweiligen Aufenthalt im Packwagen oder in einem im Zuge fahrenden Personenwagen gestatten.

§ 55. Form des Frachtbriefs[160]) [175])

(1) Jede Sendung muß von einem Frachtbrief begleitet sein[176]), der für gewöhnliches Frachtgut dem Muster der Anlage D[36]), für Eilgut und beschleunigtes Eilgut dem Muster der Anlage E[36]) zu entsprechen hat. Bei Aufgabe

[166]) § 86 (3); Allg. Tarifvorschr. (Beil. B) § 24. — Frachtberechnung OLG Hamm EE **27** 279. Bezeichnung Kittel Anm. 9.

[167]) RG **94** 115.

[168]) Begriff Kostbarkeit oben VII 2 Anm. 9.

[169]) Diese Vorschr. ermächtigt die Eis. nicht, den Kreis der nur bedingt zugelassenen Gegenstände durch den Tarif zu erweitern. RG **101** 84.

[170]) § 83 (1c).

[171]) § 83 (1g). RG Arch **1921** 1001.

[172]) Allg. Tarifvorschr. (Beil. B) §§ 27, 35f., 39f.

[173]) Das. §§ 32—34.

[174]) Bei der Versandabfert. zu beantragen (Besond. AusfBest 2).

[175]) HGB § 426. JÜG Art. 6.

[176]) Im Gegens. zum Landfrachtrecht (HGB § 426) ist beim EisFrachtvertrag die Ausstellung des Frachtbriefs Mußvorschrift, der EisFrachtvtr. ist Formalvtr. — Eintragungen der Reichsbahnstellen in den Frachtbrief sind öff. Urkunden i. S. ZPO § 415. RG EE **46** 175, OLG Stuttgart Arch **1925** 1231. — Weiteres üb. d. Frachtbrief: Weirauch Anm. 2; Strafrechtliches unten Anm. 205.

als beschleunigtes Eilgut muß der Eilfrachtbrief in der Spalte „Vorgeschriebene oder zulässige Erklärungen" den Vermerk „Beschleunigtes Eilgut" enthalten.

(2) Zu den Frachtbriefen ist weißes Schreibpapier in der vom Reichsverkehrsminister festgesetzten[177]) Beschaffenheit zu verwenden. Alle Güterabfertigungen sind verpflichtet, Frachtbriefe zu den im Tarif festzusetzenden Preisen zu verkaufen.

(3) Die Frachtbriefe müssen zum Nachweis, daß sie den Vorschriften entsprechen, den Prüfungsstempel einer inländischen Eisenbahn tragen. Für die Stempelung der Frachtbriefe wird eine im Tarif festzusetzende Gebühr erhoben. Die Stempelung kann abgelehnt werden, wenn nicht gleichzeitig mindestens 100 Frachtbriefe vorgelegt werden.

²) Die Preise der Vordrucke zu Frachtbriefen und die Gebühr für die Stempelung sind im Nebengebührentarif (Teil I Abteilung B) festgesetzt.

(4) Die stark umrahmten Teile des Frachtbriefs sind für die Eintragungen der Eisenbahn, die übrigen für die Eintragungen des Absendes bestimmt.

(5) Für besondere Fälle wie regelmäßig wiederkehrende Sendungen oder für Sendungen in durchgehender Beförderung mit anderen Verkehrsmitteln kann der Reichsverkehrsminister Abweichungen von den vorstehenden Bestimmungen genehmigen[178]).

§ 56. Inhalt des Frachtbriefs[137]) [179]).

(1) Der Frachtbrief muß folgende Angaben enthalten:

a) Ort und Tag der Ausstellung;

b) [180]) die Bezeichnung des Bahnhofs oder der Güternebenstelle, wohin das Gut befördert werden soll (Bestimmungsbahnhof); die Bezeichnung soll möglichst dem Tarif entsprechen;

²) I. Der Absender kann bei Wagenladungen und bei den von ihm selbst verladenen Stückgutsendungen ohne Verbindlichkeit für die Eisenbahn im Frachtbrief unter „Vorgeschriebene oder zulässige Erklärungen" die gewünschte Entladestelle des Bestimmungsbahnhofs und bei Gleisanschlüssen auch die des Gleisanschlusses bezeichnen.

c) Namen, Wohnort und soweit erforderlich auch Wohnung oder Geschäftsstelle dessen, an den das Gut abgeliefert werden soll. Dieser Anschrift des Empfängers können Drahtanschrift und Fernsprechnummer beigefügt werden. Als Empfänger darf nur eine Einzelperson, Firma, juristische Person oder öffentliche Dienststelle angegeben werden. Anschriften, die den Namen des Empfängers nicht bezeichnen, wie „an Order von ..." oder „an den Inhaber des Frachtbriefdoppels", sind unzulässig;

²) II. Frachtbriefe, die an die Güterabfertigung des Bestimmungsbahnhofs gerichtet sind, werden nur angenommen, wenn die Berechtigung zur Benutzung dieser Anschrift nachgewiesen wird oder aus dem Tarif hervorgeht. Vgl. im besonderen die Bestimmungen über die Beförderung der Privatwagendecken und der nicht der Eisenbahn gehörenden Deckenträger, Ladegeräte und Wärme- oder Kälteschutzmittel im Abschnitt VI der Allgemeinen Tarifvorschriften (Teil I Abteilung B).

d) [181]) die Bezeichnung der Sendung nach ihrem Inhalt, die Angabe des Gewichts oder statt dessen eine den Vorschriften der Versandbahn entsprechende Angabe [vgl. jedoch § 58 (3) und (4)], ferner:

bei Stückgut:

Anzahl, Art der Verpackung, Zeichen und Nummer oder statt dessen die Angabe, daß die Güter die Anschrift des Empfängers tragen;

---

[177]) Vo 10. April 26 RMinBl Nr. 15.

[178]) Z. B. Milchverkehr (kein Frachtbrief).

[179]) HGB § 426. JÜG Art. 6. — Der neue § 56 weicht vom bisherigen in Anordnung u. Inhalt ab; z. B. sind jetzt die Angaben im FrBr. in notwendige u. zugelassene geschieden (s. dazu Richter Anm. I). — §§ 57, 60.

[180]) A. Besond. AusfBest (1):

a) Für Sendungen nach Orten mit mehreren Bahnhöfen hat der Absender den Bahnhof, auf dem die Abnahme des Gutes erfolgen soll, im Frachtbrief in der für die Angabe des Bestimmungsbahnhofs vorgesehenen Zeile anzugeben. Fehlt diese Bahnhofbezeichnung oder ist sie an einer nicht zugelassenen Stelle des Frachtbriefs eingetragen, so wird, sofern nicht im Reichsbahn-Gütertarif, Heft D (Bahnhofstarif [Tfv. 6]) oder in den Binnentarifen etwas anderes bestimmt ist, die Abfertigung nach dem Bahnhof vorgenommen, dessen Frachtsätze die billigste Fracht ergeben; bei gleichen Frachtsätzen bestimmt die Eisenbahn die Abfertigung.

b) Bei Sendungen nach Kleinbahnen (Bahnen untergeordneter Bedeutung, die nicht zu den Haupt- und Nebenbahnen gehören) muß, wenn im Verkehr mit deren Bahnhöfen kein direkter Tarif besteht, im Frachtbrief als Bestimmungsbahnhof der Übergangsbahnhof zur Kleinbahn angegeben werden. Soll die Sendung mit der Kleinbahn weitergehen, so muß der Absender im Frachtbrief an der hierfür vorgesehenen Stelle vorschreiben: „mit Kleinbahn weiter nach ......" (Vgl. auch Ziffer 11 (2) Seite 42.) Die in der letzten Zeile der vorsteh. AusfBest genannte Ziff. 11 ist die Besond. AusfBest 11 (2) zu § 75 (6).

B. Unten Anm. 218, 255, 288; ferner oben I 8 Anm. 47. — § 56 (2) f.

[181]) A. Besond. AusfBest (2):

Bei den nach Ausnahmetarifen abzufertigenden Gütern ist ihr Inhalt im Frachtbrief nach der im Ausnahmetarif gebrauchten Benennung anzugeben. Ist im Warenverzeichnis des Ausnahmetarifs auf Güter bestimmter Tarifstellen der Gütereinteilung des Deutschen Eisenbahn-Gütertarifs, Teil I Abteilung B, verwiesen, so ist der Inhalt nach der in diesen Tarifstellen gebrauchten Bezeichnung zu benennen.

B. RG **96** 277, **107** 26 (dazu Hermann VZ **1923** 740), **113** 274; EE **43** 101; JW **1927** 687. — Weiteres unten bei § 60.

bei Gütern, die vom Absender zu verladen sind:

Nummer, Eigentumsmerkmal, Ladegewicht (bei Privatwagen auch Eigengewicht) des Wagens, ferner die Angabe, ob der Wagen offen oder gedeckt ist.

Bei den im Tarif und in der Anlage C[36]) aufgeführten Gütern ist der Inhalt nach der dort gebrauchten, bei allen anderen Gütern nach ihrer handelsüblichen Benennung anzugeben. Der Tarif kann Erleichterungen zulassen. Will der Absender der tarifmäßigen oder handelsüblichen Benennung des Gutes noch eine andere Benennung oder eine besondere Inhaltsangabe beifügen, so hat er diese Angaben in der Frachtbriefspalte „Inhalt" in Klammern oder auf der Rückseite des Frachtbriefs zu machen.

Reicht der für die Bezeichnung der Güter und die Angabe des Gewichts vorgesehene Raum auf der Vorderseite des Frachtbriefs nicht aus, so ist die Rückseite zu benutzen; nötigenfalls sind dem Frachtbrief gleich große Blätter anzuheften und dann besonders zu unterzeichnen. Im Frachtbrief ist auf sie zu verweisen. Wird das Gesamtgewicht einer solchen Sendung angegeben, so ist es im Frachtbrief an der hierfür vorgesehenen Stelle einzutragen;

²) III. Die Bezeichnungen „Drogen", „chemische Präparate zum wissenschaftlichen Gebrauch" und „pharmazeutische Präparate" werden als Inhaltsangabe zugelassen, wenn der Absender im Frachtbrief erklärt, daß die Frachtstücke keinen Gegenstand enthalten, der nach den Bestimmungen der Eisenbahn-Verkehrsordnung von der Beförderung ausgeschlossen oder nach dieser Ordnung oder der Anlage II zum Deutschen Eisenbahn-Gütertarif, Teil I Abteilung A, nur bedingungsweise zur Beförderung zugelassen ist. Für regelmäßige Sendungen solcher Güter ist auch die Hinterlegung einer allgemeinen Erklärung nach Anlage I[36]) bei der Versandabfertigung statthaft. Auf diese Erklärung ist bei jeder einzelnen Sendung im Frachtbrief Bezug zu nehmen.

IV. Bei Gütern, die eingestanzte oder aufgezeichnete Zeichen und Nummern tragen, wie z. B. Stahlflaschen oder Privatwagendecken, sind die eingestanzten oder aufgeschriebenen Bezeichnungen — abgesehen von Marken- oder Herkunftsbezeichnungen — im Frachtbrief anzugeben.

V. Fehlt im Frachtbrief

a) die Angabe des Ladegewichts des verwendeten Wagens (und bei Privatwagen auch die Angabe des Eigengewichts) oder

b) die Angabe, ob der Wagen offen oder gedeckt ist,

so trägt die Versandabfertigung die fehlenden Angaben ein.

VI. Bei den vom Absender verladenen Sendungen aus ungleich tarifierten Gütern sind, wenn getrennte Frachtberechnung beansprucht wird, außer dem Gesamtgewicht die Gewichte der einzelnen Güter nach Tarifklassen zusammengefaßt an der im Frachtbrief hierfür vorgesehenen Stelle einzutragen. Wird bei Wagenladungen oder bei den vom Absender selbst verladenen Stückgutsendungen aus ungleich tarifierten Gütern das Gewicht für einen Teil der Sendung nicht angegeben und Feststellung des Gesamtgewichts beantragt, so gilt die AusfBest. VI zu § 58.

[182]) e) die Unterschrift des Absenders mit Namen oder Firma sowie seine Wohnung oder Geschäftsstelle, nach seinem Ermessen auch Drahtanschrift und Fernsprechnummer. Als Absender darf nur eine Einzelperson, Firma, juristische Person oder öffentliche Dienststelle angegeben werden;

ferner zutreffendenfalls:

f) den Antrag auf Ausstellung eines Frachtbriefdoppels [§ 61 (5) bis (7)][183]);

²) VII. Die Ausstellung eines Frachtbriefdoppels ist durch Eintragung des Wortes „ja" an der im Frachtbrief hierfür vorgesehenen Stelle zu beantragen.

g) die Angabe der durch die Zoll-, Steuer-, Polizei- oder sonstigen Verwaltungsbehörden vorgeschriebenen Begleitpapiere, die dem Frachtbrief beigefügt oder als bei einer bestimmten Stelle hinterlegt bezeichnet sind [§ 65 (1)];

h) die Angabe der Kosten, die der Absender übernehmen will (Freivermerk, § 69);

i) die Höhe einer Nachnahme, mit der das Gut belastet werden soll, oder eines Barvorschusses (§ 71);

k) die Angabe „bahnlagernd", gegebenenfalls mit einem Verzicht auf die Benachrichtigung des Empfängers gemäß § 78 (5), vgl. jedoch § 54 (2) a);

l) den Betrag des Lieferwerts (§ 89).

(2) Außerdem kann der Frachtbrief folgende Angaben und Erklärungen enthalten:

a) die Bezeichnung des Bahnhofs, auf dem die Zoll- oder Steuerbehandlung vorzunehmen ist, oder der Zoll- oder Steuerstelle [§ 67 (2)];

²) VIII. Wegen des Wortlauts der Erklärung bei Bezeichnung eines Erledigungsbahnhofs, auf dem sich kein zuständiges Zoll- oder Steueramt befindet, vgl. AusfBest IV zu § 65 (3).

b) die Angabe, daß der Absender oder ein von ihm zu bezeichnender Bevollmächtigter zur Zoll- oder Steuerbehandlung zugezogen werden soll [§ 65 (5) und (6)]; Anträge wegen der Art der Zollbehandlung [§ 65 (3)];

²) IX. Wegen des Wortlauts der Erklärung vgl. AusfBest V 1 zu § 65 (5).

c) bei Eilgut und beschleunigtem Eilgut die Angabe des Beförderungswegs [§ 67 (2)];

²) X. Vgl. hierzu AusfBest II und III zu § 67 (2).

d) den Antrag auf Beförderung in offenen oder gedeckten Wagen (§ 66);

e) den Antrag, daß die Eisenbahn auf dem Versand- oder Bestimmungsbahnhof das Gewicht oder die Stückzahl feststellen soll [§ 58 (3) und (4) und § 76];

---

[182]) Abs. (9). — Falsche Unterschrift als Urkundenfälschung RG EE **31** 230; RG Straff. **52** 195. Mitkontrahent des Frachtvertrags ist der im FrBr. bezeichn. Absender; nur dieser hat z. B. Anspruch auf Auszahlung der Nachnahme. RG **99** 245; RG im „Recht" **1926** Nr. 553. Weiteres Weirauch Anm. 12. — Seybold, Der Absender im EisFrachtrecht VerkRu **1925** 3.

[183]) Der früher zugelassene Aufnahmeschein ist fortgefallen.

[184]) f) eine Vorschrift über die Weiterbeförderung des Gutes mit Kleinbahn oder anderen Beförderungsmitteln vom Bestimmungsbahnhof bis zum Bestimmungsort, wenn dort kein für den Güterverkehr eingerichteter Bahnhof oder keine Güternebenstelle vorhanden ist [§ 75 (6)];

g) Erklärungen gemäß § 62 (2) (mangelhafte Verpackung), § 59 (1) und § 75 (7) (Vereinbarung über Ver- oder Entladung), § 64 (vorläufige Einlagerung), § 80 (2) (Benachrichtigung bei Ablieferungshindernissen), § 86 (1) (Anwendung ermäßigter Tarife mit Haftungsbeschränkung);

h) im Tierverkehr Erklärungen nach § 49 (1) und (2).

(3) Die Aufnahme anderer Erklärungen in den Frachtbrief und die Beifügung anderer Schriftstücke zum Frachtbrief sind unzulässig, soweit sie nicht durch diese Ordnung [185]) oder mit Genehmigung des Reichsverkehrsministers im Tarif vorgeschrieben oder für zulässig erklärt sind. Die Erklärungen und Schriftstücke dürfen nur das Frachtgeschäft betreffen.

[2]) XI. Vorschriften in den Frachtbriefen über die Verladungs- oder Beförderungsweise, z. B. „Tonnen aufrecht stellen" oder „Gut vor Sonne schützen", sind für die Eisenbahn nicht verbindlich[186]).

XII. Die Vorschrift, auf einem Bahnhof vor dem im Frachtbrief angegebenen Bestimmungsbahnhof das Gut auszuladen oder den Wagen auszusetzen, ist unzulässig.

(4) Soweit das Frachtbriefmuster für die Angaben keine besonderen Spalten vorsieht, sind sie, wenn der Tarif nichts anderes bestimmt, in die Spalte „Vorgeschriebene oder zulässige Erklärungen" einzutragen.

(5) Auf die Rückseite des Frachtbriefs darf die Firma des Ausstellers gedruckt werden. Auch können dort kurze Vermerke für den Empfänger, welche die Sendung betreffen, nachrichtlich angebracht werden, z. B. „Von Sendung des N. N." „Im Auftrage des N. N." „Zur Verfügung des N. N." „Zur Weiterbeförderung an N. N." „Für Schiff N. N." „Aus Schiff N. N." „Zur Ausfuhr nach N. N." „Versichert bei N. N." Für die Eisenbahn sind diese Vermerke unverbindlich.

(6) Jeder Wagenladung muß ein besonderer Frachtbrief beigegeben werden, es sei denn, daß die Gegenstände nach ihren Abmessungen zur Verladung mehr als einen Wagen beanspruchen oder der Tarif die Aufgabe mehrerer Wagen mit demselben Frachtbrief zuläßt[187]).

(7) Mit einem und demselben Frachtbrief dürfen nicht aufgegeben werden:

a) Güter, die nach ihrer Beschaffenheit nicht ohne Nachteil zusammengeladen werden können,

b) Güter, durch deren Zusammenladung Zoll-, Steuer-, Polizei- oder sonstige verwaltungsbehördliche Vorschriften verletzt würden,

c) Güter, die von der Eisenbahn zu verladen sind, mit Gütern, die der Absender zu verladen hat[188]).

(8) Bedingungsweise zur Beförderung zugelassene Güter [§ 54 (2)] sind mit besonderem Frachtbrief aufzugeben, es sei denn, daß ihre Zusammenladung oder Zusammenpackung mit anderen Gütern nach Anlage C zugelassen ist. Im gemeinsamen Frachtbrief müssen dann aber die nur bedingungsweise zugelassenen Güter besonders aufgeführt und durch den Zusatz („bedingungsweise") gekennzeichnet sein.

(9) Alle Eintragungen des Absenders im Frachtbrief müssen in deutscher Sprache deutlich in unauslöschbarer Schrift[189]) geschrieben sein. Sie dürfen auch durch Druck oder Stempel oder mit der Schreibmaschine bewirkt werden. Frachtbriefdoppel dürfen auch gepaust sein. Für Vermerke nach Abs. (5) sind auch fremde Sprachen zulässig.

(10) Frachtbriefe mit abgeänderten oder radierten Eintragungen oder mit Überklebungen brauchen nicht angenommen zu werden. Durchstreichungen sind nur zulässig, wenn der Absender sie mit seiner Unterschrift anerkennt. Handelt es sich um die Zahl oder das Gewicht der Stücke, so sind außerdem die berichtigten Mengen in Buchstaben zu wiederholen.

[2]) XIII. Auf Antrag übernehmen die Güterabfertigungen die Ausfüllung der Frachtbriefe gegen Erhebung der im Nebengebührentarif (Teil I Abteilung B) festgesetzten Gebühr, vgl. § 57 (2).

§ 57. Haftung für die Angaben im Frachtbrief[187]) [190])

(1) Der Absender haftet für die Richtigkeit seiner Angaben und Erklärungen im Frachtbrief und trägt alle Folgen, die daraus entstehen, daß sie unrichtig, ungenau, unvollständig oder unzulässig sind [vgl. jedoch § 60 (3) a) und § 70 (2)].

[184]) f) (bisher c) ist in anderer Fassung übernommen worden, da der bisherige Wortlaut den Zweck der Vorschrift nicht genügend klar erkennen ließ und sich bei ihrer Anwendung Schwierigkeiten ergeben haben. Die Neufassung bringt zum Ausdruck, daß es hier nur auf eine Erklärung über die Art der Weiterbeförderung des Gutes vom Bestimmungsbahnhof nach dem Bestimmungsort ankommt, wenn dort kein für den Güterverkehr eingerichteter Bahnhof oder keine Güternebenstelle vorhanden ist. Diese Frage war bisher außerdem in § 56 (7) geregelt. Da diese Erklärung in die Frachtbriefspalte „zulässige oder vorgeschriebene Erklärungen" und der betreffende Ort als Wohnort des Empfängers unter c einzutragen ist, ist die besondere Zeile für die Angabe dieses Bestimmungsorts weggefallen (Begr). — Anm. 180.

[185]) Beispiele EVO §§ 56 (5), 68, 62 (7), 83 (1) a, c, g; Allg. Zusatzbest IV zu § 65.

[186]) Rundnagelhaftung S. 61 Anm. 9, Löning Anm. 2 u. Seligsohn Anm. 6 zu JÜG Art. 28 § 1. — **RG EE 31** 13 u. VerkRu **1925** 454.

[187]) Besond. AusfBest.

3) Zu Abs. (6). Güter gleicher Gattung und Tarifklasse (Kohlen, Erze, Ammoniakwasser u. dgl.) können mit Genehmigung der Eisenbahn in geschlossenen Zügen gleichzeitig mit einem Frachtbrief aufgeliefert werden, wenn sie an einen Empfänger und an einen Bestimmungsbahnhof gerichtet sind. Sendungen unter Zoll- und Steuerkontrolle sind hiervon ausgeschlossen.

Dem Frachtbrief ist eine Nachweisung der Einzelsendungen nach nachstehendem Muster in dreifacher Ausfertigung beizugeben.

(Hierzu Anm. betr. leere Privatwagen.)

[188]) § 59 (1), Allg. Tarifvorschr. (Beil. B) §§ 45—47.

[189]) Tintenstift ist jetzt zugelassen (Begr).

[190]) A. HGB § 426. JÜG Art. 7. — Allgemeines üb. den Begriff „unrichtige Angabe" RG **67** 287. § 57 setzt nicht Verschulden voraus; u. U. hat der Absender die — der Eis. nicht zuzumutende — Pflicht, sich nach d. Zusammensetz. des zu beförd. Stoffes zu erkund.; Notwendigkeit der Angabe, daß der Stoff explosiv ist, RG

(2) Die Haftung des Absenders ändert sich nicht, wenn die Güterabfertigung auf seinen Antrag den Frachtbrief ausfüllt[191]).

§ 58. Prüfung des Inhalts der Sendung. Feststellung von Anzahl und Gewicht[137]) [192])

(1) Die Eisenbahn ist berechtigt, die Übereinstimmung der Sendung mit den Angaben im Frachtbrief jederzeit zu prüfen. Gebühren darf sie hierfür nicht erheben. Zur Prüfung des Inhalts ist auf dem Versandbahnhof der Absender, auf dem Bestimmungsbahnhof der Empfänger einzuladen[193]). Erscheint der Berechtigte nicht oder wird die Prüfung auf einem Unterwegsbahnhof vorgenommen, so sind zwei Zeugen zuzuziehen; als solche dürfen Eisenbahnbedienstete nur dann verwendet werden, wenn keine anderen Personen zur Verfügung stehen. Erweisen sich die Frachtbriefangaben als unrichtig, so sind die etwa durch die Feststellung verursachten Kosten der Eisenbahn zu erstatten. Weicht das Ergebnis der Prüfung von den Angaben im Frachtbrief ab, so ist es auf dem Frachtbrief zu vermerken. Geschieht die Prüfung auf dem Versandbahnhof, so ist der Vermerk auch auf das Frachtbriefdoppel zu setzen.

(2) Die Eisenbahn kann auch nach Ablieferung des Gutes den Nachweis der Richtigkeit der Frachtbriefangaben fordern, wenn der Verdacht besteht, daß sie unrichtig sind. Absender und Empfänger haben hierzu der Eisenbahn die Einsichtnahme in ihre Geschäftsbücher und sonstigen Unterlagen zu gestatten.

[2]) I. Die Einsichtnahme in die Geschäftsbücher und sonstigen Unterlagen darf nur in den Geschäftsräumen oder der Wohnung des Absenders oder Empfängers gefordert werden.

[194]) (3) Bei Stückgütern, die von der Eisenbahn verladen werden [§ 59 (1)], ist diese verpflichtet, Anzahl und Gewicht bei der Annahme gebührenfrei festzustellen. Dem Absender oder dessen Beauftragten steht es frei, der Feststellung beizuwohnen. Die Eisenbahn kann von der Verwiegung absehen oder bei gleichartigen Stücken Probeverwiegungen vornehmen, wenn der Absender das Gewicht in den Frachtbrief eingetragen und die Nachwiegung im Frachtbrief nicht verlangt hat.

[194]) (4) Bei allen anderen Sendungen ist die Eisenbahn auf Antrag des Absenders im Frachtbrief verpflichtet, das Gewicht und die Stückzahl[195]) festzustellen, es sei denn, daß die vorhandenen Wiegevorrichtungen nicht ausreichen oder die Beschaffenheit des Gutes oder die Betriebsverhältnisse die Feststellung nicht gestatten. Das Gewicht hat die Eisenbahn auch ohne Antrag festzustellen, wenn es im Frachtbrief nicht angegeben ist. Für diese Feststellungen ist die tarifmäßige Gebühr zu zahlen. Kann das Gewicht auf dem Versandbahnhof nicht festgestellt werden, so geschieht es auf einem anderen Bahnhof.

[2]) II. Der Antrag auf Feststellung des Gewichts oder der Stückzahl ist im Frachtbrief unter „Vorgeschriebene oder zulässige Erklärungen" zu vermerken. Das Wiegegeld und die Zählgebühr sind im Nebengebührentarif (Teil I Abteilung B) festgesetzt.

III. Bei den vom Absender verladenen Sendungen aus ungleich tarifierten Gütern ist die Eisenbahn nur zur Feststellung des Gesamtgewichts verpflichtet, auch wenn das Gewicht für die einzelnen Güter getrennt angegeben ist. Weicht das amtlich ermittelte Gesamtgewicht von der Summe der angegebenen Einzelgewichte ab, so ist zur Frachtberechnung das Mehrgewicht dem Gewicht des höchsttarifierten Gutes zuzuschlagen, das Mindergewicht von dem Gewicht des niedrigst tarifierten Gutes und, wenn dieses nicht ausreicht, der Rest des Mindergewichts von dem Gewicht der nächst höher tarifierten Güter abzuziehen.

(5) Der Absender kann bei der Aufgabe verlangen, daß ihm Gelegenheit geboten wird, der Feststellung der Stückzahl und des Gewichts beizuwohnen, wenn dies auf dem Versandbahnhof geschieht. Stellt er ein solches Verlangen nicht oder versäumt er die ihm gebotene Gelegenheit, so hat er die tarifmäßige Gebühr nochmals zu zahlen, wenn die Feststellung auf seinen Antrag wiederholt wird.

(6) Die Eisenbahn kann die Wagenladungsgüter sowie Stückgüter, die der Absender zu verladen hat, auf der Gleiswaage verwiegen. Als Eigengewicht des Wagens kann hierbei das am Wagen angeschriebene Gewicht zugrunde gelegt werden. Jedoch ist einem Antrag des Verfügungsberechtigten auf Verwiegung des leeren Wagens zu entsprechen, wenn nicht zwingende Gründe des Betriebs entgegenstehen. Ob und welche Gebühr zu erheben ist, bestimmt der Tarif.

---

96 277. Die Eis. darf die Tarifstelle anwenden, die der Gutsbezeichnung im FrBr. entspricht, auch wenn diese nicht zutrifft RG **113** 274, auch OGHof Sarlouis VZ **1927** 580. Anwend. v. BGB § 254, Löning Anm. 2, 4 u. IÜG Art. 7 § 1, RG Arch **1923** 517; v. BGB § 278: RG **108** 408. — Wegen der den Abs. treffenden Folgen s. RundnagelHaftung S. 67 Anm. 14 u. Seligsohn Anm. 15ff. zu IÜG Art. 7, anders. Löning Anm. 4 zu IÜG Art. 7 § 1; ferner EVO §§ 60, 70. Weitere Einzelh. (auch wegen der Begriffe „unrichtig" usw.) Weirauch Anm. 1, 3, Kittel Anm. 4, 5. — Anm. 202.

B. Für den Eisenbahn-Frachtverkehr ist die oben VII 2 Anm. 4 gestreifte Frage, ob im Falle unricht. Inhaltsangabe der Frachtvertrag ungültig sein kann (s. RundnagelHaftung S. 51ff.), durch IÜG Art. 28 § 1e u. für den innerdeutschen Verkehr durch § 83 (1e) in dem Sinne entschieden, daß an der Gültigkeit nicht wohl mehr zu zweifeln ist; mindestens trifft das für den Fall zu, daß es sich nicht um ein BefördVerbot handelt. Vgl. hierzu Fritsch Arch **1924** 604, Löning Anm. 9 u. Seligsohn Anm. 2 zu IÜG Art. 3.

[191]) Unzutreff. bahnseitige Ergänz. einer ungenauen Angabe des BestimmOrts: OGHof Wien EE **30** 229.

[192]) IÜG Art. 7. — Verfahren beim Empfange: § 76.

[193]) Folgen der Nichteinladung RG **67** 276.

[194]) Bestritten ist die Frage, ob die Eis. f. Wiegefehler haftet. S. dazu einers. Verh. der Ständ. Tarifkomm. 152. Sitz. Niederschr. S. 57f., Weirauch Anm. 6 u. Seligsohn Anm. 9 zu IÜG Art. 7; anders. Löning Anm. 2 zu IÜG Art. 7 § 3, Richter Anm. I 2, Kittel Anm. 10, 12, OGHof Wien IntZtschr **35** 379 u. OGHof Haag das. **36** 130. Auch Jahnke VZ **1927** 107. Die Eis. ist nicht verpflichtet, das Gut zu dem Zwecke beschleunigt zu verwiegen, daß noch ein vor der Aufhebung stehender niedriger Tarif angewendet w. kann. RG EE **41** 359. — E 28. Aug. 01 ENBl 509 betr. Festst. der Stückzahl im Verkehr mit Kleinbahnen.

[195]) OGHof Wien EE **30** 453.

²) IV. Ergibt die ohne Antrag des Verfügungsberechtigten vorgenommene bahnamtliche Nachwiegung der Wagenladungsgüter oder der Stückgüter, die der Absender verladen hat, auf der Gleiswaage keine größere Abweichung von dem im Frachtbrief angegebenen Gewicht als 2 vH, so wird das im Frachtbrief angegebene Gewicht als richtig angenommen.

V. Ergibt die von dem Verfügungsberechtigten beantragte Feststellung des Eigengewichts eines Wagens keine größere Abweichung von dem angeschriebenen Eigengewicht als 2 vH, so wird Wiegegeld erhoben.

(7) Die Feststellung des Gewichts und der Stückzahl hat die Eisenbahn auf dem Frachtbrief zu bescheinigen. Geschieht die Feststellung auf dem Versandbahnhof, so ist die Bescheinigung auch auf das Frachtbriefdoppel zu setzen.

²) VI. Die Feststellung des Gewichts oder der Stückzahl wird handschriftlich oder durch Stempel bescheinigt. Wird das Gewicht durch Probeverwiegung ermittelt, so ist dies in der Bescheinigung auszudrücken. Die Bescheinigung des festgestellten Gewichts gilt auch dann nur für das Gesamtgewicht der Sendung, wenn der Absender das Gewicht nur für einen Teil der Sendung im Frachtbrief angegeben hat und die Eisenbahn auf Antrag das Gewicht des anderen Teils der Sendung dadurch ermittelt, daß das im Frachtbrief angegebene Teilgewicht von dem amtlich ermittelten Gesamtgewicht abgezogen wird. Für das Eintragen eines solchen Teilgewichts in den Frachtbrief durch die Eisenbahn gilt § 57 (2).

§ 59. Beladung der Wagen. Überlastung[137])[196])

(1) Ob die Güter durch die Eisenbahn oder durch den Absender zu verladen sind, bestimmt der Tarif, soweit nicht diese Ordnung[197]) Vorschriften darüber enthält oder eine besondere Vereinbarung zwischen dem Absender und der Eisenbahn im Frachtbrief getroffen ist[198]).

²) I. Welche Güter die Eisenbahn und welche der Absender zu verladen hat, ist im Abschnitt II der Allgemeinen Tarifvorschriften (Teil I Abteilung B)[199]) bestimmt.

II. Die Vereinbarung zwischen dem Absender und der Eisenbahn über die Verladung von Stückgütern durch den Absender ist im Frachtbrief unter „Vorgeschriebene oder zulässige Erklärungen" mit folgendem Wortlaut zu vermerken: „Vom Absender als Stückgut verladen nach Vereinbarung mit der Eisenbahn".

[200]) (2) Für die Beladung der Wagen ist das an diesen vermerkte Ladegewicht maßgebend. Eine Belastung bis zu der an dem Wagen angeschriebenen Tragfähigkeit ist zulässig, wenn nach der natürlichen Beschaffenheit des Gutes nicht zu befürchten ist, daß die Belastung infolge von Witterungseinflüssen während der Beförderung die Tragfähigkeit überschreitet. Eine die Tragfähigkeit überschreitende Belastung — Überlastung — ist in keinem Falle gestattet. Bei außerdeutschen Wagen, die nur eine die zulässige Belastung kennzeichnende, dem Ladegewicht der deutschen Wagen entsprechende Anschrift tragen, darf die angeschriebene Gewichtsgrenze bis zu 5 vH überschritten werden.

(3) Wird auf dem Versandbahnhof bei einer vom Absender verladenen Sendung eine Wagenüberlastung festgestellt, so kann die Eisenbahn vom Absender die Abladung des Übergewichts verlangen. Geschieht dies nicht alsbald oder wird die Überlastung auf einem Unterwegsbahnhof festgestellt, so ist die Eisenbahn berechtigt, das Übergewicht auf Gefahr des Absenders abzuladen. Der abgeladene Teil wird auf Lager genommen und dem Absender zur Verfügung gestellt. Trifft dieser innerhalb angemessener Frist keine Verfügung, so findet § 80 (3) bis (5) Anwendung.

(4) Für das auf dem Wagen verbleibende Gewicht wird die Fracht vom Versand- bis zum Bestimmungsbahnhof berechnet. Für den abgeladenen Teil wird die Fracht für die durchlaufene Strecke nach dem Frachtsatz berechnet, der vom Versand- bis zum Unterwegsbahnhof für die Hauptsendung gilt. Wenn auf Verfügung des Absenders der abgeladene Teil weiter- oder zurückbefördert wird, so ist er als besondere Sendung zu behandeln und für ihn die tarifmäßige Fracht zu berechnen.

²) III. Dem Absender kann die Zuladung des abgeladenen Übergewichts zu einer anderen, von demselben Versandbahnhof kommenden, den Unterwegsbahnhof berührenden Sendung gestattet werden, wenn die Verwiegung ausdrücklich oder durch Unterlassung der Gewichtsangabe im Frachtbrief beantragt war, jedoch mangels einer geeigneten Wiegevorrichtung nicht ausgeführt werden konnte. Der Absender muß dann den zweiten Wagen um dasjenige Gewicht, das er auf dem Unterwegsbahnhof zuladen will, weniger belasten und das Anhalten auf dem Unterwegsbahnhof im Frachtbrief beantragen. Die Fracht wird in diesem Falle für die ganze Sendung, also einschließlich des unterwegs zuzuladenden Teils von dem Versand- bis zum Bestimmungsbahnhof berechnet.

(5) Für Ab- und Aufladen, Einlagerung und Wagenaufenthalt sind die tarifmäßigen Gebühren zu zahlen.

²) IV. 1. Muß eine Wagenladung oder eine vom Absender verladene Stückgutsendung ohne Verschulden des Absenders umgeladen oder anderweit verladen werden, so wird dies durch die Eisenbahn kostenlos bewirkt und ein etwa abgeladener Teil der Sendung ohne besondere Frachtberechnung weiterbefördert. Ist jedoch die Umladung oder anderweite Verladung vom Absender durch mangelhafte Verladung veranlaßt, so hat der Absender oder Empfänger die Kosten zu tragen. Für einen etwa abgeladenen Teil der Sendung gilt Abs. (4).

2. Enthält der Wagen Güter, deren Umladung besondere Sorgfalt oder Sachkenntnis erfordert (z. B. lose verladenes Obst, unverpacktes Glas, Porzellan oder Steingut, Bier in Eispackung u. dgl.), so ist die Eisenbahn berechtigt, vom Absender Anweisung über die Umladung einzuholen.

3. Der Absender kann die Umladung übernehmen; er haftet dann für die ordnungsmäßige Ausführung nach § 83 (1) c). Hat der Absender die Umladung durch mangelhafte Verladung veranlaßt, so kann er den Ersatz seiner Kosten nicht verlangen; andernfalls werden ihm die tarifmäßigen Ladegebühren als Entschädigung gewährt.

---

[196]) FÜG Art. 7, 14.

[197]) Kittel Anm. 1 nennt §§ 48 (6), 62 (6), 63 (12).

[198]) HGB § 459 Abs. 1 Ziff. 3, EVO § 83 (1) c.

[199]) Allg. TarifVorschr. (unten Beil. B) §§ 45—47; ferner Allg. AusfBest II 4, 5 zu EVO § 54.

[200]) § 60.

4. Ist die Umladung oder anderweite Verladung vom Absender durch mangelhafte Verladung veranlaßt, so wird für den Wagenaufenthalt das tarifmäßige Wagenstandgeld erhoben.

V. Für die Einlagerung des abgeladenen Übergewichts wird erhoben:

a) Platzgeld für das auf einem Unterwegsbahnhof abgenommene Übergewicht, wenn es im Freien lagert und die Verwiegung der Sendung ausdrücklich oder durch Unterlassung der Gewichtsangabe im Frachtbrief beantragt war, jedoch mangels einer geeigneten Wiegevorrichtung auf dem Versandbahnhof nicht ausgeführt werden konnte;

b) Lagergeld in allen anderen Fällen.

VI. Die Ladegebühren, das Lagergeld, Platzgeld und Wagenstandgeld sind im Nebengebührentarif (Teil I Abteilung B) festgesetzt.

§ 60. Frachtzuschläge[137]) [201])

(1) Bei unrichtiger, ungenauer oder unvollständiger Angabe des Inhalts[202]), bei unrichtiger Angabe des Gewichts oder der Stückzahl einer Sendung, der Gattung [vgl. § 56 (1)d)] oder des Ladegewichts des verwendeten Wagens, bei Wagenüberlastung oder bei Außerachtlassung der Sicherheitsvorschriften in Anlage C[36]) durch den Absender sind ohne Rücksicht darauf, ob ein Verschulden des Absenders vorliegt oder nicht, außer dem etwaigen Frachtunterschied Frachtzuschläge nach den folgenden Bestimmungen zu entrichten:

a) Wenn die im § 54 (1) c) bis e) und (2) a) aufgeführten Gegenstände unter unrichtiger, ungenauer oder unvollständiger Inhaltsangabe zur Beförderung aufgegeben oder wenn die Sicherheitsvorschriften in Anlage C außer acht gelassen werden, beträgt der Frachtzuschlag für jedes Kilogramm Rohgewicht des Versandstücks, worin ein solcher Gegenstand enthalten war,

bei den gemäß § 54 (1) c) bis e) von der Beförderung ausgeschlossenen sowie bei den in Anlage C unter Ia aufgeführten Sprengstoffen: 12 Reichsmark,

bei den in Anlage C unter Ib, Ic und Id aufgeführten Munitionsgegenständen, Zündwaren und Feuerwerkskörpern, verdichteten und verflüssigten Gasen: 8 Reichsmark,

bei den in Anlage C unter Ie aufgeführten Stoffen, die in Berührung mit Wasser entzündliche oder die Verbrennung unterstützende Gase entwickeln, sowie bei den unter II aufgeführten selbstentzündlichen Stoffen und den unter III aufgeführten brennbaren Flüssigkeiten: 4 Reichsmark,

bei den in Anlage C unter IV, V und VI aufgeführten giftigen, ätzenden, übelriechenden und ekelerregenden Stoffen: 50 Reichspfennig.

b) In anderen Fällen unrichtiger, ungenauer oder unvollständiger Inhaltsangabe oder bei unrichtiger Angabe der Stückzahl oder des Gewichts einer vom Absender verladenen Sendung oder bei unrichtiger Angabe der Gattung [vgl. § 56 (1)d)] oder des Ladegewichts des verwendeten Wagens beträgt, wenn hierdurch eine Frachtverkürzung herbeigeführt werden kann[203]), der Frachtzuschlag das Doppelte des Unterschieds zwischen der sich aus den unrichtigen Angaben ergebenden und der richtig berechneten Fracht vom Versand- bis zum Bestimmungsbahnhof. Mindestens wird eine Reichsmark erhoben. Sind Güter verschiedener Tarifklassen zu einer Sendung vereinigt und kann ihr Einzelgewicht ohne besondere Schwierigkeit festgestellt werden, so wird für die Ermittlung des Frachtzuschlags die Fracht getrennt berechnet, sofern sich dies billiger stellt.

²) I. Bei Einrechnung der nach dem Gesetz über die Besteuerung des Personen- und Güterverkehrs vom 8. April 1917[204]) zu erhebenden Verkehrssteuer erhöhen sich

die Frachtzuschläge für jedes Kilogramm Rohgewicht des Versandstücks					
	von 12	RM	auf 12,90	RM
	„ 8	„	„ 8,60	„
	„ 4	„	„ 4,30	„
	„ 0,50	„	„ 0,60	„
der Mindestfrachtzuschlag	„ 1	„	„ 1,10	„

c) Bei Wagenüberlastung beträgt der Frachtzuschlag das Sechsfache der Fracht vom Versand- bis zum Bestimmungsbahnhof für das Gewicht, das die im § 59 (2) festgesetzten Belastungsgrenzen übersteigt. Diese Bestimmung gilt nach näherer Bestimmung des Tarifs sinngemäß auch für Gegenstände, deren Fracht nicht nach dem Gewicht zu berechnen ist.

---

[201]) IÜG Art. 7. — Die neue Fassung weicht verschiedentlich vom IÜG u. noch mehr von der bisherigen ab. — Streit besteht üb. d. rechtl. Natur des Frachtzuschlags: Weirauch Anm. 1, Richter Anm. I, Löning Anm. 1 zu IÜG Art. 7 § 5 u. Angef. (auch die Begr zur EVO v. 1908) sehen darin eine oblig. ex lege, andere — z. B. Seligsohn Anm. 10 zu IÜG Art. 7, Kittel Anm. 4, RG **96** 277, **108** 408 — halten ihn f. Vertragstrafe. — Auch Zuschlag, wenn die Eis. b. d. Aufgabe die wirkl. Beschaffenheit des Gutes gekannt u. es doch zur Beförd. angenommen hat? Ja: Weirauch Anm. 4; nein: Löning Anm. 2 zu IÜG Art. 7 § 5 u. Seligsohn a. a. O.

[202]) Anm. 190. — Verwendungszweck als Bestandteil der Inhaltsangabe RG **84** 237. Irreführende Zusätze zur ortsübl. Benennung RG **32** 312. Mangel des Hinweises auf Explosionsgefahr RG **96** 277. Unrichtigkeit liegt in der Regel nur dann vor, wenn die Bezeichn. auch ohne Rücks. a. d. Tarif nach der allg. Verkehrsauffass. als falsch erscheinen muß; die Angabe im FrBr. braucht nicht m. d. Tarifvorschr. wörtl. übereinzustimmen, muß ab. so genau sein, daß sie dem EisBeamten bei sorgfält. Prüf. eine genüg. Unterlage f. d. Anwend. der richtigen Tarifstelle bietet u. bei vernünft. Auslegung Zweifel üb. die anzuwend. Tarifstelle ausschließt. RG **67** 289, **96** 281, **107** 27, **119** 146; EE **42** 336, **43** 101; IntZtschr **1927** 340 (auch **1927** 70).

[203]) Bisher wurde FrZuschl. auch dann erhoben, wenn eine Frachtverkürzung nicht eintreten konnte. — Unter b) gehört auch der Fall, daß der Abs. im FrBr. den VerwendZweck od. eine sonst. Bedingung für Gewähr. eines ermäß. Tarifs unrichtig angibt (Begr).

[204]) Oben IV 2.

²) II. Bei den vom Absender verladenen Sendungen aus ungleich tarifierten Gütern wird bei getrennter Gewichtsangabe der Frachtzuschlag für Wagenüberlastung auf Grund des höchsten für einen Teil der Sendung geltenden Frachtsatzes berechnet.

III. Die näheren Bestimmungen über die Erhebung von Frachtzuschlägen bei Überlastung eines Wagens im Tierverkehr sind in den Tarifteilen II enthalten.

Die unter a) bis c) erwähnten Frachtzuschläge werden nebeneinander erhoben, wenn gegen mehrere dieser Vorschriften gleichzeitig verstoßen wird. Außerdem ist der entstandene Schaden zu ersetzen. Die durch andere gesetzliche oder polizeiliche Bestimmungen vorgesehenen Strafen werden hierdurch nicht berührt[205]).

(2) Der Tarif muß die Grundsätze bestimmen, nach denen etwa von Erhebung der im Abs. (1) festgesetzten Frachtzuschläge aus Billigkeit abgesehen wird oder geringere Zuschläge erhoben werden[205 B]).

²) IV. Die Eisenbahn kann von der Erhebung der Frachtzuschläge absehen oder geringere Zuschläge erheben,

wenn der Verstoß gegen die Vorschriften auf entschuldbarem Versehen beruht, ein Schaden für die Eisenbahn nicht oder nicht in Höhe des Frachtzuschlags entstanden und eine erhebliche Gefährdung der Betriebssicherheit nicht herbeigeführt worden ist,

wenn die Höhe des Zuschlags eine unverhältnismäßige Härte in sich schließt oder

wenn andere Billigkeitsgründe vorliegen.

Zurückzuzahlende Beträge werden nicht verzinst.

(3) Ein Frachtzuschlag darf nicht erhoben werden:

a) wenn der Absender nachweist, daß seine Angaben auf Irrtum beruhen[206]);

b) bei unrichtiger Gewichtsangabe oder bei Überlastung, wenn die Eisenbahn zur Verwiegung verpflichtet war oder wenn der Absender die Verwiegung durch die Eisenbahn im Frachtbrief beantragt hat, ferner bei unrichtiger Angabe der Stückzahl, wenn der Absender deren Feststellung im Frachtbrief beantragt hat;

c) bei einer während der Beförderung eingetretenen Gewichtszunahme ohne Überlastung, wenn der Absender nachweist, daß die Gewichtszunahme auf Witterungseinflüsse zurückzuführen ist;

d) bei einer während der Beförderung durch Witterungseinflüsse verursachten Überlastung, wenn der Absender nachweist, daß er bei der Beladung des Wagens das angeschriebene Ladegewicht nicht überschritten hat.

²) V. Wird einer der in Abs. (3) a), c) und d) aufgeführten Gründe für Nichterhebung des Frachtzuschlags geltend gemacht, aber der erforderliche Nachweis vom Absender nicht bis zur Einlösung des Frachtbriefs erbracht, so ist die Eisenbahn berechtigt, Hinterlegung eines Betrages in Höhe des Frachtzuschlags zu fordern.

[207]) (4) Der Frachtzuschlag ist verwirkt, sobald der Frachtvertrag abgeschlossen ist (§ 61). Zur Zahlung ist der Absender verpflichtet. Hat er den Zuschlag noch nicht bezahlt, so braucht die Eisenbahn das Gut an den Empfänger nur abzuliefern, wenn dieser den Zuschlag bezahlt (§ 75). Wenn der Empfänger eine Anwendungsbedingung eines

---

[205]) A. Aus der Rechtsp. des RG üb. die Schadensersatzpflicht. Die Nichtinnehalt. der Bedingungen f. d. Beförd. verpflichtet den Abs. zum Ersatze des m. d. Beförd. zusammenhäng. Schadens nur insoweit, als dieser auf die Nichtinnehalt. zurückzuführen ist **15** 152. Die Tats., daß die Eis. durch ein Gut od. ein infolge der besond. Beschaffenh. des Gutes eingetret. Ereignis geschädigt wird, verpflichtet nicht schon an u. für sich den Abs. zum Ersatze; vielmehr muß ein Verschulden hinzutreten, f. das er haftet **15** 146. Soweit zu den Beding. der Beförd. eine bestimmte Art der Bezeichn. auf dem FrBr. gehört, w. die Schadensersatzpfl. nicht dad. ausgeschlossen, daß die Bezeichn. nicht im FrBr. enthalten, wohl ab. auf dem Gute selbst angebracht ist EE **14** 345. — Bestraf. wegen Betrugs w. durch Erheb. des FrZuschlags nicht ausgeschlossen Straff. **15** 266; EE **1** 199. Es ist ab. kein Betrug, wenn e. falsche Inhaltsangabe gemacht w., um die Beförd. eines v. d. Beförd. ausgeschloss. Gegenstandes zu erschleichen. Straff. **9** 168. Fälschung d. Gewichtsangabe im FrBr. als Urkundenfälsch. Straff. **3** 169. Nachträgl. Fälsch. der Inhaltsangabe in einem v. d. Zollbehörde schon abgestempelten FrBr. „Recht" **1917** Nr. 311. Versuchte Fälschung EE **42** 300. — Unverpackte Sendungen RG **67** 276 (besond. S. 286).

B. Vf 14 Tbdr 60 v. 30. Jan. 29 betr. Erstatt. v. Frachtunterschieden u. Frachtzuschlägen aus Billigkeitsgründen.

[206]) „In Abweichung von dem bisherigen Rechtsgrundsatz darf ein Frachtzuschlag weder vom Absender noch vom Empfänger erhoben werden, wenn der Absender nachweist, daß seine Frachtbriefangaben auf einem Irrtum beruhen. Diese neue Bestimmung, die einem dringenden Wunsche der Wirtschaft entspricht, bezweckt, die jetzige strenge Haftung der Verfrachter für ihre Frachtbriefangaben in solchen Fällen zu mildern, in denen die Unrichtigkeit der Angaben auf Umständen beruht, die als entschuldbar anzusehen sind. In derartigen Fällen ist schon bisher vielfach aus Billigkeitsgründen von der Einziehung der Zuschläge abgesehen worden.

Die Befreiung von der Zahlung des Frachtzuschlags tritt nicht bei jedem Versehen, sondern nur dann ein, wenn es sich um einen Irrtum (§ 119 BGB) handelt. Die in den §§ 119—121 BGB für die Anfechtung wegen Irrtums aufgestellten Voraussetzungen, insbesondere das Erfordernis der unverzüglichen Anfechtung gelten hier ebenfalls." (Begr.) Ausführlich hierzu Kittel Anm. 12, Weirauch Anm. 15; die Neuerung ist nicht unbedenklich; s. Verhandl. d. Ständ. Tarifkomm. 152. Sitz. Niederschr. S. 77ff., ferner Wißmann Verkehrstechnik **1928** S. 783.

[207]) „Abs. (4) ist in Übereinstimmung mit dem österreichischen Entwurf neu geregelt worden. Der Grundsatz, daß in erster Linie der Absender zur Zahlung des Frachtzuschlags verpflichtet ist, ist unverändert geblieben. Auch die in Satz 3 behandelte Verpflichtung des Empfängers zur Zahlung des Frachtzuschlags bei Einlösung des Frachtbriefs bestand schon nach dem bisherigen Recht, da der Frachtzuschlag zu den in dem bisherigen § 76 (1) und (2) erwähnten durch den Frachtvertrag begründeten Forderungen gehört. Dagegen ist das bisherige Gesamtschuldverhältnis für die Haftung nach Einlösung des Frachtbriefs nicht beibehalten worden, da für unrichtige Frachtbriefangaben im allgemeinen nur der Absender haften soll, der den Frachtbrief ausgestellt hat. Nach der Neufassung haftet der Empfänger nach Einlösung des Frachtbriefs an Stelle des Absenders nur dann, wenn er die Erhebung des Frachtzuschlags dadurch verursacht, daß er eine Voraussetzung für die Anwendung eines ermäßigten Tarifs nicht erfüllt (z. B. ‚Zur Verwendung im Deutschen Reiche' oder ‚zur Ausfuhr über See')." (Begr) — Abweichend IÜG Art. 7 § 6.

nach der Inhaltsangabe im Frachtbrief in Anspruch genommenen ermäßigten Tarifs nicht erfüllt, so ist er an Stelle des Absenders zur Zahlung eines hierdurch verwirkten Frachtzuschlags verpflichtet.

(5) Die Höhe des Frachtzuschlags und der Grund für seine Erhebung sind auf dem Frachtbrief zu vermerken.

§ 61. Abschluß des Frachtvertrags[137]) [208])

(1) Der Frachtvertrag ist abgeschlossen, sobald die Güterabfertigung das Gut mit dem Frachtbrief zur Beförderung angenommen hat[209]). Als Zeichen der Annahme wird dem Frachtbrief der Tagesstempel der Güterabfertigung aufgedrückt[210]). Mit diesem Stempel ist auch jedes der nach § 56 (1)d) dem Frachtbrief etwa angefügten Blätter zu versehen.

²) I. Aus dem Tagesstempel muß zu ersehen sein, ob das Gut vormittags oder nachmittags aufgeliefert worden ist.

II. Der Absender kann bei Übergabe des Frachtbriefs die Anweisung erteilen, das Gut von einem Dritten zur Beförderung anzunehmen. Für die — auch nur versuchte — Ausführung dieser Anweisung wird außer den etwa erwachsenden baren Auslagen die im Nebengebührentarif[36]) (Teil I Abteilung B) festgesetzte Gebühr erhoben. Die Ausführung der Anweisung kann abgelehnt werden.

(2) Nach vollständiger Auflieferung des Gutes und nach Entrichtung der vom Absender vorauszubezahlenden Beträge ist der Frachtbrief unverzüglich, auf Verlangen des Absenders in seiner Gegenwart, abzustempeln[210]).

(3) Der abgestempelte Frachtbrief dient als Beweis für den Frachtvertrag[210]).

(4) Bei den vom Absender verladenen Gütern[211]) dienen die Angaben des Frachtbriefs über das Gewicht und die Anzahl der Stücke nur dann als Beweis gegen die Eisenbahn, wenn sie das Gewicht und die Stückzahl festgestellt und dies im Frachtbrief beurkundet hat.

[212]) (5) Die Eisenbahn ist verpflichtet, auf Verlangen des Absenders die Annahme des Gutes unter Angabe des Tages, an dem es zur Beförderung angenommen ist, auf einem ihr mit dem Frachtbrief vorgelegten Frachtbriefdoppel (Duplikat), das als solches zu bezeichnen ist, zu bescheinigen. Die Ausstellung eines Doppels ist auf dem Frachtbrief durch Stempelaufdruck zu beurkunden.

(6) Das Doppel hat nicht die Bedeutung des Frachtbriefs oder eines Ladescheins.

(7) Auf Verlangen des Absenders ist die Annahme des Gutes auch in anderer Form, z. B. durch Unterstempelung eines Eintrags in einem Quittungsbuch oder dergleichen, zu bescheinigen. Eine solche Bescheinigung hat nicht die Bedeutung eines Frachtbriefdoppels[213]).

§ 62. Verpackung, Zustand und Bezeichnung des Gutes[137]) [214])

(1) Der Absender hat das Gut, soweit dessen Natur eine Verpackung erfordert, zum Schutz gegen Verlust oder Minderung und gegen Beschädigung sowie zur Verhütung einer Beschädigung von Personen, Betriebsmitteln oder anderen Gütern sicher zu verpacken[215]).

[216]) (2) Ist der Absender dieser Vorschrift nicht nachgekommen, so kann die Eisenbahn die Annahme des Gutes ablehnen oder verlangen, daß der Absender im Frachtbrief das Fehlen oder die Mängel der Verpackung anerkennt.

---

[208]) IÜG Art. 8. — Der Eisenbahn-Frachtvertrag ist Werkvtr. (oben VII 2 Anm. 3) u. zugleich Formalvtr. (Anm. 176). Zeitpunkt des Abschlusses bei Selbstverladung OLG Marienwerder EE **22** 356, im Anschlußgleisverkehr RG **114** 387. Der noch nicht angenommene, ab. ausgefüllte u. dem Spediteur übergeb. FrBr. ist als Vertragsangebot eine beweiserhebl. Urkunde. RG EE **23** 181. Die bloße Bezettelung, Plombierung u. Verschließung d. Wagens ist noch nicht Vertragsabschluß RG 17. März 23 I 803 (US Verschiedenes a 8). Frachtvtr. üb. Güter, die im FrBr. nicht bezeichnet, ab. zur Beförd. der Eis. übergeben u. v. ihr angenommen w. sind, RG **104** 344.

[209]) Annahme Rundnagelhaftung S. 161ff., EVO § 63.

[210]) Der Gegenbeweis ist nicht ausgeschlossen RG EE **22** 162; VerkRu **1926** 414. Namentl. beweist der Tagesstempel nicht, daß sich das Gut im Besitze der Eis. befindet. RG Strafs. **46** 290. Der abgestemp. FrBr. beweist nicht die Empfangsberecht. des Vorweisenden. RG IW **1924** 819. — Gerstner IntÜb (1893) S. 151, Staub Anm. 2 zu HGB § 426.

[211]) § 59 (1).

[212]) A. HGB § 455. Im internat. Verkehr (IÜG Art. 8 § 5) muß in jedem Falle ein Duplikat (Doppel) ausgestellt w. — Die Ausstell. des D. hat nach § 61 in Verb. m. §§ 72 (7), 73 (2), 95 (2) zwar die Wirk., daß das VerfügRecht des Abs. und seine Aktivlegitimation an den Besitz des D. geknüpft s., aber dieser Besitz gewährt keine selbständ., übertragbaren Rechte. Oben VII 2 Anm. 29; Gerstner IntÜb (1893) S. 156ff. 255ff., Richter Anm. III.

B. Aus der Rechtsp. des RG: Rechtl. Bedeut. des Stempelaufdrucks Strafs. **46** 290 (auch Werneburg EE **35** 290). Fehlen des Stempels **100** 162. Fehlen des Wägestempels EE **37** 325. Falsche Abstemp. des D. oben III 3 Beil. B Buchst. B II 3cc. Abstemp. des Duplikats ohne Annahmebeschein. EE **44** 214. Formale Mängel des D. EE **39** 273. Ein v. einer Staatseis. (od. der Reichsbahn) abgestemp. D. ist öffentl. Urkunde. IW **1926** 2186; VZ **1927** 857 (dazu Nottebohm VerkRu **1927** 369). Zum Begriffe des D. gehört Annahmebescheinigung IW **1926** 1438. — S. ferner oben VII 2 Anm. 29.

[213]) Besond. AusfBest üb. die Quittungsbücher. Fälschung ders.: RG EE **24** 353.

[214]) HGB § 456, § 459 Abs. 1 Ziff. 2; EVO §§ 82. 83 (1b); IÜG Art. 12 (teilw. abweich.).

[215]) Begriff, Notwendigkeit, Beschaffenheit d. Verpackung, Gefahren mangelhafter Verpackung: Rundnagelhaftung §§ 16, 17. Keine allg. Feststellklage, daß die Eis. gewisse VerpArten nicht beanstanden darf, RG **107** 303. Flüssigkeiten in Topf- oder Kesselwagen Löning Anm. 2 zu IÜG Art. 12 § 1 u. Seligsohn Anm. 20 zu IÜG Art. 28. Fässer: Seligsohn a. a. O. Anm. 21, Röder Anm. 9 zu EVO § 83.

[216]) Anerkenntnis oben VII 2 Anm. 38. — Einfluß der allg. Erklärung auf Haftung u. Beweislast OGHof Wien IntZtschr **23** 98.

Pflegt ein Absender gleichartige, der Verpackung bedürftige Güter unverpackt oder mit den gleichen Mängeln der Verpackung bei derselben Güterabfertigung aufzugeben, so kann er eine allgemeine Erklärung nach dem Muster der Anlage G[36]) abgeben. In diesem Falle muß der Frachtbrief einen Hinweis auf die allgemeine Erklärung enthalten.

[2]) I. Nur mit Anerkenntnis oder Erklärung nach Abs. (2) werden z. B. angenommen: unverpackte, nur verschnürte Felle, Zucker in losen Broten und gefüllte Fässer, deren Beschaffenheit wegen Schmutzes oder aus anderen Gründen nicht erkennbar ist, namentlich beschmutzte Öl- und Sirupfässer. Gebrauchte Packmittel, die andere, nicht fest und sicher verpackte Packmittel enthalten, werden ohne Anerkenntnis oder Erklärung nach Abs. (2) nicht angenommen.

[217]) (3) Der Absender haftet für die Folgen der im Frachtbrief anerkannten fehlenden oder mangelhaften Verpackung sowie für äußerlich nicht erkennbare Mängel der Verpackung. Er hat insbesondere auch der Eisenbahn einen Schaden, der ihr aus solchen Mängeln entsteht, zu ersetzen. Ist ein äußerlich erkennbarer Mangel nicht anerkannt, so haftet der Absender nur, wenn er arglistig handelt.

(4) Nimmt die Eisenbahn ein Gut zur Beförderung an, das offensichtlich Spuren von Beschädigungen aufweist, so kann sie verlangen, daß der Absender den Zustand des Gutes im Frachtbrief besonders bescheinigt.

(5) Die Eisenbahn kann verlangen, daß kleine Stückgüter (Kleineisenzeug oder dergleichen), deren Annahme und Verladung sonst nicht ohne erheblichen Zeitverlust möglich wäre, durch Verbindung oder Verpackung zu größeren Einheiten zusammengefaßt werden.

(6) Der Eisenbahn bleibt überlassen, für Güter, die nicht zu den im § 54 (2) a) aufgeführten gehören, die aber wegen ihrer Eigenschaften Unzuträglichkeiten während der Beförderung herbeiführen können, mit Genehmigung des Reichsverkehrsministers durch den Tarif[51]) einheitliche Vorschriften über die Verpackung und Verladung zu treffen.

[2]) II. Die Vorschriften über die Verpackung und Verladung bestimmter Güter, über die Beladung der Wagen und über die Verladung von Fahrzeugen (auch fahrbaren Maschinen) auf offenen Wagen, sind in den Anlagen II, III und IV[36]) enthalten.

[218]) (7) Der Absender hat die Stückgüter haltbar, deutlich und in einer Verwechslungen ausschließenden Weise zu zeichnen. Die Zeichen müssen mit den Angaben im Frachtbrief übereinstimmen. Ältere Zeichen (Eisenbahn- oder Postbeförderungszeichen sowie andere Zeichen, die mit den Eisenbahnbeförderungszeichen verwechselt werden könnten) müssen entfernt oder deutlich durchstrichen sein.

[2]) III. 1. Die Stückgüter sind übereinstimmend mit den Angaben im Frachtbrief entweder mit der Anschrift des Empfängers oder mit Buchstaben und Nummern oder mit Zeichen und Nummern, ferner mit dem Namen des Versandbahnhofs, dem Tag der Aufgabe und dem Namen des Bestimmungsbahnhofs zu versehen. Hat der Bestimmungsort mehrere Bahnhöfe und hat der Absender einen bestimmten Bahnhof im Frachtbrief vorgeschrieben, so hat er diesen Bahnhof auch in der Bezeichnung des Gutes anzugeben.

Einfache Striche oder Kreuze sowie besondere Zeichen, die nicht leicht wiedergegeben werden können, dürfen zum Zeichnen der Güter nicht gebraucht werden. Das gleichzeitige Zeichnen sowohl mit der Anschrift des Empfängers als mit Buchstaben und Nummern ist zulässig. Tragen Güter eingebrannte, eingestanzte oder mit Farbe dauerhaft angebrachte Buchstaben oder besondere Zeichen und Nummern und werden sie außer mit diesen noch mit anderen Zeichen versehen, so müssen im Frachtbrief neben den letzteren auch die eingebrannten, eingestanzten oder mit Farbe fest angebrachten Zeichen angegeben werden. Auch bei Auflieferung mehrerer gleichartiger Stücke auf einen Frachtbrief muß jedes Stück gezeichnet werden.

Die Zeichen sind auf dem Gute selbst oder auf einem an dem Gute dauerhaft befestigten Beklebezettel oder einer Tafel oder einem Anhänger aus haltbarem Stoff nach den von der Eisenbahn festgesetzten und bekanntgegebenen Mustern anzubringen ... (Beschaffenheit der Beklebezettel und Anhänger, Befestigung ders.). Werden alle Zeichen auf dem Gute selbst durch Einbrennen oder Einstanzen oder mit Farbe angebracht, so sind Eilstückgüter durch den auffälligen Vermerk „Eilgut", beschleunigte Eilstückgüter durch den auffälligen Vermerk „Beschleunigtes Eilgut" mit roter Farbe besonders zu kennzeichnen.

Beim Versand nachstehend aufgeführter Güter sind noch folgende Vorschriften zu beachten:

a) (Unverpackte Eisen-, Stahl-, Messing-, Blei- oder Zinkwaren.)

b) (Eiserne Fässer, in denen Petroleum, Benzin, Öl oder andere fetthaltige Flüssigkeiten enthalten sind oder enthalten waren.)

c) (Hölzerne Fässer, in denen Petroleum, Benzin, Öl oder andere fetthaltige Flüssigkeiten, Sirup oder Teer enthalten sind oder enthalten waren.)

d) (Körbe, Ballen.)

e) (Felle und Häute.)

f) (Gefüllte Säcke.)

2. An Stückgütern, die in Seehafenplätzen aufgegeben werden, ist das Zeichnen durch den Absender nicht erforderlich, wenn die Güter ohne dessen Mitwirkung unmittelbar aus den Seeschiffen in die Eisenbahnwagen umgeladen werden.

---

[217]) „Abs. (3) entspricht dem bisherigen Abs. (4) Satz 3 und 4. Die Regelung ist für die äußerlich nicht erkennbaren Mängel die gleiche wie im bisherigen Recht und im Art. 12 § 4 JÜG. In der Frage der Haftung für äußerlich erkennbare Mängel ist zugunsten der Verkehrtreibenden der bisherige Rechtszustand beibehalten und die schärfere Haftung des Absenders aus Art. 12 § 4 JÜG nicht übernommen worden, da es nicht billig erscheint, daß dieser für Folgen eines Verpackungszustandes haftet, von dem er annehmen muß, daß ihn die Eisenbahn durch die unbeanstandete Annahme des Gutes als ausreichend anerkannt hat." (Begr). — Oben VII 2 Anm. 30 E c. — Zum Schlußsatze: Rundnagelhaftung 82 Anm. 11.

[218]) Besond. AusfBest, daß Stückgüter nach Kleinbahnen mit dem im Frachtbrief angegebenen Bestimmungsbahnhof (Übergangsbahnhof) gezeichnet w. müssen.

3. Hat der Absender Stückgüter nicht nach diesen Vorschriften oder nur undeutlich gezeichnet, oder hat er unvorschriftsmäßige Beklebezettel, Tafeln oder Anhänger verwendet, oder diese mit unvorschriftsmäßigen Befestigungsmitteln befestigt, so kann die Annahme zur Beförderung abgelehnt werden, wenn nicht die Eisenbahn das vorgeschriebene Zeichnen gegen Berechnung der im Nebengebührentarif (Teil I Abteilung B) vorgesehenen Gebühr übernimmt. Als ungenügendes Zeichnen ist auch anzusehen, wenn ältere Zeichen, die mit den neuen Eisenbahnbeförderungszeichen nicht genau übereinstimmen, nicht entfernt oder nicht deutlich durchstrichen sind, ferner wenn in Versandorten mit mehreren Bahnhöfen der Abgangsbahnhof oder bei Sendungen nach einem Ort mit mehreren Bahnhöfen ein bestimmter Empfangsbahnhof zwar im Frachtbrief, nicht aber auch in der Bezeichnung des Gutes angegeben ist.

§ 63. Annahme[137])

[219]) (1) Abgesehen von den allgemeinen Beschränkungen der Beförderungspflicht (§ 3) ist die Eisenbahn nur insoweit verpflichtet, Güter zur Beförderung anzunehmen, als sie sofort befördert werden können. Sie braucht nur solche Gegenstände anzunehmen, die sich nach der Anlage oder dem Betriebe der beteiligten Bahnen zur Beförderung eignen. Gegenstände, deren Ein-, Um- oder Ausladen besondere Vorrichtungen erfordert, braucht sie nur anzunehmen, soweit auf den in Betracht kommenden Bahnhöfen die Vorrichtungen vorhanden sind.

[2]) I. Zur Beförderung als Eilstückgut oder beschleunigtes Eilstückgut werden nur solche Güter angenommen, die nach Form, Umfang, Gewicht und sonstiger Beschaffenheit hierzu geeignet sind. Wegen der Annahme der in der Anlage C[36]) verzeichneten Güter als Eilstückgut und beschleunigtes Eilstückgut vgl. die Ausführungsbestimmungen zur Anlage C.

[220]) (2) Sofern zwingende Gründe des Betriebs oder des öffentlichen Wohls es erfordern, kann die Eisenbahn anordnen, daß

a) die Annahme von Gütern ganz oder teilweise eingestellt wird;
b) gewisse Sendungen ausgeschlossen oder nur unter bestimmten Bedingungen zugelassen werden;
c) gewisse Sendungen vorzugsweise zur Beförderung angenommen werden.

Derartige Maßnahmen sind durch Aushang bekanntzumachen, auch soll in der Presse auf sie hingewiesen werden. Die Eisenbahn kann Güter, die infolge einer solchen Einschränkung nicht befördert werden können, zurückweisen.

(3) Die Güter müssen während der Dienststunden aufgeliefert werden, die von der Eisenbahn festzusetzen und durch Aushang bekanntzumachen sind. Der Tarif kann Erleichterungen zulassen. An Sonn- und Feiertagen braucht die Eisenbahn keine Güter anzunehmen. Wo dies doch geschieht, ist es durch Aushang bekanntzumachen.

[2]) II. An Sonn- und Feiertagen wird Frachtgut nicht angenommen. Welche Tage als Feiertage gelten, wird durch Aushang bekanntgemacht.

(4) Der Absender hat dafür zu sorgen, daß Sendungen, die von der Eisenbahn zu verladen sind[221]), spätestens 24 Stunden nach Beginn der Auflieferung abgefertigt werden können. Verzögert er die Abfertigung dadurch, daß er innerhalb dieser Frist nicht alle zum Frachtbrief gehörigen Güter aufliefert oder den wegen Unrichtigkeit oder Unvollständigkeit beanstandeten Frachtbrief nicht berichtigt zurückgibt oder die etwa zu zahlenden Freibeträge nicht begleicht, so kann die Eisenbahn die Güter auf Lager nehmen[222]).

[2]) III. Für das eingelagerte Gut wird Lagergeld[222]) erhoben.

IV. Zur Ansammlung von Wagenladungen oder zur vorübergehenden Niederlegung nach der Entladung kann die Lagerung von Gütern auf verfügbaren Plätzen der Bahnhöfe im Freien gestattet werden. In solchen Fällen wird statt des Lagergeldes Platzgeld erhoben.

Lagergeld und Platzgeld sind im Nebengebührentarif (Teil I Abteilung B)[36]) festgesetzt.

[223]) (5) Die Bereitstellung der Wagen für Güter, die der Absender zu verladen hat, muß unter Angabe des Gutes, des ungefähren Gewichts und des Bestimmungsbahnhofs für einen bestimmten Tag nachgesucht werden. Können die Wagen nicht gestellt werden, so ist der Besteller soweit möglich hiervon kostenfrei zu benachrichtigen. Werden schriftlich zugesagte Wagen nicht rechtzeitig gestellt, so hat die Eisenbahn die Kosten des vergeblichen Versuchs der Auflieferung, mindestens aber den Betrag des Wagenstandgelds[224]) für einen Tag zu erstatten. Wird ein Wagen vor der Bereitstellung wieder abbestellt, so hat der Besteller die tarifmäßige Gebühr zu entrichten. Wird ein Wagen nach der Bereitstellung unbeladen zurückgegeben oder nach Ablauf der Beladefrist wegen Nichtbeladung dem Besteller wieder entzogen, so ist vom Zeitpunkt der Bereitstellung an das tarifmäßige Wagenstandgeld zu zahlen. Bei Bestellung eines Wagens kann die Eisenbahn Sicherheit in Höhe des tarifmäßigen Wagenstandgelds für einen Tag verlangen. Auf die Stellung von Wagen besonderer Bauart, von bestimmtem Ladegewicht oder bestimmter Ladefläche hat der Besteller keinen Anspruch; vgl. jedoch § 66.

---

[219]) Zu Abs. 1 HGB § 453; JÜG Art. 5 §§ 1—3. In Abs. (1) sind aus der EVO v. 1908 die Abs. (2) u. (3) des § 3 eingearbeitet. — Annahme RundnagelHaftung S. 161f., Löning Anm. 8 zu JÜG Art. 16 § 1.

[220]) JÜG Art. 5 § 5. RundnagelBefGesch S. 304. — Richter Anm. I hält Abs. 2a, b u. Abs. 3 wegen Unvereinbarkeit mit HGB § 453 Abs. 3 u. § 471 für ungültig; vgl. auch Weirauch Anm. 6. — Betrieb auch Abfert.- u. BefördDienst. Weirauch Anm. 7. Zuständigk. d. d. Reichsbahn das. Anm. 9.

[221]) § 59 (1).

[222]) § 82 (4). — Lagergeld Senckpiehl EE 21 323 u. 25 Sonderheft S. 111; Gorden das. 22 312. Berechnung bei Auflief. ohne Frachtbrief Janzer VZ **04** 704.

[223]) Zum Wagengestellungsvertrag s. einers. RundnagelHaftung S. 6 Anm. 6, Löning Anm. 6 zu JÜG Art. 14 § 1; anders. Weirauch Anm. 17, Kittel Anm. 14 u. Richter Anm. III; auch RG JW **1925** 620. — Verpflichtung des Käufers bei Distanzkauf, in Zeiten des Wagenmangels zur Beschaff. eines Wagens mitzuwirken, RG VZ **1922** 310.

[224]) Zur Rechtsnatur des Wagenstandgelds einers. Wertheimer EE **43** 265, Weirauch Anm. 5 zu § 79; RG **105** 70; anders. Seybold VerkRu **1** 170, 198. WagenstG. bei Streik im Geschäfte des Bestellers RG a. a. O. (dazu Goudefroy VerkRu **2** 129 u. Wertheimer a. a. O.).

[2]) V. 1. Die Bestellung von Wagen ist in der Regel schriftlich an den Versandbahnhof und, wenn dort eine besondere Güterabfertigung besteht, an diese zu richten, es sei denn, daß für Massengüter wie Kohlen, Erze usw. die Annahme und Ausführung der Wagenbestellung anderen Dienststellen übertragen ist.

2. Bei der Bestellung ist anzugeben, wieviel Wagen, ob gedeckte oder offene, sowie ob großräumige Wagen gewünscht werden. Wegen der Stellung großräumiger Wagen vgl. Abschnitt IV der Allgemeinen Tarifvorschriften (Teil I Abteilung B). Für Güter, die in großräumige gedeckte Wagen verladen werden sollen, sind in der Bestellung die in dem Verzeichnis der zur Beförderung in großräumigen gedeckten Wagen zugelassenen Güter (Teil I Abteilung B) gebrauchten Bezeichnungen anzuwenden. Sollen den in diesem Verzeichnis genannten Gütern andere Güter in großräumigen gedeckten Wagen beigeladen werden, so ist in der Bestellung das Gewicht der verschiedenen Güter genau anzugeben.

VI. Die Gebühr für die Abbestellung von Wagen und das Wagenstandgeld sind im Nebengebührentarif (Teil I Abteilung B) festgesetzt.

[225]) (6) Die Verladung durch den Absender hat in der Regel während der Dienststunden der Güterabfertigung zu geschehen. Die Frist, innerhalb deren die Beladung regelmäßig beendet sein muß, bestimmt der Tarif. Ausnahmen sind durch Aushang bekanntzumachen. Wird die Frist überschritten oder wird der wegen Unrichtigkeit oder Unvollständigkeit beanstandete Frachtbrief nicht innerhalb der Ladefrist berichtigt übergeben oder werden die etwa vom Absender zu zahlenden Freibeträge nicht innerhalb derselben Frist beglichen, so hat der Absender das tarifmäßige Wagenstandgeld zu zahlen. Für Sonn- und Feiertage ist Wagenstandgeld nur dann zu zahlen, wenn die Ladefrist schon am Tage vorher 14 Uhr abgelaufen ist; folgen in einem solchen Falle mehrere Sonn- und Feiertage aufeinander, so ist nur für den ersten dieser Tage Wagenstandgeld zu erheben. Die Eisenbahn kann, wenn die Ladefrist um mehr als 24 Stunden überschritten wird, das Gut auf Gefahr und Kosten des Absenders ausladen und es auf Lager nehmen[222]). Sie ist jedoch auch berechtigt, das Gut bei einem Spediteur oder in einem öffentlichen Lagerhaus auf Gefahr und Kosten des Absenders zu hinterlegen.

[2]) VII. Die regelmäßigen Beladefristen sind in den Tarifteilen II festgesetzt. Welche Tage als Feiertage gelten, wird durch Aushang bekanntgemacht.

(7) Der Lauf der Fristen in den Absätzen (4) und (6) ruht an Sonn- und Feiertagen sowie für die Dauer einer Behandlung durch die Zoll- und Steuer-, Polizei- oder sonstigen Verwaltungsbehörden, soweit die Behandlung nicht durch den Absender verzögert wird.

[2]) VIII. Welche Tage als Feiertage gelten, wird durch Aushang bekanntgemacht.

(8) Wenn die ordnungsmäßige Abwicklung des Verkehrs durch Güteranhäufungen gefährdet wird, so kann die Eisenbahn die Beladefristen und die lagergeldfreie Zeit soweit nötig abkürzen, das Wagenstandgeld und das Lagergeld sowie die Gebühr für die Abbestellung von Wagen erhöhen. Auch können die erleichternden Bestimmungen über die Berechnung des Wagenstandgeldes in Abs. (6) außer Kraft gesetzt werden. Solche Maßnahmen sind durch Aushang bekanntzumachen, auch soll in der Presse auf sie hingewiesen werden.

[226]) (9) Die Eisenbahn kann die Stückgüter innerhalb von Orten, wo sich ein Bahnhof befindet, oder von benachbarten Orten gegen eine durch Aushang bekanntzumachende Gebühr selbst anfahren oder Rollfuhrunternehmer dafür bestellen. In beiden Fällen hat die Eisenbahn die Pflichten eines Frachtführers nach §§ 425 bis 452 des Handelsgesetzbuchs. Die Rollfuhrleute haben ihren Gebührentarif bei sich zu tragen und auf Verlangen vorzuzeigen.

[227]) (10) Den Absendern steht frei, von dieser Einrichtung Gebrauch zu machen oder die Güter selbst anzufahren oder sie durch andere Unternehmer anfahren zu lassen.

---

[225]) Besond. AusfBest: Güter, deren Verlad. dem Abs. obliegt, sind zu verladen, a) wenn der Wagen bis 9 Uhr ladebereit gestellt ist u. das Gut v. einem Orte zugerollt w., der 5 km od. weniger v. d. Versandabfert. entfernt ist, bis 18 Uhr des lauf. Tages; b) in allen and. Fällen binnen 24 Stunden nach der Bereitstellung. Abweichungen v. diesen Fristen w. durch Aushang in den Güterabfert. bekanntgemacht. Für Privatgleisanschlüsse u. für die auf Grund besond. Verträge vermiet. Lagerplätze w. Beginn u. Dauer der Beladefrist besonders festgesetzt.

[226]) Das Anrollen liegt vor der Annahme u. untersteht den Vorschr. üb. den Landfrachtvertrag. Der Rollfuhrunternehmer ist Erfüllungsgehilfe der Eis., nicht Unterfrachtführer, u. steht zum Abs. nicht in eigenem Vertragsverh. Weirauch Anm. 25, Kittel Anm. 23, 24, Staub Anm. 3 zu HGB § 458.

[227]) Besond. AusfBest:

(1) Die von der Eisenbahn in Orten außerhalb des Bahngebiets eingerichteten Güternebenstellen sind aus dem Reichsbahn-Gütertarif Heft D (Tfv. 6) zu ersehen.

(2) Dem im Rollbezirk der Güternebenstelle wohnenden Empfänger wird, sofern er nichts anderes verfügt hat, das angekommene Gut in die Wohnung zugeführt. Abgehendes Gut wird auf Verlangen abgeholt. Außerhalb des Rollbezirks der Güternebenstelle wohnenden Empfängern werden die Güter auf schriftlichen Antrag bei der Nebenstelle ausgeliefert.

(3) Die Gebühren werden durch Aushang in der Nebenstelle und der zugehörigen Güterabfertigung bekanntgemacht.

(4) Als Lieferfristen im Verkehr mit den Nebenstellen gelten die des zugehörigen Bahnhofs, soweit nicht im Reichsbahn-Gütertarif, Heft D (Bahnhofstarif [Tfv. 6]), Zuschläge zu diesen Lieferfristen vorgesehen sind.

(5) Ausgeschlossen vom Verkehr nach und von den Güternebenstellen sind, soweit nicht im Reichsbahn-Gütertarif, Heft D (Bahnhofstarif [Tfv. 6]), bei den Güternebenstellen selbst oder den zugehörigen Bahnhöfen anderes angeordnet ist, folgende Güter:

a) Die nach § 54 EVO von der Eisenbahnbeförderung ausgeschlossenen oder nur bedingungsweise zugelassenen Güter.

b) Stückgüter im Einzelgewicht von mehr als 500 kg.

c) Solche Stückgüter, die sich zur Beförderung auf einem gewöhnlichen Lastwagen wegen ihrer Form oder sonstigen Beschaffenheit nicht eignen.

d) Lebende Tiere. Zugelassen sind jedoch kleine Tiere (einschließlich Hunde) in Käfigen, Kisten, Körben und dgl. bei Aufgabe als Eilstückgut.

[227]) (11) Für die Abfertigung von Gütern kann die Eisenbahn Güternebenstellen außerhalb des Bahngebiets einrichten.

[228]) (12) Die Eisenbahn kann im Tarif vorschreiben, daß Güter, die auf dem Versandbahnhof von anderen Verkehrsmitteln unmittelbar auf die Eisenbahn umgeladen werden sollen, gegen Zahlung der im Tarif oder durch Aushang bekanntzumachenden Gebühren durch ihre Leute oder durch besondere von ihr bestellte Unternehmer umgeladen werden. In beiden Fällen hat die Eisenbahn die Pflichten eines Spediteurs.

[2]) IX. Die Bahnhöfe, auf denen die Eisenbahn Güter von Schiffen durch ihre Leute oder durch Unternehmer umladet, sind in den Tarifteilen II genannt.

§ 64. Vorläufige Verwahrung des Gutes[137]) [229])

Auf Verlangen des Absenders hat die Eisenbahn Güter, die nicht sofort befördert werden können, gegen Empfangsbescheinigung einstweilen in Verwahrung zu nehmen, soweit es die Räumlichkeiten gestatten. Der Absender hat sein Einverständnis auf dem Frachtbrief zu erklären und auf dem Doppel zu wiederholen. In diesem Falle haftet die Eisenbahn bis zum Abschluß des Frachtvertrags [§ 61 (1)] nach den Grundsätzen für entgeltliche Verwahrung[230]). Die Eisenbahn kann für die Verwahrung das tarifmäßige Lagergeld[222]) erheben. Der Frachtvertrag wird erst abgeschlossen, wenn das Gut befördert werden kann. Die Verwahrung leicht verderblicher Güter und der im § 54 (2) aufgeführten Gegenstände kann abgelehnt werden.

[2]) I. Das Einverständnis des Absenders mit der Verwahrung ist im Frachtbrief unter „Vorgeschriebene oder zulässige Erklärungen" auszusprechen.

II. Für die Verwahrung wird Lagergeld erhoben.

III. Leicht verderbliche Güter und die in § 54 (2) aufgeführten Güter werden nicht in Verwahrung genommen.

§ 65. Zoll-, Steuer-, Polizei- und sonstige verwaltungsbehördliche Vorschriften[137]) [231])

(1) Der Absender ist verpflichtet, dem Frachtbrief alle Begleitpapiere beizugeben, die zur Erfüllung der Zoll-, Steuer-, Polizei- und sonstigen verwaltungsbehördlichen Vorschriften[232]) bis zur Ablieferung an den Empfänger erforderlich sind; sie sind im Frachtbrief einzeln und genau zu bezeichnen. Wenn sie dem Frachtbrief nicht beigegeben, sondern bei der Grenzgüterabfertigung oder einer anderen Stelle hinterlegt sind, so muß der Frachtbrief die Angabe enthalten, wo sie hinterlegt sind. Die Eisenbahn ist nicht verpflichtet, die beigegebenen Papiere auf ihre Richtigkeit und Vollständigkeit zu prüfen. Der Absender haftet der Eisenbahn, sofern sie kein Verschulden trifft, für alle Folgen, die aus dem Fehlen, der Unzulänglichkeit oder der Unrichtigkeit der Papiere entstehen[233]). Auch ist für die Dauer eines hierdurch verursachten Aufenthalts in der Beförderung von mehr als 48 Stunden das tarifmäßige Lager- oder Wagenstandgeld zu zahlen.

[2]) I. Für alle Güter, die zur Einfuhr nach oder zur Durchfuhr durch das deutsche Zollgebiet bestimmt sind, hat der Absender eine deutlich geschriebene Warenerklärung in doppelter Ausfertigung entweder dem Frachtbrief offen beizulegen oder bei der Eingangsgrenzgüterabfertigung oder einer anderen Stelle offen zu hinterlegen. Die Beigabe ist auf dem Frachtbrief zu vermerken; im Hinterlegungsfalle ist im Frachtbrief anzugeben, bei welcher Stelle die Warenerklärungen hinterlegt sind.

II. Güter mit Begleitscheinen des deutschen Zollgebiets, zu denen Frachtbriefe auf einen außerhalb des deutschen Zollgebiets gelegenen Bestimmungsbahnhof lauten, werden nur angenommen, wenn der Begleitschein auf das Ausgangszollamt gestellt ist.

III. Das Lager- und Wagenstandgeld sind im Nebengebührentarif (Teil I Abteilung B) festgesetzt.

[234]) (2) Die Eisenbahn haftet für die Folgen des Verlustes oder der unrichtigen Verwendung der im Frachtbrief bezeichneten und ihm beigegebenen Papiere wie ein Spediteur.

(3) Hat der Absender für die Behandlung durch die Zoll- oder Steuerbehörde eine unzulässige oder undurchführbare Vorschrift gegeben oder einen Zollerledigungsbahnhof angegeben, auf dem sich kein zuständiges Zollamt befindet, so handelt die Eisenbahn nach dem mutmaßlichen Willen des Absenders und teilt ihm die getroffenen Maßnahmen mit[235]).

[2]) IV. Hat der Absender einen Erledigungsbahnhof vorgeschrieben, auf dem sich keine zuständige Erledigungsstelle befindet, so ist das Gut von der Eisenbahn auf dem vorgeschriebenen Erledigungsbahnhof nur dann zu stellen, wenn der Absender im Frachtbrief erklärt hat, daß die zuständige Zoll- oder Steuerstelle die Behandlung auf dem vorgeschriebenen Bahnhof vorzunehmen bereit ist, oder daß der Empfänger bereit ist, das Gut zur Vorführung bei der zuständigen Erledigungsstelle zu übernehmen und auf Verlangen der Eisenbahn Sicherheit zu leisten.

---

[228]) Besond. AusfBest (Verzeichnis der Umschlagplätze, an denen die Eis. das Umladen zw. Schiff u. Bahn ausführt).

[229]) HGB § 453 Abs. 2, IÜG Art. 5 § 3. Rundnagel BefGesch 351 ff., Staub Anm. 13 zu HGB § 453, Gorden EE **15** 75. — Die Änderung der Überschrift („Verwahrung" statt „Einlagerung") soll zum Ausdruck bringen, daß die Eis. hierfür nicht als Lagerhalter i. S. § 82 (4) haftet. (Begr.)

[230]) BGB §§ 688 ff.

[231]) HGB § 427, IÜG Artt. 13, 15. — Blume Arch **1913** 1197; Seybold EE **44** 132. — Unten Abschnitt X.

[232]) Zusammenstell. dieser Vorschriften: Kundmach. 6 des EisVerkehrsverbandes (oben VII 1), Aufzählung: Weirauch Anm. 1, Löning Anm. 1 zu IÜG Art. 13 § 1.

[233]) Hiernach bestimmt sich, wieweit die Eis. auf Grund des Frachtvertr. Ersatz der ihr auferlegten Zollstrafen (VereinszollG §§ 134 ff.) verlangen kann. — Der Abs. haftet auch ohne Verschulden; BGB § 254 ist anwendbar. Weirauch Anm. 6, 7. — RundnagelHaftung S. 67 Anm. 14. — Ausführlich Löning zu IÜG Art. 13 § 2.

[234]) Abs. (2) u. Abs. (4) sind neu; sie entsprechen IÜG Art. 13 §§ 2, 3.

[235]) §§ 56 (2a, b), 67 (2). — Kittel Anm. 9.

Die Erklärungen sind im Frachtbrief in der Spalte „Vorgeschriebene oder zulässige Erklärungen" in folgender Form zu vermerken (folgt der Wortlaut der Erklärung).

Hat der Absender nur eine an sich zwar zuständige, aber nicht an der Eisenbahn gelegene Erledigungsstelle vorgeschrieben, so ist das Gut einem geeigneten Bahnhof zuzuleiten, der zum Bezirk der vorgeschriebenen Stelle gehört. Fehlt die im ersten Absatz erwähnte Erklärung, oder ist die vorgeschriebene, nicht an der Eisenbahn gelegene Erledigungsstelle nicht zuständig, so sind die Sendungen einem geeigneten Erledigungsbahnhof zuzuführen.

[234]) (4) Der Absender ist verpflichtet, für die Verpackung und Bedeckung der Güter entsprechend den Zoll- und Steuervorschriften zu sorgen. Sendungen, deren zoll- oder steueramtlicher Verschluß verletzt oder mangelhaft ist, kann die Eisenbahn zurückweisen.

[236]) (5) Solange das Gut unterwegs ist, sind die Zoll- und Steuervorschriften von der Eisenbahn für den Verfügungsberechtigten zu erfüllen. Hat der Absender im Frachtbrief erklärt, daß er selbst oder ein Bevollmächtigter zu dieser Behandlung zugezogen werden soll, so ist dem hiernach Berechtigten die Ankunft des Gutes auf dem Bahnhof, wo die Behandlung stattfindet, mitzuteilen. Der Absender oder sein Bevollmächtigter ist berechtigt, alle nötigen Aufklärungen über das Gut zu geben, er ist jedoch nicht befugt, das Gut in Besitz zu nehmen oder die Behandlung selbst zu betreiben; erscheint er nicht binnen angemessener Frist, so ist die Behandlung ohne ihn zu veranlassen.

[2]) V. 1. Die Erklärung des Absenders ist im Frachtbrief unter „Vorgeschriebene oder zulässige Erklärungen" in folgender Form auszusprechen (folgt der Wortlaut des Antrags).

2. Wenn der Absender oder sein im Frachtbrief benannter Bevollmächtigter zu der Zoll- oder Steuerbehandlung zugezogen worden ist, können sie den Zoll- oder Steuerbetrag bezahlen und die Bescheinigung hierüber übernehmen. Der Empfang der Bescheinigung ist auf dem Frachtbrief in folgender Form zu bestätigen (folgt der Wortlaut der Bescheinigung).

VI. Der Absender oder sein im Frachtbrief benannter Bevollmächtigter gilt von dem Zeitpunkt an als säumig, von dem an unter Berücksichtigung der Entfernung und der zur Verfügung stehenden Benachrichtigungsmittel sein Eintreffen oder das des Bevollmächtigten erwartet werden kann, frühestens jedoch 24 Stunden nach dem vermutlichen Eingang der Benachrichtigung bei ihm oder seinem Bevollmächtigten.

(6) Auf dem Bestimmungsbahnhof hat, wenn der Absender im Frachtbrief nichts anderes bestimmt hat, der Empfänger das Recht, die Zoll- oder Steuerbehandlung zu betreiben. Will er von diesem Rechte Gebrauch machen, so muß er vorher den Frachtbrief einlösen. Löst er den Frachtbrief nicht binnen der tarifmäßigen Frist[237]) ein, oder betreibt er nach der Einlösung die Zoll- oder Steuerbehandlung nicht binnen der tarifmäßigen Frist, so kann die Eisenbahn je nach Lage des Falles entweder die Behandlung selbst veranlassen oder aber nach § 80 verfahren[238]). Hat der Absender im Frachtbrief erklärt, daß er selbst oder ein von ihm bezeichneter Bevollmächtigter auf dem Bestimmungsbahnhof der Zoll- oder Steuerbehandlung beiwohnen will, so ist dem hiernach Berechtigten die Ankunft des Gutes mitzuteilen; erscheint er nicht binnen angemessener Frist, so kann die Behandlung ohne ihn vorgenommen werden.

[2]) VII. Will der Empfänger von seinem Recht nach Absatz (6) Gebrauch machen, so kann die Eisenbahn verlangen, daß der Empfänger eine Sicherheit hinterlegt, bevor er die unter zoll- oder steueramtlichem Verschluß stehenden Güter oder die Güter mit Begleitscheinen I zur Verfügung an die Zoll- oder Steuerbehörde übernimmt.

VIII. Güter, die auf einem von der Eisenbahn ausgewirkten Begleitschein II abgefertigt sind, werden nur ausgeliefert, wenn nachgewiesen wird, daß der Begleitschein durch Zahlung oder Stundung des Zolls oder der Steuer erledigt ist.

[2]) IX. 1. Die Fristen, innerhalb deren die Frachtbriefe einzulösen sind, sind in der Ausf-Best I zu § 80 (1) festgesetzt.

2. Der Empfänger hat die Zoll- oder Steuerbehandlung spätestens innerhalb zweier Tage nach Einlösung des Frachtbriefs zu betreiben.

3. Die Bestimmungen in § 79 (5) und (6) über die Erhebung von Lager- oder Wagenstandgeld bei Überschreitung der Abnahmefrist bleiben unberührt.

---

[236]) A. Satz 1 setzt das sog. Klarierungsmonopol der Eis. fest. — Besond. AusfBest: Die steueramtl. Abfert. der Güter, für die eine Steuerrückvergüt. gefordert w., ist v. d. Absender herbeizuführen.

B. Die Worte des Abs. 5 Satz 1 „für den Verfügungsberechtigten", auf die auffälligerweise keiner der neuen Kommentare eingegangen ist, sind in die neue EVO eingeschaltet worden u. von erheblicher praktischer Bedeutung, weil sie die Rechtswirkung haben, daß **bei Sendungen, die der EVO unterliegen, ein für allemal die Eisenbahn nicht als Zollschuldner i. S. VereinszollG § 13 in Anspruch genommen werden kann.** Weiteres unten X 2 Anm. 2.

[237]) „In Satz 3 ist zur Vermeidung von Verzögerungen für die Einlösung des Frachtbriefs und für das Betreiben der Zoll- oder Steuerbehandlung durch den Empfänger eine tarifmäßige Frist vorgesehen worden, nach deren Ablauf die Eisenbahn die Behandlung selbst betreiben kann. Da die Vornahme der Zoll- oder Steuerbehandlung durch die Eisenbahn nicht in allen Fällen zweckmäßig ist, hat der Entwurf für den Fall, daß der Empfänger die Behandlung nicht betreibt, aus Art. 15 § 2 IÜG den Grundsatz übernommen, daß die Eisenbahn zur Vornahme der Zoll- oder Steuerbehandlung nur berechtigt ist, während sie nach dem bisherigen § 65 (5) hierzu verpflichtet war. In Abweichung von Art. 15 § 2 IÜG soll die Eisenbahn jedoch die Zollbehandlung auch dann veranlassen können, wenn der Empfänger zwar den Frachtbrief eingelöst hat, das Gut aber nicht abnimmt. Sie ist aber auch berechtigt, nach den Vorschriften über die Ablieferungshindernisse (§ 80) zu verfahren [Vgl. insbes. § 80 Abs. (7)]." (Begr.)

[238]) „In Abweichung von der bisherigen Fassung darf der Absender im Frachtbrief nur vorschreiben, daß er selbst oder ein von ihm bezeichneter Bevollmächtigter der Zoll- oder Steuerbehandlung auf dem Bestimmungsbahnhof beiwohnen will [vgl. auch § 56 (2) b)], da nach § 66 Abs. (2) in Verbindung mit §§ 23 und 25 Abs. (1) des Vereinszollgesetzes und §§ 51 und 54 der Eisenbahnzollordnung der Absender die Zoll- oder Steuerbehandlung nicht betreiben darf." (Begr.)

X. Der Absender oder sein im Frachtbrief benannter Bevollmächtigter gilt von dem Zeitpunkt an als säumig, von dem an unter Berücksichtigung der Entfernung und der zur Verfügung stehenden Benachrichtigungsmittel sein Eintreffen oder das des Bevollmächtigten erwartet werden kann, frühestens jedoch 24 Stunden nach dem vermutlichen Eingang der Benachrichtigung bei ihm oder seinem Bevollmächtigten.

(7) Die Eisenbahn hat bei der ihr nach Abs. (5) und (6) obliegenden Tätigkeit die Pflichten eines Spediteurs[239]). Sie kann für diese Tätigkeit die tarifmäßigen Gebühren erheben. Sie kann auch die Zoll- oder Steuerbehandlung unter ihrer Verantwortlichkeit auf Kosten des Verfügungsberechtigten durch einen Spediteur vornehmen lassen.

[2]) XI Die Preise der Vordrucke zu Zoll- und Steuerpapieren, die Gebühren für ihre Ausfüllung sowie für die Erfüllung der Zoll-, Steuer-, Polizei- und sonstigen verwaltungsbehördlichen Vorschriften durch die Eisenbahn sind im Nebengebührentarif (Teil I Abteilung B)[36]) festgesetzt.

[240]) (8) Bei den über die Grenze des deutschen Wirtschaftsgebiets ein- und ausgehenden Gütern hat der inländische Empfänger oder Absender die nach den Bestimmungen über die Statistik des Warenverkehrs[240]) vorgeschriebenen Anmeldescheine zu beschaffen[241]). Werden die Anmeldepapiere nicht rechtzeitig beigebracht, so kann die Eisenbahn diese Papiere gegen Erstattung der tarifmäßigen Gebühren selbst ausstellen, soweit sie nach den genannten Bestimmungen zur Ausstellung befugt ist.

[2]) XII. Der Preis der Anmeldescheine für die Statistik und die Gebühren für ihre Ausfüllung sowie für die Erfüllung der statistischen Vorschriften durch die Eisenbahn sind im Nebengebührentarif (Teil I Abteilung B)[36]) festgesetzt.

§ 66. Verwendung gedeckter oder offener Wagen[137]) [242])

(1) Der Absender ist, wenn nicht Bestimmungen dieser Ordnung oder Zoll-, Steuer-, Polizei- und sonstige verwaltungsbehördliche Vorschriften[243]) oder zwingende Gründe des Betriebs entgegenstehen, berechtigt, im Frachtbrief zu verlangen:

a) daß Güter, für die der Tarif offene Wagen vorsieht, in gedeckten Wagen befördert werden;

b) daß Güter, für die der Tarif gedeckte Wagen vorsieht, in offenen Wagen befördert werden.

(2) Als offen gelten solche Wagen, die ohne festes Dach gebaut sind[244]).

(3) Für die Beförderung in gedeckten Wagen kann der Tarif eine höhere Fracht vorsehen.

(4) Ob und unter welchen Bedingungen die Eisenbahn Decken für offene Wagen überläßt, bestimmt der Tarif[245]).

[2]) Die Bestimmungen über die Beförderung der Güter in gedeckten oder offenen Wagen, über die Frachtberechnung für Güter, die auf Verlangen des Absenders in gedeckten Wagen befördert werden, und über die Überlassung von Wagendecken befinden sich im Abschnitt III der Allgemeinen Tarifvorschriften (Teil I Abteilung B)[246]).

Die Deckenmiete, die Verzögerungsgebühr für verspätete Rückgabe von Decken und die Gebühr für Abbestellung von Decken sind im Nebengebührentarif (Teil I Abteilung B)[36]) festgesetzt.

§ 67. Art und Reihenfolge der Beförderung[137])

(1) Das Gut ist je nach der Art der Aufgabe [§ 55 (1)] als Frachtgut, Eilgut oder beschleunigtes Eilgut zu befördern[247]).

[2]) I. Das Verlangen, eine Sendung nur auf einem Teile der Beförderungsstrecke als Eilgut oder als beschleunigtes Eilgut zu befördern, ist unzulässig.

(2) Hat der Absender im Frachtbrief den Bahnhof, auf dem die Zoll- oder Steuerbehandlung stattfinden soll, oder die Zoll- oder Steuererledigungsstelle angegeben [§ 56 (2) a)] oder bei Eilgut oder beschleunigtem Eilgut den Beförderungsweg vorgeschrieben [§ 56 (2) c)], so hat die Eisenbahn diese Vorschriften zu beachten [vgl. jedoch § 65 (3)][248]). Sie kann dann Fracht und Lieferfrist für den sich hiernach ergebenden Weg berechnen.

[2]) II. Wird im Frachtbrief das Zollamt für die zoll- oder steueramtliche Abfertigung, bei Eilgut und beschleunigtem Eilgut der Beförderungsweg vorgeschrieben, so wird die Fracht für den vorgeschriebenen Weg erhoben.

Nur in die Zoll- und Steuerpapiere eingetragene Bezeichnungen einer Zoll- oder Steuererledigungsstelle verpflichten die Eisenbahn nicht.

---

[239]) HGB §§ 407ff. Die Haft. der Eis. für Verlust u. Beschäd. bleibt unverändert. Rundnagel Haftung S. 26 Anm. I.

[240]) Wortlaut nach der Vo 16. Feb. 29 RGBl II 127. — Statistik des Warenverkehrs unten X 4.

[241]) Besond. AusfBest betr. Anmeldescheine f. Sendungen nach Freihäfen, Zollausschlüssen u. dgl.

[242]) JÜG Art. 14 § 3. — HGB § 459 Abs. 1 Ziff. 1, EVO § 83 (1a), JÜG Art. 28 § 1a.

[243]) Solche finden sich z. B. in der (hier nicht abgedr.) Anl. C; s. ferner EisZollO (unten X 2 Beil. A).

[244]) Der die Haftpflicht ordnende § 83 spricht (wie HGB § 459) v. offengebauten Wagen; nach Kittel Anm. 4 ist dieser Begriff weiter als der der offenen i. S. des § 66, indem er alle Wagen umfaßt, die nicht ringsum abgeschlossen sind, z. B. auch die Gatterwagen für Viehbeförd.; ebenso Löning EE **48** 19.

[245]) Der Vertrag üb. Hergabe v. Wagendecken ist nicht ein selbständ. Mietvtr, sondern Erweit. des Frachtvtr. Rundnagel Haftung S. 106 Anm. 22, Richter Anm. II.

[246]) Hier Beil. B §§ 48—51.

[247]) Der sonstige Inhalt des bisher. § 67 ist teils gestrichen teils in § 68 (1) übernommen w. — Besond. AusfBest üb. die zur Beförd. v. beschleun. Eilgut freigegebenen Züge.

[248]) In andern Fällen — abgesehen von Tiertransporten EVO § 49 (1) — gibt es im innerdeutschen Verkehre kein Recht der Wegevorschrift. Anders JÜG Art. 6 § 6n.

III. Frachtbriefe, die unzulässige Vorschriften über den Weg oder für die Behandlung durch die Zoll- oder Steuerbehörde enthalten, werden dem Absender oder seinem Beauftragten zurückgegeben. Er hat diese Vorschriften zu streichen und die Streichung unterschriftlich zu bestätigen. Ist die Rückgabe nicht tunlich, so werden die unzulässigen Vorschriften von der Versandabfertigung „Von Amts wegen gestrichen".

[249]) (3) Die Güter sind in der Reihenfolge zu befördern, in der sie zur Beförderung angenommen wurden, wenn nicht zwingende Gründe des Eisenbahnbetriebs oder des öffentlichen Wohls eine Ausnahme rechtfertigen. Bei Nichtbeachtung dieser Vorschriften hat die Eisenbahn den daraus entstehenden Schaden zu ersetzen.

§ 68. Berechnung der Fracht[137]) [250])

[251]) (1) Die Eisenbahn hat die Frachtberechnung vorzunehmen, die nach dem am Tage der Abfertigung geltenden Tarif die billigste Fracht ergibt. Sie hat die tarifmäßigen Beträge für Fracht, Nebengebühren und etwaige Frachtzuschläge in den Frachtbrief einzutragen.

[2]) I. Bei Neuabfertigung einer Sendung mit demselben Frachtbrief ist für die Berechnung der Fracht der am Tage der Neuabfertigung geltende Tarif maßgebend. Die Grundsätze für die Frachtberechnung, die Gütereinteilung und den Nebengebührentarif enthält Teil I Abteilung B[251]).

(2) Nimmt die Eisenbahn nach den Vorschriften dieser Ordnung oder des Tarifs ein Gut auf Lager, so kann sie das tarifmäßige Lagergeld erheben.

[2]) II. Das Lagergeld ist im Nebengebührentarif (Teil I Abteilung B)[36]) festgesetzt.

(3) Außer diesen Beträgen darf die Eisenbahn nur Barauslagen in Rechnung stellen, z. B. verauslagte Zoll- und Steuerabgaben, Ausgaben für notwendige Arbeiten zur Erhaltung des Gutes, statistische und Postgebühren. Auch diese Beträge sind, soweit möglich unter Beifügung der Beweisstücke, im Frachtbrief ersichtlich zu machen.

(4) Die Eisenbahn darf für bare Auslagen die tarifmäßige Gebühr erheben, soweit es sich nicht um verauslagte Rollgelder, Vorfrachten oder Postgebühren handelt.

[2]) III. Die Gebühr wird nur für die von der Eisenbahn verauslagten Zoll- oder Steuerbeträge erhoben, sofern nicht der Absender den voraussichtlichen Betrag bei der Versandabfertigung hinterlegt hat, und diese einer deutschen Verwaltung untersteht. Die Gebühr ist im Nebengebührentarif (Teil I Abteilung B) festgesetzt.

IV. Die Gebühren für verauslagte Zoll- oder Steuerbeträge, für Nachnahmen nach Eingang oder Barvorschüsse werden getrennt berechnet. Bei Neuabfertigung einer Sendung mit demselben Frachtbrief oder bei Änderung des Bestimmungsbahnhofs auf nachträgliche Verfügung des Absenders wird die Gebühr für verauslagte Zoll- oder Steuerbeträge nicht nochmals erhoben.

§ 69. Zahlung der Fracht[137]) [252])

(1) Der Absender hat die Wahl, ob er die Fracht bei Aufgabe des Gutes bezahlen oder auf den Empfänger überweisen will[253]).

(2) Bei Gütern, die nach dem Ermessen der Versandbahn schnell verderben oder die wegen ihres geringen Wertes oder ihrer Natur nach die Fracht nicht sicher decken, kann jedoch Vorausbezahlung der Fracht verlangt werden. Der Tarif kann ferner bei Gewährung von Ermäßigungen gegenüber den gewöhnlichen Frachtsätzen bestimmen, daß die Fracht bei Aufgabe des Gutes zu bezahlen oder auf den Empfänger zu überweisen ist.

[2]) I. Für Güter, die schnell verderben oder die wegen ihres geringen Wertes oder ihrer Natur nach die Fracht nicht sicher decken, muß die Fracht vorausbezahlt werden, sofern nicht dem Absender von der Verwaltung der Versandbahn die Überweisung gestattet worden ist[254]). Als solche Güter sind z. B. anzusehen:

Ballons, gebrauchte, in Körben, Christbäume (Weihnachtsbäume), Eis, Fische, frische, Fleisch, frisches, Geflügel, geschlachtetes, Gemüse, frisches, Girlanden, Hefe, Kisten, gebrauchte, Körbe, gebrauchte, Kränze, Obst, frisches, bei Aufgabe in der Zeit vom 1. Oktober bis zum 30. April, Pflanzen, lebende, Seeschaltiere, Wildbret, Zweige, frische.

II. Soweit bei Gewährung ermäßigter Tarife Vorausbezahlung oder Überweisung der Fracht verlangt wird, ist dies in den Tarifteilen II bestimmt.

(3) Der Absender kann als Freibetrag auch gewisse nach ihrer Art zu bezeichnende Kosten oder die Fracht bis zu einem beliebigen Bahnhof oder einen bestimmten Betrag übernehmen.

---

[249]) HGB § 453 Abs. 3, 4; IÜG Art. 5 §§ 4—6.

[250]) IÜG Art. 9. — Wegen der Einheitsätze f. Güterbeförd. s. unten Beil. D Anm. 1.

[251]) Abs. (1) bisher in § 67 (2) enthalten. — Maßgebend f. d. Frachtberechnung der direkte Tarif; Umbehandlung der Sendung ohne neuen Frachtbrief kann auf Grund des Abs. (1) nicht verlangt werden. Kittel Anm. 2. — Zur Allg. AusfBest vgl. 152. Sitz. der Ständ. Tarifkomm. Niederschr. S. 125ff. — § 75 (3). — Zur Verpflicht. der Eis., die billigste Fracht zu berechnen, Richter Anm. II 3.

[252]) IÜG Art. 17. — Zu Abs. 5 s. § 70 (3), zu Abs. (7) Weirauch Anm. 9.

[253]) Für überwiesene Frachten haftet der Abs. nur bei Annahmeverweigerung — Gerstner IntÜb (93) S. 216ff. —, in welchem Falle nur er haftet u. es Sache der Versandbahn ist, ihn ev. zu belangen. Zentralamt IntZtschr **12** 150. Frachtzuschlag § 60 (4), irrtümlich zu wenig erhobene Beträge § 70 (3). — Nachträgl. Verfüg. § 72 (1h). — Frachtstundung. Rechtl. Natur (auch der in den Bedingungen vorgeseh. Vertragstrafe) RG **114** 304. Aufwertung v. Pfandgeld dafür RG 5. Nov. 27 I 224 US **1928** XII 1 u. 19. Mai 28 EE **47** 172. Zinsforderung bei FrSt.: RG JW **1926** 2673. — Ferner oben VII 2 Anm. 17 C. — Besond. AusfBest üb. Bahnhöfe mit gewissen AbfertBeschränkungen, ferner f. Bahnhöfe in gewissen Grenzgebieten.

[254]) Besond. AusfBest: Von Vorausbezahl. der Fracht w. im Einzelfall abgesehen, wenn der Abs. einen der Fracht entspr. Betrag auf d. Versandbahnh. hinterlegt. Bei regelmäß. Versand freizumachender Güter kann von Vorausbezahl. der Fracht gegen Hinterleg. einer hinreich. Sicherheit allg. abgesehen w.

[255]) (4) Die Beträge, die der Absender übernehmen will, hat er in der dafür bestimmten Spalte des Frachtbriefs anzugeben (Freivermerk). Durch Ausfüllung des Freivermerks ohne Beifügung einer Beschränkung verpflichtet sich der Absender zur Bezahlung der ganzen Fracht und aller übrigen Kosten, die nach Maßgabe des Tarifs von der Versandabfertigung in Rechnung gestellt werden können. Auf Nebengebühren und Auslagen, die erst nach der Annahme des Gutes zur Beförderung erwachsen, bezieht sich der Freivermerk nicht. Will der Absender die Zahlung auch dieser Kosten übernehmen, so hat er es im Frachtbrief besonders zu erklären.

| [2]) III. Der Freivermerk hat wie folgt zu lauten (folgt der Wortlaut für die verschiedenen Fälle).

(5) Frachtbeträge und sonstige Kosten, deren Bezahlung der Absender nicht laut Frachtbriefvorschrift übernommen hat, gelten als auf den Empfänger überwiesen[252]).

(6) Die vom Absender übernommenen Beträge hat die Versandabfertigung außer im Frachtbrief auch im Doppel einzeln aufzuführen.

[252]) (7) Wenn der vom Absender zu bezahlende Freibetrag bei der Aufgabe des Gutes nicht berechnet werden kann, so ist die Versandabfertigung berechtigt, die Hinterlegung einer diesem Betrage voraussichtlich entsprechenden Sicherheit zu verlangen. Ebenso kann für die vom Absender übernommenen Zoll- und ähnlichen Kosten Sicherheit verlangt werden.

| [2]) IV. Für Freibeträge, deren Höhe bei der Aufgabe des Gutes nicht berechnet werden kann, sowie für die vom Absender übernommenen Zoll- und ähnlichen Kosten ist eine Sicherheit zu hinterlegen. Die Abrechnung erfolgt nach Feststellung der zu zahlenden Beträge.

§ 70. Frachtnachzahlung und -erstattung[137]) [256])

(1) Sind Fracht, Frachtzuschläge, Nebengebühren oder sonstige Kosten unrichtig oder gar nicht erhoben worden, so ist der Unterschiedsbetrag nachzuzahlen oder zu erstatten[257]). Die Eisenbahn hat unverzüglich nach Feststellung des Irrtums den Verpflichteten zur Nachzahlung aufzufordern oder dem Berechtigten den zuviel erhobenen Betrag zu erstatten.

[258]) (2) Weist der Absender nach, daß seine Angaben oder Erklärungen im Frachtbrief auf Irrtum beruhen, so kann die Rückzahlung der dadurch erwachsenen Mehrfracht verlangt werden.

(3) Zuwenig gezahlte Beträge hat der Absender nachzuzahlen, wenn der Frachtbrief nicht eingelöst wird. Hat der Empfänger den Frachtbrief eingelöst, so obliegt dem Absender nur die Nachzahlung derjenigen Kosten, zu deren Vorauszahlung er entweder durch den Freivermerk oder nach den besonderen Bestimmungen dieser Ordnung oder des Tarifs verpflichtet ist; im übrigen liegt die Nachzahlung dem Empfänger ob[257]).

(4) Zur Geltendmachung von Ansprüchen auf Erstattung von Fracht, Frachtzuschlägen, Nebengebühren oder sonstigen Kosten sowie zur Empfangnahme zuviel erhobener Beträge ist derjenige berechtigt, der die Mehrzahlung an die Eisenbahn geleistet hat.

(5) Bei Geltendmachung dieser Ansprüche ist der Frachtbrief vorzulegen. Ist die Mehrfracht durch den Absender gezahlt, so kann dieser die Erstattung des Unterschiedsbetrags auch auf Grund des etwa ausgestellten Frachtbriefdoppels beantragen; die Eisenbahn kann jedoch bei der endgültigen Erledigung des Erstattungsanspruchs die Vorlage der Urschrift des Frachtbriefs verlangen, um auf ihm die Erledigung zu beurkunden.

[259]) (6) Der Unterschiedsbetrag ist mit Ausnahme der auf Grund des Abs. (2) zu erstattenden Beträge auf Verlangen vom Tage des Eingangs des Erstattungsanspruchs an mit 5 v. H. zu verzinsen; Beträge unter 10 Reichsmark für den Frachtbrief werden jedoch nicht verzinst.

[260]) (7) Anträge auf Rückzahlung von Fracht, Frachtzuschlägen, Nebengebühren oder sonstigen Kosten können, soweit der Tarif keine Ausnahmen vorsieht, nur an die Eisenbahn, die den Betrag erhoben hat, gerichtet werden. Ist die Fracht auch nur teilweise an die Empfangsbahn entrichtet worden, so können Ansprüche auf Rückzahlung nur gegen diese gerichtet werden. Wegen der gerichtlichen Geltendmachung der Ansprüche gegen die Eisenbahn vgl. § 96 (3).

§ 71. Nachnahme nach Eingang. Barvorschuß[261])

(1) Der Absender kann das Gut bis zur Höhe des Wertes mit Nachnahme nach Eingang belasten. Der Tarif kann bestimmen, daß solche Nachnahmen erst von einem Mindestbetrag an zulässig sind.

[255]) Besond. AusfBest: Bei Sendungen, die laut Frachtbriefvorschrift zur Weiterbeförd. mit e. Kleinbahn bestimmt s., schließt d. Vermerk im FrBr. „frei" ohne Zusatz die Fracht f. d. ganze BefördStrecke, also Eis. und Kleinb., in sich. — P. in VZ **1929** 503: Die Teilfrankatur nach der neuen EVO.

[256]) JÜG Art. 18. — Verjährung: HGB § 470, EVO § 94 (2). — RundnagelBefGesch § 114. — Erstatt. aus Billigkeitsgründen: Anm. 205 B.

[257]) Kittel Anm. 2, 3; anders. Richter Anm. II. Zu Abs. (3) Schlußsatz auch Kittel Anm. 8 zu § 75.

[258]) Neu.

[259]) Abs. (6) übernimmt aus Art. 18 § 4 JÜG die VerzinsPflicht (auf Verlangen, ohne förml. Mahnung); der Zinsfuß entspricht (abw. v. JÜG) dem Satze in HGB § 352 u. ist auch dann anzuwenden, wenn der Berecht. nicht Kaufmann ist (Begr).

[260]) Satz 1 u. 2 neu.

[261]) A. Bisher § 72. JÜG Art. 19. — Rechtscharakter u. im Verkehre gebräuchl. Unterscheidungen Gerstner IntÜb (1893) S. 225ff., Löning Anm. 1 zu JÜG Art. 19 § 1. — Nachträgl. Verf. § 72 (1g). — Ist der im FrBrief bezeichnete Abs. nicht der wirkliche, so hat jener, nicht dieser Anspruch auf Auszahl. der Nachnahme RG **99** 245. Wer ein nicht f. ihn bestimmtes Frachtgut an sich nimmt, wissend, daß es mit einer Nachnahme belastet ist, zu deren Zahl. er vorher aufgefordert war, u. trotz Aufford. das Gut nicht herausgibt, ist zur Zahl. v. Fracht u. Nachn. verpflichtet RG EE **37** 228. — Aufwertung v. Nachn. Vf 11 D 4622 v. 30. April 24.

B. Zu Abs. (4). Die Fälligkeit des Anspruchs auf Auszahl. der Nachnahme ist im JÜG (wie auch im alten IntÜb) abweichend geregelt, s. unten VII 4c Anm. 87. Der Anspruch des Abs. auf Zahlung der N. entsteht mit deren Einlös. RG EE **48** 392.

²) I. Nachnahmen nach Eingang sind erst von einem Betrage von über 20 Reichsmark zulässig, es sei denn, daß es sich um Güter handelt, für die nach § 69 (2) Vorausbezahlung der Fracht verlangt werden kann.
Ob im übrigen eine Nachnahme in der angegebenen Höhe zulässig ist, entscheidet die Versandabfertigung.

(2) Als Bescheinigung über die Belastung mit Nachnahme dient der abgestempelte Frachtbrief, das Doppel oder die sonst zugelassene Bescheinigung über die Auflieferung des Gutes. Auf Verlangen ist außerdem gebührenfrei ein besonderer Nachnahmeschein auszuhändigen.

(3) Der Absender hat dem Frachtbrief einen Nachnahmebegleitschein nach dem von der Eisenbahn vorgeschriebenen Muster beizugeben. Absendern von Massensendungen kann die Eisenbahn die Beigabe von Nachnahmebegleitscheinen auf Antrag erlassen.

²) II. Der Absender hat in den Frachtbrief einzutragen: „Nachnahmebegleitschein beigefügt".
Ist ihm die Beigabe erlassen, so hat er einzutragen: „Beigabe des Nachnahmebegleitscheins von (Angabe der Stelle, die die Beigabe erlassen hat) erlassen."
Auf Antrag des Absenders übernehmen die Güterabfertigungen die Ausfüllung der Nachnahmebegleitscheine gegen die im Nebengebührentarif (Teil I Abteilung B)[36]) festgesetzte Gebühr.

(4) Die Eisenbahn hat die Nachnahme an den Absender auszuzahlen, sobald die Versandabfertigung die Anzeige der Empfangsabfertigung erhalten hat, daß der Empfänger die Nachnahme bezahlt hat. Die Bedingungen, unter denen Nachnahmen ausgezahlt werden, für welche die Eisenbahn die Beigabe von Nachnahmebegleitscheinen erlassen hat, setzt die Eisenbahn bei Entscheidung über den Antrag auf Erlaß des Nachnahmebegleitscheins [vgl. Abs. (3)] fest.

(5) Ist das Gut ohne Einziehung der Nachnahme abgeliefert worden, so hat die Eisenbahn dem Absender den Schaden bis zum Betrag der Nachnahme zu ersetzen, vorbehaltlich ihrer Ansprüche gegen den Empfänger.

(6) Anträge an die Eisenbahn wegen Nachnahme sind an die Versandbahn zu richten. Wegen der gerichtlichen Geltendmachung der Ansprüche gegen die Eisenbahn vgl. § 96 (3).

(7) Die Eisenbahn kann dem Absender einen Barvorschuß gewähren, wenn er nach dem Ermessen der Versandabfertigung durch den Wert des Gutes sicher gedeckt wird. Der Barvorschuß wird bei der Einlösung des Frachtbriefs vom Empfänger eingezogen.

²) III. Barvorschüsse werden bis zur Höhe von 20 Reichsmark für eine Sendung gewährt, wenn sie nach dem Ermessen der Versandabfertigung durch den Wert des Gutes sicher gedeckt sind.
Auf Güter, für die nach § 69 (2) Vorausbezahlung der Fracht verlangt werden kann, werden keine Barvorschüsse gewährt.

(8) Der Betrag der Nachnahme oder des beantragten Barvorschusses ist vom Absender in den Frachtbrief an der hierfür vorgesehenen Stelle mit Buchstaben einzutragen. Dieser Eintrag ist auch bei einer Abweichung von einem Eintrag in Ziffern maßgebend.

(9) Für die Belastung einer Sendung mit Nachnahme oder Barvorschuß kann die Eisenbahn die tarifmäßige Gebühr erheben.

²) IV. Die Gebühr für Nachnahmen oder Barvorschüsse sowie die Preise der Nachnahmebegleitscheine und die Gebühren für ihre Ausfüllung sind im Nebengebührentarif (Teil I Abteilung B)[36]) festgesetzt.
V. Bei Neuabfertigung einer Sendung mit demselben Frachtbrief oder bei Änderung des Bestimmungsbahnhofs auf nachträgliche Verfügung des Absenders wird die Gebühr für Nachnahmen oder Barvorschüsse nicht nochmals erhoben.

§ 72. Nachträgliche Verfügungen des Absenders[262])

(1) Der Absender kann nachträglich verfügen, daß das Gut
a) auf dem Versandbahnhof zurückgegeben,
b) auf einem Unterwegsbahnhof angehalten,
c) auf dem Bestimmungsbahnhof zurückgehalten,
d) an einen anderen Empfänger abgeliefert,
e) auf einem anderen Bestimmungsbahnhof abgeliefert,
f) nach dem Versandbahnhof zurückgesandt werden soll,
oder daß
g) eine Nachnahme nach Eingang nachträglich aufgelegt, erhöht[263]), ermäßigt oder zurückgezogen werden soll,
h) überwiesene Beträge von ihm selbst anstatt vom Empfänger eingezogen werden sollen.

(2) Verfügungen anderer Art sind, soweit der Tarif keine Ausnahmen zuläßt, unzulässig[264]). Ebenso sind besondere Verfügungen über einzelne Teile der Sendung unzulässig.

²) I. Der Absender ist berechtigt, neben der Rücksendung des Gutes die Streichung der Angabe des Lieferwerts in der nachträglichen Verfügung zu beantragen.

(3) Die Verfügungen sind schriftlich unter Verwendung eines durch den Tarif einheitlich festzusetzenden Musters bei der Versandabfertigung einzureichen[265]). Die Unterschrift darf auch durch Stempel oder Druck bewirkt werden.

²) II. Für die nachträgliche Verfügung ist der Vordruck in Anlage V[36]) zu verwenden. Der Verkaufspreis ist im Nebengebührentarif (Teil I Abteilung B)[36]) festgesetzt.

(4) Die Versandabfertigung hat die Verfügung sobald wie möglich weiterzugeben. Auf Antrag des Absenders kann dies unter den im Tarif festzusetzenden Bedingungen durch Telegramm oder Fernsprecher geschehen.

---

[262]) Bisher § 73 (teilw. abweich.). HGB §§ 433, 455. JÜG Artt. 21, 22 (teilw. abw.).

[263]) RG EE **30** 370.

[264]) Beispiel: RG VerkRu **1926** 416.

[265]) RG EE **45** 302.

²) III. 1. Die Weitergabe durch Telegramm oder Fernsprecher ist vom Absender in der nachträglichen Verfügung zu beantragen.

2. Sämtliche durch die Weitergabe entstehenden Kosten (Postgeld, Telegramm- und Fernsprechgebühren, Botenlöhne usw.) hat der Absender auf Verlangen sofort zu entrichten.

(5) Die Eisenbahn darf die Ausführung einer nachträglichen Verfügung nur dann ablehnen, hinausschieben oder in veränderter Weise vornehmen, wenn

a) die Verfügung in dem Zeitpunkt, in dem sie der zur Ausführung berufenen Stelle zugeht, nicht mehr durchführbar ist, oder
b) durch ihre Befolgung der regelmäßige Beförderungsdienst gestört würde, oder
c) ihrer Ausführung gesetzliche oder sonstige Bestimmungen, insbesondere Zoll-, Steuer-, Polizei- oder sonstige verwaltungsbehördliche Vorschriften entgegenstehen, oder
d) der Wert des Gutes die entstehenden Mehrkosten voraussichtlich nicht deckt und diese Mehrkosten nicht sofort entrichtet oder sichergestellt werden.

In diesen Fällen ist der Absender unverzüglich von der Sachlage zu benachrichtigen.

(6) Einem bei der Empfangsabfertigung unmittelbar eingegangenen Antrag des Absenders, die Sendung zurückzuhalten, kann vorläufig entsprochen werden[266]). Der Absender hat jedoch die vorgeschriebene Verfügung innerhalb einer angemessenen Frist durch die Versandabfertigung beizubringen. Andernfalls ist nach § 75 zu verfahren.

²) IV. Einem bei der Empfangsabfertigung unmittelbar eingegangenen Antrag wird auf Kosten des Absenders vorläufig entsprochen, wenn kein Zweifel besteht, daß er vom Absender herrührt. Im übrigen bleiben nachträgliche Verfügungen des Absenders, die nicht durch Vermittlung der Versandabfertigung gegeben werden, unbeachtet.

(7) Im Falle der Ausstellung eines Frachtbriefdoppels steht dem Absender das Verfügungsrecht nur zu, wenn er das Doppel vorlegt und auch darin die Verfügungen einträgt. Befolgt die Eisenbahn die Verfügungen des Absenders, ohne die Vorlegung des Doppels zu verlangen, so ist sie für den daraus entstehenden Schaden dem Empfänger, dem der Absender die Urkunde übergeben hat, haftbar.

(8) Die Eisenbahn kann verlangen, daß sich der Absender ausweist.

(9) Verweigert der Empfänger die Annahme des Gutes, so steht dem Absender das volle Verfügungsrecht auch dann zu, wenn er das Frachtbriefdoppel nicht vorweisen kann [vgl. § 80 (1)].

(10) Wenn der Absender die Erhöhung, Ermäßigung oder Zurückziehung einer Nachnahme verlangt, so hat er auch den ihm etwa ausgestellten besonderen Nachnahmeschein vorzulegen. Wird die Nachnahme erhöht oder ermäßigt, so wird der Nachnahmeschein dem Absender nach Berichtigung zurückgegeben. Im Falle der Zurückziehung der Nachnahme wird ihm der Schein abgenommen.

(11) Verfügt der Absender, daß die Sendung unterwegs angehalten oder auf dem Bestimmungsbahnhof zurückgehalten werden soll, so ist die Eisenbahn berechtigt, für jede Verzögerung über 6 Stunden das tarifmäßige Wagenstand- oder Lagergeld zu erheben. Beträgt die Verzögerung mehr als 24 Stunden, so kann die Eisenbahn das Gut auf Gefahr und Kosten des Absenders ausladen und es auf Lager nehmen. Sie ist jedoch auch berechtigt, das Gut bei einem Spediteur oder in einem öffentlichen Lagerhaus auf Gefahr und Kosten des Absenders zu hinterlegen. Von diesen Maßnahmen ist der Absender zu benachrichtigen. § 80 (4) und (5) gilt sinngemäß.

²) V. Das Lager-, Platz- und Wagenstandgeld sowie das Standgeld für Eisenbahnfahrzeuge auf eigenen Rädern sind im Nebengebührentarif (Teil I Abteilung B)[36]) festgesetzt.

(12) Die Eisenbahn kann, wenn die nachträgliche Verfügung nicht durch ihr Verschulden veranlaßt ist, für deren Ausführung neben den etwa erwachsenden Nebengebühren und sonstigen Kosten die tarifmäßige Gebühr verlangen. Die Frachtberechnung bei Änderung des Bestimmungsbahnhofs oder bei Rücksendung regelt der Tarif.

²) VI. Für die Ausführung einer nachträglichen Verfügung des Absenders werden folgende Frachtbeträge neben den etwa erwachsenden Nebengebühren und sonstigen Kosten erhoben:

a) wenn das Gut auf einem Unterwegsbahnhof angehalten und ausgeliefert wird, die Fracht bis zu diesem Unterwegsbahnhof;
b) wenn das Gut von dem Bestimmungsbahnhof oder von einem Unterwegsbahnhof nach dem Versandbahnhof zurück oder nach einem anderen Bahnhof befördert wird, außer der Fracht für die Beförderung bis zum ursprünglichen Bestimmungsbahnhof oder bis zu dem Unterwegsbahnhof, auf dem das Gut angehalten wird, die Rückfracht bis zum Versandbahnhof oder die Fracht bis zum neuen Bestimmungsbahnhof.

VII. Für die — auch nur versuchte — Ausführung nachträglicher Verfügungen werden die im Nebengebührentarif (Teil I Abteilung B)[36]) festgesetzten Gebühren erhoben. Diese sind sogleich bei Übergabe der nachträglichen Verfügungen vom Absender zu entrichten. Neben diesen Gebühren wird bei nachträglicher Auflegung oder Erhöhung von Nachnahmen die im Nebengebührentarif (Teil I Abteilung B) festgesetzte Nachnahmegebühr berechnet, bei Erhöhung für den zugesetzten Betrag besonders; bei nachträglicher Ermäßigung oder Zurückziehung von Nachnahmen bleibt die bereits berechnete Gebühr unverändert.

[267]) (13) Das Verfügungsrecht des Absenders erlischt, auch wenn er das Frachtbriefdoppel besitzt, sobald der Empfänger nach Ankunft des Gutes auf dem Bestimmungsbahnhof den Frachtbrief eingelöst oder seine Rechte

---

[266]) Reindl EE **38** 9.

[267]) „Satz 1 geht von dem bisherigen Grundsatz aus, daß Voraussetzung für das Erlöschen des Verfügungsrechts des Absenders in allen Fällen die Ankunft des Gutes am Bestimmungsbahnhof ist (abweichend der Wortlaut des Art. 21 § 4 JÜG). Denn auch nach der Neufassung des § 75 ist für die Erlangung des Verfügungsrechts des Empfängers die Ankunft des Gutes am Bestimmungsbahnhof notwendige Voraussetzung (anders Art. 16 § 3 Satz 2 JÜG). Abweichend von dem bisherigen Recht ist es jedoch künftig nicht mehr erforderlich, daß der Empfänger seine Rechte aus § 75 (2) einklagt, sondern es genügt, daß er sie schriftlich geltend

aus § 75 (2) schriftlich geltend gemacht hat. Von diesem Zeitpunkt an hat die Eisenbahn die Anweisungen des Empfängers zu beachten, sonst wird sie ihm gegenüber haftbar.

§ 73. Beförderungshindernisse[268])

(1) Stellen sich der Beförderung eines Gutes Hindernisse entgegen, die durch Umleitung behoben werden können, so ist es dem Bestimmungsbahnhof auf einem Hilfsweg zuzuführen, ohne daß hierfür eine Mehrfracht erhoben wird; dagegen wird die Lieferfrist über den Hilfsweg berechnet. Den Bahnen bleibt es überlassen, gegeneinander Rückgriff zu nehmen.

(2) Bei Beförderungshindernissen, die nicht durch Umleitung behoben werden können, hat die Eisenbahn den Absender um Anweisung[269]) zu ersuchen. Der Absender kann in diesem Falle vom Vertrag zurücktreten, hat aber dann der Eisenbahn je nach Lage des Falles entweder die Fracht für die bereits zurückgelegte Strecke oder die Kosten der Vorbereitung der Beförderung, außerdem alle sonstigen Kosten zu bezahlen, die in den Tarifen vorgesehen sind, es sei denn, daß die Eisenbahn ein Verschulden trifft. Tritt der Absender vom Vertrag zurück oder trifft er die Anweisung, daß die Person des Empfängers oder der Bestimmungsbahnhof geändert werde, so hat er das etwa ausgestellte Frachtbriefdoppel vorzulegen und auf diesem die Änderung einzutragen.

(3) Der Absender hat seine Anweisung durch Vermittlung der Versandabfertigung zu geben. § 72 (5) gilt sinngemäß.

(4) Erteilt der Absender innerhalb angemessener Frist keine ausführbare Anweisung, so ist nach § 80 zu verfahren. Vom Zeitpunkt der Säumigkeit des Absenders an ist das tarifmäßige Lager- oder Wagenstandgeld verwirkt.

²) Der Absender gilt von dem Zeitpunkt an als säumig, zu dem unter Berücksichtigung der Entfernung und der zur Verfügung stehenden Benachrichtigungsmittel das Eintreffen einer Verfügung erwartet werden kann, frühestens jedoch 24 Stunden und spätestens

bei Wagenladungen, lebenden Tieren, leicht verderblichen und explosionsgefährlichen Gütern nach Ablauf einer Frist von 2 × 24 Stunden,

bei anderen Gütern nach Ablauf einer Frist von 5 × 24 Stunden

nach dem vermutlichen Eingang der Benachrichtigung bei dem Absender.

(5) Fällt das Beförderungshindernis vor dem Eintreffen einer Anweisung des Absenders weg, so ist das Gut dem Bestimmungsbahnhof zuzuleiten, ohne daß Anweisungen abgewartet werden; der Absender ist hiervon unverzüglich zu benachrichtigen.

§ 74. Lieferfrist[270])

(1) Die Lieferfristen[271]) betragen, sofern der Tarif keine kürzeren Fristen vorsieht,

a) für Frachtgut:
1. Abfertigungsfrist . . . . 2 Tage,
2. Beförderungsfrist:
bei einer Entfernung bis zu 100 Tarifkilometern . . . . . . 1 Tag,
bei größeren Entfernungen für je weitere angefangene 200 Tarifkilometer . . . . . . 1 „

b) für Eilgut:
1. Abfertigungsfrist . . . . 1 „
2. Beförderungsfrist für je angefangene 300 Tarifkilometer . . . . . . 1 „

c) für beschleunigtes Eilgut:
1. Abfertigungsfrist . . . . ½ „
2. Beförderungsfrist für je angefangene 300 Tarifkilometer . . . . . . ½ „
Die Lieferfrist für beschleunigtes Eilgut gilt als gewahrt, wenn das Gut so schnell befördert wurde, wie es mit den dafür freigegebenen Zügen möglich war;

d) für Stückgutsendungen von Gütern, die nach den Bestimmungen der Anlage C[36]) nur bedingungsweise zur Beförderung zugelassen sind, sowie von leeren Packmitteln, in denen solche Güter enthalten waren, ferner für Frachtstückgutsendungen von Gütern, die wegen ihrer Länge, Breite oder Höhe nicht in gewöhnliche gedeckte Wagen verladen werden können,
das Doppelte der Fristen unter a) bis c).

(2) Die Abfertigungsfrist wird ohne Rücksicht auf die Zahl der beteiligten Eisenbahnen nur einmal berechnet. Die Beförderungsfrist wird nach der Gesamtentfernung zwischen Versand- und Bestimmungsbahnhof berechnet.

---

macht (vgl. die gleiche Regelung ohne das ausdrückliche Erfordernis der Schriftform im Art. 21 § 4 Satz 1 JÜG)." (Begr.) — Privatanschlußgleise: oben VII 2 Anm. 14 a. E. — Friebe EE **48** 1, 101 (auch zur Frage, ob schon in einer schriftl. Anweis. des Empf. üb. Aushänd. des Gutes eine Geltendmach. seines Rechts i. S. § 72 Abs. 13 zu erblicken ist).

[268]) Bisher § 74. — HGB § 428 Abs. 2. JÜG Art. 23 (teilw. abweich.). — Nicht zu verwechseln mit „Ablieferungshindernissen" (§ 80). RundnagelBefGesch § 120. — Löning VerkRu **6** 119, 170 (auch IntZtschr **35** 230, 264).

[269]) RG EE **37** 242; OLG Zweibrücken VZ **1916** 418. Anweisung (nicht gleichbedeutend mit nachträgl. Verfügung i. S. § 72). Kittel Anm. 6.

[270]) HGB § 428 Abs. 1 (s. d. Landfrachtvertrag abweich.). JÜG Art. 11. — In der bisherigen Fassung — § 75 — waren ursprünglich dieselben festen Lieferfristen wie im jetzigen § 74 (1) vorgesehen; in der Kriegszeit u. Nachkriegszeit war diese Festsetz. suspendiert w., bis 1926 die alte Fassung wiederhergestellt w. konnte. Vgl. hierzu RundnagelHaftung S. 36 Anm. 19. — Haftung für Innehalt. der Lieferfrist: HGB § 466, EVO §§ 82 (3), 88, 90. Oben VII 2 Anm. 30 C.

[271]) Begriff d. Lieferfrist: RundnagelHaftung S. 33. Sie ist ein einheitl. Ganzes, die Trennung v. Abfert.- u. BefördFrist hat f. d. Haftung keine Bedeutung; ebensowenig die Verzögerung einzelner Erfüllungshandlungen, wenn die Lieferfrist im ganzen gewahrt ist. Rundnagel Haftung S. 35f.

(3) Die Eisenbahn kann mit Genehmigung des Reichsverkehrsministers Zuschlagsfristen[272]) für folgende Fälle festsetzen:

a) für Sendungen, die über Strecken mit verschiedener Spurweite oder über Fährstrecken befördert werden,
b) für Beförderungen von und nach Güternebenstellen[227]),
c) für außergewöhnliche Verhältnisse, die eine ungewöhnliche Verkehrszunahme oder ungewöhnliche Betriebsschwierigkeiten zur Folge haben, wobei die Zuschlagsfristen ausnahmsweise von der Eisenbahn vorbehaltlich der nachträglichen Genehmigung des Reichsverkehrsministers festgesetzt werden dürfen.

(4) Die Zuschlagsfristen des Abs. (3) unter a) und b) werden durch den Tarif festgesetzt. Die im Abs. (3) unter c) vorgesehenen Zuschlagsfristen sind besonders zu veröffentlichen und treten nicht vor ihrer Veröffentlichung in Kraft. Aus der Veröffentlichung muß zu ersehen sein, ob die Genehmigung erteilt oder vorbehalten ist. Wird die nachträgliche Genehmigung vom Reichsverkehrsminister versagt oder wird die Genehmigung nicht innerhalb einer Woche nach der Veröffentlichung der Zuschlagsfristen bekanntgemacht, so ist die Festsetzung wirkungslos.

[2]) I. Die Zuschlagsfristen in den Fällen (3) a) und b) sind in den Tarifteilen II festgesetzt[273]).

(5) Die Lieferfrist beginnt für die im Laufe des Vormittags aufgelieferten Güter um 12 Uhr mittags, für die nachmittags aufgelieferten Güter um Mitternacht.

(6) Die Lieferfrist ist gewahrt, wenn vor ihrem Ablauf das Gut dem Empfänger zugeführt ist oder aus Gründen, die in seiner Person liegen, nicht zugeführt werden konnte. Für Güter, die nach den Bestimmungen der Empfangsbahn oder nach einer Verfügung des Empfängers nicht zugeführt werden[274]), ist die Lieferfrist gewahrt, wenn vor ihrem Ablauf der Empfänger von der Ankunft benachrichtigt und das Gut zur Abholung bereitgestellt ist [§ 78 (3)]. Für Güter, die von der Eisenbahn dem Empfänger nicht zugeführt werden und von deren Ankunft der Empfänger nicht benachrichtigt zu werden braucht[275]), ist die Lieferfrist gewahrt, wenn vor ihrem Ablauf die Güter auf dem Bestimmungsbahnhof zur Abholung bereitgestellt sind.

(7) Der Lauf der Lieferfrist ruht für die Dauer:

a) des Aufenthalts, der durch Zoll-, Steuer-, Polizei- oder sonstige verwaltungsbehördliche Maßnahmen verursacht wird,
b) einer durch nachträgliche Verfügung des Absenders hervorgerufenen Verzögerung der Beförderung,
c) einer ohne Verschulden der Eisenbahn eingetretenen Betriebsstörung[276]), durch die der Beginn oder die Fortsetzung der Beförderung zeitweilig verhindert wird,
d) einer von der zuständigen Stelle angeordneten Sperrmaßnahme[277]), durch die der Beginn oder die Fortsetzung der Beförderung zeitweilig verhindert wird,
e) der durch Abladen eines Übergewichts erforderlichen Zeit,
f) des Aufenthalts, der ohne Verschulden der Eisenbahn dadurch entstanden ist, daß am Gute oder an der Verpackung Ausbesserungsarbeiten vorgenommen oder vom Absender verladene Sendungen um- oder zurechtgeladen werden mußten.

(8) Ist der auf die Auflieferung des Gutes folgende Tag ein Sonn- oder Feiertag, so beginnt bei nachmittags aufgeliefertem Frachtgut die Lieferfrist einen Tag später.

(9) Ist der letzte Tag der Lieferfrist ein Sonn- oder Feiertag, so läuft bei Frachtgut die Lieferfrist erst mit der entsprechenden Stunde des nächsten Werktags ab.

| [2]) II. Welche Tage als Feiertage gelten, wird durch Aushang bekanntgemacht.

§ 75. Einlösung des Frachtbriefs. Ablieferung[278])

(1) Die Eisenbahn ist verpflichtet, den Frachtbrief und das Gut dem Empfänger am Orte der Ablieferung[279]) gegen Zahlung der durch den Frachtvertrag begründeten Forderungen[280]) und gegen Empfangsbescheinigung zu übergeben. Der Übergabe des Gutes an den Empfänger steht gleich eine nach den maßgebenden Bestimmungen erfolgte Übergabe an die Zoll- oder Steuerverwaltung in deren Abfertigungsräumen oder Niederlagen, wenn diese nicht unter Verschluß der Eisenbahn stehen[281]), sowie die nach dieser Ordnung[282]) zulässige Einlagerung bei der Eisenbahn[283]) oder Hinterlegung bei einem Spediteur oder in einem öffentlichen Lagerhaus.

| [2]) I. Dem Antrage des Absenders auf Erbringung des Ablieferungsnachweises wird gegen Entrichtung der im Nebengebührentarif (Teil I Abteilung B)[36]) festgesetzten Gebühr und gegen Ersatz der etwa erwachsenen Post-, Telegramm- und Fernsprechgebühren entsprochen. Vorausbezahlung kann verlangt werden. Die Gebühr wird nicht erhoben oder auf Antrag erstattet, wenn das Gut infolge eines von der Eisenbahn zu vertretenden Verschuldens innerhalb der Lieferfrist auf dem Bestimmungsbahnhof nicht eingegangen ist.

---

[272]) Zeitl. Berechn. der Zuschlagsfristen RG **32** 297. Einrechnung in die Lieferfrist OGHof Wien EE **30** 84; dazu Epstein das. 410.

[273]) Besond. AusfBest: Zuschlagsfristen f. einzelne Orte u. einz. Bahnen.

[274]) § 75 (8).

[275]) § 78 (5).

[276]) Zum Begriffe der Betriebstörung s. einers. Schmedding VZ **1914** 381, Rundnagel Haftung S. 39, Löning Anm. 4 zu IÜG Art. 11 § 7; anders. Weirauch Anm. 19, Kittel Anm. 15, Seligsohn Anm. 17 zu IÜG Art. 11.

[277]) Sperrmaßnahmen: Rundnagel Haftung S. 39. Keine richterl. Nachprüf. RG VZ **1924** 656.

[278]) Bisher § 76, Abs. (12) u. (13) bisher § 97 (4) u. (3). — HGB §§ 435, 436, 441, 468; IÜG Art. 16, 17, 20. 25. — Oben VII 2 Anm. 13, 14, 30 D.

[279]) Oben VII 2 Anm. 30 D.

[280]) Abweich. IÜG Art. 16 § 1 (s. d.).

[281]) Stockhammer VZ **1926** 1333, 1349, **1929** 173, 709; anders. Friebe das. **1929** 232, 711. Unten X 2 Anm. 6.

[282]) EVO § 80 (3).

[283]) EVO § 82 (4).

[284]) (2) Der Empfänger ist nach Ankunft des Gutes am Orte der Ablieferung berechtigt, die durch den Frachtvertrag begründeten Rechte gegen Erfüllung der sich daraus ergebenden Verpflichtungen im eigenen Namen gegen die Eisenbahn geltend zu machen, ohne Unterschied, ob er hierbei im eigenen oder fremden Interesse handelt, er ist insbesondere berechtigt, von der Eisenbahn die Übergabe des Frachtbriefs und des Gutes zu verlangen. Dieses Recht erlischt, wenn der Absender der Eisenbahn eine nach § 72 noch zulässige entgegenstehende Verfügung erteilt.

[2]) II. Außer den durch den Frachtvertrag begründeten Anweisungen [§§ 75 (2) und 72 (13)] kann der im Frachtbrief bezeichnete Empfänger Anweisung erteilen,
1. daß das Gut mit dem Frachtbrief gegen Zahlung der Fracht und der sonst auf dem Gute haftenden Beträge auf dem Bestimmungsbahnhof einem Dritten ausgeliefert wird,
2. daß ihm der Frachtbrief gegen Zahlung der Fracht und der sonst auf dem Gute haftenden Beträge, das Gut aber auf dem Bestimmungsbahnhof einem Dritten ausgeliefert wird,
3. daß ihm der Frachtbrief, das Gut aber gegen Zahlung der Fracht und der sonst auf dem Gute haftenden Beträge auf dem Bestimmungsbahnhof einem Dritten ausgeliefert wird,
4. daß das Gut nach Zahlung oder gegen Nachnahme der Fracht und der sonst auf dem Gute haftenden Beträge mit neuem Frachtbrief von dem Bestimmungsbahnhof nach einem anderen Bahnhof gesandt wird.

Für die — auch nur versuchte — Ausführung dieser Anweisungen wird außer den etwa erwachsenden baren Auslagen die im Nebengebührentarif (Teil I Abteilung B) festgesetzte Gebühr erhoben. Die Ausführung der Anweisungen kann abgelehnt werden[285]).

[286]) (3) Durch die Annahme des Frachtbriefs und des Gutes wird der Empfänger verpflichtet, der Eisenbahn nach Maßgabe des Frachtbriefs Zahlung zu leisten [vgl. jedoch § 70 (3)].

(4) Die Empfangsbahn hat bei der Ablieferung alle durch den Frachtvertrag begründeten Forderungen, wie Fracht, Frachtzuschläge, Nebengebühren, Nachnahmen, Barvorschüsse, Zollgelder und andere Beträge einzuziehen. Auch hat sie erforderlichenfalls das Pfandrecht[287]) an dem Gute geltend zu machen.

(5) Als Ort der Ablieferung im Sinne der Absätze (1) und (2) gilt vorbehaltlich der Festsetzungen im Abs. (6) und im § 77 (1) der vom Absender bezeichnete Bestimmungsbahnhof auch dann, wenn im Frachtbrief ein anderer Bestimmungsort angegeben ist.

[288]) (6) Ist im Frachtbrief außer dem Bestimmungsbahnhof ein Bestimmungsort angegeben, nach dem die Sendung weiterbefördert werden soll [§ 56 (2) f)], oder ist ein Frachtbrief angenommen worden, in dem als Bestimmungsbahnhof entgegen der Vorschrift in § 56 (1) b) ein Bestimmungsort angegeben ist, wo sich keine Güterabfertigung oder Güternebenstelle befindet, so hat die Eisenbahn wegen der Weiterbeförderung vom letzten Bahnhof bis zum Bestimmungsort die Pflichten eines Spediteurs. Übernimmt jedoch die Eisenbahn durch ihre Leute oder durch besondere von ihr bestellte Unternehmer die Weiterbeförderung nach solchen Orten, so haftet sie bis zum Bestimmungsort als Frachtführer nach den Vorschriften dieser Ordnung.

(7) Ob die Güter durch die Eisenbahn oder durch den Empfänger auszuladen sind, bestimmt der Tarif, soweit nicht diese Ordnung Vorschriften darüber enthält oder eine besondere Vereinbarung zwischen dem Absender und der Eisenbahn im Frachtbrief getroffen ist.

[2]) III. Welche Güter durch die Eisenbahn und welche Güter durch den Empfänger auszuladen sind, ist im Abschnitt II der Allgemeinen Tarifvorschriften (Teil I Abteilung B)[36]) festgesetzt.

(8) Der Eisenbahn steht es frei, Stückgüter, die von ihr auszuladen sind, dem Empfänger auf seine Kosten zuzuführen (§ 77) oder ihn von der Ankunft zu benachrichtigen[287]). Auf den Bahnhöfen, wo Stückgüter dem Empfänger zugeführt werden, ist dies durch Aushang bekanntzumachen. Von der Ankunft anderer Güter ist der Empfänger zu benachrichtigen [vgl. jedoch § 78 (5)].

(9) Die Eisenbahn kann im Tarif vorschreiben, daß Güter, die auf dem Bestimmungsbahnhof von Eisenbahnwagen unmittelbar auf andere Verkehrsmittel umgeladen werden sollen, gegen Zahlung der im Tarif oder durch Aushang bekanntzumachenden Gebühren durch ihre Leute oder durch besondere von ihr bestellte Unternehmer umgeladen werden. In beiden Fällen hat die Eisenbahn die Pflichten eines Spediteurs.

[2]) IV. Die Bahnhöfe, auf denen die Eisenbahn Güter in Schiffe durch ihre Leute oder durch Unternehmer umladet, sind in den Tarifteilen II genannt[289]).

---

[284]) Begr. gibt an, warum die Vorschr. in IÜG Art. 16 § 3 Satz 2 (daß der Empf. auch schon dann sein VerfügRecht gelt. machen kann, wenn das Gut binnen e. bestimmten Frist nicht angekommen ist) nicht übernommen w. ist.

[285]) Für Gültigkeit d. Schlußsatzes: RG **110** 324.

[286]) Hierzu Kittel Anm. 8.

[287]) HGB § 440. Wegen des Pfandrechts s. Weirauch Anm. 22, Kittel Anm. 12. — Zu Abs. (8) Satz 1 §§ 77f.

[288]) Bisher § 85. HGB § 468, IÜG Art. 26 § 3. — Besond. AusfBest (2): Sendungen, deren Bestimmungsort ein Kleinbahnbahnhof ist, werden in der Regel auch dann der Kleinbahn zur Weiterbeförderung übergeben, wenn die Frachtbriefe eine dahingehende Vorschrift der Absender [Bes. AusfBest zu § 56 (1) b) EVO unter Ziffer 2 (1) Seite 36] nicht enthalten, soweit sich die Empfänger dies nicht ein für allemal oder im Einzelfalle schriftlich bei dem Eisenbahn-Übergangsbahnhof verbeten haben. Eine solche Erklärung ist wirkungslos, wenn der Absender die Weiterbeförderung gemäß § 56 (2) EVO ausdrücklich vorgeschrieben hat. Welche Sendungen nach ihrer Beschaffenheit, den örtlichen Verhältnissen oder im Interesse der Verfrachter sonst noch von der Übergabe an die Kleinbahn ausgenommen sind, ist auf den Übergangsbahnhöfen nach den Kleinbahnen durch Aushang bekanntgemacht.

Anmerkung: Sendungen nach Orten, die zugleich Eisenbahn- und Kleinbahnbahnhof sind (Übergangsbahnhöfe), werden der Kleinbahn ohne weiteres nur dann übergeben, wenn die Frachtbriefe eine dahingehende Vorschrift des Absenders enthalten.

Hierzu auch Rundnagel Haftung § 6. Schulz VZ **1929** 912 hält irrtüml. Weise den § 75 (6), soweit er sich auf Kleinbahnen bezieht, für ungültig; Widerleg.: Sperber das. 940. S. auch oben VII 2 Anm. 59.

[289]) Besond. AusfBest verweist auf Besond. AusfBest zu § 63.

(10) Die Eisenbahn hat die Güter auf den für die Abnahme bestimmten Plätzen zur Verfügung zu stellen[290].

(11) Das Gut wird nur gegen Vorzeigung des eingelösten Frachtbriefs ausgehändigt[291]). Die Eisenbahn darf außer der Empfangsbescheinigung weitere Erklärungen, namentlich über tadellose oder rechtzeitige Ablieferung nicht verlangen.

[278]) (12) Wenn von mehreren im Frachtbrief verzeichneten Gegenständen einer Sendung bei der Ablieferung einzelne fehlen, so kann sie der Empfänger in der Empfangsbescheinigung als fehlend aufführen.

[278]) (13) Der Empfänger kann die Annahme des Gutes auch nach Einlösung des Frachtbriefs so lange verweigern, bis einem etwaigen Antrag auf Feststellung einer behaupteten Minderung oder Beschädigung des Gutes stattgegeben ist (vgl. § 81). Vorbehalte bei der Annahme des Gutes sind nur wirksam, wenn sie mit Zustimmung der Eisenbahn gemacht sind.

(14) Bei Wagenladungsgütern kann die Eisenbahn soweit erforderlich verlangen, daß die Wagen nach der Entladung durch den Verfügungsberechtigten gereinigt zurückgegeben werden. Wird dies unterlassen, so kann die Eisenbahn für die Reinigung die tarifmäßige Gebühr erheben.

[2]) V. Wird die erforderliche Reinigung der entladenen Wagen von der Eisenbahn ausgeführt, weil dies der Verfügungsberechtigte unterlassen hat, so wird die im Nebengebührentarif (Teil I Abteilung B)[36]) vorgesehene Gebühr vom Verfügungsberechtigten erhoben.

§ 76. Nachprüfung des Gutes auf dem Bestimmungsbahnhof[292])

(1) Hat der Absender im Frachtbrief Nachzählung oder Nachwiegung auf dem Bestimmungsbahnhof beantragt [vgl. § 56 (2) e)] oder verlangt der Empfänger bei der Ablieferung, daß die Güter in seiner Gegenwart auf dem Bahnhof nachgezählt oder nachgewogen werden, so hat die Eisenbahn diesem Verlangen zu entsprechen, wenn die vorhandenen Wiegevorrichtungen ausreichen und die Beschaffenheit des Gutes sowie die Betriebsverhältnisse es gestatten.

(2) Der Empfänger kann, wenn eine von ihm beantragte Nachwiegung abgelehnt wird, verlangen, daß das Gut auf der nächsten geeigneten Waage in Gegenwart eines Bevollmächtigten der Eisenbahn nachgewogen wird. Er hat die hierdurch entstehenden Kosten einschließlich der Entschädigung für den Bevollmächtigten zu zahlen.

(3) Für die Nachwiegung von Wagenladungsgütern und sonstigen Gütern, die der Absender zu verladen hat, gelten die Vorschriften des § 58 (6).

[2]) I. Ergibt die auf Antrag des Absenders oder Empfängers auf dem Bestimmungsbahnhof vorgenommene Nachwiegung von Wagenladungsgütern und sonstigen Gütern, die der Absender verladen hat, auf der Gleiswaage keine größere Abweichung von dem im Frachtbrief angegebenen Gewicht als 2 vH, so wird das im Frachtbrief angegebene Gewicht als richtig angenommen.

(4) Für die Nachzählung oder Nachwiegung ist die tarifmäßige Gebühr zu zahlen, es sei denn, daß dabei ein von der Eisenbahn noch nicht anerkannter, von ihr zu vertretender Unterschied (Minderzahl oder Mindergewicht) festgestellt wird.

[2]) II. Die Zählgebühr und das Wiegegeld sind im Nebengebührentarif (Teil I Abteilung B)[36]) festgesetzt.
III. Ergibt die vom Verfügungsberechtigten beantragte Feststellung des Eigengewichts eines Wagens keine größere Abweichung von dem angeschriebenen Eigengewicht als 2 vH, so wird Wiegegeld erhoben.

[293]) (5) Verlangt der Empfänger auf dem Bestimmungsbahnhof nach Einlösung des Frachtbriefs, daß die Eisenbahn die Übereinstimmung der Sendung mit den Angaben im Frachtbrief über Inhalt und Verpackung nachprüft, so ist dem zu entsprechen, wenn die Betriebsverhältnisse und die Beschaffenheit des Gutes es ohne Schwierigkeit gestatten. Für die Nachprüfung ist die tarifmäßige Gebühr zu zahlen. Auf Verlangen des Empfängers ist die Nachprüfung in seiner Gegenwart vorzunehmen.

[2]) IV. Die Gebühr für die Nachprüfung der Übereinstimmung der Sendung mit den Angaben im Frachtbrief ist im Nebengebührentarif (Teil I Abteilung B)[36]) festgesetzt.

§ 77. Zuführung[294])

(1) Die Eisenbahn kann die Stückgüter dem Empfänger innerhalb des Bestimmungsorts oder nach benachbarten Orten gegen eine durch Aushang bekanntzumachende Gebühr in die Wohnung[295]) oder die Geschäftsstelle selbst zuführen oder Rollfuhrunternehmer dafür bestellen [§ 75 (8)]. In beiden Fällen haftet die Eisenbahn als Frachtführer nach den Vorschriften dieser Ordnung[296]). Die Rollfuhrleute haben ihren Gebührentarif bei sich zu tragen und auf Verlangen vorzuzeigen.

---

[290]) Haft. der Eis. für Sicherheit der Entladeeinrichtungen Rundnagel Haftung S. 9.

[291]) Oben VII 2 Anm. 30 D.

[292]) Bisher § 77. — Versand: § 58.

[293]) Neu; s. dazu Kittel Anm. 4.

[294]) Bisher § 78. — FÜG Art. 16 § 2. — Besond. AusfBest: Sind auf Bahnhöfen für die Zuführ. d. Stückgüter nach d. Bahnhofsort selbst oder n. d. benachb. Orten Rollfuhrunternehmer bestellt, so w. dies durch Aushang in den Güterabfert. bekanntgemacht. Der Aushang enthält auch die näh. Bestimm. üb. d. Zuführ. der Güter. Der Empf. ist gehalten, die Güter in Empfang zu nehmen, die ihm in den Stunden v. 7 Uhr bis 20 Uhr vom Rollfuhrunt. zugeführt w. — Zu Abs. (3): Volmer, Der Anspruch d. Vollmachtspediteurs auf Erstattung entzogenen Rollgeldes, VZ **1929** 612. Stempelpflicht der Vollmacht: RG **124** 383 u. VZ **1929** 1182.

[295]) Bisher endete die Verpfl. zum Abrollen an der Behausung. Rundnagel Haftung S. 23 Anm. 3.

[296]) Im Gegens. zum Anrollen (§ 63 Abs. 9). — Der Rollfuhrunt. tritt nicht in ein Vertragsverh. zum Publikum.

²) Auch wenn für die Zuführung von beschleunigtem Eilgut Rollfuhrunternehmer bestellt sind, ist die Eisenbahn berechtigt, an Stelle der Zuführung Benachrichtigung eintreten zu lassen.

(2) Die Fristen, innerhalb deren die Güter dem Empfänger zugeführt werden, sind durch den Tarif oder durch Aushang bekanntzumachen.

(3) Auch an Orten, wo die Eisenbahn für die Zuführung sorgt, sind die Empfänger berechtigt, ihre Güter selbst abzuholen oder sie durch andere als die von der Eisenbahn bestellten Fuhrunternehmer abholen zu lassen. Wollen sie von diesem Rechte Gebrauch machen, so haben sie es der Güterabfertigung vor der Ankunft des Gutes schriftlich anzuzeigen. Die Eisenbahn kann jedoch aus allgemeinen Verkehrsrücksichten bei einzelnen Güterabfertigungen dieses Recht vorübergehend oder auch dauernd beschränken oder aufheben. Maßnahmen dieser Art bedürfen der Genehmigung des Reichsverkehrsministers[297]) und sind durch Aushang bekanntzumachen. In der Bekanntmachung ist auf die Genehmigung des Reichsverkehrsministers hinzuweisen.

(4) Müssen Güter nach Räumen der Zoll- oder Steuerverwaltung gebracht werden, die außerhalb des Bahnhofs liegen, so kann dies die Eisenbahn gegen Erstattung der Kosten selbst besorgen oder unter ihrer Verantwortung auf Kosten des Verfügungsberechtigten besorgen lassen, auch wenn sich der Empfänger die Selbstabholung vorbehalten hat.

§ 78. Benachrichtigung des Empfängers von der Ankunft[298])

[299]) (1) Die Benachrichtigung von der Ankunft des Gutes [§ 75 (8)] geschieht nach Wahl der Eisenbahn durch die Post, durch Fernsprecher, durch Telegramm oder schriftlich durch besonderen Boten unter Angabe der Frist, innerhalb deren das Gut abzunehmen ist. Auf schriftlichen Antrag des Empfängers kann die Güterabfertigung allgemein eine besondere Art der Benachrichtigung mit ihm vereinbaren[300]).

[301]) (2) Die Benachrichtigung hat nach der Ankunft, spätestens aber sofort nach der Bereitstellung, bei Eilgut und beschleunigtem Eilgut spätestens binnen zwei Stunden nach der Ankunft zu erfolgen. Bei Frachtgut, das an Werktagen nach 18 Uhr oder an Sonn- und Feiertagen ankommt, braucht die Benachrichtigung erst am folgenden Werktag zu geschehen. Bei Eilgut und beschleunigtem Eilgut, das an Werktagen nach 18 Uhr oder an Sonn- und Feiertagen nach 12 Uhr ankommt, braucht die Benachrichtigung erst am folgenden Tage binnen zwei Stunden nach Beginn der Dienststunden der Güterabfertigung zu geschehen.

²) I. Welche Tage als Feiertage gelten, wird durch Aushang bekanntgemacht.

(3) Die Benachrichtigung gilt als bewirkt:

a) bei Zustellung durch die Post vier Stunden, durch Telegramm eine Stunde nach der Aufgabe; für besondere Fälle kann der Tarif längere Fristen vorsehen,
b) bei Zustellung durch Fernsprecher mit der Aufgabe,
c) bei anderer Zustellung durch die Aushändigung.

(4) Ausgefertigt wird die Benachrichtigung unentgeltlich; für die Zustellung kann die Eisenbahn den Ersatz ihrer Auslagen verlangen.

²) II. Die Gebühren für die Zustellung der Benachrichtigung sind im Nebengebührentarif (Teil I Abteilung B)[36]) festgesetzt.

(5) Die Benachrichtigung unterbleibt, wenn der Empfänger schriftlich darauf verzichtet hat, bei bahnlagernd gestellten Gütern auch, wenn der Absender im Frachtbrief ausdrücklich darauf verzichtet hat oder wenn sie nach den Umständen nicht möglich ist.

(6) Ist ein vom Absender verladener Wagen unterwegs umgeladen worden, so muß es dem Empfänger bei der Benachrichtigung mitgeteilt werden.

§ 79. Abnahme der nicht zugerollten Güter[302])

(1) Die von der Eisenbahn auszuladenden Güter[303]) sind innerhalb der im Tarif festzusetzenden Frist während der Dienststunden der Güterabfertigung[304]) abzunehmen. Die Frist beginnt mit dem Zeitpunkt, in dem die Benachrichtigung von der Ankunft des Gutes als bewirkt gilt [§ 78 (3)], und muß mindestens 24 Stunden betragen.

[297]) Delegation auf nachgeordnete Stellen nicht zulässig. KG VerkRu **1927** 294.

[298]) Bisher § 79.

[299]) Die Post gehört nicht zu den Leuten der Eisenbahn i. S. § 5. Rundnagel Haftung S. 41, Weirauch Anm. 6, Kittel Anm. 2, Richter Anm. I; a. M. Löning Anm. 4 zu JÜG Art. 16 § 1 (u. Angef.), auch RG EE **40** 214.

[300]) Schließfach Kittel Anm. 1, RG Arch **1922** 752.

[301]) Verspätung verpflichtet die Bahn nicht zu Schadensersatz, wenn die Lieferfrist innegehalten wird. Rundnagel Haftung S. 41, Weirauch Anm. 4, Richter Anm. III; a. M. Kittel Anm. 1 zu § 74. Unterlassen der Avisierung verstößt gegen e. Vertragspflicht, ist ab. keine Grundl. für e. Deliktsanspruch. RG **89** 338.

[302]) Bisher § 80. — Abnahme gleich Annahme Weirauch Anm. 1 zu § 79, Löning Anm. 2 zu JÜG Art. 44 § 1. — Besond. AusfBest: Zu Absatz (1). Güter, deren Ausladung der Eisenbahn obliegt, sind binnen 24 Stunden nach Ankunft oder Benachrichtigung abzunehmen. Zu Absatz (2). Güter, deren Ausladung dem Empfänger obliegt, sind abzunehmen: a) bis 18 Uhr des laufenden Tages, wenn die Benachrichtigung vom Eingang und die Bereitstellung des Wagens so zeitig erfolgt, daß die Entladefrist spätestens um 9 Uhr beginnt und wenn das Gut nach einem Ort abgerollt wird, der 5 km oder weniger von der Güterabfertigung entfernt ist, b) in allen andern Fällen binnen 24 Stunden nach dem Zeitpunkte der Benachrichtigung und Bereitstellung. Zu Absatz (1 u. 2). Abweichungen von diesen Fristen werden durch Aushang in den Güterabfertigungen bekanntgemacht.
Für Privatgleisanschlüsse und die auf Grund besonderer Verträge vermieteten Lagerplätze werden Beginn und Dauer der Entladefrist besonders festgesetzt. — Haftung der Eis. aus dem Frachtvtr. für sicheren Zugang zum Ausladeorte RG **73** 148, auch EE **27** 439.

[303]) § 75 (7).

[304]) § 63 (3).

(2) Die Frist, innerhalb deren die vom Empfänger auszuladenden[303]) Güter in der Regel abzunehmen sind, bestimmt der Tarif. Ausnahmen sind durch Aushang bekanntzumachen. Die Frist beginnt mit dem Zeitpunkt, in dem die Benachrichtigung von der Ankunft des Gutes als bewirkt gilt. Sind die zu entladenden Wagen nicht rechtzeitig bereitgestellt, so beginnt die Entladefrist erst mit dem Zeitpunkt der Bereitstellung. Die Eisenbahn kann verlangen, daß die Güter während der Dienststunden ausgeladen und abgefahren werden.

²) I. Die Dauer der Abnahmefristen ist in den Tarifteilen II festgesetzt.

(3) Hat der Absender bei bahnlagernd gestellten Gütern im Frachtbrief oder hat der Empfänger schriftlich auf Benachrichtigung verzichtet oder ist eine Benachrichtigung nach den Umständen nicht möglich, so beginnt die Abnahmefrist mit der Bereitstellung des Gutes[305]).

(4) An Sonn- und Feiertagen braucht die Eisenbahn keine Güter auszuliefern. Soweit dies doch geschieht, ist es durch Aushang bekanntzumachen.

(5) Der Lauf der Abnahmefristen ruht an Sonn- und Feiertagen sowie für die Dauer einer Behandlung durch die Zoll-, Steuer-, Polizei- oder sonstigen Verwaltungsbehörden, soweit die Behandlung nicht durch den Absender oder Empfänger verzögert wird.

(6) Wird das Gut nicht innerhalb der festgesetzten Fristen abgenommen, so ist das tarifmäßige Lager-[222]) oder Wagenstandgeld[224]) verwirkt. Auch kann die Eisenbahn die vom Empfänger nicht rechtzeitig ausgeladenen Güter auf seine Gefahr und Kosten ausladen [vgl. auch § 80 (6)]. Für Sonn- und Feiertage ist Wagenstandgeld nur dann zu zahlen, wenn die Entladefrist schon am Tage vorher 14 Uhr abgelaufen ist. Folgen in einem solchen Falle mehrere Sonn- und Feiertage aufeinander, so ist nur der erste dieser Tage standgeldpflichtig.

²) II. Welche Tage als Feiertage gelten, wird durch Aushang bekanntgemacht.

III. Für die Neuaufgabe beladener Wagen auf dem Bestimmungsbahnhof durch den Empfänger zur Weiterbeförderung ohne Umladung wird nur die einfache Entladefrist standgeldfrei gewährt; bei Überschreitung dieser Frist wird Wagenstandgeld erhoben. In gleicher Weise wird bei Weitersendung durch den Absender verfahren; nur wird in diesem Falle die Entladefrist bereits vom Eingang der Sendung, nicht erst von der etwa erfolgten Benachrichtigung des Empfängers an berechnet.

IV. Das Lager-, Platz- und Wagenstandgeld sowie das Standgeld für Eisenbahnfahrzeuge auf eigenen Rädern sind im Nebengebührentarif (Teil I Abteilung B)[36]) festgesetzt.

(7) Meldet sich der benachrichtigte Empfänger zur Abnahme des Gutes und kann es ihm nicht innerhalb einer Stunde nach seinem Eintreffen bereitgestellt werden, so hat die Eisenbahn ihm etwaige Kosten für den Versuch der Abholung zu ersetzen[306]). Auf Verlangen des Empfängers hat die Eisenbahn den vergeblichen Versuch der Abholung auf dem Frachtbrief zu bescheinigen.

(8) Wird die ordnungsmäßige Abwicklung des Verkehrs durch Güteranhäufungen gefährdet, so kann die Eisenbahn die Entladefristen und die lagergeldfreie Zeit soweit nötig abkürzen sowie Wagenstandgeld und Lagergeld erhöhen. Auch können die erleichternden Bestimmungen über die Berechnung des Wagenstandgelds im Absatz (6) außer Kraft gesetzt werden. Solche Maßnahmen sind durch Aushang bekanntzumachen, auch soll in der Presse auf sie hingewiesen werden.

§ 80. Ablieferungshindernisse. Verzögerung der Abnahme[307])

(1) Ist der Empfänger des Gutes nicht zu ermitteln[308]) oder verweigert er die Annahme oder löst er den Frachtbrief nicht innerhalb der von der Eisenbahn im Tarif festzusetzenden Frist ein oder ergibt sich vor Einlösung des Frachtbriefs [vgl. Abs. (6)] ein sonstiges Ablieferungshindernis[309]), so hat die Empfangsabfertigung unverzüglich den Absender durch die Versandabfertigung von der Ursache des Hindernisses zu benachrichtigen und seine Anweisung[269]) einzuholen. Der Absender hat die Anweisung durch Vermittlung der Versandabfertigung zu treffen. Er hat hierbei ein etwa ausgestelltes Frachtbriefdoppel vorzulegen und auch darin die Anweisung einzutragen [vgl. § 72 (7)]. Hat der Empfänger die Annahme des Gutes verweigert, so kann der Absender auch ohne Vorlage des etwa ausgestellten Frachtbriefdoppels Anweisung treffen.

(2) Der Absender kann im Frachtbrief vorschreiben, daß er auf seine Kosten unmittelbar telegraphisch oder durch die Post benachrichtigt werden soll; er ist in diesem Falle unter den im Tarif festzusetzenden Bedingungen berechtigt, seine Anweisung unmittelbar an die Empfangsabfertigung zu richten. Der Absender kann unter den im Tarif festzusetzenden Bedingungen im Frachtbrief auch vorschreiben, daß ihm das Gut bei Eintritt eines Ablieferungshindernisses ohne vorherige Benachrichtigung zurückgeschickt werden soll. § 72 (5) gilt sinngemäß. Sonst darf das Gut nur mit ausdrücklichem Einverständnis des Absenders zurückgeschickt werden.

²) I. Der Frachtbrief ist einzulösen:
a) bei leicht verderblichen Gütern innerhalb der im § 79 bezeichneten Abnahmefristen;
b) bei anderen bahnlagernd gestellten Stückgütern, von deren Ankunft der Empfänger nicht benachrichtigt worden ist oder nicht benachrichtigt werden konnte, innerhalb fünf Tagen nach ihrer Bereitstellung [§ 79 (3)];
c) sonst innerhalb zweier Tage nach Ablauf der im § 79 bezeichneten Abnahmefristen.

II. 1. Der Antrag auf unmittelbare Benachrichtigung durch die Empfangsabfertigung oder auf Rücksendung des Gutes ohne Benachrichtigung ist unter „Vorgeschriebene oder zulässige Erklärungen" wie folgt zu stellen: (Folgt der Wortlaut des Antrags.)

[305]) § 74 (6).

[306]) Rundnagelhaftung S. 46 Anm. 37.

[307]) Bisher § 81. — HGB §§ 379, 437. JÜG Art. 24. — In der Neufass. behandelt Abs. (1) bis (5) Ablieferungshindernisse vor Einlösung des FrBriefs, Abs. (6) spätere (Begr). — Oben VII 2 Anm. 16.

[308]) Zu umfangreichen Nachforsch. ist die Eis. nicht verpflichtet. Weirauch Anm. 2. — Unanbringliche Güter: Grünberg EE 32 3.

[309]) Beispiele: Weirauch Anm. 4. — Konkurs des Verfügungsberecht. Röder Anm. 1.

2. Einem Antrag auf frachtfreie Auslieferung wird nur dann entsprochen, wenn der auf der Sendung haftende Betrag bei der Empfangsabfertigung eingezahlt ist oder dieser die Zahlung an die Versandabfertigung nachgewiesen wird.

(3) Ist die Benachrichtigung des Absenders nach den Umständen nicht möglich oder ist der Absender mit der Erteilung der Anweisung säumig[310]) oder ist die Anweisung nicht ausführbar, so hat die Eisenbahn das Gut auf Kosten des Absenders auf Lager zu nehmen[311]). Sie ist jedoch auch berechtigt, das Gut unter Einziehung der etwa noch nicht bezahlten Kosten bei einem Spediteur oder in einem öffentlichen Lagerhaus auf Gefahr und Kosten des Absenders zu hinterlegen.

²) III. Wegen der Säumigkeit findet die Ausführungsbestimmung I zu § 73 Anwendung.

(4) Die Eisenbahn ist ferner berechtigt:

a) Güter, die nicht abgeliefert werden können, wenn sie schnellem Verderben unterliegen oder nach den örtlichen Verhältnissen weder einem Spediteur oder Lagerhaus übergeben noch eingelagert werden können, sofort,

b) Güter, die nicht abgeliefert werden können und die vom Absender nicht zurückgenommen werden, einen Monat nach Ablauf der lagergeldfreien Zeit, wenn aber ihr Wert durch längere Lagerung unverhältnismäßig vermindert werden würde oder wenn die Lagerkosten in keinem Verhältnis zum Werte des Gutes stehen würden, schon früher

ohne Förmlichkeit bestmöglich zu verkaufen. Von dem bevorstehenden Verkauf ist der Absender[312]) zu benachrichtigen, soweit dies nach den Umständen möglich ist. Für den Verkauf kann die Eisenbahn außer den baren Auslagen die tarifmäßige Gebühr erheben.

²) IV. Für den Verkauf unanbringlicher Güter durch die Eisenbahn und die Vorbereitung eines nicht vollzogenen Verkaufs werden außer den baren Auslagen die im Nebengebührentarif (Teil I Abteilung B)[36]) festgesetzten Gebühren berechnet.

(5) Von der Hinterlegung und vom erfolgten Verkauf des Gutes hat die Eisenbahn den Absender[312]) zu benachrichtigen, soweit dies nach den Umständen möglich ist; unterläßt sie es, so ist sie zum Schadenersatz verpflichtet. Dem Absender ist der Verkaufserlös nach Abzug der noch nicht bezahlten Kosten sowie der mit dem Verkauf verbundenen Auslagen zur Verfügung zu stellen. Reicht der Erlös zur Deckung dieser Beträge nicht aus, so ist der Absender zur Nachzahlung der ungedeckten Beträge verpflichtet.

(6) Ist der Frachtbrief vom Empfänger eingelöst, so hat die Eisenbahn, wenn der Empfänger das Gut nicht innerhalb der tarifmäßigen Frist abnimmt oder sich ein sonstiges Ablieferungshindernis ergibt, das Gut auf Kosten des Empfängers auf Lager zu nehmen[311]). Der Empfänger ist hiervon zu benachrichtigen. Für die Lagerung solcher Güter, für ihre Überweisung an einen Spediteur oder an ein öffentliches Lagerhaus sowie für ihren Verkauf gelten die Vorschriften der Absätze (3) bis (5) mit der Maßgabe, daß überall an die Stelle des Absenders der Empfänger tritt.

²) V. Wegen der tarifmäßigen Frist vgl. § 79 (2).

(7) Zoll- oder steuerpflichtige Güter (vgl. § 65) dürfen erst nach Vornahme der Zoll- oder Steuerbehandlung bei einem Spediteur oder in einem öffentlichen Lagerhaus hinterlegt oder verkauft werden.

(8) Fällt das Ablieferungshindernis weg, ohne daß eine anderweite Anweisung des Absenders bei der Empfangsabfertigung eingetroffen ist, und ist der Empfänger zur Annahme bereit, so wird ihm das Gut abgeliefert. Von einer nachträglichen Ablieferung ist der Absender, wenn ihm das Hindernis schon mitgeteilt war, unmittelbar zu benachrichtigen.

(9) Die Eisenbahn kann bei Ablieferungshindernissen, die sie nicht verschuldet hat, für ihre sich aus den vorstehenden Bestimmungen ergebenden Leistungen außer den erwachsenden Frachtkosten und Auslagen besondere im Tarif festzusetzende Gebühren verlangen.

²) VI. Die Gebühren für Unbestellbarkeitsmeldungen und für die Ausführung der Anweisungen des Absenders sind im Nebengebührentarif (Teil I Abteilung B)[36]) festgesetzt.

§ 81. Feststellung von Minderung, Beschädigung oder Verlust des Gutes[313])

[314]) (1) Wird eine Minderung oder Beschädigung des Gutes von der Eisenbahn entdeckt oder vermutet oder vom Verfügungsberechtigten behauptet, so hat die Eisenbahn den Zustand, erforderlichenfalls auch das Gewicht des Gutes und soweit möglich auch den Betrag des Schadens sowie die Ursache und den Zeitpunkt der Minderung oder Beschädigung ohne Verzug schriftlich festzustellen. Eine solche Feststellung hat auch bei Verlust des Gutes stattzufinden.

(2) Der Verfügungsberechtigte kann die Bekanntgabe des Ergebnisses oder eine Abschrift der Tatbestandsaufnahme verlangen[315]).

[310]) Annahmeverzug Rundnagel Haftung § 9.

[311]) § 75 (1), § 82 (4). — Einzelheiten bei Kittel Anm. 10, Weirauch Anm. 13, 16.

[312]) Nicht auch (wie bisher) der Empfänger (Begr).

[313]) Bisher §§ 82, 83. — JÜG Art. 43. — §§ 93 (2), 75 (13).— RundnagelBefGesch § 130, Haftung S. 165ff., 181ff., Richter EE **35** 121, Löning EE **36** 1, 100.

[314]) a) Begriffe: Verlust, Minderung, Beschädigung oben VII 2 Anm. 8 B.

b) Verfügungsberechtigter oben VII 2 Anm. 13f.

c) Einfluß der Unterlass. auf die Beweislast RG EE **29** 444, **31** 335.

[315]) Weitergehende Ansprüche, z. B. auf Einsichtnahme in die Akten der Eis., bestehen nicht; § 81 geht vor BGB § 810. Rundnagel Haftung S. 182f. (auch wegen der Editionspflicht im Prozesse), Kittel Anm. 1, Richter Anm. II, Löning Anm. 9 zu JÜG Art. 43 § 1, Völcker in „Die Reichsbahn" **1928** 1038; Volmer VZ **1928** 46, für JÜG: Seligsohn Anm. 8 zu Art. 43; a. M. Weirauch Anm. 1. Wie hier: Seitz VZ **1930** 220.

(3) Zur Feststellung in Minderungs- oder Beschädigungsfällen sind unbeteiligte Zeugen oder Sachverständige und wenn möglich auch der Verfügungsberechtigte zuzuziehen.

(4) Ergibt die vom Verfügungsberechtigten veranlaßte Untersuchung keine oder nur eine von der Eisenbahn schon anerkannte Minderung oder Beschädigung, so ist neben Erstattung der etwa erwachsenen Kosten die tarifmäßige Gebühr zu zahlen.

| [2]) Die Gebühr ist im Nebengebührentarif (Teil I Abteilung B)[36]) festgesetzt.

[316]) (5) Der Absender oder Empfänger kann die Minderung oder Beschädigung des Gutes auch durch amtlich ernannte Sachverständige feststellen lassen. Zu dieser Feststellung ist die Eisenbahn einzuladen. Die Vorschriften der Zivilprozeßordnung über die Sicherung des Beweises bleiben unberührt.

§ 82. Haftung der Eisenbahn im allgemeinen[317])

[318]) (1) Die Eisenbahn haftet für den Schaden, der durch Verlust, Minderung oder Beschädigung[314]) des Gutes in der Zeit von der Annahme zur Beförderung bis zur Ablieferung entsteht, es sei denn, daß der Schaden durch ein Verschulden oder eine nicht von der Eisenbahn verschuldete Anweisung des Verfügungsberechtigten[314]), durch äußerlich nicht erkennbare Mängel der Verpackung, durch die natürliche Beschaffenheit des Gutes, namentlich durch inneren Verderb, Schwinden, gewöhnlichen Rinnverlust (gewöhnliche Leckage) oder durch höhere Gewalt verursacht ist.

[319]) (2) Ist ein äußerlich erkennbarer Mangel der Verpackung im Frachtbrief nicht anerkannt, so ist die Eisenbahn von der Haftpflicht nur dann befreit, wenn der Absender arglistig handelt.

[320]) (3) Die Eisenbahn haftet für den Schaden, der durch Überschreitung der Lieferfrist entsteht, es sei denn, daß die Überschreitung durch Umstände herbeigeführt worden ist, die sie nicht abzuwenden und denen sie nicht abzuhelfen vermochte.

[321]) (4) Wenn die Eisenbahn nach den Vorschriften dieser Ordnung[322]) oder des Tarifs ein Gut auf Lager nimmt, hat sie für die Sorgfalt eines ordentlichen Kaufmanns einzustehen.

§ 83. Beschränkung der Haftung bei besonderen Gefahren[323])

(1) Die Eisenbahn haftet nicht für Schäden, die dadurch entstehen:

a) daß Güter nach den Vorschriften dieser Ordnung[324]) oder des Tarifs oder nach einer in den Frachtbrief aufgenommenen Vereinbarung mit dem Absender in offengebauten Wagen[244]) befördert werden; hierunter ist auffallender Gewichtsabgang oder der Verlust ganzer Stücke nicht zu verstehen[325]); oder

[326]) b) daß Güter nach Erklärung des Absenders im Frachtbrief unverpackt oder mit mangelhafter Verpackung zur Beförderung aufgegeben werden, obgleich ihre Natur eine Verpackung zum Schutz gegen Verlust, Minderung oder Beschädigung während der Beförderung erfordert, oder

c) daß Güter nach den Vorschriften dieser Ordnung oder des Tarifs oder nach einer in den Frachtbrief aufgenommenen Vereinbarung mit dem Absender von diesem oder vom Empfänger ver- oder entladen werden[303]), oder

d) daß Güter wegen ihrer eigentümlichen natürlichen Beschaffenheit der besonderen Gefahr des Verlustes, der Minderung oder der Beschädigung, namentlich durch Bruch, Rosten, inneren Verderb, außergewöhnlichen Rinnverlust (außergewöhnliche Leckage), Austrocknen, Verstreuen ausgesetzt sind, oder

---

[316]) Auch im Falle des Abs. (5) handelt es sich nicht um eine gerichtl. Untersuchung; nur die Sachverständ. ernennt das Gericht (od. die sonstige amtl. Stelle). — G betr. Angeleg. d. freiwill. Gerichtsb. 20. Mai 98 RGBl 771 § 164 (Amtsgericht der beleg. Sache). — ZPO §§ 485ff. — Kosten der Unters.: Weirauch Anm. 12.

[317]) A. §§ 82—96 behandeln die Ansprüche gegen die Eis. aus dem Frachtvertrag, u. zwar § 82 den Grundsatz der Haftung, §§ 83, 84 gewisse Haftungsbeschränkungen, §§ 85, 86, 88 die normale Höhe des Ersatzes, § 87 Vermutung f. Verlust, §§ 89, 90 die Angabe d. Lieferwerts, § 91 Vorsatz u. dgl. der Eis., § 92 die Verzinsung, §§ 93, 94 Erlöschen u. Verjährung der Ansprüche, §§ 95, 96 Aktiv- u. Passivlegitimation.

B. Diese Vorschr. stimmen fast durchweg mit denen des HGB überein; es wird desw. im allg. auf die Erläuterungen zum HGB (oben VII 2) verwiesen. Dort sind auch die Verschiedenheiten zw. deutschem u. internationalem Verkehrsrecht angegeben.

C. Zu § 82. — HGB §§ 429, 456. JÜG Art. 27. — Der bisher. § 85 (Beschränk. der Haftung hins. des Bestimmungsorts) ist in § 75 (6) eingearbeitet w.

[318]) Bisher § 84.

[319]) Bisher § 62 (3) Satz 2. — Weirauch Anm. 19.

[320]) Bisher § 94 (3), jetzige Fass. übernommen aus JÜG Art. 27 § 3. Wegen der Abweich. von der älteren Fassung u. dem Unterschiede zw. der jetzigen Fass. u. der höh. Gewalt s. Fritsch Arch **1924** 596; Kittel Anm. 14, Richter Anm. A II.

[321]) Bisher § 81 (3), jetzt verallgemeinert; s. Kittel Anm. 16, Richter Anm. A III.

[322]) Kittel Anm. 15 nennt §§ 63 (4), 65 (6), 72 (11), 73 (4), 80 (3, 6).

[323]) Bisher § 86. HGB § 459, JÜG Art. 28.

[324]) Zu den Worten „dieser Ordnung" Weirauch Anm. 2.

[325]) Dieser Halbsatz, der in HGB u. JÜG fehlt, hat zu unverhältnism. Menge von richterl. Entsch. u. Schrifttum Anlaß gegeben. Ausführlich Rundnagel Haftung S. 111ff., auch Weirauch Anm. 8, 9, Kittel Anm. 6—8; s. ferner Sommerfeldt EE **30** 267, Zeiler das. **36** 93, Starck das. **38** 91, Maier das. **38** 94.

[326]) „b) ist in Abweichung von Art. 28 § 1 b) (des JÜG), der keinen Unterschied zwischen anerkannten und nicht anerkannten Verpackungsmängeln kennt, zugunsten der Verfrachter in der bisherigen Fassung, die nur bei den anerkannten Verpackungsmängeln die Eisenbahn von der Haftung befreit, beibehalten worden (vgl. auch § 459 Ziff. 2 HGB)." (Begr.)

[327]) e) daß Gegenstände, die von der Beförderung ausgeschlossen oder nur bedingungsweise zur Beförderung zugelassen sind[328]), vom Absender unter unrichtiger, ungenauer oder unvollständiger[329]) Bezeichnung oder unter Außerachtlassung der vorgeschriebenen Vorsichtsmaßregeln aufgegeben werden, oder

f) daß für lebende Tiere die Eisenbahnbeförderung mit einer besonderen Gefahr verbunden ist, oder

g) daß Güter, einschließlich der Tiere, denen nach den Vorschriften dieser Ordnung oder des Tarifs oder nach einer in den Frachtbrief aufgenommenen Vereinbarung mit dem Absender ein Begleiter beizugeben ist, einer Gefahr ausgesetzt sind, deren Abwendung durch die Begleitung bezweckt wird.

[2]) I. Zu a) Wenn die Eisenbahn dem Absender auf dessen Antrag Decken überläßt, so übernimmt sie dadurch auch bei solchen Gütern, die nach Abschnitt III der Allgemeinen Tarifvorschriften (Teil I Abteilung B) in gedeckten Wagen zu befördern wären, keine weitergehende Haftung als ihr bei Beförderung in offenen Wagen ohne Decken obliegt.

II. Zu d) Wenn Eisengußwaren oder gußeiserne Bestandteile anderer Waren, die nach Erklärung des Absenders auf dem Frachtbrief unverpackt oder mit mangelnder Verpackung als Stückgut aufgegeben wurden, bei der Eisenbahnbeförderung durch Bruch beschädigt worden sind, so werden die beschädigten Stücke auf Verlangen des Absenders oder Empfängers als Frachtgut vom Bestimmungsbahnhof nach dem Versandbahnhof frachtfrei befördert. Der Antrag auf frachtfreie Beförderung ist in den Frachtbrief aufzunehmen. Die frachtfreie Beförderung tritt nicht ein, wenn der Lieferwert angegeben wird.

(2) Konnte ein Schaden den Umständen nach aus einer der im Abs. (1) bezeichneten Gefahren entstehen, so wird vermutet, daß er aus dieser Gefahr entstanden ist.

(3) Eine Befreiung von der Haftung kann auf Grund dieser Vorschriften nicht geltend gemacht werden, wenn der Schaden durch Verschulden der Eisenbahn entstanden ist.

§ 84. Beschränkung der Haftung bei Gewichtsverlusten[330])

(1) Bei Gütern, die nach ihrer natürlichen Beschaffenheit bei der Beförderung regelmäßig einen Gewichtsverlust erleiden, haftet die Eisenbahn für einen solchen nur insoweit, als die nachstehenden Sätze überschritten werden:

a) zwei vom Hundert des Gewichts für die flüssigen oder in feuchtem Zustand aufgegebenen Güter sowie für die nachstehenden Güter: geraspelte oder gemahlene Farbhölzer, Felle, Fettwaren, getrocknete Fische, frische Früchte, frische Gemüse, Häute, Hautabfälle, Hopfen, Hörner und Klauen, frische Kitte, ganze oder gemahlene Knochen, Leder, getrocknetes oder gebackenes Obst, Pferdehaare, Rinden, Salz, Schafwolle, Schweinsborsten, Seifen und harte Öle, Süßholz, geschnittener Tabak, frische Tabakblätter, Tierflechsen, Wurzeln;

b) eins vom Hundert des Gewichts bei allen übrigen trockenen Gütern der eingangs bezeichneten Art.

(2) Werden mehrere Stücke auf denselben Frachtbrief befördert, so wird der Gewichtsverlust für jedes Stück besonders berechnet, wenn das Gewicht der einzelnen Stücke im Frachtbrief angegeben ist oder auf andere Weise festgestellt werden kann.

(3) Die Beschränkung der Haftung tritt nicht ein, soweit der Verlust den Umständen nach nicht infolge der natürlichen Beschaffenheit des Gutes entstanden ist oder soweit der angenommene Satz dieser Beschaffenheit oder den sonstigen Umständen des Falles nicht entspricht.

(4) Ist das Gut verlorengegangen, so wird für Gewichtsverlust nichts abgezogen.

(5) Die weitergehende Haftungsbefreiung der Eisenbahn nach § 83 (1) d) wird hierdurch nicht berührt.

§ 85. Höhe der Entschädigung bei Verlust, Minderung oder Beschädigung des Gutes[331])

(1) Muß auf Grund des Frachtvertrags von der Eisenbahn für Verlust oder Minderung des Gutes Ersatz geleistet werden, so wird die Entschädigung berechnet:

nach dem Börsenpreis,
in Ermangelung eines solchen nach dem Marktpreis,
in Ermangelung beider nach dem gemeinen Handelswert oder,
falls auch ein solcher nicht besteht, nach dem gemeinen Wert,

den Güter derselben Art und Beschaffenheit am Versandort im Zeitpunkt der Annahme zur Beförderung hatten unter Hinzurechnung dessen, was an Fracht, Zöllen und sonstigen Kosten schon bezahlt oder noch zu bezahlen ist.

(2) Bei Beschädigung des Gutes ist für die Verminderung des im Abs. (1) bezeichneten Wertes Ersatz zu leisten.

(3) Zur Zahlung eines höheren Entschädigungsbetrags ist die Eisenbahn nur nach §§ 90 und 91 verpflichtet.

(4) Müssen bei der Berechnung der Entschädigung Beträge aus fremden Währungen umgerechnet werden, so geschieht dies zu dem Kurs, der zur Zeit und am Orte der Zahlung gilt[331]).

[327]) „2 war bisher in § 96 enthalten und ist nach dem Vorbild von Art. 28 § 1 e) JÜG in § 83 übergegangen. Dies hat insbesondere zur Folge, daß die Haftung der Eisenbahn in einem solchen Fall nicht wie bisher unbedingt ausgeschlossen ist, sondern daß sie trotzdem eintritt, wenn der Geschädigte beweist, daß der Schaden nicht aus der bezeichneten Ursache entstanden ist." (Begr.) Damit ist in Abweich. v. HGB § 467 die Verwirkung des Ersatzanspruches als Rechtsfolge der Zuwiderhandlung beseitigt u. in e. bevorrecht. Haftausschl-Grund umgewandelt worden. Bei Vorsatz od. grob. Fahrläss. haftet die Eis. auch in diesem Falle f. d. vollen Schaden.

[328]) § 54.

[329]) Oben Anm. 190, 202.

[330]) Bisher § 87. — HGB § 460, JÜG Art. 31.

[331]) Bisher § 88. — HGB § 457, JÜG Art. 29, 32. — Wichtige Abweichung v. JÜG: Der allg. EntschädHöchstbetrag des Art. 29 ist nicht übernommen, sondern der bish. Grundsatz unverändert gelassen w.; aus Art. 29 ist dagegen die Berechnung n. d. Börsen- u. Marktpreis eingeführt w. (Begr). — Ausnahmen §§ 86, 90, 91, 35. — Zu Abs. 4 (neu) RundnagelHaftung S. 124, Löning Anm. 9 zu JÜG Art. 29.

§ 86. Beschränkung der Höhe der Entschädigung durch den Tarif[332])

(1) Die Eisenbahn kann in besonderen Bedingungen (Ausnahmetarifen), die auf der ganzen Beförderungsstrecke eine Preisermäßigung gegenüber den gewöhnlichen Tarifen enthalten, Höchstbeträge für die bei Verlust, Minderung oder Beschädigung zu gewährende Entschädigung festsetzen, sofern der gleiche Höchstbetrag auf die ganze Beförderungsstrecke Anwendung findet. Hat der Absender im Frachtbrief die Anwendung eines solchen Tarifs vorgeschrieben, so haftet die Eisenbahn nur bis zu dem festgesetzten Höchstbetrag.

[a]) I. Ob und für welche Güter solche besonderen Bedingungen (Ausnahmetarife) mit beschränkter Haftung bestehen, ist in Teil I Abteilung B oder in den Tarifteilen II bestimmt.

[333]) (2) Ist das Gut nur zum Teil über eine Strecke befördert worden, für die ein solcher Höchstbetrag im Tarif vorgesehen ist, so tritt die Beschränkung der Haftung der Eisenbahn nur ein, wenn die die Entschädigung begründende Tatsache sich auf diesem Teil der Beförderungsstrecke ereignet hat.

(3) Die Eisenbahn kann ferner die bei Verlust, Minderung oder Beschädigung von Gegenständen des § 54 (2) b) zu leistende Entschädigung im Tarif auf einen Höchstbetrag beschränken.

[a]) II. Für die in der Ausführungsbestimmung II zu § 54 (2) b) genannten Kunstgegenstände wird bei Verlust, Minderung oder Beschädigung keine höhere Entschädigung als 5000 Reichsmark für den einzelnen Gegenstand, für die übrigen dort genannten Gegenstände keine höhere Entschädigung als 150 Reichsmark für 1 kg Reingewicht des unverpackten Gegenstandes (sogenannte innere Verpackung gilt nicht als Ware) geleistet[334]).

(4) Zur Zahlung eines höheren Entschädigungsbetrags ist die Eisenbahn nur nach §§ 90 und 91 verpflichtet.

§ 87. Vermutung für den Verlust des Gutes. Wiederauffinden des Gutes[335])

[336]) (1) Der Verfügungsberechtigte[314]) kann das Gut ohne weiteren Nachweis als verloren betrachten, wenn es nicht innerhalb eines Monats nach Ablauf der Lieferfrist abgeliefert oder zur Abholung bereitgestellt worden ist.

(2) Der Entschädigungsberechtigte kann bei Empfang der Entschädigung für das verlorene Gut in der Empfangsbescheinigung verlangen, daß er sofort benachrichtigt wird, wenn das Gut binnen dreier Jahre[337]) nach Zahlung der Entschädigung wieder aufgefunden wird. Hierüber ist ihm eine Bescheinigung zu erteilen.

(3) Innerhalb eines Monats nach erhaltener Nachricht kann der Entschädigungsberechtigte verlangen, daß ihm das Gut nach seiner Wahl auf dem im Frachtbrief angegebenen Versand- oder Bestimmungsbahnhof kostenfrei ausgeliefert wird. Die erhaltene Entschädigung hat er nach Abzug der gemäß §§ 88 und 90 für die Überschreitung der Lieferfrist zu gewährenden Entschädigung zurückzuzahlen.

(4) In allen anderen Fällen kann die Eisenbahn über das wiederaufgefundene Gut frei verfügen[338])

§ 88. Höhe der Entschädigung bei Überschreitung der Lieferfrist[339])

(1) Bei Überschreitung der Lieferfrist hat die Eisenbahn den nachgewiesenen Schaden bis zur Höhe der Fracht zu ersetzen[340]).

(2) Bei Verlust des Gutes kann keine besondere Entschädigung wegen Lieferfristüberschreitung verlangt werden[341]).

(3) Bei Minderung ist Entschädigung wegen Lieferfristüberschreitung bis zur Höhe der auf den nicht verlorengegangenen Teil der Sendung entfallenden Fracht zu leisten[342]).

(4) Bei Beschädigung tritt die Entschädigung wegen Lieferfristüberschreitung gegebenenfalls zu der im § 85 vorgesehenen Entschädigung hinzu[342]).

(5) Zur Zahlung eines höheren Entschädigungsbetrags ist die Eisenbahn nur nach §§ 90 und 91 verpflichtet.

§ 89. Angabe des Lieferwerts (Interesses an der Lieferung)[343])

(1) Der Absender kann den Wert, den er der unversehrten und fristgemäßen Lieferung des Gutes beimißt — Lieferwert (Interesse an der Lieferung) —, im Frachtbrief angeben.

[a]) I. Der Lieferwert ist in Reichsmark anzugeben.

(2) Der Betrag des Lieferwerts ist an der dafür vorgesehenen Stelle des Frachtbriefs in Buchstaben einzutragen[344]).

---

[332]) Bisher § 89. — HGB §§ 429, 461, 462, JÜG Artt. 34, 32, 36, 6 (§ 6i). — Rundnagel Haftung § 27. — § 89 (4).

[333]) Neu, nach JÜG Art. 34 Abs. 2. Richter Anm. II 1 hält die Best für nichtig.

[334]) Für die (bestrittene) Gültigkeit der AusfBest RG **104** 6 u. Weirauch Anm. 8.

[335]) Bisher §§ 90, 91. — JÜG Art. 30. — Boethke EE **24** 406; Eger das. **27** 380; RundnagelBefGesch § 150; ders. Haftung §§ 11, 31. Ausführlich Löning Anm. zu JÜG Art. 30.

[336]) Die Verlustvermutung gilt nicht zugunsten der Bahn. RG **106** 101. Löning Anm. 3 zu JÜG Art. 30 § 1. — JntZtschr **26** 184.

[337]) Die Fristbegrenzung ist neu (abw. JÜG).

[338]) Eigentumsübergang kraft Gesetzes. Weirauch Anm. 10.

[339]) HGB § 466. JÜG Art. 33. — Lieferfrist: § 74 Grundsatz der Haftung: § 82 (3). — § 89.

[340]) Bisher § 94 (1a). — Ohne Schadensnachweis tritt Ersatzpflicht nur bei Angabe des Lieferwerts ein (§ 90 Abs. 1 b 1).

[341]) Abweich. vom bisher. Rechte — alt § 94 (3) — aus JÜG Art. 33 § 3 übernommen. Dazu Kittel Anm. 4. Richter Anm. IV bestreitet die Rechtsgültigkeit des Abs. (2).

[342]) Abs. (3) u. (4) bisher § 94 (3) — Kittel Anm. 4, Weirauch Anm. 5, Rundnagel Haftung S. 44ff. — § 90 (2).

[343]) Bisher (teilw. abw.) §§ 92—94. — HGB §§ 463, 466. JÜG Art. 35. — Die Begriffsbestimmung in Abs. (1) ist neu.

[344]) Weirauch Anm. 3, Rundnagel Haftung S. 145.

(3) Für die Angabe des Lieferwerts ist eine im Tarif festzusetzende Gebühr zu zahlen, die für unteilbare Einheiten von je 10 Reichsmark und 10 Tarifkilometer zu berechnen ist und 0,2 Reichspfennig für die Einheit nicht übersteigen darf. Überschießende Beträge werden auf 10 Reichspfennig aufgerundet. Als Mindestbetrag für die Beförderungsstrecke vom Versand- bis zum Bestimmungsbahnhof werden 40 Reichspfennig erhoben.

[2]) II. Die Gebühr für Angabe des Lieferwerts ist im Nebengebührentarif (Teil I Abteilung B)[36]) festgesetzt.

(4) Ist die Ersatzpflicht nach § 86 auf einen Höchstbetrag beschränkt, so ist eine Angabe des Lieferwerts über diesen Betrag hinaus unzulässig[345]).

§ 90. Umfang der Haftung bei Angabe des Lieferwerts[346])

(1) Hat der Absender im Frachtbrief den Lieferwert angegeben, so kann beansprucht werden:

a) im Falle der Entschädigungspflicht der Eisenbahn für Verlust, Minderung oder Beschädigung des Gutes
1. die im § 85 vorgesehene Entschädigung,
2. der Ersatz des nachgewiesenen weiteren Schadens bis zur Höhe des Lieferwerts;

b) bei Überschreitung der Lieferfrist:
1. wenn nachgewiesen wird, daß ein Schaden aus der Überschreitung entstanden ist, eine Entschädigung bis zur Höhe des Lieferwerts,
2. wenn ein Schaden aus Überschreitung der Lieferfrist nicht nachgewiesen wird[347]):
bei einer Fristüberschreitung bis einschl. 1 Tag . . . . 1/10 der Fracht,
bei einer Fristüberschreitung bis einschl. 2 Tage . . . . 2/10 der Fracht,
bei einer Fristüberschreitung bis einschl. 3 Tage . . . . 3/10 der Fracht,
bei einer Fristüberschreitung bis einschl. 4 Tage . . . . 4/10 der Fracht,
bei einer Fristüberschreitung von längerer Dauer die ganze Fracht, jedoch nicht mehr als der Betrag des Lieferwerts.

(2) Wird nachgewiesen, daß neben einem Schaden aus Lieferfristüberschreitung ein Schaden aus Minderung oder Beschädigung entstanden ist, den die Eisenbahn zu vertreten hat, so kann verlangt werden:

a) die im § 85 vorgesehene Entschädigung,
b) der Ersatz des gesamten weiteren Schadens einschließlich des durch Überschreitung der Lieferfrist entstandenen bis zur Höhe des Lieferwerts.

(3) Ist der Betrag des Lieferwerts geringer als die ohne Angabe des Lieferwerts zu gewährende Entschädigung, so kann diese verlangt werden.

(4) Zur Zahlung eines höheren Entschädigungsbetrags ist die Eisenbahn nur nach § 91 verpflichtet.

§ 91. Voller Schadensersatz[348])

Ist in den Fällen der §§ 85, 86, 88 und 90 der Schaden durch Vorsatz oder grobe Fahrlässigkeit der Eisenbahn herbeigeführt, so ist der volle Schaden zu ersetzen.

§ 92. Verzinsung der Entschädigungsbeträge[349])

Die von der Eisenbahn zu zahlenden Entschädigungsbeträge sind auf Verlangen vom Tage des Eingangs des Entschädigungsantrags an mit 5 vH zu verzinsen; Beträge unter 10 Reichsmark für den Frachtbrief werden jedoch nicht verzinst.

§ 93. Erlöschen der Ansprüche gegen die Eisenbahn aus dem Frachtvertrag[350])

(1) Ist die Fracht nebst den sonst auf dem Gute haftenden Forderungen bezahlt und das Gut vom Empfänger angenommen, so sind alle Ansprüche gegen die Eisenbahn aus dem Frachtvertrag erloschen.

(2) Hiervon sind ausgenommen:

a) **Entschädigungsansprüche für Schäden, die durch Vorsatz oder grobe Fahrlässigkeit der Eisenbahn herbeigeführt sind;**
b) **Entschädigungsansprüche wegen Lieferfristüberschreitung, wenn sie innerhalb eines Monats, den Tag der Annahme durch den Empfänger nicht mitgerechnet, bei einer der nach § 96 in Anspruch zu nehmenden Eisenbahnen schriftlich angebracht werden;**
c) **Entschädigungsansprüche wegen solcher Mängel, die nach § 81 vor der Annahme durch den Empfänger festgestellt worden sind oder deren Feststellung entgegen dieser Vorschrift durch Verschulden der Eisenbahn unterblieben ist;**
d) **Entschädigungsansprüche wegen solcher Mängel, die bei der Annahme durch den Empfänger äußerlich nicht erkennbar[351]) waren, jedoch nur unter folgenden Voraussetzungen:**

---

[345]) Rundnagel Haftung S. 143 Anm. 1.

[346]) Bisher §§ 93, 94. — HGB §§ 463, 466. IÜG Art. 35. — Oben VII 2 Anm. 48.

[347]) Der Eis. steht der Gegenbeweis frei, daß kein Schaden entstanden ist. Weirauch Anm. 4; s. auch Löning Anm. 3 (a. M. Seligsohn Anm. 4 fg.) zu IÜG Art. 33 §§ 1, 2.

[348]) Bisher § 95. — HGB § 457 Abs. 3, § 461 Abs. 2, § 466 Abs. 4. Abweich. IÜG Art. 36. — § 91 bringt mit besond. Deutlichkeit zum Ausdrucke, daß mit der Vorschr. nur eine schon bestehende Haftung verschärft u. nicht ein neuer Haftungsgrund geschaffen w. soll; s. oben VII 2 Anm. 34.

[349]) Neu; übernommen aus IÜG Art. 37. — § 70 (6).

[350]) Bisher § 97. — HGB §§ 438, 464. IÜG Art. 44 (das auf das Erfordernis der Frachtzahlung verzichtet).

[351]) Erkennbarkeit Rundnagel Haftung S. 81 ff., RG EE 42 320. Das Erfordernis der Schriftlichkeit f. d. Antrag ist fortgefallen.

1. daß der Empfänger unverzüglich nach der Entdeckung, spätestens aber binnen einer Woche nach der Annahme die Feststellung des Schadens gemäß § 81 beantragt[351]), und
2. daß er beweist, daß der Mangel in der Zeit zwischen der Annahme zur Beförderung und der Ablieferung entstanden ist.

Ist der Eisenbahn der Mangel unverzüglich nach der Entdeckung und binnen der bezeichneten Frist angezeigt, so genügt es, wenn die Feststellung unverzüglich nach dem Zeitpunkt beantragt wird, bis zu dem der Eingang einer Antwort der Eisenbahn unter regelmäßigen Umständen erwartet werden darf;

e) Ansprüche wegen zu Unrecht erhobener Frachtzuschläge, unrichtiger Erhebung von Fracht, Nebengebühren und sonstigen Kosten oder wegen Nachnahmen.

§ 94. Verjährung der Ansprüche aus dem Frachtvertrag[352])

(1) Ansprüche aus dem Frachtvertrag verjähren in einem Jahre[353]).

(2) Die Verjährungsfrist beginnt:

a) bei Ansprüchen auf Zahlung oder Erstattung von Fracht, Frachtzuschlägen, Nebengebühren und sonstigen Kosten oder Nachnahmen mit Ablauf des Tages der Zahlung oder, wenn keine Zahlung stattgefunden hat, mit Ablauf des Tages, an dem das Gut zur Beförderung angenommen ist;

b) bei Ansprüchen auf Entschädigung wegen Verlustes des Gutes mit Ablauf der Lieferfrist[271]);

c) bei Ansprüchen auf Entschädigung wegen Minderung, Beschädigung oder Lieferfristüberschreitung mit Ablauf des Tages der Ablieferung[279]);

d) bei Ansprüchen auf Zahlung eines von der Zollbehörde verlangten Betrages mit Ablauf des Tages, an dem die Zollbehörde das Verlangen gestellt hat.

(3) Die Verjährung des Anspruchs gegen die Eisenbahn wird abgesehen von den allgemeinen gesetzlichen Hemmungsgründen auch durch seine schriftliche Anmeldung gehemmt. Ergeht auf die Anmeldung ein abschlägiger Bescheid, so läuft die Verjährungsfrist von dem Tage an weiter, an dem die Eisenbahn ihre Entscheidung dem Anmeldenden schriftlich bekanntmacht und ihm die der Anmeldung etwa beigefügten Belege zurückgibt. Weitere Gesuche hemmen die Verjährung nicht.

(4) Wegen der Unterbrechung der Verjährung bewendet es bei den allgemeinen gesetzlichen Vorschriften[354]).

[355]) (5) Die Ansprüche gegen die Eisenbahn wegen Verlustes, Minderung oder Beschädigung des Gutes oder wegen Überschreitung der Lieferfrist können nach der Vollendung der Verjährung nur aufgerechnet werden, wenn vorher der Verlust, die Minderung, die Beschädigung oder die Überschreitung der Lieferfrist der Eisenbahn angezeigt oder die Anzeige an sie abgesandt worden ist. Der Anzeige an die Eisenbahn steht es gleich, wenn gerichtliche Beweisaufnahme zur Sicherung des Beweises beantragt oder wenn in einem zwischen dem Absender und Empfänger oder einem späteren Erwerber des Gutes wegen des Verlustes, der Minderung, der Beschädigung oder der Lieferfristüberschreitung anhängigen Rechtsstreit der Eisenbahn der Streit verkündet wird.

(6) Die Vorschriften dieses Paragraphen finden keine Anwendung, wenn die Eisenbahn den Verlust, die Minderung, die Beschädigung oder die Lieferfristüberschreitung vorsätzlich herbeigeführt hat. Sie finden ferner keine Anwendung auf Rückgriffsansprüche der Eisenbahnen untereinander (§ 96)[354]).

§ 95. Geltendmachung der Rechte aus dem Frachtvertrag[356])

(1) Zur Geltendmachung der Rechte aus dem Frachtvertrag gegenüber der Eisenbahn ist nur der befugt, dem das Verfügungsrecht über das Gut zusteht [vgl. aber §§ 70 (4) und 71 (4) und (5)][357]).

[358]) (2) Ist ein Frachtbriefdoppel ausgestellt, so kann der Absender Rechte aus dem Frachtvertrag nur geltend machen, wenn er das Doppel in Urschrift vorlegt. Ist er dazu nicht imstande, so hat er nachzuweisen, daß der Empfänger seine Zustimmung erteilt oder die Einlösung des Frachtbriefs verweigert hat.

[359]) (3) Außergerichtliche Ansprüche sind schriftlich bei einer der nach § 96 (3) zuständigen Eisenbahnen geltend zu machen, abgesehen von den in den §§ 70 (7) und 71 (6) vorgesehenen Fällen. War der Frachtbrief dem Empfänger übergeben, so ist er in Urschrift vorzulegen. Andere Belege können auch in Abschrift vorgelegt werden, die jedoch auf Verlangen der Eisenbahn öffentlich beglaubigt sein muß. Handelt es sich um eine Entschädigung wegen Verlustes, Minderung oder Beschädigung, so ist eine Bescheinigung über den Wert des Gutes beizufügen. Die Eisenbahn hat

---

[352]) Bisher § 98. — HGB §§ 439, 414, 470. IÜG Art. 45 (teilw. abw.).

[353]) Abs. (1) ist in Übereinst. mit Art. 45 IÜG allgemein auf alle Ansprüche aus dem Frachtvertrag ausgedehnt w. und bezieht sich auch auf d. Ansprüche der Eis. gegen die Verfrachter (Begr). — Nicht unter § 94 fallende Ansprüche: Weirauch Anm. 1.

[354]) BGB §§ 208ff. — Im Falle des Abs. 6 gilt die dreißigjährige Verjährungsfrist. Rundnagel Haftung S. 175. Anders IÜG u. IÜP Art. 45 § 1.

[355]) Aufrechnung Rundnagel Haftung S. 174f. — Beweissicherung ZPO §§ 485ff. — Streitverkündung ZPO §§ 72ff.

[356]) Bisher § 99. — HGB § 455. IÜG Artt. 40, 41. — Rundnagel Haftung § 34. — Junghene, Reklam. im Güterverkehr, 1927 u. dazu Grewe Arch **1928** 569.

[357]) Verfügungsrecht oben VII 2 Anm. 13. Das Rechtsverh. zwischen Abs. u. Empfänger oder zw. dem VerfügBerecht. u. Dritten kommt nicht in Betracht — RG 1 1; EE **19** 144 —, es sei denn, daß ein Anspruch aus HGB § 457 Abs. 3 (EVO § 91, IÜG Art. 36) hergeleitet w. RG EE **19** 144. — Ansprüche, die nicht unter Abs. (1) fallen, Gerstner IntÜb (1893) S. 314ff. — Der Eigentümer als solcher ist nicht aktiv legitimiert.

[358]) Doppel: § 61 (5).

[359]) Form der Reklamation u. Notwendigkeit, die in Abs. (3) bezeichn. Urkunden beizufügen: Löning Anm. zu IÜG Art. 40 §§ 3, 4 u. Anm. 3 zu IÜG Art. 45 §§ 3, 4. — Die Reichsbahn ist eine einzige Eis. i. S. Abs. (3) u. § 96; s. auch Vf 24. Okt. 28 (Die Reichsbahn S. 949).

die Ansprüche mit tunlichster Beschleunigung zu prüfen und den Antragsteller schriftlich zu bescheiden, wenn keine Verständigung erfolgt.

[2]) Wird ein Anspruch aus dem Frachtvertrag auf einen Dritten übertragen, so muß für jede Frachtbriefsendung eine besondere Abtretungserklärung abgegeben werden.

§ 96. Haftung mehrerer an der Beförderung beteiligter Eisenbahnen[360])

(1) Die Versandbahn haftet für die Ausführung der Beförderung bis zur Ablieferung des Gutes an den Empfänger ohne Rücksicht darauf, ob nur eigene oder auch fremde Strecken benutzt werden.

(2) Jede nachfolgende Bahn tritt dadurch, daß sie das Gut mit dem ursprünglichen Frachtbrief annimmt, diesem gemäß in den Frachtvertrag ein und übernimmt die selbständige Verpflichtung, die Beförderung nach dem Inhalt des Frachtbriefs auszuführen.

[361]) (3) Die Ansprüche aus dem Frachtvertrag können jedoch im Wege der Klage nur gegen die Versandbahn oder Empfangsbahn oder gegen die Bahn, welche das Gut zuletzt mit dem Frachtbrief übernommen hat, oder gegen diejenige, auf deren Strecke sich die den Anspruch begründende Tatsache ereignet hat, gerichtet werden. Unter diesen Bahnen hat der Kläger die Wahl. Das Wahlrecht erlischt mit Erhebung der Klage. Durch Widerklage oder Aufrechnung können Ansprüche aus dem Frachtvertrag auch gegen eine andere Bahn geltend gemacht werden, wenn deren Klage sich auf denselben Frachtvertrag gründet.

(4) Hat auf Grund dieser Vorschriften eine der beteiligten Bahnen Schadensersatz geleistet, so steht ihr der Rückgriff gegen die Bahn zu, die den Schaden verschuldet hat. Kann diese nicht ermittelt werden, so haben die bet teiligten Bahnen den Schaden nach dem Verhältnis der Streckenlängen, mit denen sie an der Beförderung beteilig. sind, gemeinsam zu tragen, soweit nicht festgestellt wird, daß der Schaden nicht auf ihren Strecken entstanden ist. Die Eisenbahnen können über den Rückgriff allgemein oder im einzelnen Falle andere Vereinbarungen treffen[362]).

Anlagen zur Eisenbahn-Verkehrsordnung.

Anlage A (zu § 43). Leichenpaß.

Anlage B (zu den §§ 48 (10) und 49 (4)).

Nähere Bestimmungen über die Verladung und Beförderung von lebenden Tieren.

I. Verladung

§ 1. Ladeeinrichtungen, Unterkunftsräume

(1) Soweit die Bahnhöfe nach dem Tarif, wenn auch nur beschränkt, für den Tierverkehr bestimmt sind, müssen sie nach Maßgabe der Abfertigungsbefugnisse mit Vorrichtungen versehen sein, die ein zweckmäßiges Ein- und Ausladen der Tiere gestatten.

(2) Auf der Oberfläche hölzerner Verladerampen müssen in angemessenen Zwischenräumen Leisten mit abgerundeten Kanten angebracht sein, damit die Tiere sicher fußen können.

(3) Die Oberfläche fester Rampen darf höchstens 1 : 8, die der beweglichen Vorrichtungen höchstens 1 : 3 geneigt sein.

(4) Die Ladebrücken müssen hinreichend breit und mit mindestens 20 cm hohen Schutzleisten an beiden Seiten sowie mit Tretleisten [Abs. (2)] versehen sein. Auch müssen Vorkehrungen zum Schutze gegen seitliches Abdrängen der Tiere getroffen sein.

(5) Auf Bahnhöfen mit regelmäßigem größeren Tierversand sowie auf den Tränkbahnhöfen (§ 5) oder in deren Nähe müssen zur vorübergehenden Unterbringung der Tiere eingefriedigte Räume (Buchten oder Bansen) vorhanden sein, von denen ein angemessener Teil überdeckt sein muß. Diese von der Eisenbahn zu schaffenden Räume müssen Brunnen oder Wasserleitung sowie Vorrichtungen zum Anbinden, Füttern und Tränken der Tiere enthalten. Sie müssen in kleinere Abteilungen geteilt sein, in denen die Tiere verschiedener Gattung und das Großvieh (Pferde, Maultiere, Ponys, Rindvieh, Esel u. dgl.) vom Kleinvieh (Schweine, Kälber, Schafe, Ziegen, Hunde, Geflügel u. dgl.) getrennt unterzubringen sind. Muttertiere mit saugenden Jungen bleiben zusammen. Der Fußboden muß so beschaffen sein, daß er ordnungsmäßig gereinigt werden kann.

(6) Für die vorübergehende Unterbringung der Tiere in eingefriedigten Räumen kann eine im Tarif festzusetzende Gebühr erhoben werden, die zugleich als Vergütung für die Benutzung der Einrichtungen zum Füttern und Tränken gilt.

[360]) Bisher § 100 (teilw. abw.). — HGB §§ 432, 469. IÜG Artt. 26, 42, 48. Wegen der Anwendbarkeit auf d. Gepäckverkehr s. Weirauch Anm. 4 zu EVO § 35.

[361]) Die Empfangsbahn konnte bisher nur dann belangt w., wenn sie das Gut tatsächl. erhalten hatte. die Änderung ist aus IÜG Art. 42 § 3 übernommen w. — Die Reichsbahn ist eine einzige Bahn i. S. des § 96. Zuständigkeit innerh. der Reichsbahn: a) Sachliche: für gerichtl. Vertretung nur die Reichsbahndirektionen (GeschäftsO, oben II 2, Ziff. 21; s. Weirauch Anm. 7); für außergerichtl. die Normaldienststellen in den oben II 2 Beil. C Anm. 2 angegeb. Grenzen, die Verkehrsämter in den durch die GeschAnw f. d. Ämter (oben II 2 Beil. C) § 25 bestimmten Grenzen, im übrigen die Direktionen. b) Örtliche Zuständigkeit: Vf 24. Okt. 28, Die Reichsbahn S. 949.

[362]) Vereins-Übereinkommen üb. d. Güterverkehr (VÜG) v. Sept. 28 Artt. 5, 6, 7, 11.

§ 2. Wagen[1]

(1) Die Tiere sind in gedeckten oder in hochbordigen offenen Wagen zu befördern. In der Zeit vom 1. November bis zum 31. März dürfen offene Wagen nur auf Antrag des Absenders gestellt werden. Geflügel darf nur in gedeckten Wagen befördert werden.

(2) Mehrbödige Wagen dürfen nur verwendet werden, wenn sie an den Seiten Lattenwände haben; diese müssen so weit aus dichten Brettern bestehen oder mit dichten Klappen versehen sein, daß die Tiere gegen Zugluft von unten geschützt sind und das Herausfallen von Kot und Streu verhindert wird. Diese Bestimmung gilt nicht für die mehr als zweibödigen, zur Geflügelbeförderung bestimmten Wagen. Doch müssen auch bei diesen Wagen die Seitenwände aus Latten bestehen und mit Schutzleisten versehen sein, die das Herausfallen von Kot und Streu verhindern.

(3) Die Unterkästen der Wagen dürfen nur zur Beförderung einzelner unterwegs erkrankter Tiere benutzt werden.

(4) Die lichte Breite der zur Beförderung von Großvieh dienenden Wagen muß mindestens 2,60 m betragen.

(5) Bei Verwendung gedeckter Wagen zur Tierbeförderung sind solche Wagen auszuwählen, die in der Nähe der Wagendecke an den Längs- oder Stirnseiten je zwei verschließbare Öffnungen von je mindestens 40 cm Länge und 30 cm Breite haben und außerdem an den Türen mit Vorrichtungen versehen sind, die ihr Offenhalten in einer Breite von 35 cm bei Großvieh und von 15 cm bei Kleinvieh ermöglichen. Bleiben die Türen während der Fahrt ganz geöffnet, so müssen die Türöffnungen durch einen 1,50 m hohen Bretterverschlag oder durch Lattengitter verstellt sein.

(6) Die offenen Wagen müssen bei Verwendung für Großvieh eine Bordhöhe von mindestens 1,50 m und bei Verwendung für Kleinvieh eine Bordhöhe von mindestens 75 cm über dem Fußboden haben.

(7) Zum Festbinden der Tiere müssen Vorrichtungen, wie eiserne Ringe oder dergleichen, in den Wagen angebracht sein.

(8) Die Ladefläche der zur Beförderung von Tieren dienenden Wagen muß an der Außenseite angegeben sein, und zwar bei mehrbödigen und bei den in mehrere Abteile geteilten Wagen derart, daß die Größe eines jeden Raumes ersichtlich ist.

(9) Für die vorhandenen alten Wagen kann der Reichsverkehrsminister Abweichungen von den Vorschriften in Abs. (4) und (5) zulassen.

§ 3. Schutz der Tiere

(1) Die zur Beförderung von Tieren dienenden Behälter müssen geräumig und luftig sein. Die Tiere dürfen nicht geknebelt aufgegeben werden.

(2) Käfige oder ähnliche Behälter müssen einen dichten Boden und soweit hinauf dichte Wände haben, daß eine Verunreinigung des Wagens durch Kot und Streu möglichst ausgeschlossen ist. Diese Vorschrift gilt nicht für Geflügel in Wagenladungen. Der Boden der Behälter muß mit Heu, Stroh, Sand, Torfmull oder Sägespänen bedeckt sein. Bei der Verladung ist darauf zu achten, daß zu den Tieren ausreichend frische Luft treten kann; insbesondere dürfen andere Güter nicht auf die Behälter und diese nur dann übereinander verladen werden, wenn durch Leisten oder dergleichen dafür gesorgt ist, daß zwischen dem Boden des oberen und dem Deckel des unteren Behälters ein Luftraum von mindestens 3 cm Höhe frei bleibt. Behälter, die ganz oder zum Teil aus Latten bestehen, müssen so beschaffen sein, daß die Tiere nicht einzelne Körperteile hindurchzwängen können, auch müssen sie so hoch sein, daß die Tiere zwanglos darin stehen können. Ferner müssen Käfige oder ähnliche Behälter, wenn die Beförderung voraussichtlich mehr als 36 Stunden dauert, mit zweckmäßigen Vorrichtungen zum Tränken und bei Kleinvieh auch zum Füttern der Tiere versehen sein, sofern nicht der Absender für die Fütterung und Tränkung auf Unterwegsbahnhöfen in anderer Weise gesorgt hat. Die Behälter dürfen beim Ein-, Um- und Ausladen nicht gestoßen, geworfen oder gestürzt werden. Gebrauchte Behälter dürfen nur nach gründlicher Reinigung wieder benutzt werden.

(3) Bei Festsetzung der größten Zahl der in einen Wagen zu verladenden Tiere ist zu berücksichtigen, daß Großvieh nicht aneinander und gegen die Wandung des Wagens gepreßt stehen darf. Dieser Vorschrift ist genügt, wenn sich ein Mann zwischen den eingeladenen Tieren hindurchbewegen kann. Bei der Querverladung muß außerdem zwischen den Tieren und den Wagenwänden so viel Raum bleiben, daß eine Verletzung der Tiere vermieden wird. Kleinvieh, auch solches in Käfigen, muß die Möglichkeit haben, sich zu legen. Die Entscheidung darüber, ob diesen Vorschriften entsprochen ist, steht dem Aufsichtsbeamten zu.

(4) Großvieh und Kleinvieh sowie Tiere verschiedener Gattung müssen bei Verladung in denselben Wagen durch Schranken, Bretter- oder Lattenverschläge voneinander getrennt werden. Auch in Käfigen oder ähnlichen Behältern müssen Tiere verschiedener Gattung durch Verschläge oder dergleichen voneinander getrennt werden. Für die Beförderung von Muttertieren mit saugenden Jungen gelten diese Beschränkungen nicht.

(5) Die mit unverpacktem Geflügel beladenen Wagen sind unter Bleiverschluß zu befördern.

(6) Die Fußböden der offenen und der mehrbödigen Wagen [§ 2 Abs. (2)] dürfen nicht mit leicht entzündlichen Stoffen bestreut werden.

> [1]) Als leicht entzündliche Stoffe sind anzusehen und daher nicht zu verwenden: Stroh, Spreu und grasartige Streu; dagegen darf mit Wasser besprengtes Sägemehl, mit oder ohne Zusatz von Sand, sowie Torfstreu, wenn sie vorher mit Wasser mäßig angefeuchtet ist, verwendet werden. Zu den offenen Wagen im Sinne dieser Bestimmung gehören auch solche Wagen, die zwar eine feste Decke haben, deren Wände aber aus Latten bestehen (mehrbödige Wagen).

---

[1]) Allg. AusfBest (EVO § 2).

II. Beförderung

§ 4. Züge

(1) Lebende Tiere werden in Viehzügen und Güterzügen, nach näherer Bestimmung der Eisenbahn auch in Personenzügen, befördert.

(2) Viehzüge müssen auf Strecken mit regelmäßigem, starkem Viehverkehr an bestimmten, von der Eisenbahn bekanntzumachenden Tagen — regelmäßig oder nur nach Bedarf — nach den bei jedem Fahrplanwechsel festzusetzenden Fahrplänen verkehren; sie müssen derart gelegt sein, daß der Aufenthalt für das auf Anschlußlinien zu- und abgehende Vieh auf das unbedingt nötige Maß beschränkt wird. Bei Aufstellung der Fahrpläne ist für die Tränkbahnhöfe (§ 5) ein ausreichender Aufenthalt vorzusehen.

(3) Steht so viel Vieh zur Beförderung, daß zu seiner Verladung mindestens 20 Achsen erforderlich sind, so ist in Ermangelung anderer Beförderungsgelegenheiten ein besonderer Viehzug abzulassen.

(4) Die durchschnittliche Geschwindigkeit der Viehzüge [Abs. (2)] darf — vorbehaltlich der Befugnis des Reichsverkehrsministers, bei besonderen Verhältnissen Abweichungen zu gestatten — nicht weniger als 25 km in der Stunde betragen; soweit Bestimmungen der Eisenbahn-Bau- und Betriebsordnung dieser Geschwindigkeit entgegenstehen, ist sie zu ermäßigen. Die für die Tränkbahnhöfe vorzusehenden Aufenthalte [Abs. (2)] bleiben bei Berechnung der durchschnittlichen Geschwindigkeit außer Betracht.

§ 5. Fütterung und Tränkung

(1) Alle Tiere, deren Beförderung 24 Stunden oder länger in Anspruch nimmt, müssen vor der Verladung vom Absender gefüttert und getränkt werden. Dauert die Beförderung mehr als 36 Stunden, so sind die Tiere spätestens nach je 36 Stunden zu füttern und zu tränken. Für die Beförderung von Militärpferden gelten diese Bestimmungen nicht.

(2) Für die unterwegs erforderliche Fütterung und Tränkung sind nach Bedarf besondere Bahnhöfe mit Einrichtungen zu versehen. Diese Bahnhöfe (Tränkbahnhöfe) werden vom Reichsverkehrsminister bestimmt und sind in den Tarifen bekanntzumachen.

[1]) Zu (1) und (2):

I. Die vorgeschriebene Fütterung und Tränkung der Tiere liegt dem Absender ob. Er hat bei der Auflieferung unbegleiteter Sendungen eine in den Tierfrachtbrief, bei verpackten Sendungen in den Frachtbrief aufzunehmende Erklärung darüber abzugeben, wo und wie er die Fütterung und Tränkung vornehmen will. Wenn er die Erklärung nicht abgibt oder wenn die Verpflegung nicht rechtzeitig vorgenommen wird, so wird die Eisenbahn die Fütterung und Tränkung auf Gefahr und Kosten des Absenders veranlassen. Unterbleibt die Fütterung oder Tränkung oder wird die Verpflegung nicht sachgemäß ausgeführt, so haftet die Eisenbahn nicht für den daraus entstandenen Schaden.

II. Dem Bahnhof, auf dem die Fütterung oder Tränkung stattfinden soll, wird die Sendung auf Antrag des Absenders oder Begleiters telegraphisch vorgemeldet. Unbegleitete Sendungen werden stets telegraphisch vorgemeldet. Wegen der Gebühr für das Telegramm siehe den Nebengebührentarif (Abschnitt C).

III. Auf Wunsch des Absenders wird auf geeigneten Bahnhöfen zum Tränken der Tiere in den Wagen Wasser am Zuge bereit gehalten oder zum Überspritzen der Tiere abgegeben, wenn der Zugaufenthalt zum Tränken oder zum Erfrischen der Tiere genügend Zeit bietet. Für die Verabreichung des Wassers werden die im Nebengebührentarif (Abschnitt C) festgesetzten Gebühren erhoben. Die zum Tränken oder zum Erfrischen der Tiere geeigneten Bahnhöfe sind bei den Versandabfertigungen zu erfragen.

§ 6. Verschieben der Wagen

Das Verschieben der mit Tieren beladenen Wagen ist auf das dringendste Bedürfnis zu beschränken und stets mit besonderer Vorsicht vorzunehmen; heftiges Anstoßen ist unbedingt zu vermeiden[2]).

§ 7. Schutz gegen Feuersgefahr

(1) Das Rauchen in den Viehwagen ist verboten, wenn sich darin Stroh, Heu oder andere leicht entzündliche Stoffe befinden.

(2) Bei Beförderung zur Nachtzeit müssen die Begleiter von Viehsendungen gut brennende, gegen Feuersgefahr ausreichend gesicherte Laternen mit sich führen.

Anlage C (zu § 54). Vorschriften über die nur bedingungsweise zur Beförderung zugelassenen Gegenstände (§ 54 Abs. (2)a)).

Anlage D (zu § 55). Frachtbrief.

Anlage E (zu § 55). Eilfrachtbrief.

Anlage F (zu § 48). Tierfrachtbrief.

Anlage G (zu § 62). Allgemeine Erklärung über Fehlen oder Mängel der Verpackung.

Beilage A (zu Anmerkung 13).

Übersicht über das Recht der Kraftfahrzeuge (soweit es für die Eisenbahn von Bedeutung ist).

A. Schrifttum (soweit es die Beziehungen zwischen Eisenbahn und Kraftfahrzeug betrifft): Teubner im Jahrbuch für Eisenbahnwesen **1925/26** S. 395ff. und in VZ **1928** 253, 285; Kes EE **44** 106, 271; Fritsch EisRecht S. 348ff. und Nachtrag. Ausführliche Erläuterungen der ganzen Gesetzgebung: Müller (Fritz), AutomobilG 4. Aufl. 1929.

[2]) Zuwiderhandl. als Verschulden der Bahn, das u. U. ihre vertragl. Schadensersatzpflicht begründet, RG VZ **1925** 871.

B. Gesetze, Verordnungen und sonstige Anordnungen. Nach RVerf Art. 7 Ziff. 19 (oben I 2) unterliegt das Kraftfahrwesen der Gesetzgebung des Reichs im gleichen Umfange wie das Eisenbahnwesen. Die einzelnen Rechtsquellen gruppieren sich um zwei Hauptgegenstände: Die Einrichtung von Kraftfahrlinien und den sog. Kraftfahrzeugverkehr.

I. Kraftfahrlinien. Hauptquellen: Reichsgesetz vom 26. August 1925 und Kraftfahrlinienverordnung vom 20. Okt. 1928, beide im vollen Wortlaut als Unterbeilagen A 1 und 2 hier abgedruckt. Eisenbahnrecht enthalten beide nur mittelbar, indem aus ihnen hervorgeht, daß im Gegensatze zur Reichspost die Eisenbahnverwaltung (auch die Reichsbahngesellschaft) wie jeder private Unternehmer zur Einrichtung von Kraftfahrlinien der „Genehmigung" bedarf.

II. Der Kraftfahrzeugverkehr, d. h. die Beschaffenheit und das Fahren der Kraftfahrzeuge — sei es in geregeltem Linienverkehr (vorstehend I) oder im freien Verkehr — ist besonders geordnet für den innerdeutschen und für den zwischenstaatlichen Verkehr (die Besteuerung der Kraftfahrzeuge bleibt hier unberücksichtigt). Hauptquellen:

a) Deutscher Verkehr. Reichsgesetz über den Verkehr mit Kraftfahrzeugen vom 3. Mai 1909 (RGBl 437), geändert durch Gesetze vom 23. Dez. 1922 und 21. Juli 1923 (RGBl **1923** I 1 und 743), und Vo vom 5. und 6. Febr. 1924 (RGBl I 43 und 42); dazu Verordnung über den Kraftfahrzeugverkehr vom 16. März 1928 (RGBl I 91), geändert durch VO 13. Juli 1928 (das. 204).

b) Zwischenstaatlicher Verkehr. Internationales Abkommen über den Verkehr mit Kraftfahrzeugen vom 11. Okt. 1909 (RGBl **1910** 603). Dazu Deutsche Verordnung über den internationalen Kraftfahrzeugverkehr vom 5. Dez. 1925 (RGBl I 453), geändert durch Vo 31. Jan. und 16. März 1928 (RGBl I 12 und 66) und 18. Mai 1929 (RGBl I 107), und Bekanntmachung vom 14. Mai 1929 (RGBl II 379).

C. Wirtschaftliche und rechtliche Beziehungen zwischen Eisenbahn und Kraftfahrzeug.

a) Wirtschaftliches. Die Entwicklung des Kraftfahrwesens führt auch in Deutschland — obwohl dieses in der Zahl der Kraftfahrzeuge im Verhältnisse zu der der Bevölkerung nicht nur hinter den Vereinigten Staaten von Amerika, sondern auch hinter den meisten europäischen Groß- und Mittelstaaten weit zurücksteht — zu bedeutenden, schnell ansteigenden Einnahmeausfällen der Eisenbahnen sowohl im Personen- wie im Güterverkehr. Um dieser Schädigung nach Möglichkeit entgegenzuwirken, wendet die Reichsbahn verschiedene Mittel an:

aa) sie betreibt selbst Kraftfahrlinien, teils allein, teils in Verbindung mit privaten Unternehmern (diesen Weg hat sie jedoch neuerdings grundsätzlich verlassen), teils in Verbindung mit der Reichspost; näheres Unterbeilage A 1 Anm. 5 und A 2 Anm. 2;

bb) sie macht, wo es angeht, von dem Rechtsmittel des Einspruchs gegen neue Kraftfahrlinien Gebrauch (siehe dazu Unterbeilage A 2 Anm. 11);

cc) sie begegnet dem Wettbewerbe durch tarifarische und ähnliche Maßnahmen innerhalb ihres Machtbereichs.

Von den zahlreichen Verfügungen, die zu diesem Zwecke von der Hauptverwaltung erlassen worden sind und teilweise auch auf die Verschiedenheiten in der Rechtslage der Eisenbahn einer-, des Kraftfahrzeugs anderseits eingehen, seien hier genannt:

11, 232, 3283, 4020 und 4009 vom 21. Jan., 10. Okt., 20. und 25. Nov. 1925;
11, 976, 2065 und 3755 vom 30. März, 12. Juni und 25. Nov. 1926;
11 Vkk 56 vom 4. Okt. 1928;
12 Tgmw 3141 vom 26. Juli 1929 (Wettbewerbstarif: „KTarif", für Sammelgut).

b) Schutzvorkehrungen bei Wegeübergängen über Eisenbahnen: oben VI 3 Anm. 15.

c) Straf- und zivilrechtliche Verantwortlichkeit des Kraftwagenführers beim Befahren der Wegeübergänge: oben VI 7 Anm. 14 und VI 5 Anm. 9B.

d) Haftung für Schäden, die durch ein Kraftfahrzeug und eine Eisenbahn verursacht worden sind: oben VI 5 Anm. 2Cc (wo aus dem KrFZVerkehrsG 3. Mai 1909 § 17 und § 18 Abs. 3 abgedruckt sind).

e) Wegen der von den Ländern geplanten Kraftfahrlinien s. noch StVtr 1920 Schlußprot. zu § 17.

f) Wegen der Frage, ob die Eisenbahnen ohne Zustimmung des Empfängers Güter mit Kraftwagen befördern dürfen, s. Ziff. 15 der mit Vf 11. 4009 vom 25. Nov. 1925 mitgeteilten Verhandlungsniederschrift.

Unterbeilage A 1.

Gesetz über Kraftfahrlinien (Kraftfahrliniengesetz)[1]. Vom 26. August 1925 (RGBl I 319).

§ 1. [2]) Wer über die Grenzen eines Gemeindebezirkes hinaus die Beförderung von Personen oder Sachen mit Kraftfahrzeugen auf bestimmten Strecken gegen Entgelt betreiben will (Unternehmer von Kraftfahrlinien), bedarf der Genehmigung der von der obersten Landesbehörde bestimmten Behörde[3]).

[2]) Soll sich das Unternehmen auf das Gebiet mehrerer Länder erstrecken, so sind zur Genehmigung die obersten Landesbehörden gemeinsam zuständig. Jedoch ist jedes Land verpflichtet, die Fortsetzung einer in einem benachbarten Lande zugelassenen Kraftfahrlinie in oder durch sein Gebiet zu gestatten, wenn der Reichsrat auf den durch den Reichsverkehrsminister geprüften und zu vermittelnden Antrag anerkennt, daß diese im Interesse des allgemeinen Verkehrs liegt.

§ 2. Die Genehmigung darf nur erteilt werden, wenn Gewähr für die Sicherheit und Leistungsfähigkeit des Betriebs geboten ist und das Unternehmen den öffentlichen Interessen nicht zuwiderläuft[4]).

---

[1]) Hierzu Kraftfahrlinienverordnung — „KLVO" — unten C. — Müller, AutomobilG 4. Aufl. S. 744ff.

[2]) KLVO §§ 1—3. — Erfordernis der Öffentlichkeit: OV **83** 222. [3]) KLVO § 4. [4]) KLVO §§ 6—9.

§ 3. Die Genehmigung kann zurückgenommen werden, wenn gegen die bei der Genehmigung festgesetzten Bedingungen oder gegen die auf Grund des § 5 erlassenen Vorschriften und Anordnungen oder gegen die auf Grund des § 6 des Gesetzes über den Verkehr mit Kraftfahrzeugen vom 3. Mai 1909 in der Fassung des Gesetzes vom 21. Juli 1923 erlassenen Vorschriften in wesentlicher Beziehung verstoßen wird. Die Zurücknahme der Genehmigung bedarf der Zustimmung der obersten Landesbehörde.

Im Falle des § 1 Abs. 2 kann die Zurücknahme nur gemeinsam erfolgen; die nicht erfolgte Zustimmung einer beteiligten obersten Landesbehörde kann in diesem Falle durch die Zustimmung des Reichsverkehrsministers ersetzt werden.

§ 4. Die obersten Landesbehörden können die Vorschriften der §§ 1 bis 4 auf gegenwärtig vorhandene Kraftfahrlinien für anwendbar erklären.

§ 5. Die Reichsregierung erläßt mit Zustimmung des Reichsrats die zur Durchführung der §§ 1 bis 5 erforderlichen Vorschriften[5]).

Für die Ausrüstung und den Betrieb der Kraftfahrlinien können die obersten Landesbehörden allgemeine Anordnungen erlassen.

§ 6[6]). Dienen Linien der Reichspost der Personenbeförderung, so ist die Reichspost zur Einholung der Genehmigung nach § 1 nicht verpflichtet, sondern nur zu einer mit vierwöchiger Frist vorher zu erstattenden Anzeige an die oberste Landesbehörde des betreffenden Landes. Erhebt die oberste Landesbehörde innerhalb zwei Wochen nach Eingang der Anzeige gegen die beabsichtigte Einrichtung einer solchen Kraftfahrlinie der Reichspost Einspruch, weil nach ihrer Auffassung den öffentlichen Interessen durch Einrichtung der Linie nicht genügend Rechnung getragen sei, und kommt eine Einigung nicht zustande, so entscheidet über die Berechtigung des Einspruchs ein Schiedsgericht, zu dem das Reichsgericht aus seiner Mitte den Vorsitzenden, die Reichspost und die oberste Landesbehörde je einen Beisitzer stellen.

Die Bestimmungen des Abs. 1 gelten auch für Linien, die sowohl der Postsachen- wie der Personenbeförderung dienen, es sei denn, daß die Reichspost der obersten Landesbehörde gegenüber unter Anführung der tatsächlichen Verhältnisse dargelegt hat, daß die einzurichtende Kraftfahrlinie für die Postsachenbeförderung erforderlich ist.

§ 7. Wer als Unternehmer oder als Angestellter einer Kraftfahrlinie den in der Genehmigung festgesetzten Bedingungen oder den auf Grund des § 5 erlassenen Vorschriften und Anordnungen zuwiderhandelt, wird mit Geldstrafe bis zu 150 Reichsmark oder mit Haft bestraft.

§ 8. Wer den Betrieb einer Kraftfahrlinie ohne die erforderliche Genehmigung unternimmt oder ihn fortsetzt, nachdem die Genehmigung zurückgenommen oder der Weiterbetrieb untersagt worden ist, wird mit Geldstrafe oder mit Gefängnis bis zu drei Monaten bestraft.

§ 9. Die Verordnung, betreffend Kraftfahrzeuglinien vom 24. Januar 1919 (RGBl S. 97) tritt außer Kraft.

Unterbeilage A 2.

Kraftfahrlinienverordnung. Vom 20. Oktober 1928 (RGBl I 380)[1]).

Auf Grund des § 5 Abs. 1 des Kraftfahrliniengesetzes vom 26. August 1925 (RGBl I 319) wird hiermit nach Zustimmung des Reichsrats verordnet:

§ 1. (1) Kraftfahrlinien sind dem öffentlichen Verkehr dienende Unternehmen, die durch Kraftfahrzeuge Personen oder Sachen (Güter) über die Grenzen eines Gemeindebezirkes hinaus auf bestimmten Strecken mit einer gewissen Regelmäßigkeit und Häufigkeit gegen Entgelt befördern, mit Ausnahme der Rundfahrten.

(2) Dem öffentlichen Verkehr dient ein Unternehmen, dessen Einrichtungen nach seiner Zweckbestimmung jedermann benutzen kann.

(3) Kraftfahrzeuge sind Landfahrzeuge, die durch Maschinenkraft bewegt werden, ohne an Bahngleise gebunden zu sein.

(4) Strecken sind die Wege, die zur Erreichung des Endpunkts oder der Zwischenpunkte der Linie benutzt werden sollen (vgl. § 3).

(5) Beförderung ist der Verkehr von Ort zu Ort.

(6) Eine gewisse Regelmäßigkeit und Häufigkeit ist einem für einen längeren Zeitraum berechneten Verkehr zuzusprechen, auf den sich die Öffentlichkeit einrichten kann, auch wenn kein Fahrplan mit genau bestimmten Abfahrts- und Ankunftszeiten im voraus festgelegt ist.

(7) Entgelt ist jede Art von Entschädigung für die Verkehrsleistung.

(8) Rundfahrten sind Fahrten zu Besichtigungs- oder Vergnügungszwecken, die ohne Wagenwechsel und unter Ausschluß der Unterwegsbedienung zum Ausgangsort zurückführen.

---

[5]) Preußen: Ausführungsanweisung 10. Dez. 21 HMBl 268, erlassen auf Grund der ReichsVo 24. Jan. 19 (oben § 9), aber in der Hauptsache noch jetzt gültig; abgedr. bei Müller (oben Anm. 1) S. 785.

[6]) Über KrFLinien der Reichspost s. noch Vf 11. 2823 II v. 14. Sept. 25; E 3. Okt. 25 Va 10284 (HandMin), mitgeteilt mit Vf 11. 3342 v. 12. dess. M.; E 9. Nov. 25 Va 11715 (HandMin), mitg. m. Vf 11. 4001 v. 19. dess. M. Zusammenwirken d. Post m. d. ReichsbGesellschaft Vf 11 Vkk 85 u. 131 v. 9. Febr. 29 (Richtlinien dafür) u. 4. Aug. 29 (Abkommen beider Verwalt.). Vf 15 Tpirp 6 v. 3. April 30 (Durchgeh. Abfert.). — In der Einrichtung einer neuen KrFLinie der Post neben einer besteh. privaten liegt kein Verstoß gegen BGB § 823 Abs. 2. RG 19. Jan. 28 Arch **1929** 765, auch RG **119** 435.

[1]) Hierzu preuß. Ausführungsanweisung. — „PrAA" — s. vorst. VII 3 Unterbeil. A 1 Anm. 5; die Best der AA sind vielfach dem KleinbG nachgebildet. — Müller (vorst. Anm. 1) S. 761 ff.

§ 2[2]. (1) Genehmigungspflichtig sind sämtliche Kraftfahrlinienunternehmen, mögen sie von natürlichen oder juristischen Personen oder von öffentlichen Körperschaften eingerichtet werden.

(2) Unberührt bleiben die Bestimmungen des § 6 des Kraftfahrliniengesetzes über die Kraftfahrlinien der Reichspost.

§ 3. Erforderlich ist die Genehmigung nicht nur für den Betrieb einer Kraftfahrlinie und, wenn der Endpunkt oder Zwischenpunkte auf mehreren bestimmten Strecken erreicht werden sollen, für sämtliche Wegestrecken (vgl. § 1 Abs. 4), sondern auch für jede Änderung der Linie und für die Übertragung der aus der Genehmigung erwachsenden Rechte und Pflichten des Unternehmers auf andere.

§ 4[3]) (1) Für die Genehmigung sind zuständig:

1. bei Kraftfahrlinien innerhalb eines Landesgebiets die von der obersten Landesbehörde bestimmten Behörden,
2. bei Kraftfahrlinien, die das Gebiet mehrerer Länder berühren, die obersten Landesbehörden gemeinsam.

[4]) (2) Im letzteren Falle ist der Antrag an die Behörden der beteiligten Länder zu richten, die das Genehmigungsverfahren (§§ 5 bis 9) für den in ihren Bezirk fallenden Teil der Kraftfahrlinien durchführen. Die Behörde des Landes, wo der größte Teil der Linie liegt, verständigt sich mit den Behörden der anderen Länder und legt die Verhandlungen der eigenen obersten Landesbehörde vor. Diese entscheidet im Einverständnis mit den weiter beteiligten obersten Landesbehörden oder leitet das im § 1 Abs. 2 des Kraftfahrliniengesetzes vorgesehene Verfahren ein.

§ 5[5]) (1) Dem Antrag sind die Unterlagen beizufügen, die ein Urteil über Sicherheit und Leistungsfähigkeit des Betriebs ermöglichen.

(2) Der Antrag soll enthalten:

1. Name und Wohnsitz des Unternehmers, gegebenenfalls Firma und Sitz der Gesellschaft,
2. Angaben über die Vermögenslage und die technische Leistungsfähigkeit des Unternehmens,
3. Zweck des Unternehmens (Personen-, Güterbeförderung),
4. Anfangs- und Endpunkt der Linie, gegebenenfalls Angabe der einzelnen Strecken und Zwischenhaltestellen,
5. die kilometrische Länge der Linie, gegebenenfalls auch der Teilstrecken,
6. Fahrplan und mittlere Reisegeschwindigkeit,
7. Zahl der Fahrzeuge und der Anhänger, Antriebsart, Muster und Maße der Wagen (bei Personenfahrzeugen auch der Inneneinrichtung), Eigengewicht, Bremsleistung des Motors, zulässige Belastung (Ladung oder Zahl der Personen einschließlich Führer), bei Fahrzeugen von mehr als 5 Tonnen Gesamtgewicht Achsdrucke und Felgendrucke in beladenem Zustand,
8. eine Übersichtskarte, in der die beantragte Linie rot und die im betreffenden Verkehrsgebiet bereits vorhandenen öffentlichen Verkehrsunternehmen (Eisenbahnen, Kleinbahnen, Straßenbahnen, Kraftfahrlinien) mit anderer Farbe eingezeichnet sind.

(3) Wenn die Angaben zu Nr. 6 und 7 nicht von vornherein feststehen, können sie im Laufe des Genehmigungsverfahrens eingereicht werden.

§ 6[6]). Die Genehmigung wird auf Grund einer Prüfung erteilt, die sich zu erstrecken hat auf

1. die Sicherheit und Leistungsfähigkeit des Betriebs,
2. die Wahrung der öffentlichen Interessen[7]).

§ 7[8]). Die Prüfung der Sicherheit und Leistungsfähigkeit soll sich vornehmlich darauf erstrecken:

1. ob die Vorschriften der Verordnung über Kraftfahrzeugverkehr erfüllt sind, und ob die Persönlichkeit des Unternehmers dafür bürgt, daß sie auch in Zukunft erfüllt werden;
2. ob ihn seine Vermögenslage befähigt, durch eine geordnete, regelmäßige Betriebsführung dem öffentlichen Verkehrsbedürfnis und den berechtigten Ansprüchen der Benutzer zu genügen, und die aus dem Betrieb erwachsenden Verbindlichkeiten, besonders Haftungsansprüche für Personen- und Sachschäden, zu erfüllen;
3. ob der Wagenpark und die Einrichtungen zu seiner Unterhaltung so beschaffen und bemessen sind, daß der ordentliche, ununterbrochene Betrieb während der Dauer der Genehmigung gewährleistet ist, solange die vorhandenen Wege sicher befahrbar sind.

§ 8[9]). (1) Die Prüfung, ob die öffentlichen Interessen gewahrt sind, soll sich auf die Linienführung, die Zahl der täglichen Fahrten, die Wahl der Halteplätze usw. erstrecken.

(2) Das Unternehmen läuft den öffentlichen Interessen zuwider,

1. wenn es auf Wegen durchgeführt werden soll, die sich wegen ihres baulichen Zustandes für diesen Kraftwagenverkehr nicht eignen,
2[10]). wenn es bereits vorhandenen Verkehrsunternehmen einen unbilligen Wettbewerb bereitet oder ihrer dem öffentlichen Bedürfnis mehr entsprechenden Ausgestaltung vorgreift, ohne doch das öffentliche Ver-

---

[2]) Genehmigungspfl. sind also auch KfLinien der Reichsbahn-Gesellschaft; s. auch E 28. Nov. 25 Va 9920 (HandMin), mitget. mit Vf 11. 4128 v. 7. Dez. 25 u. E 17. Sept. 26 V 10927 (HandMin), mitg. m. Vf 11. 3290 v. 2. Okt. 26. Über Einricht. von Linien der Reichsbahn s. noch Vf 11. 927 v. 24. März 1926, Vf 3. Nov. 26 (Die Reichsbahn **1927** 113), Vf 11 Vkk 102 v. 19. März 29. — PAA (oben Anm. 1) § 3. — Nichtgenehmigungspflichtig ist Zustellen u. Abholen v. EisFrachtgütern nach u. von Nachbarorten durch die Eis. od. ihre Rollfuhrunternehm (Begr., mitgeteilt u. Erläut. bei Müller — oben Anm. 1 — S. 766).

[3]) PrAA § 1.

[4]) E 5. Jan. 27 MinBliV 65.

[5]) PrAA § 2. Muster f. GenehmUrkunden: E 18. Nov. 25 MinBliV 1207.

[6]) PrAA §§ 3—9.

[7]) Unten § 8.

[8]) PrAA § 7.

[9]) PrAA § 5. E 13. April 29 V 3932 HMin, mitget. mit Vf 11 Vkk 108 v. 27. dess. M.

[10]) E 2. Mai 25 Va 2677 HMin, mitget. mit Vf 11. 1379 v. 28. dess. M.; Vf 11. 3375 v. 19. Okt. 25; E 9. Nov. 25 (oben Unterbeil. A 1 Anm. 6); E 27. Mai 26 V 5514 HMin, mitget. mit Vf 11. 2472 v. 2. Aug. 26.

kehrsbedürfnis zweckmäßiger oder nachhaltiger zu befriedigen oder die vorhandenen öffentlichen Verkehrsmittel vorteilhaft zu ergänzen.

§ 9[11]). (1) Vor der Genehmigung des Antrags muß die Behörde die im Verkehrsgebiete der geplanten Kraftfahrlinie vorhandenen öffentlichen Verkehrsunternehmen und die Wegeunterhaltungspflichtigen hören. Einwendungen gegen das Unternehmen sind innerhalb einer von der Behörde festzusetzenden Frist von drei Wochen geltend zu machen.

(2) Wenn der Antragsteller nachweist, daß alle Beteiligten mit seinem Unternehmen einverstanden sind, braucht die Behörde die im Abs. 1 bezeichneten Stellen nicht zu hören.

§ 10[12]). Die Genehmigung wird dem Unternehmer nur für seine Person erteilt.

§ 11. Von jeder Genehmigung einer Kraftfahrlinie ist dem zuständigen Versicherungsamt wegen der Anmeldung des Betriebs zur Genossenschaft Kenntnis zu geben.

§ 12[13]). (1) Die Genehmigung ist auf Zeit zu erteilen; sie läßt die Rechte anderer unberührt.

(2) Wenn das öffentliche Interesse es fordert, kann die Genehmigung auch widerruflich erteilt werden.

§ 13[11]). Die Genehmigung muß enthalten:

1. die Bezeichnung des Unternehmers,
2. die Bezeichnung der Linie,
3. die Zeitdauer, für die sie erteilt wird,
4. den Zweck des Unternehmens (Personen-, Güterbeförderung),
5. die Bedingungen, unter denen sie erteilt wird.

§ 14[14]). Wenn nicht das Reich, ein Land, eine andere öffentliche Körperschaft oder eine Gesellschaft, an der öffentliche Körperschaften überwiegend beteiligt sind, der Unternehmer ist, muß die Genehmigung diesem vorschreiben, daß er sich für alle Betriebsschäden an Personen oder Sachen bei einer leistungsfähigen Haftpflichtversicherungsanstalt bis zur Höhe der Höchstbeträge versichert, die in den jeweils geltenden gesetzlichen Bestimmungen, zur Zeit im § 12 des Gesetzes über den Verkehr mit Kraftfahrzeugen vom 3. Mai 1909 in der Fassung der Verordnung vom 6. Februar 1924 (RGBl I 42), für die Haftpflicht aus einem beim Betrieb eines Kraftfahrzeugs entstandenen Schaden festgesetzt sind. Auch kann die Genehmigungsbehörde von diesen Unternehmern fordern, daß sie für diese Zwecke eine bestimmte Sicherheit hinterlegen.

§ 15. Die nachstehenden Bestimmungen über Fahrplan, Beförderungspreise und Beförderungsbedingungen (§§ 16 bis 18) sind nur soweit vorzuschreiben, als es im Interesse des öffentlichen Verkehrs geboten ist.

§ 16[15]). (1) Der Fahrplan und jede Änderung des Fahrplans unterliegen der Genehmigung der zuständigen Behörde. Der Fahrplan muß die Führung der Linie, ihren Anfangs- und Endpunkt, die Haltestellen und Fahrzeiten enthalten.

(2) Abweichung vom genehmigten Fahrplan ist nur insofern erlaubt, als außer den fahrplanmäßigen Wagen bei gesteigertem Verkehr noch weitere eingesetzt werden dürfen.

§ 17. (1) Die Beförderungspreise und jede Änderung der Beförderungspreise bedürfen der Genehmigung der zuständigen Behörde. Die wirtschaftliche Lage des Unternehmens und angemessene Verzinsung und Tilgung des Anlagekapitals sind dabei zu berücksichtigen.

(2) Die angesetzten Beförderungspreise sind gleichmäßig anzuwenden. Ermäßigungen, die nicht unter gleichen Bedingungen jedermann zugute kommen, sind verboten und nichtig.

§ 18. Der Fahrplan, die Beförderungspreise und die Beförderungsbedingungen sind durch Aushang an sichtbarer Stelle in den Fahrzeugen und ebenso in den etwa dem Beförderungsverkehr gewidmeten Räumen bekanntzumachen. Jede Erhöhung der Beförderungspreise darf erst drei Tage nach der Veröffentlichung in Kraft treten.

§ 19. (1) Die zuständige Behörde kann vorschreiben, daß die zur Personenbeförderung bestimmten Fahrzeuge

1. vor ihrer Einstellung in den Betrieb besonders geprüft werden, auch wenn sie zum Verkehr bereits zugelassen sind,
2. in angemessenen Zeitabschnitten und aus besonderem Anlaß wieder geprüft werden.

(2) Die Kosten der Prüfungen hat der Unternehmer zu tragen.

§ 20[16]). Soweit es im öffentlichen Interesse geboten ist, kann vorgeschrieben werden:

a) daß der Betrieb der Linie innerhalb der von der zuständigen Behörde festzusetzenden Frist eröffnet und während der Dauer der Genehmigung nach den Genehmigungsbedingungen fortgeführt wird. Zur Sicherung dieser letzteren Verpflichtung kann die Behörde jederzeit, auch ohne einen entsprechenden Vorbehalt bei der Genehmigung, nähere Anordnungen treffen, wenn sich ein Bedürfnis hierfür herausstellen sollte;

b) daß der Unternehmer die Genehmigung zur dauernden Einstellung des Betriebs vier Wochen vorher und zur vorübergehenden Einstellung des Betriebs eine Woche vorher bei der zuständigen Behörde nachzusuchen hat.

§ 21[17]). (1) Jede Kraftfahrlinie ist der Aufsicht der Genehmigungsbehörde unterworfen, soweit es sich um die ihr auferlegten Pflichten handelt.

(2) Die Genehmigungsbehörde kann die Aufsicht entweder selbst führen oder eine ihr unterstellte Behörde damit beauftragen.

§ 22. Die obersten Landesbehörden verordnen das nötige zur Durchführung dieser Vorschriften und bestimmen insbesondere die zuständigen Behörden.

---

[11]) E 9. Febr. 25 MinBliV 192, Vf 11. 3561 v. 19. Dez. 24. — Beschwerde der Beteil. üb. die Genehm.: E 6. März 25 MinBliV 288, dazu Vf 11. 1317 v. 1. Mai 25; E 2. Mai 25 (vorst. Anm. 10); Vf 11. 2946 v. 14. Sept. 25; E 18. Nov. 25 MinBliV 1207; E 25. Mai 26 MinBliV 619, dazu Vf 11. 2026 v. 11. Juni 26.

[12]) PrAA § 4.

[13]) Desgl. § 12.

[14]) Desgl. § 13.

[15]) Aufnahme ins Reichskursbuch Vf 11. 3297 v. 1. Okt. 26.

[16]) PrAA §§ 15. 16.

[17]) PrAA § 10.

Beilage B (zu Anmerkung 112).

Vorschriften des Bürgerlichen Gesetzbuchs über Eisenbahn-Fundsachen[1]).

§ 978. Wer eine Sache in den Geschäftsräumen oder den Beförderungsmitteln einer öffentlichen Behörde oder einer dem öffentlichen Verkehre dienenden Verkehrsanstalt findet und an sich nimmt, hat die Sache unverzüglich an die Behörde oder die Verkehrsanstalt oder an einen ihrer Angestellten abzuliefern. Die Vorschriften der §§ 965 bis 977 finden keine Anwendung[2]).

§ 979. Die Behörde oder die Verkehrsanstalt kann die an sie abgelieferte Sache öffentlich versteigern lassen. Die öffentlichen Behörden und die Verkehrsanstalten des Reichs, der Bundesstaaten und der Gemeinden können die Versteigerung durch einen ihrer Beamten vornehmen lassen.

Der Erlös tritt an die Stelle der Sache.

§ 980. Die Versteigerung ist erst zulässig, nachdem die Empfangsberechtigten in einer öffentlichen Bekanntmachung des Fundes zur Anmeldung ihrer Rechte unter Bestimmung einer Frist aufgefordert worden sind und die Frist verstrichen ist; sie ist unzulässig, wenn eine Anmeldung rechtzeitig erfolgt ist.

Die Bekanntmachung ist nicht erforderlich, wenn der Verderb der Sache zu besorgen oder die Aufbewahrung mit unverhältnismäßigen Kosten verbunden ist.

§ 981. Sind seit dem Ablaufe der in der öffentlichen Bekanntmachung bestimmten Frist drei Jahre verstrichen, so fällt der Versteigerungserlös, wenn nicht ein Empfangsberechtigter sein Recht angemeldet hat, bei Reichsbehörden und Reichsanstalten an den Reichsfiskus, bei Landesbehörden und Landesanstalten an den Fiskus des Bundesstaats, bei Gemeindebehörden und Gemeindeanstalten an die Gemeinde, bei Verkehrsanstalten, die von einer Privatperson betrieben werden, an diese.

Ist die Versteigerung ohne die öffentliche Bekanntmachung erfolgt, so beginnt die dreijährige Frist erst, nachdem die Empfangsberechtigten in einer öffentlichen Bekanntmachung des Fundes zur Anmeldung ihrer Rechte aufgefordert worden sind. Das Gleiche gilt, wenn gefundenes Geld abgeliefert worden ist.

Die Kosten werden von dem herauszugebenden Betrag abgezogen.

§ 982. Die in den §§ 980, 981 vorgeschriebene Bekanntmachung erfolgt bei Reichsbehörden und Reichsanstalten nach den von dem Bundesrath[3]), in den übrigen Fällen nach den von der Zentralbehörde des Bundesstaats[4]) erlassenen Vorschriften.

Unterbeilage B 1 (zu Anmerkung 3).

Bekanntmachung des Reichskanzlers betr. Ausführungsbestimmungen zu den §§ 980, 981, 983 des Bürgerlichen Gesetzbuchs. Vom 16. Juni 1898 (RGBl 912).

§ 1. Die nach den §§ 980, 981, 983 des Bürgerlichen Gesetzbuchs von Reichsbehörden und Reichsanstalten zu erlassenden Bekanntmachungen erfolgen durch Aushang an der Amtsstelle oder, wenn für Bekanntmachungen der bezeichneten Art eine andere Stelle bestimmt ist, durch Aushang an dieser Stelle. Zwischen dem Tage, an welchem der Aushang bewirkt, und dem Tage, an welchem das ausgehängte Schriftstück wieder abgenommen wird, soll ein Zeitraum von mindestens sechs Wochen liegen; auf die Gültigkeit der Bekanntmachung hat es keinen Einfluß, wenn das Schriftstück von dem Orte des Aushanges zu früh entfernt wird.

Die Behörde oder die Anstalt kann weitere Bekanntmachungen, insbesondere durch Einrückung in öffentliche Blätter, veranlassen.

§ 2. Die in der Bekanntmachung zu bestimmende Frist zur Anmeldung von Rechten muß mindestens sechs Wochen betragen. Die Frist beginnt mit dem Aushange, falls aber die Bekanntmachung auch durch Einrückung in öffentliche Blätter erfolgt, mit der letzten Einrückung.

Beilage C (zu Anmerkung 159).

Deutscher Eisenbahn-Gütertarif. Teil I Abteilung B.

(Auszug.)

A. Allgemeine Tarifvorschriften[1]).

I. Grundsätze für die Frachtberechnung.

A. Allgemeine Bestimmungen.

§ 1. (1) Die Fracht wird nach dem Gewicht (Kilogramm) berechnet. Sendungen unter 20 kg werden für 20 kg gerechnet, höhere Gewichte bei Stückgütern mit 10 kg, bei Wagenladungen mit 100 kg steigend so berechnet, daß jede angefangenen 10 oder 100 kg für voll gelten.

---

[1]) Eger Anm. 154 zu EVO (v. 1908) § 39; Österlen VZ **1897** 461; Bach VZ **1898** 939, 957; Nehse VZ **05** 1057; Hellmann EE **27** 239. Ausführlich Kröner EE **46** 27; wegen Haft. der Eis. für Zurückgebliebenes zustimmend Kittel Anm. 6 zu EVO § 26, anscheinend a. M. Weirauch Anm. 5 zu EVO § 39 u. Richter Anm. III zu EVO § 26. — Fundordnung Kundmach. 10 des Verkehrsverbands. — Unterschlag. v. Fundsachen durch einen EisBeamten RG Straff **57** 166. — Die zuständ. Stellen der Reichsbahn-Gesellschaft sind Behörden i. S. der §§ 978ff.

[2]) Kein Recht des Finders auf Eigentumserwerb u. Finderlohn.

[3]) Bek 16. Juni 98 Unterbeil. B1. Jetzt ist zuständig die Reichsregierung mit Zust. des Reichsrats (RVerf Art. 179).

[4]) Preuß. E 18. Nov. 99 EVBl 411 sachlich genau wie der Reichserlaß.

[1]) RBahnG § 33 (2). — Besondere Tarifvorschriften im Deutschen EisGütertarif Teil II, Reichsbahngütertarif Heft A.

(2) Wird für die Frachtberechnung das wirkliche Gewicht erhöht oder vermindert, so wird die Abrundung erst nach der Erhöhung oder Verminderung des Gewichts vorgenommen.

(3) Die Fracht wird für eine Mindestentfernung von 5 km erhoben, ausgenommen bei Neuabfertigung einer Sendung mit demselben Frachtbrief mangels direkter Tarife.

(4) Die Fracht wird auf volle 0,10 Reichsmark in der Weise abgerundet, daß Beträge unter 5 Reichspfennig gar nicht, Beträge von 5 Reichspfennig ab für 0,10 Reichsmark gerechnet werden.

§ 2. Die Frachtberechnung ist verschieden, je nachdem das Gut als Frachtgut, als Eilgut oder als beschleunigtes Eilgut, und ob es als Stückgut oder als Wagenladung aufgegeben wird. Zu den Sätzen der Wagenladungsklassen werden die Güter befördert, die der Absender als Wagenladung — mit einem Frachtbrief für einen Wagen — aufgibt. Die nicht als Wagenladung aufgegebenen Güter werden zu den Sätzen der Stückgutklassen befördert.

B. Frachtgut

§ 3. Stückgut

(1) Für Stückgut bestehen die Tarifklassen „Allgemeine Stückgutklasse (I)“ und „Ermäßigte Stückgutklasse (II)“. Welche Güter zur Klasse II gehören, geht aus der Gütereinteilung[2]) hervor (vergleiche Abschnitt B, Seite 44ff.). Für die dort nicht genannten Güter wird die Fracht nach der Klasse I berechnet. Gemenge und Mischungen verschiedener Güter sind, soweit sie nicht in Klasse II besonders aufgeführt sind, nach der Klasse I abzufertigen.

(2) Die Mindestfracht beträgt 0,40 Reichsmark.

(3) Werden Güter beider Stückgutklassen in getrennter Verpackung auf einen Frachtbrief aufgegeben, so wird die Fracht der Klasse I für die ganze Sendung berechnet, wenn nicht die getrennte Frachtberechnung eine billigere Fracht ergibt. Bei getrennter Frachtberechnung wird die Fracht für das Gut jeder Klasse mindestens für 10 kg berechnet. Mindestens wird die Fracht für 20 kg nach den Sätzen der Klasse I berechnet.

(4) Sind Güter beider Stückgutklassen, soweit dies nach den Bestimmungen der Eisenbahn-Verkehrsordnung zulässig ist, zusammen verpackt, so wird die Fracht für das ganze Gewicht nach der Klasse I berechnet. Über Gemenge und Mischungen vergleiche Abs. (1).

§ 4. Wagenladungen

Die Wagenladungsgüter werden eingeteilt in sieben Hauptklassen:

Güter der Klasse A mit den Nebenklassen A 10 und A 5,
„ „ „ B „ „ „ B 10 „ B 5,
„ „ „ C „ „ „ C 10 „ C 5,
„ „ „ D „ „ „ D 10 „ D 5,
„ „ „ E „ „ „ E 10 „ E 5,
„ „ „ F „ „ „ F 10 „ } F 5.
„ „ „ G „ „ „ G 10 „ }

§ 5. Die Einreihung der Güter in die Klassen B bis G geht aus der Gütereinteilung[2]) (Abschnitt B, Seite 52ff.) hervor. Für Güter, die in der Gütereinteilung nicht genannt sind, wird die Fracht nach der Klasse A oder den Nebenklassen A 10 und A 5 berechnet. Die Klassen gelten auch für nicht genannte Gemenge und Mischungen, auch wenn alle oder einzelne Bestandteile in der Gütereinteilung genannt sind.

§ 6. (1) Der Frachtberechnung nach den Sätzen der Hauptklassen wird ein Gewicht von mindestens 15000 kg für jeden verwendeten Wagen zugrunde gelegt.

Vorübergehend gültige Bestimmungen zu § 6 (1):

Wenn die Eisenbahn Wagen mit einem Ladegewicht von weniger als 15000 kg stellt, so wird der Frachtberechnung nach den Sätzen der Hauptklassen mindestens das Ladegewicht des verwendeten Wagens zugrunde gelegt... (Strecken mit beschränktem Achsdruck.)

(2) Abweichend von Abs. (1) wird bei Verwendung von Wagen mit einem Ladegewicht von mehr als 15 t für die im nachstehenden Verzeichnis[2]) aufgeführten Güter der Frachtberechnung nach den Sätzen der Hauptklassen mindestens das Ladegewicht des verwendeten Wagens zugrunde gelegt. Werden diese Güter jedoch mit gleich tarifierten, in dem Verzeichnis nicht aufgeführten Gütern in einen Wagen mit einem Ladegewicht von mehr als 15 t verladen und ist das Gewicht der Güter getrennt angegeben, so wird der Frachtberechnung nach den Sätzen der Hauptklassen nur dann das Ladegewicht des verwendeten Wagens zugrunde gelegt, wenn das Gewicht der im nachstehenden Verzeichnis aufgeführten Güter mindestens 5000 kg beträgt...

(3) Der Frachtberechnung nach den Sätzen der Nebenklassen A 10, B 10, C 10, D 10, E 10, F 10 und G 10 (= Nebenklassen für 10 t) wird ein Gewicht von mindestens 10000 kg für jeden verwendeten Wagen, der Frachtberechnung nach den Sätzen der Nebenklassen A 5, B 5, C 5, D 5, E 5 und F 5 (= Nebenklassen für 5 t) ein Gewicht von mindestens 5000 kg für jeden verwendeten Wagen zugrunde gelegt.

(4) Für Sendungen im Gewichte von mehr als 5000 kg und weniger als 10000 kg wird die Fracht nach den Sätzen der Nebenklassen A 5, B 5, C 5, D 5, E 5 und F 5 für das wirkliche Gewicht so lange berechnet, bis die Frachtberechnung nach den Sätzen der Nebenklassen A 10, B 10, C 10, D 10, E 10, F 10 und G 10 für ein Gewicht von 10000 kg eine billigere Fracht ergibt.

(5) Für Sendungen im Gewichte von mehr als 10000 kg und weniger als 15000 kg wird die Fracht nach den Sätzen der Nebenklassen A 10, B 10, C 10, D 10, E 10, F 10 und G 10 für das wirkliche Gewicht so lange berechnet, bis die Frachtberechnung nach den Sätzen der Hauptklassen für ein Gewicht von 15000 kg eine billigere Fracht ergibt.

---

[2]) Hier nicht abgedruckt.

(6) Ist bei Verwendung von Wagen mit einem Ladegewicht von mehr als 15 t für die im Abs. (2) genannten Güter das Ladegewicht des verwendeten Wagens nicht voll ausgelastet, so wird die Fracht für das wirkliche Gewicht, mindestens für 5000 kg nach den Sätzen der Nebenklassen für 5 t oder für 10000 kg nach den Sätzen der Nebenklassen für 10 t so lange berechnet, bis die Frachtberechnung nach den Sätzen der Hauptklassen für das Ladegewicht des verwendeten Wagens eine billigere Fracht ergibt.

(7) Die Stellung eines Laderaums, der die Auslastung mit dem frachtpflichtigen Mindestgewicht gestattet, oder die Stellung von Wagen mit einem bestimmten Ladegewicht kann nicht beansprucht werden.

(8) Wegen der Frachtberechnung für Wagenladungen aus ungleich tarifierten Gütern vgl. jedoch § 14.

C. Eilgut

§ 7. Für Eilgut bestehen die Tarifklassen „Allgemeine Eilgutklasse (Ie)“ und „Ermäßigte Eilgutklasse (IIe)“. Welche Güter zur Klasse IIe gehören, geht aus der Gütereinteilung[2]) (Abschnitt B, S. 49ff.) hervor.

§ 8. Stückgut

(1) Alle nicht der Klasse IIe angehörenden Güter werden zu den im Tarife vorgesehenen Eilstückgutsätzen der Klasse Ie befördert. Die Mindestfracht beträgt 0,80 Reichsmark.

(2) Für die der Klasse IIe angehörenden Güter wird, soweit nichts Besonderes bestimmt ist, die Fracht nach den Bestimmungen des Abschnitts B für Frachtgut, und zwar zu den Sätzen der Stückgutklasse I berechnet.

(3) Werden Eilgüter beider Klassen in getrennter Verpackung auf einen Eilfrachtbrief aufgegeben, so wird die Fracht der Klasse Ie für die ganze Sendung berechnet, wenn nicht die getrennte Frachtberechnung eine billigere Fracht ergibt. Bei der Einzelberechnung wird die Fracht für das zu den Klassen Ie und IIe gehörige Gut mindestens für je 10 kg berechnet. Mindestens wird jedoch die Fracht für 20 kg nach den Sätzen der Klasse Ie berechnet.

§ 9. Wagenladungen

(1) Die Fracht wird für die nicht der Klasse IIe angehörenden Güter nach Abschnitt B für Frachtgut berechnet, und zwar zu den Sätzen der regelrechten Tarifklassen — mindestens zu denen der Klassen D, D 10 oder D 5 — für das Doppelte des der Frachtberechnung für Frachtgut zugrunde zu legenden wirklichen, mindestens des nach § 6 zu berücksichtigenden Gewichts.

(2) Für die der Klasse IIe angehörenden Güter wird, soweit nichts Besonderes bestimmt ist, die Fracht nach Abschnitt B für Frachtgut berechnet. Über die Frachtberechnung für Wagen mit Schaustellungen usw. bei Aufgabe als Eilgut vergleiche § 34 (1).

(3) Werden Eilgüter beider Klassen auf einen Eilfrachtbrief aufgegeben, so wird die Fracht für die ganze Sendung nach den Bestimmungen in Absatz (1) berechnet, wenn der Frachtbrief eine getrennte Gewichtsangabe nicht enthält. Ist jedoch das Gewicht der Güter beider Klassen im Frachtbriefe getrennt angegeben, so findet getrennte Frachtberechnung nach den Bestimmungen im § 14 statt.

D. Beschleunigtes Eilgut

§ 10. Beschleunigtes Eilgut wird vorzugsweise vor anderem Eilgut mit den günstigsten von der Eisenbahn dafür freigegebenen Zügen befördert.

§ 11. Stückgut

(1) Die Fracht wird für alle Güter — sowohl für Güter der Klasse Ie als auch der Klasse IIe — nach den Sätzen der Klasse Ie für das 1½fache wirkliche Gewicht, mindestens für 30 kg für jede Frachtbriefsendung berechnet. Ist jedoch nach Abschnitt F die Eilstückgutfracht für ein höheres Mindestgewicht zu erheben, so wird die Fracht für mindestens das 1½fache dieses Mindestgewichts berechnet.

(2) Die Mindestfracht beträgt 1,20 Reichsmark.

(Für Fische und Krabben vergleiche § 42 (1).)

§ 12. Wagenladungen

Die Fracht wird für alle Güter — sowohl für Güter der Klasse Ie als auch für Güter der Klasse IIe — nach Abschnitt B für Frachtgut berechnet, und zwar zu den Sätzen der regelrechten Tarifklassen — mindestens zu denen der Klassen D, D 10 oder D 5 — für das Dreifache des der Frachtberechnung für Frachtgut zugrunde zu legenden wirklichen, mindestens des nach § 6 zu berücksichtigenden Gewichts. Über die Frachtberechnung für Wagen mit Schaustellungen usw. bei Aufgabe als beschleunigtes Eilgut vergleiche § 34, für Fische und Krabben vergleiche § 42 (1).

E. Besondere Bestimmungen für alle Wagenladungen

§ 13. Wagenladungen können aus verschiedenartigen Gütern, auch verschiedener Hauptklassen, gebildet werden, soweit nicht Bestimmungen der Eisenbahn-Verkehrsordnung entgegenstehen (vergleiche § 56 (7) und (8) EVO).

§ 14. (1) Bei Wagenladungen aus ungleich tarifierten Gütern wird die Fracht, wenn das Gewicht der Güter nicht getrennt angegeben ist, für das Gesamtgewicht der Sendung auf Grund des höchsten, für einen Teil der Sendung geltenden Frachtsatzes für Wagenladungen unter Zugrundelegung der vorgeschriebenen Mindestgewichte berechnet.

(2) Ist das Gewicht der Güter getrennt angegeben, so wird die Fracht mit folgenden Abweichungen von den allgemeinen Frachtberechnungsgrundsätzen getrennt berechnet: ...[3])

---

[3]) Die folgenden Einzelbest. werden hier nicht abgedruckt.

(3) Wegen der Frachtberechnung für Beiladungen in Privatwagen vergleiche § 55, wegen der Nichtanwendung der getrennten Frachtberechnung für Wärme- und Kälteschutzmittel § 62 (4)—(5).

§ 15. Wenn durch den Absender weder der Laderaum noch das Ladegewicht des Wagens ausgenutzt wird, so hat die Eisenbahn das Recht, Zuladungen vorzunehmen.

F. Besondere Vorschriften für bestimmte Güter

(Über die Frachtberechnung für Güter in Privatwagen, in bahneigenen Behälterwagen und in Privat-Kühlmaschinenwagen s. Abschnitt IV.)

§§ 16—19. Ausfuhrgüter

§ 20. Blaugas (verflüssigtes Ölgas), Gasol (verflüssigtes Kohlengas), flüssige Kohlensäure

§ 21. Lebende Tiere in Käfigen, Kisten, Säcken u. dgl.

Für lebende Tiere in Käfigen, Kisten, Säcken u. dgl. wird die volle Eilstückgutfracht berechnet, soweit nicht besondere Bestimmungen bestehen (vgl. auch § 23 der Allgemeinen Tarifvorschriften im Deutschen Eisenbahn-Tiertarif, Teil I).

§ 22. Explosionsgefährliche Gegenstände

§ 23. Giftige und ätzende Stoffe

§ 24. Edelmetalle, Kostbarkeiten usw.

(1) Wird für die in der Ausführungs-Bestimmung II zu § 54 (2) EVO genannten Güter ein besonderer Güterwagen gestellt, so ist die Wagenladungsfracht nach § 9 oder § 12 zu erheben.

(2) Werden diese Gegenstände auf Antrag des Absenders und mit Zustimmung der Eisenbahn in Personen- oder Gepäckwagen befördert, so wird außer der zu (1) genannten Fracht ohne den Gewichtszuschlag von 5 vH für die Beförderung in bedeckten Wagen (vgl. § 50) berechnet:

bei Beförderung in Personenwagen die für die Stellung solcher Wagen festgesetzte Gebühr (zu vergleichen Ausführungsbestimmung A 1 zu § 12 des Deutschen Eisenbahn-Personen- und Gepäcktarifs, Teil I) und

bei Beförderung in Gepäckwagen

in Eil- oder Schnellzügen eine Gebühr von . . . . 0,60 Reichsmark

in anderen Zügen eine Gebühr von . . . . 0,40 „

für den Wagen und das Tarifkilometer.

(3) Werden diese Gegenstände auf Antrag des Absenders und mit Zustimmung der Eisenbahn in einem Eil- oder Schnellzuge befördert, so dürfen die Wagen nur mit zwei Dritteln ihres Ladegewichts beladen werden.

(4) Bei Beförderung in Sonderzügen werden die in den Absätzen (1) und (2) vorgesehenen Frachten, mindestens aber 11 Reichsmark für das Tarifkilometer und mindestens 250 Reichsmark im ganzen erhoben.

Wegen Beförderung von Gütern in Sonderzügen siehe § 59.

(5) Für die Begleiter ist, wenn sie im Güterwagen oder im Packwagen Platz nehmen, für die Tarifentfernung des Güterverkehrs das Fahrgeld der 4. Klasse Personenzug zu zahlen. Falls die Begleiter jedoch in einem im Zuge fahrenden Personenwagen Platz nehmen, so haben sie Fahrausweise der benutzten Klasse zu lösen.

(6) Werden diese Gegenstände auf Antrag des Absenders und mit Zustimmung der Eisenbahnverwaltung in einem besonderen Abteil eines Personenwagens unter Obhut des Absenders oder der von ihm zu stellenden Begleiter befördert (vgl. allg. AusfBest 2 zu § 14 des Deutschen Eisenbahn-Personen- und Gepäcktarifs, Teil I), so wird außer der Fracht für beschleunigtes Eilgut für das beförderte Gut, mindestens jedoch für 1000 kg und höchstens für 1200 kg für jedes Abteil (vgl. § 11 (1)) die für die Gestellung solcher Abteile festgesetzte Gebühr (vgl. allg. AusfBest 1 zu § 14 des Deutschen Eisenbahn-Personen- und Gepäcktarifs, Teil I) erhoben. Ist das wirkliche Gewicht der Sendung höher als 1200 kg, so ist die Sendung in mehreren Abteilen derart unterzubringen, daß in keinem Abteil sich mehr als 1200 kg befinden. Bei der Auflieferung der Sendungen ist mit dem Frachtbrief ein Frachtbriefdoppel vorzulegen. Der Begleiter hat das Doppel bei sich zu führen.

§ 25. Leichtzerbrechliche Gegenstände

§ 26. Frische Feld- und Gartenfrüchte

§ 27. Außergewöhnlich lange, breite oder hohe Gegenstände

§ 28. Schwerwagen in Gütersonderzügen

§ 29. Sperrige Stückgüter

(1) Welche Güter als sperrig behandelt werden, geht aus dem Verzeichnis I (S. 33/34)[2]) hervor.

(2) Die Fracht wird berechnet:

a) bei Eil- oder Frachtgut für das 1½fache des wirklichen Gewichts, mindestens für 30 kg für jede Frachtbriefsendung nach den Sätzen der für das Gut ohne Rücksicht auf seine Sperrigkeit maßgebenden Tarifklasse;

b) bei beschleunigtem Eilgut für das Doppelte des wirklichen Gewichts, mindestens für 40 kg für jede Frachtbriefsendung, nach den Sätzen der Klasse Ie (vgl. § 11 (1)).

§§ 30. 31.

§§ 32—34. Fahrzeuge und Wagenkasten

§ **35**. Flugzeuge

§ **36**. Luftschiffe

§§ **37**. **38**. Gebrauchte Packmittel

§§ **39**. **40**. Gegenstände, die Schutzwagen oder mehrere Wagen erfordern

§ **41**. Frisches Fleisch

§§ **42**. **43**. Fische, Krabben, Krabbenfleisch, Bienen, Brieftauben

§ **44**. Anerkanntes Saatgut

[4]) II. Verladen und Ausladen der Güter

§ **45**. (1) Das Verladen und Ausladen der Stückgüter wird von der Eisenbahn gebührenfrei besorgt, soweit nicht in den Absätzen (2) und (3) Ausnahmen festgesetzt sind.

(2) Die Eisenbahn kann verlangen, daß Gegenstände, die einzeln mehr als 500 kg wiegen, oder die in gewöhnliche bedeckte Wagen nicht verladen werden können, vom Absender verladen und vom Empfänger ausgeladen werden.

(3) Der Empfänger hat Stückgüter, die der Absender nach Vereinbarung mit der Eisenbahn als Stückgut verladen hat (§ 59 (1) EVO), auf Verlangen der Eisenbahn auszuladen.

§ **46**. (1) Wagenladungsgüter sind vom Absender zu verladen und vom Empfänger auszuladen, sofern nicht die Eisenbahn diese Leistungen auf Antrag des Absenders oder Empfängers übernimmt.

(2) Der Absender hat den Antrag im Frachtbriefe, der Empfänger den Antrag schriftlich zu stellen.

(3) Für das Verladen oder Ausladen von Wagenladungsgütern werden die im Nebengebührentarif festgesetzten Gebühren erhoben.

(4) Wenn das Verladen oder Ausladen von der Eisenbahn besorgt wird, steht dem Absender oder Empfänger keine Einwirkung darauf zu.

(5) Wenn die Eisenbahn dem Absender oder Empfänger ohne schriftlichen Antrag zum Verladen oder Ausladen unter seiner Leitung Leute stellt, gilt dies nicht als Übernahme des Verladens oder Ausladens durch die Eisenbahn. Die Bestimmung in § 83 (1) c) EVO wird hierdurch nicht berührt.

§ **47**. Das Aufsetzen von Eisenbahnfahrzeugen, die auf eigenen Rädern laufen, auf die Gleise und das Absetzen solcher Fahrzeuge von den Gleisen wird von der Eisenbahn nicht übernommen.

III. Beförderung der Güter in offenen, bedeckten oder offenen Wagen mit Decke

§ **48**. (1) Ob Güter in offenen, bedeckten oder offenen Wagen mit Decke befördert werden, regelt sich

1. in erster Reihe nach den Bestimmungen der Eisenbahn-Verkehrsordnung, nach den Bestimmungen der Anlage II des Teiles I Abteilung A[2]), nach polizeilichen Vorschriften oder nach zwingenden Gründen des Betriebs,
2. nach dem Verlangen der Zoll- oder Steuerbehörde,
3. nach dem Verlangen des Absenders.

(2) Falls keine der vorstehenden Bestimmungen zutrifft oder entgegensteht, werden

1. Stückgüter in bedeckten Wagen, wenn sie in solche Wagen durch die Seitentüren verladen werden können,
2. Wagenladungsgüter in offenen Wagen befördert.

§ **49**. [5]) (1) Bahneigene Decken werden dem Absender auf dessen Antrag nur überlassen, soweit solche verfügbar sind und ihre Beschädigung durch das zu verladende Gut nach dem Ermessen der Verwaltung oder der Versandabfertigung nicht zu befürchten ist. Der Absender hat ein schriftliches Anerkenntnis über den Zustand, in dem er die Decken übernimmt, abzugeben.

(2) Der Absender haftet für Beschädigungen jeder Art und den Untergang der Decken bis zur Rückgabe an die Eisenbahn, sofern er nicht nachweist, daß die Beschädigung oder der Untergang der Decken von der Eisenbahn oder ihren Leuten verschuldet worden oder auf natürliche Abnutzung zurückzuführen ist.

Unter die natürliche Abnutzung fallen beispielsweise nicht Schäden, die durch die Beschaffenheit des verladenen Gutes oder des verwendeten Wagens entstehen.

(3) Bei Beschädigung oder Verlust von Decken finden die Vorschriften des § 81 EVO entsprechende Anwendung.

(4) Das Auflegen der Decken liegt dem Absender ob.

§ **50**. (1) Wenn Güter in bedeckten Wagen oder in offenen Wagen mit Decke befördert werden,

1. weil diese Beförderung nach den Bestimmungen der Eisenbahn-Verkehrsordnung oder der Anlage II des Teiles I Abteilung A, nach polizeilichen Vorschriften oder nach Vorschrift der Zoll- oder Steuerbehörde erforderlich, oder
2. weil sie vom Absender beantragt ist,

so wird bei Beförderung in bedeckten Wagen das der Frachtberechnung zugrunde zu legende, aber noch nicht nach § 1 besonders abgerundete Gewicht um 5 vH — bei Beförderung in bahneigenen Kühlwagen mit einem Lade-

[4]) Teil II Heft A (vorst. Anm. 1) enthält ferner unter II eine Best über Ausnahmetarife, unter III Kontrollvorschriften für Aus-, Ein- und Durchfuhr.

[5]) Rundnagel Haftung S. 106, 110, 114, 116 (Anm. 29). Löning Anm. 3 zu JÜG Art. 14 § 3. Reindl EE **32** 349. Weirauch Anm. 45 zu EVO § 66. Seligsohn Anm. 13fg zu JÜG Art. 28.

gewicht von mindestens 15000 kg um 20 vH — erhöht, bei Beförderung in offenen Wagen mit Decke die im Nebengebührentarif festgesetzte Deckenmiete erhoben.

Bei Sendungen vom Auslande gilt der Antrag nach Ziffer 2 als gestellt, wenn das Gut an der Grenze in bedeckten Wagen eingeht, ohne daß für die deutsche Strecke die Umladung in offene Wagen beantragt ist.

(2) Stellt die Eisenbahn für Stückgüter, die nach § 48 (2) in bedeckten Wagen zu befördern sind, einen offenen Wagen mit Decke, so wird Deckenmiete nicht erhoben.

§ 51. (1) Der Antrag des Absenders auf Stellung eines offenen Wagens für das nach § 48 (2) 1 bedeckt zu befördernde Stückgut muß in den Frachtbrief aufgenommen werden (vgl. § 83 (1) a) EVO).

(2) Der Antrag des Absenders auf Stellung eines bedeckten Wagens für ein nach § 48 (2) 2 offen zu beförderndes Gut oder auf Überlassung bahneigener Decken ist in den Frachtbrief aufzunehmen. Enthält der Frachtbrief den Antrag nicht, so vermerkt die Versandstation im Frachtbrief, daß der Antrag gestellt ist.

IV. Beförderung von Gütern in großräumigen Wagen, in Privatwagen, in bahneigenen Behälterwagen und in Privat-Kühlmaschinenwagen

§ 52. Großräumige Wagen

(1) Großräumige Wagen sind

a) bedeckte Wagen mit mindestens 24 qm Ladefläche,

b) offene Wagen mit mindestens 9,9 m Ladelänge, 40 cm hohen Wänden und langen hölzernen Rungen (Rungenwagen).

(2) Die großräumigen Wagen werden, soweit sie verfügbar sind, für die in den Verzeichnissen II und III[2]) aufgeführten Güter gestellt. Für Güter, die in diesen Verzeichnissen nicht aufgeführt sind, kann die Stellung großräumiger Wagen auch dann nicht beansprucht werden, wenn sie nicht für Güter der Verzeichnisse gebraucht werden.

(3) Den in den Verzeichnissen II und III[2]) genannten Gütern dürfen bei Benutzung großräumiger Wagen andere Güter in Mengen bis zu 20 vH des Gesamtgewichts der Sendung beigeladen werden.

Ausnahmen s. „Thüringische, böhmische und Nürnberger Waren" im Verzeichnis II.

(4) Großräumige Wagen werden nach Abs. (2) und (3) nur gestellt, wenn die zu befördernde Menge in einen gewöhnlichen Wagen nicht verladen werden kann.

(5) Für die im Verzeichnis II genannten Güter können auf Wunsch des Absenders großräumige offene Wagen gestellt werden. Werden auf Antrag des Absenders bahneigene Decken gestellt, so wird die im Nebengebührentarif festgesetzte Deckenmiete erhoben.

(6) Werden für die im Verzeichnis II[2]) genannten Güter auf Antrag des Absenders großräumige bedeckte Wagen gestellt, so ist die Fracht für das um 5 vH erhöhte Gewicht zu berechnen (vgl. § 50 (1)).

(7) Für die im Verzeichnis III[2]) genannten Güter werden großräumige bedeckte Wagen nicht gestellt. Wird für Güter dieses Verzeichnisses vom Absender die Beförderung in bedeckten Wagen verlangt, so werden gewöhnliche bedeckte Wagen gegen Anrechnung des im § 50 (1) vorgesehenen Gewichtszuschlags gestellt.

§ 53. (1) Die Eisenbahn ist berechtigt, die Ausladung tarifwidrig beanspruchter großräumiger Wagen auch auf Unterwegsstationen vom Absender zu verlangen oder auf seine Gefahr und Kosten vorzunehmen. Für die Zeit vom Abgang der Benachrichtigung an den Absender bis zur Beendigung der Entladung und von der Stellung des neuen Wagens bis zur Beendigung der Beladung wird das tarifmäßige Wagenstandgeld erhoben.

(2) Ist in den Verzeichnissen II und III[2]) die Stellung großräumiger Wagen nur im Falle der Ausfuhr vorgesehen, so ist die Eisenbahn berechtigt, den Nachweis über den endgültigen Verbleib der Güter zu fordern.

Unter dem gleichen Vorbehalt werden auf den deutschen im Zollausland gelegenen Grenzstationen für Güter, bei denen in den Verzeichnissen II und III[2]) die Stellung großräumiger Wagen im Falle der Ausfuhr vorgesehen ist, großräumige Wagen auch zur Durchfuhr durch das deutsche nach einem außerdeutschen Zollgebiet gestellt.

§ 54. Privatwagen[6])

(1) Privatwagen sind:

a) Behälterwagen (Kessel-, Reservoir-, Bassin-, Tank-, Topf- oder Faßwagen),

b) sonstige Wagen (außer Behälterwagen), die zur Beförderung bestimmter Güter besonders eingerichtet sind,

die in den Park einer Eisenbahnverwaltung eingestellt sind. Zu den Privatwagen in vorstehendem Sinne gehören auch Wagen, die der Einsteller von einem Dritten oder von der Eisenbahn zur ausschließlichen Benutzung für längere Zeit gemietet hat.

---

[6]) **Privatgüterwagen.** Kundmachung 8 des Verkehrsverbands (üb. diesen s. oben VII 1), die zwar nur eine Dienstvorschrift ist, aber auch die von den deutschen Eis. festgesetzten **Bedingungen f. d. Einstellung v. Privatwagen** enthält. Nach § 13 dieser Beding. haftet die Eis. für Beschädigung der Privatwagen im allg. nur „im Falle ihres Verschuldens", d. h. wenn ihr ein Verschulden nachgewiesen wird. Die Rechtsgültigkeit dieser Best wird unter Berufung auf HGB § 471 verschiedentlich bestritten, m. E. mit Unrecht. Für die Gültigkeit: Rundnagel Haftung S. 65 Anm. 7, Kittel Anm. 4 zu EVO § 82, Löning Anm. 2 zu JÜG Art. 1 § 2; Amtsgericht Stettin EE **44** 205, LGer. Altona 15. März 28 (US Verschied. a Nr. 8), Roth VerkRu **7** 159, 206, Kittel Anm. 12 zu EVO § 83 u. Richter Anm. IV 2 zu EVO § 82 verneinen die rechtliche Zulässigkeit der Anwendung jenes § 13 auf das im Privatwagen beförderte Gut. Praktisch wird bei Beschädigung usw. von Gütern, die in Privatwagen befördert w., namentlich v. Flüssigkeiten, wohl regelmäßig einer der Haftausschließungsgründe (§ 459 oder § 456 HGB) der Bahn zur Seite stehen. Zu § 54 (10d) s. auch HGB § 461. — **Internationales Reglement** f. Privatwagen IntZschr **27** (1929) Beilage S. 1ff.

(2) Als Behälterwagen gelten nur solche besonders eingerichtete Wagen, bei denen die Kessel oder Gefäße die Stelle des Wagenkastens vertreten oder bei denen die Kessel, Metallzylinder, Fässer oder sonstigen Gefäße mit dem Wagenboden derart verbunden sind, daß sie nicht ohne besondere Schwierigkeiten abgenommen werden können.

(3) Zur Beförderung in Behälterwagen sind nur die im Verzeichnis IV[2]) aufgeführten Güter zugelassen.

(4) Zur Beförderung mit anderen Privatwagen sind nur zugelassen:

a) Güter, für die wegen ungewöhnlicher Schwere oder wegen der Form der einzelnen unzerlegbaren Stücke Wagen von besonderer Bauart oder mit besonderer Einrichtung verwendet werden müssen, z. B. große Panzerplatten, Spiegelscheiben;

b) die im Verzeichnis V[2]) aufgeführten Güter, für die wegen ihrer Leichtverderblichkeit oder wegen sonstiger Eigenschaften Wagen von besonderer Bauart oder mit besonderer Einrichtung verwendet werden müssen.

(5) Bei der Beförderung in Behälterwagen wird die Fracht für das Reingewicht der in den Gefäßen enthaltenen Güter nach den Bestimmungen und Sätzen der für das Gut zutreffenden Tarifklasse berechnet. Jedoch wird bei Sendungen im Gewicht von weniger als 10000 kg die Fracht bei Frachtgut und ermäßigtem Eilgut für mindestens 10000 kg, bei Eilgut für mindestens 20000 kg und bei beschleunigtem Eilgut für mindestens 30000 kg für jeden Wagen nach den Sätzen der Nebenklassen für 10 t berechnet. Ist das Eigengewicht des Wagens höher als 10000 kg oder als das dieses Mindestgewicht übersteigende, der Frachtberechnung für Frachtgut zugrunde zu legende wirkliche Gewicht, so ist diesem Gewicht ein Viertel des überschießenden Gewichts zuzuschlagen. Bei Eilgut oder beschleunigtem Eilgut wird die Fracht für das Doppelte oder Dreifache des so erhöhten Gewichts berechnet.

(6) Bei der Beförderung mit anderen Privatwagen wird die Fracht für das Gewicht der verladenen Güter nach den Bestimmungen und Sätzen der für das Gut zutreffenden Tarifklasse berechnet. Der Frachtberechnung zu den Stückgutsätzen ist jedoch ein Mindestgewicht von 3000 kg für den Wagen zugrunde zu legen, wenn nicht die Wagenladungsfracht niedriger ist. Auch bei Berechnung der Stückgutfracht gelten für die Sendungen die Bestimmungen über die Wagenladungsgüter.

Übersteigt das Eigengewicht des Wagens 15000 kg und beträgt das der Frachtberechnung für Frachtgut zugrunde zu legende, aber noch nicht nach § 1 besonders abgerundete Gewicht der Sendung 15000 kg und weniger, so wird ein Viertel des 15000 kg übersteigenden Eigengewichts dem vorerwähnten Gewicht der Sendung hinzugerechnet. Ist das der Frachtberechnung für Frachtgut zugrunde zu legende, aber noch nicht nach § 1 besonders abgerundete Gewicht der Ladung höher als 15000 kg, so wird ihm nur ein Viertel des dieses Gewicht übersteigenden Eigengewichts des Wagens zugeschlagen. Bei Eilgut oder beschleunigtem Eilgut wird die Fracht für das Doppelte oder Dreifache des so erhöhten Gewichts berechnet. (Vgl. auch § 38.) — Für lebende Fische vgl. § 42. —

(7) Die für eisenbahnseitig gestellte Wagen vorübergehend gültige Bestimmung zu § 6 (1) gilt auch bei der Verwendung von Privatwagen.

(8) In das Eigengewicht der Privatwagen ist alles einzurechnen, was zur vollständigen Einrichtung des Wagens gehört.

(Sauerstoffflaschen in Privatfischwagen.)

(9) (Privatwagen, die für Kraftabnahme von der Wagenachse eingerichtet sind.)

(10) Die leeren Privatwagen*) werden unter nachstehenden Bedingungen gegen eine ermäßigte Fracht befördert:

a) die Wagen müssen in der Spalte „Inhalt" des Frachtbriefes als „leer" bezeichnet werden;

b) in der gleichen Frachtbriefspalte hat der Absender folgenden Vermerk einzutragen: „Eingestellt bei der .... Eisenbahn, Heimatstation ....";

c) die Beförderung gegen die ermäßigte Fracht muß vom Absender im Frachtbrief durch den Vermerk „Zu befördern gegen ermäßigte Fracht" vorgeschrieben werden;

d) bei Verlust oder Beschädigung eines leeren Privatwagens haftet die Eisenbahn auf Grund des § 86 der Eisenbahn-Verkehrsordnung[6]) nur beschränkt. Die Höhe des Schadensersatzes und die Art ihrer Ermittelung richtet sich nach dem zwischen dem Einsteller des Wagens und der Eisenbahn abgeschlossenen Wageneinstellungsvertrage.

Die ermäßigte Fracht beträgt bei Aufgabe als Frachtgut 5 Reichsmark für den Wagen; bei Aufgabe als Eilgut werden der Frachtberechnung 2000 kg für den Wagen nach den Stückgutsätzen der ermäßigten Eilgutklasse (Klasse IIe) zugrunde gelegt, mindestens werden 50 Reichsmark erhoben.

(11) Dem Frachtbriefe für einen beladenen Privatwagen darf der für die Rück- und Weiterleitung des leeren Wagens bestimmte Frachtbrief beigegeben werden. Die Eisenbahn haftet nicht für die Folgen, die aus dem Verlust des Frachtbriefes und der nicht ordnungsmäßigen Ausführnng des Auftrages entstehen.

§ 55. In Privatwagen dürfen bei Auflieferung mit demselben Frachtbrief andere als die durch den Einstellungsvertrag zur Beförderung zugelassenen Güter bis zu einem wirklichen Gewicht von 1000 kg befördert werden,

a) in leeren Privatwagen,

b) zusammen mit den durch den Einstellungsvertrag zur Beförderung zugelassenen Gütern,

c) im Falle der Beiladung zu gebrauchten Packmitteln des § 38.

Die Fracht wird nach den allgemeinen Grundsätzen berechnet, mit der Maßgabe, daß für das beigeladene Gut stets die zutreffende Stückgutklasse anzuwenden und das Gewicht der Beiladung auf das Mindestgewicht von 3000 kg in § 54 (6) [zu b], von 1000 kg in § 38 [zu c] und bei Feststellung der Gewichtsgrenzen nach § 14 (2) nicht anzurechnen ist.

Bei Beförderung in leeren Privatwagen [zu a] wird neben der Fracht für das beigeladene Gut die ermäßigte Fracht des § 54 (10) erhoben.

*) Die nach der Fußanmerkung zum Verzeichnis V widerruflich zugelassenen Privatwagen werden unter den gleichen Bedingungen zu der ermäßigten Fracht befördert.

§ 56. Für die im Verzeichnis V[2]) genannten Güter dürfen großräumige Privatwagen nur eingestellt und benutzt werden, wenn für sie in diesem Verzeichnis die Einstellung großräumiger bedeckter oder offener Wagen für zulässig erklärt ist, großräumige bedeckte oder offene Wagen auch dann, wenn das Gut dem Verzeichnis II[2]), großräumige offene Wagen auch dann, wenn das Gut dem Verzeichnis III[2]) angehört.

§ 57. Bahneigene Behälterwagen

§ 58. Privat-Kühlmaschinen

V. Beförderung von Gütern in Sonderzügen

§ 59. (1) Soweit nach § 4 (2) EVO Sonderzüge für Güter gestellt werden, bestimmt die Eisenbahn für den einzelnen Fall, ob die Güter als Frachtgut, Eilgut oder beschleunigtes Eilgut aufzugeben sind. Die Fracht wird zu den tarifmäßigen Sätzen und Anwendungsbedingungen für Wagenladungen berechnet. Es bleibt vorbehalten, mit dem Besteller die besonderen Bedingungen und weiteren Gebühren zu vereinbaren, unter denen die Beförderung erfolgt.

(2) Als Mindestfrachten sind zu erheben 11 Reichsmark für das Tarifkilometer und 250 Reichsmark im ganzen.

(3) Werden Sonderzüge für die Nachtzeit auf Strecken bewilligt, auf denen mangels regelmäßigen Nachtdienstes keine Bewachung der Bahn stattfindet, so werden überdies 1,50 Reichsmark für das Tarifkilometer als Dienstverlängerungsgebühr erhoben. Die Dienstverlängerungsgebühr wird nur einmal erhoben, wenn mehrere Züge befördert werden.

(4) Wegen der Sonderzüge für Edelmetalle, Kostbarkeiten usw. siehe § 24 (4). Wegen der Sonderzüge für Schwerwagen siehe § 28.

§§ 60—62. Beförderung der Privatwagendecken und der nicht der Eisenbahn gehörenden Deckenträger, Ladegeräte und Wärme- oder Kälteschutzmittel

Verzeichnisse

I. Verzeichnis der sperrigen Stückgüter (§ 29 (1)).
II. Verzeichnis der zur Beförderung in großräumigen Wagen zugelassenen Güter (§ 52 (2)).
III. Verzeichnis der zur Beförderung in großräumigen offenen Wagen zugelassenen Güter (§ 52 (2)).
IV. Verzeichnis der zur Beförderung in Behälterwagen zugelassenen Güter (§ 54 (3)).
V. Verzeichnis der zur Beförderung in Privatwagen (ausgenommen Behälterwagen) zugelassenen Güter (§ 54 (4) b).

B. Gütereinteilung.

C. Nebengebührentarif[7]).

Beilage D (zu Anmerkungen 31. 87. 121a).

Einheitsätze für die Beförderung von Personen, Reisegepäck und Expreßgut bei den Reichseisenbahnen (nach dem Stande vom Mai 1929)[1]).

I. **Beförderung von Personen** (nur der Normaltarif). Die Fahrpreise für 1 km betragen:
1. Kl. 11,2 Rpf., 2. Kl. 5,6 Rpf., 3. Kl. 3,7 Rpf.

Die Mindestfahrpreise für Einzelfahrten betragen:
1. Kl. 0,40 RM., 2. Kl. 0,20 RM., 3. Kl. 0,15 RM.

Beim Übergang in die höhere Wagenklasse ist nachzuzahlen:
Aus der 3. Kl. in die 2. Kl. der Preis einer halben Fahrkarte 3. Kl.,
„ „ 2. „ „ „ 1. „ „ „ Fahrkarte 2. Kl.

Bei Benutzung von FD-Zügen wird neben dem tarifmäßigen Schnellzugfahrpreis ein Sonderzuschlag von 4 RM. in der 1. und 2. Kl., bei Benutzung von FFD-Zügen ein weiterer Sonderzuschlag von 4 RM. in der 1. u. 2. Kl. erhoben.

Bei Benutzung von Eil- und D-Zügen sind außerdem folgende **Zuschläge** zu entrichten:

a) Zuschläge für Eilzüge:

	Nahzone	Zone I	Zone II	Zone III	Zone IV	Zone V
	1—35 km	36—75 km	76—150 km	151—225 km	226—300 km	über 300 km
2. Klasse	0,50 RM.	1,— RM.	2,— RM.	3,— RM.	4,— RM.	5,— RM.
3. Klasse	0,25 „	0,50 „	1,— „	1,50 „	2,— „	2,50 „

[7]) Hierzu besondere Bestimmungen im Teil II Heft A.

[1]) Neuregelung im Gange; das Ergebnis wird evtl. im Nachtrag mitgeteilt werden. — Tarifarische Grundlage ist die Preistafel, die den zum Reichsbahn-Personentarife Teil II (oben VII 3 Anm. 25B) gehörigen Entfernungstafeln beigegeben ist. In ähnlicher Weise ist dem Reichsbahn-Tiertarif (oben VII 2 Anm. 136 B) ein Tierfrachtzeiger angeschlossen, u. für den Güterverkehr enthält der Reichsbahn-Gütertarif (oben VII 3 Anm. 159 B) Heft C I a — „Frachtanzeiger" — für die regelrechten Tarifklassen (Stückgut, Wagenladungen) ausgerechnete Tarifsätze für Entfernungen bis zu 1750 km. Da die Einheitsätze für Tiere und Güter vielgestaltig sind u. für den größten Teil des Publikums nicht annähernd das gleiche praktische Interesse haben wie die Sätze für Personen usw., werden jene hier nicht abgedruckt.

b) Zuschläge für Schnellzüge:

		Zone I	Zone II	Zone III	Zone IV	Zone V
		1—75 km	76—150 km	151—225 km	226—300 km	über 300 km
1. und 2. Klasse	—	2,— RM.	4,— RM.	6,— RM.	8,— RM.	10,— RM.
3. Klasse	—	1,— „	2,— „	3,— „	4,— „	5,— „

Preis der Bahnsteigkarten 0,10 RM., der Fahrradkarten von 1—25 km 0,30 RM., von 26—100 km 0,50 RM., von 101—150 km 0,80 RM.

II. **Gepäckfracht.** Die Gepäckfracht wird für je 10 kg erhoben, wobei Zwischenkilogramme auf volle 10 kg aufgerundet werden.

km	je 10 kg RM.	km	je 10 kg RM.	km	je 10 kg RM.	km	je 10 kg RM.	km	je 10 kg RM.	km	je 10 kg RM.
1— 25	0,2	118—140	0,7	247—275	1,2	403—436	1,7	606—663	2,2	1153–1347	2,7
26— 48	0,3	141—166	0,8	276—305	1,3	437—475	1,8	664—720	2,3	1348–1569	2,8
49— 69	0,4	167—192	0,9	306—334	1,4	476—516	1,9	721—799	2,4	1570–1750	2,9
70— 92	0,5	193—217	1,0	335—368	1,5	517—557	2,0	800—930	2,5		
93—117	0,6	218—246	1,1	369—402	1,6	558—605	2,1	931–1152	2,6		

Die Gepäckfracht wird bei Vorlage von Fahrkarten berechnet; andernfalls wird die Expreßgutfracht erhoben.

III. **Expreßguttarif.** Die Expreßgutfracht wird nach dem auf volle 10 kg (bei Sendungen bis zu 20 kg auf volle 5 kg) aufgerundeten Gewicht berechnet. Mindestgewicht 5 kg. Mindestfracht 0,40 RM.

km	Expreßgutfracht für				üb. 20 kg für je 10 kg RM.	km	Expreßgutfracht für				über 20 kg für je 10 kg RM.
	5 kg RM.	10 kg RM.	15 kg RM.	20 kg RM.			5 kg RM.	10 kg RM.	15 kg RM.	20 kg RM.	
1— 15	0,40	0,40	0,40	0,40	0,20	251— 300	0,80	1,60	2,20	3,20	1,60
16— 30	0,40	0,40	0,50	0,60	0,30	301— 350	0,90	1,80	2,70	3,60	1,80
31— 50	0,40	0,40	0,60	0,80	0,40	351— 400	1,00	2,00	3,00	4,00	2,00
51— 70	0,40	0,50	0,80	1,00	0,50	401— 450	1,10	2,20	3,30	4,40	2,20
71— 90	0,40	0,60	0,90	1,20	0,60	451— 500	1,20	2,40	3,60	4,80	2,40
91—110	0,40	0,70	1,10	1,40	0,70	501— 600	1,30	2,60	3,90	5,20	2,60
111—130	0,40	0,80	1,20	1,60	0,80	601— 700	1,40	2,80	4,20	5,60	2,80
131—150	0,50	0,90	1,40	1,80	0,90	701— 800	1,50	3,00	4,50	6,00	3,00
151—175	0,50	1,00	1,50	2,00	1,00	801—1000	1,60	3,20	4,80	6,40	3,20
176—200	0,60	1,20	1,80	2,40	1,20	1001—1400	1,70	3,40	5,10	6,80	3,40
201—250	0,70	1,40	2,10	2,80	1,40	1401—1800	1,80	3,60	5,40	7,20	3,60

Zu halben Expreßgutsätzen werden befördert, wenn sie einheimischen Ursprungs sind: frische Beeren, frisches Obst, frisches Gemüse aller Art und frische Steinpilze.

Für sperrige Expreßgutstücke, wie Federn, Gestelle, Hüte, Korbwaren, Stühle u. dgl. wird der Frachtberechnung das Doppelte und auf volle 10 kg aufgerundete Gewicht zugrunde gelegt.

4. Die internationalen Übereinkommen über den Personen- und den Güterverkehr.

a) Vorbemerkung.

I. Wegen der Entstehungsgeschichte wird für beide Übereinkommen auf Abschnitt VII 1 d. W. verwiesen.

II. Als Quellen kommen für beide Übereinkommen nur die Protokolle der Berner Revisionskonferenz von Mai/Juni 1923 in Betracht; sie sind gedruckt, aber nicht im Buchhandel erschienen. Die Drucksachen, mit denen die Reichsregierung beide Übereinkommen dem Reichsrat und dem Reichstage vorgelegt hat — nämlich: RRat 1925 Druckf 49 und 4, Niederschr. §§ 187 b, 215, 308 b und 48, 162, 772, RTag 1924/25 Druckf 862 u. 754 — enthalten nur eine kurze Denkschrift zur Erläuterung und Begründung der Vorlagen.

III. In Kraft getreten sind beide Übereinkommen für den größten Teil der Vertragstaaten am 1. Oktober 28. Zufolge Bek 16. März 28 RGBl II 161 und 162 fand am 18. Oktober 1927 in Bern für jedes der beiden Übereinkommen eine Konferenz statt, in der die Bevollmächtigten fast aller Vertragstaaten die Ratifikationsurkunden hinterlegten und beschlossen wurde, daß mit dem 1. Oktober 1928 jedes der beiden Übereinkommen in Kraft und das bisherige IntÜb außer Kraft trete. Die mit jenen Bekanntmachungen veröffentlichten Niederschriften beider Konferenzen enthalten ferner folgenden Beschluß der Vertreter:

> Die gegenwärtige Niederschrift bleibt zur Unterzeichnung durch die Regierungen derjenigen Staaten, die heute noch nicht in der Lage waren, zu unterzeichnen, bis 1. Januar 1928 offen. Für diejenigen Staaten, die ihre Ratifikationsurkunden erst nach dem 1. Januar 1928 hinterlegen, tritt das gegenwärtige Übereinkommen nach einer Frist von drei Monaten in Kraft, gerechnet von dem Tage an, an dem die schweizerische Regierung den anderen vertragschließenden Staaten von der Hinterlegung Mitteilung gemacht hat ...

Wie die Bek ferner erkennen lassen, fehlten in den Konferenzen vom 18. Oktober 1927 von den Vertragstaaten (die im Eingange beider Übereinkommen aufgezählt werden) Estland, Griechenland, Portugal und Serbien. Von diesen Staaten haben inzwischen die Ratifikation nachgeholt: Estland laut Bek 31. Aug. 28 RGBl II 603, Serbien laut Bek 30. Okt. 28 RGBl II 619, Portugal laut Bek 24. Jan. 29 das. 79, Griechenland laut Bek 23. Feb. 29 das. 131. Ferner ist beiden Übereinkommen beigetreten Liechtenstein (Bek 8. Juni 28 RGBl II 500). Großbritannien, Rußland und die Türkei gehören nicht zu den Vertragstaaten.

IV. Form, Anordnung. Beide Übereinkommen sind in ihrer Anordnung in möglichste Übereinstimmung gebracht; Artt. 40—63 behandeln in beiden den gleichen Gegenstand, großenteils mit den gleichen Worten.

V. Inhalt. Wie schon oben in Abschnitt VII 1 erwähnt, besteht zwischen dem innerdeutschen und dem zwischenstaatlichen Verkehrsrechte eine Reihe von Verschiedenheiten; die hauptsächlichsten[1]) sind folgende:

a) Das IÜP (Art. 17) hat den bisherigen Begriff des Reisegepäcks — grundsätzliche Beschränkung auf den Reisebedarf — beibehalten.

b) Für Gepäck und Güter ist im Falle des Verlustes usw. in beiden Übereinkommen (IÜP Art. 31, IÜG Art. 29) ein Höchstbetrag der Entschädigung festgesetzt und der Kostbarkeitsbegriff fallen gelassen worden.

c) Alle Verpackungsmängel werden gleichbehandelt, mögen sie äußerlich erkennbar sein oder nicht; nur muß, wenn kein Anerkenntnis des Mangels ausgestellt worden ist, die Bahn den Mangel beweisen (IÜG Art. 12 § 4).

d) Bei Lieferfristüberschreitung hat nach IÜP Art. 34 und IÜG Art. 33, wenn kein Schaden nachgewiesen ist, die Bahn auch dann grundsätzlich Entschädigung zu leisten, wenn das Interesse an der Lieferung nicht angegeben ist.

e) Nach IÜP Art. 42 § 2 und IÜG Art. 42 § 3 kann die Empfangsbahn aus dem Beförderungsvertrag auch dann in Anspruch genommen werden, wenn sie das Gepäck oder Gut gar nicht erhalten hat. Diese Neuerung hat EVO § 96 übernommen, nicht dagegen die damit in Zusammenhang stehenden Vorschriften in IÜG Art. 16 § 3 und Art. 21 § 4, wonach der Übergang des Verfügungsrechts auf den Empfänger nicht mehr die Ankunft des Gutes am Bestimmungsorte voraussetzt.

f) Die Berücks. des Irrtums bei Erheb. des Frachtzuschlags — EVO § 60 (3) a) — fehlt im IÜG.

VI. Entscheidungen des Reichsgerichts über den Rechtscharakter des IntÜb (die auch für die neuen Übereinkommen zutreffen): Innerhalb seines Geltungsbereichs hat das IntÜb als ein Staatsvertrag ausschließliche Geltung; die sonst maßgebenden Rechtsnormen und reglementarischen Bestimmungen finden nur insoweit Anwendung, als im IntÜb auf sie verwiesen ist oder es sich um Rechtsfragen — z. B. konkurrierendes Verschulden: **67** 171 — handelt, die das IntÜb offen läßt. **42** 24. Das IntÜb hat zwar einheitliches Frachtrecht in den Vertragstaaten geschaffen, diese Einheitlichkeit ist aber nur materiell, nicht auch formell: In jedem einzelnen Staate gilt das IntÜb nur wie ein Landesgesetz; in Deutschland ist es daher keine revisible Rechtsnorm, wenn es als ausländisches Recht (z. B. bei Transportverweigerung in Österreich) zur Anwendung kommt. **57** 142 (a. M. IntZtschr **20** 151).

VII. Zu beiden Übereinkommen hat das Internationale Transportkomitee (oben VII 1) Einheitliche Zusatzbestimmungen beschlossen; sie werden unten in Verbindung mit dem Haupttext in kleiner Schrift und mit einem seitlichen Längsstrich abgedruckt[2]). Die deutschen Eisenbahnen geben einen „Internationalen Eisenbahn-Personen- und Gepäcktarif" und einen „Internationalen Eisenbahn-Gütertarif" heraus, die einen Abdruck der Übereinkommen und der Einheitlichen Zusatzbestimmungen enthalten.

VIII. Das Betriebsreglement des Vereins Deutscher Eisenbahnverwaltungen erscheint nicht mehr, seitdem auch das Personenverkehrsrecht international einheitlich geregelt ist. Zu beiden Übereinkommen hat der Verein Zusatzbestimmungen erlassen; soweit sie von größerer Wichtigkeit sind, werden sie unten in den Anmerkungen mitgeteilt[3]).

IX. Wegen der Erläuterungen zu solchen Bestimmungen der Übereinkommen, die zu Vorschriften des HGB und der EVO in Beziehung stehen, wird auf diese Vorschriften verwiesen; gleichartige Bestimmungen beider Übereinkommen werden beim IÜP erläutert.

X. Sprache. Während bisher [Vollziehungsprotokolle vom 16. Juli 1895 (RGBl 517) und vom 19. Sept. 1906 (RGBl **1908** 577)] für das deutsche Sprachgebiet der deutsche Text dem französischen gleichwertig war, bestimmen jetzt Art. 63 beider Übereinkommen, daß der französische Text der maßgebende ist und die beigegebenen deutschen (und italienischen) Texte nur als amtliche Übersetzungen gelten. Wenn trotzdem im folgenden nur der deutsche Text abgedruckt ist, so gab dafür neben Gründen der Raumersparnis die Erwägung den Ausschlag, daß in einem deutschen Buche der deutsche Text unter keinen Umständen fehlen darf und für die Benutzer dieses Buches — einschließlich der Behörden — ein Zurückgreifen auf den französischen Text nur in seltenen Ausnahmefällen nötig sein wird.

XI. Ergänzend treten zu beiden Übereinkommen hinzu die (allerdings nur allgemein gehaltenen) Vorschriften der Internationalen Rechtsordnung (oben I 6 Beil. A).

XII. Schließlich muß noch auf einen grundsätzlichen Unterschied in dem Aufbau der beiden Übereinkommen hingewiesen werden: Während das IÜG auf einer allgemeinen Zwangsgemeinschaft aller von ihm erfaßten Bahnen beruht — Art. 5 —, überläßt es das IÜP der freien Vereinbarung der Bahnen, durch die zwischen ihnen

---

[1]) Ausführlicher: Kittel EVO S. 16ff.; Vergleichung m. d. bisher. internationalen Recht: Fritsch Arch **1924** 587ff.

[2]) Toggenburger, Die sog. Zusatzbest. zum zwischenstaatl. BefördRecht IntZtschr **23** (1925) 107, 134. — Wegen der weiteren Ausarbeitungen des Transportkomitees, die die Beziehungen der Bahnen untereinander regeln, s. von Schröder, Die Deutschen EisGesetze Teil B 5. Aufl., 1926 S. 54ff.

[3]) Wegen d. Ausarbeitungen des Vereins, die die Beziehungen der Bahnen untereinander regeln, s. Käßbohrer VZ **1928** 1065.

vereinbarten Tarife diejenigen Verkehrsverbindungen selbst zu bestimmen, auf die das IÜP Anwendung findet — Art. 1 § 3 —; soweit solche Tarife nicht bestehen, fällt die Beförderung nicht unter das IÜP[4]).

b) Internationales Übereinkommen über den Eisenbahn-Personen- und Gepäckverkehr[1])[2])[3]) (IÜP)

vereinbart zwischen

Deutschland, Österreich, Belgien, Bulgarien, Dänemark, der Freien Stadt Danzig, Spanien, Estland, Finnland Frankreich, Griechenland, Ungarn, Italien, Lettland, Litauen, Luxemburg, Norwegen, den Niederlanden, Polen, Portugal, Rumänien, dem Königreich der Serben, Kroaten und Slowenen, Schweden, der Schweiz und der Tschechoslowakei

Die Regierungen der oben aufgeführten Staaten, in der Erkenntnis des Nutzens einer Vereinbarung über den Eisenbahn-Personen- und Gepäckverkehr,

haben beschlossen, zu diesem Zwecke auf Grund des in ihrem Auftrag ausgearbeiteten und in dem Protokoll d. d. Bern, 8. Juni 1923, niedergelegten Entwurfs ein Übereinkommen zu treffen, und haben zu ihren Bevollmächtigten ernannt:

(Folgen die Namen der Bevollmächtigten.)

die in Gegenwart und unter Beteiligung von (folgt Name), Delegierter der Regierungskommission des Saarbeckengebiets[4]), nachdem sie sich ihre Vollmachten mitgeteilt und sie in guter und gehöriger Form befunden haben, über folgende Artikel übereingekommen sind:

Titel I. Gegenstand und Geltungsbereich des Übereinkommens

Artikel 1[5]). Eisenbahnen[6]) und Beförderungen, auf die das Übereinkommen Anwendung findet

§ 1. Dieses Übereinkommen findet auf alle Beförderungen von Personen und Gepäck auf Grund internationaler Fahrausweise und Gepäckscheine[7]) Anwendung, deren Beförderungsweg die Gebiete mindestens zweier Vertragsstaaten berührt und ausschließlich Strecken umfaßt, die in der gemäß Artikel 58 dieses Übereinkommens aufgestellten Liste verzeichnet sind.

§ 2[8]). Von der Anwendung des Übereinkommens sind jedoch ausgenommen:

1. Beförderungen, deren Abgangs- und Bestimmungsstationen im Gebiete desselben Staates liegen und das Gebiet eines anderen Staates nur im Durchgang berühren:

a) wenn die Durchgangsstrecken von einer Eisenbahn des Abgangsstaats betrieben werden;

b) auch dann, wenn die Durchgangsstrecken nicht von einer Eisenbahn des Abgangsstaats betrieben werden, die beteiligten Eisenbahnen aber besondere Abkommen geschlossen haben, nach denen diese Beförderungen nicht als internationale angesehen werden sollen.

2. Beförderungen zwischen Stationen zweier Nachbarstaaten, wenn sie auf der ganzen Strecke von Eisenbahnen des einen dieser Staaten bewirkt werden und keiner dieser Staaten widerspricht.

§ 3. Die Tarife bestimmen, in welchen Verbindungen internationale Fahrausweise und Gepäckscheine verabfolgt werden[7]).

---

[4]) S. dazu v. der Leyen Arch **1929** 1574f. (wo eine abweich. Ansicht Lönings bez. des Gepäckverkehrs widerlegt wird).

[1]) S. die Vorbemerkung oben IVa. — Verkündet für Deutschland durch G 12. Juni 25 RGBl II 483.

[2]) Inhalt: Tit. I (Artt. 1—4) Gegenstand u. Geltungsbereich. Tit. II (Beförderungsvtr): Kap. I (Artt. 5 bis 16) Beförd. der Reisenden; Kap. II (Artt. 17—21) Gepäckbeförd.; Kap. III (Artt. 22—27) Gemeins. Bestimm. Tit. III (Haftung der Eis., Klagen): Kap. I (Artt. 28—39) Haftung; Kap. II (Artt. 40—46) Reklamationen, Klagen, Prozeßverfahren, Verjährung; Kap. III (Artt. 47—52) Abrechnung, Rückgriff. Tit. IV (Artt. 53—63) Verschiedene Vorschriften. — Bearbeitung Löning 1929. — Allg. Best. in der Internat. RechtsO (oben I 6 Beil. A), namentl. Artt. 5, 16, 18.

[3]) Vorwort des IntPersTarifs (oben VII 4a Ziff. VII): Für die Beförd. v. Personen, Hunden im internat. EisVerkehr gelten die Best des vorlieg. Internat. EisPersonen- u. Gepäcktarifs sowie die f. d. einzelnen Verkehre besteh. besond. Zusatzbest u. sonstigen Vorschriften, soweit in den Tarifen f. d. internat. Pers.- u. Gepäckverkehr das IÜP nebst einheitl. Zusatzbest für maßgebend erklärt w. ist. — Änderungen, Berichtigungen u. Ergänzungen sowie die Aufhebung dieses Tarifs werden angezeigt od. veröffentlicht im Tarif- u. Verkehrsanzeiger f. d. Pers.-, Gepäck- u. Expreßgutverkehr der D. Reichsbahn-Ges. u. der Deutschen Privatbahnen (TVA III) durch die Reichsbahndir. Dresden.

[4]) Wegen der Saarbahnen s. Anm. *) zu EVO § 1.

[5]) IÜG Art. 1. EVO § 1 und Allg. AusfBest. — Zwischenstaatl. Beförd. ohne Anwendbarkeit des IÜP (od. des IÜG): Löning Anm. 7.

[6]) Grundsätzlich bezieht sich das IÜP (wie auch das IÜG) nur auf den Verkehr der Eisenbahnen (Ausnahme: Art. 2), u. zwar ist Eisenbahn i. S. der Übereinkommen jede Schienenbahn, die in der Liste (Art. 58) verzeichnet ist. Da aber die Eintragung in die Liste nur für solche Schienenbahnen Sinn hat, die f. d. internationalen Verkehr in Betracht kommen, so gehören in die Liste nur solche Bahnen des öff. Verkehrs, die i. S. der RVerf dem allgemeinen Verkehre dienen (oben I 2 Anm. 3). Eignet sich z. B. eine Bahn, die dem Preuß. KleinbahnG untersteht, dazu, in die Liste aufgenommen zu w., so fällt sie aus dem gesetzl. Begriff der Kleinbahn heraus u. liegt f. d. Reichsverkehrsmin. Anlaß vor, auf Grund RBahnG § 11 eine Entscheid. zu treffen, daß sie als Eis. des allgemeinen Verkehrs (Großbahn) zu gelten hat.

[7]) Danach setzt — im Gegens. zum IÜG — die Anwendb. des IÜP grundsätzlich das Bestehen eines direkten Tarifs voraus. Löning Anm. 4 u. oben VII 4a Ziff. XII. Ausnahme: Anschlußabfertigung (Art. 3). Besonderheiten f. Polen u. Danzig: Löning Anm. 7.

[8]) Bisher: Schlußprot. zum IntÜb 14. Okt. 90 RGBl **1892** 918.

Artikel 2[9]). Beteiligung anderer Unternehmungen als der Eisenbahnen

§ 1. Außer Eisenbahnstrecken können in die im Artikel 1 vorgesehene Liste auch regelmäßig betriebene Kraftwagen- oder Schiffahrtslinien aufgenommen werden, die im Anschluß an eine Eisenbahn internationale Beförderungen unter der Verantwortung[10]) eines der Vertragsstaaten oder einer in die Liste eingetragenen Eisenbahn ausführen.

§ 2. Die Unternehmungen, die solche Linien betreiben, haben alle Rechte und Pflichten, die den Eisenbahnen durch dieses Übereinkommen übertragen sind, vorbehaltlich der sich aus der Verschiedenartigkeit der Beförderungsart ergebenden Abweichungen. Die durch dieses Übereinkommen festgesetzten Haftungsbestimmungen dürfen jedoch nicht geändert werden.

§ 3. Jeder Staat, der eine der im § 1 bezeichneten Linien in die Liste eintragen lassen will, muß dafür Sorge tragen, daß die im § 2 bezeichneten Abweichungen in gleicher Weise wie die Tarife veröffentlicht werden.

Artikel 3. Anschlußabfertigung

§ 1. Das Übereinkommen ist auch anwendbar, wenn der Reisende und sein Gepäck von einer nicht in einen internationalen Tarif aufgenommenen Station zunächst nach einer in diesem Tarif[11]) enthaltenen Anschlußstation desselben Staates und von dort aus nach der in diesem Tarif enthaltenen Bestimmungsstation entweder mit einem durchgehenden Fahrausweis und Gepäckschein, in dem die Tarifsätze für die direkte Strecke und die Anschlußstrecke zusammengerechnet sind, oder mit zwei aneinanderschließenden Fahrausweisen befördert werden. Werden zwei Fahrausweise ausgestellt, so ist auf dem zweiten Fahrausweis die ursprüngliche Abgangsstation zu vermerken.

§ 2. Die Eisenbahnen bestimmen, inwieweit und unter welchen Bedingungen von gewissen Stationen aus eine solche Anschlußbeförderung beansprucht werden kann. Diese Stationen werden in ein Verzeichnis aufgenommen, das den anderen beteiligten Eisenbahnen mitgeteilt wird.

Artikel 4. Beförderungspflicht der Eisenbahn[12])

Soweit ein internationaler Tarif besteht oder eine Anschlußbeförderung nach Artikel 3 vorgesehen ist, kann die Beförderung nicht verweigert werden, wenn:

a) der Reisende den Bedingungen dieses Übereinkommens nachkommt;
b) die Beförderung mit den regelmäßigen Beförderungsmitteln möglich ist;
c) die Beförderung nicht auch nur in einem der an der Beförderung beteiligten Staaten durch gesetzliche Bestimmungen oder aus Gründen der öffentlichen Ordnung verboten ist;
d) die Beförderung nicht durch Umstände verhindert wird, welche die Eisenbahn nicht abzuwenden und denen sie auch nicht abzuhelfen vermochte[13]).

Titel II. Beförderungsvertrag[13a])

Kapitel I. Beförderung der Reisenden

Artikel 5. Berechtigung zur Fahrt[14])

§ 1. Der Reisende muß bei Antritt der Fahrt mit einem Fahrausweis versehen sein. Die Tarife können Ausnahmen zulassen.

§ 2. Der Reisende ist verpflichtet, den Fahrausweis bis zur Beendigung der Reise aufzubewahren. Er hat ihn auf Verlangen jedem mit der Prüfung betrauten Beamten vorzuzeigen und bei Beendigung der Fahrt abzugeben.

[15]) 1. Die Fahrscheine und Kontrollabschnitte der Fahrausweise dürfen nur vom Dienstpersonal abgetrennt werden.

2. Jeder lose Fahrschein wird als ungültig eingezogen, wenn der Reisende nicht gleichzeitig den Umschlag des Fahrausweises sowie die für die noch nicht befahrenen Strecken gültigen Fahrscheine vorweisen kann. In diesem Falle wird der Reisende wie ein Reisender ohne gültigen Fahrausweis nach Artikel 12 behandelt.

---

[9]) Wörtlich gleichlautend IÜG Art. 2. — Oben VII 3 Anm. 12. — Der Luftverkehr ist — abweich. v. EVO § 2 — einstw. nicht zugelassen.

[10]) Unter Verantwortung (responsabilité) des Vertragstaats wird für Deutschland die Staatsaufsicht zu verstehen sein. Kleinbahnen: Anm. 6.

[11]) Die Endstation muß in den Tarif aufgenommen sein. — Für Beförd. in umgekehrter Richtung (von dem Bereiche des IÜP nach einer außerhalb dieses Bereichs gelegenen Station) gilt das IÜP nicht (Prot. S. 43). — Art. 4.

[12]) HGB § 453 (s. d.), EVO § 3, IÜG Art. 5 § 1, Internat. RechtsO. (oben I 6 Beil. A) Teil VI. — Der Transportpflicht entspricht auch im internat. Verkehr eine Transportgemeinschaft, die zutage tritt z. B. in der Haftung f. Gepäck (Art. 29) u. Gut (IÜG Art. 26), in der einheitl. Berechnung der Lieferfrist (IÜG Art. 11, auch IÜP Art. 21 § 2), in der Regelung der Passivlegitimation (Artt. 42 beider Üb.), in der Abrechnungspflicht (Artt. 47), im Rückgriffsrecht der entschädigenden Bahn (Artt. 48), in der Einziehungspflicht der Empfangsbahn (IÜG Art. 20). Zwangsgemeinschaft ist die Transportgemeinsch. nur f. d. Güterverkehr (oben Anm. VII 4a Ziff. XII).

[13]) Im IntÜb — Art. 5 (1) — war höhere Gewalt zur Entlastung der Eis. gefordert; die jetzige Fass. ist ein Kompromiß u. wohl dahin zu verstehen, daß eine Milderung der Haftung gemeint ist. Fritsch Arch **1924** 595; Löning Anm. 5c zu IÜG Art. 5 § 1 (s. die Prot. S. 36ff., 139ff.); a. M. Seligsohn Anm. 14ff. zu IÜG Art. 5. In EVO § 3 ist die frühere Fass. beibehalten. Vgl. auch oben VII 2 Anm. 51.

[13a]) Internat. RechtsO (oben I 6 Beil. A) Art. 16.

[14]) EVO §§ 13 (1), 15 (1). — Vereinszusatzbestimmungen (s. oben VII 4a Ziff. VIII): 1, 2 wie EVO § 13 (6, 7), 3. Nach dem Abfahrzeichen steht dem Reisenden kein Anspruch auf Mitfahrt zu.

[15]) Einheitl. ZusBest (s. oben VII 4a Ziff. VII).

Dem Reisenden wird daher empfohlen, darauf zu achten, daß die Eisenbahnangestellten nur die Fahrscheine für die durchfahrenen Strecken abnehmen. Das Dienstpersonal hat irrtümlich abgenommene Fahrausweise, Fahrscheine und Kontrollabschnitte nötigenfalls nach Anbringung eines entsprechenden Vermerkes dem Reisenden zurückzugeben.

Artikel 6. Fahrausweise [16])

§ 1. Die für eine internationale Beförderung nach diesem Übereinkommen ausgegebenen Fahrausweise müssen das Zeichen ₵ tragen.

§ 2. Die Fahrausweise müssen folgende Angaben enthalten:

a) die Abgangs- und die Bestimmungsstation;
b) den Beförderungsweg; wenn die Benutzung verschiedener Wege oder Beförderungsmittel gestattet ist, ist dies ersichtlich zu machen;
c) die Zuggattung und die Wagenklasse;
d) den Fahrpreis;
e) den ersten Geltungstag;
f) die Geltungsdauer.

§ 3. Die Tarife oder die Vereinbarungen zwischen den Eisenbahnen bestimmen, in welcher Sprache die Fahrausweise zu drucken und auszufüllen sind, sowie deren Form und Inhalt.

§ 4. Die Fahrausweise in Heftform, die Kontrollscheine enthalten, sowie die zusammengestellten Fahrscheinhefte bilden einen einzigen Fahrausweis im Sinne dieses Übereinkommens.

Die von amtlichen Reisebüros oder privaten Agenturen in einem Hefte vereinigten Fahrausweise bilden je einen besonderen Fahrausweis, der je nach dem einzelnen Fall den inneren Bestimmungen des betreffenden Staates oder denen dieses Übereinkommens untersteht.

§ 5. Ein Fahrausweis ist, soweit die Tarife nicht Ausnahmen zulassen, nur übertragbar, wenn er nicht auf den Namen lautet und die Reise noch nicht angetreten ist.

Der Handel mit Fahrausweisen und deren Wiederverkauf zu einem von den Tarifen abweichenden Preise unterliegen in jedem Staate den Gesetzen und Verordnungen dieses Staates [17]).

[15]) 1. Aufdrucke zu andern als dienstlichen Zwecken dürfen auf den Fahrausweisen nicht angebracht werden.

2. Bei den Eisenbahnen, die für die Benutzung gewisser Züge höhere Fahrpreise als die gewöhnlichen oder Zuschläge erheben, sind die für solche Züge gültigen Fahrausweise in der Mitte durch einen senkrechten roten Strich kenntlich zu machen. Die Fahrausweise für Hin- und Rückfahrt sind in der Mitte mit einem senkrechten weißen Streifen zu versehen.

3. Die Fahrausweise sind in den folgenden Farben herzustellen: 1. Klasse gelb, 2. Klasse grün, 3. Klasse braun.

4. Um gültig zu sein, müssen die Fahrausweise in Zettel- oder in Heftform, letztere auf dem Umschlag und sämtlichen Scheinen, den Trockenstempel (Firmenstempel) der Ausgabeverwaltung tragen. Die Umschläge, welche die amtlichen Reisebüros und die privaten Agenturen zur Vereinigung von Fahrausweisen zu einem Heft verwenden, unterliegen dieser Abstempelung nicht.

5. Der erste Geltungstag ist auf den Fahrausweisen durch die Ausgabestelle mit dem Tagesstempel zu bezeichnen. Bei den Fahrausweisen in Heftform jeder Art ist der Stempel außer auf dem Umschlag auch auf den einzelnen Scheinen und bei Fahrausweisen mit Kontrollabschnitten auch auf diesen letzteren anzubringen.

Fahrausweise zu einem fahrplanmäßig um Mitternacht abgehenden Zug erhalten den Stempel des anbrechenden Tages.

6. Die Reise gilt auch dann als angetreten, wenn auf den Fahrausweis Gepäck abgefertigt worden ist.

Artikel 7. Fahrpreisermäßigung für Kinder [18])

§ 1. Kinder bis zum vollendeten vierten Lebensjahr, für die kein besonderer Platz beansprucht wird, sind ohne Fahrausweis frei zu befördern.

§ 2. Kinder vom vollendeten vierten bis zum vollendeten zehnten Lebensjahr und jüngere Kinder, für die ein besonderer Platz beansprucht wird, sind zu ermäßigten Preisen zu befördern, die nicht mehr als die Hälfte der Preise der Fahrausweise für Erwachsene betragen dürfen.

Diese Ermäßigung braucht für Fahrausweise, die schon eine Ermäßigung gegenüber dem allgemeinen Tarif genießen, nicht gewährt zu werden.

[15]) Die für Kinder ausgegebenen Fahrausweise zu ermäßigtem Preise sind besonders kenntlich zu machen.

Artikel 8. Geltungsdauer der Fahrausweise [19])

§ 1. Die Geltungsdauer der Fahrausweise muß durch den Tarif bestimmt werden.

§ 2. Diese Geltungsdauer muß mindestens betragen:

---

[16]) EVO § 13 (1, 2, 4). — Strauß EE **47** 310. Vereinszusatzbestimmung (oben VII 4a Ziff. VIII) üb. Fahrausweise für Expreßzüge, Schlafwagen u. a. m. — Zusammenstellbare Fahrscheinhefte im internat. Verk. IntZtschr **27** (1929) Beil. S. 21.

[17]) In Deutschland bestehen keine besond. gesetzl. Vorschr. darüber.

[18]) EVO § 11 (3). Vereinszusatzbest (oben VII 4a Ziff. VIII) wie EVO § 11 (3) Satz 2.

[19]) EVO § 13 (3) u. Allg. AusfBest 10.

bei einfacher Fahrt:

für je auch nur angefangene 150 km . . . . 1 Tag;

bei Hin- und Rückfahrt:

für Entfernungen bis und mit 50 km . . . . 2 Tage,

für Entfernungen von 51 bis 100 km . . . . 3 Tage,

für je auch nur angefangene weitere 100 km . . . . 1 Tag.

§ 3. Besondere Fahrausweise zu ermäßigten Preisen können eine andere Geltungsdauer haben.

[15]) 1. Der erste Geltungstag des Fahrausweises gilt für die Berechnung der Geltungsdauer als voller Tag.

2. Die Reise kann an einem beliebigen Tage innerhalb der Geltungsdauer angetreten werden; sie muß spätestens bei Ablauf der 24. Stunde des letzten Geltungstages des Fahrausweises beendigt sein.

Artikel 9. Anweisung und Vorausbestellung der Plätze[20])

§ 1. Für die Anweisung der Plätze gelten die Bestimmungen der einzelnen Eisenbahnen.

§ 2. Ob und unter welchen Bedingungen für einzelne Züge bestimmte Plätze bestellt werden können, bestimmen die Tarife oder die Fahrpläne.

[15]) [21]) 1. Der Reisende darf beim Einsteigen für sich und jede mit ihm reisende Person, für die er einen Fahrausweis vorweisen kann, je einen noch verfügbaren Platz belegen.

2. Wer seinen Platz verläßt, ohne ihn deutlich erkennbar zu belegen, verliert den Anspruch darauf.

Artikel 10. Unterbrechung der Fahrt auf Zwischenstationen[22])

Ob und unter welchen Bedingungen der Reisende innerhalb der Geltungsdauer der Fahrausweise die Fahrt unterbrechen darf, bestimmen die Tarife.

[15]) 1. Durch die Fahrtunterbrechung tritt eine Verlängerung der tarifmäßigen Geltungsdauer nicht ein.

2. Ist der Reisende im Besitz eines nur über einen Weg gültigen Fahrausweises, so kann er die unterbrochene Reise auch von einer andern, der Bestimmungsstation näher gelegenen Station dieses Bahnweges fortsetzen.

3. Unterbricht ein Reisender mit einem Fahrausweis, der wahlweise über mehrere Wege gilt, die Fahrt auf einem dieser Wege, so darf er sie nur auf der Unterbrechungsstation oder auf einer der Bestimmungsstation näher gelegenen Station des gleichen Weges fortsetzen.

4. Die Dauer der Unterbrechung ist innerhalb der Geltungsdauer der Fahrausweise zeitlich nicht beschränkt.

5. Als Fahrtunterbrechung wird nicht angesehen:

das lediglich durch den Fahrplan bedingte Erwarten des nächsten Anschlußzuges, selbst im Falle der Übernachtung;

der Übergang aus einem Zuge, der in der Bestimmungs- oder Unterbrechungsstation nicht hält, in den nächsten dort haltenden Anschlußzug;

der Übergang in einen Zug, mit dem das Reiseziel früher oder billiger erreicht werden kann als mit dem vorher benutzten Zug.

Artikel 11. Übergang in eine höhere Wagenklasse oder in einen Zug höherer Gattung[23])

Der Übergang in eine höhere Wagenklasse oder in einen Zug höherer Gattung, als der Fahrausweis angibt, ist dem Reisenden unter den in den Tarifen enthaltenen Bedingungen gegen Zahlung des vorgesehenen Zuschlags gestattet.

Artikel 12. Reisende ohne gültigen Fahrausweis[24]).

Ein Reisender, der keinen gültigen Fahrausweis vorzeigen kann, hat unbeschadet seiner strafrechtlichen Verantwortlichkeit außer dem Fahrpreis für die durchfahrene Strecke einen Zuschlag zu bezahlen, der sich nach den Vorschriften der Eisenbahn, wo die Vorzeigung des Fahrausweises verlangt wurde, berechnet; in Ermangelung solcher Vorschriften hat der Reisende einen Zuschlag in Höhe des Fahrpreises für die durchfahrene Strecke zu bezahlen.

[20]) EVO § 14. — Vereinszusatzbest (oben VII 4a Ziff. VIII): 1. Reisende mit durchgehenden Fahrausweisen haben in durchgeh. Wagen den Vorzug vor anderen Reisenden. 2. (wie EVO § 18 Abs. 1). 3. Der Reis. hat nur dann Anspruch auf Beförd. in der Wagenklasse, f. die seine Fahrkarte gilt, wenn ihm dort ein Platz angewiesen w. kann; erhält er hier keinen Pl., so kann er Beförd. in einer niedrigeren Kl., in der noch Plätze frei sind, u. Erstatt. des Preisuntersch. gemäß Art. 26 JÜP, Einh. Zusatzbest Ziff. 3 verlangen, od. die Fahrt unterlassen u. das Fahrgeld sowie die Gepäckfracht zurückfordern; eine Entschäd. steht ihm nicht zu.

[21]) EVO § 18 (2).

[22]) EVO § 23. — Vereinszusatzbest (oben VII 4a Ziff. VIII): 1. Auf Fahrausweise f. einfache Fahrt darf die Fahrt nur einmal, auf Fahrausweise f. Hin- u. Rückf. je einmal auf der Hinf. u. der Rückf. unterbrochen w. 2. Auf F. in Heftform darf die Reise innerh. der Geltungsdauer des Heftes beliebig oft u. beliebig lange unterbr. w. 3. Die Fahrt kann unterbr. w.: a) auf den deutschen Eis. ohne Förmlichkeit; b) auf den übrig. Eis. nur, wenn der Fahrausweis sofort nach Verlassen des Zuges in der Unterbrechungsstation zur Anbring. des Gültigkeitsvermerks vorgelegt wird. Sind dagegen in den Ausweisen Aufenthaltsstationen besonders namhaft gemacht, so kann die F. in diesen Stationen ohne Förmlichkeit unterbr. w. Ebenso kann auf FAusweise in Heftform die Reise in den Endstationen der Scheine ohne Förml. unt. w. 4. Wird bei FUnterbr. der in Ziff. 3 vorgeschriebene Gültigkeitsvermerk nicht eingeholt, so w. die betr. Fahrausweise f. d. Bereich der Verwalt., auf der die FUnterbr. stattgefunden hat, ungültig, FAusweise f. Hin- u. Rückf., wenn die FUnt. nur b. d. Hinfahrt stattgef. hat, jedoch nur f. d. Hinf. Sind auf den FAusweisen f. d. betr. Bahn Aufenthaltsstationen namhaft gemacht, so beschränkt sich die Ungültigkeit auf die Strecke bis zur nächsten vorgedruckten Aufenthaltsstation.

[23]) EVO § 19 (1).

[24]) EVO § 15 (2, 3, 4). — Vereinszusatzbest. (oben VII 4a Ziff. VIII): 1. wie EVO § 15 (7); 2. wie AllgAusfBest zu EVO § 15 Ziff. 2 Satz 1.

[15]) 1. Fahrausweise, deren Inhalt unbefugt verändert worden ist, werden vom Dienstpersonal als ungültig eingezogen.

2. Der Reisende, der die sofortige Zahlung des Fahrpreises oder des Zuschlages verweigert, kann von der Reise ausgeschlossen werden. Der ausgeschlossene Reisende hat keinen Anspruch darauf, daß ihm sein Reisegepäck auf einer anderen als der Bestimmungsstation zur Verfügung gestellt werde.

Artikel 13. Von der Fahrt ausgeschlossene oder nur bedingungsweise zugelassene Personen[25])

§ 1. Folgende Personen werden in die Züge nicht zugelassen oder können unterwegs von der Fahrt ausgeschlossen werden:

a) betrunkene Personen und solche, die den Anstand verletzen oder die Vorschriften der Gesetze und Reglemente nicht beachten; solche Personen haben weder Anspruch auf Rückerstattung des Fahrpreises noch der bezahlten Gepäckfracht;

b) Personen, die wegen einer Krankheit oder aus anderen Gründen Mitreisenden augenscheinlich lästig fallen würden, wenn nicht ein besonderes Abteil für sie im voraus gemietet ist oder ihnen sonst gegen Bezahlung angewiesen werden kann. Unterwegs erkrankte Personen sind jedoch wenigstens bis zur nächsten geeigneten Station zu befördern, wo sie Pflege finden können. Das Fahrgeld und die Gepäckfracht sind nach Abzug des Betrags für die durchfahrene Strecke zu erstatten.

§ 2. Für die Beförderung von Personen, die an ansteckenden Krankheiten leiden, sind die internationalen Vereinbarungen[25]) und mangels solcher die in den einzelnen Staaten geltenden Bestimmungen maßgebend.

Artikel 14. Von der Mitnahme in die Personenwagen ausgeschlossene Gegenstände[26])

§ 1. Gefährliche Gegenstände, insbesondere geladene Schußwaffen, explosionsfähige, leicht entzündbare und ätzende Stoffe, sowie Gegenstände, die geeignet sind, den Reisenden lästig zu fallen, dürfen nicht in die Personenwagen mitgenommen werden.

Reisende, die in Ausübung des öffentlichen Dienstes eine Schußwaffe führen, sowie Jäger und Schützen dürfen jedoch Handmunition mitnehmen; die in den geltenden Reglementen der berührten Gebiete festgesetzten untersten Gewichtsgrenzen dürfen aber nicht überschritten werden. Den Begleitern von Gefangenen, die mit diesen in besonderen Wagen oder Wagenabteilen fahren, ist gestattet, geladene Schußwaffen mitzuführen.

§ 2. Die Eisenbahnbediensteten sind berechtigt, sich von der Beschaffenheit der mitgenommenen Gegenstände in Gegenwart des Reisenden zu überzeugen, wenn triftige Gründe eine Zuwiderhandlung gegen die Bestimmungen des § 1 vermuten lassen.

§ 3. Der Zuwiderhandelnde haftet für jeden aus der Übertretung des Verbots (§ 1) entstehenden Schaden und verwirkt außerdem die durch die Gesetze und Reglemente festgesetzten Strafen.

Artikel 15. Mitnahme von Handgepäck und Tieren in die Personenwagen

§ 1[27]). Der Reisende darf leicht tragbare Gegenstände (Handgepäck) unentgeltlich in Personenwagen mitnehmen, wenn keine Zoll-, Steuer-, Finanz-, Polizeivorschriften oder sonstigen verwaltungsbehördlichen Vorschriften entgegenstehen, und wenn die Wagen dadurch nicht beschädigt werden können. Jedem Reisenden steht für sein Handgepäck nur der Raum über und unter seinem Sitzplatz zur Verfügung; weitere Beschränkungen können die Tarife bestimmen.

§ 2[28]). Lebende Tiere dürfen in die Personenwagen nicht mitgenommen werden. Jedoch sind kleine Hunde und andere kleine Haustiere zugelassen, soweit nicht Polizeivorschriften der einzelnen Staaten entgegenstehen und kein Mitreisender widerspricht.

Die Tarife oder Fahrpläne können die Mitnahme von Tieren in bestimmte Gattungen von Wagen oder Zügen verbieten oder zulassen.

Die Tarife bestimmen, ob und für welche Tiere eine Beförderungsgebühr zu bezahlen ist.

§ 3[29]). Die in die Personenwagen mitgenommenen Gegenstände und Tiere sind von den Reisenden selbst zu beaufsichtigen.

[15]) Der Reisende ist für allen Schaden, der aus der Mitnahme von Handgepäck oder Tieren in den Wagen entsteht, ersatzpflichtig.

Artikel 16. Verspätungen. Versäumung des Anschlusses. Ausfall von Zügen[30])

Wird infolge einer Zugverspätung der Anschluß an einen anderen Zug versäumt, oder fällt ein Zug ganz oder teilweise aus, und will der Reisende seine Reise fortsetzen, so hat ihn die Eisenbahn nebst seinem Gepäck, soweit es möglich ist, und zwar ohne Preiszuschlag, mit einem auf der gleichen oder auf einer anderen Strecke derselben Eisen-

[25]) EVO § 10; zu § 2: Löning A. 4.

[26]) EVO § 27. — Vereinszusatzbest. üb. den Begriff der Handmunition.

[27]) EVO §§ 25, 26. — Vereinszusatzbest. 1. Ein Reisender darf nur insgesamt 25 kg Handgepäck mit sich führen. 2. Auf den Sitzplätzen u. in den Gängen darf Handgepäck nicht untergebracht w. 3. (Fahrräder, wie AllgAusfBest. 3 zu EVO § 26). 4. (ähnlich EVO § 26 Abs. 4). 5.—9. (Hunde, ähnlich EVO § 25 u. AllgAusfBest dazu).

[28]) EVO § 25.

[29]) EVO §§ 26 (5), 25 (3).

[30]) EVO § 24. — Art. 28 § 1. — Vereinszusatzbest (oben VII 4a Ziff. VIII): 1. (wie EVO § 24 (4) Satz 1.) 2. (wie AllgAusfBest 3 u. 4 Satz 1 zu EVO § 24). 3. (wie AllgAusfBest 1 Abs. 2 zu EVO § 24). 4. (wie AllgAusfBest 5 zu EVO § 24). 5. (wie EVO § 24 (7), mit folg. Zusatz:) Ersatz der Kosten f. d. Weiterbeförd. über die unterbrochene Strecke kann die Eis. beanspruchen, wenn die Unterbrechung z. Z. des Reiseantritts bereits bekanntgemacht war. 6. (wie EVO § 24 (9)). — Internat. RechtsO (oben I 6 Beil. A) Art. 7.

bahnen nach derselben Bestimmungsstation fahrenden Zuge zu befördern, wenn hierdurch die Ankunft auf der Bestimmungsstation beschleunigt wird. Der Stationsvorstand hat gegebenenfalls auf dem Fahrausweis die Versäumung des Anschlusses oder den Zugausfall zu bescheinigen, die Geltungsdauer des Fahrausweises soweit erforderlich zu verlängern und ihn mit Gültigkeitsvermerk für den neuen Weg, für eine höhere Wagenklasse oder für einen Zug mit höheren Fahrpreisen zu versehen. Die Eisenbahn ist indessen berechtigt, durch den Tarif oder durch die Fahrpläne einzelne Züge von der Benutzung auszuschließen.

Kapitel II. Gepäckbeförderung

Artikel 17. Begriff des Reisegepäcks. Von der Beförderung ausgeschlossene Gegenstände[31])

§ 1[32]). Als Reisegepäck werden nur die Gegenstände angesehen, die zum persönlichen Gebrauch des Reisenden für seine Reise bestimmt und in Reisekoffer, Reisekörbe, Reisetaschen, Reisesäcke, Hutschachteln oder dergleichen verpackt sind.

§ 2. Ferner sind zur Beförderung als Reisegepäck unter der Bedingung zugelassen, daß sie dem Gebrauch des Reisenden dienen:

a) Trag- und Rollstühle für Kranke;
b) Kinderwagen;
c) Warenproben- und Musterkoffer;
d) tragbare Musikinstrumente in Kasten, Futteralen und anderen Umschließungen;
e) Geräte für Schaustellungen von Artisten unter der Bedingung, daß ihre Art und Verpackung, ihr Rauminhalt und ihr Gewicht das rasche Verladen und Unterbringen in die Gepäckwagen gestatten;
f) Vermessungsgeräte bis zu 4 m Länge und Handwerkzeug;
g) Fahrräder, auch einsitzige Motorräder, wenn die Zubehörstücke von ihnen entfernt sind, und wenn die Brennstoffbehälter Ablaßhähne haben und vollständig leer sind, ferner: ein- und zweisitzige Handschlitten, Skis und Schlittschuhsegel.

§ 3[32]). Die Tarife können noch andere, nicht zum Reisebedarf gehörende Gegenstände, auch Tiere in genügend sicheren Behältern, als Reisegepäck zulassen.

§ 4. Die nach den Bestimmungen des Internationalen Übereinkommens über den Eisenbahn-Frachtverkehr von der Beförderung ausgeschlossenen oder nur bedingungsweise zugelassenen Gegenstände[33]) sind zur Beförderung als Reisegepäck nicht zugelassen.

Artikel 18. Verantwortlichkeit des Reisenden für sein Gepäck. Zuschläge[34])

§ 1. Der Inhaber des Gepäckscheins ist für die Beachtung der Vorschriften des Artikels 17 verantwortlich und trägt alle Folgen einer Zuwiderhandlung gegen diese Vorschriften.

§ 2. Vermutet die Eisenbahn eine solche Zuwiderhandlung, so hat sie das Recht, nachzuprüfen, ob der Inhalt der Gepäckstücke den Vorschriften entspricht. Der Inhaber des Gepäckscheins wird aufgefordert, bei der Prüfung zugegen zu sein. Falls er sich nicht einstellt oder nicht zu erreichen ist, so hat die Nachprüfung in Ermangelung anderer gesetzlicher oder reglementarischer Bestimmungen des Staates, in dem sie stattfindet, unter Zuziehung von zwei der Eisenbahn nicht angehörenden Zeugen, zu erfolgen. Wird eine Zuwiderhandlung festgestellt, so hat der Inhaber des Gepäckscheins die Kosten der Nachprüfung zu bezahlen.

§ 3. Bei einer Zuwiderhandlung gegen die Bestimmungen des § 4 des Artikels 17 hat der Inhaber des Gepäckscheins unbeschadet seiner strafrechtlichen Verantwortlichkeit den Unterschied der Beförderungsgebühren nachzubezahlen, den etwaigen Schaden zu ersetzen und außerdem einen Zuschlag zu entrichten.

Der Zuschlag beträgt für das Kilogramm Rohgewicht der von der Beförderung ausgeschlossenen Gegenstände Fr. 15, mindestens aber Fr. 30 für jede Gepäcksendung bei den gemäß Artikel 3, Ziffer 4, des Internationalen Übereinkommens über den Eisenbahnfrachtverkehr von der Beförderung ausgeschlossenen oder bei den in der Anlage I zum Übereinkommen über den Eisenbahnfrachtverkehr in die Klassen I und II eingereihten Gegenständen, und Fr. 5, mindestens aber Fr. 10 für jede Sendung in den übrigen Fällen.

Wenn die für den Binnenverkehr der Eisenbahn, wo die Zuwiderhandlung festgestellt wurde, geltenden Vorschriften niedrigere Gesamtzuschläge vorsehen, sind diese zu erheben.

Artikel 19. Verpackung und Beschaffenheit des Gepäcks[35])

§ 1. Gepäckstücke, deren Verpackung ungenügend oder deren Herrichtung zur Beförderung mangelhaft ist, können zurückgewiesen werden. Werden sie gleichwohl zur Beförderung angenommen, so ist die Eisenbahn berechtigt, in den Gepäckschein einen Vermerk über den Zustand aufzunehmen.

§ 2. Auf den Gepäckstücken müssen der Name und die Adresse des Reisenden sowie die Bestimmungsstation in genügender Haltbarkeit verzeichnet sein. Gepäckstücke, die diese Angaben nicht tragen, können zurückgewiesen werden.

§ 3. Der Reisende hat alte Gepäckzettel, Adressen oder andere Aufschriften, die sich auf frühere Beförderungen beziehen, zu entfernen.

[15]) Die Annahme des Gepäckscheines mit dem Vermerk über die ungenügende Verpackung oder die mangelhafte Herrichtung des Gepäckstückes gilt als Anerkennung dieses Zustandes[36]).

[31]) EVO § 28. — Art. 18.

[32]) Weicht v. d. EVO v. 1928 ab; s. oben VII 3 Anm. 81. — Zu § 3: Vereinszusatzbest. zählt eine Reihe v. Gegenständen auf, die ferner als RGepäck angenommen w.

[33]) FÜG Artt. 3, 4.

[34]) EVO § 28 (4, 5). Eingeh. Erläut. bei Löning.

[35]) EVO § 29. — Desgl.

[36]) S. unten Anm. 54.

Artikel 20. Abfertigung. Gepäckschein[37])

§ 1. Reisegepäck wird nur gegen Vorweis eines mindestens bis zur Bestimmungsstation des Gepäcks gültigen Fahrausweises abgefertigt.

Die Tarife bestimmen, ob und inwieweit Reisegepäck ohne Fahrausweis zur Beförderung zugelassen ist.

§ 2. Bei der Auflieferung des Gepäcks ist dem Reisenden ein Gepäckschein zu verabfolgen.

§ 3. Im übrigen richtet sich das Verfahren für die Abfertigung des Reisegepäcks nach den für die Aufgabestation geltenden Bestimmungen.

§ 4. Die Gepäckscheine, die für internationale Sendungen ausgegeben werden, sind nach dem diesem Übereinkommen als Anlage I beigegebenen Muster[37]) auszustellen.

§ 5. Die Gepäckscheine müssen folgende Angaben enthalten:

a) die Aufgabe- und Bestimmungsstation;
b) den Beförderungsweg;
c) den Tag der Aufgabe und den Zug, zu dem das Gepäck aufgegeben worden ist;
d) die Anzahl der Fahrausweise (mit Ausnahme des im § 1, 2. Absatz, vorgesehenen Falles);
e) die Anzahl und das Gewicht der Gepäckstücke;
f) die Gepäckfracht und etwaige andere Gebühren;
g) gegebenenfalls den Betrag (in Buchstaben) des nach Artikel 35 angegebenen Interesses an der Lieferung.

§ 6. Die Tarife oder die Vereinbarungen zwischen den Eisenbahnen bestimmen, in welcher Sprache die Gepäckscheine zu drucken und auszufüllen sind.

[15]) 1. Eine Gepäckabfertigung nach oder von Zwischenstationen der in dem Fahrausweis bezeichneten Strecken kann nur verlangt werden, wenn nach oder von diesen Stationen direkte Gepäcktarife bestehen.

2. Kommen für eine Gepäckabfertigung mehrere Wege oder verschiedene Bestimmungsstationen am gleichen Ort in Frage, so hat der Reisende den Weg oder die Bestimmungsstation genau zu bezeichnen[38]).

Die Eisenbahn haftet nicht für die Folgen der Nichtbeachtung dieser Vorschrift durch den Reisenden.

3. Die Gepäckfracht muß bei der Aufgabe bezahlt werden.

4. Der Reisende hat sich beim Empfang des Gepäckscheines zu überzeugen, ob er seinen Angaben entsprechend ausgefertigt ist.

5. Auf den Gepäckscheinen dürfen Aufdrucke zu anderen als dienstlichen Zwecken nicht angebracht werden.

Artikel 21. Auslieferung[39])

§ 1. Das Gepäck wird gegen Rückgabe des Gepäckscheins ausgeliefert. Die Eisenbahn ist nicht verpflichtet, die Berechtigung des Inhabers zu prüfen.

§ 2. Der Inhaber des Gepäckscheins ist berechtigt, auf der Bestimmungsstation die Auslieferung des Gepäcks an der Ausgabestelle zu verlangen, sobald nach der Ankunft des Zuges, zu dem es aufgegeben war, die Zeit abgelaufen ist, die zur Bereitstellung und gegebenenfalls zur zoll-, steuer-, finanzamtlichen, polizeilichen oder sonstigen verwaltungsbehördlichen Abfertigung erforderlich ist.

§ 3. Wird der Gepäckschein nicht beigebracht, so ist die Eisenbahn zur Auslieferung des Gepäcks nur verpflichtet, wenn die Empfangsberechtigung nachgewiesen wird; wird dieser Nachweis für ungenügend erachtet, so kann die Eisenbahn Sicherstellung verlangen.

§ 4. Das Gepäck ist auf der Station auszuliefern, nach der es abgefertigt war. Auf rechtzeitiges Verlangen des Inhabers des Gepäckscheins kann es jedoch, wenn die Umstände dies gestatten, auch keine zoll-, steuer-, finanzamtlichen, polizeilichen oder sonstigen verwaltungsbehördlichen Vorschriften entgegenstehen, gegen Rückgabe des Gepäckscheins und, wenn es der Tarif vorschreibt, gegen Vorzeigung des Fahrausweises auf der Aufgabestation zurückgegeben oder auf einer Zwischenstation ausgeliefert werden.

§ 5. Der Inhaber des Gepäckscheins, dem das Gepäck nicht unter den im vorstehenden § 2 bezeichneten Bedingungen ausgeliefert wird, kann verlangen, daß ihm auf dem Gepäckschein Tag und Stunde der Abforderung bescheinigt werden.

§ 6. Im übrigen unterliegt die Auslieferung den bei der ausliefernden Bahn bestehenden Bestimmungen.

Kapitel III. Gemeinsame Bestimmungen für Personen- und Gepäckbeförderung

Artikel 22. Züge. Fahrpläne. Tarifauszüge[40])

§ 1. Zur Beförderung dienen die im Fahrplan enthaltenen regelmäßigen und die nach Bedarf verkehrenden Züge.

§ 2. Die Eisenbahnen haben die Fahrpläne der Züge ihrer eigenen Strecken rechtzeitig auf den Stationen auszuhängen. Aus ihnen müssen Gattung, Wagenklassen und Abfahrzeiten, für die größeren Übergangs- und die Endstationen auch die Ankunftzeiten der Züge sowie die wichtigeren Zuganschlüsse zu ersehen sein.

Außer Kraft getretene Fahrpläne sind sofort zu entfernen.

---

[37]) EVO § 30. Das Muster (§ 4) ist hier nicht abgedr. — Strauß EE 47 219.

[38]) EVO läßt f. Gepäck keine Wegevorschrift zu.

[39]) EVO § 33. — Vereinszusatzbest (oben VII 4a Ziff. VIII): Bei Rückgabe des Gepäcks auf der Aufgabestation u. seiner Auslief. auf e. Zwischenstation ist der Fahrausweis vorzuzeigen.

[40]) § 1: EVO § 4, § 2: EVO § 9 (1), § 3: EVO § 11 (1). — Vereinszusatzbest (oben VII 4a Ziff. VIII): Jeder Reis. hat selbst dafür zu sorgen, daß er auf den Übergangsstationen in den richtigen Zug gelangt, sowie daß er am Ziele seiner Reise den Wagen verläßt.

§ 3. Auf jeder dem internationalen Verkehr dienenden Station muß der Reisende den Tarif oder Tarifauszug einsehen können, der die Preise der dort verkäuflichen internationalen Fahrausweise und die entsprechenden Gepäckfrachten enthält.

[15]) Der Reisende ist zur Benutzung aller Züge berechtigt, welche die seinem Fahrausweis entsprechende Wagenklasse führen, vorbehaltlich einschränkender Bestimmungen in den amtlichen Fahrplänen oder in den Tarifen der beteiligten Eisenbahnverwaltungen.

Artikel 23. Grundsätze für die Berechnung der Beförderungspreise. Tarife[41])

§ 1. Die Beförderungspreise sind nach Maßgabe der zu Recht bestehenden und in jedem Staate gehörig veröffentlichten Tarife zu berechnen. Diese Tarife müssen alle zur Berechnung der Beförderungspreise und Nebengebühren nötigen Angaben enthalten und gegebenenfalls bestimmen, in welcher Weise den Verschiedenheiten der Währung Rechnung getragen werden soll.

§ 2. Die Tarife müssen die besonderen Bedingungen für die Beförderung enthalten.

Die Tarife müssen jedermann gegenüber in gleicher Weise angewendet werden. Ihre Bestimmungen gelten nur insoweit, als sie diesem Übereinkommen nicht widersprechen, andernfalls sind sie nichtig[42]).

Direkte internationale Tarife sowie deren Abänderungen treten an dem in der Veröffentlichung angegebenen Tage in Kraft. Erhöhungen dieser Tarife oder andere Erschwerungen der Beförderungsbedingungen sind spätestens 8 Tage vor dem für die Einführung festgesetzten Zeitpunkt zu veröffentlichen.

Falls internationale Fahrausweise oder Gepäckscheine ohne Bestehen eines direkten Tarifs ausgegeben werden und eine Eisenbahn ihren Tarif ändert, kann die Durchführung der Änderung bei den anderen Bahnen frühestens 8 Tage nach Eintreffen der Mitteilung beansprucht werden.

Tarife, die nur für eine bestimmte Zeit eingeführt sind, treten mit Ablauf dieser Zeit außer Kraft.

Artikel 24. Verbot von Sonderübereinkommen[43])

Jedes Sonderübereinkommen, wodurch einem oder mehreren Reisenden eine Preisermäßigung gegenüber den Tarifen gewährt wird, ist verboten und nichtig.

Dagegen sind Preisermäßigungen zulässig, die gehörig veröffentlicht sind und unter Erfüllung der gleichen Bedingungen jedermann in gleicher Weise zugute kommen, ebenso Ermäßigungen, die für den Eisenbahndienst, für Zwecke der öffentlichen Verwaltungen oder für Wohlfahrts-, Erziehungs- und Unterrichtszwecke gewährt werden.

Artikel 25. Abfertigung durch die Zoll-, Steuer-, Finanz-, Polizei- und sonstigen Verwaltungsbehörden[44])

Die Reisenden haben die zoll-, steuer- und finanzamtlichen, polizeilichen und sonstigen verwaltungsbehördlichen Vorschriften hinsichtlich ihrer Person und hinsichtlich der Untersuchung ihres Gepäcks und Handgepäcks zu befolgen. Dieser Untersuchung haben sie beizuwohnen, vorbehaltlich der durch die Reglemente zugelassenen Ausnahmen. Die Eisenbahn ist gegenüber den Reisenden von jeder Haftung für die Folgen der Nichtbeachtung dieser Vorschriften befreit.

Artikel 26. Rückerstattungen[45])

§ 1. Ist ein Fahrausweis nicht benutzt worden, so kann vorbehaltlich der in den §§ 3 und 4 bezeichneten Abzüge der bezahlte Fahrpreis zurückverlangt werden.

§ 2. Ist ein Fahrausweis infolge von Tod, Krankheit oder Unfall des Reisenden oder wegen zwingender Gründe ähnlicher Art nur teilweise benutzt worden, so wird vorbehaltlich der in den §§ 3 und 4 bezeichneten Abzüge der Unterschied zwischen dem bezahlten Gesamtpreis und dem nach dem Normaltarif für die zurückgelegte Strecke berechneten Fahrpreis erstattet.

§ 3. Von der Rückerstattung ausgeschlossen sind die Steuern, Zuschläge für Platzkarten, Herstellungskosten für Fahrausweise in Heftform und die für den Verkauf der Fahrausweise bezahlten Provisionen.

§ 4. Von dem zu erstattenden Betrage wird außer den etwaigen Portoauslagen für seine Zusendung eine Gebühr von 10 vH, jedoch nicht weniger als Fr. —.50 und nicht mehr als Fr. 3.— für die Fahrkarte abgezogen.

Dieser Abzug findet nicht statt, wenn ein unbenutzt gebliebener Fahrausweis am Ausgabetage der Ausgabestelle zurückgegeben wird.

§ 5[45]). Verzichtet ein Reisender, der infolge von Anschlußversäumnis wegen Zugverspätung den Anschlußzug versäumt hat oder durch den Ausfall eines Zuges oder durch eine Verkehrsunterbrechung an der fahrplanmäßigen Fortsetzung seiner Reise verhindert worden ist, auf die Weiterreise, so ist er berechtigt, von der Eisenbahn die Anwendung der Bestimmung des § 2 zu verlangen; die Abzüge nach § 4 dürfen jedoch nicht gemacht werden.

§ 6. Auf Fahrausweise zu ermäßigtem Preise kann eine Rückerstattung nur in den Fällen und im Umfang des § 5 beansprucht werden; die nach Artikel 7, § 2, Absatz 1, ausgegebenen Kinderfahrkarten gelten nicht als Fahrausweise zu ermäßigtem Preis im Sinne dieser Bestimmung.

§ 7. Für verlorene Fahrausweise wird keine Rückerstattung gewährt.

---

[41]) EVO § 6. IÜG Art. 9. Internat. RechtsO (oben I 6 Beil. A) Teil IV.

[42]) Vgl. HGB § 471 Abs. 2.

[43]) EVO § 6. IÜG Art. 10.

[44]) EVO § 32.

[45]) EVO § 19. Zu § 5: EVO § 24 (2). Vereinszusatzbest. (oben VII 4a Ziff. VIII): 1. (wie EVO § 24 (3)). 2. Auf der Zugangsstation darf der Reis. bis 5 Minuten vor der Abfahrtzeit des Zuges seinen Fahrausweis, wenn er noch nicht durchlocht od. nachweislich nur zum Betreten des Bahnsteigs benutzt ist, unter Ausgleich des Preisintersch. gegen einen andern umtauschen. (Zusatz betr. Unternehmerfahrscheine.) — Zu § 8: EVO § 33 (5). — Zu § 11: EVO § 33 (8). Ausführlich: Löning.

§ 8[45]). Wird das aufgegebene Gepäck zurückgenommen, ehe es die Aufgabestation verlassen hat, so kann die bezahlte Gepäckfracht zurückverlangt werden.

Wird das Gepäck auf einer Unterwegsstation zurückgenommen, so kann die Frachterstattung nur in den Fällen und im Umfang der Bestimmungen der §§ 2 und 5 verlangt werden.

In beiden Fällen wird eine Gebühr von Fr. —.50 für den Gepäckschein und eine etwaige Steuer abgezogen.

§ 9. Die Tarife können abweichende Bestimmungen treffen, die jedoch keine Erschwerungen für die Reisenden enthalten dürfen.

§ 10. Alle Ansprüche auf Rückerstattungen nach den Bestimmungen der §§ 1, 2, 5, 6 und 8 dieses Artikels sind erloschen, wenn sie nicht binnen sechs Monaten nach Ablauf der Gültigkeitsdauer des Fahrausweises bei der Eisenbahn geltend gemacht worden sind.

§ 11[45]). Wurde der Tarif unrichtig angewendet oder sind bei der Festsetzung der Beförderungspreise und Gebühren Fehler vorgekommen, so muß der Mehr- oder Minderbetrag erstattet werden.

§ 12. Von der Eisenbahn festgestellte Überzahlungen müssen, wenn sie für einen Fahrausweis oder Gepäckschein den Betrag von Fr. —.50 übersteigen, soweit möglich von Amts wegen den Beteiligten mitgeteilt und möglichst bald ausgeglichen werden.

§ 13. In allen anderen in diesem Artikel nicht vorgesehenen Fällen sowie in Ermangelung von besonderen, zwischen den Eisenbahnen getroffenen Vereinbarungen gelten die Bestimmungen des Binnenverkehrs der einzelnen Eisenbahnen.

[45]) 1. Die Eisenbahn ist berechtigt, zu verlangen, daß der Reisende sein Gesuch um gänzliche oder teilweise Erstattung des gezahlten Fahrpreises oder der gezahlten Gepäckfracht ausreichend belegt.

2. Wenn ein Reisender seinen gültigen Fahrausweis auf einer Unterwegsstation der Strecke vorlegt, auf die der Ausweis lautet, und die Erklärung abgibt, daß er auf die Weiterreise verzichte, so kann er von dieser Station eine seiner Erklärung entsprechende Bescheinigung erhalten. Verzichtet er auf den Antritt der Reise, so kann er die Bescheinigung von der Abgangsstation erhalten.

Die Bescheinigung ist dem Gesuch um gänzliche oder teilweise Erstattung des Fahrpreises beizulegen. Sie enthebt aber den Reisenden nicht von der Beibringung anderer von der Bahn etwa verlangter Nachweise.

3. Ein Reisender, der wegen Platzmangels in der seinem Fahrausweis entsprechenden Wagenklasse einen ihm in einer niedrigeren Klasse zugewiesenen Platz benutzt und sich diese Tatsache bahnamtlich bescheinigen läßt, hat Anspruch auf Erstattung des Preisunterschiedes zwischen dem gezahlten Fahrpreis und demjenigen, den er bei Lösung besonderer Fahrausweise für die benutzten Klassen und Strecken hätte bezahlen müssen.

4. Für die Berechnung des zu erstattenden Betrages gilt der Kurs, der für die Erhebung des Beförderungspreises maßgebend war, für die Auszahlung des Preisunterschiedes an den Reisenden der Kurs des Auszahlungstages.

Artikel 27. Streitigkeiten[46])

Streitigkeiten unter den Reisenden und Streitigkeiten zwischen den Reisenden und den Bediensteten entscheidet vorläufig auf den Stationen der Aufsichtsbeamte, während der Fahrt der Zugführer.

Titel III. Haftung der Eisenbahnen. Klagen[47])

Kapitel I. Haftung

Artikel 28. Haftung für die Beförderung von Reisenden, Handgepäck und Tieren

§ 1. Die Haftung der Eisenbahn für die Tötung oder Verletzung eines Reisenden infolge eines Zugunfalls[48]) sowie für den Schaden, der durch Verspätung oder Ausfall eines Zuges oder durch Anschlußversäumnis[49]) verursacht wird, richtet sich nach den Gesetzen und Reglementen des Staates, in dem das schädigende Ereignis eingetreten ist. Die Vorschriften dieses Titels finden in diesen Fällen keine Anwendung.

§ 2. Für Handgepäck und Tiere, deren Überwachung dem Reisenden nach Artikel 15, § 3, obliegt[50]), haftet die Eisenbahn nur insoweit, als der Schaden durch ihr Verschulden entstanden ist[51]).

§ 3. Eine Haftungsgemeinschaft der Eisenbahnen[51]) ist in diesen Fällen ausgeschlossen.

Artikel 29. Haftungsgemeinschaft der Eisenbahnen für das Reisegepäck[52])

§ 1. Die Eisenbahn, die Reisegepäck unter Aushändigung eines internationalen Gepäckscheins zur Beförderung angenommen hat, haftet für die Ausführung der Beförderung auf der ganzen Strecke bis zur Auslieferung.

§ 2. Jede nachfolgende Eisenbahn tritt dadurch, daß sie das Gepäck übernimmt, in den Beförderungsvertrag ein und übernimmt die sich daraus ergebenden Verpflichtungen, unbeschadet der die Empfangsbahn betreffenden Vorschrift des Artikels 42, § 2.

---

[46]) EVO § 7 (2).

[47]) Tit. III stimmt mut. mut. mit IÜG Tit. III überein.

[48]) HPflG (oben VI 5) u. oben VII 3 Anm. 26 B. Übersicht üb. das Recht in Deutschland, Österreich u. der Schweiz: Schmid IntZtschr **27** (1929) 40, desgl. in Belgien, Luxemburg, Schweiz, Italien: Noé das. 90; allgemein: Löning Anm. 4 (mit zahlreichen Belegen). — Zugunfall gleich Betriebsunfall i. S. des HPflG; daraus folgt, daß für Betriebsunfälle der Reisenden die Haftungsgemeinschaft der Bahnen nicht gilt. Löning Anm. 3.

[49]) EVO § 24 (1); diese Vorschr. ist als Vereinszusatzbest. (oben VII 4a Ziff. VIII) in die Tarife aufgenommen.

[50]) EVO §§ 26 (5), 25 (6).

[51]) Art. 29.

[52]) Güter: IÜG Art. 26 §§ 1, 2 (s. d.). — Oben Anm. 12. — Ausführlich Löning zu Art. 29, gegen dessen Auffass., daß Art. 29 eine Zwangsgemeinschaft der Eis. auch f. d. internat. Gepäckverkehr begründet: v. der Leyen Arch **1929** 1574 f.; s. auch oben VII 4a Ziff. XII.

Artikel 30. Umfang der Haftung[53])

§ 1. Die Eisenbahn haftet unter den in diesem Kapitel festgesetzten Bedingungen für den Schaden, der durch gänzlichen oder teilweisen Verlust oder Beschädigung des Gepäcks in der Zeit von der Annahme bis zur Auslieferung oder durch verspätete Auslieferung entsteht.

§ 2. Sie ist bei gänzlichem oder teilweisem Verlust oder bei Beschädigung des Gepäcks von dieser Haftung befreit, wenn sie beweist, daß der Schaden durch ein Verschulden des Reisenden, durch die natürliche Beschaffenheit des Gepäcks oder durch höhere Gewalt herbeigeführt worden ist.

Sie ist von der Haftung für Schäden befreit, die aus der besonderen Beschaffenheit des Gepäcks oder daraus entstehen, daß das Gepäck mangelhaft verpackt war[54]) oder von der Beförderung ausgeschlossene Gegenstände trotzdem als Gepäck aufgegeben wurden.

Konnte nach den Umständen des Falles ein Schaden aus einer Gefahr entstehen, die mit der besonderen Beschaffenheit des Gepäcks, mit Mängeln der Verpackung[54]) oder damit verbunden ist, daß von der Beförderung ausgeschlossene Gegenstände[55]) als Gepäck aufgegeben wurden, so wird bis zum Nachweis des Gegenteils durch den Berechtigten vermutet, daß der Schaden hieraus entstanden ist.

§ 3. Sie ist von der Haftung für den Schaden aus der verspäteten Auslieferung befreit, wenn sie beweist, daß die Verspätung durch Umstände herbeigeführt worden ist, die sie nicht abzuwenden und denen sie auch nicht abzuhelfen vermochte[13]).

Artikel 31. Höhe der Entschädigung bei gänzlichem oder teilweisem Verlust des Reisegepäcks[56])

Wenn von der Eisenbahn auf Grund der Bestimmungen dieses Übereinkommens für gänzlichen oder teilweisen Verlust des Gepäcks Entschädigung zu leisten ist, so kann beansprucht werden:

a) wenn der Betrag des Schadens nachgewiesen ist,
der Ersatz dieses Schadens bis zur Höhe von 20 Franken für jedes fehlende Kilogramm des Rohgewichts;

b) wenn der Betrag des Schadens nicht nachgewiesen ist,
ein Pauschalsatz von 10 Franken für jedes fehlende Kilogramm des Rohgewichts.

Dazu kommt die Erstattung dessen, was an Gepäckfracht, Zöllen und sonstigen Kosten für das verlorene Gepäck bezahlt worden ist, jedoch ohne weiteren Schadenersatz, vorbehaltlich der in den Artikeln 35 und 36 vorgesehenen Ausnahmen.

Artikel 32. Vermutung für den Verlust des Reisegepäcks. Wiederauffinden verlorenen Gepäcks[57])

§ 1. Ein fehlendes Gepäckstück gilt nach Ablauf des vierzehnten Tages nach der Abforderung als verloren.

§ 2. Wird ein für verloren gehaltenes Gepäckstück innerhalb eines Jahres nach der Abforderung wieder aufgefunden, so hat die Eisenbahn den Reisenden, wenn sein Aufenthaltsort bekannt ist oder sich ermitteln läßt, hiervon zu benachrichtigen.

§ 3. Innerhalb von 30 Tagen nach erhaltener Nachricht kann der Reisende verlangen, daß ihm das Gepäck nach seiner Wahl auf der Bestimmungsstation oder der Aufgabestation kostenfrei gegen Rückerstattung der ihm bezahlten Entschädigung und vorbehaltlich aller Ansprüche auf Entschädigung wegen Verspätung gemäß Artikel 34 und gegebenenfalls Artikel 35, § 3, ausgeliefert werde.

§ 4. Wird das wieder aufgefundene Gepäck nicht innerhalb der im § 3 vorgesehenen Frist von 30 Tagen zurückverlangt, oder wird es erst nach Ablauf eines Jahres nach der Abforderung wiedergefunden, so kann die Eisenbahn darüber nach den Gesetzen oder Reglementen ihres Staates verfügen.

Artikel 33. Höhe der Entschädigung bei Beschädigung des Reisegepäcks[58])

Bei Beschädigung hat die Eisenbahn den Betrag des Minderwerts des Gepäcks zu zahlen, und zwar ohne weiteren Schadenersatz vorbehaltlich der in den Artikeln 35 und 36 vorgesehenen Ausnahmen.

Die Entschädigung darf jedoch nicht übersteigen:

a) wenn die ganze Sendung durch Beschädigung entwertet ist,
den Betrag, der im Fall des Verlustes der ganzen Sendung zu zahlen wäre;

b) wenn nur ein Teil der Sendung durch die Beschädigung entwertet ist,
den Betrag, der im Fall des Verlustes dieses Teiles der Sendung zu zahlen wäre.

Artikel 34. Höhe der Entschädigung für Reisegepäck bei verspäteter Auslieferung

[59]) § 1. Bei verspäteter Auslieferung hat die Eisenbahn, falls der Reisende nicht nachweist, daß ein Schaden aus dieser Verspätung entstanden ist, eine Entschädigung von 0,10 Fr. für das Kilogramm des Rohgewichts des Gepäcks, soweit es verspätet ausgeliefert worden ist, für je angefangene 24 Stunden von der Abforderung an gerechnet, höchstens aber für 14 Tage, zu zahlen.

---

[53]) Güter: JÜG Artt. 27, 28. — § 1: EVO § 35 (1), § 2: EVO § 35 (1) in Verb. m. §§ 82 (1), 83 (1b, d, e, 2), § 3: EVO § 37 (5).

[54]) Ist in d. Gepäckschein kein Vermerk i. S. Art. 19 § 1 (u. Einheitl. ZusBest dazu) aufgenommen, so muß die Eis. den VerpackMangel beweisen.

[55]) Art. 17 § 4.

[56]) Güter: JÜG Art. 29 (s. d.). — Das deutsche Recht — EVO § 35 in Verb. mit § 85 — weicht vom JÜP ab, indem es keine allgemeine (Ausnahme: § 35 Abs. 2, 3) Beschränk. auf e. Höchstbetrag kennt; anders. fehlt im JÜP die in § 35 (4) EVO vorgeseh. Präklusion.

[57]) Güter: JÜG Art. 30. — Teilw. abweich. EVO § 36. — Zu § 4: Art. 44 § 5.

[58]) Güter: JÜG Art. 32. — HGB § 457 Abs. 2 (s. d.), EVO § 35 (1) in Verb. m. § 85 (2). — Abs. 2 hängt mit der dem internat. Rechte eigentüml. Beschränk. des Höchstbetrags zusammen; Näheres Löning Anm. 3 zu JÜG Art. 32.

[59]) Art. 34 §§ 1, 2 weichen ab v. EVO § 37 (1), wo-

[59]) § 2. Wird der Nachweis erbracht, daß ein Schaden aus der Verspätung entstanden ist, so ist für diesen Schaden eine Entschädigung zu zahlen, die das Vierfache der im § 1 dieses Artikels bestimmten Pauschalentschädigung nicht übersteigen darf.

[60]) § 3. Die in den §§ 1 und 2 dieses Artikels vorgesehenen Entschädigungen können nicht neben der bei gänzlichem Verlust zu leistenden Entschädigung verlangt werden.

Bei teilweisem Verlust sind sie gegebenenfalls für den nicht verlorengegangenen Teil zu entrichten.

Bei Beschädigung treten sie gegebenenfalls neben die im Artikel 33 vorgesehene Entschädigung.

Artikel 35. Angabe des Interesses an der Lieferung

[61]) § 1. Für jede Gepäcksendung kann das Interesse an der Lieferung angegeben werden. Der Betrag ist auf dem Gepäckschein zu vermerken.

In Ermangelung einer entgegenstehenden Vorschrift der Tarife muß die angegebene Summe in der Währung des Versandstaates ausgedrückt werden.

§ 2. Es wird eine besondere Gebühr von einem Viertel vom Tausend der angegebenen Summe für je angefangene 10 km erhoben.

Die Tarife können die Gebühr herabsetzen, auch einen Mindesterhebungsbetrag festsetzen.

[62]) § 3. Ist das Interesse an der Lieferung angegeben, so kann bei verspäteter Auslieferung beansprucht werden:

a) wenn nicht nachgewiesen wird, daß ein Schaden aus dieser Verspätung entstanden ist, bis zur Höhe des angegebenen Interesses 0,20 Franken für das Kilogramm des Rohgewichts des verspätet ausgelieferten Gepäcks, für je angefangene 24 Stunden von der Abforderung an gerechnet, höchstens aber für 14 Tage;

b) wenn der Nachweis erbracht wird, daß ein Schaden aus der Verspätung entstanden ist, eine Entschädigung bis zur Höhe des angegebenen Interesses.

Ist der Betrag des angegebenen Interesses geringer als die im Artikel 34 vorgesehenen Entschädigungen, so können diese an Stelle der unter a) und b) erwähnten Beträge verlangt werden.

[63]) § 4. Wird der Nachweis erbracht, daß ein Schaden aus einem gänzlichen oder teilweisen Verlust oder aus einer Beschädigung des Gepäcks entstanden ist, das den Gegenstand einer Angabe des Interesses an der Lieferung bildet, so kann außer der in den Artikeln 31 und 33 vorgesehenen Entschädigung Schadenersatz bis zur Höhe der angegebenen Summe beansprucht werden.

Artikel 36. Höhe der Entschädigung bei Vorsatz oder grober Fahrlässigkeit der Eisenbahn[64])

In allen Fällen, in denen der gänzliche oder teilweise Verlust, die Beschädigung oder die verspätete Auslieferung auf Vorsatz oder grobe Fahrlässigkeit der Eisenbahn zurückzuführen ist, ist der Schaden jeweils bis zum Doppelten der in den Artikeln 31, 33, 34 und 35 vorgesehenen Höchstbeträge zu ersetzen.

Artikel 37. Verzinsung der Entschädigungsbeträge[65])

Der Reisende kann sechs vom Hundert Zinsen der ihm auf einen Gepäckschein gewährten Entschädigung verlangen, sofern sie den Betrag von 10 Franken übersteigt.

Diese Zinsen laufen vom Tage der im Artikel 40 vorgesehenen Reklamation oder, wenn keine Reklamation vorausging, vom Tage der Klageerhebung an.

Artikel 38. Rückerstattung der Entschädigung[66])

Jede zu Unrecht empfangene Entschädigung ist zurückzuerstatten.

Außerdem hat die Eisenbahn im Falle eines Betruges unbeschadet der strafrechtlichen Folgen Anspruch auf Zahlung einer Summe, die dem zu Unrecht gezahlten Betrage gleichkommt.

Artikel 39. Haftung der Eisenbahn für ihre Leute[67])

Die Eisenbahn haftet für ihre Leute und für andere Personen, deren sie sich bei der Ausführung der von ihr übernommenen Beförderung bedient.

Wenn indessen Bahnangestellte auf Verlangen eines Reisenden Verrichtungen ausüben, die der Bahn nicht obliegen, gelten sie als Beauftragte des Reisenden, für den sie tätig sind.

Kapitel II. Reklamationen. Klagen. Verfahren bei Rechtsstreitigkeiten aus dem Beförderungsvertrag. Verjährung der Ansprüche aus dem Beförderungsvertrag[68])

Artikel 40. Reklamationen[68])

[69]) § 1. Außergerichtliche Ansprüche aus dem Beförderungsvertrag müssen schriftlich bei der in Artikel 42 näher bezeichneten Eisenbahn angebracht werden.

---

nach ohne Schadensnachweis kein Ersatz. Gegenbeweis, daß kein Schaden entstanden ist, der Eis. verstattet. Löning Anm. 3 zu JÜG Art. 33 §§ 1, 2; a. M. Seligsohn Anm. 4 fg. zu JÜG Art. 33.

[60]) JÜG Art. 33 § 3. — EVO § 37 (4). — Oben VII 2 Anm. 30 C u. VII 3 Anm. 341; Löning Anm. zu JÜG Art. 33 § 3.

[61]) EVO § 30 (2).

[62]) Güter: JÜG Art. 35 § 3. — EVO § 37 (2). — Anm. 59.

[63]) Ebenso JÜG Art. 35 § 4. — HGB § 463, EVO § 90 (2).

[64]) Ebenso JÜG Art. 36. — EVO § 91 (s. d.). — Oben VII 2 Anm. 34.

[65]) Ebenso JÜG Art. 37. — EVO § 92.

[66]) Ebenso JÜG Art. 38. — Zur Ausleg. der nicht zweifelsfreien Vorschr.: Löning Anm. zu JÜG Art. 38.

[67]) JÜG Art. 39. — HGB § 458 (s. d.), EVO § 5.

[68]) Kap. II Artt. 40—46 decken sich in der Bezifferung u. (mut. mut.) inhaltlich mit Kap. II Artt. 40—46 JÜG.

[69]) EVO § 95 (3). Örtl. Zuständ. b. d. Reichsbahn Vf 24. Okt. 28 (Die Reichsbahn S. 949).

§ 2. Zur Geltendmachung sind die gemäß Artikel 41 zur Erhebung der Klage gegen die Eisenbahn berechtigten Personen befugt.

§ 3. Der Berechtigte muß den Fahrausweis, den Gepäckschein und sonstige Belege, die er seiner Reklamation beifügen will, in Urschrift oder Abschrift vorlegen, Abschriften auf Verlangen der Eisenbahn in gehörig beglaubigter Form[70]).

Die Eisenbahn kann bei der endgültigen Erledigung der Reklamation die Rückgabe der Fahrausweise und Gepäckscheine verlangen.

Artikel 41. Zur Erhebung der Klage gegen die Eisenbahn berechtigte Personen[68])

Zur gerichtlichen Geltendmachung von Ansprüchen gegen die Eisenbahn ist nur befugt, wer den Fahrausweis oder den Gepäckschein vorweist oder, wenn er den Fahrausweis oder den Gepäckschein nicht beibringen kann, seine Berechtigung nachweist.

Artikel 42. Eisenbahnen, gegen welche die Klagen zu richten sind. Zuständigkeit[68])

§ 1. Ansprüche auf Rückerstattung von Zahlungen, die auf Grund des Beförderungsvertrags geleistet sind, können nur gegen die Eisenbahn gerichtlich geltend gemacht werden, die den Betrag erhoben hat.

[71]) § 2. Sonstige Ansprüche aus dem Beförderungsvertrag können nur gegen die Abgangsbahn, die Bestimmungsbahn oder diejenige Eisenbahn gerichtlich geltend gemacht werden, auf deren Strecke sich die den Anspruch begründende Tatsache ereignet hat.

Auch wenn die Bestimmungsbahn das Gepäck nicht erhalten hat, kann sie gleichwohl gerichtlich in Anspruch genommen werden.

Unter den bezeichneten Eisenbahnen steht dem Kläger die Wahl zu; mit der Erhebung der Klage erlischt das Wahlrecht.

§ 3. Die Klage kann, wenn nicht in Staatsverträgen oder Konzessionen ein anderes bestimmt ist, nur vor den zuständigen Gerichten des Staates erhoben werden, dem die beklagte Eisenbahn angehört.

Betreibt ein Eisenbahnunternehmen mehrere Eisenbahnnetze mit selbständiger Betriebsverwaltung in verschiedenen Staaten[72]), so wird jedes dieser Eisenbahnnetze als besondere Eisenbahn im Sinne dieser Vorschrift angesehen.

[73]) § 4. Im Wege der Widerklage oder der Einrede können Ansprüche auch gegen eine andere als die in den §§ 1 und 2 bezeichneten Eisenbahnen erhoben werden, wenn sich die Klage auf denselben Beförderungsvertrag gründet.

§ 5. Die Vorschriften dieses Artikels finden keine Anwendung auf den Rückgriff der Eisenbahnen gegeneinander nach Maßgabe des Kapitels III dieses Titels.

Artikel 43. Feststellung eines teilweisen Verlustes oder einer Beschädigung des Reisegepäcks[68]) [74])

§ 1. Wird ein teilweiser Verlust oder eine Beschädigung des Gepäcks von der Eisenbahn entdeckt oder vermutet oder vom Reisenden behauptet, so hat die Eisenbahn den Zustand und das Gewicht des Gepäcks und, soweit dies möglich ist, den Betrag, die Ursache und den Zeitpunkt des Schadens sofort, womöglich in Gegenwart des Reisenden, durch eine Tatbestandsaufnahme festzustellen.

Dem Reisenden ist auf sein Verlangen eine Abschrift der Tatbestandsaufnahme auszuhändigen[75]).

§ 2. Wenn der Reisende die Feststellungen der Tatbestandsaufnahme nicht anerkennt, kann er verlangen, daß der Zustand und das Gewicht des Gutes, die Schadensursache sowie der Betrag des Schadens gemäß den Gesetzen und Reglementen des Staates, in dem die Auslieferung stattgefunden hat, gerichtlich festgestellt wird[76]).

§ 3. Bei Verlust eines Gepäckstücks ist der Reisende, um die Nachforschungen der Eisenbahn zu erleichtern, verpflichtet, eine möglichst genaue Beschreibung des verloren gegangenen Gepäckstücks zu geben.

Artikel 44. Erlöschen der Ansprüche gegen die Eisenbahn aus dem Gepäckbeförderungsvertrag [68]) [77])

§ 1. Mit der Abnahme des Gepäcks sind alle Ansprüche gegen die Eisenbahn aus dem Gepäckbeförderungsvertrag erloschen[78]).

§ 2. Jedoch erlöschen nicht:

1. Entschädigungsansprüche, bei denen der Reisende nachweist, daß der Schaden durch Vorsatz oder grobe Fahrlässigkeit der Eisenbahn herbeigeführt worden ist;

2. Entschädigungsansprüche wegen verspäteter Auslieferung, wenn sie an eine der im Artikel 42, § 2, bezeichneten Eisenbahnen innerhalb einer Frist von nicht mehr als 14 Tagen, den Tag der Abnahme nicht mitgerechnet, angebracht werden;

---

[70]) Rechtsfolgen der Unterlassung? Vgl. Löning Anm. 3 zu JÜG Art. 40 §§ 3, 4.

[71]) JÜG Art. 42 § 3. — Vgl. EVO § 96 (3). Nach deutschem Rechte kann sich der Reisende nur an die Bahn halten, mit der er den GepäckbefördVtr abgeschlossen hat. Weirauch Anm. 4 zu EVO § 35.

[72]) Trifft m. W. auf keine deutsche Bahn zu.

[73]) Vgl. EVO § 96 (3).

[74]) EVO § 81.

[75]) Oben VII 3 Anm. 315.

[76]) ZPO §§ 485 ff.

[77]) HGB §§ 438, 464; EVO § 93. — Bedeutung des Zeitpunkts des Verlustes: Löning Anm. 8.

[78]) Abnahme gleich Annahme (oben VII 3 Anm. 302). — Das im deutschen Rechte noch immer weitergeschleppte (Rundnagelhaftung S. 159) Erfordernis der Frachtzahlung ist im internat. Rechte fallen gelassen; für den innerdeutschen Verkehr konnte wegen der zwingenden Vorschr. in HGB § 438 die EVO darauf nicht verzichten.

3. Entschädigungsansprüche wegen teilweisen Verlustes oder Beschädigung:
a) wenn der Verlust oder die Beschädigung vor der Abnahme des Gepäcks durch den Reisenden gemäß Artikel 43 festgestellt ist;
b) wenn die Feststellung, die gemäß Artikel 43 hätte erfolgen müssen, nur durch Verschulden der Eisenbahn unterblieben ist;

4. Entschädigungsansprüche wegen äußerlich nicht erkennbarer Schäden, die erst nach der Abnahme festgestellt worden sind, jedoch nur unter nachstehenden Voraussetzungen:
a) daß sich die Eisenbahn dem Reisenden gegenüber nicht zur Feststellung des Zustandes des Gepäcks auf der Bestimmungsstation bereit erklärt hat;
b) daß unverzüglich nach der Entdeckung des Schadens und spätestens 3 Tage nach der Abnahme des Gepäcks der Antrag auf Feststellung gemäß Artikel 43 angebracht wird;
c) daß der Reisende beweist, daß der Schaden in der Zeit zwischen der Annahme zur Beförderung und der Auslieferung entstanden ist;

5. Ansprüche auf Rückerstattung geleisteter Zahlungen.

[79]) § 3. Der Reisende kann die Abnahme des Gepäcks so lange verweigern, bis seinem Antrag auf Feststellung der behaupteten Schäden stattgegeben ist.

Vorbehalte bei der Abnahme des Gepäcks sind wirkungslos, sofern sie nicht von der Eisenbahn anerkannt sind.

[79]) § 4. Wenn von mehreren im Gepäckschein verzeichneten Stücken bei der Auslieferung einzelne fehlen, so kann der Reisende, ehe er die anderen annimmt, von der Eisenbahn eine Bescheinigung hierüber verlangen.

[80]) § 5. Die Haftung für gänzlichen Verlust erlischt, wenn das Gepäck nicht binnen 6 Monaten nach der Ankunft des Zuges, zu dem es aufgegeben war, auf der Bestimmungsstation abgefordert wird, unbeschadet der Verpflichtung der Eisenbahn, den Reisenden auch später zu benachrichtigen, falls das Gepäckstück wiedergefunden wird und die zur Ermittlung der Adresse des Reisenden nötigen Merkmale trägt.

Artikel 45. Verjährung der Klagen aus dem Beförderungsvertrag[68]) [81])

§ 1. Klagen aus dem Beförderungsvertrag verjähren in einem Jahr, wenn die geschuldete Summe nicht bereits durch Anerkenntnis, Vergleich oder gerichtliches Urteil festgestellt worden ist.

Die Verjährung beträgt indessen 3 Jahre, wenn es sich um Klagen wegen eines durch Vorsatz oder grobe Fahrlässigkeit verursachten Schadens oder wegen des im Artikel 38 erwähnten Falles des Betruges handelt[82]).

§ 2. Die Verjährung beginnt:
a) bei Entschädigungsansprüchen wegen teilweisen Verlustes, Beschädigung oder verspäteter Auslieferung
mit dem Tage der Auslieferung;
b) bei Entschädigungsansprüchen wegen gänzlichen Verlustes
mit dem Tage, an dem die Auslieferung hätte erfolgen sollen;
c) bei Ansprüchen auf Zahlung oder Rückerstattung von Beförderungs- und Nebengebühren oder von Zuschlägen oder auf Berichtigung bei unrichtiger Tarifanwendung oder bei Rechenfehlern
mit dem Tage der Zahlung oder, wenn keine Zahlung stattgefunden hat, mit dem Tage, an dem sie hätte erfolgen sollen;
d) bei Ansprüchen auf Zahlung eines von der Zollbehörde verlangten Zuschlags
mit dem Tage, an dem die Zollbehörde das Verlangen gestellt hat;
e) bei sonstigen, die Personenbeförderung betreffenden Ansprüchen
mit dem Tage des Ablaufs der Gültigkeitsdauer des Fahrausweises.

Der als Beginn der Verjährung bezeichnete Tag ist in der Frist nicht einbegriffen.

§ 3. Wenn der Reisende eine schriftliche Reklamation gemäß Artikel 40 bei der Eisenbahn eingereicht hat, wird der Lauf der Verjährung gehemmt. Der Lauf beginnt wieder mit dem Tage, an dem die Eisenbahn die Reklamation durch schriftlichen Bescheid zurückgewiesen und die der Reklamation etwa beigefügten Belege zurückgegeben hat. Der Beweis des Einganges der Reklamation oder des Bescheides und der Rückgabe der Belege liegt dem ob, der sich auf diese Tatsachen beruft.

Weitere Reklamationen hemmen die Verjährung nicht.

§ 4. Vorbehaltlich vorstehender Bestimmungen gelten für die Hemmung und die Unterbrechung der Verjährung die Gesetze und Reglemente des Staates, wo die Klage angestellt wird[83]).

Artikel 46. Unzulässigkeit der Geltendmachung erloschener oder verjährter Ansprüche[84])

Ansprüche, die gemäß den Artikeln 26, § 10, 44 und 45 erloschen oder verjährt sind, können auch nicht im Wege einer Widerklage oder einer Einrede geltend gemacht werden.

---

[79]) Zu §§ 3, 4: EVO § 75 (13, 12). — Vereinszusatzbest. (oben VII 4a Ziff. VIII): Die im Art. 44 § 3 Abs. 2 IÜP erwähnte eisenbahnseitige Anerkennung eines Vorbehaltes b. d. Annahme des Gepäcks ist nur dann wirksam, wenn sie schriftlich erteilt ist.

[80]) EVO § 35 (4). — Die Verpflicht. der Eis., den Reis. zu benachricht., erlischt gemäß Art. 32 § 4.

[81]) EVO § 94.

[82]) Nach deutschem Recht gilt für die in § 1 Abs. 2 bezeichn. Ansprüche die dreißigjährige Verjährungsfrist; s. oben VII 3 Anm. 354.

[83]) BGB §§ 202ff.

[84]) Abweichend EVO § 94 (5).

Kapitel III. Abrechnung. Rückgriff der Eisenbahnen gegeneinander[85])

Artikel 47. Abrechnung zwischen den Eisenbahnen[85])

Jede Eisenbahn hat den übrigen beteiligten Eisenbahnen die ihnen zukommenden Anteile an den Beförderungsgebühren zu bezahlen, die sie erhoben hat oder hätte erheben müssen.

Artikel 48. Rückgriff bei Entschädigung für gänzlichen oder teilweisen Verlust oder Beschädigung[85]) [86])

[87]) § 1. Hat eine Eisenbahn auf Grund der Bestimmungen dieses Übereinkommens eine Entschädigung für gänzlichen oder teilweisen Verlust oder Beschädigung des Gepäcks geleistet, so steht ihr der Rückgriff gegen die an der Beförderung beteiligten Eisenbahnen nach Maßgabe folgender Bestimmungen zu:

a) die Eisenbahn, die den Schaden allein verursacht[88]) hat, haftet ausschließlich dafür;

b) haben mehrere Eisenbahnen den Schaden verursacht, so haftet jede Eisenbahn für den von ihr verursachten Schaden. Ist eine solche Unterscheidung nach den Umständen des Falles nicht möglich, so bestimmen sich ihre Anteile an der Entschädigung nach den Grundsätzen unter c);

c) wenn nicht nachgewiesen werden kann, daß eine oder mehrere Eisenbahnen den Schaden verursacht haben, so haften sämtliche an der Beförderung beteiligten Eisenbahnen mit Ausnahme derjenigen, die beweisen, daß der Schaden auf ihrer Strecke nicht verursacht worden ist; die Verteilung erfolgt nach dem Verhältnis der Tarifkilometer.

§ 2. Bei Zahlungsunfähigkeit einer dieser Eisenbahnen wird der auf sie entfallende, aber von ihr nicht bezahlte Anteil unter alle anderen an der Beförderung beteiligten Eisenbahnen nach Verhältnis der Tarifkilometer verteilt.

Artikel 49. Rückgriff bei Entschädigung für Überschreitung der Lieferfrist[85])

Die Vorschriften des Artikels 48 finden auch bei Entschädigung für verspätete Auslieferung Anwendung. Wird die Verspätung durch Unregelmäßigkeiten veranlaßt, die im Bereich mehrerer Eisenbahnen festgestellt worden sind, so ist die Entschädigung unter diese Eisenbahnen nach Verhältnis der Zeitdauer der auf ihren Strecken vorgekommenen Verspätung zu verteilen.

Artikel 50. Verfahren bei Rückgriffen[89])

[90]) § 1. Keine Eisenbahn, gegen die nach Artikel 48 oder 49 Rückgriff genommen wird, ist befugt, die Rechtmäßigkeit der durch die Rückgriff nehmende Eisenbahn geleisteten Zahlung zu bestreiten, wenn über die Entschädigung gerichtlich entschieden worden ist, nachdem der Eisenbahn in gehöriger Weise der Streit verkündet und ihr die Möglichkeit gegeben war, in dem Rechtsstreit zu intervenieren. Der Richter der Hauptsache bestimmt nach den Umständen des Falles die Fristen für die Streitverkündung und für die Intervention.

[91]) § 2. Die den Rückgriff nehmende Eisenbahn hat sämtliche beteiligten Eisenbahnen, mit denen sie sich nicht gütlich geeinigt hat, in einer und derselben Klage zu belangen, widrigenfalls das Recht des Rückgriffs gegen die nicht belangten Eisenbahnen erlischt.

§ 3. Der Richter hat in einem und demselben Verfahren über alle Rückgriffe, mit denen er befaßt ist, zu entscheiden.

§ 4. Den beklagten Eisenbahnen steht ein weiterer Rückgriff nicht zu.

[92]) § 5. Die Verbindung des Rückgriffverfahrens mit dem Entschädigungsverfahren ist unzulässig.

Artikel 51. Zuständigkeit im Rückgriffsverfahren[85]) [93])

§ 1. Der Richter des Wohnsitzes der Eisenbahn, gegen die der Rückgriff genommen wird, ist für alle Rückgriffsansprüche ausschließlich zuständig.

§ 2. Ist die Klage gegen mehrere Eisenbahnen zu erheben, so hat die klagende Eisenbahn die Wahl unter den nach § 1 dieses Artikels zuständigen Richtern.

---

[85]) Kap. III Artt. 47—52 decken sich in der Bezifferung und — mut. mut. — inhaltlich mit Kap. III Artt. 47—52 JÜG. — Internat. RechtsO (oben I 6 Beil. A) Teil V. — Anm. 12. — EVO enthält üb. den Rückgriff nur die allg. Best. in § 96 (4).

[86]) Art. 42 § 5. — Art. 52.

[87]) § 1 ist enger gefaßt als die entsprech. Vorschr. in JntÜb Art. 47 (1), indem er nur Verlust u. Beschäd. behandelt, nicht auch sonstige EntschädFälle, vgl. Löning Anm. 2 zu JÜG Art. 48 § 1.

[88]) Die Fass. weicht v. JntÜb Art. 47 ab, indem damals Verschulden (faute) einer Eis. als Vorauss. für vorzugsweise Haftung bezeichnet war, während jetzt Verursachung (fait) genügt; die Sitzungsprotokolle ergeben über den Grund der Änderung nichts. — Ältere Entsch. des Berner Zentralamts: Der Beweis der Verursachung ist gegen die Eis., in deren Bereiche der Schaden entdeckt wird, nicht schon damit erbracht, daß diese das Gut ohne eingeh. Besicht. (symbolisch) übernommen hat; jede am Transporte beteil. Eis. hat bei unterwegs eintret. Beschäd. dafür zu sorgen, daß die nachteil. Folgen möglichst eingeschränkt w.; die Versandbahn haftet f. Stellung e. geeign. Wagens. EE 19 352, 354, 356. Anford. an die Beweisführung JntZtschr 18 4.

[89]) Wörtlich wie JÜG Art. 50. — JntÜb Artt. 50 bis 52. — Durch Art. 50 soll nicht etwa die gütliche Erledigung der EntschädForderung durch die in Anspruch genommene Eis. ausgeschlossen w.; nur steht dann den anderen Eis. die Prüfung der Frage offen, ob der Anspruch begründet war. Gerstner JntÜb (1893) S. 422, 414; Berner Zentralamt JntZtschr 9 2.

[90]) Streitverkündung ZPO §§ 72ff. Näheres Löning Anm. 2 zu § 1. Rechtskraft Zentralamt JntZtschr 15 135, Löning Anm. 3 zu § 1.

[91]) In Ermanglung andrer Abrede erfolgt die Entsch. im ordentl. Rechtswege, nicht etwa durch Schiedsgericht; Art. 57 § 1c greift nur Platz, wenn beide Parteien das Zentralamt anrufen.

[92]) Diese Vorschr. unterliegt nicht der Abänderung gemäß Art. 52. Löning Anm. 2 zu JÜG Art. 50 § 5.

[93]) Wörtlich wie JÜG Art. 51. — JntÜb Art. 53. — Vereinbarung eines andern Gerichts zulässig. Löning Anm. zu JÜG Art. 51.

Artikel 52. Besondere Vereinbarungen über den Rückgriff[85]) [94])

Die Befugnis der Eisenbahnen, über den Rückgriff im voraus oder im einzelnen Falle andere Vereinbarungen zu treffen, bleibt unberührt.

Titel IV. Verschiedene Vorschriften[95])

Artikel 53. Anwendung des inneren Rechtes[95]) [96])

Soweit in diesem Übereinkommen keine Bestimmungen getroffen sind, finden die Gesetze und Reglemente für den inneren Verkehr jedes Staates Anwendung.

Artikel 54. Allgemeine Vorschriften über das Verfahren[95]) [97])

In allen Rechtsstreitigkeiten, zu denen die diesem Übereinkommen unterworfenen Beförderungen Anlaß geben, richtet sich das Verfahren nach dem Recht des zuständigen Richters, soweit nicht durch dieses Übereinkommen andere Bestimmungen getroffen sind.

Artikel 55. Vollstreckbarkeit von Urteilen. Beschlagnahmen und Sicherstellungen[95])

[98]) § 1. Urteile, die auf Grund der Bestimmungen dieses Übereinkommens von dem zuständigen Richter infolge eines kontradiktorischen oder eines Versäumnisverfahrens erlassen und nach den für den urteilenden Richter maßgebenden Gesetzen vollstreckbar geworden sind, erlangen im Gebiete jedes anderen Vertragsstaates Vollstreckbarkeit, sobald die in diesem Staat vorgeschriebenen Förmlichkeiten erfüllt sind. Eine sachliche Nachprüfung des Inhalts ist nicht zulässig.

Auf nur vorläufig vollstreckbare Urteile findet diese Vorschrift keine Anwendung, ebensowenig auf solche Bestimmungen eines Urteils, durch die der Kläger, weil er im Rechtsstreit unterliegt, außer in dessen Kosten zu einer weiteren Entschädigung verurteilt wird[99]).

[100]) § 2. Aus einer internationalen Beförderung herrührende Forderungen einer Eisenbahn gegen eine andere Eisenbahn, die nicht dem gleichen Staat angehört wie die erstere, können nur auf Grund einer Entscheidung der Gerichte des Staates, dem die forderungsberechtigte Eisenbahn angehört, mit Arrest belegt oder gepfändet werden.

[101]) § 3. Das rollende Material einer Eisenbahn mit Einschluß sämtlicher beweglichen, der betreffenden Eisenbahn gehörenden Gegenstände, die zu diesem Material gehören, kann im Gebiet eines anderen Staates als desjenigen, dem die betreffende Eisenbahn angehört, nur auf Grund einer Entscheidung der Gerichte des Staates, dem die betreffende Eisenbahn angehört, mit Arrest belegt oder gepfändet werden.

[102]) § 4. Eine Sicherstellung für die Kosten des Rechtsstreits kann bei Klagen, die auf Grund des internationalen Beförderungsvertrags erhoben werden, nicht gefordert werden.

Artikel 56. Währungen. Umrechnungs- und Annahmekurse für fremde Währungen[95]) [103])

§ 1. Als Franken im Sinne dieses Übereinkommens oder seiner Anlagen gelten Goldfranken im Werte von $^{1}/_{5,18}$ Golddollar der Vereinigten Staaten von Amerika.

§ 2. Die Eisenbahn hat die Kurse, zu denen sie die in ausländischer Währung ausgedrückten Beträge, die in inländischer Währung bezahlt werden, umrechnet (Umrechnungskurse), durch Schalteraushang oder auf sonstige geeignete Weise bekanntzugeben.

§ 3. Ebenso hat eine Eisenbahn, die fremdes Geld in Zahlung nimmt, die Kurse bekanntzugeben, zu denen sie es annimmt (Annahmekurse).

---

[94]) Wörtlich wie IÜG Art. 52. — IntÜb Art. 54. — Die zum Verein Deutscher EisVerwaltungen gehör. Eis. haben im Übereinkommen üb. den Personen- u. Gepäckverkehr (VÜP) Artt. 3, 4, 6, 7, 9—11 solche Vereinbar. getroffen.

[95]) Tit. IV Artt. 53—63 decken sich in der Bezifferung u. — bis auf einzelne Worte u. die Bezugnahmen — im Wortlaute mit IÜG Tit. IV Artt. 53—63; nur fehlt Art. 60 § 2 IÜG im IÜP. — Eingehende Erläuterung bei Löning IÜG.

[96]) EVO § 1 (2). Näheres Löning Anm. zu IÜG Art. 53.

[97]) IntÜb Art. 55. — Best des IÜP üb. das Verfahren: Artt. 30 (Beweislast), 32 (Verlustvermutung), 34, 35 (Beweislast), 41 (Aktivlegit.), 42 (Passivleg.), 44 (Beweislast), 45 (Verjährung), 46 (erloschene usw. Ansprüche), 48, 50f. (Rückgriff), 55 (Vollstreckbarkeit).

[98]) IntÜb Art. 56 (1). — ZPO §§ 722f. — Löning Anm. 1e zu IÜG Art. 55 § 1 verweist noch auf Art. 302 des Vtr v. Versailles, der ab. für die im obigen § 1 bezeichn. Urteile nicht od. doch nicht mehr v. prakt. Bedeut. zu sein scheint.

[99]) Das deutsche Recht kennt keine „Sukkumbenzgelder".

[100]) IntÜb § 23 (4). — § 2 erfaßt Forderungen nicht nur aus Frachtverträgen, sondern z. B. auch aus Wagenmiete u. Wagenherstellung f. d. zu internat. Transporten verwendeten Wagen. Berner Zentralamt EE **17** 149, Gerstner IntÜb (1901) S. 94, Löning Anm. 3 zu IÜG Art. 55 § 2; a. M. Eger Anm. 133 zu IntÜb Art. 23.

[101]) IntÜb § 23 (5) — Deutsches G 3. Mai 86 (oben VI 6). — Die Vollstreckbarkeit v. gerichtl. Entscheid. der in § 3 bezeichn. Art im Auslande bestimmt sich n. d. Rechte des Auslands Gerstner IntÜb (1893) S. 298 Anm. 17. — Unter § 3 fällt nur bahneigenes Material; näheres Löning Anm. 4 zu IÜG Art. 35 § 3.

[102]) IntÜb Art. 56 (2). — ZPO § 110. — § 4 wird nicht berührt durch Haager Abkommen üb. d. Zivilprozeß 17. Juli 05 (RGBl **09** 409): Blume Anm. zu IntÜb Art. 56; näheres Löning Anm. 1 zu IÜG Art. 55 § 4.

[103]) IntÜb AusfBest § 11 (zu Art. 56). — EVO § 8. — Zur Frage, in welcher Währung Zahlung gefordert w. kann u. wie Umrechnung zu erfolgen hat (BGB. § 244!), Löning Anm. 3 zu IÜG Art. 56.

Artikel 57. Einrichtung eines Zentralamtes für die internationale Eisenbahnbeförderung[95]) [104]).

§ 1. Um die Ausführung dieses Übereinkommens zu erleichtern und zu sichern, wird ein Zentralamt für die internationale Eisenbahnbeförderung errichtet, das die Aufgabe hat:

a) die Mitteilungen eines jeden der vertragschließenden Staaten und einer jeden der beteiligten Eisenbahnen entgegenzunehmen und sie den übrigen Staaten und Eisenbahnen zur Kenntnis zu bringen[105]);

b) Nachrichten aller Art, die für das internationale Beförderungswesen von Wichtigkeit sind, zu sammeln, zusammenzustellen und zu veröffentlichen[106]);

c) auf Verlangen der Parteien Entscheidungen über Streitigkeiten der Eisenbahnen untereinander zu treffen[107]);

d) die durch den internationalen Verkehr bedingten finanziellen Beziehungen zwischen den beteiligten Eisenbahnen sowie die Einziehung rückständig gebliebener Forderungen zu erleichtern und in dieser Hinsicht die Sicherheit des Verhältnisses der Eisenbahnen untereinander zu fördern[108]);

e) die geschäftliche Behandlung der Vorschläge zur Abänderung dieses Übereinkommens zu übernehmen und, wenn ein Anlaß dazu vorliegt, den Zusammentritt von Konferenzen (Artikel 60) vorzuschlagen.

§ 2. Ein besonderes Reglement, das die Anlage II[109]) zu diesem Übereinkommen bildet, trifft Bestimmung über Sitz, Zusammensetzung und Organisation dieses Amtes sowie über die zur Ausübung seiner Tätigkeit nötigen Mittel. Dieses Reglement und die an ihm durch Vereinbarung aller Vertragsstaaten vorgenommenen Änderungen haben dieselbe Geltung und Gültigkeitsdauer wie das Übereinkommen selbst.

Artikel 58. Liste der dem Übereinkommen unterstehenden Strecken[95]) [104]) [110])

§ 1. Das im Artikel 57 bezeichnete Zentralamt hat die Liste der diesem Übereinkommen unterstehenden Strecken aufzustellen und auf dem laufenden zu halten. Zu diesem Zwecke erhält es von den Vertragsstaaten die Mitteilungen über die Eintragung oder Streichung von Strecken einer Eisenbahn oder einer der in Artikel 2 bezeichneten Unternehmungen.

§ 2. Eine neue Strecke nimmt am internationalen Beförderungsdienst erst nach Ablauf eines Monats vom Tage der vom Zentralamt an die anderen Staaten gerichteten Mitteilungen über ihre Eintragung an teil.

§ 3. Das Zentralamt streicht eine Strecke[111]), sobald derjenige Vertragsstaat, auf dessen Ersuchen diese Strecke in die Liste aufgenommen worden ist, ihm mitgeteilt hat, daß sie nicht mehr in der Lage ist, den durch das Übereinkommen auferlegten Verpflichtungen nachzukommen.

§ 4. Jede Eisenbahn ist, sobald sie vom Zentralamt die Nachricht von der erfolgten Streichung erhalten hat, ohne weiteres berechtigt, mit der gestrichenen Strecke alle sich aus der internationalen Beförderung ergebenden Beziehungen abzubrechen. Die bereits in der Ausführung begriffenen Beförderungen sind jedoch vollständig auszuführen.

Artikel 59. Zulassung neuer Staaten[95]) [104]) [112])

§ 1. Ein an diesem Übereinkommen nicht beteiligter Staat, der ihm beitreten will, richtet seinen Antrag an die schweizerische Regierung, die ihn allen Vertragsstaaten mitteilt unter Beifügung einer Äußerung des Zentralamts über die Lage der Eisenbahnen des antragstellenden Staates hinsichtlich der internationalen Beförderung.

§ 2. Wenn innerhalb einer Frist von sechs Monaten nach Absendung dieser Mitteilung nicht mindestens zwei Staaten der schweizerischen Regierung ihren Widerspruch bekanntgegeben haben, ist der Antrag rechtsverbindlich angenommen und macht die schweizerische Regierung dem Antragsteller und allen Vertragsstaaten hiervon Mitteilung.

Andernfalls teilt die schweizerische Regierung allen Staaten und dem Antragsteller mit, daß die Prüfung des Antrags vertagt ist.

§ 3. Jeder Beitritt wird einen Monat nach dem Tage der von der schweizerischen Regierung versandten Mitteilung wirksam.

Artikel 60. Revision des Übereinkommens[95]) [104]) [113])

Die Vertreter der Vertragsstaaten treten zur Revision des Übereinkommens auf Einladung der schweizerischen Regierung spätestens fünf Jahre nach dem Inkrafttreten der auf der letzten Konferenz beschlossenen Änderungen zusammen.

Auf Verlangen von mindestens einem Drittel der Vertragsstaaten ist eine Konferenz schon früher einzuberufen.

---

[104]) IntÜb Art. 57. — Artt. 57—60 behandeln die zur Ausführ. der Übereinkommen getroffenen organisator. Einrichtungen, u. zwar Art. 57 das Zentralamt, Art. 58 die Liste der Bahnstrecken, Art. 59 die Zulass. neuer Staaten, Art. 60 die Revisionskonferenzen. — Das Zentralamt ist vom Völkerbund unabhängig. Löning Anm. 1 zu JÜG Art. 57.

[105]) Beispiele: Artt. 58 § 1, 59 § 2, 61 § 1; JÜG Art. 60 § 2.

[106]) Die Veröff. erfolgen laufend in der IntZtschr.

[107]) Nicht Streitigkeiten der Eis. mit dem Publikum. — Oben Anm. 91. — Verfahren des Amtes: Vo des Schweiz. Bundesrats 29. Nov. 92 IntZtschr S. 54 (auch Gerstner IntÜb 1893 S. 463, Blume IntÜb S. 195).

[108]) Anlage II Art. 3.

[109]) Zum JÜG bildet die Anlage II der JÜP bei gleichem Wortlaute die Anlage VI.

[110]) Wörtlich wie JÜG Art. 58. — IntÜb Art. 58. — Erstmalige Veröff. der Liste Reichsanzeiger Nr. 228 v. 29. Sept. 28 u. IntZtschr **36** 360, 440. — Kleinbahnen oben Anm. 6. — Anl. II Art. 2 § 1.

[111]) Ferner Anl. II Art. 1 § 2 Abs. 2, 3, Art. 3 §§ 4, 5.

[112]) Wörtlich wie JÜG Art. 59. — Bisher: Zusatzerklärung 20. Sept. 93 RGBl **1896** 707. — Oben VII 4a Ziff. III. — Danzig: Löning Anm. 1 zu JÜG Art. 59.

[113]) Wörtlich wie JÜG Art. 60 § 1. — IntÜb Art. 59.

Artikel 61. Zusatzbestimmungen[95]) [114])

§ 1. Die von den einzelnen dem Übereinkommen angehörenden Staaten oder Eisenbahnen zur Ausführung des Übereinkommens etwa erlassenen Zusatzbestimmungen sind dem Zentralamt mitzuteilen.

§ 2. Die Vereinbarungen über die Annahme dieser Bestimmungen können auf den Eisenbahnen, die ihnen beigetreten sind, in der in den Gesetzen und Reglementen jedes Staates vorgeschriebenen Form in Kraft gesetzt werden; sie können aber die Vorschriften des Übereinkommens nicht abändern.

Ihre Einführung ist dem Zentralamt mitzuteilen.

Artikel 62[95]) [115]). Dauer der durch den Eintritt zum Übereinkommen eingegangenen Verpflichtungen

§ 1. Die Dauer dieses Übereinkommens ist unbeschränkt. Jedoch kann jeder Vertragsstaat unter den nachstehenden Bedingungen zurücktreten:

Das Übereinkommen ist bis zum 31. Dezember des fünften Jahres nach dem Tage seines Inkrafttretens[116]) für jeden Vertragsstaat verbindlich. Jeder Staat, der nach Ablauf dieser Frist zurückzutreten wünscht, hat diese Absicht wenigstens ein Jahr vorher der schweizerischen Regierung mitzuteilen, die allen Vertragsstaaten davon Kenntnis gibt[117]).

In Ermangelung einer Kündigung innerhalb der bezeichneten Frist erstreckt sich die Verpflichtung ohne weiteres auf weitere drei Jahre, und so fort von drei zu drei Jahren, sofern nicht wenigstens ein Jahr vorher auf den 31. Dezember des letzten Jahres eines der dreijährigen Zeiträume gekündigt wird.

§ 2. Für die neuen Staaten, die im Laufe des fünfjährigen oder eines der dreijährigen Zeiträume zugelassen werden, ist das Übereinkommen bis zum Ende dieses Zeitraums und weiter bis zum Ende jedes folgenden Zeitraums verbindlich, sofern sie nicht wenigstens ein Jahr vor dem Ablauf eines Zeitraums ihren Rücktritt erklärt haben.

Artikel 63. Texte des Übereinkommens und deren Verhältnis zueinander[95]) [118])

Dieses Übereinkommen ist dem diplomatischen Gebrauch entsprechend in französischer Sprache abgeschlossen und gezeichnet.

Dem französischen Text sind ein deutscher und ein italienischer Text beigefügt, die als amtliche Übersetzungen gelten.

Bei Nichtübereinstimmung entscheidet der französische Text.

Zu Urkund dessen haben die obengenannten Bevollmächtigten und der Delegierte der Regierungskommission des Saarbeckengebiets das gegenwärtige Übereinkommen unterzeichnet.

So geschehen zu Bern, den 23. Oktober eintausendneunhundertvierundzwanzig, in einer einzigen Urschrift, die im Archiv der Schweizerischen Eidgenossenschaft hinterlegt und von der jeder der unterzeichneten Mächte eine amtliche Ausfertigung zugestellt werden wird.

(Folgen die Unterschriften.)

Anlage I (Artikel 20) **Gepäckscheinmuster.**

Anlage II (Artikel 57).

Reglement für das Zentralamt für die internationale Eisenbahnbeförderung

Artikel 1

§ 1. Das Zentralamt für die internationale Eisenbahnbeförderung hat seinen Sitz in Bern. Die Organisation des Zentralamts im Rahmen der im Artikel 57 des Übereinkommens getroffenen Bestimmungen sowie die Aufsicht über seine Geschäftsführung werden dem schweizerischen Bundesrat übertragen.

§ 2. Die Kosten des Zentralamts werden von den Vertragsstaaten nach dem Verhältnis der Länge der Eisenbahnstrecken oder der Strecken getragen, die von Unternehmungen betrieben werden, die zur Beteiligung an den nach den Bedingungen des Übereinkommens ausgeführten Beförderungen zugelassen sind. Indessen tragen die Schiffahrtsunternehmungen nur nach Maßgabe der Hälfte ihrer Streckenlängen zu den Kosten bei. Der Beitrag jedes Staates beträgt höchstens 0,80 Franken für das Kilometer. Die Höhe des auf jedes Kilometer Eisenbahnstrecke entfallenden Jahreskredits wird für jedes Geschäftsjahr durch den schweizerischen Bundesrat nach Anhörung des Zentralamts und unter Berücksichtigung der bestehenden Verhältnisse und Bedürfnisse festgesetzt. Der Kredit wird stets in ganzer Höhe erhoben. Wenn die tatsächlichen Ausgaben des Zentralamts den Betrag des auf dieser Grundlage berechneten Kredits nicht erreicht haben, ist der nicht ausgegebene Rest dem Pensions- und Unterstützungsfonds zuzuführen, dessen Zinsen zur Unterstützung oder Entschädigung der Beamten und Angestellten des Zentralamts dienen sollen, die wegen vorgerückten Alters, infolge von Unfällen oder Krankheit dauernd zur weiteren Erfüllung ihrer Dienstpflichten unfähig werden.

Bei Vorlage des jährlichen Geschäftsberichts und der jährlichen Kostenrechnung an die Vertragsstaaten wird das Zentralamt sie auffordern, ihren Kostenbeitrag für das verflossene Geschäftsjahr zu zahlen. Wenn ein Staat

[114]) Wörtlich wie IÜG Art. 61. — Oben VII 4a Ziff. VII. Einzelheiten: Löning Anm. 2 zu IÜG Art. 61.

[115]) Wörtlich ebenso IÜG Art. 62. — IntÜb Art. 60.

[116]) 1. Oktober 1928.

[117]) S. ferner Anl. II Art. 1 § 2 Abs. 2, 3.

[118]) S. oben VIIa Ziff. X.

bis zum 1. Oktober seinen Anteil nicht bezahlt hat, wird er ein zweites Mal hierzu aufgefordert. Wenn diese Aufforderung erfolglos bleibt, hat das Zentralamt sie im Anfang des folgenden Jahres bei Übersendung des Berichts über das verflossene neue Geschäftsjahr zu wiederholen. Wenn bis zum folgenden 1. Juli auch diese Mahnung erfolglos geblieben ist, wird an den säumigen Staat eine vierte Aufforderung gerichtet, um ihn zur Zahlung der beiden fälligen Jahresbeiträge zu veranlassen; wenn diese erfolglos bleibt, wird das Zentralamt dem Staat drei Monate später mitteilen, daß, wenn die erwartete Zahlung nicht bis zum Schluß des Jahres geleistet werde, seine Nichtzahlung als stillschweigende Erklärung seines Willens, aus dem Übereinkommen auszuscheiden, angesehen werden würde. Wenn diesem letzten Schritt bis zum 31. Dezember keine Folge gegeben wird, wird das Zentralamt von dem stillschweigend durch den säumigen Staat erklärten Wunsch, aus dem Übereinkommen auszuscheiden, Kenntnis nehmen und zur Streichung der Strecken dieses Staates aus der Liste der zum internationalen Verkehr zugelassenen Strecken schreiten.

Die nicht wiedererlangten Beträge sollen nach Möglichkeit aus den laufenden Mitteln, über die das Zentralamt verfügt, gedeckt werden und können auf vier Geschäftsjahre verteilt werden. Der Teil des Fehlbetrages, der auf diese Weise nicht gedeckt werden kann, wird auf ein besonderes Rechnungskonto gebucht, mit dessen Betrag die übrigen Staaten im Verhältnis der Kilometerzahl ihrer Strecken belastet werden, die zur Zeit der Rechnungsstellung dem Übereinkommen angehörten. Dabei wird jeder Staat in dem Ausmaß beteiligt, wie er bereits während des zweijährigen Zeitraums, der mit dem Austritt des säumigen Staats abschließt, dem Übereinkommen gleichzeitig mit ihm angehört hat. Ein Staat, dessen Strecken unter den im vorhergehenden Absatz genannten Bedingungen gestrichen worden sind, kann sie dem internationalen Verkehr nur dann wieder unterstellen lassen, wenn er vorher die Summen, die er schuldig geblieben ist, für die betreffenden Jahre bezahlt, und zwar mit fünf vom Hundert Zinsen, deren Lauf am Ende des sechsten Monats nach dem Tage beginnt, an dem das Zentralamt ihn erstmals aufgefordert hat, die auf ihn entfallenden Kostenbeiträge zu zahlen.

Artikel 2

§ 1. Das Zentralamt gibt eine Monatsschrift heraus, die die zur Anwendung des Übereinkommens notwendigen Mitteilungen enthält, namentlich über die Liste der Strecken der Eisenbahnen und anderen Unternehmungen sowie über die von der Beförderung ausgeschlossenen Gegenstände, und außerdem die Nachrichten über Rechtsprechung und Statistik, deren Veröffentlichung es für zweckmäßig hält.

§ 2. Die Zeitschrift erscheint in französischer und deutscher Sprache. Ein Stück wird unentgeltlich jedem Vertragsstaat und jeder beteiligten Verwaltung zugesandt. Weitere gewünschte Stücke sind nach einem von dem Zentralamt festzusetzenden Preise zu zahlen.

Artikel 3

§ 1. Die aus dem internationalen Verkehr herrührenden unbezahlt gebliebenen Forderungen können von der fordernden Verwaltung dem Zentralamt zur Erleichterung der Eintreibung mitgeteilt werden. Zu diesem Zweck fordert das Zentralamt die schuldnerische Transportunternehmung auf, die geschuldete Summe zu begleichen oder die Gründe der Zahlungsverweigerung anzugeben.

§ 2 Ist das Zentralamt der Ansicht, daß die Weigerung genügend begründet ist, so hat es die Parteien vor den zuständigen Richter zu verweisen.

§ 3. Wenn das Zentralamt der Ansicht ist, daß die Summe ganz oder teilweise wirklich geschuldet wird, so kann es nach Anhörung eines Sachverständigen bestimmen, daß die schuldnerische Unternehmung die Schuld ganz oder teilweise an das Zentralamt abzuführen hat; die so bezahlte Summe bleibt bis nach Entscheidung der Sache durch den zuständigen Richter in Händen des Zentralamts.

§ 4. Wenn eine Unternehmung innerhalb von zwei Wochen der Aufforderung des Zentralamts nicht nachkommt, so ist an sie eine neue Aufforderung unter Androhung der Folgen der Nichtbeachtung zu richten.

§ 5. Wird auch dieser zweiten Aufforderung nicht binnen zehn Tagen entsprochen, so hat das Zentralamt an den Staat, dem die betreffende Unternehmung angehört, eine mit Gründen versehene Mitteilung und zugleich das Ersuchen zu richten, die geeigneten Maßnahmen in Erwägung zu ziehen und namentlich zu prüfen, ob die Strecken der schuldnerischen Unternehmung weiter in der Liste zu belassen sind.

§ 6. Wenn der Staat, dem die schuldnerische Unternehmung angehört, erklärt, daß er trotz der Nichtzahlung die Strecken dieser Unternehmung von der Liste nicht streichen zu lassen gedenkt, oder wenn er während sechs Wochen die Mitteilung des Zentralamts unbeantwortet läßt, so wird rechtswirksam angenommen, daß er die Gewähr für die Zahlungsfähigkeit der genannten Unternehmung übernimmt, soweit es sich um Forderungen aus dem internationalen Verkehr handelt.

Protokoll

Im Begriffe, zur Unterzeichnung des am heutigen Tage abgeschlossenen Internationalen Übereinkommens über den Eisenbahn-Personen- und Gepäckverkehr zu schreiten, haben die unterzeichneten Bevollmächtigten, in Gegenwart und unter Beteiligung des Delegierten der Regierungskommission des Saarbeckengebietes, das Nachstehende erklärt und vereinbart:

Das Übereinkommen ist zu ratifizieren, und die Ratifikationsurkunden sind sobald als möglich in Bern zu hinterlegen; es wird zwischen den Staaten, die es ratifiziert haben, in Kraft treten, sobald eine Vereinbarung hierüber zwischen den Regierungen dieser Staaten zustande gekommen sein wird.

Das gegenwärtige Protokoll, das gleichzeitig wie das am heutigen Tage vereinbarte Übereinkommen zu ratifizieren ist, gilt als integrierender Bestandteil dieses Übereinkommens und hat dieselbe Geltung und Dauer wie dieses.

Zu Urkund dessen haben die Bevollmächtigten und der Delegierte der Regierungskommission des Saarbeckengebietes dieses Protokoll unterzeichnet.

So geschehen in Bern, den 23. Oktober eintausendneunhundertvierundzwanzig, in einer einzigen Urschrift, die im Archiv der Schweizerischen Eidgenossenschaft hinterlegt und von der jeder der unterzeichneten Mächte eine amtliche Ausfertigung zugestellt werden wird.

(Folgen die Unterschriften.)

C. Internationales Übereinkommen über den Eisenbahnfrachtverkehr[1]) (IÜG)

vereinbart zwischen

Deutschland, Österreich, Belgien, Bulgarien, Dänemark, der Freien Stadt Danzig, Spanien, Estland, Finnland, Frankreich, Griechenland, Ungarn, Italien, Lettland, Litauen, Luxemburg, Norwegen, den Niederlanden, Polen, Portugal, Rumänien, dem Königreich der Serben, Kroaten und Slowenen, Schweden, der Schweiz und der Tschechoslowakei.

Die Regierungen der oben aufgeführten Staaten, in der Erkenntnis der Notwendigkeit, zahlreiche Abänderungen anzubringen an dem Internationalen Übereinkommen vom 14. Oktober 1890 über den Eisenbahnfrachtverkehr, das am 16. Juli 1895, am 16. Juni 1898 und am 19. September 1906 abgeändert worden ist und an dem die meisten von ihnen teilhaben,

haben beschlossen, auf Grund des in ihrem Auftrag ausgearbeiteten und in dem Protokoll d. d. Bern, 8. Juni 1923, niedergelegten Entwurfs ein Übereinkommen über den Eisenbahnfrachtverkehr zu treffen, und haben zu ihren Bevollmächtigten ernannt:

(Folgen die Namen der Bevollmächtigten),

die in Gegenwart und unter Beteiligung des (folgt Name), Delegierter der Regierungskommission des Saarbeckengebiets, nachdem sie sich ihre Vollmachten mitgeteilt und sie in guter und gehöriger Form befunden haben, über folgende Artikel übereingekommen sind:

Titel I. Gegenstand und Geltungsbereich des Übereinkommens

Artikel 1[2]). Eisenbahnen[3]) und Sendungen, auf die das Übereinkommen Anwendung findet

[4]) § 1. Dieses Übereinkommen findet Anwendung auf alle Sendungen von Gütern, die mit durchgehendem Frachtbrief zur Beförderung auf einem Wege aufgegeben werden, der die Gebiete mindestens zweier Vertrags-

---

[1]) A. S. die Vorbemerkung oben VII 4a. — Verkündet für Deutschland durch G 30. Mai 25 RGBl II 183. — Bearb. Löning 1927 u. Seligsohn 1930 (währ. des Druckes d. W. erschienen, soweit möglich benutzt. Bearb. des IntÜb v. 1890: Gerstner 1893 mit Nachtr. 1901, Eger 3. Aufl. 1909, Blume 1910.)

B. Inhalt: Tit. I (Artt. 1—5) Gegenstand u. Geltungsbereich. Tit. II (Frachtvertrag) Kap. I (Artt. 6 bis 13) Form u. Bedingungen; Kap. II (Artt. 14—20) Ausführung; Kap. III (Artt. 21—24) Abänderung; Kap. IV (Art. 25) Sicherstell. der Rechte der Eis. Tit. III (Haftung der Eis., Klagen) Kap. I (Artt. 26—39) Haftung; Kap. II (Artt. 40—46) Reklamationen, Klagen, Verfahren, Verjährung); Kap. III (Artt. 47—52) Rückgriff der Eis. gegeneinander. Tit. IV (Artt. 53—63) Verschiedene Vorschriften.

C. Vorwort des Internat. Gütertarifs (oben VII 4a Ziff. VII). (1) Die Beförd. v. Eil- u. Frachtgütern (einschl. lebender Tiere u. Leichen) im internat. Güterverkehr erfolgt auf Grund des vorlieg. Internat. EisGütertarifs, soweit in den besond. Tarifbest die internat. Güterverkehrsverbände od. durch sonstige eisenbahntarifar. Verlautbarungen des Intern. Übereink. f. d. EisFrachtverkehr nebst Einheitl. Zusatzbest od. dieser Tarif f. anwendbar erklärt sind. Wegen des Internat. Reglements f. Privatwagen (Anh. I) s. die zugehör. Vorbemerkung ... (2) Die Ausgabe des Intern. Eisgütertarifs u. allfällige Änderungen, Ergänzungen u. Berichtigungen, sowie die Aufhebung des Tarifs werden durch das Zentral-Tarifamt b. d. Gruppenverwaltung Bayern der Deutschen ReichsbahnGes. in München a) in „Tarif- u. Verkehrsanzeiger f. d. Güter- u. Tierverkehr der Deutschen ReichsbGes. u. der deutschen Privateis." (TVA I) in Berlin, b) nachrichtlich in der „Zeitung des Vereins Deutscher EisVerwaltungen", Berlin, bekanntgemacht. Maßgebend ist die Veröff. unter a.

D. In der Form weicht das IÜG vom IntÜb dadurch ab, daß es keine Ausführungsbestimmungen mehr enthält. Diese waren dem IntÜb zu dem Zwecke beigegeben, Fragen zu regeln, die sich nicht zur Behandlung im diplomat. Wege eigneten, u. konnten durch einfache Regierungsvereinbarungen abgeändert werden.

[2]) Bisher (teilw. abweichend) IntÜb Art. 1, Schlußprot. 14. Okt. 90 (RGBl **1892** 918) Ziff. I. — IÜP Art. 1. EVO § 1 mit AllgAusfBest.

[3]) Oben VII 4b Anm. 6.

[4]) Nach § 1 umfaßt der Geltungsbereich des IÜG — vgl. Gerstner (1893) § 12, Gerstner (1901) Anm. 2 bis 4 zu Art. 1 —:

a) Sachlich nur Güter, d. h. Gegenstände, die auf Grund eines Frachtbriefs befördert w., nicht also Personen, Reisegepäck, Postsendungen.

b) Örtlich alle internat. Gütersendungen innerh. des in § 1 umschrieb. Bereichs. Ausgenommen sind also Sendungen, die das innere Gebiet e. Vertragsstaates nicht verlassen; ferner Sendungen, die nicht ausschl. innerh. des Vertragsgebiets auf den in der Liste (Art. 58) bezeichn. Eis. befördert w., u. die in Art. 1 § 2 bezeichn. Sendungen im Grenzverkehr u. dgl. Die Anwend. des IÜG ist nicht dadurch bedingt, daß die Beförd. über Strecken einer Mehrheit v. EisVerwaltungen erfolgt.

c) Die nach a u. b in Betracht komm. Sendungen erfaßt das IÜG nur dann, wenn sie mit durchgehendem Frachtbriefe nach dem in Anl. II vorgeschr. Muster aufgegeben w. Ob das geschieht, steht beim Absender; er kann die Anwendung des IÜG z. B. dadurch ausschließen, daß er der Sendung für jedes Land einen besond. Frachtbrief beigibt. Dagegen können (anders beim IÜP, oben VII 4a Ziffer XII) die Eis. die Anw. des IÜG nicht dadurch verhindern, daß sie f. d. einzelnen Verkehrsverbind. keine Abmach. über durchgeh. Abfert. treffen. — Fall, daß die inländ. Eis. Gut mit Frachtbrief eines Nachbarlandes übernimmt, ohne Ausstellung eines neuen Frachtbriefs zu fordern, Bundesgericht Bern 13. Juli 22 IntZtschr **31** 86. Sendungen nach einem Gebiete, das v. Kriegsereignissen betroffen war, RG **89** 342, **93** 176, **104** 389.

staaten berührt und ausschließlich Strecken umfaßt, die in der gemäß Artikel 58 dieses Übereinkommens aufgestellten Liste verzeichnet sind.

[4]) [5]) **§ 2.** Von der Anwendung des Übereinkommens sind jedoch ausgenommen:

1. Sendungen, deren Versand- und Bestimmungsstationen im Gebiet desselben Staates liegen und das Gebiet eines anderen Staates nur im Durchgang berühren:

a) wenn die Durchgangsstrecken von einer Eisenbahn des Versandstaates betrieben werden;

b) auch dann, wenn die Durchgangsstrecken nicht von einer Eisenbahn des Versandstaates betrieben werden, die beteiligten Eisenbahnen aber besondere Abkommen[6]) geschlossen haben, nach denen diese Sendungen nicht als internationale angesehen werden sollen.

2. Sendungen zwischen Stationen zweier Nachbarstaaten, wenn die Beförderung auf der ganzen Strecke von Eisenbahnen des einen dieser Staaten bewirkt wird, jedoch nur unter der Bedingung, daß der Versender durch die Wahl des Frachtbriefformulars die Anwendung des inneren Reglements dieser Eisenbahnen beansprucht und keiner dieser Staaten widerspricht.

Artikel 2. Beteiligung anderer Unternehmungen als der Eisenbahnen[7])

§ 1. Außer Eisenbahnstrecken können in die im Artikel 1 vorgesehene Liste auch regelmäßig betriebene Kraftwagen- oder Schiffahrtslinien aufgenommen werden, die im Anschluß an eine Eisenbahn internationale Beförderungen unter der Verantwortung eines der Vertragsstaaten oder einer in die Liste eingetragenen Eisenbahn ausführen.

§ 2. Die Unternehmungen, die solche Linien betreiben, haben alle Rechte und Pflichten, die den Eisenbahnen durch dieses Übereinkommen übertragen sind, vorbehaltlich der sich aus der Verschiedenartigkeit der Beförderungsart ergebenden Abweichungen. Die durch dieses Übereinkommen festgesetzten Haftungsbestimmungen dürfen jedoch nicht geändert werden.

§ 3. Jeder Staat, der eine der im § 1 bezeichneten Linien in die Liste eintragen lassen will, muß dafür Sorge tragen, daß die im § 2 vorgesehenen Abweichungen in gleicher Weise wie die Tarife veröffentlicht werden.

Artikel 3. Von der Beförderung ausgeschlossene Gegenstände[8])

Von der Beförderung auf Grund dieses Übereinkommens sind vorbehaltlich der im § 2 des Artikels 4 vorgesehenen Ausnahmen ausgeschlossen:

1. diejenigen Gegenstände, die auch nur in einem der an der Beförderung beteiligten Staaten dem Postzwang[9]) unterworfen sind;

2. diejenigen Gegenstände, die sich wegen ihres Umfangs, ihres Gewichts oder ihrer Beschaffenheit nach den Anlagen oder Betriebsmitteln auch nur einer der in Betracht kommenden Eisenbahnen zur Beförderung nicht eignen;

3. diejenigen Gegenstände, deren Beförderung auch nur in einem der in Betracht kommenden Staaten durch gesetzliche Bestimmungen oder aus Gründen der öffentlichen Ordnung verboten ist;

4. vorbehaltlich der in der Anlage I[10]) [11]) zu diesem Übereinkommen angegebenen Ausnahmen:

A. explosionsgefährliche Gegenstände, wie:

a) Spreng- und Schießmittel;

b) Munition;

c) Zündwaren und Feuerwerkskörper;

d) verdichtete, verflüssigte oder unter Druck gelöste Gase;

e) Stoffe, die in Berührung mit Wasser entzündliche oder die Verbrennung unterstützende Gase entwickeln.

Stoffe, die nicht Schieß- oder Sprengzwecken dienen, sind keine explosionsgefährlichen Gegenstände im Sinne dieses Übereinkommens, wenn die Berührung mit einer Flamme sie nicht zur Explosion bringen kann, und wenn sie gegen Stoß oder Reibung nicht empfindlicher sind als Dinitrobenzol;

B. selbstentzündliche Stoffe;

C. ekelerregende oder übelriechende Stoffe.

[12]) **Wird auf einer Unterwegsstation festgestellt, daß von der Beförderung ausgeschlossene Gegenstände, wenn auch unter richtiger Bezeichnung, mit internationalem Frachtbrief angenommen worden sind, so sind sie anzuhalten. Vom Absender ist gegebenenfalls Verfügung einzuholen; diese Verfügung muß den Gesetzen des Landes entsprechen, in dem das Gut angehalten wurde. Für die bereits erwachsenen Frachten und Kosten, einschließlich allfälliger Frachtzuschläge, gemäß Art. 7, hat der Absender aufzukommen.**

---

[5]) Ausführl. Erläuterung unter Berücks. der Ausnahmebest. f. d. Verkehr m. Oberschlesien u. Ostpreußen — Abkomm. 21. April (nicht wie Löning zitiert: September) 1921 (RGBl 1070) Art. 38 mit AusfBest u. Abk. 15. Mai 22 (RGBl II 237) Artt. 435, 437) mit AusfBest — bei Löning.

[6]) Ein solches Abkommen besteht zw. dem D. Reiche u. Österreich (12. April 02 RGBl 153). S. auch Bek 25. April 1929 RGBl II 183.

[7]) Wörtlich wie JÜP Art. 2 (s. d.).

[8]) Bisher IntÜb Artt. 3, 4 u. AusfBest § 1. — EVO § 54, Internat. RechtsO (oben I 6 Beil. A) Teil VI. — Eine wichtige Neuerung ist, daß für Wertgegenstände keine Ausnahmebest. mehr besteht. Der Begriff der Kostbarkeit (oben VII 2 Anm. 9 B) ist aus dem Internat. Recht verschwunden. Dafür haftet die Bahn gemäß Artt. 29, 36 allgemein nur bis zu einer bestimmten Höchstgrenze. — Zur Gültigkeit des Frachtvtr. üb. Gegenstände der Artt. 3, 4: oben VII 3 Anm. 190 B.

[9]) Postzwang. Deutsches Reich: oben VII 2 Anm. *) bei EVO § 28.

[10]) Hier nicht abgedruckt.

[11]) Art. 60 § 2.

[12]) Einheitl. Zusatzbest. (oben VII 4a Ziff. VII).

Handelt es sich um Gegenstände, die in einem der von der Beförderung berührten Länder dem Postzwang[9]) unterliegen, so hat die Grenzstation oder jede andere Station dieses Landes das Recht, diese Gegenstände unter Erhebung der bis dahin erwachsenen Frachten und sonstigen Kosten der Post zur Weiterbeförderung zu übergeben.

Artikel 4. Bedingungsweise zur Beförderung zugelassene Gegenstände[8])

§ 1. Die nachstehenden Gegenstände werden zur Beförderung mit internationalem Frachtbrief unter folgenden Bedingungen zugelassen:

1. die in der Anlage I[10]) zu diesem Übereinkommen bezeichneten Gegenstände zu den daselbst angegebenen Bedingungen.

2. Leichentransporte[13]), wenn die folgenden Bedingungen erfüllt werden:

a) sie müssen als Eilgut unter Begleitung einer dazu beauftragten Person befördert werden, wenn nicht die Aufgabe als Frachtgut oder ohne Begleitung auf allen an der Beförderung beteiligten Eisenbahnen gestattet ist;

b) die Beförderungsgebühren sind bei der Aufgabe zu entrichten;

c) die Beförderung unterliegt im Gebiet jedes einzelnen Staates den daselbst geltenden Gesetzen und Polizeivorschriften, soweit nicht einzelne Staaten unter sich besondere Abmachungen treffen.

3. Eisenbahnfahrzeuge, die auf eigenen Rädern laufen, werden unter der Bedingung zugelassen, daß eine Eisenbahn feststellt, daß das Fahrzeug lauffähig ist, und dies durch eine Aufschrift auf dem Fahrzeug oder durch ein besonderes Zeugnis bescheinigt; Lokomotiven, Tender und Motorwagen müssen außerdem von einem vom Absender gestellten sachverständigen Angestellten begleitet werden, der sie insbesondere zu schmieren hat.

4. Lebende Tiere[14]) werden unter folgenden Bedingungen zugelassen:

a) den Sendungen lebender Tiere muß ein vom Absender gestellter Begleiter beigegeben werden, sofern es sich nicht um kleine Tiere handelt, die in gut verschlossenen Käfigen, Kisten, Körben usw. zur Beförderung aufgegeben werden. Die Begleitung ist indessen nicht erforderlich, soweit in den direkten internationalen Tarifen oder in den Vereinbarungen der Eisenbahnen Ausnahmen vorgesehen sind;

b) der Absender hat die viehseuchenpolizeilichen Vorschriften des Versand- und Empfangs- sowie der Durchfuhrstaaten zu erfüllen. Er hat zu diesem Zweck alle erforderlichen Begleitpapiere beizugeben.

5. Gegenstände, deren Verladung oder Beförderung nach dem Ermessen der Versandbahn mit Rücksicht auf die Anlagen oder Betriebsmittel einer oder mehrerer der berührten Eisenbahnen besondere Schwierigkeiten verursacht, werden nur unter besonderen, von Fall zu Fall festzusetzenden Bedingungen zugelassen.

[15]) **§ 2.** Zwei oder mehrere Vertragsstaaten können durch besondere Abmachungen vereinbaren, daß einzelne durch dieses Übereinkommen ausgeschlossene Gegenstände unter gewissen Bedingungen oder daß die in der Anlage I aufgeführten Gegenstände unter leichteren Bedingungen zur internationalen Beförderung zwischen diesen Staaten zugelassen werden.

Die Eisenbahnen können auch durch entsprechende Tarifbestimmungen entweder gewisse, von der Beförderung ausgeschlossene Gegenstände zulassen oder für die bedingungsweise zugelassenen Güter leichtere Bedingungen zugestehen.

Artikel 5. Beförderungspflicht der Eisenbahn[16])

§ 1[17]). Jede diesem Übereinkommen unterstehende Eisenbahn ist verpflichtet, die Beförderung aller im Sinne dieses Übereinkommens zugelassenen Güter nach dessen Bestimmungen zu übernehmen, sofern

a) der Absender den Vorschriften dieses Übereinkommens nachkommt;

b) die Beförderung mit den regelmäßigen Beförderungsmitteln möglich ist;

c) die Beförderung nicht durch Umstände verhindert wird, welche die Eisenbahn nicht abzuwenden und denen sie auch nicht abzuhelfen vermochte[17]).

§ 2[18]). Die Eisenbahn ist zur Annahme von Gütern, deren Auf-, Um- oder Abladung die Verwendung besonderer Anlagen erforderlich macht, nur verpflichtet, wenn die in Betracht kommenden Stationen derartige Anlagen besitzen.

§ 3[19]). Die Eisenbahn ist nur verpflichtet, Güter anzunehmen, deren Beförderung alsbald erfolgen kann; die für die Versandstation geltenden Vorschriften bestimmen, in welchen Fällen diese Station verpflichtet ist, Güter, die dieser Bedingung nicht entsprechen, vorläufig in Verwahrung zu nehmen.

§ 4[20]). Die Güter sind vorbehaltlich der im nachstehenden Paragraphen vorgesehenen Ausnahme in der Reihenfolge ihrer Annahme zu befördern.

§ 5[21]). Wenn das öffentliche Interesse oder zwingende Gründe des Betriebs es erfordern, kann die zuständige Behörde anordnen, daß

a) der Betrieb ganz oder teilweise eingestellt wird;

b) gewisse Sendungen ausgeschlossen oder nur bedingungsweise zugelassen werden;

c) gewisse Sendungen vorzugsweise befördert werden.

---

[13]) EVO §§ 43—47.

[14]) EVO Abschn. VII.

[15]) Ältere Vereinbarungen: Löning Anm. 2.

[16]) Bisher Art. 5. — HGB § 453. — JÜP Art. 4. — Transportgemeinschaft der Bahnen oben VII 4b Anm. 12.

[17]) EVO §§ 3, 53; zu c: oben VII 4b Anm. 13.

[18]) EVO § 54 (2c).

[19]) EVO §§ 63, 64.

[20]) EVO § 67 (3).

[21]) EVO § 63 (2). — Art. 9 § 3g.

Diese Maßnahmen müssen veröffentlicht werden.

Jede Eisenbahn kann Güter, deren Beförderung durch eine solche Einschränkung verhindert würde, zurückweisen.

§ 6[22]). Jede Zuwiderhandlung gegen die Bestimmungen dieses Artikels begründet einen Anspruch auf Ersatz des dadurch entstandenen Schadens.

Titel II. Frachtvertrag

Kapitel I. Form und Bedingungen des Frachtvertrags

Artikel 6. Inhalt und Form des Frachtbriefs[23])

§ 1. Der Absender muß mit jeder unter dieses Übereinkommen fallenden internationalen Sendung einen Frachtbrief nach dem Muster der Anlage II[10]) dieses Übereinkommens überreichen.

Die Frachtbriefformulare müssen auf festes, weißes Schreibpapier gedruckt sein, das für Eilfracht auf der Vorder- und Rückseite oben und unten am Rande einen mindestens einen Zentimeter breiten roten Streifen trägt.

§ 2. Die internationalen Tarife oder Vereinbarungen zwischen den Eisenbahnen bestimmen, in welcher Sprache die Frachtbriefformulare gedruckt werden müssen. Wenn die Tarife oder Vereinbarungen nichts bestimmen, sind die Frachtbriefformulare in einer der amtlichen Sprachen des Versandstaates zu drucken; sie müssen daneben einen französischen oder deutschen oder italienischen Text enthalten; Übersetzungen in andere für zweckmäßig erachtete Sprachen können beigefügt werden.

Der vom Absender auszufüllende Teil muß immer in einer der amtlichen Sprachen des Versandstaates abgefaßt sein. Welche Übersetzungen beizufügen sind, wird in den internationalen Tarifen oder besonderen Vereinbarungen der Eisenbahnen bestimmt. In deren Ermanglung muß der Absender eine französische oder deutsche oder italienische Übersetzung beifügen.

§ 3. Die stark umrahmten Teile des Formulars hat die Eisenbahn, die übrigen der Absender auszufüllen. Der Absender muß die Spalten, die er nicht ausfüllen will, durch einen Strich ungültig machen.

§ 4. Die Wahl des weißen oder rotumränderten Formulars zeigt an, ob das Gut in gewöhnlicher oder in Eilfracht befördert werden soll. Vorbehaltlich besonderer Vereinbarung zwischen allen beteiligten Eisenbahnen ist es nicht zulässig, die Beförderung auf einer Teilstrecke in Eilfracht, und auf einer anderen Teilstrecke in gewöhnlicher Fracht vorzuschreiben.

§ 5. Frachtbriefe mit abgeänderten oder radierten Eintragungen werden nicht zugelassen. Durchstreichungen sind nur zulässig, wenn der Absender sie mit seiner Unterschrift anerkennt und, wenn es sich um die Zahl oder das Gewicht der Stücke handelt, die berichtigten Mengen in Buchstaben einschreibt.

§ 6. Die Angaben auf dem Frachtbrief müssen in unauslöschbarer Schrift geschrieben oder gedruckt sein[24]).

Der Frachtbrief muß folgende Angaben enthalten:

a) Ort und Tag der Ausstellung;

b) die Bezeichnung der Versandbahn;

c) die Bezeichnung der Empfangsbahn und der Bestimmungsstation[25]) mit allen näheren Angaben, die notwendig sind, um jede Verwechslung zwischen verschiedenen Stationen desselben Ortes oder gleich oder ähnlich benannter Orte auszuschließen;

d) Namen und Wohnort des Empfängers. Als Empfänger darf nur eine einzige Person, Firma oder juristische Person angegeben werden. Die Bestimmungsstation oder deren Vorsteher als Empfänger anzugeben, ist nur statthaft, wenn der anzuwendende Tarif es ausdrücklich zuläßt. Adressen, die den Namen des Empfängers nicht bezeichnen, wie „an Order von ....“ oder „an den Inhaber des Frachtbriefduplikats“, sind unzulässig;

e) [26]) die Bezeichnung der Sendung nach ihrem Inhalt, die Angabe des Gewichts oder statt dessen eine den Vorschriften der Versandbahn entsprechende ähnliche Angabe, ferner bei Stückgut die Anzahl, Art der Verpackung, Zeichen und Nummern der Frachtstücke und bei Gütern, deren Verladung dem Absender obliegt, die Gattung, die Nummer und die Eigentumsmerkmale des Wagens. Die Güter müssen wie folgt bezeichnet werden: die in der Anlage I[10]) enthaltenen Güter nach der in dieser Anlage gewählten Bezeichnung; die in der Güterklassifikation oder im Tarif aufgeführten Güter nach der daselbst gewählten Bezeichnung, die übrigen Güter nach ihrer handelsüblichen Bezeichnung.

Wenn der auf dem Frachtbrief für die Bezeichnung der Güter vorgesehene Platz nicht ausreicht, so sind besondere, dem Frachtbrief sorgfältig angeheftete und vom Absender unterzeichnete Blätter hierfür zu verwenden.

f) [27]) das genaue Verzeichnis der durch die Zoll-, Steuer-, Finanz-, Polizei- oder sonstigen Verwaltungsbehörden vorgeschriebenen Begleitpapiere, die dem Frachtbrief beigefügt oder als bei einer bestimmten Station hinterlegt bezeichnet sind;

---

[22]) HGB § 453 Abs. 4. Ersatzansprüche aus § 6 richten sich n. d. Rechte des Ortes, an dem die Zuwiderhandl. vor sich geht. RG 57 142.

[23]) Bisher Art. 6 mit AusfBest § 2 u. Einheitl. Zusatzbest. — HGB § 426, EVO §§ 55, 56 (hauptsächlichste Abweichung: die allg. Zulass. der Wegevorschrift, die im deutschen Recht — v. d. Wahl der ZollabfertStelle abgesehen — nur bei Vieh u. Eilgut gestattet ist). — Internat. RechtsO (oben I 6 Beil. A) Art. 17.

[24]) Tintenstift gestattet. Löning Anm. 2.

[25]) Art. 16 §§ 2, 3, Art. 26 § 3.

[26]) Art. 7. Oben VII 3 Anm. 181 B, 202.

[27]) IntZschr 15 396.

g) die Unterschrift des Absenders mit seinem Namen oder seiner Firma sowie die Angabe seiner Wohnung, nach seinem Ermessen ergänzt durch seine Telegramm- oder Telephonadresse. Die Unterschrift des Absenders kann aufgedruckt oder aufgestempelt werden, wenn die für die Versandstation geltenden Gesetze und Reglemente es gestatten[27a]). Als Absender darf nur eine einzige Person, Firma oder juristische Person auf dem Frachtbrief erscheinen.

Der Frachtbrief kann außerdem folgende Angaben enthalten:

h) die Angabe „bahnlagernd" oder „in der Wohnung abzuliefern", wenn die letztere Zustellungsart auf der Bestimmungsstation eingeführt ist (Artikel 16, § 2)[28]). Explosionsgefährliche Gegenstände oder selbstentzündliche Stoffe (vgl. Anlage I) dürfen nicht bahnlagernd gestellt werden;

i) das Verlangen, bestimmte Tarife, insbesondere Spezial- oder Ausnahmetarife gemäß Artikel 11, § 10, und Artikel 34 anzuwenden[29]);

k) den Betrag eines gemäß Artikel 35 angegebenen Interesses an der Lieferung;

l) die Angabe der Kosten, die der Absender gemäß Artikel 17 übernimmt;

m) die Höhe der auf dem Gut haftenden Nachnahme und der von der Eisenbahn geleisteten Barvorschüsse gemäß Artikel 19;

n) [29]) die Vorschrift des Beförderungsweges und die Bezeichnung der Stationen, auf denen die Behandlung durch die Zoll-, Steuer-, Finanz-, Polizei- und sonstigen Verwaltungsbehörden stattfinden soll;

o) die Bezeichnung eines Bevollmächtigten gemäß Artikel 15.

§ 7. Andere Erklärungen dürfen in den Frachtbrief nur aufgenommen werden, wenn sie durch die Gesetze und Reglemente eines Staates vorgeschrieben sind und diesem Übereinkommen nicht widersprechen[30]).

Die Ausstellung anderer Urkunden anstatt des Frachtbriefs oder die Beifügung anderer als der von diesem Übereinkommen zugelassenen[31]) Schriftstücke zum Frachtbrief ist unzulässig. Der Absender hat indessen, wenn es die für die Versandstation geltenden Gesetze oder Reglemente vorschreiben[32]), außer dem Frachtbrief eine Urkunde auszustellen, die dazu bestimmt ist, in den Händen der Eisenbahn zu bleiben und ihr als Beweis über den Frachtvertrag zu dienen.

§ 8. Es ist unzulässig, in einen und denselben Frachtbrief mehrere Güter aufzunehmen, die nach ihrer Beschaffenheit nicht ohne Nachteil oder nur unter Verletzung von Zoll-, Steuer-, Finanz-, Polizei- oder sonstigen verwaltungsbehördlichen Vorschriften zusammengeladen werden können.

§ 9. Den vom Absender oder Empfänger auf- oder abzuladenden Gütern sind besondere Frachtbriefe beizugeben, die keine von der Eisenbahn auf- oder abzuladende Güter betreffen.

Für die im Artikel 4 bezeichneten Gegenstände müssen gleichfalls besondere Frachtbriefe ausgestellt werden.

§ 10. Ein und derselbe Frachtbrief darf nur eine einzige Wagenladung umfassen mit Ausnahme der unteilbaren Gegenstände, die mehr als einen Wagen beanspruchen. Diese Vorschrift gilt jedoch nicht, wenn die besonderen Vorschriften für den betreffenden Verkehr oder die Tarife die Aufgabe mehrerer Wagen mit einem und demselben Frachtbrief für die ganze Beförderungsstrecke zulassen.

§ 11. Der Absender darf auf dem unteren Teil der Rückseite des Frachtbriefs, jedoch nur zur Nachricht für den Empfänger und ohne jede Verbindlichkeit und Verantwortlichkeit für die Eisenbahn, die folgenden Vermerke anbringen:

„Von Sendung des N.".
„Im Auftrag des N.".
„Zur Verfügung des N.".
„Zur Weiterbeförderung an N.".
„Versichert bei N.".
„Für Schiff N.".
„Aus Schiff N.".
„Zur Ausfuhr nach N".

Jeder dieser Vermerke muß sich auf die ganze Sendung beziehen.

[12]) 1. Der Frachtbrief muß auch in der Größe der Anlage II[10]) des Übereinkommens entsprechen.

2. Die von Privaten gelieferten Frachtbriefe werden zur Beurkundung ihrer Übereinstimmung mit dem Muster (Anlage II) auf Kosten der Besteller mit dem Kontrollstempel einer Eisenbahn oder einer Gruppe von Eisenbahnen versehen.

3. Als Bestimmungsstation darf nur jene Station angegeben werden, in der die Beförderung auf Grund des IÜG enden soll.

Ist bei Sendungen nach Orten mit mehreren Bahnhöfen derselben Eisenbahn oder verschiedener Eisenbahnen die Bestimmungsstation nicht so deutlich bezeichnet, daß sie mit Sicherheit festgestellt werden kann, so steht der Eisenbahn die Wahl der Ablieferungsstation zu.

4. Ist die Empfangsbahn in einer andern als der hierfür oder für die Eintragung der Bestimmungsstation vorgesehenen Frachtbriefspalte eingetragen, so ist die Eisenbahn für die Nichtbeachtung einer solchen Eintragung nicht verantwortlich.

[27a]) EVO § 56 (9).

[28]) EVO § 77 (1).

[29]) Art. 9 § 3.

[30]) Löning Anm. 6 zu § 6 führt noch eine Anzahl v. Angaben auf, die das IÜG selbst gestattet. Deutsches Recht: oben VII 3 Anm. 185.

[31]) Löning Anm. 3 nennt als Bestimmungen des IÜG, in denen die Beifüg. v. Schriftstücken zugelassen wird, Art. 4 § 1 Ziff. 3, 4b, Art. 6 § 6e, f, Art. 9 § 4, Art. 17 § 3.

[32]) In Deutschland nicht.

Eine Bezeichnung der Empfangsbahn, die der Angabe in der Frachtbriefspalte „Bestimmungsstation" widerspricht, wird nicht beachtet.

5. Die Angabe nach § 6, lit. h, daß das Gut bahnlagernd zu stellen oder in der Wohnung des Empfängers abzuliefern ist, muß in auffälliger Schrift angebracht werden.

6. Die wegen Platzmangels im Frachtbrief für die Bezeichnung der Güter angehefteten Blätter müssen den Maßen des Frachtbriefes angepaßt sein. Im Frachtbrief ist auf diese Blätter besonders hinzuweisen. Unter allen Umständen ist das Gesamtgewicht der Sendung im Frachtbrief selbst anzugeben. (Wegen der Abstempelung der angehefteten Blätter siehe Zusatzbestimmung 1 zu Art. 8.)

7. Eine nur in die Zollpapiere eingetragene Bezeichnung der Zollabfertigungsstelle verpflichtet die Eisenbahn nicht. Ebenso ist die Angabe einer Station in der Frachtbriefspalte „Anzuwendende Tarife und Wegevorschrift" für die Zollbehandlung unverbindlich.

8. Frachtbriefe, die überklebt sind, werden als abgeändert betrachtet und daher nicht angenommen.

9. Die Eisenbahn kann verlangen, daß der Absender für seine Angaben und Erklärungen im Frachtbrief und in den diesem allenfalls angefügten Beilagen lateinische Schriftzeichen verwende.

Artikel 7. Haftung für die Angaben im Frachtbrief. Frachtzuschläge. Maßnahmen bei Überlastung[33].

§ 1[34]). Der Absender haftet für die Richtigkeit der von ihm in den Frachtbrief aufgenommenen Angaben und Erklärungen. Er trägt alle Folgen, die daraus entstehen, daß diese Angaben oder Erklärungen unrichtig, ungenau, unvollständig oder nicht an der für sie vorgesehenen Stelle eingetragen sind.

§ 2[35]). Die Eisenbahn ist jederzeit berechtigt, die Übereinstimmung der Sendungen mit den Angaben des Frachtbriefs nachzuprüfen. Findet die Feststellung auf der Versandstation statt, so ist der Absender, findet sie auf der Bestimmungsstation statt, der Empfänger einzuladen, ihr beizuwohnen. Erscheint der Beteiligte nicht, oder findet die Feststellung auf einer Unterwegsstation statt, so sind, sofern die Gesetze oder Reglemente des Staates, in dem die Feststellung stattfindet, nichts anderes vorschreiben, zwei Zeugen beizuziehen, die nicht der Eisenbahn angehören. Wenn die Sendung den Angaben im Frachtbrief nicht entspricht, haften die durch die Feststellung verursachten Kosten, falls sie nicht an Ort und Stelle beglichen werden, auf dem Gut.

§ 3[36]). Die Gesetze und Reglemente jedes Staates sind maßgebend für die Bedingungen, unter denen die Eisenbahn das Recht oder die Pflicht hat, das Gewicht des Gutes oder die Stückzahl zu ermitteln oder nachzuprüfen sowie das wirkliche Eigengewicht der Wagen festzustellen.

§ 4[37]). Wenn Wagenladungen auf einer Gleiswaage gewogen werden, wird das Gewicht dadurch ermittelt, daß vom Gesamtgewicht des beladenen Wagens das auf dem Wagen verzeichnete Eigengewicht abgezogen wird, es sei denn, daß eine besondere Verwiegung des leeren Wagens ein anderes Eigengewicht ergibt.

§ 5[38]). Bei unrichtigen, ungenauen oder unvollständigen Angaben oder Erklärungen, die zur Folge haben können, daß Gegenstände angenommen werden, die gemäß Ziffer 4 des Artikels 3 von der Beförderung ausgeschlossen sind, daß das Gut eine niedrigere Fracht genießt, oder daß die normale Anwendung des Tarifes verhindert wird, oder bei Nichtbeachtung der in der Anlage I[10]) vorgeschriebenen Sicherheitsvorschriften, sowie bei Überlastung eines vom Absender beladenen Wagens ist ein Frachtzuschlag zu zahlen, vorbehaltlich der Nachzahlung des Frachtunterschieds und gegebenenfalls der Haftung für den Schaden, sowie der strafrechtlichen Folgen.

Der Frachtzuschlag wird wie folgt festgestellt:

a) Bei unrichtiger, ungenauer oder unvollständiger Bezeichnung der von der Beförderung gemäß Ziffer 4 des Artikels 3 ausgeschlossenen oder der in der Anlage I[10]) angeführten Gegenstände oder bei Nichtbeachtung der in dieser Anlage gegebenen Sicherheitsvorschriften wird folgender Frachtzuschlag erhoben:

Für die gemäß Ziffer 4 des Art. 3 von der Beförderung ausgeschlossenen Gegenstände		15	Franken
Für die in der Anlage I bezeichneten Gegenstände der	Klasse I, Gruppe 1a	15	„
	„ I, Gruppen 1b, 1c und 1d	10	„
	„ I, Gruppe 1e u. Kl. II und III	5	„
	Klassen IV, V und VI	1	„

für das Kilogramm Rohgewicht des ganzen Frachtstücks.

Wenn die Vorschriften für den inneren Verkehr der Eisenbahn, auf welcher die Zuwiderhandlung entdeckt wird, niedrigere Zuschläge vorsehen, so werden diese letzteren erhoben.

b) Bei unrichtiger, ungenauer oder unvollständiger Bezeichnung einer Sendung, die andere als die unter a) vorgesehenen Güter enthält, beträgt der Zuschlag das Doppelte des Unterschieds zwischen der Fracht, die für das unrichtig, ungenau oder unvollständig bezeichnete Gut von der Versandstation bis zur Bestimmungsstation zu erheben wäre, und der Fracht, die hätte erhoben werden müssen, wenn die Bezeichnung richtig, genau und vollständig erfolgt wäre.

Selbst wenn kein Frachtunterschied besteht, beträgt der Zuschlag mindestens einen Franken[39]). Wenn die Vorschriften für den inneren Verkehr der Eisenbahn, auf welcher die Zuwiderhandlung entdeckt wird, einen niedrigeren Mindestzuschlag vorsehen, so wird dieser letztere erhoben.

c) Bei zu niedriger Angabe des Gewichts beträgt der Frachtzuschlag das Doppelte des Unterschieds zwischen der Fracht für das angegebene und das ermittelte Gewicht von der Versand- bis zur Bestimmungsstation.

---

[33]) Bisher Art. 7 u. AusfBest § 3 mit Einh. ZusBest (teilw. abweich.).

[34]) HGB § 426, EVO § 57.

[35]) EVO § 58 (1). — Art. 11 § 7.

[36]) EVO § 58 (3ff.). — Art. 11 § 7.

[37]) EVO § 58 (6).

[38]) EVO § 60 (teilw. abweich.). — Auch nach JÜG (wie nach EVO) ist die Verwirk. des Frachtzuschlags vom Verschulden des Abs. unabhängig. Löning Anm. 3.

[39]) Abweich. EVO § 60 (1b).

d) Bei Überlastung eines vom Absender beladenen Wagens beträgt der Frachtzuschlag das Sechsfache der Fracht für das die Belastungsgrenze übersteigende Gewicht von der Versand- bis zur Bestimmungsstation. Eine Überlastung liegt vor, wenn die wie folgt ermittelte Belastungsgrenze eines Wagens überschritten ist.

Wenn ein Wagen nur eine die zulässige Belastung kennzeichnende Aufschrift trägt, wird diese als normales Ladegewicht angesehen; die Belastungsgrenze entspricht alsdann diesem Ladegewicht zuzüglich fünf vom Hundert.

Wenn ein Wagen zwei Aufschriften trägt, bezeichnet die niedrigere Zahl die normale Belastung, die höhere Zahl die Belastungsgrenze.

e) Wenn für einen und denselben Wagen eine zu niedrige Gewichtsangabe und eine Überlastung vorliegt, werden die Frachtzuschläge für beide Zuwiderhandlungen nebeneinander erhoben.

§ 6[40]). Die nach § 5 zu erhebenden Frachtzuschläge haften auf dem Gut, gleichgültig, an welchem Orte die Tatsachen, die ihre Erhebung nach sich ziehen, festgestellt worden sind.

Wenn der Wert des Gutes den Betrag der Frachtzuschläge nicht deckt, oder wenn der Empfänger die Annahme des Gutes verweigert, hat der Absender den aus den Frachtzuschlägen sich ergebenden Mehrbetrag zu bezahlen.

§ 7[41]). Ein Frachtzuschlag wird nicht erhoben:

a) Bei unrichtiger Gewichtsangabe von Gütern, zu deren Verwiegung die Eisenbahn nach den für die Versandstation geltenden Bestimmungen verpflichtet ist;

b) bei unrichtiger Gewichtsangabe oder bei Überlastung, wenn der Absender im Frachtbrief die Verwiegung durch die Eisenbahn beantragt hat;

c) bei einer während der Beförderung infolge von Witterungseinflüssen eingetretenen Überlastung, wenn der Absender nachweist, daß er bei der Beladung des Wagens die für die Versandstation geltenden Bestimmungen eingehalten hat;

d) bei einer während der Beförderung eingetretenen Gewichtszunahme ohne Überlastung, wenn der Absender nachweist, daß die Gewichtszunahme auf Witterungseinflüsse zurückzuführen ist.

§ 8[42]). Wenn die Überlastung eines Wagens durch die Versandstation oder durch eine Zwischenstation festgestellt wird, kann der überschießende Teil der Ladung aus dem Wagen entfernt werden, selbst wenn zur Erhebung eines Frachtzuschlags kein Anlaß vorliegt. Der Absender ist gegebenenfalls unverzüglich durch Vermittlung der Versandstation zur Verfügung über den überschießenden Teil der Ladung aufzufordern.

Die Fracht für den überschießenden Teil der Ladung wird für die durchfahrene Strecke nach dem für die Hauptladung anzuwendenden Tarif berechnet, gegebenenfalls zuzüglich des im vorstehenden § 5 vorgesehenen Frachtzuschlags; bei Entladung werden die Kosten für diese Maßnahmen nach dem Nebengebührentarif der Eisenbahn, die sie ausführt, berechnet.

Wenn der Absender vorschreibt, daß der überschießende Teil der Ladung zurückgeschickt oder weiterbefördert werden soll, so wird dieser als besondere Sendung behandelt.

[12]) Der unter lit. a des § 5 erwähnte Frachtzuschlag wird gegebenenfalls auch hinsichtlich jener Gegenstände erhoben, für die nach § 2 des Art. 4 leichtere Bedingungen im Verkehr zwischen zwei oder mehreren Vertragsstaaten oder Eisenbahnen vereinbart worden sind.

Artikel 8. Abschluß des Frachtvertrags. Frachtbriefduplikat

§ 1[43]). Der Frachtvertrag ist abgeschlossen, sobald die Versandstation das Gut mit dem Frachtbrief zur Beförderung angenommen hat. Als Zeichen der Annahme wird dem Frachtbrief der Tagesstempel der Versandstation aufgedrückt.

§ 2. Der Frachtbrief ist nach vollständiger Auflieferung des darin verzeichneten Gutes und nach Zahlung der vom Absender übernommenen Beträge ohne Verzug abzustempeln, und zwar auf Verlangen des Absenders in dessen Gegenwart.

§ 3. Der abgestempelte Frachtbrief dient als Beweis für den Frachtvertrag.

§ 4. Jedoch bilden bezüglich der Güter, deren Aufladen nach den Tarifen oder nach besonderer Vereinbarung, soweit eine solche für die Verstandstation zulässig ist[44]), dem Absender obliegt, die Angaben des Frachtbriefs über das Gewicht und die Anzahl der Stücke gegen die Eisenbahn keinen Beweis, sofern nicht die Nachwiegung oder Nachzählung durch die Eisenbahn erfolgt und dies auf dem Frachtbriefe beurkundet ist.

§ 5[43]) [45]). Die Eisenbahn ist verpflichtet, den Empfang des Gutes unter Angabe des Tages der Annahme zur Beförderung auf dem ihr vom Absender zugleich mit dem Frachtbrief vorzulegenden Duplikat zu bescheinigen. Dieses Duplikat hat nicht die Bedeutung des Frachtbriefs oder eines Konossements (Ladescheins).

[12]) 1. Die dem Frachtbrief gemäß Art. 6 § 6 lit. e, Absatz 2, angehefteten Blätter sind von der Versandstation ebenfalls mit dem Tagesstempel zu versehen.

2. Die Versandstation hat den Empfang des Gutes auf dem Frachtbriefduplikat durch Aufdrücken des Tagesstempels zu bescheinigen.

Artikel 9. Grundsätze für die Frachtberechnung. Tarife und Wegevorschriften

§ 1[46]). Die Fracht und die Nebengebühren werden nach den in jedem Staat zu Recht bestehenden und gehörig veröffentlichten Tarifen berechnet. Diese Tarife müssen alle zur Berechnung der Fracht und der Neben-

[40]) Abweich. EVO § 60 (4). — Zur Auslegung des § 6: Löning Anm. 2.

[41]) Den Irrtum als Grund f. Nichterhebung — EVO § 60 (3a) — kennt IÜG nicht.

[42]) EVO § 59 (3—5).

[43]) Bisher IntÜb Art. 8. — EVO § 61 (wonach das Duplikat nicht obligatorisch ist).

[44]) EVO § 59.

[45]) HGB § 455, EVO § 61 (5, 6). — Artt. 17 § 4, 21 §§ 2, 4, 23 § 4, 24 § 1, 40 § 3, 41 § 3.

gebühren notwendigen Angaben enthalten und gegebenenfalls bestimmen, in welcher Weise den Verschiedenheiten der Währungen Rechnung getragen werden soll.

§ 2[46]). Die Tarife müssen alle besonderen Bedingungen für die verschiedenen Beförderungsarten, besonders auch eine Bestimmung darüber enthalten, ob sie für Eilgut oder Frachtgut gültig sind. Wenn eine Eisenbahn für alle Güter oder für einzelne von ihnen oder für bestimmte Strecken nur einen Tarif für eine einzige Beförderungsart besitzt, so ist dieser Tarif für alle Sendungen anwendbar, gleichgültig, ob sie von einem gewöhnlichen oder von einem Eilfrachtbrief begleitet sind; dabei gelten die Lieferfristen, die im Artikel 6, § 4, und Artikel 11 dieses Übereinkommens für die jeweilige Beförderungsart des betreffenden Frachtbriefs vorgesehen sind.

Die Tarife müssen jedermann gegenüber in gleicher Weise angewendet werden. Ihre Bestimmungen gelten nur insoweit, als sie diesem Übereinkommen nicht widersprechen; andernfalls sind sie nichtig.

§ 3[47]). a) Wenn der Absender auf dem Frachtbrief den Beförderungsweg vorgeschrieben hat, werden die Beförderungskosten nach diesem Wege berechnet[48]).

Die Bezeichnung der Stationen, auf denen die von den Zoll-, Steuer-, Finanz-, Polizei- und sonstigen Verwaltungsbehörden vorgeschriebenen Förmlichkeiten zu erfüllen sind, ist einer Wegevorschrift gleichzuachten.

b)[49])[50]) Wenn der Absender im Frachtbrief nur die anzuwendenden Tarife vorgeschrieben hat, wendet die Eisenbahn diese Tarife an, sofern diese Vorschrift für die Feststellung der Stationen, zwischen denen die verlangten Tarife Anwendung finden sollen, genügt. Die Eisenbahn sucht unter den Beförderungswegen, für die diese Tarife am Tage des Abschlusses des Frachtvertrags gültig sind, den Beförderungsweg aus, der ihr für den Absender am vorteilhaftesten erscheint.

c)[50]) Wenn der Absender im Frachtbrief die Vorauszahlung der Fracht bis zu einer Zwischenstation gemäß Artikel 17, § 1, vorgeschrieben hat, sucht die Eisenbahn unter den Beförderungswegen, die die genannte Zwischenstation berühren, den aus, der ihr für den Absender am vorteilhaftesten erscheint. Die Beförderungskosten werden nach dem von der Eisenbahn gewählten Beförderungsweg berechnet.

d)[49]) Wenn in den vorstehend unter a) und c) erwähnten Fällen ein internationaler Tarif zwischen der Versand- und der Bestimmungsstation auf dem nach a) vorgeschriebenen Beförderungswege oder zwischen der Versandstation und der vorstehend unter c) genannten Station besteht, so wird dieser Tarif angewendet, vorausgesetzt, daß zur Zeit der Auflieferung[51]) auf den betreffenden Beförderungswegen seine Anwendbarkeit nicht Bedingungen unterliegt, die nicht erfüllt sind.

e)[50])[52]) Wenn die vom Absender gemachten Angaben nicht genügen, um den Leitungsweg oder die Tarife vollständig festzustellen, oder wenn einzelne dieser Angaben sich widersprechen, wählt die Eisenbahn den Leitungsweg oder die Tarife, die ihr für den Absender am vorteilhaftesten erscheinen. Bezüglich der unter a), Absatz 2, erwähnten Stationen richtet sich die Eisenbahn immer nach den Angaben im Frachtbrief, ebenso — soweit möglich — bezüglich der anderen Vorschriften des Absenders.

[48]) Wenn jedoch zwischen der Versandstation und der Bestimmungsstation ein direkter internationaler Tarif besteht, so wird dieser Tarif angewendet, vorausgesetzt, daß seine Wegevorschrift den etwaigen Angaben des Frachtbriefs bezüglich der unter a), Absatz 2, erwähnten Stationen entspricht, und daß seine Anwendung nicht anderen Bedingungen unterliegt, die nicht erfüllt sind.

f) In allen oben erwähnten Fällen werden die Fristen nach dem vom Absender vorgeschriebenen oder von der Bahn gewählten Leitungsweg berechnet.

g) Die Eisenbahn kann außer den im Artikel 5, § 5, und Artikel 23, § 1, erwähnten Fällen die Beförderung nur dann auf einem anderen als dem vom Absender vorgeschriebenen Weg vornehmen, wenn:

1. die Beförderungskosten und Lieferfristen nicht größer sind als die Kosten und Fristen auf dem vom Absender vorgeschriebenen Weg;
2. die von den Zoll-, Steuer-, Finanz-, Polizei- und sonstigen Verwaltungsbehörden vorgeschriebenen Förmlichkeiten immer auf den vom Absender angegebenen Stationen erfüllt werden.

Der Absender ist zu benachrichtigen, wenn die Beförderung auf einem anderen als dem von ihm vorgeschriebenen Wege erfolgt.

h) In den unter b), c) und e), Absatz 1, des gegenwärtigen Paragraphen erwähnten Fällen ist die Eisenbahn für einen aus der Wahl des Leitungswegs oder der Tarife etwa entstehenden Schaden nur bei Vorsatz oder grober Fahrlässigkeit verantwortlich[53]).

§ 4[54]). Außer den in den Tarifen vorgesehenen Frachtsätzen und Nebengebühren dürfen zugunsten der Eisenbahn nur Barauslagen erhoben werden, wie Aus- und Einfuhrabgaben, nicht in den Tarif aufgenommene Kosten für die Überführung von einem Bahnhof zum anderen, Kosten der Instandsetzung der äußeren und inneren Verpackung der Güter, die zu ihrer Erhaltung notwendig sind, und ähnliche Auslagen. Diese Auslagen sind gehörig festzustellen und getrennt auf dem Frachtbrief zu berechnen, dem die Belege beizufügen sind. Wenn die Bezahlung

[46]) Zu §§ 1, 2: Bisher IntÜb Artt. 11. 4. — JÜP Art. 23. EVO § 6. — Internat. RechtsO (oben I 6 Beil. A) Teil IV.

[47]) Bisher (abweichend) Art. 6 (1) l. — EVO § 67 (2) abw., s. oben Anm. 23.

[48]) Bei Zuwiderhandl. Haftung für jedes Verschulden (§ 3h).

[49]) Ausführlich Löning Anm. 3; zu § 3 b s. auch Stern VZ **1929** 586, 867.

[50]) Bei Zuwiderhandl. Haft. nur f. grobes Verschulden (§ 3h).

[51]) Vgl. EVO § 68 (1). — Löning VZ **1929** 630.

[52]) EVO § 68 (1). — Rechtsprechung bei Löning Anm. 2.

[53]) Rechtsprechung bei Löning Anm. 5.

[54]) Bisher Art. 11 (2). EVO § 68 (3). Zur bisher. Fassung: OGHof Wien 13. März 29 VZ 1071.

dieser Auslagen dem Absender obliegt, sind die Beweisstücke dem Empfänger nicht mit dem Frachtbrief auszuhändigen, sondern dem Absender mit der Kostenrechnung gemäß Artikel 17 zuzustellen.

[12]) 1 [51]). Sind auf Antrag des Absenders oder mangels durchgehender Tarife zwischen Versand- und Bestimmungsstation die Frachten getrennt für verschiedene Teilstrecken zu berechnen, so werden der Frachtermittlung für jeden Frachtberechnungsabschnitt diejenigen Tarife zugrunde gelegt, die an dem Tage in Kraft sind, an dem das Gut in das Gebiet des einzelnen Frachtberechnungsabschnittes eintritt.

2. Die Kosten für die Miete von Decken werden für den ganzen Durchlauf nach Maßgabe der bei der Versandbahn geltenden Tarife berechnet.

3. Die Desinfektionsgebühr wird nach dem Nebengebührentarif der Bahn erhoben, welche die Desinfektion besorgt.

4. Frachtbriefvorschriften in allgemeiner Form, wie „kürzester Weg" sind für die Eisenbahn als Wegevorschrift nicht verbindlich.

Artikel 10. Verbot von Sonderübereinkommen[55])

Jedes Sonderübereinkommen, wodurch einem oder mehreren Absendern eine Preisermäßigung gegenüber den Tarifen gewährt wird, ist verboten und nichtig.

Dagegen sind Tarifermäßigungen erlaubt, welche gehörig veröffentlicht sind und unter Erfüllung der gleichen Bedingungen jedermann in gleicher Weise zugute kommen, sowie die Ermäßigungen, die für den Eisenbahndienst, für Zwecke der öffentlichen Verwaltungen oder für Wohlfahrtszwecke gewährt werden.

Artikel 11. Lieferfristen[56])

§ 1[57]). Die Lieferfristen dürfen folgende Höchstmaße nicht überschreiten:

a) für Eilgüter:

1. Abfertigungsfrist . . . . 1 Tag;
2. Beförderungsfrist für je auch nur angefangene 250 Tarifkilometer . . . . 1 Tag;

b) für Frachtgüter:

1. Abfertigungsfrist . . . . 2 Tage;
2. Beförderungsfrist für je auch nur angefangene 250 Tarifkilometer . . . . 2 Tage;

§ 2[58]). Wenn die Beförderung sich über mehrere durch Schienen verbundene Eisenbahnnetze erstreckt, berechnet sich die Beförderungsfrist nach der Gesamtentfernung zwischen der Versand- und der Bestimmungsstation; die Abfertigungsfrist wird nur einmal berechnet ohne Rücksicht auf die Zahl der beteiligten Netze.

§ 3. Die Gesetze und Reglemente jedes Staates[59]) bestimmen, inwiefern den unter seiner Aufsicht stehenden Eisenbahnen gestattet ist, Zuschlagsfristen für folgende Fälle festzusetzen:

a) für Beförderungen, die benutzen:
entweder den Seeweg oder die Binnenwasserstraßen mittels Fähre oder Schiffes,
oder eine Landstraße ohne Eisenbahn,
oder Verbindungsbahnen, die zwei Linien desselben Netzes oder verschiedener Netze verbinden,
oder Eisenbahnen untergeordneter Bedeutung,
oder eine Linie mit einer anderen als der normalen Spurweite;

b) für außergewöhnliche Verhältnisse, die zur Folge haben:
eine ungewöhnliche Verkehrszunahme
oder ungewöhnliche Betriebsschwierigkeiten.

Die Zuschlagsfristen müssen stets nach ganzen Tagen bemessen sein.

§ 4. Die Zuschlagsfristen, die durch die im § 3 unter a) vorgesehenen Verhältnisse begründet sind, müssen in den Tarifen erwähnt sein.

Die im § 3 unter b) vorgesehenen Zuschlagsfristen müssen veröffentlicht werden und treten nicht vor ihrer Veröffentlichung in Kraft.

§ 5. Die Lieferfrist beginnt mit der auf die Annahme des Gutes (Artikel 8, § 1) folgenden Mitternacht[60]).

§ 6. Die Lieferfrist ist gewahrt, wenn vor ihrem Ablauf der Empfänger oder diejenige Person, die nach den Reglementen der abliefernden Eisenbahn zur Empfangnahme berechtigt ist, das Gut ausgeliefert erhalten hat oder von der Ankunft des Gutes benachrichtigt ist. Die Gesetze und Reglemente jedes Staates[61]) bestimmen die Art und Weise, wie die Übergabe des Benachrichtigungsschreibens festzustellen ist.

Für Güter, die von der Eisenbahn dem Empfänger nicht zugeführt werden und von deren Ankunft der Empfänger nicht benachrichtigt zu werden braucht, ist die Lieferfrist gewahrt, wenn sie vor Ablauf der Lieferfrist auf der Bestimmungsstation zur Ablieferung an den Empfänger bereitgestellt sind.

§ 7. Der Lauf der Lieferfrist ruht für die ganze Dauer des Aufenthaltes, der durch die Zoll-, Steuer-, Finanz-, Polizei- oder sonstige verwaltungsbehördliche Abfertigung verursacht wird, sowie für die Dauer jeder ohne Verschulden der Eisenbahn eingetretenen Verkehrsunterbrechung[62]), durch die der Beginn oder die Fortsetzung der Beförderung zeitweilig verhindert wird.

[55]) Bisher Art. 11 (1). — IÜP Art. 24. EVO § 6.

[56]) Bisher Art. 14 mit AusfBest. § 6. — EVO § 74. — Überschreitung der L.: Artt. 27, 33, 35 § 3.

[57]) Ergeben die Tarife kürzere Fristen, so dürfen sich die Eis. nicht auf die Höchstfristen des Art. 11 berufen. IntZtschr **15** 102.

[58]) Transportgemeinschaft: oben VII 4b Anm. 12.

[59]) EVO § 74 (3).

[60]) Abweich. EVO § 74 (5).

[61]) EVO §§ 74 (6), 78.

[62]) EVO spricht v. Betriebsstörung (s. oben VII 3 Anm. 276).

Der Lauf der Lieferfrist ruht gleichfalls während der Ausführung der im Artikel 7, §§ 2 und 3, vorgesehenen Maßnahmen und während der Dauer des durch eine nachträgliche Verfügung des Absenders im Sinne des Artikels 21 verursachten Aufenthalts.

Außerdem ruht bei der Beförderung lebender Tiere der Lauf der Lieferfrist während der Dauer[63]):

a) des Aufenthalts dieser Tiere in Tränkstationen;

b) des Aufenthalts wegen einer polizeilichen Maßregel;

c) der viehseuchenpolizeilichen Untersuchung.

§ 8. Bei Frachtgütern ruht der Lauf der Lieferfrist an Sonntagen und gesetzlichen Feiertagen.

Bei Eilgütern beginnt, wenn der auf die Annahme des Gutes zur Beförderung folgende Tag ein Sonntag oder gesetzlicher Feiertag ist, die Lieferfrist einen Tag später. Falls der letzte Tag der Lieferfrist ein Sonntag oder gesetzlicher Feiertag ist, so läuft die Lieferfrist erst am darauffolgenden Tage ab. Diese Bestimmungen sind jedoch nicht anwendbar, soweit im Versand- oder Empfangsstaat die Stationen für den Eilgutverkehr an Sonn- und Feiertagen geöffnet sind[64]).

§ 9. Wenn die Gesetze oder Reglemente eines Staates bestimmen, daß die Eilgutbeförderung an Sonn- und bestimmten gesetzlichen Feiertagen ganz oder teilweise ruht[65]), werden die Lieferfristen entsprechend verlängert.

§ 10. Wenn nach den Gesetzen und Reglementen eines Staates Spezial- oder Ausnahmetarife zu ermäßigten Preisen und mit verlängerten Lieferfristen gestattet sind, so können die Eisenbahnen dieses Staates diese Tarife mit verlängerten Lieferfristen auch im internationalen Verkehr anwenden.

[12]) 1. Als Lieferfristen gelten, sofern nicht die Tarife kürzere Fristen vorsehen, die vorstehend angeführten Höchstlieferfristen, unter Hinzurechnung der veröffentlichten Zuschlagsfristen.

2. Durch Fährschiffe verbundene Eisenbahnnetze gelten als durch Schienen verbunden. Das Recht der Eisenbahn, Zuschlagsfristen nach § 3 festzusetzen, wird hierdurch nicht berührt.

Artikel 12. Zustand des Gutes. Verpackung[66])

§ 1[67]). Nimmt die Eisenbahn ein Gut zur Beförderung an, das offensichtlich Spuren von Beschädigungen aufweist, so kann sie verlangen, daß der Zustand des Gutes im Frachtbrief besonders vermerkt wird.

§ 2[68]). Der Absender hat das Gut, soweit dessen Natur eine Verpackung erfordert, zum Schutze gegen gänzlichen oder teilweisen Verlust und gegen Beschädigung während der Beförderung, sowie zur Verhütung einer Beschädigung von Personen, Betriebsmitteln oder anderen Gütern sicher zu verpacken.

Im übrigen gelten für die Verpackung die Bestimmungen der Tarife und Reglemente der Versandbahn.

§ 3. Ist der Absender der Vorschrift des § 2 nicht nachgekommen, so ist die Eisenbahn berechtigt, entweder die Annahme des Gutes zu verweigern oder zu verlangen, daß der Absender auf dem Frachtbrief das Fehlen oder den mangelhaften Zustand der Verpackung unter genauer Beschreibung desselben anerkennt.

§ 4[69]). Der Absender haftet für die Folgen des Fehlens oder des mangelhaften Zustandes der Verpackung, die in dieser Weise auf dem Frachtbrief anerkannt sind, sowie für äußerlich nicht erkennbare Mängel der Verpackung. Alle sich daraus ergebenden Schäden fallen dem Absender zur Last, der gegebenenfalls der Eisenbahn den von ihr erlittenen Schaden zu ersetzen hat.

Der Absender haftet auch für äußerlich erkennbare Mängel der Verpackung, die im Frachtbrief nicht anerkannt sind, wenn das Vorhandensein dieser Mängel von der Eisenbahn nachgewiesen wird.

§ 5. Wenn ein Absender gleichartige Güter, die einer Verpackung bedürfen, unverpackt oder mit den gleichen Mängeln der Verpackung auf der gleichen Station aufzugeben pflegt, kann er sich der Verpflichtung, für jede Sendung der im § 3 enthaltenen Vorschrift gesondert zu entsprechen, dadurch entziehen, daß er auf dieser Station eine allgemeine Erklärung nach dem Muster der Anlage III[10]) hinterlegt. In diesem Falle muß der Frachtbrief einen Hinweis auf die bei der Versandstation hinterlegte allgemeine Erklärung enthalten.

§ 6. Vorbehaltlich der ausdrücklich in den Tarifen vorgesehenen Ausnahmen ist der Absender verpflichtet, Stückgüter mit deutlichen, unauslöschbaren äußeren Zeichen zu versehen, die keine Verwechslung zulassen und mit den auf dem Frachtbrief angegebenen Zeichen genau übereinstimmen. Außerdem ist er verpflichtet, auf jedem Stück einen Zettel anzubringen, auf dem in unauslöschbarer Schrift die Bestimmungsstation angegeben ist. Name und Adresse des Empfängers müssen gleichfalls angegeben werden, wenn dies durch das Reglement der Versandbahn vorgeschrieben ist, und zwar entweder offen, oder in einer Falte des Zettels, die nur beim Fehlen des Frachtbriefs geöffnet werden darf.

Alte Anschriften oder Zettel müssen vom Absender durchstrichen oder entfernt sein.

§ 7. Vorbehaltlich der ausdrücklich in den Tarifen vorgesehenen Ausnahmen dürfen leicht zerbrechliche Gegenstände (wie Glaswaren, Porzellan, Töpferwaren), Gegenstände, die sich leicht im Wagen verstreuen (wie Nüsse, Obst, Futtermittel, Steine), und Güter, die andere Sendungen beschmutzen oder beschädigen könnten (wie Kohlen, Kalk, Asche, gewöhnliche Erden, Farberden), nur als Wagenladungen befördert werden, es sei denn, daß diese Güter so verpackt oder zusammengebunden werden, daß sie nicht zerbrechen, verloren gehen oder andere Sendungen beschmutzen oder beschädigen können.

---

[63]) EVO § 51 (3).

[64]) Ist in Deutschland der Fall: Allg. AusfBest II zu EVO § 63.

[65]) Trifft für Deutschland nicht zu.

[66]) Teilw. abweich. EVO § 62. — IntÜb Art. 9.

[67]) **Vgl. Allg. AbfertVorschr. (oben VII 1) § 18 Ziff. 2.** Einwirk. der Vorschr. auf d. Beweislast? Löning Anm. 6 u. Angef.

[68]) Ebenso EVO § 62 (1). — Art. 28 § 1b.

[69]) Abweichend EVO § 62 (3). S. oben VII 2 Anm. 30 E c u. VII 3 Anm. 217.

[12]) Die Eisenbahn kann verlangen, daß kleine Stückgüter gleicher Art (Kleineisenzeug u. dgl.), deren Annahme und Verladung nicht ohne erheblichen Zeitverlust möglich ist, durch Verbindung oder Verpackung zu größeren Einheiten zusammengefaßt werden.

Artikel 13. Begleitpapiere für die Abfertigung durch die Zoll-, Steuer-, Finanz-, Polizei- und sonstigen Verwaltungsbehörden. Zollverschluß[70])

§ 1. Der Absender ist verpflichtet, dem Frachtbrief die Begleitpapiere beizugeben, die zur Erfüllung der Zoll-, Steuer-, Finanz-, Polizei- und sonstigen verwaltungsbehördlichen Vorschriften vor der Ablieferung des Gutes an den Empfänger erforderlich sind. Diese Papiere dürfen nur Güter umfassen, die den Gegenstand eines und desselben Frachtbriefs bilden, es sei denn, daß Verwaltungs- oder Tarifvorschriften etwas anderes bestimmen.

Wenn solche Papiere dem Frachtbrief nicht beigegeben werden können, weil sie in einer Grenzstation hinterlegt sind, muß der Frachtbrief die genaue Angabe enthalten, bei welcher Stelle sie hinterlegt sind.

§ 2. Die Eisenbahn ist nicht verpflichtet, die beigegebenen Papiere auf ihre Richtigkeit und Vollständigkeit zu prüfen.

Der Absender haftet der Eisenbahn, sofern dieser kein Verschulden zur Last fällt, für alle Schäden, die aus dem Fehlen, der Unzulänglichkeit oder Unrichtigkeit dieser Papiere entstehen könnten.

Die Eisenbahn haftet nach den Bestimmungen des Titels III für die Folgen des Verlustes der nach Artikel 6, § 6, f) in den Frachtbriefen erwähnten und ihnen beigegebenen Papiere.

§ 3. Der Absender ist verpflichtet, für die Verpackung und Bedeckung der Güter entsprechend den Zollvorschriften zu sorgen. Güter, deren zollamtlicher Verschluß verletzt oder mangelhaft ist, können zurückgewiesen werden.

[12]) 1. Ist der Absender der Verpflichtung, die Güter den Zollvorschriften gemäß zu verpacken oder zu bedecken, nicht nachgekommen, so kann die Eisenbahn auf seine Kosten das Nötige anordnen.

2. Wird infolge des Fehlens, der Unzulänglichkeit oder Unrichtigkeit der Begleitpapiere die Weiterbeförderung oder die Ablieferung des Gutes aufgehalten, so ist für die Dauer des Aufenthaltes das tarifmäßige Stand- oder Lagergeld zu entrichten.

Kapitel II. Ausführung des Frachtvertrags

Artikel 14. Auflieferung und Verladung der Güter[71])

§ 1[72]). Das Verfahren bei der Auflieferung der Güter richtet sich nach den für die Versandstation geltenden gesetzlichen und reglementarischen Bestimmungen.

§ 2[73]). Ob die Güter durch die Eisenbahn oder durch den Absender zu verladen sind, bestimmen die für die Versandstation geltenden Vorschriften, soweit nicht dieses Übereinkommen andere Bestimmungen darüber enthält oder eine besondere Vereinbarung zwischen dem Absender und der Eisenbahn getroffen und im Frachtbrief vermerkt ist.

§ 3[74]). Ob die Güter in bedeckten, offenen oder besonders eingerichteten Wagen oder in offenen Wagen mit Decke befördert werden, richtet sich, soweit dieses Übereinkommen keine Vorschriften darüber enthält[75]), nach den Bestimmungen der direkten internationalen Tarife. Falls solche nicht bestehen oder keine Bestimmungen darüber enthalten, sind die für die Versandstation geltenden Vorschriften für den ganzen Durchlauf des Gutes maßgebend.

Artikel 15. Abfertigung durch die Zoll-, Steuer-, Finanz-, Polizei- und sonstigen Verwaltungsbehörden[76])

§ 1. Die Zoll-, Steuer-, Finanz-, Polizei- und sonstigen verwaltungsbehördlichen Vorschriften werden, solange das Gut sich unterwegs befindet, von der Eisenbahn erfüllt. Sie kann diese Aufgabe unter ihrer eigenen Verantwortlichkeit einem Kommissionär übertragen oder sie selbst übernehmen. In beiden Fällen hat sie die Verpflichtungen eines Kommissionärs[77]).

Der Absender kann jedoch entweder selbst oder durch einen im Frachtbrief bezeichneten Bevollmächtigten der im vorigen Absatz bezeichneten Behandlung beiwohnen, um alle nötigen Aufklärungen zu geben und sachdienliche Bemerkungen zu machen, ohne daß daraus für ihn das Recht begründet würde, das Gut in Besitz zu nehmen oder die Förmlichkeiten selbst zu erfüllen.

Wenn der Absender für die Behandlung durch die Zoll-, Steuer-, Finanz-, Polizei- oder sonstigen Verwaltungsbehörden eine unzulässige Art des Vorgehens vorgeschrieben hat, handelt die Eisenbahn so, wie es ihr für die Interessen des Berechtigten am günstigsten erscheint, und teilt dem Absender die getroffenen Maßnahmen mit.

§ 2. Wenn auf der Bestimmungsstation ein Zollamt besteht, und wenn entweder der Frachtbrief die Zollbehandlung auf der Bestimmungsstation vorschreibt oder beim Fehlen einer solchen Vorschrift das Gut unverzollt auf der Bestimmungsstation ankommt, so hat der Empfänger das Recht, auf der Bestimmungsstation die Zollbehandlung zu besorgen. Wenn er von diesem Recht Gebrauch macht, muß er vorher die auf der Sendung haftenden Kosten begleichen und den Frachtbrief einlösen.

Die Eisenbahn kann[78]), solange der Frachtbrief nicht eingelöst ist, die Zollbehandlung gemäß § 1 besorgen, wenn dies innerhalb einer im Reglement der Empfangsbahn vorgeschriebenen Frist weder durch den Empfänger noch durch den Bevollmächtigten des Absenders geschieht.

---

[70]) Bisher Art. 10. — HGB § 427, EVO § 65. — Art. 15.

[71]) Bisher Art. 5 (5).

[72]) EVO § 63.

[73]) EVO § 59 (1). — Art. 28 § 1c.

[74]) EVO § 66. — Art. 28 § 1a.

[75]) Z. B. in der hier nicht abgedr. Anl. I.

[76]) Bisher Art. 10 (4, 5). — EVO § 65 (3ff.). — Art. 13.

[77]) Ausführlich darüber Löning Anm. 6 u. Seligsohn Anm. 3ff.

[78]) Bisher — Art. 10 (5) — war die Eis. dazu verpflichtet.

[12]) 1. Hat der Absender für die Erfüllung der Zoll-, Steuer-, Finanz-, Polizei- oder sonstigen Verwaltungsvorschriften eine Station bezeichnet, in der nach den geltenden Bestimmungen die Ausführung nicht möglich ist oder hat er sonst eine Art des Vorgehens vorgeschrieben, die nicht ausführbar ist, so handelt die Eisenbahn so, wie es ihr für die Interessen des Berechtigten am günstigsten erscheint, und teilt dem Absender die getroffenen Maßnahmen mit.

2. Hat der Absender die Verzollung in einer Unterwegsstation vorgeschrieben, für die das Zollamt sich entfernt vom Bahnhofe befindet, so entscheidet die Eisenbahn darüber, ob das Gut in das Zollamt zu überführen oder die Zollabfertigung am Bahnhof zu veranlassen ist. Die Kosten werden auf das Gut nachgenommen.

3. Will der Absender der Zollabfertigung unterwegs selbst oder durch einen Bevollmächtigten beiwohnen, so hat er dies im Frachtbrief in der Spalte „Erklärung über die Behandlung durch die Zoll-, Steuer-, Finanz-, Polizei- oder andere Verwaltungsbehörden" unter Angabe der Station, wo die Verzollung stattfinden soll, zu vermerken.

An der gleichen Stelle ist auch der Vermerk einzutragen, wonach die zollamtliche Behandlung des Gutes am Bestimmungsort nicht durch den Empfänger, sondern durch eine Drittperson zu erfolgen hat.

Artikel 16. Ablieferung

§ 1[79]). Die Eisenbahn ist verpflichtet, auf der vom Absender bezeichneten Bestimmungsstation dem Empfänger den Frachtbrief und das Gut gegen Quittung und gegen Bezahlung der sich aus dem Frachtbrief ergebenden Beträge auszuhändigen.

[80]) Durch die Annahme des Gutes und des Frachtbriefs wird der Empfänger verpflichtet, der Eisenbahn die aus dem Frachtbrief sich ergebenden Beträge zu bezahlen.

§ 2[81]). Das Verfahren bei der Ablieferung des Gutes sowie die etwaige Verpflichtung der Eisenbahn, das Gut dem Empfänger, sei es am Orte der Bestimmungsstation, sei es an einem anderen Orte, zuzuführen, richtet sich nach den für die abliefernde Eisenbahn geltenden gesetzlichen und reglementarischen Bestimmungen.

§ 3[82]). Nach Ankunft des Gutes auf der Bestimmungsstation ist der Empfänger berechtigt, von der Eisenbahn die Übergabe des Frachtbriefs und die Ablieferung des Gutes zu verlangen. Ist das Gut innerhalb der im Artikel 30, § 1, vorgesehenen Frist nicht angekommen, so kann er die sich aus dem Frachtvertrag ergebenden Rechte gegen vorherige Erfüllung der sich daraus ergebenden Verpflichtungen in eigenem Namen gegen die Eisenbahn geltend machen, sei es, daß er hierbei in eigenem oder in fremdem Interesse handle.

[12]) Wenn von mehreren auf dem Frachtbriefe verzeichneten Gegenständen einzelne bei der Ablieferung fehlen, so sind vorbehaltlich der Rückerstattungsansprüche des Empfängers hinsichtlich der Fracht für die nicht abgelieferten Gegenstände zunächst die vollen aus dem Frachtbriefe sich ergebenden Beträge zu bezahlen.

Artikel 17. Zahlung der Fracht[83])

§ 1. Die Frachtgelder und sonstigen Kosten, deren Bezahlung der Absender nicht laut Frachtbriefvorschrift übernommen hat, gelten als auf den Empfänger überwiesen. Der Absender kann als Frankatur entweder gewisse, genau bezeichnete Kosten oder nach näherer Bestimmung der Tarife die Frachtkosten bis zu einer beliebigen Grenze oder Grenzstation übernehmen; ausnahmsweise können die Tarife oder Vereinbarungen zwischen den Eisenbahnen die Frankatur auch bis zu bestimmten Stationen, die nicht Grenzstationen sind, zulassen.

Der Absender muß in der dafür bestimmten Spalte des Frachtbriefs die Kosten, die er übernehmen will, in der nachfolgenden Form angeben:

a) wenn der Absender die Frachtkosten und alle übrigen Kosten übernimmt, die nach Maßgabe des Reglements und des Tarifs von der Versandstation in Rechnung gestellt werden können, einschließlich der Gebühr für

---

[79]) Bisher Art. 16 (1). — EVO § 75 (1) Satz 1 ersetzt im Anschluß an HGB § 435 die Worte des JÜG „der sich aus dem Frachtbrief ergebenden Beträge" durch die Worte „der durch den Frachtvertrag begründeten Forderungen"; Art. 16 § 3 macht — ähnlich HGB § 436 u. EVO § 75 (2) — die Berechtigung des Empfängers, Übergabe v. Frachtbrief u. Gut davon abhängig, daß der Empf. die sich aus dem Frachtvertrag ergebenden Verpflichtungen erfüllt. Über den Unterschied beider Fassungen s. Weirauch Anm. 12, 20 zu EVO § 75; s. ferner einers. Gerstner IntÜb **1901** 85, IntZtschr **17** 151, Blume IntÜb Anm. III 3 zu Art. 17; anders. Eger Anm. 106 zu IntÜb Art. 16. Ausführlich Löning Anm. 1, 7 u. Seligsohn Anm. 12. — Die Worte des (maßgebenden) französ. Textes, „montant des créances résultant de la lettre de voiture", die sich schon im Texte des IntÜb fanden, waren im deutschen Texte des IntÜb wiedergegeben mit den Worten „der im Frachtbriefe ersichtlich gemachten Beträge", während die heutige deutsche Übersetzung lautet: „der sich aus dem Frachtbrief ergebenden Beträge"; hierzu Löning Anm. 7 u. Seligsohn a. a. O. — Begriff Ablieferung oben VII 2 Anm. 30D. Das Schlußwort des Absatzes: „aushändigen" (livrer) ist gleichbedeutend mit „abliefern". — Bestimmungstation heißt Bestimmungsort, nicht etwa Bahnhof des Bestimmungsortes. Gerstner IntÜb (1901) S. 87, Löning Anm. 1 zu Art. 26 § 3; a. M. Eger Anm. 111 zu IntÜb Art. 16.

[80]) Bisher Art. 17. — Im wesentl. ebenso HGB § 436, EVO § 75 (3). — Anm. 79.

[81]) Bisher Art. 19 (etwas abweich.). — EVO §§ 75 bis 79. — Auch die Avisierung richtet sich nach Landesrecht. Löning Anm. 3.

[82]) Bisher Art. 16 (2). — Von HGB § 435 u. EVO § 75 (2) weicht § 3 in bemerkenswerter Weise ab, indem nach deutschem Rechte die Berechtigung des Empfängers die Ankunft des Gutes voraussetzt und z. B. gar nicht eintritt, wenn das Gut unterwegs verloren geht. Damit hängen zusammen Verschiedenheiten in bezug auf den Übergang des Verfügungsrechts (Art. 21 § 4) u. die Passivlegitimation der Empfangsbahn (Art. 42 § 3). Einzelheiten Löning Anm. 4 u. Seligsohn Anm. 21 f. — Anm. 79.

[83]) Bisher Art. 12 (1—3); wegen der Abweich. s. Fritsch Arch **1924** 599. — EVO § 69. — Schlußprotokoll (hier hinter dem Texte abgedr.) II Ziff. 1, 3. — Art. 18 § 3. — Ausführlich üb. die Drucklegung des nicht glücklich gefaßten Art. 17 Prinz VZ **1929** 1217 (teilw. gegen die v. Löning vertretene Auslegung).

eine etwaige Angabe des Interesses an der Lieferung gemäß Artikel 35 und der Gebühr für Barvorschüsse und Nachnahmen, bezeichnet er es durch das Wort „Franko";

b) wenn der Absender andere Kosten als die unter a) angegebenen übernimmt, bezeichnet er es durch die Worte „Franko Fracht und ... (genaue Angabe der Gebühr oder Gebühren, die er bezahlen will)";

die Angabe „Franko Zoll" bedeutet, daß der Absender sowohl die von der Zollbehörde zu erhebenden Gebühren und Spesen als auch die von der Eisenbahn zu erhebende Gebühr für die Besorgung der Verzollung zu tragen hat;

c) wenn der Absender alle irgendwie erwachsenden Gebühren übernimmt, auch wenn sie nach der Annahme des Guts zur Beförderung entstehen, bezeichnet er es durch die Worte „Franko einschließlich aller Gebühren";

d) wenn der Absender nur eine oder mehrere der unter a) bezeichneten Gebühren übernehmen will, bezeichnet er es durch die Worte „Franko ... (genaue Angabe der Gebühr oder Gebühren, die er übernimmt)";

e) wenn der Absender die Fracht bis zu einer Grenze (oder einer Grenzstation) oder ausnahmsweise bis zu einer bestimmten anderen Station, die nicht Grenzstation ist, übernimmt, bezeichnet er es durch die Worte „Franko bis X-(Grenze oder Grenzstation) oder Franko bis X".

Im Frachtbrief können mehrere einander ergänzende Frankaturvermerke angebracht werden, z. B. „Franko und franko Zoll", oder „Franko bis X-Grenze und franko Zoll".

§ 2. Bei Sendungen, die nach dem Ermessen der Versandbahn schnellem Verderb ausgesetzt sind oder wegen ihres geringen Wertes oder ihrer Natur nach die Fracht nicht sicher decken, kann sie Vorauszahlung der Fracht verlangen[84].

§ 3. Wenn der Absender die Kosten ganz oder teilweise übernimmt, und wenn dieser Betrag bei der Auflieferung nicht genau festgestellt werden kann, kann die Eisenbahn gegen Quittung die Hinterlegung einer den Kosten annähernd entsprechenden Summe als Sicherheit fordern. Diese Kosten werden nacheinander von den einzelnen Übergangsstationen in eine Frankaturrechnung eingetragen, die die Sendung bis zur Bestimmungsstation begleitet und innerhalb von zwei Monaten nach Ablauf der Lieferfrist an die Versandstation zurückgesandt sein muß.

Nach Rückkunft der Frankaturrechnung ist endgültig abzurechnen und dem Absender gegen Rückgabe der Quittung eine den Eintragungen in die Frankaturrechnung entsprechende Kostenrechnung auszuhändigen.

Die Frankaturrechnung ist nach dem Muster der Anlage IV[10]) zu diesem Übereinkommen aufzustellen.

§ 4. Die Versandstation muß sowohl im Duplikat wie im Frachtbrief die als Frankatur erhobenen Beträge einzeln aufführen.

[12]) Die im § 3 vorgesehene Sicherheitsleistung bezieht sich nur auf den Teil der Kosten, der nicht sofort festgestellt werden kann.

Artikel 18. Unrichtige Anwendung des Tarifs[85])

§ 1. Ist der Tarif unrichtig angewendet worden, oder sind bei der Festsetzung der Fracht und der sonstigen Kosten Fehler vorgekommen, so muß der Mehr- oder Minderbetrag erstattet werden.

§ 2. Von der Eisenbahn festgestellte Überzahlungen müssen, wenn sie für einen Frachtbrief den Betrag von 0,50 Franken übersteigen, von Amts wegen den Beteiligten mitgeteilt und möglichst bald ausgeglichen werden.

§ 3. Zu wenig bezahlte Beträge hat der Absender der Eisenbahn nachzuzahlen, wenn der Frachtbrief nicht eingelöst wird. Hat der Empfänger den Frachtbrief eingelöst, so ist der Absender zur Nachzahlung nur bezüglich der Kosten verpflichtet, die er nach Maßgabe des Frankaturvermerks im Frachtbrief übernommen hat; im übrigen liegt die Nachzahlung dem Empfänger ob[86]).

§ 4. Die nach diesem Artikel auf einem Frachtbrief geschuldeten Summen sind, sofern sie den Betrag von 10 Franken übersteigen, mit sechs vom Hundert zu verzinsen. Diese Zinsen laufen vom Tage der im Artikel 40 vorgesehenen Reklamation oder, wenn keine Reklamation vorausging, vom Tage der Klageerhebung an.

Artikel 19. Nachnahmen und Barvorschüsse[87])

§ 1. Der Absender kann das Gut bis zur Höhe seines Wertes mit Nachnahme belasten. Der Nachnahmebetrag muß in der Währung des Versandstaates ausgedrückt werden; hiervon können die Tarife Ausnahmen zulassen.

§ 2. Die Eisenbahn ist nicht verpflichtet, dem Absender die Nachnahme auszuzahlen, bevor der Betrag vom Empfänger bezahlt ist. Dieser Betrag muß dem Absender innerhalb einer Frist von drei Monaten nach der Einzahlung zur Verfügung gestellt werden; bei Verzögerung ist er vom Ablauf dieser Frist mit sechs vom Hundert zu verzinsen.

§ 3. Ist das Gut dem Empfänger ohne vorherige Einziehung der Nachnahme abgeliefert worden, so hat die Eisenbahn dem Absender den Schaden bis zum Betrag der Nachnahme zu ersetzen, vorbehaltlich ihres Rückgriffs gegen den Empfänger.

§ 4. Für die Nachnahme wird die tarifmäßige Gebühr berechnet; diese Gebühr bleibt geschuldet, auch wenn die Nachnahme durch nachträgliche Verfügung aufgehoben oder eingeschränkt wird (Artikel 21, § 1).

§ 5. Barvorschüsse werden nur nach den für die Versandstation geltenden Bestimmungen zugelassen.

---

[84]) Ferner Art. 4 § 1 (Leichen); Artt. 22 § 1d, 23 § 5.

[85]) Bisher Art. 12 (4). — EVO § 70. — Kasuistik in den Anm. bei Löning u. Seligsohn.

[86]) Vgl. Art. 17 § 1.

[87]) Bisher Art. 13. — EVO § 71. — Art. 21. — Schlußprotokoll (oben hinter dem Text des JÜG abgedr.) Ziff. 2, 3. — Für die Fälligkeit des Anspruchs auf Auszahl. der Nachnahme ist es nach JÜG (wie nach dem alten IntÜb Art. 13 Abs. 3), wenn der Empf. die Nachn. eingelöst hat, bedeutungslos, ob die Empfangsabfert. die Zahlung der Versandabfert. angezeigt hat: RG 17. April 29 **124** 95; für den vom JÜG abweichenden Wortlaut v. EVO § 71 (4) trifft diese Entsch. jedenfalls nicht ohne weiteres zu.

[12]) Als Bescheinigung für die Belastung mit Nachnahme dient der mit dem Eintrag der Nachnahme und dem Tagesstempel versehene Frachtbrief oder das mit den gleichen Eintragungen versehene Frachtbriefduplikat. Die Ausstellung besonderer Bescheinigungen über die Nachnahme richtet sich nach den Vorschriften der Versandbahn.

Artikel 20. Verpflichtungen der Empfangsbahn[88])

Die Empfangsbahn hat alle sich aus dem Frachtvertrag ergebenden Forderungen, insbesondere Fracht- und Nebengebühren, Zollgebühren, Nachnahmen sowie die sonstigen auf dem Gute haftenden Beträge einzuziehen, und zwar sowohl für eigene Rechnung als auch für die der vorhergehenden Eisenbahnen und der sonstigen Berechtigten.

Kapitel III. Abänderung des Frachtvertrags

Artikel 21. Recht zur Abänderung des Frachtvertrags[89])

§ 1. Der Absender allein hat das Recht, den Frachtvertrag nachträglich abzuändern, indem er verfügt, daß das Gut entweder auf der Versandstation wieder zurückgegeben oder daß es unterwegs aufgehalten oder daß seine Ablieferung ausgesetzt werde, oder daß es am Bestimmungsort oder an einem anderen, vor der Bestimmungsstation oder darüber hinaus gelegenen Ort dem im Frachtbrief angegebenen Empfänger oder einer anderen Person abgeliefert oder schließlich, daß es an die Versandstation zurückgesandt werde.

Die Eisenbahn kann außerdem auf Wunsch des Absenders nachträgliche Verfügungen wegen Auflage, Erhöhung, Minderung oder Zurückziehung von Nachnahmen sowie wegen Frankierung der Sendungen annehmen; solche nachträgliche Verfügungen werden ohne jede Gewähr für ihre Ausführung angenommen.

Nachträgliche Verfügungen anderen als des oben erwähnten Inhalts sind unzulässig.

Nachträgliche Verfügungen dürfen niemals eine Teilung der Sendung zur Folge haben.

§ 2[90]). Die obenerwähnten Verfügungen muß der Absender durch eine schriftliche, von ihm unterschriebene Erklärung nach dem Muster der Anlage V[10]) zu diesem Übereinkommen treffen.

Diese Erklärung ist auf dem Frachtbriefduplikat zu wiederholen, das gleichzeitig der Eisenbahn vorzulegen und von ihr dem Absender zurückzugeben ist. Hat die Eisenbahn die Verfügungen des Absenders befolgt, ohne die Vorzeigung des Duplikats zu verlangen, so ist sie für den daraus entstandenen Schaden dem Empfänger, dem der Absender dieses Duplikat übergeben hat, verantwortlich.

Wenn der Absender die Erhöhung, Ermäßigung oder Aufhebung einer Nachnahme verlangt, so muß er die ihm ausgestellte Bescheinigung über die Nachnahme vorweisen. Wird die Nachnahme erhöht oder ermäßigt, so wird die Bescheinigung dem Absender nach Berichtigung zurückgegeben. Im Falle der Aufhebung der Nachnahme wird ihm die Bescheinigung abgenommen.

Jede Verfügung des Absenders, die in anderer als der oben vorgeschriebenen Form gegeben wird, ist nichtig.

§ 3. Die Eisenbahn gibt den Verfügungen des Absenders nur Folge, wenn sie ihr durch Vermittlung der Versandstation zugegangen sind.

Wenn der Absender es verlangt, ist die Bestimmungs- oder Anhaltestation auf seine Kosten durch ein Telegramm der Versandstation zu benachrichtigen; das Telegramm ist durch schriftliche Erklärung zu bestätigen. In diesem Falle darf die Bestimmungs- oder Anhaltestation dem Empfänger den Frachtbrief nicht übergeben und das Gut nicht ausliefern oder weitersenden, bis sie die schriftliche Erklärung erhalten hat.

§ 4[91]). Das Recht des Absenders zur Abänderung des Frachtvertrags erlischt, auch wenn er das Frachtbriefduplikat besitzt, sobald der Frachtbrief dem Empfänger übergeben ist, oder sobald der letztere seine Rechte aus dem Frachtvertrag nach Maßgabe des Artikels 16, § 3, geltend gemacht hat. Von diesem Zeitpunkt an hat die Eisenbahn die Anweisungen des Empfängers zu beachten, widrigenfalls sie ihm gegenüber für die Folgen der Nichtbeachtung unter den im Titel III angegebenen Bedingungen haftbar wird.

1. Für die Ausstellung der nachträglichen Verfügungen gelten die Vorschriften des § 2 von Art. 6 über die Ausstellung der Frachtbriefe.

2. Die Versandstation bestätigt die nachträglichen Verfügungen durch Beisetzung des Tagesstempels auf dem Frachtbriefduplikat unter der Erklärung des Absenders gemäß § 2 des Art. 21.

Artikel 22. Ausführung der nachträglichen Verfügungen

§ 1[92]). Die Eisenbahn darf die Ausführung der im Artikel 21, § 1, Absatz 1, vorgesehenen Verfügungen nur dann verweigern oder verzögern oder solche Verfügungen in veränderter Weise ausführen, wenn:

---

[88]) Bisher (wegen der Abweich. s. Löning Anm. 2, 3) Art. 20. — EVO § 75 (4). — Art. 25, 47 § 4. — Oben VII 4b Anm. 12.

[89]) Bisher Art. 15 mit AusfBest § 7. — HGB §§ 433, 455. — EVO § 72. — Unter den Abweichungen vom IntÜb (s. Fritsch Arch **1924** 599ff.) u. vom deutschen Rechte ist die wichtigste, daß nach Art. 21 § 4 der Übergang des Verfügungsrechts auf den Empfänger nicht mehr die Ankunft des Gutes am BestimmOrte voraussetzt; vgl. oben Anm. 82 u. unten Anm. 91. — Art. 11 § 7, Art. 21, Art. 27 § 2. — Schlußprotokoll (oben hinter dem Text des IÜG abgedr.) Ziff. 3.

[90]) Vgl. oben VII 2 Anm. 29 B u. VII 3 Anm. 212. Wegen der Sprache, in der die Erklärung abzugeben ist, s. Einheitl. Zusatzbest 1.

[91]) Nach § 4 in Verb. mit Art. 16 § 3 kann sich der Übergang des Verfügungsrechts zu dreierlei Zeitpunkten vollziehen:
a) mit Übergabe des FrBriefs an den Empf., mag das Gut angekommen sein od. nicht; oder
b) mit Ankunft des Gutes, sobald der Empf. sein Recht „geltend macht"; oder
c) wenn weder a noch b eingetreten ist, mit Ablauf der Frist f. Verlustvermutung (Art. 30 § 1).
S. Fritsch Arch **1924** 601; in bezug auf die Form der „Geltendmachung" (vorst. b) a. M. Löning Anm. 3b, Seligsohn Anm. 17 fg. u. Friebe EE **48** 2. — Fall, daß das Gut vor Einlösung des Briefs übergeben w., oben VII 2 Anm. 14 a. E.

[92]) Bisher Art. 15 (5). — EVO § 72 (5).

a) ihre Ausführung in dem Zeitpunkt, in dem sie der Eisenbahn zugehen, nicht mehr möglich ist,
b) durch ihre Befolgung der regelmäßige Beförderungsdienst gestört würde,
c) ihrer Ausführung in den Fällen einer Änderung der Bestimmungsstation gesetzliche oder sonstige Bestimmungen eines der an der Beförderung beteiligten Staaten, insbesondere Zoll-, Steuer-, Finanz-, Polizei- oder sonstige verwaltungsbehördliche Vorschriften entgegenstehen,
d) in den Fällen einer Änderung der Bestimmungsstation der Wert des Gutes voraussichtlich die Gesamtkosten der Beförderung bis zur neuen Bestimmungsstation nicht deckt, es sei denn, daß der Betrag dieser Kosten sofort entrichtet oder sichergestellt werde.

In diesen Fällen ist der Absender unverzüglich von den Hindernissen zu verständigen, die der Ausführung seiner Verfügung entgegenstehen.

Wenn die Eisenbahn diese Hindernisse nicht voraussehen konnte, trägt der Absender alle Folgen, die sich daraus ergeben, daß die Eisenbahn seine Verfügung auszuführen begonnen hat.

§ 2[93]). Hat der Absender die Auslieferung des Gutes auf einer Zwischenstation verfügt, so wird die Fracht bis zu dieser Station nach den zwischen der Versandstation und der genannten Zwischenstation geltenden Tarifen erhoben.

Hat der Absender die Rücksendung nach der Versandstation verfügt, so wird die Fracht berechnet: 1. bis zur Station, wo die Sendung aufgehalten worden ist, nach den zwischen dieser Station und der Versandstation geltenden Tarifen; 2. von der genannten Station bis zur Versandstation nach den für diese Strecke geltenden Tarifen.

Hat der Absender die Weiterbeförderung nach einer anderen Station verfügt, so wird die Fracht berechnet: 1. bis zur Station, wo die Sendung aufgehalten worden ist, nach den zwischen dieser und der Versandstation geltenden Tarifen; 2. von der genannten Station bis zur neuen Bestimmungsstation nach den zwischen diesen beiden letzteren Stationen geltenden Tarifen.

§ 3[94]). Die Eisenbahn ist berechtigt, den Ersatz der Kosten zu verlangen, die durch die Ausführung der im Artikel 21, § 1, erwähnten Verfügungen entstanden sind, sofern diese Kosten nicht durch ihr eigenes Verschulden verursacht worden sind.

[12]) 1. Wenn durch die Ausführung der nachträglichen Verfügungen des Absenders ohne Verschulden der Eisenbahn Verzögerungen in der Beförderung oder Ablieferung entstehen, so werden für die Dauer der Verzögerung die tarifmäßigen Stand- und Lagergelder erhoben.

2. Verfügungen, die im Hinblick auf Art. 5, § 5, nicht ausführbar sind, werden nicht beachtet.

Artikel 23. Beförderungshindernisse[95])

§ 1. Wird der Beginn oder die Fortsetzung der Beförderung einer Sendung verhindert, so hat die Eisenbahn zu entscheiden, ob es im Interesse des Absenders liegt, ihn um Anweisung zu ersuchen, oder ob es zweckmäßiger ist, das Gut von Amts wegen unter Abänderung des Beförderungsweges zu befördern. Die Eisenbahn hat Anspruch auf Zahlung der Fracht über diesen anderen Weg und verfügt über die entsprechende Lieferfrist, selbst wenn diese größer ist als diejenige des ursprünglichen Beförderungsweges, es sei denn, daß die Eisenbahn ein Verschulden trifft.

§ 2. Wenn kein anderer Beförderungsweg vorhanden ist, ersucht die Eisenbahn den Absender um Anweisung; indessen ist die Eisenbahn zur Einholung der Anweisung im Falle vorübergehender Behinderung infolge der im Artikel 5, § 5, bezeichneten Umstände nicht verpflichtet.

§ 3. Der Absender, der von einem Beförderungshindernis benachrichtigt wird, kann vom Vertrag zurücktreten, muß aber dann der Eisenbahn je nach Lage des Falles entweder die Fracht für die bereits zurückgelegte Strecke oder die Kosten der Vorbereitung der Beförderung, außerdem alle sonstigen Kosten bezahlen, die in den Tarifen vorgesehen sind, es sei denn, daß die Eisenbahn ein Verschulden trifft.

§ 4. Ist der Absender nicht im Besitz des Frachtbriefduplikats, so dürfen die in diesem Artikel vorgesehenen Anweisungen weder die Person des Empfängers noch den Bestimmungsort abändern.

§ 5. Es wird nicht Folge gegeben:

a) Anweisungen des Absenders, die nicht durch Vermittlung der Versandstation gegeben werden;
b) der Anweisung, ein Gut zurückzusenden, dessen Wert aller Wahrscheinlichkeit nach die Kosten der Rücksendung nicht deckt, es sei denn, daß diese Kosten sofort bezahlt oder sichergestellt werden.

§ 6. Erteilt der Absender, der von einem Beförderungshindernis benachrichtigt worden ist, innerhalb angemessener Frist keine ausführbare Anweisung, so ist nach den für Ablieferungshindernisse geltenden reglementarischen Bestimmungen der Eisenbahn zu verfahren, auf deren Strecken das Gut aufgehalten wurde.

§ 7. Wenn das Beförderungshindernis vor dem Eintreffen einer Anweisung des Absenders wegfällt, so ist das Gut der Bestimmungsstation zuzuleiten, ohne daß Anweisungen abgewartet werden; der Absender wird hiervon möglichst rasch benachrichtigt.

[12]) Dem Begehren, das Gut an einen neuen Bestimmungsort zu senden, wird nur dann entsprochen, wenn der Wert des Gutes die Kosten der neuen Beförderung voraussichtlich deckt oder die Fracht für den neuen Beförderungsweg entrichtet oder hinterlegt wird.

Artikel 24. Ablieferungshindernisse[96])

§ 1. Wenn der Ablieferung Hindernisse entgegenstehen, so hat die Bestimmungsstation den Absender davon durch Vermittlung der Versandstation sofort in Kenntnis zu setzen und seine Anweisung einzuholen. Wenn diese

[93]) Neu. — EVO § 72 (12) Allg. AusfBest VI.

[94]) Bisher Art. 15 (8). — EVO § 72 (12).

[95]) Bisher Art. 18 (Abweichungen: Fritsch Arch **1924** 601f.). — HGB § 428 Abs. 2; EVO § 73 (nach dessen Abs. 1 die Eis. einen vorhand. Hilfsweg ohne Anfrage beim Abs. u. ohne Erhebung v. Mehrfracht benutzen muß). — Löning VerkRu **1927** 119, 170.

[96]) Bisher Art. 24. — HGB § 437, EVO § 80.

schon im Frachtbrief beantragt ist, so muß der Absender sofort auf telegraphischem Wege benachrichtigt werden. Das Gut haftet für die Kosten der Benachrichtigung.

Verweigert der Empfänger die Abnahme des Gutes, so steht dem Absender das Verfügungsrecht auch dann zu, wenn er das Frachtbriefduplikat nicht vorweisen kann.

[97]) Wenn der Empfänger nach Verweigerung der Abnahme sich nachträglich zur Abnahme des Gutes meldet, ist ihm dieses abzuliefern, sofern nicht die Bestimmungsstation inzwischen entgegengesetzte Anweisungen des Absenders erhalten hat. Von dieser nachträglichen Ablieferung ist der Absender sofort durch eingeschriebenen Brief zu benachrichtigen, dessen Kosten auf dem Gut haften.

In keinem Fall darf das Gut dem Absender ohne sein ausdrückliches Einverständnis zurückgesandt werden.

§ 2. Soweit im § 1 dieses Artikels keine Bestimmungen getroffen sind und vorbehaltlich der Vorschriften des Artikels 43 richtet sich das Verfahren bei Ablieferungshindernissen nach den für die abliefernde Eisenbahn geltenden gesetzlichen und reglementarischen Bestimmungen[98]).

[12]) 1. Die Benachrichtigung des Absenders ist entweder in der amtlichen Geschäftssprache der Versandstation oder in deutscher, französischer oder italienischer Sprache zu verfassen.

Falls die angewendete Sprache nicht jene des Landes ist, in dem die Versandstation liegt, so ist die Übersetzung der Benachrichtigung Sache des Absenders. Wird die Übersetzung auf Verlangen des Absenders von Bahnangestellten bewirkt, so gelten diese als Beauftragte des Absenders. Inwieweit derartigen Begehren entsprochen wird, richtet sich nach den Vorschriften der Versandbahn.

2. Reicht beim Verkauf unanbringlicher Güter der Erlös zur Deckung der auf dem Gute haftenden Fracht- und sonstigen Beträge nicht aus, so ist der Verfügungsberechtigte zur Nachzahlung der ungedeckten Kosten verpflichtet.

Kapitel IV. Sicherstellung der Rechte der Eisenbahn

Artikel 25. Pfandrecht der Eisenbahn[99])

§ 1. Die Eisenbahn hat für alle im Artikel 20 bezeichneten Forderungen die Rechte eines Faustpfandgläubigers am Gut. Dieses Pfandrecht besteht, solange sich das Gut in der Verwahrung der Eisenbahn oder eines Dritten befindet, der es für sie innehat.

§ 2[100]). Die Wirkungen des Pfandrechts bestimmen sich nach Gesetzen und Reglementen des Staates, in dem die Ablieferung erfolgt.

Titel III. Haftung der Eisenbahnen. Klagen

Kapitel I. Haftung[101])

Artikel 26. Haftungsgemeinschaft der Eisenbahnen[102])

§ 1. Die Eisenbahn, die das Gut mit dem Frachtbrief zur Beförderung angenommen hat, haftet für die Ausführung der Beförderung auf der ganzen Strecke bis zur Ablieferung.

§ 2. Jede nachfolgende Eisenbahn tritt dadurch, daß sie das Gut mit dem ursprünglichen Frachtbrief übernimmt, nach Maßgabe des letzteren in den Frachtvertrag ein und übernimmt die sich daraus ergebenden Verpflichtungen, unbeschadet der die Empfangsbahn betreffenden Vorschrift des Artikels 42, § 3.

§ 3[103]). Die Haftung der Eisenbahn auf Grund dieses Übereinkommens hört auf der im Frachtbrief bezeichneten Bestimmungsstation auf, auch wenn der Absender einen anderen Bestimmungsort angegeben hat. Die Weiterbeförderung richtet sich nach den inneren Gesetzen und Reglementen.

Artikel 27. Umfang der Haftung[104])

§ 1. Die Eisenbahn haftet unter den in diesem Kapitel festgesetzten Bedingungen für den Schaden, der durch gänzlichen oder teilweisen Verlust oder durch Beschädigung des Gutes in der Zeit von der Annahme bis zur Ablieferung oder durch Überschreitung der Lieferfrist entsteht.

---

[97]) Neu; vgl. EVO § 80 (8).

[98]) EVO § 80.

[99]) Bisher Artt. 21, 22. — HGB §§ 440ff. — Zwischen dem internat. u. dem deutschen Rechte besteht ein wesentl. Unterschied, indem jenes das „Folgerecht" (HGB § 440 Abs. 3), d. h. die Fortdauer des Pfandrechts üb. die Ablieferung hinaus, nicht kennt. — Das Pf. steht „der" Eis. zu, d. h. der Gemeinschaft der am Transp. beteil. Bahnen (oben VII 4b Anm. 12); unter ihnen besteht keine Rangordnung; das Verh. des Pf. der Eis. zu dem anderer Pfandgläubiger, z. B. der Spediteure, bestimmt sich gemäß § 2 nach Landesrecht; zur Ausübung des PfR ist der Regel nach nur die Empfangsbahn (Art. 20) berufen; vgl. auch EVO § 75 (4): Gerstner IntÜb (1893) § 40.

[100]) HGB §§ 440—443, BGB §§ 1257, 1204f. — Unter § 2 fällt z. B. die Rangordnung mehrerer PfRechte (Anm. 99) u. die Realisierung des Pf. — Ausführlich Löning Anm. 3.

[101]) Im einz. behandeln Artt. 27, 28, 31 die Haftung dem Grunde nach, Artt. 29, 32—37 die Höhe der Entschäd.

[102]) §§ 1, 2 bisher Art. 27 (1, 2). — HGB § 432, EVO § 96 (1, 2). — Oben VII 4b Anm. 12.

[103]) Bisher Art. 30 (2). — HGB § 468, EVO § 75 (6). — Bestimmungsort: Anm. 79 a. E.

[104]) Bisher Artt. 30 (1), 39 (1). — HGB §§ 429, 456, 466 Abs. 1 (s. b), EVO § 82. — JÜP Art. 30. — Das deutsche Recht nennt unter den nicht bevorrecht. Haftausschließungsgründen die äußerlich nicht erkennbaren Verpackungsmängel; nach JÜG (Art. 28 § 1b) gehören alle VerpMängel zu den bevorrecht. HAusschlGründen. — Zu § 3 s. oben VII 2 Anm. 51 u. VII 4b Anm. 13. — Verhältnis zw. Art. 27 u. Art. 28 RG JW 1925 1282.

§ 2. Sie ist bei gänzlichem oder teilweisem Verlust oder bei Beschädigung des Gutes von dieser Haftung befreit, wenn sie beweist, daß der Schaden durch ein Verschulden oder eine nicht von der Eisenbahn verschuldete Anweisung des Berechtigten, durch die natürliche Beschaffenheit des Gutes (inneren Verderb, Schwinden, gewöhnliche Leckage usw.), oder durch höhere Gewalt herbeigeführt worden ist.

§ 3. Sie ist von der Haftung für den durch Überschreitung der Lieferfrist entstandenen Schaden befreit, wenn sie beweist, daß die Überschreitung durch Umstände herbeigeführt worden ist, die sie nicht abzuwenden und denen sie auch nicht abzuhelfen vermochte.

Artikel 28. Beschränkung der Haftung für Schäden, die aus besonderen Ursachen entstehen können[105])

§ 1. Die Eisenbahn haftet nicht für Schäden, die aus einer oder mehreren der nachbenannten Ursachen entstehen:

a) der mit der Beförderung in offenen Wagen verbundenen Gefahr für Güter, die nach den Tarifbestimmungen oder nach einer in den Frachtbrief aufgenommenen Vereinbarung mit dem Absender auf diese Weise befördert werden[106]);

b) der mit dem Fehlen einer Verpackung oder mit der mangelhaften Beschaffenheit der Verpackung verbundenen Gefahr für Güter, die ohne Verpackung nach ihrer Natur Verlusten oder Beschädigungen ausgesetzt sind[107]);

c) der mit dem Auf- oder Abladen oder mit mangelhafter Verladung verbundenen Gefahr für Güter, die nach den Tarifbestimmungen oder nach einer in den Frachtbrief aufgenommenen Vereinbarung mit dem Absender oder nach Vereinbarung mit dem Empfänger vom Absender verladen oder vom Empfänger entladen werden;

d) der besonderen Gefahr des gänzlichen oder teilweisen Verlustes oder der Beschädigung, namentlich durch Bruch, Rost, inneren Verderb, außergewöhnliche Leckage, Austrocknung, Verstreuung, der gewisse Güter wegen ihrer eigentümlichen Beschaffenheit ausgesetzt sind;

e)[108]) der Gefahr, die damit verbunden ist, daß Gegenstände, die von der Beförderung ausgeschlossen sind, trotzdem unter unrichtiger, ungenauer oder unvollständiger Bezeichnung aufgegeben werden, oder daß Gegenstände, die nur bedingungsweise zur Beförderung zugelassen sind, unter unrichtiger, ungenauer oder unvollständiger Bezeichnung oder unter Außerachtlassung der vorgeschriebenen Vorsichtsmaßregeln durch den Absender aufgegeben werden;

f) der für lebende Tiere mit der Beförderung verbundenen besonderen Gefahr;

g) der Gefahr, deren Abwendung durch die Begleitung von lebenden Tieren oder Gütern bezweckt wird, wenn nach den Bestimmungen dieses Übereinkommens[109]) oder nach den Tarifbestimmungen oder nach einer in den Frachtbrief aufgenommenen Vereinbarung mit dem Absender diesen Tieren oder Gütern eine Begleitung beigegeben werden muß.

§ 2. Wenn nach den Umständen des Falles ein Schaden aus einer oder mehreren dieser Ursachen entstehen konnte, so wird bis zum Nachweis des Gegenteils durch den Berechtigten vermutet, daß der Schaden hieraus entstanden ist.

12) Überläßt die Eisenbahn dem Absender auf dessen ausdrücklichen Antrag Decken, so übernimmt sie dadurch auch bei solchen Gütern, die nach den Tarifbestimmungen nicht in offengebauten Wagen befördert werden, keine weitergehende Haftpflicht als ihr bei Beförderung in offengebauten Wagen ohne Decken obliegt.

Artikel 29. Höhe der Entschädigung bei gänzlichem oder teilweisem Verlust des Gutes[110])

Wenn von der Eisenbahn auf Grund der Bestimmungen dieses Übereinkommens Entschädigung für gänzlichen oder teilweisen Verlust des Gutes zu leisten ist, so wird die Entschädigung berechnet

---

[105]) Bisher Art. 31 (wegen der Verschiedenh. s. Fritsch Arch **1924** 603). — HGB § 459, EVO § 83. — Unter den vier Rechtsnormen (HGB, EVO, IntÜb, IÜG) bestehen inhaltliche Unterschiede: a) Abweichend v. IntÜb u. HGB behandelt IÜG alle Verpackungsmängel gleichmäßig als bevorrecht. HaftausschlGründe; zu diesen gehört nach IÜG, abw. v. IntÜb u. HGB, auch Zuwiderhandlung gegen BefördVerbote usw., deren Rechtsfolge nach IntÜb u. HGB Verwirkung des Ersatzanspruchs ist. b) EVO stimmt — unter Abweich. von HGB u. IntÜb — in der Behandlung der Übertret. v. BefördVerboten mit IÜG überein, behält dagegen bez. der Verpackungsmängel, von IÜG abweichend, das bisher. Recht bei. c) Allein die EVO hat zu der Best üb. Beförd. in offenen Wagen einen die Haftung der Eis. verschärfenden Zusatz. d) In IÜG (wie schon im IntÜb) fehlt der das Verschulden der Eis. betreffende Abs. 3 von HGB § 459 u. EVO § 83.

[106]) Der Zusatz in EVO § 83 (1a) fehlt hier; s. auch vorst. Anm. 105 c.

[107]) Alle Verpackungsmängel behandelt das IÜG gleichmäßig als bevorrecht. HaftausschlGründe; ob sie äußerlich erkennbar sind od. nicht, u. ob sie im Frachtbrief anerkannt sind oder nicht, macht dabei keinen Unterschied, nur muß die Eis. beim Fehlen eines Anerkenntnisses den Verpackungsmangel beweisen. Also ergibt sich folgende Rechtslage: Ist Fehlen od. Mangelhaftigkeit der Verp. entweder im FrBr. anerkannt od. v. d. Bahn bewiesen, so haftet die Bahn f. Verlust u. Beschäd. dann nicht, wenn sie ferner nachweist, daß der Schaden durch den VerpackMangel entstehen **konnte**, u. nicht der Gegner eine andere Schadensursache dartut (Fritsch Arch **1924** 597).

[108]) IÜP Art. 30 § 2. — Die Vorschr. ist neu u. weicht nicht nur vom IntÜb (Art. 31), sondern auch vom HGB (§ 459) ab, ist aber in EVO § 83 (1) e übernommen worden (s. oben VII 3 Anm. 327). Bisher hatte die Zuwiderhandlung die „Verwirkung" des Ersatzanspruchs zur Folge (vorst. Anm. 105); jetzt muß sich die Eis. durch den Nachweis befreien, daß die Zuwiderhandlung den Schaden verursacht haben **kann**, u. steht dem Gegner der Gegenbeweis sowie der Nachweis einer anderen Ursache frei. — Zur Frage der Gültigkeit des Frachtvertrags s. oben VII 3 Anm. 190 B.

[109]) Z. B. Art. 4 § 1 Ziff. 3, 4a.

[110]) Bisher Art. 34. — IÜP Art. 31. — HGB §§ 430, 457 Abs. 1 (s. d.). EVO § 85. — Die wichtigste

nach dem Börsenpreis,
in Ermangelung eines solchen nach dem Marktpreis,
in Ermangelung beider nach dem gemeinen Wert,
den Güter derselben Art und Beschaffenheit am Versandort zu der Zeit hatten, zu der das Gut zur Beförderung angenommen worden ist. Jedoch darf vorbehaltlich der im Artikel 34 vorgesehenen Einschränkung die Entschädigung 50 Franken für jedes fehlende Kilogramm des Rohgewichts nicht übersteigen.

Dazu kommt die Erstattung dessen, was an Fracht, Zöllen und sonstigen Kosten für das Gut bezahlt worden ist, jedoch vorbehaltlich der in den Artikeln 35 und 36 vorgesehenen Ausnahmen ohne weiteren Schadenersatz.

Sind die als Grundlage für die Berechnung der Entschädigung dienenden Beträge nicht in der Währung des Staates ausgedrückt, in dem die Zahlung verlangt wird, so erfolgt die Umrechnung nach dem Kurs zur Zeit und am Ort der Zahlung[111]).

Artikel 30. Vermutung für den Verlust des Gutes. Wiederauffinden verlorenen Gutes[112])

§ 1. Der Berechtigte kann das Gut ohne weiteren Nachweis als in Verlust geraten betrachten, wenn es nicht innerhalb von 30 Tagen nach Ablauf der gemäß Artikel 11 berechneten Lieferfrist dem Empfänger abgeliefert oder zur Verfügung gestellt worden ist.

Zu diesen 30 Tagen werden so oft 10 Tage — höchstens aber 30 Tage — hinzugerechnet, wie Staaten außer dem Versand- und Empfangsstaat an der Beförderung beteiligt sind.

§ 2. Der Berechtigte kann bei der Empfangnahme der Entschädigung für das in Verlust geratene Gut in der Quittung den Vorbehalt machen, daß er für den Fall, daß das Gut binnen vier Monaten nach Zahlung der Entschädigung wieder aufgefunden wird, sofort benachrichtigt werden soll.

Über diesen Vorbehalt wird ihm eine Bescheinigung erteilt.

§ 3. In diesem Fall kann der Berechtigte innerhalb 30 Tagen nach erhaltener Nachricht verlangen, daß ihm das Gut nach seiner Wahl auf der Versandstation oder auf der im Frachtbrief angegebenen Bestimmungsstation kostenfrei gegen Rückerstattung der ihm bezahlten Entschädigung und vorbehaltlich aller Ansprüche auf Entschädigung wegen Verspätung gemäß Artikel 33 und gegebenenfalls 35, § 3, ausgeliefert werde.

§ 4. Wenn der im § 2 erwähnte Vorbehalt in der Quittung nicht gemacht oder keine Anweisung in der im § 3 bezeichneten Frist von dreißig Tagen erteilt worden ist, oder endlich, wenn das Gut später als vier Monate nach Zahlung der Entschädigung wieder aufgefunden worden ist, so kann die Eisenbahn darüber nach den Gesetzen und Reglementen ihres Staates verfügen.

Artikel 31. Einschränkung der Haftung bei Gewichtsverlusten[113])

§ 1. Bei Gütern, die nach ihrer besonderen natürlichen Beschaffenheit bei der Beförderung regelmäßig einen Verlust an Gewicht erleiden, haftet die Eisenbahn für Gewichtsverluste nur insoweit, als die nachstehend bestimmten Normalsätze überschritten werden:

a) zwei vom Hundert des Gewichts für die flüssigen oder in feuchtem Zustand aufgegebenen Güter sowie für die nachstehenden Güter:

Farbhölzer, geraspelte oder gemahlene,
Felle,
Fettwaren,
Fische, getrocknete,
Früchte, frische,
Gemüse, frische,
Häute,
Hautabfälle,
Hopfen,
Hörner und Klauen,
Kitte, frische,
Knochen, ganze oder gemahlene,
Leder,
Obst, getrocknetes oder gebackenes,
Pferdehaare,
Rinden,
Salz,
Schafwolle,
Schweinsborsten,
Seifen und harte Öle,
Süßholz,
Tabak, geschnittener,
Tabakblätter, frische,
Tierflechsen,
Wurzeln.

b) eins vom Hundert des Gewichts für alle übrigen trockenen Güter, die gleichfalls bei der Beförderung einem Gewichtsverlust unterliegen.

§ 2. Die im § 1 dieses Artikels vorgesehene Beschränkung der Haftung tritt nicht ein, soweit nachgewiesen wird, daß der Verlust nach den Umständen des Falles nicht auf die Ursachen zurückzuführen ist, die die Annahme eines regelmäßigen Gewichtsverlustes rechtfertigen.

§ 3. Wenn mehrere Stücke mit einem einzigen Frachtbrief befördert werden, wird der Gewichtsverlust für jedes Stück berechnet, sofern sein Gewicht bei der Aufgabe entweder auf dem Frachtbrief einzeln angegeben ist oder auf andere Weise festgestellt werden kann.

---

der mehrfachen Abweich. vom deutschen Rechte (auch der neuen EVO) u. vom IntÜb ist die Einführ. einer allg. Höchstgrenze der Entschäd., mit der der Wegfall des Kostbarkeitsbegriffs (oben VII 2 Anm. 9 B) verbunden ist. — Ausnahmen Art. 31, 34, 35, 36. — Übergangsbestimmung: Schlußprotokoll (unten hinter dem Haupttext) II 4.

[111]) EVO § 85 (4). — Rundnagel Haftung S. 124, Löning Anm. 9 u. Seligsohn Anm. 12 fg.

[112]) Bisher Artt. 33, 36. — IÜP Art. 32. — EVO § 87 (s. d.) teilweise abweichend.

[113]) Bisher Art. 32 u. AusfBest § 8. — HGB § 460 (s. d.), EVO § 84.

§ 4. Bei gänzlichem Verlust des Gutes findet bei der Berechnung der Entschädigung kein Abzug für Gewichtsverlust statt.

§ 5. Durch diesen Artikel werden die Vorschriften des Artikels 28 nicht berührt.

Artikel 32. Höhe der Entschädigung bei Beschädigung des Gutes[114])

Bei Beschädigung hat die Eisenbahn, abgesehen von dem im Artikel 34 vorgesehenen Fall, den Betrag des Minderwerts des Gutes, und zwar ohne weiteren Schadenersatz vorbehaltlich der in den Artikeln 35 und 36 vorgesehenen Ausnahmen zu zahlen.

Die Entschädigung darf jedoch nicht übersteigen:

a) wenn die ganze Sendung durch die Beschädigung entwertet ist,
den Betrag, der im Falle des Verlustes der ganzen Sendung zu zahlen wäre;

b) wenn nur ein Teil der Sendung durch die Beschädigung entwertet ist,
den Betrag, der im Falle des Verlustes dieses Teils der Sendung zu zahlen wäre.

Artikel 33. Höhe der Entschädigung bei Überschreitung der Lieferfrist[115])

§ 1. Bei Überschreitung der Lieferfrist hat die Eisenbahn, wenn der Berechtigte nicht nachweist, daß ein Schaden aus dieser Überschreitung entstanden ist, zu zahlen:

$^1/_{10}$ der Fracht bei einer Überschreitung bis einschließlich $^1/_{10}$ der Lieferfrist;
$^2/_{10}$ der Fracht bei einer Überschreitung von mehr als $^1/_{10}$ bis einschließlich $^2/_{10}$ der Lieferfrist;
$^3/_{10}$ der Fracht bei einer Überschreitung von mehr als $^2/_{10}$ bis einschließlich $^3/_{10}$ der Lieferfrist;
$^4/_{10}$ der Fracht bei einer Überschreitung von mehr als $^3/_{10}$ bis einschließlich $^4/_{10}$ der Lieferfrist;
$^5/_{10}$ der Fracht bei jeder Überschreitung von mehr als $^4/_{10}$ der Lieferfrist.

§ 2. Wird der Nachweis erbracht, daß ein Schaden aus der Überschreitung entstanden ist, so ist für diesen Schaden eine Entschädigung bis zur Höhe der Fracht zu entrichten.

§ 3[116]). Die in den §§ 1 und 2 dieses Artikels vorgesehenen Entschädigungen können nicht neben der bei gänzlichem Verlust zu leistenden Entschädigung verlangt werden.

Bei teilweisem Verlust sind sie gegebenenfalls für den nicht verlorengegangenen Teil der Sendung zu entrichten.

Bei Beschädigung treten sie gegebenenfalls neben die im Artikel 32 vorgesehene Entschädigung.

[12]) Die Lieferfristen betreffen stets den ganzen Durchlauf; ein Anspruch auf Entschädigung besteht nur, wenn die Gesamtfrist überschritten ist.

Artikel 34. Beschränkung der Entschädigung bei gewissen Tarifen[117])

Wenn die Eisenbahn besondere Beförderungsbedingungen (Spezial- oder Ausnahmetarife) gewährt, die gegenüber der nach den gewöhnlichen Bedingungen (Allgemeinen Tarifen) für die ganze Beförderung berechneten Fracht eine Ermäßigung enthalten, so kann sie die dem Berechtigten bei Verlust, Beschädigung oder Überschreitung der Lieferfrist zu leistende Entschädigung auf einen Höchstbetrag beschränken.

Ist ein solcher Höchstbetrag in einem Tarif vorgesehen, der nur auf einem Teil der Beförderungsstrecke angewendet worden ist, so tritt die Beschränkung der Haftung der Eisenbahn nur ein, wenn die die Entschädigung begründende Tatsache sich auf diesem Teil der Beförderungsstrecke ereignet hat.

Artikel 35. Angabe des Interesses an der Lieferung[118])

§ 1. Für jede Sendung kann das Interesse an der Lieferung durch Eintragung in den Frachtbrief gemäß Artikel 6, § 6, k) angegeben werden.

Der Betrag des Interesses muß in der Währung des Versandstaates, in Goldfranken oder in einer anderen durch die Tarife festgesetzten Währung ausgedrückt werden.

§ 2. Es wird eine besondere Gebühr von einem Viertel vom Tausend der angegebenen Summe für je angefangene 10 km erhoben.

Die Tarife können die Gebühr herabsetzen, auch einen Mindestbetrag festsetzen.

§ 3. Ist das Interesse an der Lieferung angegeben, so kann bei Überschreitung der Lieferfrist beansprucht werden:

a) wenn nicht nachgewiesen wird, daß ein Schaden aus dieser Überschreitung entstanden ist[119]), bis zur Höhe des angegebenen Interesses

---

[114]) Bisher Art. 37. — JÜP Art. 33. — HGB § 457 Abs. 2 (s. d.), EVO § 85 (2). — Abs. 2 fehlt im deutschen Rechte, er hängt mit der Höchstgrenze der Entschäd. (Art. 29 Abs. 1 letzter Satz) zusammen.

[115]) §§ 1, 2 bisher Art. 40 (1, 2). — JÜP Art. 34. — HGB § 466, EVO § 88 (1). Das deutsche Recht gibt Schadensersatz ohne Schadensnachweis nur bei Angabe des Lieferwerts. — Kein Ersatz, wenn die Bahn nachweist, daß kein Schaden entstanden ist. Löning Anm. 3; a. M. Seligsohn Anm. 4 fg. — Ausnahmen Artt. 34—36.

[116]) Neu. — EVO § 88 (3, 4). — Löning Anm. 2, 4. — Oben VII 2 Anm. 30 C u. VII 3 Anm. 341.

[117]) Bisher (etwas abweich.) Art. 35. — HGB § 461 EVO § 86. — Art. 6 § 6i. — Neu (u. vom deutschen Recht abweichend) ist hauptſ., daß auch f. d. Verspätungsentschäd. ein Höchstbetrag festgesetzt w. kann. — KassHof Paris IntZtschr **36** 175.

[118]) Bisher Art. 38 (mit AusfBest § 9) u. Art. 40. — JÜP Art. 35. — HGB §§ 463 (s. d.), 466, EVO §§ 89, 90.

[119]) Auch hier (s. oben Anm. 115) kann die Bahn nachweisen, daß kein Schaden entstanden ist. Löning Anm. 2; a. M. Seligsohn Anm. 11.

$^{2}/_{10}$ der Fracht bei einer Überschreitung bis einschließlich $^{1}/_{10}$ der Lieferfrist,
$^{4}/_{10}$ der Fracht bei einer Überschreitung von mehr als $^{1}/_{10}$ bis einschließlich $^{2}/_{10}$ der Lieferfrist,
$^{6}/_{10}$ der Fracht bei einer Überschreitung von mehr als $^{2}/_{10}$ bis einschließlich $^{3}/_{10}$ der Lieferfrist,
$^{8}/_{10}$ der Fracht bei einer Überschreitung von mehr als $^{3}/_{10}$ bis einschließlich $^{4}/_{10}$ der Lieferfrist,
die ganze Fracht bei jeder Überschreitung von mehr als $^{4}/_{10}$ der Lieferfrist;

b) wenn der Nachweis erbracht wird, daß ein Schaden aus der Überschreitung entstanden ist, eine Entschädigung bis zur Höhe des angegebenen Interesses.

Ist der Betrag des angegebenen Interesses geringer als die im Artikel 33 vorgesehenen Entschädigungen, so können diese Entschädigungen an Stelle der unter a) und b) erwähnten Beträge verlangt werden.

§ 4. Wird der Nachweis erbracht, daß ein Schaden aus dem gänzlichen oder teilweisen Verlust oder aus der Beschädigung eines Gutes entstanden ist, für welches das Interesse an der Lieferung angegeben ist, so kann außer der in den Artikeln 29 und 32 oder gegebenenfalls im Artikel 34 vorgesehenen Entschädigung ein weiterer Schadenersatz bis zur Höhe der angegebenen Summe beansprucht werden.

[12]) Die Aufrundung der Gebühr für die Angabe des Interesses an der Lieferung richtet sich nach den Bestimmungen der Tarife. Mangels diesbezüglicher Vorschriften wird die Gebühr für die Angabe des Interesses an der Lieferung nach den bei der Versandbahn geltenden Vorschriften über die Aufrundung der Frachten aufgerundet.

Artikel 36. Höhe der Entschädigung bei Vorsatz oder grober Fahrlässigkeit der Eisenbahn[120])

In allen Fällen, in denen der gänzliche oder teilweise Verlust, die Beschädigung oder die Überschreitung der Lieferfrist auf Vorsatz oder grobe Fahrlässigkeit der Eisenbahn zurückzuführen ist, ist der Schaden jeweils bis zum Doppelten der in den Artikeln 29, 32, 33, 34 und 35 vorgesehenen Höchstbeträge zu ersetzen.

Artikel 37. Verzinsung des Entschädigungsbetrags[121])

Der Berechtigte kann sechs vom Hundert Zinsen der ihm auf einen Frachtbrief gewährten Entschädigung verlangen, sofern sie den Betrag von 10 Franken übersteigt.

Diese Zinsen laufen vom Tage der in Artikel 40 vorgesehenen Reklamation oder, wenn keine Reklamation vorausging, vom Tage der Klageerhebung an.

Artikel 38. Rückerstattung der Entschädigung[122])

Jede zu Unrecht empfangene Entschädigung ist zurückzuerstatten.

Außerdem hat die Eisenbahn im Falle eines Betrugs, unbeschadet der strafrechtlichen Folgen, Anspruch auf Zahlung einer Summe, die dem zu Unrecht bezahlten Betrage gleichkommt.

Artikel 39. Haftung der Eisenbahn für ihre Leute[123])

Die Eisenbahn haftet für ihre Leute und für andere Personen, deren sie sich bei Ausführung der von ihr übernommenen Beförderung bedient.

Wenn indessen Bahnangestellte auf Verlangen eines Beteiligten Frachtbriefe ausstellen oder Übersetzungen anfertigen oder sonstige der Eisenbahn nicht obliegende Verrichtungen ausüben, gelten sie als Beauftragte dessen, für den sie tätig sind.

[12]) Hat der Berechtigte, entgegen den geltenden Vorschriften, es unterlassen, eine Übersetzung in einer der im JÜG genannten Sprachen beizufügen, so werden die Bahnangestellten, die ohne dahingehendes Verlangen des Berechtigten diese Übersetzung von Amts wegen anfertigen, dennoch als in dessen Auftrag handelnd betrachtet.

Kapitel II. Reklamationen. Klagen. Verfahren bei Rechtsstreitigkeiten aus dem Frachtvertrag. Verjährung der Ansprüche aus dem Frachtvertrag[124])

Artikel 40[124]). Reklamationen[125])

§ 1. Außergerichtliche Ansprüche aus dem Frachtvertrag müssen schriftlich bei der in Artikel 42 näher bezeichneten Eisenbahn angebracht werden.

§ 2. Zur Geltendmachung sind die gemäß Artikel 41 zur Erhebung der Klage gegen die Eisenbahn berechtigten Personen befugt.

[120]) Bisher Art. 41 (Abweichungen: Fritsch Arch **1924** 607). — JÜP Art. 36. — EVO § 91. — Oben VII 2 Anm. 34 u. VII 3 Anm. 348. — Die jetzige Fass. bringt folgendes zu zweifelsfreiem Ausdruck (vgl. Fritsch a. a. O. und die Anm. bei Löning u. Seligsohn):
a) Die Vorschrift bezieht sich auf alle im JÜG behandelten Fälle der Haftung f. Verlust, Beschädigung u. Lieferfristüberschreit., aber auch nur auf diese Fälle.
b) Für die bei a bezeichneten Fälle (vgl. auch JÜG Art. 45 § 1 b) wird die Haft. so erschöpfend geregelt, daß (im internat. Verkehre) f. d. Anwendung der Deliktshaft. auf sie kein Raum bleibt.
Übergangsbestimmung Schlußprotokoll (hinter dem Texte abgedr.) Ziff. 4.

[121]) Bisher Art. 42. — JÜP Art. 37. — Ähnlich EVO § 92.

[122]) Neu. — JÜP Art. 38. — Wegen der (nicht zweifelsfreien) Ausleg. der Vorschr. s. d. Anm. bei Löning u. Seligsohn. — Art. 45 § 1 c.

[123]) Bisher Art. 29. — JÜP Art. 39. — HGB § 458 (s. d.), EVO § 5.

[124]) Kap. II Artt. 40—46 decken sich in der Bezifferung u. (mut. mut.) inhaltlich mit JÜP Kap. III Artt. 40—46.

[125]) Bisher Einheitl. Zusatzbest. zu Art. 26. — EVO § 95 (3). — Oben VII 3 Amn. 359.

§ 3. Bei Geltendmachung solcher Ansprüche hat der Absender das Frachtbriefduplikat, der Empfänger den Frachtbrief vorzulegen, vorausgesetzt, daß er ihm übergeben worden ist.

§ 4. Der Frachtbrief, das Frachtbriefduplikat und die übrigen Belege, die der Berechtigte seiner Reklamation beifügen will, müssen in Urschrift oder Abschrift vorgelegt werden, Abschriften auf Verlangen der Eisenbahn in gehörig beglaubigter Form.

Bei der endgültigen Erledigung der Reklamation kann die Eisenbahn die Vorlage der Urschriften des Frachtbriefs, Frachtbriefduplikats oder des Nachnahmescheins verlangen, um auf ihnen die endgültige Erledigung zu beurkunden.

[12]) 1. Bei Teilfrankaturen sind Frachterstattungsansprüche an diejenige Eisenbahn zu richten, an welche die beanstandete Zahlung geleistet wurde.

Frachterstattungsansprüche sind zu begründen. Den Begehren sind, sofern es sich um unfrankierte Sendungen handelt, der Frachtbrief, bei frankierten Sendungen das Frachtbriefduplikat und etwa vorhandene Frankaturnoten, bei unter Teilfrankatur gegangenen Sendungen dann, wenn der frankierte Betrag Gegenstand des Anspruches ist, das Frachtbriefduplikat und etwaige Frankaturnoten, wenn aber der überwiesene Restbetrag Gegenstand des Anspruches ist, der Frachtbrief beizulegen. Diese Belege sind in Urschrift oder in Abschrift, die auf Verlangen der Eisenbahn gehörig beglaubigt werden muß, beizugeben. Die Belege, die nur in Abschrift oder in beglaubigter Abschrift beigegeben waren, sind bei der endgültigen Erledigung in Urschrift beizubringen.

Außerdem sind in jedem Falle die sonstigen erforderlichen Beweisstücke beizugeben.

2. Ansprüchen wegen Verlustes, Minderung oder Beschädigung ist auch ein Ausweis über den Wert des Gutes (namentlich die Einkaufsrechnung) beizufügen.

3. Ansprüche, die von andern als den nach Art. 41 berechtigten Personen eingebracht werden, sind mit einer Bescheinigung auf besonderem Blatt zu belegen, daß der Berechtigte mit der Auszahlung des Betrages an den Fordernden einverstanden ist. Diese Bescheinigung, deren Unterschrift auf Verlangen der Eisenbahn beglaubigt werden muß, hat den gesetzlichen Vorschriften des Staates zu entsprechen, dem die für die Behandlung zuständige Eisenbahn angehört; sie wird von der Eisenbahn zurückbehalten.

Artikel 41[124]). Zur Erhebung der Klage gegen die Eisenbahn berechtigte Personen[126])

§ 1. Zur gerichtlichen Geltendmachung von Ansprüchen auf Rückerstattung von Zahlungen, die auf Grund des Frachtvertrags geleistet worden sind, ist nur befugt, wer die Zahlung geleistet hat.

§ 2. Zur gerichtlichen Geltendmachung von Ansprüchen wegen Nachnahmen (Art. 19) ist nur der Absender befugt.

§ 3. Zur gerichtlichen Geltendmachung sonstiger Ansprüche gegen die Eisenbahn auf Grund des Frachtvertrags sind befugt:

der Absender, solange ihm nach Artikel 21 das Recht zusteht, nachträgliche Verfügungen über das Gut zu treffen;

der Empfänger von dem Zeitpunkt an, zu dem ihm der Frachtbrief übergeben worden ist, oder er seine Rechte aus dem Frachtvertrag nach Maßgabe des Artikels 16, § 3, geltend gemacht hat.

Zur Erhebung der Klage durch den Absender bedarf es der Vorlegung des Frachtbriefduplikats. Vermag der Absender das Frachtbriefduplikat nicht vorzulegen, so kann er seinen Anspruch gegen die Bahn nur mit Zustimmung des Empfängers oder dann gerichtlich geltend machen, wenn er nachweist, daß der Empfänger die Annahme des Gutes verweigert hat.

Artikel 42[124]). Eisenbahnen, gegen welche die Klagen zu richten sind. Zuständigkeit[127])

§ 1. Ansprüche auf Rückerstattung von Zahlungen, die auf Grund des Frachtvertrags geleistet sind, können nur gegen die Eisenbahn gerichtlich geltend gemacht werden, die den Betrag erhoben hat.

§ 2. Ansprüche wegen Nachnahmen (Art. 19) können nur gegen die Versandbahn gerichtlich geltend gemacht werden.

§ 3[128]). Sonstige Ansprüche auf Grund des Frachtvertrags können nur gegen die Versandbahn, die Empfangsbahn oder diejenige Eisenbahn gerichtlich geltend gemacht werden, auf deren Strecken sich die den Anspruch begründende Tatsache ereignet hat.

Auch wenn die Empfangsbahn das Gut nicht erhalten hat, kann sie gleichwohl gerichtlich in Anspruch genommen werden.

Unter den bezeichneten Eisenbahnen steht dem Kläger die Wahl zu; mit der Erhebung der Klage erlischt das Wahlrecht.

§ 4. Die Klage kann, wenn nicht in Staatsverträgen oder Konzessionen ein anderes bestimmt ist, nur vor den zuständigen Gerichten des Staates erhoben werden, dem die beklagte Eisenbahn angehört[129]).

Betreibt ein Eisenbahnunternehmen mehrere Eisenbahnnetze mit selbständiger Betriebsverwaltung in verschiedenen Staaten, so wird jedes dieser Eisenbahnnetze als besondere Eisenbahn im Sinne dieser Vorschrift angesehen.

---

[126]) Bisher Art. 26. — EVO § 95 (1, 2). — Oben VII 3 Anm. 357.

[127]) Bisher (teilw. abw.) Artt. 27f. (§§ 1, 2 sind neu). — HGB § 469 (hier ist die Inanspruchnahme der Empfangsbahn dadurch bedingt, daß sie das Gut erhalten hat), EVO § 96 Abs. 3 (s. d.; die EVO weicht v. HGB ab u. hat die erwähnte Neuerung des JÜG übernommen). — Oben VII 2 Anm. 54.

[128]) Die v. IntÜb u. HGB abweichende bedingungslose Haftung der Empfangsbahn hängt mit JÜG Art. 16 § 3 u. Art. 21 § 4 zusammen; s. oben Anm. 82, 89, 91.

[129]) Bisher der Wohnsitz maßgebend (IntÜb Art. 27 Abs. 4).

§ 5. Im Wege der Widerklage oder der Einrede können Ansprüche auch gegen eine andere als die in den §§ 1, 2 und 3 bezeichneten Eisenbahnen erhoben werden, wenn sich die Klage auf denselben Frachtvertrag gründet.

§ 6. Die Vorschriften dieses Artikels finden keine Anwendung auf den Rückgriff der Eisenbahnen gegeneinander nach Maßgabe des Kapitels III dieses Titels.

Artikel 43[124]). Feststellung eines teilweisen Verlustes oder einer Beschädigung des Gutes[130])

§ 1. Wird ein teilweiser Verlust oder eine Beschädigung des Gutes von der Eisenbahn entdeckt oder vermutet oder von dem Berechtigten behauptet, so hat die Eisenbahn den Zustand und das Gewicht des Gutes und, soweit dies möglich ist, den Betrag, die Ursache und den Zeitpunkt des Schadens sofort, womöglich im Beisein des Berechtigten, durch eine Tatbestandsaufnahme festzustellen.

Dem Berechtigten ist auf Verlangen eine Abschrift der Tatbestandsaufnahme auszuhändigen.

§ 2[131]). Wenn der Berechtigte die Feststellungen der Tatbestandsaufnahme nicht anerkennt, kann er verlangen, daß der Zustand und das Gewicht des Gutes sowie die Schadensursache und der Betrag des Schadens gemäß den Gesetzen und Reglementen des Staates, wo die Ablieferung stattgefunden hat, gerichtlich festgestellt wird.

Artikel 44[124]). Erlöschen der Ansprüche gegen die Eisenbahn aus dem Frachtvertrag[132])

§ 1. Mit der Abnahme des Gutes sind alle Ansprüche gegen die Eisenbahn aus dem Frachtvertrag erloschen.

§ 2. Jedoch erlöschen nicht:

1. Entschädigungsansprüche, bei denen der Berechtigte nachweist, daß der Schaden durch Vorsatz oder grobe Fahrlässigkeit der Eisenbahn herbeigeführt worden ist;

2. Entschädigungsansprüche wegen Überschreitung der Lieferfrist, wenn sie bei einer der im Artikel 42, § 3, bezeichneten Bahnen innerhalb einer Frist von vierzehn Tagen, den Tag der Abnahme nicht mitgerechnet, angebracht werden;

3. Entschädigungsansprüche wegen teilweisen Verlustes oder Beschädigung:

a) wenn der Verlust oder die Beschädigung vor der Abnahme des Gutes durch den Berechtigten gemäß Artikel 43 festgestellt worden ist;

b) wenn die Feststellung, die nach Artikel 43 hätte erfolgen sollen, nur durch Verschulden der Eisenbahn unterblieben ist;

4. Entschädigungsansprüche wegen äußerlich nicht erkennbarer Schäden, die erst nach der Abnahme festgestellt worden sind, jedoch nur unter nachstehenden Voraussetzungen:

a) daß sich die Eisenbahn dem Berechtigten gegenüber nicht zur Feststellung des Zustandes des Guts auf der Bestimmungsstation bereit erklärt hat;

b) daß unverzüglich nach der Entdeckung des Schadens und spätestens sieben Tage nach der Abnahme des Gutes der Antrag auf Feststellung gemäß Artikel 43 angebracht wird;

c) daß der Berechtigte beweist, daß der Schaden in der Zeit zwischen der Annahme zur Beförderung und der Ablieferung entstanden ist;

5. Ansprüche auf Rückerstattung geleisteter Zahlungen oder wegen Nachnahmen (Artikel 19).

§ 3. Der Berechtigte kann die Abnahme des Gutes auch nach Annahme des Frachtbriefes und Bezahlung der Fracht so lange verweigern, bis seinem Antrag auf Feststellung von behaupteten Schäden stattgegeben ist.

Vorbehalte bei der Abnahme des Gutes sind wirkungslos, sofern sie nicht von der Eisenbahn anerkannt sind.

§ 4. Wenn von mehreren im Frachtbrief verzeichneten Gegenständen einzelne bei der Ablieferung fehlen, so kann der Berechtigte in der in Artikel 16, § 1, vorgesehenen Quittung feststellen, daß diese genau zu bezeichnenden Gegenstände ihm nicht abgeliefert worden sind.

Artikel 45[124]). Verjährung der Klagen aus dem Frachtvertrag[133])

§ 1. Klagen aus dem Frachtvertrag verjähren in einem Jahr, wenn die geschuldete Summe nicht bereits durch Anerkenntnis, Vergleich oder gerichtliches Urteil festgestellt worden ist.

[134]) Die Verjährung beträgt indessen drei Jahre, wenn es sich handelt um eine Klage:

a) des Absenders auf Auszahlung einer Nachnahme, die die Eisenbahn vom Empfänger eingezogen hat;

b) wegen eines durch Vorsatz oder grobe Fahrlässigkeit verursachten Schadens;

c) wegen des in Artikel 38 erwähnten Falles des Betruges.

§ 2. Die Verjährung beginnt:

a) bei Entschädigungsansprüchen wegen teilweisen Verlustes, Beschädigung oder Überschreitung der Lieferfrist mit dem Tage der Ablieferung;

b) bei Entschädigungsansprüchen wegen gänzlichen Verlustes mit dem Tage des Ablaufs der Lieferfrist;

---

[130]) Bisher (teilw. abweich.) Art. 25. — EVO § 81 (s. d.). — Vom IntÜb wie von EVO weicht Art. 43 u. a. darin ab, daß er bei **Totalverlust** keine Feststellung fordert.

[131]) Wegen der Abweichungen s. Löning Anm. 1. — Deutsches Recht: ZPO §§ 485ff.

[132]) Bisher Art. 44. — HGB §§ 438, 464, EVO § 93. — Die wichtigste Abweich. von IntÜb wie vom deutschen Recht ist, daß das Erfordernis der **Frachtzahlung** fallen gelassen ist. — Abnahme gleich Annahme. Löning Anm. 2 zu § 1 u. Seligsohn Anm. 4. — Rundnagel Haftung § 32, ausführl. Erläut. bei Löning u. Seligsohn.

[133]) Bisher Art. 7 (6), 12 (4), 45. — HGB §§ 439, 414, 470, EVO § 94 (teilw. abweich.). S. die Anm. zu HGB § 470 u. EVO § 94.

[134]) Nach deutschem Recht beträgt die V. im Falle a und bei Vorsatz (b) 30 Jahre, bei Fahrlässigkeit (b) ein Jahr.

c) bei Ansprüchen auf Zahlung oder Rückerstattung von Fracht, Nebengebühren oder Frachtzuschlägen oder auf Berichtigung bei unrichtiger Tarifanwendung oder bei Rechenfehlern
mit dem Tage der Zahlung oder, wenn keine Zahlung stattgefunden hat, mit dem Tage der Aufgabe des Guts;

d) bei Ansprüchen wegen Nachnahmen (Artikel 19)
mit dem 90. Tage nach Ablauf der Lieferfrist;

e) bei Ansprüchen auf Zahlung eines von der Zollbehörde verlangten Zuschlags
mit dem Tage, an dem die Zollbehörde das Verlangen gestellt hat.

Der als Beginn der Verjährung bezeichnete Tag ist in der Frist nicht einbegriffen.

§ 3. Wenn der Berechtigte eine schriftliche Reklamation gemäß Artikel 40 bei der Eisenbahn eingereicht hat, wird der Lauf der Verjährung gehemmt. Der Lauf beginnt wieder mit dem Tage, an dem die Eisenbahn die Reklamation durch schriftlichen Bescheid zurückgewiesen und die der Reklamation etwa beigefügten Belege zurückgegeben hat. Der Beweis des Eingangs der Reklamation oder des Bescheides und der Rückgabe der Belege liegt dem ob, der sich auf diese Tatsachen beruft.

Weitere Reklamationen hemmen die Verjährung nicht.

§ 4[135]). Vorbehaltlich vorstehender Bestimmungen gelten für die Hemmung und die Unterbrechung der Verjährung die Gesetze und Reglemente des Staates, in dem die Klage angestellt wird.

Artikel 46[124]). Unzulässigkeit der Geltendmachung erloschener oder verjährter Ansprüche[136])

Ansprüche, die gemäß den Artikeln 44 und 45 erloschen oder verjährt sind, können auch nicht im Wege einer Widerklage oder einer Einrede geltend gemacht werden.

Kapitel III[137]). Abrechnung. Rückgriff der Eisenbahnen gegeneinander

Artikel 47[137]). Abrechnung zwischen den Eisenbahnen[138])

§ 1. Jede Eisenbahn, die bei der Aufgabe oder Ablieferung des Gutes die Fracht oder andere aus dem Frachtvertrag herrührende Forderungen eingezogen hat, ist verpflichtet, den beteiligten Eisenbahnen den ihnen gebührenden Anteil an der Fracht und den erwähnten Forderungen zu bezahlen.

§ 2. Die Übergabe des Gutes von einer Eisenbahn an die nächstfolgende begründet für die erstere das Recht, die letztere sofort mit dem Betrag der Fracht und der sonstigen Forderungen zu belasten, soweit sich diese zur Zeit der Übergabe des Gutes aus dem Frachtbrief ergeben, vorbehaltlich der endgültigen Abrechnung nach Maßgabe des § 1 dieses Artikels.

§ 3. Die Versandbahn haftet vorbehaltlich ihrer Ansprüche gegen den Absender für die Fracht und sonstigen Beträge, die sie nicht erhoben hat, obwohl sie der Absender nach Maßgabe des Frachtbriefes zu seinen Lasten übernommen hatte.

§ 4. Liefert die Empfangsbahn das Gut ab, ohne bei der Ablieferung die Fracht und die sonstigen Forderungen, mit denen es belastet war, einzuziehen, ist sie vorbehaltlich ihrer Ansprüche gegen den Empfänger für die Bezahlung dieser Beträge verantwortlich[139]).

Artikel 48. Rückgriff bei Entschädigung für gänzlichen oder teilweisen Verlust oder Beschädigung[140])

§ 1. Hat eine Eisenbahn auf Grund der Bestimmungen dieses Übereinkommens eine Entschädigung für gänzlichen oder teilweisen Verlust oder Beschädigung geleistet, so steht ihr der Rückgriff gegen die an der Beförderung beteiligten Eisenbahnen nach Maßgabe folgender Bestimmungen zu:

a)[141]) die Eisenbahn, die den Schaden verursacht hat, haftet ausschließlich dafür;

b) haben mehrere Eisenbahnen den Schaden verursacht, so haftet jede Bahn für den von ihr verursachten Schaden. Ist eine solche Unterscheidung nach den Umständen des Falles nicht möglich, so bestimmen sich ihre Anteile an der Entschädigung nach den Grundsätzen unter c);

c) wenn nicht nachgewiesen werden kann, daß eine oder mehrere Eisenbahnen den Schaden verursacht haben, so haften sämtliche an der Beförderung beteiligten Eisenbahnen mit Ausnahme derjenigen, die beweisen, daß der Schaden auf ihrer Strecke nicht verursacht worden ist; die Verteilung erfolgt nach Verhältnis der Tarifkilometer.

§ 2. Bei Zahlungsunfähigkeit einer dieser Eisenbahnen wird der auf sie entfallende, aber von ihr nicht bezahlte Anteil unter alle übrigen an der Beförderung beteiligten Eisenbahnen nach Verhältnis der Tarifkilometer verteilt.

Artikel 49[137]). Rückgriff bei Entschädigung für Überschreitung der Lieferfrist[142])

§ 1. Die Vorschriften des Artikels 48 finden auch bei Entschädigung für Überschreitung der Lieferfrist Anwendung. Wird die Überschreitung durch Unregelmäßigkeiten veranlaßt, die im Bereich mehrerer Eisenbahnen fest-

---

[135]) Hemmung: BGB §§ 202ff., Unterbrechung das. §§ 208ff.

[136]) Bisher Art. 46. — Abweichend EVO § 94 (5).

[137]) Kap. III Artt. 47—52 decken sich in der Bezifferung und mut. mut. inhaltlich mit Kap. III Artt. 47 bis 52 IÜP. — Zwangsgemeinschaft der Bahnen oben VII 4 b Anm. 12. — EVO enthält üb. den Rückgriff nur die allg. Best in § 96 (4).

[138]) Bisher Art. 23.

[139]) Art. 20.

[140]) Bisher Art. 47.

[141]) Von a an wörtlich wie IÜP Art. 48 (s. d.).

[142]) Bisher Art. 48 mit AusfBest § 10.

gestellt worden sind, so ist die Entschädigung unter diese Eisenbahnen nach Verhältnis der Zeitdauer der auf ihren Strecken vorgekommenen Verspätung zu verteilen.

§ 2. Die im Artikel 11 dieses Übereinkommens festgesetzten Lieferfristen verteilen sich unter die an der Beförderung beteiligten Eisenbahnen wie folgt:

1. im Verkehr zweier Nachbarbahnen:
   a) die Abfertigungsfrist wird zu gleichen Teilen verteilt;
   b) die Beförderungsfrist wird nach dem Verhältnis der Tarifkilometer, die auf jede der beiden Eisenbahnen entfallen, verteilt;
2. im Verkehr zwischen drei oder mehr Bahnen:
   a) vorweg werden aus der Abfertigungsfrist der ersten und der letzten Eisenbahn je zwölf Stunden bei Frachtgut und je sechs Stunden bei Eilgut zugeteilt;
   b) der Rest der Abfertigungsfrist und ein Drittel der Beförderungsfrist werden zu gleichen Teilen unter alle beteiligten Eisenbahnen verteilt;
   c) die beiden anderen Drittel der Beförderungsfrist werden nach dem Verhältnis der Tarifkilometer, die auf jede dieser Eisenbahnen entfallen, verteilt.

§ 3. Zuschlagsfristen, auf die eine Eisenbahn Anspruch hat, werden dieser Eisenbahn zugeteilt.

§ 4. Die Zeit von der Aufgabe des Gutes bis zum Beginn der Lieferfrist wird lediglich der Versandbahn zugeteilt.

§ 5. Die obenerwähnte Verteilung kommt nur in Betracht, wenn die Lieferfrist im ganzen nicht eingehalten worden ist.

Artikel 50. Verfahren bei Rückgriffen[143])

Artikel 51. Zuständigkeit im Rückgriffsverfahren[144])

Artikel 52. Besondere Vereinbarungen über den Rückgriff[145])

Titel IV. Verschiedene Vorschriften[146])

Artikel 53. Anwendung des inneren Rechts[147])

Artikel 54. Allgemeine Vorschriften über das Verfahren[148])

In allen Rechtsstreitigkeiten, zu denen die diesem Übereinkommen unterworfenen Sendungen Anlaß geben, richtet sich das Verfahren nach dem Recht des zuständigen Richters, soweit nicht durch dieses Übereinkommen andere Bestimmungen getroffen sind.

Artikel 55. Vollstreckbarkeit von Urteilen. Beschlagnahmen und Sicherstellungen[149])

Artikel 56. Währungen. Umrechnungs- und Annahmekurse für fremde Währungen[150])

Artikel 57. Zentralamt für die internationale Eisenbahnbeförderung[151])

Artikel 58. Liste der dem Übereinkommen unterstehenden Strecken[152])

Artikel 59. Zulassung neuer Staaten[153])

143) Wörtlich wie IÜP Art. 50 (s. d.).

144) Wörtlich wie IÜP Art. 51 (s. d.).

145) Wörtlich wie IÜP Art. 52 (s. d.). — Übereinkommen üb. d. Güterverkehr der Verwaltungen des Vereins D. EisVerw. untereinander u. mit fremden Verw. (VÜG) Artt. 4—7, 10, 11.

146) Tit. IV Artt. 53—63 decken sich in der Bezifferung u. — bis auf einzelne Worte u. die Bezugnahmen — im Wortlaute mit IÜP Tit. IV Artt. 53—63; nur fehlt Art. 60 § 2 IÜG im IÜP. Eingehende Erläut. bei Löning. Soweit die Artt. beider Übereink. vollständig übereinstimmen, wird oben statt ihres nochmaligen Abdrucks auf IÜP und die Anmerkungen dazu verwiesen.

147) Wörtlich wie IÜP Art. 53.

148) IntÜb Art. 54. — Löning Anm. 3 zählt die Vorschr. des IÜG über das Verfahren auf.

149) Wörtlich wie IÜP Art. 55.

150) Wörtlich wie IÜP Art. 56. Dazu Einh. Zusatzbest. (Anm. 12):

> 1. Die Umrechnung des Goldfrankens in die Landeswährung geschieht nach den von der Eisenbahn aufgestellten Vorschriften.
> 2. Ist zur Regelung der Fracht oder anderer Beträge oder zur sonstigen Ausführung des Frachtvertrages oder der daraus sich ergebenden Verbindlichkeiten die Umrechnung von einer Währung in eine andere erforderlich, so werden der Umrechnung die von der umrechnenden Eisenbahn festgesetzten Kurse zugrunde gelegt, die durch Schalteranschlag oder auf sonstige geeignete Weise bekanntzugeben sind.

151) Wörtlich wie IÜP Art. 57, nur tritt in § 2 an Stelle der Anlageziffer II die Ziffer VI. Die Anlage VI des IÜG (Reglement für das Zentralamt) ist identisch mit der oben bei VII 4b abgedruckten Anlage II.

152) Wörtlich wie IÜP Art. 58. Abdruck der Liste: IntZtschr **36** 328.

153) Wörtlich wie IÜP Art. 59.

Artikel 60. Revision des Übereinkommens[154])

§ 1.

§ 2. Zur Fortbildung der Anlage I[10]) wird eine fachmännische Kommission eingesetzt, über deren Organisation und Geschäftsgang ein besonderes Reglement, das die Anlage VII[10]) zu diesem Übereinkommen bildet, nähere Bestimmungen trifft. Die Beschlüsse der Kommission werden durch Vermittlung des Zentralamts unverzüglich den Regierungen der Vertragsstaaten mitgeteilt. Sie gelten als angenommen, wenn innerhalb der Frist von zwei Monaten, vom Tage der Mitteilung an gerechnet, nicht mindestens zwei Regierungen Widerspruch erhoben haben. Sie treten am ersten Tage des dritten Monats in Kraft, an dem das Zentralamt den Regierungen der Vertragsstaaten von ihrer Annahme Kenntnis gegeben hat; das Zentralamt bezeichnet bei der Mitteilung der Beschlüsse den Tag des Inkrafttretens.

Artikel 61. Zusatzbestimmungen[155])

Artikel 62. Dauer der durch den Eintritt zum Übereinkommen eingegangenen Verpflichtungen[156])

Artikel 63. Texte des Übereinkommens und deren Verhältnis zueinander[157])

Anlage I (Artikel 4) Vorschriften über die bedingungsweise zur Beförderung zugelassenen Gegenstände.
Anlage II (Artikel 6, § 6) Frachtbrief. Frachtbrief-Duplikat.
Anlage III (Artikel 12) Allgemeine Erklärung über Fehlen oder Mängel der Verpackung.
Anlage IV (Artikel 17, § 3) Frankatur-Rechnung.
Anlage V (Artikel 21) Nachträgliche Verfügung.
Anlage VI (Artikel 57) Reglement für das Zentralamt für die internationale Eisenbahnbeförderung[158]).
Anlage VII (Artikel 60) Reglement für die fachmännische Kommission.

Protokoll

Im Begriffe, zur Unterzeichnung des am heutigen Tage abgeschlossenen Internationalen Übereinkommens über den Eisenbahnfrachtverkehr zu schreiten, haben die unterzeichneten Bevollmächtigten, in Gegenwart und unter Beteiligung des Delegierten der Regierungskommission des Saarbeckengebiets, das Nachstehende erklärt und vereinbart:

I. Ratifikation und Inkrafttreten

Das Übereinkommen ist zu ratifizieren, und die Ratifikationsurkunden sind sobald als möglich in Bern zu hinterlegen; es wird zwischen den Staaten, die es ratifiziert haben, in Kraft treten, sobald eine Vereinbarung hierüber zwischen den Regierungen dieser Staaten zustande gekommen sein wird.

II. Übergangsbestimmungen

Da der Wert der in den verschiedenen Staaten im Umlauf befindlichen Geldsorten starken Schwankungen unterworfen ist, kann jeder Staat für einen Zeitraum, der indessen vier Jahre, gerechnet vom Inkrafttreten des Übereinkommens an, nicht überschreiten darf, durch Tarifvorschriften oder durch Maßnahmen der Staatsgewalt die Bestimmungen der Artikel 17, 19, 21, 29 und 36 des Übereinkommens abändern, indem bestimmt wird:

1. a) daß die Sendungen im Verkehr aus diesem Staate nur in Frankatur bis zu seinen Grenzpunkten zuzulassen sind;

b) daß die Sendungen beim Eintritt in diesen Staat mit keinerlei Kosten belastet sein oder daß die Sendungen im Verkehr nach diesem Staat bei der Auflieferung bis zu seinen Grenzpunkten frankiert werden dürfen;

c) daß die Frachten für Durchgangssendungen durch diesen Staat gemäß den Vereinbarungen unter den Beteiligten entweder im Versandland oder im Empfangsland bezahlt werden;

2. daß die Sendungen, für die Linien dieser Staaten benutzt werden, nicht mit Nachnahme belastet werden dürfen, und daß Barvorschüsse nicht zuzulassen sind;

3. daß der Versender den Frachtvertrag hinsichtlich der Frankierung und der Nachnahme nicht abändern darf;

4. daß die in den Artikeln 29 und 36 festgesetzten Höchstbeträge von 50 Franken und von 100 Franken auf 25 Franken bzw. 50 Franken herabgesetzt werden.

Das gegenwärtige Protokoll, das gleichzeitig wie das am heutigen Tage vereinbarte Übereinkommen zu ratifizieren ist, gilt als integrierender Bestandteil dieses Übereinkommens und hat dieselbe Geltung und Dauer wie dieses.

Zu Urkund dessen haben die Bevollmächtigten und der Delegierte der Regierungskommission des Saargebiets dieses Protokoll unterzeichnet.

So geschehen zu Bern, den 23. Oktober eintausendneunhundertvierundzwanzig, in einer einzigen Urschrift, die im Archiv der Schweizerischen Eidgenossenschaft hinterlegt und von der jeder der unterzeichneten Mächte eine amtliche Ausfertigung zugestellt werden wird.

(Folgen die Unterschriften.)

---

[154]) § 1 wörtlich wie IÜP Art. 60; § 2 fehlt in diesem.

[155]) Wörtlich wie IÜP Art. 61.

[156]) Wörtlich wie IÜP Art. 62.

[157]) Wörtlich wie IÜP Art. 63.

[158]) Oben VII 4b Anl. II.

5. Gesundheits- und veterinärpolizeiliche Vorschriften[1]).

a) Pariser Sanitätskonvention vom 3. Dezember 1903. (RGBl 1907 S. 425.)[2])

(Auszug.)

Titel I. Allgemeine Bestimmungen.

Kapitel I. Vorschriften, welche von den Vertragsländern[3]) nach dem Auftreten von Pest oder von Cholera in ihrem Gebiete zu beobachten sind.

Abschnitt I. Benachrichtigung und weitere Mitteilungen an die anderen Länder.

Abschnitt II. Bedingungen, unter denen ein örtlicher Bezirk als verseucht oder wieder rein anzusehen ist.

Art. 7. Die Benachrichtigung von einem ersten Pest- oder Cholerafalle zieht gegen den örtlichen Bezirk, in dem er sich ereignet hat, noch nicht die Anwendung der in dem nachfolgenden Kapitel II vorgesehenen Maßnahmen nach sich.

Falls aber mehrere nicht eingeschleppte Pestfälle vorgekommen sind, oder falls Cholerafälle einen Herd bilden, wird der Bezirk für verseucht erklärt.

Art. 8, 9.

Kapitel II. Abwehrmaßregeln der anderen Länder gegen die für verseucht erklärten Gebiete.

Abschnitt I. Veröffentlichung der getroffenen Maßregeln.

Art. 10. Die Regierung jedes Landes hat diejenigen Maßregeln sofort zu veröffentlichen, deren Anordnung sie bezüglich der Herkünfte aus einem verseuchten Lande oder örtlichen Bezirke für erforderlich hält.

Sie teilt diese Veröffentlichung sogleich dem diplomatischen oder konsularischen Vertreter des verseuchten Landes in ihrer Hauptstadt sowie den internationalen Gesundheitsräten mit.

Sie hat die Aufhebung oder etwaige Abänderungen dieser Maßregeln auf demselben Wege bekannt zu geben. (Abs. 4.)

Abschnitt II. Waren. Desinfektion. Einfuhr und Durchfuhr. Reisegepäck.

Art. 12. Die Desinfektion kann nur bei solchen Waren und Gegenständen vorgenommen werden, welche die örtliche Gesundheitsbehörde als verseucht erachtet.

Die nachverzeichneten Waren und Gegenstände können jedoch unabhängig von jeder Feststellung, ob sie verseucht oder nicht verseucht sind, der Desinfektion unterworfen oder sogar von der Einfuhr ausgeschlossen werden:

1. Leibwäsche, alte und getragene Kleider ... gebrauchtes Bettzeug.

Werden diese Gegenstände als Reisegepäck oder infolge eines Wohnungswechsels (als Umzugsgut) befördert, so können sie nicht zurückgewiesen werden und unterliegen den Bestimmungen des Art. 19.

(Von Soldaten und Matrosen hinterlassene Pakete.)

2. (Hadern und Lumpen.)

Art. 13. (Durchfuhr.)

Art. 15 Abs. 1. Die Entscheidung darüber, in welcher Weise und wo die Desinfektion stattzufinden hat ..., steht der Behörde des Bestimmungslandes zu ...

Art. 17. Zu Lande oder zu Wasser ankommende Waren dürfen an den Grenzen oder in den Häfen nicht zurückgehalten werden.

Die einzigen Maßnahmen, welche diesen gegenüber vorgeschrieben werden dürfen, sind oben im Art. 12 aufgeführt.

(Abs. 3, 4.)

Art. 19. Reisegepäck. — Schmutzige Wäsche, alte und getragene Kleider und Gegenstände, welche zum Reisegepäck oder Mobiliar (Umzugsgut) gehören und aus einem für verseucht erklärten örtlichen Bezirke stammen, werden nur dann desinfiziert, wenn die örtliche Gesundheitsbehörde sie als verseucht erachtet.

Abschnitt IV. Maßnahmen an den Landgrenzen. Reisende. Eisenbahnen. Grenzbezirke. Wasserwege.

Art. 37. Landquarantänen dürfen nicht mehr verhängt werden.

Nur solche Personen, die Merkmale von Pest oder Cholera aufweisen, können an den Grenzen zurückgehalten werden.

---

[1]) In Abschn. VII 5 sind solche Vorschr. der oben bezeichn. Art aufgenommen, die nur für den Fall des Ausbruchs von ansteckenden menschl. Krankheiten od. von Viehseuchen in Wirksamkeit treten; im Gegensatz zu den in Abschn. VI 8 behandelten Best. (VI 8 Anm. 1) legen sie den Eisenbahnen nicht ständige Einrichtungen des Betriebs, sondern in der Hauptsache nur zeitweil. Verkehrsbeschränkungen auf. Hierher gehören die internat. Sanitätskonvention (a) — aufrechterhalten laut Art. 282 Ziff. 19 des Vtr. v. Versailles — sowie die Gesetze betr. die Bekämpfung gemeingefährlicher Krankheiten (b) u. Maßregeln gegen die Rinderpest (c) u. das Viehseuchengesetz (d).

[2]) BR 05 Drucks. 35. — Die Konvention bezieht sich, soweit sie f. d. Eis. in Betracht kommt, nur auf Pest u. Cholera.

[3]) Deutschland, Österreich, Ungarn, Belgien, Brasilien, Spanien, Vereinigte Staaten von Amerika, Frankreich, Großbritannien, Griechenland, Italien, Luxemburg, Montenegro, Niederlande, Persien, Portugal, Rumänien, Rußland, Serbien, Schweiz und Ägypten.

Dieser Grundsatz schließt nicht das Recht jedes Staates aus, nötigenfalls einen Teil seiner Grenzen zu sperren.

Art. 38. Es ist von Wichtigkeit, daß die Reisenden auf ihren Gesundheitszustand hin einer Überwachung durch das Eisenbahnpersonal unterzogen werden.

Art. 39. Das ärztliche Eingreifen beschränkt sich auf eine Untersuchung der Reisenden und die Fürsorge für die Kranken. Findet diese Untersuchung statt, so wird sie tunlichst mit der Zollrevision verbunden, damit die Reisenden so wenig wie möglich aufgehalten werden. Nur die Personen, welche sich sichtlich unwohl fühlen, werden einer eingehenden ärztlichen Untersuchung unterzogen.

Art. 40. Es wird von größtem Nutzen sein, die aus einem verseuchten Orte kommenden Reisenden alsbald nach ihrer Ankunft am Bestimmungsort einer Überwachung zu unterwerfen, welche zehn oder fünf Tage, von dem Tage der Abreise an gerechnet, je nachdem es sich um Pest oder Cholera handelt, nicht übersteigen soll.

Art. 41. Die Regierungen behalten sich das Recht vor, besondere Maßregeln für gewisse Arten von Personen zu treffen, namentlich für Zigeuner und Vagabunden, für Auswanderer und solche Personen, welche gruppenweise reisen oder die Grenze überschreiten.

Art. 42. Die zur Beförderung der Reisenden, der Post und des Reisegepäcks dienenden Wagen können an der Grenze nicht zurückgehalten werden.

Wenn ein solcher Wagen verseucht oder von einem Pest- oder Cholerakranken benutzt worden ist, wird er zur möglichst schleunigen Desinfektion vom Zuge abgehängt.

Ebenso ist mit den Güterwagen zu verfahren.

Art. 43. Die bezüglich des Grenzüberganges für das Eisenbahn- und Postpersonal zu treffenden Maßregeln sind Sache der beteiligten Verwaltungen. Sie werden so gefaßt, daß sie den regelmäßigen Dienst nicht stören.

Art. 44. Die Regelung des Grenzverkehrs und der damit zusammenhängenden Fragen, sowie die Anordnung außerordentlicher Überwachungsmaßnahmen bleiben besonderen Vereinbarungen zwischen den aneinander grenzenden Staaten überlassen.

b) Gesetz, betreffend die Bekämpfung gemeingefährlicher Krankheiten. Vom 30. Juni 1900 (RGBl 306) § 40[1].

§ 40. Für den Eisenbahn-, Post- und Telegraphenverkehr sowie für Schiffahrtsbetriebe, welche im Anschluß an den Eisenbahnverkehr geführt werden und der staatlichen Eisenbahnaufsichtsbehörde unterstellt sind, liegt die Ausführung der nach Maßgabe dieses Gesetzes zu ergreifenden Schutzmaßregeln ausschließlich den zuständigen Reichs- und Landesbehörden[2]) ob.

Inwieweit die auf Grund dieses Gesetzes polizeilich angeordneten Verkehrsbeschränkungen und Desinfektionsmaßnahmen

---

[1]) A. An Stelle des Bundesrats ist getreten die Reichsregierung m. Zustimm. des Reichsrats (RVerf Art. 179).

B. In Ausf. des G, das sich nur auf Aussatz (Lepra), asiatische Cholera, Fleckfieber (Flecktyphus), Gelbfieber, (oriental. Beulen-) Pest u. Pocken (Blattern) bezieht, hat der BR. folgende AusfBest erlassen:

a) Bek 6. Okt. 00 (RGBl 849), betr. vorläuf. AusfBest zum G; bezieht sich nur auf die Pest. Dazu gehören (als Anl. 3) „Grundsätze für Maßnahmen im EisVerkehre zu Pestzeiten" mit „Anw. üb. die Behandlung d. EisPersonen- u. Schlafwagen bei Pestgefahr" u. „Verhaltungsmaßregeln f. d. EisPersonal bei pestverdächt. Erkrankungen auf der EisFahrt".

b) Bek 21. Feb. 04 (RGBl 67), geänd. durch Bek 5. April 07 (RGBl 91), 10. Juli 13 (das. 572), 12. Jan. 16 (das. 29), und 21. Febr. 20 (das. 281), betr. AusfBest zum G; bezieht sich auf Cholera, Pocken, Fleckfieber u. Aussatz u. enthält für Cholera, Pocken u. Fleckfieber „Grundsätze f. Maßnahmen im EisVerkehre" nach der Art der bei a bezeichneten.

c) Bek 11. April 07 (GRBl 95) betr. Desinfektionsanweisungen für gemeingefährl. Krankheiten.

d) Bek 21. Nov. 17 (RGBl 1069) betr. Vorschr. üb. Krankheitserreger.

Hierzu preuß. AusfE 12. Sept. 04 (MBl f. Mediz Angel. 353, auch besonders erschienen).

Von einem Abdrucke der für die Eis. in Betracht kommenden reichsrechtl. Vorschr. wird wegen ihres Umfanges u. deswegen abgesehen, weil ihr Inhalt in eine vom REBAmt aufgestellte Anweisung zur Bekämpfung ansteckender Krankheiten im EisVerkehre, Berlin 1910, Jul. Springer, eingearbeitet ist. — Ferner EVO § 10 Abs. 2ff.

C. Keine eisenbahnrechtl. Vorschr. enthält das preuß. G, betr. die Bekämpfung übertragbarer Krankheiten, 28. Aug. 05 (GS 373), geändert durch G 23. Juni 24 (GS 566) u. 25. Mai 26 (GS 165). Es bringt AusfBest zum Reichsrecht u. ordnet außerdem Schutzmaßregeln gegen eine Reihe v. Krankheiten an, die nicht Gegenstand der Reichsgesetzgeb. sind. §§ 12, 13 des G bestimmen:

§ 12. Die in dem Reichsgesetze, betr. die Bekämpfung gemeingefährlicher Krankheiten, und in dem gegenwärtigen Gesetze den Polizeibehörden überwiesenen Obliegenheiten werden, soweit das gegenwärtige G nicht ein anderes bestimmt, von den Ortspolizeibehörden wahrgenommen. Der Landrat ist befugt, die Amtsverrichtungen der Ortspolizeibehörden für den einzelnen Fall einer übertragbaren Krankheit zu übernehmen.

Die Zuständigkeit der Landespolizeibehörden auf dem Gebiete der Seuchenbekämpfung wird durch die Bestimmungen des Abs. 1 nicht berührt.

Gegen die Anordnungen der Landespolizeibehörde finden die durch das LVG gegebenen Rechtsmittel statt.

Die Anfechtung der Anordnungen hat keine aufschiebende Wirkung.

§ 13. Abs. 1. Beamtete Ärzte im Sinne ... (des ReichsG u. des gegenwärt. G) sind die Kreisärzte, die Kreisassistenzärzte ..., sowie die Stadtärzte in Stadtkreisen (und) ... die als Kommissare ... (höherer Behörden) an Ort und Stelle entsandten Medizinalbeamten.

[2]) D. h. den EisBehörden, also den organisationsmäßig zuständigen Stellen der Reichsbahn (II 2 d. W.), bei den Privatbahnen der EisAufsichtsbehörde (Reichsbevollmächtigte für Privatbahnaufsicht, II 4 Beil. A d. W.) Begr. (Reichst. 98/00 Drucks. 690) zu GEntwurf §§ 38, 39.

1. auf Personen, welche während der Beförderung als krank, krankheits- oder ansteckungsverdächtig befunden werden,
2. auf die im Dienste befindlichen oder aus dienstlicher Veranlassung vorübergehend außerhalb ihres Wohnsitzes sich aufhaltenden Beamten und Arbeiter der Eisenbahn-, Post- und Telegraphenverwaltungen sowie der genannten Schiffahrtsbetriebe

Anwendung finden, bestimmt der Bundesrath[1]).

c) Gesetz, Maaßregeln gegen die Rinderpest betreffend. Vom 7. April 1869[3]). (BGBl 105.)
(Auszug.)

§ 1. Wenn die Rinderpest (Löserdürre) in einem Bundesstaate oder in einem an das Gebiet des Norddeutschen Bundes angrenzenden oder mit demselben im direkten Verkehre stehenden Lande ausbricht, so sind die zuständigen Verwaltungsbehörden der betreffenden Bundesstaaten verpflichtet und ermächtigt, alle Maaßregeln zu ergreifen, welche geeignet sind, die Einschleppung und beziehentlich die Weiterverbreitung der Seuche zu verhüten und die im Lande selbst ausgebrochene Seuche zu unterdrücken.

§ 2. Die Maaßregeln, auf welche sich die im § 1 ausgesprochene Verpflichtung und Ermächtigung je nach den Umständen zu erstrecken hat, sind folgende:

1. Beschränkungen und Verbote der Einfuhr, des Transports und des Handels in Bezug auf lebendes oder todtes Rindvieh, Schaafe und Ziegen, Häute, Haare und sonstige thierische Rohstoffe in frischem oder trockenem Zustande, Rauchfutter, Streumaterialien, Lumpen, gebrauchte Kleider, Geschirre und Stallgeräthe . . .;
3. . . . Vernichtung . . ., wenn die Desinfektion nicht als ausreichend befunden wird, von Transportmitteln . . . im erforderlichen Umfange;

(4.)

§ 6. (Desinfektion der EisWagen, aufgehoben durch G 25. Febr. 76, VI 8 d. W., § 6.)

§ 7. Die näheren Bestimmungen über die Ausführung der vorstehenden Vorschriften . . . sind von den Einzelstaaten zu treffen . . .[4]).

§ 8. Vom Bundespräsidium wird eine allgemeine Instruktion[5]) erlassen, welche über die Anwendung der im § 2 unter Nr. 1 bis 4 aufgeführten Maaßregeln nähere Anweisung giebt und den nach § 7 von den Einzelstaaten zu treffenden Bestimmungen zur Grundlage dient.

Beilage A (zu Anmerkung 5).

Allerhöchster Erlaß, betreffend die revidirte Instruktion zum Gesetze vom 7. April 1869 über Maßregeln gegen die Rinderpest. Vom 9. Juni 1873. (RGBl. 147.)

(Auszug aus der dem Erlasse beigegebenen revidirten Instruktion.)

Erster Abschnitt.

Maßregeln gegen die Einschleppung der Rinderpest in das Bundesgebiet.

a) Bei dem Ausbruche in entfernten Gegenden.

§ 3. (Abs. 1 behandelt Einschränkung der Einfuhr von Wiederkäuern.)

Dabei können indessen erleichternde Bestimmungen für die Einfuhr von Schlachtvieh nach solchen Städten getroffen werden, in welchen öffentliche Schlachtstätten vorhanden sind, die durch Schienenstränge mit der Eisenbahn, auf welcher die Einfuhr stattfindet, in Verbindung stehen . . .

b) Bei dem Auftreten in der Nähe.

§ 6. (Abs. 1. Einfuhrverbot bez. Vieh, thierischer Produkte usw. für die Grenzstrecke zu erlassen.)

Abs. 3. Ausnahmen können unter besonderer Genehmigung der Behörde und unter Anordnung der nach den besonderen Umständen erforderlichen Sicherheitsmaßregeln eintreten bezüglich der Einfuhr der im § 2 Abs. 2 aufgeführten thierischen Produkte[a]), sowie bezüglich in Säcken verpackter Lumpen, sofern die Einfuhr in geschlossenen Eisenbahnwagen erfolgt und durch amtliche Begleitscheine nachgewiesen ist, daß die betreffenden Gegenstände aus völlig seuchenfreien Gegenden stammen.

§ 7. (Vollständige Verkehrssperre bei Näherrücken der Seuche.)

Abs. 2. Der Durchgang von Eisenbahnzügen und Posten usw. ist auch während der Verkehrssperre unter den nach Lage der Umstände erforderlichen Beschränkungen und Vorsichtsmaßregeln zu gestatten.

---

[3]) Reichsgesetz zufolge G 16. April 71 (BGBl 63) § 2 in Verb. mit Verf. d. Deutschen Bundes (BGBl 1870, 627) Art. 80 I 12. — Strafbest: G betr. Zuwiderhandlungen gegen die zur Abwehr der Rinderpest erlassenen Vieheinfuhrverbote 21. Mai 78 (RGBl 95).

[4]) Ältere Zusammenstellungen: EVBl 1882, 18,36.

[5]) AE 9. Juni 73 (Auszug in der Beilage A).

[a]) Vollkommen trockene oder gesalzene Häute u. Därme, Wolle, Haare u. Borsten, geschmolzener Talg in Fässern u. Wannen, vollkommen lufttrockene, von Weichteilen befreite Knochen, Hörner u. Klauen.

Zweiter Abschnitt.

Maßregeln beim Ausbruche der Rinderpest im Inlande.

§ 23. Ergreift die Krankheit einen größeren Theil der Gehöfte des Ortes, dann kann durch die höheren Behörden die absolute Ortssperre verfügt werden.

(Abs. 2, 3.)

... Liegt der Ort an einer Eisenbahn, so darf kein Eisenbahnzug daselbst halten, selbst wenn der Ort ein Stationsort wäre, es sei denn, daß der Bahnhof so gelegen ist, daß er vom Orte vollständig abgesperrt und der Verkehr der Eisenbahnstation mit anderen Orten ohne Berührung des Seuchenortes unterhalten werden kann.

§ 36. Abs. 1. In Residenz- und Handelsstädten, sowie in anderen Städten mit lebhaftem Verkehr kommen die ... absolute Sperre des Ortes nicht in Anwendung ...

d) Viehseuchengesetz. Vom 26. Juni 1909. (RGBl 519[1].)

(Auszug.)

§ 1. Abs. 1. Das nachstehende Gesetz regelt das Verfahren zur Bekämpfung übertragbarer Viehseuchen, mit Ausnahme der Rinderpest[2]).

§ 17. Zum Schutze gegen die ständige Gefährdung der Viehbestände durch Viehseuchen können folgende Maßnahmen angeordnet werden:

1. Amtstierärztliche oder tierärztliche Untersuchung von Vieh vor dem Verladen und vor oder nach dem Entladen im Eisenbahn- und Schiffsverkehre;

10. Herstellung von undurchlässigem Boden auf Viehladestellen für den öffentlichen Verkehr;
11. Reinigung und Desinfektion der zur Beförderung von Vieh, tierischen Erzeugnissen oder tierischen Rohstoffen dienenden Fahrzeuge ... sowie der bei einer solchen Beförderung benutzten Behältnisse und Gerätschaften und der Ladeplätze;

(12.—18.)

§ 18. Zum Schutze gegen eine besondere Seuchengefahr und für deren Dauer können ... die nachstehenden Maßregeln (§§ 19 bis 30) angeordnet werden.

§ 20. 2. Beschränkungen ... des Transports kranker oder verdächtiger Tiere ...

Beschränkungen des Transports ... der für die Seuche empfänglichen und solcher Tiere, die geeignet sind, die Seuche zu verschleppen.

(Abs. 3.)

§ 27. 9. Reinigung und Desinfektion der ... Ladeplätze ..., die von kranken ... Tieren benutzt sind[3]).

(Abs. 2, 3.)

Die Durchführung dieser Maßregeln erfolgt unter Beobachtung etwaiger Anordnungen des beamteten Tierarztes und unter polizeilicher Überwachung.

§ 74—77. Strafbestimmungen.

§ 79 Abs. 1. Die näheren Vorschriften über die Anwendung und Ausführung der nach den §§ 16 bis 30 zulässigen Maßregeln erläßt der Bundesrat ...[4]).

§ 81. Das Gesetz, betreffend die Beseitigung von Ansteckungsstoffen bei Viehbeförderungen auf Eisenbahnen, vom 25. Februar 1876 (RGBl S. 163)[3]) wird durch das gegenwärtige Gesetz nicht berührt.

Beilage A (zu Anmerkung 4).

Bekanntmachung des Reichskanzlers, betreffend die Ausführungsvorschriften des Bundesrats zum Viehseuchengesetze. Vom 25. Dezember 1911 (RGBl. 1912 S. 3)[a]).

(Auszug.)

§ 3. Die nach dem Gesetz und den Ausführungsvorschriften erforderlichen oder zulässigen Reinigungen und Desinfektionen, mit Ausnahme der Reinigungen und Desinfektionen im Eisenbahnverkehre (§ 38 Abs. 1), sind nach der als Anlage A[b]) beigefügten „Anweisung für das Desinfektionsverfahren bei Viehseuchen" auszuführen.

---

[1]) Ergänzendes G 18. Juli 28 RGBl I 289. — Internat. Tierseuchenamt in Paris: Abkommen 25. Jan. 24, in Deutschland verkündet mit Bek 20. April 28 RGBl II 317. — Scheu, Tierversendung u. Tierseuchenschutz, Berlin 1927. — VI 8 Anm. 1 d. W. — Die Anordnungen u. Verbote des ViehseuchenG fallen unter StGB § 328 RG EE **20** 214.

[2]) Rinderpest oben c.

[3]) Daneben bleibt die durch G 25. Febr. 76 (VI 8 d. W.) der Eisenbahn auferlegte Verpflichtung zur Reinigung usw. der Rampen bestehen E 26. Mai 94 (EVBl 123).

[4]) Bek 25. Dez. 11 Beilage A. — Ferner ist unter dem 25. Juli 1911 (GS 149) ein preuß. AusfG zum ViehseuchenG ergangen, das u. a. Vorschriften üb. Verfahren u. Behörden sowie die Kosten enthält; Änderung: G 28. März 28 GS 45. Das G enthält kein EisRecht, v. seinem Abdrucke wird hier abgesehen. Preuß. Ausf-Vorschr: Viehseuchenpol. Anordnung des LandwMin. 1. Mai 12 (besond. Beilage zu Nr. 105 des Reichsanzeigers); geändert d. Vo 28. Juni 29 (Reichsanz. Nr. 156; dazu E 30. April 12 II Cg 1936); Vo üb. Ein- u. Durchfuhr v. Einhufern 31. Dez. 25 (Reichsanz. **1926** Nr. 14; dazu Vf 11. 480 v. 27. Feb. 26); Anordn. üb. Geflügeleinfuhr 24. Juni 28, mitgeteilt mit E des RVerkMin 5. Juli 28 E I 16. 3305. — Bundesrat s. oben VII 5 b Anm. 1 A.

[a]) Tritt an Stelle der Instruktion 27. Juni 95 (RGBl 357). — Vorst. 5d Anm. 4.

[b]) Hier nicht abgedruckt.

I. Vorschriften zum Schutze gegen die ständige Seuchengefahr (§§ 16, 17, 78 des Gesetzes).

2. Viehuntersuchung beim Eisenbahn- und Schiffsverkehre. (§ 17 Nr. 1 des Gesetzes.)

§ 8. (1) Mit der Eisenbahn in Wagenladungen zur Versendung kommendes Geflügel muß bei oder unmittelbar nach dem Entladen einer amtstierärztlichen Untersuchung unterworfen werden, wobei sich die Besichtigung auf alle Tiere zu erstrecken hat.

(2) Die Landesregierung kann solche Sendungen von dem Untersuchungszwange befreien, sofern sie innerhalb der letzten 12 Stunden vor dem Entladen durch einen deutschen beamteten Tierarzt untersucht worden sind.

§ 9. Inwieweit im übrigen eine amtstierärztliche Untersuchung von Vieh vor dem Verladen und vor oder nach dem Entladen im Eisenbahn- und Schiffsverkehre stattzufinden hat, bestimmt die Landesregierung.

§ 10. Die Landesregierung kann vorschreiben, daß von dem Zeitpunkt des Verladens oder Entladens des nach den §§ 8, 9 zu untersuchenden Viehes einer von ihr zu bezeichnenden Stelle Anzeige erstattet wird.

11. Viehladestellen. (§ 17 Nr. 10 des Gesetzes.)

§ 37. (1) Die für den öffentlichen Verkehr benutzten Viehladestellen müssen mit undurchlässigem Boden versehen sein.

(2) Die Landesregierung kann für Viehladestellen mit geringerem Verkehr Ausnahmen zulassen.

(3) Für schon bestehende Viehladestellen kann die Landesregierung eine angemessene Frist zur Herstellung des undurchlässigen Bodens gewähren.

12. Reinigung und Desinfektion beim Viehtransporte. (§ 17 Nr. 11, § 81 des Gesetzes.)

§ 38[c]). (1) Die Vorschriften des Gesetzes, betreffend die Beseitigung von Ansteckungsstoffen bei Viehbeförderungen auf Eisenbahnen, vom 25. Februar 1876 (RGBl S. 163) nebst den dazu ergangenen Ausführungsbestimmungen des Bundesrats vom 16. Juli 1904 (RGBl S. 311) sowie die Bestimmungen des Bundesrats über die Beseitigung von Ansteckungsstoffen bei der Beförderung von lebendem Geflügel auf Eisenbahnen vom 17. Juli 1904 (RGBl S. 317), für Bayern die Bestimmungen des Königlichen Staatsministeriums des Innern und des Königlichen Staatsministeriums für Verkehrsangelegenheiten vom 24. August 1904 (G. und V. Bl. S. 494), finden entsprechende Anwendung auch auf den Verkehr mit Vieh und Geflügel auf Kleinbahnen mit Ausnahme der Straßenbahnen, ferner auf Viehwagen von Eisenbahnen und den vorbezeichneten Kleinbahnen, wenn darin fremdländische und wilde Tiere befördert worden sind, die nicht zu den im § 1 des Gesetzes vom 25. Februar 1876 erwähnten Tierarten gehören.

(2) Im übrigen müssen die von Viehhändlern und Transport-Unternehmern zum Viehtransporte benutzten Fahrzeuge aller Art einschließlich der Schiffe und Straßenbahnwagen, aber mit Ausnahme der Fähren, sowie alle sonstigen zu oder bei einer solchen Viehbeförderung benutzten Behältnisse und Gerätschaften (Kisten, Käfige, Körbe, Krippen, Tränkvorrichtungen, Latierbäume, Hürden, Ketten, Anbindestricke) sowie auch die Ladestellen (§ 37) nach dem Gebrauche gereinigt werden. Die Landesregierung kann anordnen, daß die Fahrzeuge und Gegenstände nach dem Gebrauche nicht nur gereinigt, sondern auch desinfiziert werden.

§ 39. Durch die Landesregierung kann erforderlichenfalls bestimmt werden, daß auch die zur Beförderung von tierischen Rohstoffen dienenden Fahrzeuge und Behältnisse sowie die zur Beförderung von Vieh dienenden Fähren nach dem Gebrauche gereinigt und desinfiziert werden.

§ 40. (1) Die Reinigung und Desinfektion sind alsbald nach dem Gebrauch auszuführen.

(2) ...

II. Vorschriften zur Bekämpfung der einzelnen Seuchen (§§ 18 bis 61, 78 des Gesetzes).

2. Tollwut.

I. Verfahren bei Tollwut der Hunde[d]).

§ 115. (3) Es kann angeordnet werden, daß an den Ausgängen der in dem gefährdeten Bezirke vorhandenen Bahnhöfe ... Tafeln mit der deutlichen und haltbaren Aufschrift „Hundesperre" leicht sichtbar anzubringen sind.

4. Maul- und Klauenseuche[e]).

II. Schutzmaßregeln. a) Verfahren nach Feststellung der Seuche.

§ 161. (1) Jede verseuchte Ortschaft bildet in der Regel einen Sperrbezirk mit den aus den §§ 162 bis 164 sich ergebenden Wirkungen...

§ 163. (1) (Klauenvieh nicht verseuchter Gehöfte des Sperrbezirkes.) Werden die Tiere mit der Eisenbahn versandt, so sind die dafür benutzten Frachtbriefe und Eisenbahnwagen nach näherer Anweisung der Landesregierung zu kennzeichnen.

---

[c]) Wegen der in § 38 (1) erwähnten Vorschr. vgl. VI 8 d. W.

[d]) Entsprechendes gilt bei Tollwut der Katzen (§ 117).

[e]) Ähnliche Best wie die oben abgedruckten über Maul- u. Klauenseuche enthält die Bek noch für die nachbezeichneten Viehseuchen:

Lungenseuche des Rindviehs (§§ 190, 193),
Pockenseuche der Schafe (§§ 213, 218),
Räude der Einhufer u. der Schafe (§ 251),
Schweineseuche u. Schweinepest (§§ 267, 270),
Rotlauf der Schweine (§§ 282, 284),
Geflügelcholera u. Hühnerpest (§ 293).

§ 164. Für den ganzen Bereich des Sperrbezirkes gelten folgende Beschränkungen:

e) Die Ver- und Entladung von Klauenvieh auf den Eisenbahn- und Schiffsstationen im Sperrbezirk ist verboten. Ausnahmen hiervon können von der höheren Polizeibehörde zugelassen werden. Die Vorstände der betroffenen Stationen sind zu benachrichtigen.

§ 165. Um den Sperrbezirk ist in der Regel ein ... Beobachtungsgebiet ... zu bilden.

§ 166. (1) Aus dem Beobachtungsgebiete darf Klauenvieh ohne polizeiliche Genehmigung nicht entfernt werden ...

(2) Die Ausfuhr von Klauenvieh zum Zwecke der Schlachtung ist, wenn die frühestens 48 Stunden vor dem Abgang der Tiere vorzunehmende tierärztliche Untersuchung ergibt, daß der gesamte Viehbestand des betreffenden Gehöfts noch seuchenfrei ist, zu gestatten, und zwar:

b) nach in der Nähe liegenden Eisenbahnstationen oder Häfen (Schiffsanlegestellen) zur Weiterbeförderung nach Schlachtviehhöfen und öffentlichen Schlachthäusern, vorausgesetzt, daß diesen die Tiere auf der Eisenbahn oder mit dem Schiffe unmittelbar oder von der Entladestation aus zu Wagen zugeführt werden.

Für den Transport nach in der Nähe liegenden Orten, Eisenbahnstationen oder Häfen (Schiffsanlegestellen) kann angeordnet werden, daß er zu Wagen oder auf solchen Wegen erfolgt, die von anderem Klauenvieh nicht betreten werden. Durch Vereinbarung mit der Eisenbahn- oder sonstigen Betriebsverwaltung und, soweit nötig, durch polizeiliche Begleitung ist dafür Sorge zu tragen, daß eine Berührung mit anderem Klauenvieh, sofern dies nicht gleichfalls aus einem Beobachtungsgebiete stammt, auf dem Transporte nicht stattfinden kann. Die für die Versendung benutzten Frachtbriefe und Eisenbahnwagen sind nach näherer Anweisung der Landesregierung zu kennzeichnen. Auch ist die Polizeibehörde des Schlachtorts von dem bevorstehenden Eintreffen der Tiere rechtzeitig zu benachrichtigen.

(3) (Ähnliches gilt bei Ausfuhr zu Nutz- oder Zuchtzwecken.)

c) Besondere Vorschriften für Wiederkäuer und Schweine, die sich auf dem Transport, auf dem Markte, auf Tierschauen oder dergleichen befinden.

§ 172. (1) Wenn der Ausbruch oder der Verdacht der Seuche in Treibherden oder bei Tieren, die sich auf dem Transporte befinden, angezeigt oder festgestellt worden ist, so ist die Weiterbeförderung der kranken und der verdächtigen Tiere zu verbieten und deren Absonderung anzuordnen (§ 19 Abs. 1, 4 des Gesetzes).

(2) Können die Tiere binnen 24 Stunden einen Standort erreichen, wo sie durchseuchen oder abgeschlachtet werden sollen, so kann die Polizeibehörde die Weiterbeförderung dorthin unter der Bedingung gestatten, daß die kranken und verdächtigen Tiere unterwegs weder fremde Gehöfte betreten noch mit anderen Wiederkäuern und Schweinen in Berührung kommen, und daß sie zu Wagen, mit der Eisenbahn oder zu Schiff befördert werden. Die Durchführung dieser Vorschriften ist durch Vereinbarung mit der Eisenbahn- oder sonstigen Betriebsverwaltung und, soweit nötig, durch polizeiliche Begleitung sicherzustellen.

(3) ...

§ 173. (1) Wird der Ausbruch oder der Verdacht der Seuche auf Märkten, Tierschauen oder ähnlichen Veranstaltungen festgestellt, so ist mit den kranken und verdächtigen Tieren nach § 172 Abs. 1 zu verfahren. Jedoch kann von der höheren Polizeibehörde der Abtrieb der verdächtigen, ausnahmsweise auch der kranken Tiere unter den im § 172 Abs. 2, 3 vorgesehenen näheren Bedingungen gestattet werden, deren Erfüllung, wie dort vorgeschrieben, sicherzustellen ist ...

VIII. Verpflichtungen der Eisenbahnen im Interesse der Landesverteidigung.

1. Einleitung.

Der Bau von Eisenbahnen berührt das militärische Interesse insofern, als störende Eingriffe in vorhandene oder beabsichtigte Einrichtungen der Landesverteidigung vermieden und die Bahnanlagen von vornherein den Anforderungen entsprechend gestaltet werden müssen, die von der Heeresverwaltung demnächst an den Betrieb der vollendeten Bahn und an ihre Verteidigungsfähigkeit zu stellen sein werden. Die zu diesen Zwecken nötige Mitwirkung der Militärbehörden bei dem Bahnbau wird durch das Reichsrayongesetz (Nr. 2) und die im Zusammenhange mit ihm erwähnten Bestimmungen gesichert.

Die Eisenbahnen im Betriebe haben sich zu einem höchst wichtigen, unentbehrlichen Hilfsmittel für die Erfüllung der Aufgaben entwickelt, die in Friedenszeiten wie im Kriege an die Heeresverwaltung herantreten. Im Frieden werden sie ständig zu Beförderungen von militärischem Personal und Material in Anspruch genommen. Im Mobilmachungs- und Kriegsfalle dienen sie dem Aufmarsche der Armee, dem Verkehre der einzelnen Heeresteile untereinander und den rückwärtigen Verbindungen; außerdem werden unter Mitwirkung der heimischen Bahnverwaltungen die Eisenbahnen in Feindesland nach Möglichkeit den militärischen Zwecken nutzbar gemacht[1]). Damit die Bahnverwaltungen den im Kriege zu bewältigenden Leistungen gewachsen sind, müssen schon im Frieden umfassende Vorbereitungen der verschiedensten Art getroffen werden. — Zur Bemessung der Entschädigung, die den Eisenbahnen für ihre Heranziehung im militärischen Interesse zu gewähren ist, eignen sich die sonst geltenden Vorschriften nicht, weil sie für zahlreiche hier in Betracht kommende Fälle überhaupt keine Bestimmung enthalten und die für den allgemeinen Verkehr maßgebenden tarifarischen Festsetzungen vielfach der Eigenart der militärischen Transporte nicht genügend Rechnung tragen.

So ergeben sich vielfältige Beziehungen zwischen Eisenbahn und Landesverteidigung, die einer besonderen rechtlichen Ordnung bedürfen. Eine solche hatte auch das Reichsrecht in Deutschland geschaffen, und wie vortrefflich sie war, bewährte sich in dem gewaltigen Ringen des Weltkriegs, in dem die deutschen Eisenbahnen Unerhörtes leisteten. Aber in Verbindung mit der durch den Vertrag von Versailles erzwungenen Entwaffnung mußte das deutsche Militär-Eisenbahnrecht soweit beseitigt werden, wie es für den Mobilmachungs- und Kriegsfall galt. Übriggeblieben sind Bruchstücke, die einer Neugestaltung harren.

Grundlage des noch bestehenden Rechts ist Art. 96 der RVerf (oben I 2). An ihn schließen sich Teile des Friedensleistungsgesetzes (mit Ausführungsverordnung) — Nr. 3 — an, auf Grund dessen die Militärtransportordnung und der Militärtarif — Nr. 3 Beilagen A und B — ergangen sind. Außer Kraft gesetzt sind u. a. das Kriegsleistungsgesetz, die auf den Kriegsfall bezüglichen Bestimmungen der Militärtransportordnung und des Militärtarifs sowie die im Reichsmilitärgesetz und in der Wehrordnung enthaltenen eisenbahnrechtlichen Vorschriften.

---

[1]) Das (Haager) Abkommen betr. die Rechte und Pflichten der neutralen Mächte und Personen im Falle eines Landkriegs 18. Okt. 07 (RGBl **1910** 132) bestimmt:

Art. 19. Das aus dem Gebiet einer neutralen Macht herrührende Eisenbahnmaterial, das entweder dieser Macht oder Gesellschaften oder Privatpersonen gehört und als solches erkennbar ist, darf von einem Kriegführenden nur in dem Falle und in dem Maße, in dem eine gebieterische Notwendigkeit es verlangt, angefordert und benutzt werden. Es muß möglichst bald in das Herkunftsland zurückgesandt werden.

Desgleichen kann die neutrale Macht im Falle der Not das aus dem Gebiete der kriegführenden Macht herrührende Material in entsprechendem Umfange festhalten und benutzen.

Von der einen wie von der anderen Seite soll eine Entschädigung nach Verhältnis des benutzten Materials und der Dauer der Benutzung gezahlt werden.

Art. 53. Das ein Gebiet besetzende Heer kann nur mit Beschlag belegen: ... die Beförderungsmittel ...

Alle Mittel, die zu Lande, zu Wasser und in der Luft zur Weitergabe von Nachrichten und zur Beförderung von Personen und Sachen dienen, mit Ausnahme der durch das Seerecht geregelten Fälle, ... können, selbst wenn sie Privatpersonen gehören, mit Beschlag belegt werden. Beim Friedensschlusse müssen sie aber zurückgegeben und die Entschädigungen geregelt werden.

Wehberg, Die rechtl. Stellung der Eis. im Kriege nach den Beschlüssen der 2. Haager Friedenskonferenz, Arch **1910** 623.

2. Gesetz, betreffend die Beschränkungen des Grundeigenthums in der Umgebung von Festungen. Vom 21. Dezember 1871 (RGBl 459)[1].

(Auszug.)

§ 1. Die Benutzung des Grundeigenthums in der nächsten Umgebung der bereits vorhandenen, sowie der in Zukunft anzulegenden permanenten Befestigungen unterliegt nach Maßgabe dieses Gesetzes dauernden Beschränkungen.

§ 2 Abs. 1. Behufs Feststellung dieser Beschränkungen wird die nächste Umgebung der Festungen in Rayons getheilt, und je nach der Entfernung von der äußersten Vertheidigungslinie ab als erster, zweiter, dritter Rayon bezeichnet.

§ 13. Innerhalb sämmtlicher Rayons sind nicht ohne Genehmigung der Kommandantur zulässig, vorbehaltlich der Bestimmung im § 30:

2) ... alle Neuanlagen oder Veränderungen von ... Chausseen, Wegen und Eisenbahnen. (3., 4.)

Die Genehmigung darf nicht versagt werden, wenn durch die bezeichneten Neuanlagen, beziehungsweise Veränderungen keine nachtheilige Deckung gegen die rasante Bestreichung der Werke, kein nachtheiliger Einfluß auf das Wasserspiel der Festungsgräben, auf Inundation des Vorterrains und auf die Tiefe der mit den Festungsanlagen in Beziehung stehenden Flußläufe entsteht, und keine vermehrte Einsicht in die Werke des Platzes gewonnen wird.

(§§ **26—29**. Genehmigungsverfahren.)

§ 30. Die Projekte größerer Anlagen (Chausseen, Deiche, Eisenbahnen u. s. w.) in den Rayons der Festungen und festen Plätze werden durch eine gemischte Kommission erörtert, deren Mitglieder von dem zuständigen Kriegsministerium[2]) im Verein mit den betreffenden höheren Verwaltungsbehörden berufen werden, und in welcher auch die von der Anlage betroffenen Gemeinden durch Deputirte vertreten werden.

Das hierüber aufzunehmende Protokoll wird der Reichs-Rayonkommission[3]) übersandt, welche in Gemeinschaft mit der betreffenden Centralverwaltungsbehörde die Entscheidung trifft oder erforderlichen Falles herbeiführt.

§ 31. Die Reichs-Rayonkommission[3]) ist eine durch den Kaiser zu berufende ständige Militairkommission, in welcher die Staaten, in deren Gebieten Festungen liegen, vertreten sind.

(§ **32**. Strafbestimmungen; §§ **34—44** Entschädigung für die infolge des G. eintretenden Beschränkungen.)

3. Gesetz über die Naturalleistungen für die bewaffnete Macht im Frieden.

In der Fassung der Bekanntmachung vom 6. April 1925 (RGBl. I 44).

(Auszug.)

§ 1. Naturalleistungen für die bewaffnete Macht können, soweit das Gesetz vom 25. Juni 1868 über die Quartierleistung für die bewaffnete Macht während des Friedenszustandes (Bundesgesetzbl. S. 523) nicht Anwendung findet, innerhalb des Reichsgebiets nur nach Maßgabe der Bestimmungen des gegenwärtigen Gesetzes gefordert werden.

---

[1]) A. Unabhängig von den Fällen, in denen das „Reichsrayongesetz" zur Anwendung kommt, war in Preußen der Militärverwaltung durch folgende allg. Vorschr. eine Mitwirkung bei der Genehm. von Eisenbahn-Bauausführungen gewährleistet:

a) Jeder Antrag auf Konzession. einer Privatbahn war vor Erteilung der Konz. durch den Min. dem Kriegsminister zur Erklärung über Zulässigkeit u. Zweckmäßigkeit der Bahnanlage in militär. Beziehung mitzuteilen. E des Staatsminist. 30. Nov. 38 betr. Prüfung der Anträge auf die Konzessionierung zu EisUnternehmungen § 4 (VB II 98).

b) Alle Baupläne für Herstellung od. wichtigere Veränderungen v. Eisenbahnen waren vor der Genehmigung dem REBAmt mitzuteilen Gleim, EisR S. 201.

c) Die bauleitenden Beamten der StEB hatten sich bei Vorarbeiten, bei denen Städte mit Garnisonen oder Landwehrbezirkskommandos berührt werden können, mit den Kommandanturen, Garnisonältesten od. Bezirkskommandos wegen der Lage der Schießplätze zur Linienführung der Eis. in Verbindung zu setzen E 6. Feb. 82 (Gleim, EisR S. 206).

Ferner KleinbG §§ 8, 9, 47 u. AusfAnw (I 8 Beil. A) zu §§ 8, 9. Außerdem Normalkonzession (I 7 Beil. B) Ziff. XIII, XVI.

B. Jetzt ermöglicht RVerf Art. 94 dem Reiche, seine Zustimmung zur Zulassung neuer Großbahnen an Bedingungen zu knüpfen, die den militär. Notwendigkeiten Rechnung tragen; damit erledigt sich die bei A a) erwähnte Vorschrift. Die Vorschriften zu A b) u. c) werden auch jetzt sinngemäß zu beachten sein. Ferner enthält die BO eine Reihe von Best, die den Rücksichten auf die Landesverteidigung Rechnung tragen, z. B. § 14 (Entfern. der Zugfolgestellen usw., Länge der Kreuzungsgleise), § 16 (Tragfäh. des Oberbaus), § 20 (Drehscheiben), § 24 (Rampen), § 38 (Wagenausrüstung); auf den Betrieb beziehen sich (wie bei dieser Gelegenh. erwähnt sei) § 53 Abs. 4 (Fahrordnung), § 54 Abs. 7 (Zugstärke), § 78 Abs. 1, 3 (Bahnbetreten).

[2]) Jetzt Reichswehrminister.

[3]) Jetzige Zusammensetz. der Reichs-Rayonkommission E des Reichspräsidenten 23. Dez. 22 RAnz **1923** Nr. 4.

§ 15. Jede Eisenbahnverwaltung[a]) ist verpflichtet, die Beförderung der bewaffneten Macht und des Materials des Landheeres und der Reichsmarine gegen Vergütung nach Maßgabe eines von der Reichsregierung zu erlassenden von Zeit zu Zeit zu revidierenden allgemeinen Tarifs[b]) zu bewirken.

§ 18. Die zur Ausführung dieses Gesetzes erforderlichen allgemeinen Anordnungen werden durch Verordnung des Reichspräsidenten erlassen[b]).

Beilage A (zu Anmerkung b).

Verordnung des Reichspräsidenten zur Ausführung des Gesetzes. Vom 28. September 1925 (RGBl I 365) Art. I Ziffer IV.

Zu § 15. Der jeweils geltende allgemeine Tarif für die Beförderung der bewaffneten Macht und ihres Geräts auf den Eisenbahnen wird durch das Reichsgesetzblatt veröffentlicht[c]).

Beilage B (zu Anmerkung b).

Kaiserliche Verordnung betreffend die Militär-Transport-Ordnung für Eisenbahnen.

Vom 18. Januar 1899 (RGBl 15).

(Auszug.)

§ 1. An Stelle der ... tritt die anliegende Militär-Transport-Ordnung für Eisenbahnen.

§ 2[1]). Der Reichsverkehrsminister ist ermächtigt, die in dieser Ordnung enthaltenen Vorschriften im Einvernehmen mit dem Reichswehrminister zu ergänzen und zu ändern, sofern dadurch keine grundsätzlichen Bestimmungen geändert werden.

§ 3.

Militär-Transport-Ordnung[2]).

(Auszug.)

Vorbemerkung. Die mit deutschen Buchstaben gedruckten Bestimmungen gelten für den Frieden und den Krieg, die mit lateinischen Buchstaben gedruckten für den Mobilmachungs- und den Kriegsfall, die durch starke Linien umrahmten nur für den Frieden[2]).

Erster Abschnitt.

Gegenstand und mitwirkende Behörden.

§ 1. Gegenstand.

Die Vorschriften dieser Ordnung gelten für alle Eisenbahnen[3]) Deutschlands, die mit Lokomotiven oder anderen mechanischen Motoren betrieben werden, und finden Anwendung:

1. auf die Vorbereitung und die Ausführung der Beförderung
   a) der bewaffneten Macht (Heer und Marine), sowie
   b) ihrer Bedürfnisse;

---

[a]) Eisenbahnen im Sinne des G (u. der MilTrO) sind nur Haupt- u. Nebenbahnen; preuß. Kleinbahnen: AusfAnw (oben I 8 Beil. A) zu KleinbG § 9, E 2. März 11 II Cw 58.

[b]) AusfVo (Beilage A), MilTrO (Beil. B), MilTarif (Beil. C).

[c]) Beil. C.

[1]) Fassung der Vo 16. März 21 RGBl 236.

[2]) A. In der z. Z. (März 1930) geltenden Fassung. Die MTrO wird auch als Militär-Eisenbahn-Ordnung I Teil bezeichnet. Die anderen Teile sind:
Teil II C. Best betr. die Ausrüst. u. Einricht. von EisWagen f. MilTransporte,
Teil II D. Vorschrift üb. d. Hergabe v. Personal u. Material der EisVerwaltungen an die MilBehörde,
Teil II E. Instruktion betr. Kriegsbetrieb u. Militärbetrieb der Eis.
Von diesen Teilen ist das meiste hinfällig geworden durch das G über die Aufhebung des KriegsleistungsG 19. März 24 RGBl I 285, dessen § 1 Satz 1 lautet:
Das Gesetz über die Kriegsleistungen vom 13. Juni 1873 (RGBl S. 129) wird nebst den zu seiner Ergänzung, Erläuterung und Ausführung erlassenen Bestimmungen aufgehoben.
B. Inhalt der MTrO: I. Abschn. Gegenstand (§ 1) u. mitwirkende Behörden (§§ 2—15); II. Abschn. Allg. Betriebs- u. Verkehrsbest. (§§ 16—27); III. Abschn. Vorbereitung der MilTransporte (§§ 28—43); IV. Abschn. Beförd. v. Personen sowie v. Truppen m. Pferden, m. Geschützen, Fahrzeugen u. Belagerungsmaterial (§§ 44 bis 49); V. Abschn. Beförd. v. MilGut (§§ 50—56a); VI. Abschn. Berechnung u. Zahlung der Vergütungen (§§ 57—59).
C. Die vorst. unter A abgedr. Gesetzesvorschr. hat einen erhebl. Teil der MTrO beseitigt, nämlich die Best f. d. Kriegsfall, die nach der (der Vollständ. wegen oben mitgeteilten) Vorbemerkung mit lateinischen Buchstaben gedruckten, ferner die zur MTrO erlassenen „Militärischen Ausführungsbestimmungen". Der obige Auszug enthält diese aufgehobenen Best nicht u. beschränkt sich im übr. auf die grundlegenden u. solche Best, die rechtliches Interesse bieten. Die in der Vorbem. erwähnte Umrahmung ist in dem Auszuge fortgelassen.
D. EisDienstvorschrift zur MTrO (u. MilTarif) Kundmachung 9 des EisVerkehrsverbands (großenteils nicht mehr gültig).
E. Reichseisenbahnen. Es gilt jetzt RBahnG (oben I 5) § 13, wonach Leistungen der RBahnGesellschaft f. d. MilVerwalt u. umgek. gegenseitig nach den im geschäftl. Verkehr üblichen Sätzen angemessen zu vergüten sind, die besteh. Vergüt. f. MilTransporte jedoch aufrechterhalten bleiben, vgl. Sarter-Kittel S. 149f.

[3]) Oben VIII 3 Anm. a).

2. auf die Berechnung und Zahlung der Vergütungen für diese Beförderung sowie für das für die Militärverwaltung bereit gehaltene Betriebsmaterial der Eisenbahnverwaltungen.

Abs. 3, 4[4]).

§ 2. Verzeichnis der mitwirkenden Behörden.

1.[5])

(Abs. 2).

2. Die Bezeichnungen: Militärverwaltung, Militärbehörde, Militärtransport, Truppentheil, gelten sinngemäß auch für die Marine.

3. Für diejenigen Fälle, in denen diese Ordnung der Militärbehörde oder der Militärverwaltung allgemein, ohne nähere Bezeichnung der zuständigen Stelle, eine Obliegenheit oder Befugniß überträgt, wird von Seiten der Militärverwaltung bestimmt, welche militärische Dienststelle zuständig ist. Hiervon wird dem Reichs-Eisenbahn-Amt[6]) und durch dieses den betheiligten Civilbehörden und Eisenbahnverwaltungen Mittheilung gemacht.

§ 3. Preußisches Kriegsministerium[7]).

1. Das preußische Kriegsministerium vertritt die Interessen der bewaffneten Macht an der militärischen Benutzung der Eisenbahnen, erforderlichenfalls nach vorhergegangener Verständigung mit den zuständigen Behörden. Hinsichtlich der bayerischen Eisenbahnen sind die Interessen der bewaffneten Macht an der militärischen Benutzung der Eisenbahnen durch das bayerische Kriegsministerium[7]) wahrzunehmen.

2. Das preußische Kriegsministerium[7]) führt die von Militärbehörden gegen Eisenbahnverwaltungen und umgekehrt bei ihm erhobenen Beschwerden der Erledigung zu.

3. (Mitbetheiligung anderer Stellen.)

§ 4. Preußischer Chef des Generalstabs der Armee[7]).

1. Der preußische Chef des Generalstabs der Armee ist Vorgesetzter der Militär-Eisenbahnbehörden und ertheilt ihnen die erforderlichen Anweisungen.

2. Inwieweit er in unmittelbaren Verkehr mit dem Reichs-Eisenbahn-Amte[6]) tritt, unterliegt der Vereinbarung des preußischen Kriegsministeriums[7]) mit diesem.

3. Er ertheilt die leitenden Gesichtspunkte für die militärische Benutzung der Eisenbahnen im Kriege und veranlaßt bereits im Frieden die für diese Benutzung erforderlichen Vorbereitungen (§ 28, 1).

§ 7. Die Eisenbahn-Abtheilung des preußischen großen Generalstabs ...[7]).

1. Die Eisenbahn-Abtheilung des preußischen großen Generalstabs regelt die ihr vorbehaltenen Militär-Eisenbahntransporte ...

2. Der Chef der Eisenbahn-Abtheilung tritt wegen der Vorbereitungen für die militärische Benutzung der Eisenbahnen im Kriege (§ 4, 3) bereits im Frieden mit dem Reichs-Eisenbahn-Amt[6]) und den Eisenbahnverwaltungen in Verbindung.

§ 9. Linien-Kommandanturen[8]).

§ 10. Bahnhofs-Kommandanten.

1. Bahnhofs-Kommandanten werden durch die Militärbehörde nach Bedarf eingesetzt. Sie sind der sie einsetzenden Militärbehörde unterstellt.

2. 3. (Dienstanweisung für die Bahnhofs-Kommandanten.)

4. Die Bahnhofs-Kommandanten handhaben die militärischen und militärpolizeilichen Anordnungen im Bereiche des betreffenden Bahnhofs, vermitteln zwischen den Transportführern und den Vertretern der Eisenbahnverwaltungen und schützen die Eisenbahnbeamten gegen Eingriffe in ihren Dienst.

5[9]). Die Bahnhofs-Kommandanten haben die Vertreter der Eisenbahnverwaltungen auf Ansuchen bei der Durchführung der bahnpolizeilichen Anordnungen zu unterstützen, sind aber nicht befugt, sich in den Eisenbahndienst zu mischen; halten sie durch dessen Handhabung das militärische Interesse für beeinträchtigt, so haben sie dies nöthigenfalls ihrer vorgesetzten Behörde zu melden.

---

[4]) Abs. 3, 4 betreffen die Zulass. erleichternder Abweichungen u. dgl. von der MTrO. Die Zuständ. dafür, die früher beim REBAmt, für Bayern beim Staatsminist. f. Verkehrsangel. lag, ist jetzt allgemein dem RVMin zuzusprechen.

[5]) A. Ziff. 1 enthält das Verzeichnis selbst. Die darin genannten militärischen u. sonstigen Stellen sind größtenteils nicht mehr vorhanden; es kommen nur noch in Betracht: die Bahnhofskommandanten (§ 10), die absendenden u. empfangenden Militärbehörden u. Truppenteile sowie die Transportführer (§ 12); die Reichs-Post- u. Telegraphenverwaltung (§ 14); die EisVerwaltungen (§ 15).

B. Zufolge E 6. Mai 20 II 22 Cp 2072 sind übergegangen:

a) Die Aufgaben der Kriegsministerien (§ 3) u. des Chefs des Generalstabes der Armee (§ 4) auf das Reichswehrministerium, Chef der Heeresleitung,

b) die Aufgaben der EisAbteilung (§ 7) auf das Reichswehrministerium T 7 (Transportabteilung).

Zu b). Die Transportabteilung ist mit 31. Dez. 25 aufgelöst worden; seitdem werden die Transporte auf Eisenbahnen u. Wasserstraßen bei den Kommandobehörden bearbeitet. HeeresVoBl **1926** 103.

[6]) Jetzt RVMin (oben II 4 § 1).

[7]) Jetzt zuständige Stelle: Anm. 5 B.

[8]) Auszug aus der Bek 20. Okt. 26 RMinBl 965: 1. Die Linienkommissionen (zeitweise Linienkommandanturen genannt) werden ... aufgehoben. 2. Die Einteilung des deutschen EisNetzes in Linien fällt ... fort. 3. Die militär. Transportanforderungen werden ... durch „Transportoffiziere" bei den oberen Kommandobehörden an die EisVerwaltungen übermittelt.

[9]) RG 27. Jan. 23 Recht 206, 727.

§ 12. Transportführer.

1. Für jeden von Mannschaften gebildeten oder begleiteten Militärtransport bestimmt die absendende Militärbehörde einen Transportführer.

2. Innerhalb des Bahnbereichs hat der Transportführer alle erforderlichen Maßnahmen für die innere Ordnung des Transports zu treffen, sich jedoch jeden Eingriffs in den Gang des Zuges oder in den vorgeschriebenen Transportweg sowie jeder Einwirkung auf die Handhabung des Eisenbahndienstes zu enthalten.

3. Seine Anordnungen für das Ein- und Ausladen, für die Aufenthalte und für die Verpflegung hat er im Zusammenwirken mit dem Bahnhofs-Kommandanten bezw. dem Stationsvorsteher zu treffen und deren Angaben zu berücksichtigen. Auf etwaige Widersprüche zwischen diesen Angaben einerseits und den allgemeinen Vorschriften, den besonderen Fahrtlisten oder den von der absendenden Militärbehörde für die Fahrt ertheilten Befehlen andererseits hat der Transportführer den Bahnhofs-Kommandanten bezw. den Stationsvorsteher aufmerksam zu machen. Gegebenenfalls hat er entsprechende Meldung an die Behörde zu machen, die den Transport geregelt hat.

4. Er hat, falls der Lauf des Zuges durch äußere Umstände — Unfall, Betriebsstörungen u. s. w. — gehemmt wird, nach Lage der Verhältnisse die zuständigen Vertreter der Bahnverwaltung, den Bahnhofs-Kommandanten oder die Linien-Kommandantur[8]) an die Weiterbeförderung des Transports mit einem anderen Zuge oder auf einer anderen Bahnstrecke, erforderlichenfalls telegraphisch, zu erinnern (§ 19, 3).

5. Beschwerden über Eisenbahnbeamte richtet er möglichst an Ort und Stelle an den Bahnhofs-Kommandanten, sonst an seinen eigenen Dienstvorgesetzten; zunächst ist er jedoch für sich und seinen Transport verbunden, den dienstlichen Anordnungen der durch Uniform oder sonstiges Dienstabzeichen kenntlichen oder mit einer besonderen Bescheinigung versehenen Bahnpolizeibeamten (BO § 74) Folge zu leisten. Auf Ansuchen dieser Beamten ist er verpflichtet, gegen Angehörige seines Transports wegen Nichtbefolgens bahnpolizeilicher Anordnungen einzuschreiten.

6. Der Transportführer hat den Beförderungsausweis der Abfertigungsstelle (§ 32, 4) bzw. der Fahrkarten-Ausgabe (§ 31, 10) der Abfahrtstation vorzulegen und ihn außerdem auf Verlangen den Bahnhofs-Kommandanten, Stationsvorstehern der Abfahrt- und Zwischenstationen sowie den Eisenbahnkontrollbeamten vorzuzeigen.

7. In Militärzügen wie in Zugtheilen, die mit Militärtransporten besetzt sind, hat der Transportführer seinen Platz wenn angängig in der Mitte des Transports zu nehmen (§ 46, 17).

§ 13. Reichs-Eisenbahn-Amt[6]).

§ 14. Reichs-Post- und Telegraphen-Verwaltung.

1. Das Reichs-Postamt[10]) tritt zur Sicherstellung des Postbetriebs auf den Eisenbahnen für den Kriegsfall schon im Frieden mit dem preußischen Chef des Generalstabs der Armee[7]) durch einen von ihm zu bestellenden Vertreter in Benehmen.

2. Es bereitet in gleicher Weise im Frieden möglichst direkte telegraphische Verbindungen zwischen den Amtssitzen der Militär-Eisenbahnbehörden und von diesen zu den Amtssitzen der Bahnbevollmächtigten mittelst der Reichs- und Staats-Telegraphenlinien (Ziff. 4 zweiter Abs.) vor.

§ 15. Eisenbahnverwaltungen (Adresse: Bahnbevollmächtigter).

1. Im Sinne dieser Ordnung ist jede Eisenbahndirektion innerhalb ihres Bezirkes als Eisenbahnverwaltung anzusehen.

2. Jede Eisenbahndirektion bestellt an ihrem Amtssitze für den regelmäßigen geschäftlichen Verkehr mit den Militär-Eisenbahnbehörden einen Bevollmächtigten für Militärangelegenheiten, den Bahnbevollmächtigten[11].)

Bei Bahnen von geringem Umfange kann von der Bestellung eines Bahnbevollmächtigten abgesehen, auch können dessen Geschäfte dem Bahnbevollmächtigten einer anderen Eisenbahnverwaltung übertragen werden[12]).

3. Bei den Verhandlungen mit den Militärdienststellen über die bei der Vorbereitung und Ausführung der Militärtransporte an Ort und Stelle erforderlichen Einzelanordnungen sowie über dringliche Maßnahmen werden die Eisenbahnverwaltungen durch ihre örtlichen Organe oder durch besondere Kommissare vertreten. Diese übermitteln die Anforderungen der Militärdienststellen, sofern die Vorbereitung oder Ausführung ihre eigene Befugniß überschreitet, an die zuständige Stelle.

6. Bei Handhabung der Bahnpolizei[13]) sind die Bahnpolizeibeamten zu einem unmittelbaren Einschreiten gegen Angehörige eines Militärtransports nur zur Abwendung von Gefahren für die Sicherheit des Betriebs oder für Leben und Gesundheit von Personen befugt. In der Regel haben sie daher nur auf die zu befolgenden Vorschriften aufmerksam zu machen und nach Umständen das Eingreifen des Transportführers nachzusuchen. Beschwerden über diesen sind möglichst an Ort und Stelle bei dem Bahnhofs-Kommandanten, sonst auf dem für die Eisenbahnbeamten vorgeschriebenen Dienstwege anzubringen.

Wenn einzelne auf dienstlichem Transporte befindliche Militärpersonen sich Ungehörigkeiten auf der Eisenbahn zu Schulden kommen lassen, so haben sich die Bahnpolizeibeamten auf Feststellung der Persönlichkeit zu beschränken; Ausschluß von der Fahrt ist nur dann zulässig, wenn dies im Interesse der Sicherheit des Betriebs oder zum Schutze anderer Mitreisenden unvermeidlich erscheint.

Im Uebrigen unterliegen reisende Militärpersonen den allgemeinen bahnpolizeilichen Bestimmungen[14]).

---

[10]) Jetzt Reichspostminister.

[11]) Richtlinien f. d. Bestellung: Vf 21. 2811 v. 14. Mai 1925.

[12]) Privateis.: E 20. Feb. 28 E II 24. 3734.

[13]) BO Abschn. V.

[14]) Nach G betr. Aufheb. der MilGerichtsbarkeit 17. Aug. 20 (RGBl 1579) § 8 muß von Einleit. einer Strafverfolg. der „höheren Kommandobehörde" Nachricht gegeben w.; welches diese Behörde ist, bestimmt der Reichswehrminister.

Zweiter Abschnitt.

Allgemeine Betriebs- und Verkehrsbestimmungen.

§ 16. Eintheilung des Eisenbahnnetzes[15]).

§ 18. Grundsätze für den Betrieb.

1. Für die Anordnung und Ausführung der Militärtransporte sind die Bestimmungen der Eisenbahn-Bau- und Betriebsordnung, der Eisenbahn-Signalordnung, der Eisenbahn-Verkehrs-Ordnung und die sonstigen für die Sicherheit des Betriebs erlassenen Vorschriften maßgebend, soweit die gegenwärtige Ordnung nicht abweichende Bestimmungen enthält. Wegen Anwendung der EVO auf die Beförderung von Militärgut s. § 50, 6.

2. Der Betrieb auf den einzelnen Strecken ist nach Maßgabe ihrer beabsichtigten Inanspruchnahme zu regeln. Diese darf nur in den Grenzen der zur Zeit der Ausführung der Transporte bestehenden Leistungsfähigkeit (§ 29, 1) stattfinden.

§ 19. Beförderung und Fahrweg.

1. Innerhalb des Reichsgebiets ist die Beförderung vom Anfangs- bis zum Zielpunkt thunlichst eine direkte, vergl. § 36, 14 und 15.

2. (Im Kriege.)

Im Frieden setzt für die mit Militärfahrschein aufgegebenen Transporte, die in fahrplanmäßigen Zügen des öffentlichen Verkehrs oder gemäß § 30,5 Abs. 1, letzter Satz, aus eigener Entschließung der Eisenbahnverwaltung mit Militärzügen befördert werden, die Eisenbahndienststelle, bei welcher der Transport angemeldet wird, den Bahnweg nach den für die Leitung des allgemeinen Verkehrs geltenden Grundsätzen fest, wenn die Militärverwaltung nicht ausnahmsweise aus dienstlichen Gründen bei der Anmeldung ausdrücklich einen bestimmten Transportweg fordert.

Die mit Militärfahrschein aufgegebenen Transporte, die auf Verlangen der Militärbehörde mit Militärzügen befördert werden, sind über die von den Militär-Eisenbahnbehörden durch die Fahrtlisten vorgeschriebenen Wege zu leiten. Die Eisenbahnverwaltungen können jedoch innerhalb ihres eigenen Gebiets[16]) aus Verkehrsrücksichten einen anderen Weg wählen, wenn dadurch die Übergangsstationen von Bahn zu Bahn nicht geändert werden und die Ankunft am Ziele nicht verzögert wird.

3. Bei Unfällen oder Betriebsstörungen veranlaßt jede Eisenbahnverwaltung innerhalb ihres Bezirkes die Weiterführung der in ihrem Laufe gestörten Militärtransporte selbständig (§ 12, 4) unter Mitteilung an die zuständige Linienkommandantur[8]); wenn besondere Umstände es erfordern, hat eine vorherige Vereinbarung mit der Linienkommandantur[8]) stattzufinden.

4. Von allen im Frieden eintretenden langdauernden Bahnunterbrechungen, die die Durchführbarkeit der ... Kriegstransporte in Frage stellen, hat der Bahnbevollmächtigte die Linienkommandantur[8]) und die Eisenbahnabteilung des Großen Generalstabes[5B]) unverzüglich zu benachrichtigen.

§ 20. Sonntagsruhe.

1. (Im Kriege.)

2. Im Frieden sind im Allgemeinen die über die Sonntagsruhe für den öffentlichen Verkehr erlassenen Vorschriften[17]) auch für die Militärtransporte maßgebend.

3. In dringenden, von der Militärbehörde bei der Anmeldung ausdrücklich zu bescheinigenden Fällen kann indessen die Annahme und Beförderung von Pferden, sonstigem Großvieh und Kleinvieh, Fahrzeugen und Gütern auch an Sonn- und Festtagen gefordert werden, sofern Züge verkehren, welche die Mitnahme in dem angemeldeten Umfange (§ 30) zulassen.

4. Die Abfertigung von Militärzügen kann auch an Sonn- und Festtagen beansprucht werden.

5. Die Weiterbeförderung von Pferden und sonstigem Großvieh und Kleinvieh darf unterwegs aus Anlaß der Sonntagsruhe nur bis zum nächsten geeigneten Zuge unterbrochen werden. Bei einer bahnseitig angeordneten Weiterführung mit Personenzügen finden die höheren Tarifsätze (Bes. Best zu II Ziff. (5)[18]) des Miltrfs.) keine Anwendung.

6. Die Ausladung von Pferden und sonstigem Großvieh und Kleinvieh sowie in außergewöhnlichen Fällen — z. B. bei Truppenübungen — von Gütern und Fahrzeugen kann auch an Sonn- und Festtagen verlangt werden.

§ 21. Arten der Eisenbahnzüge.

1. Militärtransporte werden mit allen Zügen des öffentlichen Verkehrs gefahren, soweit dies unter Berücksichtigung einerseits der Einrichtung und Bestimmung der Züge, andererseits der Stärke und Beschaffenheit der Transporte angängig ist (§ 30).

2. Für Militärtransporte, die hiernach nicht mit Zügen des öffentlichen Verkehrs befördert werden können, werden Militärzüge gestellt: Militär-Bedarfszüge (§ 22), Militär-Sonderzüge (§ 23).

---

[15]) Aufgehoben; oben Anm. 8.

[16]) Die Reichsbahn ist i. S. obiger Vorschrift ein Gebiet.

[17]) EVO §§ 48 (2), 63 (3, 7), 74 (8, 9), 78 (2), 79 (4, 5).

[18]) Jetzt II Tarifnr. 10 u. Besond. Best dazu.

§ 22. Militär-Bedarfszüge.

1. Im Rahmen des Fahrplans für den öffentlichen Verkehr ist für die Zwecke der Militärverwaltung eine Anzahl von Militär-Bedarfszügen, die nur im Bedarfsfalle, und zwar nach jedesmaliger gegenseitiger Verständigung gefahren werden sollen, zwischen den Eisenbahnverwaltungen und den Militär-Eisenbahnbehörden im voraus zu vereinbaren.

2. Der Fahrplan dieser Züge ist so einzurichten, daß er thunlichst selten Aenderungen unterworfen zu werden braucht. Die Zeitlage ist den militärischen Zwecken anzupassen, auch ist für den Anschluß durchgehender Militärzüge auf Nachbarbahnen Sorge zu tragen.

(Fahrgeschwindigkeit der Militär-Bedarfszüge.)

3. Die Eisenbahnverwaltungen theilen den Fahrplan für diese Züge den Militär-Eisenbahnbehörden in graphischer Form mit.

4. Der Eisenbahnverwaltung ist gestattet, bei Durchführung der Militär-Bedarfszüge innerhalb ihres eigenen Bereichs Verschiebungen des vereinbarten Fahrplans vorzunehmen, soweit dies unter Einhaltung der festgesetzten Ankunfts- und Abfahrtszeiten auf den Uebergangsstationen von Bahn zu Bahn sowie unter Wahrung der für militärische Zwecke vorgesehenen Aufenthaltszeiten auf Zwischenstationen ausführbar ist.

§ 23. Militär-Sonderzüge.

1. Sofern die Militär-Bedarfszüge für die jeweiligen Transporte nicht passend liegen, sind statt ihrer Militär-Sonderzüge einzulegen. Diese sind zwischen den Militär-Eisenbahnbehörden und den Bahnverwaltungen in jedem einzelnen Falle besonders zu vereinbaren, bei Gefahr im Verzuge (in Fällen öffentlicher Noth u. dergl.) aber auch ohne vorgängige Vereinbarung auf Verlangen der Militärbehörde ohne Verzug zu stellen, soweit die Betriebseinrichtungen es gestatten. Diesem Verlangen muß auch dann genügt werden, wenn der Sonderzug über eine Strecke ohne Nachtdienst zu einer Zeit befördert werden soll, wo nach Schluß des Tagesdienstes die Strecke unbesetzt und eine Alarmierung des Bahnbewachungs- und Stationspersonals durch den Telegraphen nicht mehr möglich ist (§ 69 (5) und (6) der BO.).

2. Im Frieden haben Militärsonderzüge einschließlich der Leerzüge bei der Durchführung des Fahrplans in Hinsicht auf die pünktliche Beförderung den Vorrang

a) vor allen Zügen des öffentlichen Verkehrs bei Gefahr im Verzuge (s. Abs. 1);

b) vor Personenzügen und Güterzügen, wenn infolge eingetretener Unregelmäßigkeiten andernfalls eine erhebliche Störung besonders umfangreicher Transporte (Kaisermanöver) einzutreten droht. Die nötigen Anordnungen werden entweder von der betriebsleitenden Verwaltung selbst, oder von den mit der Überwachung des Betriebs auf der betreffenden Bahnstrecke von ihr beauftragten Beamten getroffen.

Inwieweit den Militärsonderzügen in solchen Fällen auch der Vorrang vor Eilzügen und Schnellzügen zu geben ist, wird von der Eisenbahnverwaltung im Benehmen mit der Militärverwaltung jedesmal besonders bestimmt.

§ 26. Benutzung der Telegraphen.

1. Zu dringlichen militärischen Mittheilungen dürfen erforderlichenfalls sämmtliche Telegraphenlinien im Reichsgebiete benutzt werden.

2. Die Telegraphen und die Fernsprecheinrichtungen der Eisenbahnen bleiben jedoch in erster Linie für den Eisenbahndienst bestimmt und dürfen nur, soweit dieser es gestattet, zu militärdienstlichen Mittheilungen mit ausdrücklicher Genehmigung der Station benutzt werden.

Unter dieser Voraussetzung können für den Verkehr der Militär-Eisenbahnbehörden unter einander und mit den Eisenbahnverwaltungen die Telegraphen und die Fernsprecheinrichtungen der betheiligten Bahngebiete und zwar gebührenfrei in Anspruch genommen werden.

3. Offiziere und Personen in gleichem Range ohne Dienstsiegel, die während und aus Anlaß eines Bahntransports Telegramme absenden müssen, können diese durch die Aufgabestation mit deren Dienststempel beglaubigen lassen. Derartige Telegramme sind möglichst mit dem Bahntelegraphen als Militär-Telegramme mit der Bezeichnung „SS" zu befördern.

4. Im Uebrigen gelten für die Benutzung der Bahntelegraphen durch die Militärbehörden im Frieden ausschließlich die Festsetzungen des Reglements vom 7. März 1876 (R. Tel. Rgl.)[18a]).

(Bayern.)

Dritter Abschnitt.

Vorbereitung der Militärtransporte.

§ 28. Im Allgemeinen.

1. Die zur Ausführung der Militärtransporte im Kriege erforderlichen Vorbereitungen sind bereits im Frieden nach Maßgabe dieser Ordnung sowie der darin angezogenen besonderen Bestimmungen zu treffen.

2. Die dabei mitwirkenden Personen haben in allen Angelegenheiten, die sich auf die beabsichtigte militärische Benutzung der Eisenbahnen im Kriege beziehen, unbedingt Amtsverschwiegenheit zu beobachten und die in ihren Händen befindlichen Schriftstücke, Pläne u. dergl. geheim zu halten. Mittheilungen über die zu ihrer Kenntniß gelangenden Einrichtungen und Anordnungen dürfen sie an andere Stellen und Personen nur aus dienstlicher Veranlassung machen und nur soweit es für die Erledigung des Dienstes erforderlich ist.

[18a]) Unten IX 3 Beil. A.

§ 29. Erhebungen über die Leistungsfähigkeit der Bahnen, Erkundungen.

1. Die für die militärische Benutzung der Eisenbahnen erforderlichen statistischen Nachrichten sind vom Reichs-Eisenbahn-Amte[6]) nach einem von ihm zu bestimmenden Muster alljährlich zu erheben. Sie müssen ein genaues Urtheil über die Leistungsfähigkeit der Bahnen ermöglichen, auch die nächstbevorstehende Entwickelung erkennen lassen.

2. Die Militär-Eisenbahnbehörden sind berechtigt, zur Vervollständigung dieser Nachrichten sowie zu sonstigen militärischen Zwecken Erkundungen anzuordnen. Die betreffenden Verwaltungen sind von der zu diesem Zwecke beabsichtigten Entsendung von Offizieren oder Beamten zuvor zu unterrichten.

3. Den entsandten Offizieren und Beamten ist bei ihren Erkundungen von den Bahnverwaltungen jede wünschenswerte Unterstützung sowie die Ermächtigung zur Benutzung von Güterzügen ohne Personenbeförderung gegen Zahlung des Fahrpreises für die zweite Wagenklasse zu gewähren. Es ist ihnen gestattet, die Bahn und deren Anlagen ohne Erlaubnißkarte zu betreten, sie sind aber verpflichtet, den allgemeinen Dienstzweck ihrer Anwesenheit auf dem Bahnkörper usw. jedesmal dem betreffenden Bahnpolizeibeamten mitzutheilen[19]). Den Aufenthalt innerhalb der Fahr- und Rangirgleise haben sie zu vermeiden; auch dürfen sie die Schranken oder sonstigen Einfriedigungen nicht eigenmächtig öffnen, überschreiten oder übersteigen, noch etwas darauf legen oder hängen.

4. Wenn der Offizier oder Beamte beim Betreten der Bahn oder bei Benutzung von Güterzügen ohne Personenbeförderung getödtet oder körperlich verletzt worden ist, und die Eisenbahnverwaltung den nach den Gesetzen[20]) ihr obliegenden Schadenersatz dafür geleistet hat, so ist die Militärverwaltung verpflichtet, ihr das Geleistete zu ersetzen, falls nicht der Tod oder die Körperverletzung durch ein Verschulden der Eisenbahnverwaltung oder eines ihrer Bediensteten herbeigeführt worden ist[21]).

§ 30. Wahl der Züge.

1. Bei der Wahl des Zuges muß stets beobachtet werden, daß durch die Inanspruchnahme den Vorschriften der BO (insbesondere §§ 54 (3) bis (7), 55 (14), 56 (6) und 66 (2) noch Genüge geleistet werden kann.

In der Regel (s. jedoch Ziff. 3) können in den Zügen des öffentlichen Verkehrs befördert werden: (Folgt eine Tabelle, aus der sich ergibt, welche Höchstmengen die verschiedenen Arten von Zügen des öff. Verkehrs aufzunehmen haben.)

2. Welche Personenzüge auf Haupteisenbahnen mit mehr als 60 km, auf Nebeneisenbahnen mit mehr als 30 km (BO § 55 (14)) Geschwindigkeit[22]) fahren sollen, ist den Militär-Eisenbahn-Behörden von den Eisenbahnverwaltungen bei Bekanntmachung des Fahrplans (Sommer und Winter) unter Angabe der Strecken mitzutheilen.

(3. Ausnahmsweise Unmöglichkeit, den angeford. Zug zu benutzen.)

(4. Gemischte Transporte u. dgl.)

5. Mit Militärzügen (§ 21, 2) müssen auf Erfordern der Militärbehörden Militärtransporte aller Art befördert werden, welche die unter Ziff. 1 bezeichneten Stärken vom Beginn an oder im Verlaufe der Fahrt in Folge von Zugang übersteigen. Transporte von mehr als 400 Mann oder 79 Pferden werden als „größere" bezeichnet. Für „kleinere" Transporte sind Militärzüge nur bei Gefahr im Verzuge (§ 23) in Anspruch zu nehmen und gegen eine Vergütung, die mindestens nach dem vollen Militär-Sonderzugtarife zu bemessen ist. Die Eisenbahnverwaltungen dürfen indeß aus eigener Entschließung auch kleinere Transporte mit Militärzügen befördern, für die alsdann der Kopf-, Wagen- und Gewichtstarifsatz in Anrechnung kommt.

Bei Kennzeichnung gemischter Transporte als „kleinere" oder „größere" ist auch hier 1 Pferd gleich 5 Mann zu rechnen.

6. Wird die Beförderung von Pferden und sonstigem Großvieh und Kleinvieh in einem für die Viehbeförderung nicht bestimmten Zuge des öffentlichen Verkehrs verlangt und gestattet, so kommen erhöhte Sätze in Anwendung (Bes. Best. z. Miltrf. zu II Ziff. (5))[23]).

§ 31. Anmeldung der Militärtransporte[24]).

§ 32. Ausweise zur Beförderung.

1. Jeder Militärtransport muß mit einem von der zuständigen Stelle vorschriftsmäßig ausgefertigten Ausweise versehen sein.

2. Die Eisenbahnverwaltung ist verpflichtet, auf Grund eines derartigen Ausweises die Beförderung, vorbehaltlich ihrer Ansprüche aus seiner etwaigen unrichtigen Anwendung, zu bewirken.

In welchen Fällen auf Grund solcher Ausweise die Beförderung zu den Sätzen des Miltrfs. oder unentgeltlich stattfindet, ist im Miltrf. festgesetzt.

4. a) Als Ausweise für Militärtransporte dienen in erster Linie die Militärfahrscheine.
(b bis i).

---

[19]) BO § 78 (1) Ziff. 4.

[20]) HPfG (oben VI 5).

[21]) Hierzu E 23. Juli 07 u. 18. März 11 Elberf. Samml. V 1 Nr. 28, E 2. Juni 17 VII 71 F 2678, E 13. März 18 IV 46. 114. 58, Bf 21. 592 v. 18. Feb. 26, Bf 46. 461 d 20 v. 1. Okt. 26. — Die Regelung entspricht der in EisPostG (unten IX 2) Art. 8. Gilt die Best noch? UnfallfürsG (oben III 5) § 12 u. ReichsversorgG 31. Juli 25 (RGBl I 165) § 86 Abs. 2!

[22]) Für Züge mit der erhöhten Geschwind. ist durch die Tabelle (Ziff. 1) die zulässige Belastung mit Mil-Transporten herabgesetzt.

[23]) Jetzt besond. Best (8) zu MilTarif Abschn. II Tarifnr. 10.

[24]) Neue Best: HeeresVoBl **1926** 103.

5. a) Im Uebrigen kommen als Ausweise im Sinne der Ziff. 1 in Betracht:
(1) die im Miltrf. im Einzelnen aufgeführten Legitimationspapiere, wie Einberufungs- oder Entlassungspapiere, Urlaubspässe oder Transportzettel und Vorladungen,
(2) Frachtbriefe (Ziff. 11 und 12).
b) Die Uniform allein gilt nicht als Legitimation.
c) (Form der Ausweise.)
d) (Von den Civilbehörden ausgestellte Urlaubsbescheinigungen.)

6. Soll in den unter 5a (1) genannten Fällen die Beförderung gegen Baarzahlung stattfinden, so sind Militärfahrkarten zu verabfolgen.

(7. Ausweise zur freien Fahrt.)

(8. Unterbrechung der Fahrt.)

(9. Ausschluß von der Fahrt und Aushülfsschein.)

10. Die Eisenbahnverwaltungen haben dafür Sorge zu tragen, daß die Abwickelung der Militärtransporte durch die für den öffentlichen Verkehr eingerichtete Bahnsteigsperre nicht beeinträchtigt wird.

11[25]). Militärgut (§ 50) unter militärischer Begleitung ist mit Militärfahrschein, Militärgut ohne Begleiter und Frachtbrief (EVO § 55ff.) aufzugeben.

Bleibt der Original-Frachtbrief zur Erhebung der Fracht in den Händen der Eisenbahnverwaltung und wurde ein Duplikat nicht ausgefertigt, so hat die Eisenbahn der empfangenden Militärbehörde eine Abschrift des Frachtbriefs auszustellen.

§ 33. Obliegenheiten der Eisenbahnverwaltung nach erfolgter Anmeldung.

§ 36. Wagendienst.

§ 37. Wagen für Offiziere und Mannschaften.

§ 38. Wagen und Züge für Kranke.

§ 39. Wagen für Pferde und für sonstiges Großvieh und Kleinvieh.

§ 40. Wagen für Geschütze, Fahrzeuge und anderes Militärgut.

§ 41[26]). Wahl und Einrichtung der Ladestellen.

1. Die Auswahl der Stationen, auf denen die Einladung oder Ausladung von Militärtransporten stattfinden soll, hat thunlichst mit Rücksicht auf die vorhandenen Ladeeinrichtungen zu erfolgen, im Frieden nach vorheriger Vereinbarung mit den Eisenbahnverwaltungen.

2. Reichen die vorhandenen Ladeeinrichtungen für das militärische Bedürfniß nicht aus, und kann nicht durch Heranziehung beweglicher Rampen oder aushülfsweise durch kleine Ergänzungsbauten (z. B. aus Schwellen und Schienen) ohne Aufwendung erheblicher Kosten dem Bedürfnisse genügt werden, so hat eine Ergänzung der Ladeeinrichtungen nach Vereinbarung zwischen den Militär-Eisenbahnbehörden und den Eisenbahnverwaltungen zu erfolgen. Die Kosten für diese Ergänzungen trägt die Militärverwaltung, sofern sie ausschließlich im militärischen Interesse gemacht werden.

8. Die Eisenbahnverwaltungen haben jede Ladestelle ausreichend mit Ladebrücken zu versehen; hierbei ist auf eine thunlichst gleichzeitige Be- oder Entladung der Wagen Bedacht zu nehmen.

9. Die Ladestellen sind bei Dunkelheit von den Eisenbahnverwaltungen ausreichend zu beleuchten, und zwar in der Regel und besonders wo Sprengstoffe gehandhabt werden, mit festen hochstehenden Laternen (EVO Anlage C Ziff. 64 (4) d.

10. Im Bereiche der Stationen haben die Eisenbahnverwaltungen für ungehinderte und ausreichend beleuchtete Zugänge zu den Ladestellen und für eine Bezeichnung der Zugangswege der Truppen durch vorübergehend aufzustellende Wegweiser Sorge zu tragen.

13. Die Eisenbahnverwaltungen haben das Ein- und Ausladen schwerer Gegenstände (Geschützrohre u. dergl.) durch Hergabe ihrer zur Stelle befindlichen sowie der an anderen Orten entbehrlichen fahrbaren Krahne und Hebezeuge und des zu deren Bedienung erforderlichen Personals zu erleichtern.

§ 42[26]). Verpflegungseinrichtungen auf den Stationen.

1. Die für den öffentlichen Verkehr getroffenen Vorkehrungen zum Aufenthalte, zur Verpflegung und zur Befriedigung der Bedürfnisse stehen auch für Militärtransporte zur Verfügung. Reichen die Wartesäle zur Verpflegung nicht aus, so sind von den Eisenbahnverwaltungen etwa verfügbare und geeignete Schuppen oder Hallen zu überweisen.

Für Massentransporte sind außerdem besondere Vorkehrungen zu treffen.

Im Nothfall ist in den Wagen zu speisen.

2. Ueber die Wahl der Friedensverpflegungspunkte hat eine vorgängige Vereinbarung mit der Eisenbahnverwaltung stattzufinden.

4. An den Verpflegungs-, ... und Tränkstationen haben die Eisenbahnverwaltungen für Bereitstellung des für Menschen und Thiere erforderlichen Wassers, einschließlich desjenigen für den Küchenbetrieb, Sorge zu tragen. Wenn das Wasser in ausreichendem Maße oder in gesundheitsgemäßer Beschaffenheit den Brunnen oder Leitungen

---

[25]) Hierzu Bek 31. Juli 18 RGBl 989.

[26]) Reichsbahn Anm. 2 E.

der Eisenbahnverwaltung nicht entnommen werden kann, so ist es von dieser nöthigenfalls durch besondere, auf Kosten der Militärverwaltung zu treffende bauliche bzw. maschinelle Veranstaltungen herbeizuschaffen.

Auch sind von den Eisenbahnverwaltungen für die bei eintretender Mobilmachung zu errichtenden Kriegs-Verpflegungsanstalten die erforderlichen Maßnahmen zur Wasserversorgung — wie Herstellung von Wasserleitungen oder Einrichtung von Schöpfstellen mit großen Bottichen von etwa 600 l Inhalt und Tonnen zu etwa 150 l — in Verbindung mit den zuständigen Linien-Kommandanturen[8]) für jede einzelne Station schon im Frieden festzustellen und auszuführen oder zur Ausführung vorzubereiten, nachdem die Zustimmung und Bereitstellung der erforderlichen Mittel seitens der Militärverwaltung erfolgt ist.

5. Die nöthigen Trinkbecher und die zum Tränken der Pferde usw. erforderlichen Tränkeimer haben die Eisenbahnverwaltungen für eigene Rechnung zu beschaffen und zu unterhalten ...

6. Die Reinigung und Beleuchtung im Innern der Schuppen, Küchen und Wirthschaftsräume, ausschließlich der Bedürfnißanstalten, liegt der Militärverwaltung oder dem Unternehmer ob.

Im Uebrigen haben die Eisenbahnverwaltungen auf ihren Stationen die Verpflegungsanstalten, ... und Tränkanstalten nebst ihren Umgebungen sowie die Bedürfnißanstalten gehörig reinigen, desinfiziren und beleuchten zu lassen.

Vierter Abschnitt.

Beförderung von Personen sowie von Truppen mit Pferden, mit Geschützen, Fahrzeugen und Belagerungsmaterial

§ 44. Allgemeine Vorschriften.

1. Die Eisenbahnverwaltung ertheilt der Abfahrtstation die zur Annahme und Abfertigung des Transports auf Grund der Anmeldung etwa noch erforderlichen Anweisungen oder bestimmt einen besonderen (Betriebs-) Beamten zur Leitung dieses Dienstes.

(2. Nähere Vereinbarungen.)

(4. Ladezeit.)

5. Wenn erforderlich, ist eine Wache zur Aufrechterhaltung der militärischen Ordnung innerhalb der Station und zur Stellung der nöthigen Posten zu bilden.

Den Weisungen der Eisenbahnbeamten über das Freimachen der Gleise, die Innehaltung der Grenzen des Einsteigeplatzes und die Erhaltung der freien Bewegung auf diesem, sowie über die Ordnung und Ruhe in den Stationsgebäuden ist Folge zu geben.

6. Das Heranschaffen der Eisenbahnwagen an die Ladestellen liegt der Eisenbahnverwaltung ob, auch wenn es erst während des Einladens nach und nach erfolgen kann. Hierbei sind Bewegungen der Wagen mit der Lokomotive neben den Ladestellen für Fahrzeuge mit Sprengstoffen möglichst zu vermeiden.

(Aushilfe durch die einladende Truppe.)

Das Kuppeln der Wagen ist stets durch Bahnbedienstete zu besorgen.

8. Das Ueberlegen und die Wiederaufnahme der Ladebrücken, das Einladen der Pferde, der Sättel und des Gepäcks, das Einlegen der Vorlegebäume, das Einschieben der Schutzbretter und das Zuschieben der Thüren in den gedeckten Güterwagen sowie das Verladen, Feststellen und Festbinden der Geschütze und Fahrzeuge nebst zugehörenden Theilen müssen die Truppen selbst bewirken. (Unterstützung durch die Station.)

(9. Schwere Stücke.)

10. Die Stationsbeamten haben während und nach der Verladung darauf zu achten, daß die Ladung das zulässige Lademaß nicht überschreitet sowie daß die Wagen gleichmäßig und sachgemäß beladen und nicht überlastet sind.

§ 45. Einladen.

§ 46. Zugabfertigung und Beförderung bis zur Zielstation.

1. Jeder Zug oder Zugtheil für Militärtransporte ist so zusammenzustellen, daß

a) die verschiedenen Truppentheile in sich geschlossen bleiben;

b) (Abtrennung einzelner Transporttheile.)

c) (Zugtheilung.)

d) Im Uebrigen richtet sich die Zusammenstellung des Zuges nach dem jeweiligen Betriebsbedürfnisse, wobei zu beachten bleibt, daß die Offizierswagen sich möglichst in der Mitte der Mannschaftswagen befinden ...

(2.—21.)

§ 47. Ausladen.

3. Die Militär-Eisenbahnbehörden und die Eisenbahnverwaltungen sowie die Transportführer müssen gemeinsam Alles aufbieten, um den glatten und raschen Verlauf der Ausladungen zu sichern und Anhäufungen auf den Ausladestationen und den einzelnen Ausladestellen zu vermeiden.

(4.—23.)

24. Das Ausladen auf freier Strecke zu Übungszwecken darf nur nach vorgängiger Vereinbarung mit der Eisenbahnverwaltung geschehen.

§ 48. Zugverspätungen, Störungen, Unfälle.

(1. Benachrichtigung der MilBehörde von erheblichen Störungen der Abfahrt oder Fahrt.)

2. Bei Unfällen haben bis zum Eingang anderweiter Befehle durch die vorgesetzten Stellen der Transportführer und der Zugführer, nach Eintreffen des Bahnhofs-Kommandanten, Stationsvorstehers oder höherer Bahn-

beamten diese, alle zur Feststellung des Thatbestandes und zur Abhülfe an Ort und Stelle geeigneten Maßnahmen — die Bahnbeamten unter Beachtung der bei den Eisenbahnverwaltungen hierüber bestehenden Bestimmungen — zu treffen.

(3. Erhebliche Störungen bei Massentransporten.)

§ 49. Behandlung der entladenen Wagen.

1. Die Reinigung und Desinfektion der zum Transport von Pferden und sonstigem Großvieh und Kleinvieh (§ 55) benutzten Wagen regelt sich nach den dafür geltenden allgemeinen vom Reiche (Gesetz vom 25. Febr. 1876 — RGBl. 163 —, Bekanntmachung vom 16. Juli 1904 — RGBl. 311 —)[27]) und von den betheiligten Landesregierungen erlassenen Bestimmungen.

Fünfter Abschnitt.

Beförderung von Militärgut.

§ 50. Allgemeine Vorschriften.

1. Als **Militärgut** gelten für die Eisenbahnverwaltung alle Kriegsbedürfnisse, die ihr außerhalb eines Truppentransports (s. Vierter Abschnitt) zur Beförderung zu den Sätzen des Miltrfs. übergeben werden.

2. Als Militärgut dürfen nur solche Gegenstände aufgegeben werden, die sich vor der Aufgabe zur Bahn im Eigenthum oder Besitze der Militärverwaltung befinden und durch die Versendung aus diesem Verhältnisse nicht ausscheiden.

3. Die Militärverwaltung ist verpflichtet, alles zu befördernde Militärgut zu den Sätzen des Miltrfs. aufzugeben. (Ausweise s. § 32, 11).

Ausnahme s. Bes. Best zu II Ziff. (1) letzter Absatz des Miltrfs.

6. Die Beförderung von Militärgut erfolgt nach den Bestimmungen der EVO mit folgenden Abweichungen:

a) Militärgut darf von und nach allen Stationen aufgegeben werden, auch wenn solche für den allgemeinen Güterverkehr nicht eingerichtet sind. In diesem Falle hat sich die anmeldende Stelle vor der Aufgabe der Zustimmung der Eisenbahnverwaltung zu versichern. Diese Zustimmung darf nicht versagt werden, wenn die Ein- und Ausladung ohne Störung des Betriebs stattfinden kann und die Einrichtungen der Station die Abfertigung und nöthigenfalls die Lagerung des Gutes gestatten (§ 41, 1).

b) Militärgut, das innerhalb des kleinsten Lademaßes der am Transport betheiligten deutschen Eisenbahnen und innerhalb der Tragfähigkeit des vorhandenen Betriebsmaterials verladen werden kann, muß zur Beförderung angenommen werden. (Wegen der Sprengstoffe s. § 54.)

f) Militärgut darf nicht nur durch die absendende Stelle, sondern auch durch den Begleiter von der Beförderung zurückgezogen werden.

g) Die absendende Stelle ist auch befugt, Ziel und Adresse eines Transports von Militärgut nach dessen Abgang zu ändern. Sie hat zu diesem Zwecke die auf dem Frachtbrief oder Militärfahrschein angegebene Aufgabestation ... mit Nachricht zu versehen.

h) Die Eisenbahnverwaltung hat **nicht rechtzeitig abgenommenes Militärgut** auf Gefahr und Kosten der Militärverwaltung zu lagern und dies der vorgesetzten Behörde des Empfängers ... zur Veranlassung der Abnahme anzuzeigen ...

7. Die absendenden Stellen können Einzelsendungen und Wagenladungen mit oder ohne Begleitung aufgeben sowie verlangen, daß diese unter unmittelbarer Aufsicht des Begleiters bleiben. In letzterem Falle trägt die Eisenbahnverwaltung keine Verantwortung für das aufgegebene Militärgut. Sie befindet selbständig darüber, ob der Begleiter einer Einzelsendung mit dieser in einem Personenwagen oder — je nach Umfang und Gewicht der Sendung — in einem entsprechend ausgerüsteteten Güterwagen zu befördern ist, und an welchen Punkten ein Umsteigen oder Umladen zu erfolgen hat. Die Begleiter zur unmittelbaren Beaufsichtigung von Wagenladungen haben in der Regel in den beladenen Wagen zu fahren.

Militärzüge mit Militärgut müssen stets begleitet sein ... (besondere Vorschriften für die Begleitung von Pferden und lebenden Tieren siehe §§ 45, 17 und 55, wegen derjenigen von Sprengstoffen und Munitionsgegenständen siehe § 54, von Militärbrieftauben siehe § 56, von Militär-Luftfahrzeugen siehe § 56a).

Die Begleitung hat die Aufgabe, zur Beschleunigung beim Verladen und bei Ablieferung des Militärguts sowie zur Ueberwachung und Sicherung während der Beförderung mitzuwirken, auch bei Störung der Fahrt die Sorge für das Militärgut zu übernehmen (§ 52, 5).

Der einzelne Begleiter — unter mehreren der von der absendenden Stelle als Führer bezeichnete — hat die allgemeinen Pflichten eines Transportführers zu erfüllen (§ 12). Bei Militärzügen hat der Führer der Begleitung in der Regel auch die besonderen Obliegenheiten eines Transportführers bei der Bereitstellung, Feststellung der Wagenausstattung, Verladung, Überwachung und Verpflegung sowie bei den Meldungen und Anordnungen in Zwischenfällen (§§ 42, 44 bis 48) wahrzunehmen, wie dies für die Beförderung von Mannschaften, Truppen mit Pferden, Fahrzeugen usw. vorgeschrieben ist.

§ 51. Einladen.

2. Die Eisenbahnverwaltungen haben für die Verladung von Eilgut und Stückgut zu sorgen. Die Verladung von Wagenladungsgütern erfolgt durch die absendende Stelle, kann jedoch im Einverständnis mit dieser auch von der Eisenbahnverwaltung übernommen werden.

(Ladeverzeichnis bei Versendung mehrerer Wagen mit Militärgut in demselben Zuge.)

(3. 4.)

---

[27]) VI 8 d. W.

§ 52. Zugabfertigung und Beförderung bis zur Zielstation.

1. Für die Fertigstellung des Zuges, die Feststellung der Wagenausstattung, die Abfahrt und das Verhalten während der Fahrt, das Anhalten auf freier Strecke und auf Zwischenstationen gelten sinngemäß die Bestimmungen des § 46.

2. Während der Fahrt hat die Begleitung die allgemeine Beaufsichtigung der verladenen Sendung auszuüben, ...

(3. Bewachung der Sendung auf den Anhaltepunkten.)

(4. Umladen und Abtrennen auf einer Zwischenstation.)

§ 54. Besondere Vorschriften für die Beförderung von Sprengstoffen und Munition.

§ 55. Besondere Vorschriften für Viehbeförderung.

§ 56. Vorschriften für die Beförderung von Militärbrieftauben.

§ 56a. Vorschriften für die Beförderung von Militär-Luftfahrzeugen[28]).

Sechster Abschnitt.

Berechnung und Zahlung der Vergütungen.

§ 57. Grundsätze der Berechnung.

1. Die Vergütung für Militärtransporte erfolgt nach dem vom Bundesrath erlassenen Militärtarif für Eisenbahnen[29]).

2[30]). Die Sätze des Miltrfs. enthalten die Vergütung für alle Leistungen der Eisenbahnverwaltungen bei der Vorbereitung und Ausführung der Militärtransporte.

Nebenkosten irgend welcher Art, für die in dieser Ordnung oder im Miltrf. eine besondere Vergütung nicht vorgesehen ist, dürfen nicht in Rechnung gestellt werden.

Baare Auslagen der Eisenbahnverwaltungen (EVO § 68 (3)) sind zu ersetzen.

Folgende Gebühren für außergewöhnliche Leistungen:

a) Gebühr für Abstempelung der Frachtbriefe sowie Verkaufspreis der letzteren und der statistischen Anmeldescheine,
b) Zuschläge für etwaige Interessendeklaration,
c) Nachnahmeprovision,
d) Zollabfertigungsgebühren,
e) Ladekosten bei Wagenladungen,
f) Lagergeld bei verspäteter Abnahme von Militärgut,
g) Standgeld bei verspäteter Be- oder Entladung der Eisenbahnwagen oder bei verspäteter Abnahme von Vieh und Fahrzeugen sowie für vorübergehende Unterbringung von Vieh,
h) etwaige Rollgelder, soweit die Militärverwaltung das bahnseitige Abrollen in Anspruch nimmt,
i) Tränkgebühr bei der Tränkung von Vieh auf öffentlichen Tränkstationen

sind nach den für den allgemeinen Verkehr geltenden Bestimmungen zu vergüten, soweit in dieser Ordnung nicht ausdrücklich etwas Anderes festgesetzt ist.

Wegen der Erhebung von Deckenmiethe s. Tarifnummer 30 I des Miltrfs.

3. Wird die Beförderung von Militärzügen in der Nachtzeit auf Bahnstrecken erforderlich, auf denen ein regelmäßiger Nachtdienst nicht eingerichtet ist und deshalb eine Bewachung der Bahn gewöhnlich nicht stattfindet, so sind neben den tarifmäßigen Transportgebühren die in Nr. 22 des Miltrfs. vorgesehenen Kosten für die Bewachung der Bahn außerhalb der gewöhnlichen Dienstzeit zu vergüten, und zwar nur einmal für die Bewachung der gesammten in Frage kommenden Bahnstrecke, ohne Rücksicht darauf, ob sie durch einen oder durch mehrere Züge befahren wird und ob es sich um Züge verschiedener Armeekorps sowie um die Beförderung von oder nach verschiedenen Stationen der gleichen Bahnstrecke handelt.

4. Der Gebührenberechnung sind die Entfernungen der Eisenbahntarife des allgemeinen Verkehrs zugrunde zu legen. Die Entfernungen sind zu entnehmen:

für die Beförderung von Personen und Gepäck — den Tarifen für den Personen- und Gepäckverkehr,
für Tiersendungen — den Tarifen für den Tierverkehr,
für Militärgut, Fahrzeuge usw. sowie für die auf einen Militärfahrschein abgefertigten gemischten Transporte (Personen, Tiere, Militärgut usw.) — den Tarifen für den Güterverkehr.

Enthalten die Tarife direkte Entfernungen zwischen der Abgangs- und Endstation, so sind diese maßgebend; andernfalls sind die Entfernungen in derselben Weise zu ermitteln wie im Falle gebrochener Abfertigung im allgemeinen Verkehre.

Bestehen zwischen Abgangs- und Endstation mehrere Bahnwege mit verschiedenen Tarifentfernungen, so ist

a) für Transporte, für welche die absendende Militärbehörde den Bahnweg vorgeschrieben hat (§ 19, 2) — die Entfernung dieses Bahnwegs,
b) für die ohne Wegevorschrift aufgegebenen Transporte (§ 19, 2) — die kürzeste Tarifentfernung maßgebend.

---

[28]) Diese Best gelten nur f. d. Transporte der Besatzungstruppen Bek 9. März 22 RGBl 272.

[29]) Beilage C.

[30]) S. jetzt MilTarif Abschn. X (Tarifnr. 30).

Bei Überführung von Militärtransporten nach Anschlußbahnhöfen oder öffentlichen Ladestellen über Strecken, für die in den Tarifen keine Entfernungen angegeben sind, werden diese besonders ermittelt und der Frachtberechnung zugrunde gelegt.

7. Für die Bereithaltung und Beförderung von Betriebsmaterial zu Übungszwecken usw. kommen die unter Abschnitt VIII des Miltrfs. angegebenen Sätze zur Berechnung.

§ 58. Stundung, Liquidation und Zahlung.

1. Die den Eisenbahnverwaltungen zu gewährenden Vergütungen sind in der Regel bis nach Eingang, Prüfung und Feststellung der Liquidationen zu stunden. Die Militärverwaltung ist jedoch berechtigt, auch Baarzahlung eintreten zu lassen.

Die Gebühren für Militärgut ohne Begleiter sind bei der Aufgabe des Gutes zu berichtigen oder auf den Empfänger zur Zahlung anzuweisen.

Zu Einzelreisen sind nach Maßgabe des besonders geregelten Verfahrens baar bezahlte Militärfahrkarten zu benutzen . . .

2. Die Liquidationen sind von den Eisenbahnverwaltungen in doppelter Ausfertigung — bei gemeinsam von mehreren Verwaltungen erfüllten Leistungen nur von einer der betheiligten Eisenbahnverwaltungen — vorzulegen.

Ueber Fahrgelder auf Grund rothgeränderter und weißer Fahrscheine (s. § 32, 4b) sind getrennte Liquidationen aufzustellen.

3. Den Liquidationen müssen die zugehörenden Beläge beigefügt sein, nämlich:

a) bei Militärtransporten:

der Abschnitt 1 des Militärfahrscheins und der Kontrollzettel . . .;

b) . . . bei Bereithaltung von Material:

. . . die von der . . . die Bereithaltung von Betriebsmaterial in Anspruch nehmenden Militärbehörde ausgestellte Bescheinigung der Erfüllung . . .

Bei den auf Grund von Aushülfsfahrscheinen in Rechnung gestellten Beträgen muß auf die Rechnungsposition hingewiesen werden, bei der sich der Abschnitt 1 des ordentlichen Fahrscheins befindet.

Duplikate und Abschriften von Fahrscheinen haben als Rechnungsbeläge keine Gültigkeit.

4. Die Stelle, an welche die Liquidationen zur Feststellung und Anweisung einzureichen sind, ist in jedem Falle von der Militärbehörde auf den Belägen zu bezeichnen; . . .

Die Vereinbarung von Pauschalgebühren an Stelle genauer Abrechnung ist zulässig.

5. Die Zahlung der gestundeten Vergütungen — . . . — erfolgt kostenfrei an die Hauptkasse der abrechnenden Eisenbahnverwaltung.

§ 59. Feststellung von Beschädigungen.

1. Sachbeschädigungen — auch an Betriebsmaterial —, die bei der Beförderung von Militärtransporten vorgekommen sind, mögen sie von der Eisenbahnverwaltung oder der Militärverwaltung zu tragen sein, müssen gleich nach Ankunft der Züge oder nach Uebergabe der betreffenden Gegenstände angemeldet und von der Eisenbahnverwaltung unter Zuziehung eines Vertreters der Militärverwaltung schriftlich festgestellt werden. Die Vergütung hat gegebenenfalls nach den für den allgemeinen Verkehr geltenden Festsetzungen zu erfolgen.

Anlagen zur Militär-Transport-Ordnung[31]).

I. (Zu § 31, 4) Anmeldezettel.
II. (Zu § 31, 6) Fahrtliste.
IV. (Zu § 32, 4, a) Militärfahrschein.
V. u. VI. (Zu § 54, 18) Verzeichnisse der in der Armee und Marine eingeführten Sprengstoffe und Munitionsgegenstände.

Beilage C (zu Anmerkung b).

Bekanntmachung des Reichskanzlers, betreffend den Militärtarif für Eisenbahnen. Vom 18. Januar 1899 (RGBl. 108)[a]).

Auf Grund des § 29 (2. Abs.) des Gesetzes über die Kriegsleistungen vom 13. Juni 1873 (RGBl. 129) sowie des § 15 des Gesetzes über die Naturalleistungen für die bewaffnete Macht im Frieden vom 13. Februar 1875 (RGBl 52) hat der Bundesrath . . . den anliegenden

Militärtarif für Eisenbahnen

beschlossen.

Der neue Tarif tritt am 1. April 1899 in Kraft.

Militärtarif für Eisenbahnen.

Auszug.

Allgemeine Bestimmungen[b]).

1. Der Tarif gilt einerseits für sämtliche Eisenbahnen Deutschlands, die mit Lokomotiven oder mechanischen Motoren betrieben werden, anderseits für die bewaffnete Macht (Reichsheer und Reichsmarine).

---

[31]) Hier nicht abgedruckt.

[a]) Beil. B Anm. 2 gilt auch f. d. MilTarif. Die Außerkraftsetzung der mit lateinischen Buchstaben gedruckten Best ist mit E 9. März 21 E V g 54. 886 verfügt. — Der MilTarif ist zwingendes Recht. RG 83 76.

Für die Bahnen des nicht allgemeinen Verkehrs (Kleinbahnen) gilt er nur insoweit, als ihnen die Verpflichtung zur Durchführung von Militärtransporten zu den Sätzen des Militärtarifs auferlegt ist[c]).

2. Der Reichsverkehrsminister kann im Einverständnis mit dem Reichswehrminister für einzelne Eisenbahnen erleichternde Abweichungen oder eine Befreiung von den Festsetzungen des Militärtarifs zulassen, wenn die besonderen Verhältnisse dieser Bahnen es rechtfertigen.

3. Die Sätze des Militärtarifs enthalten die Vergütung für alle Leistungen der Eisenbahn bei der Vorbereitung und Ausführung der Militärtransporte.

Für die Überführung von Militärtransporten an Orten mit getrennten Bahnhöfen oder zwischen benachbarten Bahnhöfen sowie für die Benutzung der Anschlußgleise und Mitbenutzung von Betriebsgleisen eines Bahnhofs sind die Gebühren des öffentlichen Verkehrs oder die vertraglichen Gebühren zu entrichten.

4. Die Sätze der Tarifnummern 1 bis 7a und 9a (Meldehunde) gelten grundsätzlich für die Beförderung in allen Zügen mit Ausnahme der Eil- und Schnellzüge.

Für die Beförderung mit Eil- und Schnellzügen sind die tarifmäßigen Fahrpreise des öffentlichen Verkehrs zu vergüten, soweit nicht für gewisse Reisen auf Militärfahrkarten Ausnahmen zugelassen sind.

5. Für die Beförderung in Salonwagen, die an die Reichswehr leihweise abgegeben werden, sind neben der Gebühr nach Tarifnummer 28 so viel Fahrkarten 1. Klasse zu vergüten, als Personen auf der ganzen vom Salonwagen durchlaufenen Strecke mitfahren, mindestens jedoch 9 Fahrkarten 1. Klasse.

6. Als Mindestbeträge sind zu erheben:

a) bei den Fahrgeldern: der Mindestpreis für die 4. Wagenklasse;

b) bei den Tier-, Güter- und Expreßgutfrachten: die entsprechenden Mindestfrachten des öffentlichen Verkehrs, abzüglich einer Ermäßigung von 20 v. H.

7. Abrundung.

a) Die Fahrgelder (Abschnitt I) sind in den einzelnen Tarifnummern nach den Grundsätzen des öffentlichen Verkehrs abzurunden. Der Preis einer Blankokarte für mehrere Soldaten ist durch Zusammenrechnen der abgerundeten Einzelfahrpreise zu bilden.

b) Frachten und andere Gebühren (Abschnitt II bis VII). Von den nach den Sätzen des öffentlichen Verkehrs sich ergebenden abgerundeten Frachten und Gebühren sind 20 v. H. — spitz berechnet — abzusetzen. Der Restbetrag ist auf volle 0,10 RM. in der Weise abzurunden, daß Beträge unter 0,05 RM. gar nicht, Beträge von 0,05 RM. ab für 0,10 RM. gerechnet werden.

Bei Transporten auf Militärfahrschein ist die Ermäßigung aus der Gesamtsumme der in Frage kommenden Frachten und Gebühren zu berechnen.

8. In Zügen des öffentlichen Verkehrs ist der Übergang in eine höhere Wagenklasse nur nach Lösung einer vollen Fahrkarte für diese Klasse zulässig.

Tarifnummer	Gegenstand	Für das Kilometer sind zu vergüten Rpf.
	I. Offiziere, Beamte, Mannschaften, Reisegepäck sowie Meldehunde[d]).	
	Im geschlossenen Truppen- oder Marineteile oder Kommando, einzeln kommandiert oder entlassen	
1	Offiziere, obere Beamte der Militärverwaltung, einschließlich der in solchen Stellen diensttuenden Personen niederen Ranges, bei Dienstreisen ohne Reisekosten . . . . . . (für den Kopf)	4,5
2	Mannschaften vom Feldwebel (Deckoffizier) abwärts bei Dienst- und Entlassungsreisen . . . . . . (für den Kopf)	1,5
3	Mannschaften vom Feldwebel (Deckoffizier) abwärts bei Urlaubsreisen (für den Kopf)	1,5
4	Kranke Offiziere, sitzend zu befördern . . . . . . (für den Kopf)	4,5
5	Kranke Mannschaften, sitzend zu befördern . . . . . . (für den Kopf)	2,3
6	Für den 2- und 3achsigen Wagen (für liegend zu befördernde Kranke in Güter- oder Personenwagen)	45
7	Für den 4achsigen Wagen (für liegend zu befördernde Kranke in Güter- oder Personenwagen)	60
7a	Für ein Abteil 3. Klasse zur Beförderung eines Kranken mit Transportbett, einschl. 1 bis 2 Begleiter	9
9	Gepäck. Die Fracht für Militärgepäck (Tarif-Nr. 9) wird nach den Bestimmungen und Tarifsätzen (ohne Ermäßigung) des allgemeinen Verkehrs berechnet.	
9a	Meldehunde	0,75

b) Die Allg. Best u. die Abschnitte II bis X sind durch Vo 24. Juli 28 RGBl II 534 neu gefaßt.

c) Trifft für Preußen zu: AusfAnw zu KleinbG § 9 B 7.

d) Die oben abgedruckte Fassung entspricht dem gegenwärtigen (März 1930) Stande.

Tarif-nummer	Gegenstand
	II. Lebende Tiere[b]).
10	Die Fracht für lebende Tiere (ausgenommen Meldehunde und Militärbrieftauben) ist nach den allgemeinen Tarifvorschriften I des Deutschen Eisenbahn-Tiertarifs, Teil I, Abschnitt BI, und dem Tierfrachtzeiger zu berechnen und die sich hiernach ergebende Fracht um 20 v. H. zu ermäßigen, soweit nicht nachstehend Abweichungen vorgesehen sind.
	Pferde, Groß- und Kleinvieh (1 bis 8).
	Besondere Bestimmungen zu Tarifnummer 10.
	(1) Abfertigung erfolgt auf Militärfahrschein.
	(2) Bei Beförderung von Pferden der Offiziere und Beamten wird die Ermäßigung von 20 v. H. nur gewährt a) für planmäßige Pferde im Dienst, b) für nichtplanmäßige Pferde, wenn die Beförderung aus dienstlichen Rücksichten geboten ist, c) für Pferde, die Offiziere und Beamte außerhalb des Standortes beschafft haben und zur Einstellung in planmäßige Stellen nach dem Standort oder Kommandoort überführen. Die Vorschriften zu a) und b) finden auch Anwendung bei Teilnahme ganzer Offizierkorps oder einzelner Offiziere und Beamten an Geländereiten, Jagdreiten und sonstigen reiterlichen Veranstaltungen der Truppe sowie bei Teilnahme einzelner Offiziere und Beamten an öffentlichen reiterlichen Veranstaltungen. Im letzteren Falle muß jedoch die dienstliche Genehmigung durch den zuständigen Vorgesetzten auf dem Militärfahrschein bestätigt sein.
	(3) Die in den allgemeinen Tarifvorschriften des Deutschen Eisenbahn-Tiertarifs, Teil I, § 5, für die Beförderung eines Pferdes vorgesehene Mindestfracht für 2 Pferde (Stufe 16) ist nur bei Auflieferung eines einzigen Pferdes zu erheben. Besteht eine Sendung aus mehr als 6 leichten oder 4 schweren Pferden und wird hierbei in einem Wagen nur 1 Pferd untergebracht, dann wird für dieses die Fracht nach Stufe 8 ohne Abzug von 20 v. H. berechnet.
	(4) Der § 2 der allgemeinen Tarifvorschriften des Deutschen Eisenbahn-Tiertarifs, Teil I, gilt bei Militär-Sonderzügen mit der Einschränkung, daß hier unabhängig von der tatsächlichen Verladeweise stets die billigste Fracht zu berechnen ist, wenn nicht mehr Wagen verwendet werden, als nach der Gesamtzahl der Pferde bei Verladung von 6 leichten oder 4 schweren Pferden in einem Wagen erforderlich waren.
	(5) In Wagen, in denen mehr als 4 Pferde befördert werden, sind je 3 Begleitmannschaften frei zu befördern. Für Begleitmannschaften, die hiernach nicht frei befördert werden, ist das Fahrgeld nach Tarifnummer 2 zu entrichten.
	(6) Sättel, Geschirr und Gepäck der Pferde, das während der Fahrt nötige Futter, Tränk- und Futtergerät sind, soweit hierfür kein besonderer Wagen verlangt wird, frachtfrei zu befördern.
	(7) Die Ermäßigung von 20 v. H. wird nicht gewährt: a) für Pferde, die auf Verlangen des Absenders in besonders eingerichteten Stallungswagen befördert werden, b) für Haferkisten sowie für Lagergeräte des Pferdepflegers, die beim Transport von Pferden versetzter oder kommandierter Offiziere mitbefördert werden. Diese Gegenstände müssen mit Eilfrachtbrief besonders aufgegeben werden, wenn sie im Pferdewagen mitbefördert werden sollen.
	(8) Wird die Beförderung von Pferden oder anderem Großvieh oder von Kleinvieh in einem für die Viehbeförderung nur gegen Zuschlag freigegebenen Zuge des öffentlichen Verkehrs von der absendenden Reichswehr-Dienststelle verlangt und von der Eisenbahnverwaltung gestattet, so ist für die zuschlagpflichtigen Strecken ein Zuschlag von 50 v. H. zur Fracht zu berechnen und die hiernach ermittelte Gesamtfracht um 20 v. H. zu ermäßigen. Der Frachtzuschlag von 50 v. H. bleibt aber bei solchen Pferde- und Viehsendungen außer Ansatz, für die die Stellung eines besonderen Militärzuges verlangt werden könnte; er ist auch nicht zu erheben, wenn die Eisenbahn die Beförderung mit einem zuschlagpflichtigen Zuge aus eisenbahnbetriebsdienstlichen Gründen anordnet.
11	Militärbrieftauben. Bei Aufgabe als Gepäck ist die Gepäckfracht des öffentlichen Verkehrs — ohne Ermäßigung — zu entrichten, bei Aufgabe als Eilstückgut mit Eilfrachtbrief oder — wenn begleitet — mit Militärfahrschein ist die Fracht als Frachtstückgut nach Tarifnummer 13 zu berechnen.

Tarif-nummer	Gegenstand
12	Desinfektionsgebühren. Die Gebühren für Desinfektion der von Tieren benutzten Eisenbahnwagen ist nach den Bestimmungen und Tarifsätzen des öffentlichen Verkehrs (ohne Ermäßigung) zu berechnen.

III. Militärgut (einschl. Fahrzeuge)[b])

Die Fracht für Militärgut und Fahrzeuge ist nach den allgemeinen Tarifvorschriften des Deutschen Eisenbahn-Gütertarifs, Teil I, Abt. B, und dem Frachtsatzzeiger zum Gütertarif in folgender Weise zu berechnen (9 bis 12):

A. Frachtgut.

13 Stückgut. Für Güter der allgemeinen und der ermäßigten Stückgutklasse nach den Frachtsätzen der allgemeinen Stückgutklasse (I) mit 20 v. H. Ermäßigung.

14 Wagenladungen. Für Güter sämtlicher Tarifklassen und Ausnahmetarife nach den Frachtsätzen der Wagenladungsklassen D, D 10 oder D 5 mit 20 v. H. Ermäßigung.

B. Eilgut.

15 Stückgut. Für Güter der allgemeinen und der ermäßigten Eilgutklasse nach den Frachtsätzen der allgemeinen Eilgutklasse (Ie) mit 20 v. H. Ermäßigung.

16 Wagenladungen. Für Güter sämtlicher Tarifklassen und Ausnahmetarife nach den Frachtsätzen der Wagenladungsklassen D, D 10 oder D 5 für das Doppelte des der Frachtberechnung für Frachtgut zugrunde zu legenden wirklichen Gewichts — mindestens aber des zu berücksichtigenden Mindestgewichts — mit 20 v. H. Ermäßigung.

C. Beschleunigtes Eilgut.

17 Stückgut. Für Güter der allgemeinen und der ermäßigten Eilgutklasse nach den Frachtsätzen der allgemeinen Eilgutklasse (Ie) für das 1½fache Gewicht — mindestens für 30 kg für jede Frachtbriefsendung — mit 20 v. H. Ermäßigung.

18 Wagenladungen. Für Güter sämtlicher Tarifklassen und Ausnahmetarife nach den Frachtsätzen der Wagenladungsklasse D, D 10 oder D 5 für das Dreifache des der Frachtberechnung für Frachtgut zugrunde zu legenden wirklichen Gewichts — mindestens aber des zu berücksichtigenden Mindestgewichts — mit 20 v. H. Ermäßigung.

Besondere Bestimmungen zu Tarifnummer 13 bis 18

(9) Soweit nach den allgemeinen Tarifvorschriften des Deutschen Eisenbahn-Gütertarifs, Teil I, Abt. B, der Frachtberechnung erhöhte oder verminderte Gewichte oder Mindestgewichte zugrunde zu legen sind, gelten diese auch für das Militärgut und die Fahrzeuge der Wehrmacht.

(10) Es werden abgefertigt:

a) begleitetes Frachtgut, Eilgut und beschleunigtes Eilgut auf Militärfahrschein,
b) unbegleitetes Frachtgut auf Frachtbrief,
c) unbegleitetes Eilgut und beschleunigtes Eilgut auf Eilfrachtbrief.

(11) Ob Militärgut in Wagenladungen als Frachtgut, Eilgut oder beschleunigtes Eilgut oder ob es als Stückgut (Frachtstückgut, Eilstückgut, beschleunigtes Eilstückgut) aufzugeben ist, unterliegt der Beurteilung der absendenden Reichswehr-Dienststelle. Diese hat im Militärfahrschein oder Frachtbrief stets anzugeben, welche Art der Aufgabe des Gutes verlangt wird. Bei Beförderung in Militär-Sonderzügen ist nur die Aufgabe als Wagenladung zulässig.

(12) Bei Aufgabe mehrerer Wagenladungen auf einen Militärfahrschein ist die Fracht für jeden Wagen getrennt zu berechnen. (Wegen Berechnung der Ermäßigung vgl. allgemeine Bestimmung 7b).

IV. Expreßgut (13)[b]).

19 Die Fracht wird nach den Bestimmungen und Tarifsätzen des Deutschen Eisenbahn-Personen-, Gepäck- und Expreßgut-Tarifs, Teil I, berechnet. Die hiernach sich ergebende Fracht ist um 20 v. H. zu ermäßigen.

Besondere Bestimmung zu Tarifnummer 19.

(13) Es werden abgefertigt:

a) unbegleitete Expreßgutsendungen: auf Expreßgutkarte,
b) begleitete Expreßgutsendungen: auf Militärfahrschein.

Tarif-nummer	Gegenstand
	V. Schutzwagen[b]).
20	Für Schutzwagen, die gemäß der Anlage C zur Eisenbahn-Verkehrsordnung vor und hinter Wagen mit Sprengstoffen einzustellen sind, sowie für Sperrwagen, die zwischen andere Wagen aus Gründen der Betriebssicherheit leer eingestellt werden müssen, gelten die allgemeinen Tarifvorschriften des Deutschen Eisenbahn-Gütertarifs, Teil I, Abt. B. Die hiernach ermittelte Gebühr ist um 20 v. H. zu ermäßigen.
	VI. Sonderzüge (14—16)[b]).
21	Für Militärsonderzüge werden die Gebühren nach den Sätzen und Bestimmungen der Abschnitte I bis III, V und VII des Militärtarifs berechnet. Wird der Sonderzug von einer militärischen Dienststelle angefordert, so sind jedoch mindestens 9 RM. für das Tarifkilometer und mindestens 200 RM. für den ganzen Zug zu vergüten. Besondere Bestimmungen zu Tarifnummer 21 (14) Wird ein von einer Reichswehr-Dienststelle angeforderter Sonderzug wieder abbestellt, so sind der Eisenbahnverwaltung etwa bereits entstandene Selbstkosten für Wagenausrüstung, Heranführung des Leermaterials, Bereitstellung einer Maschine usw. zu vergüten. (15) Für Militärsonderzüge, die nach Übereinkunft der Eisenbahnverwaltung und der Reichswehr zu bestimmten Zeiten zwischen einzelnen Truppenstandorten in größeren Städten und nahegelegenen Eisenbahnstationen gefahren werden, um den Truppenteilen dieser Standorte häufige Übungen im Gelände oder auf Truppenübungsplätzen zu ermöglichen, können zwischen dem Reichswehrministerium und dem Reichsverkehrsministerium niedrigere als die tarifmäßigen Vergütungssätze besonders vereinbart werden. Unter diesen Übungen sind nicht solche zu verstehen, zu deren Abhaltung sich die Truppen für längere Zeit nach den Truppenübungsplätzen begeben, vielmehr kommen nur solche Übungen in Betracht, die wegen fortschreitender Bebauung des Geländes nicht mehr am Standort selbst abgehalten werden können. (16) Der Ermittlung der Mindestgebühr sind nur die Fahrgelder und Frachten — unter Berücksichtigung der Ermäßigung — zugrunde zu legen. Desinfektionsgebühren und andere Nebengebühren bleiben hierbei außer Betracht.
	VII. Bahnbewachung[b]).
22	Werden Militärzüge in der Nachtzeit auf Strecken gefahren, auf denen mangels regelmäßigen Nachtdienstes eine besondere Bewachung eingerichtet werden muß, so wird neben den Beförderungsgebühren, die in den allgemeinen Tarifvorschriften des Deutschen Eisenbahn-Gütertarifs, Teil I, Abt. B, festgesetzte Bahnbewachungsgebühr abzüglich einer Ermäßigung von 20 v. H. erhoben. Die Bewachungsgebühr ist nur einmal für die bewachte Bahnstrecke zu erheben ohne Rücksicht darauf, ob sie durch einen oder mehrere Züge befahren wird.

Tarif-nummer	Gegenstand	Es sind zu vergüten RM.
	VIII. Leistungen der Eisenbahnen zu militärischen Übungen im Verladen von Truppen und ihrem Gerät sowie zur Krankenbeförderung bei den Truppenübungen (17—19)[b]).	
	Hergabe von Personen- und Güterwagen zu Übungen, von der Übergabe an die Reichswehr bis zur Rückgabe an die Eisenbahnverwaltung gerechnet:	
23	für jeden Personenwagen und jeden angefangenen Tag	3,00
24	für jeden Güterwagen und jeden angefangenen Tag	1,50
25	Rangieren der Wagen für jeden Wagen und angefangenen Übungstag	0,75
26	Beförderung der Wagenausrüstungsgegenstände und Ladegeräte von den Aufbewahrungsstationen nach den Übungsstationen, ihre Einbringung usw. in die Wagen sowie ihre Zurückführung nach den Aufbewahrungsstationen für jeden Wagen	1,50
27	Beförderung eines geschlossenen Militärzuges zu Übungszwecken von der Zusammenstellungsstation zur Übungsstelle, für jeden Wagen und jeden angefangenen Tag mindestens jedoch 7,50 RM. für den Zug und die angefangene Stunde, vom Zeitpunkt der Abfahrt bis zur Rückkunft des Zuges gerechnet.	0,30

Tarif-nummer	Gegenstand	Es sind zu vergüten RM.
	Besondere Bestimmungen zu Tarifnummer 23 bis 27	
	(17) Für größere Übungen, die zugleich zur Unterrichtung des Eisenbahnpersonals dienen sollen, bleiben im Einzelfalle besondere Vereinbarungen über die Vergütung vorbehalten.	
	(18) Bei den zur Krankenbeförderung bereitgestellten Wagen sind die Gebühren für diejenige Zeit, während der die Wagen zum Krankentransport dienen und zurück zur Sammelstation laufen, nicht zu berechnen.	
	(19) Die Gebühr für das Rangieren ist nicht zu berechnen, wenn es im Einvernehmen mit der Eisenbahnverwaltung ausschließlich durch die Mannschaften der übenden Truppenteile besorgt wird.	
	IX. Bereitstellung von Wagen für sonstige Zwecke (20)[b].	
28	Für jeden Personenwagen aller Klassen (auch Salonwagen) und jeden angefangenen Tag	5,25
29	Für jeden Gepäckwagen und Güterwagen aller Gattungen und jeden angefangenen Tag	2,25
	Besondere Bestimmung zu Tarifnummer 28/29.	
	(20) Besondere Gebühren für die Beförderung der Wagen nach und von der Bedarfsstelle sind nicht zu erheben, auch keine Rangiergebühren.	

Tarif-nummer	Gegenstand
	X. Nebengebühren und bare Auslagen[b]).
30	Für folgende Leistungen sind die Gebühren nach den Bestimmungen und Tarifsätzen des öffentlichen Verkehrs zu vergüten: a) Preise der Vordrucke zu Frachtbriefen, b) Stempelung der Vordrucke zu Frachtbriefen, c) Wiegegeld, d) Zählgebühren, e) Ladegebühren, f) Nachnahmen, g) Lager- und Platzgeld, h) Wagenstandgeld, i) Gebühren für Benachrichtigungen, k) Gebühren für Angabe des Lieferwerts, l) Deckenmiete. Soweit bei Beförderung von Gütern eine Desinfektion nach der Anlage C zur Eisenbahn-Verkehrsordnung oder nach polizeilichen Vorschriften erforderlich ist, sind die Gebühren nach den Bestimmungen und Tarifsätzen des öffentlichen Verkehrs zu entrichten. Barauslagen der Eisenbahnverwaltung (§ 68 (3) EVO.) sind zu ersetzen. Andere Nebengebühren dürfen nicht in Rechnung gestellt werden. Eine Ermäßigung auf die Nebengebühren und baren Auslagen wird nicht gewährt.

IX. Post- und Telegraphenwesen.

1. Einleitung.

Dem Verkehrsbedürfnis entsprechend sind die Eisenbahnverwaltungen verpflichtet, die Beförderung der Postsendungen zu bewirken und bei der Regelung ihres eigenen Betriebs auf die Interessen der Postverwaltung Rücksicht zu nehmen. Die beiderseitigen Beziehungen sind durch das Eisenbahn-Post-Gesetz und die dazu erlassenen Ausführungsvorschriften — Allgemeine Vollzugsbestimmungen und Bestimmungen betreffend die Verpflichtungen der Eisenbahnen untergeordneter Bedeutung für die Zwecke des Postdienstes — (Nr. 2 mit Beil. A bis D) geordnet. Wenn nach diesen Bestimmungen (wie nach dem früheren preußischen Rechte) die Eisenbahnen die Postbeförderung innerhalb gewisser Grenzen unentgeltlich auszuführen haben, so erklärt sich das aus dem Umstande, daß die Entwicklung des Eisenbahnwesens schon in ihren Anfängen — EisG § 36 — den Staat veranlaßte, den Postbetrieb umzugestalten und im Interesse der Eisenbahnen auf einen Teil des bisherigen Postregals zu verzichten.

Das Recht, Telegraphenanlagen für Vermittlung von Nachrichten herzustellen und zu betreiben, steht ausschließlich dem Reiche zu. Von diesem Grundsatze muß für die Eisenbahnen eine Ausnahme gemacht werden, indem die Benutzung eigener Telegraphenanlagen, der sog. Bahntelegraphen, für Dienstzwecke zu den notwendigsten Bedürfnissen des Eisenbahnbetriebs gehört und es zugleich im Interesse der Eisenbahnreisenden liegt, sich des Bahntelegraphen für private Nachrichten zu bedienen. Hierüber trifft nähere Bestimmung das Gesetz über Fernmeldeanlagen mit dem Reglement über die Benutzung der Eisenbahntelegraphen zur Beförderung von Privattelegrammen und der Telegraphenordnung (Nr. 3 mit Beil. A u. Unterbeil. A 1). — Anderseits sind die Bahnverwaltungen verpflichtet, der Telegraphenverwaltung die Anlegung von Leitungen auf dem Bahngebiete zu gestatten, aber auch berechtigt, die Stangen der Reichstelegraphenlinien zur Befestigung von Drähten mitzubenutzen. Die hiermit zusammenhängenden beiderseitigen Beziehungen regelt der Bundesratsbeschluß 21. Dez. 68 (Nr. 4 Beil. A), in dessen Ausführung die StEV mit dem Reichspostamt den Vertrag 28. Aug./8. Sept. 88 (Nr. 4 Unterbeil. A 1) abgeschlossen hat. — Die Rechtsverhältnisse, die sich aus dem Zusammentreffen von Reichstelegraphen- mit anderen Anlagen ergeben, behandelt neben dem Fernmeldegesetze das namentlich für die Interessen der Kleinbahnen wichtige Telegraphenwege-Gesetz (Nr. 4).

2. Gesetz, betreffend die Abänderung des § 4 des Gesetzes über das Postwesen des Deutschen Reiches vom 28. Oktober 1871. Vom 20. Dezember 1875 (RGBl 318)[1]).

Einziger Paragraph.

An die Stelle des § 4 des Gesetzes über das Postwesen des Deutschen Reichs vom 28. Oktober 1871 (RGBl S. 347) treten die nachfolgenden Bestimmungen:

Art. 1[2]). Der Eisenbahnbetrieb[3]) ist, soweit es die Natur und die Erfordernisse desselben gestatten, in die nothwendige Uebereinstimmung mit den Bedürfnissen des Postdienstes zu bringen.

---

[1]) A. Inhalt. Das „Eisenbahnpostgesetz" regelt die Verpflichtungen der Großbahnen gegenüber der Reichspostverwaltung. Art. 1 Allgemeines; Art. 2—5 Beförderung der Postsendungen m. d. Eisenbahn; Art. 6 Beschaff., Unterhalt. usw. der Bahnpostwagen; Art. 7 desgl. von Post-Diensträumen; Art. 8 Unfälle der Postbeamten; Art. 9, 10 AusfBest; Art. 11—13 Übergangs- u. Schlußbest. — Quellen. Reichst. 1875 Drucks. Nr. 4 (Entw. u. Begr.), 58 (KomB.); StB 25, 366, 413, 427. — Vollzugsbest 9. Feb. 76 Beilage A, f. Nebeneis. 28. Mai 79 Beilage B. — FinanzO (Ausg. 02) XII 260ff. — Literatur: Schulz, Reichsbahn-Reichspost Teil I Berlin 1926, Teil II 1929; Sarter-Kittel S. 150ff.; Fritsch EisRecht §§ 23, 60; Wißmann in „Das d. EisWesen der Gegenwart" Ausgabe 1923 Band II S. 295ff. S. auch Aschenborn-Schneider, Das G üb. d. Postwesen des D. Reichs, 2. Aufl. Berlin 1928; Fischer-Städler, D. deutsche Post- u. TelegrGesetzgeb. 7. Aufl. 1929.

B. Das G gilt auch f. d. Reichsbahn. Soweit es das Entgelt f. d. Leistungen der Reichsb. zu Postzwecken betrifft, ist an Stelle des G (u. der Vollzugsbest) der Grunds. des § 13 RBahnG getreten, daß die Leistungen beider Verwalt. für einander gegenseitig nach den im geschäftl. Verkehr übl. Sätzen angemessen abzugelten sind. Daraufhin ist zw. Reichsbahngesellschaft u. Reichspostminister eine Reihe v. Abkommen getroffen w., deren wichtigstes als Beilage C unten abgedruckt ist; s. ferner unten Anm. 10.

C. Privateisenbahnen Beilage D.

[2]) Hierzu Vollzugsbest (Beil. A).

[3]) Im vollen Umfange trifft das G nur Hauptbahnen; Nebenbahnen: Beil. B u. oben I 7 Beil. B Ziff. XII; preuß. Kleinbahnen unterliegen überhaupt nicht dem EisPostG, sondern KleinbahnG §§ 9, 42.

Die Einlegung besonderer Züge für die Zwecke des Postdienstes kann jedoch von der Postverwaltung nicht beansprucht werden.

Bei Meinungsverschiedenheiten zwischen der Postverwaltung und den Eisenbahnverwaltungen über die Bedürfnisse des Postdienstes, die Natur und die Erfordernisse des Eisenbahnbetriebes entscheidet, soweit die Postverwaltung sich bei dem Ausspruche der Landes-Aufsichtsbehörde[4]) nicht beruhigt, der Bundesrath[5]), nach Anhörung der Reichs-Postverwaltung und des Reichs-Eisenbahn-Amts[5]).

Art. 2[2])[6]). Mit jedem für den regelmäßigen Beförderungsdienst der Bahn bestimmten Zuge ist auf Verlangen der Postverwaltung Ein von dieser gestellter Postwagen unentgeltlich[1B]) zu befördern. Diese unentgeltliche Beförderung umfaßt:

a) die Briefpostsendungen, Zeitungen, Gelder mit Einschluß des ungemünzten Goldes und Silbers, Juwelen und Pretiosen ohne Unterschied des Gewichts, ferner sonstige Poststücke bis zum Einzelngewichte von 10 Kilogramm einschließlich,

b) die zur Begleitung der Postsendungen, sowie zur Verrichtung des Dienstes unterwegs erforderlichen Postbeamten, auch wenn dieselben vom Dienste zurückkehren,

c) die Geräthschaften, deren die Postbeamten unterwegs bedürfen.

Für Poststücke, welche nicht unentgeltlich zu befördern sind, hat die Postverwaltung eine Frachtvergütung zu zahlen, welche nach der Gesammtmenge der auf der betreffenden Eisenbahn sich bewegenden zahlungspflichtigen Poststücke für den Achskilometer berechnet wird[1BC]).

Die Mitbeförderung solcher Päckereien, welche nicht zu den Brief- und Zeitungspacketen gehören, soll bei Zügen, deren Fahrzeit besonders kurz bemessen ist, beschränkt oder ausgeschlossen werden, wenn dies von der Eisenbahn-Aufsichtsbehörde[4]) zur Wahrung der pünktlichen und sicheren Beförderung der betreffenden Züge für nothwendig erachtet wird, und andere zur Mitnahme der Päckereien geeignete Züge auf der betreffenden Bahn eingerichtet sind[6]).

Art. 3[2]). Auf Grund vorangegangener Verständigung kann an Stelle eines besonderen Postwagens eine Abtheilung eines Eisenbahnwagens gegen Erstattung der für Herstellung und Wiederbeseitigung der für die Zwecke des Postdienstes erforderlichen Einrichtungen von der Eisenbahnverwaltung aufgewendeten Selbstkosten, sowie gegen Zahlung einer Miethe für Hergabe und Unterhaltung benutzt werden, welche nach Artikel 6 Absatz 5 zu berechnen ist.

Art. 4[7])[1C]). Bei solchen für den regelmäßigen Beförderungsdienst der Bahn bestimmten Zügen, welche nicht in der in den Artikeln 2 und 3 bezeichneten Weise zur Postbeförderung benutzt werden, kann die Postverwaltung entweder, insoweit dies nach dem Ermessen der Eisenbahnverwaltung zulässig ist, der letzteren Briefbeutel, sowie Brief- und Zeitungspackete zur unentgeltlichen Beförderung durch das Zugpersonal überweisen, oder die Beförderung von Briefbeuteln, sowie Brief- und Zeitungspacketen durch einen Postbeamten besorgen lassen, welchem der erforderliche Platz in einem Eisenbahnwagen unentgeltlich einzuräumen ist.

---

[4]) Reichsbahn: Generaldirektor, sonst RVMin.

[5]) Jetzt Reichsrat an Stelle des BR, RVMin an Stelle des REisAmts.

[6]) A. Die Post wird befördert
a) in besond. EisPostwagen (Art. 2, 5, 6) oder
b) in besond. EisWagenabteilen (Art. 3, 5) oder
c) durch Personal der Eis. oder der Post ohne räumliche Absonderung (Art. 4) oder
d) in Güterwagen (Art. 5) oder
e) auf Überweis. der Post durch die EisVerw. (Art. 5).

B. Haftung der Eis. für Postpakete (vorst. a bis e). Kommt EisG § 25 in Frage, d. h. werden Postsendungen durch den Bahnbetrieb (z. B. durch EisUnfall i. S. des § 25) beschädigt, so haftet die Eis. dem Publikum über die v. d. Postverw. reglementsmäßig übernommene Höhe hinaus bis zur vollen Schadenshöhe: RG **92** 8; vgl. auch Gorden EE **29** 29, Aschenborn-Schneider Anm. II 2 zu ReichspostG § 4. Beraubung v. Postsendungen während des Transports: Hermann VZ **1929** 865. Aber unten C b)!

C. Reichsbahn. a) Richtlinien f. d. Beförd. in den Zügen des Personenverkehrs: Vf 21. 6494 v. 3. Jan. 27 (auch abgedruckt bei Schulz — oben Anm. 1 A — II 21), dazu Vf 21 Bbpo 7 v. 17. Feb. 28. Entschäd. der Reichsbahn: Beil. C §§ 3, 4. Ersatz f. d. bei Unfällen beschädigten Bahnpostwagen Vf 48. 480p 182 v. 8. Feb. 26. Postpäckereiverkehr in schnellfahr. Zügen: Vf 17. Feb. 28 (oben) u. Schulz II 28f. Beförd. der Post in besond. Zuggattungen (L-, F-, FD-, D-Züge usw.) Schulz II 30ff.

b) Zweifel bestehen darüber, ob das vorst. bei B in bezug auf Haftung der Eis. für Postsendungen Ausgeführte auch f. d. Reichsbahn zutrifft. Schulz II 52 meint, daß eine Haftung über den Betrag hinaus, bis zu dem die Post nach ihren Vorschr. haftet, auch für keine andere statio des Reichsfiskus in Frage kommt. Dem wird zuzustimmen sein, soweit die Reichsbahn als unmittelb. Reichsanstalt und formell für Reichsrechnung betrieben wird; ob auch für den Betrieb der REis. durch die RBGesellschaft das gleiche gilt, wie Schulz u. mit ihm Hermann VZ **1929** 1213 annehmen, möchte ich dahingestellt sein lassen.

D. Die Beförderung der Bahnpostwagen ist kein Frachtgeschäft, sondern Erfüll. einer gesetzl. Pflicht; die Bahn haftet bei Beschäd. durch Betriebsunfälle (vorst. B) nach EisG § 25; EisPostG Art. 6 Abs. 2 bezieht sich nur auf die lauf. Unterhalt. RG EE **2** 137, **4** 231; dazu Schelcher EE **11** 257, Kittel das. **24** 423, Aschenborn-Schneider (oben Anm. 1) S. 132f, 206f., Schulz II 48ff. (wo auch das deutsche Recht außerh. Preußens berücks. ist); anders. RundnagelBefGesch. S. 116 Anm. 14.

[7]) Reichsbahn Beil. C § 4a 4.

Art. 5[2])[8]). Reicht der eine Postwagen (Art. 2) oder die an[9]) Stelle für Postzwecke bestimmte Wagenabtheilung (Art. 3) für die Bedürfnisse des Postdienstes nicht aus, so sind die Eisenbahnverwaltungen auf rechtzeitige Anmeldung oder Bestellung gehalten, nach Wahl der Postverwaltung

mehrere Postwagen zur Beförderung zuzulassen,

oder der Postverwaltung zur Befriedigung des Mehrbedürfnisses geeignete Güterwagen oder einzelne geeignete Abtheilungen solcher Personenwagen, deren übrige Abtheilungen in dem betreffenden Zuge für Eisenbahnzwecke verwendbar sind, zu gestellen,

oder endlich die ihnen von der Postverwaltung überwiesenen Postsendungen zur eigenen Beförderung zu übernehmen.

Bei Zügen, auf denen die Beförderung von Postpäckereien ausgeschlossen oder beschränkt ist (Art. 2 Abs. 3), darf die Gestellung außerordentlicher Transportmittel seitens der Postverwaltung nicht beansprucht werden. Die Ueberweisung von Postsendungen an die Eisenbahnverwaltungen ist nur insoweit zulässig, als letztere sich bei dem betreffenden Zuge mit der Beförderung von Gütern (Eil- oder Frachtgütern) befaßt und die zu überweisenden Poststücke nicht in Geld- oder Werthsendungen bestehen.

Für die Beförderung eines zweiten oder mehrerer Postwagen, sowie für die Gestellung und Beförderung der erforderlichen Eisenbahn-Transportmittel ist von der Postverwaltung eine für den Achskilometer zu berechnende Vergütung, für die Beförderung der überwiesenen Poststücke aber die tarifmäßige Eisenbahn-Eilfrachtgebühr zu zahlen. Für die Mitbeförderung des etwa erforderlichen Postbegleitungspersonals und der Geräthschaften für den Dienst wird eine Vergütung nicht gezahlt.

Art. 6[2])[10]). Die für den regelmäßigen Dienst erforderlichen Eisenbahn-Postwagen werden für Rechnung der Postverwaltung beschafft.

Die Eisenbahnverwaltungen sind verbunden, die Unterhaltung[6D]), äußere Reinigung, das Schmieren und das Ein- und Ausrangiren dieser Wagen gegen eine den Selbstkosten entsprechende Vergütung zu bewirken.

Wenn die im regelmäßigen Dienst befindlichen Eisenbahn-Postwagen, während des Stilllagers auf den Bahnhöfen der Endstationen im Freien stehen bleiben, so ist dafür eine Vergütung nicht zu zahlen. Letzteres gilt auch für die Plätze auf den Bahnhöfen, welche der Postverwaltung zur Aufbewahrung der Perronwagen und sonstigen Geräthschaften für das Verladungsgeschäft angewiesen werden.

Unbeladene Postwagen sind gegen Erstattung der für Eisenbahn-Güterwagen tarifmäßig zu entrichtenden Frachtgebühr zu befördern. Für die Beförderung zur Eisenbahn-Reparaturwerkstatt und zurück findet eine Vergütung nicht statt.

Wenn Eisenbahn-Postwagen beschädigt oder laufunfähig werden, so sind die Eisenbahnverwaltungen gehalten, der Postverwaltung geeignete Güterwagen zur Aushülfe zu überlassen. Für diese Güterwagen hat die Postverwaltung die nämliche Miethe zu bezahlen, welche die betreffende Eisenbahnverwaltung im Verkehr mit benachbarten Bahnen für Benutzung fremder Wagen von gleicher Beschaffenheit entrichtet.

Desgleichen sind die theilweise von der Post benutzten Eisenbahnwagen (Art. 3), wenn sie laufunfähig werden, von den Eisenbahnverwaltungen auf ihre Kosten durch andere zu ersetzen.

Art. 7[2])[11]). Bei Errichtung neuer Bahnhöfe oder Stationsgebäude sind auf Verlangen der Postverwaltung die durch den Eisenbahnbetrieb bedingten, für die Zwecke des Postdienstes erforderlichen Diensträume mit den für den Postdienst etwa erforderlichen besonderen baulichen Anlagen von der Eisenbahnverwaltung gegen Miethsentschädigung zu beschaffen und zu unterhalten.

Dasselbe gilt bei dem Um- oder Erweiterungsbau bestehender Stationsgebäude, insofern durch die den Bau veranlassenden Verhältnisse eine Erweiterung oder Veränderung der Postdiensträume bedingt wird.

Bei dem Mangel geeigneter Privatwohnungen in der Nähe der Bahnhöfe sind die Eisenbahnverwaltungen gehalten, bei Aufstellung von Bauplänen zu Bahnhofsanlagen und bei dem Um-

---

[8]) Reichsbahn das. §§ 2—4, Privatbahnen unten Beil. D.

[9]) Einzuschalten: „dessen".

[10]) Reichsbahn: Beil. C § 1, § 4 b 1—5. Privateisenbahnen Beil. C.

[11]) Die erstmal. Herstellung v. Diensträumen kann nur bei Neuerrichtung, nicht auch bei Umbau usw. von Bahnhöfen verlangt werden; unter Abs. 2 fällt ein Umbau z. B., wenn er durch Verkehrsvermehrung auf der Station oder Einführung einer neuen Linie veranlaßt ist; zu den baul. Anlagen i. S. Abs. 1 gehören nicht maschinelle Einricht. zum Heben u. Senken der Postsendungen, regelmäßig! auch nicht Postschalter f. d. Publikum; das Rechtsverh. beider Verwalt. ist keine Miete im Privatrechtssinne Gleim, EisRecht § 53. — Schulz (oben Anm. 1 A) I 25ff., II 1ff. Neuere Vf: 48. 480 Gp (Bes) 17 v. 18. Mai 29 (Kaminreinig., Entwäss., Müllabfuhr, Straßenrein.), 44 Krk 12 v. 20. Juni 29 (Baurechnungen f. d. RPost). — E 8. April 78 (EVBl 107) u. 21. Nov. 02 (ENBl 503) betr. Telegr. Betriebstellen auf Bahnhöfen. — Postbahnhöfe Schulz II 62ff.

oder Erweiterungsbau von Stationsgebäuden auf die Beschaffung von Dienstwohnungsräumen für die Postbeamten, welche zur Verrichtung des durch den Eisenbahnbetrieb bedingten Postdienstes erforderlich sind, Rücksicht zu nehmen. Ueber den Umfang dieser Dienstwohnungsräume wird sich die Postverwaltung mit der Eisenbahnverwaltung und erforderlichen Falls mit der Landes-Aufsichtsbehörde[4]) in jedem einzelnen Falle verständigen. Für die Beschaffung und Unterhaltung der Dienstwohnungsräume hat die Postverwaltung eine Miethsentschädigung nach gleichen Grundsätzen wie für die Diensträume auf den Bahnhöfen zu entrichten.

Das Miethsverhältniß bezüglich der der Postverwaltung überwiesenen Dienst- und Dienstwohnungsräume auf den Bahnhöfen kann nur durch das Einverständniß beider Verwaltungen aufgelöst werden.

Werden bei Errichtung neuer Bahnhofsanlagen, sowie bei dem Um- oder Erweiterungsbau bestehender Stationsgebäude zur Unterbringung von Dienst- oder Dienstwohnungsräumen auf Verlangen der Postbehörde besondere Gebäude auf den Bahnhöfen hergestellt, so ist der erforderliche Bauplatz von den Eisenbahnverwaltungen gegen Erstattung der Selbstkosten zu beschaffen, der Bau und die Unterhaltung derartiger Gebäude aber aus der Postkasse zu bestreiten.

Art. 8[2]). Wenn bei dem Betriebe einer Eisenbahn ein im Dienst befindlicher Postbeamter getödtet oder körperlich verletzt worden ist und die Eisenbahnverwaltung den nach den Gesetzen ihr obliegenden Schadensersatz dafür geleistet hat, so ist die Postverwaltung verpflichtet, derselben das Geleistete zu ersetzen, falls nicht der Tod oder die Körperverletzung durch ein Verschulden des Eisenbahnbetriebs-Unternehmers oder einer der im Eisenbahnbetrieb verwendeten Personen herbeigeführt worden ist[12]).

Art. 9. Der Reichskanzler ist ermächtigt, für Eisenbahnen mit schmalerer als der Normalspur, und für Eisenbahnen, bei welchen wegen ihrer untergeordneten Bedeutung das Bahnpolizei-Reglement für die Eisenbahnen Deutschlands nicht für anwendbar erachtet ist, die vorstehenden Verpflichtungen für die Zwecke des Postdienstes zu ermäßigen oder ganz zu erlassen[13]).

Art. 10[2]). Durch die von dem Reichskanzler, nach Anhörung der Reichs-Postverwaltung und des Reichs-Eisenbahn-Amts[5]), unter Zustimmung des Bundesraths[14]) zu erlassenden Vollzugsbestimmungen werden die näheren Anordnungen über die Ausführung der vorstehenden Leistungen, sowie über die Festsetzung und die Berechnung der Vergütung für die gegen Entgelt zu gewährenden Leistungen getroffen[15]).

Art. 11. Auf die bei Erlaß dieses Gesetzes bereits konzessionirten Eisenbahngesellschaften und deren zukünftig konzessionirte Erweiterungen durch Neubauten finden die vorstehenden Vorschriften insoweit Anwendung, als dies nach den Konzessionsurkunden zulässig ist. Im Uebrigen bewendet es für die Verbindlichkeiten der bereits konzessionirten Eisenbahngesellschaften bei den Bestimmungen der Konzessionsurkunden, und bleiben insbesondere in dieser Beziehung die bis dahin zur Anwendung gekommenen Vorschriften über den Umfang des Postzwanges und über die Verbindlichkeiten der Eisenbahnverwaltungen zu Leistungen für die Zwecke des Postdienstes maßgebend.

---

[12]) A. Art. 8 behandelt nur das Verh. zwischen Post- u. Eisenbahnverw., nicht auch die Ansprüche des Verletzten usw. diesen Verw. gegenüber RG **28** 89. Für die Entschäd. des Verletzten usw. wegen des durch den Unfall ihm erwachsenen Schadens war früher im allg. das HPfG maßgebend; was die EisVerw. auf Grund dieses G geleistet hatte, mußte ihr die PostVerw. ersetzen, wenn diese nicht den in Art. 8 oben bezeichn. Beweis führte. Seit dem Inkrafttreten des UnfallfürsG (III 5 d. W.) hat der Verletzte usw. die durch dieses G geregelten Ford. gegen die PostVerw. Ist zugleich eine EntschädPflicht der EisVerw. nach dem HPfG begründet, so geht der Anspruch, der nach dem HPfG dem Verletzten usw. zusteht, in Höhe der gemäß UnfallfürsG zu gewährenden Bezüge auf die Post über, jedoch nach UnfallfürsG § 12 nur dann, wenn die Vorauss. des Art. 8, nämlich Verschulden der EisVerw. oder ihrer Leute, vorliegt. Das Verh. zwischen PostVerw. u. EisVerw. regelt sich also folgendermaßen:

a) Ist — was die Post zu erweisen hat (RG EE **38** 38, wonach BGB § 831 nicht anwendbar ist) — der Unfall von der EisVerw. usw. verschuldet, so hat die Post gegen die Eis. den Anspruch auf Erstattung des gemäß dem UnfallfürsG Geleisteten, soweit nach dem HPfG diese Leistung der Eis. obliegen würde; was die Eis. darüber hinaus auf Grund des HPfG zu zahlen hat, bleibt zu ihren Lasten.

b) Andernfalls hat die Post ihrerseits keinen Erstattungsanspruch, wohl aber die Verpflichtung, der Eis. das von ihr nach dem HPfG Geleistete zu erstatten.

Ausführlich Schulz (Anm. 1) II 44ff.

B. Art. 8 bezieht sich nur auf Betriebsunfälle der im Dienste befindl. Postbeamten. RG **41** 273. — Oben III 5 § 12. — Rehse Arch **1912** 132. — Oben III 5 Anm. 32ff., namentl. 32 A I 2 a, bb — Aschenborn-Schneider (oben Anm. 1) S. 205 u. Fischer-Stäbler (ebda) S. 425 Anm. 1 nehmen an, daß Art. 8 auch f. Kleinbahnen gilt; das trifft m. E. nicht zu, weil das G überhaupt nicht auf Kleinb. anwendbar ist (oben Anm. 3). — Für Arbeiter der Reichspost gilt Art. 8 nicht; s. Schulz (Anm. 1) II 47f.

[13]) E 28. Mai 79 (Beil. B); an Stelle des Bahnpolizeireglements ist die BO getreten, die f. d. Nebenbahnen besondere Best enthält.

[14]) Die Anhörung des Bundes-, jetzt Reichsrats ist nicht mehr nötig. ReichspostfinanzG 18. März 24 RGBl I 287 § 15.

[15]) Vo 25. Juli 27 Beilage D.

Die bereits konzessionirten Eisenbahngesellschaften sind jedoch berechtigt, an Stelle der ihnen konzessionsmäßig obliegenden Verpflichtungen für die Zwecke des Postdienstes die durch das gegenwärtige Gesetz angeordneten Leistungen zu übernehmen.

Art. 12. (Abs. 1 Uebergangsbest. für Baden.)

Im Uebrigen kommen die Vorschriften dieses Gesetzes auf die im Eigenthum des Reichs oder eines Bundesstaates befindlichen, sowie auf die in das Eigenthum des Reichs oder eines Bundesstaates übergehenden Eisenbahnen mit dem Inkrafttreten dieses Gesetzes zur Anwendung.

Art. 13. Dieses Gesetz tritt mit dem 1. Januar 1876 in Kraft. Dasselbe findet auf Bayern und Württemberg keine Anwendung[16]).

Beilagen zum Eisenbahnpostgesetze.

Beilage A (zu Anmerkung 1).

Erlaß des Reichskanzlers betreffend Vollzugsbestimmungen zum Eisenbahn-Postgesetze vom 20. Dezember 1875. Vom 9. Februar 1876 (ZBl 87)[1]).

Auf Grund der Vorschrift im Artikel 10 des Gesetzes vom 20. Dezember 1875, betreffend die Abänderung des § 4 des Gesetzes über das Postwesen des Deutschen Reichs vom 28. Oktober 1871, werden nach erfolgter Anhörung der Reichs-Postverwaltung und des Reichs-Eisenbahn-Amts, unter Zustimmung des Bundesraths nachstehende Vollzugsbestimmungen erlassen:

I. Zu Art. 1 des Gesetzes. Die Entwürfe zu den Eisenbahnfahrplänen für die Personenbeförderung, sowie für diejenigen Güterzüge, welche nach Verständigung zwischen der Postverwaltung und der Eisenbahnverwaltung zur Beförderung von Postpäckereien benutzt werden sollen, sind der ersteren zur Wahrung ihrer Interessen rechtzeitig mitzutheilen. Die Feststellung der Fahrpläne geschieht unter Mitwirkung der Postverwaltung.

Die festgestellten Fahrpläne sind von den Eisenbahnverwaltungen ohne Verzug der Postverwaltung[2]) mitzutheilen, welche diejenigen einzelnen Züge bezeichnet, die sie zur Postbeförderung benutzen wird.

II. Zu Art. 2. 1. Die Bezeichnung eines Zuges als Eil-, Schnell- oder Kurierzug reicht an sich nicht aus, um die Postpäckereien von der Beförderung mit demselben völlig auszuschließen.

2. Die Zahl der Postbeamten, welche zur Begleitung der Postsendungen sowie zur Verrichtung des Dienstes unterwegs bei jedem Zuge regelmäßig mitgehen sollen, wird von der Postverwaltung bestimmt und der Eisenbahnverwaltung mitgetheilt. Muß diese Zahl in einzelnen Fällen überschritten werden, so sind die außergewöhnlich mitreisenden Postbeamten seitens der Postverwaltung mit besonderen, auf die einzelnen Fahrten lautenden Legitimationskarten zu versehen.

[3]) 3. Außer dem unter Nr. 2 gedachten Postbegleitungspersonal dürfen nur der jedesmalige Vorsteher desjenigen Postamts, welchem der Betrieb auf der Route zugewiesen ist, ferner die Post-Aufsichtsbeamten und solche Personen zur Mitbeförderung in den Postwagen oder Wagenabtheilungen zugelassen werden, welche aus postdienstlichen Gründen vom Postamts-Vorsteher des Kurses oder von dessen vorgesetzter Behörde hierzu mit Erlaubnißscheinen versehen sind. Personen, welche außer dem Postbegleitungspersonal (Nr. 2) in den Postwagen oder Postwagenabtheilungen mitreisen, müssen das Personengeld für die zweite Wagenklasse des betreffenden Zuges, und sofern dieser nur Wagen erster Klasse führt, das Fahrgeld erster Klasse entrichten. Die Eisenbahnverwaltung ist befugt, darüber zu wachen, daß eine mißbräuchliche Personenbeförderung in den Postwagen und Wagenabtheilungen nicht stattfinde.

4. Die Fracht für Beförderung zahlungspflichtiger Postsendungen wird, wie folgt, berechnet[4]).

Für einen Zeitraum von vierzehn Tagen wird ermittelt, wie viele Poststücke (mit Ausnahme der Briefpostsendungen, Zeitungen und Gelder) im Einzelgewicht von mehr als 10 Kilogramm mit jedem Zuge von jeder Station bis zur nächstfolgenden befördert worden sind, und wieviel das Gewicht dieser zahlungspflichtigen Poststücke von Station zu Station betragen hat. Diese Ermittelung wird durch die Postverwaltung bewirkt, und zwar abwechselnd für die ersten und für die letzten vierzehn Tage des Monats Mai jeden Jahres. Der Eisenbahnverwaltung steht die Mitwirkung bei der Ermittelung frei.

Die ermittelte Gesammt-Gewichtssumme der zahlungspflichtigen Postsendungen, welche zwischen je zwei Stationen befördert worden sind, wird mit der Kilometerzahl der Stationsentfernung vervielfältigt, und die gefundenen Summen werden zur Gewinnung einer Gewichtszahl in Kilogrammen für das Kilometer der Bahnlänge zusammengerechnet.

Die so gewonnene Gewichtssumme wird auf Achskilometer zurückgeführt, indem je 1000 Kilogramm-Kilometer auf das Achskilometer gerechnet, überschießende Gewichtsbeträge bis zu 500 Kilogramm-Kilometern außer Ansatz gelassen, größere Beträge aber je als eine volle Achse angesetzt werden.

[16]) Gestrichen: G 19. Mai 21 RGBl 711. Durch die mit G 27. April 20 RGBl 643 verkündeten Staatsverträge sind die Posten Bayerns u. Württembergs auf das Reich übergegangen.

[1]) Ziff. II 4 u. III 2 in der Fassung des E 24. Dez. 81 (ZBl 82 S. 4). — Die für die StEB erlassenen Ausf.-Vorschr. sind in FinanzO Teil XII (Ausg. 02) S. 225ff., 263ff. aufgenommen. — Schulz (oben IX 2 Anm. 1). — Privateisenbahnen Beil. D.

[2]) Nachw. der Oberpostdirektionen, mit denen ein unmittelbarer Verkehr der EisBehörden bei der Fahrplanfeststellung stattzufinden hat, EVBl 81 S. 145 u. E 3. u. 21. Juli 95 (EVBl 512 u. 534).

[3]) Reichsbahn: Begleitpersonal Beil. C § 4a 1, 2, sonstiges Personal das. § 4a 3 u. E 1. Mai 23 RVBl 193.

[4]) Reichsbahn Beil. C § 3.

Die Frachtvergütung wird nach dem Satze von 0,20 M. für das Achskilometer berechnet. Durch Vervielfältigung der hiernach gefundenen Vergütungssumme mit der Zahl 26 ergiebt sich die von der Post- an die Eisenbahnverwaltung in monatlichen Theilbeträgen zu zahlende Frachtvergütung für das laufende Rechnungsjahr.

Für die Stationslänge kommt die wirklich ausgemessene Entfernung (nicht die zu Tarifzwecken abgerundete Kilometerzahl) mit der Maßgabe zur Anwendung, daß Entfernungen unter 0,50 Kilometer nicht in Rechnung gesetzt, Entfernungen von 0,50 bis 0,99 Kilometer dagegen für ein volles Kilometer gerechnet werden.

Anderweite Festsetzungen der Frachtvergütungen können im Laufe eines Rechnungsjahres nur dann verlangt werden, wenn in der Benutzung der Bahn zu Zwecken des Postdienstes erhebliche Veränderungen eingetreten sind.

Bei Eröffnung neuer Strecken schon bestehender Bahnen kann die Ermittelung im beiderseitigen Einverständnisse in der Art bewirkt werden, daß nur für die neueröffnete Strecke die Zahl der Kilogramm-Kilometer berechnet, diese Zahl der Zahl der Kilogramm-Kilometer für die übrigen Bahnstrecken hinzugerechnet und solchergestalt die Zahl der zu vergütenden Achskilometer neu berechnet wird.

Bei neu angelegten Bahnen wird sich die Postverwaltung mit der Eisenbahnverwaltung über den Zeitpunkt der Ermittelung für das Rechnungsjahr, in welchem die Betriebseröffnung erfolgt, in jedem einzelnen Falle verständigen.

[5]) III. Zu Art. 3. 1. Der Einstellung vereinigter Post- und Eisenbahnwagen muß eine Verständigung zwischen der Post- und Eisenbahnverwaltung über die Größe und die Einrichtung der für die Post zu bestimmenden Räume, sowie über die Zahl und Gattung von Eisenbahnwagen, in welchen diese Räume herzustellen sind, vorhergehen.

2. Sofern die innere Ausstattung der für Postzwecke bestimmten Abtheilung und deren demnächstige Wiederentfernung in einer Werkstatt der betreffenden Eisenbahnverwaltung erfolgt, können

a) die verwendeten Materialien mit dem Selbstkostenpreise und

b) die Arbeitslöhne mit dem wirklich aufgewendeten Betrage

in Rechnung gestellt werden. Außer Ansatz bleiben Brennmaterialien, Nägel, kleine Schrauben und sonstige geringfügige Artikel, sowie Ausgaben für die in den Werkstätten zu allgemeinen Verrichtungen verwendeten Bediensteten und Arbeiter. Für die hiernach nicht liquidirten Leistungen soll

c) ein Aufschlag von 100 Prozent der berechneten Arbeitslöhne (unter b)

zum Ansatz kommen.

3. Für die Benutzung der fraglichen Räume zahlt die Postverwaltung eine Miethe, welche, so lange das seit dem 1. Mai 1875 gültige Regulativ für die gegenseitige Wagenbenutzung im Bereiche der deutschen Eisenbahnen Anwendung behält, bei Verwendung von Güter- oder Gepäckwagen an Laufmiethe 0,01 M. für den Kilometer und an Zeitmiethe 1 M. für den Tag, bei Verwendung von Personenwagen aber an Laufmiethe 0,02 M. für den Kilometer und an Zeitmiethe 2 M. für den Tag mit der Maßgabe beträgt, daß die hiernach für den ganzen Wagen zu berechnende Vergütung auf die Postabtheilung nach dem Verhältniß der Länge derselben zur Wagenlänge berechnet wird. Die Zeitmiethe wird für so viele Wagen, einschließlich der erforderlichen Reservewagen entrichtet, als nach der zwischen der Post- und Eisenbahnverwaltung gemäß Nr. 1 getroffenen Verabredung für den regelmäßigen Postverkehr auf den Strecken der Eisenbahnverwaltung wirklich eingerichtet sind.

In dieser Miethe sind die Kosten für die Unterhaltung, für das jedesmalige Ein- und Ausrangiren der betreffenden Wagen in die Züge und aus den Zügen, für die äußere Reinigung und für das Schmieren mitbegriffen. Für die innere Reinigung, sowie für die etwaige Heizung und innere Erleuchtung hat die Postverwaltung für eigene Rechnung zu sorgen.

Soweit die Wagen auf den Bahnen verschiedener Eisenbahnverwaltungen durchbenutzt werden, tritt die Postverwaltung über die zu zahlende Miethe nur mit einer Eisenbahnverwaltung in Abrechnung.

[6]) IV. Zu Art. 5. 1. Die außergewöhnlichen Transportmittel sind bei der Eisenbahnverwaltung schriftlich zu bestellen. Die Bestellung muß möglichst zeitig vor der bestimmten Abfahrtszeit der Züge geschehen.

2. Die für die Hergabe und Beförderung außerordentlicher Transportmittel von der Postverwaltung zu zahlenden Vergütungen betragen für den Achskilometer:

a) für Postwagen . . . . 0,08 M.

b) für Güterwagen oder Abtheilungen von Personenwagen . . . . 0,10 M.

In den vorstehenden Sätzen sind die Vergütungen für das Ein- und Ausrangiren der betreffenden Wagen in die Züge und aus denselben, ferner die Vergütungen für Reinigung und Schmieren der Wagen, sowie für die Zurückschaffung der der Eisenbahnverwaltung gehörigen außerordentlichen Transportmittel mitbegriffen.

Für die etwaige Heizung und innere Erleuchtung der gestellten Wagenräume sorgt die Postverwaltung für eigene Rechnung.

3. Die Postverwaltung darf verlangen, daß ihr die Benutzung der für sie auf einer Eisenbahn gestellten außerordentlichen Transportmittel, namentlich der Eisenbahn-Güter- und der Postwagen, auch über den Bereich dieser Bahn hinaus, und zwar insoweit gestattet werde, als im Eisenbahndienste selbst eine Durchbenutzung der Wagen auf anschließenden Bahnen stattfinden kann, und als außerdem eine Umladung der Postgüter an den Übergangspunkten nicht ohne Beeinträchtigung des regelmäßigen Ganges der Postgüter zu bewirken sein würde.

Die Zahlung der Hergabe- und Beförderungsvergütungen findet der Regel nach an jede Eisenbahnverwaltung, auf deren Bahn außerordentliche Transportmittel benutzt worden sind, zum vollen Betrage und ohne Rücksicht darauf statt, ob die benutzten Wagen erst auf der betreffenden Bahn eingestellt, oder schon von weiterher durchgenommen worden sind. Jede Eisenbahnverwaltung, deren Wagen über den Bereich ihrer Bahn hinaus benutzt

---

[5]) Reichsbahn Beil. C §§ 1, 3, § 4 a 1, § 4 b 1—4 u. 14.

[6]) Reichsbahn Beil. C § 2, § 4 a 1, b 1—4.

werden, hat sich daher wegen der ihr für die Weiterbeförderung zustehenden Miethe mit denjenigen Bahnverwaltungen unmittelbar zu berechnen, auf deren Bahnen die Wagen weitergegangen sind.

4. Die Überweisung von Postsendungen an die Eisenbahnverwaltung soll sich vorzugsweise auf Poststücke von größerem Umfang und Gewicht beschränken. Die Überweisung geschieht mittelst doppelt ausgefertigter Versendungsscheine, von denen die Eisenbahnverwaltung ein Exemplar mit der Quittung über den Empfang der einzeln verzeichneten Stücke zurückgiebt, während sie das andere Exemplar zurückbehält.

Für jede Ablieferungsstation müssen besondere Versendungsscheine vorhanden sein. Die Überweisung muß so frühzeitig erfolgen, daß die Verladung in die Eisenbahnwagen vor Abgang des Zuges mit Ordnung bewirkt werden kann. Ist zur Verladung genügende Zeit vorhanden, worüber der Eisenbahn-Stationsvorsteher in Differenzfällen entscheidet, so darf seitens der Eisenbahn die Mitbeförderung mit dem betreffenden Zuge nicht versagt werden. Bei der Ablieferungsstation ist es Sache der Post, die Gegenstände von der Eisenbahnverwaltung wieder abzufordern. Dabei wird von der Post in dem, in den Händen der Eisenbahnbeamten befindlichen Exemplare des Versendungsscheins Gegenquittung geleistet. Auf Grund des Versendungsscheins zahlt die Postverwaltung die tarifmäßige Eilfrachtgebühr nach dem von der Eisenbahnverwaltung ermittelten Gesammtgewichte, wobei die Sendungen nach jeder Ablieferungsstation besonders tarifirt werden.

[7]) V. Zu Art. 6. 1. Den Bau der Postwagen vermittelt bei den Staatsbahnen die betreffende Eisenbahndirektion, bei Privatbahnen die zunächst die Aufsicht führende Behörde.

2. Die zum Gebrauche auf einer Eisenbahn bestimmten Postwagen werden der Eisenbahnverwaltung überwiesen. Letztere hat die Verpflichtung, für den fortgesetzt betriebsfähigen Zustand der überwiesenen Postwagen und überhaupt dafür, daß dieselben in guter Beschaffenheit bleiben, in gleichem Maße und in gleicher Weise zu sorgen, wie ihr diese Sorge hinsichtlich der eigenen Wagen obliegt. Auch die Beschaffung der erforderliechen Reservestücke zu den Eisenbahn-Postwagen wird von der betreffenden Eisenbahnverwaltung für Rechnung der Postverwaltung besorgt. Übersteigt jedoch der Kostenaufwand für neue Reservestücke im Einzelfalle den Betrag von 1500 Mark, so ist zuvor eine Verständigung mit der Postverwaltung erforderlich. Die Eisenbahnverwaltung sorgt ferner für das Einrangiren der Postwagen in die einzelnen Züge, sowie dafür, daß die Postverwaltung in jedem Zuge, bei welchem ein Postwagen mitgehen muß, solchen rechtzeitig vorfinde. Dagegen kann sie verlangen, daß ihr eine so große Anzahl von Postwagen überwiesen werde, als nach den für den Eisenbahnbetrieb bestehenden Grundsätzen zur Deckung des Bedarfs erforderlich ist[8]).

3. Sind Postwagen zum durchlaufenden Gebrauch auf mehreren, unmittelbar aneinander schließenden Eisenbahnen zugleich bestimmt, so werden dieselben der Verwaltung einer dieser Bahnen überwiesen. Letztere übernimmt alsdann, was die Unterhaltung der Postwagen in Reparatur betrifft, die vorstehende Verpflichtung für die Ausdehnung des Kurses, und hat sich über die Art und Weise, in der die Verwaltungen der übrigen Bahnen hierbei mitzuwirken haben, mit diesen zu verständigen. Für das Einrangiren der Postwagen in die Züge, sowie für die Unterstellung der Reservewagen, und für die Auf- und Unterstellung der im regelmäßigen Gebrauch befindlichen Wagen an den Endstationen hat jede Verwaltung an ihrem Theile zu sorgen.

4[9]). Die Eisenbahnverwaltung läßt die nothwendig werdenden Revisionen der ihr überwiesenen Eisenbahn-Postwagen und die an den Eisenbahn-Postwagen auszuführenden Reparaturen in ihren eigenen oder sonst dazu geeigneten Werkstätten besorgen und empfängt dafür von der Postverwaltung die Selbstkosten zurück, welche nach den Grundsätzen der Vollzugsbestimmungen zu Artikel 3 berechnet werden können.

Die betreffenden Liquidationen müssen mit Attesten über die Nothwendigkeit und zweckmäßige Ausführung der Revisionen und Reparaturen und über die Angemessenheit der Preise versehen sein. Das bei Reparatur der Eisenbahn-Postwagen etwa entbehrlich gewordene alte Material wird von der Eisenbahnverwaltung entweder nach dem Gebrauchswerthe vergütet, oder in der Weise in Rechnung gestellt, daß der Erlös aus dem Verkaufe von dem Betrage der Liquidation abgezogen wird. In beiden Fällen genügt zur Begründung des Betrages die einfache Bescheinigung der Eisenbahnverwaltung.

5. Die für die äußere Reinigung und das Schmieren der Postwagen nach Maßgabe der Selbstkosten zu bemessende Entschädigung wird in einer Gesammtvergütung entrichtet, welche für den laufenden Achskilometer 0,20 Pfennig beträgt.

Für die Reinigung im Innern der Wagen, sowie für deren innere Erleuchtung und Heizung sorgt die Postverwaltung auf ihre eigene Rechnung.

Für die Aufstellung der nicht im regelmäßigen Dienst befindlichen Postwagen auf den Bahnhöfen im Freien hat die Postverwaltung eine Vergütung von 0,11 M. für den Tag und den Wagen, für die etwaige Unterstellung von Postwagen in gedeckten Räumen eine Vergütung von 0,55 M. für den Tag und den Wagen zu entrichten.

Für jedes durch den Betrieb bedingte Ein- und Ausrangiren von Postwagen oder Umstellen von im Zuge verbleibenden Postwagen hat die Postverwaltung als den Selbstkosten entsprechend den Betrag von 1 M. zu entrichten.

Verschiebungen der Postwagen mit dem Zuge, sowie das Umsetzen von Postwagen, welche sich in auf der Fahrt begriffenen Zügen befinden, werden als zu vergütende Rangirbewegungen nicht betrachtet.

6. Die im regelmäßigen Gebrauche befindlichen Postwagen können während des Stilllagers an den Endstationen im Freien stehen bleiben, sofern nicht Gelegenheit zur Unterstellung vorhanden ist, oder die vorhandene Gelegenheit für Eisenbahnwagen nicht benutzt wird. Reserve-Postwagen müssen für die Zeit des Nichtgebrauchs, soweit thunlich, in Remisen trocken untergestellt werden.

---

[7]) Reichsbahn Beil. C § 1, § 4b. Unterhaltung der Bahnpostwagen: Vf 48. 480p 79 v. 14. Juni 27. Ausführlich Schulz (oben IX 1 Anm. 1) II 57ff.

[8]) Vf 21. 7552 v. 11. Jan. 27.

[9]) Radsätze der Postwagen Vf 36 D 17969 v. 26. Jan. 28; Schulz II 24. Bremsschläuche Schulz II 25.

7. Für die Beförderung von zu Postdienstzwecken nicht benutzten zurückgehenden Postwagen wird eine Frachtgebühr nicht gezahlt, wenn die Eisenbahnverwaltung dieselben, was ihr freisteht, für ihre Zwecke benutzt.

8. Die im Gesetz Artikel 6 Absatz 5 bestimmte Vergütung tritt auch in allen denjenigen Fällen ein, wo ausnahmsweise an Stelle der regelmäßig mitgehenden Postwagen Eisenbahnwagen hergegeben werden.

VI. Zu Art. 7. 1. Bei Aufstellung der Bauprojekte zu den im Artikel 7 bezeichneten Neu-Anlagen oder Veränderungen ist der Postverwaltung rechtzeitig Gelegenheit zu geben, ihr Bedürfniß an Dienst- und Dienstwohnungsräumen anzumelden.

Die Genehmigung des Bauplans steht der Eisenbahn-Aufsichtsbehörde zu. In Ermangelung einer Verständigung zwischen Post- und Eisenbahnverwaltung darüber, ob die von der Post verlangten Diensträume oder besonderenbaulichen Anlagen durch den Eisenbahnbetrieb bedingt sind, und ob die Eisenbahnverwaltung zur miethweisen Beschaffung von Dienstwohnungsräumen anzuhalten ist, sowie endlich über die Lage und Einrichtung der Postdiensträume entscheidet der Bundesrath nach Maßgabe der Bestimmungen im Artikel 1 des Gesetzes.

2. Die von der Eisenbahnverwaltung beschafften Postdienst- bezw. Dienstwohnungsräume sind der Postverwaltung in einem zur beabsichtigten Verwendung geeigneten, gebrauchsfähigen Zustande zu übergeben.

3. Die bauliche Unterhaltung der der Post überwiesenen Räumlichkeiten geschieht von Seiten und für Rechnung der Eisenbahnverwaltung. Zur baulichen Unterhaltung ist hierbei jedoch die Ausführung solcher Reparaturen usw. nicht zu rechnen, welche nach den in dem betreffenden Staate geltenden Bestimmungen über die Unterhaltung von Dienstwohnungen der Staatsbeamten, für Rechnung der Inhaber auszuführen sind. Zwar hat die Eisenbahnverwaltung auch bei Reparaturen dieser Art auf Verlangen der Postverwaltung die Vermittelung zu übernehmen; die Kosten sind aber der Postverwaltung in Rechnung zu stellen.

4. Für die Beschaffung und Unterhaltung der Postdienst- bezw. Dienstwohnungsräume zahlt die Postverwaltung an die Eisenbahnverwaltung eine jährliche Miethsvergütung von sieben Prozent des Baukapitals[10]).

Als Baukapital gilt der Betrag der Herstellungskosten einschließlich des Preises für den Grund und Boden.

Bei Gebäuden, welche ausschließlich von der Postverwaltung benutzt werden, wird das Baukapital ungetheilt zur Berechnung gezogen.

Bei solchen Gebäuden dagegen, in denen die Postverwaltung nur einen Theil der vorhandenen Räumlichkeiten benutzt, wird derjenige Theil des Baukapitals des ganzen Gebäudes in Ansatz gebracht, welcher auf die von der Postverwaltung benutzten Räumlichkeiten nach dem Verhältniß des Raumes derselben zu dem Raume des ganzen Gebäudes entfällt, und ist dabei der Bauwerth der gemeinschaftlich benutzten Flure, Treppen und Bodenräume auf die Eisenbahn- und auf die Postverwaltung nach dem Verhältniß des von jeder Verwaltung benutzten Raumes zu vertheilen. Unter dem Ausdrucke „Raum des ganzen Gebäudes" ist die Summe des quadratischen Inhalts der lichten Räume sämmtlicher Etagen unter Hinzurechnung des Bodenraumes zu verstehen. Von dieser Gesammtsumme ist vorweg die Summe der auf die gemeinschaftlich benutzten Flur-, Treppen- und Bodenräume fallenden Quadratmeter in Abzug zu bringen, so daß es also in bezug auf jene gemeinschaftlich benutzten Räume einer besonderen Repartition nicht bedarf.

5. Die Reinigung, Erleuchtung und Heizung der zu dienstlichen Zwecken benutzten Räume liegt derjenigen Verwaltung ob, welche die Räume benutzt. Die Reinigung, Erleuchtung und Heizung der gemeinschaftlich zu dienstlichen Zwecken benutzten Räume besorgt die Eisenbahnverwaltung gegen Erstattung der Hälfte eines zu berechnenden Kostenpauschquantums.

Für die Reinigung und Erleuchtung der für Dienstzwecke gemeinschaftlich benutzten Flure und Treppen werden nur die im Interesse des Postdienstes etwa entstehenden besonderen Aufwendungen von der Postverwaltung erstattet.

Die Reinigung und Erleuchtung der Flure und Treppen der Dienstwohnungsräume der Postbeamten liegt der Eisenbahnverwaltung nicht ob.

6. Die für die Eisenbahnreisenden bestimmten Wartesäle können auch von den Postreisenden benutzt werden, und zwar unter denjenigen Bedingungen bezüglich des Aufenthalts in denselben, welche für die Benutzung der Wartesäle durch die Eisenbahnreisenden allgemein vorgeschrieben sind. Soweit den Eisenbahnen durch die Aufnahme der Postreisenden in den Wartesälen der Eisenbahn nachweisliche Mehrkosten entstehen, sind dieselben von der Postverwaltung zu erstatten.

7. Die Stellen, wo Postschilder und Briefkasten anzubringen sind, werden von der Postverwaltung nach vorheriger Verständigung mit der Eisenbahnverwaltung bestimmt.

8. Über die Baupläne für die besonderen Postgebäude auf den Bahnhöfen, sowie darüber, ob die Ausführung des Baues für Rechnung der Postkasse von der Eisenbahnverwaltung zu übernehmen ist, werden sich die Postverwaltung und die Eisenbahnverwaltung in jedem Einzelfall verständigen.

9. Wenn die Eisenbahnverwaltung Veränderungen der Bahnhofsanlage vornehmen will, durch welche die zweckentsprechende Benutzung der Postlokalitäten unthunlich gemacht wird, so ist die Postverwaltung berechtigt, die letzteren zurückzugeben und nach Maßgabe der Festsetzungen im Artikel 7 die Zuweisung anderer zweckentsprechender Räumlichkeiten in Anspruch zu nehmen. Meinungsverschiedenheiten darüber, ob ein solcher Fall vorliegt, werden auf dem im Artikel 1 des Gesetzes vorgeschriebenen Wege erledigt.

---

[10]) Für die Reichsbahn ist ein höherer Satz vereinbart, der von Zeit zu Zeit neu festgestellt wird. Schulz (oben IX 2 Anm. 1 A) I 27ff. II 1ff. — Über die Mietvergütung für Tunnel-, Aufzugs- und Brückenanlagen der Reichsbahn, die die Post benutzt, besteht eine besond. Vereinb. 23. Feb. 26 (Schulz II 71); auch hier werden die Sätze periodisch neu ermittelt. Weiteres Schulz II 6ff.

VII. Zu Art. 8. Ersatzansprüche, welche wegen einer bei dem Betriebe einer Eisenbahn erfolgten Tödtung oder Verletzung eines im Dienst befindlichen Postbeamten erhoben werden, wird die betreffende Eisenbahnverwaltung alsbald zur Kenntniß der Postverwaltung bringen[11]).

Werden solche Ersatzansprüche im Wege des Prozesses verfolgt, so wird die Eisenbahnverwaltung nach Zustellung der Klage eine Abschrift derselben der Postverwaltung mittheilen.

Die Mittheilung erfolgt in beiden Fällen an diejenige Kaiserliche Oberpostdirektion, in deren Bezirk der Unfall sich ereignet hat.

VIII. Zu Art. 10. Allgemeine Bestimmungen.

[12]) 1. Die Beamten der beiderseitigen Verwaltungen sind verpflichtet, bei Wahrnehmung ihres Dienstes dergestalt Hand in Hand zu gehen, daß das Interesse beider Verwaltungen nach Möglichkeit gefördert, Nachtheil für die eine oder die andere Verwaltung aber vermieden wird. Soweit solches mit den Interessen der eigenen Verwaltung verträglich erscheint, müssen die Beamten in allen Vorkommnissen des Dienstes den Wünschen der Beamten der anderen Verwaltung sich willfährig beweisen.

2. Den Anordnungen, welche zur Aufrechterhaltung der Ordnung auf den Bahnhöfen, der Regelmäßigkeit und Sicherheit im Gange der Eisenbahnzüge, sowie auf Grund bahnpolizeilicher Vorschriften von der Eisenbahnverwaltung oder von den mit der Ausübung der Bahnpolizei betrauten Eisenbahnbeamten[13]) getroffen werden, sind auch die Postbeamten nachzukommen verbunden.

Bei Erlaß der bezüglichen Anordnungen ist eine Beschränkung und Erschwerung des Postverkehrs thunlichst zu vermeiden. Insbesondere ist zu jeder Zeit, wo solches im Postinteresse nothwendig erscheint, der Zugang zu den auf den Bahnhöfen befindlichen Postbüreaus offen zu erhalten; auch muß zur Zeit der Ankunft, der Abfahrt und des Durchganges der Züge den diensthuenden Postbeamten der Zutritt zu den Perrons gestattet werden[14]), imgleichen auch dem die Briefkasten an den Postwagen benutzenden Publikum[15]), insofern nicht die Eisenbahnverwaltung aus besonderen Gründen das Betreten des Perrons zu beschränken genöthigt ist und diese Gründe von der Eisenbahnaufsichtsbehörde gebilligt werden. Den anschließenden Posten ist das Aufstellen an den Bahnhöfen an geeigneten Stellen, soweit solche vorhanden sind, zu gestatten.

Die Plätze, wo das Ein- und Ausladen der Postgüter in die und aus den Eisenbahn-Postwagen zu geschehen hat, sind mit Rücksicht auf die Stelle, die der Postwagen im Zuge einnimmt, möglichst ein- für allemal zu bestimmen. Die Plätze sind, wo dies thunlich erscheint, so zu wählen, daß sie dem Andrange des Publikums nicht ausgesetzt sind. Müssen dieselben im ausschließlichen Interesse des Postdienstes Nachts erleuchtet werden, so trägt die Postverwaltung die Kosten.

3. Die Postbeamten sind verbunden, alle Vorsicht anzuwenden, um Unglücksfälle unterwegs zu vermeiden. Es bezieht sich dies nicht allein auf das Umgehen mit Feuer und Licht, auf das Schließen und Öffnen der Wagenthüren usw., sondern ganz besonders auch auf die Art des Verladens der Postgüter. Die einzelnen Achsen der Postwagen müssen möglichst gleichmäßig belastet, jede Überlastung aber muß sorgfältig vermieden werden. Nimmt der Eisenbahn-Stationsvorsteher eine Überlastung des ganzen Wagens oder eines Theiles desselben wahr, so ist er berechtigt und verpflichtet, sofortige Beseitigung dieses Übelstandes zu verlangen.

Sobald die Postbeamten, von welchen Eisenbahn-Posttransporte begleitet werden, unterwegs eine Schadhaftigkeit an den Postwagen wahrnehmen, haben sie davon in geeigneter Art den Eisenbahnbeamten Nachricht zu geben.

[16]) 4. Werden an Eisenbahnhaltestellen, wo besondere Postanstalten sich nicht befinden, von der Postverwaltung Briefkasten aufgestellt, so wird die Eisenbahnverwaltung, soweit dies ohne Beeinträchtigung der Sicherheit des Betriebes zulässig ist, nach Verständigung mit der Postverwaltung den Eisenbahnbeamten, welchem die Wahrnehmung des Dienstes an der Haltestelle obliegt, verpflichten, sich der Beaufsichtigung des Briefkastens zu unterziehen, denselben kurz vor Durchgang jedes Zuges zu eröffnen und die darin befindlichen Briefe den Postbeamten, welche die Züge begleiten, während des Anhaltens derselben zu übergeben.

Unter den gleichen Voraussetzungen wird die Eisenbahnverwaltung den Eisenbahnbeamten einer solchen Haltestelle auch beauftragen, die Auswechselung verschlossener Brieftaschen oder Briefpakete zwischen Postanstalten und solchen Personen, welche in der Nähe der Haltestelle wohnen, zu vermitteln.

5. Die Eisenbahn-Stationsvorsteher sind verpflichtet, den Vorstehern der Orts-Postanstalten von allen Störungen im Eisenbahnbetriebe, welche auf den Postdienst von Einfluß sein können, sowie von der erfolgten Beseitigung solcher Störungen, unverzüglich Mittheilung zu machen.

6. Bei Betriebsstörungen, welche die Weiterbeförderung des Postwagens nicht gestatten, sind die Briefpost und die Zeitungen, soweit der Fortschaffung derselben nicht unüberwindliche Hindernisse entgegenstehen, mit dem nächsten abgehenden Zuge weiter zu befördern. Bei gänzlicher Hemmung der Passage auf der Eisenbahn ist es Sache der Postverwaltung, für die Beförderung der Postsendungen durch Postbetriebsmittel zu sorgen[17]).

[18]) 7. Jede Eisenbahnverwaltung tritt in Bezug auf ihre gesammten Forderungen an die Postverwaltung in der Regel mit nur einer Ober-Postdirektion, und zwar mit derjenigen in Abrechnung, in deren Bezirk der Ort be-

---

[11]) Die Unfalluntersuchung erfolgt durch die EisVerw., welche die PostVerw. nach Best des E 13. Nov. 88 (EVBl 396) zu beteiligen hat. S. auch E 23. Dez. 21 RVBl 532.

[12]) Reichsbahn Beil. C § 6.

[13]) RG Straff. **44** 374.

[14]) Erlaubniskarten zum Betreten der Bahnanlagen E 18. Mai 78 EVBl 161, 23. Mai 95 EVBl 392, 7. Dez. 00 ENBl 609; geändert und auf das ganze Reichsgebiet ausgedehnt Vf 46 BapK 2 v. 21. Jan. 28 (mit Best wegen der Haftung f. Unfälle). Ausführlich Schulz (oben IX 2 Anm. 1) II 35ff. S. auch oben VI 3 Anm. 54f.

[15]) Haftung für Zugänglichkeit der Briefkasten RG VZ **07** 165.

[16]) Reichsbahn Beil. C § 4b Ziff. 10, 11.

[17]) E 29. Jan. 84 EVBl 101.

[18]) Reichsbahn Beil. C § 3 Abs. 7.

legen ist, an welchem die Eisenbahnverwaltung ihren Sitz hat. Die Abrechnungen sind vierteljährlich von der Eisenbahnverwaltung aufzustellen. Die Zahlung der Beträge erfolgt, sobald die Abrechnung von der Ober-Postdirektion geprüft und festgestellt worden ist, kostenfrei aus der Ober-Postkasse.

Beilage B (zu Anmerkung 10).

Bestimmungen des Reichskanzlers, betreffend die Verpflichtungen der Eisenbahnen untergeordneter Bedeutung zu Leistungen für die Zwecke des Postdienstes. Vom 28. Mai 1879 (ZBl. 380).

I. Die Verpflichtungen der fortan auf Kosten des Reichs oder eines Bundesstaats oder im Wege der Privatunternehmung zur Anlage kommenden Eisenbahnen untergeordneter Bedeutung[a]) zu Leistungen für die Zwecke des Postdienstes regeln sich nach dem ... Gesetze vom 20. Dezember 1875 und den dazu gehörigen Vollzugsbestimmungen, jedoch mit der Erleichterung, daß für die Zeit bis zum Ablauf von acht Jahren, vom Beginn des auf die Betriebseröffnung folgenden Kalenderjahres, an Stelle der Art. 2, 3 und 4 des vorbezogenen Gesetzes die nachstehenden Bestimmungen treten:

Die Bahnverwaltung ist verpflichtet, in jedem für den regelmäßigen Beförderungsdienst bestimmten Zuge auf Verlangen und nach freier Wahl der Reichs-Postverwaltung:

[b]) 1. die Beförderung der Postsendungen durch die Vermittlung des Zugpersonals bewirken zu lassen, wofür die Postverwaltung eine Vergütung von einem Pfennig für den Zentner und den Kilometer der Beförderungsstrecke nach dem monatlichen Gesammtgewicht der von Station zu Station beförderten Poststücke, jedoch mit Ausschluß der unentgeltlich zu befördernden Briefbeutel, Brief- und Zeitungs-Packete, entrichtet. Die Postverwaltung wird dafür sorgen, daß die Poststücke thunlichst in Säcken oder Körben zusammengepackt zur Bahnbeförderung übergeben werden;

2. Briefbeutel, sowie Brief- und Zeitungs-Packete mit Ausschluß anderer Postsendungen zur Beförderung durch das Zugpersonal gegen eine Entschädigung von fünfundzwanzig Pfennigen für jeden in dieser Weise benutzten Zug zu übernehmen;

3. die Beförderung von Briefbeuteln, sowie Brief- und Zeitungs-Packeten durch einen Postbeamten zu gestatten, welchem der erforderliche Platz in einem Personenwagen dritter Klasse gegen Entrichtung eines Fahrgeldes von zwei Pfennigen für den Kilometer einzuräumen ist;

4. eine Abtheilung eines Eisenbahnwagens zur Beförderung der Postsendungen, des Postbegleitpersonals und der erforderlichen Postdienstgeräthe gegen die in Art. 3 bezw. 6 des Eisenbahn-Postgesetzes und den dazu gehörigen Vollzugsbestimmungen festgesetzte Entschädigung und gegen Entrichtung einer Frachtvergütung von einem halben Pfennig für den Zentner und Kilometer nach dem gemäß der Bestimmung zu 1 zu ermittelnden Gesammtgewichte der Poststücke einzuräumen. Die Entscheidung darüber, ob die Wagenabtheilung in einem Personen- oder in einem Güterwagen einzurichten ist, steht der Postverwaltung zu;

5. einen von der Postverwaltung gestellten Eisenbahn-Postwagen mit den darin befindlichen Postsendungen, dem Postbegleitpersonal und den erforderlichen Postdienstgeräthen gegen Entrichtung einer Frachtvergütung von einem halben Pfennig für den Zentner und Kilometer nach dem gemäß der Bestimmung zu 1 zu ermittelnden Gesammtgewichte der Poststücke zu befördern.

Sofern innerhalb des vorbezeichneten Zeitraums in den Verhältnissen der Bahn in Folge von Erweiterungen des Unternehmens oder durch den Anschluß an andere Bahnen oder aus anderen Gründen eine Änderung eintreten sollte, durch welche nach der Entscheidung der obersten Reichs-Aufsichtsbehörde die Bahn die Eigenschaft als Eisenbahn untergeordneter Bedeutung[a]) verliert, tritt das Eisenbahn-Postgesetz mit den dazu gehörigen Vollzugsbestimmungen ohne Einschränkung in Anwendung.

II. Unter den Eisenbahnen untergeordneter Bedeutung im Sinne der vorstehenden Bestimmungen sind diejenigen verstanden, welche mit schmalerer als der Normalspur gebaut sind, sowie diejenigen, auf welche vermöge ihrer untergeordneten Bedeutung die Bestimmungen des Bahnpolizei-Reglements für die Eisenbahnen Deutschlands vom 4. Januar 1875 von der zuständigen Landesbehörde im Einverständniß mit dem Reichs-Eisenbahn-Amte für nicht anwendbar erklärt sind[a]).

Auf die zur Zeit bereits im Betriebe oder Bau befindlichen Eisenbahnen untergeordneter Bedeutung wie auf bestehende Eisenbahnen, denen künftig der Charakter einer Eisenbahn untergeordneter Bedeutung beigelegt werden möchte, finden die Bestimmungen unter I. — vorbehaltlich meiner besonderen Bewilligung im Einzelfall — keine Anwendung.

Beilage C (zu Anmerkung 1 B).

Vereinbarung

zwischen der Deutschen Reichsbahn-Gesellschaft und der Deutschen Reichspost über die Abgeltung der Beförderungsleistungen der Reichsbahn für die Reichspost. Vom 11. Juni 1925[1]) [2]).

Auf Grund der §§ 13 und 16 (3) des Gesetzes über die Deutsche Reichsbahn-Gesellschaft vom 30. August 1924 (RGBl. Teil II S. 272ff.) wird zwischen der Deutschen Reichsbahn-Gesellschaft und der Deutschen Reichspost folgendes vereinbart:

---

[a]) Jetzt Nebenbahnen (oben VI 3 Anm. 3). Privatbahnen oben I 7 Beil. B Ziff. XII u. unten Beil. D.

[b]) Reichsbahn Beil. C § 4 a 4.

[1]) Eingeführt mit Vf 48. 606 p 80 II Ang. v. 6. Aug. 25. — Schulz (IX 2 Anm. 1) Teil I u. II.

[2]) Zusammenstellung der v. d. Reichsbahn zu erhebenden Unkostenzuschläge bei Leistungen usw. für die Reichspost: Vf 48. 480 p 79 v. 14. Juni 27; Schulz (Anm. 1) II 20ff.

§ 1. Die Beschaffung und Unterhaltung der für den regelmäßigen Dienst erforderlichen Bahnpostwagen nebst Zubehör und Ersatzstücken, sowie die Herstellung, Unterhaltung und Wiederbeseitigung der für die Zwecke des Postdienstes erforderlichen Einrichtungen in den der Reichsbahn gehörenden Eisenbahnwagen (Postabteile), einschließlich der zu ihrer inneren Ausstattung erforderlichen Ausrüstungsgegenstände (insbesondere der Heiz- und Beleuchtungsanlagen, Schränke, Tische, Vorhänge und sonstigen Dienstgerätschaften), besorgt die Reichsbahn für Rechnung der Reichspost, soweit nicht anderes vereinbart ist (zu vgl. § 4 unter B 14).

Für die Beschaffung neuer Bahnpostwagen auf Kosten der Reichspost (Vermittlung, Beaufsichtigung des Baues und Abnahme) zahlt die Reichspost der Reichsbahn eine Vergütung von 1 v. H. der Beschaffungskosten. Die gleiche Vergütung zahlt die Reichspost für die Beschaffung von Ersatzstücken zu Bahnpostwagen (Radsätzen usw.) sowie für die Beschaffung der inneren Einrichtung und Ausstattung der Postabteile.

Bei den in bahneigenen Werkstätten ausgeführten Arbeiten an Bahnpostwagen, Postabteilen und deren Ausstattung (zu vgl. Abs. 1 und 2) werden der Reichspost neben den unmittelbar entstehenden Materialkosten und Arbeitslöhnen an Generalunkosten Zuschläge in Rechnung gestellt, die besonders vereinbart werden[2]).

§ 2. Soweit neben den im § 1 genannten Fahrzeugen die Reichspost Beförderungsmittel der Reichsbahn für Zwecke des Postdienstes in Anspruch nimmt, werden beide Verwaltungen im gegenseitigen Benehmen die wirtschaftliche Verwendung und Ausnutzung dieser Beförderungsmittel anstreben; insbesondere verpflichtet sich die Reichspost für die schnellste Rückgabe oder Wiederverwendung der gestellten Eisenbahnwagen Sorge zu tragen.

§ 3. Für die unter § 4 aufgeführten Leistungen der Reichsbahn zahlt die Reichspost der Reichsbahn eine Vergütung nach der Anzahl der für Zwecke des Postdienstes wirklich gefahrenen Wagenachskilometer und einen Vergütungssatz für das Wagenachskilometer, wie er sich aus nachstehendem ergibt:

Die für Zwecke des Postdienstes gefahrenen Wagenachskilometer, die im beiderseitigen Benehmen festgestellt werden[3]), umfassen die Beförderung:

a) der Bahnpostwagen jeder Art — beladen oder leer — einschließlich nach und von der Eisenbahnreparaturwerkstatt,

b) der postmäßig eingerichteten und im postseitigen Interesse — beladen oder leer — laufenden Postabteile in Eisenbahnwagen,

c) der ausschließlich zur Beförderung von Postsendungen benutzten (beladenen) Eisenbahnwagen oder Abteile in Eisenbahnwagen ohne postmäßige Einrichtung.

[4]) Die Achskilometer der Postabteile und der sonstigen für Postzwecke benutzten Abteile in Eisenbahnwagen werden in der Weise ermittelt, daß die für den ganzen Wagen festgestellte Achskilometerzahl auf das Abteil nach dem Verhältnis seiner Länge zur Wagenlänge berechnet wird.

Bei Einstellung von Ersatzwagen für laufunfähige Postabteilwagen tritt bei dieser Berechnung an die Stelle des Postabteils der für Postzwecke in Anspruch genommene Raum des Ersatzwagens.

Der Vergütungssatz für das Wagenachskilometer wird in der Weise festgestellt, daß die Gesamtausgaben des Betriebes der Deutschen Reichsbahn-Gesellschaft einschließlich Schuldendienst durch Teilung mit der Anzahl der auf Betriebsstrecken der Deutschen Reichsbahn von eigenen und fremden Wagen zurückgelegten Wagenachskilometer aller Art, wie sie sich aus den laufenden statistischen Aufzeichnungen der Deutschen Reichsbahn-Gesellschaft ergibt, auf ein Wagenachskilometer zurückgeführt werden.

Auf diesen Vergütungssatz, dessen Nachprüfung der Reichspost vorbehalten bleibt, wird der Reichspost bei den posteigenen Wagen ein Nachlaß von 20 v. H. gewährt, weil diese Wagen für Rechnung der Reichspost beschafft und unterhalten werden und die Reichspost die Abfertigung der Postgüter und der sämtlichen Wagen durch eigenes Personal bewirken läßt.

Die Abrechnung erfolgt monatlich. Bis zur endgültigen Feststellung der Monatszahlung werden von der Reichspost am 15. eines jeden Monats fällige Abschlagszahlungen bis zur Höhe des zuletzt endgültig festgestellten Monatsbetrages geleistet.

§ 4. Mit der Vergütung nach gefahrenen Achskilometern (§ 3) werden abgegolten[5]):

a) an **Beförderungsleistungen:**

1. die im § 3 näher bezeichnete Beförderung der Bahnpostwagen sowie der zur Beförderung von Postsendungen benutzten Eisenbahnwagen, Postabteile und sonstigen Abteile in Eisenbahnwagen (auch soweit diese Fahrzeuge in Postsonderzügen befördert werden) einschließlich

   a) der Postsendungen jeder Art, auch der Dienstsendungen — Pakete und Dienstsendungen nach Maßgabe der Postordnung; als Dienstsendungen sind nicht anzusehen Güter, die für Zwecke der Reichspost von Privaten bezogen werden —,

   b) der zur Begleitung der Postsendungen sowie zur Verrichtung des Dienstes unterwegs erforderlichen Postbeamten, auch wenn sie zum Dienst fahren oder vom Dienst zurückkehren,

   c) der den Postdienst auf den Eisenbahnstrecken leitenden Vorsteher der Ämter, der Postaufsichtsbeamten und der sonstigen aus bahnpostdienstlichen Gründen mitfahrenden und mit Dienstausweisen versehenen Postbeamten nach besonderer Vereinbarung,

   d) der Postgerätschaften, deren das Postbegleitpersonal zur Verrichtung des Dienstes unterwegs bedarf;

[6]) 2. die Beförderung des Bahnpostbegleitpersonals, soweit es zum Dienst fährt oder vom Dienst zurückkehrt und hierzu

[3]) Vf 48. 606 p 61 u. p 80 II Ang. v. 29. Mai u. 6. Aug. 25; Anw zur Ermittl. der Achskm. auch abgedr. bei Schulz (Anm. 1) II 106. Ausführlich: Schulz II 53ff.

[4]) Hierzu Vf 48. 480 p 32 v. 3. März 26 u. p 90 v. 22. Sept. 27.

[5]) Nicht abgegoltene Leistungen: Schulz I 22. Dienstgut der Post das. II 33.

[6]) Hierzu Vf 16 p 243, 772 u. 1356 v. 11. Feb., 21. April u. 7. Mai 26.

Bahnpostwagen oder Postabteile nicht benutzen kann, in Personenwagen 3. oder 4. Klasse oder im Packwagen nach besonderer Vereinbarung;

3. die Beförderung der Postuntersuchungsbeamten im Personen- oder Packwagen, soweit es zur Überwachung des Bahnpostbetriebs in Untersuchungsfällen notwendig erscheint, nach besonderer Vereinbarung;

[7]) 4. die Beförderung von Briefbeuteln, Brief- und Zeitungspaketen durch das Eisenbahnzugpersonal, insoweit dies nach dem Ermessen der Reichsbahn angängig ist, oder[7]) durch einen Postbeamten in einem Eisenbahnwagen, wobei für die Beförderung des Postbeamten und der von ihm zur Verrichtung seines Dienstes etwa mitgeführten Postgerätschaften die Bestimmungen unter Ziffer 1 gleichmäßig gelten; ferner nach dem Ermessen der Reichsbahn auf Bahnen untergeordneter Bedeutung die Beförderung sonstiger in Säcken oder Körben verpackter Postsendungen durch das Eisenbahnzugpersonal (Ziffer I 1 der Bestimmungen vom 28. Mai 1879).

b) an Nebenleistungen.

[8]) 1. die Heizung der mit Dampfheizung oder mit elektrischer Heizung versehenen Bahnpostwagen, Postabteile[8]), postseitig benutzten Eisenbahnwagen und Abteile in den Eisenbahnwagen in gleicher Weise wie bei den im Zuge laufenden Eisenbahnwagen;

2. die Abgabe von Gas zur Beleuchtung der unter 1 bezeichneten Wagen und Wagenabteile, soweit die Wagen mit Gasbehälter usw. versehen sind, sowie der Antrieb der Dynamomaschine zur Beleuchtung der Postwagen;

3. das Schmieren und Reinigen der unter 1 bezeichneten Wagen und Wagenabteile, mit Ausnahme der inneren Reinigung der Bahnpostwagen und der besonders eingerichteten Postabteile in Eisenbahnwagen, die von der Reichspost für eigene Rechnung besorgt wird;

4. das Ein- und Ausrangieren sowie das Umstellen der unter 1 bezeichneten Wagen und Wagenabteile, einschließlich der Zwischenbewegungen und Überführungen von und bis zur Grenze besonderer Postbahnhöfe oder Postverladeanlagen (zu vgl. § 7);

[9]) 5. die Benutzung von Plätzen auf den Bahnhöfen zur Aufstellung der Postwagen und der zum Postaustausch erforderlichen Fahrzeuge und Verladegerätschaften nach Vereinbarung mit den Eisenbahndienststellen;

6. die Beleuchtung, Beaufsichtigung, Bedienung, Reinigung, Schmierung, Unterhaltung usw. der für das Postverladegeschäft auf den Bahnhöfen mitbenutzten Gleise, Weichen und Bahnsteige;

7. die Lieferung des Wassers für die Wasserbehälter der Bahnpostwagen;

8. die Herstellung und Unterhaltung von gemeinschaftlich benutzten Karrenwagen und Ladeplätzen ausschließlich der Bahnsteigunterführungen (Tunnel) und Aufzüge;

9. die Benutzung der Bahnhöfe zur Anbringung von Briefkasten und Postschildern;

10. das Beaufsichtigen der Briefkasten an Haltestellen ohne besondere Postanstalt sowie das Leeren dieser Briefkasten vor Abgang jedes Zuges mit Postbeförderung und die Übergabe der vorgefundenen Briefe an die die Züge begleitenden Postbeamten, soweit dies ohne Beeinträchtigung der Sicherheit des Eisenbahnbetriebes zulässig ist, nach Vereinbarung;

11. unter den gleichen Voraussetzungen wie unter 10. die Vermittlung der Auswechselung verschlossener Brieftaschen und Briefpakete zwischen Postanstalt und den in der Nähe der Haltestellen wohnenden Personen nach Vereinbarung;

12. die Mitbenutzung der außerhalb der Bahnsteigsperre liegenden Warteräume durch Postreisende;

13. die Zulassung des Aufstellens der dem öffentlichen Verkehr dienenden Telegraphen- und Fernsprechapparate in den mietweise hergegebenen Bahnhofsposträumen;

14. die Hergabe und Unterhaltung der mit Postabteilen versehenen Eisenbahnwagen. Zu der bahnseitigen Unterhaltung dieser Wagen gehört auch die Unterhaltung der den Raum des Postabteils begrenzenden Wand- usw. Flächen, der Fenster, Türen, Türschlösser, Türgriffe, des inneren und äußeren Anstrichs der Wände usw. überhaupt aller Gegenstände, die einen Bestandteil des Wagens bilden und nicht von der Reichspost selbst oder für deren Rechnung beschafft sind (§ 1 Abs. 1).

§ 5. Die Reichsbahn ist befugt, die Befolgung der getroffenen Abmachungen und der eisenbahnpostgesetzlichen Bestimmungen zu überwachen und zu diesem Zwecke die Postwagen und Postabteile durch ihre Aufsichtsorgane betreten zu lassen.

Die Reichspost verpflichtet sich in dieser Richtung ebenfalls Kontrollen auszuüben.

§ 6. Die Beamten der beiderseitigen Verwaltungen sind verpflichtet, bei Wahrnehmung ihres Dienstes dergestalt Hand in Hand zu gehen, daß das Interesse beider Verwaltungen nach Möglichkeit gefördert, Nachteil für die eine oder die andere Verwaltung aber vermieden wird. Soweit es mit den Interessen der eigenen Verwaltung verträglich erscheint, müssen die Beamten in allen Vorkommnissen des Dienstes den Wünschen der Beamten der anderen Verwaltung sich willfährig erweisen.

§ 7. Besorgt die Reichsbahn die Bedienung, Unterhaltung usw. besonderer Postbahnhöfe oder Postverladeanlagen, so sind der Reichsbahn die hierfür gemachten Aufwendungen besonders zu vergüten. Die Höhe dieser Aufwendungen wird durch die Reichsbahndirektionen im Benehmen mit den Oberpostdirektionen festgestellt. Meinungsverschiedenheiten zwischen beiden Direktionen werden durch Benehmen der beiderseitigen Zentralverwaltungen — in Bayern durch Benehmen der Gruppenverwaltung und der Abteilung VI des Reichspostministeriums — entschieden.

---

[7]) Hierzu Nachtrag: Unterbeilage C 1. Ausführlich Schulz (Anm. 1) II 12ff., auch das. Anl. V. Zeitungsbahnhofsbriefe u. Bahnhofsbriefe das. S. 19.

[8]) Schulz (Anm. 1) II 65. Postabteile Vf 48. 480 p 32 v. 3. März 26.

[9]) Hierzu Vf 48. 480 p 121 u. p 32 v. 26. Sept. 25 u. 3. März 26. Schulz I 29, II 66. — Benutzung der Plätze u. Bahnhofszufuhrwege durch Postkraftwagen Vf 48. 480 Gp (Allg) 12 v. 10. Aug. 29.

§ 8.[10]) Sind oder werden der Reichspost im Interesse ihres Betriebes von der Reichsbahn Gestattungen oder Berechtigungen eingeräumt, so soll grundsätzlich von Nutzungsgebühren Abstand genommen werden. Nur wenn der Reichsbahn aus solchen Gestattungen oder Berechtigungen besondere Aufwendungen erwachsen, sind diese von der Reichspost der Reichsbahn zu ersetzen.

Der Grundsatz findet sinngemäß Anwendung auch auf den umgekehrten Fall, wenn der Reichsbahn von der Reichspost derartige Gestattungen oder Berechtigungen eingeräumt worden sind oder noch eingeräumt werden sollten.

§ 9. Diese Abmachungen treten mit Wirkung vom 1. April 1925 an die Stelle der entsprechenden Vorschriften des Eisenbahnpostgesetzes vom 20. Dezember 1875 nebst Vollzugsbestimmungen sowie der Bestimmungen für die Eisenbahnen untergeordneter Bedeutung vom 28. Mai 1879 und erstrecken sich auf das gesamte Reichsbahngebiet und Reichspostgebiet, also einschließlich Bayern und Württemberg.

§ 10. Beiden Teilen steht frei, das Abkommen mit dreimonatiger Frist zum 1. eines jeden Vierteljahres zu kündigen.

Unterbeilage C 1 (zu Anmerkung 7).

I. Nachtrag

zu der Vereinbarung zwischen der Deutschen Reichsbahn-Gesellschaft und der Deutschen Reichspost über die Abgeltung der Beförderungsleistungen der Reichsbahn für die Reichspost vom 11. Juni 1925. Vom 28. Dezember 1926[1]).

§ 1. Im § 4 unter a) Ziffer 4 sind in der ersten und zweiten Zeile die Worte „durch das Eisenbahnzugpersonal, insoweit dies nach dem Ermessen der Reichsbahn angängig ist, oder" zu streichen. Im übrigen bleiben die Bestimmungen in Ziffer 4 bestehen.

§ 2. Die bisher im § 4 unter a) Ziffer 4 vorgesehene Beförderung von Briefbeuteln, Brief- und Zeitungspaketen*) durch das Eisenbahnzugpersonal erfolgt unter folgenden Bedingungen:

1. Das Höchstgewicht eines Briefbeutels wird entsprechend den postalischen Bestimmungen auf 40 kg festgesetzt.
2. Das Höchstgewicht der mit einem Zuge zu befördernden Briefbeutel soll unter Berücksichtigung der Zu- und Abgänge allgemein 250 kg nicht überschreiten. In besonderen Fällen kann nach Vereinbarung zwischen den Oberpostdirektionen und den Reichsbahndirektionen über diese Grenze hinausgegangen werden.
3. Die Reichspost zahlt für jeden durch das Eisenbahnzugpersonal beförderten Briefbeutel ohne Rücksicht auf das Gewicht eine nach der Entfernung abgestufte Beförderungsgebühr, und zwar:

bis 30 km	20 Pf.
über 30 „ 75 „	30 „
„ 75 „ 150 „	50 „
über 150 „	1,00 RM[1]).

   Diese Beförderungsgebühren sind auch zu zahlen, wenn in Ausnahmefällen die Briefbeutel mit Zustimmung der Reichsbahndirektionen im Packwagen durch einen Postbeamten begleitet werden.
4. Die Vergütung wird für jeden Zug berechnet. Werden Briefbeutel über mehrere Züge befördert, ist die Vergütung für jeden Zug und jede Beförderungsstrecke besonders zu bezahlen. Ein Zusammenpacken von Briefbeuteln nach verschiedenen Zielstationen desselben Zuges in einen Beutel zur Ersparung von Beförderungsgebühren ist unzulässig.
5. Die Stückzahl der Briefbeutel und die Beförderungsstrecke werden für jeden Fahrplanabschnitt auf Grund einer zwischen beiden Verwaltungen zu vereinbarenden 14tägigen Zählung von den Oberpostdirektionen im Benehmen mit den Reichsbahndirektionen festgestellt. Die Grundlage für diese Feststellungen bilden die Briefbeutelverzeichnisse.
6. Nach dem Ergebnis der Feststellungen (Ziffer 5) wird die von der Reichspost in jedem Fahrplanabschnitt monatlich zu zahlende Vergütung festgestellt. Bis zu der endgültigen Feststellung sind von der Reichspost monatlich angemessene Abschlagszahlungen zu leisten. Als Zahlungstermin wird der 15. eines jeden Monats festgesetzt. Die Abrechnung und der Geldausgleich erfolgen für das ganze Reichsbahn- und Reichspostgebiet durch die beiderseitigen Zentralstellen in Berlin. Sobald die Zählergebnisse einen Überblick über Umfang der Leistungen geliefert haben, bleibt vorbehalten, eine Pauschalierung der Zahlungen zu vereinbaren.

§ 3. Dieser Nachtrag tritt mit Wirkung vom 1. Januar 1927 in Kraft.

Beilage D (zu Anmerkung 15).

Verordnung der Reichsregierung über die Abgeltung der Leistungen von Privateisenbahnen und Kleinbahnen für die Zwecke des Postdienstes. Vom 25. Juli 1927. (RGBl. I 244).

I. Auf Grund des Artikel 10 des Eisenbahnpostgesetzes vom 20. Dezember 1875 (RGBl S. 318) in Verbindung mit § 15 des Reichspostfinanzgesetzes vom 18. März 1924 (RGBl. I S. 287) bestimmt die Reichsregierung folgendes:

---

*) Im folgenden ist der Kürze wegen nur von Briefbeuteln die Rede, darunter aber Briefbeutel, Brief- und Zeitungspakete zu verstehen.

---

[10]) Vf 48. 606 p 84 v. 23. Juli 25. Schulz S. 22. — Briefkästen an Gepäckwagen: Vf 48. 480 p 32 v. 3. März 1926.

[1]) Eingeführt mit Vf 48. 480 p 20 v. 2. Feb. 27. Erläuternd Vf 48. 480 p 228 u. p 5 v. 27. Dez. 26 u. 14. Jan. 27; ergänzend (namentlich wegen der Gebühren — oben § 2 Ziff. 3 —) Vf 48 Gpsb 4 v. 11. Mai 28 (s. auch Schulz — oben IX 2 Anm. 1 — II 16).

Der Reichspostminister ist ermächtigt, die Festsetzung und die Berechnung für Leistungen, die

a) den Privateisenbahnen nach dem Eisenbahnpostgesetze vom 20. Dezember 1875 nebst Vollzugsbestimmungen vom 9. Februar 1876 (Zentralblatt für das Deutsche Reich S. 87) sowie den Bestimmungen, betreffend die Verpflichtungen der Eisenbahnen untergeordneter Bedeutung zu Leistungen für die Zwecke des Postdienstes, vom 28. Mai 1879 (Zentralblatt für das Deutsche Reich S. 380) und

b) den Kleinbahnen nach § 42 des Gesetzes über Kleinbahnen und Privatanschlußbahnen in Preußen vom 28. Juli 1892 (Preußische Gesetzsamml. S. 225)

obliegen, mit Wirkung vom 1. Januar 1927 ab selbständig im Benehmen mit den beteiligten Eisenbahnverwaltungen vorzunehmen[a]).

II. Die Verordnung über Vergütungen an Privateisenbahnen für Leistungen im Postbeförderungsdienste vom 3. Januar 1924 (RGBl. I S. 24) sowie die Verordnung über die Gewährung von Zuschlägen zu den Vergütungen an Kleinbahnen für Leistungen im Postbeförderungsdienst vom 29. März 1921 (RGBl. S. 455) treten mit Ablauf des 31. Dezember 1926 außer Kraft.

3. Gesetz über Fernmeldeanlagen in der Fassung der Bekanntmachung vom 14. Januar 1928 (RGBl. I 8)[1]).

Auszug.

§ **1.** (1) Das Recht, Fernmeldeanlagen, nämlich Telegraphenanlagen für die Vermittlung von Nachrichten, Fernsprechanlagen und Funkanlagen zu errichten[1]) und zu betreiben, steht ausschließlich dem Reiche zu. Funkanlagen sind elektrische Sendeeinrichtungen sowie elektrische Empfangseinrichtungen, bei denen die Übermittlung oder der Empfang von Nachrichten, Zeichen, Bildern oder Tönen ohne Verbindungsleitungen oder unter Verwendung elektrischer, an einem Leiter entlang geführter Schwingungen stattfinden kann.

(2) Das im Abs. 1 bezeichnete Recht übt der Reichspostminister aus; für Anlagen, die zur Verteidigung des Reichs bestimmt sind, übt es der Reichswehrminister aus.

§ **2.** (1) Die Befugnis zur Errichtung und zum Betrieb einzelner Fernmeldeanlagen kann verliehen werden...

§ **3.** (1) Ohne Verleihung (§ 2) können errichtet und betrieben werden (genehmigungsfreie Fernmeldeanlagen):

1. Fernmeldeanlagen, welche ausschließlich dem inneren Dienste von Behörden der Länder, der Gemeinden oder Gemeindeverbände sowie von Deichkorporationen, Siel- und Entwässerungsverbänden gewidmet sind;

[2]) 2. Fernmeldeanlagen, welche von Transportanstalten auf ihren Linien ausschließlich zu Zwecken ihres Betriebs oder für die Vermittlung von Nachrichten innerhalb der bisherigen Grenzen benutzt werden;

(3.)

§ **6.** (1) Anlagen, die auf Grund einer Verleihung nach § 2 errichtet sind oder betrieben werden, unterliegen der Überwachung daraufhin, daß die Verleihungsbedingungen eingehalten werden.

(2) Die im § 3 Abs. 1 genannten Anlagen unterliegen der Überwachung daraufhin, daß Errichtung und Betrieb sich innerhalb der gesetzlichen Grenzen halten.

(3) Die Vorschriften für die Überwachung erläßt der Reichspostminister im Einvernehmen mit dem Reichsrat.

§ **10.** (1) Die im Dienste der Deutschen Reichspost stehenden Personen sind, vorbehaltlich der durch Reichsgesetz festgestellten Ausnahmen, zur Wahrung des Telegraphengeheimnisses und des Fernsprechgeheimnisses verpflichtet. Unter dem Schutze des Telegraphengeheimnisses und des Fernsprechgeheimnisses stehen auch die Mitteilungen, die auf den für den öffentlichen Verkehr bestimmten Funkanlagen der Deutschen Reichspost befördert oder zur Beförderung auf ihnen aufgegeben worden sind. Der Schutz erstreckt sich auch auf die näheren Umstände des Fernmeldeverkehrs, insbesondere darauf, ob und zwischen welchen Personen ein Fernmeldeverkehr stattgefunden hat.

---

[a]) Die darüb. abgeschloss. Vereinb. m. d. Verbande Deutscher Verkehrsverwaltungen ist abgedruckt bei Schulz (IX 2 Anm. 1) II 82; sie enthält eingehende Abreden nach dem Vorbilde der m. d. Reichseis. getroffenen, außerdem noch Best üb. Entsch. v. Streitigkeiten u.a.m.

[1]) Das G ist die durch G 3. Dez. 27 (RGBl I 331) eingeführte Neufass. des G üb. das Telegraphenwesen des D. Reichs 6. April 92 (RGBl 467). — Errichten: RG Straff. **47** 331.

[2]) Dahin die Bahntelegraphen. — Regl. 7. März 76 üb. Benutz. der EisTelegr. zur Beförderung solcher Telegramme, welche nicht den Bahndienst betreffen, Beilage A. — Benutz. innerh. der bisher. Grenzen RG EE **25** 419. Ausschließlichkeit der Benutz. f. Betriebszwecke RG EE **28** 311. Transportanstalt RG EE **45** 381. — E 29. Aug. 10 (EVBl 219) betr. Beding. f. d. Herstell. usw. von Fernschreib- u. Fernsprechverbind. zw. Privaten u. EisDienststellen. — FernsprAnl. f. Kleinbahnen Wussow in Ztschr f. Kleinb. **09** 657. — TelegrAnl. an Privatanschlußbahnen E 10. Okt. 05 (ENBl 359).

(2) Die Bestimmungen des Abs. 1 gelten entsprechend für Personen, die eine für den öffentlichen Verkehr bestimmte, nicht der Deutschen Reichspost gehörende Fernmeldeanlage bedienen oder beaufsichtigen[2]).

§ 13. Die Bestimmungen über Beschlagnahme von Telegrammen auf der Deutschen Reichspost gelten entsprechend für Telegramme im Gewahrsam einer nicht der Deutschen Reichspost gehörenden deutschen Telegraphenanstalt, die mit der Deutschen Reichspost unmittelbar oder durch Vermittlung eines Dritten über beförderte Telegramme abrechnet[2]). Das gleiche gilt für Telegramme im Gewahrsam des Dritten, der die Abrechnung vermittelt.

§ 17. Wer vorsätzlich ein Notzeichen mißbraucht, das für Funkanlagen bei Not oder Gefahr in der Seefahrt, Binnenschiffahrt, Luftfahrt oder bei Eisenbahnen des öffentlichen Verkehrs vorgesehen ist, wird mit Gefängnis bestraft.

§ 23. Elektrische Anlagen sind, wenn eine Störung des Betriebs der einen Leitung durch die andere eingetreten oder zu befürchten ist, auf Kosten desjenigen Teiles, welcher durch eine spätere Anlage oder durch eine später eintretende Änderung seiner bestehenden Anlage diese Störung oder die Gefahr derselben veranlaßt, nach Möglichkeit so auszuführen, daß sie sich nicht störend beeinflussen[3]).

§ 24. Die auf Grund der vorstehenden Bestimmung entstehenden Streitigkeiten gehören vor die ordentlichen Gerichte[4]).

Beilage A (zu Anmerkung 2).

Erlaß des Reichskanzlers, betreffend Reglement über die Benutzung der innerhalb des deutschen Reichs-Telegraphengebiets gelegenen Eisenbahn-Telegraphen zur Beförderung solcher Telegramme, welche nicht den Eisenbahndienst betreffen. Vom 7. März 1876 (ZBl. 156)[a]).

§ 1. Sämmtliche Stationen der innerhalb des deutschen Reichs-Telegraphengebiets gelegenen Eisenbahnen sind zur Annahme und Beförderung solcher Telegramme, welche nicht den Eisenbahndienst betreffen, nach Maßgabe der Bestimmungen dieses Reglements ermächtigt.

§ 2. Die Eisenbahn-Telegraphenstationen dürfen Telegramme annehmen:

a) wenn keine Reichs-Telegraphenanstalt in demselben Orte ist: von jedermann,

b) wenn eine Reichs-Telegraphenanstalt an demselben Orte ist: nur von solchen Personen, die mit den Zügen ankommen, abreisen oder durchreisen.

§ 3. Die telegraphische Korrespondenz ist ohne Rücksicht darauf, ob sie ausschließlich oder nur streckenweise auf Bahntelegraphen ihre Beförderung erhält, den Bestimmungen der jedesmaligen Telegraphenordnung für das Deutsche Reich[b]) unterworfen.

§ 4. Die auf den Eisenbahn-Betriebsdienst bezüglichen Telegramme haben in der Beförderung allen anderen Telegrammen vorzugehen.

§ 5. Die Eisenbahn-Telegraphenstationen gehören der Regel nach zu den Stationen mit vollem Tagesdienste. Abweichungen hiervon durch Ausdehnung oder Beschränkung der Dienststunden werden zur öffentlichen Kenntniß gebracht.

§ 6. Die bei den Eisenbahn-Telegraphenstationen angenommenen Telegramme, welche nach Orten des deutschen Reichs-Telegraphengebiets gerichtet sind, werden in folgenden Fällen ausschließlich mit dem Bahntelegraphen befördert:

---

[3]) Bisher § 12. Dazu: v. Rohr in Ztschr. f Kleinb. **1916** 93; Fritsch EisRecht § 23 B. — Auch ohne ausdrückl. Vorschr. in d. GenehmUrk. muß der Unt. einer Starkstromanlage (z. B. elektr. Straßenb.) alle ausführbaren u. nicht betriebsgefährl. Schutzvorrichtungen gegen die m. d. Anlage verbund. Gefahren treffen; dabei kann genügen, daß er sich verpflichtet, die HerstellKosten zu tragen; § 23 befreit den älteren Unt. nicht v. jeder Verantw. für Gefährdungen, die durch Arbeiten an seinen Anl. eintreten. RG **43** 252. § 23 verpflichtet den jüngeren Unt. nur, b. d. ersten Ausführ. seiner Anl. die Vorkehr. zu treffen, die n. d. derzeit. Stande der Technik den wirksamsten Schutz g. Störungen usw. bieten, nicht aber auch, diese Vork. zu unterhalten od. bei späteren techn. Fortschritten durch bessere zu ersetzen. RG **50** 83, **52** 63. § 23 (u. TelWegeG §§ 5, 6) schließen nicht das Recht der Polizei (ALR II 17 § 10) aus, bei gefahrdroh. Zuständen einzuschreiten. OV **54** 270 u. in EE **24** 136. Wird durch Nebeneinanderbestehen zweier elektr. Anl., v. denen jede für sich polizeil. zulässig ist, eine öff. Gefahr verursacht, so hat die Polizei, gleichviel welches die ältere Anl. ist, die Wahl, an welchen der beiden Eigentümer sie sich wegen Beseit. des polizeiwidrigen Zustands halten will. OV **38** 371. — Durch TelWegeG (unten IX 4) §§ 5, 6 ist § 23 für die Fälle außer Kraft gesetzt, in denen sich öffentl. TelegrLinien u. elektr. Anlagen innerhalb der Verkehrswege begegnen (v. Rohr, TelWegeG S. 23). Unter § 23 gehört auch der Fall, daß sich die eine Anl. innerhalb, die andere außerhalb der VWege begegnen; TelWegeG § 5 regelt nur die gemeins. Unterbringung mehrerer Anl. auf öff. Wegen (Wolf Anm. 3 zu TelWegeG § 5). — Schutz der Fernmeldeanl. gegen elektr. Kleinbahnen oben I 8 Anm. 22. — Unten IX 4 Anm. 6 u. IX 4 Unterbeil. A 1 Anm. 1 a. E.

[4]) RG **109** 101, auch **126** 28.

[a]) In der durch Bek 7. April 23 (RVBl 175), 3. Juni 24 (das. 169) u. 14. Jan. 27 (Die Reichsbahn S. 55) geänderten Fassung. Dazu E 18. April 23 u. 7. Juli 24 (RVBl 176 u. 170) u. Vf 19. Jan. 27 (Die Reichsbahn S. 55). Die Änderungen galten zunächst nur f. d. Reichsbahn, scheinen ab. auch bei privaten Großbahnen angewendet zu werden.

[b]) Auszug aus der jetzt geltenden TO Unterbeilage A 1.

a) wenn sie von der Aufgabe- an die Adreßstation direkt, d. h. ohne jede Umtelegraphirung, gegeben werden können, wobei es keinen Unterschied macht, ob am Ort der Adreßstation eine Reichs-Telegraphenanstalt besteht oder nicht;

b) wenn sie auf dem Wege von der Aufgabe- bis zur Adreßstation nicht mehr als eine Umtelegraphirung zu erleiden haben und am Orte der Adreßstation eine Reichs-Telegraphenanstalt nicht besteht. In allen andern Fällen sind die Telegramme an die nächste zur Vermittelung geeignete Reichs-Telegraphenanstalt behufs der Weiterbeförderung zu überweisen.

Eine direkte Beförderung von Telegrammen über die Grenzen des deutschen Reichs-Telegraphengebiets hinaus mit dem Bahntelegraphen darf nicht geschehen. Es bleibt jedoch vorbehalten, für diejenigen Bahnen, welche zum Theil in anderen Staatsgebieten liegen, Abweichungen eintreten zu lassen.

§ 7. Die Reichstelegraphen sind zum Zwecke und zur Beschleunigung der Telegramm-Auswechselung mit den Bahntelegraphen desselben Orts, soweit es thunlich ist, durch Leitungen zu verbinden.

Wenn jedoch die Zahl der durchschnittlich auszuwechselnden Telegramme oder die Entfernung zwischen den beiderseitigen Stationen eine sehr geringe ist, so kann von der Herstellung einer solchen Verbindung abgesehen werden.

In geeigneten Fällen sollen auch solche Orte, an welchen einerseits nur eine Reichs-Telegraphenanstalt, andererseits nur eine Bahn-Telegraphenstation vorhanden ist, telegraphisch verbunden und die Verbindungsleitungen in gewöhnlicher Weise zur Auswechselung beziehungsweise Zuführung von Telegrammen benutzt werden.

Die Verbindungsleitungen, welche mehrere Eisenbahn-Telegraphenstationen mit einem Reichs-Telegraphenamt verbinden und eine Korrespondenz zwischen den Eisenbahnstationen unter sich ermöglichen, dürfen unter Kontrolle des Reichs-Telegraphenamtes zu bahndienstlichen Mittheilungen benutzt werden. Dagegen dürfen Privat-Telegramme zwischen den Eisenbahn-Telegraphenstationen auf solchen Leitungen nicht gewechselt werden.

Die Verbindungsleitungen, mit Ausschluß der auf den Bahn-Telegraphenstationen erforderlichen Stationseinrichtungen (Apparate, Batterien usw.), werden für Rechnung der Reichstelegraphie hergestellt und unterhalten, soweit ein Anderes nicht ausdrücklich vereinbart wird, bezüglich des Betriebes aber als Bahn-Telegraphenleitungen betrachtet und nach den bei den Eisenbahnverwaltungen bestehenden Anweisungen von den beiderseitigen Beamten bedient.

Die Eisenbahnverwaltungen machen demgemäß den Bezirks-Ober-Postdirektionen von den für diese Bahnlinien bestehenden dienstlichen Anweisungen behufs der Beachtung seitens der Reichs-Telegraphenanstalten Mittheilung.

§ 8. Die Auswechselung von Telegrammen zwischen den Anstalten des Reichs- und denen des Eisenbahntelegraphen geschieht mittels der vorhandenen Verbindungsleitung und, falls eine solche nicht vorhanden oder nicht betriebsfähig ist, durch Boten. Es bleibt jedoch den beiderseitigen Anstalten überlassen, die Auswechselung durch Boten zu bewirken, wenn sie dieselbe für zweckmäßiger halten als die telegraphische Mittheilung. In solchen Fällen werden die angekommenen bzw. angenommenen Telegramme schriftlich ausgefertigt und in einer das Telegraphengeheimniß sichernden Weise (sei es in einem Umschlag, auf welchem die Zahl der darin enthaltenen Telegramme angegeben ist, sei es in verschließbaren Mappen) gegen Empfangsbescheinigung mit Zeitangabe, auch unter Benutzung eines Quittungsbuches, übergeben.

§ 9. a) Für diejenigen Telegramme, deren Beförderung ausschließlich mit dem Bahntelegraphen erfolgt ist (§ 5), fällt diesem auch die für die Beförderung erhobene Gebühr ungetheilt zu.

b) Für jedes inländische Telegramm, das während seiner Beförderung einmal oder mehrmals zwischen dem Reichs- und dem Eisenbahntelegraphen gewechselt wird, erhält die übernehmende Verwaltung sechs Zehntel des Gebührenbetrages, der sich nach dem innerdeutschen Tarif für ein gewöhnliches Inlandstelegramm durchschnittlicher Wortzahl ergibt. Im übrigen verbleiben die vereinnahmten Gebühren der annehmenden Verwaltung.

Für Telegramme nach dem Auslande, die bei einer Eisenbahntelegraphenanstalt angenommen und einer Reichstelegraphenanstalt zugeführt werden, behält die Reichsbahn einen nach den vorstehenden Grundsätzen zu berechnenden Anteil von vier Zehnteln der deutschen Inlandsgebühr und vergütet dem Reichstelegraphen den Rest des bei der Auflieferung erhobenen Gebührenbetrags.

Dringende Telegramme werden als drei gewöhnliche Telegramme gezählt.

c) Ist der Telegraph von mehr als Einem Bahngebiet zur Benutzung gekommen, so wird der nach obigem auf den Bahntelegraphen entfallende Gebührenantheil zwischen den betheiligten Bahnen ohne Rücksicht auf die Länge der Beförderungsstrecken gleichmäßig vertheilt.

d) Liegen die Reichs-Telegraphenanstalt und die nächste Bahn-Telegraphenstation an verschiedenen Orten und sind beide durch eine Leitung telegraphisch verbunden, so kann diese Verbindungsleitung benutzt werden zur Beförderung auch solcher Telegramme, welche bei der Reichs-Telegraphenanstalt aufgegeben und an die Bahn-Telegraphenstation gerichtet sind und umgekehrt.

e) Bezahlte Rückantworten und Empfangsanzeigen sind in jeder Beziehung als neue Telegramme anzusehen. Ebenso sind nachzusendende Telegramme als neu aufgegebene Telegramme zu behandeln.

f) Die Gebühren für Vervielfältigung, Zurückziehung und Abschriften von Telegrammen behält diejenige Verwaltung zum ganzen Betrage, bei deren Anstalten die Erhebung stattgefunden hat.

g) Die Eisenbahntelegraphenanstalten sind berechtigt, für jedes von ihnen bestellte Telegramm vom Empfänger eine Bestellgebühr bis zur Höhe des Zeitlohns zu erheben, der sich nach dem Eisenbahnlohntarif für die auf die Bestellung verwendete Zeit bestimmt, sofern der Ort, zu dem die Eisenbahnstation gehört und wohin das Telegramm gerichtet ist, weiter als 2 km von der Bahnstation entfernt ist. Besteht jedoch an demselben Orte zugleich eine Reichstelegraphenanstalt, so geschieht die Zustellung entweder durch die Reichstelegraphenanstalt, der die Telegramme nach § 8 zuzuführen sind, oder durch die Eisenbahntelegraphenanstalt nach den allgemeinen Bestimmungen der Telegraphenordnung.

Vom Absender etwa vorausbezahltes Bestellgeld ist auf die vom Empfänger zu erhebende Bestellgebühr anzurechnen.

§ 10. Das Abrechnungsverfahren über die beiderseitigen Gebührenantheile regeln das Reichspostministerium und das Reichsverkehrsministerium nach gegenseitigem Benehmen, jeder für sich durch Dienstvorschrift.

§ 11. Vorausbezahlte Nebengebühren jeder Art verbleiben der Verwaltung, die sie vereinnahmt hat.

§ 12. Für Gebührendefekte haftet diejenige Reichs- bzw. Bahn-Telegraphenanstalt, von welcher das Telegramm auf den Bahn- bzw. Reichs-Telegraphen übergegangen ist.

§ 13. (Inkrafttreten).

Unterbeilage A 1 (zu Anmerkung 2).

Telegraphenordnung. Vom 30. Juni 1926[1]).

(Anlage zu Nr. 81 des Amtsblatts des Reichspostministeriums.)

(Auszug.)

§ 3 I (1). Die Telegramme werden eingeteilt

a) nach der Herkunft in 1. Staatstelegramme. 2. . . .

b)

AusfBest 2. Als Staats-Tel gelten auch Tel von den Dienststellen der Deutschen Reichsbahn-Gesellschaft in reinen Bahndienstangelegenheiten —, wenn sie als Staats-Tel bezeichnet sind.

§ 4 V (1). Anstatt des vollen Namens des Empfängers und der Wohnungsangabe kann der Absender eine Kurzanschrift anwenden, wenn der Empfänger sie mit der Deutschen Reichspost vereinbart hat.

AusfBest 3. Tel mit Kurzanschriften können auch von Eisenbahn-TAnst zugestellt werden. Zu dem Zwecke haben die Reichs-TAnst nach Benehmen mit den Eisenbahn-TAnst am Orte diesen die vereinbarten Kurzanschriften laufend mitzuteilen oder auf Anfrage darüber Auskunft zu geben.

§ 5 AusfBest 5 zu 1. Wegen der Aufgabe von Tel bei Eisenbahn-TAnst s. Reglement vom 7. März 1876 . . .[2])

§ 8 II. Die Deutsche Reichspost kann nach Vereinbarung die Gebühren stunden.

AusfBest 1. Bei Eisenbahn-TAnst werden T-Gebühren nicht gestundet.

AusfBest 4 zu § 10 III. Die von einer Reichs- oder Eisenbahn-TAnst ausgestellten Antwortscheine werden von jeder deutschen TAnst bei der Aufgabe von Tel an Zahlungs Statt angenommen . . .

§ 14. . . . Telegraphische Postanweisungen, Zahlkarten, Überweisungen und Zahlungsanweisungen dürfen bei Eisenbahntelegraphenanstalten nicht aufgegeben werden.

§ 16 II. . . . Bei Eisenbahn-TAnst können Brieftelegramme nicht aufgegeben werden.

AusfBest zu **§ 21 VI 6.** (Verfahren mit Tel an Reisende in Eisenbahnzügen oder im Wartesaal eines Bahnhofs.)

§ 21 IX. Die Eisenbahn-TAnst sind berechtigt, für jedes von ihnen zuzustellende Telegramm vom Empfänger eine Zustellgebühr bis zur Höhe des Zeitlohns zu erheben, der sich nach dem Eisenbahnlohntarife für die auf die Zustellung verwendete Zeit bestimmt, sofern der Ort, zu dem die Eisenbahnstation gehört und wohin das Telegramm gerichtet ist, weiter als 2 km von der Bahnstation entfernt ist. Besteht jedoch an diesem Orte zugleich eine TAnst der Deutschen Reichspost, so werden die Telegramme entweder durch die TAnst der Deutschen Reichspost, der sie zuzuführen sind, oder durch die Eisenbahn-TAnst nach den allgemeinen Bestimmungen der Telegraphenordnung zugestellt. Vom Absender etwa vorausbezahltes Zustellgeld ist auf die beim Empfänger zu erhebende Zustellgebühr anzurechnen.

X Die Bestimmung unter IX gilt[3]) nicht für Bayern und Württemberg.

AusfBest zu **§ 21 IX.** Bei dringenden Tel wird die Zustellgebühr nur einfach erhoben.

§ 26 Geltungsbereich I. Die vorstehenden Bestimmungen gelten, soweit nicht Ausnahmen gemacht sind, auch für die Behandlung der Telegramme auf den Eisenbahntelegraphen.

4. Telegraphenwege-Gesetz. Vom 18. Dezember 1899 (RGBl 705)[1]).

(Auszug.)

§ 1. Die Telegraphenverwaltung[2]) ist befugt, die Verkehrswege für ihre zu öffentlichen Zwecken dienenden Telegraphenlinien zu benutzen, soweit nicht dadurch der Gemeingebrauch der Verkehrswege dauernd beschränkt wird. Als Verkehrswege im Sinne dieses Gesetzes gelten, mit Einschluß des Luftraums und des Erdkörpers, die öffentlichen Wege, Plätze, Brücken und die öffentlichen Gewässer nebst deren dem öffentlichen Gebrauche dienenden Ufern[3]).

Unter Telegraphenlinien sind die Fernsprechlinien mitbegriffen.

---

[1]) Auch als Sonderdruck erschienen. Die Abkürzungen im obigen Ausz. sind die der amtl. Ausgabe.

[2]) Vorst. IX 3 Beil. A.

[3]) Die amtl. Ausgabe sagt: „gelten".

[1]) Das G war durch eine Vo 13. Feb. 24 (RGBl I 118) geändert worden; Vo 18. Okt. 24 (das. 715) hat aber diese Vo aufgehoben, so daß das G wieder in seiner ursprüngl. Fassung gilt. — Kommentare: Wolf, v. Rohr. S. ferner: v. Rohr Ztschr f. Kleinb. **1916** 93; Meißner EE **32** 23; Fritsch EisRecht § 23 B.

[2]) Die Reichs-TelVerw., nicht etwa die BahntelegrVerw.

[3]) Eisenbahnen § 15.

§ 5[4]). Die Telegraphenlinien sind so auszuführen, daß sie vorhandene besondere Anlagen (der Wegeunterhaltung dienende Einrichtungen, Kanalisations-, Wasser-, Gasleitungen, Schienenbahnen, elektrische Anlagen und dergleichen) nicht störend beeinflussen. Die aus der Herstellung erforderlicher Schutzvorkehrungen erwachsenden Kosten hat die Telegraphenverwaltung zu tragen.

Die Verlegung oder Veränderung vorhandener besonderer Anlagen kann nur gegen Entschädigung und nur dann verlangt werden, wenn die Benutzung des Verkehrswegs für die Telegraphenlinie sonst unterbleiben müßte und die besondere Anlage anderweit ihrem Zwecke entsprechend untergebracht werden kann.

Auch beim Vorhandensein dieser Voraussetzungen hat die Benutzung des Verkehrswegs für die Telegraphenlinie zu unterbleiben, wenn der aus der Verlegung oder Veränderung der besonderen Anlage entstehende Schaden gegenüber den Kosten, welche der Telegraphenverwaltung aus der Benutzung eines anderen ihr zur Verfügung stehenden Verkehrswegs erwachsen, unverhältnißmäßig groß ist.

Diese Vorschriften finden auf solche in der Vorbereitung befindliche besondere Anlagen, deren Herstellung im öffentlichen Interesse liegt, entsprechende Anwendung. Eine Entschädigung auf Grund des Abs. 2 wird nur bis zu dem Betrage der Aufwendungen gewährt, die durch die Vorbereitung entstanden sind. Als in der Vorbereitung begriffen gelten Anlagen, sobald sie auf Grund eines im Einzelnen ausgearbeiteten Planes die Genehmigung des Auftraggebers und, soweit erforderlich, die Genehmigungen der zuständigen Behörden und des Eigenthümers oder des sonstigen Nutzungsberechtigten des in Anspruch genommenen Weges erhalten haben.

§ 6[5]). Spätere besondere Anlagen sind nach Möglichkeit so auszuführen, daß sie die vorhandenen Telegraphenlinien nicht störend beeinflussen.

Dem Verlangen der Verlegung oder Veränderung einer Telegraphenlinie muß auf Kosten der Telegraphenverwaltung stattgegeben werden, wenn sonst die Herstellung einer späteren besonderen Anlage unterbleiben müßte oder wesentlich erschwert werden würde, welche aus Gründen des öffentlichen Interesses, insbesondere aus volkswirthschaftlichen oder Verkehrsrücksichten, von den Wegeunterhaltungspflichtigen[6]) oder unter überwiegender Betheiligung[6]) eines oder mehrerer derselben zur Ausführung gebracht werden soll. Die Verlegung einer nicht lediglich dem Orts-, Vororts- oder Nachbarortsverkehr dienenden Telegraphenlinie kann nur dann verlangt werden, wenn die Telegraphenlinie ohne Aufwendung unverhältnißmäßig hoher Kosten anderweitig ihrem Zwecke entsprechend untergebracht werden kann.

[7]) Muß wegen einer solchen späteren besonderen Anlage die schon vorhandene Telegraphenlinie mit Schutzvorkehrungen versehen werden, so sind die dadurch entstehenden Kosten von der Telegraphenverwaltung zu tragen.

[8]) Ueberläßt ein Wegeunterhaltungspflichtiger seinen Antheil einem nicht unterhaltungspflichtigen Dritten, so sind der Telegraphenverwaltung die durch die Verlegung oder Veränderung oder durch die Herstellung der Schutzvorkehrungen erwachsenden Kosten, soweit sie auf dessen Antheil fallen, zu erstatten.

Die Unternehmer anderer als der in Abs. 2 bezeichneten besonderen Anlagen haben die aus der Verlegung oder Veränderung der vorhandenen Telegraphenlinien oder aus der Herstellung der erforderlichen Schutzvorkehrungen an solchen erwachsenden Kosten zu tragen.

[9]) Auf spätere Aenderungen vorhandener besonderer Anlagen finden die Vorschriften der Abs. 1 bis 5 entsprechende Anwendung.

(§§ **7—9** schreiben die Aufstellung und Bekanntgabe eines Planes für neue oder zu ändernde Telegraphenlinien vor und regeln dessen Anfechtung durch Einspruch.)

[10]) § **12**. Die Telegraphenverwaltung ist befugt, Telegraphenlinien durch den Luftraum über Grundstücken, die nicht Verkehrswege im Sinne dieses Gesetzes sind, zu führen, soweit nicht dadurch

---

[4]) IX 3 Anm. 3 d. W. — E 24. April 99 (ENBl 254) betr. Kreuzung eisenbahnfiskalischen Geländes durch Reichstelegraphenleitungen an unbewachten Stellen. — Zu Abs. 1 Satz 1: RG EE **29** 62.

[5]) Zu § 6 ausführlich das in Anm. 1 genannte Schrifttum; ferner oben Anm. 4. — KleinbG § 8 Abs. 2. — E 11. Dez. 07 (ENBl 428) betr. Vorschriften f. d. Errichtung elektrischer Starkstromanlagen u. Sicherheitsvorschr. f. d. Betrieb elektr. Starkstromanlagen (im Buchh. bei Jul. Springer).

[6]) Begriff: Wegeunterhaltungspflichtiger (Kleinbahnunternehmer?) u. örtl. Umfang der UnterhPflicht RG **65** 304, **78** 228, **90** 119, **101** 280. Errichtet eine Gemeinde ihre Anlage außerhalb der Verkehrswege, so greift Platz nicht TelWegeG § 6, sondern G üb. Fernmeldeanlagen (oben IX 3) § 23. RG **78** 228. Fall, daß die Anlage teils innerhalb, teils außerhalb der Verkehrswege angebracht ist; RG **78** 228, **101** 280. Beteiligung RG **63** 88, **78** 216, 223, **80** 287 (dazu Grisebach EE **29** 371), **90** 114, 121, **97** 67.

[7]) RG **57** 364, EE **30** 196.

[8]) RG **94** 182.

[9]) RG **80** 287. Grisebach EE **28** 369.

[10]) Zum Grundsatze des Abs. 1 RG EE **22** 132. — Unter § 12 fällt das Gelände einer Kleinbahn, soweit sie nicht auf einem öff. Wege angelegt ist (im übr. gelten §§ 1—8); ferner die Kreuzung v. Großbahngleisen, die auf besond. Bahnkörper liegen (im übr. gilt § 15): Begr. (Reichst. 98/00 Drucks. 170) zu § 15; v. Rohr Anm. 1 zu § 15. — Anm. 4, 11.

die Benutzung des Grundstücks nach den zur Zeit der Herstellung der Anlage bestehenden Verhältnissen wesentlich beeinträchtigt wird. Tritt später eine solche Beeinträchtigung ein, so hat die Telegraphenverwaltung auf ihre Kosten die Leitungen zu beseitigen.

Beeinträchtigungen in der Benutzung eines Grundstücks, welche ihrer Natur nach lediglich vorübergehend sind, stehen der Führung der Telegraphenlinien durch den Luftraum nicht entgegen, doch ist der entstehende Schaden zu ersetzen. Ebenso ist für Beschädigungen des Grundstücks und seines Zubehörs, die in Folge der Führung der Telegraphenlinien durch den Luftraum eintreten, Ersatz zu leisten.

Die Beamten und Beauftragten der Telegraphenverwaltung, welche sich als solche ausweisen, sind befugt, zur Vornahme nothwendiger Arbeiten an Telegraphenlinien, insbesondere zur Verhütung und Beseitigung von Störungen, die Grundstücke nebst den darauf befindlichen Baulichkeiten und deren Dächern mit Ausnahme der abgeschlossenen Wohnräume während der Tagesstunden nach vorheriger schriftlicher Ankündigung zu betreten. Der dadurch entstehende Schaden ist zu ersetzen.

§ 15. Die bestehenden Vorschriften und Vereinbarungen über die Rechte der Telegraphenverwaltung zur Benutzung des Eisenbahngeländes werden durch dieses Gesetz nicht berührt[11]).

Beilage A (zu Anmerkung 11).

Bestimmungen des Bundesraths über die den Eisenbahnverwaltungen im Interesse der Reichs-Telegraphenverwaltung obliegenden Verpflichtungen. Vom 21. Dezember 1868[1]).

1. Die Eisenbahnverwaltung hat die Benutzung des Eisenbahnterrains, welches außerhalb des vorschriftsmäßigen freien Profils liegt[2]) und soweit es nicht zu Seitengräben, Einfriedigungen usw. benutzt wird, zur Anlage von oberirdischen und unterirdischen Bundes-Telegraphenlinien unentgeltlich zu gestatten. Für die oberirdischen Telegraphenlinien soll thunlichst entfernt von den Bahngeleisen nach Bedürfniß eine einfache oder doppelte Stangenreihe auf der einen Seite des Bahnplanums aufgestellt werden, welche von der Eisenbahnverwaltung zur Befestigung ihrer Telegraphenleitungen unentgeltlich mitbenutzt werden darf. Zur Anlage der unterirdischen Telegraphenlinien soll in der Regel diejenige Seite des Bahnterrains benutzt werden, welche von den oberirdischen Linien im Allgemeinen nicht verfolgt wird.

Der erste Trakt der Bundes-Telegraphenlinien wird von der Bundes-Telegraphenverwaltung und der Eisenbahnverwaltung gemeinschaftlich festgesetzt. Änderungen, welche durch den Betrieb der Bahnen nachweislich geboten sind, erfolgen auf Kosten der Bundes-Telegraphenverwaltung, beziehungsweise der Eisenbahn; die Kosten werden nach Verhältniß der beiderseitigen Anzahl Drähte repartirt. Über anderweite Veränderungen ist beiderseitiges Einverständniß erforderlich und werden dieselben für Rechnung desjenigen Theiles ausgeführt, von welchem dieselben ausgegangen sind.

2. Die Eisenbahnverwaltung gestattet den mit der Anlage und Unterhaltung der Bundes-Telegraphenlinien beauftragten und hierzu legitimirten Telegraphenbeamten und deren Hülfsarbeitern behufs Ausführung ihrer Geschäfte das Betreten der Bahn unter Beachtung der bahnpolizeilichen Bestimmungen, auch zu gleichem Zwecke diesen Beamten die Benutzung eines Schaffnersitzes oder Dienstkoupés auf allen Zügen, einschließlich der Güterzüge, gegen Lösung von Fahrbillets der III. Wagenklasse[3]).

3. Die Eisenbahnverwaltung hat den mit der Anlage und Unterhaltung der Bundes-Telegraphenlinien beauftragten und legitimirten Telegraphenbeamten auf deren Requisition zum Transporte von Leitungsmaterialien die Benutzung von Bahnmeisterwagen unter bahnpolizeilicher Aufsicht gegen eine Vergütung von 5 Sgr. pro Wagen und Tag und von 20 Sgr. pro Tag der Aufsicht zu gestatten[4]).

4. Die Eisenbahnverwaltung hat die Bundes-Telegraphenanlagen an der Bahn gegen eine Entschädigung bis zur Höhe von 10 Thlrn. pro Jahr und Meile[4]) durch ihr Personal bewachen und in Fällen der Beschädigung nach Anleitung der von der Bundes-Telegraphenverwaltung erlassenen Instruktion provisorisch wieder herstellen, auch von jeder wahrgenommenen Störung der Linien der nächsten Bundes-Telegraphenstation Anzeige machen zu lassen.

5. Die Eisenbahnverwaltung hat die Lagerung der zur Unterhaltung der Linien erforderlichen Vorräthe von Stangen auf den dazu geeigneten Bahnhöfen unentgeltlich zu gestatten und diese Vorräthe ebenmäßig von ihrem Personale bewachen zu lassen.

6. Die Eisenbahnverwaltung hat bei vorübergehenden Unterbrechungen und Störungen des Bundes-Telegraphen alle Depeschen der Bundes-Telegraphenverwaltung mittels ihres Telegraphen, soweit derselbe nicht für den Eisenbahnbetriebsdienst in Anspruch genommen ist, unentgeltlich zu befördern, wofür die Bundes-Telegraphenverwaltung in der Beförderung von Eisenbahn-Dienstdepeschen Gegenseitigkeit ausüben wird.

---

[11]) BB 21. Dez. 68 (Beilage A), der den Fall der Kreuzung einer Großbahn durch TelegrLeitungen (§ 12) nicht betrifft; hierüber sowie üb. Kleinbahnen vorst. Anm. 10.

[1]) Abgedruckt mit dem Entw. des TelegrWegeG (Reichst. 98/00 Drucks. 170). — Eisenbahnen i. S. des Beschlusses sind nur die Großbahnen; auf Kreuzung v. Großbahnen durch TelLeitungen bezieht sich der Beschluß nicht (oben IX 4 Anm. 10, 11). — Private Großbahnen: KonzUrk. (oben I 7 Beil. B) Ziff. XIV.

[2]) BO § 11.

[3]) Ausweiskarten f. d. TelPersonal Vf 6. Mai 26 (Die Reichsbahn S. 277), ergänzt durch Vf 31. Jan. 28 (das. 153) u. 26. März 30 (das. 373).

[4]) Neue Gebührensätze Vf 48. 480p 185/25 v. 10. Jan. 1926.

7. Die Eisenbahnverwaltung hat ihren Betriebstelegraphen auf Erfordern des Bundeskanzler-Amts dem Privat-Depeschenverkehr nach Maßgabe der Bestimmungen der Telegraphenordnung für die Korrespondenz auf den Telegraphenlinien des Norddeutschen Bundes zu eröffnen[5]).

8. Über die Ausführung der Bestimmungen unter 1 bis einschließlich 6 wird das Nähere zwischen der Bundes-Telegraphenverwaltung und der Eisenbahnverwaltung schriftlich vereinbart[6]).

Unterbeilage A 1 (zu Anmerkung 6).

Vertrag vom 28. August / 8. September 1888 über die Verpflichtungen der Königlichen Staatseisenbahnen gegenüber der Reichs-Post- und Telegraphen-Verwaltung[1]).

Zwischen der Kaiserlichen Reichs-Post- und Telegraphen-Verwaltung, vertreten durch den Staatssekretär des Reichs-Postamts, einerseits und der Königlich Preußischen Staats-Eisenbahn-Verwaltung, vertreten durch den Minister der öffentlichen Arbeiten, andererseits ist in Gemäßheit der Ziffer 8 der vom Bundesrathe des Norddeutschen Bundes in seiner Sitzung vom 21. Dezember 1868 festgestellten Verpflichtungen der Eisenbahn-Verwaltungen im Interesse der Bundestelegraphen-Verwaltung folgender Vertrag abgeschlossen worden:

§ 1. Die Königlich preußischen Staatsbahnen gestatten der Reichs-Post- und Telegraphenverwaltung die unentgeltliche Benutzung des Bahngeländes der jeweilig von ihnen für eigene Rechnung verwalteten Eisenbahnen zur Anlage von Reichs-Telegraphenlinien, sowohl ober- als unterirdischer, soweit das Bahngelände außerhalb des Normalprofils des lichten Raumes liegt und nicht zu Seitengräben, Einfriedigungen und sonstigen für die Bahn nothwendigen Anstalten benutzt wird.

Für die oberirdischen Telegraphenlinien soll thunlichst entfernt von den Bahngeleisen nach Bedürfniß eine einfache oder doppelte Stangenreihe auf der einen Seite des Bahnplanums aufgestellt werden, welche von der Eisenbahn-Verwaltung zur Befestigung ihrer Telegraphenleitungen unentgeltlich mitbenutzt werden darf. Zur Anlage der unterirdischen Telegraphenlinien soll in der Regel diejenige Seite der Bahn benutzt werden, welche von den oberirdischen Linien im Allgemeinen nicht verfolgt wird.

Bezüglich der Lagestelle der Kabel findet gegenseitige Vereinbarung statt.

Die Führung der Reichs-Telegraphenlinien wird von der Reichs-Post- und -Telegraphen-Verwaltung und der Staats-Eisenbahn-Verwaltung gemeinschaftlich festgesetzt. Änderungen, welche durch den Betrieb der Bahnen nachweislich geboten sind, erfolgen auf Kosten der Reichs-Post- und Telegraphen-Verwaltung und der Staats-Eisenbahn-Verwaltung nach Verhältniß der hierbei in Frage stehenden beiderseitigen Anzahl Drähte. Über anderweite Veränderungen ist beiderseitiges Einverständniß erforderlich. Dieselben werden von der Reichs-Telegraphen-Verwaltung für Rechnung desjenigen Theiles ausgeführt, von welchem sie ausgegangen sind[2]).

§ 2. Die Staats-Eisenbahn-Verwaltung überläßt das Eigenthumsrecht an den vorhandenen Gestängen der Reichs-Post- und Telegraphen-Verwaltung, sobald die Letztere an diesen Gestängen Reichs-Telegraphen-Leitungen anlegen will, gegen Erstattung des von beiderseitigen Bevollmächtigten gemeinschaftlich zu ermittelnden Zeitwerthes und unter der Bedingung, daß die Gestänge von der Reichs-Post- und Telegraphen-Verwaltung auf deren alleinige Kosten unterhalten, von der Eisenbahn-Verwaltung aber mit der für sie nothwendigen Anzahl Leitungen mitbenutzt werden.

Bei Herstellung neuer Bahnlinien wird die Staats-Eisenbahn-Verwaltung der Reichs-Post- und Telegraphen-Verwaltung den Beginn des Baues der einzelnen Strecken und den Zeitpunkt, bis zu welchem die Fertigstellung in Aussicht genommen ist, rechtzeitig mittheilen.

Die Reichs-Post- und Telegraphen-Verwaltung hat sich darauf zu erklären, ob sie die neuen Bahnstrecken zur Anlage von Reichs-Telegraphenlinien benutzen will, und sichert für diesen Fall die rechtzeitige Aufstellung des Gestänges zu, so daß mit Eröffnung des Betriebes der Eisenbahn auch der Bahntelegraph benutzt werden kann.

Falls die Reichs-Post- und Telegraphen-Verwaltung die Benutzung eines in ihrem Eigenthum befindlichen, von beiden Verwaltungen gemeinschaftlich benutzten Gestänges aufgeben sollte, so daß das Gestänge nur den Zwecken der Staats-Eisenbahn-Verwaltung zu dienen haben würde, wird letztere denjenigen Theil des Gestänges, dessen sie für ihre Zwecke bedarf, gegen Erstattung des von beiderseitigen Bevollmächtigten gemeinschaftlich zu ermittelnden Zeitwerthes als Eigenthum erwerben, oder bis zu einem zwischen beiden Vertrag schließenden Verwaltungen zu vereinbarenden Zeitpunkte für ihre Leitungen ein eigenes Gestänge für ihre alleinige Rechnung herstellen und unterhalten. Soweit die Staats-Eisenbahn-Verwaltung das Gestänge nicht ganz oder theilweise übernimmt, wird es auf Kosten der Reichs-Post- und Telegraphen-Verwaltung von dieser beseitigt.

§ 3. Die Reichs-Post- und Telegraphen-Verwaltung ist berechtigt, auf ein und derselben Seite der Bahn nach Bedürfniß zwei parallele Stangenreihen aufzustellen, welche durch Verkuppelung thunlichst fest zu verbinden sind.

---

[5]) S. oben IX 3 Beil. A.

[6]) Vtr mit der StEV Unterbeilage A 1. — E 9. Aug. 23 RVerkBl 278 betr. Vereinb. über d. Verteilung der Kosten f. Änderungen an den TelAnlagen usw. der Reichspost aus Anlaß der Elektrisierung v. Reichsbahnen.

[1]) E 17. Sept. 88 EVBl 351. — Der Vtr gilt auch f. d. ehemals Hessischen Eis. und f. d. Main-Neckarbahn (E 7. Okt. 97 EVBl 358 u. 9. Feb. 03 EVBl 60). Die Reichsbahn ist in den Vtr eingetreten. — AusfVorschr FinanzO XII (Ausg. 02) S. 236ff., 108, 221, 227; Nachtrag I S. 111, 117ff.; E 2. Okt. 04 (ENBl 354) u. 11. Feb. 24 E VI 11. 606 p 15 betr. Mitbenutzung der Postdiensträume für Zwecke des ReichsTelegr- u. Fernsprechdienstes. — Berechnung u. Verteilung der Kosten solcher Vorrichtungen, die zum Schutze telegraphischer Anlagen gegen störende Einflüsse bei Herstellung elektrischer Starkstromanlagen auf Bahnhöfen erforderlich sind: E 9. Mai 99 (ENBl 269).

[2]) Vorst. Beil. A Anm. 6.

Sollten die örtlichen Verhältnisse an einzelnen Stellen die Anlage einer doppelten Stangenreihe nicht gestatten, so bleibt den beiderseitigen technischen Bevollmächtigten die Vereinbarung über eine anderweite Führung der Leitungen an diesen Stellen überlassen.

§ 4. Die Stangen werden nach den von der obersten Telegraphenbehörde vorgeschriebenen Grundsätzen auf alleinige Kosten der Reichs-Post- und Telegraphen-Verwaltung beschafft, aufgestellt und unterhalten. Sie dienen beiden Verwaltungen gemeinschaftlich zur Anbringung ihrer Drahtleitungen.

Die Plätze zur Anbringung der Bahnleitungen werden von der Reichs-Post- und Telegraphen-Verwaltung nach Anhörung und unter möglichster Berücksichtigung der Wünsche der Staats-Eisenbahnverwaltung bestimmt. Dieselben sollen, soweit thunlich, auf der den Bahngeleisen zugekehrten Seite der Stangen und nicht niedriger als 2 Meter über der Erde angelegt werden.

§ 5. Jeder Verwaltung bleibt die Wahl, Beschaffung und Anbringung ihrer Isolir-Vorrichtungen und Drahtleitungen überlassen.

§ 6. Die zur Führung der Leitungen durch Tunnel erforderlichen Telegraphenkabel werden von jeder Verwaltung auf ihre eigenen Kosten beschafft, eingelegt und unterhalten.

Werden für die Führung der Telegraphenkabel durch Tunnel gemeinschaftliche Schutzhüllen benutzt, so vertheilen sich die Kosten der Neubeschaffung und Unterhaltung dieser Umhüllungen auf die beiden Verwaltungen nach dem Verhältniß der Anzahl der beiderseitigen Kabel.

§ 7. Die Staats-Eisenbahn-Verwaltung gestattet der Reichs-Post- und Telegraphen-Verwaltung die unentgeltliche[3]) Lagerung der zur Unterhaltung gemeinschaftlich benutzter Gestänge erforderlichen Stangenvorräthe auf näher anzuweisenden Plätzen der dazu geeigneten Bahnhöfe.

Diese Stangenvorräthe werden, gleichwie die Eisenbahn-Baumaterialien, durch die Bahnbeamten mit beaufsichtigt und bewacht, ohne daß die Eisenbahnverwaltung in dieser Beziehung eine Gewähr übernimmt.

§ 8. Zur Ermittelung derjenigen Stangen, welche im Laufe der Zeit schadhaft werden, und behufs Sicherung sowohl des Bahn- als des beiderseitigen Telegraphen-Betriebes wird die Reichs-Post- und Telegraphen-Verwaltung jährlich mindestens einmal eine besondere Prüfung jeder einzelnen Stange durch ihre technischen Beamten vornehmen und die hierbei sich als nothwendig ergebenden Ausbesserungen an der Stangenreihe auf ihre alleinigen Kosten ausführen lassen.

§ 9. Die Staats-Eisenbahn-Verwaltung hat die Befugniß, in Fällen, in denen Gefahr im Verzuge ist, Erneuerungen oder Versetzungen von Stangen oder sonstige Ausbesserungen an der Stangenreihe selbständig vorzunehmen und die zu diesem Zweck erforderlichen Stangen aus den auf den Bahnhöfen gelagerten, der Reichs-Post- und Telegraphen-Verwaltung gehörenden Stangenbeständen zu entnehmen. Dieselbe verpflichtet sich jedoch, die Eisenbahn-Telegraphen-Aufseher anzuweisen, von allen selbständig bewirkten Erneuerungen, Versetzungen oder sonstigen Ausbesserungen der Reichs-Telegraphen-Gestänge der nächsten Reichs-Telegraphen-Anstalt unter gleichzeitiger Übersendung einer Quittung über die aus den Beständen entnommenen Stangen Mittheilung zu machen. Die der Staats-Eisenbahn-Verwaltung erwachsenden Kosten für Ausbesserungen an der Stangenreihe werden von der Reichs-Post- und Telegraphen-Verwaltung auf Grund der von der Eisenbahn-Verwaltung vierteljährlich aufzustellenden Kostenberechnung baar erstattet.

§ 10. Auf Verlangen der Staats-Eisenbahn-Verwaltung wird die Reichs-Post- und Telegraphen-Verwaltung das Ab- und Wiederanschrauben der Bahn-Telegraphen-Isolatoren an die zur Auswechselung gelangenden Stangen mit den übrigen Arbeiten gleichzeitig ausführen lassen und der Eisenbahn-Verwaltung dafür den Betrag von 10 Pf. für den Isolator in Rechnung stellen[4]). Die Reichs-Post- und Telegraphen-Verwaltung behält sich jedoch vor, höhere Kosten in Forderung nachzuweisen, falls sich bei Anwendung schwierigerer Isolir-Vorrichtungen herausstellen sollte, daß der vorgenannte Betrag die Selbstkosten nicht deckt.

§ 11. Die Staats-Eisenbahn-Verwaltung gestattet den mit der Anlage und Unterhaltung der Reichs-Telegraphenlinien beauftragten und hierzu berechtigten Beamten der Reichs-Post- und Telegraphen-Verwaltung, den Leitungsaufsehern und Hülfsarbeitern behufs Ausführung ihrer Geschäfte das Betreten der Bahn, unter Beachtung der bahnpolizeilichen Bestimmungen, auch zu gleichem Zwecke diesen Beamten und den Leitungsaufsehern die Benutzung eines Schaffnersitzes oder eines Dienstkupees auf allen Zügen ohne Ausnahme, einschließlich der Güterzüge, gegen Lösung einer Fahrkarte der III. Wagenklasse. Die Staats-Eisenbahn-Verwaltung fertigt den von der Reichs-Post- und Telegraphen-Verwaltung namhaft zu machenden Beamten die erforderlichen Berechtigungskarten[5]) aus.

Die unentgeltliche Mitführung von Werkzeugen und Materialien in den Kupees ist insoweit gestattet, als die Mitreisenden dadurch nicht belästigt werden.

§ 12. Die Staats-Eisenbahn-Verwaltung verpflichtet sich, den mit der Anlage und Unterhaltung der Reichs-Telegraphenlinien beauftragten und hierzu berechtigten Beamten behufs Beförderung von Linien-Materialien auf Ersuchen die nöthigen Streckenwagen unter bahnpolizeilicher Beaufsichtigung eines Bahnbeamten zur Verfügung zu stellen. Die Reichs-Post- und Telegraphen-Verwaltung vergütet der Eisenbahn-Verwaltung für jeden solchen Wagen 50 Pf. für jeden auch nur angefangenen Tag der Benutzung und für den beaufsichtigenden Bahnbeamten Tagegelder von 2 Mark für jeden auch nur angefangenen Tag der Beaufsichtigung[4]). Diese Vergütung weist die Staats-Eisenbahn-Verwaltung auf Grund der von den technischen Beamten der Reichs-Post- und Telegraphen-Verwaltung ausgestellten Bescheinigungen vierteljährlich in Forderung nach.

§ 13. Die Staats-Eisenbahn-Verwaltung läßt die Reichs-Telegraphen-Anlagen[6]) an der Bahn gegen eine Entschädigung bis zur Höhe von 4 Mark für das Jahr und das Kilometer[4]) durch ihr Personal bewachen und in Fällen

---

[3]) Jetzt E 27. Mai 22 EI 11. 1414.

[4]) Neue Sätze Vf 48. 480 p 185/25 v. 10. Jan. 26.

[5]) Oben Beil. A Anm. 3.

[6]) Fernsprechanlagen E 4. Sept. 02 (EVBl 463). — Verteilung der Entschäd. an die EisBediensteten Witte S. 568.

der Beschädigung nach Anleitung der von der Reichs-Post- und Telegraphen-Verwaltung erlassenen Anweisung vorläufig wieder herstellen, auch von jeder wahrgenommenen Störung der Linien dem nächsten Reichs-Post- oder Telegraphen-Amt Anzeige machen. Die zur Ausrüstung des Bahnpersonals nöthigen Geräthe zur vorläufigen Wiederherstellung der beschädigten Anlagen werden von der Reichs-Post- und Telegraphen-Verwaltung, die Telegraphenleitern von der Eisenbahn-Verwaltung beschafft und unterhalten und bleiben Eigenthum der Unterhaltungspflichtigen. Die Benutzung dieser Gegenstände steht beiden Verwaltungen zu.

§ 14. Die Baarauslagen für Tagelöhne und Materialien, welche bei vorläufiger Wiederherstellung der Reichs-Telegraphenlinien erwachsen sind, werden auf Grund der von der Staats-Eisenbahn-Verwaltung aufzustellenden gehörig bescheinigten Rechnungen seitens der Reichs-Post- und Telegraphen-Verwaltung vierteljährlich baar erstattet.

Den mit der endgültigen Wiederherstellung von Beschädigungen beauftragten Beamten, Leitungsaufsehern und Telegraphenarbeitern wird seitens der Bahnbeamten auf Erfordern bei diesem Geschäfte unentgeltliche Unterstützung geleistet, soweit jene Beamten dazu ohne Behinderung in der Wahrnehmung ihrer sonstigen amtlichen Obliegenheiten im Stande sind.

§ 15. Behufs schnellerer Ermittelung und Beseitigung von Störungsursachen sollen die beiden Eisenbahnstationen, zwischen welchen ein Fehler in den Reichs-Telegraphenlinien eingegrenzt ist, mittels Telegramms durch das Kaiserliche Telegraphen- oder Postamt von dem Bestehen dieses Fehlers auf der zwischen ihnen liegenden Strecke in Kenntniß gesetzt und gleichzeitig um Ablassung des für dergleichen Störungen durch die Signalordnung vorgeschriebenen Zugsignals ersucht werden. Dieses Signal wird von jeder der beiden Eisenbahnstationen den nächsten beiden, die Fehlerstrecke am Tage durchfahrenden Bahnzügen oder Maschinen mitgegeben, wenn inzwischen nicht bereits die ebenfalls mittels Diensttelegramms zu bewirkende Mittheilung von der Beseitigung des Fehlers eingegangen sein sollte.

Nach jedem Durchgange des Störungssignals haben die Bahnaufsichtsbeamten die Telegraphenanlagen auf ihrer Aufsichtsstrecke einer genauen Besichtigung zu unterwerfen und etwa vorgefundene Fehler nach der im § 13 gedachten Anweisung zu beseitigen.

Damit aber das Aufsichtspersonal der fehlerfreien Strecken nicht unnöthig benachrichtigt wird, soll diejenige der vorgedachten beiden Eisenbahnstationen, welche in Bezug auf die Fahrtrichtung des das Signal führenden Zuges am Endpunkte der Fehlerstrecke liegt, die Abnahme des Signals bewirken.

§ 16. Die Staats-Eisenbahn-Verwaltung wird bei vorübergehenden Unterbrechungen und Störungen der Reichs-Telegraphen alle Telegramme der Reichs-Post- und Telegraphen-Verwaltung mittels ihres Telegraphen, soweit dieser nicht für den Eisenbahnbetriebsdienst in Anspruch genommen ist, unentgeltlich befördern, wofür die Reichs-Post- und Telegraphen-Verwaltung in der Beförderung der Eisenbahndiensttelegramme Gegenseitigkeit ausüben wird.

§ 17. Die Entschädigungen und Ersatzleistungen, welche auf Grund der Haftpflicht-, Unfallversicherungs- und Unfallfürsorge-Gesetze an die bei der Einrichtung, Unterhaltung und Wiederherstellung der Reichs-Telegraphen-Anlagen beschäftigten Beamten und Arbeiter und deren Hinterbliebene zu gewähren sind, trägt die Reichs-Post- und Telegraphen-Verwaltung, sofern sie nicht nachweist, daß der Unfall durch ein Verschulden der Eisenbahn-Verwaltung oder einer der im Eisenbahnbetrieb verwendeten Personen herbeigeführt ist.

§ 18. Über etwaige im Laufe der Zeit erforderliche Änderungen der Festsetzungen des gegenwärtigen Vertrages wird eine besondere Vereinbarung vorbehalten.

§ 19. Der vorstehende, von beiden Theilen genehmigte und unterschriebene und doppelt ausgefertigte Vertrag tritt am 1. Oktober 1888 in Geltung.

Sämmtliche zur Zeit bestehende, den gleichen Gegenstand betreffende Verträge zwischen den Reichs-Post- und Telegraphenbehörden einerseits und den Königlich preußischen Staatseisenbahnbehörden andererseits treten mit dem gleichen Zeitpunkt außer Kraft.

X. Zollwesen. Handelsverträge.

Einleitung.

Die grundlegenden Vorschriften des Eisenbahn-Zollrechts enthält das Vereinszollgesetz (Nr. 2). Es erklärt die Eisenbahnen für Zollstraßen und trifft für den Bahnverkehr eine Sonderregelung, die von der Ordnung des sonstigen Zollverkehrs zu Lande abweicht, z. B. in bezug auf die für die zur Grenzüberschreitung freigegebene Zeit und die Geschäftsstunden; namentlich aber ist für den Massengüterverkehr der Eisenbahn neben der sofortigen Zollabfertigung durch das Grenzamt oder der Abfertigung auf Begleitschein (I oder II) ein vereinfachtes Verfahren: die Abfertigung auf Ladungsverzeichnis auf Grund bloß allgemeiner Anmeldung und unter Raumverschluß zugelassen. Die Einzelbestimmungen und zugleich weitere Vereinfachungen enthält die Eisenbahn-Zollordnung (Nr. 2 Beilage A).

Die unten abgedruckten eisenbahnrechtlichen Vorschriften des Zolltarifgesetzes (Nr. 3) behandeln Zollbefreiungen für den Reisebedarf, für die den Verkehr über die Grenze vermittelnden Fahrzeuge und für den Bau internationaler Bahnverbindungen.

Verpflichtungen, die den sich aus dem Vereinszollgesetz ergebenden verwandt sind, legt den Eisenbahnen das Gesetz über die Statistik des Warenverkehrs mit dem Ausland (Nr. 4) auf.

Es versteht sich von selbst, daß bei der großen Bedeutung des Zollwesens für den zwischenstaatlichen Verkehr neben der autonomen Ordnung durch den einzelnen Staat auch Abmachungen mit fremden Staaten hergehen, und zwar enthalten diese vielfache Durchbrechungen der autonomen Ordnung. Vor dem Kriege bestand auch für uns eine große Anzahl solcher Abmachungen, die meist in sogenannten Handelsverträgen niedergelegt waren. Nachdem der Weltkrieg mit seinen Nachwirkungen — z. B. Umgestaltung der staatlichen Ordnung in einem großen Teile Europas und auch in den anderen Erdteilen, Inflation, Emporwachsen gewisser Industrien in neugebildeten Staaten — die Handelsverträge des Deutschen Reichs mit dem Auslande teils förmlich außer Kraft gesetzt, teils in ihren Grundlagen erschüttert hatte, wird seit einigen Jahren das Vertragsystem neu aufgebaut, ein schwieriges Werk, das durch die aus den „Friedensverträgen" hervorgegangene Umwälzung eine gewaltige Erschwerung erfahren hat und erst in Angriff genommen werden konnte, nachdem die Knebelung, die der Versailler Vertrag dem Reiche aufgezwungen hatte, großenteils durch Zeitablauf gegenstandslos geworden war (Näheres bei Vogt — unten X 2 Anm. 1 B — S. 3fg.). In Nr. **4** werden die eisenbahnrechtlichen Vorschriften der bis jetzt (März 1930) zustande gekommenen neuen Verträge mitgeteilt; nicht berücksichtigt sind dabei Bestimmungen, die nur den örtlichen Grenzverkehr regeln, und die nur als vorläufige getroffenen Vereinbarungen — diese mit Ausnahme einzelner von besonderer wirtschaftlicher Bedeutung; die zahl- und umfangreichen Verträge mit Polen sind oben bei I 6 Anm. 7 angeführt. Aus dem Internationalen Abkommen zur Vereinfachung der Zollförmlichkeiten vom 3. November 1923 (RGBl 1925 II 673) sei hier nur erwähnt, daß es in Anl. 14 unter B 11—13 drei „Wünsche" wegen Zollbehandlung des Reisegepäcks enthält.

Im weiteren sind hier nicht aufgenommen die Bestimmungen der Bahnverwaltungen über die innere Diensthandhabung und die Vorschriften über den Inlandsverkehr gewisser reichssteuerpflichtiger Gegenstände (Zucker, Branntwein, Bier, Schaumwein, Tabak, Zündwaren u. a. m.); die Übergangsabgaben, wie sie früher bei einzelnen dieser Waren im Binnenland erhoben wurden, bestehen nicht mehr.

Das Schrifttum über das Zollwesen ist wenig entwickelt. Zur Orientierung über dessen Grundlagen, auch die Zollpolitik, eignen sich: Vogt, Zollwesen, 1. Teil, Kassel (Jahr des Erscheinens nicht angegeben, vermutlich 1925); Trautvetter, Zölle, in Strutz' Handbuch des Reichssteuerrechts, Berlin 1924, S. 902ff.; Lösener, Grundriß des deutschen Zollrechts, Berlin 1928; kurze Übersicht: Fritsch EisRecht §§ 24, 62. Die vortreffliche Zusammenstellung aller für die Eisenbahnen wichtigen zoll-, steuer- und polizeirechtlichen Bestimmungen in Kundmachung 6 des Verkehrsverbands (oben VII 1), die den beiden ersten Auflagen d. W. als Unterlage gedient hatte, ist veraltet; die dringend erwünschte Neubearbeitung wird, da die verworrenen Verhältnisse erst nach einigen Jahren geklärt sein werden, noch geraume Zeit auf sich warten lassen müssen. Verschiedene Fragen des Eisenbahnzollrechts erörtert Fischer in „Die Reichsbahn" **1930** S. 66, 86, 105.

2. Vereinszollgesetz. Vom 1. Juli 1869 (Bundesgesetzbl. 317)[1]).

Auszug[1]).

III. Erhebung des Zolles.

§ 13[2]). Zur Entrichtung des Zolles ist dem Staate gegenüber derjenige verpflichtet, welcher zur Zeit, wo der Zoll zu entrichten, Inhaber (natürlicher Besitzer) des zollpflichtigen Gegenstandes ist. . . .

IV. Einrichtungen zur Beaufsichtigung und Erhebung des Zolles.

§ 17 Abs. 1. Zollstraßen sind:

a) alle die Grenzen gegen das Vereinsausland überschreitenden oder an der Grenze beginnenden, dem öffentlichen Verkehr dienenden Eisenbahnen[1D]) für den Eisenbahntransport;

b) c)

V. Allgemeine Bestimmungen für die Waaren-Einfuhr, Ausfuhr und Durchfuhr.

§ 21. (Abs. 1—4 bestimmen, daß die Überschreitung der Grenze grundsätzlich nur auf Zollstraßen und während der Tageszeit erfolgen darf.)

Die Überschreitung der Grenze außerhalb der angegebenen Zeit ist ferner gestattet:

d) beim Transport auf den dem öffentlichen Verkehr dienenden Eisenbahnen[1D]);

(e. f).

Rücksichtlich der Zeit, innerhalb deren Zollabfertigungen an der Grenze vorgenommen werden, gelten die Bestimmungen des § 133.

§ 22. Beim Eingange ist die Ladung zu deklariren. Die Deklarationen sind entweder generelle oder spezielle.

[3]) Die generelle Deklaration (Ladungsverzeichniß, Manifest), welche bei der Einfuhr auf Eisenbahnen und seewärts abzugeben ist, muß enthalten:

die Zahl der Wagen, aus denen der Transport besteht, bei Schiffen den Namen oder die Nummer des Schiffsgefäßes;

den Namen und Wohnort der Waarenempfänger;

die Zahl der Kolli, deren Verpackungsart, Zeichen und Nummern, sowie die allgemeine Bezeichnung der Gattung der geladenen Waaren;

beim Eingange auf den Eisenbahnen außerdem deren Bruttogewicht.

Sie muß ferner mit der Versicherung der Richtigkeit der gemachten Angaben und der Unterschrift des Deklaranten versehen sein.

(Abs. 4. 5. Spezielle Deklaration.)

---

[1]) A. Inhalt des Auszugs. III (§ 13) Erhebung des Zolls, IV (§ 17) Einricht. z. Beauff. u. Erheb. des Zolls, V (§§ 21 ff.) allg. Best. f. d. Waren-Ein-, Aus- u. Durchfuhr auf Eisenb., X (§ 92) Behandl. der Reisenden, XII (§§ 94—96) Warenverschluß, XV (§§ 119—122) Kontrollen im Grenzbezirk, XVIII (§§ 128, 131) Dienststellen u. Beamte u. deren Befugnisse, XIX (§ 133) Geschäftstunden, XX (§§ 134—165) Strafbest., XXI (§ 167) Schlußbest. — Ausführungsanweisung unten bei § 167. Eisenbahnzollordnung (Anm. 25) Beilage A.

B. Bearb. Hoffmann in Stengleins Kommentar zu den strafrechtl. Nebengesetzen, 1912 (neue Aufl. z. Z. — Ende 1929 — noch nicht erschienen). Weiteres Schrifttum: Vogt, Das deutsche Zollrecht (Teil 2 des oben in X 1 erwähnten Buches), 3. Aufl. Kassel 1929. Weiteres oben bei X 1.

C. Das Zollgebiet (RVerf Art. 82) besteht aus dem Deutschen Reiche mit Ausschluß

a) Helgolands,

b) einzelner badischer Gemeinden,

c) der Freihafengebiete u. einzelner Hafenanlagen,

d) z. Z. des Saargebiets (Vtr. v. Versailles Anl. zu Art. 50 § 31)

(nähere Angaben bei Vogt, vorst. B, § 3; auch in Hue de Grais, Handbuch der Verfass. usw., § 142 Anm. 1); ferner gehören zum Zollgeb. die österr. Gemeinden Jungholz u. Mittelberg. Bis zum Vtr. v. Versailles war auch Luxemburg Teil des ZGeb.

D. Eisenbahnen i. S. des VZG sind nach § 17a alle Groß- u. Kleinbahnen.

[2]) Nach neueren Entsch. des RFinanzhofs u. des RFinMin. — Nachweis in den Aufzeichn. des Sonderausschusses f. Zollangeleg. des EisVerkehrsverbands (oben VII 1) vom 23./25. April 29 S. 18 — ist b. d. Ausübung d. Besitzes i. S. § 13 Stellvertretung zulässig u., soweit im Einzelfalle Vertretungsmacht u. Vertretungswille erkennbar hervortreten, Zollschuldner i. S. des § 13 nicht der Stellvertreter, sondern der Vertretene. Mit Rücksicht auf jene Entsch. sind in § 65 (5) der EVO v. 1928 b. d. Vorschrift, daß, solange das Gut unterwegs ist, die Zoll- u. Steuervorschriften v. d. Eisenbahn zu erfüllen sind, die Worte „für den Vertretungsberechtigten" eingeschaltet worden. Daraus ergibt sich für Sendungen, auf die die EVO anzuwenden ist, ein für allemal,

daß die Eisenbahn nicht als Zollschuldner i. S. des § 13 in Anspruch genommen werden kann.

Für andere Sendungen hat es die EisVerw. in der Hand, sich ein für allemal durch den Tarif od. dgl. und für den Einzelfall durch ausdrückliche Erklärung die gleiche Rechtsstellung zu verschaffen. (Beiläufig sei bemerkt, daß durch die Beschlüsse des obengenannten Sonderausschusses nicht nur die Behandl. der nicht der EVO unterliegenden Sendungen, sond. auch eine einheitl. Regelung der Frage vorbereitet w. ist, inwieweit sich die Eis. mit der Einlegung von Rechtsmitteln gegen Steuerbescheide zu befassen hat; auf diese Frage kann hier nicht weiter eingegangen werden.) — Über die Haftung der Bahn u. über deren Rückgriff auf Absender u. Empfänger s. noch Fischer in „Die Reichsbahn" **1930** 87 ff.

[3]) EZO §§ 23 ff. 15.

Die Deklarationen müssen in Deutscher Sprache abgefaßt und deutlich geschrieben sein. Auch dürfen sie weder Abänderungen noch Rasuren enthalten. Deklarationen, welche diesen Erfordernissen nicht entsprechen, können zurückgewiesen werden.

Die näheren Bestimmungen über den Umfang der Deklarationspflicht enthalten die Abschnitte VI bis VIII.

§ 23. Die Deklaration liegt dem Waarenführer[4]) ob. An Stelle desselben kann auch der Waarenempfänger die Gattung und Menge der Waaren mit der Angabe, welche Abfertigungsweise begehrt wird, speziell (§ 22) deklariren.

(Abs. 2 bis 4: Vervollständigung und Berichtigung der Deklaration.)

§ 27. Werden die Deklarationen nicht rechtzeitig (§§ 39, 63, 66, 75 und 81) abgegeben, so werden die Waaren auf Kosten und Gefahr der Betheiligten unter amtlichen Gewahrsam oder amtliche Bewachung genommen.

Besitzt der Waarenführer keine Frachtbriefe oder andere über seine Ladung sprechende Papiere, oder nur solche, die zur Anfertigung der vorgeschriebenen Deklaration unzureichend sind, oder über deren Richtigkeit er Zweifel hegt, und ist ihm sonst die Ladung nicht genug bekannt, um die Deklaration zu fertigen oder fertigen zu lassen, und erfolgt auch nicht die Deklaration Seitens des Waarenempfängers, so hat der Waarenführer, wenn er nicht den höchsten Eingangszoll zu entrichten erbötig ist, in dem Abfertigungspapier oder besonders schriftlich oder zu Protokoll zu erklären, daß er außer Stande sei, eine zuverlässige Deklaration abzugeben und hiermit den Antrag auf Vornahme der amtlichen Revision zu verbinden. Es schreitet sodann die Zollbehörde zur speziellen Revision (§ 28), deren Befund der Waarenführer, welcher für die richtige Stellung der Ladung zur Revision haftet, mit zu unterzeichnen hat. Der Waarenführer und der Empfänger müssen in diesem Falle sich gefallen lassen, daß die gehörig deklarirten Ladungen, auch wenn sie später eintreffen, in der Abfertigung vorgezogen werden und daß die Ladung inzwischen auf seine Kosten unter amtlicher Bewachung und Verschluß gehalten wird.

§ 28[5]). Die Revision Seitens der Zollbehörde ist entweder eine allgemeine oder eine spezielle. Die erstere geschieht nur nach Zahl, Zeichen, Verpackungsart und Gewicht der Kolli ohne deren Eröffnung. Bei der speziellen Revision findet außerdem die Eröffnung der Kolli statt, um die Gattung und Menge der in denselben enthaltenen Waaren zu ermitteln.

§ 32. Abs. 1 Satz 1. Sollen die Waaren in den freien Verkehr treten, so erfolgt spezielle Revision (§§ 28—30)[5]).

§ 33. Sollen die Waaren unverzollt von dem Grenzzollamte auf ein zur weiteren zollamtlichen Abfertigung befugtes Amt im Innern, oder zur unmittelbaren Durchfuhr abgelassen werden, so geschieht dies entweder im Ansageverfahren ..., oder es tritt die Abfertigung auf Ladungsverzeichniß oder Begleitschein[5]) ein. Die Begleitscheine bestehen in Begleitscheinen Nr. I oder Nr. II. Die Begleitscheine Nr. I und die denselben gleichgestellten amtlichen Bezettelungen, sowie die Ladungsverzeichnisse haben den Zweck, den richtigen Eingang der über die Grenze eingeführten Waaren am inländischen Bestimmungsorte oder die Wiederausfuhr solcher Waaren zu sichern. Begleitscheine Nr. II dienen dazu, die Erhebung des durch spezielle Revision ermittelten Zollbetrages einem anderen Amte gegen Sicherheitsleistung zu überweisen.

§ 35. Die näheren Bestimmungen über das bei der Waaren-Ein-, Aus- und Durchfuhr zu beobachtende Verfahren richten sich darnach, ob der Ein- und Ausgang auf Landstraßen, Flüssen und Kanälen oder auf Eisenbahnen oder seewärts stattfindet.

VII. Bestimmungen über die Waaren-Einfuhr, Ausfuhr und Durchfuhr auf den Eisenbahnen[5a]).

A. Allgemeine Verpflichtungen der Eisenbahn-Verwaltungen:

1. bezüglich der für die Abfertigung und die einstweilige Niederlegung ... erforderlichen Räume;

§ 59. Die Eisenbahnverwaltung hat auf den für die Zollabfertigung bestimmten Stationsplätzen die für die zollamtliche Abfertigung und für die einstweilige Niederlegung der nicht sofort zur Abfertigung gelangenden Gegenstände erforderlichen Räume zu stellen, beziehungsweise die nach der Anordnung der Zollbehörde hierfür nöthigen baulichen Einrichtungen zu treffen[6]).

2. gegenüber den Zollbeamten.

§ 60[7]). Diejenigen Oberbeamten der Zollverwaltung, welche mit der Kontrole des Verkehrs auf den Eisenbahnen und der die Abfertigung desselben bewirkenden Zollstellen besonders beauftragt sind und sich darüber gegen die Angestellten der Eisenbahn ausweisen, sind befugt, zum Zwecke dienstlicher Revisionen oder Nachforschungen, die Wagenzüge an den Stationsplätzen und Haltestellen so lange zurückzuhalten, als die von ihnen für nöthig erachtete und möglichst zu beschleunigende Amtsverrichtung solches erfordert.

Die bei den Wagenzügen oder auf den Stationsplätzen oder Haltestellen anwesenden Angestellten der Eisenbahnverwaltungen sind in solchen Fällen verpflichtet, auf die von Seite der Zollbeamten

---

[4]) Hoffmann (Anm. 1 A) Anm. 3ff. zu § 21.

[5]) EZO §§ 25, 32fg., 40, 43, 54. — Zu § 28: Begleitschein im EisVerkehr Vogt (Anm. 1 B) S. 120. — Unten X 2 Beil. A Anm. 39.

[5a]) Zu Abschn. VII Vogt (Anm. 1 A) § 17, Lösener (oben X 1) § 15.

[6]) A. EZO §§ 5fg. Gleim, EisRecht § 54. Bei Aufstellung der Pläne für Bahnhöfe in größeren

an sie ergehende Aufforderung bereitwillig Auskunft zu ertheilen und Hülfe zu leisten, auch den Zollbeamten die Einsicht der Frachtbriefe und der auf den Güterverkehr bezüglichen Bücher zu gestatten.

Nicht minder sind die bezeichneten Zollbeamten befugt, innerhalb der gesetzlichen Tageszeit[8]) alle auf den Stationsplätzen und Haltestellen vorhandenen Gebäude und Lokalien, soweit solche zu Zwecken des Eisenbahndienstes und nicht blos zu Wohnungen benutzt werden, ohne die Beachtung weiterer Förmlichkeiten zu betreten und darin die von ihnen für nöthig erachteten Nachforschungen vorzunehmen. Dieselbe Befugniß steht ihnen auf solchen Stationsplätzen und Haltestellen, welche von Nachtzügen berührt werden, auch zur Nachtzeit zu.

Jeder mit der Kontrole des Eisenbahnverkehrs besonders beauftragte Oberbeamte muß innerhalb der von der betreffenden Zolldirektivbehörde bezeichneten Strecke der Eisenbahn in beiderlei Richtungen in einem Personenwagen II. Klasse unentgeltlich befördert werden[9]).

Eben so hat, wo die Zollverwaltung eine Begleitung der Wagenzüge durch Zollbeamte eintreten läßt, die Beförderung der Begleitungsbeamten unentgeltlich zu erfolgen und ist denselben ein Sitzplatz auf einem Wagen nach ihrer Wahl, sofern sie von der Begleitung zurückkehren, aber ein Platz in einem Personenwagen mittlerer Klasse einzuräumen[10]).

B. Waaren-Eingang. 1. Zollamtliche Behandlung der Güter, die in Eisenbahnwagen die Grenze überschreiten.

§ 61[11]). Bei Ueberschreitung der Grenze dürfen in den Personenwagen oder sonst anderswo als in den Güterwagen sich keine Gegenstände befinden, welche zollpflichtig sind oder deren Einfuhr verboten ist. Eine Ausnahme findet nur hinsichtlich der unter dem Handgepäck der Reisenden befindlichen zollpflichtigen Kleinigkeiten, sowie des Gepäcks statt, welches sich auf den mittelst der Eisenbahn beförderten Wagen von Reisenden befindet.

Auf den Lokomotiven und in den dazu gehörigen Tendern dürfen nur Gegenstände vorhanden sein, welche die Angestellten oder Arbeiter der Eisenbahnverwaltung auf der Fahrt selbst zu eigenem Gebrauch oder zu dienstlichen Zwecken nöthig haben. Auch dürfen weder in den Eisenbahnwagen, noch in den Lokomotiven und Tendern geheime oder schwer zu entdeckende, zur Aufnahme von Gütern oder Effekten geeignete Räume vorhanden sein.

§ 62. Sämmtliche Frachtgüter und Effekten, deren Abfertigung nach Maaßgabe der folgenden Bestimmungen stattfinden soll, müssen in der Regel schon im Auslande in leicht und sicher verschließbare Güterwagen (Kulissenwagen, Wagen mit Schutzdecken), oder in abhebbare Behälter, nach den von der Zollbehörde zu ertheilenden näheren Vorschriften, verladen sein[12]).

Generelle Deklaration. Ladungs-Verzeichniß.

§ 63[13]). Unmittelbar nach Ankunft des Zuges auf dem Bahnhofe des Grenzzollamtes hat der Zugführer oder der sonstige Bevollmächtigte der Eisenbahnverwaltung dem Amte vollständige Ladungsverzeichnisse über die Frachtgüter in zweifacher Ausfertigung zu übergeben. Der einen Ausfertigung müssen die Frachtbriefe über die darin verzeichneten Güter beigefügt sein.

Städten u. Handelsplätzen ist der Zollbehörde Gelegenheit zur Äußerung von Wünschen wegen Herstellung der ZollabfertRäume zu geben E 13. Juni 78 (EVBl 183). Auch die Unterhaltung der in § 59 bezeichneten Räume liegt der Eis. ob, nicht jedoch die Reinigung der Schornsteine und Öfen E 20. Febr. 92 (Gleim S. 339), auch nicht Beschaffung v. Dienstwohnungen Gleim S. 338. Über solche Wohnungen s. E 6. Mai 22 E II 23. 1325. Zur unentgeltl. Stellung der Räume f. öff. Zollniederlagen (§§ 97ff.) oder f. d. Steuerabfert. ist die Eis. nicht verpflichtet — E 4. Juli 23 E VI 11. 846 u. 9. März 22 E I 11. 549 —, auch nicht f. d. Außenhandelskontrolle E 18. März 22 E I 11. 548. Aufschriften, Schilder, Beleuchtungskörper E 27. Juli 10 V K 11. 202, Öfen E 31. Juli 11 V K 9. 268. — Rechtschar. der der Eis. aus § 59 oblieg. Verpflichtung, Haftung einers. der Eis., anders. des Zolls f. d. niedergelegten Güter, Verh. beider Haftungen zueinander RG **67** 335, auch **115** 419 — dazu Fleiner S. 339 (67) —, s. auch EVO § 75 (1) u. EZO § 6 (1). — Haft. der Zollverw. f. d. in Niederlagen (G § 97) befindl. Waren RG EE **23** 14, **45** 36.

B. Die Reichsbahn-Gesellschaft nimmt auf Grund RBahnG § 13 das Recht in Anspruch, f. d. nach VZollG § 59 (u. EZO § 5) ihr obliegenden Leistungen angemessene Vergüt. zu fordern (s. oben I 5 Anm. 60); das Reich hat ihr jetzt eine solche zugestanden. Vf 48 G f ü 4 v. 17. April u. 13. Juni 28, Beil. B und C. Vgl. dazu auch Gutachten d. RFinanzhofs 21. Dez. 26 JW **1927**, 1776. — Wagenklassen, in denen die Zollbeamten befördert w., Vf 16 A f z Zoll 6 v. 30. Juli 29.

[7]) EZO §§ 13, 14. — § 60 ist auch auf Kleinbahnen anzuwenden. E 4. Mai 04 EVBl 135. — Oben III 5 Anm. 4. — BO § 78 (1) Ziff. 3.

[8]) G § 21: Jan. u. Dez. 7^0 bis $6^{\underline{0}}$; Feb., Okt. u. Nov. 6^0 bis $6^{\underline{0}}$; März, April, Aug., Sept. $5^{\underline{0}}$ bis $8^{\underline{0}}$; Mai, Juli $4^{\underline{0}}$ bis $10^{\underline{0}}$.

[9]) Für Reichsbahnstrecken ist die Entschäd. f. d. Freifahrt in der nach Anm. 6 B zu leistenden Vergüt. inbegriffen (auch f. Oberbeamte des Zollfahndungsdienstes). Vf 16 A f z Zoll 2 v. 18. Mai 28.

[10]) EZO § 12 (2).

[11]) EZO § 16, 7. 8. — Soweit § 61 üb. d. Beschaffenheit d. Fahrzeuge bestimmt, richtet er sich an die EisVerw., soweit er die Ladung betrifft, an den Warenführer; Warenführer ist der Zugführer (Packmeister) dann nicht, wenn ohne sein Wissen ein anderer eigenmächtig die Sachen in den Zug gebracht hat u. dieser andere im Zuge anwesend ist. Hoffmann (Anm. 1 B) Anm. 2, 3.

[12]) EZO §§ 7, 8, 10.

[13]) A. EZO §§ 26ff., 40, 48. — Hiernach kommen f. d. EisVerkehr folg. Arten der Zollabfert. in Frage (s. auch Fischer — in „Die Reichsbahn" **1930** 90):

a) sofortige Verzollung beim Grenzamt (G § 32),

b) Abfert. auf Begleitschein I oder II (G § 33, s. unten Anm. 14),

Die Ladungsverzeichnisse müssen die verladenen Kolli nach Inhalt, Verpackungsart, Zeichen, Nummer und Bruttogewicht nachweisen, die Gesammtzahl derselben angeben und dasjenige Amt bezeichnen, bei welchem die weitere Abfertigung verlangt wird. Ferner muß darin die Angabe der Wagen oder Wagenabtheilungen oder der abhebbaren Behälter, in welche die Kolli verladen sind, nach Zeichen, Nummer oder Buchstaben enthalten sein.

Ein jedes Ladungsverzeichniß darf in der Regel nur solche Güter enthalten, welche nach einem und demselben Abfertigungsorte bestimmt sind.

Abfertigung der weitergehenden Wagen.

§ 64[13]). Demnächst werden die Wagen unter amtlichen Verschluß gesetzt. (§§ 94 bis 96.)

Der Zugführer oder sonstige Vertreter der Eisenbahnverwaltung übernimmt durch Unterzeichnung des Ladungsverzeichnisses in Vollmacht der Eisenbahnverwaltung die Verpflichtung, die in diesen Verzeichnissen genannten Wagen u. s. w. binnen der darin bestimmten Frist in vorschriftsmäßigem Zustande und mit unverletztem Verschlusse den betreffenden Abfertigungsämtern zu gestellen, widrigenfalls aber für die Entrichtung des höchsten tarifmäßigen Eingangszolles von den in dem Ladungsverzeichnisse nachgewiesenen Gewichtsmengen zu haften.

Es werden sodann sowohl die Ladungsverzeichnisse mit den dazu gehörigen Frachtbriefen, als auch die Schlüssel zu den zum Verschlusse der Wagen verwendeten Schlössern, amtlich verschlossen, an die betreffenden Abfertigungsstellen adressirt und nebst den vom Grenzzollamte auszufertigenden Begleitzetteln dem Zugführer oder sonstigen Bevollmächtigten der Eisenbahnverwaltung zur Abgabe an die Abfertigungsstellen übergeben. Die unterbliebene Ablieferung der Schlüssel oder die Verletzung des Verschlusses, unter welchem sich dieselben befinden, zieht für die Eisenbahnverwaltung und ihren Bevollmächtigten die nämlichen rechtlichen Folgen nach sich, wie die unmittelbare Verletzung des Verschlusses derjenigen Wagen u. s. w., zu welchen die Schlüssel gehören.

Umladungen und Ausladungen.

§ 65[14]). Auf den Antrag der Eisenbahnverwaltung kann unterwegs eine Umladung oder theilweise Ausladung von Frachtgütern bei einem dazu befugten Zoll- oder Steueramte unter amtlicher Aufsicht und unter den von der Zollbehörde näher vorzuschreibenden Bedingungen stattfinden.

An Hafenplätzen, wo die Eisenbahn bis an eine schiffbare Wasserstraße reicht, kann gleichfalls die Umladung der Güter von den Eisenbahnwagen in verschlußfähige Schiffe und umgekehrt unter den vorbezeichneten Bedingungen vorgenommen werden.

Die Abnahme des Verschlusses, die erfolgte Umladung oder Ausladung, ferner die Wiederanlegung des Verschlusses ist auf dem Begleitzettel zu bescheinigen.

Abfertigung am Bestimmungsorte — spezielle Deklaration, Revision und weitere Abfertigung.

§ 66[15]). Gleich nach Ankunft des Wagenzuges am Bestimmungsorte sind die Wagen und die abhebbaren Behälter der Abfertigungsstelle vorzuführen, welche dieselben in Beziehung auf ihren Verschluß und ihre äußere Beschaffenheit revidirt.

Sodann ist binnen einer von der Zollbehörde örtlich zu bestimmenden Frist die Gattung und Menge der eingegangenen Waaren mit der Angabe, welche Abfertigungsweise begehrt wird, nach den Bestimmungen in den §§ 22 ff. speziell zu deklariren, sofern nicht nach § 27 der Antrag auf amtliche Revision gestellt wird.

Zollfreie Gegenstände können auf Grund des Ladungsverzeichnisses ohne spezielle Deklaration abgefertigt werden.

[16]) Der Bevollmächtigte der Eisenbahnverwaltung, welcher das Ladungsverzeichniß unterzeichnet hat, haftet für die Richtigkeit der in demselben enthaltenen Angaben hinsichtlich der Zahl und Art der geladenen Kolli. Abweichungen, welche sich bei der Revision von dem in den speziellen Deklarationen angegebenen Gewicht herausstellen, bleiben innerhalb der im § 39 bezeichneten Grenzen straffrei.

Hinsichtlich des der Verzollung oder weitern Abfertigung zu Grunde zu legenden Gewichts finden die Bestimmungen im Schlußsatze des § 47 Anwendung[17]).

---

c) die f. d. EisVerkehr besonders vorgesehene Abfert. auf Ladungsverzeichnis (G §§ 63—66).
An Stelle der zu c genannten AbfertArt ist jetzt auf Grund der erleichternden Best der EZO (§§ 26ff.) das Begleitzettelverfahren getreten.

Welche Form im Einzelfall anzuw. ist, richtet sich n. der Frachtbriefvorschr. Wenn diese fehlt od. die erteilte nicht ausführbar ist, so hat die Eis. nach EVO § 65 (3) zu verfahren. Nähere Anweis. in Kundmach. 6. B. Die Haftung aus § 64 Abs. 2 ist nur zivilrechtlich. Fischer a. a. O. S. 105 fg. (wo auch kritische Bemerk. üb. den gegenwärt. Rechtszustand).

[14]) EZO §§ 47 fg. Umladen der mit BeglSchein I unter Raumverschluß abgefert. Güter: Begleitscheinregulativ 5. Juli 88 (ZBl 501); EVBl 212) § 29. Ausführliches üb. Begleitscheine Vogt (Anm. 1 A) § 25, im EisVerkehre das. S. 120 ff.

[15]) EZO §§ 51 ff. 33.

[16]) EZO § 26 (5). Hoffmann (Anm. 1 B) Anm. 2—4. — Zu Satz 1: Bestrafung w. Übertr. des Abs. 4 soll nur herbeigeführt w., wenn der Bevollm. tatsächlich in der Lage war, seine Verpfl. zu erfüllen. E 3. Mai 93 EVBl 209. — Zu Satz 2. Straffrei bleiben nach G § 39 Abs. 3 Abweich., wenn der Unterschied 10% des deklar. Gewichts der einz. Kolli od. der in 1 Kollo zusammengepackten verschieden tarifierten Waren od. einer zusammen abgefert. gleichnamigen Warenpost nicht übersteigt.

[17]) D. h., daß u. U. das deklarierte Gewicht zugrunde gelegt w. kann.

Auf den Antrag der Eisenbahnverwaltung können die Ladungsverzeichnisse auch einem anderen dazu befugten Amte zur Erledigung überwiesen werden[18]).

§ 67. Rücksichtlich der auf dem Transport zu Grunde gegangenen oder in verdorbenem oder zerbrochenem Zustande ankommenden Gegenstände gelten die Bestimmungen des § 48[19]).

2. Zollamtliche Behandlung der Güter, welche im gewöhnlichen Landfracht- oder Schiffsverkehr einem Grenzzollamte Behufs Weiterbeförderung mittelst der Eisenbahn zugeführt werden.

§ 68. Bei der Revision und weiteren Abfertigung kommen die Bestimmungen in den §§ 39 bis 51 zur Anwendung[20]).

§ 69[21]). Die aus dem Auslande eingegangenen Waaren, für welche das im Eisenbahnverkehr zulässige erleichterte Abfertigungsverfahren in Anspruch genommen wird, sind von dem Waarenführer unter Uebergabe der Ladungspapiere dem Grenzzollamte vorzuführen, welches die Waaren unter amtliche Aufsicht und Kontrole stellt. Vor der Verladung in die Eisenbahnwagen hat der Bevollmächtigte der Eisenbahnverwaltung das im § 63 vorgeschriebene Ladungsverzeichniß zu übergeben.

Die Verladung geschieht unter amtlicher Aufsicht und unter Vergleichung der einzuladenden Güter mit dem Ladungsverzeichniß.

Hinsichtlich des weiteren Verfahrens gelten die Bestimmungen in den §§ 64 bis 68.

C. Waaren-Durchgang.

§ 70[22]). Die zum unmittelbaren Durchgange auf den Eisenbahnen bestimmten Güter werden mit Begleitzetteln und Ladungsverzeichnissen und unter amtlichem Verschluß (§§ 63 und 64) zur Durchfuhr abgefertigt. Die Zollabfertigung beim Grenzausgangsamte beschränkt sich in der Regel auf die Prüfung und Lösung des Verschlusses und die Bescheinigung des Ausgangs über die Grenze. Enden die Eisenbahnen bei dem Grenzausgangsamte, so hat das letztere eine Vergleichung der auszuladenden Güter mit dem Ladungsverzeichniß vorzunehmen.

Für den Durchfuhrverkehr auf Eisenbahnen, welche das Vereinsgebiet auf kurzen Strecken durchschneiden, können von der obersten Landes-Finanzbehörde[22]) weitere Erleichterungen zugestanden werden.

D. Waaren-Ausgang.

§ 71. Ausgangszollpflichtige Güter dürfen zur Beförderung nach dem Auslande nicht verladen werden, bevor nicht der Ausgangszoll bei einer zu dessen Erhebung befugten Zoll- oder Steuerstelle entrichtet oder sichergestellt worden ist. Die Güter werden, wenn der Ausgangszoll bei einem Amte im Innern entrichtet ist, unter Kollo- oder Wagenverschluß unmittelbar nach dem Auslande abgefertigt. Bei dem Grenzausgangsamte findet alsdann nur die Prüfung und Lösung des Verschlusses statt.

Rücksichtlich der Güter, deren Ausfuhr nachgewiesen werden muß, kommen die Bestimmungen im § 56 zur Anwendung[23]).

§ 72. Wenn die Abfertigung bei dem Grenzzollamte nach Maaßgabe der vorstehenden Bestimmungen nicht in Anspruch genommen wird, so erfolgt die Abfertigung nach den in den §§ 39 bis 51 enthaltenen Bestimmungen[24]).

E. Regulativ über die Behandlung des Eisenbahn-Transports.

§ 73. Die näheren Bestimmungen über die zollamtliche Behandlung des Güter- und Effekten-Transports auf den Eisenbahnen werden durch ein zu erlassendes Regulativ getroffen[25]).

X. Behandlung der Reisenden.

§ 92[26]). Die vom Auslande eingehenden Reisenden, welche zollpflichtige Waaren bei sich führen, brauchen dieselben, wenn sie nicht zum Handel bestimmt sind, nur mündlich anzumelden. Auch steht es solchen Reisenden frei, statt einer bestimmten Antwort auf die Frage der Zollbeamten nach verbotenen oder zollpflichtigen Waaren, sich sogleich der Revision zu unterwerfen. In diesem Falle sind

---

[18]) Nach EZO wird in d. Warenerklärung (EZO § 23) das Erledigungsamt nicht mehr angegeben.

[19]) Zollerlaß. S. auch EZO § 56. — Bf 10 V z a e 2 v. 1. Juli 29 (grunds. kein Zollerlaß f. d. nach Zollabfert. in den freien Verkehr gesetzten Güter).

[20]) Best üb. Wareneinfuhr usw. auf Landstraßen (Verfahren, wenn die Waren schon an der Grenze in d. freien Verkehr treten soll; Niederlage beim Grenz-Eingangsamt; Abfert. auf BSchein I; amtl. Verschluß; Verpflicht. des BeglSchExtrah.; Sicherstell. des zollpflicht. Gewicht; Zollerlaß; zufäll. Transportverzög.; Abfert. auf BSchein II. — Anm. 24. — Unten X 2 Beil. A Anm. 39).

[21]) EZO § 30.

[22]) EZO § 43. — Anm. 29.

[23]) EZO §§ 58, 59. — Ausgangszölle hat Deutschland nicht mehr. — Außenhandelskontrolle Vogt (Anm. 1 B) § 34, Lösener (oben X 1) S. 27.

[24]) EZO § 32. — AusfAnw (Anm. 40) Ziff. 18: „Der § 72, welcher bestimmt, daß die Abfertigung des Eisenbahnverkehrs nach den in den §§ 39 bis 51 enthaltenen allgemeinen Vorschriften zu erfolgen habe, wenn solche nicht nach Maßgabe der unmittelbar vorangegangenen besonderen Bestimmungen für den Eisenbahnverkehr in Anspruch genommen wird, soll nicht blos, wie aus der Stellung des gedachten Paragraphen vielleicht gefolgert werden könnte, auf den Warenausgang mit der Eisenbahn, sondern überhaupt eintretendenfalls auf den ganzen von der Zollkontrolle betroffenen Verkehr mittelst der Eisenbahn Anwendung finden."

[25]) Eisenbahn-Zollordnung 21. Dezember 12 Beilage A.

[26]) EZO §§ 18ff. — Begriff „Reisende" Hoffmann (Anm. 1 B) Anm. 2, „Ware" das. Anm. 3. — Erleichterungen z. B. Bf 16p 740 v. 17. März 25. Durchfuhrgepäck Anl. b zu Beil. A. — Vogt (Anm. 1 B) § 20.

sie nur für die Waaren verantwortlich, welche sie durch die getroffenen Anstalten zu verheimlichen bemüht gewesen sind.

(Abs. 2 Ansageposten.)

Die Effekten der Reisenden werden in der Regel sogleich beim Grenz-Eingangsamte schließlich abgefertigt. Beim Ausgange sind dieselben nur aus besonderen Verdachtsgründen einer Revision unterworfen.

XII. Waarenverschluß [27]).

§ 94. Der zollamtliche Verschluß erfolgt durch Kunstschlösser, Bleie oder Siegel.

Das abfertigende Amt hat zu bestimmen, ob Verschluß eintreten, welche Art desselben angewendet und welche Zahl von Schlössern, Bleien u. s. w. angelegt werden soll. Es kann verlangen, daß derjenige, welcher die Abfertigung begehrt, die Vorrichtungen treffe, welche es für nöthig hält, um den Verschluß anzubringen.

§ 95. Das erforderliche Material an Blei, Lack, Licht und Versicherungsschnur, sowie die fortan erforderlichen Schlösser beschafft die Zollverwaltung, vorbehaltlich des Anspruchs auf Ersatz der Kosten für verloren gegangene oder beschädigte Schlösser gegen diejenigen, welche die Schuld des Verlustes oder der Beschädigung trifft. Eisenbahn-Verwaltungen haben in dieser Beziehung für ihre Angestellten zu haften.

Das übrige zu der Verschlußvorrichtung nöthige Material muß von den Betheiligten besorgt werden.

§ 96. Bei eingetretener Verletzung des Waarenverschlusses kann in Folge der im Begleitschein u. s. w. von den Extrahenten übernommenen Verpflichtung für die Waaren, je nachdem ihre Gattung ermittelt ist oder nicht, die Entrichtung des tarifmäßigen oder des höchsten Eingangszolles verlangt werden.

[27]) Wird der Verschluß nur durch zufällige Umstände verletzt, so kann der Inhaber der Waaren bei dem nächsten zur Verschlußanlegung befugten Zoll- oder Steueramte auf genaue Untersuchung des Thatbestandes, Revision der Waaren und neuen Verschluß antragen. Er läßt sich die darüber aufgenommenen Verhandlungen aushändigen und gibt sie an dasjenige Amt, welchem die Waaren zu stellen sind, ab. Der Zollbehörde bleibt die Entscheidung überlassen, ob nach den obwaltenden Umständen von den oben angegebenen Folgen der Verschlußverletzung abgesehen werden kann.

XV. Kontrolen im Grenzbezirke.

Transportkontrole.

§ 119 [28]). Innerhalb des Grenzbezirks unterliegen, nach Maaßgabe der von der obersten Landes-Finanzbehörde zu treffenden Anordnungen, solche Waaren, bei welchen es nach den örtlichen Verhältnissen zur Sicherung gegen heimliche Einfuhr oder Ausfuhr nothwendig erscheint, einer Transportkontrole. Zu diesem Zweck hat Jeder, welcher Waaren dieser Art im Grenzbezirke transportirt, sich durch eine amtliche Bescheinigung (Legitimationsschein) darüber auszuweisen, daß er zum Transporte der gehörig bezeichneten Waaren in einer gewissen Frist und auf den vorgeschriebenen Wegen befugt sei.

(Abs. 2.)

Allgemeine Befreiung von der Legitimationsschein-Pflichtigkeit.

§ 120. Von der Verpflichtung zur Legitimation im Grenzbezirke sind allgemein befreit:

b) der Transport auf den dem öffentlichen Verkehr dienenden Eisenbahnen [1D]) aus dem Binnenlande in den Grenzbezirk;

(c., d.)

Beschränkung des Transports in Bezug auf die Zeit.

§ 122. Der Transport der der Legitimationsschein-Kontrole unterliegenden Waaren im Grenzbezirke ist nur innerhalb der im § 21 bezeichneten Tageszeit [8]) gestattet, sofern nicht der Transport auf den dem öffentlichen Verkehr dienenden Eisenbahnen [1D]) stattfindet oder in besonderen Fällen von dem zuständigen Haupt- oder Nebenzollamte vor dem Beginne des Transportes eine Ausnahme nachgelassen ist.

XVIII. Von den Dienststellen und Beamten und deren amtlichen Befugnissen [29]).

A. Im Grenzbezirk.

§ 128 [30]). Jede Erhebungs- oder Abfertigungsstelle im Grenzbezirke soll durch ein Schild mit einer Inschrift bezeichnet werden, aus welcher hervorgeht, welche Behörde daselbst ihren Sitz hat. Die Zollämter sind entweder Hauptzollämter oder Nebenzollämter erster oder zweiter Klasse.

Bei den Hauptzollämtern ist jede Zollentrichtung und jede durch dieses Gesetz vorgeschriebene Abfertigung ohne Einschränkung sowohl bei der Einfuhr als bei der Ausfuhr und Durchfuhr zulässig.

---

[27]) EZO § 9. Zu § 96 Abs. 2: EZO § 50.

[28]) EZO § 44.

[29]) In Verfolg der RVerf Art. 83 hat jetzt das Reich die Zollverw. übernommen; die Behördenorganisation enthält die ReichsabgabenO. 13. Dez. 19 RGBl 1993 in ihrem Ersten Teile (Näheres Vogt — Anm. 1 B — § 28). Die Befugnisse der Obersten Landesfinanzbehörde stehen jetzt dem Reichsminister der Finanzen zu (RAbgO § 445).

[30]) EZO § 4.

Bei Nebenzollämtern erster Klasse können Gegenstände, von welchen die Gefälle nicht über zehn Thaler vom Zentner betragen, oder welche nach der Stückzahl zu verzollen sind, in unbeschränkter Menge eingehen.

Höher belegte oder nach dem Werthe zu verzollende Gegenstände dürfen nur dann über solche Aemter eingeführt werden, wenn die Gefälle von dergleichen auf einmal eingehenden Waaren den Betrag von Einhundert Thalern nicht übersteigen.

Zur Abfertigung der auf den Eisenbahnen eingehenden Waren mit Ladungsverzeichniß (§§ 63 und 69) sind Nebenzollämter erster Klasse ohne Einschränkung befugt.

Ueber Nebenzollämter zweiter Klasse können Waaren, welche nicht höher als mit fünf Thalern für den Zentner belegt sind, oder welche nach der Stückzahl oder nach dem Werthe zu verzollen sind, in Mengen eingeführt werden, von welchen die Gefälle für die ganze Waarenladung den Betrag von fünf und zwanzig Thalern nicht übersteigen. Der Eingang von höher belegten Gegenständen ist nur in Mengen von höchstens funfzig Pfund zulässig. Vieh kann über Nebenzollämter zweiter Klasse in unbeschränkter Menge eingehen.

Den Ausgangszoll können Nebenzollämter erster und zweiter Klasse in unbeschränktem Betrage erheben.

Dieselben sind ferner zur Abfertigung der mit der Post eingehenden Gegenstände ohne Einschränkung befugt.

Innerhalb der vorstehend bezeichneten Befugnisse können Nebenzollämter erster und zweiter Klasse Waren, welche mit Berührung des Auslandes aus einem Theile des Vereinsgebiets in den andern versendet werden (§ 111), bei dem Aus- und Wiedereingange abfertigen.

Insoweit das Bedürfniß des Verkehrs es erfordert, werden einzelne Nebenzollämter von der obersten Landes-Finanzbehörde[29]) mit erweiterter Abfertigungsbefugniß, auch mit der Ermächtigung zur Ausstellung und Erledigung von Begleitscheinen I versehen werden.

B. im Innern des Vereinsgebiets.

§ 131[29]). Im Innern des Vereinsgebiets bestehen zur Erhebung der Eingangs- und Ausgangszölle Hauptzoll- oder Hauptsteuerämter und Zoll- oder Steuerämter.

Hauptzoll- und Hauptsteuerämter, mit denen eine Niederlage für Waren verbunden ist, auf denen noch ein Zollanspruch haftet (§ 97), sind zu jeder Zollerhebung oder sonstigen zollamtlichen Abfertigung, soweit sie nach dem Gesetze im Innern stattfinden darf, ermächtigt[31]).

Hauptsteuerämter ohne Niederlage können die ihnen durch Begleitschein II überwiesenen Zollbeträge erheben. Zur Ertheilung von Begleitscheinen I sind dieselben, soweit es sich nicht um Ausstellung neuer Begleitscheine infolge der Theilung von Warentransporten (§ 50) handelt, nur auf Grund besonderer Genehmigung befugt. Der obersten Landes-Finanzbehörde[29]) bleibt es vorbehalten, ausnahmsweise diese Aemter auch zur Erledigung von Begleitscheinen I zu ermächtigen.

Den Eingangszoll von den mit der Post eingehenden Gegenständen dürfen alle Zoll- und Steuerämter ohne Unterschied erheben. Welche Zoll- und Steuerämter im Innern zur Erhebung des Ausgangszolles befugt sind (§ 34), ferner welche Aemter Abfertigungen nach Maaßgabe des § 111 vornehmen, auf welche Aemter Abfertigungen nach Maaßgabe der §§ 63 und 66 bis 71, und bei welchen Aus- und Umladungen der auf den Eisenbahnen unter Wagenverschluß beförderten Güter (§ 65) stattfinden können, bestimmt die oberste Landes-Finanzbehörde[29]). Der letzteren bleibt es auch vorbehalten, nach Bedürfniß einzelnen Zoll- oder Steuerämtern im Innern die Befugniß zur Ertheilung und zur Erledigung von Begleitscheinen beizulegen.

XIX. Geschäftsstunden bei den Zoll- und Steuerstellen.

[32]) **§ 133.** Abs. 3. Die Abfertigung der Reisenden, welche keine zum Handel bestimmten Waaren mit sich führen, bei den Grenzzollämtern muß zu jeder Zeit ohne Ausnahme geschehen. Die Effekten der auf Eisenbahnen eingehenden Passagiere, sowie die auf den Eisenbahnen ankommenden, sofort unter Wagenverschluß weiter gehenden Frachtgüter (§ 63) sind sowohl bei den Grenzämtern, als bei Aemtern im Innern zu jeder Zeit, auch an Sonn- und Festtagen, abzufertigen.

(Abs. 4.)

XX. Strafbestimmungen[33]).

Begriff und Strafe der Kontrebande

§ 134[34]). Wer es unternimmt, Gegenstände, deren Ein-, Aus- oder Durchfuhr verboten ist, diesem Verbote zuwider ein-, aus- oder durchzuführen, macht sich einer Kontrebande schuldig und hat

[31]) Begleitscheingüter unter Eisenbahnwagenverschluß dürfen nur auf solche Hauptämter im Innern mit Niederlage abgerfertigt werden, auf welche nach dem aufgestellten Ämterverzeichnisse Abfertigungen im Eisenbahnverkehr unter Wagenverschluß vorgenommen werden können. Begleitscheinregul. (Anm. 14) § 3 Abs. 2.

[32]) EZO § 3. — Oben Anm. 8.

[33]) EZO §§ 65fg., 68. — Fischer in „Die Reichsbahn" **1930** 107 fg. — Die materiellen Strafbestimm. des VZollG werden durch die RAbgO (oben Anm. 29) nicht berührt. RAbgO § 453. — E 26. Mai 59 betr. Behandl. unrichtiger Zoll- u. Steuerdeklarationen v. Staats-

die Konfiskation der Gegenstände, in Bezug auf welche das Vergehen verübt worden ist, und, insofern nicht in besonderen Gesetzen eine höhere Strafe festgesetzt ist, zugleich eine Geldbuße[33B]) verwirkt, welche dem doppelten Werthe jener Gegenstände, und wenn solcher nicht zehn Thaler beträgt, dieser Summe gleich kommen soll.

Begriff und Strafe der Defraudation.

§ 135[33]). Wer es unternimmt, die Ein- oder Ausgangsabgaben (§§ 3 und 5) zu hinterziehen, macht sich einer Defraudation schuldig und hat die Konfiskation der Gegenstände, in Bezug auf welche das Vergehen verübt worden ist, und zugleich eine dem vierfachen Betrage der vorenthaltenen Abgaben gleichkommende Geldbuße[33B]) verwirkt. Diese Abgaben sind außerdem zu entrichten.

Thatbestand der Kontrebande und der Defraudation.

§ 136[33]). Die Kontrebande beziehungsweise Zolldefraudation wird insbesondere dann als vollbracht angenommen:

1. a) wenn verbotene Gegenstände von Frachtführern[35]), Spediteuren oder anderen Gewerbetreibenden — von letzteren, insofern die Gegenstände zu ihrem Gewerbe in Bezug stehen — unrichtig oder gar nicht deklarirt, oder
   b) von anderen Personen wider besseres Wissen unrichtig deklarirt oder bei der Revision verheimlicht werden;
   c) wenn in Fällen der speziellen Deklaration (§§ 39, 41, 55, 66, 81, 88) zollpflichtige Gegenstände von den unter a) bezeichneten Personen gar nicht oder in zu geringer Menge oder in einer Beschaffenheit, welche eine geringere Abgabe würde begründet haben, deklarirt werden;
   d) wenn in anderen Fällen (§§ 63, 69, 75, 78) von den unter a) bezeichneten Personen Kolli, welche zollpflichtige Gegenstände enthalten, oder dergleichen unverpackte Gegenstände überhaupt nicht deklarirt werden;
   e) wenn von anderen als den unter a) bezeichneten Personen wider besseres Wissen zollpflichtige Gegenstände unrichtig deklarirt oder bei der Revision verschwiegen werden.

   Inwieweit Abweichungen, welche sich gegen das deklarirte Gewicht herausstellen, straffrei zu lassen sind, bestimmen die §§ 39, 66 und 81;
2. wenn bei einer Revision ohne vorherige Deklaration verbotene oder zollpflichtige Gegenstände
   a) im Falle des § 27 nicht zur Revision gestellt, oder
   b) im Falle des § 92 durch getroffene Anstalten verheimlicht werden;
3. wenn beim Eingange mittelst der Eisenbahn (§ 61)
   a) verbotene oder zollpflichtige Gegenstände vorbehaltlich der im § 61 bestimmten Ausnahmen in den Personenwagen, oder sonst anderswo als in den Güterwagen, oder
   b) andere zollpflichtige Gegenstände, als solche, welche die Angestellten oder Arbeiter der Eisenbahnverwaltung auf der Fahrt selbst zum eigenen Gebrauch oder zu dienstlichen Zwecken nöthig haben, auf den Lokomotiven oder in den dazu gehörigen Tendern sich befinden,
   c) verbotene oder zollpflichtige Gegenstände vor der Ankunft des Zuges am Grenzzollamte ausgeladen oder ausgeworfen werden;
4. wenn ausgangszollpflichtige Gegenstände ohne vorherige Anmeldung und Entrichtung oder Sicherstellung des Ausgangszolles entgegen den Bestimmungen in den §§ 71 und 88 zur Beförderung nach dem Auslande verladen worden sind;
6. wenn über verbotene oder zollpflichtige Gegenstände, welche aus dem Auslande eingehen, vor der Anmeldung und Revision bei der Zollstätte, oder wenn über derartige zur Durchfuhr oder zur Versendung nach einer öffentlichen Niederlage deklarirte oder sonst unter Zollkontrole befindliche Gegenstände auf dem Transporte eigenmächtig verfügt wird;
9. wenn ... Personen, denen Waaren von der Zollverwaltung unverzollt anvertraut wurden, über dieselben zur Verkürzung der Zollgefälle gegen die Zollgesetze oder Verordnungen verfügen.

§ 137[36]). Das Dasein der in Rede stehenden Vergehen und die Anwendung der Strafe derselben wird in den im § 136 angeführten Fällen lediglich durch die daselbst bezeichneten Thatsachen begründet.

Kann jedoch in den im § 136 unter 1. a), c) und d), 3., 4., 5., 6., 7. und 8. angeführten Fällen der Angeschuldigte nachweisen, daß er eine Kontrebande oder Defraudation nicht habe verüben können, oder eine solche nicht beabsichtigt gewesen sei, so findet nur eine Ordnungsstrafe nach Vorschrift des § 152 statt.

---

eisBeamten (Fleck, Betriebsreglement, Berlin 1886 S. 176; Elberf. Samml. V 3 Nr. 161). — Ausführlich Vogt (Anm. 1 B) § 32. — StGB § 361 Nr. 9.

B. Wegen der Frage, wie sich heute unter Berücks. der Vo 6. Febr. 24 RGBl I 44 (Artt. II ff.) u. 12. Dez. 24 das. 775 die Strafzumess. gestaltet, s. Vogt S. 167.

C. Wegen des Strafverfahrens s. RAbgO (Anm. 29) Teil 3 Abschn. 2. Dazu Vogt S. 175.

[34]) Hoffmann (Anm. 1 B) Anm. 6 ff. zu §§ 1, 2 u. Anm. 4 zu § 134. — Versuch RG EE **33** 175, **34** 83, **35** 246. — Vogt § 32.

[35]) Dazu auch der Gewerbegehilfe des Frachtf., zu dessen Oblieg. die Deklar. gehört Hoffmann (Anm. 1 B) Anm. 2 b.

[36]) EZG § 64. — Zu Abs. 2: RAbgO (§ 129) § 358 in Verb. m. § 453.

(§§ **140—150.** Rückfall, erschwerende Umstände, Teilnahme, Vollstreckung der Freiheitsstrafe.)

§ 151. Die Verletzung des amtlichen Waarenverschlusses ohne Beabsichtigung einer Gefälle-Entziehung wird, wenn nicht nachgewiesen werden kann, daß dieselbe durch einen unverschuldeten Zufall entstanden ist, mit einer Geldbuße bis zu dreihundert Thalern[33 B]) geahndet[37]). Ordnungsstrafen.

§ 152. Die Übertretung der Vorschriften dieses Gesetzes, sowie der in Folge derselben öffentlich bekannt gemachten Verwaltungsvorschriften wird, sofern keine besondere Strafe angedroht ist, mit einer Ordnungsstrafe bis zu funfzig Thalern geahndet[33 B])[37]).

§ 153. 1. Handel- und Gewerbtreibende haben für ihre Diener ... Subsidiarische Vertretungsverbindlichkeit dritter Personen.

2. Eisenbahnverwaltungen und Dampfschiffahrtsgesellschaften für ihre Angestellten und Bevollmächtigten[38]),

(3.)

rücksichtlich der Geldbußen, Zollgefälle[39]) und Prozeßkosten zu haften, in welche die solchergestalt zu vertretenden Personen wegen Verletzung der zollgesetzlichen oder Zollverwaltungs-Vorschriften verurtheilt worden sind, die sie bei Ausführung der ihnen von den subsidiarisch Verhafteten übertragenen oder ein- für allemal überlassenen Handels-, Gewerbs- und anderen Verrichtungen zu beobachten hatten.

Der Zollverwaltung bleibt in dem Falle, wenn die Geldbuße von dem Angeschuldigten nicht beigetrieben werden kann, vorbehalten, die Geldbuße von dem subsidiarisch Verhafteten einzuziehen, oder statt dessen und mit Verzichtung hierauf die im Unvermögensfalle an die Stelle der Geldbuße tretende Freiheitsstrafe sogleich an dem Angeschuldigten vollstrecken zu lassen.

(Abs. 3.)

(§§ **154—165.** Konfiskation, Zusammentreffen mit anderen strafbaren Handlungen, Bestechung, Widersetzlichkeit, Umwandlung der Geldstrafe, Unbekanntschaft mit den Zollgesetzen, Verjährung, Strafverfahren.)

XXI. Schlußbestimmungen.

§ 167. Abs. 2. Die zur Ausführung des Gesetzes erforderlichen Regulative und sonstigen Bestimmungen werden von dem Bundesrathe des Zollvereins festgestellt[40]).

---

[37]) Als Warenführer — Hoffmann (oben Anm. 1 B) Anm. 3 ff. zu § 21, Anm. 3 zu § 61, Anm. 5a zu § 64, Anm. 3 zu § 151; VZ **1918** 1770; Vogt (Anm. 1 B) S. 111, 120 ff., 126, 131; Fischer in „Die Reichsbahn" **1930** 106 fg. — ist im EisVerkehr der Bedienstete verantwortl., der f. d. EisVerw. das Gut in Gewahrsam hat; bei Dienstwechsel haftet jeder Bedienstete, bis er gemäß den Best der Verw. das Gut e. anderen übergeben oder dem Zollamt zugeführt hat, es ist also im Einzelfalle zu prüfen, wer im entscheid. Zeitpunkt (Schlußabfert. oder vorher. Entdeckung der Verletz.) als Bevollmächt. der Bahn den Gewahrsam hatte; es braucht nicht ein Packmeister zu sein. RG Strafs. **12** 11. Im Sinne des § 44 Abs. 2 (Haft. des Extrah. eines BeglScheins I) kann Warenführer nur eine natürl. Person, nicht z. B. eine EisGesellschaft sein — RG Strafs. **34** 151 —, ferner nicht d. Empfänger. RG das. **21** 112, **27** 372, **31** 379. Strafrechtl. belanglos ist es, wenn im Einzelfall Einricht. der Bahn — z. B. bahnamtl. Verschluß — den Beamten an der Erfüll. seiner Pflicht als Warenführer nachzukommen verhindern. RG Strafs **18** 424 (a. M. Hoffmann Anm. 3). Zum Tatbest. gehört nicht der Nachweis, daß der Beamte den Verschluß unverletzt übernommen hat. RG das. **32** 380. Irrtum ist nicht „Zufall" RG EE **11** 93; s. aber jetzt RAbgO (Anm. 29) § 358 in Verb. m. § 453 a. E. §§ 151 u. 152 schließen sich gegens. aus. RG Strafs. **24** 100. Der Verschluß w. gesetzlich geschützt, mag das Gut zollpflichtig od. einfuhrfähig sein od. nicht; Zollplomben sind öff. Urkunden. RG EE **33** 286.

[38]) Der Haupttäter u. der subsidiarisch Haftende können gleichzeitig abgeurteilt werden; zum Tatbestand ist nicht erforderlich, daß jenem die Beachtung der verletzten Zollvorschr. ausdrücklich oder stillschweigend übertragen war, es genügt vielmehr, wenn die Verletzung nur durch Wahrnehmung der dem Bediensteten obliegenden Dienstverrichtungen möglich wurde RG Strafs **21** 331, **27** 325, **31** 38. Die subsidiar. Haftung wird nicht durch gleichzeit. eigene Bestrafung wegen Beteiligung ausgeschlossen RG das. **25** 293. Im EisDienst ist Angestellter jeder, der im Auftrage der EisVerwaltung gewisse zum eigentl. Betriebe der Eis. gehör. Dienstverrichtungen dauernd oder zeitweise versieht; Leute, die Dienste anderer Art versehen, fallen nicht unter § 153; in welcher Art die Anstellung u. ob sie gerade von derj. Verwaltung erfolgt ist, deren Verrichtungen jeweils besorgt werden, kommt nicht in Betracht (Verbandspackmeister!) RG Strafs **27** 325. Verwaltung ist nur dasjen. Unternehmen, das die technische u. wirtschaftl. Ausnutzung der gesamten EisAnlagen für Transportzwecke zum Gegenstande hat; nicht z. B. die Schlafwagengesellschaft RG Strafs **34** 415. Die subsid. Haft. ergreift nur Handlungen, die in unmitt. Bezieh. zu den Dienstverricht. des Zuwiderhandelnden stehen; sie ist v. Verschulden des Bedienst. unabh. u. kann sich aller Einreden bedienen, die den Bedienst. zustehen. Seybold, VerkRu **1928** 171.

[39]) Zollschuldner ist nach VZG § 13, wer z. Z. der Fälligkeit Inhaber (natürl. Besitzer) d. Gutes ist. Ausführl. darüber Vogt (oben Anm. 1 B) § 6, bez. der EisTransporte das. S. 26. Durch den neuen Zusatz „für den Verfügungsberechtigten" in § 65 (5) der EVO v. 1928 ist ab. m. E. Rechtens geworden, daß nicht mehr die EisVerw., sondern der Verfügungsberechtigte ZSch. ist; Näheres oben Anm. 2.

[40]) A. Bis zur Weimarer RVerf. war es der Bundesrat, der außer den oben in Anm. 14 u. 25 genannten Ordnungen u. a. erlassen hat: die Anweisung zur Ausführ. des VZG 5./18. Juli 88 (ZBl 489, EVBl 202; Änderungen ZBl **98** 340, **04** 19, **06** 406, **09** 1362; jetzige Fass. abgedr. in der amtl. Textausg. des VZG, Berlin 1927, Decker), das Niederlageregulativ 5./18. Juli 88 (ZBl 551, EVBl 256; gleichfalls später mehrfach geändert; ausführl. üb. den NiederlVerkehr:

Beilage A (zu Anmerkung 25).

Eisenbahn-Zollordnung (E.Z.O.)[1]. **Vom 21. Dezember 1912** (ZBl **1913** 31).

I. Allgemeines[1].

Beförderungszeit. § 1[2]). Die Beförderung von Gütern und Gepäck über die Zollgrenze und innerhalb des Grenzbezirkes[2]) ist auf den dem öffentlichen Verkehre dienenden Eisenbahnen bei Tag und Nacht gestattet.

Fahrpläne. § 2. Die Eisenbahnverwaltungen haben die Fahrpläne für die die Grenze überschreitenden Züge und jede Änderung darin der Direktivbehörde[2a]) und den Hauptämtern, in deren Grenzbezirke sich Bahnhöfe oder Haltepunkte befinden, sowie den für den Eisenbahnzollverkehr bestimmten Zollstellen (Eisenbahnzollstellen) vor dem Inkrafttreten mitzuteilen. Diesen Zollstellen sind auch größere Verspätungen der Züge sowie zu erwartende Sonderzüge und einzelne Lokomotiven so zeitig wie möglich anzuzeigen.

Geschäfts- und Abfertigungsstunden. § 3. (1) Bei den Eisenbahnzollstellen sind die ordentlichen Geschäftsstunden tunlichst den Geschäftsstunden der Eisenbahnabfertigungsstellen anzupassen.

(2) Das Gepäck, die in Packwagen, Gepäckbeiwagen oder besonderen Gepäckabteilen der Personen-, Eil- und Schnellzüge eintreffenden und in diesen weitergehenden sowie die sofort mit Begleitzettel weiter zu befördernden Güter sind sogleich nach dem Eintreffen des Zuges zu jeder Zeit, auch an Sonn- und Festtagen, abzufertigen.

Abfertigungsbefugnisse der Zollstellen. § 4[3]). (1) Die Eisenbahnzollstellen sind zu allen Abfertigungen befugt, die in Spalte 2 der Erklärungstafel zum Ämterverzeichnis für die Verwaltung der Zölle, Reichssteuern und Übergangsabgaben[4]) aufgeführt sind. Auch anderen Zollstellen können einzelne Befugnisse zu solchen Abfertigungen beigelegt werden.

(2) Die beim Eisenbahnzollverkehr beteiligten Zollstellen und ihre Befugnisse werden öffentlich bekannt gemacht.

Abfertigungsräume. § 5[5]). (1) Die Eisenbahnverwaltungen haben auf den für die Zollabfertigung bestimmten Bahnhöfen (Zollbahnhöfen) im Einvernehmen mit der Zollbehörde unentgeltlich die Räume und sonstigen baulichen Einrichtungen für die zollamtliche Abfertigung und für die einstweilige Niederlegung der nicht sofort abgefertigten Gegenstände zu stellen und für ihre Ausstattung, Erwärmung, Beleuchtung und Reinigung zu sorgen. Die Ausstattung usw. der lediglich zu Zwecken der Zollverwaltung dienenden Räume ist Sache der Zollverwaltung.

(2) Die Eisenbahnverwaltungen sind verpflichtet, die abzufertigenden Züge, die Gleise und die der Eisenbahn gehörigen Zugangswege während der Dunkelheit hinreichend beleuchten zu lassen[6]).

Vogt — oben Anm. 1 B — § 27), das Deklarationsscheinregulativ 25. März 78 (ZBl 211, ebenfalls später geändert; ausf.: Vogt S. 49ff.). Jetzt ist zuständig die Reichsregierung mit Zustimm. des RRats (RVerf Art. 179 Abs. 2).

B. Neue ZollgebührenO 7. Feb. 29 (RMinBl 221) nach deren § 3 (1) u. a. gebührenfrei bleiben
a) Abfert. v. Reisenden, die keine zum Handel bestimmten Waren bei sich führen, beim Grenzeingangsamte;
b) Abfert. des m. d. Eis. angekomm. Reisegepäcks (EZO § 22);
c) Abfert. der m. d. Eis. angekomm., ohne Umladen sofort unter Wagenverschluß weitergeh. Frachtgüter beim Grenzeingangsamte.

Weitere eisenbahnrechtl. Best enthält die ZGO nicht.

[1]) A. BB 21. Dez., Bek des Reichskanzlers 23. Dez. 12. — **Inhalt**. I Allgemeines. § 1 BefördZeit. § 2 Fahrpläne. § 3 Geschäftstunden. § 4 Befugnisse d. Zollstellen. §§ 5, 6 AbfertRäume. §§ 7, 8 BefördMittel. §§ 9, 10 Amtl. Verschluß. § 11 Be-, Ent-, Umladung. § 12 Begleitung. §§ 13, 14 Zoll- u. EisBeamte. § 15 Durchpausverfahren. II Grenzeingang. § 16 Verladung d. Güter. §§ 17—22 A Personen- u. Gepäckverkehr. B Güterverkehr. § 23 Warenerklärungen. § 24 Zugliste. § 25 Beschau d. Güterzüge. §§ 26—31 Begleitzettelverkehr. §§ 32—43 Anderer Verkehr. III Beförd. im Inland. § 44 Legitimationsscheinpflicht. § 45 Übergangsteuerpflichtiges. § 46 Verkehr durch d. Ausland. §§ 47—50 Beg eitzettelgüter. IV Behandl. am BestimmOrt §§ 51—59. V Begleitzettelerled. §§ 60—66. VI Abschluß u. Einsendung d. Bücher § 67. VII Strafen § 68. — Eisenbahndienstl. AusfVorschr. Kundmach. 6 des Verkehrsverbands (s. oben X 1). — Amtliche Bemerkungen zur EZO Berlin 1913, Sittenfeld.

B. Die EZO ist am 1. April 13 an Stelle des EisZollregulativs 5. Juli 88 getreten u. bezweckt Vereinf. u. übersichtlichere Gruppierung der Best sowie Anpass. an die Verkehrsverhältnisse. Hauptsächl. Abweichungen v. bisher. Rechte:

a) Der zollamtl. Mitverschluß der zur Lagerung v. Zollgütern bestimmten Räume fällt bei Staatseis. fort; Zoll- u. andere Güter können in demselben Raume gelagert w. (§ 6).

b) EisBeamte (im allg. nur: Beamte der Staatseis.) dürfen ohne Mitwirkung v. Zollbeamten:
  aa) zollamtl. Raumverschluß an- u. abnehmen (§§ 9, 48),
  bb) das Ver-, Aus- u. Umladen v. Zollgütern überwachen (§ 11),
  cc) in gewissen Fällen das Warengewicht feststellen (§§ 38fg.),
  dd) den Warenausgang überwachen u. bescheinigen (§ 59).

c) Ladungsverzeichnis u. Begleitzettel w. zu einem einzigen Papiere (mit Warenerklärung, ohne Angabe des ErledAmts) vereinigt (§§ 23, 33).

d) Begleitzettelgütern dürfen andere Güter beigeladen w. (§ 31).

e) Stückverschluß kann bei nicht speziell beschauten Begleitscheingütern fortfallen (§ 40).

f) An Stelle der Kunstschlösser tritt im allg. Bleiverschluß (§§ 6, 27).

[2]) VZollG (X 2) § 21, Grenzbezirk das. § 16.

[2a]) Direktivbehörde: Landesfinanzamt.

[3]) VZollG § 128.

[4]) Von Anl. a ist hier ein Auszug abgedruckt; Anl. b ist vollständig aufgenommen, die übrigen Anlagen werden hier nicht mitgeteilt.

[5]) VZollG § 59 (s. d.). — Zu den Zollbahnhöfen — § 5 (1) — gehören auch die Bahnhöfe im Innern; für Stellung der Räume u. sonstigen baulichen Einrichtungen wird — grundsätzlich, s. aber oben X 2 Anm. 6 B — keine Entschäd. gewährt: „Bemerkungen" (oben Anm. 1 A a. E.). — EVO § 75 (1).

[6]) Unterlassung macht die Eis., auch wenn sie kein Verschulden trifft, schadensersatzpflichtig. RG EE 1 378.

(3) Die Eisenbahnverwaltungen haben nach Vereinbarung mit den Zollbehörden für die Abschließung der Abfertigungsräume zu sorgen.

(4) Die zur einstweiligen Niederlegung nicht sofort abgefertigter Gegenstände bestimmten Räume (Zollböden) müssen zollsicher verschließbar sein und werden von der Zollbehörde und der Eisenbahnverwaltung unter Verschluß gehalten. Diese Räume dürfen nur für zollpflichtige und andere unter Zoll- oder Steueraufsicht stehende Güter benutzt werden. Sie haben nicht die Eigenschaft von Zollagern. Die Lagerfrist ist von der Zollbehörde im Benehmen mit der Eisenbahnverwaltung nach den örtlichen Verhältnissen und unter Berücksichtigung der Schwierigkeit der Abfertigung tunlichst kurz zu bemessen. Bei Überschreitung der Frist hat die Eisenbahnverwaltung auf Verlangen der Zollbehörde binnen drei Tagen über die Güter Bestimmung zu treffen.

§ 6[7]). (1) Im Verkehre mit Staatseisenbahnen kann von dem Mitverschlusse der Zollverwaltung an den für die einstweilige Niederlegung bestimmten Räumen (Zollböden) abgesehen werden, wenn die Eisenbahnverwaltung die Haftung für den Zoll nach dem Sollbestande der in diese Räume eingebrachten Gegenstände und nach dem höchsten Satze des Zolltarifs übernimmt. Der Sollbestand der eingelagerten Packstücke muß bei der Einlagerung nach Zahl, Verpackungsart, Zeichen und Nummern zollamtlich oder eisenbahnamtlich festgestellt werden; für das Rohgewicht muß wenigstens eine Anmeldung (Deklaration) vorliegen. Von der Erhebung des Zolles für ein gegen das Sollgewicht festgestelltes Mindergewicht ist abzusehen, wenn kein Anlaß zu dem Verdacht einer Beraubung gegeben ist, das Mindergewicht vielmehr offenbar auf natürlichen Einflüssen beruht oder auf einen Irrtum zurückzuführen ist.

(2) Soweit jene Räume nicht zur Niederlegung und Abfertigung von Zollgütern nötig sind, können sie auch zu anderen Zwecken, insbesondere zur Lagerung von Gütern des freien Verkehrs benutzt werden. In diesem Falle sind die Zollgüter an Plätzen, die durch Tafeln mit der Aufschrift „Zollgut" bezeichnet sind, gesondert zu lagern.

(3) Zur Aufbewahrung beschlagnahmter oder solcher Güter, deren Abfertigung unterbrochen werden muß, ist der Zollbehörde auf ihr Verlangen auf den Zollböden ein besonderer, zollsicher verschließbarer Raum (sogenannter Sperraum) zur Verfügung zu stellen.

(4) Unter Staatseisenbahnen im Sinne dieser Ordnung sind die von der Deutschen Reichsbahn-Gesellschaft betriebenen Reichseisenbahnen[8]) zu verstehen.

Beförderungsmittel.

§ 7[9]). (1) Weder in den Wagen noch in den Lokomotiven und Tendern dürfen sich geheime oder schwer zu entdeckende, zur Aufnahme von Gütern oder Gepäck geeignete Räume befinden.

(2) Im übrigen sind für die Beschaffenheit der Güterwagen sowie für die Zulassung offener Wagen die Bestimmungen über die zollsichere Einrichtung der Eisenbahnwagen im internationalen Verkehre[4]) maßgebend.

§ 8[10]). (1) Die Zollbehörde kann zu jeder Zeit verlangen, daß ihr die Güter- und Personenwagen und die abhebbaren Behälter sowie die Lokomotiven und Tender zur Besichtigung gestellt werden, soweit diese Betriebsmittel sich auf dem Bahnhof befinden. Derartige Besichtigungen sind nach Anordnung der Direktivbehörde[2a]) von Zeit zu Zeit durch einen Oberbeamten der Zollverwaltung unter Zuziehung eines Beamten der Eisenbahnverwaltung vorzunehmen.

(2) Ergeben sich bei der Besichtigung oder sonst gelegentlich der zollamtlichen Abfertigung Abweichungen von den im § 7 und in der Anlage a[4]) enthaltenen Vorschriften, so ist dem Vertreter der Eisenbahnverwaltung eine von ihm durch Unterschrift anzuerkennende Ausfertigung der Tatbestandsaufnahme zur Beseitigung der Mängel auszuhändigen. An dem vorschriftswidrig befundenen Beförderungsmittel ist die Beanstandung durch die Eisenbahnverwaltung in auffälliger und haltbarer Weise ersichtlich zu machen. Die Zollbehörde kann seine Benutzung bis zur Beseitigung des Mangels untersagen.

Amtlicher Verschluß.

§ 9[11]). (1) Der zollamtliche Verschluß wird, soweit er an Räumen für die einstweilige Niederlegung von Gütern anzubringen ist, durch Zollschlösser, im übrigen in der Regel[12]) durch Zollbleie bewirkt.

(2) Die ausnahmsweise zum Verschlusse der Wagen usw. benutzten Zollschlösser nebst Schlüsseln sind von den Empfangsämtern ungesäumt an die Abfertigungsstellen, die den Verschluß angelegt haben, in guter Verpackung mit Frachtbrief zurückzusenden und von der Eisenbahnverwaltung unentgeltlich zu befördern.

(3) Im Verkehre mit Staatseisenbahnen[13]) kann die Anlegung und Abnahme des zollamtlichen Raumverschlusses nach Vereinbarung mit der Zollverwaltung, an Orten ohne Zollstelle mit Genehmigung der Direktivbehörde[2a]), durch besonders dazu ermächtigte, der Zollstelle schriftlich zu benennende Eisenbahnbeamte vorgenommen werden. Diese haben die ihnen von der Zollbehörde überwiesenen Verbleiungszangen in persönlicher Verwahrung zu halten, ebenso die abgenommenen Bleie und Schlösser (nebst den Schlüsseln), die sobald wie möglich der Zollstelle zu übergeben sind. Unregelmäßigkeiten, die von ihnen bei der Abnahme von Zollverschlüssen entdeckt werden, sind alsbald der Zollstelle anzuzeigen.

(4) Die Anlegung und die Abnahme eines Zollverschlusses ist in jedem Falle von den beteiligten Beamten auf den Zollpapieren zu bescheinigen.

---

[7]) Anm. 1 B a.

[8]) Vo 28. Feb. 25 RMinBl 232.

[9]) VZollG § 61.

[10]) VZollG § 60.

[11]) VZollG §§ 94—96. — Anm. 1 B b, f.

[12]) A. Ausnahme z. B. zur vorläuf. Sicherung nicht sofort abzufertigender Waren od. auf kurzen Grenzbahnstrecken zum Verschlusse der Inlands- u. Auslandsabteilung der Packwagen („Bemerkungen", oben Anm. 1 A a. E., zu § 9).

B. Der v. d. EisBeamten im Auftr. der Zollbehörde durch Verbleiungszange angelegte Verschluß gilt rechtlich für amtlichen Zollverschluß („Bemerkungen" zu § 9). — § 14 (2). — §§ 11 (3), 48 (2), 50 (1), 59 (2). — § 9 (3) behandelt den Fall allgemeiner Ermächtigung der Bahnbeamten zu Anleg. u. Abnahme des zollamtl. Raumverschl.; den allgemein ermächt. EisBeamten werden Zollzangen überwiesen; § 48 trifft dagegen die Behandl. v. Einzelfällen, bei denen zollamtl. Verschl. durch bahnamtlichen ersetzt w. kann (Zentralbl d. Preuß. Verw. der Zölle **1914** Nr. 52).

[13]) Jetzt Reichseisenbahnen (oben Anm. 8).

§ 10[14]. (1) Güter, die unter Raumverschluß abgefertigt werden sollen, müssen in zollsicher verschließbare Güterwagen verladen sein.

(2) Werden solche Güter, obwohl sie nach verschiedenen Abfertigungsorten bestimmt sind (§ 26 Abs. 4), zusammen in einen Wagen verladen, so ist dafür zu sorgen, daß die Ausladung der Waren an ihrem Bestimmungsort erfolgen kann, ohne daß es zugleich der Ausladung der weitergehenden Güter bedarf.

Beladung. Entladung. Umladung.

§ 11. (1) Bei Anwendung des Raumverschlusses ist die Beladung und Entladung (einschließlich der Umladung) zollamtlich zu überwachen.

(2) Der mit der Überwachung betraute Beamte hat den Istbestand der Packstücke nach Zahl, Verpackungsart, Zeichen und Nummern mit dem aus den zugehörigen Papieren sich ergebenden Sollbestande zu vergleichen und das Ergebnis in den Zollbegleitpapieren zu vermerken.

[15] (3) Im Verkehre mit Staatseisenbahnen[13] kann die Überwachung, Vergleichung und Abgabe des Vermerkes nach Vereinbarung mit der Zollverwaltung durch besonders dazu ermächtigte Eisenbahnbeamte (§ 9 Abs. 3) vorgenommen werden.

Amtliche Begleitung.

§ 12[16]. (1) Ob eine Begleitung der Züge durch Zollbeamte einzutreten hat, entscheidet die Zollstelle.

(2) Den Begleitern muß ein Sitzplatz auf einem der Wagen nach ihrer Wahl und den von der Begleitung zurückkehrenden Beamten ein Platz in einem Abteil mittlerer Klasse unentgeltlich eingeräumt werden.

Zoll- und Eisenbahnbeamte.

§ 13[17]. (1) Die Oberbeamten der Zollverwaltung, die mit der Überwachung des Verkehrs auf den Eisenbahnen und der die Abfertigung bewirkenden Zollstellen besonders beauftragt werden und sich darüber durch eine von der Direktivbehörde[2a] ausgestellte Karte ausweisen, sind befugt, zum Zwecke dienstlicher Nachforschungen die Züge an den Haltestellen so lange zurückzuhalten, als die von ihnen für nötig erachtete und möglichst zu beschleunigende Amtsverrichtung es erfordert. Diese Beamten sind auch befugt, innerhalb der Eisenbahndienststunden die Eisenbahndiensträume zu betreten und darin die für nötig erachteten Nachforschungen vorzunehmen.

(2) Hierbei darf jedoch über das Maß des zur Sicherung des Zollinteresses Erforderlichen nicht hinausgegangen werden; auch ist jede nicht unbedingt gebotene Störung des Eisenbahnbetriebs zu vermeiden.

(3) Jeder mit einer Ausweiskarte versehene Oberbeamte (Abs. 1) muß auf der darauf bezeichneten Eisenbahnstrecke in einem Abteil zweiter Klasse unentgeltlich[18] befördert werden.

§ 14[19]. (1) Die Eisenbahnbediensteten haben den Zollbeamten Auskunft zu erteilen und Hilfe zu leisten, ihnen auch die Einsicht in die bahnamtlichen Begleitpapiere und Abfertigungsbücher zu gestatten. Sie sind verpflichtet, das Zollinteresse mit derselben Gewissenhaftigkeit wahrzunehmen wie das Eisenbahninteresse.

(2) Einer besonderen Verpflichtung auf das Interesse der Zollverwaltung bedarf es bei den Beamten der Staatseisenbahnen[13] nicht. Privatbahnen oder sonstige Anstalten, denen besondere Erleichterungen zugestanden werden, haben die in Betracht kommenden Angestellten durch die Zollbehörde auf das Zollinteresse vereidigen zu lassen.

[19] (3) Soweit die Eisenbahnbeamten zolldienstliche Verrichtungen vornehmen, gelten sie als Beauftragte des Vorstandes der Zollstelle und haben dabei nach dessen Anordnungen zu verfahren.

Durchpausverfahren bei Zollpapieren.

§ 15. Die in doppelter Ausfertigung vorgeschriebenen Anmeldungen für die Zollabfertigung können im Durchpausverfahren mit Tinte oder Tintenstift hergestellt werden.

II. Grenzeingang.

Verladung der Güter.

§ 16[20]. (1) Beim Eingang der Züge über die Grenze dürfen zollpflichtige oder einer Einfuhrbeschränkung unterliegende Gegenstände, soweit sie nicht zum Handgepäck gehören, sich nur in Güterwagen oder Gepäckwagen befinden.

(2) Auf den Lokomotiven und Tendern dürfen nur Gegenstände vorhanden sein, die die Angestellten der Eisenbahnverwaltung auf der Fahrt zu dienstlichen Zwecken oder zu eigenem Gebrauche nötig haben.

(3) In den Personenwagen ist im allgemeinen nur das Handgepäck der Reisenden zu befördern; jedoch dürfen in besonders dazu eingerichteten Abteilen auch Reisegepäck und Expreßgüter sowie ausnahmsweise auch eilige Güter befördert werden.

[20] (4) Als Handgepäck gelten diejenigen Gegenstände, die in die Personenwagen mitgenommen werden dürfen; Reisegepäck ist das aufgegebene Gepäck.

A. Personen- und Gepäckverkehr. Abschluß des Bahnhofs.

§ 17[21]. (1) Bei der Ankunft eines Zuges auf dem Bahnhof des Grenzzollamts dürfen sich auf dem Teile des Bahnhofs, wo der Zug hält, nur die diensttuenden Beamten und Angestellten sowie Personen aus dem zum Bahnhof gehörigen Wirtschaftsbetrieb und Zeitungsverkäufer aufhalten. Die Eisenbahnverwaltung hat rechtzeitig für Entfernung aller andern Personen von diesem Bahnhofsteil und für seine Abschließung zu sorgen. Der für die Reisenden bestimmte Ausgang wird unter Zollaufsicht gestellt.

(2) Andere als die befugten Personen dürfen zu dem abgeschlossenen Raume erst nach Beendigung der in den §§ 18, 19 erwähnten zollamtlichen Verrichtungen zugelassen werden.

[14] VZollG § 62.

[15] § 14. — Anm. 1 B b.

[16] VZollG § 60 Abs. 5.

[17] VZollG § 60.

[18] Reichseisenbahnen: Beil. B, C.

[19] Zu Anordnungen üb. die zweckmäß. Ausführ., insbes. zur Entscheid. bei Zweifeln u. dgl. ist nur der Zollstellenvorstand berechtigt. „Bemerkungen“ (Anm. 1 A).

[20] VZollG § 61. — EVO §§ 26, 28.

[21] VZollG § 92. — Durch EZO werden besondere Verh., die auf internat. Vereinbarungen beruhen, nicht berührt; sie ist auf Zollbahnhöfe im Auslande sinngemäß anzuwenden. „Bemerkungen“ (oben Anm. 1 A) zu § 17.

§ 18[21]. (1) Die vom Ausland kommenden Reisenden, die zollpflichtige Waren bei sich führen, brauchen diese, wenn sie nicht zum Handel bestimmt sind, nur mündlich anzumelden. Auch steht es ihnen frei, sich sogleich der Nachschau zu unterwerfen, statt auf die Frage der Zollbeamten nach verbotenen oder zollpflichtigen Waren eine bestimmte Antwort zu geben. In diesem Falle sind sie nur für die Waren verantwortlich, die sie durch besonders getroffene Anstalten zu verheimlichen bemüht gewesen sind. — Gepäck, das in den freien Verkehr treten soll.

(2) Das aufgegebene Gepäck wird in der Regel nur dann als Reisegepäck behandelt, wenn der Verfügungsberechtigte sich als Reisender in demselben Zuge befindet. Ist zur Abfertigung des Reisegepäcks weder der Reisende noch ein von ihm ermächtigter Vertreter anwesend, so kann es während höchstens acht Tagen von der Eisenbahn unter zollamtlicher Aufsicht aufbewahrt und bei Abfertigung innerhalb dieser Zeit noch als Reisegepäck behandelt werden. Nach Ablauf der Frist hat die Eisenbahnverwaltung auf Verlangen der Zollbehörde binnen drei Tagen über die Güter Bestimmung zu treffen.

§ 19[21]. (1) In der Regel wird das Gepäck sogleich bei dem Grenzeingangsamte zum freien Verkehr abgefertigt. Das Gepäck der mit demselben Zuge weiterfahrenden Reisenden geht hierbei vor. Wertvolle Gegenstände sind auf Verlangen unter Ausschluß unbeteiligter Personen nach Abfertigung des Gepäcks der übrigen Reisenden abzufertigen. Gepäckstücke, die nicht bis zum Abgang des Zuges abgefertigt sind, bleiben zurück und werden nach ihrer Abfertigung mit dem nächsten Zuge weiterbefördert.

(2) Die Abfertigung des Gepäcks kann im Zuge, bei Schnellzügen, die aus Durchgangswagen bestehen, auch während der Fahrt erfolgen. Das Handgepäck ist bei Schnell- und Eilzügen in der Regel im Zuge abzufertigen.

§ 20[21]. Je nach dem Verkehrsbedürfnisse können Einrichtungen getroffen werden, die die Abfertigung des Reisegepäcks auf der ausländischen Abgangsstation ermöglichen. Das Verfahren dabei ist von der obersten Landesfinanzbehörde[22] im Benehmen mit der Eisenbahnverwaltung festzusetzen.

§ 21. Das zur unmittelbaren Durchfuhr durch das Zollgebiet bestimmte Reisegepäck wird nach den in der Anlage b enthaltenen Bestimmungen behandelt. — Durchfuhrgepäck.

§ 22[23]. Auf Antrag der Eisenbahnverwaltung kann die Abfertigung des Reisegepäcks auch den zu solchen Abfertigungen besonders ermächtigten Ämtern im Innern überwiesen werden. Dabei finden diese Bestimmungen der Anlage b entsprechende Anwendung. — Überweisung des Gepäcks auf Ämter im Innern.

§ 22a[24]. B. Expreßgutverkehr. Die §§ 21 und 22 und die Anlage b sind auf Expreßgut entsprechend anzuwenden.

§ 23[25]. (1) Jede mit Eisenbahnfrachtbrief eingehende Sendung soll von einer deutlich geschriebenen, offen beiliegenden Warenerklärung in doppelter Ausfertigung[26] begleitet sein. Lose verladene Massengüter, die gleichzeitig an denselben Empfänger und nach demselben Ort aufgeliefert werden, können in eine Erklärung aufgenommen werden, auch wenn sie von mehreren Frachtbriefen begleitet sind. Für die Warenerklärungen ist ein Papier nach Muster 1a oder 1b[4] zu benutzen (Vordruck auf der zweiten Seite). Daß die Warenerklärung beigelegt worden ist, hat der Absender auf dem Frachtbrief zu vermerken. — **B. Güterverkehr** Warenerklärungen.

(2) Die Warenerklärung kann in deutscher oder französischer Sprache abgefaßt sein.

(3) Die Warenerklärungen dienen der Eisenbahnverwaltung als Unterlagen für die allgemeine oder spezielle Anmeldung (Deklaration); sie sind von ihr auf die Übereinstimmung mit den Frachtbriefen zu prüfen. Fehlt eine Warenerklärung oder ist die abgegebene mangelhaft oder unrichtig, so liegt die Aufstellung, Ergänzung oder Berichtigung der Eisenbahnverwaltung ob[27].

(4) Bei zollfreien Gütern macht das Vorhandensein einer Warenerklärung einen besonderen statistischen Anmeldeschein[28] entbehrlich.

§ 24. Unmittelbar nach der Ankunft des Zuges auf dem Bahnhof des Grenzzollamts hat der Zugführer oder sonstige Bevollmächtigte der Eisenbahnverwaltung der Zollstelle eine Zugliste nach Muster 2[4] zu übergeben. — Zugliste.

§ 25[29]. (1) An der Hand der Zugliste ist die allgemeine Beschau des Zuges vorzunehmen. Ehe diese beendet ist, dürfen ohne Zustimmung der Zollbehörde Teilungen des Zuges oder Verschubbewegungen nicht vorgenommen werden. — Beschau der Güterzüge.

(2) Zollfreie Gegenstände können auf Antrag der Eisenbahnverwaltung an der Hand der Zugliste, nötigenfalls nach Einsicht in die Warenerklärungen oder Frachtbriefe, sofort im Zuge speziell beschaut und in den freien Verkehr gesetzt werden, wenn die Beschau nach dem Ermessen der Zollstelle mit hinreichender Sicherheit bewirkt werden kann[30].

(3) Lademittel, auch Geräte und Zubehörstücke inländischer Wagen, die nach Benutzung im Ausland von dort zurückkommen, sind auf Grund der eisenbahnamtlichen Dienstbegleitscheine zollfrei zu lassen.

---

[22] Jetzt Reichsminister der Finanzen (RAbgO § 445).

[23] E 15. Nov. 13 II 24 Cg 6179.

[24] Vo 15. Juni 28 RMinBl 513.

[25] Die Warenerklärung enthält die Erfordernisse nicht nur der generellen, sond. auch der speziellen Deklaration (VZollG § 22); ihre Beigabe spart der Eis. Schreibwerk, indem die Eis. in den Begleitzettelanmeldungen (EZO § 26) auf die WErkl. Bezug nehmen kann; für sich allein ist die WE. noch keine Deklar.; durch unrichtige Angaben in ihr macht sich der Absender nur in dems. Umfange zollstrafrechtlich verantw., in dem er bisher unricht. Angaben im Frachtbriefe zu vertreten hatte („Bemerkungen" — oben Anm. 1 A a. E. — zu §§ 23, 26. — E 9. April 19 FinMinBl. 196 betr. vereinf. ÜberweisVerfahren bei Einfuhr v. Kohlen mit d. Eis.).

[26] § 15.

[27] Unbeschadet ihres Rechts, gemäß VZollG § 27 spezielle Beschau zu beantragen; vgl. EZO § 33 (1).

[28] Unten X 4 § 3.

[29] VZollG §§ 28, 32.

[30] Erläutert in E 15. Juni 14 (ZBl d. Verw. d. Zölle 192).

Begleitzettelverkehr. Begleitzettelanmeldung.

§ 26[31]). (1) Über die mit Begleitzettel weiter zu befördernden Waren hat der Bevollmächtigte der Eisenbahnverwaltung eine Anmeldung in doppelter Ausfertigung[26]) abzugeben (Vordruck auf der ersten Seite der Warenerklärungen[4]) — § 23 —). Die Anmeldung darf außer der auf dem gleichen Papier befindlichen Warenerklärung noch andere Warenerklärungen umfassen.

(2) Die Anmeldungen müssen, soweit nähere Angaben nicht zu beschaffen sind, die verladenen Waren wenigstens nach Gattung (handelsüblicher Benennung) und Rohgewicht, bei verpackten Waren auch nach der Zahl der Packstücke, Verpackungsart, Zeichen und Nummern nachweisen. Ferner müssen darin die Wagen oder Wagenabteilungen oder abhebbaren Behälter, in die die Packstücke verladen sind, nach Zeichen, Nummern oder Buchstaben angegeben sein.

(3) Jede Anmeldung darf nur auf Güter lauten, die nach demselben Abfertigungsamte bestimmt sind[32]).

(4) Die Anmeldungen haben in der Regel den gesamten Inhalt eines Wagens zu umfassen. Bei Wagen mit Stückgütern, die nach verschiedenen Orten bestimmt sind, müssen sie auf den gesamten nach demselben Abfertigungsamte bestimmten Teil des Wageninhalts lauten. Bei lose verladenen Massengütern können mehrere Wagen mit gleichem Bestimmungsort in einer Anmeldung aufgeführt werden.

[33]) (5) Der Bevollmächtigte der Eisenbahnverwaltung, der die Anmeldung unterzeichnet hat, haftet für die Richtigkeit der darin angegebenen Zahl und Art der geladenen Packstücke oder Zahl und Bezeichnung der mit losen Massengütern beladenen Wagen. Auch übernimmt er die Verpflichtung, die darin genannten Wagen usw. binnen der bestimmten Frist in vorschriftsmäßigem Zustand und mit unverletztem Verschluß einem zur Erledigung befugten Amte zu gestellen, andernfalls aber für die Entrichtung des höchsten tarifmäßigen Eingangszolls von den in der Anmeldung nachgewiesenen Gewichtsmengen zu haften.

Abfertigung mit Begleitzettel.

§ 27[34]). (1) Die auf Grund der Begleitzettelanmeldungen mit Begleitzettel abzufertigenden Wagen sind unter zollamtlichen Verschluß zu setzen. Von einem Verschlusse kann abgesehen werden, wenn er nur mit unverhältnismäßigen Schwierigkeiten zu bewerkstelligen ist oder die Beschaffenheit der Waren eine Beraubung oder Vertauschung ausgeschlossen erscheinen läßt; in diesen Fällen bleibt der Zollstelle überlassen, die zur Festhaltung der Nämlichkeit etwa erforderlichen Maßnahmen zu treffen.

(2) Sofern ausnahmsweise[12]) Zollschlösser zum Verschlusse der Wagen verwendet werden, sind die Schlüssel eingesiegelt dem Zugführer oder sonstigen Bevollmächtigten zu übergeben. Die unterbliebene Ablieferung der Schlüssel an das Erledigungsamt oder die Verletzung des Verschlusses, unter dem sie sich befinden, zieht für die Eisenbahnverwaltung die nämlichen rechtlichen Folgen nach sich wie die unmittelbare Verletzung des Verschlusses der Wagen, zu denen die Schlüssel gehören.

(3) Die Begleitzettel sind durch grüne Streifen einzurahmen; die zugehörenden Frachtbriefe und, soweit es sich um Stückgut handelt, auch diese selbst sind von der Eisenbahnverwaltung durch grüne Zettel mit dem Aufdruck „Zollgut" kenntlich zu machen[35]).

§ 28. (1) Jede Begleitzettelanmeldung ist zu einem Begleitzettel zu vervollständigen, den die Zollstelle unter Beidrückung des Amtsstempels zu vollziehen hat. Gehören zu einer Anmeldung noch andere Warenerklärungen, so sind diese mit der Begleitzettelnummer und dem Amtsstempel zu versehen.

(2) Die Gestellungsfrist ist auf einen Monat festzusetzen, sofern nicht besondere Umstände eine andere Festsetzung erforderlich machen[35a]).

(3) Eine Ausfertigung des Begleitzettels ist dem Vertreter der Eisenbahnverwaltung zu übergeben. Das Doppel bleibt bei dem Ausfertigungsamte zurück.

Begleitzettel-Ausfertigungsbuch.

§ 29. (1) Das Ausfertigungsamt führt über die von ihm erteilten Begleitzettel ein Ausfertigungsbuch nach Muster 3[4]).

(2) Darin werden die ausgefertigten Begleitzettel mit fortlaufenden Nummern eingetragen und Verlängerungen der Gestellungsfrist, sobald sie zur Kenntnis des Ausfertigungsamts gelangen, mit roter Tinte vermerkt.

(3) Erforderlichenfalls können bei einem Amte mehrere, je mit einem besonderen Buchstaben zu bezeichnende Ausfertigungsbücher geführt werden.

(4) Geht ein Begleitzettel verloren, so hat der Vorstand des Ausfertigungsamts, wenn keine Bedenken vorliegen, eine neue Ausfertigung des Begleitzettels erteilen zu lassen, die als solche zu bezeichnen ist. Dies ist im Begleitzettel-Ausfertigungsbuche zu vermerken.

Güter, d. erst an die Grenze verladen werden.

§ 30. Die mit der Eisenbahn eingegangenen und beim Grenzzollamt ausgeladenen und die im Landfracht- oder Schiffsverkehr eingegangenen Waren können ebenfalls auf Begleitzettel abgefertigt werden.

Zuladung.

§ 31[36]). Den von der Eisenbahnverwaltung zur Abfertigung mit Begleitzettel gestellten Gütern dürfen andere unter Zollaufsicht zu versendende Güter und Güter des freien Verkehrs zugeladen werden. Zollgüter, bei denen eine Gefahr der Vertauschung mit zugeladenen Gütern des freien Verkehrs besteht, sind dabei von der Eisenbahnverwaltung durch grüne Zettel mit dem Aufdruck „Zollgut" zu kennzeichnen.

Anderer Verkehr. Vornahme der Abfertigung.

§ 32. Die zollamtliche Abfertigung der nicht auf Begleitzettel abzufertigenden Waren erfolgt nach den Vorschriften des Vereinszollgesetzes und der einschlägigen Zollordnungen, soweit nicht in dieser Ordnung Sonderbestimmungen gegeben sind.

Spezielle Anmeldung.

§ 33[37]). (1) Zur speziellen Anmeldung (Deklaration) können die Warenerklärungen benutzt werden (zu vergl. Absatz 3). Mangelhafte Angaben der Warenerklärung, z. B. über die tarifmäßige Beschaffenheit der Waren, hat der Anmelder zu ergänzen, soweit nicht gemäß § 27 des Vereinszollgesetzes der Antrag auf spezielle Beschau zulässig ist.

---

[31]) Der Begleitzettel mit d. Warenerkl. verbindet Ladungsverzeichnis (VZollG § 63) mit dem Begleitzettel nach EisZollregulativ §§ 22, 23), s. oben Anm. 1 Bc.

[32]) Das Erledigungsamt braucht nicht angegeben zu werden.

[33]) VZollG § 64 Abs. 2, §§ 66 Abs. 4.

[34]) § 9. [35]) Reichszollblatt **1925** 29, 173.

[35a]) Erläutert in „Bemerkungen" (Anm. 1 A) zu §§ 23 u. 26 u. zu § 28.

[36]) Anm. 1 B d. [37]) VZollG § 66.

(2) In eine spezielle Anmeldung können mehrere Warenerklärungen zusammengefaßt werden[30]).

(3) Die Muster 4a bis 4f[4]) zeigen Probeeintragungen für folgende Fälle:

Die spezielle Anmeldung wird zwecks Verzollung bei dem Grenzeingangsamt abgegeben — Muster 4a.

Die spezielle Anmeldung wird bei dem Begleitzettelerledigungsamt abgegeben

über Stückgüter in einer Wagenladung, mit mehreren Warenerklärungen — Muster 4b und c,

über lose Massengüter in einer Wagenladung, mit einer Warenerklärung — Muster 4d,

über lose Massengüter in mehreren Wagenladungen, mit mehreren Warenerklärungen — Muster 4e und f.

Zollquittung.

§ 34. Auf Verlangen der Eisenbahnverwaltung ist zu jeder Verzollungsanmeldung eine besondere Zollquittung zu erteilen, die die allgemeine Warengattung, die Tarifstelle und das verzollte Gewicht erkennen läßt, bei gestundeten Zollbeträgen eine Bescheinigung des Inhalts, daß die Zollbeträge durch Stundungsanerkenntnis der Eisenbahn beglichen sind.

Verwiegung auf der Gleiswage.

§ 35. (1) Von Waren, die einem Zollsatz von höchstens 6 ℳ für 1 dz unterliegen, sowie von Bier und lebendem Vieh einschließlich des Federviehs kann das zollpflichtige Gewicht auf Antrag durch Verwiegung auf der Gleiswage (Zentesimalwage) in der Weise ermittelt werden, daß von dem Gewichte des Wagens einschließlich der Ladung das Gewicht des leeren Wagens abgezogen wird.

(2) Für andere Waren darf die Gewichtsermittelung mit Genehmigung des Amtsvorstandes oder seines Stellvertreters in derselben Weise, jedoch nur dann erfolgen, wenn die Verwiegung auf den gewöhnlichen Wagen infolge der Größe oder Schwere der Gegenstände oder infolge sonstiger besonderer Umstände unverhältnismäßige Schwierigkeiten bietet oder, wie z. B. bei frischen Erdbeeren, erhebliche Nachteile für die Ware mit sich bringt.

(3) Bei der Verzollung von lebendem Federvieh (außer Gänsen), das aus Tarifvertrags- oder meistbegünstigten Ländern stammt und ohne besondere Verpackung eingeführt wird, ist die in Absatz 1 vorgesehene Gewichtsermittelung vertragsmäßig gewährleistet; dabei ist das Gewicht der für die Versendung besonders eingebauten Vorrichtungen zum Gewichte des leeren Wagens zu rechnen.

§ 36. (1) Von der Verwiegung des leeren Wagens kann, sofern die Beteiligten keinen Widerspruch erheben, abgesehen werden, wenn das von der Eisenbahnverwaltung festgestellte Eigengewicht und der Tag seiner Feststellung an dem Wagen angeschrieben ist, besondere Bedenken gegen die Richtigkeit des angeschriebenen Gewichts nicht bestehen und seit der Feststellung nicht mehr als drei Jahre verflossen sind.

(2) Das angeschriebene Gewicht darf insbesondere dann nicht als das wirkliche Gewicht des Wagens angesehen werden, wenn dessen Zubehörstücke nicht vollzählig mit vorgeführt werden. Ausnahmen hiervon kann der Amtsvorstand oder sein Stellvertreter zulassen, wenn es sich um das Fehlen verhältnismäßig kleiner Zubehörstücke handelt.

(3) Dem angeschriebenen Wagengewichte darf hinzugerechnet werden das Gewicht der nicht zu den Zubehörstücken der Wagen gehörigen

Vorsatzbretter, die bei lose verladenen Gütern in Wagen mit Schiebetüren zum besseren Abschluß vor die Türöffnungen gestellt werden, und

Planen, Decken, Ketten u. dergl., die bei der Verladung in offenen Wagen zur Bedeckung und Befestigung der Ladung dienen,

wenn die Eisenbahnverwaltung dies Gewicht festgestellt und in dem Frachtbrief vermerkt hat.

(4) Bei der Abfertigung von lebendem Vieh, ausgenommen Federvieh, ist das Gewicht des Wagens stets durch Verwiegung zu ermitteln.

(5) Weicht in den Fällen, in denen von der Verwiegung des leeren Wagens abgesehen worden ist, das angemeldete Gewicht der Ware von dem durch Berechnung ermittelten Gewicht ab, so ist dasjenige der beiden Gewichte der Zollberechnung zu Grunde zu legen, das den höheren Zollbetrag ergibt.

§ 37. (1) Die Verwiegung auf der Gleiswage ist zu versagen, wenn besondere Umstände (zu denen auch ungünstige Witterung zu rechnen ist) vorliegen, die der Gewinnung zuverlässiger Ergebnisse entgegenstehen.

(2) Die Zollstellen haben von Zeit zu Zeit die Richtigkeit des an den Eisenbahnwagen angeschriebenen Gewichts zu prüfen und sich von dem ordnungsmäßigen Zustand der Gleiswagen [38]) zu überzeugen. Die dabei nötige Arbeitshilfe ist von der Eisenbahnverwaltung unentgeltlich zu leisten.

(3) Weicht das angeschriebene Eigengewicht eines Wagens von dem bei der zollamtlichen Nachverwiegung ermittelten um 2 v. H. oder mehr ab, so ist dem Vertreter der Eisenbahnverwaltung eine von ihm durch Unterschrift anzuerkennende Ausfertigung der Tatbestandsaufnahme zur Beseitigung des Mangels auszuhändigen; die Beanstandung ist durch die Eisenbahnverwaltung an dem Wagen in auffälliger und haltbarer Weise ersichtlich zu machen.

§ 38[39]). (1) Bei Verwiegungen auf der Gleiswage können im Verkehre mit Staatseisenbahnen[13]) oder anderen Staatsbehörden auch die von den Beamten dieser Behörden ohne Beteiligung von Zollbeamten festgestellten Gewichte (einschließlich des Wagengewichts) als Grundlage für die Zollabfertigung in die zollamtlichen Papiere übernommen

[38]) Eichung der Waagen zum Wägen im öff. Verkehr: Maß- u. GewichtsO 30. Mai 08 (RGBl 349) § 6. Einzelnes, namentlich Best über Waagen f. Reisegepäck u. f. Stückgüter im EisVerkehr EichO 21. Feb. 30 (RGBl I 39) §§ 107ff., wo auch Bestimmung über die zulässigen Fehlergrenzen getroffen ist (die älteren Verordnungen über „Verkehrsfehlergrenzen" sind wohl damit gegenstandslos geworden). — EichgebührenO 24. Mai 24 (RGBl I 607), geändert durch Vo 10. Feb. 26 (RGBl I 100), 29. Juni u. 15. Dez. 28 (das. 193 u. 412), 26. Nov. 29 (das. 207) u. 19. März 30 (das. 85).

[39]) Anm. 1 B b. — Verh. des Abs. 1 zu VZollG §§ 32, 39, 68: RFinanzhof 17. Sept. 26 JW **1927** 1794 (Übernahme des v. Bahnbeamten festgest. Gewichts b. d. Zollfestf. schließt Anfecht. der Zollfestf. im Rechtswege nicht aus.

werden. Die festgestellten Gewichte sind von den beteiligten Beamten, soweit nicht Wiegekarten übergeben werden, in den Zollpapieren selbst oder in besonderen Wiegebescheinigungen mit Namen und Dienststellung zu beurkunden.

(2) Die gleiche Erleichterung kann mit Genehmigung der obersten Landesfinanzbehörde[22]) auch im Verkehre mit Privatbahnen und den von Gemeinden, Handelskammern u. dergl. verwalteten Hafenanstalten zugelassen werden.

(3) Wenn die Waren nach Eisenbahnstationen ohne Zollstelle weitergeführt werden, kann auf Antrag der Beteiligten, sofern ein dem angemeldeten Gewicht entsprechender Zollbetrag sichergestellt wird, die Verwiegung des leeren Wagens am Entladungsorte durch zwei Beamte der Bahnverwaltung vorgenommen werden, von denen einer Vorsteher des Bahnhofs oder der Güterabfertigung oder Vertreter eines solchen sein muß, im Verkehre mit Staatseisenbahnen[13]) auch durch den Vorsteher oder dessen Vertreter allein. Diese Beamten haben die ausgestellte Wiegebescheinigung dem Abfertigungsamte zuzustellen.

(4) Die von Beamten der Eisenbahnverwaltung usw. vorgenommene Berechnung des Gewichts der Ladung ist von den Zollabfertigungsbeamten nachzuprüfen. Die Wiegekarten oder Wiegebescheinigungen sind tunlichst mit den Abfertigungspapieren zu verbinden.

Verwiegung auf der Dezimalwage.

§ 39[39]) [40]). (1) Im Verkehre mit Staatseisenbahnen[13]) kann das von Eisenbahnbeamten ohne Beteiligung von Zollbeamten auf der Dezimalwage festgestellte Rohgewicht als Grundlage für die Zollabfertigung in die zollamtlichen Papiere übernommen werden, sofern nicht der Verfügungsberechtigte hiergegen Widerspruch erhebt.

(2) Die festgestellten Gewichte sind von den beteiligten Beamten entweder in den Zollpapieren selbst oder in besonderen Wiegebescheinigungen mit Namen und Dienststellung zu beurkunden.

Begleitscheingüter ohne Stückverschluß.

§ 40[41]). (1) Bei Versendung von Begleitscheingütern mit der Eisenbahn kann auf Antrag der Eisenbahnverwaltung die Anlegung des Stückverschlusses auch dann unterbleiben, wenn eine spezielle Beschau nicht stattgefunden hat.

(2) In diesem Falle ist der als Warenführer auftretende Eisenbahnbeamte[42]) verpflichtet, das Begleitscheingut
entweder selbst einer Zollstelle vorzuführen,
oder einem anderen Eisenbahnbeamten zur Vorführung zu übergeben,
oder vor der Übergabe an andere Personen mit einem zollamtlichen Verschlusse versehen zu lassen,
oder, wenn es sich nur um die Überführung von der Bahnstation zur Zollstelle handelt, nach den für den Stationsort getroffenen Vereinbarungen mit der Zollbehörde — sei es in verschließbaren Wagen oder Behältern, unter eisenbahnamtlicher Begleitung oder in anderer Weise — befördern zu lassen.

(3) Wird nach Absatz 1 vom Verschluß abgesehen, so haftet die Eisenbahnverwaltung für den Zoll nach dem höchsten Satze des Zolltarifs, auch im Falle der Verletzung der vorstehend angegebenen Verpflichtung des Warenführers.

(4) Die Begleitscheine über die nach Maßgabe des Absatz 1 ohne Verschluß abgelassenen Güter ebenso wie die Begleitscheine über die mit Verschluß abgelassenen Güter sind durch grüne Streifen einzurahmen; die zugehörigen Frachtbriefe und die Güter selbst sind von der Eisenbahnverwaltung durch grüne Zettel mit dem Aufdruck „Zollgut" kenntlich zu machen.

Zollerlaß für zurückgekommene Gegenstände.

§ 41. Nach Bestimmung der obersten Landesfinanzbehörde[22]) darf den Hauptämtern und im Falle des Bedürfnisses auch anderen Zollstellen die Befugnis beigelegt werden, diejenigen Eisenbahngüter (einschließlich des Reisegepäcks), die aus dem freien Verkehre des Zollgebiets irrtümlich in das Ausland befördert oder sonst in das Ausland versandt, aber nicht in die Hände des Empfängers gelangt, sondern im Ausland im Gewahrsam der Eisenbahn-, Zoll-, Post-, Gerichts- oder Polizeibehörde geblieben sind, beim Wiedereingange selbständig aus Billigkeitsrücksichten vom Eingangszolle freizulassen, wenn diesen Eisenbahnfrachtstücken eine eisenbahnamtliche Bescheinigung darüber beigegeben wird, daß sie während ihrer Beförderung sich ununterbrochen im Gewahrsam der Eisenbahn-, Zoll-, Post-, Gerichts- oder Polizeibehörde befunden haben. Ist die Sendung im Gewahrsam einer dritten Person gewesen, so ist für die Gewährung der Zollfreiheit die Direktivbehörde[2a]) zuständig.

Behandlung unbestellbarer, wieder ausgehender Güter.

§ 42. Ist bei den aus dem Ausland eingegangenen Eisenbahngütern der Empfänger nicht zu ermitteln oder wird die Annahme verweigert oder kann solches Gut aus anderen Gründen nach seinem Übergang in den freien Verkehr von der Eisenbahnverwaltung nicht bestellt werden, so kann auf Grund der von der Dienststelle einer Staatseisenbahnverwaltung[13]) ausgestellten Bescheinigung über die Unbestellbarkeit und die erfolgte Wiederausfuhr der Zoll ohne weiteres zurückgezahlt werden.

Durchfuhr und Wiederausfuhr ausländischer Lademittel.

§ 43[43]). Ausländische, zur unmittelbaren Durchfuhr durch das Zollgebiet oder zur Wiederausfuhr aus dem Zollgebiete bestimmte gebrauchte Lademittel (z. B. Wagendecken, Auffätze, Gerüste, Teilwände, Langbäume, Schemel, Rungen, Unterlagsbalken, Stützen, Steifen, Ketten, Seile, Schließkeile usw.) können dem Eisenbahnbevollmächtigten oder seinem Vertreter gegen eine von ihm auszustellende Bescheinigung, in der die Verpflichtung zur Ausfuhr ohne zwischenzeitliche Lagerung im Zollgebiet übernommen wird, ohne spezielle Beschau und ohne Verschlußanlage überlassen werden. Einer Vorführung der Lademittel bei der Ausgangszollstelle bedarf es nicht.

III. Beförderung im Inland.

Befreiung von der Legitimationsscheinpflicht.

§ 44[44]). Die Beförderung von Gütern aus dem Binnenlande in den Grenzbezirk ist von der Legitimationsscheinpflicht befreit.

---

[40]) Im Falle § 39 müssen die Vorschr. f. d. zollamtl. Gewichtsvermittl. befolgt sein; der Zollbeh. bleibt das Recht gewahrt, nach ihrem Ermessen die Verwägung selbst vorzunehmen od. Nachwägungen eintreten zu lassen. „Bemerkungen" (oben Anm. 1 A).

[41]) Oben Anm. 1 B e. — Ausführl. Begründung u. Erläut. in „Bemerkungen" (oben Anm. 1 A), woraus zu erwähnen: der Bahnspediteur steht den EisBeamten nicht gleich; die Erleicht. ist nicht auf Abfert. nach solchen Zollstellen beschränkt, denen die BegleitschGüter unmitt. durch d. EisVerw. vorgeführt werden. — BZ **1918** 770.

[42]) Oben X 2 Anm. 37.

[43]) BZollG § 70.

[44]) BZollG § 120.

§ 45[45]). (1) Die Eisenbahnverwaltungen dürfen Gegenstände, die beim Übergang aus einem Staate des deutschen Zollgebiets in den anderen oder aus einem Steuergebiet in das andere einer Abgabe unterliegen, bei unmittelbarer Versendung nur dann zur Beförderung nach einem solchen Staate oder Steuergebiet annehmen, wenn sie von einem Übergangsschein oder einem anderen, steuerlichen Zwecken dienenden Papier begleitet werden. Übergangssteuerpflichtige Gegenstände.

(2) Die auf besonderem Übereinkommen zwischen einzelnen Regierungen beruhenden örtlichen Einrichtungen zur Abfertigung übergangssteuerpflichtiger Gegenstände werden durch vorstehende Bestimmung nicht berührt.

(3) Bei der Durchfuhr von vereinsländischem Wein oder Most mit der Eisenbahn durch das Gebiet eines Vereinsstaats, in dem vom Verbrauche dieser Waren eine Abgabe erhoben wird, nach einem Vereinsstaat, in dem eine Abgabe davon nicht zu entrichten ist, ist ein Übergangsschein oder anderes Begleitpapier nicht erforderlich.

§ 46. (1) Bei Versendungen aus dem Zollinlande durch das Ausland nach dem Zollinlande kommen § 111 des Vereinszollgesetzes und die dazu erlassenen Sonderbestimmungen in Anwendung. Nach örtlichem Bedürfnis können aber von der obersten Landesfinanzbehörde[22]) für diesen Verkehr Erleichterungen zugestanden werden. Verkehr durch das Ausland.

(2) Die mit Begleitzettel unter Verschluß abgefertigten Waren, die unterwegs das Ausland berühren, bedürfen beim Wiedereingange, sofern der Verschluß unverletzt geblieben ist, für die Weiterbeförderung nach ihrem Bestimmungsorte keiner nochmaligen Abfertigung.

§ 47[46]). (1) Auf Antrag der Eisenbahnverwaltung kann unterwegs mit Genehmigung der zuständigen Zollstelle unter Beobachtung der im § 11 gegebenen Vorschriften eine Umladung der mit Begleitzettel abgefertigten Güter in andere Eisenbahnwagen oder in verschlußfähige Schiffe oder auch von diesen wieder in Eisenbahnwagen stattfinden. Im Bedürfnisfalle kann die Genehmigung zur Vornahme von Umladungen von der Direktivbehörde[2a]) für einzelne Umladestellen der Staatseisenbahnen[13]) ein für allemal erteilt werden. **Begleitzettelgüter.** Umladungen

(2) Bei einer Umladung in Schiffe hat der Schiffsführer durch eine Erklärung auf dem Begleitzettel und eine besondere Annahmeerklärung nach Muster 5[4]) in die Verpflichtungen des Begleitzettelnehmers einzutreten. Die Zulassung der Weiterbeförderung kann von einer Sicherheitsleistung gemäß § 45 des Vereinszollgesetzes abhängig gemacht werden; die Art der etwaigen Sicherheitsleistung ist auf dem Begleitzettel und auf der Annahmeerklärung zu vermerken. Die Annahmeerklärung ist von der Zollstelle des Umladeorts dem Ausfertigungsamte zu übersenden.

(3) War bei einer Umladung in Schiffe Sicherheit geleistet, so hat das Erledigungsamt nach Erledigung des Begleitzettels die Zollstelle am Umladeorte zwecks Aufhebung der Sicherheit zu benachrichtigen.

(4) Werden die Güter aus Schiffen wieder in Eisenbahnwagen umgeladen, so hat der Bevollmächtigte der Eisenbahnverwaltung durch eine Erklärung auf dem Begleitzettel und eine Annahmeerklärung nach Muster 5 in die Verpflichtungen des Begleitzettelnehmers einzutreten.

§ 48[47]). (1) Aus zwingenden betriebsdienstlichen Gründen[48]) ist die vorübergehende Öffnung eines Zollraumverschlusses, bei Unfällen auch die Umladung des Wageninhalts ohne zollamtliche Genehmigung zulässig. In diesem Falle ist jedoch der nächsten Zollstelle zum Zwecke der weiteren Veranlassung Anzeige zu erstatten.

[49]) (2) Im Verkehre mit Staatseisenbahnen[13]) bedarf es dieser Anzeige nicht. Zollamtlicher Bleiverschluß ist in diesem Falle tunlichst durch dazu ermächtigte Eisenbahnbeamte (§ 9 Abs. 3) zu erneuern, sonst durch bahnamtlichen zu ersetzen. Die Tatsache und die Ursache der Umladung oder Öffnung sowie die Verschlußerneuerung sind auf dem Zollpapiere zu beurkunden.

§ 49. Erscheint während der Beförderung eine Verlängerung der Gestellungsfrist erforderlich, so hat der Warenführer[42]) sie bei der nächsten Zollstelle unter Vorlegung des Begleitzettels zu beantragen. Von dieser ist die gewährte Fristverlängerung auf dem Begleitzettel zu vermerken und dem Ausfertigungsamt alsbald mitzuteilen. Fristverlängerung.

§ 50[50]). (1) Wird ein Verschluß unterwegs durch zufällige Umstände verletzt, so kann die Eisenbahnverwaltung bei der nächsten Zollstelle die Untersuchung des Tatbestandes, die Beschau der Waren und die Erneuerung des Verschlusses beantragen. Die darüber aufgenommenen Verhandlungen sind dem Erledigungsamte vorzulegen. Bei Zollraumverschlüssen ist alsbald ein eisenbahnamtlicher Verschluß anzulegen, im Verkehre mit Staatseisenbahnen[13]) tunlichst ein Zollverschluß durch dazu ermächtigte Eisenbahnbeamte (§ 9 Abs. 3)[12]). Verschlußverletzung.

(2) Die Tatsache der Verschlußerneuerung ist nebst den Ursachen der Verschlußverletzung in jedem Falle von den beteiligten Eisenbahnbeamten auf dem Zollpapier oder in einer besonderen, dem Erledigungsamte zuzustellenden Bescheinigung zu beurkunden.

(3) Liegt der Verdacht einer absichtlichen Verschlußverletzung vor, so sind, falls nicht die Zuziehung der nächsten Zollstelle geboten erscheint, bei Beurkundung der Verschlußerneuerung auch die Verdachtsgründe mit anzugeben.

(4) Ist offenbar eine absichtliche Verschlußverletzung und eine Beraubung der Ladung vorgekommen, so ist der nächsten Zollstelle unter Vorführung der Ladung Anzeige zu machen.

IV. Behandlung am Bestimmungsorte.

§ 51[51]). (1) Die zollamtliche Abfertigung der mit der Eisenbahn versendeten Güter am Bestimmungsort erfolgt nach den Vorschriften des Vereinszollgesetzes und der einschlägigen Zollordnungen, soweit nicht in dieser Ordnung Sonderbestimmungen gegeben sind. Vornahme der Abfertigung.

(2) Die Bestimmungen der §§ 33 bis 43 finden Anwendung.

[45]) § 45 ist gegenstandslos geworden, seitdem die Waren (Wein, Bier usw.), bei deren Beförd. innerh. des Reichs früher Übergangsabgaben erhoben wurden, jetzt reichssteuerpflichtig geworden sind u. von den Ländern nicht mehr mit Abgaben belegt w. dürfen.

[46]) VZollG § 65.

[47]) VZollG §§ 64fg. — Anm. 12. — § 48 ist ebenso auf Begleitscheingüter mit Raumverschluß wie auf Begleitzettelgüter anzuwenden; Unfall i. S. des Abs. 1 ist auch Heißlaufen einer Achse (Zentralbl d. Preuß. Verw. d. Zölle **1914** Nr. 51.

[48]) Z. B. bei Wagenmangel („Bemerkungen", oben Anm. 1 A a. E.).

[49]) Anm. 1 B b, Anm. 12, § 14.

[50]) VZollG § 96. [51]) Das. § 66.

Abgabe der Begleitzettel.

§ 52. (1) Der Vertreter der Eisenbahnverwaltung hat unter Vorführung der Wagen die zu den Begleitzettelsendungen gehörigen Papiere und Schlüssel der Zollstelle am Bestimmungsorte zu übergeben.

(2) Auf dem Begleitzettel ist der Tag der Abgabe und der Eingang der zugehörigen Schlüssel und Warenerklärungen von dem damit beauftragten Beamten der Zollstelle zu vermerken.

Begleitzettel-Empfangsbuch.

§ 53. (1) Der Begleitzettel ist sodann in ein nach Muster 6[4]) zu führendes Begleitzettel-Empfangsbuch unter Ausfüllung der Spalten 1 bis 8 einzutragen.

(2) Erforderlichenfalls können bei einem Amte mehrere, je mit einem besonderen Buchstaben zu bezeichnende Empfangsbücher geführt werden.

Abfertigungsanträge.

§ 54. (1) Binnen einer von der Zollbehörde im Einvernehmen mit der Eisenbahnverwaltung örtlich zu bestimmenden Frist sind die Anträge auf weitere Abfertigung der eingegangenen Güter zu stellen.

(2) Die Angaben der Begleitzettelanmeldung über Gattung und Gewicht der Waren können, solange eine spezielle Beschau noch nicht stattgefunden hat, vom Warenführer[42]) und vom Warenempfänger vervollständigt oder berichtigt werden.

Weitere Abfertigung auf Begleitzettel.

§ 55. (1) Soll nur ein Teil der zu einem Begleitzettel gehörigen Sendung abgefertigt werden, so ist der Begleitzettel zu erledigen. Die weitergehenden Güter können wieder mit Begleitzettel nach den Bestimmungen unter §§ 26 bis 31 abgelassen werden.

(2) Auch bei der Versendung anderer Waren unter Zollaufsicht ist die Abfertigung mit Begleitzettel zulässig.

Zu Grunde gegangene, verdorbene oder zerbrochene Waren.

§ 56[52]). (1) Vor der Schlußabfertigung durch Zufall zu Grunde gegangene Begleitzettel- oder Begleitscheingüter sind zollfrei zu lassen.

(2) Vor der Schlußabfertigung verdorbene oder zerbrochene Begleitzettel- oder Begleitscheingüter sind zollfrei zu lassen, wenn sie unter amtlicher Aufsicht vernichtet werden, oder mit demjenigen Zollsatze zu belegen, dem sie in verdorbenem oder zerbrochenem Zustand unterliegen; die Zollbehörde kann die Anwendung dieses Zollsatzes von einer weiteren Zerstörung unter amtlicher Aufsicht oder anderen geeigneten Maßnahmen abhängig machen.

Mindergewicht.

§ 57. Sind Begleitzettel- oder Begleitscheingüter ohne Verschluß abgelassen, so ist von der Erhebung des Zolles für ein bei der Schlußabfertigung gegen die Vorabfertigung hervortretendes Mindergewicht abzusehen, wenn dieses offenbar auf natürlichen Einflüssen beruht oder auf einen Irrtum zurückzuführen ist.

Grenzausgang. Anmeldung und Beschau.

§ 58[53]). (1) Waren, deren Ausfuhr nachzuweisen ist, müssen bei dem Grenzausgangsamt angemeldet und gestellt werden. Dieses hat zu prüfen, ob diejenigen Gegenstände vorhanden sind, über die die Begleitpapiere lauten.

(2) Bei Gütern unter Raumverschluß genügt, wenn nicht besondere Verdachtsgründe vorliegen, die Prüfung des Verschlusses und der verschlußfähigen Beschaffenheit der Laderäume.

(3) Bei Gütern unter Packstückverschluß hat sich die Beschau stets auch auf die Prüfung der Zahl, Verpackungsart, Zeichen und Nummern der Packstücke zu erstrecken.

(4) Bei unverschlossen abgelassenen Gütern sind auch das Gewicht und die Warengattung festzustellen, doch kann in unverdächtigen Fällen die Feststellung auf einen Teil der Packstücke beschränkt bleiben. Bei den auf Grund des § 40 abgefertigten Begleitscheingütern kann die Feststellung des Gewichts und der Warengattung ganz unterbleiben. Bei unverpackten Gütern kann in geeigneten Fällen von der Feststellung der Stückzahl abgesehen werden.

Überwachung des Ausganges.

§ 59[53]). (1) In welcher Weise der Ausgang über die Grenze zu überwachen ist, hat der Vorstand des Grenzzollamts nach den örtlichen Verhältnissen zu bestimmen.

[54]) (2) Im Verkehre mit Staatseisenbahnen[13]) kann nach Vereinbarung mit der Zollverwaltung die Überwachung und Bescheinigung des Ausganges durch besonders dazu ermächtigte Eisenbahnbeamte erfolgen.

(3) Wenn bei Raumverschlüssen neben dem zollamtlichen ein eisenbahnamtlicher Verschluß nicht angelegt war, kann der zollamtliche Verschluß belassen werden, falls die Zollstelle nicht aus besonderen Gründen seine Abnahme für geboten hält.

V. Begleitzettelerledigung

Eingangsscheine.

§ 60. (1) Über die bei einer Zollstelle zur Erledigung abgegebenen Begleitzettel sind an die Ausfertigungsämter Eingangsscheine nach Muster 7[4]) zu senden. Sie sind von dem Führer des Begleitzettel-Empfangsbuchs unter Beidrückung des Amtsstempels auszustellen und von einem anderen, von dem Amtsvorstand zu bestimmenden Beamten zu prüfen und mit zu unterzeichnen.

(2) Die Übersendung der Eingangsscheine erfolgt monatlich zweimal: über die vom 1. bis 15. abgegebenen Begleitzettel bis zum 20. desselben Monats, über die vom 16. bis zum Monatsschluß abgegebenen Begleitzettel bis zum 5. des folgenden Monats. Sind die abgegebenen Begleitzettel in verschiedenen Vierteljahren ausgefertigt, so ist für jedes Vierteljahr ein besonderer Eingangsschein auszustellen.

(3) Die Ordnungszahl, unter der jeder Begleitzettel in dem Eingangsschein eingetragen ist, und der Tag der Ausstellung des Eingangsscheins sind in Spalte 12 und 13 des Begleitzettel-Empfangsbuchs zu vermerken.

(4) Die Eingangsscheine erledigen die Eintragungen im Begleitzettel-Ausfertigungsbuche.

Erledigungsbescheinigungen.

§ 61. (1) Hat sich bei Prüfung der mit Begleitzettel angekommenen Wagen auf Verschluß und verschlußsichere Beschaffenheit, bei Stückgütern auch wegen der Zahl und Art der entladenen Packstücke keine Beanstandung ergeben, so wird der Begleitzettel erledigt.

(2) Die Erledigungsnachweise sind auf dem Begleitzettel in der Art abzugeben, daß außer dem Eingang (§ 52 Abs. 2) der Beschaubefund über den Verschluß der Wagen und die Zahl und Art der entladenen Packstücke von den Beschaubeamten,

[52]) VZollG § 67.

[53]) VZollG § 71. — Erleicht. der Abfert.: E 2. Sept. 25, mitget. mit Vf 11. 2956 v. 10. Sept. 25.

[54]) § 14. — Anm. 1 B b.

bei ausgehenden Gütern der Ausgang von denjenigen Beamten, die ihn überwacht haben, vermerkt und durch Unterschrift unter Beifügung der Amtseigenschaft beglaubigt wird.

§ 62. (1) Nach Eintragung der Erledigungsnachweise ist die Erledigungsbescheinigung am Schlusse des Begleitzettels durch den Führer des Begleitzettel-Empfangsbuchs oder einen anderen vom Amtsvorstande damit beauftragten Beamten, der sich hierbei von der ordnungsmäßigen Erledigung des Begleitzettels zu überzeugen hat, unter Beifügung seiner Amtseigenschaft zu vollziehen.

(2) Zugleich sind die Spalten 9 bis 11 des Begleitzettel-Empfangsbuchs auszufüllen.

Abweichungen vom Begleitzettel.

§ 63. Wird bei Prüfung der zur Erledigung übergebenen Begleitzettel oder bei Beschau der Wagen oder der Ladung wahrgenommen, daß

a) die im Begleitzettel vorgeschriebene Gestellungsfrist nicht innegehalten worden ist, oder

b) der amtliche Verschluß verletzt ist, oder

c) die Zahl und Art der Packstücke nicht mit den Angaben in den Begleitzetteln übereinstimmt,

so ist der Sachverhalt aufzuklären.

§ 64. Ergibt in den Fällen des § 63 die Untersuchung, daß die Abweichung durch einen Zufall herbeigeführt oder sonst genügend entschuldigt ist, und liegt nach der Überzeugung des Erledigungsamts kein Grund zu dem Verdacht eines verübten oder versuchten Unterschleifs vor, so kann der Begleitzettel erledigt werden.

Strafverfahren.

§ 65[55]**).** (1) Treffen die Voraussetzungen für die Erledigung des Begleitzettels nicht zu, so ist das gesetzliche Strafverfahren einzuleiten.

(2) Nach Beendigung des Strafverfahrens ist der Begleitzettel zu erledigen, sofern keine Zweifel darüber bestehen, daß die Waren in unveränderter Menge und Beschaffenheit gestellt worden sind. Ergeben sich hier aber Zweifel, so hat zunächst das dem Erledigungsamt vorgesetzte Hauptamt über die Gefälleerhebung zu entscheiden.

Nichtgestellung.

§ 66[55]**).** (1) Werden mit Begleitzettel abgefertigte Waren überhaupt nicht gestellt, so ist ihr Verbleib zu erörtern und nach Umständen das Strafverfahren einzuleiten.

(2) Über die Gefälleerhebung entscheidet das dem Ausfertigungsamte vorgesetzte Hauptamt und im Falle eines Strafverfahrens das Hauptamt, das das Verfahren durchführt.

VI. Abschluß und Einsendung der Bücher.

§ 67. (1) Das Begleitzettel-Ausfertigungs- und das Begleitzettel-Empfangsbuch werden nach Maßgabe der Vorschriften der Zollbegleitschein-Ordnung über die Führung des Begleitschein-Ausfertigungs- und -Empfangsbuchs vierteljährlich abgeschlossen und mit den nach der Nummernfolge der Eintragungen geordneten Belegen an die Direktivbehörde[2a]) eingesendet.

(2) Die Doppel der Begleitzettel und etwaiger Gepäckverzeichnisse (§ 21 Anl. b), die Annahmeerklärungen und die Eingangsscheine bilden die Belege zum Ausfertigungsbuche, die Begleitzettel und etwaige Gepäckverzeichnisse die Belege zum Empfangsbuche.

(3) Die Zuglisten (§ 24) sind, nach fortlaufender Reihenfolge vierteljahrsweise gesammelt, bei den Zollstellen drei Jahre lang aufzubewahren.

VII. Strafen.

§ 68. Zuwiderhandlungen gegen die Bestimmungen dieser Ordnung werden, sofern nicht nach den §§ 134 ff. des Vereinszollgesetzes eine höhere Strafe verwirkt ist, nach § 152 desselben Gesetzes mit einer Ordnungsstrafe bis zu 150 *M* geahndet.

Anlage a (EZO § 7).

Bekanntmachung[56]), betreffend die Bestimmungen über die zollsichere Einrichtung der Eisenbahnwagen im internationalen Verkehre.

Gemäß dem vom Bundesrat in der Sitzung vom 5. Dezember 1907 gefaßten Beschlusse treten mit Wirkung vom 1. Juli 1908 an die Stelle der Vorschriften über die zollsichere Einrichtung der Eisenbahnwagen im internationalen Verkehre vom 12. März 1887 (Zentralblatt 1887 S. 69) die nachstehenden, zwischen dem Deutschen Reiche, Belgien, Bulgarien, Dänemark, Frankreich, Griechenland, Italien, Luxemburg, den Niederlanden, Norwegen, Österreich, Ungarn, Rumänien, Schweden, der Schweiz und Serbien vereinbarten Bestimmungen.

Berlin, den 25. Mai 1908.

Der Reichskanzler.
Fürst von Bülow.

Bestimmungen über die zollsichere Einrichtung der Eisenbahnwagen im internationalen Verkehre.

A. Allgemeine Bestimmungen.

Die Wagen und Wagenabteilungen, welche zum Transporte von Zollgütern verwendet werden sollen, müssen leicht und sicher in der Art verschlossen werden können, daß die Hinwegnahme oder der Austausch der unter Verschluß des Ladungsraums gelegten Waren ohne Anwendung von Gewalt und ohne Hinterlassung sichtbarer Spuren nicht bewerkstelligt werden kann.

In solchen Wagen oder Wagenabteilungen dürfen sich auch keine geheimen oder schwer zu entdeckenden, zur Aufnahme von Gütern oder Effekten geeigneten Räume befinden.

Jeder Wagen muß an beiden Längsseiten mit einem Eigentumsmerkmal und einer Nummer versehen sein. Befinden sich in einem Wagen mehrere von einander geschiedene Abteilungen, so ist jede der letzteren mit einem Buchstaben zu bezeichnen.

---

[55]) VZollG § 134 ff.

[56]) Auch abgedr. ZBl 08 210.

B. Besondere Bestimmungen.

Behufs Erzielung eines sicheren Verschlusses des Ladungsraums müssen die betreffenden Wagen insbesondere folgenden Bedingungen entsprechen[57]):

Anlage b (EZO § 21).

Bestimmungen über die zollamtliche Abfertigung des zur unmittelbaren Durchfuhr durch das Zollgebiet bestimmten Reisegepäcks.

Das von der Eisenbahnverwaltung von Ausland zu Ausland eingeschriebene, zur unmittelbaren Durchfuhr durch das Zollgebiet bestimmte Reisegepäck wird auf Antrag der Eisenbahnverwaltung in folgender Weise behandelt:

1. Beim Eingang ist vom Zugführer oder dem sonstigen Bevollmächtigten der Eisenbahnverwaltung auf Grund der Packmeisterkarten für jedes in Betracht kommende Grenzausgangsamt ein Verzeichnis nach dem anliegenden durch grüne Streifen eingerahmten Muster I[58]) in zweifacher Ausfertigung herzustellen und dem Grenzeingangsamte zu übergeben. In diesen Verzeichnissen ist auf je einer Zeile die Gesamtzahl der zu einem Gepäckschein gehörigen Packstücke unter Beifügung der Nummer dieses Scheines sowie der Aufgabe- und Bestimmungsstation einzutragen. Die Gepäckstücke sind, in der Regel in oder neben dem von den übrigen Gepäckstücken entleerten Wagen, gleichzeitig vorzuweisen. Eine Überführung der Gepäckstücke in den Abfertigungsraum soll nur dann gefordert werden, wenn es im Interesse der Zollsicherheit für erforderlich erachtet wird.

2. Das Eingangsamt hat sich von dem Vorhandensein der in dem Verzeichnis aufgeführten Gepäckstücke zu überzeugen. Ergeben sich hierbei Abweichungen, so sind die Eintragungen in den Verzeichnissen zu berichtigen. Demnächst werden die Gepäckstücke von dem Eingangsamte mit einer neben dem Eisenbahn-Beklebezettel anzubringenden Marke versehen, die die Größe und Farbe des anliegenden Musters II[4]) hat und die Bezeichnung trägt: „Zollgepäck von ...", und ohne spezielle Beschau sowie ohne Verschlußanlegung dem Zugführer oder sonstigen Bevollmächtigten der Eisenbahnverwaltung wieder übergeben. Die Kennzeichnung durch Marken kann unterbleiben, wenn das Gepäck ohne Zuladung von Gepäckstücken des freien Verkehrs unter Raumverschluß dem Grenzausgangsamt überwiesen wird. Die Verzeichnisse sind von dem Zugführer oder sonstigen Bevollmächtigten der Eisenbahnverwaltung und dem Abfertigungsbeamten unter Beisetzung des Datums zu unterzeichnen, sodann zollamtlich abzustempeln und mit fortlaufenden Nummern aus dem nach Muster III[4]) zu führenden Buche zu versehen. Je eins der Verzeichnisse ist dem Eisenbahnbeamten zu übergeben. Die Eintragung der Verzeichnisse in das genannte Buch erfolgt erst nach Schluß der Abfertigung auf Grund der beim Amte zurückbleibenden Doppel. Die Verzeichnisse können auch in das Begleitzettel-Ausfertigungsbuch eingetragen werden.

3. Der Beauftragte der Eisenbahnverwaltung übernimmt durch die Unterzeichnung der Verzeichnisse die Verpflichtung, die in den Verzeichnissen aufgeführten Packstücke binnen der darin bestimmten Frist uneröffnet dem bezeichneten Grenzausgangsamte zu gestellen oder nebst den Begleitpapieren seinem Nachfolger im Dienste zu übergeben, auf den damit die Pflicht zur Gestellung übergeht. Gleichzeitig übernimmt er die Haftung für den höchsten tarifmäßigen Eingangszoll von den nachgewiesenen Gewichtsmengen für den Fall der Nichtgestellung.

4. Die Gepäckstücke sind unter Übergabe des Verzeichnisses dem darin bezeichneten Ausgangsamte vorzuführen. Dieses prüft, ob die in dem Verzeichnis eingetragenen Packstücke vorhanden sind, und bescheinigt den Ausgang der vorgefundenen Packstücke unter Beidruck des Amtsstempels. Ergibt sich bei der Prüfung, daß die Zahl der Packstücke mit den Angaben des Verzeichnisses nicht übereinstimmt oder die vorgeschriebene Gestellungsfrist nicht eingehalten ist, oder werden die zu dem Verzeichnis gehörigen Packstücke überhaupt nicht gestellt, so ist nach Maßgabe der Bestimmungen in den §§ 63 bis 66 der Eisenbahn-Zollordnung zu verfahren. Die Abgabe des Verzeichnisses und die Vorführung der Gepäckstücke bei einem anderen Ausgangsamte zieht keine weiteren Folgen nach sich.

Die Verzeichnisse sind beim Erledigungsamte durch das Begleitzettel-Empfangsbuch festzuhalten. Ihre Abgabe ist gemäß § 60 der Eisenbahn-Zollordnung dem Ausfertigungsamte durch Eingangsscheine nachzuweisen. Die erledigten Verzeichnisse werden Belege zum Begleitzettel-Empfangsbuch (§ 67 der EZO).

Das Ausfertigungsamt hat die Bucheintragungen auf Grund der Eingangsscheine zu erledigen, das Buch vierteljährlich abzuschließen und mit den nach der Nummernfolge der Eintragungen geordneten Doppeln der Verzeichnisse und den Eingangsscheinen an die Direktivbehörde einzusenden.

5. Sollen Gepäckstücke infolge veränderter Bestimmung unterwegs in den freien Verkehr gesetzt werden, so sind sie zwecks spezieller Beschau einer nach § 4 der Eisenbahn-Zollordnung zuständigen oder zur Erledigung von Begleitscheinen I befugten Amtsstelle vorzuführen.

Sollen sämtliche in dem Verzeichnis aufgeführten Packstücke in den freien Verkehr treten, so hat der Eisenbahnbevollmächtigte die Packstücke nebst dem Verzeichnis unter Beifügung eines entsprechenden Vermerkes dem diensttuenden Stationsbeamten zu übergeben. Dieser hat in einer Erklärung auf dem Verzeichnis die Verpflichtung zu übernehmen, die Packstücke spätestens am nächsten Vormittage dem zuständigen Amte zu gestellen. Sodann ist weiter nach der Vorschrift unter Ziffer 4 zu verfahren.

Sollen nur einzelne Gepäckstücke in den freien Verkehr gesetzt werden, so tritt für sie an die Stelle des Verzeichnisses ein Auszug daraus. Das Verzeichnis, in das ein von dem bisherigen und dem nunmehr eintretenden Warenführer zu vollziehender Vermerk über die in den Auszug aufgenommenen Packstücke zu setzen ist, verbleibt in den Händen des Bahnbevollmächtigten.

6. Sofern für einzelne Durchgangsstrecken weitergehende Erleichterungen oder abweichende vertragsmäßige Einrichtungen bestehen, behält es hierbei sein Bewenden.

[57]) Folgt eine große Anzahl v. Einzelbest. üb. die verschiedenen Wagenteile; vom Abdruck hier w. abgesehen.

[58]) Muster I ist später mehrfach geändert; hier nicht abgedr.

Beilage B (zu Anm. 6B).

Verfügung des Generaldirektors der Deutschen Reichsbahn-Gesellschaft 48 Gfü 4 vom 17. April 1928.

Mit dem Herrn Reichsfinanzminister ist hinsichtlich der Leistungen der Deutschen Reichsbahn-Gesellschaft für die Reichszollverwaltung auf Grund des § 59 des Vereinszollgesetzes und § 5 der Eisenbahnzollordnung und der Vergütung dieser Leistungen gemäß § 13 des Reichsbahngesetzes folgende Vereinbarung getroffen worden:

1. Die Deutsche Reichsbahn-Gesellschaft erkennt ihre Verpflichtung zu den in dem § 59 des Vereinszollgesetzes und § 5 der Eisenbahnzollordnung festgesetzten Leistungen an. Der Reichsbahnverwaltung liegt nicht die Ausstattung, Erwärmung, Beleuchtung und Reinigung der lediglich zu Zwecken der Zollverwaltung dienenden Räume ob. Unter Ausstattung ist die Ausstattung mit Waagen — jedoch nicht mit automatischen Neigungswaagen —, Abfertigungstischen, Schreibpulten, Stühlen, Regalen und dergleichen zu verstehen. Soweit die Zollverwaltung bereits Räume ausgestattet hat, deren Ausstattung nach vorstehendem der Reichsbahn obliegen würde, werden hierfür aufgewendete Kosten nicht zurückgefordert.
2. Die Reichsfinanzverwaltung zahlt vom 1. April 1928 ab jährlich an die Zentralkasse der Deutschen Reichsbahn-Gesellschaft einen Pauschalbetrag von 2 Millionen Reichsmark in monatlichen Teilbeträgen im voraus. Nach 7 Jahren soll das Pauschale nach Maßgabe der eingetretenen Veränderungen in beiderseitigem Einvernehmen neu festgesetzt werden. Durch diese Pauschalzahlungen werden sämtliche Vergütungsforderungen für die in Ziffer 1 aufgeführten Leistungen abgegolten. Für die Zeit vor dem 1. April 1928 wird eine Vergütung nicht gewährt; etwa bezahlte Vergütungen werden nicht zurückgefordert.
3. Die Reichsbahn wird keine Einwendungen dagegen erheben, daß die der Zollverwaltung überlassenen Räume auch für die Zoll- und Steuerabfertigung von Waren benutzt werden, die nicht mit der Reichsbahn befördert worden sind oder befördert werden sollen, sofern dadurch für die Reichsbahnverwaltung keine Mehrkosten entstehen und der Verkehr auf den Ladestraßen, Zufuhrstraßen und Bahnhofsvorplätzen nicht gestört wird.
4. Die Deutsche Reichsbahn-Gesellschaft und die Reichsfinanzverwaltung werden auf ein entgegenkommendes Zusammenarbeiten von Reichsbahn- und Zolldienststellen hinwirken.

Wir ersuchen unter Beachtung dieser Vereinbarung etwa noch schwebende Streitfragen über die Hergabe von Diensträumen für Zollzwecke im Benehmen mit den zuständigen Zolldienststellen zu erledigen. Hinsichtlich der Freifahrt der Zollbeamten (§ 60 VZG) ergeht noch besondere Verfügung[1]).

Großen Wert legen wir darauf, daß bei der engen Verpflechtung der Aufgaben der Reichsbahndienststellen und der Zollbehörden ein entgegenkommendes Zusammenarbeiten zwischen beiden stattfindet. Soweit Meinungsverschiedenheiten entstehen, sind diese nach Möglichkeit durch persönliches Benehmen der leitenden Beamten zu beheben. Dies gilt auch für die höheren Stellen, falls die Verhandlungen der unmittelbar beteiligten Stellen nicht zum Ziele führen.

Beilage C (zu Anm. 6B).

Verfügung der Hauptverwaltung der Reichsbahn-Gesellschaft 48 Gfü 4 vom 13. Juni 1928.

Im Anschluß an die Verfügung vom 17. April 1928 — 48 Gfü 4 —.

Zu der mit obiger Verfügung mitgeteilten Vereinbarung mit dem Herrn Reichsminister der Finanzen über die Abgeltung der der Reichszollverwaltung zur Verfügung gestellten Räume wird noch auf folgendes hingewiesen:

Zu Ziffer 1. Die Vereinbarung erstreckt sich nur auf die Hergabe, Unterhaltung, Ausstattung (mit der vorgesehenen Beschränkung), Erwärmung, Beleuchtung und Reinigung der der Reichszollverwaltung auf Grund öffentlich-rechtlicher Verpflichtung (§ 59 VZG und § 5 EZO) — früher unentgeltlich — zur Verfügung zu stellenden Räume, der sogenannten Pflichträume. Bei der Auslegung dieses Begriffs wird aber im Hinblick auf die jetzt erfolgende Abgeltung dieser Leistung nicht allzu engherzig zu verfahren sein. Im allgemeinen wird man zu den Pflichträumen unbedenklich rechnen können:

a) die für die eisenbahn-zollamtliche Abfertigung und für die einstweilige Niederlegung der nicht sofort zur Abfertigung gelangenden Gegenstände erforderlichen Räume,
b) die hierzu notwendigen Dienstzimmer der Zollbeamten und die Deklarantenzimmer,
c) die zugehörigen Nebenräume in dem bei Gebäuden ähnlicher Art üblichen Umfange.

Dagegen werden zu den Pflichträumen nicht zu rechnen sein:

Räume, die lediglich internen Zwecken der Zollverwaltung dienen, also Diensträume für reine Zollzwecke, Niederlagsräume und dgl.

Soweit hinsichtlich der Räume letzterer Art nicht besondere Abmachungen bestehen, die von der der obigen Vereinbarung unberührt bleiben, finden auf sie die zwischen den Reichsverwaltungen und der Deutschen Reichsbahn-Gesellschaft über die freiwillige mietweise Überlassung von Gebäuden und Räumen vereinbarten Vergütungssätze (Verfügung 53. 269 MiWo 1827 vom 21. Februar 1925 und Verfügung 53 Uwm 4 vom 23. April 1928) Anwendung. Die Ausstattung, Erwärmung, Beleuchtung und Reinigung dieser Räume liegt der Reichsbahn nicht ob.

Zu Ziffer 2. Die von der Reichsfinanzverwaltung jährlich zu zahlende Pauschalvergütung von 2 Millionen Reichsmark entspricht dem Stande am 1. April 1928 und soll nach Ablauf von 7 Jahren nach Maßgabe der inzwischen eingetretenen Veränderungen im beiderseitigen Einvernehmen neu festgesetzt werden. Dazu ist es notwendig, daß von jenem Zeitpunkte ab über die eintretenden Veränderungen (Zu- und Abgänge) laufend Aufzeichnungen geführt werden. Diese Aufzeichnungen haben sich auf Zahl und Größe der Räume, deren Lage und Zweckbestimmung, die Herstellungskosten, den ortsüblichen Mietswert und den Wert der etwaigen Nebenleistungen für Ausstattung, Er-

---

[1]) 16 Afz Zoll 2 v. 18. Mai 28 (auch die Oberbeamten des Zollfahndungsdienstes erhalten freie Fahrt.

wärmung, Beleuchtung und Reinigung zu erstrecken. Wir behalten uns vor, diese Unterlagen zur gegebenen Zeit einzufordern.

Zu Ziffer 3. Die der Zollverwaltung gestattete Mitbenutzung der Räume für die zoll- und steueramtliche Abfertigung von Waren, die mit der Eisenbahnbeförderung nichts zu tun haben, darf nicht dazu führen, ihr mehr oder größere Räume zur Verfügung zu stellen, als für die eisenbahnzollamtliche Behandlung der mit der Eisenbahn ein- oder abgehenden Güter an sich erforderlich wäre; auch darf der eisenbahnseitige Verkehr auf den Ladestraßen, Zufuhrwegen und Bahnhofsplätzen nicht darunter leiden.

Zu Ziffer 4. Wegen des bei der engen Verflechtung der Aufgaben beider Verwaltungen durchaus notwendigen Zusammenarbeitens der Reichsbahn- und Zolldienststellen wird auf die bereits am Schluß der Verfügung vom 17. April 1928 — 48 Gfü 4 — gegebenen Richtlinien verwiesen.

3. Zolltarifgesetz. Vom 25. Dezember 1902 (RGBl 303)[1]).

(Auszug.)

§ 6. Die folgenden Gegenstände bleiben vom Zolle befreit:

(Ziff. 6—8 betreffen Gebrauchsgegenstände von Reisenden, Verzehrungsgegenstände, Fahrzeuge; Ziff. 8 Abs. 6 lautet:)

Über die Zollbehandlung der Eisenbahnfahrzeuge, welche dem durchgehenden Personenverkehre dienen, sind vom Bundesrathe besondere Bestimmungen zu erlassen[2]).

9. (Umschließungen sowie Schutzdecken und andere Verpackungsmittel.)

(10.—14.)

§ 8. Der Bundesrath wird ermächtigt, in Fällen, in welchen auf Grund staatlicher Abmachungen Eisenbahnverbindungen zwischen dem Deutschen Reiche und einem Nachbarstaate mit einer innerhalb des deutschen Zollgebiets belegenen gemeinschaftlichen Grenz- und Betriebswechselstation hergestellt sind oder künftig hergestellt werden, Zollfreiheit zu gewähren:

1. für die zur Ausführung des Baues und zur Betriebseinrichtung der Wechselstation sowie der zwischen dieser und der Zollgrenze gelegenen Anschlußstrecke erforderlichen Gegenstände, soweit ihre Anschaffung ausländischen Behörden oder ausländischen Bahnunternehmungen obliegt,
2. für die zur Besorgung des von der ausländischen Bahnunternehmung übernommenen Betriebsdienstes, einschließlich der Instandhaltung der Betriebsstation und der Anschlußstrecke, und für alle zu Dienstzwecken der ausländischen Grenzämter erforderlichen Gegenstände.
3. für die Dienstgeräthe und Dienstausrüstungsstücke der innerhalb des deutschen Zollgebiets angestellten Beamten und Bediensteten der ausländischen Eisenbahnverwaltung und der außerdem betheiligten Dienstzweige der Verwaltung des Nachbarstaats.

4. Gesetz über die Statistik des Warenverkehrs mit dem Ausland[1]). Vom 27. März 1928 (RGBl I 111).

(Auszug.)

Abschnitt I. Das Erhebungsverfahren

§ 1. Gegenstand der Statistik

1. Die Waren, die über die Grenze des deutschen Wirtschaftsgebiets ein- und ausgehen, sind für die Statistik der Ein-, Aus- und Durchfuhr anzumelden.

2. Das deutsche Wirtschaftsgebiet im Sinne dieses Gesetzes umfaßt das Reichsgebiet ohne die badischen Zollausschlüsse und ohne die Insel Helgoland. Ferner gehören zum deutschen Wirtschaftsgebiete die österreichischen Gemeinden Jungholz und Mittelberg.

3. Solange das Saargebiet der deutschen Zollhoheit entzogen ist, gilt es für die Statistik des Warenverkehrs als außerhalb des deutschen Wirtschaftsgebiets liegend.

§ 2. Fälle der Anmeldung

1. Die Anmeldung hat stattzufinden:

a) bei der Einfuhr unmittelbar aus dem Ausland einschließlich derjenigen auf Niederlagen,
b) bei der Einfuhr aus Niederlagen,

[1]) Spätere Änderungen des G kommen hier nicht in Betracht. — Der zugehörige Zolltarif enthält u. a. folgende Positionen: 80 Eisenbahnschwellen (hölzerne); 796 Eisenbahnschienen, EisSchwell. (eiserne), EisLaschen u. EisUnterlagsplatten; 797 Eis.Achsen, EisRadeisen, EisRäder, EisRadsätze; 820 EisLaschenschrauben (u. anderes Kleineisenzeug); 821 EisWagenbeschläge, EisPuffer, EisWeichen- u. Signalteile; 892 Dampflokomotiven, auf Schienen laufend; 913/4 Fahrzeuge, zum Laufen auf Schienengleisen bestimmt.

[2]) Zollbehandlung der vom Auslande eingehenden Ersatzstücke zu ausländischen, im Inlande beschäftigten EisWagen E 8. Sept. 93 (EVBl 299). — Zollbehandlung v. EisFahrzeugen: Bek 31. Okt. 18 ZBl 1124 u. dazu E 25. Okt. 21 EVp 57 Nr. 5024.

[1]) Bearb. Cora Berliner 1928. — AusfVo 9. Aug. 28 RGBl I 293 enthält eingeh. Best üb. Form u. Inhalt der Anmeldung, Anmeldungsverfahren, Anmeldestellen u. Zeitpunkt der Anm., Erleichterungen u. Befreiungen.

c) bei der Ausfuhr,
d) bei der Durchfuhr,
e) bei der Beförderung von Waren aus dem deutschen Wirtschaftsgebiete durch das Ausland nach dem deutschen Wirtschaftsgebiete (Zwischenauslandsverkehr).

2. Niederlagen im Sinne dieses Gesetzes sind die Zolläger, Zollkonten sowie die Läger der Freibezirke und der innerhalb des deutschen Wirtschaftsgebiets gelegenen Zollausschlüsse.

3. Ausland im Sinne dieses Gesetzes ist das Gebiet außerhalb des deutschen Wirtschaftsgebiets.

§ 3. Form der Anmeldung

Die Anmeldung ist durch Übergabe eines Anmeldescheins durch den Anmeldepflichtigen (§ 5) an die Anmeldestelle (§ 7) zu bewirken.

§ 4. Inhalt der Anmeldung

§ 5. Die Anmeldepflichtigen

1. Die Anmeldung liegt ob:
a) beim Eingang in das deutsche Wirtschaftsgebiet dem Empfangsberechtigten, falls dieser den Antrag auf Zollabfertigung stellt; stellt den Antrag im Auftrag des Empfangsberechtigten ein Frachtführer[2]) (Verfrachter) oder ein Spediteur, so liegt diesem die Anmeldung ob;
b) beim Ausgang mit der Post dem Absender;
c) in anderen Fällen dem Frachtführer[2]) (Verfrachter) oder, wenn kein Frachtgeschäft vorliegt, demjenigen, der aus einem anderen Rechtsverhältnisse zu der Zeit, zu der die Anmeldung stattzufinden hat, der Besitzer der Waren ist.

2. Die Reichsregierung kann abweichend hiervon für besondere Fälle andere Anmeldepflichtige bestimmen.

§ 6. Aussteller des Anmeldescheins[3])

§ 7. Anmeldestellen

1. Anmeldestellen sind:
a) beim Eingang in das deutsche Wirtschaftsgebiet die Zollstellen,
b) beim Ausgang aus dem deutschen Wirtschaftsgebiete die Grenzzollstellen, die Zollstellen der Flughäfen, in denen die Waren zur Beförderung ins Ausland aufgegeben werden, und die Aufgabepostanstalten.

2. Für den Verkehr des Freihafens Hamburg kann die oberste Landesbehörde in Hamburg im Einvernehmen mit der Reichsregierung besondere Anmeldestellen errichten.

3. Die Landesfinanzämter können nach Bedürfnis weitere Anmeldestellen errichten. Diese sind öffentlich bekanntzumachen.

§ 8. Zeitpunkt der Anmeldung

1. Die Anmeldung hat zu erfolgen:
a) im Falle des Eingangs in das deutsche Wirtschaftsgebiet, sowie im Falle der Einfuhr aus Niederlagen, sofern eine Zollabfertigung stattfindet, gleichzeitig mit dem Antrag auf Zollabfertigung;
b) im Falle des Ausgangs aus dem deutschen Wirtschaftsgebiete mit Ausnahme des seewärtigen Ausgangs aus den Zollausschlüssen ohne Verzug, nachdem die Sendung am Sitze der Anmeldestelle eingetroffen oder dort zur Beförderung nach dem Ausland aufgegeben worden ist.

2. Wann die Anmeldung in anderen Fällen zu erfolgen hat, bestimmt die Reichsregierung.

§ 9. Erleichterungen bei der Anmeldung

Die Reichsregierung kann Erleichterungen in der Anmeldungsweise und Befreiungen von der Anmeldung eintreten lassen[4]).

§ 10. Sicherung der Anmeldung[5])

1. Die Frachtführer[2]) (Verfrachter) dürfen nach dem Ausland gerichtete Sendungen nur dann befördern, oder, falls ihnen die Bestimmung der Waren nach dem Ausland erst während der Be-

---

[2]) Z. B. die Eisenbahn.

[3]) AusfVo (vorst. Anm. 1) bestimmt in § 4 (3): Bei Ausstellung von Anmeldescheinen durch Eisenbahndienststellen wird der Vorschrift in Abs. 1 Satz 1 — Angabe der Ortes und Tages der Ausstellung, Unterschrift und Anschrift des Ausstellers — durch Abstempelung des Anmeldescheines mit dem Tagesstempel (Annahmestempel) der anmeldepflichtigen Dienststelle genügt.

[4]) Befreiungen v. d. Anmeldepflicht, die f. d. EisVerkehr in Betracht kommen, enthält die AusfVo (vorst. Anm. 1) in § 70 III a 1, 5 u. III b 5ff. für Reisebedarf u. dgl. (auch von Angestellten der Verkehrsanstalten) sowie für Fahrzeuge, die dem Verkehr zw. In- u. Ausland dienen.

[5]) S. auch ReichsabgO 13. Dez. 19 (RGBl 1993) §§ 357, 381, 92.

förderung bekannt wird, weiterbefördern, nachdem sie die erforderlichen Anmeldescheine erhalten und festgestellt haben, daß diese sowohl der Form nach den Vorschriften entsprechen, als auch dem Inhalt nach mit den Angaben der Begleitpapiere (Frachtbriefe, Ladescheine, Konnossemente) nicht im Widerspruche stehen.

2. Die Frachtführer[2]) (Verfrachter) haben bei der Übergabe der Anmeldescheine an die Anmeldestelle schriftlich zu erklären, daß die Scheine alle der Anmeldepflicht unterliegenden Frachtstücke umfassen.

3. (Schiffsverkehr.)

4. Die Reichsregierung kann Ausnahmen von der Vorschrift des Abs. 1 und 2 zulassen.

§ 11. Prüfungsbefugnis der Anmeldestellen

§ 12. Auskunftserteilung, Gewährung von Bucheinsicht

§ 13. Zwangsmittel

§ 14. Strafvorschriften

1. Wer, abgesehen von den Fällen der Steuerhinterziehung, Steuergefährdung oder Steuerhehlerei (§ 15 Abs. 4), den Vorschriften des Abschnitts I dieses Gesetzes oder den zu diesem Abschnitt erlassenen öffentlich oder den Beteiligten besonders bekanntgemachten Ausführungsbestimmungen durch Handlungen oder Unterlassungen zuwiderhandelt, wird mit einer Ordnungsstrafe bis zu 1000 Reichsmark bestraft.

2. Für die Ordnungsstrafe gelten die Bestimmungen des dritten Teiles der Reichsabgabenordnung über Strafrecht und Strafverfahren entsprechend.

Abschnitt II. Statistische Abgabe

§ 15. 1. Von den schriftlich anzumeldenden Waren ist eine statistische Abgabe zugunsten des Reichs zu entrichten.

§ 16. (Befreiungen.)

§ 17. 1. Zur Entrichtung der statistischen Abgabe ist dem Reiche gegenüber derjenige verpflichtet, dem die Anmeldung obliegt. Die statistische Abgabe ist durch Verwendung von statistischen Marken[6]) zu entrichten. Das Anmeldepapier muß bei Übergabe an die Anmeldestelle mit den erforderlichen statistischen Marken versehen sein.

2. Die Reichsregierung kann die Verpflichtung zur Entrichtung der statistischen Abgabe und die Art der Erhebung anders regeln.

Abschnitt III. Schlußbestimmungen

§ 21. Dieses Gesetz tritt am 1. Oktober 1928 in Kraft. Am gleichen Tage treten außer Kraft:

1. das Gesetz, betreffend die Statistik des Warenverkehrs mit dem Ausland vom 7. Februar 1906 (Reichsgesetzbl. S. 109),
2. die mit Gesetzeskraft erlassenen Verordnungen über die Ausgestaltung der Statistik der Warenausfuhr vom 16. Januar 1919 (Reichsgesetzbl. S. 53) und über die statistische Gebühr vom 12. Februar 1924 (Reichsgesetzbl. I S. 61),
3. folgende Ausführungsbestimmungen:
   a) die Ausführungsbestimmungen und Dienstvorschriften zum Gesetze, betreffend die Statistik des Warenverkehrs mit dem Ausland vom 9. Februar 1906 (Zentralblatt für das Deutsche Reich S. 137),
   b) die Ausführungsbestimmungen zur Verordnung über die Ausgestaltung der Statistik der Warenausfuhr vom 22. März 1919 (Zentralblatt für das Deutsche Reich S. 55),
   c) die Bekanntmachung über Änderung der Ausführungsbestimmungen zur Verordnung über die Ausgestaltung der Statistik der Warenausfuhr vom 19. Juni 1920 (Zentralblatt für das Deutsche Reich S. 1250),
   d) die Verordnung über die Angabe des Herkunftslandes bei der Ausfuhr für die Statistik des Warenverkehrs mit dem Ausland vom 15. Juli 1921 (Zentralblatt für das Deutsche Reich S. 650),
   e) die Verordnung über die Anmeldung des Wertes der eingeführten Waren vom 12. Februar 1921 (Zentralblatt für das Deutsche Reich S. 126),
   f) die Verordnung zur Änderung der Ausführungsbestimmungen zum Gesetze, betreffend die Statistik des Warenverkehrs mit dem Ausland vom 14. Februar 1924 (Reichsministerialblatt S. 52),
   g) die Verordnung über statistische Stempelmarken vom 20. Februar 1925 (Reichsministerialblatt S. 95).

---

[6]) Vo üb. statist. Marken 1. Nov. 28 Reichsanzeiger Nr. 260 v. 6. Nov. 28.

5. Die eisenbahnrechtlichen Bestimmungen der Handelsverträge[1]).

a. Vorläufiges Handelsabkommen zwischen Deutschland und der belgisch-luxemburgischen Wirtschaftsunion[2]).

Artikel 10

Auf Eisenbahnen soll sowohl hinsichtlich der Beförderungspreise als der Zeit und Art der Abfertigung kein Unterschied zwischen den Bewohnern der Gebiete der vertragschließenden Teile gemacht werden. Namentlich sollen die aus dem Gebiete des einen Teiles in das Gebiet des anderen Teiles übergehenden oder das letztere transitierenden Sendungen weder in bezug auf die Abfertigung noch hinsichtlich der Beförderungspreise ungünstiger als die in dem betreffenden Gebiete nach einem inländischen Bestimmungsort oder nach dem Ausland abgehenden Sendungen behandelt werden, sofern sie auf derselben Bahnstrecke und in derselben Verkehrsrichtung befördert werden.

Schlußprotokoll zu Artikel 10

Die vertragschließenden Teile werden auf dem Gebiete des Eisenbahntarifwesens einander tunlichst unterstützen, insbesondere, indem auf jeweiliges Verlangen des einen Teiles für Waren, in denen ein Verkehr nach der fraglichen Richtung besteht, direkte Eisenbahnfrachttarife hergestellt werden.

Dieselben sind darüber einig, daß die Frachttarife und alle Frachtermäßigungen oder sonstigen Begünstigungen, welche, sei es durch die Tarife, sei es durch besondere Anordnungen oder Vereinbarungen für Erzeugnisse der eigenen Landesgebiete gewährt werden, den gleichartigen, aus dem Gebiete des einen Teiles in das Gebiet des anderen Teiles übergehenden oder das letztere transitierenden Transporten bei der Beförderung auf derselben Bahnstrecke und in derselben Verkehrsrichtung in gleichem Umfange zu bewilligen sind.

Demgemäß sind insbesondere die auf der Beförderungsstrecke bei gebrochener Abfertigung auf Grund der Lokal- beziehungsweise Verbandtarife sich ergebenden Frachtsätze auf Verlangen des anderen Teiles auch in die direkten Tarife einzurechnen.

Eine Ausnahme von vorstehenden Bestimmungen soll nur stattfinden, soweit es sich um Transporte zu milden oder öffentlichen Zwecken handelt.

b. Handels- und Schiffahrtsvertrag mit Estland[2a]).

Artikel 18

Bei der Beförderung der Reisenden und ihres Gepäcks auf den Eisenbahnen der vertragschließenden Teile wird bei gleichen Bedingungen zwischen den Angehörigen des einen und des anderen Teiles kein Unterschied bezüglich der Preise, der Art der Beförderung sowie der damit zusammenhängenden Abgaben und Steuern gemacht.

Artikel 19

Die von Estland nach einer deutschen Eisenbahnstation oder im Durchgangsverkehr durch deutsches Gebiet versandten Güter werden auf den deutschen Eisenbahnen in Bezug auf die Abfertigung, auf die Preise und die Art der Beförderung sowie die damit zusammenhängenden Steuern und Abgaben nicht ungünstiger behandelt als gleichartige Gütertransporte, die zwischen deutschen Eisenbahnstationen in derselben Richtung und auf derselben Verkehrsstrecke versandt werden.

Der gleiche Grundsatz gilt für die estnischen Eisenbahnen in Bezug auf Güter, die von Deutschland nach einer estnischen Eisenbahnstation oder im Durchgangsverkehr durch estnisches Gebiet versandt werden.

Diese Grundsätze finden wechselseitig auch Anwendung auf Gütertransporte des einen Teiles, die mit Schiffen in Seehäfen und Flußhäfen des anderen Teiles getragen und dort auf Eisenbahnen aufgeliefert werden.

Artikel 20

Die Bestimmungen der Artikel 18 und 19 erstrecken sich nicht auf die Ermäßigungen der Beförderungspreise für milde Zwecke, zugunsten des öffentlichen Unterrichts- oder Erziehungswesens, auf die bei der Beförderung von Personen oder Gütern in Fällen eines öffentlichen Notstandsereignisses gewährten Ermäßigungen sowie auf Erleichterungen, die bei Militärtransporten gewährt werden, oder die auf öffentliche Beamte und Angestellte, auf das Eisenbahnpersonal oder andere ähnliche Personengruppen oder ihre Familienangehörigen anwendbar sind.

Artikel 21

Personen und Waren, die mit der Eisenbahn in Häfen ankommen und von dort mit deutschen Schiffen weiterbefördert werden, sowie Personen und Waren, die mit deutschen Schiffen in Häfen ankommen und von dort mit der

---

[1]) S. die Vorbemerkung oben X 1. — Zu den nicht aufgenommenen Verträgen gehört das deutsch-niederländische Abkommen üb. Zusammenlegung der Grenzabfertigung im internat. Verkehr, verkündet durch G 31. Juli 23 (RGBl II 345) mit der zugehör. Vereinb. 19./27. März 24 (RGBl II 87); ferner das Vorläuf. Wirtschaftsabk. mit Finnland v. 26. Juni 26, verkündet mit Vo 24. Spt. 26 (das. 557), s. auch G 19. Nov. 26 (das. 638). Der HVtr mit der Schweiz v. 14. Juli 26, verkündet mit G 27. Nov. 26 (das. 675) enthält kein Eisenbahnrecht; in Art. 5 ist bestimmt, daß f. d. Durchfuhr das Statut üb. d. Freiheit der Durchfuhr (oben I 6 Beil. B) gilt — Auszug aus dem „Friedensvertrag" v. St. Germain: IntZtschr. 28 137. Nachträge zu den Abkommen, die kein Eisenbahnrecht enthalten, bleiben unberücksichtigt.

[2]) Vom 4. April 25, verkündet mit G 3. Sept. 25 RGBl II 883. — Wegen der früheren Zugehörigk. v. Luxemburg zum Zollverein s. oben X 2 Anm. 1 C.

[2a]) Vom 7. Dez. 28, verkündet mit G 5. Juli 29 RGBl II 509.

Eisenbahn weiterbefördert werden, werden auf den estnischen Eisenbahnen in derselben Richtung und auf derselben Verkehrsstrecke weder in Bezug auf die Abfertigung noch hinsichtlich der Beförderung oder hinsichtlich der Beförderungspreise oder der mit der Beförderung zusammenhängenden öffentlichen Abgaben ungünstiger behandelt werden als Personen und Waren, die in den gleichen Häfen mit estnischen Schiffen oder Schiffen einer anderen Nation ankommen oder von dort mit estnischen Schiffen oder Schiffen anderer Nationen weiterbefördert werden. Dasselbe gilt auf den deutschen Eisenbahnen für Personen und Waren, die mit der Eisenbahn in Häfen ankommen und von dort mit estnischen Schiffen weiterbefördert werden, sowie für Personen und Waren, die mit estnischen Schiffen in Häfen ankommen und von dort mit Eisenbahnen weiterbefördert werden.

c. Handelsabkommen mit Frankreich[3]).

Artikel 29

Die hohen vertragschließenden Teile, die beide der Konvention und dem Statut von Barcelona über die Freiheit des Durchgangsverkehrs vom 20. April 1921[3]) ihre Zustimmung gegeben haben, werden sich bemühen, ihre Anwendung in den Beziehungen zwischen den beiden Ländern zu erleichtern.

Artikel 30

Die hohen vertragschließenden Teile kommen dahin überein, für die Beziehungen zwischen den beiden Ländern die Bestimmungen des am 9. Dezember 1923 in Genf aufgestellten Übereinkommens und Statuts über die internationale Rechtsordnung der Eisenbahnen[3]) unverzüglich in Kraft zu setzen.

Artikel 31

Zwischen den Eisenbahnverwaltungen der beiden Länder werden in kürzester Frist unmittelbare Verhandlungen über die sachlichen Bedingungen stattfinden, unter denen sich der gegenseitige Eisenbahnverkehr sowohl für die Ausfuhr wie für die Einfuhr und im Durchgang abspielen wird.

Artikel 32

Der eine der hohen vertragschließenden Teile kann von dem anderen Teil für sich Vorteile aus den auf dessen Gebiet geltenden kombinierten Tarifen nur dann fordern, wenn er dem anderen Teil eine tatsächliche Gegenseitigkeit anbietet. Auch in diesem Falle kann diese Forderung und dieses Anerbieten von dem anderen Teil abgelehnt werden.

Falls dagegen diese Forderung und dieses Anerbieten angenommen wird, werden die kombinierten Tarife so angewandt, wie sie gelten, d. h. für die gleiche Richtung und die gleiche Strecke.

Die vorliegenden Bestimmungen beziehen sich auf alle Eisenbahntarife, Tarifermäßigungen und andere Erleichterungen auf dem Eisenbahngebiet, deren Anwendung von der vorhergehenden oder folgenden Beförderung der Reisenden oder Waren auf den Schiffen eines bestimmten Schiffahrtsunternehmens abhängt, sei es, daß es sich um ein Staats- oder Privatunternehmen handelt oder deren Anwendung von der Benutzung eines bestimmten See- oder Flußschiffahrtswegs abhängig gemacht wird.

d. Handels- und Schiffahrtsvertrag zwischen dem Deutschen Reiche und dem Vereinigten Königreiche von Großbritannien und Irland[4]).

Artikel 17

Die von den beiden vertragschließenden Teilen getroffenen Maßnahmen zur Regelung und Durchführung der Transporte durch ihre Gebiete sollen den freien Durchgangsverkehr auf den in Betrieb befindlichen und für den internationalen Durchgangsverkehr geeigneten Eisenbahnen und Wasserwegen erleichtern. Es wird dabei kein Unterschied gemacht, weder auf Grund der Staatsangehörigkeit von Personen, der Schiffsflagge, des Ursprungs-, Herkunfts-, Eintritts-, Austritts- oder des Bestimmungsortes, noch auf Grund irgendeiner Erwägung, hergeleitet aus den Eigentumsverhältnissen der Güter oder Schiffe, Personen- oder Güterwagen oder anderer Beförderungsmittel.

Um die Anwendung der vorstehenden Bestimmungen sicherzustellen, gestatten die beiden vertragschließenden Teile den Durchgangsverkehr durch ihre Territorialgewässer nach Maßgabe der üblichen Bedingungen und Vorbehalte.

Die Durchgangstransporte werden keinen besonderen Gebühren oder Abgaben auf Grund ihrer Durchfuhr (Ein- und Austritt einbegriffen) unterworfen. Jedoch können diese Durchgangstransporte mit solchen Gebühren und Abgaben belegt werden, die lediglich zur Deckung der durch ihre Durchfuhr veranlaßten Überwachungs- und Verwaltungskosten dienen. Die Höhe aller derartigen Gebühren und Abgaben soll soweit wie möglich den Aufwendungen entsprechen, zu deren Deckung sie bestimmt sind. Auf diese Gebühren und Abgaben findet der im ersten Absatz dieses Artikels niedergelegte Grundsatz der Gleichheit Anwendung mit der Einschränkung, daß sie auf bestimmten Verkehrswegen mit Rücksicht auf Unterschiede in der Höhe der Überwachungskosten herabgesetzt oder sogar aufgehoben werden können.

Keiner der beiden vertragschließenden Teile wird durch diesen Artikel verpflichtet, die Durchreise solcher Personen, denen das Betreten seiner Gebiete verboten ist, oder den Durchgang solcher Güter zu gewährleisten, deren Einfuhr aus Gründen der öffentlichen Gesundheitspflege oder der öffentlichen Sicherheit oder zur Verhütung der Einschleppung von Tier- oder Pflanzenkrankheiten verboten ist.

Jeder der beiden vertragschließenden Teile ist berechtigt, die angemessenen Vorkehrungen zu treffen, um sich zu vergewissern, daß die Personen, das Gepäck und die Güter, insbesondere die einem Monopol unterworfenen Güter, die See- und Binnenschiffe, Personen- und Güterwagen und anderen Beförderungsmittel sich tatsächlich im

---

[3]) Vom 17. August 27, verkündet u. vorläufig in Anwend. gesetzt mit Vo 30. Aug. 27 (RGBl II 523), endgültig in Kraft gesetzt laut G u. Bek 26. Nov. 27 (das. 1105); s. auch Bek 25. Mai 28 (das. 489). — Die in Artt. 29 fg. erwähnten IntÜb sind oben I 6 Beil. A, B abgedruckt.

[4]) Vom 2. Dez. 24; verkündet mit G 17. Aug. 25 RGBl II 777.

Durchgangsverkehre befinden, sowie um sich davon zu überzeugen, daß die auf der Durchreise befindlichen Personen in der Lage sind, ihre Reise zu beendigen, und um zu verhüten, daß die Sicherheit der Verkehrswege und Verkehrsmittel gefährdet wird.

Dieser Artikel kann in keiner Weise die Maßnahmen berühren, die einer der beiden vertragschließenden Teile auf Grund allgemeiner internationaler Vereinbarungen, an denen er beteiligt ist oder die späterhin abgeschlossen werden sollten, zu treffen sich veranlaßt sieht oder sehen könnte. Namentlich gilt dies für Vereinbarungen, die unter dem Schutze des Völkerbundes abgeschlossen sind und den Durchgangsverkehr, die Ein- oder Ausfuhr bestimmter Warengattungen, wie Opium oder anderer schädlicher Drogen oder Fischereierzeugnisse, betreffen, und ebenso für allgemeine Vereinbarungen, die die Verhütung irgendwelcher Beeinträchtigung von gewerblichen, literarischen oder künstlerischen Eigentumsrechten zum Gegenstande haben oder sich auf die Anwendung falscher Waren- oder Ursprungsbezeichnungen oder anderer Mittel des unlauteren Wettbewerbs beziehen.

Falls auf den für den Durchgangsverkehr benutzten Wasserwegen ein Schleppmonopol eingerichtet ist, muß dessen Betrieb derart sein, daß er den Durchgangsverkehr für See- und Binnenschiffe nicht hindert.

Für die Zwecke dieses Vertrages gelten Personen, Gepäck, Güter, sowie See- und Binnenschiffe, Personen- und Güterwagen oder andere Beförderungsmittel als im Durchgangsverkehr durch die Gebiete eines der beiden vertragschließenden Teile befindlich, deren Beförderung durch die genannten Gebiete nur einen Bruchteil der Gesamtbeförderung ausmacht, die außerhalb der Grenzen des Teiles, durch dessen Gebiet sich der Durchgangsverkehr vollzieht, begonnen hat und enden soll, gleichviel, ob diese Beförderung mit oder ohne Umladung, mit oder ohne Einlagerung, mit oder ohne Teilung der Ladung, mit oder ohne Änderung der Beförderungsart erfolgt. Derartige Transporte werden in diesem Artikel als „Durchgangstransporte" bezeichnet.

Artikel 18

Jeder der beiden vertragschließenden Teile soll die Ein- und Ausfuhr aller Waren, die ein- und ausgeführt werden dürfen, sowie die Beförderung von Passagieren von oder nach den eigenen Gebieten auf den See- und Binnenschiffen des anderen Teiles gestatten; diese Schiffe, ihre Ladungen und Passagiere sollen die gleichen Vorrechte genießen und keinen anderen oder höheren Abgaben und Auflagen unterworfen sein als die See- und Binnenschiffe, deren Ladungen und Passagiere des eigenen oder irgendeines anderen fremden Landes.

Es besteht Einverständnis darüber, daß die vorstehenden Bestimmungen beide vertragschließenden Teile daran hindern, nach der Flagge abgestufte Zollsätze oder Auflagen von Gütern oder Passagieren zu erheben, die in Schiffen des anderen Teiles transportiert worden sind.

Die beiden vertragschließenden Teile kommen ferner überein, alle unlauteren Unterscheidungen hinsichtlich der Erleichterungen für den internationalen Eisenbahnverkehr und hinsichtlich der Sätze und Bedingungen ihrer Anwendung zu unterlassen, soweit solche sich gegen die Güter, Staatsangehörigen oder Schiffe des anderen richten.

Tarife, Ermäßigungen der Beförderungspreise oder sonstige Begünstigungen, deren Anwendung von der vorhergehenden oder folgenden Beförderung der Waren mit Schiffen einer bestimmten staatlichen oder privaten Schifffahrtsunternehmung oder in einer bestimmten See- und Flußverbindung abhängig gemacht ist, kommen in derselben Richtung und auf derselben Verkehrsstrecke ohne weiteres auch jenen Waren zugute, die in den Schiffen des einen der beiden vertragschließenden Teile in einem Hafen des anderen vertragschließenden Teiles ankommen oder von letzterem weiterbefördert werden.

e. Handels- und Schiffahrtsvertrag zwischen dem Deutschen Reiche und Italien[5]).

Artikel 22

Bei der Beförderung der Reisenden und ihres Gepäcks auf den Eisenbahnen der vertragschließenden Teile wird bei gleichen Bedingungen zwischen den Angehörigen des einen und des anderen Teils kein Unterschied bezüglich der Preise, der Art der Beförderung sowie der damit zusammenhängenden Abgaben und Steuern gemacht.

Artikel 23

Die von Italien nach einer deutschen Eisenbahnstation oder im Durchgangsverkehr durch deutsches Gebiet versandten Güter werden auf den deutschen Eisenbahnen in bezug auf die Preise, die Art der Beförderung sowie die damit zusammenhängenden Steuern und Abgaben nicht ungünstiger behandelt als gleichartige Gütertransporte, die zwischen deutschen Eisenbahnstationen in derselben Richtung und auf derselben Verkehrsstrecke versandt werden.

Der gleiche Grundsatz gilt für die italienischen Eisenbahnen in bezug auf Güter, die von Deutschland nach einer italienischen Eisenbahnstation oder im Durchgangsverkehre durch italienisches Gebiet versandt werden.

Die vorstehenden Bestimmungen erstrecken sich nicht auf die Ermäßigungen der Beförderungspreise für milde Zwecke, zu gunsten des öffentlichen Unterrichts- oder Erziehungswesens, auf die bei der Beförderung von Personen oder Gütern in Fällen eines öffentlichen Notstandsereignisses gewährten Ermäßigungen sowie auf Erleichterungen, die bei Militärtransporten gewährt werden oder die auf öffentliche Beamte und Angestellte, auf das Eisenbahnpersonal oder andere ähnliche Personengruppen oder ihre Familienangehörigen anwendbar sind.

Artikel 24

Die vertragschließenden Teile verpflichten sich zur gegenseitigen Gewährung der Beförderungspreise, die auf den Eisenbahnen in derselben Richtung und auf derselben Verkehrsstrecke für gleichartige Gütertransporte von oder nach einem dritten Staat gelten oder geltend werden.

Der gleiche Grundsatz gilt für die Beförderungspreise auf Binnenschiffahrtsstraßen, soweit es sich um kombinierte Eisenbahn- und Schiffahrtstarife oder um Binnenschiffahrtsbeförderungstarife handelt, über welche die Regierung des betreffenden Staats eine Kontrolle ausübt.

[5]) Vom 31. Okt. 25, verkündet mit G 6. Dez. 25 RGBl II 1020.

f. Vertrag zwischen dem Deutschen Reiche und der Lettländischen Republik zur Regelung der wirtschaftlichen Beziehungen zwischen Deutschland und Lettland[6]).

Anlage A (zu Artikel III).

1. Die Grundlage des Eisenbahnverkehrs zwischen den vertragschließenden Teilen bildet bis zum Inkrafttreten der Berner Konvention vom 23. Oktober 1924[6a]) das Internationale Übereinkommen über den Eisenbahnfrachtverkehr vom 14. Oktober 1890 nebst Nachträgen. Etwa zur Zeit notwendige Abweichungen werden — sofern die beiderseitigen Regierungen dies nicht in unmittelbarem Benehmen regeln wollen — von den beteiligten Eisenbahnverwaltungen, vorbehaltlich der Genehmigung ihrer Regierungen, festgesetzt werden.

2. Auf den Eisenbahnen soll im Personen- und Gepäckverkehr hinsichtlich der Abfertigung, der Beförderungspreise und der mit der Beförderung zusammenhängenden öffentlichen Abgaben kein Unterschied zwischen den Bewohnern der Gebiete der vertragschließenden Teile gemacht werden.

3. In Deutschland aufgelieferte, nach Lettland oder durch Lettland nach einem dritten Staate zu befördernde Gütertransporte werden, bei Erfüllung der gleichen Bedingungen auf den lettländischen Eisenbahnen, weder in bezug auf die Abfertigung noch hinsichtlich der Beförderungspreise oder der mit der Beförderung zusammenhängenden öffentlichen Abgaben ungünstiger behandelt werden als gleichartige einheimische Gütertransporte oder solche eines dritten Staates in derselben Richtung und auf derselben Verkehrsstrecke. Das gleiche wird auf den deutschen Eisenbahnen für in Lettland aufgelieferte Gütertransporte gelten, die nach Deutschland oder durch Deutschland nach einem dritten Staate befördert werden. Dieser Grundsatz findet wechselseitig auch Anwendung auf Gütertransporte aus den Gebieten des einen Teiles, die mit Schiffen in See- oder Flußhäfen des anderen Teiles getragen und dort auf Eisenbahnen aufgeliefert werden.

4. Für den Personen- und Güterverkehr sollen, sobald es die Verhältnisse gestatten, nach Maßgabe des tatsächlichen Bedürfnisses direkte Tarife hergestellt werden.

Auf Verlangen des anderen Teiles sind die bei gebrochener Abfertigung sich ergebenden Frachtsätze auch in die direkten Tarife einzurechnen.

5. In der Beförderung wird grundsätzlich keine Bevorzugung der Güter des eigenen oder eines dritten Landes gegenüber Gütern des anderen stattfinden.

6. Beide Teile werden den Eisenbahnverkehr zwischen den beiderseitigen Gebieten gegen Störungen und Behinderungen sicherstellen.

Bei der Wagenzustellung, namentlich auch zur Umladung aus den Gebieten des anderen Teiles kommender oder nach diesen Gebieten bestimmter Güter, wird den Bedürfnissen der Ein- und Ausfuhr des anderen Teiles in gleicher Weise Rechnung getragen werden wie den Bedürfnissen des Binnenverkehrs oder den Bedürfnissen der Ein- und Ausfuhr eines dritten Landes.

Den Bedürfnissen des durchgehenden Verkehrs soll durch günstige Zugverbindung sowie durch Herstellung ineinandergreifender Fahrpläne für den Personen- und Güterverkehr Rechnung getragen werden.

g. Handels- und Schiffahrtsvertrag zwischen dem Deutschen Reiche und der Republik Litauen[7]).

Artikel 18

Bei der Beförderung der Reisenden und ihres Gepäcks auf den Eisenbahnen der vertragschließenden Teile wird bei gleichen Bedingungen zwischen den Angehörigen des einen und des anderen Teiles kein Unterschied bezüglich der Preise, der Art der Beförderung sowie der damit zusammenhängenden Abgaben und Steuern gemacht.

Artikel 19

Die von Litauen nach einer deutschen Eisenbahnstation oder im Durchgangsverkehr durch deutsches Gebiet versandten Güter werden auf den deutschen Eisenbahnen in bezug auf die Abfertigung, auf die Preise und die Art der Beförderung sowie die damit zusammenhängenden Steuern und Abgaben nicht ungünstiger behandelt als gleichartige Gütertransporte, die zwischen deutschen Eisenbahnstationen in derselben Richtung und auf derselben Verkehrsstrecke versandt werden.

Der gleiche Grundsatz gilt für die litauischen Eisenbahnen in bezug auf Güter, die von Deutschland nach einer litauischen Eisenbahnstation oder im Durchgangsverkehr durch litauisches Gebiet versandt werden.

Diese Grundsätze finden wechselseitig auch Anwendung auf Gütertransporte des einen Teiles, die mit Schiffen in Seehäfen und Flußhäfen des anderen Teiles getragen und dort auf Eisenbahnen aufgeliefert werden.

Artikel 20

Die Bestimmungen der Artikel 18 und 19 erstrecken sich nicht auf die Ermäßigungen der Beförderungspreise für milde Zwecke, zugunsten des öffentlichen Unterrichts- oder Erziehungswesens, auf die bei der Beförderung von Personen oder Gütern in Fällen eines öffentlichen Notstandsereignisses gewährten Ermäßigungen sowie auf Erleichterungen, die bei Militärtransporten gewährt werden oder die auf öffentliche Beamte und Angestellte, auf das Eisenbahnpersonal oder andere ähnliche Personengruppen oder ihre Familienangehörigen anwendbar sind.

Artikel 21

Personen und Waren, die mit der Eisenbahn in Häfen ankommen und von dort mit deutschen Schiffen weiterbefördert werden, sowie Personen und Waren, die mit deutschen Schiffen in Häfen ankommen und von dort mit

[6]) Vom 28. Juni 26, verkündet mit G 19. Nov. 26 (RGBl II 631).

[6a]) JÜP u. JÜG, oben Abschn. VII 4.

[7]) Vom 30. Okt. 28, verkündet mit G 14. Feb. 29 (RGBl II 103). Die oben abgedr. Best werden durch die mit G 27. April 29 (RGBl II 205) verkündeten Verträge nicht berührt; vgl. Schlußprot. v. 29. Jan. 28 (das. 211) u. Art. 27 des Vtr. üb. Regelung der Grenzverh. (das. 218).

der Eisenbahn weiterbefördert werden, werden auf den litauischen Eisenbahnen in derselben Richtung und auf derselben Verkehrsstrecke weder in bezug auf die Abfertigung noch hinsichtlich der Beförderung oder hinsichtlich der Beförderungspreise oder der mit der Beförderung zusammenhängenden öffentlichen Abgaben ungünstiger behandelt werden als Personen und Waren, die in den gleichen Häfen mit litauischen Schiffen oder Schiffen einer anderen Nation ankommen oder von dort mit litauischen Schiffen oder Schiffen anderer Nationen weiterbefördert werden. Dasselbe gilt auf den deutschen Eisenbahnen für Personen und Waren, die mit der Eisenbahn in Häfen ankommen und von dort mit litauischen Schiffen weiterbefördert werden, sowie für Personen und Waren, die mit litauischen Schiffen in Häfen ankommen und von dort mit der Eisenbahn weiterbefördert werden.

Artikel 22

Jeder der vertragschließenden Teile ist verpflichtet, auf Verlangen des anderen Teiles auf seinen Eisenbahndurchgangsstrecken von und nach den ostpreußischen bzw. den litauischen Seehäfen keine ungünstigeren Durchfuhrtarife zur Anwendung zu bringen als für den Durchgangsverkehr von und nach den eigenen Seehäfen.

Artikel 23

Litauen einerseits und Deutschland andererseits werden entsprechend den Bedürfnissen des Handels direkte Gütertarife zwischen Königsberg (Pillau) und litauischen Stationen sowie umgekehrt aufstellen. Ebenso werden sie nach Maßgabe des Bedürfnisses direkte Tarife zwischen Königsberg (Pillau) einerseits und Stationen der jenseits von Litauen gelegenen Länder andererseits sowie umgekehrt im Durchgang durch Litauen herstellen, sobald die Mitwirkung dieser anderen Länder bei der Herstellung solcher Tarife sichergestellt ist.

Über das Bedürfnis entscheidet der antragstellende Staat.

Artikel 24

Litauen wird auf Antrag eines der Staaten, die an der Aufstellung der in Artikel 23 Absatz 1 Satz 2 genannten direkten Tarife mitzuwirken haben, sich mit der Durchrechnung dieser Tarife einverstanden erklären. Deutschland wird es sich angelegen sein lassen, Litauen von der Einleitung der Verhandlungen zu unterrichten und vor dem Abschluß der Verhandlungen zuzuziehen.

Falls sich aus der Durchrechnung der Tarife für die litauischen Eisenbahnen niedrigere Frachtanteile ergeben, als diese sonst für die Durchfuhr zu beanspruchen hätten, so ist Litauen berechtigt, für die Durchfuhr eine Vergütung bis zu dieser Höhe zu verlangen.

h. Wirtschaftsübereinkommen mit Österreich.

aa. Deutsch-österreichisches Wirtschaftsabkommen[8]).

Artikel 17.

(1) Die vertragschließenden Teile kommen dahin überein, daß auf den Eisenbahnen im Personen- und Gepäckverkehr hinsichtlich der Abfertigung, der Beförderungspreise und der mit der Beförderung zusammenhängenden öffentlichen Abgaben kein Unterschied zwischen den Bewohnern der Gebiete der beiden Teile gemacht werden soll.

(2) Sendungen, die in Österreich aufgeliefert werden und nach Deutschland oder durch Deutschland nach einem dritten Lande zu befördern sind, werden bei Erfüllung der gleichen Bedingungen auf den deutschen Bahnen weder in bezug auf die Abfertigung noch hinsichtlich der Beförderungspreise oder der mit der Beförderung zusammenhängenden öffentlichen Abgaben ungünstiger behandelt werden als gleichartige einheimische Sendungen in derselben Richtung und auf derselben Verkehrsstrecke. Das gleiche wird auf den österreichischen Bahnen für solche Sendungen gelten, die in Deutschland aufgeliefert sind und nach Österreich oder durch Österreich nach einem dritten Staate befördert werden. Dieser Grundsatz findet wechselseitig auch Anwendung auf Sendungen aus dem Gebiete des einen Teiles, die mit anderen Beförderungsmitteln über die Grenze in das Gebiet des anderen Teiles gebracht und dort auf die Eisenbahnen aufgeliefert werden.

(3) Insbesondere sollen folgende Bedingungen für die Anwendung von Eisenbahntarifen, Ermäßigungen der Beförderungspreise oder sonstigen Begünstigungen für den Verkehr der gleichartigen Sendungen aus dem Gebiete des anderen Teiles unwirksam sein:

a) Die Bedingung der inländischen Herkunft oder die Forderung einer solchen Bezeichnung des Gutes, die einem gleichartigen Gute des anderen Teiles nicht zugänglich ist.

b) Die Bedingung der Aufgabe am Orte, es sei denn, daß es sich um die Bedingung der Anbringung von Gütern zu Schiff oder um die Bekämpfung eines vorübergehenden besonderen Notstandes handelt oder daß die Tarife für Bahnen untergeordneter Bedeutung allgemein durch die Vorschrift der Aufgabe am Orte dem Durchgangsverkehr vorenthalten werden.

c) Die Bedingung, daß der Rohstoff oder das Halbfabrikat für das begünstigte Gut ganz oder zu einem Teile auf inländischen Strecken befördert worden ist.

Artikel 18.

(1) Für den Personen- und Gepäckverkehr sollen, sobald es die Verhältnisse gestatten, nach Maßgabe des tatsächlichen Bedürfnisses direkte Tarife hergestellt werden.

(2) Auf Verlangen des anderen Teiles sind die bei gebrochener Abfertigung sich ergebenden Frachtsätze auch in die direkten Tarife einzurechnen.

Artikel 19.

In der Beförderung wird grundsätzlich keine Bevorzugung der Güter des eigenen Landes gegenüber Gütern des anderen stattfinden.

---

[8]) Vom 1. Sept. 20, verkündet mit G 22. Dez. 20 RGBl 2227. Neuer Handelsvtr in Vorbereitung.

Artikel 20.

(1) Beide Teile werden den Eisenbahnverkehr zwischen den beiderseitigen Gebieten gegen Störungen und Behinderungen sicherstellen.

(2) Bei der Wagengestellung wird den Bedürfnissen des Binnenverkehrs und der Ausfuhr nach den Gebieten des anderen Teiles gleichmäßig Rechnung getragen werden.

(3) Den Bedürfnissen des durchgehenden Verkehrs soll durch günstige und gesicherte Zugverbindungen sowie durch Herstellung ineinandergreifender Fahrpläne für den Personen- und Güterverkehr tunlichst Rechnung getragen werden.

Artikel 21.

Die vertragschließenden Teile werden dahin wirken, daß der gegenseitige Eisenbahnverkehr durch Herstellung unmittelbarer Schienenverbindungen möglichst erleichtert wird. Jedenfalls sollen, sofern keine zwingenden Hindernisse entgegenstehen, die Bahnen des einen mit denen des anderen Teiles zusammengeschlossen und Einrichtungen für den unmittelbaren Übergang von Personen und Gütern aus dem Gebiete des einen in das Gebiet des anderen Teiles getroffen werden. Hierbei wird nach Möglichkeit auch die Überführung der Beförderungsmittel zugelassen werden.

Artikel 22.

(1) Für den Personen- und Güterverkehr, der zwischen Eisenbahnstationen, die in dem Gebiete des einen Teiles gelegen sind, innerhalb dieses Gebietes mittels ununterbrochener Bahnverbindung stattfindet, werden die Tarife in der gesetzlichen Landeswährung dieses Gebietes auch dann aufgestellt werden, wenn die für den Verkehr benutzte Bahnverbindung ganz oder teilweise im Betriebe einer Bahn steht, die in dem Gebiete des anderen Teiles ihren Sitz hat.

(2) Im Verkehr zwischen den zunächst der Grenze gelegenen beiderseitigen Abfertigungsstellen dürfen die im Personen- und Güterverkehr zu entrichtenden Gebühren mit den gesetzlichen Zahlungsmitteln jenes Teiles beglichen werden, in dessen Gebiet die Zahlung zu erfolgen hat, auch wenn der Tarif auf die gesetzliche Währung des anderen Teiles lautet.

(3) Die hier geregelte Annahme von Zahlungsmitteln soll den Vereinbarungen der beteiligten Eisenbahnverwaltungen über die Abrechnung in keiner Weise vorgreifen.

Artikel 23.

(1) Die vertragschließenden Teile werden dort, wo an ihren Grenzen unmittelbare Schienenverbindungen vorhanden sind und ein Übergang der Transportmittel stattfindet, Waren, welche in vorschriftsmäßig verschließbaren Wagen eingehen und in demselben Wagen nach einem Orte im Innern befördert werden, an welchem sich ein zur Abfertigung befugtes Zollamt befindet, von der Abladung und Beschau an der Grenze sowie vom Packstückverschluß frei lassen, wenn jene Waren ordnungsmäßig zum Eingang angemeldet sind.

(2) Waren, welche in vorschriftsmäßig verschließbaren Eisenbahnwagen durch das Gebiet eines der vertragschließenden Teile ausgeführt oder nach dem Gebiete des anderen Teiles ohne Umladung durchgeführt werden, sollen von der Abladung und Beschau sowie vom Packstückverschluß sowohl im Innern als an den Grenzen frei bleiben, wenn sie ordnungsmäßig zum Durchgang angemeldet sind.

(3) Die Verwirklichung der vorstehenden Bestimmungen ist jedoch dadurch bedingt, daß die beteiligten Eisenbahnverwaltungen für das rechtzeitige Eintreffen der Wagen mit unverletztem Verschlusse am Abfertigungsamt im Innern oder am Ausgangsamt verpflichtet sind.

(4) Die von einem der vertragschließenden Teile mit dritten Staaten über die Zollabfertigung vereinbarten weitergehenden Erleichterungen finden auch bei dem Verkehr mit dem anderen Teile, unter Voraussetzung der Gegenseitigkeit Anwendung.

(5) Die in Abs. 2 vereinbarte Befreiung der auf Eisenbahnen durchlaufenden Güter von der zollamtlichen Beschau gilt nicht, wenn Anzeigen oder begründete Vermutungen einer beabsichtigten Zollübertretung vorliegen.

(6) Für die Zollabfertigung im gegenseitigen Eisenbahnverkehr und Schiffsverkehr gelten die bisherigen Bestimmungen.

(7) Der zollfreie Wiedereintritt von Sendungen, die in dem Gebiete des einen vertragschließenden Teiles zur Beförderung mit der Eisenbahn aufgeliefert und durch das Gebiet des anderen Teiles nach dem Ursprungsgebiet befördert worden sind, wird von den Zollverwaltungen zugelassen werden, sobald es sich bei solchen Beförderungen handelt:

a) um die Ausführung von Abmachungen zwischen den deutschen und österreichischen Eisenbahnen über die Verkehrsteilung und Verkehrsleitung oder

b) um den Verkehr der Stationen des einen vertragschließenden Teiles, die in dem Gebiete des anderen Teiles liegen.

bb. Zusatzvertrag zu dem am 1. September 1920 abgeschlossenen deutsch-österreichischen Wirtschaftsabkommen[9]).

Artikel 6

Unter Aufhebung des Artikels 33 des Wirtschaftsabkommens vom 1. September 1920 ist zwischen den beiden Regierungen das in Anlage C enthaltene Tierseuchenübereinkommen geschlossen worden, das ein integrierender Bestandteil dieses Vertrags ist.

Es tritt gleichzeitig mit diesem Vertrag in Kraft, kann aber von jedem der beiden vertragschließenden Teile selbständig mit dreimonatiger Frist gekündigt werden.

---

[9]) Vom 12. Juli 24, verkündet mit G 24. Feb. 25, RGBl II 73. — Vgl. oben VI 8 u. VII 5.

Anlage C

Tierseuchenübereinkommen

Artikel 1. Der Verkehr mit Tieren einschließlich des Hausgeflügels, mit tierischen Teilen, Erzeugnissen und Rohstoffen sowie mit Gegenständen, die Träger des Ansteckungsstoffes von Tierseuchen sein können, aus den Gebieten des einen der vertragschließenden Teile nach den Gebieten des anderen kann auf bestimmte Eintrittstationen beschränkt und einer tierärztlichen Kontrolle von seiten des Staates, in den der Übertritt stattfindet, unterworfen werden.

Artikel 2. Bei der Einfuhr der im Artikel 1 bezeichneten Tiere und Gegenstände aus den Gebieten des einen in oder durch die Gebiete des anderen Teiles ist ein Ursprungszeugnis beizubringen. Dieses wird von der Ortsbehörde ausgestellt und ist, sofern es sich auf lebende Tiere bezieht, mit der Bescheinigung eines staatlich angestellten oder von der Staatsbehörde besonders hierzu ermächtigten Tierarztes über die Gesundheit der betreffenden Tiere zu versehen. Aus dem Zeugnis muß die Herkunft der Tiere und Gegenstände mit Sicherheit festgestellt werden können; die tierärztliche Bescheinigung muß sich ferner darauf erstrecken, daß im Herkunftsorte zur Zeit der Absendung eine der Anzeigepflicht unterliegende, auf die fragliche Tiergattung übertragbare Seuche mit Ausnahme der Tuberkulose nicht geherrscht hat.

Sollen Tiere ausgeführt werden, die für

a) Rinderpest, Lungenseuche der Rinder oder Beschälseuche der Pferde,

b) Schweinepest, Schweineseuche oder Pockenseuche der Schafe,

c) Maul- und Klauenseuche

empfänglich sind, so ist außerdem zu bescheinigen, daß diese Seuchen weder im Herkunftsorte noch in den Nachbargemeinden geherrscht haben, und zwar

zu a) innerhalb der letzten 6 Monate, ausgenommen bei Schweinen, für die sich die Frist auf 40 Tage verringert,

zu b) innerhalb der letzten 40 Tage,

zu c) innerhalb der letzten 21 Tage.

Sollen Tiere ausgeführt werden, die für die ansteckende Blutarmut der Pferde empfänglich sind, so ist ferner zu bescheinigen, daß das Herrschen dieser Seuche im Herkunftsorte weder zur Zeit der Absendung noch innerhalb der letzten 6 Monate zur amtlichen Kenntnis gelangt ist.

Für Pferde, Esel, Maultiere, Maulesel und Rinder sind Einzelpässe auszustellen, für Schafe, Ziegen, Schweine und Geflügel sind Gesamtpässe zulässig.

Die Dauer der Gültigkeit der Zeugnisse beträgt 10 Tage. Läuft diese Frist während des Transports ab, so müssen, damit die Zeugnisse weitere 10 Tage gelten, die Tiere von einem staatlich angestellten oder von der Staatsbehörde hierzu besonders ermächtigten Tierarzt neuerdings untersucht, und es muß von diesem der Befund auf dem Zeugnis vermerkt werden.

Bei Eisenbahn- und Schiffstransporten muß außerdem vor der Verladung eine besondere Untersuchung durch einen staatlich angestellten oder von der Staatsbehörde hierzu besonders ermächtigten Tierarzt vorgenommen und der Befund in das Zeugnis eingetragen werden.

Eisenbahn- und Schiffstransporte von Geflügel sind jedoch vor der Verladung einer tierärztlichen Untersuchung nur dann zu unterziehen, wenn die für sie beigebrachten tierärztlichen Gesundheitsbescheinigungen vor mehr als 3 Tagen ausgestellt sind.

In den Zertifikaten für frisches Fleisch muß bescheinigt sein, daß die betreffenden Tiere bei der vorschriftsmäßigen Beschau im lebenden Zustand und nach der Schlachtung von einem behördlichen Tierarzt für gesund befunden worden sind.

Der Verkehr mit geschmolzenem Talg und Fett, mit fabrikmäßig gewaschener und in geschlossenen Säcken verpackter Wolle, mit in geschlossenen Kisten oder Fässern eingelegten trockenen oder gesalzenen Därmen, Schlünden, Magen, Blasen mit trockenen oder durchgesalzenen Häuten und Fellen, mit trockenen Hörnern, Hufen, Klauen und Knochen ist auch ohne Beibringung von Ursprungszeugnissen gestattet.

Artikel 3. Sendungen, die den angeführten Bestimmungen nicht entsprechen, ferner Tiere, die vom Grenztierarzte mit einer ansteckenden Krankheit behaftet oder einer solchen verdächtig befunden werden, endlich Tiere, die mit kranken oder verdächtigen Tieren zusammen befördert oder sonst in Berührung gekommen sind, können an der Eintrittsstation zurückgewiesen werden. Den Grund der Zurückweisung hat der Grenztierarzt auf dem Zeugnis anzugeben und mit seiner Unterschrift zu bestätigen.

Die erfolgte Zurückweisung und der Anlaß hierzu wird von der Grenzzollbehörde ohne Verzug der politischen Behörde des Grenzbezirkes jenes vertragschließenden Teiles, aus dem die Ausfuhr stattfinden sollte, auf kürzestem Wege angezeigt werden.

Wird eine solche Krankheit an eingeführten Tieren erst nach erfolgtem Grenzübertritt im Bestimmungslande wahrgenommen, so ist der Tatbestand unter Zuziehung eines beamteten Tierarztes (Staatstierarztes) protokollarisch festzustellen und eine Abschrift des Protokolls dem anderen vertragschließenden Teile unverweilt zuzusenden.

In allen in diesem Artikel vorgesehenen Fällen ist ein etwa namhaft gemachter Kommissar des anderen vertragschließenden Teiles (Artikel 6) ohne Verzug und unmittelbar zu verständigen.

Artikel 4. Wenn die Rinderpest in den Gebieten eines der vertragschließenden Teile auftritt, so steht dem anderen Teile das Recht zu, die Einfuhr von Wiederkäuern und Schweinen, von tierischen Teilen, Erzeugnissen und Rohstoffen sowie von giftfangenden Gegenständen für die Dauer der Seuchengefahr (Artikel 2, Absatz 2) zu beschränken oder zu verbieten.

Artikel 5. Wenn aus den Gebieten eines der vertragschließenden Teile durch den im Artikel 1 genannten Verkehr eine der Anzeigepflicht unterliegende Tierkrankheit nach den Gebieten des anderen Teiles eingeschleppt worden ist oder wenn eine solche Krankheit in den Gebieten des eines Teiles in bedrohlicher Weise herrscht, so ist der andere Teil befugt, die Einfuhr der für die Tierkrankheit empfänglichen Tiere und von solchen tierischen Teilen, Erzeugnissen und Rohstoffen sowie sonstigen Gegenständen, die Träger des Ansteckungsstoffes sein können, aus den verseuchten und gefährdeten Gebieten für die Dauer der Seuchengefahr (Artikel 2, Absatz 2) zu beschränken oder zu verbieten. Ein Gleiches kann beim Auftreten der Lungenseuche für die Einfuhr von Rindern, der von Rindern stammenden tierischen Teile, Rohstoffe und giftfangenden Gegenstände sowie beim Auftreten von Beschälseuche für die Einfuhr von Einhufern angeordnet werden, auch wenn diese Seuchen nicht in bedrohlicher Weise herrschen.

Wegen Auftretens von Milzbrand, Rauschbrand, Wild- und Rinderseuche, Tollwut (Wutkrankheit), Rotz, Bläschenausschlag der Einhufer und des Rindviehs, Räude der Einhufer, Schafe und Ziegen, Rotlauf der Schweine, Geflügelcholera und Hühnerpest sowie wegen Tuberkulose sollen Einfuhrverbote nicht erlassen werden.

Die in den Seuchengesetzgebungen der vertragschließenden Teile enthaltenen Vorschriften, denen zufolge im Falle des Ausbruchs von ansteckenden Tierkrankheiten an oder in der Nähe der Grenze zu Abwehr und Unterdrückung derselben der Verkehr zwischen den beiderseitigen Grenzverwaltungsbezirken I. Instanz sowie der Durchgangsverkehr durch einen gefährdeten Grenzbezirk besonderen Beschränkungen und Verboten unterworfen werden kann, werden durch das gegenwärtige Abkommen nicht berührt.

Artikel 6. Die vertragschließenden Teile räumen sich gegenseitig die Befugnis ein, durch Kommissare in den Gebieten des anderen Teiles Erkundigungen über den Gesundheitszustand der Viehbestände, über die Einrichtung von Viehhöfen, Viehverladestellen, Schlachthäusern, Mastanstalten, Viehkontumazanstalten und dergleichen sowie über die Durchführung der bestehenden veterinären Vorschriften an Ort und Stelle einziehen zu lassen. Einer vorgängigen Anmeldung der Kommissare bedarf es nicht. Die vertragschließenden Teile werden die Behörden allgemein anweisen, den Kommissaren des anderen Teiles, sobald sie sich als solche ausweisen, auf Wunsch Unterstützung zu gewähren und Auskunft zu erteilen. Solche Kommissare können auch auf längere Zeitdauer oder ständig bestellt werden.

Artikel 7. Jeder der vertragschließenden Teile wird periodische Nachweisungen über den jeweiligen Stand der Tierseuchen erscheinen und sie dem anderen vertragschließenden Teile unmittelbar zustellen lassen.

Über die Seuchenausbrüche in den Grenzverwaltungsbezirken werden sich die Behörden gegenseitig sofort unmittelbar verständigen.

Wenn in den Gebieten eines der vertragschließenden Teile die Rinderpest, Lungenseuche oder Beschälseuche ausbricht, wird den Regierungen des anderen Teiles von deren Ausbruch und Verbreitung auf telegraphischem Wege unmittelbar Nachricht gegeben werden.

Artikel 8. Eisenbahnwagen, in welchen Pferde, Esel, Maultiere, Maulesel, Rinder, Schafe, Ziegen, Schweine oder Hausgeflügel befördert worden sind, müssen nebst den zugehörigen Gerätschaften der Eisenbahnverwaltungen nach Maßgabe der gleichzeitig mit dem Tierseuchenübereinkommen vereinbarten und als Anlage diesem Übereinkommen beigeschlossenen Bestimmungen gereinigt und desinfiziert werden.

Die vertragschließenden Teile werden die gemäß Absatz 1 im Bereich eines Teiles vorschriftsmäßig vollzogene Reinigung und Desinfektion als auch für den anderen Teil geltend anerkennen.

Artikel 9. (Weideverkehr).

Artikel 10. (Alpenweideviehverkehr).

Artikel 11. (Zollgrenzbezirke).

Artikel 12. Die bei dem Inkrafttreten des gegenwärtigen Übereinkommens etwa noch bestehenden, mit seinen Bestimmungen nicht zu vereinbarenden Beschränkungen und Verbote sind außer Kraft zu setzen.

Anlage zu Artikel 8 des Tierseuchenübereinkommens

Bestimmungen über die Desinfektion der Eisenbahnviehwagen[9a])

i. Rußland. Vertrag zwischen dem Deutschen Reich und der Union der Sozialistischen Sowjet-Republiken[10])

III. Eisenbahnabkommen

Artikel 1

Auf den direkten Güterverkehr zwischen den vertragschließenden Staaten finden als Vertragsrecht die Bestimmungen des Berner Internationalen Übereinkommens in der Fassung und mit denjenigen Abweichungen und Ergänzungen Anwendung, die zwischen den beteiligten Eisenbahnverwaltungen besonders vereinbart sind[11]).

Artikel 2

Auf den Eisenbahnen soll im Personen- und Gepäckverkehr hinsichtlich der Abfertigung, der Beförderungspreise und der mit der Beförderung zusammenhängenden öffentlichen Abgaben kein Unterschied zwischen den Bewohnern der Gebiete der vertragschließenden Teile gemacht werden.

In Deutschland ausgelieferte, nach der U. d. S. S. R. oder durch die U. d. S. S. R. nach einem dritten Staate zu befördernde Gütertransporte werden auf den Eisenbahnen der U. d. S. S. R. weder in bezug auf die Abfertigung

---

[9a]) Die Best ähneln den f. d. innerdeutschen Eis-Verkehr geltenden, oben als Beil. A zu Abschn. VI 8 abgedruckten.

[10]) Vom 12. Okt. 25, verkündet mit G 6. Jan. 26 (RGBl II 1). Über den Reiseverkehr trifft noch Best die Anl. 1 zum Wirtschaftsprotokoll 21. Dez. 28: Bek 11. Jan. 29 RGBl II 53.

[11]) Oben VII 4.

und Beförderung noch hinsichtlich der Beförderungspreise oder der mit der Beförderung zusammenhängenden öffentlichen Abgaben ungünstiger behandelt werden, als gleichartige einheimische oder Gütertransporte eines dritten Staates in derselben Richtung und auf derselben Verkehrsstrecke. Das gleiche wird bei den deutschen Eisenbahnen für in der U.d.S.S.R. aufgelieferte Gütertransporte gelten, die nach Deutschland oder durch Deutschland nach einem dritten Staate befördert werden. Dieser Grundsatz findet wechselseitig auch Anwendung auf Gütertransporte, die zunächst mit Schiffen in Seehäfen und Flußhäfen getragen und dort auf Eisenbahnen aufgeliefert werden. Ausnahmen von vorstehenden Bestimmungen sollen nur zulässig sein, soweit es sich um Transporte zu ermäßigten Preisen zur Bekämpfung eines vorübergehenden besonderen Notstandes oder um Transporte für staatliche oder für milde Zwecke handelt.

Im übrigen behalten sich die beiden vertragschließenden Teile vor, ihre Eisenbahntransporttarife nach eigenem Ermessen zu bestimmen, werden sich jedoch im Eisenbahntarifwesen, insbesondere wegen Herstellung direkter Tarife, tunlichst unterstützen.

Artikel 3

a) Waren, die mit der Eisenbahn in Häfen ankommen und von dort mit deutschen Schiffen weiterbefördert werden, sowie Waren, die mit deutschen Schiffen in Häfen ankommen und von dort mit der Eisenbahn weiterbefördert werden, werden auf den Eisenbahnen der U.d.S.S.R. in derselben Richtung und auf derselben Verkehrsstrecke weder in bezug auf die Abfertigung noch hinsichtlich der Beförderung oder hinsichtlich der Beförderungspreise oder der mit der Beförderung zusammenhängenden öffentlichen Abgaben ungünstiger behandelt werden als Waren, die in den gleichen Häfen mit Schiffen der U.d.S.S.R. oder Schiffen einer anderen Nation ankommen oder von dort mit Schiffen der U.d.S.S.R. oder Schiffen anderer Nationen weiterbefördert werden. Dasselbe gilt auf den deutschen Eisenbahnen für Waren, die mit der Eisenbahn in Häfen ankommen und von dort mit Schiffen der U.d.S.S.R. weiterbefördert werden, sowie für Waren, die mit Schiffen der U.d.S.S.R. in Häfen ankommen und von dort mit der Eisenbahn weiterbefördert werden.

b) Tarife, Ermäßigungen der Beförderungspreise oder sonstige Begünstigungen, deren Anwendung von der vorhergehenden oder folgenden Beförderung der Waren mit Schiffen einer bestimmten staatlichen oder privaten Schiffahrtsunternehmung oder in einer bestimmten See- oder Flußverbindung abhängig gemacht ist, kommen in derselben Richtung und auf derselben Verkehrsstrecke unter gleichwertigen Bedingungen einerseits auch jenen Waren zugute, die mit deutschen Schiffen im Hafen ankommen oder von dort mit deutschen Schiffen weiterbefördert werden, andererseits auch jenen Waren, die mit Schiffen der U.d.S.S.R. im Hafen ankommen oder von dort mit Schiffen der U.d.S.S.R. weiterbefördert werden.

Artikel 4

a) Die Frachttarife auf den von und nach Königsberg (Pillau) führenden Eisenbahnlinien der U.d.S.S.R. sind für Einfuhr, Ausfuhr und Durchfuhr unter gleichwertigen Bedingungen mindestens nach gleichgünstigen Grundsätzen zu bilden wie auf den nach irgendeinem anderen nicht der U.d.S.S.R. angehörenden Ostseehafen führenden Eisenbahnlinien der U.d.S.S.R.

b) Die U.d.S.S.R. einerseits und Deutschland andererseits werden direkte Gütertarife, entsprechend den Bedürfnissen des Handels, zwischen Königsberg (Pillau) und Stationen der U.d.S.S.R. aufstellen, sobald die Mitwirkung der in Betracht kommenden dritten Staaten (Estland, Lettland, Litauen, Polen) gesichert ist. Die U.d.S.S.R. stellt für diese direkten Tarife auf ihren Strecken keine höheren Anteilssätze zur Verfügung als diejenigen ihrer jeweils geltenden Binnentarife, soweit ihre Anteilssätze nicht nach Buchstabe a geringer sind.

Solche direkten Tarife sind besonders in der Richtung nach Königsberg (Pillau) für Bodenprodukte der U.d.S.S.R. und aus Bodenprodukten der U.d.S.S.R. hergestellte Erzeugnisse sowie für tierische Produkte, in der Richtung nach der U.d.S.S.R. für Heringe, Düngemittel und landwirtschaftliche Maschinen zu bilden.

Schlußprotokoll zum Eisenbahnabkommen

Zu Artikel 2 und 3

Die im Artikel 3b sowie im Artikel 2 Abs. 2 durch die Worte „einheimische oder" und in Artikel 3 Buchstabe a durch die Worte „Schiffen der U.d.S.S.R. oder" vorgesehene paritätische Behandlung wird erst auf Grund einer besonderen Vereinbarung zwischen den Regierungen der vertragschließenden Teile in Kraft gesetzt werden.

Zu Artikel 2

1. Transporte, die geschäftlichen Charakter haben, können nicht als Transporte für staatliche oder milde Zwecke behandelt werden.

2. Der in Artikel 2 erwähnte vorübergehende besondere Notstand muß örtlich und zeitlich bestimmt begrenzt sein und eine von der allgemeinen Wirtschaftslage unabhängige, besonders ungünstige Lage darstellen.

k. Handels- und Schiffahrtsvertrag zwischen dem Deutschen Reiche und dem Königreiche Schweden[12]).

Artikel 9

Auf die Durchfuhr werden die vertragschließenden Teile gegenseitig die Bestimmungen des in Barcelona am 20. April 1921 abgeschlossenen internationalen Abkommens über die Freiheit der Durchfuhr[13]) anwenden. Es besteht Einverständnis, daß auch in dieser Beziehung der Grundsatz der Meistbegünstigung gilt.

[12]) Vom 14. Mai 26, verkündet mit G 10. Juli 26 RGBl II 383. Spätere Zusatzabkommen haben für das EisZollrecht kein Interesse.

[13]) Oben I 6 Beil. B.

Artikel 15

Auf den Eisenbahnen soll im Personen- und Gepäckverkehr hinsichtlich der Abfertigung, der Beförderungspreise und der mit der Beförderung zusammenhängenden öffentlichen Abgaben kein Unterschied zwischen den Bewohnern der Gebiete der vertragschließenden Teile gemacht werden.

In Deutschland aufgelieferte, nach Schweden oder durch Schweden nach einem dritten Staate zu befördernde Gütertransporte werden auf den Eisenbahnen Schwedens weder in bezug auf die Abfertigung und Beförderung noch hinsichtlich der Beförderungspreise oder der mit der Beförderung zusammenhängenden öffentlichen Abgaben ungünstiger behandelt werden als gleichartige einheimische oder Gütertransporte eines dritten Staates in derselben Richtung und auf derselben Verkehrsstrecke. Das gleiche wird bei den deutschen Eisenbahnen für in Schweden aufgelieferte Gütertransporte gelten, die nach Deutschland oder durch Deutschland nach einem dritten Staate befördert werden.

Die vorstehenden Grundsätze finden wechselseitig auch Anwendung auf die Transporte von Personen, Gepäck und Gütern, die zunächst mit Schiffen oder mit anderen Verkehrsmitteln außer der Eisenbahn in Seehäfen, Flußhäfen oder andere Teile des Staatsgebiets getragen und dort auf Eisenbahnen aufgeliefert werden.

Ausnahmen von den Bestimmungen des vorstehenden Artikels sollen nur zulässig sein, soweit es sich um Transporte zu ermäßigten Preisen zur Bekämpfung eines vorübergehenden besonderen Notstandes oder um Transporte für milde Zwecke handelt.

l. Handels- und Schiffahrtsvertrag zwischen dem Deutschen Reiche und dem Königreiche der Serben, Kroaten und Slovenen[14]).

Artikel 16

Bei der Beförderung der Reisenden und ihres Gepäcks auf den Eisenbahnen der vertragschließenden Teile wird bei gleichen Bedingungen zwischen den Angehörigen des einen und des anderen Teiles kein Unterschied bezüglich der Preise, der Art der Beförderung sowie der damit zusammenhängenden Abgaben und Steuern gemacht.

Artikel 17

Die von dem Königreich der Serben, Kroaten und Slovenen nach einer deutschen Eisenbahnstation oder im Durchgangsverkehr durch deutsches Gebiet versandten Güter werden bei Erfüllung der gleichen Bedingungen auf den deutschen Eisenbahnen in bezug auf die Preise, die Art der Beförderung sowie die damit zusammenhängenden Steuern und Abgaben nicht ungünstiger behandelt als gleichartige Gütertransporte, die zwischen deutschen Eisenbahnstationen in derselben Richtung und auf derselben Verkehrsstrecke versandt werden.

Der gleiche Grundsatz gilt für die serbo-kroato-slovenischen Eisenbahnen in bezug auf Güter, die von Deutschland nach einer serbo-kroato-slovenischen Eisenbahnstation oder im Durchgangsverkehr durch serbo-kroato-slovenisches Gebiet versandt werden.

Artikel 18

Die vertragschließenden Teile verpflichten sich zur gegenseitigen Gewährung der Beförderungspreise, die auf den Eisenbahnen in derselben Richtung und auf derselben Verkehrsstrecke für gleichartige Gütertransporte von oder nach einem dritten Staat gelten oder gelten werden.

Artikel 19

Die vertragschließenden Teile werden dahin wirken, daß nach Maßgabe des tatsächlichen Bedürfnisses direkte Tarife für den Personen-, Gepäck- und Güterverkehr zwischen den Gebieten der vertragschließenden Teile sowie für den Verkehr zwischen dem Gebiet eines der vertragschließenden Teile und dem Gebiet eines dritten Staats im Durchgang durch das Gebiet des anderen vertragschließenden Teiles aufgestellt werden.

m. Handels- und Schiffahrtsvertrag zwischen dem Deutschen Reiche und der Südafrikanischen Union[15]).

Artikel 16 Abss. 4—7

Die vertragschließenden Teile kommen ferner überein, alle unlauteren Unterscheidungen hinsichtlich der Erleichterungen für den internationalen Eisenbahnverkehr und hinsichtlich der Sätze und Bedingungen ihrer Anwendung zu unterlassen, soweit sie sich gegen die Güter, Staatsangehörigen oder Schiffe des anderen richten.

Tarife, Ermäßigungen der Beförderungspreise oder sonstige Vergünstigungen im Eisenbahnverkehr, deren Anwendung von der vorhergehenden oder folgenden Beförderung der Waren mit Schiffen irgendeiner staatlichen oder privaten Schiffahrtsunternehmung oder in einer bestimmten See- oder Flußverbindung abhängig gemacht ist, kommen in derselben Richtung und auf derselben Verkehrsstrecke ohne weiteres auch den Waren zugute, die in den Schiffen eines vertragschließenden Teils in einem Hafen des anderen Teils ankommen oder von dort weiterbefördert werden.

Die Bestimmungen dieses Vertrages sollen auf die besondere Behandlung, die ein vertragschließender Teil jetzt oder künftig den von einheimischen Schiffen gefangenen Fischen zubilligt, keine Anwendung finden. Der Fang der Schiffe des einen Teils soll nach keiner Richtung bei der Einfuhr in das Gebiet des anderen Teils ungünstiger behandelt werden als der Fang der Schiffe irgendeines anderen Landes.

[14]) Vom 6. Okt. 27, verkündet mit G 13. Dez. 27 RGBl II 1125.

[15]) Vom 1. Sept. 1928, verkündet mit G 3. Jan. 29 RGBl II 15.

n. Wirtschaftsabkommen zwischen der Deutschen Regierung und der Tschechoslovakischen Regierung[16]).

Die Regierung des Deutschen Reiches und die Regierung der Tschechoslovakischen Republik haben in dem Bestreben, die gegenseitigen Wirtschaftsbeziehungen auf eine geregelte rechtliche Grundlage zu stellen, sich über nachstehende Punkte geeinigt:

Artikel I.

Die Durchfuhr von Waren aller Art und Personen aus dem Gebiet des einen der beiden Staaten durch das andere Staatsgebiet, sowie die Beförderung von Waren und Personen aus Deutschland nach der Tschechoslovakei und umgekehrt soll in Zukunft keinen Beschränkungen unterworfen werden, mit Ausnahme solcher, die sich als Folge technisch notwendiger Maßnahmen aus der allgemeinen Verkehrslage ergeben.

Nähere Bestimmungen hierüber und über andere Fragen des Eisenbahnverkehres enthält die Anlage A zu diesen Abkommen.

Eine Ausnahme von dem in Abs. 1 ausgesprochenen Grundsatz ist zulässig für Waren, welche in einem der beiden Staaten den Gegenstand eines Staatsmonopols bilden. Hinsichtlich des Verfahrens bei der Durchfuhr dieser Waren behalten sich die beiden Regierungen vor, nähere Vereinbarungen später abzuschließen. Bis dahin soll an der bisherigen Übung nichts geändert werden.

Anlage A.

1. Für den Verkehr zwischen Deutschland und der Tschechoslovakei soll das internationale Übereinkommen über den Eisenbahnfrachtverkehr[11]) unverändert Anwendung finden.

Die Eisenbahnverwaltungen werden auf dieser Grundlage die gegenseitigen Verkehrsbeziehungen unter Berücksichtigung der zur Zeit bestehenden Betriebs- und Verkehrsverhältnisse regeln.

2. Es soll dahin gestrebt werden, daß die gleichen Grundsätze möglichst auch zur Regelung des internationalen Verkehrs zwischen solchen Ländern angewandt werden, an dem Deutschland und die Tschechoslovakei beteiligt sind.

3. Die beiden Regierungen werden ihre Eisenbahnverwaltungen veranlassen:

a) die nötigen Vorarbeiten für die Erstellung direkter Tarife für bestimmte Artikel und Plätze zwischen Deutschland und der Tschechoslovakei baldigst in Angriff zu nehmen,

b) nötigenfalls für die regelmäßige Abwickelung des Personen- und Güterverkehres in betriebs- und verkehrstechnischer Hinsicht die geeigneten Maßnahmen zu treffen,

c) bei Beförderung von Lebensmitteln und anderen lebenswichtigen Gütern beiderseits tunlichst größtes Entgegenkommen zu zeigen.

4. Beide Regierungen werden ihre Tarifpolitik gegenüber dem anderen Teil nach den gleichen Grundsätzen betreiben wie gegenüber dem übrigen Auslande, und insbesondere auf der Grundlage der im übrigen Verkehr zwischen Deutschland und der ehemaligen Österreichisch-Ungarischen Monarchie vereinbart gewesenen Parität gegeneinander keine feindliche Verkehrspolitik treiben.

5[17]). Beide Regierungen sind darüber einverstanden, daß baldigst unter Beteiligung möglichst vieler Eisenbahnverwaltungen auf den Abschluß vertraglicher Vereinbarungen über den Wagenübergang und die gegenseitige Wagenbenutzung hingewirkt werden soll, sowie daß, falls dieser Plan nicht alsbald verwirklicht werden kann, Sonderübereinkommen dieser Art für einzelne Verkehre getroffen werden sollen.

Bis zum Inkrafttreten dieser Vereinbarung sollen die früher in Geltung gewesenen internationalen Wagenübereinkommen sofort wieder in Kraft treten.

6. Die Deutsche Regierung ist grundsätzlich bereit, die über Hamburg aus Rußland zurückkehrenden ehemaligen Kriegsgefangenen und Legionäre nach ihrer Heimat tunlichst schnell abzutransportieren.

Bezüglich des Abtransports tschechoslovakischer Rückwanderer aus Amerika über die deutschen Nordseehäfen kann die Deutsche Regierung zur Zeit eine bestimmte zusagende Erklärung zwar noch nicht abgeben. Sie behält sich aber vor, der Tschechoslovakischen Regierung, falls ein bestimmter Antrag unter Angabe der Zahl der Rückwanderer und der übrigen notwendigen Einzelheiten gestellt wird, sofort eine Sonderentscheidung zu treffen.

7. Bezüglich der in den Verhandlungen in Tetschen am 4. März 1920, betr. den Güterverkehr zwischen der Tschechoslovakei und Deutschland erörterten Fragen der Einfuhr nach Deutschland und der Durchfuhr durch Deutschland wird folgendes vereinbart:

a) Beide Regierungen sichern sich gegenseitig freie Einfuhr zu im Rahmen der von den beiderseitigen Regierungskommissaren erteilten Einfuhrermächtigungen.

Besondere Zulaufsermächtigungen werden seitens der deutschen Eisenbahnverwaltungen künftig nicht mehr verlangt.

b) Beide Regierungen sichern sich gegenseitig den ungehinderten Durchgangsverkehr auf der Eisenbahn zu. Eine den jetzigen Verkehrschwierigkeiten Rechnung tragende Regelung des Durchgangsverkehrs wird zwischen den beiderseitigen Eisenbahnverwaltungen besonders vereinbart.

Sollten sich aus dieser laut Anlage getroffenen vorläufigen Regelung des Durchgangsverkehrs für einzelne Grenzübergänge oder sich daran anschließende Strecken Betriebsschwierigkeiten ergeben, so wird im Verhandlungswege erstrebt werden, diese Schwierigkeiten zu beseitigen.

Die bisher geforderten besonderen Durchfuhrgenehmigungen werden künftig entfallen.

c) Die tschechoslovakische und die deutsche Eisenbahnverwaltung sichern sich gegenseitig zu, größere Transporte, die künftig aufkommen werden, sich vorher rechtzeitig anzumelden und über deren zweckmäßigste Durchführung besondere Vereinbarungen zu treffen.

---

[16]) Vom 29. Juni 20, verkündet mit G 22. Dez. 20 RGBl 2227; das Abk. selbst ist dort S. 2240 abgedr.

[17]) Jetzt: Oben VI 3 Anm. 17.

Anlage zu Ziffer 7b der Anlage A.

Die deutsche Eisenbahnverwaltung ist gegenüber der tschechoslovakischen Eisenbahnverwaltung bis auf weiteres trotz eigener großer Verkehrs- und Betriebsschwierigkeiten bereit, insgesamt auf sämtlichen tschechoslovakischen Übergängen täglich bis zu 200 Wagen für den Transit durch Deutschland zu übernehmen.

o. Handelsvertrag zwischen dem Deutschen Reich und der Türkischen Republik[18]).

Artikel X.

Auf Eisenbahnen soll sowohl hinsichtlich der Beförderungspreise als der Zeit und Art der Abfertigung kein Unterschied zwischen den Bewohnern der Gebiete der vertragschließenden Teile gemacht werden. Namentlich sollen die aus dem Gebiet des einen Teils in das Gebiet des anderen Teils abgehenden oder das letztere transitierenden Sendungen weder in bezug auf die Abfertigung noch hinsichtlich der Beförderungspreise ungünstiger als die in den betreffenden Gebieten nach einem inländischen Bestimmungsort oder nach dem Ausland abgehenden Sendungen behandelt werden, sofern sie auf derselben Bahnstrecke und in derselben Verkehrsrichtung befördert werden.

Ausnahmen sollen nur insoweit zugelassen werden, als es sich um Beförderungen zu ermäßigten Preisen handelt, um in besonderen Fällen einem vorübergehenden Notstand abzuhelfen, oder um Transporte für milde Zwecke.

Die beiden Regierungen behalten sich weiter vor, im direkten Benehmen der Eisenbahnverwaltungen nähere Bestimmungen über den wechselseitigen Eisenbahnverkehr und den Durchgangsverkehr zu treffen.

p. Provisorisches Abkommen zwischen der Deutschen und der Königlich Ungarischen Regierung zur Regelung ihrer beiderseitigen wirtschaftlichen Beziehungen[19]).

VII.

Über den wechselseitigen Eisenbahnverkehr sind die aus der Anlage A ersichtlichen Bestimmungen vereinbart worden. Beide Teile behalten sich vor, erforderlichenfalls in unmittelbarem Benehmen neue Bestimmungen über den wechselseitigen Eisenbahnverkehr zu treffen.

Anlage A.

I. Allgemeines.

1. Die Grundlage des Eisenbahnverkehrs zwischen den vertragschließenden Teilen bildet das Internationale Übereinkommen über den Eisenbahnfrachtverkehr vom 14. Oktober 1890 nebst Nachträgen[11]). Über etwaige zur Zeit notwendige Abweichungen von Einzelbestimmungen des Übereinkommens sollen sich — sofern die Regierungen dies nicht in unmittelbarem Benehmen regeln wollen — die beteiligten Eisenbahnverwaltungen, vorbehaltlich der Genehmigung der Regierungen, einigen.

2. Auf den Eisenbahnen soll im Personen- und Gepäckverkehr hinsichtlich der Abfertigung, der Beförderungspreise und der mit der Beförderung zusammenhängenden öffentlichen Abgaben kein Unterschied zwischen den Bewohnern der Gebiete der vertragschließenden Teile gemacht werden.

3. In Deutschland aufgelieferte, nach Ungarn oder durch Ungarn nach einem dritten Staat zu befördernde Gütertransporte werden bei Erfüllung der gleichen Bedingungen auf den ungarischen Eisenbahnen weder in bezug auf die Abfertigung, noch hinsichtlich der Beförderungspreise oder der mit der Beförderung zusammenhängenden öffentlichen Abgaben ungünstiger behandelt werden als gleichartige einheimische Gütertransporte oder Gütertransporte eines dritten Staates in derselben Richtung und auf derselben Verkehrsstrecke. Das gleiche wird auf den deutschen Eisenbahnen für in Ungarn aufgelieferte Gütertransporte gelten, die nach Deutschland oder durch Deutschland nach einem dritten Staate befördert werden.

Dieser Grundsatz findet wechselseitig auch Anwendung auf Gütertransporte auf den Gebieten des einen Teils, die mit Schiffen in See- oder Flußhäfen des anderen Teils getragen und dort auf Eisenbahnen aufgeliefert werden.

4. Folgende Bedingungen für die Anwendung von Eisenbahntarifen, Ermäßigungen der Beförderungspreise oder sonstigen Begünstigungen sollen für den Verkehr der gleichartigen Gütertransporte aus den Gebieten des andern vertragschließenden Teils unwirksam sein:

a) Die Bedingung der inländischen Herkunft des Gutes, die Forderung einer solchen Bezeichnung des Gutes, die einem gleichartigen Gute des andern vertragschließenden Teils nicht zugängig ist, ist dieser Bedingung gleichzuhalten.

b) Die Bedingung der Aufgabe am Orte, es sei denn, daß es sich um die Bedingung der Anbringung von Gütern zu Schiff oder um die Bekämpfung eines vorübergehenden besonderen Notstandes handelt. Der Bedingung der „Aufgabe am Ort" ist die Bedingung der Anfuhr eines Gutes zur Abfertigungsstelle mit Landfuhrwerk, mit Schleppbahnen (auf Privatanschlußgleisen), mit Kleinbahnen oder auf bestimmten Eisenbahnwegen gleichzuhalten.

5. Die vertragschließenden Teile werden dafür Sorge tragen, daß für den Personen- und Güterverkehr nach Maßgabe des tatsächlichen Bedürfnisses und, soweit es die Valutaverhältnisse zulassen, direkte Tarife erstellt werden. Ob und in welchem Umfange direkte Tarife erstellt werden sollen, werden die beteiligten Eisenbahnverwaltungen vereinbaren.

6. Hinsichtlich der Benutzung der den Deutschen und den Königlich Ungarischen Staatseisenbahnen angehörigen Wagen gilt das Übereinkommen, betreffend die gegenseitige Wagenbenutzung im Bereich des Vereins deutscher Eisenbahnverwaltungen, weiter[20]).

7. Die vertragschließenden Teile werden den Eisenbahnverkehr zwischen den beiderseitigen Gebieten gegen Störungen oder Hinderungen sicherzustellen bestrebt sein.

[18]) Vom 12. Jan. 27, verkündet mit G 15. März 27 RGBl II 53.

[19]) Vom 1. Juni 20, verkündet mit G 22. Dez. 20. RGBl 2227

[20]) Oben VI 3 Anm. 17.

8. Die vertragschließenden Teile werden dahin wirken, daß den Bedürfnissen des durchgehenden Verkehrs durch günstige und gesicherte Zugverbindungen sowie durch Herstellung ineinandergreifender Fahrpläne für den Personen- und Güterverkehr tunlichst Rechnung getragen wird.

q. Gesetz über den Freundschafts-, Handels- und Konsularvertrag zwischen dem Deutschen Reiche und den Vereinigten Staaten von Amerika [21]).

Artikel XVI Abs. 1.

Für Personen und Waren, die aus den Gebieten des einen Vertragsteiles kommen oder durch diese Gebiete gehen, soll völlige Durchfuhrfreiheit durch die Gebiete einschließlich der Gewässer des anderen Vertragsteiles gelten, und zwar auf den für den internationalen Durchgangsverkehr geeignetsten Straßen, auf der Eisenbahn, auf Schiffahrtsstraßen und Kanälen, jedoch mit Ausnahme des Panama-Kanals und derjenigen Wasserstraßen und Kanäle, die internationale Grenzen der Vereinigten Staaten bilden. Von dieser Berechtigung ausgeschlossen sind Personen, denen das Betreten der Gebiete des anderen Vertragsteils verboten ist, und Waren, deren Einfuhr gesetzlich verboten ist. Im Durchgangsverkehr brauchen Personen und Waren keinen Durchfuhrzoll zu bezahlen und sollen keinen unnötigen Verzögerungen und Beschränkungen unterworfen werden. Sie sollen hinsichtlich der Abgaben und Verkehrsmittel und in allen anderen Beziehungen wie Angehörige des eigenen Landes behandelt werden.

[21]) Vom 8. Dez. 23, verkündet mit G 17. Aug. 25 RGBl II 795.

Verzeichnis der aufgenommenen Bestimmungen

Vorbemerkung. Die Ziffern hinter der Bezeichnung der Vorschrift bedeuten die Seiten des Buches, eingeklammerte Ziffern oder kleine Buchstaben (meist) die Anmerkungen. Fettgedruckte Ziffern zeigen an, daß die Bestimmung im Wortlaut aufgenommen ist.

Unter A sind Gesetze aufgenommen, die besonders oft erwähnt, aber nur teilweise abgedruckt sind.

Von den übrigen, unter B genannten Bestimmungen ist bei der großen Anzahl der im Buche erwähnten Vorschriften nur eine Auswahl in dem Verzeichnis enthalten; die fortgelassenen sind meist solche, die nicht veröffentlicht sind.

A. Besonders oft erwähnte Gesetze (I. StGB, II. LVG, III. ZustG, IV. BGB, V. HGB, VI. ZPO. VII. RVerf)

I. Strafgesetzbuch 15. Mai 1871

II. Landesverwaltungsgesetz 20. Juli 1883

III. Zuständigkeitsgesetz 1. August 1883

IV. Bürgerliches Gesetzbuch 18. August 1896

V. Handelsgesetzbuch 10. Mai 1897

VI. Zivilprozeßordnung 20. Mai 1898

VII. Reichsverfassung 11. August 1919

B. Sonstige Bestimmungen (Auswahl)

1930

Nachtrag (alles aus 1930)

Alphabetisches Sachverzeichnis

1. Die Ziffern bedeuten die Seiten, die eingeklammerten arabischen Ziffern oder kleinen lateinischen Buchstaben (wo nicht anders angegeben) die Anmerkungen.

2. Der Vermerk „Nachtrag" bezieht sich auf den dem Buchtexte vorgedruckten Abschnitt „Nachträge und Berichtigungen".

3. Im Register werden einzelne Bestimmungen mit Paragraphen bezeichnet, wenn sie im Buche nicht abgedruckt sind oder wenn diese Bezeichnung das Auffinden erleichtert; das ist hauptsächlich geschehen bei der ADA (S. 182ff.), der BO (S. 318ff.), der MTrO (S. 514ff.) und der EZO (S. 562ff.).

A

E

*) S. ferner die mit „Bahn"- zusammengesetzten Wörter, sowie bei den mit „Eisenbahn"- zusammengesetzten Wörtern die Grundwörter, z. B. statt „Eisenbahnstation": „Station".

F

H

K

P

Q

R

Y

Z

Druck von Oscar Brandstetter in Leipzig

Hauptfragen der Reichsbahnpolitik. Von Dr. **Kurt Giese**, Hamburg. IX, 186 Seiten. 1928. RM 14.—; gebunden RM 15.50

Dreißig Jahre russischer Eisenbahnpolitik 1882—1911 und deren wirtschaftliche Rückwirkung. Von Geh. Reg.-Rat Dr. **Mertens**. (Sonderabdruck aus „Archiv für Eisenbahnwesen" 1917—1919.) Mit einer Karte. X, 242 Seiten. 1919. RM 12.60

Ruhrkohlenbergbau, Transportwesen und Eisenbahntarifpolitik. Eine geschichtliche Betrachtung. Von Dr. jur. **E. Adolph**, Oberregierungsrat a. D., Reichsbahnoberrat, Essen. (Sonderabdruck aus „Archiv für Eisenbahnwesen" 1927, Heft 1—5.) Mit einer Karte. II, 236 Seiten. 1927. RM 10.—

Die Seehafenpolitik der deutschen Eisenbahnen und die Rohstoffversorgung. Von Professor Dr. **E. von Beckerath**, Kiel. VI, 281 Seiten. 1918. RM 11.—

Die Verkehrsmittel in Volks- und Staatswirtschaft. Von Dr. **E. Sax**, o. ö. Professor der politischen Ökonomie i. R. Zweite, neubearbeitete Auflage.

Erster Band: **Allgemeine Verkehrslehre.** X, 198 Seiten. 1918. RM 8.40

Zweiter Band: **Land- und Wasserstraßen, Post, Telegraph, Telephon.** IX, 533 Seiten. 1920. RM 17.—

Dritter (Schluß-) Band: **Die Eisenbahnen.** (Mit Anschluß einer Abhandlung von Professor Dr. **E. v. Beckerath**, Kiel.) X, 614 Seiten. 1922. RM 20.—

Preiserscheinungen des Verkehrswesens. Verkehrstheoretisch-kritische Untersuchungen. Von Dr. **Emil Sax**, o. ö. Professor der politischen Ökonomie i. R. (Sonderabdruck aus „Archiv für Eisenbahnwesen", Jahrgang 1926, Heft 1.) 64 Seiten. 1926. RM 3.—

Grundzüge der technischen Wirtschafts-, Verwaltungs- und Verkehrslehre. Von Oberregierungs- und Baurat Professor **E. Mattern**, Berlin. Mit 35 Abbildungen im Text. VIII, 350 Seiten. 1925. RM 18.—; gebunden RM 19.50

Handbuch der Verfassung und Verwaltung in Preußen und dem Deutschen Reiche. Von **Graf Hue de Grais †**, Wirkl. Geh. Oberregierungsrat, Regierungspräsident a. D. Fünfundzwanzigste Auflage herausgegeben von **Graf Hue de Grais**, Regierungsdirektor in Frankfurt a. d. Oder und Dr. **Hans Peters**, a. o. Professor an der Universität in Berlin, unter Mitwirkung von Dr. **Werner Hoche**, Ministerialrat im Reichsministerium des Innern in Berlin. XVII, 1047 Seiten. 1930. Gebunden RM 26.80